含硫含酸原油加工技术

张德义 主编

中国石化出版社

内 容 提 要

该书系统总结了国内外含硫含酸原油加工的主要技术,全面反映了国内外含硫含酸原油加工的新工艺、新设备、新材料、新经验。全书以实践为主,理论与实践相结合,技术与经济相结合。主要内容包括:世界能源及中国含硫含酸原油加工技术的开发和应用概况,含硫含酸原油的分布及生产贸易情况,含硫含酸原油硫与酸的分布及其转化,含硫含酸原油加工技术及新工艺,产品精制,设备腐蚀与防护以及环境保护等。

该书对含硫含酸原油加工的科研、设计及生产具有指导意义,主要读者对象为炼油行业从事生产、科研、设计的技术及管理人员。

图书在版编目(CIP)数据

含硫含酸原油加工技术/张德义主编.—北京:
中国石化出版社,2012.12
ISBN 978-7-5114-1901-9

Ⅰ.①含… Ⅱ.①张… Ⅲ.①含硫原油-石油炼制
②酸度-原油-石油炼制 Ⅳ.①TE624.1

中国版本图书馆 CIP 数据核字(2012)第 312583 号

未经本社书面授权,本书任何部分不得被复制、抄袭,或者以任何形式或任何方式传播。版权所有,侵权必究。

中国石化出版社出版发行
地址:北京市东城区安定门外大街 58 号
邮编:100011 电话:(010)84271850
读者服务部电话:(010)84289974
http://www.sinopec-press.com
E-mail:press@sinopec.com
北京科信印刷有限公司印刷
全国各地新华书店经销

*

787×1092 毫米 16 开本 70.25 印张 1738 千字
2013 年 1 月第 1 版 2013 年 1 月第 1 次印刷
定价:298.00 元

《含硫含酸原油加工技术》编辑委员会

主　编：张德义
副主编：姚国欣
编　委：（按姓氏笔画排列）
　　　　王　京　李菁菁　张久顺　施　戈　胡长禄
　　　　胡尧良　贾鹏林　郭　蓉　夏国富　黄志华
　　　　蒋荣兴　曾榕辉　廖　健

《含硫含酸原油加工技术》编辑部

主　任：赵　怡
成　员：刘跃文　王瑾瑜　田　曦

《含硫含酸原油加工技术》撰稿人

第一章　张德义
第二章　廖　健
第三章　王　京　章群丹
第四章　姚国欣
第五章　楚喜丽
第六章　蒋荣兴
第七章　郭　蓉
第八章　第一、二、四节　张久顺　陈学峰　白凤宇
　　　　第三节　曾榕辉
第九章　第一、三节　姚国欣　胡长禄
　　　　第二节　胡尧良　谢建峰
　　　　第四节　戴文松
第十章　夏国富　李洪宝
第十一章　施　戈
第十二章　刘小辉　谢守明
第十三章　李菁菁　闫振乾

前言

近年来，世界政治经济形势发生了巨大变化，地缘政治对世界能源尤其是原油的生产和流向的影响更加突出。由于新技术的开发和推广应用，世界能源结构发生了明显变化，特别是页岩气和页岩油的开发利用已经并将继续对美国的经济和能源政策产生重大影响，也将对世界的能源开发和利用以及贸易走向产生重大影响。深海原油和非常规原油开采与加工技术日臻成熟，已成为逐渐减少的常规原油的重要接替资源。近十年来，二氧化碳等温室气体排放越来越受到人们的关注，低碳经济、低碳生活、低碳消费和绿色能源已日益深入人心，对能源消费和能源结构将产生深刻影响。提高能源使用效率、降低经济增长对物质和能源消费的过度依赖，建设生态文明社会，已成为各国政府的共识。近十年来，对石油峰值何时到来一直争论不休，两种观点针锋相对。由于非常规油气资源的不断发现和开发利用，以及石油替代资源技术的日趋成熟和迅速推广应用，使得石油资源枯竭论的声音有所收敛。世界各国和石油公司越来越重视对重质、高硫、高酸、高沥青质和高金属含量原油的开采、加工和利用，新技术的开发应用层出不穷。世界各国无论是新装置建设，还是老装置改造，现在都考虑加工劣质原油，生产环境友好产品和减少污染物排放，炼油厂的装置结构发生了明显变化。近十年来，由于运输燃料特别是馏分油需求的增加，产品质量升级和标准更新换代的加快，世界大石油公司均加大了对新工艺、新技术、新设备和新材料的开发和应用，极大地提高了重质与劣质原油加工和市场需要的应变能力。

随着国民经济的快速发展，中国已成为原油加工能力和加工量增长最快的国家，原油加工能力由2000年的2.77亿吨/年增加到2010年的5.28亿吨/年，增长了90.6%；原油加工量由2.11亿吨增加到4.23亿吨，增长了100.5%，已成为世界第二炼油大国；已建成一批含硫（高硫）和含酸（高酸）原油加工基地，重质、高硫高酸原油的渣油加工能力迅速增长，重质、高硫、高酸、高沥青质和高金属的劣质原油的加工能力大幅度提高，已成为世界重质、高硫、高酸原油加工的主要国家之一。低硫、超低硫清洁燃料的生产技术开发和推广应用加快，现在大多数炼油企业已能根据市场需要生产符合国Ⅲ、国Ⅳ或欧Ⅴ排放标准的汽油和柴油，企业的环境保护意识和环保技术水平大幅度提高。

中国共产党第十八次全国代表大会提出，到2020年，在发展平衡性、协调性、可持续性明显增强的基础上，实现国内生产总值和城乡居民人均收入比2010年翻一番。同时，资源节约型、环境友好型社会建设取得重大进展。这是一个宏伟而艰巨的目标,也是一个必须实现的目标。根据党的十八大提出的目标、任务,我国炼油工业面临的形势将更加艰巨和繁重。资源严重短缺,原油进口依存度进一步加大,进口原油的来源、渠道和种类更加复杂。如何利用好国内外有限而且愈来愈劣质的资源,生产满足社会经济发展和生态文明建设的产品要求更加迫切,这是我国炼油工作者必须考虑和回答的问题。

十年前中国石化出版社出版的《含硫原油加工技术》许多内容已经过时,一些论述也已经不适合当前的形势。为此,中国石化出版社邀请张德义、姚国欣等同志牵头,于2011年初组织编委会,编撰《含硫含酸原油加工技术》。由于《含硫原油加工技术》一书的撰稿人员大部分年事已高,并已长期远离生产、科研和设计第一线工作,所以此次只邀请了张德义、姚国欣和李菁菁三位参与编写工作,其余作者均遴选自各领域的专家或技术骨干。本书编委会成员和撰稿人大多在科研、设计和生产第一线担负重要工作,经验丰富、知识面广,是所从事工作领域的专家和技术骨干。这些同志在繁重的业务工作情况下,查阅了大量国内外有关资料,对撰写的每一章节都进行了反复修改完善,有的甚至五易其稿;先后召开了三次编写工作会议,对编写大纲和稿件内容进行了逐章逐节审阅和修改;两位主编也是不遗余力地对本书进行了阅读,并逐段逐句斟酌,反复几次提出修改意见。可以说,编撰工作是认真而严谨的。

本书编写过程中,得到了中国石化股份有限公司科技开发部、石油化工科学研究院、抚顺石油化工研究院、中国石化工程建设公司、中国石化经济技术研究院、洛阳石化工程公司、中国石油石油化工研究院、中国石化镇海炼化分公司、金陵石化分公司等单位的大力支持,在此一并表示谢意。

本书编写过程中,力求搜集最新数据,反映最新技术和最高水平,但由于形势变化很快,不同石油公司、不同咨询部门和不同出版物对未来形势和市场分析往往出入很大,炼油技术年年都有新的发展,再加上撰稿人接触面有限,为此,书中难免有不足和疏漏之处,敬请读者不吝指教。

《含硫含酸原油加工技术》编委会
2012年12月

目 录

第一章 绪论 （1）
第一节 世界能源消费形势 （1）
第二节 中国能源消费形势与石油产品需求预测 （16）
第三节 中国原油供求形势 （29）
第四节 世界原油质量变化趋势 （39）
第五节 中国已具备大规模加工劣质原油条件 （47）

第二章 含硫含酸原油资源与贸易流向 （68）
第一节 世界石油资源 （68）
第二节 世界石油供需预测与贸易流向 （84）
第三节 世界含硫含酸原油分布 （98）
第四节 生产和出口含硫含酸原油的主要地区和国家 （109）
第五节 中国含硫含酸原油生产 （133）

第三章 含硫含酸原油硫与酸分布及其转化 （143）
第一节 含硫原油一般特性 （143）
第二节 含酸原油一般特性 （151）
第三节 含硫含酸原油一般特性 （156）
第四节 含硫含酸原油中的硫与氧化合物 （158）
第五节 加工过程中硫转化规律 （173）
第六节 加工过程中有机酸转化规律 （190）

第四章 含硫含酸原油加工流程 （197）
第一节 国内外炼油厂含硫含酸原油加工的简要情况 （199）
第二节 含硫含酸原油加工流程的重要性和复杂性 （206）
第三节 含硫/高硫原油加工流程 （224）
第四节 含酸/高酸原油加工流程 （249）
第五节 高硫高酸委内瑞拉超重原油加工流程 （261）
第六节 高硫高酸加拿大油砂沥青加工流程 （268）
第七节 加工高硫高酸重原油多产汽油和多产柴油的优化流程 （278）
第八节 高硫高酸重原油不同加工流程的 CO_2 排放量和减排对策 （281）

第五章 含硫含酸原油电脱盐技术 （291）
第一节 原油电脱盐的作用及意义 （291）
第二节 原油电脱盐工艺 （296）
第三节 原油电脱盐装备 （315）
第四节 原油破乳剂 （326）
第五节 原油电脱盐技术的发展 （333）

I

第六章 含硫含酸原油的常减压蒸馏技术 （349）
第一节 工艺流程的选择 （349）
第二节 轻烃回收 （367）
第三节 减压深拔技术 （375）
第四节 蒸馏装置的硫分布与酸分布 （379）
第五节 蒸馏装置的腐蚀与防腐 （383）

第七章 清洁燃料生产技术 （409）
第一节 低硫和超低硫清洁燃料发展趋势 （409）
第二节 低硫和超低硫清洁汽油生产技术 （416）
第三节 煤油脱硫技术 （442）
第四节 低硫和超低硫清洁柴油生产技术 （445）

第八章 含硫含酸原油馏分油加工技术 （494）
第一节 馏分油特性 （494）
第二节 含硫原油馏分油的催化裂化 （499）
第三节 含硫原油馏分油加氢裂化 （538）
第四节 含酸原油直接催化裂化加工技术 （602）

第九章 含硫原油渣油加工技术 （617）
第一节 含硫含酸原油渣油的性质 （617）
第二节 含硫含酸原油渣油的热加工 （637）
第三节 渣油加氢 （677）
第四节 IGCC 在炼油厂的应用 （736）

第十章 含硫含酸原油生产润滑油基础油技术 （764）
第一节 润滑油基础油分类 （764）
第二节 传统工艺与加氢工艺相结合的工艺技术 （770）
第三节 全加氢工艺 （779）
第四节 环烷基基础油 （798）
第五节 GTL 基础油 （823）

第十一章 含硫含酸原油沥青生产 （828）
第一节 沥青分类与产品标准 （828）
第二节 渣油组成与道路沥青的生产 （845）
第三节 沥青生产工艺 （866）
第四节 氧化沥青工艺 （889）
第五节 改性沥青 （895）
第六节 乳化沥青 （905）
第七节 改性乳化沥青 （917）

第十二章 设备腐蚀与防护技术 （926）
第一节 设备腐蚀与防腐状况概述 （926）
第二节 炼制高硫高酸原油对设备的腐蚀 （930）
第三节 抑制高硫高酸原油腐蚀的措施 （945）

第四节	重点装置腐蚀实例	(990)
第十三章	**含硫含酸原油加工技术的环境保护技术**	(1000)
第一节	胺法脱硫	(1000)
第二节	酸性水汽提技术	(1017)
第三节	克劳斯硫黄回收工艺	(1033)
第四节	H_2S 制硫酸	(1056)
第五节	硫黄回收尾气处理	(1062)
第六节	烟气脱硫	(1088)
附录		(1097)

第一章 绪　　论

第一节　世界能源消费形势

一、经济发展与能源需求

能源是人类社会赖以生存和发展的重要物质基础。纵观人类社会发展的历史，人类文化的每一次重大进步都伴随着能源的改进和更替。大约在一万年以前，人类进入旧石器时代，人们学会了用火，以秸秆和薪柴作燃料，人类依靠这种原始的生物质能源渡过了漫长的石器时代、奴隶时代和农业社会时代。到了18世纪60年代，英国詹姆斯·瓦特发明了蒸汽机，从英国工业革命开始，人类社会从薪柴转向了煤炭能源时代，这是人类社会能源消费的第一次转变。这一转变大约经历了100多年时间。自1859年美国宾夕法尼亚州梯土斯维尔城附近的石油溪旁的世界第一口油井涌出油以来，石油工业得到了迅速发展。到20世纪20年代世界能源结构开始了第二次转变，即从煤炭转向石油和天然气，这一转变首先在美国出现。第二次世界大战后，几乎所有发达国家能源消费都转向了石油和天然气，到1959年工业发达国家基本完成了这种能源消费结构的转变，其标志是石油和天然气在一次能源消费构成中的比例超过50%，煤炭比例下降至48%以下，基本不再使用传统的生物质能。石油替代煤炭成为主要能源的第二次能源消费结构变革大约经历了60年左右时间。

工业社会本质上是一个高碳社会。由于化石能源，如石油、天然气和煤炭等的能量密度高，使用方便，开采、利用化石能源的规模和水平，成为现代农业、现代工业和现代社会发展的标志。随着经济的发展，人们生活水平的提高，能源需求亦在不断增长。尽管由于经济结构的调整和能源消费效率的提高，能源消费强度（能源需求与实际GDP之比）将会进一步降低，特别是对石油和煤炭的依赖程度将有所下降。然而，经济愈发展，社会愈进步，对能源的依赖程度也愈高，因此有人说，能源是现代社会文明和经济发展的生命线。

进入21世纪以来，世界能源消费仍在不断增长，据英国石油公司（BP）统计，2000年世界一次能源消费量为9.40Gt石油当量，2005年为9.80Gt石油当量，2010年达到12.00Gt石油当量（相当于16.00Gt以上标准煤），详见图1-1-1[1]。

中国已成为世界第一能源消费大国，2010年消费一次能源2.43Gt石油当量；第二位是美国，消费一次能源2.29Gt石油当量，两国合计一次能源消费量占世界总消费量的39.3%。中国、美国、俄罗斯、印度、日本、德国、加拿大、韩国、巴西和法国等10个国家一次能源消费量占世界总消费量的65.3%。经济合作与发展组织（简称经合组织，OECD）国家一次能源消费量占世界总消费量的46.4%。详见表1-1-1[2]。

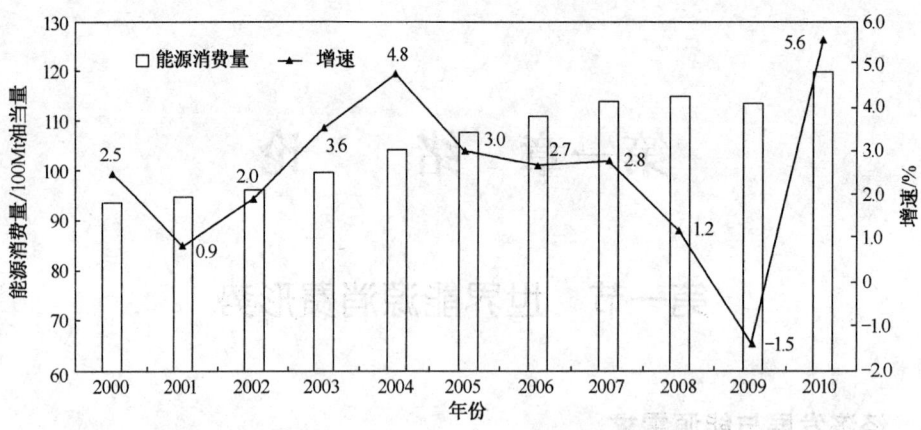

图 1-1-1 2000~2010 年世界一次能源消费量及增速

表 1-1-1 2010 年世界主要国家一次能源消费情况　　　　100Mt 油当量

国　　家	消费量	同比增长/%	占世界比例/%
中国	24.32	11.2	20.3
美国	22.86	3.7	19.0
俄罗斯	6.91	5.5	5.8
印度	5.24	9.2	4.4
日本	5.01	5.9	4.2
德国	3.19	3.9	2.7
加拿大	3.17	1.3	2.6
韩国	2.55	7.7	2.1
巴西	2.54	8.5	2.1
法国	2.52	3.4	2.1
世界合计	120.02	5.6	100.0
欧盟	17.33	3.2	14.4
OECD	55.68	3.5	46.4

注：图 1-1-1 和表 1-1-1 均来源于《BP 世界能源统计 2011》资料，两者数据略有差异。

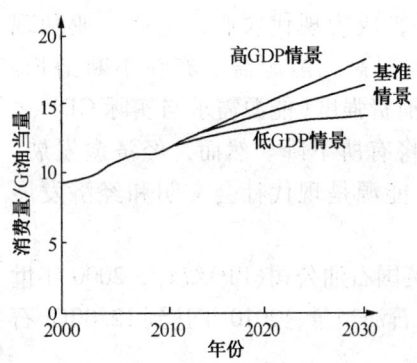

图 1-1-2 世界一次能源需求增长趋势

对于未来的能源需求，不论哪种能源机构预测，在 21 世纪中叶以前，世界能源总需求仍会进一步增长，BP 公司预测见图 1-1-2[3]。

美国能源信息署（EIA）和英荷皇家壳牌集团（Shell）对更长远一点的世界能源需求预测见图 1-1-3[4]和表 1-1-2[5]。

世界人口的增长亦将促进能源需求的增长，据 BP《2030 年世界能源展望》报告，1900 年以来，世界人口翻了两番以上，实际收入增长了 25 倍，一次能源消费增长了 22.5 倍。BP 公司罗伯特·杜德利讲，1970 年以来，世界人口大约增加了 1 倍，GDP 增加了 2 倍以上，一次能源消费则增加了 1.5 倍。近 20 年（1990~2010 年）中，世界人口增加了 16 亿，预计 2010~2030 年世界人口将增加 14 亿。埃克森美孚公司（ExxonMobil）最近发布的《能源展望：2030 年展望》预测，世界人口的增加将推动能源需求增长约 35%。1970 年 OECD 国家消耗全球70%的能源，2009年能源消耗则为全球的47%。今后经济和能源需求的增长主要是发展中国家，见图1-1-4[3]。

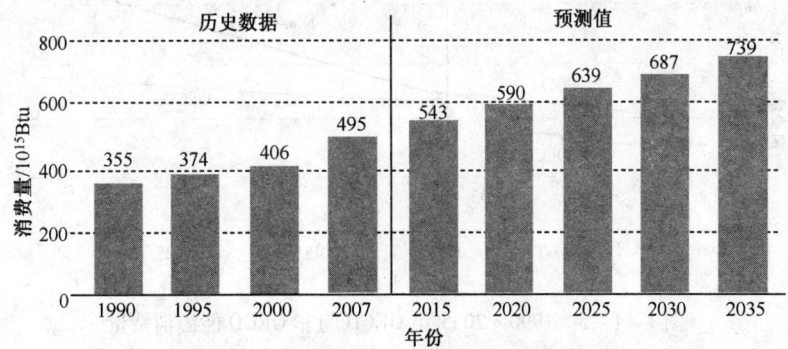

图1-1-3　1990~2035年世界市场销售的能源消费量

注：1Btu=1055.056J。

表1-1-2　2050年前两种世界能源发展远景的能源需求预测　　100Mt油当量

项　目	无序世界						有序世界				
	2000	2010	2020	2030	2040	2050	2010	2020	2030	2040	2050
石　油	35.1	42.0	44.4	42.7	38.2	33.7	42.3	45.6	45.8	44.7	37.5
天然气	21.0	26.3	31.8	32.0	29.6	25.8	26.0	33.2	34.1	32.2	29.1
煤　炭	23.2	34.4	47.5	50.1	58.7	62.8	32.7	41.1	44.4	48.2	49.7
核　能	6.7	7.4	8.1	8.6	9.1	10.3	7.2	7.2	8.1	9.8	11.9
生物质	10.5	11.5	14.1	22.0	25.3	31.3	11.9	12.4	14.1	12.9	13.6
太阳能	0.0	0.0	0.5	6.2	14.8	22.4	0.2	1.7	5.3	10.0	17.7
风　能	0.0	0.5	2.1	4.3	6.4	8.6	0.2	2.1	4.1	6.7	9.3
其他可再生能源	3.1	4.5	6.7	9.1	12.2	15.5	4.3	6.9	9.6	11.9	14.8
一次能源需求总量	99.6	126.8	155.2	175.3	194.6	210.1	125.1	150.0	165.2	176.2	183.6

注：此表为Shell 2007年发表的数据。

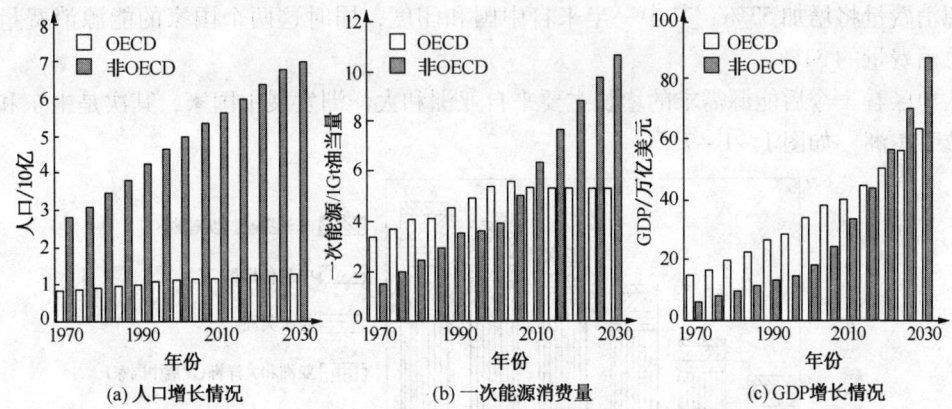

(a) 人口增长情况　　(b) 一次能源消费量　　(c) GDP增长情况

图1-1-4　世界人口和GDP的增长是能源需求增长的主要动力

BP公司预测，到2030年全球能源需求将增长39%，年均增长1.6%，非OECD国家的能源消费将提高68%，年均提高2.6%，占全球能源增长量的93%。而OECD国家到2030年能源消费量仅比今天增长6%，平均每年增长0.3%。EIA对于OECD与非OECD能源消费趋势亦有类似的预测，见图1-1-5和图1-1-6。

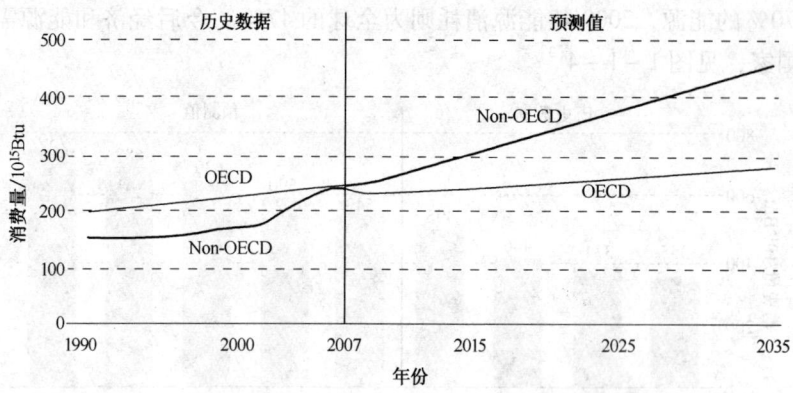

图1-1-5　1990～2035年OECD与非OECD能源消费量

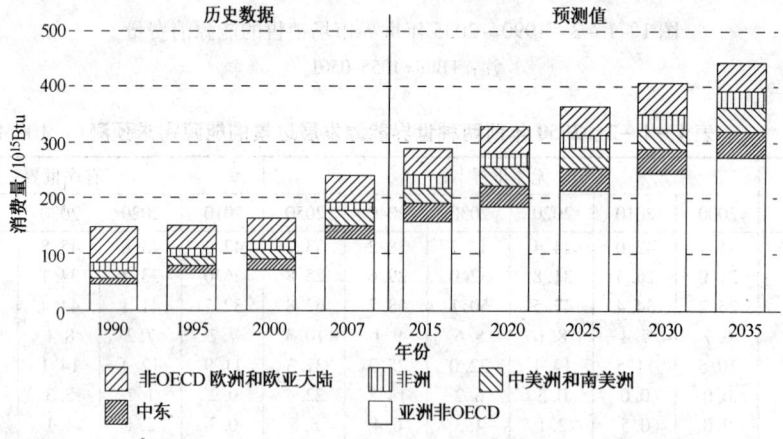

图1-1-6　1990～2035年非OECD经济体各地区能源消费量

国际能源机构(IEA)发布的"世界能源展望"报告认为，2008～2035年预计世界能源消费年均增长1.6%，非OECD国家年均增长2.3%，OECD国家仅增长0.6%。到2035年世界能源消费量将增加53%，其中一半来自中国和印度，届时这两个国家的能源消费量将占世界总消费量的31%。

从地区看，今后能源需求的增长主要来自亚洲和大洋洲发展中国家，其次是中东和北非以及拉丁美洲，如图1-1-7[5]。

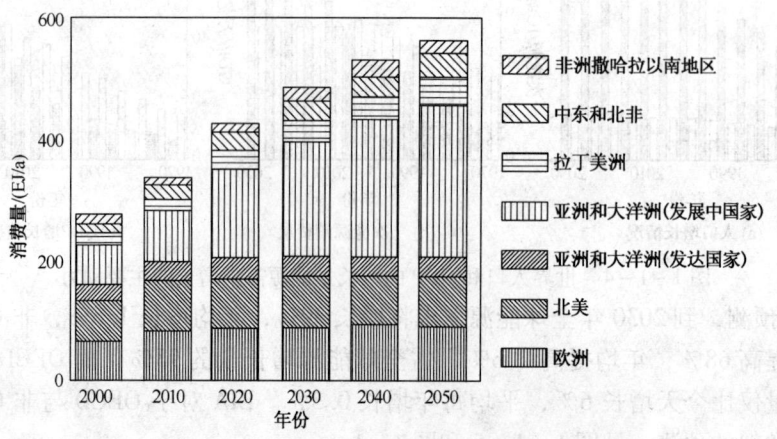

图1-1-7　按地区划分终端能源消费增长趋势

在亚太非 OECD 国家中，能源消费增长最快的是中国和印度，2015 年前后中国一次能源消费量将超过美国，见图 1-1-8[4]。

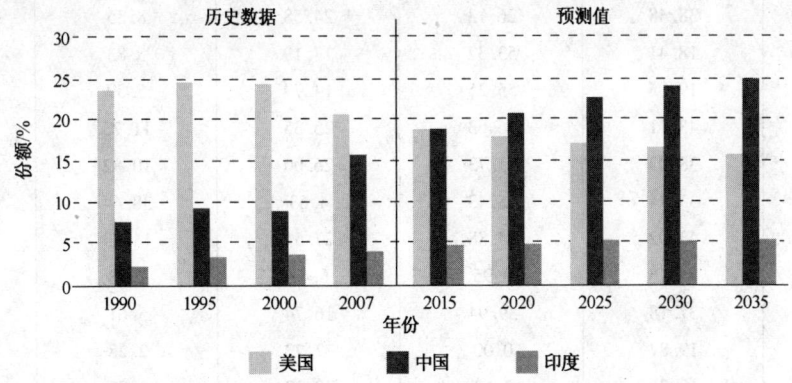

图 1-1-8 1990~2035 年美国、中国和印度能源消费份额

二、能源消费构成与展望

进入本世纪以来，世界各种主要能源消费均有所增长，但在一次能源消费构成中，煤炭和天然气所占比例上升，尤其是煤炭所占比例明显增加，石油和一次电力（主要是核能）所占比例有所下降，见表 1-1-3[2]、图 1-1-9[2]。

表 1-1-3 2000 年和 2010 年世界一次能源消费量及其构成变化

年 份	石油		天然气		煤炭		一次电力		一次能源消费量
	Mt 油当量	%	Mt 油当量	%	Mt 油当量	%	Mt 油当量	%	Mt 油当量
2000	3519.0	38.69	2157.5	23.72	2216.8	24.37	1201.9	13.22	9095.6
2005	3836.8	36.41	2474.7	23.49	2929.8	27.80	1295.9	12.30	10537.1
2008	3927.9	34.80	2726.1	24.10	3303.7	29.20	1337.2	11.90	11294.9
2010	4028.1	34.00	2858.1	24.00	3555.8	30.00	1401.8	12.00	11843.8

注：这里未包括生物质、风能和太阳能等可再生能源。

不同的国家一次能源消费结构差异很大，如巴西、日本、韩国石油在一次能源消费中所占比例均超过了 40%，而俄罗斯、南非和中国石油消费所占比例还不到 20%；俄罗斯和前苏联地区的天然气在一次能源消费中所占比例高达 50% 以上，英国也达到 39.94%，南非、中国、印度和巴西还不到 10%；南非、中国、波兰和印度的煤炭在一次能源消费中所占比例都在 50% 以上，特别是南非和中国高达 70% 以上，法国、巴西煤炭消费比例不到 10%，加拿大、俄罗斯、英国和前苏联地区煤炭消费比例亦在 20% 以下；法国核电

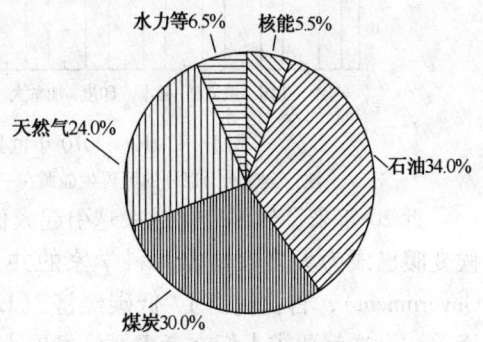

图 1-1-9 2010 年世界一次能源消费构成
注：这里未包括生物质等可再生能源。

在一次能源消费比例中高达 38.64%，是核能发展最快的国家，韩国、日本和德国核能所占比例也在 10% 以上；巴西和加拿大是水电发展最快的国家，在一次能源消费中所占比例分别为 36.09% 和 25.35%，详见表 1-1-4、图 1-1-10[2]。

表1-1-4　2008年世界和主要国家一次常规能源消费结构　　　　%

国家和地区	石油	天然气	煤炭	核电	水电
美国	38.48	26.13	24.58	8.35	2.47
前苏联地区	18.41	53.32	17.19	5.83	5.24
俄罗斯	19.05	55.25	14.79	5.39	5.52
日本	43.71	16.63	25.35	11.23	3.09
德国	38.02	23.73	26.00	10.82	1.43
法国	35.74	15.43	4.63	38.64	5.56
韩国	43.02	14.88	27.51	14.23	0.36
巴西	46.18	9.95	6.41	1.38	36.09
英国	37.18	39.94	16.74	5.61	0.54
南非	19.87	0.00	77.72	2.28	0.13
中国	18.76	3.63	70.23	0.77	6.61
波兰	25.54	12.84	60.96	0.00	0.66
印度	31.16	8.59	53.40	0.81	6.04
世界总计	34.78	24.14	29.25	5.49	6.35

资料来源:《BP世界能源统计2009》。

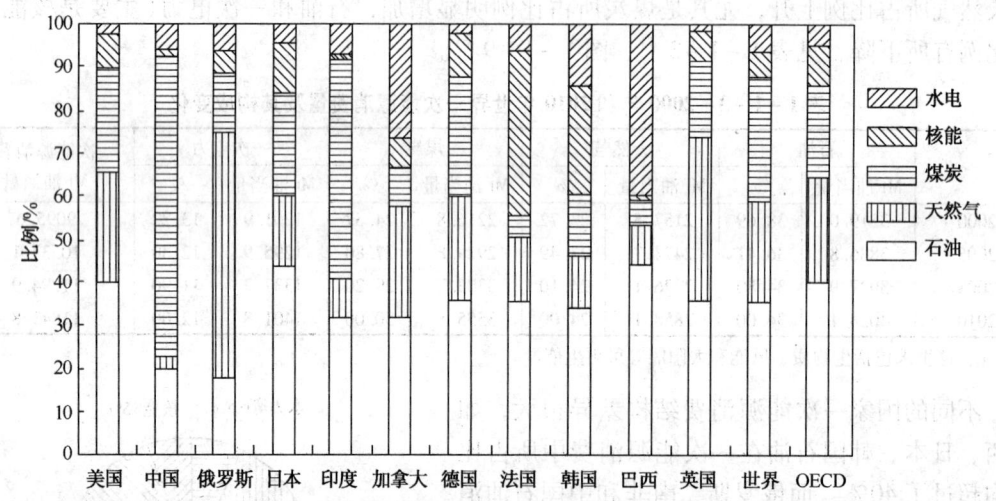

图1-1-10　2010年世界主要能源消费国一次能源消费结构
注：全球水力以外的可再生能源在一次能源消费比例中还不到2%，这里统计未包括。

近20年来，气候变化越来越引起人们的关注，大气中二氧化碳浓度的增加致使地球气候变暖已成为大多数国家和科学家的共识。2003年，英国政府发表了《能源白皮书》(UK Government)，首次提出了"低碳经济"(Low carbon Economy)的概念，引起了国际社会的广泛关注。这就要求人们在考虑经济发展方式时必须改变能源消费方式，它将全方位地改造建立在化石能源基础上的现代工业文明，这将是人类生活方式的一次新变革，从而由工业文明转向生态经济和生态文明。

目前，水电和核能仍是最大的非化石能源，两者合计在一次能源消费中的比例约为12%。BP公司首席经济学家克里斯多夫·鲁尔指出，2009年世界风能、太阳能和地热资源大约贡献了全球1.7%的发电量，占一次能源消费量的0.7%。燃料乙醇的年产量相当于全球石油产量的1%。尽管风能、太阳能、生物质能等来势迅猛,但毕竟基数很小,在本世纪前半叶化石能源仍居主导地位。沙特阿美石油公司 M. M. Saggaf 预测 2030 年前各种能源需求的增长趋势,天然气和煤炭将获得更大的发展,如图 1-1-11[3]。

石油替代燃料的研究受到普遍重视,目前研究的四大类石油替代燃料领域有:①气体燃料——天然气、液化气、氢气;②合成燃料——煤制油、天然气合成油;③醇醚类燃料——甲醇、乙醇、二甲醚;④生物质燃料——生物柴油、生物气化、生物颗粒等。但 IEA 领导人 Claude Mandil 指出,生物燃料对能源总供应贡献仍然不大,至 2030 年,石油、煤炭和天然气合计仍然占世界一次能源的 80% 左右,见图 1-1-12。

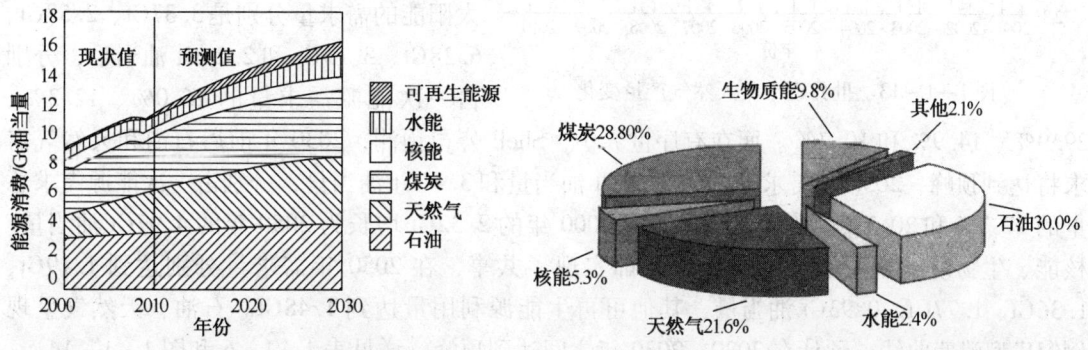

图 1-1-11 世界能源消费构成现状与预测　　图 1-1-12 2030 年世界一次能源消费结构预测
注:可再生能源包括生物燃料。

由于煤层气、页岩气的勘探、开发技术日趋成熟,使得天然气(包括非常规天然气)储量和产量迅速增长。特别是美国,页岩气探明资源量达到 $(14.2 \sim 19.8) \times 10^{12} m^3$,2000 年页岩气产量约 $122 \times 10^8 m^3$,2009 年产量已超过 $900 \times 10^8 m^3$,占全美天然气总产量的 12%,使美国一跃成为世界第一天然气生产大国,详见表 1-1-5。

表 1-1-5　世界天然气前十名生产国(2010 年)

排　名	国　家	产量/$10^8 m^3$	排　名	国　家	产量/$10^8 m^3$
1	美国	6385.61	6	挪威	1062.87
2	俄罗斯	6242.98	7	中国	936.53
3	加拿大	1440.75	8	阿尔及利亚	843.34
4	伊朗	1369.72	9	荷兰	805.14
5	卡塔尔	1098.04	10	印度尼西亚	800.32

天然气(含非常规天然气)探明储量亦由 2001 年的 $149.47 \times 10^{12} m^3$ 提高到 2010 年的 $188.12 \times 10^{12} m^3$,10 年间储量提高了 26%。相应地,10 年来天然气产量也有了大幅度提高,见图 1-1-13。

2011 年 6 月 IEA 发布的报告称,2035 年天然气(含非常规天然气)可能占世界能源消费量的 25%,从而超过煤炭成为仅次于石油的第二大能源(此预测情形尚未被其他部门与专家认可)。2035 年世界天然气消费量将比 2010 年增加 50%,达到 $5.1 \times 10^{12} m^3$,年均增长率为 2%。新兴市场在天然气需求增量中所占比例将达到 80%,其中中国将达到 30%,相当于 2035 年欧洲天然气总需求量。IEA 预测,未来世界天然气供给不会出现紧张,按当前消费水平计算,天然气储量可满足未来 250 年需求。报告称,超过 40% 的新供给来自非常规天

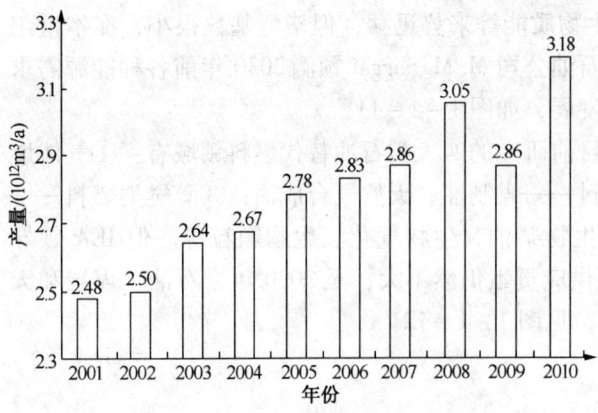

图1-1-13 世界近十年天然气产量变化

然气,当前非常规天然气储量与常规天然气基本持平。

因此有人预测,人类无论对能源消耗和能源结构的认识和调整步调是否统一,至21世纪中叶,石油、天然气和煤炭等化石能源在需求和消费结构中仍然高居60%左右的地位。在无序世界中,2050年石油、天然气、煤炭、生物质和太阳能的需求量分别是3.37Gt、2.58Gt、6.28Gt、3.13Gt和2.24Gt油当量,分别占一次能源需求量的16.0%、12.3%、29.9%、14.9%和10.7%。而在有序世界中,Shell公司预测,2030年前后石油和天然气需求将达到顶峰,2030年需求分别为4.58Gt油当量和3.41Gt油当量,分别占一次能源需求总量的27.7%和20.7%,而煤炭需求量从2000年的2.32Gt增长为2050年的4.97Gt油当量。核能、生物质、太阳能、风能等技术都实现了共享,在2050年需求量分别达到1.19Gt、1.36Gt、1.77Gt、0.93Gt油当量,其他可再生能源利用量达到1.48Gt。石油、天然气呈现倒"U"型消费曲线,预计在2020~2030年之间达到顶峰,详见表1-1-6和图1-1-14。

表1-1-6 2050年前两种世界能源发展远景中一次能源构成比例   %

项 目	无序世界			有序世界	
	2000年	2030年	2050年	2030年	2050年
石 油	35.3	24.4	16.0	27.7	20.4
天然气	21.1	18.3	12.3	20.7	15.9
煤 炭	23.3	28.6	29.9	26.9	27.0
核 能	6.7	4.9	4.9	4.9	6.5
生物质	10.6	12.5	14.9	8.5	7.4
太阳能	0.0	3.5	10.7	3.2	9.6
风 能	0.0	2.5	4.1	2.5	5.1
其他可再生能源	3.1	5.2	7.4	5.2	8.1

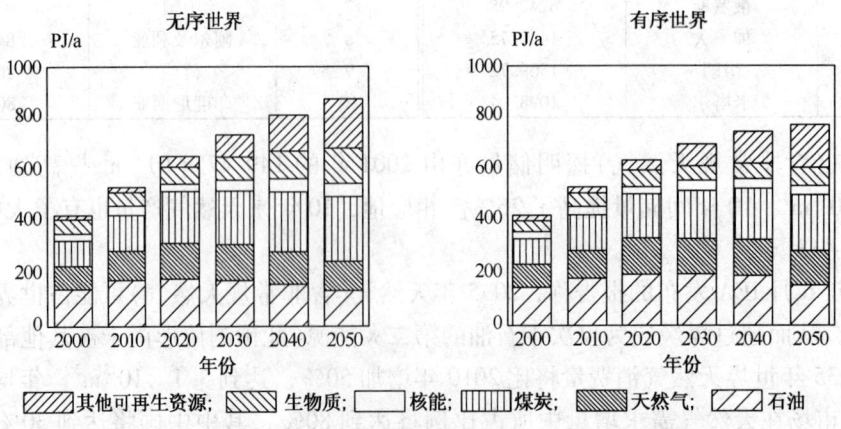

图1-1-14 两种世界能源发展远景中一次能源需求结构比较

三、石油资源与供求形势

沙特阿拉伯石油与矿产资源部部长 Ali Al-Naimi 在第 19 届世界石油大会报告中回顾了石油工业 150 年来的发展历程，石油工业为人类社会和经济发展提供了大量的能源和基本原料，使人类获得了更好的生活，是实现人类社会繁荣的重要物质基础，是人类健康、活动与自由的保证，石油工业利用科学技术给人类带来了福利。从过去 10 年看，石油需求增长与 GDP 增长有着密切的关系，见图 1-1-15[6]。但是，石油与天然气、煤炭一样是化石能源，尽管地质储备巨大，但毕竟不是无限的，也是不可再生的，随着开采和消费的增加，世界石油总资源量在日益减少，这是基本的常识。

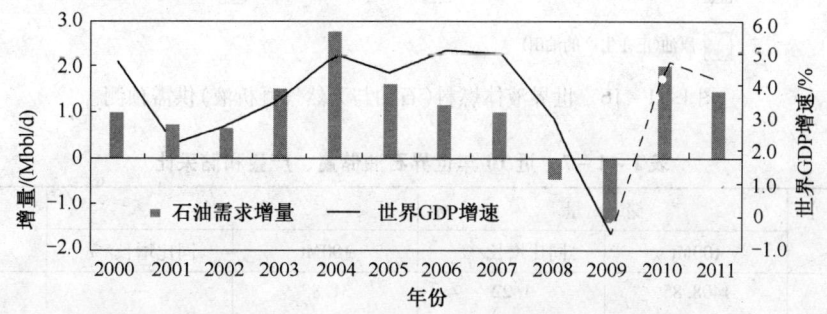

图 1-1-15 2000~2011 年石油需求增量与世界 GDP 增速的关系
注：2010 年、2011 年数据为预测值，1bbl = 159L。

21 世纪之初，已呈现石油工业和能源市场的喧嚣和躁动。美国《油气杂志》2008 年 2 月 25 日报道，Hess 公司主席和董事长 John B. Hess 2 月 12 日在休斯顿召开的剑桥能源研究会能源年会上讲话提出，石油危机已到来，号召石油生产国和消费国（石油生产者和消费者）都要行动起来，避免今后 10 年内可能出现的石油危机。Hess 认为，自 1980 年以来，新发现的石油储量已不能替代全球原油产量的增长。美国石油产量在 1970 年已达到高峰，北海油田产量在 2000 年达到高峰，墨西哥石油产量在 2004 年达到高峰。Hess 警告，今后几年内非 OPEC（OPEC 为石油输出国组织）常规石油产量将达到上升后的稳定状态，世界 60% 的石油产量是来自那些已经达到产量高峰的国家。世界石油资源不均衡地分布在全球近 7 万个油田中，其中 507 个巨型油田产量占世界石油总产量的近 60%，排在前 110 位正在生产的油田，其石油产量占全球石油总产量的 50%，前 20 位占总产量的 27%，产量最高的 10 个油田产量占 20%。在 507 个巨型油田中，430 个正在生产的油田，有 261 个产量在下滑。2007 年排名前 20 位正在生产的油田中有 16 个产量已走向终结性的枯竭。现有油田产量递减率每年将达到 4.07%，见图 1-1-16。

世界市场咨询公司研究报告认为，全球常规石油产量历经 140 余年或快或慢的稳定增长，终于在 2004 年达到高峰开始下滑，预计下降的趋势将继续。由于非常规原油的储量和产量的迅速增长，弥补了常规原油储量和产量的下滑，2001 至 2010 年间，储采比逐年有所提高，详见表 1-1-7 和图 1-1-17。

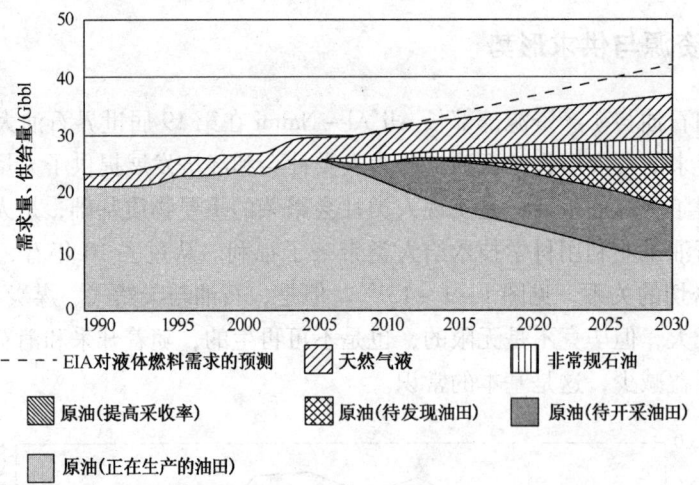

图1-1-16 世界液体燃料(石油与天然气凝析液)供需预测

表1-1-7 近10年世界石油储量、产量和储采比

年份	储量 100Mt	同比增长/%	产量 100Mt	同比增长/%	储采比
2001	1408.85	1.22	31.85	—	44.23
2002	1412.47	0.26	32.71	2.70	43.18
2003	1661.48	17.63	34.25	4.71	48.52
2004	1733.99	4.36	35.50	3.65	48.84
2005	1750.34	0.94	35.90	1.13	48.76
2006	1770.62	1.16	36.24	0.95	48.86
2007	1804.72	1.93	36.18	-0.17	49.88
2008	1824.24	1.08	36.48	0.83	50.01
2009	1838.64	0.79	35.25	-3.37	52.16
2010	1855.04	0.89	36.18	2.64	51.27

注：原油储量和产量是采用美国《油气杂志》各年度末统计发表的数据，原油产量与BP公司公布的《世界能源统计》数据有很大差异，BP公司统计的数据除原油外，还包括了页岩油、油砂沥青和天然气液。

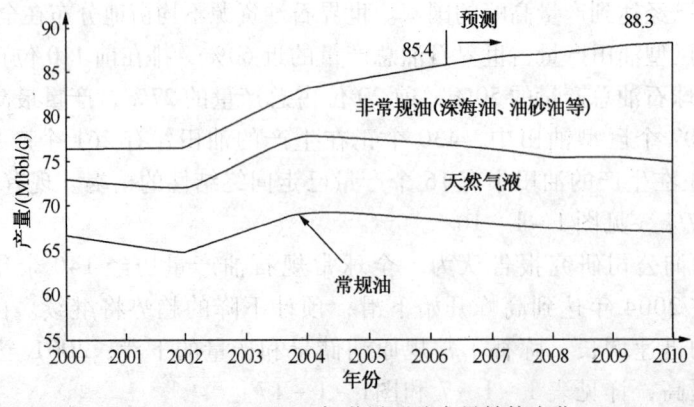

图1-1-17 2010年世界石油产量结构变化

注：天然气液包括丙烷、丁烷和气井产生的其他液体燃料，通常都算是石油供应量的一部分。

IEA 2010 年底发布《世界能源展望》预测，石油需求稳步增长，到 2035 年将达到 99.0Mbbl/d(1bbl=159L，下同)，今后石油需求的增长主要来自发展中国家，非经合组织国家占石油需求增长的大部分，仅中国就占近二分之一。经合组织国家石油需求将下降 3.0Mbbl/d。世界石油输出国组织(OPEC)发布的《世界石油展望 2010》预测，2030 年世界石油需求将达到 103.5Mbbl/d。其中，OECD 国家需求将下降，经济转型国家需求增长放缓，2009~2030 年，发展中国家石油消费增长量将超过 20.0Mbbl/d，而其中亚洲占 75%。到 2030 年，世界石油在一次能源消费中仍保持在 30% 以上。美国剑桥能源研究协会(CERA)发布的研究报告称，全球 30 个发达国家的石油需求或已在 2005 年达到历史的峰值。OECD 组织中的国家石油需求不太可能恢复到 2005 年时的水平。未来全球石油需求增长几乎全由新兴市场提供，2009~2014 年新增石油需求的 83%(约 4.4Mbbl/d)来自非经合组织，只有 0.9Mbbl/d 的增量有望来自 OECD 国家，而 2005~2009 年间 OECD 国家石油需求下降了 3.7Mbbl/d。OECD 与非 OECD 石油需求增长情况详见表 1-1-8 和图 1-1-18。

表 1-1-8 2010~2015 年经济发展与世界石油需求变化   10kbbl/d

项目	年份	2010 年	2011 年	2012 年	2013 年	2014 年	2015 年	2010~2015 年年均增长	
								%	10kbbl/d
GDP 高增长	全球 GDP 年增速/%	4.1	4.3	4.4	4.5	4.5	4.5		
	OECD 石油需求	4540	4520	4490	4450	4410	4370	-0.8	-34
	非 OECD 石油需求	4090	4250	4400	4550	4690	4820	3.3	145
	世界石油需求	8640	8770	8890	9000	9100	9190	1.3	111
GDP 低增长	全球 GDP 年增速/%	3.2	2.9	2.9	2.9	3.0	3.0		
	OECD 石油需求	4540	4490	4440	4400	4370	4340	-1.0	-40
	非 OECD 石油需求	4070	4170	4280	4390	4520	4650	2.7	116
	世界石油需求	8610	8660	8720	8800	8880	8980	0.8	74

资料来源：国际能源机构(IEA)2010 年油气中期展望。

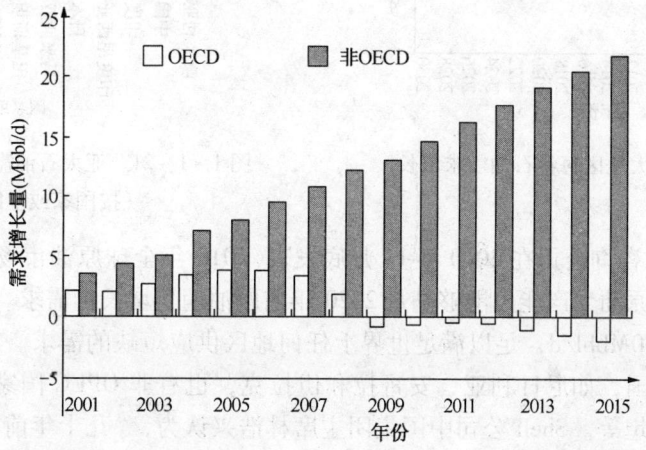

图 1-1-18 2001~2015 年 OECD 和非 OECD 累计石油需求增长

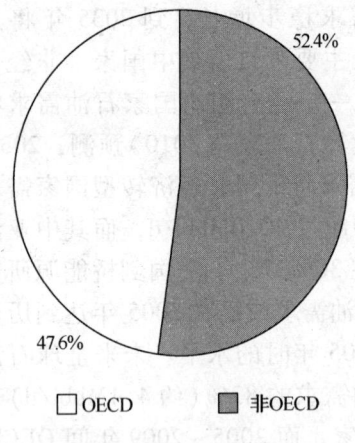

图 1-1-19　2015 年 OECD 和非 OECD 石油需求所占份额

目前，OECD 国家石油需求占世界总需求的 60%，到 2030 年增加 4.0Mbbl/d，达到 53.0Mbbl/d。发展中国家石油需求将增加 1 倍，从 29.0Mbbl/d 增加到 58.5Mbbl/d，其中亚洲发展中国家增加 20.0Mbbl/d，占所有发展中国家石油需求增加量的三分之二。到 2015 年非 OECD 石油需求量就超过了 OECD 国家，见图 1-1-19。

即便如此，到 2030 年 OECD 国家人均能源消费与发展中国家相比仍多 5 倍。交通运输仍为未来能源需求增加的主要成分，全球商用车的数量将增加 1 倍，轿车总保有量将从 2005 年的 7 亿辆增加到 2030 年的 12 亿辆。亚太地区石油需求增长情况分别见图 1-1-20 与图 1-1-21。

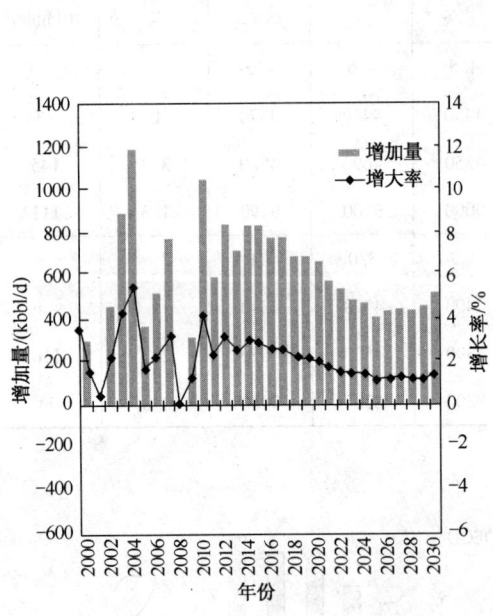

图 1-1-20　亚太地区每年石油需求增长

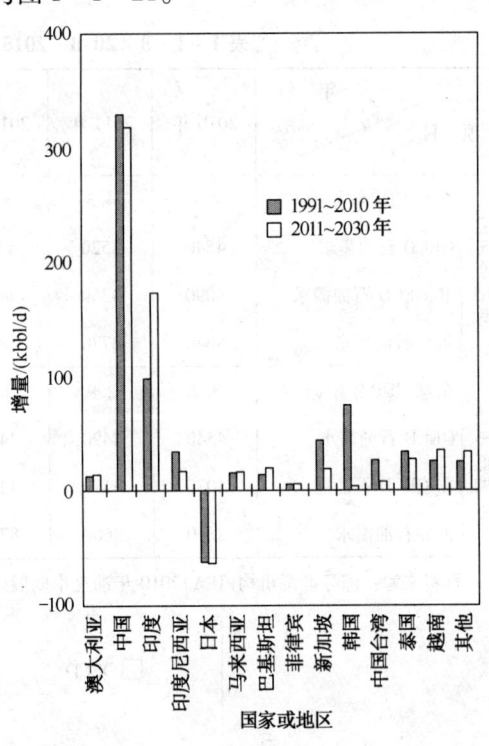

图 1-1-21　亚太石油需求年均增长情况（按国家或地区分）

Parvin & Gertz 咨询公司在 2010 年 11 月底发表《2010 年全球原油市场展望》报告称，目前 OPEC 成员国的原油生产能力能够满足 2020 年前原油消费增长的需求。此外，OPEC 备用的生产能力约为 6.0Mbbl/d，足以满足世界上任何地区供应短缺的需求。原油产量的增加近期既有 OPEC 成员国，如尼日利亚、安哥拉和伊拉克，也有非 OPEC 国家如加拿大、巴西、俄罗斯和哈萨克斯坦等。Shell 公司中国集团主席林浩兴认为，"几十年前，人们就说石油工业已是夕阳工业，但实际上这是一个每天都可以创新的行业"，"上世纪 60 年代，人们认为全世界的石油只够开采40年；到了70年代，认为还可以开采40年；而到了80年代，认为可开采年限还不止40年。这里面的道理很简单，有了新技术就可以找到更多的能源，有了新技术，以前很难开采的资源，现在能够开采了，很多以前看来没有开采价值的变为有经济价值了。"2011年12月4日~8日在卡塔尔首都多哈召开的第20届世界石油大会上，对"石油峰值理论"展开了热烈讨论。来自跨国石油公司和国家石油公司的高管们纷纷表示，随着全球常规和非常规石油资源的新发现与采收率的提高，石油资源足够满足100年以上的需求。正如罗宾·米尔斯在《石油危机大揭秘》中所讲的那样，未来几十年里，在满足全球能源需求增长过程中，石油与天然气仍是最重要的能源来源。即使常规石油的产量有所下降，非常规石油和替代能源也完全可以弥补能源需求的缺口。IEA在《世界能源展望2010》中认为，石油生产和消费是基本平衡的，在"当前政策情景"、"新政策情景"和"450°情景"中，石油产量在2035年将分别达到104.1Mbbl/d、96.0Mbbl/d和78.5Mbbl/d。从原油品种看，无论是哪种情景，天然气凝析液和非常规石油都是石油供应的主要增量。EIA在《国际能源展望》报告中认为，世界非常规石油资源（包括生物燃料、油砂、超重油、煤制油和天然气合成油总量将由2008年的3.9Mbbl/d增加到2035年的13.1Mbbl/d。预计可再生能源将是增速最快的一次能源，消费量年均增长约2.8%，2035年其份额将占总能源消费量的15%。

四、石油替代将是一个长期而缓慢的过程

目前以至以后一个相当长的时间内，石油主要用来生产交通运输燃料，其次是生产基本有机化工原料，世界大多数国家石油生产交通运输燃料的比例都在50%以上，发达国家一般更高一些。例如北美地区达60%以上，欧洲OECD国家达55%左右，非洲和拉丁美洲亦接近50%，详见图1-1-22和表1-1-9。

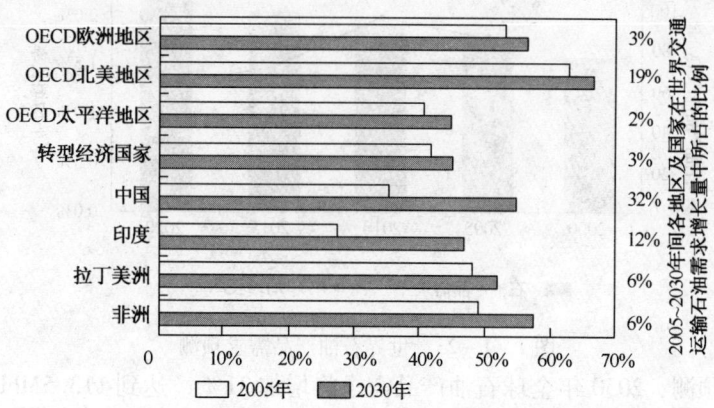

图1-1-22 各地区交通运输燃料在原油需求增量中所占的比例

表1-1-9 2005~2030年间各国家/地区占世界交通运输石油需求增量的比例

国家/地区	所占比例/%	国家/地区	所占比例/%
OECD 欧洲地区	3	中国	32
OECD 北美地区	19	印度	12
OECD 太平洋地区	2	拉丁美洲	6
转型经济国家	3	非洲	6

目前,世界汽车每年产量约7000余万辆,全球行驶的机动车大约在9亿辆,到2030年预计将超过21亿辆,其中亚洲地区占增长的大部分。以石油为基础的发动机燃料依然处于主导地位,在预测期内,其在交通运输需求中所占比例将从目前的94%下降至2030年的92%。据世界能源委员会(WEC)报告预测,到2050年发展中国家运输燃料的需求将增加200%~300%,到2025年发展中国家的需求将超过发达国家。WEC的高级项目经理称,柴油、喷气燃料和燃料油三种油品到2050年需求可能增加10%~68%,其中柴油将增加46%~200%,喷气燃料将增加200%~300%。HART能源公司关于今后10年石油产品需求预测见表1-1-10和图1-1-23[7]。

表1-1-10 全球石油产品分品种需求数据
(2010~2020年)
Mbbl/d

年份 油品	2010	2015	2020
汽油	23.26	25.05	26.88
石脑油	5.7	5.99	6.27
喷气燃料/煤油	7.31	7.87	8.28
柴油	26.78	29.75	32.71
燃料油	10.31	10.5	10.82
LPG	8.01	8.5	8.99
其他	8.78	9.48	10.68
合计	90.15	97.14	104.63

资料来源:基于EIA和IEA数据的HART预测和分析。

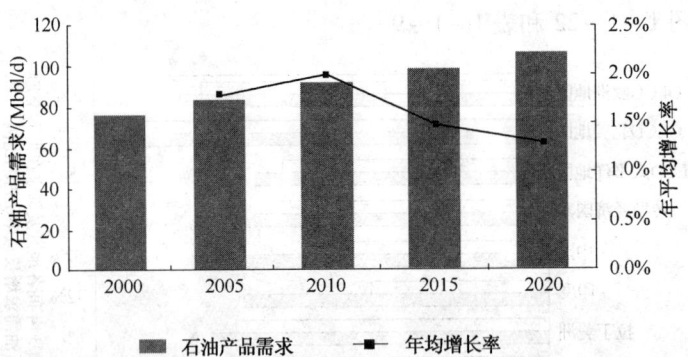

图1-1-23 世界石油产品需求预测

HART公司预测,2030年全球石油产品需求将增加31%,达到113.5Mbbl/d,其中增加的主要是瓦斯油(占49%),汽油增加15%,液化气增加9%,石脑油增加8%,喷气燃料增加7%,残渣燃料油增加3%,其他产品增加9%。

所谓石油替代,这里主要指发动机燃料的替代。目前,可代替石油产品做为发动机燃料的有燃料乙醇、生物柴油、天然气等,或者驱动力由内燃机改为电动机。至于气制油、煤制油,那仅是一种化石能源代替另一种化石能源罢了。当前,发展最快而又比较普遍的是生物燃料,近10年呈现快速发展趋势,特别是北美洲和中南美洲,见图1-1-24[2]。

Market and Markets市场研究公司统计,2010年全球共生产生物燃料1.85Mbbl/d (107.6GL),美国、巴西、法国、西班牙、印度、哥伦比亚、泰国、瑞典、比利时和荷兰等

10个国家占全球生物燃料产量的84%，其中美国占45.9%，巴西占29.3%，法国占3.8%，并预测2016年全球生物燃料产量将达到2.60Mbbl/d(151.0GL)。全球可再生燃料联盟(GRFA)与德国统计分析机构F.O.Licht测算，2011年世界乙醇产量达$88.7×10^6m^3$(1.53Mbbl/d)，比2010年产量$85.8×10^6m^3$(1.48Mbbl/d)高出3%，其中美国乙醇产量超过$51.0×10^6m^3$(0.88Mbbl/d)，为世界上最大的乙醇生产国。美国所有生物燃料的产量在2012年占全部运输燃料的11%。估计用木质生物生产生物燃料在商业上能够生存尚需11年之久。美国能源部宣布，纤维素乙醇2015年实现工业化，2035年实现大规模生产。美国政府于2010年7月1日正式实施可再生燃料

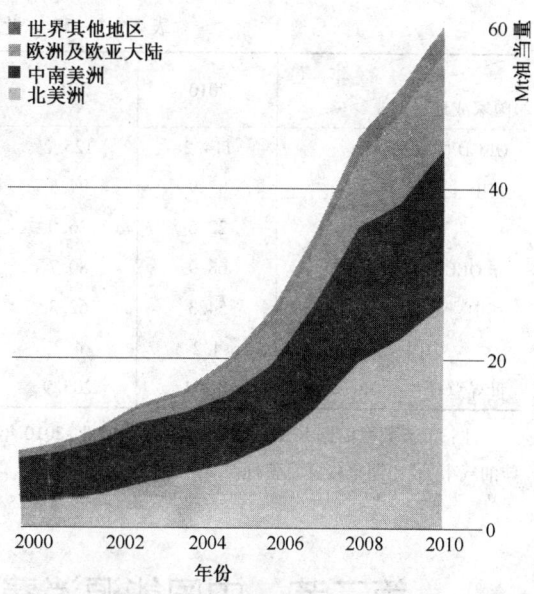

图1-1-24 近10年生物燃料产量增长情况

标准，到2022年可再生燃料(主要为燃料乙醇)必须达到136.26GL(36.0Ggal)，其中79.49GL(21.0Ggal)为先进生物燃料，56.78GL(15.0Ggal)为玉米乙醇等常规生物燃料。

巴西是世界燃料乙醇第二大生产国，2008年生产甘蔗608.0~631.0Mt，其中44%用于生产蔗糖，55%用于生产燃料乙醇，剩下约1%作为饲料。2009年巴西生产燃料乙醇105.22GL(27.8Ggal)，计划2013年国内燃料乙醇消费量将增至28.0GL，出口5.7GL。燃料乙醇主要集中在美国和巴西，其合计产量约为世界的85%~90%。

欧洲《可再生能源杂志》2010年8月4日报道，2009年欧盟生物燃料产量为215kbbl/d，占世界总产量的13.5%，使用总量为12.1Mt油当量，占当年欧盟道路运输燃料使用量(0.3Gt油当量)的4%。Licht咨询公司预测，全球一年生产生物柴油约$10.0×10^6m^3$，且以年均10%~12%的速度增长。2008年欧盟生物柴油产能16.0Mt/a，实际产量7.75Mt，负荷率仅为48%。美国生物柴油产量约$1.5×10^6m^3$，巴西和阿根廷均为$0.5×10^6m^3$。预计2012年欧盟生物柴油产量将达到$(15.0~16.0)×10^6m^3$，美国将达到$8.0×10^6m^3$，巴西预计$9.5×10^6m^3$。目前，欧洲生物柴油占全球生物柴油产量与消费量的80%，生物柴油占其运输燃料总量的2%~3%。欧洲运输使用的生物燃料79.5%为生物柴油，19.3%为燃料乙醇，植物油燃料在0.9%以下。欧盟在2003年颁布的生物燃料指令，要求到2010年生物燃料占汽柴油消费的比例达到5.75%，看来这个计划已经落空。不过，从长远看生物燃料还是会有较大发展的，见表1-1-11与图1-1-25[3]。

用生物质、天然气或煤炭生产运输燃料，发展气体燃料汽车、电动汽车以及燃料电池汽车可以部分替代石油，但在未来20~30年内很难实现大规模替代。未来几十年内，石油仍然是生产运输燃料的主要原料。

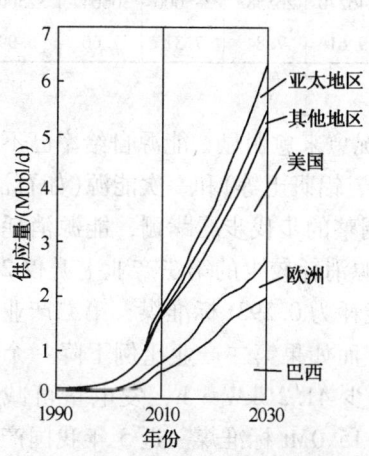

图1-1-25 世界生物燃料供应量

表 1-1-11　世界生物燃料产量预测　　　　　　　　　10kbbl/d

国家或地区 \ 年份	2010	2011	2012	2013	2014	2015
OECD 国家	114.2	125.2	132.5	136.8	139.7	141.1
其中　美国	87.9	94.6	99.5	102.7	104.7	105.9
欧盟	22.6	26.0	28.0	28.9	29.3	29.5
非 OECD 国家	68.9	80.7	90.5	95.6	99.5	102.8
其中　巴西	54.3	62.3	68.6	72.7	76.0	78.9
中国	4.2	4.3	4.5	4.7	4.8	4.8
世界总计	183.1	205.9	223.0	232.4	239.1	243.8

注：此表数据根据 IEA 发表在《世界石油工业》2010 年第 5 期 "2015 年前非经合组织石油需求将超过经合组织——全球油气市场" 中期报告文章整理。

第二节　中国能源消费形势与石油产品需求预测

一、中国仍处于能源消费快速增长期

进入 21 世纪以来，我国国民经济一直保持较快增长。由于我国仍处于重工业化和城市化发展阶段，产业结构调整还远没有到位，经济较快增长必然伴随着能源消费大幅增加，见表 1-2-1。

表 1-2-1　中国经济增长与能源消费的关系

项目 \ 年份	2001	2002	2003	2004	2005	2006	2007	2008	2009	2010
国内生产总值/亿元	109655	120333	135823	159878	184937	216314	265810	314045	340507	397983
增长率/%	8.3	9.1	10.0	10.1	10.4	12.7	14.2	9.6	9.2	10.3
一次能源消费/10kt 标煤	143199	151797	174990	203227	224682	246270	265583	285000	306647	325000
增长率/%	6.74	6.00	15.30	16.10	10.10	9.61	7.84	7.31	7.60	5.99

注：资源来源于国家统计局公布的数据。

近几年，我国能源生产总量落后于能源消费总量的状况愈来愈明显，能源自给率已不足 92%，见图 1-2-1。经济的发展靠进口原材料（如铁矿石、铝矾土等）和一次能源（如石油、天然气和少量煤炭等）支撑不是长久之计。我国产业结构调整的步伐步履蹒跚，能源消耗最大的第二产业所占比例 5 年来下降还不到 2 个百分点，能源消耗较少的第三产业上升仅 2.1 个百分点。据统计，2009 年我国第一产业平均万元 GDP 能耗为 0.293t 标准煤，第二产业万元 GDP 能耗为 1.60t 标准煤，第三产业为 0.631t 标准煤。而如果第二产业比例下降一个百分点，第三产业上升一个百分点，全国用电量就可以减少 41.2GkW·h，发电量可减少 47.6GkW·h，发电量增长速度可以下降 1.9%，年可节约 15.0Mt 标准煤。近 5 年我国产业结构调整情况详见表 1-2-2。

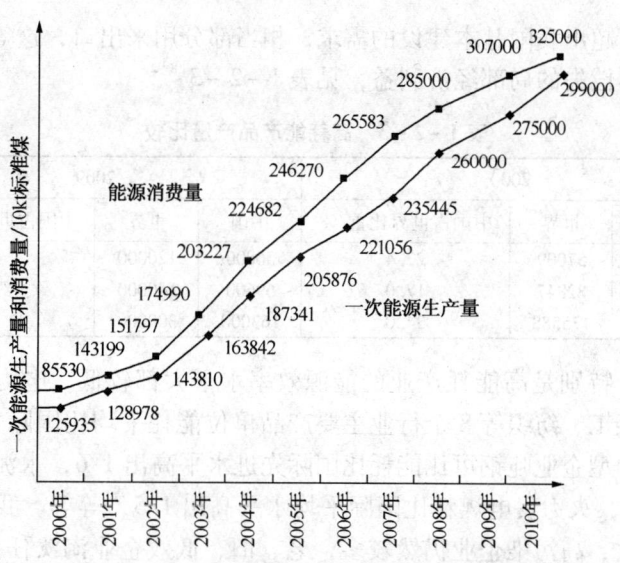

图 1-2-1 中国近 10 年一次能源生产量和消费量

数据来源:《中国统计年鉴》、《中国能源统计年鉴》

表 1-2-2 近年来国内生产总值及产业结构情况   亿元

年 份	GDP 总量	绝对量			比例/%		
		第一产业	第二产业	第三产业	第一产业	第二产业	第三产业
2006	216314.4	24040.0	103719.5	88554.9	11.1	47.9	40.9
2007	265810.3	28627.0	125831.4	111351.9	10.8	47.3	41.9
2008	314045.4	33702.0	149003.3	131340.0	10.7	47.4	41.8
2009	340506.9	35226.0	157638.8	147642.1	10.3	46.3	43.4
2010	397983.0	40497.0	186481.0	171005.0	10.2	46.8	43.0

资料来源:《中国统计年鉴》。

21 世纪以来,我国新一轮的经济增长在很大程度上是以能源和资源的高消耗、以透支生态环境为代价取得的。但是,有关专家指出,能源消耗快速爬升是工业化发展的规律。先行工业化的发达国家,在人均 GDP 处于 3000～10000 美元阶段时,均有一个对能源需求高速增长的过程。在能源强度快速增长期,产业结构呈现"重化工业"特征,而以重化工业为主导的工业化发展阶段是难以逾越的。

我国既要保持一定的经济发展速度,以便到 2020 年实现全面建设小康社会的奋斗目标,到 21 世纪中叶基本达到中等发达国家水平,又要实现可持续发展,就不能照搬外国工业化走过的路,必须走低消耗、低能耗、低污染之路,否则是难以为继的。未来我国矿产资源和能源供应形势是相当严峻的。按可供储量静态计算,到 2020 年我国 45 种主要矿产中,仅有 19 种可以或基本满足需求,21 种矿产难以满足需求,5 种矿产将肯定出现短缺。在探明的 157 种矿产储量中,石油、铁、锰、铬、铜和铝缺口较大。面对能源、资源的严重制约,中国只能走建设资源节约型和环境友好型社会的道路。

在工业企业中,七大行业能耗均超过全国能源消费总量的 3%,合计占全国能源消费总量的一半以上,这七大行业分别是黑色金属冶炼及压延加工(主要是钢铁)、有色金属冶炼及压延加工(主要是电解铝)、非金属矿物制品(主要是水泥、石材等建筑材料)、电力与热力生产、煤炭开采和洗选、石油加工与炼焦以及化学原料与化学制品等。某些高能耗产业生产能力和产品产量已超出我国基本建设的需求,相当部分用来出口,这等于以高能耗、高污染的代价来换取得不偿失的局部经济利益,见表1-2-3[8]。

表1-2-3 高耗能产品产量比较　　　　　　　　　　　　　　　　　10kt

年份 项目	2000			2009			2010
	中国	世界	中国占世界比重/%	中国	世界	中国占世界比重/%	中国
粗钢	12770	57009	22.4	56800	120000	47	62699
钢材	14121	82847	17.0	69600	140000	约50	79775
水泥	59700	175588	34.0	163000	300000	54	188000

我国工业企业,特别是高能耗产业的能源效率水平大都较低,电力、钢铁、有色、石化、建材、化工、轻工、纺织等8个行业主要产品单位能耗平均比国际先进水平高出很多。我国钢铁行业中大中型企业吨钢可比能耗比国际先进水平高出1/6,水泥行业综合能耗比国际先进水平高出1/5,火力发电煤耗比国际平均水平高出1/5,等等。我国高能耗产业比重大,高能耗、高排放、高污染企业仍然较多,老、旧、低效企业淘汰任务远未完成。目前,我国仍处于粗放、低效、高排放、欠安全的能源消费阶段。

但是,根据国务院发展研究中心产业经济研究部预测,未来十年我国国民经济仍处于较快发展阶段(见图1-2-2)。相应地,能源需求仍然会保持一定的增长速度。与此同时,我国城镇和农村居民人均收入也将保持较快增长,预计到2020年城镇和农村人均收入将翻一番,这将进一步促进我国能源需求的增长。

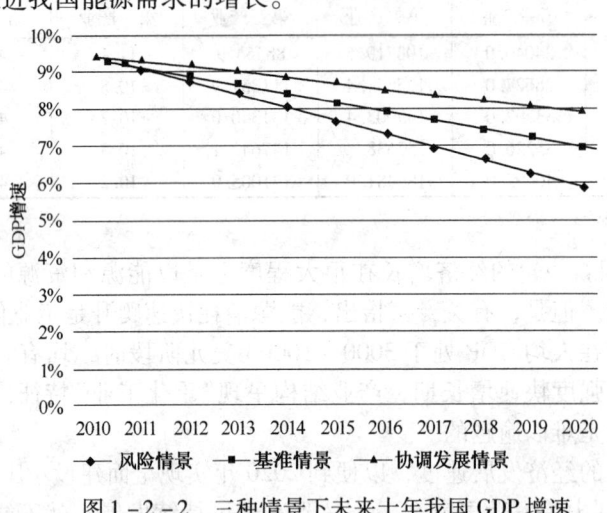

图1-2-2 三种情景下未来十年我国GDP增速
资料来源:国务院发展研究中心产业经济研究部

对于中国未来能源的需求,国内外许多部门和单位都做过预测,其结果不尽相同,但一致认为中国仍处于能源消费快速增长期。中国工程院在"中国能源中长期发展战略研究"报告中提出,基于科学产能和用能的一次能源消费情景预测见表1-2-4。

表1-2-4中的数据并非对实际能耗量的预测,而是"以科学的供给满足合理的需求"为基础实现供需平衡的情景,实际的一次能源总量可能超出数亿吨,如果超过过多,有两种可能。一是煤炭的供需量显著超出了科学产能的实际能力,使我国资源环境和能源安全态势更加趋紧,这是科学发展不希望出现的一种情况;二是清洁能源(核电、可再生能源、天然气)的发展显著超出本战略的估计,这是我们所乐见的。本战略提出的控制总量"天花板",

不包括上述各种清洁能源。

表1-2-4 基于科学产能和用能的一次能源结构情景　　100Mt 标准煤

年份	能源总量	煤	油气(含煤层气等)	核电	非水可再生能源	水电
2020	40~42	22~24	约11.5	约1.7	约2	约3
2030	45~48	20~22	约13.5	约4.5	约4	约4
2050	55~58	18~20	约15.5	约9	约8.5	约5

要实现我国经济平稳、快速、健康发展，上述的能源消费及其结构是很难实现的。姜克隽等人根据中国近年来能源实际消费情况，对于在基准情景和低碳情景下，我国中长期一次能源需求做了预测[9]，见表1-2-5和表1-2-6。

表1-2-5 基准情景一次能源需求量　　Mt 标准煤

项目 年份	煤	油	天然气	水电	核电	风电/太阳能	生物质能发电	醇类汽油	生物柴油	合计
2000	944.4	278.1	30.4	85.3	6.4	0.4	1.0	0.0	0.0	1346.0
2005	1536.5	435.2	60.4	131.5	19.9	0.8	1.9	1.8	0.6	2188.6
2010	2423.6	627.7	109.3	216.9	27.6	6.6	15.8	9.7	0.6	3437.8
2020	2990.5	1096.4	270.5	294.4	90.2	20.2	30.2	21.5	3.1	4817.0
2030	2932.3	1586.9	460.3	358.0	181.2	53.7	43.8	33.4	7.9	5657.5
2040	3001.1	1710.2	532.4	379.5	379.5	84.0	70.8	36.1	8.5	6202.1
2050	2924.6	1835.5	668.0	396.9	595.4	102.5	86.3	38.9	9.2	6657.3

表1-2-6 低碳情景一次能源需求量　　Mt 标准煤

项目 年份	煤	油	天然气	水电	核电	风电	太阳能发电	生物质能发电	醇类汽油	生物柴油	合计
2000	944.4	278.1	30.4	85.3	6.4	0.4	0.0	1.0	0.0	0.0	1346.0
2005	1536.5	435.2	60.4	131.5	19.9	0.8	0.0	1.9	1.8	0.6	2188.6
2010	2173.1	528.2	108.7	206.5	45.6	12.1	0.1	9.4	2.0	1.0	3086.7
2020	2194.8	842.8	349.1	374.7	136.2	51.1	0.7	32.4	8.3	5.8	3995.9
2030	2091.5	963.7	529.2	400.7	300.6	92.2	4.0	52.1	27.9	12.0	4473.9
2040	2062.8	1010.5	627.8	423.8	470.9	117.6	9.4	61.2	36.3	13.0	4833.4
2050	1984.4	1025.0	745.2	422.0	759.5	168.8	19.7	67.5	43.5	14.0	5250.0

注：2010 年我国一次能源实际消费量已达 3.25Gt 标准煤。

二、能源消费构成变化

我国目前一次能源消费主要是煤炭和石油，两者合计接近90%，其中煤炭达到70%，见表1-2-7。

表1-2-7 中国2010年一次能源消费构成

项目	石油	天然气	煤炭	核能	水电	可再生能源	总计
消费量/Mt 油当量	428.6	98.1	1713.5	16.7	163.1	12.1	2432.2
比例/%	17.6	4.0	70.5	0.7	6.7	0.5	100

我国石油、天然气在一次能源消费构成中的比例明显偏低，煤炭所占比例过高；在能源终端利用中，工业所占比例偏高，交通和建筑物所占比例较低，见表1-2-8。

中国工程院在设想的国民经济发展速度下，预测了我国未来一次能源需求量及其能源消费结构，见表1-2-9。

表1-2-8 中国和世界一次能源构成及终端利用分布   %

项目		世界均值	中国
一次能源构成	石油	34.0	17.6
	煤	30.0	70.5
	天然气	24.0	4.0
	其他	12.0	7.9
终端利用分布	工业	32	60
	建筑物	31	25
	交通	30	11
	有机化工	7	4

表1-2-9 未来中国一次能源需求量及能源消费结构

年份 项目	2020	2030	2050
GDP/亿元	366110	625370	1174200
煤炭/%	54.60	49.70	46.90
石油/%	22.10	21.10	20.16
天然气/%	9.30	10.80	11.20
水电核电/%	12.00	15.80	18.10
其他/%	2.00	2.60	3.64
合计/100Mt 标煤	29.09	37.20	46.07

注：数据来源于中国工程院《中国可持续发展油气资源战略研究后续课题综合报告》，2007年2月。GDP按2000年不变价格计算。

从近两年的实际发展情况看，此预测已明显偏于保守。国家发展和改革委员会（简称国家发改委）预测，2050年在基准情况下，我国一次能源需求量将由2005年的2108（实际2247）Mt标准煤增加到6657Mt标准煤，其中煤炭占44%，石油占27.6%，天然气占10.0%，核电占9.0%，水力发电占6.0%，风电、生物质能发电等新能源和可再生能源占3.4%；在低碳情景下，2050年我国一次能源需求量为5250Mt标准煤，其中煤炭占37.8%，石油占19.5%，天然气占14.2%，核电占14.5%，水力发电占8%，风电、生物质能发电等新能源和可再生能源占6.0%。中国石化石油勘探开发研究院张艳秋与张抗对中国未来低碳能源约束下的能源构成和油气需求也做了分析，详见表1-2-10和表1-2-11。

表1-2-10 2010~2050年中国节能情景一次能源需求和构成[1]

项目	2010年		2020年		2035年		2050年	
	需求量/ 100Mt 标煤	占能源总 量比例/%	需求量/ 100Mt 标煤	占能源总 量比例/%	需求量/ 100Mt 标煤	占能源总 量比例/%	需求量/ 100Mt 标煤	占能源总 量比例/%
煤炭	21.19	68.30	27.73	58.10	30.12	51.40	27.52	41.10
石油	6.08	19.60	11.16	23.40	14.51	24.80	17.79	26.60
天然气	1.26	4.10	2.90	6.10	4.72	8.10	6.67	10.00
水电	1.89	6.10	3.31	6.90	3.83	6.50	3.64	5.40
核电	0.24	0.80	1.60	3.40	3.03	5.20	5.80	8.70
传统能源小计	30.66	98.90	46.70	97.90	56.21	96.00	61.42	91.8
新能源[2]	0.35	1.10	1.02	2.10	2.32	4.00	5.48	8.20
合计	31.01	100	47.72	100	58.53	100	66.90	100

①根据参考文献[1]原始数据计算编表，下同；②新能源指风电、太阳能等和其他能源，下同。

表1-2-11　2010~2050年中国低碳情景一次能源需求和构成

项目	2010年		2020年		2035年		2050年	
	需求量/100Mt标煤	占能源总量比例/%	需求量/100Mt标煤	占能源总量比例/%	需求量/100Mt标煤	占能源总量比例/%	需求量/100Mt标煤	占能源总量比例/%
煤炭	20.02	67.5	23.31	53.8	22.07	45.6	20.04	36.0
石油	5.91	19.9	7.96	20.1	9.93	20.5	10.95	19.7
天然气	1.25	4.2	2.93	7.4	4.76	9.9	6.61	11.9
水电	1.88	6.3	3.54	8.9	3.94	8.2	3.91	7.0
核电	0.24	0.8	2.08	5.3	4.15	8.6	6.45	11.6
传统能源小计	29.30	98.7	37.82	95.5	44.85	92.7	47.96	86.2
新能源	0.38	1.3	1.78	4.5	3.52	7.3	7.66	13.8
合计	29.68	100	39.60	100	48.37	100	55.62	100

从表1-2-9、表1-2-10、表1-2-11可以看出，无论哪种预测，至21世纪中叶前，我国一次能源消费仍以化石能源为主，这个事实恐怕无法改变。在几种化石能源中，煤炭将长期占居主导地位，到2030年前在一次能源消费比例中一直保持在50%以上，这是由我国"缺油、少气、多煤"的资源状况所决定的。石油和天然气在一次能源消费结构中的比例偏低，这是因为在长达一百多年的半封建半殖民地的社会中，我国错过了人类历史上两次能源转换的机会，煤炭代替薪柴未彻底，中国农村约有4亿人口依靠薪柴做饭和取暖，消耗生物质约299Mt标准煤；煤炭过渡到石油、天然气也失掉了历史机遇。显然，这种能源消费结构很落后、很不合理，但现在一时也难以改变。

近些年，我国水力、风能、太阳能、生物质能、核能等接替能源有了较快发展。截至目前，我国水电装机容量已达到220GW，居世界第一。核电投运11.91GW，还有27台在建设中，2015年前有望全部建成，届时核电总装机容量将突破40GW。根据中国气象局发布的我国风能资源详查和评价结果：我国陆上离地面50m高度达到3级以上风能资源的潜在开发量约2.38TW，可开发资源600~1000GW；5~25m水深线以内近海区域、海平面以上50m高度可装机容量约200GW，可开发资源100~200GW。至2010年底，我国风电累计装机容量已达44.73GW，超过美国，跃居世界第一。但发电机组75%是从国外引进的。中国风能协会统计的近几年我国风电发展情况见图1-2-3[10]。

国家能源局规划，"力争用10年时间在甘肃、内蒙古、河北、江苏等地形成几个千万千瓦级的风电基地"，即6个陆上和2个海上及沿海大型风电基地。预计到2015年我国风电规模达到100GW，2020年有望达到200GW。但风电是一种不稳定、不连续、不可靠的电源，存在丰、平、枯之年与丰、平、枯之季，风能发电具有随机性和间歇性，发电设备年利用时间仅为2000h左右。

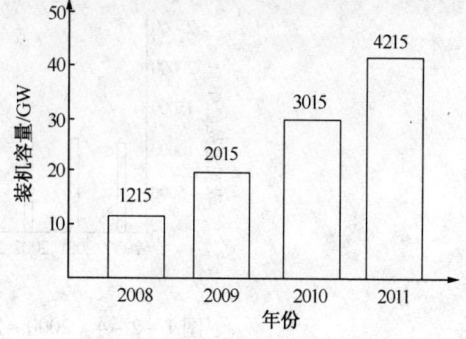

图1-2-3　近几年我国风力发电发展情况
资料来源：中国风能协会

我国光伏电池年产量约2GW，占世界总产量的33%，居世界第一，但95%以上用来出口。至2009年底，装机容量仅0.3GW，与可以装机2.2TW的资源量相比发展潜力巨大。太阳能热水器使用量超过 $1.25 \times 10^8 \mathrm{m}^3$，占世界使用总量的60%，亦居世界第一。计划以西藏、内蒙古、甘肃、宁夏、青海、新疆、云南等省、自治区为重点建成太阳能电站5GW以上。目前制约我国太阳能光伏发电发展的关键因素是发电成本高，约为煤电成本的2~4倍。为此，太阳能光伏发电应在降低成本、扩大应用上下功夫，并发展高效率、高稳定性、低成本的光伏电池技术，近、中期以晶体硅电池为主，远期发展方向为薄膜电池。

目前，我国拥有生物燃料年生产能力约2.2Mt，其中燃料乙醇1.8Mt，生物柴油约0.2Mt。中国粮油公司科学研究院研究发展中心分析预测，至2020年中国燃料乙醇生产能力将达到10.0Mt/a，生物柴油2.0Mt/a。此外，2008年我国二甲醚生产能力已达到5.8Mt/a，产量约1.85Mt，已成为世界上最大的二甲醚生产国。目前在建二甲醚装置已超过4.0Mt/a，拟建和规划的装置能力还有数百万吨/年。总之，这些替代能源正以前所未有的步伐向前发展，但由于基数甚小，有的则是从零点起步，在近20~30年内尚改变不了我国能源消费的基本构成。Shell公司在《壳牌能源远景2050年》报告中指出，到2050年中国的一次能源需求将是21世纪初的4倍，化石能源将占中国一次能源需求的70%，煤炭仍将是中国第一位的能源[11]。

未来我国能源格局总体将呈现"能源结构清洁化、能源开发基地化、能源调运跨区化、能源平衡全国化"的发展趋势与特征。

三、石油消费形势

近20年来，由于我国基本建设和交通运输业的快速发展，我国成品油(指汽油、煤油和柴油)消费呈现突飞猛进式的增长，1990年我国成品油表观消费量为50.32Mt，2000年达到110.85Mt，增长了1.20倍；2010年成品油表观消费量达到246.54Mt，较2000年又增长了1.22倍，20年时间成品油表观消费量增长了3.90倍，见图1-2-4。我国成品油消费增长主要由交通运输发展拉动，由于交通运输业的增长超过了其他用油的发展，因此，成品油在石油产品消费总量中的比重也呈现了快速增长态势，详见表1-2-12。

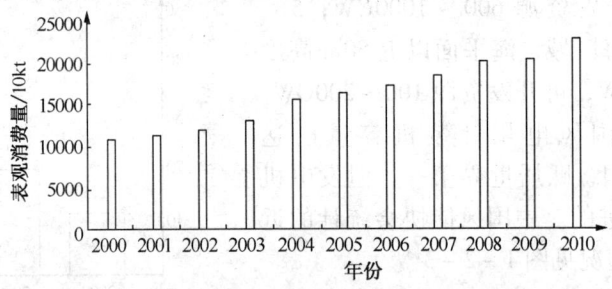

图1-2-4　2000~2010年国内成品油表观消费量走势

表1-2-12　我国石油消费和成品油消费的关系

年份	石油消费/10kt	成品油消费/10kt	成品油所占比重/%
1990	11478	5032	43.8
2000	22711	11085	48.8
2010	45510	24654	54.2

由表1-2-12可见，我国成品油在石油消费总量中的比重由1990年的43.8%提高到2000年的48.8%，提高了5个百分点，而2010年又比2000年提高了5.4个百分点，20年

间提高了 10.4 个百分点。成品油在石油消费中的比重大幅提高,反映了我国油品消费结构发生了明显变化,汽油车、柴油车和民用航空运输业实现了快速增长,使交通运输燃料的快速增长成为拉动成品油消费增长的主要因素,详见表 1-2-13 和图 1-2-5。

表 1-2-13 国内成品油消费结构变化趋势   %

项目名称	年份	2000	2005	2010
汽油消费	汽油车	72.0	79.6	84.3
	摩托车	22.0	16.8	13.0
	其他	6.0	3.6	2.7
柴油消费	柴油车	38.5	49.4	62.5
	农用车	14.0	11.4	9.3
	农业渔业	14.3	11.7	7.5
	铁路水运	11.5	8.7	5.7
	发电	4.0	3.7	2.2
	建筑工矿	17.0	14.5	12.1
	其他	0.7	0.6	0.6
煤油消费（含保税）	民航	65.5	77.8	78.8
	其他	34.5	22.2	21.2

注:表中的数字是分别以汽油、柴油和煤油消费量作为基数统计的。

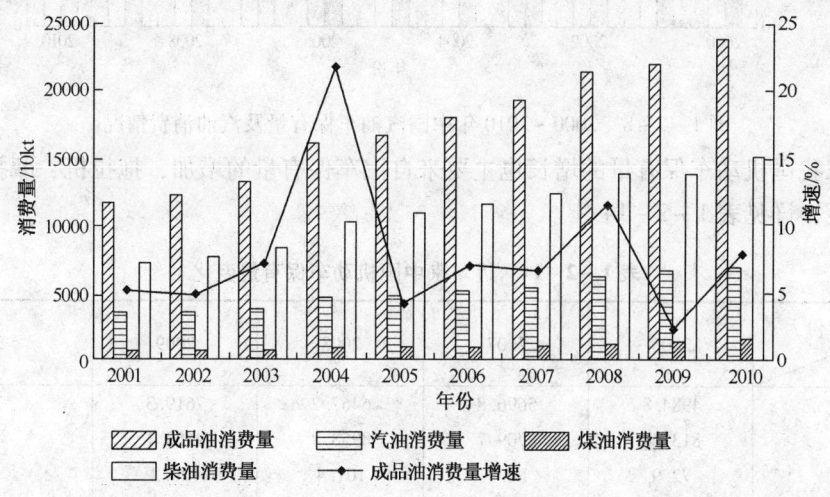

图 1-2-5 近 10 年我国成品油消费量变化情况

汽车工业的发展是推动我国成品油消费的主要动力,交通运输业与石油消费的关联性越来越大。

近几年,中国汽车工业出现高速发展态势,而且呈现出产销两旺的景象,2009 年一跃成为世界第一汽车产销大国,见图 1-2-6[12]。随着产销量的增加,我国汽车保有量迅速增长,见图 1-2-7。

在汽车产销量中增长最快的还是汽油车,因此,10 年来汽油车保有量大幅度增加,10年间约增长了 4 倍。由于汽车保有量猛增,即使单车油耗明显下降,汽油消费总量也随之大幅增加,见图 1-2-8。

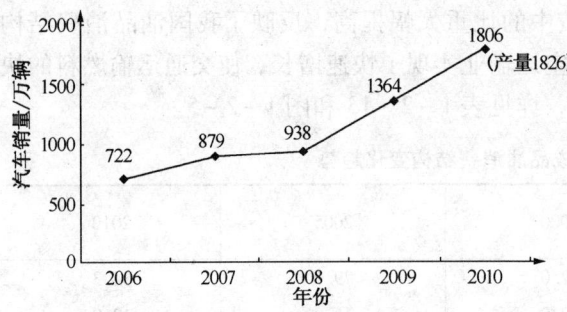

图1-2-6 近5年我国汽车销量增长情况　　图1-2-7 近年我国汽车保有量增长情况

资料来源：公安部

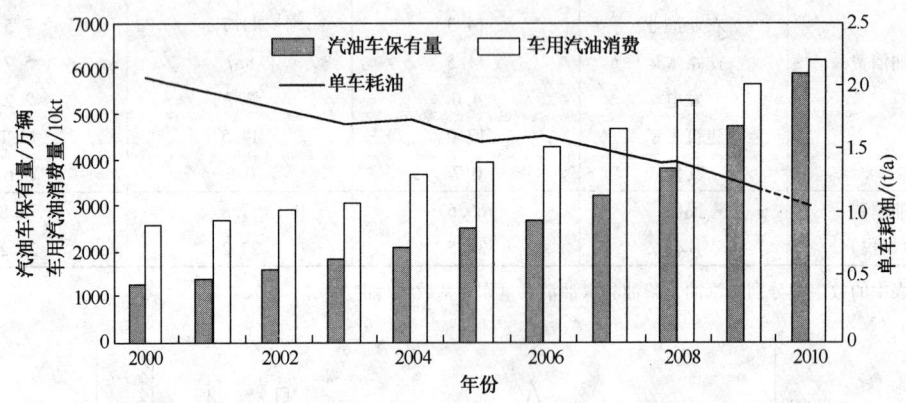

图1-2-8 2000～2010年中国汽油车保有量及汽油消费情况

近年来我国机动车保有量的增长也主要来自汽车保有量的增加，拖拉机、摩托车增长并不十分明显，详见表1-2-14[13]。

表1-2-14　近年来中国机动车保有量变化　　　　　　　　　　　　　万辆

项目\年份	2006	2007	2008	2009	2010
汽车	4984.8	5696.8	6467.2	7619.3	7800
摩托车	8131.4	8709.7	8953.8	9453.1	—
挂车	72.9	86.9	101.4	120.2	—
拖拉机	1331.9	1482.4	1464.3	1463.3	—
其他	2.0	2.0	2.1	2.2	—
合计	14522.9	15977.8	16988.8	18658.1	—

专家预测，2015年我国汽车保有量将达到1.11～1.30亿辆，农用车保有量达到3000万辆左右[14]。工业和信息化部装备工业司认为，到2020年中国汽车保有量将超过2亿辆[15]。

2020年以前，中国仍处于工业化和城市化"双快速"发展阶段，"十二五"期间国民经济潜在增速可能放缓至9%左右；"十三五"期间GDP增速在7.5%左右，第二产业增速回落，第三产业有望逐步成为经济发展主导力量。国家信息中心对未来10年中国经济发展考虑了三种情景，并对三种情景下的宏观经济增速做了预测，详见表1-2-15[16]。

表 1-2-15 中国未来 10 年宏观经济增长预测　　　　　　　　　　%

年份＼情景	情景一	情景二	情景三
2011	9.5	9.3	9.0
2016	8.8	8.3	7.1
"十二五"平均	9.2	8.8	8.0
2016	8.6	7.7	6.8
2020	7.4	6.3	5.4
"十三五"平均	8.0	7.0	6.1
2011~2020 年平均	8.6	7.9	7.0

注：情景一，产业结构调整到位，居民收入水平稳定提高，劳动生产率提升，经济发展方式根本转变；情景二，产业结构有一定调整，居民收入水平与劳动生产率的提高幅度有限，经济发展方式处于过渡阶段；情景三，产业结构调整不到位，居民收入水平提高幅度有限，经济发展方式仍是简单粗放式。

2011 年国家信息中心预计，2015 年和 2020 年我国汽车年需求量将分别上升到 2700 万辆和 3500 万辆左右，保有量从目前的 7800 万辆上升到 2015 年的接近 (1.66~1.76) 亿辆，2020 年进一步增加到 (2.46~2.88) 亿辆左右。乘用车千人拥有量从 2010 年的 80 辆，分别提到 2015 年的接近 150 辆和 2020 年的 200 辆。这与我国城镇家庭户均收入水平有直接关系，见图 1-2-9。2010 年我国摩托车保有量为 1 亿辆，预计到 2015 年和 2020 年将分别达到 1.25 亿辆和 1.32 亿辆。近 10 年来，我国公路建设取得了快速发展，全国公路通车总里程已由 2000 年的 143.5×10^4 km 增加到 2010 年的 398.4×10^4 km，其中高速公路由 2000 年的 1.63×10^4 km 增加到 2010 年的 7.4×10^4 km。这将会大大促进我国交通运输业的发展。农用车，目前约 3000 万辆左右，虽将继续增长，但逐步趋于饱和，2020 年保有量约 3500 万辆左右。农业方面，根据《国务院关于促进农业机械化和农机工业又好又快发展的意见》，到 2015 年农机总动力将达到 1.0TW，农作物耕、种、收综合机械化水平达到 55% 以上；2020 年农机总动力稳定在 1.2TW 左右，主要农作物耕、种、收综合机械化水平达到 65%，农业柴油机械将呈现出大型化和高效率趋势，农业用油增幅减缓。渔业方面，由于国内渔业资源下降，政府将对渔船数量和船机动力功率实行双指标控制，海上和内河陆续实行休渔制度，未来 10 年渔业用油将呈小幅下降趋势。铁路方面，根据铁路建设中长期发展规划，到 2012 年和 2020 年我国铁路运营里程将分别超过 11.0×10^4 km 和 12.0×10^4 km，新建铁路主要依靠电力运行，普通铁路电气化改造也在加快，部分内燃机车将被电力机车取代，还有部分内燃机车由干线转向支线，行驶里程缩短，铁路用油将逐步下降。发电方面，未来我国发电用柴油主要用于发电锅炉点火和调峰，需求量将逐步减少。

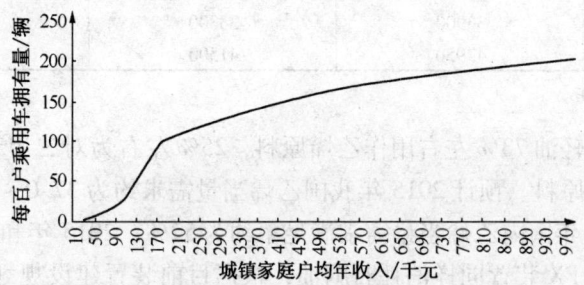

图 1-2-9　城镇家庭户均年收入与乘用车保有量间的关系

《中国民用航空发展第十二个五年规划》提出，2015年国内民航运输总周转量将达99.0Gt·km，旅客运输量达4.5亿人次，货邮运输量达9.0Mt，年均分别增长13%、11%和10%。中国民用航空总局预计，未来10年民航运输量仍将以年均约10%~13%的速度增长。

关于替代燃料的发展，主要考虑了燃气汽车、纯电动和混合动力汽车、生物燃料汽车、煤制油等。燃气汽车，中国石油天然气集团公司（以下简称中国石油）的西气东输一线、二线、三线，中国石油化工集团公司（以下简称中国石化）的川气东送，中国海洋石油总公司（以下简称中国海油）的福建、上海、浙江LNG接收站陆续建成投产，国内天然气供应呈现快速增长态势，为发展天然气汽车提供了较为充沛的资源。根据全国清洁汽车协调领导小组的估计，2010年全国气体燃料汽车保有量为（90~100）万辆，到2015年将超过150万辆，2020年达到300万辆。《新能源汽车发展规划》提出，2015年我国纯电动汽车和插电式混合动力汽车累计销量达到50万辆以上，到2020年累计产销超过500万辆。电动汽车大规模应用还存在初始成本高、电池技术、电控技术和行驶里程等方面诸多问题需要解决，商业化推广应用需要逐步实现。我国2007年颁布的《可再生能源中长期发展规划》提出，到2020年中国的生物燃料乙醇利用量将达10.0Mt，生物柴油利用量2.0Mt，总计替代成品油约10.0Mt。为了保障粮食安全，国家已明令禁止用粮食生产燃料乙醇。未来甜高粱、木薯等农作物种植面积能否明显扩大，纤维素乙醇技术的突破与产业化，尚有待观察。2009年国家虽然批准了《车用燃料甲醇》和《车用甲醇汽油（M_{85}）》标准，但甲醇汽油应用的硬件、软件还不配套完善，监管等一系列措施尚待建立和完善。初步判断，未来10年燃料甲醇作为一种过渡性燃料，用量将有所增加，但不会大范围推广。总之，估计2015年生物燃料及燃料甲醇使用量在4.0~5.0Mt，2020年考虑到纤维素乙醇技术进步，有可能达到8.0~10.0Mt。

至于煤制油，综合直接法和间接法煤制油已建成投产和将要建成投产的项目，2015~2020年我国煤制油产量将达到2.0~3.0Mt左右。

基于以上对我国宏观经济增长、用油部门等行业与用油机具的发展，以及替代燃料发展的预测，中国石化经济技术研究院利用消费系数法、弹性系数法和消费强度法对我国未来10年成品油需求做了预测，综合三种预测方法测算结果，推荐2015年我国成品油需求量约为324.0~339.0Mt，2020年为395.0~430.0Mt，"十二五"和"十三五"期间成品油需求年均增长率分别为5.6%~6.6%和4.0%~4.8%，详见表1-2-16。

表1-2-16 未来10年国内成品油需求　　　　　　　　　　10kt

年份	情景一	情景二	情景三
2005	16842	16842	16842
2010	24654	24654	24654
2015	33900	33300	32400
2020	42950	41500	39500

注：同表1-2-15表注。

目前，国内化工轻油73%左右用作乙烯原料，25%左右为对二甲苯（PX）原料，还有少量化工轻油作烷基苯原料。预计2015年我国乙烯当量需求约为37.0~41.0Mt，2020年约为46.2~50.2Mt。2010年国内乙烯当量需求满足率约为52%，2015年和2020年国内乙烯需求满足率按60%考虑。PX装置同样消耗石脑油，根据目前装置建设规划，2015年预计PX装置产能为10.9~12.6Mt，2020年为12.9~17.0Mt左右，其中利用进口芳烃等原料生产PX

的产能为2.2~3.0Mt。扣除部分煤制烯烃等因素外，预计2015年我国化工轻油需求约77.0~87.0Mt，2020年需求约93.0~111.1Mt。

2010年国内燃料油表观消费34.4Mt，其中内贸船用燃料油约11.2Mt，占表观消费量的33%；其次是用作地方炼油厂再加工原料，约消耗燃料油10.1Mt，约占29%；电力、建材、石化企业自用等领域用作锅炉或加热炉燃料，合计约为13.1Mt，约占38%；另外，港口保税船加油约9.1Mt。综合考虑，2015年，我国燃料油表观需求量将在32.5~34.5Mt，2020年为31.5~34.5Mt。

综合上述成品油、化工轻油、燃料油等主要石油产品需求预测，按三种情景推算2015年我国石油需求约为578.0~602.0Mt，2020年石油需求约为668.0~723.0Mt。采用指数平滑模型，预计2015年我国石油需求为586.0Mt左右，2020年需求719.0Mt左右。综合各种分析，中国石化经济技术研究院推荐我国石油需求结果如表1-2-17。

表1-2-17 我国石油需求推荐结果　　　　　　　　　　　　100Mt

年份 情景	情景一	情景二	情景三
2010	4.55	4.55	4.55
2015	5.95	5.88	5.77
2020	7.23	7.00	6.75

关于更长远一些的中国石油需求，要看近10年我国经济转型、经济结构和产业结构调整、节能减排以及低碳经济发展、低碳生活方式等实践力度及其结果，因此，现在预测难度较大。以往，国内外有关单位均有过这方面的预测，实际运行结果出入都比较大。2009年中国石化石油勘探开发研究院曾对2050年前中国油气需求进行过预测，详见表1-2-18[17]。

表1-2-18 2010~2050年不同情景下的油气需求及年均增长率

项　　目	年份	节能情景	低碳情景	强化低碳情景
石油需求量/100Mt	2010	4.133	4.018	3.950
	2020	7.587	5.411	5.201
	2035	9.864	6.751	6.445
	2050	12.094	7.444	6.778
石油需求年均增长率/%	2010~2020	6.3	3.0	2.8
	2020~2035	1.8	1.5	1.4
	2035~2050	1.4	0.7	0.3

四、石油产品需求预测

关于主要石油产品，如成品油、化工轻油、燃料油等的需求依据和测算结果前面已经作了说明。从单一品种看，汽油从2010年的71.59Mt到2015年、2020年将分别增加到103.06Mt和130.05Mt，年均分别增长7.56%和6.17%；柴油从2010年的157.85Mt将增加到2015年的209.62Mt和2020年的252.15Mt，年均分别增长5.8%和4.8%；煤油从2010年的20.17Mt增加到2015年的29.5Mt和2020年的41.5Mt，年均分别增长7.86%和7.48%；化工轻油从2010年的54.02Mt增加到2015年的77.0~87.0Mt和2020年的93.0~

111.1Mt，年均分别增长 7.34%~9.99% 和 3.57%~7.48%；液化气从 2010 年的 23.38Mt 增加到 2015 年的 23.5~25.5Mt 和 2020 年的 21.6~25.0Mt，年均分别增长 0.10%~1.38%；燃料油从 2010 年的 34.35Mt 增加到 2015 年的 32.5~34.5Mt 和 2020 年的 31.5~34.5Mt，年均分别增长 -1.20%~0.08% 和 -1.10%~0.04%。详见表 1-2-19 和表 1-2-20。

表 1-2-19　国内成品油需求预测　　　　　　　　　　10kt

年份 项目	2010	2015	2020
汽油合计	7159	10306	13005
汽油车	6037	9035	11633
摩托车	932	1121	1172
其他	190	150	200
柴油合计	15785	20962	25215
柴油车	9886	14557	18167
农用车	1525	1525	1458
农业渔业	1125	1220	1350
铁路水运	898	910	940
发电	350	350	400
建筑工矿	1908	2300	2750
其他	92	100	150
煤油合计	2017	2950	4150
民航	1589	2550	3650
其他	427	400	500
汽煤柴油合计	24960	34218	42370

注：中国石化经济技术研究院按消费系数法预测的结果。

表 1-2-20　其他油品国内需求预测　　　　　　　　　　10kt

年份 项目	2010	2015	2020
情景一			
化工轻油	5402	8700	11110
液化气	2338	2550	2500
燃料油	3435	3450	3450
其他	9681	11600	12290
情景二			
化工轻油	5402	8200	10000
液化气	2338	2450	2330
燃料油	3435	3350	3300
其他	9681	11800	12770
情景三			
化工轻油	5402	7700	9300
液化气	2338	2350	2160
燃料油	3435	3250	3150
其他	9681	12100	12640

注：中国石化经济技术研究院按产品推算的其他石油产品需求预测结果。

汽油、煤油和柴油 2020 年前需求增长趋势见图 1-2-10。

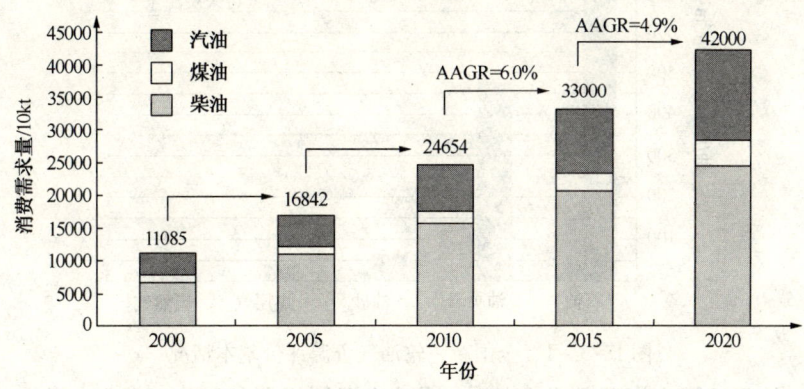

图 1-2-10 中国成品油消费需求预测
资料来源：中国石化经济技术研究院，此图较表 1-2-3 测算的时间要早一些，故数据略有差异。

第三节 中国原油供求形势

一、原油资源与产量预测

21 世纪初，我国动员 1700 多位科技工作者，对 29 个省份和自治区分布的 150 多个盆地做了 5 年摸底，在 $9.6 \times 10^6 km^2$ 国土和 $3.6 \times 10^6 km^2$ 领海及专属经济区的部分海域内，发现至少有 576 块油田，显示石油远景资源量 108.6Gt，地质资源量 76.5Gt。至 2008 年底，全国累计探明油田 614 个，累计探明石油地质储量 28.93Gt，其中可采资源量 21.2Gt，技术可采储量 7.84Gt。按石油地质储量，中国石油占 63%，中国石化占 25.7%，中国海油占 10%，地方约占 2%。目前，已动用开发油田 507 个，累计动用可采资源量 5.89Gt。国土资源部和国家统计局描绘的我国历年石油产量和剩余可采储量增长形势见表 1-3-1[15]和图 1-3-1。

表 1-3-1 新一轮全国油气资源评价石油资源量区域分布　　　　100Mt

地　区	远景资源量	地质资源量	可采资源量
东部	418.14	324.41	100.25
中部	120.63	86.48	20.23
西部	270.78	175.13	47.87
南方	3.26	2.02	0.40
青藏	121.26	69.61	14.00
近海	151.50	107.36	29.27
全国总计	1085.57	765.01	212.03

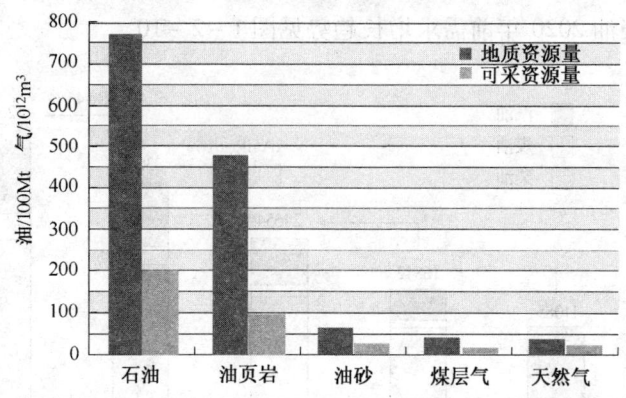

图 1-3-1 全国新一轮油气资源评价基本情况

2009年1月7日国土资源部发布的《全国矿产资源规划(2008~2015)》提出,到2010年新发现6个亿吨级油田和6~8个千亿立方米级的气田;2011年至2015年新发现约10个亿吨级油田和8~10个千亿立方米级气田。争取实现高峰期石油年产量达到200.0~220.0Mt;185.0Mt以上石油年产量的高峰平台期延续到2030年。

2005~2010年,我国原油年产量基本稳定在180.0~200.0Mt,每年均略有增长,但增长的幅度不大。2010年全国石油总产量超过200.0Mt,达到203.014Mt(国家统计局数据),其中,中国石油105.414Mt(按公司统计口径,下同),占52.29%;中国石化42.536Mt,占21.10%;中国海油41.677Mt,占20.67%;陕西延长石油有限责任公司12.00Mt,占5.96%。详见表1-3-2。

表1-3-2 2005~2010年中国原油产量 10kt

油气田/生产企业		2005年	2006年	2007年	2008年	2009年	2010年
	大庆	4495.10	4338.10	4162.21	4020.01	4000.03	4000.03
	辽河	1242.02	1201.46	1206.09	1198.49	1000.02	950.02
	华北	435.10	440.11	447.01	442.80	426.07	426.03
	大港	509.95	531.08	507.06	511.23	485.02	478.05
	吉林	550.57	591.14	624.02	655.06	591.02	610.02
	新疆	1165.37	1191.66	1217.06	1222.49	1089.02	1089.01
	长庆	940.00	1059.00	1213.02	1379.60	1572.30	1825.01
	玉门	77.01	81.20	78.00	70.35	40.00	48.20
	青海	221.49	223.00	220.00	221.16	186.06	186.00
	西南	13.81	13.91	13.66	14.08	14.14	13.84
	冀东	125.02	170.71	213.00	200.30	173.01	173.01
	塔里木	600.06	605.35	643.01	654.05	554.01	554.10
	吐哈	209.84	205.73	208.00	217.00	162.01	163.03
	浙江	0.03	0.08	0.40	0.77	2.01	5.00
	南方①	10.07	11.09	12.02	17.80	18.54	20.07
中国石油合计		10595.42	10663.62	10764.56	10825.18	10313.25	10541.41
	胜利	2694.54	2741.55	2770.08	2774.02	2783.50	2734.00
	中原	320.01	310.57	305.00	300.30	289.19	272.51
	河南	187.15	181.49	180.01	180.51	187.51	227.01

续表

油气田/生产企业	2005 年	2006 年	2007 年	2008 年	2009 年	2010 年
江汉	95.61	95.80	95.75	96.50	96.01	96.50
江苏	164.70	167.40	170.20	171.01	171.01	171.01
滇黔桂②	3.03	3.01	—	—	—	—
中国石化西北分公司	420.01	472.00	536.25	600.13	660.01	700.02
中国石化西南分公司	0.80	0.69	3.2	3.01	2.69	2.50
中国石化华东分公司	18.00	21.09	25.52	13.00	13.02	15.01
中国石化华北分公司	2.30	4.77	6.12	8.33	9.20	9.90
中国石化东北分公司	4.72	4.87	5.02	24.72	24.12	22.51
中国石化中南分公司	0.90	1.60	0.25	—	—	—
石化集团华北石油局	7.70	5.75	5.11	3.24	2.80	2.60
中国石化合计③	3919.47	4010.59	4102.51	4174.77	4239.05	4253.58
中国海油④	2789.40	2782.12	2697.47	2906.28	3177.43	4167.73
陕西延长石油(集团)有限责任公司	838.24	926.60	1031.69	1089.73	1121	1200
全国合计Ⅰ(公司口径)⑤	18142.53	18382.93	18596.23	18995.96	18850.73	20162.72
全国合计Ⅱ(统计局口径)	18060.56	18367.40	18545.43	19021.96	18990.02	20301.4

注：表中的原油产量包括天然气凝析液产量。①"南方"指中国石油集团海南石油勘探开发公司；②从2007年开始"滇黔桂"并入中国石化西南分公司；③与中国海油在东海合资区块的产量未计算在内；④包含了中国海上各合资区块的全部产量；⑤全国合计Ⅰ(公司口径)为以上数据的累加，与中国石油和化学工业联合会发布的快报数据(统计局口径)略有出入。

资料来源：中国石油，中国石化，中国海油，陕西延长石油(集团)有限责任公司，中国石油和化学工业联合会。

中国工程院在《中国可持续发展油气资源战略研究后续课题综合报告》中预测了我国不同高峰原油产量及发展趋势。中国工程院认为，我国常规原油产量已进入高峰期，高峰平台在 180.0～200.0Mt 左右，高峰平台期有望延续到 2035 年以后，见图 1-3-2。

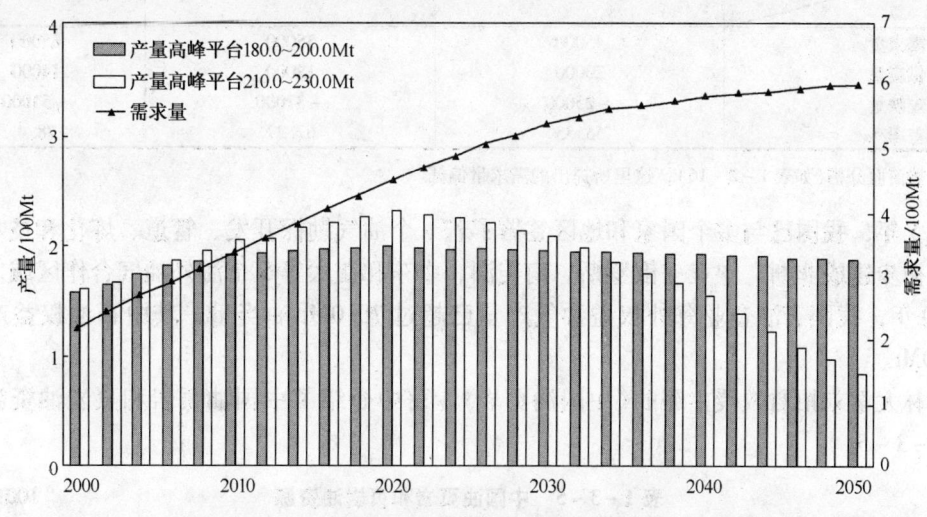

图 1-3-2　我国不同高峰原油产量及发展趋势预测图

中国工程院按照储采比控制法预测全国常规原油产量构成及发展趋势，见表 1-3-3 和图 1-3-3。

表1-3-3 按储采比控制法预测全国常规石油产量构成　　　　　　　　　　　　　　100Mt

项目＼年份	2010	2020	2030	2040	2050
已开发油田产量	1.06	0.57	0.35	0.24	0.18
未动用储量产量	0.13	0.17	0.08	0.05	0.04
新增探明储量产量	0.67~0.74	1.09~1.22	1.37~1.44	1.43~1.47	1.37~1.40
总产量	1.85~1.92	1.82~1.96	1.80~1.87	1.71~1.76	1.58~1.61

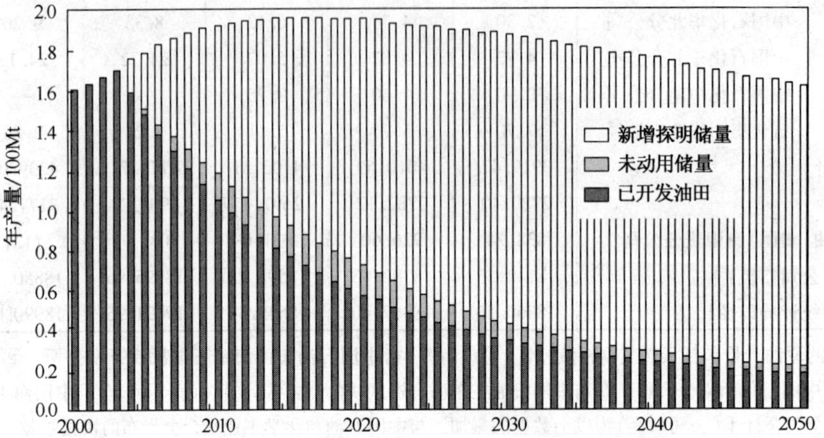

图1-3-3 储采比控制法预测全国常规原油产量构成图

按照常规原油储量和产量来看，我国原油供需矛盾是非常尖锐的，见表1-3-4。

表1-3-4 未来我国常规石油供需预测　　　　　　　　　　　　　　　　　　　10kt

项目＼年份	2020	2030	2050
需求量	45000	55000	65000
供应量	20000	18000	14000
短缺量	-25000	-37000	-51000
差率/%	55.55	67.27	78.4

注：按前面分析（如表1-2-16），这里所提出的需求量偏低。

近5年，我国已与多个国家和地区签署了若干个油气勘探开发、管道、炼化和技术服务合同，初步建成非洲、中亚—俄罗斯、南美洲、中东和亚太等5个海外油气合作区域。截止到2010年，我国石油企业海外权益油气产量已超过70.0Mt油当量，其中石油权益产量超过60.0Mt。

吉林大学刘招君教授主编的《中国油页岩》专著中介绍了中国油页岩和页岩油资源，详见表1-3-5。

表1-3-5 中国油页岩和页岩油资源　　　　　　　　　　　　　　　　　　　　100Mt

项目＼资源	总资源	查明资源	潜在资源	查明技术可采资源	潜在技术可采资源
油页岩	7199.37	500.49	6698.89	259.46	2172.90
页岩油	476.44	27.44	449.0	14.57	145.15

中国石油大学李术元和钱家麟教授在《石油经济参考》2011年第7期登载的文章"世界油页岩和页岩油开发利用现状及预测"中提到，2010年中国页岩油产量约0.55Mt，详见表1-3-6。

表1-3-6 2010年中国页岩油产量   10kt

产地	抚顺	桦甸	龙口	汪清	北票	辽阳	窑街	合计
产量	30	5	6	5	5	2	2	55

当前，辽宁抚顺引进了加拿大开发的ATP页岩干馏技术，中煤集团拟在龙口采用流化干馏技术，中国石油在大庆准备建设固体热载体页岩干馏装置。这些页岩干馏新技术如果在"十二五"期间成功投入运行，将会大大促进我国油页岩开发和利用。

另有资料显示，2006年全国探明页岩油可采资源6.5~6.7Gt，油砂油可采资源4.2~4.4Gt。中国工程院据此预测2010~2050年中国石油产量如表1-3-7。

表1-3-7 2010~2050年我国石油产量构成表   Mt

类别		年份	2010	2020	2030	2040	2050
常规原油			203	180~200	180~190	170~180	160±
非常规原油	页岩油		0.55	3	6	10	15
	油砂油			1.5	2.5	5	10
	小计			4.5	8.5	15	25
合计			203	190~200	190~200	190±	185±

中国工程院又根据当前煤制油、生物质制油等替代能源的发展形势，提出了2020~2050年中国石油供应能力预测，详见表1-3-8。

表1-3-8 中国石油供应能力预测   10kt

项目	年份	2020	2030	2050
常规石油		20000	18000	14000
页岩油		300	600	1500
油砂油		150	250	1000
煤制油		2800	5000	10000
生物质制油		1400	2400	7000
氢能制油		200	700	3000
合计		24850	26950	36500

注：氢能制油所指内容不详。

这里所提出的页岩油、油砂油、煤制油、生物质制油以及氢能制油能力预测有待进一步论证。

二、原油加工能力继续增长

进入21世纪以来，随着国民经济和成品油需求的快速增长，我国原油加工能力和原油加工量增长也明显加快。2001年中国石油和中国石化两大集团公司合计原油加工能力与原油加工量分别为281Mt/a和211Mt，2006年全国原油加工能力和加工量分别增长到418Mt/a与327Mt，到2010年全国原油加工能力和加工量已分别增加到504Mt/a与423Mt。近5年，全国原油加工能力和原油加工量分别增长了20.58%与29.36%，而同期，世界原油加工能力仅增长3.57%，可以说，中国炼油工业是在飞快发展，这是近些年来世界罕见的。

与此同时，中国炼油能力布局及企业规模调整也在加快。2010年底与2005年底相比，炼油产能过剩、需外运产品的东北地区产能所占比例下降了5.82%；原先炼油产能不足，需大量调入石油产品的华南地区产能明显增加，原油加工能力增加了5.4%；炼油能力过剩的华东地区所占比例下降了1.83%；消费量较低、油品需外调的西北地区所占比例略有下降，从14.01%降至13.69%；华北和华中地区所占比例分别提高了2.59%和0.08%；西南地区正在抓紧建设两座大型炼油厂，不久将会有所改观。详见表1-3-9[18]。

表1-3-9 中国炼油能力地区构成变化

年份 地区	2005		2010	
	能力/(10kt/a)	占全国比例/%	能力/(10kt/a)	占全国比例/%
华东(沪、浙、苏、鲁、皖、赣)	11075	34.13	16280	32.30
东北(辽、吉、黑)	8425	25.96	10150	20.14
华南(粤、闽、琼、桂)	3835	11.82	8680	17.22
西北(新、青、甘、藏、陕、宁)	4545	14.01	6900	13.69
华北(京、津、冀、晋、蒙)	2410	7.43	5050	10.02
华中(湘、豫、鄂)	2060	6.35	3240	6.43
西南(滇、川、渝、贵)	100	0.30	100	0.20
合计	32450	100.00	50400	100.00

10年来，我国炼油厂规模不断增大，炼油化工一体化和基地化建设不断推进，中国石化和中国石油已分别跃居世界第二和第六大炼油公司。2010年底，中国石油和中国石化炼油厂平均规模已分别达到6.14Mt/a和6.97Mt/a。我国现已形成20座千万吨级炼油基地，其原油一次加工能力占全国总加工能力的49%。20座千万吨级炼油厂中有14座与乙烯装置为龙头的化工企业结合在一起，发挥了炼油化工一体化的协同效应。详见表1-3-10[18]。

国家发改委表示，计划2015年中国年加工原油能力达到600Mt，但"十二五"期间全国批建、在建和改扩建炼油项目将新增炼油能力210Mt/a。这样，2015年我国炼油能力将超过700Mt/a。根据国家能源局油气发展规划，未来我国将形成十大炼油基地，加工能力达到或超过30Mt/a的超大型炼油基地将有宁波、上海、南京、大连；达到或超过20Mt/a的炼油基地有茂名、广州、惠州、泉州、天津及曹妃甸。届时，我国将形成30个左右具有较强市场竞争力的千万吨级原油加工能力企业，其主要集中在环杭州湾(含长江三角洲)、珠江三角洲、环渤海和西北四大炼化工业区，形成与区域经济协调发展和配套的格局。"十二五"期间，我国炼油厂的规模将进一步扩大，中国石油炼油企业平均规模将达到7.7Mt/a，中国石化炼油企业平均规模将达到8.6Mt/a。未来几年，我国新建的千万吨级炼油企业中多数将配套建设百万吨乙烯等化工装置，我国炼油化工一体化程度将进一步提高[19]。

表 1-3-10 2010 年底中国 20 座千万吨级原油加工基地

所属集团	单位	一次加工能力/(10kt/a)	备注
中国石油(8座)	大连石化	2050	
	抚顺石化	1150	有乙烯装置
	兰州石化	1050	有乙烯装置
	广西石化	1000	拟建乙烯装置
	独山子石化	1000	有乙烯装置
	大连西太平洋	1000	
	吉林炼化	1000	有乙烯装置
	辽阳石化	1000	有乙烯装置
中国石化(11座)	镇海炼化	2300	有乙烯装置
	上海石化	1400	有乙烯装置
	茂名石化	1350	有乙烯装置
	广州石化	1320	有乙烯装置
	金陵石化	1300	隔江为扬子石化乙烯装置
	天津石化	1250	有乙烯装置
	福建炼化	1200	有乙烯装置
	高桥石化	1130	
	燕山石化	1100	有乙烯装置
	青岛炼油	1000	拟建乙烯装置
	齐鲁石化	1000	有乙烯装置
中国海油(1座)	惠州石化	1200	有乙烯装置
总计(20座)		24700	

在"十二五"期间,中外合资建设石油化工项目将增多,其中有中国-俄罗斯的天津东方石化,中国-委内瑞拉的广东石化及中国-科威特大炼油等,这些合资企业建成投产后,外资在华的权益炼油能力有可能从目前的 5.25Mt/a 增至 36.80Mt/a,约占全国炼油能力的 5.3%。在此期间,除了中国石化、中国石油和中国海油三大公司炼油能力进一步增加外,中国化工、中化、中国兵器、陕西延长等其他国营企业及地方炼油企业也将在调整中提高技术水平并扩大原油加工能力,炼油工业的多元化市场竞争格局将进一步发展。

据日本《化学工业日报》2007 年 5 月 21 日报道,中东地区将由出口石油资源变为出口石油产品,5 年后原油加工能力将翻一番。2010 年炼油能力将达到 440Mt/a,2020 年达到 540Mt/a,2030 年达到 645Mt/a。印度炼油能力已由 2006 年的 113Mt/a 增长到 2010 年的 200Mt/a,2030 年将达到 260Mt/a 以上。北非国家也在加速发展炼油能力。2010 年 8 月 31 日普氏能源资讯公司举办的 2010 普氏能源资讯中国石油研讨会发表的信息,到 2015 年中国成品油市场将凸显供大于求形势。同时,2015 年亚太地区成品油过剩量将达到 87.81Mt,中东地区成品油过剩量将达到 60.47Mt,这将对中国成品油市场造成严重冲击[20]。

三、原油缺口和进口依赖形势更加严峻

中国从 1993 年成为原油净进口国,以后原油进口量逐年增加。进入 21 世纪以来,随着

我国原油加工量的增长,原油进口量和进口依存度同步增长,"十一五"期间,我国进口原油以年均12%的速度增长。按照国际通行说法,进口依存度50%是一条警戒线,对进口原油的过度依赖被称为"石油魔咒",我国进口原油从2008年起就已经超出了这条警戒线,而且将越来越严重,详见表1-3-11。

表1-3-11 2001~2010年我国进口原油量及进口依存度

年份 项目	2001	2002	2003	2004	2005	2006	2007	2008	2009	2010
原油加工量/10kt	21051	21897	24255	27290	29457	31212	32679	34207	37200	42300
原油进口量/10kt	6026	6941	9112	12281	12708	14518	16317	17889	20379	23931(23627)
原油进口依存度/%	28.63	31.70	37.57	45.01	43.14	46.52	49.94	52.30	54.79	56.58(55.86)

注:表中原油进口量未减去出口量,所以并非是净进口量;原油进口量也未扣除储备量的增减,这里计算的进口依存度仅是一个粗略的概念。有人统计,2010年我国原油净进口依存度为53.7%。

从20世纪90年代中期起,我国石油产量满足不了需求量的矛盾就已经显现出来,进入21世纪后这种矛盾愈来愈突出,见图1-3-4。

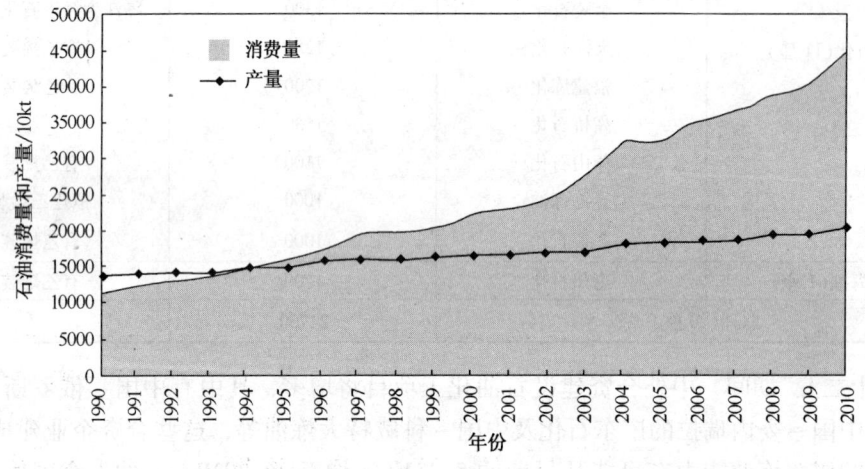

图1-3-4 1990~2010年中国石油消费量和产量

有人预计,我国石油如果按照目前这种无节制的状态消费下去,2015年的对外依存度将达到62%,2020年达到68%,2030年可能达到75%[21]。IEA对我国未来石油供需平衡曾作过预测,见图1-3-5[22]。IEA认为,中国是全球未来石油需求增长的主要贡献者,见图1-3-6[23]。

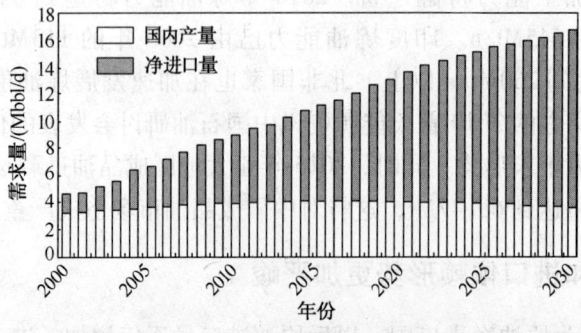

图1-3-5 IEA预测的中国石油供需平衡

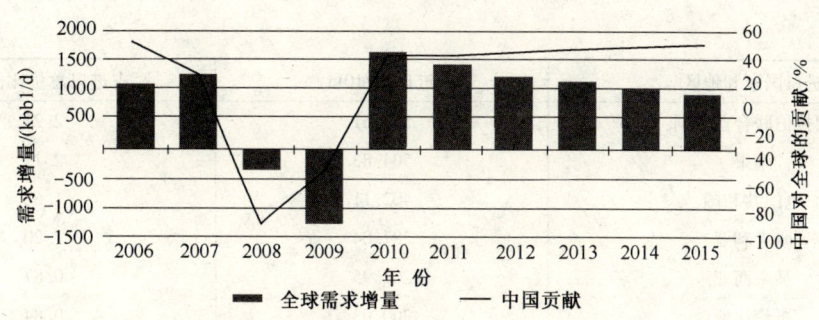

图 1-3-6 中国对全球石油需求增长的贡献

我国进口原油主要来自中东地区，其次是非洲，再其次是前苏联等地区，见表1-3-12。

表1-3-12 2005~2010年中国进口原油主要来源　　　　　　10kt

地区＼年份	2005	2006	2007	2008	2009	2010	2010年所占进口份额/%
中东	5999.19	6560.48	7276.37	8962.07	9746.12	11275.63	47.0
非洲	3847.05	4578.74	5304.49	5395.51	6141.75	7085.27	29.7
前苏联与欧洲	1458.36	1897.57	2084.48	1744.23	2167.91	2586.08	10.8
西半球	435.33	965.06	1078.39	1281.10	1361.31	2104.06	8.8
亚太地区	968.39	516.18	573.81	506.38	961.82	880.10	3.7
合计	12708.32	14518.03	16317.55	17889.30	20378.89	23931.14	100.0
其中欧佩克	6604.84	7982.85	9060.80	11275.05	13183.19	15102.70	63.1

资料来源：国家海关总署。

2010年，向我国出口原油的十个主要国家依次是：沙特（44.6Mt）、安哥拉（39.38Mt）、伊朗（21.32Mt）、阿曼（15.87Mt）、俄罗斯（15.25Mt）、苏丹（12.60Mt）、伊拉克（11.24Mt）、哈萨克斯坦（10.05Mt）、科威特（9.83Mt）、巴西（8.05Mt）。2010年我国进口原油的国家和数量详见表1-3-13。

表1-3-13 2010年我国进口原油的国家及数量

进口国家和地区	进口量/10kt	占进口总量比例/%
沙特阿拉伯	4463.00	18.65
安哥拉	3938.19	16.46
伊朗	2131.95	8.91
阿曼	1586.83	6.63
俄罗斯	1524.52	6.37
苏丹	1259.87	5.26
伊拉克	1123.83	4.70
哈萨克斯坦	1005.38	4.20
科威特	983.39	4.11
巴西	804.77	3.36
委内瑞拉	754.96	3.15
利比亚	737.33	3.08

续表

进口国家和地区	进口量/10kt	占进口总量比例/%
阿拉伯联合酋长国	528.51	2.21
刚果	504.83	2.11
也门共和国	402.11	1.68
澳大利亚	287.04	1.20
马来西亚	207.95	0.87
哥伦比亚	200.03	0.84
阿尔及利亚	175.40	0.73
印度尼西亚	139.41	0.58
尼日利亚	129.10	0.54
阿根廷	113.55	0.47
墨西哥	113.07	0.47
文莱	102.46	0.43
乍得	96.31	0.40
赤道几内亚	82.27	0.34
厄瓜多尔	81.03	0.34
埃及	68.89	0.29
越南	68.34	0.29
卡塔尔	56.2	0.23
加蓬	42.29	0.18
喀麦隆	35.94	0.15
加拿大	30.84	0.13
蒙古	28.70	0.12
土耳其	27.42	0.11
泰国	23.13	0.10
巴布亚新几内亚	16.60	0.07
毛里塔尼亚	14.86	0.06
阿塞拜疆	12.75	0.05
英国	8.14	0.03
挪威	7.86	0.03
新西兰	6.47	0.03
古巴	5.82	0.02
合计	23931.14	100.00

资料来源：2011年中国海关进出口统计。

  至2010年底，我国已建成油气管道总长度约7.8×10^4km，其中原油管道约2.0×10^4km，成品油管道1.8×10^4km。目前，我国主力炼油厂基本上都与原油长输管道连接，原油进厂基本实现了管道化。第一批国家石油战略储备基地即镇海、舟山、大连、黄岛项目已经建成投用，总储备能力14Mt。第二批国家石油战略储备基地——新疆独山子、甘肃兰州、河北曹妃甸项目也已经在建设中。我国原油进口将从三条运输管道、一条海上通道来保证我国东西南北中各地炼油厂的建设和发展，见图1-3-7。

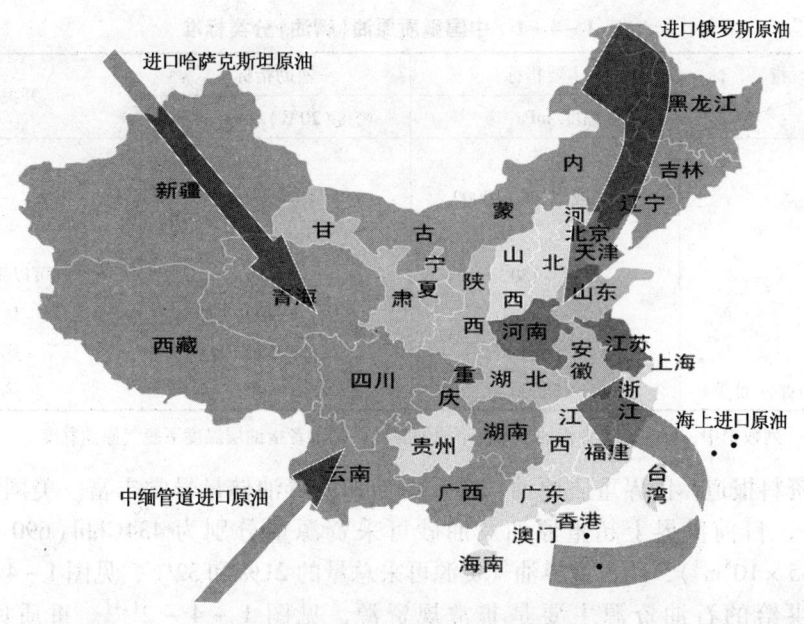

图 1-3-7 我国进口原油通道及流向

第四节　世界原油质量变化趋势

一、世界原油劣质化的趋势越来越明显

美国剑桥能源研究会(CERA)提出，原油 API 度大于 34 定义为轻质原油，API 度 27～33.9 为中质原油，API 度小于 26.9 为重质原油。意大利埃尼集团(ENI)认为，API 度大于 35 为轻质原油，API 度 26～35 为中质原油，API 度 10～26 为重质原油，API 度小于 10 为超重原油。英国《石油技术季刊》将炼油厂加工的原油分为四种类型：API 度为 30～40，硫含量 <0.5% 为轻质低硫原油；API 度为 30～40，硫含量 0.5%～1.5% 为轻质含硫原油；API 度 15～30，硫含量 1.5%～3.0% 为重质高硫原油；API 度 <15，硫含量 ≥3.0% 为超重原油。许多国家把 API 度 <10 的超重原油或沥青称为非常规重油。联合国训练研究署(UNITAR)于 1982 年 2 月在委内瑞拉召开的第二届国际重油及沥青砂学术会议上提出了统一的定义和分类标准。在确定国际石油资源时，应采用黏度将重质原油和油砂、沥青划定界限，当黏度数据缺少时，采用重度值(API 度)。这次会议规定，重质原油是指在原始油藏温度下脱气原油黏度为 100～10000mPa·s，或者在 15.6℃(60℉)及大气压力下，密度为 934～1000kg/m³ 的原油。而原始油藏温度下脱气原油黏度小于 10000mPa·s，但在 15.6℃ 及大气压力下密度大于 1000kg/m³ 的原油则称为超重原油。油砂沥青是指在原始油藏温度下脱气原油黏度超过 10000mPa·s 或者在 15.6℃ 及大气压力下密度大于 1000kg/m³(API 度小于 10)的原油。上述以外的原油分类为中质及轻质原油。UOP 公司把 API 度 <10 的超重油或沥青称为非常规原油。可见，原油分类尚没有大家一致公认的严格标准。我国对稠油曾有过分类，见表 1-4-1。

表 1-4-1　中国重质原油（稠油）分类标准

类　别	指　标	主要指标	辅助指标	开采方式
		黏度/mPa·s	密度(20℃)/(kg/m³)	
普通稠油				
Ⅰ类		50①(或100)~10000	>9200	—
亚类				
Ⅰ-1		50①~150①	>9200	可以先注水
Ⅰ-2		150①~10000	>9200	热采
特稠油(Ⅱ类)		10000~50000①	>9500	热采
超稠油(天然沥青)(Ⅲ类)		>50000	>9800	热采

注：在黏度一列数据中，标注有①者指油层条件下原油黏度；无①者指油层温度下脱气原油黏度。

据有关资料报道，世界重质原油、超重原油和沥青油储量异常丰富。美国地质调查局 (USGS)统计，目前世界上超重原油及油砂可采资源量分别为434Gbbl(690×10⁸m³)和651Gbbl(1035×10⁸m³)，约占世界油气资源可采总量的21%和32%，见图1-4-1。

今后可供给的石油资源主要是非常规资源，见图1-4-2[24]。重质原油储量约354.8Gt，主要集中在中/南美洲，约占重质原油总藏量的64.6%；超重原油、沥青油总藏量658.0Gt，主要集中在北美、前苏联地区和中/南美洲。世界重质原油、超重原油和沥青油总基量约1Tt，主要集中在中/南美洲、前苏联地区和北美洲，详见表1-4-2。

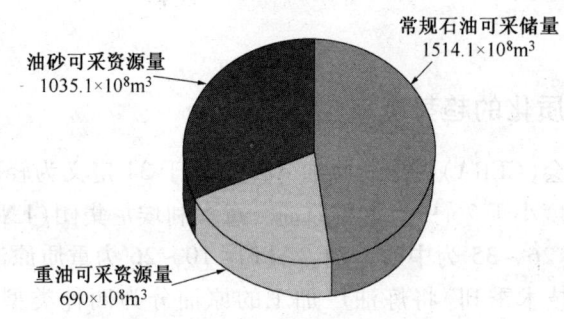

图1-4-1　世界石油资源分布图

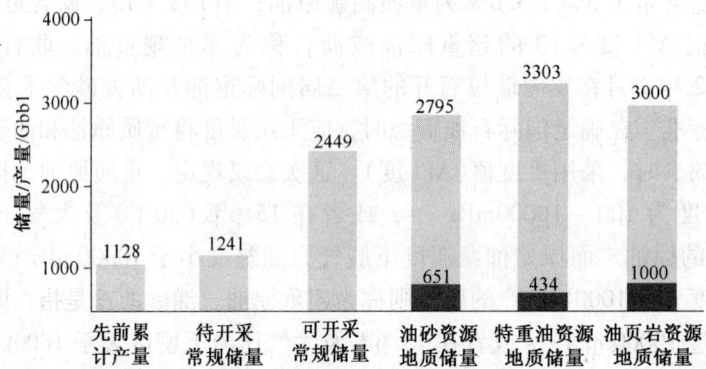

图1-4-2　世界石油资源供给

注：深色区域表示现有技术可开采储量。

表1-4-2 世界重质原油和超重原油、沥青油原始储藏量

地区\品种	重质原油		超重质原油-沥青油		合计	
	Gt	%	Gt	%	Gt	%
北美	15.7	4.4	233	35.4	248.7	24.6
中/南美	229.3	64.6	190	28.9	419.3	41.4
前苏联地区	40.4	11.4	232	35.3	272.5	26.9
中东/北非	45.2	12.7	0	0	45.2	4.5
印度次大陆	1.4	0.4	3	0.5	4.4	0.4
亚太地区	12.9	3.6	0	0	12.9	1.3
西欧	9.8	2.8	0	0	9.8	1.0
中/东欧	0.1	0	0	0	0.1	0
合计	354.8	100	658	100	1012.8	100

注：资料来源于《石油经济参考》2007年第10期金枫文章"非常规石油资源的开发利用前景"。

可期待的世界重质原油、超重原油和沥青油的可采储量为225.3Gt，为其原始藏量的22.25%，其中，重质原油可期待的可采储量为110.3Gt，超重原油和沥青油可期待的可采储量为115.0Gt，详见表1-4-3。

表1-4-3 世界重质原油、超重原油和沥青油期待的可采储藏量

地区	重质油		超重油-沥青油		合计	
	Gt	%	Gt	%	Gt	%
北美	2.3	2.2	40.7	35.5	43	19.3
中/南美	59.7	54.1	33.2	28.9	92.9	41.2
前苏联地区	19.2	17.4	40.5	35.2	59.7	26.5
中东/北非	20.2	18.3	0	0	20.2	9
印度次大陆	0.9	0.8	0.5	0.4	1.4	0.6
亚太地区	4.1	3.7	0	0	4.1	1.8
西欧	3.7	3.4	0	0	3.7	1.6
中/东欧	0.1	0.1	0	0	0.1	0
合计	110.3	100	115	100	225.3	100
原始储藏量	354.7		658		1012.7	
期待回收率/%	31		17		22	

注：见表1-4-2注。

世界重质原油、超重原油和沥青油主要储藏国家和地区见表1-4-4。

表1-4-4 世界主要国家和地区重质原油和超重原油-沥青油原始储藏量

国家和地区	原始储藏量/Gbbl	原油区分
加拿大西部合计	1349.7	
Athabasca	868.6	焦油和重质油
Cold Lake	270.5	
Wabasca	118.8	
Peace River	91.8	

续表

国家和地区	原始储藏量/Gbbl	原油区分
美国合计	62.9	
犹他州	20.1	焦油
阿拉斯加	19.0	
其他	23.8	
委内瑞拉	1416.3	
Oronoco	1200.0	焦油和重质油
其他	216.3	
前苏联合计	1701.6	
西伯利亚大陆架	1376.0	重质和重质油
伏尔加-乌拉尔	186.0	
其他	139.6	
中东合计	316.7	
科威特	201.7	
伊拉克	60.1	
沙特阿拉伯	19.2	
中立区	17.4	
伊朗	9.0	
阿曼	4.1	
叙利亚	2.8	
卡塔尔	2.4	

注：见表1-4-2注。

从国家和地区看，重质原油、超重原油和沥青油主要储藏在前苏联、委内瑞拉和加拿大西部等地区。20世纪90年代以来超重原油的开采逐年增加，见图1-4-3。

据BP世界能源统计，2004年全球探明石油剩余可采储量中，硫含量大于1.5%的高硫原油占70%，主要分布在中东、美洲和远东地区。其中，中东地区90%、美洲地区53%为高硫原油，中东地区每日生产的20Mbbl原油中只有0.5Mbbl是低硫原油。美洲地区主要为美国、墨西哥、加拿大、委内瑞拉和厄瓜多尔，俄罗斯远东地区98.5%为高硫原油。

总之，世界原油将变得越来越重，硫含量越来越高，这将是无法改变的趋势，见表1-4-5和图1-4-4。

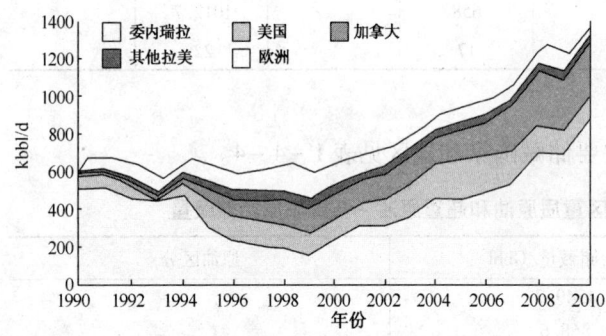

图1-4-3 超重质原油的开采情况

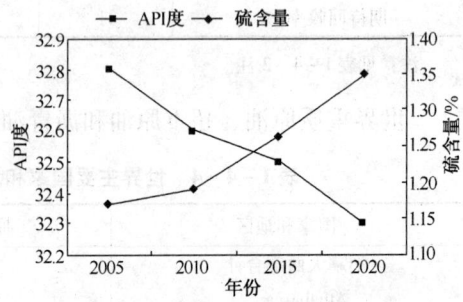

图1-4-4 全球的原油质量趋势

注：此图资料来源于HART公司基于对EIA和IEA数据的分析。

表1-4-5 全球原油质量预测

年份 国家或地区	2005		2020	
	API	硫含量/%	API	硫含量/%
美国	32.4	0.91	31.9	1.17
加拿大	28.3	1.54	25.8	1.64
墨西哥	26.5	2.48	25.1	2.60
其他拉美	24.3	1.21	23.2	1.33
EU28	37.4	0.33	36.9	0.37
东南欧	33.0	0.80	33.0	0.80
独联体	33.2	1.24	33.8	1.19
中东	33.3	1.78	33.2	1.86
非洲	36.3	0.34	36.4	0.25
亚太	34.8	0.16	34.2	0.17
合计	32.8	1.17	32.3	1.35

注：此表资料来源于HART公司基于对EIA和IEA数据的分析。

从含硫量的角度看，原油性质一直在恶化，其趋势是原油越重、含硫量越高。约60%的轻质原油为硫含量小于0.5%的低硫原油，约20%左右的中质原油为低硫原油，仅有15%的重质原油属低硫原油。就全球而言，低硫原油产量约占原油总产量的1/3，而低硫原油的储量仅占原油总储量的1/5。因此，含硫和高硫原油产量所占比例逐年增长是必然的。近些年增加的原油，基本上是硫含量在0.5%~1.0%或1.0%以上的原油。高硫原油产量增长趋势见图1-4-5。

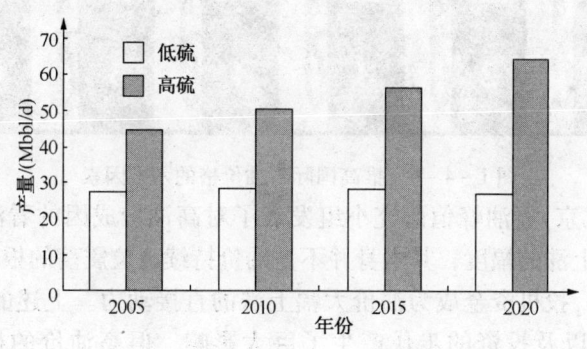

图1-4-5 世界高硫原油产量增长趋势

原油质量不断变劣，不仅仅表现在密度增大、硫含量、残炭和重金属含量增高，还有一种重要表现就是酸值增加。一般界定，酸值小于0.5mgKOH/g的原油，通称为低酸原油；酸值在0.5~1.0mgKOH/g的原油，称为含酸原油；酸值等于或大于1.0mgKOH/g的原油，称为高酸原油。有人统计，2007年全球含酸与高酸原油产量超过8.0Mbbl/d，占全球原油总产量的10%左右。含酸和高酸原油资源主要集中在南美、西非和远东地区，其中美洲地区约占全球高酸原油产量的一半。

英国《石油技术季刊》报道，高酸与含酸原油是全球增长最快的原油，美国加州、巴西、北海、俄罗斯、中国、印度和西非都生产和供应含酸与高酸原油。中国2010年含酸与高酸原油产量可能超过40Mt，占中国原油总产量的20%左右。

二、高油价下加工劣质原油效益显著

自 2004 年以来,国际原油价格持续上升,并屡创历史新高,近些年原油价格一直在高位震荡。第 18 届世界石油大会认为"低油价时代已成为历史"。有人分析,原油价格居高不下有五大因素:一是需求增长,2002 年世界石油消费量为 $7704.6 \times 10^4 \text{bbl/d}$,2003 年消费量为 $7829.4 \times 10^4 \text{bbl/d}$,增幅 1.6%,2004 年消费量为 $8075.7 \times 10^4 \text{bbl/d}$,增幅 3.1%;二是当时炼油能力不足,全球原油加工企业平均负荷接近 96%;三是欧佩克国家从高油价中获得了巨额好处,原油进口国对高油价没有像预料的那样反响强烈,从而坚持高油价策略;四是金融投机操纵油价的因素亦不可低估;五是美元汇率变化对油价也有一定影响。也有研究把高油价归纳为六大因素,见图 1-4-6。

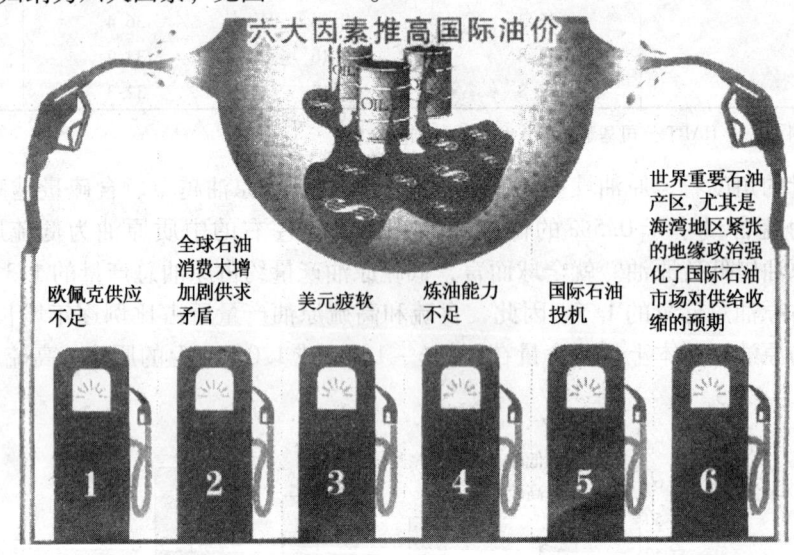

图 1-4-6 推高国际石油价格的六大因素

中国石油大学(北京)石油峰值研究小组发表了对高油价成因的看法。他们认为,美元贬值只是加大了油价上涨的幅度,其本身并不是油价持续高位震荡的根本原因;地缘政治因素使高油价雪上加霜;投机资金成为油价大幅上涨的直接动力。上述的种种"地上因素"都对石油的生产、运输以及投资的步伐产生了巨大影响,但高油价的根本成因是"地下因素"——石油资源的稀缺[25]。日本和兴大学岩间刚一教授指出,美国是原油价格高涨的震源,油价飙升在相当大的程度上是美国纽约原油期货市场的技术操作所致。美国学者威廉·恩道尔在其《石油战争》一书中尖锐地指出,美国高盛公司是 2008 年油价上涨的最大操盘手。他认为,今天 60% 的石油价格是市场投机的结果[25]。不管原因如何,2004 年以后国际原油价格一直在高位震荡,这是不争的事实,见图 1-4-7[26]。

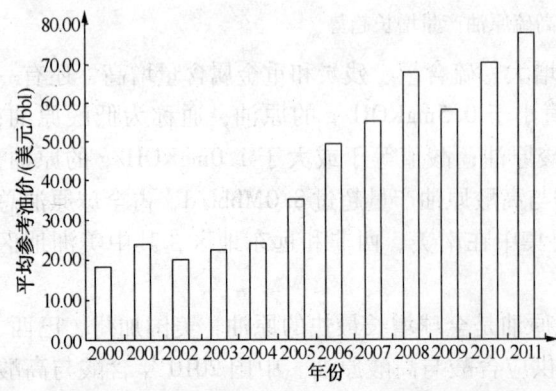

图 1-4-7 2000~2011 年平均参考油价

由于油价高企，品质较好的低硫、低酸原油与品质相对较差的高硫、高酸原油的价差不断拉大。例如，国际上以 API 度为 37、含硫量为 0.46% 的布伦特原油代表轻质低硫原油，以 API 度为 31.1、含硫量为 1.66% 的迪拜原油代表中质含硫原油，当布伦特原油价格低于 30 美元/桶时，布伦特与迪拜原油价差小于 2.5 美元/桶；当布伦特原油价格超过 40 美元/桶时，布伦特与迪拜原油价差达 4~5 美元/桶，价差一度曾达到 13 美元/桶。

一般来说，含酸/高酸原油不仅酸值高，密度大，胶质、沥青质和金属（特别是钙、镁）含量也较高，多为环烷基或环烷中间基重质原油，其蜡油裂化性能较差，渣油就更难裂化了，属于难加工的油种，国际原油市场交易价格普遍较低。据有关资料介绍，在其他性质相近的情况下，原油酸值每增加 1.0mgKOH/g，原油交易价格下降 2.5 美元/桶。例如，密度为 0.9340g/cm³、酸值为 2.2mgKOH/g 的安哥拉奎都（Kuito）原油，每桶价格曾较布伦特原油便宜 4 美元以上，API 度为 21.3、酸值为 3.35mgKOH/g 的乍得多巴（Doba）原油较布伦特原油售价曾低 6~8 美元/桶。原油的这种品质价差在高油价下将长期存在下去，见图 1-4-8。

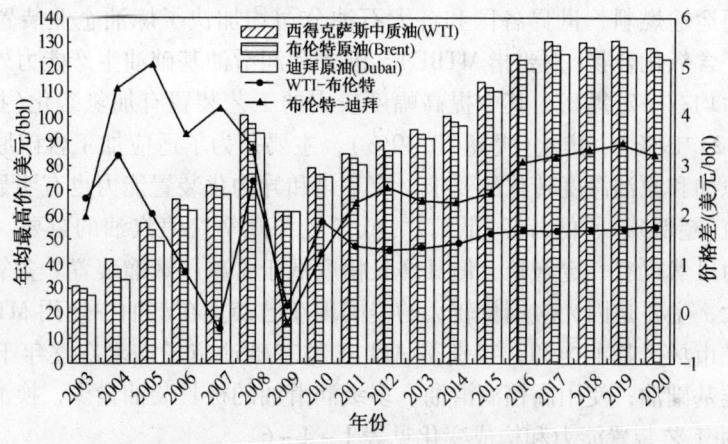

图 1-4-8　几种原油价格及原油价差预测

对炼油企业来说，原油费用约占总成本的 90% 左右，因此，降低原油采购成本是炼油企业降本增效的关键措施。自 2004 年下半年以来，以加工含硫和高硫原油为主的炼油企业毛利远高于加工低硫原油的企业。中国石化工程建设公司（SEI）曾对加工不同种类原油的效益情况作过分析。如沙特轻质与沙特重质原油差价，在低油价时为 2 美元/桶，以加工 10Mt/a 沙特轻质原油为基础，每增加 10% 的沙特重质原油可节省原油费用 1.8~2.0 亿元人民币，远高于操作费用的增加和轻油收率下降带来的收益减少；若在高油价时，沙特轻质与沙特重质原油差值达到 3 美元/桶以上时，加工重质高硫原油效益就更加明显。中国石油化工股份公司信息系统管理部，以某炼油化工一体化企业月度计划为基础，拟购买 0.8Mt 原油，测算原油 API 度从 34 降到 28 时，企业毛利变化情况见图 1-4-9[27]。

中国石化镇海炼化分公司曾作过测算，含硫/高硫原油与低硫原油价差在 1 美元以上，加工含硫/高硫原油就有盈利可能。美

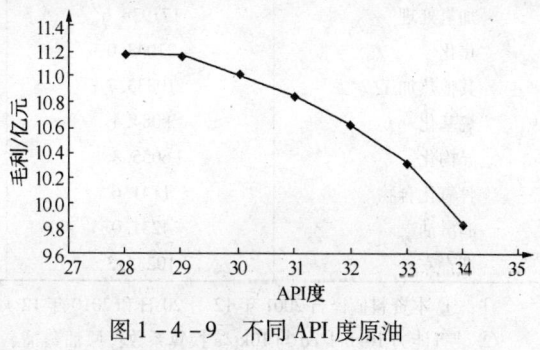

图 1-4-9　不同 API 度原油企业效益变化趋势

国《化学工程》2007年5月报道，北美地区最大的炼油商瓦莱罗（Valero）公司在18个地点总计拥有原油加工能力3.3Mbbl/d。其首席执行官称，低硫原油和高硫原油的价格每差1美元，公司的年经营收入就相差5亿美元。

第20届世界石油大会报道，轻重原油的价差和持续走高的油价使超重原油的生产在经济上有吸引力了。炼油厂面临的挑战是把重质高硫高金属原油转化为高质量的运输燃料，如符合欧V排放标准的清洁燃料。市场和环保的趋势是继续向低硫和高氢产品的方向转变。炼油厂在减少重质燃料油产量的同时，要多生产柴油、汽油和化工原料。然而，轻质低硫优质的原油日见减少，炼油厂不得不加工廉价的重质和超重质非常规原油。

三、世界各国加快了提高对原油性质和市场需求变化的适应能力

由于原油剩余可采资源和国际市场供应的原油日益变重变劣，环保法规日益严格，要求炼油企业更加注重清洁生产和生产质量不断提高的清洁燃料，特别是其他能源目前还无法大规模替代的交通运输燃料，世界各国和各大石油公司均加快了炼油企业装置结构调整。10年来，世界除了含氧化合物（主要指MTBE）、沥青和润滑油基础油生产能力外，其他主要工艺装置加工能力均有一定提高，其中提高幅度较大的工艺装置有加氢裂化（提高27.36%）、加氢处理（提高24.19%）、焦化（提高20.49%），主要是为了适应加工含硫原油能力，以及适应加工重质原油和原油深度转化的要求。烷基化和异构化装置能力也有明显提高，这是为了适应生产低硫（超低硫）、低芳烃（低苯）、低烯烃和高辛烷值汽油的需要。催化裂化、催化重整装置能力虽然也有一定增长，但其增长幅度低于常减压蒸馏装置。含氧化合物装置能力下降幅度很大，主要是因为应用量较大的美国现在已禁止在汽油中使用MTBE。沥青和润滑油基础油国外市场已基本饱和，特别是API Ⅰ类基础油市场需求在逐年下降，取而代之的是Ⅱ类、Ⅲ类基础油；使用高档润滑油、多级润滑油的机具装油量少，换油周期更长。近10年，世界炼油工艺装置能力和构成变化见表1-4-6。

表1-4-6 世界炼油工艺装置能力和构成变化

装置名称	加工能力/(10kt/a)		增长率/%
	2001年	2010年	
常减压	406257.9	441148.0	8.59
催化裂化	68508.2	73345.0	7.06
催化重整	47463.8	49511.1	4.32
加氢裂化	21267.5	27085.0	27.36
加氢处理	171939.6	213527.1	24.19
焦化	21043.0	25353.3	20.49
其他热加工	19833.7	20296.3	2.34
烷基化	8084.4	8886.8	9.93
异构化	6055.3	7337.9	21.19
含氧化合物	1141.6	831.6	-27.14
润滑油	4231.0	4188.6	-1.01
沥青	10235.3	9771.3	-4.54

注：① 本资料摘译自2001年12月20日和2010年12月20日美国《Oil & Gas Journal》。

② 装置能力10kbbl/cd与10kt/a换算系数：原油蒸馏、催化裂化、加氢裂化采用50，加氢处理（含加氢精制）采用47，焦化、沥青采用55，热加工、润滑油采用53，催化重整、烷基化、异构化和含氧化合物采用43。

近 10 年，加氢处理和加氢裂化装置能力发展速度远远超过常减压蒸馏装置。Criterion Catalyst & Technologies 公司的 Russell Anderson 等认为，加氢裂化装置是非常强大和多用途的转化工艺。UOP 公司的 Vasant Thakkar 等人预测，今后加氢装置仍是发展最快的炼油工艺装置之一，见图 1-4-10。

目前，重油转化仍以焦化为主，随着环境保护要求日益严格，限制炼油企业二氧化碳排放，并尽可能利用有限的石油资源，最大限度生产交通运输燃料，重油加氢转化将是今后研究发展的重点工艺。据报道，新的重油改质过程可使最重的原料实现 100% 转化，从而可免去焦化。此工艺由 Chevron 公司技术中心开发，称之为减压渣油浆浆加氢裂化（VRSH）。计划在 Chevron 公司密西西比州 Pascagoula 炼油厂建设 3500bbl/d 工业试验装置。反应温度 413~454℃，反应压力 13.8~20.7MPa（2000~3000bl/in^2），几个反应器循环进料。总之，由于原油资源变重、轻质油品市场需求旺盛，全球重油转化将是重点发展的工艺技术之一，见图 1-4-11。

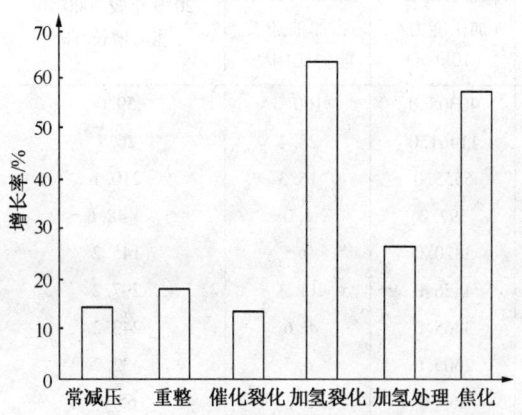 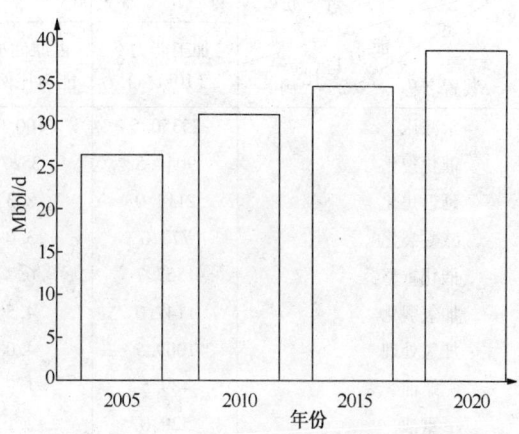

图 1-4-10　2015 年各种炼油工艺能力增长预测（相对于 2005 年）

图 1-4-11　全球重油转化能力（2005~2020 年）
资料来源：HART 基于 EIA 和 IEA 数据的分析与预测

为了适应重质含硫/高硫原油的加工，国外各大石油公司均加快了对炼油企业的改造。例如，康菲（ConocoPhillips）公司投资 30 多亿美元对其所属炼油厂进行改造，到 2010 年底使其重质含硫/高硫原油加工能力所占比例由原来的 28% 提高到 41%。北美最大的炼油公司——Valero 能源公司提出力争将原油加工能力的 73%~78% 转向可加工含硫/高硫原油。其他公司也有类似安排。

第五节　中国已具备大规模加工劣质原油条件

一、扩大了劣质原油加工能力

据中国石化《石油化工统计年报》统计，2000 年中国石化高硫原油加工能力仅为 33.50Mt/a，2010 年高硫原油加工能力已达 105.00Mt/a，增长了 2.14 倍；实际加工高硫原油由 2000 年的 15.85Mt 增加到 2010 年的 73.94Mt，增长了 3.66 倍；2010 年实际加工含硫/

高硫原油126.40Mt，占原油加工总量的59%；2010年实际加工含酸/高酸原油81.66Mt，占原油加工总量的38%。为了适应含硫/高硫、含酸/高酸和重质原油加工，油品质量升级和日益严格的环保要求，中国炼油企业加快了工艺装置结构调整，详见表1-5-1。

由表1-5-1可以看出，近10年中国石化和中国石油两大集团公司炼油装置结构发生了明显变化：以延迟焦化为主的重油加工能力增长了两倍多，加氢裂化能力增长近3倍，加氢处理能力增长近2.5倍，其中蜡油加氢处理能力增长4倍多，各种产品加氢精制能力增长3倍多，其中增长幅度较大的是汽煤柴油加氢精制。由于加氢裂化、加氢处理和加氢精制加工能力大幅增长，使得制氢能力亦相应增长2倍多；由于汽油升级和芳烃增长的需要，催化重整和MTBE加工和生产能力也增长1.5倍左右。减黏裂化和烷基化出现了负增长，催化裂化、溶剂脱沥青和润滑油加工与生产能力低于原油一次加工能力的增长速度。

表1-5-1 近10年中国石化及中国石油两大集团公司炼油企业工艺装置结构变化

年份 装置名称	2000 加工能力/(10kt/a)	占原油加工能力比例/%	2010 加工能力/(10kt/a)	占原油加工能力比例/%	2010年较2000年能力增长/%
常减压	25350.5	100.0	40305.0	100.0	59.0
催化裂化	9044.5	35.7	11461.0	28.4	26.7
延迟焦化	2114.0	8.3	6555.0	16.3	210.1
减黏裂化	772.0	3.0	397.0	1.0	-48.6
催化重整	1557.7	6.2	3820.0	9.5	145.2
加氢裂化	1147.0	4.5	4556.0	11.3	297.2
加氢处理	1009.5	4.0	3465.0	8.6	243.2
蜡油	489.5	1.9	2605.0	6.5	432.2
重油	520.0	2.1	860.0	2.1	65.4
加氢精制	3771.1	14.9	15179.3	37.7	302.5
汽、煤柴油	3354.6	13.2	14779.3	36.7	340.6
润滑油	300.5	1.2	259.0	0.7	-13.8
石蜡（含地蜡）	116.0	0.5	141.0	0.3	21.6
烷基化	125.5	0.5	96.0	0.2	-23.5
MTBE	108.0	0.4	282.9	0.7	161.9
溶剂脱沥青	1020.8	4.0	1186.0	2.9	16.2
润滑油综合能力	340.0	1.4	486.5	1.2	43.1
制氢	64.3	0.3	201.7	0.5	227.7

注：① 此表数据来源于中国石化集团公司统计年报。

② 2010年全国原油一次加工能力为528.00Mt/a，而中国石化和中国石油集团公司合计能力为403.05Mt/a，占全国原油一次加工能力的76.34%；延迟焦化装置全国已达到11.00Mt/a，中国石化和中国石油合计为65.55Mt/a，占全国加工能力的59.59%；催化裂化全国加工能力为171.00Mt/a，中国石化和中国石油合计占67%；加氢裂化全国加工能力为55.00Mt/a，中国石化和中国石油占83%。

③ 中国石化汽煤柴油加氢精制能力中包括了11.458Mt/a的预加氢，有4.968Mt/a其他加氢能力概念不清，未列入。

④ 2010年中国石化已投产的8套S-Zorb约9.3Mt/a能力未统计在内。

以加工进口原油为主的中国石化，2010年含硫/高硫和含酸/高酸原油加工比例达到80%，其中高硫、高酸原油比例占50%，低硫、低酸原油加工比例目前仅为20%，见

图1-5-1。

据《中国石化报》报道，中国石化通过炼油装置适应性改造，已完善了11个高硫原油加工基地建设，高硫原油加工能力达到105Mt/a，占原油加工总能力的42.8%。2010年实际加工高硫原油73.94Mt，占原油加工总量的35%；已建成7家高酸原油加工基地，2010年实际加工高酸原油35.89Mt，占原油加工总量的17%。此外，中国石油也建成和改造了一批适应加工含硫/高硫、含酸/高酸原油的加工企业，中国海油惠州炼油分公司每年可以加工12.00Mt高酸原油。

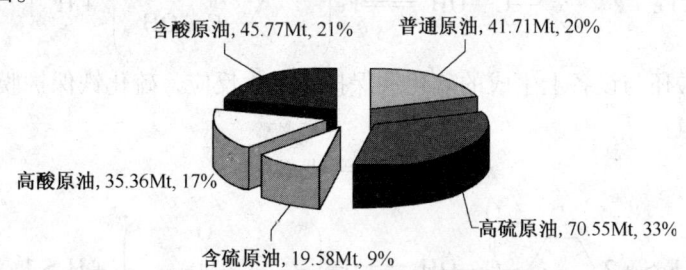

图1-5-1 2010年中国石化集团公司加工原油的基本情况

注：有3395.6kt高硫原油同时也是高酸原油，未计算在高硫原油内；有32882.1kt含硫原油同时也是含酸或高酸原油，未计算在含硫原油内；有530.8kt高酸原油同时也是高硫原油（特别高），未计算在高酸原油内。

二、电脱盐技术显著提高

加工含硫/高硫和含酸/高酸原油的一个突出问题是设备、管线腐蚀。硫及硫化物的腐蚀，通常分为低温腐蚀和高温腐蚀。低温部位腐蚀，是指在120℃以下，有液相水存在的部位，这些部位的腐蚀也称湿硫化氢或硫化氢水溶液状态下发生的腐蚀。低温腐蚀主要发生在常减压、催化裂化、加氢裂化、延迟焦化等装置的分馏塔塔顶及其冷凝冷却系统，表现为均匀腐蚀、坑蚀、硫化物应力腐蚀开裂等。与硫有关的低温腐蚀形式有：H_2S-H_2O、$H_2S-HCl-H_2O$、$H_2S-HCN-H_2O$、$H_2S-CO_2-H_2O$、$H_2S-RNH_2-CO_2-H_2O$等。高温腐蚀，主要指发生在240℃以上部位的腐蚀。如常减压装置分馏塔、塔底管线、常压重油及减压渣油的高温换热器、加热炉炉管、转油线和塔底泵等，催化裂化装置分馏塔底、油浆换热器、油浆泵、反应器衬里及构件、高温管线等，延迟焦化装置焦炭塔底、挥发线、加热炉、进料泵、分馏塔、蜡油管线等，加氢裂化装置反应器衬里及内构件、高温管线、加热炉、脱丁烷塔重沸炉、换热器、干气及液化气脱硫系统等。高温腐蚀形式主要有：$S-H_2S-RSH$、H_2S-H_2、$S-H_2S-RSH-RCOOH$、$H_2S_xO_6$（$x=3,4,5$）。

加工含酸/高酸原油腐蚀问题尤为突出。环烷酸腐蚀与温度、流速、流态和环烷酸含量（酸值）关系很大，见图1-5-2。

从温度上看，环烷酸腐蚀有两个显著发生区域，第一个区域是在225~320℃（主要是232~288℃），部分环烷酸气化发生相变，产

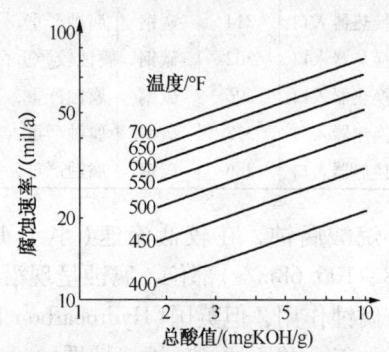

图1-5-2 环烷酸腐蚀速率与温度、酸值的关系

注：1mil=25.4μm；华氏度（℉）与摄氏度（℃）的换算公式为：华氏度=摄氏度×1.8+32。

生腐蚀，尤以 270~280℃时腐蚀性最强。温度继续升高，腐蚀作用反而减弱，当升至 330~420℃（特别是 350~400℃）时，因原油中硫化物分解成活性硫，对金属设备产生剧烈腐蚀，在环烷酸和硫化氢的相互作用下，环烷酸的腐蚀作用加剧，在 370℃左右腐蚀最严重，到 400℃以后，大部分环烷酸气化完，腐蚀作用减弱。在高温下，环烷酸可直接与铁作用，生成环烷酸铁，反应式为：

$$Fe + 2\ C_5H_9COOH \Longrightarrow Fe(C_5H_9COOH)_2 + H_2\uparrow$$

同时，环烷酸还与设备上生成的硫化铁保护膜发生反应，硫化铁保护膜被破坏掉，生成环烷酸铁和硫化氢：

$$Fe + H_2S \Longrightarrow FeS + H_2$$

$$FeS + 2\ C_5H_9COOH \Longrightarrow Fe(C_5H_9COO)_2 + H_2S\uparrow$$

上边是环烷酸与设备材料腐蚀的两个主要化学反应，也表明了低硫高酸原油为什么比高硫高酸原油更容易发生环烷酸腐蚀。生成的环烷酸铁可溶解在油中，使金属表面又重新呈现光洁状态，导致环烷酸腐蚀不断进行下去。

环烷酸腐蚀受介质流动状态影响较大，在层流区域内腐蚀作用小于湍流区域，在液流高湍动区出现气-液混合相时，腐蚀性最大。环烷酸腐蚀受液流速度影响也较大，液流速度越快，腐蚀越严重。在加工装置中，凡是阻碍介质流动从而引起流态变化的地方，如弯头、阀门、压力表、温度计插孔、热电偶套管、泵叶轮、蒸汽喷嘴、焊缝补强处等，环烷酸腐蚀特别严重，详见表 1-5-2。

表 1-5-2 温度计套管和机泵腐蚀情况

温度计套管				机 泵			
位 置	温度/℃	材质	腐蚀及更换情况	位 置	温度/℃	泵轴材质	泵轴更换情况
常二级换热器入口	269	碳钢	腐蚀严重，更换	常二级泵	277	3Cr13	更换
常三级换热器入口	314	碳钢	腐蚀严重，更换	常三线泵	324	3Cr13L	更换
常二中换热器入口	302	碳钢	腐蚀较严重，更换	常二中泵	312	3Cr13	更换
减三线换热器入口	296	碳钢	腐蚀严重，更换	减二中泵	292	3Cr13	更换
减四线换热器入口	338	碳钢	腐蚀严重，更换	减二中泵	292	3Cr13	更换
减二中换热器入口	286	碳钢	腐蚀严重，更换	减一中泵	220	3Cr13	更换

环烷酸腐蚀，在较低流速（小于 15.24m/s）部位，腐蚀呈现尖锐孔洞；在较高流速（30.48~106.68m/s）部位，腐蚀呈现沿流向沟槽。早先文献报道，环烷酸在 220℃以下，几乎没有腐蚀作用，但英国《Hydrocarbon Engineering》2006 年 8 月报道，轻有机酸成了全球炼油工业加工含酸原油一项挑战性课题。在某些炼油厂已经发现，在常压蒸馏塔顶系统有微量（水溶性）甲酸、乙酸和丙酸存在，使冷凝水的酸性升高，促使炼油厂添加更多的化学中和剂，以保持或控制冷凝水的 pH 值。羧酸铁盐比硫化铁盐更易溶于水。总之，环烷酸腐蚀受酸值、温度、流速、流态、相变以及硫含量等诸多因素影响。

抑制或减缓含硫/高硫和含酸/高酸原油低温腐蚀的重要措施之一，就是搞好"一脱三注"或"一脱四注"，即指原油在进常减压蒸馏装置前先经过脱盐脱水，在加工过程中注碱（有的不宜注碱）、注水、注氨（或胺）、注缓蚀剂。实践证明，原油经脱盐脱水将原油中盐含量脱至3mg/L以下，再加上在分馏塔顶注中和剂、水和缓蚀剂，使分馏塔顶冷凝水中铁离子、氯离子含量分别控制在3mg/L和30mg/L以下，$HCl-H_2S-H_2O$型腐蚀可以得到有效抑制。

脱盐后注碱是将原油中残留的氯化钙和氯化镁转化为不易水解的氯化钠，以减少氯化氢的生成，从而减轻蒸馏设备的腐蚀。所用的碱可以是烧碱（NaOH），也可以是纯碱（Na_2CO_3），一般以烧碱为主。注碱的作用是非常明显的，见图1-5-3[28]。

但注碱也有一定的副作用，如引起加热炉炉管结焦、换热器管束结垢、加热炉炉管应力腐蚀开裂和碱脆等，同时，注碱会使渣油中的钠离子含量增加，影响二次加工装置催化剂的活性和选择性。所以，有重油加氢处理和重油催化裂化装置的企业一般不采用注碱。注氨是为了中和蒸馏塔顶馏分物中氯化氢和硫化氢，由于生成的NH_4Cl和$(NH_4)_2S$无腐蚀性，可使分馏塔顶冷凝冷却系统低温$HCl-H_2S-H_2O$型腐蚀进一步得到控制。注氨也有负面效应，注氨后塔顶馏出系统可能出现氯化铵沉积，引起垢下腐蚀。同时，氨蒸气压较高，易挥发，注入常压塔顶的氨基本上为气态。在凝结水中，氨的溶入量低于氯化氢的溶入量，因此对氯化氢的中和作用较差。单纯注氨，pH值很难稳定在一个合理的范围，如果pH过高，容易生成NH_4Cl和NH_4HS，导致垢下腐蚀；如果pH过低，容易形成盐，都会增加腐蚀速率，见图1-5-4。

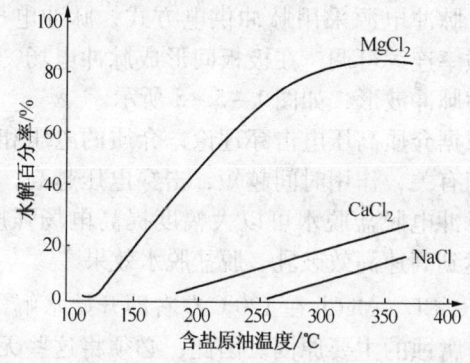

图1-5-3 几种盐水解百分率与温度的关系

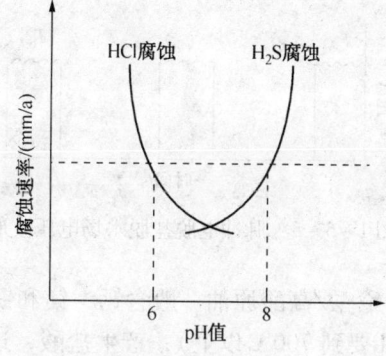

图1-5-4 pH值与腐蚀速率关系曲线

基于上述原因，国外炼油厂70%以上已改为注有机胺。有机胺露点高，能与氯化氢一起冷凝，有利于中和，pH值容易控制。有机胺中和剂甚至可以代替注碱。但由于氨价廉易得，目前仍有不少炼油厂继续使用。注水也是不可忽视的环节，水溶性缓蚀剂必须在有大量水存在下才会起作用。注水不仅在于稀释NH_4Cl，防止结垢，便于带出系统，而且水也是缓蚀剂的载流。缓蚀剂是一种表面活性剂，其分子中含有硫、氮、氧等极性基团和烃类基团。极性基团可吸附在金属设备表面形成单分子层保护膜，减缓金属设备腐蚀。缓蚀剂分水溶性、油溶性和油水兼溶性三种。缓蚀剂的种类很多，性质差异也很大，应当根据所加工的原油性质和要求先在实验室进行评选，评选内容应包括缓蚀剂种类、注入浓度、温度、流速以及pH值等，其中注入量和pH值影响较大。

含酸/高酸原油一般密度大、黏度高、金属含量也高，而脱盐效果与原油的密度、黏度、固体物含量、导电率及表面活性物质含量等有关，通常含酸/高酸原油脱盐脱水均比较困难。

20世纪90年代以来,中国石化洛阳石化工程公司针对胜利、辽河和克拉玛依等含酸/高酸原油深度脱盐问题开展了大量研究工作,开发了鼠笼式电脱盐装置,较好地解决了秦皇岛33-6高酸原油脱盐问题。其开发的SHE型高效电脱盐罐体积小、耗电省,脱盐效率可提高20%~50%。

原油中存在一些天然的表面活性剂,特别是含酸原油,在原油开采过程中也会加入一些表面活性剂。人为加入的表面活性剂比天然表面活性物质具有更强的表面活性,使原油乳状液更加稳定,破乳更困难。通常采用的破乳手段有三种,即加热破乳、破乳剂破乳和电场破乳,一般炼油企业是综合使用这几种手段。破乳剂破乳机理:破乳剂加入后向油水界面扩散,由于破乳剂的表面活性高于原油中成膜物质的表面活性,能在油水界面上吸附或部分置换界面上吸附的天然表面活性剂,并与原油中的成膜物质形成具有比原来界面膜强度更低的混合膜,导致界面膜破坏,将膜内包裹的水释放出来,水滴互相聚结形成大水滴沉降到底部,油水两相发生分离。从20世纪20年代开发使用的第一代阴离子型破乳剂以来,已经进展到三、四代。国内炼油企业多数使用水溶性破乳剂,其用量较高,一般为20~35μg/g,而国外炼油企业多使用油溶性破乳剂,用量在5~10μg/g左右[29]。中国石化洛阳石化工程公司还设立了原油破乳剂数据库,已收集国内外破乳剂样品150余种,可以对任何一种原油进行破乳剂评选,脱盐后原油基本上可以达到含盐小于3mg/L,含水小于0.3%。中国石化石油化工科学研究院(RIPP)针对高酸原油开发了1#、2#高效破乳剂,经动态模拟现场实验评价,三级脱盐后原油含盐量小于2mg/L,含水小于0.09%。

脉冲电脱盐脱水是近年来发展的新技术,脉冲电脱盐脱水装置主要由脉冲电源和脱盐罐组成。脉冲电源采用脉冲供电方式,脉冲电压、脉冲频率连续可调,在极板间形成脉冲电场,场电压为脉冲波形,如图1-5-5所示。

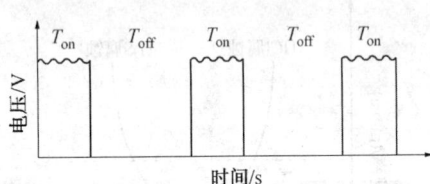

图1-5-5 脉冲电脱盐脱水场电压波形图

根据介质高压击穿理论,介质的电压和作用时间有关,作用时间越短,击穿电压越高,因此,脉冲电脱盐脱水可以大幅度提高电场强度,从而达到高速高效破乳、脱盐脱水效果[30]。

含酸/高酸原油一般含钙、镁和铁离子较高,$CaCl_2$、$MgCl_2$在120℃左右即开始水解(而NaCl要到700℃以上),产生盐酸,这是发生低温腐蚀的主要原因。因此,必须将这些无机盐和有机盐除去。常规电脱盐工艺很难脱除钙、镁、铁有机盐,国外研究较多的脱钙技术有:催化加氢脱钙、萃取脱钙、螯合沉淀脱钙、生物脱钙、膜分离法脱钙、树脂脱钙、二氧化碳脱钙及过滤脱钙等。洛阳石化工程公司开发的脱钙剂,有固态和液态两种,使用过程中也可以与其他具有螯合作用或沉淀作用的化合物(如乙二胺四乙酸及其盐和磷酸盐等)混合作用。工业试验的结果表明,对Ca、Mg、Fe均可以脱除。该脱钙剂已在中国石化天津分公司、九江分公司、洛阳分公司及中国石油兰州石化分公司、乌鲁木齐石化分公司等成功应用。

三、装置设备、管线材质大幅提高

我国从20世纪50年代就开始加工克拉玛依含酸原油,70年代加工辽河和胜利含酸/高酸原油,90年代加工海洋和进口含酸/高酸原油,应当说积累了很多经验和教训。

20世纪80年代,辽河原油下海、进江,我国东北、沿海和沿江许多企业单独加工或掺炼高酸值原油。当时，由于对含酸/高酸原油特性认识不足，加工手段准备不充分，不少企业因为设备腐蚀而发生多起安全事故。例如，中国石油锦州石化分公司自1979年加工辽河原油，到1987年7月共发生设备腐蚀穿孔着火事故21起，仅1979年2月至7月的138天中就连续发生6起漏油着火事故。最严重的一次是常减压装置减压转油线断裂，大火连续烧了45min，烧坏减压炉钢结构，炉体倾斜10mm。1987年减压塔塔壁两次共发现10余处腐蚀穿孔。此外，减压炉入口管线弯头、减一线抽出口管线和中段回流返回线弯头的焊口处等均发现了腐蚀穿孔。中国石化广州分公司常减压装置转油线（碳钢），1986年下半年因漏油紧急停工3次，管线最薄处仅剩1mm（原厚度10mm），三年来，每年都要更换转油线。1987年初大检修时更换了转油线，弯头管壁加厚，运行了120天后检测发现管壁仅剩4.3mm，腐蚀速率达12.1mm/a。仅1987年，因常压炉转油线穿孔漏油就停工5次。中国石化茂名石化分公司1号常减压装置当时一直加工胜利原油，1987年1月26日减压塔低速转油线入口处穿孔着火，经检测分析，属于典型的环烷酸腐蚀。减压二、三线蜡油铁离子含量明显上升，致使加氢裂化装置反应器床层压降上升速度加快，影响了加氢裂化装置长周期运行。中国石化安庆分公司，延迟减黏装置由于硫与环烷酸腐蚀，1984~1985年发生4次管线腐蚀穿孔，腐蚀速率达8mm/a。

20世纪80年代末至90年代初，当时几个拥有加氢裂化装置的企业，加工或掺炼了含酸/高酸原油，而常减压装置材质和设计改进没有跟上，致使减压馏分油（VGO）铁离子严重超标（设计要求不大于$1\mu g/g$，实际达$2~8\mu g/g$），造成四套引进的加氢裂化装置精制反应器压降急剧升高，被迫频繁停工撇头。到1991年底，四套引进加氢裂化装置非计划停工撇头共15次，其中，中国石化金陵分公司炼油厂5次，扬子石化分公司芳烃厂4次，茂名分公司炼油厂5次，上海石化公司1次。频繁停工撇头，不仅造成了巨大的经济损失（扬子石化分公司3次撇头造成经济损失共计约2600万元），同时也给安全生产带来严重威胁，教训十分深刻。

1920年，人们在蒸馏罗马尼亚、南美及加利福尼亚等地区的原油时就发现了环烷酸腐蚀现象。1956年Derungs指出，环烷酸腐蚀是石油工业的宿敌。国外一些公司，如Shell、Nalco等在控制含酸原油加工过程中设备腐蚀方面取得了较好的成果，建立了腐蚀控制程序，包括原油数据库、材质数据库、实验室快速腐蚀评价方法、腐蚀监测方法、不同材料的腐蚀数据库等，对指导含酸/高酸原油加工起到了很好的作用。

合理选材在加工含硫/高硫或含酸/高酸原油时是一项非常重要的措施。在某些情况下，甚至会成为加工含硫/高硫或含酸/高酸原油成败的关键。国外在选材系统研究和开发方面已取得了不少成果，用于石油化工领域的有腐蚀技术专家软件（ESCORT）、腐蚀参谋（CA）、NACE/NIST腐蚀专家系统、油气生产设备用材专家系统（SOCEATES）、微生物腐蚀预测软件（PSMIC）以及换热器选材专家系统等。在总结多年加工含硫/高硫和含酸/高酸原油经验的基础上，中国石化制订和编制了《加工高硫原油重点装置主要设备设计选材导则》（SH/T 3096—2002）和《加工高硫原油重点装置主要管道设计选材导则》（SH/T 3129—2002）以及《加工高硫低酸原油蒸馏装置主要设备推荐用材》（SH/T 3096—2002）、《加工高硫高酸原油蒸馏装置主要设备推荐用材》（SH/T 3096—2002）、《流化催化裂化装置推荐用材》（SH/T 3096—2002）、《延迟焦化装置主要设备推荐用材》（SH/T 3096—2002）、《加氢裂化装置主要设备推荐用材》（SH/T 3096 2002），这些选材导则和推荐用材意见对指导与规范我国炼油企业加工含硫/高硫、含酸/高酸原油设备、管线选材用材起到了一定促进作用。近10年来，我国加工含硫/高硫和含酸/高酸原油的规模和范围越来越大，积累的经验也越来越丰富，需要对原有的规范做进一步的补充和完善。经过有关专家用了近3年时间、五易其稿，于2010年完成了《高硫原油加工装置设备和管道设计选材导则》(SH/T 3906—2010)和《高酸原油加工装置设备和管道设计选材导则》(SH/T 3129—2010)。新修订的"选材导则"扩大了炼油装置范围，增加了加氢精制、气体分馏、硫黄回收和溶剂再生等装置。在修订过程中，参考近年来国内加工高硫、高酸原油炼油企业主要设备和管道材料使用成功的经验及出现的问题，以及国外石油公司在大型炼油厂加工高硫、高酸原油工艺装置选材案例，借鉴和部分采用了API和NACEL美国腐蚀协会在高硫高酸原油加工过程中对材料腐蚀的最新研究成果及出版的最新标准。应当说，新修订出版的"选材导则"更加完善和丰满了。

由于环烷酸腐蚀与介质流速、流态、相变有很大关系，设计应适当加大管线或管束的流通面积，以降低流速，并尽可能取直走向，避免流向突然转向，减少流体流向的死角和死区。加热炉出口至转油线应平缓过渡，集合管进转油线最好斜插，流速较高和转向部位应增加壁厚或增设防冲板。高温腐蚀区内的设备内构件、管道及管道配件（法兰、阀门等）也不可忽视。特别要注意压力表、温度计插孔、热电偶套管及蒸汽喷嘴的保护。

加工含酸/高酸原油，实践证明，腐蚀主要发生在常减压蒸馏装置。对于原油二次加工装置，主要应该做好原料加热炉或换热器及进料管线的防腐措施。如催化裂化装置加工含酸/高酸的减压馏分油或常压重油，应提高原料管线和换热器的材质，如使用316L等耐腐蚀材料或耐腐蚀涂层。环烷酸在提升管中与高温催化剂接触就分解了，所以反应、分馏系统不会发生环烷酸腐蚀。含酸/高酸原油多属于环烷基或环烷-中间基原油，裂化性能较差，容易生焦，其重油即使硫含量不高，也不适宜作催化裂化掺炼原料。对于加氢裂化装置，加工含酸/高酸原油威胁最大的是减压馏分油中的金属（主要是铁）离子超标，把住这一关主要在常减压蒸馏装置（前面已经讲过），本装置主要应搞好进料系统的防腐措施。延迟焦化装置有两种工艺流程，其老工艺流程为：减压渣油→原料缓冲罐→原料泵→加热炉对流段→分馏塔底→热油泵→加热炉辐射段→焦炭塔，由于环烷酸腐蚀主要发生在220~400℃温度范围，大于500℃环烷酸基本分解完了，加工含酸/高酸原油其延迟焦化装置应主要加强进料管线、加热炉对流段和分馏塔底等部位防腐；改进后的延迟焦化工艺流程：减压渣油→加热炉对流段→辐射段→焦炭塔，其防腐措施应主要集中在进料管线及加热炉部分。

新日本石油公司(Nippon Petroleum Refining Company)所属的7家炼油厂中有9套减压瓦斯油和4套常压渣油加氢脱硫装置。13套加氢脱硫装置运行中碰到过许多腐蚀问题，特别是反应器流出物使翅片管空冷器管子腐蚀，对此采取了相应防护措施：将翅片管空冷器由碳钢换成没有管箍的Incoloy825；注水量由4.5t/h提高到8t/h；原油脱盐过程中应保持较高的脱盐率，并注入足够的NaOH，使$MgCl_2$和$CaCl_2$转变为稳定的NaCl；补充氢如来自石脑油催化重整装置，要采取脱氯措施；蒸汽吹扫前通过水洗，彻底除去翅片管中的NH_4Cl[31]。加工含硫/高硫原油的企业，其加氢裂化、加氢处理，甚至加氢精制装置循环氢中的硫化氢浓度一般都比较高，如表1-5-3[32]。

表1-5-3 加氢裂化装置循环氢纯度分析

采样时间	H_2/%	C_1/%	C_2/%	C_3/%	C_4/%	C_5/%	H_2S含量/(mg/m³)
2011-03-26	93.00	4.21	0.93	0.53	1.01	0.32	1400
2011-02-08	88.00	5.48	1.51	1.15	2.97	0.89	4500
2010-10-03	85.00	9.03	2.27	1.10	2.07	0.53	500
2010-09-05	92.00	4.80	1.35	0.62	0.98	0.25	2500

续表

采样时间	H_2/%	C_1/%	C_2/%	C_3/%	C_4/%	C_5/%	H_2S 含量/(mg/m^3)
2010-08-29	89.00	6.60	1.44	0.89	1.71	0.36	2500
2010-07-22	92.00	4.55	1.12	1.00	1.08	0.25	2000
2010-06-15	88.01	7.32	1.74	0.94	1.63	0.36	4000
2010-05-01	87.01	7.52	2.07	1.15	1.84	0.41	3000
2010-04-15	90.01	7.10	1.70	0.48	0.56	0.15	3000
2010-03-08	88.00	6.63	1.59	0.98	2.23	0.57	4000
2010-02-01	92.00	4.14	1.23	1.14	1.22	0.27	2700
2010-01-18	83.99	6.71	2.02	0.44	2.41	4.43	2000

注：中国石化高桥分公司加氢裂化装置数据。

因此，加工含硫/高硫原油的企业，加氢装置一般均应采取循环氢脱硫措施，见图1-5-6。

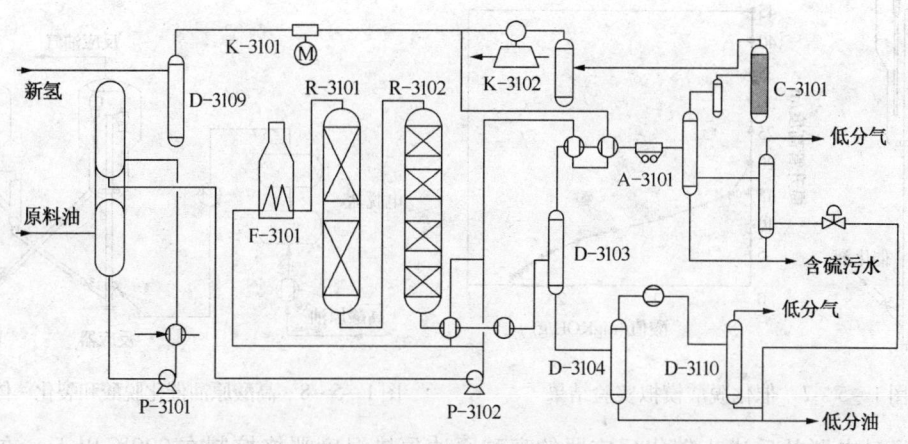

图1-5-6 高桥分公司1.4Mt/a加氢裂化装置反应部分及脱硫系统工艺流程图
P-3102—反应进料泵；K-3101—新氢压缩机；K-3102—循环氢压缩机；F-3101—反应进料炉；
R-3103—精制反应器；R-3102—裂化反应器；D-3103—热高分；D-3104—热低分；D-3110—热低分闪蒸罐；
D-3109—注水罐；A-3101—高压空冷器；C-3101—循环氢脱硫塔；P-3101—反应升压泵

加工含硫/高硫和/含酸/高酸原油，应特别注意工艺设备管理。如在分馏塔有关部位安装金属挂片，采用瞬时腐蚀速率测量仪、电阻探针、电感探针、氢通量仪、超声波探伤（UT）、射线探伤（RT）等监测腐蚀情况。同时，定时分析、严格控制塔顶冷凝冷却器水层的铁离子、氯离子、pH值和腐蚀速率等项指标。对一些关键部位，用测厚仪及时检测设备或管线的腐蚀减薄情况。如中国海油惠州炼油分公司仅在常减压装置就安装了15个电感探针、2个电阻探针。常压塔顶、减压塔顶切水线安装有在线pH计，在常压塔、减压塔等设备内安装了22个腐蚀挂片，有350多个活动保温套式的定点测厚点。采用这些手段，使常减压装置低温和高温易腐蚀部位基本处于受控状态。

四、开发和推广了一批新技术

在多年加工含硫/高硫和含酸/高酸原油的基础上，不但积累了一些成熟经验，也开发了一批新技术。例如，山东三维石化工程公司开发的SSR硫黄回收技术，镇海石化工程公司在引进荷兰 Comprimo 公司 70kt/a 硫黄回收技术的基础上，再创新开发的 ZHSR 硫黄回收技术。SSR 还原吸收法大型硫黄回收装置，总硫回收率达到 99.9% 以上，排放尾气中 SO_2 浓度小于 $400mg/Nm^3$，可以满足国家现行标准 GB 16297—1996 规定的要求。

以甘油为多巴（Doba）原油自催化酯化反应脱酸剂，在醇酸摩尔比为 6，反应温度为 220℃，反应时间 50min，超声功率为 630W 条件下，酯化反应后原油酸值由 4.74mgKOH/g 降低到 0.57mgKOH/g，胶质由 21.8mg/100mL 降到 16.3mg/100mL，但原油密度、残炭和蜡含量有所增加[33]。RIPP 在系统的实验研究基础上，开发了原油全馏分催化裂化脱酸技术。通过模拟实验表明，含酸原油（酸值为 12mgKOH/g）在提升管 20m 处酸值已降至 0.1mgKOH/g 以下，如图 1-5-7。

基于上述研究结果，开发了高酸原油在低于 160℃ 的温度条件下进行电脱盐后，不经过常规常减压蒸馏过程，直接进行催化脱酸和裂化的一体化成套技术，见图 1-5-8。

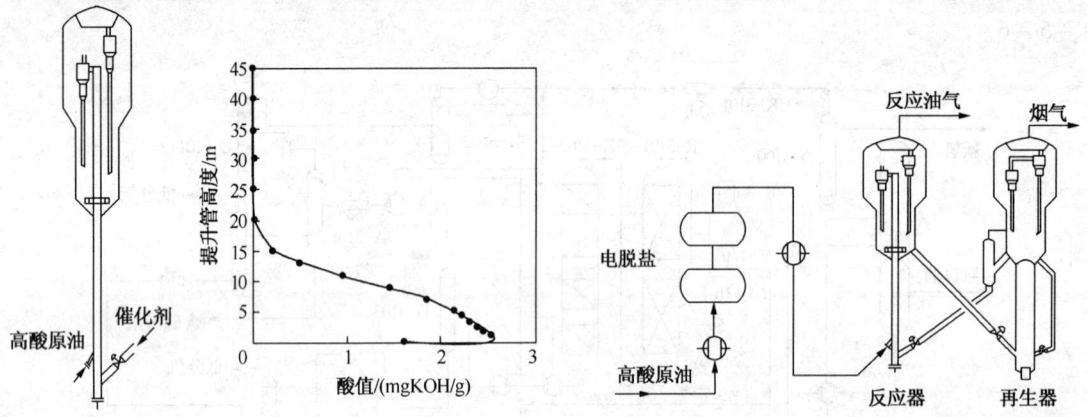

图 1-5-7　催化脱酸模拟实验结果　　　　图 1-5-8　高酸原油催化脱酸和裂化一体化流程

将经过电脱盐后进入催化反应器的高酸原油预热温度严格控制在 220℃ 以下，在提升管反应器底部与高温新型催化剂接触，瞬间汽化、脱酸、裂化。石油酸在高于 480℃ 且有酸性裂化催化剂作用下，在 1.5s 时间内完成脱酸反应过程，在提升管反应器内同时实现脱酸和裂化反应，生成高价值的石油产品和化工原料，将腐蚀性的石油酸转化为无腐蚀性的 CO_2 气体和烃类化合物。该技术在 130kt/a 催化裂化装置工业试验成功基础上，已于 2007 年在加工高酸原油的企业推荐应用[34]。

在此期间，中国石化和中国石油等单位开发了一批重油加工、蜡油加氢处理、加氢裂化、柴油深度脱硫以及汽油选择性加氢生产符合欧Ⅳ、欧Ⅴ排放标准的清洁汽油和柴油技术。如，RIPP 与中国石化齐鲁分公司合作开发的渣油加氢处理与重油催化裂化双向组合技术（RICP），RIPP 与上海石油化工股份公司合作开发的第二代中压加氢裂化技术 RMC-Ⅱ，中国石化抚顺石油化工研究院（FRIPP）开发的单段两剂全循环加氢裂化（FDC）工艺、液相循环加氢技术、柴油两段深度脱硫脱芳（FDAS）技术，RIPP 开发的柴油脱硫、脱氮、芳烃饱和及选择性开环的 RICH 技术、柴油加氢脱硫脱芳的 SSHT 技术、柴油超深度脱硫的 RTS 技术，FRIPP 开发的汽油选择性加氢脱硫技术（OCT-M）、FRS 催化裂化汽油全馏分选择性加氢脱硫技术，RIPP 开发的汽油选择性加氢 RSDS、RSDS-Ⅱ 技术等。采用由中国石化工程建设公司（SEI）、RIPP 和石家庄炼化公司共同开发的上行式柴油液相循环加氢技术，已在石家庄炼化公司建成 2.6Mt/a 工业化装置,于 2011 年 12 月 23 日投产成功[35]。由中国石化洛阳石化工程公司、RIPP 和九江分公司合作开发的 1.5Mt/a 上进式柴油液相循环加氢装置亦于 2012 年初投产。

至于加氢裂化、加氢处理及汽油和柴油加氢精制等催化剂近几年更是层出不穷。例如 RIPP 渣油加氢处理催化剂 RG-10、RDM-1、RMS-1、RSN-1,中压加氢改质催化剂 RN-32、RHC-3,柴油加氢精制催化剂 RN-10B、RS-1000、RS-1100,汽油选择性加氢催化剂 DOS;FRIPP 开发的渣油加氢处理保护剂 FZC-14Q、脱金属剂 FZC-27、脱硫剂 FZC-36、脱氮剂 FZC-41,加氢裂化催化剂 FC-24、FC-26、FC-32、FC-36、FC-40、FC-50、FF-18、FF-36,汽柴油加氢精制与改质催化剂 FH-UDS、FH-UDS-2;中国石油石油化工研究院开发的超低硫柴油加氢催化剂 PHF-101(DBS-10)等。

与此同时,中国石油、中国海油和中国石化也引进了一批重油深度转化技术、加氢裂化技术、加氢处理技术、低硫和超低硫汽柴油生产技术,丰富了我国含硫/高硫和含酸/高酸原油加工手段与技术选择范围。例如,中国石化从美国 ConocoPhillips 公司买断的 S-Zorb 汽油吸附脱硫技术,经过改进与创新,目前已建成了 10 余套工业生产装置,汽油硫含量由 400μg/g 左右降到 10μg/g 以下,脱硫率达到 98%,抗爆指数损失小于 0.5,液体收率大于 99.5%,氢耗 0.18%[36]。S-Zorb 工艺原理流程见图 1-5-9。

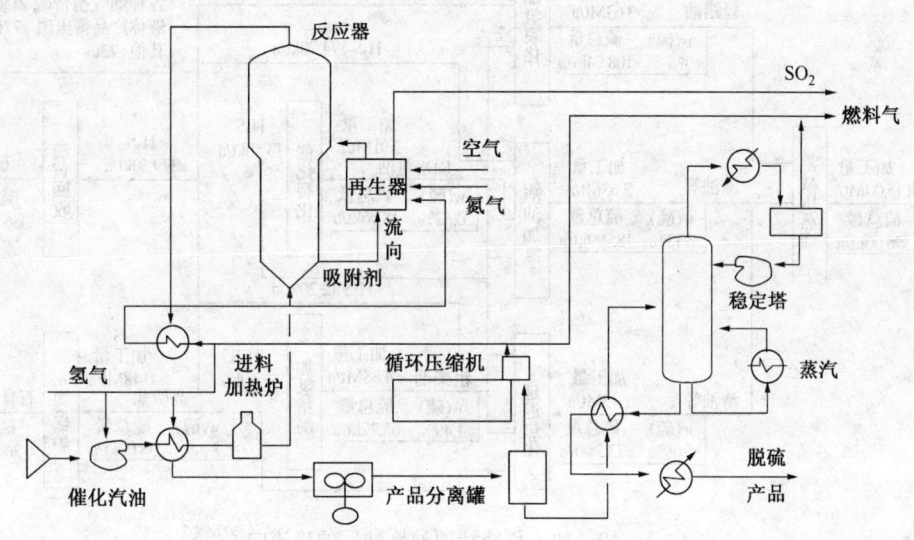

图 1-5-9　S-Zorb 工艺原理流程

总之,越来越多的含硫/高硫和含酸/高酸等劣质原油资源,是我们从事石油加工的工作者必须面对的事实。

五、加工高硫和高酸劣质原油的基本体会

国内外石油炼制工作者在这方面已积累了许多经验,归纳起来大致有以下几个方面:

1. 配备足够的硫回收和制硫能力

加工含硫/高硫原油的企业必须采取有效措施提高硫回收率,这是因为:一是原油中的硫不允许在加工过程中大量由石油产品带走;二是不允许向水和空气中排放。这就要求在加

工过程中将原油中的硫尽最大可能予以回收。例如，欧洲委员会已对炼油厂硫回收提出了明确要求，详见表1-5-4。

表1-5-4 欧洲委员会对炼油厂硫回收要求

项 目	硫回收率	产品带走硫比率	生产过程硫排放
指标/%	≥83	≤15	≤2

在原油加工过程中，原油中的硫回收率要达到83%以上，各种石油产品带走的硫不大于15%，最有效的加工手段就是加氢，提高加氢工艺在炼油厂原油加工中的比重。如2010年日本加氢裂化和加氢处理能力占原油一次加工能力的比重已超过100%，达到103.52%，比利时为87.61%，德国为86.66%，美国为83.32%，中国石化和中国石油两大集团公司合计仅为57.6%。加工含硫/高硫原油，硫被产品带走最多的装置是延迟焦化，因此，在今后设计炼油厂加工流程时，渣油加工应尽可能少走脱碳加工路线，渣油若质量太差（如高金属、高沥青质等），可考虑配置大加氢处理和小延迟焦化方案。例如，中国石化洛阳石油化工工程公司申满对等针对高硫科威特原油提出一个较为现实的蜡油和渣油加工方案。科威特原油加工流程见图1-5-10。

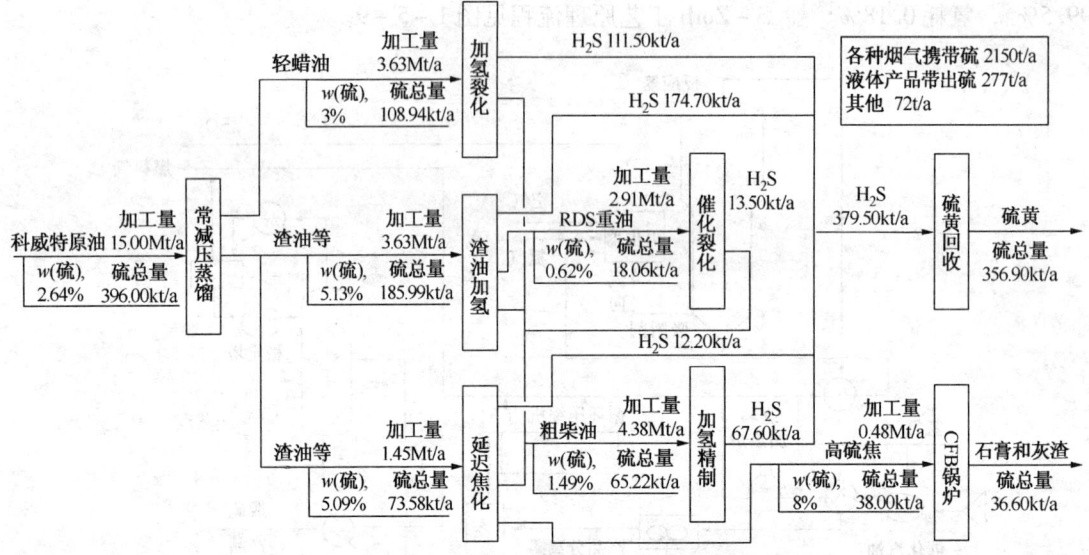

图1-5-10 加工科威特原油炼油厂的硫流向[37]

加工含硫/高硫的企业，除了选择合适的蜡油和渣油加工方案外，所有含硫气体（包括液化气）都必须经过脱硫；所有含硫污水都必须经过酸性水汽提装置，脱硫装置和汽提装置产出的硫化氢全部进制硫装置或硫酸生产装置。企业在加工不同原油或改变生产方案时，必须做好全厂硫平衡，如表1-5-5。

表1-5-5 全厂硫平衡

项目	数量/(kt/a)	硫/%	总硫量/(t/a)	占总硫/%
入方				
科威特原油	15000	2.64	396000	100.00
入方合计			396000	100.00

续表

项目	数量/(kt/a)	硫/%	总硫量/(t/a)	占总硫/%
出方				
产品			357177	90.20
硫黄	356.9	100	356900	
全厂液体产品	10510		277	
烟气带出			2150	0.54
催化烧焦			542	
硫黄回收尾气			319	
动力站烟气			979	
其他锅炉			310	
石膏及灰渣			36601	9.24
其他			72	0.02
出方合计			396000	100.00

2. 重油加工是考虑的重点

含硫/高硫和含酸/高酸原油加工难点在重油部分，一般高硫/高酸原油多为重质原油，重质馏分产率较高，金属含量也较高。而原油中除碳、氢元素以外，杂质主要集中在重油部分，如减压渣油的硫含量是原油的 1.5～2.0 倍，重金属也主要集中在渣油中。所以，高硫、高酸原油一般表现为高密度、高黏度、高残炭、高硫、高金属等特点，其加工需要解决三个方面的问题：一是大分子碳—碳链的断裂；二是胶质、沥青质和重金属的转化与脱除；三是非烃类，主要是含硫化合物的脱除。目前，高硫、高酸重油加工有三种技术路线可供选择，即加氢处理－重油催化裂化、延迟焦化－CFB 锅炉、溶剂脱沥青或延迟焦化－IGCC。有人对不同硫、金属含量和残炭的重油改质工艺提出参考建议，见表 1-5-6 与图 1-5-11[38]。

表 1-5-6 渣油性质与加工工艺的选择

加工难易	渣油性质			加工工艺				
	Ni+V/(μg/g)	残炭/%	S/%	RFCC	固定床加氢	沸腾床加氢	浆态床加氢	焦化/脱沥青
易加工	<25	<7	<0.5	●				
不难加工	<70	<20			●			
稍难加工	70～200				●	●		●
难加工	200～800					●	●	●
极难加工	>800						●	●

按表 1-5-6 提出的建议，(1) 低硫、低金属渣油，首选的加工工艺是 RFCC，其渣油硫含量小于 0.5%（有的要求小于 0.3%），残炭小于 7%，Ni+V 小于 25μg/g（有的要求小于 20μg/g）；(2) 高硫、低金属渣油，宜采用固定床加氢工艺，可生产 RFCC 原料，具有较好的经济效益；(3) 高硫、高金属（大于 200μg/g）渣油，可考虑采用焦化、溶剂脱沥青等工艺；(4) 对于劣质渣油（高硫、高金属、高残炭），选择沸腾床/悬浮床渣油加氢工艺应该是较为适宜的加工途径。

重质原油含氢量少，硫、氮、有机酸、钒、镍、硅和沥青质等杂质含量较高，已经采用了几十年并不断改进的脱碳工艺如延迟焦化、加氢工艺（如沸腾床加氢裂化），在 21 世纪仍将继续使用。

近 10 年我国重油加工重点发展的是延迟焦化，因其技术比较成熟，对原料适应性较强，投资相对较省。但从长远看，为了有效利用石油资源，应大力发展重油加氢工艺。现有的固定床重油加氢工艺尚不能适应金属含量更高（如镍加钒大于 $200\mu g/g$ ）的重油加工，装置运转周期亦不能与重油催化裂化同步，需要在技术上进一步改进和提高。可以加工更劣质重油的沸腾床及悬浮床工艺，应加快技术开发，也可以酌情引进。几种渣油加氢工艺适应范围，见图 1-5-12[39]。

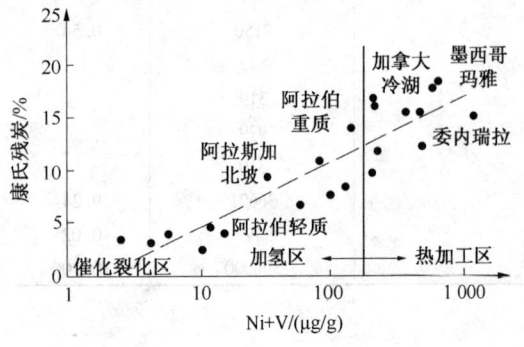

图 1-5-11 大于343℃不同金属含量和残炭的重油改质工艺适用范围

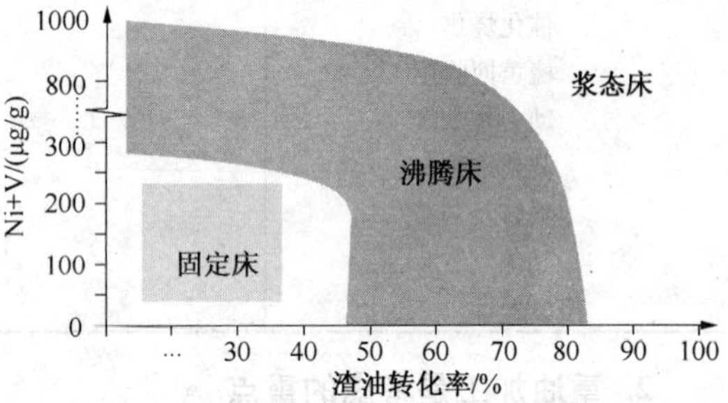

图 1-5-12 渣油加氢转化工艺适应范围

实际上，固定床加氢工艺对于金属含量超过 $120\mu g/g$ 的原料很难适应，实际运行的装置原料金属含量都没超过 $100\mu g/g$。中国石化曾将塔河原油的渣油样品送给 Chevron Lummus Global 和 Axens，分别委托采用 LC-Fining 和 H-Oil 沸腾床加氢工艺进行加工实验，实验结果均认为很难加工。所以，目前无论是固定床加氢，或是沸腾床加氢还不能解决所有渣油加工问题，还需要炼油工作者从工艺上和催化剂上继续研究攻关。

3. 需要配备足够的加氢能力

高硫、高酸原油各段馏分一般不能直接作为产品或作为二次加工原料，均需要经过加氢精制或加氢处理。经加氢预处理的催化裂化原料氢含量增加，烷烃、环烷烃和多环芳烃分布发生变化，芳烃减少，烷烃和环烷烃增多，可裂化的分子增多，催化裂化的总转化率提高，轻油收率提高。另一个好处是，由于原料油中的芳烃和金属含量减少，催化裂化的生焦量减少。原料油质量提高，使再生温度下降，催化剂循环量增多，提高了转化率。原料油金属含量减少，也改善了催化剂的活性和选择性，干气产量减少。因此，在大多数情况下由于催化裂化原料油质量改进，可以大大提高炼油厂经济效益。同时，原料油中的硫、氮含量减少，产品中的硫含量和污染物排放数量相应也有所减少。我国近几年新建的千万吨级炼油厂都充分重视了加氢能力的配置，如表 1-5-7。美国近 10 年也明显加强了加氢装置的配置，如图 1-5-13[40]。

表 1-5-7 新建的几个千万吨级炼油厂加氢能力

炼油厂	原油蒸馏能力/(10kt/a)	加氢能力（不包括重整的石脑油加氢）	
		10kt/a	占原油加工能力/%
海南	800	660	82.5
青岛	1000	790	79.0
惠州	1200	960	80.0
福建	1200	900	75.0

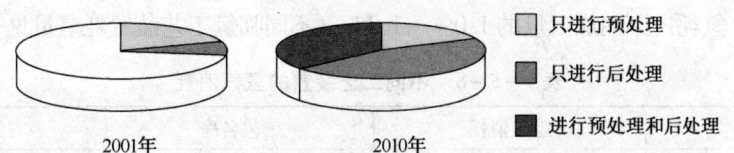

图 1-5-13 美国炼油厂催化原料预处理和催化汽油后处理变化趋势

今后世界石油市场需求增长最快的将是柴油而不是汽油,能够最大量生产馏分油的装置就是加氢裂化装置,各种石油产品所占份额预测见图 1-5-14。

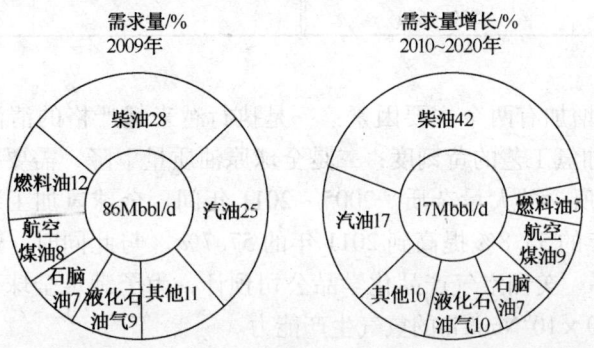

图 1-5-14 2010~2020 年世界各种石油产品所占份额变化

从生产低硫、超低硫和低芳烃、高十六烷值清洁燃料角度,最适宜的加工工艺亦是加氢。特别是加工含酸/高酸的环烷基原油,其蜡油和渣油裂化性能均很差,生焦倾向很高,不适合作为催化裂化原料,最好选择加氢裂化。对于炼油-化工一体化的企业,加氢裂化可以为乙烯装置最大量提供裂解原料和为芳烃装置提供高芳潜优质石脑油的炼油工艺。

据有关资料报道[41],2010 年 1 月到 2011 年 1 月全球炼油厂加氢处理装置加工能力将增加 1%(约 448kbbl/d),达到 45.4Mbbl/d。目前,全球至少有 134 个加氢处理新建项目处于不同阶段,如果都能按计划建成,今后 3~5 年全球加氢处理能力将新增 3.5Mbbl/d。支撑加氢处理装置能力增长有两个因素:一是运输燃料特别是柴油需求增加;二是全球许多国家都将执行越来越严格的清洁燃料规格,见图 1-5-15 和图 1-5-16。

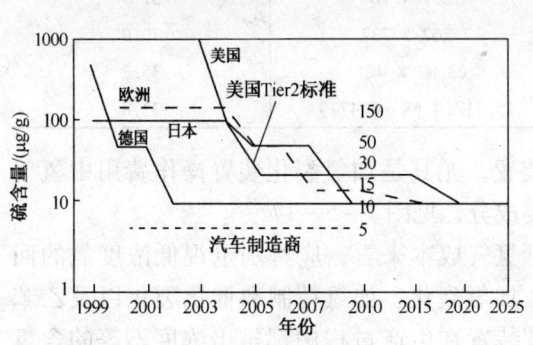

图 1-5-15 世界汽油硫含量标准变化

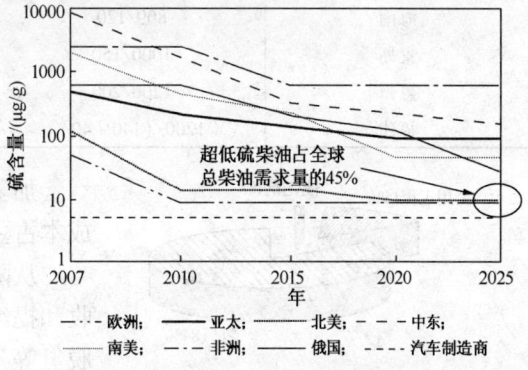

图 1-5-16 世界柴油硫含量标准变化
资料来源:2008 年哈特世界炼油与燃料研究报告

4. 充分重视氢气资源的回收利用和制氢工艺的发展

Foster Wheeler 公司估计,10Mt/a 的炼油厂一般需用氢气 $15 \times 10^4 Nm^3/h$。有人估算,现代

化大型炼油厂，氢耗占原油加工量的1.0%~1.2%。不同临氢工艺装置耗氢量见表1-5-8[42]。

表1-5-8 不同工艺装置的氢气消耗　　　　　　　　　　　　Nft³/bbl

工艺名称	氢气消耗	工艺名称	氢气消耗
异构化	50~150	常规加氢裂化	650~1200
芳烃饱和	200~500	沸腾床加氢裂化	670~1900
石脑油加氢处理	200~500	减压瓦斯油加氢处理	800~1200
馏分油加氢处理	300~800	悬浮床加氢处理	850~2000
缓和加氢裂化	530~650		

注：1ft³ = 28.31685L³。

炼油厂氢气需求增加有两个主要因素：一是执行越来越严格的清洁燃料标准（如低硫、超低硫），需要提高加氢工艺的苛刻度；二是全球原油质量下降，需要把重质劣质原油转化为轻质油品，并脱除所含的大量杂质。2005~2011年间，全球氢加工装置能力占原油加工能力的比例从2005年的55.8%提高到2011年的57.7%。与此同时，炼油厂氢气需求也增加了$4.49 \times 10^6 Nm^3/h$。美国空气产品化学品公司预计，为了满足全球不断增长的需求，到2020年需新增加$8.80 \times 10^6 Nm^3/h$的氢气生产能力。

炼油企业氢气来源可分为三部分，即工艺装置副产氢气、制氢装置产氢以及化工过剩氢（如乙烯氢、化肥氢等）。部分企业建有通过物理方法从催化裂化干气等低浓度含氢气体中提纯回收氢气装置（如真空变压吸附等），以满足对氢气的需求。从原油与产品氢元素平衡分析，炼油企业副产氢气不能完全满足全厂氢气需要。中国石化股份公司炼油事业部根据近几年对装置情况的统计，炼油企业氢源中催化重整氢占56%，制氢装置产氢占29%，化工氢及回收氢占15%。特别是拥有大型连续催化重整装置（CCR）的企业，重整氢占主导地位，见表1-5-9。

表1-5-9 我国新建的几个千万吨级炼油厂重整供氢能力

炼油厂	原油加工能力/重整装置规模/(10kt/a)	重整产氢占全厂供氢的能力	
		全厂耗氢/重整产氢/(10kt/a)	重整供氢所占比例/%
海南	800/120	12.7/4.76	37.5
青岛	1000/150	7.262/5.737	79.0
惠州	1200/200	23.89/8.42	35.2
福建	1200/(140+40)	15.71/(4.68+0.477)	32.8

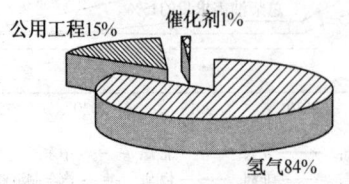

图1-5-17 典型加氢裂化装置操作费用

加氢装置，尤其是加氢裂化装置操作费用中氢气成本占主要成分，见图1-5-17[43]。

从降低氢气成本来看，应特别重视低浓度氢的回收和提纯。加氢裂化、加氢精制和催化裂化以及乙苯脱氢等工艺装置在生产过程中都排出浓度不等的含氢气体，提纯和利用这些资源具有重要意义。自20世纪20年代以来，世界上已开发了多种氢提浓方法，工业上应用最早的是深冷分离，适用于含氢30%~70%，含甲烷较高的气体。70年代和80年代变压吸附和膜分离技术开发成功后，氢提浓技术有了突破，这两种方法适用于含氢60%以上的气体。90年代后，采用变温吸附(TSA)与变压吸附(PSA)相结合，已成功地从含氢20%~30%的重油催化裂化干气中回收并产出浓度99.9%（体积分数）以上的氢气，回收率达85%以上。

对于大型炼油企业，还必须配备足够的制氢能力。近年来，随着我国制氢技术的不断发展，已掌握多种制氢工艺路线，制氢原料也在不断扩大，目前氢气生产通常采用以下几种主要原料：(1) 轻质原料（包括天然气、炼厂气、轻石脑油），采用水蒸气转化法生产氢气。(2) 以重质原料（例如减压渣油、脱油沥青）非催化部分氧化制氢。(3) 以煤或石油焦气化制氢。

由于氢气对于炼油企业越来越重要，尤其是加工高硫、高酸、高金属含量原油的企业，应当建立完善的供氢网络。供氢网络由产氢单元、用氢单元和联接线路三部分构成。供氢管网建立的合理与否，对氢气利用率、使用成本具有较大影响。供氢管网的设置要综合考虑，分质、分能逐级利用。

5. 提高工艺设备的防腐能力

加工含硫/高硫原油，硫对工艺设备及储运设施的腐蚀应当引起高度重视。原油中硫化物主要有硫化氢、硫醇、硫醚、二硫化物、噻吩及其衍生物等，硫化物对设备的腐蚀，不论是在低温部位还是高温部位，都以硫化氢腐蚀形式为主。在高温部位，还存在单质硫和低分子硫醇腐蚀。一般讲，介质中硫化氢含量越高对设备腐蚀越严重，如果有环烷酸存在，会形成相互促进恶性循环腐蚀的现象。在低温部位，如果有氯化氢和氢氰酸（来源于氮化物的分解）存在，会破坏在金属表面形成的FeS保护膜，产生硫化氢-水-氯化氢循环腐蚀体系。高酸原油对设备的腐蚀尤为突出。所以，加工含硫/高硫和含酸/高酸原油，必须进行深度脱盐，严格控制脱后原油含盐量不大于3mg/L，最好达到小于1mg/L。在此基础上，搞好注氨（胺）、注水、注缓蚀剂。在高温部位，加工含硫/高硫原油应选用高铬的材料，铬不仅能够促进钢材表面钝化，同时可以抑制有机硫化物的热分解，减少钢材表面硫化氢吸收量；对于加工含酸/高酸原油应选用高含钼的材料，如选用316L或317L不锈钢，但必须要求其钼含量高于2.5%，因为316L标准钼含量为2.0%~3.0%。

加工含硫/高硫和含酸/高酸原油应更加重视工艺、设备管理，建立严格的监测和维护保养制度，以保证装置的安全、稳定和长周期运行，并且保证原油一次加工装置为二次加工装置提供优质原料。

6. 重视环境保护工作

催化裂化再生器排放的烟气，是炼油企业对大气排放的重要污染源，其中含有较高浓度的颗粒物、SO_x、NO_x和CO，特别是加工含硫/高硫原油的企业，其污染物浓度更高。见图1-5-18[44]。

以减压馏分油(VGO)为原料，大约有10%~15%原料中的硫在催化裂化反应过程中进入到焦炭中；焦化蜡油(CGO)和经过加氢处理的原料，大约有30%的硫进入到焦炭中。这是因为，经过加氢处理的原料，其所含有的硫化物大部分以芳烃结构形式存在，这种芳烃结构的硫化物在反应过程中被浓缩在焦炭中，在再生

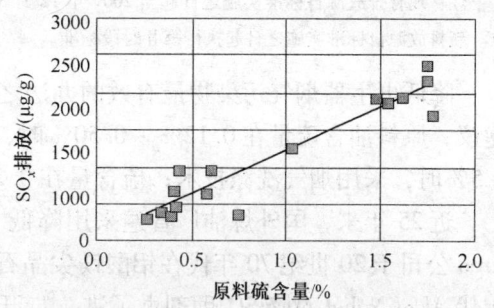

图1-5-18 原料含硫量与再生烟气中SO_x的关系

器中烧掉。原料中的硫含量越高，焦炭中的硫也越高。焦炭在再生器中燃烧，其硫化物生成 SO_2 和 SO_3，这些硫化物随着再生烟气排入到大气中，如果没有烟气处理措施就会污染大气。美国炼油厂签署的催化裂化烟气排放限值见表1–5–10。

表1–5–10 美国炼油厂签署的催化裂化烟气排放限值

项目	限值	项目	限值
$SO_x/(\mu g/g)$	25	颗粒物/(g/kg 烧焦)	1.0(0.5)
$NO_x/(\mu g/g)$	20	$CO/(\mu g/g)$	500(150)

注：括弧内数据为未来可能限值。

西欧各国对催化裂化装置污染物排放有不同的规定，见表1–5–11。

表1–5–11 欧洲各国对催化裂化装置污染物排放的规定

国家	SO_2	NO_x	颗粒物(PM)	CO
奥地利	1700[1]	300[1]	50[1]	2000[1]
比利时	1300[1]	450[1]	150[1]	150[1]
法国	1700[1]			
德国	1700[1]	700[1]	50~150[1][3]	
爱尔兰	控制负荷最小化		100[1]	
意大利	1700[1]			
挪威[4]	1~2[2]		2.15[2]	50[1]
瑞典	2[2]		1[2]	75[1]
荷兰	1[2]		1[2]	75[1]
英国	BAT[5]			

[1]单位为 mg/m^3（标准）；[2]单位为 kt/a；[3]取决于流量的大小；[4]指标因炼油厂而异；[5]现有技术的最佳排放量。

我国于20世纪末也颁布了大气污染物排放标准，并按两个阶段予以实施，见表1–5–12。

表1–5–12 我国大气污染物排放标准

污染物	GB 16297—1996	北京 DB 11/501—2007		广东 DB 44/27—2001
		Ⅰ时段	Ⅱ时段	
SO_2	550	550	200	500
NO_x	240	240	200	120
颗粒物	120	50	30	120

注：现有排放源自标准实施之日起至2009年12月31日止执行第Ⅰ时段标准；2010年1月1日起执行第Ⅱ时段标准。新排放源自标准实施之日起执行第Ⅱ时段标准。

降低再生器烟气污染物最有效的办法之一是催化裂化原料经加氢处理。美国 Belco 公司建议，原料油含硫量在0.12%~0.50%时，采用硫转移剂脱硫；原料油含硫量在0.25%~1.5%时，采用烟气洗涤技术；硫含量在0.25%~0.50%时，采用哪种技术可酌情而定。

近25年来，国外炼油厂普遍采用降低 SO_x 和 NO_x 排放物的助剂。降低 SO_x 的助剂是由 Arco 公司于20世纪70年代在铝酸镁尖晶石技术基础上开发的，现已有了改进。20世纪80年代 Akzo Nobel 对降 SO_x 助剂做了进一步开发，它是一种基于水滑石的技术。1977年英特凯特公司(Intercat)开发了自己的水滑石技术并获得专利，提供了一种水热稳定性和耐磨性好的材料，与尖晶石型助剂相比具有更优良的使用性能。Grace Davison、Akzo Nobel、

Albemarle、Engelhard、Intercat 等公司除开发和推广了一系列降 SO_x 助剂外，还开发和推广了降 NO_x 助剂，使用效果都很明显。国内中国石化洛阳石化工程公司、齐鲁石化研究院/华东理工大学、北京三聚环保新材料股份公司也推出了相应的降 SO_x 和 NO_x 助剂。降 SO_x 助剂示意反应见图 1-5-19。

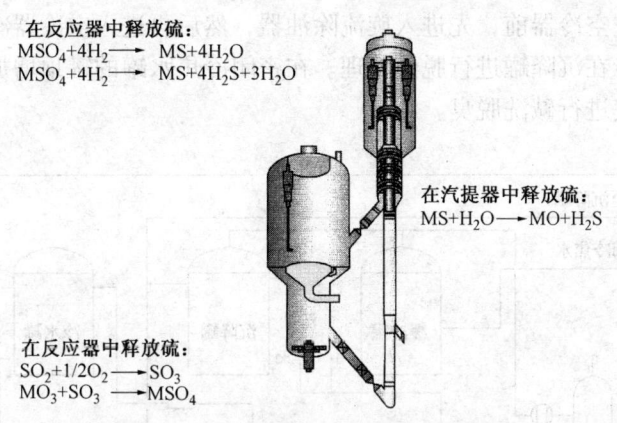

图 1-5-19 降 SO_x 助剂在催化裂化反再系统的反应

碱洗工艺可以将烟气中高浓度 SO_x(大于 $1000\mu L/L$)深度脱除(大于 97%)，同时可脱除 NO_x 和 PM。但碱洗工艺存在废液处理问题，投资和操作费用也较高。ExxonMobil、Belco、Monsanto 等公司相继开发了这种碱洗工艺。中国石化广州分公司引进了美国 Belco 公司烟气碱洗脱硫除尘技术，于 2010 年 1 月投用。其吸收洗涤与洗涤液处理单元简要工艺流程见图 1-5-20 和图 1-5-21[45]。

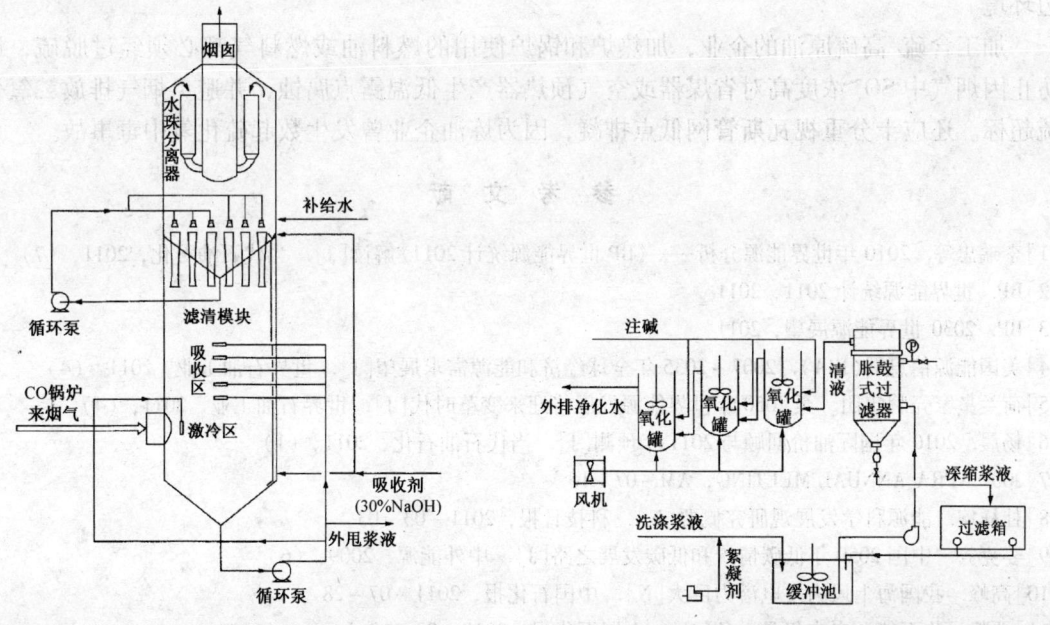

图 1-5-20 吸收洗涤单元简要工艺流程　　图 1-5-21 洗涤液处理单元简要工艺流程

Belco 公司的 EDV 湿法烟气净化技术经一年多运行，催化裂化再生器烟气中 SO_x 脱除率达到 99.9%，超过设计 91% 的要求；烟气粉尘脱除率达到 94.7%，高于设计 88.8% 的要求,排放烟气中平均粉尘含量为13.7mg/Nm³,可满足环保指标要求。

延迟焦化装置冷焦水,由于水温较高,表面挥发物中携带大量油气和硫化物,恶臭难闻,对人体危害较大,严重污染周边环境,对于加工高硫原油的企业,这种情况尤为严重。现在,许多企业延迟焦化装置已采取冷焦水密闭技术,如图1-5-22[46]。

同时,在冷焦水进空冷器前,先进入旋流除油器,然后再进入空冷器冷却,从旋流除油器分出的油相,进一步在沉降罐进行脱油处理。在密闭冷焦水罐的罐顶增加一条去紧急放空塔的管线,罐顶不凝气进行碱洗脱臭。

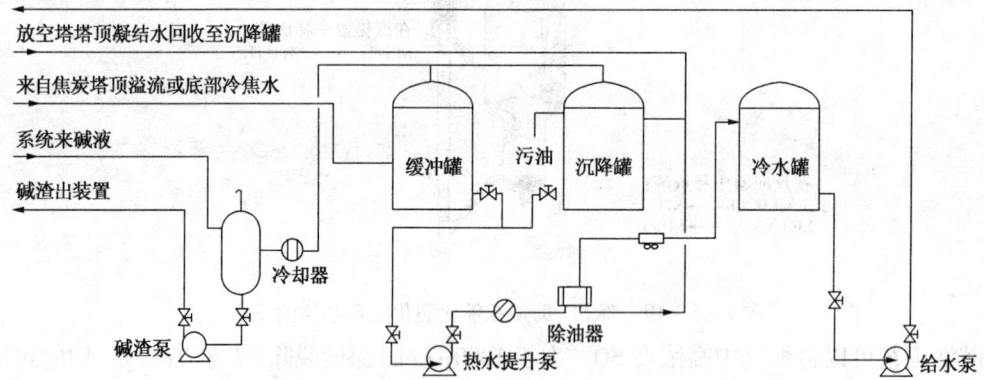

图1-5-22 冷焦水密闭工艺原则流程

加工含硫/高硫原油的企业,精制前的轻油罐不能采用拱顶罐,采用浮顶罐亦应设置油气吸收措施。污水处理的隔油池必须加盖密闭,同时采用尾气处理装置,以免影响周边环境。

加工含硫/高硫原油的企业,加热炉和锅炉使用的燃料油或燃料气都必须经过脱硫,以防止因烟气中SO_x浓度高对省煤器或空气预热器产生低温露点腐蚀,并避免烟气排放二氧化硫超标。还应十分重视瓦斯管网低点排凝,因为炼油企业曾发生数起硫化氢中毒事故。

参 考 文 献

[1] 李瑞忠等. 2010年世界能源分析——《BP世界能源统计2011》解读[J]. 当代石油石化, 2011, (7)
[2] BP. 世界能源统计2011, 2011
[3] BP. 2030世界能源展望, 2011
[4] 美国能源信息署(EIA). 2007~2035年全球经济和能源需求展望[J]. 世界石油工业, 2011, (4)
[5] 荷兰皇家壳牌集团. 至2050年世界能源发展将迎来变革时代[J]. 世界石油工业, 2011, (4)
[6] 杨晨. 2010年国际油价回顾与2011年预测[J]. 当代石油石化, 2011, (1)
[7] 2007 NPRA ANNUAL MEETING, AM-07-16.
[8] 杜祥琬. 能源科学发展观研究概要[N]. 科技日报, 2011-03-03
[9] 姜克隽. 中国2050年低碳情景和低碳发展之路[J]. 中外能源, 2009, (6)
[10] 高峰. 我国海上风力发电潜力巨大[N]. 中国石化报, 2011-07-28
[11] 严凯. 化石能源未来仍是主角[N]. 中国石化报, 2010-08-10
[12] 人民日报, 2011-01-19
[13] 伊光明. 我国汽油消费和质量升级发展趋势[J]. 当代石油石化, 2010, (7)
[14] 中国石化报, 2010-04-06

[15] 人民日报, 2010-09-06
[16] 张艳秋等. 对中国未来低碳能源约束下的能源构成和油气需求分析[J]. 中外能源, 2010, (1)
[17] 萧玉茹等. 我国油气资源勘探开发现状与展望[J]. 当代石油石化, 2010, (10)
[18] 朱和金等. 中国炼油工业"十一五"回顾与"十二五"展望[J]. 世界石油工业, 2011, (1)
[19] 韩晓杰等. 产业基地布局:大型化一体化[N]. 中国石化报, 2011-05
[20] 李月清等. 未来几年炼油产能过剩加剧[N]. 中国石化报, 2010-09-10
[21] 王安建. 在第十二届中国科学技术协会上的讲话[N]. 中国石化报, 2010-11-16
[22] 边思颖等. 炼油行业发展清洁燃料面临的形势分析[J]. 中外能源, 2010, (7)
[23] 吴溪等. 化石燃料与可持续发展——专访康菲石油公司总裁兼首席运营官 John. A. Carrig[J]. 世界石油工业, 2011, (2)
[24] IEA. 中国国家石油公司海外油气投资综述[J]. 世界石油工业, 2011, (4)
[25] 曾旺. 高油价成因为何众说纷纭[N]. 中国石油报, 2008-09-19
[26] 赵刚. 堵住象群穿行的漏洞[N]. 人民日报, 2009-07-15
[27] 宫向阳. 炼化一体化计划优化模型在原油选购方面的应用[J]. 当代石油石化, 2011, (5)
[28] 李立权. 柴油加氢技术工程的问题及对策[J]. 炼油技术与工程, 2011, (4)
[29] 康伟清. 原油脱盐脱水及原油破乳剂进展[M]//炼油与石化工业技术进展(2011). 北京:中国石化出版社, 2011:115-119
[30] 沈伟. 脉冲电脱盐技术在荆门分公司2#常减压装置的应用[M]//炼油与石化工业技术进展(2011). 北京:中国石化出版社, 2011:311-318
[31] 2007 NPRA ANNUAL MEETING, AM-07-09
[32] 任鹏军等. 140万吨/年加氢裂化装置循环氢控制分析[J]. 中外能源, 2011, (9)
[33] 谢丽等. 超声波在含酸原油酯化脱酸中的应用研究[J]. 石油炼制与化工, 2010, (1)
[34] 龙军等. 高酸原油直接催化脱酸裂化成套技术开发和工业应用[J]. 石油炼制与化工, 2011, (3):1-6
[35] 中国石化报, 2011-12-28(1)
[36] 王明哲. 超低硫汽油生产——S-Zorb技术的新进展[M]//炼油与石化工业技术进展(2011). 北京:中国石化出版社, 2011:67-73
[37] 申满对等. 劣质原油加工及其主要环境问题与对策[J]. 炼油技术与工程, 2011, (7)
[38] 袁忠勋. 千万吨级炼厂技术应用与发展[C]//2011年炼油与石化工业技术进展交流会报告文集. 北京:中国石化出版社, 2011
[39] 侯凯锋等. 影响渣油沸腾床加氢裂化方案经济性因素分析[J]. 石油炼制与化工, 2010, (9)
[40] 2011 NPRA ANNUAL MEETING, AM-11-57
[41] 美国《世界炼油商务文摘周刊》, 2011-10-31
[42] 美国《世界炼油商务文摘周刊》, 2011-8-22
[43] 2011 NPRA ANNUAL MEETING, AM-11-62
[44] Ray Fletcher等 Intercat公司. 优化FCC再生器减少排放[J]. 国际炼油与石化, 2011年第二季
[45] 潘全旺等. RFCC烟气脱硫除尘装置运行效果分析[M]//炼油与石化工业技术进展(2011). 北京:中国石化出版社, 2011
[46] 陈治强等. 延迟焦化装置放空凝结水回用技术及应用[J]. 炼油技术与工程, 2011, (6)

第二章 含硫含酸原油资源与贸易流向

第一节 世界石油资源

一、世界石油各大区划分、国家组织及国际机构

(一)世界石油大区的划分

研究或讨论世界石油资源、生产、消费、贸易情况时,习惯上常按大区分述。各大区原则上结合地理和地缘政治进行划分,但因关注重点和政治原因不同也有不同组合。一般分为中东、亚太(包括东亚、东南亚、南亚和大洋洲)、西欧、东欧及前苏联、非洲(有时分为西非、北非和南非)和美洲(分为北美洲和南美洲)等几个地区。

(二)石油输出国组织

石油输出国组织(OPEC)占世界石油储量的75%以上和产量的40%以上,在世界石油市场和石油贸易中占有非常重要的地位,因此在讨论有关石油问题时常把世界上的国家分为OPEC与非OPEC国家。

OPEC是由12个出口石油的发展中国家组成的永久性政府间组织,其主要职能是协调和统一成员国的石油政策,总部设于奥地利首都维也纳。OPEC于1960年9月在伊拉克首都巴格达成立,创始国有5个。目前,OPEC共有12个成员国,包括中东的伊朗、伊拉克、科威特、卡塔尔、沙特阿拉伯和阿拉伯联合酋长国(阿联酋);非洲的阿尔及利亚、安哥拉、利比亚和尼日利亚;拉丁美洲的厄瓜多尔和委内瑞拉。

(三)经合组织国家与非经合组织国家

经合组织(OECD),全名经济合作与发展组织,其前身为欧洲经济合作组织(OEEC),总部设在法国巴黎,成立于1961年9月30日。OECD是由市场经济国家组成的政府间国际经济组织,旨在共同应对全球化带来的经济、社会和政府治理等方面的挑战,并把握全球化带来的机遇。迄今,OECD共有34个成员国,主要为世界上最发达的国家和一些新兴国家。OECD正与俄罗斯就其加入该组织开展谈判,OECD也与中国、印度、巴西、印度尼西亚、南非等通过"增进接触"计划加强关系。这样,OECD将占世界贸易和投资80%的40个国家聚集在一起。

非经合组织国家指OECD以外的国家,其中包括所有OPEC国家,因此非OECD国家又分为OPEC和非OPEC两部分。

(四)国际能源机构

国际能源机构(IEA)是石油消费国政府间的经济联合组织,总部设在法国巴黎。IEA是1973年第一次石油危机后,在美国倡议下于1974年11月15日成立的,它是在OECD的框架内为实施国际能源计划而建立的国际自治团体,担负成员国之间的综合性能源合作事务。

其宗旨是协调成员的能源政策,发展石油供应方面的自给能力,共同采取节约石油需求的措施,加强长期合作以减少对石油进口的依赖,提供石油市场情报,拟订石油消费计划,石油发生短缺时按计划分享石油,以及促进它与石油生产国和其他石油消费国的关系等。目前有28个成员国。

二、近年世界石油储量与产量

(一) 储量变化

2000年以来,世界石油储量除2001年微降外,均呈现增长态势[1~12](详见图2-1-1)。其中2002年和2010年增幅分别高达18.0%和8.5%,其主要原因是当年加拿大油砂沥青和委内瑞拉超重油分别纳入统计之中。

2000~2011年世界及各大区石油储量详见表2-1-1。可以看出,从2010年开始,世界石油储量突破200Gt大关,2011年达到207.77Gt。从2000年到2011年,世界石油储量增加了近67.5Gt,增幅达48.1%。其中,增量最大的是美洲地区,达到40.0Gt,增加了近2倍,其主要原因也是加拿大油砂沥青和委内瑞拉超重油分别于2002年和2010年纳入统计之中;其次是中东,增量达15.8Gt,增幅为17.0%;石油储量下降的唯一地区是西欧,12年间,其石油储量下降了近0.9Gt,降幅达37.7%。值得一提的是,同期OPEC石油储量增加了40.7Gt,增幅达36.6%。

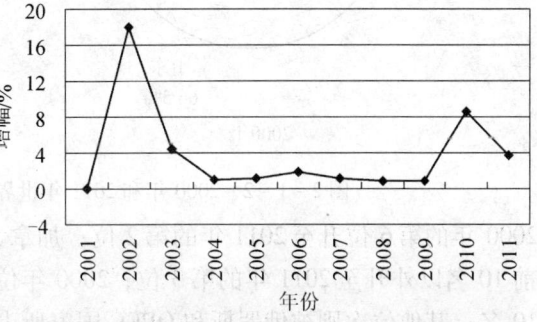

图2-1-1 2001~2011年世界石油储量变化情况

表2-1-1 2000~2011年世界及各大区石油储量变化情况　　100Mt

地　区	2000年	2005年	2009年	2010年	2011年
亚太	59.96	49.44	54.75	54.90	61.87
西欧	23.44	21.96	16.64	14.97	14.60
东欧及前苏联	80.51	108.22	136.40	136.39	136.48
中东	932.32	994.82	1027.58	1026.98	1090.66
非洲	102.15	137.47	162.47	168.60	169.42
美洲	204.44	430.87	449.27	602.71	604.64
世界	1402.82	1742.79	1847.10	2004.55	2077.68
OPEC	1110.84	1207.40	1297.54	1452.37	1517.93

从各地区占世界石油储量的份额看,从2000年到2011年,情况发生了很大变化(详见图2-1-2)。其中,美洲所占份额大幅上升,增加了14.5个百分点;中东所占份额大幅下降,降低了14.0个百分点,但仍占据了世界石油储量半壁江山。此外,亚太和西欧所占份额有所下降,而东欧及前苏联和非洲所占份额有所上升。

从前10大石油资源国情况看,2000年以来排名也有较大变化(详见表2-1-2)。除沙特阿拉伯以约36.0Gt的石油储量一直居世界首位外,委内瑞拉以其巨大的超重油储量从

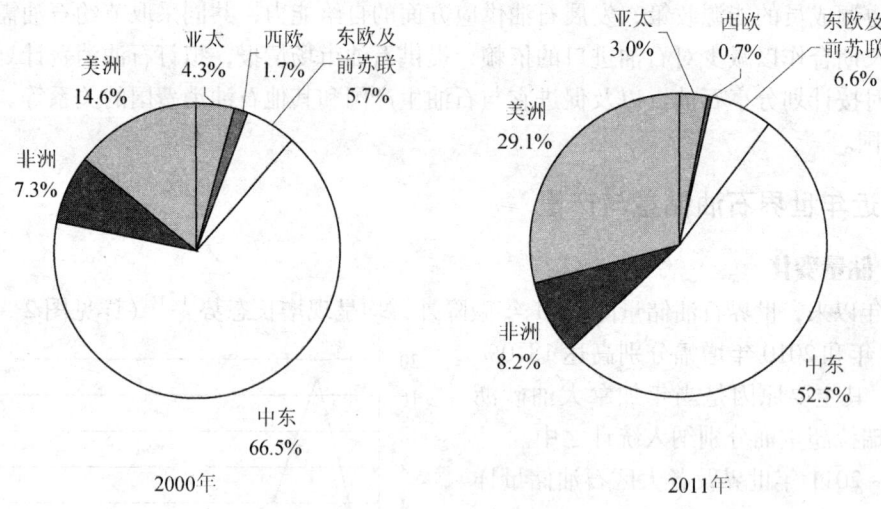

图 2-1-2　2000 年和 2011 年世界各大区占世界石油储量的份额对比

2000 年的第 6 位升至 2011 年的第 2 位；加拿大也以其十分丰富的油砂沥青资源从 2000 年的前 10 名以外升至 2011 年的第 3 位；2000 年位居第 9 和第 10 的墨西哥和中国早已被挤出前 10 名；其他位次则被俄罗斯和 OPEC 国家所占据。世界前 10 大石油资源国的进入门槛也已从 2000 年的近 3.3Gt 提高到 2011 年的超过 5.0Gt。世界前 10 大石油资源国占据了全球绝大部分石油资源，12 年来总体保持在 85% 上下。

表 2-1-2　2000、2005、2011 年世界前 10 大石油资源国　　　　　　　　100Mt

排名	2000 年		2005 年		2011 年	
	国家	储量	国家	储量	国家	储量
1	沙特阿拉伯	353.55	沙特阿拉伯	360.52	沙特阿拉伯	360.81
2	伊拉克	153.45	加拿大	243.87	委内瑞拉	288.04
3	阿联酋	133.40	伊朗	180.68	加拿大	236.82
4	科威特	128.22	伊拉克	156.86	伊朗	206.20
5	伊朗	122.35	科威特	138.45	伊拉克	195.19
6	委内瑞拉	104.84	阿联酋	133.40	科威特	138.45
7	俄罗斯	66.25	委内瑞拉	108.75	阿联酋	133.40
8	利比亚	40.24	俄罗斯	81.84	俄罗斯	81.84
9	墨西哥	38.55	利比亚	53.37	利比亚	64.24
10	中国	32.74	尼日利亚	48.93	尼日利亚	50.74
小计		1173.59		1506.67		1755.72
世界		1402.82		1742.79		2077.68
前 10 国所占比重/%		83.66		86.45		84.50

（二）产量变化

2000 年以来，世界石油产量在 2001 年和 2009 年有两次较大幅度下降，其主要原因是 2000 年国际互联网泡沫破裂和 2008 年世界金融危机爆发导致世界经济大幅下滑和石油需求大幅下降；其余时间多以稳步增长为主[1~12]。2008 年，世界石油产量达到有史以来的顶峰

3648Mt，后因金融危机爆发而大幅下滑至2009年的3525Mt，2010年和2011年连续两年恢复增长，已接近2008年的水平，详见图2-1-3。

2000～2011年世界及各大区石油产量详见表2-1-3。可以看出，从2000年以来，世界石油产量总体呈增长态势。到2011年，世界石油产量达3628Mt，比2000年增加273Mt，增幅为8.1%。其中，增量最大的是东欧及前苏联地区，达到近280Mt，增长了71.4%，其主要原因是俄罗斯石油产量增加了约200Mt。此外，非洲和中东石油产量分别增加了62Mt和51Mt，增幅分别为18.5%和4.8%。石油产量下降的唯一地区是西欧，12年间，其石油产量下降了162Mt，降幅达50.4%。值得一提的是，同期OPEC石油产量增加了77Mt，增幅为5.5%。

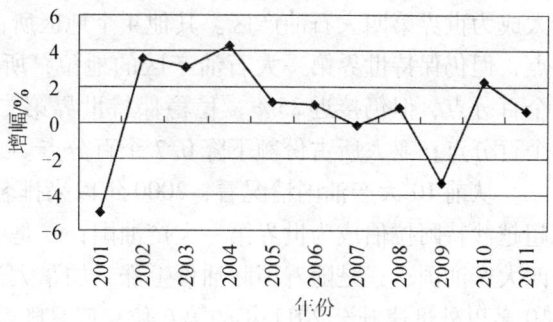

图2-1-3　2001～2011年世界石油产量变化情况

表2-1-3　2000～2011年世界及各大区石油产量变化情况　　　　Mt

地　　区	2000年	2005年	2009年	2010年	2011年
亚太	368.08	369.40	369.51	379.19	373.33
西欧	321.48	253.39	192.06	177.22	159.31
东欧及前苏联	391.73	563.93	641.07	669.13	671.36
中东	1078.44	1131.14	1054.77	1064.74	1129.75
非洲	335.27	441.72	434.32	449.12	397.16
美洲	859.84	830.11	833.42	866.10	897.09
世界	3354.82	3589.69	3525.13	3605.48	3627.99
OPEC	1407.80	1467.15	1475.29	1455.19	1484.67

从各地区所占世界石油产量的份额看，从2000年到2011年，情况发生了较大变化（详见图2-1-4）。份额增加最大的是东欧及前苏联地区，其所占份额增加了6.8个百分点，达18.5%，稳固了其第三大石油产区的地位；非洲所占份额增加了0.9个百分点，替代亚

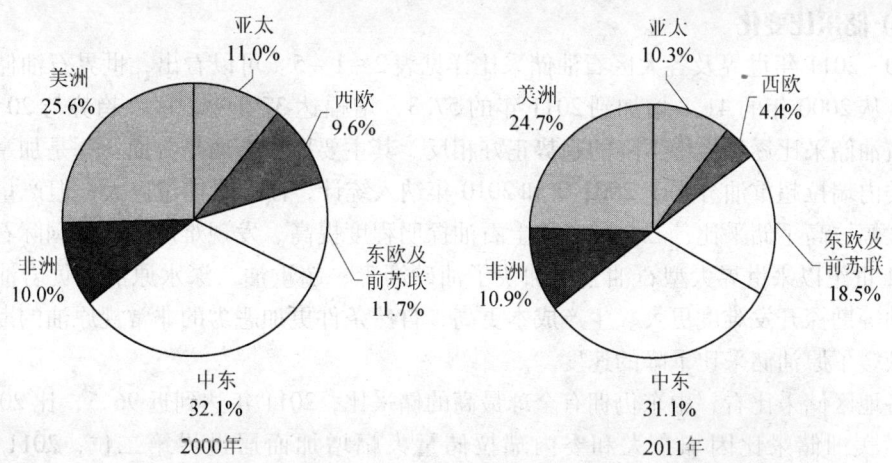

图2-1-4　2000年和2011年世界各大区占世界石油产量的份额对比

太成为世界第四大石油产区。其他4个地区所占份额均有所下降,其中中东下降1.0个百分点,但仍保持世界第一大石油产区的地位,所占比重仍超出30%;美洲所占份额下降0.9个百分点,但仍接近25%,稳稳保持世界第二大石油产区地位;西欧所占份额下降了5.2个百分点;亚太所占份额下降0.7个百分点。

从前10大产油国情况看,2000年以来排名也有所变化(详见表2-1-4)。一是俄罗斯超越沙特阿拉伯成为世界第一大产油国;二是中国石油产量稳步增长,超越伊朗成为世界第四大产油国;三是随着国际油价上涨,加拿大油砂沥青产量较快增长,使其从2000年的前10名以外迅速升至2011年的第6位;四是随着北海原油产量较快减产,挪威和英国从2000年的前10名之列跌出2011年的前10名;五是世界前10大产油国的进入门槛从2000年的近127Mt降至2005年的115Mt后,又逐步提高到2011年的124Mt;六是世界前10大产油国占全球石油产量的比重基本保持稳定,12年来总体保持在62%左右。

表2-1-4 2000、2005、2011年世界前10大产油国 Mt

排名	2000年		2005年		2011年	
	国家	产量	国家	产量	国家	产量
1	沙特阿拉伯	403.20	俄罗斯	460.75	俄罗斯	516.25
2	俄罗斯	317.54	沙特阿拉伯	457.75	沙特阿拉伯	450.00
3	美国	291.15	美国	256.00	美国	280.00
4	伊朗	178.38	伊朗	194.00	中国	204.50
5	中国	162.75	中国	181.75	伊朗	179.00
6	挪威	160.81	墨西哥	166.00	加拿大	143.00
7	墨西哥	152.52	挪威	135.50	墨西哥	126.90
8	委内瑞拉	151.75	阿联酋	123.39	委内瑞拉	125.50
9	伊拉克	134.09	尼日利亚	121.25	阿联酋	124.92
10	英国	126.85	加拿大	115.00	伊拉克	124.00
小计		2079.04		2211.39		2274.07
世界总计		3354.82		3589.69		3627.99
前10国所占比重/%		61.97		61.60		62.68

(三) 储采比变化

2000~2011年世界及各大区石油储采比详见表2-1-5。可以看出,世界石油储采比增长较快,从2000年的41.8增加到2011年的57.3,增幅达37.1%。这一趋势与20世纪90年代末石油储采比逐步缓慢下降的趋势正好相反。其主要原因有两个方面:一是加拿大油砂沥青和委内瑞拉超重油分别于2002年和2010年纳入统计,而二者储量巨大,但产量却相对较低,大幅拉高了储采比;二是随着陆上石油探明程度提高、发现难度加大和国际石油价格上涨,21世纪以来世界大型石油公司加快了油砂沥青、超重油、深水原油、页岩油、极寒地区原油等勘探开发难度更大、生产成本更高、自然条件更加恶劣的非常规原油的勘探开发力度,减缓了原油储采比下降的速度。

从各地区储采比看,中东仍拥有全球最高的储采比,2011年达到近96.5,比2000年增加10.0。美洲储采比因加拿大和委内瑞拉储量大幅增加而居世界第二位,2011年达到67.4,较2000年增长约2倍。非洲近10年来成为油气行业投资热点,石油储量增长较快,储采比也较快提高,2011年达到42.7,较2000年提高12.2。亚太地区石油储采比2000年后有所下降,但近年已恢复到2000年的水平。东欧及前苏联石油储采比总体保持基本稳定。西欧石油储采比有所增加,其主要原因是其石油产量降速高于石油储量降速。

表2-1-5 2000~2011年世界及各大区石油储采比变化情况

地 区	2000年	2005年	2009年	2010年	2011年
亚太	16.3	13.4	14.8	14.5	16.6
西欧	7.3	8.7	8.7	8.4	9.2
东欧及前苏联	20.6	19.2	21.3	20.4	20.3
中东	86.5	87.9	97.4	96.7	96.5
非洲	30.5	31.1	37.4	37.5	42.7
美洲	23.8	51.9	53.9	69.6	67.4
世界	41.8	48.5	52.4	55.6	57.3
OPEC	78.9	82.3	88.0	99.8	102.2

从2011年世界前10大产油国的石油储采比看,超过80的国家有6个,低于20的国家有4个(详见表2-1-6)。沙特阿拉伯、伊朗、阿联酋、伊拉克等中东传统石油资源大国的石油储采比均超过80;加拿大和委内瑞拉的石油储采比也分别因油砂沥青和超重油纳入统计而高达165.6和229.5。俄罗斯、美国、中国和墨西哥储采比均低于20,尽管石油产量较大,但如果没有新的重大石油发现,保持现有产量的压力将越来越大。

表2-1-6 2000~2011年世界主要产油国储采比变化情况

地 区	2000年	2005年	2009年	2010年	2011年
俄罗斯	20.9	17.8	16.5	16.1	15.9
沙特阿拉伯	87.7	78.8	89.5	88.5	80.2
美国	10.2	11.4	9.8	9.5	10.1
中国	20.1	13.7	14.7	13.7	13.6
伊朗	68.6	93.1	100.8	101.0	115.2
加拿大	6.4	212.1	188.9	174.4	165.6
墨西哥	25.3	10.6	10.9	11.0	10.9
委内瑞拉	69.1	102.4	124.9	258.3	229.5
阿联酋	119.7	108.1	117.5	116.1	106.8
伊拉克	114.4	170.5	130.7	132.5	157.4

三、未来石油产量预测

IHS CERA(剑桥能源研究会)、OPEC、EIA、BP、ExxonMobil及IEA等主要机构或公司对未来20~30年世界液体燃料[包括原油、凝析油、天然气液体(NGL)以及生物燃料、超重油、天然气制油(GTL)、煤制油(CTL)和页岩油等其他非常规液体及炼油厂加工体积增加]产量的预测结果列于表2-1-7[13-18]。

总体看,各机构预测,世界液体燃料产量将从2010年的86.2~87.0Mbbl/d增加到2030年的100.7~108.0Mbbl/d,增幅介于15.7%~24.1%。而常规原油和常规液体燃料(包括常规原油、凝析油、天然气液体及炼油厂加工体积增加)产量的增幅较低,OPEC预测同期常规原油产量的增幅仅为6.5%,EIA和IEA预测同期常规液体燃料产量的增幅分别为10.9%和6.4%。同时,这些机构均认为,随着时间的推移,世界液体燃料产量增长将放缓。

从各个机构的预测看,CERA、OPEC、EIA、ExxonMobil较为乐观,预计2010~2030年

间世界液体燃料产量年均增长率为 0.99%~1.06%；BP 略为悲观，预计年均增长率为 0.90%；IEA 最为悲观，预计年均增长率仅 0.73%。在此，仅分别对 IEA、ExxonMobil 和 BP 的预测作简要介绍。

表 2-1-7　主要机构对未来世界液体燃料产量的预测　　　　Mbbl/d

机　构	2008 年	2010 年	2011 年	2015 年	2020 年	2025 年	2030 年	2035 年	2040 年
CERA①		87.0	88.9	94.5	100.0	104.0	107.4		
OPEC①		86.4	88.4	93.1	98.0	102.2	106.0	109.9	
常规原油②		69.5		71.3	73.1	74.0	74.0	74.9	
EIA①	85.7			93.3	97.6	103.2	108.0	112.2	
常规液体③	81.7			87.2	89.8	93.6	96.5	99.1	
BP①②		86.2		91.5	95.3	99.6	103.1		
ExxonMobil①②		87.0		93.8	98.7	102.5	105.9	109.1	111.3
IEA①④		87.0		92.6	94.7	97.4	100.7	103.7	
常规液体③		83.1		86.1	86.6	87.2	88.4	89.3	

① 含原油、凝析油、天然气液体、其他非常规液体(生物燃料、超重油、天然气制油、煤制油及页岩油)及炼油厂加工体积增加；
② 根据图形测算；
③ 包括常规原油、凝析油、天然气液体及炼油厂加工体积增加；
④ 新政策情景。

(一) IEA 预测

IEA 对未来世界液体燃料的供需设置了 3 种情景：现行政策、新政策和 450(其名称来自于将大气中温室气体浓度控制在 450μL/L 以内的目标)。其中新政策情景为主要情景。该情景考虑了世界各国已经宣布的解决能源安全、气候变化、当地污染和其他与能源相关急迫挑战的各项政策承诺和计划，包括那些尚未宣布具体实施措施的承诺和计划。这些承诺包括可再生能源和能效目标及相关支持措施，与淘汰和增加核能相关的规划，各国在坎昆协议中达成的降低温室气体排放的官方承诺，以及 20 国集团(G-20)和亚太经合组织(APEC)国家取消低效化石燃料补贴的提议等。由于许多正式承诺有效期间为 2020 年前，因此 IEA 在新政策情景中假设，2035 年前各国将继续采取其他措施，使全球碳强度保持类似的下降轨迹。在此，仅介绍新政策情景的预测结果。

IEA 对液体燃料进行了分类和定义(参见图 2-1-5)。石油包括原油、天然气液体(NGL)、凝析油和非常规石油，但不包括生物燃料。原油包括普通原油、轻质致密油(也称致密油，但不是页岩油，二者密度和黏度不同，开采方法也不同)和与商业原油物流混合在一起的凝析油。天然气液体由乙烷、丙烷、丁烷、戊烷及以上馏分及凝析油组成。凝析油主要组成是戊烷及以上馏分，其 API 重度通常介于 50°~85°。常规石油包括原油和天然气液体(因而也包含凝析油)。非常规石油包括超重油、油砂沥青、页岩油、天然气制油(GTL)、煤制油(CTL)及添加剂。生物燃料为自生物质生产的液体燃料，主要包括乙醇和生物柴油。

IEA 的新政策情景认为，全球石油生产能够满足需求。到 2035 年，世界石油产量(不包括炼厂加工体积增加)将达到 96.4Mbbl/d，较 2010 年增加 13.0Mbbl/d，增长 15%，年均增长 0.6%。在预测期内，世界石油产量增速将逐步回落，从 2010~2015 年间的 1.1% 降至 2030~2035 年间的 0.5%。原油产量(石油产量中最大的组成部分)将增长到约 69.0Mbbl/d(略低于 2008 年 70.0Mbbl/d 的历史最高点)的平台，随之缓慢下降到 2035 年的约 68.0Mbbl/d。

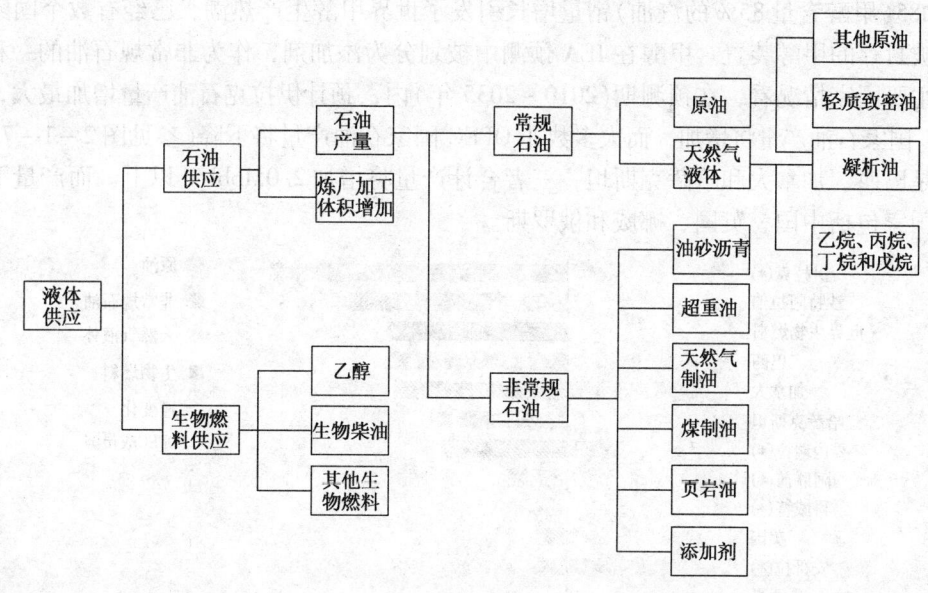

图 2-1-5 液体燃料分类示意图

所需新产能的产量将远大于所预测的产量增加量。其原因是需要弥补目前在产油田达到自然衰退期后产量的下降。IEA 预计,2010 年在产油田的原油产量将从 2010 年的 69.0Mbbl/d 降至 2035 年的 22.0Mbbl/d,降幅超过 2/3(参见图 2-1-6)。其产量下降量是目前中东所有 OPEC 国家石油产量的 2 倍。因此,为维持目前产量水平,2020 年前需新增生产能力 17.0Mbbl/d,2035 年前需新增 47.0Mbbl/d。新增产能将主要来自目前已发现但尚未开发的油田,这些油田主要位于 OPEC 国家。

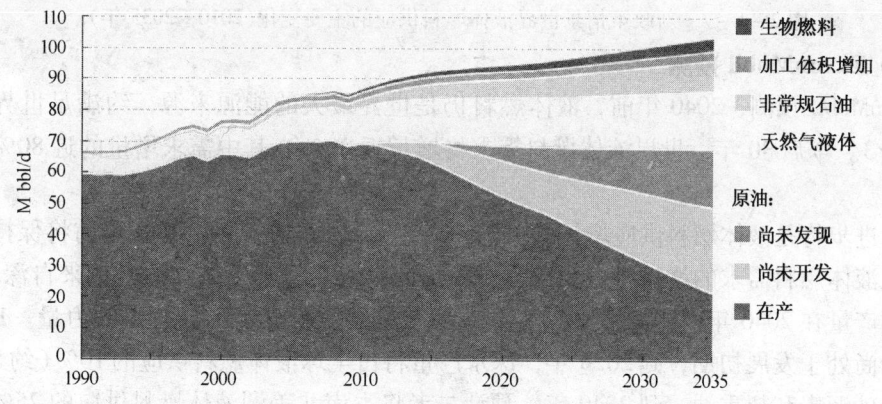

图 2-1-6 新政策情景世界液体燃料供应(按燃料类型分类)

目前在产气田的 NGL 产量也将下降,但随着天然气产量增加,新增 NGL 产量也将较大幅度增加,从而使 NGL 总产量呈较快增长态势,且 NGL 在全球石油供应中所占比重也将提高。

加拿大油砂沥青、委内瑞拉超重油、CTL、GTL、页岩油和添加剂等非常规石油也将起到越来越重要的作用。目前北美天然气价格低迷状况重新引发了人们对 GTL 的兴趣。中国仍然对 CTL(以及作为汽油调和料的甲醇)抱有浓厚兴趣。高油价和 M15(甲醇含量 15% 的汽油)与 M85(甲醇含量85%的汽油)销量增长引发了世界甲醇生产热潮,已经有数个国家重启了以前被封存的甲醇装置。甲醇在 IEA 预测中被划分为添加剂,作为非常规石油的一种。

从主要国家情况看,在预测期(2010~2035 年)内,预计伊拉克石油产量增加最大,大多数 OPEC 国家石油产量将增加,而大多数非 OPEC 国家石油产量将下降(参见图2-1-7)。主要例外是巴西、加拿大和哈萨克斯坦,三者合计产量将增加 2.0Mbbl/d 以上。而产量下降量最大的国家包括中国、英国、挪威和俄罗斯。

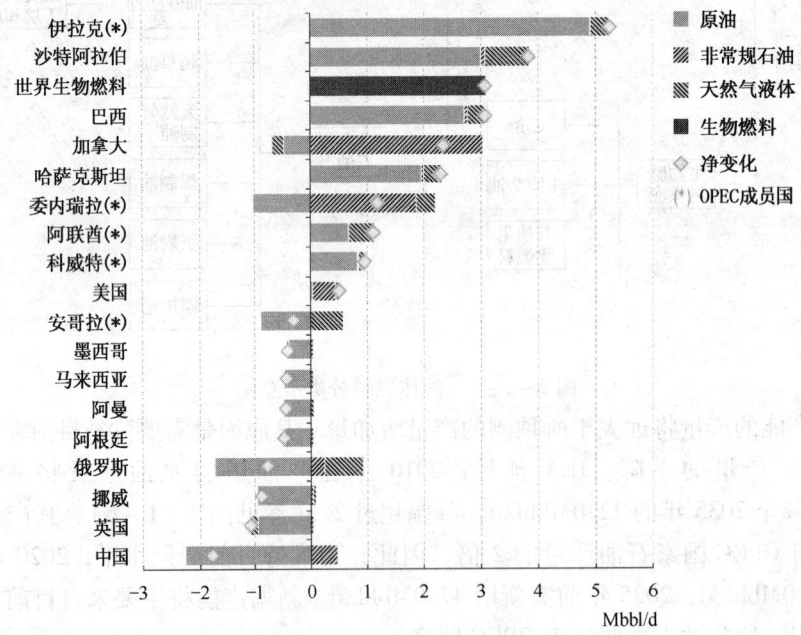

图 2-1-7 新政策情景世界液体燃料供应的主要变化(2010~2035 年)

(二) ExxonMobil 预测

ExxonMobil 预测,2040 年前,液体燃料仍是世界最大的能源来源,约满足世界总能源需求的1/3。今后30年,世界液体燃料需求将增长近30%,其中需求增量的近80%与交通运输相关。

技术进步将是液体燃料供应增长的关键。由于传统原油产量在2040 年前将保持相对稳定,因此液体燃料需求的增长将主要依靠新的资源来满足。其中最大的增量来自深水产量,预计深水产量在2040 年前将翻一番以上。深水产量的增长显示出新技术的力量。10 年前,深水产油尚处于发展初期,到2025 年,深水产量将占全球液体燃料供应的10%(约500Mt)。其次为油砂沥青和超重油,到2040 年,预计二者将占南北美洲液体燃料供应的25%。致密油与天然气液体产量也将大幅增长。生物燃料将占全球液体燃料供应的约5%,CTL、GTL 及炼油厂加工体积增加将占近5%。得益于这些新资源产量的增加,到2040 年,传统原油所占比重将从2010 年的80%降至约60%。

到2040 年,世界仍然拥有较为充足的石油资源,届时尚未生产的石油资源所占比重仍将达到55%,而且随着技术进步,估计剩余石油资源量仍将继续向上修正。2000 年以来,每生产1bbl 石油,就新发现2.5bbl 石油资源。目前所产原油95%以上发现于2000 年前,75%发现于1980 年前。

(三) BP 预测

BP 预测，2010～2030 年间，世界液体燃料需求将增长 19.6%。其中中国增加 8.0Mbbl/d，中东增加 4.0Mbbl/d，印度增加 3.5Mbbl/d；而 OECD 国家下降 6.0Mbbl/d。

今后 20 年，世界液体燃料供应将增加 17.0Mbbl/d。其中 70%（12.0Mbbl/d）将来自 OPEC，包括 OPEC NGL 产量增加 4.0Mbbl/d，沙特阿拉伯和伊拉克各增产原油 3.0Mbbl/d。届时，OPEC 占全球液体燃料供应量的份额将提高到 45%。另外的 30%（5.0Mbbl/d）将来自非 OPEC，主要是美国和巴西的生物燃料产量增加 3.5Mbbl/d、加拿大油砂沥青增产 2.2Mbbl/d、巴西深水原油增产 2.0Mbbl/d、美国页岩油增产 2.2Mbbl/d。

四、世界非常规石油资源、产量及预测

尽管世界主要机构对未来世界液体燃料产量的预测有一定差异，但均认为，为满足未来世界液体燃料需求，非常规石油资源将起到越来越重要的作用。OPEC 预测[14]，常规原油占液体燃料的比重将从 2010 年的 80.4% 降至 2035 年的 68.2%；EIA 预测[15]，常规液体燃料（包括原油、NGL、凝析油和炼油厂加工体积增加）所占比重将从 2008 年的 95.3% 降至 2035 年的 85.3%；ExxonMobil 预测[17]，常规原油（不含深水原油）占液体燃料的比重将从 2010 年的 80% 降至 2040 年的 60%；IEA 预测[18]，非常规石油（包括油砂沥青、超重油、GTL、CTL、页岩油和添加剂）占液体燃料的比重将从 2010 年的 3.0% 增至 2040 年的 9.6%。

这里需要特别注意的是，各个机构对液体燃料的分类有所不同，对常规石油和非常规石油的划分也有所不同，读者需要仔细区分。例如，ExxonMobil 将深水原油划入非常规石油资源，而 EIA 则将深水原油视为常规原油。

世界深水原油生产将快速发展。10 年前，深水原油生产尚处于发展初期，而到 2010 年其产量已达 6.00Mbbl/d（300Mt）。根据 ExxonMobil 预测[17]，到 2025 年，深水原油产量将达到 10.25Mbbl/d（超过 500Mt），占全球液体燃料供应的体积比重达到 10%；到 2040 年，其产量将达到 13.50Mbbl/d（675Mt），占全球液体燃料供应的体积比重达到 12%。世界新增深水原油产量将主要来自墨西哥湾、巴西和非洲。

EIA 预测[15]，到 2035 年，世界液体燃料供应的 12% 将来自于非常规资源（不含深水原油），其中 1.70Mbbl/d 来自 OPEC，11.40Mbbl/d 来自非 OPEC（详见图 2-1-8 和表 2-1-8）。可以看出，油砂沥青、生物燃料、CTL 和超重油绝对增量较大。

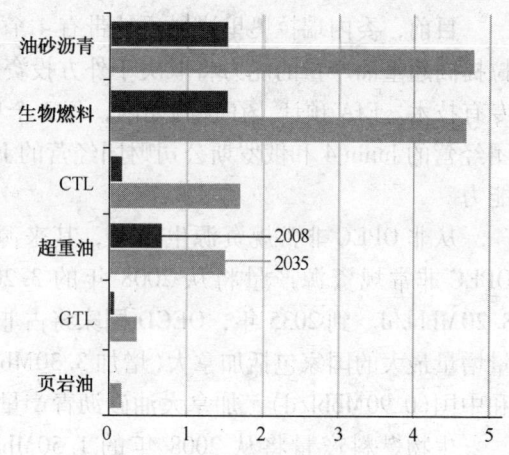

图 2-1-8 EIA 预计的 2008 年和 2035 年非常规石油资源产量对比（Mbbl/d）

表 2-1-8 EIA 对未来世界非常规石油资源产量的预测　　　　Mbbl/d

来源	2008 年	2015 年	2020 年	2025 年	2030 年	2035 年	2008～2035 年间年均增幅/%
OPEC	0.7	1	1.3	1.5	1.6	1.7	3.3
超重油	0.7	0.8	1.1	1.2	1.3	1.4	3.0
油砂沥青	0.0	0.0	0.0	0.0	0.0	0.0	

续表

来源	2008年	2015年	2020年	2025年	2030年	2035年	2008~2035年间年均增幅/%
CTL	0.0	0.0	0.0	0.0	0.0	0.0	
GTL	0.0	0.2	0.2	0.3	0.3	0.3	16.0
页岩油	0.0	0.0	0.0	0.0	0.0	0.0	
生物燃料	0.0	0.0	0.0	0.0	0.0	0.0	
非OPEC	3.2	5.1	6.5	8.3	10.1	11.5	4.9
超重油	0.0	0.0	0.0	0.1	0.1	0.1	8.5
油砂沥青	1.5	2.3	2.9	3.5	4.1	4.8	4.4
CTL	0.2	0.3	0.5	0.8	1.3	1.7	9.0
GTL	0.0	0.1	0.1	0.1	0.1	0.1	1.3
页岩油	0.0	0.0	0.0	0.0	0.1	0.1	12.1
生物燃料	1.5	2.4	3.0	3.8	4.4	4.7	4.3
世界	4.0	6.1	7.8	9.6	11.6	13.1	4.5
超重油	0.7	0.8	1.1	1.2	1.4	1.5	3.1
油砂沥青	1.5	2.3	2.9	3.5	4.1	4.8	4.4
CTL	0.2	0.3	0.5	0.8	1.3	1.7	9.0
GTL	0.1	0.3	0.3	0.3	0.3	0.3	7.4
页岩油	0.0	0.0	0.0	0.0	0.1	0.1	12.1
生物燃料	1.5	2.4	3.0	3.8	4.4	4.7	4.3

从OPEC的非常规资源生产看，主要是委内瑞拉的超重油（奥里诺科重油带）和卡塔尔的GTL。预计委内瑞拉的超重油产量将从2008年的0.70Mbbl/d增加到2035年的1.40Mbbl/d，增长1倍。卡塔尔GTL产量将从2008年的几乎可忽略不计，增加到2035年的0.20Mbbl/d。尽管两国有充足的资源支撑相应的生产，但需要大量投资将其投向消费市场，而投资时间尚不确定。

目前，委内瑞拉奥里诺科重油带有4个主要项目在运行，但均缺乏维护和投资。委内瑞拉提高超重油产量的能力将取决于外方投资水平及其是否能够吸引到用于开采和改质项目的专有技术。EIA预计，在预测期内，仅2个奥里诺科重油带项目将得以开发，即中国公司财团经营的Junin 4和俄罗斯公司财团经营的Junin 6。这两个项目均将增加0.40Mbbl/d的生产能力。

从非OPEC非常规资源生产看，其来源和资源类型较OPEC更多样化。总体上看，非OPEC非常规资源产量将从2008年的3.20Mbbl/d增加到2035年的11.40Mbbl/d，增加8.20Mbbl/d。到2035年，OECD国家将占非OPEC非常规资源产量的71%。非常规资源产量增量最大的国家包括加拿大（增加3.30Mbbl/d）、美国（2.30Mbbl/d）、巴西（1.20Mbbl/d）和中国（0.90Mbbl/d）。加拿大油砂沥青产量将占非OPEC非常规资源总产量的40%以上。

生物燃料产量将从2008年的1.50Mbbl/d增加到2035年的4.70Mbbl/d，年均增长4.3%。在预测期内，生物燃料产量增加最大的国家是美国，其产量将从2008年的0.70Mbbl/d增加到2035年的2.20Mbbl/d，增加1.50Mbbl/d。美国生物燃料产量的增长受其2007年能源独立与安全法案的推动，该法案要求增加生物燃料的使用量。在生物燃料消费强劲增长的巴西，预计其生物燃料产量在2008~2035年间将增加1.20Mbbl/d。政府政策是非OPEC生物燃料产量增长的主要推动力。生物燃料被用作减少温室气体排放、保障能源安全和促进当地经济发展的一种手段。为此，许多国家强制规定了生物燃料的使用量，并给予生物燃料生产商税收优惠。美国要求2022年生物燃料使用量达到$1.36 \times 10^8 m^3$（36Ggal）；

欧盟要求2020年生物燃料必须占液体燃料市场的10%；加拿大和中国出台了生物燃料减税或财政补贴政策。但近来一些研究表明，在减少温室气体排放方面，生物燃料可能并不像以前想象的那么高效。因此，一些国家放松了生物燃料使用量的管制，或减缓了增加生物燃料使用量的进程。同时，全球经济衰退也影响了生物燃料投资。预计，随着第一代生物燃料技术达到其经济潜力，2008~2015年间，生物燃料产量增长将放缓；但随着使用纤维素原料的新技术进入工业化应用阶段，2016年后生物燃料产量增长将加速。

下面仅对油砂沥青、超重油和页岩油作简要介绍。

（一）油砂沥青

油砂（Oil Sand）主要由石英砂、泥土、水、沥青和少量的矿物质组成，一般含沥青油10%~12%，优质的油砂中沥青油含量可以达到14%以上。当油砂中沥青油含量低于7%时，一般认为没有利用价值。油砂中水含量一般在3%~6%左右，其余为砂或矿物质。

19世纪90年代末，加拿大地质调查局的Christian Hoffman博士用热水处理油砂，成功分离出沥青。20世纪70年代末至80年代初，从油砂中提炼石油的工作进入高潮，但因操作成本太高，基本没有商业效益。进入20世纪90年代，由于油砂开采、运输、分离和提炼技术的一系列重大创新，从油砂中生产原油的成本大幅度下降，油砂合成油产量逐年上升，从1980年的138kbbl/d上升到2005年的1.10Mbbl/d。目前，全球油砂资源实现经济开发利用的国家主要是加拿大。

1. 油砂沥青储量

世界油砂储量十分丰富。据世界能源委员会统计[19]，截至2008年底，世界上23个国家共598个油砂矿藏已发现油砂沥青原始地质储量超过2.5Tbbl，加上远景增加资源，总原始地质储量超过3.3Tbbl；油砂沥青剩余可采储量243.2Gbbl；已累计生产油砂沥青约6.5Gbbl。

在某些地方，油砂矿藏特别巨大，尤其是加拿大阿尔伯达省北部。阿尔伯达省三个油砂区（Athabasca、Peace River和Cold Lake）合计发现油砂沥青地质储量1.73Tbbl，占世界的2/3，也是目前唯一正在进行商业开发的油砂沥青矿藏。

此外，哈萨克斯坦和俄罗斯也拥有大量油砂沥青储量。哈萨克斯坦油砂沥青总原始地质储量约420.0Gbbl，剩余可采储量42.0Gbbl，其矿藏主要位于里海北部盆地。俄罗斯油砂沥青总原始地质储量约347.0Gbbl，剩余可采储量28.4Gbbl，其矿藏主要位于Timan-Pechora、伏尔加-乌拉尔和西伯利亚地台盆地。

据全国新一轮油砂资源评价成果，中国油砂资源量约5.97Gt，可采资源约2.26Gt，主要分布在新疆、青海、西藏、四川、贵州、广西、浙江、内蒙古等地。

2. 油砂沥青资源开发利用技术

油砂沥青资源的开发利用主要涉及开采和加工利用两方面的技术。

目前，油砂开采技术日趋成熟。油砂开采主要有携砂冷采（CHOPS）、露天开采和原地热采三种方法。其中：露天开采主要适用于埋深小于75m、厚度大于3m的油砂矿；原地热采法则适用于埋深大于75m的油砂矿，包括蒸汽吞吐（CSS）、蒸汽驱（SD）、热水驱（HWD）以及近年发展起来的蒸汽辅助重力泄油（SAGD）技术。2004年加拿大油砂沥青产量中，露天开采产量占60%，蒸汽吞吐技术占18%，SAGD技术占7%，携砂冷采占15%。据预计[20]，到2016年，露天开采和原地热采将分别占加拿大油砂沥青生产的2/3和1/3。

另一方面，油砂沥青加工利用技术也日趋完善。目前，从油砂沥青中能够得到从轻质原油、中质原油到重质原油在内的各种原油，满足不同市场的需求（参见图2-1-9）。从油砂产出的原油主要有三种形式：稀释沥青（DilBit）、合成沥青（SynBit）以及合成原油（SCO），但偶尔也出现合成稀释沥青（SynDilBit）的形式。萃取分离和沥青油改质是油砂加工利用中的关键技术。

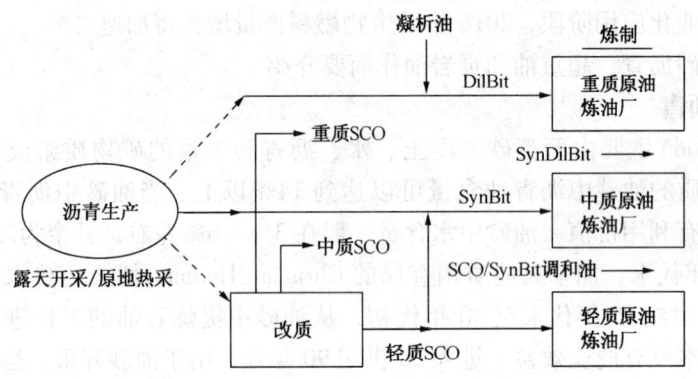

图2-1-9 加拿大油砂沥青产品

油砂萃取分离技术：利用热作用和机械作用，使油砂和95℃左右的热水混合，在混合罐中用蒸汽和机械剧烈搅动制成油砂浆液，使沥青油和砂粒彻底分散。

沥青油浮渣精制技术：首先利用蒸汽加热沥青油浮渣降低沥青油的黏度，再与热石脑油（99℃左右）混合，随之经过两级离心分离，得到的沥青油（固体含量小于0.5%，水含量小于5%）进入沥青油改质厂进行改质处理。

沥青油改质技术：该过程是从油砂生产合成原油的核心，也是油砂项目中技术和资金最密集的部分。主要原因是油砂沥青一般都为超重质高硫高酸原油，极难加工。例如，加拿大Athabasca油砂沥青API重度为9.0，比水的密度还高；硫含量高达4.6%；总酸值达3.5mgKOH/g。一般沥青油改质厂的主要流程为：①回收溶剂；②常压或常减压蒸馏，将其中10%左右的常压馏分油和20%~30%的减压馏分油拔出送至加氢精制、加氢处理、加氢裂化进行脱硫、脱氮、脱芳烃等精制或改质过程；③常压或减压渣油的加工，通常采用焦化（包括延迟焦化和流化焦化）、溶剂脱沥青等组合工艺进行脱碳、加氢等轻质化过程。

3. 油砂沥青生产现状及预测

随着成本的降低，加拿大的油砂自1967年进行经济开采以来，产量逐年上升。1980年油砂沥青的产量仅为138.00kbbl/d（6.87Mt/a）；2005年达到1.10Mbbl/d（55.00Mt/a）；2010年达到1.50Mbbl/d（75.00Mt/a），占加拿大石油总产量的比例已接近55%。随着加拿大油砂沥青产量迅速增长，加拿大和美国炼油商都新增了相应的加工能力，以适应油砂沥青的加工[21]。阿尔伯达能源与公用事业委员会[20]预计，加拿大油砂沥青（含DilBit、SynBit和SCO）出口量占其总产量的比例将从2006年的63%提高到2016年的83%，原地热采沥青在阿尔伯达改质的比重将从2006年的仅9%提高到2016年的43%。

据加拿大国家能源委员会（NEB）预测，随着常规原油产量日益下降，油砂沥青占加拿大原油产量的比例将越来越大。到2015年，其产量将达到3.0Mbbl/d（150Mt/a）左右，占石油总产量的比例将提高到75%，油砂沥青将成为加拿大石油资源的主要来源。Purvin &

Gertz 公司预测[22]，到 2015 年，加拿大油砂沥青产量将达到近 3.0Mbbl/d，其中 SCO 产量近 0.8Mbbl/d。阿尔伯达能源与公用事业委员会[20]预测，加拿大油砂沥青产量将于 2016 年达到 3.0Mbbl/d。EIA 预测[15]，加拿大油砂沥青产量将于 2020 年达到 2.9Mbbl/d，2030 年和 2035 年分别达到 4.1Mbbl/d 和 4.8Mbbl/d。BP 和 IEA 预测相对偏低一些。BP 预计[16]，2010~2030 年期间，加拿大油砂沥青产量将增加 2.2Mbbl/d。IEA 预测[18]，加拿大油砂沥青产量将于 2020 年达到 2.9Mbbl/d，2030 年和 2035 年分别达到 4.0Mbbl/d 和 4.5Mbbl/d。

CERA 一份研究报告认为[23]，2015 年后，加拿大油砂沥青可能将开始向亚太市场出口。其主要原因是：①目前美国是加拿大石油的唯一出口市场。加拿大石油（包括油砂沥青）主要出口美国中西部。②到 2015 年，中西部炼油厂将难以消化不断增加的油砂沥青供应（主要是稀释沥青 DilBit，一种重质原油）。③中西部本地的轻质致密油（2003 年产量不到 10kbbl/d，2011 年估计 400kbbl/d，预测 2016~2018 年至少达到 800kbbl/d）和轻质原油产量也在不断增加。在本地区拥有充足且不断增加的轻质原油供应的情况下，尚不清楚炼油厂是否愿意继续投巨资改造，以加工更重的加拿大油砂沥青。在难以对美国继续增加出口的情况下，加拿大油砂沥青生产商可能将转而寻求向亚太地区出口。

当然，油砂开采也遭到众多环保组织的批评。主要原因是油砂开采过程需消耗大量的水和能量，大量破坏地表，排放出大量的二氧化碳；同时产生的"尾矿"由剩下来的砂子、残存的沥青、水、黏土颗粒和污染物组成，由这些尾矿形成的湖泊威胁到当地的河流，毒死鱼类，破坏景观，杀死野生动物，污染空气。

为此，2012 年 12 家沥青和重油生产商组建了加拿大油砂创新联盟（COSIA），打破资金、知识产权和人力资源界限，以期共同进一步改善油砂开采的环境问题。当前，相关环保问题已取得重要进展。采矿和原地热采所需水耗和能耗逐步下降，对地表的破坏也在减少，对尾矿湖泊的管理大大改进，二氧化碳的捕集与封存正在积极研究之中。

（二）超重油

超重油指 API 度低于 10（即密度比水大）、黏度不高于 10000mPa·s 的原油，在通常状况下为黏稠的液体。超重油与油砂沥青十分相近。一些石油地质学家也因油砂沥青 API 度低于 10 而将其归类为超重油。二者的区别在于它们被细菌和侵蚀降解的程度不同。油砂沥青在通常状况下一般为固体，不能流动。与轻质原油相比，超重油的生产、运输和炼制均面临特别的挑战。

据世界能源委员会统计[19]，截至 2008 年底，世界上 21 个国家共 162 个超重油油藏已发现超重油原始地质储量超过 1.96Tbbl，加上远景增加资源，总原始地质储量近 2.15Tbbl；超重油剩余可采储量约 59.0Gbbl；已累计生产超重油约 17.0Gbbl。

世界上最大的超重油油藏位于委内瑞拉奥里诺科河北部，其总地质储量约占全球的 90%。而根据委内瑞拉国家石油公司（PDVSA）评估[24]，奥里诺科重油带的石油地质储量介于 900~1400Gbbl 之间，中平均地质储量为 1300Gbbl；技术可采储量介于 380~652Gbbl 之间，中平均技术可采储量为 513Gbbl。

奥里乳化油曾是奥里诺科超重油开发的有效方式之一。20 世纪 80 年代初，委内瑞拉开发了一种利用超重油的方法，将超重油（70%）、水（30%）和表面活性剂（<1%）混合制成奥里乳化油。作为一种液体燃料，奥里乳化油的用途广泛，可用于电厂发电、柴油发电机燃料、液化气生产和水泥厂原料等。奥里乳化油价格低于等热值的煤炭或天然气。1988 年委

内瑞拉开始出口奥里乳化油。PDVSA 在 Cerro Negro 的 Morichal 有一套能力 5.2Mt/a 的奥里乳化油装置。2005 年 4 月，PDVSA 宣布停止奥里乳化油生产，公司称因油价高，出售重油和超重油更有利可图。但 2006 年，PDVSA 与中国石油启动 Sinovensa 项目，为中国两座电厂和 PDVSA 客户供应奥里乳化油。Sinovensa 项目目前产量为 80kbbl/d，并计划扩能至 125kbbl/d。

1998~2001 年，PDVSA 与 BP、康菲(ConocoPhillips)、ExxonMobil、挪威国家石油公司(Statoil)、Total 和 Chevron 六家外国石油公司签署了 4 个重油带的战略合作协议(详见表 2-1-9)。2007 年，委内瑞拉对这些合资企业实施了国有化，PDVSA 成为 4 个项目的控股股东。2008 年，4 个项目超重油合计生产能力为 640kbbl/d，相应的合成原油(SCO)改质能力为 580kbbl/d。超重油产量占委内瑞拉石油产量的 20% 以上。

表 2-1-9 奥里诺科重油带现有战略合作项目

项目名称(新名称)	Petrozuata(Junin)	CerroNegro(Carabobo)	Sincor(Boyaca)	Hamaca(Ayacucho)
合作者(所占股份/%)	PDVSA 100	PDVSA 83.34 BP 16.66	PDVSA 60 Total 30.3 Statoil 9.7	PDVSA 70 Chevron 30
启动日期	1998 年 10 月	1999 年 11 月	2000 年 12 月	2001 年 10 月
超重油产量/(10kbbl/d)	12.0	12.0	20.0	20.0
API 度	9.3	8.5	8~8.5	8.7
合成油产量(10kbbl/d)	10.4	10.5	18.0	19.0
API 度	19~25	16	32	26
硫含量/%	2.5	3.3	0.2	1.2

2005 年，PDVSA 将奥里诺科地区划分为 27 个区块并量化各区块地质储量，此举使委内瑞拉估计储量增加 100Gbbl。委内瑞拉今后计划进一步开发奥里诺科重油带石油资源。2009 年，该国就 Junin 地区 4 个主要区块的开发签署双边协议；2010 年，又授予了 Carabobo 地区 2 个主要区块的开发许可(详见表 2-1-10)。预计这些项目在 2020 年前新增 2Mbbl/d 重油生产能力。

表 2-1-10 奥里诺科重油带计划开发项目

分类	项目	计划投产时间	计划超重油产量/(10kbbl/d)	合作伙伴
双边协议	Junin-2	2012	20	PDVSA 60%；越南石油 40%
	Junin-4	2012	40	PDVSA 60%；CNPC 40%
	Junin-5	2013	24	PDVSA 60%；ENI 40%
	Junin-6	2014	45	PDVSA 60%；俄罗斯财团 40%
Carabobo 招标	Carabobo-1	2014	40	PDVSA 60%；印度财团 18%；Petronas 11%；Repsol 11%
	Carabobo-3	2014	40	PDVSA 60%；Chevron 34%；日本财团 5%；Suelopetro 1%

委内瑞拉政府曾发布 2021 年前通过奥里诺科项目生产 6.86Mbbl/d 石油的目标[25]。IEA[18] 则悲观得多，预测委内瑞拉超重油产量 2020 年为 1.4Mbbl/d，2030 年为 1.9Mbbl/d，2035 年为 2.3Mbbl/d。EIA[15] 预测，委内瑞拉超重油产量 2020 年为 1.1Mbbl/d，2030 年为 1.3Mbbl/d，2035 年为 1.4Mbbl/d。

特别值得一提的是，典型的委内瑞拉超重油具有高密度、高硫含量、高酸值、高金属含量等特点，是世界上最难加工的重油之一。例如，委内瑞拉 Zuata（现改名为 Junin）超重油 API 度为 8.5，比水的密度还高；硫含量高达 3.8%；总酸值达 2.72mgKOH/g。

（三）页岩油

页岩油常指轻质致密油，有时也指干酪根石油。轻质致密油指采用与生产页岩气类似的技术（即水平井和多级水力压裂），从页岩或其他渗透率很低的岩石生产的石油。特别值得指出的是，轻质致密油的性质与常规轻质原油的性质差不多：密度较低，硫含量和酸值均较低。因此，一些机构甚至将其划入常规原油之中。干酪根石油指对富含某些类型干酪根（一种固体有机物质混合物）的页岩进行工业热处理所产的石油。现在页岩油多指轻质致密油。

全球页岩油蕴藏资源量巨大。有资料认为[26]，世界页岩油资源量为 450.0Gt。而据世界能源委员会统计[19]，截至 2008 年底，世界上 38 个国家已发现页岩油地质储量近 4.79Tbbl（689.3Gt）。其中，美国页岩油地质资源量高达 3.71Tbbl。目前世界上最大的页岩油矿藏位于美国西部绿河构造，估计地质资源量约 3.00Tbbl，仅科罗拉多州就达到 1.50Tbbl。美国东部 Devonian 的黑页岩估计页岩油储量为 189.0Gbbl。其他页岩油地质储量较大的国家包括中国（354.4Gbbl）、俄罗斯（247.9Gbbl）。

干酪根页岩的开发利用可以追溯到 17 世纪。到 19 世纪时，干酪根页岩的年产规模达百万吨，已可以提炼出煤油、灯油、石蜡、燃料油和化学肥料、硫酸铵等产品。到 20 世纪早期，由于汽车的出现，干酪根页岩作为运输燃料被大量开采。到 20 世纪 30 年代末，干酪根页岩年产量达到 5Mt。在第二次世界大战期间，其产量有所下降。但在随后的 35 年间，其产量继续上升。在 1958~1960 年期间，中国干酪根页岩产量曾高达 24Mt/a。到 20 世纪 80 年代初，其产量达到顶峰，达 46Mt，其中 2/3 来自爱沙尼亚。假设干酪根石油平均含量为 100L/t，则 46Mt 干酪根页岩相当于 4.3Mt 干酪根石油。随后，随着爱沙尼亚干酪根页岩工业逐步衰退，世界干酪根页岩产量逐步下降。2000 年，全球干酪根页岩产量 16Mt，利用范围包括发电、取暖、提炼干酪根石油、制造水泥、生产化学药品、合成建筑材料以及土壤增肥剂等方面，其中 69% 用于发电和供暖，25% 用于提炼干酪根石油及相关产品，6% 用于生产水泥以及其他用途。目前，利用干酪根页岩生产干酪根石油的国家主要有中国、爱沙尼亚和巴西。据世界能源委员会统计[19]，2008 年中国、爱沙尼亚和巴西干酪根石油产量分别为 375kt、355kt 和 200kt，合计 930kt。2011 年，三国干酪根石油产量分别为 755kt、525kt 和 180kt，合计 1460kt[27]。

人们对轻质致密油的兴趣始于主要位于美国北达科他州的 Bakken 页岩。北达科他州 Bakken 页岩的小规模生产始于 20 世纪 50 年代初，在作业者开始钻探和压裂水平井后，产量于 2000 年达到约 90kbbl/d。2005 年后，产量增长更快，2010 年平均达约 310kbbl/d，2011 年 7 月达 423kbbl/d 的新高。Bakken 地区的成功和油气价差扩大，大大激发了北美开发轻质致密油的兴趣。希望提高投资回报的页岩气生产商开始将钻探重点从天然气转向石油，包括得克萨斯州 Eagle Ford 构造，横跨科罗拉多、犹他、怀俄明三州的 Niobrara 构造，加利福尼亚州诸多构造（包括 Monterrey），以及加拿大的 Cardium 和 Exshaw 构造。人们对轻质致密油的资源量和技术与经济可采储量尚知之甚少。美国地质调查局（USGS）过去估计 Bakken 地区轻质致密油可采储量为约 4Gbbl，但现在大多认为被低估。最近，EIA 估计美国北纬 48°以南的轻质致密油可采储量至少为 24Gbbl，超过美国 22.3Gbbl 的探明石油储量。

和页岩气一样，轻质致密油井产量下降很快。但初始产量因地质、井长度和实施的压裂数不同而差异较大。第一个月，Bakken 油井产量从 300bbl/d 到 1000bbl/d 以上，但在 5 年内，绝大部分油井产量降至 100bbl/d 以下。在寿命期内，单口油井的产量一般在 300kbbl 至 700kbbl 之间。由于开发轻质致密油的典型盈亏平衡油价为约 50 美元/bbl（含特许使用金），因而高油价是轻质致密油产量快速增长的主要动力。由于基础设施建设跟不上，轻质致密油产量快速增长导致俄克拉何马州库欣（Cushing）原油集输中心（WTI 原油期货合同交货点）石油过剩，这也是 WTI 原油近期较布伦特原油大幅贴水的重要原因之一。在北达科他州，由于缺乏天然气处理和运输能力，2011 年上半年，所产天然气被放火炬的比例达到创纪录的 29%。从长期看，随着新的运输能力投入运行，WTI 与布伦特原油之间的大幅贴水将得到缓解。

对于今后世界轻质致密油的生产，主要机构意见分歧很大。OPEC[14]认为，尽管目前轻质致密油不含税开发成本约在 30~80 美元/bbl 之间，但随着行业发展，开发成本可能在中期内迅速下降。在 10 年内，如果石油价格远高于 60 美元/bbl，轻质致密油产量很可能以相对较大的幅度增长。BP[16]认为，在 2010~2030 年间，美国轻质致密油产量将增加约 2.2Mbbl/d。EIA[15]则预计，在 2035 年前，世界轻质致密油产量不会实现重大突破，到 2035 年，世界轻质致密油产量仅 0.1Mbbl/d。IEA[18]通过对美国目前在产的 Bakken、Niobrara 和 Eagle Ford 三个构造的生产潜力进行模型估算，结果表明其产量于 2020 年达到 1.4Mbbl/d。到 2035 年，累计产油约 11.0Gbbl，约为美国最新估计的轻质致密油可采储量的一半。IEA 认为，2020 年美国轻质致密油产量达 1.4Mbbl/d，可在一定程度上减少美国进口，但单单美国的产量不太可能显著影响全球石油供应格局。今后 10 年轻质致密油面临的重要制约因素包括：对其他页岩缺乏地质分析；缺乏熟练实施水力压裂的人员；缺乏水平钻探和压裂设备；环保人士的反对（尤其是西欧）。2012 年 5 月，美国佛蒙特州通过了一项禁止使用水力压裂技术开发页岩油气的法案。

第二节 世界石油供需预测与贸易流向

一、各大区和主要国家石油储量与产量

美国《油气杂志》2011 年 12 月 5 日公布的世界各国石油储量和产量排名列于表 2－2－1[12]。可以看出，截至 2011 年底，世界石油探明储量为 $2077.68 \times 10^8 t$，同比增长 3.6%；2011 年世界石油产量为 $36.28 \times 10^8 t$，同比增长 0.6%；当年储采比为 57.3。

表 2－2－1　2010 年和 2011 年世界石油探明储量和产量①　　　　　　10kt

名次	国家和地区	探明储量		国家和地区	产量	
		2011 年底	2010 年底		2011 年	2010 年
1	沙特阿拉伯	3608053	3547764	俄罗斯	51625	50900
2	委内瑞拉	2880359	2880359	沙特阿拉伯	45000	40100
3	加拿大	2368248	2389919	美国	28000	27450
4	伊朗	2061959	1868816	中国	20450	20275

续表

名次	国家和地区	探明储量 2011年底	探明储量 2010年底	国家和地区	产量 2011年	产量 2010年
5	伊拉克	1951884	1568600	伊朗	17900	18500
6	科威特	1384460	1384460	加拿大	14300	13700
7	阿联酋②	1333992	1333992	墨西哥	12690	12875
8	俄罗斯	818400	818400	委内瑞拉	12550	11150
9	利比亚	642444	633169	阿联酋②	12492	11494
10	尼日利亚	507408	507408	伊拉克	12400	11800
11	哈萨克斯坦	409200	409200	科威特	10925	10150
12	卡塔尔	346183	346183	尼日利亚	10900	10325
13	美国	282102	260810	巴西	10425	10250
14	中国	277574	277574	挪威	8700	9250
15	巴西	190779	175369	安哥拉	8200	8950
16	阿尔及利亚	166408	166408	哈萨克斯坦	8000	8000
17	墨西哥	138596	142129	阿尔及利亚	6375	6250
18	安哥拉	129580	129580	英国	4850	5950
19	印度	121873	77502	阿塞拜疆	4675	5000
20	厄瓜多尔	98344	88796	哥伦比亚	4600	3900
21	阿塞拜疆	95480	95480	印度尼西亚	4540	4335
22	阿曼	75020	75020	阿曼	4450	4350
23	挪威	72565	77339	卡塔尔	4075	4000
24	中立区③	68200	68200	印度	3905	3675
25	苏丹	68200	68200	埃及	3475	3700
26	埃及	60016	60016	中立区③	2950	2700
27	越南	60016	8184	阿根廷	2775	3050
28	马来西亚	54560	54560	厄瓜多尔	2500	2350
29	印度尼西亚	52996	54424	马来西亚	2375	2850
30	也门	40920	40920	苏丹	2350	2400
31	英国	38566	38979	利比亚	2200	7750
32	阿根廷	34164	34164	澳大利亚	1710	2150
33	叙利亚	34100	34100	叙利亚	1650	1850
34	加蓬	27280	27280	越南	1525	1600
35	哥伦比亚	27111	25916	刚果(布)	1450	1350
36	刚果(布)	21824	21824	赤道几内亚	1275	1275
37	乍得	20460	20460	加蓬	1225	1225
38	澳大利亚	19446	45258	泰国	1125	1225
39	文莱	15004	15004	丹麦	1100	1225
40	赤道几内亚	15004	15004	土库曼斯坦	1100	1100
41	乌干达	13640	13640	也门	950	1375
42	丹麦	12276	11076	文莱	760	775
43	特立尼达和多巴哥	9934	9934	秘鲁	760	750
44	加纳	9002	9002	乍得	600	500
45	罗马尼亚	8184	8184	意大利	490	475
46	土库曼斯坦	8184	8184	特立尼达和多巴哥	460	515

续表

名次	国家和地区	探明储量		国家和地区	产量	
		2011年底	2010年底		2011年	2010年
47	乌兹别克斯坦	8102	8102	加纳	450	30
48	秘鲁	7939	7265	罗马尼亚	422	450
49	意大利	7136	6499	乌兹别克斯坦	400	475
50	泰国	6029	5933	突尼斯	350	400
51	突尼斯	5797	5797	乌克兰	330	425
52	乌克兰	5388	5388	巴基斯坦	320	315
53	荷兰	3920	4228	喀麦隆	300	320
54	巴基斯坦	3828	4269	德国	265	250
55	德国	3765	3765	古巴	250	250
56	土耳其	3689	3689	新西兰	230	275
57	玻利维亚	2862	6343	土耳其	225	235
58	喀麦隆	2728	2728	象牙海岸	225	225
59	阿尔巴尼亚	2716	2716	玻利维亚	218	215
60	白俄罗斯	2701	2701	巴林	180	155
61	巴布亚新几内亚	2482	1200	白俄罗斯	168	170
62	刚果(金)	2455	2455	刚果(金)	140	140
63	波兰	2114	1315	毛利塔尼亚	130	0
64	西班牙	2046	2046	荷兰	108	135
65	智利	2046	2046	塞尔维亚	103	75
66	菲律宾	1889	1889	巴布亚新几内亚	100	150
67	巴林	1699	1699	缅甸	100	100
68	古巴	1691	1691	法国	91	90
69	象牙海岸	1364	1364	奥地利	85	88
70	新西兰	1311	1535	菲律宾	85	85
71	法国	1228	1250	苏里南	82	78
72	危地马拉	1133	1133	阿尔巴尼亚	77	62
73	塞尔维亚	1057	1057	匈牙利	71	68
74	苏里南	982	1076	南非	70	70
75	克罗地亚	968	968	日本	69	74
76	缅甸	682	682	波兰	62	65
77	奥地利	682	682	克罗地亚	61	64
78	日本	602	602	危地马拉	56	60
79	吉尔吉斯斯坦	546	546	孟加拉国	33	33
80	格鲁吉亚	477	477	智利	21	12
81	匈牙利	433	362	伯利兹	20	0
82	孟加拉国	382	382	捷克共和国	16	16
83	毛利塔尼亚	273	0	立陶宛	12	12
84	保加利亚	205	205	西班牙	11	12
85	捷克共和国	205	205	吉尔吉斯斯坦	9	20
86	南非	205	205	希腊	7	12
87	立陶宛	164	164	保加利亚	5	5
88	塔吉克斯坦	164	164	格鲁吉亚	5	5

续表

名次	国家和地区	探明储量		国家和地区	产量	
		2011年底	2010年底		2011年	2010年
89	以色列	161	26	巴巴多斯	4	4
90	希腊	136	136	以色列	3	0
91	斯洛伐克	123	123	中国台湾省	1	2
92	贝宁	109	109	摩洛哥	1	2
93	伯利兹	91	91			
94	中国台湾省	32	32			
95	巴巴多斯	31	24			
96	约旦	14	14			
97	摩洛哥	9	9			
98	埃塞俄比亚	6	6			
	世界合计	20776794	20045548	世界合计	362799	360548

注：① 储量换算系数为 1bbl = 0.1364t，产量换算系数为 1bbl/d = 50t/a；
② 阿联酋的石油探明储量和产量为迪拜、阿布扎比、沙迦和哈伊马角四个酋长国之和；
③ 中立区指科威特与伊拉克之间的中立区。

2011年世界各大区石油储量与产量及所占份额列于表2-2-2[12]。从石油探明储量看，中东是世界当之无愧的"油库"，占据世界52.5%的石油资源；美洲紧随其后，所占份额也高达29.1%；非洲、东欧及前苏联、亚太分占数个百分点不等；西欧所占份额最低，不到1%。值得一提的是，OPEC国家石油资源占世界的73%，对世界石油市场的影响很大。从石油产量看，中东所占份额略低于1/3；美洲约占1/4；东欧及前苏联略低于1/5；非洲和亚太各占约1/10；西欧最低，不到5%。需要注意的是，OPEC国家石油产量约占世界的41%，其石油增减产决定对世界石油市场有重大影响。

表 2-2-2 2011年世界石油探明储量及产量地区构成情况

地区	探明储量		产量	
	10kt	占世界的份额/%	10kt	占世界的份额/%
亚太	618707	2.98	37333	10.29
西欧	146008	0.70	15931	4.39
东欧及前苏联	1364810	6.57	67136	18.51
中东	10906644	52.49	112975	31.14
非洲	1694212	8.15	39716	10.95
美洲	6046413	29.10	89709	24.73
世界	20776794	100.00	362799	100.00
OPEC	15179274	73.06	148467	40.92

2011年世界前15大石油资源国和产油国的石油储量与产量及所占份额列于表2-2-3[12]。从石油储量看，石油资源集中度很高，主要集中在少数国家手中，前15大资源国占全球石油储量的份额高达近92%。其中，中东占6席，合计占全球的51.4%，较2001年下降11.6个百分点，其中沙特阿拉伯仍继续稳居世界首位，占全球的比重达17.4%；美洲占4席，合计占全球的27.5%，其中委内瑞拉和加拿大占全球的比重均超过10%，分别达13.9%和11.4%；东欧及前苏联占2席，合计占全球的近6%；非洲占2席，合计占全球的5.5%；

亚太仅有1席。从石油产量看,集中度也较高,但低于石油探明储量,前15大产油国合计产量占全球的比重为76.2%,低于探明储量的91.8%,且石油产量第15位占全球的比重超过2%,而石油储量第15位占全球的比重不到1%。俄罗斯自2004年超过沙特阿拉伯成为世界第一大产油国以来,连续8年保持了这一地位,且二者之间的产量差一度高达100Mt。尽管美国和中国石油探明储量相对较低,不到3000Mt,但石油产量分别达到280Mt和200Mt,分居世界第3位和第4位,占全球的份额达到7.7%和5.6%。墨西哥、挪威、安哥拉均未进入前15大资源国之列,但进入了前15大产油国之列。其余皆为石油资源较为丰富的资源大国。

表2-2-3　2011年世界主要国家石油探明储量及产量

排名	国家	探明储量 100Mt	占世界份额/%	国家	产量 100Mt	占世界份额/%
1	沙特阿拉伯	360.81	17.37	俄罗斯	5.16	14.23
2	委内瑞拉	288.04	13.86	沙特阿拉伯	4.50	12.40
3	加拿大	236.82	11.40	美国	2.80	7.72
4	伊朗	206.20	9.92	中国	2.05	5.64
5	伊拉克	195.19	9.39	伊朗	1.79	4.93
6	科威特	138.45	6.66	加拿大	1.43	3.94
7	阿联酋	133.40	6.42	墨西哥	1.27	3.50
8	俄罗斯	81.84	3.94	委内瑞拉	1.26	3.46
9	利比亚	64.24	3.09	阿联酋	1.25	3.44
10	尼日利亚	50.74	2.44	伊拉克	1.24	3.42
11	哈萨克斯坦	40.92	1.97	科威特	1.09	3.01
12	卡塔尔	34.62	1.67	尼日利亚	1.09	3.00
13	美国	28.21	1.36	巴西	1.04	2.87
14	中国	27.76	1.34	挪威	0.87	2.40
15	巴西	19.08	0.92	安哥拉	0.82	2.26
	合计	1906.30	91.75	合计	27.66	76.23

二、各大区和主要国家石油消费

2010年世界各大区石油消费量列于表2-2-4[28]。可以看出,世界石油消费格局总体而言处于"三足鼎立"状态:世界石油消费主要集中在亚太、北美、欧洲和欧亚大陆三个地区,2010年三者各占全球的31.5%、25.8%和22.9%,合计达80.2%;而其他三个地区中东、中南美和非洲合计占全球的份额还不足20%。其中,亚太地区自2006年超过北美成为世界第一大石油消费区以来,其石油消费量占全球的份额继续稳步上升,与北美的差距越来越大,已稳稳占据世界第一大石油消费区的位置。2010年,亚太地区占全球的份额达到31.5%,比第二位的北美高出5.7个百分点。目前居世界第二大石油消费区的北美地区,在2006年前居世界第一位,其石油消费量占全球的份额一度高达30%以上,但自2000年以来不断下降,2010年已降至25.8%。作为目前世界第三大石油消费区的欧洲和欧亚大陆,尽管其占全球的份额2000年以来总体呈下降趋势,但2010年仍然达22.9%,高于中东、中南美和非洲三区不足20%的合计份额。亚太地区所占份额不断增加的主要原因是该地区主要为发展中国家,经济发展速度快,石油消费量较快增长;而欧美所占份额总体呈下降趋势的主要原因是其主要为发达国家,经济增长相对较慢,石油消费增长缓慢,甚至持平或有所下降。

表2-2-4 2010年世界分地区石油消费量　　　　　　　　　　　Mt

地区	2009年	2010年	2010年比2009年增长/%	2010年占全球的份额/%
北美	1018.8	1039.7	2.1	25.8
中南美	268.6	282.0	5.0	7.0
欧洲和欧亚大陆	922.2	922.9	0.1	22.9
中东	344.3	360.2	4.6	8.9
非洲	150.9	155.5	3.0	3.9
亚太	1203.8	1267.8	5.3	31.5
世界	3908.7	4028.1	3.1	100.0
其中：经合组织	2094.8	2113.8	0.9	52.5
非经合组织	1813.9	1914.3	5.5	47.5
欧盟	670.2	662.5	-1.1	16.4
前苏联	192.7	201.5	4.6	5.0

2010年世界石油消费量居前60位的国家和地区列于表2-2-5[28]。可以看出，美国高居榜首，较第二位的中国高出近1倍。2010年，其石油消费量达850Mt，占全球的比重超过20%。美国石油消费量2007年曾一度高达950Mt，受国际金融危机影响，2008年下降了约60Mt，2009年又下降约40Mt，两年累计下降约100Mt。居第二位的是中国，其石油消费量近年快速增长，2010年已超过400Mt，占全球的份额超过10%。2010年，前10大石油消费国的石油消费量均超过100Mt，合计消费石油2350Mt，占全球总消费量的58.3%；前20大石油消费国的石油消费量均达约50Mt，合计消费石油3050Mt，约占全球总消费量的3/4。

表2-2-5 2010年石油消费量居前60位的国家或地区　　　　　　　　　Mt

排序	国家或地区	2009年	2010年	2010年比2009年增长/%	2010年占全球的份额/%
1	美国	833.2	850.0	2.0	21.1
2	中国	388.2	428.6	10.4	10.6
3	日本	198.7	201.6	1.5	5.0
4	印度	151.0	155.5	2.9	3.9
5	俄罗斯	135.2	147.6	9.2	3.7
6	沙特阿拉伯	117.2	125.5	7.1	3.1
7	巴西	107.0	116.9	9.3	2.9
8	德国	113.9	115.1	1.1	2.9
9	韩国	103.0	105.6	2.5	2.6
10	加拿大	97.1	102.3	5.4	2.5
11	墨西哥	88.5	87.4	-1.2	2.2
12	伊朗	85.1	86.0	1.0	2.1
13	法国	87.5	83.4	-4.7	2.1
14	西班牙	75.7	74.5	-1.6	1.8
15	英国	74.4	73.7	-1.0	1.8
16	意大利	75.1	73.1	-2.7	1.8
17	新加坡	56.1	62.2	10.9	1.5
18	印度尼西亚	59.2	59.6	0.7	1.5
19	泰国	49.9	50.2	0.5	1.2
20	荷兰	49.4	49.8	0.9	1.2
21	中国台湾省	44.1	46.2	4.7	1.1
22	澳大利亚	42.2	42.6	0.8	1.1
23	埃及	34.4	36.3	5.4	0.9
24	委内瑞拉	33.7	35.2	4.7	0.9

续表

排序	国家或地区	2009年	2010年	2010年比2009年增长/%	2010年占全球的份额/%
25	比利时和卢森堡	33.4	35.0	4.8	0.9
26	阿联酋	29.8	32.3	8.4	0.8
27	土耳其	28.2	28.7	1.7	0.7
28	波兰	25.3	26.3	3.9	0.7
29	阿根廷	23.7	25.7	8.5	0.6
30	南非	24.7	25.3	2.7	0.6
31	马来西亚	24.5	25.3	3.3	0.6
32	巴基斯坦	20.6	20.5	-0.6	0.5
33	希腊	20.2	18.5	-8.7	0.5
34	科威特	17.2	17.7	2.8	0.4
35	中国香港	14.0	16.1	15.2	0.4
36	越南	14.1	15.6	10.4	0.4
37	阿尔及利亚	14.9	14.9	-0.1	0.4
38	智利	15.6	14.7	-6.0	0.4
39	瑞典	14.6	14.5	-0.1	0.4
40	菲律宾	13.1	13.1	0.1	0.3
41	奥地利	13.0	13.0	0.2	0.3
42	葡萄牙	12.8	12.6	-1.6	0.3
43	哈萨克斯坦	12.1	12.5	3.2	0.3
44	乌克兰	13.3	11.6	-13.2	0.3
45	瑞士	12.3	11.4	-7.1	0.3
46	以色列	11.5	11.2	-2.2	0.3
47	哥伦比亚	10.5	11.0	4.1	0.3
48	挪威	10.3	10.7	3.5	0.3
49	厄瓜多尔	10.1	10.6	5.0	0.3
50	芬兰	9.9	10.4	4.9	0.3
51	捷克	9.7	9.2	-5.0	0.2
52	罗马尼亚	9.2	9.1	-1.4	0.2
53	丹麦	8.5	8.7	2.0	0.2
54	秘鲁	8.1	8.4	3.6	0.2
55	爱尔兰	8.0	7.6	-5.0	0.2
56	卡塔尔	6.2	7.4	18.1	0.2
57	新西兰	6.8	6.9	0.1	0.2
58	匈牙利	7.1	6.7	-5.2	0.2
59	白俄罗斯	9.3	6.6	-29.3	0.2
60	土库曼斯坦	5.4	5.6	3.6	0.1

三、各大区和主要国家石油进出口及贸易流向

从前两小节世界石油产量和消费量的地区分布可以看出，世界石油生产和消费极不均衡，正是这种不均衡形成了世界石油贸易的基本格局。例如，中东是世界第一大石油产区，占世界石油总产量的比重达到30%以上，但其石油消费量较低，占全球的比重不到10%，因此中东注定成为世界最主要的石油出口地区。与此相反，亚太地区石油消费占全球的比重已经超过30%，而其石油产量占全球的比重仅略超过10%，因此亚太地区不可避免成为世界最主要的石油进口地区。此外，欧洲和欧亚大陆基本自给自足；非洲出口一定数量的石

油;美洲进口一定数量的石油。

2010年世界各大区和主要国家石油进出口量及贸易流向列于表2-2-6[28]。可以看出,2010年世界石油进口总量或出口总量高达2634Mt,占世界石油消费总量的比重也高达65.4%,这是由世界石油供需格局的极度不平衡所决定了的。

表2-2-6 2010年世界主要国家或地区石油贸易流向　　　　Mt

出口国或地区	进口国或地区												
	美国	加拿大	墨西哥	中南美	欧洲	非洲	大洋洲	中国	印度	日本	新加坡	亚太其他国家和地区	其他国家	世界合计
美国	—	6.0	22.8	36.8	17.1	3.4	0.2	2.5	0.4	4.5	6.6	0.8	2.0	103.1
加拿大	125.0	—	0.3	0.1	1.3			0.9		0.5		0.1	—	128.2
墨西哥	63.5	1.6	—	1.5	6.8			1.2	1.4		0.5			76.3
中南美	109.3	4.4	1.2	—	16.0	0.5		24.1	9.6	0.4	8.9	1.3	0.1	175.8
欧洲	33.9	10.7	4.3	4.9	—	14.6		1.3		0.9	8.4	2.0	10.1	91.1
前苏联	36.9	1.6	0.4	0.7	295.2	1.3	1.0	33.3		14.5	9.2	15.8	10.4	421.2
中东	86.0	4.3	0.6	5.5	116.7	15.2	7.1	118.4	129.6	179.9	45.4	227.1	—	935.9
北非	28.9	5.8	0.1	4.4	83.0		0.8	10.1	4.0	0.8		3.0	0.7	141.7
西非	83.8	6.8		12.7	45.7	2.9		43.7	21.3	0.7		9.8	0.1	228.8
东南非	—				0.1			12.7	1.1	2.2		0.4		16.7
大洋洲	0.5			0.1			—	7.2	1.4	2.7	2.0	9.9		23.8
中国	0.4			4.8	0.7	0.9	0.1	—	0.6	1.1	5.5	16.1	1.3	31.5
印度	2.4			2.6	8.2	1.3		0.6	—	2.9	10.1	28.6	1.2	57.2
日本	0.5			0.2	0.2		1.6	3.0	0.2	—	5.4	2.7		14.5
新加坡	0.4	0.1		0.4	1.7	3.1	10.8	7.0	5.0	0.5	—	39.5		67.9
亚太其他国家和地区	5.8		0.5	3.0	3.3	1.1	20.0	28.8	4.2	14.6	37.6	—	0.8	119.8
其他①	—													
进口总量	577.1	41.6	30.4	77.6	596.8	43.5	43.1	294.5	178.5	225.7	139.9	357.1	27.5	2633.5

① 包括无其他特别说明的运输和移动量的变化,以及未指名的军队用量等。

从石油出口方看,中东为最大的出口地区,出口量达936Mt,占全球出口总量的35.5%,其出口去向主要为亚太(占75.6%,其中日本、印度和中国分别占19.2%、13.8%和12.7%)、欧洲(12.5%)和北美(9.7%,其中美国占9.2%)。前苏联出口量达421Mt,占全球出口总量的16.0%,其出口去向主要为欧洲(占70.1%)、亚太(占17.7%,其中中国占7.9%)和北美(占9.2%,其中美国占8.8%)。非洲出口量为387Mt,占全球出口总量的14.7%,其出口去向主要为欧洲(占33.3%)、北美(占32.4%,其中美国占29.1%)和亚太(占29.0%,其中中国占17.2%、印度占6.8%)。亚太出口量为315Mt,占全球出口总量的11.9%,其出口去向主要为本地区,其中新加坡占19.3%、中国占14.7%、日本占7.0%、印度占3.1%。北美出口量为308Mt,占全球出口总量的11.7%,其出口去向主要为北美本地区(占71.3%,其中美国占61.3%)、中南美(占12.5%)和欧洲(占8.2%)。中南美和欧洲出口量较小,分别仅占全球出口总量的6.7%和3.5%。

从石油进口方看,亚太、北美和欧洲是全球最主要的石油进口地区,三者合计进口量占全球进口总量的94.3%。其中,亚太为最大的进口地区,进口量达1239Mt,占全球进口总量的47.0%,其进口来源主要为中东(占57.1%)、亚太(21.6%)、非洲(9.0%)和前苏联(6.0%)。北美为第二大进口地区,进口量达649Mt,占全球进口总量的24.6%,其进口来源主要为北美（占33.8%）、非洲（19.3%）、中南美（17.7%）、中东（14.0%）、欧洲（7.5%）和前苏联（6.0%）。欧洲为第三大进口地区，进口量达597Mt，占全球进口总量的22.7%，其进口来源主要为前苏联（占49.5%）、非洲（21.6%）和中东（19.6%）。

四、OECD与非OECD石油供需状况及世界石油生产能力

（一）OECD与非OECD石油供需状况

根据IEA统计[29,30]，2000～2011年间，世界石油总供应和总需求除2009年因全球金融危机而有较为明显的下降外，总体上均呈增长态势（见表2-2-7）。

表2-2-7　2000～2011年OECD与非OECD石油供需状况　　Mbbl/d

地　　区	2000年	2008年	2009年	2010年	2011年
世界总需求	75.5	86.6	85.6	88.3	89.1
OECD	47.6	47.6	45.6	46.2	45.6
北美	24.0	24.2	23.3	23.8	23.5
欧洲	15.0	15.4	14.7	14.6	14.3
亚太	8.6	8.1	7.7	7.8	7.9
非OECD	27.9	38.9	39.9	42.2	43.4
前苏联	3.5	4.2	4.2	4.5	4.7
中国	4.8	7.7	8.1	9.1	9.5
拉美	4.8	6.0	6.0	6.3	6.5
中东	4.4	7.3	7.5	7.8	8.0
非洲	2.3	3.3	3.3	3.4	3.3
世界总供给	76.7	86.7	85.6	87.4	88.5
OECD	21.9	18.8	18.8	18.9	18.9
北美	14.3	13.3	13.6	14.1	14.5
欧洲	6.8	4.8	4.5	4.1	3.8
亚太	0.9	0.6	0.7	0.6	0.5
非OECD（不含OPEC国家）	22.2	28.4	29.1	29.8	29.8
前苏联	7.9	12.8	13.3	13.5	13.6
中国	3.2	3.8	3.9	4.1	4.1
拉美	3.8	3.7	3.9	4.1	4.2
中东（不含OPEC国家）	2.0	1.7	1.7	1.7	1.6
非洲	2.8	2.6	2.6	2.5	2.5
非OPEC	45.9	50.6	51.5	52.6	52.7
OPEC	30.8	36.1	34.1	34.8	35.8

从OECD方面看，其石油需求于2005年和2007年达到接近50Mbbl/d的顶峰，其后由于受全球金融危机、欧洲债务危机的影响，出现了较为明显的下降，迄今仍在46Mbbl/d左右波动。据美国PFC能源[31]预计，OECD石油需求在2012年和2013年仍将继续萎缩。另一方面，其石油供应稳步下降，从2000年的22Mbbl/d降至2011年的约19Mbbl/d（详见图2-2-1）。其石油供应缺口在2007年以前呈上升态势，但此后呈下降之势（详见图2-2-2）。2000～2011年间，OECD石油供应和需求占世界的比重均呈下降之势，其中需求所占比重下降速度更快（详见图2-2-3）。

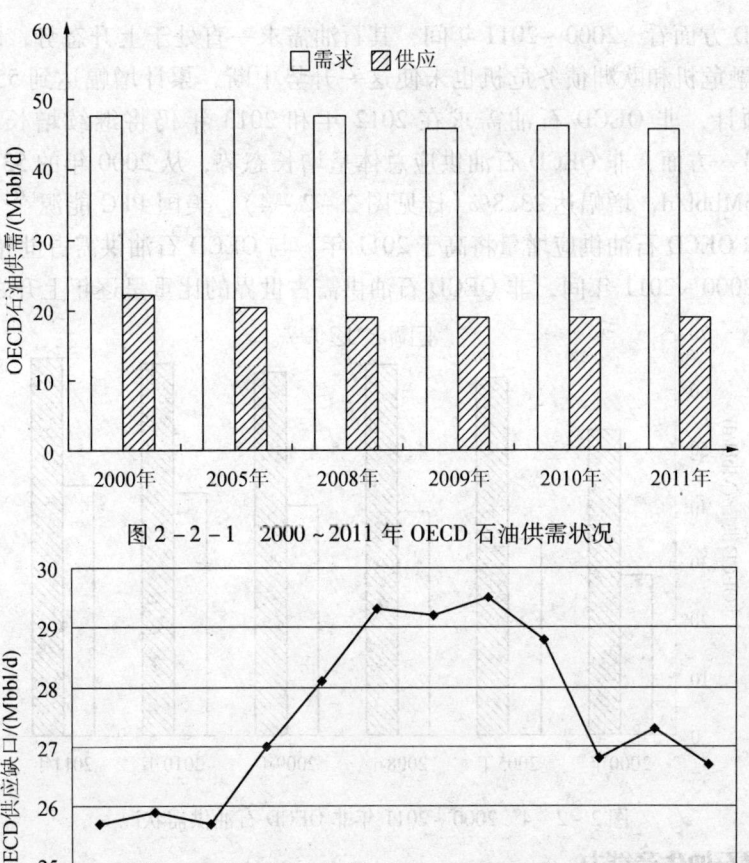

图 2-2-1 2000~2011 年 OECD 石油供需状况

图 2-2-2 2000~2011 年 OECD 石油供应缺口变化

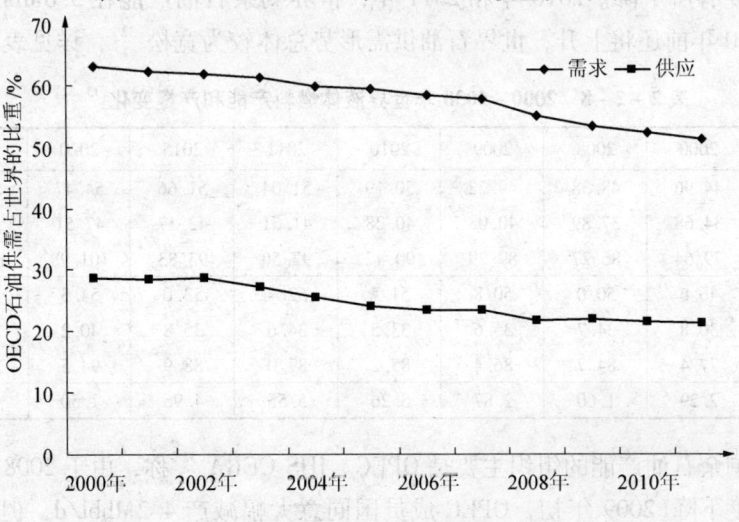

图 2-2-3 2000~2011 年 OECD 石油供需占世界的比重变化

从非 OECD 方面看，2000~2011 年间，其石油需求一直处于上升态势，即使是 2008 年以来的全球金融危机和欧洲债务危机也未使这一升势中断，累计增幅达到 55.6%。据美国 PFC 能源[31]预计，非 OECD 石油需求在 2012 年和 2013 年仍将继续增长，每年增长约 1.5Mbbl/d。另一方面，非 OECD 石油供应总体呈增长态势，从 2000 年的 53.0Mbbl/d 增至 2011 年的 65.6Mbbl/d，增幅达 23.8%（详见图 2-2-4）。美国 PFC 能源[31]认为，2012 年和 2013 年，非 OECD 石油供应增量将高于 2011 年。与 OECD 石油供需占世界的比重呈下降之势相对应，2000~2011 年间，非 OECD 石油供需占世界的比重呈逐年上升之势。

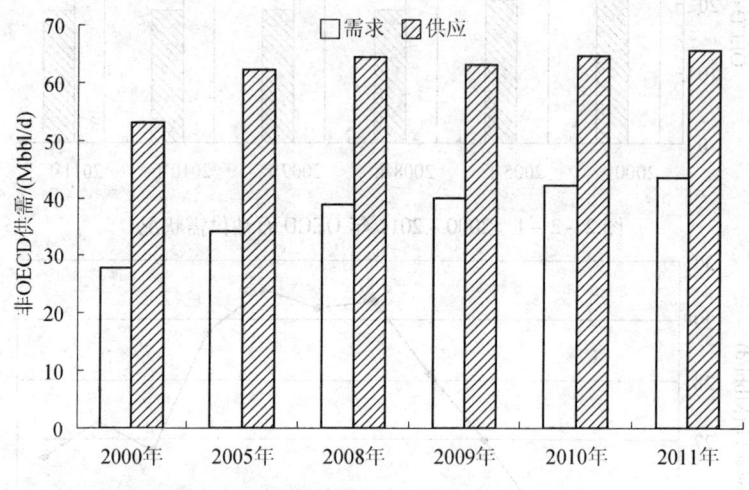

图 2-2-4 2000~2011 年非 OECD 石油供需状况

（二）世界石油生产能力

2000~2008 年，世界石油（指液体燃料）生产能力一直在增长，但同期需求增长也较快，世界石油供需维持紧平衡，剩余产能维持在 2.0Mbbl/d 左右，导致国际油价一路飙升。2008 年以来，尽管世界经济增长受金融危机和欧洲债务危机的严重影响，但世界石油生产能力仍在继续增加，不过由于 2008~2009 年需求下降和石油价格稳定在远低于 2008 年峰值的水平，其增长速度有所下降。2010 年和 2011 年，世界剩余石油产能在 5.0Mbbl/d 以上，IHS CERA 预计 2030 年前还将上升，世界石油供需形势总体较为宽松[32]，详见表 2-2-8。

表 2-2-8 2000~2030 年世界液体燃料产能和产量变化[13,32]　　　Mbbl/d

产能与产量	2000	2008	2009	2010	2011	2015	2020	2025	2030
非 OPEC 产能	44.96	48.38	49.22	50.19	51.04	51.66	54.47	57.55	58.68
OPEC 产能	34.68	37.89	40.08	40.28	41.51	42.17	47.51	51.65	52.78
世界产能	79.64	86.27	89.29	90.47	92.56	93.83	101.98	109.20	111.46
非 OPEC 产量	46.6	50.0	50.8	51.7	52.4	53.0	54.3	56.0	58.6
OPEC 产量	30.8	34.7	35.6	33.5	34.6	35.8	40.2	44.0	45.3
世界产量	77.4	84.7	86.4	85.2	87.0	88.9	94.5	100.0	104.0
世界剩余产能	2.29	1.60	2.87	5.26	5.55	4.96	7.50	9.20	7.48

全球拥有剩余石油产能的组织主要是 OPEC。IHS CERA[32]称，由于 2008 年油价暴跌导致产量较大幅度下降（2009 年初，OPEC 成员国同意大幅减产 4.2Mbbl/d，但履约率逐步从起初的 70% 以上降至 2010 年的刚超过 50%），2010 年 OPEC 剩余原油产能平均为约

6.0Mbbl/d，为自20世纪80年代以来的最高水平。其中沙特阿拉伯贡献该剩余产能的约60%。要将该剩余产能降至约4.0Mbbl/d，尚需3~4年的时间。尽管较高的剩余产能水平可在一定程度上给市场传递出对于供应可靠性的信心，但在短期内（如90天或更短）这些产能能否迅速释放尚值得推敲。

OPEC报告[14]也认为，2010年OPEC的剩余产能超过5.0Mbbl/d。而随着利比亚生产中断，这一剩余产能于2011年第二季度和第三季度降至约4.0Mbbl/d，并预计中期内将稳定在约8.0Mbbl/d。OPEC估计，到2015年，OPEC液体燃料产能将比2011年净增加近7.0Mbbl/d，此后，剩余产能将达到应付自如的水平。

从主要国家和地区看，2005~2030年间，石油产能增加最大的毫无疑问是中东，增加近12.0Mbbl/d；里海、加拿大和拉美有所增加；俄罗斯、美国、亚太、非洲均呈现先增后降之势；仅西北欧呈现不断下降之势[32]，详见表2-2-9。

表2-2-9　2005~2030年主要国家和地区液体燃料产能　　Mbbl/d

国家和地区	2005	2010	2015	2020	2030
加拿大	3.14	3.53	4.34	5.08	5.16
美国	7.17	7.20	7.25	7.40	6.78
拉美	10.97	10.96	11.25	12.00	12.42
西北欧	5.59	4.35	3.80	3.06	2.18
俄罗斯	9.53	9.94	10.72	10.44	10.17
里海	2.21	3.26	3.89	4.90	5.35
亚太	8.09	8.91	9.90	9.54	8.38
非洲	10.18	11.72	13.10	13.01	11.13
中东	28.11	30.59	34.88	38.56	40.05

五、各大区和主要国家石油产量、消费量和进口量预测

（一）各大区石油产量、消费量和进口量预测

对于国际石油市场中长期前景而言，抑制需求的政策行动和持续不断开发新油田的能力十分关键。IEA[18]预计，全球石油需求（含原油、NGL和非常规石油，但不包括生物燃料）将从2010年的86.7Mbbl/d缓慢增长到2035年的99.4Mbbl/d。需求净增长全部来自非OECD国家的交通运输行业，其中亚太地区占大部分；同时，OECD需求将下降。非OECD国家汽车市场快速扩张，预计其汽车产量将于2015年前超过OECD，汽车销量将于2020年前超过OECD，从而在汽车燃油经济性较大幅度提升的情况下仍然推动石油消费不断攀升。电动汽车等用油效率高得多甚至根本不用油的新能源汽车技术正在兴起，但大规模应用尚需时日。

全球石油产量（含原油、NGL和非常规石油，但不含加工体积增加和生物燃料）将从2010年的83.0Mbbl/d增加到2035年的96.0Mbbl/d。非OPEC石油产量将缓慢下降，而OPEC所占市场比例将从2010年的42%提高到2035年的51%。多数中东OPEC国家产量将增长，而多数非OPEC国家产量将下降。进口石油的非OECD国家（尤其是亚太国家）对进口石油的依存度将不断提高，不可避免地将引发其对进口成本和供应安全的担忧。世界主要地区2035年前石油产量、消费量和进口量预测列于表2-2-10。可以看出，亚太、北美、西欧为石油净进口地区；中东、东欧及欧亚大陆、非洲、拉美为石油净出口地区。

亚太已成为石油消费量最大的地区，且2035年前仍将较快增长，其占世界石油消费市场的比重将从2010年的28.7%提高到2035年的36.0%。亚太地区石油产量今后数年还将有所增长，但之后将步入下降通道。随着需求较快增长和产量逐步下降，亚太地区石油进口量将大幅增加，预计从2010年的16.5Mbbl/d增加到2035年的30.6Mbbl/d，增幅达85.5%。

北美已退居世界第二大石油消费区。其石油消费正逐步萎缩，占全球的比例也将从2010年的26.1%降至2035年的19.4%。另一方面，其石油产量将逐步增长，占全球的比例也将从2010年的16.9%微增至2035年的17.2%。在需求下降和产量增长的共同作用下，北美石油进口量将较大幅度下降，从2010年的8.5Mbbl/d降至2035年的2.7Mbbl/d。

西欧继续维持世界第三大石油消费区的地位。预计其石油消费将逐年下降，占全球的比例将从2010年的14.6%降至2035年的10.7%。西欧石油产量小，且今后将进一步下降。由于其石油消费和产量下降量差不多，因而其石油进口量总体上较为稳定。

中东仍然是世界的"油库"，且其作用将越来越突出。2035年前，中东石油需求将有一定增长，但其石油产量则将大幅增加，预计将从2010年的25.5Mbbl/d增加到2035年的37.0Mbbl/d，增幅达45.1%；其石油产量占全球的比例将从2010年的30.5%增至2035年的38.4%。中东石油出口量也将较大幅度增加，预计从2010年的18.6Mbbl/d增加到2035年的27.8Mbbl/d，增幅达49.5%。中东占全球石油出口总量的比例将从2010年的50.0%增至2035年的57.7%，对全球石油市场的控制力将更强，而亚太等石油进口地区对中东石油的依赖也将更大。

东欧及欧亚大陆石油消费在2035年前将有所增长，石油产量增加量略大，因而其石油出口量将略有增加。

非洲石油消费将略增，产量微降，出口有所下降。

拉美石油消费将略增，产量有所增加，对外出口将增长。

表2-2-10　世界主要地区石油产量、消费量和进口量预测　　　　Mbbl/d

地区	项目	2010年	2015年	2020年	2025年	2030年	2035年
北美	消费量	22.6	22.3	21.4	20.4	19.8	19.3
	产量	14.1	15.0	15.2	15.6	16.1	16.6
	净进口量	8.5	7.3	6.2	4.8	3.7	2.7
西欧	消费量	12.7	12.5	12.0	11.5	11.0	10.6
	产量	4.2	3.7	2.9	2.4	2.1	1.8
	净进口量	8.5	8.8	9.1	9.1	8.9	8.8
亚太	消费量	24.9	27.5	29.1	31.3	33.6	35.8
	产量	8.4	8.7	8.2	7.4	6.2	5.2
	净进口量	16.5	18.8	20.9	23.9	27.4	30.6
东欧及欧亚大陆	消费量	4.6	4.9	5.0	5.2	5.3	5.4
	产量	13.7	14.2	14.0	14.6	15.2	15.1
	净进口量	-9.1	-9.3	-9.0	-9.4	-9.9	-9.7
中东	消费量	6.9	7.6	8.1	8.7	9.0	9.2
	产量	25.5	28.2	29.8	31.6	34.0	37.0
	净进口量	-18.6	-20.6	-21.7	-22.9	-25.0	-27.8

续表

地区	项目	2010年	2015年	2020年	2025年	2030年	2035年
非洲	消费量	3.1	3.5	3.6	3.7	3.9	4.0
	产量	10.5	10.4	10.2	10.2	10.3	10.3
	净进口量	-7.4	-6.9	-6.6	-6.5	-6.4	-6.3
拉美	消费量	5.2	5.7	5.7	5.8	5.8	5.9
	产量	7.3	8.5	9.5	10.0	10.1	10.3
	净进口量	-2.1	-2.8	-3.8	-4.2	-4.3	-4.4

（二）主要国家石油产量、消费量和进口量预测

从主要国家的情况看，美国、日本及欧盟等发达国家的石油消费将较快萎缩（如美国从2010年的18.0Mbbl/d降至2035年的14.5Mbbl/d，降幅达19.4%），而产量处于下降通道（个别国家有所增长，但增幅较小），石油进口量也将较快下降（如美国从2010年的10.2Mbbl/d降至2035年的6.2Mbbl/d，降幅达39.2%）。

另一方面，以中国、印度、俄罗斯、巴西等"金砖国家"为代表的新兴经济体由于经济增长较快，对石油的需求将较快增加，而产量和进口情况则因国而异，详见表2-2-11。例如，中国石油需求将从2010年的8.9Mbbl/d增至2035年的14.9Mbbl/d，增幅达67.4%。同时，产量则将较大幅度下降。消费大增和产量下降将导致石油进口大幅增加，预计将从2010年的4.8Mbbl/d增至2035年的12.6Mbbl/d，增幅达162.5%；同时也导致石油对外依存度从2010年的53.9%陡增至2035年的84.6%。印度石油消费将快速增长，预计2035年将比2010年增长124.2%，达7.4Mbbl/d；而产量小且将下降；进口量也将大幅飙升，预计2035年将比2010年增长183.3%，达6.8Mbbl/d。俄罗斯和巴西情况则与中国和印度有所不同。俄罗斯石油消费将略有增长，产量有所下降，出口也将有一定程度下降。巴西石油消费将略有增长，产量则大幅增加，随之将从石油净进口国变为石油净出口国，到2020年将成为重要的石油出口国。

表2-2-11　主要国家石油产量、消费量和进口量预测　　　　Mbbl/d

国家	项目	2010年	2015年	2020年	2025年	2030年	2035年
美国	消费量	18.0	17.8	16.8	15.8	15.1	14.5
	产量	7.8	8.0	8.2	8.1	8.2	8.3
	净进口量	10.2	9.8	8.6	7.7	6.9	6.2
日本	消费量	4.2	4.0	3.7	3.5	3.3	3.1
	产量	0.0	0.0	0.0	0.0	0.0	0.0
	净进口量	4.2	4.0	3.7	3.5	3.3	3.1
俄罗斯	消费量	2.9	3.0	3.0	3.1	3.1	3.2
	产量	10.5	10.4	9.9	9.7	9.7	9.7
	净进口量	-7.6	-7.4	-6.9	-6.6	-6.6	-6.5
中国	消费量	8.9	11.1	12.2	13.4	14.5	14.9
	产量	4.1	4.2	4.2	3.8	3.0	2.3
	净进口量	4.8	6.9	8.0	9.6	11.5	12.6
印度	消费量	3.3	3.6	4.2	4.9	6.0	7.4
	产量	0.9	0.8	0.7	0.7	0.7	0.6
	净进口量	2.4	2.8	3.5	4.2	5.3	6.8
巴西	消费量	2.3	2.5	2.5	2.5	2.6	2.6
	产量	2.1	3.0	4.4	5.1	5.2	5.2
	净进口量	0.2	-0.5	-1.9	-2.6	-2.6	-2.6

第三节 世界含硫含酸原油分布

一、世界含硫原油分布

(一)含硫原油分类

通常,原油商业分类法(也称工业分类法)根据原油硫含量将原油分为低硫原油、含硫原油和高硫原油3类。含硫原油指硫含量高于或等于0.5%而小于2.0%的原油;高硫原油指硫含量高于或等于2%的原油;而低硫原油指硫含量低于0.5%的原油。

意大利埃尼公司(ENI)在其《世界石油和天然气回顾》统计报告中以硫含量为依据对原油的分类与上述方法有所不同。ENI也将原油分为3类,但硫含量范围有所不同。含硫原油指硫含量高于或等于0.5%且小于1%的原油;高硫原油指硫含量高于或等于1%的原油;而低硫原油指硫含量低于0.5%的原油。由于主要采用ENI公司统计数据,因此本节采用ENI分类方法。

(二)世界含硫原油分布

ENI对世界原油硫含量的分布统计列于表2-3-1[33]。从表中可以看出,世界原油硫含量分布呈"两头大、中间小"格局:高硫原油产量最大,所占比重约50%;低硫原油次之,所占比重约31%;而含硫原油最低,所占比重仅约10%。

从长期变化趋势看,自1995年以来,世界硫含量在0.5%~1%的含硫原油所占比重逐渐增加,从1995年的约8%增至2010年的11.6%;硫含量低于0.5%的低硫原油所占比重总体呈下降趋势,但近年有所上升,从1995年的32.6%降至2008年的31.3%,随之又升至2010年的31.8%;硫含量高于1%的高硫原油所占比重则呈先升后降之势,从1995年的约50%升至2005年的52.2%,近年又降至2010年的48.7%。

表2-3-1 世界原油硫含量分布

项　　目	1995年	2000年	2005年	2008年	2009年	2010年
世界原油产量/100Mt	31.4	34.0	36.9	37.1	36.3	37.0
分布/%						
超轻	1.9	2.4	2.6	3.0	3.3	3.5
轻质低硫	19.3	18.4	16.1	14.5	14.0	14.9
轻质含硫	3.8	4.0	4.0	5.0	5.0	5.0
轻质高硫	3.1	3.6	3.4	3.7	3.2	3.2
中质低硫	9.5	10.4	10.8	11.5	11.8	10.4
中质含硫	2.7	2.9	2.5	3.4	3.4	3.1
中质高硫	39.6	37.8	40.7	39.5	39.0	38.8
重质低硫	1.8	1.6	1.9	2.3	2.5	2.9
重质含硫	1.4	2.1	2.5	2.6	3.3	3.5
重质高硫	7.1	8.2	8.2	7.3	6.8	6.8
未分类	9.8	8.6	7.2	7.0	7.7	7.9

续表

项　目	1995 年	2000 年	2005 年	2008 年	2009 年	2010 年
轻质/%	28.2	28.4	26.2	26.2	25.5	26.6
中质/%	51.8	51.1	54.0	54.5	54.1	52.3
重质/%	10.3	11.9	12.6	12.3	12.6	13.2
低硫/%	32.6	32.8	31.5	31.3	31.6	31.8
含硫/%	7.9	8.9	9.1	11.0	11.7	11.6
高硫/%	49.8	49.7	52.2	50.6	49.0	48.7

注：超轻：API 度≥50，S<0.5%；轻质低硫：35≤API 度<50，S<0.5%；轻质含硫：35≤API 度<50，0.5%≤S<1%；轻质高硫：35≤API 度<50，S≥1%；中质低硫：26≤API 度<35，S<0.5%；中质含硫：26≤API 度<35，0.5%≤S<1%；中质高硫：26≤API 度<35，S≥1%；重质低硫：10≤API 度<26，S<0.5%；重质含硫：10≤API 度<26，0.5%≤S<1%；重质高硫：10≤API 度<26，S≥1%。

根据 ENI 统计[33]，世界含硫原油（0.5%≤S<1%）产量从 1995 年的约 250Mt 增长到 2010 年的 430Mt。世界含硫原油产量主要分布在美洲，其所占比重曾有较大幅度下降，但近年有所回升，2010 年达到 44.4%；中东次之，但中东所占比重不断下降，已从 1995 年的 32.5% 降至 2010 年的 16.3%；欧洲所占比重曾有较大幅度增加，但近年有所下降，降至 2010 年的 10.2%；2010 年俄罗斯和中亚所占比重为 11.5%，亚太和非洲所占比重分别为 10.6% 和 7.0%（见表 2-3-2）。

表 2-3-2　世界含硫原油的地区分布

项　目	1995 年	2000 年	2005 年	2008 年	2009 年	2010 年
产量/(kbbl/d)						
世界	4945	6075	6677	8196	8451	8574
欧洲	66	227	474	1051	976	872
俄罗斯和中亚	370	615	1199	1135	1200	986
中东	1608	1767	1706	1618	1437	1400
非洲	2	66	334	455	648	601
亚太	632	574	596	608	618	907
美洲	2267	2825	2369	3329	3574	3807
分布/%						
世界	100.0	100.0	100.0	100.0	100.0	100.0
欧洲	1.3	3.7	7.1	12.8	11.5	10.2
俄罗斯和中亚	7.5	10.1	18.0	13.8	14.2	11.5
中东	32.5	29.1	25.6	19.7	17.0	16.3
非洲	0.0	1.1	5.0	5.6	7.7	7.0
亚太	12.8	9.4	8.9	7.4	7.3	10.6
美洲	45.8	46.5	35.5	40.6	42.3	44.4

根据 ENI 统计[33]，世界高硫原油（S≥1%）产量从 1995 年的约 1560Mt 增长到 2010 年的约 1800Mt。世界高硫原油产量主要分布在中东，其所占比重超过 50%，2010 年达到 54.5%；其次为俄罗斯和中亚，所占比重总体呈增长态势，从 1995 年的 19.2% 增加到 2010 年的 26.0%；美洲所占比重也较大，但总体呈下降态势，从 1995 年的 21.8% 降至 2010 年的 17.3%；欧洲、亚太和非洲所占比重很低（见表 2-3-3）。

表 2-3-3 世界高硫原油的地区分布

项目	1995 年	2000 年	2005 年	2008 年	2009 年	2010 年
产量/(kbbl/d)						
世界	31214	33814	38540	37568	35552	36072
欧洲	353	293	168	135	120	127
俄罗斯和中亚	5990	6194	9046	9149	9232	9380
中东	17057	19418	20394	21017	19413	19655
非洲	1002	758	651	638	636	619
亚太	17	17	19	53	53	53
美洲	6795	7135	8264	6576	6097	6237
分布/%						
世界	100.0	100.0	100.0	100.0	100.0	100.0
欧洲	1.1	0.9	0.4	0.4	0.3	0.4
俄罗斯和中亚	19.2	18.3	23.5	24.4	26.0	26.0
中东	54.6	57.4	52.9	55.9	54.6	54.5
非洲	3.2	2.2	1.7	1.7	1.8	1.7
亚太	0.1	0.1	0.0	0.1	0.1	0.1
美洲	21.8	21.1	21.4	17.5	17.1	17.3

对中国石化原油科技情报站所编《原油使用知识手册》[34]中 282 种原油和近年公开发表的 133 种原油[35~53]共计 403 种原油(含凝析油,部分为更新数据)的硫含量进行了分类统计整理,结果列于表 2-3-4。从表中可以看出,高硫原油共计 99 种,占 24.6%。其中,中东高硫原油($S \geq 1\%$)种类最多、最集中,达 43 种,占统计高硫原油的 43.4%。此外,拉美和北美高硫原油种类占统计高硫原油的比重也较高,分别达 26.3% 和 10.1%。从统计涉及的原油看,硫含量最高的原油有两种:一是委内瑞拉 Boscan 原油,硫含量高达 5.5%;另一种是意大利 Tempa Ross 原油,硫含量达 5.44%。

表 2-3-4 世界各大区和主要国家原油的硫含量分布

国家和地区	原油种数	$S<0.5\%$	$0.5\% \leq S<1\%$	$1\% \leq S<1.5\%$	$1.5\% \leq S<2\%$	$S \geq 2\%$
中东	55	7	5	6	12	25
阿联酋	12	3	3	2	3	1
巴林	1	1				
中立区	5					5
伊朗	15	1			6	8
伊拉克	7				2	5
科威特	1					1
阿曼	1			1		
卡塔尔	4			2	1	1
沙特	5	1		1		3
叙利亚	2		1			1
也门	2	1	1			
亚太	131	117	9	1	1	3
澳大利亚	19	19				
文莱	4	4				

续表

国家和地区	原油种数	S<0.5%	0.5%≤S<1%	1%≤S<1.5%	1.5%≤S<2%	S≥2%
中国	39	27	8	1	1	2
印度	1	1				
印度尼西亚	31	30	1			
马来西亚	22	22				
巴基斯坦	2	2				
巴布亚新几内亚	1	1				
菲律宾	1					1
泰国	5	5				
越南	5	5				
蒙古	1	1				
非洲	69	56	6	3	1	3
阿尔及利亚	3	3				
安哥拉	15	13	2			
喀麦隆	2	2				
乍得	1	1				
刚果	3	3				
埃及	6		1	1	1	3
赤道几内亚	3	3				
加蓬	4	3		1		
加纳	1	1				
象牙海岸	1	1				
利比亚	8	8				
毛里塔尼亚	1		1			
尼日利亚	14	14				
南非	1		1			
苏丹	4	4				
突尼斯	1			1		
扎伊尔	1	1				
独联体	14	7	5	2		
哈萨克斯坦	4	1	3			
俄罗斯	8	4	2	2		
阿塞拜疆	2	2				
拉美	51	13	12	10	7	9
阿根廷	5	5				
巴西	9	2	6	1		
哥伦比亚	7	3	2	1	1	
厄瓜多尔	2				1	1
墨西哥	5		1	2		2
秘鲁	2			2		
特立尼达和多巴哥	1	1				
委内瑞拉	20	2	3	4	5	6
北美洲	22	9	3	1	3	6
加拿大	12	6	2		1	3
美国	10	3	1	1	2	3

续表

国家和地区	原油种数	S<0.5%	0.5%≤S<1%	1%≤S<1.5%	1.5%≤S<2%	S≥2%
西欧	61	43	12	4	1	1
丹麦	2	2				
挪威	27	22	3	1	1	
英国	28	18	8	2		
北海	3	1	1	1		
意大利	1					1
总计	403	252	52	27	25	47

（三）各大区含硫原油分布

1. 欧洲含硫原油分布

欧洲原油产量不大，且近年不断下降。1995 年以来，欧洲原油质量发生了较大的变化[33]。欧洲原油以低硫原油为主，但低硫原油占原油总产量的比重较大幅度下降，从 2000 年的 85% 左右降至 2010 年的 66%；含硫原油所占比重较大幅度增加，从 1995 年的仅 1% 提高到 2008 年的 22.6%，随后略降至 2010 年的 21.2%；高硫原油所占比重低，且有所下降，目前仅约 3%（见表 2-3-5）。

表 2-3-5 欧洲含硫原油分布

项 目	1995 年	2000 年	2005 年	2008 年	2009 年	2010 年
欧洲原油产量/100Mt	3.2	3.4	2.8	2.3	2.2	2.1
分布/%						
超轻	3.2	3.4	8.4	11.4	12.0	11.9
轻质低硫	68.5	58.3	54.1	36.7	36.6	36.7
轻质含硫	1.0	0.5	1.9	15.0	15.4	15.8
轻质高硫	0.1	0.3	1.6	1.7	1.4	1.7
中质低硫	11.1	22.7	16.9	14.8	15.7	15.6
中质含硫	0.0	0.0	0.3	0.8	1.2	0.0
中质高硫	3.9	2.6	0.0	0.0	0.0	0.0
重质低硫	0.6	0.3	0.6	2.1	1.7	1.8
重质含硫	0.0	2.9	6.4	6.8	5.4	5.4
重质高硫	1.6	1.5	1.4	1.2	1.3	1.4
未分类	10.0	7.5	8.5	9.4	9.4	9.8
低硫/%	83.4	84.7	80.0	65.0	66.0	66.0
含硫/%	1.0	3.4	8.6	22.6	22.0	21.2
高硫/%	5.6	4.4	3.0	2.9	2.7	3.1

2. 俄罗斯和中亚含硫原油分布

俄罗斯和中亚原油产量稳步增长，其质量也有所上升。俄罗斯和中亚原油主体为高硫原油，但占原油总产量的比例有较大幅度下降，从 1995 年的 88.5% 降至 2010 年的 74%；低硫原油所占比例较大幅度上升，从 1995 年的 6% 增至 2010 年的 18.3%；含硫原油所占比例先升后降，2010 年所占比例不到 8%（见表 2-3-6）。

表 2-3-6　俄罗斯和中亚含硫原油分布

项目	1995年	2000年	2005年	2008年	2009年	2010年
俄罗斯和中亚原油产量/100Mt	3.4	3.8	5.6	6.0	6.2	6.3
分布/%						
超轻	1.2	1.7	1.1	1.4	1.2	1.0
轻质低硫	1.4	2.4	1.5	6.1	6.6	14.6
轻质含硫	5.4	8.1	10.7	9.4	9.6	7.8
轻质高硫	1.4	0.8	0.5	0.3	0.2	0.2
中质低硫	3.4	5.2	5.5	7.2	8.4	2.6
中质含硫	0.1	0.0	0.0	0.0	0.0	0.0
中质高硫	87.1	81.5	80.6	75.5	73.9	73.8
重质低硫	0.0	0.2	0.1	0.1	0.1	0.1
重质含硫	0.0	0.0	0.0	0.0	0.0	0.0
重质高硫	0.0	0.0	0.0	0.0	0.0	0.0
未分类	0.1	0.1	0.0	0.0	0.0	0.0
低硫/%	6.0	9.5	8.2	14.8	16.3	18.3
含硫/%	5.5	8.1	10.7	9.4	9.6	7.8
高硫/%	88.5	82.3	81.1	75.8	74.1	74.0

3. 中东含硫原油分布

中东原油产量稳中有升，其质量变化不大。中东原油以高硫原油为主，高硫原油占原油产量的比重近90%，且这一比例自1995年以来基本保持不变；含硫原油所占比重自1995年以来下降约2个百分点，从8.4%降至2010年的6.3%；低硫原油所占比重有所提高，从1995年的2.2%提高至2010年的5.7%（见表2-3-7）。

表 2-3-7　中东含硫原油分布

项目	1995年	2000年	2005年	2008年	2009年	2010年
中东原油产量/100Mt	9.5	10.9	11.5	11.8	10.9	11.2
分布/%						
超轻	0.4	0.8	2.0	2.6	3.2	4.2
轻质低硫	1.8	1.8	1.5	1.6	1.5	1.5
轻质含硫	7.5	6.9	6.3	6.1	5.9	5.7
轻质高硫	9.5	10.9	10.9	11.0	10.0	9.7
中质低硫	0.0	0.0	0.0	0.0	0.0	0.0
中质含硫	0.9	1.2	1.2	0.7	0.7	0.6
中质高硫	78.4	76.4	76.2	75.4	76.1	75.5
重质低硫	0.0	0.0	0.0	0.0	0.0	0.0
重质含硫	0.0	0.0	0.0	0.0	0.0	0.0
重质高硫	1.5	2.0	2.7	2.6	2.6	2.8
未分类	0.0	0.0	0.0	0.0	0.0	0.0
低硫/%	2.2	2.6	3.5	4.2	4.7	5.7
含硫/%	8.4	8.1	7.5	6.8	6.6	6.3
高硫/%	89.4	89.3	89.1	89.0	88.7	88.0

4. 非洲含硫原油分布

非洲原油产量总体呈增长态势，但近年产量较稳定。非洲原油以低硫原油为主体，低硫原油占原油产量的比重在85%~90%之间；含硫原油所占比重较低，但总体呈增长态势，从1995年的0%增至2010年的6%左右；高硫原油所占比重也较低，总体呈下降趋势，从1995年的14.2%降至2010年的6.3%（见表2-3-8）。

表2-3-8 非洲含硫原油分布

项 目	1995年	2000年	2005年	2008年	2009年	2010年
非洲原油产量/100Mt	3.5	3.7	4.7	4.9	4.7	4.9
分布/%						
超轻	7.6	8.5	6.4	6.6	7.2	7.3
轻质低硫	52.5	54.1	50.8	46.7	48.4	50.4
轻质含硫	0.0	0.0	0.0	1.4	1.1	1.0
轻质高硫	0.3	0.2	0.3	0.4	0.4	0.4
中质低硫	25.1	25.5	29.9	31.2	26.4	25.2
中质含硫	0.0	0.1	2.9	2.7	2.2	1.8
中质高硫	13.9	9.9	6.6	6.0	6.3	5.9
重质低硫	0.4	0.2	2.2	4.1	4.3	4.5
重质含硫	0.0	0.8	0.6	0.5	3.5	3.3
重质高硫	0.0	0.0	0.0	0.0	0.0	0.0
未分类	0.2	0.7	0.4	0.3	0.2	0.2
低硫/%	85.6	88.3	89.3	88.6	86.3	87.4
含硫/%	0.0	0.9	3.5	4.6	6.8	6.1
高硫/%	14.2	10.1	6.9	6.4	6.7	6.3

5. 亚太含硫原油分布

亚太原油产量增长缓慢。亚太原油质量较好，以低硫原油为主体，低硫原油占原油产量的比重达到约90%，但2010年降至86%；含硫原油所占比重约8%，但2010年升至11.7%；而高硫原油所占比重不到1%（见表2-3-9）。

表2-3-9 亚太含硫原油分布

项 目	1995年	2000年	2005年	2008年	2009年	2010年
亚太原油产量/100Mt	3.5	3.7	3.7	3.7	3.8	3.9
分布/%						
超轻	4.6	6.0	3.7	3.7	4.6	4.5
轻质低硫	36.6	36.4	35.2	33.3	26.6	20.8
轻质含硫	0.3	0.4	0.4	0.0	0.0	4.2
轻质高硫	0.3	0.0	0.0	0.5	0.5	0.4
中质低硫	39.2	38.8	39.1	40.0	44.4	42.8
中质含硫	8.7	7.3	7.6	7.9	7.9	7.5
中质高硫	0.2	0.2	0.3	0.3	0.3	0.2
重质低硫	9.0	9.8	12.0	12.5	13.9	17.9
重质含硫	0.0	0.0	0.0	0.2	0.3	0.0
重质高硫	0.0	0.0	0.0	0.0	0.0	0.0
未分类	1.2	1.1	1.7	1.6	1.7	1.7
低硫/%	89.4	91.0	90.0	89.5	89.5	86.0
含硫/%	9.0	7.7	8.0	8.1	8.2	11.7
高硫/%	0.5	0.2	0.3	0.8	0.8	0.6

6. 美洲含硫原油分布

美洲原油产量总体较为稳定。美洲原油以高硫原油为主，高硫原油占原油产量的比重呈先升后降趋势，1995 年为 41.3%，升至 2005 年的 47.8%，2010 年降至 36.1%；低硫原油所占比重基本保持稳定，维持在 12% 左右；含硫原油所占比重总体呈上升趋势，从 1995 年的 13.7% 增至 2010 年的 22%；此外，美洲原油产量有约 30% 未分类，主要是美国北纬 48 度以南的原油产量，约 250Mt/a（见表 2-3-10）。

表 2-3-10 美洲含硫原油分布

项　　目	1995 年	2000 年	2005 年	2008 年	2009 年	2010 年
美洲原油产量/100Mt	8.2	8.6	8.6	8.3	8.4	8.7
分布/%						
超轻	0.0	0.0	0.0	0.0	0.0	0.0
轻质低硫	6.3	7.5	5.7	5.0	4.6	4.5
轻质含硫	3.2	3.2	1.1	1.8	1.9	2.1
轻质高硫	0.0	0.0	0.0	0.0	0.0	0.0
中质低硫	3.0	2.4	4.1	5.6	5.8	5.6
中质含硫	5.3	6.6	4.2	9.0	8.7	8.0
中质高硫	16.7	12.1	16.9	11.0	10.6	11.0
重质低硫	2.7	1.7	1.7	1.6	1.6	1.5
重质含硫	5.2	6.7	8.3	9.4	10.8	11.9
重质高硫	24.6	29.5	30.9	28.8	25.9	25.1
未分类	32.8	30.3	27.0	27.8	30.2	30.5
低硫/%	12.0	11.6	11.5	12.2	12.0	11.6
含硫/%	13.7	16.5	13.6	20.2	21.4	22.0
高硫/%	41.3	41.6	47.8	39.8	36.5	36.1

二、世界含酸原油分布

（一）含酸原油分类

原油按酸值的大小可分为低酸原油、含酸原油、高酸原油和特高酸原油。原油酸值通常采用中和原油酸性所需氢氧化钾的数量来衡量。

通常将酸值大于或等于 1.0mgKOH/g 的原油称为高酸原油（主要原因是原油酸值达到 1.0mgKOH/g 时，其价格贴水开始迅速扩大）；酸值小于 0.5mgKOH/g 的原油称为低酸原油；酸值介于 0.5~1.0mgKOH/g 的原油称为含酸原油；酸值高于 5.0mgKOH/g 的原油为特高酸原油。高酸原油唯一的共同点是其总酸值（TAN）较高，而其他大多数物理性质可能千差万别。尽管大多数高酸原油为中质和重质原油（API 度均低于 29），但通常都是低硫原油（委内瑞拉原油例外），且柴油收率很高。

高酸原油资源主要分布在拉美、非洲和亚太地区。其中，拉美地区是高酸原油的主产区，约占全球高酸原油产量的一半。这些地区由于缺乏能够加工高酸原油的炼油能力，高酸原油只能以出口为主，而且受传统地缘政治因素影响，委内瑞拉等国的高酸原油出口通常定位于中国和亚太地区。

（二）高酸原油生产现状与预测

2007 年全球高酸原油产量约为 8.63Mbbl/d，占全球原油日产量的 10.2%。2010 年全球高酸原油产量达到 9.30Mbbl/d 左右，占全球原油日产量的比例提升到 10.7%。随着时间的推移，在可预见的未来，非 OPEC 产油国家或地区提供的轻质低酸原油将逐渐减少，取而代之的是 OPEC 国家生产的高酸重质原油[54]。

Purvin & Gertz 公司[55]预计，随着新项目投产，高酸原油供应短期内仍将增加，供应增量的很大部分将来自非洲。安哥拉 14 区块和 17 区块即将投产的新项目将生产重质高酸原油。苏丹也可能继续增产 Dar 混合原油。今后几年巴西和中国高酸原油产量也将增加。

亚太能源咨询公司[56]发布的研究报告认为，在生产和销售高酸原油的国家，2006 年高酸原油产量为 185Mt，预计 2015 年将增长到 275Mt。据亚太能源咨询公司研究报告统计，2005～2010 年，世界高酸原油产量增加了 1.8Mbbl/d，其中 61% 来自苏伊士以西地区。

亚太地区高酸原油产量继续较快增长。中国是近年高酸原油产量增长较大的国家，且在 2015 年前高酸原油产量仍将较大幅度增长。中国高酸原油产量将从 2006 年的 16.5Mt 增加到 2015 年的 36.8Mt。2010 年前高酸原油产量增长主要来自秦皇岛油田和蓬莱油田。2006 年澳大利亚仅在 Wandoo 油田有少量高酸原油出产，但随着 Vincent、Crosby 和 Van Gogh 油田投产，其高酸原油产量和出口量均将大量增加。预计 2015 年澳大利亚高酸原油产量将达到 9.0Mt。印度尼西亚高酸原油产量将保持相对稳定，但国内对 Duri 原油的使用将增加。

2004～2015 年，西非将增加不少新的高酸原油品种（但仅有少数几种在 2010 年前投产），高酸原油产量将继续增加。预计西非高酸原油产量将从 2006 年的 21.75Mt 增加到 2015 年的 57.75Mt。2006 年，安哥拉、乍得和苏丹（位于苏伊士以西地区）是非洲生产高酸原油的主要国家。苏丹高酸原油产量将大幅增加（尤其是 Fula 高酸原油），2012 年将比 2006 年增加 16.25Mt。由于大多数生产高酸原油的非洲国家缺乏相应炼油能力，因而其高酸原油出口将增加。

尽管北海原油产量将下降，但英国和挪威高酸原油产量将略有增加，从 2006 年的 27.65Mt 增加到 2015 年的 29.25Mt。北海所产高酸原油大部分供应西北欧，部分供应美国。2012 年前该地区将仅有几个小产量的高酸原油品种投产。

拉美高酸原油产量对亚太地区的影响较大。委内瑞拉将尽力维持原油产量不下降，而巴西产量将稳步增长。预计拉美高酸原油产量将从 2006 年的 118.5Mt 增加到 2015 年的 145.5Mt。委内瑞拉将推动对中国原油出口，巴西已经在亚太地区收购一座炼油厂。因此，拉美对亚太原油出口（主要是高酸原油）将大幅增长。

2015 年前，伊朗的 Norwuz 原油可能仍将是中东唯一的高酸原油。亚太能源咨询公司预计中亚和美国所产高酸原油将留在各自地区，不会出口。即使出口，高酸原油也会与低酸原油调和为酸值适中的混合原油，以便管输出口。

亚太能源咨询公司研究报告[56]还称，在目前生产和销售高酸原油的所有国家，高酸原油产量占原油总产量的比重从 2006 年的不到 20% 上升到 2010 年的 25%。就亚太、非洲、欧洲、拉美和中东等 5 大地区总体而言，高酸原油产量占原油总产量的比重也从 2006 年的 8% 上升到 2010 年的 10.7%。到 2015 年，苏伊士以西新增高酸原油产量将高于苏伊士以东地区，届时其在世界高酸原油贸易总量中所占比重也将高于苏伊士以东地区。

在包括安哥拉、喀麦隆、乍得、刚果（布）、加蓬、象牙海岸和苏丹在内的生产高酸原油的西非国家中，高酸原油产量占原油总产量的比重将从 2006 年的 16.0% 增至 2015 年的 27.5%；在巴西、委内瑞拉及特立尼达和多巴哥等拉美国家，高酸原油所占比重将从

51.4%增至56.2%；在中国，高酸原油所占比重将从8.5%升至16.7%。

在高酸原油出口国中，苏伊士以西2006年高酸原油产量占原油总产量的比重为25.4%；而苏伊士以东为11.4%。尽管苏伊士以东高酸原油产量在2010年前大幅增长，但其所占比重最高不会超过25%；而苏伊士以西高酸原油产量所占比重2015年前可达近1/3。

亚太地区高酸原油产量占其原油总产量的比重可能在2010~2012年期间达到最高点，略高于15%；苏伊士以西高酸原油产量所占比重在2012年达到41.4%后仍将继续增长。

在2015年前，苏伊士以西高酸原油产量将远大于苏伊士以东，且将继续主宰世界高酸原油贸易市场。

（三）高酸原油贸易流向预测

亚太能源咨询公司研究报告[56]预计，今后全球高酸原油生产、贸易和加工将继续增加，亚太将成为2015年前进口高酸原油的主力。其原因主要包括需求和供应两个方面。在需求方面，亚太地区需要低硫原油，以便增产柴油和燃料油；而高酸原油价格较低。在供应方面，西非、苏丹和拉美高酸原油产量大幅增加，但由于缺乏相应炼油能力，尤其是适合处理高酸原油的能力，不得不选择出口；此外还有政治支持，如委内瑞拉正努力增加对中国和亚太地区原油出口。

近年，在巴西近海坎普斯（Campos）盆地和桑托斯（Santos）盆地的海上油田相继投产，所产原油大多属于高酸原油（包括Marlim、Albacora Leste、Roncador和Polvo等）。但由于国内高酸原油加工能力不足，巴西不得不向亚太出口这些重质低硫原油，同时进口轻质原油。2009年5月，巴西国家石油公司与中国国家开发银行签署了为期10年的100亿美元贷款协议，同时与中国石化敲定了同年2月签署的为期10年的原油长期出口协议。自2009年起，巴西向中国石化出口原油150kbbl/d，10年内将增长到200kbbl/d。巴西已成为中国主要的高酸原油进口来源地。

委内瑞拉作为高酸原油的传统出口国，将努力稳定其石油出口。目前，委内瑞拉国家石油公司正与中国石油合作在中国广东揭阳建设大型炼油厂。项目一旦建成，委内瑞拉对中国高酸原油出口可望大幅增加。

苏丹由于受到国际制裁，不得不加强与中国的联系，其Fula原油产量大部分和Dar原油产量的相当部分出口中国。此外，印度和马来西亚也从苏丹进口相当数量的原油。

由于澳大利亚3种产量较大的高酸原油位于西部，因而澳大利亚大部分高酸原油产量将出口亚太市场。

西非高酸原油出口亚太市场较少，但数量相对较稳定。

（四）世界含酸原油分布

目前，尚未有对世界含酸原油分布进行全面、系统统计的资料。仅对中国石化原油科技情报站所编《原油使用知识手册》[34]中282种原油和近年公开发表的133种原油[35~53]共计403种原油（含凝析油，部分为更新数据）的酸值进行了分类统计整理，结果列于表2-3-11。

从表中可以看出，在403种原油中，含酸原油共计40种；高酸原油共计30种。在40种含酸原油中，非洲13种，占32.5%；亚太11种，占27.5%；拉美9种，占22.5%。在30种高酸原油中，亚太12种，占40.0%；西欧6种，占20.0%。

从统计涉及的原油看，酸值最高的三种原油：一是乍得的 Doba 混合原油，酸值达 4.13mgKOH/g（据报告[57]，曾经高达4.7%）；二是苏丹 Dar 混合原油，酸值达 3.76mgKOH/g；三是刚果(布)的 Emeraude 原油，酸值达 3.72mgKOH/g。

表 2-3-11　世界各大区和主要国家原油的酸值分布

国家和地区	原油种数	TAN<0.5	0.5≤TAN<1	1≤TAN<1.5	1.5≤TAN<2	TAN≥2
中东	55	50	2	1	1	
阿联酋	12	12				
巴林	1	1				
中立区	5	5				
伊朗	15	11	1	1	1	
伊拉克	7	7				
科威特	1	1				
阿曼	1		1			
卡塔尔	4	4				
沙特	5	5				
叙利亚	2	2				
也门	2	2				
亚太	131	108	11	3	7	2
澳大利亚	19	17			2	
文莱	4	4				
中国	39	24	7	1	5	2
印度	1	1				
印度尼西亚	31	30		1		
马来西亚	22	19	2	1		
巴基斯坦	2	2				
巴布亚新几内亚	1	1				
菲律宾	1	1				
泰国	5	4	1			
越南	5	4				
蒙古	1	1				
非洲	69	51	13	1		4
阿尔及利亚	3	3				
安哥拉	15	11	2	1		1
喀麦隆	2	1	1			
乍得	1					1
刚果	3	1	1			1
埃及	6	6				
赤道几内亚	3		3			
加蓬	4	3	1			
加纳	1	1				
象牙海岸	1	1				
利比亚	8	8				
毛里塔尼亚	1	1				

续表

国家和地区	原油种数	TAN<0.5	0.5≤TAN<1	1≤TAN<1.5	1.5≤TAN<2	TAN≥2
尼日利亚	14	10	4			
南非	1		1			
苏丹	4	3				1
突尼斯	1	1				
扎伊尔	1	1				
独联体	14	13	1			
哈萨克斯坦	4	4				
俄罗斯	8	7	1			
阿塞拜疆	2	2				
拉美	51	37	9	2	1	2
阿根廷	5	4	1			
巴西	9	6		1		2
哥伦比亚	7	6	1			
厄瓜多尔	2	2				
墨西哥	5	4	1			
秘鲁	2	2				
特立尼达和多巴哥	1		1			
委内瑞拉	20	13	5	1	1	
北美洲	22	19	3			
加拿大	12	10	2			
美国	10	9	1			
西欧	61	54	1	4		2
丹麦	2	2				
挪威	27	22		2		2
英国	28	26		2		
北海	3	3				
意大利	1	1				
总计	326	286	26	6	3	5

第四节 生产和出口含硫含酸原油的主要地区和国家

根据世界含硫含酸原油的分布和原油出口量的大小，我们主要选择中东、非洲、拉美、俄罗斯及中亚、北美5个地区的18个国家进行介绍。

一、中东

中东地区油气资源极为丰富，有世界油库之美誉。其经济主要围绕油气资源的开采、加工和出口。石油工业在中东经济发展中占据着重要的地位，是支配其经济命脉的支柱产业，有"石油经济"之称。中东地区是世界上石油出口量最大的地区。自2000年以来，中东原油出口量占世界原油出口总量的比例基本维持在40%以上(见表2-4-1)。

表 2-4-1　2000~2010 年中东原油出口量[58~62]　　kbbl/d

国家或地区	2000 年	2005 年	2006 年	2007 年	2008 年	2009 年	2010 年
伊朗	2492	2394	2561	2639	2574	2406	2583
伊拉克	1996	1472	1468	1643	1855	1906	1890
科威特	1245	1651	1723	1613	1739	1348	1430
阿曼	845	761	769	683	593	574	745
卡塔尔	618	677	620	615	703	647	586
沙特	6253	7209	7029	6962	7322	6268	6644
阿联酋	1815	2195	2420	2343	2334	1953	2103
中东	16059	16897	17077	16948	17575	15498	16322
世界	37344	40541	40817	40873	40202	38693	38158
中东占比/%	43.0	41.7	41.8	41.5	43.7	40.1	42.8

中东也是我国最主要的原油进口来源地。近年来，我国自中东进口原油数量不断攀升，2011 年比 2006 年增长了 98.2%，2011 年自中东进口原油占我国原油进口总量的比例高达 51.5%（见表 2-4-2）。

表 2-4-2　2006~2011 年中东对中国原油出口情况　　10kt

国　家	2006 年	2007 年	2008 年	2009 年	2010 年	2011 年
沙特	2387	2633	3637	4195	4463	5027
伊朗	1677	2054	2132	2315	2132	2776
阿曼	1318	1368	1458	1164	1587	1815
科威特	281	363	590	708	983	954
阿联酋	304	365	458	331	529	674
伊拉克	105	141	186	716	1124	1377
也门	454	324	413	256	402	310
卡塔尔	33	28	88	61	56	71
合计	6560	7276	8962	9746	11276	13004

（一）沙特阿拉伯

沙特阿拉伯经济严重依赖于原油。石油出口收入占政府财政收入的 80%~90%，占 GDP 的 40% 以上。

沙特阿拉伯是世界上石油资源最丰富的国家，是世界第二大产油国和第一大石油出口国。2011 年底，其石油探明储量达约 36.1Gt，占全球的 17.4%，居世界第一位；当年生产原油 450Mt，占全球的 12.4%，居世界第二位。沙特阿拉伯拥有世界上最大的原油生产能力，2012 年初达 615Mt/a，闲置产能 125Mt/a。

尽管沙特阿拉伯拥有约 100 个大油气田，但其中最大的 8 个油田占其石油总储量的一半以上。Ghawar 是世界上最大的油田，剩余石油储量约 9.5Gt，比石油储量居世界第 8 位的俄罗斯还高。2010 年，其主要油田包括：

（1）Ghawar 油田（陆上）：占沙特阿拉伯约一半的石油生产能力，年产 250Mt 以上阿拉伯轻质原油，其产量高于除俄罗斯和美国外的所有单个国家。

（2）Safaniya 油田（海上）：以产量计的世界第三大油田，世界最大的海上油田，生产能力 75Mt/a。

（3）Khurais 油田（陆上）：2009 年世界上投产的最大油田，阿拉伯轻质原油生产能力 60Mt/a。

（4）Qatif 油田（陆上）：阿拉伯中质原油生产能力 25Mt/a。

（5）Shaybah 油田（陆上）：阿拉伯超轻质原油生产能力 25Mt/a。

（6）Zuluf 油田（海上）：阿拉伯中质原油生产能力 22.5Mt/a。

（7）Abqaiq 油田（陆上）：阿拉伯超轻质原油生产能力 20Mt/a。

沙特阿拉伯所产原油绝大部分为轻质原油和中质原油。其中约 65%~70% 为轻质原油，主要产于陆上油田；约 25% 为中质原油，其余为重质原油，二者主要产于海上油田。除超轻质原油外，大多数沙特原油硫含量较高。

沙特阿拉伯是中东最大的石油消费国。2009 年其石油消费量约 120Mt，比 2000 年增长 50%，主要原因是其经济和工业快速发展及价格补贴。此外，直接燃烧发电用原油（夏季达 1Mbbl/d）和石化生产用 NGL 用量增加也是重要原因。沙特国家石油公司沙特阿美（Saudi Aramco）CEO 警告，如果不提高能效和这种情况继续下去，到 2030 年沙特国内石油需求将达到 400Mt/a。

沙特是世界上最大的石油出口国。2010 年，沙特出口石油 7.5Mbbl/d（2009 年为 7.3Mbbl/d），主要为原油。沙特原油、成品油和 NGL 的出口目的地主要为亚太地区。自 2000 年以来，沙特原油出口去向发生了明显的变化，亚太所占比例越来越大，从 2000 年的 46.4% 提高到 2010 年的 64.1%；而北美和欧洲所占比例均出现下降，分别从 25.3% 降至 18.2% 和 21.2% 降至 9.9%（见表 2-4-3）。

表 2-4-3　2000~2010 年沙特阿拉伯原油出口去向[58~62]　　kbbl/d

国家或地区	2000 年	2005 年	2008 年	2009 年	2010 年
欧洲	1325.5	1207.3	852.0	626	658
北美	1581.3	1454.6	1618.3	1058	1212
亚太	2901.5	3936.9	4281.7	4070	4260
拉美	61.6	65.2	63.1	63	67
非洲	217.7	235.7	204.7	165	148
中东	165.6	309.2	302.0	286	294
合计	6253.1	7208.9	7321.7	6268	6644

近几年，沙特出口中国的原油数量快速增长，2000~2004 年的 4 年中增加了约 2 倍，2006~2010 的 4 年中又几乎增长了一倍（见表 2-4-4）。2011 年，沙特向中国出口原油达到 50.27Mt，占 2011 年度中国原油进口量 253Mt 的 19.9%，是中国最大的原油供应国。

表 2-4-4　2006~2011 年沙特向中国出口原油情况

项　　目	2006 年	2007 年	2008 年	2009 年	2010 年	2011 年
出口量/10kt	2387.2	2633.2	3636.84	4195.3	4463.0	5027.2
出口额/亿美元	110.37	130.86	258.28	188.76	255.19	389.96
价格/(美元/bbl)	63.3	68.1	96.88	61.38	78.01	105.8

(二) 阿联酋

阿联酋是中东第三大经济体,其人均 GDP 居中东第二位。它是世界重要的油气生产国,也是 OPEC 成员国。其经济尽管在中东是多元化程度最高的,但仍然严重依赖油气工业。油气收入约占阿联酋 GDP 总量的 33%,出口总额的 50% 和政府财政收入的 90%。阿联酋由 7 个酋长国组成,但油气生产和出口主要来自阿布扎比酋长国,阿布扎比油气资源占阿联酋的 90% 以上。对能源和电力的补贴政策使其国内需求快速增长,已使其成为天然气净进口国,并导致可供出口的石油数量减少。2008 年,阿联酋一次能源总消费量达 81.42Mt 油当量,其中约 70% 为发电用天然气,30% 为油品。

2011 年底,阿联酋石油探明储量为 13.3Gt,占全球的 6.4%,居世界第 7 位。过去 10 年,阿联酋主要通过提高采收率(EOR)技术和高油价维持其探明石油储量。2011 年,阿联酋原油产量 125Mt,占全球的 3.4%,居世界第 9 位。目前,其原油生产能力为 130Mt/a。由于遭到 OPEC 成员国反对,阿联酋政府已撤回其于 2018 年将原油生产能力提高到 175Mt/a 的计划。

阿联酋的原油大部分是轻质原油,API 度在 31~44 之间。阿布扎比穆尔班混合原油、扎库姆原油和迪拜原油是阿联酋的主要出口原油,均为含硫原油,硫含量分别为 0.78%、1.05% 和 2.0%。

阿联酋石油产量主要集中在 Zakum 石油系统,该系统将世界第三大油区的众多油田生产集中在一起。在陆上油田方面,阿联酋正拟将 Upper Zakum 油田产量从目前的 27.5Mt/a 提高到 2015 年的 37.5Mt/a,将石油采收率提高到 70%;Bu Hasa 油田产量 30.0Mt/a,Murban Bab、Sahil、Asab 和 Shah 油田合计轻质低硫原油产量 35.25Mt/a;正在开发的 Qusahwira 和 Bab 两个新油田在 2014 年前将新增 12.5Mt/a 的产量;Bida al-Qemzan 油田产量 11.25Mt/a。在海上油田方面,Umm Shaif 和 Lower Zakum 合计产能 26.0Mt/a,扩能后产能将分别达到 21.25Mt/a 和 15.0Mt/a;正在开发的两个新油田 Nasr 和 Umm al-Lulu,2018 年前将合计增加 8.5Mt/a 的产能。

2000 年以来,阿联酋石油出口维持在 100Mt/a 左右,出口流向也比较稳定,主要流向亚太地区。2009 年,阿联酋出口石油约 115Mt,其中日本占 40%,其次为韩国和泰国。2000~2010 年阿联酋原油出口去向列于表 2-4-5。

阿联酋出口中国的原油数量不多,但增长较快,尤其是近三年。2011 年阿联酋向中国出口原油 6.74Mt,比 2009 年增加了一倍(见表 2-4-6)。

表 2-4-5 2000~2010 年阿联酋原油出口去向[58~62] kbbl/d

国家或地区	2000 年	2005 年	2008 年	2009 年	2010 年
欧洲	1.3	5.0	9.6	3	3
北美	1.3	9.0	8.8	37	40
亚太	1778.0	2140.0	2270.9	1868	2011
拉美					
非洲	34.3	41.0	45.2	45	49
中东				1	1
合计	1814.9	2195.0	2334.4	1953	2103

表 2-4-6 2005~2011 年阿联酋向中国出口原油情况

项目	2005 年	2006 年	2007 年	2008 年	2009 年	2010	2011 年
出口量/10kt	256.8	304.4	365.1	457.9	330.7	528.5	673.5
出口额/亿美元	10.29	14.68	18.78	33.84	15.29	31.11	55.13
价格/(美元/bbl)	54.9	66.1	70.4	100.81	63.09	80.31	111.66

(三) 科威特

科威特是 OPEC 成员国，是世界主要原油生产国和出口国之一。2010 年其石油出口量居 OPEC 第四位。科威特经济严重依赖石油工业，石油出口收入占其 GDP 的 50%，出口总收入的 95%，政府财政收入的 95%。科威特设有一个主权财富基金(科威特投资局)，监管国家资本支出和国际投资。此外，科威特还规定每年把 10% 的石油收入投入下一代储备基金，以备石油资源耗尽之时使用。

科威特石油资源十分丰富。2011 年底，其石油探明储量为 13.8Gt，占全球的 6.7%，居世界第 6 位；当年原油产量 109Mt(不含中立区产量)，占全球的 3.0%，居世界第 11 位。作为 OPEC 成员国，科威特石油产量受 OPEC 生产配额的限制，估计 2010 年该国拥有约 16Mt/a 的剩余原油产能。2011 年初，作为 OPEC 少数几个拥有剩余产能的国家，该国提高了石油产量，以弥补利比亚石油供应中断。科威特石油公司已提出一项包括上游和下游的总金额达 900 亿美元的扩建计划，计划在 2020 年前将石油生产能力提高到 200Mt/a。

目前，科威特石油储量和产量仍集中在 20 世纪 30 年代和 50 年代发现的几个成熟油田。Greater Burgan 油田包括 Burgan、Magwa、Ahmadi 油藏，占该国储量和产量的大部分。位于该国东南部的 Burgan 油田，是公认的世界第二大油田(仅次于沙特 Ghawar 油田)，贡献该国原油产量的一半。尽管其产量最近在 60Mt/a 左右，但该油田生产能力达 87.5Mt/a。该油田所产原油为中质和轻质原油，API 度为 28~36。科威特石油公司正考虑通过开发 Wara 油藏提高 Burgan 油田产能，其目标是在 2014 年前将 Wara 产能从目前的 4.0Mt/a 提高到 17.5Mt/a。该国南方的其他石油生产中心包括 Umm Gudair、Minagish、Abduliyah。Umm Gudair 和 Minagish 油田所产原油种类较多，但主要是中质原油，API 度为 22~34。Mutriba 油田发现于 2009 年，蕴藏轻质原油和伴生天然气，预计 2014 年投产，产能 4.0Mt/a。

除 Greater Burgan 外，科威特其他较大的油田主要位于北方，石油产量约 40Mt/a。科威特第二大油田是 Raudhatain 油田，产能 17.5~20.0Mt/a。Sabriya 油田产能 5.0Mt/a。al-Ratqa 和 Abdali 油田合计产能 3.75Mt/a。

科威特和沙特边界的中立区设立于 1922 年，目的是为了解决双方边界争端。中立区石油储量约 670Mt，目前产能约 30Mt/a，由科威特和沙特均分。

科威特石油消费量较低，仅占其石油总产量的小部分。2010 年，该国石油消费量为 16.25Mt，从而留出大量石油供出口。

2000 年以来，科威特原油出口量一般在 60~90Mt/a 之间，多数以长期合同的形式出售。科威特出口的原油为其所有原油的混合原油，主要包括 Burgan 轻质原油、北方较重且硫含量较高的原油。科威特出口的原油只有一种，称为科威特出口原油，API 度为 31.4(典型的中东中质原油)，硫含量 2.52%。科威特原油主要出口亚太(2005 年以后均超过 80%)、北美和欧洲(见表 2-4-7)。

表 2-4-7 2000~2010 年科威特原油出口去向[58-62]　　kbbl/d

国家或地区	2000 年	2005 年	2008 年	2009 年	2010 年
欧洲	199.9	111.8	117.5	51	62
北美	268.7	123.0	137.5	95	127
亚太	699.2	1381.1	1438.3	1162	1199
拉美			2.1		
非洲	24.8	35.0	38.6	40	42
中东					
合计	1244.7	1650.8	1738.5	1348	1430

2003 年以来，科威特出口中国的石油数量出现了较大的增长。2004 年科威特对中国的原油出口量仅为 1.25Mt，到 2011 年已达 9.54Mt，增加了 6.6 倍，为中国第 10 大原油进口来源国（见表 2-4-8）。

表 2-4-8 2006~2011 年科威特向中国出口原油情况

项 目	2006 年	2007 年	2008 年	2009 年	2010 年	2011 年
出口量/10kt	280.9	363.2	589.63	707.58	983.39	954.34
出口额/亿美元	12.34	16.98	42.88	28.63	54.62	73.19
价格/（美元/bbl）	60.2	64.0	99.22	55.20	75.77	104.63

（四）阿曼

与油气资源丰富的邻国相比，阿曼油气资源较少，尤其是石油资源并不丰富。阿曼政府收入主要依靠石油收入。石油收入约占阿曼预算总收入的 76%，出口收入的 60% 以上，GDP 的 40% 以上。

截至 2011 年底，阿曼石油探明储量为 750Mt；当年原油产量 44.5Mt。

与邻国相比，阿曼油田规模较小、分散、产能低、生产成本较高。平均每口井的产量为 20kt/a，只有邻国的十分之一。阿曼大部分石油储量分布在北部和中部地区。大油田位于北部地区，包括 Yibal、Fahud 和 al-Huwaisah 等，其产量占阿曼的一半，所产原油主要是 API 度为 32~39 的轻质和中质原油，硫含量较低。中部有 8 个油田。南部油田主要包括 Nimr 和 Amal，主要生产重质原油，平均 API 度为 20。阿曼出口原油 API 度为 36.3，硫含量为 0.79%。

2000 年以来，阿曼原油产量和出口量总体呈下降趋势。但近两年，随着提高采收率技术的应用，其产量和出口量呈现出回升态势。阿曼石油主要出口亚太地区，尤其是中国、日本、泰国、韩国和中国台湾省。2004 年以来，中国一直是阿曼石油最大的进口国，进口量占其石油出口总量的 40% 以上。2011 年，阿曼向中国出口原油 18.15Mt，为中国第 5 大进口原油来源地。2005 年以来，阿曼原油出口去向及其对中国出口原油情况列于表 2-4-9 和表 2-4-10。

表 2-4-9 阿曼原油出口主要去向　　10kt

国家或地区	2005 年	2006 年	2007 年	2008 年	2009 年	2009 年份额/%
中国	1084	1318	1368	1458	1164	32.0
日本	590	311	397	418	608	16.7
泰国	603	592	538	347	490	13.4
韩国	563		214	323	378	10.4
中国台湾省	219	153	111	148	259	7.1
马来西亚				94	27	0.7

续表

国家或地区	2005年	2006年	2007年	2008年	2009年	2009年份额/%
新加坡	103	73	3	47	62	1.7
美国	88	144				
其他				147	653	18.0
合计	3029	2725	3041	2985	3642	100.0

表2-4-10 2005~2011年阿曼向中国出口原油情况

项目	2005年	2006年	2007年	2008年	2009年	2010年	2011年
出口量/10kt	1083.5	1318.3	1368.0	1458.6	1163.8	1586.8	1815.4
出口额/亿美元	40.44	60.87	65.63	112.65	49.27	90.74	138.07
价格/(美元/bbl)	51.10	63.20	65.70	105.37	57.75	78.01	105.41

(五) 卡塔尔

卡塔尔拥有世界第三大天然气资源，是世界最大的LNG供应国，也是重要的石油出口国，是世界GTL生产中心。它是OPEC成员国，也是天然气出口国家论坛(GECF)的成员国和主办国。和多数OPEC成员国一样，卡塔尔经济也严重依赖油气工业。2010年，油气行业收入占其GDP的一半以上。

卡塔尔油气资源十分丰富。截至2011年底，卡塔尔石油探明储量3.46Gt，居世界第12位；天然气储量$25.2 \times 10^{12} m^3$，占世界的13.2%，仅次于俄罗斯和伊朗居世界第3位；当年原油产量40.75Mt。

杜汉(Dukhan)油田是卡塔尔最大的在产油田，约占卡塔尔可采储量的60%。卡塔尔原油API度为24~41，出口原油主要是杜汉陆上原油(API度41.7，硫含量1.28%)和马林海上混合油(API度35.2，硫含量1.57%)。

卡塔尔是世界主要的石油输出国之一，其所产石油90%以上供出口。卡塔尔原油绝大部分出口亚太地区(见表2-4-11)。2005年以来，卡塔尔对中国原油出口总体呈上升态势，但近三年有所下降(见表2-4-12)。

表2-4-11 2000~2010年卡塔尔原油出口去向[58-62]　　　　kbbl/d

国家或地区	2000年	2005年	2008年	2009年	2010年
欧洲	2.7				
北美				11	10
亚太	563.1	547.1	703.1	647	577
拉美					
非洲		130.3			
中东					
合计	617.6	677.3	703.1	658	587

表2-4-12 2005~2011年卡塔尔对中国原油出口情况

项目	2005年	2006年	2007年	2008年	2009年	2010年	2011年
出口量/10kt	34.32	33.36	28.27	87.78	61.48	56.02	70.70
出口额/亿美元	1.42	1.51	1.66	6.60	3.29	3.17	5.84
价格/(美元/bbl)	56.41	62.10	80.20	102.57	73.03	77.26	112.75

(六) 伊朗

伊朗是 OPEC 成员国，拥有世界第四大石油储量和第二大天然气储量，是仅次于沙特和俄罗斯的世界第三大原油出口国。石油是伊朗经济命脉和外汇收入的主要来源，石油出口收入占其出口总收入的 80% 以上，政府预算的 40% 以上和 GDP 的 10%~20%。

伊朗地理位置十分重要。位于伊朗东南岸的霍尔木兹海峡，是当今全球最为繁忙的水道之一，是海湾地区石油输往西欧、美国、日本和世界各地的唯一海上通道，被称为世界重要的咽喉，具有十分重要的经济和战略地位。霍尔木兹海峡最窄处仅 21mile（1mile = 1609.34m）宽。2011 年，有 850Mt 石油（占全球海上石油贸易的 35% 和全球石油贸易量的 20%）和 84Mt LNG 经过该海峡。

近些年来，国际制裁和不利的投资环境阻碍了伊朗能源行业的发展。产量下降和国内消费增加可能将使其未来可供出口的石油数量下降。

截至 2011 年底，伊朗探明石油储量 20.62Gt，占全球的 9.9%，居世界第 4 位；天然气储量 $33.01 \times 10^{12} m^3$，占世界的 17.3%，居世界第二位；当年原油产量 179Mt，居世界第 5 位。

伊朗大部分石油储量位于临近伊拉克边界 Khuzestan 盆地西南部的陆上油田和波斯湾海上油田，其中陆上油田约占 80%，海上油田占 20%。目前，伊朗共有 40 个在产油田，其中 27 个为陆上油田，13 个为海上油田。伊朗现有油田的采收率一般在 20%~30%，相对较低。

总体看，伊朗所产原油主要是中质含硫原油，API 度为 28~35。伊朗出口原油主要有：伊朗轻质原油（API 度 34.6，硫含量 1.4%）、伊朗重质原油（API 度 31，硫含量 1.7%）、拉万岛混合油（API 度 34~35，硫含量 1.8%~2%）和福鲁赞（Foroozan）/锡里岛（Sirri）混合原油（API 度 29~31）。

伊朗原油出口市场主要是亚太、欧洲和非洲。其中亚太占比已经超过 50%（见表 2-4-13）。2011 年上半年伊朗原油出口去向见表 2-4-14。可以看出，受国际制裁的影响，伊朗对欧盟出口占其总出口量的比例已从 2010 年的 34.0% 降至 2011 年上半年的 19.9%。

伊朗是中国最主要的石油供应国之一，2011 年向中国出口原油 27.76Mt，占中国原油进口总量的 11.0%，是中国第三大原油供应国，仅次于沙特阿拉伯和安哥拉（见表 2-4-15）。伊朗表示今后将增加对中国的石油出口。

表 2-4-13 2000~2010 年伊朗原油出口去向[58~62] kbbl/d

国家或地区	2000 年	2005 年	2008 年	2009 年	2010 年
欧洲	1030.8	1061.2	749.0	568	878
北美					
亚太	1171.4	1121.6	1542.0	1538	1571
拉美	60.0				
非洲	200.0		147.0	127	134
中东	30.0	211.7			
合计	2492.2	2394.5	2438.1	2232	2583

表2-4-14　2011年上半年伊朗原油出口去向

出口去向	出口量/(kbbl/d)	占伊朗出口量的比例/%	占进口国进口量的比例/%
欧盟	450	19.9	
意大利	183	8.1	13
西班牙	137	6.1	13
法国	49	2.2	4
德国	17	0.8	1
英国	11	0.5	1
荷兰	33	1.5	2
其他	22	1.0	
日本	341	15.1	10
印度	328	14.5	11
韩国	244	10.8	10
土耳其	182	8.1	51
南非	98	4.3	25
斯里兰卡	39	1.7	100
中国台湾省	33	1.5	4
中国大陆	543	24.0	11

表2-4-15　2006~2011年伊朗对中国出口原油情况

项目	2006年	2007年	2008年	2009年	2010年	2011年
出口量/10kt	1677.4	2053.7	2132.2	2314.7	2132.0	2775.7
出口额/亿美元	77.79	104.52	157.51	97.73	120.34	217.47
价格/(美元/bbl)	63.5	69.7	100.8	57.6	77.0	106.9

(七) 伊拉克

伊拉克是OPEC成员国，拥有世界第五大石油储量和第十二大天然气储量，是世界第十大产油国和世界主要石油出口国之一。伊拉克石油、天然气资源十分丰富，石油工业在其国民经济中始终处于主导地位，为伊拉克的支柱产业。目前，伊拉克约75%的GDP、86%以上政府财政收入依靠石油出口收入。

目前，伊拉克仅有部分油田在开发生产之中，从而使伊拉克成为世界上巨大资源只有很少部分被开发的极少数国家之一。在过去数十年中，伊拉克能源工业受制于制裁和战争，其基础设施急需现代化和投资。根据各方机构的研究报告，伊拉克长期重建成本可能达到1000亿美元或更高。为促进伊拉克经济发展，伊拉克石油部正大力发展石油开采和出口项目。2009年以来伊拉克先后举行了三轮油田招标活动，并与外国石油公司达成十几项油田服务合同，预计未来石油产量有望大幅增长。

截至2011年底，伊拉克探明石油储量19.5Gt，占世界的9.4%，居世界第5位；当年原油产量124Mt，居世界第10位。

伊拉克位于阿拉伯-非洲地台东侧，主要的油气富集区为东北部的基尔库克、南部的巴士拉和中部的巴格达。目前伊拉克约有73个油气田，其中有9个可采储量大于700Mt的超大型油气田，22个可采储量为140~700Mt的巨型油气田，22个大型油气田，主要的油气田有基尔库克油田(Kirkuk)、鲁迈拉(Rumaila)、祖拜尔(Zubair)、马吉努(Majnoon)。

基尔库克油田位于伊拉克北部含油气区，是伊拉克最大的油田，探明石油可采储量达

2.38Gt。基尔库克油田所产原油 API 度 32~33，硫含量 2%。该油田所产另一种出口原油是"法奥混合油"，属重质高硫原油，API 度 27，硫含量 2.9%。

鲁迈拉油田位于伊拉克南部油气区，是伊拉克第二大油田，探明石油储量 1.96Gt。鲁迈拉油田生产 3 种原油：巴士拉轻质原油，API 度 33.7，硫含量 1.95%；巴士拉中质原油，API 度 31.1，硫含量 2.6%；巴士拉重质原油，API 度 22~24，硫含量 3.4%。巴士拉混合原油的 API 度 29~30，硫含量 2%。

北鲁迈拉油田是伊拉克第三大油田，探明石油储量 1.12Gt。马吉努油田探明石油储量 980Mt，所产原油 API 度 28~35。Zubair 油田石油可采储量 630Mt。

伊拉克出口原油主要来自基尔库克油田和鲁迈拉油田。近年来，随着伊拉克石油产量逐步恢复，出口原油的港口因年久失修却成为阻碍伊拉克扩大石油出口的一大障碍。目前，其最高出口量仅 2.1Mbbl/d，而其日产量已经达到 2.7Mbbl。由于出口能力有限，中国石油和 BP 运营的鲁迈拉油田最近甚至已被迫减产。近年来，伊拉克原油出口量逐步恢复，对北美和欧洲出口总体呈下降趋势，而对亚太出口快速增加。到 2010 年，伊拉克对亚太地区原油出口已占其出口总量的 50%（见表 2-4-16）。

2008 年以前，伊拉克对中国原油出口量较少，每年不到 2Mt。但这一情况自 2009 年发生了很大变化，当年伊拉克对中国原油出口量同比增长了近 3 倍，2011 年达近 14Mt，为中国第 6 大原油进口来源国（见表 2-4-17）。

表 2-4-16　2000~2010 年伊拉克原油出口去向[58~62]　　　　　　　kbbl/d

国家或地区	2000 年	2005 年	2008 年	2009 年	2010 年
欧洲	861.1	393.6	502.0	517	438
北美	700.4	927.6	758.9	479	492
亚太	227.4	113.8	591.8	830	951
拉美				70	
非洲					
中东	75.0	37.3	2.5	10	10
合计	1995.9	1472.2	1855.2	1906	1890

表 2-4-17　2006~2011 年伊拉克对中国出口原油情况

项　　目	2006 年	2007 年	2008 年	2009 年	2010 年	2011 年
出口量/10kt	104.58	141.21	186.01	716.30	1123.83	1377.36
出口额/亿美元	4.63	6.88	13.11	32.74	62.65	104.09
价格/(美元/bbl)	60.41	66.52	96.18	62.35	76.05	103.10

二、非洲

非洲油气资源潜力巨大。近年，非洲已成为世界油气行业投资的热土，不断获得重大油气发现，探明油气储量不断增加，石油出口量总体呈上升之势。非洲在世界能源市场的重要性与日俱增，正对世界油气供应格局产生影响。自 2000 年以来，非洲原油出口量占世界原油出口总量的比例总体呈上升态势，已从 2000 年的 13.4% 提高到 2010 年的 17.3%（见表 2-4-18）。

表 2-4-18　2000~2010 年非洲原油出口量[58-62]　　kbbl/d

国家或地区	2000 年	2005 年	2006 年	2007 年	2008 年	2009 年	2010 年
阿尔及利亚	461	970	947	1253	841	747	709
安哥拉	701	947	1010	1158	1044	1770	1683
利比亚	1005	1306	1426	1378	1403	1170	1118
尼日利亚	1986	2326	2248	2144	2098	2160	2464
非洲	5008	6482	6583	6883	6397	6771	6613
世界	37344	40541	40817	40873	40202	38693	38158
非洲占比/%	13.4	16.0	16.1	16.8	15.9	17.5	17.3

非洲已成为仅次于中东的我国进口原油第二大来源地。近年来，我国自非洲进口原油数量不断攀升，2010 年已超过 7000 万吨，占我国原油进口总量的比例接近 30%（见表 2-4-19）。其中，安哥拉为我国进口原油第二大来源国（仅次于沙特阿拉伯），苏丹和利比亚分居第 6 位和第 8 位。但 2011 年，受中东北非政治局势动荡的影响，非洲对中国原油出口较上年下降约 10Mt。

表 2-4-19　2005~2011 年非洲对中国原油出口情况　　10kt

国　家	2005 年	2006 年	2007 年	2008 年	2009 年	2010 年	2011 年
安哥拉	1746.28	2345.20	2499.6	2989.39	3217.25	3938.19	3115.00
苏丹	662.08	484.65	1030.95	1049.92	1219.14	1259.86	1299.05
利比亚	225.92	338.52	290.58	318.96	634.45	737.33	259.21
刚果	553.48	541.90	480.14	437.10	408.96	504.83	563.06
阿尔及利亚	81.64	25.67	161.28	89.76	160.50	175.40	217.23
尼日利亚	131.02	45.19	89.51	35.04	139.32	129.10	106.58
乍得	54.75	55.37	13.21	3.74	14.00	96.31	32.30
赤道几内亚	383.89	526.65	328.01	270.94	222.13	82.27	176.28
加蓬		80.22	88.67	86.69	27.07	42.29	16.93
喀麦隆				47.38	58.18	35.94	46.94
毛里塔尼亚					40.74	14.86	27.90
非洲其他国家	7.98	135.36	322.47	66.58		68.89	154.35
合计	3847.05	4578.74	5304.49	5395.51	6141.75	7085.27	6014.83

（一）尼日利亚

尼日利亚是西非石油输出大国，OPEC 成员国之一。石油工业是尼日利亚国民经济的支柱，占政府财政收入的 40%，石油出口占其出口总额的 95% 以上。

尼日利亚石油资源相对丰富。截至 2011 年底，尼日利亚探明石油储量 5.07Gt，占全球的 2.4%，居世界第 10 位；当年原油产量 109Mt，居世界第 12 位。

尼日利亚石油储量主要集中在尼日尔河三角洲海岸的约 250 个小型油田。近年来，跨国公司纷纷加大了在尼日利亚的投资力度。但其石油工业也受到武装分子袭击和绑架人质的严重困扰。

尼日利亚所产原油一般为轻质低硫原油，API 度多在 24~35，硫含量一般为 0.1%~0.2%，含蜡少。

尼日利亚石油消费量低，所产石油主要用于出口，出口量约占其石油产量的 95%。

2005年前，尼日利亚石油出口去向较为多元化，但最近3年主要集中在北美和西欧。2010年，尼日利亚对北美原油出口量占其出口总量的比重达65.9%；对欧洲出口占30.2%；另有少量出口亚太地区(见表2-4-20)。

表2-4-20　2000~2010年尼日利亚原油出口去向[58~62]　　　kbbl/d

国家或地区	2000年	2005年	2008年	2009年	2010年
欧洲	440.5	524.9	632.2	652	744
北美	931.2	985.8	1380.5	1423	1623
亚太		381.8	85.4	85	91
拉美		224.3			
非洲	129.8	209.2			
中东	379.2				
合计	1986.4	2326.0	2098.1	2160	2464

近年，尼日利亚增加了对亚太地区(特别是中国)的原油出口。但尼日利亚对中国原油出口量波动较大，2005年达1.3Mt以上，2006~2008年均不到0.9Mt，2009~2011年又回升到1.0Mt以上的水平(见表2-4-21)。

表2-4-21　2005~2011年尼日利亚对中国原油出口情况

项　目	2005年	2006年	2007年	2008年	2009年	2010年	2011年
出口量/10kt	131.02	45.19	89.51	35.04	139.32	129.10	106.58
出口额/亿美元	5.04	2.24	4.62	2.74	7.13	8.15	8.39
价格/(美元/bbl)	52.5	67.47	70.34	106.57	69.77	86.22	107.34

(二)利比亚

利比亚是OPEC成员国，也是非洲石油储量最大的国家。该国经济严重依赖于油气出口。据国际货币基金组织统计，油气出口占利比亚2010年出口收入的95%以上。卡扎菲被西方国家击毙后，利比亚新政府计划在中期内增加石油储量和石油生产能力，进一步开发天然气资源。

利比亚石油资源十分丰富，但多数分析家仍然认为该国石油资源开发程度较低。截至2011年底，利比亚探明石油储量6.42Gt，占世界的3.1%，居世界第9位；当年原油产量仅22Mt，较2010年的77.5Mt大幅下降，主要受利比亚战争的影响。在20世纪60年代，利比亚石油产量曾超过150Mt/a，但随后一直在下降。进入21世纪以来，利比亚石油生产能力有所提高，从2000年的71.5Mt/a提高到2010年的90Mt/a。利比亚国家石油公司计划在2017年将其石油生产能力恢复到150Mt/a。

利比亚近80%的探明石油储量位于Sirte盆地，该盆地石油产量占该国总产量的2/3；Murzuq盆地产量约占25%；其余大部分则来自海上Pelagian大陆架盆地。利比亚原油主要是低硫轻质原油。9种出口原油的API度在26.0~43.3。轻质低硫原油主要出口欧盟，重质原油通常出口亚太市场。

2010年，利比亚石油消费量约13.5Mt，净出口(包括凝析油和NGL)约75Mt。其中约85%出口欧盟，4.7%出口美国(其中原油2.2Mt)。2000~2010年利比亚原油出口去向列于表2-4-22。

表 2-4-22 2000~2010 年利比亚原油出口去向[58~62]　　　　kbbl/d

国家或地区	2000 年	2005 年	2008 年	2009 年	2010 年
欧洲	990.0	1135.9	1215.2	875	788
北美		64.7	39.8	59	47
亚太		81.7	90.2	168	131
拉美			33.9	40	29
非洲	15.0	24.0	24.1	29	15
中东					
合计	1005.0	1306.3	1403.4	1170	1118

近年,利比亚对中国原油出口总体呈上升态势。尤其是 2009 年,利比亚对中国原油出口超过 6Mt,比上年增长近 1 倍。2011 年受利比亚战争影响,利比亚对中国原油出口大幅下降(见表 2-4-23)。

表 2-4-23 2005~2011 年利比亚对中国原油出口情况

项　目	2005 年	2006 年	2007 年	2008 年	2009 年	2010 年	2011 年
出口量/10kt	222.92	338.52	290.58	318.96	634.45	737.33	259.21
出口额/亿美元	9.41	16.92	15.10	25.40	31.18	44.54	20.43
价格/(美元/bbl)	56.85	68.19	70.90	108.64	67.05	82.40	107.51

(三)阿尔及利亚

阿尔及利亚为 OPEC 成员国,拥有丰富油气资源,是北非主要石油生产和出口国之一,有"北非油库"的美誉。石油工业在阿尔及利亚国民经济中占据非常重要地位,油气工业产值约占 GDP 的 45%,石油收入约占财政预算的 60%~70%,石油出口收入约占出口总额的 97%。

阿尔及利亚石油资源较丰富。截至 2011 年底,阿尔及利亚石油探明储量 1.66Gt,居世界第 16 位;当年原油产量 63.75Mt。

阿尔及利亚油气田大部分在中南部撒哈拉腹地。阿尔及利亚有 30 多个大型在产油田,主要油田有 11 个,位于该国中东部地区和利比亚边界附近的 Ain Amenas 地区。阿尔及利亚所产原油一般为轻质低硫原油。主要原油是撒哈拉混合原油和 Zarzaitine 原油。撒哈拉混合原油 API 度为 45,硫含量为 0.05%,金属含量可忽略不计,被认为是世界上最好的原油之一。

阿尔及利亚最大的油田为 Hassi Messaoud 油田,位于阿尔及利亚中部,探明石油储量 900Mt,约占该国探明原油储量的 60%。阿尔及利亚国家石油公司计划通过结合水平钻井和使用先进技术提高采收率,在 2~3 年内使其产量增加一倍。该油田原油硫含量低,油质较轻,API 度约为 46。

Ourhoud 油田是阿尔及利亚的第二大油田,是该国极具开采潜力的油田之一,已探明可采储量 150Mt。

Zarzaitine 油田石油可采储量将近 137Mt,所产原油 API 度 42.2。

阿尔及利亚是非洲重要的石油出口国,其原油产量约 50% 用于出口。近年,受全球金融危机影响,阿尔及利亚原油出口量持续下降。阿尔及利亚原油主要出口北美、西欧和亚太,对西欧出口下降较快,而对亚太出口增长较快(见表 2-4-24)。

表 2-4-24　2000~2010 年阿尔及利亚原油出口去向[58~62]　　　　kbbl/d

国家或地区	2000 年	2005 年	2008 年	2009 年	2010 年
欧洲		437.8	324.2	203	155
北美		390.4	435.6	393	412
亚太		41.5	55.4	125	138
拉美		100.6	22.8	27	4
非洲					
中东					
合计	461.1	970.3	840.9	747.0	709.0

阿尔及利亚从 2003 年开始对中国出口原油，出口量有限，但逐年增长。2011 年对中国出口量首次超过 2Mt（见表 2-4-25）。

表 2-4-25　2006~2011 年阿尔及利亚对中国原油出口情况

项　　目	2006 年	2007 年	2008 年	2009 年	2010 年	2011 年
出口量/10kt	25.67	16.13	89.76	160.50	175.40	217.23
出口额/亿美元	1.29	0.96	7.10	9.04	11.30	19.28
价格/(美元/t)	501.03	595.06	790.95	563.10	644.53	887.41

(四) 安哥拉

安哥拉是非洲第二大产油国，于 2006 年 12 月加入 OPEC，是中国和美国重要的原油供应国。石油工业是安哥拉国民经济的支柱产业，占其 GDP 的 60% 以上和政府财政收入的 75% 以上，石油出口收入占其出口总额的 90%。

20 世纪 90 年代以来，安哥拉逐渐成为国际勘探开发投资的热点，其深海和超深海油气勘探开发取得重大成果，原油产量迅速上升。截至 2011 年底，安哥拉探明石油储量 1.3Gt，居世界第 18 位；当年原油产量 82Mt，居世界第 15 位。

安哥拉将海上区块分为三类：浅水，0~13 区块；深水，14~30 区块；超深水，31~40 区块。尽管 OPEC 对安哥拉原油产量有配额限制，但在安哥拉作业的石油公司正加快短期和中期海上开发，预计安哥拉原油生产能力将在 2016 年前达到 2.5~3.0Mbbl/d 的峰值。安哥拉油田主要分布在卡宾达地区、扎伊尔河三角洲地区和罗安达地区。安哥拉原油主体为轻质低硫原油（API 度 30~40，硫含量 0.12%~0.14%）。

安哥拉石油消费很少（不到 4Mt/a），因而所产原油绝大多数用于出口。2000 年以来，安哥拉原油出口总体呈增长态势，到 2010 年已增长一倍以上。安哥拉原油主要出口北美、亚太和西欧。2009 年，安哥拉对亚太原油出口从上年的几乎一无所有突然增加到 26Mt 以上，但 2010 年对上述三地的出口均较上年较大幅度减少（见表 2-4-26）。

表 2-4-26　2000~2010 年安哥拉原油出口去向[58~62]　　　　kbbl/d

国家或地区	2000 年	2005 年	2008 年	2009 年	2010 年
欧洲		131.7	298.2	300	190
北美		475.1	588.1	933	602
亚太		2.5	0.5	537	371
拉美					
非洲					
中东					
合计	701.3	946.9	1044.5	1770	1683

2005年安哥拉对中国原油出口达17.46Mt，一跃成为中国第二大原油进口国（仅次于沙特阿拉伯）；2010年达到39.38Mt，已较2005年增加一倍有余，仍为中国第二大原油进口国（见表2-4-27）。

表2-4-27 2006~2011年安哥拉对中国原油出口情况

项目	2006年	2007年	2008年	2009年	2010年	2011年
出口量/10kt	2345.00	2500.00	2989.39	3217.24	3938.19	3115.00
出口额/亿美元	109.30	128.80	223.50	145.80	227.40	247.77
价格/（美元/bbl）	63.57	70.27	101.98	61.85	76.06	108.52

三、拉丁美洲

拉丁美洲是指美国以南的美洲地区，包括墨西哥、中美洲、西印度洋群岛和南美洲。因曾长期沦为拉丁语系的西班牙和葡萄牙的殖民地，现有国家中绝大多数通行语言属拉丁语系，故被称为拉丁美洲。

拉丁美洲拥有丰富的油气资源，目前已探明石油储量为29.5Gt，占世界石油总储量的份额已由2000年的10%左右上升至2010年的18%，仅次于中东居世界第二位。2011年拉丁美洲主要国家石油储量和产量列于表2-4-28。

表2-4-28 2011年拉美主要国家石油储产量

国家	储量/100Mt	占世界的比例/%	产量/10kt	占世界的比例/%
委内瑞拉	288.04	13.9	12550	3.5
巴西	19.08	0.9	10425	2.9
墨西哥	13.86	0.7	12690	3.5
厄瓜多尔	9.83	0.5	2500	0.7
阿根廷	3.42	0.2	2775	0.8
哥伦比亚	2.71	0.1	4600	1.3
合计	336.94	16.2	45540	12.6

进入21世纪以来，拉美地区能源大国掀起了油气资源国有化浪潮。这些国家力图摆脱美国在政治和经济上的控制，依靠自身力量发展民族经济。近年来，随着国际油价上涨，拉美国家加快了勘探开发步伐。随着勘探开发技术不断进步，深海等难以开发的油气资源得以开发，拉美资源优势倍增，拉美能源在全球的分量越来越重。如巴西石油公司先后宣布在东南部沿海发现特大油田——图皮油田和卡里奥卡油田，后者的原油储量和天然气储量估计可达330亿桶油当量，是世界第三大油田。一些战略预测专家认为，巴西油气田的重大发现，有可能结束过去30年西方国家对中东石油的依赖，改变世界石油势力版图。此外，秘鲁、玻利维亚等拉美国家的石油和天然气开发也呈现出积极发展态势。

拉美地区生产的石油约一半用于出口（见表2-4-29），而且长期存在着石油出口过度依赖美国的问题。目前，拉美第一大产油国墨西哥仍有80%以上的石油出口美国，为美国第二大石油供应国；拉美第二大产油国委内瑞拉也有40%~60%的石油出口美国，为美国第四大石油供应国；第五大产油国厄瓜多尔也有超过一半的石油出口美国。部分拉美产油国，特别是委内瑞拉，已经意识到石油出口多元化的重要性，正大力推行石油出口多元化战略，逐步增加对亚洲、尤其是石油需求增长迅速的中国市场的供应（见表2-4-30）。

表 2-4-29 2000~2010 年拉丁美洲原油出口量[58~62]　　　　kbbl/d

国家或地区	2000 年	2005 年	2006 年	2007 年	2008 年	2009 年	2010 年
哥伦比亚	427	231	234	244	346	358	482
厄瓜多尔	251	380	376	342	348	329	340
墨西哥	1776	2021	2048	1738	1446	1312	1459
特立尼达和多巴哥	72	70	71	26	10	9	44
委内瑞拉	2004	1788	1919	2116	1770	1608	1562
其他	369	249	252	262	559	655	316
拉丁美洲	4898	4739	4900	4727	4479	4271	4203
世界	37344	40541	40817	40873	40202	38693	38158
拉美占比/%	13.1	11.7	12.0	11.6	11.1	11.0	11.0

表 2-4-30 2006~2010 年拉美石油出口流向

项　目	2006 年	2007 年	2008 年	2009 年	2010 年
石油产量/100Mt	5.28	5.34	5.29	5.07	4.96
石油出口量/100Mt	2.85	2.73	2.58	2.55	2.52
出口与产量之比/%	54.0	51.2	48.9	50.3	50.8
出口目的地所占份额/%					
美国	76.29	74.45	71.24	69.33	68.54
欧洲	11.54	11.63	12.72	10.46	9.04
中国	4.52	5.02	6.85	6.47	10.04
其他	7.65	8.90	9.18	13.75	12.38

（一）委内瑞拉

委内瑞拉是世界上油气储量最大的几个国家之一，是世界前 10 大产油国之一，也是世界最大的原油出口国之一和西半球最大的原油出口国。作为 OPEC 创始国之一，委内瑞拉在全球石油市场发挥着重要作用。

委内瑞拉经济高度依赖石油部门，2010 年石油收入占全国 GDP 的 21.4%、出口的 94.7%、政府财政收入的 50%。

20 世纪 90 年代，委内瑞拉开始开放石油行业。但自 1999 年查韦斯当选总统后，委内瑞拉政府对石油行业的控制加强。起初，委内瑞拉政府对新项目和现有项目提高税率和矿区使用费，并要求 PDVSA 控股所有石油开采项目。2009 年和 2010 年，委内瑞拉对油田服务公司和基础设施实行国有化，并要求外方作业者增加投资缓解石油产量下降。

委内瑞拉石油资源极其丰富。据美国《油气杂志》统计，截至 2011 年底，委内瑞拉探明石油储量 28.8Gt，占世界的 13.9%，居世界第二位（仅次于沙特阿拉伯）；而据 OPEC 统计公报统计，2010 年底委内瑞拉探明石油储量为 40.5Gt，占世界石油储量的 20.2%，超越了沙特阿拉伯成为世界第一大石油资源国。需要指出的是，委内瑞拉石油储量大多位于奥里诺科重油带，属于黏度大、硫含量高的重油和超重油，开采难度大。奥里诺科重油带还拥有丰富的沥青资源。2011 年委内瑞拉原油产量 125.5Mt，居世界第 8 位。

马拉开波湖是委内瑞拉最大也是最重要的石油产区，目前占该国石油产量的近 50%。该地区的生产中心包括 Tomoporo 油田、Lagunillas 油田和 Tiajuana 油田。委内瑞拉常规原油为重质含硫原油。目前，委内瑞拉很多油田已很成熟，需大量投资才能维持现有产能。由于产量衰减率至少达25%，行业专家估计委内瑞拉国家石油公司（PDVSA）每年必须投资约30亿美元才能维持现有油田的产量。

奥里诺科（Orinoco）重油带位于东委内瑞拉盆地，蕴含丰富的重油资源，据委内瑞拉政府称其重油储量高达235Gbbl。2005年该重油带超重油产量约为700kbbl/d。在其2005～2012年的投资计划中，委内瑞拉计划投资154亿美元对奥里诺科重油带进行大规模勘探开发，力图到2012年新增储量4.11Gbbl，重油产量增加至到1.2Mbbl/d。

委内瑞拉是世界重要的石油出口国。2010年委内瑞拉原油出口量1562kbbl/d，占世界出口总量的4.1%，是世界第九大和拉美第一大原油出口国。近10多年来，委内瑞拉石油出口量已下降了约50%，其1997年的石油出口量曾高达3.06Mbbl/d。美国一直是委内瑞拉石油出口的主要市场，但近年由于委内瑞拉致力于能源市场的多样化发展，委内瑞拉对美国石油出口呈下降态势。2010年，委内瑞拉对美国原油和油品出口近1Mbbl/d，仅占美国石油进口的8.3%，为美国第5大石油供应国。即使考虑到美属维尔京群岛自委内瑞拉255kbbl/d的原油进口，委内瑞拉在美国能源行业中的重要性也在下降。

随着委内瑞拉能源市场多样化发展战略的实施，委内瑞拉也在逐步加大对其他地区的石油出口，尤其是拉美和亚太地区（见表2-4-31）。2008年，拉丁美洲超越北美洲成为委内瑞拉石油出口的第一大市场。委内瑞拉对加勒比海国家和中美洲国家出口石油的价格低于市场价，数量超过400kbbl/d。从2008～2010年的三年间，委内瑞拉对亚太原油出口已翻一番，2010年已超过200kbbl/d。

表2-4-31 2000～2010年委内瑞拉原油出口去向[58-62]   kbbl/d

国家或地区	2000年	2005年	2008年	2009年	2010年
欧洲	99.5	109.9	119.3	123	43
北美	1214.8	914.3	730.2	625	362
亚太		142.2	95.6	115	226
拉美	671.2	510.8	824.5	745	417
非洲					
中东					
合计	2003.5	1787.8	1769.6	1608	1562

近年来，委内瑞拉原油出口增长最快的目的地是中国，委内瑞拉也是目前拉美地区对华出口原油最多的国家。2004年查韦斯总统表示将优先发展对亚洲的石油出口，委内瑞拉对中国的原油出口量开始快速增长。据中国海关统计，2011年委内瑞拉向中国出口原油11.52Mt，首度突破10.00Mt，已成为中国第8大原油进口来源国（见表2-4-32）。中委合资在中国广东惠来揭阳建设的大型炼油厂（广东石化项目）于2012年4月27日正式开工建设。项目由中国石油和委内瑞拉国家石油公司按6:4比例共同出资建设。总规划建设年炼油能力50Mt的世界级超大型炼油厂，并配套建设2个百万吨级乙烯项目。项目首期投资586亿元，建设年炼油能力20Mt的炼油厂、300kt级原油码头等。炼油原料为委内瑞拉Merey-16原油，即具有高硫、高酸、高金属、高氮、高残炭、高密度六高特性的环烷基超重原油；主要产品将全部达到欧Ⅳ标准。项目计划于2014年年底产出合格产品。项目一旦建成，委内瑞拉对中国高酸原油出口还将大幅增加。

表 2-4-32　2006~2011 年委内瑞拉对中国原油出口情况

项目	2006 年	2007 年	2008 年	2009 年	2010 年	2011 年
出口量/10kt	420	412	647	527	755	1152
出口额/亿美元	12.77	12.95	32.85	19.85	34.96	71.62
价格/(美元/bbl)	41.46	42.91	69.30	51.43	63.17	84.81

(二) 巴西

巴西是世界第 9 大和美洲第 3 大能源消费国。在过去 10 年中，巴西一次能源消费增长了近 1/3。巴西已制定大幅提高能源产量(尤其是石油和燃料乙醇)的计划。提高国内石油产量是巴西政府的长期目标，近年海上不断发现大型盐下层系石油储量很可能使巴西成为世界上最大的产油国之一。

长期以来，巴西曾一直被定性为"贫油国"。但随着海上石油勘探开发获突破性进展，巴西丰富的石油资源终于令世界瞩目。目前，巴西已成为世界上深水油气开发大国之一。值得一提的是，巴西已于 2006 年实现石油自给；乙醇已占汽油消费的 40%；生物柴油调和比例已达到 5%。

2007 年以来，巴西进入了一个海上油田"大发现"阶段：2007 年 11 月在东南部桑托斯盆地深海区盐下层系发现图皮油田(Tupi)，预计储量达 5~8Gbbl；随后又获得其他重大盐下层系油气发现，包括 Carioca 油田、Iara 油田、Jupiter 气田等；2010 年 1~7 月巴西有五大油气发现位列世界前十位，其中 Franco 油田的储量规模达 5.25Gbbl 油当量。

据巴西官方估计，由于发现巨量盐下层系石油，该国潜在可采石油储量至少达到 50Gbbl，如果加上尚未勘探的油区潜在储量，巴西的潜在石油总储量将可达到 80Gbbl，甚至有望超过 100Gbbl。

近年来在盐下层系获得的一系列巨型或超巨型油田发现，为巴西未来原油产量的持续大幅增长奠定了坚实基础。巴西政府计划到 2017 年，日均石油产量达到 3.5Mbbl。2020 年以前使本国的石油产量增加一倍以上，其中超过三分之一的石油产量将来自近年发现的海上超深水油田。

目前，巴西油气资源丰富，已成为南美仅次于委内瑞拉的第二大油气资源国。截至 2011 年底，巴西探明石油储量 1.9Gt，居世界第 15 位；当年原油产量 104.25Mt，居世界第 13 位。目前巴西约 90% 的原油产量来自海上深水油田，品质多为重油，部分为含酸高酸原油。最大的原油产区为里约热内卢州，占巴西原油总产量的 80% 以上。坎波斯盆地的 5 个油田(Marlim、Marlim Sul、Marlim Leste、Roncador 和 Barracuda)占巴西原油产量的一半以上，产量均介于 5~20Mt/a 之间。同时，盐下层系石油较轻、硫含量较低，今后可望改善巴西原油的质量。

过去几十年，巴西一直是石油净进口国。20 世纪 80 年代，巴西 90% 的石油需求仍依靠进口。近年来，巴西石油产量大幅增长，石油自给率迅速提高，石油净进口逐年减少，并于 2006 年成为原油净出口国。但由于巴西经济快速增长，石油需求不断增长，尽管原油产量增长较快，但目前出口量依然较少。预计随着未来盐下层系大油田相继投产，巴西石油出口量会逐步增加。而由于巴西国策优先考虑在本国炼制原油并出口成品油，未来巴西原油出口可能比预期的少。2006~2010 年巴西原油及成品油进出口情况见表 2-4-33。

表 2-4-33　2006~2010 年巴西原油及石油产品进出口情况

项　　目	2006 年	2007 年	2008 年	2009 年	2010 年
原油					
进口量/100Mbbl	1.32	1.60	1.49	1.44	1.24
出口量/100Mbbl	1.34	1.54	1.58	1.92	2.30
净出口量/100Mbbl	0.03	-0.06	0.09	0.48	1.06
石油产品					
进口量/100Mbbl	0.85	1.00	1.13	1.00	1.72
出口量/100Mbbl	1.06	1.11	1.01	0.95	0.87
净出口量/100Mbbl	0.21	0.11	-0.12	-0.05	-0.85

近年来，巴西对中国原油出口总体呈增长之势。但 2011 年较上年有所下降（见表 2-4-34）。2009 年，巴西石油公司与中国国家开发银行签署了为期 10 年的 100 亿美元双边贷款协议。双方同意增加巴西对中国原油出口量。可以预计，未来中国将成为巴西重要的原油出口目的国之一。

表 2-4-34　2006~2011 年巴西对中国原油出口情况

项　　目	2006 年	2007 年	2008 年	2009 年	2010 年	2011 年
出口量/10kt	222.28	231.55	302.18	406.03	804.77	670.80
出口额/亿美元	8.91	9.84	18.87	15.95	42.33	48.75
价格/（美元/bbl）	54.70	57.98	85.18	53.60	71.76	99.14

（三）墨西哥

墨西哥是世界主要的非 OPEC 产油国，是世界第 6 大和美洲第 3 大产油国，也是美国第二大石油进口来源国。国有墨西哥石油公司（Pemex）是世界最大的石油公司之一。石油工业是墨西哥国民经济的支柱产业。2010 年，石油工业占该国出口收入的 14%，贡献政府财政收入的 32%。

2011 年初，墨西哥对其石油区块进行了自 1938 年石油工业国有化以来的首次工程服务招标。外国石油公司对所产石油没有所有权，但可为墨西哥油田提供急需的技术支持。

据美国《油气杂志》统计，截至 2011 年底，墨西哥探明石油储量近 1.4Gt，居世界第 17 位；当年原油产量 126.9Mt，居世界第 7 位。近年来，由于其巨型油田 Cantarell 产量持续下降，因而墨西哥原油产量也呈下降趋势。2004 年墨西哥石油日产量达到峰值 3.82Mbbl（当年原油产量 170Mt），2009 年日产量首次降至 3.00Mbbl 以下（2.98Mbbl）。

墨西哥石油储量主要集中在该国南部海洋，尤其是 Campeche 盆地。墨西哥主要油田包括坎塔雷尔（Cantarell）油田、库马扎（KMZ，Ku - Maloop Zaap）油田和 APC（Abkatun - Pol - Chuc）油田等。2010 年坎塔雷尔和库马扎占墨西哥原油总产量的 54%。

坎塔雷尔油田曾是世界上最大的油田之一，但近年产量下降明显。2010 年坎塔雷尔生产原油 558kbbl/d，比产量最高年份（2004 年 2.14Mbbl/d）下降 74%。由于坎塔雷尔油田产量不断下降，其在墨西哥石油行业中的重要性也随之显著下降：2010 年坎塔雷尔油田产量占墨西哥原油总产量的 22%，而 2004 年占 63%。

库马扎油田已超越坎塔雷尔油田成为墨西哥产量最大的油田，并成为近年来墨西哥新增产量的最主要来源。2009 年库马扎油田日产原油 808kbbl，2010 年增加到 839kbbl/d。墨西哥国家石油公司将在坎塔雷尔油田使用过的氮气回注技术用于库马扎，使其产量在过去4年中翻了一番。

塔巴斯科州近海区域包括 Abkatun – Pol – Chuc 项目和塔巴斯科沿海项目，2010年该油区合计原油产量约544.4kbbl/d。

陆上油田产量约占墨西哥原油总产量的25%。其中墨西哥南部约占陆上原油产量的80%。

墨西哥所产原油大部分为重质原油。玛雅原油为重质高硫原油（API度为22，硫含量为3.5%~4.0%），约占墨西哥原油总产量的60%。墨西哥还生产两种轻质原油（Isthmus 原油和 Olmeca 原油，API度分别为34和39）。墨西哥所产轻质原油主要用于国内消费，重质玛雅原油则主要出口到美国墨西哥湾地区。

近年来，墨西哥原油出口量总体呈下降趋势，但2010年有所增长（见表2-4-35）。墨西哥原油主要出口美国，2010年出口美国原油占墨原油出口总量的83%。同时，墨西哥也是美国第二大原油进口来源国，2010年自墨进口原油占美国原油进口总量的11%。

前几年，墨西哥对中国原油出口几乎为零。近两年，墨对华原油出口分别达到1.1Mt和1.7Mt（见表2-4-36）。

表2-4-35　2006~2010年墨西哥原油出口情况[58~62]

项　目	2000年	2005年	2006年	2007年	2008年	2009年	2010年
出口量/(kbbl/d)	1776	2021	2048	1738	1446	1312	1459

表2-4-36　2010、2011年墨西哥对中国原油出口情况

项　目	2010年	2011年
出口量/10kt	113.07	168.66
出口额/亿美元	5.82	11.58
价格/(美元/bbl)	70.20	93.71

（四）厄瓜多尔

厄瓜多尔是拉美重要的石油出口国之一，也是 OPEC 成员国。石油行业是厄国民经济主要支柱，占其出口收入的约50%和税收收入的1/3。

2010年7月，厄瓜多尔通过一项旨在加强国家对石油产业控制的新法规。新的石油服务合约将提取石油公司25%的净利润，并要求私营石油企业支付生产费，所产石油和天然气100%归国家所有。如果外资企业拒绝签署新服务合约，政府将没收其业务。

厄瓜多尔石油资源较为丰富。据美国《油气杂志》统计，截至2011年底，厄瓜多尔探明石油储量近1000Mt，居世界第20位；当年原油产量25Mt，居世界第28位。OPEC 给与厄瓜多尔的产量配额为434kbbl/d。

厄瓜多尔主要生产两种原油：Oriente 原油和 Napo 原油。Napo 原油是重质高硫原油，API 度19.2，硫含量2%；Oriente 原油是中重质原油，API 度28.8，硫含量1%。

厄瓜多尔是拉美重要的石油出口国之一。但由于国内缺乏足够的炼油能力，厄瓜多尔在出口原油的同时，不得不进口成品油以满足国内需求。厄瓜多尔原油主要出口北美和拉美，少量出口亚太地区（见表2-4-37）。

厄瓜多尔对中国原油出口呈现先增后降之势。厄瓜多尔对华原油出口从2005年的不到

100kt 迅速增至 2009 年的近 1.9Mt，但 2010 年和 2011 年连续两年大幅下降，2011 年厄对华原油出口降至 540kt（见表 2-4-38）。2010 年 8 月，厄瓜多尔政府与中国国家开发银行签署总值 10 亿美元的贷款协议，用于资助厄瓜多尔基础设施投资项目、石油工程以及其他 2010/11 财年的预算开支。但厄瓜多尔称，贷款不会以石油来偿还，也没有以石油相关产品作为抵押。

表 2-4-37 2000~2010 年厄瓜多尔原油出口去向[58~62] kbbl/d

国家或地区	2000 年	2005 年	2008 年	2009 年	2010 年
欧洲					
北美		231.5	226.1	167	173
亚太		14.7	14.4	2	21
拉美		133.8	107.9	160	144
非洲					
中东					
合计	251.4	380.0	348.4	329	339

表 2-4-38 2005~2011 年厄瓜多尔对中国原油出口情况

项 目	2005 年	2006 年	2007 年	2008 年	2009 年	2010 年	2011 年
出口量/10kt	9.26	20.15	23.46	104.79	178.93	81.03	53.96
出口额/亿美元	0.25	0.72	1.15	8.21	6.99	4.12	3.69
价格/(美元/bbl)	36.99	49.05	66.92	106.90	53.29	69.27	93.33

四、俄罗斯及中亚

俄罗斯及中亚地区包括俄罗斯、亚美尼亚、阿塞拜疆、格鲁吉亚、哈萨克斯坦、吉尔吉斯斯坦、塔吉克斯坦、土库曼斯坦和乌兹别克斯坦等国。该地区拥有丰富的油气资源。俄罗斯是世界第一大产油国，里海地区石油资源丰富，西岸的巴库和东岸的曼格什拉克半岛地区，以及里海的湖底，是重要的石油产区。

截至 2011 年底，俄罗斯及中亚探明石油储量为 13.4Gt，占世界石油总储量的份额为 6.5%；当年原油产量 660Mt，占世界原油总产量的 18.1%（见表 2-4-39）。前苏联地区所产原油近一半用于出口（见表 2-4-40），主要出口欧洲和亚太。

表 2-4-39 2011 年俄罗斯及中亚国家石油储产量

国 家	储量/100Mt	占世界的比例/%	产量/10kt	占世界的比例/%
俄罗斯	81.84	3.94	51625	14.23
亚美尼亚				
阿塞拜疆	9.55	0.46	4675	1.29
格鲁吉亚	0.05	0.00	5	0.00
哈萨克斯坦	40.92	1.97	8000	2.21
吉尔吉斯斯坦	0.05	0.00	9	0.00
塔吉克斯坦	0.02	0.00		
土库曼斯坦	0.82	0.04	1100	0.30
乌兹别克斯坦	0.81	0.04	400	0.11
合计	134.06	6.45	65814	18.14

表2-4-40　2000~2010年前苏联原油出口量[58~62]　　　　　　　　kbbl/d

国家或地区	2000年	2005年	2006年	2007年	2008年	2009年	2010年
俄罗斯		4835	4924	5264	5046	5608	5609
前苏联	3056	5119	5342	5622	5471	6011	6061
世界	37344	40541	40817	40873	40202	38693	38158
前苏联占比/%	8.18	12.63	13.09	13.75	13.61	15.54	15.88

(一) 俄罗斯

俄罗斯能源资源极其丰富，是世界最大的天然气资源国、第二大煤炭资源国和第八大石油资源国，也是世界主要的油气出口国。在过去10年中，俄罗斯经济增长主要得益于石油产量增长和高油价。俄罗斯国内能源需求一半靠天然气满足。

据美国《油气杂志》统计，截至2011年底，俄罗斯探明石油储量8.2Gt，占世界总储量的近4%，居世界第8位；探明天然气储量$47.5 \times 10^{12} m^3$，占世界总储量的24.9%，居世界第一位；当年原油产量516.25Mt，占世界总产量的14%，居世界第一位；天然气产量$638.2 \times 10^9 m^3$，占世界总产量的19.6%，居世界第二位。

俄罗斯探明石油储量主要位于乌拉尔山脉和中西伯利亚高原之间的西西伯利亚。东西伯利亚也有一定储量，但尚未充分勘探。

2009年，俄罗斯石油产量主要来自西西伯利亚，其主要油田包括Priobskoye、Prirazlomnoye、Mamontovskoye、Malobalykskoye和苏尔古特油田群，合计产量达6.57Mbbl/d。乌拉尔-伏尔加地区产量2.03Mbbl/d。北高加索产量0.80Mbbl/d。远东的萨哈林油田群产量近期内将大幅增加。长期看，预计尚未开发利用的东西伯利亚、里海和萨哈林将发挥更大作用。

2009年，俄罗斯石油产量495Mt，消费量约145Mt，出口量约350Mt，其中约200Mt为原油（该数据来自美国能源信息署，与表2-4-40中OPEC统计的数据差异较大），其余为油品。俄罗斯出口石油的80%去往欧洲市场，尤其是德国和荷兰。约12%出口亚太地区，6%出口北美和南美（其中美国占俄罗斯石油出口总量的5%）。2009年，在俄罗斯出口的原油中，德国约35.0Mt，荷兰26.0Mt，波兰18.5Mt，中国15.5Mt，法国13.0Mt，意大利12.5Mt，美国11.5Mt，芬兰10.0Mt，立陶宛8.5Mt，西班牙7.0Mt，乌克兰6.5Mt，哈萨克斯坦6.0Mt，日本5.5Mt。近年俄罗斯原油出口量列于表2-4-40。

俄罗斯对华原油出口总体较为稳定，多数年份保持在15.0Mt左右。2008年受金融危机影响有所下降，不到12.0Mt。2011年达18.0Mt以上，较上年有所增长，增幅为21.3%（见表2-4-41）。

表2-4-41　2005~2011年俄罗斯对中国原油出口情况

项　目	2005年	2006年	2007年	2008年	2009年	2010年	2011年
出口量/10kt	1277.59	1596.57	1452.63	1163.83	1530.37	1524.52	1849.03
出口额/亿美元	49.58	74.91	72.20	85.86	65.98	88.39	151.98
价格/(美元/bbl)	52.95	64.01	67.80	100.65	58.82	79.10	112.13

(二) 哈萨克斯坦

在前苏联国家中，哈萨克斯坦探明石油储量居第二位，石油产量居第二位，此外还拥有丰富的天然气，油气产量稳定增加。哈萨克斯坦 2011 年的原油产量为 80Mt，已成为主要产油国之一。随着 Tengiz、Karachaganak 和 Kashagan 等主要油田的持续充分开发，哈萨克斯坦石油产量有望在 2019 年前至少翻一番，成为世界前 5 大产油国之一。哈萨克斯坦拥有的部分里海领海还有数个大型油气田尚待开发。

截至 2011 年底，哈萨克斯坦探明石油储量近 4.1Gt，居世界第 11 位；当年原油产量 80Mt，居世界第 16 位。

哈萨克斯坦石油储量主要位于该国西部。这儿有 5 个最大的陆上油田，包括 Tengiz、Karachaganak、Aktobe、Mangistau 和 Uzen，合计占该国石油储量的一半。而里海的 Kashagan 和 Kurmangazy 海上油田，估计储量至少为近 1.9Gt。

田吉兹油田（Tengiz）是哈萨克斯坦目前最大的在产油田，可采原油储量约 0.8~1.2Gt，2009 年原油产量为 24.6Mt，凝析油产量约为 1.9Mt。其石油产量将于 2016 年达到 40Mt。田吉兹原油目前通过从田吉兹到俄罗斯黑海诺沃罗西斯克的里海输油管线出口。

Karachaganak 油田石油和凝析油储量约 1.08~1.20Gt，天然气储量 $1.33 \times 10^{12} m^3$。2009 年凝析油产量 11.55Mt。该油田所产凝析油也通过田吉兹 – 诺沃罗西斯克输油管线出口。

Uzen 油田储量 180Mt，2008 年产量为 6.7Mt。

Mangistau 油田储量 67Mt，2009 年产量为 5.75Mt。哈萨克斯坦国家石油和天然气公司（KMG）和中国石油集团（CNPC）各持股 50%。

Aktobe 油田储量 136Mt，2009 年产量为 6Mt。CNPC 持股 85.42%。该油田所产石油通过中 – 哈原油管道出口中国。

南北 Kumkol 油田 2008 年产量均为 3.25Mt。南 Kumkol 油田 CNPC 持股 66.7%，KMG 持股 33.3%。北 Kumkol 油田由鲁克石油和 CNPC 各持股 50%。这两个油田位于哈萨克斯坦南部和中部，所产原油通过中 – 哈原油管道出口中国。

Akshabulak 及周边油田位于哈萨克斯坦中部，2008 年产量为 3.15Mt，KMG 和哈萨克斯坦石油各持股 50%。所产原油通过管道输送到 Kumkol 地区供出口。

Kashagan 油田是中东之外的最大油田，也是世界第五大油田（按储量计）。该油田位于阿特劳市附近的里海北部，水深仅 3~5m。目前 Total、Eni、ExxonMobil、Shell 和 KMG 各持股 16.8%，ConocoPhillips 持股 8.4%，Inpex 持股 7.6%。该油田储量估计为 1.48Gt，投产时间推迟至 2013 年 10 月，比原定的 2005 年推迟 8 年。推迟原因主要是成本超预算和生产环境恶劣。例如：天然气产量所占比例较高，压力很高，石油硫含量很高，生产平台必须能够忍受里海北部的极端气候变化。一期初始产量为 18.5~22.5Mt/a，二期于 2019 年投产后峰值产量为 75Mt/a。二期投产时间将决定 Kuryk 炼油能力和出口能力的建设进度。现有通往俄罗斯和中国的输油管道仅具有输送一期产量的能力。

Kurmangazy 油田位于俄哈里海海上边界，是哈萨克斯坦开发程度最低的油田。俄罗斯和哈萨克斯坦国家石油公司 Rosneft 和 KMG 于 2005 年签署合作开发协议。据 2010 年 10 月新闻报道，双方将重新签署勘探合同。

哈萨克斯坦是世界重要的轻质低硫原油出口国。近年哈萨克斯坦原油和凝析油出口量稳步增长，但 2010 年略有下降（见表 2 – 4 – 42）。哈萨克斯坦希望在 2020 年前将其石油出口量提高到 150Mt/a。

表 2-4-42　2007~2010 年哈萨克斯坦原油和凝析油出口量

项　目	2006 年	2007 年	2008 年	2009 年	2010 年
出口量/10kt	5458	6080	6250	6925	6747
出口额/亿美元		281.3		262.1	369.8

近年来,哈萨克斯坦对华原油出口迅速增加,从 2005 年的约 1.3Mt 增加到 2011 年的超过 11.0Mt(见表 2-4-43)。

表 2-4-43　2005~2011 年哈萨克斯坦对中国原油出口情况

项　目	2005 年	2006 年	2007 年	2008 年	2009 年	2010 年	2011 年
出口量/10kt	129.0	286.3	599.8	567.1	600.6	1005.4	1121.1
出口额/亿美元	5.17	12.69	29.54	41.70	25.44	55.50	88.59
价格/(美元/bbl)	54.69	64.53	67.19	100.32	57.77	75.31	107.80

五、北美

由于墨西哥被划入拉丁美洲,因而北美仅含两个国家:美国和加拿大。由于美国对外原油出口极少,因此这里不作介绍。而随着中国石化、中国石油、中国海油等中国石油企业投资加拿大油砂等石油区块,预计今后加拿大对中国石油出口可望增加,因此在此对加拿大作一介绍。

加拿大能源资源十分丰富,是世界第三大石油资源国,也是世界前五大石油资源国中唯一的非 OPEC 国家,是世界第六大产油国。加拿大由于与其接壤的世界最大能源消费者美国的交易而成为全球能源贸易的重要组成部分。加拿大各种能源商品都过剩,大量出口原油、天然气、煤炭和电力。加拿大是美国最大的能源进口来源地。美国是加拿大传统的能源出口市场。但近年来,亚太国家正寻求进口更多的加拿大自然资源。加拿大一次能源和电力产量和出口量均很大。2008 年,加拿大是全球第五大总能源生产国,一次能源产量达 478Mt 油当量。

据美国《油气杂志》统计,截至 2011 年底,加拿大探明石油储量 23.7Gt,占世界的 11.4%,居世界第 3 位,其中 96.5% 为非常规的油砂沥青;当年原油产量 143Mt,居世界第六位。2010 年,加拿大石油总产量为 173Mt,其中 132.5Mt 为原油;石油消费量约 115Mt,预计 2035 年前年均增长率为 0.1%,因而加拿大今后增加的石油产量基本均可用于出口。

目前加拿大石油产量主要来自三个方面:阿尔伯达油砂、西加拿大沉积盆地(WCSB)和大西洋海上油田。此外,北极波弗特海底、太平洋海岸及圣劳伦斯湾也蕴含石油储量。其中太平洋海岸石油储量估计为 1.32Gt。

阿尔伯达省占加拿大石油产量的大部分及其油气资源的主要份额。在加拿大 2009 年所产 135Mt 原油中,一半来自阿尔伯达油砂。2020 年前,加拿大计划油砂项目扩能 85.05Mt/a;新建油砂项目 67.75Mt/a。

加拿大传统的石油生产中心是西加拿大沉积盆地。该盆地是世界上油气最富集的地区之一,是北美市场供应的重要来源。尽管来自油砂的石油产量于 2006 年超过常规石油产量,WCSB 仍然是常规石油产量的重要来源。

加拿大传统的海上石油生产区位于纽芬兰省东部海上的 Jeanne d'Arc 盆地,目前石油产量主要集中在三个油田:Hibernia、Terra Nova 和 White Rose,2010 年合计产量约 15Mt。

Hibernia油田储量175Mt；附近的Hebron油田储量54~94Mt，预计2017年投产；Terra Nova油田储量71Mt；White Rose油田产量已开始下降，但3个卫星油田正在开发之中。

此外，Bakken、Spearfish和Cardium构造带可能蕴含数十亿桶页岩油。

加拿大石油出口主要来自人烟稀少的西部省份，人口密度高的东部省份尚需输入能源产品。据EIA统计，2010年，加拿大向美国出口石油2.53Mbbl/d，其中原油为1.97Mbbl/d（98.5Mt），而OPEC统计的2010年加拿大原油总出口量为1.388Mbbl/d（69.4Mt）。美国是加拿大的主要市场，几乎99%的加拿大石油出口均流向美国。同时，加拿大也是美国最大的原油供应国，占美国石油总进口量的约22%。随着亚太地区潜在需求增长，加拿大正寻求其出口市场的多元化，但这种转变较慢。

近年来，加拿大对中国原油出口时有波动，但总体呈上升态势，出口量仍有限（见表2-4-44）。

表2-4-44　2006~2011年加拿大对中国原油出口情况

项　目	2006年	2007年	2008年	2009年	2010年	2011年
出口量/10kt	4.37	46.96	12.38	44.01	30.84	60.42
出口额/亿美元	0.12	1.90	0.85	1.99	1.53	3.92
价格/（美元/bbl）	37.20	55.17	93.59	61.83	67.76	88.52

第五节　中国含硫含酸原油生产

中国所产原油主要为低硫原油。所产原油硫含量较高的油田主要包括胜利油田、江汉油田、中原油田和塔河油田等，此外一些油田的小油田也生产少量含硫原油。另一方面，中国含酸原油资源较为丰富，从东北的辽河油田、山东胜利油田、华北大港油田、新疆克拉玛依和塔河油田，直到渤海海域，都有含酸或高酸原油区块。本节主要对相关油田及其含硫含酸原油的生产情况作一简单介绍。

一、中国含硫原油生产

中国主要含硫原油及其性质列于表2-5-1[34]，相关油田近年产量列于表2-5-2，1995~2010年中国低硫、含硫及高硫原油所占比重变化情况列于表2-5-3[33]。

从表2-5-1可以看出，中国高硫原油种类较少，且硫含量并不太高，高者仅略高于2%。从表2-5-2可以看出，中国含硫原油和高硫原油所在油田的总产量不到50Mt，不到中国原油总产量的1/4。这些油田的总产量前些年呈现缓慢上升态势，但2009年和2010年有所下降，2011年略有回升。从表2-5-3可以看出，1995年以来，中国原油主体是低硫原油，所占比重一般均超过80%；含硫原油所占比重呈下降趋势，从1995年的超过21%降至2010年的约14%；高硫原油所占比重很低，不到2%，但过去15年来有所提高。

（一）中国石化胜利油田

胜利油田现为胜利石油管理局和胜利油田分公司的统称。主体位于山东省东营市，工作区域分布在山东8个市的28个县（区）以及新疆、内蒙古等5个省、自治区。

胜利油田是在20世纪50年代华北地区早期找油的基础上发现并发展起来的。1961年4月16日,华8井喜喷工业油流,标志着胜利油田的发现。1978年,胜利油田原油产量达到19.46Mt,跃居全国第二位并保持至今。1984年突破20Mt,1987年突破30Mt,1991年达到历史最高水平,年产原油33.55Mt。截至2011年5月1日,胜利油田累计发现油气田77个,探明石油地质储量5.06Gt,累计生产原油1.0Gt,约占同期全国产量的五分之一,约占渤海地区的二分之一,实现产值1.26万亿元、上缴利税6000亿元。

表2-5-1 中国主要含硫原油

原油名称	胜利高硫高酸	胜利混合	江汉	华北	塔河混合	塔河	塔河托甫台	塔里木	中原混合
评价日期	2011.9	2011.8	2007	2004.5	2007	2010.8	2010.7	2007.12	2010.11
API度	17.47	18.54	31.9	28.8	26.8	16.86	33.22	31.5	27.88
硫含量/%	1.80	1.10	0.98	0.52	1.40	2.14	0.64	0.81	1.12
酸值/(mgKOH/g)	2.11	2.25	0.27	0.28	0.18	0.30	0.62	0.22	0.60
收率/%									
初馏点~200℃	3.93	4.17	14.15	12.28	14.81	9.21	21.03	20.31	11.89
140~240℃	4.64	4.85	10.15	8.88	12.56	8.56	15.70	15.41	9.78
200~350℃	15.18	15.49	23.10	22.80	23.70	18.35	26.12	26.99	22.24
>350℃	80.94	80.40	62.28	64.75	61.08	72.53	52.14	52.61	65.68
>500℃	52.41	51.49	35.66	37.42	36.85	51.13	27.51	33.82	40.94

表2-5-2 2004~2011年中国含硫原油所在油田产量　　　　　　　　　　10kt

油田	2004年	2005年	2006年	2007年	2008年	2009年	2010年	2011年
胜利油田	2675	2695	2726	2736	2774	2784	2734	2734
江汉油田	96	96	96	96	97	96	97	97
华北油田	432	435	440	447	442	426	426	421
塔河油田	358	420	472	536	600	660	700	725
塔里木油田	539	600	605	643	645	554	554	578
中原油田	335	320	311	305	300	289	273	262
合计	4435	4566	4650	4763	4858	4809	4784	4817

表2-5-3 中国含硫原油分布

项目	1995年	2000年	2005年	2008年	2009年	2010年
原油产量/10kt	14930	16265	18140	19005	19425	20480
分布/%						
轻质低硫	3.5	6.1	6.3	8.2	0.8	0.8
轻质含硫	0.7	1.0	0.9	0.0	0.0	0.0
轻质高硫	0.0	0.0	0.0	0.9	0.9	0.8
中质低硫	71.0	67.5	64.0	62.0	68.0	65.0
中质含硫	20.5	16.7	15.5	15.6	15.2	14.2
中质高硫	0.6	0.5	0.5	0.5	0.5	0.5
重质低硫	3.7	8.2	12.8	12.8	14.5	18.8
低硫/%	78.3	81.8	83.0	83.0	83.4	84.5
含硫/%	21.2	17.6	16.4	15.6	15.2	14.2
高硫/%	0.6	0.5	0.5	1.4	1.4	1.3

胜利油田"十二五"规划的主要目标为：五年新增探明石油储量700Mt、天然气储量$50\times10^8m^3$；到2015年原油产量达到27.6Mt，奋斗目标28.4Mt，实现阶段储采平衡。

表2-5-1所列胜利高硫高酸原油主要产自孤岛、滨南和草桥，硫含量和酸值分别超过1%和1.0mgKOH/g。胜利混合原油硫含量较低，但酸值与高硫高酸原油相当。二者均为重质原油，API度在18左右，直馏汽油、煤油、柴油收率均很低，而常渣和减渣收率分别达到80%和50%以上。

（二）中国石化江汉油田

江汉油田地处江汉平原，北临汉水，南依长江，东距武汉150km，西距荆州60km。自1958年投入勘探以来，江汉油田已建成4个勘探开发区域：湖北江汉油区、山东八面河油田、陕西坪北油田和鄂西渝东建南气田，以及5家油气生产单位：江汉采油厂、荆州采油厂、清河采油厂、坪北经理部、采气厂。经过50多年的开发建设，江汉油田已发展成为中国南方重要的油气勘探开发基地、工程技术服务基地和石油机械装备制造基地。

截至2011年底，江汉油田拥有国内探矿权区块8个，石油资源量787Mt，天然气资源量$4.61\times10^{12}m^3$；累计发现油田31个，探明石油储量358Mt，生产原油54.39Mt；发现气田1个，探明天然气储量$159.91\times10^8m^3$，生产天然气$21.58\times10^8m^3$。

从表2-5-1和表2-5-2可以看出，江汉原油硫含量略低于1%，属于含硫原油；API度约32，属于中质原油；汽油、煤油和柴油收率较高，常渣和减渣收率分别约为62%和32%。江汉原油产量较少，略低于1Mt，近年基本保持稳定。

（三）中国石油华北油田

华北油田是中国重要油田之一。主要位于河北省任丘市，与白洋淀毗邻，地处京津腹地。油田诞生于1976年，原油产量1978年就达到17.23Mt，跃居全国第三位。自1977年起，油田连续保持年产量10Mt达10年之久。

目前，其注册油气勘探区域主要集中在冀中地区、内蒙古中部地区和冀南-南华北地区、山西沁水盆地等四大探区。探区内石油资源超过3Gt。已发现油气田50余个，原油生产能力4.5Mt/a。截至2010年底，累计生产原油约250Mt。

华北原油硫含量不高，刚过0.5%，属含硫原油；其API度约29，属于中质偏重原油；汽油、煤油和柴油收率较高，常渣和减渣收率分别约为65%和37%。

（四）中国石化塔河油田

塔河油田位于新疆塔里木盆地北部的塔克拉玛干沙漠，是中国第一个古生界海相亿吨级大油田，是中国石化第二大油田。1997年，沙46井和沙48井喷出高产油气流，宣告塔河油田诞生。经过十年大规模地质勘探，塔河油田累计探明油气地质储量780Mt，是塔里木盆地迄今发现的最大整装油气田，于2006年跻身全国陆地10大油田行列。塔河油田的油藏基本上在5000m以下的深度，原油品质黏度大，难以开采。近年来，塔河油田原油产量一直保持较快速度增长，2010年已达7Mt。2011年2月，塔河油田又发现一个100Mt级的稀油油藏，为此油田计划于2015年实现年产原油10Mt。

表2-5-1所列塔河含硫和高硫原油有三种。其中塔河混合原油为中质高硫原油，硫含量为1.4%，API度为26.8；汽油、煤油和柴油收率较高。塔河原油为重质高硫原油，硫含量为2.1%，API度为16.9；汽油、煤油和柴油收率远高于略轻的胜利高硫高酸原油和胜利混合原油。托甫台原油为中质偏轻含硫原油，硫含量为0.64%，API度为33.2；汽油、煤

油和柴油收率远高于稍重的江汉原油，常渣和减渣收率分别为53%和28%。

（五）中国石油塔里木油田

塔里木油田作业区域遍及塔里木盆地周边南疆五地州二十多个县市。塔里木盆地是中国最大的含油气盆地，总面积 $56 \times 10^4 km^2$，盆地周边被天山、昆仑山和阿尔金山所环绕，中部是有着"死亡之海"之称的塔克拉玛干沙漠。据最新一轮资源评价，塔里木盆地可探明油气资源总量15Gt，其中石油8062Mt。目前盆地油气探明率仅为18%，勘探前景十分广阔。

截至2011年底，塔里木油田共探明26个油气田，已累计探明油气当量1.88Gt，形成轮南、东河、塔中、哈得4个油田群，库车－塔北、塔中北坡、塔西南3个天然气富集区和轮南－英买力富油区带。

2011年，塔里木油田生产原油5776kt、天然气 $170.5 \times 10^8 m^3$，油气当量产量连续五年保持20Mt水平，已成为中国重要油气生产基地。到2011年底，累计生产原油超过90Mt、天然气近 $1.1 \times 10^{11} m^3$。

塔里木油田计划，到2015年实现油气当量产量30Mt，2019年达到40Mt。

塔里木原油为中质含硫原油，硫含量为0.81%，API度为31.5，比江汉原油略重；然而其汽油、煤油和柴油收率却远高于江汉原油，分别高出约6、5、4个百分点，常渣和减渣收率分别为53%和34%。

（六）中国石化中原油田

中原油田主要勘探开发区域包括东濮凹陷、普光气田和内蒙古探区。累计生产原油131Mt、天然气 $4.72 \times 10^{10} m^3$。2011年生产油气当量11.12Mt，跻身千万吨级油气田行列。

东濮凹陷横跨豫鲁两省，累计探明石油地质储量593Mt、天然气地质储量 $1365.02 \times 10^8 m^3$。近年来，油田以油藏经营管理为主线，重点是有效控制自然递减，预计"十二五"期间具有保持年产3Mt油气当量的能力。

普光气田位于川东北，探明天然气地质储量 $41.22 \times 10^{10} m^3$。气田于2010年6月全面投产，形成年 $1.0 \times 10^{10} m^3$ 生产能力、$1.2 \times 10^{10} m^3$ 净化能力和2.4Mt硫黄生产能力。

内蒙古探区共有探矿权区块21个，白音查干和查干凹陷探明石油地质储量22196.9kt。探区已建成110kt原油年生产能力。

中原油田计划，到"十二五"末，新增探明石油地质储量60Mt、天然气地质储量 $4.0 \times 10^{10} m^3$，年产油气当量13Mt。

中原混合原油为中质高硫原油，硫含量为1.12%，API度为27.9；汽油、煤油和柴油收率与华北原油相当，常压渣油和减压渣油收率分别为66%和41%。

二、中国含酸原油生产

中国是含酸原油资源比较丰富的国家[57]。从东北的辽河油田，华北的大港油田和冀东油田，华东的胜利油田和江苏油田，中原的河南油田和中原油田，西北新疆油田和塔河油田，直到南海、渤海海域，都有含酸或高酸原油区块。

中国主要含酸原油及其性质列于表2-5-4[34]，相关油田近年产量列于表2-5-5。

表 2-5-4 中国主要含酸原油

原油名称	大港	胜利高硫高酸	胜利混合	临盘	冀东	南阳	流花	文昌	新文昌	蓬莱	江苏	托甫台	中原混合	克拉玛依凤城稠油	辽河
评价日期	2000.3	2011.9	2011.8	2007	2009.11	2007	1999	2005.5	2008.12	1999.12	2007	2010.7	2010.11	2010.1	1996.9
API度	25.69	17.47	18.54	24.4	30.3	27	21.3	34.5	28.7	20.9	30.2	33.22	27.88	15.7	17.47
硫含量/%	0.16	1.80	1.10	0.34	0.12	0.18	0.28	0.11	0.23	0.35	0.32	0.64	1.12	0.24	0.32
酸值/(mgKOH/g)	0.81	2.11	2.25	0.54	0.94	1.51	1.7	0.73	0.51	2.6	0.7	0.62	0.60	5.77	1.78
收率/%															
初馏点~200℃	6.53	3.93	4.17	8.36	14.63	7.73	3.86	21.21	14.10	5.73	8.99	21.03	11.89	0.69	4.80
140~240℃	7.08	4.64	4.85	7.61	12.60	6.26	5.69	15.27	11.57	7.90	8.37	15.70	9.78	2.04	
200~350℃	18.85	15.18	15.49	18.77	27.24	16.83	23	30.52	24.71	19.77	20.59	26.12	22.24	11.72	18.14
>350℃	74.47	80.94	80.40	72.67	58.02	75.82	73.15	47.06	60.72	74.23	70.28	52.14	65.68	87.65	77.06
>500℃	46.81	52.41	51.49	43.13	26.86	46.49	46.84	23.09	33.79	43.88	38.51	27.51	40.94	59.22	

表 2-5-5 2004~2011 年中国含酸原油所在油田产量 10kt

油田	2004年	2005年	2006年	2007年	2008年	2009年	2010年	2011年
大港油田	488	510	531	507	507	173	478	478
胜利油田	2675	2695	2726	2736	2774	2784	2734	2734
冀东油田	100	125	171	213	200	485	173	165
河南油田	188	187	181	180	181	188	227	225
深圳分公司	1098	1154	1073	1025	1061	970	835	NA
湛江分公司	384	327	269	232	343	408	460	NA
天津分公司	958	1283	1408	1417	1487	1809	2855	NA
江苏	161	164	167	170	171	171	171	171
塔河油田	358	420	472	536	600	660	700	725
中原油田	335	320	311	305	300	289	273	262
新疆	1111	1165	1192	1217	1221	1089	1089	1090
辽河	1283	1242	1201	1206	1193	1000	950	1000
合计	9139	9592	9702	9744	10038	10026	10945	

从表 2-5-4 可以看出，中国含酸原油种类不少，酸值分布范围较大，从 0.5~5.8mgKOH/g 不等。其中克拉玛依凤城稠油酸值高达 5.77mgKOH/g，比表 2-3-11 中所涉及 403 种原油中的最高酸值还高。从表 2-5-5 可以看出，中国含酸原油和高酸原油所在油田的总产量不断增加，从 2004 年的 91Mt 增至 2010 年的 110Mt，约占中国原油总产量的一半。

（一）中国石油大港油田

大港油田东临渤海，西接冀中平原，东南与山东毗邻，北至津唐交界处，地跨津、冀、鲁 3 省市的 25 个区、市、县。勘探开发建设始于 1964 年 1 月，勘探开发总面积 18716km²。

根据我国第三次油气资源评价，大港探区石油资源蕴藏量 2056Mt，天然气资源蕴藏量 $3.8 \times 10^{11} m^3$。截至 2005 年底，累计探明石油地质储量 936Mt、探明天然气地质储量 $734.77 \times 10^8 m^3$。2007 年底，大港油田原油年生产能力 5.1Mt，天然气年生产能力 $5 \times 10^8 m^3$。截至 2011 年底，累计为国家生产原油 158Mt、天然气 $1.9 \times 10^{10} m^3$。

大港原油为重质偏轻含酸原油，酸值为 0.81mgKOH/g，API 度为 25.69；汽油、煤油和柴油收率较低，常压渣油和减压渣油收率分别为74%和47%。

此外，大港油田的高凝原油酸值为0.83mgKOH/g，低凝羊三木原油酸值为1.27mgKOH/g，亦属于低硫含酸/高酸原油[57]。

（二）中国石化胜利油田

胜利油田有三种含酸高酸原油。胜利高硫高酸原油为重质原油，API度为17.47；硫含量和酸值均较高，分别为1.80%和2.11mgKOH/g，难于加工；汽油和煤油收率很低，均不到5%，柴油收率较低，仅约15%，而常压渣油和减压渣油收率分别高达81%和52%。

胜利混合原油与胜利高硫高酸原油相当，只是硫含量稍低，为1.10%。

临盘原油为重质含酸原油，API度为24.4；酸值较低，为0.54mgKOH/g；汽油、煤油和柴油收率优于略轻的大港原油，常压渣油和减压渣油收率分别为73%和43%。

在胜利油田的下属油田中，孤岛、孤东、单家寺等均为高酸原油，合计产量达数百万吨，其酸值为1.37~2.95mgKOH/g[57]。

（三）中国石油冀东油田

冀东油田作业区域横跨唐山、秦皇岛两市。冀东油田勘探区域北起燕山南麓，南至渤海5m水深线；西起涧河，东至秦皇岛一带，勘探面积5797km^2，其中陆地面积4797km^2，滩海面积1000km^2。截至2005年底，累计探明石油地质储量176.62Mt，控制石油地质储量46.54Mt，预测石油地质储量174.70Mt。

南堡陆地已开发了高尚堡、柳赞、老爷庙三个主要油田，年原油生产能力1.5Mt，年天然气生产能力超过$4×10^8m^3$。

南堡滩海发现了南堡油田。南堡油田以其整装、储量规模大、单井油层厚、单井产量高成为中国东部近年来的重要发现。

冀东原油为中质含酸原油，API度为30.3；酸值为0.94mgKOH/g；汽油、煤油和柴油收率较高，常压渣油和减压渣油收率分别为58%和27%。

（四）中国石化河南油田

河南油田工矿区横跨河南南阳、驻马店、周口和新疆巴州、伊犁等地市。河南油田始终把油气勘探放在首位。1970年开始勘探，1971年8月在南阳凹陷东庄构造发现工业油气流，先后在泌阳、濮阳、焉耆等多个盆地钻探出油，1972年河南油田正式诞生。2009年准噶尔盆地西北隆起带春光区块划归河南油田。截至2011年底，共探明油气田16个，含油面积220.97km^2，累计探明油气地质储量350Mt油当量。2011年生产原油2.25Mt，累计生产原油72.12Mt。

南阳原油为中质高酸原油，API度为27，接近重质原油；酸值较高，为1.51mgKOH/g；汽油、煤油和柴油收率较低，常压渣油和减压渣油收率分别高达76%和46%。

（五）中国海油深圳分公司

中国海油深圳分公司作业区主要在南海东部。目前主要作业水深为100~300m，所产原油多为轻质油和中质油。截至2010年底，南海东部的储量为59.20Mt油当量，当年产量达7.24Mt油当量。

流花原油为重质高酸原油，API度为21.3；酸值较高，为1.7mgKOH/g；汽油和煤油收率很低，柴油收率较高，常压渣油和减压渣油收率分别高达73%和47%。

(六) 中国海油湛江分公司

中国海油湛江分公司主要作业区为南海西部。目前，主要作业水深为 40～120m。截至 2010 年底，南海西部的储量为 81.70Mt 油当量，当年产量达 7.26Mt 油当量。

文昌原油为中质含酸原油，API 度为 34.5，接近轻质原油；酸值 0.73mgKOH/g；汽油、煤油和柴油收率较高，尤其是柴油收率高达 30.5%，常压渣油和减压渣油收率较低，分别为 47% 和 23%。

新文昌原油也为中质含酸原油，API 度为 28.7；酸值 0.51mgKOH/g；汽油、煤油和柴油收率较高，但远低于文昌原油，常压渣油和减压渣油收率分别为 61% 和 34%。

(七) 中国海油天津分公司

中国海油天津分公司主要作业区在渤海海域。渤海湾的作业区域主要是浅水区，水深为 10～30m。渤海湾所产原油主要为重油，但近年来也陆续取得几个轻油新发现，比如锦州 25-1 等。截至 2010 年底，渤海湾的储量为 153Mt 油当量，当年产量达 21.45Mt 油当量。

蓬莱原油产自蓬莱 19-3 油田，产能 3.10Mt/a，2011 年曾因石油泄漏而一度关闭。蓬莱原油为重质高酸原油，API 度为 20.9；酸值高达 2.6mgKOH/g；汽油、煤油和柴油收率较低，常压渣油和减压渣油收率分别为 74% 和 44%。

此外，同样位于渤海海域的绥中 36-1、锦州 9-3、秦皇岛 32-6 等油田，其酸值高达 3.61～6.02mgKOH/g，硫含量均在 0.5% 以下，属于典型的低硫高酸原油。渤海海域有相当丰富的高酸原油储量，有很大的增产远景，是中国目前高酸原油最有增产潜力的地区[57]。

为加工产量较大的海洋高酸原油，中国海油专门在广东惠州建设了一套 12Mt/a 的全转化高酸原油炼厂，于 2009 年 4 月投产，加工十几种高酸原油[63]。

(八) 中国石化江苏油田

江苏油田油区主要分布在江苏、安徽两省 6 个地市 15 个县（市、区）。主力油区在扬州市的江都、邗江、高邮、仪征；泰州市的兴化；淮安市的淮阴、金湖、盱眙、洪泽；南通市的海安；盐城市的东台、射阳、亭湖；安徽滁州市的天长、来安。

从整体发展态势上看，油田油气生产目前处于稳定发展期。特别是作为勘探接替领域的北部湾盆地徐闻区块、南华北盆地阜阳地区、下扬子海相中古生界以及非常规油气勘探领域，目前尚处在前期评价研究和早期勘探评价突破阶段，蕴藏着巨大潜力。

到 2011 年底，已先后发现 38 个油气田，累计探明石油地质储量 267Mt，探明含油面积 229.97km^2，天然气地质储量 85.18×10^{8}m^3。2011 年，江苏油田生产原油 1.71Mt。

江苏原油为中质含酸原油，API 度为 30.2；酸值为 0.7mgKOH/g；汽油、煤油和柴油收率较低，常压渣油和减压渣油收率分别为 70% 和 39%。

(九) 中国石油塔河油田

在南疆塔河地区，2011 年原油产量达 7.25Mt，其中大部分属于稠油，不同区块不同井位原油性质差别很大，部分原油酸值达 1.28～4.37mgKOH/g[57]。

该油田所产托甫台原油为中质含硫含酸原油，API 度为 33.2；硫含量为 0.64%；酸值为 0.62mgKOH/g；汽油、煤油和柴油收率较高，常压渣油和减压渣油收率分别为 52% 和 28%。

(十) 中国石化中原油田

中原混合原油为中质高硫含酸原油，API 度为 27.9，接近重质原油；硫含量为 1.12%；酸值为 0.60mgKOH/g；汽油、煤油和柴油收率较低，常压渣油和减压渣油收率分别为 66%

和 41%。

（十一）中国石油新疆油田

新疆油田，也称克拉玛依油田，是中国西部石油产量最大的油田，主要从事准噶尔盆地及其外围盆地油气资源的勘探开发、集输、销售等业务。

准噶尔盆地油气资源十分丰富，预测石油资源总量为 8.6Gt，天然气为 $2.1 \times 10^{12} m^3$，目前石油探明率仅为 21.4%，天然气探明率不到 3.64%，勘探前景广阔，发展潜力巨大。

新疆油田是新中国成立后开发建设的第一个大油田，原油产量居中国陆上油田第 4 位、连续 25 年保持稳定增长，累计产油超过 200Mt。2002 年原油年产量突破 10Mt，成为中国西部第一个 10Mt 级大油田。2011 年，油田原油产量为 10.9Mt，已连续 10 年超过 10Mt。

新疆油田所产原油比较复杂，克拉玛依老油田混合原油为低硫低酸值原油，但 1、2、3 低凝原油酸值为 0.74~1.82mgKOH/g，而黑油山、九区及乌尔禾（重 1）原油酸值达 3.0mgKOH/g 以上[57]。

该油田所产克拉玛依风城稠油为重质低硫超高酸原油，极难加工。其 API 度为 15.7；硫含量为 0.24%；酸值高达 5.77mgKOH/g，是世界上酸值最高的原油之一；汽油、煤油和柴油收率极低，分别仅为约 0.7%、2.0% 和 11.7%，常压渣油和减压渣油收率分别为 88% 和 59%。

（十二）中国石油辽河油田

辽河油田勘探开发领域分布在辽宁、内蒙古两省 13 个市（地）、35 个县（旗），是全国第三大油田，也是全国最大的稠油、高凝油生产基地。

截至 2010 年 3 月 22 日，辽河油田已诞生整整 40 周年。40 年来，辽河油田累计探明石油地质储量 2.4Gt、天然气储量超过 $2.0 \times 10^{11} m^3$；累计生产原油 380Mt、天然气超过 $8.0 \times 10^{10} m^3$；原油年产 10Mt 以上高产稳产进入第 25 个年头，成为国家重要能源生产基地。40 年来，辽河油田先后发现 39 个油气田，形成年产 10Mt 原油、$8 \times 10^8 m^3$ 天然气的生产能力。

辽河原油属于重质低硫高酸原油，API 度为 17.5；硫含量为 0.32%；酸值为 1.78mgKOH/g；汽油和柴油收率较低，其中汽油收率仅 4.8%，常压渣油收率高达 77%。

在辽河油田所产原油中，一半以上为稠油，大部分属于低硫高酸原油，硫含量一般在 0.23% 以下，酸值大于 2.0mgKOH/g，其中曙光社 84 区超稠油密度达 $1006kg/m^3$，酸值达 5.01mgKOH/g，非常难加工[57]。

参 考 文 献

[1] World crude and natural gas reserves rebound in 2000[J]. Oil & Gas Journal, Dec. 18, 2000, Vol. 98(51)

[2] Worldwide Report: World crude, gas reserves expand as production shrinks[J]. Oil & Gas Journal, Dec. 24, 2001, Vol. 99(52)

[3] Worldwide reserves increase as production holds steady[J]. Oil & Gas Journal, Dec. 23, 2002, Vol. 100(52)

[4] Worldwide reserves grow; oil production climbs in 2003[J]. Oil & Gas Journal, Dec. 22, 2003, Vol. 101(49)

[5] Crude oil production climbs as reserves post modest rise[J]. Oil & Gas Journal, Dec. 20, 2004, Vol. 102(47)

[6] Global reserves, oil production show small increases for 2005[J]. Oil & Gas Journal, Dec. 19, 2005, Vol. 103(47)

[7] SPECIAL REPORT: Oil production, reserves increase slightly in 2006[J]. Oil & Gas Journal, Dec. 18, 2006, Vol. 104(47)

[8] SPECIAL REPORT: Oil, gas reserves inch up, production steady in 2007[J]. Oil & Gas Journal, Dec. 24, 2007, Vol. 105(48)

[9] New estimates boost worldwide oil, gas reserves[J]. Oil & Gas Journal, Dec. 22, 2008, Vol. 106(48)

[10] SPECIAL REPORT: Oil, gas reserves rise as oil output declines[J]. Oil & Gas Journal, Dec. 21, 2009, Vol. 107(47)

[11] Marilyn Radler. Total reserves, production climb on mixed results[J]. Oil & Gas Journal, Dec. 6, 2010, Vol. 108(46)

[12] Marilyn Radler. Worldwide oil production steady in 2011; reported reserves grow[J]. Oil & Gas Journal, Dec. 5, 2011, Vol. 109(49)

[13] IHS CERA. World Oil Demand and Supply Outlook. April 6, 2011

[14] OPEC. World Oil Outlook. 2011

[15] U. S. Energy Information Administration. International Energy Outlook. 2011

[16] BP. Energy Outlook 2030. Jan. 2012

[17] ExxonMobil. The Outlook for Energy: A View to 2040. 2012

[18] International Energy Agency. World Energy Outlook 2011. Nov. 9, 2011

[19] World Energy Council. 2010 Survey of Energy Resources. 2010

[20] SPECIAL REPORT: Alberta bitumen development continues its rapid expansion[J]. Oil & Gas Journal, Jul. 9, 2007, Vol. 105(26)

[21] SPECIAL REPORT: Canadian, US processors adding capacity to handle additional oil sands production[J]. Oil & Gas Journal, Jul. 9, 2007, Vol. 105(26)

[22] Thomas H. Wise. SPECIAL REPORT: Markets evolving for oil sands bitumen, synthetic crude[J]. Oil & Gas Journal, Jul. 7, 2008, Vol. 106(25)

[23] Canadian oil sands in the US market[J]. Hydrocarbon Processing, July 2011, Vol. 90(7): 17-18

[24] Gonzalez O., Ernandez J., Chaban F. and Bauza, L.. Screening of suitable exploitation technologies on the Orinoco Oil Belt applying geostatistical methods. World Heavy Oil Conference, Beijing, China, Nov. 12-15, 2006, Proceedings, Paper: 2006-774

[25] PDVSA, Eni to form JVs to develop, refine Orinoco oil[J]. Oil & Gas Journal, Jan. 13, 2010, Vol. 108(2)

[26] 施国泉. 石油替代路在何方[C]//中国油页岩产业发展交流会, 龙口, 2011-06-25

[27] 李术元, 马跃, 钱家麟. 世界油页岩研究开发利用现状——并记2011年国内外三次油页岩会议[J]. 中外能源, 2012, 17(2): 8-17

[28] BP. BP Statistical Review of World Energy. June 2011

[29] International Energy Agency. MONTHLY OIL MARKET REPORT, Feb. 12, 2001

[30] International Energy Agency. OIL MARKET REPORT, Feb. 10, 2012

[31] PFC Energy. Sinopec Research Institute Briefing. Mar. 9, 2012

[32] IHS CERA. "Peak Oil" Postponed Again, Part I: Liquids Production Capacity to 2030. Oct. 18, 2010

[33] ENI spa. World Oil & Gas Review 2011. Sep. 2011

[34] 中国石化原油科技情报站编. 原油使用知识手册[M]. 北京: 中国石化出版社, 2003

[35] GUIDE TO WORLD CRUDES: BP assays field in Gulf of Mexico[J]. Oil & Gas Journal, Feb. 17, 2003, Vol. 101(7)

[36] Chevron Texaco assays Doba crude[J]. Oil & Gas Journal, April 5, 2004, Vol. 102(13)

[37] GUIDE TO WORLD CRUDES: ExxonMobil assays Bonga crude[J]. Oil & Gas Journal, April 3, 2006, Vol. 104(13)
[38] SPECIAL REPORT: BP assays Azeri crude[J]. Oil & Gas Journal, June 19, 2006, Vol. 104(23)
[39] SPECIAL REPORT: Chevron assays Clair crude[J]. Oil & Gas Journal, June 19, 2006, Vol. 104(23)
[40] SPECIAL REPORT: ExxonMobil assays Kissanje blend crude[J]. Oil & Gas Journal, June 19, 2006, Vol. 104(23)
[41] GUIDE TO WORLD CRUDES: Saxi - Batuque crude assayed[J]. Oil & Gas Journal, Sep. 22, 2008, Vol. 106(36)
[42] GUIDE TO WORLD CRUDES: Statoil assays Volve crude[J]. Oil & Gas Journal, Jan. 26, 2009, Vol. 107(4)
[43] GUIDE TO WORLD CRUDES: New Statfjord assay reveals light, low - sulfur crude oil[J]. Oil & Gas Journal, Jun. 14, 2010, Vol. 108(21)
[44] GUIDE TO WORLD CRUDES: Updated Cusiana assay reveals lighter crude oil[J]. Oil & Gas Journal, Jan. 3, 2011, Vol. 109(1)
[45] GUIDE TO WORLD CRUDES: Statoil issues Snohvit condensate update[J]. Oil & Gas Journal, Nov. 7, 2011, Vol. 109(45)
[46] ZainalL Abidin de Silva. Crude Oil Assay Report for PETRONAS: Geragai Mix. Apr. 17, 2003
[47] Murphy Sarawak Oil Company Limited. Crude Oil Assay Report for PETRONAS: Kidurong. Mar. 12, 2005
[48] ExxonMobil Research and Engineering. Crude Oil Analysis: DOBA BLEND. Mar. 27, 2003
[49] STATOIL Product Technology and Customer Service. Crude Oil Assay: Gullfaks Blend. Dec. 30, 2004
[50] ExxonMobil Research and Engineering. Crude Oil Analysis: HUNGO BLEND. Mar. 31, 2005
[51] Total. Crude Oil Assay: GIRASSOL. Jan. 3, 2005
[52] STATOIL. Crude Oil Assay: Lufeng 22 - 1. Sep. 25, 1997
[53] Intertek Testing Services Ltd. Crude Oil Assay Report: WREP (Azerbaijan). Aug. 25, 2005
[54] 陈春光，周波，亓秉哲. 对山东口岸进口高酸原油的分析与思考[J]. 国际石油经济，2011，(5)
[55] Geoff Houlton. Crude demand to increase, feed - quality changes in store[J]. Oil & Gas Journal, Dec. 6, 2010, Vol. 108(46)
[56] Refiner demand for discounted feeds will increase trade of high - acid crudes[J]. Oil & Gas Journal, Mar. 17, 2008, Vol. 106(11)
[57] 张德义. 谈含酸原油加工[J]. 当代石油石化，2006，14(8)：1-6，33
[58] Organization of the Petroleum Exporting Countries. Annual Statistical Bulletin 2000
[59] Organization of the Petroleum Exporting Countries. Annual Statistical Bulletin 2005
[60] Organization of the Petroleum Exporting Countries. Annual Statistical Bulletin 2008
[61] Organization of the Petroleum Exporting Countries. Annual Statistical Bulletin 2009
[62] Organization of the Petroleum Exporting Countries. Annual Statistical Bulletin 2010/2011
[63] 吴青. 高酸原油及其加工. 2010年3月. http://wenku.baidu.com/view/1333e51e650e52ea55189876.html

第三章 含硫含酸原油硫与酸分布及其转化

第一节 含硫原油一般特性

含硫原油泛指含有较多硫化物或单质硫的原油。通常，将硫含量低于0.5%的原油称为低硫原油，硫含量在0.5%~1.5%的原油称为含硫原油，硫含量高于1.5%的原油（根据贸易常规）称为高硫原油。我国近年进口的原油，大部分为来自中东地区的原油[1]，而中东地区又是世界含硫和高硫原油的主要产区。中国生产的原油大多数是低硫原油，当前含硫较高的大油田是胜利油田；此外，含硫较高的还有新疆塔里木和塔河油田，以及江汉油田、中原油田等。总之，和世界原油相比，中国原油总体含硫量是比较低的。

在中国进口原油的来源和份额中，2011年中东原油占全部进口原油的51.5%（中国海关统计，2012年2月）。随着国内对石油需求量的增加，预计到2015年中国进口原油将达到280~300Mt。那时，中国原油的自给率将从现在的47%降至40%以下，中国炼油厂加工的原油中将有1/4以上是中东含硫原油。因此研究含硫原油的特点，制定切实可行的加工方案，提高炼油装置的适应性，是摆在我们面前的重要课题。

一、含硫原油特点

含硫原油包括中东原油、北美、拉美、俄罗斯以及中国新疆的含硫原油，与中国大多数原油（包括中国含硫原油，如胜利、塔河原油）相比，其共同特点是硫含量高、轻烃和轻馏分多、重金属含量高，特别是钒含量高、倾点低等。根据我国进口原油的具体情况，为了便于讨论，下面将以中东含硫原油为代表，讨论含硫原油的特性及加工中存在的问题。

中东地区十多个产油国，出口40余种原油。除巴林和阿联酋有少量低硫原油外，其余均为含硫或高硫原油，而硫含量在1%左右的也只有阿联酋的轻质原油和阿曼、也门原油。表3-1-1[1]列出了含硫量在0.64%~2.85%的以中东原油为主的含硫原油的一般性质。为了便于比较，将中国主要原油的性质列于表3-1-2。

值得注意的是，新疆塔河及塔里木含硫原油的性质在某些方面很像中东原油，例如，凝点都在0℃以下，都属于中间基原油，重金属含量都具有钒高镍低的特点，硫、氮含量也是硫高、氮低。这些特点都与中东原油相似。

（一）硫含量高

中国原油除胜利、塔河、塔里木、江汉、中原原油为含硫原油外，其余原油均属于低硫原油。中东原油大约不足3%属低硫原油，含硫原油和高硫原油各占一半。世界上其他原油，如独联体、拉美、北美等原油多属含硫或高硫原油，低硫原油很少。原油中硫含量高低与原油的密度有关，大多数原油随硫含量增加，密度增加。

表 3-1-1 世界含硫或高硫原油的性质

原油名称	伊朗轻质 (Iran Light) 原油	(俄)乌拉尔 (Ural) 原油	也门马西拉 (Masila) 原油	阿曼 (Oman) 原油	伊朗重质 (Iran Heavy) 原油	安哥拉辛戈 (Hungo) 原油	沙特轻质 (Arabian Light) 原油	伊拉克巴士拉 (Basrah) 原油	沙特中质 (Arabian Medium) 原油	科威特 (Kuwait) 原油	沙特重质 (Arabian Heavy) 原油	中国塔河 (Tahe) 原油
API 度	33.2	32.5	31.8	30.7	30.5	28.1	32.3	31.0	30.6	30.5	27.2	16.8
密度(20℃)/(g/cm³)	0.8554	0.8592	0.8628	0.8686	0.8698	0.8829	0.8600	0.8672	0.8692	0.8701	0.8879	0.9512
酸值/(mgKOH/g)	0.23	0.25	0.10	0.26	0.45	0.29	0.04	0.07	0.20	0.02	0.08	0.11
残炭/%	4.51	3.59	3.51	4.09	5.93	5.62	4.25	5.90	5.87	6.54	8.20	15.29
硫含量/%	1.43	0.84	0.64	1.28	1.80	0.63	2.30	2.85	2.80	2.58	2.84	2.10
氮含量/%	0.29	0.12	0.15	0.13	0.34	0.25	0.05	0.14	0.19	0.16	0.14	0.47
镍含量/(μg/g)	17.20	14.50	5.97	5.07	25.60	19.80	5.20	11.60	11.20	10.20	16.71	39.00
钒含量/(μg/g)	52.70	52.30	16.57	16.60	87.50	13.79	18.30	26.13	28.79	36.39	53.27	240.50
蜡含量/%	4.43	8.51	9.96	3.42	4.09	1.58	3.48	2.40	4.01	7.09	4.97	3.30
<350℃收率/%	54.44	49.40	48.46	42.71	46.09	44.24	49.90	47.13	45.92	41.36	41.63	27.78

表 3-1-2 中国主要原油的性质

原油名称	大庆原油	胜利原油	辽河原油	长庆原油	延长原油	华北原油	河南原油	大港原油	冀东原油	西江原油	蓬莱原油	江汉原油	中原原油	塔里木原油
API 度	31.6	20.8	17.1	34.9	36.1	28.9	26.2	25.9	27.5	28.6	24.0	31.6	31.6	22.0
密度(20℃)/(g/cm³)	0.8640	0.9256	0.9487	0.8466	0.8404	0.8784	0.8934	0.8954	0.8863	0.8804	0.9279	0.8637	0.8636	0.9185
酸值/(mgKOH/g)	0.04	1.61	4.26	0.03	0.06	0.11	1.48	0.84	0.97	0.31	4.38	0.20	0.22	0.23
残炭/%	3.18	6.88	15.90	2.31	1.80	4.96	5.26	5.10	5.10	4.06	5.77	3.97	5.10	9.56
硫含量/%	0.10	0.95	0.33	0.12	0.07	0.33	0.19	0.14	0.14	0.11	0.31	1.17	0.74	1.30
氮含量/%	0.13	0.55	0.64	0.32	0.14	0.34	0.29	0.52	0.19	0.10	0.38	0.30	0.38	0.16
镍含量/(μg/g)	3.4	22.6	75.0	1.3	1.6	12.5	18.6	15.0	4.6	2.6	24.4	9.2	2.1	9.5
钒含量/(μg/g)	<0.1	1.7	1.2	0.4	0.4	0.8	0.6	0.4	0.3	0.2	1.0	0.7	1.2	58.0
蜡含量/%	32.1	8.1	8.4	15.6	11.6	15.2	26.3	18.4	15.5	20.2	3.6	19.6	15.3	3.1
<350℃收率/%	29.73	23.16	19.95	43.88	49.84	31.02	23.32	27.95	36.98	30.62	26.63	40.39	38.09	35.18

含硫或高硫原油多属于中间基原油,少有含硫较高的石蜡基或者环烷基原油。这可能与较多的原油中主要硫形态为噻吩硫有关。而高相对分子质量的噻吩类化合物往往又并有一个、两个甚至多个苯环。由于在噻吩类硫化物中,硫"占据"了碳原子位置,其本身的高原子量特性和噻吩类硫化物的多环性为含硫原油密度的增加作出了贡献。

原油中硫含量高,且直馏馏分油和渣油中的硫含量也高,各馏分中硫含量随沸点升高而增加(详细分布见本章第二节)。其轻馏分中,如石脑油、汽油、煤油和柴油中的硫往往也偏高,不能直接作为产品。重馏分及渣油硫含量更高,对其二次加工过程及产品质量有重要影响。总之,硫含量高将给石油加工带来诸多问题。例如:

1. 设备腐蚀问题

加工高硫原油首先遇到的问题就是设备腐蚀问题。原油中含有的或在加工过程中产生的活性硫,特别是硫化氢,会对设备造成严重腐蚀。例如某炼油厂加工大庆、胜利原油时,初、常顶冷凝水中 H_2S 含量为 $100\sim200\mu g/g$,而在加工伊朗原油时,初、常顶冷凝水中 H_2S 含量竟高达 $2300\mu g/g$,因此在加工高硫原油时,必须采取严格的防腐蚀措施,如采用抗腐蚀能力强的合金材料制造设备和在加工过程中采取"一脱三注"等措施。

2. 对催化裂化过程及产品产量的影响

硫和氮一样,都能污染催化剂,使催化剂活性和选择性变差。例如催化裂化催化剂,由于原料中硫含量增加,对干气产率、汽油产率和汽油研究法辛烷值都有不利影响。文献[2]指出,原料含硫量每增加1%,干气产率增加19.92%,H_2S 增加7.8%,汽油和柴油产率下降,焦炭产率增加。

原料中的硫还能与催化裂化催化剂上的重金属发生作用,从而使金属活化,加剧重金属对催化剂的毒害作用。

汽油和柴油是催化裂化的主要产品,各国对它们的各项指标都有严格规定。原料中硫含量的高低可能对产品的硫含量、汽油辛烷值、胶质含量、烯烃含量、诱导期和博士试验等多项指标有影响。文献[2]给出了中国某炼油厂原料中硫含量对汽油质量的影响。

原料中硫含量高,按照催化裂化过程硫转化规律(本章第五节将详述),其产品中的硫含量也高。H_2S 的大量生成一方面会增加干气产量,加重了气体处理装置的负荷,另一方面还给气体的进一步加工和利用带来不利影响。

如果以列于表3-1-3的中东原油360~565℃馏分为原料,按催化裂化转化规律估算,催化裂化汽油和柴油中的硫含量应分别为0.13%~0.28%和0.34%~0.73%,远远超出现行汽油柴油标准的规定,必须经过进一步处理,脱除过高的硫含量才能作为产品出厂。

3. 对延迟焦化产品质量的影响

原料硫含量对延迟焦化产品质量有直接影响,特别是对焦炭质量的影响是加工高硫原油时至关重要的问题。根据本章第五节关于延迟焦化过程中硫的转化规律,气体和液体馏分中的硫含量都随原料中硫含量的增加而增加。当原料中硫含量过高时,如大多数中东渣油,气体和液体馏分均需进行脱硫处理,方可进入下游加工装置或作为产品。分布在焦炭中的硫一般在40%以上,在一般情况下,石油焦中的硫含量都大于原料中的硫含量。石油焦中硫含量过高,不能用来生产优质石油焦,从而大大降低了石油焦价值。它们往往只能作为一般的低值燃料,而且用高硫石油焦直接作燃料时,在燃烧过程中会放出大量 SO_x,污染空气,必须予以治理。

表 3-1-3 世界含硫或高硫原油馏分的主要性质

原油名称	伊朗轻质 (Iran Light) 原油	(俄)乌拉尔 (Ural) 原油	也门马西拉 (Masila) 原油	阿曼 (Oman) 原油	伊朗重质 (Iran Heavy) 原油	安哥拉宁戈 (Hungo) 原油	沙特轻质 (Arabian Light) 原油	伊拉克巴士拉 (Basrah) 原油	沙特中质 (Arabian Medium) 原油	科威特 (Kuwait) 原油	沙特重质 (Arabian Heavy) 原油
石脑油(<200℃)											
收率/%	29.57	21.60	20.09	18.28	23.27	19.49	23.75	23.16	22.74	18.51	18.49
密度(20℃)/(g/cm³)	0.7237	0.7300	0.7319	0.7100	0.7136	0.7300	0.7159	0.7102	0.7134	0.7051	0.7076
酸值/(mgKOH/100mL)	1.95	3.59	0.92	1.20	2.14	5.65	0.40	1.57	0.60	0.65	0.18
硫含量/%	0.0722	0.0482	0.0130	0.0737	0.1121	0.0237	0.0398	0.1435	0.0547	0.1039	0.0492
辛烷值(RON, 计算)	51.6	50.8	43.5	43.1	55.9	47.2	46.6	46.4	48.0	41.1	41.6
喷气燃料(140~240℃)											
收率/%	17.21	16.43	16.14	14.01	13.97	14.55	16.77	15.31	15.00	14.21	13.31
密度(20℃)/(g/cm³)	0.7855	0.7884	0.7900	0.7891	0.7881	0.7966	0.7778	0.7757	0.7797	0.7699	0.7784
酸值/(mgKOH/g)	0.033	0.078	0.016	0.047	0.039	0.194	0.005	0.041	0.021	0.019	0.016
烟点/mm	27	29	30	24	25	23	21	25	27	29	23
硫含量/%	0.1387	0.1673	0.0296	0.2081	0.2149	0.0617	0.1117	0.4153	0.1648	0.3306	0.2420
冰点/℃	−14	−19	−53	−53	−29	−46	−59	−55	−56	−57	−56
芳烃(体)/%	14.41	15.91	11.38	8.83	16.86	17.80	17.00	18.58	15.11	16.49	16.70
柴油(200~350℃)											
收率/%	24.88	27.81	28.37	24.43	22.82	24.75	26.14	23.97	23.17	22.85	23.14
密度(20℃)/(g/cm³)	0.8329	0.8371	0.8367	0.8367	0.8372	0.8474	0.8301	0.8375	0.8321	0.8312	0.8353
酸值/(mgKOH/100mL)	4.25	18.62	3.79	16.97	5.57	37.82	1.19	6.09	11.23	6.80	9.33
硫含量/%	0.65	0.54	0.23	0.59	0.84	0.25	0.98	1.50	0.91	1.32	1.39
凝点/℃	−14	−19	−19	−20	−15	−17	−21	−18	−18	−11	−19
十六烷指数	52.16	49.70	50.42	50.50	50.32	46.15	52.28	52.46	51.83	50.36	51.56
减压馏分(350~500℃)											
收率/%	22.72	24.94	26.60	21.98	23.31	23.17	23.68	20.85	22.47	24.06	20.82
密度(20℃)/(g/cm³)	0.9039	0.8992	0.8999	0.9000	0.9104	0.9209	0.9126	0.9122	0.9110	0.9009	0.9144
硫含量/%	1.56	1.06	0.69	1.34	1.91	0.69	2.60	3.50	2.89	2.99	2.90
凝点/℃	33	34	31	18	32	24	23	32	23	25	25
残炭/%	0.03	0.20	0.03	0.04	0.05	0.10	0.05	0.04	0.04	0.07	0.07
减压渣油(>500℃)											
收率/%	22.84	25.66	24.94	35.31	30.60	32.59	26.43	32.02	31.62	34.58	37.55
密度(20℃)/(g/cm³)	1.0290	0.9924	0.9954	0.9842	1.0350	1.0060	1.0230	1.0180	1.0290	1.0010	1.0420
镍含量/(μg/g)	69.28	56.51	23.06	14.27	88.83	59.80	18.86	33.34	35.43	29.52	46.60
钒含量/(μg/g)	246.60	203.82	65.37	47.03	299.10	42.20	63.53	81.60	91.08	105.20	141.90
硫含量/%	3.14	1.78	1.54	2.39	3.54	1.24	4.79	5.47	5.08	4.96	4.97
凝点/℃	29	66	46	32	50	43	45	35	74	31	43
残炭/%	17.93	13.42	13.53	11.52	19.67	16.87	16.12	19.94	17.09	18.95	22.54

4. 对环境的污染

加工高硫原油时，许多加工过程都会产生含硫气体和含硫污水，如不回收将对环境造成污染。例如在催化裂化过程中，原料中的硫大约有 10% ~ 30% 进入焦炭。原料中硫含量越高，进入焦炭的硫也越多。焦炭中的硫被催化剂带入再生器，在高温下燃烧生成 SO_2 和 SO_3，其中大约 90% 是 SO_2，10% 是 SO_3；焦炭的硫含量直接关系到再生器中 SO_x 排放量。再生器 SO_x 排放量与原料和焦炭中的硫含量有如下关系[3]：

$$Y = 2.03X^{0.81}$$
$$Z = 850Y$$

式中　X——原料硫含量，%；
　　　Y——焦炭硫含量，%；
　　　Z——烟气中 SO_x 含量，mg/m^3。

对再生器气体中 SO_x 浓度与催化裂化原料中硫含量的关系研究表明[4]，当原料硫由 0.1% 上升到 1.0% 时，则烟气中 SO_x 浓度由 $200mg/m^3$ 上升到 $1800mg/m^3$，且基本为线性关系。

与许多国外原油一样，中东原油也是硫高氮低。中东原油硫含量是中国原油的几倍，而氮含量仅相当于中国原油的 40% 左右（见表 3 – 1 – 1，表 3 – 1 – 2）。

中国原油 < 350℃ 轻馏分油收率约占原油的 1/3 还多。而中东原油 < 350℃ 馏分收率平均为 46.4%（见表 3 – 1 – 1 所列 9 种中东原油），约占原油的一半。这一差异首先将导致常、减压装置负荷的变化。加工中国原油时，将有 2/3 的原油需进减压塔进行蒸馏，因此，减压塔的处理能力应较大。加工中东原油时，只有约 1/2 的原油需进减压塔进行蒸馏，因此，减压塔的处理能力应较小。另外，中东原油轻质馏分较多，< 350℃ 馏分经适当精制即可作为产品；重质馏分较少，二次加工装置，如催化裂化、加氢裂化、焦化等装置的负荷较小。因此，加工中东原油时，全厂物料平衡和装置设置与加工中国原油时会有很大不同。

（二）重金属含量高

所谓重金属主要是指镍和钒。镍和钒在石油中通常存在于大分子有机化合物中，如卟啉化合物，它们难以用脱盐的方法脱除。在催化裂化过程中它们分解，并沉积在催化剂上，使催化剂中毒，影响加工过程的正常进行。这些化合物相对分子质量很大，在蒸馏过程中常被富集到重油或渣油中。在轻馏分油中几乎不含重金属。从表 3 – 1 – 1 和表 3 – 1 – 2 数据可以看出，大多数中国原油中（塔河及塔里木原油除外），镍含量高于钒含量，而中东原油正好相反，钒含量高于镍含量。中东原油和中国原油的镍含量相差无几，而中东原油的平均钒含量约为中国原油平均钒含量的近 50 倍。因此，所谓中东含硫原油重金属含量高，主要是指钒含量高。重金属含量也有随原油密度增加而增加的趋势。

关于镍和钒对催化裂化催化剂的毒害已经被大量工业实践所证实，并对其毒害机理进行了广泛深入的研究。一般认为，钒能破坏催化剂中的分子筛结构，并造成永久性中毒，主要表现为使催化剂活性降低；而镍不破坏分子筛结构，毒害的主要表现为降低催化剂的选择性，使催化剂焦炭和氢气产率增加，汽油和柴油的产率下降。工业上重金属毒害的情况大致是：当催化剂上镍含量低于 $100\mu g/g$ 或者钒含量低于 $600\mu g/g$ 时，未发现金属中毒作用；含钒 $2000\mu g/g$ 的催化剂微反活性比不含钒时低两个单位；含钒 $4000\mu g/g$ 时，催化剂微反活性下降 6~10 个单位。

中东原油减压馏分油(VGO)金属含量一般很低,镍+钒通常都小于 $1.0\mu g/g$,在正常催化剂跑损情况下,催化剂上镍+钒含量一般不会超过 $1000\mu g/g$,因此对催化剂活性和选择性都不会造成显著影响。中东减压渣油则不同,它们的重金属含量都很高。例如,伊朗重质原油的减渣中,镍+钒的含量高达 $388\mu g/g$。因此对于大部分中东常渣和减渣,若不预先脱除过高的重金属,是不能做催化裂化原料的。

重金属含量过高,对其他二次加工过程及产品也有影响,如延迟焦化。在延迟焦化过程中,原料中的重金属在反应过程中大都富集于焦炭中。焦炭中含有过高的金属时,会使焦炭硬度增加,除焦困难。由于金属的存在,增加了焦炭中灰分含量,在焦炭石墨化过程中能影响结晶的形成。

(三) 残炭

表 3-1-1 所列含硫或高硫原油的残炭值在 3.51%~15.29% 之间变动,平均值为 6.11%。表 3-1-2 所列中国原油(另加塔河原油)的残炭值在 1.80%~15.90% 之间变动,平均值为 6.28%。中国原油的残炭平均值高于中东原油。

不管是中东原油还是中国原油,其残炭值均随着原油密度的增加而增加。

二、含硫原油馏分油特点

将表 3-1-1 所列原油分别切割成石脑油(<200℃)、喷气燃料(140~240℃)、柴油(200~350℃)、减压馏分(350~500℃)和减压渣油(>500℃),并将它们的相关性质一并列入表 3-1-3 中[1]。

(一) 石脑油

表 3-1-3 中所列多数含硫原油石脑油收率较高,<200℃馏分收率平均超过 21%。在中东原油石脑油中,链烷烃的含量较高[5],在轻石脑油(20~100℃)中,链烷烃的含量接近 90%;在中石脑油(100~150℃)中,链烷烃的含量接近 70%。中东原油石脑油辛烷值偏低,并随沸点升高,辛烷值下降,150~190℃重石脑油的辛烷值(RON)为 16.2~35.8。可见,中东原油石脑油不能直接作为汽油调和组分。为了生产优质汽油调和组分,几乎所有加工中东原油的炼油厂都有催化重整装置,其加工能力约占原油加工能力的 15% 以上。

中东含硫原油石脑油中链烷烃高,是生产乙烯的理想原料。

在中东含硫原油中还含有约 7% 的 $<C_7$ 的烃类,在加工中应注意回收并合理利用。可以通过 $C_5 \sim C_6$ 和 C_4 异构化、烷基化、MTBE 等方法生产高辛烷值汽油调和组分,为清洁汽油的生产作出贡献。

(二) 喷气燃料油

表 3-1-3 所列的含硫或高硫原油喷气燃料馏分的冰点和芳烃含量较低,大部分符合标准(GB6537)要求,多数烟点合格,部分油种硫含量合格,有的却偏高很多,必须进行精制,如碱洗、Merox(Mercaptan Oxidation,即梅洛克斯脱臭过程)和加氢脱硫等。其他指标与标准相差不多,通过馏分切割方案调整或与其他馏分调和可以生产合格产品。

(三) 柴油

表 3-1-3 所列柴油馏分都具有硫含量高、十六烷指数高和凝点较低的特点。该馏分的十六烷指数都在 46 以上,凝点均低于 -11℃,除含硫较高外,是生产优质柴油的调和组分。

该馏分的硫含量为0.23%~1.50%，无论如何调整，硫含量都大大超过现行国家标准，因此必须经过深度加氢脱硫，才能生产合格的柴油产品。

（四）减压馏分油

含硫原油减压馏分油密度较大，硫含量高，具有中间基含硫（或高硫）原油的明显特征。它的重金属含量和残炭值不高，可作催化裂化原料，但它的特性因数几乎都在12以下，显然不是好的催化裂化原料。尤其是硫含量高达0.69%~3.50%，用它作催化裂化原料将给产品质量、催化剂活性和环境带来不良影响。按照减压馏分油催化裂化硫转化规律推算，它们生成的催化裂化汽油和催化裂化柴油中的硫含量将分别达到0.11%~0.56%和0.43%~2.20%。即使使用降硫助剂或降硫催化剂，仍远不能满足商品汽油对硫含量的要求。催化柴油通常使用加氢精制方法使硫含量降下来，而催化汽油如用常规加氢精制方法脱硫时，由于烯烃加氢饱和势必大大降低催化汽油的辛烷值。多年来，为了降低催化汽油硫含量，先后开发了多种选择性加氢脱硫及吸附脱硫的方法，这些方法均具有较高的脱硫率，同时损失辛烷值很小。

另外，过高的硫含量还会污染催化裂化催化剂，影响催化裂化过程的进行。存在于焦炭中的硫，在再生器中燃烧时，生成大量的SO_x，随烟气排出，如不处理，会对环境造成严重污染。因此，该馏分必须经加氢脱硫或与其他低硫馏分掺兑后才可以作催化裂化原料。随着环保法规的日益严格，炼油厂对FCC原料进行预精制的越来越多。VGO经加氢处理不仅可以脱硫、脱氮、脱芳，改善催化裂化过程的产品分布，降低焦炭和氢气产率，最主要的是可以提高产品的质量和减少SO_x排放，满足环保要求。

中东含硫减压馏分油是理想的加氢裂化原料，加氢裂化可以处理高硫、含硫原料，而且产品方案灵活，产品质量好。减压馏分加氢裂化尾油是生产乙烯的优质原料，世界上有许多乙烯装置用加氢裂化尾油作原料[6]。德国一石化厂用100%的加氢裂化尾油（终馏点560℃）作裂解乙烯原料，该装置乙烯单程收率约27%，运转周期平均达50d。齐鲁石化分公司用孤岛和胜利减压馏分油1:1混合原料单程加氢裂化尾油作原料，工业乙烯单程收率达24.5%，运转周期大于38d。

加工含硫原油的许多炼油厂仍采用传统的老三套工艺生产润滑油。如果采用加氢裂化方法，可以生产优质润滑油。如Chevron公司的异构脱蜡新工艺，该工艺是通过蜡的异构化，而不是把蜡裂化掉来降凝，这样可提高润滑油基础油收率，还可以提高润滑油基础油的黏度指数。该公司开发的加氢裂化和异构脱蜡、精制一体化生产润滑油基础油的方法很有吸引力。

三、含硫原油渣油特点

（一）常压渣油（>350℃）

为了对比，将国内外含硫与高硫原油常压渣油的性质列于表3-1-4。与中国含硫与高硫原油常压渣油相比，中东含硫与高硫原油常压渣油收率低，为45%~59%，而中国含硫与高硫原油常压渣油的收率为72%~77%。中东含硫与高硫原油常压渣油收率随原油密度增加而增加，中国常压渣油没有明显的规律。中东含硫与高硫原油常压渣油硫含量高，为2.3%~4.2%，中国常压渣油硫含量都在2.8%以下。中东含硫与高硫原油常压渣油重金属含量高，特别是钒含量高，Ni+V含量为44~220μg/g。中东含硫与高硫原油常压渣油的残炭值略高于中国胜利常压渣油，但低于塔河常压渣油。由上述数据判断，中国含硫与高硫原油常压渣油的性质接近于或差于中东含硫与高硫原油常压渣油，它们都不能直接作为催化裂化原料，必须脱除过多的硫和重金属后，才能作催化裂化原料。

表3-1-4　含硫及高硫原油常压渣油(>350℃)的性质

原油名称	伊朗轻质(Iran Light)原油	伊朗重质(Iran Heavy)原油	沙特轻质(Arabian Light)原油	沙特中质(Arabian Medium)原油	沙特重质(Arabian Heavy)原油	科威特(Kuwait)原油	中国胜利原油	中国塔河原油
收率/%	45.56	53.91	50.11	54.09	58.37	58.64	76.84	72.22
密度(20℃)/(g/cm³)	0.9625	0.9772	0.9677	0.9765	0.9926	0.9563	0.9559	1.0278
黏度(100℃)/(mm²/s)	31.73	62.10	31.84	64.89	77.76	52.70	83.17	4418
硫含量/%	2.34	2.84	3.76	4.17	4.23	4.15	1.10	2.80
镍含量/(μg/g)	34.7	50.4	10.0	20.7	30.0	17.4	29.0	54.0
钒含量/(μg/g)	123.6	169.8	33.5	53.2	91.3	62.0	2.2	333.0
残炭/%	9.00	11.19	8.53	10.01	14.53	11.20	9.02	21.18
凝点/℃	20	16	5	11	24	15	18	48

通常，加工高硫常压渣油的方法包括：热加工工艺、溶剂脱沥青工艺和加氢工艺。这些方法都能达到脱除或部分脱除杂质的目的。

所谓脱除杂质，除加氢工艺外，通常是将杂质浓缩于焦炭或沥青中，使所产馏分油杂质含量降低。在它们所产的重油馏分中重金属和残炭值大都很低，一般不足原料的10%，而硫含量降低不明显。对高硫常压渣油来说，经过这些加工，其重油中硫含量仍很高，仍不适合作催化裂化原料。减黏裂化是一种浅度热加工工艺，减黏渣油收率通常在90%以上，其显著变化是黏度下降明显。例如黏度可下降90%以上，其他杂质含量下降不明显。减黏裂化的目的主要是生产燃料油，也有生产FCC原料的例子[7]。

渣油加氢处理是高硫渣油加工中发展最快的一种方法。渣油加氢技术发展很快，自1965年第一套常压渣油加氢装置开工至今，用该方法已可以生产含硫为0.1%~0.3%的超低硫燃料油。该工艺的目的基本上是重油轻质化和提供重油催化裂化原料。该工艺能直接生产高质量的馏分油，其尾油杂质含量低，品质好，可以作为催化裂化的原料。ARDS-FCC组合工艺不失为加工中东含硫与高硫原油常压渣油可选用的方法之一。

对于劣质高硫原油常压渣油，例如塔河常压渣油，唯一可行的加工方法就是延迟焦化工艺。

(二)减压渣油(>540℃)

减压渣油(>540℃)是比常压渣油质量更差的一种原料，它的20℃密度为1000kg/m³左右；凝点平均比常压渣油高出30℃左右；黏度也大得多[5]；硫含量大约是常压渣油的1.3倍；重金属含量大约是常压渣油的2.3倍；残炭值大约是常压渣油的2.5倍。由此可见，减压渣油是一种更难处理的原料。

为了对比，将国内外含硫与高硫原油减压渣油的性质列于表3-1-5。与中国含硫与高硫原油减压渣油相比，中东含硫与高硫原油减压渣油收率较低，一般其收率随原油密度减少而减少。其中轻质原油减压渣油收率为22%左右；中质原油减压渣油收率为27%左右；重质原油减压渣油收率为30%左右。中东含硫与高硫原油减压渣油密度大，为1030kg/m³左右；中东减压渣油硫含量高；中东减压渣油的残炭为19%~27%；钒含量高，镍含量略高。由此可见，中东减压渣油是一种很难处理的原料。中国含硫原油减压渣油中胜利减压渣油各项指标要略好于中东减压渣油，但塔河减压渣油比中东减压渣油各项指标要差得多，是最难处理的原料。

表3-1-5 含硫及高硫原油减压渣油（>540℃）的性质

原油名称	伊朗轻质(Iran Light)原油	伊朗重质(Iran Heavy)原油	沙特轻质(Arabian Light)原油	沙特中质(Arabian Medium)原油	沙特重质(Arabian Heavy)原油	科威特(Kuwait)原油	中国胜利原油	中国塔河原油
收率/%	21.50	27.00	22.20	26.83	29.94	26.03	41.17	43.73
密度(20℃)/(g/cm³)	1.0298	1.0375	1.0245	1.0313	1.0396	1.0265	0.9959	1.0730
黏度(100℃)/(mm²/s)	1622	2800	1064	2377	6591	4664	1849	>20000
硫含量/%	3.21	3.85	4.21	5.21	5.61	5.59	1.50	3.45
镍含量/(μg/g)	79.9	108.0	20.7	40.3	59.7	36.3	54.8	89.1
钒含量/(μg/g)	251.6	321.0	71.5	123.5	149.0	133.1	4.2	549.0
残炭/%	19.29	21.35	20.52	20.18	27.31	23.72	16.90	35.00
凝点/℃	34	52	36	60	78	46	37	>50

中东减压渣油是生产优质道路沥青的原料[6]，用高硫减压渣油生产道路沥青，不但可以解决公路运输发展的需要，提高沥青质量等级，还可以解决加工进口高硫减压渣油投资过大，操作费用过高的问题。新加坡和泰国的一些炼油厂，没有渣油加氢装置，而是用高硫原油的减压渣油直接或经过溶剂脱沥青（SDA）生产沥青[7]；采用溶剂脱沥青工艺时，还可同时得到生产润滑油的原料或催化裂化原料。中国石化茂名石化公司利用伊朗和阿曼原油的减压渣油生产道路沥青。伊朗减压渣油中芳烃、胶质、沥青质含量较高，含蜡少，经丙烷脱沥青后，沥青收率可达85%以上，沥青性能好。阿曼减压渣油用丙烷脱除油分和蜡后，也可生产道路沥青，只是沥青收率偏低，约为50%左右，但可从中得到近50%的轻脱油加中段油，增加了重质润滑油原料和催化裂化原料的来源。

另外，由于渣油加氢耗氢量高，操作条件苛刻，采用溶剂脱沥青与沥青气化组合工艺不失为一种好的选择[6]。深度脱沥青工艺的脱沥青油，重金属及其他杂质含量较低，加氢条件较缓和，耗氢也较低。沥青的碳氢比高，用沥青气化制氢成本很低。据Shell公司估计沥青制氢成本约为700美元/t氢气，比用石脑油制氢低200~300美元/t氢气。

减黏裂化是一种古老的、投资少、效益不错的工艺，高硫减压渣油经减黏裂化后，硫含量仍很高，但黏度可以大大降低，还可以与其他馏分调和，如催化循环油，可以生产符合国际标准的硫含量较高的船用燃料油。

焦化是美国加工高硫减压渣油的主要方法，它所生产的汽油、柴油和蜡油均需加氢精制，脱除过高的硫才能作为产品或催化裂化原料。所生产的石油焦，由于硫含量太高，价格太低，而且难以销售。高硫石油焦只能作燃料，为了避免燃烧时对环境的污染，已开发了沸腾炉加石灰粉脱硫等方法。

渣油加氢处理仍是加工高硫减压渣油较好的方法，所得产品质量好，价值高，又无难以处理的副产品。渣油加氢处理技术已日臻成熟，在全世界已建有多套装置，但它投资大，操作费用高，在采用时应认真进行技术经济评估。

第二节 含酸原油一般特性

含酸原油的产量相对于含硫及高硫原油的产量是比较小的，但近年来其增长趋势及价格优势引起了人们越来越多的关注。目前世界上主要的含酸原油产地有西非、南北美洲、西北欧及远东等地区,产量较大的国家有巴西、委内瑞拉、安哥拉、苏丹、乍得、挪威、加拿大以及中国等[8]。1998年世界高酸原油的产量为140Mt,2005年已达255Mt以上,占原油总产量的5%左右,最新的数据显示,到2010年,全球高酸原油产量超过400Mt,已占原油总产量的10%[9],高酸原油产量逐渐增加的趋势十分明显。

2010年我国高酸原油产量在57Mt左右,约占全国原油总产量的30%。东北的辽河油田、山东胜利油田、华北大港油田、新疆克拉玛依油田,直到渤海海域,都有较大的含酸原油区块,其中渤海海域具有相当丰富的含酸原油储备,有很大的增产远景。高酸原油以其低廉的价格被人们称为"机会原油"。然而,其油质差、腐蚀性高的特点使得许多炼油厂望而却步。更深入地研究高酸原油的特性,根据其特点制定相应的加工方案,以及采取相应的防腐措施对于提高炼油厂的经济效益具有重要的意义。

一、含酸原油特点

与普通原油比较而言,含酸原油普遍具有密度大、轻组分少、重金属含量高、多为环烷基或环烷中间基重质原油等特点。含酸原油的这些特性决定了对其不能采取常规的加工模式。目前,国内外主要采取的加工模式有[10]:(1)对装置材质进行升级的集中加工;(2)蒸馏装置集中加工、二次装置混合加工;(3)与低酸原油混合加工;(4)直接进二次装置加工。表3-2-1列出了国内外几种高酸原油的主要性质。

表3-2-1 国内外几种高酸原油的主要性质

项目	胜利混合	蓬莱	克拉玛依超稠油	辽河稠油	苏丹达混	安哥拉奎都	乍得多巴	澳大利亚梵高	印尼杜里
密度(20℃)/(kg/m^3)	925.6	927.9	951.3	948.7	905.0	924.2	923.4	951.1	930.3
API度	20.79	20.37	16.67	17.10	24.20	20.70	21.20	16.74	20.00
黏度(50℃)/(mm^2/s)	150.4	95.46	244.7(100℃)	634.6	268.1	176.0(25℃)	155.4	82.58	184.1
凝点/℃	12	-34	15	8	35	-28	-11	-15	16
残炭/%	6.88	5.77	7.16	15.90	7.27	6.58	11.40	2.35	7.83
酸值/(mgKOH/g)	1.61	4.38	4.30	4.26	2.28	2.00	4.37	1.57	1.25
硫含量/%	0.95	0.31	0.16	0.33	0.11	0.49	0.10	0.35	0.20
氮含量/%	0.55	0.38	0.37	0.64	0.39	0.31	0.16	0.17	0.28
镍含量/(μg/g)	22.6	24.4	38.2	75.0	58.9	35.6	8.29	1.3	58.5
钒含量/(μg/g)	1.7	1.0	0.6	1.2	1.1	13.1	0.27	<1.0	4.8
钙含量/(μg/g)	65.7	107.9	187.0	117.0	9.5	0.5	256.4	6.0	115.0
铁含量/(μg/g)	11.9	18.5	21.0	30.0	19.2	15.9	20.3	—	60.0
原油类别	含硫中间基	低硫中间基	低硫环烷中间基	低硫中间基	低硫环烷基	低硫环烷基	低硫中间基	低硫环烷基	低硫中间基
各直馏馏分收率/%									
石脑油	4.68	4.47	0.44	3.56	2.60	7.02	1.31	0.61	4.36
煤油	6.06	8.18	2.05	4.61	4.50	9.91	1.78	1.89	5.31
柴油	18.46	22.16	11.26	16.23	18.30	26.12	16.21	27.96	12.09
蜡油	35.67	39.83	30.61	33.87	20.03	28.60	31.01	48.29	22.98
减渣	41.17	33.54	56.87	46.18	59.10	35.20	49.69	21.39	53.73

(一)酸值高

许多含酸原油的酸值很高,由表3-2-1数据可以看出,其中蓬莱、克拉玛依、辽河以及乍得多巴原油的酸值都超过了4mgKOH/g。高酸原油最大的问题就是对常减压装置的腐蚀，因此加工高酸原油必须采取提高装置材质等级等防腐措施。另外，高酸原油的乳化比较严重，无论是原油的脱盐脱水，还是产品的储存、运输，都必须采取特殊的预处理措施。原油酸值高，其直馏馏分油及渣油的酸值也高，各馏分中酸值随沸点升高而增加。其轻馏分，如石脑油、喷气燃料和柴油的酸值往往也较高，而蜡油酸值更高，这直接会给含酸原油的加工带来诸多问题，如产品的不合格及引起设备的严重腐蚀等。

（二）密度高

含酸原油大多属于稠油或超稠油，普遍特点是密度大、黏度高，这使得高酸原油脱盐脱水比较困难。从表3-2-1可以看出，所列的国内外高酸原油密度都在900kg/m³以上，密度平均值为931.9kg/m³，远高于含硫原油的密度。含酸原油普遍属于中间基、环烷基或环烷中间基，环烷烃和芳烃含量比较高，裂化性能较差，容易生焦，不适宜作催化裂化掺炼原料。

（三）重金属含量高

含酸原油的金属含量较高，镍和钒含量一般都大于20 μg/g，我国高酸原油的镍含量普遍较高，而钒含量很低，这与我国原油大部分是陆相生油有关。高酸原油中一般含钙、镁和铁离子较高。$CaCl_2$、$MgCl_2$在120℃左右即开始水解（而NaCl要到700℃以上），产生盐酸，这是发生低温腐蚀的主要原因。因此，必须将这些无机盐和有机盐除去。钙、镁、铁有机盐采用常规电脱盐工艺很难脱除，只能利用不同的脱钙技术，如催化加氢脱钙、萃取脱钙、螯合沉淀脱钙、生物脱钙、膜分离法脱钙、树脂脱钙、二氧化碳脱钙及过滤脱钙等。

（四）硫含量一般较低

除少数原油外（如胜利原油及委内瑞拉重油），含酸原油的硫含量一般都较低，表3-2-1中除胜利混合原油外，硫含量都小于0.5%，属低硫原油。

（五）残炭高

由于含酸原油多属于重质油，残炭普遍较高，表3-2-1中所列中国原油的残炭值在5.77%~15.90%之间变动，平均值为8.9%。所列国外原油的残炭值在2.35%~11.40%之间变动，平均值为7.1%。残炭值基本上随原油密度增加而增加。

（六）轻组分含量低

高酸原油偏重的特点决定了其轻组分含量很低，表3-2-1中石脑油的收率平均只有3.2%。这对燃料型的炼油厂是很不利的，只能通过催化裂化和延迟焦化来获得有限的汽油。高酸原油减压渣油含量普遍很高，有许多原油接近一半是减压渣油，而克拉玛依超稠油的减渣更是高达56.87%，这对于炼油厂延迟焦化的负荷要求是非常巨大的。因此，加工高酸原油的炼油厂必须要有良好的减压渣油处理能力。

二、含酸原油馏分油特点

如果不考虑实沸点蒸馏对石油酸的分解，含酸原油馏分的酸值一般随着沸点的升高而增加，图3-2-1列出了国内外几种典型的高酸原油馏分酸值随沸点的分布曲线[9]，从图中可以看出，在250℃之前，馏分油的酸值都小于0.5mgKOH/g，而当到了300℃之后，酸值随着沸点的升高显著升高。由此可见，高酸原油中的石油酸主要集中在重馏分当中[11]。表3-2-2列出了国内外几种高酸原油的直馏馏分性质数据。

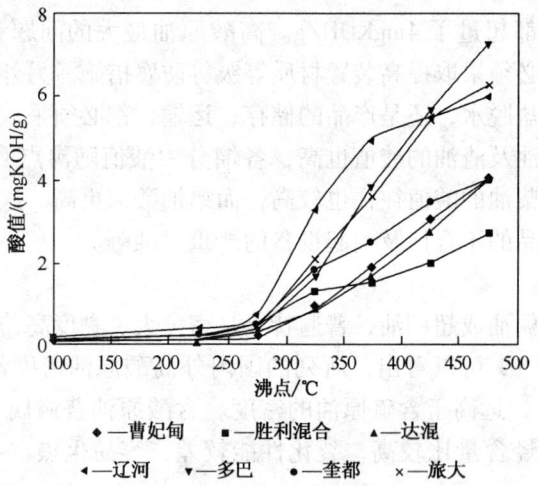

图 3-2-1 高酸原油馏分油酸值随沸点分布曲线

表 3-2-2 高酸原油直馏馏分的主要性质

原 油 名 称	胜利混合	辽河稠油	安哥拉奎都	乍得多巴
石脑油馏分				
馏程/℃	初馏点~180	初馏点~180	初馏点~180	初馏点~180
收率/%	4.68	3.56	7.02	1.31
密度(20℃)/(g/cm^3)	0.7495	0.7600	0.7619	0.7522
酸度/(mgKOH/100mL)	1.9	13.7	7.6	30.8
硫含量/%	0.021	0.013	0.036	37.0(ng/μL)
链烷烃/%	50.11	43.29	42.50	46.12
环烷烃/%	37.43	41.00	47.03	41.70
芳烃/%	12.15	15.57	9.43	12.18
煤油馏分				
馏程/℃	140~240	140~240	130~230	180~230
收率/%	6.06	4.61	9.91	1.78
密度(20℃)/(g/cm^3)	0.8062	0.8177	0.8240	0.8380
酸度/(mgKOH/100mL)	19.27	19.62	6.56	10.15
烟点/mm	20	23	23	15.5
硫含量/%	0.17	0.039	0.075	0.0072
冰点/℃	−57	−57	<−50	<−60
芳烃(体)/%	13.6	15.6	15.4	19.1
柴油馏分				
馏程/℃	180~350	180~350	200~350	230~360
收率/%	18.46	16.23	26.12	16.21
密度(20℃)/(g/cm^3)	0.8450	0.8612	0.8745	0.8906
酸度/(mgKOH/100mL)	19.3	123.2	84.0	131.4
硫含量/%	0.38	0.13	0.29	0.053
凝点/℃	−18	−14	−33	<−20
十六烷指数	50.62	46.12	40.9	39.2
VGO馏分				
馏程/℃	350~540	350~540	350~500	360~522
收率/%	35.67	33.87	28.64	31.01
密度(20℃)/(g/cm^3)	0.9178	0.9420	0.9347	0.9211
硫含量/%	0.64	0.28	0.54	0.10
酸值/(mgKOH/g)	0.28	2.26	2.36	5.38
凝点/℃	38	36	22	12

续表

原油名称	胜利混合	辽河稠油	安哥拉奎都	乍得多巴
常压渣油				
馏程/℃	>350	>350	>350	>360
收率/%	76.84	80.05	63.84	80.70
密度(20℃)/(g/cm^3)	0.9559	0.9840	0.9810	0.9379
镍/(μg/g)	29.0	102.0	78.2	11.3
钒/(μg/g)	2.2	2.1	65.6	0.31
硫含量/%	1.10	0.38	0.61	0.12
氮含量/%	0.58	0.74	0.59	0.21
凝点/℃	18	26	8	4
残炭/%	9.02	13.60	9.84	7.10
减压渣油				
馏程/℃	>540	>540	>500	>522
收率/%	41.17	46.18	35.20	49.69
密度(20℃)/(g/cm^3)	0.9959	1.0131	1.0017	0.9488
黏度(100℃)/(mm^2/s)	1849	>20000	7500	263.2
镍/(μg/g)	54.8	167.0	141.9	18.3
钒/(μg/g)	4.2	3.5	118.9	0.51
硫含量/%	1.50	0.45	0.68	0.124
氮含量/%	0.82	0.94	0.63	0.32
沥青质/%	0.6	1.7	5.3	0.7
残炭/%	16.90	22.80	17.84	11.53

(一) 石脑油

含酸原油石脑油收率较低，初馏点~180℃馏分收率平均只有4.14%，辽河稠油和乍得多巴原油甚至不到4%。石脑油密度较大，表明其中重石脑油组分含量较高。辽河稠油和乍得多巴原油石脑油馏分的酸度也较高。含酸原油石脑油的辛烷值相对于含硫原油来说较高，这与其中环烷烃和芳烃含量较高有关。高酸原油的石脑油链烷烃含量较低，不太适合作为生产乙烯的原料。

(二) 煤油

与我国的3#喷气燃料标准相比较，含酸原油的冰点都符合要求，基本都< -47℃。芳烃含量都小于20%。烟点都低于25mm，不符合标准。由于含酸原油的硫含量一般较低，其煤油馏分的硫含量普遍较低，不需要进行脱硫精制。

(三) 柴油

表3-2-2中所列柴油的平均收率较石脑油有明显的升高，达到了19.26%，不过由于环烷烃和芳烃含量较高，柴油的十六烷指数不高，只能作为柴油产品的调和组分。柴油的酸度较高，其中辽河稠油和乍得多巴的柴油馏分酸度都超过了100mgKOH/100mL，距国标合格品(<10mgKOH/100mL)的要求相差较大，需要进行脱酸处理。安哥拉奎都的柴油馏分凝点虽然低至-33℃，但其十六烷值却不高，需要进一步的加工才能生产出优良的柴油产品。

(四) VGO

高酸原油蜡油的密度普遍较大，表3-2-2中蜡油平均密度为0.9289 g/cm^3。由图3-2-1我们可以看出，石油酸主要集中在高酸原油的蜡油馏分中，而蜡油馏分在高酸原油中又占有很大的比重，表3-2-2中所列的蜡油平均收率为32.30%。蜡油中环烷烃和芳烃含量较高，既可以作为加氢裂化的原料，也可以利用催化裂化生产较高辛烷值的汽油。

三、含酸原油渣油特点

（一）常压渣油

高酸原油轻组分含量低的特点决定了其常压渣油含量普遍较高，表3-2-2中所列高酸原油的常压渣油平均收率达到了75.2%。常压渣油的密度在0.9379~0.9840g/cm³之间，平均值为0.9647g/cm³。常压渣油的残炭随密度的增加而增加。高酸原油的常压渣油重金属含量普遍较高，特别是镍的含量较高，残炭也很高，平均值为9.8%。高酸原油多属中间基、环烷基或环烷中间基，其渣油裂化性能较差，容易生焦。因此，高酸原油的常压渣油一般不能直接作为催化裂化原料。

（二）减压渣油

高酸原油的减压渣油收率相对较高，都在30%以上，但却是一类量大质差的物料。减压渣油的金属含量特别是镍的含量较高，直接进行催化裂化和加氢裂化加工难度较大。焦化是加工高酸原油减压渣油的主要方法，它所生产的汽油、柴油均需经过加氢精制，才能作为产品。对于延迟焦化装置来说，由于操作温度大于500℃，石油酸在此温度下大都分解。因此，应主要加强进料管线、加热炉及分馏塔底等部位的防腐。

第三节 含硫含酸原油一般特性

一、含硫含酸原油特点

一般将硫含量在0.5%以上，同时酸值也在0.5mgKOH/g以上的原油称为含硫含酸原油，全球酸值高、硫含量也高的原油种类不多。胜利原油是我国典型的高硫高酸原油，国外高硫高酸原油主要有瑙鲁兹、委内瑞拉BCF、波斯坎等少数几种原油，其中委内瑞拉和加拿大这两个国家盛产高硫高酸原油。

从表3-3-1可以看出，高硫高酸原油的密度普遍较大，四种原油的平均密度达到了954.6kg/m³。四种原油的残炭都在8.5%以上，波斯坎原油的残炭高达15.90%。氮含量也较高，平均值为0.42%，这将会对石油产品产生影响，必须利用加氢精制等手段进行脱氮。除胜利高硫高酸原油外，其他几种原油的蜡含量低（在2.5%以下）、重金属（镍+钒）含量高，都在140μg/g以上，这对催化裂化等二次加工极为不利。四种高硫高酸原油的减压渣油含量普遍较高，随着密度的增加而增加，平均值为46.6%。

表3-3-1 几种高硫高酸原油的主要性质

项　目	胜利高硫高酸	瑙鲁兹	委内瑞拉BCF	波斯坎
密度(20℃)/(kg/m³)	946.6	928.7	953.1	990.1
API度	17.47	20.30	16.47	10.98
黏度(50℃)/(mm²/s)	398.2	127.7	161.0	2974
凝点/℃	8	<-30	-20	0
残炭/%	8.55	12.10	10.5	15.90
酸值/(mgKOH/g)	2.11	1.14	2.23	1.39

续表

项 目	胜利高硫高酸	瑠鲁兹	委内瑞拉BCF	波斯坎
蜡含量/%	8.0	1.3	2.5	1.5
胶质+沥青质/%	25.3	18.3	17.7	32.1
硫含量/%	1.80	4.90	2.20	4.90
氮含量/%	0.47	0.26	0.49	0.46
镍含量/(μg/g)	23.6	29.6	49.0	99
钒含量/(μg/g)	2.4	111.0	360	869
钙含量/(μg/g)	55.0	1.6	12.3	8.0
铁含量/(μg/g)	41.0	2.5	7.1	9.1
原油类别	高硫环烷中间基	高硫中间基	高硫环烷基	高硫环烷基
减压渣油馏程	>540℃	>525℃	>527℃	>526℃
减压渣油收率	46.92	44.51	42.92	52.04

二、含硫含酸原油馏分油特点

从四种原油宽馏分的性质(见表3-3-2)可以发现，高硫高酸原油宽馏分的酸值及硫含量普遍较高。对于石脑油来说，需要通过加氢等手段进行脱硫精制。胜利、瑠鲁兹及波斯坎三种原油的石脑油链烷烃含量平均值为48.5%，石脑油链烷烃的含量较低，不适合作生产乙烯的原料。不过石脑油的环烷烃和芳烃含量较高，是较好的催化重整原料。四种原油的煤油馏分虽然冰点很低，但烟点都小于25 mm，且硫含量较高，必须进行精制和调和才可以生产3#喷气燃料。四种柴油馏分的硫含量很高，凝点低，需要进行深度加氢脱硫才能生产出合格的柴油产品。委内瑞拉BCF和波斯坎柴油馏分的十六烷指数较低，而胜利和瑠鲁兹柴油馏分的十六烷指数都在45~55之间，有较好的自燃性。

四种高硫高酸原油的VGO馏分收率高、密度大、残炭和重金属含量不高，似乎可以作为催化裂化原料；但它们的特性因数都在12以下，显然不是好的催化裂化原料。特别是硫含量高达1.1%~4.7%，必然会带来产品性质差、催化剂活性下降快及环境污染等问题，必须采用选择性加氢脱硫等手段进行产品的精制。但该VGO是理想的加氢裂化原料，可得到较好的低硫产品。四种原油的常压渣油和减压渣油都有收率高、密度大、金属含量高、残炭及硫含量高等共同特点，特别是国外三种高硫高酸原油的渣油重金属钒含量尤其高，常压渣油不适合作催化裂化原料。渣油加氢处理是加工高硫高酸渣油较好的方法，但其投资大，操作费用高。目前比较经济的方法还是通过焦化和减黏裂化来处理这类劣质渣油。

表3-3-2 高硫高酸原油直馏馏分的主要性质

原油名称	胜利高硫高酸	瑠鲁兹	委内瑞拉BCF	波斯坎
汽油馏分	15~180℃	初馏点~180℃	初馏点~145℃	15~175℃
收率/%	2.85	9.74	2.77	3.43
密度(20℃)/(g/cm^3)	0.7608	0.7188	0.7314	0.7510
酸度/(mgKOH/100mL)	9.0	0.68	2.41	3.5
硫含量/%	0.120	0.017	0.016	0.76
链烷烃/%	45.34	67.21	30.35	50.96
煤油馏分	140~240℃	140~240℃	145~230℃	140~230℃
收率/%	4.65	9.87	4.7	3.06

续表

原油名称	胜利高硫高酸	瑞鲁兹	委内瑞拉 BCF	波斯坎
密度(20℃)/(g/cm³)	0.8200	0.7800	0.8063	0.8218
酸值/(mgKOH/g)	0.196	0.070	0.091	0.068
烟点/mm	17.5	23.3	19.4	19
硫含量/%	0.33	0.19	0.16	2.43
冰点/℃	−60	−60	<−60	<−60
芳烃(体)/%	18.0	17.4	16.6	25.1
柴油馏分	180~350℃	180~350℃	230~360℃	175~350℃
收率/%	16.17	19.62	18.17	14.37
密度(20℃)/(g/cm³)	0.8642	0.8323	0.8832	0.8766
酸度/(mgKOH/100mL)	49.8	38.3	111.0	4.1
硫含量/%	0.78	1.17	1.11	3.72
凝点/℃	−18	−29	<−20	−29
十六烷指数	45.77	50.7	41.6	40.89
VGO 馏分	350~540℃	350~525℃	360~527℃	350~526℃
收率/%	33.65	26.13	31.44	30.05
密度(20℃)/(g/cm³)	0.9332	0.9386	0.9530	0.9540
酸值/(mgKOH/g)	0.59	1.60	0.35	<0.05
硫含量/%	1.10	3.43	1.75	4.73
凝点/℃	34	29	14	30
残炭/%	0.15	0.43	0.51	0.86
特性因素	11.7	11.4	11.4	11.4
常压渣油	>350℃	>350℃	>360℃	>350℃
收率/%	80.57	70.64	74.36	82.09
密度(20℃)/(g/cm³)	0.9747	1.0143	1.0031	1.0245
镍/(μg/g)	29.4	49.0	64.6	120.0
钒/(μg/g)	3.0	185.0	450.2	1059
硫含量/%	2.00	4.16	2.66	5.30
凝点/℃	20	29	22	31
残炭/%	10.50	18.34	15.00	19.10
减压渣油	>540℃	>525℃	>527℃	>526℃
收率/%	46.92	44.51	42.92	52.04
密度(20℃)/(g/cm³)	1.0099	1.0560	1.0371	1.0759
镍/(μg/g)	50.0	73.2	112.0	190.0
钒/(μg/g)	5.2	282.0	780.0	1670
硫含量/%	2.60	5.90	3.33	5.60
凝点/℃	41	>50	>50	>50
残炭/%	17.80	29.03	25.85	30.90

第四节 含硫含酸原油中的硫与氧化合物

截至 2012 年 1 月 1 日，全世界石油剩余探明储量为 208.66Gt[12]，石油的平均硫含量按 1% 计算，在石油中总共含有接近 2.1Gt 的硫，或者 7.0~14.0Gt 各种有机硫化合物。

不同来源的石油中，硫含量变化很大，可在万分之几到百分之几范围内变化，少数原油硫含量可高达9.6%,甚至14%,但大部分原油的硫含量都低于4%。

一、含硫原油中的硫化物类型特点

(一)含硫原油的分类

按照国际惯例,通常将硫含量低于0.5%原油称为低硫原油,中国的原油多属于低硫原油;贸易上,将硫含量高于1.5%的原油称为高硫原油,大部分中东原油都属于高硫原油;硫含量在0.5%~1.5%之间的原油称为含硫原油。

(二)含硫原油及其馏分中的硫分布

大量研究结果证明,石油中硫含量与石油的地质年代、岩性特点、埋藏深度等因素有关。表3-4-1列出了地球上不同地区碳质石油和陆源石油2500个样品的统计分析数据[13]。

表3-4-1 地质地球化学因素对石油硫含量的影响

地层年代	石油硫含量/%		硫化氢含量(天然气和半生气中)/%	
	碳质	陆源	碳质	陆源
第三纪	2.36	0.408	0	0.004
古生代	1.85	0.57	0.4	0.006
白垩纪	2.49	0.65	1.12	0.01
侏罗纪	1.34	0.28	1.01	0.009
三叠纪	0.82	0.65	1.37	0
二叠纪	0.98	0.60	1.65	0
石炭纪	1.86	0.78	1.40	0.113
泥盆纪	0.51	0.85	0.05	0
志留纪	0.14	0.19	0.34	0.02
奥陶纪	0.87	0.19	0.46	0
寒武纪	0.30	0.16	0.09	0

表3-4-1数据表明,碳质岩石地层中开采的石油比陆源沉积原油的含硫量大得多,在其伴生气和天然气中硫化氢含量也是如此,这可能是碳酸盐岩石对单质硫和石油烃反应具有催化作用的证据。另外,从最古老的地层中开采的石油,比从较年轻的地层中开采的石油平均含硫量小。表3-4-2列出了几种地质年代的石油硫含量与其埋藏深度的关系[13]。表3-4-2数据表明,从1000~2000m油层中采出的石油往往硫含量最高,低硫油常常埋藏在较深的地层中。

表3-4-2 埋藏深度与石油硫含量的关系

地层年代	埋藏深度/m	石油硫含量/%	
		碳质	陆源
古生代	0~1000	2.64	0.65
	1000~2000	3.08	0.82
	2000~3000	1.26	0.39
	3000~4000	0.41	0.40
白垩纪	0~1000	2.83	0.73
	1000~2000	3.11	0.66
	2000~3000	2.54	1.14
	3000~4000	1.46	0.31

续表

地层年代	埋藏深度/m	石油硫含量/%	
		碳质	陆源
侏罗纪	0～1000	0.63	0.34
	1000～2000	2.30	0.38
	2000～3000	1.66	0.36
	3000～4000	0.78	0.15
二叠纪	0～1000	1.83	0.36
	1000～2000	1.32	0.49
	2000～3000	1.02	0.43
	3000～4000	0.54	1.10

石油中的硫在各馏分中的分布是不均匀的，随石油总硫含量的增加和馏分沸点的升高，各馏分中的硫含量急剧增加。

图3-4-1绘出了原油中硫含量与馏分油中硫含量的关系。由图3-4-1看到，不管是陆源石油还是碳质石油，均符合相同的规律。从轻馏分油到渣油，随原油中硫含量的增加，其馏分油及渣油中的硫含量增加。各馏分中硫含量曲线形状由中凹线，经过近似直线，到中凸线。相应于初馏点～200℃、200℃～300℃、300℃～400℃、400℃～500℃曲线的斜率逐渐增加，分别是0.14%、0.70%、0.95%和1.10%。这表明硫在高沸点馏分中比在低沸点馏分中富集快得多。

石油馏分油中的硫含量随其沸点增加而增加，这一规律已被许多实验数据所证明，表3-4-3列出了12种含硫原油及其馏分油的硫含量分布。

表3-4-3数据表明，51%～72%的硫都集中在减压渣油中。而在汽油馏分中的硫只占总硫含量的0.02%～0.70%；喷气燃料馏分中的硫占0.26%～3.1%；柴油馏分中的硫占4.9%～16.0%；蜡油中的硫占21.9%～29.8%。

原油中各窄馏分的硫含量不同。一般来说，原油硫含量越高，其窄馏分硫含量也相对较高，但由于不同原油中所含硫化物热稳定性差别很大。含有较多热稳定性较差硫化合物的原油，由于这些硫化合物在加热蒸馏过程中易分解成低沸点的硫化合物，使轻馏分中硫含量增加。由此可见，

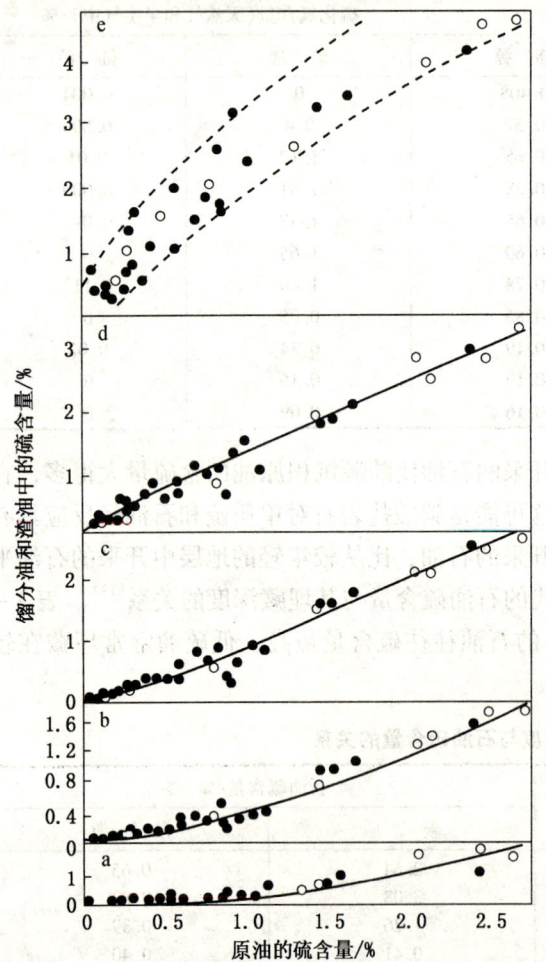

图3-4-1 石油中硫含量与馏分油中硫含量的关系
●—陆源石油；○—碳质石油
馏分：a—初馏点～200℃；b—200～300℃；
c—300～400℃；d—400～500℃；e—渣油＞500℃

用常规蒸馏方法测定原油中各馏分的硫含量,往往不能正确反映原油中硫的原始分布情况。因此,有人建议用减压蒸馏方法尽可能降低蒸馏温度,减少蒸馏过程中硫化物的分解,以得到馏分中硫分布的正确结果。

表 3-4-3 典型含硫原油的硫分布   %

序号	原油名称	原油 含硫	汽油 含硫	汽油 分布	喷气燃料 含硫	喷气燃料 分布	柴油 含硫	柴油 分布	蜡油 含硫	蜡油 分布	减压渣油 含硫	减压渣油 分布
1	胜利	0.95	0.01	0.02	0.17	1.12	0.43	6.68	0.64	24.88	1.50	67.30
2	塔河	2.10	0.02	0.04	0.07	0.26	0.43	4.88	0.64	23.45	3.45	71.37
3	伊朗轻质	1.43	0.06	0.70	0.14	1.82	0.98	15.95	1.56	26.97	3.14	54.57
4	伊朗重质	1.80	0.08	0.61	0.21	1.70	1.04	11.26	1.91	25.18	3.54	61.26
5	阿曼	1.28	0.03	0.25	0.21	2.29	0.63	8.22	1.34	23.09	2.39	66.16
6	伊拉克巴士拉	2.85	0.01	0.06	0.42	2.22	1.82	11.20	3.50	25.45	5.47	61.07
7	俄罗斯乌拉尔	0.84	0.03	0.37	0.17	3.10	0.68	15.29	1.06	29.78	1.78	51.46
8	也门马西拉	0.64	0.01	0.11	0.03	0.76	0.26	8.74	0.69	29.23	1.54	61.16
9	沙特轻质	2.30	0.03	0.17	0.11	0.87	1.22	11.37	2.60	28.66	4.79	58.92
10	沙特中质	2.80	0.04	0.18	0.16	0.96	1.52	11.06	2.89	25.28	5.08	62.52
11	沙特重质	2.84	0.01	0.03	0.24	1.16	1.54	9.42	2.90	21.85	4.97	67.53
12	科威特	2.58	0.01	0.04	0.33	1.76	1.17	7.06	2.99	26.93	4.96	64.20

(三) 含硫原油及其馏分中类型硫分布

1. 原油中的含硫化合物

几乎所有原油中都含有硫及其化合物。原油的性质不仅与它的烃类族组成有关,而且与所含硫化物类型及其热稳定性有关。因此,研究原油中存在的含硫化合物的数量和类型,成为人们关注的重点。

原油中的硫可分为无机硫和有机硫。无机硫包括单质硫和硫化氢。在石油中单质硫较少见,许多石油不存在单质硫。单质硫常常在古生代碳质石油中出现,其浓度一般不会超过 0.1%,但少数原油也可能含有很多单质硫,如美国得克萨斯克鲁多苏米斯原油中含有 1.0% 的单质硫,占该原油总硫含量的 42.5%。

在许多原油中不易发现游离的硫化氢,但在某些原油中确实存在溶解的硫化氢,在许多原油的伴生气和天然气中常常含有硫化氢,如表 3-4-1 所示。另外,硫化氢的含量常常与原油的取样、储存和运输方式有密切关系。伊拉克某些原油中硫化氢含量高达 0.135%;美国原油的硫化氢含量多在 0.01% ~ 0.06% 之间波动;近东地区原油的硫化氢含量多在 0.002% ~ 0.01% 之间;前苏联原油中的硫化氢含量一般小于 0.01%。虽然在原油中硫化氢含量很少,但在石油加工过程中,由于某些热稳定性较差的含硫化合物的分解会产生大量硫化氢,因此,对硫化氢所产生的危害不容忽视。

石油中的硫除单质硫和硫化氢之外,其余均以有机硫化合物的形式存在于原油和石油馏分之中。目前,在原油中已鉴别出的有机硫化合物主要有以下几类:硫醇类(RSH),硫醚类(RSR′),环状硫醚,硫杂环烷烃类(如 ⟨S⟩, ⟨S⟩ 等),二硫化物(RSSR′),噻吩及其同系物(⟨S⟩),苯并噻吩和二苯并噻吩(⟨⟩⟨S⟩, ⟨⟩⟨S⟩⟨⟩),苯萘并噻吩(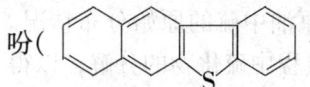)和由结构更复杂的稠环化合物,含有硫、氮、氧等杂原子的化合物,以及由它们组成的高分子胶粒组成的沥青质等。

  石油中的含硫化合物按其化学性质还可以分为两类:活性硫化合物和非活性硫化合物。活性硫化合物主要包括单质硫、硫化氢和硫醇等,它们的共同特点是化学性质活泼,在加工和使用过程中对金属设备有较强的腐蚀作用,硫化氢和硫醇还有恶臭味,浓度较高时对人和动物有毒害作用。而硫醚和噻吩等的化学性质比较稳定,它们不会对设备造成直接腐蚀,故这些硫化合物被称作非活性硫化合物。

  不同原油中硫化合物类型分布往往有很大差别,但也有一定规律。表3-4-4列出了部分原油中典型硫化合物的分布情况[15]。在表3-4-4所列的原油中,它们的类型硫化物分布相差很大,例如得波利法原油,硫醇硫含量占总硫含量的45.9%,属于典型的硫醇油。它的二硫化物含量也很高,二硫化物含量占总硫含量的22.5%,相应地,硫醚和噻吩硫含量都很低,二者之和仅占总硫含量的31.6%,特别是硫醚硫含量更低,几乎不含烷基或环烷基硫醚。克鲁多苏米斯原油则具有很高的单质硫含量,单质硫含量占总硫含量的42.5%;硫醇和二硫化物含量也相当高,而硫醚硫和噻吩硫含量很低,二者之和仅占总硫含量的38%。其余如威逊和斯洛塔原油中硫醇和二硫化物也较高。与大多数原油相比,上述这些原油的硫类型分布是比较特殊的。

表3-4-4 原油中的硫化物类型分布①   %

原油名称	总 硫	单质硫	硫化氢	硫醇	二硫化物	RSR(Ⅰ)②	RSR(Ⅱ)②	其余硫③
威逊	1.85	0.1	0	15.3	7.4	11.6	13.0	52.6
得波利法	0.58	0.0	0	45.9	22.5	0.0	3.0	28.6
瓦尔玛	1.36	0.4	0	1.1	0.7	12.4	41.5	43.9
阿卡地加里	1.36	0.0	0	8.5	3.4	12.8	9.6	65.7
克利考克	1.93	0.0	0	7.9	3.5	20.9	24.6	41.0
萨塔玛利亚	4.90	0.0	0	0.2	0	6.1	35.5	58.2
阿来哥巴斯	3.25	0.3	0	1.7	1.3	15.0	13.5	68.2
斯洛塔	2.01	1.2	0	10.8	9.2	7.5	22.5	48.8
拉古来茵	0.76	0.0	0	0	0	7.7	20.3	72.0
哈依得巴克	3.75	0.0	0	0.0	0.2	7.8	11.7	80.3
克鲁多苏米斯	2.17	42.5	0	10.6	8.4	9.1	11.6	17.3

  ① 占总硫的百分数。
  ② RSR(Ⅰ)表示烷基或环烷基硫醚;RSR(Ⅱ)是噻吩及其硫醚类。
  ③ 其余硫主要是噻吩硫化合物。

  Bolshakov 把来自全世界的 256 种原油按其地址特性进行分类[13],将其所含硫化物类型分布列于表3-4-5中。表3-4-5所列数据代表的原油来源广泛,品种多,可以代表多数原油中硫化合物类型分布的一般规律。从表3-4-5可以看出,原油中一般单质硫含量很少,几乎所有陆源石油中都不含单质硫。在碳质原油中单质硫含量也很少,其含量占原油总硫的比例不超过0.6%。

表 3-4-5　原油中类型硫化物的含量及分布　　　　　　　　　　　　　　　　%

岩 性	地质年代	总硫/%	单质硫		硫 醇		硫化物[①]		残余硫[②]	
			含量	分布	含量	分布	含量	分布	含量	分布
陆源石油	白垩纪	1.44	0	0	0	0	0.249	17.3	1.191	82.7
	侏罗纪	0.87	0	0	0	0	0.07	8.0	0.8	92.0
	中生代	1.42	0	0	0	0	0.243	17.1	1.177	82.9
	石炭纪	1.908	0	0	0.017	0.9	0.351	18.4	1.538	80.7
	泥盆纪	1.312	0	0	0.004	0.3	0.258	19.7	1.050	80.0
	古生代	1.598	0	0	0.01	0.6	0.303	19.0	1.284	80.4
碳质石油	上第三纪	4.89	0	0	0.014	0.3	0.26	5.3	4.617	94.4
	二叠纪	2.852	0.018	0.6	0.124	4.3	0.459	16.1	2.251	89.9
	石炭纪	2.114	0.005	0.2	0.038	1.8	0.351	16.6	1.72	81.6
	泥盆纪	1.225	0.004	0.3	0.045	3.7	0.218	17.8	0.974	88.5
	古生代	2.218	0.008	0.4	0.059	2.7	0.366	16.5	1.786	80.8

① 硫化物主要是指硫醚类化合物。
② 残余硫主要是指噻吩及其衍生物。

原油中硫醇硫含量高于单质硫，而且在大多数原油中都含硫醇硫，但数量不多，在陆源石油中硫醇硫含量占总硫含量不超过1%，在碳质石油中最高为4.3%。硫化物，主要是硫醚类化合物，在陆源和碳质石油中分布状况相似，硫醚硫含量占总硫含量为5%到20%之间。残余硫，主要是噻吩及其衍生物，在各种石油中其含量占总硫含量的80%以上。因此，在大多数石油中，硫化合物的类型以硫醚和噻吩占绝对优势，二者之和占总硫含量的95%以上，它们主要分布在石油的重馏分和渣油中，是石油产品精制和二次加工过程中应认真对待的硫化合物类型。

硫醇（包括硫酚）是原油中含量最少的有机硫化合物，而且主要存在于低沸点馏分中（如汽油、煤油中），并随馏分油沸点升高，所含硫醇比例减少。但有些原油中硫醇含量可能相当高，硫醇硫含量几乎占总硫含量的一半以上。它们属于典型的硫醇油，也叫酸性原油。

石油中的硫醇大多是烷基硫醇，环状化合物极少。有报道在某原油中，已检出的47种硫醇中，40种是烷基硫醇，6种是环状硫醇，一种硫酚[16]。硫醇结构以仲硫醇和叔硫醇为主，伯硫醇含量很低，曾有人分析了四种原油的柴油馏分，发现所含硫醇中的伯、仲、叔结构的比例为5:75:20。在利比亚石油中的$C_4 \sim C_5$硫醇，主要是直链结构，而相应的烃却是有支链的。

高沸点馏分中的硫醇很像烷基硫酚，包括多环的烷基硫酚。在科威特原油的280~440℃馏分中发现了烷基硫酚存在的证据，其侧链含有10~15个碳原子，有关烷基硫酚更完善的数据尚未得到。

几乎所有的原油中都含有各种硫醚类化合物，在不同原油中，硫醚含量差别很大，它们主要分布在中沸点馏分中。硫醚按结构可分为非环状硫醚和环状硫醚。在甲烷系石油中存在大量非环状硫醚，环状硫醚通常出现在以环烷烃为主的石油中。因此硫醚的结构和石油烃的结构是一致的。例如在威明顿和乌兹别克斯坦的环烷基石油中，非环状硫醚的含量都很低，最高不超过总硫化物的3%。而在高硫的甲烷系石油中以非环状硫醚为主。至今已有100多种脂肪硫醚被鉴定出来，在脂肪硫醚中二伯基和二仲基化合物最多，多于3个碳原子的烃基通过仲碳原子与硫原子相连的比例比伯碳多。因此在这些脂肪硫醚中 α-取代异构体占多数。在脂肪硫醚中直链烃是最重要的结构元素，和硫醇一样，在脂肪硫醚中，直链对支链的比例比相同石油中相应的烃高。

在一些原油中发现了烷基环烷基硫醚，主要是烷基环己基硫醚。在噻吩油中，烷基环己基硫醚的含量与硫杂环烷烃的含量相当。在这些原油的煤油馏分中，在所有硫醚类化合物中，以环烷基硫化物为主。石油烷基芳基硫醚的含量几乎和烷基环烷基硫醚相等。在这些化合物中仲基脂肪链片断是最常见的。

从某原油的 350~530℃ 馏分中分离出了通式为 $C_nH_{2n-z}S(z=6、8、10)$ 的烷基苯硫醚及烷基萘基硫醚，和通式为 $C_nH_{2n-z}S(z=10、12、14)$ 的多萘烷基噻蒽基硫醚。在许多石油中，五元和六元硫杂环及其同系物占多数，在中沸点馏分中它们的含量特别高。在中东石油的中沸点馏分中硫杂环戊烷和硫杂环己烷分别占硫杂环烷烃的 60%~70% 和 30%~40%。到目前为止，已发现大量的环状硫醚，在这些化合物中，取代基的位置有严格的规律。在稠环的硫杂环烷中，硫原子处于末端环上是一个规律。

苯基硫杂环仅存在于 230℃ 以上的馏分中，并组成硫杂茚满和硫杂萘满。

表 3-4-6 是几种石油馏分油中硫醚的化学族组成。由表 3-4-6 看出，在硫醚中，硫杂环烷含量最高，大都在 70% 以上，非环硫醚次之，苯基硫杂环烷含量最少。按环数分，单环含量最多，均在 60% 以上，随环数增加，其含量依次减少。

表 3-4-6 石油馏分油中硫醚的化学族组成

馏分油	馏程/℃	硫分布/%						
		硫醚类型			环 数			
		非 环	硫杂环烷	苯基硫杂环烷	单 环	双 环	三 环	四 环
柴油1	190~360	14.3	77.5	8.2	63	22	11	4
柴油2	190~360	11.7	82.8	5.5	72	20	6	2
柴油3	190~360	7.2	88.2	4.6	63	24	10	3
柴油4	150~350	0.5	95.9	3.6	61	26	11	2
柴油5	150~350	7.2	90.0	2.8	59	27	10	4
柴油6	200~400	16.8	80.5	2.7	66	22	10	2
柴油7	200~400	8.3	90.0	1.7	77	17	4	
煤油1	150~220	22.8	66.5	10.7	84	10	6	
煤油2	150~250	0.0	84.4	15.6	64	27	9	

硫醇、硫醚、二硫化物在原油总硫中所占比例一般不超过 27%，剩下的硫习惯上称作"残余硫"，它包括在芳香杂环中带有硫原子的化合物，以及更复杂的芳香硫化合物。其中以噻吩及其衍生物为主。

典型的烷基噻吩分子中通常含有一个短侧链($C_2~C_3$)和一个较长的侧链($C_3~C_5$)，以及一或二个甲基。根据光谱及加氢脱硫数据判断，在烷基噻吩中不存在单取代基衍生物。如果噻吩带有两个以上烷基的话，其中肯定有一个烷基占据 2 位。在重直馏馏分中已发现了带长脂肪链($C_{33}~C_{36}$)的烷基噻吩。

芳基噻吩在石油中含量很丰富，其浓度随馏分沸点升高而增加。在一项关于 7 种不同原油的分析中，烷基噻吩只占硫化物总量的 1%~6%，而苯基和二苯基噻吩却分别占 12%~25% 和 8%~23%。在其他 78 个原油中芳基噻吩也有类似的分布。在高沸点馏分中发现了 5 个环的多芳基噻吩，但大部分是三苯基噻吩。在石油中还存在含 1~3 个，有时达到 6 个环烷环的芳基噻吩。

带有两个硫原子(二硫化物除外)的杂环化合物也存在于石油中，带有更多硫原子的化合物很少遇到。甲基-3,4,5-三甲基-噻蒽基硫化物(A)和异构的甲基噻蒽基噻吩(B、C)都已被证实。噻蒽基噻吩、噻蒽基硫杂环烷烃、噻蒽基硫化物以及它们的苯基和环烷基同系物都在渣油中检测到了。

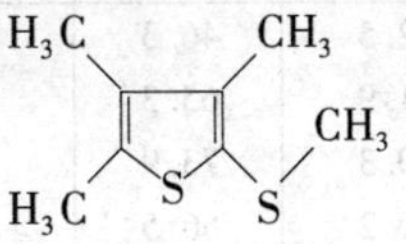

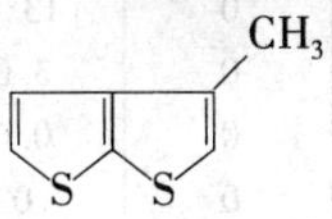

在许多石油中还发现了同时含有硫和氮的化合物,例如4,5-二乙基噻唑、4-乙基-5-丙基噻唑、4-甲基-2-苯基噻唑和4,5-二丙基-2-苯基噻唑。

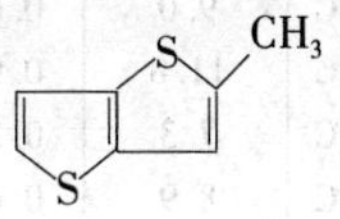

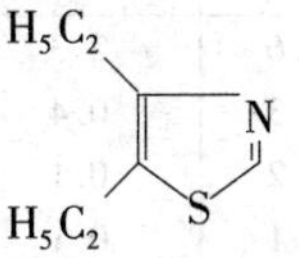

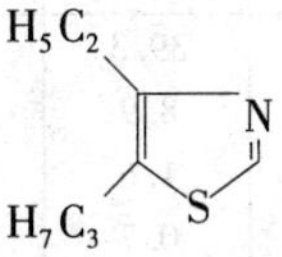

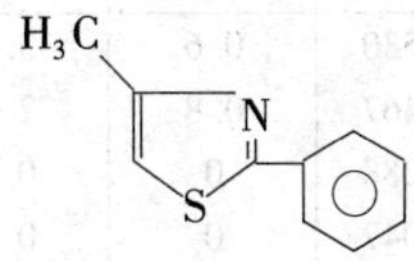

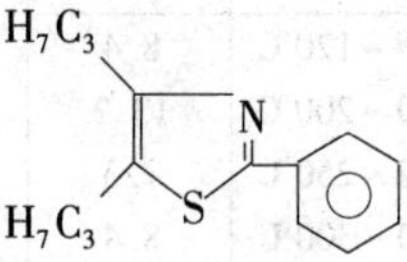

在不同杂环中含有S和N的化合物在石油中也被发现,如:

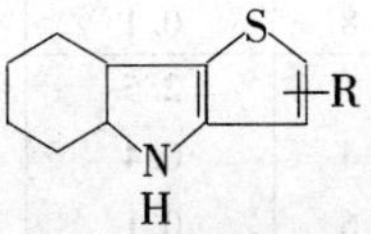

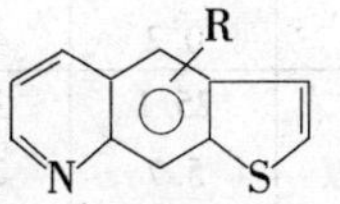

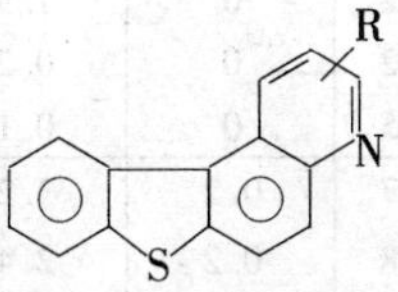

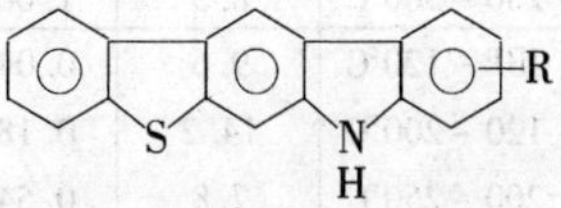

以及2-亚硫酰基喹啉

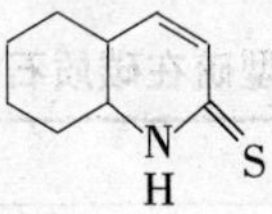

含有硫和氧的化合物在石油中的数量很少。在加利福尼亚石油的高沸点羧酸浓缩物的还原产物中含有苯基和二苯基-噻吩和苯基环烷基噻吩及其同系物。这些化合物具有下列结构:

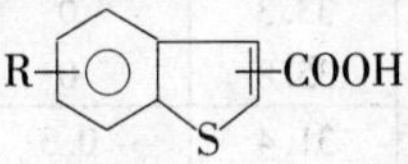

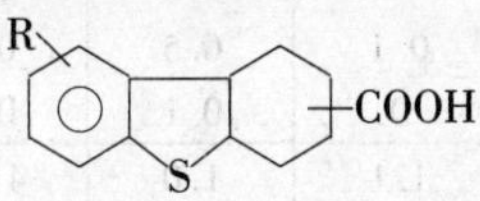

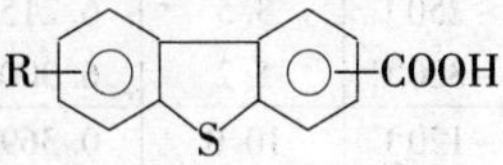

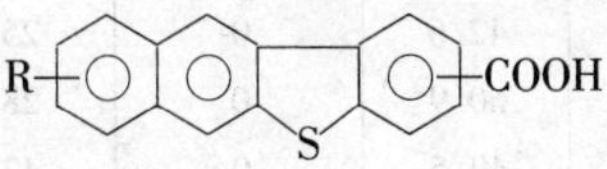

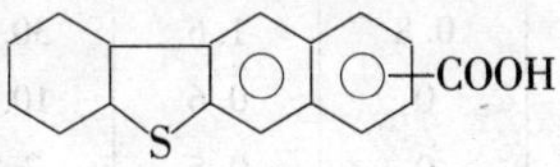

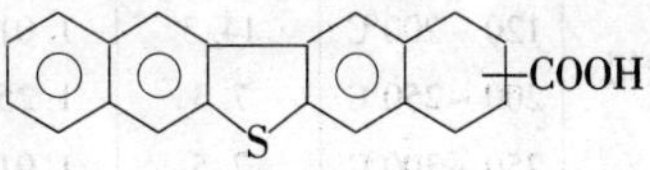

在加利福尼亚石油的455~538℃馏分中还发现了其经验分子式为 $C_nH_{2n-z}OS$ 的化合物,结构A是中性化合物, $Z=2$ 和6;结构B和C是酸性化合物, $Z=4$ 和6。

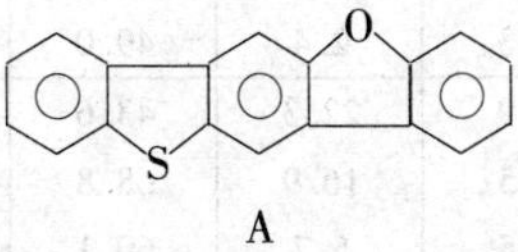

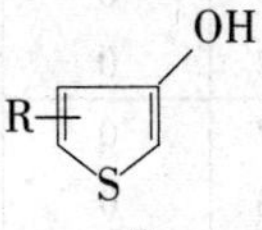

毫无疑问,含有硫、氮和氧的化合物也应存在于石油中,但至今尚未鉴别出来。因此,噻吩、硫醚和硫醇是石油中有机硫化合物的主要类型。

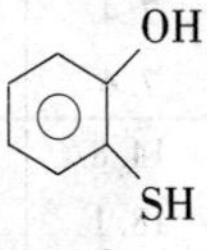

2. 石油馏分中的类型硫分布

在不同原油中,不同类型硫化合物在各馏分中的分布是不同的。按原油的地质-地球化学特性分类,类型硫化合物在各馏分中的平均分布特性列于表3-4-7和表3-4-8中。

表3-4-7 类型硫在陆源石油馏分中的分布

地质年代	馏分范围	馏分收率/%	硫含量/%	类型硫分布/%					
				硫化氢	硫	硫醇	硫化物	二硫化物	残余
白垩纪	IBP~120℃	9.0	0.0277	0	13.0	2.5	46.3	16.2	22.0
	120~200℃	11.8	0.0928	0	3.0	1.9	65.3	1.8	28.0
	200~250℃	7.3	0.2732	0	0.6	0.3	73.9	0.4	24.8
	250~300℃	8.9	0.6640	0	0	0.2	56.5	0.1	43.2
侏罗纪	IBP~120℃	9.1	0.0270	0	12.5	2.5	46.9	16.2	21.9
	120~200℃	11.9	0.0904	0	3.0	2.0	65.7	1.9	27.4
	200~250℃	7.3	0.2688	0	0.6	0.3	73.8	0.4	24.9
	250~300℃	8.9	0.6596	0	0	0.2	56.4	0.1	43.3
石炭纪	IBP~120℃	8.4	0.0530	0.6	3.8	39.3	30.6	2.3	23.3
	120~200℃	13.2	0.2467	0.8	2.7	8.9	72.3	0.4	15.5
	200~250℃	7.3	0.6288	0	0.5	1.6	68.2	0.1	29.6
	250~300℃	8.4	1.4047	0	0.2	0.7	43.1	0.1	55.9
泥盆纪	IBP~120℃	10.6	0.0309	0	2.3	5.2	43.7	2.9	45.9
	120~200℃	15.1	0.1442	0	1.9	1.4	68.0	0.3	28.4
	200~250℃	8.2	0.4762	0	0.2	0.3	60.6	0.1	38.8
	250~300℃	8.5	1.0665	0	0.1	0.2	44.8	0.1	54.8
古生代	IBP~120℃	9.6	0.0407	0.2	3.2	25.1	36.1	2.5	32.9
	120~200℃	14.2	0.1898	0.2	2.4	5.7	70.4	0.4	20.9
	200~250℃	7.8	0.5459	0	0.4	1.0	64.6	0.1	34.0
	250~300℃	8.5	1.2209	0	0.1	0.4	43.9	0.1	55.4

表3-4-8 类型硫在碳质石油馏分中的分布

地质年代	馏分范围	馏分收率/%	硫含量/%	类型硫分布/%					
				硫化氢	硫	硫醇	硫化物	二硫化物	残余
早第三纪	IBP~120℃	2.2	0.5150	4.4	2.1	4.6	37.9	0	51.0
	120~200℃	10.7	4.3150	1.5	1.1	0.7	39.2	0	57.5
	200~250℃	3.5	6.2150	0.1	0.5	0.5	33.3	0	65.6
	250~300℃	5.2	6.3000	0	0.1	0.2	35.8	0	63.9
二叠纪	IBP~120℃	10.0	0.3693	1.1	1.0	41.1	31.4	0.3	25.1
	120~200℃	14.3	1.0182	0.8	1.6	30.2	42.6	0	25.2
	200~250℃	7.3	1.2520	0	0.6	10.0	60.9	0	28.5
	250~300℃	7.5	1.9130	0	0.5	7.3	49.5	0	42.7
石炭纪	IBP~120℃	9.2	0.0867	0.9	5.0	44.0	29.5	0.1	20.5
	120~200℃	13.6	0.3818	0.6	4.6	14.5	58.9	0.1	21.3
	200~250℃	7.4	0.8185	0	0.9	3.2	58.3	0	37.7
	250~300℃	7.4	1.3357	0	0.3	2.4	49.0	0	48.3
泥盆纪	IBP~120℃	14.8	0.0417	0	2.9	22.3	43.6	2.4	28.8
	120~200℃	18.1	0.2083	0	2.5	16.9	68.8	0.3	11.5
	200~250℃	8.0	0.5000	0	0.5	5.7	60.1	0.1	31.2
	250~300℃	9.0	0.8625	0	0.3	6.5	30.0	0	63.2
古生代	IBP~120℃	9.9	0.1293	0.5	3.0	42.0	30.9	0.2	23.4
	120~200℃	17.1	0.4705	0.7	3.4	20.3	53.5	0.1	22.0
	200~250℃	7.4	0.8570	0	0.6	5.2	59.0	0	35.2
	250~300℃	7.6	1.0834	0	0.4	3.5	46.3	0	49.8

从表3-4-7和表3-4-8的数据清楚地看到，在石油的初馏点~350℃轻馏分中，硫含量随馏分沸点升高迅速增加。单质硫、硫化氢和二硫化物是石油中含量较少的硫化物，在许多石油馏分中不含硫化氢。单质硫和二硫化物的含量略高于硫化氢，它们主要分布在250℃以下的馏分中，在汽油馏程范围内特别集中。硫醇是低沸点石油馏分中含量较多的硫化合物，在许多原油的初馏点~120℃馏分中硫醇含量占该馏分总硫含量的40%以上。硫醇多集中在低沸点馏分中，随馏分沸点升高，硫醇含量迅速降低。在高于300℃的馏分中硫醇含量通常很低。"硫化物"主要是指硫醚类化合物，包括烷基硫醚、环烷基硫醚、芳基硫醚和环状硫醚等。在低沸点石油馏分中其含量比任何其他类型硫化物都高，特别是在120~200℃和200~250℃沸点范围内，其含量常常占该馏分总硫含量的60%以上。在初馏点~300℃范围内，它的分布特点是开始较低，之后迅速升高，在120~250℃沸点范围内达到最大值，之后降低。

"残余硫"一般是指噻吩硫，包括噻吩及其衍生物。它是石油中最重要而且含量最多的硫化合物。噻吩分布在石油的全部馏分中，随馏分沸点升高，噻吩硫占总硫的百分数增加，在250~300℃馏分中，噻吩硫已占该馏分总硫含量的40%以上，噻吩硫主要存在于减压馏分油和渣油中。通常，在汽油馏分中只含有噻吩和烷基噻吩；在柴油馏分中含有烷基噻吩、苯并噻吩和二苯并噻吩；减压馏分中除上述类型的噻吩外还会有四环和五环的噻吩。

中东原油馏分油中硫化合物的类型分布符合上述规律，图3-4-2示出了伊朗达里乌斯原油馏分油中不同类型硫化合物随沸点变化的分布情况[14]。

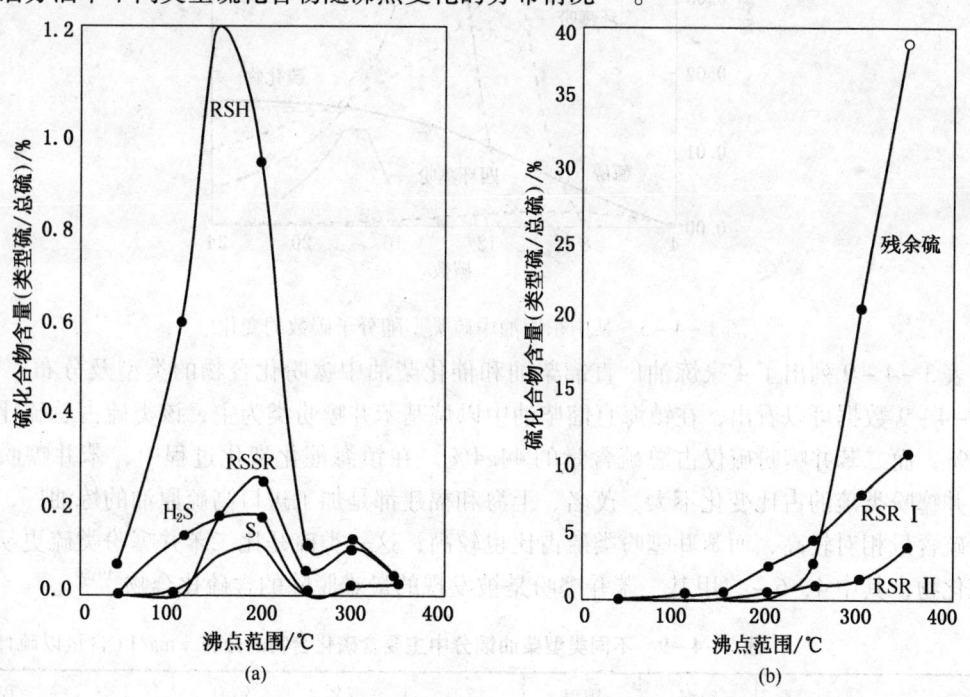

图3-4-2 伊朗原油<350℃馏分的硫化物类型分布

由图3-4-2可以清楚地看到，不同类型的硫化合物在原油馏分中的含量和分布不同。单质硫、H_2S、RSH和RSSR等硫化合物主要分布在<250℃的馏分中[见图3-4-2(a)]，在此馏程范围内随沸点升高，它们的含量均出现由低到高，然后迅速下降的过程，其峰值均

在130~200℃之间。这就是说，在汽油和煤油馏分中，这些硫化合物的含量最高。与此不同，非活性硫，如烷基硫醚（RSR Ⅰ）、芳基硫醚（RSR Ⅱ）、残余硫（主要是噻吩及其衍生物），则主要分布在>200℃的馏分中，且含量大大增加。随馏分沸点升高，非活性硫的含量逐步增加[图3-4-2(b)]，残余硫在200℃以下含量很少，从250℃开始急剧增加。尽管活性硫主要集中在<250℃的馏分中，但它占<350℃馏分段总硫的百分数很低，除RSH可达1.2%外，其余最高含量均在0.3%以下。大量的硫化合物还是那些非活性硫化合物。然而少量的活性硫化合物对设备的腐蚀作用却是巨大的，不可忽视。

图3-4-3是某中东原油中各种含硫化合物中的硫含量随烃分子碳数变化的情况。由图3-4-3看出，硫醇硫在C_9左右出现最大值；硫化物硫随碳数增加逐步增加，没有峰值出现；二环、三环和四环噻吩中的硫含量分别在碳数为11、15和17处出现峰值。这一结果也与上述规律一致。

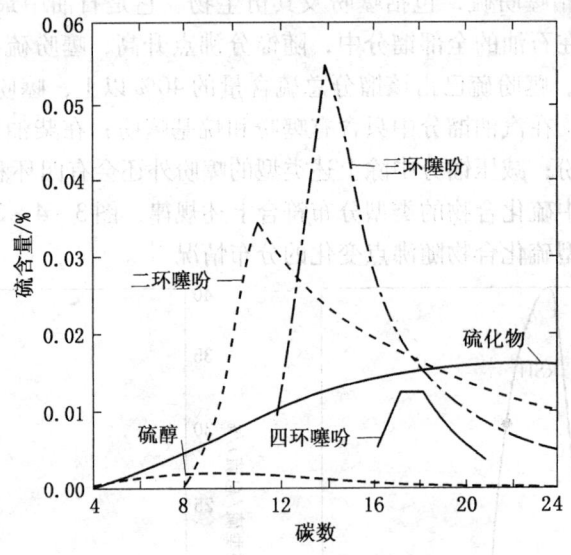

图3-4-3 某中东原油中硫类型随分子碳数的变化

表3-4-9列出了4家炼油厂直馏柴油和催化柴油中噻吩化合物的类型及分布[19]。由表3-4-9数据可以看出，在镇海直馏柴油中以烷基苯并噻吩类为主，该类硫占总硫比例为55.6%，而二苯并噻吩硫仅占总硫含量的44.4%。在镇海催化裂化过程中，苯并噻吩类和二苯并噻吩类硫的占比变化不大。茂名、上海和福建都是加工进口高硫原油的炼油厂，它们的总硫含量相对较高，而苯并噻吩类硫占比也较高；这一类硫是比二苯并噻吩类硫更易脱除的硫化物，其中4,6-二甲基二苯并噻吩是被发现的最难脱除的含硫化合物[19,30]。

表3-4-9 不同类型柴油馏分中主要含硫化合物的分布 mg/L（含量以硫计）

含硫化合物	镇海常二线	镇海常三线	镇海直馏柴油	茂名直馏柴油	镇海催化柴油	上海催化柴油	福建催化柴油
苯并噻吩	0	0	14.7	0	83.4	738.1	393.0
甲基苯并噻吩	60.0	0	132.0	111.4	550.6	3706.2	1541.0
C_2-苯并噻吩	786.0	145.5	667.6	617.2	919.2	5903.2	2311.0
C_3-苯并噻吩	1810.5	492.5	1069.2	1203.6	750.0	4349.3	1875.0

续表

含硫化合物	镇海常二线	镇海常三线	镇海直馏柴油	茂名直馏柴油	镇海催化柴油	上海催化柴油	福建催化柴油
$C_4 \sim C_6$ - 二甲基苯并噻吩	1788.0	934.5	1553.7	2128.6	998.0	3515.2	6120.0
烷基苯并噻吩	4545.0	1572.5	3437.2	4060.8	3301.2	18212.0	12240.0
二苯并噻吩	52.5	190.5	162.9	201.6	135.0	670.3	300.0
4 - 甲基二苯并噻吩	22.5	385.5	298.1	323.8	312.0	692.2	408.0
4 - 乙基二苯并噻吩	0	91.5	202.2	206	37.2	320.0	75.0
4,6 - 二甲基二苯并噻吩	0	172.5	215.4	226	81.0	149.5	150.0
3,6 - 二甲基二苯并噻吩	0	75.0	143.4	202	31.5	96.9	58.5
其他的烷基二苯并噻吩	0	3859.5	1722.0	1866	2103.0	2033.1	5084.0
烷基二苯并噻吩	75.0	4774.5	2744.8	3025.2	2699.7	3962.0	6075.0
总硫	4620.0	6347.0	6181.2	7086.0	6000.9	22174.0	18315.5
烷基苯并噻吩/总硫	98.4%	24.8%	55.6%	57.3%	55.0%	82.1%	66.8%
烷基二苯并噻吩/总硫	1.6%	75.2%	44.4%	42.7%	45.0%	17.9%	33.2%

表 3 - 4 - 10 列出了镇海炼油厂不同硫含量加氢柴油中噻吩化合物的类型及分布[19]。由表 3 - 4 - 10 数据可以看出，加氢后柴油中以二苯并噻吩类为主，如 1# 加氢柴油中仅含 3.5% 的苯并噻吩类硫化物，随着加氢深度增加，到 3#、4# 柴油已经不含苯并噻吩类硫化物；而二苯并噻吩类硫化物的相对含量逐渐增加，9 种二苯并噻吩含量最高可达 68.1%。其中 4,6 - 二甲基二苯并噻吩在 4# 加氢柴油中相对含量增加到 39.9%，远高于其他类型的硫化物，表明 4,6 - 二甲基二苯并噻吩是柴油加氢过程中最难脱除的含硫化合物。

表 3 - 4 - 10 不同硫含量加氢柴油中主要含硫化合物的分布

mg/L (含量以硫计)

含硫化合物	镇海直馏柴油	1#加氢柴油	2#加氢柴油	3#加氢柴油	4#加氢柴油
苯并噻吩类化合物	3437.2	15.49	1.16	0	0
二苯并噻吩	162.9	3.12	0	0	0
4 - 甲基二苯并噻吩	298.1	42.57	6.30	0	0
4 - 乙基二苯并噻吩	202.2	10.03	2.04	0	0
4,6 - 二甲基二苯并噻吩	215.4	41.72	13.12	5.77	2.88
2,4 - 二甲基二苯并噻吩	73.8	32.23	4.89	0.89	0
3,6 - 二甲基二苯并噻吩	143.4	26.19	1.03	1.32	0
1,2 - 二甲基二苯并噻吩	102.6	9.92	0.95	0	0
2,4,6 - 三甲基二苯并噻吩	117.9	29.29	5.74	3.41	1.26
2,4,8 - 三甲基二苯并噻吩	60.0	18.39	7.29	2.61	0.77
其他硫	1367.7	208.00	43.50	7.80	2.30
总硫	6181.2	436.95	86.00	21.80	7.21
苯并噻吩类/总硫	55.6%	3.5%	1.3%	0.0%	0.0%
9 种二苯并噻吩类/总硫	22.3%	48.9%	48.1%	64.2%	68.1%
其他硫类/总硫	22.1%	47.6%	50.6%	35.8%	31.9%

二、含酸原油中的氧化物类型特点

石油中的含氧化合物可分为酸性和中性两大类，酸性含氧化合物有羧酸类和酚类，而中性含氧化合物则有酯类、醚类和呋喃类等。由于中性氧化物含量很低，对加工过程也几乎没有影响，所以通常只考虑酸性含氧化合物。石油中的酸性化合物通称为石油酸，它包括脂肪酸、环烷酸、芳香酸及酚类，由于绝大部分含酸原油中酚类的含量很低，一般只考虑前三种羧酸类化合物。

环烷酸虽然在加工过程中能引起设备的腐蚀，带来负面的影响，但另一方面它又是性能优良的精细化工原料，广泛用于化工、食品、制造等领域，可用作涂料、催化剂、油品添加剂、植物生长调节剂、防腐剂等。

（一）含酸原油的分类

含酸原油的分类通常是以酸值来划分的，原油的酸值是原油中酸性物质总含量的参数，以中和1g原油中的酸所用的KOH的质量来表示。酸值≤0.5mgKOH/g的原油为低酸原油或正常原油，绝大部分原油在遭受生物降解前都为正常原油；酸值为0.5~1.0mgKOH/g的原油为含酸原油，这类原油一般是由海相原油在经过一定生物降解后形成的，或是陆相原生含酸原油，对炼油设备有直接的腐蚀作用；酸值1.0~5.0mgKOH/g的原油为高酸原油，绝大部分是海相原油严重降解和陆相原油中度降解的产物；酸值>5.0mgKOH/g的原油为特高酸值原油，一般是陆相原油严重降解的产物[20]。

表3-4-11列出了国内外一些含酸及高酸原油的酸值[21]，辽河油区的高升原油属于含酸原油，我国胜利油区、辽河油区、新疆油区及渤海油区的原油基本都是高酸原油，而苏丹富兰-2B(Fula-2B)为特高酸原油，其酸值达到了13.82mgKOH/g。由表3-4-11中的数据还可以看出，高酸原油多属中间基、环烷基或环烷-中间基，除苏丹的达混(Dar Blend)原油外，鲜有石蜡基的高酸原油。

表3-4-11 国内外一些含酸及高酸原油的酸值

原油产地		酸值/(mgKOH/g)	原油分类
胜利油区	混合原油	1.27	含硫中间基
	孤岛	1.55	含硫环烷-中间基
辽河油区	欢喜岭	2.85	低硫环烷基
	高升	0.81	低硫环烷-中间基
	曙光	2.70	低硫环烷基
新疆油区	克拉玛依0号	1.75	低硫中间基
	克拉玛依九区	4.87	低硫环烷基
渤海油区	蓬莱19-3	3.28	低硫环烷-中间基
	绥中36-1	2.48	低硫环烷基
	秦皇岛32-6	4.25	低硫环烷基
印度尼西亚	杜里	1.25	低硫中间基
澳大利亚	梵高	1.57	低硫环烷基
安哥拉	奎都	2.00	低硫环烷基
乍得	多巴	4.13	低硫中间基
巴西	马利姆	1.27	含硫环烷基
苏丹	达混	2.28	低硫石蜡基
苏丹	富兰-2B	13.82	低硫环烷-中间基
委内瑞拉	波斯坎	1.90	高硫烷基
美国	威明顿	2.16	含硫环烷基

（二）含酸原油及其馏分中的酸分布

1. 原油中的含酸化合物

原油中的酸性化合物有成千上万种，图3-4-4给出了国外三种原油的酸性化合物的质谱图[22]，由图中可以看出，安哥拉原油中已鉴定出的酸性化合物就有六千多种，加拿大海上原油更是鉴定出了一万多种含酸化合物。这些含酸化合物不仅有石油酸及酚类等含氧化合物，还有许多含氮、含硫化合物。本节只对酸性化合物的主体——石油酸进行较为详细的讨论。

原油中的石油酸主要为一元羧酸，石油酸的通式为 $C_nH_{2n+z}O_2$，n 代表碳原子数，$Z=0$，-2，……，-12 分别代表饱和，一环，二环，……，六环环烷酸，$Z=-8$，-10，-12 等分别代表芳香酸。环状结构以一、二、三环为主，有少量的四环或多环，羧基直接与环相连或者通过数个碳与环相连。图 3-4-5 给出了石油中含量较高的部分石油酸的结构示意图[23]，多环石油酸不仅含有六元环，还有五元环或者芳环。绝大多数环烷酸为羧基和这三种环的排列组合。不同碳数及类型的石油酸在不同原油中的分布是不相同的，图 3-4-6 给出了加拿大阿萨巴斯卡油砂中石油酸的碳数及类型分布[24]，石油酸的碳数主要分布在 12 到 16 之间，以二环和三环环烷酸为主。

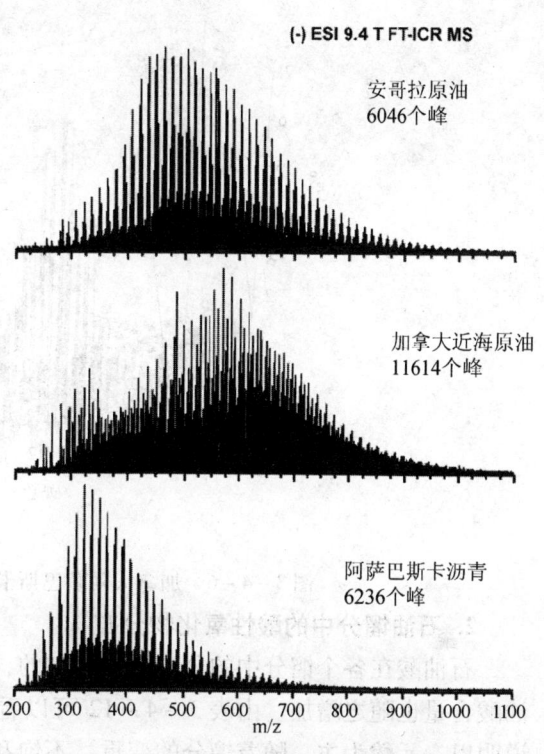

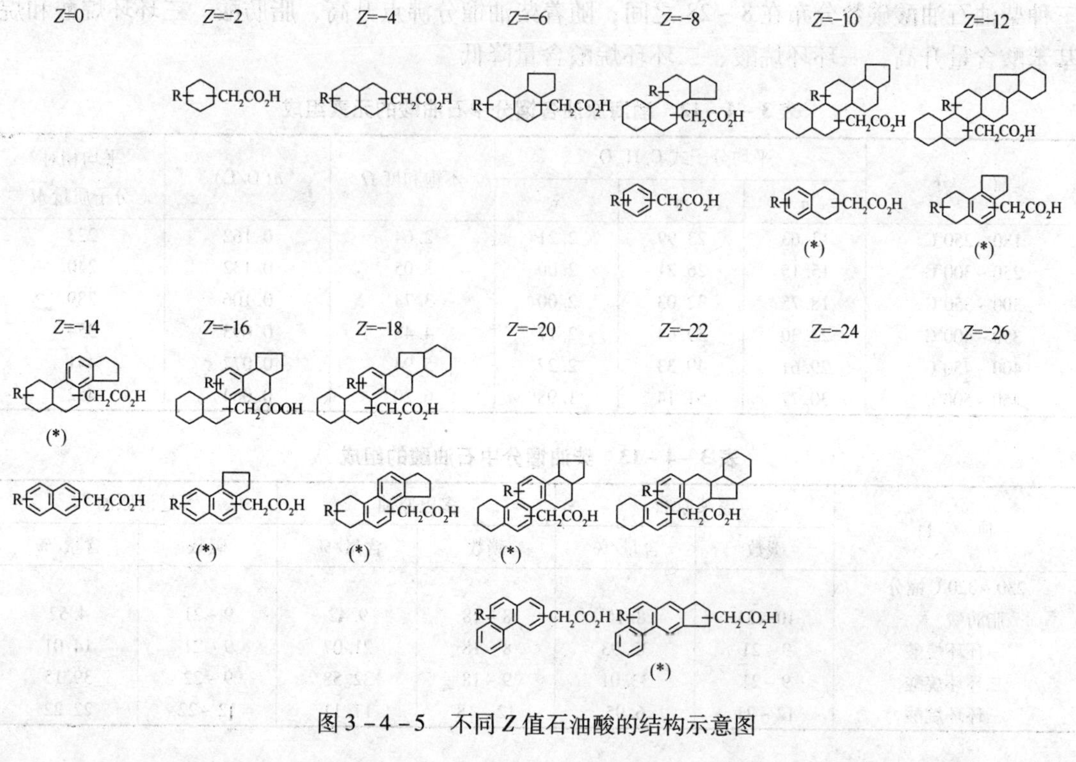

图 3-4-4 三种不同原油的含酸化合物傅里叶变换-离子回旋共振质谱图

图 3-4-5 不同 Z 值石油酸的结构示意图

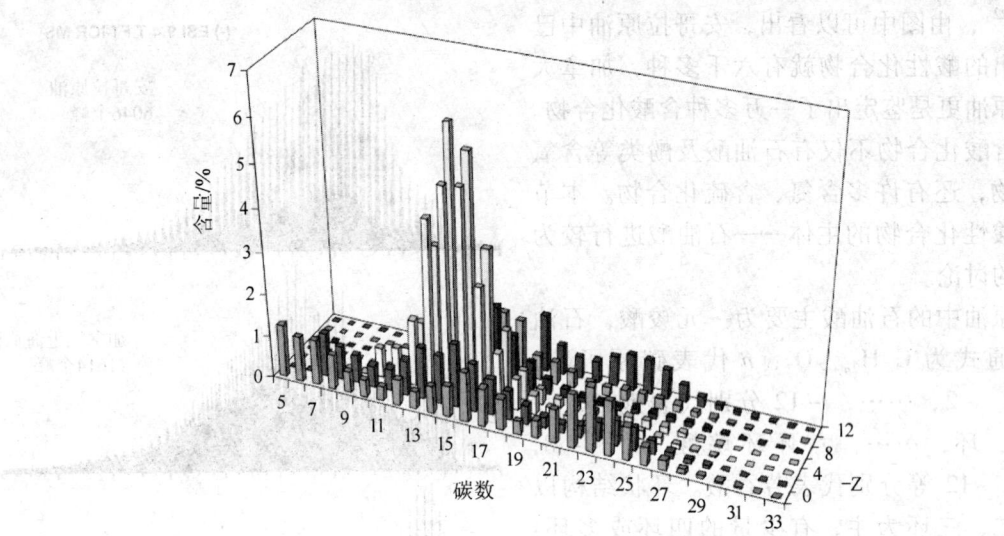

图 3-4-6 加拿大阿萨巴斯卡油砂中石油酸的碳数及类型分布

2. 石油馏分中的酸性氧化物分布

石油酸在各个馏分中的分布是不均匀的,随着馏分沸点的升高,酸值增加,各馏分的石油酸含量也随之增加。由表 3-4-12 可以看出[25],渤海原油石油酸的氧原子数平均为 2,说明以一元酸为主,随着馏分的变重,不饱和度增加,表明多环环烷酸含量随着馏分变重而增加。

表 3-4-13 列出了三种高酸原油的柴油馏分中石油酸的组成数据[26],三种柴油馏分中有机羧酸的组成以一环环烷酸、二环环烷酸、三环环烷酸为主,基本占有机羧酸 60% 以上;三种柴油石油酸碳数分布在 8~28 之间;随着柴油馏分沸点升高,脂肪酸、三环环烷酸和烷基苯酸含量升高,一环环烷酸、二环环烷酸含量降低。

表 3-4-12 渤海原油各馏分中石油酸的元素组成

馏 分	平均分子式 $C_nH_mO_x$			不饱和度 Ω	$n(O/C)$	平均相对分子质量 $\overline{M}$
	n	m	x			
180~250℃	13.63	23.99	2.21	2.64	0.162	223
250~300℃	15.15	26.21	2.00	3.05	0.132	240
300~350℃	18.75	32.03	2.00	3.73	0.106	289
350~400℃	23.30	39.64	2.17	4.48	0.093	354
400~450℃	29.61	49.33	2.27	5.94	0.077	441
450~500℃	30.77	51.14	1.98	6.20	0.064	452

表 3-4-13 柴油馏分中石油酸的组成

项 目	蓬莱原油		多巴原油		辽河原油	
	碳数	含量/%	碳数	含量/%	碳数	含量/%
230~320℃馏分						
脂肪酸	10~21	8.15	8~18	9.42	9~21	4.52
一环环烷酸	9~21	32.93	8~18	21.07	9~21	14.01
二环环烷酸	9~21	33.01	9~18	32.58	9~22	39.15
三环环烷酸	12~21	6.95	12~18	17.11	12~22	22.22

续表

项 目	蓬莱原油		多巴原油		辽河原油	
	碳数	含量/%	碳数	含量/%	碳数	含量/%
烷基苯酸	10~21	7.67	9~18	8.21	9~22	10.58
单环烷基苯酸	10~21	9.46	10~18	6.61	10~22	6.68
双环烷基苯酸	13~22	1.82	13~18	4.98	13~22	2.84
320~350℃馏分						
脂肪酸	11~24	13.23	13~27	13.16	17~26	6.16
一环环烷酸	11~24	24.33	12~27	17.19	11~26	11.98
二环环烷酸	11~24	24.22	12~27	22.14	12~27	26.25
三环环烷酸	12~24	11.39	12~28	21.05	12~27	24.33
烷基苯酸	11~24	8.36	12~28	11.58	12~27	14.17
单环烷基苯酸	11~24	11.42	12~28	8.09	12~27	8.54
双环烷基苯酸	13~24	7.05	13~28	6.80	13~27	8.58

第五节 加工过程中硫转化规律

从硫化物在石油馏分中的分布情况看出，单质硫、硫化氢、硫醇和二硫化物主要分布在250℃以下的轻馏分中，除硫醇外，它们大都含量很低。有些硫化合物在原油中很少或根本不存在。在蒸馏过程中，一些热稳定性不好的硫化物分解而生成单质硫和硫化氢。活性硫化物由于其化学性质活泼，相对分子质量较小，又多集中于低沸点馏分中，它们极易被除去。通常用酸－碱洗、脱臭等方法即可将其大部分除去。而硫醚和噻吩类硫化物属于非活性硫化物，它们主要分布在重馏分中，而且在石油中所占比例很大，比活性硫更难脱除，因此它们是含硫重油加工过程中所面临的主要问题。

一、含硫化合物的加氢和热解性能

加氢和热加工是石油加工的重要手段，也是从石油中除去硫和生产合格产品的重要方法。石油中含硫化合物的化学性质与原油加工过程中硫的转化规律密切相关。

1. 石油中含硫化合物的加氢性能

（1）硫醇在加氢过程中发生如下反应[16]：

硫醇在氢压和催化剂存在下，几乎可以定量地反应生成烷烃和硫化氢：

$$RSH + H_2 \longrightarrow RH + H_2S \uparrow$$

当条件缓和或氢压不足时，也会生成烯烃和硫醚：

$$2RSH + H_2 \longrightarrow R'CH=CH_2 + 2H_2S \uparrow + RH \uparrow$$

$$3RSH + H_2 \longrightarrow RSR + RH + 2H_2S \uparrow$$

（2）硫醚加氢首先生成硫醇，硫醇再进一步加氢生成饱和烃和 H_2S，其反应包括：

$$RSR + H_2 \longrightarrow RH + RSH$$

$$RSR + 2H_2 \longrightarrow 2RH + H_2S \uparrow$$

$$RSH + H_2 \longrightarrow RH + H_2S \uparrow$$

(3) 二硫化物加氢时,首先分解生成硫醇,再进一步脱硫生成烷烃。当条件缓和时,也可以在反应产物中发现有硫醚存在:

$$RSSR + H_2 \longrightarrow 2RSH \rightarrow 2RH + 2H_2S \uparrow$$
$$\downarrow$$
$$RSR + H_2S \uparrow$$

硫醚的加氢裂解速度比噻吩快,S−R(烷基)键的破裂比键 S−Ar(苯基)快两倍。在375℃时,硫醚氢解速度随结构不同而不同,若以二苯并噻吩的氢解速度为1,硫醚的相对氢解速度为:

二苯并噻吩	1.0
联苯	2.4
$i-C_5H_{11}-SOC_5H_{11}$	3.2
2-苯丙基四氢噻吩	3.8
2-丙基四氢噻吩	3.9
2-苯基四氢噻吩	4.1
苯基异丁基硫醚	4.4
二苄基硫醚	7.0

噻吩加氢裂解的热效应几乎是烷基硫醚和五元环、六元环硫醚的两倍以上。表3−5−1列出了几种硫醚的加氢裂解热效应数据[13]。

表3−5−1 硫化物加氢的热力学特性

反 应	热效应/(kJ/mol)	
	300K	800K
$n-C_4H_9SH + H_2 \longrightarrow C_4H_{10} + H_2S$	+58	+67
$n-C_6H_{13}SH + H_2 \longrightarrow nC_6H_{14} + H_2S$	+59	+67
$n-C_{12}H_{25}SH + H_2 \longrightarrow n-C_{12}H_{26} + H_2S$	+59	+67
$(n-C_4H_9)_2S + H_2 \longrightarrow n-C_4H_9SH + n-C_4H_{10}$	+46	+55
$n-C_4H_9S \cdot C_{11}H_{23} + H_2 \nearrow n-C_4H_9SH + nC_{11}H_{24}$	+46	+55
$\searrow n-C_4H_{10} + n-C_{11}H_{23}SH$	+49	+55
$(n-C_3H_7)_2S_2 + H_2 \longrightarrow 2n-C_3H_7SH$	+18	+28
$(n-C_6H_{13})_2S_2 + H_2 \longrightarrow 2n-C_6H_{13}SH$	+17	+24

续表

反应	热效应/(kJ/mol)	
	300K	800K
(四氢噻吩) $+2H_2 \longrightarrow n\text{-}C_4H_{10} + H_2S$	+113	+122
(四氢噻喃) $+2H_2 \longrightarrow n\text{-}C_5H_{12} + H_2S$	+104	+118
(3-甲基噻吩) $+4H_2 \longrightarrow CH_3\text{-}CH_2CH(CH_3)_2 + H_2S$	+261	+278

（4）噻吩类化合物是原油中存在最广，数量最多的含硫化合物，由于其具有类似苯环的多原子大π键，结构非常稳定，在一般热加工条件下，很难开环脱硫，只有在加氢条件下才能使噻吩开环脱硫。石油中的噻吩类化合物大都结构复杂，衍生物种类繁多，随石油馏分沸点升高，相对分子质量增大，其结构更加复杂。

石油馏分油脱硫，特别是柴油深度脱硫，主要是脱除其中的噻吩类硫化物，许多科学工作者对于噻吩类硫化物的加氢脱硫进行了广泛深入的研究。Ma X 等[17]从柴油馏分中检测出 61 种噻吩类硫化物，并分别给出了它们在 Co-Mo 和 Ni-Mo 加氢催化剂上的假一级反应速度常数，并根据其速度常数的大小把它们分成四类，即：

$K > 0.10 \text{min}^{-1}$，包括大多数烷基苯并噻吩

$K = 0.034 \sim 0.100 \text{min}^{-1}$，包括部分烷基苯并噻吩，二苯并噻吩

$K = 0.013 \sim 0.034 \text{min}^{-1}$，包括取代基在 4- 和 6- 位的二苯并噻吩

$K = 0.005 \sim 0.013 \text{min}^{-1}$，包括 4- 和 6- 位有取代基的二苯并噻吩

上述四类噻吩类化合物在该柴油馏分中的比例分别占 39%、20%、26% 和 15%，在 360℃ 和 2.9MPa 下的平均反应速度常数分别为 0.25min^{-1}、0.058min^{-1}、0.02min^{-1} 和 0.007min^{-1}。这四类含硫化合物是最难脱硫的，因此，在柴油深度加氢脱硫时应予特别关注。

中国石油科技工作者也对二次加工油，如催化裂化汽油和催化裂化柴油中硫化物的类型进行了研究，结果列于表 3-5-2 和表 3-5-3 中。

表 3-5-2　催化裂化汽油中硫化合物的类型分布　　　　　　　　　　　　%

样 品 来 源	胜利炼油厂	广州炼油厂	石家庄炼油厂
硫　醇	7.81	2.40	3.27
硫　醚	2.81	4.33	3.99
噻　吩	6.38	8.02	9.04
烷基噻吩	67.99	66.24	73.18
四氢噻吩及烷基四氢噻吩	2.39	4.10	5.65
苯并噻吩	0.29	1.67	0.3
未　知	12.34	13.25	4.54

由表 3-5-2 数据可以看出,在催化裂化汽油中,易于加氢脱硫的硫醇和硫醚含量较少,较难脱硫的苯并噻吩也较少,大部分硫化合物是噻吩及其烷基取代物。

表 3-5-3　催化裂化柴油中硫化合物类型分布

样 品 来 源	齐　鲁	镇　海	镇　海
原 油 名 称	科威特	沙特-科威特	沙特-伊朗
总　硫/(μg/g)	9500	9980	8100
硫　醇/%	0.19	—	—
烷基噻吩/%	1.92	0.17	0.22
苯并噻吩/%	3.36	—	0.60
烷基苯并噻吩/%	52.85	43.33	41.83
二苯并噻吩/%	2.19	2.70	—
C_1 二苯并噻吩/%	12.98	15.75	13.77
C_2 二苯并噻吩/%	12.50	19.04	19.94
C_3 二苯并噻吩/%	9.08	1.41	6.50
C_4 二苯并噻吩/%	2.97	—	—
C_5 二苯并噻吩/%	1.96	—	—
未　知/%	—	17.60	17.13

由表 3-5-3 数据可以看出,在催化裂化柴油中几乎不含非噻吩化合物,烷基噻吩含量也很少,苯并噻吩和烷基苯并噻吩占全部硫化合物的 1/2 左右,其余为二苯并噻吩和烷基取代的二苯并噻吩。这预示着催化柴油的加氢脱硫比催化汽油的加氢脱硫要困难得多。

Girgis、Gates[18] 归纳了许多作者关于石油中所含的噻吩类化合物的加氢脱硫性能,典型噻吩类化合物的加氢脱硫活性列于表 3-5-4 和表 3-5-5。

表 3-5-4　几种硫杂环化合物的加氢活性

反 应 物	结　构	速度常数/(L/g cat·s)
噻　吩		1.38×10^{-3}
苯并噻吩		8.11×10^{-4}
二苯并噻吩		6.11×10^{-5}
苯[b]萘(2,3,d)并噻吩		1.61×10^{-4}
7,8,9,10-四氢-苯基-萘并[2,3,d]噻吩		7.78×10^{-5}

表 3-5-5　几种甲基取代二苯并噻吩的反应活性

反 应 物	结 构	速度常数/(L/g cat·s)
二苯并噻吩		7.38×10^{-5}
2,8-二甲基二苯并噻吩		6.72×10^{-5}
3,7-二甲基二苯并噻吩		3.53×10^{-5}
4-甲基二苯并噻吩		6.64×10^{-6}
4,6-二甲基二苯并噻吩		4.92×10^{-6}

噻吩类化合物的加氢脱硫活性与反应物和产物的浓度以及实验条件密切相关。因此，有时不同工作者所得结果不尽相同。一般来说，二环化合物的活性比三环化合物活性要高一个数量级，三环及其以上的噻吩类化合物的加氢活性相近。二苯并噻吩是石油中难以加氢脱硫化合物的代表。在二苯并噻吩中，由于其取代基位置不同，加氢脱硫活性又有很大差别，其中以 4- 或 6- 位取代的二苯并噻吩最难以加氢脱硫。因此，4- 或 6- 及 4- 和 6- 位取代的二苯并噻吩常作为测定深度加氢脱硫催化剂活性时的模型化合物。

文献[13,18]还给出了几种噻吩类化合物的加氢脱硫反应网络。

箭头旁的数字为300℃时的假一级速度常数。

箭头旁的数字为250℃时假一级速度常数的相对值。

含硫化合物的加氢脱硫活性与分子结构和大小有很大关系，当分子大小相同时，一般按下列顺序递减：

$$硫醇 > 二硫化物 > 硫醚 \approx 硫杂环烷 > 噻吩类$$

而同类硫化物中，相对分子质量越大，分子结构越复杂，反应活性一般越低。一般来说，上述五类硫化物中，前四类硫化物均较易脱硫，有的在蒸馏和其他加工过程中即可大部分除去。噻吩及其衍生物则大都需要加氢才能除去。噻吩及其衍生物的加氢脱硫活性则有如下顺序：

$$噻吩 > 苯并噻吩 > 二苯并噻吩 \approx 三环以上苯并噻吩$$

取代基位置不同，对噻吩类化合物的加氢脱硫活性影响也很大，如：

噻吩：3 - 甲基 > 无取代基 > 2 - 甲基 > 2, 5 - 二甲基

苯并噻吩：无取代基 > 7 - 甲基 = 2 - 甲基 = 3 - 甲基 > 3, 7 - 二甲基

二苯并噻吩：2, 8 - 二甲基 > 3, 7 - 二甲基 > 无取代基 > 4 - 或 6 - 甲基 > 4, 6 - 二甲基

2. 石油中含硫化合物的热解性能[16]

（1）硫醇在石油含硫有机化合物中稳定性是最差的。例如，光可使乙硫醇中的S—H键分裂生成 $C_2H_5S\cdot$ 和 $H\cdot$，最后生成 $C_2H_5SSC_2H_5 + H_2$。

$$2C_2H_5SH \xrightarrow{h\nu} C_2H_5SSC_2H_5 + H_2$$

此外，在产物中还有10%的乙烯。在X射线、β射线、γ射线照射下，水溶液中的硫醇也可转变为二硫化物。X射线和β射线的效率比γ射线低。紫外光也可以使硫醇转变。0℃时，可使粗石脑油中的硫醇和硫化物在20min内转化80%~90%。在这种情况下，反应产物主要是SO_2、SO_3及硫酸。在0~50℃的温度范围内，温度对硫醇光解作用影响甚微。但氧化剂的存在可大大加速光解速度。

正构硫醇，随相对分子质量增加，光学稳定性增加。异构硫醇的光化学稳定性没有一定规律。

硫醇的热稳定性也很差。伯、仲硫醇在300℃以上极易发生热分解，叔硫醇在较高温度

下分解为 H₂S 和相应的烯烃：

$$RCH_2CH_2SH \longrightarrow H_2S + RCH=CH_2$$

在某些情况下，特别是较低温度范围内，可得到高收率的硫化氢，在有硅铝催化裂化催化剂存在下，250℃时十二硫醇可得30%的十二烷基硫醚和1-十二烯。而在300℃时，无硫醚，主要产物为十二烯，硫酚在300℃以上热解生成苯和噻蒽。

硫醇的热稳定性随相对分子质量增大而降低，不同结构硫醇的热稳定性不同，其次序为：

叔硫醇 > 仲硫醇 > 伯硫醇

也就是说最稳定的化合物是分子中SH被屏蔽的化合物。温度高于400℃时，所有硫醇都不稳定，并有深度转化-氧化、分解、缩合，直至生成胶质沉淀。

（2）在热和光的作用下，硫醚的S—C键将发生断裂，其反应机理，在很多情况下是自由基反应。反应产物的组成主要取决于自由基的各种反应途径，硫醚的热稳定性比沸点相近的烃要小，因此在加工过程中硫醚可以转化成其他硫化合物。

硫醚对热的稳定性比硫醇高，但不及噻吩稳定。烷芳基硫醚、四氢噻吩的混合物在300℃无任何变化，噻吩衍生物在450℃仍不变化。硫醚的热分解产物主要是硫醇、硫化氢、烯烃，还有噻吩衍生物。

例如：
$$C_9H_{19}SC_9H_{19} \xrightarrow{300℃} C_9H_{19}SH + C_9H_{18}$$
$$C_9H_{19}SH \longrightarrow H_2S + C_9H_{18}$$

硫醚的分解和硫醇情况一样，在低温时平衡转化率不大，在高温下分解反应实际上可以进行到底。在中等温度下，二烷基硫醚的分解产物中，有可能存在大量硫醇。

如果在烃混合物中含有噻吩衍生物，硫醇和硫醚的热分解产物可能与α-烷基噻吩形成高分子化合物。

在催化裂化（硅铝催化剂）过程中，烷基硫醚实际上可以完全转化成硫化氢。伯烷基硫醚比仲、叔烷基硫醚更稳定，正构烷基硫醚比有支链的烷基硫醚稳定。因此，伯烷基硫醚的催化分解产物中硫醇较多，而具有支链或仲烷基硫醚的催化分解产物中以硫化氢为主。

单环硫醚催化转化几乎没有硫醇生成，全部为硫化氢。

$$\underset{S}{\bigcirc}\!-\!C_{10}H_{21} \longrightarrow H_2S + [CH_2=CHCH=CHC_{10}H_{21}] \longrightarrow CH_2=CH(CH_2)_{11}CH_3$$

单环硫醚的转化速度随相对分子质量增大而加快，如 R—◯(S)—R 比 ◯(S)—R 要快，无论是单环硫醚还是烷基硫醚，混合物的转化深度服从加和规则。

二苯基硫醚在硅-铝催化剂上分解成苯和硫酚：

$$\text{Ph—S—Ph} \longrightarrow \text{Ph—H} + \text{Ph—SH}$$

混合硫醚如 ![四氢萘-SR]、![四氢萘(SR)] 在裂解时，也是C—S键处断裂。其C—S键牢固程度不同（虚线表示断裂处）：

(3) 噻吩在工业上可以由丁烷和单质硫在气相反应中得到：

$$\begin{matrix} CH_2-CH_2 \\ | \quad\quad | \\ CH_3 \quad CH_3 \end{matrix} + 4S \xrightarrow{600\sim700℃} \langle\!\!\!\langle_S\rangle\!\!\!\rangle + 3H_2S$$

在石油加工过程中，常常是烷烃、烯烃等与硫和硫化氢一起加热，因此产生噻吩是自然的了。在石油产品中，噻吩的另一个来源是由大分子噻吩衍生物裂解产生的。

噻吩和苯环具有相似的结构，都具有含六个电子的共轭 π 键电子云，形成多原子大 π 键，这种结构非常稳定。因此认为，在热加工和催化裂化过程中，噻吩难以开环脱硫。在这些加工过程中，噻吩衍生物可以由大分子裂化为小分子，而噻吩核保持不变。含有稠环的噻吩衍生物，可能聚合成更大的分子，最后进入重质馏分和焦炭中。

崔文龙等人对轮古常压渣油硫分布及其热反应过程中类型硫的转化规律进行了研究[45]，其研究结果如表 3-5-6 所示。由表 3-5-6 可以看出，在轮古常压渣油的四组分（饱和分、芳香分、胶质和沥青质）中，硫呈双峰分布，其中 70.09% 的硫分布在芳香分和沥青质中。硫醚硫主要存在于芳香分中；噻吩硫主要集中于芳香分和沥青质中，同时也是轮古常压渣油中含硫化合物的主要类型。在渣油热反应产物各组分中硫醚硫的分布值由大到小的顺序为沥青质、芳香分、胶质 1、胶质 2、饱和分，而噻吩硫的分布值由大到小的顺序为芳香分、沥青质、胶质 1、胶质 2、饱和分。反应温度较低时，硫醚硫主要发生直接裂解脱硫，此时硫醚硫的分布值下降较快；但随反应温度的升高，硫醚硫减少的趋势变缓，重组分表现尤为明显。随反应温度升高，饱和分和胶质 2 中噻吩硫的分布值不断减少，芳香分、胶质 1 和沥青质中噻吩硫的分布值明显上升，但在 450℃ 时的沥青质中则减少。热反应后油样中噻吩硫及硫醚硫均得到不同程度的脱除，除沥青质外，其余各组分硫醚硫脱除率在 60%~95% 之间，噻吩硫脱除率在 45%~85% 之间。较低反应温度下，重组分中较难脱除的硫醚硫因裂解反应强度不够且存在缩聚反应，更易富集于沥青质中，使沥青质的脱硫率非常低，甚至出现负值。随反应温度的升高，该部分硫醚硫进一步发生裂化反应和缩聚反应，脱除率明显增大。总体来看，在相同反应条件下，硫醚硫比噻吩硫更易脱除。

表 3-5-6 轮古常渣及其热反应后硫分布和热反应脱硫率

类型硫	反应温度/℃	硫分布（占渣油总硫）/%					热反应脱硫率/%				
		饱和分	芳香分	胶质1	胶质2	沥青质	饱和分	芳香分	胶质1	胶质2	沥青质
硫醚硫	反应前	0.42	9.37	3.32	2.72	2.42	—	—	—	—	—
	420	0.33	7.95	1.99	1.32	15.23	64.84	61.89	73.15	78.12	-183.02
	430	0.25	6.93	1.88	1.25	10.28	68.28	68.48	75.78	80.26	-83.19
	440	0.18	5.92	1.78	1.28	5.33	83.29	74.84	78.73	82.67	12.25
	450	0.12	6.18	1.47	1.47	4.67	91.59	80.06	86.62	83.65	41.14

续表

类型硫	反应温度/℃	硫分布(占渣油总硫)/%					热反应脱硫率/%				
		饱和分	芳香分	胶质1	胶质2	沥青质	饱和分	芳香分	胶质1	胶质2	沥青质
噻吩硫	反应前	1.09	31.42	19.34	3.02	26.88	—	—	—	—	—
	420	1.32	32.45	16.23	3.64	19.54	45.31	53.62	62.32	45.86	67.37
	430	1.09	35.31	17.14	3.44	22.43	56.82	51.75	61.84	51.15	64.07
	440	0.89	38.17	18.05	3.25	25.15	67.50	51.25	62.22	57.10	62.31
	450	0.53	44.71	19.71	2.65	18.49	85.29	56.14	68.73	73.51	78.84

二、加氢过程中的硫转化

加氢是炼油厂最重要的加工过程之一,它是石油脱硫最有效的方法。炼油厂的加氢过程包括产品加氢精制,馏分油及渣油加氢处理和减压馏分油加氢裂化等。

1. 轻馏分油的加氢脱硫

轻馏分油(石脑油)的加氢脱硫是最普通的催化加氢脱硫工艺之一,常用于催化重整之前的原料预处理。一般在较缓和的条件下就能达到很高的脱硫效果,表3-5-7是不同催化剂对石脑油的加氢脱硫效果[30]。

2. 中间馏分油加氢脱硫

这里主要是指用于包括煤油、柴油、喷气燃料和沸点范围为250~400℃的家用燃料油在内的加氢脱硫。表3-5-8列出了不同催化剂对直馏柴油的加氢脱硫效果[30]。

表3-5-9列出了几种不同类型柴油馏分中类型硫化物的分布和加氢脱硫相对活性。

表3-5-9数据显示,不同类型柴油馏分中,类型硫化物的分布有很大差别,而且不同类型硫化物的加氢活性相差很大,因此,可以预期各种柴油的加氢难易程度会有很大差别。例如,沙中催化柴油非噻吩硫只占总硫含量的2%,其余98%都是噻吩硫;而胜利催化柴油则不同,非噻吩硫占40.4%,噻吩硫为59.6%,而非噻吩硫脱硫活性比噻吩硫大得多,因此,胜利催化柴油加氢脱硫会比沙中催化柴油容易得多。另外,在噻吩硫中,噻吩和多环噻吩含量较少,主要是苯并噻吩和二苯并噻吩,各类噻吩的脱硫活性差别很大,各类噻吩的分布也将影响柴油的加氢脱硫难度。

表3-5-7 不同催化剂对石脑油的加氢脱硫

原 料 油	反应温度/℃	原料性质	RS-1	参比剂A	参比剂B
大庆石脑油	260				
硫含量/(μg/g)		239	<0.5	0.7	1.9
氮含量/(μg/g)		1.0	<0.5	<0.5	0.6
溴价/(gBr/100g)		2.8	0.1	0.4	—
大庆石脑油:胜利焦化石脑油(75:25)	320				
硫含量/(μg/g)		2463	<0.5	5.0	5.2
氮含量/(μg/g)		31	<0.5	1.3	7.3
溴价/(gBr/100g)		15.1	0.3	0.4	1.4

注:参比剂均为国外工业剂。

表 3-5-8 不同催化剂对柴油的加氢脱硫

氢分压 MPa/反应温度℃		3.2/360	6.4/340
硫含量/(μg/g)	RS-1000	24	40
	K-7	67	163
	RN-10	101	195
相对脱硫活性/%	RS-1000	100	100
	K-7	51	39
	RN-10	38	34

注：原料为中东直馏柴油，硫含量为1.2%。RS-1000是RIPP开发的超深度脱硫催化剂，它是在原RN-1、RN-10催化剂基础上开发的。K-7是国际市场上超深度脱硫催化剂。

表 3-5-9 柴油馏分的类型硫分布及其脱硫活性

柴油名称	沙中直馏柴油	沙中催化柴油	江汉催化柴油	江汉加氢催化柴油	胜利催化柴油	胜利加氢催化柴油	焦化柴油	脱硫活性
总硫含量/%	1.54	1.552	0.766	0.101	0.513	0.082	1.42	
类型硫分布/%								
非噻吩硫	32.5	2.0	23.2	23.8	40.4	12.0	30.0	>1.0
噻吩类硫	67.5	98.0	76.8	76.2	59.6	88.0	70.0	
噻吩	0.0	0.0	4.3	0.0	6.9	0.0	2.0	1.0
苯并噻吩	46.8	65.1	52.2	17.8	39.6	11.0	22.0	0.5
二苯并噻吩	20.1	32.8	20.4	58.4	13.1	77.0	21.0	0.1
多环噻吩类	0.6	0.1					25.0	0.01

3. 重馏分油的加氢处理

重馏分油加氢处理，就脱硫而言，其加氢反应都是通过加氢使C—S键断裂，并生成硫化氢，从而达到脱硫目的。其差别在于随沸点升高，含硫化合物分子变大，脱硫难度增加。Esso公司的Drushel等人[27]对重质油(Safaniya)减压馏分油(371~550℃)及其加氢脱硫产品的各个窄馏分的硫含量和类型硫分布进行了详细研究。图3-5-1的曲线显示了他们的研究结果。该VGO的总硫含量为2.85%，烷基硫醚硫含量约占总硫的20%，其加氢脱硫产品的总硫含量为0.4%。

由图3-5-1可以看到，随着窄馏分沸点的提高，总硫含量增大，烷基硫醚硫的比例减小，馏分中的硫化物更难以在加氢脱硫过程中脱除。该VGO的全馏分的脱硫率为85.8%，但沸点较低的轻馏分的脱硫率比高沸点馏分的脱硫率高，说明在较轻的馏分中含量高的烷基硫醚硫更容易在加氢脱硫过程

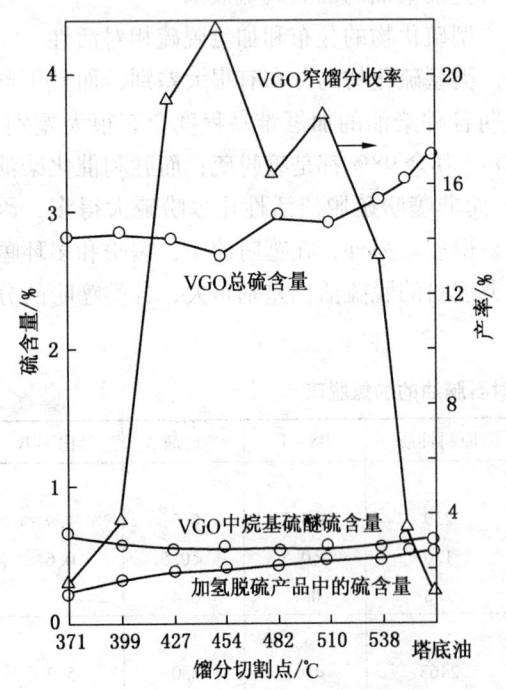

图 3-5-1 减压馏分油加氢前后窄馏分总硫和烷基硫醚硫分布

中脱除。表 3-5-10 所列的 Amoco 公司的研究结果进一步表明[28],随着加氢脱硫深度的提高,生成油中噻吩类硫化物的比例提高,这主要是由于多环噻吩因空间位阻效应使其脱硫反应活性较低。

表 3-5-10 加氢脱硫深度对类型硫分布的影响

VGO 类型	密度/(kg/m³)	总硫/%	硫分布/%	
			非噻吩硫	噻吩硫
西得克萨斯 VGO	930.5	2.59	33	67
缓和加氢 VGO	907.6	0.82	24	76
深度加氢 VGO	897.3	0.24	12	88

4. 渣油的加氢处理

与馏分油加氢脱硫相类似,在渣油加氢处理过程中,原料中的大部分硫也以硫化氢的形式脱除,其余的硫则基本上全部保留在加氢生成重油中。随着加氢深度的提高,加氢渣油中硫含量减少,转化为硫化氢而被除去的硫的比例增加,残余硫在加氢渣油中的比例也随之增大。渣油加氢处理工艺一般都用于进行重油流化催化裂化装置原料的加氢预处理,因此,国内外各家公司开发的渣油加氢处理工艺和催化剂也都以此为目标。表 3-5-11 列出了几种渣油加氢处理工艺的典型硫分布数据。

表 3-5-11 渣油加氢处理工艺的硫分布

公 司 名	Shell	Chevron	Chevron	UOP	IFP	SINOPEC
工艺名	Hycon	ARDS	VRDS	RCD	Hyvahl	S-RHT
原料油	科威特 AR	沙轻 AR	沙混 VR	科威特 AR	沙混 AR	伊朗 VR
原料硫/%	4.21	3.3	4.8	3.52	3.95	2.83
加氢重油收率/%	77.9	81.4	91.5	84.5	70.5	83.2
加氢重油含硫/%	0.65	0.48	0.32	0.28	0.50	0.43
加氢重油硫分率/%	12.0	11.8	6.1	6.7	8.9	12.6
脱硫率/%	88.0	88.2	93.9	93.3	91.1	87.4

刘淑琴等研究了渣油加氢前后硫类型和硫分布,表 3-5-12 列出了采用上流式(UFR)串联固定床(VRDS)渣油加氢处理流程所得的物性数据[29]。随着加氢深度增加,渣油的胶质和沥青质等重组分减少,物料密度和黏度降低,硫的总脱除率为 86.98%。硫在上流式和固定床两个阶段的脱除率分别为 51.11% 和 35.87%,加氢处理使绝大多数硫被脱除。渣油中 <400℃ 馏分的类型硫为含有短侧链烷基取代的苯并噻吩类和二苯并噻吩类。上流式加氢性能低,轻组分中含有较多的各类型硫化物,取代苯并噻吩类平均增加了 3~4 倍,二苯并噻吩类也增加了约 2 倍。这些硫化物的来源应该是 VR 中 >400℃ 含硫化合物在反应条件下,大分子分解、烷基侧链断裂、形成了短侧链的取代硫类型化物;固定床催化剂活性高,加氢能力与脱硫能力强,苯并噻吩类几乎被完全脱除,空间位阻大的二苯并噻吩类也大部分被脱除。

表 3-5-12 渣油加氢处理后的物料性质及硫分布

项 目	原料渣油	上流式加氢渣油	固定床加氢渣油
密度(20℃)/(kg/m³)	987.2	948.6	925.3
黏度(100℃)/(mm²/s)	166.9	32.57	15.9
氢碳摩尔比	1.58	1.64	1.68
硫/%	3.15	1.54	0.41

续表

项 目	原料渣油	上流式加氢渣油	固定床加氢渣油
氮/(μg/g)	3692	2704	2128
残炭/%	12.21	7.32	4.53
镍/(μg/g)	28.87	12.83	6.82
钒/(μg/g)	47.44	20.39	8.82
饱和烃/%	33.15	48.69	60.71
芳香烃/%	42.77	34.05	25.97
胶质/%	16.99	11.41	5.75
沥青质/%	3.51	2.51	1.92
<400℃馏分油/%	10.0	19.4	23.8
<400℃馏分油中的硫类型分布/(mg/L)			
苯并噻吩	4.4	4.7	—
C_1-苯并噻吩	10.8	37.4	—
C_2-苯并噻吩	44.7	123.6	—
C_3-苯并噻吩	32.8	137.4	—
C_4-苯并噻吩	37.9	144.8	—
C_5-苯并噻吩	36.0	112.9	—
C_6-苯并噻吩	29.9	41.9	5.3
二苯并噻吩	31.6	64.2	5.2
C_1-二苯并噻吩	150.4	323.0	63.6
C_2-二苯并噻吩	285.8	507.8	155.9
C_3-二苯并噻吩	428.7	372.8	143.6

图 3-5-2 显示了原料渣油、上流式加氢渣油和固定床加氢产物渣油的硫分布。由图 3-5-2 可以看出原料渣油硫含量随组分变重呈增加趋势,最重馏分硫含量达到了 4.49%,380℃附近馏分硫含量出现一个峰值,达到了 3.23%。渣油经过上流式加氢处理,部分硫被脱除,硫含量分布明显降低。但由于加氢活性弱,存在于复杂分子中的硫较难脱除,而且硫有向轻馏分转移的趋势。固定床加氢处理脱硫催化剂活性高、脱硫能力强,产物渣油中只有 0.41% 的硫,特别是小分子物料中的硫脱除效率高,大分子结构复杂、空间位阻大,硫脱除困难。

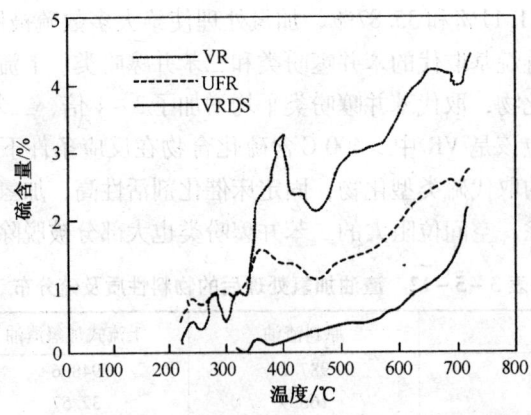

图 3-5-2 减压渣油加氢前后的硫分布(硫的模拟蒸馏)

5. 加氢裂化

减压馏分油加氢裂化是生产优质运输燃料油的重要手段。由于加氢裂化采用了比加氢处理工艺更为苛刻的操作条件，因此原料中几乎全部的硫化物都在加氢裂化反应过程中以硫化氢的形式脱除。即使是渣油加氢裂化，原料油的脱硫率也相当高，表3-5-13列出了氢-油法(H-Oil)渣油加氢裂化工艺数据[30]。表3-5-13数据显示，渣油经加氢裂化，83%以上的硫生成硫化氢而被除去，生成的轻油馏分硫含量很低，是优质的汽柴油调和组分，蜡油和渣油硫含量也很低，可以作为裂解制乙烯和催化裂化原料，因此渣油加氢裂化是加工含硫渣油的有效途径。该工艺经过近40年的开放研究，截止到2007年已有7套工业化装置在运转，总处理能力约为14.5Mt/a。

表3-5-13 渣油加氢裂化(H-Oil)工艺数据

减压渣油转化率	52%	70%
加工目标	LSFO	渣油转化
原料油	乌拉尔原油减压渣油	阿拉伯重质原油减压渣油+FCC油浆
API度	13	3.6
硫含量/%	2.8	5.2
>538℃(体)/%	85	85
脱硫率/%	85	83
脱氮率/%	40	38
化学氢耗/(Nm^3/m^3)	164	275
产品产率(体)/%		
石脑油	7	8
柴油	25	33
VGO	31	38
渣油	41	25
产品油性质		
柴油硫含量/%	0.04	0.2
VGO硫含量/%	0.18	0.9
渣油硫含量/%	0.8	2.0
渣油API度	14	4.0

三、催化裂化过程中的硫转化

催化裂化是炼油厂重要的二次加工手段，影响催化裂化过程硫转化规律的主要因素是原料的类型和原料油中硫化合物类型分布、裂化反应的转化深度和催化剂及载体的类型。

1. 不同类型原料油催化裂化的硫分布

表3-5-14列出了国内外18种典型重油原料的硫含量和类型硫分布的研究结果[31]，表中的重油类型硫分布数据显示，不同类型的原料油，其类型硫的分布不同。VGO和渣油的噻吩硫含量约占总硫的70%，而在焦化馏分油(CGO)中为80%，渣油加氢生成油中为85%以上，说明直馏原料油中的非噻吩类硫化物在二次加工过程中比噻吩类硫化物易先脱除。

表 3-5-14　典型含硫重油的类型硫分布

编号	原料油	总硫/%	类型硫含量/%		类型硫分布/%	
			非噻吩硫	噻吩硫	非噻吩硫	噻吩硫
1	胜利 VGO	0.65	0.22	0.43	33.7	66.3
2	孤岛 VGO	1.11	0.34	0.77	30.6	69.4
3	沙轻 VGO	2.07	0.71	1.36	34.4	65.7
4	沙中 VGO	2.27	0.73	1.54	32.0	68.0
5	伊朗 VGO	1.46	0.45	1.01	30.8	69.2
6	胜利 CGO	0.92	0.18	0.74	19.5	80.5
7	辽河 CGO	0.26	0.05	0.21	19.2	80.8
8	中原常压渣油	0.78	0.21	0.57	26.9	73.1
9	塔里木常压渣油	0.97	0.28	0.69	28.9	71.1
10	俄罗斯常压渣油	1.19	0.36	0.83	30.3	69.7
11	阿曼常压渣油	1.50	0.39	1.11	26.0	74.0
12	伊朗常压渣油	2.18	0.65	1.53	29.8	70.2
13	沙特常压渣油	3.80	1.03	2.77	27.1	72.9
14	伊朗渣油	2.53	0.87	1.66	34.4	65.6
15	孤岛渣油	1.80	0.69	1.11	38.3	61.7
16	沙特 HAR①	0.65	0.09	0.56	13.8	86.2
17	伊朗 HAR	0.41	0.06	0.35	14.6	85.4
18	孤岛 HVR②	0.33	0.04	0.29	12.0	88.0

① 加氢常压渣油。
② 加氢减压渣油。

在典型的催化裂化反应条件下，不同类型原料油催化裂化过程的硫转化规律的研究结果如表 3-5-15 所示。表中数据显示催化裂化原料对硫分布的影响十分显著，减压馏分油和常压渣油等直馏原料油，在催化裂化过程中，原料中的硫约有 50% 以硫化氢的形式进入气体产品中。焦化蜡油和加氢生成油等非直馏油，由于在原料预处理过程中，原料油中易转化的硫化合物被大部分脱除，剩余的硫化合物中噻吩类硫化物比例增高，因而在非直馏馏分油催化裂化过程中转化成硫化氢的比例大幅度减少；以焦化蜡油为原料时只有占原料硫 30% 的硫生成硫化氢，以渣油加氢生成油为原料时，硫化氢的生成量更低些；而且随原料油预处理深度的提高，这种趋势更为明显。不管是何种原料，在催化裂化液体产品中硫的分布变化不大，在汽油、柴油和油浆中硫的分布大约是 3%~8%、15%~19% 和 12%~15%。而以减压馏分油、常压渣油、焦化蜡油和加氢生成油为原料进行催化裂化时，其所生成焦炭中硫的分率平均值分别是 12.2%、17.6%、29.1% 和 34.6%。其中减压馏分油所生成焦炭中硫分率最低，常压渣油所生成焦炭中硫分率略高，是因为常压渣油催化裂化生焦率较高所致。非直馏油所生成的焦炭中硫分率最高，是因为非直馏油在预处理过程中易分解的硫化物已被除去，所剩硫化物在催化裂化过程中，难以进一步转化，而大部分被浓缩到焦炭中。

2. 裂化反应深度对催化裂化硫分布的影响

图 3-5-3 显示催化裂化反应过程中原料油转化率对 FCC 硫分布的影响，随着裂化反应转化率的

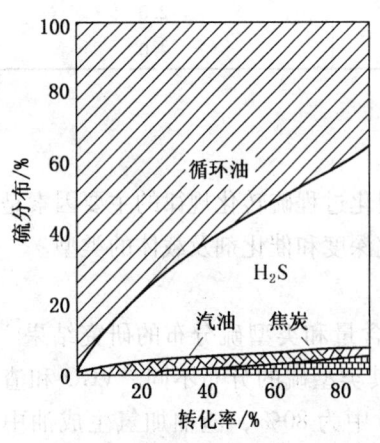

图 3-5-3　裂化反应深度对 FCC 硫分布的影响

提高，原料硫转化生成硫化氢的比例大幅度提高，进入焦炭的硫分率也相应提高，而进入循环油中的硫分率则显著减少。这是因为裂化反应速度较慢和部分较难裂化的噻吩类硫化合物在较强的反应苛刻度下或回炼操作过程中进一步发生裂化反应和缩合反应生成硫化氢和进入焦炭中。

表 3-5-15 催化裂化过程的硫分布规律

原料油名称	原料硫/%	硫分布/%				
		H_2S	汽油	柴油	油浆	焦炭
减压馏分油						
胜利 VGO	0.65	44.6	7.5	20.4	14.1	13.4
孤岛 VGO	1.11	48.6	7.6	18.3	12.5	13.0
沙轻 VGO	2.07	59.5	7.3	18.5	11.8	11.9
沙中 VGO	2.27	51.7	7.6	17.9	11.3	11.5
伊朗 VGO	1.46	49.5	6.2	19.5	14.1	10.7
平均值		48.9	7.2	18.9	12.8	12.2
常压渣油						
中原常压渣油	0.78	46.1	3.4	19.5	13.6	17.4
塔里木常压渣油	0.97	48.7	3.8	13.6	14.1	19.8
俄罗斯常压渣油	1.19	54.5	2.7	12.6	15.8	15.2
阿曼常压渣油	1.50	53.6	3.2	13.7	11.6	18.0
平均值		50.7	3.3	14.9	13.6	17.6
焦化蜡油						
胜利 CGO	0.92	32.3	9.0	18.8	11.6	28.3
辽河 CGO	0.26	30.5	7.2	19.3	13.1	29.9
平均值		31.4	8.1	19.1	12.3	29.1
加氢渣油						
沙特 HAR[①]	0.65	29.0	5.7	18.0	12.3	35.1
伊朗 HAR1	0.41	29.9	3.6	16.0	12.7	37.7
伊朗 HAR2	0.43	32.7	3.1	18.1	12.7	33.4
孤岛 HVR[②]	0.33	24.7	4.2	16.9	21.4	32.7
平均值		29.1	4.2	17.3	14.8	34.6

① 加氢常压渣油。
② 加氢减压渣油。

3. 催化剂类型对 FCC 硫转化规律的影响

除了原料油的性质和组成及裂化反应深度对催化裂化的硫转化规律有显著影响外，裂化催化剂的类型对催化裂化过程的硫转化规律也具有一定程度的影响。表 3-5-16 和表 3-5-17 列出了戴维逊（Davison）公司采用四种不同类型的裂化催化剂在固定原料性质和转化率条件下的裂化反应硫分布规律和汽油产品中的硫化物分布规律的研究结果。由表 3-5-16 数据可以看出，催化剂类型和载体活性对裂化反应硫转化规律的影响不很明显。但随着催化剂稀土含量提高，晶胞常数增大，氢转移反应能力增强，对原料油中非噻吩类硫化物的 C—S 键的裂化能力略有提高，使原料硫转化为硫化氢的比例增加，而进入重油产品和焦炭中的硫分率降低，载体活性的提高，也产生与此相类似的效果。从表 3-5-17 的数据进一步可以看出，催化剂稀土含量提高，晶胞常数增大，使较难裂化的噻吩类硫化物的裂化深度提高，尤其是对具有较大取代基团的噻吩类化合物的裂化能力提高，使得 FCC 汽油中大取代基噻吩类硫化物的含量减少。因此在加工含硫原料油时，在满足焦炭选择性的前提下，为了尽量减

少 SO_x 排放，宜采用稀土含量高、晶胞常数较大和载体活性较高的裂化催化剂进行操作。

含硫原油中的绝大部分硫化物都将进入二次加工的各工艺装置中。此外，转化率增加也将使原料油中的硫转移到气体中的比例增大。催化剂和载体的性能对硫转化规律的影响较小，随着催化裂化催化剂稀土含量的提高和晶胞常数的增大，原料中的硫转化为硫化氢的比例略有提高。

表 3-5-16 催化剂性质对 FCC 硫分布规律的影响

催化剂类型	REY	REUSY	USY	USY - 高活性载体
催化剂性质				
微反活性/%	62	72	71	64
分子筛比表面积/(m^2/g)	38	131	196	81
基质比表面积/(m^2/g)	24	23	25	55
稀土含量/%	4.73	2.79	0.04	0.02
晶胞常数/nm	2.449	2.430	2.424	2.419
原料硫转化率/%	49.0	47.1	45.1	47.3
硫分布/%（原料硫）				
H_2S	40.3	38.1	35.7	38.9
汽油（221℃）	4.4	4.4	4.7	4.6
柴油+重油	51.9	54.1	55.7	53.4
焦炭	3.4	3.4	3.9	3.1
硫回收率/%	100.0	100.0	100.0	100.0

表 3-5-17 FCC 汽油中的硫化物类型分布
（原料油：VGO，硫含量 2.67%，反应温度 521℃，转化率 70%）

催化剂类型	REY	REUSY	USY	USY - 高活性载体
晶胞常数/nm	2.449	2.430	2.424	2.419
硫化物含量/(μg/g)				
总硫含量	2448	2461	2675	2678
硫醇	331	330	330	332
噻吩	130	130	125	126
甲基噻吩	310	315	330	328
四氢噻吩	32	38	34	36
乙基噻吩	351	349	401	402
丙基噻吩	252	251	291	297
丁基噻吩	297	297	355	329
苯并噻吩	745	751	809	828

吴群英等根据前人的研究结果和对噻吩类硫化物反应机理的认识，建立了FCC过程中典型的噻吩类硫化物的反应网络（见图 3-5-4）。当反应体系中存在烷烃和烯烃等供氢剂时，噻吩和苯并噻吩在氢转移活性低的催化剂上易于发生烷基化反应，而在氢转移活性高的催化剂上易于发生噻吩环饱和反应，并进一步裂化脱硫；而对于带烷基侧链的噻吩类硫化物，由于易生成碳正离子，它们的活性较高，其中短侧链的烷基噻吩和苯并噻吩易发生异构化反应和脱烷基反应，而长侧链的烷基噻吩和烷基苯并噻吩则易于发生侧链裂化和环化反应。当催化剂中含有金属或脱硫剂时，不管烷基侧链存在与否，噻吩和苯并噻吩类硫化物都很容易发生聚合生焦反应[32]。

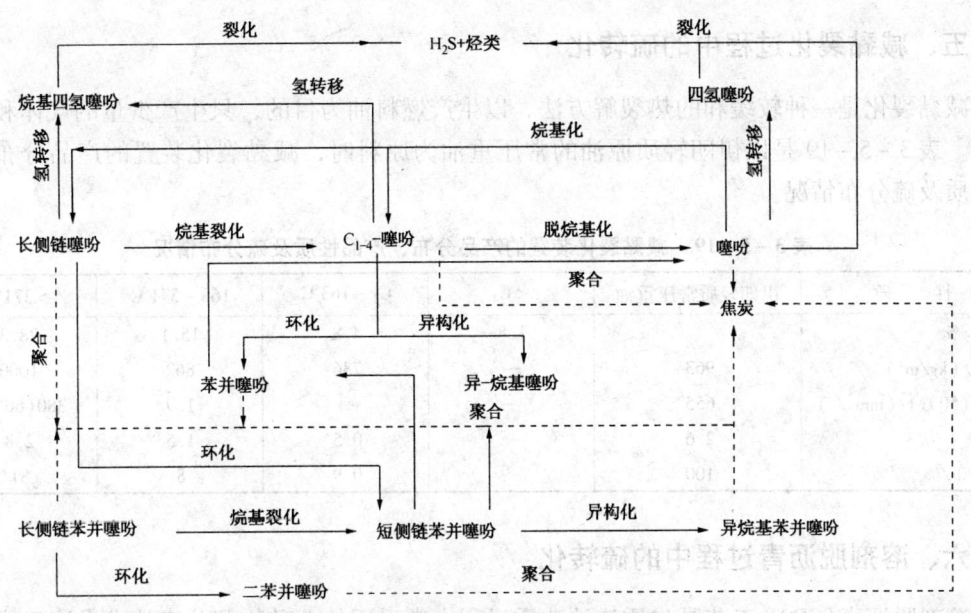

图 3-5-4 典型的噻吩类硫化物的反应网络

四、延迟焦化过程中的硫转化

延迟焦化工艺是劣质渣油改质的重要手段，它可直接用于含硫量较低的渣油改质和高硫渣油加氢脱硫生成渣油的脱碳，焦化过程得到的各种馏分油，再去作进一步加工。表3-5-18列出了几种减压渣油延迟焦化工艺过程的硫分布数据。由表3-5-18数据可以看出，延迟焦化过程的原料硫生成硫化氢的硫分率为20%~27%，而原料硫进入焦炭的硫分率则不仅与原料的生焦率有关，而且与焦化原料的类型或原料硫的类型密切相关。由于渣油原料中的硫醚硫和环数较少的噻吩硫在加氢处理中较易脱除，因此在加氢渣油延迟焦化工艺过程中，原料硫进入汽柴油轻产品中的比例减少，而进入蜡油和焦炭中的硫分率提高。此外，延迟焦化过程的硫分布还与焦化反应的操作条件和循环比密切相关。

表3-5-18 延迟焦化工艺过程的硫分布规律

原料油	南路易斯安娜州 VR	科威特 VR	科威科 HVR	西得克萨斯州 VR	西得克萨斯州 HVR	胜利 VR
原料硫/%	0.68	5.22	0.66	2.96	0.64	1.47
残炭/%	13.0	19.8	9.1	17.8	9.3	15.3
产品分布/%						
H₂S	0.2	1.1	0.2	0.8	0.2	0.4
气体	7.8	7.6	9.0	10.9	9.5	11.6
汽油	17.3	19.9	17.2	21.9	15.6	10.7
柴油	16.0	24.2	36.7	14.0	27.9	32.8
蜡油	35.0	17.0	18.4	24.0	26.1	19.9
焦炭	23.7	30.2	18.5	28.4	20.7	24.6
硫分布/%						
H₂S	23.7	20.8	22.7	27.1	24.9	25.6
汽油	4.4	3.4	1.0		1.0	8.7
柴油	6.1	15.3	10.0	5.4	4.9	23.6
蜡油	26.4	15.0	18.4	16.6	18.4	11.5
焦炭	39.4	45.5	47.9	46.2	50.8	30.6

五、减黏裂化过程中的硫转化

减黏裂化是一种较缓和的热裂解方法,以生产燃料油为目的,只生产少量的气体和轻质油品。表3-5-19是以伊朗轻质原油的常压重油为原料时,减黏裂化装置的产品分布、产品性质及硫分布情况。

表3-5-19 减黏裂化装置的产品分布、产品性质及硫分布情况

性 质	伊朗轻质常压重油	< C_4	C_5 ~ 163℃	163 ~ 371℃	>371℃
收率/%		1.8	4.8	15.1	78.3
密度/(kg/m³)	963	—	736	862	1000
黏度(50℃)/(mm²/s)	655	—	—	1.9	380(60℃)
硫/%	2.6	—	0.5	1.5	2.8
硫分布/%	100	—	0.9	8	81

六、溶剂脱沥青过程中的硫转化

溶剂脱沥青(SDA)工艺是劣质渣油改质过程中常采用的一种物理分离技术,该工艺所用的溶剂是决定脱沥青油收率和质量的主要因素。表3-5-20列出了几种减压渣油采用不同溶剂脱沥青时的硫转化规律数据[31]。

表3-5-20数据表明,随脱沥青溶剂变重,脱沥青油收率大幅度提高,原料硫进入脱沥青油的比例相应增大,脱沥青油中的硫含量也增加。当以丙烷、丁烷和戊烷为溶剂时,其脱沥青油中的硫含量分别比原料硫含量下降约50%、30%和15%。因此,在含硫渣油加工过程中,应根据下游工艺装置对脱沥青油的要求来选取适宜的脱沥青溶剂。

表3-5-20 溶剂脱沥青过程的硫分布规律

溶剂	丙烷			丁烷		戊烷			
原料油	沙轻VR	伊朗VR	科威科VR	沙轻VR	沙重VR	沙轻VR	沙重VR	科威特VR	北坡VR
原料含硫/%	4.05	3.2	5.35	4.05	5.1	4.05	5.1	5.35	2.3
DAO收率/%	39.4	33.8	29.0	62.9	42.5	81.0	69.0	78.0	88.0
含硫/%	2.1	1.8	2.7	2.8	2.6	3.3	4.2	4.7	2.0
硫分布/%	20.4	19.0	14.6	43.5	21.7	66.0	56.8	68.5	76.5
沥青收率/%	60.6	66.2	71.0	37.1	57.5	19.0	31.0	22.0	12.0
含硫/%	5.3	3.9	6.4	6.2	6.9	7.1	7.1		4.5
硫分布/%	79.6	81.0	85.4	56.5	78.3	43.2	43.2	31.5	23.5

第六节 加工过程中有机酸转化规律

一、含氧化合物的加氢和热解性能

1. 石油中含氧化合物的加氢性能

石油中含氧化合物的加氢脱氧反应主要有:

$$R-\text{C}_6\text{H}_{10}-\text{COOH} + 3\text{H}_2 \longrightarrow R-\text{C}_6\text{H}_{10}-\text{CH}_3 + 2\text{H}_2\text{O}$$

$$R-\text{C}_6\text{H}_{10}-\text{COOH} + 4\text{H}_2 \longrightarrow R-\text{C}_6\text{H}_{10} + \text{CH}_4 + 2\text{H}_2\text{O}$$

$$R-\text{C}_6\text{H}_4-\text{OH} + \text{H}_2 \longrightarrow R-\text{C}_6\text{H}_5 + \text{H}_2\text{O}$$

$$\text{C}_4\text{H}_4\text{O} + 4\text{H}_2 \longrightarrow \text{C}_4\text{H}_{10} + \text{H}_2\text{O}$$

其中，环烷酸加氢脱羧基或羧基转化为甲基的反应较为容易，而酚类的脱氧反应要困难一些，由于酚中氧上的孤对电子与苯环形成共轭而使C—O键不易氢解，其反应历程可能是：

研究发现，呋喃类化合物的加氢最为困难。表3-6-1列出了几种呋喃类含氧化合物加氢脱氧反应的平衡常数和反应热[21]。

表3-6-1 几种呋喃类化合物加氢脱氧反应的平衡常数和反应热

反应	$\lg K_p$		$\Delta_r H_m^{\ominus}$
	350℃	400℃	
呋喃 $+ 4\text{H}_2 \rightleftharpoons n-\text{C}_4\text{H}_{10} + \text{H}_2\text{O}$	11.4	9.2	-352
四氢呋喃 $+ 2\text{H}_2 \rightleftharpoons n-\text{C}_4\text{H}_{10} + \text{H}_2\text{O}$	11.4	10.2	-84
苯并呋喃 $+ 3\text{H}_2 \rightleftharpoons$ 乙基苯 $+ \text{H}_2\text{O}$	10.0	9.3	-105

有人提出苯并呋喃的加氢脱氧历程如下：

苯并呋喃中的呋喃环首先加氢饱和，然后再脱氧，并不像苯并噻吩那样可以直接氢解脱硫生成乙基苯。

二苯并呋喃的加氢脱氧反应历程大致如下：

Miller 等早在 20 世纪 50 年代就使用 Co – Mo/Al$_2$O$_3$ 催化剂对含酸的润滑油进行过加氢脱酸。Knut 等使用 Ni – Co 或 Ni – Mo 作为活性组分[33]，Al$_2$O$_3$ 作为载体的加氢精制催化剂来脱除原油中的环烷酸，结果表明脱酸率可以达到 97% 以上。加氢过程可以说是比较彻底的脱酸手段，在脱酸的同时也能够避免碱中和等脱酸手段带来的污染问题。不过环烷酸对加氢催化剂有一定的侵蚀作用，反应产物水对催化剂也有一定的毒害（载体侵蚀、烧结和活性位失活），因此，高酸原油馏分的加氢过程中催化剂比较容易失活。

2. 石油中含氧化合物的热解性能

石油酸的分解反应主要有：

$$RCOOH \longrightarrow RH + CO_2$$

$$RCH_2COOH \longrightarrow R=CH_2 + CO + H_2O$$

石油酸在 200℃ 以上开始分解，反应分解产物 CO、CO$_2$ 和水蒸气对分解反应有较强的抑制作用，若降低 CO、CO$_2$ 和水蒸气的分压，有利于反应向正向进行，从而提高脱酸率[34]。比较有效的措施是将原油闪蒸脱水，然后在反应过程中通过惰性气体吹扫置换掉生成的 CO、CO$_2$ 和水，结果表明可明显提高热解过程的脱酸率[35]。申海平等设计了一种绝热的反应器[36]，将含酸原油加热至 280～520℃ 送入该绝热反应器中，利用较高的热处理温度，并且减少水蒸气和 CO$_2$ 分压对脱酸的影响，脱酸率可以高达 99%。热处理方法可部分降低原油酸值及黏度，且操作方便，成本低廉。中国石油天然气股份有限公司在苏丹喀土穆炼油厂中创造性地采用高酸、高钙的重质原油（苏丹 6 区原油）直接进行延迟焦化工艺[37]，利用焦化加热炉的高温来破坏和分解环烷酸，有效地避开了酸腐蚀的温度区间，解决了高酸原油的腐蚀问题，实现了常压蒸馏 – 延迟焦化的"二合一"。

加入催化剂可提高热解脱酸过程的脱酸率，加快石油酸的热解速度。目前所采用的催化剂有油溶性催化剂（如二烷基二硫代氨基甲酸钼、环烷酸盐等）和水溶性催化剂（如钼酸铵、磷钼酸铵等），这些催化剂在非临氢条件下，对石油酸的热分解同样有一定的催化作用，有利于热解脱酸过程[38]。有关催化热解脱酸方面的研究，已有较多文献报道，但目前所采用的催化剂，对于石油酸热分解反应的催化活性仍显不够。因此，需要开发新型的催化剂，以提高其催化活性，提高反应的脱酸率。

二、加氢过程中的酸转化

加氢处理能使石油馏分中的含硫、氮、氧的非烃类组分发生脱除硫、氮、氧的反应，同时金属有机化合物发生氢解。它是脱除馏分油中杂原子化合物最重要的手段之一。石油酸在各个馏分的加氢过程中绝大部分都能转化为烃类，加氢产物中极少有酸度不合格的产品出现。表 3 – 6 – 2 中列出了胜利直馏煤油及催化裂化柴油加氢处理的反应条件和产物性质[21]，可以看到，产物中的硫和氮含量都有明显的降低，产物的酸度也降至很低。

表 3 – 6 – 2　胜利煤油及柴油的加氢处理结果

原　料	胜利直馏煤油	胜利催化裂化柴油
反应条件		
催化剂	Ni – W/Al$_2$O$_3$	Ni – W/Al$_2$O$_3$
总压力/MPa	4.0	4.0
反应温度/℃	325	330
空速/h^{-1}	1.65	1.5
氢油比/(m^3/m^3)	~500	690

续表

原　料	胜利直馏煤油		胜利催化裂化柴油	
精制油收率/%	>99		99.4	
氢耗/%	~0.5		~0.7	
原料及产物性质	原料	产物	原料	产物
硫/(μg/g)	1000	0.3	4700	266
氮/(μg/g)	15.4	<0.5	660	157
碱氮/(μg/g)	8.5		75.5	5.0
溴价/(gBr/100mL)		0.21	10.2	0.7
酸度/(mgKOH/100mL)	4.21	0	14.6	<0.8
实际胶质/(mg/100mL)			97.6	34.6
砷/(μg/kg)				

三、催化裂化过程中的酸转化

高酸原油的催化裂化技术近年来也得到了一些发展，如汪燮卿等[39]结合高酸原油的特点，提出一种高酸原油的流化催化裂解加工工艺和相应的催化剂，具体工艺路线：高酸原油经过脱盐脱水预处理后加热到200~220℃后进入提升管反应器，在反应温度480~550℃条件下进行环烷酸催化分解脱羧基和烃类物质催化裂解反应，脱酸率可达到99%以上，从而避免了对后加工设备的环烷酸腐蚀，反应产物经分馏塔切割成气体及各馏分，催化剂可通过空气流化再生后循环使用。胡永庆等提出采用两段提升管催化裂化装置直接加工高酸原油[40]。龙军等开发了高酸原油直接催化脱酸和裂化一体化成套技术[9]，采用新型酸性裂化催化剂，催化脱酸率达到了99%以上。

图3-6-1给出了环己甲酸的键级分布及电荷分布[43]，环己甲酸中C—O键的键级明显高于C—C键的键级，与羧基相连的C—C键的键级最低，只有0.928，相比较更容易断裂，即羧基易以整体从石油酸中断裂，转化为CO_2和烃类化合物。其他类型的石油酸也有类似的结果。另外，研究表明不同类型的石油酸负电荷主要集中在羧基上。C原子均带有约0.39单位的正电荷，羧基O原子带有较多负电荷，约为0.41单位，而羟基O原子所带负电荷较少，约为0.33单位。不同结构石油酸的电荷分布规律基本相同，说明石油酸具有类似的化学反应活性。

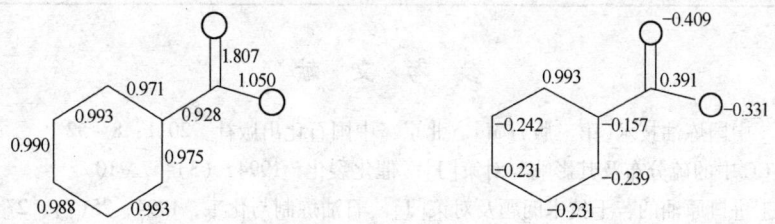

图3-6-1　环己甲酸的键级分布及电荷分布

石油酸在催化裂化过程中，根据催化剂的不同，遵循不同的反应机理。当采用CaO为催化剂时，反应会生成产物$Ca(OH)_2$和$CaCO_3$，而采用MgO为催化剂时反应产物中有CO_2，由此确定环烷酸在CaO上脱酸过程包含了催化脱酸、碱中和及热裂化等过程[41]。而在MgO等其他碱土金属氧化物上则主要是发生催化脱酸反应。$\gamma-Al_2O_3$的酸性氧化物也被认为具有很好的催化脱酸作用。Leung等人的研究结果表明羧酸在活性氧化铝上会首先生成酮[42]，并进而反应生成烃类，利用质谱等手段验证了反应产物中酮的存在。所推测反应途径大体如下：

$$2RCOOH \longrightarrow RCOR + H_2O + CO_2$$

环烷酸在酸性强的催化剂上脱酸的同时本身还会裂化生成一定量的烯烃液体产物，在酸性较弱的催化剂上反应后的液体产物中基本不含烯烃。在分子筛催化剂上脱酸反应的含氧气体产物以 CO 为主[44]。

表 3-6-3 给出了石油酸在热载体、Brönested 酸(B 酸)、Lewis 酸(L 酸)催化材料上的反应能垒模拟结果[9]，采用酸性催化剂的脱酸能垒明显低于热裂解脱酸能垒，且在 L 酸性催化剂上的能垒更低，说明 L 酸(如活性氧化铝)具有更好的催化脱酸活性。

采用不同的催化剂时，高酸原油催化裂化产物的分布会有很大的不同。表 3-6-4 列出了苏丹高酸原油在两种不同催化剂上的产物分布[40]，可以看出采用 ZC-7300 为催化剂时汽油产率很高，而柴油产率很低，说明许多柴油也发生了催化裂化反应。

表 3-6-3 热脱酸和催化脱酸反应能垒

分子类型	热裂解脱酸	B 酸催化脱酸	L 酸催化脱酸
脂肪酸	266.35	259.93	132.80
单环环烷酸	384.88	235.06	181.67
二环环烷酸	336.90	271.11	124.27
三环环烷酸	316.44	242.67	184.14
四环环烷酸	341.35	275.44	122.06
芳香酸	390.19	286.30	119.58
芳香并单环羧酸	383.90	228.39	180.24

表 3-6-4 苏丹原油在不同催化剂上的催化裂化产物分布

项目	LTB-2	ZC-7300
产物分布/%		
干气	5.66	2.91
液化气	31.20	28.07
汽油	16.80	44.84
柴油	18.03	8.79
重油	15.69	1.03
焦炭	12.64	14.48

参 考 文 献

[1] 侯芙生主编. 中国炼油技术(第三版)[M]. 北京：中国石化出版社, 2011：8-52
[2] 罗文山. RFCC 中的硫分布及其影响与对策[J]. 催化裂化, 1994, (3)：7-10
[3] 李志国. 加工进口原油的若干技术问题及对策[J]. 石油炼制与化工, 1994, 25(7)：27-32
[4] 张立新. 我国重油催化裂化技术发展综述[J]. 炼油设计. 1995, 25(6)：1-8
[5] 张德义. 纵观全局放眼未来尽快完善加工中东原油的配套措施[J]. 炼油设计, 1994, 24(6)：1-8
[6] 郭志雄, 严铮. 高硫含量原油加工[J]. 石油炼制与化工. 1995, 26(9)：1-6
[7] 李普庆. 对高硫原油加工技术路线的看法[J]. 石油化工技术经济. 1995, (2)：33-36, 32
[8] 张德义. 谈含酸原油加工[J]. 当代石油石化, 2006, 14(8)：1-6
[9] 龙军, 毛安国, 田松柏. 高酸原油直接催化脱酸裂化成套技术开发和工业应用[J]. 石油炼制与化工, 2011, 42(3)：1-6

[10] 田广武, 赖黎明. 高酸原油加工模式研究[J]. 当代石油石化, 2010, 19(1): 30-35
[11] 李志强主编. 原油蒸馏工艺与工程[M]. 北京: 中国石化出版社, 2010: 53-176
[12] Marilyn Radler. Worldwide oil production steady in 2011; reported reserves grow [J]. Oil & Gas J, 2011, 109(19): 26-27
[13] Bolshakov G F. Organic Sulfur Compounds of Petroleum[J]. Sulfur Reports, 1986, 5(2): 103-393
[14] 田松柏. 中东原油中不同类型硫化合物的分布[J]. 石油化工腐蚀与防护, 1997, 14(4): 1-7
[15] 古贺雄造. 原油中的硫(日文)[J]. 石油学会志, 1966, 9(7): 540-545
[16] 刘淑蕃. 石油非烃化学[M]. 山东: 石油大学出版社, 1988, 17-119
[17] Ma X, Sakanishi K, Mochida I. Hydrodesulfurization reactivities of various sulfur compounds in diesel fuel [J]. Ind Eng Chem Res, 1994, 33(2): 218-222
[18] Girgis M J, Gates B C. Reactivities, reaction networks, and kinetics in high-pressure catalytic hydroprocessing[J]. Ind Eng Chem Res, 1991, 30(9): 2021-2058
[19] 王征, 杨永坛. 柴油中含硫化合物类型分布及变化规律[J]. 分析仪器, 2010, (1): 70-73
[20] 窦立荣, 侯读杰, 程顶胜等. 高酸值原油的成因与分布[J]. 石油学报, 2007, 27(1): 8-13
[21] 梁文杰, 阙国和, 刘晨光等. 石油化学(第二版)[M]. 山东东营: 中国石油大学出版社, 2008: 53, 399-409
[22] Mapolelo M M, Rodgersb R P, Blakney G T, et al. Characterization of naphthenic acids in crude oils and naphthenates by electrospray ionization FT-ICR massspectrometry[J]. International Journal of Mass Spectrometry, 2011, 300(2-3): 149-157
[23] Qian K N, Robbins W K. Resolution and Identification of Elemental Compositions for More than 3000 Crude Acids in Heavy Petroleum by Negative-Ion Microelectrospray High-Field Fourier Transform Ion Cyclotron Resonance Mass Spectrometry[J]. Energy & Fuels 2001, 15(6): 1505-1511
[24] Clemente J S, Fedorak P M. A review of the occurrence, analyses, toxicity, and biodegradation of naphthenic acids[J]. Chemosphere 2005, 60(5): 585-600
[25] 张振, 胡芳芳, 张玉贞. 渤海原油环烷酸分布与组成结构[J]. 中国石油大学学报(自然科学版), 2010, 34(5): 174-178
[26] 黄少凯, 田松柏, 刘泽龙等. 高酸原油柴油馏分中石油酸结构组成分析[J]. 石油炼制与化工, 2007, 38(4): 51-55
[27] Drushel H V, Sommers A L. Isolation and characterization of sulfur compounds in high-boiling petroleum fractions [J]. Analytical Chemistry, 1967, 39(14): 1819-1829
[28] Wollaston E G, Forsythe W L, Vasalos, I. A. Sulfur distribution in FCU products[J]. Oil & Gas, 1971, 69(31): 64-69
[29] 刘淑琴, 耿敬远, 张会成等. 渣油在加氢处理中的硫分布和硫类型变化[J]. 当代化工, 2011, 40(5): 460-462
[30] 石亚华主编. 石油加工过程中的脱硫[M]. 北京: 中国石化出版社, 2009: 30-62
[31] 汤海涛, 凌珑, 王龙延等. 含硫原油加工过程中的硫转化规律[J]. 炼油设计, 1999. 29(8): 9-15
[32] 吴群英, 达志坚, 朱玉霞. FCC过程中噻吩类硫化物转化规律的研究进展[J]. 石油化工, 2012, 41(4): 477-483
[33] Knut G, Carsten S. Process for removing Essentially Naphthenic Acids from a Hydrocarbon Oil[P]. US: 6063266, 2000
[34] Guido S, David W S. Process for decreasing the acid content and corrosivity of crudes [P]. US: 6022494, 2000
[35] Ramesh V, Thomas M P. Removal of naphthenic acids in crude oils and distillates[P]. US: 6096196, 2000

[36] 申海平,王玉章,陈清怡. 一种降低石油酸值的方法[P]. CN: 1465657,2004

[37] 杨震,赵伟凡. 5.0 Mt/a苏丹喀土穆炼油厂的总体规划[J]. 石油炼制与化工,2010,41(9):9-13

[38] Saul C B, William N O. Viscosity reduced by heat soak induced naphthenic acid decomposition in hydrocarbon oil[P]. US: 5976360,1999

[39] 汪燮卿,傅晓钦,田松柏等. 高酸原油流化催化裂解脱羧酸技术的初步研究[J]. 当代石油化工,2006,14(10):7-13

[40] 胡永庆,刘熠斌,山红红等. 苏丹高酸原油两段催化裂化初步研究[J]. 现代化工,2010,30(7):41-45

[41] Ding L H, Rahimi P, Hawkins R, et al. Naphthenic acid removal from heavy oils on alkaline earth-metal oxides and ZnO catalysts[J]. Applied Catalysis A: General,2009,371:121-130

[42] Leung A, Boocock D G B, Konar S K. Pathway for the Catalytic Convention of Carboxylic Acids to Hydrocarbons over Activated Alumina[J]. Energy & Fuels 1995,9(5):913-920

[43] Fu X Q, Dai Z Y, Tian S B, et al. Catalytic Decarboxylation of Petroleum Acids from High Acid Crude Oils over Solid Acid Catalysts[J]. Energy & Fuels 2008,22(3):1923-1929

[44] 胡永庆,刘熠斌,林伟昌等. 环烷酸在不同催化剂上的催化脱酸[J]. 石油学报(石油加工),2011,27(3):355-360

[45] 崔文龙,刘东,邓文安等. 渣油热反应过程中类型硫的转化规律[J]. 石油学报(石油加工),2012,28(2):248-253

第四章 含硫含酸原油加工流程

2011年12月4~8日在卡塔尔首都多哈召开的"第20届世界石油大会"上,跨国石油公司和国家石油公司的高管们认为,随着非常规石油资源开发的经济性、技术水平和油田采收率的不断提高,未来一个世纪甚至更长的时间会有足够的石油资源供人类使用,石油峰值不会立即到来。俄罗斯能源部长在发言中称,巴西和非洲的深海区都蕴藏着大量石油资源,北极地区也是如此,仅俄罗斯大陆架至少就蕴藏着120 Gbbl以上的石油资源。法国Total公司首席执行官称,全球常规和非常规油气资源丰富,再加上新油田的发现和采收率的提高,石油资源足以满足人类100年以上的需求。OPEC也认为,全球的石油资源能够满足人类100~120年的需求。IEA也承认,石油峰值并未成为现实。法国Total公司认为,全球油田的自然递减率约为4%,到2020年需要新增产能4Mbbl/d;Shell公司认为在2000~2050年间需要新增产能65~70Mbbl/d[1]。但是,值得注意的是,原油劣质化的基本面并没有改变,劣质化的趋势仍将继续。据哈特能源公司预测,2009年世界各国所产原油的平均API度为33.3($d_4^{20}=0.8544$),到2030年将下降到32.9($d_4^{20}=0.8565$),平均硫含量将由2009年的1.11%增加到2030年的1.22%(图4-0-1)。各地区所产原油的平均质量如表4-0-1所示。API度<22($d_4^{20}>0.9180$)重原油的产量将从2009年的8.5Mbbl/d增加到2030年的16Mbbl/d。预计,随着重原油和非常规原油的大量开发,2030年以后,原油劣质化的趋势还将加速。

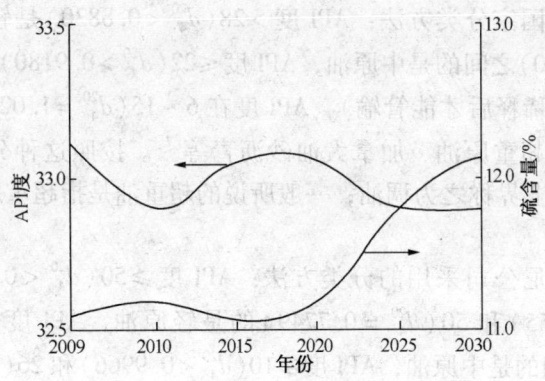

图4-0-1 2009~2030年世界原油的质量变化趋势[2]

表4-0-1 2009~2030年世界原油的质量变化趋势[2]

地区	2009年			2030年		
	供应比例/%	API度	硫含量/%	供应比例/%	API度	硫含量/%
北美	11	30.2	1.17	13	27.3	1.69
拉美	12	24.9	1.58	12	24.1	1.56
欧洲	5	37.0	0.40	3	37.7	0.40
独联体	17	33.7	1.09	17	34.9	0.96

续表

地区	2009年			2030年		
	供应比例/%	API度	硫含量/%	供应比例/%	API度	硫含量/%
亚太	10	36.5	0.17	8	35.6	0.16
中东	30	35.4	1.73	33	34.4	1.78
非洲	14	34.1	0.31	14	37.4	0.28
世界合计/平均	100	33.3	1.11	100	32.9	1.22

由表4-0-1的数据可见，原油劣质化的趋势是API度变小（d_4^{20}变大），硫含量增加，总酸值升高（表4-0-1中没有给出数据，文献报道大部分高酸原油都是硫含量低的中重原油）。关于劣质原油的定义，目前国内业内人士还没有一致的意见，中国工程院侯芙生院士认为，在原油的API度、硫含量和总酸值三个指标中，只要有任何一个如API度≤27（d_4^{20} > 0.8888）或硫含量 > 1.5% 或总酸值 > 1.0mgKOH/g 成立的原油就是劣质原油[3]。国外炼油业界对应我国劣质原油的说法是机会原油。按照近几年国外的文献报道，机会原油（Opcrudes 即 Opportunity Crudes）是指高硫重原油、高酸原油、油砂沥青、超重原油和油页岩。因为这些原油的硫、酸含量多，设备腐蚀严重，重渣油的比例大，深度加工的技术难度很大，在国际市场上的交易价格都要在基准原油（WTI或Brent原油）价格的基础上打一个折扣，所以称为机会原油[4~6]。

关于商业上采用的原油分类方法，目前没有国际标准。

关于轻中重原油的分类，目前国内外采用的主要有以下三种：

第一种是我国业内人士常用的分类方法：API度 > 38（d_4^{20} < 0.8304）是轻原油，API度在22~38（d_4^{20} = 0.9180~0.8304）之间的是中原油，API度 < 22（d_4^{20} > 0.9180）的是重原油[10]。一些国家石油公司（如委内瑞拉国家石油公司）也采用这种方法。

第二种是加拿大的国家分类方法：API度 > 28（d_4^{20} < 0.8830）是轻原油，API度在23~38（d_4^{20} = 0.9120~0.8830）之间的是中原油，API度≤22（d_4^{20} > 0.9180）的是重原油（由于其黏度大，用轻油或凝析油稀释后才能管输），API度在6~15（d_4^{20} = 1.0258~0.9623）之间的是超重原油，如委内瑞拉超重原油、加拿大油砂沥青等[7]。按照这种分类方法，一般所说的重油是指重原油，我国业界称之为稠油；一般所说的超重油是指超重原油，我国业界称之为超稠油。

第三种是意大利埃尼公司采用的分类方法：API度≥50（d_4^{20} < 0.7749）的是超轻原油，API度≥35（d_4^{20} < 0.8455）和50（d_4^{20} = 0.7749）的是轻原油，API度 > 26（d_4^{20} < 0.8944）和 < 35（d_4^{20} > 0.8455）之间的是中原油，API度≥10（d_4^{20} < 0.9966）和26（d_4^{20} = 0.8944）之间的是重原油[8]。

关于低硫、含硫和高硫原油的分类，目前国内外业界采用的主要有以下三种：

第一种是我国业内人士常用的分类方法：硫含量 < 0.5% 的是低硫原油，硫含量在0.5%~1.5%之间的是含硫原油，硫含量 > 1.5% 的是高硫原油。

第二种是我国业内人士常用的另一种分类方法：硫含量 < 0.5% 的是低硫原油，硫含量在0.5%~2.0%之间的是含硫原油，硫含量 > 2.0% 的是高硫原油[10]。

第三种是意大利埃尼公司采用的分类方法：硫含量 < 0.5% 的是低硫原油，硫含量在0.5%~1.0%之间的是含硫原油，硫含量≥1.0%的是高硫原油[8]。

关于低酸、含酸和高酸原油的分类，国内外业界采用的分类方法都一样，即总酸值 < 0.5mgKOH/g 的是低酸原油，总酸值在 0.5~1.0mgKOH/g 之间的是含酸原油，总酸值 > 1.0mgKOH/g 的是高酸原油，总酸值 >5.0mgKOH/g 的是特高酸原油[9,11]。

由于商业上采用的原油分类方法不同，API 度、硫含量和总酸值不尽一样，因此有关的统计数据会有很大差别。所以，在本章的各节中列出统计数据时也尽可能一并列出原油的 API 度、硫含量和总酸值数据，以免误解。

第一节　国内外炼油厂含硫含酸原油加工的简要情况

一、我国炼油厂含硫含酸原油加工的简要情况

进入 21 世纪以来，我国炼油工业继续快速发展。我国炼油厂的原油加工能力由 2000 年的 276Mt，2005 年的 325Mt，增加到 2010 年的 500Mt 以上。2010 年我国炼油厂的实际原油加工量已达 423Mt，居世界第二位。随着原油加工量的增加，我国炼油厂加工国产原油和进口原油的比例从 1998 年的 82∶18 提高到 2010 年的 44∶56，中国石化加工进口原油的比例更是高达 78%[12,14]。

2010 年我国进口原油 239311.4kt，其中从 OPEC 进口 151027.0kt，占 63.1%；从中东国家进口 112756.3kt，占 47.1%；从非洲国家进口 70852.7kt，占 29.6%。进口高硫原油 93555.9kt，占 39.1%。进口来源和数量的统计数据如表 4-1-1 所示。进口的部分含硫和高硫原油的主要性质如表 4-1-2 所示。进口的部分含酸和高酸原油的主要性质如表 4-1-3 所示。

表 4-1-1　2010 年我国进口原油的来源和数量[15]

中东地区			非洲			前苏联和欧洲			美洲			亚太地区		
国家	数量/10kt	%	国家	数量/10kt	%	国家	数量/10kt	%	国家	数量/10kt	%	国家	数量/10kt	%
沙特*	4463.00	18.6	安哥拉*	3938.19	16.5	俄罗斯	1524.52	6.4	巴西	804.77	3.4	澳大利亚	287.04	1.2
伊朗*	2131.95	8.9	苏丹	1259.87	5.3	哈萨克斯坦	1005.38	4.2	委内瑞拉*	754.96	3.2	马来西亚	207.95	0.9
阿曼	1586.83	6.6	利比亚*	737.33	3.1	阿塞拜疆	12.75	0.1	哥伦比亚	200.03	0.8	印度尼西亚	139.41	0.6
伊拉克*	1123.83	4.7	刚果	504.83	2.1	挪威	7.86		阿根廷	113.55	0.5	文莱	102.46	0.4
科威特*	983.39	4.1	阿尔及利亚*	175.40	0.7	其他	35.56	0.1	厄瓜多尔*	81.03	0.3	越南	68.34	0.3
阿联酋*	528.51	2.2	尼日利亚*	129.10	0.5				加拿大	30.84	0.1	蒙古	28.70	0.1
也门	402.11	1.7	乍得	96.31	0.4				古巴	5.82		泰国	23.13	0.1
卡塔尔*	56.02	0.2	赤道几内亚	82.27	0.3				其他	113.07	0.5	巴布亚新几内亚	16.60	0.1

续表

中东地区		非洲			前苏联和欧洲		美洲		亚太地区	
		加蓬	42.29	0.2					新西兰	6.47
		喀麦隆	35.94	0.2						
		毛里塔尼亚	14.86	0.1						
		其他	68.89	0.3						
小计	11275.60 47.1	小计	7085.27	29.6	小计	2586.08 10.8	小计	2104.06 8.8	小计	880.10 3.7

注：* OPEC 成员国。

表 4-1-2 我国进口的部分含硫/高硫原油的主要性质[16]

原油名称	API 度	密度(20℃)/(g/cm³)	硫/%	总酸值/(mgKOH/g)	减压渣油(>500℃)/%
沙特轻原油	32.30	0.8600	2.30	0.04	26.43
沙特中原油	30.60	0.8692	2.80	0.20	31.62
沙特重原油	27.20	0.8879	2.84	0.08	37.55
伊朗轻原油	33.20	0.8554	1.43	0.23	22.84
伊朗重原油	30.50	0.8698	1.80	0.45	30.60
俄罗斯乌拉尔原油	32.50	0.8592	0.84	0.25	25.66
阿曼原油	30.70	0.8686	1.28	0.26	35.31
伊拉克原油	31.00	0.8672	2.85	0.07	32.02
科威特原油	30.50	0.8701	2.58	0.02	34.58
安哥拉 Hungo 原油	28.10	0.8829	0.63	0.29	32.59
也门 Masila 原油	31.80	0.8628	0.64	0.10	24.94

表 4-1-3 我国进口的部分含酸/高酸原油的主要性质[11]

原油名称	API 度	密度(20℃)/(g/cm³)	硫/%	总酸值/(mgKOH/g)	减压渣油(>500℃)/%
安哥拉	23.14	0.9114	0.51	1.50	27.7(>550℃)
安哥拉	21.96	0.9180	0.74	1.85	
安哥拉	31.30	0.8653	0.43	0.51	28.17
苏丹	25.00	0.9002	0.11	3.66	50.9(>550℃)
巴西	20.10	0.9296	0.78	1.05	38.5(>550℃)
巴西	21.52	0.9210	0.60	1.92	
巴西	18.25	0.9412	0.70	1.48	
委内瑞拉	10.45	0.9933	5.70	1.48	
委内瑞拉	16.02	0.9556	2.74	1.20	
委内瑞拉	7.80	1.0124	3.29	0.98	59.65
印度尼西亚	20.80	0.9253	0.20	1.12	45.7(>550℃)
乍得	21.14	0.9233	0.16	2.37	56.7(>550℃)
澳大利亚	19.20	0.9352	0.21	1.42	
阿根廷	24.03	0.9059	0.19	0.60	
赤道几内亚	30.20	0.8716	0.58	0.86	33.22

2010 年我国炼油企业进厂原油的平均性质如下：硫含量 1.24%，最高达 2.4%；总酸值 0.6mgKOH/g，最高达 1.85mgKOH/g；盐含量 53.8mgNaCl/L，最高达 195mgNaCl/L。[14]

中国石化是我国加工含硫和含酸原油最早和加工量最大的炼油企业。2010 年中国石化加工原油212972kt，共144个油种，其中加工高硫高酸原油达49.58%[14]。到2010年，中国石化已形成高桥、海南、青岛炼化、福建、天津、洛阳、塔河等11个高硫原油加工基地和镇海、茂名、金陵、广州、齐鲁、青岛石化共7个高酸原油加工基地，其中进口高硫原油加工能力达到97Mt，进口高酸原油加工能力达到13.50Mt[13]。中国石化在东部和中部地区的炼油企业都可以掺炼含硫/高硫和含酸/高酸原油。

中国石油大连石化公司的含硫原油加工能力达16Mt，进口高酸原油加工能力达8Mt。此外，中国石油辽河石化、锦州石化和锦西石化，除加工自产的辽河高酸原油外，还有相当一部分能力加工进口高酸原油[17,18]。

中国海油惠州炼油厂是专门加工高酸原油的炼油厂，设计加工能力达12Mt。此外，中国海油宁波大榭石化等也加工高酸原油。

目前我国在建或即将建设的一批大型炼化企业也都加工高硫或高酸原油。其中，中化集团公司泉州炼油厂，原油加工能力12Mt/a，加工科威特高硫原油；中俄天津东方石化，原油加工能力13Mt/a，加工俄罗斯含硫原油；中委广东揭阳炼油厂，原油加工能力20Mt/a，加工委内瑞拉高硫高酸原油；中科广东湛江石化，原油加工能力15Mt/a，加工科威特高硫原油；中国石油浙江台州（与Shell、卡塔尔合资）石化，原油加工能力20Mt/a，加工含硫/高硫原油；中沙昆明石化，原油加工能力10Mt/a，加工沙特高硫原油。根据我国2009～2011年与有关国家签署的"贷款换石油"协议，俄罗斯在20年间要向我国提供300Mt/a原油；巴西在10年间向我国提供原油，第一年提供150kbbl/d，以后9年提供200kbbl/d；委内瑞拉按年均原油出口额不低于40亿美元的原油出口额向我国提供原油偿还贷款。此外，中国石油、中国石化和中国海油都已经参股或控股加拿大的一些油砂沥青项目，预计我国炼油企业也将加工加拿大的高硫高酸油砂沥青。

综上所述，我国炼油企业加工含硫含酸原油的数量将逐年增加。据预测，大约到2020年我国自产的原油数量将开始下降，对进口原油的依存度将进一步提高。因此，可以认为，我国炼油企业加工越来越多的含硫/高硫和含酸/高酸原油将是不可逆转的趋势。

二、美国、欧洲和日本炼油厂含硫含酸原油加工的简要情况

2011年BP公司世界能源统计评论发表的2010年世界各国的原油产量和炼油厂的原油加工能力与实际加工量如表4-1-4所列。

表4-1-4 2010年世界各国的原油产量和炼油厂的原油加工能力与实际加工量[19]

国 别	原油产量①/(10kbbl/d)	原油净进口量/(10kbbl/d)	炼油厂加工能力④/(10kbbl/d)	炼油厂加工量/(10kbbl/d)	炼油厂负荷率/%
美国	751.3	915.9	1759.4	1472.2	83.7
欧洲	1766.1②	934.1③	2451.6	1966.4	80.2
日本	0	371.1	446.3	361.9	81
世界总计	8209.5	3767.0	9179.1	7481.6	81.5

①包括原油、页岩油、油砂沥青和天然气液（NGL），不包括生物燃料和煤制油；②包括俄罗斯产量；③包括欧洲国家从俄罗斯的进口量；④指常压蒸馏装置能力。

2010年世界各国炼油厂加工多少含硫/高硫原油和含酸/高酸原油，没有见到公开发表的统计数据。但是，Purvin & Gertz咨询公司发表的报告称，2010年全球的原油平均质量是

API度32.2($d_4^{20}=0.8602$)、含硫1.2%；预计2020年API度将达到31.7($d_4^{20}=0.8628$)、含硫1.25%[20]。HPC公司发表的报告称，2011年高酸原油的加工量将达到世界原油加工总量的11%，预计今后高酸原油加工的比例只会上升不会下降[6]。

1. 美国的简要情况

美国是世界上原油加工量最大、加工含硫含酸原油最多的国家。美国能源信息局2009年发表的报告称，美国进口的原油向高硫重质化发展。平均硫含量从2005年的0.9%上升到1.4%，平均API度从32.5($d_4^{20}=0.8586$)降低到30.2($d_4^{20}=0.8710$)，而且硫含量和密度(d_4^{20})都呈上升之势。美国Baker & O'Brien公司发表的报告称，向美国出口含硫含酸重原油(API度<28，即$d_4^{20}>0.8830$)的国家主要是加拿大、墨西哥、委内瑞拉、科威特、巴西、哥伦比亚和厄瓜多尔，2007~2009年这7个国家向美国提供的重原油都在4Mbbl/d以上，且呈增加之势。

BP公司2011年发表的统计数据(表4-1-4)表明，2010年美国自产原油7513kbbl/d，净进口原油9159kbbl/d。根据最近发表的资料估计，2010年美国炼油厂加工的自产原油和进口原油大约各占50%。美国炼油厂加工的自产原油主要是西得克萨斯轻质低硫中间基(WTI)原油、路易斯安那轻质低硫原油、西得克萨斯含硫中质原油、阿拉斯加北坡含硫中质原油、Mars高硫中质混合原油和路易斯安那重质低硫原油6种，此外还有少量加州Hondo Montery重质高硫原油和阿拉斯加West Sak含硫含酸原油。美国炼油厂加工的进口原油如表4-1-5所示。表4-1-5的数据表明，美国炼油厂加工的进口原油主要来自加拿大、中南美、中东、西非和墨西哥5个国家和地区(占进口总量的81%)。加拿大出口到美国的原油99%是含硫含酸重原油、合成原油和高硫高酸的稀释沥青[21]，其中稀释沥青约占50%[22]。委内瑞拉出口到美国的原油90%以上是API度≤22($d_4^{20}≥0.9180$)的含硫含酸或高硫高酸重原油；巴西、哥伦比亚和厄瓜多尔向美国出口的原油都是API度<28($d_4^{20}>0.8820$)的含硫高硫重原油。中东出口到美国的原油主要是沙特、伊拉克和科威特的含硫高硫重原油，西非出口到美国的原油主要是尼日利亚和安哥拉的轻质低硫原油，墨西哥出口到美国的原油主要是高硫重原油。美国加工进口含硫含酸原油的部分炼油厂的原油加工能力和原油来源如表4-1-6所示。美国炼油厂加工的部分进口含硫/高硫和含酸/高酸原油的主要性质如表4-1-7所示。

表4-1-5 2010年美国、欧洲和日本净进口原油的来源和数量[19]

美 国			欧 洲			日 本		
国别	进口量/(10kbbl/d)	%	国别	进口量/(10kbbl/d)	%	国别	进口量/(10kbbl/d)	%
加拿大	198.7	21.7	前苏联	642.4	49.5	中东	295.7	79.7
中南美	173.1	18.9	中东	183.1	19.6	前苏联	23.8	6.4
中东	136.5	14.9	北非	129.8	13.9	美国	7.4	2.0
西非	132.8	14.5	西非	71.0	7.6	其他	44.2	11.9
墨西哥	100.7	11.0	美国	27.1	2.9			
前苏联	58.6	6.4	中南美	25.2	2.7			
欧洲	54.0	5.9	其他	35.5	3.8			
北非	45.8	5.0						
其他	15.7	1.7						
合计	915.9	100.0	合计	934.1	100.0	合计	371.1	100.0

表4-1-6 美国加工进口含硫含酸原油的部分炼油厂的原油加工能力和原油来源[3]

公司名称	炼油厂地址	原油加工能力/(Mbbl/d)	原油来源
Mobiva 企业公司（Shell-沙特合资）	路易斯安那州 Convert	2350	沙特含硫高硫原油
	路易斯安那州 Norco	2200	
	得克萨斯州 Port Arthur	2850	
Citgo 石油公司（PDVSA[①]独资）	伊利诺伊州 Lemont	158650	委内瑞拉含硫高硫和含酸高酸原油
	路易斯安那州 Lake Charles	4400	
	得克萨斯州 Corpus Christi	156750	
Chalmette 炼制公司（Mobil 与 PDVSA 合资）	路易斯安那州 Chalmette	1925	委内瑞拉重合成原油[②]
BP 公司	印第安纳州 Whiting	384750	加拿大稀释沥青
	俄亥俄州 Toledo	1520	加拿大稀释沥青
Suncor 能源公司	科罗拉多州 Commerce	930	加拿大合成原油
Flint Hills 资源公司	明尼苏达州 Rosemount	3230	加拿大合成原油
WRB 炼制公司	伊利诺伊州 Wood River	3060	加拿大稀释沥青
	得克萨斯州 Borger	1460	加拿大稀释沥青
Husky 能源公司	俄亥俄州 Lima	1615	加拿大稀释沥青
Marathon 石油公司	密歇根州 Detroit	1020	加拿大稀释沥青
	肯塔基州 Catlettsburg	2260	加拿大稀释沥青
	伊利诺伊州 Robinson	2040	加拿大稀释沥青
Coffeyville 炼制公司	堪萨斯州 Coffeyville	1000	加拿大稀释沥青
Frontier 公司	堪萨斯州 Eldorado	1260	加拿大稀释沥青
Sinclair 石油公司	俄克拉荷马州 Tulsa	700	加拿大稀释沥青
合计		42654	

① PDVSA 为委内瑞拉国家石油公司；② 为委内瑞拉 Petromanagas 超重原油改质工厂生产的重合成原油（含渣油）；③ 本表是作者根据美国近几年发表的资料整理而成。

表4-1-7 美国炼油厂加工的部分进口含硫和含酸/高酸原油的主要性质[6]

原油名称	API 度	d_4^{20}	硫含量/%	总酸值/(mgKOH/g)	减压渣油/%	减压瓦斯油/%	常压瓦斯油[⑤]/%
加拿大 Athabasca 油砂沥青	8.44	1.0076	4.5	3.5	57	28	N/A[①]
加拿大 WCS[②]混合原油	20.5	0.9271	3.51	0.93	36.7	25.7	N/A[①]
加拿大 Lloydminster 混合原油	20.7	0.9259	3.31	0.79	41.2	25.7	N/A[①]
加拿大合成原油	33.0	0.8560	N/A[①]	N/A[①]	0.3	36.7	N/A[①]
墨西哥 Maya 原油	21.5	0.9210	3.4	0.43	37	24	9
委内瑞拉 Hamaca 原油[③]	25.9	0.8950	1.62	0.7	20.8	32	16.4
中东中立区[④]Ratawi 原油	24.6	0.9025	3.9	0.1	28.5	31.1	11.2
中东中立区[④]Eocene 原油	18.4	0.9403	3.97	0.2	30.6	38.2	12.1

① 没有可用数据；② WCS 为 Western Canada Select 的缩小；③ Hamaca 原油是委内瑞拉 Petropair 超重原油改质工厂生产的重合成原油（含渣油）；④ 科威特和沙特各占50%；⑤ 指柴油和减压瓦斯油之间的馏分。

2010年美国炼油厂的原油加工能力和主要加工装置的构成如表4-1-8所示。由表4-1-8的数据可见，美国炼油厂减压蒸馏、焦化、催化裂化和加氢裂化装置的加工能力占原油加工能力的比例都高于全球平均水平，居世界第一位。这固然与美国炼油厂加工重原油的比例很高有关，但也是美国炼油厂原油加工深度最深、轻油收率最高、经济效益最好的根本原因。美国的汽油需求远多于柴油，是世界上汽柴油需求比最大的国家。为了多产汽油，催化裂化装置加工能力的比例很大，催化重整和烷基化装置加工能力占原油加工能力的比例也远高于世界上其他国家。虽然美国是提出、生产和使用清洁燃料最早的国家，但是，由于美国炼油厂加工含硫高硫原油的比例远高于其他国家，因此直到目前美国炼油厂生产的新配方汽油（清洁汽油）仍然执行含硫30μg/g的规格，生产的清洁柴油仍然执行含硫15μg/g的规格，都低于欧盟国家欧Ⅴ规格的水平。据介绍，如果要把汽油硫含量从30μg/g降低到10μg/g，美国炼油厂的汽油生产成本就要增加6~9美分/gal（1gal=3.7854L，余同），再加上降低汽油蒸气压的要求，汽油生产成本就要增加25美分/gal，在目前美国汽油价格已经达到4美元/gal的情况下，美国汽油消费者难以承受，因此只能维持现状。

表4-1-8 2010年美国、欧洲和日本炼油厂的原油加工能力和主要加工装置[23]

国别	炼油厂数	加工能力	常压蒸馏	减压蒸馏	焦化	减黏/热裂化	催化裂化	催化重整	加氢裂化	加氢处理
美国	129	10kbbl/d %	1786.92 100.0	798.00 44.7	247.41 13.8	3.40 0.19	571.80 32.0	354.38 19.8	166.87 9.3	1406.22 78.7
西欧①	101	10kbbl/d %	1462.73 100.0	573.92 39.2	34.28 2.3	155.02 10.6	225.90 15.4	219.06 15.0	118.24 8.0	1001.53 68.5
东欧②	89	10kbbl/d %	1036.90 100.0	390.33 37.6	31.90 3.0	68.33 6.6	87.71 8.5	147.44 14.2	33.04 3.2	427.39 41.2
欧洲合计	190	10kbbl/d %	2499.63 100.0	964.25 38.6	66.18 2.6	23.35 8.9	313.61 12.5	366.50 14.7	151.28 6.0	1428.92 57.2
日本	30	10kbbl/d %	473.0 100.0	176.4 37.3	12.34 2.6	2.0 0.4	98.70 20.9	82.92 17.5	18.17 3.8	501.54 106.0
全球合计	662	10kbbl/d %	8822.96 100.0	2918.76 33.0	460.97 5.2	382.95 4.3	1466.90 16.6	1151.41 13.0	541.70 6.1	4543.13 51.5

① 西欧包括有炼油厂的17个国家；② 东欧包括有炼油厂的20个国家。

2. 欧洲的简要情况

西欧和东欧有炼油厂的国家2010年的原油生产能力和炼油厂的原油加工能力如表4-1-9所示。可以看出，在西欧的17个国家中，只有挪威、英国和丹麦生产的原油较多一些，其他国家生产的原油都很少，都需要加工进口原油。挪威、英国和丹麦生产的原油大多数都是低硫轻原油，低硫和含硫中质油较少，含硫重原油极少。在东欧的20个国家中，只有俄罗斯、哈萨克斯坦和阿塞拜疆特别是俄罗斯生产的原油多一些，能够出口供应其他国家。俄罗斯、哈萨克斯坦和阿塞拜疆生产的原油大多数都是含硫中原油，低硫和含硫轻原油较少，含硫重原油极少。

表 4-1-9　欧洲国家 2010 年的原油产量和炼油厂的原油加工能力[24,25]

西欧				东欧			
国家	炼油厂数	炼油厂原油加工能力/(10kbbl/d)	原油产量/(10kbbl/d)	国家	炼油厂数	炼油厂原油加工能力/(10kbbl/d)	原油产量/(10kbbl/d)
1. 德国	15	241.77	5.10	1. 俄罗斯	40	543.09	1020.0
2. 意大利	17	233.72	9.50	2. 乌克兰	6	87.98	7.0
3. 法国	13	184.38	1.79	3. 罗马尼亚	10	53.73	8.8
4. 英国	10	176.62	125.26	4. 白俄罗斯	2	49.33	3.4
5. 西班牙	9	127.15	0.25	5. 波兰	4	49.29	1.29
6. 荷兰	6	120.86	3.00	6. 阿塞拜疆	2	39.89	98.5
7. 比利时	4	74.03		7. 哈萨克斯坦	3	34.51	159.0
8. 土耳其	6	71.43	4.76	8. 克罗地亚	3	25.03	1.28
9. 瑞典	5	43.70		9. 土库曼斯坦	2	23.70	21.6
10. 希腊	4	42.30	0.23	10. 乌兹别克斯坦	3	22.43	8.7
11. 挪威	2	31.90	186.86	11. 塞尔维亚-黑山	2	21.48	
12. 葡萄牙	2	30.42		12. 立陶宛	1	19.00	0.23
13. 芬兰	2	25.86		13. 捷克	3	18.30	0.33
14. 奥地利	1	20.86	1.77	14. 匈牙利	1	16.10	1.6
15. 丹麦	2	17.44	24.56	15. 保加利亚	1	11.52	0.01
16. 瑞士	2	13.20		16. 斯洛伐克	1	11.50	1.75
17. 爱尔兰	1	7.1		17. 马其顿	1	5.0	
				18. 阿尔巴尼亚	2	2.63	1.27
				19. 斯洛文尼亚	1	1.35	
				20. 吉尔吉斯斯坦	1	1.0	0.2
合计	101	1462.73	363.08	合计	89	1036.87	1335.15

由表 4-1-9 的数据可见，欧洲各国进口的原油主要来自前苏联、中东、北非和西非国家。前苏联国家（主要是俄罗斯）出口的主要是含硫中原油，中东（主要是沙特、伊朗和伊拉克）出口的多是含硫和高硫原油，北非和西非出口的主要是低硫轻原油。

美国和中南美出口到欧洲的原油有一些是高硫重原油，但数量都不是很多。西欧和东欧产油国生产的原油只有挪威的 Troll Blend 原油是含酸中原油（API 度 30，总酸值 0.83 mgKOH/g），但数量很少。

西欧和东欧国家炼油厂的原油加工能力和装置构成如表 4-1-8 所列。可以看出，西欧和东欧国家炼油厂的原油加工深度都比较浅，主要原因是要生产一些船用燃料油和/或工业燃料油，当然与加工的重原油不是很多有关。西欧国家在 2009 年就全都生产和使用符合欧 V 规格要求（含硫 10μg/g）的超低硫清洁燃料。总体而言，因为这些国家加工的低硫轻原油较多，所以也相对容易一些。东欧国家（个别国家除外）到目前为止还没有生产和使用符合欧 V 规格要求的清洁燃料。俄罗斯生产一些符合欧 V 规格要求的清洁柴油，主要是出口到西欧国家。按照俄罗斯的计划，从 2013 年开始俄罗斯全国生产和使用符合欧 IV 规格要求的清洁燃料。西欧国家炼油厂目前生产中的主要问题是汽油过剩，喷气燃料和柴油不足，不能满足市场需求，因而需要出口汽油和进口喷气燃料与柴油（详见本章第二节）。

3. 日本的简要情况

日本没有原油资源，不生产原油。炼油厂加工的原油全部依靠进口。由表4-1-5可见，2010年日本进口的原油80%来自中东，都是含硫和高硫中重原油，前苏联和美国供应日本的原油也不是低硫轻原油。由表4-1-8的数据可见，日本炼油厂的原油加工深度不深，但加氢处理装置加工能力很大，居世界第一位。其主要原因是要生产一些船用燃料油和工业燃料油，同时要生产硫含量<10μg/g的超低硫清洁燃料，满足市场需求。据介绍，日本从2008年开始就全面生产和使用超低硫清洁燃料，也是世界上较早生产和使用超低清洁燃料的国家之一。当然，投资很大，生产成本很高。

第二节 含硫含酸原油加工流程的重要性和复杂性

一、含硫含酸原油加工流程的重要性

1. 重原油、超重原油和油砂沥青（非常规石油）的资源量远大于常规石油资源量

美国烃出版公司发表的一份研究报告中称，全球非常规石油资源（重原油、超重原油和油砂沥青）的储量约为常规原油的5倍（5:1）[5,6]。意大利埃尼公司的一份研究报告中称，全球非常规石油资源的储量接近8Tbbl，而常规原油资源的储量只有3~4Tbbl[26]。美国地质调查局估计，世界上拥有的重原油资源量约为3Tbbl，其中目前可以开采的约为434Gbbl，按地区分布的情况是：南美113Mbbl，中东971Gbbl，北美651Gbbl，俄罗斯182Gbbl，东亚168Gbbl，南非83Gbbl，欧洲75Gbbl，东南亚和大洋洲68Gbbl，外高加索52Gbbl，南亚18Gbbl。[27]这些重原油资源的开采技术尚不成熟，开采缓慢且很困难。由于全球石油需求量越来越大，世界上主要产油国的主力油田都已进入开发的中后期，原油质量呈劣质化之势。特别是中东地区产油国的多数易采油田都已开采数十年之久，主要油田的储量都已开采过半，轻原油资源已开始枯竭，越来越多新开发的油田原油质量都趋于重质化，开采难度很大。素有"石油央行"之称的沙特阿拉伯和科威特已开始加快重原油的开采步伐，以保持原油产量的增长目标，满足世界和本国原油增长的需求。位于沙特和科威特边境地区的Wafra油田，储量约为30Gbbl，原油API度在18（d_4^{20} = 0.9428）左右，美国Chevron公司计划在今后25年间投资400亿美元，生产5Gbbl原油，目前的产量约为240kbbl/d。科威特的Lower Fars Formation，储量约为13Gbbl，原油API度在14~18（d_4^{20} = 0.9690~0.9428）之间，科威特与ExxonMobil公司合作开发，计划2016年产量达60kbbl/d，2030年达270kbbl/d[28]。据报道，作为世界上第一大产油国的俄罗斯，在经济上可动用的储量只能支持目前的开采速度13~15年，自喷原油的储量不超过30%，其余的70%都是黏度很大难以开采的重原油[29]。

2. 高硫原油储量多于低硫原油，重原油储量多于轻原油

美国Tumer Mason公司2009年发表的研究报告称，在过去25年间世界原油的探明剩余可采储量明显增加，大约从650Gbbl增加到目前的1330Gbbl，但其中不包括非常规原油储量。如果包括非常规原油（加拿大油砂沥青和委内瑞拉超重原油）在内，世界原油的探明剩余可采储量如表4-2-1所示。2008年世界各种原油的产量如表4-2-2所示[30]。

表 4-2-1　世界原油探明剩余可采储量(2008 年)

原油类别	轻质低硫	轻质高硫	中质低硫/高硫	重质低硫/高硫	合计
API 度[①]	>31	>31	24.1~30.9	<24	<24~>31
d_4^{20} [①]	<0.8667	<0.8667	0.8672~0.9054	>0.9061	<0.8667~>0.9061
硫含量/%	<0.99	>1.0	<0.99/>1.0	<0.99/>1.0	<0.99~>1.0
储量/Gbbl	293	453	364	702	1813
主要蕴藏地区	中东,非洲前苏联,亚太	中东	中东	北美,南美	OPEC60% 非 OPEC40%

① Turner Mason 公司的原油分类方法。

表 4-2-2　世界原油产量(2008 年)　　　　　　　　10kbbl/d

	轻质低硫	轻质高硫	中质低硫/高硫	重质低硫/高硫	合计
非 OPEC	1810	940	590	680	4030(55%)
OPEC	960	1260	880	250	3350(45%)
合计	2770	2200	1470	930	7380(100%)

由表 4-2-2 和表 4-2-3 的数据可见，2008 年轻质低硫原油的储量只占世界原油总储量的 16.0%，可是其产量却占世界原油总产量的 37.5%；2008 年重质低硫/高硫原油的储量占世界原油总储量的 39%，可是其产量却只占世界原油总产量的 13.0%，这些原油主要产自委内瑞拉、墨西哥和加拿大，而且主要是重质高硫原油。

世界原油探明剩余储量最多的 8 个国家的储量如表 4-2-3 所示，这 8 个国家的储量占世界总储量的 78%。2008 年世界原油产量最多的 8 个国家的产量如表 4-2-4 所示，这 8 个国家共生产原油 39.67Mbbl/d，占世界原油总产量的 54.0%。

表 4-2-3　世界原油探明剩余可采储量最多的 8 个国家 2008 年的原油储量

国　家	原油储量/Gbbl	原油类别
加拿大	321	98% 为重质低硫/高硫原油
委内瑞拉	316	95% 为重质低硫/高硫原油
沙特[①]	264	88% 为中质或轻质高硫原油
伊朗	138	100% 为中质或轻质高硫原油
伊拉克	115	93% 为中质或轻质高硫原油
科威特[①]	102	99% 为中质或轻质高硫原油
阿联酋	98	96% 为轻质低硫和高硫原油
俄罗斯	79	85% 为轻质低硫和高硫原油
合计	14330	

① 含 50% 中立区的储量。

表 4-2-4　世界原油产量最多的 8 个国家 2008 年的原油产量

国　家	原油产量/(10kbbl/d)	原油类别
俄罗斯	935.1	70% 为轻质高硫原油
沙特[①]	922.1	87% 为中质或轻质高硫原油
美国	506.5	70% 为轻质低硫/高硫原油
伊朗	403.4	100% 为中质或轻质高硫原油
中国	378.6	63% 为轻质低硫原油
墨西哥	277.9	64% 为重质低硫/高硫原油
阿联酋	271.0	96% 为轻质低硫/高硫原油
加拿大	270.4	84% 为轻质低硫或重质低硫/高硫原油
合计	3967.0	

① 含 50% 中立区的产量。

由表4-2-3可见，加拿大和委内瑞拉的原油储量中95%以上都是重质低硫/高硫原油。如果按照0.5%以上是含硫/高硫原油的分类方法，实际上都是含硫/高硫原油，而且绝大多数都是油砂沥青和超重原油，都是高硫/高酸重质原油。沙特、伊朗、伊拉克、科威特和阿联酋五国都在中东地区，都是OPEC成员国，除阿联酋外其他四国的原油多数都是中质高硫原油。

由表4-2-3和表4-2-4的数据可见，加拿大是世界原油储量居第一位的国家，是8个国家中储采比最大的国家，可是其原油产量仅居第八位。俄罗斯的原油产量居第一位，可是其储量仅居第八位，是8个国家中原油储采比最小的国家。美国、中国和墨西哥都不在世界上原油储量最多的8个国家之中，但其产量却都在原油产量最多的8个国家之中。美国是世界上进口原油最多的国家，我国是世界上进口原油居第二位的国家。

3. 含硫/高硫原油产量多于低硫原油，中/重原油产量多于轻质原油

意大利埃尼公司发表的2000~2010年全球轻、中、重原油的产量和低硫、含硫、高硫原油的产量数据如表4-2-5和表4-2-6所示[31]。

表4-2-5 2000~2010年世界轻、中和重原油产量

原油类别	2000年		2005年		2008年		2009年		2010年	
	10kbbl/d	%	10kbbl/d	%	10kbbl/d	%	10kbbl/d	%	10kbbl/d	%
轻原油①	1933.2	28.4	1929.8	26.2	1946.3	26.2	1850.3	25.5	1969.1	26.6
中原油①	3479.1	51.1	3985.1	54.0	4046.7	54.5	3926.8	54.1	3872.2	52.3
重原油①	806.8	11.9	930.4	12.6	909.7	12.3	913.7	12.6	978.3	13.2
未分类原油②	583.7	8.6	530.7	7.0	518.4	7.0	561.6	7.7	583.5	7.9
合计	6803.0	100.0	7376.4	100.0	7421.1	100.0	7252.3	100.0	7403.1	100.0

① 轻原油是指API度≥35(d_4^{20}≤0.8455)的原油，中原油是指API度≥26和<35之间的原油，重原油是指API度≥10和<26之间的原油；② 未分类的原油中82.5%是美国原油。

表4-2-6 2000~2010年世界低硫、含硫和高硫原油产量

原油类别	2000年		2005年		2008年		2009年		2010年	
	10kbbl/d	%	10kbbl/d	%	10kbbl/d	%	10kbbl/d	%	10kbbl/d	%
低硫原油①	2230.3	32.8	2324.0	31.5	2326.3	31.3	2290.5	31.6	2355.0	31.8
含硫原油①	607.5	8.9	667.7	9.1	819.6	11.0	845.1	11.7	857.4	11.6
高硫原油①	3381.4	49.7	3854.0	52.2	3756.8	50.6	3555.2	49.0	3607.2	48.7
未分类原油②	583.7	8.6	530.7	7.2	518.4	7.0	561.6	7.7	583.5	7.9
合计	6803.0	100.0	7376.4	100.0	7421.1	100.0	7252.3	100.0	7403.1	100.0

① 低硫原油是指硫含量<0.5%的原油，含硫原油是指硫含量在≥0.5%和<1.0%之间的原油，高硫原油是指硫含量≥1.0%的原油；② 未分类的原油中82.5%是美国原油。

由表4-2-5的数据可见，在2000~2010年间全球轻、中、重原油产量除2009年受国际金融危机的影响外，总体上是逐年增加之势，轻原油产量在26%左右，中重原油产量在65%左右。由表4-2-6的数据可见，在2000~2010年间全球低硫原油产量大体上在32%左右，可是高硫原油产量大体上在50%左右，高硫原油产量远高于低硫原油产量。

4. 目前世界高酸原油产量约占原油总产量的10%，预测增产的空间很大

国内外含酸/高酸原油储量和产量的统计数据未见报道。但根据为数不多的文献资料

分析研究，可以了解一些有关情况。虽然不是所有常规原油生产国都生产含酸高酸原油，但世界上生产常规原油的地区也都生产含酸高酸原油，例如伊朗的 Norwuz 油田就生产高酸原油，也是中东地区唯一生产含酸高酸原油的国家，只是不出口而已。此外，中亚和美国也生产含酸原油，也是不出口到其他国家。APEC 发表的研究报告称，除了委内瑞拉外，其他国家生产的大多数高酸原油都是 API 度 $<29 (d_4^{20}>0.8775)$ 的中重原油，且这些原油的瓦斯油收率都不成比例[9]。1998~2004 年和 2006~2010 年世界高酸原油的产量如表 4-2-7 和表 4-2-8 所示。

表 4-2-7 1998~2004 年世界高酸原油产量[32]

年份	北欧/(10kbbl/d)	美洲/(10kbbl/d)	西非/(10kbbl/d)	远东/(10kbbl/d)	合计/(10kbbl/d)
1998	51.0	91.0	10.0	77.0	229.0
1999	58.0	116.0	11.0	77.0	262.0
2000	60.0	141.5	17.0	77.0	295.5
2001	63.0	167.5	20.0	79.5	330.0
2002	72.5	181.5	25.5	79.5	359.0
2003	76.5	187.5	26.5	80.5	371.0
2004	74.0	193.5	47.5	80.5	395.5

表 4-2-8 2006~2010 年世界高酸原油产量[11]

年份	2006	2007	2008	2009	2010
高酸原油产量/(10kbbl/d)	838	863	925	950	930
原油总产量/(10kbbl/d)	8466.3	8454.3	8549.5	8433.4	8671.2
高酸原油份额/%	9.90	10.21	10.82	11.26	10.73

北海常规原油的产量一直在下降，但英国和挪威的高酸原油产量有所增加，预计将从 2006 年的 553kbbl/d 增加到 2015 年的 585kbbl/d。其中大多数高酸原油都在西北欧的炼油厂加工，但挪威生产的一些高酸原油会出口到美国[9]。

南美的委内瑞拉和巴西是世界上高酸原油的主产区，也是高酸原油的主要出口国。预计南美高酸原油的产量将从 2006 年的 2.371Mbbl/d 增加到 2015 年的 2.91Mbbl/d[9]。巴西近海的 Campos 盆地生产的含酸/高酸原油近几年稳步增长，且大部分都是 API 度 $<25 (d_4^{20}>0.9002)$ 的高酸重原油，出口目标主要是亚太地区的中国和印度。[20]

安哥拉、乍得和苏丹是西非高酸原油的主要生产国。预计其 2012 年产量将在 2006 年的基础上增加近 325kbbl/d，由于这几个国家没有加工能力，所以主要出口到国外，特别是中国。

我国是远东地区高酸原油的主要生产国。亚太能源咨询公司预测，我国高酸原油产量将从 2006 年的 330kbbl/d 增加到 2015 年的 736kbbl/d。印度尼西亚生产的杜里(Duri)原油也是高酸原油，预计其产量不会有大的变化，但在其国内的加工量将会增加。

澳大利亚近几年由于几个新油田投产，高酸原油的产量会有较快的增加，预计 2015 年产量将达到 180kbbl/d，而且主要用于出口。

加拿大 Alberta 省的油砂沥青和委内瑞拉 Orinoco 重油带的超重原油都是非常规原油，也是罕见的高硫高酸原油。据介绍，加拿大油砂沥青的原始地质储量约为1731Gbbl，目前的可采储量约为171Gbbl，最终可采储量约为315Gbbl；委内瑞拉超重原油的原始地质储量约为1895Gbbl，目前的可采储量约为272Gbbl，都是世界上储量最大的非常规石油资源。美国能源部发表的这两种非常规原油的近期产量和中期预测产量如表4-2-9所示。

表4-2-9 加拿大油砂沥青和委内瑞拉超重原油的产量[33] 10kbbl/d

年份	2006	2007	2008	2015	2020	2025	2030	2035
加拿大油砂沥青	120	140	150	240	290	350	420	520
委内瑞拉超重原油	60	60	70	80	110	120	130	140
合计	180	200	220	320	400	470	550	660

加拿大油砂沥青和委内瑞拉超重原油的主要性质如表4-2-10所示。由表4-2-10的数据可见，这两种非常规原油不仅密度大，而且硫含量和含酸量很高，减压渣油的比例很大，属于目前世界上最难加工的两种原油。

表4-2-10 加拿大油砂沥青和委内瑞拉超重原油的主要性质[6,33]

主要性质	API度	密度(20℃)/(g/cm^3)	硫含量/%	总酸值/(mgKOH/g)	减压渣油/%
加拿大油砂沥青①	8.44	1.0080	4.5	3.5	57.0
委内瑞拉超重原油②	8.50	1.0074	3.8	2.72	51.0

① 产自Athabasca矿区；② 产自Zuata油田。

5. 国际油价高位上行，劣质原油折扣较大，炼油厂利润增加明显

近10年来国际市场基准原油的年均价格如表4-2-11所示。EIA预测，在没有突发事件的情况下，2012年的国际原油价格将在2011年的基础上上涨5%左右，2013年将再上涨5%左右[35]。世界银行预测，全球石油需求将超过供给，2015年国际原油价格将超过150美元/桶[36]。

表4-2-11 2001~2011年国际原油的现货年均价格[34] 美元/桶

年份	2001	2002	2003	2004	2005	2006	2007	2008	2009	2010	2011
WTI	25.89	26.10	31.06	41.40	56.44	66.00	72.26	100.06	61.92	79.45	95.90
Brent	24.55	25.01	28.83	38.21	54.38	65.14	72.52	97.26	61.67	79.50	111.38

据介绍，在2000~2003年间美国路易斯安那低硫轻原油与墨西哥高硫重原油的平均价差约为7美元/桶。从2004年开始价差拉大，到2008年5月拉大到25美元/桶左右，2009年平均价差收窄到5美元/桶左右，但2010年又开始拉大到10美元/桶以上。尽管轻重原油、低硫高硫原油、低酸高酸原油的价差随国际市场原油的供需情况而变，时而拉大，时而收窄，但总体上总是有一个折扣，炼油厂加工高硫重原油或高酸重原油与加工低硫轻原油相比，总是能够得到较多的利润。以美国墨西哥湾加工墨西哥玛雅高硫重原油的炼油厂为例，在2005年一季度至2011年一季度期间，大部分时间的炼油厂的平均利润都远高于加工Brent低硫轻原油的炼油厂（图4-2-1）。在2005~2007年炼油工业的黄金时代，加工高硫重原油的炼油厂得到丰厚的利润，2008年底至2009年由于金融危机的影响需求减少，原油价差收窄，加工高硫重原油炼油厂的利润减少，从2010年开始加工高硫重原油炼油厂的利润又开始大幅度增加[6]。再以2009年5月投产加工高酸重原

油的中国海油惠州炼油厂为例,由于高酸重原油的价格比常规原油价格低20%,虽然加工高酸重原油的生产费用增加1.15~10.73美元/桶,但由于轻油收率提高,炼油厂的收入增加43.54~62.70美元/桶。据介绍,在2011年上半年我国炼油全行业普遍亏损的大环境下,惠州炼油厂仍然实现了持续盈利[37]。可以认为,在原油成本占炼油厂生产总成本90%~95%的高油价时代,炼油厂加工高硫重原油和高酸重原油,可以拓展利润空间,可以有较高的市场竞争力。

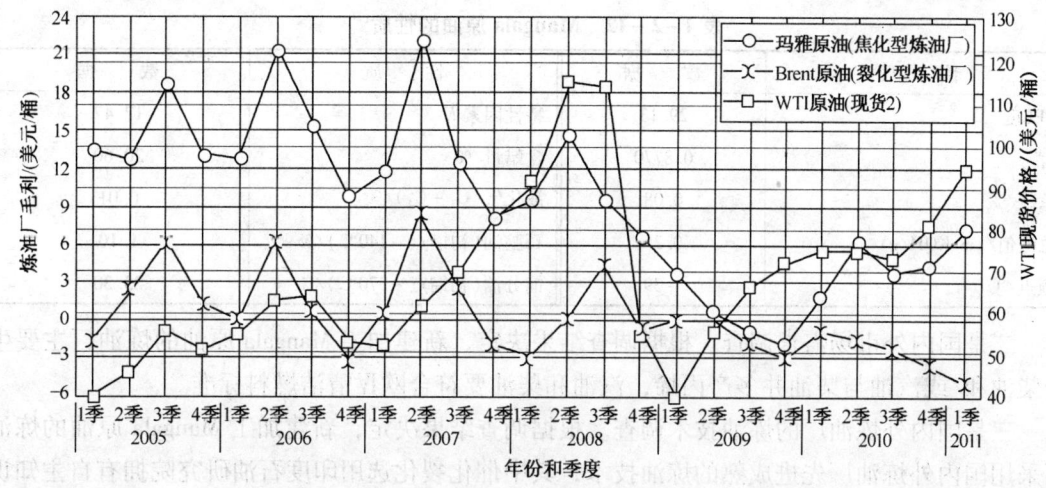

图4-2-1 2005~2011年美国墨西哥湾炼油厂的利润比较[6]

综上所述,在国际油价高位上行的当今时代,低硫轻原油资源减少,含硫高硫和含酸高酸重原油增多的背景下,炼油厂要在激烈的市场竞争中能够生存和发展,加工含硫高硫重原油和含酸高酸重原油的必要性越来越大,炼油厂原油加工全流程优化的重要性也越来越大。

二、含硫含酸原油加工流程的复杂性

炼油厂原油加工方案要通过原油加工流程来实现。现代炼油厂的原油加工流程要体现"资源节约、环境友好"和"绿色低碳"理念,要按照"充分利用原油资源、清洁生产、投资合理、经济效益好"的原则,采用先进成熟技术和集成技术,得到轻油(特别是清洁燃料)收率高、高价值产品收率高、综合商品率高、节能减排(CO_2)好、污染物排放少的效果。因此,设计和优化现代炼油厂原油加工流程的复杂性很大,设计和优化现代炼油厂含硫含酸(尤其是高硫高酸)原油加工流程的复杂性更大。

1. 设计和优化低硫低酸重原油加工流程的复杂性

2011年印度石油研究院发表的Mangala原油加工流程就是一个很好的例子。2004年1月印度拉贾斯坦邦的塔尔沙漠地区发现Mangala油田,原油储量约为3.6Gbbl,可采储量约为1Gbbl,2008年开始开采。印度Cairn能源公司经营这座油田,目前原油产量是12.5kbbl/d,计划在近期提高到150kbbl/d。由于种种原因,印度Reliance工业公司、Essar石油公司、印度石油公司和Mangalore炼油厂公司都不能加工这种原油,因此在Mengala油田附近新建一座炼油厂加工这种原油就成了最佳方案。印度石油研究院受托,为提出Mangala原油加工流程，开展了以下工作：

一是搞清楚 Mangala 原油的性质和加工性能。印度石油研究院对 Mangala 原油的评价结果如表 4-2-12 所示。Mangala 原油的 API 度为 29.13（$d_4^{20}=0.8770$），初馏点~140℃收率为 1.1%，初馏点~370℃收率为 23%（常规原油约为 12% 和 50%），倾点为 39℃，表明轻馏分很少且难以管输，特性因素为 12.47，硫含量很少，总酸值不高，表明是一种石蜡基原油，重馏分很容易转化为轻馏分油和中馏分油，且有较高的质量。

表 4-2-12 Mangala 原油的性质[38]

性质	数据	性质	数据
API 度	29.13	特性因素 K	12.47
d_4^{20}	0.8770	含蜡量/%	20.60
总硫/%	0.08	液化气（C_3+C_4）/%	0.01
总酸值/（mgKOH/g）	0.25	石脑油（初馏点~140℃）/%	1.10
倾点/℃	+39	馏分油（初馏点~370℃）/%	23.30

二是国内外市场需求调查。根据调查结果决定，新建加工 Mangala 原油的炼油厂主要生产柴油和/或汽油与柴油并多产丙烯，汽油和柴油要符合欧Ⅳ清洁燃料标准。

三是国内外炼油厂的炼油技术调查。根据调查结果决定，新建加工 Mangala 原油的炼油厂采用国内外炼油厂先进成熟的炼油技术，其中催化裂化选用印度石油研究院拥有自主知识产权、能使重油最大量转化并多产丙烯的 Indmax 技术。在此基础上，对有关装置进行初步设计。

四是设计原油加工流程。共提出 8 种原油加工流程。这 8 种流程可以分为三类：第一类是多产汽油和柴油的流程，即流程 1、5、6 和流程 8；第二类是多产柴油的流程，即流程 4 和 7；第三类是多产丙烯的流程，即流程 2 和 3（详见表 4-2-13 和图 4-2-2~图 4-2-9）。每种流程的产品产量如表 4-2-14 所示。

表 4-2-13 加工 Mangala 原油的炼厂流程和装置配置[38]

流程编号	装置配置
1	常减压蒸馏 + 延迟焦化 + 催化裂化 + 催化重整 + 加氢处理
2	常压蒸馏 + 催化裂化① + 选择性加氢脱硫 + 丙烯回收 + 柴油加氢处理 + 制氢
3	常减压蒸馏 + 延迟焦化 + 催化裂化① + 选择性加氢脱硫 + 丙烯回收 + 加氢处理 + 制氢
4	常减压蒸馏 + 延迟焦化 + 加氢裂化 + 加氢处理 + 制氢
5	常减压蒸馏 + 延迟焦化 + 加氢裂化（转化率60%）+ 催化裂化 + 加氢处理 + 催化重整 + 制氢
6	常减压蒸馏 + 溶剂脱沥青 + 催化裂化 + 催化重整 + 加氢处理
7	常减压蒸馏 + 溶剂脱沥青 + 加氢裂化 + 加氢处理 + 制氢
8	常减压蒸馏 + 溶剂脱沥青 + 加氢裂化（转化率60%）+ 催化裂化 + 加氢处理 + 制氢

① 催化裂化是印度石油研究院开发的 Indmax 技术。

在这 8 种流程中，流程 1 和 6 没有制氢装置，因为重整装置副产的氢气可以满足加氢装置氢气的需求。8 种流程都可以生产符合欧Ⅳ标准的清洁汽油和柴油产品。

第四章 含硫含酸原油加工流程

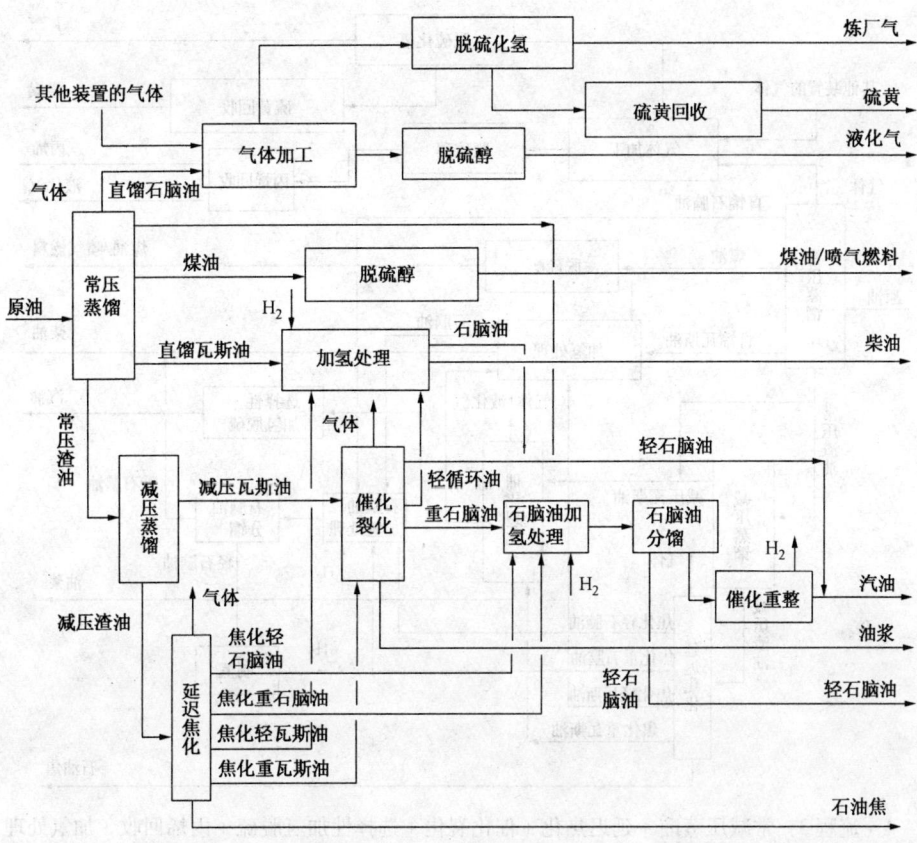

图 4-2-2　流程1：常减压蒸馏 + 延迟焦化 + 催化裂化 + 催化重整 + 加氢处理

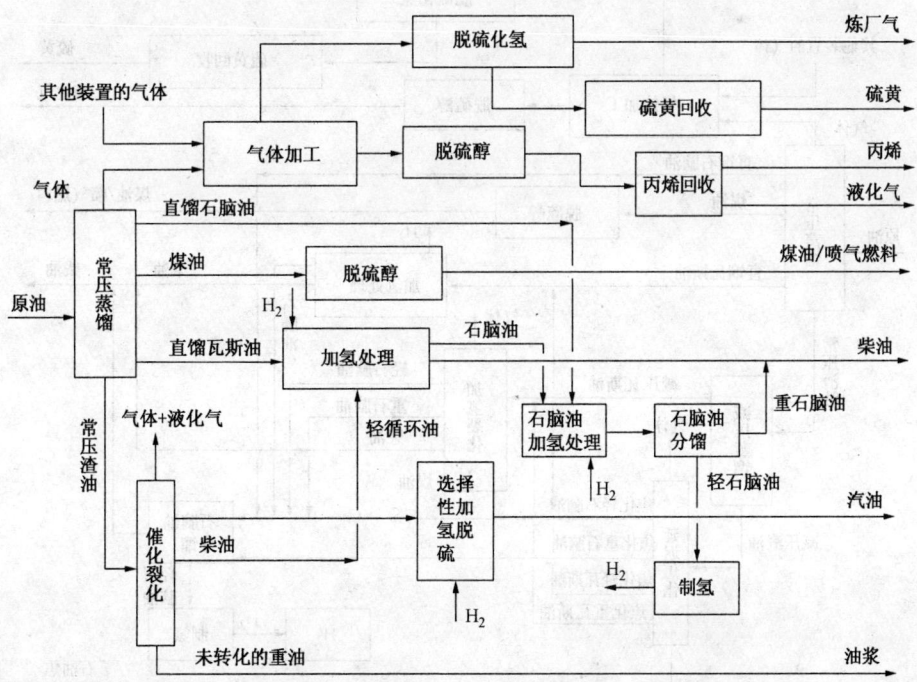

图 4-2-3　流程2：常压蒸馏 + 催化裂化 + 选择性加氢脱硫 + 丙烯回收 + 加氢处理 + 制氢

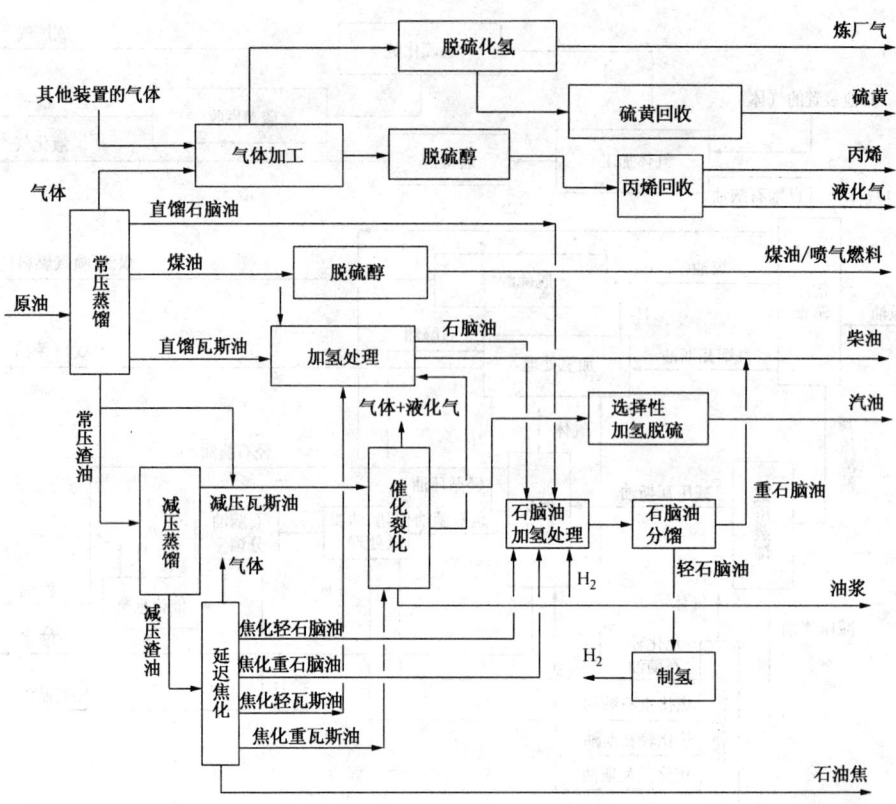

图 4-2-4　流程 3：常减压蒸馏 + 延迟焦化 + 催化裂化 + 选择性加氢脱硫 + 丙烯回收 + 加氢处理 + 制氢

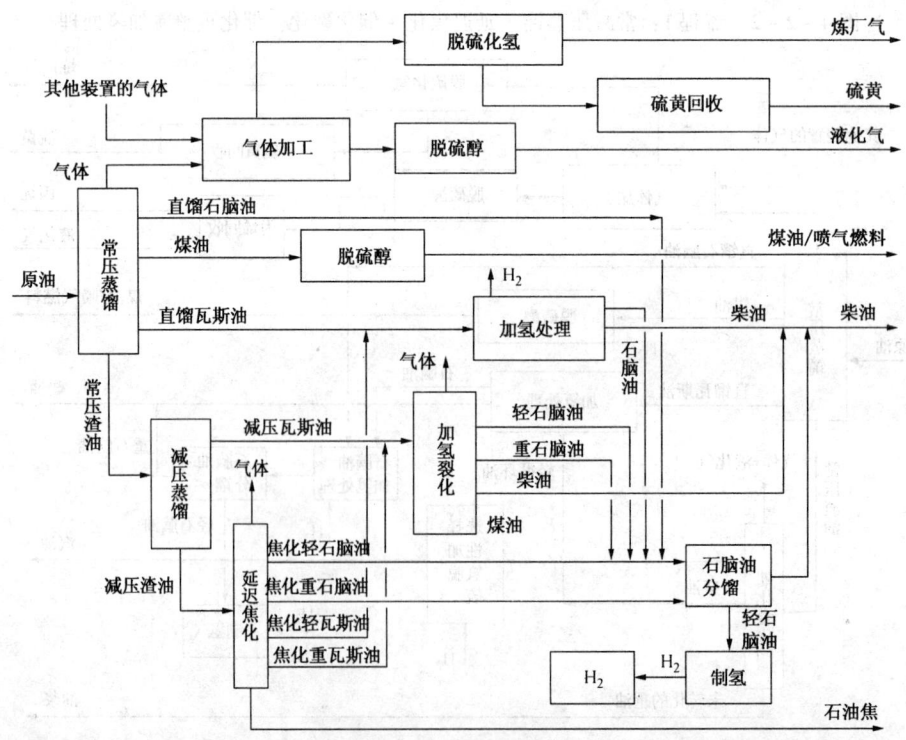

图 4-2-5　流程 4：常减压蒸馏 + 延迟焦化 + 加氢裂化 + 加氢处理 + 制氢

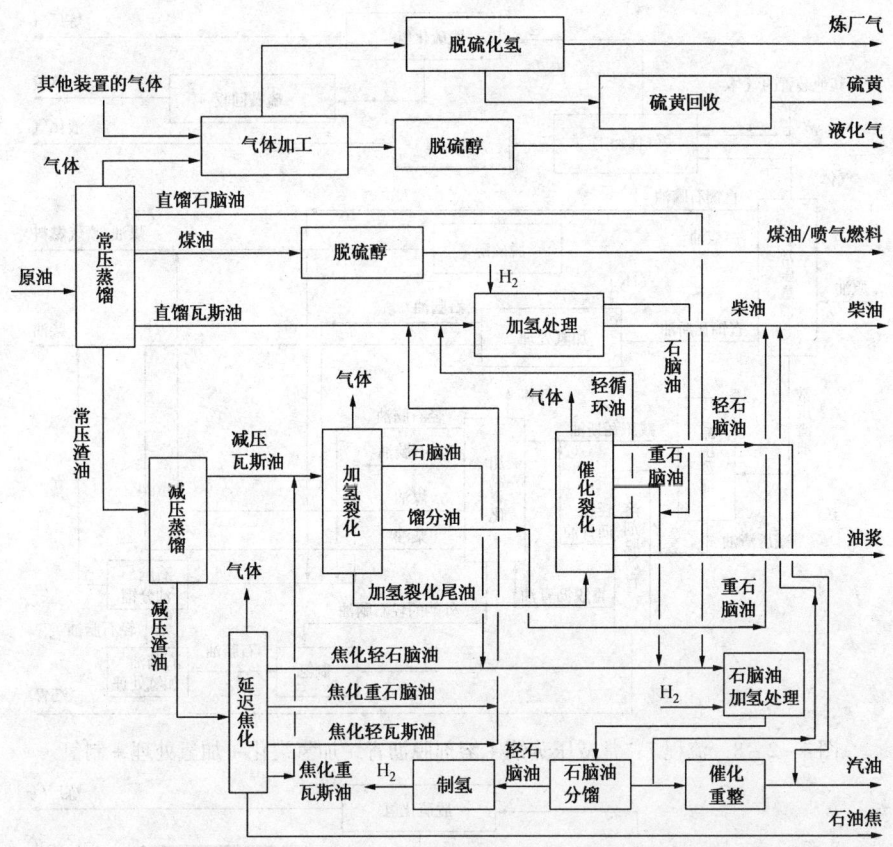

图4-2-6 流程5：常减压蒸馏+延迟焦化+加氢裂化+催化裂化+催化重整+加氢处理+制氢

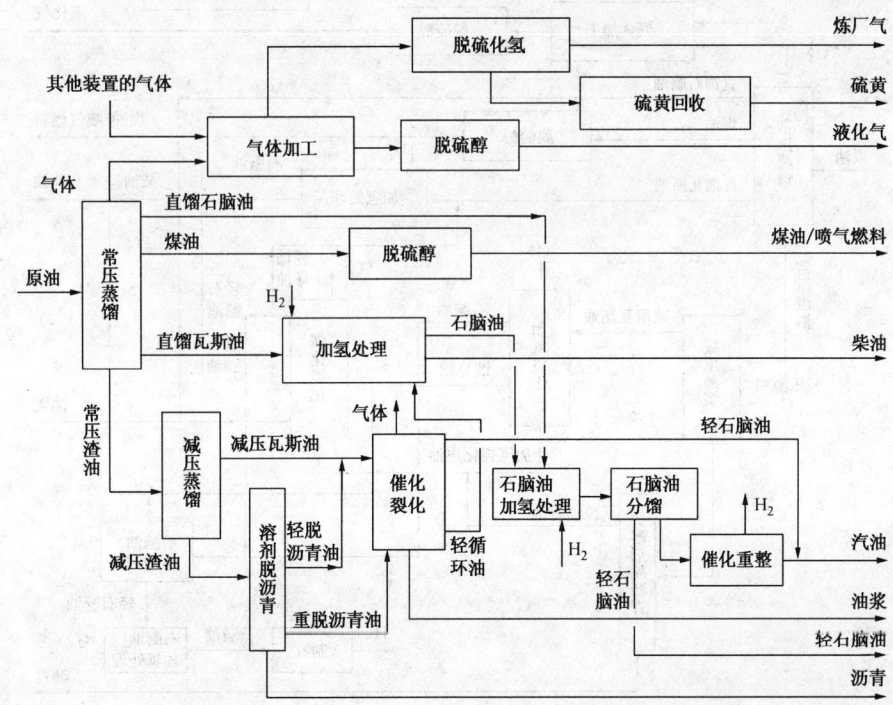

图4-2-7 流程6：常减压蒸馏+溶剂脱沥青+催化裂化+催化重整+加氢处理

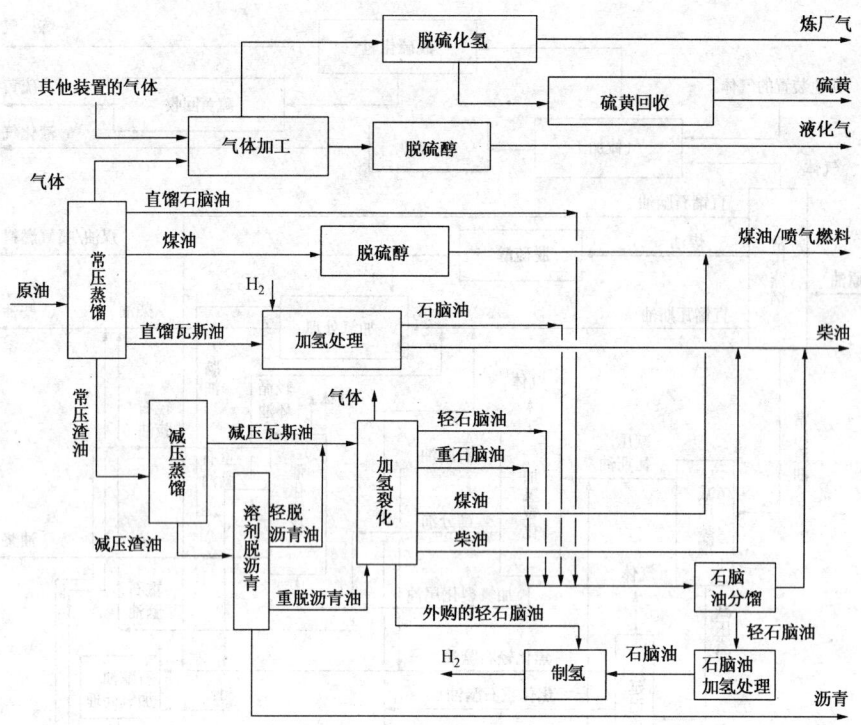

图4-2-8 流程7：常减压蒸馏+溶剂脱沥青+加氢裂化+加氢处理+制氢

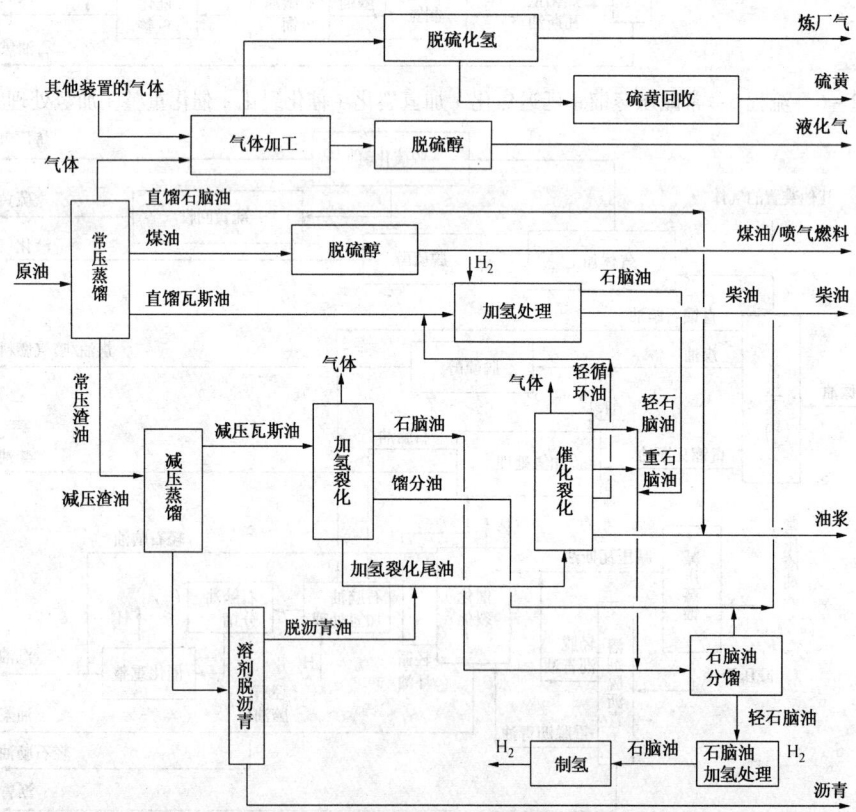

图4-2-9 流程8：常减压蒸馏+溶剂脱沥青+加氢裂化+催化裂化+加氢处理+制氢

第四章 含硫含酸原油加工流程

表4-2-14 8种Mangala原油加工流程的物料平衡和产品产量

流程编号	1	2	3	4	5	6	7	8
原料/(10kt/a)								
原油	500	500	500	500	500	500	500	500
氢气	0	1.1	1.4	7.4	6.3	0	6.6	4.8
合计	500	501.1	501.4	507.4	506.3	500	506.6	504.8
产品/(10kt/a)								
燃料气	17.6	28.3	27.6	9.1	22.5	8.7	1.1	12.8
硫黄	0.2	0.1	0.2	0.2	0.3	0.1	0.1	0.1
液化气	50.1	62.3	53.8	10.2	25.0	41.8	4.8	26.1
制氢用石脑油	0	4.0	5.1	22.2	18.9	0	19.8	14.3
剩余/外购石脑油	12.3	0	0	0	0	5.2	-7.3	0
汽油	140.9	132.7	86.6	0	65.0	100.5	0	0
煤油	22.5	22.5	22.5	39.9	22.5	22.5	41.7	22.5
柴油	190.8	130.4	199.3	390.6	304.7	173.8	341.0	303.7
油浆	18.8	13.3	8.8	0	7.1	20.1	0	12.0
石油焦	34.7	0	34.8	34.7	34.7	0	0	0
沥青	0	0	0	0	0	114.3	104.8	104.8
催化裂化焦炭	13.1	30.2	19.4	0	3.6	12.8	0	7.9
丙烯	0	76.2	41.6	0	0	0	0	0
合计	500.9	500.0	499.8	506.9	504.3	499.6	506.1	504.3
馏分油①/(10kt/a)	354.2	285.6	308.6	430.5	392.2	296.8	382.7	326.2
馏分油产率/%	70.8	57.1	61.7	86.1	78.4	59.4	76.5	65.2

① 馏分油是指汽油、煤油和柴油三者之和。

由表4-2-14可见,流程1和6轻石脑油过剩,而流程7为了满足氢气需求需要外购轻石脑油73kt/a。汽油+煤油+柴油的产量按流程计依次是4>5>7>1>8>3>6>2。可是,如果包括液化气的产量在内,馏分油的产量按流程计依次是4>5>1>7>3>8>2>6。这种情况表明,有加氢裂化装置的流程能够生产更多的馏分油。有溶剂脱沥青装置的流程(6、7和8)与用延迟焦化代替溶剂脱沥青装置的流程(1、4和5)相比,馏分油的产量就少一些。从减压渣油的性质看,硫和钒含量都很少,但含镍较多,因此减压渣油延迟焦化只能生产燃料级石油焦(因为镍含量多)。可是,如果通过预处理减少减压渣油的镍含量,就可以生产高价值的阳极焦(因为硫和钒含量很少)。值得注意的是,硫含量<1%的燃料油售价比炼油厂级石油焦的售价也高一些。

五是进行经济性评估。评估8种原油加工流程的基础都是原油加工能力5Mt/d,假设装置寿命为15年,炼油厂所得税按总效益的15%考虑,人工费用按2000万美元考虑,保险、维修和其他费用分别按装置投资的0.5%、4.5%和0.15%考虑。按产品销售额、建厂投资、水电汽公用工程成本、总效益和投资回收期对8种流程进行比较的结果如表4-2-15所示。由表4-2-15的数据可见,各流程总收益的情况依次是2>4>7>3>1>6>5>8。虽然流程2和4的产品销售额可以进行比较,但流程4的投资和公用工程费用较多,所以投资回收期差别较大。此外,流程7的总收益和投资回收期可以与流程2进行比较,但由于生产大量有严格要求和处理问题的沥青,所以比流程2和4的吸引力要小。

表4-2-15　8种Mangala原油加工流程的经济性评估结果

流程编号	1	2	3	4	5	6	7	8
产品销售额/亿美元	31.48	34.82	32.40	34.17	32.88	30.22	33.22	31.50
建厂投资/亿美元	17.51	16.13	19.26	20.10	21.60	13.68	16.63	17.22
公用工程费用/亿美元	1.09	1.26	1.33	2.00	2.66	0.90	2.05	2.20
流动资金/亿美元	26.85	26.78	26.94	26.99	27.06	26.66	26.81	26.84
总收益/亿美元	2.37	5.70	2.84	3.84	1.72	1.76	3.26	1.31
投资回收期/年	6.2	3.2	5.9	5.0	8.2	6.4	4.9	8.3

六是推荐原加工流程。由表4-2-15的数据可见,流程2的总收益最好,投资回收期最短,居第一位。由表4-2-14的数据可见,流程1的汽油收率最高,但总收益和投资回收期只居第5位。由表4-2-15和4-2-14的数据可见,流程4的总收益和投资回收期仅次于流程2,而馏分油(煤油+柴油)的收率最高(4.305Mt/a),流程2的馏分油(汽油+煤油+柴油)的收率仅居第8位(2.856Mt/a)。因此,综合各种因素考虑,流程4可能是最好的选择。

可以看出,即使是设计和优化低硫低酸重原油加工流程,既要考虑原油特性、目的产品收率和质量、轻油收率,也要考虑转化技术的选择和转化深度、装置投资、全厂投资和投资回收期、经济效益,因此复杂性很大。

2. 设计和优化含硫含酸重原油加工流程的复杂性更大

据哈特能源公司预测,在2009~2030年间全球石油产品的需求在总量增加的同时需求结构也将发生变化。总的趋势是柴油需求增加,汽油和燃料油需求减少(表4-2-16和表4-2-17)。

表4-2-16　2009~2030年全球石油产品需求预测[2]　　10kbbl/d

年份	2009	2010	2015	2020	2025	2030
汽油	2220	2243	2394	2502	2558	2636
石脑油	582	592	641	686	729	770
喷气燃料	504	517	568	622	667	707
煤油	126	125	119	117	118	117
柴油	2400	2451	2785	3127	3504	3832
车用柴油	1344	1386	1591	1800	2004	2211
其他运输用柴油	390	403	490	557	672	698
其他柴油	665	662	704	770	828	923
残渣燃料油	950	924	937	967	941	940
船用燃料油	383	379	396	429	409	427
液化气	818	840	912	985	1040	1089
其他石油产品	907	950	1044	1117	1186	1257
合计	8507	8642	9399	10123	10743	11348

表 4-2-17　2009~2030 年全球石油产品需求结构变化预测[2]　　　　　　　　%

年　　份	2009	2010	2015	2020	2025	2030
汽油	26	26	25	25	24	23
石脑油	7	7	7	7	7	7
喷气燃料/煤油	7	7	7	7	7	7
柴油	28	28	30	31	33	34
残渣燃料油	11	11	10	9	9	8
液化气	10	10	10	10	10	10
其他	11	11	11	11	11	11
合计	100	100	100	100	100	100

由表 4-2-16 可见，在 2009~2030 年间全球石油产品需求增加 33%（达到 113.48Mbbl/d），在 2009~2030 年间增加的需求量中增加最多的是柴油（占 50%）。除此之外，汽油增加 15%，液化气增加 9%，石脑油增加 7%，喷气燃料/煤油增加 7%，残渣燃料油没有增加，其他增加 12%。由表 4-2-17 可见，汽油、石脑油、喷气燃料/煤油和柴油的需求占石油产量总需求的比例由 2009 年的 68% 提高到 2030 年的 71%，柴油/汽油的需求比由 2009 年的 1.08:1 上升到 2030 年的 1.5:1。

柴油需求增加和汽油需求减少的原因主要是应对节能减排的需要。自 2000 年全球柴油需求首次超过汽油需求以来，这种趋势一直在持续，还将一直持续下去。主要原因是，柴油车与汽油车相比，在同等条件下运行油耗减少 30%，二氧化碳排放量减少 30%，也就是石油资源利用效率提高，温室气体排放减少[34]。

残渣燃料油需求减少的原因主要是应对环境保护的需要。残渣燃料油包括发电燃料油和船用燃料油。发电燃料油的总需求占石油产品总需求的比例由 2009 年的 6.5% 降至 2030 年的 4.5%，降低部分将被环境友好的天然气和页岩气替代。船用燃料油的需求占石油产品总需求的比例由 2009 年的 4.5% 降至 2030 年的 3.5%，降低的部分将主要由船用柴油替代。因为国际海事组织（IMO）规定，船用燃料油的硫含量要从 2005 年 7 月以前的 >4.5% 大幅度降低，污染物排放控制区船用燃料油的硫含量 2015 年 1 月要降低到 0.1%，非污染物排放控制区船用燃料油的硫含量 2012 年 1 月要降低到 3.5%，2020 年 1 月要降低到 0.5%（表 4-2-18）。

表 4-2-18　IMO 降低船用燃料油硫含量的标准和开始执行的时间[34]

开始执行的时间	污染物排放控制区① 船用燃料油硫含量限值/%	非污染物排放控制区 船用燃料油硫含量限值/%
2010 年 7 月	1.0	
2012 年 1 月		3.5
2015 年 1 月	0.1	
2020 年 1 月		0.5

①污染物排放控制区有三个：一是波罗的海，二是北海/英吉利海峡，三是从 2012 年 8 月开始执行的美国（含夏威夷岛）和加拿大海岸线 322km（200mile）以外的海域。

降低车用燃料的硫含量向超低硫（10μg/g）清洁燃料（欧Ⅴ）过渡，是世界各国不可逆转的趋势。2007~2025 年间世界各地区和发达国家车用汽柴油中硫含量的降低趋势见图 1-5-15 和图 1-5-16 所示。预计，到 2020 年世界上大多数国家都将使用硫含量 50μg/g 和 10μg/g 的超低硫燃料。

美国从 2005 年开始使用硫含量 30μg/g 的清洁汽油，2016 年开始把硫含量降低到

10μg/g；西欧国家从2009年开始使用硫含量10μg/g（欧Ⅴ）的清洁汽油。美国从2007年开始使用硫含量15μg/g的清洁柴油，西欧国家从2009年开始使用硫含量10μg/g（欧Ⅴ）的清洁柴油。金砖五国（中国、印度、巴西、俄罗斯和南非）在两三年内都将开始使用含硫50μg/g（欧Ⅳ）和含硫10μg/g（欧Ⅴ）的清洁燃料（汽油和柴油）。

可是，如上所述，世界原油质量变化的趋势是密度越来越大，硫含量和总酸值越来越高。因此，加工含硫含酸重原油的炼油厂要生产适销对路满足市场需求的产品难度很大。设计和优化原油加工流程将面临一系列巨大挑战。这些挑战主要有以下五个方面：

一是渣油深度转化的挑战。常规原油的重原油和非常规原油（重原油和超重原油与油砂沥青）的减压渣油都比较多或很多。减压渣油的深度转化是设计和优化原油加工流程的重点，也是炼油厂生产清洁化、多产清洁燃料和提高经济效益的关键所在。渣油深度转化要根据渣油性质、市场对产品的要求、经济效益和环保要求等统筹考虑。

渣油焦化是目前工业应用最多的渣油深度转化技术。2010年底全球炼油厂渣油焦化装置的加工能力达4.61Mbbl/d。工业应用如此之多的主要原因有以下五个方面：一是能加工各种渣油和污油，特别是高硫、高酸、高残炭、高金属和高沥青质的劣质渣油；二是能实现高转化率，大部分都可以转化为轻馏分油，脱金属率接近100%；三是不受渣油含酸量高的影响，不生产高酸的轻馏分油；四是投资相对不多；五是能够实现大型化，渣油加工能力达122.4kbbl/d的大型延迟焦化装置已投产10年。但是，渣油焦化除了生产的油品质量较差外，还把一部分渣油原料变成了石油焦。通常，延迟焦化石油焦的产率是渣油残炭含量的1.6倍，残炭含量越高，石油焦的产量越多。低价值的高硫高金属石油焦只能用作循环流化床锅炉的燃料。虽然采用低压超低循环比焦化新工艺，可以降低一些石油焦产率，但并不能大幅度降低。此外，环保问题也比较大。所以在当今的高油价时代，焦化并不是一种理想的渣油深度转化工艺[34]。

渣油催化裂化能够实现高转化率，但只能加工残炭含量不超过6%和金属含量不超过35μg/g相对清洁的渣油，高残炭和高金属的劣质渣油必须经过加氢预处理，而且催化裂化的优势是多产汽油，难以多产柴油，更何况催化裂化也生产一部分焦炭用于催化剂（烧焦）再生，所以今后在加工劣质原油的炼油厂也难以大量应用[34]。

渣油固定床加氢处理是环境友好工艺。目前主要用于渣油催化裂化原料加氢预处理。虽然工业应用相对较多，但只能加工金属含量不超过200μg/g、残炭含量不超过15%的渣油。虽然转化率可以达到35%~45%，但要兼顾脱残炭、脱金属、脱硫和芳烃饱和的需要，一般转化率只能达到15%~20%。虽然脱硫率可以比渣油沸腾床加氢裂化高一些，但催化剂用量大、空速低，装置投资大，所以工业应用有局限性[34]。

渣油沸腾床加氢裂化是环境友好工艺，可以加工高硫、高残炭和高金属的劣质渣油，一般转化率可以达到55%~70%，有的可以达到80%（因油而异），而且可以多产柴油。但转化率并不理想，而且操作技术复杂，装置投资大，未转化的渣油稳定性不好，所以目前工业应用的装置不是很多[34]。

渣油悬浮床加氢裂化是环境友好工艺，是渣油转化率很高的深度转化技术，可以多产柴油。目前有四种渣油悬浮床加氢裂化工艺已通过示范装置的长期运转，正在建设工业装置。意大利埃尼公司的EST渣油悬浮床加氢裂化工艺，可使渣油接近完全转化，第一套工业装置2012年底投产。BP公司的VCCⅡ渣油悬浮床加氢裂化工艺，可使95%以上的渣油转化，第一套工业装置2013年投产。委内瑞拉国家石油公司（PDVSA）的HDH Plus渣油悬浮床加氢裂化工艺,可使90%以上的渣油转化,第一套工业装置2016年投产。UOP公司的Uniflex渣油悬浮床加氢裂化工艺,可使90%以上的渣油转化,第一套工业装置2016年投产。因此预计渣油悬浮床加氢裂化是比较理想的工艺,前景很好。

二是生产清洁燃料的挑战。加工含硫含酸原油特别是加工高硫高酸重原油的炼油厂生产清洁燃料特别是超低硫清洁燃料难度很大,主要取决于炼油厂原油加工流程的设计和优化。加拿大一种高硫高酸原油的各馏分中硫和酸值的分布如表4-2-19所示。

表4-2-19 加拿大一种原油的各馏分中硫和酸值的分布[40]

常压蒸馏	硫含量/%	酸值/(mgKOH/g)	减压蒸馏	硫含量/%	酸值/(mgKOH/g)
原油	2.4	2.4	常压渣油	3.7	3.7
直馏煤油	1.2	0.9	轻减压瓦斯油	3.2	3.7
轻直馏瓦斯油	2.1	2.2	重减压瓦斯油	3.3	2.7
重直馏瓦斯油	3.1	3.7	减压渣油	5.2	1.1
常压渣油	3.7	3.7			

用硫含量为3.3%(33000μg/g)的重减压瓦斯油先加氢预处理,然后再催化裂化生产合格的超低硫清洁汽油组分很难。实践表明,要得到硫含量为50μg/g的催化汽油,催化裂化原料油的硫含量就不能超过900μg/g,加氢预处理的脱硫率要达到97.3%;要得到硫含量为10μg/g的催化汽油,催化裂化原料油的硫含量就不能超过200μg/g,加氢预处理的脱硫率就要达到99.4%。实际上,目前一般的加氢预处理技术很难满足这个要求。如果加氢预处理的脱硫率只有90%,催化原料油的硫含量就是3300μg/g,催化汽油的硫含量就在180~200μg/g之间,这样催化汽油就还需要再进行选择性加氢脱硫。国外文献报道,催化汽油选择性加氢脱硫虽有助于生产超低硫清洁汽油,但经济性不好,装置投资难以收回。因此,优化装置配置,既要能生产清洁汽油,又要有好的经济效益,就是设计原油加工流程需要解决的难题。催化裂化生产的催化柴油(轻循环油)也有类似的问题。

三是提高柴汽比的挑战。多产柴油提高柴汽比主要取决于炼油厂原油加工流程的设计和优化。多产柴油,提高柴汽比是提高石油资源利用效率、减少温室气体(CO_2)排放、满足市场柴油需求增长的重要举措。如果炼油厂原油加工流程的设计不合适、不优化,就很难有投资少、能满足需求的其他补救办法。欧盟是世界上仅次于美国居第二位的用油大户。近10多年来,欧盟炼厂生产的汽油过剩,柴油不足,难以满足市场需求,缺口很大。造成这种状况的主要原因有以下四个方面:

(1)炼油厂原油加工流程不能适应油品结构变化的需要。1990~2008年间,欧盟国家的油品需求结构发生了很大变化,柴油(不包括取暖用油)的需求从17.7%提高到31%,喷气燃料/煤油的需求从5.5%提高到9.4%,汽油的需求从22.7%下降到16.1%,重燃料油(发电用和船用)的需求从16.1%下降到6.4%[41]。可是,欧盟的炼油厂都是运营了数十年的老厂,虽然近10年来为适应生产清洁燃料和环境保护的需要,进行过一些改造,但不是大规模的改造,难以适应油品需求结构大幅度变化的需求。

(2)炼油厂原油加工流程不能加工高硫重原油。自20世纪90年代以来,北海原油(挪威、英国和丹麦)产量达到峰值以后就逐年下降,2000年的产量还有6.4Mbbl/d,到2008年就下降到4.3Mbbl/d;同期进口原油的数量增加,虽然也进口一部分非洲低硫轻原油,但大量的是来自俄罗斯和中东的高硫中重原油,而不少炼油厂特别是西北欧国家一些原来加工低硫轻原油的炼油厂没有转化能力,没有深度脱硫能力,难以发挥作用[42]。

(3) 油品需求减少，炼油能力过剩。自20世纪70年代后期以来，欧盟国家的炼油能力一直过剩，炼油厂的负荷率一直不高，很少能够达到85%~90%，2009年近100座炼油厂的负荷率只有82%。在1990~2005年间欧盟油品需求的年均增长率只有0.2%，2006年达到峰值以后就开始下降，2010年比2006年就下降8%，与1994年的需求相当。在总需求减少的同时，一些油品需求骤增的结构性短缺问题日益严重[41,43]。

(4) 炼油商利润微薄，炼油厂升级改造难以实现。2010年欧盟国家共有104家炼油厂运营，炼油能力为15.5Mbbl/d，占全球总加工能力的18%[41]。BP公司2011年发表的数据表明，在过去10年间西北欧加工布伦特原油的典型炼油厂，毛利范围在2.5~5.0美元/桶之间，负荷率最高时毛利也只有7美元/桶；一些小炼油厂的毛利为零，甚至是负值。加上温室气体气体减排政策、低碳燃料政策、生物燃料政策的不确定性，一些炼油厂不愿意投巨资进行升级改造。一些上下游一体化的大石油公司如Total公司2010年炼油和销售的利润达7%和20%，而上游的利润分别为18%和36%，因此也不愿意投资改造炼油厂[43]。

就是在这样的情况下，只能依靠进口柴油与喷气燃料和出口汽油来缓解油品供需失衡的结构性矛盾。据报道，2008年欧盟净进口柴油（含取暖用油）20Mt以上，主要来自俄罗斯和美国；也进口不少喷气燃料和煤油，主要来自中东；合计净进口达35Mt。此外，2008年净出口汽油43Mt（占汽油产量的31%），主要销往美国[41]。如果要改变这种状况，就需要对一些炼油厂进行重大技术改造，把一些浅加工短流程的简单型炼油厂改造为深加工长流程的复杂型炼油厂，关停一批催化裂化装置，新建一批加氢裂化装置。因为虽然常减压蒸馏、催化裂化原料油加氢预处理和催化裂化装置也可以多产柴油，但不仅多产的数量有限，而且质量不好，催化裂化柴油的十六烷值很低。因此，多产柴油提高柴汽比最好的办法就是增设加氢裂化装置。据估算，为缓解喷气燃料和柴油短缺的矛盾，大约需要投资146亿美元（100亿欧元）建设20套大型加氢裂化装置。如果再考虑到2015年船用柴油的需求就需要再多建10套加氢裂化装置生产船用柴油[44]。在全球经济复苏泛力、欧债危机严重、炼油厂利润微薄的情况下，这样做显然是不可能的。

四是提高轻油收率的挑战。石油是不可再生的战略资源，充分利用和用好石油资源是实现可持续发展的需要，是炼油厂提高经济效益的需要。在当今的高油价时代，炼油厂提高轻油收率意义重大。以加工400Mt原油为例，如果把轻油收率从75%提高到80%，生产同样多的轻油就可以少用25Mt原油，对加工进口原油的国家来说就可以少进口25Mt原油。高硫高酸重原油的轻油含量本来就少，因此加工高硫高酸重原油的炼油厂提高轻油收率尤为重要。

美国炼油厂的经济效益居世界第一，其重要原因之一就是轻油收率高。2009年发表的数据表明，美国炼油厂的轻油（汽油+石脑油+喷气燃料+柴油）收率平均高达82.7%，欧洲只有73.4%，亚洲为74.9%[45]。提高轻油收率的主要措施就是要提高炼油厂的复杂程度，提高渣油和减压瓦斯油的加工能力、转化深度和选择性。这对加工高硫高酸重原油的炼油厂尤为重要，因为只有提高转化装置的加工能力才能提高轻油收率。2009年发表的数据表明，美国炼油厂燃料油的平均收率为3.8%，欧洲炼油厂为14.1%，亚洲炼油厂为12.3%。最近发表的数据表明，2011年下半年美国炼油厂燃料油的平均收率已降低到3.2%，不到20世纪90年代初期6.5%的一半[46]。提高轻油收率既要提高一次加工和二次加工装置的轻油收率，也要减少三次加工装置的轻油损失。例如，减压蒸馏装置要减压深拔，催化裂化和加氢裂化装置要提高转化率和选择性，焦化装置要多产轻油少产石油焦，催化汽油加氢脱硫和催化柴油、焦化柴油和直馏柴油加氢脱硫生产清洁燃料也要减少损失提高液收。既要采用先进技术也要采用集成技术[47],所有这些都关系到原油加工流程中各种加工装置加工技术的选择、优化和组合。也就是说,还是决定于原油加工流程的设计和优化。

五是减少温室气体排放的挑战。减少温室气体(CO_2)排放、减缓全球气候变暖问题已引起国际社会的急切关注,已经到了刻不容缓的时候。2009年的哥本哈根、2010年的坎昆和2011年的德班气候大会都热议全球温室气体减排问题。在越来越严格的限制CO_2排放的当今时代,炼油厂必须考虑减少CO_2排放的应对措施。加工高硫高酸重原油的炼油厂,因为需要的能量强度(加工每桶原油需要消耗的能量)更大和工艺强度(减压蒸馏、焦化、催化裂化和/或加氢裂化的加工能力/常压蒸馏的加工能力)更大,所以排放的CO_2就更多。炼油厂加工不同密度和不同硫含量原油的温室气体排放量如图4-2-10所示。

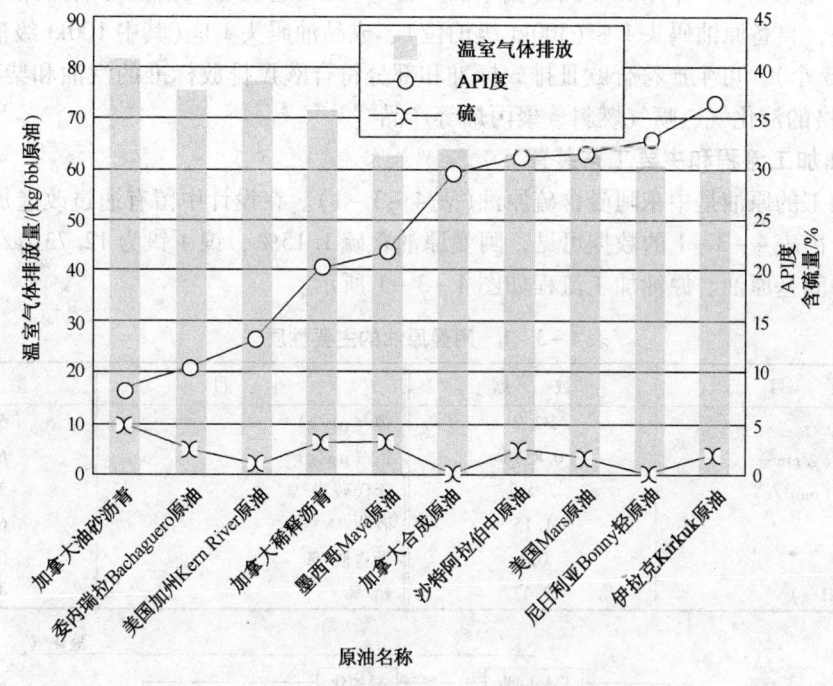

图4-2-10 炼油厂加工不同原油的温室气体排放量[6]

炼油厂在原油加工过程中减少能量消耗、提高能效是减少CO_2排放最好的办法。据估计,石油在使用前就已经有28%的能量消耗在炼制过程中,因此可以认为提高能效降低能耗有很大的空间。此外,据估计,Solomon能量强度指数(EII)每降低一个单位,炼油厂就可以节省燃料成本(燃料价格按5美元/百万英热单位计)170万美元/年,因此提高能效降低能耗不仅有很好的环境效益,在经济上也有很好的吸引力,也就是说节能减排既有社会效益,也有经济效益。可是,对加工高硫高酸重原油的炼油厂来说,节能减排的难度很大。尽管如此,炼油厂也必须而且也能够有应对措施(详见本章第八节)。

当然,设计和优化高硫高酸重原油加工流程的复杂性还不仅是这些。首先要破解的难题还是缓解设备和装置腐蚀,使炼油厂能够安全长周期运转。此外,还有原油脱盐脱水、设备结垢、催化剂中毒、污水处理、污染物排放等诸多难题。所有这些难题,在设计和优化原油加工流程时都必须考虑,认真对待,选用先进技术逐个解决。因此,不难理解,设计和优化含硫含酸原油特别是高硫高酸重原油加工流程的复杂性,比设计和优化低硫低酸原油加工流程要大得多。

第三节 含硫/高硫原油加工流程

一、中国石化海南炼油厂

中国石化工程建设公司(SEI)设计的海南炼油厂是我国20世纪90年代以来整体新建的第一座现代化炼油企业,位于海南省西北部洋浦半岛的洋浦经济开发区,2006年9月建成投产。设计加工8Mt/d中东和非洲含硫原油,有15套工艺装置及相应的油品储运设施和公用工程系统,自备原油码头1座(300kt级泊位)、成品油码头1座(其中100kt级泊位1个和5kt级泊位3个)。可生产符合欧Ⅲ排放标准和部分符合欧Ⅳ排放标准的汽油和柴油(清洁燃料)以及合格的液化气、喷气燃料、聚丙烯等产品[48~51]。

1. 原油加工流程和主要工艺装置

设计加工的原油是中东阿曼含硫原油(表4-3-1)。在设计中留有通过改造加工高硫原油的余地。由表4-3-1的数据可见,阿曼原油含硫1.15%,镍+钒为12.73μg/g,属含硫低酸石蜡中间基原油。原油加工流程如图4-3-1所示。

表4-3-1 阿曼原油的主要性质[48]

项 目	数 据	项 目	数 据
API度	33.9	镍/(μg/g)	5.87
密度(20℃)/(g/cm³)	0.8518	钒/(μg/g)	6.86
黏度(20℃)/(mm²/s)	7.987	康氏残炭/%	3.58
硫/%	1.15	胶质/%	6.57
氮/%	0.1	沥青质/%	0.28
酸值/(mgKOH/g)	0.47	蜡/%	4.25

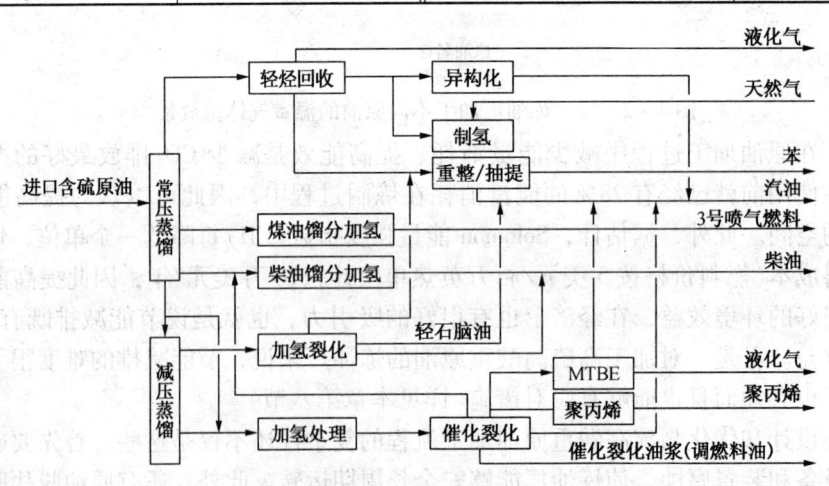

图4-3-1 海南炼油厂的原油加工流程[48]

按照设计的原油加工流程,石脑油馏分作为异构化和重整原料,主要生产高辛烷值汽油调和组分;煤油馏分经加氢精制后作为3号喷气燃料产品或部分调和柴油产品;直馏柴油馏分和催化裂化柴油混合后经加氢精制生产柴油产品;减压瓦斯油经加氢裂化生产汽油组分、重整料和柴油组分,部分常压渣油和减压渣油混合后经加氢处理作为催化裂化原料,生产液化气、汽油组分、柴油料和聚丙烯料。

主要工艺装置的设计规模和技术来源如表4-3-2所示。除了脱硫醇引进国外技术和连续重整购买国外专利使用权外,其余装置全都采用国产化技术,相关装置所用催化剂都是国产化催化剂。由表4-3-2的数据可见,常减压蒸馏装置拔出的石脑油、煤油、柴油、减压瓦斯油和渣油都进行加氢,石脑油加氢处理能力1.2Mt/a,煤油加氢处理能力300kt/d,直馏柴油和催化柴油混合油加氢处理能力2Mt/a,减压瓦斯油加氢裂化能力1.2Mt/a,渣油加氢处理能力3.1Mt/a,5套加氢装置的总加工能力达到7.8Mt/a,全厂加氢装置能力占原油蒸馏装置能力的97.5%,是一座加氢型炼油厂。设计全厂轻油收率可达81%以上,综合商品率为93%。可以看出,海南炼油厂不仅实现了装置大型化、国产化,而且可以实现清洁生产、生产清洁燃料。

表4-3-2 主要工艺装置的规模和技术来源[48,49,51]

装置名称	设计规模/(10kt/a)	技术来源
常减压蒸馏	800	SEI
催化原料加氢预处理	310	RIPP/FRIPP/SEI
重油催化裂化	280	RIPP/SEI
脱硫脱硫醇	—	SEI
气体分馏	60	SEI
甲基叔丁基醚	10	SEI
连续重整	120	SEI(仅购买专利使用权)
异构化	20	RIPP/SEI
加氢裂化(全循环)	120	RIPP/FRIPP/SEI
柴油加氢处理	200	RIPP/SEI
喷气燃料加氢处理	30	RIPP/SEI
制氢	$6 \times 10^4 m^3/h$	SEI
硫黄回收	6	SEI
溶剂再生	6	SEI
酸性水汽提	180t/h	SEI
聚丙烯	20	SEI

2. "大常压和小减压"与"渣油加氢处理-重油催化裂化组合工艺"

由于原油来源复杂,为了改善和调节渣油加氢装置的原料性质,能够将部分常压渣油不经过减压蒸馏而直接用作渣油加氢装置的进料,以避免减压瓦斯油与减压渣油分开后再混合导致的能量浪费,设计了"大常压和小减压"方案(见图4-3-2),常压蒸馏装置的加工能力为8Mt/a,减压蒸馏装置的加工能力为2.5Mt/a。据设计初步核算,仅装置能耗就可以降低1个单位。从图4-3-2可以看出,根据设计原油的馏分切割和总流程平衡,常压渣油与减压渣油大约按3:2的比例混合后进入渣油加氢处理装置,总进料量为3.1Mt/a。

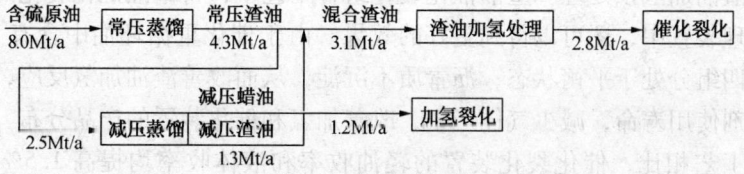

图4-3-2 海南炼油厂的重油加工流程[49]

常减压混合渣油加氢处理前后的主要性质如表4-3-3所示，加氢处理前后催化裂化装置产品收率的预测值如表4-3-4所示。由表4-3-3和表4-3-4的数据可见，加氢处理后渣油质量得到很大提高，有效改善了催化裂化反应的选择性和转化率，催化裂化液体产品收率约可提高4.5%，干气和生焦量相应减少，产品分布明显改善。由于渣油加氢预处理后进行催化裂化，实现了全厂汽油和柴油产品最大化的目标，轻油收率达到81%以上。由于催化裂化装置进料的硫含量降至0.3%以下，催化汽油的硫含量约为150μg/g，全厂汽油组分调和后可确保汽油质量达到欧Ⅲ排放标准。另外，由于催化裂化装置进料的硫含量减少，再生烟气中SO_x和NO_x排放量也相应减少，从源头上缓解了烟气中的污染物排放问题。烟气排放采用120m高的烟囱，SO_x排放浓度和速度都可以控制在大气污染物控制排放国家标准（GB 16297—1996）允许的范围内。

表4-3-3 常减压混合渣油加氢处理前后的主要性质[48]

项目	加氢处理前	加氢处理后
密度(20℃)/(kg/m³)	953.0	930.0
元素组成/%		
硫	2.10	0.25
氮	0.26	0.15
碳	85.77	87.10
氢	11.64	12.50
镍+钒/(μg/g)	53.7	11.0
残炭/%	9.8	5.0
四组分组成/%		
饱和烃	35.9	61.0
芳烃	41.1	29.0
胶质	21.8	9.7
C_7不溶物	1.2	0.3

表4-3-4 进料加氢处理前后催化裂化产品收率预测值[48]

产品收率/%	进料加氢处理前	进料加氢处理后
干气	3.97	3.68
液化气	14.93	13.84
汽油	43.70	46.00
轻柴油	22.80	23.48
油浆	4.60	4.50
焦炭	10.00	8.50

此外，在渣油加氢预处理-重油催化裂化组合工艺中，将重油催化裂化的重循环油循环到渣油加氢处理装置中，还可以得到更好的效果。由于催化重循环油中含有大量芳烃组分，可以使渣油中四组分处于平衡状态，沥青质不沉淀，从而改善渣油加氢反应，减少催化剂积炭，延长催化剂使用寿命，减少气体产率，改善加氢和催化装置的产品分布。这样的组合工艺与传统组合工艺相比，催化裂化装置的轻油收率和液体收率均提高1.5%~2%。此外，由于催化裂化装置产生的油浆和焦炭减少，从而使装置能耗降低。据设计单位初步计算，采

用这样的组合工艺与传统组合工艺相比，综合能耗可降低2个单位。

3. 清洁燃料生产

我国汽油标准与欧盟等国的差距主要是在硫和烯烃含量两方面，这与汽油组分中催化裂化汽油所占比例较大有关，因此生产清洁汽油的关键是改善催化裂化汽油的性质及其所占的比例。在原油加工流程设计时，设计采取了以下两项措施：一是将催化裂化原料进行加氢预处理，同时催化裂化装置选用 MIP 技术和专用催化剂，以得到良好的产品收率并改善催化裂化汽油的性质，汽油中的硫含量可降低到 $150\mu g/g$ 以下，烯烃含量可降低到30%（体积分数）以下。二是充分利用全厂的石脑油资源，生产异构化油和脱苯重整生成油作为汽油组分；并利用催化裂化生产的液化气中的正构 C_4 烯烃生产高辛烷值的甲基叔丁基醚（MTBE）。采取以上措施，全厂催化裂化汽油所占比例为 46.5%，其中含硫 $150\mu g/g$、烯烃 28.2%（体积分数）、芳烃 25.6%（体积分数），RON 和 MON 分别为 92.0 和 82.5；重整生成油所占比例为 42%，其中含芳烃 70%、RON 为 102；异构化油和加氢裂化轻石脑油占 10%，RON 为 78~81；MTBE 所占比例为 2%，RON 为 115。以上汽油组分的性质和比例均达到目前发达国家水平，因此可根据市场需求进行调和生产符合我国国Ⅲ和欧Ⅲ标准的清洁汽油产品。

我国柴油标准与欧盟等国的差距主要是在硫和多环芳烃含量两方面，因此设计把柴油生产的重点放在直馏柴油和催化裂化柴油混合后进行加氢处理，使产品可以达到欧Ⅲ标准的要求。同时，该装置通过适当改造或更换新催化剂，进行深度脱芳烃，还可能生产质量更好的柴油。加氢裂化装置生产的优质柴油（含硫 $<10\mu g/g$，十六烷指数 60）也为全厂生产部分满足欧Ⅳ标准的超低硫柴油提供了保证。

4. 氢气合理利用

合理平衡并用好氢气资源也是加氢型炼油厂优化原油加工流程的重点。为此，在氢气利用方面设计主要采取了以下三项措施：一是氢气分级利用。海南炼油厂的氢源主要来自连续重整装置副产的含氢（体积分数 92%）气体和制氢装置生产的纯氢（体积分数 99.9%）。根据氢气来源和使用装置的不同，全厂氢气管网分为重整氢气系统和纯氢系统。根据加氢装置不同的氢分压要求，将加氢装置分为两级，第一级用氢装置对氢浓度的要求稍低，直接使用重整含氢气体，如石脑油加氢、异构化、煤油加氢处理、柴油加氢处理等，重整含氢气体年用量约为 40~45kt，占重整含氢气体总量（110kt）的 40% 左右。剩余的约 70kt 重整含氢气体和全厂经脱硫处理后的加氢低分气体一起进入变压吸附（PSA）装置提浓，得到浓度为 99.9% 的氢气。这部分提浓后的氢气与制氢装置生产的纯氢一道供渣油加氢预处理和加氢裂化两套装置使用，称为二级用氢。二是扩大重整装置规模，充分挖掘氢源。在原油加工能力为 8Mt/a 的前提下，重整装置的原料除利用直馏重石脑油外，还利用加氢裂化装置生产的重石脑油，使重整装置的加工能力达到 1.2Mt/a，副产纯氢可达 47kt/a，约占全厂耗氢的 50%。三是回收低分气体中氢气。加氢装置低分排出的气体中含有大量氢气，可达到 80%（体积分数），在一般炼油厂由于这部分低分气体数量较少，且装置分散，通常安排与炼厂干气一起脱硫后混入全厂燃料气系统，造成很大的浪费。海南炼油厂将各加氢装置低分排出的气体混合，经脱硫后进入一套变压吸附（PSA）装置与部分重整含氢气体一并提浓，效果很好。在变压吸附回收的 36kt/a 纯氢中，8kt/a 来自低分气体。变压吸附提浓装置的物料平衡如表 4-3-5 所示。

表 4-3-5　变压吸附提浓装置的物料平衡

项目	变压吸附进料			变压吸附出料	
	重整含氢气体	脱硫低分气体	加氢处理高分排放气体	变压吸附尾气	回收氢气
组成(体)/%					
H_2	92.9	83.1	89.4	32.3	99.9
$C_1 \sim C_4$	7.1	11.9	10.3	65.2	
$>C_5$		1.5	0.1	1.7	
H_2O		0.5	0.2	0.8	
总摩尔流量/(kmol/h)	1956.7	582.9	7.6	404.2	214.3
总质量流量/(kg/h)	8358	4489	34	8593	4286

5. 轻烃集中回收与处理

炼油厂的许多工艺装置在生产过程中都不可避免地会排出一些轻烃气体。这些烃轻气体的组成各异，但大部分是 $C_1 \sim C_4$ 组分，且多数气体中还含有 H_2S 和其他杂质。在有些炼油厂由于产生这些气体的装置分散，数量较少，一般都尽量在各自装置内直接消化处理或排入燃料气系统，造成全厂燃料气系统的 H_2S 或 C_3/C_4 含量超标。在海南炼油厂的总流程设计中，为合理利用资源，采取了集中回收和分类处理的办法，主要有常顶气回收、催化气体回收和加氢低分气回收三个系统。

设在常减压蒸馏装置区的常顶气回收系统集中了常顶气、柴油加氢塔顶气、煤油加氢塔顶气、渣油加氢塔顶气。这四股气体混合后经压缩、冷凝冷却、油吸收和气液分离、稳定等过程，可得到 68.3kt/a 干气、105kt/a 液化气和混合石脑油。常顶气回收系统排出的干气与高压加氢裂化吸收稳定系统所产的干气、连续重整所产的干气一并进入干气脱硫系统，脱硫后的干气进入全厂燃料气系统作为燃料。因为该系统所产的液化气是饱和烃，所以单独进行脱硫、脱硫醇，并单独储存。

设在加氢处理装置区的加氢低分气回收系统集中了柴油加氢低分气体、加氢裂化低分气体和渣油加氢低分气体。这三股低分气体混合后进行脱硫处理，并经变压吸附装置回收氢气（见表 4-3-5）。另外，由于变压吸附尾气中含有较多的 H_2 和小于 C_4 的饱和烃，将其加压后用作制氢原料，可以节省一部分外购天然气。

催化干气要回收利用其中所含的稀乙烯生产乙苯/苯乙烯，催化液化气要为气体分离、聚丙烯和 MTBE 装置提供原料，所以也单独进行脱硫和脱硫醇处理。

6. 硫黄回收和环境保护

从全厂安全生产、环境保护和长周期运行的要求出发，为优化酸性水汽提、溶剂再生和硫黄回收，采用集中处理方案替代缺点很多的分散处理方案。酸性水汽提设置双系列，集中分类汽提；富溶剂设置双系列，集中分类再生；硫黄回收系统按"2 头 1 尾"设置，即将制硫部分设置双系列，将尾气处理和液硫成型设置单系列（见图 4-3-3）。同时，硫黄回收装置与酸性水处理、胺液再生装置组成联合装置，集中统一布置在厂区。

7. 节能

除了上述采用"大常压和小减压"、"渣油加氢处理－重油催化裂化组合工艺"、全厂塔顶气集中回收并将干气和液化气物料进行合理流向安排、合理利用氢气资源、统一设置胺液

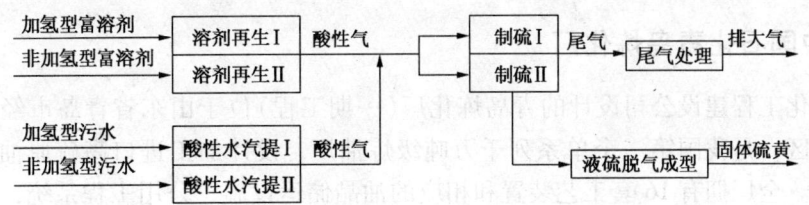

图 4-3-3 硫黄回收、酸性水汽提、胺液再生联合装置流程

再生系统等节能措施外,还采用"优化换热网络,提高热利用率"、"优化加热炉设计,减少燃料用量,提高加热炉效率"、"装置之间实现热进料和热联合减少热损失"、"充分利用低温热"、"优化全厂蒸汽系统,提高蒸汽利用率,节省蒸汽用量"、"减少新鲜水消耗,提高净水回用率,提高污水回用率,提高冷凝水回收率"等许多节能措施和"减压塔顶采用蒸汽抽真空与机械抽真空的混合抽真空系统"、"新型高效换热器"等许多节能新技术和新设备。尽管炼油厂加工硫含量在 1.0% 以上的中质原油,炼油厂运转的实际情况表明,所有这些节能措施都是行之有效的。

8. 投产 5 年来的实际生产情况

海南炼油厂 2006 年 9 月投产,已运行 5 年以上。2006~2010 年的原油加工量和主要产品产量如表 4-3-6 所示。

表 4-3-6 海南炼油厂的原油加工量和主要产品产量[51]   10kt/a

年 份	2010	2009	2008	2007	2006
原油加工量	847.49	822.11	782.91	795.60	15.10
90#汽油	—	—	—	3.83	9.57
93#汽油①	223.07	208.47	154.54	168.12	55.25
97#汽油②	40.16	55.83	89.51	66.71	0.85
0#柴油	345.98	341.38	344.87	359.06	94.70
石脑油	18.75	14.00	7.93	6.97	—
煤油	41.13	35.43	31.06	32.78	3.43
喷气燃料	3.45	—	—	—	—
苯	5.26	4.98	5.55	5.27	0.94
燃料油	22.65	17.74	16.43	12.82	5.00
硫黄	6.25	6.32	6.47	5.86	1.32
液化气	54.89	48.59	48.29	51.63	14.66
车用液化气	—	3.60	0.71	0.77	—
白油原料	14.00	7.68	—	—	—
聚丙烯	22.81	22.81	21.37	22.43	4.32

① 93#汽油包括 92#和 95#汽油;②97#汽油包括 98#汽油。

2010 年汽柴油质量全部达到欧Ⅲ标准,部分达到欧Ⅳ标准,综合商品率达到 92.78%,轻油收率达到 80.53%,原油储运损失率为 0.27%,原油加工损失率为 0.65%;炼油综合能耗为 64.70kg 标油/t 原油,吨油水耗 0.49t,吨油外排废水 0.04t(废水 COD 含量为 35mg/L),吨油电耗 56.21kW·h[51]。

二、中国石化青岛炼化厂

中国石化工程建设公司设计的青岛炼化厂（一期工程）位于山东省青岛市经济技术开发区重化工园区，是我国第一个单系列千万吨级炼油厂，设计加工进口高硫原油，2008年5月建成投产。全厂拥有16套工艺装置和相应的油品储运设施、公用工程系统，可年产成品油7.08Mt、化工产品2.03Mt，成品油质量达到欧Ⅲ甚至欧Ⅳ标准[52,53]。

1. 原油加工流程和主要工艺装置

设计加工的原油是沙特轻原油和沙特重原油各50%的混合原油（表4-3-7和表4-3-8）。由表4-3-7和表4-3-8的数据可见，这种混合原油含硫2.56%，钒+镍+铁为51.1μg/g，属于高硫中间基原油。原油加工流程如图4-3-4所示。加工路线为常减压蒸馏-延迟焦化-加氢处理-催化裂化。直馏和焦化的减压瓦斯油加氢处理后作为催化裂化原料，延迟焦化的部分石油焦用作循环流化床锅炉（CFB）的燃料。主要工艺装置的设计加工能力和技术来源如表4-3-9所示。设计轻油收率可达76.0%以上，综合商品率为90.6%。

表4-3-7 50%沙轻和50%沙重混合原油的一般性质[55]

项 目	数 据	项 目	数 据
API度	31.11	氮/%	0.11
密度(20℃)/(g/cm³)	0.8665	金属/(μg/L)	
运动黏度/(mm²/s)		铁	1.3
20℃	21.93	镍	12.1
40℃	14.15	钒	37.7
凝点/℃	-29	各馏分收率/%	
盐/(mgNaCl/L)	8.5	15~70℃	4.05
酸值/(mgKOH/g)	0.17	70~165℃	11.46
康氏残炭/%	6.47	165~200℃	5.26
胶质/%	7.3	200~350℃	23.60
沥青质/%	3.2	350~562℃	29.79
硫/%	2.56	>562℃	24.34

表4-3-8 50%沙轻和50%沙重混合原油各馏分的性质[55]

项 目	初馏点~70℃	70~165℃	165~200℃	200~350℃	350~530℃	>530℃	>562℃
各馏分收率/%							
质量分数	4.05	11.46	5.26	23.60	25.53	28.62	24.34
体积分数	5.42	13.63	5.86	24.55	24.05	24.18	20.34
密度(20℃)/(g/cm³)	0.6477	0.7306	0.7780	0.8344	0.9186	1.0256	1.0367
硫/%	0.0102	0.0262	0.0900	1.15	2.99	5.00	5.30
硫醇/(μg/g)	—	103	90				
氮/(μg/g)	0.3	2.1	—	24.5	700	2700	3400
烷烃/%	93.7	74.34	82.20		64.60	9.6	5.4
环烷烃/%	5.30	16.51					
芳烃/%	0.99	8.89	15.3		33.5	53.7	50.0
胶质/%					1.9	24.7	28.4
沥青质/%					0.0	12.0	15.7

续表

项 目	初馏点~70℃	70~165℃	165~200℃	200~350℃	350~530℃	>530℃	>562℃
闪点/℃	—	—	53	101	—	—	—
冰点/℃	—	—	-62	—	—	—	—
凝点/℃	—	—	—	-25	28	—	50
烟点/mm	—	—	27.5	—	—	—	—
酸值/(mgHOK/g)	0.3	0.2	0.01	—	—	—	—
十六烷指数	—	—	—	51.82	—	—	—
金属/(μg/L)							
钒	—	—	—	—	0.1	131.7	154.9
镍	—	—	—	—	0.1	42.3	49.7
铁	—	—	—	—	0.1	4.5	5.3
康氏残炭/%	—	—	—	0.22	22.56	26.5	

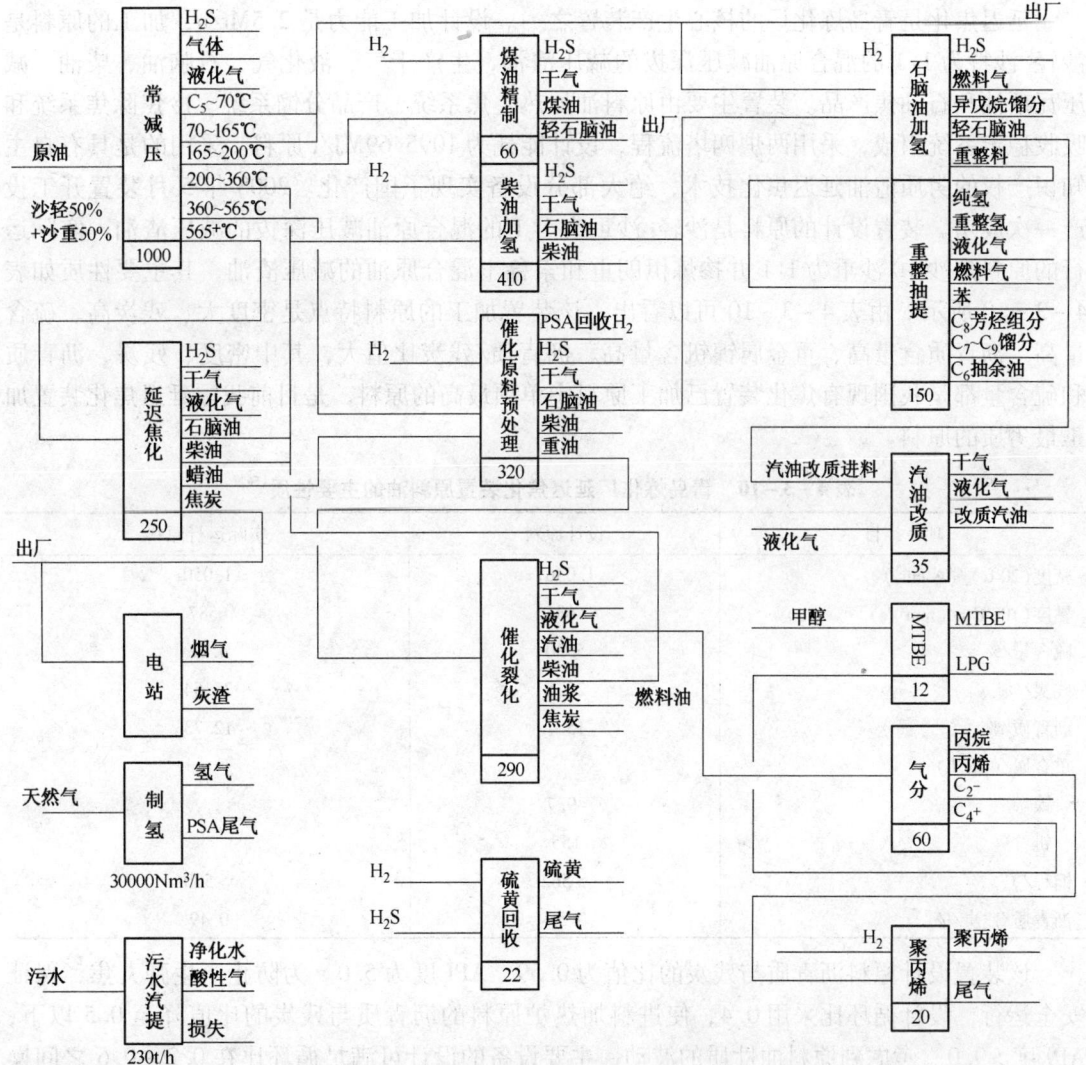

图4-3-4 青岛炼化厂的原油加工流程(10kt/a)[55]

表 4-3-9 青岛炼化厂主要工艺装置的设计加工能力和技术来源[49]

装置名称	设计加工能力/(10kt/a)	技术来源	装置名称	设计加工能力/(10kt/a)	技术来源
常减压蒸馏	1000	SEI	柴油加氢	410	FRIPP/SEI
催化原料油加氢预处理	320	RIPP/SEI	煤油加氢	60	RIPP/SEI
催化裂化	290	RIPP/SEI	溶剂再生	8	SEI
连续重整	150	SEI	酸性水汽提	2.91	SEI
脱硫脱硫醇	260	SEI	硫黄回收	22	SEI
气体分馏	60	SEI	制氢	$4\times10^4 m^3/h$	SEI
甲基叔丁基醚	12	SEI	聚丙烯	20	SEI
延迟焦化	250	SEI	轻石脑油改质	35	SEI

2. 延迟焦化装置的设计和运行

延迟焦化是青岛炼化厂的核心生产装置之一。设计加工能力是 2.5Mt/a，加工的原料是沙轻:沙特为 1:1 的混合原油减压深拔的减压渣油，生产干气、液化气、石脑油、柴油、减压瓦斯油和石油焦产品。装置主要由原料油加热生焦系统、产品分馏系统、冷焦除焦系统和吸收稳定系统组成，采用两炉四塔流程，设计能耗为 1095.69MJ/t 原料。采用的是具有自主知识产权的劣质渣油延迟焦化技术，绝大部分设备实现了国产化。2008 年 5 月装置开工投产一次成功。装置设计的原料是沙轻:沙重为 1:1 的混合原油减压深拔的减压渣油，实际运行的原料是沙中:沙重为 1:1 并掺炼伊朗重和索鲁士混合原油的减压渣油，其主要性质如表 4-3-10 所示。由表 4-3-10 可以看出，该装置加工的原料特点是密度大、残炭高、硫含量高、沥青质含量高、重金属镍钒含量高、沥青质/残炭比值大，其中密度、残炭、沥青质和硫含量都是我国现有焦化装置已加工原料中单项最高的原料，是目前我国延迟焦化装置加工最劣质的原料。

表 4-3-10 青岛炼化厂延迟焦化装置原料油的主要性质[56]

项目	设计原料	实际运行原料
密度(20℃)/(g/cm³)	1.0367	1.050
黏度(100℃)/(mm²/s)	4684	6587
硫含量/%	5.30	4.52
残炭/%	26.5	25.54
沥青质/%	15.7	12.73
重金属/(μg/L)		
镍	49.7	
钒	155	
馏程/℃	>562	>500
沥青质/残炭/%	0.59	0.49

该装置设计原料沥青质与残炭的比值为 0.59，API 度为 5.0。为防止产生弹丸焦，保证安全运行，设计循环比采用 0.4，使进料加热炉原料的沥青质与残炭的比值降至 0.5 以下，API 度 >9.0。考虑到原料油性质的波动，主要设备的设计可满足循环比在 0.2~0.6 之间操作的需要。为提高液体产品收率，在试验数据的基础上设计把循环比由 0.6 降至 0.4，焦炭塔顶操作压力由 0.17MPa(表)降至 0.15MPa(表)，加热炉出口温度由 495℃提高到 498℃。

设计预计生焦率将降至37%左右，约提高液体产品收率2%。装置于2008年5月26日开工转入正常生产，自正常生产以来一直平稳运行，平均负荷率达90%以上，液体产品收率达59%，全装置平均能耗为25.65kg标油/t原料，低于设计能耗1095.69MJ/t原料。2009年装置标定得到的数据如表4-3-11所示。由表4-3-10的数据可见，该装置实际加工的原料油密度和黏度都高于设计值，但硫含量、残炭和沥青质含量都低于设计值。由表4-3-11的数据可见，在标定期间装置实际运行的循环比为0.4时，石油产收率在35%左右，低于设计值36.5%，主要原因是原料的沥青质和残炭都比设计值低。设计生焦系数为1.38，标定生焦系数为1.39，略高的原因可能是掺炼了少量油浆所致。由于实际加工的原料渣油比设计重一些，所以干气产率高一些，焦化重瓦斯油收率低一些，焦化汽柴油收率高一些。

表4-3-11 青岛炼化厂延迟焦化装置运行的标定数据[56]

项 目	设计收率/%	实际标定收率/%
进料		
加工量	100	100
催化油浆	0	2.79
常减压混合气体	0.54	0.22
煤油精制气体	0.29	0.17
加氢处理①、柴油加氢等气体	4.2	3.74
加氢轻烃	0	0.13
合计	105.04	105.25
出料		
焦化干气	6.86	9.51
焦化液化气	6.77	6.18
焦化汽油	13.34	20.73
焦化柴油	24.16	22.9
焦化重瓦斯油	17.35	9.98
石油焦	36.50	35.55
损失	0.06	0.41
合计	105.04	105.25

① 催化原料油加氢预处理。

3. 催化原料油加氢预处理装置的设计和运行

催化原料油加氢预处理是青岛炼化厂的另一套核心生产装置。设计加工能力是3.2Mt/a，加工的原料是减压深拔的减压瓦斯油和延迟焦化的重瓦斯油，主要生产催化裂化原料油，同时还生产少量的石脑油和柴油。采用的是RIPP开发拥有自主知识产权的新一代劣质减压瓦斯油加氢预处理技术RVHT。根据原料油馏分重（终馏点高）和性质差（残炭、沥青质和金属含量高）的特点以及需要实现大幅度降低硫含量、氮含量和多环芳烃的同时，还要防止催化剂床层压降上升过快和催化剂快速失活，保证装置一定的运转周期。RIPP开发的RVHT技术有以下五项针对性措施：

一是针对原料油高沸点馏分中硫化物和氮化物的低加氢反应活性，开发了专用的加氢预处理高活性催化剂RN-32V。这种催化剂的外形为蝶形，以具有较大孔体积和孔径的改性氧化铝为载体,采用优化的 Ni-Mo-W 三组分活性金属体系并采用高效的新型络合浸渍技术制备而成,其性能比国内外同类催化剂都好一些。

二是针对原料油高残炭、高沥青质和高金属含量的特点,开发了量体裁衣的催化剂级配方案(包括粒度级配、形状级配和活性级配等)。研究结果表明,对性质不同尤其是金属含量和沥青质含量不同的原料,采用特定的催化剂级配方案,可以有效提高加氢过程的脱硫深度并确保催化剂的运转周期。

三是为提高脱硫效果并提高对高金属含量原料油的适应性,设计了 Co-Mo 型脱金属脱硫剂/Ni-Mo-W 型加氢处理剂组合装填方案,不仅能有效提高脱硫效果(相对脱硫活性提高 25% 左右),还能提高装置抗波动能力。

四是为使加氢预处理-催化裂化组合装置的效益最大化,研究并提出了催化裂化装置不同目的产品方案时加氢预处理装置适宜的反应工艺参数和反应深度。

五是为适应新建装置的情况和提高能量回收水平并有助于高分的油水分离,推荐采用单段一次通过热高分流程。

采用 RVHT 技术设计建设的青岛炼化厂 3.2Mt/a 减压瓦斯油+焦化重瓦斯油加氢预处理装置,2008 年 5 月投产。装置的运行数据如表 4-3-12 所示。经过这套装置加氢预处理的原料油通过催化裂化得到的汽油馏分产品硫含量小于 50μg/g,满足欧Ⅳ标准的质量要求[54]。

表 4-3-12 青岛炼化厂 3.2Mt/a 加氢预处理装置的运行数据[54]

油品性质	原料油	加氢预处理油
密度(20℃)/(g/cm³)	0.9170	0.8910
硫/%	2.465	0.252
氮/(μg/g)	1863	462
残炭/%	0.39	0.03
馏程/℃		
10%	342	338
50%	419	412
90%	502	493
工艺条件		
氢分压/MPa		8.8
体积空速/h⁻¹		1.6
平均反应温度/℃		365
预处理效果		
脱硫率/%		90
脱氮率/%		76
脱残炭率/%		92

4. 投产 3 年来的实际生产情况

青岛炼化厂 2008 年 5 月投产,已运转 3 年以上。2008~2010 年的原油加工量和主要产品产量如表 4-3-13 所示。

表4-3-13 青岛炼化厂的原油加工量和主要产品产量[53]　　10kt/a

年份	2010	2009	2008
原油加工量	1010.46	947.41	510.70
汽油	250.56	236.67	122.51
柴油	372.22	370.24	198.64
煤油	50.70	36.58	12.39
液化气	75.75	72.08	35.25
石脑油	17.86	11.99	12.96
重芳烃	—	5.32	0.78
粗三甲苯	8.01	—	—
5#白油料	0	0.80	0.49
商品石油焦	56.75	56.79	30.00
丙烷	2.33	3.56	1.60
C_5	16.44	9.07	1.29
纯苯	5.25	3.79	1.18
混合二甲苯	26.40	24.06	5.68
甲基叔丁基醚	-1.00	0.36	0.57
硫黄	16.73	16.00	7.99
聚丙烯	21.19	18.61	10.34

通过优化资源配制，投用和改造装置直接供料流程，优化蒸汽、瓦斯、氮气平衡，开展技术攻关和"短平快"的项目措施，全厂能耗逐年下降，2008年炼油综合能耗为71.94kg 标油/t，2009年降至64.9kg 标油/t，2010年更降至59.14kg 标油/t，达到先进水平。通过加强全厂燃料气管网平衡、加强对生产装置精细操作、减少燃料气排放量等一系列有效措施，投产仅半年就熄灭了火炬长明灯。此外，还积极实施饱和干气代替天然气制氢，天然气用量从投产初期的 $8\times10^6 Nm^3$ 降至 $(7\sim10)\times10^4 Nm^3$，既解决了系统燃料气过剩问题，又节约了燃料成本[52]。

由于配套建有污水处理、硫黄回收、烟气除尘脱硫、水体污染防控等环保设施，在为国民经济提供清洁能源的同时，保护驻地环境，努力实现企业、社会和环境的和谐发展。投产后通过采取酸性气进硫黄回收装置回收硫黄、低压燃料气全部回收、清罐污泥作循环流化床锅炉(CFB)燃料、污水处理场的油泥和浮渣等废弃物送焦化装置回用，焦化装置生产的高硫石油焦用作循环流化床锅炉燃料等措施，使炼油废弃物回收利用率达到95%以上，危险废物妥善处理率达到100%；装置综合能耗、二氧化硫排放量、新鲜水耗、污水排放量、COD排放量等节能环保指标均达到先进清洁生产水平[52]。

以市场为导向大力调整产品结构，多产多销高附加值产品。2010年柴汽比同比下降0.06个单位，增产 C_5、苯、混合二甲苯等汽油类高附加值产品111.4kt，多产多销低凝点柴油383.3kt，开发蒸煮膜和烟膜两个聚丙烯新产品，聚丙烯产量突破200kt[53]。

三、印度信任石油贾姆纳格尔炼化一体化厂

印度信任石油(Reliance Petroleum)公司贾姆纳格尔(Jamnagar)炼化一体化厂位于印度西部古吉拉特邦卡奇湾的贾姆纳格尔，1999年建成投产，是世界上最大的炼化一体化企业之

一。UOP公司提供技术，Bechtel工程公司建设，加工进口高硫中质原油，原油加工能力27Mt/a（540kbbl/d），生产清洁燃料、喷气燃料、化工轻油、聚丙烯、对二甲苯等炼油和石化产品。生产最大量对二甲苯是首要目标，同时要优化聚丙烯产量，汽柴油要符合当时的全球标准。全厂设计有以下特点：一是炼油和石化生产紧密一体化，生产成本最低，产品分布优化；二是主要生产装置都达到经济规模，加工每桶原油的投资最少；三是原料灵活性大，可以加工低成本的劣质原油和中间原料；四是主要加工装置都是采用当时最先进的技术；五是从原油到产品的供应链优化，可以最低的成本和最快的速度交付产品；六是除原油和甲醇由外部供应外，其余原料和燃料全都自给；七是能够长周期稳定运行；八是环保标准严格，能够清洁生产；九是生产清洁燃料[57,58]。

1. 原油加工流程和主要工艺装置

Jamnagar炼化一体化企业的原油加工流程如图4-3-5所示。主要工艺装置如表4-3-14所示。

表4-3-14　Jamnagar炼化一体化企业的主要工艺装置和技术来源[57]

装置名称	数量,系列	加工(生产)能力/(10kbbl/d)	技术来源
常减压蒸馏	2	2×27.0	UOP
延迟焦化(SYDEC)	1	12.2	Foster Wheeler
减压瓦斯油加氢处理(Unionfining)	2	2×7.36	UOP
催化裂化	1	13	UOP
柴油加氢处理(Unionfining)	2	2×7	UOP
选择性加氢/甲基叔戊基醚(SHP/Ethermax)	1	0.51	UOP
轻石脑油加氢处理(Unionfining)	1	2.95	UOP
制氢	2	$8.75×10^4 Nm^3/h$	
硫黄回收	3	675t/d	
连续重整	1	5.7	UOP
甲苯和C_9芳烃烷基转移(Tatoray)	1		Toray/UOP
二甲苯吸附分离(Parex)	3	3×467kt/a	UOP
二甲苯异构化(Isomar)	1		UOP
聚丙烯(Unipol)	3	3×20	Union Carbide

2. 为下游装置提供原料的四套龙头装置

常减压蒸馏装置采用双系列，不同质量的原油可以分别加工。常压蒸馏塔除生产液化气、轻石脑油（化工轻油）、重石脑油（重整料）外，生产轻重两个煤油馏分，为市场提供喷气燃料、优质煤油和烷基苯料三种产品。除生产柴油外，还生产常压重瓦斯油，使进入减压瓦斯油中的柴油馏分减至最少，也减轻减压蒸馏塔的负荷。减压瓦斯油用作催化裂化装置的主要原料，减压渣油用作延迟焦化装置的原料。

延迟焦化装置采用Foster Wheeler公司低压超低循环比操作的SYDEC专利技术，多产焦化重瓦斯油，少产石油焦。单系列设计，加工能力为122kbbl/d，采用8塔4炉流程，焦炭塔直径为9m，是当时世界上最大的延迟焦化装置。焦化装置的加工能力占原油加工能力的22.6%。焦化轻石脑油用作化工轻油原料组分，焦化重石脑油用作重整原料组分，焦化轻瓦斯油用作柴油原料组分，焦化重瓦斯油用作催化裂化原料组分。高硫石油焦用作循环流化床锅炉(CFB)燃料。

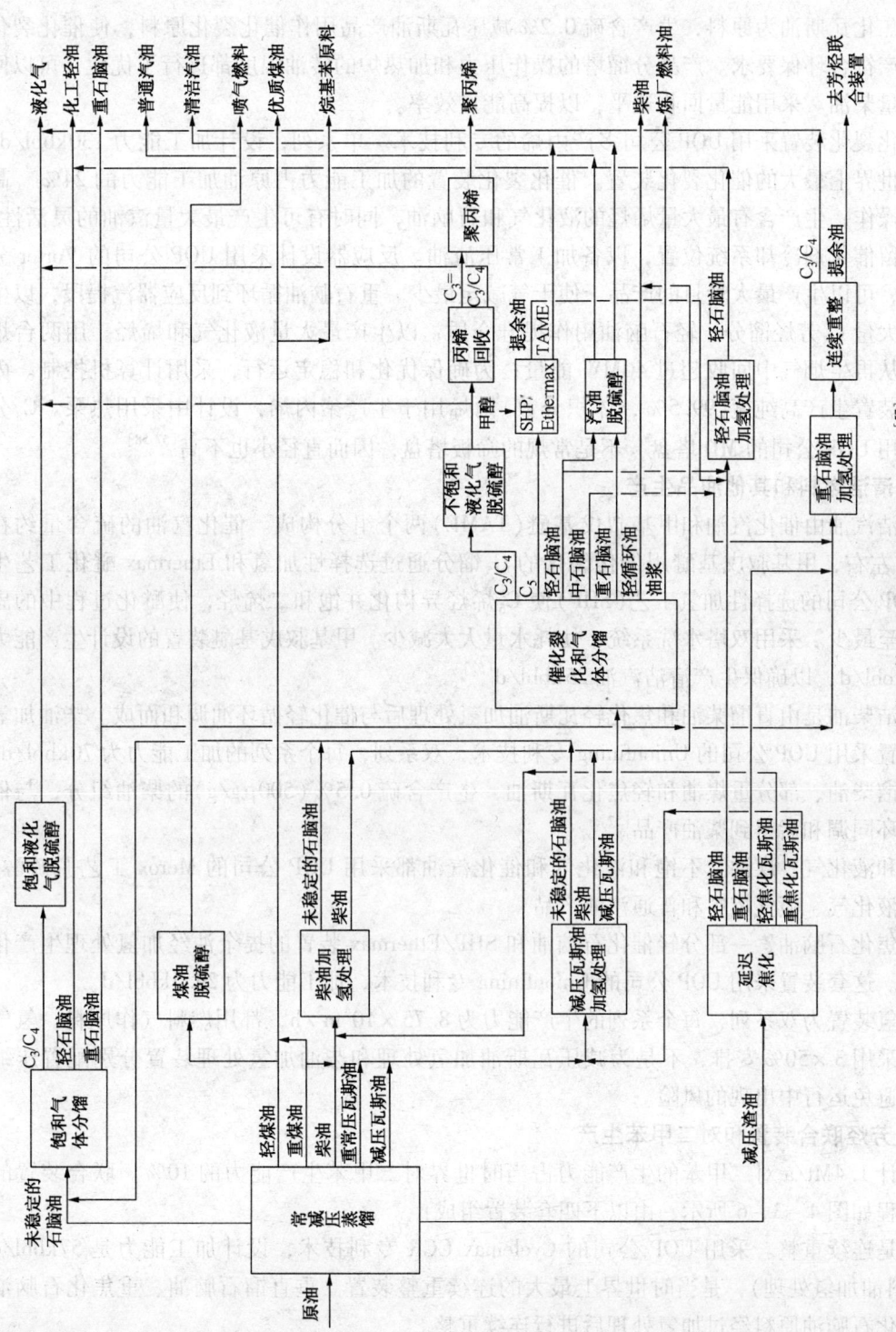

图 4-3-5 Jamnagar 炼化一体化企业的原油加工流程[57]

减压瓦斯油加氢处理装置采用 UOP 公司的 Unionfining 专利技术,双系列,每个系列的加工能力为 73.6kbbl/d,以确保催化裂化装置能满负荷运行。以重常压瓦斯油、轻减压瓦斯油和重焦化瓦斯油为原料,生产含硫 0.2% 减压瓦斯油产品用作催化裂化原料,使催化裂化装置生产符合环保要求。产品分馏塔的操作压力和加热炉的转油温度都进行了优化,可以回收最大量柴油。采用能量回收透平,以提高能量效率。

催化裂化装置采用 UOP 公司多产丙烯的专利技术。单系列,设计加工能力 130kbbl/d,是当时世界上最大的催化裂化装置。催化裂化装置的加工能力占原油加工能力的 24%。高苛刻度操作,生产含有最大量烯烃的液化气和石脑油,同时有可生产最大量汽油的灵活性。设计预留催化剂冷却系统位置,以备加工常压渣油。反应器设计采用 UOP 公司的 Vorter 分离系统,可以生产最大量目的产品,使干气减至最少。重石脑油循环到反应器汽提段,以生产含最大量 C_8 芳烃馏分;轻石脑油用作提升介质,以生产最大量液化气和烯烃。用两台烟气轮机从再生烟气中回收超过 40MW 能量;为确保优化和稳定运行,采用计算机控制。丙烯回收装置生产高纯度(99.5%,体积分数)丙烯用于生产聚丙烯,设计中采用热泵。C_3 分离塔采用 UOP 公司的 MD 塔盘,不是常规的筛板塔盘,因而直径小也不高[57,58]。

3. 清洁燃料和其他油品生产

清洁汽油由催化汽油和甲基叔戊基醚(TAME)两个组分构成。催化汽油的硫含量约在 50μg/g 左右,甲基叔戊基醚用催化裂化的 C_5 馏分通过选择性加氢和 Ethermax 醚化工艺生产。UOP 公司的选择性加氢工艺(SHP)使 C_5 烯烃异构化并饱和二烯烃,使醚化过程中的副反应减至最少。采用双塔水洗系统,使耗水量大大减少。甲基叔戊基醚装置的设计生产能力是 5.1kbbl/d,以确保生产清洁汽油 25kbbl/d[57]。

清洁柴油是由直馏柴油和焦化轻瓦斯油加氢处理后与催化轻循环油调和而成。柴油加氢处理装置采用 UOP 公司的 Unionfining 专利技术,双系列,每个系列的加工能力为 70kbbl/d,加工直馏柴油、部分重煤油和轻焦化瓦斯油,生产含硫 0.5%(500μg/g)的柴油组分,与催化轻循环同调和后得到柴油产品[57]。

饱和液化气、煤油、不饱和液化气和催化汽油都采用 UOP 公司的 Merox 工艺脱硫醇,以得到液化气、喷气燃料和普通汽油产品。

轻焦化石脑油、一部分轻催化石脑油和 SHP/Ethermax 装置的提余油经加氢处理生产化工轻油。这套装置采用 UOP 公司的 Unionfining 专利技术,加工能力为 29.5kbbl/d。

制氢装置为双系列,每个系列的生产能力为 $8.75 \times 10^4 m^3/h$,都用燃料气作原料。氢气压缩机采用 3×50% 安排,不是为减压瓦斯油加氢处理和柴油加氢处理装置分别配置压缩机,以避免运行中出现的风险。

4. 芳烃联合装置和对二甲苯生产

设计 1.4Mt/a 对二甲苯的生产能力占当时世界对二甲苯生产能力的 10%。联合装置的工艺流程如图 4-3-6 所示,由以下四套装置组成:

一是连续重整。采用 UOP 公司的 Cyclemax CCR 专利技术,设计加工能力是 57kbbl/d(含原料油加氢处理),是当时世界上最大的连续重整装置。重直馏石脑油、重焦化石脑油和中催化石脑油原料经过加氢处理后进行连续重整。

二是甲苯和 C_9 芳烃烷转移。采用 Toray/UOP 公司的 Tatoray 技术,目的是提高对二甲苯收率。

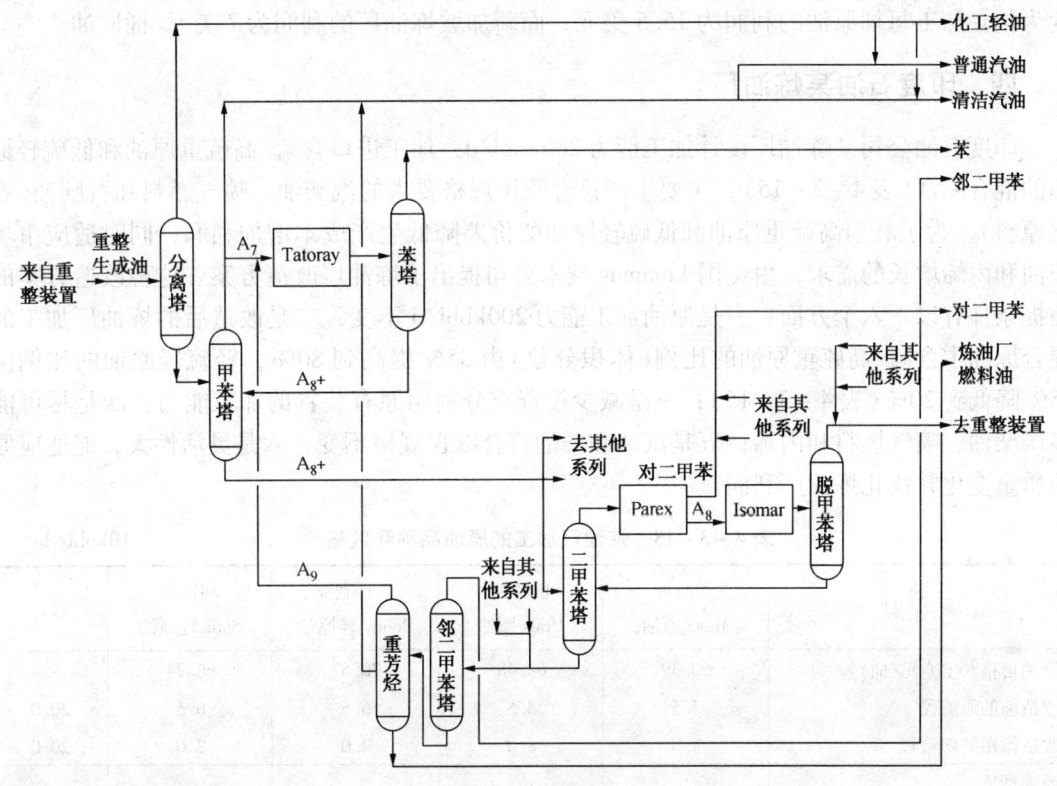

图 4-3-6 芳烃联合装置的工艺流程[57]

三是对二甲苯吸附分离。采用 UOP 公司的 Parex 专利技术，有三个系列，每个系列的生产能力都是 467kt/a，采用 UOP 公司的 ADS-27 吸附剂，以得到最大量的对二甲苯。

四是二甲苯异构化。采用 UOP 公司的 Isomar 专利技术，一个系列。

在 1.4Mt/a 对二甲苯产量中有 40% 是来自重催化裂化石脑油。除了生产 1.4Mt/a 对二甲苯外，还生产 150kt/a 邻二甲苯。

5. 聚丙烯生产装置

用催化裂化装置生产的纯度为 99.5%（体积分数）的丙烯生产聚丙烯。采用 Union Carbide 公司的 Unipol 专利技术，有三个系列，每个系列的生产能力是 200kt/a，总生产能力为 600kt/a。

6. 清洁生产和环境保护

延迟焦化装置生产的高硫石油焦用作循环流化床锅炉燃料，可以脱除石油焦中 90% 的硫，还可以提供大量的蒸汽和电力。催化原料油经过加氢处理，除了能满足生产清洁汽柴油的需要外，还可以使催化裂化再生烟气排放的污染物符合环保要求。液化气、汽油和煤油用 Merox 工艺脱硫醇，可以减少碱渣排放。此外，含酚和不含酚的酸性水分别处理，然后再蒸汽汽提，净化水可以最大量回用。胺洗涤脱硫化氢系统采用 MDEA，不采用 EDA 主要是为了节能和降低生产成本。硫黄回收装置有三个系列，每个系列的生产能力是 675t/d，此外还有多个系列的固化和外运设施[57,58]。

据 Reliance 公司发表的报告称，Jamnagar 炼化一体化厂 2008 年 1~3 季度的净利润为 39 亿卢比（9.79 亿美元），加工每桶廉价低质原油得到的利润高于国外炼油厂。以 2007 年 4 季度为例,加工每桶原油的利润为15.5美元,而新加坡炼油厂的利润为7美元/桶原油。

四、印度石油某炼油厂

印度石油公司某炼油厂设计加工能力200kbbl/d,加工进口含硫/高硫重原油和低硫轻原油的混合原油(表4-3-15),主要生产符合欧Ⅳ规格要求的汽柴油、喷气燃料和石脑油(石化原料)。为了利用高硫重原油和低硫轻原油的价差降低生产成本增加利润,同时适应市场柴油和丙烯增长的需求,由美国Lummus技术公司提出了炼油厂改造方案。这种改造方案的前提条件有以下六个方面:一是原油加工能力200kbbl/d不变;二是改造后的炼油厂加工的混合原油中含硫/高硫重原油的比例(体积分数)由35%提高到80%,轻硫轻原油的比例由65%降低到20%(表4-3-15);三是减少投资充分利用原有装置的加工能力;四是尽可能多产柴油、喷气燃料和丙烯;五是汽油和柴油符合欧Ⅳ规格不变;六是灵活性大,能适应原油质量变化并优化炼油厂利润。

表4-3-15 炼油厂加工的原油品种和数量[59]   10kbbl/d

项目	墨西哥 Maya原油	俄罗斯 Urals原油	尼日利亚 Bonny轻原油	利比亚 Sarir轻原油	合计
原油价格①/(美元/桶)	60.39	64.48	70.57	66.74	
改造前的原流程	3.5	3.5	6.5	6.5	20.0
改造拟用的新流程	8.0	8.0	2.0	2.0	20.0
原油性质					
API度	21.5	33.4	36.7	36.5	
硫/%	3.4	1.19	0.12	0.18	
酸值/(mgKOH/g)	0.43			0.06	
残炭/%	10.8		1.0	4.53	
镍/(μg/g)	52.9		3.0	5.09	
钒/(μg/g)	277.5	—	<2.0	0.28	

① 2007年荷兰鹿特丹现货平均价。

1. 原油加工流程和主要工艺装置

炼油厂改造前后所用的原油加工流程如图4-3-7和图4-3-8所示,改造前后的主要工艺装置如表4-3-16所示。

表4-3-16 印度石油某炼油厂主要工艺装置的加工能力[59]

装置名称	改造前的原流程		改造拟采用的新流程(+/-)	
	bbl/d	10kt/a	bbl/d	10kt/a
常压蒸馏	200000	945.0	±0	+30.4
减压蒸馏	87554	459.1	+9430	+66.0
延迟焦化	29570	170.1	±0	±0
沸腾床加氢裂化	—	—	+20005	+117.3
催化裂化①	27325	140.0	-3080	-13.0
加氢裂化	44810	228.5	+6300	+33.5
石脑油加氢处理	27246	115.9	+590	±0

续表

装置名称	改造前的原流程		改造拟采用的新流程(+/-)	
	bbl/d	10kt/a	bbl/d	10kt/a
催化重整	40651	171.0	-3160	-16.0
制氢/($10^4 m^3$/d)	170.8	170.8	131.6	131.6
胺再生(二乙醇胺)/(gal/L)②	1177	1177	415	415
硫黄回收/③(t/d)	285	—	+77	—
C_5异构化	5113	19.5	+140	+0.1
催化汽油加氢后处理	15671	66.9	-6680	-29.0
烷基化	4365	17.1	-115	-0.4
C_4选择性加氢	4335	14.2	-520	-1.6
柴油加氢处理	67028	318.0	+180	-0.6

① 改造前为常规催化裂化，改造后为高苛刻度催化裂化；

② 1gal = 3.7854L；

③ 含尾气处理。

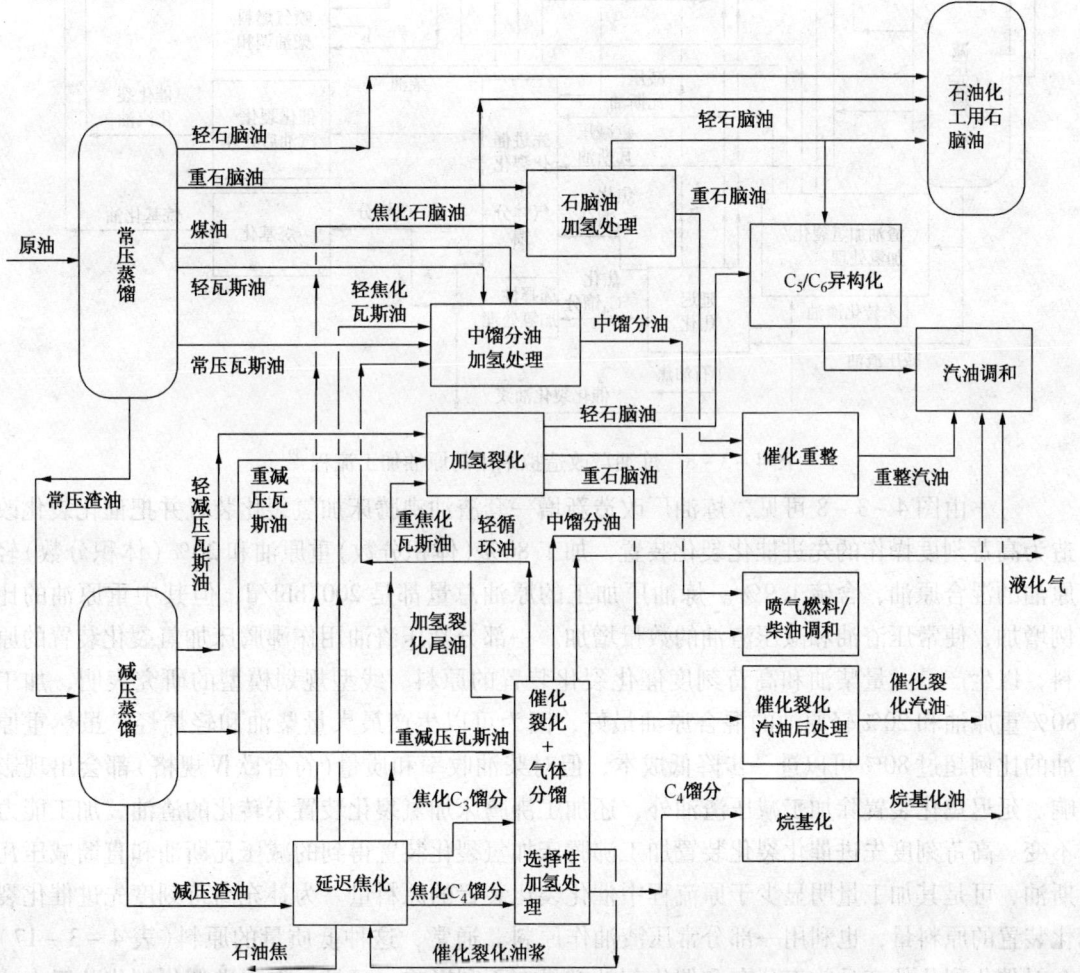

图4-3-7 炼油厂改造前采用的原油加工流程[59]

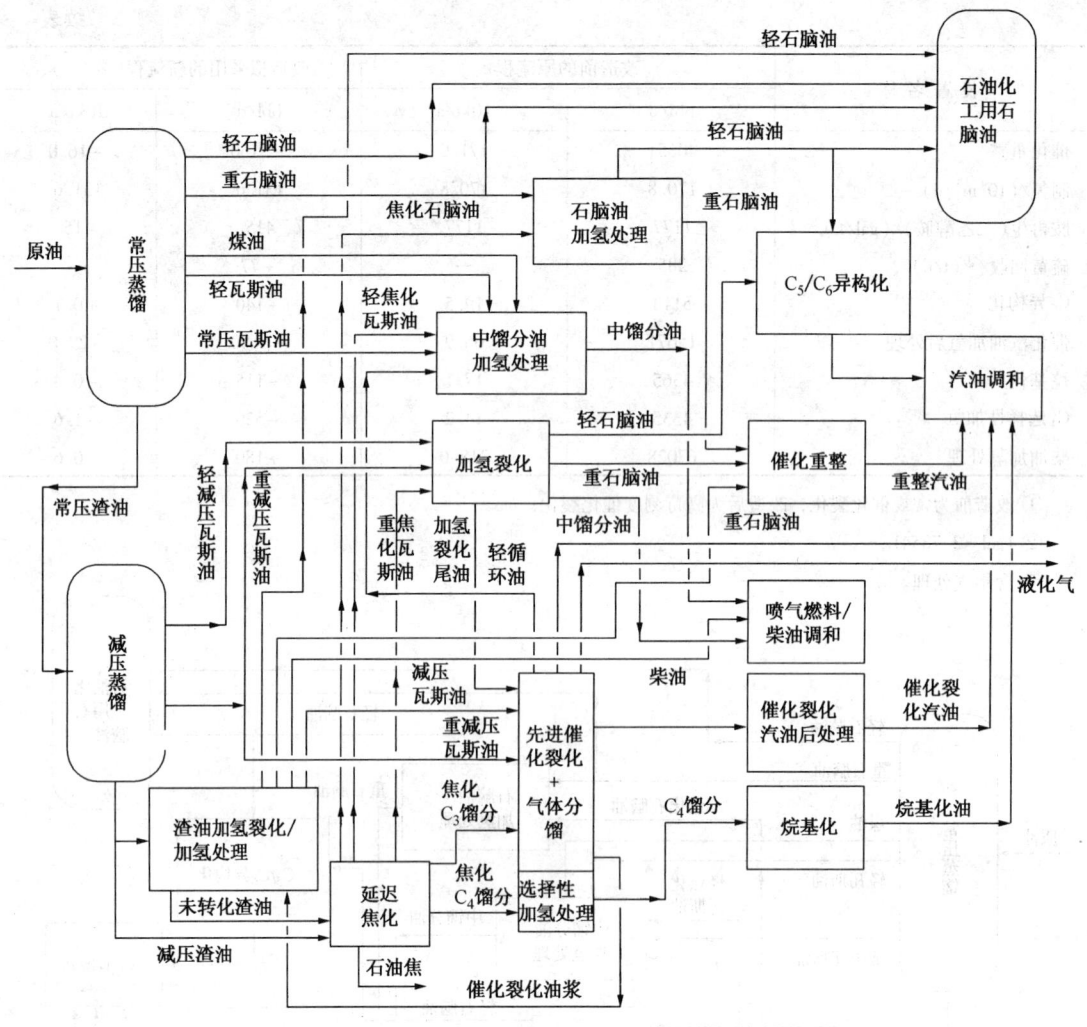

图 4-3-8 炼油厂改造拟采用的原油加工流程[59]

由图 4-3-8 可见，炼油厂改造新增一套渣油沸腾床加氢裂化装置并把催化裂化改造为高苛刻度操作的先进催化裂化装置，加工 80%（体积分数）重原油和 20%（体积分数）轻原油的混合原油，含硫 1.9%。炼油厂加工的原油总量都是 200kbbl/d，但其中重原油的比例增加，使常压渣油和减压渣油的数量增加。一部分减压渣油用作沸腾床加氢裂化装置的原料，以生产最大量柴油和高苛刻度催化裂化装置的原料。线型规划模型的研究表明，加工 80% 重原油和 20% 轻原油的混合原油最好，因为可以生产最大量柴油和轻烯烃。虽然重原油的比例超过 80% 可以进一步降低成本，但对柴油收率和质量（符合欧Ⅳ规格）都会出现影响。延迟焦化装置除加工减压渣油外，还加工沸腾床加氢裂化装置未转化的渣油，加工能力不变。高苛刻度先进催化裂化装置加工沸腾床加氢裂化装置得到的减压瓦斯油和直馏减压瓦斯油，可是其加工量明显少于原流程中催化裂化装置的原料量。为补充高苛刻度先进催化裂化装置的原料量，也利用一部分常压渣油作原料。通常，这种低质量的原料（表 4-3-17）会对催化裂化的产品收率分布和催化剂补充量有不利影响。可是，在先进催化裂化装置中这种不利影响被减至最小，因为这种先进催化裂化工艺在没有催化剂冷却器和催化剂补充量不大的情况下，能有效转化低质量的原料油。尽管原料油的质量不好，而丙烯和丁烯的收率仍从常规催化裂化装置的5.1%和4.1%分别提高到17%和8.2%。

表4-3-17 催化裂化原料油的质量[59]

项目	API度	d_4^{20}	硫/%	残炭/%	镍/($\mu g/g$)	钒/($\mu g/g$)	总氮/($\mu g/g$)
原流程	22.1	0.9174	1.12	1.35	0.73	1.6	1495
新流程	18.7	0.9384	2.0	2.5	6.2	13.8	2557

先进催化裂化装置生产的丙烯，可用作生产石化产品的原料。一部分C_4馏分用作生产汽油组分烷基油。先进催化裂化装置生产的轻循环油在原有的加氢处理装置中加工。渣油沸腾床加氢裂化装置生产的中馏分油在渣油沸腾床加氢裂化/加氢处理组合在一起的反应器中加工，馏分油加氢裂化装置加工增加的直馏减压瓦斯油。催化裂化装置的油浆送进沸腾床加氢裂化装置用作稀释剂，以减少焦炭和沉积物的生成。这种加工流程能灵活加工较多的低成本重质原油，仍能生产符合欧Ⅳ规格要求的汽柴油和石化原料。由表4-3-16可见，新流程可以有效利用大多数原有装置的加工能力。催化裂化汽油加氢处理装置和C_4选择性加氢处理装置的加工能力利用不足，是因为要减少汽油生产。如所预计，氢气消耗明显增多，在评估炼油厂改造方案时就已经考虑到。

2. 渣油沸腾床加氢裂化装置

渣油沸腾床加氢裂化是新流程中的核心装置之一。因为炼油厂加工的原油中高硫重原油的比例增大，减压渣油的数量也随之增多，要多产柴油、喷气燃料和轻烯烃，就只能充分利用渣油，因为渣油沸腾床加氢裂化能够多产柴油和催化裂化原料油。近10多年来，Chevron Lummus全球公司(CLG)开发的渣油沸腾床加氢裂化专利技术LC-Fining有了很大进展，在转化率和加工能力提高的同时，装置投资和操作费用大大减少。渣油加氢裂化和加氢处理组合技术的工业应用，使生产成本明显降低。高温减压渣油循环回反应器并利用稀释剂(如催化裂化油浆)，可控制焦炭和沉积物生成，保持催化剂床层处于合适的沸腾状态。膜净化系统的工业应用使循环氢的纯度大大提高，也使进沸腾床加氢裂化反应器的循环氢量减少。由于空塔气体速度和滞留量降低(减少)，液体内循环量增加，使反应器的操作得到强化。这也有助于液体和催化剂床层更好地返混，因此局部过热、催化剂床层塌陷、沟流和流体分布不均的问题减至最少。

渣油沸腾床加氢裂化工艺有很大的灵活性，能适应原料油质量、加工量、产品质量和反应操作苛刻度(温度、空速、转化率等)的变化。催化剂在线添加和排出的能力，可控制催化剂的消耗和活性，应对原料质量(金属、硫、沥青质等)的变化。渣油沸腾床加氢裂化装置决定于原料油质量的变化可分别生产得到19%~43%(体积分数)的柴油和30%~40%(体积分数)的重瓦斯油(催化裂化原料油)[59~61]。

3. 先进催化裂化装置

先进催化裂化是新流程中另一套核心装置。由印度石油公司研发中心和Lummus技术公司合作开发的这种先进催化裂化技术能够用重原料油(如减压瓦斯油和渣油)生产高收率的轻烯烃，有以下三个特点：

一是采用有专利权的催化剂配方，能够裂化不同形状和大小的分子，得到高收率的轻烯烃，选择性很高；抗金属性能好，平衡剂上的钒含量高时也可以操作，因此可以大大减少新鲜催化剂的消耗量,所以这个特点非常重要。

二是反应系统有很强的反应选择性,只用提升管裂化没有任何废催化剂循环。

三是容易调节操作条件和催化剂配方,满足产品需求和原料质量的变化。

反应器和再生器部分的设备和其他一些硬件都是专门设计,可以在用特定的原料油生产轻烯烃时充分利用专用催化剂的潜力。这种催化裂化工艺采用较高的提升管反应器温度(530~600℃)、较高的剂油比(12~20)和较低的烃分压,以实现高转化率并高选择性生产轻烯烃。因为所有的裂化反应都发生在短接触时间的提升管反应器中,剂油比很高,催化剂的活性高,所以生产轻烯烃的选择性很高。生产的液化气中含有45%~50%丙烯。液化气中的全部烯烃含量可高达80%。已经证实,这种工艺的灵活性很大,可以加工的原料油范围从经过加氢处理的减压瓦斯油直至重渣油,可以生产最大量丙烯或最大量丙烯+乙烯,或丙烯+汽油[59]。

4. 产品产量和质量

炼油厂采用原流程和拟采用新流程的产品产量和质量如表4-3-18所示。由表4-3-18可见,柴油和喷气燃料产量从原流程的4.387Mt/a增加到新流程的4.556Mt/a。值得注意的是,把原有的常规催化裂化装置改造为先进催化裂化装置,丙烯产量从采用原流程的70kt/a提高到采用新流程的183kt/a。虽然重原油的加工量从35%(体积分数)提高到80%,但由于加进渣油沸腾床加氢裂化装置和先进催化裂化装置,使柴油、喷气燃料和丙烯产量都有不同程度提高,如果采用其他加工工艺,中馏分油收率/产量都可能大大低于原流程。先进催化裂化装置多产丁烯98kt/a用于生产烷基化油,满足生产烷基化油的需求,并使外购的天然气数量减少。当然,也可以把多产的丁烯作为石化原料外销。从表4-3-18还可以看出,采用原流程和拟采用新流程,生产的汽油都满足欧Ⅳ规格要求,研究法辛烷值都是92;生产的柴油都满足欧Ⅳ规格要求。值得注意的是,采用原流程的轻油(汽油、石脑油、柴油和喷气燃料)产量为8.644Mt/a,轻油收率为91.5%,柴汽油生产比为1.38;拟采用新流程的轻油产量为8.486Mt/a,轻油收率为86.7%,柴汽油生产比为1.54。

表4-3-18 产品数量和产品价格[59]

产品名称	价格/(美元/桶)①	原流程		新流程	
		bbl/d	10kt/a	bbl/d	10kt/a
丙烯(聚合级)	74.7	2401	7	6316	18.3
欧ⅣRON92汽油	76.93	69511	293.8	63405	266.4
石脑油(石化原料)	72.78	33669	131.9	31935	126.3
欧Ⅳ柴油	82.26	87028	405.9	88370	410.6
喷气燃料	85.01	7249	32.8	10000	45.3
硫黄	25美元/吨	190t/d	6.7	435t/d	15.2
石油焦	30美元/吨	1303t/d	45.6	1525t/d	53.4
柴油+喷气燃料		94272	438.7	98370	455.6
外购原料					
天然气	7美元/10^6Btu②	444t/d	15.5	364t/d	12.7
MTBE	90.07	6750	28.1	7038	29.4

注:①为2007年荷兰鹿特丹市场的现货平均价格;
② 1Btu = 1055.056J。

5. 经济效益

炼油厂通过技术改造采用新流程的经济性评估结果如表4-3-19所示。从表4-3-19

可以看出，采用新流程的经济效益是有吸引力的，投资回收期不到3.8年。可是，炼油厂加工原油的灵活性提高，并能多产市场需求增加的柴油和丙烯。

表4-3-19 炼厂技术改造的投资、收益和投资回收期[59]

投 资	原流程	新流程
界区内	—	59040
公用工程和装置外	—	17830
总投资	—	76870
总收益/(万美元/年)	57670	78070
总收益增加/(万美元/年)		20400
投资回收期/年		3.77

五、意大利埃尼 Sannazzaro 炼油厂

意大利埃尼(Eni)公司 Sannazzaro 炼油厂始建于1963年，加工能力是5Mt/a，1975年加工能力翻了一番，1988~1992年又进行一次改造，近几年又用升级的技术进行了第三次改造，目前该厂是欧洲复杂指数和转化能力最高的炼油厂之一。主要加工来自俄罗斯、非洲、北欧和中东的原油，进口原油的加工能力约占90%。生产的产品有：含硫10μg/g符合欧V规格要求的汽油(RON 95和98两种)和柴油、取暖油(heating oil)、喷气燃料、液化气、丙烯、丁烷、沥青、船用燃料油、硫黄等，主要供应意大利西北部和瑞士市场。

1. 原油加工流程和主要工艺装置

原油加工流程如图4-3-9所示。主要工艺装置及其加工能力如表4-3-20所示。

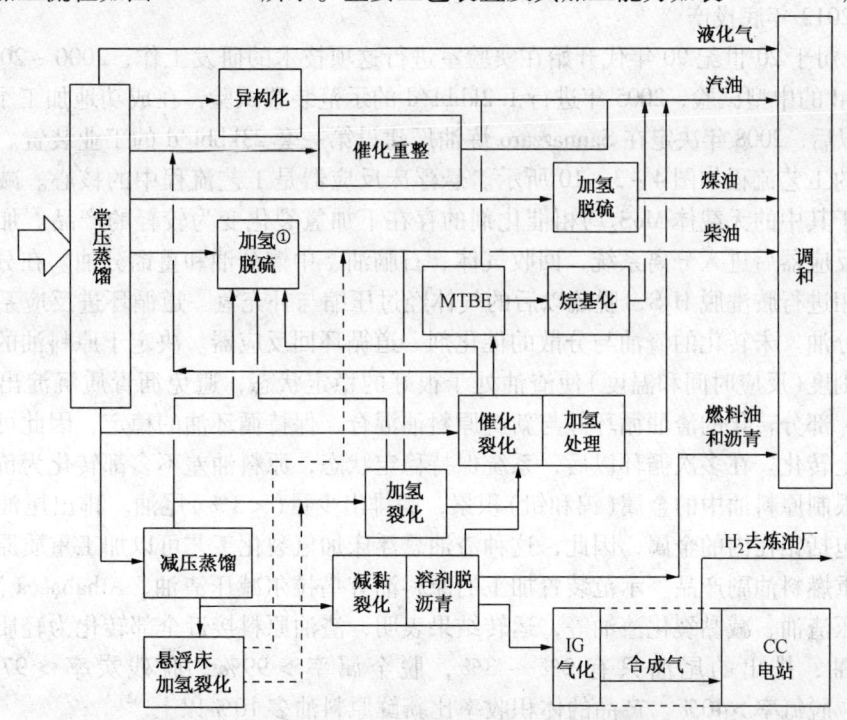

图4-3-9 Sannazzaro炼油厂的原油加工流程[62]
注：①含1套柴油加氢脱硫和1套柴油加氢脱硫/临氢降凝。

表4-3-20 Sannazzaro炼油厂的主要工艺装置和加工能力[62,63]

装置名称	套数	加工能力
常减压蒸馏	2	200kbbl/d①
催化重整	2	1.50Mt/a
煤油加氢脱硫	1	
柴油加氢脱硫	1	3.50Mt/a
柴油加氢脱硫/临氢降凝(MDDW)	1	
催化裂化	1	45kbbl/d
加氢裂化	2	70(30+40)kbbl/d
催化裂化汽油加氢处理	1	
异构化	1	
甲基叔丁基醚	1	
烷基化	1	
减黏裂化	1	
溶剂脱沥青	1	
沥青气化	1	
悬浮床加氢裂化	1	2.3

① 平衡加工能力为170kbbl/d。

2. 减压渣油悬浮床加氢裂化装置

加工能力23kbbl/d的减压渣油悬浮床加氢裂化装置是Eni公司采用自己开发的专利技术(EST)的第一套大型工业装置，也是世界上第一套减压渣油悬浮床加氢裂化大型工业装置，计划2012年底投产[64]。

Eni公司于20世纪90年代开始在实验室进行这项技术的研发工作，2000~2003年间进行0.3bbl/d的中型试验，2005年进行1.2kbbl/d的示范装置试验，在成功地加工了23kbbl/d劣质渣油以后，2008年决定在Sannazzaro炼油厂建设第一套23kbbl/d的工业装置。这项技术示范装置的工艺流程如图4-3-10所示。悬浮床反应器是工艺流程中的核心。减压渣油原料在悬浮于其中的无载体MoS_2均相催化剂的存在下加氢裂化变为较轻的产品。加氢裂化的生成油出反应器后进入分离系统，回收气体、石脑油、中馏分油和重馏分油。在分出轻产品以后的气相进行胺洗脱H_2S，脱硫以后的气体经过压缩与补充氢一道循环进反应系统。从液相回收馏分油。未转化的渣油与分散的催化剂一道循环回反应器。决定于原料油的质量，优化工艺苛刻度(反应时间和温度)使渣油处于很好的稳定状态，避免沥青质沉淀出现生焦和设备结垢。部分转化的渣油循环并与新鲜原料油混合，保持循环油的稳定，因此可以再加工至接近完全转化。在多次循环以后，系统保持稳定状态，原料油差不多都转化为价值更高的产品。为限制原料油中的金属(镍和钒)积累，需排出少量(<3%)尾油。排出尾油再回收带出的油和包括钼在内的金属，因此，这种渣油悬浮床加氢裂化工艺可以加工重质原料，不产生焦炭和重燃料油副产品。示范装置加工的原料油有乌拉尔减压渣油、Athabasca油砂沥青、巴士拉减压渣油、减黏裂化渣油等，运转结果表明，渣油原料接近全部转化为轻质、中质和重质馏分油，排出的尾油只有2%~3%，脱金属率>99%，脱残炭率>97%，脱硫率>85%，脱氮率>40%。产品的体积收率比新鲜原料油多10%以上[62]。

新建工业装置的设计流程如图4-3-11所示。原料油和产品收率的设计数据如表4-3-21和表4-3-22所示。

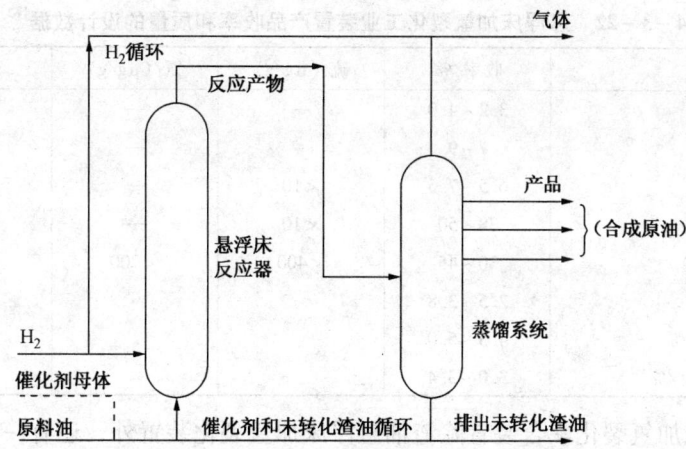

图4-3-10 EST渣油悬浮床加氢裂化进示范装置的工艺流程[62]

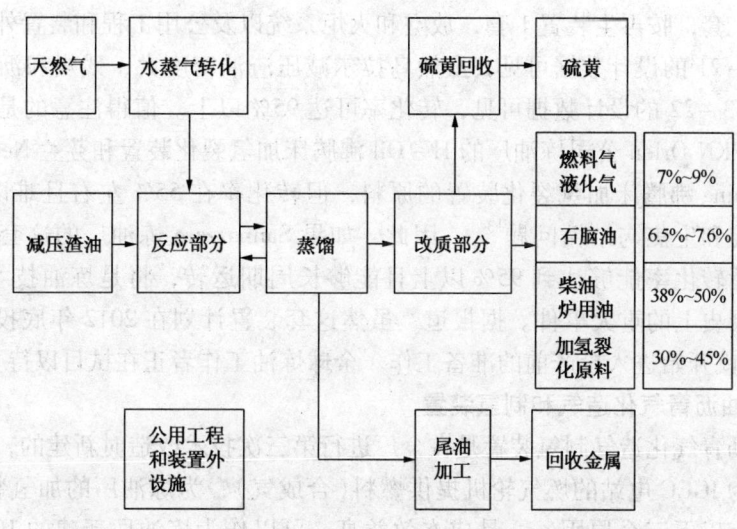

图4-3-11 渣油悬浮床加氢裂化联合装置的工艺流程[62]

表4-3-21 悬浮床加氢裂化工业装置原料性质的设计数据[62]

项　目	乌拉尔减压渣油①	巴士拉减压渣油②
API度	9.4	4.7
密度/(kg/m^3)	1004	1039
氢碳比	1.41	1.37
硫/%	3	6
氮/%	0.7	0.4
镍/(μg/g)	68	46
钒/(μg/g)	214	164
黏度/(mm^2/s)	982(100℃) 159(135℃)	1120(80℃) 436(100℃)
倾点/℃	51	51
残炭/%	20.2	18.5
沥青质(C$_5$)/%	15.0	15.6
350~500℃/%	5	5
>500℃/%	95	95

① 设计原料;
② 设计替补原料。

表 4-3-22　悬浮床加氢裂化工业装置产品收率和质量的设计数据[62]

产　品	收率/%	硫/(μg/g)	氮/(μg/g)	密　度
$H_2S + NH_3$	3.2~4.0	—	—	
$C_1 \sim C_4$	7~9	—	—	540(液化气)
石脑油($C_5 \sim 170℃$)	6.5~7.5	<10	—	700
煤油+柴油	38~50	<10	—	840
重馏分油(350~500℃)	30~45	<400	<700	920
排出尾油	2.5~3.8			
总氢耗(对新鲜原料)/%	4.5~5.0			
油浆氢耗(对新鲜原料)/%	3.0~3.4			

新建的悬浮床加氢裂化联合装置除渣油悬浮床加氢裂化装置外,还有一套天然气水蒸气转化装置,生产能力 $10^5 m^3/h$ 氢气;硫黄回收装置两套,单套生产能力 80t/d。此外还有酸性水汽提装置1套,胺再生装置1套,放空和火炬系统以及公用工程和装置外设施。

由表4-3-21的设计数据可见,虽然乌拉尔减压渣油密度大、残炭和沥青质含量都比较多,由表4-3-22的设计数据可见,转化率可达95%以上。值得注意的是,乌拉尔减压渣油也是波兰 PKN Orlen 公司炼油厂的 H-Oil 沸腾床加氢裂化装置和芬兰 Neste 石油公司炼油厂的 LC-Fining 沸腾床加氢裂化装置的原料,但转化率在55%左右且难以长周期运转,出现沥青质沉淀和生焦与结垢问题[34]。因此,如果 Sannazzaro 炼油厂的这套悬浮床加氢裂化装置投产以后转化率能够达到95%以上且能够长周期运转,将是炼油技术的重大突破,是炼油技术发展史上的重大事件。据报道,虽然这套装置计划在2012年底投产,但 Eni 公司在2011年底就开始进入投产前的准备工作。全球炼油工作者正在拭目以待。

3. 减黏渣油沥青气化造气和制氢装置

减黏渣油沥青气化造气制氢装置是在全厂进行第三次技术改造时新建的,目的也是减少渣油产量,并为 IGCC 电站的燃气轮机提供燃料(合成气),为炼油厂的加氢装置提供氢气。除此之外,还有以下三个原因:一是成本效益高,可以作为炼油厂新建的1050MW天然气电站的一部分建设,把渣油(约为全厂产品总量的5%)转化为合成气;二是气化技术成熟可靠;三是对环境的影响小,通过脱 H_2S 可使 SO_2 排放减至最少,通过燃气轮机标准的控制技术可使 NO_x 排放量减少。选用的 Shell 全球解决方案国际公司的气化技术有以下七个特点:一是用产生高压蒸汽的办法回收合成气的热量比用骤冷技术有更高的效率;二是用内部过热器冷却合成气可以不建加热炉使高压蒸汽过热;三是除灰装置(SARU)可使固体废料减至最少,产生的浓缩钒容易处理;四是生产的氢气可以满足加氢脱硫装置的需要;五是化学脱 H_2S 比物理脱 H_2S 可以有效保证合成气的纯度;六是生产的 CO_2 可以外销;七是脱除金属羰基化合物装置可以避免燃气轮机的燃烧器中出现金属沉积[65]。

减黏渣油沥青气化装置有两台气化炉,能力均为600t/d。生产的合成气首先通过冷却产生过热蒸汽并用水洗涤。在送往电站之前进行脱硫、脱除金属羰基化合物,抽出一部分氢气供加氢装置使用。在气化过程中产生的烟灰洗出以后,送到过滤装置分出水,把分出的滤饼再送到多炉膛的加热炉烧炭。除灰装置产生的富钒炉灰可以外销。过滤装置分出的水大部分循环回气化部分,一小部分在废水汽提塔中汽提后送出处理。酸性气体处理塔中得到冷凝水一并在废气汽提塔中处理[65]。

第四节 含酸/高酸原油加工流程

一、中国海油惠州炼油厂

惠州炼油厂是中国海油投资建设的第一座大型炼油厂,目前是我国单系列加工能力最大的炼油厂,也是世界上集中加工高酸重质原油为数不多的炼油厂之一。设计加工我国渤海蓬莱19-3高酸重质原油,原油加工能力是12Mt/a。总流程的设计原则是多产柴油和芳烃,适当生产汽油和喷气燃料(其中汽油和柴油符合国Ⅳ清洁燃料标准),提高轻油收率和综合商品率;采用汽电联产技术和热联合技术,使综合能耗最低,综合效益最好。2009年5月投产[66~70]。

1. 原油加工流程和主要工艺装置

惠州炼油厂加工的原油是我国渤海蓬莱19-3原油,<200℃馏分收率为7.17%,<350℃馏分收率为28.60%,其主要性质如表4-4-1所示。由表4-4-1数据可见,渤海蓬莱19-3高酸重质原油是属于低硫环烷中间基原油。由于密度大、酸值高、含盐多,加工过程中面临一系列难题,也是国内外炼油企业面临的重大挑战。原油加工流程如图4-4-1所示,主要工艺装置如表4-4-2所示。

表4-4-1 渤海蓬莱19-3原油的主要性质[69]

API度	20℃密度/(g/cm^3)	25℃黏度/(mm^2/s)	盐含量/(mgNaCl/L)	酸值/(mgKOH/g)	硫含量/%	胶质/%	沥青质/%	凝点/℃
21.9	0.9190	277.4	228	3.57	0.28	17.1	0.8	-30

表4-4-2 惠州炼油厂主要工艺装置的规模和技术来源[69,71~82]

装 置 名 称	加工能力/(10kt/a)	技术来源
常减压蒸馏	1200	SEI
催化裂化	120	RIPP/SEI
气体分馏		SEI
硫酸烷基化		Dupont
MTBE		SEI
减压瓦斯油加氢裂化	400	Shell
煤柴油加氢改质	360	RIPP/SEI
焦化汽柴油加氢处理	200	FRIPP/SEI
制氢	$2 \times 10^5 Nm^3/h$	Uhde
连续重整	200	UOP
芳烃(含歧化、异构化、吸附分离和抽提蒸馏)	84	Axens/RIPP
延迟焦化	420	Fost Wheeler
脱硫(含脱硫醇和脱硫)		SEI/Merichem
硫黄回收		NIGI
酸性水汽提		SEI
废酸再生		MONSANTO

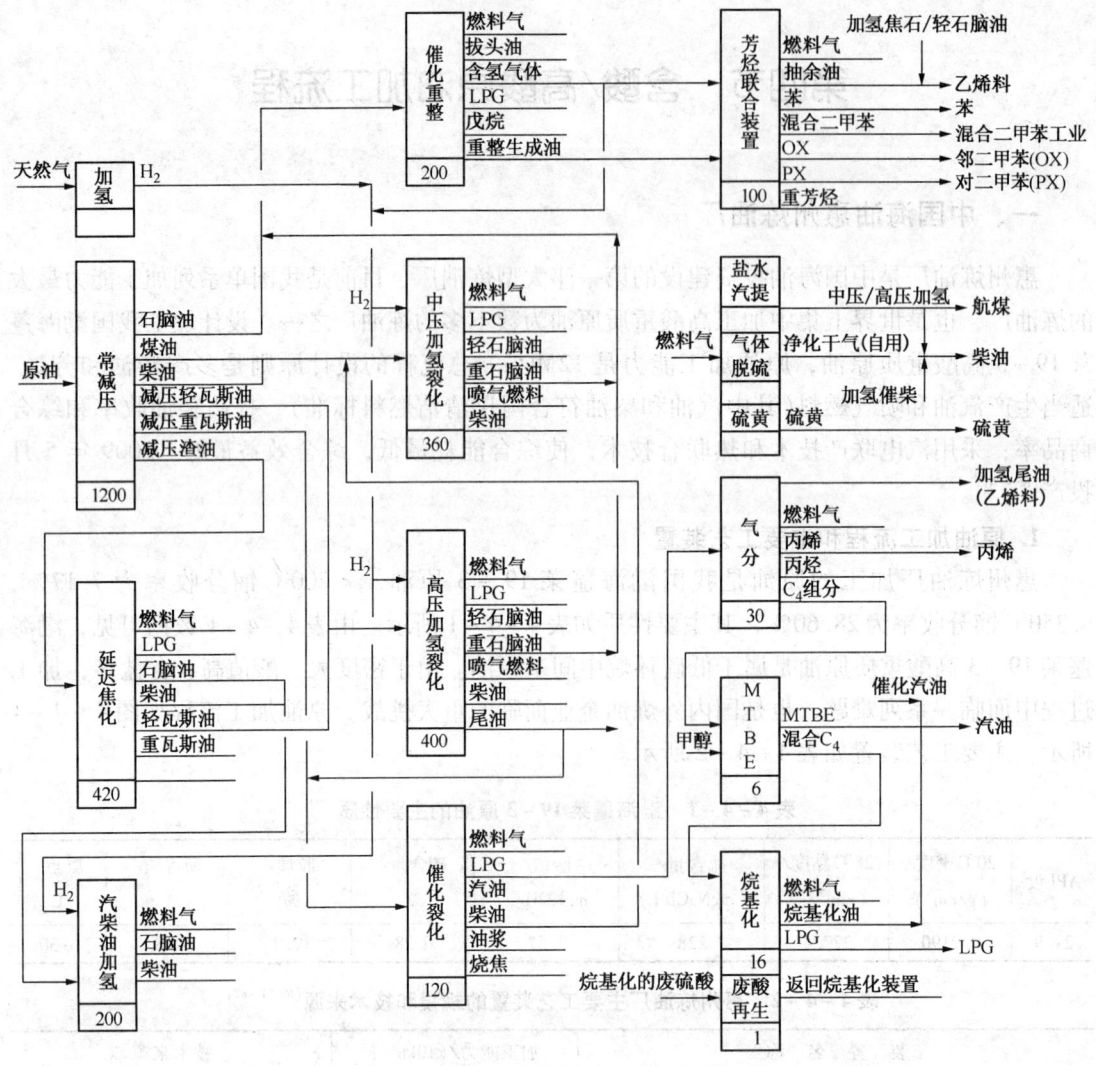

图4-4-1 惠州炼油厂的原油加工流程(10kt/a)

由表4-4-2可见,惠州炼油厂由16套工艺装置组成,其中多数都是目前我国的最大规模。按照工艺流程、物料关联、装置特性和规模占地构成四大联合装置。装置间采用热供料、热联合和流程式联合布置方案,既可以节省占地和管道设备投资,也可以减少生产期间物料、水、汽输送的能耗[70]。

一联合装置由常减压蒸馏、催化裂化、气体分馏、烷基化和MTBE(甲基叔丁基醚)五套装置组成,位居四大联合装置的中心区。常减压蒸馏是全厂原油加工流程中的龙头装置,蒸馏得到的各馏分油料分别进入下游三大联合装置中的相关装置。其中,减压渣油直接进入四联合装置中的延迟焦化装置,减压瓦斯油进入一联合装置中的催化裂化装置和二联合装置中的加氢裂化装置,煤柴油馏分进入二联合装置中的加氢改质装置进一步加工,各装置生产的重整原料油进入三联合装置中的连续重整和芳烃生产装置进一步加工。

二联合装置由加氢裂化、加氢改质、焦化汽柴油加氢处理和制氢四套装置组成。其中制氢装置为其他三套装置提供氢气。二联合装置具有高压临氢特点,集中联合布置既可以节省氢气管道，又便于集中管理。

三联合装置由连续重整和芳烃生产两套装置组成。重整生成油直接供给芳烃联合装置作原料。由于重整和芳烃生产装置物料品种多、互供频繁，集中布置可以提高生产效率。

四联合装置由延迟焦化、脱硫、硫黄回收和酸性水汽提四套装置组成。全厂各装置的含硫介质集中统一处理，既可对污染源集中治理和管理，也可以减少对环境的影响。延迟焦化生产的石油焦直接进入铁路专用线装车外运，可以缩短在厂内的运输线路。

由原油加工流程（图4-4-1）可见，惠州炼油厂设计加工高酸重质原油生产符合国Ⅳ标准清洁（汽柴油）燃料的关键技术是渣油延迟焦化、减压瓦斯油加氢裂化和直馏煤柴油加氢改质。由表4-4-2的数据可见，惠州炼油厂加氢装置的能力（直馏煤柴油加氢改质、减压瓦斯油加氢裂化和焦化汽柴油加氢处理）是9.6Mt/a，占原油加工能力（12Mt/a）的80%。

2. 延迟焦化装置

由表4-4-2的数据可见，延迟焦化是惠州炼油厂最大的二次加工装置，其加工能力占原油加工能力的35%。采用的是Foster Wheeler公司的可调节产品收率的SYDEC（Selective Yield Delayed Coking）专利技术，采用"两炉四塔"工艺路线，是国内引进的第一套延迟焦化装置，也是世界上单系列最大的延迟焦化装置之一。

这套延迟焦化装置的焦炭塔直径为$\phi9800mm \times 23900mm$（切），采用18h生焦周期；加热炉采用双面辐射阶梯炉和3点注水、双向烧焦和在线清焦技术。每台加热炉有6个辐射室和1个对流室。对流室安装在辐射室上，用于原料预热和蒸汽过热。特点是操作灵活，能够独立控制每一个单元，实现在线清焦和停车机械清焦、蒸汽空气烧焦。实际标定加热炉的整体热效率为91%，真正实现了炉管在线清焦，延长了延迟焦化装置的运转周期[71,72]。

3. 加氢裂化装置

加氢裂化是惠州炼油厂规模居第二位的二次加工装置，其加工能力占原油加工能力的33%，也是目前国内单套加工能力最大的加氢裂化装置。采用的是Shell Global Solutions公司的专利技术，单段一次通过流程；反应器设6个催化剂床层，分别装有保护剂、精制剂和裂化剂（精制剂是脱氮性能好的DN 3551和抗氮性能好的Z503，裂化剂是活性高、选择性和稳定性好的低分子筛/无定形的Z3703）；反应器内构件采用气液分配均匀的HD分配器，反应器体积利用率高且急冷效果好的超平急冷分配器和可有效降低反应器压力降设计独特的入口过滤器；采用炉后混油和热高分流程，可以充分利用反应产物带出热量，减小换热器面积，降低加热炉负荷；分馏汽提塔和稳定塔采用双再沸器设计，充分有效利用物料的热量，装置能耗低。

装置设计加工减二线瓦斯油、减三线瓦斯油和焦化重瓦斯油的混合油，混合比例为49.08∶30.92∶20，单程转化率为88%，主要生产轻石脑油、重石脑油、喷气燃料、柴油和加氢裂化尾油等产品。实际标定期间原料油组成和新鲜氢气时与设计值接近，化学氢耗略低；低分气、干气和液化气等气体收率均低于设计值，可能是在标定期间催化剂床层的平均温度低于设计值裂解反应深度较浅所致。轻石脑油收率高出设计值（3.65%）3.23个百分点，喷气燃料和柴油收率高于设计值（≥26.13%和29.8%）达到56.3%（28.91%+27.89%），加氢裂化尾油低于设计值（≥16.5%）4.57个百分点，说明催化剂用于生产中馏分油的选择性较好[74,75]。

4. 投产 2 年来的实际生产情况

惠州炼油厂2009年5月全面投产运营，2009和2010年实际加工的原油品种数量和比例如表4-4-3和表4-4-4所示。由表中数据可见，实际加工的原油品种要比原设计复杂得多。2009年实际加工国产海洋原油占61.55%，其中蓬莱19-3原油占52.16%；2010年实际加工国产海洋原油占63.58%，其中蓬莱19-3原油占61.02%[83]。几种国产和进口原油的主要性质如表4-4-5所示。

表4-4-3　2009年加工的原油品种和比例[84]

品　　种	加工量/10kt	比例/%
国产海洋原油		
蓬莱19-3	382.50	52.16
流花	46.96	6.40
曹妃甸	10.65	1.45
新文昌	5.85	0.80
涠洲	5.40	0.74
小计	451.37	61.55
进口原油		
达里亚	163.65	22.32
文森特	18.06	2.46
荣卡多(轻)	26.60	3.63
杜里	25.72	3.51
吉拉索	13.22	1.80
达混	8.13	1.11
尼罗	12.63	1.72
罕戈	13.94	1.90
小计	281.95	38.45
国产+进口原油合计	733.32	100.0

表4-4-4　2010年加工的原油品种和比例[84]

品　　种	加工量/10kt	比例/%
国产海洋原油		
蓬莱19-3	688.34	61.02
曹妃甸	22.93	2.03
流花	5.99	0.53
小计	717.27	63.58
进口原油		
达里亚	281.86	24.93
荣卡多(轻)	54.78	4.86
文森特	38.636	3.43
梵高	12.1061	1.07
塔恩斯	23.926	2.12
小计	410.71	36.42
国产+进口原油合计	1127.98	100.00

表4-4-5　几种国产和进口高酸原油的主要性质[67,84]

主要性质	蓬莱19-3	流花	曹妃甸	达混	达里亚
密度(20℃)/(g/cm³)	0.9270	0.9320	0.9410	0.9002	0.9114
黏度(50℃)/(mm²/s)	27.42①	112.7	30.86①	23.70	26.89
酸值/(mgKOH/g)	3.2	2.8	2.57	3.68	1.50
硫/%	0.32	0.24		0.11	0.51
盐/(mgNaCl/L)	130	59.6	25.8	17.4	
属性	低硫环烷中间基	低硫中间基	低硫中间基	低硫中间基	

① 为80℃黏度。

由表4-4-4的数据可见，2010年实际加工8种国产和进口原油，其中国产海洋原油7.1727Mt(占63.58%)，进口原油4.1071Mt(占36.42%)。实际生产各类炼油化工产品10.96Mt，其中汽油903kt，柴油4.52Mt(高于设计值11%，增产1.2Mt)，煤油1.05Mt。实现营业收入574亿元，税费117亿元，利润27.2亿元，吨油利润241元。实现轻油收率78.81%，高附加值产品收率84.41%，综合商品率94.50%(高于设计值)，加工损失率0.45%，综合能耗62.84kg标油/t油，产品出厂合格率100%。为上海世博会供应了93t车用清洁汽油(沪Ⅳ)和0#车用清洁柴油(沪Ⅳ)，为广州亚运会供应了93t车用清洁汽油(粤Ⅳ)。此外，还生产了-35#轻柴油和船用馏分燃料油等高附加值产品。由于从源头控制各类污染物的产生，打造"低碳、绿色、清洁"竞争优势，自投产以来，包括电脱盐含盐污水在内的全厂污水经处理后全部符合排放标准，其中含盐污水处理达标后经排水管线向深海排放，含油污水处理后循环使用。目前含盐污水零排放项目正在推进，最终要实现含盐污水零排放，水体零污染[85~87]。

5. 炼油"二期"项目建设方案

中国海油规划"基地化、大型化、一体化、园区化"的发展模式，在"两州一湾"地区建设大型炼化一体化基地。惠州炼油二期22Mt/a炼油改扩建及1Mt/a乙烯工程(简称惠州二期)是在惠州现有12Mt/a炼油项目基础上，增加10Mt/a炼油和1Mt/a乙烯工程，并配套建设相关的储运、公用工程、辅助生产系统及厂外工程，是惠州炼化一体化基地承上启下的关键步骤[87]。目前二期项目已经启动，科研设计已经完成，二期10Mt/a炼油的13套主工艺装置、中间原料罐区及部分公用工程全部利用预留地，将形成22Mt/a风格统一、功能完整的炼油主装置区[70]。在"二期炼油项目"中将积极探索低价值产品增值和升值技术，加速产品结构调整[88~90]：一是C_5/C_6烷烃异构化技术。在炼油二期项目投产后，可将500kt/a全馏分催化汽油选择性加氢脱硫装置改造为C_5/C_6异构化装置，将低价值的正构C_5/C_6烷烃转化为高辛烷值的异构化油，使汽油调和组分更加多元化，结构更趋合理，为生产高质量的清洁汽油创造条件。二是C_4烯烃芳构化技术。C_4烯烃芳构化技术可将过剩的C_4烯烃转化为高辛烷值汽油调和组分或芳烃原料。将在积极调研C_4烯烃芳构化技术工业应用前景的基础上，为建设C_4烯烃芳构化装置做好技术准备。三是CO_2捕集利用。现有制氢装置变压吸附(PSA)尾气量约为1.1kt/a(设计负荷)，其中CO_2含量在80%左右，年排放CO_2量约为880kt。因此，对PSA尾气进行分离提纯生产高纯度CO_2，不但可以提升产品的附加值，而且可以达到绿色低碳生产的目的。四是开发新型重油转化组合工艺。通过引进沸腾床加氢裂化技术，将一部分焦化原料送进沸腾床加氢装置加工，未转化的渣油进溶剂脱沥青装置，脱油沥青与剩余的焦化原料油混合后进焦化装置，以进一步提高全厂轻油收率。

二、中国石化青岛石化厂

青岛石化厂位于山东省青岛市李沧区。厂区临环岛油港，一条原油输油管道分别连接黄岛油库和东黄输油管道，还有两条汽、柴油输油管道连接青岛石油公司油库。自备铁路专用线与胶济铁路相连，厂外公路与济青、青银高速公路相接[91]。

青岛石化厂2008年9月正式启动加工高酸原油适应性改造项目。改造方案采用延迟焦化-催化裂化加工路线。新建1.6Mt/a延迟焦化、1Mt/a汽柴油加氢处理、$1.5 \times 10^4 m^3/h$ 制氢、20kt/a硫黄回收和溶剂再生、600kt/a催化汽油选择性加氢脱硫共5套装置；改造常减压蒸馏、催化重整、柴油加氢处理、酸性水汽提共4套装置。配套工程主要是新建油品储运设施和公用工程改造。2010年1月加工高酸原油适应性改造项目除催化汽油选择性加氢脱硫装置3月14日投产外，其他装置全都建成投产。现在的青岛石化厂是中国石化的高酸原油加工基地之一。主要产品有：汽油、柴油、石脑油、丙烷、丙烯、液化气、苯、聚丙烯、硫黄等[92]。

1. 原油加工流程和主要工艺装置

青岛石化厂设计加工的原油主要是进口的乍得Doba和巴西Marlim高酸混合原油，其主要性质如表4-4-6所示，原油加工流程如图4-4-2所示，主要工艺装置和加工能力如表4-4-7所示。

表4-4-6 乍得Doba和巴西Marlim原油的主要性质[11]

主要性质	乍得Doba	巴西Marlim	主要性质	乍得Doba	巴西Marlim
API度	21.14	20.10	钒/($\mu g/g$)	0.5	24.7
密度(20℃)/(g/cm^3)	0.9235	0.9296	钙/($\mu g/g$)	251	—
酸值/(mgKOH/g)	4.13	1.05	铁/($\mu g/g$)	—	—
硫/%	0.16	0.78	馏分组成/%		
氮/%	0.223	0.37	汽油	4.94	5.70
残炭/%	6.05	6.78	煤油	—	6.73
倾点/℃	5	-39	柴油	—	19.26
运动黏度/(mm^2/s)	172.2(50℃)	177(30℃)	减压瓦斯油	—	30.67
镍/($\mu g/g$)	8.4	16.6	减压渣油(>550℃)	56.65	38.52

表4-4-7 青岛石化厂主要工艺装置的规模和技术来源[91,92]

装置名称	加工能力/(10kt/a)	技术来源
常减压蒸馏	350	
催化裂化(MIP-CGP)	140	RIPP
延迟焦化	160	
汽柴油加氢处理	100	
柴油加氢处理	60	
催化汽油选择性加氢(RSDS-Ⅱ)	60	RIPP
催化重整	25	
气体分馏	20+15	
苯抽提	2	
汽油脱硫醇	7	
聚丙烯	7	
硫黄回收(含溶剂再生)	2	
制氢	$115 \times 10^4 m^3/h$	

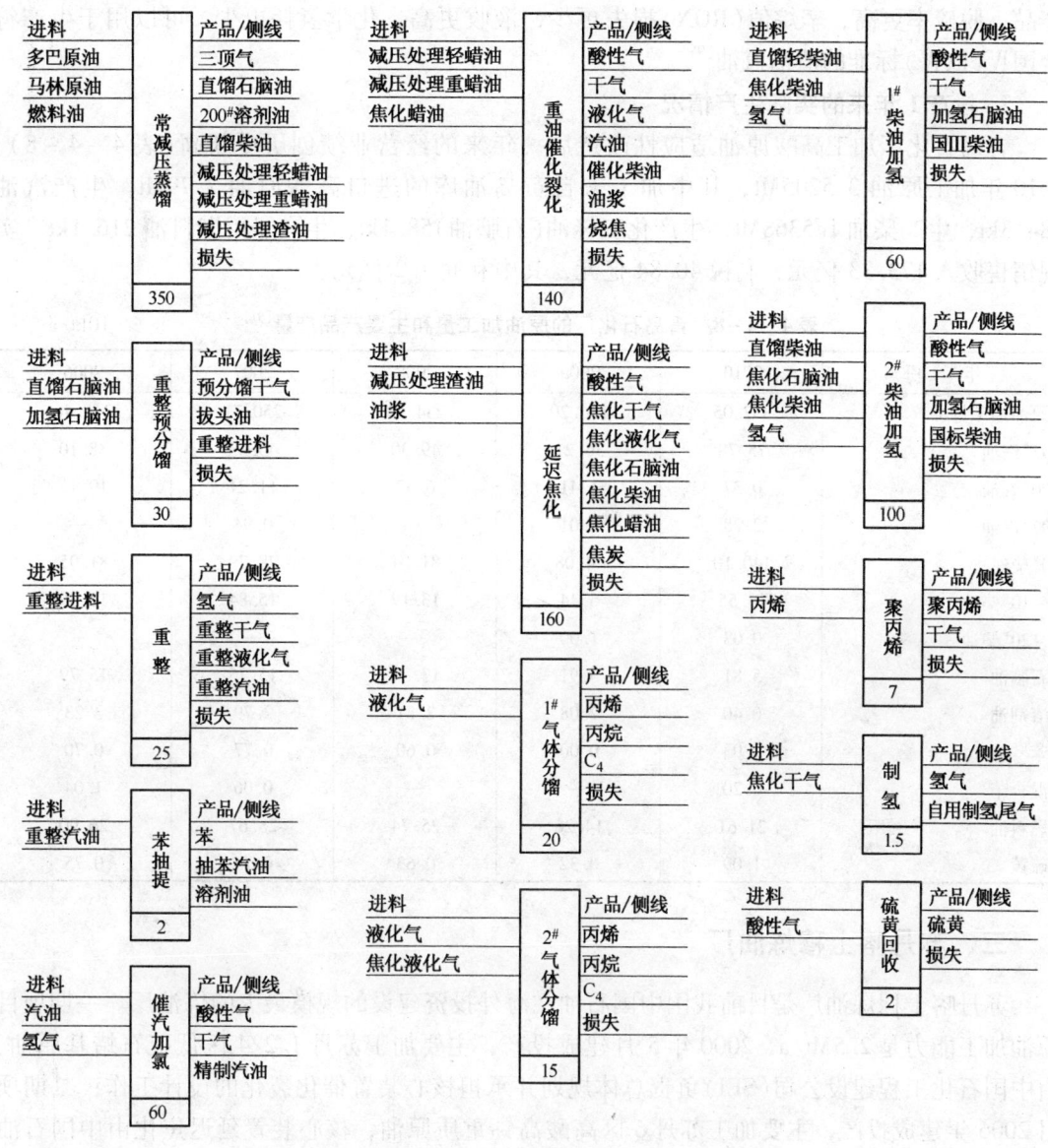

图4-4-2 青岛石化厂的原油加工流程(10kt/a)

由表4-4-6的数据可见,乍得Doba原油酸值高、钙含量高、黏度大,属低硫高酸环烷中间基重质原油;巴西Marlim原油酸值高、黏度大,属含硫高酸环烷基重质原油,加工的难度很大。由图4-4-2原油加工流程可见,核心装置是延迟焦化和催化裂化。由表4-4-7可见,催化裂化装置采用的是RIPP的MIP-CGP专利技术。这项技术采用MIP-CGP催化剂不仅可以降低催化汽油的烯烃含量,多产异构烷烃,改善汽油质量,还可以多产液化气和丙烯,为下游的聚丙烯装置提供原料,提高经济效益[93,94]。催化汽油选择性加氢脱硫装置采用的是RIPP的RSDS-Ⅱ专利技术。这项技术是把催化汽油在分馏塔中切割为轻馏分(LCN)和重馏分(HCN)。轻馏分进入脱硫醇装置用碱抽提脱硫醇,重馏分进入加氢装置用RSDS-Ⅱ主催化剂进行选择性加氢脱硫,然后把脱除硫醇后的轻馏分和选择性加氢后的重馏分混合进入固定床氧化脱硫醇装置脱除硫醇。RSDS-Ⅱ催化剂是RSDS-Ⅰ的升级换代产品，脱硫率更高，辛烷值(RON)损失更少，液收更高，化学氢耗更少，可以用于生产符合国Ⅳ(欧Ⅳ)标准的清洁汽油[95]。

2. 投产1年来的实际生产情况

青岛石化厂加工高酸原油适应性改造后一年来的经营业绩创历史新高(表4-4-8)。2010年加工原油3.5205Mt，其中加工来自黄岛油库的进口高酸原油2.79Mt。生产汽油784.3kt，生产柴油1.5368Mt，生产化工轻油(石脑油)58.1kt，生产船用燃料油216.1kt。实现销售收入173.33亿元，利税40.84亿元，其中利润4.2亿元。

表4-4-8 青岛石化厂的原油加工量和主要产品产量[91]   10kt/a

年份	2010	2009	2008	2007	2006
原油加工量	352.05	136.20	234.91	250.71	245.46
93#汽油	75.78	36.21	49.30	45.33	38.10
90#汽油	0.37	1.41	6.52	11.21	19.12
97#汽油	2.28	0.01	—	0.94	—
0#柴油	140.10	44.08	81.04	78.79	81.95
-10#柴油	13.55	6.44	13.19	15.84	12.39
-20#柴油	0.03	1.00	—	—	—
石脑油	5.81	3.91	13.37	15.75	15.79
溶剂油	0.40	2.08	2.81	2.79	3.23
苯	0.93	0.00	0.60	0.77	0.70
混合苯	0.20	—	—	0.06	1.04
燃料油	21.61	14.26	25.74	28.67	26.90
硫黄	1.09	0.32	0.63	0.74	0.75

三、苏丹喀土穆炼油厂

苏丹喀土穆炼油厂是目前我国中国石油在海外投资建设的规模最大的炼油厂。一期项目原油加工能力是2.5Mt/a，2000年5月建成投产，主要加工苏丹1/2/4区低硫石蜡基原油，由中国石化工程建设公司(SEI)负责总体规划并承担核心装置催化裂化的设计工作；二期项目2006年建成投产，主要加工苏丹6区高酸高钙重质原油，核心装置延迟焦化由中国石油华东勘察设计研究院(EDI)负责设计。目前，该厂原油综合加工能力已达到5Mt/a，主要生产液化气、汽油、喷气燃料、柴油、燃料油和石油焦等产品，全厂轻油收率在75%以上，综合商品率在92%以上。生产的成品油不仅满足了当地市场的需求，而且还出口到周边国家。

1. 原油加工流程和主要工艺装置

苏丹喀土穆炼油厂一期和二期装置加工的原油性质如表4-4-9所示。由表4-4-9的数据可见，一期和二期装置加工的原油性质差别极大。其中，1/2/4区原油属低硫低酸低金属低残炭石蜡基原油，而6区原油属低硫高酸高钙重质环烷中间基原油。由于两种原油的质量差别极大(主要是6区原油的质量很差)，如果混输混炼，会严重影响1/2/4区原油的质量和价格，而且二期项目的原油加工规模要配合上游的开发和提高6区原油的开发价值，所以，1/2/4区原油和6区原油分别加工是最佳方案。

表4-4-9 苏丹喀土穆炼油厂加工原油的主要性质[96]

项 目	一期加工的1/2/4区原油	二期加工的6区原油
API度	34.90	18.97
密度(20℃)/(g/cm³)	0.8462	0.9365
黏度(80℃)/(mm²/s)	8.89	80.23
残炭/%	3.42	7.39
硫/%	0.05	0.16
酸值/(mgKOH/g)	0.12	12.09
盐含量/(mgNaCl/L)	177	491
凝点/℃	30	6.0
胶质/%	6.30	13.56
沥青质/%	0.10	0.18
蜡/%	28.93	15.18
金属/(μg/g)		
镍	4.7	15.6
钒	0.3	4.5
钙		1379
常压拔出率(体)/%	37.1	10.0

喀土穆炼油厂一期和二期项目的原油加工流程如图4-4-3和图4-4-4所示，主要工艺装置及其加工能力如表4-4-10和表4-4-11所示。

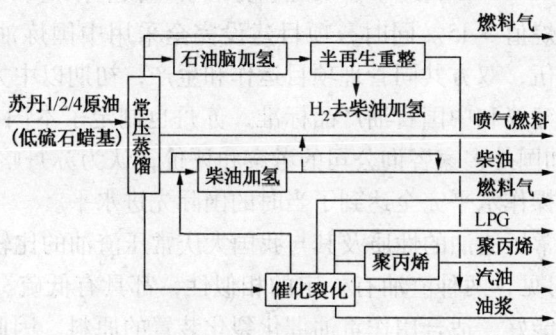

图4-4-3 喀土穆炼油厂一期项目的原油加工流程

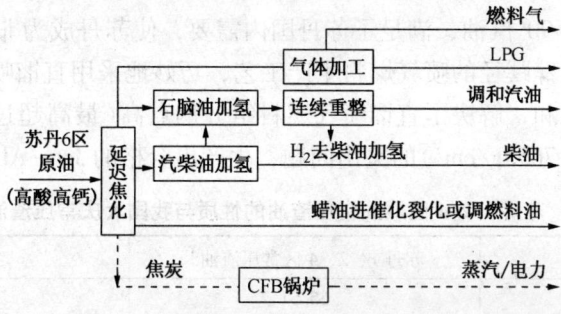

图4-4-4 喀土穆炼油厂二期项目的原油加工流程

表 4-4-10 喀土穆炼油厂一期项目的主要工艺装置[96]

装 置 名 称	加工能力/(10kt/a)	技术来源
常压蒸馏	250	SEI
重油催化裂化	180	RIPP/SEI
柴油加氢处理	50	RIPP/SEI
半再生式重整	15	RIPP/LPEC

表 4-4-11 喀土穆炼油厂二期项目的主要工艺装置[96]

装 置 名 称	加工能力/(10kt/a)	技术来源
延迟焦化	100+100	RIPP/EDI
汽柴油加氢处理	120	RIPP/SEI
连续重整	40	IFP/SEI*

注：* 仅购买专利使用权。

2. 一期项目的规划和特点

在规划喀土穆炼油厂一期项目的当时，苏丹没有自己的国家石油产品标准，成品油基本上完全依靠进口，还在使用70#含铅汽油。而1/2/4区原油性质与我国大庆原油类似，选用国内成熟的工艺流程和炼油技术，不仅可以达到较好的效果，而且可以节省项目的建设投资和时间。因此，一期项目选用常压蒸馏-重油催化裂化方案，配套建设催化重整和柴油加氢处理装置，汽油和柴油分别按照当时的中国标准设计和生产。其中，汽油采用SH0041—91无铅汽油标准，硫含量<0.15%，对苯、烯烃和芳烃含量没有限定；柴油采用GB252标准，硫含量<0.20%，十六烷值>45。同时，项目建设完全采用中国炼油技术、中国标准、设备、材料和工程施工队伍，双方共同管理项目运作和生产，初期以中方为主，逐步过渡到以苏方为主。参考我方的建议和中国石油产品标准，苏丹也制定了本国自己的石油产品标准。经过10年的平稳运行和国外多家咨询公司的考察和评价，认为苏丹喀土穆炼油厂（一期）的技术水平、设备水平、操作水平完全达到了当时的国际先进水平。

苏丹1/2/4区原油常压渣油的性质及其与我国大庆常压渣油的比较如表4-4-12所示。由表4-4-12的数据可见，两种渣油有一定的相似性，都具有低硫、低残炭、低金属、高氢含量的特点，裂解性能好，适合用作重油催化裂化装置的原料。因此，采用如图4-4-3所示的短流程加工1/2/4区原油是成熟、可靠和实用的流程，也是最合理的加工流程。采用1.80Mt/a的重油催化裂化装置，实现了规模化生产，生产出大量液化气、汽油和柴油等高附加值产品。全部生产90#汽油，满足了苏丹国内需要，使苏丹成为非洲第一个完全使用无铅汽油的国家。采用独辟蹊径的喷气燃料生产工艺，巧妙地采用直馏喷气燃料组分与加氢柴油轻组分按适当比例调和，解决了直馏喷气燃料组分烟点高（最高超过50mm）、冰点高（-42.5℃）、密度偏低（0.7655g/cm^3）的突出问题，生产出合格的Jet-A1喷气燃料。

表 4-4-12 苏丹1/2/4区原油常压渣油的性质与我国大庆常压渣油的比较[96]

主要性质	苏丹1、2、4区常压渣油①	大庆常压渣油①
收率/%	66.61	71.5
密度(20℃)/(g/cm^3)	0.9027	0.8959
残炭/%	4.89	4.30

续表

主要性质	苏丹1、2、4区常压渣油[①]	大庆常压渣油[①]
元素分析/%		
碳	86.51	86.32
氢	13.06	13.27
硫	0.06	0.15
氮	0.13	0.20
重金属含量/(μg/g)		
镍	7.1	4.3
钒	0.5	<0.1
四组分分析/%		
饱和分	71.09	59.02
芳香分	21.50	29.10
胶质	7.09	11.70[②]
沥青质	0.32	

① 均为>350℃馏分；② 含沥青质。

3. 二期项目的规划和特点

二期项目的主要目的是解决6区高酸高钙重质原油的出路问题。因为6区原油是环烷中间基原油，API度为18.97，总酸值高达12.09mgKOH/g，钙含量高达1379μg/L，常压拔出率只有10%左右，而且地质储量有限，产量仅能维持在2Mt/a左右，如果与其他原油混输，混输后的原油性质也变得很差，将极大地降低其他原油的外卖价格，因此只能在喀土穆炼油厂单独加工。在后续加工过程中，由于解决了高酸腐蚀、原油脱钙和高钙污水处理的难题，使加工该劣质原油成为炼油厂效益的一个新增长点，也为上游油田开发解决了大问题。

高酸原油一般都具有密度大、金属含量高的特点，脱盐脱水困难，加工时设备和管道腐蚀严重，投资高，安全风险大，且多为中间基或环烷中间基原油，裂化性能差，产品质量低，属于难加工的原油。经济有效地加工这种原油，要解决以下两个关键问题：

一是解决高酸腐蚀问题。通常认为原油中的酸腐蚀与环烷酸含量、操作温度、流速和流态等有关，而且腐蚀的温度区间主要集中在220~420℃，其中还夹杂着硫腐蚀和硫化氢腐蚀，如果超出这个温度区间就几乎没有腐蚀作用。6区原油的减压瓦斯油、常压渣油和减压渣油的性质如表4-4-13所示。6区原油的常压拔出率只有10%左右，减压瓦斯油的收率约为20%，常压渣油和减压渣油的收率分别占原油的90%和70%。如果采用常规的常减压蒸馏+后续加工的方案，按照常压炉和减压炉出口温度分别为360℃左右和390~400℃考虑，整个常减压蒸馏系统都处在酸腐蚀的高风险区域，对预防酸腐蚀非常不利，而且在400℃以前环烷酸并没有有效分解，仍然会带到后续的加工装置中。此外，6区原油的常压渣油和减压渣油的残炭和金属含量高，裂化性能差，只能少量掺到催化裂化原料中，原则上还是采用延迟焦化工艺进行加工比较合适，还可以提高整个项目的轻油收率。考虑到常压拔出率太少的特点，原油适当换热后直接进入焦化分馏塔，焦化分馏塔同时兼顾常压蒸馏塔的功能，再经焦化加热炉，焦化加热炉出口温度高达490~500℃。在该温度下就可以破坏和分解环烷酸，有效地避开酸腐蚀的温度区间，预防酸腐蚀的部位就主要集中在焦化分馏塔、焦化加热炉前面的冷换设备和管线以及炉管等区域。通过核算，常减压蒸馏-延迟焦化与原油直接延迟焦化两种方案对比,轻油收率和焦炭数量基本相当,因此决定选用原油直接延迟焦化加工方案。实际运行结果表明,这个决策是合理的,在有效减少和避免酸腐蚀的前提下,极少量的铁离子(焦化柴油中 Fe^{2+} 含量 $<1.5\mu g/g$)并未影响后续的加氢处理装置,而且标定时的轻油(焦化汽油+焦化柴油)收率达到 65.49%,轻油+减压瓦斯油收率达到 80.78%,石油焦收率为 13.34%。

表4-4-13 6区原油的减压瓦斯油、常压渣油和减压渣油性质[96]

主要性质	减压瓦斯油(350~500℃)	常压渣油(>350℃)	减压渣油(>500℃)
密度(20℃)/(g/cm³)	0.9073	0.9273	0.9371
残炭/%	0.13	8.05	9.94
元素分析/%			
碳	86.83	85.70	86.34
氢	12.48	12.736	12.26
硫	0.09	0.12	0.12
氮	0.09	0.28	0.34
重金属含量/(μg/g)			
镍	0.1	20.5	26.6
钒	0.1	0.7	0.9
钙	0.8	937	1306
四组分分析/%			
饱和分	73.5	29.1	17.5
芳香分	26.5	34.4	36.6
胶质		36.3	45.6
沥青质		0.20	0.30

二是解决脱钙、避免钙离子对后续加工装置的影响和有效处理高钙污水问题。常规原油的平均钙含量一般为 $1.0\sim 2.6\mu g/g$,而6区原油的钙含量高达 $1379\mu g/g$,远大于常规原油的平均钙含量。脱除原油中的钙主要是为了避免焦化高温部位器壁结垢和有机钙可能导致后续加氢装置的催化剂结垢问题,并适当降低石油焦中的灰分含量。选用 RIPP 开发的新型高效脱钙剂和破乳剂,达到了预期效果。同时,设置独立的高钙污水处理系统,处理合格后排至氧化塘。

二期项目的特点体现在以下五个方面:

一是采用高酸高钙重质原油直接延迟焦化方案,解决了高酸原油腐蚀问题,实现了常压蒸馏-延迟焦化的"二合一",简化了工艺流程,不仅减少了1套常压蒸馏装置(投资约2000万美元),减少了设备腐蚀点,每年的操作费用也相应减少150多万美元。

二是延迟焦化装置直接加工6区原油,极大地改善了焦化加热炉辐射段的进料性质,可延缓加热炉结焦和结垢,延长延迟焦化装置的运行周期。事实证明这样的考虑是合适的,在延迟焦化装置目前还没有使用在线烧焦的情况下,一个运行周期可达到800天以上。

三是采用原油直接延迟焦化-汽油柴油加氢处理-连续重整工艺流程,并配套采用相应的原油脱钙技术、焦化汽油柴油脱钙脱铁工艺和高钙污水处理工艺,成功地解决了高酸高钙原油加工的难题。在实际运行过程中发现,原油中的钙主要是以环烷酸钙的形式存在,非常稳定,钙没有在换热设备中和加热炉炉管壁结垢。原油中的钙对生产最大的影响是增加了石油焦中的灰分,造成灰分含量超标,但并不影响石油焦作为循环流化床锅炉(CFB)燃料的使用,因此在以后的操作中省掉了原油脱钙和高钙污水处理工艺,使加工流程简化,操作成本减少。

四是重整装置进料中经过加氢的焦化汽油的比例占70%，远超过国内外一般炼油厂的水平，重整汽油的研究法辛烷值（RON）达到98，扩大了重整原料来源，提高了全厂汽油的品质和等级，为燃料型炼油厂焦化汽油的利用探索出一条新路。

五是一、二两期项目分别采用两条不同的加工路线，加工性质完全不同的两类原油，既保持了各自的独立性，又实现了充分的结合，也可实现分别开停工检修，保证了苏丹国内成品油的连续供应。焦化重瓦斯油可进重油催化裂化装置加工，也可以根据市场需求调和生产燃料油。两套重整装置（一期半再生式重整，二期连续重整）可同时运转，也可以集中原料，只开连续重整，以提高效率。全厂安排两套柴油加氢处理装置，不设制氢装置，完全使用重整装置副产的氢气。同时，二期项目充分依托一期项目的公用工程和辅助系统，大大节省了项目的总投资。

4. 后续发展的分析和预测

目前，喀土穆炼油厂的原油综合加工能力已达到5Mt/a，在发展中国家也属于中型炼油厂规模。随着苏丹社会经济发展和市场需求增加，近期可能会在两方面有所发展，一是适当扩大化工产品链，二是扩大产能，同时进一步延伸化工产业链。目前喀土穆炼油厂仍然是一座燃料型炼油厂，主要生产液化气、汽油、喷气燃料和柴油产品，只有少量化工产品。按照国内外类似规模炼油厂的发展模式和发展进程，适时发展或扩大化工产品是不可避免的，特别是利用现有的催化裂化装置副产的气体发展下游的化工产品。如充分回收催化液化气中的丙烯，扩大聚丙烯的产能和品种牌号，利用液化气中的异丁烯，外购部分甲醇生产甲基叔丁基醚（MTBE），调和高标号汽油；还可以把重整生成油中的苯抽提出来直接利用催化干气中的稀乙烯生产高附加值的乙苯/苯乙烯，同时降低汽油中的苯和芳烃含量，实现汽油产品质量升级。油品需求增加又有原油资源供应，必然会扩大原油加工能力，扩大二次加工装置的加工能力，聚丙烯、苯乙烯的产能会扩大，芳烃产品的产能也会扩大和延伸。

第五节　高硫高酸委内瑞拉超重原油加工流程

委内瑞拉超重原油的资源和可采储量都位居世界第一。主要蕴藏在奥里诺科（Orinoco）重油带。这个重油带主要由四个油区组成，即Carabobo（以前称Cerro Negro）、Ayacucho（以前称Hamaca）、Junin（以前称Zuata）和Boyaca（以前称Machete）。据委内瑞拉国家石油公司（PDVSA）估计，Orinoco重油带超重原油的原始地质储量和可采储量如表4-5-1所示。

表4-5-1　委内瑞拉Orinoco重油带超重原油的资源量和可采储量[7]　　100Mbbl

油区名称	原始地质储量	可采储量
Carabobo	2190	850
Ayacucho	3770	180
Junin	7940	950
Boyaca	5050	740
合计	18950	2720

最近PDVSA宣布，计划提高Orinoco重油带Junin和Carabobo两个油田超重原油的产量，已与中国石油（CNPC）、美国Chevron、意大利Enio和西班牙Repsoe YPE等公司组建了合资企业，以加速开发Orinoco重油带的超重原油，这些合资企业已经或即将投入生产。目前，超重原油的产量是900kbbl/d，预计2011年底将达到1.04Mbbl/d。

委内瑞拉 Orinoco 重油带四个油区超重原油的性质差别较大。总体而言，四个油区超重原油的性质（质量）由西向东有所改善，即 Boyaca < Junin < Ayacucho < Carabobo。据 SFA 太平洋技术经济咨询公司介绍，委内瑞拉 Orinoco 重油带超重原油的 API 度在 7～10（d_4^{20} = 1.0184～0.9966）之间，油藏的黏度在 2～20Pa·s 之间。Zuata 油区超重原油的部分性质如表 4-5-2 所示[7]。

表 4-5-2　委内瑞拉奥里诺科重油带 Zuata 油区超重原油的部分性质[7]

性　　质	超重原油	初馏点～343℃ 馏分油	>343℃ 常压渣油	343～565℃① 减压瓦斯油	>565℃① 减压渣油
收率(体)/%	100	14.1	85.9	34.9	51.0
API 度	8.4	25.9	5.8	11.3	2.2
d_4^{20}	1.0080	0.8950	1.0273	0.9874	1.0552
硫/%	4.16	2.31	4.26	3.73	4.60
残炭/%			15.4		24.8
镍/(μg/g)			108		174
钒/(μg/g)			506		821

① 减压瓦斯油与减压渣油的切割点实际是 538℃。

委内瑞拉超重原油和加拿大油砂沥青的理化性质和馏分组成如表 4-5-3 所示。由表 4-5-2 和表 4-5-3 的数据可见，委内瑞拉超重原油和加拿大油砂沥青都是大密度、高黏度、高硫、高氮、高酸、高残炭、高金属、高沥青质的劣质原油，不仅在重馏分油和渣油中金属含量和残炭含量高，而且轻馏分油中金属含量也比较高，是当今世界上最难加工的原油。

表 4-5-3　委内瑞拉超重原油和加拿大油砂沥青的理化性质与馏分组成[7]

性　　质	非常规原油		常规重原油	
	Orinoco 超重原油	Athabasca 油砂沥青	阿拉伯重原油	墨西哥玛雅重原油
API 度	8.5	9.0	27.9	22.0
d_4^{20}	1.0074	1.0037	0.8836	0.9180
元素组成(干基)/%				
碳	86.0	84.1		
氢	9.0	10.0		
硫	3.8	4.6	2.9	3.6
氮	0.6	0.4	0.17	0.22
氧	0.5	0.8		
镍	89	60	18	50
钒	414	170	57	275
其他金属		300		
合计	100.0	100.0		
残炭/%	17.0	13.0	8.0	11.5
总酸值/(mgKOH/g)	2.72	3.5	0.2	0.3
馏分组成/%				
石脑油	—	—	22	18
中馏分油	14.1	14.0	24	24
减压瓦斯油	34.9	34.0	30	21
减压渣油	51.0	52.0	24	37

注：本表数据系由不同来源的数据汇编而成，其中有些数据可能上下有些出入，但定性地说明一些问题还是可以的。

目前世界上仅有的四座委内瑞拉超重原油改质工厂都建在委内瑞拉 Orinoco 重油带的油田附近(表4-5-4),在建设中的加工委内瑞拉超重原油的炼油厂也有四座,分别建在委内瑞拉、巴西和中国(表4-5-5)。

表4-5-4 委内瑞拉 Orinoco 超重原油改质工厂的加工能力与产品产量和质量[7]

工厂名称	合资方	现状	投产时间	Orinoco 原油产地	超重原油加工能力/10kbbl/d	改质产品① 生产能力 (10kbbl/d)	产品质量 API 度	产品质量 硫/%	石油焦产量/(t/d)
Petroanzoategui (原名为 Petrozuata)	PDVSA 100%	在生产	2001年1月	Zuata	12	10.3	22	2.3 (高硫含渣油重合成原油)	3200
Petromanagas (原名 Cerro Negro)	PDVSA 83.37% BP 16.67%	在生产	2001年7月	Cerro Negro	11.6	10.5	16~17	3.3 (高硫含渣油重合成原油)	2040
Petrocedeno (原名 Sincor)	PDVSA 60% Total 30.3% Statoil 9.7%	在生产	2002年3月	Zuata	15.7	13.6	32	0.1 (低硫无渣油轻合成原油)	4650
Petropair (原名 Ameriren Hamaca)	PDVSA 70% Chevron/Texaco 30%	在生产	2004年12月	Hamaca	19.0	18.0	26	1.6 (高硫含渣油重合成原油)	3650
合计					58.3	52.4			13540

① 改质产品是合成原油。

表4-5-5 在建设中的委内瑞拉超重原油炼油厂[7]

厂址	合资方	原油来源 加工能力	投资/亿美元	渣油转化装置	主要产品	计划投产日期
委内瑞拉 Puerto de la Cruz (老厂改造)	PDVSA 100%	Orinoco 超重原油	40	悬浮床加氢裂化①,50kbbl/d(两个系列)	柴油和石脑油	2012年初
巴西 Abreue Lima	Petrobras 60% PDVSA 40%	230kbbl/d 委内瑞拉 Caraboco 超重原油50%,巴西 Marlin 重原油50%	45	延迟焦化	清洁柴油	2012年
中国 广东省揭阳市	CNPC 50% PDVSA 50%	400kbbl/d Junin 4区块超重原油	86.5			今年开始施工
委内瑞拉 Jose 工业区	PDVSA 60% Eni 40%	350kbbl/d Junin 5区块超重原油240kbbl/d,其他110kbbl/d		悬浮床加氢裂化②		尚未开始施工

① 委内瑞拉国家石油公司(PDVSA)技术开发中心开发的 HDHPLUS 技术。
② 意大利 Eni 公司开发的 EST 技术。

一、Petroanzoategui 改质工厂

该厂的超重原油加工流程如图 4-5-1 所示。设计开工率为 92%。核心装置是延迟焦化。

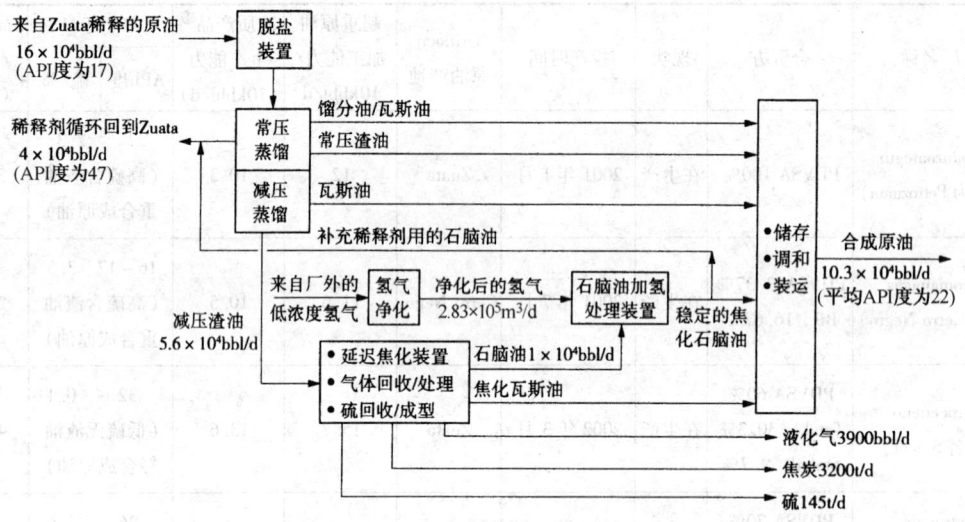

图 4-5-1　Petroanzoategui 改质工厂超重原油的加工流程[7]

该厂设计加工用 40kbbl/日历日稀释剂（API 度为 47，$d_4^{20}=0.7881$）稀释的 120kbbl/日历日 Junin 油田 Zuata 超重原油，脱盐装置的进料量为 160kbbl/日历日（API 度为 17，$d_4^{20}=0.9492$）。脱盐以后稀释的超重原油进常压蒸馏装置，在此大部分稀释剂和一部分原油中的轻馏分油都被蒸出。大部分常压渣油直接进入减压蒸馏塔，少部分进入储罐与各种馏分油和瓦斯油调和，得到最终产品重合成原油。减压蒸馏塔得到的瓦斯油直接进合成原油调和装置。减压渣油（按照生产重合成原油方案大约是 56kbbl/日历日）送进延迟焦化装置，生产焦化气、石脑油、馏分油、瓦斯油和石油焦。馏分油和瓦斯油与部分常压渣油一起直接进调和装置中的储罐，不经过加氢处理就用于调和重合成原油。焦化气体、焦化石脑油和下游石脑油加氢处理装置得到的一些轻馏分进气体回收装置，得到燃料气、石脑油和液化气。10kbbl/日历日的石脑油加氢处理装置进行石脑油脱硫并通过饱和二烯烃和其他生焦母体使其稳定。一部分石脑油用于补充稀释剂，剩下的用于调和成原油。

石脑油加氢处理装置用氢量约为 $2.83\times10^5\mathrm{m}^3/\mathrm{d}(1.0\times10^7\mathrm{Nft}^3/\mathrm{d})$，由附近的甲醇/MTBE 工厂提供含氢 80% 的尾气，通过变压吸附净化后满足加氢处理的需要。

因为该改质工厂在 2007 年 5 月 1 日委内瑞拉政府实施国有化前，康菲公司拥有 51.1% 股份，委内瑞拉国家石油公司只拥有 49.9% 股份。所以该厂的延迟焦化装置采用康菲公司的 Thruplus 延迟焦化技术，四塔两炉流程，焦塔直径 8.534m。装置设计减压渣油加工能力 52kbbl/d，后来由于 Zuata 原油轻一些，所以减压渣油进料量提高到 56kbbl/d。改质工厂得到的 103kbbl/d 重合成原油产品大部分送到康菲公司在美国的 Lake Charles 炼厂进行加工，少部分送到委内瑞拉 Paraguana 炼油中心的 Cardon 炼油厂。主要工艺设备的设计能力允许，通过脱瓶颈可以使 Zuata 原油的加工能力从 120kbbl/d 提高到 150kbbl/d。

二、Petromanagas 改质工厂

该厂的超重原油加工流程如图 4-5-2 所示。设计开工率为 95%，核心装置也是延迟焦化。

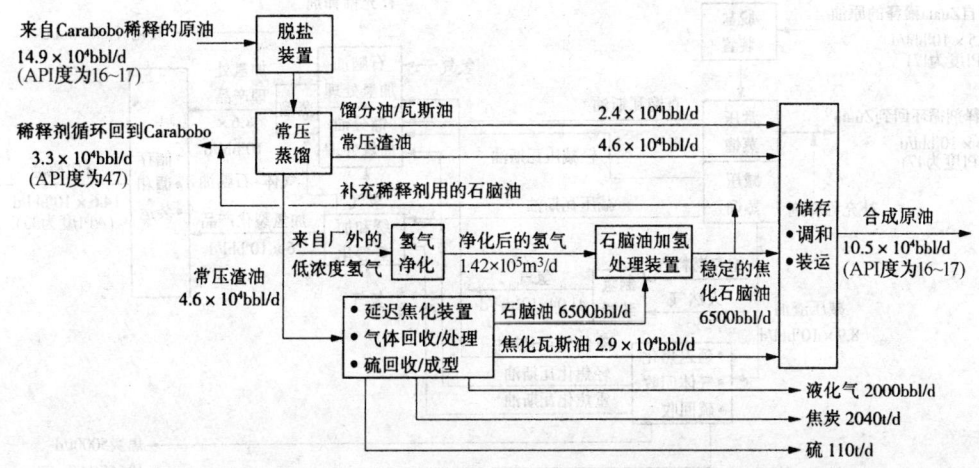

图 4-5-2　Petromanagas 改质工厂超重原油的加工流程[7]

该厂设计加工用 33kbbl/d 凝析油稀释的 113kbbl/d Carabobo 油区生产的超重原油，脱盐装置的进料量是 149kbbl/d。脱盐以后稀释的超重原油进常压蒸馏塔，分出稀释剂石脑油（循环返回到超重原油生产现场）和 24kbbl/d 稍重的馏分油/瓦斯油以及 46kbbl/d 常压渣油，送进调和装置的储罐。剩下的 46kbbl/d 常压渣油送进延迟焦化装置。焦化馏分油/瓦斯油不经加氢处理就进调和装置的储罐用于调和生产重合成原油产品。和 Petroanzoategui 改质厂一样，焦化气体和焦化石脑油（含少量生焦母体）进气体回收装置，回收燃料气、石脑油和液化气。6.5kbbl/d 石脑油进加氢处理装置脱除生焦母体使其稳定。一部分稳定后的石脑油用作补充稀释剂，余下的用作合成原油调和组分。

石脑油加氢处理装置用氢气约为 $1.42 \times 10^5 \mathrm{m}^3/\mathrm{d}(5.0 \times 10^6 \mathrm{Nft}^3/\mathrm{d})$，与 Petroanzoategui 改质厂一样，由附近的甲醇/MTBE 工厂提供含氢 80% 的尾气，经过变压吸附净化后使用。

延迟焦化装置采用 Foster Wheeler 公司技术，四塔两炉流程，焦化塔直径为 7.925m。

因为该厂在 2007 年 5 月 1 日委内瑞拉政府实施国有化政策前，ExxonMobil 公司拥有 41.6% 股份，委内瑞拉国家石油公司拥有 41.6% 股份，BP 公司拥有 16.67% 股份。为了能够把委内瑞拉的超重原油运送到美国 Mobil 公司与 PDVSA 公司合资（各 50%）的路易斯安那州 Chalmette 炼油厂加工，同时要充分利用 Chalmette 炼油厂已有的装置，降低改质工厂的复杂程度减少投资，所以在改质工厂没有建减压蒸馏塔。API 度为 8.0~8.5（$d_4^{20}=1.0109$~1.0073）的 Carabobo 超重原油 116kbbl/d 用 33kbbl/d 稀释剂稀释后进改质工厂，最终得到 105kbbl/d 重合成原油（API 度为 16~17），其中 87kbbl/d 船运到 Mobil/PDVSA 合资的 Chalmette 炼油厂进一步加工，余下的 18kbbl/d 送德国鲁尔石油公司的 Gelsenkirchen 炼油厂（PDVSA 持 50% 股份）加工。

三、Petrocedeno 改质工厂

该厂的超重原油加工流程如图 4-5-3 所示。设计开工率为 93%。转化装置是延迟焦化。

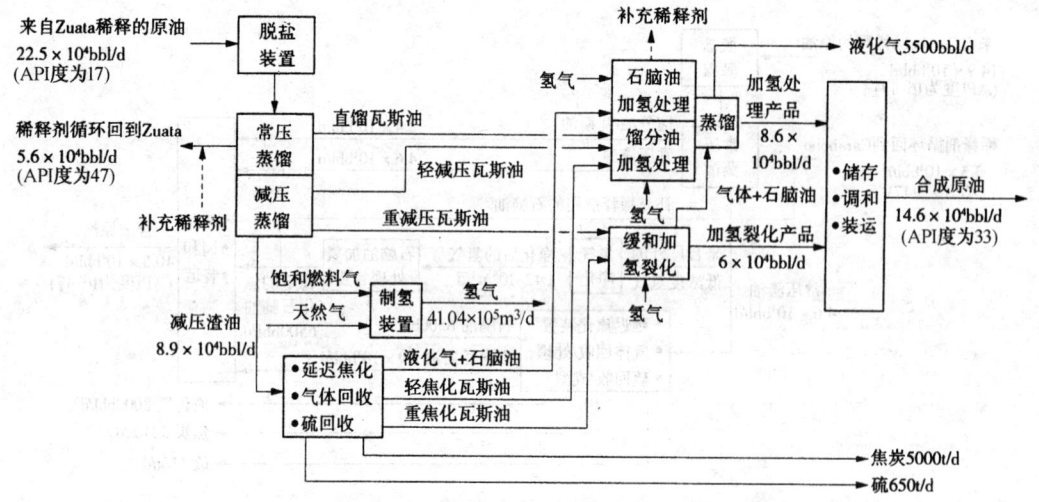

图 4-5-3 Petrocedeno 改质工厂超重原油的加工流程[7]

该厂设计加工奥里诺科重油带 Junin 油田 Zuata 区块生产的超重原油，其 API 度为 7.5～8.9（d_4^{20} = 1.0147～1.0044），设计数据是 8.5（d_4^{20} = 1.0074）。用稀释剂稀释后送进改质工厂进行加工改质。设计加工超重原油 170kbbl/d，生产无渣油的轻合成原油 146kbbl/d（主要销往美国墨西哥湾和东海岸的炼油厂）。在脱盐和常压蒸馏以后，全部常压渣油都进减压蒸馏塔，全部减压渣油都进延迟焦化装置（与 Petroanzoategui 改质工厂一样）。全部常压（直馏）瓦斯油、轻减压瓦斯油、轻焦化瓦斯油和焦化石脑油分别进馏分油加氢处理和石脑油加氢处理装置，进行脱硫和稳定。与 Petroanzoategni 和 Petromanagas 改质工厂不同的是，除了增加馏分油加氢处理装置外，还增加了重减压瓦斯油和重焦化瓦斯油缓和加氢裂化装置。实际上缓和加氢裂化装置主要进行脱硫，只有少量转化生成高价值的煤油和柴油。可是在该装置旁边预留了用地，以备建设芳烃加氢裂化/饱和装置，生产高十六烷值柴油。

延迟焦化装置采用 Foster Wheeler 公司技术，加工能力 89kbbl/d，六塔三炉流程，焦化塔直径 8.534m。两套石脑油加氢处理装置（合计加工能力 29kbbl/d）两套馏分油加氢处理装置（合计加工能力 82kbbl/d）和两套缓和加氢裂化装置（合计加工能力 69kbbl/d）均采用法国石油研究院（IFP）技术。加氢处理装置的操作压力约为 6.3MPa，缓和加氢裂化装置的操作压力约为 10.6MPa。制氢装置采用德国 Uhde 公司技术，两个系列，以天然气和改质工厂生产的饱和燃料气为原料，氢气生产能力是 $4.81 \times 10^6 m^3/d$（$1.7 \times 10^8 Nft^3/d$）。

在 2007 年 5 月 1 日委内瑞拉政府实施国有化政策前，委内瑞拉国家石油公司在该厂拥有 38% 股份，Total 公司拥有 47% 股份，Statoil 公司拥有 15% 股份。国有化以后委内瑞拉国家石油公司拥有 60% 股份，Total 公司只拥有 30.3% 股份，Statoil 公司只拥有 9.7% 股份。建设该厂的目的不同于 Petroanzoategui 和 Petromanagas 改质工厂，主要是按照委内瑞拉国家石油公司的发展战略，要进行深度改质生产无渣油高价值的轻合成原油（API 度为 32，

$d_4^{20}=0.8612$,含硫0.1%),在国际市场销售,与某些轻质原油如Brent原油竞争。这种战略与早些年投产的加拿大Syncrude公司和Suncor公司油砂沥青改质工厂的战略如出一辙。在Petrocedeno改质工厂投产一段时间以后,主要通过焦化装置脱瓶颈改造,Zuata超重原油的改质能力提高到200kbbl/d,生产轻合成原油175kbbl/d。工厂负责人表示,如果用户需要,也可以把轻合成原油与超重原油或减压渣油调和,供应用户重合成原油。

美国KBC先进技术公司在今年NPRA会议上发表的报告中,给出了Petrocedeno改质工厂原料和产品的数据(表4-5-6)值得我们注意,有助于我们深刻了解这类改质工厂优势所在。

表4-5-6 委内瑞拉超重原油改质工厂的原料和产品

性 质	Orinoco超重原油油田采出的原油	轻合成原油(SCO)改质工厂的产品	石脑油返回油田稀释超重原油	稀释的超重原油(DILORIN)
稀释剂(体)/%	0	0	0	30
API度	8.5	32.2	59.7	20.8
d_4^{20}	1.0073	0.8612	0.7352	0.9253
元素分析(干基)/%				
碳	86.0	87.4	86.0	86.0
氢	9.0	12.5	14.0	10.5
硫	3.8	0.1	0.01	2.7
氮	0.6	0.03	0.0002	0.4
氧	0.5		0.6	0.4
金属/(μg/L)				
镍	89	0		62
钒	414	0		290

四、Petropiar改质工厂

该厂的超重油加工流程如图4-5-4所示。设计开工率为93%。转化装置也是延迟焦化。

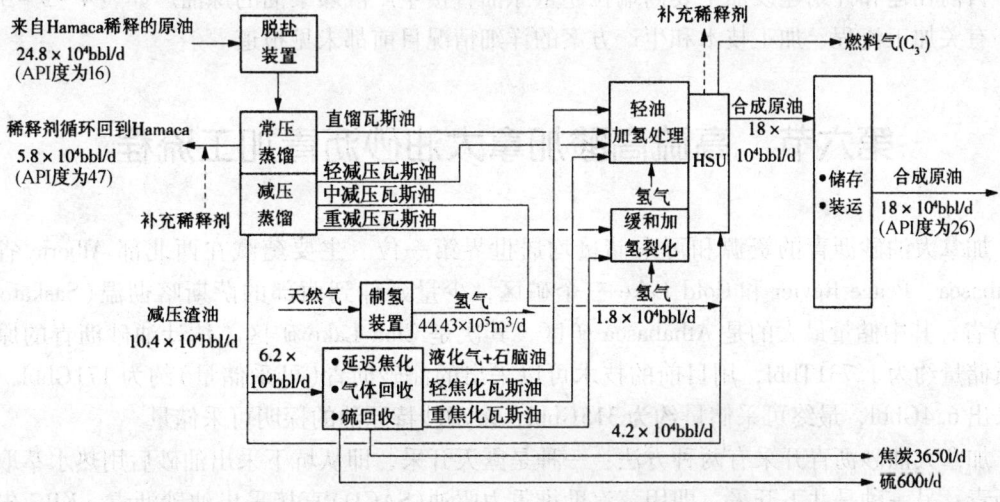

图4-5-4 Petropiar改质工厂超重原油的加工流程[7]

该厂设计加工 Ayacucho 油田生产的超重原油(平均 API 度为 8.5，$d_4^{20}=1.0073$)，用稀释剂稀释后送到 Petropiar 改质工厂进行加工。用 190kbbl/d 超重原油生产 180kbbl/d 重合成原油(含有一部分减压渣油和中减压瓦斯油)，其 API 度为 26($d_4^{20}=0.8944$)。混有稀释剂的超重原油经过脱盐脱水后进常压蒸馏塔，全部常压渣油都进减压蒸馏塔进行减压蒸馏，回收的减压瓦斯油除中减压瓦斯油外都进行加氢。一部分减压渣油进延迟焦化装置进行焦化，另一部分直接进调和装置与各种加氢油和未加氢的中减压瓦斯油调和生产重合成原油产品。与上述 Petrocedeno 改质工厂一样，除中减压瓦斯油外，轻减压瓦斯油和重减压瓦斯油都进行加氢。重减压瓦斯油是与重焦化瓦斯油一起进缓和加氢裂化装置进行浅度转化和脱硫，约有 35% 的进料转化为高质量柴油等轻质油品。

延迟焦化装置采用 Foster Wheeler 公司技术，加工能力 63kbbl/d，四塔两炉流程，焦化塔直径 8.84m。加氢处理和缓和加氢裂化装置均采用 UOP 公司技术。制氢装置采用 Technip 公司技术，以天然气为原料水蒸气转化制氢，双系列，氢气生产能力为 $4.81\times10^5\mathrm{m}^3/\mathrm{d}(1.7\times10^8\mathrm{Nft}^3/\mathrm{d})$。

在 2007 年 5 月 1 日委内瑞拉政府实施国有化政策前，委内瑞拉国家石油公司在该厂拥有 30% 股份，康菲公司拥有 40% 股份，Chevron 公司拥有 30%。可是，在国有化以后，委内瑞拉国家石油公司拥有 70% 股份，Chevron 公司仍只拥有 30% 股份。Chevron 公司在委内瑞拉实施国有化政策前，曾为该厂提出了重焦化瓦斯油和减压瓦斯油加氢裂化装置的设计，在国有化以后也没有实现。可以看出，该厂的超重原油加工方案与上述三座改质工厂都有所不同，所有的石脑油、馏分油和除中减压瓦斯油以外的全部减压瓦斯油都进行加氢，但所有的加氢油是与一部分减压渣油(42kbbl/d)和全部中减压瓦斯油(18kbbl/d)调和生产可以船运的含渣油重合成原油产品。这种 API 度为 26($d_4^{20}=0.8944$)中等偏重的含渣油含硫含酸重合成原油的质量有些类似美国阿拉斯加北坡原油，主要销往美国墨西哥湾和东海岸的炼油厂加工。

综上所述，委内瑞拉的这四座超重原油改质工厂都是 20 世纪 90 年代后期设计和建设的，都是当时成熟的炼油技术。现在看来，这些技术都不先进，水平都不是很高。

目前在建和计划建设加工委内瑞拉超重原油直接生产汽煤柴油的炼油厂如表 4-5-5 所示。有关加工流程、加工技术和生产方案的详细情况目前都未见报道。

第六节　高硫高酸加拿大油砂沥青加工流程

加拿大油砂沥青的资源和可采储量均居世界第一位。主要蕴藏在西北部 Alberta 省的 Athabasca、Peace Revier 和 Cold Lake 三个矿区，少量延伸到西部的萨斯喀彻温(Saskatchewan)省，其中储量最大的是 Athabasca 矿区，其次是 Clod Lake 矿区。估计油砂沥青的原始地质储量约为 1.731Tbbl，用目前的技术可以采出的油砂沥青(可采储量)约为 171Gbbl，已经采出 6.4Gbbl，最终可采储量约为 315Gbbl，多于沙特原油的探明可采储量[7]。

加拿大油砂沥青开采有两种方法：一种是露天开采，即从坑下采出油砂后用热水萃取分出沥青；另一种是井下开采，即用蒸汽助推重力驱油(SAGD)直接采出油砂沥青。KBC 先进技术公司在 2011 年 NPRA 会议上发表的报告称，目前大约 20% 的油砂沥青是用露天开采法生产的，大约80%是用SAGD生产的。Jacobs咨询公司在2011年NPRA会议上发表的报告称，目前加拿大油砂沥青的生产能力约50%是露天开采，50%是井下开采，预计这种趋向将继续下去。目前供应美国的油砂沥青主要是由井下开采生产的，预计今后供应美国的大部分新增油砂沥青将由露天开采生产。

加拿大埃德蒙顿经济发展公司最近发表的报告称，2010年加拿大油砂沥青的产量为1.5Mbbl/d，预计到2025年将翻一番多达到3.5Mbbl/d。这与美国能源部的数据（表4-2-9）是一致的。目前加拿大油砂沥青的生产能力是1.89Mbbl/d，正在建设中的生产能力是647kbbl/d，已经批准建设的生产能力是1.821Mbbl/d，正在评估尚未批准建设的生产能力是1.27Mbbl/d，合计5.628Mbbl/d[7]。

加拿大Athabasca、Peace River和Collol Lake三个矿区油砂沥青的性质有较大差别，即使同一矿区油砂沥青的性质也有些差别。以Athabasca矿区为例，油砂沥青主要性质的波动范围如表4-6-1所示。

表4-6-1 加拿大Athabasca油砂沥青的典型性质[7]

项 目	数 据	项 目	数 据
API度	6~9	氮/(μg/g)	4000~6000
d_4^{20}	1.0258~1.0037	镍+钒/(μg/L)	300~500
>565℃减压渣油/%	50~55	沥青质/%	16~19
硫/%	4~6	残炭/%	12~14

由表4-6-1和表4-5-3的数据可见，加拿大油砂沥青和委内瑞拉超重原油一样，都是大密度、高黏度、高硫、高氮、高酸、高残炭、高金属、高沥青质的劣质原油，不仅在重馏分油和渣油中中金属含量和残炭含量高，而且轻馏分油中金属含量也比较高，是当今世界上最难加工的原油。

目前加拿大在生产中的油砂沥青改质工厂如表4-6-2所示，计划建设的油砂沥青改质工厂如表4-6-3所示。计划建设的油砂沥青炼油厂目前只有1座，一期工程计划2014年竣工投产。

表4-6-2 加拿大Alberta省和Saskatchewan省在生产中的油砂沥青改质工厂[7]

公司名称	工厂名称	工厂地址	目前油砂沥青加工能力/(10kbbl/d)	目前合成原油生产能力/(10kbbl/d)	合成原油质量	核心装置	投产日期	说明
Suncor	Base and Millennium	Alberta省 Fort McMurray	44.0	35.7	无渣油低硫合成原油和含渣油高硫合成原油	减压渣油延迟焦化	1967	已经多次扩能改造，目前有两个系列加工装置
Syncrude	Mildred Lake	Alberta省 Fort McMurray	40.7	35.0	无渣油低硫合成原油	常减压渣油沸腾床加氢裂化－流化焦化	1978（第二次改造2002年投产）	已经多次扩能改造，其中两次大规模扩能改造

续表

公司名称	工厂名称	工厂地址	目前油砂沥青加工能力/(10kbbl/d)	目前合成原油生产能力/(10kbbl/d)	合成原油质量	核心装置	投产日期	说明
AOSP (Shell)	Scothord	Alberta省 Fort McMurray	15.5	15.8	无渣油低硫合成原油和含未转化渣油的高硫合成原油	减压渣油沸腾床加氢裂化-加氢处理	2003	二期扩能工程增加加工能力100kbbl/d，2011年5月投产
CRNRL[①]	Horizon	Alberta省 Fort McMurray	13.5	11.4	无渣油低硫合成原油	常压渣油延迟焦化	2009	目前正在扩能改造
Opti/Nexen	Long Lake	Alberta省 Fort McMurray	7.2	5.85	无渣油低硫合成原油	常减压蒸馏-溶剂脱沥青-热裂化联合装置	2009	目前正在扩能改造
小计			120.9	103.75				
Husky	Lloydminster	Saskatchewan省 Lloydminster		4.6	无渣油低硫合成原油	常压渣油沸腾床加氢裂化-延迟焦化	1992	46kbbl/d 为原设计数据

① Canadian Natural Resources Limited。

表4-6-3　加拿大Alberta省部分拟建设的油砂沥青改质工厂[7]

公司名称	工厂名称	油砂沥青加工能力/(10kbbl/d)	合成原油生产能力/(10kbbl/d)	计划投产日期	说明
BA Energy	Value Creation Hearland	16.32	13.89	未定	新建
CNRL	Horizon	13.50	11.80	2013	扩能改造
Sunncor	Voyageur	23.4	19.0	2013	新建
AOSP(Shell)	Scotford	9.0	9.1	2010	扩能改造，2011年5月投产，实际加工能力为100kbbl/d
North West Upgrading	Sturgeon	15.0	19.5	未定	新建
Fort Hills(PetroCanada)	Sturgeon	34.0	29.0	未定	新建
Opti/Nexen	Long Lake	7.2	5.85	未定	扩能改造
Shell	Scotford	40.0	39.1	未定	老厂新建一个系列
Total	Strathcona	23.5	20.0	2015	新建
Value Creation	Terre de Grace	1.0	0.84	未定	新建
合 计		182.92	168.08		

一、Syncrude 公司[1] Mildred Lake 改质工厂

该厂的油砂沥青加工流程如图 4-6-1 所示。加工 Athabasca 露天开采的油砂沥青。核心装置是常压与减压渣油沸腾床加裂化和流化焦化。

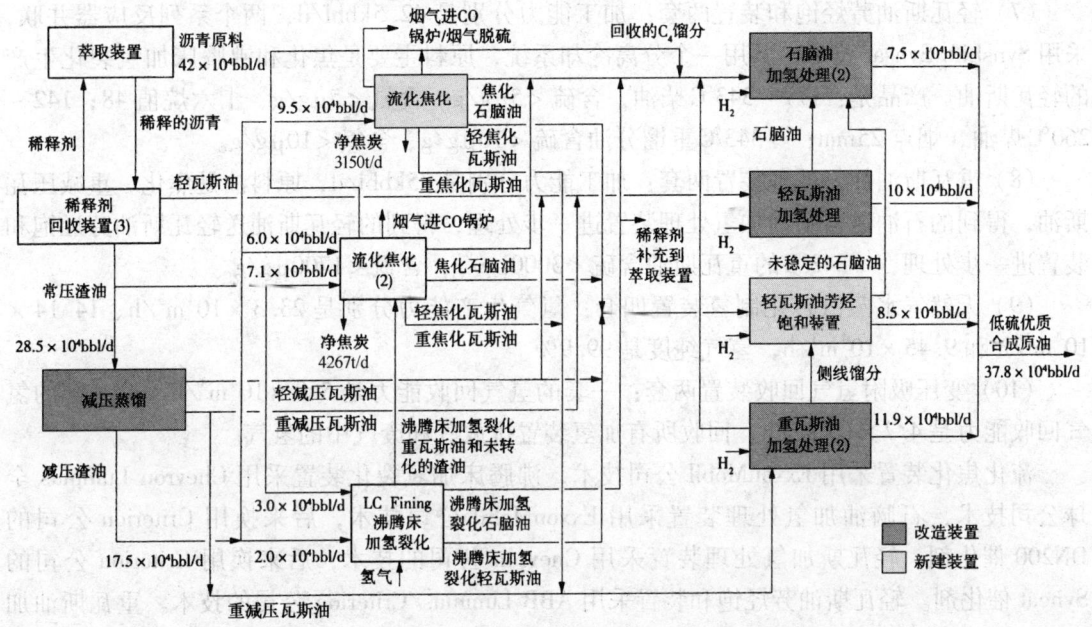

图 4-6-1 Mildred Lake 改质工厂的油砂沥青加工流程[7]
(第二次重大技术改造 2002 年投产后的流程)

目前主要加工装置的运转情况如下:

(1) 稀释剂回收(常压蒸馏)装置三套,其中两套的加工能力分别为 330kbbl/d,第三套的加工能力为 217kbbl/d,进料是含稀释剂的油砂沥青,产品是稀释剂(循环使用)、轻瓦斯油和常压渣油。

(2) 减压蒸馏装置一套:常压渣油(拔头沥青)加工能力 285kbbl/d,生产轻减压瓦斯油、重减压瓦斯油和减压渣油。

(3) 流化焦化装置三套:其中两套的加工能力为 131kbbl/d,第三套的加工能力为 95kbbl/d,原料是常压渣油、减压渣油、沸腾床加氢裂化生产的重瓦斯油与未转化的渣油,产品是石脑油、轻瓦斯油、重瓦斯油和石油焦。

(4) 沸腾床加氢裂化装置一套:加工能力为 50kbbl/d,原料是常压渣油和减压渣油,产品是石脑油、轻瓦斯油、重瓦斯油和未转化的渣油。

(5) 石脑油加氢处理装置两套:加工能力为 48.5kbbl/d,原料主要是焦化和沸腾床加氢裂化生产的石脑油(含煤油馏分)和一部分重瓦斯油加氢处理得到的石脑油,产品是含硫 $4\mu g/g$、含氮 $<1\mu g/g$ 的 $C_5 \sim 177℃$ 石脑油和含硫 $36\mu g/g$、含氮 $9\mu g/g$、烟点 15mm 的煤油。

---

[1] Syncrude 公司的合资方是:加拿大油砂托管公司(36.74%)、康菲油砂公司(9.03%)、帝国石油资源公司(25.0%)、Mocal 能源公司(5.0%)、Murphy 石油公司(5.0%)、Nexen 油砂公司(7.23%)、PetroCanada 油气公司(12.0%)。

(6) 轻瓦斯油加氢处理装置一套：四台反应器并联，总加工能力为 100kbbl/d，原料是轻常压瓦斯油、轻减压瓦斯油和少量重减压瓦斯油，采用 Syncat 催化剂，中压低空速操作，产品主要是 177~343℃ 柴油，含硫 12μg/g，含氮 <6μg/g，十六烷值 36，其中 142~260℃ 煤油馏分的烟点 16mm，>343℃ 重馏分油含硫 30μg/g、含氮 63μg/g。

(7) 轻瓦斯油芳烃饱和装置两套：加工能力分别是 42.5kbbl/d，两个系列反应器并联，采用 Synshift/Synsat 技术，共用一个分离冷却系统，原料主要是焦化和沸腾床加氢裂化生产的轻瓦斯油。产品是：177~343℃ 柴油，含硫 <5μg/g，含氮 <5μg/g、十六烷值 48；142~260℃ 煤油，烟点 25mm；>343℃ 重馏分油含硫 <10μg/g、含氮 <10μg/g。

(8) 重瓦斯油加氢处理装置两套：加工能力分别是 75kbbl/d，原料油是焦化、重减压瓦斯油，得到的石油送石脑油加氢处理装置进一步处理，得到的轻瓦斯油送轻瓦斯油芳烃饱和装置进一步处理，>343℃ 的重瓦斯油含硫 <3000μg/g、含氮 <1700μg/g。

(9) 天然气水蒸汽转化制氢装置四套：氢气生产能力分别是 $23.3 \times 10^4 m^3/h$、$14.14 \times 10^4 m^3/h$ 和 $9.45 \times 10^4 m^3/h$，氢气纯度是 99.9%。

(10) 变压吸附氢气回收装置两套：一套的氢气回收能力是 $5.8 \times 10^4 m^3/h$，另一套的氢气回收能力是 $4.7 \times 10^4 m^3/h$，回收所有加氢装置排放气和废气中的氢气。

流化焦化装置采用 ExxonMobil 公司技术，沸腾床加氢裂化装置采用 Chevron Lummus 全球公司技术，石脑油加氢处理装置采用 ExxonMobil 公司技术，后来换用 Criterion 公司的 DN200 催化剂。轻瓦斯加氢处理装置采用 Chevron 公司的技术，后来换用 Criterion 公司的 Syncat 催化剂。轻瓦斯油芳烃饱和装置采用 ABB Lummus/Criterion 公司的技术。重瓦斯油加氢处理装置采用 ExxonMobil 公司技术。制氢装置采用 Technip 公司技术。

Mildred Lake 油砂沥青改质工厂 2002 年实际生产的低硫无渣油合成原油的质量指标如表 4-6-4 所示。这种合成原油主要供 Edmonton 和 Sarnia 周围加拿大的炼油厂加工。

表 4-6-4 Mildred Lake 油砂沥青改质工厂的低硫无渣油合成原油质量[7]

项　目	合成原油（全馏分）	石脑油	煤油	柴油	重瓦斯油
馏程/℃	99% 馏出 550℃	C_5~177	143~260	177~343	>343
收率(体)/%		14.9	24.8	42.1	40.4
API 度	34.4	58.5	44.5	36.2	22.5
d_4^{20}	0.8487	0.7387	0.7995	0.8390	0.9149
硫/(μg/g)	1040	3	14	65	2327
氮/(μg/g)	504	<1	4	25	1333
芳烃/%		14	18	20	52
烟点/mm			19		
十六烷值				40	

二、AOSP[❶]（Shell）Scotford 改质工厂

该厂的油砂沥青生产和加工一体化流程如图 4-6-2 所示。油砂沥青加工流程如图 4-6-3 所示，加工露天开采的 Athabasca 油砂沥青，核心装置是减压渣油沸腾床加氢裂化-

---

❶ AOSP 的合资方是：Shell 加拿大公司 60%，Chevron 加拿大公司 20%，Marathon 石油公司 20%。

固定床加氢处理组合装置。

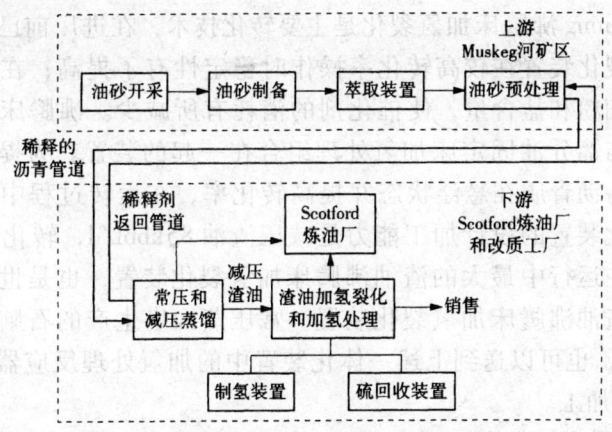

图4-6-2 Scotford 改质工厂油砂沥青生产和加工的一体化流程[7]

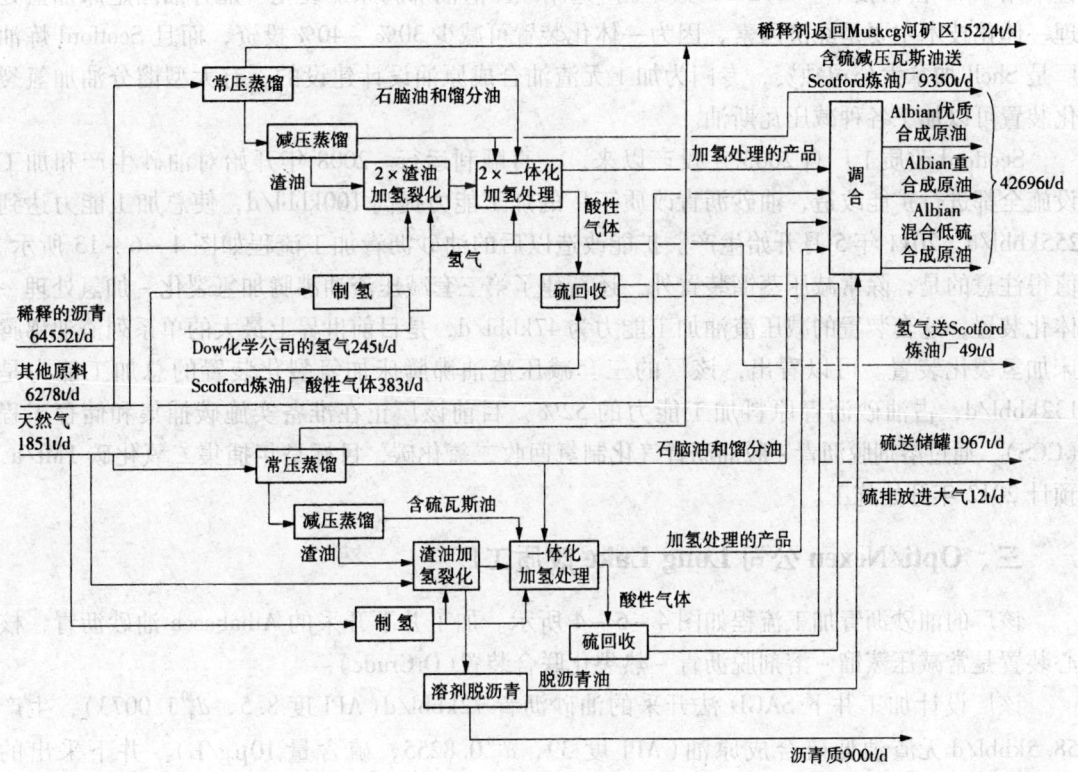

图4-6-3 Scotford 改质工厂的油砂沥青加工流程[7]

由图4-6-2可见,AOSP(Shell)的油砂沥青生产和加工(改质)的一体化流程包括油砂露天开采(含油砂开采和油砂预处理)、油砂沥青萃取(用45~50℃热水)、沥青净化(链烷烃处理)和沥青改质(加工)四部分。油砂沥青的生产能力是155kbbl/d,2003年4月投产。其中,最值得注意的是链烷烃(溶剂)处理部分脱沥青,大约脱除近50%的沥青质,随浮渣一道外排和处理。结果是沥青得到净化,水、盐、细小的固体物含量大大减少,使改质工厂的原料质量大大提高。

改质工厂的常压蒸馏塔设计加工155kbbl/d油砂沥青(不含稀释剂)和23~45kbbl/d外购的原料。LC-fining沸腾床加氢裂化是主要转化技术,在进厂前已经脱除一部分沥青质,使沸腾床加氢裂化装置在较高转化率操作时稳定性有了提高;在脱除部分沥青质的同时也减少了金属细粉和盐含量,使催化剂的消耗有所减少。沸腾床加氢裂化装置是双系列两段加氢裂化与馏分油固定床加氢处理组合在一起的装置。为提高渣油原料中沥青质的溶解能力,保持沥青质在悬浮状态并提高转化率,在运转过程中也添加一些重芳烃油。沸腾床加氢裂化装置的设计加工能力是减压渣油85kbbl/d,转化率约为75%。这套装置是目前世界上在运行中最大的渣油沸腾床加氢裂化装置,也是世界上第一套与加氢处理组合在一起的渣油沸腾床加氢裂化装置。常压蒸馏塔生产的石脑油和馏分油可送到Scotford炼油厂加工,也可以送到上述一体化装置中的加氢处理反应器加工。减压瓦斯油送到Scotford炼油厂加工。

减压渣油沸腾床加氢裂化装置采用Chevron Lummus全球公司技术,馏分油加氢处理装置采用Shell公司技术。Scotford改质工厂选用减压渣油沸腾床加裂化-馏分油固定床加氢处理一体化技术主要是经济因素,因为一体化装置可减少30%~40%投资,而且Scotford炼油厂是Shell加拿大公司独资,专门为加工无渣油合成原油设计建设的,有大型馏分油加氢裂化装置可以加工各种减压瓦斯油。

Scotford改质工厂自2003年投产以来,一直顺利运行。2008年开始对油砂生产和加工设施全都进行扩能改造,油砂沥青改质工厂的加工能力提高100kbbl/d,使总加工能力达到255kbbl/d,2011年5月开始生产。扩能改造以后的油砂沥青加工流程如图4-6-13所示。值得注意的是,除常减压蒸馏装置外,还新建了第三套减压渣油沸腾加氢裂化-加氢处理一体化装置,这套装置的减压渣油加工能力为47kbbl/d,是目前世界上最大的单系列渣油沸腾床加氢裂化装置。可以看出,该厂的三套减压渣油沸腾床加氢裂化装置的总加工能力是132kbbl/d,占油砂沥青原料加工能力的52%。目前该厂正在准备实施碳捕集和储存工程(CCS),通过溶剂脱沥青-脱油沥青气化制氢回收二氧化碳,目标是年捕集二氧化碳1Mt/a,预计2012年开始施工。

三、Opti/Nexen公司Long Lake改质工厂

该厂的油砂沥青加工流程如图4-6-4所示。加工井下开采的Athabasca油砂沥青,核心装置是常减压蒸馏-溶剂脱沥青-热裂化联合装置(OrCrude)。

该厂设计加工井下SAGD法开采的油砂沥青72kbbl/d(API度8.5,d_4^{20}1.0073),生产58.5kbbl/d无渣油低硫合成原油(API度39,d_4^{20}0.8255,硫含量10μg/L)。井下采出的72kbbl/d油砂沥青由20kbbl/d稀释剂稀释后送进改工厂。在改质工厂通过常压蒸馏回收的稀释剂返回油砂沥青开采现场,循环使用。减压渣油进行溶剂脱沥青分出脱沥青油和脱油沥青。脱沥青油进热裂化装置使重馏分裂化为轻馏分,裂化后的脱沥青油循环回到常减压蒸馏装置。出常减压蒸馏-溶剂脱沥青-热裂化联合装置(称OrCrude装置)的产品只有石脑油、馏分油和减瓦斯油,这些油再进加氢裂化装置(加工能力为45kbbl/d)生产低硫合成原油。脱油沥青(大部分是沥青质)进气化装置(加工脱油沥青能力为20kbbl/d)生产合成气,大部分合成气在回收热量发生蒸汽后,通过脱酸性气体和变压吸附净化后得到氢气,剩下的合成气通过热电联产产生蒸汽和电。

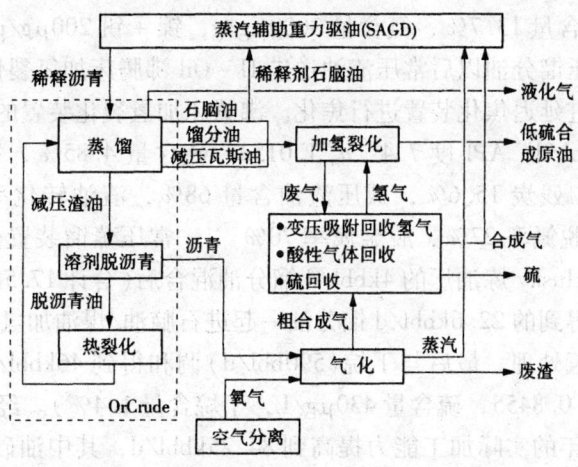

图 4-6-4 Long Lake 改质工厂的油砂沥青加工流程[7]

OrCrude 装置采用 Ormat 公司技术。加氢裂化装置采用 Chevron Lummus 全球公司技术，脱油沥青气化装置采用 Shell 公司技术。热电联产装置采用 GE 公司技术和设备。

四、Husky 公司 Lloydminster 改质工厂

该厂的油砂沥青和重原油混合油加工流程如图 4-6-5 所示。核心装置是常压渣油沸腾床加氢裂化-延迟焦化。

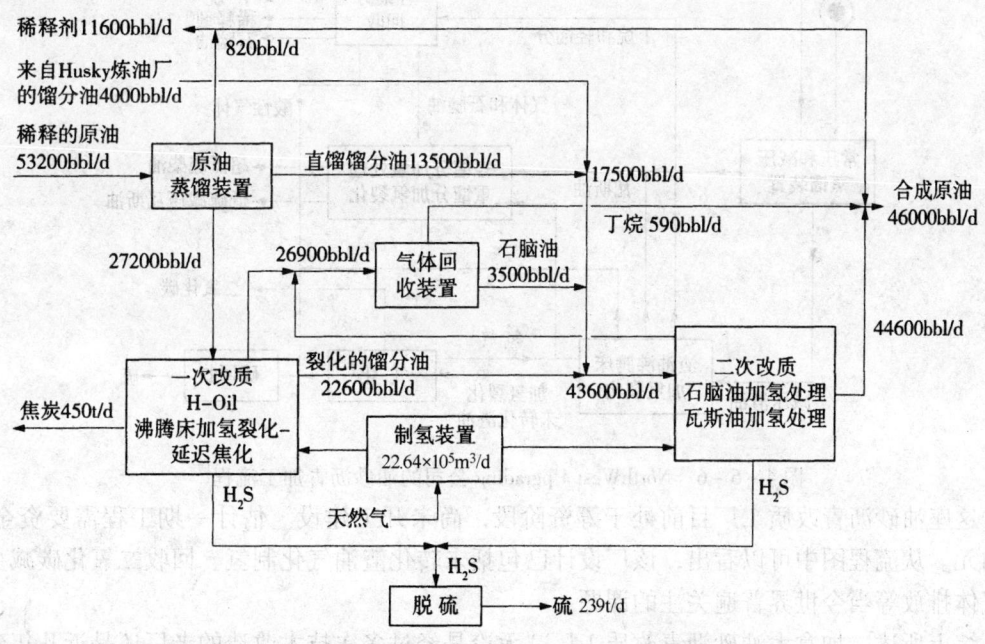

图 4-6-5 Lloydminster 改质工厂的油砂沥青重原油加工流程[7]
（本流程图中的常压渣油和气体回收装置的进料数据有误——作者注）

设计加工的 Cold Lake 油砂沥青（API 度 11，d_4^{20} 0.9895，硫含量 4.5%，氮含量 3900μg/L，镍+钒 200μg/g，残炭 11.1%）和 Lloydmiuster 重原油（API 度 15.2，d_4^{20} 0.9610，硫含量 3.6%，含氮 3000μg/g，镍+钒 130μg/g，残炭 8.7%），用稀释剂稀释后的混合原油（API

度 21，d_4^{20} 0.9241，硫含量 13.7%，氮含量 3000μg/g，镍+钒 200μg/g，残炭 10%）送进常压蒸馏装置，分出常压馏分油以后常压渣油送进 H-Oil 沸腾床加氢裂化装置进行加氢裂化，未转化的减压渣油送进延迟焦化装置进行焦化。沸腾床加氢裂化装置的设计进料性质和运转结果是：进料量 32kbbl/d，API 度 7.4，d_4^{20} 1.0153，硫含量 4.85%，氮含量 5600μg/g，钒 206μg/g，镍 89μg/L，残炭 15.6%，减压渣油含量 68%，渣油转化率 65%，残炭转化率 53%，脱硫率 70%，脱氮率 27%，脱金属率 70%[28]。常压蒸馏装置分出的 13.5kbbl/d 直馏馏分油与来自附近 Husky 炼油厂的 4kbbl/d 馏分油混合后（合计 17.5kbbl/d）与沸腾床加氢裂化和延迟焦化装置得到的 22.6kbbl/d 馏分油一起进石脑油/煤油加氢处理和馏分油（柴油）加氢处理装置进行加氢处理。最后与丁烷（590bbl/d）调和得到 46kbbl/d 无渣油的低硫合成原油（API 度 35.0，d_4^{20} 0.8455，硫含量 430μg/L，丁烷含量 1.4%）。经过多年运转改进操作和脱瓶颈以后，2008 年的实际加工能力提高到 84.25kbbl/d，其中油砂沥青和重原油（含稀释剂）75.5kbbl/d，Husky 炼油厂提供的拔头油 67.5kbbl/d 和煤柴油 2kbbl/d，得到产品 82kbbl/d，其中无渣油的低硫合成原油 66kbbl/d，稀释到 12kbbl/d 和低硫柴油 4kbbl/d。

五、North West Upgrading 公司 Sturgeon 改质工厂

该厂的油砂沥青加工流程如图 4-6-6 所示。计划分两期建设，一期工程的设计加工能力是 70kbbl/d。核心装置是减压渣油沸腾床加氢裂化。

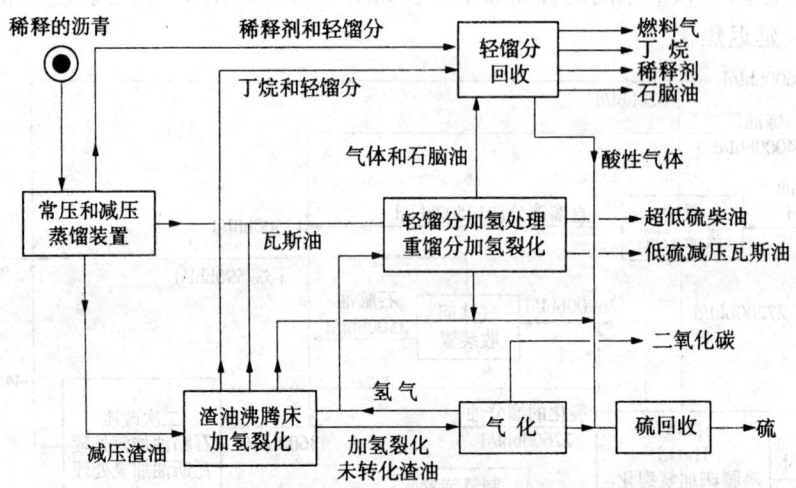

图 4-6-6　NorthWest Upgrading 公司的油砂沥青加工流程[7]

这座油砂沥青改质工厂目前处于筹资阶段，尚未开工建设。估计一期工程需要资金 42 亿加元。从流程图中可以看出，该厂设计已包括未转化渣油气化制氢、回收二氧化碳减少温室气体排放等当今世界普遍关注的课题。

综上所述，加拿大油砂沥青改质工厂，无论是经过多次技术改造的老厂还是近几年建成投产的新厂，都采用了一些近 10 年成熟的技术和新出现的先进技术。相对而言，这些改质工厂的技术水平和生产水平，比委内瑞拉超重原油改质工厂都高一些。

近些年来加拿大油砂沥青的产量一直多于油砂沥青改质工厂生产合成原油加工油砂沥青的数量。据介绍，2007 年加拿大油砂沥青改质工厂用油砂沥青生产了 670kbbl/d 合成原油，生产商还生产了 500kbbl/d 油砂沥青（没有改质）供应市场。因为油砂沥青管输到改质工厂必

须用稀释剂稀释以降低密度和黏度符合管输要求，而没有改质的油砂沥青供应用户也必须用稀释剂稀释到能够管输。随着油砂沥青产量的增加，加拿大生产的凝析油已难以满足需求，且价格已高于低硫轻质原油，生产商推出了几种不用凝析油作稀释剂的稀释沥青产品（表4-6-5）。

表4-6-5 加拿大油砂沥青的几种不同产品[7]

性　质	油砂沥青①	合成原油② (SCO)	稀释沥青 (Dil Bit)	合成沥青 (Syn Bit)	焦化沥青 (Coker Bit)
稀释剂(体)/%	0	0	~30	~50	~50
API度	9	31.8	22.1	46.9③	26.8
d_4^{20}	1.0037	0.8623	0.9174	0.7886③	0.8899
元素分析(干基)/%					
碳	84.1	88.9	84.5	86.2	86.0
氢	10.0	10.5	10.9	10.2	10.3
硫	6.6	0.5	3.6	2.8	3.0
氮	0.4	0.1	0.3	0.3	0.3
金属/(μg/g)					
镍	60	0	47	34	24
钒	170	0	119	97	68
其他	300	0	236	171	120

① Athabasca 油砂矿用 SAGD 法采出的油砂沥青；
② 改质工厂生产的无渣油低硫合成原油；
③ 这两个数据可能有误。

合成原油是油砂沥青改质工厂生产的无渣油低硫合成原油，是改质工厂的主要产品。稀释沥青（Dil Bit）是用25%~30%凝析油作稀释剂稀释的油砂沥青，一般约含25%凝析油和36%减压渣油，既是油砂沥青工厂的原料，也是油砂沥青生产商供应其他炼油商的原料。合成沥青是用约50%合成原油作稀释剂稀释的油砂沥青，约含50%合成原油，36%减压瓦斯油和28%减压渣油（原文如此），主要用于与其他常规重原油调和生产WCS原油供应市场，也单独供应特需的用户。合成稀释沥青（Syn Dil Bit）是用凝析油、合成原油作稀释剂稀释的油砂沥青，通常凝析油和合成原油占25%，油砂沥青占75%。这种合成稀释沥青主要用于与常规重原油调和生产WCS原油供应市场。焦化沥青（Coker Bit）是用经过加氢的焦化馏分油作稀释剂稀释的油砂沥青。实际上自2005年以来，加拿大油砂沥青生产商就开始用这几种油砂沥青产品来供应用户，扩大市场。

在2003年Shell加拿大公司Scotford油砂沥青改质工厂投产以前，加拿大油砂沥青改质工厂生产的无渣油低硫合成原油主要在Edmonton和Sarnia附近的炼油厂加工。Scotford改质工厂投产以后，合成原油产量增加，油砂沥青产量也增加，出口量也随着增加。出口的目的地主要是美国中西部PADDII地区的一些炼油厂。近几年来，加拿大计划要扩大出口市场，一是要扩大美国墨西哥湾市场和美国东海岸地区市场，二是要扩大亚洲市场。计划修建多条输油管道，其中值得注意的有两条：一是投资70亿美元建设的Keystone XL管道，把加拿大700kbbl/d油砂沥青从Alberta省管输到美国墨西哥湾地区的炼油厂，目前在等待美国政府批准；二是投资56亿美元建设的加拿大北方管道，把500kbbl/d以上的油砂沥青管输到加拿大西海岸不列颠哥伦比亚省的太平洋港口Kitimat，再通过油轮出口到亚洲的石油需求大国特别是中国。

加拿大在建设中的油砂沥青炼油厂，建在 Alberta 省的 Redwater 附近，投资 51 亿美元，分三期建设。一期工程加工 50kbbl/d 油砂沥青，生产超低硫柴油 34.6kbbl/d，2014 年年中投产。同时实施碳捕集储存(CCS)计划，从气化装置中回收二氧化碳，通过 240km 长的管道输送到 Alberta 省中部的油田用于提高原油采收率。二期工程和三期工程将分别扩大 50kbbl/d 加工能力。加拿大西北改质公司提供 75% 油砂沥青原料，加拿大自然资源公司(CNRL)提供 25% 原料。Skire 公司将为该厂提供加工油砂沥青的 Unifier 技术。据称，该厂将是用油砂沥青直接生产油品的第一座炼油厂并执行美国的低碳燃料标准(LCFS)[7]。

第七节 加工高硫高酸重原油多产汽油和多产柴油的优化流程

美国长期以来一直是世界上汽油需求量和汽柴比最大(柴汽比最小)的国家。可是，EIA2007 年预测，在今后 10 年间美国汽油需求年增 1.2%，柴油需求年增 1.9%。为了给炼油商提供投资决策依据，满足汽柴油市场增长的需求，KBC 先进技术公司根据供需平衡预测、需求结构预测、油品质量发展趋势分析和环保法规发展趋势分析等，提出了在美国中西部建设加工加拿大高硫高酸重原油炼油厂的两种方案：方案 1 是多产汽油，所有汽油都是添加乙醇的新配方汽油(RFG)；方案 2 是多产柴油，所有柴油都是超低硫柴油(ULSD)。新建炼油厂的原油加工能力都是 300kbbl/d(15Mt/a)，假定 2008 年开始施工，2013 年建成投产。

一、多产新配方汽油的原油加工流程

多产新配方汽油的原油加工流程见图 4-7-1。

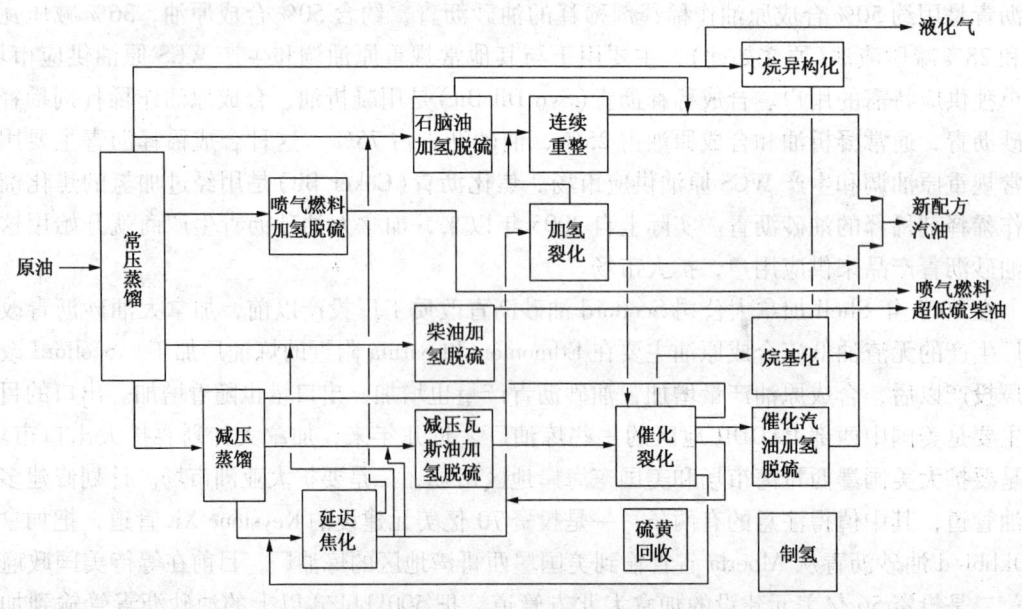

图 4-7-1 多产新配方汽油的原油加工流程[97]

在这个原油加工流程中主要装置的设计和操作条件如下：

(1) 常减压蒸馏。生产最大量石脑油和中馏分油，深度切割生产最少量减压渣油。

(2) 延迟焦化。以减压渣油和催化裂化油浆为原料，不生产燃料油；加热炉出口温度为493℃，循环比为1:1，焦炭质量为弹丸焦占28%。

(3) 催化裂化。原料油进行加氢预处理，催化汽油进行脱硫后处理，为满足汽油质量要求，建有烷基化装置。催化裂化原料油的 API 度为 25.7（$d_4^{20} > 0.8961$），含硫 900μg/L，总氮 400μg/L；提升管出口温度 521℃，剂油比 6.6:1，实沸点转化率 83%。

(4) 加氢裂化。以轻瓦斯油和循环油为原料生产最大量汽油。在原料油含 10% 轻循环油的情况下总转化率为 95%，中馏分油和更重的瓦斯油循环，在分离器压力 >14MPa（表）时氢气消耗量约为 463Nm³/m³。

(5) 加氢处理。所有产品均符合最严格的质量标准要求：柴油加氢处理装置原料主要是直馏柴油，产品满足超低硫柴油规格要求，液时空速约 1.0，氢气消耗约 71Nm³/m³；瓦斯油加氢处理装置原料主要是减压瓦斯油，API 度为 25（$d_4^{20} > 0.9002$），含硫 2.4%，液时空速约 0.5，在分离器压力 >12.7MPa（表）时氢气消耗 >178Nm³/m³。

(6) 连续重整。轻重整油用 Bensat 工艺脱苯，产品的研究法空白辛烷值为 97，氢气产率约为 178Nm³/m³。

按照这个流程设计，加氢处理以后的石脑油送进连续重整装置生产高辛烷值汽油组分，同时为炼油厂其他装置供应氢气。根据规格要求常压蒸馏塔切出的喷气燃料和柴油馏分通过加氢处理提高质量，常压瓦斯油和减压轻瓦斯油、焦化轻瓦斯油、催化轻循环油送进加氢裂化装置，减压重瓦斯油、焦化重瓦斯油送进瓦斯油加氢处理装置进行预处理生产催化裂化原料。减压渣油送进延迟焦化装置，焦化石脑油与直馏石脑油一道进行处理后再送进连续重整的预处理装置。焦化轻瓦斯油送进加氢裂化装置，通过提高石脑油收率提高汽油产量。焦化重瓦斯油加氢处理后送进催化裂化装置。

作为催化裂化原料的重瓦斯油在进催化裂化装置前进行加氢预处理，主要是提高催化裂化的效果和收率，并减少催化汽油加氢后处理时的辛烷值损失。催化汽油进行加氢后处理主要是为了满足新配方汽油的规格要求。催化裂化生产的烯烃送进烷基化装置生产烷基化油。催化裂化油浆送进延迟焦化装置进行焦化。催化轻循环油送进加氢裂化装置。加氢裂化装置按生产最大量汽油方案操作，204℃以上馏分循环，塔底油送进催化裂化装置。371℃以上馏分总转化率为 95%。KBC 公司按照这种流程加工 300kbbl/d（15Mt/a）加拿大高硫高酸重原油估算，新建炼厂的投资约为 40~60 亿美元（以 2006 年美元计）。

按照这种原油加工流程，炼油厂的产品收率是：汽油 59%，柴油 25%，液化气 2%，炼厂气 4%，焦炭和其他 10%，合计 100%。汽柴油生产比为 2.4（柴汽油生产比为 0.42）。轻油（汽油 + 柴油 + 液化气）收率为 86%。相当于加工每桶原油生产 0.75bbl 汽油，即生产 1bbl 汽油需要原油 1.33bbl。

KBC 公司估算，包括炼油厂所有的燃料和动力消耗在内，加工每桶原油的能耗约为 738.54~949.55MJ；原油的氢含量为 12.3%，混合液体产品的氢含量为 13.2%，炼油厂的总氢耗约为 $(8.4 ~ 11.2) \times 10^6 m^3/d$。

二、多产超低硫柴油的原油加工流程

多产超低硫柴油的原油加工流程见图4-7-2。

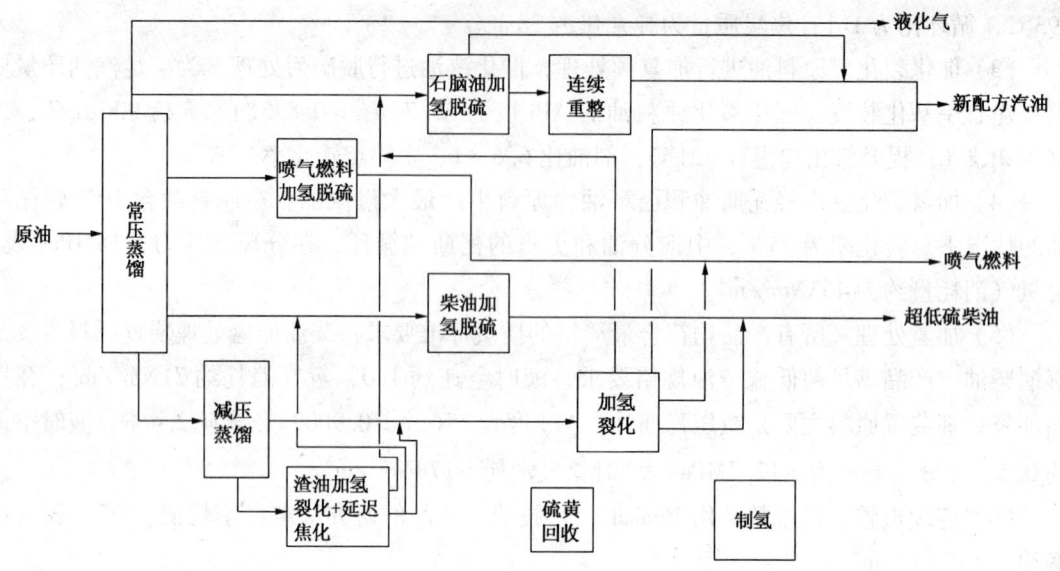

图4-7-2 多产超低硫柴油的原油加工流程[97]

在这个原油加工流程中主要装置的设计和操作条件如下：

(1) 渣油加氢裂化+延迟焦化。原料是减压渣油，不生产燃料油。渣油加氢裂化装置566℃以上馏分的转化率为60%~65%，氢耗约为178~214Nm^3/m^3。延迟焦化装置的原料是高残炭和低沥青质未转化的渣油，焦炭质量是海绵焦占35%~40%。

(2) 加氢裂化。原料油较重，生产最大量柴油；总转化率为95%，氢耗约为267~356Nm^3/m^3，未转化的油循环。

(3) 加氢处理。所有产品都满足超低硫柴油的质量要求。氢耗约为71Nm^3/m^3。

(4) 连续重整。生产高辛烷值汽油调和组分，轻重整油用Bensat工艺脱苯，汽油的研究法空白辛烷值为97，生产氢气约196Nm^3/m^3。

按照这个流程设计，加氢处理以后的石脑油送进连续重整装置生产高辛烷值汽油组分和炼油厂所用的氢气。常压蒸馏塔按照常规要求切出的喷气燃料和柴油馏分进行加氢处理提高质量。轻重瓦斯油送进加氢裂化装置进行加氢裂化。减压渣油送进渣油加氢裂化装置进行处理和转化。渣油加氢裂化装置未转化的渣油送进延迟焦化装置。渣油加氢裂化和延迟焦化装置生产的石脑油与直馏石脑油一道加氢处理后送进连续重整装置，生产的柴油再进行加氢处理，生产的瓦斯油送进加氢裂化装置。

加氢裂化装置生产最大量柴油，原料质量和催化剂选择都服从于生产最大量柴油的需要，>371℃馏分循环，未转化的塔底油送进渣油加氢裂化装置。按生产最大量柴油方案操作，总转化率为95%。

KBC公司按照这种流程加工300kbbl/d(15Mt/a)加拿大高硫高酸重原油估算，新建炼油厂的投资约为40~60亿美元(以2006年美元计)。

按照这种原油加工流程，炼油厂的产品收率是：柴油51%，汽油36%，液化气3%，炼厂气4%，焦炭和其他6%，合计100%。汽柴油生产比为0.71，柴汽油生产比为1.42；轻油(汽油+柴油+液化气)收率为90%。

KBC公司估算，为得到这个产品收率，加工每桶原油的能耗约为738.54~791.29MJ（0.70~0.75百万英热单位）；原油的氢含量为12.3%，混合液体产品的氢含量为12.7%，炼油厂的总氢耗约为$(9.8~11.2)\times 10^4 m^3/d$。

三、两种不同加工流程的分析比较

多产柴油的原油加工流程，混合液体产品的氢含量为12.7%，低于多生产汽油的流程(13.2%)。可是，炼油厂的总氢耗$(9.8~11.2)\times 10^4 m^3/d$却高于多产汽油的流程$(8.4~11.2)\times 10^4 m^3/d$。主要原因是渣油加氢裂化+延迟焦化生产轻质油品用了较多的氢气，石油焦硫含量降低，多回收30%硫黄，相应增加了氢耗。

多产汽油的流程生产9%~11%石油焦，而多产柴油的流程生产的石油焦少一些，因为在焦化前渣油已经过加氢裂化。渣油加氢裂化是加氢转化，不是脱碳转化，两者结合使石油焦的产率降低。

多产柴油的流程C_3以上产品的总体积收率提高2.6%，而多产汽油的流程仅提高0.6%。小焦化大加氢提高了液体产品的体积收率，这是渣油转化的关键。因为两种流程用于新建炼油厂的总投资相近，多产柴油的加工流程因为加工每桶原油的能量成本低一些，所以可以获得较高利润。

多产柴油的流程也生产数量不是很少的汽油，主要是原油中含有少量汽油，减压瓦斯油加氢裂化和渣油加氢裂化的选择性不足以不生产汽油，延迟焦化也生产一些汽油。

这种多产柴油的高硫、高酸重原油加工流程虽然没有被新建炼油厂采用(美国已近40年没有新建炼油厂)，但一些炼油厂的扩能改造工程都选用了这种流程。例如，Marathon公司的Garyville炼油厂、Motiva公司的Port Arthur炼油厂、Valero公司的St. Charles炼油厂的扩能改造都是以延迟焦化/加氢裂化装置的扩能为核心。

第八节 高硫高酸重原油不同加工流程的CO_2排放量和减排对策

炼油厂的CO_2排放量因其所加工的原油(种类和质量)和所采用的加工流程以及对产量的质量要求而异。采用不同的加工流程加工同一种原油，CO_2的排放量也有很大差别，因此减排对策也不尽相同。

一、高硫高酸重原油不同加工流程的CO_2排放量

KBC先进技术公司设计了加工同一种高硫高酸重原油的五种不同的加工流程，并用Petro-SIM专用模拟软件对五种不同流程的CO_2排放量进行了计算。这五种不同的原油加工流程及其CO_2排放量如图4-8-1~图4-8-6所示。

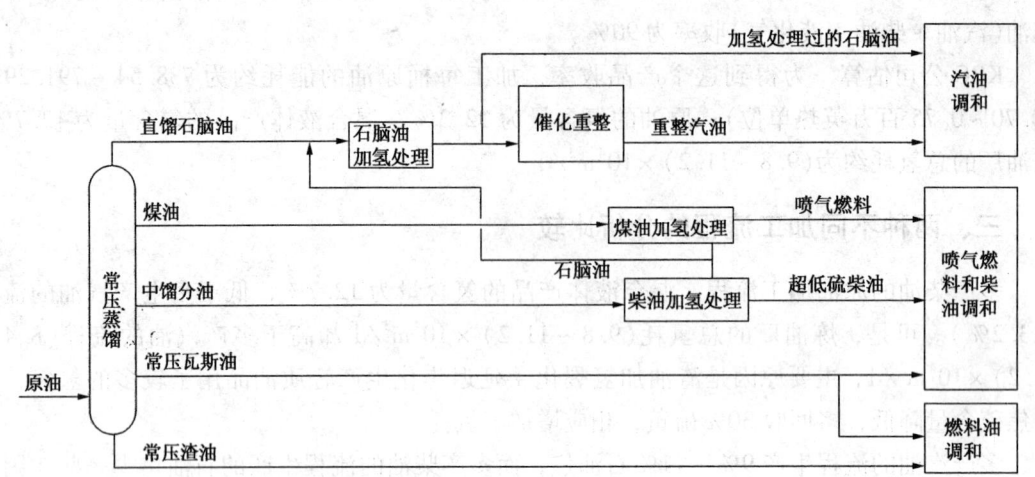

图 4-8-1 流程1：拔顶加氢型炼油厂的原油加工流程[98]

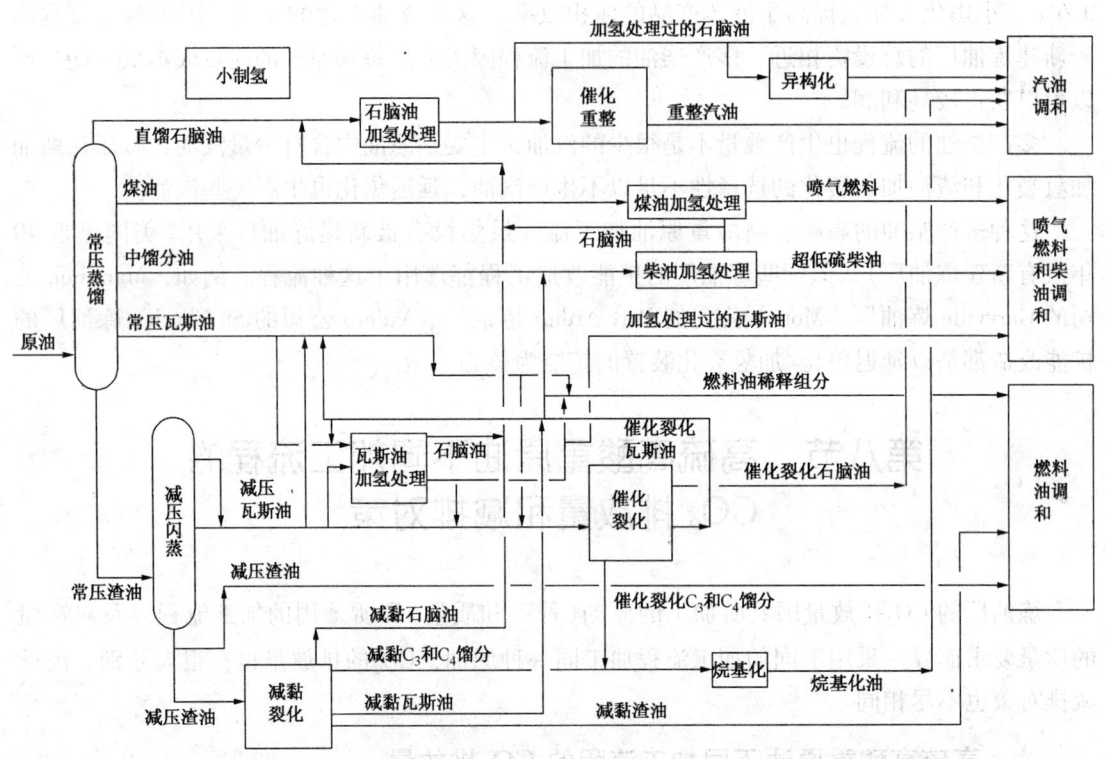

图 4-8-2 流程2：催化裂化装置中等转化率复杂型炼油厂的原油加工流程[98]

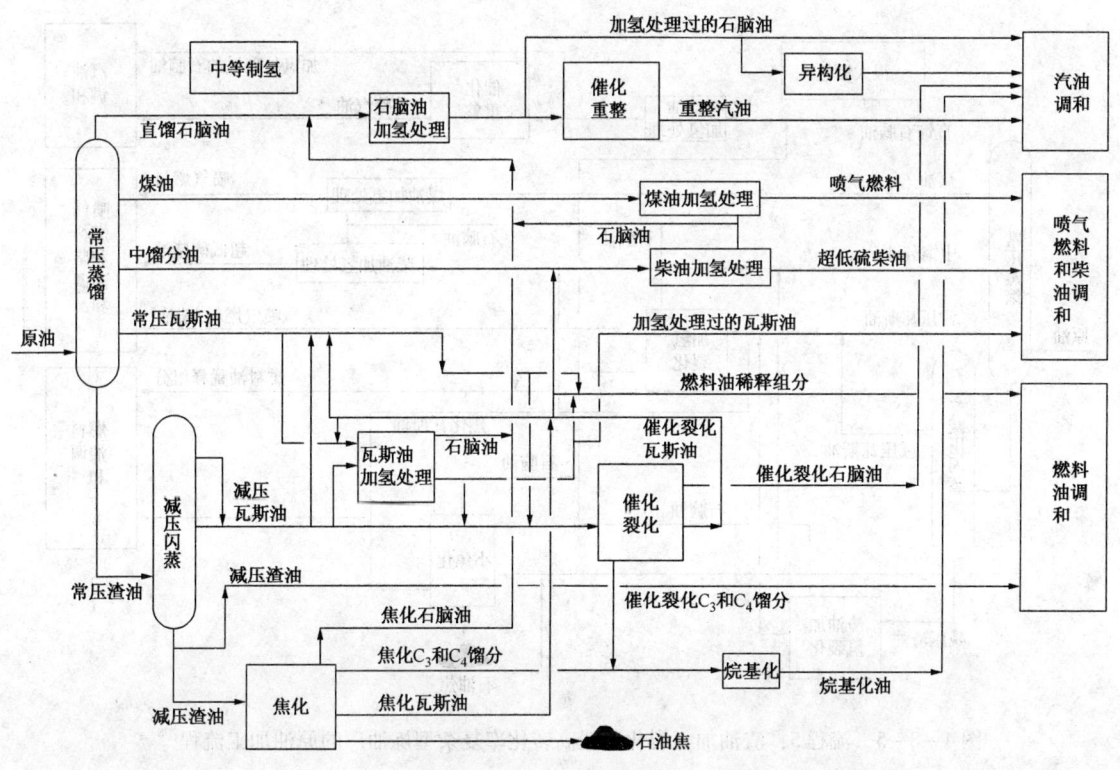

图 4-8-3 流程 3：催化裂化装置高转化率复杂型炼油厂的原油加工流程[98]

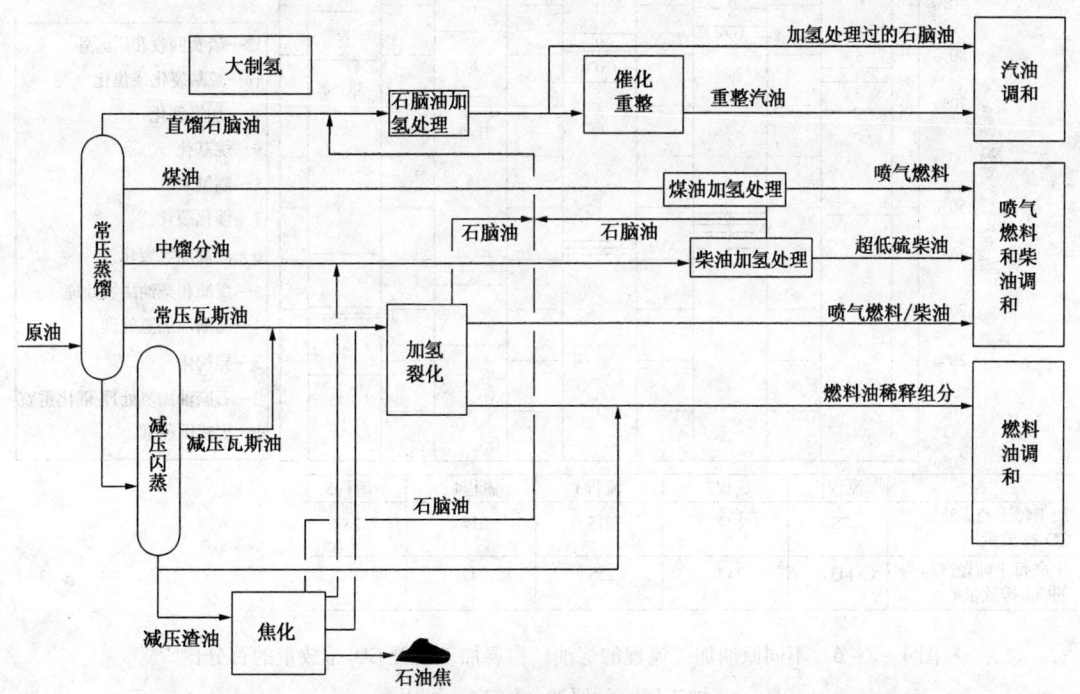

图 4-8-4 流程 4：加氢裂化装置高转化率复杂型炼油厂的原油加工流程[98]

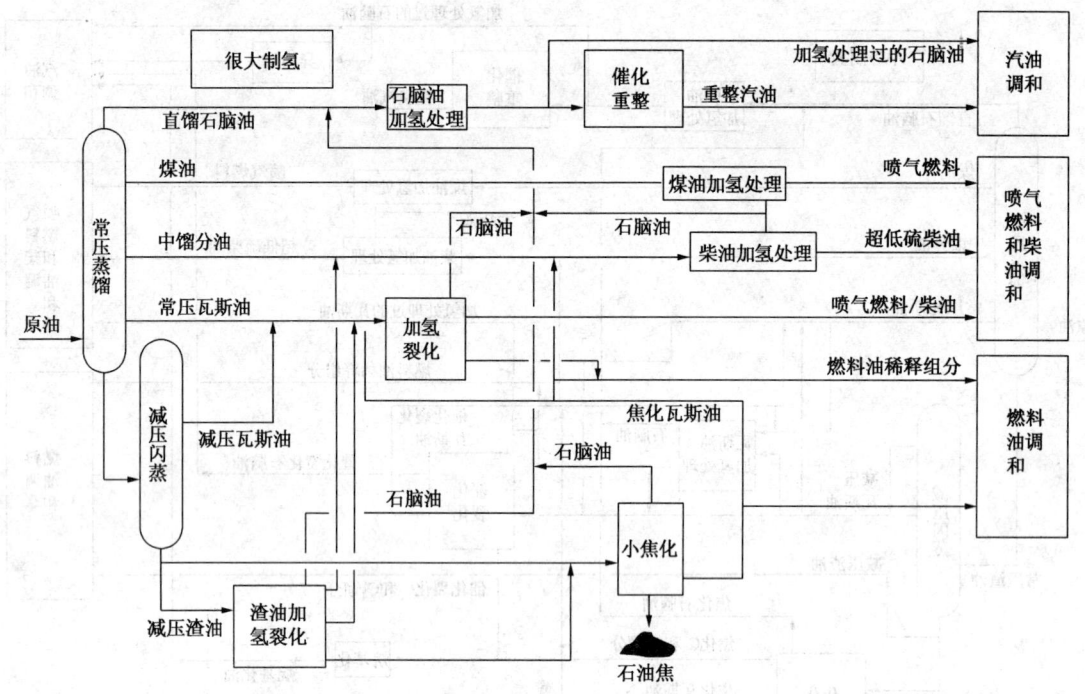

图4-8-5 流程5：渣油加氢裂化装置高转化率复杂型炼油厂的原油加工流程[98]

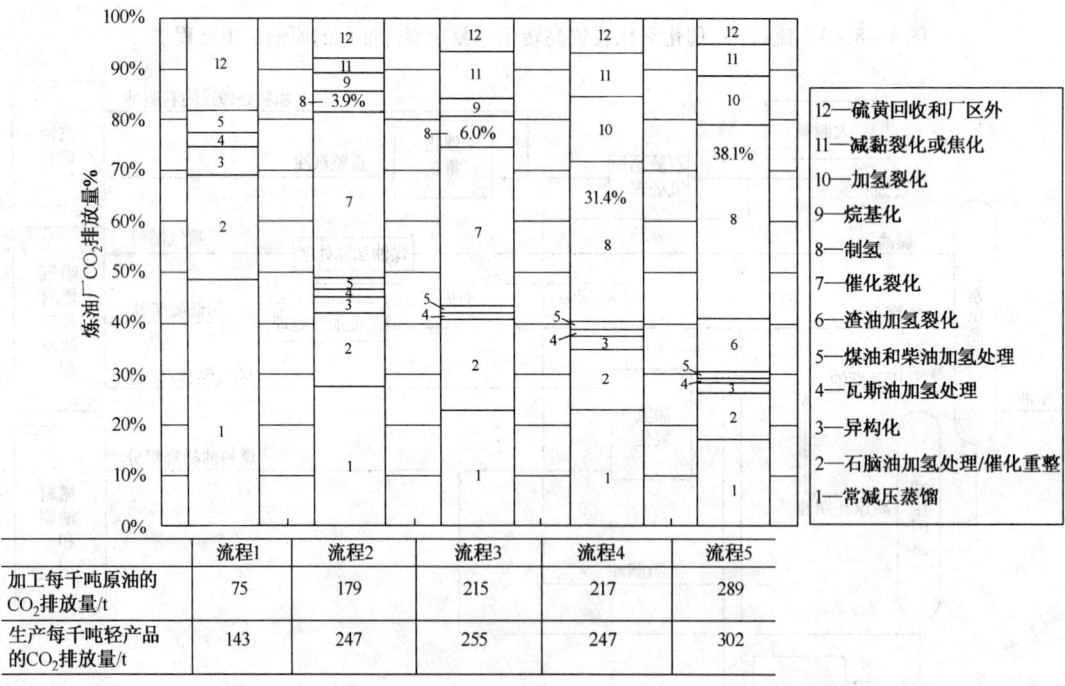

图4-8-6 不同原油加工流程的炼油厂主要加工装置CO_2排放量的百分比[98]
（加工同一种原油，加工能力相同）

由图4-8-6可见，采用不同原油加工流程和转化装置的炼厂，CO_2排放量和生产轻产品的多少有一定的关系。流程5（渣油加氢裂化高转化率复杂型炼厂）是一种高度加氢的流程，所生产的产品中绝大部分都是运输燃料，但排放的 CO_2 最多。流程4(用加氢裂化的高转化率复杂型炼厂)是一种中等加氢的流程，而流程3(用催化裂化的高转化率复杂型炼厂)是一种脱碳流程。流程3和流程4的主要差别是：在流程3中大部分瓦斯油馏分都是在催化裂化装置中加工，而在流程4中大部分瓦斯油馏分都是在加氢裂化装置中加工。因此，流程3催化裂化装置似乎不要用很多氢气，可是多数催化裂化产品还需要加氢处理。流程3制氢装置的 CO_2 排放量很少，可是催化裂化装置烧焦排放的 CO_2 很多，因此流程3和流程4的 CO_2 排放量差不多一样，这从加工每吨原油的 CO_2 排放量或生产每吨汽油和中馏分油的 CO_2 排放量都看得非常清楚。虽然流程3和流程4的 CO_2 排放量差不多一样，需要指出的是，流程3中的催化裂化装置假定是高能效的。因为大多数催化裂化装置都是低能效的，用催化裂化装置的复杂型炼油厂的 CO_2 排放量通常都多于用加氢裂化装置的复杂型炼油厂。

比较流程3和流程5可以看出， CO_2 排放量有明显差别。采用流程5的炼油厂大部分渣油都被加氢转化为较轻的产品而不是石油焦。因为石油焦都不是在炼油厂燃烧，所以用流程3的炼油厂 CO_2 排放量明显减少；如果石油焦都在炼油厂燃烧，用流程3的炼油厂 CO_2 排放量就多于流程5。因此，用流程5的炼油厂用氢量就多于用其他流程的炼油厂。可以认为，加氢量很大的加氢型复杂炼油厂，改进制氢装置的设计和操作是减少 CO_2 排放量的重点所在；催化裂化装置很大的中等复杂型和复杂型炼油厂，改进催化裂化装置的设计和操作是减少 CO_2 排放量的重点所在。

二、加工高硫高酸重原油复杂型炼油厂减排 CO_2 的对策

炼油厂的节能减排 CO_2 是一个复杂的系统工程，涉及厂内厂外、装置内外和装置之间的方方面面，需要做深入细致的研究、设计和优化工作。但是，炼油厂节能减排的潜力也很大。不久前 KBC 先进技术公司提出的四种节能减排方案如图4-8-7所示。

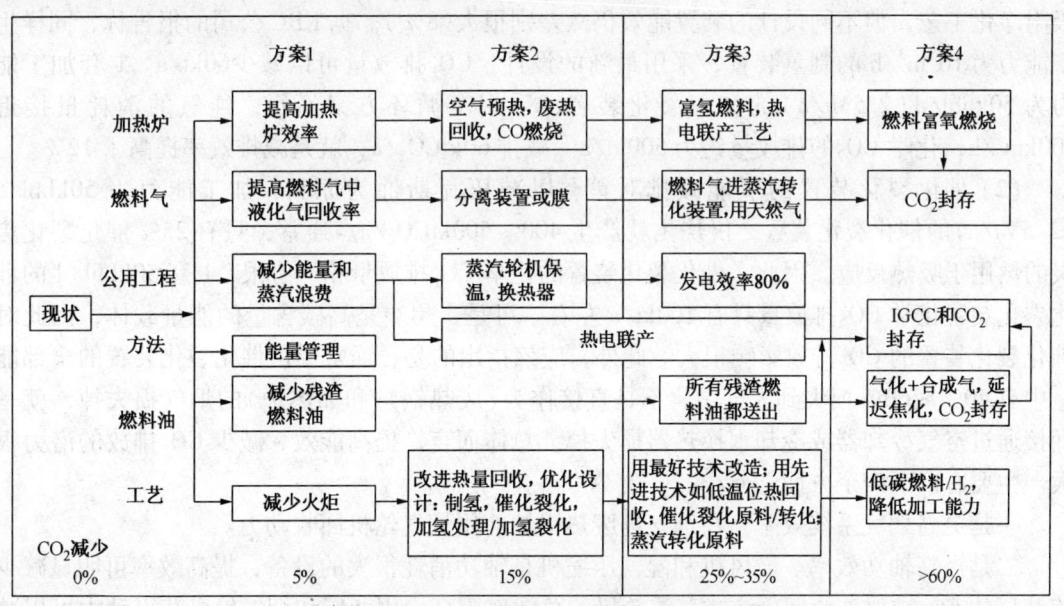

图4-8-7 炼油厂节能减排的四种方案[98]

由图 4-8-7 可见，方案 1 炼油厂改进操作，可以减排 CO_2 5%；方案 2 改造有关设备和装置，投资回收期不超过 3 年，可以减排 CO_2 15%；方案 3 改用先进技术，可以减排 CO_2 25%~35%；方案 4 用低碳燃料和 CCS（CO_2 捕集和封存）技术，可以减排 CO_2 60% 以上。KBC 公司的报告称，目前许多炼油厂的节能减排潜力很大，至少可减排 CO_2 30%。北美一家炼油厂进行技术改造，投资回收期不超过 3 年，就得到减排 CO_2 30% 的效果[98]。

炼油厂的 CO_2 排放量因加工的原油而异，因原油加工流程（复杂程度，转化深度）而异，差别很大。原油越重、含硫越多，消耗的能量越多，转化率越高消耗的能量越多，节能减排的潜力也越大。节能减排最具潜力的是以下四个方面：一是提高加热炉效率，二是改用低碳燃料，三是热电联产，四是工艺装置集成使用能量。实际上，炼油厂所有的加工装置都消耗能量，都需要也都能够节能。以现代炼油厂用得最多的催化加工装置为例，提高催化剂活性，降低反应温度，就可以得到很好的节能效果。如上所述，加工高硫高酸重原油深度转化的复杂型炼油厂排放 CO_2 最多的是制氢装置和催化裂化装置。下面介绍这两类装置的节能减排对策[99,100]。

（1）制氢装置的节能减排对策。以天然气水蒸气转化制氢装置为例，假设能效是 100%，每生产 1t 氢气至少产生 6.6t CO_2，其中 5.5t 是来自原料甲烷，1.1t 是来自所用的热量和蒸汽。因为这些 CO_2 是化学反应产生的，不是热损失，所以是不可避免的。如果用石脑油制氢，每生产 1t 氢气 CO_2 的化学排放量在 8t 以上。现代水蒸气转化制氢装置的热效率通常在 80% 左右。热效率的定义是生产的氢气热值除以用作原料和燃料的热值-产生蒸汽的焓。可以采用的节能减排措施有以下三项：一是通过预热原料、加热炉空气和锅炉给水减少烟气热损失；二是减少工艺物料带出的热损失；三是采用变压吸附（PSA）净化工艺。变压吸附净化工艺是用吸收的办法来脱除 CO_2，吸收剂再生要消耗大量低温位的能量（大约为 3.35GJ/tCO_2），所以这部分能效至少降低了 10%。虽然现代蒸汽转化制氢装置都采用变压吸附净化工艺，但不同设计的装置能效仍然差别很大（8%）。据 KBC 公司的报告称，同样生产能力为 $10^5 m^3/h$ 的制氢装置，采用最新的设计，CO_2 排放量可以减少 60kt/a。1 套加工能力为 50kbbl/d（2.5Mt/a）的加氢裂化装置，采用全循环方案运行，纯氢的消耗量接近 100km^3/h，化学 CO_2 的排放量约为 500kt/a。减排 60ktCO_2/a，就是减排效率提高了 12%。

（2）催化裂化装置的节能减排对策。以减压瓦斯油为原料，加工能力为 50kbbl/d（2.5Mt/a）的催化裂化装置，仅烧焦就产生 400~500ktCO_2/a。通常，只有 25% 催化裂化焦炭的焓用于吸热反应。因此，催化裂化装置的化学 CO_2 排放量相当有限，1 套 50kbbl/d 的催化裂化装置化学 CO_2 排放量只有 100kt/a 左右。可是，焦炭是高碳含量的能量载体，因此对催化裂化装置的 CO_2 排放影响很大。此外，应该指出的是，通常提供催化裂化装置的全部能量中有 40%~60% 损失到大气中，不是直接作为（废热锅炉和加热炉）的烟气损失掉，就是间接通过空气冷却器或冷却水换热器损失掉。总体而言，提高能效、减少 CO_2 排放的潜力很大。主要有以下四个方面：

一是提高烟气系统效率。在烟气进废热锅炉前用烟气轮机回收动力。

二是提高轴功效率。鼓风机和湿气压缩机是轴功消耗很大的设备，提高效率可明显减少炼油厂的 CO_2 排放。使用凝汽式蒸汽轮机的总效率不高，用背压和烟气轮机获得动力可以减少 CO_2 排放。

三是减少原料雾化、催化剂雾化和产品汽提的蒸汽消耗量。

四是与其他工艺装置进行热联合(集成)，可以明显减少 CO_2 排放。

KBC 公司对 6 套催化裂化装置能效的评估工作表明，可以大大节省能耗。节能 50% 的投资回收期是 3 年或少于 3 年。用烟气轮机回收能量的投资回收期约为 5 年。美国催化裂化装置(5.8Mbbl/d)和欧洲催化裂化装置(2.5Mbbl/d)分别可以直接和间接减排 CO_2 4.5Mt/a 和 2~2.5Mt/a。

由于碳捕集与封存(CCS)技术投资太大，成本太高，尚不成熟，目前还在发电厂进行试验，还需要解决许多问题，预计在 2015~2020 年间不会有工业装置投产[99,101]。因此，估计炼油厂要采用 CCS 技术大幅度减排 CO_2，短期还难以实现。

参 考 文 献

[1] Industry Keen To Lay Peak Oil to Rest. Petroleum Intelligence Weekly, Dec. 12, 2011

[2] Heavy crude supply will surpass condensate by2030. Worldwide Refining Business Digest Weekly. e, 2011-09-19：17-20

[3] 侯芙生. 中国炼油技术中长期发展战略探讨[J]. 当代石油石化, 2011, 19(11)：1-6

[4] Opportunity Crudes：To Process or Not to Process? Worldwide Refining Business Digest Weekly. e, 2011-07-4：6-11

[5] Survey of Opportunity Crude Industry：Part 1. Worldwide Refining Business Digest Weekly. e, 2011-05-23：6-10

[6] Brett Goldhammer. Future of opportunity crude processing. Petroleun Technology Quarterly, 2011, 16(5)：33-41

[7] 姚国欣. 委内瑞拉超重原油和加拿大油砂沥青加工现状及发展前景[J]. 中外能源, 2012, 17(1)：3-22

[8] Eni adds crude quality assessment to global statistical review[J]. Oil and Gas Journal, 2002, 100(29)：26-27

[9] Refining demand for discounted feeds will increase trade of high acid crudes[J]. Oil and Gas Journal, 2008, 106(11)：52-55

[10] 张起花. 举"重"若轻炼油术[J]. 中国石油石化, 2011, (11)(总第 226 期)：52-57

[11] 陈春光. 对山东口岸进口高酸原油的分析与思考[J]. 国际石油经济, 2011, 19(5)：41-47

[12] 中国石油化工统计. 中国石油化工集团公司年鉴2011[M]北京：中国石化出版社, 2011：557-572

[13] 石油炼制. 改革发展之路——中国石油化工集团公司"十一五"成就回顾[M]. 北京：中国石化出版社, 2011：31-41

[14] 李晓君. 劣质原油时代能源多样化日益迫切[J]. 中国石化, 2011, (9)：23-24

[15] 田春荣. 2010 年中国石油进出口状况分析[J]. 国际石油经济, 2011, 19(3)：15-25

[16] 侯芙生主编. 中国炼油技术(第三版)[M], 北京：中国石化出版社, 2011

[17] 张起花. 持续转型求突围[J]. 中国石油石化, 2011, (10)：32-34

[18] 张建华. 进口高酸原油加工赢利空间收窄[J]. 中国石化, 2009, (8)：26-28

[19] BP Statistical Review of World Energy. June 2011

[20] Geoff Houlton. Crude demand to increase, feed-quality changes in store. Oil & Gas Jonrnal, 2010, 108(46)：118-122

[21] Survey of opportunity crude industry：Part 2. WorldwideRefining Business Digest Weekly. e, 2011-05-30：5-8

[22] 布鲁期·马奇. 加拿大油砂：机遇与创新[J]. 能源, 2011, (4)：32-33

[23] Global capacity growth slows, but Asian refineries bustle[J]. Oil & Gas Jonrnal, Dec. 6, 2010

[24] Worldwide Refineries – Capacities as of January 1, 2011[J]. Oil & Gas Jonrnal, Dec. 6, 2010

[25] Worldwide Look at Reserves and Production[J]. Oil & Gas Jonrnal, Dec. 5, 2011

[26] D. Stratiev. Residue Upgrading: Challenges and perspectives [J]. Hydrocarbon Processing, 2009, 88(9): 93 – 96

[27] Mideast Gulf explores heavy crude as era of "easy oil" comes to an end. Worldwide Refining Business Digest Weekly. e, 2011 – 05 – 30: 12

[28] Chevron, ExxonMobil examine heavy oil investments in Middle East. Worldwide Refining Business Digest Weekly. e, 2011 – 12 – 12: 5 – 6

[29] Russian crude reserves quality, production sliding. Worldwide Refining Business Digest Weekly. e, 2011 – 05 – 4: 18

[30] Tom Hogan. Factors that impact crude oil pricing. NPRA Annual Meeting, March 22 – 24, 2009, San Antonio, TX, USA

[31] Eni SPA. World Oil and Gas Review 2011

[32] WU QING. Processing high TAN crude: Part 1[J]. Petroleum Technology Quarterly, 2010, 15(5): 35 – 43

[33] North America: A continent in three parts[J]. Hydrocarbon Engineering, 2011, 16(3): 12 – 22

[34] 姚国欣. 渣油深度转化技术工业应用的现状、进展和前景[J]. 石化技术与应用, 2012, 30(1): 1 – 12

[35] EIA predicts oil demand growth through 2013. Worldwide Refining Business Digest Weekly. e, 2012 – 01 – 16: 14 – 15

[36] Flex fuel vehicles help to stave off global oil crunch. Worldwide Refining Business Digest Weekly. e, 2012 – 01 – 9: 51

[37] 刘君启. 打造具有国际竞争力的精品炼厂[J]. 中国石油石化, 2011, (14): 32 – 33

[38] S. Kumar. Refinery configurations: Designs for heavy oil[J]. Hydrocarbon Processing, 2001, 90(10): 71 – 75

[39] Richard Rossi. Maxmizing diesel in existing assets. NPRA Annual Meeting, March 22 – 24, 2009, San Antonio, TX, USA

[40] Dino Chakraborty. Processing oil sands crude in a conventionalrefinery. NPRA Annual Meeting, March 9 – 11, 2008, San Diego, CA, USA

[41] EU Refining – 1: Needs to meet distillate demand, export gasoline squeeze refiners[J]. Oil and Gas Journal, 2011, 109(1): 90 – 95

[42] EU Refining – 2: Refiners to add more conversion, pay more for move complexity[J]. Oil and Gas Journal. 2011, 109(3): 58 – 62

[43] European refining sales accelerate[J]. Petroleum Economist, 2011, 78(3): 34 – 35

[44] European refining sector faces harsh environment, tough decisions. Worldwide Refining Business Digest Weekly. e, 2011 – 05 – 9: 3 – 4

[45] Joanne Shore. Are refining investments respounding to market changes? NPRA Annual Meeting, March 22 – 24, 2009, San Antonio, TX, USA

[46] Bunker fuel prices climb toward record high as supplies shrink. Worldwide Refining Business Digest Weekly. e, 2012 – 01 – 30: 5

[47] 姚国欣. 努力提高轻油收率用好用足每一桶原油[J]. 当代石油石化, 2007, 15(8): 7 – 13

[48] 赵伟凡等. 海南炼油项目总加工流程的优化[J]. 石油炼制与化工, 2007, 38(7): 1 – 5

[49] 孙丽丽. 采用节能技术精心设计中国节能型炼油企业[J]. 中外能源, 2009, 14(6): 64 – 69

[50] 贾永存. 承继石化行业发展积淀, 打造国内一流炼化企业[M]//海南炼化·改革发展之路——中国石油化工集团公司"十一五"成就回顾. 北京: 中国石化出版社, 2011: 478 – 483

[51] 胡岗. 海南炼化. 中国石油化工集团公司年鉴2011[M]. 北京: 中国石化出版社, 2011: 372 – 375

[52] 秦玉清等. 炼油新锐勇争先[M]//改革发展之路——中国石油化工集团公司"十一五"成就回顾. 北京：中国石化出版社, 2011：483-487

[53] 秦玉清等. 青岛炼化. 中国石油化工集团公司年鉴2011[M]. 北京：中国石化出版社, 2011：376-378

[54] 李大东等. 提高石油资源利用率的重油加氢及其组合技术[M]//炼油与石化工业技术进展(2009). 北京：中国石化出版社, 2009：46-51

[55] 祖超等. 最大限度提高炼油厂油品收率加工方案研究[M]//2009年中国石油炼制技术大会论文集. 北京：中国石化出版社, 2009：75-80

[56] 李出和等. 2.5Mt/a延迟焦化装置的设计和运行总结[M]//2009年中国石油炼制技术大会论文集. 北京：中国石化出版社, 2009：282-290

[57] Partha Maitra et al. Integrating a refinery andpetrochemical complex[J]. Petroleum Technology Quarterly, 2000, 5(3)：31-29

[58] 鞠林青等. 印度Reliance炼化公司工厂设计的启示[J]. 石油炼制与化工, 2006, 37(8)：38-43

[59] Sieli. G. Convert of the barrel into diesel and light olefins[J]. Hydrocarbon Processing, 2011, 90(2)：45-49

[60] Arun Arora. Refinery configurations formaximising middle distillates[J]. Petroleum Technology Quarterly, 2011, 16(4)：75-83

[61] 姚国欣. 渣油沸腾床加氢裂化技术在超重原油改质厂的应用[J]. 当代石油石化, 2008, 16(1)：23-29, 43

[62] G. Rispoli et al. Advanced hydrocracking technology upgrades extra heavy oil[J]. Hydrocarbon Processing, 2009, 88(12)：39-46

[63] GE Oil & Gas to supply world largest reactors for Eni oil refinery in Sannazaro, Italy. http：// cn. reuters. com/ article/press release/idus 155525.

[64] Eni launches the EST project at the Sannazzaro refinery. http：//english. petromm. com/ news/1283. htm

[65] P. Zuideveld. New methods upgrade resinery residuals into lighter products[J]. Hydrocarbon Processing, 2006, 85(2)：72-79.

[66] 卢煦. 抗酸反腐炼油术[J]. 中国石油石化, 2011, (24)：64-65

[67] 王庆波等. 应用系统工程理论建立炼油装置达标管理体系实现企业降本增效[M]//中海石油炼化与销售事业部"十一五"科技论文集. 北京：中国石化出版社, 2011：3-10

[68] Wu Qing. Processing high TAN Crude：Part II[J]. Petroleum Technology Quarterly, 2011, 16(1)：81-85

[69] 夏长平等. 国内首套千万吨级加工高酸原油的常减压装置技术特点[M]//炼油与石化工业技术进展(2010). 北京：中国石化出版社, 2010：445-450

[70] 张新利等. 惠州炼油项目总平面布置特点分析[M]//中海石油炼化与销售事业部"十一五"科技论文集. 北京：中国石化出版社, 2011：29-32

[71] 花飞等. Foster Wheeler延迟焦化工艺(SYDEC)技术特点分析[M]//中海石油炼化与销售事业部"十一五"科技论文集. 北京：中国石化出版社, 2011：181-189

[72] 梁文彬. 新型双辐射斜面阶梯炉的应用[M]//炼油与石化工业技术进展(2010). 北京：中国石化出版社, 2010：478-484

[73] 徐振领. 惠州炼油馏分油催化裂化装置设计运行总结[M]//中海石油炼化与销售事业部"十一五"科技论文集. 北京：中国石化出版社, 2011：260-266

[74] 张树广等. 中海油400万吨/年加氢裂化装置技术分析[M]//炼油与石化工业技术进展(2010). 北京：中国石化出版社, 2011：57-64

[75] 张树广等. 惠州炼油400万吨/年加氢裂化装置工艺特点及运行工况[M]//中海石油炼化与销售事业部"十一五"科技论文集. 北京：中国石化出版社, 2011：200-204

[76] 周学俊. 烷基化装置无开工油开车的可行性分析及应用[M]//中海石油炼化与销售事业部"十一五"科技论文集. 北京：中国石化出版社, 2011: 246-252
[77] 王庆波等. 煤柴油加氢裂化装置循环氢换热器结盐分析与控制[M]//中海石油炼化与销售事业部"十一五"科技论文集. 北京：中国石化出版社, 2011: 234-237
[78] 谷和鹏. 焦化汽柴油加氢装置催化剂床层压降上升原因分析及措施[M]//中海石油炼化与销售事业部"十一五"科技论文集. 北京：中国石化出版社, 2011: 242-245
[79] 李江山等. 惠州炼油200万吨/年连续重整装置新技术应用及运行分析[M]//中海石油炼化与销售事业部"十一五"科技论文集. 北京：中国石化出版社, 2011: 141-148
[80] 侯章贵等. 芳烃联合装置首次开工方案的优化与工业实践[M]//炼油与石化工业技术进展(2010). 北京：中国石化出版社, 2010: 199-203
[81] 刘建华等. 预转化技术在惠州炼油制氢装置的应用[M]//炼油与石化工业技术进展(2010). 北京：中国石化出版社, 2010: 473-477
[82] 王志强等. S-Zorb脱硫技术及其工业应用[M]//中海石油炼化与销售事业部"十一五"科技论文集. 北京：中国石化出版社, 2011: 158-162
[83] 花飞等. 惠炼液态烃脱硫醇装置开车后存在的问题及解决措施[M]//中海石油炼化与销售事业部"十一五"科技论文集. 北京：中国石化出版社, 2011: 209-212
[84] 张国相等. 海洋原油中小分子有机酸对惠炼生产运行的影响[M]//中海石油炼化与销售事业部"十一五"科技论文集. 北京：中国石化出版社, 2011: 194-199
[85] 王仕文. 高频电脱盐技术在高酸重质原油中的应用[M]//中海石油炼化与销售事业部"十一五"科技论文集. 北京：中国石化出版社, 2011: 168-174
[86] 张清华等. 高油价下惠州炼油厂的精耕细作[M]//中海石油炼化与销售事业部"十一五"科技论文集. 北京：中国石化出版社, 2011: 40-44
[87] 吴青. 大奖缘何花落惠州炼油[J]. 中国石油石化, 2011, (3): 34-36
[88] 吴青. 炼化化工一体化：基本概念与工业实践[M]//炼油与石化工业技术进展(2010). 北京：中国石化出版社, 2010: 3-16
[89] 雷强等. 发挥炼化一体化优势, 提升企业竞争能力[M]//中海石油炼化与销售事业部"十一五"科技论文集. 北京：中国石化出版社, 2011: 11-18
[90] 吴青等. 展望"十二五"建设具有国际竞争力的炼油企业[M]//中海石油炼化与销售事业部"十一五"科技论文集. 北京：中国石化出版社, 2011: 24-28
[91] 丁昊等. 青岛石化. 中国石油化工集团公司年鉴2011[M]. 北京：中国石化出版社, 2011: 360-363
[92] 孙勇等. 特色发展开创新局面——青岛石化[M]//改革发展之路——中国石油化工集团公司"十一五"成就回顾. 北京：中国石化出版社, 2011: 462-467
[93] 王梅正等. 重油催化裂化装置MIP-CGP技术改造[J]. 石化技术与应用, 2007, 25(6): 516-519
[94] 王明章. MIP-CGP催化裂化催化剂的工业应用[J]. 齐鲁石油化工, 2008, 36(1): 28-31
[95] 龙军. RIPP研发的汽柴油质量升级技术进展[M]//炼油与石化工业技术进展(2010). 北京：中国石化出版社, 2010: 76-83
[96] 杨震等. 5.0Mt/a苏丹喀土穆炼油厂的总体规划[J]. 石油炼制与化工, 2010, 41(9): 9-14
[97] Joe Jacobs. Gasoline or Diesel? NPRA Annual Meeting, March 9-11, 2008, San Diego. CA, USA
[98] Scott Sayles. Hydrogen management in a GHG constrained refinery. NPRA Annual Meeting, March 20-22, 2011, San Antonio, TX, USA
[99] Joris Mertens. Rising to the CO_2 challenge[J]. Hydrocarbon Engineering, 2010, 15(3): 25-33
[100] P. Gunaseelan. Greenhouse gas emissions: characterization and management[J]. Hydrocarbon Processing, 2009, 88(9): 57-70
[101] Robert Smyth. Getting to know CCS[J]. Hydrocarbon Engineering, 2010, 15(1): 69-73

第五章 含硫含酸原油电脱盐技术

第一节 原油电脱盐的作用及意义

一、电脱盐在原油加工过程中的作用

如果说原油加工的第一道工序是蒸馏,那么蒸馏的第一个环节就是电脱盐。原油电脱盐作为工艺防腐"一脱三注"中的"一脱",已成为原油加工中的一个重要工艺过程。随着原油深度加工技术的发展和炼制含硫含酸原油腐蚀问题的加重,这一观点已逐渐被人们认识和肯定。

从地层中开采出来的原油往往含有一定量的水分和盐类。当原油处于后期开采时,使得原油中的水含量和盐含量增加。新开采出的原油尽管在油田已经过脱水处理,但往往不彻底而达不到要求。此外,进口原油在海运过程中,压舱水的混入也会使原油中的水分和盐含量增加。因此原油进厂后,都需要进行脱盐脱水处理,以保证后续炼油装置的加工要求。

原油中所含的金属盐类可分为两种类型:一类是油溶性的金属化合物或有机盐类,它们以有机化合物形态存在于原油中;另一类是水溶性的碱金属或碱土金属盐类,它们除极少数以悬浮结晶态存在于原油中外,大部分溶解在水中并以乳化液的形式存在于原油中。这些金属化合物或盐类对原油加工的全过程和产品质量均有重要影响。

原油脱盐脱水的重要性可以归纳如下:

1. 减少腐蚀介质,减轻设备腐蚀

原油所含水中溶解的盐类有氯化钠、氯化钙和氯化镁等。这些盐类在原油蒸馏过程中会发生水解反应生成氯化氢:

$$MgCl_2 + 2H_2O \xrightarrow{120℃} Mg(OH)_2 + 2HCl$$

$$CaCl_2 + 2H_2O \xrightarrow{175℃} Ca(OH)_2 + 2HCl$$

$$Fe + 2HCl \longrightarrow FeCl_2 + H_2$$

过去人们认为在蒸馏过程中氯化钠是不水解的,因此曾采用注碱(NaOH)措施,以期将氯化镁和氯化钙转化成氯化钠以减少氯化氢的生成。但是这一方法并不可靠,实践证明,当原油中含有硫酸盐、环烷酸或某些金属元素时,温度高于300℃时氯化钠便会发生水解反应:

$$NaCl + H_2O \xrightarrow{300℃} NaOH + HCl$$

盐类水解产生的氯化氢随挥发油气进入分馏塔塔顶及冷凝冷却系统,遇到冷凝水便溶于水中形成盐酸,这是造成常减压装置初馏塔、常压塔和减压塔塔顶及其冷凝冷却系统设备腐

蚀的重要原因。由于这些盐类是溶于水中的，所以只要将原油中的水分脱出，就可以将绝大部分盐类同时脱除。

加工含硫原油时，蒸馏装置的塔顶系统硫化氢含量将急剧上升。如果氯化氢水溶液中同时有硫化氢存在，由于硫化氢的类似催化作用，将使腐蚀加剧。

$$Fe + H_2S \longrightarrow FeS + H_2$$
$$FeS + 2HCl \longrightarrow FeCl_2 + H_2S$$

当硫化氢浓度较高时，可发生下述反应：

$$FeCl_2 + H_2S \longrightarrow FeS + 2HCl$$
$$2HCl + Fe \longrightarrow FeCl_2 + H_2$$

这种循环促进作用，是加工含硫原油时腐蚀加剧的重要因素。因此，进行深度脱盐显得尤为重要。

2. 满足产品质量和后加工要求

原油脱盐不仅仅是为了防止腐蚀的需要，更重要的是为了减少原料油中的金属离子。原油中所含的盐类经蒸馏后主要进入渣油中，因此脱盐脱水对渣油的加工和由渣油得到的产品会产生影响。脱除这些金属盐类对减轻催化裂化、催化重整、重油加氢脱硫及加氢精制装置的催化剂失活，提高石油焦、燃料油产品质量将有重要作用。氯化氢的存在不仅导致腐蚀，而且会缩短催化剂寿命。碱金属对催化裂化催化剂的危害也很大，如金属钠会中和催化剂的酸性活性中心，置换掉催化剂上的氢和稀土，并使CO助燃剂中毒；铁离子形成的盐类会造成加氢催化剂床层的压降升高；金属镍和钒会毒害二次加工装置催化剂，造成催化剂永久性失活。

3. 提高传热效率，延长开工周期

脱水后原油水含量减少，可保证蒸馏塔的平稳操作和降低装置的热负荷。良好的脱盐操作，可减轻换热器、加热炉等设备的结垢、结焦和腐蚀等问题的发生。同样，脱除Na、Mg、Ca、Fe、Ni、V等元素后得到的重质燃料油，可减轻燃气轮机叶片的腐蚀。

因此原油脱盐脱水，无论从减轻设备腐蚀，保证装置的稳定运行方面，还是从提高重油催化裂化和渣油加氢原料质量与降低催化剂消耗等方面来看，都具有十分重要的意义。

二、含硫含酸原油电脱盐的特点

随着国内加工原油的劣质化趋势，含硫、含酸（高硫、高酸）原油所占比例不断提高，加工这些劣质原油无疑对电脱盐设备及助剂提出了更高的要求。尤其是为了满足后续二次加工装置催化剂对原料的要求，使原油的深度脱盐（即电脱盐后原油盐含量不大于3mg/L）面临更多的难题。

含酸（高酸）原油产量逐年增加，特别是高酸原油已占到全球原油总产量的10%左右。我国加工的高酸原油国外主要来源于苏丹、巴西、委内瑞拉、安哥拉等国，在国内，胜利、新疆、渤海湾及辽河原油的酸值也很高。由于高酸原油价格相对低廉，国内炼油厂把加工高酸原油作为扩大原油资源和降低原油采购成本的一种手段，加工高酸原油具有较高的经济效益和重要的战略意义。目前高酸原油的加工多以掺炼为主。高酸原油具有密度大、酸值高、胶质含量高、金属含量高等特点，破乳脱盐困难。高酸原油中的胶质、沥青质、微晶蜡、环烷酸皂等是原油的天然乳化剂，可吸附在油水界面，对乳化液起到稳定作用。另外，高酸原油金属含量高，部分金属钙、铁、钠等以环烷酸盐形式存在，环烷酸盐本身就是一种良好的乳化剂，加大了原油破乳脱盐脱水的难度。加工高酸原油一方面容易造成电脱盐操作不稳定，使脱盐装置的电流增加，造成脱盐变压器跳闸；另一方面使电脱盐后原油中盐和水含量难以达标，以及排水含油量明显增加。

含酸（高酸）原油的电脱盐通常采用二级脱盐，对于盐含量较高的原油也有采用三级脱盐。另外，将脱金属剂与破乳剂配套使用，不仅可以脱除原油中的盐和水，还可脱除部分有机金属。脱金属剂一般呈酸性，为水溶剂，加注时需使用特定的耐酸腐蚀的注剂系统，并且控制合适的加入量。脱金属剂加量过少，其脱金属效果及pH值调节效果不明显；但若加量过大，使水相pH值过低，对破乳脱水也是不利的。由于脱金属剂注入量变化导致水相pH值改变，水相pH值的变化对油水界面性质会有一定影响，从而影响乳化液稳定性。因此，通过注入适量的脱金属剂，改善水相pH值，脱除原油中的大部分金属钙、铁、钠等，将具有较强表面活性的环烷酸盐转为表面活性较弱的环烷酸，降低乳化液的稳定性，能够明显促进破乳脱水。并且注入脱金属剂可以明显降低电脱盐装置的脱盐电流。

三、国内外电脱盐技术现状

1. 国外电脱盐技术概况

尽管可以采用不同的方法（如化学法、过滤法等）把水和盐从原油中分离出去，但国外大型工业化装置均是以电场-化学法为主，通常简称为电脱盐。

电脱盐装置的主要设备是电脱盐罐，国外电脱盐罐主要是两层（或三层）水平极板的卧式罐，近几年的发展趋势多向大型化发展。另外，国外最新设计的高速电脱盐罐对内部结构进行了较大改进，罐内设三层极板，呈水平方向安装，电极间设有特殊的进油分配器，将原油从下部水相（或油相）进入改为从上部电极板间进油，即原油直接进入强电场区，以利于油水迅速分离。改进后原油在脱盐罐内的停留时间大大缩短，使脱盐效率和处理能力得到大幅度提高。

电源采用单相或三相工业交流电。工作电压为16~35kV，多为交流电场。尽管直流电场脱盐脱水效率较高，但近几年国外更多的人主张采用交流电脱盐。这是因为直流电耗量大，而且会引起腐蚀问题，同时交流电场不会发生电泳现象。绝缘通常采用聚四氟乙烯绝缘吊挂，具有绝缘电阻高、介电系数低等特点。

日、韩等国炼制中东含硫（高硫）原油的炼油厂电脱盐注水量一般控制在5%左右，对高含盐原油或重质原油则适当增加注水量。脱盐温度一般在120~130℃下操作，最高不超过150℃。由于氯化镁和氯化钙在120℃左右开始水解，因此过高的温度不利于脱盐。美国Baker-Process（原Petrolite）公司主张，对API度为26~29的原油来讲，操作温度以保持原油黏度在50SSU（通用赛氏秒）为最佳。前苏联的工业生产经验表明，加热到120℃以上的高温仅适用于重质、黏稠并形成稳定乳化液的原油。日、韩等国炼油厂进行含硫（高硫）原油混炼时，混合原油的API度在29.0~39.8之间，因此脱盐温度较高。表5-1-1为日本部分炼油厂电脱盐装置的运行情况[1]。

表 5-1-1　日本部分炼油厂电脱盐装置运行条件

炼油厂	北海道	千叶	爱知	兵库	德山
配列	2段1列	2段2列	2段1列	2段1列	1段3列
加工量/(bbl/d)	70000	200000	140000	110000	90000
额定容量/kW	375	450	300	360	150
(一次)工作电压/kV	3.3	4.0	3.3	3.3	1.05
功率/kW	70~100	100	50~60	100	10
压力/MPa	1.75	1.60	1.60	1.50	1.05
温度/℃	150	150	155	150	145

安装于脱盐罐原油入口附近的静态混合器是国外在20世纪70年代发展起来的一种新型油水混合设备，有逐渐取代原有的电动混合器和单纯采用混合阀的趋势。如Baker-Process公司采用静态混合器与带自动控制的双芯球阀串联操作，Howe-Baker公司则与V形球阀串联，对于原油性质偏重的电脱盐，效果尤为突出。这不但可提高脱盐效率，而且可使压力降减小，并可在低流量条件下工作。

脱盐罐中油水界面的高度，决定了沉积水在脱盐罐中的停留时间。如污水含油，可通过升高界面来解决。界面高度的控制可选用沉筒式、电容式、超声波式控制器，其中以超声波式或射频导钠式更为灵敏、可靠，并通过自动调节阀控制界位。仪表和控制系统多采用DCS控制，设有油水界面控制回路、注水控制回路、混合阀压力降控制回路、操作压力控制及罐内液面保安开关等。

欧美各国由于进厂原油含盐、含水量较低，所以二级脱盐效果稳定。美国炼油厂一般盐含量脱至3mg/L以下，不同原油的脱盐情况见表5-1-2所示；前苏联也规定，脱后原油的氯化物盐类允许含量不大于3mg/L，约有半数的炼油厂能达到这个水平；日、韩等国炼制中东含硫(高硫)原油的企业，则严格控制原油脱后盐含量小于3mg/L。从脱盐率方面看，美国炼油厂的单级脱盐率一般为90%~95%，有些炼油厂可达到95%以上。从耗电量方面看，美国单级电脱盐的耗电量为0.014~0.07kW·h/t，前苏联为0.05~0.1kW·h/t，日本二级电脱盐的耗电量在0.06~0.25kW·h/t水平[1]。

表 5-1-2　美国一些原油的二级脱盐情况

原油品种	相对密度 $d_{15.6}^{15.6}$	沉渣和水含量(体)/% 脱前	沉渣和水含量(体)/% 脱后	盐含量/(mg/L) 脱前	盐含量/(mg/L) 脱后
北美中部大陆原油1	0.8398	0.4	0.1	356	2.9
北美中部大陆原油2	0.8348	0.2	0.1	97	2.0
伯班克原油	0.8109	0.05	0.1	17~114	0.7
堪萨斯原油1	0.8251	痕量	0.5	114	0
堪萨斯原油2	0.8285~0.8498	0.15	0.1	26~151	0.7
密歇根混合原油	0.8222~0.8418	0.2	痕量	52~285	2.9
加拿大-北达柯塔混合原油	0.8299~0.9100	0.2		80~437	2.9
南路易斯安那原油1	0.8251~0.8762	1.0		428	2.9
南路易斯安那原油2	0.8488	痕量		57~405	0~5.7

续表

原油品种	相对密度 $d_{15.6}^{15.6}$	沉渣和水含量(体)/%		盐含量/(mg/L)	
		脱前	脱后	脱前	脱后
密西西比原油	0.9561	痕量~0.5	0.4	456~855	0~11.4
潘汉德尔原油1	0.8265	0.3	0.15	556	0.9
潘汉德尔原油2		0.7	0.4	57~114	2~2.9
西得克萨斯原油	0.8708	0.01	0.1	610	2.9

虽然美国炼油厂电脱盐装置运行情况总体较好，但是随着美国石油进口数量和产地的变化，美国炼油厂加工的石油质量逐渐变差，向高硫含量、重质化方向发展。2004年，加拿大超过沙特阿拉伯，成为美国最大的石油进口国；2007年，美国石油进口量达到了66%。自2000年以来，美国进口石油的主要趋势是加拿大重油和沥青混合物（尤其是稀释沥青）的进口量逐渐增加，特别是来自于阿尔伯塔省西部油砂地区的进口量增加[2]。在加工这些劣质油时，其电脱盐装置也出现了脱后盐含量高、乳化层厚、排水带油等重质油加工常出现的问题。

2. 国内电脱盐技术概况

我国国内进厂原油含盐、含水量波动较大，而且原油品种切换频繁，从而给电脱盐的平稳操作带来了一定困难。目前全国有近200套电脱盐装置，大多采用二级脱盐。对有二次加工装置的炼油厂，要求脱盐后原油盐含量小于3mg/L，水含量小于0.3%，排水含油小于200mg/L。据统计，约有30%的装置达标，可见水平参差不齐。

20世纪80年代后期，国内系统引进了发达国家的电脱盐技术。经过二十几年的发展，就电脱盐装备而言，与发达国家相比并无太大差别。近几年国内在电脱盐装置技术开发和工艺条件优化方面做了大量试验研究工作，交直流两用垂直板框式极板结构、鼠笼式极板结构大型电脱盐（水）罐的制造技术已日臻完善，但仍有不少装置设备老化、能耗大，这些装置的改造刻不容缓。与此同时，单套设备的加工能力向大型化发展，从2.5Mt/a加工能力向8.0Mt/a甚至15.0Mt/a方向发展。从镇海炼化公司Ⅲ蒸馏8.0Mt/a改造引进美国Baker-Process公司的电脱盐技术情况看，其处理能力、电极板结构、进油部位、原油在罐内停留时间等均有较大改进。

另一方面，加快了新型高效破乳剂的开发，进行多项工艺条件的优化研究，克服了原油品种繁杂、频繁更换破乳剂的缺点。目前应用的破乳剂主要以油溶性破乳剂为主，药剂用量少，破乳效果好。

中国石化目前与常减压蒸馏相配套的电脱盐装置共52套，2010年原油加工能力已达到200Mt。根据2002年初对其中41套电脱盐装置的调查[3]：采用交流电脱盐15套，交直流电脱盐23套，双向高速电脱盐2套，鼠笼式高效电脱盐1套。其中脱后盐含量不大于3mg/L的有23套，占56%；脱后盐含量为3~5mg/L的有10套，占24%；脱后盐含量大于5mg/L的有7套，占17%。

电脱盐工艺管理水平的提高是另一个正在解决的问题。中国石化制订的《关于加强炼油生产装置"一脱三注"等工艺防腐蚀措施的管理规定》指出：加强工艺管理首先是健全管理机构和责任制，与此同时，要加强对原油和药剂的管理，做到合理调度、优化调配和进行严格的药剂质量检验。要加强工艺防腐蚀效果的检查与考核，同时要加强操作人员的素质教育。只有科学管理，加上高质量的生产操作，才能适应外部条件不断变化的需要，使电脱盐技术提高到一个新的水平。

第二节 原油电脱盐工艺

一、原油电脱盐基本原理

原油中的盐类大部分溶于原油所含的水中，以"油包水"或"水包油"形式存在，有少部分以不溶性盐颗粒悬浮于原油中，为了脱除原油中的盐类，在脱盐之前向原油中注入一定量的淡水，洗涤原油中的微量水和盐颗粒，使盐充分溶解于水中，然后与水一起脱除。含水的原油是一种比较稳定的油包水型乳化液，之所以不易脱除水，主要是由于它处于高度分散的乳化状态。特别是原油中的胶质、沥青质、环烷酸及某些矿物质这些天然乳化剂，它们具有亲水或亲油的极性集团，浓集于油水界面而形成牢固的单分子保护膜，从而阻碍了小颗粒水滴的凝聚，使小水滴高度分散并悬浮于油中，只有破坏这种乳化状态，使水珠聚结增大而沉降，才能达到油和水分离的目的。

原油电脱盐的基本原理是：通过向原油中注入一定量含氯低的新鲜水、破乳剂与原油充分混合，使原油中的盐类溶解于水中，然后在破乳剂（或外加超声波等）、电场和合适的温度、压力下，原油中的微小水滴聚集成较大的水滴，在重力作用下通过一定时间的沉降，使油水分离，从而达到脱盐脱水的目的。

原油和水两相的密度差是油水分离的推动力，而分散介质的黏度则是阻力，油和水这两个互不相溶的液体的沉降分离，水滴的沉降速度符合球形粒子在静止流体中自由沉降的斯托克斯（Stokes）公式，即：

$$U = k\, d^2(\rho_1 - \rho_2)\, g/18v\rho_2$$

式中　U——水滴沉降速度，m/s；

d——水滴直径，m；

ρ_1，ρ_2——水和油的密度，kg/m^3；

v——油的运动黏度，m^2/s；

k——常数；

g——重力加速度，m/s^2。

由上式可知，要增大沉降速度，主要取决于增大水滴直径和降低油的黏度，并使水与油密度差增加，前者由加破乳剂和电场力来达到目的；后者则通过加热来实现。破乳剂是一种与原油中乳化剂类型相反的表面活性剂，具有极性，加入后便削弱或破坏了油水界面的保护膜，并在电场的作用下，使含盐的水滴在极化、变形、振荡、吸引、排斥等复杂的作用后，聚成大水滴。同时，将原油加热到80~120℃，不但可使油的黏度降低，而且增大水与油的密度差（$\rho_1 - \rho_2$），从而加快了水滴的沉降速度。

两相间的密度差增大和分散介质的黏度减小，都有利于加速沉降分离，而这两个因素主要与原油的特性及所处的温度有关。温度升高时，原油的黏度减小，而且水的密度随温度下降而减小的幅度不如原油大，因此，提高温度对油水两相沉降分离是有利的。通过静电场可以使小水滴加速聚结成大水滴。由上式还可以看出，水滴的沉降速度与水滴直径的平方成正比,所以增大水滴直径可以大大加快它的沉降速度。因此,在原油脱盐脱水的过程中,重要的问题是促进水滴聚结,使水滴直径增大。

必须指出,斯托克斯公式中的沉降速度是指静止油层中水滴的沉降速度,而生产中电脱盐罐的原油进口通常在下方,出口在上方。因此,原油以一定的上升速度 W 从脱盐罐下部向上流动,若 $W > U$,水滴被油流携带上浮,所以只有当 $U > W$ 时,水滴才能沉降到脱盐罐的底部。

在电场作用下,可以促进原油中的微小水滴聚结成为较大颗粒水滴,原油中水滴沿电场方向极化,相邻液滴间的聚结力为:

$$f = 6qE^2 d^2 (d/D)^4$$

式中　f——相邻液滴间聚结力;
　　　q——油相介电常数;
　　　E——电场强度;
　　　D——相邻液滴中心距;
　　　d——乳化液滴直径。

由此可以看出,乳化液滴间的聚结力与电场强度平方成正比,增大电场强度有利于水滴间的聚结。但是,电场强度也并非越大越好,当电场强度过大时,反而会产生电分散现象,使一个大水滴分裂成为两个小水滴。因此,原油与水的分离,电场强度要适宜。乳化液滴直径与电场强度关系见下式:

$$d = \frac{C^2}{E^2}\delta^2$$

式中　d——水滴直径;
　　　C——系数;
　　　E——电场强度;
　　　δ——油水界面张力。

二、原油的乳化与破乳

(一)原油乳化液的形成

油和水是两种互不相溶的液体,如果其中一种液体在外力作用下,以微小液滴的形式分散于另一种液体中,便形成了乳化液体系。如果同时有乳化剂存在,则这种体系可以稳定地存在相当长的时间。原油在开采过程中,油、水和原油中的乳化剂(如沥青质、蜡、胶质、环烷酸、二氧化硅、硫化铁、铁的氧化物以及微小固体杂质等)受泵、阀门的机械作用,或在管线中的湍流作用下,可形成比较稳定的乳化液。

乳化液可分为三种类型:W/O型(水在油中)、O/W型(油在水中)、多相乳化液。

1. W/O型乳化液

含水原油乳化主要是形成油包水型乳化液(见图5-2-1)。这种乳化液呈黏稠液体状,电导率低,连续介质(原油)可被油溶性颜料染色,因此可通过染色法进行判定。

2. O/W型乳化液

主要表现为含油污水,其特征为电导率高,连续介质(水)可被水溶性颜料染色,可通过测定电导率和用染色法进行鉴别(见图5-2-2)。

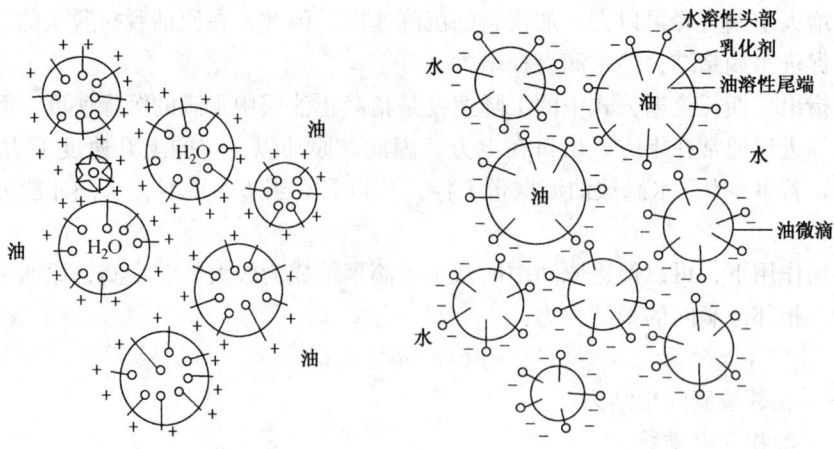

图 5-2-1　W/O 型乳化示意图　　图 5-2-2　O/W 型乳化示意图

3. 多相乳化液

这种乳化液是指 O/W 型和 W/O 型两种乳化同时存在于一个物系中，破乳相当困难（见图 5-2-3）。

（二）影响乳化液稳定的因素

1. 乳化剂的影响

乳化体系之所以可保持相对稳定状态，主要是乳化剂离子化作用的结果。乳化剂带有电荷，聚集于油水界面处，使乳化微粒带相同符号电荷，彼此相互排斥，从而维持体系的稳定。这类乳化剂有表面活性剂、盐类、皂类、洗涤剂等（见图 5-2-4）。

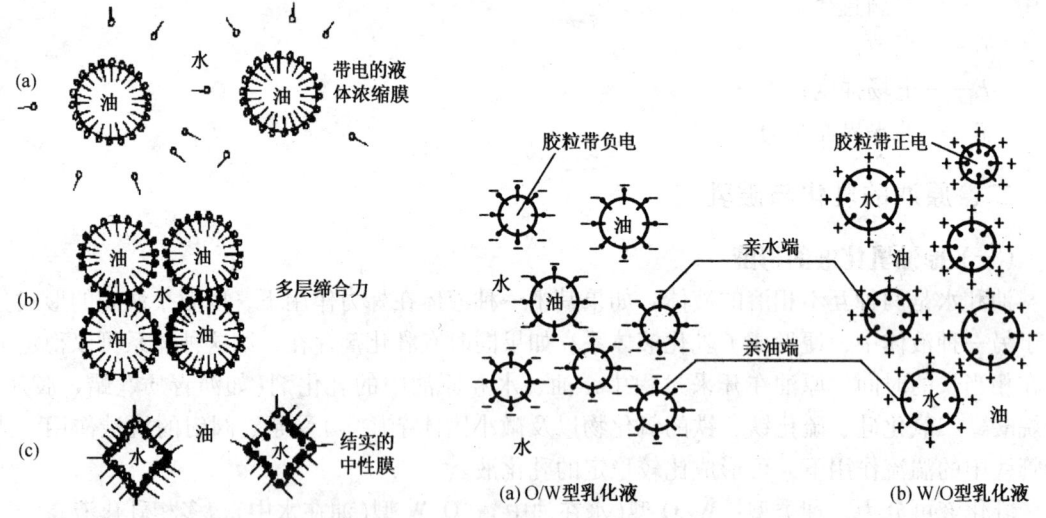

图 5-2-3　多相乳化示意图　　图 5-2-4　胶粒间静电作用示意图

油水界面如果吸附了微小固体颗粒时，可使界面膜得到强化，从而也可阻碍小水滴的聚结。这类乳化剂有尘埃、蜡、沥青质、硫化亚铁、焦粉、二氧化硅、金属微粒等。

几种典型的天然乳化剂对原油乳化液稳定性的影响如下。

（1）沥青质对原油乳化液的影响　根据传统的四组分分离方法，将原油分为饱和烃、芳香烃、胶质和沥青质。其中胶质和沥青质具有较强的极性和表面活性，吸附在油水界面形成具有一定强度的界面膜，使原油乳化液得以稳定。沥青质是原油乳化液天然乳化剂中最重要的组分，国内外研究天然乳化剂对原油乳化液稳定性的影响主要是针对沥青质进行的。沥青质的基本结构一般认为是以稠合的芳香环系为核心，周围连有若干个环烷烃、芳香烃和环烷烃上带有若干个长度不一的正构或异构烷基侧链，分子中含有 S、N、O 的基团，有时还络合有 Ni、V、Fe 等金属。沥青质含有许多极性基团，如—OH、—NH_2、—COOH 等。沥青质形成的界面膜强度大，可承受高压，沥青质含量越高，油水界面膜的强度越高，乳化液也越稳定。沥青质不仅对原油乳化液的形成及稳定有重要作用，而且对原油的性质、开采、运输及加工也有重要的影响。

（2）胶质与沥青质协同乳化作用对原油乳化液的影响　胶质是高极性并以真溶液形式存在于原油中的化合物，是影响原油乳化液稳定存在的另一个重要因素。在原油中的沥青质、胶质和高相对分子质量的芳烃之间具有密切的关系，重芳烃逐渐氧化形成胶质，胶质进一步氧化形成沥青质，因此，胶质与沥青质具有非常类似的结构。胶质的极性比沥青质强，当压缩胶质膜时，胶质中的极性基团相互作用，致使膜达到相同的表面压力时所需克服分子间阻力大，所需胶质的表面浓度比沥青质要少。就界面膜的强度而言，胶质形成的界面膜强度较小，这是由于胶质相对分子质量比沥青质小，为弱的有机酸，只显酸的性质，形成的界面膜为液体流动膜。胶质对沥青质颗粒的形成有明显的分散作用，胶质和芳烃可被沥青质吸收，吸收了原油中芳烃和胶质微粒的沥青质可充分分散在原油中，可以防止沥青质的沉淀，但很容易吸附到油-水界面上。

（3）蜡晶对原油乳化液的影响　原油中的蜡组分常含有极性基团，当温度较高时，蜡组分可以吸附在油水界面上，降低油水界面张力，当温度较低时，蜡组分形成的蜡晶聚集在油水界面，能提高界面膜的强度和乳化液的稳定性。原油中的蜡由正构烷烃、酯、脂肪醇等组成，或作为微粒（常常和黏土、矿物质等一起）吸附在油水界面上或作为连续相的黏性剂促进乳化液的稳定性。一些蜡晶滞留在水滴之间，阻碍水滴从油相挤出，或在水滴表面形成一定强度的蜡晶屏障，阻止水滴合并，提高乳化液的稳定性。特别是蜡的网状结构的形成，将水滴分隔包围，使水滴不能絮凝、沉降合并，因而促进乳化液的稳定性。温度越低，蜡的网状结构的强度越高，乳化液就越稳定。蜡以蜡晶形成稳定原油乳化液时，蜡晶的颗粒大小直接与乳化液的稳定性有关。一般来说，原油中的蜡含量超过 6% 就能增加乳化液的稳定性，但蜡对乳化液稳定性的影响更与原油中蜡晶的数目及状态有关。

（4）固体微粒对原油乳化液的影响　原油中的固体颗粒物吸附在油水界面，可以增加胶质、沥青质降低界面张力的能力，进而使原油乳化液更加稳定。极细的不溶性固体颗粒可组成一类重要的乳化剂，能在水和油相中部分湿润的固体微粒具有有效的稳定乳化液作用。吸附了表面活性剂的固体颗粒若附着在油水界面上，往往形成强度很好的吸附层，阻止液滴的聚并。固体颗粒稳定界面膜与高分子化合物稳定类似，是一种空间稳定，即由于固体颗粒的存在，液滴相互间距离较大，阻碍液滴的靠近和聚并，增加乳化液的稳定性。固体颗粒浓度增加时水滴平均体积减小，乳化液界面总面积增大，使乳化液的稳定性增大。具有稳定乳化液作用的固体颗粒尺寸一般在亚微米到几微米之间，为了滞留在液滴表面，微粒尺寸必须要比液滴尺寸小得多。

2. 原油性质的影响

除了乳化剂的影响外，下列因素可直接影响乳化液的稳定性：原油中的水滴越小，乳化液越稳定;原油含水量越高,乳化液稳定性越低;原油黏度越大,水滴聚结和沉降的阻力也越大,乳化液越稳定;根据斯托克斯定律,水滴在原油中的沉降速度与油水的密度差成反比,所以密度差越小,乳化液越稳定;乳化液存在时间越长,越不易破乳,也称作乳化液"陈化";水相pH值高于8时,容易生成皂类等表面活性物质,使乳化液稳定(这也是注入的洗涤水pH值应在6~7左右的原因);不同种类和类型的乳化剂,破乳的难易也不同,例如蜡类乳化剂,当加热到其熔点温度以上时,乳化作用便大大降低,而沥青质乳化剂破乳则比较困难。另外,当有电解质存在时,会使胶粒表面形成双电层,使得胶粒间相互排斥,阻碍水滴聚集,从而使稳定性增加。

3. 采油助剂的影响

油田为了提高原油的采收率,在采油过程中常常注入碱、表面活性剂和高分子聚合物等化学剂,这些化学剂的存在使原油乳化液的构成更加复杂,也更加稳定。研究发现,随着碱与油接触时间的延长,乳化液稳定性也增强,原因之一是碱能与油中的酸性物质发生反应生成油溶性表面活性剂。三次采油过程中加入的表面活性剂通常是水溶性的,易吸附在油水界面,降低界面张力,稳定乳化液。而高分子聚合物存在于乳化液中,增加界面膜间的排斥力及空间阻力,使膜强度增加,增加液膜黏度,对水滴的聚结产生阻碍作用,可以使乳化液更加稳定。

4. 温度的影响

温度也是影响乳化液稳定的重要因素。当温度高时,乳化剂在原油中的溶解度增大,使乳化膜减弱,同时小水滴在原油介质中的扩散速度加快。所以温度越高,乳化液的稳定性越差。

(三)乳化液的破乳

采取一些措施,设法破坏或减弱油水界面上乳化剂的稳定性,便可达到破乳的目的。这些措施包括:控制工艺条件,使乳化剂分解;加入化学药剂与乳化剂反应,使其失去或减弱乳化能力;提高温度,增加乳化剂在原油中的溶解度,从而减弱油水界面上乳化膜的强度并影响乳化剂的定向排列等。

1. 化学方法

原油中加入破乳剂是一种常用的化学破乳方法。破乳剂在原油中分散后,逐渐接近油水界面并被界面膜吸附。由于它有比天然乳化剂更高的活性,因而可将乳化膜中的天然乳化剂替换出来。新形成的膜是不牢固的,界面膜容易破裂而发生聚结作用,实现油水分离。破乳剂还有湿润原油中固体颗粒的作用,使其脱去外部油膜进入水相而脱掉。

2. 电场法

乳化液在电场中破乳主要是静电力作用的结果。无论是在交流还是在直流电场中,乳化液中的微小水滴都会因感应产生诱导偶极,即在顺电场方向的两端带上不同电荷,接触到电极的微滴还会带上静电荷,因而在相邻的微滴间和微滴与电极板间均产生静电力。微滴在静电力作用下运动速度加快,动能增加,相互碰撞的机会增多,最终动能和静电力位能克服乳化膜障碍,彼此实现聚结。

3. 其他方法

除上述破乳方法外,还有离心分离法:利用分散相和分散介质的密度差在离心力作用下实现分离;加压过滤法:使乳化液通过吸附层(如硅铝酸盐烧结材料等),乳化剂被吸附层吸附，乳化膜破坏，实现分离；泡沫分离法：使分散相油滴吸附在泡沫上，浮到水面，进行油水分离。另外，还有超声波辅助破乳脱盐脱水[4]、微波辐射破乳脱水[5]等方法。

目前大型工业化电脱盐装置的破乳过程可分为两个阶段：第一阶段为小水滴向一块聚集、相互靠近，即絮凝阶段；第二阶段为两个或多个小水滴聚结长大，变成大水滴（见图5-2-5）。

三、原油电脱盐典型工艺流程

1. 脱盐级数的确定

根据对脱后原油盐含量的要求，原油脱盐可采用一级脱盐、二级脱盐或三级脱盐。通常情况下，一级脱盐率为90%~98%，二级为80%~90%。当经二级脱盐后仍不能满足要求时，可考虑进行三级脱盐。可想而知，三级脱盐的能耗和成本要比一级或二级脱盐高得多，因此只有在特殊情况下才考虑选用。

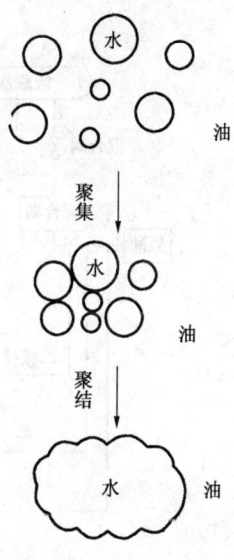

图5-2-5 破乳过程示意图

各厂对脱后原油盐含量的要求不尽相同，例如有渣油加氢或重油催化裂化的炼油厂，要求盐含量脱到3mg/L以下，若脱盐脱水只是为了减轻设备腐蚀，则一般脱到5mg/L以下即可。针对含硫原油脱盐脱水的实际情况，选择二级脱盐可达到脱后原油盐含量小于3mg/L、含水小于0.2%的指标，因此国内加工含硫（高硫）原油的炼油厂大都采用两级脱盐脱水流程。对于含酸（高酸）原油，由于其密度大、黏度大、金属含量高、沥青质含量高等特点，通常采用两级或三级电脱盐流程。表5-2-1是我国几种主要原油进炼油厂时含盐含水情况。

表5-2-1 我国几种原油进炼油厂时含盐含水

原油种类	含盐量/(mg/L)	含水量/%	原油种类	含盐量/(mg/L)	含水量/%
大庆原油	3~13	0.15~1.0	辽河原油	6~26	0.3~1.0
胜利原油	33~45	0.1~0.8	蓬莱原油	26~90	0.1~0.8
中原原油	~200	~1.0	新疆原油（外输）	33~49	0.3~1.8
华北原油	3~18	0.08~0.2			

2. 原油电脱盐典型工艺流程

图5-2-6为典型二级脱盐工艺流程。原油经热交换器与产品油换热后达到脱盐温度，与注入的破乳剂和水经静态混合器混合后从罐底部的分布管进入到一级脱盐罐中，在电场和破乳剂的作用下破乳脱盐。脱后原油从罐顶排出，进入二级脱盐罐进行二级脱盐，脱后原油用接力泵（经换热后）送去初馏塔。破乳剂和水的注入一般在静态混合器前注入，用串联的混合阀进行压差控制。

一般情况下，注水流程为新鲜水经与一级脱盐的排水换热升温后，注入到二级脱盐罐的静态混合器前；二级罐排水经升压后回注到一级脱盐罐的静态混合器前。换热后的一级排水排入污水系统。国内多数炼油厂为了节省新鲜水，采用污水汽提的脱硫净化水作为脱盐注水，不仅减轻了污水处理场的压力，而且从环保方面考虑也是有益的。

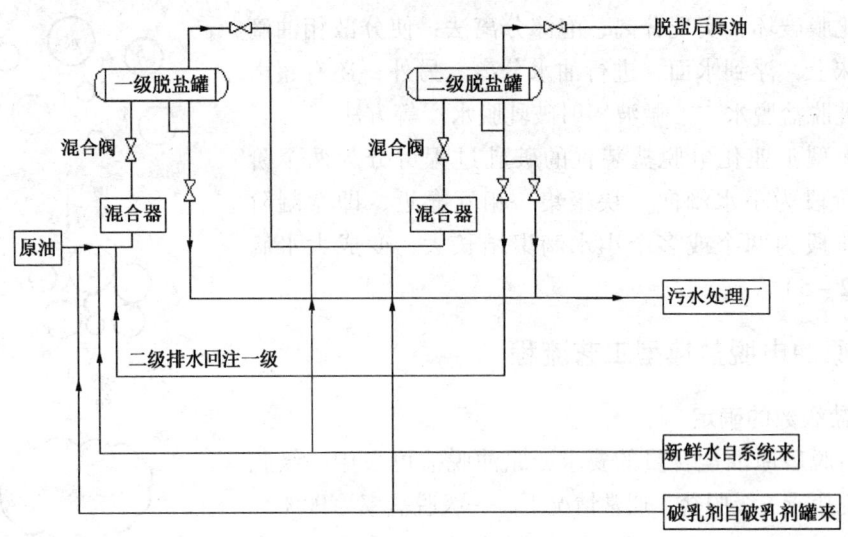

图 5-2-6 典型二级脱盐工艺流程

四、影响电脱盐效果的因素

1. 原油破乳剂的影响

破乳剂的作用机理是由于破乳剂具有比原油中乳化成膜物质更高的界面活性，能在油水界面上吸附或部分置换界面上吸附的天然乳化剂，并且与原油中的成膜物质形成具有比原来界面膜强度更低的混合膜，导致了油水界面强度减弱，使界面膜寿命变短，厚度变薄，当变薄到一定极限值时，界面膜破裂，将膜内包裹的水释放出来，水滴互相聚结形成大水滴沉降到底部，油水两相发生分离，达到破乳目的。随着破乳剂浓度增加，界面张力、黏度、弹性下降、脱水率增大；当浓度达到某一值时，界面张力、界面黏度、界面弹性变化幅度变小。破乳剂的作用就是破坏原油中形成的乳化膜，对确定的破乳剂，破乳效果的好坏与它的用量有很大关系，破乳剂用量的大小，取决于原油中乳化膜的多少。原油破乳中破乳剂的用量不是越多越好，它有一个临界聚结浓度，在达到临界聚结浓度前，破乳剂脱水效果随着破乳剂用量的增加而提高，但超过临界聚结浓度时，破乳效果下降或几乎不变。不同性质的原油需要不同类型的破乳剂，实际生产中仍需根据所加工的原油，有针对性地筛选破乳剂，而广谱破乳剂的开发是目前破乳剂研究工作的主要内容之一[6]。表 5-2-2 所示为目前广泛使用的破乳剂，破乳剂的用量，一般水溶性的为 $10\sim50\mu g/g$，油溶性的不大于 $20\mu g/g$，成本一般占脱盐成本的 60% 以上。

表 5-2-2 普通原油破乳剂的分类

类别代号	引发剂	理论结构式	聚合段数	代表性破乳剂
SP 型	一元醇	RO—A	三 段	SP169
BP 型	二元醇	RCHO—A | CH$_2$O—A	三 段	BP169 BP2040
GP 型	三元醇	RCHO—A | CHO—A | CH$_2$O—A	三 段	GP221 GP331

续表

类别代号	引发剂	理论结构式	聚合段数	代表性破乳剂
AP 型	多乙烯多胺	$\begin{array}{c} A \quad A \quad A \quad A \\ | \quad | \quad | \quad | \\ N(CH_2CH_2N)_n \cdot CH_2CH_2-N \\ | \quad \quad \quad \quad | \\ A \quad \quad \quad \quad A \end{array}$	三 段	AP221
AF 型	酚	ArO—A	二 段	AF3111
AE 型	多乙烯多胺	$\begin{array}{c} B \quad B \quad B \quad B \\ | \quad | \quad | \quad | \\ N(CH_2CH_2N)_n \cdot CH_2CH_2-N \\ | \quad \quad \quad \quad | \\ B \quad \quad \quad \quad B \end{array}$	二 段	AE1910
BE 型	二元醇	$\begin{array}{c} RCHO-B \\ | \\ CH_2O-B \end{array}$	二 段	BE2070

注：A—$(PO)_x(EO)_y(PO)_zH$；B—$(PO)_x(EO)_yH$；x、y、z、n—聚合度；PO—环氧丙烷；EO—环氧乙烷；R—烃基；Ar—芳基。

实践证明，破乳剂之间存在着协同效应，不同类型的破乳剂复合使用可以弥补单一破乳剂的不足。因此，破乳剂的复配也是研制开发广谱破乳剂的有效途径。

2. 脱盐温度的影响

温度是影响原油电脱盐的重要因素，它对脱盐过程的各个环节都有直接或间接影响。温度升高，原油黏度降低，油水界面张力减弱，热运动加快，乳化水滴碰撞聚结机会增多，促进水滴聚结沉降。同时，温度升高，也使某些破乳剂在原油中的溶解度增大，引起乳化膜破坏，有利于原油破乳脱水。根据斯托克斯（Stokes）公式，水滴直径变大和降低原油的黏度均有利于水滴的沉降分离。

不同原油的最佳脱盐温度并非完全按照理论计算求得，而是要根据诸多因素的影响进行综合优选。特别是脱盐温度升高时，也会带来负面效应：由于油水界面能减小，导致电分散加剧，电耗增加；对于水溶性破乳剂，当达到浊点温度时，破乳作用将急剧下降。表 5-2-3 是辽河原油脱盐温度与脱水沉降速度关系的实验数据；表 5-2-4 和图 5-2-7 是辽河原油脱盐温度与脱水、脱盐效果的数据和图表。可以看出，辽河原油的脱盐温度选择在 130~140℃ 为宜。

表 5-2-3 沉降速度与温度的关系（辽河原油）

脱盐温度/℃	水密度 $\rho_水$/(kg/m³)	油密度 $\rho_油$/(kg/m³)	水油密度差 $\Delta\rho$/(kg/m³)	$v_油$/(m²/s)	液滴相对沉降速度
50	—	—	—	97.7	—
100	958	875	83	17.0	u
110	950	872	78	13.5	$1.18u$
120	943	866	77	10.5	$1.50u$
130	934	859	75	8.7	$1.76u$
140	925	853	72	7.0	$2.11u$
150	916	847	69	5.9	$2.40u$

表 5-2-4 温度与脱水、脱盐效果的关系

脱盐温度/℃	原油含水/%		脱水率/%	原油含盐/(mg/L)		脱盐率/%
	脱前	脱后		脱前	脱后	
105	5.6	0.6	89.3	14.3	6.7	53.1
110	5.7	0.68	88.1	14.4	6.0	58.3
115	5.6	0.66	88.2	14.4	5.5	61.8
120	5.6	0.57	89.8	14.7	4.5	69.4
125	5.6	0.49	91.3	14.6	2.8	80.8
130	5.5	0.40	92.7	19.6	3.0	84.7
135	5.6	0.35	93.8	20.3	3.0	85.2
141	5.7	0.42	92.6	20.3	3.4	83.3

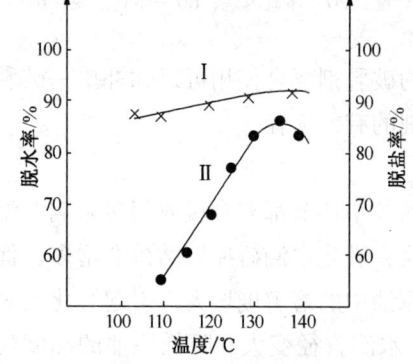

图 5-2-7 温度对脱盐效果的影响
Ⅰ—脱水曲线；Ⅱ—脱盐曲线

实践中，脱盐温度一般根据原油的密度来选定。当密度为 0.8500~0.8600g/cm³ 时，脱盐温度可选为 60~80℃；密度为 0.8700~0.8900g/cm³ 时，温度为 80~120℃；密度为 0.9000~0.9600g/cm³ 时，温度为 120~140℃。国外有资料推荐，重质原油脱盐温度一般在 126~149℃，最高不超过 163℃（受聚四氟乙烯高压引入棒使用温度限制）。

3. 电场强度的影响

根据电场性质不同，电脱盐常用的是直流电场和交流电场，乳化液中的水滴在电场中能够发生偶极聚结、电泳聚结和震荡聚结。在交流电场以偶极聚结和震荡聚结为主。当原油通过交流电场时，其中溶解有盐类的微小水滴在电场的作用下产生偶极性，水滴两端感应产生相反的电荷，在电场引力作用下水滴变长，由于是交变电流，水滴随之震荡，乳化膜强度减弱，相邻水滴相反极性端因互相吸引、碰撞使水滴破裂而复合增大，随着水滴的增大，水滴的沉降速度急剧上升，从而使油水分离。在直流电场中以偶极聚结和电泳聚结为主。经过直流电场时，原油中的含盐水滴在电场力的作用下同样产生偶极性，按电场方向排列成行，相邻的微滴之间，由于相邻端的电荷相反而存在相互吸引的静电引力，相邻水滴相互吸引而聚结。原油在输送过程中由于摩擦作用带有一定量正负电荷的水滴在电场作用下发生电泳现象，致使水滴间相互碰撞而聚结。水滴聚结到一定程度，依靠重力沉降到下层，实现油水分离，达到破乳脱盐的目的。

因为水是极性分子，当其处于电场中时，在电场的驱动下，水分子以前的无序化运动将有序化。在原油中，孤立小水滴的这种有序运动将利于它们汇聚成大水滴，达到油水分离（即脱水）的效果。随着电场的增加，电场的驱动作用也越来越大，水分子的运动也随之剧烈，脱水效果也将较为明显。但是并不是电压越高越好，一旦电压高到击穿电极之间的油水

介质，整个装置短路，就谈不上脱水，而且随着电压的增高，随之而来的是电流的相应增大，加大了装置的负荷。原油中水滴在电场中受到的作用力如图5-2-8所示。

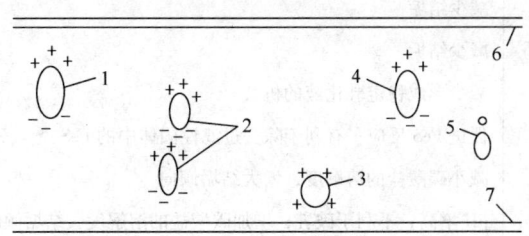

图5-2-8　高压电场中水滴所受作用力
1—被极化变形而带上电荷的水滴；2—两水滴在偶极间力作用下碰撞；
3—接触电极而戴上静电荷的水滴；4—较大水滴因极化而被拉长；
5—电分散作用分裂出小水滴；6—上电极；7—下电极

电场强度的选择应根据原油性质和脱盐温度进行评定。较大的电场强度有利于微小水滴的聚集，但实际上过高的电场强度不但使电耗上升，而且会使原油中水滴串联起来，造成电极短路，尤其当原油含盐含水量大时更为严重。从国内加工原油电脱盐的工艺条件来看，一般弱电场区的电场强度为300～400V/cm；强电场区的电场强度为700～1000V/cm。

4. 注水量的影响

注水的目的是为了洗涤和稀释原油中的含盐水滴，并在脱盐罐中将含盐水分离出去。注破乳剂、加热和电场作用只是对这一过程的强化。原油中增加注水量，可以提高水滴间的凝聚力，以利于水滴的聚结脱出。两个同样大小的球形水滴之间的聚结力F，可用均匀电场中两介质球间的作用力公式表示：$F = 6KE^2 r^2 (r/L)^4$，水滴聚结力F与r/L的4次方成正比。因此r/L是影响聚结力的重要因素之一，当水滴半径(r)增大或水滴间距(L)缩小时，F急剧增大。

当然，注水也不是越多越好。当注水量超过10%时，聚结力增大变化不大；相反，注水过量，会引起脱水不及时，造成水位上升，供电困难，甚至会造成冲塔事故。

注水量的多少取决于原油性质，并可通过理论计算求得。但为保证脱盐效率，一般脱盐排水的盐含量不应高于400mg/L。注水经混合后，最理想的状况是原油中所有水滴的盐含量相等，这时脱水程度也就相应于脱盐程度。实践证明，理想混合状况难以达到，因此实际注水量一般要超过计算注水量的5～10倍。这时，注入的一小部分水与原油中的含盐水混合，另一部分则起增加接触几率的作用。注水量一般控制在原油量的5%～8%。国外有资料报道，对于重质原油的脱盐，注水量应适当增加，一般为原油量的10%左右。

注入水的性质对脱盐效果也有较大影响，注水盐含量高会增加深度脱盐难度；注水pH值大于8时，会加剧乳化和使排水含油增加。注水性质对脱盐效果的影响见表5-2-5所示。

表5-2-5 洗涤水性质对原油脱盐效果的影响

洗涤水性质	对原油脱盐效果的影响
CO_3^{2-}/HCO_3^- 含量低	减少结垢
$CaCO_3$ 含量低	减少结垢
悬浮固体含量低	减少形成稳定乳化液的机会
pH值等于5.0~5.5	促进FeS反应；有利于除去过滤性固体中的FeS
pH值大于8.0	减小碳酸盐的溶解度，增大结垢倾向
氨含量高	pH增高；不利于破乳；增加碳酸盐的溶解度，结垢倾向增大
油含量高	分散于水中的油能增强乳化

在工业生产中，为了节约新鲜水和提高脱盐效率，一、二级脱盐均可有50%以上的排水进行级内循环使用，或者将二级排水回注到一级使用，这一工艺措施已被国内众多炼油厂采纳应用，是一项降低能耗和减少处理排水费用的有效措施。表5-2-6为中国石油锦西石化分公司进行辽河重质原油脱盐时注水量与脱盐率之间关系的试验数据。

表5-2-6 注水量与脱盐率的关系（辽河重质原油）

注水量/%	原油含水/%		脱水率/%	原油含盐/(mg/L)		脱盐率/%
	脱前	脱后		脱前	脱后	
2.0	2.7	0.35	87.0	15.3	5.6	63.4
3.0	3.6	0.40	88.9	15.9	5.8	63.5
3.5	4.0	0.37	90.8	16.0	5.6	65.0
4.5	5.1	0.42	91.3	16.4	4.7	71.3
5.0	5.6	0.45	92.5	16.9	3.9	76.9
5.5	6.2	0.56	91.0	16.6	3.9	76.5
6.5	7.0	0.78	88.9	16.9	4.9	71.0
7.0	7.6	0.83	89.1	6.7	4.8	71.2

5. 混合强度的影响

注入水与原油只有经过充分混合才能有效地萃取出其中所含的盐类，同时也可使原油中的固体不溶性盐得到润湿而被脱除。混合强度反映了油水的混合程度，总体而言，混合强度越高，混合效果就越好。但当混合强度过高时，会使分散在油中的水滴直径变小，这就是通常所说的过乳化现象，反而会使水滴沉降速度降低，影响脱水效果。因此，混合强度应有一个最佳值。当注入水被分散成直径为30μm的小水珠时，可以取得较好的脱盐效果。在工业生产中，混合强度是通过与静态混合器相串联的混合阀进行调节的。混合阀全开时，压降小、混合强度低；混合阀的压降越大，混合强度越高。表5-2-7为中国石油锦西石化分公司进行辽河重质原油脱盐时，混合强度与脱盐、脱水效果关系的一组实测数据，图5-2-9为混合阀压降与脱盐、脱水关系的一组曲线。从表5-2-7中可以看出，进行辽河重质原油脱盐时，混合阀压降在0.02~0.03MPa时的混合强度脱盐效果最好。

关于油水混合方式问题，有观点认为现行的混合技术并不能达到理想的混合状态，因而制约了脱盐效率的提高。特别是对于大型化的电脱盐装置，应加强高效混合器和新型混合阀的开发研究工作。

表 5-2-7 混合强度与脱盐脱水效果的关系(辽河重质原油)

混合阀压降/MPa	原油含水/%		脱水率/%	原油含盐/(mg/L)		脱盐率/%
	脱前	脱后		脱前	脱后	
0.00	5.6	0.29	94.9	16.5	5.6	66.2
0.02	5.7	0.43	92.6	16.7	3.8	77.6
0.03	5.6	0.45	92.0	16.7	3.8	77.0
0.04	5.7	0.79	86.1	16.6	6.6	60.0

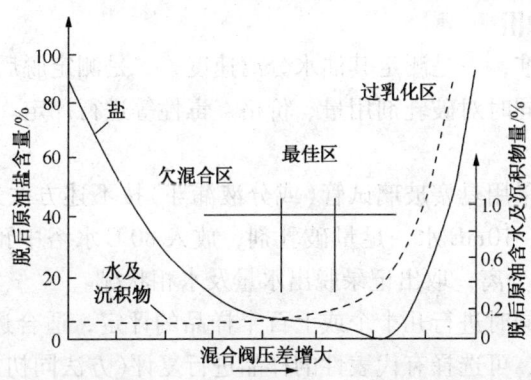

图 5-2-9 混合阀压降与脱盐脱水关系曲线

6. 原油在脱盐罐中停留时间的影响

原油和水在脱盐罐中的停留时间,不但影响生产效率,而且会影响脱盐脱水效果和排水含油的多少。根据原油在强电场中的上升速度和停留时间,可以计算出电极板间距,它是影响水滴聚结的一个重要参数。美国 Howe-Baker 公司推荐的不同密度原油的截面流率和折算出的原油上升速度见表 5-2-8。

表 5-2-8 不同 API 度石油的截面流率和上升速度

API 度	截面流率/[m³/(m²·d)]	原油上升速率/(cm/min)
大于 35	213.92	14.8
30~35	188.25	13.1
小于 30	150.02	10.4

原油和水在脱盐罐中的停留时间,除取决于原油在罐中的上升速度外,还取决于油水界面的位置。提高油水界面高度,可以延长洗涤水在罐中的停留时间。油水界面控制适当,才能保证脱盐操作稳定,因此油水界面控制也是重要的工艺操作参数。Howe-Baker 公司推荐的不同罐径的电脱盐罐中的油水停留时间见表 5-2-9。

表 5-2-9 不同罐径电脱盐罐中的油水停留时间

罐径/m	停留时间/min		折合在强电场停留时间/min	油水停留时间比
	油	水		
3.05	13.0	81.0	1.53	6.23
3.66	19.0	96.0	1.86	5.05
4.23	22.5	110.2	1.89	4.90

五、原油电脱盐评价技术

以电脱盐为基础的"一脱三注"（即电脱盐、注水、注氨、注缓蚀剂）工艺是控制常减压系统腐蚀的重要措施之一。由于不同原油乳化膜性质的差异，对所用破乳剂的种类、用量以及相应工艺条件的要求也不同，因此要对破乳剂及工艺条件进行筛选和评定。一般情况下，经实验室静态评价和动态模拟装置评价之后，便可在工业装置上进行工业应用试验。

（一）实验室静态评价

对破乳剂的评价标准，一是测定其油水分离速度，二是测定脱后原油盐含量、水含量以及排水油含量的多少，同时对破乳剂用量、价格、毒性等进行评定。

1. 破乳剂的初评

破乳剂的初评一般采用具塞玻璃试管（或分液漏斗）按下述方法进行：取100mL具塞玻璃试管，加入50g原油、10mL水、足量破乳剂，放入80℃水浴中预热10min后取出混合，再放入80℃水浴中静置分离，取出记录脱出水量及水相状况。

上述方法简单，可同时进行几十个或上百个样品的评定，适合进行破乳剂的初步筛选。在破乳剂初评的基础上，可选择有代表性的样品进行复评（方法同初评），以做进一步验证。

针对中国石化茂名分公司炼油厂加工的伊朗（轻）和沙特（轻）两种原油（原油性质见表5-2-10）所进行的破乳剂初评结果见表5-2-11。

表5-2-10 伊朗、沙特原油性质

项目	伊朗（轻）原油	沙特（轻）原油	项目	伊朗（轻）原油	沙特（轻）原油
密度/(g/cm^3)	0.864	0.858	金属含量/(μg/g)		
含水量/%	微量	微量	Na	1.0	1.6
盐含量/(μg/g)	7.3	12.0	Ca	0.4	0.6
			Mg	0.1	0.2

表5-2-11 破乳剂初评结果

破乳剂型号	产地	伊朗原油脱出水量/mL	水色	沙特原油脱出水量/mL	水色
AP221	南京	8.0	水清	9.0	水清
酚醛3111	南京	7.5	水清	9.0	水清
TA5031	西安	6.0	水清	8.0	稍混
RI-01	西安	8.0	水清	9.0	水清
RA-101	上海	7.5	水清	8.0	水清
9901	上海	8.0	水清	9.0	水清
9704	常州	8.0	水清	9.0	水清
DP1031	常州	3.0	水清	6.5	水清
EC-2043A	美国	8.5	水清	9.0	水清
茂名-2		7.0	水清	8.5	水清
E-532	日本	8.0	水清	9.5	水清
LY-AB	洛阳	8.5	水清	9.0	水清
LY-01	洛阳	8.0	水清	9.0	水清

2. 破乳剂的评选

由初评所得到的只是相对结果,在此基础上应进行模拟现场条件的进一步评选。这需要对脱后原油进行含盐、含水等项目的分析,从而判断破乳剂性能的优劣,得到比较接近现场实际条件的结果。

(1) 电脱盐试验仪及破乳剂评选仪　早期国内外评选破乳剂多采用热化学方法(也称瓶试法),不但速度慢、能耗大,而且与实际生产工艺差距较大。到 20 世纪 80 年代,美国 Petrolite 公司开始应用电化学方法进行评选试验,并制作出了电子试验仪器。在此期间中国石化石油化工科学研究院、金陵分公司南京炼油厂以及洛阳石化工程公司等单位先后进行了破乳剂试验仪的开发,并生产出了定型产品,从而为电脱盐破乳剂的评选工作带来了极大方便。以当前普遍使用的 YS 型电脱盐试验仪为例,该仪器可模拟工业电脱盐装置的所有工艺条件,因此不仅可用于破乳剂的评选,而且可用来优化电脱盐工艺参数,为工业电脱盐装置的设计提供参考数据,也可用来指导破乳剂的生产。

YS-4 型电脱盐试验仪可进行的试验内容如下:

① 模拟工况条件评选破乳剂,确定最佳破乳剂型号及用量;
② 优化电脱盐强、弱电场强度以及原油在电场中的停留时间;
③ 试验不同温度条件下的脱盐效果,确定最佳脱盐温度;
④ 评定电脱盐最佳注水量;
⑤ 试验电脱盐最佳混合强度。

YS-4 型电脱盐试验仪如图 5-2-10 所示。其工作原理为:由多档变压器输出的高压通过电压分档调节器将其分为两组:一组为弱电场,另一组为强电场。用过流保护器检测线路是否过载,当线路发生短路或有其他故障时,可自动切断高压;情况正常时,则直接将高压施加于电脱盐器上。电脱盐器中的原油样品在电场作用下,水滴凝聚沉积于下部锥体内,试验结束后,通过放水阀将含盐水放出。加热器通过导热液将热量传导给电脱盐器中的原油样品,控制器控制试验温度。仪器中 6 个并联的电脱盐器每次可进行 6 种样品(或 6 种配比)的试验。

图 5-2-10　YS-4 型电脱盐试验仪

仪器的主要技术指标:

仪器工作性质　　　　　　　　　连续
功率/W　　　　　　　　　　　　1000

温度调节范围/℃	0~200
弱电场强度/(V/cm)	200~1200
强电场强度/(V/cm)	750~1750
预热控制时间/min	10
弱电场控制时间/min	0~99
强电场控制时间/min	0~99
沉降控制时间/min	0~99
每次试验样品数/个	6
试验周期/min	60

（2）评选方法 以 YS-4 型电脱盐试验仪为例进行说明。

向脱盐器中加入 50g 原油、2.5mL 水、一定量破乳剂，在 110℃下预热 10min 后取出；经充分摇混后再次将脱盐器放入试验仪内，在 110℃恒温条件下，于弱电场（400V/cm）中停留 4min、强电场（800V/cm）中停留 2min，再静置 24min 取出。从脱盐器下部放出沉积水，观察水相状况；从上部取出原油，分析油中含盐含水量。在同样条件下进行第二级脱盐试验，分析二级脱盐后原油含盐含水情况。

表 5-2-12 是模拟现场条件所进行的破乳剂评选结果。从评选结果可以看出，选用 LY-AB 和 LY-01 两种破乳剂可使伊朗和沙特原油达到二脱后原油含水小于 0.3%，含盐小于 3mgNaCl/L 的指标。为与在亚洲用量较大的 NALCO 公司 EC-2043A 破乳剂进行比较，特选择 LY-AB 和 EC-2043A 两种破乳剂继续进行电脱盐工艺条件的优化实验。

表 5-2-12 模拟现场条件的破乳剂评选结果

破乳剂	伊朗原油（二脱后）		沙特原油（二脱后）	
	含盐量/(mgNaCl/L)	含水量/%	含盐量/(mgNaCl/L)	含水量/%
EC-2043A	4.5	0.19	4.0	0.17
E-532	4.5	0.22	4.2	0.18
LY-AB	2.6	0.18	2.3	0.15
LY-01	2.8	0.19	2.6	0.16

3. 电脱盐工艺条件的优化[7]

在脱盐过程中，工艺条件起着非常重要的作用。适宜的工艺条件既能保证脱盐效果，又能使生产成本保持在最低水平。工艺条件的优化主要包括破乳剂用量、脱盐温度、注水量以及电场强度的确定等实验。

（1）破乳剂用量实验 向脱盐器中加入 50g 原油、2.5mL 水，分别注入不同量的破乳剂，置于 SH-1 型电脱盐试验仪中，在 110℃温度下预热 10min 后取出摇动，使油水充分接触。继续放入仪器中，加 400V/cm 弱电场 4min、加 800V/cm 强电场 2min，静置 24min 后取出，放出下部水相。

同样条件下进行二级脱盐，并分析二级脱后原油的含盐含水量。

加入不同量的 EC-2043A 和 LY-AB 破乳剂，对伊朗和沙特原油进行的实验结果见表 5-2-13 和图 5-2-11 所示。

表 5-2-13 破乳剂用量实验

破乳剂型号	用量/(μg/g)	伊朗原油(二脱后)		沙特原油(二脱后)	
		含盐量/(mgNaCl/L)	含水量/%	含盐量/(mgNaCl/L)	含水量/%
EC-2043A	5	4.8	0.24	4.2	0.21
	10	4.6	0.20	4.1	0.18
	15	4.5	0.19	4.0	0.17
	20	4.5	0.20	4.0	0.17
LY-AB	5	2.9	0.20	2.7	0.18
	10	2.7	0.19	2.3	0.17
	15	2.6	0.18	2.3	0.15
	20	2.6	0.19	2.3	0.16

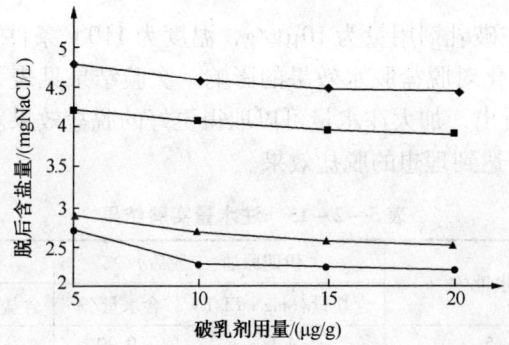

图 5-2-11 破乳剂用量对脱后含盐量的影响
◆—EC-2043A,伊朗原油;■—EC-2043A,沙特原油;
▲—LY-AB,伊朗原油;●—LY-AB,沙特原油

从上述实验结果可以看出,破乳剂用量超过 10μg/g 时,原油脱后含盐含水量变化不大,因此选择破乳剂用量为 10μg/g 进行下步实验。

(2)脱盐温度实验 在破乳剂用量为 10μg/g 条件下,改变脱盐温度(其他条件不变),考察温度变化对脱盐脱水效果的影响。实验结果见表 5-2-14 和图 5-2-12 所示。

从实验结果可以看出,脱盐温度选择 110℃ 左右比较合适。

表 5-2-14 温度对脱盐效果的影响

破乳剂型号	温度/℃	伊朗原油(二脱后)		沙特原油(二脱后)	
		含盐量/(mgNaCl/L)	含水量/%	含盐量/(mgNaCl/L)	含水量/%
EC-2043A	100	4.7	0.25	4.2	0.22
	110	4.6	0.20	4.1	0.18
	120	4.3	0.19	4.0	0.18
	130	4.3	0.21	4.1	0.19
LY-AB	100	3.0	0.22	2.5	0.20
	110	2.7	0.19	2.3	0.17
	120	2.5	0.19	2.3	0.18
	130	2.7	0.18	2.4	0.16

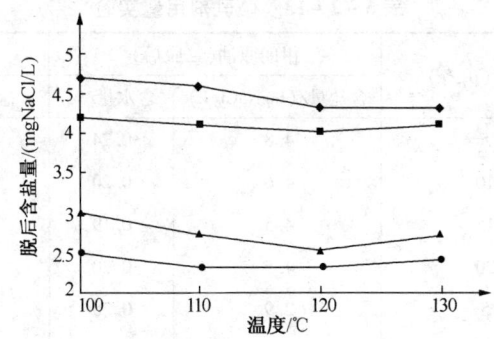

图 5-2-12 温度对脱后含盐的影响
◆—EC-2043A，伊朗原油；■—EC-2043A，沙特原油；
▲—LY-AB，伊朗原油；●—LY-AB，沙特原油

(3) 注水量实验　在破乳剂用量为 10μg/g，温度为 110℃ 条件下，改变注水量（其他条件不变），考察注水量变化对脱盐脱水效果的影响。实验结果见表 5-2-15 和图 5-2-13 所示。从实验结果可以看出，加大注水量可以取得更好的脱盐效果。当使用 LY-AB 破乳剂时，注入 5% 的水量便可达到理想的脱盐效果。

表 5-2-15　注水量实验结果

破乳剂型号	注水量/%	伊朗原油（二脱后）		沙特原油（二脱后）	
		含盐量/(mgNaCl/L)	含水量/%	含盐量/(mgNaCl/L)	含水量/%
EC-2043A	5	4.6	0.20	4.1	0.18
	7	3.5	0.21	3.0	0.19
	10	2.9	0.23	2.7	0.21
LY-AB	5	2.7	0.19	2.3	0.17
	7	2.4	0.20	1.8	0.19
	10	1.7	0.22	1.4	0.21

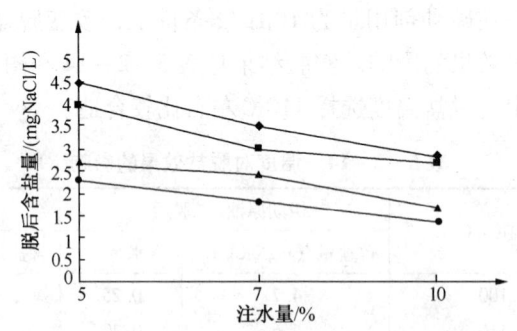

图 5-2-13　注水量对脱盐效果的影响
◆—EC-2043A，伊朗原油；■—EC-2043A，沙特原油；
▲—LY-AB，伊朗原油；●—LY-AB，沙特原油

(4) 电场强度实验　在破乳剂用量为 10μg/g，温度为 110℃、注水量为 5% 的条件下，改变强电场强度的实验结果见表 5-2-16 和图 5-2-14 所示。

表 5-2-16 电场强度实验结果

破乳剂型号	电场强度/(V/cm)	伊朗原油(二脱后)		沙特原油(二脱后)	
		含盐量/(mgNaCl/L)	含水量/%	含盐量/(mgNaCl/L)	含水量/%
EC-2043A	800	4.6	0.20	4.1	0.18
	1000	4.5	0.20	4.0	0.19
	1200	4.5	0.21	3.8	0.18
LY-AB	800	2.7	0.19	2.3	0.17
	1000	2.7	0.18	2.3	0.17
	1200	2.6	0.19	2.4	0.15

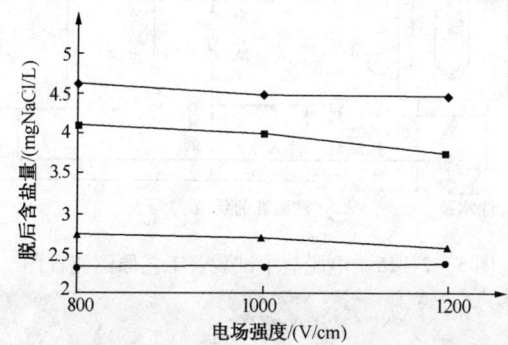

图 5-2-14 电场强度对脱盐效果的影响
◆—EC-2043A,伊朗原油; ■—EC-2043A,沙特原油;
▲—LY-AB,伊朗原油; ●—LY-AB,沙特原油

当电场强度从 800V/cm 增加到 1200V/cm 时,脱后原油含盐含水量变化不大,所以选择强电场强度在 800~1000V/cm 即可。

对伊朗(轻)和沙特(轻)两种原油所进行的电脱盐工艺条件优化结果如下:

脱盐温度/℃	110
破乳剂用量/(μg/g)	5~10(每级)
注水量/%	5~7(每级)
弱电场强度/(V/cm)	400
强电场强度/(V/cm)	800~1000
弱电场停留时间/min	4
强电场停留时间/min	2
总停留时间/min	30

(二)动态模拟(中试)装置评价

用静态方法评选出的破乳剂和优化条件可在动态(中试)条件下做进一步考核。动态试验与工业现场更加接近,因此可靠性也更高。

动态模拟装置制作费用较高,试前准备工作和试后清洗均较静态方法繁琐。因此,有时也可不经过中试,而直接将静态评定结果用于工业生产,并在生产实践中进行适当优化调整。

1. 中试装置工艺流程

以 SH-2 型动态模拟试验装置为例,该装置采用微机控制,电脱盐工艺参数基本上可完全模拟工业现场条件。每小时处理量为10L,每个脱盐罐容积为5L,原油在罐中停留时间为30min,采用双层极板结构,电压可调,与工业现场情况吻合。工艺流程见图5-2-15所示,中型实验装置见图5-2-16。

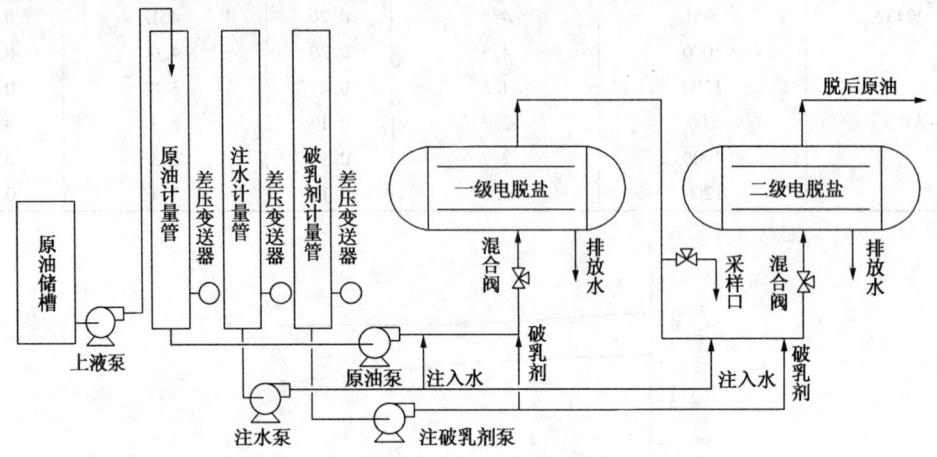

图 5-2-15 电脱盐中试装置工艺原则流程图

图 5-2-16 电脱盐中型实验装置

2. 中试工艺条件

根据实验室静态评价结果确定的中试操作参数如下:

脱盐温度/℃	110
强电场强度/(V/cm)	800
弱电场强度/(V/cm)	400
压力/MPa	1.5

中试注水、注破乳剂采用的混合方式是机械搅拌,与现场不相对应,需要进行现场调节。

3. 试验结果

仍以伊朗原油为实例进行中试试验,其结果见表5-2-17所示。可以看出,当注水量提高到5%、破乳剂用量在$5\mu g/g$以上时,二级脱后各项指标合格。综合考虑多种因素,伊朗原油脱盐参数应为：注水量5%~7%（每级）；破乳剂注量5~10μg/g（每级）。

表5-2-17 伊朗原油中试试验结果

采样时间	破乳剂(LY-AB)每级注量/(μg/g)	每级注水量/%	原油含盐量/(mgNaCl/L)	二脱后含盐量/(mgNaCl/L)	二脱后含水量/%	二脱后Na⁺含量/(μg/g)	排水含油量/(mg/L)
9:00	5.0	3		3.5	0.20	—	—
11:00	5.0	5		2.5	0.17	0.4	60
13:00	3.0	5	7.3	3.0	0.30	—	—
15:00	5.0	7		1.8	0.17	0.2	—
17:00	7.5	5		2.4	0.14	0.3	50

第三节 原油电脱盐装备

原油电脱盐效果的好坏是多种原因的综合体现，除了前节所述需要进行工艺操作条件的优化之外，良好的脱盐设备也是非常重要的条件。例如：电源设备是装置安全平稳运行的可靠保证；合理的极板结构既可得到适宜的电场强度，又可使电场均匀；静态混合器的使用有效地改善了混合效果；油水界面控制器可减小界面波动，从而使弱电场稳定；改进进油分配方式可适应原油性质和处理量的变化，并有利于油水分离。协调好上述各因素之间的关系，既可做到安全生产，又可达到降低电耗和提高脱盐效率的目的。

一、电脱盐罐

1. 通用型电脱盐罐

常规电脱盐罐外形见图5-3-1。

通用型交流电场电脱盐罐内部结构如图5-3-2所示。

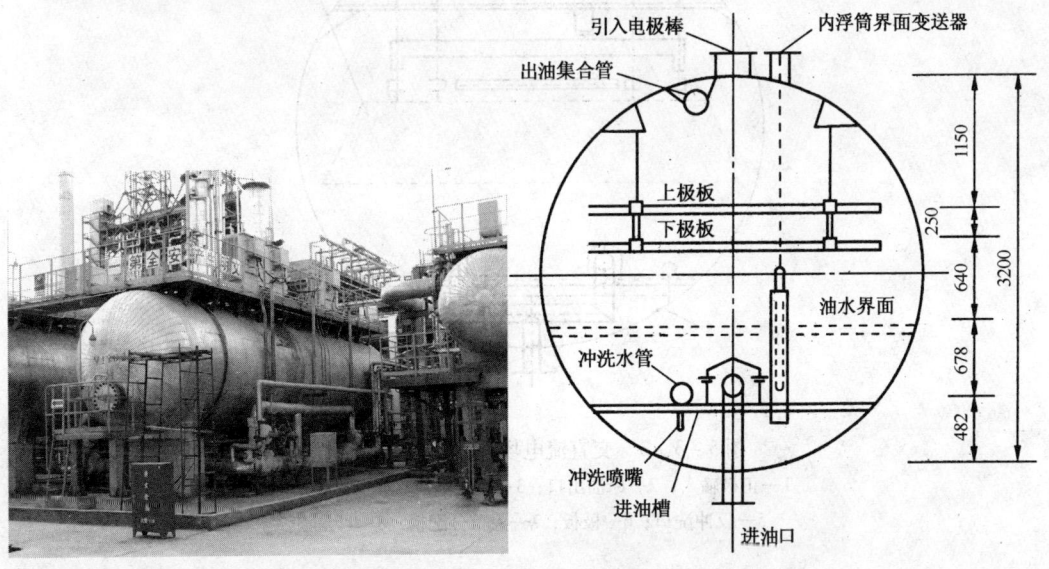

图5-3-1 常规电脱盐罐　　　　图5-3-2 电脱盐罐内设备布置

电脱盐罐内的电极板结构是多种多样的。图中所示为最常见的交流电场二层水平电极板结构。通电的下层极板与水层之间构成弱电场，大部分水滴在这一区域聚结沉积，其余一小部分随油一起进入两层极板间构成的强电场区，并得到进一步分离。油水界面采用内浮筒界面变送器进行控制。电脱盐罐的底部设有进油分配器和水冲洗喷嘴，罐顶设有出油集合管以及防爆低液位开关等部件。

图5-3-3所示为交直流电场垂直组装极板结构[8]。交直流电脱盐设备采用全阻抗型和硅整流的防爆升压变压器，以直流电输入罐内垂直电极板上。每两块垂直极板间为半波直流强电场，由于正负极板上的电压交替出现，垂直极板的下端与水层之间同时构成交流电场，其电场分布示意图见图5-3-4。直流电场使进入场区的小水滴带电，并沿电力线向相反极性的极板移动。在此过程中，小水滴相互碰撞、聚集，并聚结成大水滴从原油中沉降分离。这种结构具有直流脱盐效率高的优点，而又不像单纯直流电场脱盐那样电耗大。

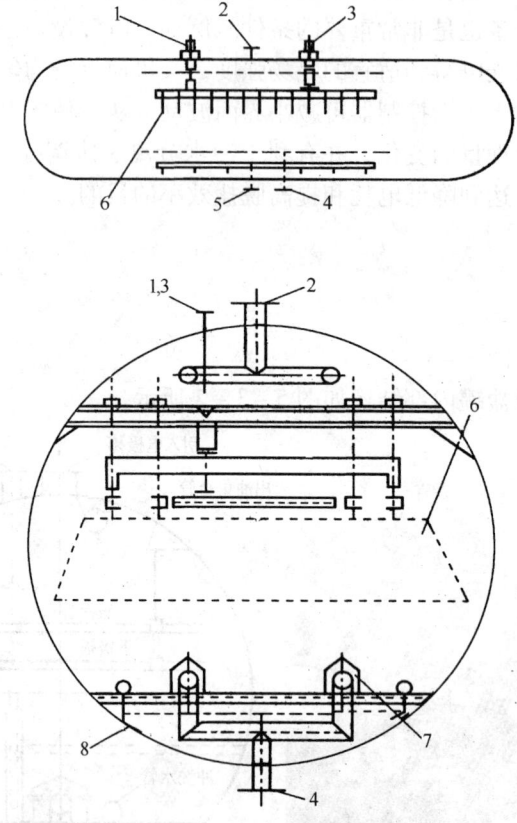

图5-3-3　交直流电场垂直极板结构简图
1—正极输入；2—原油出口；3—负极输入；4—原油入口；
5—反冲洗口；6—极板；7—入口分配槽；8—冲洗管

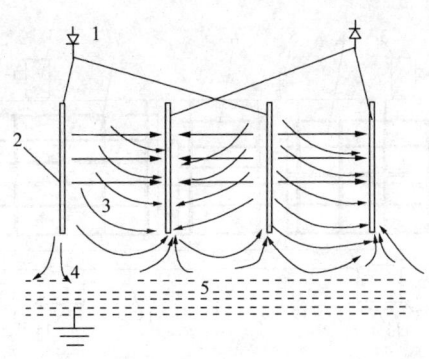

图5-3-4 交直流电脱盐罐电场分布示意图
1—电源;2—电极板;3—直流电场区;4—交流电场区;5—油水界面

2. 平流式电脱盐罐[9]

平流式电脱盐罐的主要特点在于罐中电极结构由鼠笼式电极构成,分弱电场区、过渡电场区和强电场区,整个罐内部都充满了电场。原油以水平方式进入罐中,依次通过三个不同强度的电场,分段脱水。下沉水滴沿原油流动方向呈水平抛物轨迹下沉(见图5-3-5),解决了老式脱盐罐存在的上升油流对下沉水滴的阻滞作用,从而缩短了水滴下沉时间。进罐原油始终在电场的作用下,空间利用率高,提高了电场对原油的作用时间,在相同处理量条件下,罐的体积小、耗电省,经工业应用表明效率可提高20%~50%。

图5-3-6为平流式电脱盐罐示意图。原油从罐的一端进入罐内,经过原油分配器沿水平方向流向罐的另一端,从原油集合器排出。注水、注破乳剂均在混合部位前进行。脱出水收集在罐下方的水包中,可迅速将脱下水排出。

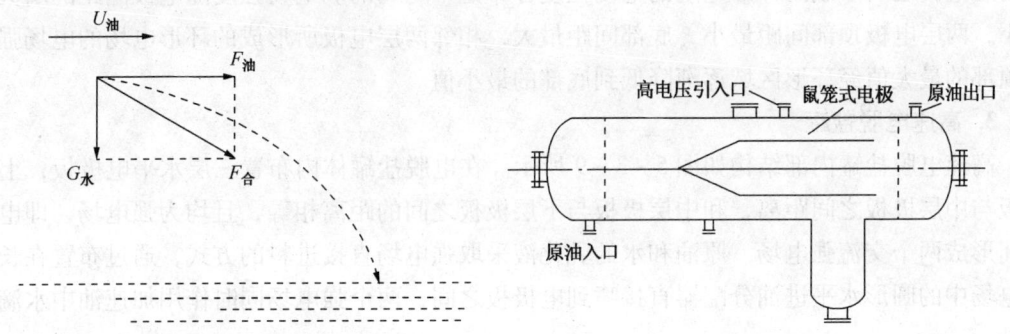

图5-3-5 平流式脱盐水滴下降轨迹 　　图5-3-6 平流卧式电脱盐罐示意图

罐内设有三段呈放射状鼠笼式电极板,由高压聚四氟乙烯绝缘棒吊挂在内壁四周。供电系统采用全阻抗超高压防爆变压器,通过复合型高压电柔性引入装置与极板相联,安全可靠。适合于海上采油的大型平流式电脱水(脱盐)罐则采用多层鼠笼极板偏心安装结构,上有吊挂,下有支撑,并设有防浪板,以适应浮动环境的安全生产。

多层鼠笼式电脱盐设备[10]结构示意图见图5-3-7,鼠笼式电极结构示意图见图5-3-8。

多层鼠笼式电脱盐设备电极组合件由横断面均为圆环形的2~3层电极组成,由绝缘支撑及绝缘吊挂固定在罐体的内壁上。环形电极组合件安装于油水界面与罐体的顶部之间,各层电极采用鼠笼形结构,由支撑圈及钢管组成,油和水可以经空隙自由流动。鼠笼式电极中的任意相邻两层电极之间的间距从顶部到底部逐渐增大,当电极组合件通入高压电之后,相

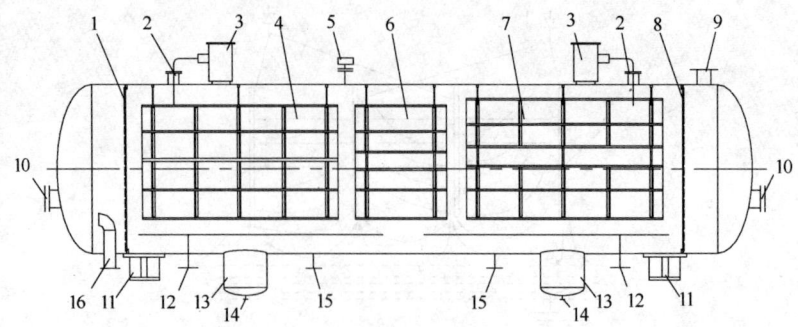

图 5-3-7　多层鼠笼式电脱盐罐结构示意图

1—分配器；2—高压引入；3—变压器；4—弱电场区；5—界位计；6—过渡电场区；
7—强电场区；8—集合器；9—原油出口；10—人孔；11—鞍座；12—吹扫管；
13—水包；14—水出口；15—排放口；16—原油入口

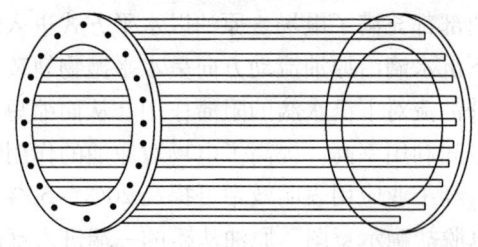

图 5-3-8　鼠笼式电极结构示意图

邻两层电极之间形成的环形电场的电场强度分布是不均匀的。电场强度随电极间距的增大而减小，两层电极顶部间距最小，底部间距最大，相邻两层电极所形成的环形电场的电场强度由顶部的最大值经环形区域逐渐降低到底部的最小值。

3. 高速电脱盐罐

高速电脱盐罐内部结构如图 5-3-9 所示。在电脱盐罐体内布置三层水平电极板，上层极板与中层极板之间距离，和中层极板与下层极板之间的距离相等，且均为强电场，即电极板间形成两个交流强电场。原油和水的乳化液采取强电场直接进料的方式，通过布置在长方形电场中的圆形水平进油分配器直接喷到电极板之间，两个强电场同时作用加速油中水滴的聚结。

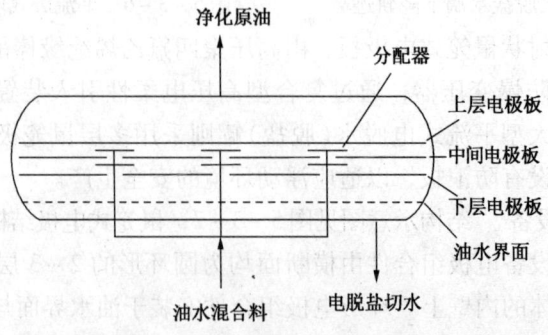

图 5-3-9　Petrolite 公司高速电脱盐罐结构示意图

高速电脱盐罐由水相进油改为油相进油,这种进油方式大大缩短了油流路径,原油不必从水相中慢慢上浮,而直接进入罐体中上部的电场中;油流也不必与沉降的水滴逆向接触,不会将水滴反向带入油中,使进油速度提高成为可能,从而实现小罐体大处理量的目标。高速电脱盐设备的显著优点就是比传统电脱盐设备处理量大,占地空间小,对于轻质原油脱盐脱水效果较好。

几种电脱盐设备的特点及优缺点见表5-3-1。

表5-3-1 几种电脱盐设备对比

名 称	主要特点	优 点	缺 点	适用范围
水平板式脱盐罐	电极板为水平板式,形成交流强电场及交流弱电场	结构简单,适用范围广	电场空间小,脱盐深度较差	适用于各种原油
交直流脱盐罐	电极板为垂直悬挂,极板间形成直流强电场,极板下端与油水界面形成交流弱电场	原油深度脱盐效果好,节省电耗	电极复杂,易腐蚀	适用于各种原油
鼠笼式脱盐罐	电极为锥形或圆环形,电场强度从顶部到底部逐渐减弱	电场空间大,对重质、劣质油脱盐效果好	电极复杂	适用于各种原油
高速脱盐罐	电极板为水平板式,由油相进油	罐体体积小,处理量大	对重质油适用性差	轻质油

二、供电系统

1. 脱盐专用变压器

根据电脱盐装置的特点,电源变压器要具备下述功能:①输出电压可调,以适应不同性质原油的需要;②理想的特性曲线,特别是在输出短路时,电流不应超过允许值;③具有防爆结构;④运行可靠、维护方便。国外电脱盐装置多采用单相变压器,国内的电脱盐装置大多使用防爆型电抗变压器供电系统,有两种形式,一种是单相防爆型电抗变压器,电源侧电压为380V,高压侧引出为13~22kV,可分为五档分级调压;另一种是三相防爆电抗变压器,输入电压为380V,输出电压可在25kV、30kV和35kV三个挡次内调节,以控制电场强度。

电脱盐交流变压器提供高压交流电,电压波形图见图5-3-10,直流变压器提供高压直流电,电压波形图见图5-3-11。

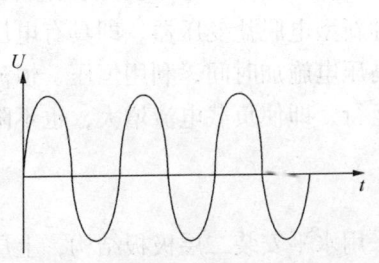

图5-3-10 电脱盐交流电压波形

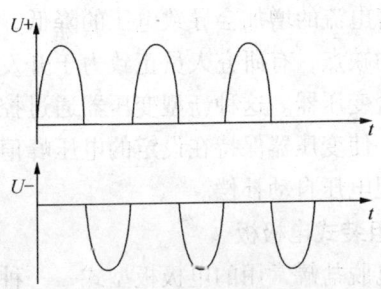

图5-3-11 电脱盐直流电压波形

电脱盐变压器的外形如图 5-3-12 所示。若高压侧引出为 22~40kV，电源侧电压为 380V、50Hz，输出电压档位通常为 16/22/28/34/40kV。

21 世纪初期，电脱盐脉冲供电系统成功得到工业应用，脉冲供电系统主要由脉冲变压器和控制系统构成。脉冲变压器作为设备主体，由低压防爆接线盒、脉冲变压器主体、防爆高压接线盒等构成。主输入电缆经低压防爆接线盒和隔离密封接线柱接入脉冲变压器内部，经过逆变、升压、二次整流后输出。脉冲变压器能够根据负荷的变化改变变压器的输入功率，它与电抗器的不同之处是功率以时间为基础随脉冲频率和宽度的变化而变化，而不仅仅是通过改变电压来实现。在相同条件下，脉冲电场强度较交流、直流电场强度高 2~5 倍，同时，脉冲间隙供电还可达到节电的目的。

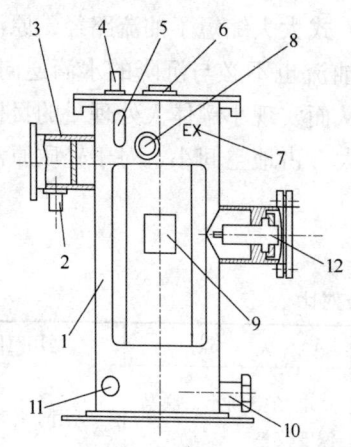

图 5-3-12 电脱盐变压器外形图

1—变压器主体；2—防爆进线口；3—低压出线盒；
4—吸湿器弯管；5—油表；6—压力释放阀；
7—防爆标志；8—温度计；9—铭牌；10—接地螺栓；
11—放油阀（取油样）；12—高压套管

图 5-3-13 为双向脉冲电压波形，即输出电压没有经过整流，其特征在于电场方向周期变换。图 5-3-14 为单向脉冲变压器，即输出电压经过整流，其特征在于电场方向不变。

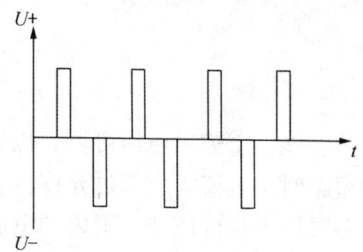

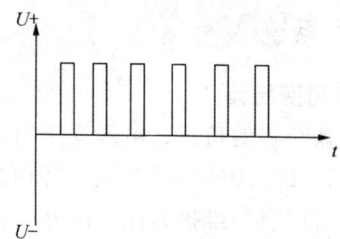

图 5-3-13 双向脉冲电压波形　　　图 5-3-14 单向脉冲电压波形

目前电脱盐装置采用的变压器均为全阻抗（或称高阻抗）变压器，其特点是：在输入侧串联（或相当于串联）了大的阻抗器，当负载电流（即电脱盐罐内电场电流）增大时，输入侧电流增大，阻抗器阻值增大，起到限流作用，从而保护变压器。在实际生产中，由于原油性质等条件变化导致原油乳化液电导率经常变化，变压器的全阻抗特性虽然很好地保护了变压器，但随着电流的增加会导致电压的降低，从而使系统操作不稳定。为了克服目前所用全阻抗变压器的缺点，有研究人员正致力于开发一种新型电脱盐变压器，即具有电压自动补偿功能的电脱盐变压器。这种新型变压器通过控制高压电施加时间，利用恒压、恒流控制或负载响应控制，使变压器保持在设定的电压峰值下运行，即使负载电流增大，也不降低运行电压峰值，实现电压自动补偿。

2. 预组装式电极板

国内电脱盐罐常用的电极板型式，一种是采用水平安装二层极板结构，上层接地，下层通电，多采用交流供电，每层极板由型钢制成梁架，再在其上组装单块极板；另一种是采用垂直吊挂式变极距电极板，正负极相间分布，交直流供电，垂直极板间产生的电场可使随油流向上运动的小水滴同时做水平移动，从而可增加小水滴碰撞聚集的几率。这些部件先在工厂预制好，然后在现场组装，十分方便。带电极板以聚四氟乙烯棒作绝缘吊挂，绝缘性能好，抗拉强度高，在工业应用中具有较大安全系数。

3. 高压电极棒及高压电柔性引入设备

复合绝缘高压电极棒是电脱盐设备中的重要部件之一，是变压器的高压引出和脱盐罐的高压引入部件，它既要将高压电引入到电脱盐罐内的电极板上，保证不击穿，又要保证在电脱盐罐内较高压力状态下原油不泄漏。因此，高压电引入棒必须采用良好的绝缘、可靠的密封，以保证电脱盐装置长周期安全运行。通常，高压电引入棒的技术性能如下：①绝缘耐电压达 50kV 以上，保持电压 5min 不击穿；②耐油压达 3.5MPa，30min 不渗漏；③使用温度 $-20 \sim 180℃$。

电脱盐变压器高压输出端，与安装在电脱盐罐上的高压电引入棒之间的连接，采用充油型高压特种电缆柔性连接装置。它由高压特种电缆、不锈钢耐压保护软管、高绝缘接插杆插接件等组成。高压电引入棒安装在电脱盐罐上的电极套管内，高压特种电缆一端与高压电引入棒相连，一端与变压器高压输出端连接。与变压器的连接，可以采用插接式连接件，也可采用螺母固定缆芯连接。高压特种电缆外套用不锈钢耐压保护软管加以保护。为保证保护软管和电极套管内始终充满变压器油，在变压器的高压引出的上方装有高位油箱和溢流阀，发生事故时将泄漏的原油排至地漏，溢流阀的整定压力一般为 $0.05 \sim 0.1MPa$。高压电缆为特种高压电缆，允许在 150℃ 以下环境中安全使用。

三、辅助设施

1. 油水界面控制

电脱盐罐中沉积水的水位高度对罐中弱电场的稳定及排水水质具有重要影响。由于含盐水的导电原因，界面实际上起到了接地电极的作用。原油中有 80% 左右的较大水滴是在弱电场中脱除的，故保持弱电场稳定（界面稳定）意义重大。界面的高低决定了脱出水在罐内的停留时间，如果界面过低，使水在罐中的停留时间缩短，排放水中的油含量往往达不到规定的指标要求（<200mg/L），会增加污水处理场的负担。

近年来，曾被国内外广泛采用的内浮筒界面变送器已逐渐被更为先进的短波吸收式或射频导纳仪所取代，从而使液位控制更加灵敏和简便。美国 DE 公司采用射频导纳技术将电容探头测量方法进行了较大改进，将阻抗和容抗信号综合在一起，提高了测量的可靠性和精度，不受附着物、传感器结垢、温度、密度变化的影响。

2. 低液位开关

电脱盐装置在开工、停工或者故障时，有可能在罐内出现爆炸性混合气体，为了避免由于产生电气火花而造成爆炸事故，需要在电脱盐罐上部安装一台防爆低液位开关，应用电气联锁来保证电源不能合闸，从而避免事故。通常低液位开关控制器的检测、转换部件与电气开关部分是相互隔离的，以保证其使用安全、维修方便。低液位开关控制器应垂直安装于电脱盐设备上，中轴线要求垂直水平面。

3. 静态混合器

过去原油注洗涤水和注破乳剂选在泵前，利用泵叶轮的转动进行混合。由于这种混合无法控制，因此很难获得理想的混合效果。20 世纪 70 年代以后，国外开始采用静态混合器与混合阀串联控制技术,并迅速得到推广。

静态混合器的型号有多种。螺旋型静态混合器(SS型)在国内具有一定代表性,主要是参考了 Kenics 型静态混合器,并综合了其他类型混合器的优点(见图5-3-15)。它由外管、左旋元件、右旋元件和分流柱等部分组成,形成径向环流混合作用,使流体在管子横截面上的温度梯度、速度递度和质量梯度明显减小,从而获得两相流良好的混合效果。流体在混合器内的旋转流动见图5-3-16。

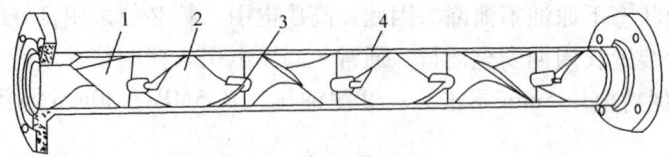

图5-3-15　SS型静态混合器简图
1—右旋元件；2—左旋元件；3—分流柱；4—管子

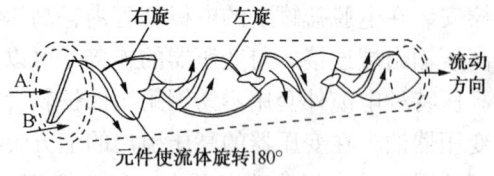

图5-3-16　SS型静态混合器中两相流体在管内的旋转流动

静态混合器不能进行压差调节,因此要与混合阀串联使用,以便取得理想的混合强度。

4. 进油分配器

目前原油进入电脱盐罐有两种进油分配方式,即多孔分配管油相进油和倒槽式分配器水相进油。

多孔分配管式油相进油的优点是避免了进油对油水界面的干扰。为了达到进油均匀分配的目的,管上开孔的间距和孔径大小是变化不等的。倒槽式分配器(见图5-3-17)在水相进油,槽上每个孔都受到相同的差压,故孔距和孔径相等。这种进油方式的优点是对流量的变化能自行调节,适合处理量在50%～200%的正常范围内操作。由于进油先经水层洗涤和湿润,并且槽的开口向下,利于油中杂质的沉淀分离。

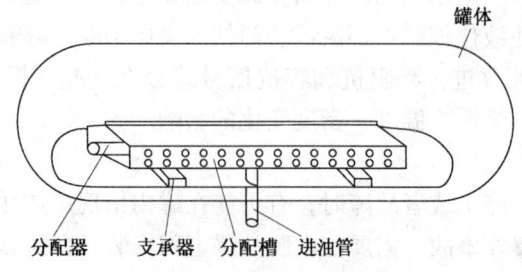

图5-3-17　倒槽式进油分配器示意图

高速电脱盐技术的进油方式为极板间(强电场区)进油。

5. 反冲洗系统

电脱盐罐底部设置不停工反冲洗设施来冲刷油罐底部,可以在脱盐装置运行过程中或者停工时进行冲洗,将沉淀于罐底的油泥沉积物随着排水排去,达到清理罐底部的沉积物的目的。电脱盐罐底设置两根水冲洗管,水冲洗管上安装若干个喷嘴,喷嘴按照要求向罐底偏向，两边喷嘴相互错开。进行冲洗时电脱盐罐内油水界位应控制在相对较高的位置，避免高速水流形成涡流造成顽固的乳化层。反冲洗设施约每周冲洗一次，冲洗时间为20～40min，至排水口或排污口见清水即可。

6. 旋转采样器

电脱盐罐在运行过程中，需要经常观察油水界面上下乳化层的状况。过去多在界面附近配置多根放油管(3～5根)，分别打开放油管阀门进行取样观察，操作不方便，而且不连续。国产旋转采样器是通过转动罐外的手轮，使罐内采样管的开口处于不同高度的位置，从而对界面上下不同部位的油、水进行连续采样，采样口的高度可从表盘上读出。采样器通过法兰固定在罐壁上，转动部位用填料密封。水样(或油样)通过阀门进入冷却器冷却后放出，以便于对乳化层的状况进行观察，并对操作条件做出相应的调整。

7. 药剂自动注入系统[11]

药剂自动注入系统可根据物流量自动调节药剂的注入量，进行信号的自动采集和反馈等，药剂自动注入系统主要解决破乳剂、脱钙剂、缓蚀剂等小流量、高扬程现场药剂的注入。以原油处理量为反馈信号实现破乳剂、脱钙剂的闭环自动控制，根据pH值信号实现塔顶注氨等中和剂自动控制。其系统原理框图见图5-3-18，主要由信号处理环节(包括DTP微流量计、信号处理器及其他辅助电路)、智能控制环节(包括PID控制算法、自适应控制)、执行环节(包括变频环节、柱塞泵及手操器)等几部分构成。药剂自动注入系统自动化程度高，由于采用直接控制泵注量的方法，提高了药剂注入精度，稳定了装置平稳操作，并且大大降低了劳动强度，改善了操作环境。

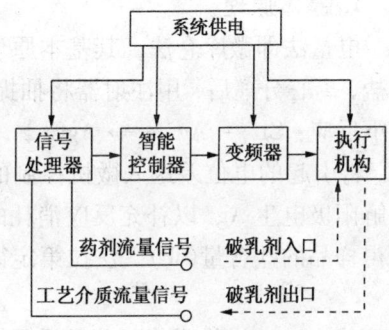

图5-3-18 药剂自动注入系统原理框图

四、盐和水的测定[12]

目前作为电脱盐工艺控制指标的盐含量、水含量以及水中油含量等的分析方法，基本上可满足当前主要工艺控制指标的需要，但由于原油性质的变化，这些方法在分析速度、代表性以及测定结果的准确性方面仍需不断完善。

（一）盐含量分析

国内外原油盐含量的主要分析方法列于表5-3-2中。目前常用的方法有容量滴定法、电位滴定法、电导法、电流法、火焰光度法及电量法等。

表5-3-2 原油盐含量分析方法

方法名称	测定方法	样品处理方法	测定含量范围	样品用量	分析时间
石油及其产品中的盐含量(IP 77/72)	容量滴定法	水抽提	0.002%～0.02%	80g	>1h
原油及其产品中盐含量的测定(GB 6532/86)	容量滴定法	水抽提	0.002%～0.02%	80g	>1h
原油及催化裂化原料中盐含量的测定(UOP 22—58)	容量滴定法	极性溶剂稀释	3～300mg/L	25～1000mL	>1h

续表

方 法 名 称	测定方法	样品处理方法	测定含量范围	样品用量	分析时间
抽提电位滴定法测定原油及其产品的盐含量(UOP 579—64)	电位滴定法	水抽提	0~300mg/L	100~200mL	0.7~3h
电导法测定原油盐含量(IP 265—70)	电导法	极性溶剂稀释	0.0005%~0.03%	10mL	10min
原油盐含量测定法[ASTM D3230—73(1978)]	电流法	极性溶剂稀释	3~450mg/L	10mL	15~20min
火焰光度法测定原油盐含量(UOP 643—70T)	火焰光度法	水抽提	0.3~30mg/L	100或300mL	1.5h
原油盐含量测定法(ZBE 21001—87)	电量法(微库仑法)	水抽提	0.1~10^4 mg/L	1g	20~30min
原油盐含量测定法(SY 0536—94)	电量法(微库仑法)	水抽提	0.2~10^4 mg/L	1g	20~30min

下面对电量法作简要介绍。

1. 基本原理

电量法即微库仑法,其基本原理是:原油在极性溶剂存在下被加热,用水抽提其中包含的盐,离心分离后,用注射器将抽提液注入含 Ag^+ 的滴定池内,则样品中的 Cl^- 和 Ag^+ 发生如下反应: $Cl^- + Ag^+ \longrightarrow AgCl\downarrow$,结果使 Ag^+ 浓度降低,测量 – 参考电极对感受到这一变化,将引起的电位差送入微机控制的库仑计,它输出一个相应的电压加到电解电极对上,使电解阳极电生 Ag^+ 以补充反应消耗的 Ag^+,测量补充的 Ag^+ 所需电量,根据法拉第定律即可求得样品的盐含量(W)。法拉第定律为:

$$W = Q \cdot M/n \cdot F$$

式中,M 为物质相对分子质量,n 为电子转移数,F 为法拉第常数,均为已知量,所以只要精确测出电量 Q,即可求出待测样品的盐含量。

2. 测定步骤

(1) 选择盐含量与待测试样相近似的标准样品,用盐含量测定仪测定其盐含量,将测量值与标样理论值比较,误差在10%范围内时,则可认为仪器处于正常工作状态。

(2) 取待测原油试样约1g(称至0.01g)于离心试管中,加入1.5mL二甲苯、2mL醇–水溶液(体积比乙醇:水=1:3)。对于含硫化物的试样再加1滴30%的过氧化氢。

(3) 将离心管放入70~80℃的水浴中加热1min,取出后用快速混和器振动混合1min,再加热1min,再振动混合1min,然后放入离心机内,在2000~3000r/min速度下离心1~2min进行油水分离。

(4) 用注射器抽取5~500μL抽提液注入滴定池内(见表5–3–3),仪器自动分析并显示所测试样的盐含量数据。

表5–3–3 抽提液盐含量和取样量的关系

估计盐含量/(mg/L)	取样量/μL	估计盐含量/(mg/L)	取样量/μL
<10	500~100	100~1000	10~5
10~100	100~10	>1000	<5

微库仑法测定原油中的盐是一种痕量分析技术,其理论基础是通过电生 Ag^+ 滴定样品中的 Cl^-,然后换算成氯盐含量。因此,凡是能与 Ag^+ 反应的离子,如 S^{2-}、Br^-、I^- 等都会

对测定产生干扰，由于 Br^-、I^- 在原油中的含量极少，对测定干扰不大，而不少原油中都含有硫离子，能够同银离子发生反应，即 $2Ag^+ + S^{2-} \longrightarrow Ag_2S\downarrow$，会导致测定结果偏高，产生正的误差。因此，在对含硫原油进行分析时，应消除硫离子造成的干扰。克服硫离子干扰的方法是在样品处理时加入一滴 30% 的 H_2O_2（约为抽提液的 0.5%），即可得到满意的结果。

（二）水含量分析

原油含水量用水在原油中的质量分数表示，单位为%。国内外主要的原油水含量分析方法见表 5-3-4。目前，应用最广泛的是蒸馏法。

表 5-3-4 原油水含量分析方法

方法名称	测定方法	测定含量范围/%	样品用量
原油中水和沉积物测定法（GB 6533—1986）	离心法	0.1~1.0	50mL
原油中水和沉积物测定法（ASTM D4007—81）	离心法	0.1~1.0	50mL
原油含水量测定法（ASTM D4377—86）	卡氏-容量滴定法	0.02~2	2~10g
原油水含量测定法 卡尔-费休法（GB 11146—1989）	溶剂稀释卡氏容量滴定法	0.0~2	1~10g
原油水的测定 卡尔·费休电位滴定法（SY 7552—2005）	卡氏电位滴定法	0.02~2.00	0.5~5g
原油中水含量测定法（ISO 3733—76）	目测法		
原油水含量测定法 蒸馏法（GB 8929—2006）	蒸馏法		5~200g

1. 蒸馏法基本原理

在回流条件下，将试样和不溶于水的溶剂混合加热，样品中的水被同时蒸馏。冷凝后的溶剂和水在接受器中连续分离。水沉降在接受器的刻度管中，溶剂则返回到蒸馏烧瓶。

2. 蒸馏法测定步骤

（1）称取原油样 5~200g（称至 0.01g）于蒸馏烧瓶中，在烧瓶中加入足够的溶剂二甲苯，使其总体积达到 400 mL。

（2）在烧瓶中加入玻璃珠或沸石，或使用磁力搅拌器，以减少爆沸。

（3）加热蒸馏烧瓶。加热的初始阶段要缓慢加热以防爆沸，馏出物应以每秒 2~5 滴的速度进接受器。直至除接受器外仪器的任何部位都看不到可见水，并且接受器内的水的体积在 5min 内保持不变。

（4）等接受器和其内容物冷却至室温，将黏附在接受器上的所有水滴刮进水层里，读出接受器中水的体积。

（5）仅在烧瓶中加入溶剂，进行空白试验。将上述所测试样中水的体积减去空白样中水的体积，即可得到原油样品的水含量。

（三）脱盐水中油含量的测定

对于水中微量油品的测定，通常采用红外分光光度法。红外分光光度法是以原油中甲基（—CH_3）、次甲基（—CH_2）在近红外区（波长 3.4μm）一带的特征吸收为基础，相应地确定水中微量油的含量。

1. 红外分光光度法测定原理

油中甲基、次甲基基团在 3.4μm 波长处有明显吸收，且在一定范围内，吸收峰峰高与水中油含量成正比。使用仪器为红外分光光度计。测定范围为 0.01~2mg/L。

2. 分析步骤

(1) 用玻璃瓶取 3000~4000mL 水样,摇匀后注入到 1000mL 的分液漏斗(漏斗标有 800mL 标记)于标记处。加(1+3)硫酸溶液调 pH 值小于 1。

(2) 加 25mL 四氯化碳,剧烈振荡 2min,并不断开启活塞排气,静置分层。以 G3 玻璃砂芯漏斗(或快速定性滤纸)放入适量无水硫酸钠,将四氯化碳滤入 50mL 容量瓶中。

(3) 重复步骤(2)一次,四氯化碳抽出液也收集于上述 50mL 容量瓶内,摇匀。

(4) 按仪器使用说明书要求,调整零点,用 20mg/L 油标准液调满刻度,测定四氯化碳抽出液中的油含量。

3. 结果计算

水样中油含量 $X(\text{mg/L})$ 按下式计算:

$$X = 50A/V$$

式中　A——仪器测量值,mg/L;

　　　V——水样的体积,mL;

　　　50——取水中油用四氯化碳的体积,mL。

取平行测定两个结果的算术平均值作为水样中的油含量。

对于电脱盐装置的排放水,化学耗氧量也可做为含油量的指标之一。化学耗氧量的测定分为高锰酸钾法和重铬酸钾法,具体分析步骤请参阅有关的分析方法。

第四节　原油破乳剂

原油破乳剂实质上是一类表面活性剂,据国外有关文献报道,原油破乳剂的发展,已有近百年的历史。原油破乳剂的最早一篇文献发表于 1914 年,Barnickel 的专利提出用浓度 0.1% 的 $FeSO_4$ 溶液在 35~60℃下对原油乳化液(W/O 型)进行破乳。20 世纪 20~30 年代出现了第一代阴离子型原油破乳剂:羧酸盐类如脂肪酸盐、环烷酸盐;硫酸(酯)盐如烷基硫酸(酯)盐、脂肪醇醚硫酸(酯)盐、烷基酚醚硫酸(酯)盐以及土耳其红油等;磺酸盐类如烷基磺酸盐、烷基芳基磺酸盐(包括钠盐和钙盐)等,这类破乳剂已淘汰。40~50 年代,破乳剂的研究和应用得到了巨大飞跃,开始使用非离子表面活性剂作为破乳剂,出现了第二代相对分子质量较低的非离子型原油破乳剂:环氧乙烷、环氧丙烷嵌段共聚物。自 60 年代以后,由于新的有机合成技术的发展,第三代破乳剂主要是相对分子质量较高的非离子型破乳剂,如 Pluronies 型、Dissolvan4411 型、2060、2065、2070、BP 型、GP 型、SP 型、AP 型、AE 型、RA9901、API7041 和 UH 型等。第三代破乳剂的优点是用量少、破乳效果好,缺点是针对性强。近些年来,人们重视对高分子破乳剂的研究,高分子破乳剂具有破乳能力强、破乳速度快、用量较少、破乳温度较低的优点,成为当今破乳剂发展的方向[13]。

一、原油破乳剂的破乳机理

原油破乳剂的破乳过程实质上是破乳剂分子渗入并黏附在乳化液滴的界面上取代天然乳化剂并破坏表面膜,将膜内包复的水释放出来(多数乳化液为 W/O 型),水滴聚结并沉降,从而使油水两相发生分离。

原油破乳剂的破乳机理[14]公认的是顶替机理，按照顶替学说理论，破乳剂在油水界面发生了顶替作用，即将天然成膜物质如沥青质等顶替出来并组建新的混合界面膜，它的膜强度较小，从而导致了乳化液稳定性的降低并最终导致乳化液的破乳。这个学说成立的前提是破乳剂必须具有比沥青质等天然乳化剂强得多的表面活性，可以优先吸附到油水界面，置换天然乳化剂并阻止天然乳化剂的再吸附。因此，破乳剂的界面吸附量越大，顶替出的天然表面活性剂就越多，破乳效果越好。

表面活性剂的界面状态方程为：

$$\pi = RT\Gamma_2$$

式中，Γ_2 为表面吸附量；R 为理想气体常数；T 为测定温度；π 为界面膜的表面压，定义为不加表面活性剂时的表面张力 γ_0 和添加表面活性剂时的表面张力 γ 之差，即：

$$\pi = \gamma_0 - \gamma$$

顶替学说的解释与实验结果吻合较好，即界面张力降得越低，原油乳化液的稳定性越差。另外，还有絮凝－聚结机理、碰撞击破界面膜破乳机理、中和界面膜电荷破乳机理等。

二、破乳剂的性能

根据破乳剂的作用机理，良好的破乳剂应具备以下性能：

1. 较强的表面活性

表面活性高于天然乳化剂的破乳剂分子能很快优先吸附在油水界面上，取代天然乳化剂分子，降低乳化液液滴的表面张力和界面膜强度。据文献报道，破乳剂要将乳化液滴的界面张力降低到 50mN/m 以下，乳化液的稳定性才能剧烈降低，才能实现破乳。通常破乳剂在浓度 0.01% 时能将油水界面张力降低到 15mN/m 左右，就具备了优良破乳剂的基本条件。

2. 良好的润湿性能

有良好润湿能力的破乳剂分子从原油向乳化水滴扩散移动，渗透过固体粒子之间的中间保护层时，易吸附在固体粒子如沥青质－胶质粒子、石蜡晶粒、黏土粒子、金属盐粒子以及水滴表面，降低它们的表面能，改变表面的润湿性能，从而破坏保护层上粒子之间的接触，使界面膜的强度剧烈降低而破裂。通常，破乳剂的分支结构有利于分子在固体表面吸附，从而改变表面的润湿性。

3. 足够的絮凝能力

破乳剂的絮凝能力表征吸附在乳化液滴界面的破乳剂分子吸引其他液滴的能力。具有足够絮凝能力的破乳剂会使乳化液滴相互吸引，形成一束束"鱼卵状"聚集体悬浮在原油中，促进乳化液滴的碰撞和液膜的破坏，增加聚结的机会。为了提高破乳剂的絮凝能力以增加脱水效果和脱出水的清澈度，常将破乳剂与絮凝剂复配使用。例如，在进行某种原油脱盐脱水时，加入 2~5μg/g 的聚丙烯酰胺絮凝剂，使破乳剂的用量降低了 40% 左右。

4. 很高的聚结能力

乳化液滴的大小在很宽范围内变化，它们的直径在零点几微米到几十微米范围内。乳化液滴表面膜破坏后，只有在破乳剂具有足够的聚结能力情况下，小水滴才能立即聚结为大水滴，并在重力场作用下沉降，达到原油脱水的目的。

三、原油破乳剂的类别

目前，国内外原油破乳剂名目繁多，至今尚无统一的命名规范。破乳剂的分类方法也有多种，通常根据破乳剂的分子结构将其分为阴离子型、阳离子型和非离子型破乳剂。非离子型破乳剂又可分为聚醚类破乳剂和聚合物类破乳剂，因其具有破乳温度低、用量少、破乳能力强等优点而在油田和炼油厂得到广泛应用，非离子型破乳剂也是目前破乳剂研究的主要类型。

1. 阴离子型破乳剂

阴离子型原油破乳剂主要包括羧酸盐类、硫酸(酯)盐类以及磺酸盐类等，目前这类破乳剂已基本被淘汰，有时被用作 W/O 型乳化液破乳助剂，起到中和油水界面电荷、减少乳化层厚度的作用。

2. 阳离子型破乳剂

阳离子型破乳剂主要是季铵聚合物类表面活性剂，可用作 O/W 型乳化液破乳剂，也可用作 W/O 型乳化液破乳助剂。当用作破乳助剂时，可起到净化脱后油并使脱盐污水变清的效果。

近年来，由于三次采油技术(采用表面活性剂或聚合物驱油)的应用以及部分油井自身的老化，采出液形成的 O/W 型乳化液增多，因而对 O/W 型乳化液破乳剂(国外称为反相破乳剂)的研究也逐渐增多。目前国内 O/W 型乳化液的破乳剂较少，而含有支链的水溶性季铵聚合物可用作 O/W 型破乳剂，属于这一类型的有 LGS2、CW01、RD1、BH1 等。如含有羟基的二季铵聚合物，其化学结构式如下：

$$\left[\begin{matrix} R_1 \\ CH_2=C-COXN^+ \end{matrix} R_2R_3CH_2 \begin{matrix} OH \\ | \\ CHCH_2N^+ \end{matrix} R_4R_5R_6 \right] Y^- Z^-$$

式中　R_1——H 或 CH_2；

$R_2 \sim R_6$——独立的 CH_3、C_2H_5、羟乙基羟丙基等；

　　　　X——NHR_7 或 OR_7；R_7 为烯基或支链烯基；

Y、Z——卤素、羰化物。

3. 非离子型破乳剂

(1) 聚醚类破乳剂　聚醚类破乳剂是目前国内外广泛使用的破乳剂类型，根据聚醚类破乳剂合成时所用起始剂种类的不同，可以将聚醚类破乳剂分为如下几类：

① 以胺类为起始剂的嵌段聚醚。该类破乳剂所用的胺主要有多乙烯多胺、乙二胺等接聚环氧丙烷、环氧乙烷而成，产品品种多、生产量大，在 20 世纪 70~80 年代是我国用于原油脱盐脱水的主要破乳剂。属于这一类型破乳剂的产品有 AE1910、AE9901、AE21、AE8051、AE0604、AP4、AP113、AP136、AP227、AP125、AP221、AP116 等。

如多乙烯多胺二嵌段共聚物(AE 型)理想的结构式为：

$$\begin{matrix} H(EO)_y(PO)_x & & (PO)_x(EO)_yH & (PO)_x(EO)_yH \\ & N-(CH_2CH_2N)_n-CH_2CH_2-N & \\ H(EO)_y(PO)_x & & & (PO)_x(EO)_yH \end{matrix}$$

乙二胺三嵌段共聚物(AP 型)理想的结构式为：

$$\begin{array}{c} (C_3H_6O)_m-(C_2H_4O)_n-(C_3H_6O)_pH \\ CH_2N \\ (C_3H_6O)_m-(C_2H_4O)_n-(C_3H_6O)_pH \\ \\ (C_3H_6O)_m-(C_2H_4O)_n-(C_3H_6O)_pH \\ CH_2N \\ (C_3H_6O)_m-(C_2H_4O)_n-(C_3H_6O)_pH \end{array}$$

② 以醇类为起始剂的嵌段聚醚。该类破乳剂所用的醇有一元醇、二元醇、多元醇(如十八碳醇、丙二醇、丙三醇、季戊四醇等)，该类产品品种较多，生产量也较大，在20世纪70~80年代是我国原油脱盐脱水一类重要破乳剂。属于这一类型破乳剂的产品有 SP169、BPE2070、BPE2040、BPE22064、BPE2420、BPE2045、BPE169、GP331、GP221等。其中 SP169 是我国研发较早、应用时间较长、应用地区较广、复配性能较好的一个产品。

如丙二醇二嵌段共聚物(BPE 型)理想结构式为：

$$\begin{array}{c} CH_3-CH-O-(C_3H_6O)_m-(C_2H_4O)_nH \\ CH_2-O-(C_3H_6O)_m-(C_2H_4O)_nH \end{array}$$

如丙三醇三嵌段共聚物(GP 型)理想结构式为：

$$\begin{array}{c} CH_2-O-(C_3H_6O)_m-(C_2H_4O)_n-(C_3H_6O)_pH \\ | \\ CH-O-(C_3H_6O)_m-(C_2H_4O)_n-(C_3H_6O)_pH \\ | \\ CH_2-O-(C_3H_6O)_m-(C_2H_4O)_n-(C_3H_6O)_pH \end{array}$$

③ 烷基酚醛树脂嵌段聚醚。该类破乳剂以烷基酚醛树脂为起始剂，接聚环氧丙烷、环氧乙烷而成。合成起始剂时常用的烷基酚为异丁基苯酚、异辛基苯酚、壬基酚或以 C_9 为主的混合烷基酚，催化剂为 HCl、H_2SO_4 等。此类破乳剂相对分子质量一般控制在 3~30 个苯核/分子，适用于沥青基原油破乳。属于这一类型的产品有 AF3111、AF6231、AF3125、AF136、AR16、AR36、AR48 等。

如聚氧乙烯聚氧丙烯烷基苯酚甲醛树脂(AR 型)理想结构式为：

$$\begin{array}{c} O-(C_3H_6O)_m-(C_2H_4O)_nH \\ | \\ [Ar-CH_2]_x \end{array}$$

聚氧丙烯聚氧乙烯聚氧丙烯烷基苯酚甲醛树脂(AF 型)理想结构式为：

$$\begin{array}{c} O-(C_3H_6O)_m-(C_2H_4O)_n-(C_3H_6O)_pH \\ | \\ [Ar-CH_2]_x \end{array}$$

④ 酚胺醛树脂嵌段聚醚(胺基改性酚醛树脂嵌段聚醚)。该类破乳剂的起始剂为烷基酚、乙烯胺类化合物和甲醛的缩合产物。该类型破乳剂在20世纪70年代末研发成功，破乳效果好，适应性较广，目前是原油脱盐脱水应用比较多的破乳剂。属于这一类型的产品有 TA1031、PFA8311、XW1、DPA2031、XW4、XW9、XW12、BC26、BC68 等。其理想结构式为：

$$\underset{M}{\overset{M}{N}}-CH_3CH_3-\underset{M}{(NCH_3CH_3)_n}-\underset{M}{N}-CH_3-\underset{\underset{CH_2-\underset{M}{N}-(CH_2CH_2\underset{M}{N})_n-CH_2CH_2\underset{M}{\overset{M}{N}}}{\bigodot}}{\overset{O-M}{\bigodot}}-CH_2-\underset{M}{N}-(CH_2CH_2\underset{M}{N})_n-CH_2CH_2\underset{M}{\overset{M}{N}}$$

(2) 聚合物类破乳剂：

① 聚脂类。聚脂类化合物作为一类独特的原油破乳剂已受到人们的重视，最常见的聚脂类破乳剂为聚烷撑二醇类的醇酸树脂。Baker 首先提出醇酸树脂包括以下成分：多元酸缩合产物；多元醇及 6~22 个碳原子的脂肪族饱和的或不饱和的一元酸。多元酸缩合物为 ≤20 个碳原子的三元或四元或一种二聚物，它所用的聚烷撑二醇的相对分子质量为 400~10000，一般用聚乙二醇、聚丙二醇等。这类破乳剂尤其适用于油井产出乳化液的破乳，其用量为 50~200mg/L。若该破乳剂用于电脱水器采用电 – 化学方法脱水，用量为 5~50mg/L 即可，用量过大，有可能使 W/O 型乳化液反相变为 O/W 型。

② 聚酯类。聚酯类破乳剂是在酸性催化剂作用下，由单元醇或多元醇与单元酸反应制得的强亲油性聚酯，聚酯相对分子质量在 5000 以上。调节多元醇中的环氧丙烷和环氧乙烷比例就能得到最佳的聚酯产品，多元醇中环氧烷部分的相对分子质量在 2000~7500 之间。

聚氧乙烯聚氧丙烷基磷酸酯结构式为：

$$\underset{O}{\overset{RO}{\underset{\|}{P}}}\underset{O-(C_3H_6O)_m-(C_2H_4O)_nH}{\overset{O-(C_3H_4O)_m-(CH_2H_4O)_nH}{}}$$

一般由三氯氧磷先与一定量的脂肪醇聚合，以制备烷基二氯氧磷，再与聚氧烷烯的二元醇聚合来制备聚磷酸酯。由于三氯氧磷具有很强的化学活性，因此无需催化剂，反应即能顺利进行。反应产生的 HCl，可以用物理法（即通入 N_2 将 HCl 带出反应体系），也可用化学法（如用有机碱吡啶）除去 HCl。这种破乳剂特别适用于油包酸型乳化液的破乳，且具有防腐蚀的能力和防垢作用。ZPC、ZPT、ZPM 等属于此类破乳剂。

③ 多元共聚物类。近年来，国外有专利介绍了多元共聚物类破乳剂，将丙烯酸、丙烯酸酯及它们的衍生物进行共聚，生成四元共聚物或三元共聚物破乳剂，其破乳效果都非常好。如以丙烯酸、甲基丙烯酸、甲基丙烯酸甲酯、丙烯酸丁酯为原料合成的四元共聚破乳剂[15]。

④ 树枝状聚酰胺 – 胺破乳剂（又称星型聚合物破乳剂）。树枝状聚酰胺 – 胺破乳剂是一种新型合成高分子破乳剂，它在合成中不采用环氧乙烷和环氧丙烷原料，以氨 – 丙烯酸甲酯（$N[CH_2CH_2COOCH_3]_3$）为核心与乙二胺进行酰胺缩合反应得到星型聚合物，是典型的支链型破乳剂。由于此种树枝状高分子破乳剂的内部和端基含有大量的活性基团，因此具有很好的破乳效果。聚酰胺 – 胺型聚合物适用于 O/W 型乳化液。

四、原油破乳剂研究趋势

目前，国内外新型高效破乳剂的研究主要集中在以下几个方面：

1. 油溶性破乳剂

油溶性破乳剂具有用量少、操作简单、不污染环境等优点，因此开发油溶性破乳剂是国内破乳剂的一个发展方向。但有的油溶性破乳剂残留在原油中的 N、P 会对后续加工装置造成危害，在开发与研制过程中应特别注意。

2. 改性聚醚破乳剂

人们在实践中发现，随着相对分子质量的提高，破乳剂的脱盐脱水效果会随之提高。因此，近年来便出现了改性聚醚破乳剂，该类破乳剂通过对扩链剂的不断深入研究和多种扩链剂的使用，使破乳剂的相对分子质量不断增高。一般嵌段聚醚类破乳剂的相对分子质量为 2000~10000，而这类破乳剂通过使用扩链剂或改变催化剂，使聚醚的相对分子质量达到 1 万以上，其基本成分与高分子破乳剂相同。常用的扩链剂包括：含有二个或更多反应基团的化合物如二异氰酸酯（多用甲苯二异氰酸酯 TDI）、三氯氧磷等；不饱和单体如丙烯酸、甲基丙烯酸、马来酸酐、丙烯酸酯、乙酸乙烯酯等。

3. 超高相对分子质量破乳剂

在有机金属化合物作催化剂的条件下，单一环氧烷自聚或不同环氧烷共聚能够形成超高相对分子质量聚合物，相对分子质量可达 10 万~500 万，以相对分子质量在 30 万~300 万的聚合物破乳效果最佳。聚合物的相对分子质量可以通过改变催化体系中各组分的摩尔比、反应时间及温度等条件来控制。常用的环氧烷为环氧乙烷和环氧丙烷，也可用环氧丁烷、四氢呋喃等。该聚合反应的关键是催化剂，所用有机金属化合物催化剂主要为金属烷基化物催化体系，如 $Al(OR)_3$、$Mg(OR)_3$、$Al(OR)_3 - H_2O$、$Fe(OR)_3 - H_2O$、$Al(OR)_3 - ZnCl_2$、$Al(OR)_3 - FeCl_2$、$AlR_3 - Ti$、Cr、V、Fe 的乙酰丙酮螯合物等，采用烷基金属-螯合剂-水体系的较多，如三异丁基铝-乙酰丙酮-水三元催化剂，通过阴离子配位聚合，在芳烃溶剂中合成具有无规结构的超高相对分子质量聚醚原油破乳剂。超高相对分子质量聚醚破乳剂具有药剂用量低、出水快、出水清的优点，并且可与较低相对分子质量的破乳剂复配使用。

4. 含硅聚醚破乳剂

近些年来，有研究表明在分子结构中引入硅、氮、磷、硼等杂元素可以提高破乳剂的破乳脱水效果和其广谱适用性，其中以含硅聚醚破乳剂的研究开发为多。新型高分子含硅聚醚原油破乳剂是硅氧烷-环氧烷的嵌段共聚物，结构式为：

$$H(C_2H_4O)_n-(C_3H_6O)_m-O-(\underset{\underset{CH_3}{|}}{\overset{\overset{CH_3}{|}}{Si}}-O)_x-(C_3H_6O)_m-(C_2H_4O)_nH$$

聚硅氧烷嵌段与聚烷氧基嵌段之间有两种连接方式：Si—O—C 和 Si—C 连接，Si—O—C 连接方式比较简单，但易水解，产品储存有问题；Si—C 连接方法困难，但结构稳定，不易水解。

5. 原油生物破乳剂

原油生物破乳剂是一种由天然微生物菌体经筛选、驯化、发酵等生化处理过程制成的生物制品。它利用微生物细胞本身或其代谢过程、代谢产物来破坏油水界面的乳化膜，以实现原油的破乳。原油生物破乳剂作为一种环保型破乳剂，具有应用范围广、生物可降解、对环境无毒害等优点，但是由于其在应用中受培养条件、使用温度、细胞活性等限制，并未得到广泛应用[16]。

五、影响原油破乳剂破乳效果的因素

除设备和工艺操作条件外,从破乳剂本身考虑,影响其破乳效果的因素主要有以下几个方面。

1. 破乳剂的分子结构

目前常用的聚醚类破乳剂的分子结构可分为线型和多支链型两种。多支链型破乳剂的破乳效果优于线型破乳剂。多分支破乳剂有相对较好的润湿性能和渗透效应,可以迅速到达油水界面,在油水界面上占有的表面积大于线型破乳剂分子,因而用量少,破乳效果好。而且多分支链结构的分子容易形成微网络,可容纳落入的石蜡微晶,阻止其连接成网络结构,使油相的黏度和凝固点不致升高,破乳脱水过程较易进行[17]。

2. 破乳剂的组成

原油破乳的关键是改变油水界面的性质,降低界面张力和膜的强度。界面活性越高、降低油水界面张力和膜强度能力越强的破乳剂,其破乳效果越好。针对目前国内外应用最广泛的环氧乙烷环氧丙烷嵌段共聚物,增加分子中环氧乙烷(EO)含量,提高 HLB 值,原油脱水脱盐率有一最佳值;若固定 HLB 值,增加环氧丙烷(PO)含量,即增大破乳剂的相对分子质量,脱水脱盐率也有最佳值。环氧丙烷与环氧乙烷的比例对破乳效果有显著的影响,研究表明:含 70%~85%(体积分数)环氧丙烷的油溶性的、具有分支对称结构的共聚物有较好破乳性能,当环氧乙烷比例超过 55%(体积分数)时,破乳效果陡然降低。对某一特定的原油,同系列的破乳剂,应该有一个最佳的 EO 与 PO 物质的量比和最佳的相对分子质量范围以及最佳的 HLB 值范围。

3. 破乳剂的用量

在进行原油脱盐脱水时,破乳剂的用量并非越大越好。破乳剂的浓度达到临界聚集浓度(CAC)之前,破乳效果随破乳剂使用浓度增大而提高;超过 CAC 后,随破乳剂浓度增大会出现破乳效果下降或几乎不发生变化的情况。这是由于在较低浓度时,破乳剂分子以单体形式吸附在油水界面,吸附量与浓度成正比,此时油水界面张力随破乳剂浓度的增加而迅速下降,脱水率也逐渐增大。当破乳剂的浓度接近临界聚集浓度时,界面吸附趋于平衡,此时界面张力几乎不再下降,脱水率也基本达到最大。若再增大破乳剂的浓度,破乳剂分子开始聚集形成团簇或胶束,反而使界面张力有所上升,脱水率可能会下降。因此,对每种特定的原油,破乳剂用量均有最佳值,即接近或等于临界聚集浓度。

4. 破乳剂的复配

由于单一的破乳剂普适性较差,很难适应复杂多样的原油乳化液的破乳,而多种破乳剂复配具有协同效应,可以起到单一破乳剂不能达到的良好效果,因此目前国内各油田和炼油厂一般采用破乳剂复配来进行破乳脱水。

六、破乳剂助剂

原油破乳剂在使用过程中,往往需要添加助剂以提高其应用性能。破乳剂助剂从功能上可以分为两类:一类是改善破乳剂性质类助剂;另一类是提高破乳剂脱盐脱水性能类助剂。

改善破乳剂性质类助剂主要是降凝剂、降黏剂、稳定剂、溶剂等，以增加破乳剂的流动性和稳定性，方便使用。甲醇、乙醇、异丙醇、异丁醇等短链一元醇具有很好的分散性，它们不仅能影响沥青质状态平衡的移动，而且能润湿吸附沥青质胶团中的蜡晶，使其溶于油相，有效降低原油凝固点和界面膜强度。短链醇能改变界面相的极性环境，阻碍天然表面活性剂在界面油相侧形成胶团，破坏乳液的稳定性。有机醇醚溶剂如二乙二醇丁醚等不仅对沥青质有很好的溶解性能，而且对蜡晶以及原油中极性有机物有良好的溶解能力，使油水界面的油淤溶解于油相，能有效降低乳化液的稳定性。不饱和环状结构溶剂如萜烯等对芳香烃吸附能力强，对沥青质、蜡晶和界面上的油淤有很好的溶解性能，萜烯溶剂加入原油乳液中能增加沥青质所处环境的芳香度和降低界面膜的黏度，降低乳液稳定性。

提高破乳剂脱盐脱水性能类助剂主要是酸、碱、盐、表面活性剂、聚合物等，酸类如盐酸、磷酸、碳酸、甲酸、乙酸、草酸、柠檬酸等；碱类如氢氧化钠、乙胺、二乙胺、三乙胺、乙醇胺、二乙醇胺等；盐类如铁盐、铝盐等；聚合物如聚丙烯酸、聚丙烯酰胺、聚铁、聚铝等，以及阴离子型表面活性剂、季铵盐阳离子表面活性剂等。这类助剂在原油中的加量仅需 $2\sim10\mu g/g$，往往就可以明显提高破乳剂的脱盐脱水效果。

国内的原油破乳剂经过多年的研究开发，目前已经形成了一系列的产品，破乳剂品种多、种类全，基本能满足国内市场的需求。但是，国内破乳剂高端产品不多，且出厂检验不规范，用量偏大，广谱性差，与进口产品仍有一定差距。另外，一些企业不能根据原油性质的变化及时调整破乳剂类型，也是造成破乳剂应用效果不稳定的原因之一。同时在破乳剂的选择和使用过程中，应注意加强管理，严格按照破乳剂评价方法筛选合适的破乳剂。

第五节　原油电脱盐技术的发展

随着原油深度脱盐脱水以及电脱盐过程脱金属技术的日益成熟，电脱盐工艺已经不仅仅是炼油厂重要的工艺防腐手段，已经发展成为下游装置提供优质原料所必不可少的原油预处理过程。炼油厂加工原油品种繁多、原油劣质化趋势明显，并且由于三次采油技术的广泛应用，原油乳化液性质更加复杂，这都对电脱盐技术提出了更高的要求。

一、重质原油电脱盐技术

随着重质原油开采量的不断增加，从而带来了石油深度加工重质原油电脱盐的问题。由于重质原油普遍存在密度大（相对密度大于 $0.925g/cm^3$）、黏度大、盐含量高、沥青质含量高、无机固体含量高、金属含量高等特点，往往造成电脱盐装置操作波动，电耗增高，脱盐后原油盐含量、水含量提高，乳化层增加以及脱盐装置排水含油等问题。

对于重质原油的电脱盐，国内外经常采用的方法是进行掺炼，将重质油与性质较好的轻质油进行混合后，使其密度、黏度降低，以减小重质油加工的风险。另一种方法是加稀释剂。萨巴尔（Saper）能量公司的脱盐罐是为加工密度为 $0.982g/cm^3$ 的阿拉伯重油设计的，为三级脱盐罐。采用石脑油作稀释剂以降低罐中油的密度，稀释剂经汽提塔从脱后油中回收，脱后重油的盐含量在 $2.853mg/L$ 以下。采用加稀释剂的办法可对密度为 $0.9861\sim1.029g/cm^3$ 的原油成功地进行脱盐。

尽管如此，对多数炼油厂来说，仍希望通过改进电脱盐设备及调整工艺参数等方法来取得良好的重质油脱盐效果，如设计三级脱盐、增大脱盐罐容积、提高脱盐温度、增大混合强度等。

如加拿大西部沉积盆地原油（WCSB 原油）超过一半以上是重质原油，在对这些原油进行电脱盐处理时，Cameron 公司的 Petroco 工艺系统分公司对脱盐设备设计为原油直接进入电场区域，乳化液破乳较快，保持形成的稳定乳化液数量最少，避免形成很厚的乳化层。在电脱盐操作条件方面主要控制以下内容[18]：①洗涤水：维持洗涤水的 pH 值低于 8 是关键，最好在 5.0~6.5 之间。在碱性条件下，来自 WCSB 原油的环烷酸会生成皂，从而使脱盐装置中的乳化液更加稳定。提高洗涤水比例一般会提高脱盐装置的效率。②混合强度：如果混合不充分，就不能脱除全部杂质，如果混合过度，形成很小的液滴，产生的乳化液不能在脱盐装置容器中充分消除，使原油中水含量升高，脱盐效果变差。因此，混合强度应适当。③温度：对于重质原油电脱盐装置，一般温度控制在 130~145℃，温度上限大约为 154℃。④泥浆冲洗：由于 WCSB 原油通常比轻质原油含有更多的可过滤固体，因此有一套泥浆冲洗系统清除脱盐装置底部的泥浆很关键，并且实践证明，至少每天应冲洗一次泥浆，每次冲洗 15min。

另外，在处理重质原料时，除了使用油溶性破乳剂，还将水基润湿剂注入到新鲜水中作为助剂，以改善脱盐装置对固体杂质的处理能力。并使用沥青质稳定剂，用于防止沥青质在乳化液中聚集，降低其在脱盐装置排水中的浓度。

二、高效电脱盐技术

1. 多层鼠笼电脱盐技术

多层鼠笼高效电脱盐技术在电脱盐罐的设计方面，采用电极组合件为 2~3 层横截面为半圆环形的电极以扩大电场空间，提高罐内电场利用率，并合理设计罐内电场强度的分布，可以满足劣质油电脱盐的需要。国内加工重质塔河原油的设备结构示意图见图 5-5-1，内部电极剖面示意图见图 5-5-2，图 5-5-3 为半圆型电极外形图。在采用此高效电脱盐技术的同时，适当提高脱盐温度，操作温度通常为 135~140℃。增加洗涤水量 8%~10% 以提高脱盐率，并适当增大混合强度，对原油中的盐进行充分洗涤。另外，为了达到良好的脱盐效果，在使用破乳剂的同时，也应用了化学助剂，助剂包括强电解质、弱碱 pH 调节剂等，使那些增强乳化液稳定性的物质更好地从原油中分离出来或消除这些物质对原油脱水的影响，从而保证油水分离的效果。

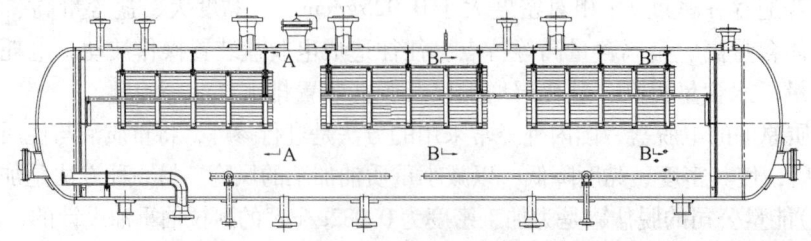

图 5-5-1　塔河原油电脱盐设备结构示意图

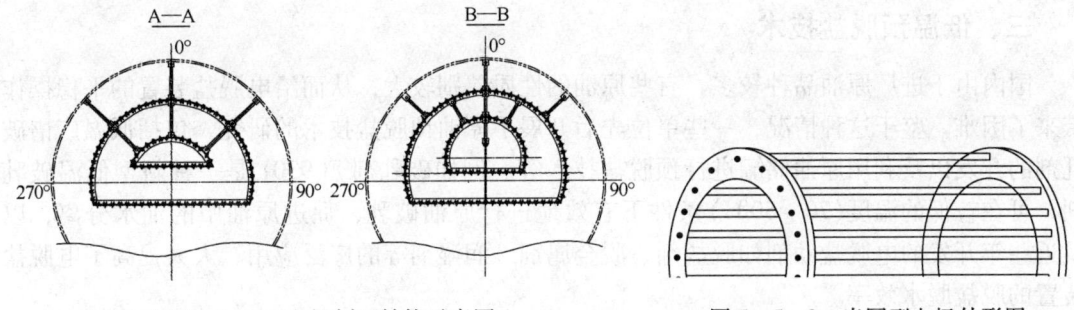

图5-5-2 电极剖面结构示意图　　　　图5-5-3 半圆型电极外形图

2. 脉冲电脱盐技术

脉冲电脱盐技术的核心是脉冲电源，脉冲电源提供高压电，形成高压、高频、脉冲电场，通过控制脉冲频率和占空比（即脉冲输出时间与脉冲周期之比），使电脱盐器内不会发生电极间的短路现象，也不易发生电场使液滴分散形成更小粒径液滴的现象。脉冲电脱盐技术不仅对不同的原油品种具有良好的适应性，而且可以减少破乳剂用量，节省电耗，稳定操作。

3. 超声波辅助脱盐脱水

超声波是一种有效的原油破乳的辅助方法，超声波原油破乳主要是利用超声波的机械振动作用（波形如图5-5-4所示）。当超声波通过有悬浮水珠的原油介质时，造成悬浮水珠与原油介质一起振动，乳化液中的水珠在超声波辐射下产生位移效应，水珠将不断向波腹或波节运动，发生碰撞并聚结，生成直径较大的水滴，然后在重力作用下与油分离。机械振动作用也可使原油中的石蜡、胶质、沥青等天然乳化剂分散均匀，增加其溶解度，降低油-水界面膜的机械强度，有利于水相沉降分

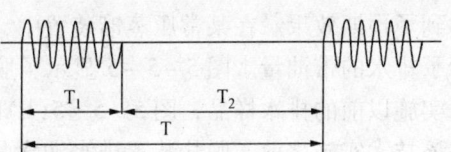

图5-5-4 超声波波形示意图
T_1—脉冲宽度；T/T_1—间隙比

离。声强、超声波频率、超声波辐射时间、作用面积及体系温度等因素都会影响超声波破乳的效果。超声波设备安装于电脱盐罐前、混合阀之后的原油管道上。超声波处理系统由超声波发生器和探头两部分组成，超声波发生器产生的电脉冲能量通过电缆传递给超声波探头，超声波探头辐射超声波能量给原油达到破乳目的。超声波破乳和其他方法相比，可以降低破乳的温度，甚至在室温下就可以实现破乳，这样就可以减少加热设备和能耗。另外，超声波和破乳剂有良好的协同作用，它可以提高破乳剂的作用效率，减少破乳剂的用量。但是，超声波破乳技术在工业应用中仍存在一些问题，主要是由于不同的原油其物理化学性质不同，需要不同的超声波作用条件，超声波作用条件控制比较困难。

4. 双频电脱水技术[19]

2002年，名为"Dual Frequency™"的双频电脱水技术被推出，用于油水乳化液静电聚结处理。施加电场的基本频率f_1、调整频率f_2、最大电压、最小电压等参数将会直接影响到静电聚结过程的进行。通过在一个较高的频率下工作，双频电源控制技术能够有效地避免原油乳化液含水率较高时通常出现的短路现象，基于微机的控制器可以根据处理对象的具体情况选择电压波形及其大小，从而取得较为合理的聚结效果。

三、低温预脱盐技术

国内由于进厂原油品种较多,有些原油的性质差别较大,从而给电脱盐装置的平稳操作带来了困难。鉴于这种情况,一些单位先后开展了原油预脱盐技术的研究,包括低温广谱破乳剂的开发以及利用原油储罐进行预脱盐技术等。例如破乳剂 FC9301 是一种新型低温破乳剂,可在较低的温度(70~80℃)条件下有效地进行原油破乳,促进原油中的油水分离,以及近些年开发的电脱盐助剂如脱盐剂、脱金属剂、润湿剂等的广泛应用,大大提高了电脱盐装置的脱盐脱水效率。

相对来说,原油在储罐中有较长的停留时间,因此,在原油进罐时,在泵入口处注入适量的水和破乳剂,使原油中的大部分盐水在罐中实现自由沉降分离,结合采用浮动抽油技术和加强原油罐切水管理,可达到预脱盐的目的。尤其对于含盐较高的原油,在储罐区加入低温破乳剂对原油进行预脱盐处理,对于保证电脱盐装置的达标具有重要作用。

将原油预处理剂(含破乳剂、润湿剂等)添加到炼油厂原油储罐的原油接收管道中,在原油进储罐之前使这些化学药剂有足够的时间分散到盐水液滴周围油-水界面上的固体颗粒、沥青质和其他乳化液稳定物质中,这样可以起到降低脱盐装置排水带油、减少乳化层积累、提高脱水效率的作用。中国石化广州分公司针对酸值为 3.35 mgKOH/g 的多巴原油,加入原油预处理剂使其经过一条 170km 长的管线进行自然混合。通过原油在罐区的预处理,多巴原油中盐含量明显下降,储罐中的原油水含量也降到了比较低的范围内(小于 0.2%),达到了预期效果。在某常压蒸馏装置中,原油预处理技术显著改善了电脱盐装置的操作,减少了排水的带油量。图 5-5-5 显示了脱盐装置的排水,图 5-5-5(a) 显示的水样是该技术实施以前的排水样品,图 5-5-5(b) 的水样取自该技术实施后第一次运行期间的排水样。在该技术实施之前,脱盐装置排水油含量高达 3000mg/L,在该技术实施后,脱盐装置排水中油含量降低到平均 140 mg/L。

(a) 添加化学助剂前　　　　　　　　(b) 添加化学助剂后

图 5-5-5　常压蒸馏电脱盐装置排水样品

事实上,炼油厂原油预脱盐工序前移到储罐区进行处理要经济得多。如果能使 90% 的盐在进炼油装置前进行脱除,那么炼油厂一般只需一级脱盐便可达标,可节省生产占地面积、降低投资和节约装置运行费用。

四、含(高)酸原油电脱盐

目前部分企业对含(高)酸原油的加工以小比例掺炼为主,控制原料合适的酸值来加工含(高)酸劣质原油,提高企业的经济效益。

含(高)酸原油通常密度大、胶质含量高、金属含量高,破乳脱盐困难。胶质、沥青质是原油中的天然乳化剂,它们是含有酸性或碱性基团的极性物质,因此,乳化液中水相的pH值对界面膜中物质的类型及量有很大的影响,水相pH值的变化对油水界面性质会有一定影响,从而影响乳化液的稳定性。研究表明,当水相pH值在6~8时,油水界面张力值最大,碱性条件下界面张力显著降低,酸性条件下次之,表明强酸或强碱条件能改变原油中表面活性物质的结构或组成,促进其在油水界面的吸附,导致乳化液稳定性增强。另外,水相pH值对界面膜的硬度、迁移速度等都起着重要的作用。图5-5-6是破乳剂加剂量为100μg/g时,某轻质原油60min的脱水率与水相pH值的关系。在pH值为4和12时,脱水率较低,这是由于在强碱

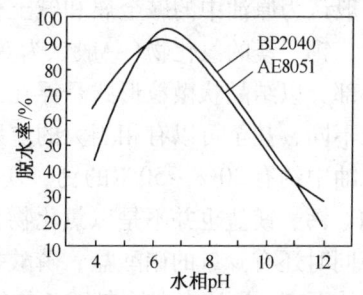

图5-5-6 水相pH值与脱水率的关系

性条件下原油中天然乳化剂的酸性官能团离子化,使界面活性变强,增强了乳化液的稳定性;而在强酸性条件下则是碱性官能团离子化,使界面活性变强,增强了乳化液的稳定性。水相pH值在6~7时乳化液最不稳定,脱水率最高。

国内几家炼油企业在对一种来自非洲的高酸原油进行掺炼时,发现仅仅掺炼5%~10%,原油就严重乳化,导致油水分离困难,而且排水油含量严重超标,最高达数万μg/g,增加了污水处理难度。该原油酸值高达3.76 mgKOH/g,属于低硫高酸石蜡基重质原油。国内某企业加工该原油期间,原油脱后含水一般大于0.5%,脱后盐含量大于5 mgNaCl/L。分析原因,首先该原油酸值高、胶质含量高、蜡含量高,原油中的胶质、沥青质、微晶蜡以及环烷酸皂等是天然乳化剂,它们吸附在油水界面,对乳化液起到稳定作用。另外,该原油的金属含量也较高,其中铁含量高达68.88μg/g,铁在原油中主要以环烷酸盐的形式存在,少量钠也以环烷酸盐形式存在,环烷酸盐是强乳化剂,加大了原油脱盐脱水的难度。

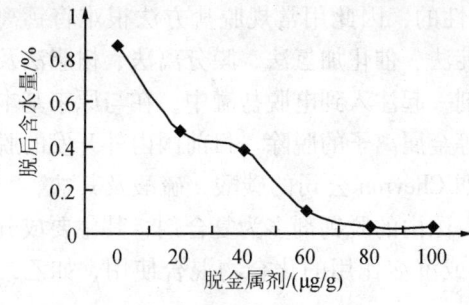

图5-5-7 脱金属剂对高酸原油脱水的影响

对于这种低硫高酸原油,通过将脱金属剂与破乳剂复配使用,可以明显改善其破乳脱水效果,原油脱后含水量降低了80%。因为脱金属剂可以使乳化液中高活性的环烷酸盐转化为环烷酸,降低其在油水界面的活性,降低乳化液的稳定性,因此能够显著改善油水乳化液状态,对电脱盐后原油中水含量的降低具有明显优势。如图5-5-7所示,随着脱金属剂加量的升高,原油脱后含水量明显下降。

含(高)酸原油中的不溶性固体颗粒也是一类重要的乳化剂,具有稳定乳化液的作用,对原油脱盐脱水有不利影响。这些固体颗粒尺寸要比乳化液滴小得多,扩散到油水界面,并以亲油-亲水的平衡状态滞留在油水界面,对原油乳化液稳定性起着重要作用。对于此类原油,在进行原油脱盐脱水时,常常在破乳剂中复配某些表面活性剂即固体颗粒润湿剂类助剂,使这些固体颗粒被润湿并进入水相,从而消除

其对原油乳化液的影响。例如国内某炼油厂加工蓬莱原油时,在采用较高相对分子质量破乳剂的同时,与固体润湿剂、沥青质分散剂等助剂复配来解决电脱盐罐内乳化层累积的问题。

五、原油脱金属技术

一般认为原油中的碱金属和碱土金属多以水溶性无机盐形式富集在原油所含的水中,主要是钠、钙、镁的氯化物(一般认为 NaCl 约占 75%,$CaCl_2$ 约占 10%,$MgCl_2$ 约占 15%),另有一小部分以结晶状微粒形式悬浮在油中,或以无机矿物杂质的形式存在。但不同原油的盐分组成不同,甚至可以有相当大的差别。以孤岛、大庆、鲁宁管输原油为例,有分析结果证实,原油中约有 30% ~ 50% 的钙、镁盐是以非水溶性盐类形式存在;孤岛、辽河原油中的钾、钠、钙、镁盐也并不是以氯化物为主,而是由硫酸盐、碳酸氢盐和碳酸盐占了相当大的比例,同时还有少量的硝酸盐、磷酸盐和有机酸盐。

总体而言,原油中大约有 90% 的钠盐和约 20% ~ 60% 的钙盐和镁盐是水溶性的,其余一小部分为不溶于水的盐类。在不溶于水的盐中,钾、钠、镁盐的含量较低,而钙盐含量较高。因此采用一般的脱盐方法,氯离子、钠离子的脱除率较高,而钙、镁离子及碳酸盐、碳酸氢盐和硫酸盐都不易脱除。因此在脱盐过程中,必须加入脱钙剂才能有效地将钙离子脱除。

1. 原油脱钙技术

过去原油中钙离子的含量不高,对炼油装置的危害也不明显,因此脱钙问题并未引起人们的重视。近年来,随着原油中钙离子含量的明显增加以及原油深加工技术的发展,钙离子的危害已引起人们的广泛关注。有资料报道,冀东重质原油、克拉玛依原油的钙离子含量已超过 140μg/g,是 1988 年原油钙离子含量的 5 倍;胜利、辽河、大港原油的钙离子含量也都比较高。钙离子不脱除,最终将富集在渣油组分中。目前,越来越多的渣油已被作为加氢裂化和催化裂化的原料,大量钙离子的存在会导致加氢裂化催化剂失活和结垢,使催化裂化催化剂性能变差、剂耗增加,并使轻油收率下降。此外,钙离子含量高可使原油电导率增大,从而使电脱盐装置能耗增加并引起操作不稳。原油中钙含量增加还会造成延迟焦化的焦炭灰分增加以及影响氧化沥青的产品质量。

由于原油中大约有 40% ~ 80% 的钙盐是非水溶性的,因此用常规脱盐方法很难将钙离子脱除。目前国内外开发的脱钙技术主要有螯合沉淀法、催化加氢法、膜分离法、树脂法及生物法等。其中螯合沉淀法脱钙是将脱钙剂与破乳剂一起注入到电脱盐罐中,在与原来基本相同的工艺操作条件下,同时完成钠、钙、镁、铁等金属离子的脱除。目前国内外开发的脱钙剂主要是有机酸及其盐和无机酸及其盐类。国外如 Chevron 公司的碳酸、硫酸及其盐、一元羧酸、二元羧酸、氨基羧酸、羟基羧酸及其盐等。国内的脱钙剂多为复合剂,其主要成分仍为有机(无机)酸及其盐,并与其他具有螯合作用或沉淀作用的化合物混合使用,如乙二胺四乙酸及其盐和磷酸盐等。

现以某系列脱钙剂 1 号、2 号和 3 号为例,其主要成分是一种无机含磷螯合剂[20]。该脱钙剂有固态和液态两种,其中水溶性液态脱钙剂无色透明,相对密度(d_4^{20})为 1.35,1% 水溶液的 pH 值为 5 ~ 7,铁含量不大于 0.2%。在实验室中对大港原油(钙含量 12.7μg/g)、新疆原油(钙含量 8.2μg/g)、辽河原油(钙含量 33.7μg/g)进行脱钙处理,试验结果见表 5 – 5 – 1,并对大港原油脱钙前后原油的物理性质进行了考察,如表 5 – 5 – 2 所示。结果表明,脱钙剂 1 号、2 号、3 号对这三种原油均有较好的脱钙效果,原油钙含量大于 5μg/g 时,脱钙率可达50%~95%。脱钙后原油的凝点降了5℃左右，电导率下降了二分之一以上，黏度也有明显降低，这对于后续加工过程都是很有利的。

表5-5-1 原油脱钙后钙含量

原油品种	脱钙剂用量/($\mu g/g$)									
	0	20	30	60	90	100	120	140	180	240
大港原油										
1号脱钙剂	10.0	—	9.1	6.9	4.7	4.2	3.5	3.3	—	—
2号脱钙剂	10.0	—	9.1	5.4	4.1	3.8	3.5	3.4	—	—
3号脱钙剂	10.0	—	8.7	5.3	3.9	3.5	2.9	2.7	—	—
新疆原油										
1号脱钙剂	7.9	6.6	—	4.0	—	2.5	2.1	1.9	—	—
2号脱钙剂	7.9	6.4	—	3.0	—	2.0	2.1	2.0	—	—
3号脱钙剂	7.9	5.7	—	2.8	—	2.0	1.9	2.1	—	—
辽河原油										
1号脱钙剂	32.1	—	21.5	13.3	8.7	—	6.1	—	3.8	2.7
2号脱钙剂	32.1	—	17.3	10.17	7.0	—	5.9	—	4.0	2.6
3号脱钙剂	32.0	—	16.4	9.0	6.8	—	6.1	—	4.1	2.3

表5-5-2 脱钙前后大港原油的物理性质

脱钙剂剂量/($\mu g/g$)	凝点/℃	黏度(50℃)/(mm^2/s)	电导率(50℃)/(nS/m)
0	30	51.19	15.0
30	28	49.15	9.7
60	26	46.47	7.2
90	25	44.72	6.8
120	25	44.08	6.5

脱钙剂2号在多家炼油厂应用结果表明，使用脱钙剂不仅有一定的脱金属效果，而且使用脱钙剂后电脱盐装置运行比较平稳，脱盐电流下降。脱钙剂2号仍存在一些问题，如对原油的适应性差，对原油开采过程中加入的含钙助剂脱钙效果不理想等问题。

国内某研究机构开发的有机酸类脱钙剂曾应用于苏丹喀土穆炼油有限公司1Mt/a延迟焦化装置[21]，该装置加工原料为苏丹某高酸值稠油，其中盐含量较低，但酸值高达5.49mgKOH/g，钙含量高达1120$\mu g/g$，铁含量也非常高，需要进行脱钙和脱铁。该脱钙剂JCM-2004RPD为水溶酸性脱金属剂。脱钙剂应用前后原油性质的变化情况见表5-5-3，在两级脱钙和三级脱盐工况下，当剂钙比为4:1时，电脱盐脱金属后钙含量为78$\mu g/g$，铁含量为28$\mu g/g$，脱钙率为94.0%，脱铁率为68.8%。并且脱后原油中盐含量小于3mg/L，水含量小于0.3%，能够满足焦化装置长周期运转的要求。但是由于该脱钙剂pH值较低，应用该脱钙剂脱钙后原油酸值有所升高。酸值升高的原因，一方面是原油中的环烷酸钙与脱钙剂反应后环烷酸被置换所引起的，另一方面可能是残留在原油中的脱钙剂造成的，残留的脱钙剂可以通过降低脱后原油含水量和强化三级电脱盐水洗效果来降低其含量。

表 5-5-3 脱钙剂应用前后原油性质变化情况

项目		分析结果			
		钙含量/(μg/g)	盐含量(NaCl)/(mg/L)	酸值/(mgKOH/g)	铁含量/(μg/g)
空白试验	脱前	1142	5.3	5.16	180
	脱后	1071	2.7	5.77	167.2
剂钙比 3:1	脱前	1122	4.1	5.07	94
	脱后	265	1.9	6.8	42
剂钙比 3.5:1	脱前	1221	5.1	4.55	84
	脱后	109	2.2	6.94	57.1
剂钙比 4:1	脱前	1263	5.0	4.89	90
	脱后	78	2.3	7.37	28

2. 馏分油脱镍钒技术[22]

原油中的镍钒等重金属主要是以卟啉化合物(见图 5-5-8)和油溶性高分子化合物形式存在。在石油炼制过程中，大多数金属存在于常压渣油、减压渣油等重质馏分中，在进行二次加工时，镍、钒等重金属会对催化剂造成"中毒"，从而使生产效率降低，加大催化剂损耗。

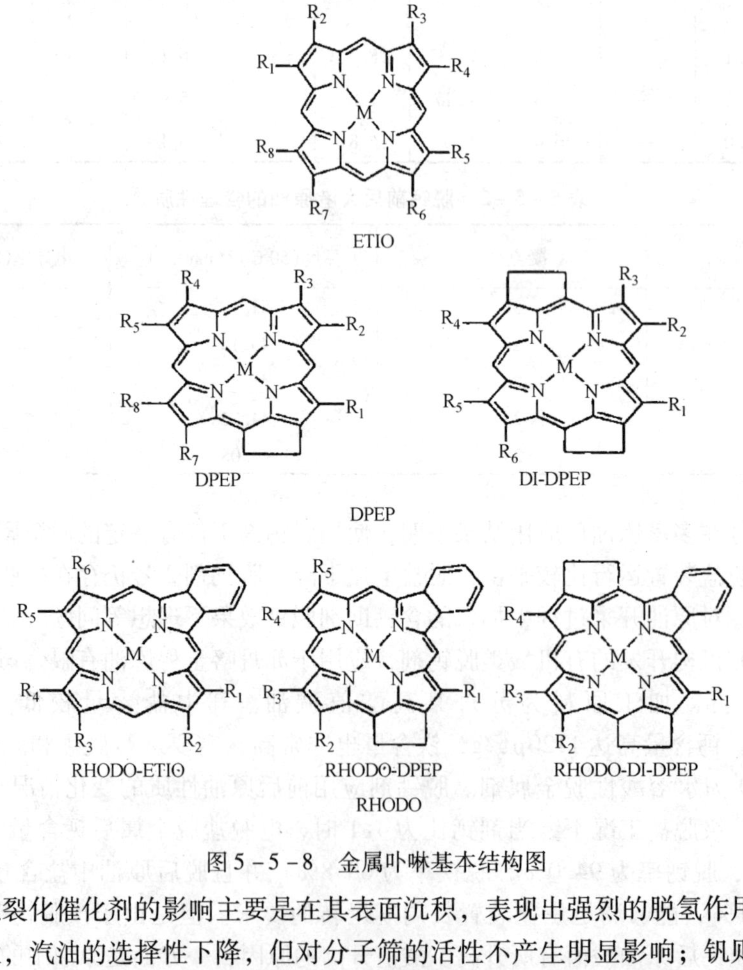

图 5-5-8 金属卟啉基本结构图

镍对催化裂化催化剂的影响主要是在其表面沉积，表现出强烈的脱氢作用，使氢气和焦炭的产率增大，汽油的选择性下降，但对分子筛的活性不产生明显影响；钒则不同，在催化剂表面沉积后，逐渐迁移到分子筛上，并与之形成低熔点共熔物，使分子筛结构受到破坏，堵塞其活性中心，使表面积减小、活性降低，影响轻油转化率。钒对催化剂的影响是不可逆的，据不完全统计，国内催化裂化装置每年因催化剂中毒而废弃的催化剂达数万吨，经济损失数亿元。

含钒的燃料油在燃烧时，会形成 Na_2O 和 V_2O_5 的低熔点化合物。这类化合物会侵蚀金属，从而附着在炉管表面，影响加热炉和锅炉的热效率。V_2O_5 会促使 SO_2 向 SO_3 转化，加速空气预热器的腐蚀。

渣油中镍、钒化合物结构的稳定性使其脱除困难。欲脱除渣油中的镍、钒，必须破坏其分子结构或将其有机物脱出。主要有酸抽提、溶剂抽提和加氢脱除等方法。20 世纪 90 年代末期，有研究人员发明了一种从原油馏分油中脱除镍钒的工艺方法。该方法通过向原油馏分油中加入 $100\sim1000\mu g/g$ 的脱金属剂，在温度为 $200\sim400℃$ 条件下反应 $20\sim300min$，然后冷却至 $100\sim150℃$，加入占原油馏分油重量 $1\%\sim10\%$ 的水和 $10\sim100\mu g/g$ 的破乳剂，在电场强度为 $200\sim1500V/cm$ 的条件下进行分离，从而脱除镍、钒，镍、钒的总脱除率可达 70% 以上。在原油或馏分油中加入某些化学药剂使难以脱除的金属镍、钒卟啉和非卟啉油溶性化合物转化为水溶性的或亲水的化合物，再加水混合洗涤，在静电分离器中加电场使油水分离，将原油或馏分油中的金属镍、钒脱除。该方法包括高温化学反应和油水分离两个步骤。高温反应的目的是使原料油中的镍、钒有机化合物中的金属镍、钒脱出，使之与加入的药剂形成亲水的化合物。镍、钒离子的脱出是一动态平衡，反应药剂与金属镍、钒形成稳定的亲水化合物后，镍、钒的脱出速度加快。影响反应的主要因素有反应温度、药剂加入量、反应时间等。反应完成后，要使镍、钒从原料油中脱除出去，还必须选择合适的分离条件，使反应后的镍、钒化合物充分从原料油中分离。图 5-5-9 为渣油脱镍、钒工艺流程图。

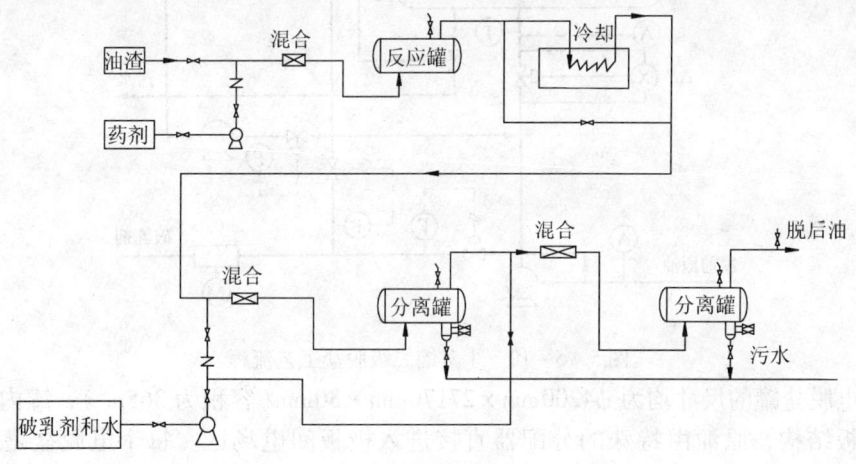

图 5-5-9 渣油脱镍、钒工艺流程图

六、成套电脱盐装置实例

电脱盐设备是炼油厂减轻设备腐蚀及满足原油深度加工要求的关键设备。随着含硫含酸原油加工量的增加、原油的重质化以及深度加工技术的发展，对原油电脱盐的要求也越来越高。

近年来，国内电脱盐装备以及与之相应的工艺技术取得了快速发展。20 世纪 80 年代后期，一些企业曾先后引进美国 Petrolite 公司以及 Howe-Baker 公司的成套电脱盐技术，对国内电脱盐水平的提高起到了积极的促进作用。随后，经过不断改进和创新阶段，至今，国产大型成套电脱盐装置正在各生产企业发挥着主导作用，其主要经济技术指标已接近或达到国际先进水平。

(一) 中国石化镇海炼化分公司电脱盐装置[23~25]

镇海炼化分公司是加工进口含硫原油的主要企业之一。该公司建有I蒸馏、II蒸馏和III蒸馏三套常减压装置,加工能力分别为8Mt/a、6Mt/a和9Mt/a,现均可加工含硫和高硫原油。

1. I蒸馏电脱盐

I蒸馏为2008年新建的常减压装置,加工中东含硫和高硫原油。受原油来源的影响,原油种类较多,加工过程中切换频繁。2010年所加工的原油中,伊朗轻油和科威特原油占全年加工量的48%以上。这两种原油密度(20℃)均在0.9g/cm³以下,酸值分别为0.08mgKOH/g和0.18mgKOH/g,原油脱前盐含量分别为20.4mgNaCl/L和12.5mgNaCl/L,但是硫含量较高,分别为1.55%和2.68%。

根据所加工原料油的性质,电脱盐采用交直流高速电脱盐技术,两级脱盐工艺。工艺流程见图5-5-10。

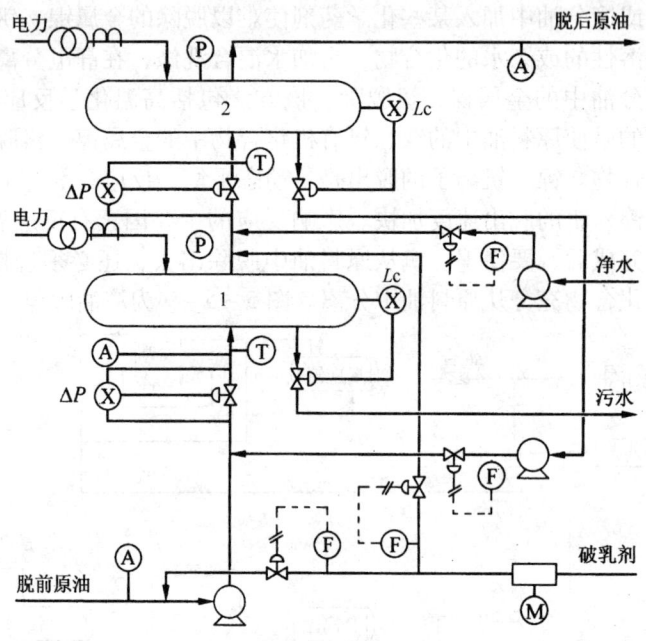

图5-5-10 I蒸馏二级脱盐工艺流程

两个电脱盐罐的尺寸均为 $\phi4200mm \times 27176mm \times 30mm$(容积为 $365m^3$),罐内采用了四层水平极板结构,原油由特殊的分配器直接进入极板间电场区。每个电脱盐罐配备两台125kVA变压器,输入电压为交流380V,二次输出电压为5挡13~25kV。

2. II蒸馏电脱盐

II蒸馏2004年进行改扩建后,处理能力达到6Mt/a,后续生产流程有催化装置。主要加工进口低硫含酸原油,所加工原油除伊朗重油、科威特原油等少数几种油品外,硫含量大部分在1%以下。所加工原油的酸值分布不均匀,最高达3.77mgKOH/g。如苏丹的达混合油,该原油占全年加工量的20%以上,硫含量为0.123%,但酸值达3.77mgKOH/g。混合原油的密度为0.8~0.9g/cm³,盐含量为20~30mgNaCl/L。

电脱盐最初设计为两级脱盐,采用高速电脱盐技术,加工含酸原油时,脱盐效果不理想,后增上一级脱盐,变为三级脱盐。目前电脱盐采用低速交直流电脱盐技术和高速电脱盐技术相结合方式,即一级采用低速交直流电脱盐,二、三级采用高速电脱盐。工艺流程见图5-5-11。

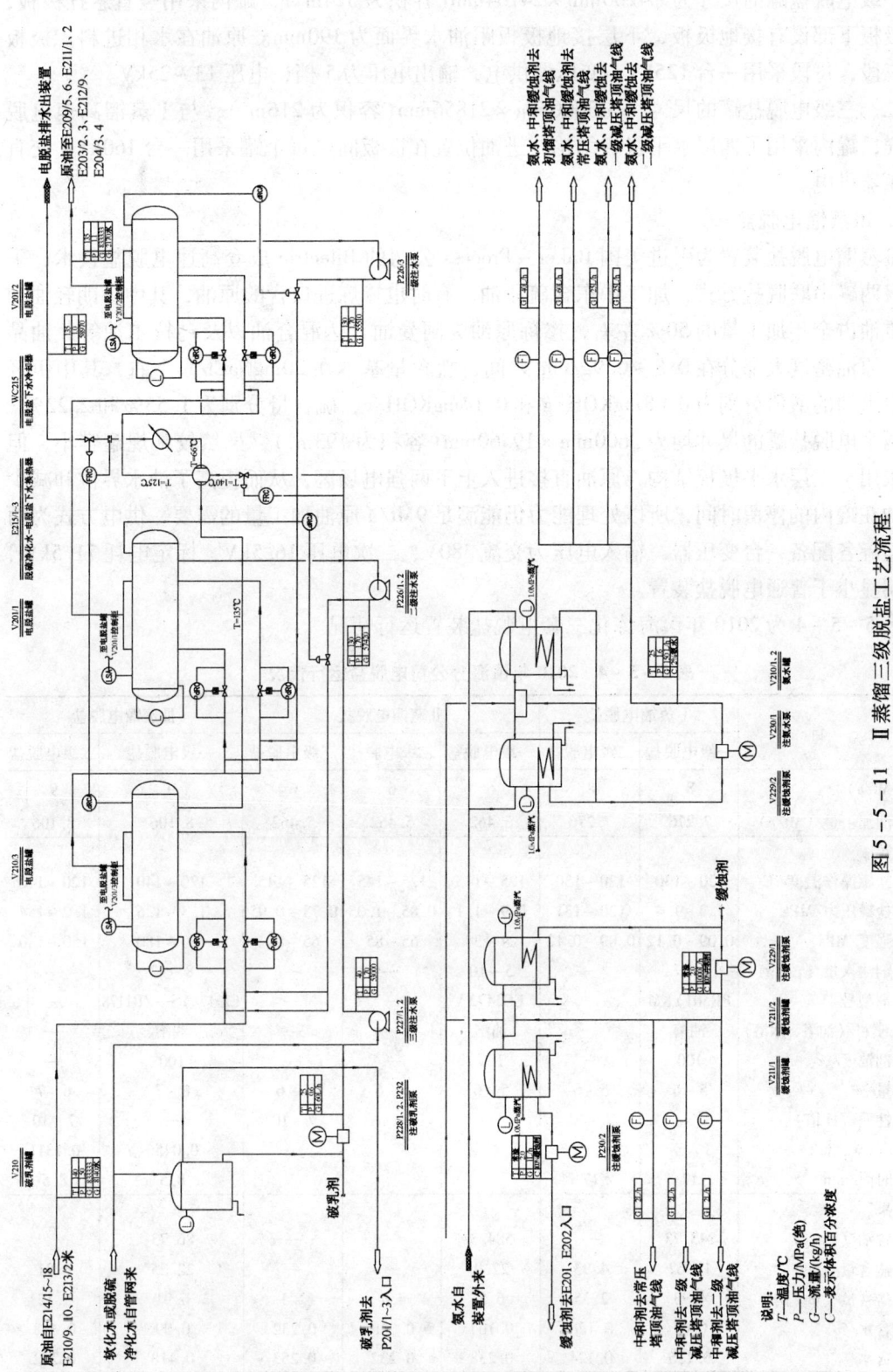

图 5-5-11 Ⅱ蒸馏三级脱盐工艺流程

一级电脱盐罐的尺寸为 φ4200mm×24164mm（容积为324m³），罐内采用竖直悬挂极板，悬挂极板下部设有接地极板，下层接地极板距油水界面为190mm。原油在水相进料。极板分为三段，每段采用一台125kVA变压器供电，输出电压为5档，电压13~25kV。

二、三级电脱盐罐的尺寸为 φ3600mm×21856mm（容积为216m³），与Ⅰ蒸馏高速电脱盐一样，罐内采用了四层水平极板结构，进油位置在极板间。每个罐采用一台160kVA交直流变压器供电。

3. Ⅲ蒸馏电脱盐

Ⅲ蒸馏电脱盐装置为引进美国 Baker – Process 公司的 Bilectric 成套高速电脱盐技术，采用二级两罐串联脱盐方式，加工中东含硫原油，有时也掺炼进口含酸原油，其中伊朗轻油和伊朗重油占全年加工量的50%左右，掺炼原油为阿曼油、达混合油以及乌拉尔油等，油品较杂。原油密度大部分在 0.8~0.9g/cm³ 之间，盐含量基本在 20mgNaCl/L 左右，其中伊轻油和伊重油的酸值分别为 0.08mgKOH/g 和 0.14mgKOH/g，硫含量分别为 1.55% 和 2.22%。

两个电脱盐罐的尺寸均为 3600mm×19560mm（容积为193m³），虽然较常规罐容小，但由于采用了三层水平极板结构，原油直接进入上下两强电场区，从而提高了油水界位和减少了原油在罐内的停留时间，所以处理能力仍能满足 9Mt/a 原油加工量的需要。供电方式为两级脱盐罐各配备一台变压器，输入电压为交流380V，二次电压16.5kV，标定电耗71.5kW，电耗明显小于普通电脱盐装置。

表5–5–4为2010年镇海炼化三套电脱盐装置运行情况。

表5–5–4 2010年镇海分公司电脱盐运行情况

项 目	Ⅰ蒸馏电脱盐		Ⅱ蒸馏电脱盐			Ⅲ蒸馏电脱盐	
	一级电脱盐	二级电脱盐	一级电脱盐	二级电脱盐	三级电脱盐	一级电脱盐	二级电脱盐
能力/(Mt/a)	8	8	6	6	6	9	9
实际原油加工量/(Mt/a)	7.276	7.276	5.462	5.462	5.462	8.106	8.106
技术参数							
电脱盐罐操作温度/℃	120~130	120~130	125~145	125~145	125~145	120~140	120~140
电脱盐罐压力/MPa	1.2~1.4	120~131	0.9~1.1	0.85~1.05	0.75~0.95	1.3~1.6	1.2~1.4
混合强度/MPa	0.09~0.12	0.09~0.12	24~34	65~85	65~85	150~180	150~180
破乳剂注入量/(μg/g)	4~7	—	5~10	—	—	8~12	—
破乳剂型号	PR501YKM	—	EC2472A	—	—	E2317/YS—ZR1178	
破乳剂性质(油溶、水溶)	油溶		油溶			油溶	
破乳剂浓度/%	100		100			100	
注水量/%	5~6	5~6	5~6	5~6	5~6	6~7	6~7
注水性质(pH值)		7~10	—		7~10		7~10
电耗/(kW·h/t)						0.0456	0.1311
停留时间/min	17	17				8.5	8.5
运行效果							
污水含油/(μg/g)	243.73	—	584.3	—		86.73	
脱前盐含量/(mg/L)	19.62	4.93	22.9	—		22.25	6.91
脱后盐含量/(mg/L)	4.93	2.35	6.5	4.4	2.3	6.91	3.12
脱前含水/%	0.07	0.126	0.104	0.238	0.232	0.09	0.418
脱后含水/%	0.126	0.124	0.238	0.232	0.253	0.418	0.252

注：数据为2010年度平均值。

镇海炼化三套蒸馏装置2010年加工量相当于设计值的90%左右。Ⅰ套常减压蒸馏兼顾生产沥青,加工原油以中东的含硫和高硫原油为主,相对固定,电脱盐运行的效果较好,脱后含盐量能够达到2.35mg/L,脱后含水达到0.1%左右;Ⅱ套常减压蒸馏加工低硫、含酸原油保催化裂化原料,原油品种也相对固定,采用了三级脱盐,电脱盐的运行达到了中国石化控制的脱盐指标;Ⅲ套常减压蒸馏加工的原油调整最频繁、加工油种最杂,电脱盐运行波动较大,特别是加工伊重、掺炼荣卡多、索鲁士原油时脱盐合格率不足30%。

Ⅰ套电脱盐的污水含油量为243.73mg/L,Ⅱ套电脱盐的污水含油量为584.3mg/L,Ⅲ套电脱盐的污水含油量为86.73mg/L。加工含酸原油的污水含油量比含硫原油较为严重,这是由于含酸原油中有环烷酸导致乳化造成的。

(二)中国石油大连石化分公司电脱盐装置[26]

大连石化分公司有三套蒸馏装置,Ⅰ蒸馏为常压蒸馏装置,加工能力为6Mt/a,设计加工俄罗斯含硫原油;Ⅱ蒸馏装置加工能力为4.5Mt/a,设计加工大庆原油,生产润滑油料;Ⅲ蒸馏为加工含硫原油10Mt/a的常减压蒸馏联合装置。

1. Ⅰ蒸馏电脱盐

加工原油为俄罗斯轻油和沙中原油的混合油,混合比例为8:2。俄罗斯轻油密度0.83g/cm³左右,酸值0.02mgKOH/g,硫含量为0.96%,盐含量为11.04mg/L,具有密度小、酸值低等特点,属于含硫中间基原油。沙中原油的硫含量为2.52%。2002年加工含硫原油改造后加工能力为6Mt/a。

电脱盐采用低速电脱盐和高速电脱盐相结合的方式,采用两级脱盐工艺,一级为交直流电脱盐技术,二级为Baker-Process公司的Bilectric高速电脱盐技术。工艺流程见图5-5-12。

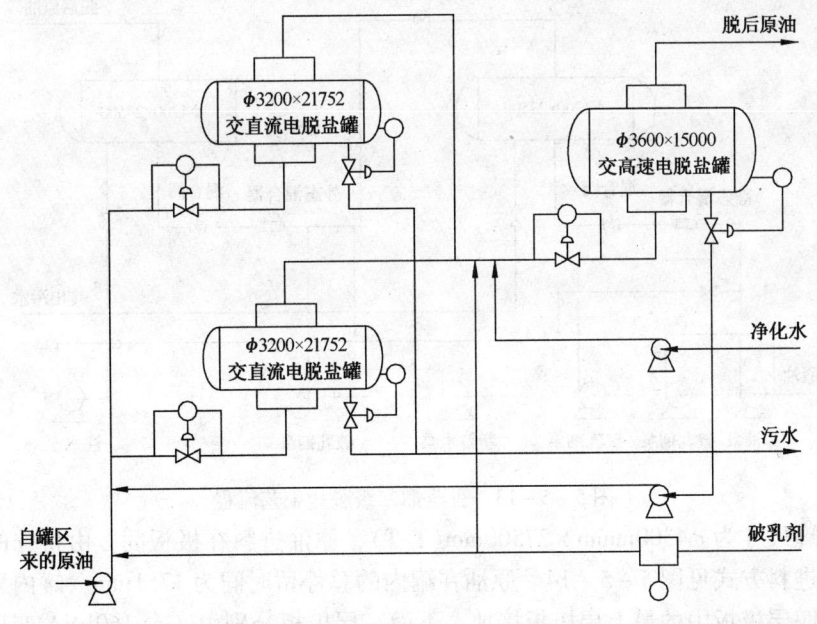

图5-5-12 Ⅰ蒸馏二级脱盐工艺流程

一级电脱盐为两个罐并联,罐体大小为$\phi3200mm \times 21752mm \times 26mm$,内部极板为竖直悬挂电极板。采用交直流变压器供电,每个罐采用三个125kVA变压器。二级高速电脱盐罐

体为 $\phi3600mm \times 15000mm(T/T)$。罐内设三层水平极板,形成两个强电场。进料采用其专利高效喷头,进料位置设置在两层电极板之间。采用交流变压器供电,每个罐采用3台100kVA变压器。其他设备如混合阀、油水界位仪、低液位开关等设备均为 Baker-Process 公司提供。

改造后电脱盐设计能力为18000t/d,实际处理量为19057t/d,操作温度为126℃,注水量2.9%,注破乳剂量25μg/g。电脱盐脱后原油含盐在公司控制的指标内(小于3mg/L),合格率在100%。标定期间脱盐效果见表5-5-5。

表5-5-5 标定期间电脱盐效果

时间	脱 前		脱 后			
	盐浓度/(mg/L)	水含量/%	一级V101A 盐浓度/(mg/L)	一级V101B 盐浓度/(mg/L)	二级盐浓度/(mg/L)	水含量/%
06-11	6.79	0.03	2.70	2.10	2.24	0.18
06-12	5.66	0.08	4.38	3.76	1.68	0.08
平均	6.22	0.06	3.54	2.93	1.96	0.12

2. Ⅲ蒸馏电脱盐

Ⅲ蒸馏设计加工俄罗斯原油和沙特阿拉伯轻油,沙特阿拉伯轻油密度为 $0.83g/cm^3$ 左右,酸值 $0.17mgKOH/g$,硫含量为1.9%,盐含量为21.2mgNaCl/L,和俄罗斯原油一样,均属于含硫中间基原油。电脱盐采用国内开发的高速电脱盐技术,二级脱盐工艺,一个电脱盐罐为一级,两个电脱盐罐。工艺流程见图5-5-13。

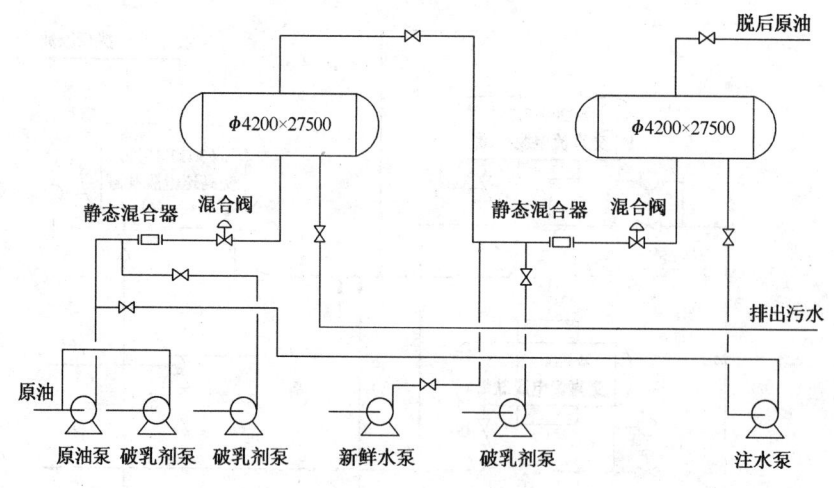

图5-5-13 Ⅲ蒸馏二级脱盐工艺流程

电脱盐罐尺寸为 $\phi4300mmm \times 27500mm(T/T)$,原油进料在极板间,由特殊的进料喷头水平喷出。进料方式见图5-5-14。原油在罐内的总停留时间为17.1min。罐内采用四层电极板结构,四层极板中的最上层极板接地,下面三层极板分别由三台160kVA变压器提供高压电,弱电场强度为200~500V/cm,强电场强度为600~1000V/cm。图5-5-15为其电场连接示意图。这种高压电极板连接方式保证了每台变压器电气负荷相对平衡和高压电场对原油乳化液做功基本相同。

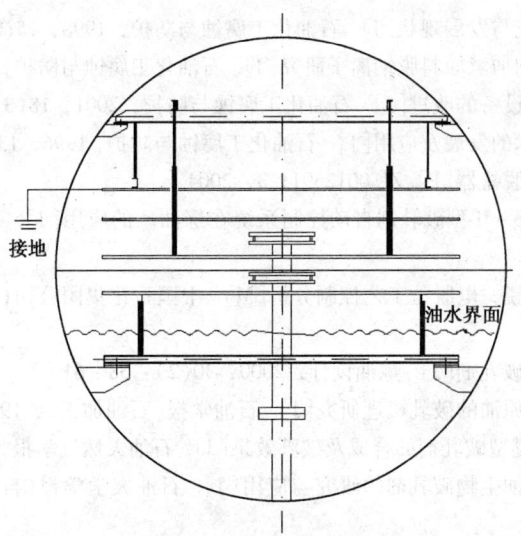

图5-5-14 Ⅲ蒸馏高速电脱盐原油进料示意图

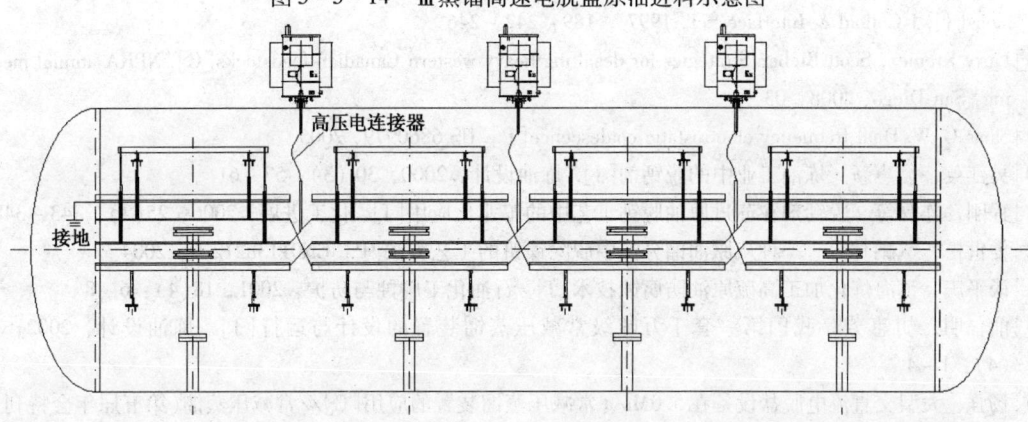

图5-5-15 Ⅲ蒸馏高速电脱盐高压电连接示意图

该电脱盐装置于2006年3月开工投产后，加工沙特阿拉伯轻油和俄罗斯原油的混合原油，运行良好。脱前原油含盐量为20~30mg/L，电脱盐温度130℃，注水为脱硫净化水，注水量为5%左右，二级排水回注一级，破乳剂采用电脱盐设备制造厂家的油溶性破乳剂，注入量为12μg/g。通过对电脱盐的标定和长期运行情况来看，电脱盐运行平稳，脱后原油含盐量基本能达到小于3mg/L的指标要求。

参 考 文 献

[1] 中国石化集团技术考察组. 加工中东高硫原油访日、韩技术考察报告[J]. 石油化工腐蚀与防护, 2001, 18(6)：1-17
[2] Praveen Gunaseelan, U. S. Crude Oil Imports – Recent Trends and their Impact on Refining[C]. NPRA annual meeting, San Antonio, Texas, 2009, 03
[3] 中国石化股份有限公司炼油事业部. 中石化炼油企业原油电脱盐调查报告[C]. 常减压蒸馏(第五届年会特刊), 2002, 25：47-48
[4] 孙保江等. 乳化原油的超声波脱水研究[J]. 声学学报, 1999, 24(3)：327-330
[5] 刘惠玲等. 微波脱水技术[J]. 油田地面工程, 1992, 11(4)：8-12

[6] 戴琳. 原油破乳剂的研究与发展现状[J]. 石油化工腐蚀与防护, 1998, 15(3): 38-41

[7] 石宝珍, 李根照等. 渣油加氢原料脱钠离子研究[J]. 石油化工腐蚀与防护, 1999, 16(4): 47-50

[8] 博勇发. 1号蒸馏电脱盐设备的改进[J]. 石油化工腐蚀与防护, 2001, 18(3): 40-43

[9] 徐泽远. 原油电脱盐技术的发展及应用[J]. 石油化工腐蚀与防护, 1996, 13(2): 56-60

[10] 娄世松等. 一种电脱水脱盐器[P]. ZL 00125911.3, 2004

[11] 李根照, 王连年等. ACS-Ⅱ型破乳剂自动控制系统在炼油厂的应用[J]. 炼油技术与工程, 2004, 34(1): 57-61

[12] 魏月萍, 祁鲁梁, 张金锐. 电脱盐工艺控制分析[M]. 中国石化集团公司(原中国石化总公司)教育中心, 1991

[13] 贾鹏林, 徐泽远. 原油破乳剂[J]. 炼油设计, 2000, 30(2): 58-61

[14] 乔建江、詹敏等. 乳化原油的破乳机理研究[J]. 石油学报(石油加工), 1999, 15(2): 1-6

[15] 张付生等. BAHA 非聚醚型破乳剂的合成及破乳效果[J]. 石油天然气学报, 2005, 27(1): 256-259

[16] 冯志强, 杨永军等. 原油生物破乳剂的研究与应用[J]. 石油大学学报(自然科学版), 2004, 28(3): 93-97

[17] Joseph D McLean, Peter K Lilpatrick. Effects of asphaltene solvency on stability of water-in-crude oil emulsions[J]. J Colloid & Interface Sci, 1997, 189: 242-246

[18] Larry Kremer, Scott Bieber. Strategies for desalting heavy western Canadian feedstocks[C]. NPRA annual meeting, San Diego, 2008, 03

[19] Sams G. W. Dual frequency electrostatic coalescence[P]. US 6860979, 2005

[20] 吴江英, 翁惠新. 炼油工业中的脱钙剂[J]. 炼油设计, 2000, 30(3): 57-61

[21] 程刚, 陈磊等. 脱钙剂在苏丹原油脱钙工艺中的工业化应用[J]. 化工进展, 2006, 25(3): 343-348

[22] 娄世松, 贾鹏林等. 一种从原油馏分油中脱除镍钒的工艺方法[P]. CN01138212.0, 2004

[23] 谈平庆. 镇海炼化加工高硫原油防腐蚀技术[J]. 石油化工腐蚀与防护, 2001, 18(4): 6-8

[24] 俞仁明, 胡惠芳. 我国第一套千万吨级常减压蒸馏装置的设计与运行[J]. 炼油设计, 2002, 32(4): 1-4

[25] 杨强. 大型交直流电脱盐设备在5.0Mt/a常减压蒸馏装置的应用[C]//常减压蒸馏(第五届年会特刊), 2002, 25: 115-118

[26] 王辰涯. 大型蒸馏装置扩能改造的设计与运行[J]. 炼油技术与工程, 2005, 32(2): 15-19

第六章 含硫含酸原油的常减压蒸馏技术

第一节 工艺流程的选择

一、蒸馏工艺流程的分类及其基本特点

1. 原油蒸馏装置的特点与加工流程基本类型

原油蒸馏装置是炼油厂原油加工的第一个工艺装置——炼油厂加工的"龙头"和必不可少的工艺装置。它采用常压蒸馏及减压蒸馏的方法将原油分割成不同的馏分和渣油，作为炼油厂产品或下一工序的原料。由于原油系由种类繁多的单体烃类所组成的复杂混合物，并含有少量的硫、氮、氧、重金属和盐类，且其组成随产地不同而变化，因而更增加了原油蒸馏的复杂性[1,2]。

在我国，经过几十年的发展，原油蒸馏已经成为一个比较成熟的石油加工工艺，且过去十余年又经历了快速发展期。根据中国石油企业协会组织编撰的《中国油气产业发展分析与展望报告蓝皮书(2011—2012)》，我国炼油能力 2011 年达到 540Mt/a。不仅大量加工含硫、高硫原油，而且建成投运了加工酸值超过 3mgKOH/g 原油的 12Mt/a 单系列高酸原油蒸馏装置，装置的大型化规模也已经达到国外先进水平，能耗水平已在世界上处于领先地位，长周期运行已向国际先进水平看齐。据中国石化统计，2010 年度全公司原油蒸馏装置平均综合能耗下降到 9.47kg 标油/t。同时，原油蒸馏装置在减压深拔、产品质量提高、安全环保等方面也取得了累累硕果。

由于每个原油蒸馏装置加工的原油和工艺条件的不同、所得到的产品及产品质量要求的不同，要求不同的原油蒸馏装置采用不同的工艺流程，以达到合理利用石油资源和最佳经济效益的目标。另一方面，由于不同炼油厂目的产品的要求不同，所采用的加工方案和装置组成之间的联合方式也不同。因此，在进行原油蒸馏装置设计时，应根据具体条件从工艺流程、设备、操作参数、目的产品等因素加以综合分析比较，以确定经济合理的设计方案，选择最合理的原油蒸馏装置工艺流程。

根据原油性质和产品要求的不同，原油蒸馏装置加工流程与全厂总流程相对应，可分为燃料型、燃料-润滑油型、燃料-化工型和拔头型四种主要类型。

2. 燃料型蒸馏装置的特点

燃料型原油蒸馏装置是炼油厂应用最为广泛的装置。其常压塔顶生产催化重整原料或石脑油组分，侧线生产溶剂油、煤油馏分、柴油，且各侧线都设有汽提塔以保证产品的闪点合格；减压塔一般设有 2~3 个侧线，生产催化裂化原料或加氢裂化原料，分馏精度要求不高，通常不设汽提塔；塔底产品为渣油加工装置(延迟焦化、渣油加氢或溶剂脱沥青等)的原料，或直接生产工业燃料油或沥青。减压塔多采用干式或微湿式操作。

典型的原油蒸馏装置一般包括电脱盐、初馏塔(或闪蒸塔)、常压炉、常压塔、减压炉、减压塔、减顶抽真空、换热网络及能量利用、机泵、控制等系统，加工轻质原油时可能设轻烃回收系统流程，典型燃料型原油蒸馏装置的流程见图 6-1-1[4]。

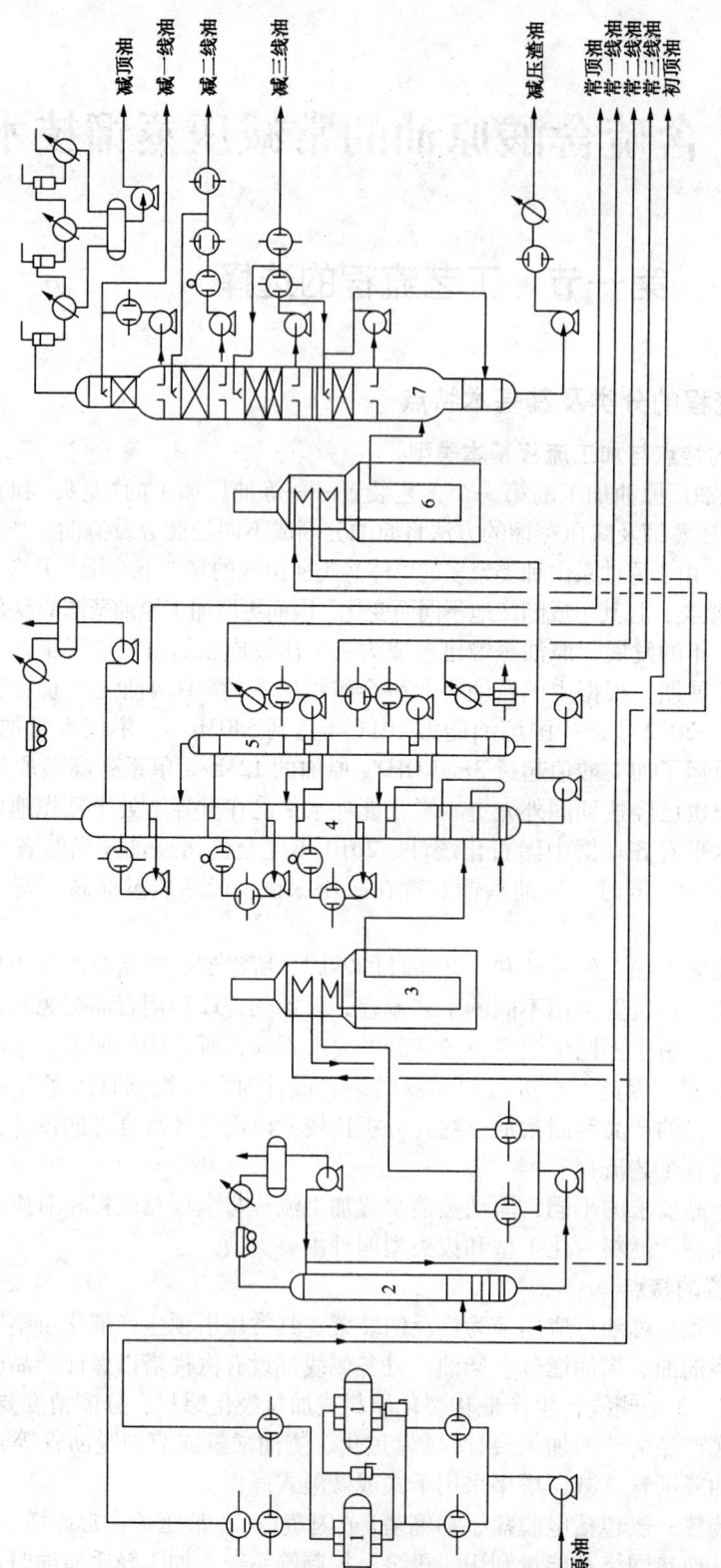

图 6-1-1 原油蒸馏典型工艺流程(燃料型)

1—电脱盐罐；2—初馏塔；3—常压加热炉；4—常压塔；5—常压汽提塔；6—减压加热炉；7—减压塔

为了适应燃料型原油蒸馏装置的扩能改造要求,部分炼油厂采用了两级减压蒸馏的四级蒸馏流程。该流程是在典型常减压蒸馏流程的基础上,通过新增一级减压炉和一级减压塔,分别转移部分常压负荷和减压负荷至一级减压塔,即为初馏塔—常压炉—常压塔—一级减压炉—一级减压塔—二级减压炉—二级减压塔的三炉、四塔四级蒸馏的工艺流程。

四级原油蒸馏技术多应用于对三级原油蒸馏装置的改造,具有以下优点:
(1) 主体设备壳体可利旧不变,设备利旧率高,节省投资;
(2) 新增的一级减压炉和一级减压塔可以提前进行预制,可缩短施工周期;
(3) 操作弹性较大。

但要注意的是,尽管四级蒸馏在装置扩能改造中有其优越性,但由于增加了一炉一塔和一套减顶抽空系统,并且侧线产品增多,热源增多,换热器(包括空冷器、冷却器)以及机泵数量也相应增多,装置的复杂性增大,腐蚀部位增多,这些都需要在进行技术选择时给予充分的考虑。

原油蒸馏装置四级蒸馏的原油蒸馏流程见图6-1-2[3]。

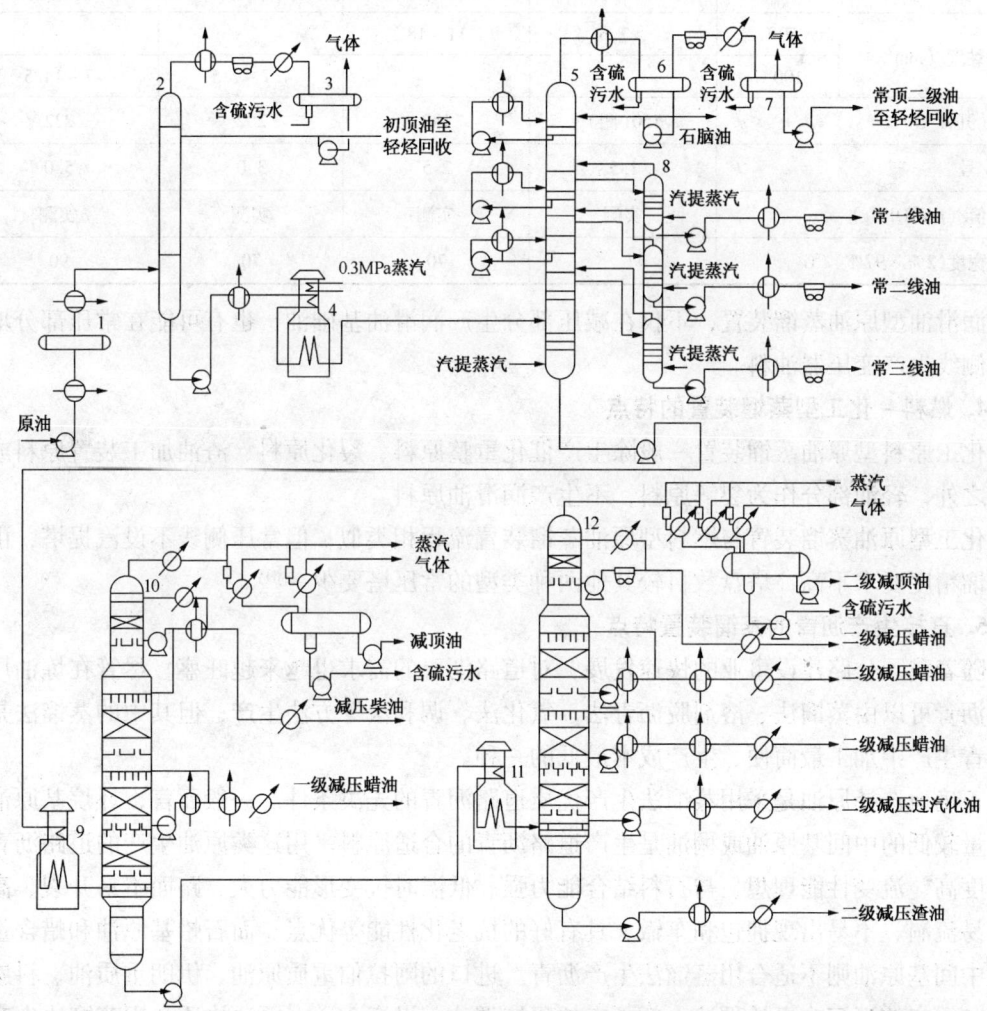

图6-1-2 原油蒸馏装置四级蒸馏流程
1—原油电脱盐罐;2—初馏塔;3—初顶回流罐;4—常压炉;5—常压塔;6—常顶回流罐;
7—常顶产品罐;8—常压汽提塔;9—一级减压炉;10—一级减压塔;11—二级减压炉;12—二级减压塔

3. 润滑油型蒸馏装置的特点

润滑油型原油蒸馏装置中常压分馏部分与燃料型原油蒸馏装置基本相同,主要差别在减压系统的配置上,要求作到"高真空、低炉温、窄馏分、浅颜色"。润滑油型减压塔一般设 4～5 个侧线,每个侧线作为一种润滑油基础油原料,对其黏度、馏程、颜色及残炭都有严格的指标要求;各侧线均设有汽提塔以保证馏分油的闪点和初馏点满足要求,并改善各馏分的馏程范围。另外,为保证基础油原料的质量,减压加热炉也需要特殊设计。

润滑油型原油蒸馏装置的典型流程见图 6 - 1 - 3[4]。

典型的润滑油基础油原料性质要求见表 6 - 1 - 1[1]。

表 6 - 1 - 1　典型的润滑油基础油原料性质要求

项　目		润滑油基础油料			
		减二线	减三线	减四线	减五线
运动黏度/(mm²/s)	50℃	≥7.6	11～18		
	100℃			4.7～7.5	7～14.5
闪点(开)/℃	≮	150(闭)	182	202	232
比色/号	≯	1.5	2.5	3.0	5.0
中和值/(mgKOH/g)		实测	实测	实测	实测
馏分宽度(2%～97%)/℃			70	70	90

润滑油型原油蒸馏装置,不仅在减压部分生产润滑油基础油,也有可能在常压部分增加一条侧线生产变压器油料。

4. 燃料-化工型蒸馏装置的特点

化工原料型原油蒸馏装置一般除生产催化重整原料、裂化原料、渣油加工装置原料或燃料油之外,轻油部分作为裂解原料,不生产润滑油原料。

化工型原油蒸馏装置与燃料型原油蒸馏装置流程相类似,但常压侧线不设汽提塔,由于对分馏精度要求不高,塔盘数目较其他两种类型的常压塔要少一些。

5. 直接生产沥青的蒸馏装置特点

随着我国公路建设事业的快速发展,对道路沥青的需求也越来越旺盛。尽管在炼油厂中道路沥青可以由蒸馏法、溶剂脱沥青法、氧化法、调和法等方法生产,但其中的蒸馏法是道路沥青生产中加工最简便、生产成本最低的一种。

正确地选择原油是采用蒸馏法生产优质道路沥青的先决条件。一般而言,环烷基原油和蜡含量较低的中间基原油或稠油是生产道路沥青的合适原料。用这类原油生产的道路沥青具有延度高、流变性能理想、与石料结合能力强、低温时抗变形能力大、路面不易开裂、高温时不易流淌、不易出现拥包和车辙、具有好的抗老化性能等优点。而石蜡基原油和蜡含量较高的中间基原油则不适合用蒸馏法生产沥青。进口的阿拉伯重质原油、伊朗重质原油、科威特原油和国产的辽河欢喜岭稠油、新疆克拉玛依稠油、渤海 36 - 1 原油均适合用蒸馏法生产优质道路沥青。

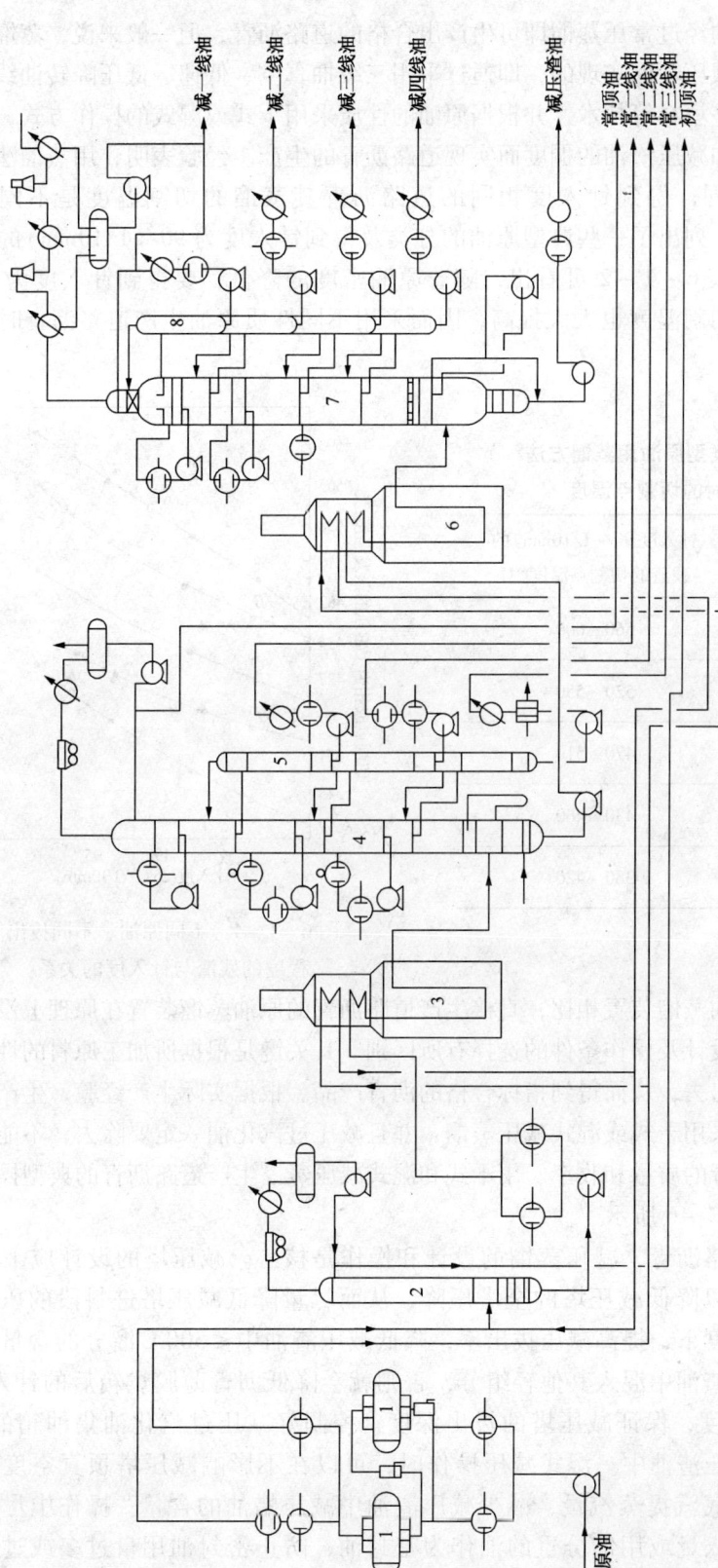

图 6-1-3 原油蒸馏典型工艺流程（燃料－润滑油型）

1—电脱盐罐；2—初馏塔；3—常压加热炉；4—常压塔；5—常压汽提塔；6—减压加热炉；7—减压塔；8—减压汽提塔

尽管采用某些原油经过常压蒸馏即可生产出合格的道路沥青，但一般来说，蒸馏法生产道路沥青通常是通过减压蒸馏实现的，即通过采用三级抽真空、低速、低压降转油线、大塔径、低压降大通量规整填料等技术，并根据原油的性质采用干式或湿式的操作方式，提高减压塔的拔出深度，增加减压渣油的稠度而实现道路沥青的生产。经验表明，用蒸馏法生产道路沥青，由于原油不同，得到针入度相同的道路沥青其蒸馏的切割温度是不同的。表 6-1-2 及图 6-1-4[5] 列出了一些典型原油的分类及得到针入度为 90/(1/10mm) 的道路沥青的切割点温度。从表 6-1-2 可看出，随着原油密度的降低，要得到针入度为 90/(1/10mm) 的残渣，常压切割温度也大大提高，因而采用不同性质原油生产道路沥青时的加工方案也会有所不同。

表 6-1-2 各种类型原油用蒸馏方法生产道路沥青时的切割点温度

分类	原油密度(15℃)/(g/cm³)	针入度 90/(1/10mm)的残渣的切割点温度/℃
A	≤0.8454	560～600
B	0.8708～0.9340	520～550
C	0.9402～0.9561	470～510
D	0.9586～0.9796	430～460
E	>0.9861	380～420

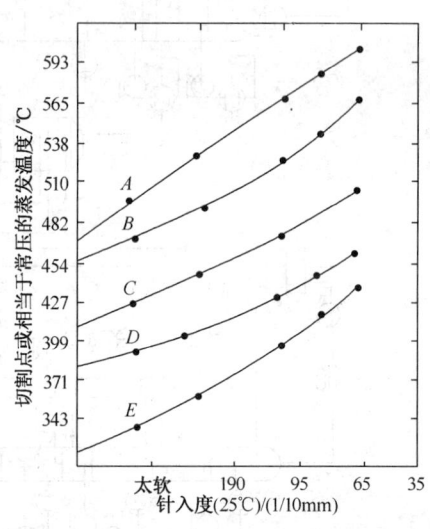

图 6-1-4 不同原油、不同拔出程度的残渣与针入度的关系

与其他类型的原油蒸馏装置相比，直接生产道路沥青的原油蒸馏装置在原理上没有什么不同，只是减压塔的设计及操作条件的选择有所区别。其关键是根据所加工原料的性质，把原油中轻质馏分分馏出去，从而得到指标合格的沥青产品。根据实际生产经验，生产道路沥青的减压蒸馏同样可采用干式或湿式减压蒸馏，并且减压过汽化油一定要除去，不能混入减压渣油中，以控制沥青的质量和收率。用干式和湿式减压蒸馏生产道路沥青的典型操作条件如图 6-1-5 和图 6-1-6 所示[5]。

要生产优质的道路沥青，减压蒸馏的设计和操作是核心。减压塔的设计应采用低压降、高通量的塔内件以降低减压塔的全塔压降，从而尽量降低减压塔进料段的压力，在合适的减压炉出口温度下，提高减压拔出率，降低减压渣油中≤500℃馏分的含量。在操作中，必须防止减压渣油中混入其他轻组分，否则就会降低沥青薄膜烘箱后的针入度比；控制好减压塔顶真空度，保证减压塔的拔出深度；控制好减压过汽化油集油箱的液位，以防过汽化油漏到减压渣油中。湿式减压操作时，可以在不影响减压塔顶真空度的前提下，适当加大减压塔底汽提蒸汽量，减少减压渣油中减压蜡油的含量；操作中尽量减少减压塔底泵的封油注入量或用馏分重的油作为密封油，防止密封油用量过多或过轻对道路沥青的质量造成影响。

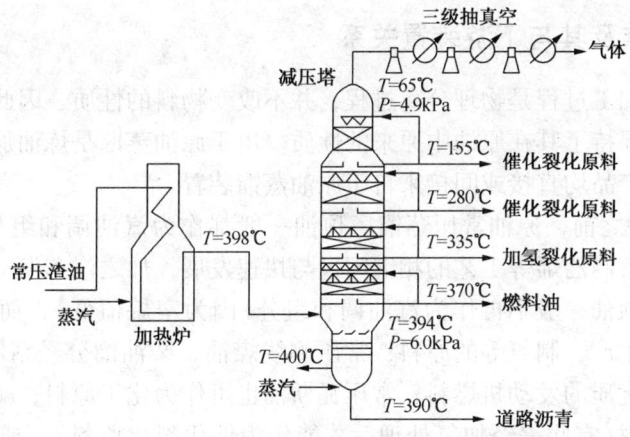

图 6-1-5 "湿式"减压生产道路沥青的条件

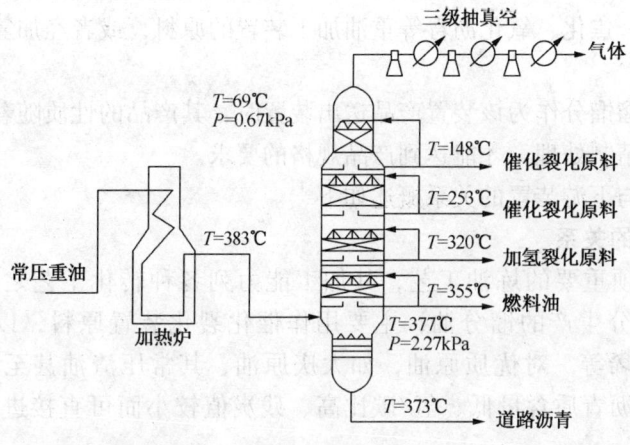

图 6-1-6 "干式"减压生产道路沥青的条件

操作中通过调节减压蒸馏的拔出率,可得到不同牌号的道路沥青。但为了操作平稳,不经常变换工艺条件,有些炼油厂采用二级减压蒸馏的流程,分别从一级减压塔底和二级减压塔底得到软、硬沥青基础组分,然后调和得到不同针入度的沥青产品。美国博芒特炼油厂二级减压蒸馏生产沥青的流程见图 6-1-7[5]。

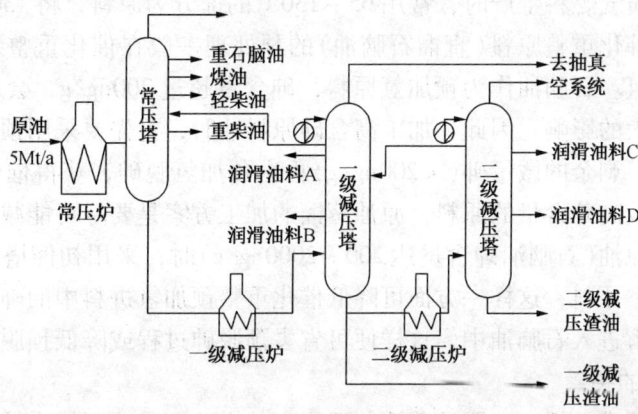

图 6-1-7 二级减压蒸馏生产沥青流程图

二、产品特点及其与下游装置关系

由于原油蒸馏加工过程是物理分离过程,并不改变物料的性质,因此直馏馏分的最大特点是,它们基本上保持了其在原油中原来的性质。由于原油蒸馏是炼油加工流程的第一道工序,因而炼油厂的产品均直接或间接来自于原油蒸馏装置。

20 世纪 70 年代之前,原油常压蒸馏塔顶油一般都作为汽油调和组分,随着催化裂化、催化重整、蒸汽裂解制乙烯等工艺的相继问世与快速发展,加之汽车发动机对燃油性能要求的提高,这部分塔顶油一般不再作为汽油调和组分(因为辛烷值低),而作为石脑油成为催化重整、乙烯芳烃生产、制氢等的原料;常压侧线煤油、柴油馏分经精制后作为喷气燃料、柴油产品,是性能优质的发动机燃料;常压瓦斯油也可作为化工原料;减压馏分则作为加氢裂化、催化裂化原料(有些需经加氢处理后才能作为催化裂化原料),或作为润滑油原料进一步加工;常压渣油作为减压蒸馏的原料,或者经加氢处理后作为催化裂化原料;减压渣油可作为溶剂脱沥青、焦化、氧化沥青等重油加工装置的原料,或者经加氢处理后作为催化裂化的原料。

原油蒸馏的直馏馏分作为该装置产品送出装置时,其产品的性质随着原油的性质不同而变化,一般都需要精制处理,才能达到产品规格的要求。

原油蒸馏产品与下游装置的关系概述如下[1]。

1. 与催化裂化的关系

催化裂化是一项重要的炼油工艺,其加工能力列各种转化工艺之首。长期以来,原油蒸馏装置减压部分生产的馏分油,主要用作催化裂化装置原料,以生产更多的汽油、柴油、液化气和丙烯等。对优质原油,如大庆原油,其常压渣油甚至减压渣油,由于其硫含量、重金属、沥青质含量低、氢/碳比高、残炭值较小而可直接进入催化裂化装置进行加工。

2. 与催化重整的关系

催化重整装置主要是以炼油厂原油蒸馏装置常压蒸馏部分生产的直馏石脑油为原料生产高辛烷值汽油组分及芳烃(苯、甲苯、二甲苯等)的重要炼油过程,同时副产相当数量的氢气。生产高辛烷值汽油时,一般用 80~180℃ 的馏分;生产芳烃为主时,宜用 65~145℃ 的馏分为原料;兼顾喷气燃料生产时,常用 65~130℃ 的馏分为原料,将 130~145℃ 的馏分切入喷气燃料馏分。催化重整原料(直馏石脑油)的预处理一般在催化重整装置中进行,主要包括预分馏和预加氢。石脑油作为预加氢原料,砷含量超过 200ng/g,会对加氢催化剂的活性和稳定性产生很大的影响。因此,加工高含砷原料油时,首先要采用预脱砷的方法将原料油中的常量砷脱除,剩余的微量砷(<200ng/g)再由预加氢脱砷,获得催化重整要求的原料油。对于可能产生较高砷含量的原料,原油蒸馏的加工方案是要尽可能减少砷进入催化重整装置。如加工大庆原油(石脑油砷含量达 200~2000ng/g)时,采用初馏塔方案,以初馏塔顶石脑油作为催化重整原料,这样一方面可降低催化重整预加氢进料中的砷含量,同时使砷不经过加热炉高温裂解进入石脑油中,这样便可省去预脱砷过程或降低预脱砷的难度。

3. 与加氢精制的关系

随着油品质量要求的提高,原油蒸馏装置生产的煤油、柴油不能直接作为产品,过去常采用的酸碱精制方法也由于环保原因基本被淘汰。目前,直馏煤、柴油精制大都采用加氢精制的方法来除去其中的硫、氮、氧及金属杂质,进而生产出符合要求的煤、柴油产品。

4. 与馏分油加氢裂化的关系

加氢裂化是在较高压力下,烃分子与氢气在催化剂表面进行裂解和加氢反应生成较小分子的转化过程。馏分油加氢裂化的目的是生产高质量的轻质油品,如柴油、喷气燃料、石脑油等。其原料主要有原油蒸馏装置减压蒸馏部分生产的减压蜡油,或掺炼部分焦化蜡油、裂化循环油等。减压蜡油是作催化裂化原料还是作加氢裂化原料,取决于原料的性质、炼油厂总加工方案、技术经济比较的结果。

5. 与焦化的关系

为提高轻质油品收率,渣油需部分或全部进一步转化为轻质油,其工艺过程主要有焦炭化(焦化)、重油催化裂化或渣油加氢裂化。

减压渣油经焦化(延迟焦化)过程约可得到70%~80%的焦化馏分油。焦化工艺的主要优点是,可以直接加工各种劣质渣油,且过程简单、投资与操作费用相对较低;其主要缺点是焦炭产率高及液体产物质量差。

6. 与减压渣油或常压重油加氢处理的关系

自20世纪70年代以来,随着低硫燃料油需求的增加和重油催化裂化技术的进步,特别是为了扩大重油催化裂化原料的范围,以原油蒸馏装置所生产的减压渣油或常压重油为原料的加氢处理(VRDS或ARDS)技术得到迅速发展。一些原油的减压渣油或常压重油经高压加氢处理后,可大大降低其中的硫化物、氮化物、胶质、沥青质及重金属等的含量,达到重油催化裂化的原料要求。由于这些加氢处理装置一般均采用固定床加氢工艺,因而对原料的黏度、金属含量及酸性物质(如环烷酸等)、某些盐类等的含量都有限制要求。这些都与原油蒸馏装置的设计、操作直接相关。

7. 与乙烯装置的关系

原油蒸馏装置生产的直馏石脑油是蒸汽裂解制乙烯的良好原料。目前直馏石脑油是乙烯生产的最主要原料。有时蒸馏装置常压馏分油(AGO)甚至减压一线油(柴油馏分)也作为乙烯的原料。

8. 与润滑油基础油生产的关系

润滑油是我国重点发展的一大类石油产品。世界上的润滑油90%以上来自石油[15]。润滑油生产与原油蒸馏装置关系十分密切,且对减压蒸馏工艺流程选用影响最大。润滑油的生产包括原料的制备、基础油加工和成品润滑油调和包装三大部分。

润滑油基础油加工主要有三种工艺路线:一是物理加工路线,典型工艺结构是糠醛精制、溶剂脱蜡、白土补充精制,俗称"老三套"工艺,主要适用石蜡基原油生产满足API的Ⅰ类的润滑油基础油,为生产不同类型的润滑油基础油,对减压馏分的分割有较高的要求;二是化学加工路线,典型工艺路线是加氢裂化、异构脱蜡(催化脱蜡)、加氢精制全加氢工艺路线,其对原料的切割要求相对较低,但馏分的分割对经济性仍然有较大影响;三是物理–化学联合加工路线,其工艺结构可以是溶剂精制–溶剂脱蜡–中低压加氢补充精制,也可以是溶剂预精制–加氢裂化–溶剂脱蜡,以及加氢裂化–溶剂脱蜡–高压加氢补充精制等,其原料对原油蒸馏的分割也有较高要求。

三、典型物料平衡与操作条件

中国石化青岛炼化公司10.0Mt/a大型减压深拔型原油蒸馏装置,加工沙特轻质和沙特重质混合油，设计物料平衡见表6-1-3；设计操作条件见表6-1-4[1]。

表6-1-3　10.0Mt/a减压深拔型原油蒸馏装置物料平衡

名称	实沸点馏分/℃	收率/%	流量 kg/h	流量 t/d	流量 10kt/a	用途
原料						
原油		100	1190476	28571.4	1000.0	
产品						
常顶气		0.07	783	18.7	0.66	去焦化
常顶油		16.80	200053	4801.2	168.04	去轻烃回收
常一线油	165~200	5.26	62619	1502.9	52.60	去航煤加氢
常二线油	200~275	11.35	135120	3242.9	113.50	去柴油加氢
常三线油	275~345	11.22	133571	3205.7	112.20	去柴油加氢
常压重油	>345	55.30	658330	15800.0	553.00	
减顶气		0.19	2291	55.0	1.90	去焦化
减顶油		0.07	851	20.4	0.70	去柴油加氢
减一线油	345~360	2.71	32262	774.3	27.10	去柴油加氢
减二线油	360~480	14.79	176033	4224.7	147.90	去加氢处理
减三线油	480~565	13.74	163568	3925.6	137.40	去加氢处理
减渣	>565	23.80	283325	6800	238.00	去焦化
合计		100.00	1190476	28571.4	1000.00	
常压拔出		44.70	532146	12771.4	447.00	
减压拔出		31.50	375005	9000.0	315.00	

注：所有产品的收率以原油为基准。

表6-1-4　10.0Mt/a减压深拔型原油蒸馏装置操作条件

闪蒸塔		常压塔		减压塔		稳定塔	
压力/MPa(表)		压力/MPa(表)		压力/kPa(绝)		压力/MPa(表)	
塔顶	0.095	塔顶	0.07	塔顶	2.67	塔顶	1.00
温度/℃							
塔顶	216	塔顶	122	塔顶	9.33	塔顶	64
进料段	216	常一线	147	减一线	16.67	塔底	186
塔底	216	常二线	206	减二线	32.13		
		常三线	312	减三线	43.20	重沸器出口	197
		过汽化油	346	过汽化油	52.00		
		常顶循出	135	减顶循出	16.67		
		常顶循入	90	减顶循入	6.67		
		常一中出	182	减一中出	32.13		
		常一中入	122	减一中入	24.13		
		常二中出	261	减二中出	43.20		
		常二中入	201	减二中入	32.53		
		闪蒸段	363	闪蒸段	54.66		
		塔底	359	塔底	48.00		
		常压炉出口	370	减压炉出口	56.80		

中国海油惠州炼油项目 12.0Mt/a 原油蒸馏装置，加工渤海原油，酸值高达 3.57mgKOH/g，设计物料平衡见表 6-1-5，设计操作条件见表 6-1-6。

表 6-1-5 12.0Mt/a 高酸原油蒸馏装置物料平衡表（年开工时数：8400）

油品名称	切割范围	收率/%	流量 kg/h	流量 10kt/a	备注
原料					
原油		100	1428571	1200	
合计		100	1428571	1200	
产品					
常顶气		0.1	1428	1.2	自用燃料
石油脑油	<165	4.46	63714	53.5	去催化重整
常一线油	165~235	6.39	91286	76.7	去中压加氢裂化
常二线油	235~300	9.13	130428	109.6	去中压加氢裂化
常三线油	300~345	7.65	109286	91.8	去中压加氢裂化
（过汽化油）	345~361	(2.9)	(41429)	(34.8)	
减顶气		0.05	714	0.6	自用燃料
减顶油		0.25	3572	3.0	去中压加氢裂化
减一线油	345~360	2.22	31714	26.6	去中压加氢裂化
减二线油	360~450	17.13	244714	205.5	去高压加氢裂化
减三线油	450~520	14.58	208286	175.0	去高压加氢裂化和催化裂化
减四线油	520~545	3.80	54286	45.6	去催化裂化
减压渣油	>545	34.24	489143	410.9	去焦化
合计		100	1428571	1200	
常压拔出		27.73			
减压拔出		38.03			

注：所有产品的收率是以原油为基准的收率。

表 6-1-6 12.0Mt/a 高酸原油蒸馏装置主要操作条件汇总表

闪蒸塔		常减塔		减压塔	
压力/MPa(表)		压力/MPa(表)		压力/kPa(绝)	
塔顶	0.09	塔顶	0.07	塔顶	1.60
温度/℃					
塔顶	220	塔顶	118	塔顶	9.33
进料段	220	常一线(抽出)	193	减一线	18.93
塔底	220	常二线(抽出)	253	减二线	31.60
		常三线(抽出)	304	减三线	40.93
		过汽化油	351	减四线	48.13
原油进装置	35	常顶循出	138	减顶循出	18.93
脱盐	139	常顶循入	93	减顶循入	6.67
脱后	135	常一中出	223	减一中出	31.60
闪底油进常压炉	311	常一中入	163	减一中入	23.60
		常二中出	303	减二中出	40.93
		常二中入	223	减二中入	30.26
		闪蒸段	358	闪蒸段	40.93
		塔底	352	塔底	49.20
		常压炉出口	362	减压炉出口	51.86

中国石化高桥分公司润滑油型原油蒸馏装置实际的物料平衡见表6-1-7,实际的操作条件见表6-1-8[1]。

表6-1-7 8.0Mt/a润滑油型原油蒸馏装置物料平衡

项目名称		收率/%	流量			备注
			kg/h	t/d	10kt/a	
原油	卡宾达	50	471000	11304.0	400.0	
	利比亚	20	188400	4521.6	160.0	
	阿曼	30	282600	6782.4	240.0	
	小计	100	942000	22608	800.0	
初顶气		0.02	200	4.8	0.2	自用燃料
初顶油		(12.94)	(121900)	(2925.6)	(103.5)	去轻烃回收
稳定塔顶气		0.05	530	12.7	0.4	自用燃料
液态烃		1.12	10570	253.7	9.0	LPG料
稳定塔底油		11.76	110800	2659.2	94.1	石脑油(乙烯料或重整料)
初侧油		(4.03)	(38000)	(912.0)	(32.3)	并入常压塔
初底油		(83.00)	(781900)	(18765.6)	(664.0)	
常顶气		0.05	500	12.0	0.4	自用燃料
常顶油		5.51	51900	1245.6	44.1	石脑油(乙烯料或重整料)
常一线		10.50	98900	2373.6	84.0	喷气燃料组分
常二线		8.00	75350	1808.4	64.0	柴油加氢精制原料
常三线		9.00	84700	2032.8	71.9	柴油加氢精制原料
常四线		1.50	14100	338.4	12.0	催化料
常底油		(52.49)	(494450)	(11866.8)	(419.9)	
减顶气		0.04	400	9.6	0.3	自用燃料
减顶油		0.35	3300	79.2	2.7	柴油组分
减一线		4.61	43480	1043.5	37.0	加氢裂化料或柴油组分
减二线		5.50	51800	1243.2	44.0	润滑油料或加氢裂化原料
减三线		8.00	75350	1808.4	64.0	润滑油料或加氢裂化原料
减四线		5.00	47100	1130.4	40.0	润滑油料或加氢裂化原料
减五线		4.50	42370	1016.9	36.0	润滑油料或加氢裂化料或催化料
减六线		1.00	9400	225.6	8.0	催化料
减渣		23.49	221250	5310.0	187.9	脱沥青料或焦化料
	小计	100.00	942000	22608.0	800.0	
常压拔出率		47.51				
减压拔出率		29.00				
总拔出率		76.51				

注:所有产品的收率以原油为基准。

表6-1-8 8.0Mt/a润滑油型原油蒸馏装置操作条件

项目 名称	初馏塔	常压塔	减压塔	稳定塔
温度/℃				
塔顶	166	140	70	66
一线	211	220	132	
二线		251	244	
三线		304	278	
四线		346	327	
五线			355	
六线			387	
闪蒸段	243	354	391	154
塔底	241	351	387	193
塔顶冷回流			50	40
塔顶热回流	60	60		
顶循抽出		160		
顶循返回		110		
一中抽出	211	226	225	
一中返回	120	166	155	
二中抽出		284	310	
二中返回		204	210	
汽提蒸汽		400	400	
炉出口分支		360	400	
压力/MPa(绝)				
塔顶	0.3	0.15	50mmHg[①]	1.0
闪蒸段	0.32	0.188	63mmHg[①]	
吹汽量/(kg/h)				
二线		750	(1270)	
三线		800	750	
四线			800	
五线			(850)	
塔底		5000	6000	

① 1mmHg = 133.3224Pa。

四、主要分馏塔及其内构件的特点

1. 初馏塔与闪蒸塔

原油经电脱盐脱水、脱盐后继续换热至220~240℃进入初馏塔,此操作温度的优点是:
(1) 可以提高装置处理量。尤其是加工轻质原油时,将预热至220~240℃的原油送入初馏塔，可以分离出部分汽化的轻组分，降低原油换热系统和常压炉的压降，降低常压炉的负荷；

（2）转移塔顶低温腐蚀。设置初馏塔可以将一部分 $H_2S-HCl-H_2O$ 腐蚀转移到初馏塔顶，减轻常压塔顶的腐蚀；

（3）增加产品品种。可以将较轻的石脑油组分从初馏塔顶分离出来，作为蒸汽裂解、催化重整装置原料，也可以从初馏塔的侧线生产溶剂油；

（4）缓解原油带水对常压塔的影响，稳定常压塔操作。

由于进料温度较低，初馏塔塔内的气相不是很多，绝大部分是液相。根据原油轻重的不同，初馏塔的产品量(不考虑侧线抽出)大约占原油的5%~15%。大部分的原油是以液体状态流到塔底，称为拔头原油或初底油。由于原油汽化会造成温降，因此初馏塔底油温度低于进料温度。初底油经泵加压后再和高温重油换热至260~320℃，经加热炉加热后进入常压塔。

初馏塔一般采用板式塔，但也有采用填料塔，如中国石化广州分公司二蒸馏装置，1993年改造时，为适应加工中东含硫原油的需要，将闪蒸塔改为初馏塔，采用规整填料作为内构件，材质为304+转化膜，至今运行近20年。据了解，其内构件从来没有进行过更换，运行周期如此之长，实属罕见。

对于闪蒸塔，其主要特点是：流程简单，省去了初馏塔流程的塔顶冷凝冷却系统及回流系统，初馏塔顶不出产品；由于闪蒸塔顶温度较高，故闪蒸塔不用考虑塔顶段的低温腐蚀；由于只是一次平衡闪蒸，没有过汽化油，在同样进料温度下，与初馏塔相比，可在塔顶闪出更多的物料进入常压塔的适当部位，减少了常压炉的进料量。

2. 常压塔

常压塔一般设3~5个侧线，侧线数的多少主要是根据产品种类的多少来确定的，等于常压塔的产品种类(n)减去塔顶和塔底这两种产品，即 $n-2$。同时，为了优化取热、均衡常压塔的气液负荷及塔径，常压塔根据产品的数量不同设置2~4个中段回流，以回收全塔的过剩热量，用其加热原油及发生蒸汽。

（1）操作压力 常压塔顶压力一般在0.07MPa(表)左右。由于在一定的产品收率条件下，增高塔的操作压力，则需相应地提高常压炉油品的出口温度。不但增加了炉子的热负荷，且受油品极限加热温度的制约。因此，常压塔操作压力采用较低值是比较经济合理的。

进料段压力是塔顶压力加上塔的精馏段压降而得出的。闪蒸段压力和温度决定了进料在闪蒸段汽化上去的产品量。实际装置设计与操作中，在保证收率的条件下，应尽可能地降低进料段压力，从而降低进料段温度和加热炉出口温度。

（2）操作温度 常压炉出口压力一般控制范围见表6-1-9。

表6-1-9 一般常压加热炉出口温度控制范围

项 目	温度/℃	项 目	温度/℃
一般生产方案	≥375	喷气燃料生产方案	≥365

常压塔顶温度为常压塔顶物流的露点温度，一般在110~130℃。可以灵敏地反映塔内热平衡的状况，温度的变化也反映了塔内气液相负荷的变化。塔顶温度必须控制平稳，才能

控制好塔顶产品馏分的质量，使整个常压塔操作平稳。

进料段温度是进料在进料段汽化时的气相温度，它是由进料在进料段进一步汽化吸热和与塔内的过汽化油换热共同决定的，是真正决定产品收率的参数。由于加热炉出口温度有所限制，故实际生产中，常压塔进料段温度就由转油线的温降来决定，一般在350~365℃。转油线压降、温降越大，其实际所能达到的塔进料段温度就越低。实际生产中，加热炉出口温度及塔进料段温度均为装置的关键控制参数之一。只有维持进料温度处于平稳状态，才能提供稳定的汽化率，各侧线的抽出温度才不会波动，产品质量才能容易控制和保证。

侧线抽出温度是产品在抽出口所在塔板处油气分压下的泡点温度。在进料温度及原油性质稳定的情况下，侧线抽出温度的高低与塔内气液相负荷的大小相关。侧线馏出量直接影响着塔内气液相负荷的平衡，当侧线流量变化时，侧线抽出板以下的内回流量会发生变化，导致抽出板气相温度的变化，抽出板处液相温度也就随之变化。实际操作中，根据侧线产品抽出温度可以判断产品质量的变化情况。

塔底温度指常压渣油从常压塔底抽出的温度。此温度由于汽提段的汽提作用，要比进料段的温度低5℃左右。实际操作中，根据塔底温度和进料段温度的差值，可以判断汽提效果的好坏。

(3) 回流 回流的目的首先是取出进入塔内多余的热量，使分馏塔达到热量平衡。其次是在传热的同时使各塔板上的气、液相充分接触，实现传质的目的。常压蒸馏基本上有冷回流、内回流、循环回流三种。关于中段循环回流的数目，一般而言，中段循环回流的数目越多，气液负荷越均衡，可回收的热量也愈多，但一次投资也将相应提高，且扩大处理量的弹性愈小，对产品质量也会有影响。因此，应有一定适宜的数目。对有三个到四个侧线的常压塔，一般采用两个中段回流；对有两个侧线的常压塔一般采用一个中段回流为宜。通常认为，采用三个中段循环回流的价值不大。理论上，中段回流数愈多，对换热愈有利。当然，采用循环回流后，将随之减少抽出点上方各塔板的内回流量，在塔板数不变的情况下，这对塔的分离效果会有一定影响。中段回流的取热分配比，应根据装置的能量综合优化利用情况和产品质量的要求来计算确定，中段回流循环温差一般要求不超过95℃，塔板数应以不少于2块、不多于4块为宜。

(4) 过汽化率 过汽化量是超过物料平衡中进料段以上各产品总量所需要的附加汽化量。其主要作用是保证在闪蒸段与最低侧线产品抽出层之间的各层塔板上有足够的回流，以改善最后一个侧线的质量，防止和减少在塔的这些部位产生结垢或结焦。过汽化率通常以进塔原料的百分数表示。对常压塔一般推荐为2%~4%。

(5) 汽提方式及水蒸气用量 侧线汽提的目的就是要去除轻馏分，从而提高产品的闪点、初馏点和10%蒸馏点温度。汽提的方法有两种，一种是重沸器汽提，称间接汽提；另一种是水蒸气汽提，称直接汽提。但近来，随着环保水平的提高，人们逐渐重视并倾向于尽可能采用重沸器汽提。这主要是因为水蒸气的加入增大了塔径，增加了塔顶冷凝器和冷却器的负荷，还加大了锅炉和污水处理的规模。对采用直接蒸汽汽提，通常采用0.3MPa(表)，约400℃过热蒸汽，以保证水蒸气在塔内任何部位不致凝结成水从而造成突沸等事故。

(6) 常压塔板数　常压塔一般采用板式塔，其板数应根据计算理论板数与板效率来确定，但由于板效率难以计算，设计中可靠的是依据实际经验数据。近些年，随着塔的大型化和中段回流取热比例的增加，常压塔板数愈来愈多，达到55层左右，有的接近60层，应该引起高度重视。

3. 减压塔

为了把重质蜡油馏分从渣油中分离出来，减压蒸馏操作必须在高温和高真空下进行。同时，还要防止高温下重质油品的裂解和结焦。因此，减压蒸馏需要在如下几个主要方面进行整体优化：减压塔顶真空度，减压蒸馏的生产方案，减压蒸馏的操作模式，减压塔的内部结构和内构件，减压加热炉及减压转油线系统。有关减压蒸馏的生产前已叙述，减顶抽空系统和减压深拔另外介绍，这里不再赘述。

(1) 减压蒸馏的操作模式　减压蒸馏的生产操作模式主要有两种，即湿式、干式。

① 湿式生产操作。湿式生产操作的主要特点是减压炉管注入一定量的水蒸气，减压塔底采用水蒸气汽提。减压加热炉炉管注入一定量的水蒸气的主要目的是提高炉管内的油品流速，改善流动状态，使减压加热炉的操作在较高炉出口温度下不发生结焦现象；减压塔底采用水蒸气汽提，一方面可以降低减压渣油中轻组分含量，另一方面水蒸气在减压塔的进料段可以起到降低油气分压的作用，在相同拔出率下，可以有效地降低减压塔的操作温度。不利的是，由于大量水蒸气进入减压塔内，在降低油气分压的同时，减压塔顶抽真空系统的负荷会大量增加，从而增加了抽真空的动力消耗。为了减少湿式减压操作的蒸汽消耗，目前多采用少量炉管注汽和少量减压塔底汽提蒸汽，而将减顶真空度适当提高的做法来完成减压蒸馏的操作，这种做法称为"微湿式"操作，实际上与湿式减压操作原理是一样的。

湿式生产操作模式的特点是减压蒸馏过程中有水蒸气存在，由于水蒸气分压的作用，完成减压蒸馏操作所需要的真空度不是很高，减压塔顶的残压通常在 5.33~8.00kPa 左右。此时，减压塔顶抽真空系统广泛地使用了预冷器，以降低抽真空系统的动力消耗。

② 干式生产操作。干式减压操作是相对湿式减压操作而言的。随着蒸馏技术的发展，各种高效的传质元件相继问世，并广泛应用于工业分馏塔中。金属塔填料技术的完善以及相应的气、液分布系统的开发与应用，给蒸馏技术的发展带来了一场革命性的变化。金属塔填料具有传质传热效率高、压降低的特点，特别适合于低压下的传质分离工艺过程。由于金属塔填料的应用，减压塔的全塔压力降由板式塔的 13.33kPa 左右下降到了 2.67kPa 以下，低至可以接近 1.33kPa。全塔压力降的大幅度降低，可以使减压塔的进料段在高真空下操作。在保证减压塔顶高真空的前提下，使取消减压加热炉炉管注汽和减压塔底的汽提蒸汽成为现实。

干式减压蒸馏的特点是在减压蒸馏过程中不注入任何水蒸气，减压塔顶高真空操作，通常塔顶残压不超过 2.67kPa，甚至低于 1.33kPa。减压加热炉的出口温度略低于湿式减压蒸馏操作，通常在 390℃ 左右。减压塔采用全金属塔填料及相应的气液分布系统结构。干式减压蒸馏由于取消了加热炉管注入水蒸气和减压塔底的汽提蒸汽，装置的加工能耗明显降低，同时减压蒸馏的拔出率也有相应的提高。

(2) 减压塔的内部结构和内构件　随着减压蒸馏技术的发展，各种高效填料的不断涌现和广泛应用，带来了巨大的经济效益。各种高性能的气液分布器和进料分布器的开发与应用，不同程度地消除了传热传质元件工业应用的放大效应，也促进了装置大型化的发展。由于填料塔在低压力下具有低压降、大通量和高效率的特点，目前原油减压塔基本采用填料塔。

填料的选择一方面要考虑填料的性能，包括填料的传热传质性能、填料的能力（通量）、气体通过填料的动力损耗（填料压降）和填料的原材料成本、加工成本以及填料床层的安装和检修成本；另一方面还必须考虑适合所选择填料及填料床层的液体分布系统、气体分布系统和液体的收集、填料床层的支撑和压圈及压梁等，不同类型的填料所需要的这些相关系统和部件是不相同的。某些情况，特别是大型塔设备，这些相关系统和部件对填料床层的传质传热、动力损耗等起到关键作用，甚至是决定性作用。

对一般传质传热段，可以采用孔板波纹填料，且可以根据同一床层负荷变化采用不同比表面积（不同处理能力）的填料进行组合。格栅与乱堆填料组合床仍然是冷凝段可以选择的填料床层，具有更好的抗腐蚀性能，但由于其相对复杂性，现在使用已经较少。

对于减压塔洗涤段，必须充分考虑填料的抗堵塞能力和抗结焦能力，格栅类填料与孔板波纹规整填料组合是较好的组合。即使对于操作条件相对缓和的润滑油型原油减压塔洗涤段，也应采用不同规格的孔板波纹填料进行组合。此外，应特别注意保证减压塔洗涤段最下方填料的润湿率。

实际上，无论是否加工含硫含酸原油，耐腐蚀特性都是选择填料的重要参数。由于结构的关系，规整填料通常采用 0.1~0.2mm 的钢带经冲压加工而成，而散堆填料通常采用 0.8~1.5mm 的金属薄钢板冲压加工而成。Sulzer 的格栅填料通常采用 0.6mm 的钢带冲压而成，Koch - Gritsch 的格栅填料通常采用 1.5mm 的薄钢板冲压而成。

减压塔进料结构（进料分布器）也十分关键。减压塔的进料为高速的气液两相混合物，流速一般在 35~80m/s，大多数在 60~80m/s，也有超过 80m/s，甚至接近 100m/s 的。高速流动的气液混合物进入减压塔内，由于压力的降低还会有一部分较轻的液体产生汽化。因此，减压塔的进料段是一个返混现象极其严重的汽化空间。如何在这个汽化空间内将气体和液体有效地分离，直接关系到减压塔的分离效率，将会对减压塔的洗涤段操作、过汽化油质量和减压渣油的质量造成直接影响。目前，广泛采用的有双切向流线式分布器、双列叶片式分布器、单切向环流分布器、双切向环流分布器等。

减压炉出口温度一般在 400℃ 左右。减压转油线连接减压加热炉和减压塔，由过渡段和低速段所组成。所谓低速段，是进塔段采取大直径低速设计，混相流速控制在 50m/s 以下，以减缓减压塔进料段的气液返混程度、改善气液分离效果，同时，有效降低转油线的压力降，以获得低的减压炉出口温度。随着技术的发展和装置的大型化，转油线的设计有了新的概念：首先必须满足混相流流速小于极限速度（声速）的要求，同时流态稳定，满足管道的热应力补偿要求。另外，还必须满足加热炉出口压力的要求，也即必须保证足够低的压力降。

减压塔的液体分布器、支撑结构等，可参阅有关专著。

就塔类设备而言，设计和生产操作中，原油减压塔比常压塔要复杂得多，对加工含硫和含酸原油难度更大，对长周期运行也更为关键。

五、减顶抽空系统及其特点

减压塔的真空度是由减顶抽真空系统来实现的。减压塔顶出来的不凝气、水蒸气和少量的可凝油气被减顶抽真空系统抽出升压到高于大气的压力进一步处理,从而保证减压塔顶的真空稳定。

1. 减压塔顶真空度的选择

减压塔顶的真空度是减压蒸馏操作的关键因素,与减压蒸馏的拔出深度、减压加热炉的出口温度、热负荷紧密相关。抽真空系统的动力消耗,包括动力蒸汽消耗、电能消耗、水消耗等与减顶真空度密切相关。优化减压塔顶的真空度,选择恰当的减压塔顶操作压力,从而在完成生产目标的前提下,降低装置加工过程的能量消耗。经计算获得的原油蒸馏装置减顶压力与减压系统能量消耗关系见图6-1-8[1]。

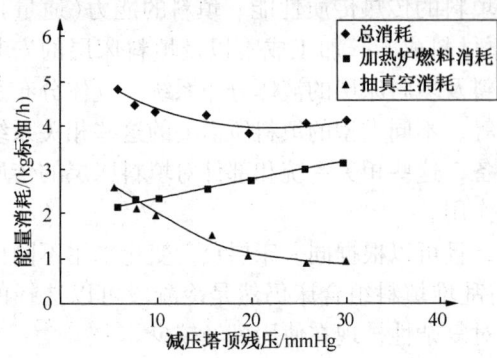

图6-1-8 减压塔塔顶残-减压系统能量消耗关系

注:1mmHg = 133.3224Pa。

从图6-1-8可看出,总消耗的最低点即为最佳减压塔顶真空度点。当然,在优化计算时某些因素进行了工程上的简化,如减顶裂解气随减压炉出口温度的变化、泄漏空气量随减顶真空度的变化等,故图6-1-8所示的最优点是一个近似最优点,在此点的附近应该说都是较优的选择。

2. 组合式抽真空系统

蒸汽喷射器一直以其优良稳定性、维护工作量小的优点长期用在原油蒸馏装置的减顶抽真空系统中。但随着原油蒸馏装置的规模变大及对节能工作越来越重视,蒸汽喷射器能耗高的缺点也越来越突出。为此,在大型化原油蒸馏装置越来越广泛应用组合式抽真空系统,即先用一级或二级蒸汽喷射器将压力降压至20.00~26.66kPa(绝),然后用液环泵接力再将压力升压至大气压以上。与传统的纯蒸汽抽真空系统相比,组合式抽真空系统具有能耗点、排污量少、投资回收期短的优点。某10.0Mt/a原油蒸馏装置组合式抽真空系统流程见图6-1-9,其采用组合式抽真空系统与采用全水蒸气喷射器抽真空系统结果对比见表6-1-10[1]。

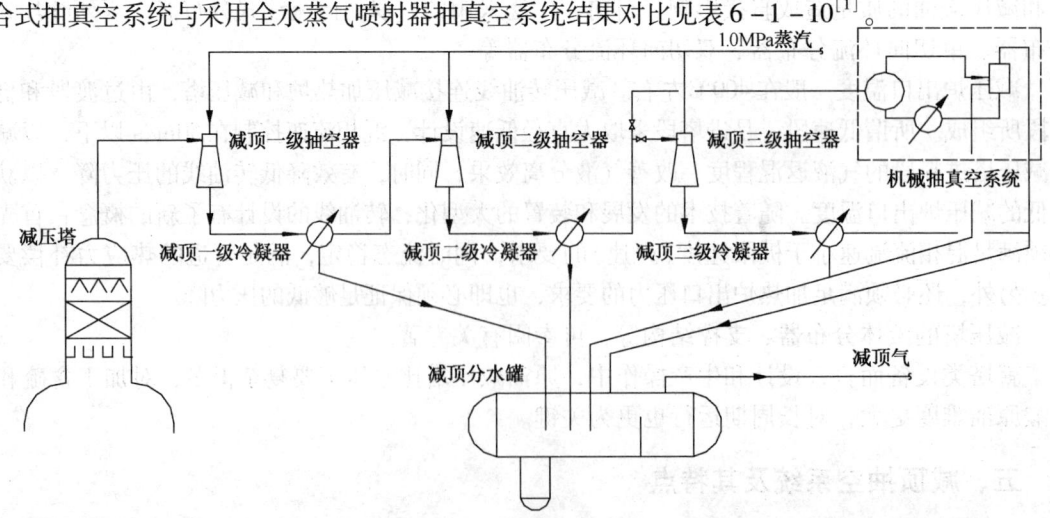

图6-1-9 组合式抽真空流程示意图

表 6-1-10 组合式抽真空系统与全水蒸汽喷射式抽真空系统对比

项 目	混合抽真空方案	全部水蒸气抽真空方案
投资/万元人民币	+180	基准
水蒸汽耗量/(t/h)	基准	+7.63
电/kW	+160	基准
循环水/(t/h)	+100	基准
软化水/(t/h)	基准	+3.0
折算能耗/(kg 标油/t 原油)	-0.4413	基准
操作费用/(10^4 RMB/a)	-337.7	基准
静态投资回收期/a	0.533	—

第二节 轻烃回收

进口含硫原油,尤其是中东高含硫轻质原油,原油中的 C_5 以下轻烃含量达到 2%~3%,比国内原油高得多。从常压蒸馏中得到的轻烃组成看,其中 C_1、C_2 占轻烃总量的 20% 左右,C_3、C_4 占轻烃总量的 60% 左右,而且大都以饱和烃为主。大量的轻烃如果不加以回收,仅作为低压瓦斯供加热炉作燃料,大量的含轻烃瓦斯气在炼油厂没有很好的利用,且如果不脱硫,还会造成环境污染,在经济上也不合理,同时,还会造成原油蒸馏装置的塔压力波动,影响装置的平稳生产。因此,加工中东含硫原油的轻烃回收成为原油蒸馏装置的重要课题。表 6-2-1 为国内某些炼油厂加工进口混合原油的轻烃组成[1]。

表 6-2-1 国内某些炼油厂加工进口混合原油的轻烃组成　　　　%

炼油厂 \ 组分量	C_2	C_3	iC_4	nC_4	iC_5	nC_5	环戊烷(CP)	合计	硫含量
1	0.01	0.35	0.23	0.94	0.78	1.15	0.08	3.54	2.28
2	0.02	0.19	0.20	0.53	0.51	0.75	0.04	2.24	0.87
3	0.01	0.53	0.16	0.63	0.62	1.28	0.09	3.32	2.56
4	0.02	0.16	0.22	0.55	0.55	0.95	0.08	2.53	1.17
5	0.03	0.33	0.18	0.72	0.57	0.93	0.07	2.83	2.0
6	0.01	0.275	0.205	0.78				1.27	2.28

一、塔顶气主要组成与物性

原油蒸馏装置中的塔顶气大都是一些饱和烷烃,其中含少量的甲烷、乙烷,大量为丙烷、丁烷等组分;由于加工过程中会有少部分裂解,故含有极少量的不饱和烯烃。同时,由于原油中溶入少量的空气,塔顶气中还含有部分非烃类气体,原油中溶解的空气量愈多,塔顶的气体量愈大。另外,塔顶气中还含有非烃类化合物,主要包括含硫气体,如硫化氢气体等。

1. 初馏顶塔气组成

原油蒸馏装置加工中东混合原油初馏塔顶气的组成见表 6-2-2。

表 6-2-2 加工中东等进口混合原油初馏塔顶气的组成

组成(体)/% 原油	CO_2	H_2	N_2	O_2	空气	CH_4	C_2H_6	C_2H_4	C_3H_8	C_3H_6	iC_4H_{10}	nC_4H_{10}	C_4H_8	C_5H_{12}	H_2S
沙特等混合油	2.28	9.52			5.42	4.10	11.48	0.04	39.95	0.06	11.74	19.40	0.04	3.87	1.61
阿曼等混合油	3.39	0.19	7.18			10.66	13.03		29.93		11.61	17.85		6.17	0.56
科威特等混合油	3.68	0.40			11.17	7.35	9.25	0.43	25.44	0.20	7.17	21.60		11.18	2.12
沙中	0.48		1.12	0.24		1.44	5.67		26.88		9.44	27.32		20.96	0.73
沙中、沙重混合油	0.5				2.50	0.50	1.30		44.50		15.00	35.10			0.60
伊轻等混合油	0.02	0.03	2.10	0.50		0.99	11.88		34.78		8.36	21.48		17.65	0.47
沙轻、沙重	6.01		23.72	3.02		14.64	7.35		14.71	0.11	4.88	9.41		5.14	6.5
卡宾达等混合油	3.73		22.41	5.00		12.99	9.19		21.61	0.04	5.96			0.97	0.08

从表 6-2-2 可见, 初馏塔顶气组成中以丙烷、丁烷组分为主。

2. 常压塔顶气组成

加工中东混合原油常顶气的组成见表 6-2-3。

表 6-2-3 加工中东等进口混合原油常压塔顶气的组成

组成(体)/% 原油	CO_2	H_2	N_2	O_2	空气	CH_4	C_2H_6	C_2H_4	C_3H_8	C_3H_6	iC_4H_{10}	nC_4H_{10}	C_4H_8	C_5H_{12}	H_2S
沙特等混合油	2.87	7.72			0.24	11.27	9.34	0.92	24.28	0.38	7.42	13.80	0.02	6.23	5.53
阿曼等混合油	4.46	11.03	4.88			19.58	6.62	1.06	12.04	0.52	4.27	13.16	0.24	4.64	12.40
科威特等混合油	0.99	0.98			1.08	5.11	5.47	0.51	24.08	0.33	8.51	29.25	0.06	17.95	5.68
古拉索等混合油	1.47	0.38	2.49			2.71	9.97		36.21		11.82	22.93		11.13	0.86
伊朗轻质原油	0.60	0.04			6.99	1.15	14.66		43.00		18.26	8.96		5.97	0.36
沙特等混合油	1.55	13.55			16.17	10.80	6.02	0.69	19.04	0.18	4.78	13.53		3.75	6.71
管混、进口混合油		0.72	2.03	0.27		16.19	8.77	0.45	25.28	0.19	9.39	18.95		10.10	0.33
沙特中质原油	1.15	9.41	10.23	0.39		11.42	8.58	0.24	18.55	0.11	5.02	12.37		8.06	4.86

从表 6-2-3 可见, 常顶气组成也是以丙烷、丁烷组分为主, 回收价值高。

3. 减压塔顶气组成

加工中东混合原油减顶气的一般组成见表 6-2-4。

表 6-2-4 加工中东等进口混合原油减压塔顶气的组成

组成(体)/% 原油	CO_2	H_2	N_2	O_2	空气	CH_4	C_2H_6	C_2H_4	C_3H_8	C_3H_6	iC_4H_{10}	nC_4H_{10}	C_4H_8	C_5H_{12}	H_2S
吉拉索等混合油	1.82	4.75			13.28	24.53	8.89	1.84	9.39	2.85	2.03	3.37	1.79	1.80	17.22
阿曼等混合油	0.98	8.63		3.57		19.87	10.65	2.25	8.77	4.41	0.72	4.74	0.32	3.56	25.36
科威特等混合油	0.85	7.63			4.60	18.94	6.80	1.14	5.83	2.40	0.67	3.75	2.99	3.90	29.66
吉拉索等混合油	0.91	6.38	0.63			24.54	11.08	1.80	9.11	3.96	0.86	5.15	3.93	7.80	23.85
伊朗轻质原油	0.19	3.62			11.30	20.84	17.99	4.09	9.79	5.29	2.90	1.12	2.23	2.48	17.89
马希拉等混合油	1.82	4.75			13.28	24.53	8.89	1.84	9.39	2.85	2.03	3.37	0.42	1.80	17.22

从表 6-2-4 可见, 减压塔顶气组成以空气、硫化氢、甲烷、乙烷为主, 而丙烷、丁烷组分含量不大, 回收价值相对较低, 含硫很高。

从上述加工中东等进口混合原油初馏塔顶气、常压塔顶气、减压塔顶气的组成可以看出：初馏塔顶气、常压塔顶气中轻烃组分含量较高，具有较高回收价值，而减顶气回收价值不高。

二、塔顶气回收方案

由于原油蒸馏装置有是否设置初馏塔两种主要工艺，轻烃又主要在初馏塔顶和常压塔顶，轻烃回收也因此首先体现在有无初馏塔的差别上。

1. 初馏塔提压回收塔顶气

20世纪80年代末至90年代初，国内炼油厂加工进口原油的数量开始显著增加，并逐渐以中东含硫或高硫原油为主。由于大多数炼油厂以加工国内原油为主而设计，而中东进口原油较国内原油轻质油含量高，塔顶气体量比加工国产原油时增加很多，这部分气体若仅靠引至本装置加热炉做燃料已不能平衡，将有大量气体放空。同时，塔顶气中的相当部分C_3、C_4轻烃组分作为炉用燃料，也造成资源浪费。此外，由于塔顶油中C_3、C_4组分过高，塔顶油作为汽油产品时，饱和蒸气压会严重超标，带来安全隐患。因此，开始增设轻烃回收系统。但对回收方案，受当时条件限制，如投资、操作费用、相对较低的环保要求、国内气体压缩机工艺制造技术限制等，选择不设塔顶气压缩、初馏塔加压，仅设单个稳定塔回收塔顶油中轻烃的简单流程。

随着加工中东进口油的炼油厂日渐增多，装置规模不断增大，环保要求日益提高，油价与轻烃资源利用要求的提高，国内压缩机制造工艺技术的提高及对造成压缩机湿硫化氢腐蚀问题的解决，近些年大中型原油蒸馏装置中所设置的轻烃回收部分，在采用初馏塔加压操作回收塔顶油中轻烃的同时，仍然设置有塔顶气的压缩机系统，以确保轻烃的充分回收。

2. 压缩机增压回收塔顶气

当原油蒸馏采用闪蒸、常压、减压蒸馏流程时，闪蒸塔顶油气直接进入常压塔。这样在原油蒸馏采用闪蒸流程时就不能以初馏塔加压的方法回收轻烃，而只能采用压缩机将常压塔顶气加压的方法来实现塔顶气中的轻烃回收。

目前，在原油蒸馏装置中设置塔顶气压缩机系统，将常压塔顶不凝气进行升压，常压塔顶油送稳定塔回收轻烃是现今加工中东含硫原油常见的、较为完整的轻烃回收流程。闪蒸塔加压缩机的轻烃回收流程简单、能耗低，轻烃回收部分的干气可去脱硫处理，环境友好。但其特点是要设置塔顶气压缩机，而且压缩机的气体体积流量要比初馏塔加压时的塔顶气压缩机量大。目前，国外加工高硫轻质原油大多采用闪蒸塔加压缩机的流程，国内也较多采用此流程，如天津、青岛等大炼油项目和中外合资的福建炼化一体化项目中的原油蒸馏装置都选用闪蒸塔加压缩机的轻烃回收流程。

3. 减顶气处理

减压蒸馏塔塔顶气量小，且其烃类含量少，以前直接放空或者进入加热炉燃烧。但近几年来，环保要求提高，既不能直接排入大气，而采用类似初馏塔、常压塔顶气回收方案又不经济，且由于其含硫很高，也不宜直接去加热炉作燃料。为此，经脱硫后去自身装置加热炉作燃料的减顶气脱硫工艺，已成功应用。

中国石化工程建设公司开发的减顶气脱硫工艺见图6-2-1，工艺流程简单、操作稳定、投资低、压降低(≤6mmHg)，不会对抽真空系统造成影响。脱硫效果好，脱后减顶气硫化氢含量可以达到≤100mg/m³。在某加工中东含硫装置应用中，采用 MEDA 溶剂，使硫化氢含量高达 184600~205900mg/m³(约15.0%)的减压塔顶气脱硫至硫化氢含量 6~21mg/m³ 进入加热炉燃料系统。

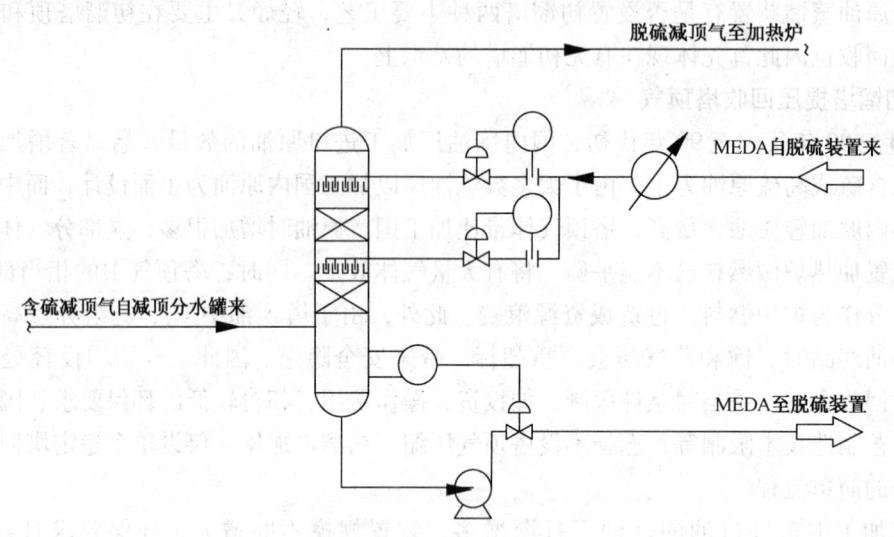

图 6-2-1 减顶气脱硫工艺流程图

三、塔顶气回收的典型流程

轻烃回收的方法有常温吸收法、低温吸收法、吸附法等。常温吸收法和低温吸收法都是利用液体吸收剂来吸收气体中的烃类，然后通过分馏的方法将吸收下来的轻烃分离出来，所不同的在于吸收温度的不同。吸附法是利用固体吸附剂来吸附气体中的烃类，然后通过解吸的方法将吸收下来的轻烃解吸出来。炼油厂轻烃回收流程中的吸收方式，大多采用常温吸收剂来进行吸收，即常温吸收法的轻烃回收。

轻烃回收流程的复杂程度不亚于原油蒸馏，方案也较多。根据塔的设置可分为单塔流程、双塔流程、三塔流程和四塔流程。

1. 单塔流程

单塔流程是指设置一座稳定塔来回收轻烃。工艺路线是：将含有轻烃的塔顶气经压缩机增压、冷却、分液后含有轻烃的凝液进入稳定塔，生产液化气和石脑油，未凝气(即干气)去脱硫装置。

闪蒸塔-常压塔的单塔流程见图 6-2-2；初馏塔-常压塔的单塔流程见图 6-2-3。

单塔流程的优点是：流程简单，能回收大量的轻烃，但也有其自身的不足[1,6,7]，主要是：

(1) 干气的品质不高，即干气中 C_3、C_4 的含量高。

(2) 液化石油气中的 C_2 及 $\geq C_5$ 的含量易超标。

(3) 轻烃回收率较低，约为 77%~85%。

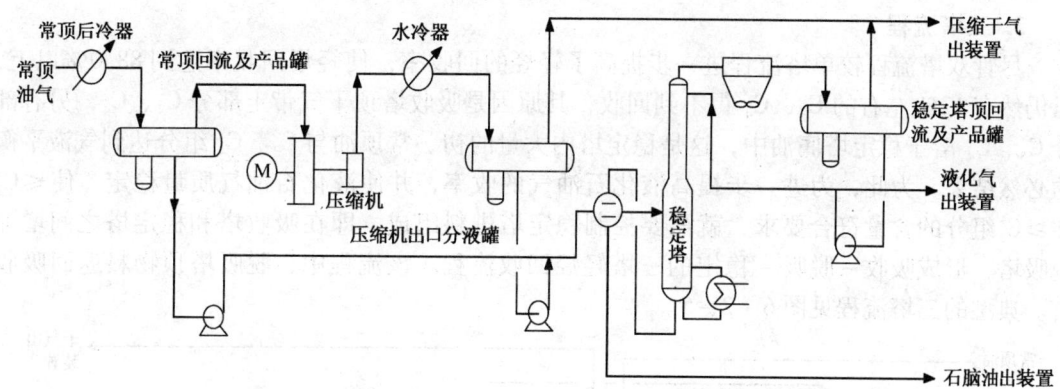

图6-2-2 常顶气压缩-常顶油去稳定塔的单塔轻烃回收流程图

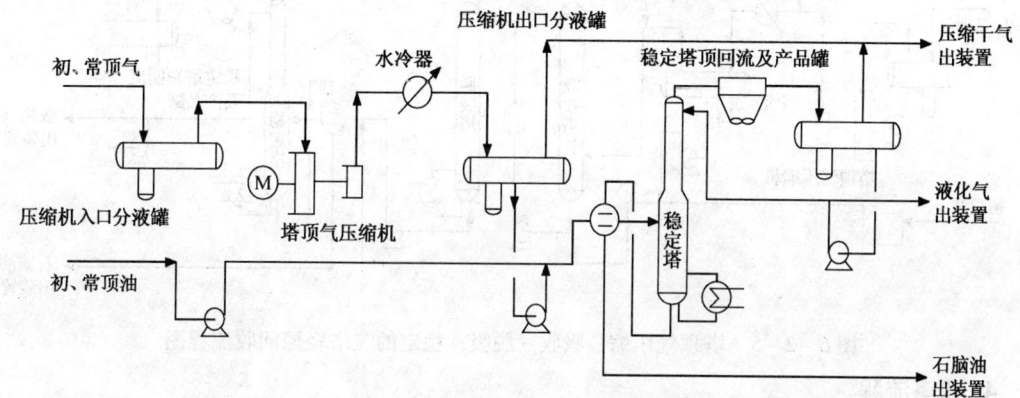

图6-2-3 初馏塔加压设压缩机的单塔稳定轻烃回收流程图

2. 双塔流程

为解决单塔流程中液化石油气的 C_2 含量过高引起液化石油气的蒸气压不合格(蒸气压在 37.8℃，不大于 1380kPa)，并防止操作中以损失 C_3、C_4 为代价来满足液化石油气的蒸气压要求，可增加吸收塔，形成双塔流程。该吸收塔的作用是脱乙烷塔，即脱除稳定塔进料中的乙烷；同时，包括稳定塔、初馏塔、常压塔在内的所有塔顶气也经该吸收塔，可进一步回收单塔流程干气中的 C_3、C_4，进而提高 C_3、C_4 的回收率，并改善干气质量。该吸收塔可用稳定汽油或用常顶油作吸收剂，C_3、C_4 回收率可达到 88.2% 左右[6]。典型的双塔流程见图 6-2-4。

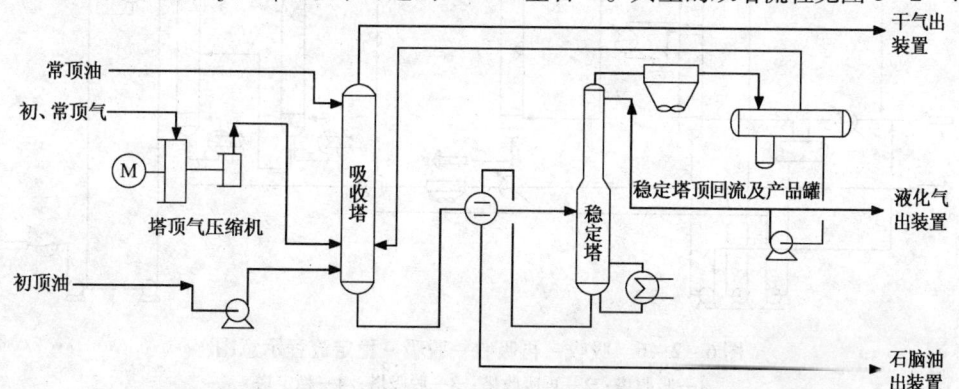

图6-2-4 初馏、常压塔顶气吸收、塔顶油稳定的双塔轻烃回收流程

3. 三塔流程

尽管双塔流程较单塔流程进一步提高了轻烃的回收率，使轻烃回收率达到 88.0% 以上，但仍然有 12% 左右的 C_3、C_4 得不到回收，其原因是吸收塔顶干气带走部分 C_3、C_4，另有部分 C_3、C_4 溶于稳定塔底油中，这是稳定塔内大量的初、常顶油与 C_3、C_4 组分达到气液平衡的必然结果。为此，为进一步提高液化石油气的收率，并使液化石油气质量稳定，使 $\leqslant C_2$ 和 $\geqslant C_5$ 组分的含量符合要求，就需要控制稳定塔进料组成，即在吸收塔和稳定塔之间增加脱吸塔，形成吸收-脱吸-稳定的三塔轻烃回收流程。该流程中，脱吸塔顶物料返回吸收塔。典型的三塔流程见图 6-2-5。

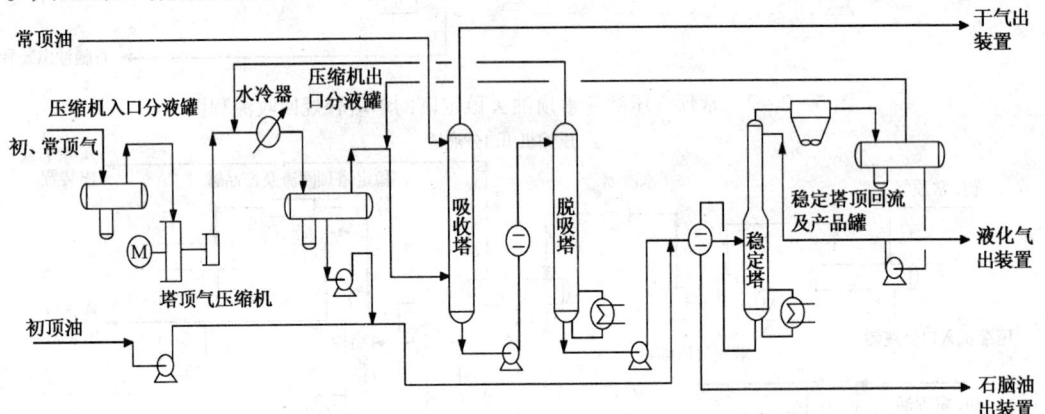

图 6-2-5 塔顶气压缩、吸收-脱吸-稳定的三塔轻烃回收流程图

4. 四塔流程

干气不"干"是一般轻烃回收流程中一个普遍存在的问题，尽管三塔流程中的吸收塔使干气中的 C_3、C_4 含量大为减少，但仍高达 10.0%（摩尔分数）左右，干气不"干"，不仅降低了装置液化石油气的回收率，而且使下游干气脱硫装置的胺液易发泡，增加胺液耗量，增加了干气脱硫的成本，影响全厂的经济效益；严重时还可能恶化脱硫装置操作，甚至威胁装置长周期运行。为解决轻烃回收流程中的干气不"干"问题，在原三塔流程基础上需增加一个再吸收塔，形成吸收-再吸收-脱吸-稳定的四塔流程，见图 6-2-6 所示[1]。

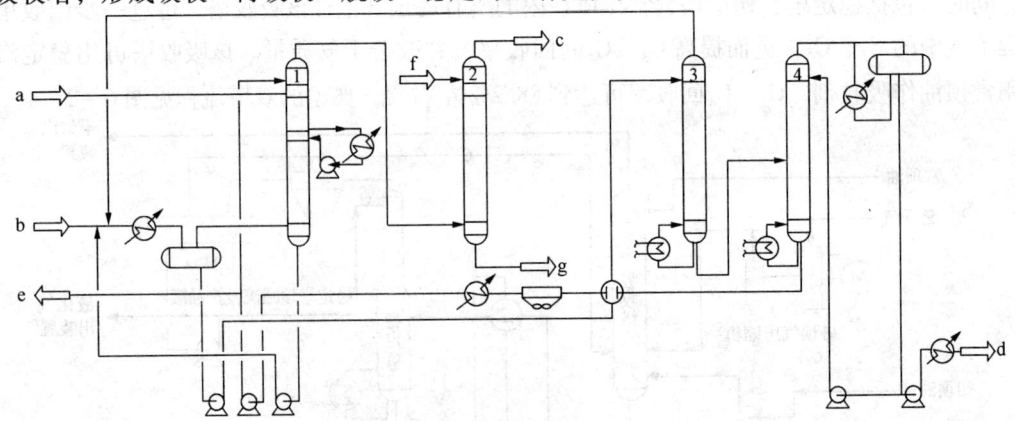

图 6-2-6 吸收-再吸收-脱吸-稳定流程示意图
1—吸收塔；2—再吸收塔；3—脱吸塔；4—稳定塔
a—粗汽油；b—富气；c—干气；d—液化气；e—稳定汽油；f—柴油；g—富柴油

四塔流程一般采用柴油为再吸收剂,对进入再吸收塔的吸收塔顶气再吸收,可保证干气的质量,解决了干气不"干"的问题,提高装置的轻烃回收率,为下游装置提供合格的原料。

四塔流程在设计上较为完善,但设备多、流程长、能耗高,而且操作也较复杂,其中以脱吸塔的操作较为关键。脱吸塔的操作好与坏,对四塔流程的轻烃回收率、产品质量及装置能耗影响较大。

为进一步提高轻烃回收效率和经济效益,应当考虑对炼油厂气体进行集中处理。四塔流程就是一种可以对塔顶气、石脑油、液化气进行集中轻烃回收的典型流程,优化了全厂总流程,充分发挥四塔轻烃回收流程的作用,提高了轻烃回收装置的经济效益和社会效益[8]。

在四塔流程中,还有另一种流程,即吸收 – 再吸收 – 脱丁烷 – 脱乙烷流程,见图 6 – 2 – 7 所示。

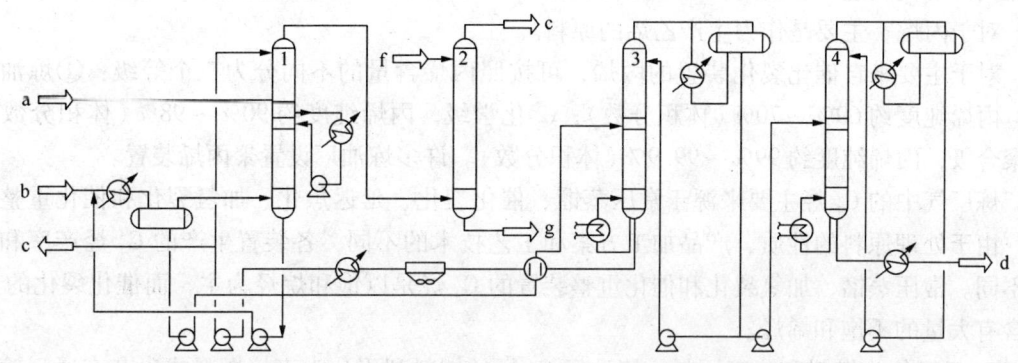

图 6 – 2 – 7　吸收 – 再吸收 – 脱丁烷 – 脱乙烷流程示意图
1—吸收塔；2—再吸收塔；3—脱丁烷塔；4—脱乙烷塔
a—粗汽油；b—富气；c—干气；d—液化气；e—稳定汽油；f—柴油；g—富柴油

其气体流程与前面的四塔流程一致,均为气体的吸收 – 再吸收。但在石脑油的稳定流程部分有所区别,其吸收塔底油经冷却后,用泵抽出并与脱丁烷塔底油换热后,进入脱丁烷塔精馏,脱丁烷塔底油作为稳定汽油,而脱丁烷塔顶油气经冷凝后,一部分打入脱丁烷塔顶回流,另一部分进入脱乙烷塔,脱乙烷塔底油作为液化气,从而保证液化气的质量合格。该流程脱乙烷塔的操作压力高、脱丁烷塔底重沸器热负荷高,其脱丁烷塔的操作是流程中的关键。

以上几种轻烃回收流程在工艺装置中都已得到应用,可以根据实际情况优化选择。

四、塔顶气回收典型操作参数

典型的四塔轻烃回收流程主要操作条件见表 6 – 2 – 5。

表 6 – 2 – 5　典型四塔轻烃回收流程主要操作条件表

吸收塔		脱吸塔		再吸收塔		稳定塔	
压力/MPa(表)							
塔顶	0.95	塔顶	1.08	塔顶	0.92	塔顶	1.06
温度/℃							
塔顶	50	塔顶	95	塔顶	44	塔顶	60
塔底	48	塔底	172	塔底	51	塔底	205
		重沸器	200			重沸器	218
压缩机出口压力/MPa(表)							
1.0							

五、塔顶气的回收利用

塔顶气的利用是加工中东含硫原油的重要课题。随着炼油厂一体化的进行，常减压蒸馏装置轻烃回收利用已经逐渐纳入了炼油厂气体利用。炼油厂将轻烃进行整合，集中处理，统一利用，统一管理。

炼厂气主要分为干气和液化气。干气主要含有 C_1、C_2 烃类和少量氢气；液化气主要含有 C_3、C_4 和少量 C_5 烃类。这些烃类均含有较多硫化物，利用过程中均需要脱硫，干气主要是脱硫化氢，液化气除脱硫化氢外，尚需脱硫醇、羰基硫。

由于炼油厂燃料不足，干气一直主要被用作燃料。随着产品质量升级，氢气需要量进一步加大，干气被进一步利用，主要是提取氢气、回收乙烯，乙烯可进而制取苯乙烯。

对于丙烷，主要是作为生产乙烯的原料。

对于主要来自催化裂化装置的丙烯，可按照丙烯含量的不同分为三个等级：①炼油厂级，丙烯纯度约 60%~70%（体积分数）；②化学级，丙烯纯度约 90%~98%（体积分数）；③聚合级，丙烯纯度约 99%~99.9%（体积分数）。许多炼油厂设置聚丙烯装置。

炼厂气中的 C_4 烃主要来源于常压蒸馏、催化裂化、延迟焦化、加氢裂化和催化重整装置。由于处理原料的性质、产品加工方案和工艺技术的不同，各装置生产的 C_4 烃产率和组成不同。常压蒸馏、加氢裂化和催化重整装置的 C_4 烃是以饱和烷烃为主，而催化裂化的 C_4 烃含有大量的不饱和烯烃。

C_4 烃可作为燃料和化工原料；炼油厂 C_4 烃的燃料利用分为直接燃料或生产交通运输燃料。通常，C_4 烃中的丁烯可以用来生产高辛烷值汽油组分，如生产叠合汽油或烷基化油；异丁烯可以用作生产甲基叔丁基醚（MTBE）的原料；异丁烷主要用作烷基化的原料以生产烷基化油；正丁烷可以直接调入车用汽油，以调整车用汽油的蒸气压。

在炼油厂中常见的 C_4 烃作为运输燃料利用，见图 6-2-8~图 6-2-10。

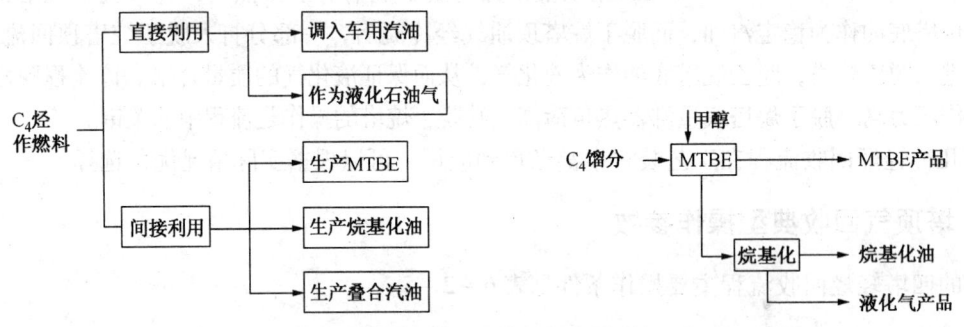

图 6-2-8 C_4 烃的燃料利用示意图　　图 6-2-9 C_4 烃生产高辛烷值汽油组分流程示意图（一）

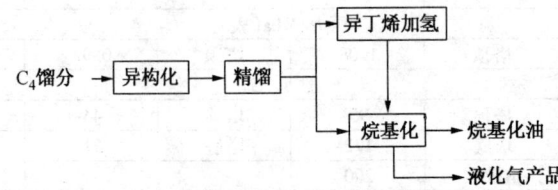

图 6-2-10 C_4 烃生产高辛烷值汽油组分流程示意图（二）

由于 C_4 烃用作化工原料极其多样,制取的流程也很庞杂,在此仅列表示出,见表6-2-6。

表6-2-6 C_4 烃的化工原料利用

名 称	化 工 原 料[①]
正丁烯	生产聚丁烯、辛烯、庚烯、仲丁醇、甲乙酮等,脱氢制丁二烯
异丁烯	生产 MTBE、丁基橡胶、聚异丁烯、二异丁烯、三异丁烯、异戊二烯、甲基丙烯酸酯、叔丁醇、叔丁基酚
异丁烷	生产叔丁醇、甲基丙烯腈、冷冻剂
正丁烷	裂解制乙烯;生产乙酸、顺酐;脱氢制丁二烯;异构化生产异丁烷,以补充异丁烷原料的不足

① C_4 烃的化工原料利用的方法很多,但由于 C_4 烃是复杂的混合物,通常需要进一步的分离以获得单一的某种 C_4 烃来使用。

第三节 减压深拔技术

一、减压深拔的主要工艺特征

多年来,不少石油炼制工作者致力于提高减压拔出率,降低减压渣油收率的工作。随着经济的发展,能源日趋紧张,加之环保要求的严格,迫使市场对石化产品的质量提出了更高的要求。因而,也促使了重油加工技术的进一步发展,尤其是减压重质蜡油高残炭、高重金属、高含硫,以及更劣质的渣油加工技术。减压深拔技术也因此得到迅速发展。

国内大多数常减压蒸馏装置,实际操作的减压渣油切割点温度一般在535~540℃左右。减压深拔就是通过减压蒸馏,把原油切割点提高到560℃(终馏点)以上,甚至600℃(终馏点)以上,并具有一定的过汽化油量。减压重质蜡油的干点(或 ASTM D1160 95%点)要控制,通常不高于切割点温度30℃(ASTM D1160 95%点);且减压重质蜡油的质量(残炭、重金属含量、C_7不溶物含量等)也得到控制,一般略高于通过原油分析得到的该馏分中这些物质的含量;减压渣油中的较轻组分的含量也需给予必要的控制,通常减压渣油中<538℃的轻组分含量不超过5%。这个概念下的减压操作才称之为减压深拔[1,10]。

国外减压深拔技术日趋成熟,许多公司具有减压设计技术,荷兰 Shell 技术公司和英国 KBC 技术咨询公司是典型代表。

荷兰 Shell 技术公司的 HVU 减压蒸馏技术的主要特点是,设计的闪蒸设施,高真空、高减压炉出口温度的空塔喷淋减压深拔工艺,减压塔中段回流取热段不采用填料,除减压炉炉管需少量注汽外,减压塔塔底不需注汽[9]。Shell 公司保证减压炉在430℃左右的出口温度下可连续操作四年以上。中国石油大连石化分公司、独山子石化分公司引进、投产了该公司深拔技术。

英国 KBC 技术咨询公司减压深拔技术的核心是:计算和选取减压炉管内介质流速、汽化点、油膜温度、炉管管壁温度、注汽量(包括炉管注汽和塔底吹汽)等,减压塔配以适当高度的填料,以软硬件结合达到减压深拔目的,也保证四年以上的操作周期和安全生产[1,10]。中国石化青岛炼化公司、天津分公司引进、投产了该公司的深拔技术。

国内减压深拔技术发展也较快,中国石化工程建设公司开发的减压深拔技术于2008年在中国石化武汉石化分公司投产，洛阳石化工程公司的深拔技术在中国石化广州分公司投用。

二、减压深拔主要设备与管线特点

减压深拔操作条件苛刻，对蒸馏设备和管线提出新的要求。

（一）减压塔

减压深拔条件下的减压塔所涉及的技术主要集中在减压塔的中下部，主要是避免介质在减压塔内因高温而产生的裂解、结焦问题，即将介质在减压塔内的裂解、结焦的速率控制在可接受的范围内。同时，还必须保证减压塔内的金属材料因高温而产生的膨胀变形、强度的降低等，不致于影响装置的正常运行。

1. 操作条件和流程

（1）操作压力　最先需要确定的操作条件是减压塔顶的真空度（残压）。这需要与减压加热炉的出口条件（温度和压力）、装置的能耗控制水平相联系。通常，塔顶残压选择 1.07～4.00kPa，减压塔顶抽真空的负荷越低，减压塔顶的操作压力可以选择更低的数值。一般为干式操作或注少量蒸汽的微湿式蒸馏。

（2）操作温度　减压塔顶的操作温度需要控制在100℃以下，根据减压塔顶回流的温度情况，通常塔顶温度控制在60～80℃，深拔操作的减压塔进料段的温度通常要达到390℃以上。

（3）流程设置：

① 洗涤油流程及洗涤段操作。减压塔进料段之上设有一洗涤段，通常采用减三线（最下一条侧线）油作为洗涤油，洗涤油的量必须满足整个填料床层表面润湿的要求，防止填料表面结焦。填料结构形式不同，其最小润湿量不同。一般光滑表面、大颗粒、高孔隙率的填料，表面润湿量较小。对于125Y孔板波纹填料，最小润湿量为 $0.3m^3/m^2 \cdot h$。洗涤油采用单回路流量控制，最小控制流量不受装置加工量限制，即任何加工量下洗涤油量必须高于或等于最小控制流量。

洗涤油的作用一方面通过与上升气流接触，将气体中夹带的液体、焦质、沥青质、残炭、重金属等洗涤下来；另一方面通过气相与液相的传质作用，可以使重质蜡油与渣油得以较好的分离，控制重质蜡油的干点，这是减压塔保证重质蜡油质量的关键。因此，除采用先进的洗涤段结构，确保一定的洗涤油量是必要的。当然，洗涤段产生的是过汽化油或者叫减压污油，是不希望的副产品，它消耗能量并带来结焦的危险。技术先进、设计优良的洗涤段结构可以避免结焦，在满足产品质量的同时使能量的消耗、过汽化油的产生降低到最小。

② 过汽化油流程及过汽化油操作。洗涤段填料床层下设一集油箱收集来自填料的液体，这就是减压过汽化油或者叫减压污油。它是由经过洗涤段的传质传热而产生的重质油与进料段上升的气流夹带的液体雾滴，经洗涤段洗涤后冷凝下来的液体部分所组成。由传质传热所产生的重质油可以通过模拟计算获得，而上升气流夹带的雾滴则与减压塔进料段的分布器的型式和使用效果直接相关。这部分量通常会达到上升气体量的1%以上。减压过汽化油的质量较差，其胶质、沥青质、残炭、重金属含量都很高。这部分油通常主要有以下出路：做减黏裂化或加氢处理原料；循环到减压加热炉入口，并最终到减压渣油。减压过汽化油抽出温

度很高，对于减压深拔操作的减压塔，过汽化油的抽出温度超过370℃。因而，避免其结焦是需重点考虑的问题。首先是采取措施尽量降低在塔内的停留时间。例如，在集油箱设液位控制的同时使液体有必要的停留时间，必要时还可考虑设急冷油，使集油箱中过汽化油温度控制在360℃以下。

③ 塔底急冷油流程及急冷油操作。由于深拔的减压塔进料段温度通常都高于390℃，造成减压塔进料段下部的温度过高，为防止减压渣油在减压塔底结焦，需采用急冷油设施，降低减压塔底温度至360℃以下。急冷油的流程通常采用减压渣油经过换热到一定温度后分出一部分返回减压塔底部，以降低塔底的温度。

2. 减压塔的内部结构

（1）洗涤段的结构：

① 液体分布器的选择。洗涤段的分布器可以采用重力式分布器，也可以采用动力式分布器，主要原则是使填料表面能够充分润湿。

② 填料床层的设计。洗涤段填料床层操作温度高，因液体喷淋密度较小，易出现局部填料表面没有液体润湿的现象，易发生结焦。因此，应选择抗结焦能力强的填料，特别是填料床层的中下部，必须采用通量大、表面光滑的填料。一般，在此处采用复合填料床层。

（2）集油箱的结构 集油箱的主要任务是收集来自填料床层的液体，同时也要对经过集油箱上升的气体有一个较好的分布。一般采用方形或圆形升气筒，近些年来也有采用长槽式升气筒的。集油箱对气体的分布取决于单个升气筒的形式、截面积的大小和布置情况。对气体分布要求严格的集油箱，可采用较小截面结构的升气筒并均匀布置在塔截面上，同时保持必要的气体通过压力降。

洗涤段的集油箱设置在进料段的上方，操作温度通常在370℃以上，集油箱内的液体介质重，焦质、沥青质含量高，常有沉积物产生并造成垢下腐蚀。集油箱内由于液体的存在，使集油箱的壁温较通过集油筒上升的气流温度低，也由于该集油箱设置在进料段的上方，使得上升气流中的重质馏分接触集油箱的冷壁产生冷凝，聚结成大的液滴落下，降低了进料段的汽化率。为解决上述问题，近些年多采用一种底板倾斜结构的集油箱，俗称热壁式集油箱。这种集油箱可以加速底板上的液体流动，通常集油箱内没有液体停留。集油箱内的液体抽出，一种办法是特殊结构的抽出斗加循环的办法；另一种办法是采用塔外设置过汽化油罐，过汽化油罐的设置需要考虑高温操作，为防止介质的裂解、结焦，应采取急冷油设施。

集油箱采用全密封焊接以防止液体泄漏，但高温操作必须考虑金属材料高温下的强度的降低和受热膨胀引起变形或开裂。这是一个很重要的问题，特别是针对大型塔器，解决受热膨胀的基本方法是螺栓连接，但又破坏了密封要求，通常可以采用L形或Z形密封板。

（二）减压炉

良好的减压加热炉设计与操作是减压深拔技术的关键。原则是降低油品在炉管内高温区的停留时间、保持炉管内两相流介质合理的流型，保证油品在炉管内受热均匀，避免炉管内油膜温度超过油品的裂解温度。

1. 炉管

炉管是减压深拔加热炉的关键部件之一。油品在炉管内因受热体积膨胀流速加快，达到汽化点之后开始汽化,形成两相流态。加热炉管内油品的最高温度主要出现在汽化点之后加热炉出口之前的贴近炉管内壁处。在此处,因气体的导热系数低,传热速率下降,炉管壁温升高,使贴近管壁的介质温度升高。当介质温度升高至油品裂解温度时,就会发生裂解。根据对两相流的流动状态研究结果,当炉管内产生稳定的环雾流态时,在炉管的内壁会形成一层稳定的液膜,此时炉管中心部位是雾化状态,从炉管壁到管内介质的传热速率相对较高,而炉管壁温相对较低,炉管内壁液膜的温度相对较低。这说明在相同的加热炉热负荷和相同的加热炉出口温度下,炉管内介质的最高温度是不同的,炉管的壁温也是不同的,关键因素是炉管内流体的型态。所以,通过选择适宜的操作条件和炉管不同的管径,使炉管内两相流维持在环雾流状态下。在这种条件下,加热炉炉管内介质的最高温度可以维持在较低的水平。

2. 油品在加热炉炉管内的停留时间

油品的裂解和结焦除与油品的热裂解性质、受热温度有关外,另一个重要的影响因素是油品在高温下的停留时间。降低油品在高温下的停留时间是减压深拔技术的又一关键。对于减压深拔条件下的减压加热炉,提高炉管内介质的流速一方面可以提高介质的传热速率,降低油膜温度,另一方面还可以降低介质在炉管内的停留时间。但提高介质在炉管内的流速将受到加热炉允许压力降的限制,也受到介质在炉管内流速小于声速的限制,还受到流态的限制。因此,减压深拔条件下的加热炉设计除了要考虑上述技术措施外,还必须选择恰当的加热炉出口条件、合理的流态和加热炉的路数、炉管结构和管径。

3. 炉管及燃烧器布置

炉管及燃烧器的布置原则是确保炉管外表面受热均匀,特别是汽化点之后的几根炉管,在达到同样传热量的情况下,避免炉管内介质的极端高温。

(1)炉管的布置 一般有卧式布置和立式布置两种形式。卧式布置在炉管长度方向上受热容易均匀,只要合理布置燃烧器就可以达到要求;立式布置的炉管在其长度上较难达到受热均匀,需要特别注意炉管的长度选择,必须与燃烧器的火焰高度相适应。卧式布置的炉管因重力的作用管子底部油膜较厚,管子顶部油膜过薄,油膜温度不均匀,而立式布置的炉管管内壁的油膜是均匀的。

(2)燃烧器的布置 燃烧器通常布置在炉膛的底部。对于卧管布置的加热炉,通常每个炉膛均匀布置一排燃烧器;对于立管布置的加热炉,需要考虑燃烧器与炉管路数的对应关系。通常情况下,一路对应一个燃烧器,力求使每一路的炉管受热一致且均匀。

(3)炉管的辐射面考虑 有研究发现,双面辐射布置相对单面辐射布置油膜温度较低,炉管内的介质传热速率快,有利于减压深拔。

(4)炉管表面热强度 加热炉炉管表面热强度是一个平均概念。炉管表面热强度低,达到相同热负荷所需要的炉膛温度较低,有利于弱化炉管外表面的传热,炉管的表面温度会有所降低,有利于减压深拔操作。

(三)转油线

减压转油线由过渡段和低速段组成。管道内的介质呈气液两相混合状态,管道的直径和布置必须满足高温、低压、气液混相的技术要求;必须满足热应力补偿要求;还必须满足流态的稳定并防止出现震动(晃动)的要求。常规减压转油线在满足上述技术要求的前提下,追求较低的压力降以达到较低的温度降要求。使油品的汽化尽可能发生在加热炉之内,以降低加热炉的出口温度,达到减少油品的热裂解和热缩合的目的。因此,常规减压转油线在稳定流态的基础上,需要适当降低管道内介质的流速,并尽可能地减少拐弯弯头。减压深拔转油线同样也需要满足上述技术要求,但不仅要低压降,且要同时满足减压加热炉出口必须保持一定压力的要求。通常,这个压力要高于常规减压加热炉的出口压力,以保证炉管内介质流型在环雾流状态。由于减压深拔条件下的转油线总管道内的混相流速较高,通常在满足稳定流态要求的前提下,其流速可达到接近极限流速的80%。此时,加热炉出口分支管道(过渡段)转弯弯头的设置,除需要满足应力补偿的要求外,还需要满足加热炉出口压力的要求。

减压转油线的布置和支吊架的选择还必须满足装置的开停工工况和风载荷、地震载荷的要求。

(四) 抽真空系统

减压深拔条件下,常压渣油在减压炉中裂解产生的不凝气量远大于普通减压蒸馏。相应地,大幅增加了抽真空系统的负荷,也提高了装置能耗。这就要求对抽真空系统的配置进行全面优化,如抽空器级数、蒸汽抽空与机械抽空(或其组合)、空冷与水冷等。

第四节 蒸馏装置的硫分布与酸分布

一、蒸馏装置的硫分布

1. 原油中硫化合物的类型及其特点

原油中的含硫化合物按性质可分为两大类[11]:活性硫化物和非活性硫化物。

(1) 活性硫化物 原油活性硫化物主要包括单质硫、硫化氢和硫醇等,它们的特点是对炼油设备有较强的腐蚀作用。此外,硫醇还有令人厌恶的臭味。

(2) 非活性硫化物 非活性硫化物主要包括硫醚、噻吩、二硫化物等,它们的特点是对炼油设备无明显的腐蚀作用,因此称为非活性硫化物。但是这些非活性硫化物热稳定性差,容易在热加工过程中受到不同程度的破坏,并转化成其他类型的硫化物。

石油中的硫化物除了单质硫和硫化氢外,其余均以有机硫化物的形式存在于原油和石油产品中。虽然不同原油之间的硫化物类型和含量差别较大,但原油中的含硫化合物一般以硫醚类和噻吩类为主。

2. 典型含硫原油的硫分布

原油中的硫含量变化范围为0.05%~8%,但大部分原油的硫含量都低于4%,硫分布在原油的所有馏分中。石脑油的硫含量最低,随着沸点的增加,石油馏分的硫含量呈倍数级递增的趋势,而随着相对分子质量的增大,石油馏分每个分子中硫原子的平均数随着沸点的升高而迅速增大。表6-4-1列出了典型含硫原油的硫分布情况[1]。由表6-4-1看出,原油中的含硫化合物主要分布在重质部分,常压重油的硫占原油硫的90%左右,其中减压瓦斯油(VGO)的硫约占原油硫的20%~40%,减压渣油中的硫占原油硫的50%以上,可见原油中的绝大部分含硫化合物都将进入二次加工的各工艺装置中。

表6-4-1 典型含硫原油的硫分布   %

序号	原油名称	原油含硫	汽油含硫	汽油分布	煤油含硫	煤油分布	柴油含硫	柴油分布	蜡油含硫	蜡油分布	减压渣油含硫	减压渣油分布
1	胜利	1.00	0.008	0.02	0.01	0.06	0.34	6.0	0.68	17.9	1.54	76.02
2	伊朗重	1.78	0.09	0.7	0.32	3.1	1.44	9.4	1.87	13.5	3.51	73.3
3	伊拉克轻	1.95	0.018	0.2	0.40	4.4	1.12	7.6	2.42	38.2	4.56	49.6
4	沙特轻质	1.75	0.036	0.4	0.43	3.9	1.21	7.6	2.48	44.5	4.10	43.6
5	沙特中质	2.48	0.034	0.3	0.63	3.6	1.51	6.2	3.01	36.6	5.51	53.3
6	沙特重质	2.83	0.033	0.2	0.54	2.4	1.48	4.9	2.85	32.1	6.00	60.4
7	科威特	2.52	0.057	0.4	0.81	4.3	1.93	8.1	3.27	41.5	5.24	45.7

表6-4-2为中国石化上海石化分公司Ⅲ蒸馏装置硫平衡数据[12]。从表6-4-2可看出，生产数据表明，原料中硫主要分布到液体部分，其中初、常压塔顶汽油硫占0.5%左右，常一、二、三线(AGO)硫占13.8%左右，减一、二、三线(VGO)硫占31.8%左右，减压渣油硫占53.9%左右。硫主要分布在重组分中(如VGO和渣油部分)，占硫总量的85.7%左右。

表6-4-2 Ⅲ蒸馏硫分布分析(2005年7月)

样品名称	硫含量/%	实际物料量/t
脱前原油	1.426	613951
凝析油	0.026	6408
初顶气	0.314	
常顶气	8.000	
减顶气	22.816	
初顶汽油	0.037	83631
常顶汽油	0.050	33435
常一线	0.119	60161
常二线	0.517	75516
常三线	1.197	59961
减一线	1.298	12107
减二线	1.913	96459
减三线	2.015	52548
减压渣油	3.120	145807
减顶油	0.495	1
含硫污水	0.016	26208

二、蒸馏装置的酸分布

1. 原油酸性含氧化合物的类型及其特点

石油中的氧元素都是以有机含氧化合物的形式存在的，这些含氧化合物大致有两种类型：酸性含氧化合物和中性含氧化合物。石油中的酸性含氧化合物包括环烷酸、芳香酸、脂肪酸和酚类等，它们总称为石油酸。石油中的中性含氧化合物包括酮、醛和酯类等，但它们在石油中的含量极少，因而石油中的含氧化合物以酸性含氧化合物为主。

一般认为，石油中小于 8 个碳原子的羧基酸多为脂肪酸，但石油中的脂肪酸含量很少，主要是环烷酸，环烷酸约占石油酸性含氧化合物的 90% 左右。环烷酸的含量因石油产地和原油类型不同而异。石蜡基石油的环烷酸含量较少，中间基和环烷基石油的环烷酸含量较多。环烷酸含量在石油馏分中的分布，一般在中间馏分（馏程约为 250～500℃）中环烷酸含量最高。环烷酸的化学性质和脂肪酸相似，它具有普通羧酸的一切性质。环烷酸会对加工设备和管道造成腐蚀，其中低分子环烷酸的酸性较强，腐蚀性也较强，特别是酸值较大和温度较高时对设备的腐蚀更严重。

在石油的酸性含氧化合物中，除环烷酸外，还存在脂肪酸和酚类，其含量通常不超过酸性含氧化合物总量的 10%。酚类大多存在于石油的热转化和催化裂化的油品中，在低沸点馏分中的酚大多是重质油中热稳定性较差的高分子酚类热分解的产物，它们主要是甲酚、二甲酚，同时也含有三甲酚及萘酚等。酚类的结构特征是分子中有一个或几个羟基官能团与芳香环相连，它具有酸性，能与碱作用生成盐，并溶解在碱性溶液中。

环烷酸为石油中一些有机酸的总称，又可称为石油酸。它是由环烷酸、脂肪酸和烷基酚等组成，大约占原油中总酸值的 95%。环烷酸是环烷基支链羧酸，其通式为 $C_nH_{2n-1}COOH$，其中五、六环为主分子的环烷酸腐蚀性最强，一般是环戊烷的衍生物，相对分子质量在 180～350 范围内变化。当有水蒸气存在时，低相对分子质量的环烷酸能挥发，原油加工时，环烷酸常集中在柴油和减压蜡油馏分中，其他馏分中含量较少[13]。我国原油石油酸的组成见表 6-4-3[14]。

表 6-4-3　原油石油酸的组成　　　　　　　　　　　　　　　%

原油名称	辽河油	新疆油	大港油	胜利油
取样点	锦西炼化总厂	兰州炼化总厂	天津炼油厂	胜利炼油厂
环烷酸/%	>95	>95	>95	<40
脂肪酸/%	<5	<5	<5	>60
烷基酚/%	较多			少量

2. 典型装置的酸分布

据调查，原油中的环烷酸比较集中在 250～500℃ 的馏分中，表 6-4-4 是辽河原油、孤岛原油和委内瑞拉原油环烷酸在各馏分中的分布[14]。

表 6-4-4 中的数据表明，减压瓦斯油（VGO）的酸值约相当于原油酸值的 1.5～2 倍，而比常二线轻的组分和减压渣油的酸值都比较低，这种分布规律为我们针对不同部位采用不同对策提供了依据。

表 6-4-4　原油馏分的酸值　　　　　　　　　　　mgKOH/g

项　目	辽河油（一）	辽河油（二）	孤岛油	委内瑞拉
常一	0.02			
常二	0.63	0.64	1.15	1.78
常三	0.96	1.63		

续表

项 目	辽河油(一)	辽河油(二)	孤岛油	委内瑞拉
常四	0.93	1.36	1.4	1.83
减一	0.94	1.57		
减二	1.10	2.00	1.6	1.9
减三	0.77	1.48		
减四	1.02	1.19	—	—
减渣	0.16	—	0.2	—
原油	0.68	1.06	1.2	1.46

我国 PL-3 海洋高酸原油,属高酸值(3.57mgKOH/g)、大密度(20℃时密度 0.9190g/cm³)、高含盐(228mgNaCl/L)原油,其各馏分的酸分布情况见表6-4-5。

表6-4-5 PL-3高酸原油各馏分的酸分布

序号	沸点范围/℃	占原油/%		密度(20℃)/ (g/cm³)	酸度/ (mgKOH/100mL)	酸值/ (mgKOH/g)
		每馏分	总收率			
1	<80	0.49	0.49	0.7288	3.77	
2	80~100	0.57	1.06	0.7389	1.26	
3	100~120	0.87	1.93	0.7536	1.89	
4	120~145	1.25	3.18	0.7723	6.29	
5	145~170	1.72	4.90	0.7947	24.53	
6	170~200	2.27	7.17	0.8247	63.96	
7	200~235	3.78	10.95	0.8516	116.6	
8	235~250	1.95	12.90	0.8671	230.7	
9	250~275	3.67	16.57	0.8766	304.5	
10	275~300	3.51	20.08	0.8791	395.9	
11	300~320	3.29	23.37	0.8776	471.4	
12	320~350	5.23	28.60	0.8946	470.6	
13	350~360	1.65	30.25	0.9036		6.19
14	360~395	5.72	35.97	0.9096		5.74
15	395~425	5.67	41.64	0.9166		4.34
16	425~450	5.74	47.38	0.9342		2.68
17	450~475	6.27	53.65	0.9347		2.26
18	475~500	5.06	58.71	0.9347		3.23
19	500~520	3.25	61.96	0.9323*		3.94
20	520~545	3.80	65.76	0.9352		4.16
21	>545	34.24	100			

此外,原油蒸馏装置中氯元素引起的酸腐蚀对装置影响也很大。原油常减压蒸馏装置中的初馏塔顶回流罐、常压塔顶回流罐和减压塔顶分水罐中均可测出氯离子含量。塔顶氯离子

含量一般在 50～100mg/L，初步分析，其主要来源为：①目前国内电脱盐技术虽可将原油的含盐量降至 3mg/L 左右，但仅仅脱除了大部分的氯化钠（NaCl），原油中的氯化钙（$CaCl_2$）并未被脱除。原油中的氯化钙水解后变成氢氧化钙 [$Ca(OH)_2$] 和盐酸（HCl）。盐酸会腐蚀金属，所以在塔顶测出铁离子（Fe^{2+}）的同时，也可以测出氯离子的含量。②油田为了降低原油的黏度，便于开采和运输，会加入一些四氯化碳或三氯化碳，这些有机化合物中的氯离子也被带入到常减压蒸馏的加工过程中。

第五节 蒸馏装置的腐蚀与防腐

一、腐蚀的类型与机理

（一）腐蚀类型

腐蚀的分类方法很多。通常是根据腐蚀机理、腐蚀破坏的形式和腐蚀环境等几个方面来进行分类[15]。

1. 按腐蚀机理分类

从腐蚀机理的角度来考虑，金属腐蚀可分为化学腐蚀和电化学腐蚀两大类。

（1）化学腐蚀　金属的化学腐蚀是指金属和纯的非电解质直接发生纯化学作用而引起的金属破坏，在腐蚀过程中没有电流产生。例如，铝在纯四氯化碳和甲烷中的腐蚀，镁、钛在纯甲醇中的腐蚀等，都属于化学腐蚀。实际上单纯的化学腐蚀是很少见的，因为在上述介质中，往往都含有少量的水分，使金属的化学腐蚀转变为电化学腐蚀。

（2）电化学腐蚀　金属的电化学腐蚀是指金属和电解质发生电化学作用而引起的金属破坏。它的主要特点是：在腐蚀过程中同时存在两个相对独立的反应过程——阳极反应和阴极反应，并有电流产生。例如，钢铁在酸、碱、盐溶液中的腐蚀都属于电化学腐蚀。金属的电化学腐蚀是最普遍的一种腐蚀现象，电化学腐蚀造成的破坏损失也是最严重的。

2. 按腐蚀破坏的形式分类

原油蒸馏装置的腐蚀主要表现为两种形式：全面腐蚀和局部腐蚀。从腐蚀形态上看，腐蚀分布在整个金属表面上（包括较均匀的和不均匀的），称为全面腐蚀；腐蚀仅局限在金属某一部位上，称为局部腐蚀。

加工高含硫、含酸原油，采用碳钢制造的设备及管道耐腐蚀性能较差，全面腐蚀和局部腐蚀问题同样严重。为了防止腐蚀，常采用比较耐腐蚀的金属材料（例如不锈钢、钛、镍铬合金等）。而耐腐蚀金属材料，特别是那些依赖钝化而耐蚀的材料，由于钝态受局部破坏，容易发生局部腐蚀。

金属腐蚀破坏的形式多种多样，但无论哪种形式，腐蚀一般都从金属表面开始，而且伴随着腐蚀的进行，总会在金属表面留下一定的痕迹，即腐蚀破坏的形式，可以通过肉眼、放大镜或显微镜等进行观察分析。

（1）全面腐蚀　金属的全面腐蚀亦称为均匀腐蚀，是指腐蚀作用以基本相同的速度在整个金属表面同时进行。由于这种腐蚀可以根据各种材料和腐蚀介质的性质，测算出其腐蚀速度，这样就可以在设计时留出一定的腐蚀裕量。所以，全面腐蚀的危害一般是比较小的。

（2）局部腐蚀 这是指腐蚀作用仅发生在金属的某一局部区域，而其他部位基本没发生腐蚀；或者是金属某一部位的腐蚀速度比其他部位的腐蚀速度快得多，显示了局部腐蚀破坏的痕迹。由于局部腐蚀往往是在阳极面积较小、阴极面积较大的情况下进行，所以，局部的腐蚀速度特别快，甚至在难以预料的情况下突然发生破坏。在金属腐蚀破坏的事例中，局部腐蚀要比全面腐蚀多，也就是说局部腐蚀的危害性大于全面腐蚀的危害性，且局部腐蚀的危险性也较大。最常见的局部腐蚀破坏形式有以下几种。

① 小孔腐蚀（亦称点腐蚀）。是指金属表面某一局部区域出现向深处发展的小孔，且其他部位不腐蚀或有轻微的腐蚀。它的特点是腐蚀的孔深大于孔径，在金属表面呈分散状态或密集状态分布。

② 应力腐蚀破裂。是指金属材料在固定拉应力和特定介质的共同作用下引起的腐蚀破裂。应力腐蚀开裂的特点，主要是在金属局部区域出现从表及里的腐蚀裂纹，裂纹的形式有穿晶型、晶界型和混合型三种，破裂口呈现出脆性断裂的特征。

③ 晶间腐蚀。是指仅发生在金属晶粒边界或邻近区域的一种腐蚀现象。晶间腐蚀可使晶粒间的结合力大大削弱，严重时可使金属的机械强度完全丧失，造成设备突然破坏。晶间腐蚀的特点是金属表面无明显变化，但强度已经降低，甚至完全丧失，且失去金属音响。

④ 缝隙腐蚀。是指在金属与金属或金属与非金属之间形成特别小的缝隙（其宽度一般为 0.025~0.1mm）内发生的金属腐蚀。缝隙腐蚀是一种很普遍的腐蚀现象，几乎所有的金属材料都会发生。

⑤ 电偶腐蚀（亦称接触腐蚀）。是指在同一介质中，两种不同腐蚀电位的金属相互接触，而引起电位较低的金属在接触部位发生局部腐蚀，这也是常见的腐蚀现象。

⑥ 其他的局部腐蚀形式还有很多，例如，选择性腐蚀、空泡腐蚀、腐蚀疲劳等。

3. 按腐蚀环境分类

因为金属在各种环境中都可能发生腐蚀，所以，金属腐蚀又可按腐蚀环境来进行分类，如化学介质腐蚀、大气腐蚀、高温腐蚀、海水腐蚀、土壤腐蚀等。当然，这种分类方法并不十分严密，因为大气和土壤中都含有各种化学介质，而海水本身就是一种化学介质。不过这种分类方法可以从宏观环境因素去分析和认识腐蚀的规律。

（二）原油蒸馏装置常见的腐蚀类型

1. 低温湿 H_2S 腐蚀

低温腐蚀的腐蚀介质主要是 $HCl-H_2S-H_2O$，腐蚀部位为常减压装置的初馏塔、常压塔和减压塔顶部及塔顶的冷凝冷却系统。腐蚀的原因是原油中含有一定量的氯化物，即使经脱盐后还会含有微量镁盐、钙盐甚至钠盐，$MgCl_2$ 和 $CaCl_2$ 在 200℃ 以下开始水解，$NaCl$ 在 300℃ 时亦发生水解，生成氯化氢，在有液相水的环境生成盐酸，产生强烈的腐蚀作用。

它的腐蚀产物首先在金属表面上生成 FeS 薄膜，若生成的 FeS 薄膜疏松不完整，金属腐蚀继续发生。若生成的腐蚀产物薄膜能覆盖住金属表面且具有一定的完整性及紧密性之后，即能在一定程度上降低金属与介质的反应速率，甚至保护金属不受进一步的腐蚀。生成紧密的、完整的腐蚀产物表面膜是控制低温 $HCl-H_2S-H_2O$ 腐蚀的关键。FeS 表面膜性质及其生长过程主要与氯化物的含量、硫化氢浓度、pH 值、H_2S 分压及流动状态有关。实际操作时，依靠分析塔顶油品切水中的铁离子含量来判断是否形成金属保护层膜及腐蚀程度。

2. 高温硫化物腐蚀

高温硫化物腐蚀，是指在240℃以上，氢分压小于0.345MPa(50psi)环境下活性硫化物（硫化氢、单质硫、硫醇）与钢中的铁发生反应生成FeS的腐蚀，这种腐蚀属于化学腐蚀，腐蚀形式是均匀腐蚀，其化学反应式如下：

$$H_2S + Fe \longrightarrow FeS + H_2 \uparrow \qquad (6-5-1)$$

$$S + Fe \longrightarrow FeS \qquad (6-5-2)$$

$$RCH_2CH_2SH + Fe \longrightarrow FeS + RCH=CH_2 + H_2 \uparrow \qquad (6-5-3)$$

需要说明的是，氢分压大于0.345MPa的环境属于高温氢+硫化氢腐蚀，腐蚀机理与单独的硫化物腐蚀又有所不同。

3. 环烷酸腐蚀

环烷酸在低温时腐蚀不强烈，一旦沸腾，特别在高温无水环境中腐蚀最激烈，腐蚀反应按下式进行：

$$2RCOOH + Fe \longrightarrow Fe(RCOO)_2 + H_2 \uparrow \qquad (6-5-4)$$

$$FeS + 2RCOOH \longrightarrow Fe(RCOO)_2 + H_2S \uparrow \qquad (6-5-5)$$

由于$Fe(RCOO)_2$是一种油溶性腐蚀产物，能被油流带走，因此不易在金属设备表面上形成保护膜，即使H_2S与Fe反应生成的FeS保护膜，也会与环烷酸发生反应，而完全暴露出新的金属表面，使腐蚀继续进行。当酸值大于0.5mgKOH/g、温度在250~450℃时，碳钢设备就会表现出较为明显的腐蚀，且随着酸值和流速的增加而增加，在270℃环烷酸的腐蚀最严重。

环烷酸的腐蚀具有鲜明的特征，腐蚀部位有尖锐的孔洞，在高流速区有明显的流线槽。环烷酸腐蚀的主要影响因素有：

(1) 原油酸值。在一定温度条件下，酸值越高，腐蚀越严重。

(2) 温度。环烷酸的腐蚀性能与相对分子质量有关，低分子环烷酸腐蚀性最强。温度在220℃以下时，环烷酸基本不腐蚀；随着温度的升高，腐蚀性逐渐增强，到270~280℃时腐蚀性最强；温度再升高，环烷酸部分汽化但未冷凝，而液相中环烷酸浓度降低，故腐蚀性下降；到350℃左右时，环烷酸汽化速度加快，气相浓度增加，腐蚀又加剧，直至400℃左右时，原油中环烷酸已基本全部汽化，对设备的高温部位不再产生腐蚀。

某大学的实验室根据生产运行情况，在215℃、270℃、340℃、355℃和380℃下测试了温度对环烷酸腐蚀速度的影响，恒温时间为6h，实验结果见表6-5-1所示。

表6-5-1　温度对环烷酸腐蚀速度的影响

温度/℃	总酸值(TAN)		20#钢腐蚀速度/(mm/a)		Cr_9Mo腐蚀速度/(mm/a)	
	试验前	试验后	气相	液相	气相	液相
215	5.23	5.16	0.22	0.69	0.13	0.45
270	5.23	2.82	1.23	1.75	0.92	1.46
340	5.23	1.83	1.78	2.23	1.58	2.07
355	5.23	0.97	1.82	2.41	1.73	2.19
380	5.23	0.36	2.36	2.82	2.15	2.58

(3) 流速。当温度为270~280℃、350~400℃时，酸值在0.5mgKOH/g以上的原油环烷

酸腐蚀与流体的流速有关，流速愈高，则在涡流区环烷酸腐蚀愈严重。

4. 氯化物腐蚀

原油中的盐类主要由 NaCl、$MgCl_2$ 和 $CaCl_2$ 组成，蒸馏过程中，原油中的盐类受热水解，生成强腐蚀性物质 HCl，HCl 在无水存在时将挥发而不对金属发生腐蚀，但在有水存在时将对金属产生严重的均匀腐蚀、点蚀和应力腐蚀。

盐类对金属的极强腐蚀性还来自于氯离子对金属钝化膜有特别的局部破坏作用，这是因为氯离子半径小，易穿透钝化膜，或者是因为氯离子易在金属的表面吸附而妨碍了氧的吸附从而使钝化膜难以形成。这种作用在氧化性环境中是非常显著的，很多钝态金属由于氯离子而产生局部腐蚀，在与溶解氧共存时结果也相同，能使不锈钢产生点蚀、缝隙腐蚀、应力腐蚀等。

影响氯化物腐蚀的因素主要有氯化物的浓度、温度、pH 值、氧含量和合金成分等。

5. 小分子有机酸腐蚀

近几年，部分炼油厂发现在蒸馏装置相继出现小分子有机酸腐蚀问题[16~18]。原油中小分子有机酸的主要来源有如下四种[16]：一是油田酸化液。它是碳酸盐岩、砂岩油气井酸化增产的工作液；目前国内外已相继研制、开发出成熟的酸化液体系，其中有机酸/土酸酸化液体系和复合酸酸化液体系含有甲酸、乙酸等小分子有机酸。甲酸、乙酸等小分子有机羧酸具有水溶性和油溶性两种特性。二是原油预处理添加剂。油田为提高原油乳状液破乳效果，经常加入酸性物质如甲酸、乙酸或无机酸，将环烷酸盐转化为环烷酸，以提高原油脱水效果；此外，油田和炼油厂经常采用向原油注入乙酸的方法来抑制环烷酸盐的沉积，加注乙酸还可以有效脱除原油中的钙。三是原油电脱盐助剂。为提高原油电脱盐效果，电脱盐过程中适量注入酸性添加剂，一方面可以将环烷酸皂转化为环烷酸，降低原油乳状液的稳定性；另一方面，可以脱除原油中以有机盐存在的金属或胺类物质。酸性添加剂一般为无机酸（如硫酸）或有机酸（如甲酸、乙酸、草酸和柠檬酸等）。虽然上述有机酸在水中有很大的溶解度，但 M. A. Reinsel 等人研究乙酸、丙酸和丁酸在油水中的分配比例发现，有机酸在油相和水相中的分配系数 K 与 pH 值、温度和酸浓度有关，在 pH 值为 5~7 条件下，大约 85%~95% 的有机酸进入水相，这些小分子有机酸不可避免地部分残留在原油中。四是环烷酸热分解。高酸原油在蒸馏过程中，部分大分子有机酸（环烷酸）发生热分解，产生一定量的小分子有机酸，如甲酸、乙酸、丙酸和丁酸等。小分子有机酸对常减压蒸馏装置长周期运行有不利影响。一方面乙酸等小分子有机羧酸具有与环烷酸相同的羧基官能团，在高温（无水相）时表现出与环烷酸相同的化学性质，另一方面乙酸等小分子有机羧酸具有较好的水溶性，溶于水电离出 H^+，具有较强酸性，与 HCl 性质相似（酸性、腐蚀性弱于 HCl）。

6. 应力腐蚀破裂

应力腐蚀破裂是金属材料在静拉伸应力和腐蚀介质共同作用下导致破裂的现象，通常以 SCC 表示。广义的应力腐蚀破裂包括氢脆，但通常是把氢脆与应力腐蚀破裂分开来处理的。应力腐蚀破裂与氢脆的主要区别是：前者是由于定向的阳极溶解而产生的破裂（称为 APC 型 SCC），后者是由于阴极吸氢而产生的脆性破坏。因而，在应力作用下，外加电流阳极极化能加速破裂的，为应力腐蚀破裂；外加电流阴极极化能加速破裂的，称为氢脆。

金属应力腐蚀破裂需要以下要素：

（1）敏感的金属材料 应力腐蚀破裂只在对应力腐蚀敏感的合金上发生，纯金属极少产生应力腐蚀破裂。

(2) 处于拉应力的状态下　包括残余应力、组织应力、热应力、焊接应力或工作应力在内，一般认为必须是在拉应力作用下才可能引起应力腐蚀破裂。

(3) 特定的介质环境　对一定的合金来说，只在特定的介质环境中才发生应力腐蚀破裂，其中起主要作用的是阴离子、络离子。也就是说，应力腐蚀破裂发生在一定的金属/介质组合中。一般地说，当应力较低、环境腐蚀性较弱时，容易产生晶间破裂；而当应力较高、环境腐蚀性较强时，容易产生穿晶破裂。

(4) 运行时间　多数在实际使用后两三个月到一年期间发生破裂，但也有经数年时间才发生破裂的。

应力腐蚀破裂的机理依金属材料/环境组合而定，也受应力大小等因素影响，因而没有一个统一的机理可以说明各种应力腐蚀破裂情况。

7. 其他腐蚀

(1) 电偶腐蚀　异种金属相接触，又都处于同一或相连的电解质溶液中，由于不同金属之间存在实际（腐蚀）电位差而使电位较低（较负）的金属加速腐蚀者，称为电偶腐蚀。

电偶腐蚀的影响因素有三种：

① 介质的影响。在某一种介质中合金铁电偶序（腐蚀电位）是有一定的排列顺序的，当介质或介质浓度、温度、电导率等介质条件改变后，各合金铁电位值将不同，甚至各合金的电位相对顺序（电偶序）也会变动，造成极性颠倒的现象。

② 极化的影响。电偶腐蚀取决于异种金属的实际电位，而实际电位却受极化的影响。例如介质是循环水封闭体系，溶氧较少且容易耗尽的情况下，则会由于强烈的阴极极化——氧扩散控制，而不致产生严重的电偶腐蚀。

③ 面积比的影响。这是指阴、阳极面积比例对电偶腐蚀的影响。阴极面积对阳极面积的比值愈大，即大阴极、小阳极组成的电偶，则阳极腐蚀电流密度愈大，腐蚀愈严重。在腐蚀电偶的阳极区有涂层时也会出现大阴极小阳极的情况。

(2) 孔蚀　金属表面上局限在小孔或斑点这样小面积上的腐蚀，叫做孔蚀。孔蚀与缝隙腐蚀有许多共同点，甚至可以把孔蚀看作以自身的蚀孔形成缝隙的一种缝隙腐蚀。缝隙腐蚀的一些特征，如大阴极小阳极面积比、缝隙内的自催化酸化过程等，同样适用于孔蚀。

① 不锈钢孔蚀机理。不锈钢以及其他依赖钝化而耐蚀的金属，在含有特定阴离子（氯离子、溴离子、次氯酸盐离子或硫代硫酸盐离子）的溶液中，只要腐蚀电位（或阳极极化时外加的电位）超过孔蚀电位 E_b，就能产生孔蚀。孔蚀的过程包括蚀孔的形成和扩大阶段。

② 影响因素：

a. Cl^- 浓度。随溶液中 Cl^- 浓度升高，孔蚀电位下降，使孔蚀容易产生并加速。

b. 氧化性阴离子。一些氧化性阴离子具有抑制孔蚀的作用，其有效次序如下：

对于 18-8 不锈钢：$OH^- > NO_3^- > Ac^- > SO_4^{2-} > ClO_4^-$。

对于铝：$NO_3^- > CrO_4^{2-} > Ac^- >$ 苯甲酸盐 $> SO_4^{2-}$。

c. 氧化性阳离子。溶液中如存在 $FeCl_3$、$CuCl_2$ 或 $HgCl_2$ 等，由于高价阳离子还原为较低价阳离子反应的氧化还原电位较高，所以能加速孔蚀。

d. pH 值。在碱性溶液中，随 pH 值升高，由于 OH^- 的钝化能力而使 E_b 显著升高，使孔蚀不易发生。

e. 温度。溶液温度升高能严重降低孔蚀电位 E_b，使孔蚀容易发生并加速成长。

f. 溶液运动。溶液的停滞状态可使阳极区保持强酸性溶液，不易同阴极区的整体溶液混合，所以有利于孔蚀的发展；反之，溶液运动（对流）可减轻 Cl^- 和 H^+ 的局部浓缩，可抑制孔蚀发展。

③ 碳钢的孔蚀。碳钢表面上的不完整的氧化皮或暴露在表面上的硫化物夹杂，都会使碳钢在含氧的水中产生孔蚀。硫化物相对碳钢基本为阴极，孔蚀自硫化物/钢交界面处起源，向钢基一侧发展。

(3) 缝隙腐蚀　金属表面上由于存在异物或结构上的原因而形成缝隙，使缝内溶液中与腐蚀有关的物质迁移困难所引起的缝隙内金属的腐蚀，总称为缝隙腐蚀。

① 碳钢缝隙腐蚀机理。腐蚀刚开始时，碳钢整个表面都同含氧溶液接触，因此，无论是在缝内金属表面上，还是在缝外自由暴露的金属表面上，都进行着以氧化还原作为阴极反应的腐蚀过程。伴随缝隙外大面积表面上的氧还原阴极反应的顺利进行，缝隙内金属发生强烈的阳极溶解。金属溶解生成大量的金属阳离子，使溶液中正电荷过剩，吸引缝隙外溶液中的 Cl^- 借电泳作用大量迁移进缝隙内，以保持电荷平衡，这就会造成 Cl^- 在缝隙内的富集（比整体溶液中 Cl^- 含量高 3～10 倍）。缝隙内由于金属离子的浓度和 Cl^- 的富集而生成金属氯化物。随着金属氯化物的水解，产生没有保护性的 $Fe(OH)_2$ 膜及 H^+，溶液中的 pH 值下降到 3 左右，使缝隙内溶液酸化。这种酸性和高浓度 Cl^- 加速了金属的阳极溶解，反过来又造成更多的 Cl^- 电泳进来。如此循环往复，形成一个自催化过程，使缝隙腐蚀过程随时间的推移而加速进行下去。

② 不锈钢缝隙腐蚀机理：

a. 钝态的还原性破坏（活化型缝隙腐蚀）。缝隙内的不锈钢表面，为了维持其钝态溶解电流，会很快消耗缝内溶液中的溶氧，当缝隙内溶液中的溶氧量降到零时，缝隙内的不锈钢表面钝化膜就开始进行还原性溶解。这种溶解（溶解电流密度约为 $0.1\mu A/cm^2$）使腐蚀产物金属盐逐渐浓缩。浓缩的金属盐通过水解使缝隙内的溶液 pH 值急速降低。当 pH 值降低到去钝化 pH 值时，缝隙内不锈钢表面的钝化膜就发生全面的还原性破坏。

b. 钝态的氧化性破坏（孔蚀型缝隙腐蚀）另一种缝隙腐蚀是由孔蚀起源的。在这种腐蚀过程中，缝隙内溶液中金属盐的浓缩使不锈钢的孔蚀电位降低，使缝隙内金属表面钝化膜发生氧化性破坏（被击穿），产生由孔蚀起源的缝隙腐蚀，称为孔蚀型缝隙腐蚀。孔蚀型缝隙腐蚀的发生取决于缝隙内溶液的临界 Cl^- 浓度。

③ 影响因素：

a. Cl^- 浓度。一般是 Cl^- 浓度愈高，发生缝隙腐蚀的可能性愈大；

b. 其他卤素离子。Br^- 也能引起缝隙腐蚀，但其作用小于 Cl^-，I^- 又次之；

c. 溶解氧。溶氧量小于 $0.5\mu g/g$ 才不引起缝隙腐蚀；

d. 温度。一般是温度愈高，缝隙腐蚀发生可能性和腐蚀速率愈高。

(4) 晶间腐蚀　沿着合金的晶界区发展的腐蚀，叫做晶间腐蚀。晶间腐蚀可使金属材料在其表面几乎看不出任何变化的情况下失去强度，造成结构或设备的严重破坏。

① 晶间腐蚀机理。就晶间腐蚀的电化学本质而言，可以认为是在腐蚀电位下合金晶界区与晶粒本体之间存在不等速溶解所致。只要在一定腐蚀介质中合金晶界区物质的溶解速率远大于晶粒本体的溶解速率，就会形成晶间腐蚀。

晶间腐蚀理论有贫化理论和第二相选择溶解理论两种。

a. 贫化理论。是一个总称，对于不锈钢来说，是贫铬理论；对于镍铬钼合金，是贫钼理论；对于铝铜合金，是贫铜理论。

b. 晶界区杂质或第二相选择溶解理论。指不锈钢在强氧化性介质中也能产生晶间腐蚀，此时钢的腐蚀电位处于钝化－过钝化过渡电位区。这种情况下，晶间腐蚀是在固溶状态的奥氏体不锈钢上发生。对于这种类型的晶间腐蚀，一些学者认为是晶界上偏析的杂质（例如磷在 $100\mu g/g$ 以上，硅在 $1000\sim2000\mu g/g$ 之间）发生选择性溶解造成的。

上述两种晶间腐蚀机理各自适用于一定的合金组织状态，特别是一定的介质条件，不是相互排拆，而是相辅相成的。但应指出：最常见的晶间腐蚀是在弱氧化性（或氧化性）介质中发生的，因而绝大多数的晶间腐蚀现象都可用贫化理论来说明。

② 奥氏体不锈钢的晶间腐蚀。从原理上说，普通奥氏体不锈钢只要具备产生晶间腐蚀的内在条件（例如钢中已产生晶界贫铬区或 σ 相等晶界析出物），腐蚀电位处在相当于恒电位极化曲线上各有关电位区段，都有可能引起晶间腐蚀。

奥氏体不锈钢的晶间腐蚀倾向多数是由于析出碳化铬引起晶界区贫铬所致，碳化铬的析出以及晶间腐蚀倾向的出现都和加热温度和时间有关。能产生晶间腐蚀倾向的温度叫做敏化温度，奥氏体不锈钢的敏化温度范围在 $500\sim850℃$ 之间，一般以 $650\sim700℃$ 为最敏感，即在此温度下产生晶间腐蚀倾向所需时间最短。

钢的化学成分对晶间腐蚀的影响如下：

a. 碳。含碳量愈高，晶间腐蚀倾向愈大；

b. 氮。含碳极低的奥氏体不锈钢在低氮量范围内，随氮量升高，钢的晶间腐蚀倾向增大；而在高氮量范围内，氮则无害；

c. 镍和铬。不锈钢中铬量增高，有利于减弱晶间腐蚀倾向；含镍量增高，则增大晶间腐蚀倾向；

d. 钛和铌。不锈钢中加入钛和铌，能缩小产生晶间腐蚀倾向的加热温度、时间范围，甚至可以消除晶间腐蚀倾向。

③ 铁素体不锈钢的晶间腐蚀。不含钛、铌等稳定化合金元素的铁素体不锈钢焊接后有晶间腐蚀倾向，晶间腐蚀的部位常在焊缝金属本身和熔合线处，即焊接过程中的高温受热区域。

铁素体不锈钢的晶间腐蚀本质，与奥氏体不锈钢一样，都是因析出铬的碳化物、氮化物造成的，绝大多数情况都可以用贫铬理论来解释；而在强氧化性介质中的晶间腐蚀也可用晶界处 σ 相或碳化物的选择溶解来说明。晶间腐蚀表象规律之所以同奥氏体不锈钢相反，是由铁素体基体组织的特点决定的。

④ 奥氏体－铁素体不锈钢的耐晶间腐蚀性能。奥氏体－铁素体不锈钢，通常叫做双相不锈钢，具有优良的耐晶间腐蚀性能。双相不锈钢的晶间腐蚀性能与两相含量比及第二相的形状与分布有关。以奥氏体基的 1Cr20Mn13NB 双相不锈钢为例，随钢中铁素体含量增加，晶间腐蚀倾向减弱；当铁素体实际含量达到 8% 时，不产生晶间腐蚀。

⑤ 镍基合金的晶间腐蚀。碳在镍基奥氏体中的溶解度比在铁基奥氏体中为小，Cr15Ni75Fe 合金在 $600\sim1100℃$ 温度范围加热时，依合金含碳量不同，会不同程度地在晶界析出铬的碳化物，产生晶间腐蚀倾向。当敏化加热时间短时，以 $927\sim982℃$ 敏化加热所造

成的晶间腐蚀倾向为最大;当敏化加热时间长时,以593~704℃敏化加热所造成的晶间腐蚀倾向为最大。

Ni-Cr-Fe合金(包括Inconel 600)的晶间腐蚀倾向,如同不锈钢一样,是先由贫铬区腐蚀造成的。Inconel 600合金在产生晶间腐蚀的介质中,在应力作用下,很容易由晶间腐蚀诱发晶间应力腐蚀破裂(例如在高温高压水、连多硫酸及热浓碱液中)。

(5) 冲刷腐蚀 冲刷腐蚀是指溶液与材料以较高速度作相对运动时,冲刷和腐蚀共同引起的材料表面损伤现象。广义的冲刷腐蚀包括湍流、空蚀、摩振腐蚀等。

冲刷腐蚀主要是由较高的流速引起的,而当溶液中含有研磨作用的固体颗粒(如不溶性盐类、沙粒和泥浆)时就更容易产生这种破坏。高速流动的物料不断从金属表面除去保护膜(包括厚的、可见的腐蚀产物膜和薄的、不可见的钝化膜),并产生局部腐蚀。不仅如此,高流速也能快速地运来阴极反应物(例如溶氧),从而减小阴极极化,加速腐蚀。冲刷腐蚀的特征是形成光滑的、没有腐蚀产物的槽沟或回流凹陷。

金属重新生长成保护膜的能力大小对于决定材料抵抗冲刷破坏的能力是很重要的。例如钛、钽这些能够迅速钝化的金属就比铜、黄铜、铅和某些不锈钢更耐冲刷腐蚀。

冲刷腐蚀的一种表现是湍流腐蚀。由于金属几何形状突然变化而使较高流速流体冲击金属表面产生湍流,这样造成的金属破坏叫做湍流腐蚀,又叫做冲击腐蚀。

防止冲刷腐蚀的措施有三点:

① 使用适当的金属材料是防止冲刷腐蚀的重要手段,例如加有铁的铝黄铜耐湍流腐蚀较好;

② 减小溶液的流速并从管系几何学方面保证流动是层状的,不产生湍流,可以减轻冲刷腐蚀。例如,管子的直径应尽可能地大,并与前后的截面尺寸尽可能一致,弯头的曲率半径要大些,入口和出口应是光流线型的;

③ 采用过滤和沉淀的方法除去介质溶液中的固体颗粒。

(三) 腐蚀机理

1. 低温湿 H_2S 腐蚀

低温湿 H_2S 腐蚀是指介质中含 H_2S 和水分,并处于露点温度以下时的腐蚀环境。美国腐蚀工程师协会(NACE)对湿 H_2S 腐蚀环境的规定如下[19]:游离水中溶解的 H_2S 浓度大于 $50\mu g/g$;游离水的pH值小于4.0,并溶有 H_2S;游离水的pH值大于7.6,且氢氰酸(HCN)含量大于 $20\mu g/g$,并溶有 H_2S;气相中的 H_2S 分压大于0.0003MPa(绝)。

(1) 腐蚀原因分析 低温湿 H_2S 腐蚀的腐蚀形态为氢鼓泡(HB)、硫化物应力腐蚀开裂(SSCC)、氢致开裂(HIC)及应力导向氢致开裂(SOHIC),同时还伴随有均匀腐蚀。HB是由于腐蚀过程中析出的氢原子向钢中渗透,在钢中的裂纹、夹杂、气孔等缺陷处聚集并结合成氢分子,随着氢分子数量不断增加,体积不断膨胀,产生很高的内部氢压,导致微观缺陷的扩展,在钢材表面处就产生氢鼓泡。SSCC是在拉应力和 H_2S 腐蚀共同作用下导致的钢材开裂,即硫化物在钢材表面的腐蚀促进了原子氢向钢中渗透,其本质上就是氢脆,然后在应力作用下使钢材开裂。HIC是在钢材的表面或钢材内部不同的层面上,邻近的氢鼓泡连接贯通起来导致的钢材开裂。SOHIC是在高局部拉应力的作用下,鼓泡沿着钢材壁厚的方向排列起来,它是HIC的一种特殊形式,常发生在邻近焊缝热影响区处的母材中。

SSCC的敏感性与渗入钢材的氢通量有关,而氢通量主要与两个环境因素相关——pH值

及水中的 H_2S 含量。钢中的氢通量在中性溶液下是最低的,随着 pH 值的下降或升高而增加,低 pH 值下的腐蚀主要是 H_2S 引起的,而高 pH 值下的腐蚀主要是 HS^- 引起的。SSCC 的敏感性随着 H_2S 含量的增加而增加。对钢材本身来说,SSCC 的敏感性与钢的硬度和应力水平有关。钢的高硬度和高应力水平增加 SSCC 的敏感性,故 SSCC 常发生在高强钢或低强钢的焊缝及热影响区。焊后热处理(PWHT)能大大降低残余应力,软化焊缝和热影响区,从而降低 SSCC 的敏感性。PWHT 对 SSCC 的敏感性影响如表 6-5-2 所示。

表 6-5-2 发生 SSCC 的敏感性对比

环境苛刻度	焊接态的最大布氏硬度			PWHT 后的最大布氏硬度		
	<200	200~237	>237	<200	200~237	>237
强	低	中	高	无	低	中
中	低	中	高	无	无	低
弱	低	低	中	无	无	无

HIC 的动力来自于氢压的积聚,钢中的氢来自于湿 H_2S 的腐蚀反应,HIC 的敏感性与氢通量有关,同样氢通量主要与 pH 值及水中的 H_2S 含量相关。HIC 的敏感性同样也随着 H_2S 含量的增加而增加。

降低硫含量能大大降低对 HB 和 HIC 的敏感性,或者通过往钢中加钙来控制硫化物夹杂的形状也是很有效的。SOHIC 的情况同样如此,所不同的是存在局部应力的导向作用。钢中硫含量对 HIC/SOHIC 敏感性的影响如表 6-5-3 所示。

表 6-5-3 发生 HIC/SOHIC 的敏感性对比[10]

环境苛刻度	S<0.002%		S=0.002%~0.01%		S>0.01%	
	焊接态	PWHT	焊接态	PWHT	焊接态	PWHT
强	中	低	高	中	高	高
中	低	低	中	低	高	中
弱	无	无	低	低	中	低

总的来说,影响湿 H_2S 腐蚀的主要因素有以下几方面:

① H_2S。浓度指气相中 H_2S 分压和液相中的 H_2S 含量。水中很少的 H_2S 含量就可以引发 SSCC 和 HIC,而较高的 H_2S 浓度会产生较大的均匀腐蚀速率。H_2S 浓度越高,氢通量就越大,从而增加 HB、SSCC、HIC 和 SOHIC 的敏感性。

② 介质的温度。温度升高,均匀腐蚀速率增大,但对 SSCC 来说,常温时敏感性最高,升高或降低温度均会降低其敏感性。

③ pH 值。对 H_2S 腐蚀来说,中性环境下钢中氢通量最低,pH 值无论升高或降低,都会增加钢中的氢通量,氢通量越大,SSCC 和 HIC 的敏感性越高。当环境为强酸性时,HB、SSCC、HIC 和 SOHIC 的敏感性最高。

④ 其他腐蚀性介质的影响。氯离子能促进 H_2S 的腐蚀,从而使腐蚀大大加剧。而氢氰根离子能加剧氢向钢材中的渗透,从而大大提高 HB、SSCC、HIC 和 SOHIC 的敏感性,这些离子即使只有很少量存在,也会产生较大的影响。

⑤ 材料的硬度。硬度越高,SSCC 和 HIC/SOHIC 的敏感性越高,PWHT 能降低其敏

感性。

⑥ 钢中杂质元素的影响。含硫量越高，HB、HIC 和 SOHIC 的敏感性越高。另外，磷对耐低温湿 H_2S 腐蚀是有害的，磷是吸氢促进剂，能增加渗氢程度，从而提高了 HB、SSCC、HIC 和 SOHIC 的敏感性。Ni 对碳钢和低合金钢耐低温湿 H_2S 腐蚀也是不利的，Ni 能提高 SSCC 的敏感性，且含 Ni 钢的析氢过电位低，氢离子易于放电，因而强化了吸氢过程，所以一般要求碳钢和低合金钢中的 Ni 含量不超过 1%。

(2) 低温湿 H_2S 腐蚀工况的分类　美国石油协会 (API) 给出了发生 SSCC 和 HIC 的环境苛刻程度的定性判定，如表 6-5-4 所示[20]。

表 6-5-4　发生 SSCC 和 HIC 的环境苛刻程度

pH 值	溶液中的 H_2S 含量/(μg/g)			
	<50	50~1000	1000~10000	>10000
<5.5	轻度	中度	重度	重度
5.5~7.5	轻度	轻度	轻度	中度
7.6~8.3	轻度	中度	中度	中度
8.4~8.9	轻度	中度	中度	重度
>9.0	轻度	中度	重度	重度

注：若有氰化物存在，pH>8.3 且 H_2S 含量 1000μg/g 以上的环境苛刻程度应提高一个等级。

炼油厂的湿 H_2S 腐蚀工况通常可分为三类（这个分类是根据以往的实践和经验，通过总结腐蚀工况对开裂机制的影响得来的），关于湿 H_2S 三类腐蚀工况的破坏性，第一类工况是低度，第二类工况是中度，第三类工况是重度。

① 第一类工况。第一类工况具备下列条件：

a. 介质温度在 150℃ 以下；

b. 液态相中 H_2S 含量 <50μg/g 和 pH 值接近中性；

c. 不存在已知或者可测量到的氢氰酸 (HCN) 或其他氰化物（通常在液相中 <20μg/g）；

d. 或者是表 6-5-4 中定义的轻度。

② 第二类工况。第二类工况具备下列条件：

a. 介质温度在 150℃ 以下；

b. 气相中 H_2S 局部压力大于 0.00035MPa，且液相中 H_2S 含量 <2000μg/g，pH<4；

c. 液态相中 H_2S 含量为 <2000μg/g，且 pH>7.6，并含有 HCN；

d. 或者是表 6-5-4 中定义的中度。

③ 第三类工况。第三类工况具备下列条件：

a. 介质温度在 150℃ 以下；

b. 气相中 H_2S 局部压力大于 0.00035MPa，且液态相中 H_2S 含量 >2000μg/g，pH<4；

c. 液态相中 H_2S 含量 >2000μg/g，且 pH>7.6，HCN>20μg/g；

d. 表 6-5-4 中定义的重度。

(3) 装置中主要发生腐蚀的部位　原油蒸馏装置中，低温湿 H_2S 腐蚀主要发生在初馏塔、常压塔和减压塔的塔顶管道及其后冷系统的管道，塔顶分液罐的罐顶和罐底管道。通常这类低温湿 H_2S 腐蚀环境的介质有酸性水、酸性气、富胺液和贫胺液等。

2. 高温硫化物腐蚀

高温硫化物腐蚀,是指在 240℃ 以上,氢分压小于 0.345MPa 环境下活性硫化物(硫化氢、单质硫、硫醇)与钢中的铁发生反应生成 FeS 的腐蚀。这种腐蚀属于化学腐蚀,腐蚀形式是均匀腐蚀。氢分压大于 0.345MPa 的环境属于高温氢 + 硫化氢腐蚀,腐蚀机制与单独的硫化物腐蚀又有所不同。以下介绍高温硫化物腐蚀。

(1) 腐蚀原因分析　当介质温度大于 240℃ 时,原油中的硫化物开始分解生成硫化氢,腐蚀开始发生,并随着温度升高而加剧,到 380℃ 左右达到最大值,这是由于硫化氢分解出活性最强的单质硫的缘故。到 480℃ 时能够分解的硫化物几乎分解完毕,其腐蚀速率也不再受温度的影响。所以高温硫化物腐蚀属于化学腐蚀,腐蚀形式为均匀腐蚀,当流速较高时表现为冲蚀。高温硫化物腐蚀在初始阶段一般腐蚀速率较快,随着时间的推移,腐蚀速率降低并稳定下来,这是因为生成的硫化铁腐蚀产物对金属表面具有一定的保护作用。

影响高温硫化物腐蚀速率的因素主要有温度、硫化物浓度、介质流速和流态、特殊工况以及合金成分等。

① 介质的温度。温度对原油中硫化物腐蚀的影响主要有两点,一是随着温度的上升,加快活性硫化物与金属的腐蚀作用,提高腐蚀速率;二是温度的上升可促使非活性硫化物分解出更多的活性硫化物,从而加剧钢材的腐蚀。

② 硫化物的种类和浓度。硫化物的腐蚀速率与介质中活性硫化物的浓度成正比,即活性硫化物的浓度越大,腐蚀速率也就越大。由于不同原油中活性硫化物在总硫中所占的比例不相同,而非活性硫化物在一定条件下也能分解出活性硫化物,所以硫化物腐蚀与硫化物的种类、浓度和稳定性相关。由于活性硫化物的含量及非活性硫化物的稳定性很难定量,所以工程设计中通常以介质中的总硫含量为依据来估算腐蚀速率。

③ 介质流速和流态。介质的流速越高,腐蚀速率就越大,这是因为较大的流速在冲刷时易使不太牢固的硫化亚铁保护膜脱落,从而失去其对钢材表面的保护作用。同理,在一些涡流或湍流区腐蚀也会大大加剧。但流速和流态对高温硫化物腐蚀的影响不如对环烷酸腐蚀的影响显著,因为环烷酸同时还对硫化亚铁有一定的溶解作用。

④ 特殊工况。一些工艺介质的特性也会对腐蚀产生较大的影响,比如:常减压蒸馏装置中,当原油里含有较高酸值的环烷酸时,它能与腐蚀反应产生的硫化亚铁保护膜发生化学反应而破坏保护膜,从而大大增加腐蚀速率。

⑤ 合金成分的影响。Cr 能有效地提高钢材耐高温硫化物腐蚀的性能,这是因为含 Cr 钢在表面能生成双层垢,外层为多孔的 FeS,内层为致密的 Cr_2O_3,当 Cr 含量达到 5% 以上时,垢层为尖晶石型化合物。此外,Cr 还能抑制硫化物的热分解。Al 抗高温硫化物腐蚀的作用比 Cr 更有效,但增加 Al 的加入量会增加钢的脆性,所以一般控制在 0.3%~0.7% 范围内。

(2) 发生腐蚀的主要部位　原油蒸馏装置中,高温硫化物腐蚀主要发生在常压炉进出口管道、减压炉的进出口管道和常压塔、减压塔的塔底管道,以及一些高温含硫油品、油气管道等。

3. 环烷酸腐蚀

(1) 腐蚀原因分析　石油中的石油酸包括环烷酸、芳香酸、脂肪酸和酚类等,环烷酸是石油酸中的主要组成部分。在一定的温度条件下,环烷酸能与金属发生反应而使其发生腐蚀,其腐蚀产物能溶于油品中。因此金属的腐蚀界面上不易形成保护膜,并呈光亮的沟槽或流线状槽纹。环烷酸也能与硫化亚铁发生化学反应，使硫化物腐蚀生成的硫化亚铁保护膜遭到破坏从而失去保护作用。

环烷酸的腐蚀形态通常是：酸性较低的多产生点蚀坑蚀，而酸性较高的多产生冲刷腐蚀，腐蚀形貌为槽状或沟状。影响环烷酸腐蚀速率的因素主要有环烷酸含量、环烷酸类型、介质温度、介质流速和流态以及合金成分等。

① 环烷酸含量。环烷酸含量越高，腐蚀性越强。工程设计中，通常以原油的酸值来表示环烷酸的腐蚀性，当原油的酸值大于等于 0.5mgKOH/g 时，环烷酸的腐蚀将明显加剧并成为主要腐蚀介质。

② 环烷酸结构。即使环烷酸的含量完全相同，由于其轻重组分的比例不同，表现出来的腐蚀性也不同。研究表明，环烷酸一般是一元羧酸，其环烷环数从一个至五个，且多为稠合环系。碳数为 $C_6 \sim C_{10}$ 的低分子环烷酸主要是环戊烷的衍生物；碳数为 C_{12} 以上的高分子环烷酸既有五元环又有六元环，但以六元环为主，其羧基有的直接与环烷环相连，也有的与环烷环之间以若干个亚甲基相连，在高分子环烷酸中甚至还存在环烷－芳香混合环的环烷酸。一些文献指出，以五环、六环为主的低分子环烷酸腐蚀性最强。

③ 介质的温度。对同一含量、同一相对分子质量的环烷酸来说，随着温度的升高，环烷酸对钢材的腐蚀性显著增强。175℃下环烷酸就开始对钢材产生腐蚀，但此时腐蚀较轻微，不会产生沟槽状或流线状；当介质温度大于 220℃ 时，环烷酸的腐蚀开始明显加剧，在 350℃ 时腐蚀最大，当温度达到 400℃ 时，环烷酸对金属产生的腐蚀减弱，这是因为环烷酸发生汽化或分解，而环烷酸在气相油品中对金属不产生腐蚀，只有在液相中时才对金属产生腐蚀，此时环烷酸腐蚀减弱。

④ 介质的流速和流态。由于环烷酸的腐蚀产物是油溶性的，金属表面不易形成保护膜，而流动的介质会不断形成新的腐蚀界面，使腐蚀加剧。因此，在流速较大的部位或涡流区湍流区，其腐蚀速率明显增加。一些资料表明，当介质流速达到 30m/s 时，腐蚀速率将增加 5 倍。

⑤ 合金成分的影响。钼能提高钢抗环烷酸腐蚀的能力，含钼的奥氏体不锈钢（如 316/316L/317/317L）是抗高温环烷酸腐蚀较为有效的不锈钢材料，特别是钼含量大于 2.5% 时，抗环烷酸腐蚀的能力更强，因此在高温环烷酸强腐蚀环境下，一般推荐用含钼的奥氏体不锈钢。

(2) 腐蚀常发生的部位　环烷酸腐蚀环境通常发生在原油蒸馏装置以及一些二次加工装置的进料系统。在原油蒸馏装置中主要发生在加热炉进出口管道系统、常压塔、减压塔、塔底及部分侧线等部位。

4. 氯离子腐蚀

氯化物腐蚀是指含有氯离子和水分的腐蚀环境。对奥氏体不锈钢来说，氯化物应力腐蚀开裂（ClSCC）是常遇到的一种应力腐蚀环境，亦称氯脆。

(1) 腐蚀原因分析　氯化物腐蚀主要是因为原油中的盐类水解生成 HCl 而造成的，其反应过程如下：

$$NaCl + H_2O \longrightarrow NaOH + HCl \qquad (6-5-6)$$

$$MgCl_2 + 2H_2O \longrightarrow Mg(OH)_2 + 2HCl \qquad (6-5-7)$$

$$CaCl_2 + 2H_2O \longrightarrow Ca(OH)_2 + 2HCl \qquad (6-5-8)$$

$$2HCl + Fe \longrightarrow FeCl_2 + H_2 \uparrow \quad (6-5-9)$$

影响氯化物腐蚀的因素主要有氯化物的浓度、温度、pH 值、氧含量和合金成分等。

奥氏体不锈钢对氯化物应力腐蚀开裂（ClSCC）非常敏感，API[20]给出了氯离子应力腐蚀的敏感性，见表 6-5-5 和表 6-5-6。在工程应用中，应考虑氯离子的浓缩作用，如：蒸发能使氯离子从低浓度浓缩到危险水平。正是由于这个原因，工程中应尽量避免一些缝隙或死角的存在。焊接或冷加工会产生较大的残余应力，有时也要考虑通过热处理来降低奥氏体不锈钢焊接或冷成形产生的残余应力。Mo 含量的增加能增强奥氏体不锈钢抵抗氯化物应力腐蚀的能力，所以奥氏体不锈钢抗氯化物应力腐蚀的能力由高到低的顺序是：317L > 316L > 304L、321L。超级奥氏体不锈钢（904L）和双相钢 2205、2507 都比奥氏体不锈钢有着更强的抗氯化物应力腐蚀能力。Ni 含量的增加，抗氯化物应力腐蚀能力会大大增加，当 Ni ≥ 45% 时，几乎对应力腐蚀开裂是免疫的，因此 Ni 含量很高的镍基合金如 Incoloy825、Incone1625 都有着更强的抗氯化物应力腐蚀能力。

表 6-5-5 ClSCC 的敏感性（pH ≤ 10）[1]

温度/℃	氯离子浓度/(μg/g)			
	1~10	11~100	101~1000	>1000
38~65	低	中	中	高
66~93	中	中	高	高
94~149	中	高	高	高

表 6-5-6 ClSCC 的敏感性（pH > 10）[1]

温度/℃	氯离子浓度/(μg/g)			
	1~10	11~100	101~1000	>1000
<93	低	低	低	低
94~149	低	低	低	中

（2）发生腐蚀的主要部位　原油蒸馏装置中，氯化物腐蚀主要发生在电脱盐部分的含盐污水管道、常压塔的塔顶管道等。但装置中的氯化物含量常常是不确定的，因此对氯化物腐蚀要特别关注。

5. 小分子有机酸腐蚀[16]

（1）腐蚀原因分析：

① 高温化学腐蚀。高温化学腐蚀是指在没有水相存在时乙酸对金属设备发生的腐蚀。乙酸与环烷酸具有相同的羧酸基团，其高温腐蚀机理也相同。

$$2CH_3COOH + Fe \longrightarrow Fe(CH_3COO)_2 + H_2 \quad (6-5-10)$$

腐蚀产物乙酸亚铁虽然不溶于油，但也不会像 FeS 一样覆盖在金属表面，它很容易被油从金属表面冲刷下来，因此其对金属具有很强的腐蚀性。另外，环烷酸腐蚀一般发生在温度大于 220℃ 以上部位，但乙酸等有机羧酸不仅在 220℃ 以上具有腐蚀性，而且在温度低于 220℃ 以下的部位也具有较强的腐蚀性。AlecGroysman 等人研究一些小分子有机羧酸在 100~200℃ 范围对碳钢的腐蚀性，腐蚀试验数据见表 6-5-7。试验结果表明，乙酸等小分子有机酸在高温条件下的腐蚀规律与环烷酸相同，其腐蚀性随温度的升高、浓度的升高、流速升高而增加,并且乙酸等小分子有机酸在低温段(<220℃)也具有较强的腐蚀性,因而增加了蒸馏装置对高温腐蚀防护的难度。目前针对高酸原油高温环烷酸腐蚀选材是在220℃以上,如果原油中含有大量的乙酸等小分子有机酸,在220℃以下设备和管线就存在较大的腐蚀隐患。

表6-5-7 不同有机酸(纯酸)对碳钢的腐蚀性

有机酸	沸点/℃	TAN/(mgKOH/g)	腐蚀速率/(mm/a)	
			100℃	沸点温度
甲酸	102	599	11	12
乙酸	114	634	20	21
丙酸	141	788	18	23
丁酸	164	629	27	46

② 低温电化学腐蚀。乙酸等小分子有机酸溶于水,在水中发生电离 H^+ ,其腐蚀机理与 HCl 机理相似,其机理如下:

$$HAc(气相) \longrightarrow HAc(水相) \quad (6-5-11)$$

$$HAc \longrightarrow H^+ + Ac^- \quad (6-5-12)$$

$$H^+ + e \longrightarrow H \quad (6-5-13)$$

$$Fe \longrightarrow Fe^{2+} + 2e \quad (6-5-14)$$

Michael W. Joosten 等人研究了在不同温度下水溶液中乙酸含量对 X-65 钢的腐蚀影响,发现乙酸的腐蚀性能与温度和浓度密切相关,乙酸的腐蚀规律如图 6-5-1 所示。

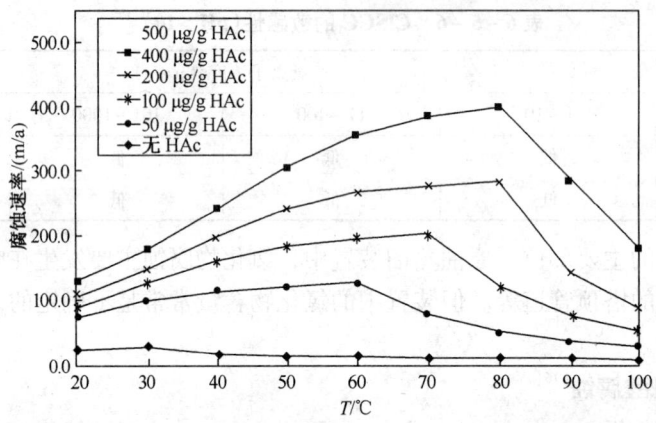

图 6-5-1 不同温度下水溶液中乙酸含量对 X-65 钢腐蚀的影响

乙酸等小分子有机酸的羧酸铁盐具有水溶性,另外当塔顶硫化氢与金属设备反应生成 FeS 具有保护性腐蚀产物时,乙酸和 HCl 都可以与 FeS 生成相应水溶性盐,因此导致设备和管线的腐蚀加剧。

$$2HAc + FeS \longrightarrow Fe(Ac)_2 + H_2S \quad (6-5-15)$$

(2) 常压塔顶腐蚀 在常压蒸馏装置塔顶系统有乙酸等小分子有机酸存在时,使塔顶冷凝水的酸性升高,pH 值降低,使炼油厂增大中和剂的注入量,以保持或控制冷凝水的 pH 值。一方面,中和剂注入量的增加,增加炼油厂的生产成本,并且铵盐或有机铵盐酸盐的结晶温度越高,积盐结垢倾向增加;另一方面,小分子有机酸的含量难以控制,导致冷凝水

pH 值的波动加大，塔顶系统的腐蚀加剧。

目前，针对小分子有机酸对原油蒸馏装置的影响问题，所采用的对策主要在以下几个方面：①通过分析确定原油中小分子有机酸的种类和来源，采取相应的措施从源头上控制；②塔顶系统常用的有机铵类缓蚀剂对小分子有机酸的腐蚀控制效果不理想，通过评价筛选性能优良的缓蚀剂；③根据情况升级材质等级，如选用双相不锈钢提高防腐能力。

小分子有机酸对原油蒸馏装置的影响问题已成为一项挑战性课题，关于原油中小分子有机酸的种类、来源以及对原油蒸馏装置的影响等问题的研究涉及较少，因此需要展开小分子有机酸对原油蒸馏装置的影响，以及小分子有机酸与 HCl、H_2S 造成的协同腐蚀深入的基础研究。只有在理论研究的基础上，才能开发更有效、更经济的工艺防腐措施。

二、"一脱三注"

"一脱三注"即原油电脱盐，以及蒸馏塔顶的注氨、注水和注缓蚀剂，属于蒸馏装置防腐的重要手段。

1. 含硫与含酸原油电脱盐特点

原油是由不同的烃类化合物组成的混合物，其中含有少量其他物质，主要是少量金属（如钠、镁、钙等）盐类、微量重金属（如镍、钒、铜、铁及砷等）、固体杂质（如泥沙、铁锈等）及一定量的水。这些杂质的存在对原油加工带来不利的影响，如增加原油储存和运输负荷、影响原油蒸馏的平稳操作、增加原油蒸馏过程的平衡操作、增加原油蒸馏过程中的能量消耗、造成设备和管道的结垢或堵塞、造成设备和管道腐蚀、造成二次加工过程催化剂的中毒及影响产品质量等。鉴于此，在原油进入常减压蒸馏装置前，先要把这些原油中的盐类杂质脱除。目前，一般采用电脱盐的方法来脱除原油的盐。电脱盐是原油在破乳剂和高压电场的作用下，使小水滴聚结为大水滴，然后依靠油水密度差将水分离出来。电脱盐过程能够脱除的是水溶性的碱金属和碱土金属类，对于油溶性的有机盐类，则需采用原油脱金属技术。

从 20 世纪 90 年代开始，随着重油催化裂化技术的发展，为防止催化剂中毒，要求原油脱后含盐量达到小于 3mg/L 深度脱盐的目的。原中国石化总公司组织有关单位组成攻关小组，在国产化交流电脱盐开发成功的基础上开发了高效、低耗的交直流电脱盐工艺与成套设备，并基本解决了以鲁宁管输为代表的含硫、较重原油的脱盐问题；20 世纪末 21 世纪初，为适应我国炼油厂扩能改造和大型化炼油厂建设，引进了美国 Petreco 公司的高速电脱盐技术。其后，在消化、吸收、引进技术的基础上共同成功研制开发了国产化高速电脱盐成套技术，达到国际先进技术水平。

对中东含硫原油，目前电脱盐基本能够满足炼油厂对脱盐的要求。但是，近几年来，高酸原油加工的电脱盐问题日益突出，甚至出现个别炼油厂加工原油品种由此被迫改变的现象。

一般含酸/高酸原油的密度、黏度大，胶质、沥青质含量高，很容易发生乳化，生成顽固乳化液，将直接导致原油脱盐脱水困难。同时，脱盐效果还与原油的固含量、导电率和表面活性物含量等有关，而且环烷酸盐本身是较强的表面活性剂，脱盐过程中极易产生乳化现象，油水较难分层，脱后原油水含量和排水油含量很难达到规定的指标。高酸原油通常含钙、铁离子较高，因此，电脱盐设备排出水中的钙、铁离子浓度和 COD 均较高，为一般原油的 50~100 倍。其中，钙、铁离子来源于高酸值原油，而 COD 来源于加入的水溶性有机脱钙剂。这种高浓度废水不能直接排入污水处理系统，需单独采取特殊措施进行处理。中国海油惠州炼油分公司加工高酸原油取得成功，为加工高酸原油电脱盐提供了有益经验。

2. 电脱盐的主要技术效果

中国海油惠州炼油分公司原油加工能力 1200Mt/a，设计加工原油酸值高达 3.57mgKOH/g，20℃时密度 0.9190g/cm³，含盐量也高达 228mgNaCl/L。采用了第一级高速电脱盐、第二级和第三级高效交直流电脱盐的三级电脱盐工艺流程，综合了高速电脱盐和高效交直流电脱盐两种电脱盐技术，充分发挥两种电脱盐技术中高压电场对原油乳化液破乳的各自的优势和特点。高速电脱盐和交直流电脱盐三级组合电脱盐工艺流程示意图如图 6-5-2 所示。

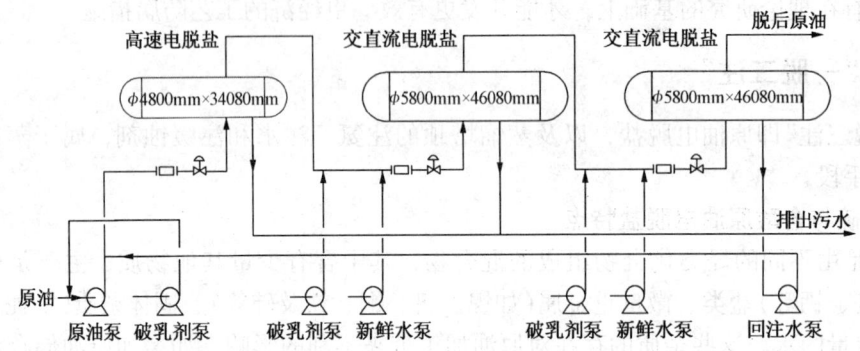

图 6-5-2 高速电脱盐和交直流电脱盐三级组合电脱盐工艺流程示意图

采用两种不同高压电场对水滴的聚集沉降作用。高速电脱盐技术采用含有一定水量的乳化液直接进入高压电场的进油方式，高含水的乳化液直接在高压电场中进行破乳分离；而交直流电脱盐采用了原油乳化液从电脱盐罐体底部水层进入电脱盐罐的进油方式，原油经过水层冲洗，然后经过交流弱电场、直流中电场和直流高强电场。原油乳化液进入电场的方式不同，高压电场破乳的效果也不一样，采用两种不同的电脱盐技术，充分利用不同的高压电场对含水原油乳化液的破乳效果。

高速电脱盐技术和交直流电脱盐技术高压电场结构及进油方式示意如图 6-5-3 所示。

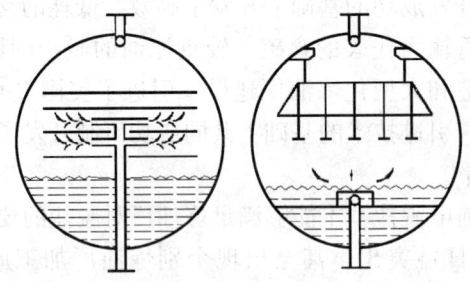

图 6-5-3 高速电脱盐技术与交直流电脱盐技术高压电场结构与进油方式示意图

研制、采用了新型波纹高压电极板结构形式、大功率电脱盐高压电源设备、较低混合强度的高效混合器、大型高效混合阀和大型电脱盐罐水冲洗装置等。该装置自 2009 年 5 月一次性开车成功，在两年多的使用过程中，设备运行稳定，在加工原油种类繁多、原油酸值在 1.0~5.0mgKOH/g 之间的情况下，脱后原油含盐量不大于 3mg/L，脱后原油含水在 0.2% 以下，脱盐排水中含油量低于 150μg/g，脱盐、脱水达到了设计指标，为中国海油惠州炼油分公司加工高酸原油,确保装置的长周期平稳运行提供了技术保障。

3. 塔顶"三注"的主要技术效果

(1) 注水　注水的作用是溶解塔顶管道中生成的氯化铵,以防止其沉积在管道和冷凝器管壁上,从而导致垢下腐蚀、阻力增加和传热速率下降。与此同时,注入适量水后,将介质冷凝点移至冷凝器之前,并稀释最初冷凝下来的腐蚀性较强的冷凝液,可减少设备的腐蚀。

水的注入点应设在塔顶冷凝器或换热器入口靠近塔的管道上。以前采用初馏塔顶和常压塔顶的冷凝水回注(不采用减压塔顶的冷凝水,因为减压塔顶水可能含有少量柴油组分,影响初常顶产品的干点)。由于环保要求日益提高,以及近年来原油蒸馏装置大多加工含硫原油,故现在所注的水都是污水汽提后的净化水或工业用新鲜水(生产给水),其主要水质指标如下:

① 对污水汽提后的净化水,要求其中 NH_4 小于 50mg/L, H_2S 小于 20mg/L。

② 生产给水的主要水质指标宜符合下列要求:

pH 值	6.5~8.5
浊度	小于 3mg/L(有低硅水要求时,宜不大于 2mg/L)
Ca^{2+}	小于 175mg/L
Fe^{2+}	小于 0.3mg/L

(2) 注氨或注中和剂　注氨或注中和剂的作用是中和塔顶系统的酸性物质,如氯化氢等。

① 注氨。注氨可采取以下两种方式:

a. 直接注氨。这种方式流程简单,但需要经常置换气瓶;

b. 注氨水。氨水浓度 5%~10%,需设置一套氨水系统,调节较灵活。

氨的注入量应控制塔顶回流罐中冷凝水的 pH 值在 6.5~7.5 之间,具体注入量随原油不同而变化,一般塔顶馏出物注入纯氨量约为 4~6g/t。

② 注中和剂。中和剂类型一般为油溶或水溶性有机胺类,其用量是控制塔顶冷凝水的 pH 值为 6.5~7.5 来确定。操作过程中,每 8h 测定一次排水的 pH 值,并严格控制中和剂的浓度,保持中和剂注入的连续性。在同时注中和剂和缓蚀剂的管道上,也可用油性溶或水溶性有机胺类中和缓蚀剂替代。用量一般为塔顶馏出物总量的 0.005%~0.015%。

氨或中和剂的注入点应设在初馏塔、常压塔顶馏出管道和减压塔顶冷凝器入口管道上。

(3) 注缓蚀剂　缓蚀剂的作用是在钢铁表面形成一层保护膜,以抑止腐蚀介质对钢铁的侵蚀。国产缓蚀剂有氯代烷基吡啶类、脂肪酰胺化合物类、酰胺类化合物等多种:前两类为水溶性化合物,加水配制成约 1%~3% 浓度;后者为油溶性化合物,加汽油配制成约 1%~3% 浓度。一般用水溶性缓蚀剂。

① 水溶性和油溶性缓蚀剂均注入塔顶馏出管道注氨点之后,以保护塔顶冷凝冷却系统。

② 缓蚀剂的注入量一般约占塔顶馏出物量的 0.001%~0.025%。

③ 典型缓蚀剂的技术指标见表 6-5-8。

表 6-5-8 典型缓蚀剂的技术指标

项目名称	指标	项目名称	指标
外观	淡黄色或黄棕色油状或糊状	有效成分/%	≥90
溶解性能	溶于水或有机溶剂	铜片腐蚀(100℃,3h)/nm	≤2
pH 值	7~8.5	缓蚀率/%	≥80

三、工艺防腐

为了解决原油蒸馏装置的腐蚀问题，除按有关规定选用合适的设备及管道材料外，采取工艺防腐措施是十分重要的。对低温部位的腐蚀，以采用"一脱三注"的工艺防腐为主，设备材料防腐为辅；而对高温部位的腐蚀，则以设备材料防腐为主，选择注一些合适的缓蚀剂为辅。

表 6-5-9 为某厂常减压蒸馏装置腐蚀失效类型按腐蚀介质分类表。

表 6-5-9 腐蚀失效类型按腐蚀介质及机理分类表

腐蚀类型	发生腐蚀次数	所占比例/%	导致停工次数	所占比例/%
高温环烷酸及硫腐蚀	26	49	19	79
低温 $HCl-H_2S-H_2O$ 腐蚀	26	49	5	21
烟气腐蚀	1	2	0	0
合计	53	100	24	100

1. 低温部位工艺防腐

为了控制原油蒸馏装置初馏塔顶（或闪蒸塔顶）、常压塔顶、减压塔顶及其冷凝冷却器等低温部位的腐蚀，一般采用电脱盐、注化学药剂及注水的综合措施，可收到良好的防腐效果。国内炼油企业"一脱三注"工艺控制指标见表 6-5-10。

表 6-5-10 "一脱三注"控制指标

电脱盐		常压塔顶冷凝水		
脱后含盐量/(mg/L)	脱后含水量/%	pH 值	氯离子含量/(mg/L)	铁离子含量/(mg/L)
≤3	≤0.3	6.5~8	≤20	≤3

2. 高温部位工艺防腐

高温部位的防腐是以设备材料的防腐为主，工艺防腐为辅。

（1）设备材料　在高温部位选择合适的防腐材料是解决高温环烷酸及硫腐蚀最有效的方法。防腐材料耐蚀的实质是在金属里加入一定合金元素如 Cr、Ni、Ti、Mo，以便形成一定的氧化物，该氧化物对金属离子扩散有着强烈的阻碍作用，从而保护金属不遭受进一步的腐蚀。

从广义来说，合金元素所生成的氧化物亦可称为保护膜。该保护膜的形成及是否能抗拒腐蚀与它所在的介质环境及使用条件有密切关系，在选材时必须综合考虑。

（2）高温缓蚀剂　近年来对高温部位，采用抗环烷酸腐蚀的高温缓蚀剂的研究和应用也取得了一些进展。

1956 年，Derungs 提出环烷酸腐蚀。1996 年，与环烷酸腐蚀有关的缓蚀剂专利已多达 30 余种。早期的缓蚀剂主要是胺和酰胺类，在高温下易分解，已逐渐被其他产品代替。近年来开发的缓蚀剂，其性能趋向于耐高温化。

国外一些特殊耐高温缓蚀剂大致可分为磷系和非磷系两类。磷系缓蚀剂的磷酸酯-胺、亚磷酸盐-噻唑啉混合物、磷酸三烷基酯-磷酸盐碱土金属-酚盐硫醚、硫代磷酸酯和亚磷酸芳基酯等，这类缓蚀剂在碳钢表面上形成的非晶态 Fe-P 化合保护膜，阻止了环烷酸与铁的进一步反应。非磷系缓蚀剂主要是有机多硫化物及磺化烷基酚和巯基三嗪等。

高温缓蚀剂的防腐机理是吸附原理，即缓蚀剂被吸附在金属表面形成膜，以减缓环烷酸对金属的腐蚀。磷系缓蚀剂是靠磷吸附，非磷系是靠硫和磷同时吸附，有两个吸附中心，吸附性强，而且其分子结构有长链分子，又形成网状，吸附膜较牢固。

近年来一些原油蒸馏装置使用高温磷系缓蚀剂后，微量的磷被带入下游装置的原料中（如加氢裂化原料等），会对下游装置的催化剂起不良作用。因此，现在采用的高温缓蚀剂大多为非磷系缓蚀剂。

高温缓蚀剂的优点：可以根据腐蚀部位灵活注入；合适的选择和应用缓蚀剂可以处理更高酸值的原油；改进操作条件可以增加收益等。实践证明，在减压塔高温部位加注缓蚀剂，如在减压一中回流、二中回流处注入高温缓蚀剂可一定程度上抑制环烷酸腐蚀的产生。

3. 烟气露点腐蚀

根据相关资料及软件计算，烟气露点与燃料气中硫及硫化氢含量的关系见图6-5-4。由图6-5-4可看出，当燃料中硫含量降低时，烟气的露点温度也相应降低。这就说明，通过改善燃料的质量，降低其中的硫含量，就可显著降低烟气的露点，从而避免或减轻烟气露点的腐蚀。

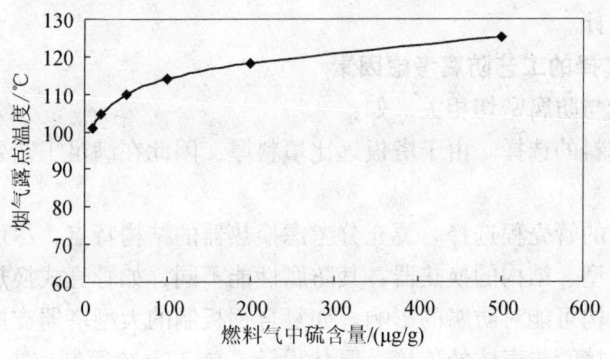

图6-5-4 烟气露点与燃料气硫含量的关系图

在加工含硫或高硫原油时，减压塔顶气中硫化氢含量很高，有的高达25%。若直接进入加热炉作为燃料，将会引起严重的烟气露点腐蚀，同时也对环境造成危害。为此，采用常压脱硫的方法，减压塔顶气经过胺洗后脱除其中大部分的硫化氢，从而减缓烟气的露点腐蚀。

对于烟气的露点腐蚀，在生产操作中通常采用燃料脱硫、控制加热炉过剩氧含量、排烟温度、油气比及选用耐腐蚀材料等来降低腐蚀速率。

（1）改善燃料品质，降低 H_2S 含量　在资源可利用的条件下，燃料宜以气体燃料为主，并对气体燃料进行深度脱硫处理，降低其 H_2S 含量，从根本上解决由于露点腐蚀而造成的排烟温度高的问题。

(2) 采用新型高效燃烧器　某高新技术公司研究开发的 LGH 高效强化燃烧器，其特点是燃料快速燃烧，高温烟气高速喷入炉膛内，使炉膛烟气流动更加均匀，一改一般加热炉辐射室以辐射传热为主、对流传热甚微的情况。通过高速均匀流动的烟气实现强迫对流，同时强化对流、辐射传热，使炉管表面热强度变得比较均匀，不但提高了炉管的平均热强度，而且降低了挡墙温度，从而降低了烟气出对流室温度，进而降低排烟温度，提高了加热炉效率，减少了燃料的消耗，同时也减少了 SO_x、NO_x 的排放，改善了露点腐蚀。

(3) 采用新型材料提高空气预热器的抗腐蚀能力　采用新型材料制成的高效耐低温腐蚀空气预热器，可降低加热炉的排烟温度，不但提高了热效率，也解决了烟气露点腐蚀的问题。如某炼油厂采用的内涂搪瓷涂料钢管的陶瓷管预热器，排烟温度可降低至 120～140℃，加热炉热效率得以提高。

4. 管道设计流速的防腐考虑

本章对冲刷腐蚀情况已经做了详细的描述。冲刷腐蚀主要是由较高的流速引起的，而当溶液中含有研磨作用的固体颗粒（如不溶性盐类、沙粒和泥浆）时就更容易产生这种破坏。高速流动的物料不断从金属表面除去保护膜（包括厚的、可见的腐蚀产物膜和薄的、不可见的钝化膜），并产生局部腐蚀。不仅如此，高流速也能快速地运来阴极反应物（例如溶氧），从而减小阴极极化，加速腐蚀。冲刷腐蚀的特征是形成光滑的、没有腐蚀产物的槽沟或回流凹陷。

为此，降低介质的流速并从管系几何学方面保证流动是层状的，尤其对于装置大型化后管道内设计流速增加，更应对管道系统进行认真计算、校核，不产生湍流，可以减轻冲刷腐蚀。要精心设计，尽量避免管径无谓的变化，尤其是尽力避免泵出口多级缩径。对于两相流的管子，更要特殊设计。

5. 设备设计与选择的工艺防腐考虑因素

设备选择、设计与防腐密切相关，如：

(1) 板式塔与填料的选择。由于塔板远比填料厚，因此在满足工艺要求的情况下尽可能选择塔板。

(2) 换热器介质的管壳程选择。要充分考虑换热器的结构特点，尽可能设计腐蚀性强的介质走管程；不同类型、结构的换热器，其防腐性能不同，如管壳式换热器与板式换热器。

(3) 设备特殊结构可能对防腐的影响。如复合钢板制的大型塔器支撑件与塔壁连接、复合钢板制壳体上开口接管与壳体的连接，要从设计、施工上统筹制定方案，采取有效措施，防止结合部产生腐蚀、强度的不利变化。

(4) 湿空冷、蒸发空冷与板式空冷。要充分考虑水循环使用中可能的氯离子累积引起的腐蚀。

四、管道系统的防腐

1. 管道材料选择原则

(1) 选用的材料应能满足使用温度、物理性能、力学性能的要求　要根据具体的介质和工况从使用温度限制（包括温度上限和下限）、线胀系数、抗拉强度、屈服强度、塑性、冲击韧性、蠕变极限、高温持久极限、疲劳极限等方面来考虑选择合适的材料。

(2) 选用的材料应能满足应对腐蚀的要求　应将拟选用的材料与腐蚀环境一起综合考

虑，除了均匀腐蚀造成壁厚减薄外，局部腐蚀（如缝隙腐蚀、晶间腐蚀、点腐蚀以及应力腐蚀）也不容忽视，甚至后者更具有危险性。因为均匀腐蚀是可以根据腐蚀速率估算的，并能通过加强壁厚监测来预防，而应力腐蚀往往伴随着局部腐蚀发生，产生的腐蚀破坏是突然发生的，事先没有预兆，也难以人为监测，从而容易产生危害性更大的安全事故。另外，对一些不耐蚀的材料，如果采取有效的防腐措施，如使用耐蚀可靠的涂料等，则也可以考虑选用。

（3）选用的材料在制造工艺上应该是可行的　尽管选用的材料在各方面性能上均满足要求，但如果制造工艺太复杂难以实现，或因制造工艺特殊而导致价格昂贵，在这种情况下应重新评估选用的材料。

（4）选用的材料应能满足设计寿命的要求　设备设计寿命一般在 20～30 年，管道设计寿命一般在 10～15 年，选材时应根据设计寿命和腐蚀速率来计算材料的腐蚀裕量，确保装置在设计周期内安全稳定运转。

（5）选用的材料应有良好的市场供应状况　在选用之前应进行调查，尽量避免选用一些需要特殊生产或生产厂家很少的材料。

（6）选用的材料应有良好的性价比　价格因素是工程设计需要考虑的重要因素，所以应将拟选用的材料从经济角度作进一步论证，选出既经济又耐用的材料。

根据近些年的实践，本书有关章节给出了加工高硫低酸原油蒸馏装置主要管道推荐用材、加工高酸高硫和高酸低硫原油蒸馏装置主要管道推荐用材，应结合实践予以选择。

2. 管道布置防腐

管道布置对防腐有较大影响。现根据近些年大型化原油蒸馏装置加工含硫、含酸原油的经验、教训从防腐角度对一些重要的管道布置概要如下：

（1）塔顶管道：

① 塔顶油气管道，又称塔顶馏出线，它是塔顶至换热或冷凝冷却设备之间的管道。管道内介质一般为气相，管径较大，管道应尽可能的短，且应按"步步低"的要求布置，不得出现袋形管，并应具有足够的柔性。当塔顶油气管道沿塔布置时，管道需在上部设承重支架，并在适当位置设导向支架，以免管口受力过大。

② 塔顶油气管道至多台冷换设备或空冷器时，为避免偏流，应采用对称布置。

③ 塔顶油气管道布置应使冷凝液逐级自流到回流罐。

④ 减压塔塔顶油气管道一般直接与塔顶管口焊接而不用法兰连接，以减少泄漏。

⑤ 减顶油气管道应尽可能少拐弯，为防止形成"气袋"，水平管道应设有 $i = 0.005\sim0.01$ 的坡度。

⑥ 配管时应考虑减压塔顶油气管道的热补偿，宜采用自然补偿，努力避免设置膨胀节。

（2）塔的进料管口　初馏塔、常压塔和减压塔的进料一般为气液混相，管口设在各塔的进料段。初馏塔、常压塔大多为切向进入塔内，它利用进料的速度向下成螺旋面或沿塔壁成扇形面散开，以增大闪蒸面积，利于气-液分离。正因为其利用进料的速度高，切线进料塔壁要考虑设置防冲刷结构。

减压塔气液混相进料速度更大，目前进料比较多的是双切向环流进料分布器，管口为喇叭口，也要考虑设置特殊防冲刷结构。

(3) 塔底抽出管道：

① 塔底抽出管口一般设在塔底头盖的中部，并设防涡流板。

② 塔底用泵抽出的管口，其标高应大于塔底泵的必需汽蚀余量的要求，并应延伸到塔的裙座外，塔裙内不得设置法兰。

③ 初馏塔和常压塔的塔底操作温度高，在设计塔底管道时其柔性应满足泵管口受力不超过制造厂提供的允许值。初馏塔和常压塔的塔底抽出管道都分别直接与初馏塔底泵和常压塔底泵相连，要求管道应短而少拐弯，并有足够的柔性以减少泵管口的应力。办法通常有改变管道走向或调整泵的位置，塔底封头上的管口应用管道引至塔裙座外，塔裙内严禁设置法兰或仪表接头等管件。主要考虑是当这些管件泄漏时，在塔裙内处理既不安全又不方便检修。塔底到塔底泵的抽出管道在水平管段上不得有袋形管，应是"步步低"，以免塔底泵产生汽蚀现象。

④ 为防止沉积的脏物进入泵内，应将出口管伸入塔内。为防止填料塔底部的出料口被碎填料堵塞，应装设防碎填料挡管或挡板。

⑤ 仪表管口、液面计和液面调节器的管口应布置在便于观察、检查的位置，且液面应不受流入液体冲击的影响。液位计管口的方位，应避开进料（或重沸器返回管口）的正对面60°角范围内（接口处设有挡板除外），使液面不受流入液体冲击的影响。

(4) 常压加热炉出口管道——常压转油线 常压加热炉出口至常压塔的进料管道又称常压转油线，常压转油线的操作温度较高，达 365~370℃，为减少管道对炉管接口的作用力和力矩，管道应进行详细的应力分析和计算。

① 对于两相流的加热炉炉管的出口管道，必须对称布置。

② 加热炉炉管的出口管道应利用管道自然补偿来补偿其自身的热膨胀和端点位移。

③ 在炉管出口管道的弯头附近、三通或变径较大处，必要时可设置防振支架；当炉管出口管道从炉顶垂直向下布置时，若需设置防振支架宜在其底部位置设置。

④ 炉管出口管道的支撑点位置，应经应力分析和计算确定。

⑤ 炉管出口管道宜对称布置。为减少压降和避免两路介质流动时互相干扰，两路合并时，全部采用45°斜接。

⑥ 为避免存液，与常压塔连接的水平管段按 $i = 0.003 \sim 0.005$ 的坡度布置，且坡向常压塔。

(5) 减压加热炉出口管道——减压转油线 低速减压转油线应根据下列原则进行管道布置设计：

① 低速减压转油线的低速段为水平直管，直接与减压塔相接，且不设切线进料设施。

② 为避免存液，低速段应按 $i = 0.003 \sim 0.005$ 的坡度布置，且坡向减压塔；

③ 低速段的热膨胀应由过渡段吸收。过渡段在满足热补偿的前提下，管道应尽量短、弯头应尽量少；

④ 为减少局部阻力，过渡段应顺介质流向45°斜接在低速段的侧面或顶部；

⑤ 低速减压转油线应按《钢制压力容器》GB150 中有关规定计算转油线的管子壁厚和开口补强；

⑥ 低速减压转油线与减压塔应采用焊接连接；

⑦ 低速减压转油线的管架宜尽量少，对于管径 $DN1400 \sim 2000$ 的管道一般只需要设置一

个管架；

⑧ 为减少转油线对减压塔管口和管架的水平推力，管架采用滚动摩擦（滚珠盘式多向滑动装置）；

⑨ 低速减压转油线设计时，宜采用炉管吸收部分热膨胀量，具体做法就是根据柔性分析结果，加大炉管出口处的炉顶盖板的开孔口径和炉管下端的导向套管的口径。

（6）其他　要尽可能减少管子大小头的使用，避免多级扩径或缩径；管子的直径与前后的截面尺寸尽可能一致，弯头的曲率半径要大些，入口和出口应是光流线型的。

五、主要设备材料选择

1. 设备选材的基本原则

初馏塔、常压塔、减压塔顶部（简称"三顶"）及其冷凝系统面临的是 $HCl-H_2S-H_2O$ 的低温腐蚀环境，一般气相部位腐蚀较轻，液相部位腐蚀较重，尤其气液两相转变部位即露点部位最为严重。对此，首先应做好工艺防腐，必要时进行材质升级，使用 0Cr13、钛材、双相钢、NCu30 等，普通的奥氏体不锈钢（304、321、316）应慎用。

根据近些年的实践，本书有关章节给出了加工高硫低酸原油蒸馏装置主要设备推荐用材、加工低硫高酸原油和高硫高酸原油常减压装置主要设备推荐用材。加工高硫低酸原油时，常减压装置高温部位的选材在依据该推荐选材的同时，还需根据介质的硫含量、温度和欲用材质，采用 McConomy 曲线计算腐蚀速率，所选材料的计算腐蚀速率应小于 0.25mm/a。最后应考虑加工高硫低酸原油企业的选材经验以及现场的腐蚀案例，综合以上几方面的内容，给出合理选材。

加工低硫高酸和高硫高酸原油时，常减压装置的高温部位选材在依据该推荐选材同时，还需根据介质的硫含量、酸含量、温度和欲用材质，查询 API581 中关于"高温硫和环烷酸的腐蚀速率"表格，确定所选材料的腐蚀速率，其值应小于 0.25mm/a。最后应考虑加工低硫低酸和高硫高酸原油企业的选材经验以及现场的腐蚀案例。综合以上几方面的内容，进行合理选材。

2. 加热炉空气预热器的选材

硫酸露点腐蚀的程度不仅取决于燃料油中的硫含量，还受到 SO_2 向 SO_3 转化的转化率以及烟气中水含量的影响。因此，正确测定烟气的露点对确定加热炉的易腐蚀部位、设备选材以及防腐蚀措施的制定起着关键作用。

由于烟气在露点以上基本不存在硫酸露点腐蚀的问题，因此，在准确测定烟气露点的基础上可以通过提高排烟温度达到防腐蚀的目的。但这种方法把高温烟气排放掉，会造成能量的损失。

为了解决高温烟气硫酸露点腐蚀的问题，国内在 20 世纪 90 年代开发了耐硫酸露点腐蚀的新钢种——ND 钢。在 ND 钢中加入了微量元素 Cu、Sb 和 Cr，采用特殊的冶炼和轧制工艺，保证其表面能形成一层富含 Cu、Sb 的合金层。当 ND 钢处于硫酸露点条件下，其表面极易形成一层致密的含 Cu、Sb 和 Cr 的钝化薄膜。这层钝化膜是硫酸腐蚀的反应物，随着反应生成物的积累，阳极电位逐渐上升，很快就使阳极钝化，ND 钢完全进入钝化区。该钢种已在几家炼油厂的加热炉系统应用，取得了较好的效果。

耐蚀烧结合金涂层也是解决高温烟气硫酸露点腐蚀的一种方法。该涂层采用超合金耐蚀合金化原理，经特殊工艺制备而得。其最高使用温度在600℃左右（短时使用800℃），导热性能卓越，与基体结合紧密，并且热膨胀性能与钢铁基材匹配好。工业应用表明，其耐硫酸露点腐蚀效果明显。

采用新型材料制成的高效耐低温腐蚀空气预热器，可降低加热炉的排烟温度，减少烟气露点的腐蚀，延长设备的使用寿命。如某炼油厂采用的内涂搪瓷涂料钢管的陶瓷管预热器，排烟温度可降低至120~140℃，加热炉热效率得以提高。

3. 转动设备材料选择

（1）离心泵 原油蒸馏装置的介质主要分为几类，对应的材料选择见表6-5-11。

表6-5-11 离心泵的材料选择

介质	操作温度	材料选择
无腐蚀性或含轻微腐蚀性介质的碳氢化合物	<230℃	碳钢材料，对应于API610的材料代码为S-5
	230~370℃	12%Cr不锈钢材料，对应于API610的材料代码为S-6，叶轮材料为12%Cr，泵壳材料为碳钢
	≥370℃	12%Cr不锈钢材料，对应于API610的材料代码为C-6，叶轮、泵壳均为12%Cr
含强腐蚀性介质的碳氢化合物	所有温度	不锈钢材料，对应于API610的材料代码为S-8或A-8
含盐污水	常温	抗Cl^-离子的材料，如双相钢等，对应于API610的材料代码为D-1或D-2

（2）计量泵的材料选择 由于计量泵在炼油装置中的应用主要是用于化学药剂的注入等，其材料比较单一，可以按表6-5-12选择。

表6-5-12 计量泵的材料

输送介质	泵头	隔膜[1]	柱塞	阀
硫化剂、缓蚀剂全氯乙烯、水等	300SS	PTFE	SS	陶瓷、SS
碱液	碳钢	PTFE	SS	陶瓷、SS

[1] 对于一些小流量的计量泵或者超高压的应用场合，宜选用316SS隔膜。

（3）往复压缩机材料材料选择 原油蒸馏装置中应用的往复压缩机材料见表6-5-13。

表6-5-13 往复压缩机主要部件的材料

部件	无腐蚀性介质	含腐蚀性介质
曲轴箱	HT250	HT250
曲轴	35CrMo	35CrMo
连杆	35	35
中体	HT250	HT250
汽缸	HT250，锻钢	镍基铸铁(Ni-Resist)[1]，锻钢
活塞杆	42CrMoE[2]（用于有油润滑气缸） 2Cr13[2]（用于无油润滑气缸）	17-4PH[2]
缓冲器	20R或16MnR	20R

[1] 国内有个别炼油厂使用不锈钢材料做汽缸，用于压缩高浓度酸性气，但制造工艺复杂，设备投资太高，因此应用不是很广泛。

[2] 根据API618要求，活塞杆表面与填料接触的部位应采用耐磨材料喷涂，使其硬度达到HRC50以上。

六、加强工艺技术管理

1. 切实抓好"一脱三注"

"一脱三注"的工艺防腐是控制常减压蒸馏装置塔顶腐蚀的关键,必须引起高度重视。它是一项复杂繁琐、深入细致的工作。除了要有先进的工艺防腐技术和设备外,生产管理十分重要。实践证明,各个炼油厂原油蒸馏装置的工艺防腐设施大同小异,只要加强操作管理,工艺防腐的效果是显著的,建议采取以下措施强化"三注"管理:

(1) 完善注氨、注水、注缓蚀剂设施,满足均匀、多点、可调节功能,使塔顶至冷凝冷却的整个低温系统处于碱性缓蚀环境;

(2) 健全脱后含盐量、塔顶 Fe^{2+}、Cl^- 和 pH 值的分析监测控制管理系统。脱后含盐量、塔顶 Fe^{2+}、Cl^- 分析,建议 1 次/天,pH 值 1 次/班,为优化调整操作和对缓蚀剂的使用效果提供准确、完整、可靠的数据支持;

(3) 筛选合适的缓蚀剂,并严把进厂质量关。油相缓蚀剂经过顶回流可循环使用,所以损失较小;而水相缓蚀剂随冷凝水排掉,因此使用油溶性缓蚀剂较经济;

(4) 缓蚀剂应在多点、均匀分散条件下注入,保证缓蚀剂浓度稳定,根据 Fe^{2+} 含量调整注入量,防止保护膜反复破坏,影响使用效果。

2. 全面加强腐蚀的检测与监测

腐蚀引起的事故,常常看起来偶然,实则必然,必须加强检测与监测,将抗腐蚀纳入日常管理中。

腐蚀监(检)测可以分为两类:腐蚀的离线检测和腐蚀的在线监测。

常减压装置腐蚀监测主要包括定点测厚、腐蚀探针、腐蚀挂片和化学分析。

(1) 定点测厚部位主要包括:

① 初馏塔顶冷凝系统:空冷器、冷却壳体及出入口短节,塔顶挥发线及回流线;

② 常压塔:塔顶封头、5 层以上塔壁、各侧线抽出口短节、进料端以下塔壁及下封头;

③ 常压塔顶冷凝系统:空冷器、冷却壳体及出入口短节,塔顶挥发线及回流线;

④ 常压塔高温侧线系统:温度大于 220℃的换热壳体、出入口短节及相关管线;

⑤ 减压塔:塔顶封头、各段填料和集油箱所对应的塔壁、各侧线抽出口短节、进料端以下塔壁及下封头;

⑥ 减压塔顶冷凝系统:塔顶抽空冷却器出入口管线,塔顶挥发线及回流线;

⑦ 减压塔高温侧线系统:温度大于 220℃的换热壳体、出入口短节及相关管线;

⑧ 加热炉:对流段各炉管出口及弯头;

⑨ 转油线:转油线直管及弯头;

⑩ 调节阀和截断阀后管线。

(2) 腐蚀探针部位主要包括:

① 三顶冷凝系统:在空冷器或换热器的进出口管线上安装电阻或电感探针;在回流罐的出口管线上安装 pH 值在线监测探针。

② 加工高酸原油时在减压侧线上安装高温电阻或电感探针。

(3) 腐蚀挂片的部位主要包括:常压塔塔顶上层塔盘、进料段、塔底;减压塔各段填料处、侧线集油箱、进料段、塔底。

(4) 化学分析主要包括：

① 原油电脱盐：脱前含盐量、脱后含盐量、脱后含水量、排水含油量；

② 三顶冷凝系统：pH 值、Cl^-、Fe^{2+}、H_2S 含量；

③ 常压塔底重油、减三线、减四线、及减压塔底重油分析硫含量、酸值、Fe 离子或 Fe/Ni 比；

④ 加热炉分析燃料中的 S、Ni、V 含量以及烟气露点的测定。

参 考 文 献

[1] 李志强主编. 原油蒸馏工艺与工程[M]. 北京：中国石化出版社, 2010

[2] 徐春明, 杨朝合. 石油炼制工程(第四版)[M]. 北京：石油工业出版社, 2009

[3] 吴劲松等. 四级蒸馏技术在常减压蒸馏装置扩能改造的应用[J]. 炼油技术与工程, 2003, 33(6): 35 – 38

[4] 侯芙生主编. 中国炼油技术(第三版)[M]. 北京：中国石化出版社, 2011

[5] 张德勤主编. 石油沥青的生产与用[M]. 北京：中国石化出版社, 2001

[6] 陈淳. 四蒸馏轻烃方案回收方案的优化[J]. 炼油技术与工程, 1999, 1: 1 – 5

[7] 陈开辈. 进口原油蒸馏过程轻烃回收流程设计[J]. 炼油设计, 1996, 36(2): 21 – 26

[8] 李宁等. 大型炼油厂轻烃回收流程整合的探讨[J]. 炼油技术与工程, 2008, 38(2): 11 – 14

[9] 中国石油化工信息学会石油炼制分会. 2009 年中国石油炼制技术大会论文集[M]. 北京：中国石化出版社, 2009

[10] 曹忠军. 常减压装置减压深拔工艺探讨[J]. 石油化工设计, 2009, 4: 1 – 4

[11] 梁朝林. 高硫原油加工[M]. 北京：中国石化出版社, 2001

[12] 郁军荣. 原油加工过程中硫分布的研究[J]. 石油化工技术和经济, 2009, 25(1): 20 – 23

[13] 张德义. 谈含酸原油加工[J]. 当代中国石化, 2006, 14(8): 1 – 6

[14] 郑浩. 含酸原油的加工[J]. 炼油设计, 1994, 24(2): 1 – 9

[15] 任凌波, 任晓蕾. 压力容器腐蚀与控制[M]. 北京：化学工业出版社, 2003

[16] 大会组委会. 第六届 2012 北京国际炼油技术进展交流会论文集[M], 北京：中国石化出版社, 2012

[17] 赵岩. 加工高酸重质原油炼油厂的腐蚀与防护技术应用[J]. 石油化工腐蚀与防护, 2011, 28(1): 42 – 44

[18] 张德义. 含硫含酸原油加工技术进展[J]. 炼油技术与工程, 2012, 42(1): 1 – 13

[19] NACE MR0103 – 2010. Materials Resistant to Sulfide Stress Cracking in Corrosive Petroleum Refining Environments

[20] API 518 – 2008. RISK – BASED INSPECTION TECHNOLOGY

第七章 清洁燃料生产技术

第一节 低硫和超低硫清洁燃料发展趋势

一、国外低硫和超低硫清洁燃料发展趋势

汽柴油质量标准在一定程度上反映出一个国家的炼油技术水平和工业发展水平。随着环保法规的日趋严格，以欧盟、美国为代表的世界发达国家和地区对交通运输工具尾气排放要求更加严格。为了满足环保要求，各发达国家相继出台相关政策，制定了严格的燃料油质量标准，特别是对汽油产品中的硫和烯烃，柴油产品中的硫、十六烷值及多环芳烃等含量的要求更为苛刻。总体说来，汽油标准发展趋势是低硫、低烯烃，并对苯含量及饱和蒸气压有严格要求；而柴油标准发展趋势则是低硫、低芳烃(特别是低的多环芳烃)、低密度、高十六烷值。

1. 欧盟清洁燃料发展趋势

欧盟自1996年以来先后公布了符合不同排放要求的四个清洁燃料质量标准，简称欧Ⅱ、欧Ⅲ、欧Ⅳ和欧Ⅴ标准，是目前对汽柴油产品质量标准要求最为严格的地区之一。

2006年12月13日，欧洲议会通过了欧Ⅴ、欧Ⅵ汽车排放标准。这两个标准对汽车污染物排放的限制更加严格，特别是对粉尘颗粒和氮氧化物的排放，限值要求大幅度下降。欧Ⅴ汽车排放标准主要是针对柴油和汽油基本型乘用车(轿车)及轻型商用货车；欧Ⅵ标准仅针对柴油轿车。按欧Ⅴ排放标准，柴油轿车的颗粒污染物排放量比之前限值将减少80%；按欧Ⅵ标准，柴油轿车氮氧化物的排放量将比之前限值减少68%。欧洲议会通过的议案，要求2009年9月1日起实施欧Ⅴ汽车排放标准，在欧盟范围内销售的柴油车，必须加装颗粒物过滤器，在用柴油车可在2011年1月之前改装完毕，欧Ⅵ汽车排放标准将于2014年9月实行。

对于柴油产品中的硫含量，2005年欧盟柴油规范限制在50μg/g以下，目前已执行硫含量小于10μg/g的无硫柴油质量标准。表7-1-1列出了欧盟地区柴油规范发展趋势[1]。

欧盟对于汽油产品质量也同样做出了严格的规范要求，且不断升级。表7-1-2列出了欧盟地区汽油规范发展趋势。

表7-1-1 欧盟地区清洁柴油规范发展趋势

标准	硫含量/%	十六烷值	十六烷指数	多环芳烃/%	实施年限
欧洲Ⅰ类	≥0.20	≤49	≤46	—	1993
欧洲Ⅱ类	≥0.050	≤49	≤46	—	1996
欧洲Ⅲ类	≥0.035	≤51	≤46	≥11	2000
欧洲Ⅳ类	≥0.005	≤51	≤46	≥11	2005
欧洲Ⅴ类	≥0.001	≤51	≤46	≥11	2009

表 7-1-2 欧盟地区清洁汽油规范发展趋势   %

标准	硫含量	苯含量	芳烃含量	烯烃含量	氧含量
欧 I	≥0.100	≥5	—	—	≥2.5
欧 II	≥0.050	≥5	—	—	≥2.5
欧 III	≥0.015	≥1	≥42	≥18	≥2.7
欧 IV	≥0.005	≥1	≥35	≥18	≥2.3
欧 V	≥0.001	≥1	≥35	≥18	≥2.7

2. 美国清洁燃料发展趋势

受环保压力的影响,美国汽柴油质量要求提高很快。在新配方汽油的发展过程中,先后公布了两个发展模式:简单模式和复杂模式。美国新配方汽油不仅严格限制硫含量,而且严格限制苯、芳烃、烯烃含量及饱和蒸气压。目前美国汽油产品中的平均硫含量控制小于 15μg/g。美国汽油质量标准见表 7-1-3,美国柴油质量标准见表 7-1-4。

表 7-1-3 美国汽油质量标准

项 目		美国 22 个州新配方汽油		美国加州新配方汽油
		2000 年	2004~2006 年	2003 年
硫/(μg/g)	不大于	104~170	30	15
烯烃/%	不大于	10	6~10	4.0
芳烃(体)/%	不大于	25~30	25	22
苯(体)/%	不大于	1.0	1.0	0.8
蒸气压/kPa	不高于	北方 56,南方 50	51.7	48
辛烷值(RON/MON)		95/85	95/85	95/85

表 7-1-4 美国柴油燃料油具体要求(ASTM D975—2011)

项 目		一号 S15	一号 S500	一号 S5000	二号 S15	二号 S500	二号 S5000	四号	试验方法
闪点/℃		38			52			55	D93
水和沉淀(体)/%	不大于	0.05						0.5	D2709,D1796
90% 馏出温度/℃	不高于	288			282~338				D86
运动黏度(20℃)/(mm²/s)		1.3~2.4			1.9~4.1			5.5~24.0	D445
灰分/%	不大于	0.01						0.10	D482
硫含量/%	不大于	0.0015	0.05	0.50	0.0015	0.05	0.50	2.00	D5453 D2622 D129
铜片腐蚀(50℃,3h)/级		3							D130
十六烷值	不小于	40						30	D613
以下属性必须满足:									
(1) 十六烷指数	不小于	40	—		40	—			D976-80
(2) 芳烃(体积分数)/%		35	—		35	—			D1319
10% 蒸余物残炭/%	不大于	0.15			0.35				D524
润滑性(HFRR/60℃)/μm		520							D6079 D7688
电导率/(pS/m)		25							D2624 D4308

3. 日本清洁燃料发展趋势

日本从1996年开始限制燃料油中的硫含量，1999年公布的车用汽油质量标准中，要求硫含量不超过0.01%，对苯、MTBE、实际胶质及饱和蒸气压等指标均有严格的限制。21世纪以来，日本汽柴油产品中硫含量已要求控制不超过10μg/g。日本汽油质量标准见表7-1-5，日本柴油质量标准见表7-1-6。

表7-1-5 日本汽油质量标准（JIS K2202—2007）

项 目	质量标准 1号	质量标准 2号	试验方法
辛烷值（研究法）	>96.0	>89.0	JIS K 2280
密度（15℃）/(g/cm³)	<0.783		JIS K 2249
馏程			
10%蒸发温度/℃	<70		JIS K 2254
50%蒸发温度/℃	75~110		
90%蒸发温度/℃	<180		
终馏点/℃	<220		
残留量（体）/%	<2.0		
铜片腐蚀（50℃，3h）/级	<1		JIS K 2513
硫含量/%	<0.0010		JIS K 2541-1 JIS K 2541-2 JIS K 2541-6 或者 JIS K 2541-7
蒸气压（37.8℃）/kPa	44~78		JIS K 2258
实际胶质/（mg/100mL）	<5		JIS K 2261
氧化安定性/min	<240		JIS K 2287
苯（体）/%	<1.0		JIS K 2536-2 JIS K 2536-3 或者 JIS K 2536-4
氧/%	<1.3		JIS K 2536-2 JIS K 2536-4 或者 JIS K 2536-6

表7-1-6 日本轻柴油质量标准（JIS K2204—2007）

项 目	质量标准 特1号	1号	2号	3号	特3号	试验方法
闪点/℃	50以上			45以上		JIS K 2265
90%馏出温度/℃	<360		<350	<330[①]	<330	JIS K 2254
凝点/℃	<+5	<-2.5	<-7.5	<-20	<-30	JIS K 2269
冷滤点/℃	—	<-1	<-5	<-12	<-19	JIS K 2288
10%蒸余物残炭/%	<0.1					JIS K 2270
十六烷指数[②]	>50			>45		JIS K 2280
运动黏度（30℃）/(mm²/s)	>2.7	>2.5	>2.0	>1.7		JIS K 2283
硫含量/%	<0.001					JIS K 2541
密度（15℃）/(g/cm³)	<0.86					

① 在运动黏度低于4.7 mm²/s的情况下，温度不低于350℃。
② 十六烷指数，可用于表示十六烷值。

4. 世界燃料规范要求

由美国汽车制造协会（AAMA）、欧洲汽车制造协会（ACEA）和日本汽车制造协会（JAMA）发起组织的"世界燃料委员会"，对柴油质量作出严格规定，提出的世界燃油规范要求见表7-1-7和表7-1-8。

表7-1-7 《世界燃料规范》汽油主要指标要求

项 目		Ⅰ类汽油	Ⅱ类汽油	Ⅲ类汽油	Ⅳ汽油
硫含量/%	≥	0.1	0.02	0.003	无硫
烯烃(体)/%	≥		20	10	10
芳烃(体)/%	≥	50	40	35	35
苯(体)/%	≥	5	2.5	1.0	1.0
氢/%	≥	2.7	2.7	2.7	2.7

表7-1-8 《世界燃油规范》柴油主要指标要求

项 目		Ⅰ类柴油	Ⅱ类柴油	Ⅲ类柴油	Ⅳ柴油
十六烷值	≤	48	53	55	55
十六烷指数	≤	45	50	52	52
密度(15℃)/(kg/m^3)		820~860	820~850	820~840	820~840
黏度(40℃)/(mm^2/s)		2.0~4.5	2.0~4.0	2.0~4.0	2.0~4.0
硫含量/%	≥	0.5	0.03	0.03	无硫
总芳烃含量/%	≥		25	15	15
多芳烃含量(二环以上)/%	≥		5	2.0	2.0
T_{90}/℃			340	320	320
T_{95}/℃		370	355	340	340
终馏点/℃			365	350	350
闪点/℃	≤	55	55	55	55
残炭/%	≥	0.30	0.30	0.20	0.20
水分/(mg/kg)		500	200	200	200
氧化安定性/(g/cm^3)		25	25	25	25
泡沫体积/mL				100	100
泡沫消失时间/min				15	15
生物增长量			0 含量	0 含量	0 含量
总酸量/(mgKOH/g)			0.08	0.08	0.08
腐蚀性			轻锈或微量	轻锈或微量	轻锈或微量
铜片腐蚀	≥	1级	1级	1级	1级
灰分/%	≥	0.01	0.01	0.01	0.01
颗粒/(mg/L)			24	24	24
喷嘴清洁度(空气流量损失)/%			85	85	85
润滑性(HFRR/60℃)/μm	≥	400	400	400	400

二、我国清洁燃料发展趋势

1. 我国清洁燃料标准

（1）我国汽油标准 近年来，我国车用汽柴油质量标准也不断提高，并于2001年1月1日起实行无铅车用汽油质量标准（GB 17930—1999）。该标准中硫含量和烯烃含量的降低分两个阶段实施：第一阶段，北京、上海和广州三大城市从2000年7月1日实施；第二阶段，从2003年1月1日起在全国范围内实施。2006年12月开始,我国车用汽油执行国Ⅲ质量标准(GB17930—2006)。为了加快汽油质量升级步伐,截至2012年4月,已经有北京、上海、广州、深圳和南京五个城市率先使用国Ⅳ标准汽油。2014年1月1日起将在全国范围内执行国Ⅳ汽油质量标准(GB17930—2011)。北京地区于2008年1月1日起率先执行硫含量<50μg/g、相当于国Ⅳ标准汽油的地方标准(DB11/238—2007)。从2012年6月1日起执行京Ⅴ汽油标准(DB11/238—2012)。

国Ⅳ标准与国Ⅲ标准相比,主要差别在于汽油产品中的硫及烯烃含量,硫含量从不大于0.015%降低为不大于0.005%,烯烃含量(体积分数)从不大于35%降低为不大于28%。近年来我国实行的车用汽油标准具体见表7-1-9及表7-1-10。

表7-1-9 车用无铅汽油技术要求(GB17930—2006 国Ⅲ汽油标准)

项 目		质量标准			试验方法
		90号	93号	97号	
铅含量/(g/L)	不大于		0.005		GB/T 8020
实际胶质/(mg/100mL)	不大于		5		GB/T 8019
诱导期/min	不小于		480		GB/T 8018
硫含量/%	不大于		0.015		GB/T 380
硫醇(需满足下列要求之一)					
博士试验			通过		SH/T 0174
硫醇硫含量/%	不大于		0.001		GB/T 1792
铜片腐蚀(50℃,3h)/级	不大于		1		GB/T 5096
苯含量(体)/%	不大于		1.0		附录A
芳烃含量(体)/%	不大于		40		GB/T 11132
烯烃含量(体)/%	不大于		35		GB/T 11132

表7-1-10 车用无铅汽油技术要求(GB17930—2011 国Ⅳ汽油标准)

项 目		质量标准			试验方法
		90号	93号	97号	
铅含量/(g/L)	不大于		0.005		GB/T 8020
铁含量/(g/L)	不大于		0.01		SH/T 0712
锰含量/(g/L)	不大于		0.006		SH/T 0711
密度(20℃)/(kg/m^3)			720~775		GB/T 1884,GB/T 1885
实际胶质/(mg/100mL)	不大于		5		GB/T 8019
诱导期/min	不小于		480		GB/T 8018
硫含量/%	不大于		0.005		SH/T 0689
硫醇(需满足下列要求之一)					
博士试验			通过		SH/T 0174
硫醇硫含量(体)/%	不大于		0.001		GB/T 1792
苯含量(体)/%	不大于		1.0		SH/T 0713
烯烃含量(体)/%	不大于		25		GB/T 11132
烯烃+芳烃含量(体)/%	不大于		60		GB/T 11132

(2)我国柴油标准 我国柴油质量标准与国外发达国家相比差距较大。我国原轻柴油规格中柴油硫含量的要求是不大于2000μg/g(GB 252—2000),2005年7月1日起车用柴油硫含量标准按相当于欧洲Ⅱ类标准执行,即要求硫含量小于500μg/g,2009年6月颁布了国Ⅲ车用柴油质量标准(GB 19147—2009),见表7-1-11,要求从2010年10月1日执行,即

要求硫含量小于 350μg/g，十六烷值不小于 49。为了加快柴油质量升级步伐，北京率先于 2008 年 1 月 1 日执行类似于欧Ⅳ标准要求的京标 C 新标准（DB11/238—2007），上海则于 2009 年 10 月 1 日起执行类似于欧Ⅳ标准要求的沪Ⅳ新标准。我国将于 2013 年 7 月 1 日起，全面要求柴油硫含量不大于 350μg/g，于 2015 年 1 月 1 日起实施国Ⅳ车用柴油新标准。

表 7-1-11　轻柴油技术要求（GB 19147—2009，国Ⅲ标准）

项　目		10 号	5 号	0 号	-10 号	-20 号	-35 号	-50 号	试验方法
色度/号	不大于				3.6				GB/T 6540
氧化安定性（总不溶物）/(mg/100mL)	不大于				2.5				GB/T 175
硫含量/%	不大于				0.035				SH/T 0689
10% 蒸余物残炭/%	不大于				0.3				GB/T 268
灰分/%	不大于				0.01				GB/T508
铜片腐蚀（50℃，3h）/级	不大于				1				GB/T5096
运动黏度（20℃）/(mm^2/s)			3.0~8.0			2.5~8.0		1.8~7.0	GB/T 265
凝点/℃	不高于	10	5	0	-10	-20	-35	-50	GB/T510
冷滤点/℃	不高于	12	8	4	-5	-14	-29	-44	GB/T0248
闪点（闭口）/℃	不低于		55			50		45	GB/T261
十六烷值	不小于			49		46		45	
十六烷指数	不小于			46		46		43	
馏程/℃									GB/T 6563
50% 馏出温度	不高于				300				
90% 馏出温度	不高于				355				
95% 馏出温度	不高于				365				
密度（20℃）/(kg/m^3)			810~850			790~840			GB/T 1884 GB/T 1885
脂肪酸甲酯（体）/%	不大于				0.5				GB/T 23801

2. 地方清洁燃料标准（京沪粤标准）

为了加快北京、上海等大城市汽柴油产品质量升级步伐，北京于 2007 年颁布了类似于欧Ⅳ汽柴油标准的京标 C 新汽柴油质量标准（DB11/238—2007 和 DB11/239—2007），并于 2008 年 1 月 1 日起实施。新汽油标准技术要求见表 7-1-10，新柴油标准技术要求见表 7-1-12。2012 年 6 月 1 日起执行京Ⅴ汽柴油质量标准（DB11/238—2012 和 DB11/239—2012）。

上海地区沪Ⅳ汽柴油新标准与北京地区标准几乎相同，唯一的差别在于车用柴油的密度：5 号、0 号、-10 号柴油沪Ⅳ标准为 810~845kg/m^3，-20 号柴油沪Ⅳ标准为 790~840kg/m^3。

2012 年 6 月 1 日起，北京实行的京Ⅴ汽油质量标准见表 7-1-13（DB11/238—2012）。与国Ⅳ汽油标准相比，京Ⅴ汽油标准除了硫含量降低到不大于 0.001% 外，汽油的辛烷值及锰含量有了改变，从原来的 90 号、93 号及 97 号汽油分别改为 89 号、92 号及 95 号汽油；锰含量指标限值由 0.006g/L 降低为 0.002g/L。与国Ⅳ柴油标准相比，京Ⅴ柴油标准主要是将硫含量从不大于 0.005% 降低到不大于 0.001%。

表 7-1-12 北京地区车用柴油第四阶段技术要求（DB11/239—2007）

项目		5号	0号	-10号	-20号	-35号	试验方法
色度/号	不大于	3.5					GB/T 6540
氧化安定性(总不溶物)/(mg/100mL)	不大于	2.5					
硫含量/%	不大于	0.005					SH/T 0689
酸度/(mgKOH/100mL)	不大于	7					GB/T 258
10%蒸余物残炭/%	不大于	0.3					GB/T 268
铜片腐蚀(50℃,3h)/级	不大于	1					GB/T5096
运动黏度(20℃)/(mm²/s)		3.0~8.0	3.0~8.0	2.5~8.0	2.5~8.0	1.8~7.0	GB/T 265
凝点/℃	不高于	5	0	-10	-20	-35	GB/T510
冷滤点/℃	不高于	8	4	-5	-14	-29	GB/T0248
闪点(闭口)/℃	不低于	55					GB/T261
十六烷值	不小于	51	51	51	49	47	GB/T386 ASTM D6890
十六烷指数	不小于	46	46	46	46	46	GB/T 11139 SH/T 0694
多环芳烃/%	不高于	11					SH/T 0606
磨斑直径/μm	不高于	460					SH/T 0765
密度(20℃)/(kg/m³)		820~845	820~845	820~845	800~840	800~840	

表 7-1-13 北京地区京Ⅴ标准车用汽油技术要求（DB11/238—2012）

项目		质量标准			试验方法
		89号	92号	95号	
锰含量/(g/L)	不大于	0.002			SH/T 0711
密度(20℃)/(kg/m³)		720~775			GB/T 1884，GB/T 1885
溶剂洗胶质含量/(mg/100mL)	不大于	5			GB/T 8019
硫含量/(mg/kg)	不大于	10			SH/T 0689、GB/T 11140
苯含量(体)/%	不大于	1.0			SH/T 0713
烯烃含量(体)/%	不大于	25			GB/T 11132
烯烃+芳烃含量(体)/%	不大于	60			GB/T 11132

三、船用燃料油质量变化趋势

2012年年初国际海事组织（IMO）提出把船用燃料油含硫量限制在3.5%以下的规定，开始逐步在全球范围实施，表7-1-14总结了全球以及指定的排放控制区（ECA）于2025年前将要实施的船用燃料油硫含量标准[2]。为满足更严格的船用燃料油硫含量标准，炼油厂需将船用燃料油平均硫含量从2.5%降至0.5%以下再用于调和。当前，残渣燃料油的产量中仅5%左右能够生产硫含量低于0.5%的燃料，而且残渣燃料油脱硫以满足新的油品规格仍是一个困难且成本高的过程，因此，船用燃料油将从采用残渣燃料油转向采用较轻的馏分油和船用柴油。这种转变在很大程度上影响到炼油厂残渣燃料油的主要出路。据估计，新的低硫船用燃油料标准将使得馏分油需求每年增加27.3Mbbl，同时残渣燃料油的需求降低66%以上。另一方面，新的污染排放控制技术（如船上海水洗涤脱SO_2）和利用LNG作为替代燃料可能会减少低硫船用燃料油对柴油需求的影响。

表 7-1-14 IMO 船用燃料油硫含量标准

项目	硫含量最高限值/%				
	2008 年	2010 年	2012 年	2015 年	2020~2025 年
全球	4.5	4.5	3.5	3.5	0.5
排放控制区(ECA)	1.5	1	1	0.1	0.1

第二节 低硫和超低硫清洁汽油生产技术

一、汽油中硫和烯烃含量对汽车尾气排放的影响

汽油中的硫在使用过程中的危害主要有三方面：①加工及使用过程中产生的尾气及有害杂质对环境造成污染；②使用过程中引起汽车尾气催化转化器中的催化剂中毒；③在加工过程中对设备产生腐蚀。

汽油中烯烃含量过高，会使得燃油进气系统受到严重污染，包括节气门、燃油喷嘴、进气阀表面及主副油腔等处易形成沉积物，造成燃烧不完全、油耗增加、尾气排放恶化。

从表 7-2-1 的数据可以看出硫及烯烃等对各种排放物的影响程度。汽车尾气催化转化器对燃料油中的硫比较敏感，超过限制值，将引起催化剂中毒失活。一旦催化剂中毒失活，汽车尾气中将含有大量 VOC、NO_x 和 CO。其中的 VOC 和 NO_x 在太阳光的催化作用下将形成污染环境的臭氧(通常称光烟雾)。此外，汽油挥发进入大气时，由于烯烃的大气活性反应也很强，同样易发生光化学反应，生成光烟雾。为此，各国政府和环保机构对汽车尾气排放的限制越来越严格。

表 7-2-1 各种杂质对汽车排放的影响

项目	组分变化范围	组分变化对排气含量的影响/%			
		HC	CO	NO_x	有害物质
1989 年车型					
芳烃(体)/%	45→20	-6①	-13	—②	-28
烯烃(体)/%	20→5	6	—	-6	—
MTBE/%	0→15	-7	-12	—	—
T_{90}/℃	182→138	-12	—	-0.1	-5.6
硫含量/(μg/g)	450→50	-18	-19	-8	-10
蒸气压/kPa	62→55	-4	-9	—	—
1994 年车型					
硫含量/(μg/g)	320→35	-20	-16	-9	-16

①"-"表示减少；②表示无明显影响。

二、汽油馏分中的硫化物

汽油馏分中的硫化物主要为硫醇、硫醚、二硫化物及噻吩。直馏汽油中的非噻吩类硫化物中硫含量约占总硫含量的 70%~80%。催化裂化汽油中的硫化物结构比较复杂。当汽油

终馏点为220℃时，重汽油馏分中的硫化物主要是苯并噻吩和甲基苯并噻吩，中汽油馏分中的硫化物主要是烷基噻吩，轻汽油馏分油中的硫化物主要是硫醇。

表7-2-2列出了国外典型催化裂化汽油中硫化物的分布实例（终馏点为220℃）。生产该种汽油的原料油硫含量为1.05%。催化裂化装置使用的催化剂为USY，转化率为69%。从表7-2-2中的数据可以看出，噻吩是催化裂化汽油中硫化物的主要成分，其中大部分是烷基噻吩，苯并噻吩占1/3左右。

表7-2-3列出了取自国内某炼油厂的催化裂化汽油硫化物分布（终馏点为182℃）。从表7-2-3可以看出，由于催化裂化技术的进步及该汽油终馏点只有182℃的因素，其硫化物分布与国外催化裂化汽油相比有较大差异，主要体现在如下几点：①硫醇硫含量增加；②苯并噻吩含量大幅度降低，只有1.5%；③C_1噻吩和C_2噻吩含量大幅度增加。

表7-2-2 国外典型的催化裂化汽油中硫化物的分布实例

硫化物	典型催化裂化汽油中各硫化物占的硫含量/(μg/g)	所占比例/%
硫 醇	6	0.6
噻 吩	52	5.4
C_1-噻吩	131	13.6
四氢化噻吩	16	1.7
C_2-噻吩	183	19.0
C_3-噻吩	126	13.1
C_4-噻吩	139	14.4
苯并噻吩	309	32.2
总计	962	100.0

表7-2-3 国内某炼油企业的催化裂化汽油硫化物分布

硫化物	典型催化裂化汽油中各硫化物占的硫含量/(μg/g)	所占比例/%
硫 醇	27	3.5
硫 醚	27	3.5
噻 吩	76	9.9
C_1-噻吩	226	29.4
四氢化噻吩	28	3.6
C_2-噻吩	237	30.8
C_3-噻吩	109	14.2
C_4-噻吩	27	3.5
苯并噻吩	12	1.6
总计	769	100.0

催化裂化汽油轻馏分中的硫醇可以通过碱抽提除去。催化裂化汽油沸点增加到65℃，开始出现不能用碱抽提的噻吩类硫化物。通过对终馏点为57℃的催化裂化轻汽油分析表明，总硫的97%能够用碱抽提[3]去除，其中的硫醇主要是甲基硫醇、乙基硫醇、丙基硫醇和丁基硫醇。催化裂化重汽油中主要硫化物是噻吩，这类硫化物目前主要是通过加氢处理的方法除去。表7-2-4是催化裂化轻汽油中的轻汽油终馏点对碱抽提脱硫效果的影响结果。

当规格要求汽油总硫低于50μg/g时，由于催化裂化重汽油中的绝大多数硫化物不能用碱抽提去除，必须经过加氢或其他方法脱除。

表7-2-4 催化裂化轻汽油中轻汽油终馏点对碱抽提脱硫效果的影响

石脑油终馏点/℃	可碱抽提的硫/%	总硫降低/%
57	97	95
60	64	92
69	87	83
75	79	71
85	61	54
90	46	36

三、汽油脱硫醇技术

轻馏分油中的硫醇具有强烈臭味,随着硫醇相对分子质量降低和汽油蒸气压增加,臭味增强。因此,一些轻质油对硫醇含量作了严格限制,如汽油的硫醇含量要求小于10 ug/g。脱臭工艺虽然是50年前发展起来的老工艺,但由于其实用性及不断发展改进,至今仍被广泛应用。

所谓馏分油脱臭技术实际上包括两类技术:一是能够把硫醇或其中的硫从系统中脱出,如抽提脱硫;二是能把硫醇转化成臭味或毒性小的硫化物。目前,工业应用较多的汽油和煤油馏分脱臭技术包括:①使用苛性碱除去硫醇的抽提过程;②在苛性碱存在下,直接把硫醇氧化成二硫化物的氧化过程;③在碱性氛围中用催化剂把硫醇氧化成二硫化物并抽除的氧化抽提过程。

在轻汽油碱处理过程中,低分子硫醇易溶于碱液中。由碱处理装置出来的用过的含硫醇化合物的富碱液可以在催化剂系统再生。富 $Na_2S/NaSH$ 碱液能够比较容易地就地销售、循环使用或处理。碱处理装置操作温度低(低于93℃),易操作(价格低,易储存,易分离和毒性小),设备投资和操作费用低,操作也比较安全。

比较重的馏分(如重汽油、喷气燃料和柴油)中的硫化物(带分支的大相对分子质量硫醇)在苛性碱中溶解度小,不能用碱抽提方法脱硫。这些馏分油中的硫可以在碱溶液的存在下通过空气/催化剂氧化,把具有臭味和腐蚀性的硫醇转化成比较安全的二硫化物。如果产品总的硫含量允许,汽油、煤油和柴油馏分都可以用此法处理。

在馏分油脱臭领域,UOP公司的Merox脱硫醇技术和Merichem公司的纤维束脱硫醇技术都属于成熟的工业化技术。我国在无碱脱臭方面开发了无碱脱臭Ⅱ型工艺和应用于重油催化裂化汽油的AA-1型固定床脱臭的专有技术。

1. Merox汽油脱硫醇技术

UOP Merox过程,能够在苛性碱或氨氛围中用Merox催化剂和添加剂把直馏石脑油、催化裂化汽油、煤油和喷气燃料中的硫醇氧化成无臭的二硫化物。该脱臭过程自1958年问世以来,伴随着催化剂和添加剂的改进,经历了三个发展阶段:适用于处理气体和LPG的间歇式固定床苛性碱循环Merox Extraction过程;碱性较弱的Minalk过程;无碱Merox过程。图7-2-1是UOP汽油无碱Merox过程[4]。

UOP开发无碱Merox过程的主要目的是解决Minalk汽油脱臭过程的废碱处理问题。该过程的主要特

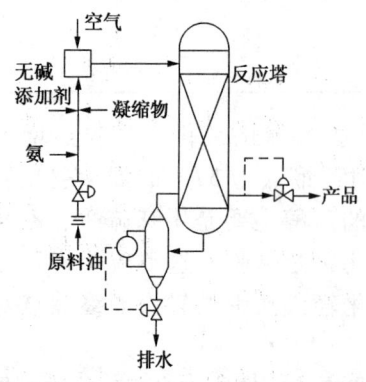

图7-2-1 UOP无碱Merox过程

点是：使用新开发的高活性 Merox 催化剂；使用的添加剂无碱；用氨代替苛性碱。汽油和煤油脱臭分别使用预浸渍 Merox21 和 Merox31 催化剂。Merox CF 添加剂在使用过程中能使催化剂保持较高的活性。反应过程是在弱碱条件下，通过高活性催化剂把硫醇转化成二硫化物，并抑制过氧化物副产品生成。

一套加工能力为 430kt/a 的汽油无碱 Merox 装置，投资约 80 万美元（1995 年海湾地区价），加工能力相同的煤油无碱 Merox 装置投资约 220 万美元。表 7-2-5 是 UOP 无碱 Merox 装置相应的操作费用。

表 7-2-5 UOP 无碱 Merox 装置操作费用

项 目	费用/(美元/m³)	
	汽 油	煤油馏分
催化剂和化学品	0.11	0.47
公用工程	0.0002	0.0004
劳动力	0.01	0.012
总计	0.12	0.48

UOP 有自己的废碱管理和处理技术，David L. Hobrook 等在他们的文献中介绍了相关的管理方法和处理技术。

使用 UOP 相关专利技术的工业装置全世界已超过 550 套。

2. 固定床汽油脱硫醇技术

国内开发出无碱脱臭Ⅱ型工艺和应用于重油催化裂化汽油的 AA-1 型固定床脱臭技术。无碱脱臭Ⅱ型工艺流程见图 7-2-2，工艺装置的操作条件、投资、操作费用估算分别列于表 7-2-6 和表 7-2-7。

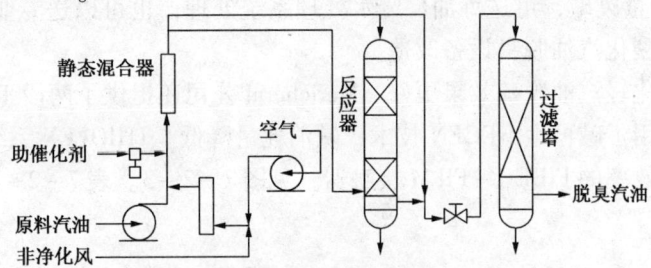

图 7-2-2 无碱脱臭Ⅱ型工艺过程

表 7-2-6 无碱脱臭Ⅱ型工业试验装置操作条件

项 目	操作条件	项 目	操作条件
温度/℃	35~45	助剂量/(μg/g)	<50
压力/MPa	0.2~0.5	硫醇性硫/(μg/g)	50~150
空气量/(m³/h)	理论量的1~2倍		

表 7-2-7 两种脱臭技术投资和操作费用的比较

项 目	无碱脱臭Ⅱ型	液-液法	项 目	无碱脱臭Ⅱ型	液-液法
处理量/(kt/a)	500	500	助剂/(元/t)	1.7	
投资	基础①	基础×(1.2~1.3)	碱/(元/t)		0.771
试剂费用/(元/t)	2.414	4.122	抗氧剂		2.8
催化剂/(元/t)	0.714	0.551			

① 为估算值。

3. 纤维束汽油脱硫醇技术

Merichem 碱处理过程的核心技术是 1974 年开发的 Merichern FIBER – FILM 接触器处理系统(见图 7 – 2 – 3),该系统是一筒形装置,内部装有无数根很细的专利金属纤维。该接触器的技术特点为:解决了分散性处理技术的许多难题,可以高效、经济和安全地处理不混溶液体;由于质量转移效率有较大提高,可以避免一般分散性处理方法引起的乳化现象,可消除液(水)相携带现象;沉降时间大大缩短;设备小而简单(如不用水洗和砂滤器能够生产硫含量低于 $5\mu g/g$ 的产品),节省空间和投资,投资为常规处理技术的 80%、加氢处理技术的 10%,操作弹性大(20% ~ 115%),烃/碱比可从 2/1 到 20/1,易于装置改扩建,用很少的投资就能把加工能力提高 100%;化学品耗量少,操作费用降低 75%;由于采用高效 REGEN 碱再

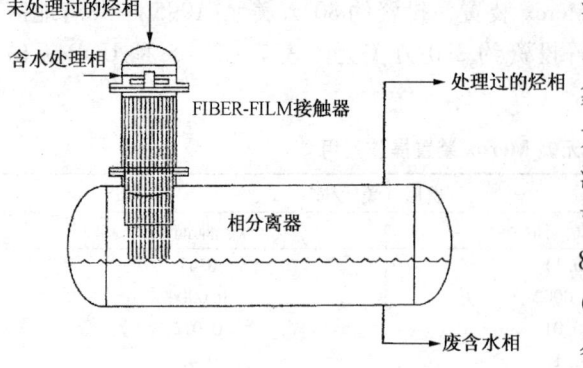

图 7 – 2 – 3 典型的 FIBER – FILM 接触器系统

生技术,碱在排出前能够长期循环使用;操作简单,易于实现自动化操作;能够维持两次检修之间 100% 在线服务;Merichem 的标准设备可在该公司工厂建造,同现场建造比较,可为炼油厂节省投资和建设时间。

Mericherm 公司开发的催化裂化轻汽油碱抽提脱硫过程,同加氢脱硫比较,除了投资低和操作费用低之外,主要有三个特点:① 由于不存在饱和烯烃问题,不会损失产品辛烷值;② 抽提处理排出少量废碱,可送炼油厂废水处理系统处理,也可以送专业公司处理;③ 装置可用现有的催化裂化汽油脱臭设备改造。

为了使催化裂化轻汽油脱硫效果更好,Mericherm 公司还提供了两段 THIOLEX 碱抽提系统。该系统由于使用了碱再生 REGEN 技术,碱消耗量降低。THIOLEX 系统也使用能够提高石脑油和碱的接触效率的 FIBER – FILM 接触器,见图 7 – 2 – 3。表 7 – 2 – 8 是该处理系统的基础设计数据。

表 7 – 2 – 8 THIOLEX 碱抽提系统的设计基础数据

项 目	数 据	项 目	数 据
原料油	催化裂化轻石脑油	产品规格/($\mu g/g$)	
终馏点/℃	69	总硫	51
加工量/(kt/a)	340 ~ 680	硫醇硫	<4
入口硫含量/($\mu g/g$)	278	操作条件	
处理剂		抽提温度/℃	38
氢氧化钠/%	14.33	再生温度/℃	52
空气/MPa	0.6	抽提压力/MPa	0.7
催化剂类型	金属有机化合物		

图 7 – 2 – 4 是 THIOLEX 过程工艺流程图。图中的 BS – 1&2 是两台并联篮式过滤器,用于除掉大于 $300\mu m$ 的颗粒,如硫化铁垢。V – 2 中的 SP – 1 是专用聚结剂,该聚结剂能确保产品中的钠含量不超过 $1\mu g/g$。系统压力由一个背压阀控制。

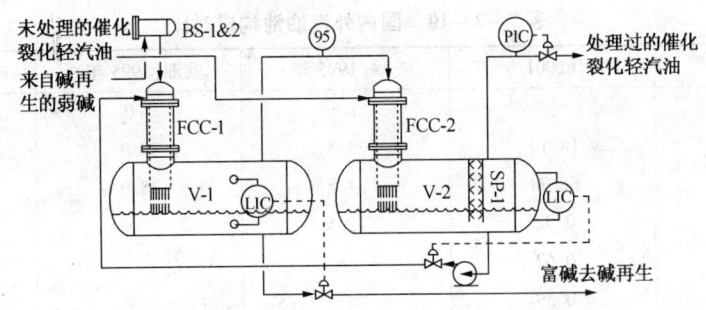

图 7-2-4 催化裂化轻汽油硫醇硫抽提(THIOLEX)过程工艺流程图

催化裂化轻汽油抽提过程中的碱再生(REGEN)系统,能够把再生过的碱送到催化裂化轻汽油第二段硫醇硫抽提器。氧化催化剂通过催化剂管定期加入碱液中,以便维持适当的活性。加入催化剂的目的是促进如下反应:

$$2RSNa + 1/2O_2 + H_2O \longrightarrow RSSR + 2NaOH$$

Merachem 公司有 7 套正在操作的 THIOLEX 装置,处理催化裂化轻汽油或同催化裂化轻汽油相当的汽油馏分。其中 5 套装置的原料和产品硫含量见表 7-2-9。

表 7-2-9 处理催化裂化轻汽油 THIOLEX 装置的加工能力、原料和产品硫含量

原料名称	原料硫含量/(μg/g)		产品硫含量/(μg/g)	
	硫醇硫	总硫	硫醇硫	总硫
戊烯馏分	367	400	5	50
催化裂化轻汽油+焦化轻汽油	543	1133	10	700
焦化轻汽油	3000	4020①	15	1300
催化裂化汽油	100	220		170
重油催化裂化汽油	45	155	5	135

① 不能抽提的其他硫化物。

国内外开发上述三种脱臭技术,均有较好的硫醇脱除效果,可大幅度降低产品中的硫醇含量,使产品符合规格要求。但是这些脱臭方法仅仅是降低硫醇含量而不降低汽油中的总硫含量,当汽油中的硫含量要求较为严格时,上述方法的应用就受到很大限制。

加氢法脱硫醇与无碱脱硫醇相比较,工艺流程简单,操作方便,产品质量较好,生产中产生污染物少,原料适应能力强,属清洁生产工艺。无碱法脱臭工艺虽然能耗低,加工费用较低,但加工较差的原料时会增加操作费用,因此,无碱脱臭工艺只有在较好原料时才宜采用。

四、我国催化裂化汽油特点

我国早期催化裂化汽油占汽油总量的 75% 左右。近年来,随着我国连续重整装置的建设,催化裂化汽油比例有所降低,但依然显著高于国外发达国家。表 7-2-10 列出了国内外汽油构成情况,可以看出,中国汽油的构成比较单一,催化裂化汽油占汽油总量的 65% 以上,而欧美只占 35%～40%。此外,由于原料构成、加工工艺装置及馏程范围的差异,我国催化裂化汽油组成与国外催化裂化汽油组分有较大差异,其对比结果见表 7-2-11。

表7-2-10 国内外汽油池构成对比　　　　　　　　　　　　　　　%

名称	中国(2001年)	美国(1995年)	欧洲(1995年)	意大利(1996年)
丁烷		5.5	3.0	5.0
催化重整汽油	18.19	33.5	38.0	28.0
催化裂化汽油	66.74	34.5	35.0	42.0
烷基化汽油	0.32	12.5		10.0
直馏汽油	0.62			
加氢石脑油	0.59			
其他	5.48			
芳烃	4.03			
异构化汽油	0	10.0		9.0
MTBE等	4.03	4.0	24.0	6.0

表7-2-11 我国与国外催化裂化汽油的组成对比

汽油来源	硫/(μg/g)	饱和烃(体)/%	烯烃(体)/%	芳烃(体)/%
中国石油华北石化分公司	469	46.6	39.0	14.4
中国石化武汉分公司(MIP汽油)	1100	48.5	32.5	19.0
中国石化石家庄分公司1	750	39.5	42.0	18.5
中国石化石家庄分公司2(MIP汽油)	665	51.1	31.0	17.9
国外油1	270	40.5	20.6	38.9
国外油2	1450	33.8	19.6	46.6
国外油3	2800	32.7	24.8	42.5

图7-2-5及图7-2-6分别列出了取自国内三家不同炼油厂的催化裂化汽油硫含量及烯烃含量分布图。由图7-2-5及图7-2-6可以看出，FCC汽油中的硫主要富集在重馏分中，而烯烃则主要富集在轻馏分中。

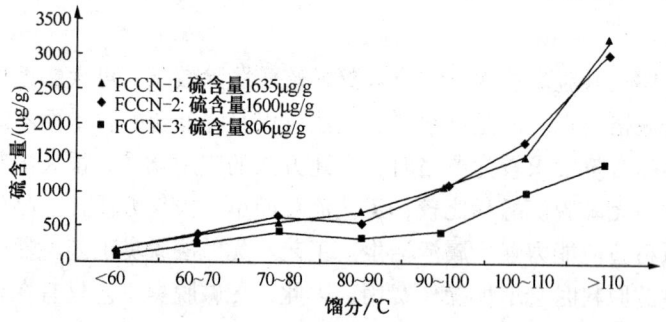

图7-2-5　FCC汽油中的硫含量分布

从表7-2-11及图7-2-5、图7-2-6可以看出，尽管近年来我国多数催化裂化装置改造为多产丙烯、降低烯烃的MIP工艺技术，但与国外催化裂化汽油相比，我国取自不同炼油厂、硫含量相差显著的催化裂化汽油均具有如下特点：

(1) 烯烃含量(体积分数)高，高达31%~42%，比国外催化汽油烯烃含量高50%以上。
(2) 芳烃含量低，仅为国外催化裂化汽油的40%~50%。

由于催化裂化汽油在汽油池中比例高，汽油质量升级的关键是在尽可能减少辛烷值损失

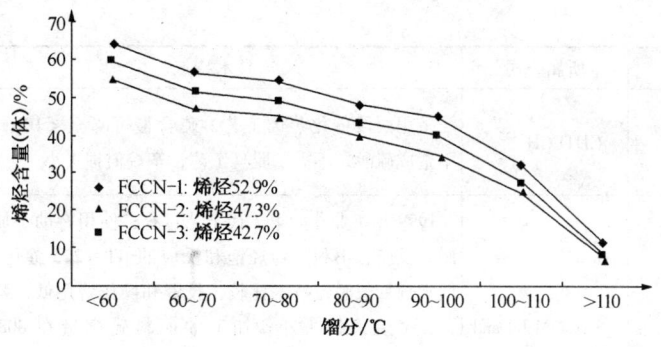

图 7-2-6 FCC 汽油中的烯烃分布

的前提下降低催化裂化汽油中的硫含量。因此,应针对国内催化汽油性质特点,开发适合国情的催化汽油脱硫技术以满足汽油质量升级的要求。

五、催化裂化汽油脱硫技术

生产超低硫汽油的关键是脱除催化裂化汽油中的硫化物。结合催化裂化汽油中硫化物及烯烃的分布规律,国内外许多研究机构开发了降低催化裂化汽油硫含量的技术。生产硫含量 <150μg/g 的汽油时,需要脱除重组分的硫化物;生产硫含量 <50μg/g 的汽油时,需要脱除中、重组分的硫化物;生产硫含量 <10μg/g 的汽油时,需要对催化裂化汽油全馏分进行脱硫。目前国内外普遍应用的是选择性加氢脱硫技术。非加氢技术近年来有所发展,得以推广应用的主要是 S-Zorb 吸附脱硫技术。国内外近年来开发的催化裂化汽油脱硫技术见表 7-2-12。

表 7-2-12 国内外催化裂化汽油脱硫技术

工艺名称	所属公司	技术特点	工业化动态
降低催化裂化汽油终馏点		终馏点降低至160℃,硫含量降低20%~40%,损失汽油收率及辛烷值	已工业应用
传统加氢精制		常规加氢脱硫催化剂及工艺装置,脱硫率90%,辛烷值损失7~9个单位	已工业应用
催化裂化汽油选择性加氢脱硫工艺			
Prime-G+	IFP	PrimeG 过程的改进型;固定床双催化剂加氢脱硫技术;催化裂化全馏分汽油,脱硫率达98%,能够满足硫含量低于10μg/g 的超低硫汽油规格;烯烃饱和少,没有芳烃饱和,汽油辛烷值损失小;裂化反应很少,汽油收率高;不产生 LPG,不会干扰气体处理厂操作;同步脱臭,不需要另外进行脱臭操作;催化剂使用周期较长并能再生;由于操作条件缓和、氢耗低和催化剂费用低,装置投资和操作费用低;在分离塔前设置选择加氢反应器,能使系统在更苛刻的条件下操作	已工业应用200余套装置

续表

工艺名称	所属公司	技术特点	工业化动态
CD 工艺	CDTECH	采用两段催化蒸馏工艺,硫含量可降至 <10μg/g,不生成硫醇,不需要脱臭工艺,辛烷值损失小	有 2 套装置建设运转
Scanfining 催化裂化汽油加氢脱硫	Exxon Mobil and Akzo Nobel	1999 年工业化的第二代工艺过程;使用有助于加氢脱硫反应、不利于烯烃饱和反应的 RT-225 催化剂;同常规加氢脱硫技术比较,投资和操作费用低,氢耗低,辛烷值损失小;加工的原料硫含量在 808~3340μg/g 之间,溴值在 34.3~67μg/g 之间,脱硫率在 98.9%~99.8% 之间,烯烃饱和率在 33.3%~47.9% 之间,产品硫含量在 8~16.5μg/g 之间,抗爆指数损失在 1.1~3.8 个单位之间	19 套装置在建设运转
RSDS	RIPP	烯烃饱和率较低,辛烷值损失少,可从高烯烃含硫 400~900μg/g 的催化裂化汽油生产含硫 <200μg/g 产品,抗爆指数损失 0.3~0.95 个单位	2003 年工业化,已工业应用 2 套工业装置
RSDS-Ⅱ	RIPP	烯烃饱和率较低,辛烷值损失少,可从高烯烃含硫 300~500μg/g 的催化裂化汽油生产含硫 <50μg/g 的产品,RON 损失 0.3~1.0 个单位	正在设计及已工业应用装置 13 套
OCT-M	FRIPP	采用专门开发的 HDS 催化剂和配套的加氢工艺,加工含硫 500~1000μg/g 催化裂化汽油,生产含硫量 <150μg/g 的产品时,RON 损失 0.5~1.5 个单位,液收基本不损失	2003 年工业化,已应用 21 套工业装置
OCT-MD	FRIPP	采用专门开发的 HDS 催化剂和配套的加氢工艺,可有效降低轻汽油硫含量,加工含硫 350~600μg/g 催化裂化汽油、生产含硫量 <50μg/g 的产品时,RON 损失 0.5~0.9 个单位,液收基本不损失	2006 年工业化,已应用 4 套工业装置
OCT-ME	FRIPP	采用专门开发的 HDS 催化剂和配套的加氢工艺,可有效降低轻汽油硫含量,加工含硫 350~600μg/g 催化裂化汽油、生产含硫量 <10μg/g 的产品时,RON 损失 1.2~2.0 个单位,液收基本不损失	2012 年实现工业应用
OATS 工艺	英国 BP 公司	采用缓和的工艺条件且无需氢气,无需压缩机或加热炉,通过噻吩-烯烃烷基化反应,65~120℃馏分中的硫被转化为更高沸点的硫化物后,该馏分基本不含硫,无需再去加氢脱硫。保证了加氢脱硫单元进料中的重组分烯烃含量很低,氢耗和 RON 损失都较少	已在德国 Payernoil 炼油厂工业应用
GT-DeSulf 工艺	GTC 技术公司	GT-Desulf 过程将 FCC 汽油切割成轻、中和重组分,通过蒸馏萃取的方法将轻、中组分中的含硫化合物分离出来,萃余相的轻中组分采用 Merox 方法脱除硫醇,萃取相中的高硫馏分和重馏分一起进行加氢处理得到高辛烷值低硫汽油	

续表

工艺名称	所属公司	技术特点	工业化动态
加氢脱硫、辛烷值恢复工艺技术			
Octgain	ExxonMobil	非选择性加氢脱硫，1991年工业化；目前使用有利于维持辛烷值的第二代OCT-220催化剂，在加氢脱硫的同时，不降低辛烷值或使辛烷值损失最小；原料不同，C_5^+收率不同，产品辛烷值损失不同。具有调节产品辛烷值的灵活性；典型操作条件为：液时空速$1\sim4h^{-1}$；反应温度288~427℃；反应压力2.1MPa以上；能生产低硫、高辛烷值、低烯烃汽油，而苯含量和蒸气压基本不变；脱硫汽油硫醇含量低，可直接调入汽油池	工业应用2套装置
ISAL	UOP and PDVAS-Intevep	非选择性加氢脱硫；目前使用第二代催化剂，同老催化剂比较，新催化剂系统抗氮能力和脱硫能力提高，在完成汽油加氢脱硫的同时，能控制产品中烷烃相对分子质量，C_5^+收率提高，并能把低辛烷值组分重新转化成高辛烷值组分，减少由于烯烃饱和引起的汽油辛烷值损失。催化剂系统分两段，采用急冷氢分层温控技术，降低反应器出口温度，延长催化剂寿命；通过调整操作条件，能控制产品硫含量和辛烷值损失；能把催化裂化汽油重组分的硫含量脱到$25\mu g/g$	有1套装置
RIDOS	RIPP	根据原料性质及产品质量要求，将催化裂化汽油切割为轻、重两个馏分，轻馏分进行碱抽提脱硫醇，重馏分进行加氢脱硫，烯烃饱和后，进行异构裂解，再将处理后的轻、重组分调和为RIDOS汽油，其产品收率为85%，抗爆指数损失为1.25	建成1套
OTA	FRIPP	全馏分进料，在加氢脱硫过程中烯烃降低至<20%，在第二反应器中进行异构、裂解、烷基化、烃化及芳构化，使辛烷值得到恢复，C_5^+液收大于90%，抗爆指数损失小于1个单位	1套工业示范装置
吸附脱硫			
S-Zorb	Phillips 中石化	在临氢状态下，采用专有吸附剂，流化床工艺，连续再生，产品硫含量可降低至$25\mu g/g$或$10\mu g/g$以下，抗爆指数损失<0.5个单位	国外应用7套，国内应用9套装置，在律12套装置

续表

工艺名称	所属公司	技术特点	工业化动态
LADS 非临氢吸附脱硫工艺	洛阳石化工程公司	不临氢，吸附温度 80～100℃，脱附温度 70～90℃，吸附空速 1～2 h^{-1}，脱附空速 1～1.5 h^{-1}，剂油比 0.5～1.5，原料含硫 840～1430μg/g，脱硫率 61%～74%，脱硫油收率 96%～98%，辛烷值基本不损失	中试
IRVAD 吸附脱硫	Blach & Veatch Priychard 和 Alcoa Industrial Chwmicals 联合开发	该工艺可处理催化裂化汽油和焦化汽油，原料与吸附剂在多段吸附塔内逆流接触，吸附剂与再生介质在较高温度下接触进行再生，再生后的吸附剂循环回收至吸附塔循环使用。处理汽油含量为 1276μg/g，氮含量为 37μg/g 的原料时，产品含硫 <100μg/g，含氮 <0.3μg/g，液体产品收率为 99%、再生介质为氢气，氢耗可以忽略不计	中试工业装置在设计中

六、催化裂化汽油选择性加氢脱硫技术

近年来，针对催化汽油的加氢脱硫，国内外成功开发了多种辛烷值损失较小的 FCC 汽油选择性加氢脱硫技术，如 Exxon Mobil 公司和 Akzo 公司联合开发的 Scanfining 技术、中国石化抚顺石油化工研究院（以下简称 FRIPP）的 OCT–M 和 OCT–MD 技术、中国石化石油化工科学研究院（以下简称 RIPP）的 RSDS 和 RSDS–Ⅱ、法国 Axens–IFP 公司的 Prime–G^+ 技术、Shell 和 ABB Lummus 合资的 CDTECH 公司开发的 CDHydro/CDHDS 等技术。这些技术根据 FCC 汽油烯烃集中在低沸点轻汽油馏分（LCN）中、硫化物集中在高沸点重汽油馏分（HCN）中的特点，通过无碱脱臭、碱液抽提或临氢双分子加成缩合等技术将轻汽油馏分中的小分子硫醇转化成为沸点相对较高的二硫化物或硫醚而转移到重汽油馏分中或经过碱液溶剂反抽提进行脱除，得到的低硫轻汽油馏分可直接去产品调和，重汽油馏分去选择性加氢脱硫单元加工，从而可以生产出满足欧Ⅲ、欧Ⅳ甚至欧Ⅴ排放标准要求的汽油产品。

1. 国外催化汽油选择性加氢脱硫技术及其工业应用情况和实例

近年来，世界各大石油公司重点开发了既能有效降低催化裂化汽油硫含量，又能保证辛烷值损失相对较小（1～2 个单位）的催化汽油选择性加氢脱硫技术。典型的 FCC 汽油选择性加氢脱硫技术主要包括：①法国 Axens–IFP 开发的 Prime–G^+ 工艺技术；②Exxon Mobil 公司和 Akzo 公司联合开发的 Scanfining 技术；③由 Shell 公司控股的 Chemical Research and Licensing Co. 和 ABB Lummus Global Inc. 合资的 CDTECH 公司开发的 CDtech 工艺即 CDHydro/CDHDS 技术；④GTC 公司的 GT–DeSulf 工艺技术；⑤英国 BP 公司的 OATS 工艺技术。

（1）Prime–G^+ 技术[5~10]　Prime–G^+ 工艺是 Axens–IFP 公司开发的选择性加氢工艺，采用固定床双催化剂加氢脱硫技术，其特点是：催化裂化全馏分汽油脱硫率可以达到 98% 以上，能够满足生产超低硫规格汽油的要求，烯烃饱和量少，汽油辛烷值损失小，液收收率高，可实现同步脱臭，不需要另外进行脱臭操作。曾获得 Kirkpatrick 化学工程荣誉奖。工艺流程包括：全馏分选择性加氢（SHU）及分馏、重汽油选择性加氢脱硫（HDS），其流程示意图见图 7–2–7。

该工艺首先在选择性加氢单元（SHU）中通过选择性加氢将汽油中的双烯加氢，将部分

烯烃异构,同时将硫醇和硫醚加氢成为重组分。这部分加氢反应主要是为了防止 HDS 单元的催化剂失活和中毒。在 SHU 单元中使用 HR845 催化剂,该催化剂对双烯具有很高的选择性,而单烯烃只有很少一部分被加氢饱和,这样就可以保证汽油的辛烷值损失降到最少。同时催化剂的异构功能还可以将部分处于链两端的烯烃异构成为辛烷值较高的异构烷烃,因为在加氢过程中处于碳链中间的烯烃加氢活性没有链端的活性高,因此避免了烯烃加氢的进一步辛烷值损失。通过硫醇和硫醚与烯烃醚化反应生成重组分,可以将含硫化合物转移到较重的馏分中,降低了轻馏分油的硫含量。工业装置第一段 SHU 选择性加氢的工业应用结果见表 7-2-13。

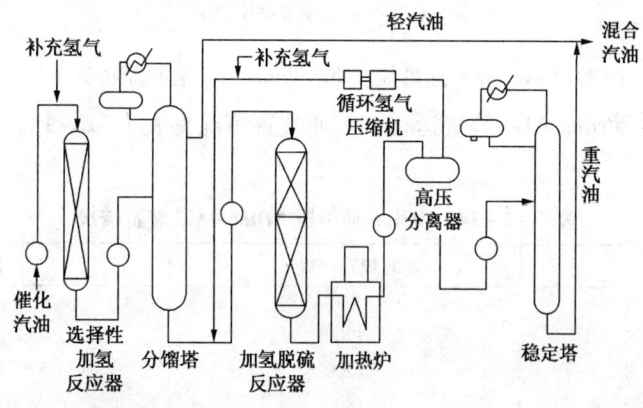

图 7-2-7 Axens 公司的 Prime-G$^+$ 工艺流程图

表 7-2-13 Prime-G$^+$ 工艺第一段加氢工业结果

项目	原料	SHU 产品	轻馏分
切割点/℃			60
硫含量/($\mu g/g$)	1950	1950	<10
$C_1 \sim C_4$ 硫醇/($\mu g/g$)	100	<0.5	<2
RON	94	94.3	

在馏分切割单元是将 SHU 单元处理后的物料中大于 65℃(主要是 C_5 组成)的馏分切割出来,因为这部分馏分通过 SHU 单元处理后已无硫醚和硫醇类化合物,由于噻吩的沸点高于 65℃,避免了噻吩类化合物进入汽油轻馏分油(LCN)中。此外,将 LCN 分离出来还可以减小后续 HDS 反应器的体积。

在 HDS 单元可以很好地将中馏分(MCN)和重馏分(HCN)加氢脱硫,同时该工艺还具有以下特点:①只有很少量的烯烃被加氢饱和,最大程度上避免了辛烷值损失;②避免了硫醇和烯烃反应;③没有裂化反应发生——液体收率接近 100%。上述功能主要是通过双催化剂系统而实现的,HR806 具有很高的加氢脱硫活性,可以将许多难脱除的含硫化合物加以脱除,而且不会对烯烃过度加氢饱和导致汽油的辛烷值大量损失。HR841 深度精制催化剂可以降低硫醇再生成反应的发生,同时几乎不发生烯烃的加氢反应。

该工艺是目前世界范围内应用最广的催化汽油脱硫技术,已许可约 200 余套工业装置,其中 90 余套 Prime-G$^+$ 装置是为生产超低硫汽油(<10$\mu g/g$)而设计的。这些装置的原料硫含量分布见图 7-2-8。

中国石油自 2008 年起引进法国 Axens 公司的 Prime-G$^+$ 催化裂化汽油加氢脱硫技术,

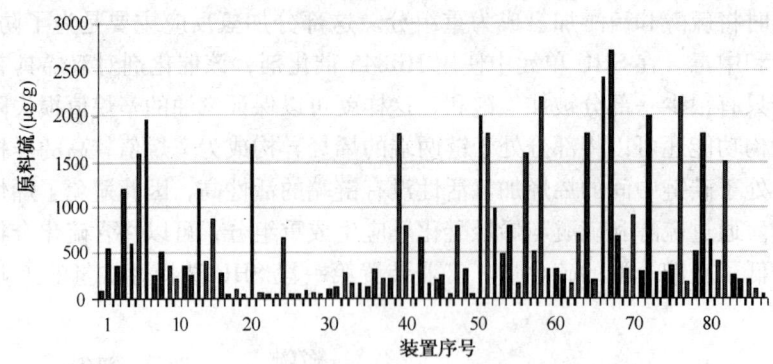

图 7-2-8 生产超低硫汽油的 Prime-G⁺ 装置原料硫分布

到目前为止已有 5 套 Prime-G⁺ 装置运行，工业装置情况见表 7-2-14，部分装置标定结果见表 7-2-15。

表 7-2-14 中国石油引进 Prime-G⁺ 装置情况

炼油厂	装置规模/(kt/a)	首次开工时间
大港石化分公司	750	2008.5
锦西石化分公司	1200	2008.6
吉林石化分公司	1200	2010.11
兰州石化分公司	1800	2010.12
锦州石化分公司	1000	2011.10

表 7-2-15 Prime G⁺ 工艺在国内的工业应用结果

项 目	大港石化	锦西石化	兰州石化
原料性质			
硫含量/(μg/g)	117	171	195
烯烃含量(体)/%	36		33
RON	91.3	86.9	90.8
产品性质			
硫含量/(μg/g)	18	69	39
烯烃含量(体)/%	33.6		28
RON	90.7	86.0	89.8
RON 损失	0.6	0.9	1.0

从表 7-2-15 可见：国内三家炼油企业采用 Prime-G⁺ 催化裂化汽油加氢脱硫技术，加工硫含量为 117~195μg/g、烯烃含量(体积分数)为 33%~36% 的催化裂化汽油全馏分原料，汽油产品硫含量降至 18~69μg/g，RON 损失 0.6~1.0 个单位。

（2）Scanfining 技术[11,12]　ExxonMobil 公司和 Akzo 公司联合开发的 Scanfining 技术和 RT-225 催化剂，可以将催化裂化汽油硫含量降到 10~50μg/g，在脱硫率达 95% 时，抗爆指数只损失 1~1.5 个单位。该技术的主要特点是：①可满足硫含量低于 10μg/g 的目标；②C_5 以上液收在 100% 以上；③辛烷值损失和氢耗低；④原料选择范围宽，可加工全馏分 FCC 汽油，也可加工中质或重质 FCC 汽油；⑤使用常规的固定床加氢处理设备，易于对现有装置进行改造。Scanfining 工艺流程见图 7-2-9。

Scanfining 工艺在 2001 年荣获美国化学会(ACS)工业发明奖。RT-225 催化剂是该工艺

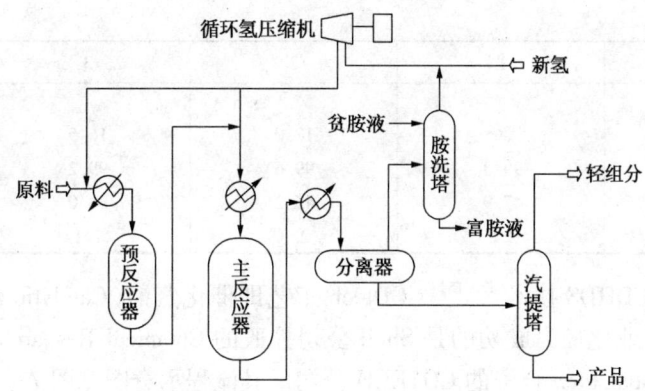

图 7-2-9 Scanfining 工艺流程图

的核心技术。该工艺从开发新型催化剂和优化工艺着手，既达到了脱硫的目的，同时也避免了烯烃加氢反应使汽油的辛烷值降低。目前该公司推出最新一代的 RT-235 催化剂，在达到相同脱硫率的同时，RON 损失可比使用 RT-225 时减少 0.4~0.6 个单位。

Scanfining 工艺首先在预处理加氢饱和器中加氢处理将二烯化合物加氢饱和，防止它们在 HDS 单元使催化剂失活。在 HDS 单元中采用含有 CoMo 成分的催化剂，这种催化剂具有很高的 HDS 活性，同时对烯烃加氢饱和率低。加氢后的产物通过冷却器分离和蒸馏，C_5~C_6 轻馏分油采用胺洗脱除硫醇和硫醚。与 Prime-G$^+$ 工艺相比，该工艺控制的切割温度并不严格，主要是由于 Prime-G$^+$ 工艺必须将硫醇类化合物转移到重组分中进行加氢处理，而 Scanfining 轻馏分油无需加氢。Scanfining 还采取了其他的手段进行工艺调整，如在瑞士的炼油厂采用先氧化的方法将硫醇和硫醚氧化后再和中、重组分共同进入加氢单元，也可以达到脱硫的目的。

第二代的 Scanfining 工艺可以将生成油中的硫含量降到 10μg/g 左右，烯烃饱和率不到 50%，辛烷值损失为 1~4 个单位。表 7-2-16 列出了 Scanfining 工艺加工四种不同的催化裂化汽油的中试运转结果。

采用该技术第一套工业装置于 1995 年在 ExxonMobil 公司的一座美国炼油厂投产。另一套新建装置于 1999 年在 ExxonMobil 公司位于法国的 PortJerome 炼油厂投产。2003 年 3 月，一套新建的 Scanfining 装置在 Statoil 公司位于挪威的 Mongstad 炼油厂投产。该装置加工全馏分渣油催化裂化汽油，原料硫含量 600~800μg/g，脱硫率达 97% 时，抗爆指数损失为 1.5 个单位。目前该炼油厂已可生产硫含量小于 10μg/g 的汽油产品。该技术工业应用装置已超过 66 套。

表 7-2-16 Scanfining 工艺的中试效果

项 目	1	2	3	4
原料性质				
API 度	48	43.1	41.0	54.8
硫含量/(μg/g)	3340	2873	2062	808
FIA 芳烃(体)/%	37.5	48.2	51.9	28.2
烯烃(体)/%	32.8	23.0	20.7	34.9
饱和烃(体)/%	29.7	28.8	27.4	36.9
90% 馏出点温度/℃	173	215	216	181

续表

项目	1	2	3	4
产品性质				
硫含量/(μg/g)	8	12.0	16.5	9.1
脱硫率/%	99.8	99.6	99.2	98.9
烯烃饱和率/%	47.9	45.2	34.0	33.3
(R+M)/2 损失	3.8	2.3	1.1	2.4

(3) CDHydro/CDHDS 技术[13~15]　CDtech 工艺即催化蒸馏（Catalytic distillation，CD）工艺。CD 技术目前工业化最为成功的是 Shell 公司控股的 Chemical Research and Licensing Co. 和 ABB Lummus Global Inc. 合资的 CDTECH 公司。其流程示意图见图 7-2-10。

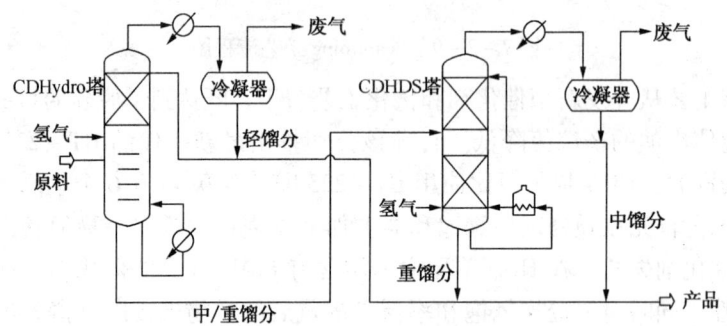

图 7-2-10　CDtech 工艺流程图

CDHydro/CDHDS 是一种独特的催化蒸馏技术，能够在脱除硫化物的同时选择性地进行二烯烃饱和以及增加辛烷值的烯烃异构化反应。CDHydro 催化塔将 FCC 汽油切割成轻、中/重馏分，并对轻馏分进行加氢处理。原料进入催化蒸馏塔后，二烯烃和硫醇反应形成重质硫化物，并与中质和重质催化石脑油馏分一起流向塔底。轻馏分在催化剂作用下进一步脱硫。轻馏分在塔中上行过程中，依次与脱硫、加氢和异构化催化剂接触。从 CDHydro 塔中出来的轻产品具有高的辛烷值、极高的烯烃含量、相对高的饱和蒸气压以及非常低的硫醇硫。

CDHydro 段的主要优点包括：99% 以上的硫醇能够被脱除，无需碱处理；允许使用较低的压力，防止过度耗氢和烯烃饱和；脱除了二烯烃的轻催化石脑油可用作醚化装置进料。

中质和重质催化石脑油馏分被送至 CDHDS 塔，同时进行蒸馏和 HDS 反应。中质催化石脑油在 CDHDS 反应器的上段催化剂区域反应，而重质催化石脑油在下段区域反应。中质催化石脑油比重质催化石脑油含有更少的复杂硫化物和更多的烯烃，其在相对缓和温度下进行脱硫可以防止过多的烯烃饱和，从而保留了产品的辛烷值。重馏分则因含较少烯烃和较多硫化物而在较高温度下加氢处理。脱硫所需的较高温度并不会造成明显的辛烷值损失。在 CDHDS 塔中进行的蒸馏反应分离出两种 FCC 汽油馏分，从而提高了调和的灵活性并增强了对产品终馏点的控制。来自 CDHDS 塔的中间馏分油产品是最佳的低终馏点汽油调和组分，而塔底产品也可单独用作高终馏点的汽油调和组分。另外，由于塔底产品的硫含量非常低，因此当最大化生产柴油更具经济性时，无需进一步脱硫即可将其送至超低硫柴油池。再者，将塔底产品直接送至 ULSD 池能够帮助炼油厂消除柴油加氢处理装置的瓶颈，因为来自 CDHDS 塔的这部分塔底产品不会占用加氢处理装置生产能力的份额。CDHDS 塔底产品用作煤油馏分油或喷气燃料也将具有潜在优势。

第一套采用CDHydro/CDHDS组合技术的工业装置于2000年11月在加拿大Irving石油公司的Brunswick炼油厂投产,加工全馏分催化汽油,加工能力为2320kt/a,原料硫含量约1000μg/g,设计生产硫含量为150μg/g和30μg/g的汽油,脱硫率为85%,抗爆指数损失小于1个单位。第二套采用CDHydro/CDHDS组合技术的工业装置于2002年2月在Chevron Texaco石油公司的一家炼油厂投产。

目前已有23套CDHDS和CDHDS$^+$装置在运转,另外还至少有14套处于不同设计阶段。全球各炼油厂采用CDHydro、CDHDS和CDHDS$^+$处理汽油的能力已超过1.6Mbbl/d。

(4) GT – Desulf 工艺[16] GTC技术公司的GT – Desulf 工艺,从原理上来看,GT – Desulf 工艺和Prime G$^+$、Scanfining和CDTECH工艺有所差别。GT – Desulf 工艺采用蒸馏萃取技术与Prime G$^+$和Scanfining工艺利用分馏分离FCC汽油轻、中和重组分的方法有所不同。普通的萃取是需要液液两相分离,而蒸馏萃取提供了气液两相的分离,因此在溶剂的选择上就具有了更加广阔的空间。GT – Desulf 过程将FCC汽油蒸馏成轻、中和重组分,通过蒸馏萃取的方法将轻、中组分中的含硫化合物分离出来,萃余相的轻中组分采用Merox方法脱除硫醇,萃取相中的高硫馏分和重馏分一起进行加氢处理得到高辛烷值低硫汽油。对比前面的几种工艺,该方法不同之处就是用萃取蒸馏取代了萃余相馏分油的加氢过程。技术的核心在于萃取蒸馏的高选择性溶剂筛选,通过溶剂的加入改变原料的相对挥发度。脱硫过程中,该溶剂增加了非芳香组分(包括烯烃)与噻吩类含硫物之间的相对挥发度。由于含硫物和芳香烃的高极性,溶剂把它们同时萃取出来。汽油原料的切割极大地减少了昂贵的加氢单元的操作负荷。

萃取精馏过程包括两个主要的单元操作:萃取蒸馏和溶剂回收。FCC汽油首先被送入萃取蒸馏塔,在汽液操作过程中萃取剂将硫化物和芳香化合物萃取出来,烯烃和非芳香化合物作为萃余液流向塔顶,由于操作温度远低于萃取剂的沸点,因此不需要萃余液清洗和回收。萃取蒸馏塔底产品直接流入溶剂回收塔,在这里溶剂与含硫组分及芳香组分分离开来。萃取出的产品占原料的10% ~ 20%。然后它们被送入加氢单元进行脱硫。GT – Desulf 工艺过程抽提出所有的噻吩类含硫化合物以及芳香组分,而烯烃则是萃余物。低硫富烯烃的萃余液产品可以直接与含噻吩硫低于10μg/g的汽油进行调和。对于高含量的硫醇,可以用常规的碱洗方法进行脱硫处理,通过这种方法,总硫含量可以降低到小于10μg/g。GT – Desulf 工艺流程图见图7 – 2 – 11。

(5) OATS 工艺[7,17,18] BP公司开发的噻吩 – 烯烃烷基化技术(OATS, olefinic alkylation of thiophenic sulfur),使用固体酸催化剂,将噻吩型硫化物转化为沸点更高、容易从汽油馏分分离的组分。生成的硫化物沸点一般高于200℃,很容易经过分馏和加氢手段将其除去。

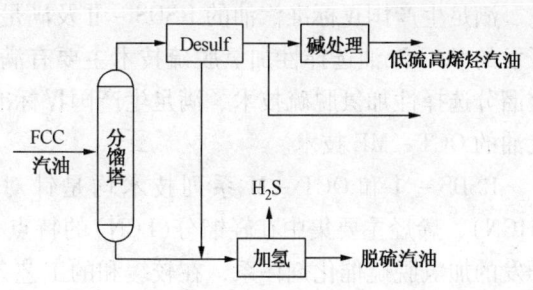

图7 – 2 – 11 GT – Desulf 工艺流程图

噻吩及甲基噻吩在催化裂化汽油全部硫化物中的比例为5% ~ 25%,这两种硫化物主要存在于65 ~ 120℃的中间馏分,而这一中间馏分烯烃非常高(约30% ~ 45%),由于这类硫化物无法经碱抽提除去,通常在生产低硫产品时只能进入加氢单元。而通过噻吩 – 烯烃烷基化反应,65 ~ 120℃馏分中的硫被转化为更高沸点的硫化物后,该馏分基本不含硫,无需再去加氢脱硫。这样保证了加氢脱硫单元的进料中的烯烃含量很低,因而氢耗和 RON 损失都较少。

OATS 技术采用缓和的工艺条件并且无需氢气、无需压缩机或加热炉,使用两个互相切换的反应器以确保装置的无间断操作。另外,采用的固体酸催化剂会促进一些烯烃齐聚反应,生成支链烯烃,既有利于提高产品的辛烷值,又降低了其蒸气压。

OATS 工艺流程图见图 7-2-12。首套工业装置在德国 Payernoil 炼油厂投产,该装置能力为 645kt/a,产品满足德国硫含量小于 10μg/g 的质量指标要求。表 7-2-17 列出了一些 OATS 技术的中试结果。

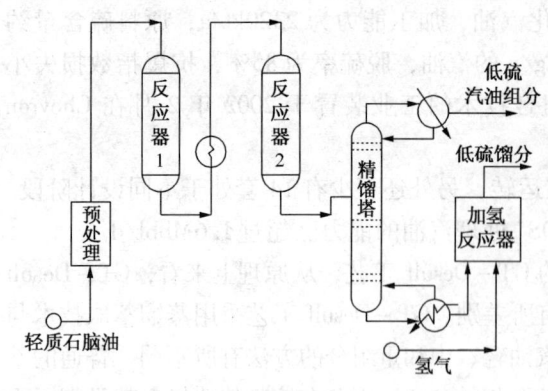

图 7-2-12 OATS 工艺流程图

表 7-2-17 OATS 技术的中试结果

性 质	原 料	产 品
硫含量/(μg/g)	2330	<20
馏程/℃	52~222	68~274
抗爆指数变化		-2.0

2. 我国催化汽油选择性加氢脱硫技术及其工业应用

我国从事催化裂化汽油选择性加氢脱硫技术开发的机构主要有三家单位:即 RIPP 和 FRIPP 以及中国石油下属的石油化工研究院。

针对不同阶段国Ⅲ、国Ⅳ及国Ⅴ标准的要求,RIPP 和 FRIPP 在不同时期开发了不同的技术。RIPP 开发的 FCC 汽油选择性加氢脱硫技术主要有满足生产国Ⅲ标准汽油的 RSDS-Ⅰ、满足生产国Ⅳ标准汽油的 RSDS-Ⅱ 及满足生产国Ⅴ标准汽油的 RSDS-Ⅲ 技术。FRIPP 开发的 FCC 汽油选择性加氢脱硫技术主要有满足生产国Ⅲ标准汽油的 OCT-M 技术及 FRS 全馏分选择性加氢脱硫技术、满足生产国Ⅳ标准汽油的 OCT-MD 技术及满足生产国Ⅴ标准汽油的 OCT-ME 技术。

RSDS-Ⅰ和 OCT-M 系列技术均是针对 FCC 汽油(FCCN)中硫主要集中在重馏分(HCN)、烯烃主要集中在轻馏分(LCN)的特点,将 FCC 汽油切割为 LCN、HCN。采用专门开发的加氢脱硫催化剂体系,在较缓和的工艺条件下进行 HCN 选择性加氢脱硫,然后再与 LCN 混合并进行脱臭处理,得到低硫、低烯烃的清洁汽油。从而在降低 FCC 汽油硫含量的情况下,避免 LCN 中烯烃加氢饱和,减少了 FCC 汽油辛烷值的损失。

后续开发的 RSDS-Ⅱ 及 OCT-MD/OCT-ME 技术除了催化剂进步外,其重点在于改进了工艺馏程,实现了有效降低轻汽油中硫含量的目的。

国内首套工业应用的催化裂化汽油选择性加氢脱硫装置是中国石化广州分公司的400kt/a 催化裂化汽油选择性加氢脱硫装置。该装置采用 FRIPP 开发的 OCT-M 催化裂化汽油选择性加氢脱硫技术及配套开发的 FGH-20/FGH-11 催化剂。

(1) OCT-M 技术[19,20] FRIPP 开发的 OCT-M FCC 汽油选择性加氢脱硫技术主要用于降低催化裂化汽油的硫含量和烯烃含量,产物辛烷值损失较小。该技术可为炼油厂由 FCC

汽油生产硫含量≥150μg/g 的清洁汽油提供技术支撑。

OCT-M 技术的工艺流程见图 7-2-13。

OCT-M 技术于 2003 年在中国石化广州分公司 400kt/a FCC 汽油选择性加氢脱硫装置首次应用以来，先后在石家庄炼化、武汉石化、洛阳石化及金陵石化等企业的催化裂化汽油加氢脱硫装置

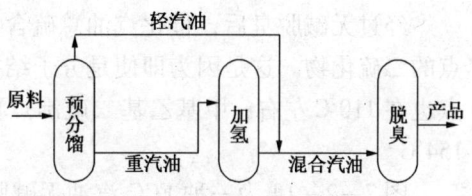

图 7-2-13 OCT-M 工艺流程图

上工业应用。至 2012 年已在国内 21 套装置工业应用，为国内炼油企业生产国Ⅲ标准清洁汽油提供了技术支撑。采用 OCT-M 技术的典型工业应用结果见表 7-2-18。

表 7-2-18 OCT-M 技术生产国Ⅲ汽油的工业应用

项 目	广州 OCT-M		石家庄 OCT-M		武汉 OCT-M		洛阳 OCT-M	
	原料	产物	原料	产物	原料	产物	原料	产物
密度/(g/cm³)	0.7297	0.7298	0.7133	0.7129	0.7270	0.7253	0.7162	0.7152
硫/(μg/g)	581.0	86.0	606	114	740	90	840	200
RON	92.6	91.9	92.2	91.6	92.1	91.6	91.2	89.7
RON 损失		0.7		0.6		0.5		1.5
烯烃(体)/%	37.7	27.4	36.5	31.9	33.6	27.6	30.1	26.2
加氢液收/%		99.5		100		98.7		99.3
加氢氢耗/%		0.29		0.29		0.13		0.17

石家庄炼化 OCT-M 装置经过连续 17 个月的运转后的标定结果见表 7-2-19。

表 7-2-19 OCT-M 技术生产国Ⅳ汽油工业应用

项 目	方 案 A		方 案 B	
	原料	产物	原料	产物
密度(20℃)/(g/cm³)	0.7234	0.7235	0.7230	0.7231
硫/(μg/g)	442	53	417	24
RON	92.6	91.9	92.7	90.9
MON	81.2	80.9	81.3	80.3
(R+M)/2	86.9	86.4	87.0	85.6
芳烃(体)/%	21.0	21.5	21.4	21.2
烯烃(体)/%	26.0	21.1	23.8	18.6
饱和烃(体)/%	53.0	57.4	54.8	60.2

(2) OCT-MD 技术[21,22] FRIPP 在 OCT-M 技术基础上，通过工艺流程优化和 FGH-31/FGH-21 新一代催化剂体系的研制，成功开发了满足国Ⅳ标准汽油生产的 OCT-MD 技术。该技术将无碱脱臭单元前移，用于处理 FCC 汽油全馏分，而后脱臭汽油进预分馏塔切割，轻汽油馏分直接去产品调和，重汽油馏分去选择性加氢脱硫单元加工，精制重汽油经汽提脱除硫化氢后出装置去产品调和。该技术通过无碱脱臭可将小分子硫醇转化为大分子二硫化物，再经过预分馏单元将大分子硫醇切割到重组分汽油进行加氢脱硫。该工艺大大降低了轻汽油馏分的硫醇硫和总硫含量，因此可以满足炼化企业生产国Ⅳ标准清洁汽油的要求。

无碱脱臭过程反应机理如下：

$$RSH + NaOH \Longrightarrow RSNa + H_2O \tag{1}$$

$$2RSNa + \frac{1}{2}O_2 + H_2O \Longrightarrow RSSR + 2NaOH \tag{2}$$

经过无碱脱臭后,催化汽油总硫含量变化不大,主要是将汽油中的硫醇转化成为较高沸点的二硫化物。这是因为即使是分子结构最简单的二硫化物——二甲基二硫(DMDS),其沸点也在110℃左右;甲基乙基二硫沸点更高,约为121℃;二乙基二硫沸点更是高达152～154℃。

图7-2-14为一种FCC汽油无碱脱臭前后切割分离得到的LCN的硫化物形态分布图。

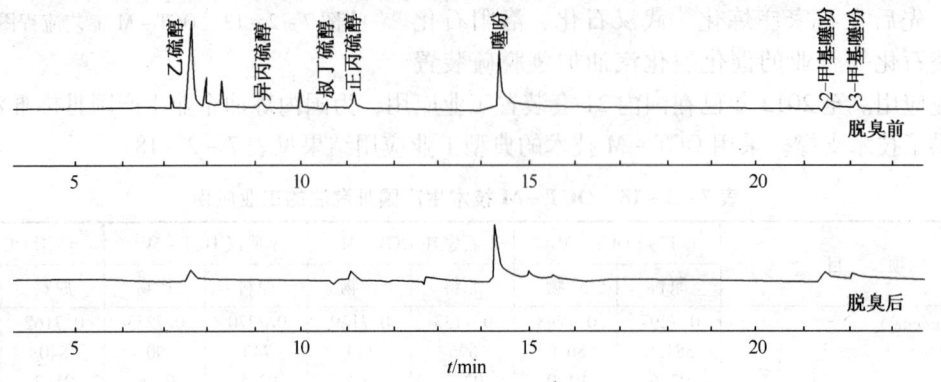

图7-2-14 FCC汽油无碱脱臭前后切割分离得到的LCN的硫化物形态分布图

从图7-2-14可以看出,无碱脱臭前,LCN中含有乙硫醇、异丙硫醇、叔丁硫醇、正丙硫醇、噻吩(T)、2-甲基噻吩(2-MT)和3-甲基噻吩(3-MT)等硫化物。无碱脱臭后,LCN中仅残留有少量噻吩(T)、2-甲基噻吩(2-MT)和3-甲基噻吩(3-MT)等噻吩类硫化物。因此,通过分馏塔切割分离,很容易将无碱脱臭过程中生成的二硫化物切割到塔底重馏分中,从塔顶切割出的轻汽油馏分总硫含量能够控制在10μg/g以下。

图7-2-15给出了OCT-MD技术工艺流程。表7-2-20列出了中国石化石家庄炼化、镇海炼化和湛江东兴OCT-MD装置生产国Ⅳ汽油产品的典型工业应用结果。

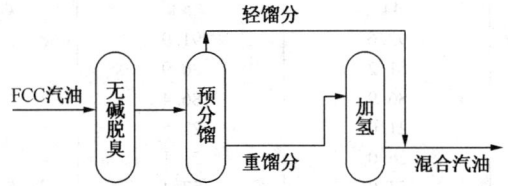

图7-2-15 OCT-MD技术工艺流程图

表7-2-20 OCT-MD装置生产国Ⅳ汽油产品的典型工业应用结果

项 目	石家庄炼化(2007年)		镇海炼化(2009年)		湛江东兴(2011年)	
	原料	产品	原料	产品	原料	产品
硫/(μg/g)	575	41	393	25	350	43
烯烃(体)/%	33.8	24.0	41.0	—	26.5	21.1
RON	93.3	92.4	94.3	93.5	94.5	94.0
RON损失	—	0.9		0.8		0.5

(3) OCT-ME技术 OCT-MD技术利用了炼化企业已有的催化汽油脱硫醇设施,轻汽油脱硫醇效果好,总硫降低幅度大。但其缺陷是脱臭后重汽油在加氢装置换热/加热过程中

容易生焦积炭,并沉积在反应器顶部,引起催化剂床层压降异常升高,装置被迫频繁停工撇头,难以实现长周期稳定运行。

针对 OCT-MD 技术工业应用过程中存在的主要问题,FRIPP 开发出 OCT-ME 欧 V 排放标准清洁汽油生产技术,具体方案为:在催化裂化装置内进行轻/重汽油切割分离,控制重汽油初馏点为 80℃±2℃;轻汽油采用石油大学 Ⅱ 型无碱脱臭技术进行脱硫醇处理;脱臭后轻汽油与来自 FCC 装置的空冷前热柴油一起进 OCT-MD 装置的预分馏塔。从塔顶分离出终馏点在 60℃ 左右的轻汽油直接出装置去产品调和系统;从侧线抽出少量的中汽油既可以和重汽油一起去下游加氢单元进行选择性加氢脱硫,也可以出装置去重整预加氢单元经加氢精制后作催化重整进料;塔底柴油送去柴油加氢精制装置加工处理。从催化裂化装置来的重汽油不经脱臭处理(和少量从预分馏塔侧线抽出的中汽油)直接热供料进加氢单元进行选择性加氢脱硫;加氢重汽油经汽提脱除硫化氢后出装置去产品调和系统。

该方案主要优点:在催化裂化装置内进行轻/重汽油切割分离,可以充分利用催化裂化装置内已有的产品分馏系统进行改造,有利于降低装置改造投资和操作费用;催化裂化重汽油和柴油可以直接热供料给 OCT-ME 装置,有利于降低两套装置正常生产运行综合能耗;脱臭后轻汽油与来自 FCC 装置的空冷前热柴油一起进原 OCT-MD 装置的预分馏塔,通过分馏塔切割分离,将脱臭轻汽油中含有的二硫化物和可能含有的微量易生焦前生物等全部富集在塔底柴油中,并随塔底柴油送去柴油加氢精制装置加工处理,这样不仅有利于降低出装置轻汽油的总硫含量,而且还解决了原 OCT-MD 装置存在的易生焦前生物等可能引发的重汽油选择性加氢单元反应系统压力降异常快速升高问题。

OCT-ME 技术于 2012 年 6 月在湛江东兴进行了首次工业应用试验。

(4) RSDS 系列选择性加氢脱硫技术[23]　RSDS 系列选择性加氢脱硫技术由 RIPP 开发。该技术先将催化裂化汽油分割成轻、重两个馏分,轻馏分进行碱液抽提脱硫,重组分进行选择性加氢脱硫,然后将轻、重组分混合进行固定床脱硫醇。RSDS 流程包括:①根据原料性质和产品目标,选择合适的切割点对全馏分催化裂化稳定汽油进行馏分切割;②轻馏分汽油经过预碱洗后采用碱抽提精制方法脱硫醇,抽提碱液进行再生;③重馏分汽油先通过换热达到一定温度后进入选择性脱二烯烃反应器脱除二烯烃,然后再经过加热炉加热后进入选择性加氢脱硫反应器脱除硫化物等,在最大限度脱除重馏分中硫的同时,尽可能减少烯烃的加氢饱和,以减少辛烷值损失;④精制后轻馏分与高压分离器出来的加氢后重馏分调和,再经固定床氧化脱除硫醇后得到全馏分汽油产品,高压分离器出来的循环氢脱除硫化氢后再返回加氢装置入口。其工艺流程见图 7-2-16。表 7-2-21 列出了 RSDS-Ⅰ 技术的工业运转数据。表 7-2-22 列出了 RSDS-Ⅱ 技术的工业运转数据。

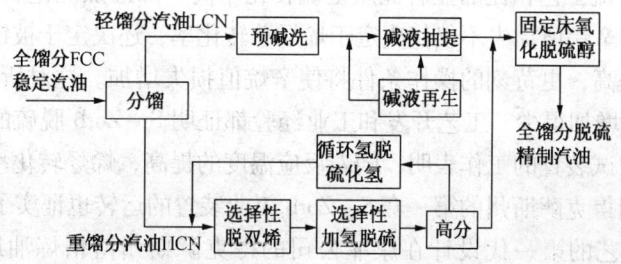

图 7-2-16　RSDS 系列催化裂化汽油选择性加氢脱硫技术流程示意图

表 7–2–21　RSDS 技术典型工业应用结果

项目	A 工厂		B 工厂	
	全馏分原料	RSDS 汽油	全馏分原料	RSDS 汽油
硫含量/($\mu g/g$)	340	69	727	57
烯烃(体)/%	51.6	46.9	14.5	8.4
脱硫率/%		79.7		92.1
RON 损失		0.9		1.1
(R+M)/2 损失		0.7		0.75
化学氢耗/%		0.13		0.15

注：工厂 A 应用条件：$3.4\ h^{-1}$、1.5MPa。工厂 B 应用条件：$3.65 h^{-1}$、1.5MPa、280℃。

表 7–2–22　上海石化 RSDS–Ⅱ 装置原料及产品性质

项目	原料	产品	项目	原料	产品
密度/(g/cm^3)	0.7402	0.7410	RON 损失		0.5
总硫/($\mu g/g$)	291	46	馏程/℃		
硫醇硫/($\mu g/g$)	43	<3	初馏点	32	32
烯烃(体)/%	43.3	40.3	10%	56	54
芳烃(体)/%	29.8	30.5	50%	99	101
RON	94.1	93.6	90%	177	180
MON	80.8	80.7	终馏点	204	205
(RON+MON)/2	87.5	87.2			

七、S–Zorb 吸附脱硫技术[24~27]

1. S–Zorb 技术简介

S–Zorb 工艺是 Phillips 公司针对生产低硫及超低硫汽油而开发的工艺工程。该技术基于吸附作用原理，而不是"典型的加氢处理"技术，属于非加氢处理技术。

该工艺采用新型吸附剂专门吸附含硫分子并使硫原子从分子中分出，硫原子留在吸附剂上，而烃类部分回到工艺物流中去。此反应过程不产生自由 H_2S，因此避免了与 H_2S 阻滞和硫醇再结合有关的问题。此机理使烃类物流除脱硫外实际上不发生变化，因此可经济地使汽油硫含量降至 $10\mu g/g$ 以下，氢耗极低，体积损失接近零，烯烃饱和极少。此工艺的脱硫速率比加氢脱硫快几倍。噻吩对这两种工艺都是最难脱除的分子，但 S–Zorb 吸附剂对烷基噻吩、烷基苯并噻吩和苯并噻吩有更高活性。因此 S–Zorb 脱硫工艺对汽油中硫含量的变化有更好的操作灵活性。

此工艺与加氢脱硫工艺相比的显著优点是硫转化率高、烯烃加氢饱和少和辛烷值损失少。在特定硫转化率下的辛烷值损失不仅仅决定于烯烃总转化率，还决定于被饱和烯烃的类型。随着硫转化率要求的提高，更苛刻的操作条件将使辛烷值损失增加。这对所有工艺都是一样的，但对 S–Zorb 工艺则增加得少。工艺开发和工业经验都证明 S–Zorb 脱硫的选择性高，因此辛烷值保持能力高。中试装置的工作表明，随着反应温度的提高，烯烃转化率、氢耗和辛烷值损失都降低了。在美国得克萨斯州的第一套 S–Zorb 工业装置的运转也证实了这一效果。

S–Zorb 脱硫工艺的第一代设计在康菲公司的得克萨斯州博格炼油厂和华盛顿州 Ferndale 炼油厂实现。此工艺采用流化床反应器，使装置在整个运转期间性能稳定，它是将一小股吸附剂在反应器和再生器之间连续循环。原料与氢气混合后在加热炉中汽化,再注入流化床反应器底部。随着汽化原料通过床层,吸附剂脱除烃蒸气中的硫化物。脱除硫的烃类留在工艺物流中,硫原子留在吸附剂上,被送至再生器,在那里被氧化生成 SO_2。再生后的吸附剂被送至还原容器,再回至反应器。除了反应-再生部分外,此流程与一般的加氢精制相似。现有的加氢精制装置可以转化成较高处理量的 S–Zorb 脱硫装置。S–Zorb 脱硫的循环氢速率比加氢精制低很多,因此可以提高原料处理能力。所有加氢精制设备都可以容易地改造用于 S–Zorb 脱硫工艺。S–Zorb 脱硫工艺可以在很宽的压力范围内优化辛烷值保持能力,因此很适合于许多现有加氢脱硫装置的改造。此工艺的流化床反应器使温度分布均匀,并使整个运转过程能维持初期活性。由于吸附剂不断再生,在整个运转过程中没有可测出的焦积累,没有因二烯烃或其他杂质造成的反应器结垢。此吸附剂可容纳催化汽油和焦化汽油中的杂质和有害物,例如可对付焦化汽油中的典型硅含量水平而无性能损失。因原料油含硅带来的杂质沉积,可以通过吸附剂的自然更换或有控制地加入及卸出策略完全恢复活性。中试装置还证明,S–Zorb 可处理高总氮和碱氮的催化汽油原料而不影响其脱硫活性、辛烷值保持力、运转周期及吸附剂用量。此装置对原料变化很容易调整,氢纯度对它没有影响。

根据博格炼油厂 S–Zorb 脱硫装置(第一套 S–Zorb 脱硫工业装置)两年多的操作经验,该公司进行了工艺优化研究,改进的工艺条件在中试装置示范。评价了 150 多个工程技术概念,许多已纳入了优化设计。工艺优化工作的目的是细微调节基本工艺,使界区内成本至少降低 20% 并使装置可靠度相当或优于固定床加氢精制过程。反应器部分最明显的变化是提高了反应器压力。压力提高增加了气体在反应器内的停留时间,降低了氢/烃分子比,同时提高了吸附效率,使吸附剂上有更高的硫载荷量,从而可减少吸附剂循环量和缩小设备及管线尺寸。减少气体量可用一台往复式压缩机,或选用氢气一次通过方案,还可减少反应器过滤器的费用。再生器操作条件的优化主要是采用空气一次通过再生而不用带补充空气的氮气循环系统,这样可取消再生循环气压缩机,较小的气体量可用较小的空气压缩机,也可缩小 SO_2 处理部分的尺寸以及再生系统的设备(包括容器、管线和阀)尺寸。再生温度的降低可以选用更适宜的容器金属,对脱硫活性和辛烷值损失没有影响。吸附剂传输系统也简化了,闭锁料斗从两个减至一个,降低了投资和操作费用。为了进行维修,吸附剂再生系统可以隔开和停工,反应系统可继续工作。此装置的可靠性与加氢脱硫装置没有明显差别。

ConocoPhillips 公司已经开发第二代 S–Zorb 技术,对比第一代采用的低压双闭锁料斗,第二代采用的是高压单闭锁料斗,以降低装置的设备投资和运行费用。第二代技术较之第一代技术,不仅装置投资大幅度降低了,操作费用也下降 13%。目前在运转的工业装置中,只有美国 Ferndale 炼油厂 S–Zorb 装置采用第一代技术,其余均为第二代技术。图 7–2–17 为第二代 S–Zorb 技术的典型流程。

2. S–Zorb 技术特点

S–Zorb 技术具有如下特点:① 辛烷值损失小。由于 S–Zorb 技术主要是吸附脱硫,能有效控制烯烃

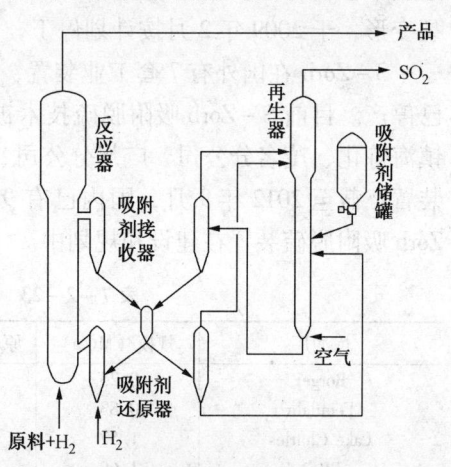

图 7–2–17 第二代 S–Zorb 技术典型工艺流程图

的加氢反应,生产硫质量分数小于 10μg/g 超低硫汽油时,RON 损失一般小于 1,MON 基本不损失;② 氢耗低,对原料氢气纯度要求不高。S-Zorb 技术氢耗通常为进料的 0.1%~0.15%,70%的氢气纯度就可满足要求;③ 能耗低。该技术不需要对汽油馏分进行轻重切割,可直接以 FCC 全馏分汽油做进料,装置平均能耗在 11kg/t 左右(北京燕山分公司 S-Zorb 装置实际能耗为 9.56 kg/t 标油左右),可省去 FCC 汽油碱洗步骤和废碱处理,降低了操作费用;④ 可在较低辛烷值损失前提下生产硫含量不大于 10μg/g 的清洁汽油产品,可避免质量升级的重复投资。

3. S-Zorb 技术的改进及应用情况

由于第二代 S-Zorb 技术在国内外运转的装置中,在开工初期都遇到过各种问题,造成不正常停工,使得当时的单个周期运行一般只有 6 个月。第二代 S-zorb 技术存在的主要问题如下:① 进料/反应产物换热器积垢严重;② 再生器内的吸附剂结块;③ 反应器过滤器问题致使其容易泄漏和操作寿命比较短;④ 闭锁料斗送料管道堵塞和阀门失效。

针对上述问题,中国石化购买 S-Zorb 技术后,在对 S-Zorb 技术消化与掌握的同时,利用原有的其他炼油装置掌握的知识,对装置的问题进行分析,在装置的改进与操作优化方面做了大量工作,并取得了很好的效果。对第二代 S-Zorb 装置的改进主要体现在以下几个方面:①稳定汽油直接进 S-Zorb 装置,既避免了汽油带碱造成原料换热器结垢、换热效果变差的问题,又降低了装置能耗和消除了 FCC 装置排放废碱液的环保问题;②再生风线改造。由非净化风改为现在的净化风,防止空气中带入水,并加强再生器底部锥段的保温,减少了再生器内吸附剂结块的现象。在后面新设计的装置上则增加再生风干燥工艺来防止空气带水;③改进滤芯文丘里管与滤芯的焊接方式;④闭锁料斗增加辅助流化措施。在闭锁料斗的顺控过程中,增加闭锁料斗向还原器的排料线路上的辅助流化措施,确保吸附剂在管道中的流化和底部锥体的松动效果;⑤开发"贫氧再生操作法",新增氮气线既可在低负荷下维持再生器正常流化,又能有效控制烧焦速度,避免再生器发生"飞温"现象。

改进后的 S-Zorb 技术工艺流程图见图 7-2-18。

通过以上这些措施改进,北京燕山分公司 S-Zorb 装置第二周期于 2007 年 11 月开工,连续平稳运行,换热器效率基本不变,再生器没有吸附剂结块现象,过滤器滤芯没有发现断裂变形,于 2009 年 2 月按计划停工,以对反应器内部进行增加伞帽改造。

S-Zorb 在国外有 7 套工业装置,详细情况见表 7-2-23,Borger 炼油厂 S-Zorb 装置已停产。目前 S-Zorb 吸附脱硫技术被中国石化买断,并在燕山分公司、上海高桥分公司、镇海炼化、茂名分公司、广州分公司、金陵分公司、上海石化等企业建成 S-Zorb 吸附脱硫装置,截至 2012 年 9 月,国内已有 9 套 S-Zorb 吸附脱硫装置在运行,还有近 10 套 S-Zorb 吸附脱硫装置在建设和规划中。

表 7-2-23 S-Zorb 在国外的工业装置情况

炼油厂	规模/(Mt/a)	原料硫/(μg/g)	产品硫/(μg/g)	工艺技术	开工时间
Borger	0.25			第一代	2001.4
Femdale	0.83	1500	10	第一代	2003.11
Lake Charles	1.57	1040	10	第二代	2005.11
PRSI	1.60	1100	25	第二代	2007.4
Wood River	1.30	785	8.5	第二代	2007.2
Western	1.20	1000	5	第二代	2008.3

国外运行的S-Zorb装置也吸取了中国石化的经验，采取一些相应的措施来延长装置运转周期。

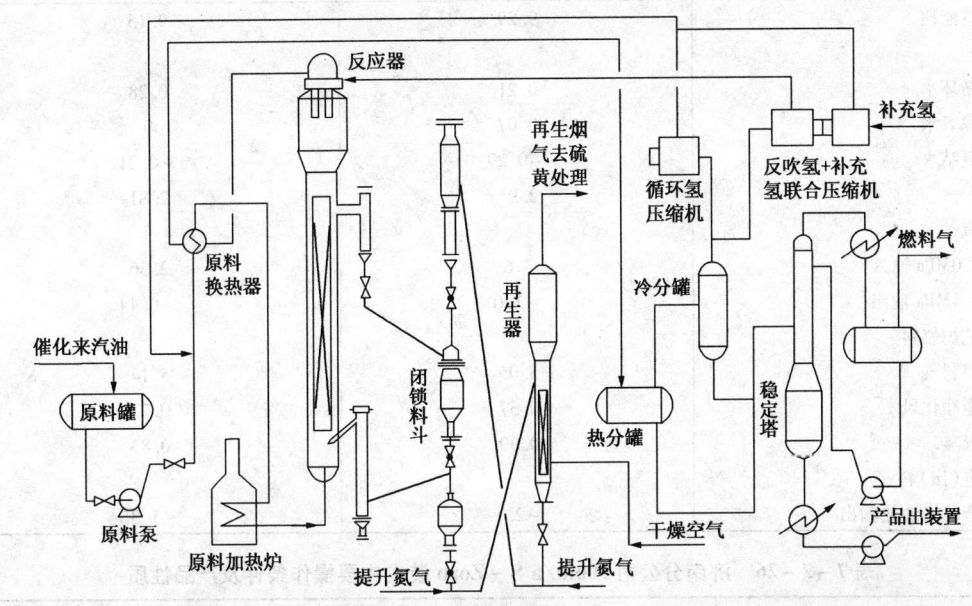

图7-2-18 中国石化改进后的S-Zorb技术工艺流程图

4. S-Zorb技术在我国应用实例

燕山分公司S-Zorb装置是国内引进的第一套装置。工业运行的性能测试数据表明：加工原料硫含量为275~416μg/g、烯烃含量（体积分数）为35.4%的催化裂化汽油，汽油产品硫含量为7.67μg/g，抗爆指数损失0.49，能耗为26.63MJ/t，氢耗0.34%，C_5以上液体收率大于99.33%。其中第二周期装置能耗已下降至22.69 MJ/t，液体收率大于99.6%，吸附剂消耗也从第一周期的近300 kg/d降到目前的约200 kg/d。

中国石化济南分公司900kt/a S-zorb装置物料平衡情况见表7-2-24，装置能耗标定情况见表7-2-25，工业应用结果见表7-2-26。中国石化齐鲁分公司900kt/a S-Zorb装置工业应用结果见表7-2-27。表7-2-28列出了国内首批S-Zrob装置国产化投产情况。

表7-2-24 济南分公司900kt/a S-Zorb装置物料平衡

项　目	设　计	标定（2010年8月）
原料投入/%	100.91	100.56
原料汽油	100	100
新氢	0.91	0.56
产品收率/%	100.91	100.56
瓦斯	1.674	1.06
液化气	0	0.32
精制汽油	99.16	99.11
损失	0.076	0.08

表7-2-25 济南分公司900kt/a S-Zorb装置能耗　　　kg标油/t原料

项目	设计	标定
装置能耗	9.29	9.15
水		
循环水	0.21	0.28
除氧水	0.07	0
凝结水	-0.29	-0.21
电	2.95	2.81
蒸汽		
1.0MPa输入	3.6	2.36
0.4MPa输出	-1.0	-0.44
工艺炉燃料		
燃料气	5.05	5.14
再生净化风	0.37	0.23
氮气	0.39	0.83
热进(出)料		
产品汽油热输出	-2.1	-1.86

表7-2-26 济南分公司900kt/a S-Zorb装置主要操作条件及产品性质

项目	数据	项目	数据
原料汽油性质		主要操作条件	
密度/(kg/m^3)	727	加工量/(t/h)	~100
硫含量/(μg/g)	550~650	加热炉出口混氢原料/℃	406
烯烃(体)/%	30	反应器下部温度/℃	420
芳烃(体)/%	21	反应器上部温度/℃	426
RON	91	反应压力/MPa	2.2~2.3
MON	80.9	反应空速/h^{-1}	3.7
精制汽油性质		氢油比/(mol/mol)	0.30
密度/(kg/m^3)	725	还原氢流量/(Nm^3/h)	810
硫含量/(μg/g)	40~50	还原氢温度/℃	395
烯烃(体)/%	25.5	再生温度/℃	500~510
芳烃(体)/%	20.9	再生风温/℃	300
RON	89.9	再生风量/(Nm^3/h)	500~650
MON	80.8	待生剂含硫/%	5.5
脱硫率/%	93	再生剂含硫/%	3.0
烯烃损失率	~15		
抗爆指数损失	0.6		

表7-2-27 齐鲁分公司S-Zorb装置典型工业应用结果

操作条件				原料性质		产品性质		RON损失
反应温度/℃	压力/MPa	体积空速/h^{-1}	氢油比	硫含量/(μg/g)	RON	硫含量/(μg/g)	RON	
434	2.65	4.3	0.29	530	90.6	4	88.7	1.9
426	2.65	4.2	0.30	640	91.6	2	89.1	2.5
431	2.56	4.4	0.30	520	90.4	1	88.4	2.0
433	2.30	3.4	0.31	510	92.3	3	90.4	1.9

表 7-2-28 首批国产化七套装置投产情况

厂家	投产时间	原料/产物硫含量/($\mu g/g$)	能耗/(kg 标油/t)	剂耗/(kg/t 原料)	汽油收率/%	ROAD 损失
高桥	2009.9.28	390/11.6	8.74	0.03	99.08	0.3
济南	2009.12.9	726/39	9.15	—	99.16	0.6
镇海	2009.12.18	313/10	7.6	0.028	98.9	0.35
广州	2010.1.11	250/3.2	6.9	—	99.26	0.5
齐鲁	2010.2.22	410/13	6.79	—	99.45	0.62
沧州	2010.3.5	638/15.2	9.28	0.07	99.03	~0.5
长岭①	2010.11.21	700/90	9.26	0.14	99.10	0.5

① 长岭为操作数据，其余为标定数据。

从国内 S-Zorb 装置工业应用结果看，该技术可以在较小辛烷值损失及较低能耗前提下生产硫含量小于 $50\mu g/g$ 或小于 $10\mu g/g$ 的清洁汽油。

八、降低烯烃及硫含量的催化裂化工艺

随着社会环保意识的加强，清洁汽油标准中对烯烃含量也有更严格的限制。目前我国实行的国Ⅲ汽油标准中对烯烃含量（体积分数）的上限是 30%，而上海、广州等大城市的地方标准为 28%，北京地区实行的京Ⅴ汽油标准中烯烃上限为 25%。我国成品汽油中催化裂化汽油所占比例为 65% 以上，而催化裂化汽油烯烃含量高，通常在 30% 以上，有的甚至达到 45%，单纯依靠重整汽油等调和组分很难达到出厂标准，本节第 3 部分介绍的加氢脱硫过程虽然可以在一定程度降低烯烃含量，但幅度有限，而且要以损失辛烷值为代价。

降低催化裂化汽油中烯烃含量已成为发展趋势，RIPP 及洛阳石油化工工程公司分别开发了 MIP 和 FDFCC 等新型催化裂化技术。

1. MIP 多产异构烷烃催化裂化技术[28]

RIPP 提出了在催化裂化反应段设立两个反应区的新概念，第一反应区以裂化反应为主；第二反应区以氢转移反应和异构化反应为主，适度二次裂化，成功开发出了多产异构烷烃的 MIP(maximizing iso-paraffins process)催化裂化技术。该技术可以大幅降低催化汽油烯烃和硫含量，在国内得到迅速推广应用。在该技术基础上，又推出了增产丙烯的 MIP-CGP 技术。

表 7-2-29 列出了国内某炼油厂催化裂化装置进行 MIP 技术改造前后的标定数据对比。从表中数据可见，改造后总液体产率增加了 1.56 个百分点；MIP 汽油烯烃含量明显降低，较 FCC 工艺汽油烯烃含量平均降低了 14.26 百分点；在汽油烯烃含量明显降低情况下，MIP 汽油研究法辛烷值增加了 0.4 个单位，MIP 汽油硫传递系数标定值为 7.50%，而 FCC 汽油硫传递系数标定值为 10.41%，降低幅度平均达到 27.95%，说明 MIP 技术具有降低汽油硫含量的明显效果。

2. FDFCC 催化裂化技术[29,30]

FDFCC-Ⅲ工艺是由洛阳石油化工工程公司开发的具有自主知识产权的炼油化工一体化新技术。该技术突破传统催化裂化生产工艺，将单提升管改为双提升管，并通过增加汽油提升管反应器、汽油沉降器、副分馏塔等设备，将高剩余活性的汽油待生催化剂直接引入重油

提升管预提升混合器，实现"低温接触、大剂油比"的高效催化。

表 7-2-29 MIP 技术改造前后标定数据对比

工艺	MIP	FCC
原料油性质		
密度/(kg/m³)	909.5	908.5
氢/%	12.50	12.60
硫/%	0.48	0.42
产品分布/%		
干气	2.93	3.76
液化气	19.44	15.45
汽油	41.67	40.30
柴油	23.38	27.18
油浆	4.31	4.69
焦炭	7.86	8.23
损失	0.40	0.40
合计	100	100
液收	84.49	82.93
汽油性质		
烯烃/%	28.65	42.91
芳烃/%	20.17	17.09
RON	91.8	91.4
硫传递系数/%	7.50	10.41

　　FDFCC 工艺可降低汽油硫含量和烯烃含量，提高汽油辛烷值，同时在控制装置干气和焦炭产率的情况下增产丙烯，有利于生产流程和产品结构的调整优化。FDFCC-Ⅲ工艺已在多家炼油企业得到成功应用，在工业应用过程中，FDFCC-Ⅲ工艺除了达到增产丙烯的效果外，汽油质量也得到显著改善，特别是汽油提升管的汽油降硫作用比较明显，汽油降硫率基本都在 40% 以上。

第三节　煤油脱硫技术

　　随着国民经济的快速发展，航空工业也得到迅速发展，使得喷气燃料的需求量日益增加。1997~2006 年，中国煤油表观消费量年均增长 7.1%；2000~2008 年，我国煤油产量从 8.52Mt 增加到 11.59Mt，喷气燃料产量由 6.3Mt 增加到 11.03Mt，年均增长 7.2%。到 2011 年我国喷气燃料产量已达到 18.798Mt。

一、喷气燃料加氢脱硫技术

　　喷气燃料主要是直馏煤油馏分。随着我国进口和加工高硫原油数量的增加，使得直馏煤油馏分的硫含量相应增加。几种典型中东高硫原油的直馏喷气燃料馏分的性质见表 7-3-1。

此外，随着炼油工业加氢裂化技术的发展，采用加氢裂化工艺生产喷气燃料的产量也在增加。目前加氢裂化生产喷气燃料产量已占喷气燃料总产量的40%以上。加氢裂化生产的喷气燃料性质见表7-3-2。我国3号喷气燃料主要质量指标见表7-3-3。

表7-3-1 几种中东高硫原油的直馏喷气燃料馏分的性质

原油种类	喷气燃料馏程/℃	收率/%	硫含量/%	硫醇含量/(μg/g)	烟点/mm
沙特轻质原油	150~235	17.6	0.090	~135	25.0
沙特中质原油	150~235	13.5	0.140	95~153	23.0~26.0
沙特重质原油	150~235	11.0	0.160	—	26.0
伊朗轻质原油	149~262	19.2	0.198	~140	24.0
伊朗重质原油	149~262	16.8	0.289	—	23.0
科威特出口原油	154~271	16.9	0.390	—	26.0
阿曼出口原油	157~260	19.4	0.120	~130	26.0

表7-3-2 几种加氢裂化生产的喷气燃料主要性质

序 号	1	2
原 料	伊朗VGO	沙特VGO
密度(20℃)/(g/cm³)	0.8099	0.8116
馏程/℃		
初馏点/10%	151/169	133/164
50%/90%	209/255	207/252
98%/终馏点	264/273	259/271
冰点/℃	<-60	<-60
闪点/℃	41	40
硫含量/(μg/g)	<5	<5
烟点/mm	25	25

表7-3-3 我国3号喷气燃料主要规格指标(GB 6537—2006)

项 目		指 标
总酸值/(mgKOH/g)	不大于	0.015
芳烃含量(体)/%	不大于	20.0
烯烃含量(体)/%	不大于	5.0
总硫含量/%	不大于	0.20
硫醇硫含量/(μg/g)		20
烟点/mm		不小于25或不小于20时萘系烃含量小于3.0%
密度(20℃)/(g/cm³)		0.775~0.830
冰点/℃	不高于	-47
黏度(20℃)/(mm²/s)	不小于	1.25
黏度(-20℃)/(mm²/s)	不高于	8.0
净热值/(MJ/kg)	不小于	42.8
银片腐蚀/级	不大于	1
铜片腐蚀/级	不大于	1

直馏喷气燃料主要问题是硫醇含量超标、银片腐蚀及色度不达标等问题，需要进行加氢精制；加氢裂化生产的喷气燃料硫含量很低，实际生产中需要加入抗氧剂、抗磨剂、抗静电剂来改善产品性能。

由于直馏喷气燃料加氢精制的主要目的是脱除硫醇硫及部分脱硫,因而国内在20世纪90年代末期及21世纪初期建设了一批直馏煤油加氢脱硫装置。喷气燃料加氢精制工艺流程图见图7-3-1。我国部分已投入工业应用的喷气燃料加氢装置情况见表7-3-4。

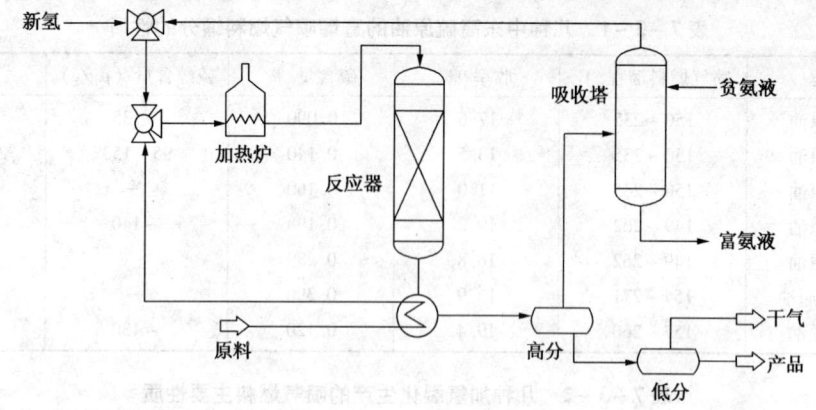

图7-3-1 喷气燃料加氢精制工艺流程图

表7-3-4 我国部分已投入工业应用的喷气燃料加氢装置

序 号	生产装置单位	投入运行时间	规模/(kt/a)	采用催化剂
1	上海石化公司	2002	800	RSS-1A
2	镇海炼化分公司			RSS-1
3	茂名分公司 I 套	1997	600	FDS-4A
4	茂名分公司 II 套	2002	1200	FDS-4A
5	上海高桥分公司	2002	800	FDS-4A
6	锦西石化公司	2004	200	FDS-4A
7	兰州石化公司	2006	400	FH-98A
8	青岛炼化分公司	2008	1200	RSS-1
9	福建联合石化	2009	1200	FH-40B

国外也多采用加氢精制脱除喷气燃料中的杂质,其主要操作条件见表7-3-5。

表7-3-5 国内外常规喷气燃料加氢精制过程主要操作条件

原 料	催化剂类型	温度/℃	压力/MPa	氢油体积比	体积空速/h^{-1}
150~280℃直馏煤油	Mo-Co	260~340	2.0~5.0	~100	2.0~5.0

二、非加氢脱硫醇技术

煤油中的硫醇具有强烈臭味,随着硫醇相对分子质量降低,臭味越强烈。因此,一些轻质油对硫醇含量作了严格限制,如汽油的硫醇含量应低于10μg/g,喷气燃料的硫醇含量应低于20μg/g。脱臭工艺虽然是50年前发展起来的老工艺,但由于它的实用性和不断发展,至今仍被广泛应用。

目前工业应用较多的煤油馏分脱臭技术包括:使用苛性碱除去硫醇的抽提过程;在苛性碱存在下,直接把硫醇氧化成二硫化物的氧化过程;在碱性氛围中用催化剂把硫醇氧化成二硫化物并抽除的氧化抽提过程。

在轻汽油碱处理过程中，低分子硫醇易溶于碱液中。由碱处理装置出来的用过的含硫醇化合物的富碱液可以在催化剂系统再生。富 $Na_2S/NaSH$ 碱液能够比较容易地就地销售、循环使用或处理。碱处理装置操作温度低（低于93℃），易操作（价格低，易储存，易分离和毒性小），设备投资和操作费用低，操作也比较安全。

比较重的馏分（如重汽油、喷气燃料和柴油）中的硫化物（带分支的大相对分子质量硫醇）在苛性碱中溶解度小，不能用碱抽提方法脱硫。这些馏分油中的硫可以在碱溶液的存在下通过空气/催化剂氧化，把具有臭味和腐蚀性的硫醇转化成比较安全的二硫化物。如果产品总的硫含量允许，可以用此法处理。

在馏分油脱臭领域，UOP 和 Merichem 公司都有成熟的工业化技术。我国在无碱脱臭方面也有自己的专有技术。

1. Merox 脱硫醇技术

UOP 公司开发的 Merox 脱硫醇技术，能够在苛性碱或氨氛围中用 Merox 催化剂和添加剂把直馏煤油和喷气燃料中的硫醇氧化成无臭的二硫化物。该脱臭技术自1958年问世以来，伴随着催化剂和添加剂的改进，经历了三个发展阶段：适用于处理气体和LPG的间歇式固定床苛性碱循环 Merox Extraction 过程；碱性较弱的 Minalk 过程；无碱 Merox 过程。其详细描述见第二节第三部分。

2. 其他脱硫醇技术

13X – Cu 法是国内普遍采用的煤油非加氢脱硫醇方法，于20世纪70年代实现工业化，主要的技术特点是工艺流程较简单，操作方便，但在操作波动时存在掉铜问题。

ZnO 法工艺流程简单，反应为常温反应，因此原料不必加热。

第四节 低硫和超低硫清洁柴油生产技术

随着世界范围内车辆柴油化趋势的加快，柴油的需求量越来越大。但柴油燃烧后产生的尾气对人体和环境的危害也日益严重。尾气中的主要污染物有一氧化碳（CO）、碳氢化合物（HC）、氮氧化物（NO_x），硫氧化物（SO_x）等以及固体微粒污染物（或称颗粒污染物）。汽车排放的有害气体可刺激人们的鼻、眼、呼吸道等器官，引发头疼、晕眩等症状，严重时导致眼、鼻、肺病甚至癌症。例如，CO 可以削弱血红蛋白向人体各组织输送氧的能力，影响神经中枢系统，严重时会中毒死亡；碳氢化合物（HC）中包括多种烃类化合物，进入人体后使人产生慢性中毒；氮氧化物的污染危害与一氧化碳相类似，并且污染比一氧化碳更为严重；颗粒物吸入人体后，不但易引发呼吸道、肺部疾病，颗粒物所携带的多种致癌物，还可引发人体癌症。柴油硫含量对排放影响很大，一方面产生大量的 SO_x 等酸性气体，形成酸雨和酸性气体污染；另一方面，硫对固体颗粒物的产生有明显促进作用。研究表明，当硫含量从小于0.05%降低到超低硫时，柴油发动机运行排放的尾气中小于 $10\mu m$ 的固体颗粒物可从 0.23 g/km 降低到 0.16 g/km[31]。因此，柴油的低硫化受到世界各国的普遍关注。从已经出台的欧美各国柴油环保法规来看，限制硫和多环芳烃的含量是生产清洁柴油的关键问题[32]。

从20世纪90年代开始，受环保法规的推动，国内外各大炼油公司、催化剂公司及科研机构开发柴油深度脱硫和超深度脱硫工艺及催化剂相继工业化。当前世界范围内生产清洁柴油的主要技术仍然是加氢精制技术。

由于清洁柴油发展趋势是低硫、低密度、低芳烃及高十六烷值,因此,对于不存在十六烷值达标问题的企业,主要是深度或超深度脱硫。然而,对于十六烷值低、芳烃含量及密度高的催化柴油等劣质柴油,则需要进行加氢改质,在实现超深度脱硫的同时大幅度提高柴油产品十六烷值并有效降低密度。

所谓柴油深度脱硫和柴油超深度脱硫,到目前为止,还没有明确或公认的定义。但多数从事柴油加氢脱硫研究的学者认为:在现有技术条件下,用催化加氢方法把硫脱到小于 $500\mu g/g$ 和小于 $50\mu g/g$ 是两个难点。如果把硫含量降低到小于 $500\mu g/g$,关键是如何脱掉二苯并噻吩硫化物中的硫;而要把硫含量降低到小于 $50\mu g/g$,关键是如何脱掉4,6-二甲基二苯并噻吩及2,4,6-三甲基二苯并噻吩类结构复杂且有位阻效应影响的硫化物中的硫。

一、柴油中的硫化物及深度脱硫反应特性

大量研究表明,原料中的硫化物加氢脱硫反应活性同分子结构关系比较大。不同来源的柴油馏分分子结构分析表明,硫、氮及芳烃含量及硫化物分子的复杂性随原料来源、馏程切割点的高低而变化。馏分油的沸点范围(主要是重馏分)对反应性能影响较大。原料油中的氮/硫比越高或特性因数越低,反应活性越低。由于氮化物会中和催化剂的酸性中心,因而对脱硫效果影响大。不同来源柴油馏分的性质见表7-4-1。

表7-4-1 不同柴油原料性质

项 目	伊朗原油常二线柴油	伊朗原油常三线柴油	伊朗原油焦化柴油	科威特原油重油催化柴油	伊朗原油MIP催化柴油
密度(20℃)/(kg/m³)	823.0	856.9	872.7	913.8	961.0
总芳烃/%	22.0	28.2	39.2	63.6	83.1
单环芳烃/%	12.7	13.5	19.7	12.9	21.5
多环芳烃/%	9.3	14.7	19.5	50.7	61.6
多环芳烃占总芳烃比例/%	42.3	52.1	49.7	79.7	74.1
馏程/℃					
初馏点/10%	181/215	190/277	152/260	181/223	191/234
30%/50%	236/248	303/317	287/309	247/272	259/286
70%/90%	259/273	332/358	332/360	306/348	321/364
95%/终馏点	281/300	371/376	373/375	362/373	377/382
氮含量/(μg/g)	30	285	1978	816	1109
十六烷值	52	55	45	24	<20
硫含量/%	0.45	0.96	1.61	1.71	1.36
4,6-DMDBT/(μg/g)	4.2	192	154	210	226
C_3DBT/(μg/g)	0	506	790	920	1852

注:4,6-DMDBT为4,6-二甲基二苯并噻吩,C_3PBT为含3个碳原子的二苯并噻吩。

从表7-4-1可见,直馏柴油中的芳烃含量、硫氮含量、密度及4,6-二甲基二苯并

噻吩等烷基二苯并噻吩的含量随馏分油的馏程变重、沸点范围升高而增加。

柴油中的硫化物主要有三类：烷基噻吩、烷基苯并噻吩和烷基二苯并噻吩。

来自于不同二次加工过程的柴油馏分(主要是焦化、催化、减黏及渣油加氢处理等加工过程)，多环芳烃含量较高，产品中的硫和氮主要集中在多环分子中。此类柴油馏分的密度、多环芳烃含量及难脱除烷基二苯并噻吩类硫化物含量也随馏程终馏点上升而增加。

柴油馏分中的硫化物类型不同，其加氢脱硫活性也不同。烷基苯并噻吩及二苯并噻吩类硫化物反应活性范围较宽，其高低主要取决于烷基取代位置。表7-4-2列出了不同类型硫化物的相对脱硫活性[33]。从表7-4-2可以看出，甲基靠近硫原子的化合物，由于甲基在接触催化剂活性点的立体屏蔽作用，更难以脱硫。反应活性最低、最难以脱除的是4,6-二甲基二苯并噻吩。

各种硫化物的反应活性，影响加氢脱硫、脱氮、芳烃饱和反应动力学的各种因素，催化剂对加氢动力学的影响在文献[33]中有详细论述。

表7-4-2 各种典型硫化物的相对一级反应速度常数

硫化物类型	反应速度常数	硫化物类型	反应速度常数
二丁基二硫醚	109.3	4-甲基二苯并噻吩	0.16
噻吩	22.6	4,6-二甲基二苯并噻吩	0.10
2-甲基噻吩	10.2	3,7-二甲基二苯并噻吩	1.5
3-甲基噻吩	29.3	3,7-二甲基二苯并噻吩	2.6
苯并噻吩	15.3	萘苯并噻吩	2.6
二苯并噻吩	1.0	四氢萘苯并噻吩	1.3

图7-4-1列出了加氢精制后柴油产品中硫含量不同时剩余硫化物的结构差异。

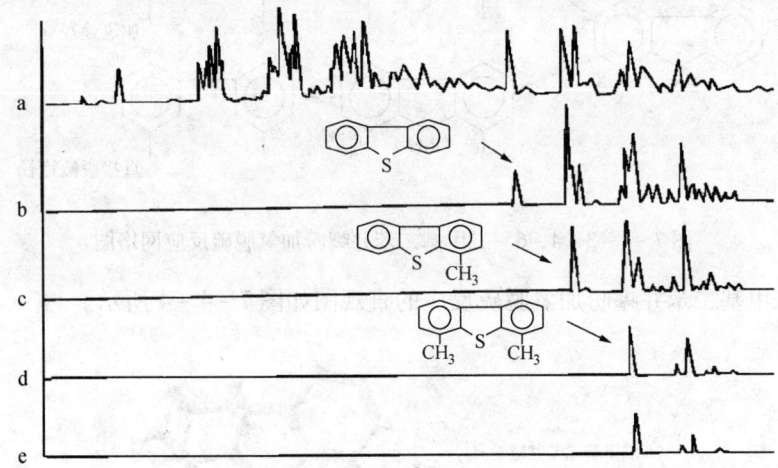

图7-4-1 加氢精制后柴油中硫含量不同时硫化物的结构差别
a—原料油硫化物(硫含量1.6%)；b—精制油硫含量为2000μg/g的硫化物；c—精制油硫含量为500μg/g的硫化物；d—精制油硫含量为100μg/g的硫化物；e—精制油硫含量为50μg/g的硫化物

从图7-4-1中原料油及不同脱硫深度精制油的含硫化物可见，随着脱硫深度的增加，需要脱除的硫化物的结构越复杂。当精制柴油硫含量<50μg/g时，需要脱除的主要是4,6-二甲基二苯并噻吩类结构复杂且有位阻效应的硫化物。不同结构的二苯并噻吩的脱硫

途径因取代基差异及烷基取代基位置的不同,其脱硫反应的途径也不同。不同结构的二苯并噻吩的脱硫途径见图7-4-2。

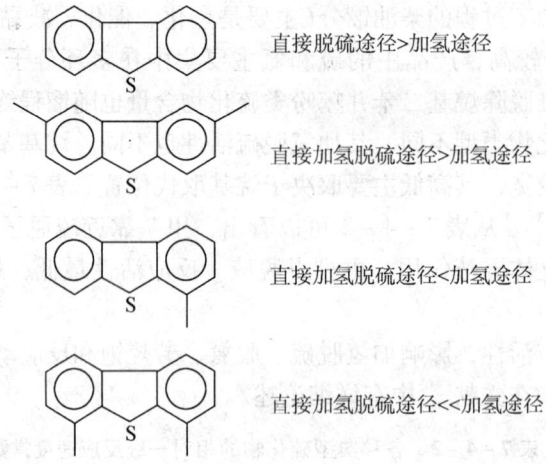

图7-4-2 不同类型二苯并噻吩加氢脱硫反应途径

由图7-4-2可见,对于不存在位阻效应影响的二苯并噻吩或烷基二苯并噻吩,直接脱硫途径大于加氢后脱硫的途径;而4,6-二甲基二苯并噻吩由于4、6位取代基位阻效应影响,加氢脱硫反应机理与常规的加氢脱硫有显著差异,主要遵循加氢后再脱硫的反应途径。4,6-二甲基二苯并噻吩的脱硫途径主要有2种,其HDS的反应网络如图7-4-3所示[34,35]。

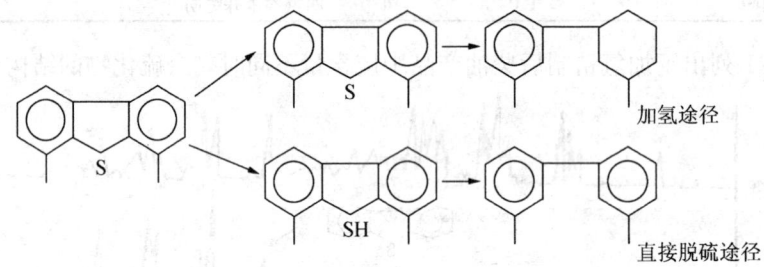

图7-4-3 4,6-二甲基二苯并噻吩加氢脱硫反应网络图

4,6-二甲基二苯并噻吩加氢脱硫反应的直观图如图7-4-4所示。

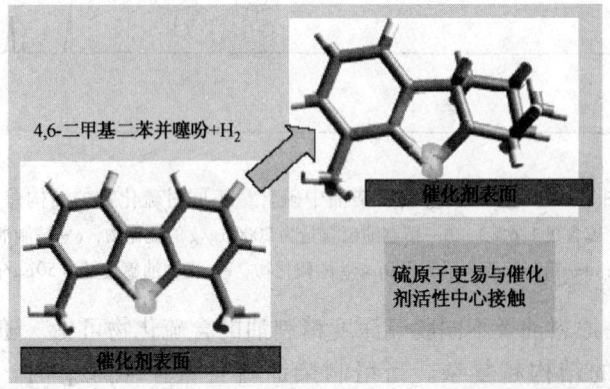

图7-4-4 4,6-二甲基二苯并噻吩加氢脱硫反应的直观图

从图7-4-4可见，由于4,6-二甲基二苯并噻吩两个苯环成平面结构，阻碍了硫原子与催化剂表面活性中心的接触。通过加氢，使其中一个苯环加氢饱和后发生甲基侧转，从而使硫原子外露变得易于与催化剂表面活性中心接触和脱除。这样的加氢反应途径是深度脱硫所必须的。

二、柴油深度脱硫催化剂的选择

柴油深度和超深度加氢脱硫在反应机理上与常规的加氢脱硫有着很大差异。当进行深度脱硫时，面临的是柴油馏分中结构相对复杂且有位阻效应的烷基二苯并噻吩类硫化物（如4,6-二甲基二苯并噻吩及2,4,6-三甲基二苯并噻吩类）。此类硫化物一般有三种反应途径：加氢途径、直接脱硫途径和烷基转移脱硫途径。实际上脱除空间位阻硫化物不是仅仅经过一种途径，而是经过三种途径。准确地说，某些超低硫柴油加氢精制主要是加氢途径，另一些主要是直接脱硫途径和烷基转移脱硫途径。这决定于原料组成、液时空速和装置压力。如果加氢途径是主要的，应选用镍钼型催化剂；如果直接脱硫途径是主要的，则应用钴钼型催化剂。加氢途径的优点是反应活性高，产品密度改进大，但氢耗相对较高，并受反应热力学平衡的限制，在中压下不可能用较高的反应温度；直接脱硫途径的氢耗低，而且可在较高的加权平均床层温度下操作，从而可使产品硫含量低于$10\mu g/g$，但该反应途径受位阻效应的影响大；而烷基转移途径则可以有效消除位阻效应的影响，温度提高更有利于烷基转移反应的发生，不受热力学平衡限制，是脱除大分子硫化物的有效途径。可见高加氢活性催化剂不是生产超低硫柴油的唯一途径。

由于直馏柴油中芳烃尤其是多环芳烃含量低，十六烷值一般超过51，直馏柴油加氢的主要目的就是脱硫，因此无需过多对单环芳烃进行加氢饱和，选择高活性的Mo-Co型催化剂可以在低氢耗下生产硫含量$<50\mu g/g$的低硫柴油，有利于降低生产低硫柴油的操作成本。国外80%左右的柴油加氢装置就是使用低氢耗的Mo-Co型催化剂。而对于催化柴油、焦化柴油等劣质柴油，由于原料油中硫、氮及芳烃含量高，安定性差，重点需要脱硫、脱氮和芳烃饱和，在中、高压装置采用Mo-Ni或W-Mo-Ni类等加氢活性高的催化剂更为合适。

不同原料油在不同工况条件下加氢脱硫反应途径不同，炼油企业应根据自己的工况条件、加工原料油性质及产品质量要求选择最适合的催化剂。柴油深度加氢脱硫催化剂的选择通常要考虑以下几个因素：① 原料油性质；② 装置压力等级；③ 体积空速；④ 脱硫深度。一般说来，如果在中低压、较高空速及低氢耗下加工直馏柴油为主的原料油，通常选择Mo-Co型催化剂；如果在中低压、较高空速下加工直馏柴油及催化柴油/焦化柴油混合油，通常选择W-Mo-Ni-Co(Mo-Ni-Co)或高活性的Mo-Co型催化剂，也可选用Mo-Ni与Mo-Co型催化剂组合使用；如果在中高压下加工催化柴油、焦化柴油等劣质柴油为主的原料油生产超低硫柴油时，通常选择Mo-Ni或W-Mo-Ni型催化剂。

三、柴油深度和超深度加氢脱硫工艺介绍

针对柴油深度脱硫和超深度脱硫，国内外不少研究机构开发了新的工艺技术。主要有两段法深度脱硫工艺、柴油液相循环加氢工艺、改变柴油颜色及安定性的RTS等工艺及催化剂级配技术。

1. 国外柴油加氢脱硫工艺进展

由于国外柴油质量升级的要求,许多大公司于 20 世纪 90 年代中后期及 21 世纪初期相继开发了专用柴油深度加氢脱硫工艺及催化剂体系。

表 7-4-3 是 20 世纪 90 年代末期及 21 世纪初期公布的几种柴油深度脱硫技术的数据,表 7-4-4 是几种柴油深度脱硫技术的特点。这些新技术与常规脱硫过程相比,不仅改善了对原料油的适应性,脱硫效果也明显提高。有的技术采用多元催化剂技术或二段流程,还能改善柴油的颜色和提高十六烷值。

表 7-4-3 几种柴油深度加氢过程技术数据

项 目	直馏柴油	IFP Prime-D 柴油加氢脱硫	日石法二段式柴油深度加氢脱硫	Exxon DODD 深度加氢脱硫
所属公司	Criterion、Albemarle、Topsoe 等国外公司	法国 IFP	日本石油	美国 Exxon
催化剂	Mo-Co 催化剂	双或多元催化剂,HR416	Ni-Mo/Co-Mo	—
装置规模	工业化	实验装置	工业化	工业化
操作条件				
反应压力/MPa	3.9~7.8	3.0~5.0	—	5.9
反应温度/℃	300~400	340~360	一反 T,二反 T-40	346
氢耗/(Nm^3/m^3)	30~60	—	—	58
LHSV/h^{-1}	1~4	0.5~2.0	2.7	
原料	直馏柴油	直馏柴油+催化柴油	催化柴油	直馏柴油/催化柴油=65/35
十六烷值	55	37		
硫含量/%	1.4	1.61		1.5
柴油硫含量/(μg/g)	400	<500 或 <30	400	<500

表 7-4-4 MAKFining 优质柴油生产技术特点

优质柴油生产过程	技术特点和经验
MAKFining HDAr	加氢脱硫和芳烃饱和加工技术;为了保护贵金属催化剂,原料要预脱硫和脱氮;使用的 KF200 催化剂抗氮、抗硫性能好,裂化活性低,能在常规或更低压力下一步完成柴油的脱硫和脱芳烃,把重质馏分油转化成低硫、低密度、高十六烷值柴油,脱芳烃率超过 90% 时,硫含量降到 5μg/g,总脱芳烃率每提高 10%,十六烷值约提高 3~3.5 个单位,柴油收率在 96%~98% 之间;老装置改造时,只增加脱芳烃段就能生产高质量柴油;如第一段反应器掺入重质馏分加氢裂化催化剂,能进一步降低密度和提高十六烷值
MAKFining CFI	以直馏和裂化混合柴油为原料。用选择性分子筛正构烷烃裂化催化剂同深度加氢脱硫催化剂组合,在中低压条件下通过加氢脱硫、正构烷烃裂化和异构化,生产密度和十六烷指数基本不变的、低硫低倾点柴油;CFI 催化剂对硫和氮不敏感,能够比较经济地用于单段过程生产低倾点馏分油;调整操作条件和催化剂能生产低于 50μg/g 的低硫柴油
MAKFining MIDM	选择性正构烷烃经异构脱蜡过程;使用专用贵金属分子筛催化剂,能在中低压力条件下,即使有芳烃存在,也能够完成正构烷烃异构化;同常规选择性正构烷烃加氢裂化相比,柴油收率[>180℃柴油收率(体积分数)87%~95%]高得多;由于使用贵金属催化剂,同非贵金属 CFI 催化剂比较,对硫和氮比较敏感;产品硫含量低到几个 μg/g,同时产品密度、T_{95} 温度和十六烷指数也有改善

(1) 生产低硫低芳烃柴油的两段法工艺技术　为达到超深度脱硫和芳烃饱和的目的,国外不少研究机构开发了两段工艺技术及配套催化剂。表7-4-5列出了国外主要研究机构采用的深度脱硫工艺技术及配套催化剂。

表7-4-5　国外深度脱硫工艺技术及催化剂

机构名称	工艺名称	一段催化剂	二段催化剂	主要特点
Topsoe	Diesel Upgrading	用于加氢脱硫的NiMo催化剂TK-555、TK-573	用于芳烃饱和的贵金属催化剂TK-907、TK-911、TK-915	二段无定形催化剂HDA活性高于分子筛催化剂;十六烷值提高12~15单位,相应芳烃脱除率(体积分数)必须达到50%~65%
IFP	Prime-D^{TM}	HR400系列加氢催化剂	LD402铂催化剂、LD412R	一段产品脱芳率高时二段能够更大程度地脱芳;采用硫酸铝法生产的催化剂可以减少异构化倾向,提高十六烷值
Criterion Lummus	SynSat	SYNcat1~SYNcat25		Lummus逆流反应器有利于SynSat工艺;双金属催化剂活性比单铂催化剂活性高
UOP	Unionfining/Unisar	HC-D、N-200、S-120、UF-110	AS-200、AS-250	贵金属催化剂脱芳能力远高于非贵金属催化剂
Shell	中间馏分油加氢技术		贵金属/分子筛催化剂(S-704)	贵金属/分子筛催化剂(S-704)在较缓和的操作条件下,当硫含量为1000μg/g、氮含量为50μg/g时,仍具有较高的脱芳活性和稳定性,并具有较强的开环能力,可以大幅度提高柴油的十六烷值

① Topsoe的两段工艺包括:加氢精制、中间汽提、深度加氢精制及产品汽提。第二段采用贵金属催化剂,该催化剂在进料硫含量数百μg/g和较低的压力条件下,可达到较高的芳烃脱除率。Topsoe的两段工艺馏程见图7-4-5[36]。

② 法国IFP公司开发的Prime-D加氢脱硫技术,采用双剂或多剂系统,属中压深度及超深度一段或二段脱硫过程,脱硫的同时还能降低柴油的氮及多环芳烃含量,使柴油的十六烷值提高。采用Prime-D技术不但能加工直馏馏分油,也能加工裂化馏分油。深度加氢脱硫可使柴油产品的硫含量低于500μg/g,一段超深度加氢脱硫可获得硫含量低于30μg/g的柴油。采用二段Prime-D加氢脱硫技术还可降低柴油的多环芳烃含量,使柴油的十六烷值提高。可根据原料质量现状及目标产品质量选用Prime-D催化剂体系,IFP公司建议:以脱硫为主时采用Co-Mo型催化剂;以提高产品的安定性及十六烷值或降低芳烃含量为目标时,使用加氢潜力较高的Ni-Mo型催化剂较好;降低芳烃含量可使用Ni-Mo和贵金属催化剂。Prime-D柴油深度或超深度加氢脱硫使用IFP公司HR系列催化剂典型工艺条件:总压力3.0~5.0MPa,反应温度340~360℃,空速0.5~2.0 h^{-1}。Prime-D工艺流程见图7-4-6[37]。

③ Synsat工艺[38]是Criterion催化剂公司SynCat加氢催化剂与ABB Lummus Crest公司Acrosat反应系统的结合,突出特点是既有并流式催化剂床层,又有逆流式催化剂床层。并

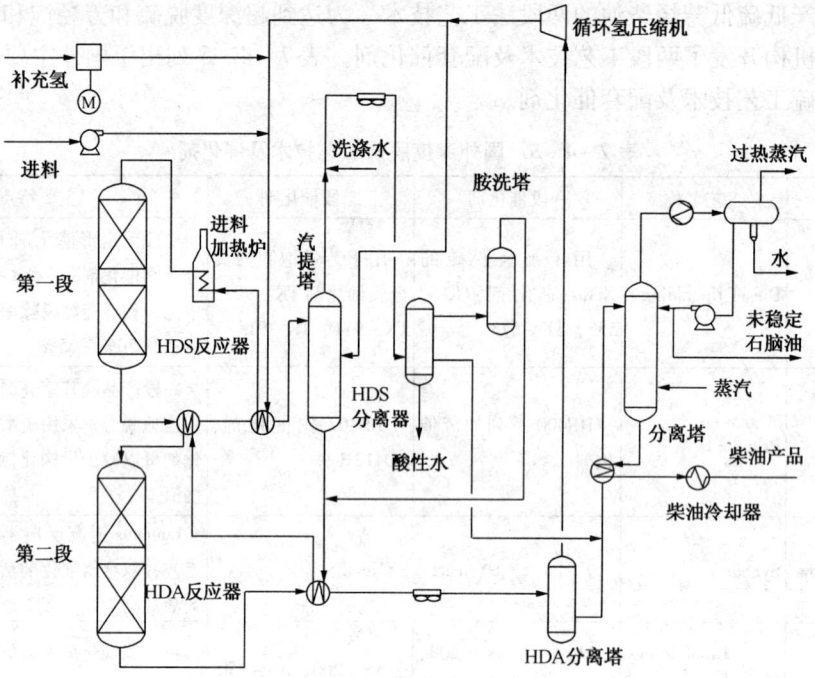

图 7-4-5　Topsoe 公司的两端深度脱硫脱芳工艺流程图

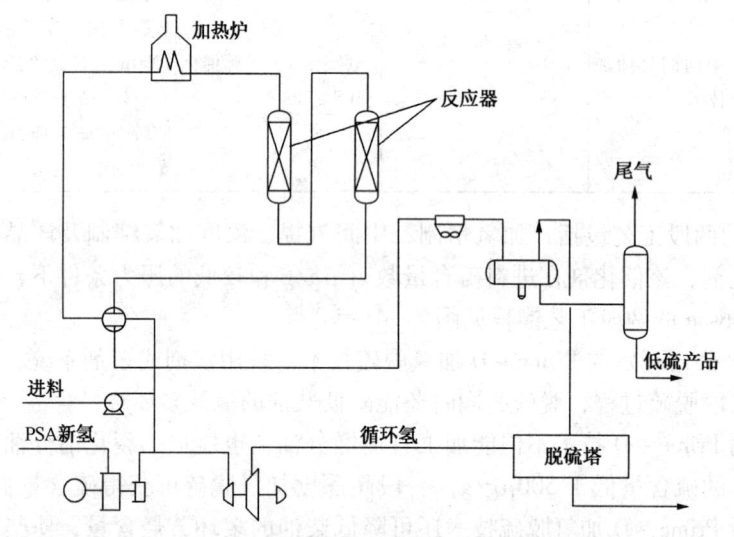

图 7-4-6　法国 IFP 公司的 Prime-D 工艺流程图

流式催化剂床层中装填的是普通硫化态金属催化剂，逆流式催化剂床层中装填的是贵金属 SynCat 催化剂。SynCat 催化剂为贵金属分子筛催化剂，抗硫和抗氮中毒能力均较高，即使在较高温度下也可使大多数芳烃饱和，能减少热力学平衡限制，对高温下超深度脱硫有利。Synsat 工艺流程见图 7-4-7。

④ MQD Unionfining 工艺由 UOP 公司研发，单段流程主要用于柴油深度脱硫，采用非贵金属（Co-Mo/Ni-Mo）催化剂，可使柴油的硫由 1.85% 降低至 350μg/g 乃至 50μg/g。二段

流程在第二段采用 AS-250 贵金属催化剂,不但可使芳烃深度饱和,而且可选择性加氢裂化,柴油的硫含量可低于 $50\mu g/g$,二环以上多环芳烃(体积分数)从 16% 降低至 6%,十六烷值从 49 提高到 51。MQD Unionfining 工艺单段流程见图 7-4-8,两段流程见图 7-4-9[39~41]。

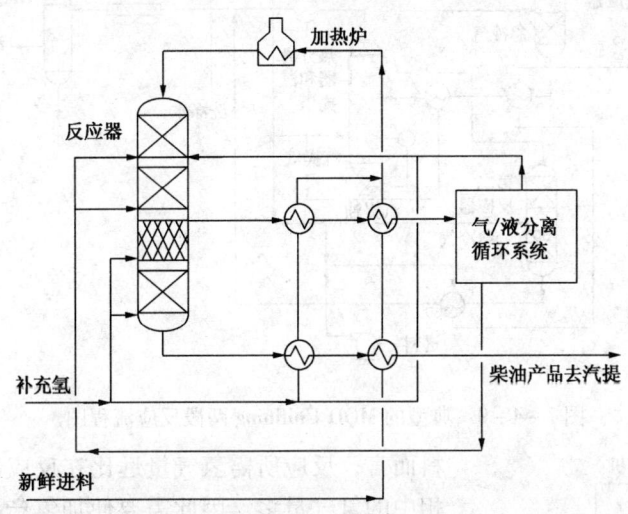

图 7-4-7 Criterion 与 Lummus 公司合作开发的的 Synsat 工艺流程图

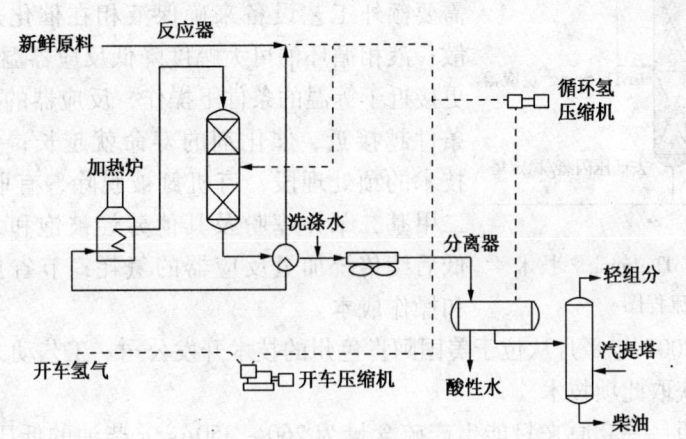

图 7-4-8 典型的 MQD Unifining 单段反应流程图

⑤ Shell 公司的中间馏分油加氢技术,于 1996 年 8 月在 Gothenurg(瑞典)Shell 公司的炼油厂实现工业化,第二段采用的是贵金属/分子筛催化剂(S-704),声称该催化剂在较缓和的操作条件下,当硫含量为 $1000\mu g/g$、氮含量为 $50\mu g/g$ 时,仍具有较高的脱芳活性和稳定性,并具有较强的开环能力,可以大幅度提高柴油的十六烷值[42]。

(2) 杜邦公司 DuPont™ IsoTherming® 加氢技术:

① IsoTherming® 加氢工艺技术介绍。IsoTherming® 技术由 Process Dynamics 公司[43]研发。IsoTherming® 技术的核心是能够通过饱和液态循环物料提供反应所需的氢气,省略循环氢压缩机,通过反应器的物料为单一液相物料,简单流程见图 7-4-10。IsoTherming® 技术的实质是在主催化剂与氢气接触前,使加氢反应所需的氢气溶解在液相中。对大多数原

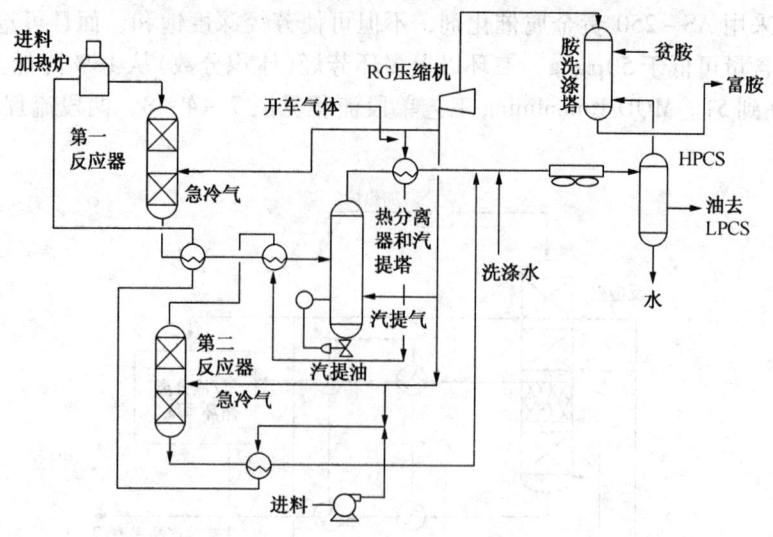

图 7-4-9 典型的 MQD Unifining 两段反应流程图

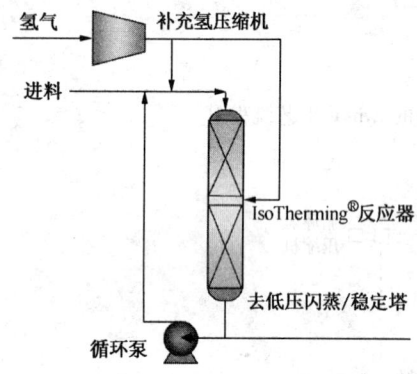

图 7-4-10 IsoTherming® 技术简单流程图

料而言,反应所需氢气量远比在反应器条件下溶解于液相中的氢气量多,因此需要使加氢产品循环,以提供额外所需的溶解氢气。IsoTherming® 技术有如下优点:不需要额外工艺设备来确保液相在催化剂上获得良好分散;液相循环油可大幅度降低反应器温升,使反应器在更接近于等温的条件下操作,反应器的操作温度与等温条件越接近,催化剂的寿命就越长;在 IsoTherming® 技术的预处理段,有机氮被脱除,有取代基的 4,6-二甲基二苯并噻吩及其他芳烃被饱和,因此可显著降低后续传统加氢反应器的氢耗;节省投资,降低维护和操作成本。

杜邦公司于 2007 年 8 月从位于美国阿肯色州的技术开发公司-工艺动力学公司(Process Dynamics, Inc.)获取此项技术。

中试结果表明:一套原来只能生产硫含量为 $260 \sim 350\mu g/g$ 柴油的低压加氢处理装置,经 IsoTherming® 技术改造后,可生产硫含量小于 $100\mu g/g$ 的低硫柴油,柴油的氮含量小于 $10\mu g/g$,十六烷值比原料增加 $5 \sim 7$ 个单位。

对于计划将现有加氢处理装置进行改建的炼油企业,IsoTherming® 工艺允许选用 IsoTherming® 反应器系统作为其预处理单元。对于现有加氢装置的改造,可在现有加氢处理单元前安装 IsoTherming® 反应器系统,作为预处理单元使用,采用 IsoTherming® 技术改造的工艺流程见图 7-4-11。

预处理单元可以作为低硫工艺的一部分来进行配置。IsoTherming® 预处理反应器将完成绝大部分加氢脱硫,留给现有传统滴流床反应器的工作很少,因此现有传统反应器只用作后精制。对于现有低压单元,可以安装更高压力 IsoTherming® 回路,以最大程度地利用现有资源并降低总体费用。

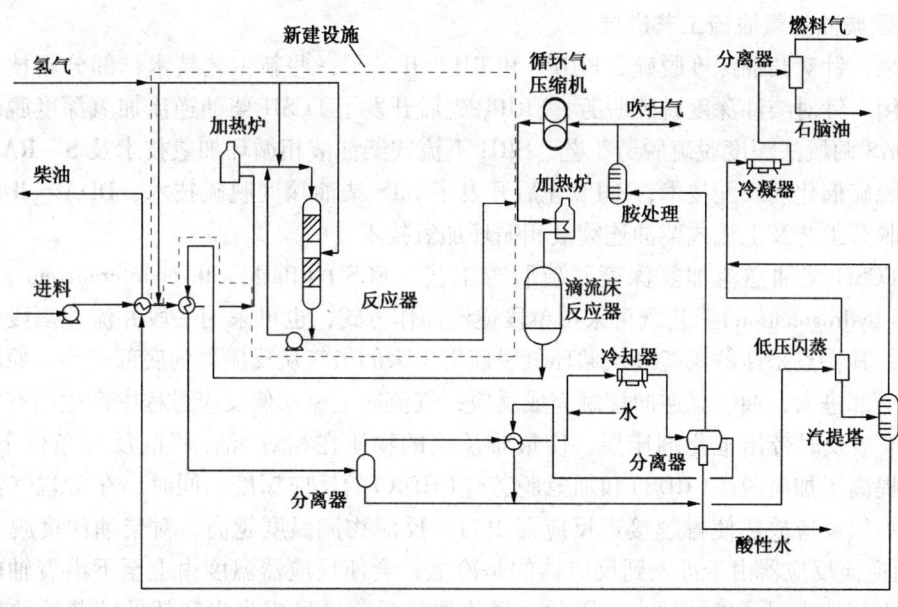

图 7-4-11 现有加氢装置采用 IsoTherming® 技术改造流程图

② IsoTherming®技术工业应用情况。第一套采用 IsoTherming®技术的工业化装置位于新墨西哥州盖洛普附近的 Western Refining 炼油厂,于 2003 年 4 月开车运行,用于生产超低硫柴油。该装置作为预处理单元,设置在现有传统柴油加氢处理单元的上游,用于对 LCO(轻柴油)/SR(直馏)柴油混合比为 40/60 的进料进行处理。该工艺可以生产出硫含量低于 5μg/g 的超低硫柴油。采用该技术改造后,炼油厂加工全部催化柴油和直馏柴油,可以生产超低硫柴油,而不必降低进料终馏点或使进料走旁路。

对传统反应器生产的超低硫柴油产品与带 IsoTherming®预处理工段的传统反应器生产的超低硫柴油产品中的轻组分进行了比较。传统滴流床反应器增加了 IsoTherming®预处理工段后,传统滴流床反应器运行中轻组分含量明显降低。

在多种条件下对 Western Refining 炼油厂的 IsoTherming®装置进行了运行测试,以测试 IsoTherming®技术的局限性以及对进料发生改变时的敏感性。经验证,即使当进料终馏点温度升高约 25℃ 且进料中 LCO 比例明显增大时,也可以生产超低硫柴油产品。在实现首次顺利运行 2 年后,对 IsoTherming®装置进行了改造,以扩大炼油厂 ULSD 的生产能力,以能够处理炼油厂全部柴油产品。表 7-4-6 列出了到目前为止采用 IsoTherming®专利技术的工业装置。

表 7-4-6 采用 IsoTherming®专利技术的工业装置

公 司	地 点	应 用	开车时间
Western Refining 炼油厂	新墨西哥州盖洛普	ULSD 改造	2003 年 4 月
Western Refining 炼油厂	新墨西哥州盖洛普	新建煤油加氢处理装置	2006 年 4 月
Western Refining 炼油厂	新墨西哥州盖洛普	ULSD 加氢处理装置改造	2006 年 5 月
Western Refining 炼油厂	弗吉尼亚州约克镇	新建 ULSD 加氢处理装置	2006 年 5 月
Holly Refining 炼油厂	犹他州 Woods Cross	VGO 缓和加氢裂化装置	2009 年 1 季度
Holly Refining 炼油厂	新墨西哥州 Artesia	VGO 缓和加氢裂化装置	2009 年 1 季度
Frontier Refining 炼油厂	堪萨斯州 EI orado	VGO 加氢处理装置改造	2010 年 1 季度
即将宣布	美国新泽西州	ULSD 加氢处理装置改造	2010 年 2 季度

2. 我国柴油加氢脱硫工艺进展

近年来,针对柴油深度脱硫,FRIPP 和 RIPP 开发了一些新工艺技术,部分新技术已实现工业应用。针对柴油深度脱硫脱芳,FRIPP 先后开发了 FCSH 柴油逆流加氢深度脱硫脱芳工艺、FDAS 两段法深度脱硫脱芳工艺、SRH 下流式柴油液相循环加氢技术及 S-RASSG 柴油超深度脱硫催化剂级配技术;RIPP 先后开发了 RTS 柴油深度脱硫技术、DDA-Ⅱ两段法深度脱硫脱芳工艺及上流式柴油连续液相循环加氢技术。

(1) FCSH 柴油逆流加氢深度脱硫脱芳工艺 FCSH(flash with countercurrent sulfur - compounds hydrogenation)工艺既可采用单段逆流操作方式,也可采用一段并流、二段逆流的串联方式,其特点是新鲜氢气或从循环氢脱硫塔出来的氢气从反应器的底部进入,原料油从反应器的上部进入,油、气逆向接触完成反应;气流向上流动使反应过程中产生的有害气体 H_2S 和 NH_3 被及时带出催化剂床层,使最难反应的物质在相对"洁净"的反应条件下进行,从而大大提高了加氢脱硫(HDS)和加氢脱芳烃(HDA)的反应深度。同时,在常规气液并流工艺中,加氢反应放热使得越接近反应器出口,反应物流温度越高,对柴油深度脱芳烃不利[53]。而逆流反应器由于进入到反应器的是冷氢,会使反应器温度由上至下沿着轴向成温降趋势,很好地克服了这一缺点。因此,逆流加氢目前已经成为生产超低硫柴油的有效措施,已成为世界各大石油公司竞相研发的炼油新技术[44,45]。

FCSH 的工艺流程见图 7-4-12。FCSH 一段串联与常规并流工艺对比试验结果见表 7-4-7。

从表 7-4-7 试验结果看,FCSH 一段串联工艺相对于常规工艺,超深度脱硫效果、芳烃饱和能力、密度降低及十六烷值增幅的优势很明显,可以更好地满足生产符合欧Ⅴ排放标准柴油的需要。

表 7-4-7 FCSH 一段串联与常规并流工艺对比试验结果

原 料 油	催化柴油及焦化柴油混合油		催化柴油	
	常规并流	FCSH 工艺	常规并流	FCSH 工艺
密度(20℃)/(g/cm³)	0.8488	0.8406	0.8496	0.8415
硫/(μg/g)	35.5	4.5	34.9	3.0
氮/(μg/g)	5.6	1.6	7.6	3.7
总芳烃/%	33.4	23.1	33.4	24.6
十六烷值	43.9	51.8	42.2	50.0

(2) FDAS 两段法深度脱硫脱芳工艺[46] FRIPP 开发的 FDAS 两段法深度脱硫脱芳工艺是针对加工密度大、芳烃含量高、十六烷值低的催化柴油而开发的新工艺,其主要目的是脱芳烃、降低密度、提高十六烷值。FDAS 技术可在中等压力条件下,一段采用常规催化剂进行加氢精制,二段可采用非贵金属催化剂进行深度加氢饱和,达到柴油深度加氢脱硫、脱芳烃、提高十六烷值获得低硫低芳柴油的目的。加氢精制过程生成的氮化物的吸附活性中心与芳烃的吸附活性中心是一致的,且氮化物在催化活性中心上的吸附强度远大于芳烃,与芳烃发生竞争吸附,从而抑制了芳烃饱和反应的进行,采用两段工艺过程,二段的有机氮化物、氨、硫化氢等含量明显降低,有利于芳烃饱和反应。FDAS 两段流程的优点在于:①第一段的主要目的是最大限度地脱除原料油中的硫、氮、氧等杂质,烯烃和部分芳烃饱和,为第二

段提供硫、氮含量低的原料油；第二段的主要目的是深度加氢饱和。②第一段和第二段可以采用不同的催化剂。第二段可以采用非贵金属催化剂，也可以采用贵金属催化剂。第一段和第二段可以采用不同的工艺条件。③第二段可以在较高的氢分压下操作，从而使芳烃加氢饱和反应在热力学上有利的区域内进行。表7-4-8 列出了 FDAS 两段法深度脱硫脱芳工艺与常规加氢精制及单端两剂 MCI 最大量提高十六烷值工艺技术的中试对比结果。

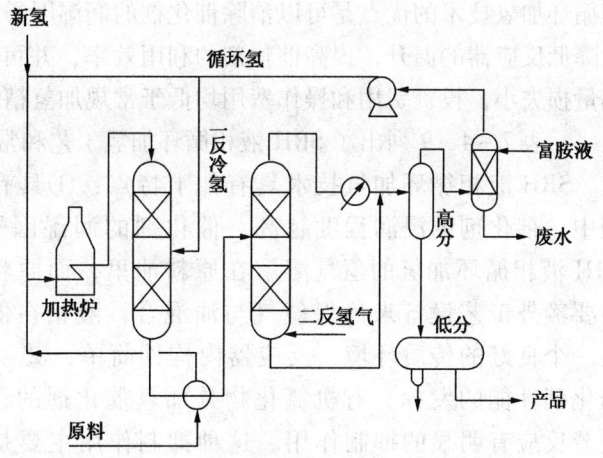

图7-4-12　FCSH 逆流脱芳工艺流程图

表7-4-8　单段加氢工艺与两段加氢工艺对比试验结果

工艺流程	单段单剂	单段两剂	两段单剂	
			第一段	第二段
催化剂	FH-98	FH-98/MCI	FH-98	FH-98
氢分压/MPa	7.0	7.0	6.0	7.0
反应温度/℃	360	360	360	360
体积空速/h^{-1}	0.7	0.7	1.8	1.2（总0.72）
氢油体积比	500	500	500	500
油品名称	生成油	生成油	一段生成油	二段生成油
密度(20℃)/(g/cm³)	0.8386	0.8380	0.8568	0.8383
馏程/℃				
初馏点	142	140	174	146
终馏点	360	359	359	357
硫/(μg/g)	46	20	341	18
氮/(μg/g)	2.8	2.1	60	1.5
氧化安定性/(mg/100mL)	1.8	1.8	2.4	0.8
闪点/℃	60	58	68	61
总芳烃/%	33.6	31.5	43.2	19.0
二环以上芳烃/%	4.2	4.0	8.2	3.0
十六烷值	48.2	49.0	41.8	53.0
柴油收率/%	96.8	96.2		98.2

从表7-4-8 可见，FDAS 两段法深度脱硫脱芳工艺的脱硫效果、芳烃饱和能力及十六烷值增幅均明显高于常规加氢精制工艺，芳烃饱和能力及十六烷值增幅也高于单段两剂的 MCI 最大量提高十六烷值工艺技术。

(3) SRH 柴油液相循环加氢工艺[47]　FRIPP 开发的 SRH 下流式柴油液相循环加氢技术反应部分不设置氢气循环系统，依靠液相产品大量循环时携带进反应系统的溶解氢来提供新鲜原料进行加氢反应所需要的氢气，反应器采用与滴流床反应器相近结构反应器。SRH 液相循环加氢技术的优点是可以消除催化剂的润湿因子影响。由于循环油的比热容大，从而大大降低反应器的温升，提高催化剂的利用效率，并可降低裂化等副反应。装置高压设备少，热量损失小，投资费用和操作费用均低于常规加氢精制，是低成本实现油品质量升级的技术之一。表7-4-9列出了SRH液相循环加氢工艺和常规气液相循环加氢主要设备对比。

SRH液相循环加氢技术具有如下特点：①具有良好的气液分散性。在化学反应过程中，催化剂的浸润程度越高、催化剂的润湿因子越高，催化剂的有效利用率越高。SRH液相循环加氢的氢气溶解在原料油里，而原料油又浸泡整个催化剂床层，这样不需要额外工艺设备来确保氢气与油混合，液相在催化剂上获得良好分散，也不需要提供一个良好的传质环境，反应器内构件简单；② 大大稀释原料中的杂质浓度，有利于催化剂性能的发挥。有机氮化物是加氢催化剂的毒物，对加氢脱氮、加氢脱硫和加氢脱芳反应有明显的抑制作用。这种抑制作用主要是由于有些氮化物和大多数氮化物的中间反应产物与催化剂的加氢反应活性中心具有非常强的吸附能力，从竞争吸附角度抑制了其他加氢反应的进行。而通过加氢产物循环将大大稀释原料中的杂质浓度，有利于发挥催化剂的性能；③ 催化剂利用率高。由于油品热容较大，采用液相循环油加氢可大幅度降低反应器催化剂床层温升，使反应器在更接近于等温的条件下操作，反应器的操作温度与等温条件越接近，催化剂的使用寿命就越长。

中国石化长岭分公司200kt/a柴油加氢装置采用SRH液相循环加氢技术进行改造。该装置设计压力低，只有4.5MPa，这给工业试验带来很多不利条件，特别是溶氢量受限，不能满足较高氢耗原料油加氢所需要的氢气量。该装置改造为液相循环加氢后，加工常二线柴油和常二线柴油与焦化柴油(7:3)混合油等原料油。表7-4-10列出了长岭SRH液相循环加氢装置加工常二线柴油即常二线与焦化柴油混合油时的应用结果。

表7-4-9 SRH液相循环加氢工艺和常规气相循环加氢主要设备对照表

主要设备	SRH液相循环加氢	常规气液相循环加氢
热高分	无	有/无
冷高分	无	有
循环氢压缩机	无	有
热低分	有	有/无
循环氢脱硫化氢塔	无	有
汽提塔预热器	无	有
高压换热器	无	有
循环泵	有	无

常二线直馏柴油加氢试验结果：在表7-4-10列出的工况条件下，R501的脱硫率在92.13%~95.60%，R502的脱硫率在47.65%~58.75%，总脱硫率达96.36%~98.19%，精制柴油产品硫含量最低降至33μg/g。

常二线直馏柴油与焦化柴油(7:3)混合油加氢试验结果：在表7-4-10列出的工况条件下，精制柴油产品硫含量小于100μg/g，脱硫率在97.2%以上。

工业试验结果表明，SRH液相循环加氢技术成熟可靠，验证了溶氢量是影响液相循环加氢的主要因素。

表7-4-10 长岭分公司SRH装置加工柴油时的工况条件

主要操作条件	2009-11-18	2010-01-16	2010-01-18
原料油	常二线	70%常二线+30%焦化柴油混合油	
进料量/(t/h)	22.4	57	60
循环量/(t/h)	53	366	358
R501入口温度/℃	346	2	2
R501床层温升/℃	1	4.45	4.49
R501压力/MPa	4.57	390	409
R501补充氢/(Nm³/h)	323	366	359.5
R502入口温度/℃	344	1	1
R502床层温升/℃	1	4.01	3.99
R502补充氢/(Nm³/h)	479	448	404
高分压力/MPa	3.60	3.41	3.40

(4) 柴油连续液相循环加氢工艺[48] RIPP开发的连续液相循环加氢技术主要反应机理及工艺流程与FRIPP开发的SRH上流式液相加氢技术类似,主要不同之处有两点:①原料油采用下进式进料,即反应器为上行式反应器;②增加了热高压汽提分离器。反应部分工艺流程见图7-4-13,常规滴流床与液相加氢技术工艺及流程特点对比见表7-4-11。

表7-4-11 常规滴流床与液相加氢技术工艺及流程特点对比

	常规滴流床柴油加氢技术	连续液相柴油加氢技术
相同点	分馏部分流程相同	
不同点	①下行式反应器 ②设置循环氢系统,核心设备为循环氢压缩机,氢油比一般在300左右 ③补充氢气全部在反应器前补入 ④设置热高压分离器 ⑤需要设置冷高压分离器 ⑥需要设置高压反应产物空冷器 ⑦需要设置循环氢脱硫系统	①上行式反应器 ②设置反应产物循环系统,核心设备为反应产物循环泵,循环比为1.0~2.0 ③补充氢气在反应器前及反应器床层间补入 ④设置热高压汽提分离器 ⑤不需要设置冷高压分离器 ⑥不需要设置高压反应产物空冷器 ⑦不需要设置循环氢脱硫系统

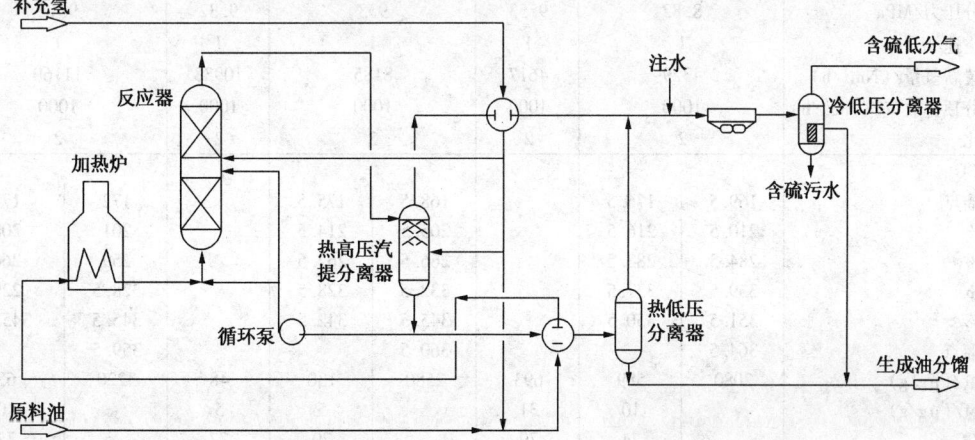

图7-4-13 连续液相加氢反应部分流程图

① 上行式反应器。在连续液相加氢工艺中，为保证加氢反应顺利进行的同时减小循环油的流量，应尽可能提高反应器液相中的溶解氢的饱和度，因此需要少量的氢气在反应器出口以气相形态存在。此时反应器中的液相为连续相，气相为分散相，为防止分散相的气体聚集在反应器的局部部位，影响反应物气、液两相流动的均匀性，上行式反应器是最佳的选择。在上行式反应器中，反应物流的气、液两相自下而上流过催化剂床层，介质流动方向与气体扩散方向一致，最大程度地减小了气体在反应器内局部累积的可能性，有利于将少量的氢气分布均匀。同时，与下行式反应器相比，上行式反应器床层间距更小，需要的内构件少，具有较高的催化剂装填率，检修及安装工作量小，节约了设备投资和运行费用，同时反应器压降小，节约能耗。

② 热高压汽提分离器。在连续液相加氢技术中，加氢反应产物离开反应器后不经换热冷却直接进入热高压汽提分离器，既减少了换热过程中的热量损失，又保证了氢气在高温下较高的溶解度。通过在传统的热高压分离器中增加少量的特制塔板，必要时（如在加工高硫原料油生产超低硫柴油产品时）辅以热氢气汽提，可降低循环油中对反应起抑制作用的 H_2S、NH_3 的含量；同时，由于热高压汽提分离器有一定的裙座高度，其底部的反应产物循环泵不会因气蚀余量问题而抽空。

采用连续液相加氢技术已在中国石化石家庄炼化分公司建成 2.6Mt/a 加氢装置并投入生产运行，工业应用标定结果见表 7-4-12。

表 7-4-12　石家庄炼化连续液相加氢装置标定期间原料和产品性质及反应条件

名　称	掺入常二线前原料性质	掺入常二线前产品性质	掺入常二线后产品性质	掺入催化柴油10t后原料性质	掺入催化柴油10t后产品性质	掺入催化柴油15t后产品性质	掺入催化柴油20t后原料性质	掺入催化柴油20t后产品性质
罐区进料/(t/h)	108.8	145		140		140.68	145.6	
催化柴油进料/(t/h)				10		15	20	
装置新鲜进料/(t/h)				150		155.68	165.6	
反应器进料/(t/h)		187	188	188		183	185	
反应器入口温度/℃		301.2	301	333		335	332.7	
反应器出口温度/℃		303.7	304	342		347	346	
反应器温升/℃		2.5	3	9		12	13.3	
热高分压力/MPa		8.82	9.53	9.3		9.32	9.12	
体积空速/h^{-1}		1	1	1		1	1	
进装置新氢量/(Nm^3/h)		4329	4617	8185		10938	11160	
热高分顶排放气/(Nm^3/h)		1000	1000	1000		1000	1000	
循环比		2	2	2		2	2	
馏程/℃								
初馏点		169.5	176.5	168.5	175.5		172	177
10%		210.5	216.5	205.5	214.5		201	208
50%		284.5	283.5	266.5	262.5		259	264
90%		339.5	337.5	332.5	328.5		328.5	229
95%		351.5	350.5	345.5	342.5		345.5	345.5
终馏点		364.5		360.5			359.5	
硫含量/(μg/g)		2080	589	693	2580	130	48	3220	63
硫化氢/(μg/g)			10	31		5	5		10
闪点/℃			74	70		70	72		72
铜片腐蚀			1a	1a		1a	1a		

从表7-4-12可以看出：掺入催化柴油后，原料初馏点稍有升高，掺入20t后，约升高2.5℃；随着催化柴油掺入量增加，终馏点逐渐下降，掺入20t后，下降5℃；随着催化柴油掺入量增加，硫含量逐渐增加，掺入20t后，硫含量为3220μg/g，增加1140μg/g。在保证装置热高分压力约9.3MPa、空速$1.0h^{-1}$、循环比2.0，热高分顶排放气量1000Nm^3/h的情况下，掺入催化柴油后，反应器入口温度提高30℃，进装置新氢量逐渐增加，原料硫含量在2580~3220μg/g范围内，产品硫含量在48~130μg/g范围内。在分别掺入催化柴油10t、15t、20t的情况下，反应器温升分别为9℃、12℃、13.3℃，可以估算1t催化柴油引起的温升约为0.52℃。进装置新氢分别为8185Nm^3/h、10938Nm^3/h、11160Nm^3/h，产品初馏点变化不大，95%点下降，掺入20t催化柴油后，下降5℃。

（5）RTS柴油超深度加氢脱硫工艺[49]　RIPP开发的RTS柴油超深度脱硫技术与日本石油公司20世纪90年代开发的日石法两段式柴油深度加氢脱硫工艺相似。采用一种或两种非贵金属加氢精制催化剂，采用两段一次通过工艺馏程，将柴油的超深度加氢脱硫通过两个反应器完成。第一反应器在较高温度下进行深度脱硫和脱氮反应，大部分易脱硫化物和几乎全部氮化物的脱除在第一个反应器中完成；脱除了氮化物的第二个反应器在较低温度下彻底完成剩余硫化物的环芳烃的加氢饱和，并改善油品颜色。柴油馏分经过上述两个反应器后，柴油产品硫含量小于50μg/g或小于10μg/g，多环芳烃数小于11%，色度（ASTM D1500）小于0.5，为水白色。将现有装置改造成RTS技术时，增加一个小的反应器，通过与原料换热至所需温度，增加一个反应器后装置能耗基本不增加。RTS是不同于常规加氢精制的新工艺，该技术即将在中国石化燕山石化、高桥石化及茂名石化等企业工业应用。

中型试验结果表明，采用RTS技术，通过工艺流程和操作条件优化，对以高硫直馏柴油为主的原料，可在比常规加氢精制工艺高50%以上的空速下生产出硫含量小于50μg/g、甚至小于10μg/g的超低硫柴油产品。表7-4-13列出了RTS技术的中试结果。RTS技术工艺流程见图7-4-14。

表7-4-13　RTS工艺技术超深度脱硫中试结果

项　目	直馏柴油A		直馏柴油B	
操作条件				
氢分压/MPa	6.4		6.4	
总空速/h^{-1}	1.6		2.0	
油品性质	原料	产品	原料	产品
密度/(g/cm^3)	0.8388	0.8162	0.8514	0.8248
色度/号	0.6	0.1	0.6	0.1
硫含量/(μg/g)	7800	8.6	15000	9.5
氮含量/(μg/g)	155	<0.5	100	<0.5
十六烷指数	54.5	60.2	56.8	61.5
馏程/℃				
初馏点	193	169	206	184
50%	283	271	313	287
90%	347	338	364	348
终馏点	377	371	379	373

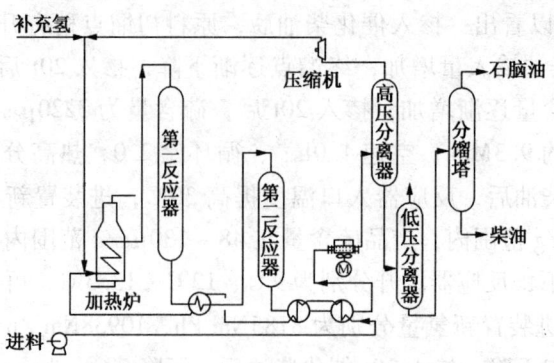

图 7-4-14　RTS 工艺流程图

四、柴油深度和超深度加氢脱硫催化剂进展

针对柴油低硫化的发展趋势，国内外大的研究机构均加快了柴油深度加氢脱硫催化剂的研发步伐，自 20 世纪 90 年代末期以来，国内外知名公司或研究机构取得了许多重要的技术突破，相继推出了不同牌号的柴油深度脱硫催化剂，在市场得到广泛推广应用，为柴油质量升级提供了良好的技术支撑。国内外主要研究机构近 20 年来开发的柴油加氢催化剂分别见表 7-4-14 和表 7-4-15。

表 7-4-14　国外公司开发的柴油加氢催化剂

公司名称	牌号	活性组分	形状
Criterion 公司	DC-160	Co-Mo-P	三叶草
	DC-185	Co-Mo-P	三叶草
	DC-2000	Co-Mo-P	三叶草
	DC-2118	Co-Mo-P	三叶草
	DC-2318	Co-Mo-P	三叶草
	DC-2531	Co-Mo-P	三叶草
	DC-2618	Co-Mo-P	三叶草
	DN-110	Ni-Mo-P	三叶草
	DN-190	Ni-Mo-P	三叶草
	DN-3100	Ni-Mo-P	三叶草
	DN-3110	Ni-Mo-P	三叶草
	DN-3300	Ni-Mo-P	三叶草
	DN-3630	Ni-Mo-P	三叶草
Albemarle 公司	KF-742	Ni-Mo	四叶草
	KF-752	Ni-Mo	四叶草
	KF-756	Co-Mo	四叶草
	KF-757	Co-Mo	圆柱
	KF-760	Co-Mo	圆柱
	KF-767	Co-Mo	圆柱
	KF-770	Co-Mo	圆柱
	KF-771	Co-Mo	圆柱
	KF-772	Co-Mo	圆柱
	KF-840	Ni-Mo	四叶草

续表

公司名称	牌号	活性组分	形状
Albemarle 公司	KF-842	Ni-Mo	四叶草
	KF-848	Ni-Mo	四叶草
	KF-852	Ni-Mo	四叶草
	KF-860	Ni-Mo	四叶草
	KF-868	Ni-Mo	四叶草
Axens 公司	HR-306C	Co-Mo	圆柱
	HR-348	Ni-Mo	圆柱
	HR-406	Co-Mo	多叶型
	HR-416	Co-Mo	三叶草
	HR-426	Co-Mo	三叶草
	HR-526	Co-Mo	三叶草
	HR-626	Co-Mo	三叶草
	HR-568	Co-Mo-Ni	三叶草
	HR-418	Ni-Mo	三叶草
	HR-448	Ni-Mo	三叶草
	HR-538	Ni-Mo	三叶草
	HR-548	Ni-Mo	三叶草
Haldor Topsoe 公司	TK-550	Co-Mo	三叶草
	TK-554	Co-Mo	三叶草
	TK-558	Co-Mo	三叶草
	TK-574	Co-Mo	三叶草
	TK-576	Co-Mo	三叶草
	TK-573	Ni-Mo	三叶草
	TK-575	Ni-Mo	三叶草
	TK-559	Ni-Mo	三叶草
	TK-605	Ni-Mo	三叶草

表 7-4-15　国内公司开发的柴油加氢催化剂

公司名称	牌号	活性组分	形状
FRIPP	HF-5	W-Mo-Ni	球形
	FDS-4	Co-Mo	三叶草
	FH-5A	Ni-Mo	球型
	FH-98	W-Mo-Ni	三叶草
	FH-DS	W-Mo-Co-Ni	三叶草
	FH-UDS	W-Mo-Co-Ni	三叶草
	FHUDS-2	W-Mo-Ni	三叶草
	FHUDS-3	Co-Mo	三叶草
	FHUDS-5	Co-Mo	三叶草
	FHUDS-6	Ni-Mo	三叶草
RIPP	RN-1	Ni-W	三叶草
	RN-2	W-Ni	三叶草
	RN-10	Ni-W	三叶草
	RN-10B	Ni-W	三叶草
	RS-1000	W-Mo-Ni	蝶形
	RS-1010	W-Mo-Ni	蝶形
	RS-1100	Ni-Mo	蝶形
	RS-2000	W-Mo-Ni	蝶形

1. 国外柴油深度和超深度加氢脱硫催化剂进展

国外从事柴油加氢脱硫技术开发的主要有Albemarle(雅宝公司,收购了原荷兰AKZO催化剂公司)、Criterion(标准公司)、Haldor Topsoe(托普索公司)、Axens及ART等公司。

(1) Albemarle公司柴油深度脱硫催化剂进展　Albemarle是世界上主要的加氢处理催化剂(包括加氢裂化预处理催化剂)供应商之一。该公司的STARS(Super Type Ⅱ Active Reaction Sites)和NEBULA催化剂是其基准产品,目前Albemarle公司为700套以上的装置提供催化剂。

Albemarle公司于20世纪80年代末期推出了KF-752,90年代中期推出了KF-756催化剂。该公司于1998年推出的STARS技术和2001年推出的NEBULA技术是炼油厂生产低硫或超低硫清洁柴油的主要技术。

采用STARS技术制备的催化剂与以往催化剂的不同之处就在于其活性相全部是Ⅱ类活性相。此类活性相的特征就是活性中心与载体基质间的相互作用较弱,MoS_2分散度较低,常由一些较大的晶片叠合而成,硫化比较充分,与传统载体上的第Ⅰ类活性相相比,第Ⅱ类活性相的活性大大提高[50]。因此在催化剂设计时应尽量使第Ⅱ类活性中心数量增多并具有良好的分散性,方可制备出高活性的催化剂。STARS技术正是成功利用此原理的第一个催化剂制备技术。该技术采用与以往不同的方法,既保证有数量很大且分散良好的活性中心,也确保所有活性中心都是Ⅱ型,使单位活性中心都具有很高的本征活性,使活性金属的活性达到最大值。该技术可在不增加催化剂活性金属含量的条件下,充分发挥其活性,使用该技术生产的催化剂,其加氢活性水平达到上一代加氢催化剂的150%以上。该技术非常适用于生产硫含量小于50μg/g的低硫或超低硫清洁燃料,已广泛推向工业化应用。主要代表有Mo-Co为活性金属组分的KF-757和以Mo-Ni为活性金属组分的KF-848催化剂。

第一个STARS催化剂是Co-Mo型KF-757,可用于在低至中压下操作的HDS装置,能够将中间馏分油硫含量降至10~50μg/g。据Albemarle公司称,KF-757的稳定性与早期的KF-752和KF-756催化剂相当或比其更高。KF-757的HDS活性比KF-756高出50%[51]。采用KF-757催化剂得到的产品密度比采用KF-756催化剂时低0.5~0.9kg/m³。另外,采用KF-757催化剂得到的产品芳烃和氮含量也较低,且产品色度和十六烷值得到改进[52]。KF-757催化剂被视为FCC进料预处理或ULSD生产的良好选择。德国PCK公司已证实,在足够的反应器容积下采用该催化剂生产硫含量为10μg/g的汽油时无需进行后处理。早在2006年初,KF-757就已在欧洲、北美和日本的100多家炼油厂应用[51]。

Albemarle公司于2003年推出了另一个CoMo型STARS催化剂KF-760,其HDS活性可比KF-757催化剂提高30%。KF-760催化剂HDS活性的提高程度取决于原料氮含量,因为该催化剂的脱硫能力来源于其较高的HDN活性。HDS活性的提高仅使氢耗稍有增加,因此该催化剂特别适用于在中至高压下操作、且氢气供应受限的柴油脱硫装置。KF-760催化剂用于FCC预处理时,HDN活性提高20%[53]。

KF-767催化剂是Albemarle公司继KF-760之后于2004年推出的催化剂[6]。该催化剂的活性相设计有助于复杂硫化物的脱除,再加上其高的HDN活性,使得KF-767催化剂特别适合于生产ULSD。采用KF-760催化剂时,推荐的装置氢分压大于4MPa,而KF-767催化剂的超高活性使得装置氢分压可拓宽至大于3MPa。KF-767催化剂可用于生产氮含量<20μg/g的产品[54]。截至2006年底,KF-760和KF-767催化剂的工业应用在欧洲共

计超过 15 套次，在美国超过 20 套次。

KF-770 催化剂是 Albemarle 公司于 2008 年 7 月推出的 CoMo 型 STARS 催化剂，替代 KF-757 催化剂用于 ULSD 生产[55]。KF-770 具有非常好的可控酸性，因此可保持稳定并在低压条件下的 ULSD 装置中仍然能提供高的性能。采用该催化剂可使炼油厂的低、中分压 ULSD 加氢处理装置满足柴油需求增加以及更加严格的燃料标准要求。KF-770 催化剂的性能优于 KF-757，体积活性比 KF-757 提高 20% ~ 25%，运转周期延长 35%。另外，KF-770 较高的 HDN 活性提高了该催化剂的 HDS 性能，因为受到氮化物阻碍的加氢活性中心被释放出来供 HDS 使用。KF-770 还可提高装置处理量。对于处理能力为 30kbbl/d 的馏分油加氢处理装置，采用 KF-770 催化剂时的处理量比采用 KF-757 提高 20%。在芬兰 Neste Oil 公司 Naantil 炼油厂的煤油馏分脱硫装置采用了 KF770 催化剂，KF770 催化剂的应用使得在保持深度脱硫活性的同时可以将运转初期的温度降低 5℃，而运转周期则延长 50%。另外，采用 KF770 催化剂还减少了导致产品变色的缩聚反应的发生[56]。KF-770 催化剂已在 15 套以上装置成功应用。

近年来，该公司又新增了两种 STARS 催化剂 KF-771(CoMo)和 KF-772，据称含 100% 的Ⅱ型活性中心。这两种催化剂的显著特点是用于 ULSD 生产时表现出高的脱硫活性和稳定性。KF-771 催化剂具有中等酸性，适用于中压加氢处理装置；KF-772 催化剂适用于中压或高压加氢处理装置[57]。

2000 年推出的 Ni-Mo 型 STARS 催化剂 KF-848 为加氢裂化原料预处理过程而设计，具有很高的脱氮活性和加氢饱和活性，同时也适用于较高压力下生产超低硫柴油。在中压到高压条件下，用于超深度加氢脱硫时(小于 $50\mu g/g$)，KF-848 催化剂的脱硫活性要高于 KF-757，最高可以达到 KF-757 的 200%，适合在中压及高压装置上生产含硫小于 $50\mu g/g$ 甚至小于 $10\mu g/g$ 的超低硫柴油。

基于 STARS 技术基础，雅宝催化剂公司于 2006 年又开发了一种用于加氢裂化预处理或劣质柴油超深度脱硫的新型 Ni-Mo STARS 催化剂 KF-860[58]。该催化剂可以使较大的分子迅速到达Ⅱ型活性中心，提高了催化活性。此外，通过调节载体表面性能，可以使 KF-860 的性能达到最优化。KF-860 催化剂是调节金属硫化物与载体相互作用活性研究的最新成果。KF-860 与 KF-848 的稳定性对比试验结果表明：两个催化剂的初始活性很相似，运转 100h 后，随着反应温度提高，KF-860 的活性超出 KF-848，试验将要结束时，精制油品氮含量几乎是采用 KF-848 处理得到的油品氮含量的一半。

2001 年开发的 NEBULA 技术是由 Akzo Nobel、ExxonMobil 和 Nippon Ketjen 公司共同开发的一项具有重大突破的专利技术，推出了活性更高的加氢脱硫催化剂 NEBULA。该催化剂为碱性金属催化剂，其中包含一些镍和钼，以便脱除氮。其柴油脱硫效率是常规技术的 2 倍，可以说是自 20 世纪 50 年代加氢精制催化剂发展以来，在催化剂组成与活性方面第一次真正的飞跃[59]。NEBULA 催化剂与目前所使用的催化剂的不同之处就在于其活性相及新的载体概念，其物理性质与普通的加氢精制催化剂有很大不同：装填密度大约比目前所使用的催化剂高出 50%，其活性位的密度大大增加。NEBULA 催化剂特别适合于加氢裂化预处理过程以及在高压氢气过量的情况下生产超低硫柴油。与其他催化剂相比，NEBULA 催化剂具有很高的加氢脱硫、加氢脱氮和芳烃饱和活性，几乎能够完全转化空间位阻较大、含取代基的二苯并噻吩类化合物。NEBULA 催化剂的缺陷是耗氢较大，但柴油十六烷值也会大幅度提高。

该催化剂已于2002年初成功应用于几套柴油加氢装置。BP公司的试验评价结果认为,与KF-757相比,该催化剂的活性至少高出2倍。与KF-848相比,NEBULA催化剂具有更高的加氢脱硫、加氢脱氮、加氢脱芳烃活性,在生产硫含量小于10μg/g的超低硫柴油产品时,NEBULA催化剂所需温度要比KF-848低18℃[60]。NEBULA催化剂已在全球多套装置上工业应用。NEBULA催化剂的主要代表有NEBULA-1和NEBULA-20催化剂[61~67]。

图7-4-15为Albemarle公司50年来采用不同创新技术研发的催化剂加氢脱硫活性的发展历程。

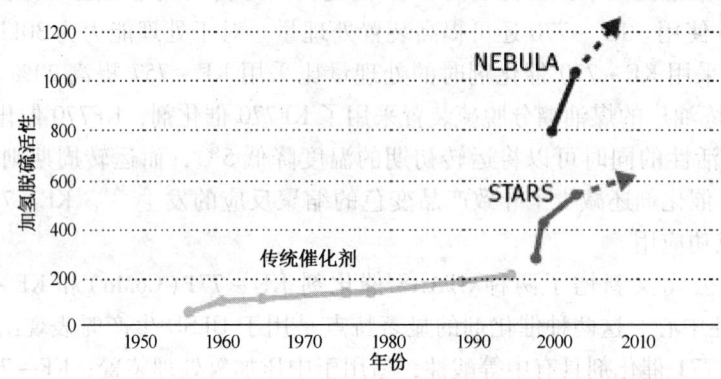

图7-4-15 Albemarle公司采用不同技术研发的催化剂发展历程

(2)Criterion公司柴油深度脱硫催化剂进展 Criterion催化剂技术公司成立于1988年,由美国氰氨公司、壳牌石油公司和壳牌国际化学公司等三家的催化剂厂合并而成,现由CRI国际公司(CRII)和Cytec工业公司共同拥有。

Criterion公司主要提供四个系列的加氢处理催化剂——CENTINEL、CENTINEL GOLD、ASCENT和CENTERA。CENTINEL系列催化剂于2000年首先推出,HDS和HDN活性高于当时在用的其他催化剂。CENTINEL GOLD和ASCENT系列催化剂于4~5年后推出。ASCENT催化剂的HDS活性与CENTINEL催化剂相当,但氢耗和选择性降低,而再生性能增强。CENTINEL GOLD催化剂的HDS、HDN和HDA活性均比CENTINEL催化剂高很多,但氢耗也更高。CENTINEL GOLD催化剂可用于将柴油硫含量降至ULSD限值以下来满足管道输送要求。CENTERA是该公司最新系列的加氢处理催化剂,综合了前三个系列催化剂的许多优点。

Criterion公司于2000年推出了被称作CENTINEL的新一代加氢处理催化剂技术[68]。该技术的特点是采用金属浸渍方法锁定位置,从而大大提高活性金属分散度。从处理不同种原料油得到的数据来看,CENTINEL催化剂的表观活化能高于常规催化剂,即CENTINEL催化剂在高温下具有相对高的HDS和HDN活性以及高的转化率。尤其是,CENTINEL催化剂能处理带有阻碍直接一步脱硫的侧链的复杂硫化物(如4,6-二甲基二苯并噻吩)。典型的CENTINEL柴油深度加氢脱硫催化剂为Mo-Co型DC-2118、DC-2318和Mo-Ni型DN-3110、DN-3120等催化剂。其中DC-2118和DN-3110催化剂特别适合于生产超低硫柴油,两个催化剂物理性质基本相同。DC-2118催化剂为最大程度加氢脱硫设计,适合在低压、高空速等苛刻条件下操作,被认为是柴油馏分超深度加氢脱硫的首选催化剂;当生产硫含量小于10μg/g超低硫柴油时,DN-3110催化剂具有更高的脱硫活性。

Criterion公司于2004年推出了CENTINEL GOLD技术。该技术是针对超低硫柴油生产而开发的[69]。CENTINEL GOLD 技术是 CENTINEL 技术的升级，可进一步提高活性金属负载量和分散度，并使催化剂获得 100% 的 II 型金属硫化物活性中心，因而大幅度提高了加氢活性，更容易脱除柴油原料中的多环芳环含硫化合物。采用 CENTINEL GOLD 技术制备的催化剂有 Co-Mo 型的 DC-2318 和 Ni-Mo 型的 DN-3330，其活性都比上一代催化剂有较大幅度提高。试验结果表明，对于不同来源的柴油原料，在生产硫含量小于 $10\mu g/g$ 的超低硫柴油时，DC-2318 催化剂的反应温度比 DC-2118 催化剂低 7~12℃，而 DN-3330 催化剂比 DN-3110 催化剂低 7~16℃，相当于活性提高了 25%~60%。一般说来，柴油加氢装置改为超低硫柴油生产模式时，氢耗会相应提高 10%~30%。某些情况下，受循环氢压缩机能力的限制，氢气供应量不能满足生产超低硫柴油的需求。由于 DC-2318 催化剂全面提高了活性，因此可以加工劣质原料油，在活性相当的情况下，可比 Ni-Mo 型催化剂减少 5%~15% 的氢耗。CENTINEL GOLD 系列催化剂具有较高的金属负载量，通过常规方式再生，其活性可以达到 CENTINEL 新鲜催化剂的水平，可以重复使用。

由于国外许多炼油厂希望使用可最大限度降低氢耗且具有良好再生性能和高机械强度的高活性催化剂，Criterion 催化剂公司于 2004 年开发了 ASCENT 技术[69]。该技术是载体制备技术的改进和专有浸渍技术的结合。ASCENT 技术目前提供 Co-Mo 型 DC-2531 催化剂。与 CENTINEL GOLD 系列催化剂不同，ASCENT 技术制备的催化剂活性中心为 I 型和 II 型两种活性中心的混合，使直接和间接加氢脱硫活性得以提高，在中低压条件下能更充分地发挥作用，并且可降低氢耗并提高催化剂再生性能。由于分别采用了优化的载体制备技术和专有的浸渍技术，采用 ASCENT 技术制备的催化剂具有很高的金属分散度，因而提高了单位体积内的活性中心密度。与迄今为止标准催化剂技术公司的所有传统 CoMo 加氢脱硫催化剂相比，DC-2531 具有最大化的活性中心浓度，因而具有最高体积活性，同时对于 Si、Na、As 等具有良好的抗中毒能力。DC-2531 催化剂适用于中低压装置，特别是氢气供应有限的加氢装置。该催化剂加工不同来源和组成的原料油进行的超深度脱硫试验表明，DC-2531 催化剂活性显著高于传统催化剂，比 II 型高活性催化剂略高或与之相当。该催化剂的另一个主要特点是其再生性能非常优异，通过常规再生方法即可恢复 90% 以上的活性，再生剂生产超低硫柴油的反应温度只比新鲜催化剂高 2℃。因此，该催化剂可用于多个周期连续生产超低硫柴油而不用换剂。由于催化剂具有 I 型和 II 型两种活性中心，对于直接和间接加氢脱硫均提高了活性，因而与 II 型活性中心的催化剂相比，DC-2531 的氢耗更低[70~75]。

表 7-4-16 对上述四个系列的加氢处理催化剂性能进行了总结[76]。

表 7-4-16 Criterion 公司的加氢处理催化剂

活性中心类型	CENTINEL	CENTINEL GOLD	ASCENT	CENTERA
	II 型	增强的 II 型	平衡的 I 型/II 型	增强的 II 型
ULSD HDS 活性	高	非常高	高	非常高
ULSD HDN 活性	高	非常高	高	非常高
ULSD HDA 活性	高	非常高	中等	非常高
氢耗	基准	基准+3%~5%	基准-3%~10%	未知
压碎强度	高	高	非常高	未知
磨损指数	高	高	高	未知
传统方法再生后活性恢复/%	60~70	60~70	90+	未知
ENCORE 法再生后活性恢复/%	95+	95+	不需要	未知

图 7-4-16 为 Criterion 公司采用不同创新技术开发的加氢脱硫催化剂的发展历程。

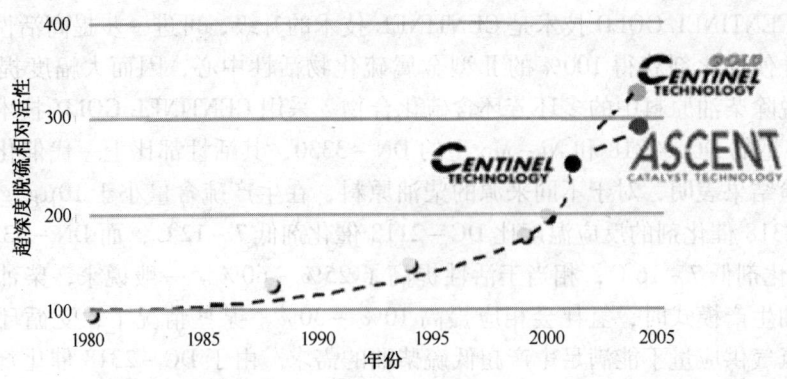

图 7-4-16 Criterion 公司采用不同技术研发的催化剂发展历程

(3) Haldor Topsoe 公司柴油深度脱硫催化剂进展 Haldor Topsoe 公司自发现 Co-Mo-S 纳米级活性结构以来，催化剂的开发取得重大进展。该公司和丹麦奥尔胡斯大学及丹麦工业大学共同研究，首次提供了 Co-Mo-S(or Ni-Mo-S) 活性结构的原子分辨率图片，展示了加氢处理催化剂的加氢功能，并阐述了金属-载体相互作用的重要性和Ⅰ类、Ⅱ类活性中心的由来。Topsoe 公司的研究人员从这些基础知识中得到灵感，开发了 BRIM™ 技术。该公司认为，在催化剂中，MoS_2 片层顶部存在着通过预加氢途径脱硫或脱氮的活性中心，称为 BRIM 中心。由于是通过预加氢途径来脱硫或脱氮，该种活性中心对于脱除带强烈位阻含杂原子的物种非常重要，特别是对于超低硫柴油的生产[77]。该技术不仅可以提高边缘活性中心的加氢活性，而且直接脱硫的活性中心数也可增加。高加氢活性和高直接脱硫活性的结合使 BRIM™ 技术非常适用于低硫柴油的生产。

Topsoe 公司用于 ULSD 生产的传统催化剂是 NiMo TK-573 和 CoMo TK-574[78]。后来增加了 NiMo TK-575 BRIM 和 CoMo TK-576 BRIM 催化剂。TK-575 是高压 ULSD(≥4.5MPa) 装置的首选催化剂，而 TK-576 更适用于在低压或中压下操作的加氢处理装置。TK-575 的活性比其上一代催化剂高出 7℃ 或 40% 以上[79,80]。

TK-576 BRIM 于 2004 年工业化[81]。在中试装置上进行的 TK-576 BRIM 和 TK-574 平行对比试验表明，具有边缘活性中心的 TK-576 BRIM 催化剂表现出相对优势。在试验中以直馏柴油为原料，采用相同的温度和体积空速以及两个不同的压力条件(氢分压为 2.0 MPa 和 3.0MPa)。在这两种压力条件下都是 TK-576 BRIM 表现出明显更佳的性能，这是由于该剂具有更高的 HDS 和 HDN 活性，在较高压力下更是如此，因为其边缘活性中心提供加氢活性。当用平均反应温度来表达 TK-576 BRIM 相对于 TK-574 的优势时，则是 TK-576 BRIM 活性比 TK-574 低 7~8℃。目前 TK-576 BRIM 在全球加氢处理装置中的应用已超过 150 套。

TK-576 BRIM 与 TK-574 间的另一项对比试验也表明了 TK-576 BRIM 因具有较多的用于直接脱硫的Ⅱ类活性中心而更具优势。在试验中以 50% LCO 和 50% SRGO 的混合油为原料，采用相同的压力(3.0MPa)、温度和体积空速。由于原料中氮含量高使得催化剂的加氢活性中心失活，因而这两种催化剂都只能按直接路径脱硫。但采用 TK-576 BRIM 催化剂时的产品硫含量为 14μg/g，而采用 TK-574 时的产品硫含量为 21μg/g。

在一工业应用实例中，一套 25kbbl/d 的装置采用 TK-576 BRIM 催化剂由 LCO 生产

ULSD,反应器压力为3.5MPa。该炼油厂采取的方案是在运转初期加工含20% LCO的进料,并维持这一含量直至温度接近400℃,随后减少进料中的LCO组分以降低苛刻度从而保证运转周期能够达到30个月。当采用TK-574催化剂时,运转初期(SOR)的WABT(床层平均反应温度)为364℃,运转15个月后温度接近390℃,此时需降低LCO含量,至运转末期时已降到2%。而采用TK-576 BRIM时,SOR的平均反应温度降低了6℃。该BRIM催化剂的失活速率与TK-574相同,但由于活性较高,因而加工含20% LCO进料的时间能维持大约21个月,至运转末期时LCO含量仅降低到12%。因此,在30个月的运转周期内,采用TK-576 BRIM催化剂,相对于TK-574,能多加工大约17%的LCO。

TK-576 BRIM催化剂除了具有高的活性外,在低压下还具有很好的稳定性。在低压下对该催化剂进行稳定性测试,该催化剂最初按ULSD模式操作,一个月后调整至苛刻条件下生产硫含量低于$1\mu g/g$的柴油,一段时间后再恢复至初始的ULSD条件下运转。观察发现,尽管运转过程中存在高温的失活风险,但该催化剂的活性损失很小,几乎可以忽略。

Topsoe公司还将一种用于加氢处理装置生产ULSD的新型CoMo BRIM催化剂——TK-578推向市场。该催化剂设计用于要求催化剂具有高的活性和稳定性以及最低氢耗的低中压加氢处理装置。以TK-578 BRIM替换TK-576 BRIM通常可将活性提高4~7℃。

以75%直馏柴油和25% LCO的混合油为原料,在中型装置上对TK-576 BRIM和TK-578 BRIM的性能进行了对比测试,结果见表7-4-17。

表7-4-17 TK-576 BRIM与TK-578 BRIM中型装置评价结果

项目	TK-576 BRIM		TK-578 BRIM	
LHSV/h^{-1}	2.5	1.5	2.5	1.5
氢分压/MPa	3.0	3.0	3.0	3.0
WABT	基准1	基准2	基准1	基准2
产品硫含量/($\mu g/g$)	211	27	164	15

从表7-4-17可以看出,在相同操作条件下,采用TK-578 BRIM和TK-576 BRIM可分别得到硫含量为$15\mu g/g$和$27\mu g/g$的柴油产品。另外,在低脱硫率下($164\mu g/g$对$211\mu g/g$),TK-578 BRIM表现出更好的性能,这说明该催化剂的直接脱硫活性高于TK-576 BRIM。直接加氢脱硫活性的提高使得TK-578 BRIM成为低压加氢处理装置的良好选择,因为此种情况下的主要反应路径是直接HDS。

(4) Axens公司柴油深度脱硫催化剂进展 Axens公司开发的加氢处理催化剂有HR-300、HR-400及HR-500系列,包括Mo-Co型HR-306、HR-316、HR-406、HR-416及HR-526和Mo-Ni型催化剂HR-348、HR-448及HR-568等催化剂,每一代新催化剂都采用了新的改进措施,其活性比上一代催化剂有显著提高。

HR-500系列催化剂是Axens公司采用其先进催化工程(ACE)技术开发和生产的,于2003年11月推出。该系列催化剂包括HR-506、HR-516、HR-526、HR-538、HR-548和HR-568。ACE技术可以将催化剂的生产控制在亚微米水平,因而提高了催化剂的性能和寿命,从而降低催化剂用量[82]。其HDS活性得到了直接提高,也因HDN活性的增强而得到了促进,因为氮化物能够堵塞活性中心抑制硫化物吸附[83]。HDN活性的提高源于较高的活性中心浓度有利于氮化物在硫化钼微晶上的吸附。HR500系列催化剂用于ULSD生产和VGO加氢处理时,若再结合Axens公司的Catapac密相装填技术以及Equiflow反应器内构件技术,则催化剂的稳定性能得到提高。HR500系列催化剂的工业应用次数已超过240次。

HR526(CoMo)催化剂是为满足低硫柴油生产而设计的。该催化剂用于低压和中压装置对含部分裂解料(即二次加工原料)的柴油进行脱硫[84]。HR526催化剂的活性相对于其上一代的HR426催化剂有所提高,用于ULSD生产时的活性比HR426高5℃以上。

HR548(NiMo)催化剂具有极佳的脱硫和脱氮活性,尤其适用于处理具有高沸点、高氮含量或含裂解料的原料[85]。另外,HR548也能够用于降低密度和/或提高十六烷值。采用相同原料对HR548和其前一代HR448进行的对比测试表明,HR548的HDS活性提高了5℃以上,HDN活性提高了5~10℃,脱芳活性也有所提高。HR548在至少40套次加氢处理装置应用[86]。

HR568是一种以Ni为助剂的CoMo型催化剂,具有高的HDS和HDN活性以及原料适应性[87]。以含10%~20%裂解料的LCO/SRGO为原料进行加氢处理时,HR568的HDS活性比HR426提高5℃以上,这部分归因于HR568具有更高的HDN活性。HR568催化剂尤其适用于氢气供应受限的情况。分别以SRGO和LCO/SRGO为原料进行的测试表明,尽管HR568催化剂对于难处理的烷基二苯并噻吩类化合物具有较高的HDS活性,但其氢耗最多比HR526高5%。

HR626(CoMo)催化剂也是采用ACE技术制备,用于煤油和柴油馏分HDS以及HDN,初期运转活性高于HR526。该公司报道称,HR626的HDS活性比HR526提高5~8℃。同其他采用ACE技术制备的催化剂一样,HR626在整个运转周期内具有极好的稳定性,且活性损失很低。另外,采用这种具有较高活性的催化剂可使运转周期延长4~6个月。若保持运转周期不变,则催化剂藏量比上一代催化剂减少约20%[88]。

HR626催化剂能够器外再生,无需使用化学再生,再生成本相对降低25%~30%[88]。工业测试表明,再生后活性可恢复至初活性的95%。据Axens公司称,全球已有65套以上的装置选用了HR626催化剂,其中至少有32个项目已投入运转。该催化剂在原有装置以及新投用的加氢处理装置上均有应用[88]。

2. 我国柴油深度加氢脱硫催化剂进展

我国早期从事柴油深度加氢脱硫催化剂开发的机构主要是中国石化的FRIPP及RIPP,近年来中国石油天然气股份公司成立了石油化工研究院,也从事相关技术的研究。

(1) FRIPP柴油深度脱硫催化剂进展 FRIPP作为以主要从事加氢技术研发的专业型研究院,从事加氢技术研究已有50多年的历史,20世纪80年代末期及90年代初期开发了481系列催化剂,达到了同期国际先进水平;90年代末期开发了W-Mo-Ni型FH-98催化剂、Mo-Ni型FH-5A催化剂及Mo-Co型FDS系列催化剂,为同时期加工进口含硫原油馏分油提供了技术支撑。进入21世纪以来,FRIPP加快了柴油深度加氢脱硫催化剂的开发,2003年采用RASS技术,开发了W-Mo-Ni-Co型FH-DS催化剂。2005年以来,FRIPP针对不同原料油深度脱硫的反应特点,在成功开发FH-5、FH-98、FH-DS等催化剂的基础上,通过载体孔结构调变、助剂改性调变载体表面性质、活性金属优化组合及负载方式的改进等多种措施,进一步提高了活性中心数及其本征活性,开发了FHUDS系列5个牌号的催化剂。即:针对直馏柴油及二次加工柴油混合油的深度脱硫,开发了W-Mo-Ni-Co型FH-UDS催化剂;针对加工催化柴油、焦化柴油等劣质柴油满足生产硫含量<10μg/g无硫柴油的需要,开发了高加氢活性的W-Mo-Ni型FHUDS-2和Mo-Ni型FHUDS-6催

化剂；针对直馏柴油的深度脱硫，开发了直接脱硫活性好而氢耗低的 Mo-Co 型 FHUDS-3 及 FHUDS-5 催化剂，这些催化剂已在国内外 30 多套柴油加氢装置工业应用。FHUDS-3 催化剂在印度 IOCL 公司成功中标，于 2011 年 5 月工业应用，其使用效果得到用户高度认可。

FRIPP 于 2009 年通过活性金属分散技术的改进与载体制备技术相结合，开发了脱硫选择性好、氢耗低、活性更高的 Mo-Co 型 FHUDS-5 催化剂。为了减少大分子硫化物等反应物进出催化剂孔道时扩散效应的影响，FRIPP 在载体制备方面提出了新的创新思路，适当增加了载体孔径，增加了适合大分子反应的直通圆柱形等有效孔道的比例，并解决了孔径增加与比表面积降低的矛盾，提高了催化剂有效活性中心及其本征活性。FHUDS-5 催化剂的反应温度比 FHUDS-3 催化剂降低 10℃ 以上。

FHUDS-5 催化剂在国外市场竞争中通过了挪威 STATOIL、英国 BP 及匈牙利 MOL 等国外著名石油公司评价体系的性能测试，体现出柴油超深度脱硫性能的优势，被评为国际一流催化剂，已在捷克 Paramo 炼油厂的超低硫柴油装置催化剂换剂竞标中与国外知名公司竞争中标，成功实现生产超低硫柴油（欧V标准柴油）的工业应用，标志着我国柴油深度加氢脱硫催化剂已达到世界一流水平。

对于催化柴油、焦化柴油等劣质柴油的加氢精制，由于其硫、氮及多环芳烃含量高、安定性差，在提高加氢脱硫活性的基础上还需要重点提高催化剂的加氢脱氮和芳烃饱和活性。FRIPP 针对加工高硫、高氮含量的劣质柴油满足生产硫含量 $<10\mu g/g$ 超低硫柴油的需要，在成功开发 FH-5、FH-98、FH-UDS、FHUDS-2 和 FHUDS-5 等催化剂的基础上，通过优化活性金属、制备有利于大分子吸附的含有效孔道比例高的新型载体、改进活性金属负载方式等多种措施，增加了催化剂活性中心数及其本征活性，提高了催化剂脱除大分子硫化物的活性，开发出高加氢活性的 Mo-Ni 型 FHUDS-6 柴油超深度加氢脱硫催化剂。FHUDS-6 催化剂反应温度比 FHUDS-2 催化剂降低 10℃ 以上。

此外，FRIPP 于 2009 年开发了 S-RASSG 催化剂级配技术，在上海石化实现了高空速条件下加工直馏柴油掺兑 40% 以上二次加工组分混合油长周期稳定生产国Ⅳ标准清洁柴油的工业应用[89]。

(2) RIPP 柴油深度脱硫催化剂进展　RIPP 分别于 20 世纪 90 年代初期及末期开发了 W-Ni 型 RN-1 和 RN-10 柴油加氢精制催化剂，达到同期国际先进水平。2005 年以来，通过对脱硫反应机理和对催化剂活性相认识的深入，成功研制出了高活性的 RS-1000、RS-1010、RS-1100 和 RS-2000 柴油加氢精制催化剂。这些新催化剂脱硫、脱氮活性高，稳定性好，可在常规加氢精制条件下生产 $S<50\mu g/g$ 或 $S<10\mu g/g$ 的超低硫柴油。

RS-1000 催化剂通过优化 NiMoW 金属体系、改性氧化铝载体和使用新型制备技术，促进了金属定向地生成高活性的加氢活性中心，实现了金属的高效利用，提高了加氢性能。通过在催化剂中引入适量的 Brönsted 酸中心，促进了 C—N 键的断裂，从而提高了催化剂的加氢脱氮功能。而加氢脱氮功能强化后，加快了含氮化合物的转化，减少了其与含硫化合物在活性中心上的竞争吸附，降低了含氮化合物对脱硫反应的抑制，使催化剂的脱硫功能得到更好的发挥。由于具有上述特点，RS-1000 催化剂对 4,6-DMDBT 类稠环位阻硫化物的转化能力强，具有优异的柴油超深度脱硫能力。

RS-1010 催化剂的活性金属用量降低，从而使催化剂成本和堆密度大幅度降低，整装催化剂使用成本降低约20%以上。RS-1010催化剂低温脱硫活性不及RS-1000催化剂，但RS-1010具有成本低、堆密度低的优点，可以作为RS-1000催化剂的有益补充。

RS-1100催化剂是NiMo/Al_2O_3加氢脱硫催化剂，其低温活性与RS-1000催化剂相当，超深度脱硫活性高于RS-1000催化剂。

RS-2000催化剂通过采用特定技术手段，使Ni金属与Mo、W金属之间、Mo金属与W金属之间的配合达到最佳，从而实现了有效活性中心数最大化的设计理念，使活性金属的高效利用达到了一个新的高度，最终在催化剂脱硫活性方面取得了突破性的进步。生产硫含量小于10μg/g超低硫柴油时，RS-2000催化剂所需反应温度较RS-1000降低15℃以上[90]。

(3) 其他研究单位柴油深度脱硫催化剂进展　由石油大学与中国石油石油化工研究院合作开发的PHF-101超低硫柴油加氢催化剂已在中国石油乌鲁木齐石化分公司工业应用。

3. 柴油深度加氢脱硫催化剂级配技术进展

生产超低硫柴油时的反应条件与以往生产普通柴油相比，若原料油性质及空速不变，生产硫含量小于50μg/g低硫柴油时，其反应器入口温度比生产硫含量小于2000μg/g的现阶段普通柴油需要提高40℃左右。对于中压加氢装置来说，生产超低硫柴油时反应初期入口温度通常在320～340℃，出口温度通常不超过380℃，此反应条件适合芳烃饱和，有利于发挥Mo-Ni类以加氢活性为主催化剂的活性。但是当装置运转到中后期后，下床层温度通常达到390℃以上，在该温度下加氢反应受到热力学平衡的限制，难以发挥Mo-Ni类催化剂的加氢活性，造成运转中后期脱硫随催化剂提温的效果不明显，不能稳定生产硫含量小于50μg/g的低硫柴油。但是以直接脱硫活性好或通过烷基转移消除位阻影响再直接氢解脱硫的Mo-Co型催化剂由于受热力学平衡限制少，可以在较高温度下使精制柴油硫含量小于50μg/g甚至小于10μg/g，适合在较高反应温度或在反应中后期使用。进一步说明应该根据反应器不同区域反应条件的不同，装填不同类型催化剂，以便更好地发挥不同类型催化剂的活性，同时保证加氢装置运转到中后期时的超深度脱硫效果，满足装置稳定生产超低硫柴油的要求。

如何合理选择和使用不同类型催化剂，国外著名的Albemarle公司和ART公司进行了大量的催化剂级配研究工作。Albemarle公司开发了STAX级配装填技术，即在开发成功高加氢活性NEBULA催化剂和直接脱硫活性高的KF-757催化剂后，考虑到NEBULA催化剂氢耗高和制造成本高的缺陷，为了寻求在超深度脱硫活性、装置氢耗及催化剂费用三方面的平衡点，在不同压力下考察了NEBULA催化剂和KF-767催化剂组合使用时装填在反应器不同区域对精制柴油硫含量的影响。Albemarle公司的研究表明：即使是在不受热力学平衡限制的反应温度条件下，对不同压力等级的加氢装置，高加氢活性NEBULA催化剂装填位置不同，对柴油中硫含量的脱除效果也不相同。ART(advanced refining technologies)公司开发了SmART Catalyst System^{TM}级配技术，即常规的Mo-Ni和Mo-Co型催化剂的级配装填，其目的主要是追求在较低氢耗下达到满意的脱硫效果。

ART公司针对柴油深度加氢脱硫进行了不同活性金属组分催化剂组合的研究，结果表明：当生产硫含量<50μg/g低硫柴油时，Mo-Ni型催化剂优于Mo-Co型催化剂。为此，ART公司针对柴油深度加氢脱硫推出了SmART Catalyst System^{TM}技术来满足清洁柴油生产的要求[91,92]。这两个技术均得到推广应用。

(1) SmART Catalyst System^{TM}　SmART催化剂（ART公司的超低硫柴油加氢处理催化剂体系）由ART公司于2001年推出，据称该体系能够平衡加氢脱硫活性与氢耗来满足不同炼油商的要求[91,92]。SmART 技术可通过两种不同的反应路径脱除原料中的硫：第一种路径是利用 CoMo 催化剂直接脱硫，硫化物吸附后 C—S 键断裂[93,94]；另一种路径是利用 NiMo 催化剂首先进行芳烃加氢饱和，在该路径中，由于具有甲基取代基等存在位阻效应影响的硫化物的脱除通常要求先加氢后脱硫才能实现。首先通过加氢饱和二苯并噻吩类硫化物中的一个芳环，使得分子自由度更高，从而提高 C—S 键的可接近性，再通过直接氢解途径脱硫。

采用 SmART 分段催化剂体系时，原料油首先接触 CoMo 催化剂（如 ART CDXi），对简单硫化物进行直接脱硫[95]。之后，与 NiMo 催化剂（如 ART NDXi）接触，对复杂硫化物进行加氢脱硫。该体系可针对不同的进料性质（硫和氮）和反应器条件进行优化设计。其中，氮含量是一个很关键的因素，因为氮能够使催化剂酸中心中毒而抑制芳烃饱和反应。SmART 体系的设计除考虑到两种催化剂的比例外，还确保更高的金属利用率以及适中的载体孔结构和表面化学性质。通过调整 NiMo 含量能够实现脱硫程度最高而氢耗增加最少。但若进一步增加 NiMo 含量，则会损失部分 HDS 活性从而影响密度和 PNA 含量降低以及十六烷值的提高。SmART 体系与 CoMo 以及 NiMo 催化剂相比，其产品的总硫含量更低。该体系通过调整反应器温度来应对原料性质的周期性变动。

SmART 体系中还增加了一种选择性开环催化剂（SRO），用于提高加氢处理装置性能以满足产品总芳烃和多环芳烃含量要求。这种新的 SmART SRO 催化剂能够非常有效地脱除芳环，从而改善产品色度和十六烷值。在相同的 HDN 和 HDS 水平下，SRO 与加氢处理催化剂组合体系比单独使用一种加氢处理催化剂具有更高的芳烃饱和转化率[96]。

SmART 催化剂体系于 2004 年初开始在北美的一家炼油厂用于 ULSD 生产，加工一种含 30%～50% LCO 的劣质原料。LCO 终馏点高达 391℃，硫分析表明，难加工硫的含量通常超过 4000μg/g。自 SmART 催化剂体系推出以来，其工业应用已超过 75 项[96]。其中一套装置加工轻质进料且在高 LHSV（2.8h^{-1}）下操作，还有一套装置加工终馏点为 396℃ 且难加工硫含量超过 6000μg/g 的原料油。对于后种情况，若生产硫含量为 200μg/g 的产品，则氢耗为 310scf/bbl（8.8m^3/bbl）；若要将产品硫含量降至 10μg/g，则氢耗增加至 350scf/bbl。

（2）STAX 级配技术　将 NEBULA 和 STARS 催化剂组合用于生产硫含量为 10μg/g 的柴油，可充分利用这两种催化剂的协同效应，从而降低催化剂成本[97]。在氢分压为 5.1MPa 和 LHSV 为 0.9h^{-1} 的条件下，以含硫 1.46% 的 LGO 为原料进行的中试测试表明，在生产硫含量为 8μg/g 的柴油时，KF-760 和 NEBULA-20 组合催化剂体系的 HDS 活性比单独使用 KF-760 时提高 15℃。另外，组合催化剂体系经优化可将氢耗降至最低。ExxonMobil 公司已决定采用 NEBULA/STARS 组合催化剂体系来满足柴油硫含量标准。日本目前有两套装置采用 NEBULA/STARS 催化剂体系生产柴油。

NEBULA 和 STARS 组合催化剂体系还用于四套煤油脱硫装置。在氢分压为 2.6～4.1MPa、LHSV 为 3.0～6.0h^{-1}、氢油比为 75～100Nm^3/m^3 条件下进行的中试测试表明，单独使用 KF757 催化剂可将煤油硫含量降至 12μg/g，而 KF757 与 NEBULA-20 组合使用则可将硫含量降至 3μg/g。

Chevron 公司位于加州的 El Segundo 炼油厂将 NEBULA 和 STARS 催化剂组合用于馏分油加氢装置生产 ULSD[98]。该装置过去一直采用 Albemarle 公司 NiMo 型 KF852 催化剂加工直馏柴油，生产硫含量 350μg/g 的产品，运转周期只有 6～8 个月。而该炼油厂最初的目标是以直馏柴油为原料生产 ULSD，且运转周期维持在 12~18 个月。Chevron 公司根据 Albemarle 的中试结果，于 2006 年 4 月用 20% NEBULA 和 80% STARS(KF767 和 KF848)催化剂替换了原来的 KF852。装置换剂后在 LHSV 为 1.9h^{-1}、压力为 7.3MPa 的条件下加工含硫 0.90% 的原料油。运转 60 天后，WABT 稳定在 354℃，ULSD 的硫含量在 5~10μg/g 之间变化，平均值为 7μg/g。NEBULA 催化剂的使用脱除了进料中所有的有机氮，因此提高了 HDS 活性。预计该组合催化剂体系的运转周期可达 17~19 个月。

(3) S-RASSG 柴油超深度加氢脱硫催化剂级配技术　FRIPP 开发的柴油超深度脱硫技术(S-RASSG, super reaction active sites synergy catalyst grading)是针对不同来源柴油组分加氢精制目的及加氢装置不同反应区域反应条件的差别而开发的不同体系催化剂选择及级配的技术，并配套开发了不同类型的 FHUDS-2、FHUDS-6 及 FHUDS-5 等催化剂。该技术提出了加工不同原料油生产超低硫柴油时的最佳催化剂选择并可有效降低运转中后期较高反应温度下热力学平衡限制的影响。

研究表明[99]：在较高的氢分压、较低的空速条件下，Mo-Ni 催化剂的加氢活性优势明显，加氢产品中总芳烃、单环芳烃以及多环芳烃量随着反应温度升高而降低，且都低于 Mo-Co 催化剂的加氢产品。但是反应温度过高(>370℃)，Mo-Ni 催化剂芳烃加氢饱和热力学平衡效应显现，芳烃含量增加，因而也会导致深度脱硫效率下降。而 Mo-Co 催化剂加氢产品受热力学影响较小。中压加氢装置反应器上床层温度相对较低、氢分压较高，硫化氢和氨浓度低，其反应条件更适合芳烃饱和，有利于发挥催化剂的加氢活性。反应器下床层氢分压相对较低、硫化氢浓度高，特别是运转中后期反应温度高容易受热力学平衡限制，不利于催化剂加氢活性的发挥，反而是 Mo-Co 型催化剂在此条件下更易实现超深度脱硫[100~104]。通过对反应器不同床层在运转过程的工况条件和反应特点分析，结合不同类型催化剂在不同条件下超深度脱硫时的优缺点，开发了 S-RASSG 柴油超深度脱硫级配技术，即将加氢活性高的 W-Mo-Ni(或 Mo-Ni)催化剂与直接脱硫活性高的 Mo-Co 型催化剂级配装填，将加氢活性高的催化剂装在反应器上床层，直接脱硫活性或烷基转移活性高的催化剂装填在反应器下床层，以便更好地发挥不同类型催化剂的优势，并有效降低高温下热力学限制带来的超深度脱硫难度[105]。

该级配技术于 2010 年 6 月在上海石化 3.3Mt/a 柴油加氢装置首次工业应用，并先后在中国石化镇海炼化分公司 3Mt/a 柴油加氢、北海炼化 2.4Mt/a 柴油加氢及福建炼化等企业的柴油加氢装置上工业应用，满足了高空速条件下生产国Ⅳ和国Ⅴ标准柴油的要求[89]。

4. 超深度脱硫技术典型工业应用实例

(1) 国内超深度脱硫技术典型工业应用实例　国内炼油企业采用 FHUDS 系列催化剂及 RS-1000 催化剂的工业装置套数已超过 50 套次，典型的生产国Ⅳ和国Ⅴ标准清洁柴油的工业应用实例见表 7-4-18~表 7-4-21[89,90]。

FRIPP 开发的 S-RASSG 柴油超深度脱硫催化剂级配技术的应用结果见表 7-4-22、表 7-4-23，S-RASSG 技术在上海石化长周期在高空速条件下生产国Ⅳ标准柴油的运转结果见图 7-4-17。

上海石化 3.3Mt/a 加氢装置采用 S-RASSG 级配技术及配套的 FHUDS-2/FHUDS-5 催化剂体系，于 2010 年 6 月初开工，运行半年后连续 70 天生产国Ⅳ标准柴油的工业应用结果表明：在高分压力 6.5MPa、体积空速 1.8~2.2h^{-1}、反应器入口温度 318~325℃、出口温度371~378℃等条件下，加工硫含量为0.96%~1.26%的直馏柴油掺兑超过40%催化柴油及焦化汽柴油混合油（T_{95}约为365℃），精制柴油硫含量<50μg/g，十六烷值及芳烃等主要指标均符合欧Ⅳ排放标准要求，满足了装置在高空速条件下稳定生产国Ⅳ排放标准低硫柴油的需要。2011~2012年间，该装置根据生产任务安排，切换操作生产国Ⅲ和国Ⅳ标准柴油。从装置生产国Ⅳ标准柴油的结果看，至2012年8月，该装置已运转26个月。从长周期生产国Ⅳ标准柴油的反应条件看，2010年8月标定期间生产国Ⅳ标准柴油时反应器入口温度为320℃。至2012年8月，在反应压力、体积空速及原料油性质基本相同的条件下生产国Ⅳ标准柴油时，其反应器入口温度为332℃，24个月温度只提高12℃，提温速度为0.50℃/月，体现出催化剂级配体系很好的活性稳定性及对原料油良好的适应性。

表7-4-18 FHUDS-2催化剂在中国石化天津分公司3.2Mt/a柴油加氢装置工业应用结果

标定时间	2010.3.25		2010.10.23	
主要操作条件				
入口压力/MPa	7.5		7.5	
氢油体积比	307		334	
主催化剂体积空速/h^{-1}	2.5		2.5	
入口温度/℃	316		315	
平均温度/℃	348		347	
油品名称	原料油	精制柴油	原料油	精制柴油
硫含量/(μg/g)	5086	5.0	11200	4.0
氮含量/(μg/g)	241	<1.0	180	<1.0
馏程/℃				
70%/90%	282/311	282/309	286/308	287/313
95%/终馏点	324/335	323/336	320/342	326/337
十六烷值		52.5		52.6
多环芳烃/%		2.4		2.6

表7-4-19 RS-1000催化剂在中国石化广州分公司2Mt/a柴油加氢装置工业应用结果

标定时间	2007.10.25		2008.3.17	
高分压力/MPa	6.3		6.3	
氢油体积比	276		303	
体积空速/h^{-1}	2.0		1.7	
平均温度/℃	360		359	
油品名称	原料油	精制柴油	原料油	精制柴油
密度(20℃)/(kg/m^3)	843.6	826.1	841.3	822.1
馏程范围(初馏点~95%)/℃	184~354	176~348	178~359	170~351
硫含量/(μg/g)	10300	6.3	10700	6.0
氮含量/(μg/g)	118	1.3		
十六烷值	56.2	61.3	52.7	58.2

表7-4-20 RS-1000在中国石化荆门分公司生产低硫柴油(硫小于50μg/g)的标定结果

催化剂运转时间	三个月	一年后
体积空速/h^{-1}	1.42	1.43
反应器入口氢分压/MPa	6.17	6.0
床层加权平均温度/℃	361	366

催化剂运转时间	三个月		一年后	
油品性质	原料	精制柴油	原料	精制柴油
密度(20℃)/(g/cm³)	0.8546	0.8562	0.8507	0.8586
硫含量/(μg/g)	6960	33	7130	31
氮含量/(μg/g)	1942	37	1734	68
溴价/(gBr/100g)	35.13	0.64	38.31	0.65
色度(D1500)	8.0	1.0	5.5	1.0

表 7-4-21　RS-1000 中国石化九江分公司和高桥分公司生产低硫柴油(硫<50μg/g)的标定结果

应用厂家	九江分公司		高桥分公司	
原料	焦化汽柴油/催化柴油		焦化汽柴油/催化柴油/直馏柴油	
体积空速/h⁻¹	1.51		1.62	
反应器入口氢分压/MPa	6.0		6.0	
反应器入口温度/℃	310		317	
床层加权平均温度/℃	348		356.1	
油品性质	原料	精制柴油	原料	精制柴油
密度(20℃)/(g/cm³)	0.8724	0.8644	0.8752	0.8690
硫含量/(μg/g)	6060	40	5304	25
氮含量/(μg/g)	1258	50	763	11

表 7-4-22　FHUDS-2/FHUDS-5 组合催化剂在中国石化上海分公司 3.3Mt/a 加氢装置工业应用结果

标定时间	2010.8.26~27	
反应器入口氢分压/MPa	6.5	
氢油体积比	359	
体积空速/h⁻¹	2.25	
入口温度/℃	320	
平均温度/℃	358	
原料油构成	58%直馏柴油+4.9%催化柴油+37.1%焦化汽柴油	
油品名称	原料油	精制柴油
密度(20℃)/(kg/m³)	816.4	828.2
馏程范围/℃	68~367(97%)	179~363(97%)
硫含量/(μg/g)	10700	46
氮含量/(μg/g)	469	18.6
多环芳烃/%	17.4	5.1
十六烷值		54.0

表 7-4-23　FHUDS-2/FHUDS-5 组合催化剂镇海炼化 3.0Mt/a 加氢装置工业应用结果

标定时间	2011.01.10~11	2011.01.12~13
标定方案	国Ⅳ标准柴油方案	国Ⅴ标准柴油方案
入口压力/MPa	8.0	8.0
氢油体积比	270	270
主催化剂体积空速/h⁻¹	1.85	1.85
入口温度/℃	320	330

续表

标定时间	2011.01.10~11		2011.01.12~13	
平均温度/℃	349		350	
原料油构成	直馏柴油55.6% + 减一线 20.6% + 催化柴油23.8%		直馏柴油71% + 减一线 26.2% + 焦化柴油2.8%	
油品名称	混合原料	精制柴油	混合原料	精制柴油
密度(20℃)/(kg/m³)	859.4	842.8	835.8	827.3
馏程/℃				
初馏点/10%	168/216	196/225	166/210	198/228
30%/50%	250/278	252/276	246/278	255/279
70%/90%	308/342	304/338	309/341	304/335
95%	357	355	355	350
硫含量/(μg/g)	6130	10.0	5020	4.8
氮含量/(μg/g)	446	6.1	274	<5.0
十六烷值	46	50	51.4	55.2

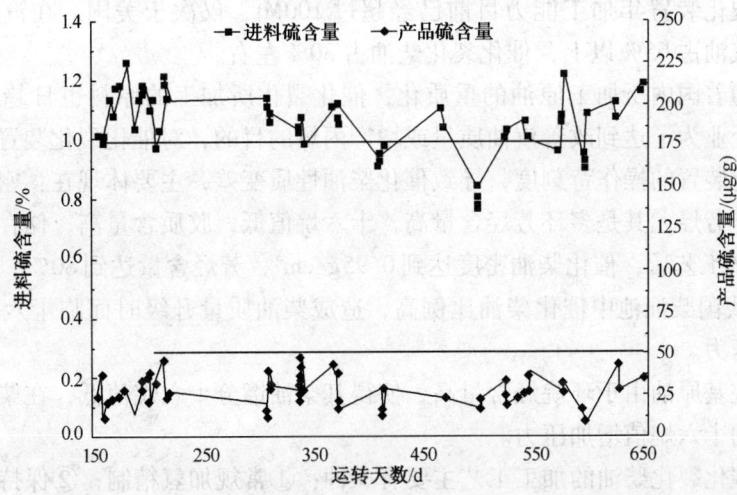

图7-4-17 S-RASSG技术上海石化长周期生产国Ⅳ标准柴油的结果

(2) 国外超深度脱硫技术典型工业应用实例 国外柴油加氢技术典型工业应用结果分别见表7-4-24。

表7-4-24 MAKFining技术生产优质柴油技术数据

项 目	UDHDS-HDAr联合过程	CFI	MIDM
催化剂	第二段贵金属KF-200催化剂	选择性分子筛	贵金属分子筛
操作条件			
反应压力/MPa	2.1~6.2	3.9	—
氢分压/MPa	—	—	5.6
反应温度/℃	177~316	—	—
氢油体积比	256~534	151	356
氢耗/(Nm³/m³)	—	—	45~69
LHSV/h⁻¹	1~4	—	—
原料	预加氢重馏分油	直馏76% + 裂化24%	直馏油
硫含量/%	0.025	1.17	0.0259

续表

项　目	UDHDS－HDAr 联合过程	CFI	MIDM
倾点/℃	—	4	33
十六烷指数	—	50	67
柴油产品			
硫含量/(μg/g)	16	170～190	2～4
倾点/℃		－31～－24	－24～12
十六烷指数		49～50	69

五、提高十六烷值技术(针对重油催化裂化柴油和环烷基原油)

催化柴油由于硫含量和芳烃含量高、十六烷值低、发动机点火性能差，属于劣质的柴油调和组分，在国外主要用于调和燃料油、非车用柴油和加热油等。而我国由于对柴油质量指标的要求比国外低，对汽柴油产品需求量大，催化裂化是我国炼油企业重油轻质化的重要手段。我国催化裂化装置年加工能力目前已经超过 100Mt，仅次于美国。在汽柴油产品构成中，催化裂化汽油占 65% 以上，催化裂化柴油占 30% 左右。

近年来，随着国内所加工原油的重质化，催化裂化所加工的原料也日趋重质化和劣质化，加之许多企业为了达到改善汽油质量或增产丙烯的目的，对催化裂化装置进行了改造或提高了催化裂化装置的操作苛刻度，导致催化柴油性质变差，主要体现在：密度大，硫、氮等杂质含量高，芳烃尤其是多环芳烃含量高，十六烷值低，胶质含量高，储存安定性差。催化裂化采用 MIP 工艺后，催化柴油密度达到 $0.95g/cm^3$，芳烃含量达到 80%，而十六烷值则小于 20。由于我国柴油池中催化柴油比例高，造成柴油质量升级时面临十六烷值增加及密度降低的巨大压力。

此外，环烷基原油由于环烷烃含量高，使得其柴油馏分十六烷值低，在柴油质量升级过程中面临更大的十六烷值增加压力。

目前国内催化裂化柴油的加工工艺主要有 3 种：①常规加氢精制；②保持较高柴油收率的最大量提高十六烷值的 MCI 等技术；③MHUG 中压加氢改质技术。

1. 提高十六烷值的工艺技术

常规加氢精制工艺柴油收率高(一般＞98%)，氢耗相对较低(化学氢耗约 0.9%)，但十六烷值增加及密度降低幅度不够理想(十六烷值增幅通常为 5～7 个单位，密度降低一般是 $0.015～0.025g/cm^3$)；MCI 等最大量提高柴油十六烷值工艺技术对十六烷值增幅和密度降低效果明显，且保持了较高的柴油收率(十六烷值增幅超过 10 个单位，密度降低一般约 $0.035g/cm^3$，柴油收率＞95%)，氢耗比常规精制高 30% 左右(化学氢耗约 1.2%)；MHUG 中压加氢改质技术对柴油十六烷值增幅和密度降低效果最为明显，但存在氢耗高和柴油收率低的缺陷。可见，常规加氢精制方法在提高柴油十六烷值和降低密度上存在局限性，中压加氢改质技术(MHUG)虽然可以较大幅度提高柴油十六烷值和降低柴油密度，但由于一般需要较高的转化深度，导致柴油馏分的收率下降，这与当前国内市场对柴油产品需求量的增加趋势相矛盾。

(1) 最大量提高十六烷值的 MCI 和 RICH 技术　催化柴油馏程一般为 180～360℃，碳数分布在 12～25 范围内，化学组成包括芳烃、环烷烃、链烷烃及有机硫氮化合物。柴油馏分的十六烷值随加工方法的不同而异，并受原料组成影响。十六烷值的高低与烃族组成密切相关。不同烃类化合物对十六烷值的贡献不同。正构烷烃十六烷值最高，多环芳烃的十六烷值最低，特别是在两个环形成的芳烃族烃类化合物中，完全不饱和的萘类芳烃化合物十六烷值最低；饱和一个环后的四氢萘类化合物与萘类相比，十六烷值有一定的提高，但增加幅度不大。当萘类化合物完全饱和成十氢萘类化合物后，十六烷值才有较大幅度的提高，但仍在30左右。如果十氢萘开环裂化成单环环烷烃，则十六烷值可提高到40以上。因此，柴油馏分的理想组分是环数少、长侧链及分支较少的烃类。

然而，催化裂化柴油富含芳烃，特别是稠环芳烃，如萘系烃。与来自焦化或其他工艺的二次加工柴油相比，其十六烷值最低。尽管采用常规加氢精制很容易脱除催化裂化柴油中的大部分杂质，但十六烷值的提高幅度不大，这是由于萘系烃加氢饱和只能生成四氢萘和十氢萘，很难生成十六烷值大于40的单环烃。要较大幅度提高催化裂化柴油的十六烷值和降低其密度，必须改变催化裂化柴油的烃类组成结构，降低芳烃含量，提高饱和烃含量。

针对催化裂化柴油十六烷值低的缺陷，中国石化FRIPP在20世纪90年代中期针对催化柴油加氢及提高十六烷值开发了MCI最大量提高十六烷值技术，并于1998年在吉林化学工业公司炼油厂加氢装置进行了首次工业应用，达到了十六烷值提高10个单位的目标[106]。RIPP于2001年开发了类似反应机理的RICH技术，并于2001年实现了工业应用。

柴油馏分中链烷烃的十六烷值最高，环烷烃次之，芳香烃的十六烷值最低。不同烃类型对十六烷值的影响见图7-4-18。同类烃中，同碳数异构程度低的化合物具有较高的十六烷值，芳环数多的烃分子具有较低的十六烷值。因此，环状烃含量低、链状烃含量多的柴油具有较高的十六烷值。

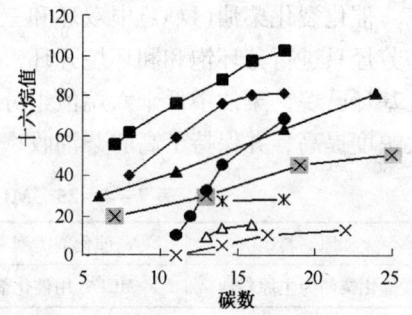

图7-4-18 烃类型对十六烷值的影响
■ 正构烷　◆ 烯烃　▲ 异构烷　▨ 单环环烷烃
● 芳香烃　✳ 十氢萘　△ 四氢萘　× 萘系烃

低十六烷值柴油中所含的芳烃主要是萘系芳烃。图7-4-19以萘在加氢过程的反应为例，来说明加氢精制、加氢裂化和MCI过程的主要反应。

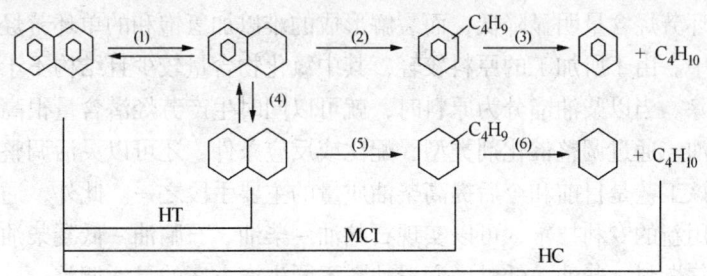

图7-4-19 萘系烃的主要加氢反应途径

在加氢精制条件下，萘只进行图7-4-19反应历程中的第(1)、(4)步，即萘加氢变成四氢萘或十氢萘，四氢萘或十氢萘仍在柴油馏分中，而且它们的十六烷值与萘比变化不大。因此，加氢精制对十六烷值改进幅度不大。图7-4-19中的(1)、(2)、(3)步反应为萘在中压加氢裂化条件下的主要反应历程，由此可见柴油馏分中的萘在中压加氢裂化条件下最终转化为苯和丁烷，而从柴油馏分中消失，萘的转化相对增加了其他高十六烷值组分的含量，无疑有助于增加柴油的十六烷值，但这将导致柴油收率下降。从萘的加氢精制和加氢裂化反应历程可看出这两种加氢过程对柴油十六烷值影响的差别。

MCI 技术的特点是开环不断链，将加氢裂化反应控制在开环而不断链的程度，从而使该工艺既具有柴油收率高、氢耗低的优点，又具有柴油十六烷值提高幅度较大的优势。萘在 MCI 过程中的主要反应历程是萘加氢饱和成为四氢萘（或进一步加氢饱和成十氢萘），然后再开环。即只进行萘加氢裂化反应历程中的第(1)、(2)及(4)、(5)步，生成的丁基苯或丁基环烷(十六烷值 > 20)仍保留在柴油馏分中，其十六烷值与萘(十六烷值为0)相比有较大的提高。MCI 反应历程中，由于四氢萘或十氢萘的环烷开环打破了加氢精制反应中萘加氢生成四氢萘的热力学平衡，即有利于萘系烃的转化，有助于提高萘系烃的转化率。因此，该过程不仅十六烷值提高幅度大，而且柴油收率高。

催化裂化柴油(LCO)中双环和三环芳烃在 MCI 过程中的反应历程类似于萘，双环以上的芳烃只进行芳环饱和和环烷开环，其分子碳数不变。由于双环和三环芳烃转化为烷基苯及烷基环己烷，柴油中低十六烷值组分向高十六烷值组分转化，因而柴油的十六烷值可得到较大幅度提高，并保持了高的柴油收率。MCI 技术典型操作条件见表 7-4-25。

表 7-4-25 MCI 技术典型加氢精制过程主要操作条件

原　料	催化剂类型	温度/℃	氢分压/MPa	氢油体积比	体积空速/h^{-1}
催化柴油为主原料油	MCI 专用催化剂	330~400	>5.0	400~800	<1.5

（2）MHUG 中压加氢改质技术　MHUG 技术是 FRIPP 在开发加氢裂化技术的基础上，专门针对直馏轻蜡油和二次加工柴油的加氢改质而开发的新一代加氢裂化技术。由于目前已工业化应用的加氢裂化催化剂品种和类型众多，且在适当的条件下适宜于中压操作，这为 MHUG 技术的广泛应用提供了更多的选择空间和良好的技术支撑。

与常规的加氢裂化技术相同，MHUG 技术也选用加氢精制-加氢裂化一段串联工艺，在加氢精制段将原料中的硫、氮杂质予以脱除并将其中的部分芳烃进行加氢饱和，而在加氢裂化段在催化剂的作用下进行多环芳烃的开环裂解而生成相对分子质量较低的单环芳烃，这样就使重产品馏分中的多环芳烃含量明显降低，而裂解形成的难以加氢饱和的单环芳烃则主要集中到了较轻的汽油馏分中。由于所加工的原料较轻，其中氮化物含量较少且结构不十分复杂，在一定的压力下便可脱除。当以柴油馏分为原料时，就可以同时生产芳烃潜含量很高的重整原料和十六烷值较高的柴油，通过调整催化剂类型、配比或反应条件，还可以灵活调整汽柴油的产率和产品质量，因此该工艺是目前和今后提高柴油质量的主要手段之一。此外，通过改变液体产品的切割方案和应用新的专利技术，可以实现石脑油-柴油、石脑油-低凝柴油-低黏度润滑油料、石脑油-喷气燃料-柴油-低黏度润滑油料不同生产方案的灵活调整。

此外，针对我国不少炼油企业加工环烷基原油的现状，采用中压加氢改质工艺更适合加工环烷基原油柴油馏分生产清洁柴油。

2. 提高十六烷值专用催化剂

针对提高十六烷值工艺技术，FRIPP 和 RIPP 均开发了专用催化剂。这些催化剂牌号分别见表 7-4-26。

表7-4-26 国内提高柴油十六烷值专用催化剂牌号

序号	精制催化剂	裂化催化剂	研发单位	技术名称
1	FH-5/FH-98/FHUDS-2/FHUDS-6	3963/FC-18	FRIPP	MCI
2	3936/3996/FF-16/FF-26 FF-36/FF-46	3825/3905 FC-12/FC-32	FRIPP	MHUG
3	RN-10/RN-10B/RN-32V RS-1000/RS-2000	RIC-1/RIC-2	RIPP	RICH
4	RN-10/RN-10B/RN-32V RS-1000/RS-2000	RT-5/RHC-5	RIPP	MHUG

3. 添加剂方面

在柴油中加入十六烷值改进剂可以改善其着火性能。十六烷值改进剂作用机理就是缩短柴油的滞燃期。柴油十六烷值改进剂在柴油燃烧过程中提供自由基化合物，这些自由基化合物参与柴油的氧化、分解反应。以自由基为中心引发氧化链式反应，大大降低柴油的自燃活化能，缩短柴油的滞燃期，提高柴油在柴油机中燃烧时的自燃性，改善发动机的冷启动性能，降低燃烧噪音及柴油机的污染排放。其反应历程是：在发动机的压缩燃烧冲程中添加剂热分解为连锁反应引发剂，接着进行连锁反应、氧化反应和高温下的分解反应等。因此，改进十六烷值的添加剂都是一些极不稳定的、容易分解成自由基碎片或氧的化合物。自由基与氧能诱发燃料的燃烧。它们的分解活化能较低，例如RO—OH，RO—NO，ROO—NO型的化合物的分解发生在O—O键及O—N键处，其活化能为150~159kJ/mol。这些化合物使燃料自燃过程的活化能降低为添加剂分解的活化能，从而显著降低了氧化反应开始的温度，扩大了燃烧前阶段的反应范围，进而缩短了柴油点火滞后期，使压力增高速度及最高压力点降低，减轻了柴油机的爆震。

十六烷值改进剂的种类非常繁多[107,108]，据美国、欧洲、日本等国专利介绍，其基本类型有：硝酸的有机化合物、过氧化物、硝酸偶氮类化合物、含两个硫的烃类化合物、线型结构的草酸盐乙二醇类等，现分述如下。

① 脂肪族烃类。如乙炔、丙炔、二乙烯乙炔、丁二烯等，效果不如硝酸酯及过氧化物，必须大量添加。

② 醛类、酮类、醚类、酯类等。如糠醛、丙酮、乙醚、醋酸乙酯、硝化甘油、甲醇等，效果比脂肪族烃类稍好。

③ 金属化合物如硝酸钡、油酸铜、二氧化锰、氯酸钾、五氧化钾等，效果比脂肪族烃类差。

④ 烷基硝酸酯、烷基亚硝酸酯及硝化物。如硝酸戊酯、硝酸伯己酯、2,2-二硝基丙烷等，对柴油着火性能有很好的促进作用。

⑤ 芳香族硝化物。如硝基苯、硝基萘等，作用机理与烷基硝酸酯相同，但因芳香环具有稳定性，故效果比烷基硝酸酯差。

⑥ 肟及亚硝化物。如甲醛肟和亚硝基甲基脲烷等，效果介于脂肪族烃类和烷基硝酸酯之间，氧化生成物含臭氧，效果较差。

⑦ 多硫化物。如二乙基四硫化物，效果与肟相同。

⑧ 过氧化物如丙酮过氧化物，效果比烷基硝酸酯更好，但由于极不稳定并具有爆炸性，故在实际中很少应用。

⑨ 其他物质。包括卤素类、硫、某些硫化合物及胺，因其污染环境，故使用受到限制。

(1) 硝酸酯系列　烷基硝酸酯是最早开发的十六烷值改进剂。多年来，人们制备了很多类型的添加剂并对它们的十六烷值改进效果进行了评价，国际上应用较广的改进剂有美国乙基公司的 DII-2、DII-3（即所谓的 EHN）、HITEC4103；美国 Exxon 公司的 ECA8478 及英国 Asso-ciatedOctel 公司的 CI0801，这些改进剂均为烷基硝酸酯[109,110]。

目前，已经工业化生产且应用最为广泛的硝酸酯改进剂为 2-乙基己基硝酸酯，即 EHN。EHN 被认为是性价比最好的十六烷值改进剂，而且其对柴油燃烧后的废气排放有较好的改善，当加入量为 1 000μg/g 时，柴油十六烷值可以提高 5 个单位，NO_x 排放量降低 3%，微粒状物质（PM）排放降低 4%，CO 降低 5%[111]。

其他应用较多的硝酸酯有硝酸环己酯、硝酸异辛酯和硝酸正丁酯[112]、环十二烷基硝酸酯、3-四氢呋喃硝酸酯、甲基苯甲醇硝酸酯（MBAN）、甘油三硝酸酯、四甘醇二硝酸酯（TEGDN）等。其中硝酸环己酯被认为是十分有效的改进剂，一般添加量在 1.5%，十六烷值可提高约 20 个单位左右，且加入后柴油机工作柔和，启动容易。该改进剂具有稳定的环状分子结构，不易分解和皂化，适于长期储存和运输[113,114]，因而是一种比较实用的十六烷值改进剂。

环十二烷基硝酸酯[115]比硝酸环己酯的改进效果平均要好 30% 左右；3-四氢呋喃硝酸酯[116]是一种改进效果比烷基硝酸酯要好的环醚硝酸酯，在 0.15% 浓度范围内，十六烷值的增加和其加入浓度几乎呈线性。主要有丙基叠氮、异丙基叠氮、正丁基叠氮、正戊基叠氮等，是由相应的卤代烃与叠氮化钠在一定条件下反应制得。而芳香基叠氮化合物主要有甲基叠氮苯、乙基叠氮苯、二甲基叠氮苯、甲氧基叠氮苯、氨基叠氮苯等，均是由芳环上含有烷基、烷氧基、氨基等取代基团构成的，这些化合物都是由相应的芳胺经过和亚硝酸钠重氮化再和叠氮化钠反应制得。叠氮化合物类十六烷值改进剂一般可以在柴油中加入 0.1%~0.5%，可以使十六烷值提高 3~8 个单位。尽管在阳光直射下容易分解，但总的来说比硝酸酯要稳定，而且合成工艺较硝酸酯简单，不会有硝化反应发生而爆炸的危险。

(2) 偶氮化合物类添加剂[117]　据文献报道，所有的偶氮化合物都能提高柴油十六烷值，这类化合物的结构通式为：R_1—N=N—R_2，其中 R_1、R_2 为 1~10 个碳的脂肪族或非脂肪族取代基或者芳香烃或非芳香烃取代基，R_1、R_2 同为乙基、丙基、异丙基、丁基等组成的偶氮化合物效果较佳。在柴油中最佳加入量在 0.1%~2% 之间，一般可以使十六烷值提高 1~7 个单位。测试结果表明，其对柴油的闪点将有一定影响，但影响不大。

(3) 重氮化合物类添加剂[118]　有代表性的重氮化合物为苯醌重氮类化合物，如 2,6-二甲基-1,4-苯醌重氮化合物，以及烷基重氮类化合物如重氮甲烷等。这类化合物对柴油十六烷值的改进效果与叠氮化合物相差不大，但合成工艺较叠氮化合物要复杂。

(4) 含氧类添加剂　包括过氧化物、酯类、醚类。

① 过氧化物类添加剂[119~121]。　过氧化物本身含有较多的氧元素，对促进柴油的燃烧、

改善柴油发动机的排放污染均有一定的好处，但由于过氧化物不太稳定，容易分解产生自由基，从而会使柴油不稳定因素增加。能够提高柴油十六烷值的过氧化物有：过氧化氢、二叔丁基过氧化物、1,1-二叔丁基过氧化物环烷烃、2,2-二叔丁基过氧化物烷烃和过氧化苯甲酸叔丁酯等类型，一般添加量为0.1%~0.2%时，可以使柴油十六烷值提高1~8个单位。过氧化物一般不单独加入柴油作为十六烷值改进剂使用，而是与硝酸酯类改进剂混合加入柴油中，有协同作用。

② 酯类添加剂。酯类在提高十六烷值的同时还可抑制相分离，保持低温流动性。代表性的酯类有[122]：碳酸酯、油酸酯、草酸酯以及部分饱和有机酸酯等。其中碳酸酯类以碳酸二甲酯为代表，如果合成工艺能够继续改善，成本继续降低，会有一定的应用前景；油酸酯类以大豆甲(乙)酯、可可油甲酯、油酸甲酯、油酸异丙酯等为代表，但添加量较大，一般需加入10%左右，能够使十六烷值提高10个单位左右。油酸酯的合成以植物油为原料，成本低廉，来源广泛，有一定的应用前景；草酸酯以草酸二异戊酯和草酸二异丁酯为代表，目前这两种草酸酯在国内已经实现工业化生产[123~125]，添加量为1%~10%，可以使十六烷值提高2~20个单位。

③ 醚类添加剂。醚类化合物以二甲氧基乙烷(DMET)[126]、1,2,4-三氧杂环己烷[123]为代表，这两种都是性能优良的柴油添加剂，除了有效提升十六烷值外，还是抑制黑烟排放的柴油添加剂。其中1,2,4-三氧杂环己烷添加量为0.1%~1.5%时，柴油的十六烷值提高幅度较大，而且着火性能和燃烧效率也有较大幅度的提高；二甲氧基乙烷作为柴油十六烷值改进剂使用时是作为调和组分，一般要求加入量较大，需有较大规模的工业生产才可以，类似于辛烷值改进剂MTBE。

除了上述的十六烷值改进剂以外，有文献报道，金属有机化合物类如二茂铁也可以用作十六烷值改进剂使用[127]。作为金属有机化合物，二茂铁是很典型的可以提高燃料十六烷值的化合物，在汽油中使用有限制，但在柴油中可以使用，同时有促燃、减少排烟等作用。

含氮类和含氧类化合物均可不同程度提高柴油十六烷值。其中含氮类包括硝酸酯类、亚硝酸酯类、叠氮化合物、偶氮化合物、重氮化合物等；含氧类包括过氧化物、酯类、醚类等。选取不同含氧类物质，对其十六烷值改进效果进行对比考查，其结果见表7-4-27。

表7-4-27 十六烷值添加剂对十六烷值增加效果

添加剂名称	十六烷值增加值	添加剂名称	十六烷值增加值
过氧化氢	1.5	DMET	3.4
过氧化苯甲酸叔丁酯	4.0	草酸二丁酯	2.3
1,2,4-三氧杂环己烷	4.2	草酸二异戊酯	4.6

注：添加量为1.0%。

4. 提高十六烷值技术工业应用实例

MCI技术工业应用结果见表7-4-28，RICH技术工业应用结果见表7-4-29。从表7-4-28可见，采用MCI技术在将柴油十六烷值提高10个单位以上的同时，柴油收率大于98%。采用RICH技术可将柴油十六烷值提高10个单位左右，柴油收率大于95%。

中压加氢改质技术已在中国石化燕山分公司及中国石油锦州石化等企业实现工业应用。其典型工业应用结果见表7-4-30。

表 7-4-28　MCI 技术典型工业应用结果

项　目	A 公司		B 公司		C 公司	
	原料油	产品	原料油	产品	原料油	产品
油品名称						
密度(20℃)/(g/cm^3)	0.8824	0.8584	0.8648	0.8445	0.8907	0.8626
ASTM-D86 馏程/℃						
50%	260	251	265	259	272	264
90%	322	312	327	324	340	330
95%	335	327	337	335	351	344
凝点/℃	-32	-39	0	-2	-4	-6
硫含量/(μg/g)	941	29.6	791	15.2	1439	3.0
氮含量/(μg/g)	839		747		991	7.2
十六烷值	26.9	39.0	37.6	48.9	27.5	38.4
十六烷值增加值	12.1		11.3		10.9	
柴油收率/%	99.78		98.36		98.53	

表 7-4-29　RICH 技术典型工业应用结果

项　目	中国石化洛阳分公司					
标定时间	初期		中期		末期	
	原料油	产品	原料油	产品	原料油	产品
油品名称						
密度(20℃)/(g/cm^3)	0.8835	0.8477	0.8912	0.8549	0.8882	0.8530
ASTM-D86 馏程/℃						
50%	284	264	271	251	280	266
90%	355	329	329	339	—	347
95%	369	364	349	—	348	—
硫含量/(μg/g)	9153	34	7600	2.7	6043	1.9
氮含量/(μg/g)	497	1.05	580	1.0	649	0.5
十六烷值	35.7	44.1	32.2	42.4	34.4	44.8
十六烷值增加值	8.4		10.2		10.4	
柴油收率/%	96.67		95.48		95.27	

表 7-4-30　MHUG 中压加氢改质技术在锦州石化分公司典型工业应用结果

项　目	原料及产品性质	
	原料油	柴油产品
油品名称		
密度(20℃)/(g/cm^3)	0.8998	0.8647
ASTM-D86 馏程/℃		
50%	281	261
终馏点	357	356
硫含量/(μg/g)	2112	0.8
氮含量/(μg/g)	801	0.5
十六烷值	31.9	40.8
十六烷值增加值	8.9	
柴油收率/%	94.84	

从表 7-4-30 可见，锦州石化采用 MHUG 技术可将柴油十六烷值提高 8 个单位以上，柴油收率 94.84%。

六、非加氢脱硫技术

柴油非加氢脱硫主要包括：氧化脱硫、生物脱硫、吸附脱硫、络合脱硫、萃取脱硫、离子液体脱硫等。

1. 氧化脱硫

（1）过氧化氢氧化脱硫　在柴油氧化脱硫过程中，脱硫氧化剂多采用 H_2O_2。在催化剂的作用下，烷基取代的噻吩可发生与噻吩类似的氧化反应，但不发生二聚反应；烷基取代的苯并噻吩、二苯并噻吩的氧化反应则分别与苯并噻吩、二苯并噻吩的氧化反应类似[128]。氧化脱硫技术的开发正是基于以上这些反应。日本石油能源中心（PEC）相田哲夫[129]开发的过氧化氢技术是在 H_2O_2 含量为30%水溶液中加入一定量的羧酸（如醋酸或三氟醋酸），然后按一定比例将此过氧化氢混合液加到含硫油中并搅拌混合。在大约50℃、0.1 MPa 的条件下反应约1h，即可将油中硫转化成多烷基二苯并噻吩二氧化物和有机硫化物。多烷基二苯并噻吩二氧化物可用氢氧化钠溶液洗涤除去，有机硫化物用硅胶或铝胶吸附脱除。它是氧化脱硫的一种新技术，可使柴油中含硫由 $500\sim600\mu g/g$ 减少到 $1\mu g/g$。该方法脱硫率高，同时可脱氮，但存在氧化剂成本高、硫化物用途未解决等问题。

美国 Petro Star 公司开发的转化萃取脱硫（CED）工艺[130,131]，在常温常压下以 H_2O_2 为氧化剂，将油品中含硫化合物氧化为极性的砜和亚砜，再用抽提方法将硫氧化物与烃类分离。CED 工艺可将硫含量 $4200\mu g/g$ 的柴油降至 $10\mu g/g$ 以下，收率达98%。

Unipure 公司开发的 ASR-2 工艺流程为：含硫柴油与携带氧化剂及催化剂的水相溶液在反应器内混合，在接近常压（$100\sim300$ kPa）和十分缓和的温度（100℃）条件下将噻吩类含硫化合物氧化为砜。氧化剂的消耗非常少，反应停留时间也只需要不到 5 min，含有待生催化剂和砜的水相与油相分离后送至再生部分，脱除砜并再生催化剂。含有砜的油相经水洗、干燥后通过氧化铝床层吸附除去残存的砜，得到硫含量为 $5\mu g/g$ 的超低硫燃料。

（2）有机过氧化物氧化脱硫　Otsuki 等[132]选择 t-BuOCl 为氧化剂，各种金属氧化物作为催化剂的反应体系。

利用有机过氧化物具有强氧化性的特点，莱昂得尔 ODS 技术采用叔丁基氢过氧化物（TBHP）氧化脱硫。在反应温度93℃、压力0.689 MPa，且不耗用 H_2 的条件下，TBHP 把有机硫化物氧化成砜，未反应的 TBHP 在产品储存前除去。砜用溶剂抽提或吸附除去，抽提溶剂通过蒸馏回收并循环使用。该技术中试得到了含硫量小于 $10\mu g/g$ 的柴油。Doug Chapados[133]等采用过氧乙酸作氧化剂，在常压、温度小于100℃的条件下，反应 25 min 后，采用二甲基亚砜单独抽提可抽出柴油中90%以上的硫，采用固体吸附剂（如白土、硅胶和铝矾土等）吸附柴油中残存的苯并噻吩或二苯并噻吩，可得到硫含量小于 $10\mu g/g$ 的柴油。

2. 选择性氧化脱硫

美国阿拉斯加 Petro Star 公司[134,135]开发替代加氢脱硫的低费用选择性氧化脱硫方法。该法无需加氢就可从柴油中去除噻吩。在 $75\sim95$℃和常压下，将过氧乙酸与柴油混合，使有机硫化物选择性地氧化为砜类。用工业溶剂将砜类用液-液抽提法除去，生成高含硫的抽出物。实验数据表明，可使柴油含硫由 $4200\mu g/g$ 降低到低于 $10\mu g/g$，现已放大到 5bbl/d。处理费用估算为每桶进料 2.50 美元，而 HDS 法为 $3.50\sim5.50$ 美元。

3. 生物氧化脱硫

生物脱硫技术（biocatalysis desulfurization，简称 BDS）起源于20世纪50年代，具有选择性高、副反应少、反应条件温和、投资少、对燃料热值影响小等[136,137]优点，成为令人瞩目的清洁柴油生产技术。生物脱硫技术利用某些特殊菌种对有机硫化物有高消化能力这一特点[138,139]，将不溶于水的有机硫化物在生物催化剂的作用下变成水溶性的化合物，达到脱硫的目的。生物脱硫途径有氧化和还原两种。生物氧化脱硫过程又可分为 Ko-dama 和 4S 氧化路径。Kodama 路径是在非硫选择性生物催化剂的作用下,剪断苯环上的 C—C 键,将二苯并噻吩(DBT)代谢成能够溶于水的 3-羟基苯并噻吩-2-甲醛,整个含硫化合物转入水相,降低了柴油的热值,工业前景不大。4S 氧化路径是在硫选择性生物催化剂的作用下,剪断含硫化合物中的 C—S 键,将硫氧化成无机硫转入水相,含硫化合物脱去硫原子后仍留在油相中,不损失柴油的热值。其脱硫过程是在常温、常压下,通过细菌的作用将有机硫化物分子从柴油转移到细胞中,在酶的催化作用下发生氧化反应,采用油/生物催化剂三相分离方法和设备分离砜类。能够代谢含硫化合物的微生物主要有无色硫细菌和光氧型硫细菌两大类。Rhodococcuserythro-polislTGSR8 是最早分离出的具有硫选择性的菌种之一,对该菌种的研究较为成熟。

4. 空气催化氧化脱硫

空气作氧化剂[140]具有来源丰富、价格便宜、无腐蚀性等优点。空气氧化反应可分为空气液相氧化法和空气气固接触催化氧化法。空气液相氧化法是在催化剂(或引发剂)的作用下,氧由气相溶解进入液相,在液相中与有机物进行反应。该反应属于气-液非均相反应,多采用鼓泡型反应器。空气气固接触催化氧化法是在高温(300~500℃)固体催化剂作用下,有机硫化物蒸气与氧发生反应。此法需将柴油汽化后与空气反应,难度较大,所以多采用空气液相氧化法。税蕾蕾[141]等采用均相催化剂 TS-2(主要成分 TiO_2-SiO_2),用空气对柴油中的硫化物进行缓和催化氧化,使用萃取剂 EA-1 萃取柴油中的氧化态硫化物。该法在反应温度为 60℃、反应压力为 0.1 MPa 的条件下,反应 5 min 后,柴油中的硫含量从 3658μg/g 降到 50μg/g 以下,收率可达 97%。

5. 光氧化脱硫

有机硫化物分子通过吸收紫外光、可见光或红外光的光子能量变为激发态分子与氧化剂反应。白石康浩等开发了一种用液-液抽提和光化学反应脱硫的技术,在柴油-过氧化氢水溶液二相系统中,用 30% 的过氧化氢水溶液与柴油混合,光照 24h 后,柴油硫含量降至 500μg/g;在柴油-乙腈二相系统中,光照 2 h 和 4 h 后,用乙腈抽提含硫组分,柴油硫含量分别降至 500μg/g 和 50μg/g。实验发现 1,4-二甲基二苯并噻吩(1,4-MDBT)和 4,6-二甲基二苯并噻吩(4,6-MDBT)在光的作用下较易除去。Yshiraishi[142]等用 9,10-二氰基蒽(DCA)、TiO_2 作为光敏剂进行光催化氧化脱硫,效果也很好。

6. 吸附脱硫

Philips 石油公司[143]继开发成功汽油吸附法脱硫技术使用的 S-Zorb 吸附剂之后,又研制成功柴油脱硫吸附剂 S-ZorbSR′I 技术,在低压(1.9~3.4 MPa)下就能达到较低含硫量,吸附剂可氧化再生。实验表明,此法可满足欧洲和北美的柴油硫含量新标准要求。第一套处理量为 948m³/d 的工业装置已经在 Philips 公司的 Borger 炼油厂建成,可将 FCC 柴油的硫含量降至 10μg/g,S-ZorbSR 技术操作灵活,与 HDS 装置相比优点为:操作压力低、氢耗小、空速大、产品颜色好、操作费用低。

中国对采用吸附法脱除油品中硫化物的技术尚处于研究阶段。罗国华等[144]采用沸石分子筛对焦化苯中的噻吩进行了吸附性能研究。结果表明,对 ZSM 5 分子筛进行 Cu 交换并结合表面硅烷化改性,可在一定程度上提高分子筛选择吸附焦化苯中噻吩的性能。徐志达等[145]用聚丙烯腈基活性炭纤维(NACF)对油品中含有的硫醇的吸附性能进行了研究,结果表明采用该吸附剂仅能脱除油品中的部分硫醇。

7. 络合脱硫

法国 CNRS[146]研究出一种预处理减少有机硫后加氢处理的脱硫法,以减少 H_2 消耗,降低处理费用。在该法中,用一种已获专利的称为 Piac-ceptor 的 π 电子接受体化合物(络合剂)与柴油常温常压下混合,络合剂与油中的烷基二苯并噻吩络合生成一种不溶性络合物,过滤除去,然后在较温和条件下加氢脱硫。该络合剂安全、廉价并可回收,与通常的配位电子受体化合物如四硝基芴酮不同,后者因有爆炸危险,不能在工业生产中使用。目前,该法已通过小试,正由 CNRS、Total Fina、ELF 等公司及 IFP(法国石油研究院)进行技术经济评估。

8. 萃取脱硫

柴油中有机硫化物的极性较小,萃取脱硫操作中多选用有较高极性的溶剂。Sotsuki[147]等研究发现,甲醇、DMF、DMSO 和乙腈等都是萃取效果很好的萃取剂。其他萃取剂也有很好的脱硫效果。Horri Yuji[148]等用吡咯烷酮、咪唑啉酮等溶剂萃取加氢柴油,噻吩衍生物的脱除率大于 80%。Funakos[149]等用丙酮或含水丙酮处理柴油,脱硫率也达到了 92.9%;杨丽娜[150]等以糠醛为溶剂萃取脱硫,在抽提温度 90℃、剂油体积比 0.8 时,60 min 抽提 4 次,脱硫率达到 80% 以上,溶剂可回收利用。

9. 生物还原脱硫

生物还原脱硫技术是利用还原菌种的还原作用,将有机硫化物中的硫还原成硫化氢进行分离达到脱硫的目的。目前研究重点是还原菌种的筛选和催化剂性能的改善。姜成英[151]等研究了用假单胞菌(pseudomonas delafieldii)菌株 R-8 和红色红球菌(rhodococcuserythropolis)菌株 N1.36 加氢脱硫工艺,两种菌株脱硫的活性相近,添加表面活性剂可提高菌株对柴油的脱硫率。当 Tween80 存在,搅拌转速为 250 r/min 时,菌株 R-8 最高可脱除含硫 300mg/L 的柴油中 72% 的有机硫。生物催化脱硫反应是一个复杂的多相反应体系,提高脱硫反应速率与脱硫率,有待于基因工程的进一步发展,从而解决生物催化剂的稳定性和速率等问题。

10. 离子液体脱硫

阿克苏-诺贝尔化学公司开发了一种离子液体法脱硫工艺,该工艺可一次除去柴油中所有芳烃硫化物。实验中主要采用了三种离子液体:1-乙基-3-甲基咪唑四氟合硼酸盐、1-丁基-3-甲基咪唑六氟合磷酸盐和 1-丁基-3-甲基咪唑四氟合硼酸盐,可以循环利用。

参 考 文 献

[1] European Union. Fuel Regulations, Fuels http://www.dieselnet.com/standards/eu/fuel.php

[2] Millbourn, C. IMO Adopts Proposal for Emission Control Area/Move safeguards health of port communities and those beyond. US EPA news release [online], March 26, 2010

[3] Removal of Sulfur from Light FCC Gasoline Stream[C]. NPRA, AM-00-54

[4] David L Hobrook, et al. Caustic management: UOP, 1995: 114

[5] Axens's Prime-G$^+$ Receives a Kirkpatrick Honor Award, 2003. Axens company website. http://www.axens.net/html-gb/press/press53.html.php (accessed Jan. 5, 2004)

[6] AFPM. Addressing Tier 3 Specifications in a Declining Gasoline Market: Options for the Future. Bill Flanders Axens North AmericaHouston, TX, AM-12-8

[7] Debusisschert Q. Prime – G⁺ commercial performance of FCC naphtha desulfurization technology[C]. NPRA Annual Meeting, 2003, AM – 03 – 26
[8] 侯永兴,赵永兴. Prime – G⁺催化裂化汽油加氢脱硫技术的应用[J]. 炼油技术与工程,2009,39(7)
[9] 江波. 法国Prime – G⁺汽油加氢技术在锦西石化催化汽油加氢脱硫装置的应用[J]. 中外能源,2009,14(10)
[10] 陈小龙. Prime – G⁺技术在180万t/a催化汽油加氢脱硫装置中的应用[J]. 甘肃科技,2011,27(23)
[11] Sweed N H, et al. 汽油加氢脱硫工艺 Scanfining 工业装置运行效果[J]. 原油及加工科技信息,2002,27(3):48
[12] Greeley J P, et al. Technology options for meeting low sulfur mogas[C]. NPRA Annual Meeting, 2000, AM – 00 – 11
[13] Rock, K. L. CDHydro/CDHDS for Ultra Low Gasoline Sulfur. ERTC. Amsterdam, 2002, (2):26 – 27
[14] Korpelshoeck, M.; Podrebarac, G.; Rock, K.; Samarth, R. Increasing diesel production from the FCCU. Petroleum Technology Quarterly, 2010:75 – 79.
[15] Korpelshoek, M.; Rock, K. How Clean is Your Fuel? [J]. Hydrocarbon Engineering, July, 2009:29
[16] Gentry J C, et al. Noved process for FCC gasoline desulfurization and benzene reduction to meet clean fuels requirements[C]. NPRA Annual Meeting, 2000, AM – 00 – 35
[17] Nocca J L, et al. Prime – G⁺: from polot to startup of world's first commercial 10ppm FCC gasoline[C]. NPRA Annual Meeting, 2002, AM – 02 – 12
[18] Ptoshia Ms, Burnett A, et al. BP low sulfur gasoline technology OATS™. ERTC 2000, Rome
[19] 赵乐平等. OCT – M 催化汽油选择性加氢脱硫技术工业应用[J]. 当代化工,2006,4
[20] 周庆水等. OCT – M FCC汽油深度加氢脱硫技术的研究及工业应用[J]. 石油炼制与化工,2007,9
[21] 赵乐平等. FCC汽油生产国Ⅳ汽油技术研究及工业应用[C]//2010年中国石化加氢技术交流会论文集,2010:60 – 65
[22] 赵乐平等. 催化裂化汽油选择性深度加氢脱硫技术 OCT_ MD 的开发[J]. 炼油技术与工程,2008,7
[23] 陈勇等. 第二代催化裂化汽油选择性加氢脱硫 RSDS 技术的中试研究及工业应用[J]. 石油炼制与化工,2011,10
[24] Tucker C A. S – Zorb sulfur removal technology – today and tomorrow[C]. NPRA Annual Meeting, 2003 – 03 – 48
[25] 吴德飞. S – zorb 技术国产化改进与应用[C]//2011年全国炼油加氢技术交流会论文集
[26] 朱云霞等. S – Zorb 技术的完善及发展[J]. 炼油技术与工程,2009,(8)
[27] 刘传勤. S – Zorb 清洁汽油生产新技术[J]. 齐鲁石油化工,2012,40(1)
[28] 崔守业,许友好等. MIP 技术的工业应用及其新发展[J]. 石油学报(石油加工),2010,10(增刊)
[29] 张庆宇. FDFCC汽油改质机理及反应条件探讨[J]. 炼油技术与工程,2005,3:34 – 36
[30] 闫鸿飞. FDFCC工艺汽油提升管汽油降硫影响因素研究[J]. 河南化工,2001,10:47 – 49
[31] 张广林. 燃料油品的低硫化[J]. 炼油设计,1999,29(8)
[32] T G, KALDOR A, STUNTZ G F, et al. Catalysis science and technology for cleaner transportation fuels [J]. Catal. Today, 2000, 62:77 – 90
[33] 韩崇仁主编. 加氢裂化工艺与工程[M]. 北京:中国石化出版社,2001:578 – 587
[34] Tom Tiloett, et al. Ultra Low Sulfur Diesel:Catalyst and Process Options[C]. NPRA, AM – 99 – 06
[35] Jean – Pierre Peries, et al. Combining NiMo and CoMo Catalysts for Diesel Hydrotreaters[C]. NPRA, AM – 99 – 51
[36] De la Fuente, E. et al. Options for Meeting EU Year 2005 Fuels Specifications[C]. In 1999 European Refining Technology Conference 4th Annual Meeting, Paris, France:Nov. 22 – 24 1999; Global Technology Forum:Surrey, England
[37] Refining 2000[J]. Hydrocarbon Process. 2000, 79 (11), 112

[38] Mayo S Elegant Solution for Ultra Low Sulfur Diesel [C] In: NPRA Annual Meeting, New Orleans, LA, USA, 2001, AM-01-09

[39] Heckel, T. et al. Developments in distillate fuels specifications and strategies for meeting them. Hydrocarbon Asia, Jan./Feb. 1999, 40; and Heckel, T. et al. Developments in Distillate Fuel Specifications and Strategies for Meeting Them. In 1998 NPRA Annual Meeting, San Francisco, CA, March 15-17, 1998 [CD-ROM]; National Petrochemical and Refiners Assoc.: Washington, D. C., 1998; Paper AM-98-24

[40] Lee, S. L et al. Maximizing Diesel Volumes & Quality with Albemarle Hydroprocessing Catalysts. In 2006 European Refining Technology Conference 11th Annual Meeting, Paris, France: Nov. 13-15, 2006 [CD-ROM]; Global Technology Forum: Surrey, England; Paper F2

[41] Driving optimization and profitability through technology innovation. Maximize Assets. Drive Results. Hydroprocessing technology innovations[J]. Hydrocarbon Process. Supplement 2010, 7

[42] Lucien, J. P. et al. Shell Middle Distillate Hydrogenation Process. Catalytic Hydroprocessing of Petroleum Distillates. Ed. M. C. Oballa, et al. Marcel Dekker: New York, NY, 1994; 291

[43] Isotherming - A New Technology for Ultra Low Sulfur Fuels[C]. NPRA, 2003, AM-03-11

[44] 宋永一等. 柴油逆流加氢超深度脱硫脱芳烃技术的研究和开发[J]. 石油炼制与化工, 2006, 37: 1-6

[45] 宋永一等. 柴油逆流加氢超深度脱硫脱芳烃工艺研究[J]. 炼油技术与工程, 2006, 36: 13-16

[46] 刘继华等. 柴油深度加氢脱硫脱芳烃工艺技术的研究与开发人[J]. 炼油技术与工程, 2003, 33: 1-4

[47] 宋永一, 方向晨, 刘继华. SRH液相循环加氢技术的开发及工业应用[J]. 化工进展, 2012, 31: 240-245

[48] 阮宇红, 李浩, 刘凯祥. 液相加氢技术生产低硫柴油的装置设计[C]//2012年加氢技术年会, 中国石化工程建设公司

[49] 丁石, 高晓冬, 聂红等. 柴油超深度加氢脱硫(RTS)技术开发[J]. 石油炼制与化工, 2011, 42: 23-28

[50] Mayo S, Brevoord E, Plantenga F L, et al[C]. NPRA Annual Meeting, 2002, AM202238

[51] Ketjenfine 757. A catalyst for ultra-deep HDS. Albemarle brochure [Online] http://www.albemarle.com/Products_and_services/Catalysts/HPC/Hydrotreating_catalysts/ (accessed Mar. 12, 2008)

[52] Brevoord, E. et al. Production of ultra-low Sulfur Diesel. ERTC. Rome: Nov. 13-15, 2000

[53] FCC Feed Pretreatment. Albemarle website. http://www.albemarle.com/Products_and_services/Catalysts/HPC/Hydrotreating_catalysts/FCC_pretreatment/ (accessed Jan. 2, 2011)

[54] Leliveld, R. G. et al. New STARS are born. Hydrocarbon Engineering, Dec. 2004: 29

[55] Albemarle Introduces New Catalyst to Improve Ultra-Low-Sulfur Diesel Production. Albemarle company website. http://www.albemarle.com/News_and_events/index.asp?news=text&releaseID=1177575 (accessed Dec. 15, 2008)

[56] Tackling a Kerosene Color Problem. Albemarle Catalysts Courier, Spring 2011. Issue 79, p 19. http://www.albemarle.com/Products-and-Markets/Catalysts/Catalyst-Courier-363.html (accessed Jun. 21, 2011)

[57] Hydrotreating. Albemarle company website, 2011. http://albemarle.com/Products-and-Markets/Catalysts/HPC-94.html (accessed June 22, 2011)

[58] Albemarle Corporation. Ketjenfine 860 - Exceptional new catalyst for hydrocracking p retreat. Catalysts Courier, 2007, 67 (1): 6-7

[59] Mayo S, Leliveld B, Plantenga F, et al[C]. NPRA Annual Meeting, 2001, AM201209

[60] SONG C. An overview of new app roaches to deep desulfurization for ultra-clean gasoline, diesel fuel and jet fuel. Catalysis Today, 2003, 86: 211-263

[61] Steven Mayo, Plantenga F., Leliveld B., Miyauchi A., AM-01-09, Elegant Solutions to Ultra Low Sulfur

Diesel[C]. 2001 NPRA Annual Meeting, New Orleans

[62] Steven Mayo, Eelko Brevoord, AM - 02 - 38, ULSD in Real Life: Commercial Performance Of STARS And NEBULA Technology[C]. 2002 NPRA Annual Meeting, San Antonio

[63] David A. Pappal, Robert A. Bradway, AM - 03 - 59, Stellar Improvements in Hydroprocessing Catalyst Activity[C]. 2003NPRA Annual Meeting, San Antonio

[64] R. E. (Ed) Palmer, Les Harwell, AM - 03 - 89, Design Considerations For ULSD Hydrotreaters[C]. 2003NPRA Annual Meeting, San Antonio

[65] Michael J. Adams, Pankaj Desai, Steven Mayo, AM - 04 - 28, The Ultra - Low Sulfur Diesel Solution ModelTM A Collaborative Approach[C]. 2004NPRA Annual Meeting, San Antonio

[66] Steven W. Mayo, E. Brevoord, AM - 05 - 14, NEBULA™ Catalyst Provides Proven Economic Returns[C]. 2005NPRA Annual Meeting, San Francisco

[67] Ernie Lewis, William J. Novak, AM - 05 - 66, Debottlenecking Hydrocrackers with NEBULATM Catalyst[C]. 2005NPRA Annual Meeting, San Francisco

[68] ShiflettW. The Drive to Lower and Lower Sulfur: Criterion's New Catalysts Help Refiners Tackle Sulfur. AM - 01 - 29[C]. 2001 NPRA AnnualMeeting, New Orleans, Louisiana, USA

[69] Torrisi S P, Janssen Ries A H, Street R D, et al. Catalyst advancements to increase reliability and value of ULSD assets. AM - 05 - 15[C]. 2005 NPRA Annual Meeting, SanFrancisco, California, USA

[70] Woody Shiflett, Dave DiCamillo, AM - 00 - 15, Producing The Environmental Fuels Of The Future[C]. 2000 NPRA Annual Meeting, San Antonio

[71] Lee Granniss, AM - 03 - 91, Refining Solutions for ULSD: The Chemicals - Grade Fuel of Today[C]. 2003NPRA Annual Meeting, San Antonio

[72] Anil Rajguru, Harjeet Virdi, Sal Torrisi, AM - 04 - 22, Revamp for Ultra - Low Sulfur Diesel with Countercurrent Reactor[C]. 2004NPRA Annual Meeting, San Antonio

[73] Salvatore P. Torrisi, Jr. Ries A. H. Janssen, AM - 05 - 15, Catalyst Advancements to Increase Reliability and Value of ULSD Assets[C]. 2005NPRA Annual Meeting, San Francisco

[74] Kevin Carlson, Salvatore P. Torrisi, Jr. AM - 06 - 45, Commercial Experience in North American ULSD: Early Learnings and a Glimpse into the Future[C]. 2006NPRA Annual Meeting, Salt Lake City

[75] David L. Yeary, P. E., Joees Wrisberg, AM - 97 - 14, Revamp For Low Sulfur Diesel A Case Study, [C]. 1997 NPRA Annual Meeting, San Antonio

[76] Torrisi, S. P. et al. Catalyst Advancements to Increase Reliability and Value of ULSD Assets[C]. 2005 NPRA Annual Meeting, San Francisco, CA, March 13 - 15, 2005 [CD - ROM]; National Petrochemical and Refiners Assoc.: Washington, D. C., 2007; Paper AM - 05 - 15

[77] Henrik Top soe, Cooper B H, Kim Gron Knudsen, et al. ULSD with BrimTM catalyst technology. AM - 05 - 18[C]. 2005 NPRA AnnualMeeting, San Francisco, California, USA

[78] Diesel Production. Haldor Topsoe company website. http://www.topsoe.com/site.nsf/all/BBNN - 5PFGKQ? Open Document (accessed April 8, 2008)

[79] Improved catalysts are now ready for hydrotreating petroleum fuel. Chem. Eng. (New York) 2006, 113 (Feb.): 15

[80] Egeberg, R. G., et al. Effect of Promoters on Structural and Chemical Properties of Hydrotreating Catalysts. In AIChE Spring National Meeting, Orlando, FL, April 23 - 27, 2006 [CD - ROM]; AIChE: New York, NY; 89c.

[81] Skyum, L. Next generation[J]. Hydrocarbon Engineering, June 2005, 17

[82] Hydrotreating catalysts feature dual - activity function[J]. Hydrocarbon Process. 2004, 83 (Jan.), 84

[83] Campbell, T. et al. Axens Advanced Catalyst Engineering[C]. In 2005 NPRA Annual Meeting, San Francisco, CA, March 13-15, 2005 [CD-ROM]; National Petrochemical and Refiners Assoc.: Washington, D. C., 2007; Paper AM-05-16

[84] Wamberque, S. et al. Squeezing the most from hydrotreaters. Hydrocarbon Engineering, Nov. 2004: 59

[85] HR 548. Axens company website. http://www.axens.net/html-gb/offer/offer_products_4_p126.html (accessed Jan. 5, 2004)

[86] HR 548. Axens company website. http://www.axens.net/getfile.php?f=upload-secure%2Fdoccenter%2Fhr548.pdf (accessed July 1, 2010)

[87] HR 568. Axens company website. http://www.axens.net/html-gb/offer/offer_products_4_p127.html (accessed Jan. 5, 2004)

[88] HR 626. Axens brochure [Online], May 2010. http://www.axens.net (accessed July 24, 2011).

[89] 郭蓉. FRIPP 清洁柴油生产技术进展[C]//2012 年加氢技术年会论文集

[90] 刘学芬. RIPP 柴油加氢催化剂开发进展[C]//2011 年加氢技术年会论文集

[91] Olsen, C. W. et al. Custom Catalyst Systems for Meeting ULSD Regulations. In 2005 NPRA Annual Meeting, San Francisco, CA, March 13-15, 2005 [CD-ROM]; National Petrochemical and Refiners Assoc.: Washington, D. C., 2005; Paper AM-05-17

[92] Olsen, C. W. et al. No Need to Trade ULSD Catalyst Performance for Hydrogen Limits: SmART Approaches. In 2006 NPRA Annual Meeting, Salt Lake City, UT, 2006 [CD-ROM]; National Petrochemical and Refiners Assoc.: Washington, D. C., 2006; Paper AM-06-06

[93] Shiflett, W. K. et al. Consider improved catalyst technologies to remove sulfur[J]. Hydrocarbon Process. 2002, 81 (Feb.), 41

[94] Olsen, C. et al. Sulfur Removal from Diesel Fuel: Optimizing HDS Activity Through the SMART Catalyst System[C]. In AIChE Spring National Meeting. AIChE, March 2002

[95] Olsen, C. et al. Efficient ULSD Catalysts Systems. Petroleum Technology Quarterly, 3Q 2005: 33

[96] Watkins, B.; Krenzke, D.; Olsen, C. Distillate Pool Maximization by Additional LCO I-Hydroprocessing. Davison CATALAGRAM. Grace Davison brochure 2010, 107: 22-31

[97] Meijburg, G. J. et al. Progress in Hydroprocessing Through Combination of Stellar Catalyst Technologies. In 2004 European Refining Technology Conference 9th Annual Meeting, Prague, Czech Republic: Nov. 15-17, 2004 [CD-ROM]; Global Technology Forum: Surrey, England; Paper A8

[98] Commercial ultra-low sulfur diesel production with Albemarle NEBULA catalyst-a success story. Albemarle brochure, 2007 Catalysts Courier, Autumn 2007, Issue 69: 4

[99] Song C S. An overview of new approaches to deep desulfurization for ultra-clean gasoline, diesel fuel and jet fuel [J]. Catal. Today 2003 (86): 211-263

[100] Stanislaus A, Marafi A, Rana M S. Recent advances in the science and technology of ultra low sulfur diesel (ULSD) production [J]. Catal. Today 2010 (153): 1-68

[101] Egorova M, Prins R.. Hydrodesulfurization of dibenzothiophene and 4, 6-dimethyldibenzothiophene over sulfided NiMo/Al_2O_3, CoMo/Al_2O_3, and Mo/Al_2O_3 catalysts [J]. J. Catal. 2004 (225): 417-427

[102] Texier S, Berhault G, Perot G, Harle V, Diehl F. Activation of alumina supported hydrotreating catalysts by organosulfides: comparison with H_2S and effect of different solvents [J]. J. Catal. 2004 (223): 404-418

[103] Sakanishi K, Nagamatsu T, Mochida I, Whitehurst D. Hydrodesulfurization kinetics and mechanism of 4,6-dimethyldibenzothiophene over NiMo catalyst supported on carbon[J]. Mol. Catal. A: Chem. 2000 (155): 101-109

[104] Knudsen K G, Cooper B H, Topsoe H. Catalyst and process technologies for ultra low sulfur diesel[J], Appl.

Catal. A: Gen. 1999 (189): 205-215

[105] 徐如明. 组合催化剂在柴油加氢装置的应用[J]. 石油化工技术与经济, 2011, 27(2): 43-47
[106] 兰玲, 贝耀明, 将广安. 3963MCI 催化剂的反应性能及工业应用[J]. 石油化工, 2003, 32(1)
[107] 井俊男著[日], 石油产品添加剂翻译组译. 石油产品添加剂[M]. 北京: 石油化工出版社, 1982: 51
[108] 徐立环, 戴咏川, 赵德智. 柴油十六烷值改进剂的研究进展[J]. 辽宁化工, 2004, 33 (7): 409-411
[109] 陈波水, 严正泽. 柴油十六烷值的挑战与对策[J]. 石油化工技术经济, 1989, 5 (4): 25-26
[110] 袁大辉, 许际清. 柴油添加剂的现状与开发[J]. 河南化工, 1999, 12: 3-5
[111] 孙福年. 柴油十六烷值改进剂硝酸正丁酯的研制[J]. 江苏化工, 1995, 23 (4): 17-19
[112] 齐鲁石油化工公司胜利炼油厂. 柴油十六烷值改进剂的研制和使用[J]. 石油炼制, 1990, (9): 41-46
[113] 董刚, 李德桃. 硝酸环己酯的优化合成研究[J]. 石油炼制与化工, 1996, 27 (1): 19-21
[114] 胡应喜, 吕九琢, 刘霞. 柴油十六烷值改进剂(Ⅱ)[J]. 石油化工高等学校学报, 2002, 15 (1): 18-20
[115] Thomas, Jr. Samuel G. Diesel Fuel Composition[P]. US: 4420311, 1983
[116] Filbey, Allen H. Diesel Fuel Composition[P]. US: 4406665, 1983
[117] Jessup, Peter J. Cetane Number Improvement[P]. US: 4723964, 1988
[118] Hartle, Robert J. Diesel Fuel Compositions Containing Certain Azides for Improved Cetane Number[P]. US: 4280819, 1981
[119] 黄燕民, 舒兴田, 蔺建民. 叔丁基过氧化物在柴油中的应用[J]. 化工进展, 2002, 21 (8): 599-601
[120] Glenn E. Coughenour. Di-t-butyl Peroxide as a diesel fuel additive[J]. Fuel, 1997, 76: 66-69
[121] Akada takumi, Kawate Akihiro. Improvement of the Cetane Number of Diesel Engine Fuels. EP293069, 1988
[122] Suppes G J. Multifunctional Diesel Fuel Additives from Triglycerides[J]. Energy & Fuels, 2001, 15: 151-157
[123] 闫锋, 魏毅, 姜恒等. 十六烷值改进剂研究进展[J]. 抚顺石油学院学报, 2001, 21 (4): 6-8
[124] 郝红, 熊国华. 新型柴油十六烷值改进剂[J]. 石油化工, 1998, 27 (5): 341-343
[125] 姚致远, 黄荣荣, 马江权. 一种柴油十六烷值改进剂的合成新技术[J]. 炼油设计, 2001, 31 (12): 6-8
[126] 姜涛, 刘昌俊, 尧命发等. 等离子体法由二甲醚合成柴油添加剂[J]. 应用化学, 2002, 19 (3): 251-254
[127] 郭建勋. 二茂铁——优良的燃料燃速催化剂[J]. 陕西化工, 1995, (1): 35-38
[128] 孔令艳, 李钢, 王祥生. 液体燃料催化氧化脱硫[J]. 化学通报, 2004, 3: 178-185
[129] 村田忻大. 过酸化水在脱硫技术中的应用. 石油酸化脱硫[J]. Pet rotech, 2005, 23 (6): 483-486
[130] Dolbear G E, Skov E R. Selective oxidation as a route to petroleum desulfurization [J]. Preprints, 2007, 45 (2): 375-378
[131] Bonde S E, Gore W, Dolbear. DMSO Extraction of sulfones from, selectively oxidized fuels [J]. Preprints, 2007, 44 (2): 199-201
[132] Otsuki S, Nonaka K, Takashima N, et al, Oxidative desulfurization of middle distillate - oxidation of dibenzothiophene using t-butyl hypo chlorite, Sekiyu gakkaaishi, 2001, 44(1): 20-23
[133] Doug Chapados. 采用选择性氧化和抽提脱硫工艺生产超低硫柴油[J]. 天然气与石油, 2000, 18 (4): 34-39
[134] Dolbear G E, Skov E R. Selective oxidation as a route to petroleum desulfurization [J]. Preprints, 2007, 45(2): 375-378

[135] Bonde S E, Gore W, Dolbear. DMSO Ext raction of sulfones from, selectively oxidized fuels[J]. Preprints, 2007, 44 (2): 199-201

[136] Jiangcy, Liu Hz. Biodesulfurization of dibenzot hiophene by the strain of nocardia globerular. Proceedings of Third Joint China/ USA. Chemical Engineering Conference [C]. Developmet of Coal chemical, 2000. 119-122

[137] 姜成英, 王蓉, 刘会洲等. 石油和煤微生物脱硫技术的研究进展[J]. 过程工程学报, 2007, 1 (1): 80-85

[138] 荆国华, 李伟, 施耀等. 柴油生物脱硫技术研究进展[J]. 化学工程, 2003, 31(6): 58-65

[139] Yu L Q, Meyer T A, Flosom B R. Oil/ wate/ biocatalyst three phase separation process [P]. US: 5772901, 1998

[140] 蒋登高, 章亚东等. 精细有机合成[M]. 北京: 化学工业出版社. 2001: 190-214

[141] 税蕾蕾, 唐晓东, 刘亮等. 柴油空气催化氧化脱硫的探索研究[J]. 工业催化, 2003, 11 (9): 1-4

[142] Yshiraishi, Hhara, Hiraietal T. [J]. Chemical Engineering, 2002, 35 (5): 489-492

[143] Oil &Gas Journal edit ral department. Philips pet roleum has stared up a new 6, O(X) B/D unit at it sborger, Tex, Refinery[J]. Oil &Gas Journal. 2001, 99 (18): 9

[144] 罗国华, 徐新, 佟泽民等. 沸石分子筛选择吸附焦化苯中的噻吩[J]. 燃料化学学报, 2003, 27 (5): 466-480

[145] 徐志达, 陈冰, 陈燕萍等. 活性炭纤维用于汽油脱硫醇的研究动态吸附[J]. 石油炼制与化工, 2000, 31(5): 42-45

[146] Gerald Parkinson. An ot her new route to deep desulfurization of diesel fuel [J]. Chemical Engineering, 2000, 107(4): 19

[147] Sot suld, Tnonaka, Takashhnaetal N. Oxidation desulfurization of light gas oil and vacuum gas oil by oxidation and solvent extraction[J]. Energy&Fuels, 2000, 14: 1232-1239

[148] Horii Yuji, Onuki Hitioshi, Doi Sadddi, et al. Desulfurization of light oil by extraction[P]. US: 5494572, 1996202227.

[149] Funakoshi, Ryutodu, Miyadad Machi, et al. Process for covering organic sulfur compounds from fuel oil [P]. US: 5753102, 1998

[150] 杨丽娜, 由宏君, 王强. 萃取法脱除催化裂化柴油中的酸性硫化物[J]. 辽宁化工, 2003, 32 (11): 489-492

[151] 姜成英, 李磊, 杨永谭等. 表面活性剂对微生物脱除柴油中有机硫的影响[J]. 过程工程学报, 2002, 2 (2): 122

第八章 含硫含酸原油馏分油加工技术

第一节 馏分油特性

对于加工高硫原油的炼油厂而言,加氢裂化的原料主要是常减压蒸馏装置的减压馏分油,同时掺混焦化蜡油(CGO)、催化柴油(LCO、HCO)等二次加工馏分。催化裂化装置的原料主要是常减压蒸馏装置的减压馏分油及渣油经丙烷脱沥青后的脱沥青油、延迟焦化装置的重馏分油等,原料中重金属含量、产品质量和环保条件许可时,甚至可将高硫原油或含硫原油经常压蒸馏后的重油或掺炼减压渣油直接作为催化裂化原料。下面介绍几种典型的高硫高酸馏分油原料。

一、减压蜡油(VGO)

减压蜡油(VGO),即减压馏分油,是使用最广泛、最传统的加氢裂化和催化裂化原料。然而,有些原油的减压馏分油则适合生产各种润滑油和石蜡等。

VGO 作为催化裂化原料,其终馏点控制随工厂加工流程的不同略有区别,在减压渣油作为焦化进料时,为提高催化原料的量从而提高经济效益,越来越多的炼油厂采用减压深拔的技术,终馏点约565℃甚至更高,而一般普通流程则控制终馏点约 510~530℃[1]。

VGO 作为加氢裂化时,为保证装置的操作周期,对沥青质含量严格控制,因此终馏点及切割精度都有严格要求,一般控制不大于500℃。

我国 VGO 大多属于石蜡基和中间基原油,硫含量一般小于1%,重金属含量低,芳烃含量也不高(一般小于35%)。表 8-1-1 给出了国内几种有代表性的 VGO 性质。由表 8-1-1[2]可见,相对密度在 0.9 左右,特性因数≥11.5,是良好的 FCC 原料。但胜利、辽河及渤海原油质量差,VGO 中芳烃高于35%,密度大于 0.9 g/cm³,裂化性能差,汽油产率低、质量差。对于加氢裂化的原料,随加氢裂化的操作模式不同有所区别,一般来讲,环烷基和中间环烷基原料适用于生产重整料和喷气燃料的加氢裂化;石蜡基和石蜡中间基原料则适用于生产蒸汽裂解原料和优质柴油的加氢裂化。

表 8-1-1 国内几种原油的减压蒸馏馏分油的性质

项目	胜利	中原	辽河	孤岛	管输	北疆	惠州	塔中
相对密度(d_4^{20})	0.8876	0.8560	0.9083	0.9353	0.8676	0.9109	0.8620	0.9059
馏程/℃	350~500	350~500	350~500	370~500	350~520	350~500	350~500	350~500
凝点/℃	39	43	34	21	44	19	39	22
康氏残炭/%	<0.1	0.04	0.038	0.18	0.07	0.11	0.03	0.02
硫含量/%	0.47	0.35	0.15	1.23	0.42	0.08	0.05	0.90
氮含量/%	<0.1	0.042	0.20	0.2	0.083	0.09		0.05

续表

项目	胜利	中原	辽河	孤岛	管输	北疆	惠州	塔中
氢含量/%	13.5		13.40		13.26			
运动黏度/(mm²/s)								
50℃	25.26	14.18	—			15.71（80℃）	6.18（80℃）	51.45（40℃）
100℃	5.94	4.44	6.88	11.36	4.75	9.04	4.16	5.29
相对分子质量	382	400	366		360	376	413	357
特性因数	12.3	12.5	11.8	11.5		11.79	12.60	11.86
重金属含量/(μg/g)								
Ni	<0.1	0.2	0.06	1.33	0.3	<0.1		<0.1
V	<0.1	0.02		0.22	0.02	<0.01		<0.1
族组成/%								
饱和烃	71.8	80.2	71.6		34.5			
芳烃	23.3	16.1	24.42		22.9			
胶质	4.9	2.7	4.0		2.6			
占原油/%	27	23.2	29.7	22.2		25.72	33.77	20.65

表 8-1-2 给出了几种国外 VGO 的主要性质[2]。从表中可以看出，来自中东的减压馏分油一般硫含量高、密度大，除阿曼等石蜡基原油外，相对密度都大于 0.91，芳烃含量大于 30%。较适用于生产重整料和喷气燃料的加氢裂化。

表 8-1-2 国外几种原油的 VGO 性质

项目	阿拉伯轻质	阿拉伯重质	伊朗轻质	伊拉克巴士拉	阿曼
相对密度(d_4^{20})	0.9141	0.9170	0.9100	0.9310	0.8902
馏程/℃	370~520	350~500	350~500	360~525	360~500
凝点/℃	34	30			24
康氏残炭/%	0.12	0.15	0.17		0.06
硫含量/%	2.61	2.90	1.55	3.08	1.02
氮含量/%	0.078	0.07	0.13		0.57
氢含量/%	11.69		12.52	13.6	
运动黏度/(mm²/s)					
50℃					26.95
100℃	6.93	6.87	5.20		
相对分子质量	378	383			
特性因数	11.85		12.8	11.7	12.15
重金属含量/(μg/g)					
Ni		0.52			0.06
V		0.07			0.04
族组成/%					
饱和烃	65.8				
芳烃	31.6				12.34
胶质	2.6				
占原油/%	24.3	23.3	25.9	21.9	23.37

二、焦化馏分油(CGO)

焦化馏分油(CGO)、高温热解重油、减黏裂化重油、页岩油等不能单独作为催化裂化和加氢裂化的原料。若作为催化裂化原料需同直馏馏分油掺合，一般掺入量不大于 20%，由于 CGO 中碱性氮含量和硫含量高，多采用先加氢处理，然后再进入催化裂化装置进行加工的流程。若作为加氢裂化原料也需同直馏馏分油掺合以控制反应热。无论是作为加氢裂化或是加氢处理的进料,都需要严格控制焦化蜡油的焦粉携带量,避免加氢反应器的压降上升。

近年来随着延迟焦化加工量的快速增长,CGO 成为催化裂化甚至加氢裂化的主要原料之一。焦化蜡油作为焦化装置收率最高的馏分,延迟焦化装置和原料油的组成特点决定了焦化蜡油具有不同于其他馏分油的特点。与直馏蜡油相比,从物性上看,氮含量高,氢碳原子比低;从组成分析上看,饱和烃含量低,重芳烃和胶质含量高;从结构族组成上看,芳碳率和芳环数略高。此外,焦化蜡油最突出的特点是氮化物,特别是碱性氮化物含量很高,而高的碱性氮含量在催化裂化加工过程中会中和催化剂的酸性中心,从而降低催化剂的活性,降低转化率和催化汽油的辛烷值。但碱性氮对催化剂的影响是暂时的,可以通过再生烧掉吸附的氮,从而恢复催化剂活性。

表 8-1-3 中列出了几种减压渣油延迟焦化的 CGO 性质[3]。

表 8-1-3　几种原油的减压渣油延迟焦化馏分油性质

项　目	胜利	辽河	塔里木混合油	中东混合油	阿拉伯轻质
相对密度(d_4^{40})	0.9178	0.8851	0.9400	0.9385	0.9239
馏程/℃					
初馏点	323	311	345	335	303
10%	358	332	375	368	340
50%	392	362	418	409	373
90%	455	411	475	460	422
终馏点	494	447		495	465
凝点/℃	32	27			—
苯胺点/	77.5	77.3			—
康氏残炭/%	0.74	0.21	1.20	0.80	—
元素分析/%					
C	85.48	87.07	86.10	84.25	
H	11.46	11.90	11.45	10.74	—
S	1.20	0.26	1.40	4.50	3.8
N	0.69	0.52	0.40	0.30	0.21
运动黏度/(mm²/s)					
50℃	8.13	—	13.20(80℃)	8.85(80℃)	
100℃	5.06	3.56	8.45	6.02	
相对分子质量		316			315
特性因数					J
重金属含量/(μg/g)					
Ni	0.5				5.6
V	0.01				0.05
族组成/%					
饱和烃		60.0			
芳烃		33.9			
胶质		6.1			

三、脱沥青油(DAO)

溶剂脱沥青是渣油加工途径之一,过程得到的脱沥青油可作为催化裂化和加氢裂化的掺混原料。由于脱沥青是个物理过程,DAO 的质量随其收率的增加而下降,收率越高,金属脱除率和脱残炭率越小。结果见表 8-1-4。从表 8-1-4 可看出,脱沥青油质量比 VGO 差得多，随着脱沥青油收率的增加，重金属、残炭和胶质明显增加，难于裂化，生焦量大，汽油产率低。

表 8-1-4 黄岛 VGO 和 DAO 性质及其催化裂化结果

进 料	VGO	DAO	
脱沥青油收率[①]/%	—	40	74
密度/(g/cm³)	0.8935	0.9239	0.9376
残炭/%	0.14	3.2	6.26
重金属/(μg/g)			
V	<0.01	<0.01	0.7
Ni	0.21	7.3	16.4
族组成/%			
烷烃+环烷烃	69.8	47.0	28.7
芳烃	23.6	39.4	40.6
胶质	6.6	13.6	30.7
裂化产品分布/%			
干气	1.66	2.67	2.84
液化气	15.96	12.08	10.67
汽油	49.94	40.88	39.44
柴油	20.10	21.76	21.18
重油	9.02	16.37	16.17
焦炭	3.32	6.24	9.7

① 对减压渣油。

四、催化裂化重循环油(HCO)

催化裂化重循环油(HCO)(回炼油)中含有大量重质芳烃。经溶剂抽提后，芳烃可综合利用，而将抽余油作为催化裂化原料，则轻油收率、产品质量和经济效益将有所改善。表8-1-5列出了中国石化安庆分公司加工管输原油减压馏分油的催化裂化回炼油、抽余油和抽出油的性质[2]。催化裂化的重循环油中芳烃大部分为双环芳烃，经过加氢裂化可以生产高辛烷值组分。

表 8-1-5 回炼油、抽余油和抽出油的性质

进 料	回炼油	抽余油		抽出油	
		1	2	1	2
密度20℃/(g/cm³)	0.9238	0.8363	0.8711	1.0701	1.411
折射率(n_D^{70})	1.5361	1.4778	1.4964	1.6522	1.7046
苯胺点/℃	85	107	98	—	—
康氏残炭/%	0.23	0.03	0.14	3.4	6.3
硫含量/(μg/g)	3150	700	1370	6100	8780
氢碳原子比	1.55	1.82	1.81	1.14	0.87
相对分子质量	286	369	348	275	265
族组成/%					
烷烃	36.5	52.1	47.0	15.0	0.4
环烷烃	20.0	32.4	29.8	6.0	0.4
芳烃	40.9	12.0	22.4	75.0	93.4
胶质	1.1	1.4	0.4	3.3	5.6

五、加氢裂化尾油(HCGO)

加氢裂化工艺的一次转化率通常为60%~90%,尚有10%~40%的未转化产物,被称作加氢裂化尾油(HCGO)。加氢裂化尾油是加氢裂化装置的产品之一,其硫、氮含量低,BMCI值(关联指数)低,氢含量较高,是优质的催化裂化原料。国外很多先进工艺,如LC-fining工艺、优先部分转化(COPC)加氢裂化工艺,以及先进部分转化加氢裂化工艺,均设计将其尾油送到FCC装置生产汽柴油。中国石化上海高桥分公司1400kt/a加氢裂化装置生产250kt/a的加氢裂化尾油,该尾油中有100kt/a作为加氢异构脱蜡装置的原料,其余的均作为FCC装置的原料生产汽柴油。表8-1-6中荆门石化将掺与不掺加氢裂化尾油的FCC产品收率进行了比较,当FCC进料中掺入加氢裂化尾油时,$C_3 \sim C_4$的馏分收率有所降低,而汽油的收率略有提高[4]。

表8-1-6 原料对催化裂化产品收率(体积)的影响　　%

产品	不掺尾油	掺55%尾油
$C_3 \sim C_4$	23	19
汽油	57	61
轻柴油	11	23
重油	16	5
总收率	107	108

加氢裂化尾油相对于FCC原料较轻,掺入后,可以有效提高FCC原料的掺渣量,降低FCC操作成本。而不同原料油的加氢裂化尾油性质不同。表8-1-7中列出了几种原料油的加氢裂化尾油性质。

表8-1-7 不同原料油加氢裂化尾油性质对比

加氢裂化原料		胜利 VGO	大港 VGO
裂化催化剂		ICR-126	HG-14
原油密度(20℃)/(g/cm³)		0.8876	0.8892
馏程/℃		350~500	350~500
BMCI 值		32.7	35.9
硫含量/%		0.54	0.14
氮含量/%		0.14	0.08
尾油	收率/%	45	37.6
	密度(20℃)/(g/cm³)	0.8456	0.8322
	初馏点/℃	320	325
	50%/℃	422	385
	终馏点/℃	489	488
	硫含量/(μg/g)	<3	8.3
	氮含量/(μg/g)	<2	3.0
	BMCI 值	13.3	12.4

第二节 含硫原油馏分油的催化裂化

随着催化裂化工艺技术的迅速发展，催化裂化原料范围和来源不断拓宽。催化裂化的原料早已从开发初期的柴油馏分不断变重。减压馏分油（VGO）是广泛应用的催化裂化原料。许多炼油企业为了多产催化裂化原料，都在减压蒸馏过程中，采取各种工艺手段、改进设备和使用助剂等方法提高 VGO 的产率和产量。直馏减压馏分油的终馏点从 510~535℃ 左右提高到 565℃ 甚至更高。

由于重油催化裂化的发展，催化裂化原料油也在不断拓宽，常压重油、减压渣油、延迟焦化的重馏分油，以及渣油经溶剂脱沥青后的脱沥青油等都已成为催化裂化原料或原料的掺炼组分。

一、催化裂化对原料的要求

催化裂化工艺因其原料适应性强、产品价值高、经济效益好，原料的适用范围在逐步拓宽。国外将原料的密度、残炭、硫、重金属及氢含量等作为主要的限制指标，并根据原料性质的不同，采用不同的处理措施，直至脱硫、脱氮、脱残炭、脱金属等。

催化裂化技术经过多年的研究和生产实践，不仅掌握了馏分油催化裂化技术，而且还开发了一整套重油催化裂化技术。为了使催化裂化装置平稳有效运行，对于原料也提出了相关的限制指标。

1. 残炭

残炭是用来衡量催化裂化原料的非催化生焦倾向的一种特性指标，它是加工过程中生焦的前驱物。VGO 的残炭值很低，一般不超过 0.2%，其胶质、沥青质含量也很少。减压渣油的残炭值一般很高，在 8%~27% 之间，胶质和沥青质含量也高，并含有大量的芳烃，五环以上的芳烃含量较多。我国近半数的催化裂化原料油康氏残炭值在 2.5% 以上，最高达 8% 以上。残炭值高，焦炭产率就高，再生器烧焦负荷大，热量必然过剩，必须采取内取热或外取热技术，导致主风机——烟气轮机组和催化剂冷却设备庞大。催化裂化原料油的残炭值控制取决于装置的再生能力和装置类型，但即使是渣油催化裂化装置，康氏残炭值一般也控制在不大于 8%。

2. 重金属含量

我国绝大多数原油中所含重金属以镍为主，钒含量很少。镍和钒通常以卟啉和非卟啉两类化合物存在。金属卟啉在石油中的含量一般在 1~100μg/g，沸点在 565~650℃ 之间，相对分子质量约为 500~800，是一种结晶状固体，极易溶解在烃类中，它主要富集在渣油中。如果用卟啉化合物含量高的常压渣油或减压渣油做催化原料时，就会在加工过程中发生分解，产生游离的金属镍和钒，而使催化剂中毒。镍中毒造成催化剂选择性变差，因为镍能催化烃类的脱氢反应，使催化剂表面积炭增多，汽油产率降低，同时氢气和焦炭生成量增大，造成再生温度升高，表现为裂化气中 H_2/CH_4 比增加。我国近半数催化裂化装置原料油的镍含量大于 2.5μg/g。

随着我国进口原油数量不断增加，催化裂化原料中钒含量也在增加。钒在催化裂化过程中吸附于基质表面，催化剂在再生条件（650~700℃）下，钒氧化生成 V_2O_5（钒酸酐），它可以迁移到分子筛的结构内部与稀土生成低熔点的化合物 REVO$_4$，破坏分子筛的结晶度和酸性中心，使催化剂永久失活。V$_2$O$_5$ 的熔点为 690℃，在再生器操作温度下 V$_2$O$_5$ 会在催化剂颗粒之间及催化剂内部呈熔融态流动，堵塞孔道和活性中心，在有水蒸气条件下形成钒酸，与催化剂分子筛反应，造成分子筛晶格塌陷，同时钒酸从浓度高的颗粒向浓度低的颗粒迁移，加速新鲜催化剂的失活。同时钒也具有脱氢活性，使裂化气中干气、氢气特别是焦炭产率增加，轻油选择性下降，转化率降低。此外，V$_2$O$_5$ 还能与原料及催化剂中携带的钠反应，生成熔点更低（650℃）的钒酸钠，加速钒和分子筛的相互作用，使催化剂的晶体结构遭到破坏。钒和钠的对催化剂的危害具有加和性，因此提高原油的脱盐水平极为重要。最初采用"一脱四注"，目前多数企业已改为"一脱三注"，在脱盐过程中不再采用注碱措施，以防 Na$^+$ 带入原油中。所以在催化裂化原料油调配过程中，应科学地优化原料配比，控制催化裂化原料残炭≯5.0%，镍＋钒≯20μg/g，硫≯0.3%。

铁的危害仅次于镍和钒，铁可使催化剂永久性中毒。铁在石油及其馏分中既可以悬浮无机物形式存在，又能以油溶性盐（如环烷酸铁）和络合物（如铁卟啉）的形式存在。催化裂化原料中铁的来源可分为两类：一类主要是来源于管道、储罐和其他硬件设备的无机铁；另一类主要来源于进料或由环烷酸及进料中其他腐蚀性组分腐蚀生成的有机铁。催化剂中氧化铝和氧化硅都有很高的熔点，但在含有钠、钙和铁时，其混合相的熔点会明显降低，钠、钙都可使氧化硅的熔点显著下降。氧化硅、氧化亚铁和与钠结合时，其混合相的初始熔点低于 500℃，即低于提升管和再生器的操作温度，铁在催化裂化装置中大部分时间处于亚铁状态。低熔点相的形成使黏结剂中的氧化硅易于流动，从而堵塞和封闭催化剂的孔道。铁的含量足够多时，就会在催化剂颗粒表面形成一层壳，阻塞到达催化剂内部活性中心的孔道，降低催化剂的可接近性，使进料中大分子烃类不能扩散到活性中心而被转化，从而降低渣油的裂化能力。一般表现为油浆产率上升，油浆密度下降，催化剂的表观堆积密度下降。另一方面，铁也有脱氢作用，可使焦炭和氢气产率增加（见图 8-2-1 和图 8-2-2）。因此，对催化裂化原料中的铁含量应有一定的限制指标。目前我国对铁中毒的限制量是以催化剂上铁含量作为一个指标，通常再生催化剂中铁含量不大于 5000μg/g。

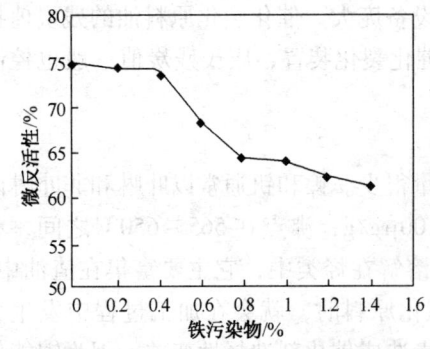 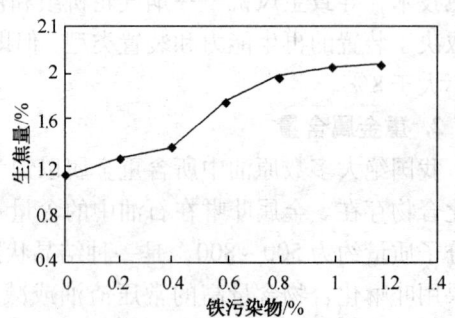

图 8-2-1　铁污染催化剂对微反活性的影响　　图 8-2-2　铁污染对催化剂生焦选择性的影响

虽然钠不是重金属，但同样会引起裂化催化剂中毒，因此对钠含量也要限制。一是 Na$^+$ 能降低分子筛的酸性中心，导致分子筛催化剂酸性降低；二是 Na$_2$O 降低催化剂的熔点，在再生温度下足以使中毒部位熔化，将分子筛和基质一同破坏，导致分子筛催化剂活性下降（见图 8-2-3）。钠中毒使催化裂化催化剂活性下降，轻油收率降低，钠中毒严重时，催化剂颗粒被粉碎,导致催化剂损失增加,还会导致裂化汽油的辛烷值下降。

为了减少钠对催化裂化催化剂的危害,通常要求电脱盐装置采取深度脱盐,以减少催化裂化进料中的钠含量,一般控制催化进料中的钠含量 $<3\sim 5\mu g/g$。

3. 硫含量

催化裂化原料中硫的危害可从三个方面来认识:一是对环境的影响;二是对裂化产品质量的影响;三是对催化裂化装置和设备的影响。

我国催化裂化原料油中硫含量大多为 $0.15\%\sim 1.0\%$,随着国家车用燃料标准的日趋严格,许多炼油厂都建设和规划了催化裂化原料加氢预处理装置,近些年来催化裂化原料油的含硫量有所降低,一般不大于 0.7%。但国外炼油厂从投资和操作费用综合考虑,仍然

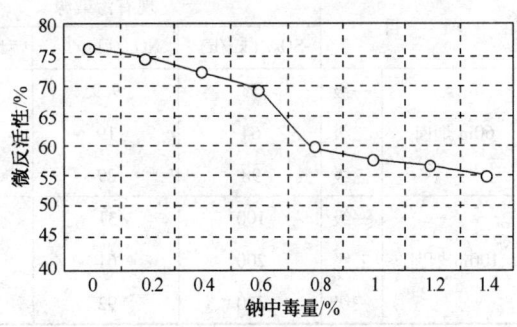

图 8-2-3 钠中毒对催化裂化催化剂活性的影响

有大部分装置催化进料的硫含量大于 1%,有些甚至高达 2.5%。产品经过后加氢满足指标要求。研究表明,FCC 过程中,原料油中所含的硫约 $40\%\sim 55\%$ 转化成 H_2S 随干气排出,$35\%\sim 45\%$ 留在液体产品中,还有 $5\%\sim 20\%$ 则随焦炭沉积在催化剂上[5],烧焦时焦炭中的硫有 10% 生成 SO_3,其余为 SO_2。SO_2、SO_3 同再生烟气一起排入大气中,从而污染大气,因此炼制高硫原油 VGO 主要受环保法规和产品质量的约束。

硫在石油馏分中的分布随沸点的升高而增加,大部分硫集中在渣油中,减压渣油中的硫含量占原油硫含量的 $50\%\sim 70\%$。含硫或高硫原油的常压重油、减压渣油能否作为催化裂化原料或掺炼比例的大小,不仅取决于硫含量,还取决于重金属含量和残炭值。因为硫能与催化剂上的重金属发生作用,从而使金属活化,加剧重金属对催化剂的毒害作用。在非直馏油的催化裂化过程中,原料中的硫生成 H_2S 的比例大幅度减少,而进入重油及焦炭中的硫显著提高。原料中的硫含量、焦炭中的硫含量及烟气中 SO_x 排放量三者关系归纳为如下关联式:

$$Y = 2.03 X^{0.81}$$
$$Z = 850Y$$

式中 X——原料硫含量,%;
Y——焦炭硫含量,%;
Z——烟气中 SO_x,$\mu g/g$。

由上式可以看出,原料中的硫含量直接关系到焦炭中的硫含量,而焦炭中的硫含量又直接关系到再生烟气中 SO_x 的排放量。原料中硫、焦炭中硫含量和烟气 SO_x 含量的关系见表 8-2-1。

表 8-2-1 进料、焦炭硫含量与烟气 SO_x 含量的关系

原料硫含量/%	焦炭硫含量/%	烟气 SO_x 含量/($\mu g/g$)	原料硫含量/%	焦炭硫含量/%	烟气 SO_x 含量/($\mu g/g$)
0.06	0.27	195	0.70	1.60	1000
0.10	0.29	230	0.85	1.90	1550
0.11	0.32	340	1.00	2.00	1805
0.21	0.49	470	3.10	4.00	3400
0.40	1.00	890			

我国 1996 年公布的大气污染综合排放标准（GB 16297—1996），对烟气污染物的数量限制指标如表 8-2-2 所列。

表 8-2-2 大气污染物最大允许排放量

项 目		现有污染源			新污染源		
		SO_2/(kg/h)	NO_x/(kg/h)	颗粒物/(kg/h)	SO_2/(kg/h)	NO_x/(kg/h)	颗粒物/(kg/h)
60m 烟囱	一级	33	9.9	51			
	二级	64	19	100	55	16	85
	三级	98	29	150	83	25	130
100m 烟囱	一级	100	31				
	二级	200	61		160	52	
	三级	310	92		270	78	

含硫原料油加工过程中会产生大量的含硫污水，必须配备相应的污水汽提和硫黄回收措施。

催化裂化原料的硫含量控制水平与炼油厂的总体流程有关，美国的催化裂化装置在没有烟气脱硫设施的情况下要求 <0.3%，并且要求每 8h 对原料的硫含量测定一次。在我国根据烟气硫转移剂的效果，要达到现行环保排放标准，对于没有烟气脱硫后处理设施的装置应控制在 <0.3% ~0.5%。对于未采取加氢预处理的催化裂化原料，应适当控制进厂原油的硫含量；而对于掺炼重油的催化裂化装置，应严格控制掺炼重油的质量和掺炼比例，同时完善烟气脱硫脱硝及脱粉尘措施。

二、催化裂化原料中硫化物的种类和分布

从石油化学角度对催化裂化工艺中原料油和产品之间的含硫化合物类型及其转化规律进行剖析，发现影响加工过程硫分布的主要因素是原料的硫类型分布、原料转化深度、催化剂及其载体性能，由此可估算再生烟气中 SO_x 的排放量、硫化氢气体和主要产品汽油、柴油中的硫含量，以及为了满足催化柴油规格要求所需的精制工艺。

原油中已发现的硫化合物主要有硫醇、硫醚和多硫化合物、噻吩及其甲基或苯基取代物，其中噻吩类化合物一般占原油中含硫化合物的一半以上，它们是难以脱除的含硫化合物。原油中的含硫化合物主要分布在重质馏分中，作为催化裂化主要的原料来源的 VGO 中的硫约占 20%~40%，而减压渣油中的硫约占 50% 以上。

催化裂化原料中的硫化物主要包括硫醇、硫醚和噻吩类。不同类型的原料油，其硫类型不同。直馏 VGO 和渣油的噻吩硫含量约占总硫的 70%，而在焦化馏分油（CGO）中为 80%，渣油加氢生成油中为 85% 以上，说明直馏原料油中的非噻吩类硫化物在二次加工过程中比噻吩类硫化物易先脱除。

RIPP 考察了 VGO 馏分油中噻吩类含硫化合物的硫类型分布。以直馏 VGO、加氢精制 VGO、FCC 重循环油三种 VGO 为研究对象，采用柱色谱法分离为饱和烃、芳烃及胶质，然后分别进行硫元素分析，考察硫在饱和烃、芳烃中的分布，结果见表 8-2-3。表 8-2-3 中数据表明，饱和烃中基本不含硫化合物，含硫化合物 97% 以上存在于芳烃馏分中。而芳烃中的硫绝大多数以噻吩类含硫化合物的形式存在。在此基础上，在所研究的直馏 VGO 四个

窄馏分油中共鉴定出两类含硫化合物：含一个噻吩环的 S_1 和含两个噻吩环的 S_2。表 8-2-4 为 VGO 各窄馏分油的含硫化合物种类分布。可以看出，在这四个窄馏分中，均以 S_1 含硫化合物为主，而 S_2 含硫化合物含量较少，而且随着馏分沸点的增加，S_2 含硫化合物含量逐渐增大。

表 8-2-3 不同 VGO 馏分中的硫分布[6]

馏 分	硫含量/%	
	饱和烃	芳烃 + 胶质
蒸馏 VGO	0.79	99.21
加氢精制 VGO	2.06	97.94
FCC 重循环油	0.02	99.98

表 8-2-4 不同沸点范围直馏 VGO 馏分油中含硫化合物的种类分布[8]

样 品	芳香硫所占百分比/%	
	S_1 含硫化合物	S_2 含硫化合物
蒸馏 VGO 350~400℃	21.32	0.77
蒸馏 VGO 400~450℃	19.74	1.28
蒸馏 VGO 450~480℃	19.77	1.70
蒸馏 VGO >480℃	25.07	2.78

RIPP 在研究加氢 VGO 中硫化物的类型分布及其转化性能中，以中国石化镇海炼化分公司加氢 VGO、青岛炼化分公司加氢 VGO 以及广州分公司加氢 VGO 作为原料油，发现硫化物类型的分布规律一致（见表 8-2-5），含量最多的是二苯并噻吩类和萘苯并噻吩类硫化物，其次是苯并噻吩类硫化物，还有少量的噻吩类硫化物和二硫化物。以广州石化加氢 VGO 为例，其中二苯并噻吩类硫化物占 51.4%，萘苯并噻吩类及其他硫化物占 34.5%，苯并噻吩类硫化物占 11.8%，噻吩类硫化物仅占 1.9%，还有少量二硫化物占 0.5%。并且，对于硫含量较低的镇海炼化加氢 VGO，几乎不含二硫化物和噻吩类硫化物。

表 8-2-5 原料油中各硫化物的分布[7]

项 目	硫含量/%					
	噻吩类	苯并噻吩类	二苯并噻吩类	萘苯并噻吩类	二硫化物	其他
镇海炼化 HVGO	0	7.4	58.8	26.7	0	7.1
青岛石化 HVGO	1.1	14.5	47	25.2	1.8	10.5
广州石化 HVGO	1.9	11.8	51.4	24.8	0.5	9.7

三、不同原料催化裂化产品硫分布

在催化裂化过程中 40% 左右的含硫化合物发生转化，主要产生硫化氢、硫醇、硫醚和噻吩类化合物，其中约 30%~40% 为硫化氢，10%~30% 进入焦炭，5%~8% 进入汽油，15%~20% 进入轻循环油。不同的催化原料，其催化产品中硫转化规律也不同。

由表8-2-6可以看出，催化裂化原料中含硫化合物的类型对硫分布影响十分显著，直馏原料催化裂化约45%~50%原料硫转化为H_2S，约有40%~42%的原料硫进入液体产品中，约10%~13%的硫进入焦炭中；重油催化裂化生焦率高，焦炭硫分率也较高，平均约17%以上，约50%原料硫转化为H_2S；非直馏油在催化裂化过程中，原料硫转化生成H_2S的比例大幅度减少，约30%左右，而进入焦炭中的硫显著提高，约30%~35%。随着原料加氢深度的提高，这种趋势更加明显，焦炭中的硫分布率为原料硫的30%以上。

表8-2-6 催化裂化过程硫分布规律[7]

原料	原料含硫量/%	H_2S/%	汽油/%	柴油/%	油浆/%	焦炭/%
直馏油						
胜利 VGO	0.65	44.1	7.4	20.2	13.9	13.2
孤岛 VGO	1.11	48.2	7.5	18.1	12.4	12.9
沙特轻质 VGO	2.07	49.8	7.2	18.2	11.6	11.8
沙特中质 VGO	2.27	51.0	7.5	17.7	11.2	11.3
伊朗 VGO	1.46	49.5	6.2	19.5	14.1	10.7
中原 AR	0.78	45.9	3.4	19.4	13.6	17.4
塔里木 AR	0.97	48.5	3.8	13.6	14.0	19.7
俄罗斯 AR	1.19	53.8	2.7	12.4	14.8	15.1
阿曼 AR	1.50	53.3	3.2	13.6	11.4	17.9
非直馏油						
胜利 CGO	0.92	31.8	8.9	18.5	11.4	27.9
辽河 CGO	0.26	30.4	7.2	19.2	13.1	29.8
沙特 HAR	0.65	28.7	5.6	17.8	12.2	34.8
伊朗 HAR1	0.41	29.5	3.6	15.9	12.7	37.5
伊朗 HAR2	0.43	28.2	3.1	18.2	12.7	33.5
孤岛 HVR	0.33	24.6	4.2	16.8	21.3	32.5

注：VGO 表示减压馏分油，AR 表示常压渣油，CGO 表示焦化蜡油，HAR 表示经加氢处理的常压渣油。

四、硫对催化裂化及其产品的影响

1. 硫化物在催化裂化过程中的转化[8]

Huling 等通过对多种原料的催化裂化产品中硫化物的分布研究发现：原料中硫化物的组成是影响产品中硫分布的重要因素。很多科研工作者对原油中硫化物的类型进行了分离和鉴定，具有代表性的硫化物为 H_2S、单质硫、硫醇、二硫化物、硫醚和噻吩类（包括苯并噻吩类）衍生物等；在大于250℃的馏分中噻吩类物质增加，非噻吩类组分减少。

在催化裂化过程中，硫醇硫是较容易转化的，通过裂化生成 H_2S。Corma 等人为考察硫醇硫的裂化，将二丁硫醚加入瓦斯油使其含有2%的硫，然后在固定床微反中考察，发现其产物主要是 H_2S 和碳氢化合物，焦炭产率并不增加。

硫醚的 C—S 键比 C—C 键容易断裂，而且烷基硫醚的 C—S 键比芳基硫醚的 C—S 键更易于断裂。在催化裂化过程中，烷基硫醚及大部分环硫醚能够转化为硫化氢，但伯烷基硫醚生成硫醇的可能性较大。

噻吩类硫化物由于属于芳香烃性质，所以直接裂化比较困难，但可以通过氢转移的中间步骤来转化，其中间步骤是首先氢转移生成四氢噻吩，然后转化为 H_2S 和碳氢化合物。Jun

Fu 等人的实验也证实这一论断。氢转移要有氢源，Corma 等人在瓦斯油（含乙基噻吩）中掺入四氢化萘或十氢化萘做为供氢体，在裂化催化剂下反应，可使乙基噻吩转化为 H_2S 和烯烃。

A. Corma 在连续固定床微反装置上得出 VGO 原料中的硫化物在催化裂化过程中的反应网络，各种硫化物的相互关系可由图 8-2-4 表示，噻吩类硫化物的反应网络是其主要研究结果。K. Y. Yung 根据 Corma 的结论归纳出如下的反应机理：①硫醇在裂化催化剂上吸附后裂化脱硫生成 H_2S；②噻吩和烷基噻吩经氢转移反应后裂化脱硫生成 H_2S；③苯并噻吩或烷基噻吩在催化剂上吸附后转化为含硫焦炭；④大分子环烷基硫化物裂解为 H_2S 的反应比缩合反应更容易发生。

Leflaive 在工业催化剂上对噻吩类硫化物在催化裂化条件下的反应机理进行了进一步研究。研究结果表明：噻吩类硫化物的烷基侧链的长度对其裂化脱

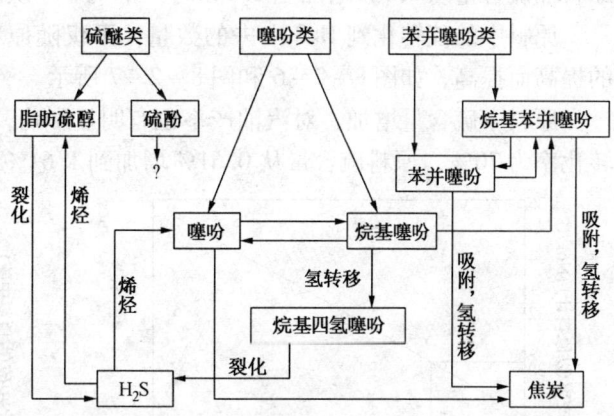

图 8-2-4 催化裂化条件下 VGO 中硫化物的反应历程
注："?"表示不同研究人员对此结果持不同观点。

硫活性具有显著影响，噻吩几乎没有脱硫活性，而且其他类型硫化物裂化产生的 H_2S 与烯烃之间的反应会使噻吩含量增加；甲基噻吩和 2-乙基噻吩脱硫活性也很低。J. A. Valla 的研究结果也表明，在催化裂化过程中短侧链的烷基噻吩主要进行脱烷基和异构化反应，少量氢转移反应的结果可以导致 H_2S 的生成但主要是转化为焦炭，烷基噻吩的脱硫活性取决于它们的异构化程度，而且受动力学控制。对于长侧链的烷基噻吩，则更倾向于环化脱氢反应生成苯并噻吩。

2. 硫化物对催化裂化产品分布的影响[2,9]

原料油中的含硫化合物对催化剂活性和选择性有不利影响，使催化裂化产物分布发生变化。硫对催化剂也是暂时的毒物，表 8-2-7 列出了含硫原料油加氢处理前后的催化裂化产物分布。可以看出，硫含量不同，产物分布有明显的差异。加氢处理后，原料油硫含量从 2.6% 降到 0.02%，产物中，干气产率由 4.4% 降到 2.8%，焦炭产率也由 5.4% 降到了 4.4%。此外，液态烃和汽油产量也有明显的上升。

表 8-2-7 含硫原料油加氢处理前后的催化裂化产物分布

项目		加氢处理前	加氢处理后
原料油硫含量/%		2.60	0.02
产物分布/%	干气	4.4	2.8
	液态烃	16.3	19.9
	汽油	48.2	53.7
	轻柴油	16.7	14.0
	澄清油	9.0	5.2
	焦炭	5.4	4.4

原料硫含量增加,不仅干气产率增加,干气中硫含量也明显增加,图8-2-5为硫含量对干气产率的影响。由于原料硫的很大一部分转化为H_2S,因此干气产量将会随H_2S增加而增加。然而,从图中可见,干气产量增加,大于因H_2S单独增加所得到的结果,从总的干气量扣除H_2S产量后的结果表明:去掉H_2S后的干气产量也随原料硫含量增加而增加,当原料油硫含量从0.9%增加至1.9%时,干气产率从30.5m^3/t原料增加到35m^3/t原料。

原料中的硫转化到H_2S中去的数量,不仅随原料含硫量的增加而增加,而且随转化率的提高而提高,如图8-2-6和图8-2-7所示。

原料中硫含量增加,对汽油产率也有明显影响,如图8-2-8所示。图中可以看出,当转化率为70%,原料硫含量从0.61%增加到1.61%时,汽油产率约下降1.5%。

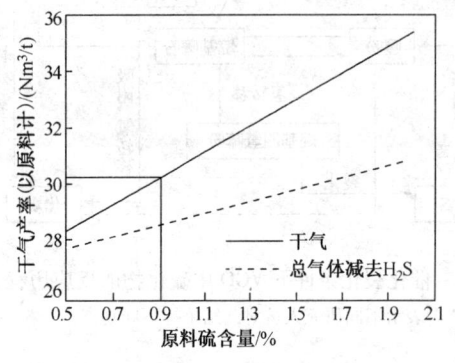

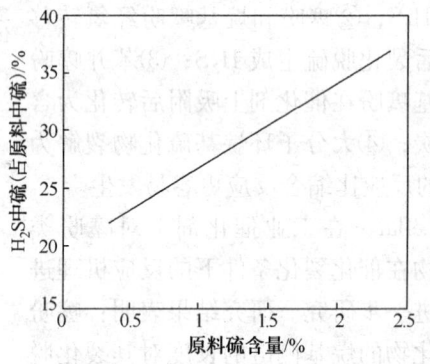

图8-2-5 硫含量对干气产率的影响　　　图8-2-6 原料硫含量对H_2S产率的影响

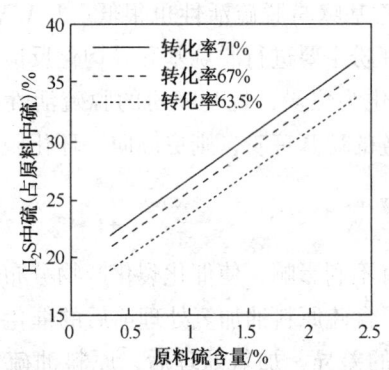

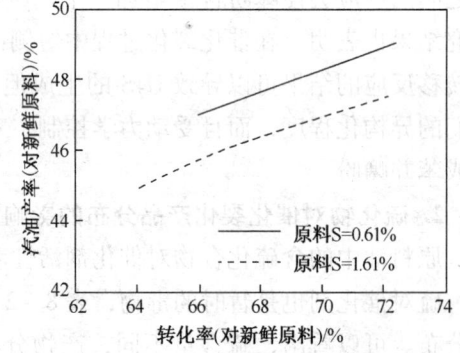

图8-2-7 硫含量和转化率对H_2S产率的影响　　　图8-2-8 原料硫含量对汽油产率的影响

3. 硫化物对产品性质的影响

硫含量是催化裂化产品的一个重要质量指标。由于硫及其衍生物的存在,将导致产品中一些重要指标达不到要求。干气中硫化氢含量过高,将严重影响产品使用质量。LPG中硫化氢含量过高,则严重影响下游装置的正常生产。

在相同的原料转化率和温度下,原料硫从0.5%增加到2.0%,将会引起汽油辛烷值(RON)2.0个单位的损失。提高含硫原料裂化温度还会增加汽油硫醇含量。催化汽油的馏程越宽,含硫越多。大约半数的硫来自汽油中最重的10%馏分,降低其终馏点是降低汽油硫含量较为经济的方法。

催化裂化原料油中掺炼渣油时,汽油中沸点高于170℃的$C_7 \sim C_8$高级硫醇增多(占硫醇总量可达 30% 以上），较容易通过博士试验。即馏分油催化裂化汽油硫醇含量高于 $8\mu g/g$ 时，无法通过博士试验，而渣油催化裂化汽油硫醇含量高至 $17\mu g/g$ 时，博士试验也有可能合格。概括地讲，原料油中硫含量上升，汽油辛烷值呈下降趋势，表明汽油抗爆性能变差；胶质、硫醇、酸度、碘值上升，烯烃组分增加，表明安定性下降。

渣油催化裂化工艺的发展带来了柴油中硫氮等非烃类杂质增多、芳烃含量增加、十六烷值降低、油品安定性更差的问题，特别是对中间基油和环烷基油的深度加工，渣油催化裂化柴油质量进一步下降。以辽河渣油催化裂化柴油为例，十六烷值低于 25，通过加氢精制，与直馏柴油调和，十六烷值也难以达到规格要求。

五、降低催化裂化烟气中硫氧化物排放措施

在催化裂化过程的原料中约有 10%~30% 的硫进入到焦炭中，加氢处理过的原料有更多的硫进入焦炭中，沉积在催化剂上，催化剂在再生过程中被氧化成 SO_x（约含 90% 的 SO_2、10% 的 SO_3，此比例随再生环境中氧含量不同有较大差别）随再生烟气排入大气，严重污染大气环境。据估计，炼油厂产生的 SO_2 占大气中总的 SO_2 的排放量的 6%~7%，而催化裂化所排放的 SO_2 就占 5% 左右，催化裂化原料越重含硫量越高，所排放的 SO_x 就越多。因此，减少催化裂化装置 SO_x 排放，已成当务之急。

控制催化裂化再生器烟气 SO_x 排放的技术主要有：①催化原料的选择（PSF）；②原料油加氢脱硫预处理（FHDS）；③烟气后处理（FGT）；④在催化裂化操作过程中补加 SO_x 转移剂等技术手段[10]。下面主要介绍后三种工艺操作过程中的技术手段。

1. 原料加氢处理

原料加氢处理是一种有效的 SO_x 控制方式，通过降低原料的硫含量，催化裂化焦炭的硫含量也相应降低，烟气中 SO_x 浓度随之下降，但上述两个硫含量之间并非线性关系，因为最难加氢的含硫化合物最容易残留在焦炭上，因而当加氢脱硫率达 90% 时，烟气中的 SO_x 浓度只减少 75%~80%，而加氢脱硫率达到 95%~99% 时，烟气中的 SO_x 浓度可降低 94%~98%。

催化裂化原料加氢预处理和催化裂化组合工艺，在改善产品质量、增加轻质油收率以及减少大气污染等方面效益十分显著。虽然加氢处理装置的投资和操作费用较高，但随着原料重质化劣质化越来越严重，原料中硫含量也逐渐增加，当装置规模大、脱硫深度高时是合算的。虽然引起 SO_x 排放的含硫化合物很难除去，需要深度脱硫以降低再生烟气中的 SO_x 浓度，导致成本增加，但原料加氢处理使原料性质得到改善，其高成本会因催化裂化产品收率和质量的提高而得到补偿。

2. 硫转移助剂

采用 SO_x 转移剂来减少 SO_x 的排放量，无需改造装置，操作简便，还可根据排放情况灵活选择 SO_x 转移剂的类型和用量，是一条既经济又有效的技术途径。同时，由于 SO_x 转移剂是在再生器内催化剂烧焦过程中发挥 SO_2 吸附作用，也能较大程度地减轻 SO_2 对再生器的腐蚀。20 世纪 70 年代初期，国外许多科研中心开始对各种减少催化裂化硫化物的新方法进行探索研究，开发研制出各种硫转移催化剂。用硫转移催化剂控制催化裂化的 SO_x，基本不用投资，在某些情况下是最廉价的方法。硫转移催化剂以金属（M）氧化物为活性载体，随裂化催化剂一起在反应器和再生器之间循环。无论是液体硫转移剂，还是固体硫转移剂，其作用

原理是相同的。

(1) 在再生器氧化气氛下，焦炭中的硫被氧化成 SO_x：

$$S + O_2 \longrightarrow SO_2(>90\%) + SO_3(<10\%)$$

$$2SO_2 + O_2 \longrightarrow 2SO_3$$

硫转移剂(MXO)与 SO_3 形成硫酸盐：

$$M_xO + SO_3 \longrightarrow M_xSO_4$$

(2) 在提升管反应器的还原气氛下硫酸盐被还原：

$$M_xSO_4 + 4H_2 \longrightarrow M_xS + 4H_2O$$

$$M_xSO_4 + 4H_2 \longrightarrow M_xO + H_2S + 3H_2O$$

在提升管反应器的还原气氛和硫酸盐的催化作用下，氧化氮也被还原：

$$NO + CO \longrightarrow 1/2N_2 + CO_2$$

$$NO + H_2 \longrightarrow 1/2N_2 + H_2O$$

(3) 在汽提段中金属硫化物被水解：

$$M_xS + H_2O \longrightarrow M_xO + H_2S$$

生成的 H_2S 转移到裂化气中，裂化气经醇胺法脱硫，H_2S 被送到硫回收装置生产硫黄，从而减少了再生烟气中的 SO_x 排放量，既减轻了环境污染，又生产了硫黄。

硫转移催化剂是通过化学吸收反应脱硫，要达到较高的硫脱除率，需要较高的脱硫剂用量。但对裂化反应来说，大多数硫转移催化剂是一种惰性组分，使用量过大，反而起到催化剂稀释作用，将导致转化率和产率降低，还有可能发生非选择性裂化反应。因此，一般要求硫转移催化剂的使用量控制在催化裂化催化剂总量的5%以内，这就限制了硫转移催化剂在原料硫含量较高、要求脱硫率较大的催化裂化装置上的应用[11]。详见本章第七节的相关内容。

3. 再生烟气处理

再生烟气处理技术虽然可使 SO_x 排放减少90%以上，但是投资和操作费用较高。烟气处理是一种洗涤工艺，烟气与一种吸附剂反应消除 SO_x，它分为湿法洗涤和干法、半干法洗涤。再生烟气洗涤工艺现在已广泛应用，以下介绍其中几种工艺的特点[12]。

(1) 湿法洗涤　湿法洗涤脱除 SO_x 的工艺有多种，其中采用碱液吸收法的有回收 SO_x 和不回收 SO_x 两种。前者又称 Wellman Lord 法，后者称茞/昭和电工法。两者共同之处是用浓度为20%～30%的 Na_2SO_3 水溶液通过立式多组文丘里管和烟气混合，吸收 SO_x 生成 $NaHSO_3$ 溶液。回收 SO_x 的方法是把此溶液在真空蒸发器内加热浓缩，将释放出的 SO_2 气体送往回收装置，一部分母液用离心机分出 Na_2SO_3 结晶，重新溶解循环使用，另一部分母液加硫酸分解副反应生成的 $Na_2S_2O_3$，用空气吹出溶解的 SO_2 后用 NaOH 中和，连同另一副反应生成的 Na_2SO_4（约占15%～25%）一同作为含盐污水排放。不回收 SO_2 的方法则将 $NaHSO_3$ 溶液氧化为硫酸盐排放。以上吸收法可将 SO_x 脱除90%。

Exxon 公司的湿法洗涤工艺(WGS)是专为处理催化裂化再生烟气开发的。SO_2 体积分数从50～1000μL/L 降到7.5～61μL/L，即达到94%～97%的脱除率，可满足环保要求。Exxon公司的湿法洗涤工艺如图8-2-9所示，它使用苛性碱或苏打粉除去 SO_x 并产生硫酸钠，催化剂细粉用缓冲溶液洗涤除去。吸收过程发生在文丘里管湍流部分。然后，洗涤液被送到清洗处理装置，以防止催化剂积累。清洗液流出物在一个池中沉降，再排到后处理设施(PTU)，用氧化法降低其COD值。排出物约含5%的可溶解盐(主要是硫酸钠)。去净化处理装置，分别经过pH值调节混合器、沉降器、氧化塔(含盐污水排放)、提浓混合、脱水(固体填埋)。

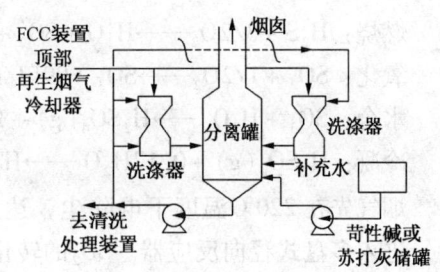

图8-2-9 Exxon公司的FCC再生烟气湿法洗涤工艺

用海水洗涤催化裂化再生烟气已经工业化。该工艺已于1989年在挪威Mongstad炼油厂一次运行成功。因为海水是碱性的，这对SO_x吸收是有利的。被吸收的SO_x也转化成硫酸根离子，这是海水的一种自然成分。

湿法洗涤可同时将烟气中催化剂细粉带到吸收液中，废液中催化剂含量约为1000~2000μg/g，需要过滤除去。Exxon公司认为，湿法洗涤后的烟气不需电除尘，故WGS技术具有除尘和脱SO_x的双重作用。

Belco Technologies公司开发的EDV湿法洗涤技术，可用于脱除SO_x和颗粒物。该技术采用多层喷雾吸收塔，可根据具体情况用氢氧化钠或石灰乳配置吸收液。含有颗粒物与硫酸钠(钙)的废液去后处理设施，然后排放。

如果烟气中SO_x浓度较高且数量较大时，EDV工艺可与Elsorb溶液再生工艺(原为挪威开发，用于硫回收尾气处理)结合，将碱液再生回用，产生的浓SO_x气体可送至硫酸厂或硫回收装置加工。EDV法脱除SO_x效率约为90%，例如某加工能力为3.75Mt/a的催化裂化装置，原料油硫含量0.5%，烧焦量6t/h，用EDV法每年可脱除硫3785t，颗粒物1000t。

(2) 干法和半干法洗涤 干法工艺使用一种干粉作吸收剂，而半干法工艺使用一种湿的吸收剂但做成一种干粉来用。例如，喷雾干燥使用一种细的雾状石灰或苏打粉生产一种干的SO_x的吸收剂。这种吸收剂在一个颗粒回收系统如一个布袋过滤器中被捕获，同时在水汽中被捕获的还有其他颗粒。干法和半干法工艺包括：使用石灰或苏打粉的喷雾干燥，循环流化床和化学碱及天然碱干燥吸收剂。干法和半干法工艺优点是：不降低排气温度，扩散效果好，没有污水处理问题。缺点是：其吸附反应仅在固体表面进行，而内部反应时间长，要求具备大型吸附塔，并需要大量吸附剂。

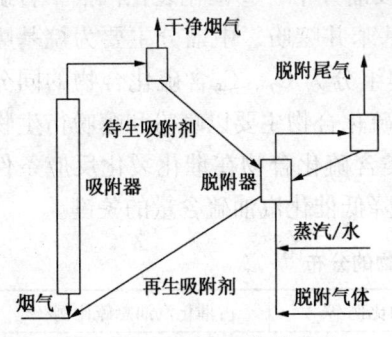

图8-2-10 ESR简单流程

Engelhard公司开发的脱SO_x工艺(ESR)是一种干法工艺，采用干燥固体流化床，SO_x脱除率达95%以上。固体物料可完全再生，ESR吸附器为一稀相提升管，其中烟气与再生固体吸附剂接触，待生固体吸附剂在鼓泡床中用燃料气进行再生，其工艺流程见图8-2-10。ESR工艺投资较低，操作费用低。

(3) 湿烟气制硫酸工艺 Haldor Topsoe A/S公司的湿气催化氧化制硫酸工艺(WSA)是一个独特的工艺，用于从含SO_x的炼油厂尾气或有色金属矿焙烧炉烟气中回收硫。QSA技术基于Topsoe的将SO_x催化转化为硫酸的技术。WSA工艺可以用来脱除催化裂化再生烟气中的SO_x，并生产商业级(质量分数93.0%~98.5%)的浓硫酸。以下是在WSA工艺中发生的反应：

燃烧：$H_2S + 3/2O_2 \longrightarrow H_2O + SO_2 + 518kJ/mol$

氧化：$SO_2 + 1/2O_2 \longrightarrow SO_3 + 99kJ/mol$

水合：$SO_3 + H_2O \longrightarrow H_2SO_4(g) + 101kJ/mol$

冷凝：$H_2SO_4(g) + 0.17H_2O \longrightarrow H_2SO_4(l) + 69kJ/mol$

烟气先在220℃温度下电除尘，达到颗粒物浓度低于15mg/m³，并换热到410~418℃后，进入多盘式径向反应器。SO_2的转化率约为95%。

（4）UOP公司的THIOPAQ生物法工艺　UOP公司的THIOPAQ生物法由两步组成。在初期用NaOH吸收烟气中的二氧化碳后生成碳酸氢钠缓冲液，用此缓冲液循环通过洗涤器吸收SO_2生成亚硫酸氢钠，部分亚硫酸氢钠氧化成硫酸钠。此液体经过滤器除去催化剂粉尘和颗粒物后进入第一生物反应器，在此反应器内加入乙醇、甲醇或氢气，使亚硫酸钠和硫酸钠还原成硫氢化钠(NaHS)。然后在第二个生物反应器（需氧微生物）内硫化钠氧化成单质硫和碳酸氢钠，硫的回收率可达97%以上，碳酸氢钠循环回烟气洗涤器。整个过程不消耗碱。这个系统减少了98%的洗涤补充溶液及待处理的废液。得到的单质硫是含20%固体的浆液，硫纯度为98%~99.8%。

此法采用DynaWave反喷洗涤器，将1200℃的烟气自上而下通过一个立管，在其中与用一个大孔喷嘴喷出的洗涤液滴碰撞接触，形成一个所谓"泡沫段"，使烟气急冷至绝热饱和温度而吸收SO_x，并有效除去催化剂颗粒。气液混合物进入分离器，液体进入容器中的液槽，气体通过叶片式破沫器后排放。收集后的液体用循环泵送回喷嘴。喷嘴用碳化硅制造，可耐催化剂粉尘冲蚀。SO_x吸收率可达99%，颗粒物脱除率大于85%。由于用生物反应器，添加的化学试剂较其他工艺投资要高，但整个过程不消耗碱液，也不会产生液体污染物。

六、改进催化裂化产品质量措施

1. 降低催化裂化汽油硫含量的措施

确定催化裂化汽油中含硫化合物的类型、含量以及分布情况是催化裂化汽油脱硫技术研究的出发点。

国内外关于降低催化裂化汽油中含硫化合物的研究已很多，基本上形成以下结论：①催化裂化汽油中含硫化合物绝大部分在180℃~终馏点的这段馏分中；②催化裂化汽油中含硫化合物基本是有机化合物，重馏分主要为苯并噻吩和甲基苯并噻吩；中馏分主要为烷基噻吩；轻馏分主要为硫醇、硫醚，其中影响脱硫效果的关键组分为C_7、C_8含硫化合物的同分异构体。从表8-2-8的数据可知，催化裂化汽油中的含硫化合物主要以噻吩和噻吩衍生物的形式存在，一般约占含硫化合物总量的70%以上，这类含硫化合物在催化裂化反应条件下比较稳定，很难裂化。因此，减少噻吩类含硫化合物是降低催化汽油硫含量的关键。

表8-2-8　催化汽油馏分中含硫化合物的分布[13]

汽油馏分	馏程/℃	占催化汽油比例/%	占催化汽油总硫比例/%
轻馏分	33~120	60	15
中馏分	120~175	25	25
重馏分	175~220	15	60

众多研究结果表明，在B酸或L酸的作用下，噻吩先发生氢转移反应，生成下列中间

物：①类似硫醇的物种；②H^+加到噻吩环的α位，生成正碳离子物种。前者主要裂化生成H_2S和烃类，而后者可能被分解生成H_2S和其他的含硫化合物。在通常裂化条件下(500℃)氢转移较慢，但在较低温度下则较快，倾向生成大分子饱和烃；增加接触时间也会促进氢转移，因而，在生产低硫汽油时，拟采用较为温和的反应条件和较长的接触时间。

目前，有三种方案可以用来降低汽油的硫含量[14]：①利用氢转移并结合催化裂化装置操作条件直接将裂化汽油中的噻吩硫分解生成H_2S，该方案可以通过采用具有高氢转移活性催化剂或降低反应温度的方法实现；②原料的预加氢处理脱硫；③裂化汽油的后加氢处理脱硫。后两种方法的脱硫效果较理想，但投资和操作费用昂贵。利用氢转移结合工艺调整的方法脱硫不需资金投入，操作灵活，在炼油厂容易实现。

氢转移反应是催化裂化的特征反应之一，通过对氢转移活性的调控可以使原料中的氢重新分配，从而使产品分布更趋合理。在以直馏馏分为原料的常规催化裂化过程中，由于分子筛具有高裂化活性和高氢转移活性，所以所产汽油的辛烷值低和催化剂结焦失活严重。20世纪80年代以来，采用Y型分子筛的超稳化技术有效地降低了催化剂的氢转移活性，减少了氢转移反应，提高了汽油辛烷值和降低了生焦量。近年来，通过调整工艺（剂油比、反应温度等）、催化剂设计和氢调控转移反应，降低了催化裂化汽油的烯烃和硫含量，该工作已经引起了一些石油公司的重视。提高氢转移活性可有效地降低汽油的烯烃和硫含量，但一般会导致汽油辛烷值、低碳烯烃产率的降低。在工艺方面，值得一提的是，提高剂油比可以显著降低裂化汽油的烯烃含量，而不影响汽油辛烷值和低碳烯烃产率。

中国石化洛阳石油化工工程公司工程研究院、RIPP采用双反应器(区)来增强氢转移和异构化等反应，分别提出了FDFCC(flexible dual-riser fluid catalytic cracking)和MIP(maximizing iso-paraffins)工艺。FDFCC工艺采用双提升管反应器技术，双提升管分别为重油管反和汽油管反，既可并联操作，也可采用串联方式。采用有利于氢转移反应的低温、长停留时间操作条件，可使汽油的硫含量降低20%~50%。MIP工艺采用双反应区技术，两个反应区串联操作。第一反应区采用高温、短接触时间操作条件，第二反应区扩径，在较低温度、较长接触时间下进行反应，增加氢转移反应、异构化反应，抑制二次反应，可使汽油的硫含量减低30%左右。

RIPP开发的MGD(maximizing LPG and diesel process)将汽油回炼和分段进料紧密结合为一个体系，形成串级互补反应的独特工艺。其特点是将只有一个苛刻区的提升管改为沿提升管的不同高度有不同的反应苛刻区(相当于增加有不同反应苛刻度的苛刻段)，通过部分汽油的再反应，促进烯烃的裂化、氢转移、叠合等二次反应，有效地降低产品中的烯烃含量和含硫化合物[15]。

2. MGD降低汽油硫含量的原理和实践

MGD(maximizing LPG and diesel process)技术是由RIPP研究开发的催化裂化多产柴油和液化气技术，它将常规的催化裂化反应机理和渣油催化裂化的反应特点、组分选择性裂化机理、汽油再裂化的反应规律以及反应深度控制原理等多项技术进行有机结合，从而对催化裂化反应进行精细控制的一项新技术。

MGD工艺的目标是要从重油裂化生成尽量多的柴油和液化气，并使汽油中的烯烃和硫化物转化。因此，需要：①尽量多转化重油；②适时终止链断裂，保留中间馏分；③汽油过裂化，产生LPG，并使烯烃和硫化物转化；④避免多产焦炭和干气。该技术将整个提升管从底部到顶部依次分为四个反应区：汽油反应区、重油反应区、轻油反应区和总反应深度控制区。在汽油反应区，回炼的汽油再反应，汽油中含有的硫化合物进行裂化、氢转移等反应，使汽油中的硫含量降低。

该技术的特点是采用多产柴油的专用催化剂（如 RGD 等），在常规催化裂化装置上同时多产液化气和柴油，并可显著降低汽油烯烃含量。MGD 工艺是将汽油部分回炼和分段进料选择性裂化紧密结合为一个体系（即上游改质），原料按轻重分别从三个进料口进入提升管，并在提升管上部适当位置打入急冷剂（水）[2]。

(1) 汽油反应区：部分催化裂化汽油（或外来焦化汽油、石脑油）从最下层喷嘴进入，首先接触到高温的再生剂（约 700℃），反应的主要产物为液化气，由于汽油中烯烃的裂化速度较快，并伴随有氢转移等二次反应，能够大幅度地降低汽油中的烯烃含量，同时含硫化合物也经过裂化、氢转移反应而转化，使汽油中的硫含量降低。

(2) 重质油反应区：由于来自汽油反应区的催化剂温度已有所降低，催化剂的活性也略有下降，使反应苛刻度降低，有利于保留中间馏分。此外，由于 MGD 技术将原料油中的轻质部分（VGO）移到上面的反应区，因而重油反应区的剂油比大幅度提高，有利于维持较高的转化深度。在这样的反应环境下既有利于柴油的增产，又可降低焦炭和干气的产率。

(3) 轻质油反应区：进料为 VGO 和回炼油，该区作用是终止重质油反应区生成物的反应，使重质油裂化生成的柴油馏分尽可能地保留，而轻质油在较缓和的环境中反应，也十分有利于柴油馏分的生成和保留。

(4) 总反应深度控制区：通过控制停留时间、剂油比、反应温度以及初始油剂接触温度，从而达到控制总的反应深度。

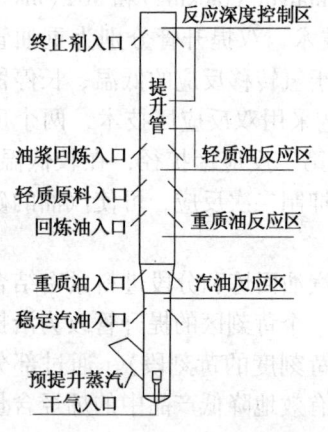

图 8-2-11　MGD 反应区示意图

该技术设计的四个反应区——汽油反应区、重质油反应区、轻质油反应区和总反应深度控制区，见示意图 8-2-11。

中国石化广州分公司采用 MGD 工艺对其重油催化裂化装置进行改造。从表 8-2-9、表 8-2-10 可见，MGD 标定原料较原装置进料残炭高 0.4%，碱氮高 609μg/g，液化气和柴油产率分别增加 4.90% 和 4.01%，而汽油产率降低了 9.76%，干气和焦炭产率分别增加了 0.65% 和 0.16%。干气和焦炭产率较高可能与原料残炭较高并多掺炼渣油有关，也可能与未用配套的催化剂和急冷剂有关。

采用 MGD 工艺后，汽油中烯烃含量（体积分数）从 43.4% 降至 32.2%，降低了 11.1 个百分点，降幅为 25.6%，硫含量也从 951μg/g 降到 659μg/g，降低幅度达 30.7%。汽油 RON 增加了 0.4 个单位，MON 提高了 0.9 个单位，提高的幅度很大，特别是 MON，这可能是增加了异构烷烃和芳烃含量的缘故。

表 8-2-9　广州分公司 MGD 工艺标定用原料油性质[16]

项　目	基础	MGD
渣油掺炼比/%	55.18	59.25
密度/(g/cm³)	0.9235	0.9206
康氏残炭/%	4.6	5.0

续表

项目	基础	MGD
碱性氮/(μg/g)	943	1.552
元素分析		
V/(μg/g)	6.7	5.52
Ni/(μg/g)	12.0	8.64
C/%	86.19	86.38
H/%	11.79	12.07
S/%	0.26	0.20
N/%	0.86	0.83
500℃馏分/%	44.0	49.0

表 8-2-10 广州分公司 MGD 工艺标定数据

项目	基础	MGD
催化剂	Ramcat	Ramcat
产品分布/%		
干气	3.31	3.96
液化气	9.14	14.04
汽油	45.41	35.65
柴油	28.16	32.17
油浆	6.26	6.31
焦炭	7.20	7.36
汽油性质		
RON	92.6	93.0
MON	80.6	81.5
烯烃/%	43.3	32.2
硫/(μg/g)	951	659

3. MIP 降低汽油硫含量的原理和实践

RIPP 成功地开发了多产异构烷烃的催化裂化技术——MIP 技术。MIP 技术突破了现有的催化裂化工艺对二次反应的限制，实现反应可控性和选择性，不仅能够大幅度降低汽油中烯烃含量，改善汽油其他性质，而且能提高液体产品产率。在多产异构烷烃的催化裂化工艺基础上，RIPP 开发了生产汽油组成满足欧Ⅲ排放标准并增产丙烯的催化裂化技术——MIP-CGP 技术。MIP-CGP 技术是以重质原料油为原料，采用由串联提升管反应器构成的新型反应系统，在不同的反应区内设计与烃类反应相适应的工艺条件并充分利用专用催化剂结构和活性组元，使烃类发生单分子反应和双分子反应的深度和方向得到有效的控制，从而使烃类在新型反应系统内可选择性地转化，生成富含异构烷烃的汽油和丙烯，在生成清洁汽油组分的同时，为石油化工提供了宝贵的丙烯原料[17]。

MIP-CGP 工艺以重质油为原料，在降烯烃和增产丙烯的同时，也可以降低汽油硫含量。MIP-CGP 工艺具有以下特点：①采用串联提升管反应器，优化催化裂化的一次反应和二次反应，减少干气和焦炭产率；②设计两个反应区，第一反应区以裂化反应为主；第二反应区以氢转移和异构化反应为主，并有适度的二次裂化反应。在二次裂化反应和氢转移反应的双重作用下，汽油中的烯烃大幅度下降；③同原 FCC 提升管相比，MIP 工艺提升管的反应时间较长，第一反应区反应时间一般为 1.5s 左右，第二反应区的反应时间约为 5~7s，通过提升管上部时间约 1.5s，整个提升管反应时间约 8~10s，反应深度较原来 FCC 提升管提高。图8-2-12为按反应原理设计的串联提升管反应器。图8-2-13为改造前后催化裂化反应再生系统流程图[2]。

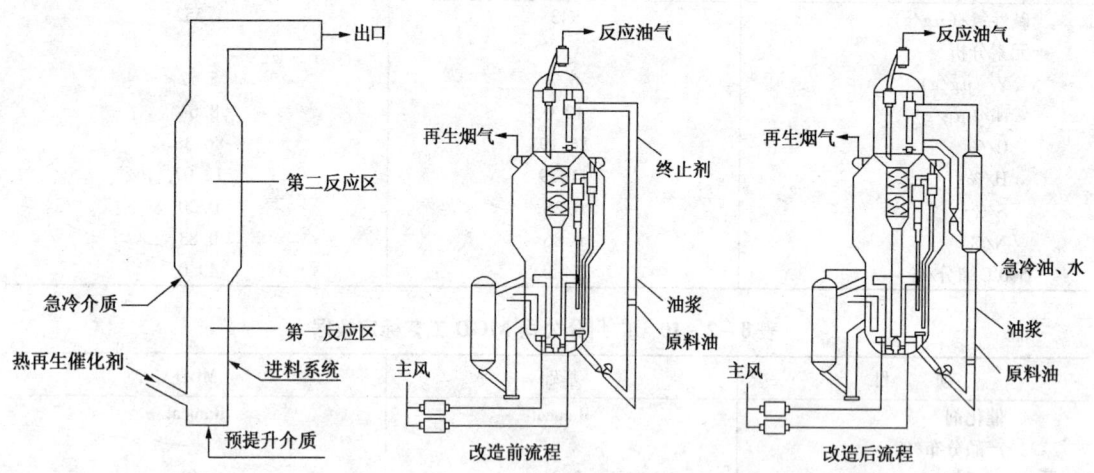

图8-2-12 串联提升管反应器简图　　图8-2-13 催化裂化反应再生系统改造前后流程图

MIP系列技术分别在上海、镇海、九江、沧州、永坪、锦西等催化裂化装置上实施,通过对这些装置实施MIP技术前后考核标定,可以得到MIP工业装置和原FCC装置汽油的烯烃、汽油终馏点和硫传递系数(简称STC,定义为汽油的硫含量除以原料油的硫含量再乘以100%)的数据,结果见表8-2-11。

由表8-2-11可以看出,以汽油生产方案加工中间基原料油(镇海、九江)、石蜡基原料油(永坪、上海)或加氢渣油(海南)时,其汽油的终馏点大于190℃时,MIP系列技术硫传递系数在4.91%~7.30%之间,而常规FCC工艺硫传递系数在10%左右;当以柴油生产方案加工石蜡基原料油(锦西)或中间基原料油(镇海、沧州)时,其汽油的终馏点小于185℃,MIP系列技术硫传递系数仅在3.92%~6.67%之间,而常规FCC工艺的硫传递系数约为11%左右。由此可见,无论是多产汽油还是多产柴油生产方案,在汽油终馏点基本相同的情况下,MIP系列技术的汽油硫传递系数均低于常规FCC工艺的汽油硫传递系数。说明MIP系列技术与常规FCC工艺相比,不仅可以降低汽油烯烃含量,而且对汽油硫含量具有较好的降低作用。

表8-2-11 MIP系列装置改造前后汽油烯烃、终馏点和硫传递系数[17]

炼油厂简称	基础			MIP		
	汽油终馏点/℃	烯烃(体)/%	STC/%	汽油终馏点/℃	烯烃(体)/%	STC/%
镇海	194	35.0	10.6	202	17.6	5.07
				199	29.0	5.60
				183	32.8	3.93
九江	203	41.1	9.5	202	15.0	7.30
永坪				191	32.1	5.55
高桥				198	34.1	5.88
海南				193	35.0	6.15
青岛				190	22.3	4.91
燕山				192	33.1	6.99
锦西	185	45.6	11.4	181	32.2	5.08
沧州	166	46.8	11.7	184	31.9	6.67

MIP-CGP 汽油性质来自镇海炼化分公司 MIP-CGP 装置标定数据；ARGG 汽油性质来自巴陵石化分公司 ARGG 装置标定数据；DCC 汽油性质来自安庆分公司 DCC 装置标定数据；FDFCC-Ⅲ汽油性质来自长岭分公司 FDFCC-Ⅲ装置标定数据，结果见表 8-2-12。

表 8-2-12 MIP-CGP 技术及其他多产丙烯技术的汽油性质[17]

项 目	MIP-CGP	ARGG	FDFCC-Ⅲ	MIP-CGP	DCC
炼油厂简称	镇海	岳化	长岭	镇海	安庆
标定时间	2005.5	1996.9	2006.5	2005.1	2006.7
汽油烯烃含量(体)/%	32.8	48.0	17.6	29.0	42.3
原料油硫含量/%	0.84	0.104	0.51	0.24	0.37
汽油硫含量/(μg/g)	330	111	320	140	707
汽油终馏点/℃	183	182	172	199	192
STC/%	3.93	10.6	6.27	5.60	19.10

由表 8-2-13 可见，汽油终馏点小于 185℃时，MIP-CGP 技术的硫传递系数为 3.93%，FDFCC-Ⅲ技术的硫传递系数为 6.27%；当汽油干点大于 190℃时，MIP-CGP 技术的硫传递系数为 5.6%，而 DCC 技术的硫传递系数为 19.10%。这些数据表明，MIP-CGP 技术降低汽油硫含量远优于其他多产丙烯的技术。

结合 MIP-CGP 的工艺特点以及汽油中的硫化物和生成反应机理，可以解释 MIP 系列技术可以大幅度降低汽油硫含量的机理：①MIP 工艺第二反应区存在较强的氢转移反应和含有较多的烷烃分子，从而促进了汽油中硫化物转化为无机硫而被脱除；②MIP 汽油含有较低的烯烃，减少了无机硫与汽油烯烃结合的几率，减少了汽油硫化物的生成量。而 FDFCC-Ⅲ技术虽然汽油含有较低的烯烃，减少了汽油的硫化合物的生成，但 FDFCC-Ⅲ技术汽油烯烃含量降低是由于烯烃进行裂化反应生成液化气，而不是汽油烯烃进行氢转移反应；ARGG 和 DCC 技术不仅汽油含有较高的烯烃，从而增加了汽油的硫化合物生成，而且这些技术在反应化学设计上就是要抑制氢转移反应，因此使汽油的硫化物难以转化，造成这些技术硫传递系数较高。

4. FDFCC 降低汽油硫含量的原理和实践

中国石化洛阳石化工程公司开发了一种灵活多效催化裂化工艺——FDFCC(flexible dual-riser fluid catalytic cracking)，其采用了双提升管反应器流程，旨在降低催化裂化汽油的烯烃含量和硫含量，提高催化裂化装置的柴汽比和汽油辛烷值，同时增产丙烯。

FDFCC 工艺的技术特点是采用双提升管即重油提升管和汽油改质提升管，分别对劣质重油和汽油在不同的工艺条件下进行加工。由于两根提升管反应器均可以在各自最优化的反应条件下单独加工不同原料油，从而避免了汽油改质与重油裂化的相互影响。当第二根提升管反应器以一次反应汽油为原料时，可以充分利用高活性催化剂和大剂油比的操作条件，为汽油改质反应提供独立的空间和充分的反应时间。总结目前先进的催化裂化技术的技术理念，主要有催化剂循环参与反应、降低油剂初始接触温度及大剂油比操作，洛阳石化工程公司在吸收这些先进理念的基础上，结合 FDFCC 工艺的特点，提出了实现"低温接触、大剂油比"的创新思想，开发了增产丙烯及生产清洁汽油的新技术——FDFCC-Ⅲ工艺[2]。

FDFCC-Ⅲ工艺的技术特点如下：

(1) 采用双提升管反应器流程，双提升管反应器共用一个再生器。可以根据各个装置的不同情况选择同反应产物与催化剂及产品分离相配套的沉降器和分馏塔设计方案。

(2) 采用高效催化技术。高效催化技术是 FDFCC-Ⅲ 工艺技术的核心，其实质是汽油提升管待生剂返回重油提升管底部，在底部混合罐内与再生剂混合后一起参与重油的催化裂化反应。该技术实现了重油提升管"低温接触、大剂油比"操作，改善了重油提升管的反应条件，强化了双反应器的耦合协同作用。高效催化技术的主要特点为：①由于进入混合器的汽油提升管待生剂的温度基本与汽油提升管配套的沉降器温度相同，并没有给系统带入额外的热量，因此这种循环不会影响装置的热平衡。②由于返回的汽油提升管待生剂上的碳质量分数很低（约0.2%），剩余活性仍保持在再生剂活性的90%以上，因此重油提升管不仅剂油比显著提高，而且催化剂活性中心数也大幅度提高，从而大大强化了按照正碳离子机理进行的反应，如裂化反应和氢转移反应，抑制了按照自由基机理进行的反应，使生成 C_3、C_4 的选择性显著提高，生成 C_1、C_2 的选择性显著下降，同时促进了重油催化裂化反应过程中的噻吩类硫化物转化为 H_2S。③由于汽油提升管待生剂的温度一般不超过550℃，最低可达400℃，远低于再生剂温度，因此汽油提升管待生剂与再生剂混合后，混合催化剂的温度比常规催化裂化装置再生剂的温度低50~70℃，这使催化剂与原料油的初始接触温度显著下降，减少了局部过热的发生，从而使热裂化反应的干气产率大幅度下降。

(3) 为了更好的实现高效催化剂技术，FDFCC-Ⅲ 工艺在工艺和工程上采用了一系列配套技术，包括催化剂预混合提升技术、催化剂高效汽提技术、复合分馏塔技术和专用增产丙烯助剂技术。典型的 FDFCC-Ⅲ 工艺流程示意见图 8-2-14。

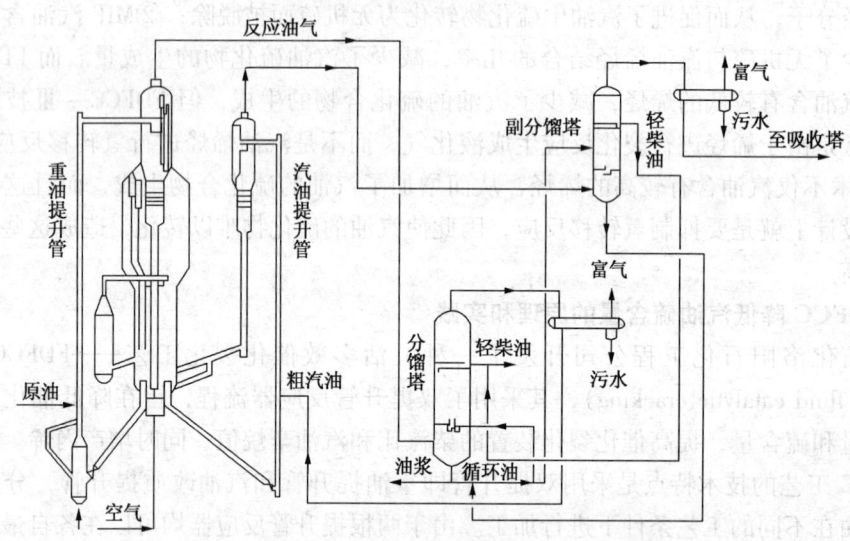

图 8-2-14 FDFCC-Ⅲ 工艺流程示意图

FDFCC-Ⅲ 工艺第一次工业应用是在长岭分公司1号催化裂化装置上进行的，长岭分公司加工的原油为管输油，属中间基原油，1号催化裂化装置原料的组成（质量分数）为48.9%直馏蜡油+27.9%焦化蜡油+23.2%减压渣油，其密度为922.7kg/m³，氢含量为12.1%，硫含量为0.51%，残炭为2.33%。采用的催化剂为 CC-20DF，平衡剂的微反活性为61。重油提升管汽油全部进入汽油提升管加工。

FDFCC-Ⅲ 工艺在长岭分公司1号催化裂化装置进行工业应用的操作条件和产品分布见

表 8-2-13[18]。从表 8-2-13 可以看出，FDFCC-Ⅲ工艺重油提升管底部催化剂温度为 630℃，重油提升管剂油比为 9.82，这与常规催化裂化工艺有显著的差别。FDFCC-Ⅲ工艺液化气及丙烯产率较高，分别达到 26.66% 和 10.23%；丙烯选择性较常规催化裂化工艺明显提高，液化气中丙烯含量为 38.37%。由于采用了"低温接触、大剂油比"的操作模式，实施了高效催化技术，优化了氢资源的利用，虽然液化气产率、丙烯产率大幅度提高，干气产率却相对较低，为 4.33%，比长岭分公司 1 号催化裂化装置进行常规催化裂化操作时的干气产率低。

表 8-2-13　FDFCC-Ⅲ工艺工业应用的主要操作条件及产品分布

项 目	数 据	项 目	数 据
重油提升管出口温度/℃	520	丙烯	10.23
汽油提升管出口温度/℃	550	汽油	29.38
重油提升管底部催化剂温度/℃	630	柴油	24.22
重油提升管剂油比	9.82	油浆	7.56
汽油提管管剂油比	12.07	焦炭	7.83
回炼率/%	4	损失	0.02
产品分布/%		轻质油收率/%	53.90
干气	4.33	总液体收率/%	80.56
液化气	26.66	液化气中丙烯含量/%	38.37

FDFCC-Ⅲ工艺装置的汽油性质见表 8-2-14。从表 8-2-14 可以看出，FDFCC-Ⅲ工艺使汽油性质得到了明显改善，烯烃体积分数为 17.7%，达到了欧Ⅲ汽油质量标准要求；诱导期达到 990min；总硫含量为 0.032%，明显低于加工同样硫含量原料的常规催化裂化工艺的汽油硫含量；研究法辛烷值达到 96.4，马达法辛烷值为 83.9。FDFCC-Ⅲ工艺显著改善汽油性质的原因主要在于 FDFCC-Ⅲ工艺重油提升管剂油比的提高促进了氢转移反应，从而促进了烯烃和硫化物的转化及异构烷烃与芳烃的生成。此外由于 FDFCC-Ⅲ工艺采用辅助分馏塔对汽油提升管反应油气单独进行分离，避免了重油提升管粗汽油和汽油提升管改质汽油的混合，提高了汽油改质效率和改质效果。

表 8-2-14　FDFCC-Ⅲ工艺的汽油性质

项 目	数 据	项 目	数 据
密度/(kg/m³)	728.3	苯含量/%	1.21
族组成(体)/%		硫醇性硫/(μg/g)	23
芳烃	26.6	RON	96.4
烯烃	17.7	MON	83.9
总硫含量/%	0.032	诱导期/min	990

FDFCC-Ⅲ工艺工业装置的硫平衡数据见表 8-2-15。从表 8-2-15 可以看出，烟气中 SO_x 质量浓度为 342mg/m³，低于国家制定的烟气中 SO_x 质量浓度小于 550 mg/m³ 的环保标准要求。由于 FDFCC-Ⅲ工艺重油提升管剂油比增大，促进了原料中的硫化物通过氢转移和裂化反应转化为硫化氢，从而降低了焦炭中的硫分布比例，使催化裂化烟气中 SO_x 浓度相应下降。这一点可以从（干气+液化气+污水）的硫分布高达 50.65% 看出，而常规催化裂化干气（干气+液化气+污水）的硫分布一般在 40% 左右。

表 8-2-15　FDFCC-Ⅲ工艺工业应用的硫平衡数据

项　目	硫含量/%	硫分布/%
入方		
原料油	0.51	100.00
出方		
干气	2.11	31.34
液化气	0.10	5.16
汽油	0.03	1.86
柴油	0.55	26.16
油浆	0.92	13.64
烟气	342①	3.56
污水	6.31②	14.15
损失+误差		4.13
干气+液化气+污水		50.65

① 单位为 mg/m^3；② 单位为 g/L。

七、催化剂和助剂发展

1. 催化剂对含硫化合物的作用[8]

20 世纪 70 年代，Masatoshi Sugioka 等人对烷基硫醇及烷基硫醚在 $SiO_2-Al_2O_3$ 上的催化裂化反应机理进行了探讨，并根据研究结果判断烷基硫醇或硫醚在 $SiO_2-Al_2O_3$ 上的裂化反应遵循正碳离子机理。而且硫醇或硫醚的催化裂化反应活性的下降与分子筛 B 酸中心减少的趋势相一致，而与 L 酸中心的增多趋势相反，因而推测分子筛的 B 酸中心为硫醚类硫化物裂化反应的活性中心。

为了脱除焦化苯中的噻吩，研究者考察了关于噻吩在 HZSM-5 分子筛上的反应机理，普遍认为噻吩首先吸附在分子筛的 B 酸中心上，与 B 酸中心之间发生缓慢的氢转移，生成的中间体存在两种可能：①H^+ 转移到噻吩位的 α 位，形成 β 位正碳离子物种；②碳硫键断裂，生成类似硫醇类的中间物种。这两种中间体在 HZSM-5 继续反应，其途径是不一样的，产物也不同。王祥生等认为，焦化苯中的噻吩在 HZSM-5 分子筛上反应时首先被吸附在 B 酸中心上，通过 B 酸中心与噻吩之间缓慢的氢转移生成 β 位正碳离子物种，β 位正碳离子产生的三种共振结构，即 A、B、C，其中只有 A、B 能继续反应。具体的反应过程见图 8-2-15，生成的物种(3)在 380℃ 以上可分解为 H_2S。

C. L. Garcia 等人则认为：噻吩首先以较弱的氢键吸附在 HZSM-5 的晶格缺陷上或晶格边界处，与表面 SiOH 相连。当 HZSM-5 上交换了 Na^+ 或 K^+ 后，噻吩以较强的氢键平行地吸附在分子筛表面，并且这种相互作用的强度随着交换的阳离子的 L 酸强度的增加而增大。由于 HZSM-5 的强酸性，噻吩开环，并在烃分子裂化产生的 H^+ 的参与下，形成类似硫醇类中间物种，类似硫醇的中间物可以聚合为杂环芳烃，也可以裂化为烯烃和 H_2S，并以后者为主。

RIPP 在连续固定床微反装置上，以不同类型的烷烃和噻吩的二元混合物为原料，对噻吩在分子筛上的具体裂化脱硫路径进行了研究。研究发现在催化裂化条件下，噻吩环的加氢饱和主要是通过噻吩与烃类之间的双分子氢转移反应实现，而不仅仅是噻吩与 B 酸中心或噻吩分子之间的氢转移，共同反应的另一烃类分子的供氢能力直接影响噻吩的裂化脱硫活

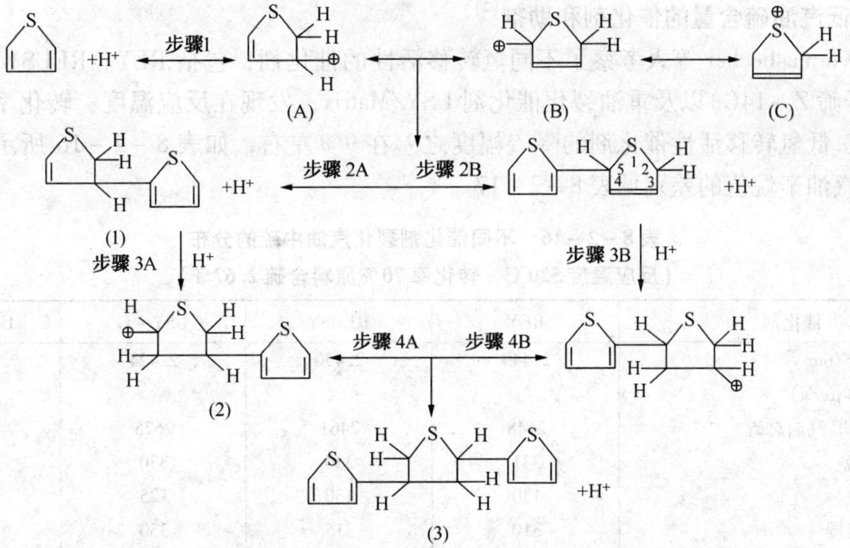

图 8-2-15　HZSM-5 上噻吩形成 β 位正碳离子物种的反应途径

性。通过对正辛烷中噻吩裂化反应的中间产物的分析，提出了噻吩在 HY 分子筛上催化裂化脱硫的反应途径（图 8-2-16）。

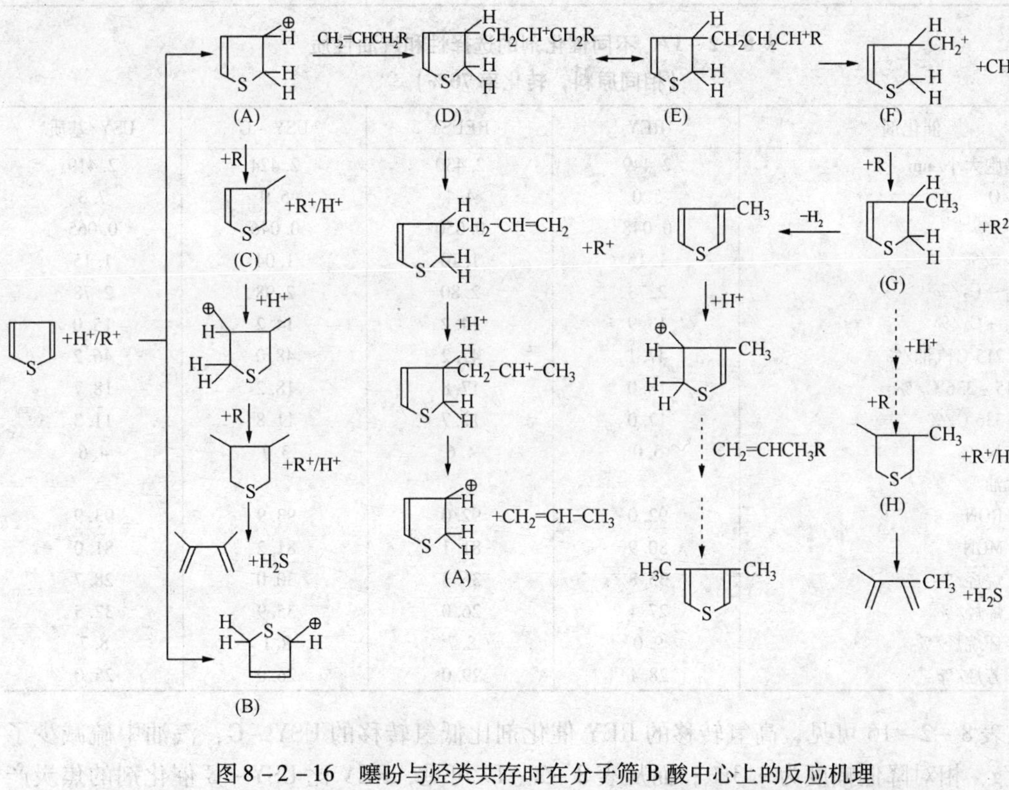

图 8-2-16　噻吩与烃类共存时在分子筛 B 酸中心上的反应机理

基于对噻吩反应途径的分析，在研制降硫催化剂或助剂时主要是通过选择合适的金属氧化物对分子筛进行改性，获得适宜的酸密度和酸强度，以提高对含硫化合物吸附选择性，提高氢转移活性、提高裂化活性，增强分子筛酸中心对噻吩吸附能力，提高噻吩硫的转化裂解作用。

2. 降低汽油硫含量的催化剂和助剂[2]

R F Wormasbecher 等人考察了不同氢转移活性的催化剂，包括 REY、REUSY、USY – G（超稳分子筛 Z – 14G）以及重油裂化催化剂 USY/Matrix，发现在反应温度、转化率和原料相同时，高、低氢转移活性催化剂的降硫幅度之差在 9% 左右，如表 8 – 2 – 16 所示。其反应选择性和汽油辛烷值的差别见表 8 – 2 – 17。

表 8 – 2 – 16 不同催化剂裂化汽油中硫的分布
（反应温度 520℃，转化率 70% 原料含硫 2.67%）

催化剂	REY	REUSY	USY – G	USY/基质
晶胞大小/nm	2.449	2.430	2.424	2.419
硫分布/(μg/g)				
<215℃汽油总硫	2448	2461	2675	2678
硫醇硫	331	330	330	332
噻酚	130	130	125	126
甲基噻酚	310	315	330	328
四氢噻酚	32	38	34	36
乙基噻酚	351	349	401	402
丙基噻酚	252	251	291	297
丁基噻酚	297	297	355	329
苯并噻酚	745	751	809	828

表 8 – 2 – 17 不同催化剂的选择性和汽油性质
（相同原料，转化率 70%）

催化剂	REY	REUSY	USY – G	USY/基质
晶胞大小/nm	2.449	2.430	2.424	2.419
C/O	5.0	4.4	5.9	7.3
H_2/%	0.048	0.050	0.046	0.065
H_2S/%	1.15	1.10	1.04	1.15
$C_1 + C_2$/%	2.73	2.80	2.98	2.78
$C_3 + C_4$/%	13.9	14.2	14.2	15.0
<215℃汽油/%	47.1	47.2	48.0	46.2
215~336℃/%	18.0	17.8	18.2	18.7
>336℃/%	12.0	12.7	11.8	11.3
焦炭/%	5.0	4.6	3.7	4.6
汽油				
RON	92.0	92.0	93.9	93.9
MON	80.9	81.1	81.2	81.0
烷烃/%	35.8	36.3	30.0	28.7
烯烃/%	27.1	26.0	35.9	37.5
环烷烃/%	9.0	8.7	8.1	8.7
芳烃/%	28.1	29.0	26.0	25.0

从表 8 – 2 – 16 可见，高氢转移的 REY 催化剂比低氢转移的 USY – G，汽油中硫减少了 227μg/g，相对降低幅度为 9.3%；而从表 8 – 2 – 17 可见，REY 比 USY – G 催化剂的焦炭产率增加了 1.3 个百分点，相当于 26%，不过它可同时降低烯烃 8.8%。纵观这些结果，不管降硫或降烯烃，简单地用 REY 类高氢转移的催化剂是不会太理想的，于是许多公司进行了新催化剂和助剂的开发。

1994年和1997年Wormasbecher和Ziebarth等人分别在美国和欧洲获得了一种关于降硫助剂的专利权。该专利的助剂是将ZnO负载于Al_2O_3载体上。据认为，L酸对降硫起着主要作用，所以多数助剂都富含L酸，如ZnO负载于Al_2O_3或Al_2O_3/TiO_2或Mg(Al)O载体上即是如此。但据报道，这些助剂的工业应用效果都还不够理想。Grace/Davison公司第一个工业化的降硫助剂是GSR-1™，据报道其降硫幅度在15%~25%。将GSR-1以组分方式加入催化剂中，制成降硫催化剂，也具有降硫效果。表8-2-18为含与不含GSR-1技术的催化剂降硫效果的比较。从表8-2-18可见，含有GSR-1的催化剂对各种硫的降硫效果都比一般催化剂好，对苯并噻吩也有效，其降低幅度比一般催化剂高约5%。从T_{90}=149℃的汽油含硫量看，二者相比，降低幅度差达21%；而T_{90}=193℃的差别为12.5%。含有GSR-1的催化剂对反应选择性没有影响，汽油产率基本不变。GSR的作用机理是比较复杂的，Wormasbecher等人认为第一步是硫物种吸附于GSR上，然后进行反应，转化为H_2S等物种。其反应过程需要从原料油中提供"H源"。

在GSR-1的基础上，Grace/Davison又开发了GSR-4，又以GSR-4为组分制成有降硫功能的裂化催化剂，成为SuRCA™家族催化剂。在这种催化剂中，基础分子筛是Z-17。这种催化剂在北美的几套FCC装置上应用，其降硫效果在20%~30%。SuRCA™家族催化剂中也可以应用GSR-1。实验室试验表明，综合应用这些技术，总脱硫效果可达40%~50%。Grace/Davison公司最近又推出第三代降硫催化剂GFS，与基础催化剂REUSY相比，降硫效果在35%左右。

表8-2-18 含GSR-1催化剂的降硫效果
(转化率69%，原料中硫1.05%)

催化剂	USY/Matrix-GSR	USY/基质	差值
硫醇硫/(μg/g)	4	6	-2
噻吩/(μg/g)	45	52	-7
甲基噻吩/(μg/g)	116	131	-15
四氢噻吩/(μg/g)	8	16	-8
乙基噻吩/(μg/g)	142	183	-41
丙基噻吩/(μg/g)	114	126	-13
丁基噻吩/(μg/g)	133	139	-6
苯并噻吩/(μg/g)	293	309	-16
全馏分S/(μg/g)			
T_{90}=193℃	854	961	-107
T_{90}=149℃	432	524	-92
C_5^+汽油产率/%	43.2	43.0	

Grace/Davison宣称他们的GSR技术能够攻击和降低很宽范围的硫物种，包括噻吩和烷基噻吩。GSR-1主要是对149℃以下的物种；GSR-4则可到达216℃以下的硫化物，如图8-2-17所示。

含SuRCA技术的催化剂在美国Murphy炼油厂应用，效果明显，既能降硫还能降烯烃，表8-2-19为主要结果。

从表8-2-19可见，SuRCA技术降硫和降烯烃的幅度分别为27%~30%和20%。催化剂的宏观性质差别不大，估计可能主要是复合了一些促进硫转化的组分以及增强氢转移活性

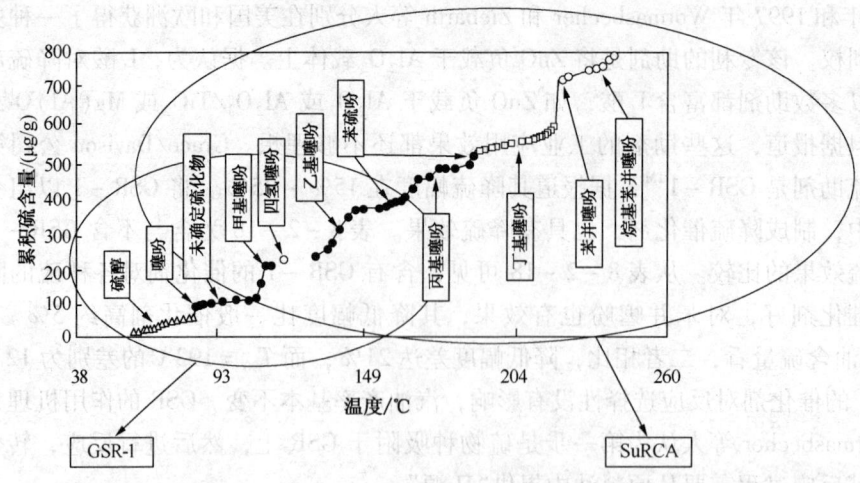

图 8-2-17 Grace/Davison 降硫剂所覆盖的硫类型

等措施。

Grace/Davison 最近又推出了新一代的催化剂，取名 GSR-6.1。这是一种把降硫功能组分复合于催化剂中来代替通用的催化剂，有裂化又降硫的双功能。该剂于 2001 年 10 月在 Montana 炼油厂初次使用，用正常的补剂替换 XP 催化剂，到 2002 年 1 月底 GSR-6.1 占系统藏量约 65% 时，全馏分汽油中硫降低幅度达 50% 以上，对产品选择性稍有影响，但不大。据认为，此乃当今降硫的最高记录。

表 8-2-19 SuRCA 催化剂的降硫和降烯烃效果

降硫和降烯烃效果	基准	SuRCA
轻汽油硫与原料硫/%	0.078	0.055(30%)①
重汽油硫与原料硫/%	0.15	0.105(30%)①
总汽油硫与原料硫/%	0.10	0.073(27%)①
汽油烯烃/%	基准	-20%
平衡剂主要性质		
RE_2O_3/%	2.5	3.0
Al_2O_3/%	35.0	34.0
分子筛比表面积/(m^2/g)	85	100
基质比表面积/(m^2/g)	30	30
微反活性	73.2	74.4
晶胞大小/nm	2.434	2.433
Ni + V	中度	不变

① 降硫幅度。

从许多实验工作发现，金属（Ni、V）污染的催化剂对降低汽油中硫有好的效果，特别是 V；平衡剂上 V 污染量高，汽油中含硫越少；V 的氧化态高效果更好。高氧化态的 V，不但能降低汽油中的硫，还能降低轻、重循环油中的硫。

除上述家族催化剂外，其他公司和研究单位也开发了相应功能的催化剂。Engelhard 公司推出了一种 Naptha Max-LSG 降硫催化剂，其采用 Engelhard 公司专有的 Pyochem-Plus 分子筛和优化催化剂孔分布的载体结构技术，同时增加催化剂的稀土含量。如果降低汽油的切割点，维持汽油产率不变，汽油硫含量降低幅度可以达到30%。Akzo Nobel 公司根据汽油中含硫化合物的分布规律及化学反应原理，开发了 Resolve 系列降硫助剂。该助剂具有较高的活性、较强的氢转移能力、良好的含硫化合物选择性吸附能力和较强的大分子可接近性。加入10% 助剂，可使汽油硫含量降低20%。目前，Akzo Nobel 公司的 Resolve 降硫助剂技术已经在50多套工业装置上应用。

RIPP 开发了一种用于加工高镍、高钒原料的催化裂化固体降硫助剂 LGSA，并于2004年在中国石化长岭分公司和石家庄分公司催化裂化装置上分别进行了工业应用实验。LGSA 助剂是一种类似于催化裂化催化剂的固体催化剂，该助剂筛分、磨损指数、孔容、比表面积等与常规催化裂化催化剂很接近，可完全满足催化裂化装置应用的要求。当 LGSA 助剂占系统藏量的10% 时，两套催化裂化装置汽油脱硫率分别为21.1% 和15.9%。

随着环保要求更为苛刻，降硫助剂、催化剂、工艺将相继进一步发展，例如当汽油中硫含量普遍要求降至 $30\mu g/g$ 或更低时，现有的助剂、催化剂要达到要求将较为困难，因此需要进一步创新。Grace/Davison 和 SULZER 膜技术公司合作开发了一种膜分离技术，称为 S – BRANE™。该技术应用陶瓷膜将含硫汽油分离为低硫和高硫两种馏分，低硫馏分占70% ~ 85%，其余为高硫馏分。低硫馏分含硫 $30\mu g/g$ 以下，可直接调和出厂；高硫馏分则需进一步处理。此技术的示范装置于2002年四季度建成。非催化裂化的降硫技术还有许多，与催化裂化原位降硫相比，其复杂程度和费用都很高。应用催化裂化助剂/催化剂的特点是简单和经济，因此迫切要求在这方面进一步发展。助剂/催化剂和裂化工艺相结合可能是较为合适的方向。

3. 烟气硫转移剂[2]

SO_x 转移助剂是催化裂化中用于降低再生烟气中硫化物排放的一类助剂，又称为硫转移催化剂。

通常催化裂化原料油中含有0.3% ~ 3.0% 的硫，以有机硫化物的形式存在着。而在渣油中硫的含量可达4.0%，氮的含量达到1.0%。经裂化后进料中的硫大约50% 以 H_2S 形式进入气体，40% 进入液体产品，其余的10% ~ 30% 进入焦炭，沉积在裂化催化剂上。在再生器烧焦过程中焦炭中的硫氧化为 SO_2 和 SO_3。硫化物随烟气排入大气，对环境造成污染。

SO_x 转移剂大致可归纳为两类：一类是脱硫催化剂，即裂化催化剂本身就包含有硫转移活性组分。另一类是添加剂类型的 SO_x 转移剂，它与 FCC 催化剂的物性相似。目前，第二类硫转移剂得到广泛使用，它的操作灵活性大。

早在1949年美国 Amoco 公司就开始使用硅镁催化裂化催化剂使焦炭中的硫转化为 H_2S，从而减少了烟气中的 SO_x 排放。但降低 FCC 装置 SO_x 排放的研究工作在20世纪70年代才真正开始，见表8 – 2 – 20。

表8 – 2 – 20 开发使用的硫转移剂

初始年份	公司名称	商品名称
1977	Amoco	Ultra Cat.
1978	Arco/Engelhard	SO_x Cat.
1981	Unocal	UniSO_x
1981	Chevron	Trans Cat.

续表

初始年份	公司名称	商品名称
1983	Arco	HRD-276
1984	Engelhard	UltraSO$_x$
1984	Arco	HRD-277
1984	Arco/Katalistiks	DeSO$_x$
1985	Grace Davison	Additive R
1985	Katalistiks	DeSO$_x$，KX Series
1988	Katalistiks	DeSO$_x$，KD Series
1989	Intercat	LO-SO$_x$，SO$_x$ GETTER
1991	Intercat	NO-SO$_x$，LX-SO$_x$ Plus
1993	Engelhard	SO$_x$ Cat
1995	Leter cat	NO-SO$_x$ FC；NO-SO$_x$ PC；NO-SO$_x$ LC
1995	Institute Mexica No Del permko	lmp-ReSO$_x$-01
1995	Catalyst and Chemical Industries	Plus-1
1999	洛阳石油化工工程公司炼制研究所	LST-1 液体硫转移剂
2000	RIPP	CE-001 硫转移剂（齐鲁石化催化剂厂）
		RS-C 硫转移剂（长岭炼化催化剂厂）
		LRS-25 硫转移剂（兰州炼化催化剂厂）
2003	Intercat	Super SO$_x$ GETTER
2010	RIPP	RFS-09（中国石化催化剂齐鲁分公司）

继 Amoco 公司之后，Arco 开发了氧化铝型的 SO$_x$ 转移剂，以后又开发了 Mg-Al 尖晶石型 SO$_x$ 转移剂；1984 年 Arco 与 Katalistiks 共同开发了 DeSO$_x$ 工业 SO$_x$ 转移剂；1985 年 Katalistiks 公司购买了 Arco 的 SO$_x$ 转移技术，取得了全球生产和销售 DeSO$_x$ 的权利，1985 年推出了 DeSO$_x$-KX 系列的 SO$_x$ 转移剂，1988 年又推出了 DeSO$_x$-KD 系列的 SO$_x$ 转移剂，Katalistiks 不断改进着 DeSO$_x$ 剂的性能。据报道，全球 1988 年有 20 套 FCC 装置使用 Katalistiks 的 DeSO$_x$ 剂，至 1992 年已达 50 多套。1992 年以后有关 SO$_x$ 转移剂的专利和文献报道逐渐减少，表明 SO$_x$ 转移剂的技术暂时处于一个相对稳定的阶段。1995 年 UOP 公司已将 Katalistiks 的 DeSO$_x$ 生成专利权转让给了 Grace Davison 公司。DeSO$_x$ 剂在 SO$_x$ 转移剂的市场份额中占到 90%。

DeSO$_x^{TM}$ KD-310 于 1986 年推出，它是含钒的镁铝尖晶石（$MgAl_2O_4$），它不符合化学计量，MgO 过量。该剂在藏量中占 0.5% 就相当有效。非尖晶石类型的 SO$_x$ 转移剂，如像以 Ce 和 V 为活性组分的三元氧化物 $MgO-La_2O_3-Al_2O_3$ 或 $MgO-(La/Nd)_2O_3-Al_2O_3$ 也证明同样有效。由含 Ce 和 V 的氧化物的水滑石类型化合物制备的 SO$_x$ 转移剂亦被证明十分有效。这类硫转移剂在温度超过 450℃ 时，结构发生变化，生成 MgO（方镁石）和符合化学计量的（$MgAl_2O_4$）尖晶石。Intercat 公司的 SO$_x$ GETTER 硫转移剂是镁铝水滑石 [$Mg_6Al_2(OH)_{18} \cdot 4.5H_2O$]，它有层状结构，SO$_x$ 易接近。表 8-2-21 列出两类 SO$_x$ 转移剂的物化性质。

国内对硫转移剂的研究始于 20 世纪 80 年代中期。RIPP 从 1986 年起开始固体硫转移剂的研究开发，至 2000 年开发出新一代的 RFS 硫转移剂，已分别在长岭、兰炼和齐鲁三家催化剂厂完成工业试生产。1999 年洛阳石化工程公司炼制研究所开发出 LST-1 液体硫转移剂，该剂兼具金属钝化功能，由钝化剂加注系统进入 FCC 装置，使用方便，操作灵活，该剂在茂名 II 套 FCC 装置长期使用，在镇海 I 套 FCC 两段再生装置进行了工业应用试验。

表 8-2-21 两类 SO_x 转移剂的物化性质

项目	SO_x GETTER		Super SO_x GETTER	$DeSO_x$	Super $DeSO_x$
	2001	2002	2003	2001	2003
堆积密度/(g/cm³)	0.81	0.85	0.85	0.79	0.76
抗磨性(D5757)	1.6	1.5	1.3	2.3	2.3
比表面积/(m²/g)	120	119	119	119	119
化学分析/%					
MgO	34.3	39.0	56.1	33.9	36.2
Al_2O_3	12.5	13.1	18.6	48.1	48.3
CeO_2	10.6	11.4	15.2	10.1	11.0
V_2O_5	2.6	2.8	4.3	2.5	2.7
杂质	0.6	0.7	1.0	0.4	0.4
水+结构 OH^-	39.4	33.0	5.0	5.0	1.4

注：堆积密度和比表面积数据是在样品经732℃热处理后测定。

(1) SO_x 转移剂的作用机理　SO_x 转移剂掺合于 FCC 催化剂内，一起在反应器和再生器之内循环。在再生器内，SO_x 转移剂与 SO_3 发生反应在转移剂表面形成稳定的金属硫酸盐。在提升管反应器的还原气氛中，硫酸盐中的硫以 H_2S 的形式释放出来，与裂化反应生成的 H_2S 一起，作为硫黄回收装置的原料，进行硫的回收。脱附硫后的 SO_x 转移剂循环到再生器，又具备了捕集 SO_x 的能力。图 8-2-18 示出了 SO_x 在再生器和反应器中所发生的化学反应。

在再生器的烧焦反应中，SO_3 一般占 SO_x 总量的10%以下。

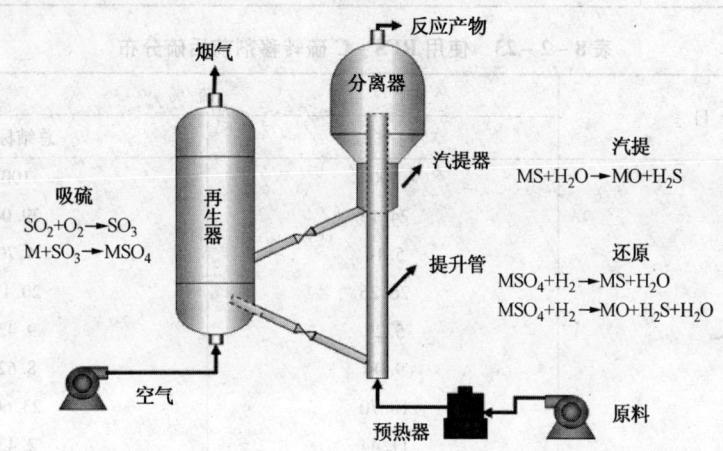

图 8-2-18　SO_x 转移剂的催化反应机理

SO_2 要氧化为 SO_3 才可能与 SO_x 转移剂中的金属氧化物反应，形成硫酸盐。因此，在 SO_x 转移剂中都含有促进 SO_2 氧化的成分。SO_3 与金属氧化物形成硫酸盐，如果太稳定，在提升管反应器内则难以还原为 H_2S。研究表明，MgO 和 La_2O_3 形成的硫酸盐的稳定程度适宜。以往的看法是，在提升管的气氛中，H_2 使金属硫酸盐还原。近年认为，在提升管反应器内，烃类(HC_S)也可以提供氢使硫酸盐还原，其反应式为：

$$MSO_4 + HC_S = MO + 3H_2O + H_2S + (HC_3 - 8H)$$

这里 M 代表金属。研究表明钒(V)既促进 SO_2 氧化为 SO_3，与 MgO、La_2O_3 之类的金属氧化物复配，又使金属硫酸盐和硫化物在提升管内更容易释放出 H_2S。因此，当今的 SO_x 转移剂均含有 1%~2.5% 的钒。

（2）SO_x 转移剂的工业应用　RIPP、长岭催化剂厂和中国石化股份有限公司长岭分公司（以下简称长炼）合作开发的硫转移剂 RFS-C 在长炼重油催化裂化装置上进行了工业试用，表 8-2-22、表 8-2-23 为试用期间烟气中 SO_x 含量数据跟踪及硫平衡结果。由表中数据可见，空白标定和总结标定都取得了较好的硫平衡。添加约 2.5% 的 RFS-C 硫转移剂后，烟气中 SO_x 含量降低了 75% 以上，而干气中 H_2S 的量增加非常明显，说明烟气中减少的硫基本上以 H_2S 的形式转移至干气中，充分表明 RFS-C 硫转移剂良好的硫转移性能[19]。

表 8-2-22　烟气 SO_x 含量分析结果

日期	硫转移剂累计加入量/t	$SO_x/(mg/m^3)$	SO_x 减少率/%
2000-09-10	0	1069	
2000-10-08	0	1086	
2000-12-25	0	1000	
2000-12-26	2	595	44.3
2000-12-27	4	231	78.4
2000-12-28	6	222	79.3
2000-12-29	8	242	77.4
2000-12-30	8	44	95.9
2000-12-31	8	210	80.4
2000-12-06	8	77	92.8

表 8-2-23　使用 RFS-C 硫转移剂前后硫分布

项　目	硫/%	
	空白标定	总结标定
原料油	100	100
干气	24.13	29.04
稳定汽油	5.14	4.70
柴油	26.26	20.17
液化气	5.29	9.43
油浆	9.04	8.62
酸性水	10.70	23.60
烟气	11.44	2.43
合计	97.99	97.39

RIPP 研制的 RFS09 硫转移剂是基于多种技术平台开发的高效降低再生烟气中硫化物含量的催化裂化助剂，技术特点有：①采用双孔改性镁铝尖晶石载体制备技术，优化了孔结构；②开发了全新的活性组元浸渍工艺——连续过量浸渍法，克服了传统硫转移剂制备过程中活性组元的堵孔和结块问题，改善了活性组元分散性，大幅度提高了硫转移性能；③实现了硫转移剂生产的全过程连续化，大大提高了生产效率。该硫转移剂在中国石化九江分公司Ⅱ套 FCC 装置上进行了工业应用。空白标定与 RFS09 硫转移剂在催化剂系统中比例达 2.3% 时的总结标定比较烟气组成，结果见表 8-2-24[20]。

表 8-2-24 烟气组成

项 目	空白标定	总结标定	差值
$SO_x/(mg/m^3)$	1041	166	875
$SO_2/(mg/m^3)$	257	54	203
$O_2/\%$	6.0	4.3	1.7
$NO_x/(mg/m^3)$	161	161	0
转移率/%（按 SO_x 计）			84.1
转移率/%（按 SO_2 计）			79.0

RFS09 在中国石化广州分公司 MIP 装置与重油催化裂化装置上的工业应用硫平衡标定烟气中硫含量见表 8-2-25。从表中数据可以看到，添加硫转移剂 RFS09 前后，烟气中硫含量有了明显的降低。而根据工业标定的详细物料数据来看，添加硫转移剂前后，产物分布变化不大，硫转移剂并没有影响到催化剂的作用。

表 8-2-25 加硫转移剂 RFS09 前后烟气组成[20]

项 目	空白标定	总结标定	转移率/%
MIP 装置 $SO_2/(mg/m^3)$	1013	229	73.9
重油催化装置 $SO_2/(mg/m^3)$	4185	1186	72.4

工业 FCC 装置使用 SO_x 转移剂的效率受操作变量的影响很大。根据 Grace Davison 的技术资料可归纳为：

① 烟气 SO_x 浓度对 SO_x 转移剂相对 SO_x 捕集活性影响很大，SO_x 浓度 500μL/L 时相对捕集活性 0.33；SO_x 浓度 1000μL/L 时，相对捕集活性 0.60；SO_x 浓度 1500μL/L 时，相对捕集活性 0.81。

② 烟气过剩氧含量高，SO_x 的平衡浓度高，过剩氧 0.2% 时，相对捕集活性 0.42；过剩氧 0.5% 时，相对捕集活性 0.48；过剩氧 1% 时，相对活性 0.57。

③ 再生温度对相对 SO_x 捕集活性影响不大，660℃ 时 0.61，700℃ 时 0.62，730℃ 时 0.6。

④ SO_x 转移剂最佳使用条件：再生器空气分布器布风均匀；反应器/汽提段温度高，汽提效果好；再生器旋风分离效率高，催化剂保留率高；CO 完全燃烧（个别可用于 CO 不完全燃烧）。

⑤ SO_x 脱除效率，根据具体情况为 30%~80% 不等。

⑥ $DeSO_x$ 剂热稳定性：半衰期 5~9 天。

⑦ SO_x 捕集能力一般在 10~25kgSO_2/kg 助剂。

当再生温度从 649℃ 增加到 760℃ 时，由于镁铝尖晶石的结构能经受得住，$DeSO_x$ 剂的效果变化不大。当与老化时间结合在一块时，再生温度大大影响硫转移剂的性能，随着老化时间增加，硫转移剂捕集 SO_x 的能力下降。当与裂化催化剂一块水热老化时，$DeSO_x$ 剂的半衰期要下降 50% 左右，这归因于 Si 的毒害。实验研究表明，当再生温度由 629℃ 升到 732℃ 时，$DeSO_x$ 剂的半衰期下降 70%。工业试验的数据表明，在再生温度为 718℃ 时，$DeSO_x$ 剂的有效寿命大约 14 天。

Intercat 公司的硫转移剂 SOXGETTER 和 Super SOXGETTER 的工业应用：炼油厂 A 用 SOXGETTER，SO_x 排放由 282μL/L 降到 148μL/L，下降 48%，助剂效率 16.2kgSO_2/kg 助剂；用 Super SOXGETTER，SO_x 排放由 277μL/L 降到 133μL/L，下降 52%，助剂效率

29.3kg SO_2/kg 助剂。炼油厂 B 用 SOXGETTER，SO_x 排放由 151μL/L 降到 15.6μL/L，下降 89.7%，助剂效率 6.2kg SO_2/kg 助剂；用 Super SO_x GETTER，SO_x 排放由 220μL/L 降到 9.8μL/L，下降 95.3%，助剂效率 9.6kg SO_2/kg 助剂。

硫转移剂的加入量与所用催化裂化催化剂的焦炭选择性密切相关。一套工业 FCC 装置使用一般的裂化催化剂，试验期进料质量稳定，为了达到烟气 SO_x 的目标排放水平，每天加入 145.15kg $DeSO_x$ 剂，在藏量中 $DeSO_x$ 剂的浓度为 1.7%，再生器的床层温度为 766℃；当裂化催化剂换成 Katalistiks 公司的 Gamma 419$^+$ 催化剂时，再生温度下降 23.3～28.8℃，为了维持相同的 SO_x 排放水平，$DeSO_x$ 剂每天的加入量下降到 68kg，在藏量中的浓度下降为 0.7%。这归因于 Gamma 419$^+$ 催化剂优良的焦炭选择性。生焦率下降，在烟气中每小时生成的 SO_x 量下降，要达到同样的 SO_x 排放水平，$DeSO_x$ 剂的加入量当然可以更少。

（3）液体硫转移剂　如前所述要维持 FCC 装置催化剂恰当的平衡活性，维持 FCC 良好的产品分布，固体硫转移剂在藏量中的比例受到限制。此时，如果再加注液体硫转移剂，还可以进一步减少 SO_x 排放；要达到相同的 SO_x 排放，使用 LST-1 液体硫转移助剂，与 $DeSO_x$ 剂相比，费用大致 60% 左右。在 LST-1 剂的实验室开发期间，在石英反应器上反复筛选，确定了氧化促进剂和吸附成盐剂的最佳配比，结合在还原气氛中的还原性能，确定出 LST-1 剂的配方。LST-1 剂的配方，充分考虑到挂载到主催化剂上的挂载量，大到 10000μg/g 的活性组分，也不会对催化剂的活性产生大的影响。实验表明，LST-1 剂在催化剂上的挂载率在 80%～90%。实验室数据表明，CH2-2 催化剂挂载 LST-1 剂的有效成分 1000～6000μg/g 时，烟气的 SO_x 脱除率（体积分数）为 45.7%～89.5%。LST-1 硫转移剂的性质见表 8-2-26。

表 8-2-26　LST-1 硫转移剂物化性质

项目	数值	检验方法	项目	数值	检验方法
密度(20℃)/(kg/m³)	1346.8	GB/T 2540	腐蚀(50℃，铜片)	1a	GB/T 5096
凝点/℃	-28	GB/T 510	有效组分含量/%	15	原子吸收
黏度(40℃)/(mm²/s)	17.17	GB/T 256	溶解性	与水以任意比例互溶	目测

LST-1 硫转移剂在两套装置的工业试验数据列在表 8-2-27 中。M 装置加工原料为馏分油和大庆减渣的混合原料，再生方式为烧焦罐高效完全再生，所用催化剂为 LV-23 抗钒催化剂。Z 装置采用两段再生技术，一再贫氧，氧气含量为 0.7%～1.7%；二再富氧，氧气含量为 7.5%～8.8%，其中二再设有前置烧焦罐，所用催化剂为 ORBOT-3000，加工原料为蜡油与减压渣油的混合原料。

表 8-2-27　LST-1 硫转移剂工业应用概况

项　　目	M 装置		Z 装置	
	加剂前	加剂后	加剂前	加剂后
原料性质				
密度(20℃)/(kg/m³)	913.7～922.0	894.8～917.2	883.3～894.0	883.9～908.0
残炭/%	4.84～4.26	3.17～4.48	1.58～2.89	1.82～3.76

续表

项 目	M装置		Z装置	
	加剂前	加剂后	加剂前	加剂后
硫含量/%	0.45~0.68	0.67~0.84	0.37~0.44	0.42~0.62
平衡催化剂性质				
重金属含量/($\mu g/g$)				
镍	4082~4131	4391~4900	6460~6970	6620~6920
钒	2672~3045	3235~3564	1640~1650	1580~1670
微反活性(MA)	58.8~59.3	57.8~59.6	63.9	63.5~65.3
操作条件				
提升管出口温度/℃	503~505	503~505	504~509	504~509
一再温度/℃	655~660	655~660	651~658	653~662
二再温度/℃	664~670	664~670	702~719	697~716
再生器氧含量(体)/%	2.0~2.6	1.9~2.4	0.9~1.2(一再)	0.8~1.8
			8.5~8.8(二再)	7.5~8.1
装置概况				
处理量/(t/h)	90~95	100~108	204~215	204~207
两器催化剂藏量/t	120		250	
硫转移率/%		55~60		25~30

由表8-2-27中数据可以看出,在装置操作条件基本相同的情况下,使用LST-1液态硫转移剂可以使烟气的SO_x排放量降低25%~60%。对不同的再生操作,即不同的过剩氧含量情况下,硫转移效率有所差别。M装置由于采用完全再生,硫转移率可以达到55%~60%,对两段再生FCC装置,硫转移率则有所下降,但也可以达到较好的硫转移效果。

4. 国外催化剂和助剂的发展[21]

进入21世纪以来,催化剂厂家频繁兼并与联合。Albemarle公司于2004年5月收购Akzo Noble公司炼油催化剂业务。BASF公司于2006年收购了Engelhard公司。在国外形成了以Grace Davison,Albemarle和BASF为代表的三大催化裂化催化剂生产公司。

(1) Grace Davison公司:

① 基质技术及其重油裂化催化剂。2005年和2006年的NPRA年会上,Grace Davison公司介绍了一种性能可调的基质TRM™和铝溶胶组合的系列催化剂,其孔分布和表面化学状态可以调整,可以更好地适应原料性质和剂油间的相互作用。基于这种基质并引入铝溶胶开发了4个系列催化剂:IMPACT™、LIBRA™、POLARIS™和PINNACLE™。此外还开发了基于铝溶胶的AURORA和ADVANTA催化剂,适用于中高金属污染水平下提高汽油产率。

② 增产丙烯的Olefins Ultra助剂和Apex催化剂。Grave Davison公司推出了一种新型超高活性ZSM-5助剂,每单位质量含有更高的ZSM-5晶体,可以减少对主催化剂的稀释。该系列助剂包括Olefins Ultra,Olefins Max和Olefins Extra,含25%的ZSM-5,使用后可使得催化裂化装置丙烯产率提高4个百分点。

Grace Davison公司开发的Apex催化剂,采用专有的择形分子筛和基质技术,不但丙烯产率高(丙烯体积分数可达22%),而且在污染金属存在的情况下,表现出较低的结焦活性和较高的重质原料裂化活性。

③ 降烯烃的RFC和GOAL催化剂。RFG催化剂的工业应用结果表明,汽油烯烃含量可

降低25%~40%,同时还能保证汽油辛烷值和轻烯烃(C_3、C_4)产率不下降。该剂在中国石油抚顺石化分公司石油二厂1.5Mt/a催化裂化装置上进行了工业应用试验。

GOAL催化剂利用了该公司独特的选择性活性基质专利技术,并使用了CSX和Z-17分子筛。其金属捕集能力强,特别适用于大幅度降低汽油烯烃含量或最大量生产汽油的装置。

④ 降硫助剂和催化剂。GSR系列助剂为Grace Davison公司研制的直接减少催化裂化汽油硫含量的新助剂。第一代产品GSR-1在欧洲和北美得到广泛应用,汽油硫含量降低15%~25%,主要组分为负载在Al_2O_3上的L酸中心(首选为ZnO)或锌的铝酸盐。GSR-2助剂进一步添加了含有锐钛矿型结构的TiO_2组元。在DCR装置上的评价结果表明,加入10%的GSR降硫助剂后可使汽油馏分硫含量降低20%~30%。之后开发的GSR-3、GSR-4、GSR-5、GSR-6和D-PriSM助剂,在占催化剂总藏量10%时,对于不同原料油和装置,可降低汽油硫含量25%~35%。GSR-7为2006年NPRA年会上最新报道的基于铝溶胶技术的最新一代降硫助剂,工业应用表明可降低汽油硫含量达45%~50%。该系列助剂对催化裂化装置的产品分布和烟气中硫的排放没有负面影响。

GFS系列降硫催化剂含有改性分子筛,该分子筛具有比常规USY分子筛更高的L酸中心比例,通过L酸中心与B酸中心协调作用来实现降硫目的,可使汽油硫含量降低40%。Davison公司将GFS功能引入渣油裂化催化剂系列,推出了Kristal-243降硫催化剂,在意大利阿基普石油公司Priolo炼油厂进行了应用。

另外,SuRCATM系列催化剂除了常规的催化裂化活性和选择性外,还具有降低全馏分汽油硫含量的功能。如果与GSR-4助剂联合使用,汽油硫含量可降低40%~50%。同时,LCO硫质量分数减少20%。

(2) BASF公司:

① FACT平台。BASF公司构成FACT平台的技术基础是被称为In-SL-ation分子筛超稳技术和Metagtor基质制备技术。产品配方独特,具有活性高、抗磨损能力强、油浆产率低和总价值高的特点。分子筛和基质组可根据催化裂化装置的要求进行裁剪,使其在加工不同原料油时产生出一种真实的催化反应环境。其中,In-SL-ation是一种对水热和化学脱铝补硅方法改进的USY分子筛制备技术,提高了蒸汽老化稳定性并极大地减少了分子筛结晶中的缺陷。Metagtor是一种氧化铝基质制备技术,具有良好的渣油裂化活性,同时能有效地固定镍和钒等重金属的离子。

② NaphthaMax催化剂。NaphthaMax催化剂采用新材料构成发散的基质结构(DMS),DMS基质与Pyrochem-Plus分子筛采用独特方法相结合,分子筛存在于催化剂孔隙表面和内壁。采用这一技术,催化剂可使催化裂化进料在短时间内大量裂化为所需产品。美国的4座炼油厂已成功地采用该催化剂提高液体产率。

NaphthaClean催化剂是一种降低汽油硫含量的催化剂,2004年进入工业试验,其特点是在NaphthaMax催化剂的基础上,引入降硫组元。工业试验表明汽油硫含量可降低20%。

③ Flex-Tec催化剂。BASF公司推出的Flex-Tec催化裂化催化剂组合了DMS技术和MaxiMet技术,适用于处理金属如镍、钒和铁含量高的渣油原料。MaxiMet技术可钝化渣油进料中的重金属。Flex-Tec催化剂已在美国炼油厂完成验证试验,加工经加氢的常压渣油进料(API度为24、康氏残炭2.4%),这种进料含铁污染物高,采用新催化剂后,使该炼油厂增产汽油129kt/a,减少重质燃料油110kt/a。

④ Converter 助剂。BASF 公司开发的 Converter 助剂可以改善炼油厂操作灵活性和效率，避免了改换催化剂带来的风险。Converter 助剂于 2002 年在美国、墨西哥、欧洲和澳大利亚 9 套工业装置上试用，都取得了很好效果。有一半装置在补充新鲜催化剂中加入 20% 的 Converter 助剂，经 6 周后油浆产率下降了一半，油浆相对密度从 1.00 上升至 1.02～1.03，再生温度不变。

⑤ 多产丙烯技术。2005 年 NPRA 年会上，BASF 公司推出了一种多产丙烯助剂（MPA）和生产方案，其特点是基于 DMS 基质的催化剂可多产具有反应活性的在汽油馏分范围内的分子，以满足 ZSM-5 分子筛助剂的进一步反应，提高了助剂的效率。该项技术已在 100 多套装置上应用。

(3) Albemarle 公司：

① ADZ 分子筛和 ADM 基质技术。传统的水热超稳蒸汽处理技术生产的分子筛具有富铝表面，引起过多的二次反应，而化学脱铝随之补硅生产的分子筛具有贫铝表面，导致部分催化活性损失。Albemarle 公司通过全面调控分子筛的铝分布开发了 ADZ 分子筛技术，在一定程度上解决了上述问题。

Albemarle 公司开发的 ADM 基质中包含具有一定裂化活性的氧化铝或硅铝氧化物大中孔，以增加塔底油的裂化能力。这些孔道属于 3～50nm 的中孔或 50nm 以上的大孔，经化学或物理改性后增加了裂化反应活性。

② CAT 催化剂组合技术。Albemarle 公司将其开发的多种 ADZ 分子筛技术和 ADM 基质材料与适当的黏结剂技术相结合，以控制孔径分布，并使活性中心均匀分布，实现了 CAT 催化剂组合技术。在 2004 年的 NPRA 年会上，Albemarle 公司报告了加工不同类型原料油的催化裂化催化剂技术，提出了选择催化剂的一些建议：对于受烧焦能力限制的渣油催化裂化装置，一般应选择焦炭选择性好的裂化催化剂，如 Opal，Sapphire，Coral 和 Centurion 催化剂；对于需要提高渣油转化率的催化裂化装置，可采用重油裂化能力强的高基质活性催化剂，如 Amer，Emerald 和 Ruby 催化剂。

③ TOM 全面烯烃管理技术。Albemarle 公司称之为"全面烯烃管理"的 TOM 技术基于两个原理，一是增加 Y 型分子筛的氢转移反应使烯烃饱和；二是利用 ZSM-5 组分选择性裂化汽油烯烃到液化石油气中。其中，TOM OPAL 878L 降烯烃催化剂使用强抗金属能力的 DM-60 基质及超稳 ADZ 分子筛，改善了催化剂的物理性质，优化了原料分子向催化剂活性中心的扩散速度和催化裂化反应速度。中国石化洛阳分公司Ⅰ套催化裂化装置使用 TOM OPAL 878L 降烯烃催化剂结果表明：汽油烯烃体积分数由 49.7% 降到 42.0%，汽油辛烷值没有降低，干气产率降低了 0.16 个百分点，焦炭产率降低了 0.81 个百分点，轻质油收率增加了 1.58 个百分点，轻液体收率增加了 2.36 个百分点。

④ Resolve 系列降硫助剂。Albemarle 公司的 Resolve 系列降硫助剂，能够促进载体对苯并噻吩类硫化物的吸附，使难以进入分子筛孔道的大分子含硫有机物发生转化。这类助剂通过在高可接近性的 ADM-20 基质（采用 Filtrol 技术制备）中加入一种具有较高氢转移活性的物质制备，并含有对硫化物具有独特吸附活性和选择性的基质材料。Resolve 降硫助剂可使汽油硫含量减少 20%～30%。主要型号有：Resolve 700，Resolve 750，Resolve 800，Resolve 850，其中 Resolve 800 是一种双功能助剂，既可以降低汽油的硫含量也可以脱除烟气中的 SO_x。

(4) Intercat 公司　Intercat 公司开发的 ZSM-5 分子筛系列助剂优先裂化汽油馏分中低辛烷值组分，还可把汽油中 C_6 以上正构烯烃异构化，保证了在提高液化石油气产率和汽油辛烷值的同时不增加汽油烯烃含量。这类助剂牌号有三种：PENTCAT，PENTASIL 和 OCTAMAX，其区别就在于分子筛中 SiO_2/Al_2O_3 的比例不同，分别是 50∶1，400∶1 和 800∶1。该系列助剂可在不改变液化石油气产率条件下增加丁烯的选择性。在采用该助剂的同时，还可再采用诸如 BCA-105 裂化助剂以弥补转化率的损失。

Intercat 公司在 2005 年 NPRA 年会报告中推出的 LGS 系列降硫助剂，有助于避免汽油的深度裂化，保证了较高的汽油产率。以 LGS-150 助剂为例，在加工高硫含量的重质原料油时，可以降低汽油硫含量 20%～30%。

八、催化裂化过程硫的危害和工艺防腐

目前国内加工高硫进口原油的炼油企业不断增多，而国内绝大多数老装置都是按照加工低硫原料设计的，这样在原油硫含量日愈增加的条件下就不可避免地引发设备安全、产品质量以及环境保护等方面一系列的问题，而其中设备安全问题又是对炼油企业影响最大、最直接的一个问题。相当一部分企业在加工高硫原料后出现了严重的设备腐蚀泄露问题，甚至引发了恶性事故，给安全生产造成了极大的威胁[22]。前些年，国内部分炼油厂的催化裂化装置相继发生再生系统的开裂事故。到 2003 年已有超过 20 套催化装置的再生器、三旋及烟道发生焊缝裂纹，其中不少是在设备环焊缝上发生的穿透性裂纹，有的裂纹相当长，达 4～5m，严重威胁装置的安全、稳定与长周期运行。发生开裂的装置多数是在新装置投入使用 4～7 年后或掺炼重油、焦化蜡油 4～7 年发现的，使得有些装置非计划停工更换再生器壳体；有的装置处理裂纹问题延长了检修周期。这些开裂事故给企业带来了巨大的经济损失[23]。

（一）再生器衬里裂纹与露点腐蚀

以中国石油锦西石化分公司催化裂化装置为例，该装置由原中国石化集团公司设计院设计，年加工能力 800kt，原料以辽河减压蜡油为主，装置采用前置烧焦罐高效再生提升管反应器。该装置 1994 年 6 月开始掺炼少许焦化蜡油，1996 年掺炼焦化蜡油平均比例达 10% 左右，1997 年、1998 年掺炼比例逐渐增加，最高时达 49.6%。

首次发现再生器裂纹是 1998 年 11 月，操作人员巡检发现三旋本体一条 200mm 长的环焊缝上出现裂纹，并有少量烟气和催化剂细粉露出。车间立即对再生器能观察到的焊缝详细检查，共发现裂纹 120 条。当时裂纹分布是：再生器二密段以上筒体 65 条，三旋本体 50 条，烟道 2 条，垂直烟道下弯头 3 条，其中最长一条长达 1000mm。从裂纹所在焊缝情况看，裂纹宏观形态特征为：裂纹场从内表面开始向外表面发展，裂纹发生部位金属未见明显塑性变形；裂纹宽度较窄，向纵深方向发展很深，且多数裂纹穿过整个壁厚；裂纹有主干，有分支，呈树枝状，裂纹表面具有典型的沿晶特征或扇花型花样。上述特征呈典型应力腐蚀裂纹形态，即设备裂纹性质属应力腐蚀裂纹。

1. 影响设备应力腐蚀开裂的因素[24,25]

测试研究结果表明，发生设备开裂的催化裂化装置的烟气中均存在较多的微量极性气体 NO_x 和 SO_x，加之烟气中含有一定量的水蒸气，故当设备壳体壁温低于烟气露点温度时，在金属内壁遇冷结露形成以硝酸盐及硫酸盐为主的酸性水溶液，而低碳钢、低合金钢的设备壳

体正是在此特定敏感腐蚀介质的作用下发生了应力腐蚀开裂。

(1) 设备应力状态 应力腐蚀开裂系拉应力和腐蚀介质共同作用下发生的异常迅速的破坏。催化裂化再生系统设备是个体积庞大、结构复杂、重量很大的结构体,在分段焊接特别是现场组装过程中,几十吨重的预成型件组装焊接后,在焊缝及其热影响区无疑会产生很大的残余应力,在错边量较大、角变形严重的部位,焊接残余应力更大。再生器在运行状态下受到工作应力、装配应力、热应力、焊接残余应力等构成的拉应力作用,给产生应力腐蚀开裂提供了必要条件。

(2) 催化裂化原料及催化剂 烟气中微量的极性气体 NO_x 和 SO_x 来源于原料油及新鲜催化剂,但主要来源于原料油中的硫、氮元素;它们在催化裂化过程中沉积在催化剂表面上,在催化剂的烧焦过程中转化为 NO_x 和 SO_x 气体进入烟气中。表 8-2-28、表 8-2-29 中列出了中国石油锦西石化分公司的烟气组成。此外,原料油中的钒等金属元素在催化裂化过程中也以金属氧化物的形态沉积在催化剂表面上,其中,钒、铁的氧化物在催化剂的烧焦过程中有助于 SO_3 的生成。原料、产物、催化剂分析见表 8-2-30。

表 8-2-28 烟气组成

组分名称	CO_2	O_2	N_2
组成/%	11.07	8.83	80.10

表 8-2-29 微量极性气体

组分名称	含量/(μg/g)	组分名称	含量/(μg/g)
HCl	<1	NO	2610
SO_2	<1	NO_2	196
SO_3	11		

表 8-2-30 原料、产物、催化剂分析

样品名称	氮含量	硫含量	样品名称	氮含量	硫含量
原料/%	0.2	0.38	油浆/%	0.23	0.66
稳定汽油/(μg/g)	80	388	待生催化剂/(μg/g)	175	590
柴油/(μg/g)	830	410	再生催化剂/(μg/g)	98	840

(3) 工艺操作条件 在设备壁温相对不变的条件下,烟气露点温度的高低,决定着腐蚀介质的形成,而烟气的露点温度与 SO_3 的含量有着密切的关系。设备的工艺操作条件,如再生温度、过剩氧含量、催化剂循环量及助燃剂的使用等都对烟气中 SO_x 的存在与含量及 SO_2 和 SO_3 之间的平衡有直接的影响。测试结果表明:凡在富氧再生的操作工况下,氧化性较强,SO_3 含量高,相应烟气露点温度也较高。事实也是如此,已开裂的几套装置,其烟气中过剩 O_2 含量均较高(>1.8%);反之,未开裂的装置过剩 O_2 含量则较低(<1.3%)[26]。

(4) 烟气露点温度及设备壁温 一些催化裂化装置再生烟气露点温度及再生设备壁温的测试结果(表 8-2-31)表明,发生裂纹的几套装置的烟气露点温度均较高,大约在 120~140℃,而设备壁温则相对较低,且均低于设备内烟气的酸露点的温度。当季节、气候、操作等因素变化时,设备内壁长时间在露点温度以下运行,使烟气中的 NO_x、SO_x 及水蒸气通过内壁衬里的缝隙渗入到设备内壁,结露形成酸性水溶液,从而使再生器内壁具备了产生应力腐蚀开裂必须的环境条件。

表 8-2-31　再生烟气露点温度及设备器壁温度

装置名称	露点温度/℃	再生器各部位平均温度/℃					设备状况
		外集气室	球封头及稀相段	过渡段	密相段	三级旋分器	
茂名一催化	139	127	127	128	135	101	开裂
茂名二催化	126	119	110	100	107	101	开裂
茂名三催化(一再)	59	107	107	127	129	91	正常
大庆催化	127	—	95	97	270[①]	—	开裂
天津催化	137	—	132	63	—	108	开裂
沧州催化	143	—	95	80	70	110	开裂

① 此处已对设备进行了外保温。

烟气中水蒸气含量及烟气冷凝水酸度情况如下：烟气冷凝水酸性较强，pH 值为 2.0，烟气水蒸气含量约为 8.9%。从表 8-2-28、表 8-2-29 可以看出，烟气中的硫化物以 SO_x 的形式存在，氮化物以 NO_x 的形式存在；再加上烟气中含有一定量的水蒸气，这样烟气冷凝水中就会有 SO_4^{2-}、NO_3^- 以及 NO_2^- 的存在，从而表现出较强的酸性。

2. 防护措施

（1）工艺措施：

① 对原料进行加氢脱硫预处理，以降低原料中的硫、氮及钒的含量。此方法既能有效地降低烟气中的 SO_x 的浓度，又能提高产品质量，但投资和操作费用均较高。

② 控制好操作条件，合理确定过剩氧含量，以减少 SO_3 的产生，进而降低再生烟气的酸露点温度。

（2）采用硫、氮转移助剂降低极性气体浓度　烟气中的微量极性气体 NO_x、SO_x 是应力腐蚀介质形成的主要来源。使用硫、氮转移催化剂或助剂，可以降低烟气中 NO_x 和 SO_x 的含量，从而降低硝酸盐溶液及硫酸盐溶液的浓度。这样既可减缓设备的应力腐蚀，又可减轻装置有害物质排放对环境的污染。

在催化裂化反应条件下，约有 10% 左右的原料硫进入焦炭中。沉积在焦炭上的硫在催化剂富氧再生过程中几乎全部生成 SO_x（一般为 SO_2 > 90%，SO_3 < 10%）[27]。值得注意的是随着 SO_3 浓度及烟气中水蒸气含量的增加，烟气的露点温度随之增高，在金属壁温相对较低的条件下，最终将引发设备的应力腐蚀。

烟气中的 NO_x 也是形成应力腐蚀的介质。催化裂化装置掺炼的常压渣油、减压渣油及焦化蜡油中的高含量氮化合物，在催化裂化反应中沉积于待生催化剂表面，同时加上新鲜催化剂本身带入的氮，使待生催化剂的含氮量达几百 μg/g 甚至更高。此催化剂在富氧再生过程中，烟气氧化性极强，氮元素就会转化成为 NO_x 极性气体。FCC 烟气中 NO_x 的浓度一般为 50～500μL/L，甚至更高。其存在的主要形式是：NO 含量（体积分数）约占 90%，NO_2 含量（体积分数）约占 10%，它们可通过隔热耐磨衬里的裂纹进入到设备金属内壁，在设备内壁如有条件遇冷即会形成腐蚀介质硝酸盐水溶液。有几种不同的方法可降低烟气中 NO_x 的含量，如：选择低含氮量的原料油；原料经加氢脱硫预处理及用脱氮（$DeNO_x$）助剂等。相比之下，使用 $DeNO_x$ 助剂脱除 NO_x 投资低，方便灵活，NO_x 浓度可降低 50% 左右，是炼油厂的最佳选择。

(3) 设备措施：

① 控制设备的综合应力。

a. 合理设计再生系统设备的壳体结构，减少应力集中的不良结构，避免局部应力过大；合理选择壳体材料，在满足工程要求的前提下，不宜追求强度过高的材料，以减少壳体表面变形应力。

b. 在设备制造过程中，应对焊接工艺及焊接材料等进行严格的技术要求。特别是对于再生器、三级旋风分离器等大型设备，预制成型后的筒体与封头在现场组装过程中，应避免大错边量的强制组焊，减少施焊部分的过大焊接残余应力，使设备综合应力得到有效控制。

c. 由于材料的显微组织对于低碳钢和低合金钢的腐蚀行为具有决定性影响，而焊后消除应力热处理，即高温退火可以显著改善材料的敏感显微组织。因此，对于应力集中部位包括焊缝，实施焊后应消除应力处理，如焊后立即进行小锤敲击或采用电热带进行热处理等方法，是降低设备综合应力的有效措施。

② 改进衬里性能提高设备壁温。对于再生系统设备来说，壁温过高，装置的热损失增大，但壁温长期低于再生烟气酸露点温度，就会导致腐蚀介质的形成。因此，合理选定隔热衬里结构，使设备壳体壁温保持在烟气露点温度以上，是避免发生应力腐蚀的重要措施。

适当提高隔热耐磨衬里的导热系数，降低隔热耐磨衬里的厚度，相应提高衬里材料的抗折、抗压强度和体积密度，在保证衬里有足够厚度和强度的情况下使设备壳体壁温提高到所需值，以控制在高于烟气露点温度 $20\sim30℃$ 为宜。根据我国催化裂化装置的测试情况来看，一般建议隔热衬里的导热系数取 $0.45\sim0.5W/(m\cdot K)$，且隔热衬里层厚度不应大于140mm。此外，对于高寒地区，隔热衬里的导热系数还应相应提高，而隔热衬里层厚度相应减薄。

当现有装置的衬里材料和厚度难以变更时，为提高壁温可采取对设备进行外部保温的措施。此方法简单易行且成本较低，在装置操作期间也可以施工。采取外部保温既可降低装置的散热损失又可解决提高壁温后带来的劳动保护问题。缺点是不利于设备局部超温等缺陷的外部检查。中国石化茂名分公司研究院开发研制的超温自动脱落型保温涂料，用于再生系统设备外保温后，既能提高设备壁温又能在壁温超过 $300℃$ 时自动脱落，克服了外部保温的不利之处，装置工业应用结果表明，防腐效果较好。

(4) 进行电化学保护 电化学保护是根据电化学原理，为减缓应力腐蚀发生而实施的一种保护措施。电化学理论认为，电化学反应贯穿于整个应力腐蚀过程，对于特定的体系，应力腐蚀开裂发生于一定的电位之上，低于这个电位则不会开裂。根据这一理论所做的试验证明，用阴极保护的方法可防止应力腐蚀开裂的发生及扩展。目前用于工业中的使电位降到应力腐蚀开裂电位之下的有阴极极化方法和具有足够活性的阳极金属偶接方法，均可达到一定的防腐效果。

对设备壳体内壁进行金属涂层的方法也是一种相应的防护措施。由于活性金属只有和设备内壁处于腐蚀介质之中时，才可能发生电化学作用，而对于再生器的腐蚀环境来说，腐蚀介质仅存在于再生器与衬里之间的狭小空间，因此，在设备内壁以金属涂层的形式安装活性金属是较为可行的，再加上金属涂层的遮盖作用，可对设备起到双重保护的作用。但目前针对再生系统设备应力腐蚀的工业化应用还有待于进一步研究。

(二) 分馏塔顶结盐的原因和处理

催化裂化装置掺炼渣油及焦化蜡油,由于渣油中的氯含量高而焦化蜡油中的氮含量较高,将导致主分馏塔发生严重的结盐现象。另外,当催化裂化装置分馏塔塔顶操作温度过低会使分馏塔顶部水蒸气凝结成水,水与氨(NH_3)和盐酸(HCl)一起形成氯化铵(NH_4Cl)溶液,从而加速分馏塔结盐。随着分馏塔内盐层的加厚,沉积在塔盘上的盐层会影响传质传热效果,致使顶温失控而造成冲塔;沉积在降液管底部的盐层致使降液管底部高度缩短,塔内阻力增加,最终导致淹塔。如何避免和应对分馏塔结盐现象的发生,是催化裂化装置需要解决的生产难题[28]。

1. 分馏塔结盐原因及现象分析

随着催化裂化原料的重质化,其氯和氮含量将增大。在高温还原气氛的催化裂化反应条件下,有机、无机氯化物和氮化物在提升管反应器中发生反应生成 HCl 和 NH_3,其反应机理可用下式表示[29,30]:

$$2RN + 3H_2 \xrightarrow{Ni \text{和高温}} 2R + 2NH_3$$

$$RCl + H_2O \xrightarrow{\text{高温}} ROH + HCl$$

催化裂化生成的气体产物将 HCl 和 NH_3 从提升管反应器带入分馏塔,在分馏塔内 HCl 和 NH_3 与混有少量蒸汽的油气在上升过程中温度逐渐降低,当温度达到此环境下水蒸气的露点时,就会有冷凝水产生,这时 HCl 和 NH_3 溶于水形成 NH_4Cl 溶液。NH_4Cl 溶液沸点远高于水的沸点,其随塔内回流液体在下流过程中逐渐提浓,当盐的浓度超过其在此温度下的饱和浓度时,就会结盐析出,沉积在塔盘及降液管底部。

下述现象可作为判断分馏塔是否发生结盐的依据。当然,在发生换热设备(如稳定塔底或脱吸塔底再沸器)泄漏、塔板吹翻等设备事故时,也有可能伴随出现下述现象。如设备问题已排除,最大的可能便是发生了结盐。

(1) 由于塔顶部冷凝水的存在,形成塔内水相内回流,致使塔顶温度难以控制,顶部循环泵易抽空,顶部循环回流携带水。

(2) 由于沉积在塔盘上的盐层影响传热效果,在中段回流量、顶部循环回流量发生变化时,塔内中部、顶部温度变化缓慢且严重偏离正常值。

(3) 由于沉积在塔盘上的盐层影响传质效果,导致汽油、轻柴油馏程发生重叠,轻柴油凝点及汽油终馏点不合格。

(4) 由于结盐析出沉积在分馏塔抽出口,致使轻柴油抽出量明显降低甚至无法抽出。

(5) 水样中氯离子或氨离子含量很高。

2. 分馏塔结盐预防及处理措施

(1) 加强原料脱盐 催化原料中的盐类在目前的电脱盐水平下不可能全部脱除,只能尽可能降低原料中的含盐量。特别是原油中的有机氯通过电脱盐及常减压蒸馏是除不掉的,其中的氮化物也不能彻底清除,这是导致分馏塔结盐的关键因素。多套同类催化裂化装置的操作经验表明,控制原料中的盐含量低于 5mg/L 时比较安全,基本不会造成分馏塔冲塔[31~35]。

(2) 操作预防措施:

① 尽可能减少进入分馏塔的水蒸气量,并适当加大反应系统的预提升干气量。这样可

以降低分馏塔顶部水蒸气分压，使其露点温度降低，减少冷凝水的产生，进而减少 NH_4Cl 溶液的产生，提高分馏塔的操作弹性。

② 选择合适的塔顶操作温度。根据分馏塔总注气量和塔顶分压计算分馏塔顶水蒸气分压，由此查出对应的水蒸气饱和温度。控制分馏塔顶温度比该温度高5℃以上，从而保证分馏塔内不生成液态水，进而避免分馏塔结盐。

③ 控制适宜的塔顶循环量、中段循环量及其返塔温度，稳定分馏塔中部及顶部温度，避免因塔内温度波动导致冷凝水产生。

④ 分馏塔结盐是不断聚积形成的，因此对其预测十分必要。对原料的含盐量及塔顶循环回流中的 Cl^- 含量进行定期检验分析，密切注意分馏状况，判断汽油、柴油馏程是否重叠；调整分馏塔各段取热分配量，适当提高塔顶负荷，减少顶部循环回流量，补充适量冷回流，以增加塔顶气液两相流量，保证较高的温度和油气分压，降低 NH_4Cl 析出结晶的速度。

⑤ 平稳操作，避免波动。操作大幅度波动是导致分馏塔顶循环泵抽空的主要原因。随着装置运行时间的延长，分馏塔顶部塔盘结盐越来越多，导致塔顶通透性越来越差。如遇操作大幅度波动将加速塔顶结盐，严重时将直接导致分馏塔冲塔。所以，装置运行至后期，平稳操作尤为重要。

(3) 分馏塔在线水洗　分馏塔结盐后，压降增大到 30~50kPa，塔顶温度难以控制，柴油组分冲至塔顶，汽油和柴油质量无法保证。为了维持生产，通常都采取对分馏塔进行在线水洗的应急措施。新鲜水自顶循环返塔线返回塔内，控制适宜的温度，使塔顶蒸汽凝结成水，与注入的新鲜水形成内回流，沿塔盘自上而下流动，油气不凝结，仍从塔顶馏出，洗塔水在向下流动过程中溶解塔盘上的铵盐、冲走塔盘上的浮垢，最后自塔的适当位置排出[36]。洗塔过程中要缓慢加大水量，控制好分馏塔塔顶和中部温度，以防止顶部的水落到塔底造成冲塔，确保轻柴油质量合格。从污水排放口监测盐含量变化情况，以盐含量不再降低作为洗塔结束、恢复正常操作的判断依据。洗塔流程如图 8-2-19 所示。按照结盐的原理所述，分馏塔内部结盐为铵盐，极易溶解于水，一般水洗 2~4h 即可清除。通过分馏塔顶部回流进行在线水洗不失为一种有效的方法，一方面可以比较容易地消除分馏塔结盐，另一方面操作简单、费用少，且不影响生产。

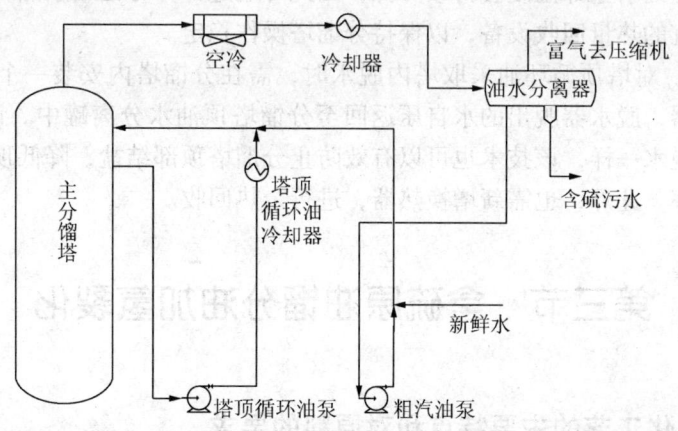

图 8-2-19　分馏塔在线水洗流程

(4) 塔顶循环油脱水　分馏塔顶循环油由泵从分馏塔上部塔盘抽出，经过冷却器进行冷却，进行油水分离后返回顶层塔盘。

① 塔外脱水。塔顶循环油塔外脱水工艺流程见图8-2-20，其中粗实线所示为新增部分，即在流量调节阀后将塔顶循环油引入脱水罐进行脱水，脱水罐将冷凝下来的水从底部自压返回分馏塔顶油水分离罐。该技术改造比较简单，新增脱水罐时应依据塔顶循环油的循环量、温度、压力和其中的含水量等因素来确定适宜的油水分离时间，进而确定合适的罐体积[37]。

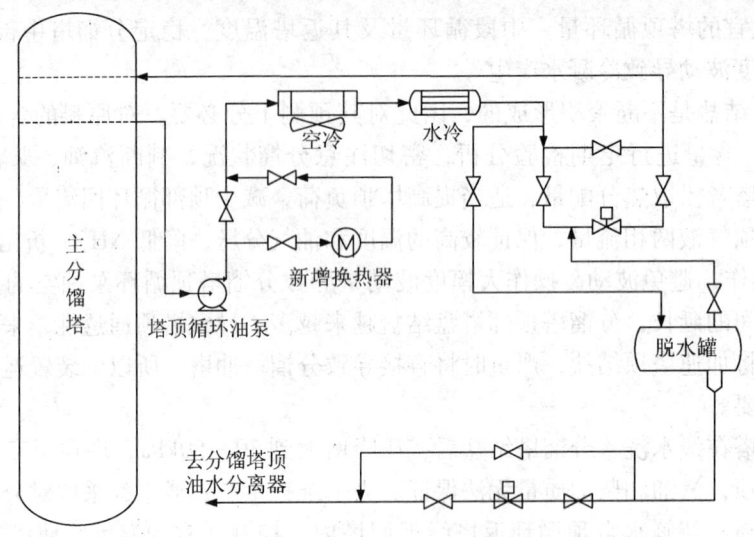

图8-2-20 分馏塔循环油塔外脱水工艺流程

采取塔顶循环油脱水技术后，每小时的脱水量约为1.5t，水蒸气的露点温度也降低了4℃，分馏塔顶温度降低，柴油馏程拓宽，柴油产率增加，这也使得分馏塔的取热具有更好的操作弹性，为控制塔顶水蒸气的冷凝提供了良好的条件，从而进一步防止NH_4Cl析出堵塞塔盘现象的发生。另外，增加塔顶循环油脱水操作后又可以使溶解在水中的NH_4Cl随该系统离开分馏塔，从而降低了分馏塔的结盐倾向，使装置平稳运行。

由于在装置处理量不变的情况下，反应系统经大油气线进入分馏塔的热量不变，在增产柴油的情况下，分馏塔上部温度会持续降低，因此可通过计算分馏塔余热，在塔顶循环及中段回流段增设适宜的热量回收设备，以保持分馏塔操作稳定。

② 塔内脱水。对塔顶循环油采取塔内脱水时，需在分馏塔内安装一个集水箱，箱体内嵌一个自动脱水器，脱水器脱出的水自压返回至分馏塔顶油水分离罐中。该脱水方式简单、投资少。同塔外脱水一样，该技术也可以有效防止分馏塔顶部结盐，降低顶温，拓宽柴油馏程，增加柴油收率。此外，也需新增换热器，进行余热回收。

第三节 含硫原油馏分油加氢裂化

一、加氢裂化工艺的主要特点和对原料的要求

（一）加氢裂化工艺的主要特点

加氢裂化是一种使用双功能催化剂在固定床反应器中进行多相催化反应的重油轻质化技

术。这种技术诞生60多年来,得到了快速发展,已成为炼油工业的主要加工手段之一。经过长期技术开发及工业实践,为适应各种需要,已有多种工艺过程在工业上得到应用。

加氢裂化工艺,实际上是早期固定床加氢精制或加氢处理工艺技术的进一步扩展和深化,它以固定床高压反应器为核心,再配以进料、供氢、换热、加热炉、气液分离及产品分馏等系统构成,如图8-3-1所示。但它与传统的加氢精制装置又有所不同,一是为了制取不同馏分的裂化产品,它具有完善的(包括分馏塔和稳定塔)分馏系统;二是大多数情况下,为了将VGO全部转化为轻质油品,需要把一次通过后尚未转化的重馏分油循环到反应器中去;三是所使用催化剂除具有良好的加氢功能外,还具有一定的裂解功能。

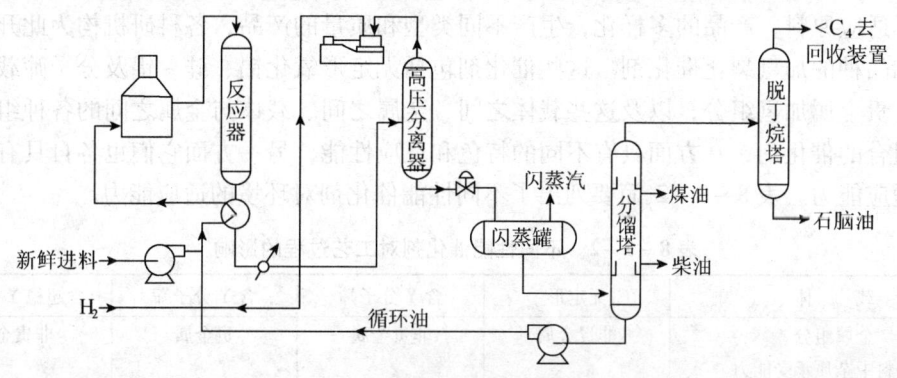

图8-3-1 单段加氢裂化工艺流程示意图

加氢裂化工艺技术一个重要的特点,就是它能加工各种不同性质的原料,制取多种轻质石油产品及供进一步深加工的优质原料,原料来源十分广泛,从石脑油一直到脱沥青油,表8-3-1简要概括了加氢裂化原料的范围及主要目的产品。

表8-3-1 加氢裂化加工原料油的灵活性

原 料 油	产 品
石脑油	
煤油	
直馏柴油 AGO	
天然凝析油	液化气、轻石脑油、重石脑油(重整原料)、
直馏减压蜡油 VGO	喷气燃料、柴油、乙烯料、润滑油料
催化裂化轻柴油 LCO	
催化裂化重柴油 HCO	
焦化轻蜡油 LCGO	
焦化重蜡油 HCGO	
脱沥青油 DAO	

从加工原料的对象看,在大多数情况下,使用石脑油或煤油制取液化气的机会较少,主要原料是VGO以及二次加工的劣质柴油和蜡油,通过加氢裂化来制取从石脑油到中间馏分油及乙烯等。当要生产优质润滑油时,除了使用VGO外,为获得黏度更高的润滑油基础油,还使用重质脱沥青油(DAO)进料。由于加氢裂化具有很强的加氢脱杂质,特别是选择

性脱除硫、氮的能力，因此特别适用于直接加工含硫 VGO。从反应过程来讲，加氢处理渣油时，多数情况下有大于 10% 的裂化发生，也可以将其归于加氢裂化范畴。但渣油加氢处理还牵涉到加氢脱金属、脱残炭等更复杂的过程，它们将在含硫渣油的加氢处理一节中论述，本节将不涉及。

加氢裂化除了原料及产品多样性之外，还具有生产灵活性强的特点，即在生产过程中，市场对油品要求有所变化时，加氢裂化可以通过改变工艺条件、调整蒸馏切割范围等操作进行调节，以适应市场要求。如果工艺参数改变还不能满足要求，还可以进一步通过更换不同性能的裂化催化剂及组合来优化产品结构。

为了适应原料、产品的多样化，生产不同类型和质量的产品，各科研机构为此开发了多种性能和品种的加氢裂化催化剂。这些催化剂包括无定形氧化铝、硅－铝及分子筛载体，非贵金属、贵金属加氢组分，以及这些载体之间、金属之间、载体与金属之间的各种组合。这些不同组合的催化剂，一方面具有不同的特色和反应性能，另一方面它们也各自具有对反应环境的适应能力。表 8-3-2 简要列出了不同性能催化剂对环境的适应能力。

表 8-3-2 不同性能催化剂对工艺过程的影响

载 体	无定形	含 Y 分子筛	含 Y 分子筛	含超稳 Y 分子筛
金属组分	非贵金属	非贵金属	贵金属	非贵金属
对进料中杂质承受能力				
有机硫	√	√	×	√
有机氮	√	×	×	×
硫化氢	√	√	×	√
氨	√	×	×	√

无定形载体指的是硅铝和/或氧化铝、Y 分子筛及其改性的超稳 Y 分子筛是目前多数加氢裂化催化剂中的主要分子筛。而加氢用的金属组分，非贵金属主要有ⅥB 族的 W 和 Mo、Ⅷ族的 Ni 和 Co 等，贵金属则以Ⅷ族的 Pt 和 Pd 为主。这些酸性载体和金属组分，对进料中的杂质及反应环境中的 H_2S、NH_3 的承受能力有相当大的差异。无定形非贵金属催化剂，对进料中的硫、氮和循环氢中的 H_2S 及 NH_3 都有较强的承受力，但其反应活性较低，起始反应温度高，催化剂的寿命也较短。而无定形或分子筛载体的贵金属催化剂，则对进料中有机硫、氮化合物及循环氢的 H_2S 和 NH_3 都十分敏感，其活性中心将受到明显抑制或中毒，导致催化剂活性降低。而当反应进料的杂质很低时，这种催化剂显示出非常高的加氢和裂化活性。

由分子筛载体构成的加氢裂化催化剂，其裂化活性明显提高，而这种酸性载体却对进料中的有机氮和循环氢中的 NH_3 比较敏感，其裂化活性很容易被抑制，同时很容易结焦而缩短催化剂的寿命。因此，这类催化剂即使加氢组分为非贵金属，同样要控制原料中的氮含量及循环氢中的 NH_3 含量。

20 世纪 60 年代中期，Union 公司开发了新一代的分子筛加氢裂化催化剂，其分子筛是在原来 HY 基础上加以改性的超稳 Y 分子筛。这种载体虽然不能承受过高的有机氮含量，但对反应环境中的 NH_3 却有相当高的承受能力。它的加氢组分为非贵金属的 W、Mo、Ni、Co 等，其加氢活性还需要有一定的 H_2S 分压存在才能充分发挥，在不存在过高的 H_2S 分压时，不但不影响其活性，还有促进作用。

由此可见，为了适应不同类型的原料，制取各种优质产品，需要不同性能的催化剂，这些催化剂具有各自的特性，对反应环境有不同的要求。正是这些原因，各科研机构开发了多种不同特点的加氢裂化工艺及装置流程，多方面满足了炼油工业的要求，促进了加氢裂化技术的不断发展。

(二) 加氢裂化工艺对原料的要求

理论上讲，从石脑油（汽油）、煤油、直馏柴油、催化柴油、焦化柴油到催化循环油、直馏减压蜡油、焦化蜡油、脱沥青油和渣油等都可以作为加氢裂化原料。但真正用作加氢裂化原料的主要为直馏减压蜡油、焦化蜡油、脱沥青油，对于某些在柴油质量升级中，柴油十六烷值和/或密度平衡有困难的企业，也将催化柴油作为加氢裂化原料。此外，氢气也是一种加氢裂化原料。

加氢裂化原料性质不仅直接影响加氢裂化装置的操作条件选择和产品质量，而且也影响加氢裂化催化剂性能的发挥和装置的运转周期，因此，加氢裂化对原料有严格的限制。

1. 补充新氢

（1）氢纯度　补充新氢纯度将影响循环氢纯度，从而影响反应系统氢分压，对于新装置建设，将影响反应系统总压的选择。对于现有加氢裂化装置，一般情况下循环氢纯度（体积分数）按≮85%设计，因此，若循环氢纯度过低，则需通过排放废氢来保证氢纯度。否则，将影响加氢裂化催化剂性能的发挥，最终影响加氢裂化产品质量，甚至装置的运行周期。

一般用氢原则：高纯氢（制氢氢气、PSA氢气）应首先用于加氢裂化、渣油加氢、蜡油加氢等；低纯氢（重整氢、乙烯氢、化肥氢等）用于柴油加氢、喷气燃料加氢、石脑油加氢等。

（2）氢气中 $CO+CO_2$ 含量　CO_2 会在反应系统中累积，使循环氢纯度降低，从而导致反应系统氢分压降低，必须通过排放废氢来保证循环氢纯度，造成浪费、增加生产成本。

CO 的危害比 CO_2 严重得多，主要有：一是 CO 会发生甲烷化反应，生成甲烷和水，同时产生大量反应热。甲烷在系统中累积，影响循环氢纯度；水对催化剂的结构造成破坏，导致催化剂强度下降，甚至失活（对贵金属催化剂更明显）；反应热容易造成装置超温。二是 CO 是一种强还原剂，能将催化剂的活性金属硫化物，特别是硫化镍还原为金属镍，导致催化剂永久失活。三是 CO 在 200℃ 左右可以与催化剂中的镍反应生成高致癌物质羰基镍，这时如果进行装置停工卸剂，将会危害工作人员的身体健康。

因此，一般要求氢气中 $CO+CO_2$ 含量 $\not> 20\mu g/g$。

2. 原料油

（1）氮含量　原料油中氮含量增加，一方面将增加脱氮难度，需通过提高反应压力和/或提高反应温度和/或降低反应空速等手段才能将原料油氮脱到目标值。另一方面，如果原料油中氮含量增加，则反应系统的氨分压也将相应增加。尽管目前的加氢裂化催化剂具有很强的耐氨中毒能力，但氨仍能明显抑制加氢裂化催化剂的裂化反应活性，必须通过提高裂化反应温度来补偿催化剂的活性损失。

（2）硫含量　硫含量对设备的腐蚀影响最大，如果原料油中的硫含量增加，则空冷及分馏系统的设备选材等级升高。另外，因为原料油中的硫在加氢裂化过程中生成气体硫化氢，尽管非贵金属加氢裂化催化剂要求在一定的硫化氢分压下使用，才能充分发挥其活性稳定性，但过高的硫化氢分压，会影响催化剂的加氢饱和能力，降低喷气燃料的烟点、柴油的十六烷值和加氢裂化尾油的 BMCI 值。

(3) 沥青质(C_7不溶物)含量　测量原料油中沥青质含量的分析方法有两种,一种是用正戊烷作溶剂测定的沥青质,即 C_5 不溶物;另一种是用正庚烷作溶剂测定的沥青质,即 C_7 不溶物。这两种溶剂测定的沥青质可相差几十倍(正戊烷作溶剂测定的沥青质高,正庚烷作溶剂测定的沥青质低),炼油企业一般采用正庚烷作溶剂测定沥青质。

原料油中的沥青质对加氢裂化液体产品收率和质量虽有影响,但并不十分明显。受沥青质影响最大的是催化剂,因为在加氢裂化反应条件下,催化剂无法转化沥青质,沥青质将吸附在催化剂上,造成催化剂快速结焦、积炭,导致催化剂失活,加速反应器的提温速度,缩短催化剂的使用寿命。

目前,一般要求加氢裂化原料油中沥青质含量不大于 $100\mu g/g$,最大不得超过 $500\mu g/g$。在正常情况下,即使将原料油的终馏点切到 $600℃$,沥青质含量也不会超标。因此,沥青质超标的主要原因是常减压装置分离精度不够,少量渣油被携带进蜡油中造成的。

(4) 微量金属杂质　加氢裂化原料油中所含的微量金属杂质主要有 Fe、Ca、Ni、Cu、V、Pb、Na、Cl 等。

加氢裂化原料油中的 Fe、Ca 离子含量很低。Fe 离子主要是上游装置和加氢裂化装置本身的设备、容器及管、阀件腐蚀生成。Fe 离子本身也是催化剂,因此在进入反应器与加氢催化剂接触前,便与循环氢中的 H_2S 反应生成 FeS,FeS 随反应物流进入反应器并沉积在反应器顶部催化剂上,形成一层硬壳,导致反应器的压力降急剧上升,直至装置被迫中途停工撇头。

钙离子对加氢裂化装置的危害与铁离子相似。钙离子的来源主要包括原油本身带来和采油时添加含钙助采剂带来两部分,原油带来的钙多数为无机钙,通过电脱盐很容易脱除,但含钙助采剂多为有机钙,电脱盐难以脱除。

原料油中的 Ni、V 等微量重金属将使加氢裂化催化剂中毒失活。而且 Ni、V 等微量重金属不仅使上部催化剂中毒,还能穿透反应器上部催化剂床层进入下部,造成下部催化剂中毒,加速反应器的提温速度,缩短催化剂的使用周期。Ni、V 等微量重金属所造成的催化剂中毒将是永久性的,中毒后的催化剂无法再次进行使用。加氢裂化原料一般不含 Ni、V 等微量重金属($<1\mu g/g$),若发现加氢裂化原料 Ni、V 含量高,表明常减压装置分离效果差。

原料油中的 Na、Mg 等碱性金属,也将导致加氢裂化催化剂中毒失活,加速反应器的提温速度,缩短催化剂的使用周期。原油中的 Na、Mg 等碱性金属,通过电脱盐很容易脱除,因此加氢裂化原料一般不含 Na、Mg 等碱性金属。

一般要求加氢裂化装置原料油中的铁离子含量小于 $2\mu g/g$,最好能控制在小于 $1\mu g/g$,钙离子含量小于 $1\mu g/g$,Ni + V 等微量重金属含量小于 $1 \mu g/g$。

(5) 氯含量　氯离子与氢气反应生成 HCl,HCl 与反应系统的水反应生成偏氯酸,对高压部位的不锈钢具有很强的腐蚀性,造成换热器、空冷器及管线穿孔泄漏。HCl 还将与 NH_3 反应生成氯铵盐,氯铵盐在 $200℃$ 以下将结晶析出,堵塞高压空冷器和/或循环氢压缩机入口,导致反应系统压力降增大。

补充氢和原料油都有可能携带氯离子。补充新氢的氯离子主要来自重整氢,因此,应严格控制重整氢的氯含量。原料油中的氯离子主要来自油田的含氯助采剂、各炼油加工装置使用的各种含氯阻垢剂、缓蚀剂等。

一般要求加氢裂化原料氯含量小于 2 μg/g,补充氢氯含量小于 1μg/g。

(6) 水含量　水一方面会导致加氢催化剂机械强度下降,造成催化剂粉碎,降低催化剂的抗压和抗冲击能力;另一方面,水会破坏催化剂的结构,尤其是加氢裂化催化剂的分子筛结构,造成催化剂失活。

一般要求加氢裂化原料水含量小于 500 μg/g(绝对不能有明水),补充新氢水含量小于 1000μg/g(露点低于 -19℃)。

(7) 机械杂质　固定床加氢反应器实际上也是一台过滤器,原料油中携带大量的机械杂质,最后将全部沉积在反应器上部的催化剂床层中,使反应器压力降快速上升,导致装置被迫停工。因此,加氢装置的原料油泵出口均设有 25μL 的自动反冲洗过滤器,将原料油中的杂质滤掉。一般情况下,原料油经过 25μL 的自动反冲洗过滤器后,基本可将沉积在催化剂床层上的机械杂质滤掉。但对于掺炼焦化蜡油的原料,因焦化蜡油含有细小焦粉,如果将自动反冲洗液返回加氢装置的原料缓冲罐,一方面会造成自动反冲洗过滤器切换频繁,另一方面焦粉会被带进催化剂床层。因此,如果加氢裂化装置掺炼焦化蜡油,建议在焦化装置蜡油出口先设一道过滤器,对焦化蜡油进行预过滤,并把加氢裂化装置的原料油过滤器反冲洗液甩到污油罐,这样可大大减缓因杂质沉积导致的加氢裂化反应器压力降快速上升。

(8) 原料保护要求　对于加工掺炼二次加工油,如焦化柴油、焦化蜡油和催化柴油的加氢裂化装置,建议采用"嘴对嘴"供料,尽量不要将二次加工油送到原料油罐区储存,并需对加氢裂化装置的原料油缓冲罐用惰性气体保护,杜绝原料油与空气接触,避免二次加工油的不饱和烃,尤其是烯烃生成结焦前驱物,影响装置的运转周期。

二、含硫馏分油的加氢裂化

(一) 含硫馏分油原料的性质及特点

正是由于加氢裂化工艺在将重质馏分油转化为轻质产品的同时,能非常有效地将进料中的硫、氮等杂质通过加氢反应有效地脱除,因此这种技术特别适用于加工含硫或高硫的馏分油。我国在 1995 年之前,国内加工的原油主要是国产原油,其中大庆、辽河等原油均属低硫原油,只有胜利原油和产量较小的孤岛原油属于含硫原油,当时胜利 VGO 的硫含量为 0.6% 左右,孤岛 VGO 硫含量也只有 1% 左右。之后随着国内原油供不应求,进口原油逐年增加,其中中东含硫原油的比例越来越大,2011 年我国进口原油的数量已达到 253Mt/a,含硫原油占绝大部分。表 8-3-3 列出了我国加氢裂化装置经常使用的含硫 VGO 的性质。从硫含量来看,沙特及科威特 VGO 的硫含量都超过 2.0%,伊朗原油则稍低;我国胜利 VGO 虽属含硫油,但只有 0.56%,俄罗斯 VGO 则为 1.0% 左右,与孤岛 VGO 相当。VGO 中氮含量是加氢裂化进料中的重要控制指标,因为它直接关系到加氢裂化催化剂床层的起始反应温度。中东原油中伊朗重质 VGO 氮含量最高,达 1724μg/g,加工难度较大,其他中东原油都在 1000μg/g 左右,有的更低一些;我国孤岛 VGO 的氮含量则高达 2389μg/g。中东含硫 VGO 除了硫高之外,多数原油的环状烃(环烷烃 + 芳烃)相当高,如沙中及科威特 VGO,链烷烃含量只有 18%,而芳烃则高达 50% 以上,这也可以从表 8-3-3 的 BMCI 值看出,二者的 BMCI 值高达 49.3 和 47.0。这些环状烃高的 VGO,如果用作催化裂化进料,会导致转化率、汽油收率偏低,生焦量增加,但对于加氢裂化,却能很好地发挥加氢裂化双功能催化剂对环状烃的选择性破环及强力加氢作用。

表 8-3-3 含硫馏分油(VGO)的主要性质

原油名称	伊朗轻质	伊朗重质	沙特轻质	沙特中质	科威特	俄罗斯	胜利	孤岛
密度(20℃)/(g/cm³)	0.9027	0.9088	0.9037	0.9193	0.9163	0.9075	0.9078	0.9357
馏程/℃								
初馏点	288	280	281	313	334	350	340	372
50%	421	430	410	437	438	—	431	457
终馏点	536	537	529	525	551	530	511	552
硫含量/%	1.55	1.89	2.37	2.83	2.79	0.98	0.56	1.01
氮含量/(μg/g)	1302	1724	671	920	1000	1200	1600	2389
BMCI 值	42.6	45.0	44.3	49.3	47.0	42.7	41.1	54.6
质谱组成/%								
链烷烃	21.5	19.0	22.5	17.7	17.6	16.0	18.9	11.7
环烷烃	36.1	33.6	28.5	29.1	28.4	32.6	44.8	42.4
芳烃	39.9	45.1	47.8	51.4	52.6	44.5	33.6	42.5
胶质	2.5	2.3	1.2	1.8	1.4	—	3.1	3.4

含硫馏分油作为加氢裂化原料，最主要的影响有两个方面：一是含硫馏分油在进入加氢裂化反应器之前，要进行输送和储存，在换热器和加热炉中进行换热或加热，原料中绝大多数的硫化物是稳定的，不会与各种金属材料发生作用，可能有少数的活性硫化物会与金属材质发生反应，产生较轻微的腐蚀。二是当原料进入反应器通过催化剂床层后，几乎所有的硫化物都经过加氢反应生成硫化氢，生成量与原料中硫含量有关，它们大部分存在于气相中，也有相当一部分溶解在油品中，经过蒸馏系统汽提、蒸馏进入低压瓦斯系统。过高的硫化氢产率，与低硫馏分油加氢裂化相比，主要影响及危害有以下几个方面：

（1）循环氢中硫化氢浓度过高时，将对加氢裂化某些反应如脱硫、脱氮、芳烃饱和等产生抑制作用。

（2）在有高浓度硫化氢存在的相关设备中，在温度、压力等一定的条件下，将对设备产生严重的腐蚀作用。

（3）为了减少硫化氢的负面影响，加工高硫馏分油的加氢裂化装置都要增设循环氢脱硫、硫化氢回收系统。

（4）与低硫馏分油比较，加氢裂化装置进入硫黄回收装置的硫化氢量成倍增加，这就要求对原有硫回收装置进行适当改造和扩建。

（二）典型含硫馏分油加氢裂化工艺

目前，技术最为成熟、工业应用最多的加氢裂化工艺有单段加氢裂化工艺、单段串联加氢裂化工艺和两段加氢裂化工艺三种工艺流程。这三种加氢裂化工艺流程也经常被称为"典型的加氢裂化工艺流程"或"传统的加氢裂化工艺流程"。

1. 单段加氢裂化工艺

单段加氢裂化工艺流程示意图如图 8-3-1 所示。单段工艺过程的主要特征是最少可以用一种催化剂、在一台反应器内同时完成原料油的加氢脱硫、加氢脱氮、芳烃烯烃加氢饱和和裂化反应。有的处理量很大的装置，由于反应器的制造与运输等原因，可能使用两台及以上反应器并列操作,但其基本原理不变。

单段加氢裂化是现代加氢裂化开发的第一个加氢裂化工艺技术,1959 年 Chevron 公司在美国里奇蒙炼油厂建设的世界上第一套现代加氢裂化装置和 1966 年我国自行设计、建设的第一套加氢裂化装置大庆石化 400kt/a 加氢裂化装置就是采用单段工艺流程[38]。

2. 单段(一段)串联加氢裂化工艺

单段串联工艺过程,从总体流程而言,它与单段工艺过程没有本质上的区别,但因使用不同性能的催化剂而导致化学反应过程及其控制方法的差别,它又是传统单段工艺过程的发展和深化,从而显示了自身的特点。

单段(一段)串联加氢裂化工艺流程示意图如图 8-3-2 所示,它最少需要使用两台反应器和分别装在两台反应器的两种主催化剂。第一台反应器装填加氢精制催化剂,脱除进料中的硫、氮等杂质,同时使部分芳烃被加氢饱和,含有氢气、硫化氢、氨以及少量轻烃的精制生成油不经任何冷却、分离直接进入第二台反应器。第二台反应器主要用于精制油的裂化反应。未转化成所需轻质产品的重馏分油统称为尾油,可以再循环裂化,也可以采用尾油不循环的一次通过或一部分循环裂解、另一部分作为产品出装置(部分循环)方式操作。尾油可做优质的催化裂化或蒸汽裂解制取乙烯的原料,还可用作制取润滑油的基础油料。

第二台反应器所使用的是含分子筛的裂化催化剂。这种催化剂与无定形裂化剂相比,具有更高的反应活性及稳定性,但进料中的有机氮化物对其活性有强烈的抑制作用,并能导致加速结焦而损失催化剂的稳定性,因此这种工艺过程要控制第一反应器出口精制油的氮含量,以保证裂化剂充分发挥作用。这种裂化剂有良好的抗氨性能,故在两个反应器之间可以省去脱除氨及硫化氢的步骤。

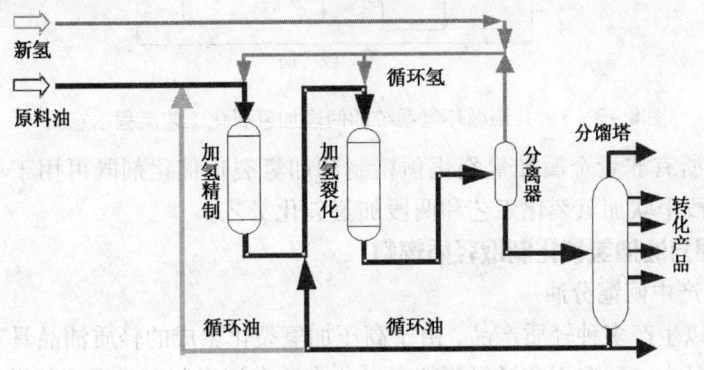

图 8-3-2 单段(一段)串联加氢裂化工艺流程示意图

对于加氢裂化装置的其他部分,如加热、换热、分离及分馏、氢气循环等,串联工艺与单段工艺过程基本没有差别。

3. 两段加氢裂化工艺

根据加氢裂化催化剂耐氨、耐氮中毒能力的不同,两段加氢裂化工艺又分为两种工艺流程,即独立设置循环氢系统和共用循环氢系统两种工艺流程。因独立设置循环氢系统的两段加氢裂化工艺的二段反应器一般使用加氢活性很高、但对反应物料中硫化氢、氨含量限制极其严格的贵金属加氢裂化催化剂,而目前在世界范围内使用贵金属加氢裂化催化剂生产油品的加氢裂化装置极少,故在此不做详细介绍,只介绍共用循环氢系统的两段加氢裂化工艺。

共用循环氢系统两段加氢裂化技术的工艺流程示意图如图8-3-3所示。一段反应器可以是同时装填加氢处理催化剂和加氢裂化催化剂的一台反应器，也可以是分别装填精制催化剂和裂化催化剂的两台或两台以上串联反应器。一段反应器除对原料油中的烯烃、芳烃进行加氢饱和以及脱除原料油中绝大部分的硫、氮和氧等有机化合物外，还将对进料进行加氢裂化反应。一段反应产物进入一段高压分离器（简称高分）进行气液分离，高分底部出来的液体经减压后，进入产品分馏塔分离出加氢裂化产品。分馏塔底的加氢裂化未转化油进入装有加氢裂化催化剂的二段反应器中进行加氢裂化，反应产物进入二段高压分离器进行气液分离，高分顶部的富氢气体与从一段高分顶部的富氢气体混合后，经循环压缩机循环回一、二段反应系统，高分底部出来的液体经减压后，与一段反应生成油混合进入产品分馏系统。

共用循环氢系统两段加氢裂化工艺的一段和二段可以使用相同的加氢裂化催化剂，也可以使用不同的加氢裂化催化剂。

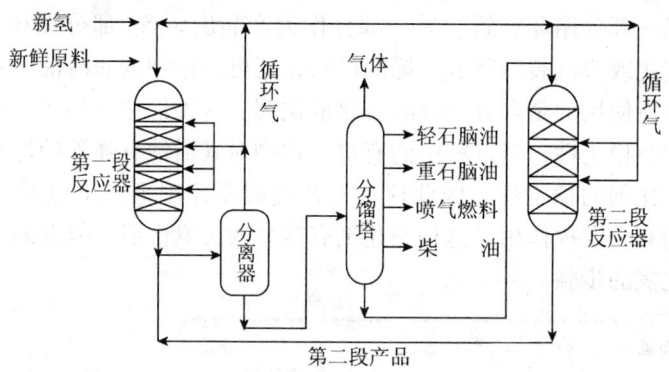

图8-3-3　共用循环氢系统的两段加氢裂化工艺流程示意图

目前开发的所有非贵金属加氢裂化预精制和加氢裂化催化剂既可用于单段加氢裂化工艺，也可用于单段串联加氢裂化工艺和两段加氢裂化工艺。

（三）含硫馏分油加氢裂化制取轻质燃料

1. 最大量生产中间馏分油

加氢裂化可以生产多种轻质产品，由于高压加氢裂化生成的轻质油品具有硫、氮等杂质含量低、芳烃含量少、基本不含烯烃等特点，非常适合用来制取优质喷气燃料和柴油等中间馏分油产品。在20世纪70、80年代，加氢裂化柴油中的十六烷值、芳烃、硫等指标，远优于当时的产品规格标准；进入90年代，随着清洁柴油规范的出台，对密度、硫、芳烃、十六烷值提出了更高的要求，而加氢裂化柴油能非常容易达到新标准的要求。

为了最大量生产中间馏分油，开发成功并使用得最多的是单段工艺过程。这种工艺主要使用两种类型加氢裂化催化剂，一种为无定形Si-Al载体的非贵金属催化剂，另一种则是在Si-Al载体中加少量分子筛的非贵金属催化剂。使用这两种类型催化剂的单段工艺有以下几个特点：

（1）有非常好的中间馏分油选择性。可获得最大量的煤油及柴油，而LPG及石脑油收率较低。

(2) 具有相当好的承受原料中硫、氮杂质的能力，因此，理论上只需一台反应器，直接使用裂化催化剂，不需要在裂化前设精制反应器。

(3) 这种裂化剂的相对反应活性较低，对温度的敏感性较小，操作中不易发生飞温。

(4) 流程简单，操作容易，投资相对较少。

单段加氢裂化工艺流程示意图见图 8-3-1。正是由于单段裂化有上述特点，它已成为最大量制取中间馏分油的首选流程。

表 8-3-4～表 8-3-6 是加拿大奥特朗布勒斯角炼油厂、科威特舍巴炼油厂和泰国是拉差炼油厂加氢裂化最大量生产中间馏分油的结果[39]。

表 8-3-4 为加拿大奥特朗布勒斯角炼油厂的最大量生产中间馏分油的数据。该装置采用 UOP 公司技术，处理能力为 800kt/a，采用无定形的 DHC 系列催化剂。原料油的硫含量高达 2.2%，密度和终馏点都相当高，未转化油全循环操作，其 177～366℃ 柴油体积收率高达 87.5%，硫含量很低（仅 5μg/g），而且倾点也非常低。

表 8-3-5 为科威特舍巴炼油厂数据，它使用的是 Chevron 公司技术，催化剂为 ICR-106 无定形催化剂，处理能力 1.13Mt/a，一台反应器重达 900t；同样，原料油硫含量很高（2.8%），密度和终馏点也相当高，全循环操作。149～371℃ 柴油体积收率高达 85%，硫含量和凝点都非常低，为优质清洁柴油。

表 8-3-6 列出了泰国是拉差炼油厂加氢裂化装置生产最大量中间馏分油的运转结果，其产品方案与前二者不同，要同时生产喷气燃料和柴油两种产品。所用原料为沙轻含硫 VGO，装置加工量为 850kt/a，使用 UOP 技术和 DHC-8 无定形催化剂，未转化油全循环操作，中间馏分油总收率高达 86.2%（体积分数），其中喷气燃料 47.2% 产品质量优良。

表 8-3-4 加拿大炼油厂单段加氢裂化装置数据

项　目	数　据
原料性质	
密度(20℃)/(kg/m³)	910
馏程/℃	
初馏点/50%	318/459
终馏点	578
S/%	2.22
N/(μg/g)	889
反应器台数	2
操作条件	
反应压力/MPa	17.5
氢油体积比	1140:1
体积空速(对新鲜进料)/h⁻¹	0.56
177～366℃柴油收率(体)/%	87.5
柴油产品性质	
密度(20℃)/(g/cm³)	0.8203
S/(μg/g)	5
倾点/℃	-32

表 8-3-5 科威特炼油厂单段加氢裂化装置数据

项　目	数　据
原料性质	
密度(20℃)/(kg/m³)	910
苯胺点/℃	83
馏程/℃	
5%/95%	368/540
终馏点	555
S/%	2.8
N/(μg/g)	874
催化剂	ICR-106
工艺条件	
反应压力/MPa	14.0
氢油体积比	890:1
体积空速/h⁻¹	1.0
产品性质	
柴油收(体)率/%	85
密度(20℃)/(g/cm³)	0.8200
馏分范围/℃	149～371
S/(μg/g)	<10
凝点/℃	-18

表 8-3-6 泰国是拉差炼油厂单段加氢裂化装置数据

原料油	数据	产品	喷气燃料	柴油
密度(20℃)/(kg/m³)	909	产率(对新鲜料)(体)/%	47.2	39
馏程/℃		馏程/℃		
95%	555	初馏点/终馏点	130/290	300(5%)/370(90%)
S/%	1.3	烟点/mm	26	
N/(μg/g)	628	冰点/℃	-52	
加氢裂化总转化率/%	99.6	倾点/℃		0
		十六烷值		64.5

我国是较早开发出使用单段加氢裂化工艺生产最大量中间馏分油的国家之一。1966年我国自主开发的第一套加氢裂化装置在大庆投产[38],其加工能力为400kt/a,使用大庆VGO为原料,催化剂为3652无定形催化剂,反应压力为12.0MPa。这一技术的工业化与美国Chevron公司开发的加氢裂化工艺相差只有6年时间,达到较高水平。20世纪90年代初,中国石化抚顺石油化工研究院(FRIPP)开发成功了新的多产中间馏分油的ZHC-02无定形加氢裂化催化剂,并在大庆应用成功。

之后FRIPP又开发成功了新一代的最大量制取中间馏分油的单段加氢裂化催化剂ZHC-04,这种使用无定形裂化催化剂的单段工艺在加工中东含硫VGO时,显示了很高的中间馏分油的收率选择性。表8-3-7、表8-3-8、表8-3-9为FRIPP在A-2中型试验装置的运转结果,此结果与工业装置运转数据可以很好地吻合。

从表8-3-7可见,所用原料为高硫、高密度中东VGO,使用的催化剂为FRIPP开发的以无定形硅铝为载体的催化剂。从操作条件可以看出,当反应体积空速为0.92h^{-1}时,其平均反应温度为403℃,说明无定形催化剂的相对活性较低。但从表8-3-10的产品分布中可以看出,在全循环操作下,喷气燃料+柴油的中间馏分产率很高,其质量总收率达75.7%,而体积总收率高达94.9%,其中柴油体积收率为54.0%。如果与国外类似的数据相比,柴油收率更高,这是因为本方案的柴油切割点为385℃,比国外的切割点高的缘故。从产品质量看,喷气燃料芳烃仅2.8%,烟点高达30mm,柴油的质量也很理想。

表 8-3-7 原料油性质

项目	中东VGO
密度(20℃)/(g/cm³)	0.910
馏程/℃	
初馏点/10%	298/358
30%/50%	403/429
70%/90%	453/485
95%/终馏点	502/529
凝点/℃	28
P/N/A/%	19.5/30.5/48.0
残炭/%	0.05
H/%	11.95
C/%	85.82
N/(μg/g)	900

表 8-3-8 反应条件及产品分布

项目	单段全循环
催化剂	无定形
工艺条件	
反应压力/MPa	15.7
氢油体积比	1000:1
体积空速/h^{-1}	0.92
平均反应温度/℃	403
单程转化率(体)/%	66
产品分布/%	
H_2S+NH_3	2.38
干气	0.52
液化气	3.90
<82℃轻石脑油	6.58
82~138℃重石脑油	13.83(18.9)①
138~249℃喷气燃料	32.02(40.9)①
249~385℃柴油	43.69(54.0)①
化学氢耗/%	2.91

① 括弧内数据表示体积分数。

表8-3-9 产品性质

方　案	单段全循环	方　案	单段全循环
82~138℃重石脑油		249~385℃柴油	
密度(20℃)/(g/cm³)	0.7309	密度(20℃)/(g/cm³)	0.8087
馏程/℃	97~158	馏程/℃	265~375
138~249℃喷气燃料		凝点/℃	-9
密度(20℃)/(g/cm³)	0.7826	十六烷值	69
馏程/℃	139~234	>385℃尾油	
芳烃(体)/%	2.8	密度(20℃)/(g/cm³)	0.8159
冰点/℃	-58	馏程/℃	387~511
烟点/mm	30	凝点/℃	33
		BMCI值	5.9

除了使用无定形裂化剂的单段加氢裂化工艺可以生产最大量的中间馏分油外,使用分子筛型催化剂的单段串联工艺过程,也可以最大量地生产中间馏分油。因为这种专门研制的催化剂中所含分子筛进行了特殊改性,它可以做到中间馏分油的选择性很高,同时其反应活性也明显高于无定形裂化剂。表8-3-10与表8-3-11列出了相关数据,原料为沙特VGO,具有硫含量高、密度大、终馏点高的特点,采用全循环操作。当使用HC-22分子筛催化剂,在其他工艺条件相当时,其平均反应温度要比使用无定形催化剂HC-102低14℃。从产品分布看,如果按154~370℃全馏分柴油生产方案,则柴油的体积产率也高达96.3%。再看HC-102的结果,其全馏分柴油体积收率为97.8%,比前者还要高1.5个百分点。进一步仔细比较,HC-102的轻重石脑油的产率都比HC-22要低,154~288℃喷气燃料产率,HC-22要比HC-102高7.3个百分点(体积分数)。这就说明,尽管都是多产中间馏分油(喷气燃料+柴油),但分子筛催化剂则偏重于多产馏程较轻的喷气燃料馏分。

表8-3-10 原料油性质(沙特VGO)

项　目	数　据	项　目	数　据
API度	22.4	残炭/%	0.15
密度(20℃)/(g/cm³)	0.9155	组成/%	
馏程/℃		烷烃	26.4
初馏点	371	环烷烃	16.9
10%	411	单环环烷烃	8.1
50%	460	多环环烷烃	8.8
90%	521	芳烃	32.6
终馏点	550	单环芳烃	19.8
S/%	2.37	多环芳烃	12.8
N/%	0.078	总硫化物	18.5
倾点/℃	35	氮化物+未知物	5.5

表8-3-11 两种催化剂性能比较

催化剂牌号	HC-102	HC-22
催化剂类型	无定形	含分子筛
工艺过程	单段单剂	单段串联
催化剂平均反应温度/℃	基准+14	基准

续表

催化剂牌号	HC-102	HC-22
催化剂失活速度/(℃/d)	0.06	0.028
产品收率(对进料)(体)/%		
$C_1 \sim C_3$/(Nm^3/m^3)	8.7	6.3
总 C_4	2.8	4.0
总 C_5	2.3	3.6
$C_5 \sim C_6$	5.9	9.3
$C_7 \sim 154℃$汽油	4.6	7.4
154~288℃喷气燃料	47.1	54.8
154~370℃柴油	97.8	96.3
>C_5	108.93	113.0
>C_4	111.1	117.0
柴油性质		
API 度	41.9	43.9
密度(20℃)/(g/cm^3)	0.8205	0.8112
硫含量/(μg/g)	3.0	2.0
氮含量/(μg/g)	0.7	<0.1
倾点/℃	-36	-43
十六烷指数	71	67

这就说明，如要多产柴油，显然用无定形催化剂的单段裂化工艺有其优越性；如果要多产喷气燃料，并希望在产品结构上有一定灵活性，可以考虑选用分子筛型催化剂的单段串联工艺。从表 8-3-11 还可以看出，两种催化剂的失活速度有较大差别，HC-22 为 0.028℃/d，而无定形 HC-102 则为 0.06℃/d，后者增加一倍，说明 HC-22 分子筛型催化剂具有更好的稳定性，这也是一个很重要的特点。

21 世纪初，FRIPP 开发成功了 FC-14 含微量分子筛多产中间馏分油加氢裂化催化剂，并分别在中国石化的金陵、海南和中国石油的锦州、辽阳的企业成功应用，并取得很好的效果。FRIPP、UOP 和 Chevron 公司含微量分子筛多产中间馏分油加氢裂化催化剂工业应用情况将在本节之六"加氢裂化技术在国内工业应用情况和实例"中详细介绍。

2. 最大量生产石脑油

通过选择适宜的操作条件和加氢裂化催化剂，可以将蜡油全部转化为石脑油及比石脑油轻的产品。采用美国联合油公司专利技术，现属中国石化的上海石油化工股份有限公司 1986 年建成投产的加氢裂化装置就是采用 177℃$^+$ 馏分全循环，全部生产石脑油的加氢裂化装置。1991 年，该装置裂化段使用 FRIPP 的 3825 催化剂。装置加工原料以大庆 VGO 为主，掺兑 20% 的胜利 VGO，原料油性质及产品产率见表 8-3-12。因为大庆及胜利原油均属石蜡基原油，从表中原料性质可以看出，混合 VGO 的 UOP K 值达到 12.47，倾点为 46℃，这是一种环状烃含量不高的进料，从某种意义上说它不是一种对加氢裂化非常适合的原料，特别要将这种进料转化为重整原料更是如此。原料的氮含量较低，这当然减轻了第一反应器加氢脱氮的难度。

表 8-3-12 石脑油方案工业结果[38]

原料油	大庆VGO：胜利 VGO＝8：2 混合油	原料油	大庆VGO：胜利 VGO＝8：2 混合油
密度(20℃)/(g/cm³)	0.8674	倾点/℃	46
馏程/℃		康氏残炭/%	0.04
初馏点	257	反应压力/MPa	14.8
10%	373	产品收率/%	
50%	435	$NH_3 + H_2S$	0.20
90%	501	$C_1 + C_2$	0.46
终馏点	528	$C_3 + C_4$	16.24
硫/%	0.12	C_5^+轻石脑油	20.23
氮/%	0.05	重石脑油	66.37
UOP K 值	12.47	氢耗/%	3.50

这种全部生产汽油产品的操作，其轻、重石脑油的总收率达到 86.6%，气体收率高达 16.7%，但干气较少，对当时的上海而言，C_3、C_4是市场销售相当好的产品。但也要看到，全石脑油型的生产模式因为高的氢气耗量而导致相当高的操作成本。

表 8-3-13 列出了主要产品性质，石脑油的硫、氮含量均小于 0.5 μg/g，它不需要再进行加氢就可直接做为催化重整的进料。从石脑油的族组成分析数据看，其烷烃含量高而环烷烃及芳烃含量较低，也就是说其芳烃潜含量低，这与装置进料的VGO富含烷烃有关，因此将其做为重整进料不是很理想。

表 8-3-13 主要产品性质

项 目		轻石脑油		重石脑油		
密度(20℃)/(g/cm³)		0.6435		0.7351		
馏程/℃						
初馏点		34.5		87		
10%		38.5		99		
50%		45.0		122.5		
90%		59		168		
终馏点		61.5		184		
硫含量/(μg/g)		<0.5		<0.5		
氮含量/(μg/g)		<0.5		<0.5		
		(体)/%		C_P/%	C_N/%	C_A/%
烃组成	$n-C_4$	0.75	C_5	0.08	0.01	
	$i-C_5$	44.49	C_6	6.88	2.88	0.19
	nC_5	8.95	C_7	17.39	6.95	0.51
	$C_y C_5$	0.51	C_8	14.10	8.11	0.90
	$MC_y C_5$	0.51	C_9	10.48	7.16	1.03
	$i-C_6$	43.31	C_{10}	8.01	4.41	
	$n-C_6$	1.11	合计	56.94	29.52	2.63
	iC_7	0.12	C_{11}	7.65		
	其他	0.25	C_{12}	3.40		

3. 灵活生产中间馏分油和化工原料（石脑油、加氢裂化尾油）

有的炼油厂根据总的流程安排及市场需求，不追求中间馏分油的最大产率，而是要求加氢裂化装置能够同时生产石脑油和中间馏分油。此外，有些炼油厂还希望加氢裂化装置能通过操作条件、分馏切割方案以及尾油循环方式的调整，较大幅度地改变石脑油和中间馏分油的比例，以适应市场的变化。对于这种要求，使用前面所述的无定形裂化催化剂的工艺就难以做到，因为如果要用活性较低的无定形催化剂，通过提高操作苛刻度以多产石脑油，首先是反应温度将很高，而高的反应温度将影响装置长周期运转。为此，实现兼顾生产石脑油与中间馏分油的灵活型加氢裂化，需要使用裂化活性相对较高的分子筛型裂化催化剂，在工艺流程上则采用适合分子筛催化剂反应性能的单段串联工艺流程。由于单段串联工艺流程在裂化反应器之前增加了一台加氢预精制反应器，在此将新鲜原料中的硫、氮杂质进行深度脱除，从而可以充分发挥二反裂化催化剂的活性，所以这种流程就更加适应加工馏分更重及硫、氮杂质含量更多的原料。其次是可以通过改变二反反应温度以及改变循环油的切割点及循环方式，达到改变汽油（石脑油）与中间馏分油的比例。文献[40]报道了用科威特HVGO兼顾生产汽油及中间馏分油的加氢裂化运转结果，原料油的密度大，硫含量高达2.9%，装置用全循环方式操作，通过改变循环油的切割点，达到分别多产汽、煤、柴油的目的。当要全部生产汽油（石脑油）时，将包括煤油、柴油在内的馏分进行全循环，以实现全部转化为汽油的目的；如果要生产喷气燃料和石脑油，就将柴油进入到尾油进行循环；如果要生产柴油、喷气燃料和石脑油，就将大于柴油馏分的尾油进行循环；而如果要生产加氢裂化尾油、柴油、喷气燃料和石脑油，则装置可采用一次通过流程。表8-3-14列出了不同产品方案的各种产品的产率结果。

从表8-3-14的数据可以看出，这种兼顾型的加氢裂化装置，可以分别生产汽油、喷气燃料、柴油、炉用燃料（加氢裂化尾油）四种主要目的产品，充分显示出它的灵活性。当汽油（石脑油）为主产品时，轻、重石脑油总产率（体积）达到110.6%，但同时也生产出相当多的气体产品，相对应的氢耗量也很高，达到293Nm^3/m^3，说明其加氢裂化深度很高。随着主要产品变重，汽油及气体产率都相应减少，氢耗也降低。

表8-3-14 从VGO生产汽油、喷气燃料、柴油或炉用油的结果

原料油	数据	目的产品	汽油	喷气燃料	柴油	炉用油
API度	22.3	收率（对进料）				
密度(20℃)/(g/cm³)	0.9161	$C_1 \sim C_3$/(Nm³/m³)	15.1	11.0	10.0	5.9
S/%	2.9	C_4/(Nm³/m³)	14.5	8.3	4.9	3.7
N/(μg/g)	820	轻石脑油(体)/%	31.7	17.2	11.5	11.8
馏程范围/℃	315~537	重石脑油(体)/%	78.9	28.0	19.6	13.8
		喷气燃料(体)/%		64.6		
		柴油(体)/%			81.4	
		炉用油(体)/%				87.4
		氢耗/(Nm³/m³)	293	243	217	198

（四）加氢裂化尾油的生产及应用

在加氢裂化技术的发展过程中，早期一般使用馏分较轻和杂质含量较少的原料，用以生产石脑油或煤油等产品。随着市场对轻质油品、特别是中间馏分油需求的增加，需要将更重的VGO进行轻质化，再加上加氢裂化催化剂及工艺水平的不断提高，从而可以加工更重的

第八章 含硫含酸原油馏分油加工技术

减压蜡油。在技术开发和工业应用中，科技人员很快就认识到，加氢裂化的尾油有着优良的性能和特点。首先在高压加氢的条件下，加氢未转化油（尾油）中有害杂质得到了深度脱除，例如硫、氮含量一般在 20μg/g 左右，多数都在 10μg/g 以下；另一特点是，加氢裂化使用的大多数催化剂，都具有对稠环芳烃选择性破环的能力，再加上催化剂的强加氢能力，使进料中的芳烃含量大幅度降低，而且馏程前移，成为石脑油或中间馏分油产品。这样一来，未转化的加氢尾油芳烃含量低，烷烃得到富集而含量增加，物化性质则表现为凝点上升，芳烃指数（BMCI 值）降低。这些优良的性质，显示出加氢裂化尾油优于同一类型原油直馏 VGO 性能，可以作为制取优质润滑油、蒸汽裂解制乙烯以及催化裂化的原料，特别是当炼油厂在加工高硫原油时，这一优点就更加突出。正是上述原因，使得在很多情况下，未转化尾油成为不少加氢裂化装置在生产优质轻质产品的同时兼顾生产的重质组分。这时，加氢裂化装置就会采用单程一次通过的方法进行操作，其转化率的控制取决于对尾油产率及质量的要求。

1. 制取生产乙烯用原料

蒸汽裂解法生产乙烯，最常用的原料为直馏 LPG 和轻、重石脑油，原因是轻烃中氢含量高，烷烃含量特别是直链或少侧链的烷烃含量高，这种原料进行蒸汽裂解时，其乙烯及三烯（乙烯、丙烯和丁二烯）产率高，裂解焦油产率低，生焦量少，文献[41]对此有详细的论述。但是，在某些国家和地区，直馏轻烃及石脑油的供应相对短缺，不得不寻求其他制取乙烯的原料来源，中国就面临这一问题。中国的炼油企业，尤其是炼化一体化企业，催化重整装置和乙烯生产装置规模都较大，乙烯原料严重不足，加氢裂化尾油是一个很好的选择。目前中国蒸汽裂解制取乙烯的原料中，加氢裂化尾油占有相当比重。

在采用单程一次通过的加氢裂化工艺过程中，无论是选用无定形硅铝载体，还是选用分子筛型载体的非贵金属催化剂，所得未转化尾油的族组成与原料相比都有较大程度的改变。图 8-3-4 列出了用 A、B 两种不同裂解选择性催化剂，其尾油族组成的变化[42]。使用两种催化剂的尾油，其烷烃的含量明显高于原料油，其中 A 催化剂最好，为 75% 左右，芳烃及环烷烃也是 A 最低。从 BMCI 值来看，原料高达 32 左右，而 A 为 9，B 也只有 15 左右，说明二者的蒸汽裂解性能得到相当大的改善。表 8-3-15 列出了以含硫的沙特轻质原油 VGO 为原料，其加氢裂化尾油的蒸汽裂解性能。尾油的产率为 57.73%，说明运转中的单程转化率不深，但与原料油相比其芳烃含量由 46% 降至 8.9%，烷烃+环烷烃增加很多。其蒸汽裂解的乙烯产率达 27%，三烯产率为 44.8%，与基本没有芳烃的加氢裂化轻石脑油相当，只是裂解焦油比较高。将尾油的蒸汽裂解结果与同时加氢裂化产出的重石脑、轻柴油相比较，其蒸汽裂解各项指标都优于重石脑油及轻柴油。从烃组成来看，尽管它们的氢含量与尾

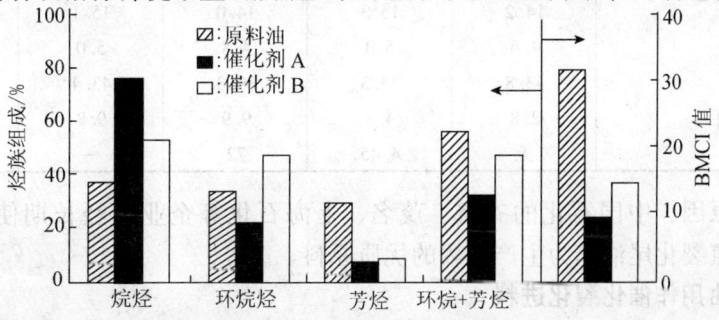

图 8-3-4 不同裂解选择性催化剂加氢裂化尾油的环含量及 BMCI 值

油相差不多，但烷烃明显低于尾油，而芳烃则显著高于尾油，这说明加氢裂化尾油有良好的蒸汽裂解性能。

表8-3-15 加氢裂化产品不同馏分的族组成及蒸汽裂解产品分布

项 目	原料油	轻石脑油	重石脑油	轻柴油	>343℃尾油
馏分/℃	300~550	C_5~85	85~193	193~343	343~565
产率/%	100	2.35	13.77	23.97	57.73
密度(20℃)/(g/cm^3)	0.9300	0.6852	0.7848	0.8504	0.8519
50%馏出/℃	462	—	143	272	453
族组成(体)/%					
P	30	75.6	25.4	17.4	32.8
N	24	19.9	59.3	58.8	58.3
A	46	4.5	15.3	23.8	8.9
氢含量/%	15.3	14.0	13.4		14.2
蒸汽裂解产品分布/%					
C_2H_4		28.1	19.9	20.0	27.0
C_3H_6		15.0	12.0	13.1	13.4
C_4H_6		4.7	4.0	4.0	4.4
三苯		11.6	18.5	11.9	12.3
裂解汽油		1.9	5.4	2.9	2.0
裂解焦油		4.3	13.0	20.9	12.9
三烯		47.8	35.9	37.1	44.8

表8-3-16列出了含硫的胜利VGO加氢裂化尾油的蒸汽裂解结果，并将它与胜利原油各种直馏馏分油相比较。数据表明胜制VGO加氢裂化尾油蒸汽裂解的各项指标都优于同一原油的石脑油、AGO、VCO，甚至经过加氢处理的HT-VCO，说明加氢裂化尾油优良的蒸汽裂解性能。

表8-3-16 胜利直馏不同馏分油与加氢裂化尾油蒸汽裂解产率

项 目	石脑油	AGO	VGO	HT-VGO	加氢裂化尾油
蒸汽裂解条件					
路出口温度/℃	840	800	800	800	800
停留时间/s	0.4	0.4	0.39	0.4	0.38
水油比	0.65	0.75	0.75	0.76	0.75
蒸汽裂解主要产品产率/%					
CH_4	14.3	9.5	7.3	9.6	—
C_2H_4	25.0	23.0	20.5	23.3	28.3
C_3H_6	14.2	15.3	14.0	15.1	17.8
C_4H_6	4.6	5.0	4.8	5.0	6.8
三烯	43.8	43.3	39.3	43.4	52.9
>288℃裂解焦油	2.8	4.3	9.9	9.8	2.2
结焦量/(μg/g)	无	4.45	72	—	—

正是上述原因，中国石化的齐鲁、茂名、上海石化等企业已经长期使用含硫或高硫VGO制取的加氢裂化尾油作为生产乙烯的优质原料。

2. 未转化油用作催化裂化进料

在炼油工业中，催化裂化是生产车用汽油组分的主要工艺。当催化裂化工艺使用低硫石蜡基或中间基原油的VGO做原料时，一般情况下直馏VGO未经任何加氢处理就可直接使用，即使掺入部分低硫原油的渣油时也是如此。未经任何加氢处理的原料，催化裂化所产的汽油硫含量约占进料硫含量的6%~10%；但催化柴油质量较差，主要是十六烷值低、硫含量高、安定性差等，一般需要进行中压加氢精制，以达到商品轻柴油的质量要求。

进入20世纪90年代后期，情况有了较大的变化。由于环保意识增强，世界各国对汽、柴油中硫、芳烃、烯烃含量的要求更加严格，催化柴油需要加氢精制或改质，即使从低硫VGO或掺渣进料所得的车用汽油组分也需要进行选择性加氢进一步脱硫和降低烯烃含量。

对于含硫原油特别是中东原油，其直馏VGO的硫含量大多为1.5%或更高；同时，除了硫含量高外，中东油大多属于中间-环烷基原油。从表8-3-3可见，其VGO中芳烃含量大部分都在40%以上，有的高达50%。因此，催化裂化汽、柴油产品的硫含量大幅度超标，如果按清洁燃料的新标准要求，汽油中的烯烃和硫含量及柴油的密度、硫含量、芳烃和十六烷值都不符合要求，需要对产品进行较苛刻的加氢处理。在这种情况下，对于加工高硫VGO的催化裂化，一般情况下要对其原料进行加氢预处理。

含硫催化裂化原料的预处理有三个途径，即加氢处理、缓和加氢裂化和高压加氢裂化。缓和加氢裂化（MHC）与加氢裂化属于同一范畴，主要差别是MHC一般是在较低压力下操作，大约8.0~10.0MPa，同时它的裂化转化率较低，一般在10%~40%。表8-3-17列出了胜利含硫VGO经加氢处理、MHC和加氢裂化后生成油及尾油的质量变化情况。从结果看，三种加氢技术对油性都有较大改进，硫、氮的脱除，加氢处理后已达到相当深度，MHC和加氢裂化则达到相当高的水平。对于芳烃的脱除，MHC已由原料的28%减少至13%，而加氢裂化则减少到1.3%，这些对于改善催化裂化的目的产品收率和提高产品质量有很大帮助。表8-3-18列出了中东含硫1.69%的混合VGO未经加氢和经过加氢处理及MHC后，分别进行催化裂化的试验结果。从>370℃馏分性质看，其硫、氮含量经加氢后逐级减少，芳烃含量也遵循同一规律。其中MHC尾油硫、氮很低，芳烃已减至36%。加氢后FCC的汽油收率增加3.9%~4.6%。而使用高压加氢裂化尾油，则FCC的效果更加显著。表8-3-19为含硫1.5%中东油的对比结果，其加氢裂化尾油的硫含量仅有70μg/g、氮为22μg/g；从折光率和苯胺点看，油中的链烷烃含量明显增加；从催化裂化产品收率来看，尾油为原料时汽油产率由46.3%提高至65.7%，大于C_5液体产品，增加4个百分点。由于原料中硫只有70μg/g，按硫分配原则，预测汽油中的硫只有几个μg/g，柴油中硫、氮含量也会非常低。

表8-3-17 胜利VGO与加氢处理、缓和加氢裂化、高压加氢裂化尾油典型性质

项 目	直馏VGO	加氢处理	MHC尾油	加氢裂化尾油
密度(20℃)/(g/cm³)	0.9008	—	0.8427	0.8456
馏分/℃	321~507	350~530	320~500	302~489
S/%	0.59	0.02	0.003	0.0007
N/%	0.18	0.10	0.002	0.004
残炭/%	0.05	—	0.02	0.01
芳烃含量/%	28	—	13	1.3

表 8-3-18 加氢处理 VGO、缓和加氢裂化尾油与 VGO 催化裂化反应结果比较

项 目	VGO	加氢处理 VGO	缓和加氢裂化尾油
原料			
密度(20℃)/(g/cm³)	0.9042	0.8793	0.8375
S/N/%	1.694/0.183	0.092/0.155	0.019/0.03
残炭/%	0.94	0.21	0.17
芳烃含量/%	49.4	42.2	42.6
馏分/%			
初馏点~370℃	10.49	17.10	45.90
>370℃	89.51	82.90	54.01
密度(20℃)/(g/cm³)	0.9052	0.8795	0.8621
S/N/%	1.71/0.1994	0.16/0.111	0.037/0.024
芳烃含量/%	49.7	40.9	36.2
催化裂化产品分布/%			
气体	14.46	16.19	19.45
汽油	52.48	57.05	56.38
柴油	13.97	12.92	9.83
塔底油	13.84	10.95	11.24
焦炭	5.26	2.89	3.10

表 8-3-19 加氢裂化尾油与 VGO 催化裂化产品产率

项 目	VGO	加氢裂化 >343℃尾油	项 目	VGO	加氢裂化 >343℃尾油
原料性质			转化率/%	61.4	84.3
密度(20℃)/(g/cm³)	0.918	0.86	催化裂化产品分布(体)/%		
终馏点(ASTM D1160)/℃	515	528	汽油	46.3	65.7
S/N/%	1.5/0.355	0.007/0.0022	柴油	28.3	10.9
折射率(50℃)	1.4955	1.4555	C_5^+ 液体产品	101.7	105.7
苯胺点/℃	61	107			

还要指出,当用 MHC 生产尾油做催化裂化原料的同时,MHC 过程中产出的<350℃的轻质产品也有相当好的质量,如 180~350℃柴油具有硫含量低、十六烷值高、安定性好等优点。一般石脑油的芳烃潜含量较高,硫、氮很低,可以做为重整进料。而对于高压加氢裂化工艺,其轻质油品质量更好,中间馏分可以用来生产喷气燃料,柴油馏分则可达到超低硫清洁燃料的要求。在炼油厂对高硫原油的加氢处理,究竟采用哪种技术,技术经济仍是关键因素。在全厂流程优化中,如果产品结构与质量能满足市场需求时,多数情况将使用投资及操作成本都较低的加氢处理或低转化率的缓和加氢裂化。

3. 生产优质润滑油原料,用来制取高档润滑油的基础油

在传统的润滑油生产技术中,大多是采用优质的低硫石蜡基直馏 VGO 及 DAO 为原料,通过溶剂精制、酮苯脱蜡以及白土精制和/或加氢补充精制的方法生产润滑油基础油。但随着润滑油制造技术及产量的进一步提高,传统工艺存在两个问题:一是生产出黏度指数很高的基础料比较难,二是适合做润滑油的低硫石蜡基原料难以得到。特别是对于含硫中间基的中东原油,更无法用传统方法生产高档润滑油。为此,从 20 世纪 90 年代开始,有关公司相继开发了加氢法制取高档润滑油的先进工艺技术。这种技术主要是通过加氢裂化、加氢异构脱蜡、深度加氢精制来完成的。其中第一步加氢裂化使用具有特点的专用催化剂,在高压下

控制较低的单程转化率,以获得高收率的加氢裂化尾油。这种尾油具有很低的硫、氮等杂质含量,芳烃含量也很低,链烷烃及长侧链环烷烃等润滑油理想组分得以富集,将它作为下一步异构脱蜡的进料,降低基础油的倾点,从而可以制取 API II 类、III 类的高档润滑油基础油。这种工艺完全可以从含硫原油制取优质润滑油基础油,有关这方面技术内容在本书其他章节将详细介绍和论述。

(五)硫化氢对加氢裂化过程的影响

1. 加工过程中硫化氢的生成

当采用加氢裂化工艺加工含硫馏分油时,原料中所含的杂质在催化剂及氢气的作用下,这些杂原子非烃化合物中的硫、氮都得到深度转化,生成 H_2S 和 NH_3,特别是在氢分压较高时,它们的转化率都超过99%。转化生成的硫化氢和氨,部分溶解分配在油相中,还有一部分通过水洗进入含硫污水中,有的则通过含氢尾气排放。当装置的循环氢不脱除硫化氢时,循环氢中的硫化氢浓度将随进料中硫的增加而增加。对于含硫的馏分油而言,原料中的硫含量较高,一般在1%左右,有的甚至高达2%以上;而氮含量则相对较低,一般只有0.1%,特别是中东的直馏VGO,氮含量很少超过0.2%。氮化物转化所生成的 NH_3 几乎全部与 H_2S 在装置工况下反应生成 $(NH_4)_2S$,在水洗过程中被除去。如果不进行循环氢脱硫,其浓度可达3%或更高。FRIPP 专门研究了各种含硫 VGO 在加氢裂化过程中循环氢的浓度,所得结果列在表8-3-20。中东含硫 VGO 加氢时,循环氢中 H_2S 含量都相当高,其值与原料中的硫和氮含量有关,其中伊朗轻质原油的 VGO 为1.58%(体积分数),科威特 VGO 高达3.01%(体积分数),而胜利 VGO 只有0.3%(体积分数),这是因为胜利 VGO 的硫含量较低,而氮含量达1600μg/g。当循环氢中的 H_2S 浓度过高时,将对加氢裂化的反应过程、装置操作、设备使用带来一系列的问题。

表8-3-20 进料硫含量与循环氢中硫化氢浓度关系[53]

原料名称	伊朗轻 VGO	伊朗重 VGO	沙特轻 VGO	沙特中 VGO	科威特 VGO	胜利 VGO
S/%	1.55	1.89	2.37	2.83	2.79	0.56
N/(μg/g)	1302	1724	671	920	1000	1600
精制油氮含量/(μg/g)	5~9	5~9	5~9	5~9	5~9	5~9
循环氢中 H_2S/%(体)	1.58	2.03	2.32	2.57	3.01	0.30

注:中型装置试验条件:催化剂(一反/二反):3936/3824;反应压力(一反/二反):15.7/15.7MPa;氢油体积比(一反/二反):950/1200。

2. 硫化氢对加氢裂化反应性能的影响

硫化氢浓度高,实际上就是加氢过程中硫化氢的分压增加,这会对加氢反应过程造成负面影响,因为硫化氢分压的增加,会降低加氢脱硫(HDS)的反应速率。Kabe[43]等人专门研究了 H_2S 对 HDS 的强抑制作用,他们用十氢萘做溶剂,分别对二苯并噻吩(DBT)和4,6-二甲基二苯并噻吩(4,6-DMDBT)的 HDS 进行了研究。从图8-3-5可以看出,在一定条件下 H_2S 的加入可以使 DBT 的 HDS 活性丧失殆尽,但对4,6-DMDBT 则相对缓和。这是因为 DBT 的脱硫是直接脱除完成的,而后者则是先经加氢饱和再发生 C—S 键断裂实现的。从图8-3-5也可以看出,提高反应温度可以减轻 H_2S 的抑制作用。但提高反应温度就意味着将缩短装置的操作周期,对工业操作而言,这是不受欢迎的。

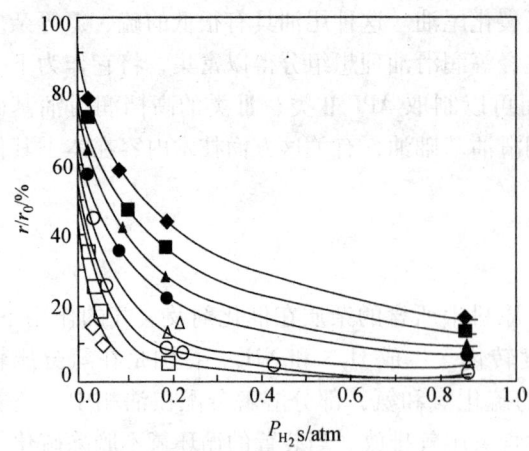

图8-3-5 H₂S分压对DHT HDS活性的影响

r_o—不存在 H₂S 时 DBT 的 HDS 速度；
r—有 H₂S 时 DBT 的 HDS 速度；

空心点为 DBT：◇200℃；□220℃；○240℃；△260℃
实心点为 4,6-DMDBT：●240℃；▲260℃；■280℃；◆300℃
总压：5.066MPa；催化剂：Co(4.0)-Mo(12.0)；溶剂：十氢萘

硫化氢对抑制芳烃加氢(HAD)同样有显著的作用。Lepage[44]研究了 H₂S 对甲苯加氢饱和反应的影响，图8-3-6 显示了 H₂S 浓度对甲苯加氢生成甲基环己烷的抑制作用。当其他工艺条件相同时，随 H₂S 浓度增加，甲苯的转化率明显下降。Girgis[45]等的研究表明，丙基苯在 Ni-Mo/Al₂O₃ 催化剂上加氢时，反应压力为6.9MPa，温度为375℃，当 H₂S 分压由0升至13.2kPa 时，其加氢速率常数下降了56%。对于烃类的加氢裂化反应，H₂S 分压的增加不会产生抑制作用。有的文献指出[46,47]，H₂S 对加氢裂化有促进作用，同时 C—N 键的氢解反应也产生正面效应；对含硫 VGO 中的多环芳烃而言，需要做进一步分析。前面已述及 H₂S 对芳烃加氢有明显的抑制作用，而多环芳烃的加氢裂化，首先是通过芳烃的加氢饱和再进行开环反应，因此，多环芳烃的加氢裂化过程必然受到 H₂S 的抑制。

综上所述，可以认为，在对含硫或高硫馏分油进行加氢裂化时，系统中过高的硫化氢分压对大多数加氢反应是不利的。当然上述的试验结果都是采用烃类或非烃类的模型化合物进行的研究工作，其代表性与实际使用的含硫馏分油尚有一些距离。

荷兰 Akzo 公司在其发表的文献中，讨论了 H₂S 对加氢过程的影响。在工业装置中，H₂S 将抑制催化剂表面活性中心的反应速度，不仅抑制加氢反应速度，由于高的 H₂S 分压和较高的操作温度，会显著加速催化剂的失活速率。图8-3-7 为 Akzo 提供的柴油加氢处理的操作曲线，显示了在保持一定的生成油硫含量的前提下，循环氢浓度对反应温度的影响。从图中可见，当 H₂S 浓度(体积分数)达到2%时，加氢处理的反应温度将要增加6℉，并在一定范围内呈线性关系。

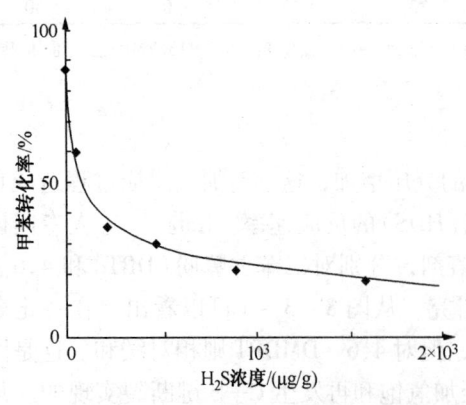

图8-3-6 H₂S对甲苯加氢转化的阻抑作用

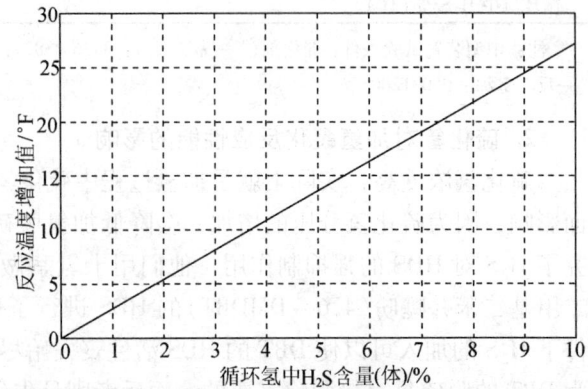

图8-3-7 循环氢中硫化氢浓度对反应温度的影响

注：华氏度(℉)=32+摄氏度(℃)×1.8。

从反应过程来看，加氢裂化反应系统中高的硫化氢含量显然是不利的，需要通过循环氢脱硫措施将其脱除。虽然大多数工业用加氢处理/加氢裂化催化剂，均是以非贵金属 Mo、Ni、W、Co 为加氢活性组分，在无定形或分子筛载体上的这些活性金属必须在硫化状态下才具有高的加氢活性及活性稳定性。因为如果这些金属硫化物在氢气中失去或部分失去硫，变成低价或零价的金属元素，则其反应性能将大打折扣。为此，在使用非贵金属催化剂加工低硫馏分油的加氢装置的循环氢中，必须保持一定的 H_2S 分压。尽管不同非贵金属所要求的 H_2S 分压不尽相同，而且与反应的工艺条件有关，但经过大量的工业实践与相应的研究工作得知，对加氢装置而言，H_2S 分压略高于 0.05MPa 较好，即在 10～15MPa 的反应压力下，H_2S 的浓度（体积分数）只要保持在 0.03%～0.05%，就不会对加氢催化剂的活性、稳定性产生不利影响。但对于加工高硫馏分油的加氢装置，由于原料油一接触加氢催化剂即可生成大量的 H_2S，因此，这时即使将循环氢中的 H_2S 脱除到零，也不会对加氢催化剂的活性、稳定性产生不利影响，只是将循环氢中的 H_2S 完全脱除，在经济上不一定合适。

3. 硫化氢对设备腐蚀的影响

H_2S 对设备的影响主要有两个方面：一是 H_2S 与 NH_3 反应生成的 $(NH_4)_2S$ 结晶，会造成加氢裂化系统的堵塞，当加工原料中的硫和氮含量都较高时，问题更加严重，一般采用注水的方法加以处理；另一个严重的影响是造成设备腐蚀。因此，当系统中 H_2S 浓度较高时，在设备的工艺防腐与材料的选择上要有专门的措施和相关规定，这一问题在本书的有关章节将有详细的论述。

加氢裂化加工高硫馏分油时，即使采取了循环氢脱硫措施，但如果不同时对产品分馏流程和/或操作条件作必要的调整，同样会出现分馏系统部分腐蚀和产品质量（硫含量高）等问题。

汤尔林[48]在文章里介绍了我国早期引进或自行建设、按加工国内低硫油/含硫油设计的茂名、镇海、金陵等加氢裂化装置加工高硫油适应性改造后运行出现的一些情况：分馏部分的脱丁烷塔系统，除了塔顶系统腐蚀外，该塔重沸炉管及转油线严重腐蚀、穿孔，循环油铁离子含量严重超标，导致裂化反应器一床层压降上升过快，对装置长周期生产造成威胁。经有关专家分析认为，这三套装置随着原料含硫量的增加，低分油带入分馏部分的 H_2S 量也随之增加，另外这三套装置改造后，或采用高中油型催化剂，或采用部分循环流程外排尾油，使液态烃（C_3、C_4）产率明显下降，而脱丁烷塔塔顶气 H_2S 含量增加，使气相中 C_3、C_4 量也相应增加，导致脱丁烷塔塔顶液相产品很少，使脱丁烷塔操作不易稳定，H_2S 容易被带入塔下部，造成腐蚀。同时 H_2S 随脱丁烷塔塔底物流带入分馏塔，影响分馏塔产轻、重石脑油甚至喷气燃料的质量（硫含量高）。这些企业采取的相应对策如下：

（1）稳定脱丁烷塔操作 金陵加氢裂化由于液态烃产率少，他们采用脱丁烷塔进料加入外来轻组分的措施，使脱丁烷塔能正常、稳定地操作，取得了很好的效果，轻、重石脑油硫含量和循环油铁离子含量下降。

（2）脱丁烷塔系统采用防腐材料 镇海加氢裂化脱丁烷塔系统（塔体、塔盘、重沸炉管、转油线、塔顶空冷器等）采用了防腐材料，取得了很好效果。未转化油（循环油）铁离子含量大幅度降低。

对于以含硫油为原料的新建加氢裂化装置设计，作者建议，除反应部分采用循环氢脱硫外，分馏部分不宜采用脱丁烷塔流程，而应采用石脑油汽提塔或脱戊烷塔流程。这样可使塔操作稳定、产品合格、未转化油不含有铁离子。

综上所述，虽然非贵金属硫化态加氢催化剂要求在一定的 H_2S 分压下使用，但过高的 H_2S 分压将加快设备腐蚀速度和降低反应氢分压，因此，在加氢处理或加氢裂化的物流系统中，不允许保持很高的硫化氢分压，国内外大量实践得出结论，系统中的 H_2S（体积分数）最好控制在 0.5% 或更低一些。如果高于 0.5%，就应考虑循环氢脱硫措施。H_2S（体积分数）大于 1.5% 时则必须脱硫。当加氢裂化在加工含硫馏分油时，其系统中 H_2S 含量（体积分数）大多超过 2.0%，这就更要求采取脱硫措施，这对提高催化剂反应性能、减轻设备腐蚀都是有利的。当系统中 H_2S 不是非常高时，也可以采用排废氢量的方法来控制，但这样会增加耗氢量，这要通过与增加循环氢脱硫设备进行技术经济比较。炼油厂中氢气资源越来越宝贵，排废气的方法一般情况下不予采用。

三、加氢裂化工艺新进展

自 1959 年 Chevron 公司开发的现代加氢裂化技术首次进行工业应用以来，加氢裂化技术得到蓬勃发展。世界各大石油公司根据自身催化剂的特点、用户拟加工原料的性质及期望生产的加氢裂化产品产率及质量，在传统的单段加氢裂化、单段串联加氢裂化和两段加氢裂化以及缓和加氢裂化（MHC）、中压加氢裂化（MPHC）等工艺流程基础上，开发、演变了多种各具特色的加氢裂化工艺过程。

（一）国外加氢裂化工艺新进展

1. UOP 公司

UOP 公司开发的加氢裂化技术工业应用已 40 多年。UOP 公司的加氢裂化技术不但工业应用最多、总加工能力最大，而且不断有新的进展[49~52]。

（1）HyCycle 工艺　HyCycle 加氢裂化工艺流程示意图如图 8-3-8 所示。HyCycle 工艺采用了倒置的反应器排列，即加氢裂化反应器（一反）放在前面，加氢处理反应器（二反）放在后面，新鲜进料进入二反顶部，上游反应器具有高的氢分压及高的气/油比，更有利于裂化反应发生。新鲜料进入二反，可吸收一反出口热量，从而有效利用反应热；加氢精制和裂化生成油首先进入装有精制催化剂的分离器/精制器，分离器/精制器的闪蒸轻液通过精制催化剂，进一步提高产品质量，闪蒸重液可依次进入高分、低分及产品分馏塔，分馏出各种产品，加氢裂化未转化油可以从分馏塔底部循环回裂化反应器（一反）入口，也可从分离器/精制器的底部直接循环回裂化反应器（一反）入口。因为 HyCycle 工艺加氢裂化未转化油可以从

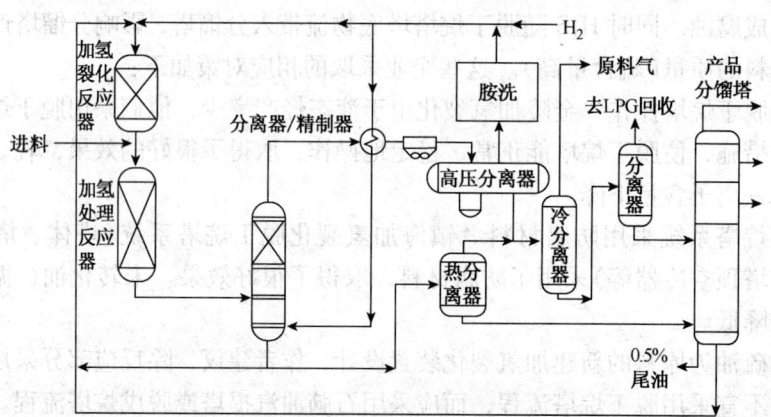

图 8-3-8　HyCycle 加氢裂化工艺流程示意图

分离器/精制器底部直接循环回裂化反应器，物料的热能和压力得到充分利用，操作能耗大幅降低，因此该工艺可以采用低单程转化率（20%~40%）、大循环比的操作模式，实现原料油完全转化（99.5%）的目的。

该工艺的主要特点是可降低氢耗和提高重质产品的选择性。与其他完全转化多产中间馏分油的设计工艺相比，中间馏分油的体积产率可提高5%，其中柴油产率提高15%。因氢耗降低和工艺热能的高效利用可使总操作费用降低15%。另一个重要特点是操作压力低，与典型装置相比，HyCycle压力可降低25%。

（2）APCU技术　APCU（Advanced Partial Conversion Unicracking）工艺是UOP专利技术HyCycle™ Unicracking工艺的延伸。其工艺流程示意图如图8-3-9所示。

APCU技术的特点是在传统的加氢裂化流程后部增加一个带有补充精制反应器的高效热分离器，补充精制反应器除处理经高效热分离器闪蒸出来的加氢裂化轻组分外，还可用来处理外来的轻质煤、柴油馏分，进行深度脱硫及提高十六烷值。而加氢裂化反应器系统仍然进重质VGO进行转化。加氢裂化和后处理反应器使用同一氢气循环系统，以减少操作费用。通过联合加工的流程，APCU技术可以在低转化率（20%~50%）和中等压力（<10MPa）下，以及比全转化装置低得多的投资，生产超低硫及高十六烷值柴油，在产品质量上实现了跨跃。

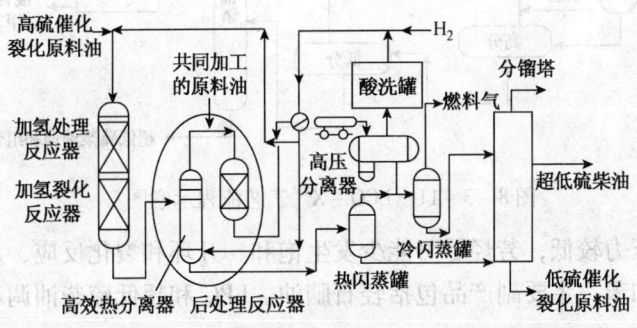

图8-3-9　APCU加氢裂化工艺流程示意图

（3）轻循环油加氢裂化（LCO Unicracking）工艺和加氢联产芳烃的LCO-X™工艺　催化裂化轻循环油（LCO）芳烃含量通常高达75%~85%，为了适应重质燃料油需求减少而清洁燃料需求增加的需求，2005年UOP公司推出轻循环油加氢裂化（LCO Unicracking）新工艺，提供了一种以较低投资进行LCO改质、拓宽LCO出路的方案。

轻循环油加氢裂化（LCO Unicracking）工艺流程图如图8-3-10所示，该技术的工艺流程与常规的单段加氢裂化或单段串联加氢裂化工艺流程完全相同。其技术关键是通过选择适宜的操作条件和裂化催化剂，将催化裂化LCO转化成超低硫柴油和辛烷值较高的超低硫汽油调和组分。

为了寻求更具成本效益的LCO加工方案并满足不断增长的芳烃产品需求，2007年UOP公司在NPRA年会上又推出了LCO加氢联产芳烃的LCO-X™新工艺。该工艺主要包括两大部分：第一部分是LCO进料的加氢转化，脱除硫、氮等杂质；第二部分是产品分馏和芳烃抽提。LCO-X™工艺的反应部分与LCO Unicracking完全相同，在产品分馏方面，LCO-X™工艺将LCO Unicracking工艺所产超低硫汽油细分为轻石脑油和重石脑油，重石脑油再进芳烃抽提装置，直接生产芳烃产品。图8-3-11是LCO-X™工艺流程示意图。

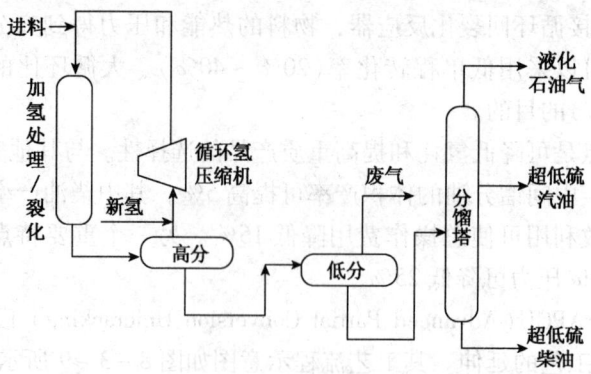

图 8-3-10 LCO Unicracking 工艺流程示意图

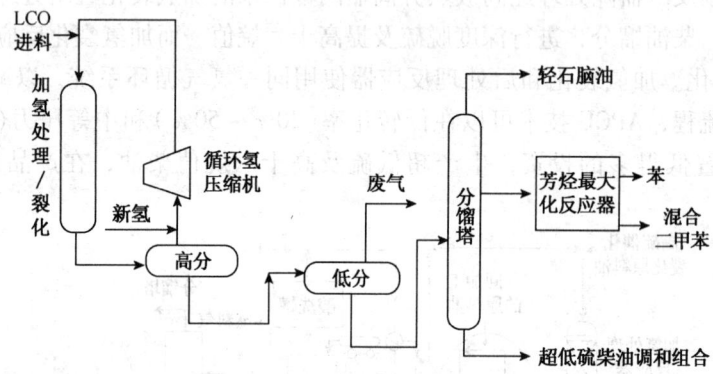

图 8-3-11 LCO-X™ 工艺流程示意图

该工艺的操作压力较低，芳烃尽可能少发生饱和、开环和裂化反应，从而使芳烃产率最大。主产品是甲苯和苯，主要副产品包括轻石脑油、LPG 和超低硫柴油调和组分以及少量燃料气。

(4) 单独加氢处理的加氢裂化工艺 单独加氢处理的加氢裂化工艺流程图如图 8-3-12 所示。原料油先进入装填加氢处理催化剂（也可装填加氢处理和加氢裂化催化剂）的加氢处理反应器，达到合适的氢含量加氢处理生成油，经分离直接进入分馏部分。分馏塔底的未转化油进装填加氢预处理/裂化催化剂的加氢裂化反应器，裂化反应器可以控制较高的单程裂解率（约 80%）来提高馏分油质量。

该工艺与常规单程通过流程相比，裂化段的高压设备负荷可降低 50%，但分馏塔负荷有所增加，总体来说降低了投资和生产成本。

(5) 加氢裂化-加氢处理组合工艺 UOP 公司在 2007 年 NPRA 年会上推出一种分步进料加工 DAO、VGO 和 AGO、生产清洁油品的加氢裂化-加氢处理组合工艺技术，该工艺是针对加拿大 Northern Lights 公司加工沥青基重质原油的需要而开发的，其工艺流程见图 8-3-13。

该组合工艺技术实际上是集 UOP 开发的渣油加氢（RCD Uniofining™）、馏分油加氢（Uniofining）和 VGO/DAO 加氢裂化（Unicracking）三种工艺于一套装置中，因此，可以在一套加氢装置上同时加工 DAO、VGO 和 AGO 进料。由于设备数量及压缩机、泵和工艺热所需的公用工程都有所减少，所以装置建设投资和操作费用可明显降低。

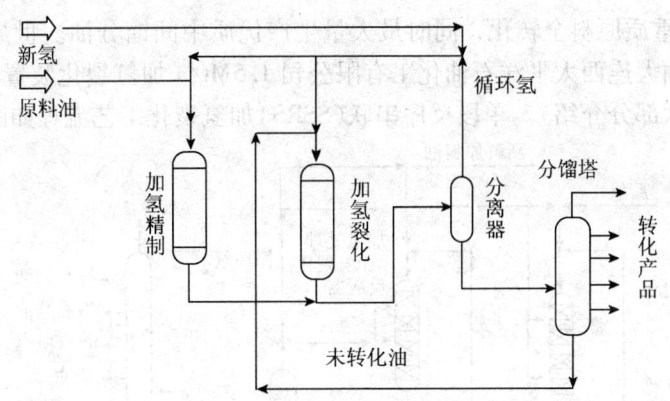

图 8-3-12 单独加氢处理的加氢裂化工艺流程示意图

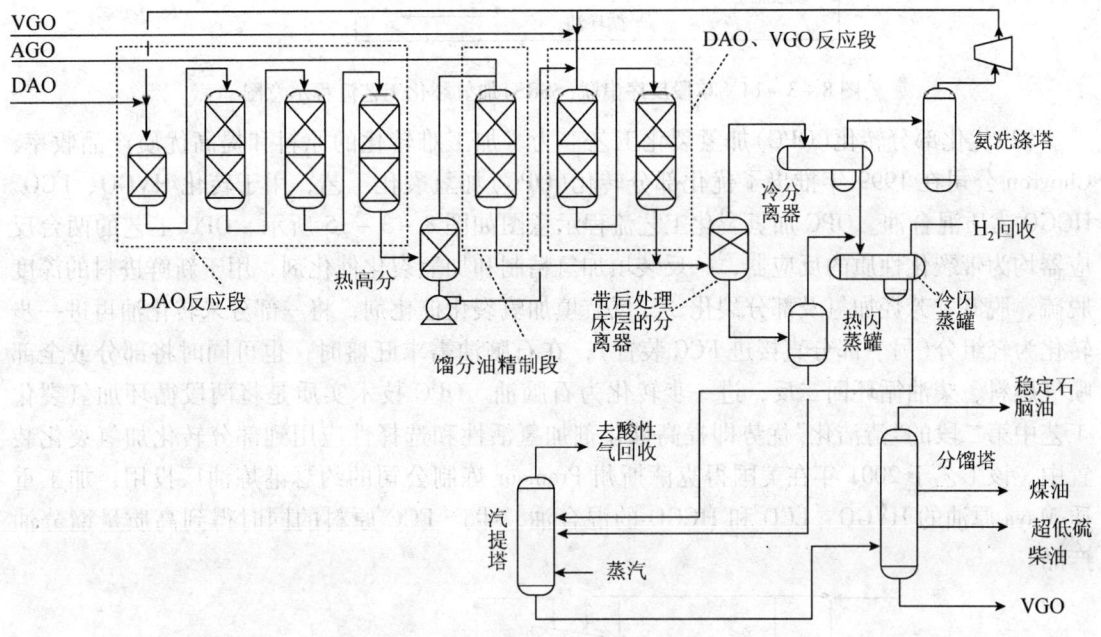

图 8-3-13 用于重质原油改质的加氢裂化-加氢处理组合工艺流程示意图

2. Chevron 公司

为了降低装置投资和操作费用、适应原料加工和产品市场的需求，Chevron 公司在其单段一次通过（SSOT）、单段循环（SSREC）和两段循环（TSR）加氢裂化工艺技术的基础上，进行了许多改进，最近几年先后推出了几种新工艺[53,54]。

（1）单段反序串联（SSRS）加氢裂化工艺　在 2005 年 NPRA 年会上，Chevron 公司推出单段反序串联工艺（Single-stage Reaction Sequenced, SSRS）。这种工艺的主要特点是把第二段裂化反应器放在第一段反应器的上游，第二段流出物与新鲜原料油一起进入第一段反应器，使第二段反应器中未利用的氢气在第一段反应器中再利用，因而减少了循环氢的总量；其次是第二段的全部流出物与进入第一段的原料油直接混合，一方面减少了一、二段间的急冷氢的用量，另一方面最大限度利用了二段的反应热。由于这种工艺减少了循环氢压缩机负荷、高压换热器的换热面积和反应加热炉负荷，从而降低了装置投资和操作费用。采用

SSRS 技术可实现重质原料全转化,同时最大量生产优质中间馏分油。世界上首次采用此专利技术的中国石油大连西太平洋石油化工有限公司 1.5Mt/a 加氢裂化装置已建成投产(应用结果将在本节第六部分介绍)。单段反序串联(SSRS)加氢裂化工艺流程如图 8-3-14 所示。

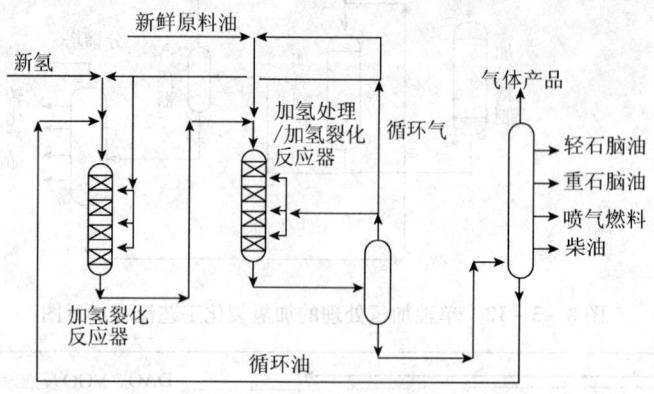

图 8-3-14　单段反序串联(SSRS)加氢裂化工艺流程示意图

(2)优化部分转化(OPC)加氢裂化工艺　为了加工难转化的原料和提高优质产品收率,Chevron 公司在 1999 年推出了优化部分转化(OPC)加氢裂化工艺,用于转化 HVGO、LCO、HCGO 劣质混合油。OPC 加氢裂化工艺流程示意图如图 8-3-15 所示。OPC 工艺的两台反应器均为带裂化性质的反应器,一反装填加氢精制和加氢裂化催化剂,用于新鲜进料的深度脱硫、脱氮、芳烃加氢及部分裂化,二反装填加氢裂化催化剂,将一部分未转化油再进一步转化为轻组分(另一部分直接进 FCC 装置),在石脑油需求旺盛时,也可同时将部分或全部喷气燃料、柴油循环回二反,进一步转化为石脑油。OPC 技术实质是将两段循环加氢裂化工艺中第二段的"清洁化"优势即提高催化剂加氢活性和选择性应用到部分转化加氢裂化装置中。该工艺于 2001 年在美国得克萨斯州 Premcor 炼制公司的约瑟港炼油厂投用,加工重质 Maya 原油的 HVGO、LCO 和 HCGO 的混合油,生产 FCC 原料的同时得到高质量馏分油产品。

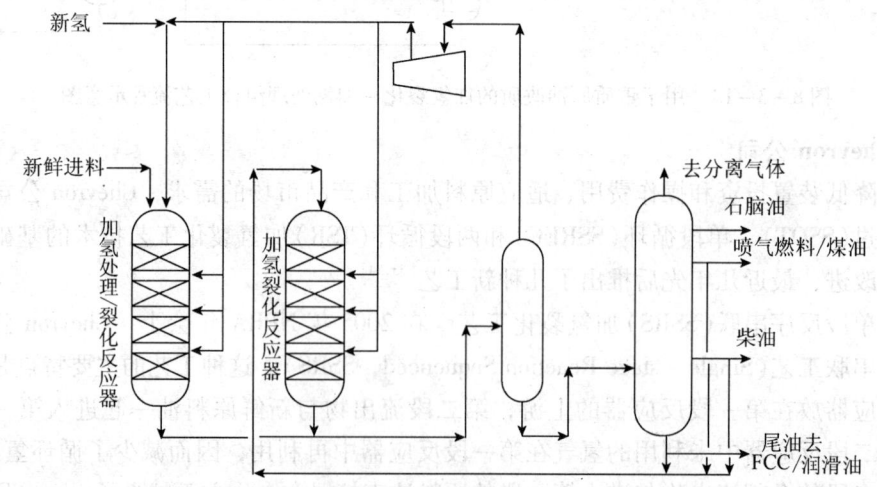

图 8-3-15　OPC 加氢裂化工艺流程示意图

OPC 工艺除了用于新建装置,还可用于改造原有的单段装置或两段全循环装置。对现有低操作苛刻度单段一次通过装置(SSOT)改造:可在原反应器的上游增加一台较小的反应器,使单段装置变为部分(或全部)循环的两段装置,新氢(补充氢)只进新增加的第二反应器。此工艺的优点是:能限制第一段反应器的转化率,减少低质量产品的产生;在第二段反应器得到高收率和高质量的产品;可循环一种或几种产品,提高不同馏分的产品质量;可改变循环油的数量和/或第二反应器的操作条件与催化剂,改变生产 FCC 原料油的数量。工艺流程见图 8-3-16。

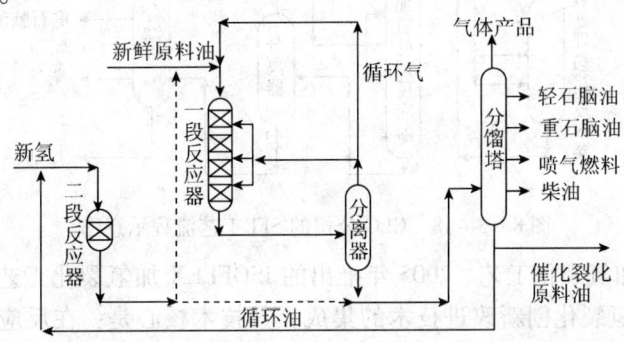

图 8-3-16 SSOT 装置采用 OPC 工艺改造的流程示意图

对现有单段循环装置(SSREC)改造基本原理与 SSOT 装置改造相同:在第一段反应器前增加一台小反应器,分馏塔底未转化油进第二反应器,其裂化产物或直接送去分离或"反序"进入第一反应器。研究结果表明,SSREC 装置改为 OPC 操作模式,加工能力可提高约 40%~50%。流程示意图见图 8-3-17。

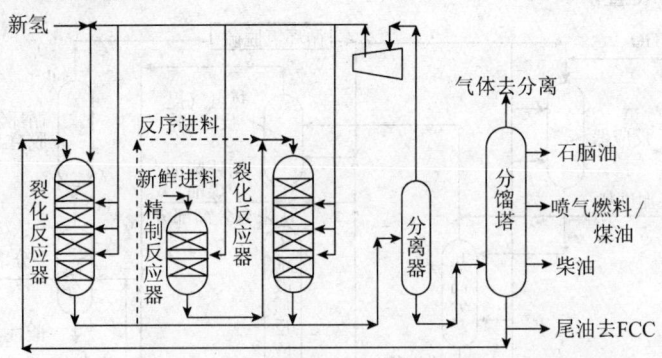

图 8-3-17 SSREC 装置采用 OPC 工艺改造的流程示意图

(3) 分别进料 SFI 工艺 Chevron 公司和 ABB Lummus Global 公司共同组建的加氢技术公司 Chevron Lummus Global(简称 CLG)开发了分别进料(Split feed injection)工艺。该工艺是将 FCC 原料预处理与 FCC 产物后处理相结合的技术,即将 FCC 进料的预处理和 FCC 产物(LCO)的后处理过程在同一装置中完成,其工艺流程如图 8-3-18 所示。新鲜原料进入第一台加氢处理/加氢裂化反应器,需处理的柴油馏分和/或轻循环油与第一反应器产物混合进入第二台加氢处理反应器。由于加氢处理过程发生在加氢裂化催化剂床层的下游,因而可以避免目标产品馏分过度裂解。这种分别进料的方式,反应温度可降低 16.7℃,<360℃馏分转化率从 70% 提高到 79%,氢耗降低 53.4m³/m³,柴油产率从 63% 提高到 72%。加氢裂化反应器流出物可以为加氢处理反应提供富氢气,同时也作为加氢处理过程产生热量的"热

阱"，使加氢处理反应器所需急冷氢大为减少。另外，由于省去了另外建设柴油/轻循环油加氢处理装置所需的配套设备（换热器、分离器、压缩机等），投资可节省20%~40%。

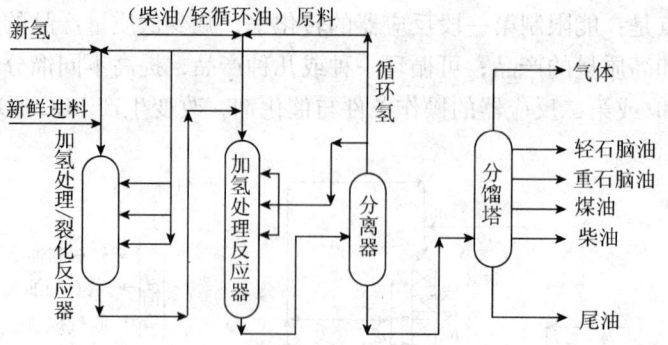

图8-3-18 CLG公司的SFI工艺流程示意图

（4）ISOFLEX加氢裂化工艺 2005年推出的ISOFLEX加氢裂化工艺（见图8-3-19），是CLG公司各种加氢裂化创新改进技术的集成，其技术核心是：在反应段最好地利用催化剂处理每一类原料油；将反应段的产品及时导出，防止再次裂化为不需要的轻质产品；再充分利用第二段的清洁环境实现高转化率；用最少的设备实现最大限度的转化，同时保持目的产品的高选择性；减少质量过剩和轻馏分的产生，使氢气消耗减至最少；装置在最低压力下操作，能加工柴油和VGO馏程范围内的多种原料；使每台反应段的氢分压最大，气体循环最小，必要时可选用逆流流程。ISOFLEX工艺可应用于缓和加氢裂化、高转化率加氢裂化和两段加氢裂化等装置。

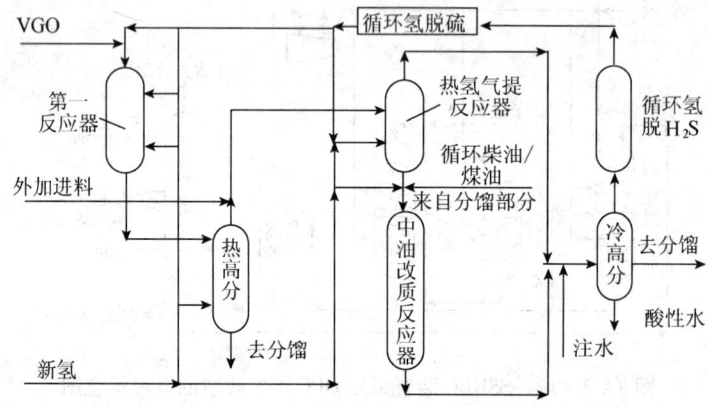

图8-3-19 ISOFLEX加氢裂化工艺流程示意图

3. Axens公司的HyC-10™工艺[55]

Axens公司的加氢裂化技术包括缓和加氢裂化、中压加氢裂化和常规加氢裂化工艺。为使柴油质量不受VGO转化率的限制，Axens公司开发了HyC-10™工艺，工艺流程见图8-3-20。该工艺以缓和加氢裂化（MHC）为核心，与专用的精制段组合构成一体化流程。新鲜VGO进料与循环氢混合后进入缓和加氢裂化反应器，反应产物进行冷却、汽提和分馏。经加氢处理的VGO馏分送往FCC装置或存储装置；而柴油馏分与新氢混合后进入一次通过的精制反应器。精制反应器采用高的氢分压，不仅确保了相对难以处理的柴油最大程度地进行加氢精制，还使得产品质量保持稳定，不受加氢裂化反应器内条件变化的影响。

第八章 含硫含酸原油馏分油加工技术

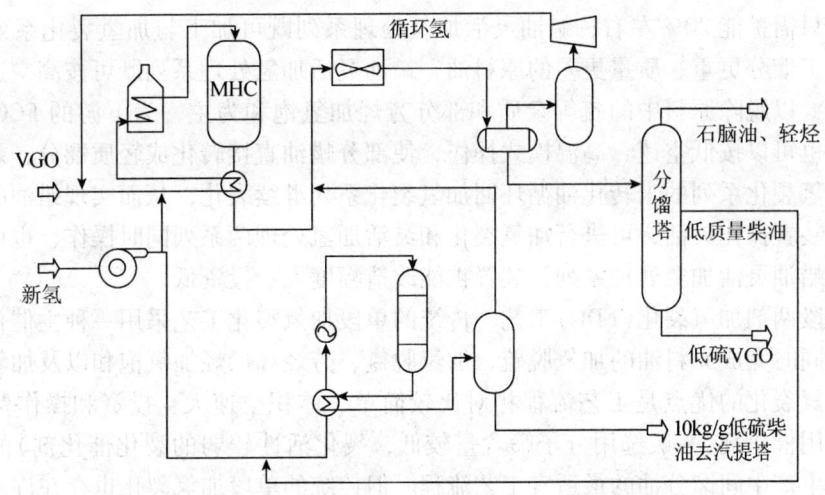

图 8-3-20 HyC-10™工艺流程示意图

该工艺优化了精制反应器相对于加氢裂化反应器的安装位置，与两个分开的装置相比，不仅省去了两台压缩机和一台空冷器，还更好地实现了热联合，从而降低了投资成本和操作费用。

（二）国内加氢裂化工艺新进展

1. 中国石化抚顺石油化工研究院（FRIPP）

FRIPP 是中国最早从事加氢裂化技术开发的研究机构，也是世界上最早从事加氢裂化技术开发的研究机构之一。伴随着中国加氢裂化技术的发展，FRIPP 除开发、掌握传统的单段加氢裂化、两段加氢裂化及中压加氢裂化、缓和加氢裂化和中压加氢改质工艺技术外，还开发出多种特点鲜明、能最大限度满足用户不同需求的加氢裂化技术[56,57]。

（1）加氢裂化-蜡油灵活加氢处理（FHC-FFHT）组合工艺技术　该组合工艺是基于对企业现有加氢裂化装置进行扩能改造而开发的组合工艺。该工艺具有如下特点：

对原加氢裂化装置几乎不做任何改动；新增蜡油灵活加氢处理系列（图 8-3-21 中原料油 2→加氢处理反应器），反应产物经热高分闪蒸出来的含富氢轻液回到原加氢裂化装置的裂化反应器入口，循环氢得到重复利用。因此，即使装置处理能力扩能 100% 以上，循环氢

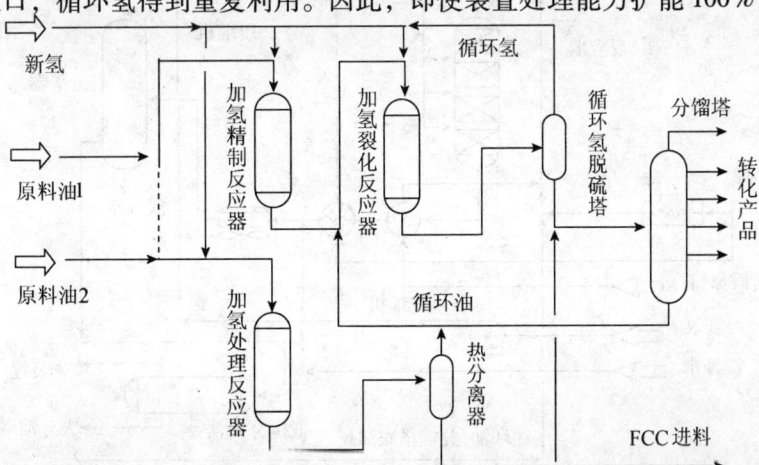

图 8-3-21 加氢裂化-蜡油灵活加氢处理组合工艺流程示意图

压缩机能力只需扩能20%左右;蜡油灵活加氢处理系列既可加工与加氢裂化系列相同的原料,也可加工馏分更重、质量更差的原料油;蜡油灵活加氢处理系列既可按高空速、较低温度模式操作,以脱除原料中的硫等杂质和部分芳烃加氢饱和为主,为下游的 FCC 装置提供优质原料,也可以按低空速、高温模式操作,使部分蜡油直接转化成轻质馏分,剩余未转化的馏分随加氢裂化系列的未转化油循环回加氢裂化系列继续裂化,从而实现蜡油的全部轻质化;改造后装置操作灵活,可进行加氢裂化和灵活加氢处理两系列同时操作,也可单开加氢裂化系列或蜡油灵活加氢处理系列;装置扩能改造幅度大、投资低。

(2)单段两剂加氢裂化(FDC)工艺 传统的单段加氢裂化工艺采用一种主催化剂,在一台反应器内同时完成原料油的加氢脱硫、加氢脱氮、芳烃和烯烃加氢饱和以及加氢裂化等反应。单段加氢裂化的优点是工艺流程相对比较简单、体积空速大、投资和操作费用相对较低,以及所用催化剂(一般选用分子筛含量较低,裂化活性较弱的裂化催化剂)的特性,因此是最大量生产中间馏分油的最适宜工艺流程。但传统的单段加氢裂化也存在许多不足,主要有:对原料油性质变化的适应能力很差、催化剂使用周期短、只能加工终馏点相对较低的原料等等。

通过分析发现,传统的单段加氢裂化技术之所以对原料油性质变化适应性差,是因为装在反应器上部的加氢裂化催化剂主要是以加氢脱硫、脱氮和烯烃、芳烃饱和为主,同时还具有一定的裂化功能。当进料性质较稳定时,反应器入口温度、温升也相对稳定,这时反应器上部催化剂的加氢和裂化功能也处于平衡状态,因此表现为装置操作平稳;但当进料性质发生较大变化时,特别是进料中的硫含量和不饱和烃含量增加较多时,反应器上部的温升会快速增加,反应器上部催化剂的加氢和裂化平衡将被打破,这时如果没有及时调整反应器入口温度,将会发生连锁反应,造成装置操作波动,严重时还可能导致反应器飞温。

FRIPP 开发的 FDC 单段两剂加氢裂化技术(如图 8-3-22 所示)的工艺流程与传统单段加氢裂化的工艺流程没有本质区别,其最大区别在于反应器由装填一种主催化剂改为级配装填两种主催化剂,将反应器上部的加氢裂化催化剂换成加氢精制催化剂。这样,即使进料性质发生较大变化,温升也只在基本没有裂化活性的精制段发生波动,通过调整冷氢用量,将反应温升消化在精制段,保持裂化段反应温度及反应深度基本不变化,从而确保装置的平稳

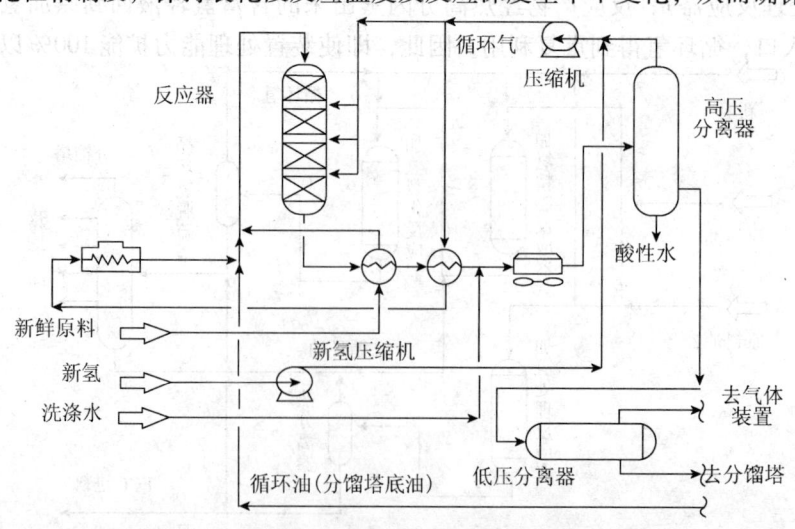

图 8-3-22 FDC 单段两剂加氢裂化工艺流程示意图

操作。另外，尽管用于单段加氢裂化工艺的裂化催化剂具有很好的耐氮中毒能力，但高的氮含量仍将抑制裂化催化剂的裂化活性，并加速催化剂的积炭和结焦，从而缩短催化剂的使用周期。而在反应器上部用加氢活性更好的加氢精制催化剂替代裂化催化剂，可将进料的氮含量脱到较低的水平，从而确保下部裂化催化剂充分发挥其活性、稳定性。

因此，FDC 单段两剂加氢裂化技术既保持了传统单段加氢裂化工艺技术工艺流程简单、体积空速大等优点，同时还弥补了传统单段加氢裂化工艺技术对原料油适应性差、催化剂运转周期短和加氢裂化产品质量相对较差等不足。

（3）FMC2 多产优质化工原料两段加氢裂化技术　　FMC2 多产优质化工原料两段加氢裂化技术工艺流程如图 8 – 3 – 23 所示。采用共用氢气系统的两段工艺，但与传统的共用氢气系统的两段加氢裂化工艺所不同的是，第二段不是处理加氢裂化未转化油，而是加氢裂化装置本身所产煤、柴油（部分或全部）或/和来自装置外的劣质柴油，最大限度为下游的催化重整装置和蒸汽裂解制乙烯装置提供优质原料（重石脑油和加氢裂化尾油）。

此技术尤其适合重整装置和/或乙烯生产装置扩能、但原油一次加工能力没有同步扩能的企业选用。

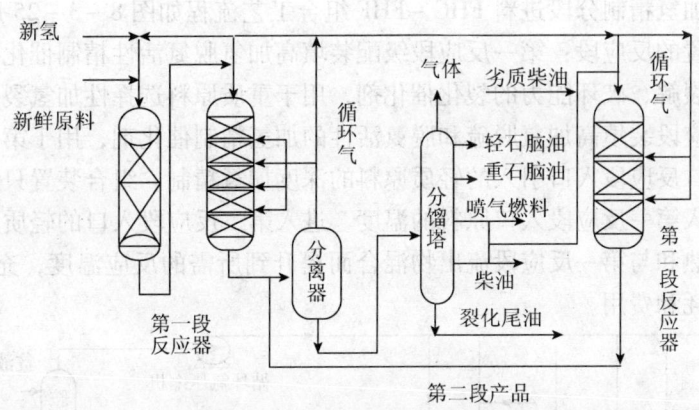

图 8 – 3 – 23　FMC2 多产优质化工原料两段加氢裂化工艺流程示意图

（4）中压加氢裂化（改质）- 中间馏分油补充加氢精制组合技术　　中压加氢裂化（改质）- 中间馏分油补充加氢精制组合技术是 FRIPP 针对中压加氢裂化和中压加氢改质技术不能直接生产合格喷气燃料以及进一步脱除中压加氢裂化、加氢改质所产柴油中的芳烃、提高柴油十六烷值而开发的一种组合工艺。

中压加氢裂化（改质）- 中间馏分油补充加氢精制组合技术如图 8 – 3 – 24 所示。在中压加氢裂化或中压加氢改质的分馏塔串一台装有加氢活性高、但对进料中的硫、氮、硫化氢和氨有严格限制的贵金属或非贵金属催化剂的补充加氢精制反应器，利用补充新氢对反应生产的喷气燃料/柴油进一步深度脱芳，反应产物经分离器后，富氢气体作为补充新氢回到中压加氢裂化或中压加氢改质装置的循环氢压缩机入口或出口。

（5）加氢裂化 - 加氢精制分段进料（FHC – FHF）组合技术　　加氢裂化 - 加氢精制分段进料（FHC – FHF）组合技术是 FRIPP 针对有些企业需对柴油进行加氢精制、对蜡油进行加氢裂化或对劣质柴油进行加氢改质而开发的一种组合工艺。因为这些企业需要处理的柴油、蜡油（或劣质柴油）数量相对较小，如果建设独立的柴油精制、蜡油裂化（或劣质柴油加氢改质）装置，则装置的设备台数多、占地大，投资和操作费用也较高。

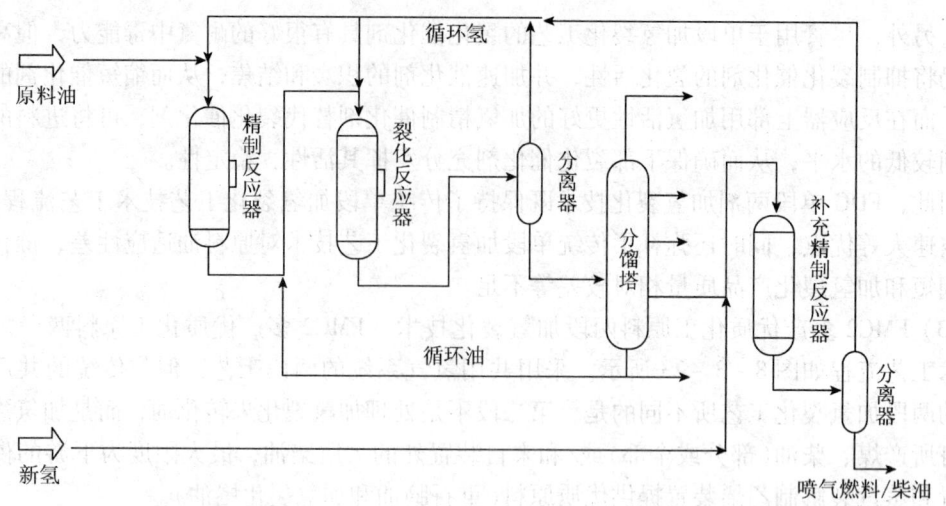

图 8-3-24　中压加氢裂化(改质)-中间馏分油补充加氢精制组合工艺流程示意图

加氢裂化-加氢精制分段进料 FHC-FHF 组合工艺流程如图 8-3-25 所示。组合装置设有两个串联设置的反应段：第一反应段级配装填高加氢脱氮活性精制催化剂和对重、劣质组分有很强优先裂解、破环能力的裂化催化剂，用于重质原料选择性加氢裂化或劣质柴油加氢改质；第二反应段装填高加氢脱硫和脱氮活性的加氢精制催化剂，用于第一反应段产物的补充精制和从第二反应段入口引入的轻质原料的深度加氢精制。组合装置只设一台反应加热炉，用于提升进入第一反应段入口原料的温度。进入第二反应段入口的轻质原料通过与第二反应段流出物换热和与第一反应段流出物混合而提升到所需的反应温度，充分利用反应热，降低装置操作能耗和费用。

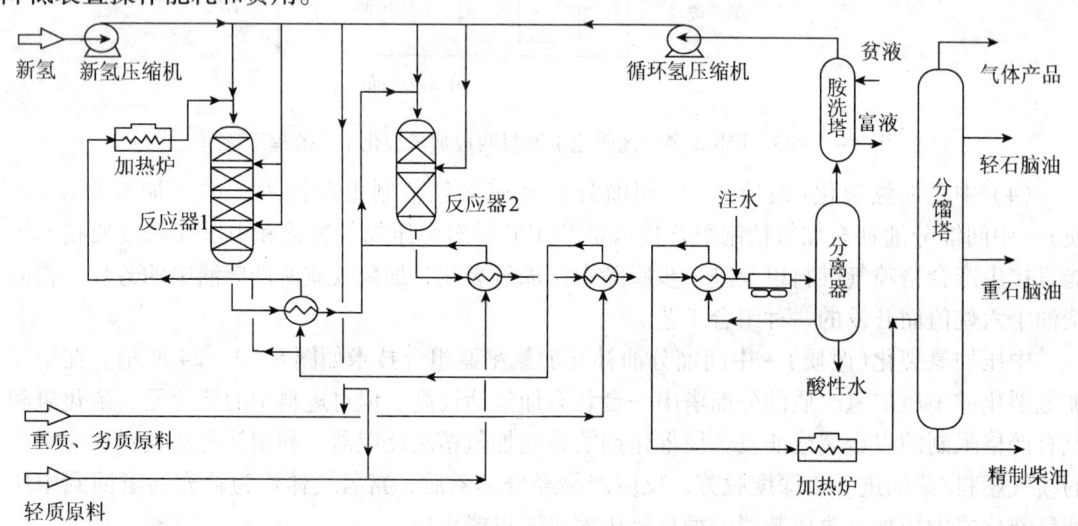

图 8-3-25　FHC-FHF 组合工艺流程示意图

(6) 加氢裂化-加氢处理(FHC-FHT)反序串联技术　加氢裂化-加氢处理(FHC-FHT)反序串联技术是 FRIPP 针对加工高氮原料以及高含氧的非常规石油如页岩油、煤焦油(或称蒽油)、煤直接液化油、F-T 合成油和动、植物油脂开发的一种组合工艺，其工艺流程如图 8-3-26 所示。

加氢裂化装置采用常规工艺和催化剂技术，加工高含氮和/或氧的全馏分焦化生成油、页岩油、煤焦油(或称蒽油)、煤直接液化油、F-T 合成油和动、植物油脂等非常规原料，将很难实现长周期平稳运行。

FHC-FHT 组合技术设置两个反序串联反应段：第一反应段(R1)装填高耐水蒸气、抗结焦和高脱氮活性的加氢精制催化剂，用于新鲜原料的深度加氢脱硫、脱氮、脱氧和 R2 产物的补充精制。第一反应段的反应产物经高、低压分离器和产品分馏塔，分离出反应生成的水、氨和轻质馏分，分馏塔底油循环至第二反应段。第二反应段(R2)装填根据特定需要优选的加氢裂化催化剂，在洁净的气氛中对循环油进行深度加氢转化。

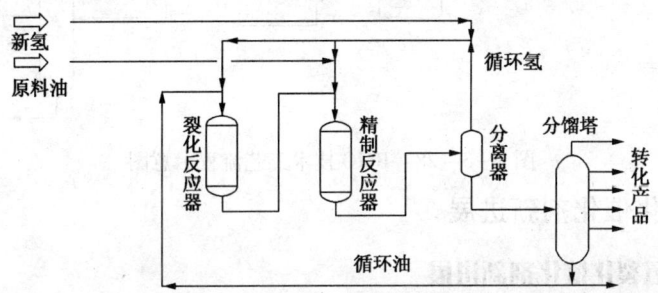

图 8-3-26 加氢裂化-加氢处理(FHC-FHT)反序串联工艺流程示意图

(7) 加氢裂化-尾油异构脱蜡(FHC-WSI)组合技术　加氢裂化-尾油异构脱蜡(FHC-WSI)组合技术工艺流程图如图 8-3-27 所示。该组合工艺包括加氢裂化和尾油异构脱蜡两个单元：加氢裂化单元的尾油直接供给尾油异构脱蜡单元做原料，新氢一次通过尾油异构脱蜡单元，尾氢再返回给加氢裂化单元做补充氢，循环氢只在加氢裂化单元内循环。两个单元实现深度联合，因此装置建设投资和操作费用明显降低。

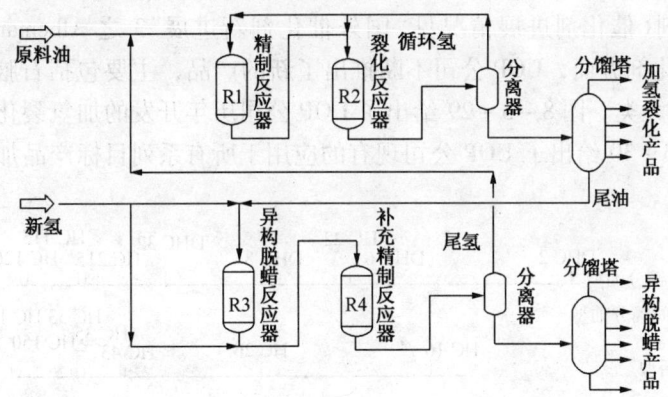

图 8-3-27 加氢裂化-尾油异构脱蜡(FHC-WSI)组合工艺流程示意图

2. 中国石化石油化工科学研究院(RIPP)

RIPP 开展加氢裂化工艺技术开发，并成功开发了中压加氢裂化 RMC 工艺技术[58]。

RMC 技术采用 RIPP 开发的加氢精制和加氢裂化催化剂及传统的单段串联、一次通过工艺流程，在操作压力不高于 12.0MPa、氢分压不高于 10.0MPa 的条件下，能加工与常规高压加氢裂化装置相近的原料油即终馏点在 520~540℃ 的减压馏分油或掺炼 CGO 的原料油，原料油中>350℃馏分油转化率可达到50%以上，催化剂操作周期大于一年、总寿命大于3年。目的产品主要有石脑油、柴油和加氢裂化尾油，加氢裂化尾油可作为蒸汽裂解制乙烯原料或FCC原料。图8-3-28是RMC技术工艺流程示意图。

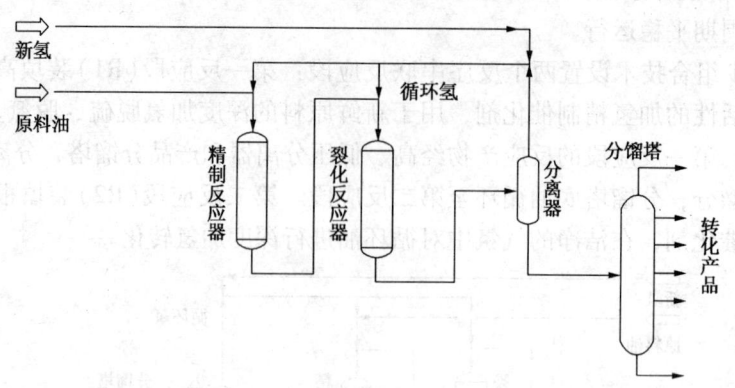

图8-3-28　RMC技术工艺流程示意图

四、加氢裂化催化剂新进展

（一）国外加氢裂化催化剂新进展

1. UOP公司[59,60]

UOP公司是世界上加氢裂化技术与催化剂的重要专利商，研发和生产技术水平处于世界领先地位。目前采用UOP公司加氢裂化技术及催化剂的装置已超过200套。因此，UOP公司加氢裂化催化剂的发展现状和水平具有较好的代表性。

在加氢裂化预处理催化剂方面，UOP公司（包括Uinon公司）早先开发了HC-A、HC-B、HC-D、HC-F、HC-H、HC-K、HC-P、HC-T、UF-210和UF-220等一系列催化剂。近期，UOP公司主要是与Albemarle公司合作共同向市场推销Albemarle公司开发的KF系列加氢催化剂（催化剂进展情况见"国外催化剂新进展"3之Albemarle公司加氢催化剂）。在裂化段催化剂方面，UOP公司不断推出了新的产品，主要包括石脑油型、灵活型和中间馏分油型等三大类。图8-3-29给出了UOP公司历年开发的加氢裂化催化剂的主要类型和牌号。图8-3-30给出了UOP公司现有的应用于所有系列目标产品加氢裂化催化剂的性能关系。

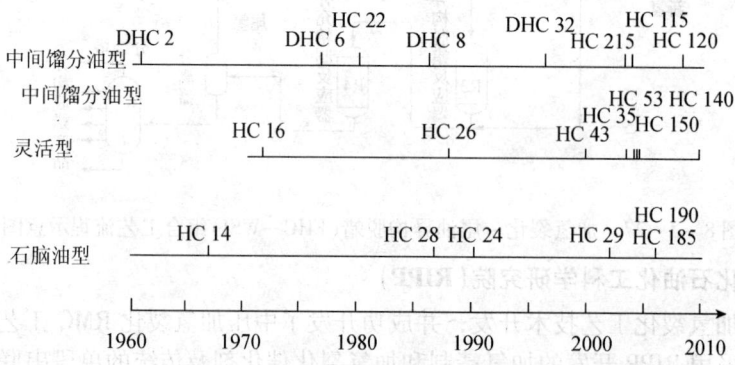

图8-3-29　UOP公司历年开发的加氢裂化催化剂的主要类型和牌号

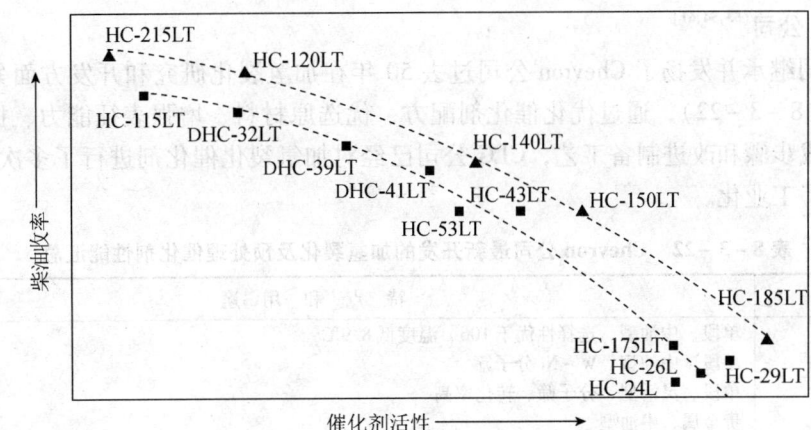

图 8-3-30 UOP 公司加氢裂化催化剂的性能关系

UOP 公司开发的系列加氢裂化催化剂可为炼油厂提供广泛的选择空间,满足不同用户产品分布及装置操作弹性的需要。其中,石脑油型加氢裂化催化剂 HC-185LT 和 HC-175LT,具有柴油和石脑油之间最大的生产操作灵活性;需要同时获得高灵活性和高中间馏分油选择性,可选择 HC-150 和 HC-140LT 催化剂;对于需要最大量生产中间馏分油的炼油厂,HC-120LT 加氢裂化催化剂是最佳选择;新近开发的第二段最大量中间馏分油加氢裂化催化剂 HC-205LT 可以用在两段法加氢裂化反应器的第二段。

在轻油型加氢裂化催化剂方面,UOP 公司最新一代为 HC-170、HC-29、HC-185 和 HC-190 等催化剂。

在灵活型加氢裂化催化剂方面,UOP 公司开发的最新一代加氢裂化催化剂是 HC-53 和 HC-150 催化剂。

在中油型加氢裂化催化剂方面,UOP 公司新近开发了 HC-110、HC-115、HC-215 和 HC-120LT 等新一代中油型加氢裂化催化剂。其中 HC-110、HC-115 和 HC-215 催化剂为单段含分子筛中油型加氢裂化催化剂。

表 8-3-21 为近十年来 UOP 加氢裂化催化剂特点及用途汇总。

表 8-3-21 UOP 加氢裂化催化剂性能汇总

加氢裂化牌号	特 点 及 用 途
HC-115, 215	中油型催化剂,活性、稳定性皆优于无定形催化剂,氢耗降低 10%
HC-29	轻油型催化剂,石脑油增加 3 个百分点,氢耗低 $10m^3/m^3$
HC-170	石脑油选择性比 HC-24 高 1.5%,沸石技术改进
HC-150	反应温度比 HC-24 低 5.5℃,液收不变,氢耗低 $53.4m^3/m^3$
HC-190	反应温度比 HC-24 低 8℃,重石脑油增加 4%
HC-34	比 HC-24 低 6℃,氢耗低 15%,产品辛烷值高
HC-53	贵金属,比 HC-28 氢耗低 19%,石脑油多 6%~7%,喷气燃料多 3%~4%,汽油含量少,中间馏分含氢多
HC-43	转化率、收率、产品质量均优于 HC-24
HC-110	用了新沸石材料,与 DHC-8 比转化率相同时,反应温度低,中间馏分油增加
DHC-32	产品煤油/柴油比已超过无定形催化剂
DHC-39	降低反应起始温度,在馏分油收率略有降低情况下可延长寿命或提高加工量
HC-43	提高馏分油产率是改变产品分布的经济、有效的办法
DHC-41	有效用于生产柴油需提高灵活性或延长运转周期
HC-11	活性和馏分油收率均高于 DHC-8
HC-170	与 HC-24 相比活性相同时石脑油收率高 150%

2. CLG 公司[53,54,61]

CLG 公司继承并发扬了 Chevron 公司过去 50 年在加氢裂化研究和开发方面累积的经验和诀窍(见表 8-3-22),通过优化催化剂配方、优选原材料、增强表征能力、提高试验效率、优化合成步骤和改进制备工艺,CLG 公司已经对加氢裂化催化剂进行了多次更新换代,并成功进行了工业化。

表 8-3-22 Chevron 公司最新开发的加氢裂化及预处理催化剂性能汇总

牌　号	特 点 和 用 途
ICR 142	单段、中油型、选择性优于 106、温度低 8.9℃
ICR 150	单段、中油型、W-Ni 分子筛
ICR 147	单段、灵活型、分子筛、转化率高
ICR 220	贵金属、中油型
ICR 240	贵金属、最大量生产润滑油基础油
ICR 160	轻油型、可转化成 100% 石脑油、高液收、低氢耗
ICR 211	贵金属、中油型
ICR 209	贵金属、中油型
ICR 210	非贵金属、中油型
ICR 177	非贵金属、单段、中油型、中等活性
ICR 174	预处理催化剂
ICR 178	预处理催化剂
ICR 179	预处理催化剂

在加氢裂化预精制催化剂开发方面,CLG 公司通过采用一种新的催化剂制备工艺,增加活性更高的Ⅱ类活性中心的密度,同时维持特定原料临界分子的可接近性,可实现对催化剂性能的进一步优化。图 8-3-31 给出了 CLG 公司开发的加氢裂化预处理催化剂相对脱氮活性比较情况。从图中数据可见,CLG 公司开发出最新一代蜡油加氢处理催化剂 ICR179 和 ICR D179,比上一代 ICR 178 催化剂加氢脱氮活性分别提高了 10℉和 20℉。

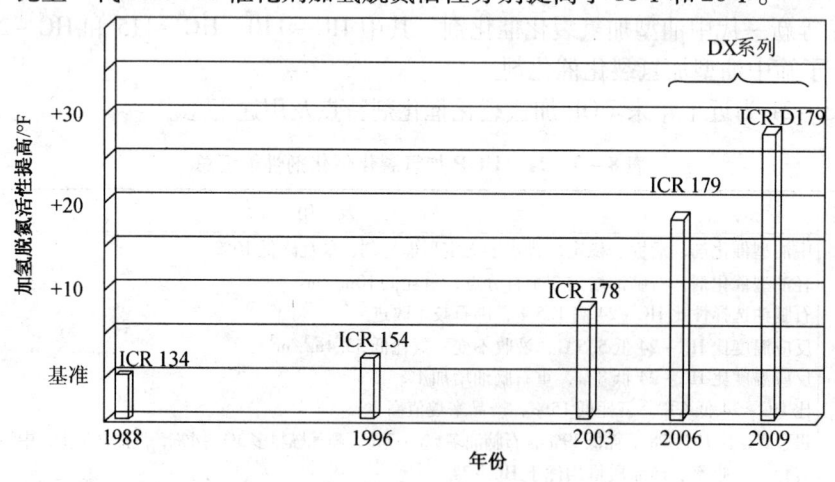

图 8-3-31 CLG 公司加氢裂化预处理催化剂性能关系
注:华氏度(℉)=32+摄氏度(℃)×1.8。

在加氢裂化催化剂方面,CLG 公司通过优化催化剂配方、优选原材料、增强表征能力、提高试验效率、优化合成步骤和改进制备工艺,开发出了新一代系列加氢裂化催化剂。图 8-3-32 给出了 CLG 公司加氢裂化催化剂性能关系图,其中 ICR 177、ICR 180、ICR 160*、

ICR 183 和 ICR 240 等 5 种催化剂为最新一代系列加氢裂化催化剂，在活性和中油选择性及综合性能等方面有了明显提高。

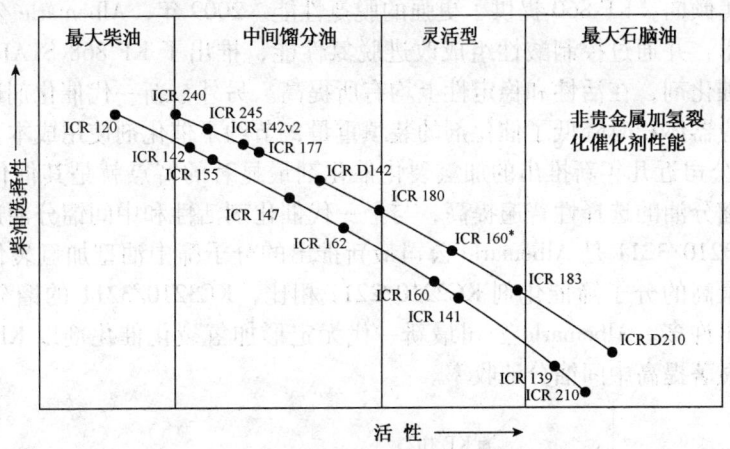

图 8-3-32　CLG 公司加氢裂化催化剂性能关系图

为应对原料加工难度的增加和工艺苛刻度的提高，CLG 公司推出了新一代最大量生产柴油产品的 ICR 177 催化剂。与上一代广泛应用的最大量生产柴油加氢裂化催化剂 ICR 142 相比，中油选择性相当，气体产率没有增加，但活性提高，总体性能获得了明显的提升。ICR 180 是 CLG 公司在前一代催化剂多产中间馏分油加氢裂化催化剂 ICR 162 的基础上，通过对催化剂配方进行微调而开发出的新一代催化剂。与 ICR 162 催化剂相比，ICR 180 催化剂的柴油收率增加、活性提高且气体产率有所降低。ICR 160* 是在前一代灵活型加氢裂化催化剂 ICR160 的基础上，通过对催化剂配方组分的优化开发出的新一代催化剂，其柴油产率提高、石脑油产率降低，而煤油选择性没有降低，活性相当。ICR 183 催化剂的开发是为进一步提高 ICR 160 催化剂的活性，以加工更劣质的原料，实现最大量生产喷气燃料和石脑油产品。此外，ICR 183 有较强的耐有机氮能力，不仅可以用于 SSOT 和 SSREC 装置，而且也可用于 TSR 装置的第一段和第二段。

两段加氢裂化工艺在生产最大量运输燃料时有明显的优势，其第二段实际是在无氨、无硫的环境中反应，大部分原料油都可以完全转化，可实现最大量生产中间馏分油产品。CLG 公司最近开发出了含适量沸石的第二段催化剂 ICR 240，用来替代上一代催化剂 ICR 120。新一代 ICR 240 催化剂的产品选择性明显提高，催化性能稳定性获得了明显的提升。

3. Albemarle 公司[62,63]

Albemarle 公司在 2004 年兼并 Akzo Nobel 公司的催化剂业务，开始成为世界上最大的炼油催化剂提供商之一，并与 UOP 公司结成策略联盟，在采用 UOP 公司技术设计建造的加氢裂化装置上配套使用由 Albemarle 公司生产的加氢裂化预处理催化剂，同时继续开发新一代加氢裂化预处理催化剂和加氢裂化催化剂。

在加氢裂化预处理催化剂方面，Albemarle 公司生产的 KF 848 加氢裂化预处理催化剂享有较高声誉，至今仍在世界上广泛使用；开发生产的 NEBULA-20 体相法加氢裂化预处理催化剂的加氢脱氮和加氢脱芳性能更是居于国际领先水平，因而也备受炼油业界关注。Albemarle 公司最近推出的 KF 860 STARS™ 催化剂，旨在改善催化剂由于金属中毒引起的活性损失，处理无计划的干扰和处理高终馏点或进料氢不足的情况。KF 860 催化剂载体孔径分布是向具有更大的平均孔径发展，在加工重质原料条件下和/或遇到运行的稳定性问题，面对更严重的结焦倾向，KF 860 提供了更强的脱氮性能。2009 年，Albemarle 公司结合 KF 860 的载体开发技术，并通过控制酸性组成改进脱氮性能，推出了 KF 868 STARS™ 最新一代加氢裂化预处理催化剂，在活性和稳定性上均有所提高。另外，新一代催化剂还降低了装填密度，在相同反应器体积时降低了催化剂的装填重量，节约了催化剂使用成本。

Albemarle 公司近几年新推出的加氢裂化催化剂最显著的特点就是其催化剂在活性相同的情况下中间馏分油的选择性普遍提高，与上一代催化剂活性和中间馏分油选择性对比见图 8 - 3 - 33。KC3210/3211 是 Albemarle 公司最新推出的分子筛中油型加氢裂化催化剂，与目前中油选择性最高的分子筛催化剂 KC2210/2211 相比，KC3210/3211 的馏分油选择性在活性相同时要高出许多。Albemarle 公司最新一代无定形加氢裂化催化剂以 KF1023 和 KFl025 为代表，都可显著提高中间馏分油收率。

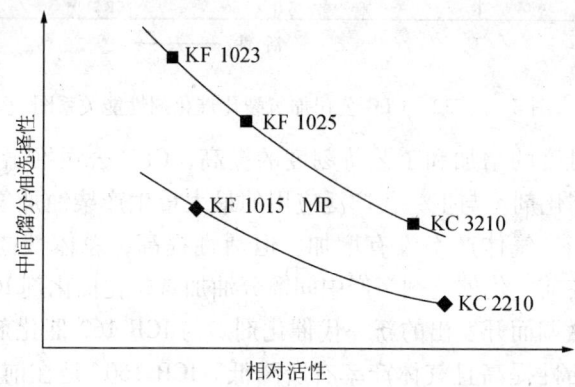

图 8 - 3 - 33　Albemarle 公司开发的中油型加氢裂化催化剂性能关系

4. Criterion 催化剂公司[64~66]

Criterion Catalysts & Technologies 开发的 CENTINEL 和 ASCENT 等加氢裂化技术，已经获得良好的工业应用效果。近期，Criterion 公司对 CENTERA 催化剂制备技术进行了改进，推出了新一代系列加氢裂化催化剂。新一代催化剂在活性和稳定性方面比上一代催化剂有了明显的提高，可以进一步提高装置处理量，获得更好的装置操作灵活性。

在原有 DN3110、DN3120 和 DN3300 等加氢裂化预精制催化剂的基础上，Criterion 推出了 CENTINEL DN3630 新一代加氢预精制催化剂，通过对加氢金属与载体之间作用力的调变，以及新型氧化铝载体的开发，DN3630 催化剂的活性和稳定性均有较大幅度的提高，具有更好的 HDN 活性和更高的间接脱硫能力。DN 3630 在高压下的反应温度比前一代 DN 3330 低。Criterion 公司还推出了装填密度更低、价格更便宜的 ASCENT DN 3531 和 DN3551 蜡油加氢处理催化剂，装填密度比常规催化剂降低了约 10%，活性略低于 DN3300 催化剂。

在新一代加氢裂化催化剂开发方面，Criterion 催化剂公司分别推出了用于精制段反应器底部的脱氮 - 缓和裂化型 Z2513 加氢裂化催化剂，最大量生产馏分油型 Z2623 加氢裂化催化剂，灵活生产石脑油 - 馏分油型 Z2723、Z3723、Z3733 和 ZFX10 加氢裂化催化剂和选择性生产石脑油型 Z853 和 Z863 加氢裂化催化剂等，图 8 - 3 - 34 给出了 Criterion 催化剂公司开发的加氢裂化催化剂性能关系情况。

Criterion 公司加氢裂化催化剂的研发核心理念是"分子筛的创新是提高加氢裂化催化剂

灵活性的源泉",主要是通过分子筛的种类及改性方式的创新,实现加氢裂化催化剂活性、选择性和温度敏感性等方面性能的提升。在灵活型加氢裂化催化剂方面,新一代 Z2723、Z3723 和 Z3733 等催化剂与前一代催化剂 Z723、Z733 和 Z803 等催化剂相比,活性和中油选择性综合性能以及产品低温流动性方面均获得了进一步提高。2011 年 Criterion 公司推出其最新开发的 ZFX10 加氢裂化催化剂,在相同的工艺条件下,与 Z3723 催化剂相比,ZFX10 催化剂的柴油产品选择性和十六烷值都有了明显的提高。另外,Criterion 公司还在催化剂外观形状及尺寸方面进行了深入的研究,新型催化剂的初始压降为原催化剂的 0.75 倍,获得了明显的应用效果。

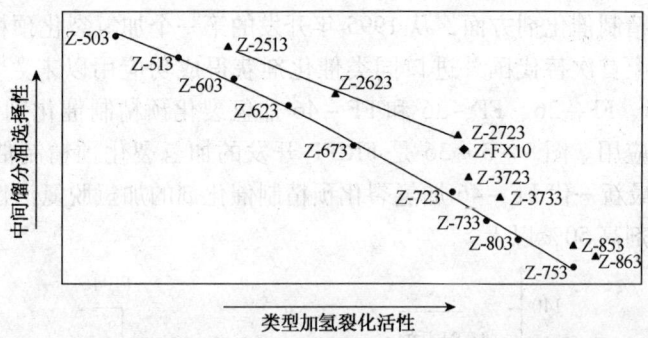

图 8-3-34 Criterion 公司开发的加氢裂化催化剂性能关系

5. Haldor Topsoe 公司[67,68]

Haldor Topsoe 公司近年开发了 BRIM™ 技术平台,并利用该技术平台,开发生产了新一代高活性加氢裂化预处理催化剂 TK-605 BRIM™ 和缓和加氢裂化/蜡油加氢处理催化剂 TK-558 BRIM™ 和 TK-559 BRIM™。除此之外,Haldor Topsoe 公司还开发生产能够提高转化率并改善产品质量的 TK-961、TK-962 和 TK-965 缓和加氢裂化催化剂,以及可以用于单段、一段串联和两段加氢裂化装置、最大量生产中间馏分油的 TK-925、TK-926 无定形加氢裂化催化剂和 TK-931、TK-941、TK-951 含微量分子筛型加氢裂化催化剂。图 8-3-35 给出了 Topsoe 公司开发的部分加氢裂化催化剂的性能关系。其中,最新一代 TK-926 无定形加氢裂化催化剂在活性和选择性方面均超越了传统无定形催化剂,同时具有更好的异构性能,可以获得低温流动性更好的柴油产品;新一代含微量分子筛加氢裂化催化剂 TK-941

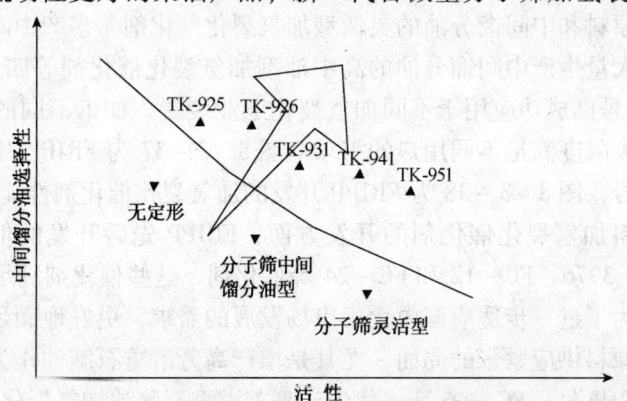

图 8-3-35 Topsoe 公司开发的加氢裂化催化剂催化性能关系

和 TK-951 比上一代 TK-931 催化剂具有更好的活性和中油选择性的综合催化性能与抗氮性能,且可更有效地利用氢气。

(二) 国内加氢裂化催化剂新进展

1. 中国石化抚顺石油化工研究院(FRIPP)

FRIPP 从 20 世纪 50 年代便开始从事加氢催化剂的研制,从 80 年代开始,随着我国经济的飞速发展,炼油及石化工业对优质中间馏分油、制取轻质芳烃和乙烯优质原料的需求旺盛,进一步促进了加氢裂化催化剂的开发工作,FRIPP 加大了新一代加氢裂化催化剂的研制工作力度。

在加氢裂化预精制催化剂方面,从 1995 年开发的第一个加氢裂化预精制催化剂 3936 在茂名加氢裂化装置上首次替代国外进口同类催化剂获得成功应用以来[69],FRIPP 又相继开发了 3996、FF-16、FF-26、FF-36 和 FF-46 加氢裂化预精制催化剂,并在加氢裂化工业装置上得到广泛应用。图 8-3-36 是 FRIPP 开发的加氢裂化预精制催化剂性能关系图。可以看出,FRIPP 最新一代 FF-46 加氢裂化预精制催化剂的加氢脱氮活性比第一代 3936 加氢裂化预精制催化剂高 50% 以上。

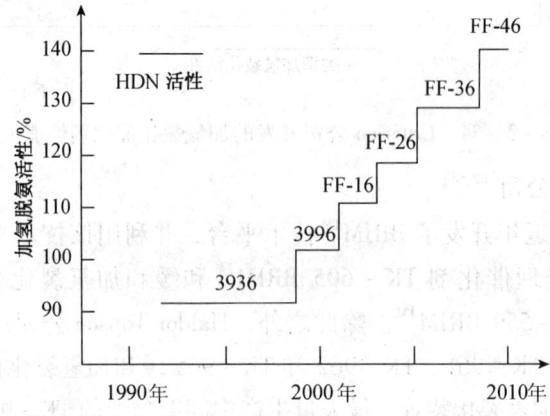

图 8-3-36 FRIPP 开发的加氢裂化预精制催化剂性能关系图

在加氢裂化催化剂开发方面,20 世纪 80 年代中期到 90 年代初,FRIPP 开发出第一代轻油型 3825 加氢裂化催化剂和灵活型 2824 加氢裂化催化剂并成功进行工业应用,目前,催化剂开发已进入第四代。FRIPP 开发的催化剂类型包括多产化工原料的轻油型加氢裂化催化剂、灵活生产化工原料和中间馏分油的灵活型加氢裂化催化剂、多产中间馏分油的中油型加氢裂化催化剂和最大量生产中间馏分油的高中油型加氢裂化催化剂等四大类、共计 26 个牌号,其中有 20 个牌号已成功应用于不同加氢裂化工业装置,加工不同的原料油,生产不同的目的产品,可最大限度满足不同用户的需求。图 8-3-37 为 FRIPP 开发的加氢裂化催化剂的主要类型和牌号,图 8-3-38 为 FRIPP 开发的加氢裂化催化剂性能关系图。

在多产化工原料加氢裂化催化剂的开发方面,FRIPP 先后开发的催化剂主要有 3825、3903、3905、3955、3976、FC-12 和 FC-24 等催化剂,这些催化剂满足了国内不同时期的市场需求。近期,为了进一步适应国内化工市场发展的需求,更好地满足我国经济发展的需要,缓解我国化工原料供应紧张的局面,尤其是增产高芳潜重石脑油作为重整原料的市场需求不断增大,FRIPP 开发了 FC-46 新一代生产高芳潜重石脑油加氢裂化催化剂。在 FC-46 催化剂的研制过程中,注重了酸性组分对环状烃选择性裂解性能的提高,采用可以增加加氢活性物种的催化剂制备新技术——UDRM(Uniform Dispersion and Reasonable Matching),使催化剂中各种活性组分分布更均匀,加氢活性中心和裂化活性中心匹配层次更合理,改善了金属活性组分和载体之间的相互作用,提高了金属的有效硫化度,进而提高催化剂的加氢活性和选择性开环能力,实现了选择性加氢,充分利用氢源,同时适度降低催化剂的断链和异构能力,改善了产品质量。

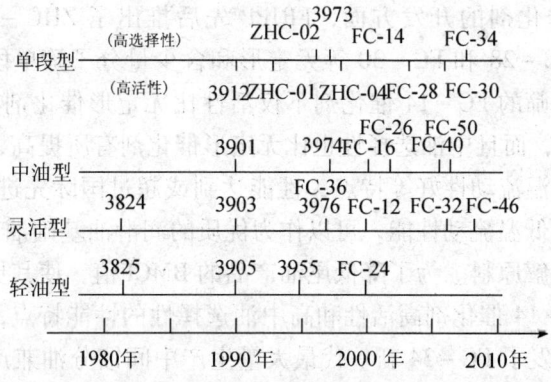

图8-3-37 FRIPP开发的加氢裂化催化剂的主要类型和牌号

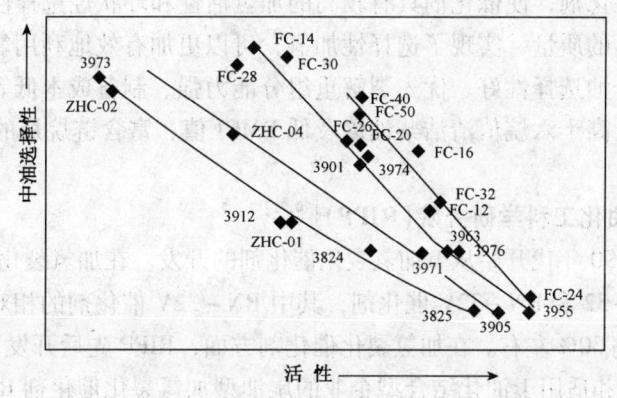

图8-3-38 FRIPP开发的加氢裂化催化剂性能关系图

在灵活性加氢裂化催化剂方面,根据国内炼油和化工市场需求的变化,FRIPP先后开发成功了3824、FC-12、FC-36和FC-32等生产高质量尾油乙烯裂解原料型加氢裂化催化剂,较好地满足了国内乙烯工业发展的需要。其中,FC-32催化剂是该类型中最新一代催化剂产品,该催化剂以经过特殊处理的、具有适宜酸性和均匀酸分布的改性Y型分子筛为裂化组分,以金属钨-镍为加氢组分,采用专有方法制备载体和浸渍法担载金属组分,使催化剂中的裂化组分和金属组分分布均匀、匹配合理,并具有了孔分布集中、孔体系开放畅通等特点。该催化剂在不同压力等级下均具有适宜的加氢裂化活性、很高的开环选择性、良好的温度敏感性、显著的优先裂解重组分能力和良好的生产操作灵活性,可广泛用于生产高芳潜重石脑油、高十六烷值清洁柴油以及低BMCI值、富含链烷烃、终馏点较原料油显著降低的优质尾油乙烯裂解原料等高价值产品。

在高中油选择性加氢裂化催化剂的开发方面,FRIPP先后开发了3901、3974、FC-26、FC-40和FC-50等催化剂。3974催化剂反应温度比国外同类催化剂低10℃,中油选择性相当。FC-26催化剂活性、选择性完全达到了国外同类催化剂的水平。FC-50催化剂是FRIPP为了进一步提高中间馏分油选择性而开发的新一代高中油型加氢裂化催化剂。该催化剂是一种以高结晶度、高硅铝比的改性Y型分子筛为主要酸性组分、钨镍为加氢活性组元、以碳化法硅铝为主载体的高中油型加氢裂化催化剂。该催化剂具有中油选择性高、活性适宜、稳定性好、对原料适应性强等特点。

在单段加氢裂化催化剂的开发方面,FRIPP先后推出了ZHC-01、ZHC-02、3973、ZHC-04、FC-14、FC-28和FC-30等无定形和含少量分子筛单段加氢裂化催化剂。其中,添加少量特殊分子筛的FC-14催化剂不仅活性比无定形催化剂有较大幅度的提高(反应温度降低12℃以上),而且中油选择性也比无定形催化剂有所提高,同时具有中间馏分油质量好、柴油、尾油低温流动性好等特点,性能达到或超过国际先进水平。FC-14催化剂的尾油产品具有很好的低温流动性能,可以作为优质的润滑油基础油产品,但其BMCI值偏高,不适合作为乙烯裂解原料。为了降低尾油产品的BMCI值,使其更适合作为高质量的乙烯原料,同时保持FC-14催化剂高活性和高中油选择性的性能特点,以满足不同企业的实际生产需求,FRIPP开发了FC-34新一代最大量生产中间馏分油兼产高质量尾油单段加氢裂化催化剂。FC-34催化剂以特殊改性分子筛为主要酸性组分、钨镍为加氢组分,采用UDRM新技术制备催化剂,使催化剂具有较高的加氢活性和环状烃选择性开环能力,提高了重石脑油和尾油产品的质量,实现了选择性加氢,可以更加有效地利用氢气,该催化剂还具有活性高、中间馏分油选择性好、优先裂解重组分能力强、制备成本低等特点,可广泛用于生产优质喷气燃料、高十六烷值清洁柴油以及低BMCI值、富含链烷烃的尾油乙烯裂解原料等高价值产品。

2. 中国石化石油化工科学研究院(RIPP)[70,71]

RIPP于20世纪90年代开始从事加氢裂化催化剂的开发。在加氢裂化预精制催化剂方面,开发了RN-2、RN-32和RN-32V催化剂,其中RN-32V催化剂的相对加氢脱氮活性比第一代催化剂RN-2高30%左右。在加氢裂化催化剂方面,RIPP先后开发了轻油型RT系列高活性加氢裂化催化剂和适用于油化结合型企业的尾油型加氢裂化催化剂RHC-1、RHC-3以及多产石脑油或化工料的加氢裂化催化剂RHC-5、适用于燃料型企业的多产中馏分加氢裂化催化剂RHC-1M、RHC-X。RIPP开发的加氢裂化催化剂牌号和用途列于表8-3-23。

表8-3-23 RIPP开发的加氢裂化催化剂牌号和用途

催化剂牌号	适用范围
RT-1,RT-5,RT-25	多产石脑油
RHC-1	多产尾油
RHC-3	对尾油质量有特别要求的装置
RHC-5	多产石脑油或多产化工原料的装置
RHC-1M	多产中间馏分油的装置
RHC-130	对产品柴油和尾油凝点有较高要求的装置
RHC-131	兼顾中间馏分和优质尾油的装置
RHC-140	以生产中间馏分油和尾油为目标的装置

RIPP开发的RN-2、RN-32和RN-32V加氢裂化预精制催化剂,RT-1、RT-5、RT-25和RHC-1、RHC-5加氢裂化催化剂均已工业应用。

五、加氢反应器内构件技术

加氢技术是由工艺技术、催化剂技术和工程技术构成。虽然加氢技术水平的高低主要取决于催化剂性能的高低,但能否充分发挥催化剂的优越性能,则在很大程度上取决于反应器内部结构的先进性和合理性。要设计合理的加氢反应器内构件应具有如下功能和特点:

① 反应物流混合充分,避免氢气和原料油分流;
② 反应物流分配均匀,避免发生"沟流",催化剂床层径向温差小;
③ 反应器压力降小,减少操作能耗;
④ 占用反应器空间小,反应器利用率(反应器可装填催化剂的体积与设计总体积的比值)高;
⑤ 方便装、卸催化剂;
⑥ 检测、维修方便;
⑦ 操作安全和投资低。

随着加氢装置的大型化及加氢设备制造能力的提高,加氢反应器的直径不断增大,对反应器内构件的设计、反应物流分配效果的要求也越来越高。如果反应器内构件设计不合理,物流分配效果差,会造成反应器有效利用率低、催化剂床层径向温差大,催化剂的反应性能不能得到充分发挥,甚至会造成反应产物质量达不到要求、缩短装置运行周期等。

另外,由于全球性环保法规的日趋严格,石油产品中的硫含量问题已备受关注。针对降低硫含量这一问题,世界各主要石油公司都已做了许多努力。从最近几年发表的国内外文献资料中可以看到,这些努力除了表现在加氢新催化剂、新工艺技术方面有较大突破外,还表现在新型加氢反应器内构件的开发方面。国外各大石油公司在最近几年均十分重视加氢反应器内构件的研究和开发工作,在加氢反应器内构件的研究改进和完善方面都取得了一些重要进展。先进的加氢反应器内构件可保证催化剂床层的径向温差小于3℃。

随着加氢工艺技术的普遍应用,国内用户越来越清晰地意识到,技术的完整性是产品质量的重要保障,促使技术专利商加强了对加氢反应器内构件的研究和工程开发,许多加氢技术专利商都开发了自己的成套技术。

目前工业上加氢反应器以固定床加氢反应器为主,固定床加氢反应器的内构件主要包括:入口扩散器、集垢器、分配盘、冷氢管、冷氢箱、催化剂支撑盘和出口收集器等。固定床加氢反应器的结构示意图如图8-3-39所示。其中反应器的分配盘和冷氢箱是反应器内构件开发及改进的重点,另外,集垢器是为了充分利用反应器的有限空间、

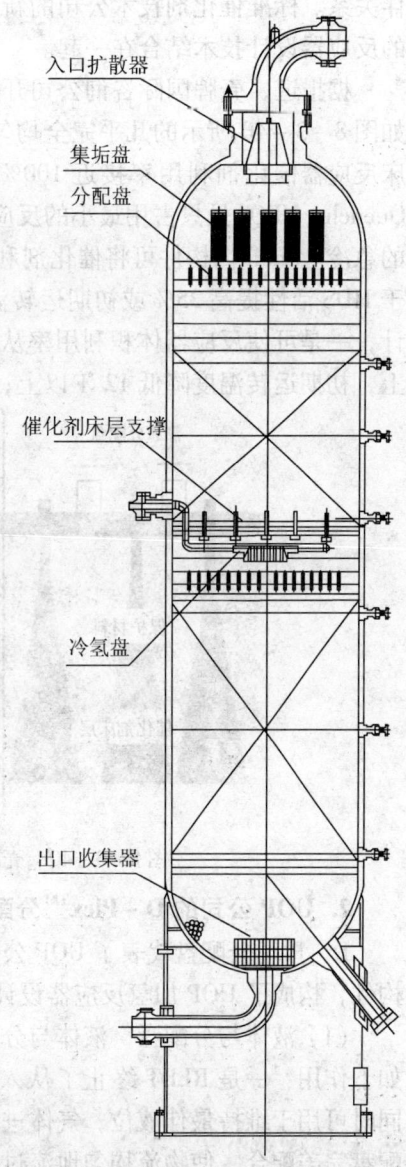

图8-3-39 加氢反应器典型结构图

提高反应器利用率,于近几年开发的一种新型内构件,它利用反应器封头部分的闲置空间装填保护催化剂,可额外增加反应器的集垢能力,并改善反应器上部的流态。

(一) 国外加氢反应器内构件技术

国外大石油公司一般都有自己的加氢反应器内构件技术。但目前普遍使用中的两个最成功的分配盘设计——泡帽分配器和多孔烟囱型分配器已都属于早期专利。进入 21 世纪以来,反应器内构件的创新研究开始活跃起来,也许日趋苛刻的新油品规格不断出台是其中的缘由之一。就加氢反应器而言,主要内构件包括安装有气液分配器的分配盘以及用于降低床层温度的急冷设备。创新工作也主要是围绕这两种内构件在做。

1. Shell 的高分散(HD)分配盘和超平急冷氢箱(UFQ)[72,73]

壳牌国际咨询公司(Shell Global Solutions)与标准催化剂技术公司(CC&T)一直是合作伙伴关系。标准催化剂技术公司的新型催化剂在推向市场的过程中,总是与壳牌国际咨询公司的反应器设计技术结合在一起。

据报道,壳牌国际咨询公司开发的第三代高分散(High Dispersion,HD)分配盘,可达到如图 8-3-40 所示的几乎完全均匀的液体分布,再结合其特有 HD 喷嘴的应用,可使滴流床反应器催化剂利用率接近 100%。而壳牌国际咨询公司开发的超平急冷氢箱(Ultra Flat Quench,UFQ)虽只占用最小的反应器体积,却可提供近乎完美的液气混合以及床层间介质的急冷。Shell 内构件可将催化剂利用率从 80% 提高到接近于 100%,获得的改善效果相当于 HDS 活性提高 25% 或初期运转温度降低 10 °F。采用壳牌国际咨询公司的最新反应器设计,一是可使反应器体积利用率从 65% 提高到 86%,其最终效果是催化剂活性提高 30% 以上,初期运转温度降低 12 °F 以上;二是可使催化剂利用率最大化。

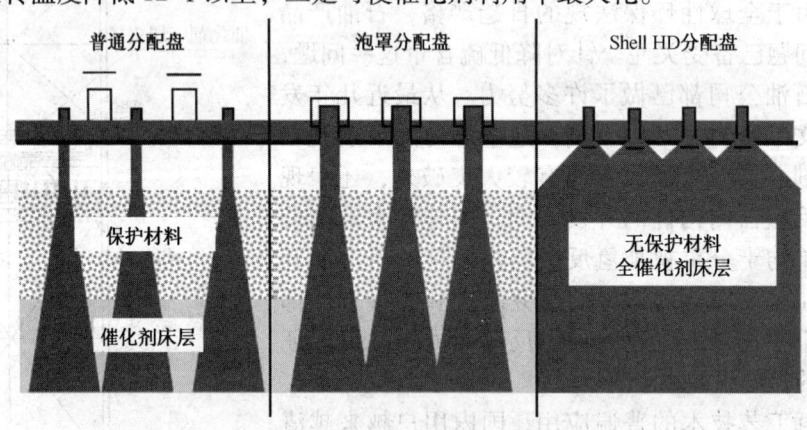

图 8-3-40 壳牌国际咨询公司 HD 分配盘流动模型的描绘

2. UOP 公司的 D-Plex™ 分配盘[59]

D-Plex 分配盘代表了 UOP 公司反应器内构件技术的最新进展,这些分配盘加上其他内构件,构成了 UOP 加氢反应器设计的技术核心。

(1) 液体与分配盘　液体与分配盘(RLDT)在每个 D-Plex 气液分配盘的上方,并起到如下作用:一是 RLDT 终止了从入口分配器(或冷氢箱内的预混室)出来残余的流体动量,同时可用于维持最佳液位,气体进料从 RLDT 的外围穿过;二是 RLDT 还与 D-Plex 气液分配盘完美配合,使物流均匀地流过反应器截面。

(2) D-Plex 气液分配盘　在理想的情况下,分配盘位置适中,气液比是常数,此时多数分配设备性能良好。但在现实中,由于制造及安装上的误差、高度上的差异、液位的波动和实际生产时的自然下移,分配盘位置上的差别总是存在的。另外。在装置生产期间气液比的变化很明显,因此,在分配盘上方的压力和液位高度也随之变化。D-Plex(如图8-3-41所示)就是针对上述问题而设计的。

相比泡罩和升气管式分配器,D-Plex 气液分配盘可以将液体分配得更均匀,而前两者对由气液变化引起的压力变化更加敏感。另外 D-Plex 气液分配盘的泡罩型设计可以防止液体从顶部的帽口直接流过,其处理能力比泡罩和升气管式分配器更大,液体孔道类型抗污垢的能力也更强。D-Plex 气液分配盘还比泡罩和提升式分配盘扩大了收集范围,可提高其实用的可操作性。

(3) 冷氢箱　冷氢箱采用 UOP 公司已商业化的"离心混合"设计,包括一个液体收集器和混合室,如图8-3-42所示。冷氢被引入后与原料油一起通过冷却分配器。

离心混合式冷氢箱和 D-Plex 气液分配盘均可促进催化剂床层的热量混合和再分配。

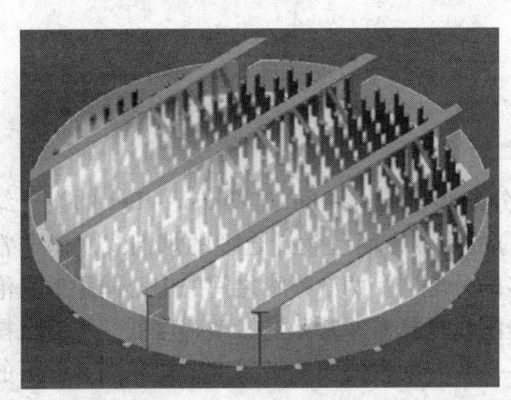 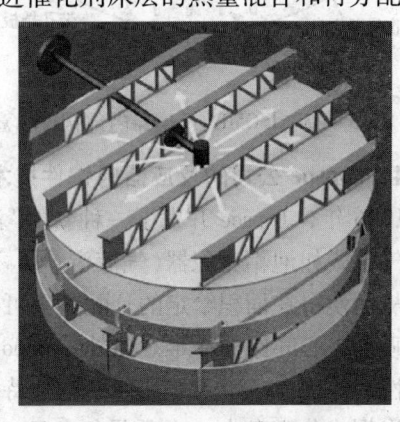

图8-3-41　UOP 公司的 D-Plex 气液分配盘　　图8-3-42　UOP 公司的离心混合式冷氢箱

3. Chevron 的 ISOMIX 内构件技术[53]

为了适应加工方案的快速变化,谢夫隆鲁姆斯全球公司(CLG)开发了一种固定床反应器新型专利内构件,该内构件可用于新反应器设计和旧反应器改造,其商业名称为 ISOMIX。ISOMIX 内构件可以使催化剂床层间反应物全混合与平衡,从而降低高活性催化剂经常出现的温度分布不均和热点问题的风险。

ISOMIX 内构件的关键部件之一是收集器,它带有大的位于中心的泡罩,其结果如图8-3-43所示。特殊的挡板环绕泡罩四周,急冷氢在 ISOMIX 收集器上方进入,与热气充分混合,液体混合物从床层上方进入内床层区。所有物流均以涡流方式流过挡板,在此混合冷、热气体和液体。然后,充分混合的气、液进入位于中心的泡罩。立管内、外侧也有挡板,以利于进一步混合。泡罩周围的特殊溢流堰用于削弱和消耗涡流液体的角动量。

ISOMIX 设计的第二个关键部件是混合流量喷嘴,如图8-3-44所示。这些高效喷嘴在很宽的气、液流速范围内为催化剂床层提供均匀的气、液分布。除此之外,还提供了良好的气-液混合与交换,流量在 ISOMIX 流量喷嘴截面上的均匀分布也更容易克服分配盘的不水平。

该设计的另一个优点是：与同类设计相比，压力降要低得多，因反应器内构件高度降低因此反应器也短得多，但仍能达到混合与再分配的目的。

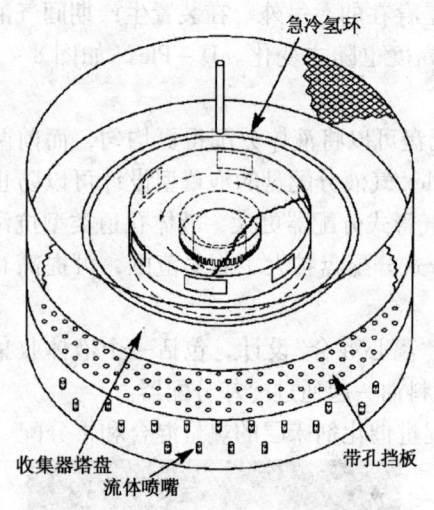

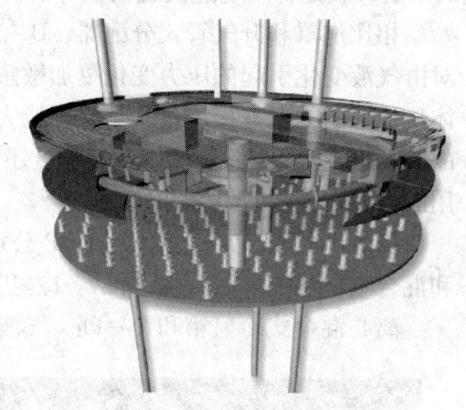

图 8 - 3 - 43　ISOMIX 反应器内部构件示意图　　　　图 8 - 3 - 44　ISOMIX 分配盘

4. Topsoe 公司的反应器内构件技术[74]

1996 年，Topsoe 开发了一种新的"汽举式"分配盘（Vapor - Lift）。Vapor - Lift 的设计结合了气携式如泡帽分配器（气液混合，不易堵塞）的优点，而且设计合理的烟囱式底座非常小，从而使得在面积给定的分配盘上可安装更多的分配器。两个喷嘴之间的中心间距约是泡帽式喷嘴中心间距的一半。此外，Vapor - Lift 分配盘还具有非常稳定、敏感度低、气液比操作弹性大等优点。由于其几何结构独特，Vapor - Lift 分配盘的实测敏感度要比相同条件下的标准泡帽式分配盘小一个数量级。Vapor - Lift 分配盘的结构简图如图 8 - 3 - 45 所示，图 8 - 3 - 46 是 Vapor - Lift 分配盘使用效果图。

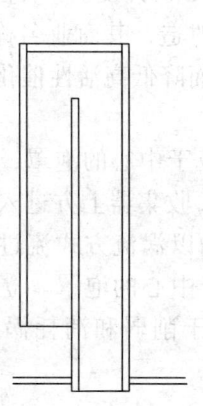

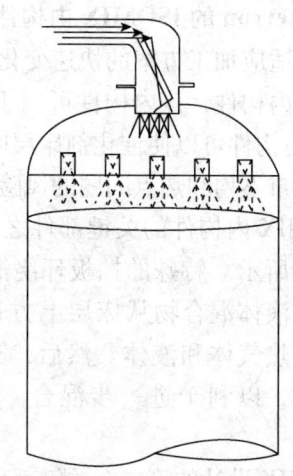

图 8 - 3 - 45　Vapor - Lift 分配盘结构简图　　　　图 8 - 3 - 46　Vapor - Lift 分配盘使用效果图

Vapor - Lift 液体分配盘的优点是：与泡帽式设计相比，该分配盘上的分配器底座小很多，因而可在靠近反应器壁的地方提供更多的滴落点。由于靠近反应器壁的催化剂得到了充分利用，所以可大大改善总体催化剂的性能。在大多情况下，这相当于增加了 25% 的反应器入口总表面积。当然，具体数值取决于反应器的直径。

Vapor-Lift 液体分配盘的另一个优点是可增加操作安全性。如果反应器壁附近的液流量减少，则反应速率会变高，从而产生反应器壁热点。反应器壁热点是造成反应器飞温的一个主要原因。Vapor-Lift 液体分配盘的分配器之间的距离较小，即最外侧的分配器与反应器壁之间的距离小，因而可降低产生热点的可能。

5. AXENS/IFP 的 EquiFlow 分配器[75]

AXENS/IFP 公司在 21 世纪初开发出一种被称为 EquiFlow 的最优反应器内构件。目前已被作为标准件推出。据称，这种最优反应器内构件体积小且可使反应器内气液分布均匀，从而达到催化剂的最有效利用。该内构件在实际应用中既能达到催化剂床层顶部气液分布均匀，同时所产生的压降也与旧式内构件基本相当，而并非像某些内构件那样，改造后产生的压降反而增加。

图 8-3-47 是 EquiFlow 分配盘与常规的烟囱式分配盘的气液分布效果对比。截面图取之催化剂床层的上部，层析图像中明亮的部分表示所期望的流率，而暗的部分表示流率不是太大就是太小。由层析图像可以看出，EquiFlow 分配盘的气液分布效果远优于常规的烟囱式分配盘。

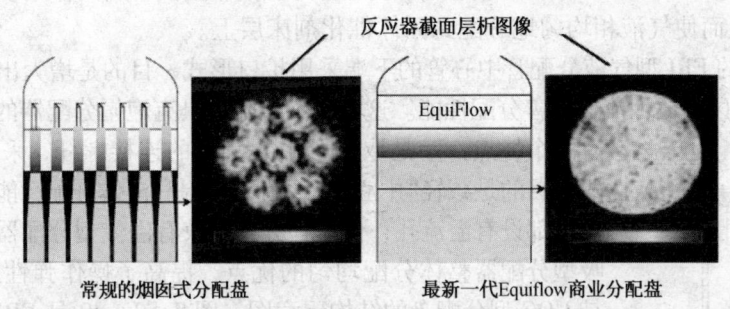

图 8-3-47　EquiFlow 分配盘与常规的烟囱式分配盘的气液分布效果对比

（二）国内加氢反应器内构件技术

我国在 20 世纪 70 年代末引进的使用美国联合油公司加氢裂化专利技术的 4 套加氢裂化装置，其内构件也采用联合油的专利技术。联合油的分配器类似于泡帽塔盘上的泡帽，在泡帽下部开有多条平行于母线的齿缝，泡帽内部设有中心管，其下端与分配盘相连。当塔盘上的液面高于泡帽下缘时，分配器进入工作状态。气流通过齿缝在泡帽和中心管之间的环形空间内产生强烈的抽吸作用，使液体冲碎成液滴并被气体所携带而进入中心管，实现气液分配。联合油型分配器的最大特点是，液体下溢的主要动力来自气相的抽吸作用，因而气液分配效果受分配盘上液位高度的影响较小，对分配盘在安装时要求的水平度允差较大。联合油型急冷箱主要是通过气液两相流体在顶板节流孔处节流，在箱体中冲击。对冲碰撞和在箱体外折射碰撞等过程实现冷热流体混合传热的目的。

联合油型气液分配器和急冷箱技术曾一度代表着国内 20 世纪 80 年代的先进水平。但多年来的生产操作表明，联合油型气液分配器和急冷箱在原料油密度大、黏度高和液气比大的加氢装置中性能并不理想。

80 年代，中国石化齐鲁石化分公司引进了美国 Chevron 公司的渣油加氢技术及配套反应器内构件技术。其中分配器的主体是一上端斜切短管，在短管的一定高度上开有溢流孔，为典型的溢流型分配器。短管上面设有筛板，正对短管上不开筛孔以防止气液短路。操作时，当塔盘上液面上升到小孔高度时，液体从小孔成股状沿水平方向流入管内，而气相则自斜口向下进入管内，气液流因产生碰撞而使液体成散滴状分配到床层中去。美国 Chevron 型气液分配器的主要特点是结构简单、压降较低、单个分配器分配性能较好，但 Chevron 型气液分配器为溢流型分配器，因而气液分配效果受分配盘上液位高度的影响较大，对分配盘在安装时要求的水平度允差较小，整个分配塔盘不易得到宏观均匀性。

随着我国加氢技术的不断发展和快速进步，多家科研、设计单位也在开发反应器内构件专利技术，并取得了可喜的成就。

1. 洛阳石化工程公司的 ERI 型和 BL 型气液分配器和冷氢箱[76]

（1）ERI 型和 BL 型气液分配器　中国石化洛阳石化工程公司（LPEC）开发的 BL 型气液分配器的结构仍然保留了美国联合油公司 UOC 型泡帽分配器的优点，液体下溢的主要动力仍然是气体强烈的抽吸作用，该分配器的特点是改变了泡帽分配器的泡帽和中心管之间的连接方式，同时根据重质高黏度油品中气液两相密度差值大以及液相黏度和表面张力大的物性特点，在出口处设计安装了起节流、分散和雾化作用的碎流板，克服了 UOC 型气液分配器液相分配曲线峰值高和喷洒面积小的缺点，在高速气流和碎流板的共同作用下液相被分散成细小的雾滴，从而使气液相均匀地分配到固体催化剂床层上。

LPEC 开发的 ERI 型气液分配管中心管的下端采用扩口形式，目的是增大出口处液体喷洒面积，减少中心区液体汇流，改善分配性能。这种分配管除了具有泡帽分配器的优点外，还具有两个特点：一是取消了中心管中的连接螺杆，采用新的连接方式，目的是减轻"中心汇流"现象，提高液体分配性能；二是在中心管下部设有溢流孔，使这种分布管兼有溢流型分配器压力降低和抽吸型分配器整体分配均匀的优点，提高了操作弹性。图 8-3-48 是 UOC 型分配盘的结构示意图，图 8-3-49 是 ERI 型和 BL 型气液分配器结构示意图，图 8-3-50 是 UOC 型、ERI 型和 BL 型气液分配器分配均匀性对比，图 8-3-51 是 UOC 型、ERI 型和 BL 型气液分配器压力降性能对比。

从图 8-3-50 的对比结果可以看出，在相同试验条件下，BL 型分配器的分配曲线过度平缓，峰值比 ERI 型和 UOC 型的峰值低，表明其分配性能最好。图 8-3-51 中，ERI 型分配器的压力降最低，BL 型分配器的压力降比 UOC 型略高。

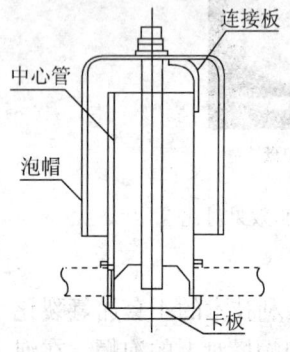

图 8-3-48　UOC 型分配盘的结构示意图

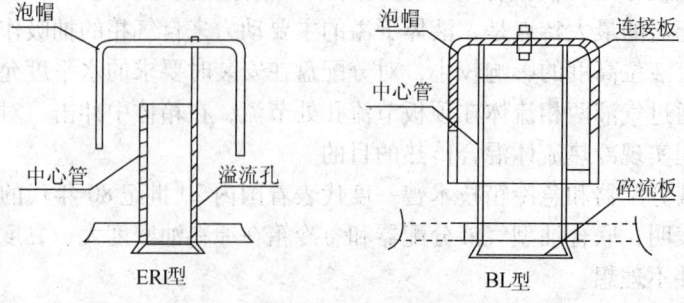

图 8-3-49　ERI 型和 BL 型气液分配器结构示意

第八章 含硫含酸原油馏分油加工技术

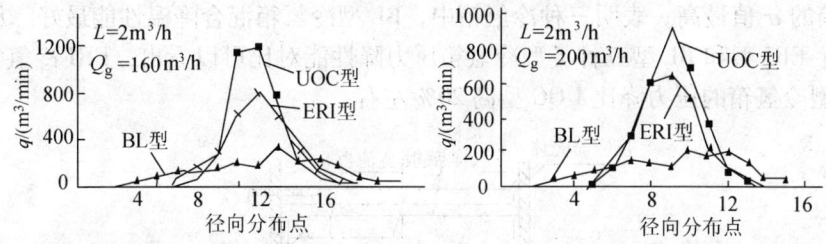

图 8-3-50　UOC 型、ERI 型和 BL 型气液分配器分配均匀性对比

注：q 为一定时间内的接液量，L 为液相体积流量，Q_g 为气体体积流量。

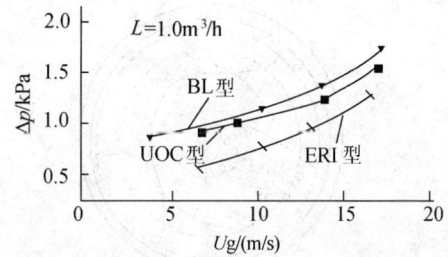

图 8-3-51　UOC 型、ERI 型和 BL 型气液分配器压力降性能对比

注：Δp 为压力降，U_g 为分配器中心管气速，L 为液相体积流量。

(2) ERI 型和 BL 型冷氢箱　LPEC 开发的 ERI 型冷氢箱是在 UOC 型冷氢箱的基础上加以改进，改进内容主要有：一是顶部节流板节流孔设计成使液膜减薄的长方形，优化了长方形节流孔在节流板上的位置；二是在箱内增设了流体的湍流程度；三是箱外两侧的挡板开孔采用了非均匀开孔的形式，以使筛板上的液体分布大体均匀。UOC 型和 ERI 型冷氢箱结构示意图如图 8-3-52 所示。

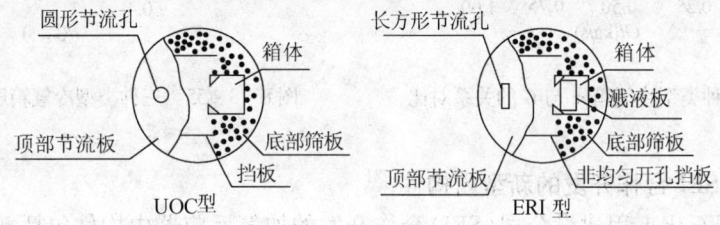

图 8-3-52　UOC 型和 ERI 型冷氢箱结构示意图

LPEC 开发的 BL 冷氢箱示意图如图 8-3-53 所示，其工作原理为：在冷氢箱上层完成预混合后的气液两相流体从上层顶板上的两个节流孔进入冷氢箱中层外围的环形流道。环形流道由弧形混合板间隔出来，弧形板和导向板的设置使得在中层的狭小空间内形成较长的流道，强制流体沿流道向弧形板开口处流动，致使流动路线较普通冷氢箱延长 2 倍以上，为流体的混合与换热提供充分的空间与时间。混合流体从弧形板开口处进入弧形板内侧，受到导流板的引导形成环形旋转流动，导流板形成的旋流一方面延长流道，同时增大流体之间的周向剪切作用，有利于冷氢气与高温反应物料的混合与换热均匀；流体在底部筛板上完成分散，达到冷热流体混合传热的目的。

从图 8-3-54 中 UOC 型、ERI 型和 BL 型三种类型冷氢箱 σ（急冷箱温度分布不均度）与 G（气相质量流量）的关系对比可以看出，在相同试验条件下，BL 型冷氢箱的 σ 值最低，

UOC 冷氢箱的 σ 值最高，表明三种冷氢箱中，BL 型冷氢箱混合降温性能最好。从图 8-3-55 UOC 型、ERI 型和 BL 型三种类型冷氢箱压力降性能对比可以看出，ERI 冷氢箱的压力降最低，BL 型冷氢箱的压力降比 UOC 型高 20% 左右。

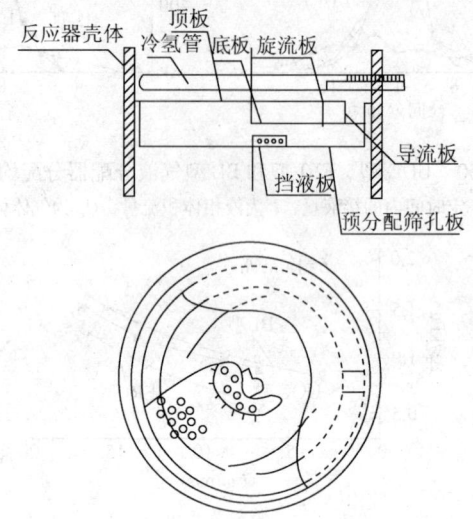

图 8-3-53　BL 型冷氢箱结构示意图

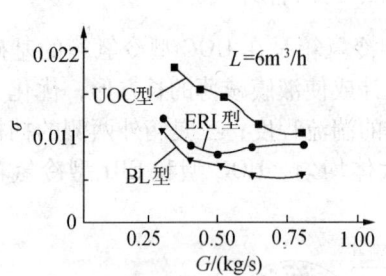

图 8-3-54　三种类型冷氢箱 σ 与 G 的关系对比　　图 8-3-55　三种类型冷氢箱压力降性能对比

2. RIPP 与 SEI 合作开发的新型内构件[77]

RIPP 与中国石化工程建设公司（SEI）合作开发的加氢反应器内构件包括新型气液分配盘及冷氢箱。

新型气液分配器结构特征如图 8-3-56 所示，该分配器由泡帽、中心管及旋流结构组成。

新型冷氢系统的结构特征如图 8-3-57 所示，它由环形冷氢管及抽吸对撞型冷氢箱组成。新型冷氢系统具有以下特点：

（1）环形冷氢管与抽吸对撞型冷氢箱位于同一高度空间内，有利于节省反应器空间。

（2）从环形冷氢管高速喷出的冷氢与反应热物流在冷氢箱外壳体与反应器内壁形成的环形空间内进行充分的预混合。

（3）冷氢箱采用抽吸携带、对撞汇流、扰流及旋流方式以强化气液两相间的混合效果。

中国石化荆门分公司 500kt/a 蜡油加氢反应器内径为 2.8m，分上中下三个床层，有三个分配盘及两套冷氢系统，采用新型气液分配盘及冷氢系统可将两催化剂床层间距控制在

1.0m 以内，反应器容积有效利用率达到 82.1%；床层入口处最大径向温差只有 2.7℃，平均径向温差为 1.5℃；床层出口处最大径向温差只有 1.7℃，平均径向温差为 1.0℃。

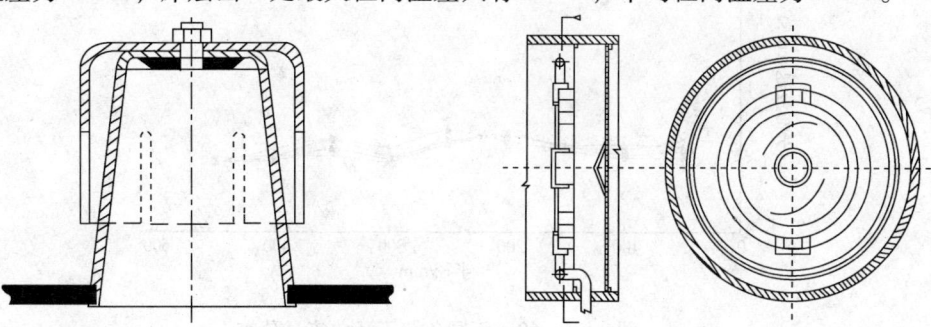

图 8-3-56 新型气液分配器结构示意图　　图 8-3-57 新型冷氢箱结构示意图

3. FRIPP 的喷嘴式分配器和旋叶式冷氢箱[78]

（1）喷嘴式分配器　FRIPP 开发了喷嘴式分配器，它由垂直降液管、雨帽、溅板构成。喷嘴式分配器采用垂直降液管作为气、液两相的管状流道；溅板采用凹凸有秩且边缘开设若干齿槽的导流结构。根据反应器液相负荷的范围，垂直降液管中部的侧壁上开设长条型槽缝作为液相入口，可调整分配盘存液深度，降低分配盘水平度偏差带来的分配不均匀；垂直降液管顶部设有雨帽；垂直降液管底部连接有溅板，溅板采用"W"形，且边缘开设若干齿槽。图 8-3-58 为喷嘴式分配器结构示意图，图 8-3-59 为喷嘴式分配器流态图。

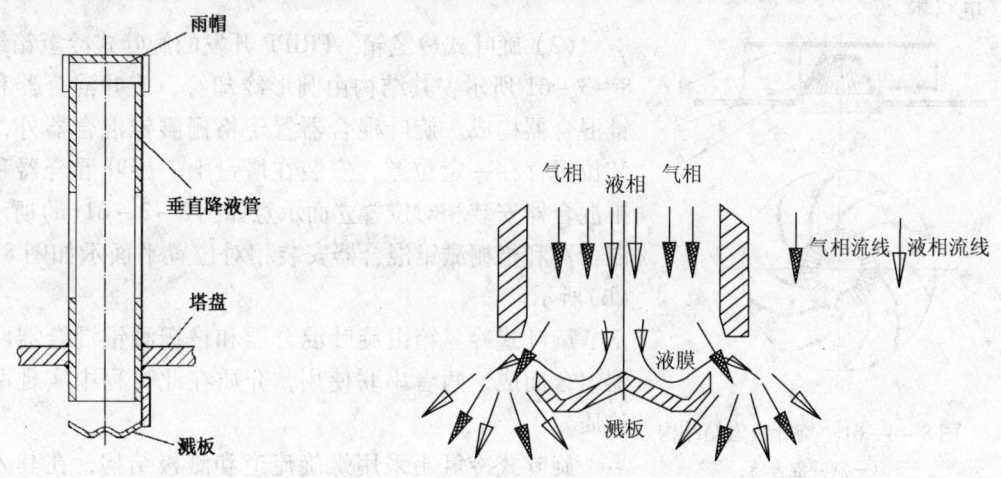

图 8-3-58 喷嘴式分配器结构示意图　　图 8-3-59 喷嘴式分配器原理示意图

喷嘴式分配器体积小，在分配盘上可布置数量多，占有空间高度小，因此具有较好的物料分配均匀度。喷嘴式分配器液相物料分布效果如图 8-3-60 所示。

喷嘴式分配器具有以下特点：

① 喷嘴式分配器工况负荷小，反应器单位截面积上分布数量多；任意一点均有 6 个分配器提供物料，物料量叠加后能将催化剂床层"完全"覆盖，液相分配有很好的微观均匀性。

② 溅板采用"W"形结构，液相借助势能形成液膜，利用气相吹拂实现液相雾化和分散，使分配器雾化液相所需的能耗较低；溅板外沿设置锯齿，利用锯齿对液相切割，实现二次碎液，在气体动能没有损失的情况下增加了气液传质效果与分布效果。

③ 喷嘴式分配器可实现工况叠加的特性，致使分配盘具有很大的操作弹性。

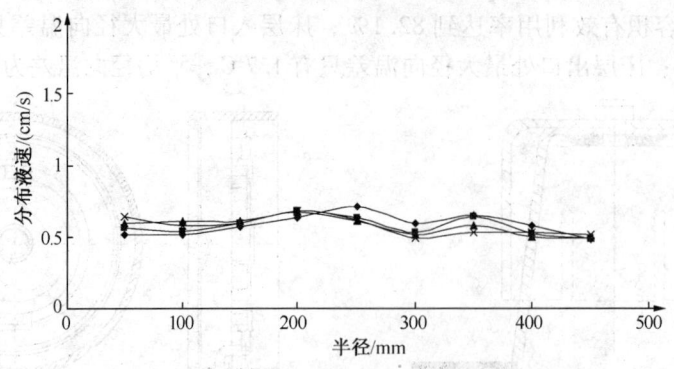

图 8-3-60 不同负荷下径向流量分布

④ 垂直降液管下端与溅板间的环隙可以遮挡，而且可以根据需要调整遮挡的程度，分配器间具有均压现象，因此该遮挡不会引起分配器的压力降升高；由于是气液两相流工况，气液两相流速互扰，气相压力降的平稳，抑制液相的进入流速，具有流量自适应性。未遮挡部分流态不会发生变化，布置在反应器筒壁附近时，可有效避免反应器壁流现象。

⑤ 喷嘴式分配器体积小，在分配盘上可布置数量多，占有空间高度小。

由于喷嘴式分配器尺寸较小、安装空间小、间距小，大大增加了分布数量；其溅板结构使气流对液流具有剪切和破碎作用，使液流得到更大范围的分散，因此，具有较好的物料分布效果。

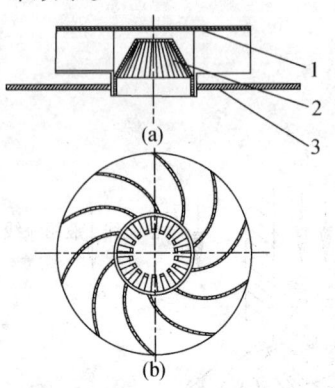

图 8-3-61 旋叶冷氢箱结构
1—旋叶混合器；
2—格栅溅锥混合器；3—塔盘

(2) 旋叶式冷氢箱　FRIPP 开发的旋叶式冷氢箱结构如图 8-3-61 所示，其结构由圆形冷却管、旋叶混合器和格栅溅锥混合器构成。旋叶混合器置于格栅溅锥混合器外，两者安装位置存在一定位差，安装在塔盘上。旋叶混合器和格栅溅锥混合器安装相对位置立面示意图如图 8-3-61(a)所示；旋叶混合器和格栅溅锥混合器安装相对位置平面示如图 8-3-61(b)所示。

旋叶式冷氢箱由旋叶混合器和格栅溅锥混合器两个混合器组合而成，两者串联使用，介质在此过程中实现两次混合传质。

旋叶式冷氢箱采用螺旋流道和溅板结构，在其入口处实现不同区域介质的混合；螺旋流道增长流动路径，增加混合几率，并产生涡流和撞击流，借助流向的 90°转变，实现二次混合。下部设置溅板结构，借助势能和旋叶混合器残余动能，产生撞击流，实现第三次混合。

FRIPP 开发的喷嘴式分配器和旋叶式冷氢箱已应用在中国石油庆阳石化分公司的 1.2Mt/a 柴油加氢改质装置上，该装置反应器内径 3.4m，共有 4 个催化剂床层，装置投产后，催化剂床层入口最大径向温差 2℃，出口最大径向温差 2.7℃。

六、加氢裂化技术在国内外的工业应用情况和实例

1966 年，中国自行开发、建设的第一套加氢裂化装置在大庆建成投产，使中国成为世界上最早掌握加氢裂化技术的少数国家之一。但此后的十几年，由于各种原因，加氢裂化技

术没有得到进一步的发展。直到 20 世纪 70 年代末,随着中国经济的飞速发展,加氢裂化技术也得到快速发展和广泛应用。到 2012 年 1 月,中国石化、中国石油和中国海油等三大国有石油公司建成投产的各种高、中压加氢裂化、加氢改质装置共计 37 套,总加工能力近 50Mt/a,正在设计和规划建设的加氢裂化装置还有 20 余套,总加工能力近 40Mt/a,加氢裂化装置已成为炼油企业装置构成的"标准配置"和油、化、纤结合的核心。

中国目前在产的 37 套高、中加氢裂化、加氢改质装置中,所用催化剂的专利商包括中国石化的 FRIPP 和 RIPP 以及国外 UOP、Chevron、Shell 等公司。

(一) 中国石化抚顺石油化工研究院(FRIPP)

目前,国内有 21 套加氢裂化装置使用 FRIPP 的加氢裂化催化剂,加氢裂化催化剂类型包括轻油型、灵活型、中油型和高中油型。

1. 轻油型加氢裂化催化剂

扬子 2.0Mt/a 加氢裂化装置为我国 20 世纪 70 年代末、80 年代初引进美国联合油公司四套加氢裂化专利技术之一,装置原设计加工能力 1.2Mt/a,采用 >177℃尾油全循环二段裂化反应器的两段工艺流程,最大量生产石脑油,为催化重整装置提供原料,使用联合油的 HC - 14 轻油型加氢裂化催化剂。为了适应乙烯发展的需要,1992~1993 年对装置进行扩能改造,在原先加工裂化循环油的二段(裂化)反应器前增加一台加氢预精制反应器,用于加工新鲜原料,将两段加氢裂化改成两套并列的单段串联、尾油一次通过流程加氢裂化装置。两套装置的反应部分并联,共用分馏部分及氢气系统,将加工能力扩建至 2.0Mt/a,1994 年改造完成,1997 年换用 FRIPP 开发的 3825 和 3905 轻油型加氢裂化催化剂,2004 年使用 FRIPP 开发的新一代 FC - 24 轻油型加氢裂化催化剂,表 8 - 3 - 24 ~ 表 8 - 3 - 26 为该装置 2004~2007 年 4 月的运行参数平均结果[79]。从数据表可以看出,该生产装置具有如下特点:

(1) 装置可长时间在高转化率条件下操作,重石脑油产率保持在 38%~39%;

(2) 装置除生产约 11% 的喷气燃料作为油品外,重石脑油可做重整原料,液化气、轻石脑油和加氢裂化尾油做乙烯原料,因此,装置可生产 90% 左右的化工原料;

(3) 尽管装置选用轻油型裂化催化剂,精制油氮含量一直控制在 15μg/g 左右,而且裂化转化率很高,装置运转近 3 年,反应器基本没有提温。由此可见,加氢裂化装置可在高裂化转化率情况下长期稳定运行。

表 8 - 3 - 24 2004 年 8 月 ~ 2007 年 4 月加氢裂化原料性质

项 目	最高值	最低值	平均值
一系列原料			
密度(15.6℃)/(g/cm³)	0.8865	0.8490	0.8690
初馏点/℃	239	150	167.9
终馏点/℃	503	452	478.2
S/(μg/g)	9132	2671	5481.6
N/(μg/g)	1391.6	327.0	681.3
二系列原料			
密度(15.6℃)/(g/cm³)	0.8859	0.8444	0.8687
初馏点/℃	224	150	167.5
终馏点/℃	509	451	476.9
S/(μg/g)	9996	849	5305.6
N/(μg/g)	1966.9	305	728.6

表8-3-25 主要操作工艺条件

项目	2004年12月	2005年12月	2006年12月	2007年4月
一系列				
精制反应器A/B平均温度/℃	363.1/380.7	360.7/376.9	356.2/370.8	357.2/369.1
精制反应器A/B体积空速/h^{-1}	1.89/1.35	1.85/1.33	1.78/1.27	1.64/1.17
裂化反应器平均温度/℃	374.7	368.5	374.5	373.6
裂化反应器体积空速/h^{-1}	1.41	1.38	1.33	1.22
精制油氮含量/($\mu g/g$)	16.2	13.5	15.0	14.0
二系列				
精制反应器平均温度/℃	368.4	360.1	365.6	359.2
精制反应器体积空速/h^{-1}	0.87	0.87	0.87	0.94
裂化反应器平均温度/℃	362.6	359.0	368.2	360.3
裂化反应器体积空速/h^{-1}	1.1	1.1	1.1	1.17
精制油氮含量/($\mu g/g$)	14.2	13.0	17.4	10.4
高压分离器压力/MPa	14.1	14.0	14.1	14.0
循环氢纯度(体)/%	87.68	88.68	87.38	91.78

表8-3-26 主要产品分布

项目	2004年8~12月	2005年1~12月	2006年1~12月	2007年1~4月
运行时间/h	3575.75	8760	8499.08	2880
负荷率/%	100.38	97.06	97.02	100
主要产品分布/%				
液化气	10.26	11.18	11.29	11.43
轻石脑油	7.34	8.81	7.59	7.60
重石脑油	38.34	38.00	39.13	38.11
喷气燃料	13.30	11.00	8.69	10.3
加氢裂化尾油	31.16	31.22	32.77	33.63
C_5^+液收/%	92.32	92.00	91.35	92.17
氢耗/(Nm^3/t)	326.1	322.9	320.56	310.5

2. 灵活型裂化催化剂

上海石油化工股份有限公司1.5Mt/a加氢裂化装置也是我国20世纪70年代末、80年代初引进美国联合油公司四套加氢裂化专利技术之一,装置原设计加工能力0.9Mt/a、采用>177℃尾油全循环至裂化反应器入口的单段串联工艺流程,最大量生产石脑油,为催化重整装置提供原料,使用联合油的HC-14轻油型加氢裂化催化剂。装置于1985年建成投产,1997~1998年装置进行扩能改造,增加一台加氢精制反应器,与原精制反应器并联、再共同与裂化反应器串联,并将尾油全循环改为单程一次通过流程,加工能力扩能至1.5Mt/a。该装置1991年换用FRIPP开发的3825轻油型加氢裂化催化剂,2003年换用FRIPP开发的FC-12灵活型加氢裂化催化剂,2008年5月对FC-12裂化催化剂进行再生使用,不足部分装填新鲜FC-12、FC-32灵活型加氢裂化催化剂。表8-3-27~表8-3-29为该装置在2008年12月~2009年12月的运行结果[80,81]。

再生FC-12加氢裂化催化剂在反应器入口压力15.0MPa,体积空速1.30~1.32h^{-1}、平均反应温度378.5~382.5℃条件下,处理硫含量1.52%~1.93%、氮含量649~954$\mu g/g$的减压馏分油,裂化转化率80%~84%。加氢裂化主要产品重石脑油收率34.72%~

35.12%,硫含量小于0.5μg/g,可直接作为催化重整原料;喷气燃料收率13.5%~15.1%,烟点29mm,是优质3#喷气燃料调和组分;柴油收率8.47%~12.38%,十六烷值59.2;加氢裂化尾油收率16.34%~19.81%,BMCI值6.7,是优质蒸汽裂解制乙烯原料。

尽管上海石化1.5Mt/a加氢裂化装置所用原料油性质及操作条件与扬子石化2.0Mt/a加氢裂化装置有所差别,但从表8-3-27~表8-3-29的工业应用结果可以看出:

(1)采用灵活型加氢裂化催化剂,重石脑油收率也可长期保持在35%以上;

(2)在重石脑油产率接近的情况下,灵活型裂化催化剂的液化气产率明显低于轻油型裂化催化剂,故氢耗量明显低于轻油型裂化催化剂;

(3)灵活型裂化催化剂的反应温度明显高于轻油型裂化催化剂,且在高转化率下,催化剂的活性稳定性较轻油型差。

表8-3-27 2008~2009年原料油性质

日期	2008年12月	2009年12月
密度(20℃)/(g/cm³)	0.9005	0.9184
馏程(ASTM D1160)/℃		
初馏点	230	236
10%	341	336
50%	422	446
90%	491	515
终馏点	521	546
残炭/%	0.152	0.186
硫/%	1.52	1.93
氮/(μg/g)	649	954
Fe/(μg/g)	1.2	1.1
酸值/(mg/KOHg)	0.48	0.50

表8-3-28 反应系统主要操作参数

项目	2008年12月	2009年12月
反应器入口压力/MPa	15.0	15.0
DC-101精制反应器		
平均温度/℃	372.3	380.2
空速/h⁻¹	0.89	0.93
出口氮含量/(μg/g)	13.0	12.8
DC-103精制反应器		
平均温度/℃	376.4	379.8
空速/h⁻¹	0.85	0.89
出口氮含量/(μg/g)	13.9	11.2
DC-102裂化反应器		
平均温度/℃	378.5	382.5
空速/h⁻¹	1.30	1.32
循环氢浓度(体)/%	85.23	83.40
产品分布/%		
酸性气	1.19	1.52
干气	3.88	3.62
丙烷	0.87	0.49

续表

项 目	2008年12月	2009年12月
液化气	4.88	4.24
轻石脑油	12.12	10.40
重石脑油	34.72	35.12
喷气燃料	13.50	15.51
柴油	8.47	12.38
尾油	19.81	16.34
C_5^+ 液收①	88.62	89.75
氢耗/(Nm³/t)	277	310

① 一般习惯，产品收率是对原料油，而上海石化计算的产品收率是对原料油+氢气，且加氢裂化原料中包括~3%的重整液化气，故液体产品收率较低。

表8-3-29 产品主要性质

项 目	轻石脑油	重石脑油	喷气燃料	柴油	尾油
密度(20℃)/(g/cm³)	0.6361	0.7382	0.7889	0.7973	0.8122
馏分范围/℃	27~74	80~163	159~220	198~277	203~488
S/(μg/g)		<0.5			
冰点/℃			-55		
烟点/mm			29		
凝点/℃				<-25	
十六烷指数				59.2	
BMCI 值					6.7

3. 中油型裂化催化剂

中国石化镇海炼化分公司Ⅰ套加氢裂化装置是在中国采用国内加氢裂化技术、主要设备国产化、自行设计建设的首套大型加氢裂化装置。装置原设计规模为0.8Mt/a，以胜利原油减压蜡油为原料单段串联、尾油全循环流程，于1993年9月投料试车，一次成功。

随着原油品种、产品市场及镇海炼化总加工流程的变化，装置先后经历了0.9Mt/加工高硫油改造、2.2Mt/加氢裂化和灵活加氢处理组合工艺和2.4Mt/改造。目前加氢裂化系列处理量为1.2Mt/a，采用单段串联、一次通过流程，裂化反应器使用FC-50中油型加氢裂化催化剂。表8-3-30和表8-3-31[82~84]为装置的典型生产数据，表中同时列出了1999年使用3974裂化催化剂（FC-50的上一代催化剂，编者注）、采用尾油全循环的操作条件的产品分布和产品主要性质。

从表中可以看出，不管是采用一次通过流程，还是尾油循环流程，中油型裂化催化剂的干气、液化气和轻石脑油产率均较低，煤柴油收率较高，同时还可生产一定数量重石脑油做催化重整原料。FC-50加氢裂化催化剂在冷高分压力15.2MPa、体积空速1.04h⁻¹、平均反应温度384.9℃条件下，处理硫含量1.9%、氮含量900μg/g的减压馏分油，裂化转化率70%。加氢裂化主要产品重石脑油收率21.75%，芳潜56.65%；喷气燃料收率21.59%，烟点28mm；加氢裂化尾油收率30.76%，BMCI值9.6。

从表中还可以看出，采用一次通过操作流程时，不仅可生产出数量可观的加氢裂化尾油作为蒸汽裂解制乙烯原料，而且通过适当调整重石脑油馏分切割范围，甚至还可获得比尾油循环流程高的重石脑油产率。

表 8-3-30　装置原料性质、主要操作条件及产品收率

项　目	2010年10月15~16日	1999年8月21日
原料性质		
密度(20℃)/(kg/m³)	908	900.8
终馏点/℃	527	542
S/%	1.9	1.46
N/(μg/g)	900	1408
操作条件		
工艺流程	一次通过	尾油循环
催化剂(精制/裂化)	FF-46/FC-50	HC-K/3974
冷高分压力/MPa	15.2	15.8
精制反应器 R301 平均温度/℃	371.2	379.9
精制体积空速/h^{-1}	1.34	1.00
精制油氮含量/(μg/g)	11	<5
裂化反应器 R302 平均温度/℃	384.9	384.7
裂化体积空速/h^{-1}	1.04	1.05
循环氢纯度/%	89	86.18
产品收率/%		
酸性气	1.79	—
脱硫干气	1.55	3.17
脱硫液化气	0.01	1.03
轻石脑油	0.81	9.96
重石脑油	21.75	12.05
喷气燃料	21.59	44.15
柴油①	21.73	26.06
尾油	30.76	2.35
氢耗/%	2.82	3.22

注：镇海加氢裂化的柴油馏分一般用于生产军用柴油和白油料。

表 8-3-31　产品主要性质

项　目	2010年10月15日~16日	1999年8月21日
催化剂(精制/裂化)	FF-46/FC-50	HC-K/3974
重石脑油		
密度(20℃)/(g/cm³)	0.7411	0.741
馏分范围/℃	80~160	102~133
芳潜/%	56.65	
喷气燃料		
密度(20℃)/(g/cm³)	0.7946	0.7885
馏分范围/℃	151~245	141~249
芳烃(体)/%	4.5	—
冰点/℃	<-50	-50
烟点/mm	28	
军用柴油		
密度(20℃)/(g/cm³)	0.8172	
馏分范围/℃	221~271	
凝点/℃	<-20	
十六烷指数		

续表

项 目	2010年10月15日~16日	1999年8月21日
白油料		
密度(20℃)/(g/cm³)	0.8183	0.8207
馏分范围/℃	264~343	281~338
凝点/℃	<-20	-7
十六烷指数		78.1
柴油		
密度(20℃)/(g/cm³)		0.8258
馏分范围/℃		324~375
凝点/℃		9
十六烷指数		91.3
尾油		
密度(20℃)/(g/cm³)	0.8264	
馏分范围/℃	331~482	
BMCI 值	9.6	

4. 高中油型裂化催化剂

如前所述,一方面,中国是烯烃和芳烃生产与消费大国,另一方面,中国炼化企业,尤其是沿江、沿海企业所加工原料不仅品种变化频繁,而且性质差异大,而单段串联加氢裂化技术既是生产优质化工原料的最合适技术,又是一种对原料油性质变化适应性强、产品生产方案灵活性好的技术,因此,在20世纪80、90年代和21世纪2005年之前,国内建设的加氢裂化装置都是采用单段串联操作工艺流程。

为了满足国内市场对清洁油品需求不断增长的需要,FRIPP 开发了 FDC 单段两剂多产中间馏分油加氢裂化新技术,并于2005年4月在中国石化金陵分公司建成国内第一套最大量生产中间馏分油的1.5Mt/a 加氢裂化装置。2006年9月,国内第二套最大量生产中间馏分油的中国石化海南炼化1.2Mt/a 加氢裂化装置也建成投产。这两套加氢裂化装置均采用含少量分子筛的 FC-14 高中油型裂化催化剂。表8-3-32~表8-3-35[85]分别为金陵1.5Mt/a 加氢裂化装置和海南1.2Mt/a 加氢裂化装置的标定结果。

从表8-3-32、表8-3-33金陵1.5Mt/a 加氢裂化装置的标定结果可以看出,在反应器入口压力16.04MPa、新鲜进料总体积空速(每小时新鲜进料总体积除以保护剂、精制剂、裂化剂和后精制剂的总体积)0.64h^{-1}、平均反应温度408.4℃条件下,处理硫含量1.97%、氮含量1322μg/g 的减压馏分油,目的产品中间馏分油收率78.99%。其中,喷气燃料收率36.73%,烟点24mm;柴油收率42.26%,硫含量小于1μg/g,十六烷值59.5,总芳烃含量10.6%。化学氢耗2.31%。

从表8-3-34、表8-3-35海南1.2Mt/a 加氢裂化装置的标定结果可以看出,在反应器入口压力14.77MPa、新鲜进料总体积空速0.62h^{-1}、平均反应温度400.3℃条件下,处理硫含量0.6511%、氮含量1023μg/g 的减压馏分油,重石脑油收率15.87%,芳潜40.1%;柴油收率74.87%,硫含量1μg/g,十六烷值57.9。化学氢耗2.15%。

金陵分公司1.5Mt/a 加氢裂化装置催化剂一个运行周期达到三年,加工几十种不同性质原料,装置运转平稳。

这两套加氢裂化装置的运行结果表明,中国开发的 FDC 单段两剂多产中间馏分油加氢裂化技术，其空速、中间馏分油收率和催化剂运转周期均达到世界先进水平。

表 8-3-32　金陵 1.50Mt/a FDC 装置标定原料油及主要操作条件

项　目	中期标定
原料油	
密度(20℃)/(g/cm³)	0.9088
馏分范围/℃	331~524
S/%	1.97
N/(μg/g)	1322
操作条件	
工艺流程	尾油全循环
反应器入口总压/MPa	16.04
反应器入口氢分压/MPa	13.95
总体平均反应温度/℃	408.4
新鲜进料总空速/h⁻¹	0.64
化学氢耗/%	2.31

表 8-3-33　金陵 1.50Mt/a FDC 装置目的产品收率和主要性质

项　目	中期标定
轻石脑油	
收率/%	3.86
重石脑油	
收率/%	13.77
芳潜/%	43.0
喷气燃料	
收率/%	36.73
烟点/mm	24
芳烃(体)/%	13.3
柴油	
收率/%	42.26
凝点/℃	-12
硫/(μg/g)	<1
十六烷值	59.5
总芳烃(体)/%	10.6
二环及二环以上芳烃(体)/%	1.1

表 8-3-34　海南 1.20Mt/a FDC 装置标定原料油及主要操作条件

项　目	初期标定
原料油	
密度(20℃)/(g/cm³)	0.9017
馏分范围/℃	260~540
S/%	0.6511
N/(μg/g)	1023
操作条件	
工艺流程	尾油全循环
反应器入口总压/MPa	14.77
反应器入口氢分压/MPa	13.31
总平均反应温度/℃	400.3
新鲜进料总空速/h⁻¹	0.62
化学氢耗/%	2.15

表 8-3-35　海南 1.20Mt/a FDC 装置目的产品收率和主要性质

项　目	初期标定
轻石脑油	
收率/%	6.08
RON	78.6
MON	79.9
重石脑油	
收率/%	15.87
芳潜/%	40.1
柴油	
收率/%	74.87
凝点/℃	<-30
硫/(μg/g)	1
十六烷值指数	57.9

(二) 中国石化石油化工科学研究院(RIPP)

1. 多产化工原料加氢裂化催化剂在高压加氢裂化装置上的应用

中国石化齐鲁分公司 1.4Mt/a 加氢裂化装置于 2003 年 1 月建成投产，装置以生产石脑油做催化重整原料和加氢裂化尾油做蒸汽制乙烯原料为主，兼产喷气燃料和柴油。2009 年 5 月，装置使用 RIPP 开发的 RHC-5 多产化工原料加氢裂化催化剂。

表 8-3-36[86]为 2010 年 4 月齐鲁分公司 1.4Mt/a 加氢裂化装置生产数据。从表中可以看出，在反应器入口压力 16.2MPa、裂化平均反应温度 371.2℃ 条件下，处理硫含量 1.28%、氮含量 1900μg/g 的减压馏分油，单程转化率约 67%。加氢裂化主要产品石脑油收率 23.09%，硫含量 1μg/g；喷气燃料收率 23.69%，烟点 25.2mm；加氢裂化尾油收率

33.21%，BMCI 值 12.0。

表 8-3-36　齐鲁 1.4Mt/a 加氢裂化装置原料、主要操作参数及产品收率

项目	2010 年 4 月	项目	2010 年 4 月
原料性质		产品收率/%	
密度/(kg/m³)	918.8	$H_2S + NH_3$	1.25
终馏点/℃	529(97%馏出)	$C_1 + C_2$	1.86
氮含量/(μg/g)	1900	液化气	2.08
硫含量/%	1.28	C_5~石脑油	23.09
操作参数		S/(μg/g)	1
精制反应器入口压力/MPa	16.2	芳潜/%	40.32
精制催化剂平均反应温度/℃	376.5	喷气燃料	23.69
精制油氮含量/(μg/g)	3	烟点/mm	25.2
裂化催化剂平均反应温度/℃	371.2	柴油	9.89
		尾油	33.21
		BMCI 值	12.0

2. RMC 催化剂及技术

中国石化上海石油化工股份有限公司采用 RIPP 开发的 RMC 专利技术建设了一套 1.5Mt/a 中压加氢裂化装置，该装置采用冷高分、一次通过流程，设有两台反应器，主要产品是石脑油、柴油和加氢裂化尾油。装置于 2002 年 9 月 15 日投料开车一次成功。2008 年 10 月，该装置换用 RIPP 开发的第二代 RMC 配套催化剂 RN-32（精制催化剂）和 RHC-3（裂化催化剂），2009 年 4 月开工，装置运行一个月后于 2009 年 5 月 5 日~8 日对催化剂性能进行了标定。见表 8-3-37~表 8-3-39[87,88]。

从标定结果可以看出，第二代 RMC 技术及其配套使用的 RN-32 和 RHC-3 催化剂，在反应器入口总压 12.17MPa、催化剂总体积空速 0.54h^{-1} 等条件下，加工终馏点 520~530℃ 的混合原料油，重石脑油收率 30.36%，柴油收率 34.02%，尾油收率 27.32%。各目的产品质量好，是很好的催化重整原料、柴油调和组分和蒸汽裂解制乙烯原料。

表 8-3-37　标定原料油性质

项目	2009 年 5 月 7 日	2009 年 5 月 8 日	项目	2009 年 5 月 7 日	2009 年 5 月 8 日
密度/(g/cm³)	0.9013	0.903	馏程/℃		
硫含量/%	2.05	2.1	初馏点	247	228
氮含量/(μg/g)	599.8	622.8	50%	425	429
凝点/℃	20	20	95%	514	518
残炭/%	0.1	0.11	终馏点	523	533

表 8-3-38　标定主要操作条件

项目	2009 年 5 月 7 日	
装置进料量/(t/h)	170	
反应器	精制	裂化
入口压力/MPa	12.17	
反应器入口温度/℃	343.7	349.3
反应器出口温度/℃	368.2	367.4
催化剂床层总温升/℃	33.94	44.39
总体积空速/h^{-1}	0.54	

表 8-3-39 标定主要产品收率和性质

项 目	数 据	项 目	数 据
主要产品收率/%		产品主要性质	
液化气	2.21	重石脑油	
轻石脑油	4.57	S/(μg/g)	<0.5
重石脑油	30.36	芳潜/%	56
柴油	34.02	柴油	
加氢裂化尾油	27.32	十六烷值	59
耗氢量/%	2.96	尾油	
		BMCI 值	8.2

(三) UOP 公司

中国石油大连石化分公司 3.6Mt/a 加氢裂化装置采用 UOP 工艺及催化剂专利技术，装置反应部分为并列两个系列，氢气系统和产品分馏系统共用，采用单段两剂尾油循环工艺流程，裂化催化剂为含少量分子筛的 HC-115LT 高中油型催化剂，2008 月建成投产。表 8-3-40 为 2009 年 7 月装置标定结果[89]。

可以看出，在冷高分压力 14.6MPa、新鲜进料总体积空速 $0.37h^{-1}$（因标定时装置操作负荷仅为 70%，故对新鲜进料总体积空速较低）、平均反应温度 392~393℃ 条件下，处理硫含量为 0.78% 的减压馏分油。在外甩 4.4% 尾油的情况下，中间馏分油收率为 73.1%，其中喷气燃料收率 26.2%，烟点 28mm；柴油 46.9%，硫含量 0.359μg/g，十六烷值 65.9，芳烃含量 3%。

表 8-3-40 大连石化 3.6Mt/a 加氢裂化装置原料、主要操作参数及产品收率

项　目	2009 年 7 月标定数据		项　目	2009 年 7 月标定数据
原料油			汽提塔顶油	19.5
密度(20℃)/(g/cm³)	0.9009		喷气燃料	26.2
S/%	0.78		密度(20℃)/(g/cm³)	0.7908
N/(μg/g)	528		馏分范围/℃	154~250
馏分范围/℃	367~521		冰点/℃	-55
操作条件	A 系列	B 系列	烟点/mm	28
工艺流程	尾油全循环		柴油	46.9
冷高分压力/MPa	14.6	14.6	密度(20℃)/(g/cm³)	0.8139
平均反应温度/℃	392.12	393.44	馏分范围/℃	210~268
新鲜进料总体积空速①/h^{-1}	0.37	0.37	凝点/℃	0
产品收率/%			十六烷值	65.9
脱硫低分气	2.0		芳烃/%	3
汽提塔顶气	1.5		S/(μg/g)	0.35
			加氢尾油	4.4

① 大连石化加氢裂化装置设计新鲜原料总体积空速为 $0.53h^{-1}$，表中数据为 70% 负荷标定结果。

(四) Chevron

中国石油大连西太平洋石油化工有限公司 1.5Mt/a 加氢裂化装置由 Chevron Lummus Global LLC(CLG)公司提供工艺包，采用单段反序串联(SSRS)工艺，尾油全循环，一反(处理新鲜原料和循环油)下部装填 ICR142 含少量分子筛裂化催化剂，二反(处理循环油)装填 ICR240 催化剂，最大量生产煤、柴油。装置于 2007 年 11 月建成投产，2008 年 3 月进行

标定。表8-3-41为装置的标定结果[90],装置流程示意图如图8-3-14。

由装置标定结果可以看出,该装置在反应器氢分压14.6MPa、一反体积空速2.2h^{-1}、平均反应温度384℃、二反体积空速1.65h^{-1}、平均反应温度368.7℃条件下,处理硫含量2.56%的高硫馏分油,中间馏分油收率为76.12%,其中喷气燃料收率33.15%,烟点30mm;轻柴油收率12.62%,硫含量1.8μg/g;重柴油收率30.42%,硫含量4.79μg/g,十六烷指数61。装置化学氢耗2.28%。

表8-3-41 大连西太平洋石油化工有限公司1.5Mt/a加氢裂化装置标定结果

项 目	2008年3月标定	项 目	2008年3月标定
原料油		液化气	1.86
密度(20℃)/(g/cm^3)	0.9064	轻石脑油	4.75
S/%	2.56	重石脑油	14.86
N/(μg/g)	766	喷气燃料	33.15
馏程/℃		密度(20℃)/(g/cm^3)	0.7881
初馏点	321.8	馏分范围/℃	158~253
50%	430.4	冰点/℃	-65
90%	509	烟点/mm	30
终馏点	516.8	轻柴油	12.62
操作条件		密度(20℃)/(g/cm^3)	0.8325
工艺流程	反序串联尾油全循环	馏分范围/℃	250~315
反应器氢分压/MPa	14.6	S/(μg/g)	1.8
一反加权平均反应温度/℃	384	重柴油	30.42
二反加权平均反应温度/℃	368.7	密度(20℃)/(g/cm^3)	0.8331
一反体积空速/h^{-1}	2.2	馏分范围/℃	206~373
二反体积空速/h^{-1}	1.65	十六烷指数	61
产品收率/%		S/(μg/g)	4.79
低分气	1.10	化学氢耗/%	2.28
干气	1.20		

(五) Shell 公司

中国海洋石油总公司惠州炼油分公司的4.0Mt/a蜡油加氢裂化装置为中国首套采用Shell Global Solutions工艺技术及配套的Criterion Catalysts &Technologies公司开发的催化剂,是目前国内单套处理能力最大的高压加氢裂化装置。该装置采用一次通过流程,反应部分为两个系列,共用氢气及产品分馏系统,使用含少量分子筛的Z2723裂化催化剂,于2009年4月建成投产。2009年9月8日至9日进行了装置标定。表8-3-42和表8-3-43为装置标定结果,图8-3-62为该装置的流程示意图[91,92]。

由表中数据可以看出,因中国海洋石油总公司惠州炼油分公司以加工国内环烷基原油为主,故加氢裂化原料的硫含量较低,只有0.349%,氮含量却很高,为0.221%,密度也较大,$T_{90\%}$不到450℃,密度(20℃)却达到0.9169g/cm^3。在反应器入口压力14.9MPa、裂化催化剂在1.54h^{-1}体积空速、平均反应温度387℃条件下,转化率88%,其中,重石脑油收率22.96%,硫含量<0.5μg/g,可直接作催化重整原料;喷气燃料收率28.91%,烟点25.8~26.3mm;柴油收率27.39%,十六烷值较高,为65,但硫含量也较高,为105~335μg/g;加氢裂化尾油收率11.93,BMCI值13。装置化学氢耗2.7%。

表8-3-42 惠州炼油分公司4.0Mt/a加氢裂化装置标定数据

项目	2009年9月标定		项目	2009年9月标定	
原料油			裂化催化剂平均反应温度/℃	387	387
密度(20℃)/(g/cm³)	0.9169		精制催化剂体积空速/h⁻¹	1.29	1.29
S/%	0.349		裂化催化剂体积空速/h⁻¹	1.54	1.52
N/%	0.221		产品收率/%		
沥青质/(μg/g)	1000		低分气	0.71	
馏程/℃			干气	0.27	
5%	336.8		液化气	3.57	
10%	350.6		轻石脑油	6.88	
50%	396.8		重石脑油	22.96	
90%	449.6		喷气燃料	28.91	
操作条件	A系列	B系列	柴油	27.39	
入口压力/MPa	14.9	14.9	加氢尾油	11.93	
精制催化剂平均反应温度/℃	386	386	化学氢耗	2.7	

表8-3-43 产品主要性质

项目	轻石脑油	重石脑油	喷气燃料	柴油	尾油
密度(20℃)/(g/cm³)	0.6446	0.7480	0.8063	0.8277	0.8390
馏分范围/℃	27~70	88~166	151~256	193~367	221~477
S/(μg/g)	<0.5	<0.5	16	10~33	23~54
辛烷值(MON)	79				
冰点/℃			<-60		
烟点/mm			25.8~26.3		
凝点/℃				-12	
十六烷值				65	
BMCI值					13

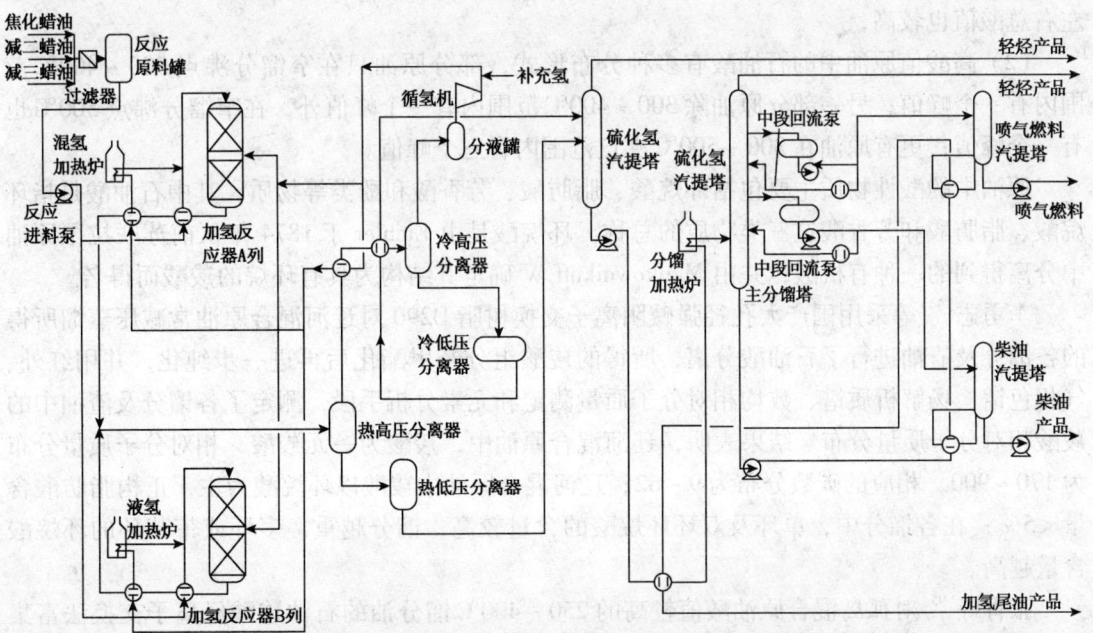

图8-3-62 惠州炼油分公司4.0Mt/a加氢裂化装置流程示意图

第四节 含酸原油直接催化裂化加工技术

高酸原油是指总酸值 TAN(total acid number) 大于 1mgKOH/g 的原油，其产量大、分布范围广。RIPP 在系统分析世界不同高酸原油的特性、石油酸类型和分布规律的基础上，利用分子模拟技术和量子化学理论，研究了各种石油酸中原子的电荷分布、键级和在不同催化材料上的反应行为，成功开发了含酸原油全馏分催化脱酸和裂化一体化成套新技术，以及适用于高酸原油全馏分并耐受高金属含量的新型催化剂和脱盐、脱水、脱金属的多功能破乳剂及其配套新技术。

高酸原油性质如下：① 绝大部分高酸原油密度在 $0.9g/cm^3$ 以上，属重质原油；② 黏度大，且酸值越高，黏度越大；③ 残炭高，在 5% 以上；④ 重金属含量较高，Ni+V 含量大于 $20\mu g/g$，Ni 含量高于 V 含量；同时原油的 Ca 含量较高，且大部分为有机环烷酸钙，不易在电脱盐过程中脱除。⑤ 轻组分含量低，<200℃馏分收率低于 10%，<350℃馏分收率小于 30%；⑥ 一般硫含量低，小于 0.5%，但亦有高酸高硫原油。

一、催化裂化脱酸机理

1. 含酸原油中石油酸的分布与结构、组成

原油中的石油酸含量及其分布与原油的产地和种类有关，一般石蜡基原油中石油酸含量较少，中间基或环烷基或环烷-中间基原油石油酸含量较高。原油中石油酸主要分布在柴油馏分和减压馏分中，田松柏对 13 种国内外原油进行实沸点蒸馏切割，对窄馏分酸值和石油酸分布规律进行归纳总结如下[93]：

(1) 低酸值原油酸值在窄馏分沸点 300~400℃ 范围内有一个峰值，在窄馏分沸点 500℃ 左右总酸值也较高；

(2) 高酸值原油中的石油酸有多种分布形式，部分原油只在窄馏分沸点 300~400℃ 范围内有一个峰值；另一部分原油除 300~400℃ 范围内有一个峰值外，在窄馏分沸点 500℃ 也有一个峰值；更有原油在 300~500℃ 沸点范围内有三个峰值。

原油中的酸性物质主要包括环烷酸、脂肪酸、芳香酸和酚类等物质，其中石油酸是指环烷酸、脂肪酸和芳香酸这三类物质的总称。环烷酸是由 Eichler 于 1874 年从前苏联拉罕原油中分离得到的一种有机酸，并由 Mankownikoff W 确定其结构为具有环烷的羧酸而得名。

李勇志[94]等采用国产大孔径强碱阴离子交换树脂 D290 对辽河混合原油常减压蒸馏所得的各馏分及渣油进行了石油酸分离，所得的羧酸组分经甲酯化后再进一步纯化，并用红外、气相色谱、场解析质谱、数均相对分子质量测定和元素分析手段，测定了各馏分及渣油中的羧酸相对分子质量分布。结果表明，辽河混合原油中，羧酸为一元羧酸，相对分子质量分布为 170~900，相应的碳数分布为 9~62；辽河混合原油中羧酸以环烷酸为主，正构脂肪酸含量 <5%；在各馏分中，单环及双环环烷酸的含量较高，馏分越重，多环或带芳环的环烷酸含量越高。

张青等[95]对孤岛混合原油酸值较高的 250~400℃ 馏分油的石油羧酸经离子交换法富集后经甲酯化后在硅胶柱上进一步纯化，再经四氢铝锂还原等三步反应，将羧酸甲酯转化为

烃,并结合元素分析、红外光谱、场解析质谱等分析手段,对石油羧酸的组成进行分析研究认为,其中石油羧酸为一元羧酸,链状羧酸含量在10%以下,其他均为含脂肪环羧酸、芳环羧酸及脂肪环并芳环羧酸,其碳数分布主要为15~36,相对分子质量范围在240~540。

李恪等[96]采用醇碱水溶液萃取法分离出克拉玛依九区原油250~450℃沸点范围内馏分油中的石油羧酸,对石油羧酸的化学结构和各种不同羧酸组分在各馏分中的分布进行了详细的研究,认为该原油中各馏分所含脂肪酸均<5%,200~350℃馏分中均以单、双、三环的一元羧酸为主,在350~450℃馏分中除以上羧酸外还含有一定量的四、五环一元羧酸。

任晓光等[97]对苏丹Fula–Nnoth–3B原油中环烷酸的酸值、结构和相对分子质量进行分析研究认为,酸值在10~14mgKOH/g之间,结构以单、双、三环的一元羧酸为主,350℃以上馏分中除以上羧酸外还含有一定量的四、五环一元羧酸。芳环酸含量很少,烯烃双键含量也很少,环烷酸主要是一元酸。环烷酸的相对分子质量分布情况与馏分的沸程趋势一致。随着馏分变重,酸值增加,环烷酸的平均相对分子质量增大,分布变宽、碳数增加。

刘泽龙等[98]对蓬莱原油<350℃馏分中石油羧酸的结构组成进行分析研究认为,石油羧酸由脂肪酸、环烷酸(单、双、三环)和芳基酸(烷基苯酸,单、双环烷基苯酸)组成,其中环烷酸含量占85.6%、芳基酸含量为10.2%、脂肪酸含量为4.2%。

RIPP利用现代分析技术对高酸原油中石油酸类型和分布规律进行了详细的研究,为新工艺和催化剂的开发提供理论基础。研究发现,高酸原油中的石油酸主要为一元羧酸,包括脂肪酸、环烷酸和芳香酸,以环烷酸为主。不同类型的高酸原油小于250℃的轻馏分中石油酸含量均较低,其酸值小于0.5mgKOH/g,属于低酸原油范畴。随着石油馏分沸点的升高,其酸值逐渐增加,图8-4-1是国内外几种典型高酸原油的酸值随馏分沸点分布图,说明石油酸主要集中在高酸原油的重馏分油中。

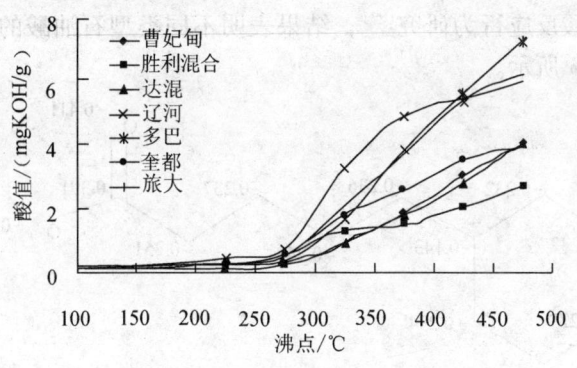

图8-4-1 石油酸随馏程分布图

通过红外光谱、核磁共振和负离子电喷雾质谱三种表征技术鉴别了不同类型的高酸原油中石油酸结构和分布。发现高酸原油中石油酸羧基与环烷相连有两种方式,一种是直接与环烷相连,另一种是羧基通过亚甲基(CH_2)再与环烷相连。石油酸的碳数范围介于$C_8 \sim C_{62}$之间,富集在$C_{11} \sim C_{33}$,以脂肪酸和1~3环的环烷酸居多。图8-4-2为苏丹高酸原油中石油酸按结构和碳数分布图,图中Z为石油酸的缺氢数,$Z=0$为脂肪酸,$Z=-2$为单环环烷酸,$Z=-4$为双环环烷酸,……,$Z=-12$为六环环烷酸或芳环并双环羧酸,这些石油酸的沸点主要集中在220℃以上。从分子水平上对高酸原油中石油酸类型和分布规律有了比较系统的认识,为新工艺和新型催化剂的开发提供了理论基础。

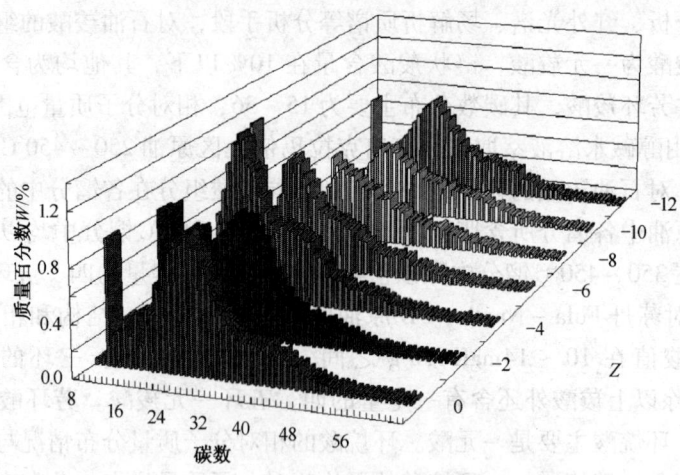

图 8-4-2 石油酸按结构和碳数分布图

综上所述，原油中的石油酸的结构和组成有以下特点：

（1）原油中的石油酸主要有脂肪酸、芳香酸和环烷酸组成，其中环烷酸占 85% 以上；

（2）原油中的环烷酸包括单、双、三、四环的脂环羧酸、含芳环羧酸和脂环并芳环羧酸等；

（3）原油中各馏分中，单环及双环环烷酸的含量较高，馏分越重，多环或带芳环的环烷酸含量越高。

2. 含酸原油催化脱酸机理及分子模拟结果

根据高酸原油石油酸的类型和分布研究结果，选用 21 种具有代表性的石油酸作为模型化合物进行系统的脱酸反应行为研究[99]，结果表明不同类型石油酸的负电荷均主要集中在羧基上，如图 8-4-3 所示。

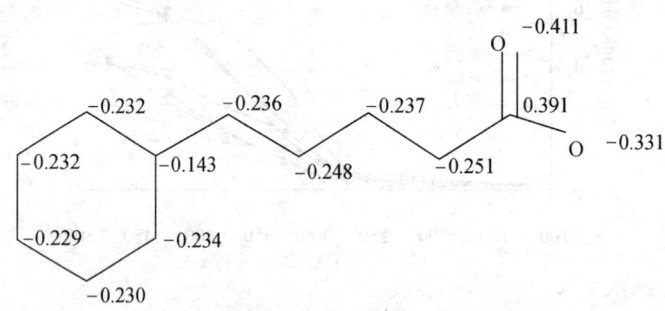

图 8-4-3 石油酸中电子的电荷分布

石油酸的羧基中，C 原子均带有约 0.39 单位的正电荷，羰基 O 原子 0.41 单位负电荷，羟基 O 原子所带负电荷略少，约为 0.33 单位负电荷。不同结构石油酸的电荷分布规律基本相同，说明各种石油酸具有类似的化学反应特性。

石油酸中 C—O 键和 C—C 键的键级如图 8-4-4 所示，石油酸中 C—O 键的键级明显高于 C—C 键的键级，与羧基相连的 C—C 键的键级最低，相对较弱，更容易断裂。即羧基易作为一个整体从石油酸中脱出，将腐蚀性的石油酸转化为非腐蚀性的 CO_2 和烃类化合物。

在不同的催化材料上，石油酸的转化遵循不同的反应机理。在热载体（惰性材料）上，

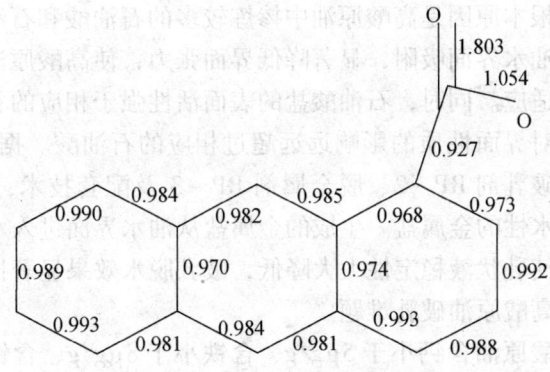

图 8-4-4 石油酸化学键的键级分布

石油酸可直接脱酸转化为烃类化合物,或通过 C—C 键断裂,转化为小分子石油酸。石油酸热脱酸首先电离得到羧酸根负离子,然后异裂释放出 CO_2 并生成带负电荷的烷烃离子,继而与石油酸电离得到的 H^+ 离子结合,生成烷烃。

在具有 B 酸的催化材料上,由于石油酸中羧酸根带有较多的负电荷,H^+ 离子优先与羧酸根结合,使得羧基碳原子与亚甲基碳原子之间距离伸长,化学键变弱,使 CO_2 基团从石油酸母体中分离。石油大学的岳鹏等[100]的研究表明,对于羧基和环烷基直接相连的环烷酸,脱酸路径以先开环后脱酸为主要反应路径,以先脱酸后开环裂化为次要反应路径,脱酸产物以 CO 为主;对于羧基和环烷基不直接相连的环烷酸,以先脱酸后开环裂化为主。

在具有 L 酸的催化材料上,石油酸中的羧基氧原子带有孤对电子和较多的负电荷,L 酸中心铝原子有空轨道,石油酸很容易吸附到铝原子表面,经过羟基氢原子的协同作用,使羧基从石油酸母体脱出。

表 8-4-1 为石油酸在热载体(惰性材料)、B 酸和 L 酸催化材料上的反应能垒模拟结果,在酸性催化剂上脱酸反应能垒均低于热载体脱酸反应能垒,特别是在 L 酸催化材料上反应能垒更低,说明 L 酸具有更强的催化脱酸反应能力。

表 8-4-1 热脱酸和催化脱酸反应能垒   kJ/mol

分子类型	热裂解脱酸	B 酸催化脱酸	L 酸催化脱酸
脂肪酸	266.35	259.93	132.80
单环环烷酸	384.88	235.06	181.67
二环环烷酸	336.90	271.11	124.27
三环环烷酸	316.44	242.67	184.14
四环环烷酸	341.35	275.44	122.06
芳香酸	390.19	286.30	119.58
芳香并单环羧酸	383.90	228.39	180.24

3. 高酸原油脱盐脱水脱金属技术开发

高酸原油的破乳异常困难,常规方法难以保证正常生产,常造成脱盐电流大幅上升,处理后原油含盐量、含水量和排水油含量严重超标,造成后续常压蒸馏塔冲塔事故和污水处理困难,严重影响炼油企业的正常生产与安全管理。通过对高酸原油系统的分析和特性研究,发现高酸原油难破乳的根本原因是高酸原油中掺炼较多的石油酸和石油酸盐。这两类物质均具有表面活性，极易在油水界面吸附，显著降低界面张力，使高酸原油乳状液稳定性大幅增加，常规破乳理念已难适应。同时，石油酸盐的表面活性强于相应的石油酸，其在界面的吸附速率和吸附量更大，对界面性质的影响远远超过相应的石油酸。据此，RIPP 引入化学破乳，开发了专用多功能破乳剂 RP-2、脱金属剂 RP-3 及配套技术，将石油酸盐转化为表面活性弱的石油酸和亲水性的金属盐。生成的金属盐从油水界面进入水相，解决了金属盐在油水界面的富集问题，使乳状液稳定性大大降低，破乳脱水效果显著提高，同时实现既脱石油酸盐又破乳，解决了高酸原油破乳难题。

经过电脱盐后的高酸原油含钙小于 5μg/g、含铁小于 8μg/g、含钠小于 3μg/g，满足催化脱酸和裂化一体化工艺的进料要求，电脱盐污水油含量小于 100mg/L，达到电脱盐污水油含量排放要求。RP-2 和 RP-3 及配套技术对苏丹原油脱盐脱水脱金属效果如表 8-4-2 所示。

表 8-4-2　RP-2 和 RP-3 及配套技术对苏丹原油脱盐脱水脱金属效果

项　目	钙含量/ (μg/g)	铁含量/ (μg/g)	钠含量/ (μg/g)	盐含量/ (mgNaCl/L)	水含量/ %	水中油含量/ (mg/L)
脱前原油	5.5	18.4	27.6	53.0	3.60	
一级脱后	3.1	8.6	5.2	13.2	0.46	64.5
二级脱后	2.1	5.9	1.6	5.3	0.14	58.9

二、实验研究结果

在不同规模的实验装置上，对石油酸模型化合物和不同类型高酸原油的催化脱酸和裂化反应过程进行了系统的探索研究。由表 8-4-3 可见，在大于 480℃ 的反应条件下，高酸原油全馏分在酸性裂化催化剂的作用下催化脱酸率接近 100%，热脱酸率只有催化脱酸率的 70% 左右，验证了酸性裂化催化剂具有良好的脱酸活性。

表 8-4-3　热脱酸与催化脱酸的效果比较

工艺过程	热脱酸		催化脱酸	
反应温度/℃	480	500	480	500
脱酸率/%	67.7	70.4	99.8	99.8

中型试验在多功能催化裂化中型装置(MFFCC)上进行，该装置包括进料、反应、再生和分馏系统。装置处理能力为 4kg/h，采用小型 DCS 控制系统控制，自动化程度较高，可进行多种反应模式的催化裂化反应。本次实验采用提升管反应模式，其流程如图 8-4-5 所示。液体产品混合后经蒸馏、计量后计算各馏分油产率并分析产品性质。裂化气通过气表计量和在线色谱分析后燃烧放空。待生催化剂经高温水蒸气汽提后进入再生器烧焦，烟气通过在线分析和干气表计量后放空。根据烟气体积及组成计算焦炭产率。

以蓬莱原油和旅大 10-1 原油为环烷基类高酸原油代表，苏丹 PM25 和 FAL-2 混合原油和苏丹达混原油(Darblend)为石蜡基高酸原油代表，在 MFFCC 中型装置上进行高酸原油催化脱酸技术的实验研究。四种原油基本性质如表 8-4-4 所示。

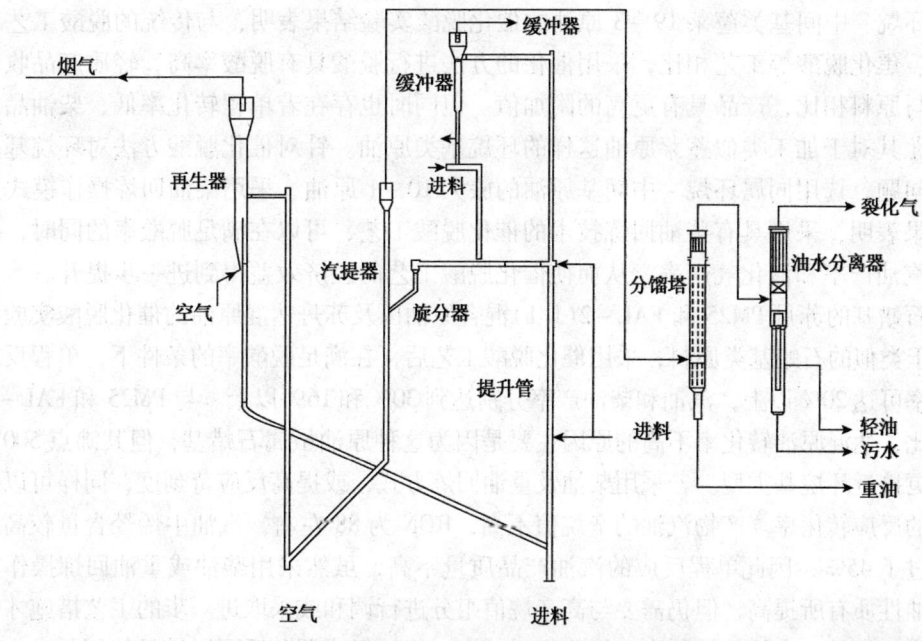

图 8-4-5　MFFCC 中型装置原则流程图

表 8-4-4　中型试验的高酸原油主要性质

原 料 名 称	蓬莱 19-3 原油	旅大 10-1 原油	PM25 和 FAL-2 混合原油	苏丹达混原油
密度(20℃)/(g/cm³)	0.9224	0.9385	0.8999	0.8996
运动黏度/(mm²/s)	20.38	26.18	53.25	50.16
残炭/%	5.67	5.44	7.88	8.36
酸值/(mgKOH/g)	3.28	3.71	3.36	3.76
凝点/℃	—	-33	40	28
硫/%	0.32	0.25	0.11	0.12
氮/%	0.42	0.33	0.31	0.36
胶质/%	16.7	15.6	-15.2	14.7
沥青质/%	0.1	0.4	<0.1	<0.1
蜡含量/%	4.2	3.6	—	18.3
金属含量/(μg/g)				
铁	3.5	11.5	36.2	27.3
镍	25.3	27	63.9	65.3
钒	0.6	0.6	0.8	0.9
钙	—	75.8	3.3	3.6
钠		2.7	4.5	—
蒸馏收率/%				
15~200℃	7.21	6.31	~5	5.26
200~350℃	22.1	21.88	~18	14.95
350~500℃	29.73	32.7	~23	25.27
>500℃	40.96	39.11	~54	54.52
特性因数	11.9	11.5	—	12.3
原油类别	低硫环烷-中间基	低硫环烷-中间基	低硫石蜡基	低硫石蜡基

选用环烷-中间基类蓬莱19-3原油的催化脱酸实验结果表明，与传统的脱酸工艺以及酯化脱酸、焦化脱酸等工艺相比，采用催化的方法进行脱酸具有脱酸率高、轻质产品收率高等特点，与原料相比，产品具有更高的附加值。但同时也存在着单程转化率低、柴油品质差等问题，尤其对于加工类似蓬莱原油这样的环烷基类原油。针对催化脱酸方法对环烷基类原油存在的问题，选用同属环烷-中间基原油的旅大10-1原油，采用柴油回炼操作模式进行研究。结果表明，采用具有柴油回炼技术的催化脱酸工艺，可以在满足脱酸率的同时，提高高辛烷值汽油产率和液化气产率，从而使催化脱酸工艺的经济效益得到进一步提升。

选用石蜡基的苏丹PM25和FAL-2(1:1)混合原油以及苏丹达混原油的催化脱酸实验结果表明，对于类似的石蜡基类原料，采用催化脱酸工艺后，在满足脱酸率的条件下，单程反应的液化气收率可达20%以上，汽油和柴油产率分别达到30%和16%以上。与PM25和FAL-2混合原油相比，达混原油转化率不高的原因主要是因为这种原油虽属石蜡基，但其沸点500℃以上的馏分更接近环烷基类型。若采用柴油及重油回炼方式，或提高反应苛刻度，同样可以提高这类原料的反应转化率。产物汽油的辛烷值不高，RON为88左右，汽油中烯烃含量较高，烯烃含量超过了45%，因此单程反应的汽油产品质量不高，虽然采用柴油或重油回炼操作方式后能使汽油性质有所提高，但仍需要与高辛烷值组分进行调和或采取进一步的工艺措施才能生产合格的汽油产品。产物柴油的十六烷值相对较高，经加氢或调和后可以满足使用要求。单程反应产物的柴油和重油具有一定的饱和烃含量，说明其还有一定的裂化潜力，采用回炼操作方式或提高反应的苛刻度，可以进一步提高重油转化率。

实验研究结果显示，流化催化脱酸工艺简便、流程短、易于实施，可以应用于新建或现有的炼油装置中，例如采用现有的提升管催化裂化装置直接处理含酸原油，能够避免其对常减压蒸馏设备和管线的腐蚀，脱酸率能够达到98%以上，并能得到较高的轻质产品收率。对于环烷基类含酸原油进行催化脱酸可以得到45%~50%的汽油、7%~9%的柴油、16%~20%的LPG；对于石蜡基类含酸原油可以生产更多的液化气和丙烯，与原料相比，产品具有更高的附加值。由于高含酸原油同时具有高重金属、稠环、难裂化等特点，对催化脱酸工艺的剂耗、产品性质等方面都会有不利影响。所以，该工艺在应用时需根据全厂流程情况，选择适当的工艺条件和催化脱酸专用催化剂，灵活调整催化产物分布及产品性质，结合加氢等其他炼油工艺，提高经济效益。

三、高酸原油催化脱酸裂化成套技术工业应用

在实验室研究的基础上形成了高酸原油在低于160℃的温度条件下进行电脱盐后，不经过常规常减压蒸馏过程，直接进行催化脱酸和裂化一体化成套技术。图8-4-6是高酸原油催化脱酸和裂化一体化成套新技术流程示意图。加工高酸原油常规流程的常减压蒸馏部分需要采用耐腐蚀材质，而新技术具有流程短、无需特殊防腐设备、投资省和操作费用低等特点，经济、有效。根据高酸原油对炼油设备腐蚀性随温度升高而增强的特性，结合催化裂化工艺技术特点，将经过电脱盐后的高酸原油预热温度严格控制在220℃以下进入催化反应器。在提升管反应器底部与高温新型催化剂接触，瞬间汽化、脱酸、裂化。石油酸在大于480℃且有酸性裂化催化剂作用下，在1.5s内完成脱酸反应过程，在提升管反应器内同时实现既脱酸又裂化反应，生成高价值石油产品和化工原料，将腐蚀性的石油酸转化为CO_2气体和烃类化合物。

第八章 含硫含酸原油馏分油加工技术

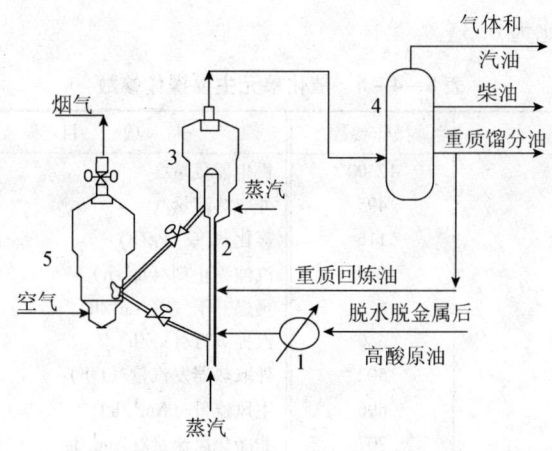

图 8-4-6 高酸原油催化脱酸一体化流程示意图
1—换热器；2—提升管反应器；3—沉降器；4—分馏塔；5—催化剂再生器

高酸原油催化脱酸和裂化一体化成套技术于 2006 年在中国石化清江分公司 130kt/a 催化裂化装置及配套的电脱盐装置上进行工业应用。所加工原油电脱盐前后基本性质如表 8-4-5 所示。所加工原油酸值 3.5mgKOH/g，密度 0.9031g/mL，残炭 7.8%，盐含量 44.6mgNaCl/L，水含量 3.2%，金属钠和铁分别为 52.3μg/g 和 12.5μg/g，电脱盐单元的脱盐率为 87.4%，脱水率为 97.1%，脱铁率为 48.8%，污水油含量为 31.4mg/L。

表 8-4-5 原油电脱盐前后基本性质

项 目	原油	一级脱后	二级脱后
密度(20℃)/(g/cm³)	0.9031	0.9019	0.9015
黏度(50℃)/(mm²/s)	225.9		165.9
黏度(80℃)/(mm²/s)	54.50		44.0
凝点/℃	34	35	35
酸值/(mgKOH/g)	3.49	3.62	3.70
残炭/%	7.79		7.60
水分/%	3.15	0.13	0.09
盐含量/(mgNaCl/L)	44.6	12.0	5.6
元素组成/%			
C	84.46		86.29
H	12.77		12.65
S	0.14		0.15
N	0.37		0.36
O	2.23		0.51
金属含量/(μg/g)			
Fe	12.5	9.6	6.4
Ca	6.2	6.1	5.1
Na	52.3	11.5	3.8
Ni	57.4	61.0	60.4
V	3.3	3.5	3.4

标定主要参数如表 8-4-6 所示，处理量为 12.00t/h，反应压力 116kPa（表压），再生压力为 170kPa（表压），提升管出口温度为 495℃，再生器密相下部温度为 701℃，喷嘴前原

料温度为197℃，剂油比为6.3。

表8-4-6 催化单元主要操作参数

项目	操作参数	项目	操作参数
处理量/(t/h)	12.00	再生器藏量/t	11.3
提升管出口温度/℃	495	外取热藏量/t	1.5
反应沉降器压力/kPa	116	雾化蒸汽/(kg/h)	535
再生沉降器压力/kPa	170	汽油终止剂/(m^3/h)	1.6
剂油比(质量比)	6.3	预提升干气/(Nm^3/h)	210
总停留时间/s	6.9	汽提蒸汽/(kg/h)	260
汽提段温度/℃	502	外取热器发汽量/(t/h)	6.0
再生器稀相温度/℃	696	主风流量/(Nm^3/h)	12424
再生器密相上部温度/℃	707	非净化风流量/(Nm^3/h)	2732
再生器密相下部温度/℃	701	汽油提升管进料/(m^3/h)	0
原料预热温度/℃	197	汽油提升管预提升蒸汽/(kg/h)	146
汽提段藏量/t	1.2	汽油提升管预提升干气/(Nm^3/h)	55

产物分布及细物料平衡如表8-4-7所示，汽油收率为37.26%，柴油收率为22.26%，液化气收率为20.06%，液化气+汽油+柴油收率为78.19%；干气产率为4.09%，油浆产率为4.22%，焦炭产率为10.87%。

表8-4-7 催化单元物料平衡

物料平衡/%	数据	物料平衡/%	数据
H_2S	0.03	损失	1.21
$H_2 \sim C_2$	4.09	合计	100.00
$C_3 \sim C_4$	20.06	转化率	73.52
汽油	37.26	汽油+柴油	58.19
柴油	22.26	液化气+汽油+柴油	78.19
油浆	4.22	丙烯产率/%	6.67
焦炭	10.87		

催化脱酸和裂化单元的脱酸效果如表8-4-8所示，脱酸率达99.80%。

表8-4-8 催化单元酸值脱除率计算表

项目	产物分布/%	酸值(度)	总酸值/(mgKOH/g)
原料油	100	3.62mgKOH/g	362
产品			
干气	5.51	0	0
液化气	20.00	0	0
汽油	35.93	0.3mgKOH/100mL	0.15
柴油	22.26	1.8 mgKOH/100mL	0.45
油浆	4.22	0.03 mgKOH/g	0.13
焦炭	10.87	0	0
损失	1.21	0	0
合计	100.00		0.73
总脱除率/%			99.80①

① 总脱除率=(原料总酸值-产品总酸值)/原料总酸值×100%。

标定结果显示，催化汽油和柴油的酸度分别为0.3mgKOH/100mL和1.8mgKOH/100mL，油浆的酸值为 0.03mgKOH/g，可直接作为产品的调和组分。采用新型催化剂，在平衡剂上金属镍含量高达 24000μg/g、金属污染总量超过 40000μg/g，催化剂仍表现出良好的活性稳定性和高价值产品选择性，液化气+汽油+柴油的产率达到 78.19%，丙烯产率为 6.67%。

停工检修期间，原油系统、反应系统和分馏塔器等均未发现异常腐蚀现象。由于高酸原油具有随温腐蚀性，即在不同温度条件下表现出不同的腐蚀速率，在 220℃时开始显现腐蚀性，到 270~280℃时腐蚀速率表现出极值，然后随温度增加腐蚀速率逐渐减弱，到 350~400℃出现第二个腐蚀速率极值点。针对此特点，于停工检修期间在催化裂化单元停工后对原油系统的高温段，即原油与油浆换热系统进行了重点检测和察看，见图 8-4-7。从图中明显看出，原油与油浆换热器的壳程（原油程）表面光滑，管程（油浆程）表面干净，无任何粗糙、凸凹及污垢之感，无异常腐蚀现象。图 8-4-8 为催化原油缓冲罐局部图，缓冲罐的使用温度约为 130℃，从现场看，催化原料油缓冲罐表面光滑，无异常腐蚀现象。图 8-4-9 为喷嘴喇叭口局部图。工业试验装置的喷嘴为 KH-Ⅳ型，由中科院力学所开发并制造，喉管部分光滑圆润，手感较好；喷嘴喇叭口处手感圆滑，但有凹痕，似为磨蚀痕迹，该喷嘴已使用两年半时间。图 8-4-10 为反应沉降器内局部图，图 8-4-11 为分馏塔内部局部图，从现场看反应沉降器内、分馏塔上部、中部和底部无任何异常腐蚀现象。

图 8-4-7 原油与油浆换热器原油程（壳体）图

图 8-4-8 催化原料缓冲罐局部图

图 8-4-9 喷嘴喉管及喇叭口局部图

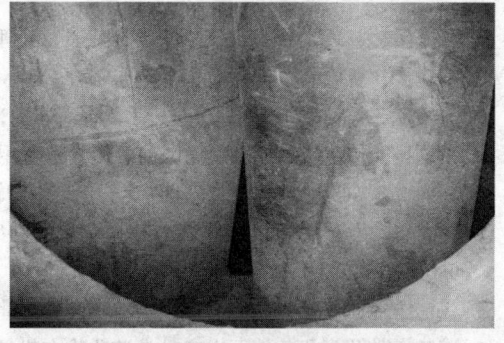

图 8-4-10 反应沉降器内局部图

2007 年中国石化高桥分公司 900kt/a 的重油催化裂化装置和配套的电脱盐装置采用催化

图 8-4-11 分馏塔中部局部图

裂化脱酸技术。加工酸值 2.44mgKOH/g、密度 0.8999g/mL、残炭 5.3%、盐含量 37.0mgNaCl/L、金属钠和铁分别为 10.9μg/g 和 5.8μg/g 的高酸原油时，采用高酸原油多功能破乳剂和配套技术，电脱盐后高酸原油的盐含量 3.4mgNaCl/L、水含量 0.06%、金属钠和铁含量分别为 1.0μg/g 和 1.9μg/g，满足催化脱酸和裂化工艺进料要求，电脱盐污水油含量为 61.3mg/L，达到污水处理要求。催化脱酸和裂化单元脱酸率大于 99.3%，催化汽油和柴油的酸度分别为 0.30mgKOH/100mL 和 1.3mgKOH/100mL，可直接作为产品的调和组分。在新型催化剂的金属污染总量达到 44300μg/g，其中镍含量达到 25600μg/g 时，高价值的液化气+汽油+柴油的产率为 85.2%，丙烯的产率为 3.97%，新型催化剂的消耗量较常规催化剂降低 0.49kg/t 原料。工业应用期间，通过高温定点超声波测厚、电感腐蚀探针在线监测和氢通量检测等手段，均未发现异常腐蚀迹象。

高酸原油全馏分直接催化脱酸和裂化一体化成套新技术为加工高酸原油提供了一条经济有效的技术途径。随着原油需求量的不断增加，原油总体品质将日趋重质化和劣质化，高酸原油的产量和在原油市场中的比例将逐渐提高，针对加工高酸原油开发的直接催化脱酸和裂化一体化成套技术，为炼油企业扩大资源选择范围、降本增效、提升企业的竞争力提供了一种强有力的技术支撑，具有广阔的推广应用前景。

参 考 文 献

[1] 彭全铸，赵琰. 重质馏分油性质及其加氢处理[J]. 工业催化，1997(2)：18-27

[2] 陈俊武，曹汉昌. 催化裂化工艺与工程[M]. 北京：中国石化出版社，2005

[3] 施文元. 重油催化裂化的进展[J]. 石油炼制，1993，24(9)：39-47

[4] 尹向昆，邵海峰. 加氢裂化尾油资源综合利用[J]. 中外能源，2011，16(12)：70-72

[5] 杨一青，庞新梅，刘从华等. 催化裂化烟气硫转移助剂的研究进展[J]. 炼油与化工，2008，19(3)：1-4

[6] 于善青，邓景辉等. 加氢 VGO 中硫化物的类型分布及其转化性能[J]. 石油学报，2010，12(6)：977-980

[7] 汤海涛等. 含硫原油加工过程中的硫转化规律[J]. 炼油设计，1999，29(8)：9-15

[8] 王鹏. 催化裂化条件下中噻吩类硫化物在钒氧化物上的转化机理研究[D]. 博士学位论文，石油化工科学研究院，2005

[9] 梁朝林. 高硫原油加工[M]. 北京：中国石化出版社，2001.40

[10] EPA, 40 CFR part60[J]. Federal Register, Vol. 54, No. 158, Aug. 17, 1998
[11] 杨秀霞, 董家谋. 控制催化裂化装置烟气中硫化物排放的技术[J]. 石化技术, 2001, 8(2): 126-130
[12] 柯晓明. 控制催化裂化再生烟气中 SO_x 排放的技术[J]. 炼油设计, 1999, 29(8): 50-54
[13] 吴永涛等. 催化裂化汽油脱硫技术的研究进展[J]. 石油与天然气化工, 2008, 37(6): 499-506
[14] 路勇等. 氢转移反应与催化裂化汽油质量[J]. 炼油设计, 1999, 29(6): 5-12
[15] 陈祖庇. MGD工艺技术的特点[J]. 石油炼制与化工, 2002, 33(3): 21-25
[16] 刘景俊等. MGD技术的工业化应用[J]. 河南化工, 2004, (4)
[17] 许友好, 刘宪龙等. MIP系列技术降低汽油硫含量的先进性及理论分析[J]. 石油炼制与化工, 2007, 38(11): 15-19
[18] 陈曼桥, 孟凡东. 增产丙烯和生产清洁汽油新技术——FCFCC-Ⅲ工艺[J]. 石油炼制与化工 2008, 39(9): 1-4
[19] 蒋文斌等. RFS-C硫转移剂的试生产及工业应用[J]. 石油炼制与化工, 2003, 34(12): 21-25
[20] 邹圣武等. RFS09硫转移剂在催化裂化装置上的工业应用[J]. 炼油技术与工程, 2012, 42(2): 52-55
[21] 田辉平. 催化裂化催化剂及助剂的现状和发展[J]. 炼油技术与工程, 2006, 36(11): 6-11
[22] 杜泉盛. 催化装置处理高硫原料的设备安全[J]. 石油化工安全技术, 2001, (4): 47-49
[23] 陈华, 李明等. 催化裂化装置腐蚀失效分析与实验室模拟实验研究[J]. 机械强度 2004, 26(6): 691-695
[24] 金桂兰. 催化裂化再生系统设备应力腐蚀开裂的防护措施[J]. 石油炼制与化工, 2001, 32(8): 51-54
[25] 王文婷, 兰忠良. 催化裂化再生系统设备应力腐蚀开裂的原因[J]. 石油化工腐蚀与防护, 2001, 18(1): 18-21
[26] 杨德凤等. 从催化裂化烟气分析结果探讨再生设备的腐蚀开裂[J]. 石油炼制与化工, 2001, 32(3): 48
[27] 洛阳石化工程公司炼制研究所. 催化裂化液体硫转移助剂研究. 催化裂化论文集[C]. 洛阳石化工程公司, 2000: 83-94
[28] 高永地, 王盛林等. 重油催化裂化分馏塔结盐原因分析及对策[J]. 石化技术与应用, 2010, 28(2): 139-142
[29] 程嘉尤, 王瑞邦. 分馏塔结盐堵塔的原因与处理[J]. 催化裂化, 1993, 12(5): 13-15
[30] Gates B C, Katzer J R, Schuit G C A. Chemistry of catalystic processes[M]. Washington: McGraw-Hill Book Company, 1979: 5-48
[31] 达建文, 苟社全. 超声波强化原油破乳电脱盐技术的工业实践[J]. 炼油技术与工程, 2006, 36(8): 13-14
[32] 王金凤, 吴丽梅, 陈建军等. 高速电脱盐技术的应用[J]. 化工科技, 2008, 16(6): 70-72
[33] 李宁. 原油中氯对催化分馏塔的危害及解决措施[J]. 天然气与石油, 2005, 23(3): 52-54
[34] Kenneth W. New electrostatic technology for desalting crude oil. NPRA Annual Meeting. Salt Lake City. 2006: AM-06-30
[35] Jerry W, Larry K. New chemical process removes crude oil contaminants[C]. NPRA Annual Meeting. Salt Lake City. 2006: AM-06-32
[36] 武雄飞, 孙玲, 苟绍馨. 分馏塔结盐的原因分析、处理及预防[J]. 辽宁化工, 2007, 36(7): 472-473
[37] 张华东, 高水地等. 重油催化裂化装置分馏塔顶循环回流脱水新技术[J]. 炼油技术与工程, 2008, 38(9): 8-10

[38] 侯祥麟主编. 中国炼油技术[M]. 北京：中国石化出版社，1991
[39] 吴宜冬，于丹，樊宏飞. 单段加氢裂化技术特点及应用 加氢裂化协作组第四届年会报告论文集. 茂名，2001. 393
[40] Ward J W[J]. Hydrocarbon Processing 1975，54(9)：101
[41] 韩崇仁主编. 加氢裂化工艺与工程[M]. 北京：中国石化出版社，2001. 347-351
[42] 廖士纲. 重油制取低碳烯烃氢分配规律的探讨[C]//中国石油学会石油炼制分会第三届年会论文集，济南，1997
[43] Kabe T, et al. Sekiyu Gakkaishi, 1997, 40 (3): 185
[44] Lepage LF. Applied Heterogeneous Catalysis, Technip Paris, 1989
[45] Girgis M S, Gates B C. Ind End Chem Res, 1991, 30: 2021
[46] Ramachandran R, Massoth F E. J Catal, 1981, 67: 248
[47] Yan S H. Saltterfield CN, IEC PDD, 1984, 23: 20
[48] 汤尔林. 加氢裂化装置技术改造[C]//加氢裂化协作组第四届年会报告论文选集，茂名，2001
[49] Alain P. Lamourelle, Mark Reno, Gregory Thompson et al. Hydrocracking for High Quality Distilates[C]. In: NPRA Annual Meeting, AM-91-12, San Antonio, Texas
[50] Vasant P. Thakkar, James F. McGehee, Suheil F. Abdo et al. LCO Upgrading: A Novel Approach for Greater Added Value and Improved Returns[C]. In: NPRA Annual Meeting, AM-05-53 San Francisco, CA
[51] James A. Johnso, Stanley Frey, Dr. Vasant Thakkar. Unlocking High Value Xylenes From Light Cycle Oil[C]. In: NPRA Annual Meeting, AM-07-40, San Antonio, TX
[52] Donald B. Ackelson, Vasant Thakkar, Bart Dziabala et al. Innovative Hydrocracking Applications for Conversion of Heavy Feedstocks[C]. In: NPRA Annual Meeting, AM-07-47, San Antonio, TX
[53] Ujjal Mukherjee, J. Meyer, Arthur J. Dahlberg et al. Maximizing Hydrocracker Performance Using ISOFLEX Technology[C]. In: NPRA Annual Meeting, AM-05-71, San Francisco, CA
[54] Robert wade, Theo Maesen, Jim Vislocky et al. Hydrocracking Catalyst Developments and Innovativ Processing Scheme[C]. In: NPRA Annual, Meeting, AM-09-12, San Antonio, TX
[55] Sarrazin, P.; Bonnardot, J.; Wambergue, S.; Morel, F. New Mild Hydrocracking Route Produces 10-μg/g-sulfur Diesel[J]. Hydrocarbon Process. 2005, 84 (Feb.), 57
[56] 曾榕辉. 结合企业实际创新发展加氢裂化新技术. 加氢裂化技术论文集，2008，1-10
[57] 姚春雷，全辉. FRIPP 加氢生产特种油品技术[C]//2011 年全国炼油加氢技术交流会论文集，宁波，2011，386-394
[58] 石玉林，熊震霖. 高硫 VGO 的 RMC 工艺研究和开发[C]//加氢裂化协作组第三届年会报告论文集，上海，1999
[59] Roger Lawrence, Patrick Sajbel, David Myers et al. Hydrocracking Technology Innovations for Seasonal and Economic Flexibility[C]. In: NPRA Annual, Meeting, AM-10-144 Sheraton and Wyndham Phoenix, AZ
[60] Ronald Long, Kathy Picioccio, Alan Zagoria. Hydorgen Sololutions for Improved Profitsam[C]. In: NPRA Annual, Meeting, AM-11-62, San Antonio, TX
[61] Vislocky, J., and Krenzke, L. D., Cracking Catalyst Systems[J]. Hydrocarbon Engineering, November 2007
[62] Mayo Steve, Burns Louis, Anderson George. "Increase Your Hydrocracker's Robustness to Handle Challenging Feeds and Operations,"[C]. In: NPRA Annual Meeting, AM-10-155, Phoenix, AZ, USA, 2010
[63] Steven Mayo. Successful Production of ULSD in Low Pressure Hydrotreaters[C]. In: NPRA Annual Meeting, AM-11-23, San Antonio, TX, USA, 2011
[64] Torrisi Salvatore P Jr, Flinn Nick, Gabrielov Alexei, et al. Unlocking the Potential of the ULSD Unit: CENTERA is the Key. In: NPRA Annual Meeting, AM-10-169, Phoenix, AZ, USA, 2010

[65] Robert Karlin. Low to Moderate HydroConversion Allows for better Distillate Quality and Liquid[C]. In: NPRA Annual Meeting, AM-11-20, San Antonio, TX, USA, 2011

[66] Ward Koester. Exceed Your Hydrocracker Potential Using the Latest Generation Max Diesel Flexible Catalysts [C]. In: NPRA Annual Meeting, AM-11-24, San Antonio, TX, USA, 2011

[67] Zeuthen Per, Schmidt Michael T, Rasmussen Henrik W, et al. The Benefits of Cat Feed Hydrotreating and the Impact of Feed Nitrogen on Catalyst Stability[C]. In: NPRA Annual Meeting, AM-10-167, Phoenix, AZ, USA, 2010

[68] http://www.topsoe.com/

[69] 王继峰. 重质馏分油加氢精制催化剂工业生产及应用[C]//加氢裂化协作组第三届年会报告论文集, 上海, 1989, 362-366

[70] 胡志海, 董建伟等. RIPP高选择性加氢裂化系列技术开发及工业应用[C]//2010年中国石化加氢技术交流会论文集, 大连, 2010, 505-512

[71] 李明峰, 高晓冬, 聂红等. RIPP催化剂和技术新进展. 加氢精制论文集, 2008, 91-104

[72] Salvatore Torrisi, Tom Remans, Dave DiCamillo, et al. PROVEN BEST PRACTICES FOR ULSD PRODUCTION[C]. In: NPRA Annual Meeting, AM-02-35, San Antonio, TX, 2002

[73] Diana M. Altrichter, J. A. R. van Veen, E. J. Creyghton, et al. New Catalyst Technologies for Increased Hydrocracker Profitability and Product Quality[C]. In: NPRA Annual Meeting, AM-04-60, San Antonio, TX, 2004

[74] Tim Seidel, Michelle Dunbar, Byron G. Johnson o, et al. WHAT A DIFFERENCE THE TRAY MADE[C]. In: NPRA Annual Meeting, AM-02-52, San Antonio, TX, 2002

[75] Jean-Luc Nocca, Michel Dorbon, Riaz Padamsey ULTRA-LOW SULFUR DIESEL WITH THE PRIME-D TECHNOLOGY PACKAGE[C]. In: NPRA Annual Meeting, AM-03-25, San Antonio, TX, 2003

[76] 蔡连波, 林付德. 新型加氢反应器内构件的研究[J]. 炼油技术与工程, 2003, 33(10): 29-33

[77] 王少兵, 李浩, 孙其元等. 新型加氢内构件在荆门分公司的工业应用[C]//2010年中国石化加氢技术交流会论文集, 大连, 2010, 614-619

[78] 李欣, 彭德强. 齐慧敏等 新型固定床加氢反应器内构件的研究与应用[C]//加氢装置生产技术交流会论文集, 郑州, 2012, 766-775

[79] 郭仕清, 单敏. 扬子石化高压加氢裂化装置生产技术总结. 加氢裂化技术论文集, 2008, 43-52

[80] 张敏, 周会理. 上海石化2008~2009年加氢裂化装置生产运行总结[C]//2010年中国石化加氢技术交流会论文集, 大连, 2010, 253-259

[81] 刘昶, 杜艳泽, 王凤来等. FRIPP灵活型加氢裂化催化剂开发及应用[C]//2011年全国炼油加氢技术交流会论文集, 宁波, 2011, 586-593

[82] 王敬东. 镇海炼化Ⅰ套加氢裂化装置扩能及节能改造[C]//2011年全国炼油加氢技术交流会论文集, 宁波, 2011, 532-537

[83] 孙晓燕, 樊宏飞. FC-50高中油型加氢裂化催化剂的研制及工业应用[C]//2011年全国炼油加氢技术交流会论文集, 宁波, 2011, 594-599

[84] 陈连才, 沈春夜. 镇海加氢裂化扩能改造试生产技术分析[C]//加氢裂化协作组第三届年会报告论文集, 上海, 1999, 237-246

[85] 曾榕辉, 孙洪江. FDC单股两剂多产中间馏分油加氢裂化技术开发及工业应用[C]//加氢裂化技术论文集, 2008, 23-29

[86] 顾望, 王明传. 多产化工原料型加氢裂化催化剂的工业应用[C]//2011年全国炼油加氢技术交流会论文集, 宁波, 2011, 604-609

[87] 胡志海, 董建伟, 毛以朝等. RIPP高选择性加氢裂化系列技术开发及工业应用[C]//2010年中国石化

加氢技术交流会论文集，大连，2010，505 - 512

[88] 周立新，荆蓉莉. 改善尾油烃类构成的第二代中压加氢裂化(RMC - Ⅱ)技术的应用[C]//2089 年中国石化加氢技术交流会论文集，大连，2010，466 - 472

[89] 张维. 大连石化加氢裂化催化剂延长运行周期的可行性分析[C]//2011 年全国炼油加氢技术交流会论文集，宁波，2011，561 - 565

[90] 柳广厦，于承祖，杨兴等. 单段反序串联工艺在加氢裂化装置上的工业应用[J]. 石油炼制与化工，2010，4(8)：21 - 24

[91] 张树广，熊守文，赵晨曦. 中海油 400 万吨/年加氢裂化装置工艺特点及运行工况[C]//2011 年全国炼油加氢技术交流会论文集，宁波，2011，566 - 570

[92] 熊守文，张树广，赵晨曦. 壳牌标准催化剂在惠州炼油分公司 400 万吨/年加氢裂化装置上的工业应用[C]//2011 年全国炼油加氢技术交流会论文集，宁波，2011，629 - 637

[93] 田松柏. 原油中石油酸分析与分布规律研究[J]. 石油化工服饰与防腐技术，2005.22(2)：1 - 5

[94] 李勇志，吴文辉，陆婉珍. 辽河原油中羧酸分布及其结构组成[J]. 石油学报(石油加工)，1989，5(4)：62 - 69

[95] 张青，吴文辉，汪燮卿. 孤岛混合原油 250 ~ 400℃ 馏分中石油羧酸的组成研究[J]. 石油学报(石油加工)，1991，7(1)：70 - 79

[96] 李恪，张景河，赵晓文，罗玉馥等. 克拉玛依九区原油中石油羧酸组成和结构的研究[J]. 石油学报(石油加工)，1995，11(2)：100 - 108

[97] 任晓光，宋永吉，任绍梅. 高酸值原油环烷酸的结构组成[J]. 过程工程学报，2003，3(3)：218 - 221

[98] 刘泽龙，田松柏，樊雪志，杨明彪. 蓬莱原油初馏点 ~ 350℃ 馏分中石油羧酸的结构组成[J]. 石油学报(石油加工)，2003，19(6)：40 - 45

[99] Catalytic Decarboxylation of petroleum acids from high acid crude oils over solid acid catalyst[J]. Energy & Fuels, 2008, 22(3)：1923 - 1929

[100] 岳鹏，杨朝合，胡永庆，李春义. 环烷酸在 Bronsted 酸位吸附脱酸机理的研究[J]. 石油炼制与化工，2011，42(11)：36 - 40

第九章　含硫原油渣油加工技术

第一节　含硫含酸原油渣油的性质

渣油是原油中最重的部分，相对分子质量大，黏度高，富集了原油中绝大部分的胶质、沥青质和金属等杂质，并且含有较多的硫、氮和氧等非烃类有机化合物，结构十分复杂，加工过程中脱除或转化都非常困难。从世界171种原油的含硫量与原油轻重的关系（图9-1-1）可以看出，硫含量较高的中质和重质原油的数量多、比例高；原油越重，渣油的数量越多，杂质含量也越高，加工难度越大。因此有必要深入了解渣油的性质，以便选择合适的加工方法。

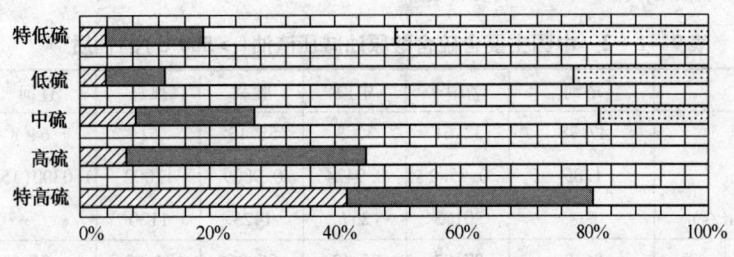

图9-1-1　世界原油含硫量与其轻重的关系

▨ —重质原油；▰ —中质原油；☐ —轻质原油；▦ —特轻原油

我国主要含硫含酸原油常压渣油（>350℃）的性质如表9-1-1所示，减压渣油（>500℃）的性质如表9-1-2所示；世界主要含硫含酸原油常压渣油（>365℃）的性质如表9-1-3和表9-1-4所示，减压渣油（>560℃）的性质如表9-1-5和表9-1-6所示。

中东地区原油常压渣油的硫含量一般在2.5%以上，质量很差，而中东地区原油出口量又占全球原油出口总量的40%以上，中东原油对世界原油变重变劣有较大的影响。

表9-1-1　中国主要含硫含酸原油常压渣油（>350℃）的性质[1-3]

原油		塔河（>365℃）	渤中①	中原	胜利	孤岛	辽河②	克拉玛依②
收率/%		74.55	74.09	56.11	79.59	78.2	91.2	87.5
密度(20℃)/(g/cm³)		1.5617	0.9285	0.912	0.9631	0.9786	1.0172	0.9746
黏度(100℃)/(mm²/s)		711.5	23.81(80℃)	51.65	146.6	171.9	4320	1183
元素分析/%	碳	85.68	87.06	85.62	86.28	84.99	87.1	86.8
	氢	10.65	12.34	12.35	11.7	11.69	10.7	12.1
	硫	3	0.24	1.02	1.23	2.38	0.453	0.53
	氮	0.69	0.34	0.29	0.498	0.7	0.8363	0.14

续表

原油		塔河(>365℃)	渤中①	中原	胜利	孤岛	辽河②	克拉玛依②
氢碳原子比		1.49	1.7	1.73	1.63	1.65	1.47	1.67
闪点(开口)/℃		222	—	—	—	—	260	242
凝点/℃		22	26	—	27.2	20	75(倾点)	+45(倾点)
残炭/%		18.8	5.16	8.86	8.5	10	16.7	9.1
灰分/%		0.108	—	—	—	—	0.178	0.109
族组成/%	饱和烃	30.1	57.8	39.3	39.0	—	—	—
	芳香烃	38.7	24.5	31.9	31.9	—	31.0	22.0
	胶质	16.7	17.4	28.8	28.8	—	35.5	30.4
	沥青质	14.5	0.3	0	0.3	—	4.2	0.25
相对分子质量		—	495	636	643	651	—	—
金属含量/(μg/g)	镍	43.4	8.9	8.8	33.5	26.4	138	46
	钒	304	0.4	4.2	2.4	0.2	2	<1

① 2010年9月分析数据；② 2009年11月分析数据。

表9-1-2 中国主要含硫含酸原油减压渣油(>500℃)的性质[1-3]

原油		塔河	渤中①	中原	胜利	孤岛	辽河②	克拉玛依②
收率/%		47.78	32.61	32.3	53.13	51	64.8	62.4
密度(20℃)/(g/cm³)		1.05	0.9582	0.9424	0.9809	1.002	1.0300(15℃)	0.9840(15℃)
黏度(100℃)/(mm²/s)		—	201.3	257	1425	1120	—	18432
元素分析/%	碳	86.8	87.02	85.62	85.96	84.83	86.8	87.0
	氢	10.1	11.76	11.78	11.21	11.16	10.3	11.8
	硫	3.456	0.32	1.13	1.564	2.93	0.492	0.311
	氮	0.8397	0.56	0.53	0.679	0.77	1.0595	0.8329
氢碳原子比		1.39	1.62	1.64	1.64	1.58	1.42	1.63
闪点(开口)/℃		171	237	—	—	—	342	335
凝点/℃		47(倾点)	28	—	31.5	—	+111(倾点)	+81(倾点)
残炭/%		29.35	12.5	13.3	13.12	16.2	23.6	13.0
灰分/%		0.2	0.051	—	—	—	0.260	0.148
族组成/%	饱和烃	—	34.6	34.5	18.5	12.7	—	—
	芳香烃	44.85	34.6	38.9	37.4	30.7	—	27.9
	胶质	26.1	30.1	26.6	43.6	52.5	42.7	36.0
	沥青质	22.6	0.7	0	0.5	4.1	5.8	0.35
相对分子质量		699	945	896	1039	1020	—	—
金属含量/(μg/g)	镍	67.757	20.2	12.6	49	42.2	192	76
	钒	474.608	0.9	5.7	3.5	4.4	3	<1

① 2010年9月分析数据；② 2009年11月分析数据。

表 9-1-3 世界主要含硫含酸原油常压渣油(>365℃)的性质(1)[4]

原油		阿曼	哈萨克斯坦①	伊朗轻	伊朗重	卡塔尔	Espo	加拿大油砂沥青①②
收率/%		51.8	34.9	44.9	50.7	52.5	49.97	69.7
密度(20℃)/(g/cm³)		0.8968	0.9185	0.9599	0.9767	0.9567	0.9215	1.024(15℃)
黏度(100℃)/(mm²/s)		62.07	17.97	43.21	82.39	37.74	34.1	842
元素分析/%	碳	85.99	86.68	86.88	86.83	85.45	85.12	83.1
	氢	12.10	12.11	10.32	9.98	11.22	13.3	10.4
	硫	1.74	1.03	2.49	2.84	3.18	0.883	>4.6
	氮	0.17	0.18	0.31	0.35	0.15	0.21076	0.51
氢碳原子比		1.69	1.68	1.42	1.38	1.58	1.86	1.50
凝点/℃		12	23	23	21	13	24(倾点)	54(倾点)
残炭/%		6.89	3.45	9.03	12.12	8.90	5.8	15.5
相对分子质量		605	515	476	497	581	516	—
金属含量/(μg/g)	铁	8.10	11.37	1.96	1.69	4.56	12.3	24
	镍	11.35	5.20	36.12	53.69	13.8	3.497	86
	钒	13.00	13.74	116.3	174.2	41.3	6.057	228
	钠	2.28	12.56	4.37	2.25	72.78	958.4	<1
	铜	0.05	0.07	0.03	<0.01	0.23	51.1	—
	铅	0.06	13.74	0.22	0.28	0.25	0.13	—

①(>350℃);②2012年2月分析数据。

表 9-1-4 世界主要含硫含酸原油常压渣油(>365℃)的性质(2)[4]

原油		科威特①	阿拉伯轻	阿拉伯中	阿拉伯重(>370℃)	伊拉克巴士拉轻②	伊拉克巴士拉①	委内瑞拉超重油①③
收率/%		53.9	46.7	50.1	55.3	47.3	52.3	89.1
密度(20℃)/(g/cm³)		0.9653	0.9656	0.9788	0.9950	0.9559	0.9616	1.0328(15℃)
黏度(100℃)/(mm²/s)		53.51	40.39	90.20	233	—	—	2308
元素分析/%	碳	—	85.01	85.60	85.80	85.93	84.3	85.56
	氢	—	11.61	10.16	11.09	11.64	10.4	11.41
	硫	3.98	3.18	4.02	4.36	3.73	4.29	5.58
	氮	0.21	0.20	0.22	0.17	0.17	0.6107	0.46
氢碳原子比		—	1.64	1.42	1.55	1.62	1.60	1.48
凝点/℃		10	4	15	21			57(倾点)
残炭/%		10.97	9.86	11.88	14.2	9.87	10.91	17.3
相对分子质量		—	479	549				
金属含量/(μg/g)	铁	3.09	1.47	1.96	17	4.32	7	4.72
	镍	18.2	10.48	23.62	32	8.38	112	15.16
	钒	57.0	37.62	77.26	105	25.87	503	79.32
	钠		1.19	1.99	—	2.58	7	2.23
	铜	0.03	0.09	0.08		0.26		0.12
	铅	0.26	0.17	0.12		0.41		

①(>350℃);②(>340℃);③2009年11月分析数据。

表 9-1-5　世界主要含硫含酸原油减压渣油(>560℃)的性质(1)[4]

原油		阿曼	哈萨克斯坦	伊朗轻	伊朗重	卡塔尔	Espo	加拿大油砂沥青[①②]
收率/%		24.5	9.7	16.7	22.5	19.4	21.11	50.7
密度(20℃)/(g/cm³)		0.9259	0.9700	1.0220	1.0370	1.0279	0.9601	1.045(15℃)
黏度(100℃)/(mm²/s)		689.1	412	4667	20760	1974	593.4	15747
元素分析/%	碳	85.98	86.66	86.24	86.32	84.94	85.68	82.5
	氢	11.42	11.49	9.78	9.51	10.23	11.9	10
	硫	2.33	1.56	3.48	3.74	4.57	1.180	>4.6
	氮	0.27	0.29	0.50	0.53	0.26	0.6514	6800
氢碳原子比		1.59	1.59	1.36	1.32	1.44	1.66	1.45
凝点/℃		23	36	60	>60	42	20(倾点)	84(倾点)
残炭/%		14.16	12.71	22.70	26.35	21.46	13.7	21.8
相对分子质量		886	815	1000	973	876	840	—
金属含量/(μg/g)	铁	14.95	34.72	5.16	3.45	18.9	28.5	37
	镍	22.98	18.31	95.78	120	38.1	5.440	120
	钒	26.36	50.97	310.1	392.3	118.0	10.290	317
	钠	3.92	47.70	10.27	6.02	185.8	1200	<1
	铜	0.08	0.06	0.14	0.04	0.69	70.0	—
	铅	0.12	0.22	0.39	0.67	0.74	0.46	—

① >500℃；② 2012年2月分析数据。

表 9-1-6　世界主要含硫含酸原油减压渣油(>560℃)的性质(2)[4]

原油		科威特[①]	阿拉伯轻	阿拉伯中	阿拉伯重(>500℃)	伊拉克巴士拉轻[②]	伊拉克巴士拉中[①]	委内瑞拉超重油[①③]
收率/%		31.1	19.3	23.8	33.81	22.09	27.54	65.2
密度(20℃)/(g/cm³)		1.0083	1.0245	1.0370	1.1033	1.0142	1.0129	1.0563(15℃)
黏度(100℃)/(mm²/s)		1464	2202	10357	7060	864.2	1240	
元素分析/%	碳	84.21	84.71	84.91	84.08	86.35	84.1	85.02
	氢	10.38	10.79	9.54	10.26	10.79	10.1	10.54
	硫	5.08	4.15	5.19	5.3	4.88	4.52	7.29
	氮	0.32	0.35	0.36	0.31	0.27	7706	0.64
氢碳原子比		1.48	1.53	1.35	1.46	1.50	1.49	1.44
凝点/℃		43	38	>60		52	—	99(倾点)
残炭/%		20.36	23.49	24.87	23.64	20.74	20.61	24.6
相对分子质量		693	843	1040			881	
金属含量/(μg/g)	铁	3.74	2.41	4.89	75	8.44	16	8.39
	镍	34.0	25.77	52.31	68	17.90	165	28.8
	钒	106	93.22	165.0	140	54.90	747	150.8
	钠	—	2.43	4.67		5.08	3	3.98
	铜	0.05	0.20	0.19		0.47		0.23
	铅	0.30	0.46	0.28		0.54		—

① >500℃；② >540℃；③ 2009年11月分析数据。

一、物理性质

(一) 密度

密度是油品性质的综合指标,与油品的沸程、元素组成、族组成皆有关系。Schuetze B 等总结了多种原油及重油的 API 度与其他性质的关系,如图 9-1-2 所示。通常渣油的 API 度越小,密度就越大,其硫含量、沥青质、黏度、金属含量都越高,表明渣油的质量较差。

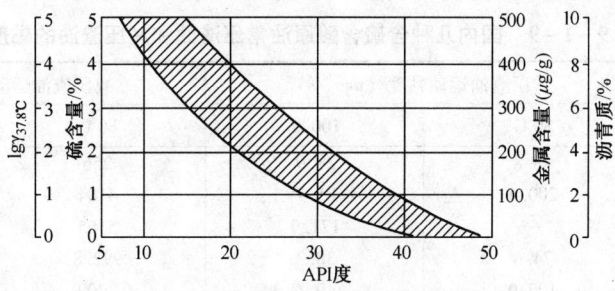

图 9-1-2 原油/重油 API 度与其他性质的关系

我国主要含硫含酸原油常压渣油和减压渣油的相对密度和 API 度列于表 9-1-7,国外几种主要含硫含酸原油常压渣油和减压渣油的密度列于表 9-1-8。

表 9-1-7 我国主要含硫含酸原油的常压渣油和减压渣油的相对密度和 API 度

原　　油	相对密度 d_4^{20}		API 度	
	常压渣油(>350℃)	减压渣油(>500℃)	常压渣油(>350℃)	减压渣油(>500℃)
胜利	0.9448	0.9732	16.8	13.0
孤岛	0.9786	1.0020	12.1	8.7
大港	0.9314	0.9536	19.7	16.0
任丘	0.9012	0.9986	24.7	9.5
欢喜岭	0.9829	1.0029	11.5	8.6
中原	0.9120	0.9504	23.0	16.7
新疆九区	0.9412	0.9836	18.2	11.4
新疆轮南	0.9721	1.0902	13.1	-1.7

表 9-1-8 国外几种主要含硫含酸原油的常压渣油和减压渣油的密度[4]

原　　油	常压渣油/(g/cm³)	减压渣油/(g/cm³)	原　　油	常压渣油/(g/cm³)	减压渣油/(g/cm³)
阿曼	0.8968	0.9259	阿拉伯轻质	0.9656	1.0245
哈萨克斯坦	0.9185	0.9700	阿拉伯中质	0.9788	1.0370
伊朗轻质	0.9599	1.0220	阿拉伯重质	0.9950	1.1033
伊朗重质	0.9767	1.0370	伊拉克巴士拉轻质	0.9559	1.0142
卡塔尔	0.9567	1.0279	伊拉克巴士拉中质	0.9616	1.0129
科威特	0.9653	1.0083			

我国含硫/高硫、含酸/高酸原油的常压渣油和减压渣油的相对密度,除孤岛、胜利、辽河欢喜岭和新疆原油较大外,其他原油渣油的相对密度较小,常压渣油的相对密度小于 0.93,减压渣油的相对密度小于 1。

国外主要含硫/高硫、含酸/高酸原油常压渣油和减压渣油的密度,除阿曼原油较小外,其他原油渣油的密度相对较大,常压渣油的密度大于 0.93g/cm³,减压渣油的密度大于 1g/cm³。

(二) 黏度

黏度是表征油品分子之间摩擦力大小的指标，随渣油中胶质和沥青质含量的增加，黏度增加。渣油的黏度一般较大，除增加加工工艺装置的系统阻力降外，对催化反应的传质影响也较大，特别是对受扩散控制的渣油加氢过程影响很大。我国主要含硫含酸原油常压渣油和减压渣油的黏度列于表9-1-9，国外几种主要含硫含酸原油常压渣油和减压渣油的黏度列于表9-1-10。

表9-1-9　国内几种含硫含酸原油常压渣油和减压渣油的黏度

原油	常压渣油运动黏度/(mm²/s)		减压渣油运动黏度/(mm²/s)	
	80℃	100℃	80℃	100℃
大庆	48.8	28.9	256	106
胜利	200.4	85.7	4104	1036
孤岛	—	171.9	5165	1403
大港	74.6	38.3	992.8	354.5
任丘	105.9	49.8	2009	603.5
中原	—	51.7		541.5
辽河		86.3		1351
新疆九区	308.2	121.3	3039	844.9
塔河	—			
渤中	331.5	117.8	4152.9	908.5

表9-1-10　国外几种含硫含酸原油常压渣油和减压渣油的黏度

原油	常压渣油黏度 (100℃)/(mm²/s)	减压渣油黏度 (100℃)/(mm²/s)	原油	常压渣油黏度 (100℃)/(mm²/s)	减压渣油黏度 (100℃)/(mm²/s)
阿曼	62.07	689.1	阿拉伯轻质	40.39	2202
哈萨克斯坦	17.97	412	阿拉伯中质	90.20	10357
伊朗轻质	43.21	4667	阿拉伯重质(>500℃)	233	7060
伊朗重质	82.39	20760	伊拉克巴士拉轻质	—	864.2
卡塔尔	37.74	1974	伊拉克巴士拉中质		1240
科威特	53.51	1464			

我国含硫/高硫、含酸/高酸原油常压渣油的黏度(100℃)除孤岛常压渣油(171.9mm²/s)和新疆九区常压渣油(121.3mm²/s)稍高外，其他原油常压渣油的黏度均小于100mm²/s，与国外几种典型原油常压渣油的黏度相近。

我国减压渣油的黏度(100℃)，除胜利减压渣油(1036mm²/s)、孤岛减压渣油(1403mm²/s)和辽河减压渣油(1351mm²/s)较高外，其他原油减压渣油的黏度均在350~850mm²/s；与国外原油减压渣油的黏度相比，差异较大，伊朗重质原油减压渣油的黏度为20760mm²/s。

总体上含硫渣油的黏度远高于低硫渣油，中东渣油的黏度高于我国渣油的黏度。

(三) 凝点

渣油的凝点与族组成关系密切，石蜡基原油因直链烷烃的含量较高，因而凝点较高。环烷基原油因直链烷烃的含量较低，环烷烃含量高，胶质和沥青质含量较高，大分子的胶质和沥青质可阻止、破坏石蜡结晶结构的形成，故凝点较低。中间基原油渣油的凝点介于上述二者之间，一般情况下，含硫原油的饱和分含量低，胶质和沥青质含量高，凝点也比较低。表

9-1-11 为几种常压重油和减压渣油的凝点数据。

表 9-1-11　几种常压重油和减压渣油的凝点数据[1]

原油种类	凝点/℃	原油种类	凝点/℃
>350℃常压重油		伊朗卡奇萨兰	22.5
大庆	44	米纳斯	47.5
胜利(>400℃)	40	>500℃减压渣油	
中原	48	胜利	>50
孤岛	20	中原	57
辽河	30	临盘	<37
大港	37	辽河	41
江汉	41	大港	39
阿拉伯轻	15①	克拉玛依	24
科威特	17.5①	江汉	47

① 为倾点数据。

(四) 残炭

残炭是油品在高温裂化时生焦倾向的重要指标。在脱炭工艺的热加工或催化工艺加工时，与生胶量成正比关系；在加氢反应过程中，则对催化剂的使用寿命有显著影响。残炭值的高低与渣油原料中稠环芳香体系的组分多少有关，渣油中的残炭值越高，生焦倾向越大。常用残炭值的测定方法有三种：康氏残炭值(CCR)、兰氏残炭值(RCR)和微量残炭值(MCR)。一般常用康氏残炭值和微量残炭值。

国内外原油常压渣油的残炭值一般在3%～10%之间，我国减压渣油的残炭值在7%～20%之间，国外减压渣油的残炭值在12%～26%之间(表9-1-12和表9-1-13)。另外，环烷基原油减压渣油的残炭值一般较高，而石蜡基原油减压渣油的残炭值一般较低。

渣油中的残炭约90%集中于胶质和沥青质中，除饱和分外，各组分的兰氏残炭值均与氢碳原子比有关，如下式所示：

$$RCR = 172.3 - 98.9(n_H/n_C)$$

式中　RCR——兰氏残炭；

n_H/n_C——组分的氢碳原子比。

表 9-1-12　国内主要含硫含酸原油的常压渣油和减压渣油的残炭值　　　%

原油	常压渣油(>350℃)	减压渣油(>500℃)	原油基属性
胜利	6.5	10.6	中间基
孤岛	10.0	16.2	环烷-中间基
中原	4.6	10.3	石蜡基
欢喜岭	8.8	16.9	环烷基
高升	13.2	19.1	环烷基
新疆九区	6.5	10.0	中间-环烷基
吐哈	2.4	6.8	石蜡基
塔河	18.5	27.3	中间基
渤中	8.9	13.4	环烷基

表9-1-13　国外几种含硫含酸原油常压渣油和减压渣油的残炭值　　　%

原　油	常压渣油	减压渣油	原　油	常压渣油	减压渣油
阿曼	6.89	14.16	阿拉伯轻质	9.86	23.49
哈萨克斯坦	3.45	12.71	阿拉伯中质	11.88	24.87
伊朗轻质	9.03	22.70	阿拉伯重质	14.2	23.64(>500)
伊朗重质	12.12	26.35	伊拉克巴士拉轻质	9.87	20.74
卡塔尔	8.90	21.46	伊拉克巴士拉中质	10.91	20.61
科威特	10.97	20.36	委内瑞拉超重质	17.5	27.7

（五）相对分子质量

渣油的相对分子质量与馏分的沸程和结构有关。由于渣油是大于某沸点的馏分，而终馏点又不固定，可以是一个很宽或较窄的沸程范围，因此，不同渣油的相对分子质量差别较大，难以得到与相对分子质量的关系。但一般情况下，沸程愈高，相对分子质量愈大。相同碳原子数的烃类，芳烃的相对分子质量小于环烷烃及链烷烃，只有通过实际测定才能得到具体的数据。比较实用的方法是气相渗透法（VPO）和凝胶渗透色谱法（GPC）。相对分子质量是工程设计和重油结构参数的主要基础数据。

国内外主要含硫含酸原油渣油及其组分的数均相对分子质量如表9-1-14和表9-1-15所示。

表9-1-14　国内主要含硫含酸原油减压渣油及其组分的数均相对分子质量[5]
（VPO法，45℃，苯为溶剂）

油样名称	减压渣油	饱和分	芳香分	胶质	戊烷沥青质	庚烷沥青质
胜利	1080	650	850	1730	3720	5010
孤岛	1030	710	760	1380	3960	5620
单家寺	—	—	—	4000	—	9730
临盘	1000	—	—	1760	2950	—
欢喜岭	1030	580	640	1070	—	6660
大港	—	—	670	1470	—	—
中原	1100	—	—	2780	4770	—
新疆九区	1340	—	—	1810	2620	—

表9-1-15　国外几种含硫含酸原油常压渣油和减压渣油的相对分子质量

原　油	常压渣油	减压渣油	原　油	常压渣油	减压渣油
阿曼	605	886	科威特	—	693
哈萨克斯坦	515	815	阿拉伯轻质	479	843
伊朗轻质	476	1000	阿拉伯中质	549	1040
伊朗重质	497	973	阿拉伯重质	—	—
卡塔尔	581	876			

我国减压渣油的相对分子质量在1000~1340之间。渣油馏分中从饱和分到沥青质，各组分的相对分子质量逐渐增加，以饱和分的相对分子质量为最低，在580~880之间；芳香分的相对分子质量在640~1080之间，胶质组分的相对分子质量在1070~2780之间，平均为1700左右；戊烷沥青质的相对分子质量在2620~4770之间，平均在3600左右；庚烷沥青质的相对分子质量最高，在5000~9700之间。

二、化学组成

(一) 元素组成

渣油中化学元素主要由碳和氢组成,同时含有少量的硫、氮和氧及微量的金属等。碳含量一般在83%~87%之间,氢含量在10%~12%之间。国内外几种主要含硫含酸原油常压渣油和减压渣油的碳、氢、硫和氮等元素组成数据列于表9-1-16~表9-1-19。

表9-1-16 国内主要含硫含酸原油常压渣油(>350℃)的元素组成[1-3]

减压渣油名称	碳/%	氢/%	硫/%	氮/%	氢/碳(原子比)
胜利(>375℃)	86.42	12.19	0.81	—	1.69
孤岛	84.99	11.69	2.38	0.70	1.65
欢喜岭	86.91	10.96	0.31	0.51	1.51
中原	85.62	12.35	1.02	0.29	1.73
新疆混合	86.78	12.35	0.53	0.14	1.70

表9-1-17 国内主要含硫含酸原油减压渣油(>500℃)的元素组成[1-3,5]

减压渣油名称	碳/%	氢/%	硫/%	氮/%	氢/碳(原子比)
胜利	84.4	11.6	1.95	0.92	1.63
孤岛	85.2	10.5	2.86	1.18	1.47
单家寺	86.0	10.8	0.87	1.42	1.50
临盘	87.2	11.8	0.60	0.80	1.61
高升	85.8	11.4	0.77	1.19	1.58
欢喜岭	86.3	10.7	0.57	0.88	1.48
任丘	86.2	11.6	0.76	1.08	1.60
中原	85.6	11.6	1.18	0.60	1.61
新疆九区	86.7	11.7	0.45	0.79	1.61
井楼	86.5	11.6	0.65	1.18	1.60

表9-1-18 国外主要含硫含酸原油常压渣油(>365℃)的元素组成[4,5]

减压渣油名称	碳/%	氢/%	硫/%	氮/%	氢/碳(原子比)
阿曼	85.99	12.10	1.74	0.17	1.69
哈萨克斯坦	86.68	12.11	1.03	0.17	1.68
卡塔尔	85.45	11.22	3.18	0.15	1.58
阿拉伯轻	85.01	11.61	3.18	0.20	1.64
阿拉伯中	85.60	10.16	4.02	0.22	1.42
阿拉伯重(>370℃)	85.80	11.09	4.36	0.17	1.57
伊朗轻	86.88	10.32	2.49	0.31	1.42
伊朗重	85.83	10.98	2.84	0.35	1.53
伊拉克轻①	85.93	11.64	3.73	0.17	1.62
伊拉克中②	85.56	11.41	5.58	0.46	1.60
科威特>350	—	—	3.98	0.21	—

① >340℃;② >350℃。

表 9-1-19 国外主要含硫含酸原油减压渣油(>560℃)的元素组成[4,5]

减压渣油名称	碳/%	氢/%	硫/%	氮/%	氢/碳(原子比)
阿曼	85.98	11.42	2.33	0.27	1.59
哈萨克斯坦	86.66	11.49	1.56	0.29	1.59
卡塔尔	84.94	10.23	4.57	0.26	1.44
阿拉伯轻	84.71	10.79	4.15	0.35	1.53
阿拉伯中	84.91	9.54	5.19	0.36	1.35
阿拉伯重②	84.08	10.26	5.30	0.31	1.46
伊朗轻	86.24	10.30	3.20	0.66	1.36
伊朗重	85.72	9.78	3.48	0.50	1.37
伊拉克轻①	86.35	10.79	4.88	0.27	1.50
伊拉克中②	85.02	10.54	7.29	0.64	1.49
科威特>500	84.21	10.38	5.08	0.32	1.48
科威特>580	84.63	9.55	5.44	0.37	1.35

① >540℃；② >500℃。

从氢碳原子比看，国内原油减压渣油的氢碳原子比除孤岛渣油较低(1.47)外，一般在1.6左右；而国外原油减压渣油的氢碳原子比除阿曼渣油(1.59)较高外，一般在1.4~1.5；通常石蜡基原油渣油的氢碳原子比高于环烷基原油的氢碳原子比。

(二) 族组成

渣油是由饱和烃、芳香烃、胶质和沥青质组成的胶体体系，体系的稳定性取决于上述组分含量的变化。表征渣油的组成通常用四组分、六组分和八组分表示。分析方法为用溶剂抽提(戊烷或庚烷)，不溶物即为沥青质(无注明为庚烷沥青质)，然后利用色谱法将提余物分离为饱和烃、芳香烃和胶质，此为四组分组成。国内外主要含硫含酸原油减压渣油的四组分组成数据如表9-1-20和表9-1-21所示。

表 9-1-20 国内主要含硫含酸原油减压渣油的四组分组成及戊烷沥青质含量[5]　%

减压渣油名称	饱和分	芳香分	胶质	庚烷沥青质	戊烷沥青质
胜利	19.5	32.4	47.9	0.2	13.7
孤岛	15.7	33.0	48.6	2.8	11.3
单家寺	17.1	27.0	53.5	2.4	17.0
临盘	21.2	31.7	44.0	3.1	13.8
辽河	20.8	31.8	41.6	5.7	—
高升	22.6	26.4	50.8	0.2	11.0
欢喜岭	28.7	35.0	33.6	2.7	12.6
新疆白克	47.3	25.2	27.5	<0.1	3.0
新疆九区	28.2	26.9	44.8	<0.1	8.5
中原	23.6	31.6	44.6	0.2	15.5

表 9-1-21 国外主要含硫含酸原油减压渣油的四组分组成及庚烷沥青质含量　%

减压渣油名称	饱和分	芳香分	胶质	庚烷沥青质
阿曼	23.4	50.0	25.5	1.1
哈萨克斯坦	34.3	44.0	21.2	0.5
阿拉伯轻	11.5	54.0	27.9	6.6
阿拉伯中	6.6	51.9	33.1	8.4
伊朗轻	12.5	46.5	35.8	5.2
伊朗重	10.6	45.4	34.1	9.9

续表

减压渣油名称	饱和分	芳香分	胶质	庚烷沥青质
卡塔尔	10.0	49.5	34.0	6.5
科威特	10.3	50.5	32.4	6.8
伊拉克巴士拉轻	18.1	56.0	21.8	4.1
委内瑞拉	14.0	26.0	38.0	22.0
阿萨波斯卡	16.9	18.3	44.8	17.2
和平河	17.0	19.0	44.0	20.0
威巴斯卡	15.0	18.0	48.0	19.0

将渣油的戊烷可溶物用含水 5% 的氧化铝分离为五个组分,即为六组分组成。其中组分 1 为饱和烃、单环芳烃、双环芳烃和少部分多环芳烃,组分 2 基本为多环芳烃,组分 3 为轻胶质,组分 4 为中胶质,组分 5 为重胶质。几种国内主要原油减压渣油的六组分分离结果和胶质的组成分别示于表 9-1-22 和表 9-1-23。

表 9-1-22 我国减压渣油六组分组成[6]　　　　　　　　　%

减压渣油名称	组分 1	组分 2	轻胶质	中胶质	重胶质	C_5沥青质
胜利	40.4	12.1	14.2	7.7	11.9	13.7
孤岛	37.8	13.0	16.0	8.2	13.7	11.3
单家寺	29.8	13.9	16.9	9.5	12.4	17.0
临盘	40.4	12.9	15.8	7.7	8.1	13.8
高升	38.7	11.2	13.3	9.2	16.6	11.0
欢喜岭	56.1	10.1	12.1	6.5	6.3	8.9
中原	40.0	10.0	12.1	7.4	15.0	15.5
新疆九区	45.7	9.8	14.9	7.1	13.8	8.5

表 9-1-23 我国减压渣油中胶质的组成[5]　　　　　　　　　%

减压渣油名称	轻胶质	中胶质	重胶质
胜利	30.0	16.3	53.7
孤岛	34.5	17.7	47.8
单家寺	31.6	17.8	50.6
临盘	37.4	18.3	44.5
高升	26.7	18.4	54.9
欢喜岭	38.9	20.9	40.2
中原	24.3	14.9	60.8
新疆九区	33.6	16.0	50.4

将渣油六组分分离的组分 1 和组分 2 用含水 1% 的氧化铝吸附色谱分离为饱和分、轻芳香烃、中芳香烃和重芳香烃四个组分,再加上轻胶质、中胶质、重胶质和沥青质共八个组分。我国主要含硫含酸原油减压渣油的八组分分离结果如表 9-1-24 所示。

表 9-1-24 我国减压渣油八组分组成[5,6]　　　　　　　　　%

减压渣油名称	饱和分	轻芳烃	中芳烃	重芳烃	轻胶质	中胶质	重胶质	C_5沥青质
胜利	19.5	7.8	6.9	18.3	14.2	7.7	11.9	13.7
孤岛	15.7	6.2	6.1	22.8	16.0	8.2	13.7	11.3
单家寺	17.1	6.3	4.9	15.9	16.9	9.5	12.4	17.0
临盘	21.2	6.5	5.3	20.4	15.8	7.7	9.3	13.8
中原	23.6	6.1	6.0	14.3	12.1	7.4	15.0	15.5

1. 饱和烃

饱和烃包括正构烷烃、异构烷烃、环烷烃及衍生物。含硫渣油的饱和烃含量低于低硫渣油,我国减压渣油中饱和分的含量差别较大,新疆百克减压渣油(47.3%)较高,而孤岛减压渣油较低,只有15.7%;国外含硫含酸原油减压渣油的饱和分含量除个别原油较高外(阿曼渣油23.4%),大部分减压渣油的饱和分含量在10%~15%之间。

2. 芳烃

含硫渣油的芳烃含量高于低硫渣油,我国渣油的芳烃总含量相当接近,在30%左右。国外渣油芳烃的含量较高,典型中东地区含硫渣油的芳烃含量在50%左右。

3. 胶质

胶质是介于芳烃和沥青质之间的缩合大分子。我国渣油的胶质含量较高,一般在40%~50%。国外渣油胶质含量相对较低,中东地区含硫渣油的胶质含量一般在33%左右,北美重质原油渣油的胶质一般在40%~50%左右。胶质含量越高,加工难度越大。

4. 沥青质

沥青质是渣油中相对分子质量最大、极性最强并富集大量渣油中的金属、硫、氮和氧等非烃类的高分子化合物。我国渣油的庚烷沥青质的含量普遍较低,一般小于3%。国外渣油庚烷沥青质的含量普遍较高,一般均大于5%,中东地区含硫渣油的庚烷沥青质含量一般在5%~10%左右,北美重质原油渣油庚烷沥青质含量高达20%左右。

我国减压渣油四组分的特点是:胶质含量高,沥青质含量低。国外减压渣油四组分的特点是:芳香分含量高,沥青质含量高。

5. 渣油体系的稳定性

在重质油的使用和加工过程中有时会出现分层现象,而重质油的加工过程时常受结焦现象的困扰,这些都不仅仅取决于其化学组成和化学结构,而是与其胶体结构的稳定性有关。

Nellensteyn[7,8]首次于1924年提出将沥青质和渣油视为胶体体系的概念。Mack[9]在1932年提出沥青胶体模型,认为沥青质为分散相,胶质和油分的混合相为分散介质。Pfeiffer与Sall[10,11]于1940年进一步发展了Mack的模型(见图9-1-3),该模型中,沥青质处于胶束中心,其表面或内部吸附有可溶质;可溶质中相对分子质量大、芳香性最强的分子靠近胶束中心,其周围又吸附芳香性较低的组分,依次类推,逐渐连续地过渡到胶束间相。Speight在Pfeiffer模型的基础上进一步完善,提出以渣油SARA四组分表示渣油的胶体结构(见图9-1-4),该模型目前被广泛采用。Takatsuka[12]等于1989年提出以渣油的三角相图表示渣油的稳定性(见图9-1-5),并给出减黏裂化和加氢裂化的极限转化率。

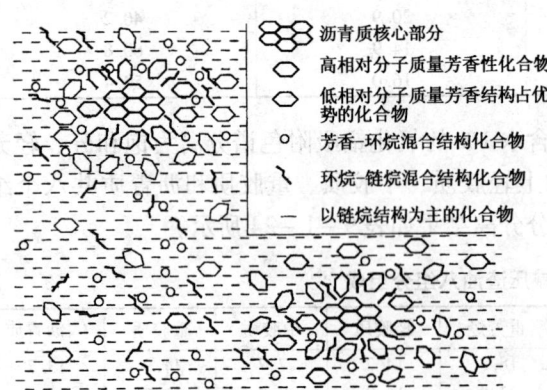

图9-1-3 Pfeiffer与Sall的沥青胶体模型

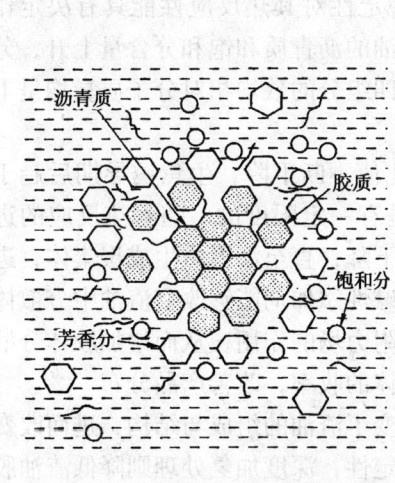 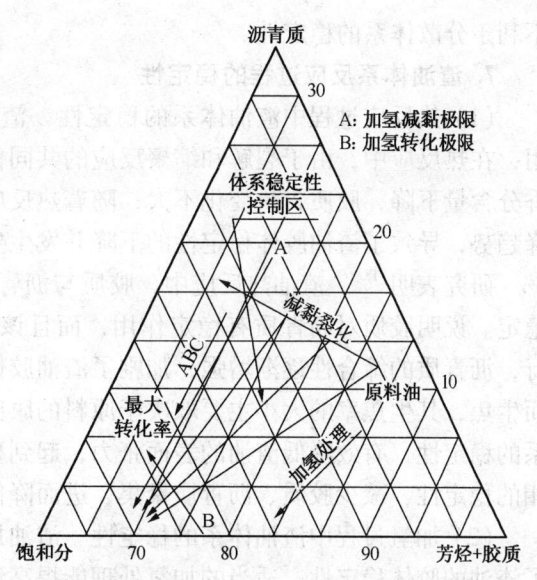

图9-1-4 以四组分为基础的渣油胶体结构示意图

图9-1-5 渣油体系的稳定性

渣油胶体体系的稳定性取决于四组分中各组分的含量、性质和组成之间的相互匹配。若渣油体系含有一定量的沥青质,必须含有足够量的高芳香度的胶质作为胶溶组分。当渣油胶体体系的沥青质含量较低、胶质含量较高时,渣油体系较稳定;而当沥青质含量较高、胶质含量不足时,往往会处于凝胶状态。任何引起胶束与胶束之间相平衡发生移动的因素(如加热或加入溶剂等),都有可能破坏渣油胶体体系的稳定性,甚至会导致沥青质的析出,从而产生沉积。

6. 渣油体系的稳定性与结构组成的关系

影响渣油胶体体系稳定性的因素很多,其中最重要的是化学组成与结构。渣油体系的稳定性主要取决于饱和分、芳香分、胶质和沥青质各组分之间的浓度比例关系、相对分子质量、芳香度、杂原子含量及分布状况,特别是胶质与沥青质含量之比[5,13~16]。

(1) 渣油胶体的分散相是沥青质和重胶质构成的超大分子结构,分散介质是由轻胶质、芳香烃和饱和烃组成的混合物,两者在数量、组成、结构和性质上的变化,都将导致渣油体系稳定性的变化。不同原油的渣油混合时稳定性下降的原因正在于此。

(2) 胶质是渣油胶体体系的重要组成部分,对沥青质起胶溶作用,如果没有足够数量在结构和性质上与沥青质相容匹配的胶质,沥青质就不可能稳定分散在渣油胶体体系中。对稳定的渣油胶体体系,混入组成和结构不同的其他渣油的胶质,体系的沥青质不一定稳定地胶溶,渣油的稳定性就降低。

(3) 芳香度越高的渣油体系,其稳定性越高。渣油体系中从沥青质、胶质到芳香烃,其芳香度要有连续梯度分布,芳香度梯度分布的间断,会使体系的稳定性下降。分散相的芳香度过高或分散介质的芳香度过低,都将导致渣油体系稳定性降低,易于发生沥青质聚集沉积。

(4) 稳定的渣油胶体体系的相对分子质量应连续梯度分布,沥青质的相对分子质量不能过大,否则不能稳定分散;而分散介质的相对分子质量不能过小,否则由于黏度过低等原因不利于分散体系的稳定性。

7. 渣油体系反应过程的稳定性

(1) 热反应过程中渣油体系的稳定性　渣油的胶体稳定性对其热反应性能具有决定作用，在热反应中，由于裂解和缩聚反应的共同作用，使渣油的沥青质和饱和分含量上升，芳香分含量下降，胶质含量变化不大；随着热反应的进行，四组分的数均相对分子质量均呈下降趋势，导致了渣油胶体稳定性的下降并发生生焦反应[17]。

研究表明[18]，渣油热反应中，胶质与沥青质含量的比值不断下降，生焦诱导期后趋于稳定。说明胶质对沥青质有稳定作用，而且该稳定作用是有一定限度的。随着热反应的进行，沥青质的缔合性逐渐增强，加剧了渣油胶体稳定性的下降，直至沥青质生成聚集体，进而生焦，其生焦率的大小主要取决于原料的康氏残炭值。碱性添加剂能够改变渣油中分散体系的稳定性，有效降低渣油的表面张力，起到稳定胶体吸附力场的作用，从而增加胶体分散相的稳定性，减少胶质、沥青质聚集，进而降低焦炭、气体的收率，改善产品分布[19,20]。

(2) 加氢过程中渣油体系的稳定性　渣油加氢处理改变了渣油的组成与结构，进而改变了渣油的胶体稳定性。适当的加氢处理能提高渣油胶体稳定性，深度加氢处理则降低渣油胶体稳定性[21,22]。于双林[23,24]等研究结果表明：随着氢初压的升高，产物的稳定性先改善后略变差，其稳定性的改善可降低残炭值；产物的四组分中饱和分的含量增大；芳香分、胶质的含量变化不大，沥青质含量降低；芳香分、胶质的相对分子质量先增大后减小；沥青质的相对分子质量逐渐减小；胶质、沥青质的 H/C 原子比先增大后减小；芳香碳分率先降低后增大，二者结构性质的改变决定了产物胶体稳定性的变化趋势。

渣油原料体系的四组分组成一定，影响渣油体系加氢过程稳定性的主要因素是转化率、氢分压和催化剂。随着转化率的不断增加，生成的饱和分轻烃含量不断增加，体系的稳定性逐渐下降；当达到一定转化率时，生成油的稳定性遭到破坏，不能生产稳定的燃料油，这是加氢过程转化率有限制的主要原因。氢分压的提高和良好的催化剂，可以改善生成油的稳定性，但对转化率的提高有限，除非配合其他技术集成，如溶剂脱沥青等。

在固定床渣油加氢过程中，通常掺入不同组分和数量的稀释油，但对体系的稳定性影响不同。催化裂化油浆和减四线抽出油的加入均不利于渣油体系的稳定，加入减四线抽出油体系的稳定性高于加入催化裂化油浆体系。尽管渣油原料掺炼馏分油可以降低原料的黏度，有利于反应过程中的传质，但反应体系胶体稳定性的降低将会导致沥青质沉积加剧，在加工技术开发过程中应予以考虑[25]。

(3) 组分极性对渣油体系稳定性的影响　组分极性对渣油稳定性的影响大于组分组成的影响[26]。胶质与沥青质的含量之比越大，胶质与沥青质的极性越接近，体系的胶体稳定性越好；重芳香分含量越高、极性越接近沥青质的极性，体系的胶体稳定性越好；饱和分和轻芳烃组分含量越高、极性与沥青质极性差别越大，体系的胶体稳定性越差。

研究表明，随着热反应的进行，轻、中、重胶质组分平均偶极矩呈下降趋势，而沥青质偶极矩先增大后减小，从而使沥青质和胶质的分子性质差别先增加后减小，强极性的沥青质优先聚集生焦。临氢热反应过程中，氢与催化剂的作用有助于抑制沥青质相对分子质量增大和极性增强，从而有助于抑制生焦[27]。

8. 渣油体系的稳定性测定方法

原料油稳定性的测定有两种方法：斑点法和沉积物实验法，常用沉积物实验法。沉积物实验法分为正戊烷或正庚烷不溶物含量测定和光学原理测定，通过对原料与正构烷烃溶液的透光率变化测定混合体系的稳定性，该方法被广泛采用。几种油品稳定性试验方法见表9-1-25。

表9-1-25 几种油品稳定性试验方法

标准号	标准名称	方法说明	方法特点
IP -375—1999 ISO -10307: 1—2009	渣油中总沉积物的测定	将油样与甲苯、庚烷混合后，采用抽提的方法提取沉淀物并称量其质量	适应于沉积物较多的样品
ASTM D -4740—1995	采用斑点法测定渣油的清洁度和相容性的标准方法	将混合后样品滴在滤纸上，油滴自由扩散形成斑点。将斑点与标准参考图进行对比，目测判断混合油的相容性	可以较直观看到混合后样品的相容性情况，但不太精确
ASTM D -7061—04/05/06	通过光谱扫描得到的分离值确定原油、重油、渣油中沥青质的稳定性	将样品与甲苯、庚烷混合后置于小玻璃瓶中，通过使用近红外光源对样品瓶自下而上的连续扫描得到标准偏差。根据标准偏差的大小判断样品体系的稳定性	操作简便，对样品要求不高，结果准确
ASTM D -7151—2005	庚烷分离、光谱法确定原油、重油、渣油中沥青质的稳定性	采用滴定的技术，通过电子探针感知的透光度的变化判断样品油的稳定性	样品中水、沉淀的存在对测定影响较大

光谱法测量重油的稳定性，15min可完成样品的测定，结果准确，重复性高。利用该法测定的实验数据可量化成重油中沥青质的沉淀能力，还可精确计算出优化重油稳定性所需的添加剂用量。

三、非烃化合物

（一）含硫化合物

从原油硫含量在各馏分中的分布数据（表9-1-26和表9-1-27）看，原油中近90%的硫集中分布在常压渣油馏分中。

表9-1-26 我国典型含硫原油的硫分布

原油名称		胜利	伊朗轻	伊朗重	阿曼	伊拉克轻	卡塔尔
原油含硫/%		1.00	1.35	1.78	1.16	1.95	1.42
汽油	硫/%	0.008	0.06	0.09	0.03	0.018	0.046
	硫分布/%	0.02	0.6	0.7	0.3	0.2	0.8
煤油	硫/%	0.0117	0.17	0.32	0.108	0.407	0.31
	硫分布/%	0.05	2.1	3.1	1.4	4.4	3.7
柴油	硫/%	0.343	1.18	1.44	0.48	1.12	1.24
	硫分布/%	6.0	15.5	9.4	8.7	7.6	10.3
蜡油	硫/%	0.68	1.62	1.87	1.10	2.42	2.09
	硫分布/%	17.9	16.9	13.5	20.1	38.2	33.8
减压渣油	硫/%	1.54	3.0	3.51	2.55	4.56	3.09
	硫分布/%	76.0	65.4	73.9	69.5	49.6	51.4
常压渣油	硫/%	1.24	2.55	3.09	1.97	3.29	2.60
	硫分布/%	93.9	82.3	87.4	89.6	87.8	85.2

表 9-1-27 国外典型含硫原油的硫分布

原油名称		阿拉伯轻	阿拉伯中	阿拉伯重	科威特	北海混合原油
原油含硫/%		1.75	2.48	2.83	2.52	1.23
汽油	硫/%	0.036	0.034	0.033	0.057	0.034
	硫分布/%	0.4	0.3	0.2	0.4	0.7
煤油	硫/%	0.43	0.63	0.54	0.81	0.414
	硫分布/%	3.9	3.6	2.4	4.3	5.2
柴油	硫/%	1.21	1.51	1.48	1.93	1.14
	硫分布/%	7.6	6.2	4.9	8.1	10.2
蜡油	硫/%	2.48	3.01	2.85	3.27	1.62
	硫分布/%	44.5	36.6	32.1	41.5	34.4
减压渣油	硫/%	4.10	5.51	6.00	5.24	3.21
	硫分布/%	43.6	53.3	60.4	45.7	49.5
常压渣油	硫/%	3.08	4.12	4.34	4.07	2.29
	硫分布/%	88.1	89.9	92.5	87.2	83.9

从硫含量分布看(表 9-1-28),我国胜利和孤岛原油的减压渣油中约 1/3 的硫分布在饱和分和芳香分中,分布在胶质和沥青质中的硫约为 2/3 左右。

表 9-1-28 我国减压渣油六组分中硫含量分布[5,6]

减压渣油名称	组分中的硫占总硫的质量分数/%					
	组分 1	组分 2	轻胶质	中胶质	重胶质	C_5沥青质
胜利	23.6	13.9	16.8	7.7	19.0	19.0
孤岛	19.6	14.3	19.5	5.6	12.3	28.7

渣油中的硫化物以噻吩衍生物为主,五环以上噻吩硫占总硫的 30%,同时含有二环、三环和四环与极少量的一环。

(二) 含氮化合物

原油中的氮约有 70%~90%存在于渣油中(见表 9-1-29),渣油中约 20%~30%的氮分布在饱和分和芳香分中,70%~80%的氮分布在胶质和沥青质中(见表 9-1-30)。研究表明,胶质、沥青质中的氮绝大部分以环状结构(五元环吡咯类或六元环吡啶类)形式存在。

表 9-1-29 主要原油和渣油中氮含量

原油	胜利	孤岛	辽河	中原	迪拜
原油中 N/%	0.41	0.43	0.31	0.17	0.05
渣油中 N/%	0.3601	0.488	0.2722	0.1712	
渣油中 N 占原油/%	92.2	92.5	87.8	93.5	
原油	阿曼	沙轻	沙中	科威特	伊拉克轻
原油中 N/%	0.10	0.11	0.12	0.13	0.0008
渣油中 N/%	0.27	0.35	0.36	0.32	0.27
渣油中 N 占原油/%	66.2	61.4	71.4	76.6	22.1
原油	伊拉克中	伊朗轻	伊朗重	俄罗斯	
原油中 N/%	0.19	0.16	0.20	0.13	
渣油中 N/%	0.64	0.55	0.53	0.54	
渣油中 N 占原油/%	92.8	74.0	59.6	69.7	

第九章 含硫原油渣油加工技术

表 9-1-30　我国减压渣油六组分中氮含量分布[5,28]

减压渣油名称	组分中的氮占总氮的质量分数/%					
	组分1	组分2	轻胶质/%	中胶质/%	重胶质/%	C₅沥青质/%
大庆	7.9	15.7	31.8	14.6	24.6	—
胜利	5.9	10.9	21.6	13.2	23.9	24.5
孤岛	17.9	12.9	21.6	11.7	20.6	15.7
欢喜岭	17.8	15.2	23.0	11.7	13.0	19.3
新疆九区	0	8.4	30.8	12.6	28.3	19.8
乌尔禾	6.7	9.2	16.9	12.9	34.1	20.1
任丘	14.4	14.2	20.6	13.4	26.0	11.4
中原	15.5	9.5	16.4	11.6	28.8	18.7
井楼	10.2	12.5	22.0	15.2	31.1	9.0
古城	8.0	11.6	20.0	15.5	32.6	12.4

(三) 含氧化合物

石油馏分中的有机含氧化合物含量较少,主要有酚类(苯酚和萘酚系衍生物)和氧杂环化合物(呋喃类衍生物)两大类。此外还有少量的醇类、羧酸类和酮类化合物。与 S 和 N 一样,O 大部分(90%~95%)存在于胶质和沥青质中。各种环烷酸均具有腐蚀作用,加工含酸原油,应高度关注防腐问题。

醇类、羧酸类和酮类化合物很容易加氢脱氧。醇类和酮类化合物加氢脱氧生成相应的烃类和水,而羧酸类化合物在加氢反应条件下是脱羧基或使羧基转化为甲基。对芳香性较强的酚类和呋喃类化合物加氢脱氧比较困难。

环烷酸约占酸性氧化物的90%。分析辽河原油中羧酸分布的试验结果表明[19]:各馏分油中的酸性组分以羧酸为主,在中间馏分油(常压三、四线和减压二、三线)中羧酸含量较高。减压渣油中羧酸含量略低一些。馏分油的羧酸含量中,正构脂肪酸含量均低于5%。有关数据见表 9-1-31。

表 9-1-31　辽河原油各馏分油中的酸性物含量

馏分油	沸点范围/℃	羧酸含量/%	羧酸中正构脂肪酸含量/%
常压一线	143~242	0.02	3.73
常压二线	207~336	0.36	3.27
常压三线	369~426	1.08	4.32
常压四线	221~474	1.16	3.99
减压一线	244~422	0.77	3.58
减压二线	265~454	1.17	4.89
减压三线	287~485	1.02	4.75
减压四线	296~497	1.16	3.62
减压渣油	>500	1.00	—

辽河原油中羧酸分布的试验结果表明,渣油中的羧酸为带多环或芳环的环烷酸。辽河渣油中羧酸甲酯(试验过程中需将分离出的羧酸甲酯化以利于分离,故以羧酸甲酯表示)元素组成等数据如下:

元素分析:C 81.41%；H 11.27%；O 6.31%；N 0.41%；S 0.26%。

平均分子式：$C_{39.48}H_{65.58}O_{2.29}N_{0.1704}S_{0.0473}$

平均相对分子质量(VPO法)：580，不饱和度(环+双键)：7.8

辽河渣油中环烷酸的碳原子数范围：$C_{22} \sim C_{62}$；相对分子质量范围：330~900。

众所周知，减压渣油是由可溶质和沥青质组成的。可溶质及沥青质中均含有一定量的氧，沥青质中的氧含量范围在 0.3%~4.9% 之内，氧碳摩尔比的范围在 0.003~0.045 之内。表 9-1-32 和表 9-1-33 列出了可溶质和沥青质的元素组成数据。

表 9-1-32　渣油中可溶质的元素组成

原油来源	元素组成/%					碳氢摩尔比
	C	H	S	N	O	
大庆	83.3	10.73	0.31	0.007	0.66	0.65
委内瑞拉	84.8	10.6	3.5	0.4	0.7	0.67
伊拉克	83.7	10.3	4.4	0.5	1.4	0.68
墨西哥	82.8	10.2	5.4	0.5	1.2	0.68

表 9-1-33　渣油中沥青质的元素组成

原油来源	元素组成/%					碳氢摩尔比
	C	H	S	N	O	
大庆	82.85	8.86	0.28	0.007	8.07	0.78
杜依马兹	84.40	7.87	4.45	1.24	2.94	0.89
罗马什金	83.66	7.87	4.52	1.19	2.76	0.88
委内瑞拉	85.04	7.68	3.96	1.33	1.8	0.92
加拿大	82.04	7.90	7.72	1.21	1.70	0.87
中东	82.62	7.64	7.85	1.00	0.89	0.90

在氧化过程中可溶质中的氧含量会略有增多，但增多量很少。沥青质在氧化过程中以缩合脱氧反应为主，氧含量增加很少。表 9-1-34 为在连续氧化条件下，不同氧化深度下的沥青质的元素组成[29]。

表 9-1-34　不同氧化深度下的沥青质的元素组成

试样	软化点/℃	相对分子质量	C/%	H/%	S/%	N/%	O/%	碳氢质量比
1	45	2317	85.0	9.1	4.1	1.2	0.58	9.35
2	51	3687	85.4	8.8	4.1	1.1	0.60	9.70
3	63	3708	86.1	8.2	4.1	1.0	0.61	10.5
4	71	4520	86.4	8.1	3.9	1.0	0.63	10.7
5	95	5172	86.7	8.0	3.7	0.9	0.66	10.9

四、杂质含量

渣油中还有一些固体物、无机盐类以及金属有机化合物。

(一) 固体物和盐类

固体物根据颗粒的大小可分为基本固体物(>20μm)和可过滤固体物(4~7μm)。这些固体物主要来自原油的开采、加工过程产生和夹带的杂质，包括结垢、腐蚀、污染催化剂及其他污染物等。这些固体物可采用离心分离、洗涤、絮凝和过滤等方法尽可能将其脱除，避免加氢装置催化剂床层压降快速上升，延长装置操作周期。

(二) 金属化合物

原油中的金属绝大部分存在于渣油中（主要是镍、钒、铁、钙等），含量虽然很少，但却很容易使加氢催化剂和催化裂化催化剂永久性中毒失活。因此，必须将渣油原料中微量的金属化合物脱除。

渣油中的金属镍和钒主要以卟啉类化合物和沥青质的形式存在（如图9-1-6），这两种化合物结构相当复杂，在这种大分子结构中，不仅含有金属，同时还含有硫和氮。镍和钒的化合物主要是通过加氢和氢解，最终以金属硫化物的形式沉积在催化剂颗粒上。

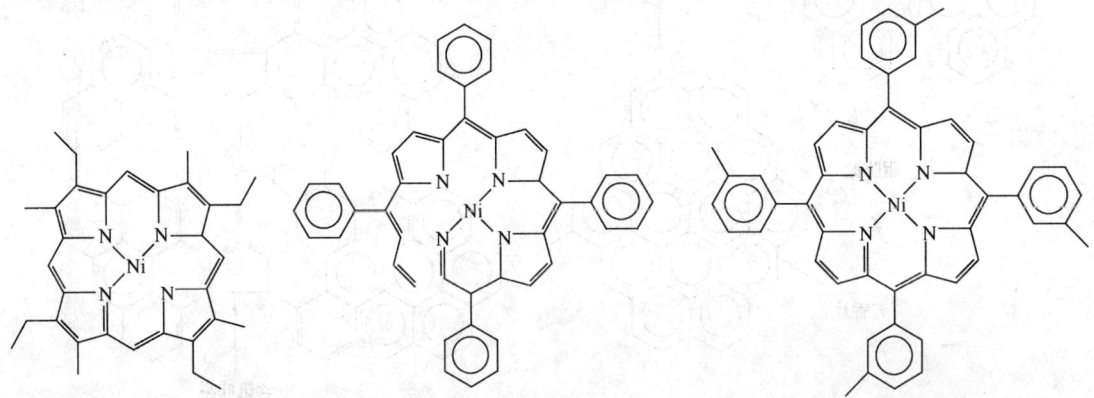

初卟啉镍：Ni-Etio (Ni-EP)　　　四苯基卟啉镍：Ni-TPP　　　四(3-甲基苯基)卟啉镍：Ni-T3MPP

(a) 卟啉镍络合物结构

(b) 非卟啉镍络合物结构

图9-1-6　金属卟啉化合物和非金属卟啉化合物的结构

卟啉镍与卟啉钒通常占钒和镍总量的10%~55%。在镍卟啉络合物中，镍是以Ni^{2+}形式存在，而在钒卟啉络合物中，钒则以VO^{2+}形式存在。由于其具有四吡咯芳香结构，与沥青质中的稠环芳烃相似，故很容易混进沥青质胶束中（图9-1-7）。沥青质中的稠环芳烃是通过硫桥键、脂肪键及金属卟啉结构相连接，这就表明，渣油的加氢脱金属反应常与沥青质的裂解反应紧密相联。

我国减压渣油中金属镍含量较高（表9-1-35），一般为几十 $\mu g/g$，其中高升和欢喜岭的镍含量高达 $130\mu g/g$ 左右；而金属钒含量较低，一般为几个 $\mu g/g$。镍含量高、钒含量低是我国绝大多数重质油组成的特点。另外，金属钙含量高也是我国原油的特点之一（表9-1-36）。国外原油减压渣油的特点是：金属（镍+钒）含量普遍较高，而且是镍含量低，钒含量高，其中委内瑞拉波斯坎重油中钒含量达 $1225\mu g/g$。表9-1-37为国外主要原油减压渣油金属含量。

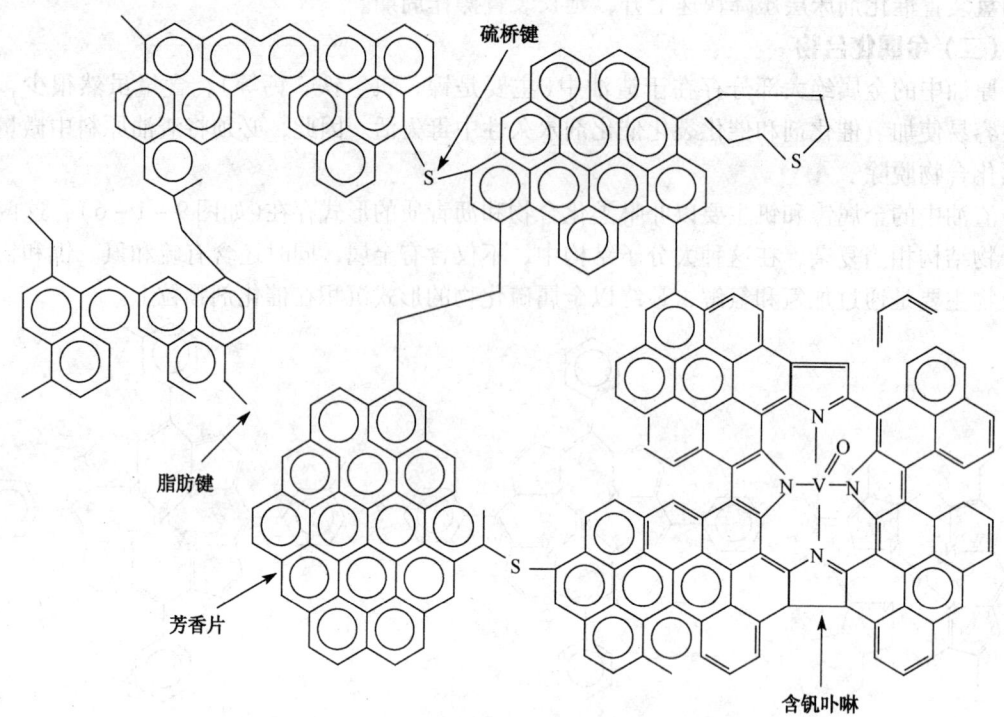

图 9-1-7 X 光衍射法测定的沥青质结构简图

从金属镍含量分布看(表 9-1-38),渣油中镍含量分布呈双峰形,在减压渣油中绝大多数的镍(95%以上)集中在胶质和沥青质中。

表 9-1-35 国内主要含硫含酸原油减压渣油的金属含量

减压渣油名称	镍/(μg/g)	钒/(μg/g)	铁/(μg/g)	铜/(μg/g)	镍/钒质量比
胜利	75.0	4.1	150.0	0.4	18
孤岛	40.7	4.9	—	—	8.3
辽河	64.7	2.2	36.8	0.3	29
高升	130.6	5.0	47.0	0.2	26
欢喜岭	120.7	4.1	—	—	29
新疆九区	34.3	1.3	—	—	26
中原	12.6	5.7	45.9	0.5	2.2
大港	66.9	1.0	—	2.6	67
轮南	4.2	14.7	142.7	1.5	0.29

表 9-1-36 辽河、克拉玛依及冀东原油中钙分布

原油名称	原油中钙/(μg/g)	减渣中钙/(μg/g)	减渣收率/%	减渣中钙占原油中总钙/%
辽河 >540℃	46	106	43.22	99.4
克拉玛依 >549℃	145	428	33.32	98.3
冀东 >550℃	340	898	36.62	96.7

表 9-1-37　国外主要含硫含酸原油减压渣油的元素组成

减压渣油名称	镍/(μg/g)	钒/(μg/g)	铁/(μg/g)	铜/(μg/g)	镍/钒质量比
阿曼	18.0	21.8	—	—	0.83
阿拉伯轻	23.0	60.6	—	—	0.38
阿拉伯中	40.8	114.0	—	—	0.36
伊朗轻	62.8	200.0	—	—	0.31
伊朗重	96.8	300.0	—	—	0.32
科威特	27.3	95.3	—	—	0.29
卡夫奇	48.6	153.2	—	—	0.31
阿萨波斯卡	70.3	170.0	171.0	—	0.41
波斯坎	147.3	1225.6	—	—	0.12

表 9-1-38　我国含硫含酸减压渣油六组分中镍含量分布

	组分中的镍占总镍的质量分数/%					
	组分1	组分2	轻胶质/%	中胶质/%	重胶质/%	C_7沥青质/%
大庆	0.0	3.5	19.6	14.4	38.1	—
胜利	0.0	2.0	28.0	13.1	17.3	39.7
孤岛	0.9	2.7	18.1	14.4	20.7	42.8
单家寺	0.3	8.1	28.0	6.5	10.1	47.1
高升	0.1	3.2	43.1	7.6	17.3	28.6
欢喜岭	0.3	6.3	22.1	8.4	11.5	51.4
新疆九区	0.0	3.4	9.0	7.8	34.5	45.3
乌尔禾	0.0	1.3	16.2	7.4	29.6	45.5
任丘	0.9	1.1	17.1	12.5	40.3	28.1
中原	0.8	1.4	15.3	15.8	25.4	41.3
井楼	0.1	2.5	24.5	9.2	39.3	24.4
古城	0.1	0.9	26.9	20.0	29.5	22.6

第二节　含硫含酸原油渣油的热加工

一、延迟焦化

在全球的原油资源日益重质化和劣质化的趋势下，含硫含酸原油和非常规原油越来越多地被开采和加工。如第一节所说，高硫（高酸）原油和非常规原油的减压渣油的特点是：硫含量（酸值）高、密度大、黏度大、残炭高、沥青质含量高和重金属含量高等。对这些渣油的加工主要有脱碳和加氢两种路径可供选择，选择的原则要根据所需加工的渣油性质和炼油厂的总体加工方案，以及已有的全厂流程与产品方案来决定。

当被加工的渣油的残炭、沥青质和金属含量都很高时，通常选用脱碳路径的焦化工艺比较合适[30,31]。因为焦化工艺与渣油加氢工艺相比，首先，它对原料的重金属含量和残炭没有严格的限制；其次，它的投资成本和操作费用相对较低；第三，它的工艺比较成熟，操作相对简单；第四，它可与炼油厂的其他工艺优化组合提高渣油的资源利用率，进而提高全厂的轻质油收率；第五，即使是过去被认为低价值的高硫焦炭，近年来也随着循环流化床锅炉

(CFB)和IGCC等技术和设备的普遍应用,而有了新的用途,从而提升了它本身的使用价值。因此,焦化工艺已成为当今世界上加工高硫(高酸)原油、重质渣油,以及非常规原油的主要工艺。

在焦化、渣油催化裂化和渣油加氢处理这三种主要的渣油加工工艺中,尽管焦化是最老的工艺,但在过去的十多年间随着焦化技术的不断进展,使它在转化高硫(高酸)原油、重质渣油和非常规原油中继续保持和发挥着技术和经济方面的优势。据文献介绍,至2009年的统计,世界上渣油转化技术的比例分别为:焦化32%、减黏30%、催化裂化19%,加氢15%、溶剂脱沥青4%,详见图9-2-1,焦化在炼油厂的地位和作用可见一斑。国内外一些知名的炼油专家和学者认为,将重油提炼成高价值的产品,单就经济效益而言,焦化是炼油工业中第一位的重油转化技术,而延迟焦化仍是首选[32~34]。

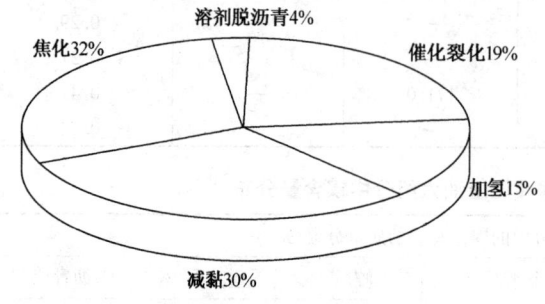

图9-2-1 世界上渣油转化技术的应用情况

近几年来,随着国际上对委内瑞拉的超重原油和加拿大油砂沥青资源的重视、开采和加工,焦化工艺已成为加工这类非常规原油的核心工艺。目前世界上已建成的4座加工委内瑞拉奥里诺科超重原油的炼油厂,都是以延迟焦化装置为核心装置。在建中的4座加工委内瑞拉奥里诺科超重原油的炼油厂中,有2座以延迟焦化装置为核心装置,其中有一座在中国广东省揭阳市[35,36]。目前在世界上有6座加拿大油砂沥青改质工厂在连续生产运行中,其中有2座工厂以延迟焦化装置为核心装置,还有2座工厂以沸腾床加氢裂化-延迟焦化的组合为核心装置,另有一座以沸腾床加氢裂化-流化焦化为核心装置,只有一座炼油厂以溶剂脱沥青-热裂化为主体装置[35,37]。文献[35]还报道加拿大的阿尔伯达省有9座炼油厂将新建或扩建油砂沥青改质工厂以生产合成原油,焦化装置或焦化-加氢联合装置是这些炼油厂的主体装置。总之,随着世界上的常规原油资源越来越少、越来越差,在非常规原油越来越被重视、开采并加工的趋势下,焦化工艺的应用前景一定会越来越好。

在石油炼制技术的焦化工艺中,现在主要有延迟焦化、流化焦化和灵活焦化三种工艺。在目前全球炼油厂的约200余套焦化装置中,流化焦化和灵活焦化装置仅有不足10套,其余均为延迟焦化装置。目前国际上拥有延迟焦化专利和技术的公司有:Foster Wheeler、ABB-Lummus、ConocoPhillips、Kellogg Brown & Root,以及Lurgi Petrobras等公司。流化焦化和灵活焦化的专利和技术则为ExxonMobil公司独家拥有。近年来随着焦化原料的重质化和劣质化,焦化加工追求轻质油品的最大化,各家公司又开发了一些新的技术和设备,如Foster Wheeler公司的SYDEC技术(Selective Yield Delayed Coking)[36],ConocoPhillips公司的零循环比技术(ThruPlus)[38],ABB-Lummus公司的低压低循环比技术[39],Kellogg Brown & Root公司的焦炭塔低压设计技术。我国也有多项具有特色的技术,如中国石化洛阳石化工程公司的可调循环比焦化工艺技术[40,41],RIPP的多产轻质油品的延迟焦化技术(HLCGO)[42],中国石油大学的高裂解度延迟焦化加热炉技术[43]等。所有这些都使焦化工艺焕发了新的活力,使其在加工高硫、高酸重质原油和非常规的超重原油和油砂沥青的炼油厂中,得到了越来越普遍的重视和广泛的应用。

(一) 全球焦化的加工能力

目前全球焦化装置的加工能力已超过 330Mt/a。美国的焦化总加工能力超过 130Mt/a，我国位居第二，达到 110Mt/a。表 9-2-1 是 2010 年世界部分国家和地区炼油能力和焦化能力的统计[44]。表 9-2-2 是 2010 年底我国延迟焦化总加工能力的不完全统计。

表 9-2-1 2010 年部分国家和地区炼油能力和焦化加工能力

国家和地区	炼油厂数/座	常压蒸馏/(kt/a)	焦化能力/(kt/a)	占原油加工量的比例/%
美国	129	893460	136080	15.20
俄罗斯	40	271550	4670	1.72
日本	30	236490	6790	2.87
印度	21	200020	9330	4.66
韩国	6	136080	1050	0.77
德国	15	120880	5820	4.81
意大利	17	116860	2480	2.12
巴西	13	95410	6340	6.65
加拿大	17	95100	3140	3.30
英国	10	88310	3550	4.02
墨西哥	6	77000	10510	13.60
中国台湾省	4	65500	2810	4.27
委内瑞拉	5	64110	7970	12.43
西班牙	9	63580	3360	5.28
荷兰	6	60430	2280	3.77
印度尼西亚	8	50590	1790	3.54
科威特	3	46800	3960	8.40
乌克兰	6	43990	1220	2.81
埃及	9	36310	2160	5.95
阿根廷	10	31350	5020	16.00
小计	364	2793820	220360	7.89

表 9-2-2 2010 年我国延迟焦化装置的加工能力统计表

单位或公司名称	装置数/套	加工能力/(kt/a)	实际加工量/(kt/a)
中国石化	36	44400	41400
中国石油	22	24300	23080
中海石油	5	8100	5900
中国化工	3	3600	2000
中国兵器工业集团	1	1000	1000
地方企业	46	28600(估)	17000(估)
合计	113	110000	90380

(二) 延迟焦化的工艺

延迟焦化是热加工工艺之一，其热转化原理可用自由基理论来解释，烃和非烃类分子在高温下化学键能减弱而断裂生成自由基，较大分子烃的自由基活泼而不稳定，自由基的连锁反应使烃类分子不断地发生裂解反应，生成较小的分子。用碳氢平衡角度分析，焦化过程是渣油原料中的氢在产品分子中的重新分配。因为不同结构 C—C 和 C—H 的键能不同，例如链烷烃的 C—C 键较环烷烃、烯烃和芳烃弱，芳烃键最强，故随着裂解深度的增加，芳烃量相对增加。与此同时，由于重油中结构复杂的芳烃含量增多以及生成的低分子烃的气化逸出,芳烃浓缩,极性增加,芳烃聚集起来并与非烃化合物和不饱和烃缩合形成相对分子质量较大的胶体。如果继续加热,时间延长,维持在此状态下的胶质继续缩合成为更大分子的沥青质,最后形成焦炭。根据热转化的反应条件及稠环芳烃结构的不同,所生成的焦炭的性质也不同。在热反应过程中有一定的氢转移反应,但因氢量不足,只能得到质量不理想的产物。在原料中硫的非烃化合物在热反应中也同样处于竞争反应之列,由于多数硫化物的键能低于 C—C 键,故在热裂解过程中,原料中含硫对提高转化率是有利的。但由于非烃化合物的极性较强,易与稠环芳烃缩合至大分子化合物中,并且重组分本身含硫就高,因而表现出残留物中具有较高的含硫量。例如,焦炭中含硫一般约为原料含硫量的 1.5 倍。

高含硫渣油原料的主要特点是硫含量高,因此经过延迟焦化的加工以后,所得到的各产品中,硫含量也较高。含酸渣油尽管是经过常减压装置加工的产物,但它的酸值仍然较高,主要是高沸点的环烷酸,其酸性亦较强,腐蚀速度很高。

因此与加工普通渣油相比,加工高硫渣油或高酸渣油原料时,都可能会对延迟焦化的设备腐蚀、运行安全和产品性质带来更多的影响,必须引起足够的重视。尤其在设备材质的选择方面,一定要遵循有关原则和规定。

延迟焦化加工含硫和含酸渣油的工艺流程与一般延迟焦化加工普通渣油的工艺流程基本相同。多数延迟焦化装置,由原料加热系统、生焦-冷焦-除焦系统、产品分馏系统和吸收稳定系统构成,但新建的加工含硫或含酸渣油的延迟焦化装置都增加了干气脱硫、液化气脱硫、液化气脱硫醇和溶剂再生系统。或根据延迟焦化所在炼油厂的总流程安排和总平面布局确定其延迟焦化装置的范围。图 9-2-2 是典型的延迟焦化装置的原则工艺流程图[30]。焦化装置的吸收稳定系统及干气和液化气的脱硫系统的流程,与第八章第二节催化裂化装置的吸收稳定系统和干气及液化气的脱硫系统的流程基本相同。

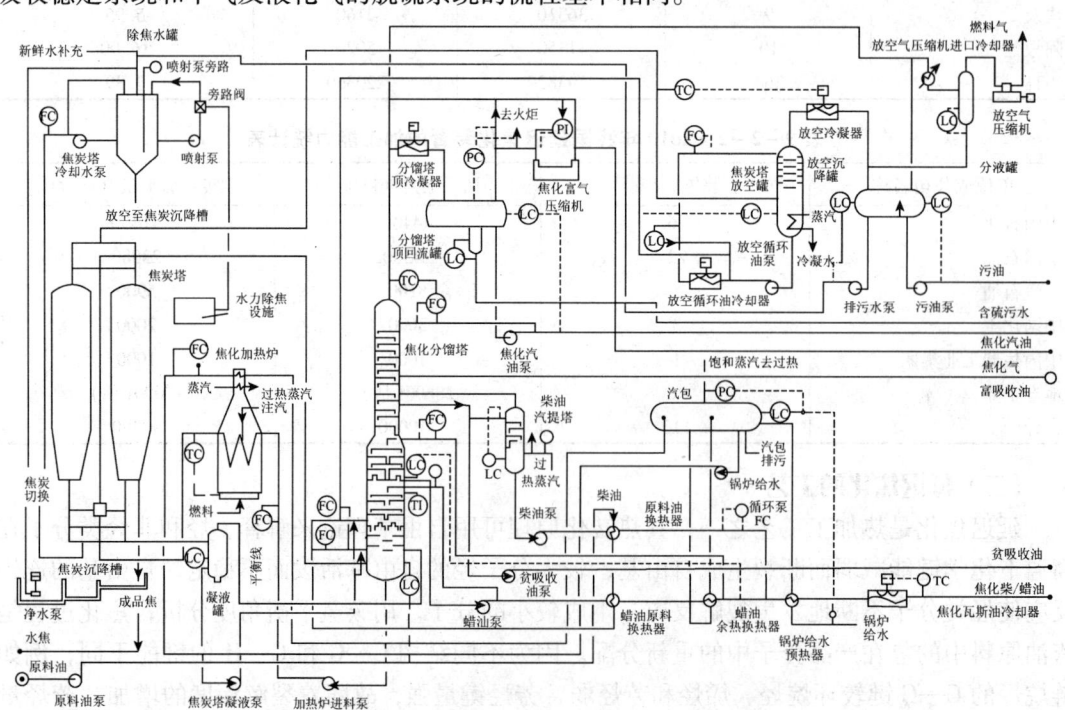

图 9-2-2 典型的延迟焦化装置工艺流程图

随着国际原油资源的日益紧缺，一些重质和劣质原油以及超重的稠油也被人们利用，延迟焦化工艺就成为深度加工这些稠油的主要技术。图9-2-3是加工辽河稠油的延迟焦化装置原则工艺流程图。

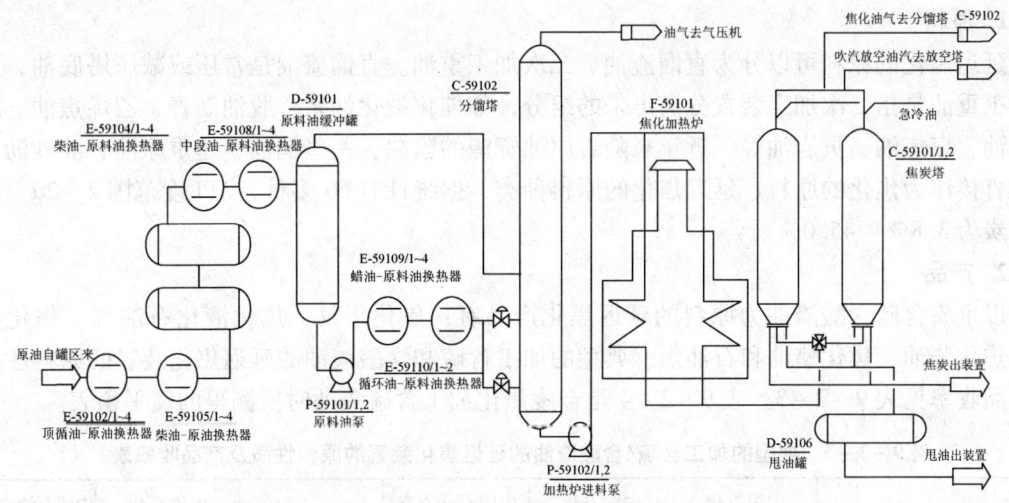

图9-2-3　加工辽河稠油的延迟焦化装置原则工艺流程图

为了提高炼油厂的整体效益，延迟焦化工艺和其他炼油工艺可以有效组合。目前和延迟焦化相关的组合工艺有：

减黏裂化-延迟焦化组合工艺，该工艺是减压渣油经减黏裂化后直接进延迟焦化装置，其优点是可降低减压渣油的焦炭产率。

减压深拔-延迟焦化组合工艺，该工艺是通过减压深拔提高直馏瓦斯油的收率，使延迟焦化的原料更加劣质，发挥延迟焦化加工劣质油的优势。另外，延迟焦化装置生产的重瓦斯油还可以进减压塔拔出部分轻瓦斯油，该组合工艺总体上可降低焦炭收率。

催化裂化-延迟焦化组合工艺，该工艺是减压渣油经延迟焦化脱硫、脱氮、脱碳和脱金属后生成的焦化瓦斯油直接或经加氢预处理后进催化裂化装置，催化裂化装置生成的油浆经过滤后进入延迟焦化装置。该组合工艺不但解决了催化油浆的出路，提高了催化装置的加工能力和产品质量，而且催化油浆在焦化装置进一步裂化，可提高轻油收率。催化油浆经过滤后进延迟焦化装置，再配合适当的操作条件还可以生产高附加值的针状焦。

加氢处理-延迟焦化组合工艺，该工艺是减压渣油经加氢处理脱硫、脱氮、脱残炭后作为延迟焦化装置的原料，延迟焦化装置可以生产冶金工业用的低硫焦炭，同时也大大降低了焦炭产率。该组合工艺的轻质油收率高，产品质量好，投资收益率高。但加氢处理装置加工的渣油有局限性，当原料渣油的镍+钒含量大于$200\mu g/g$时，固定床加氢装置已不适应，实际运行的渣油加氢装置原料的镍+钒含量都在$120\mu g/g$以下。针对劣质渣油的加工可采用延迟焦化-加氢处理-催化裂化组合工艺，延迟焦化使渣油中硫、氮、碳和金属浓缩到焦炭中，加氢处理对焦化瓦斯油进一步脱除硫、氮和金属后进催化裂化加工。该工艺优化了加氢处理和催化裂化的原料，降低了操作费用，不但可生产高质量汽油，而且还可以提高柴油的质量。

沸腾床加氢裂化-延迟焦化组合工艺，加拿大 Husky 公司的 Lloyminster 炼油厂加工冷湖油砂沥青（密度$0.9895g/cm^3$，含硫4.5%，含氮$3900\mu g/g$，镍+钒$200\mu g/g$，残炭11.1%）和 Lloydminster 重质原油（密度$0.9610g/cm^3$，含硫3.6%，含氮$3000\mu g/g$，镍+钒$130\mu g/g$，

残炭8.7%）就是采用该组合工艺，常压渣油进沸腾床加氢裂化装置进行加氢裂化反应，未转化的减压渣油进焦化装置进行加工[35,37]。

（三）延迟焦化的原料和产品

1. 原料

延迟焦化的原料可以分为直馏渣油、二次加工重油。直馏渣油是常压或减压塔底油，二次加工重油是指二次加工装置分离出来的组分，如催化裂化油浆、脱油沥青、乙烯焦油、减黏渣油、煤焦油、页岩油等。近年来随着原油资源的紧缺，一些稠油、超重原油、油砂沥青等也直接作为焦化的原料。延迟焦化的原料种类，据统计有60多种，API度范围2~20，康氏残炭为3.8%~45.0%。

2. 产品

以重质含硫含酸渣油为原料的延迟焦化产品有：焦化干气、焦化液化石油气、焦化汽油、焦化柴油、焦化蜡油和石油焦。典型的加工含硫和含酸渣油的延迟焦化装置的原料性质与产品收率见表9-2-3。表9-2-4是金陵焦化加工含硫渣油时所测得的硫平衡表。

表9-2-3 典型的加工含硫/含酸渣油的延迟焦化装置的原料性质及产品收率表

	公司焦化	中国石化金陵3#焦化	中国石化镇海2#焦化	中国石化青岛炼化1#焦化	中海油惠州	中国石化塔河2#焦化	中国石油克拉玛依2#焦化
	规模/(Mt/a)	1.85	2.00	2.50	4.20	2.20	1.50
原料	名称	沙重减渣	伊轻、伊重、达混、索鲁士和阿曼的混合减渣	沙中、沙重和伊重的混合减渣	PL-19-3含酸渣油	塔河常渣	克拉玛依稠油+渣油
	密度/(kg/m³)	1024.5	1018.1	1050.1	982.5	1030.0	949.4
	残炭/%	23.49	21.59	26.50	16.23	25.10	8.87
	硫含量/%	4.15	2.80	4.52	0.59	3.40	1.05
	酸值/(mgKOH/g)	0.17	0.79		0.85	—	2.66
	四组分/%						
	烷烃	25.70	15.08	18.31	18.40	23.60	
	芳烃	52.80	42.24	55.62	35.10	33.10	
	胶质	3.40	32.34	13.34	45.30	20.50	
	沥青质	18.10	10.34	12.73	1.20	22.80	
操作条件	加热炉出口温度/℃	500	494	495	510	494	492
	循环比	0.25	0.15	0.15	0.23	0.78	0.52
	焦炭塔压力/MPa	0.20	0.13	0.20	0.13	0.19	0.17
产品收率/%	干气	7.84	5.4	7.47	5.22	7.28	4.75
	液化气	2.10	1.88	3.39	4.03	3.85	2.24
	汽油	8.96	16.99	14.79	15.48	17.16	20.29
	柴油	28.00	29.26	21.25	36.09	40.80	49.02
	蜡油	25.00	15.29	16.35	16.49	2.58	9.75
	焦炭	28.10	30.91	36.75	22.69	28.24	13.52

表9-2-4　金陵分公司焦化装置的产品的收率和含硫量表

名称组分	收率/%	硫含量/%	名称组分	收率/%	硫含量/%
原料渣油	100	2.047	柴油	33.15	1.007
产品			轻蜡	13.74	0.967
干气	8.82	9.160	抽出油	1.76	1.408
液态烃	0.97	7.435	焦炭	26.82	2.433
汽油	16.30	0.734			

（1）焦化干气　焦化干气的组成主要为 C_1、C_2，并含有一定量 H_2S，它与焦化原料的硫含量有关。经过脱硫以后，焦化干气作为炼油厂的燃料或用作制氢的原料。

（2）焦化液化气　焦化液化气的 C_3、C_4 烷烃含量高，烯烃含量约8%~10%，由于原料的含硫较高，因此 LPG 的 H_2S 的含量很高。但它经过脱硫和脱硫醇以后，可以用作民用液化气。

（3）汽油　焦化汽油比直馏或催化裂化汽油含有更多硫、氮杂质，必须加氢精制才能制得合格的产品。延迟焦化过程中很少有异构化、芳构化等反应，因此焦化石脑油中正构烃含量比催化裂化汽油高，异构烷烃及芳烃含量相对较低，所以焦化汽油抗爆性较差，辛烷值较低。焦化汽油经过加氢精制以后，再分馏出轻汽油可用作乙烯原料，重汽油则用作重整的原料。

（4）柴油　焦化柴油较直馏柴油的不饱和烃含量高，溴值高，硫、氮含量高，储存安定性差，颜色易变深，产生胶质沉淀。焦化柴油必须进行加氢精制脱除硫、氮杂质，并使烯烃饱和才能作为合格的柴油组分，它的十六烷值在45~50。

（5）蜡油　高硫高酸重质减压渣油为焦化原料生产出的焦化蜡油(CGO)，与同一原油的直馏减压瓦斯油(VGO)相比，主要区别是 CGO 的硫、氮、芳烃、胶质含量和残炭值均高于 VGO，而饱和烃含量却较低，多环芳烃含量较高。如延迟焦化在较低的循环比下操作，所得的焦化蜡油质量更差，其中的硫、氮、金属和焦粉含量会很高，使其下游的催化裂化和加氢精制装置的操作困难。通常会在焦化装置分馏塔开两个蜡油抽出线，分别抽出轻蜡油和重蜡油。轻蜡油用作催化裂化或加氢处理装置的原料，重蜡油作燃料油。

（6）焦炭　高硫重质减压渣油为焦化原料生产出的石油焦，比普通渣油产出的焦炭的硫含量更高，可达5%~7%。此外，随原料的不同，硫、氮和金属等的含量也有所不同。焦化加工高沥青质的原料时，尤其是在高温、低压和低循环比操作条件下，会生成一种球形的弹丸焦，粒径5~300mm不等。大球由无数小球组成，破碎后小球状弹丸焦就会散开。弹丸焦的研磨系数低，热膨胀系数低。

PEP 公司将石油焦分为高硫焦(硫含量大于4.0%)、含硫焦(硫含量2%~4%)和低硫焦(硫含量小于2.0%)。高硫焦一般作燃料，中硫焦做炼铝工业电极，低硫焦做冶金工业电极。图9-2-4是从 Foster Wheeler 公司网站上得到的2009年石油焦在工业界的应用比例。

含硫较高的石油焦在美国除了作为锅炉燃料外，主要用作生产水泥的燃料。作为锅炉燃料时需与煤混合使用，一则降低硫含量，二则利用煤的挥

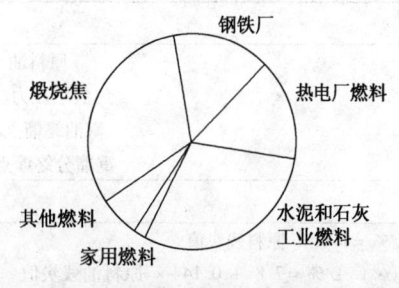

图9-2-4　2009年石油焦在
工业界的应用比例图

发分较高有利于燃烧。另外,还有两种专门燃烧纯石油焦的技术,即循环流化床锅炉(CFB)和气化联合装置(IGCC)。前者主要生产蒸汽、电力,后者则生产氢气、合成气及蒸汽、电力等。与煤混合作为燃料,一般根据石油焦的含硫量及燃烧性能确定混合比,石油焦的比例多为10%~20%,在普通烧煤锅炉中使用。用作水泥窑的燃料时,可以全部或与煤混合使用石油焦,用量约为水泥量的10%,世界上已大量应用。我国江南水泥厂在工业上也已取得成功的经验,所得到的水泥质量符合要求,硫进入水泥中使质量还有一定程度改善。石油焦中的硫大部分被水泥固定下来,吸收率约80%~85%,另有15%~20%排出。该方法也存在一定缺点,即①脱硫率不够高;②只用石油焦时不易燃尽,残存于水泥中会导致水泥性能下降;③只能用于立式窑,这种窑的技术性能较差,一般规模较小,管理不便;④石油焦中金属含量多时,会影响水泥使用寿命。CFB 锅炉的技术特点是以大量循环灰渣作为稀释热载体,在较低温度下进行流化态燃烧生产蒸汽,其循环比达(40~60)/1(循环灰渣/新鲜燃料)。高循环比使新鲜燃料与热载体接触良好,可在不太高的温度(850~950℃)下(煤粉炉一般为15~16℃)即可将燃料完全燃烧,其燃烧效率可达99%,在较低温度下可减少NO_x的生成。对燃料中的硫在燃烧中产生SO_x,可利用加入石灰石中的 CaO 与之反应生成$CaSO_4$而被固定下来。加入石灰石的数量随其比例的增加而提高脱硫率,一般 Ca 与 S 的摩尔比为(2.0~2.5)/1 时,脱硫率可达95%。如果石油焦含硫5%,石灰石加入的数量将近石油焦量的一半。

(四)原料性质对延迟焦化产品产率和性质的影响

在焦化反应过程中,原料的密度和残炭是影响产品分布和产率的主要因素,图9-2-5及表9-2-5为原料密度和残炭对产品产率的影响。可以看出,随着原料密度的增大,焦炭量明显增加,焦化重馏分油产率下降,汽油和气体略有增加。表9-2-5的估算公式表明,残炭变化对焦化产品产率的影响与密度变化的规律基本一致。通过该表也可以预测焦化产品的产率。

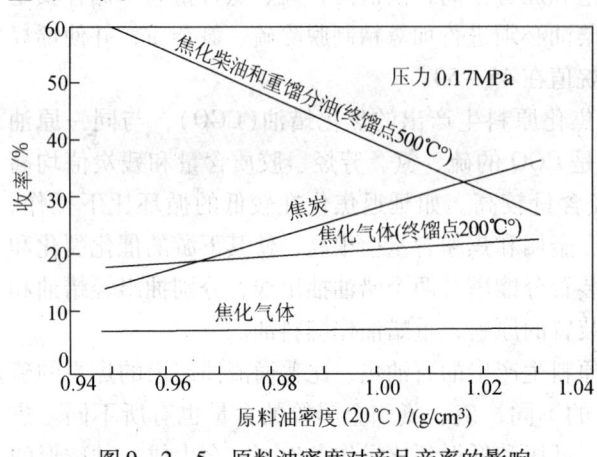

图9-2-5 原料油密度对产品产率的影响

表9-2-5 延迟焦化产品分布的估算公式

适 用 条 件	
原料油	直馏减渣
焦炭塔压力/MPa	0.25~0.30
汽油终馏点/℃	204
重馏分终馏点/℃	470~495
估 算 公 式	
焦炭/% = 1.6 × 原料残炭值	
气体($<C_4$)/% = 7.8 + 0.144 × 原料油残炭值	
汽油/% = 11.29 + 0.343 × 原料油残炭值	
柴油 = 重馏分油/% = 100 - 焦炭% - 气体% - 汽油%	

第九章 含硫原油渣油加工技术

表 9-2-6 延迟焦化产品中硫、氮的分布

产 品	S/%	N/%
气体	30	
汽油	5	1
柴油	35	6
蜡油		18
焦炭	30	75
合计	100	100

当加工含硫及含氮较高的渣油时，亦可由表 9-2-6 估计出产品中硫、氮分布。从中看出，硫比较平均地分配到气体、重馏分油和焦炭中，其比例分别为 30%、35%、30%，间接说明 C-S 键比 C-C 键更易断裂。焦化气体烃产率只有 7%~8%，但其中含硫量却相当于总硫量的 30%。C-N 键的键能高于 C-C 键，故气体和馏分油中含氮低于原料而大部分富集到焦炭中。

以上这些关系是在常规延迟焦化工艺装置中总结出的结果，如反应条件改变或以其他馏分如常压渣油、二次加工渣油为原料时则不适用。

表 9-2-7 是几种不同类型的含硫渣油焦化时的产品产率和硫含量。由该表看出，沙特中质原油减渣经加氢脱硫后，硫含量及残炭值明显降低，干气、石脑油的产率变化不大，瓦斯油产率则增加很多，焦炭产率也大幅度减少，各种产品中的硫含量也显著降低，生产的焦炭为质量较好的低硫焦，各项指标获得明显改善。

表 9-2-7 不同类型的含硫渣油延迟焦化的产品产率和硫含量

原油种类	沙特中质原油	沙中原油渣油加氢脱硫	委内瑞拉原油	委内瑞拉原油渣油减黏焦油
原料性质				
馏分/℃	>538	>538	>510	
密度(20℃)/(g/cm³)	1.0184	0.9496	1.0379	1.0410
S/%	4.8	0.5	4.4	4.0
康氏残炭/%	21.0	6.5	23.3	28.5
产品性质				
干气(C₄⁻)/%	8.8	9.1	8.5	6.8
石脑油(C₅~193℃)/%	14.0	13.1	17.8	13.6
密度(20℃)/(g/cm³)	0.7383	0.7394	0.7539	0.7519
S/%		0.1	1.1	0.9
瓦斯油(>193℃)/%	46.5	67.5	40.9	40.2
密度(20℃)/(g/cm³)	0.8961	0.8781	0.9067	0.9067
S/%	2.9	0.3	2.7	2.0
焦炭/%	31.0	12.6	32.5	37.1
S/%	6.5	1.2	5.7	5.2

(五) 操作条件对焦化产品收率、性质的影响

1. 炉出口温度

焦化加热炉出口温度或焦炭塔底的进料温度对焦化产品的分布及性质的影响较大。当操

作压力和循环比固定后,提高焦炭塔温度将使气体和汽油收率增加,馏分油收率降低,焦炭产率下降,并使焦炭中挥发分下降。在压力和循环比一定时,焦化温度每增加5.5℃,馏分油收率平均增加1.1%。选择焦化温度的原则是必须要充分考虑原料特性,产品物料组成要求和焦炭性质等多方面因素。焦炭塔温度同时可以影响焦炭的挥发物含量(VCM),它是焦炭的重要质量指标。在操作中用焦炭塔温度来控制焦炭的挥发分含量在6.0%~8.0%。焦炭塔温度升高,焦炭VCM降低,硬度增大,但会造成除焦困难,影响焦炭塔的操作周期。炉出口温度过高还会使加热炉炉管和转油线的结焦倾向增大。加工含酸原油和高沥青质原料时,由于其沥青质含量较高,操作温度不能过高,否则炉管容易结焦,同时焦炭塔容易生成弹丸焦。如果焦炭塔温度过低,则可能是焦化反应不完全,并生成软焦或沥青。文献[45]报道了在加工辽河稠油时反应温度变化对焦炭形态的影响(表9-2-8)。

表9-2-8 加工辽河稠油时反应温度变化对焦炭形态影响

炉出口温度/℃	生焦情况
503	生成直径5~50mm的弹丸焦
501	生成直径5~10mm的弹丸焦
498	生成直径5mm左右的弹丸焦,且黏结成块,但焦炭塔塔口附近有黏油生成
<498	弹丸焦数量有降低,但黏油数量增加较多

注:加工量118t/d,反应压力0.165MPa,循环比0.55。

2. 焦炭塔顶压力

焦化塔顶的操作压力对产品的分布有一定的影响。操作温度和循环比固定后,提高操作压力将使焦炭塔内油气物料在塔内停留时间延长,增加了二次裂化反应的机会,从而使C_5以上的液体产品产率下降,气体产率略有增加,并使焦炭的产率上升,挥发分增加。延迟焦化设计趋势是降低操作压力,目的是提高液体产品的收率,焦炭塔压力每降低0.05MPa,液体产品体积收率平均增加1.3%,焦炭产率下降1.0%。特别是生产燃料焦的装置,为了取得最大的馏分油收率,应采取低压操作方案。我国焦炭塔的操作压力在0.15~0.20MPa。以前,典型焦炭塔的设计压力为0.35MPa左右,新设计的焦化装置操作压力为0.10MPa。文献[18]报道了在加工辽河稠油时焦炭塔顶压力变化对焦炭形态和液收的影响(表9-2-9)。

表9-2-9 焦炭塔顶压力变化对焦炭形态和液收的影响

压力/MPa	生焦情况与液体产品收率
0.13~0.15	易生成弹丸焦,总液体产品收率66%
0.15~0.17	对弹丸焦有明显的抑止作用,总液体产品收率65%
>0.17	基本上不生成弹丸焦,总液体产品收率64%

注:加工量118t/d,反应温度500℃,循环比0.55。

3. 循环比

延迟焦化的循环比对装置处理能力、产品性质及其分布都有重要影响。为了提高液体收率,降低单位投资和操作费用等,延迟焦化工艺总的趋向是降低循环比,尤其是国外新建的延迟焦化装置,循环比已降到0.05~0。目前国内的多数延迟焦化装置,由于炼油厂总加工流程限制和产品分布要求,循环比在0.3~0.2。这样可增加焦化汽柴油收率,适当提高焦化蜡油收率,减少焦炭产率。

但从另一方面来看,循环比降低后,蜡油的抽出量增加,因其干点、残炭和金属含量也随着都增加，这些会影响焦化蜡油的后加工装置的运行。循环比降低后，焦化加热炉辐射进料性质的密度增加，康氏残炭增加，沥青质增加，会使炉管内结焦速率上升。当循环比小于 0.15 时，主分馏塔下部换热段温度可能升至 390℃ 以上，严重时会造成塔下部结焦，进而可能影响装置的操作周期。由此可知，对老装置来说，除非在工艺过程和设备结构上进行改进，否则降低焦化循环比是有限度的。所以要在全面分析的基础上合理选择焦化循环比。

在工业生产中，有些场合则需要增加循环比：如提高焦化汽油和柴油的收率；改善焦炭质量，尤其是针状焦和电极焦的质量；保护下游加氢精制装置或加氢裂化装置的催化剂，防止结焦过快和重金属中毒；避免弹丸焦的生成；减缓加热炉炉管结焦等。当延迟焦化加工稠油时，为避免和防止弹丸焦的生成，更需要在较高的循环比下操作。表 9-2-10 是焦化装置在加工重质原料油时循环比的变化对装置处理量和产品收率的影响[46]。

表 9-2-10 循环比对焦化装置处理量和产品收率的影响

项 目	1	2	3	4
循环比/%	0	10	20	35
日加工量/t	3820	3680	3600	3460
干气/%	5.76	5.87	5.97	6.30
汽油/%	7.28	7.23	7.28	7.23
柴油/%	33.25	33.42	33.83	34.05
轻蜡油/%	23.04	22.01	21.67	21.39
重蜡油/%	7.54	6.79	6.22	5.72
焦炭/%	23.14	24.67	25.03	25.32
轻收/%	40.53	40.65	41.11	41.28
液收/%	71.10	69.46	69.00	68.38

4. 焦化工艺参数的优化

焦化工艺参数优化过程必须要在充分考虑到原料性质、产品规格和产品分布要求的前提下进行，同时还要考虑到对现有装置加工能力、操作成本、能耗和安全生产等影响。绝大多数焦化装置，希望得到最大的液体收率和最小的焦炭收率，国内有些焦化装置情况比较特殊，要求多产焦化汽油、柴油，少产焦化蜡油，所以焦化工艺条件优化一定要结合实际，从各厂的实际出发来选择最佳的操作条件。

由于操作压力在装置设计时已基本确定，因此优化的余地很有限，炉出口温度的允许变化范围也是很有限的。因此，循环比就成为焦化装置工艺参数优化的主要内容。

20 世纪 90 年代中期以来，国外大部分新建、改建的延迟焦化装置加工高密度、高硫、高金属重质原油的减压渣油，目标是最大量生产液体产品，燃料级焦炭要最小化。所以，普遍采用在低压(0.105MPa)下的超低循环比(循环比为 0.05)或者"零循环比"设计。目前，国内延迟焦化的循环比普遍高于国外，一般在 0.15 以上，有的装置甚至达到 0.40 以上。国内老装置必须经过技术改造后才能实施低循环比方案，主要改造内容包括分馏塔下部结构、分馏塔蒸发段以上各回流取热负荷的分配和焦化加热炉改造等。

除工程上要考虑加热炉、分馏塔等主要设备和工艺流程的合理设计外，必须同时考虑焦化蜡油收率提高和轻质产品收率减少以及焦化蜡油质量特别差等问题。采用"零循环比"操作是将焦炭塔顶转油线中冷却下来的油均作为焦化蜡油及更轻产品取走。有些炼油厂按"改进的零循环比"(即超低循环比)操作，即分馏塔不打洗涤油，焦炭塔顶转油线注入很少量急冷油，使循环比为 0.01~0.02。这种操作的"诀窍"是塔顶管线中保持最少量的液体油，否则就会结焦。

虽然零循环比操作的焦化蜡油收率是高了，但是它的质量很差。因此，延迟焦化决定是否采用零循环比或超低循环比，不仅仅是一个技术问题，而是需要根据炼油厂实际情况，进行全面考虑后才能做出合理的决策。一般认为，当生产中可以把特重的焦化蜡油切割出来作为燃料油的调和组分或其他物料使用时，采用零循环比才较为有利。

5. 生焦周期

延迟焦化是较灵活的工艺技术，缩短生焦周期，可以增加装置处理量。国外新建焦化装置操作周期通常为 18h 生焦的生焦周期，有的甚至 12h。现在国内的多数焦化装置由 24h 生焦周期缩短为 20 或 18h，不需改造或仅需很小改动工作量，即可增加装置 20%~25% 的处理量。生焦时间由 24h 缩短到 18h 时，焦炭塔的处理能力提高了，但焦炭塔骤冷、热频率增加，将在一定程度上缩短焦炭塔设备使用寿命。除此之外，实施缩短生焦周期前还应根据装置其他设备的设计能力，如加热炉、焦炭塔、分馏塔和压缩机等，在全面核算装置的综合能力后，才能确定采用适合本装置的生焦周期。

（六）延迟焦化技术新进展

1. 装置大型化

装置大型化可提高资产和资源利用率，降低固定资产的投资和生产操作费用，达到节能降耗提高装置的综合经济效益。表 9-2-11 列出了规模 1600kt/a 的延迟焦化采用一炉两塔方案和两炉四塔方案的经济效益比较。从比较结果可以看到，大型化后的一炉两塔方案的建设投资，比两炉四塔方案的投资节约 1723 万元。每天的燃料消耗减少 2.5t 标油，折合节约操作费用 100 万元/a。

表 9-2-11 延迟焦化装置大型化的经济效益对比表

项　　目	焦炭塔规格	
	一炉两塔	两炉四塔
焦炭塔直径/mm	φ9400×26000（切）×42/40/38/36/32/(24+3)/(22+3)	φ6800×26000（切）×36/32/30/28/26/(18+3)/(16+3)
焦炭塔总重/t	630	704
工程投资/万元		
焦炭塔投资	2047.52	2318.96
吹汽放空系统投资	370.46	278.77
其他静置设备及安装工程	3908.07	3885.6
机械设备及安装工程	4389.99	4695.75
工业炉安装工程	2210.37	2641.02
电气设备及安装工程	1435.57	1536.48
电信设备及安装工程	76.10	86.91
自控设备及安装工程	1567.10	1804.99
工艺管道及安装工程	3171.66	3486.93
构筑物工程	2486.58	2651.63
投资增加/万元		1723.62
操作耗费		
焦炭塔吹汽耗蒸汽/(t/d)	62.5	75

续表

项目	焦炭塔规格	
	一炉两塔	两炉四塔
焦炭塔试密消耗蒸汽/(t/d)	5.0	6.8
焦炭塔升温耗油气热量/(kg标油/d)	945	1056
高压水泵耗电/(kW/d)	16000	18880
水力除焦系统耗电/(kW/d)	126	228
甩油量/(t/d)	72	81.6
甩油回炼能耗/(kg标油/d)	1440	1958
总计(折合)/(kg标油/d)	11408	13907
折算能耗/(kg标油/t进料)	2.38	2.90
能耗增加/(kg标油/t进料)	基准	+0.52
单价/(元/kg标油)	1.2	1.2
操作费用/(万元/a)	457	557
操作费用增加/(万元/a)		100

国外的延迟焦化装置加工能力一般为 2.0~6.0Mt/a，目前最大的延迟焦化装置已达到 8.0Mt/a。要实现延迟焦化装置的大型化，首先要实现其核心设备焦炭塔的大型化。因此必须考虑焦炭塔的材质、制造、运输和吊装等多方面的因素。此外焦炭塔的直径越大，与其匹配的高压水泵出口压力也就越大，见下表9-2-12。这两个大型设备也标志着一个国家的设备制造能力和水平。

表 9-2-12 焦炭塔直径与高压水泵压力的关系

塔直径/mm	高压水泵压力/MPa	塔直径/mm	高压水泵压力/MPa
φ8400	28.5	φ9400	31.0
φ8800	30.0	φ9800	34.1
φ9000	30.0		

规模为1000kt/a的延迟焦化装置的焦炭塔直径一般在φ8400mm左右，配套的高压水泵的压力在30.0MPa左右。据资料介绍，目前世界上最大的焦炭塔在加拿大的Sumcor油砂沥青加工厂，直径为12.2m，高30m。世界上最大的延迟焦化装置在印度信任石油公司，总能力6700kt/a，有8个直径φ8.84m的焦炭塔。我国最大的延迟焦化装置是中国海油惠州炼油厂，4200kt/a，2炉4塔，其焦炭塔为φ9.8m×23.9m（切线）。

2. 新型加热炉

2000年之前国内建设的延迟焦化加热炉多为单面辐射卧管立式炉（图9-2-6）。单面辐射炉的炉管靠炉墙布置，燃烧器位于炉膛中间，火焰及热烟气对炉管呈单面辐射传热方式。单面辐射容易导致炉管周向不均匀系数增大，受热不均。

20世纪90年代中国石化上海石化分公司引进一套能满足装置处理能力为1000kt/a的4管程双面辐射箱式炉，双面辐射炉（图9-2-7）的炉管布置在炉膛中间，管排两侧布置燃烧器，火焰及热烟气对炉管呈双面辐射传热方式，并配备了在线清焦技术。与常规单面辐射焦化炉相比，双面辐射焦化炉在操作周期及操作费用等方面有着显著的技术和经济优势。

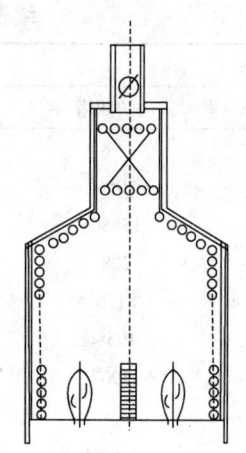
图9-2-6 单面辐射炉示意图

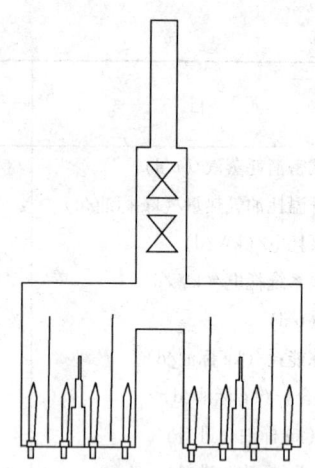
图9-2-7 双室四管程双面辐射箱式炉示意图

2008年中国海油惠州石化公司,引进Foster Wheeler工艺包,建成了国内最大规模阶梯式双面辐射焦化炉(图9-2-8),相较于箱式双面焦化炉,阶梯式双面辐射焦化炉的传热得到了进一步强化。

为提升延迟焦化加热炉的优化设计水平和自主开发能力,使之满足延迟焦化装置大型化、高苛刻度操作以及降低炉管结焦速率、延长操作周期和延迟焦化工艺技术发展创造的条件,中国石化委托中国石化工程建设公司、中国石油大学(华东)和中国石化济南分公司,以济南分公司二加氢联合装置1200kt/a延迟焦化装置完善改造中新建延迟焦化加热炉为依托,开展了"大型新型双面辐射焦化炉工程设计技术"专项攻关,设计新型附墙燃烧双面辐射立式炉(如图9-2-9所示)。新炉型的实际单程处理量达到480kt/a,其他各项性能指标已接近国际先进水平,与国际FOSTER WHEELER工程技术相当。

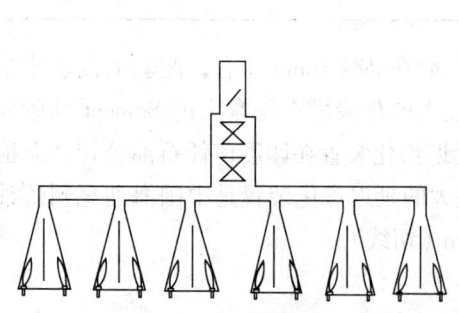
图9-2-8 阶梯式双面辐射炉示意图

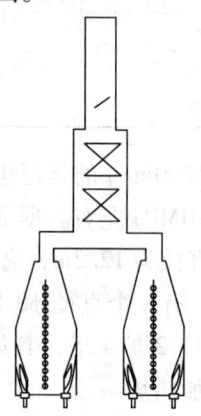
图9-2-9 新型附墙燃烧双面辐射立式炉

3. 加热炉炉管多点注汽防止结焦技术

向焦化炉管内注水(或注汽)可增加管内介质流速,降低停留时间,尤其是可降低介质裂解温度以上段停留时间。与单点注汽相比,采用多点注汽的优势主要表现在以下几个方面:

(1)采用多点注汽,便于分段调节注汽量。由于注汽量相对减少,使管内油品气相中烃分压增加,缓和了液相油品的特性因数沿炉管加热升温而变小的趋势,这种现象有利于减缓油膜层生焦速率。

(2) 裂化反应阶段注汽可降低裂化产物分压,促使重组分进一步裂化。在缩合反应阶段用于提高冷油流速,以利于焦垢的脱离,减缓结焦。

(3) 在管内介质易结焦部位注汽,提高该部位流速,使管内形成理想的流型,从而可降低油膜厚度和温度,使生焦和脱焦达到平衡,降低生焦速率。

(4) 在同等注汽量下,多点注汽的介质流经炉管的压力降小,从而可以降低炉入口压力,也就降低了加热炉进料泵的轴功率。

总之,多点注汽的可以使管内形成理想的流型,降低油膜厚度,提高流速,减缓结焦。但注汽点位置选择及注汽量的大小必须采用专业软件经多次优化核算后确定,这样才能保证注汽的效果。

4. 加热炉炉管在线清焦技术

在线清焦的英文名称为 on-line-spalling。在线清焦有两种不同操作方法,恒温法和变温法。

恒温法多用于清除软焦,利用水煤气反应原理清焦。管壁温度达到630℃的时间少于3个月,且管壁温度从未超过650℃,建议采用恒温法清焦。实施操作时,将大量蒸汽通入需清焦的管程,升温至管壁温度应尽可能接近649℃,并在在整个操作过程中维持该温度,但不得超过这个温度。在该温度下,水蒸气与焦炭反应生成 $H_2 + CO$,生成的水煤气排入焦炭塔,达到清除管内焦炭的目的。

变温法多用于清除硬焦,利用变温过程中金属与焦炭膨胀收缩系数不同剥离焦层。管壁温度达到630℃的时间超过3个月,或管壁温度超过650℃,建议采用变温法清焦。实施操作时,将大量蒸汽通入需清焦的管程,升温至蒸汽出口温度达到590~621℃,并严格监控在整个操作过程中管壁温度不得超过705℃。在高温段恒温后,熄灭主火嘴并加大蒸汽量,使蒸汽出口温度降至450℃左右。炉管壁温温度急剧下降剥离焦层。蒸汽将剥离下来的焦块携带至焦炭塔。重复3~4次升降温过程,完成在线清焦操作。在线清焦操作一般在焦炭塔切换3~5h后进行,根据焦炭塔液位确定切换焦化原料的时机。

实施在线清焦操作时,特别是变温法,需要在短时间内不断改变操作参数,改变加热炉操作状态,其技术难度大,对操作人员的素质要求较高。在线清焦操作中,管内焦层剥落后随蒸汽进入焦炭塔,操作对环境没有附加影响。被剥离焦块的尺寸不宜过大,否则会引起堵塞,造成停炉。由于管内焦层实际状况难于确定,因此,开始的一、两次变温操作幅度不宜过大。焦层挥发分越少,越干燥,越容易剥落,为此高温段的恒温时间应足够长。在整个过程中,炉管管壁温度均在受控状态,可以有效避免管壁温度超过管材的氧化极限,有效地保护炉管。

在线清焦操作过程中,焦化炉的操作状态较正常操作恶劣。为保证该操作能顺利实施,在焦化炉机械设计方面做了改进。从焦化炉构造上分析单炉膛单管程的结构比较适合采用变温法清焦。这种结构可以最大限度地减少各管程间升降温的干扰。在线清焦操作中由于炉膛、管壁等温度骤变,会出现短时炉管振动现象。振动幅度的大小与管架构造设计有关,待恢复正常操作后,振动现象消失。下支撑的管架能够有效支撑辐射管系,有助于缓解振动。可为配合迅速升降温的特点,辐射室炉衬一般选择蓄热量小的材料,如陶瓷纤维制品。配合迅速升降温，燃烧器的操作弹性要大，能在不同炉膛温度下燃烧稳定，调节便利。在工艺管路上应设有安全可靠的切断阀或阀组，以防止高温焦化原料窜入清焦管程。

5. 加热炉炉管机械清焦技术

英文名称为 PIGGING 或 PIGGING – CLEAN。机械清焦通常由专业公司来现场操作。清焦前将被清焦炉管管程的出入口与清焦工程车的循环水系统连接，然后用安装在工程车上的高压泵打出高压水流，冲动清焦球（PIG）在炉管管道内通过。经过清焦球与炉管的摩擦与冲击，使炉管内壁的焦块脱落。并随循环水流带出炉管。机械清焦特点之一是在常温下操作，其操作的安全性较高，能够彻底清除对流段和辐射段的焦层。而且对焦化炉机械设计没有特殊要求，即使对流辐射管管径不同也可实施机械清焦操作。该技术现在已为国内多家焦化装置的加热炉进行了清焦，收到了很好的效果。图 9 – 2 – 10 是加热炉炉管机械清焦的示意图，图 9 – 2 – 11 是清焦所用的清焦球[48]。

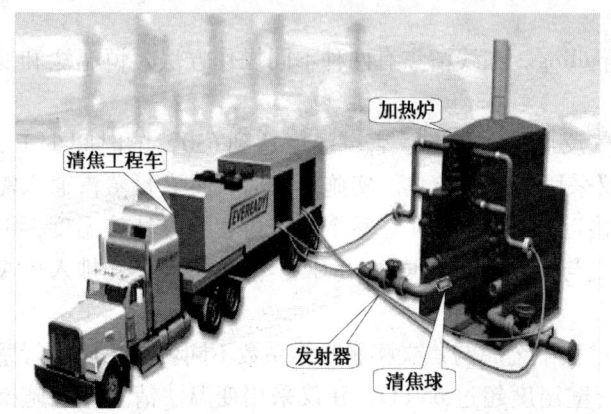
图 9 – 2 – 10　加热炉炉管机械清焦的示意图

图 9 – 2 – 11　清焦球

加热炉炉管的几种清焦方式的优缺点比较见表 9 – 2 – 13[49]：

表 9 – 2 – 13　几种清焦方式的对比情况

烧焦方法	优　点	缺　点
空气/蒸汽烧焦	1) 能够清除炉管内大部分焦； 2) 炉膛及炉管不需要充分降温、冷却 3) 装置操作工凭经验进行，不需要外部的特种技术支持	1) 停炉时间和烧焦成本高，更换弯头及烧焦过程损失增加成本； 2) 排放的废气、污水及焦粒对环境影响大，大多数场合未处理； 3) 有潜在的加热炉炉管被烧坏的危险； 4) 不能清除炉管内沉积的盐垢
在线清焦	1) 加热炉在正常运行，不需切出； 2) 操作可以及时进行，清焦效果可以及时反馈； 3) 焦炭全部进入焦炭塔； 4) 没有环境污染	1) 炉管内可能有焦炭残留； 2) 炉管扩张、伸缩，可能造成炉管损伤； 3) 可能造成炉管的 U 形弯头冲蚀； 4) 焦炭可能堵塞炉管
机械清焦	1) 炉管处理干净，管内焦炭能够全部去除； 2) 与空气清焦方法相比没有对大气的污染； 3) 清焦球不会划伤加热炉炉管； 4) 清焦速度比蒸汽清焦速度快； 5) 需清焦人员完成，操作工作配合	1) 加热炉需要冷却降温； 2) 需处理大量脏水； 3) 加热炉需要停工 1～3d； 4) 需要专门的机械除焦服务公司及其设备，成本略高

6. 焦炭塔顶盖机和底盖机

随着延迟焦化装置的大型化和自动化的技术进步要求，相应的配套设备也应运而生，焦炭塔顶和塔底的全自动顶盖机和底盖机便是其中之一。

国内开发的第一台焦炭塔顶盖自动装卸机于 2003 年在中国石油吉林化工公司的延迟焦化装置成功投用。开盖和关盖的时间分别为 2.5min 和 1.5min。目前，顶盖机已在全国延迟焦化装置上普遍应用。

国内外开发的自动底盖机可以分为两类：一类是敞口式自动底盖机，采用法兰密封技术，该类型底盖机一般都是用机械方法代替手动装卸底盖过程。另一类是以采用阀门密封技术的闸板式底盖机为代表的闭口式自动底盖机。

采用法兰密封技术的敞口式自动底盖机代表厂家有哈恩凯利和福斯特·威勒公司自动底盖机和国内洛阳涧光石化设备厂的液压自动底盖机。但随着新的采用阀门密封技术闭口式自动底盖机的开发成功，敞口式自动底盖机将逐步退出市场。

采用阀门密封技术的闭口式自动底盖机由美国 Delta 公司开发并于 2001 年首先在 Chevron Texaco 公司的 Salt lake 炼油厂工业化应用，此后得到迅速推广应用。该底盖机类似于一台高温平板闸阀门，是一种全自动化的密闭式底盖系统，它不仅具备装卸底盖功能，而且可以合并冷焦、放水和切焦过程(用切焦水喷淋冷却冷焦水，并将冷焦水放至焦池水面以下)，可以将冷焦、放水和切焦时间缩短 3.0~5.0h。除美国 Delta Valve 公司以外，德国的 Z&J 公司也已生产相似的自动底盖机，我国中海油的惠州炼油厂就使用该公司的四台底盖机。

国内的洛阳涧光石化设备公司、兰州石油化工机械厂和荆门炼化机械有限公司也都先后分别开发成功阀门密封技术的焦炭塔塔底自动底盖机(闸板式)，它们的功能达到了国外同类自动底盖机的水平。襄樊航生设备公司开发的自动底盖机因其形状颇似扇形，也叫扇形阀，亦已在国内沧州炼油厂的焦化装置上成功应用。焦炭塔塔底自动底盖机可从根本上解决人工拆卸焦炭塔底盖的重体力劳动，更为提高延迟焦化的处理量、保障装置的安全运行起到十分重要的作用。目前国产的焦炭塔底自动底盖机已在一些炼厂的延迟焦化装置上应用。

焦炭塔底自动底盖机不仅减少了延迟焦化生产过程的复杂程度，保证了操作人员的人身安全，而且还简化了焦炭塔进料方式，不再需要双进料线和底盖车和除焦筒，焦化的水溢流、放水和除焦过程也发生较大的变化，可以将耗时 30min 的装底盖和 30min 卸底盖的环节缩短为 2~3min 的底盖开启或关闭过程。对缩短焦炭出焦时间，降低工人劳动强度，提高装置处理能力都具有十分重要的作用。但有关部对国内 12 家企业的 43 台法兰密封型顶盖机、22 台法兰密封型底盖机和 7 台平板式阀门底盖机进行了调研，统计出顶盖机和底盖机发生过一些故障，主要发生在机械、控制和液压的部分。分析表明法兰密封型的自动顶盖机和底盖机故障模式多，底盖机的故障频率高于顶盖机。原因有两方面，一方面是企业对顶盖机和底盖机的维护水平不高，另一方面是设备本身也存在一些问题[47]。

7. 零循环比和超低循环比

(1) Foster Wheeler 的 SYDEC(Selective Yield Delayed Coking)技术[36] 该技术的特点是可在低压(0.103MPa)和超低循环比(0.05)条件下按最大液体收率方案操作。同时为了进一步提高液体产品收率，可实施零循环比操作，如图 9-2-12 所示，所有急冷油和洗涤油作为重焦化瓦斯油另行处理,不作为循环油返回加热炉。在其他工况相同的条件下,低循环比(0.10)、超低循环比(0.05)和零循环比操作的产品收率比较见表9-2-14。

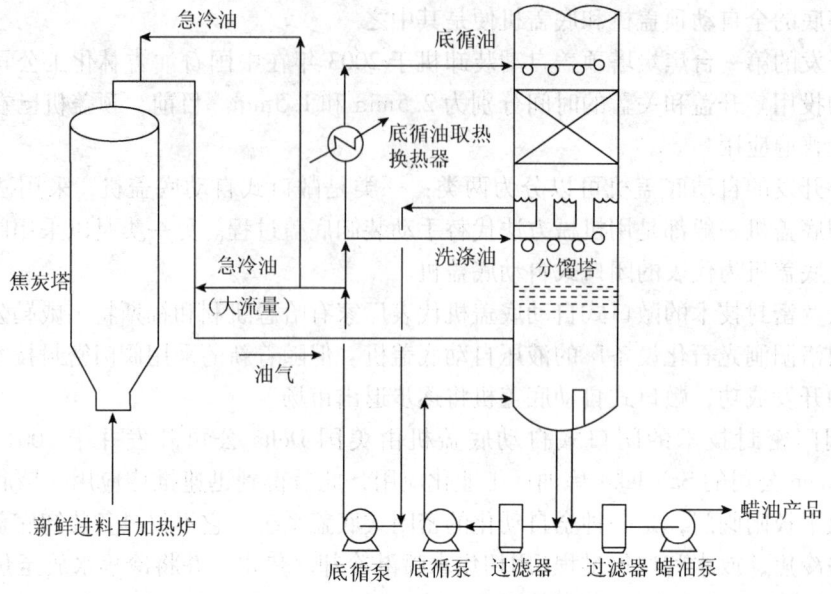

图 9-2-12 SYDEC 工艺流程简图

表 9-2-14 低循环比(0.10)、超低循环比(0.05)和零循环比操作的收率比较

项　目	低循环比操作	超低循环比操作	零循环比操作
循环比	0.10	0.05	0
干气收率(体)/%	5.59	5.24	5.22
液化气收率(体)/%	8.79	8.34	8.11
总液体收率(体)/%	72.20	73.78	74.67
焦炭产率(体)/%	30.04	28.69	27.55

(2) ConocoPhillips 公司的 ThruPlus 的零循环比技术[38]　ConocoPhillips 的零循环比流程如图 9-2-13 所示。它是通过分馏塔下部特殊的内构件设计来实现零循环比操作的,同时也可根据原料的不同性质,对产品的不同要求和加热炉管内不同部位的结焦状况,采用不同计量和不同的馏分油的选择性循环。

(3) 中国石化洛阳石化工程公司的可调循环比技术[40,41]　中国石化洛阳石化工程公司开发的"可灵活调节循环比"的工艺流程(图 9-2-14),已在国内许多延迟焦化装置上应用。它在分馏塔中增加了循环油抽出设施,抽出后一路作为分馏塔上部回流控制分馏塔蒸发段温度,一路作为分馏塔下部回流控制分馏塔底温度,一路作为重油出装置,一路作为循环油,用于调节装置循环比,循环比的调节直接采用循环油与减压渣油混合的量来控制,反应油气热量采用循环油中段回流方式取走,减压渣油不再进分馏塔与反应油气在塔内直接换热。这样,不但循环比可以灵活调节,而且可以大大降低在较低循环比或零循环比下分馏塔下部的结焦倾向,同时,由于进料的减压渣油不进分馏塔与含有焦粉的反应油气接触,辐射进料泵的焦粉含量可以大幅度减少,因而可以减缓辐射进料泵的磨损,延长辐射进料泵的使用寿命。可调循环比流程具有灵活调节循环比和可以实现超低循环比的特点。

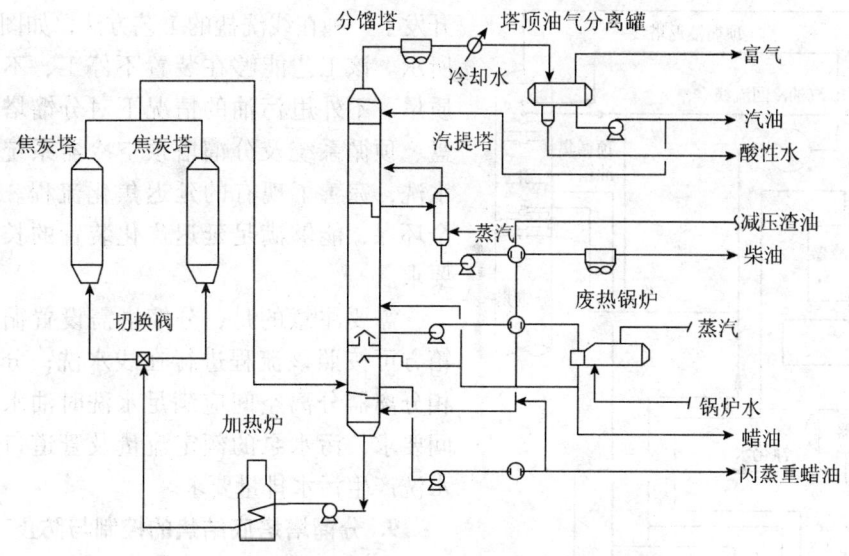

图 9-2-13 ConocoPhillips 的零循环比流程

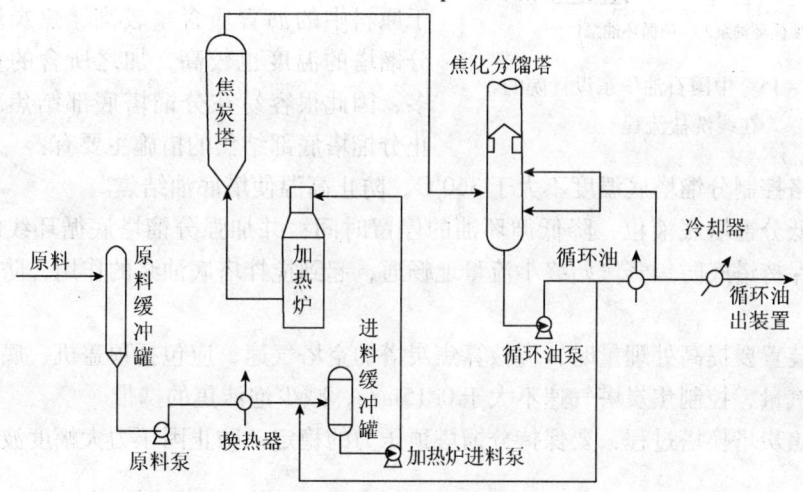

图 9-2-14 中国石化洛阳石化工程公司的可调循环比流程图

8. 分馏塔塔顶结盐与处理

由于焦化装置加工原料除直馏渣油外,还有其他劣质重油、催化裂化油浆、炼油厂轻重污油、污泥等,这些原料一般含有较多 N、S 及无机盐及其他机械杂质。由此造成延迟焦化装置生产过程中在分馏塔顶部及塔顶冷却器等部位结盐(结垢)。塔顶系统结盐的表现为:顶循抽出温度低于塔顶温度;顶循集油箱或集液的受液盘易抽空,顶循泵不上量;在切塔或进分馏塔油气波动时,顶循泵晃量;顶循空冷和塔顶油气冷却系统能力下降,顶循返塔温度逐渐升高,汽油终馏点需要依靠冷回流控制。

当发现分馏塔顶有结盐的现象后,通常采取的结盐处理措施是打水洗塔。国内用的较多是排弃较多含油污水开放式洗盐方式,虽然可以有效地清洗塔顶结盐,缺点是操作时需要降低装置处理量,而且影响装置平稳运行。另外大量的水洗水含油率偏高,直接排往含油污水管网对循环水场产生冲击,也存在安全隐患。

针对目前延迟焦化装置存在分馏塔顶及分馏塔顶空冷器结盐等问题,中国石油华东设计院开发了一种在线洗盐的工艺方法,如图9-2-15所示。该工艺能够在装置不停工、不影响产品质量、不外甩污油的情况下对分馏塔顶顶循塔盘、顶循系统及分馏塔顶空冷器系统进行在线水洗,完善了现有的延迟焦化流程。该方法安全环保,能够满足延迟焦化装置的长周期运行要求。

需要注意的是,分馏塔需设置循环油集油箱方可按照该流程进行在线水洗;分馏塔顶三相分离器分离空间应满足水洗时油水分离的时间要求,污水泵的额定流量及管道口径应满足水洗产生污水排量要求。

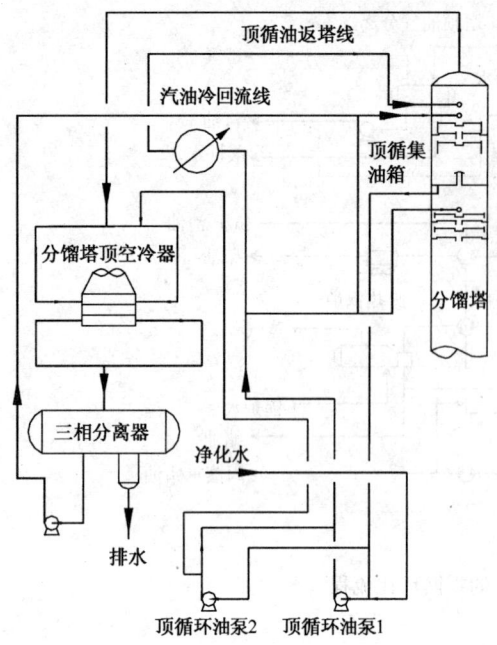

图9-2-15 中国石油华东设计院的在线洗盐流程

9. 分馏塔塔底结焦的控制与防止

延迟焦化在加工含硫含酸重质渣油时,由于原料中的沥青质含量较高,焦炭塔的油气到分馏塔的温度也较高,加之所含的重质组分较多,因此很容易在分馏塔底部结焦。控制和防止分馏塔底部结焦的措施主要有:

(1) 严格控制分馏塔底温度不大于360℃,防止高温使塔底油结焦。

(2) 降低分馏塔底液位,降低循环油的停留时间;并加强分馏塔底循环线的不间断循环、冲洗,保持塔底防焦蒸汽始终小流量地畅通,起到搅拌塔底油浆的作用,防止焦粉沉淀板结。

(3) 当装置要提高处理量时,应核算焦炭塔的空塔气速,应包括顶盖机、底盖机和特阀等的密封蒸汽量,控制焦炭塔气速不大于0.15m/s,减少泡沫焦的携带。

(4) 在焦炭塔换塔过程,要保持分馏塔顶压力的稳定,防止因压力大幅度波动引起泡沫焦的携带。

(5) 加强消泡剂注入管理,包括消泡剂的品种、计量、注入压力和位置,要降低泡沫层高度,尽量降低焦粉的夹带。

10. 清洁化生产措施

随着环境保护法规的严格要求和炼油清洁化生产意识的提高,近些年来延迟焦化工艺有了新的措施。

(1) 密闭放空系统 在大给汽阶段、给水阶段和冷焦水溢流阶段产生的大量蒸汽和油气,过去多数延迟焦化装置直接排空,不仅造成气体和油品的损失,而且产生严重的环境污染,危害职工的身体健康,严重时影响炼油厂的安全生产。近年来对老装置改造的同时,新建装置都已有密闭式吹汽放空系统[50]。

典型的吹汽放空流程如图9-2-16。自处理焦炭塔来的废气(大量蒸汽携带油气)进入吹汽放空塔下部,和来自上部的污油(柴油和蜡油混合物)进行逆向接触、洗涤,吹汽放空塔内部一般设置多层挡板塔盘。塔底重质油通过放空塔底泵抽出经过冷却器冷却至90℃后分为两路,一路返回吹汽放空塔顶部作为洗涤油,另一路污油出装置或作为急冷油进焦炭塔回炼。塔顶气体经过放空塔顶空冷器和后冷器冷却后进放空塔顶油水分离器，进行油、气、水的分离。分出的气体进入火炬系统或进入富气压缩机入口提压后进入轻烃回收部分回收液态烃。塔顶污油和塔底污油混合出装置或作为急冷油进焦炭塔回炼。自分离器分出的污水一般乳化较严重、且含有较高的硫化氢，为含硫污水，进酸性水汽提装置处理。

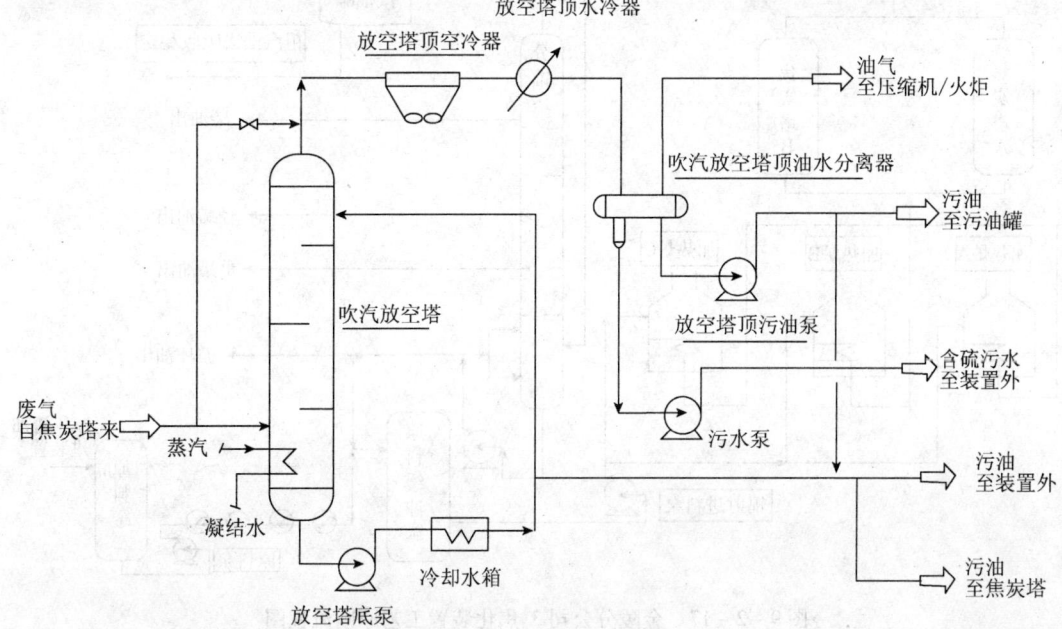

图 9-2-16　典型的吹汽放空流程

自吹汽放空塔顶油水分离器分出的污水一般乳化比较严重（青色或白色），污油含量相对较高，某焦化标定的数据污水含油量为 461mg/L。无法满足达标进酸性水汽提装置的要求（一般为小于 150mg/L）。为了解决此问题，中国石化洛阳石化工程公司采用了改进的密闭放空流程，改进的密闭放空流程主要通过改造接触冷却塔的内部结构来提高塔的分离效果，实现油气中的汽油组分和柴油及更重组分的分离，从而增大分液罐油水密度差，改善了油水分离条件，提高了分离效果。同时再采取外加破乳剂等措施，基本解决接触冷却塔顶污水的乳化问题。该流程正在中国石化洛阳石化分公司 1400kt/a 延迟焦化装置上实施。

（2）冷焦水回用　延迟焦化装置的冷焦水处理在除油、冷却、储存的整个过程都是敞开的。在装置加工高硫劣质原料时，在溢流及放水阶段从焦炭塔自流排出的冷焦水中含有油和硫化物，挥发出来气体恶臭难闻，让人窒息、不但对周围环境的空气污染非常严重，极大的危害到操作人员的身体健康，而且冷焦水的水质很差，其中含有多种有害物质和少量的焦粉，不仅对炼油厂的污水系统会造成冲击，而且会堵塞管道和机泵。近年来普遍采用了冷焦水密闭处理系统，做到了在密闭条件下油、焦、水分离和冷却的同时，对含硫气体进行了有效的处理[51]。

（七）典型的焦化装置介绍
1. 加工含硫渣油的延迟焦化装置——中国石化金陵分公司的 3# 焦化装置

中国石化金陵分公司 3# 延迟焦化装置由洛阳石化工程公司设计，处理能力为 1.60Mt/a，以减压渣油为原料，采用一炉两塔可调节循环比的工艺流程，2004 年底投产后，一直处于满负荷生产状态。2008年12月装置进行了扩能及节能改造,规模达到1.85Mt/a。装置工艺原则流程图如图9-2-17所示。

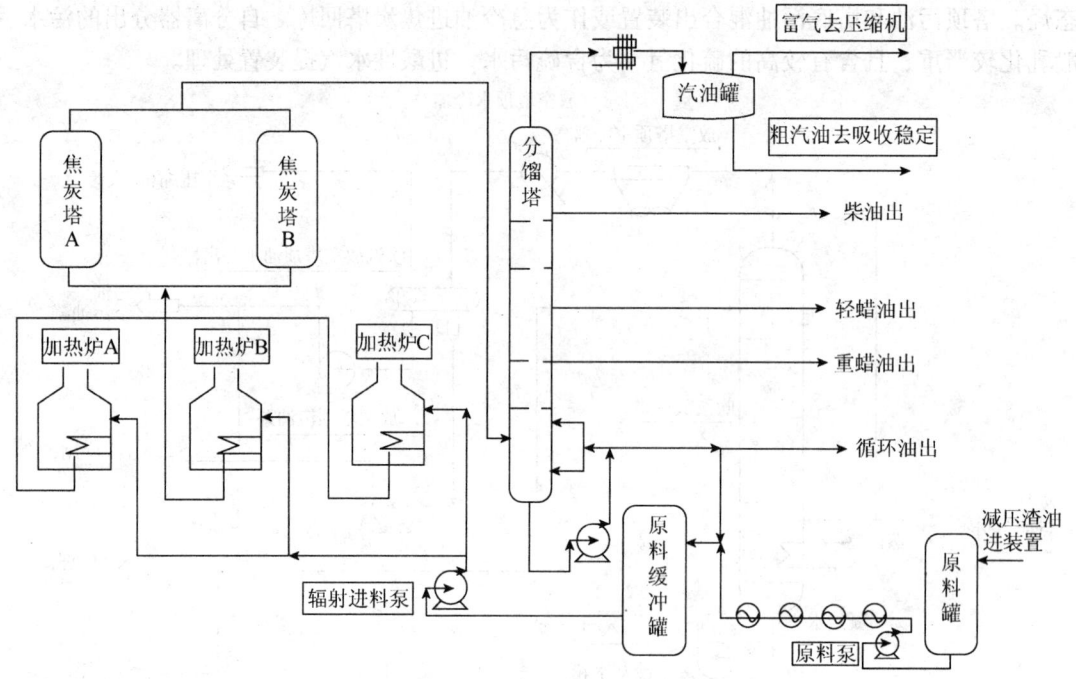

图9-2-17 金陵分公司3#焦化装置工艺原则流程图

装置原料性质如表9-2-15所示。

表9-2-15 金陵分公司3#焦化装置原料减压渣油性质

项目	减压渣油	
	热料	冷料
500℃馏出量/mL	5.85	6.10
密度(20℃)/(g/cm³)	1.020	0.994
康氏残炭/%	19	14.53
运动黏度(100℃)/(mm²/s)	1288.7	931.2

该装置原设计生焦周期为24h,改造后采用20.5h生焦周期,一个循环周期为41h。其中除焦操作时间安排见表9-2-16。

表9-2-16 金陵分公司3#焦化装置除焦操作时间安排

除焦操作	时间/h	除焦操作	时间/h
小吹汽	1.5	放水	2.0
大吹汽	2.0	卸盖、切焦、上盖	3.5
给水	4.0	试压预热	5
溢流	2.5	总计	20.5

(1)加热炉系统 加热炉采用双面辐射结构,分A、B、C三个单元,共用一个供风和排烟系统,每单元的辐射室有2管程,各单元辐射、对流室可单独运行。

焦化加热炉的主要参数见表9-2-17。

表9-2-17 金陵分公司3#焦化装置加热炉的主要参数

介 质 名 称		减渣及循环油	
炉 管 部 位		对流	辐射
总 流 率/(kg/h)		48177×6	
介质温度/℃	入 口	320	360~380
	出 口	360~380	500
压力 MPa(绝)	入 口	1.6~1.8	1.5~1.7
	出 口	1.5~1.7	0.4~0.5
压 力 降/MPa		1.3~1.6	
热负荷/kW		10117	46834
总热负荷/kW		57336	
排烟温度/℃		~420	750~780
		出空气预热器排烟温度120℃	
炉管平均表面热强度/(kW/m²)		45~46	35.7~37.6
介质质量流速/[kg/(m²·s)]		1808	1500~1820
回收方式		扰流子预热段热管式空气预热器	
回收余热/kW		8617	
加热炉计算燃料效率/%		92	

① 热辐射均匀，传热效率高。双面辐射炉强化了底部传热，平均热强度增大，提高了炉子辐射室的传热效率；余热回收系统由扰流子空气预热器与热管式空气预热器的串联组成，提高了余热利用率。加热燃料炉效率达到了92%的较高水平。

燃烧器的安装方向使火焰向火墙适当倾斜，贴墙燃烧使得热强度下移，减少火焰扑管的概率，炉管表面热强度均匀，明显改善了炉管表面局部过热现象，减少了炉管管内结焦的倾向，延长了加热炉的操作周期。

② 在线机械清焦。该双面辐射炉中工艺介质分6管程进入A、B、C三个辐射炉加热，各单元的辐射室和对流室均可单独运行。此种设计能够在装置不停工的情况下，将任一单元的工艺介质切断，用水力机械进行在线清焦。在线机械清焦的实践结果表明，清焦后辐射炉管管壁温度平均降低40~50℃，效果非常明显。

（2）焦炭塔系统 该装置的焦炭塔直径9.4m，单塔容积超过了1500m³，设备的大型化带来了非常可观的规模效率。装置的4台焦炭塔，全部使用了洛阳涧光公司生产的全自动顶盖机和底盖机。多年的运行表明该机运行可靠，在装置的安全、稳定、长周期和满负荷生产中发挥了重要作用。

（3）分馏系统 该装置采用可调节循环比工艺流程，可根据原料性质变化、产品收率要求及装置运行状况，灵活调节循环比。本装置设计循环比为0.25，实际运行中循环比在0.17左右调节。实际生产中当渣油加工任务较重时，降低循环比提高装置处理量；渣油加工量不大时，则提高循环比多产轻质油品，改善蜡油质量；从而实现了装置加工量和产品分布的最佳组合，使效益达到最大化。

该装置通过对分馏塔换热流程的优化改造，使得中段以下的中高温位段取热在分馏侧线总取热量中所占比例达到58%，比一般装置的该比例(50%)高出8~10个百分点。既充分利用了高温位热源与原料的换热以节约燃料，同时也提高了装置对原料温度和加工方案变化的适应性和操作弹性。图9-2-18是根据实际运行数据，利用AspenPlus计算得出的分馏塔各侧线取热分布图。

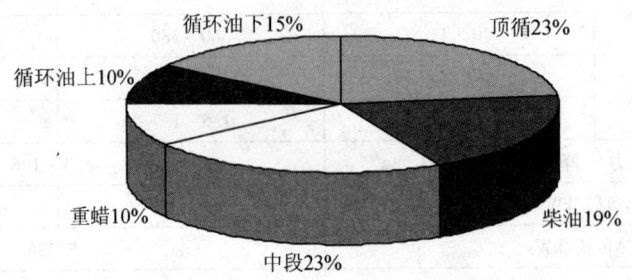

图9-2-18　金陵分公司3#焦化装置分馏塔各侧线取热量分布图

装置主要操作条件见表9-2-18，装置物料平衡见表9-2-19。

表9-2-18　金陵分公司3#焦化装置主要操作条件

项　目	设计	实际操作	项　目	设计	实际操作
分支辐射炉管流量/(m³/h)	43	47.5	分馏塔蒸发段温度/℃		383
循环比	0.25	0.17	焦炭塔顶压力/MPa	0.2	0.18
加热炉辐射出口温度/℃	497	499	原料进装置温度/℃	150	145
加热炉炉膛平均温度/℃		734	吸收塔顶温度/℃	38	32
加热炉炉管表面最高温度/℃	650	590	解析塔底温度/℃	149	145
加热炉排烟温度/℃		115	再吸收塔顶压力/MPa	0.85	1.1
分馏塔顶压力/MPa	0.13	0.14	稳定塔顶温度/℃	58	56
加热炉进料温度/℃	317	323	稳定塔顶压力/MPa	1.07	1.05
分馏塔顶温度/℃	105	125			

表9-2-19　金陵分公司3#焦化装置物料平衡

项　目	t/d	收率/%	项　目	t/d	收率/%
入：总进料①	5597		柴　油	1841	32.89
热渣	4622		轻蜡油	292	5.22
冷渣	975		重蜡油	394	7.04
出：干气	361	6.45	甩油	55.97	1.00
液态烃	116	2.07	焦炭量	1518	27.12
汽油	1002	17.90	损失	16.79	0.30

① 原料密度(20℃)：1.015(g/cm³)；残炭18.2%。

2. 加工含酸渣油的延迟焦化装置——中国海油惠州炼油分公司的焦化装置[52,53]

中国海油惠州炼油分公司延迟焦化装置，由中国石化工程建设公司设计，美国FW公司提供工艺包。该装置设计规模为4.2Mt/a，设计原料为渤海PL19-3含酸原油的减压渣油，采用"两炉四塔"的工艺路线。图9-2-19是该装置的工艺原则流程图。

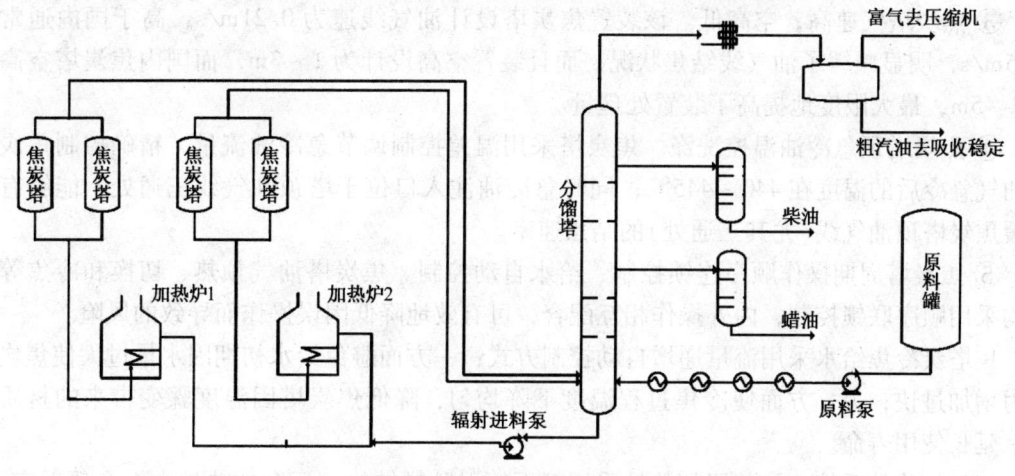

图9-2-19 中国海油惠州分公司的焦化装置工艺原则流程图

表9-2-20列出了该装置的原料性质。

表9-2-20 中国海油惠州分公司焦化装置原料减压渣油性质

项 目	545℃+减压渣油	项 目	545℃+减压渣油
密度(20℃)/(g/cm³)	0.9831	Na/(μg/g)	10.0(最大)
S/%	0.46	Fe/(μg/g)	46.23
酸值/(mgKOH/g)	1.1	Cu/(μg/g)	1.58
N/%	0.85	Ca/(μg/g)	12.8
康氏残炭/%	16.23	Mg/(μg/g)	18.03
沥青质/%	1.2	Pb/(μg/g)	0.02
饱和烃/%	18.4	凝点/℃	42
芳烃/%	35.1	闪点/℃	>330
胶质/%	45.3	运动黏度(100℃)/(mm²/s)	1946.4
Ni/(μg/g)	78.93	运动黏度(80℃)/(mm²/s)	8325.8
V/(μg/g)	2.77		

该装置的设计生焦周期为18h,一个循环周期为36h。其中除焦操作时间安排如表9-2-21所示。

表9-2-21 中国海油惠州分公司焦化装置的除焦操作时间安排

除焦操作	时间/h	除焦操作	时间/h
小吹汽	0.5	切焦	5
大吹汽	1	上盖、试压	0.75
给水	5.5	预热	3.5
放水	1.5	总计	18
卸盖	0.25		

(1) 焦炭塔系统:

① 焦炭塔操作压力低。该装置焦炭塔设计操作压力为0.15MPa,与通常0.18MPa的操作压力相比,能够提高液收1.3%。

② 焦炭塔进料反应温度高。该装置加热炉出口温度在510℃,比国内多数焦化的炉出口

温度提高了近10℃以上,有效提高了液收。

③ 焦炭塔气速高,空高低。该装置焦炭塔设计油气线速为0.21m/s,高于国内通常的0.15m/s,明显减缓了油气线结焦状况;而且装置空高设计为1~3m,而国内焦炭塔空高一般3~5m,最大限度地提高了装置处理量。

④ 焦炭塔顶急冷油温控洗涤。焦炭塔采用温差控制调节急冷油流量,精确控制焦炭塔顶油气急冷后的温度在440~445℃;同时急冷油注入口位于塔顶油气线三通处,能够有效延缓焦炭塔顶油气线(尤其三通处)的结焦速率。

⑤ 焦炭塔周期操作顺序连锁控制、给水自动控制。焦炭塔油气预热、切换和冷焦等操作均采用顺序联锁控制,内外操作相互配合,可有效地降低因误操作而导致的风险。

焦塔炭冷焦给水采用流量递增自动控制方式:一方面避免给水初期因水量过大使焦炭塔压力增加过快;另一方面使冷焦过程温度下降均匀,降低焦炭塔因温度骤变带来的材质疲劳,延长使用寿命。

(2) 加热炉系统 该装置加热炉采用双面辐射阶梯结构,每台加热炉由6个辐射室、1个对流室组成。

焦化加热炉的主要设计参数见表9-2-22。

表9-2-22 中国海油惠州炼油分公司焦化装置加热炉的主要设计参数

项 目	操作参数	设计参数	项 目	操作参数	设计参数
焦化油流量/(kg/h)	322905	322905	出口压力/MPa	0.558	0.558
冷油流速/(m/s)	1.8	1.8	气化率/%	35.5	38.7
对流入口温度/℃	317	303	总热负荷/MW	64.95	71.54
对流入口压力/MPa	2.97	2.97	最大允许辐射热强度/(kW/m^2)	42587	42587
注水流量/(kg/h)	4244	4244	热效率/%	≥90	≥90
出口温度/℃	510	521			

① 热辐射均匀,传热效率高。与国内单面、双面辐射炉相比,该双面辐射阶梯炉平均热强度大,有利于提高炉子辐射室的传热效率;炉管表面热强度均匀,明显改善了炉管表面局部过热现象,减少了炉管内结焦倾向,延长加热炉的操作周期。

此外,增大了近出口高温易结焦管段的管间距,显著降低了该部位炉管表面热强度的峰值,有效地延缓了结焦,从而提高炉管的使用寿命。

② 实现在线清焦 工艺介质分6管程经对流室进入辐射炉膛,每管程辐射盘管均设置在单独的辐射炉膛内。此种设计能够在装置不停车的情况下,将某一管程的工艺介质切断,只保留注水,通过变温操作,利用热胀冷缩将炉管壁上的焦炭剥离,实现在线清焦。在线清焦的实践表明,辐射炉管局部管壁温度降低14%,效果非常明显。此外,炉管一端采用可拆的铸造回弯头连接,结焦严重时可以停工将堵头打开,进行机械清焦。

(3) 分馏系统:

① 分馏塔蜡油回流量大,强化焦粉洗涤效果。该装置分馏塔下部布置5层人字换热挡板,提高蜡油上回流量至1100~1200t/h,下回流量至280t/h,在加强油气换热的同时也提高了对焦炭塔油气携带的焦粉的洗涤效果。

② 分馏塔底设扰动布油管。分馏塔底设环状扰动布油管,塔底循环油入塔通过环管,从环管上的内开孔流出呈"漩涡"状,加大了塔底油的扰动,降低了塔底焦粉沉积的几率。

(4) 装置开车　由于设计理念的不同,该装置与国内其他装置相比,其开工存在如下特点:

① 装置无开工蒸汽往复泵,加热炉出口通过焦炭塔开工线直接去分馏塔底,避免了大量渣油外甩。

② 该装置首次开工是在炉出口温度达到280℃以后将注水打入炉管,同时打开所需预热焦炭塔的预热阀,利用油气线双相流的特点对焦炭塔预热。

③ 焦炭塔切换四通时炉出口温度低。国内装置通常切换四通是在炉出口温度440℃甚至更高时,而该装置焦炭塔在炉子恒温阶段可以预热到位(塔底可达320℃),加热炉具备快速升温的能力,因此在炉出口370℃时,即可切换四通,之后炉出口快速升温至正常生产温度。

装置主要操作条件见表9-2-23,装置物料平衡列于表9-2-24。

表9-2-23　中国海油惠州分公司焦化装置主要操作条件

项　目	操作条件	控制指标	项　目	操作条件	控制指标
焦化炉辐射室出口温度/℃	510	498~513	分馏塔底温度/℃	317	280~330
对流室出口温度/℃	365	≤370	分馏塔底液面/%	70	40~85
炉膛负压/Pa	-24	-60~10	分馏塔顶压力/MPa	0.082	≤0.12
炉膛温度/℃	797	≤840	吸收塔顶温度/℃	47	45~55
辐射流量/(t/h)	54	30~60	解析塔底温度/℃	161	150~175
注水量/(kg/h)	714	550~1300	再吸收塔顶压力/MPa	1.30	1.20~1.35
焦炭塔顶温度(急冷后)/℃	440	≤445	稳定塔顶温度/℃	57	55~75
焦炭塔顶压力/MPa	0.13	≤0.28	稳定塔顶压力/MPa	1.10	1.00~1.30
循环比	0.3	0.2~0.4	稳定塔底温度/℃	185	180~210
焦炭塔生焦周期/h	18	16~24	稳定塔底液位/%	55	40~80

表9-2-24　中国海油惠州分公司焦化装置物料平衡

项　目	2009年6月	设计	差值
入方流量/(t/d)			
减压渣油	12000	12000	
重整来气体	144		
加氢来气体	168		
出方/%			
干气	5.26	4.06	+1.20
液化石油气	3.70	4.38	-0.68
汽柴油	49.12	44.90	+4.22
蜡油	16.76	17.47	-0.71
重蜡油	3.12	2.99	+0.13
石油焦	22.04	26.20	-4.16

3. 加工超重原油的延迟焦化装置——委内瑞拉超重原油改质工厂的延迟焦化装置[35]

委内瑞拉有4座炼油厂加工奥里诺科超重原油,它们都是以延迟焦化装置为核心装置,各厂的延迟焦化装置的概况见表9-2-25。从表中数据可知,在四座工厂的焦化装置中,Petropair的焦化装置的加热炉和焦炭塔最大。图9-2-20是具有代表性的Petropair改质工厂的全厂流程图。在四座改质工厂中,该厂的合成油生产能力最大,装置建设最新,于2004年12月投产。该厂设计加工Ayacucho油田的超重原油(平均密度$d=1.0073g/cm^3$)。

原油用稀释剂稀释后经脱盐脱水后进常、减压蒸馏,一部分减压渣油进延迟焦化装置加工。另一部分减压渣油直接进调和装置,与各种加氢后油品和未加氢的减压中瓦斯油调和生产重合成油。该厂的延迟焦化装置采用 Foster Wheeler 公司的技术,加工能力 63kbbl/d,2 炉 4 塔流程,焦炭塔直径 8.84m。焦化装置的产品有干气、液化气、石脑油、轻瓦斯油、重瓦斯油和焦炭,焦炭产量为 3650t/d。

表 9-2-25 委内瑞拉超重原油改质工厂的延迟焦化装置概况

工厂名称	超重原油加工能力/(kbbl/d)	合成原油生产能力/(kbbl/d)	延迟焦化装置规模/(kbbl/d)	延迟焦化技术	焦化装置原料	加热炉焦炭塔数量	焦炭塔直径/m	石油焦产量/(t/d)
Petroanzoategui	120	103	56	ConocoPhillips	减渣	2 炉 4 塔	8.534	3200
Petromanagas	116	105	46	Foster Wheeler	常渣	2 炉 4 塔	7.925	2040
Petrocedeno	157	136	89	Foster Wheeler	减渣	3 炉 6 塔	8.534	4650
Petropair	190	180	63	Foster Wheeler	减渣	2 炉 4 塔	8.84	3650

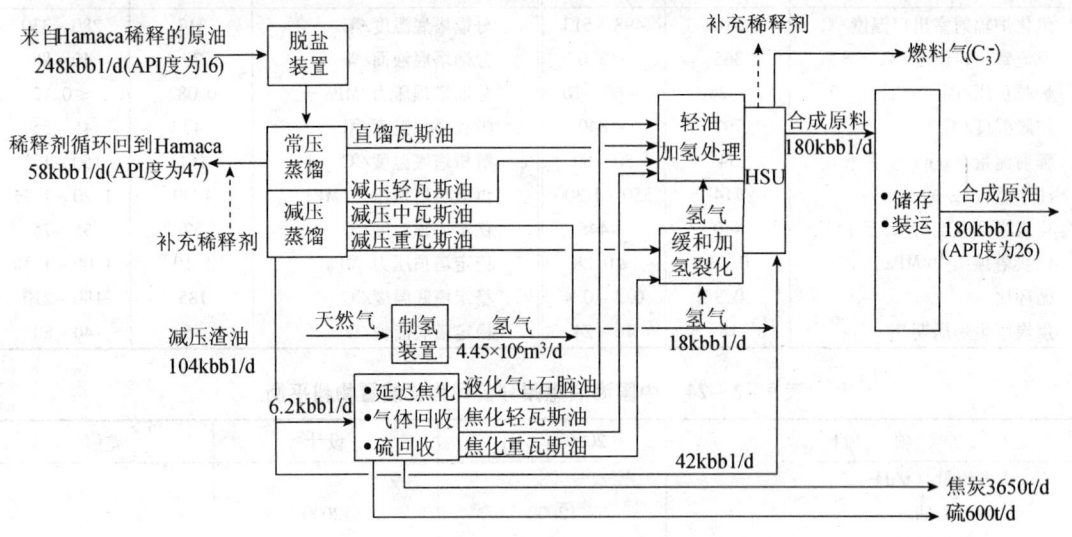

图 9-2-20 委内瑞拉 Petropair 改质工厂超重原油加工流程[35]

4. 加工油砂沥青的焦化装置——加拿大油砂沥青改质工厂的焦化装置[35]

目前加拿大有 6 座油砂沥青改质工厂在生产运行,其中有 2 座工厂以延迟焦化装置为核心装置,还有 2 座工厂以沸腾床加氢裂化-延迟焦化的组合为核心装置,另有一座以沸腾床加氢裂化-流化焦化为核心装置,详见表 9-2-26。图 9-2-21 是加拿大 Husky 公司 Lloydminster 的油砂沥青改质工厂的以沸腾床加氢裂化-延迟焦化的组合为核心装置的全厂流程图。该厂设计加工 Cold Lake 油砂沥青(密度 0.9895g/cm³,含硫 4.5%,含氮 3900μg/g,镍+钒 130μg/g,残炭 11.1%)和 Lloydminster 重质原油(密度 0.9610g/cm³,含硫 3.6%,含氮 3000μg/g,镍+钒 200μg/g,残炭 8.7%)。用稀释剂稀释后的混合原油(密度 0.9241g/cm³,含硫 3.7%,含氮 3000μg/g,镍+钒 200μg/g,残炭 10%),送进常压蒸馏装置,常压渣油进 H-Oil 沸腾床加氢裂化装置进行加氢裂化,未转化的减压渣油进延迟焦化装置加工。沸腾床加氢裂化装置的设计进料性质以及运转结果是:进料量 3.2kbbl/d,密度 1.0153g/cm³,含硫 4.85%,含氮 5600μg/g,钒 206μg/g,镍 89μg/g,残炭 15.6%,减压渣油含量为

68%，渣油转化率65%，残炭转化率53%，脱硫率70%，脱氮率27%，脱金属率70%[44]。常压蒸馏装置分出的13.5kbbl/d直馏分油与来自附近Husky炼油厂的4.0kbbl/d馏分油混合后(合计17.5kbbl/d)，与沸腾床加氢裂化和延迟焦化装置得到的22.6kbbl/d馏分油一起进石脑油/煤油加氢处理和馏分油(柴油)加氢处理装置进行加氢，最后与丁烷(590bbl/d)调和得46.0kbbl/d无渣油低硫合成原油，密度0.8455g/cm³，含硫430μg/g，含丁烷1.4%。经多年运转改进操作和脱离瓶颈后，2008年实际加工能力提高到84.25kbbl/d，其中油砂沥青和重原油(含稀释剂)75.5kbbl/d，Husky炼厂提供拔头油6.75kbbl/d和煤柴油2kbbl/d，得到的产品为82kbbl/d，其中无渣油低硫合油成原油66kbbl/d、稀释剂12kbbl/d、低硫柴油4kbbl/d。

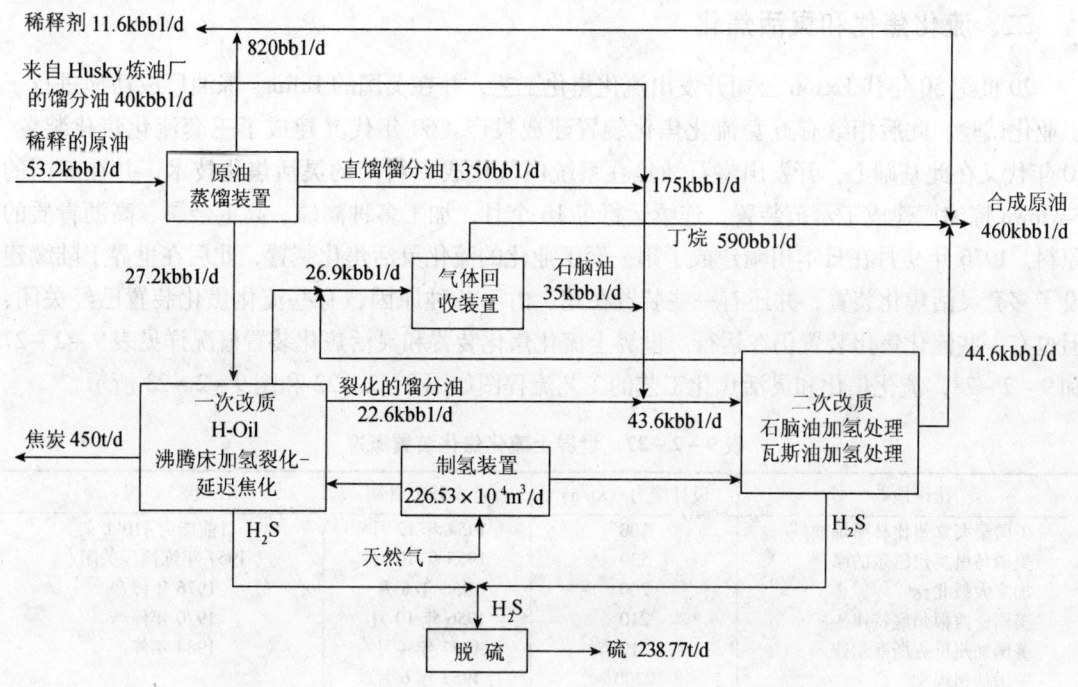

图9-2-21 加拿大Lloydminster油砂沥青改质工厂的流程图[35]

表9-2-26 加拿大油砂沥青改质工厂的核心装置一览表[35]

公司名称	工厂名称	油砂沥青加工能力/(kbbl/d)	合成原油生产能力/(kbbl/d)	核心装置	说明
Suncor	Base and Millennium	440	357	减压渣油延迟焦化	
Syncrude	Mildred Lake	407	350	常减压渣油沸腾床加氢裂化流化焦化	流化焦化能力：2套131kbbl/d 1套95kbbl/d
AOSP(Shell)	Scotford	155	158	减压渣油沸腾床加氢裂化加氢处理	
CNRL	Horizon	135	114	常压渣油延迟焦化	

续表

公司名称	工厂名称	油砂沥青加工能力/(kbbl/d)	合成原油生产能力/(kbbl/d)	核心装置	说明
Opti/Nexen	Long Lake	72	58.5	常减压蒸馏 溶剂脱沥青 热裂化	
Husky	Lloydminster		4.6	常压渣油 沸腾床加氢 裂化延迟焦化	

二、流化焦化和灵活焦化

20世纪50年代Exxon公司开发出流化焦化工艺,并在美国的Bilings炼油厂成功地进行了工业化试验。此后相继有五套流化焦化装置建成投产。60年代又建成了三套流化焦化装置。70年代又在此基础上,开发出将石油焦在系统内气化成燃料气的灵活焦化技术,并在美国的Baytown炼油厂建成了示范装置,连续运行了16个月,加工多种高硫、高重金属、高沥青质的原料。1976年9月在日本川崎建成了第一套工业化的流化灵活焦化装置,此后在世界上陆续建设了多套灵活焦化装置,并还有一些装置在建。由于各种原因,有些流化焦化装置已经关闭,但也有一些流化焦化装置仍在运行。世界上流化焦化装置和灵活焦化装置概况详见表9-2-27和9-2-28,流化焦化和灵活焦化工艺的工艺流程图如图9-2-22和图9-2-23所示[54]。

表9-2-27 世界上流化焦化装置概况

建设地点	设计能力/(kt/a)	首次开工日期	状况
美国蒙大拿州比林斯炼油厂	200	1954年12月	目前能力410kt/a
美国马里兰州巴尔的摩	530	1955年10月	1957年炼油厂关闭
加拿大魁北克	200	1956年8月	1976年停产
美国密西根州底特律	210	1956年10月	1970年停产
美国加州贝克斯菲尔德	210	1957年4月	1984年停产
美国加州埃文	2200	1957年6月	
美国达拉瓦州拉瓦城	2200	1957年8月	目前运转能力为2400kt/a
美国密西西比普威斯	250	1957年12月	1994年炼油厂关闭
墨西哥马德拉	530	1968年2月	目前运转能力为640kt/a
加拿大安大略萨尼亚	740	1968年4月	目前运转能力为1100kt/a
美国加州贝尼西亚	850	1969年4月	目前运转能力为1450kt/a
加拿大艾尔伯塔尔德湖	2×390	1978年7月	目前运转能力为2×567kt/a

表9-2-28 世界上灵活焦化装置概况

建设地点	设计能力/(Mt/a)	开工日期	目前运转能力/(Mt/a)
日本川崎炼油厂	1.155	1976年9月	
委内瑞拉阿德艾炼油厂	2.86	1982年11月	3.575
美国加州马丁内孜炼油厂	1.21	1983年3月	
荷兰鹿特丹炼油厂	1.76	1986年4月	2.09
美国德州贝汤炼油厂	1.54	1986年9月	2.035
加拿大合成原油工厂	2×73kbbl/d		2×108kbbl/d
希腊 Hellenic	0.86	在建	
秘鲁 PetroPeru	0.86	在建	
俄罗斯 Rosneft	2.1	在建	

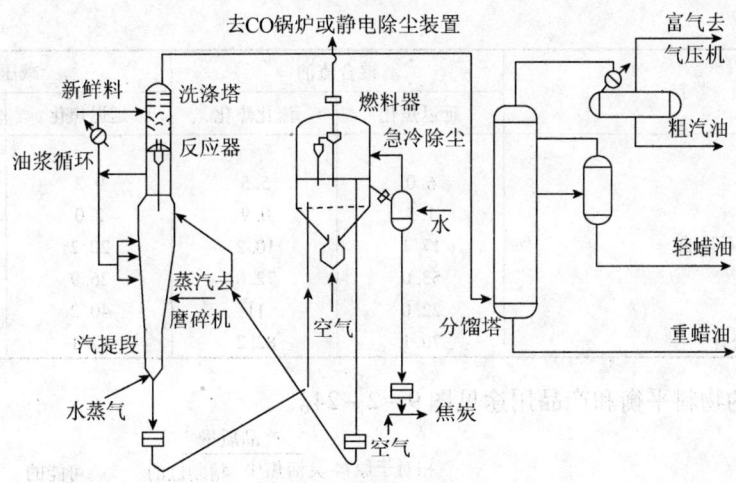

图 9-2-22 流化焦化的工艺流程图

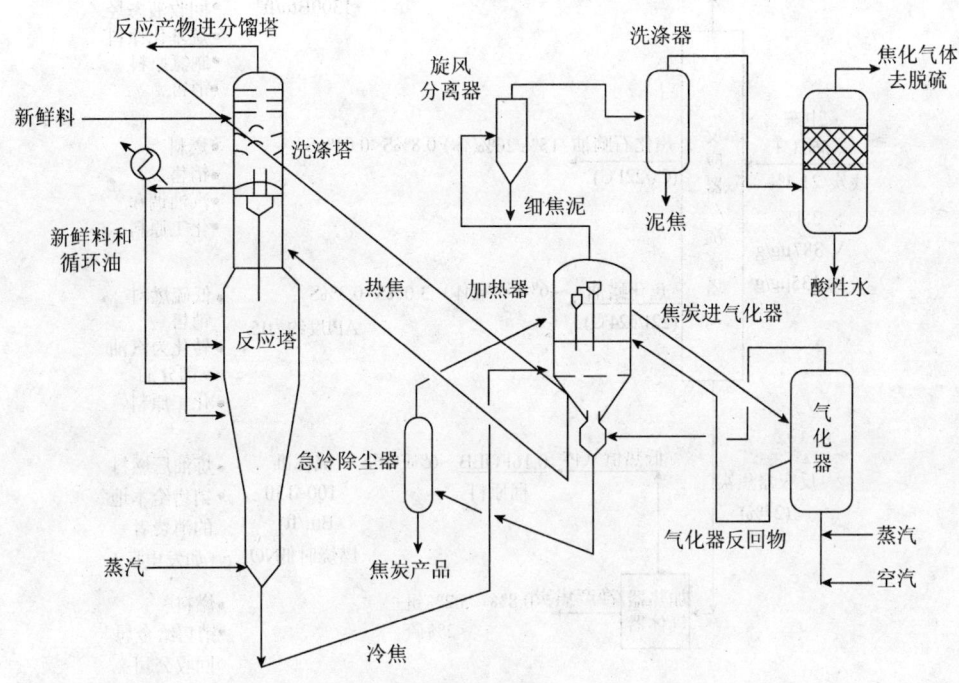

图 9-2-23 灵活焦化工艺的工艺流程图

表 9-2-29 是流化焦化和延迟焦化的收率对比表,从表中数据对比可知,流化焦化的液体产品收率高于延迟焦化,焦炭收率(按实际生焦量计算)低于延迟焦化。

表 9-2-29 流化焦化和延迟焦化的收率对比表

项 目	混合渣油		减压渣油	
	延迟焦化	流化焦化	延迟焦化	流化焦化
原料性质				
密度/(g/cm³)	0.966	1.032		
康氏残炭/%	9.0	22.5		
硫含量/%	1.2	1.7		

续表

项 目	混合渣油		减压渣油	
	延迟焦化	流化焦化	延迟焦化	流化焦化
产品收率/%				
<C_3气体	6.0	5.5	9.2	8.0
C_4	1.5	0.9	2.0	1.3
C_5~221℃石脑油	17.1	10.2	20.2	14.1
瓦斯油	53.0	72.0	26.9	51.0
焦炭	22.0	11	40.2	26.0
液体产品合计	70.1	82.2	47.1	65.1

灵活焦化的物料平衡和产品用途见图9-2-24。

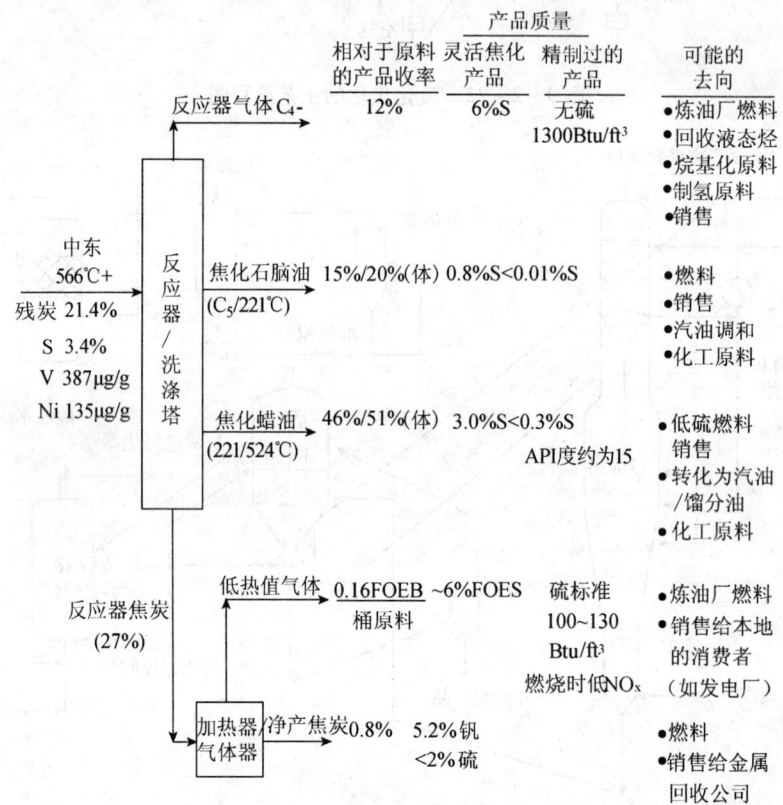

图9-2-24 灵活焦化的物料平衡和产品用途[55]

流程简述，流化焦化和灵活焦化工艺没有原料加热炉，原料先进入焦化塔顶的洗涤塔，经与焦化液体产品在洗涤塔换热后，通过多组喷嘴喷入焦化塔，经热裂解反应生成轻质的产品和粉粒状的焦炭。系统注入蒸汽使焦炭流化，并输送（冷焦）到下游换热器，在换热器里被汽化器送来的高温气体加热为热焦，再送回焦化反应器提供焦化反应的热源。

焦化反应塔生成的粉粒状石油焦经过加热器加热后，到气化器与注入的空气和水蒸气反应，生成以一氧化碳和氢气为主的燃料气，尽管这种瓦斯比炼油厂常规瓦斯热值低，但仍具有较好的燃烧性能，经过脱硫后硫含量可以达到10μg/g以下，是一种很清洁的炼油厂燃料。荷兰鹿特丹炼油厂将灵活焦化瓦斯气用在重整加热炉、减压塔底重沸炉、芳烃加热炉等28

个加热炉。石油焦气化过程产生大量的热量,除用于提供焦化反应热外,还可产生大量中压蒸汽。

灵活焦化排出相当于进料1%~3%的焦炭,目的是排出原料带入的重金属,防止重油中的重金属在汽化器内壁结垢,保护气化系统长周期稳定运行,这部分排出的粉粒焦一般卖给水泥厂等作为固体燃料,也有的送到金属冶炼厂回收重金属。

灵活焦化与延迟焦化相比,有以下特点:

对原料有较强的适应性,它不仅可以处理一般减压渣油,也可以单独处理残炭35%~36%的溶剂脱沥青尾油等劣质渣油;

与延迟焦化的焦炭塔切换操作不同,灵活焦化是连续自动化控制工艺,类似于流化催化裂化的操作;

与延迟焦化的露天储焦方式不同,灵活焦化整个系统是密闭的,对周围环境没有影响。

灵活焦化装置(包括气化部分)的投资比同等规模的延迟焦化装置要高30%左右,占地面积则节省三分之一左右。

已经投用的灵活焦化装置运行周期都在3年以上,也有的达到4年。每次停工检修时间约40天左右。

三、循环流化床锅炉简介

循环流化床锅炉(CFB)是在鼓泡床锅炉(又称沸腾床锅炉)的基础上改进和发展起来的,它保留了鼓泡床锅炉的优点,而避免和消除了鼓泡床锅炉存在的热效率低、埋管受热面磨损严重和脱硫剂石灰石利用不充分、消耗量大和难以于大型化等缺点。循环流化床锅炉床料处于较高流化风速,炉膛出口烟气中物料的浓度较高,大量的物料被炉膛出口的物料分离器分离后返送回炉膛,即有大量物料在炉膛和物料分离器之间循环。各种燃烧方式主要性能的比较见表9-2-30。

表9-2-30 各种燃烧方式的主要性能比较表

燃烧方式	固定床	鼓泡流化床	循环流化床	悬浮燃烧
颗粒平均直径/mm	<300	0.03~3	<8	0.02~0.08
燃料燃烧区高度/m	0.2	1~2	15~40	27~45
过剩空气系数	1.2~1.3	1.2~1.25	1.1~1.2	1.15~1.3
燃烧区域风速/(m/s)	1~3	0.5~3	3~12	15~30
床层与受热面间的传热系数/[W/(m^2·K)]	50~150	200~500	100~250	50~100
磨损	小	中	中	较小
燃烧效率/%	97~99.9	85~90	90~96	99
燃烧烧中心温度/℃	1200	850~950	850~950	1600
煤的粒度/mm	6~32	6以下	13以下	0.1以下
截面热负荷/(MW/m^2)	0.5~1.5	0.5~1.5	3.0~5.0	4.0~6.0
脱硫效率/%		80~90	80~90	低
气体混合	接近塞柱流	复杂二相流	弥散塞柱流	接近塞柱流
固体运动	静止	上下运动	大部分向上、部分向下	向上
空隙率	0.4~0.5	0.5~0.85	0.85~0.99	0.98~0.998
温度梯度	大	很小	小	显著
NO$_x$排放/(mg/m^3)	400~600	300~400	50~200	400~600

循环流化床锅炉通常包括本体设备和辅助系统两部分。CFB锅炉本体由炉膛及布风装置、循环灰分离器、回料阀、尾部受热面竖井烟道及旋风分离器等组成。

循环流化床锅炉主要辅助系统包括风烟系统、煤制备系统、石灰石制备系统、灰渣处理系统、燃油点火启动系统、热控系统等。

目前,国外循环硫化床锅炉生产厂家主要有美国、德国、法国、芬兰等,国内三大锅炉厂通过技术引进和自主创新,已能够生产300MW及以上的CFB锅炉。

表9-2-31是典型的循环流化床锅炉的设计参数。

表9-2-31 典型的循环流化床锅炉的设计参数

项 目	Duisberg	Romerbrucke	Nucla
燃烧热功率/MW	226	120	
发电功率/MW	66.4~95.8	40	110
蒸汽发生量/(t/h)	270	150	420
主蒸汽参数/(MPa/℃)	14.5/535	11.4/535	10.5/540
再热蒸汽量/(t/h)	230		
再热蒸汽参数/(MPa/℃)	3.0/320/535		
热风温度/℃		175	200
给水温度/℃	235	164	
排烟温度/℃		130	140
床温/℃	850~900	约850	788~940
燃料及发热量/(kJ/kg)	烟煤23000~30150	烟煤17500~22000	烟煤15000~27000
过量空气系数	1.2~1.3	1.2	1.2
锅炉热效率/%			88.3

图9-2-25是循环流化床锅炉的流程示意图。不同厂家生产的锅炉,结构不尽相同,以金陵石化公司热电运行部CFB锅炉为例,其设备结构及布置情况如下:

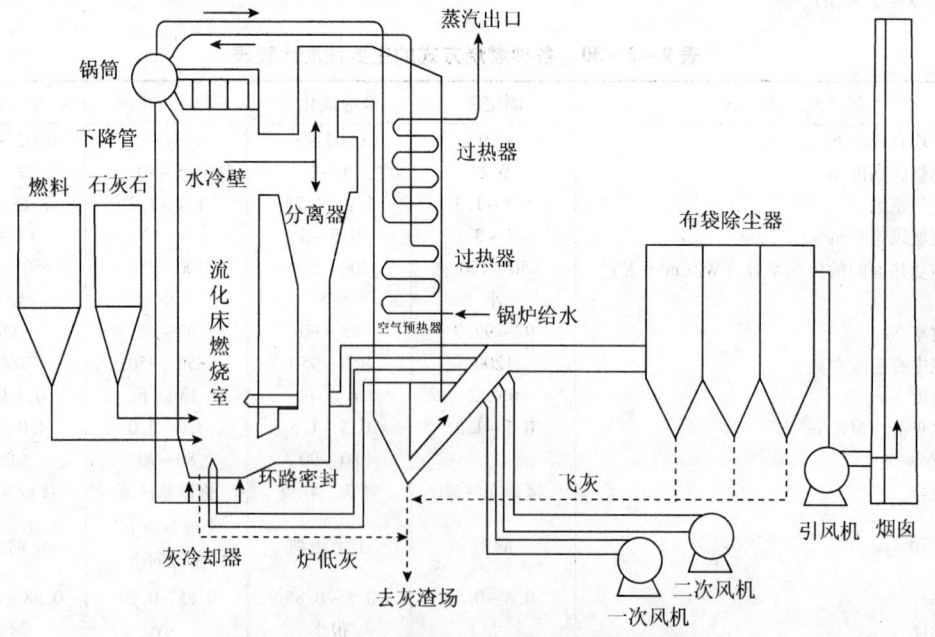

图9-2-25 循环流化床锅炉的流程示意图

（一）锅炉结构

锅炉型号：220-9.8/540-Pyroflow。

制造厂家：芬兰 Ahlsltrom 公司。

该锅炉为高压、单汽包、自然循环、常压循环流化床锅炉，采用高温旋风分离器，室外布置，单炉体、微倾斜炉底。锅炉露天布置，炉顶布置遮雨板，运转层下全封闭设计。

锅炉主要由四部分组成：燃烧室、高温旋风分离器、床料回送装置、尾部对流装置。

燃烧室位于锅炉装置的前部，四周和顶部分别布置有膜式水冷壁和顶棚管，炉底布置了水冷的布风板，空预器来的一次风接至布风板的风箱。

在燃烧室的还原区布置有床料回送装置，烟气返回口，在还原区上方布置有二次风口，敷设了耐磨耐火材料，燃烧室上部与前墙垂直布置有 Ω 过热器（二级过热器）。

燃烧室后布置了两个高温旋风分离器，在旋风分离器椎体下部布置密封输送回路（床料回送装置的一种类型），通过回料腿与燃烧室相连。这样，燃烧室、旋风分离器、密封输送回路构成了床料的循环回路。

尾部对流烟道布置在锅炉尾部，烟道上方的四周及顶部布置有包墙管过热器。烟道内部，沿烟气流向依次布置有三级过热器、一级过热器、W 蒸发屏，省煤器、空预器。

锅炉采用单段蒸发系统，膜式水冷壁的供水来自两根集中下降管，W 屏蒸发器的供水由汽包供给。过热蒸汽温度采用两级给水喷水减温调节，两级喷水减温器分别布置在一级过热器与 Ω 过热器（二级过热器）、Ω 过热器（二级过热器）与三级过热器之间。

锅炉构架采用全钢螺栓连接结构，按 7 级地震烈度设计。锅炉采用支吊结合的固定方式，除空预器为支撑结构外，其余均为悬吊结构。炉墙设有刚性梁，以防止因炉内爆炸引起的水冷壁破坏。锅炉设有膨胀节，以适应锅炉受热后膨胀补偿。

锅炉采用平衡通风，定压运行方式。

另外，除锅炉本体外还包括燃料（煤、石油焦、柴油）和石灰石的供给系统、冷渣器系统、仪表控制系统和风烟系统。

（二）工艺流程

1. 汽水系统

锅炉给水通过给水连接管引至省煤器，这一管路上布置有给水控制装置，由主给水调节阀控制，给水在尾部烟道加热后，经省煤器两个出口联箱，通过一根连接管引至汽包，进行给水分配，由两根集中下降管和相应的分配管送至前墙水冷壁下联箱及两个侧墙水冷壁下联箱，另有两根引出管将给水由汽包下部引入 W 蒸发屏。

前墙水冷壁下联箱内的给水同时流向前墙水冷壁、炉底布风板水冷壁、后墙水冷壁。每边 124 根管子组成的前后墙水冷壁和每边 70 根管子组成的两侧墙水冷壁围成了炉膛，此外，靠近前墙区域，还有两路翼墙水冷壁，其作用主要是支撑前墙、增加受热面积。给水在水冷壁管内被加热，并上升至前、后、两侧水冷壁上联箱，通过上升管引至汽包，W 蒸发屏内给水则通过相应连接管接至汽包。上述五路给水在炉膛和烟道内加热成汽水混合物，进入汽包后，进行汽水分离，分离出来的水被重新送入汽包水空间进行再循环，而分离出来的蒸汽则从汽包顶部引出。

从汽包引出的蒸汽通过顶棚管首先进入位于尾部烟道的一级过热器,经加热后通向位于炉膛上部的 Ω 过热器(二级过热器),在一、二级过热器连接管上布置有两只喷水减温器,进行一级喷水减温,蒸汽在 Ω 过热器(二级过热器)进一步加热后由连接管引致三级过热器,在连接管上布置着两只二级喷水减温器,对过热蒸汽进行喷水减温,调整蒸汽品质。通过三级过热器的加热后,蒸汽被接至集汽联箱,并由此流向主蒸汽母管,送至汽轮机或下一用户。

2. 风烟系统

锅炉用风主要由两台一次风机、两台二次风机供给。一次风经一次风机升压后分成二路:一路经暖风机、空预器加热后,至炉膛底部风室,通过布置在布风板上的钟罩式风帽使床料流化,再经过炉膛出口高温旋风分离器,形成固体物料循环;另一路送至给料线作为给料线的密封风。二次风依次经暖风机、空预器后分三路:第一路直接从炉膛上部 13 个喷嘴送入炉膛,为分段燃烧提供空气;第二路送至 4 只启动油漆,提供助燃用风;第三路送至 4 个给料点作为插料用风。

烟气及携带的固体颗粒离开炉膛,从切向进入两侧旋风分离器,粗颗粒由于离心力作用从烟气中分离出来,落入旋风分离器下部的 J 阀后,被 J 阀的高压风流化送入炉膛再燃烧,而烟气携带细颗粒则通过旋风分离器漩涡管从顶部引出,进入尾部竖井,从上向下流动,分别经三级过热器、一级过热器、W 蒸发屏、省煤器、空预器后进入四电场静电除尘器除去飞灰再经引风机后分成两路:一路送入脱硫装置进行脱硫,然后进入烟囱,排入大气;另一路经再循环风机增压后作为床层冷却风送入炉膛,以增加炉膛烟气量。烟气再循环主要用以增加炉膛烟气量,同时再循环烟气还可以调节床温。

J 阀的用风由二台高压风机提供,一用一备,风压调节是通过旁路溢流阀将多余的空气送入一次风管路。石灰石风机的作用是把石灰石粉送入炉膛。

3. 燃料系统

锅炉配有二个燃料日用仓和一个备用仓,同时有一个石灰石日用仓。燃料从日用仓出口落至二台炉侧链式给料机,再经二台炉后链式输送机,由二次风把燃料从炉膛后墙的四个回料腿插料口送入炉膛。石灰石粉从日用仓经石灰石粉绞龙,由石灰石风机供输送风,将石灰石粉送至炉膛后墙的四个回料腿给料口,与循环物料混合后送入炉膛。

为锅炉启动和运行中可能发生故障之需,锅炉配有一燃油系统,燃用 $0^{\#}$ 轻柴油。在距布风板 2.5m 处配有四只启动燃烧器。启动燃烧器由二次风供风,用于锅炉启停炉及助燃。

锅炉还有一个飞灰库和一个底灰库,用以锅炉飞灰、底灰的排放。飞灰的输送方式为正压输送。

4. 排渣系统

锅炉的排渣方式采用底部排渣,底渣经二台水冷滚筒式冷渣器的冷却后排出炉外,排渣量可通过调整冷渣器的转速来实现。

(三) CFB 锅炉运行情况

自我国第一批 2 台以烧高硫石油焦为主的 CFB 锅炉(蒸发量 $2\times220t/h$)于 1999 年在镇海石化投产以来,锅炉最长的运行周期已超过 450d,平均炉子负荷率 >100MCR%,平均锅炉热效率为 >91%,锅炉脱硫性能良好,平均烟气中 SO_2 浓度为 $<400mg/(L\cdot d)$ 达到国家烟气排放标准要求。在提升了 CFB 锅炉运行的可靠性和各项技术经济指标以后,中国石化

广泛使用了燃烧高硫石油焦(煤)的 CFB 锅炉,无论是数量还是运行水平方面在世界上都属于前列。其下属的镇海炼化、金陵分公司、上海石化、武汉分公司、荆门分公司、茂名分公司、燕山分公司、齐鲁分公司等企业已建成投产燃石油焦(煤)CFB 锅炉 17 台,总蒸发量 4535t/h,单台平均蒸发量 267t/h,最高单台蒸发量 420t/h。另有在建的天津分公司等六家石化企业合计 14 台 CFB 锅炉,总蒸发量 5300t/h,单台平均蒸发量 379t/h[56]。

1. 运行周期

目前国内 CFB 锅炉发展十分快速,容量 400t/h 以上的锅炉也已成熟,国内三大锅炉制造厂商联合引进法国阿尔斯通(ALSTOM)公司技术,相继建成投产一批 300MW 亚临界机组,这是目前国内容量最大、技术最先进的循环流化床锅炉。此外,国内其他锅炉制造企业在吸收引进国外先进技术的基础上,也相继生产出 135~200MW 锅炉机组,并不断向大容量机组发展。

影响设备连续运行的因素主要有机械设备、电气仪表、人员操作和其他因素等,而设备问题,尤其是受热面磨损是造成非计划停炉的重要原因之一,采取的措施主要是对受热面进行喷涂处理,喷涂耐磨金属层,提高耐磨能力,或在水冷壁上加装防磨圈梁,改变贴壁流动粉尘方向,从而防止磨损的发生。与煤粉炉相比,由于增加了物料分离和回送装置,相应也增加了设备的故障概率。其他常发生的设备故障还有浇注料的脱落、回料阀膨胀节损坏、其他机械故障等。

2. 热效率

目前 CFB 锅炉的热效率已不低于煤粉炉,可达 90%~92%,有些 CFB 锅炉炉效偏低,较普遍的原因之一是飞灰含炭量高,锅炉燃料燃烧不充分,导致炉效下降。因此应对燃烧方式进行调整,加强对床压、床温、给煤粒度等参数的监控,针对不同燃料进行相应调整,适时调整一、二次风的配比,在运行过程中,保证锅炉一定的氧含量。经过技术改进和提高操作管理水平,CFB 锅炉飞灰含炭量大幅下降,从最初 30% 左右降到 7% 左右,有些更低,小于 2%。另外,对燃烧器等进行改造,也是提高炉效的有效措施。导致炉效下降的其他原因还有排烟温度过高、空预器漏风等。相关资料显示,排烟温度每增加 12~15℃ 使锅炉效率下降 1%,通过技术改造,降低排烟温度,可有效提高 CFB 锅炉炉效。同时加强炉体保温、提高炉体密封性,不仅明显提高炉效,也减少漏粉漏沙和环境污染。

3. 脱硫设施及环保达标

CFB 锅炉具有良好环保特性,是一种洁净燃烧技术,燃用高硫煤(折算硫分 >0.5%)时其脱硫效率最高可达 93%~95%,燃用低硫煤(折算硫分的含量 ≤0.2%)时其脱硫效率为 80%~85%,烟气中 SO_2 的含量 <600mg/m³,达到环保指标要求。对于有些燃料中含硫较少的 CFB 锅炉,其排放浓度则低于 100mg/m³。对于 NO_x 排放,一般情况均在 100mg/m³ 以内,远低于国家环保指标要求的 450mg/m³,这主要是 CFB 锅炉床温较低,热力型 NO_x 生成很少,而燃料型 NO_x 在循环回路中又不断还原成 N_2,使得 NO_x 排放很低。因而 CFB 锅炉在燃用不同的燃料时,可以达到二氧化硫(SO_2)、氮氧化物(NO_x)同时长期连续达标排放的目标。

表 9-2-32 和表 9-2-33 分别列出了国外典型循环流化床高锅炉的运行指标和参数。

表 9-2-32　国外典型循环流化床锅炉的运行指标

项目	数值	项目	数值
燃烧效率/%	96~99.5	分离器阻力/Pa	<2000
锅炉效率/%	88~92	布袋除尘器寿命/a	2
脱硫效率/%	90(Ca/S=1.5~2.5)	固氟率/%	90
厂用电率/%	8~10	HCl 排放/(mg/m^3)	100
最低负荷/%	25~30	CO 排放/(mg/m^3)	120~200
负荷变化速率/(%/min)	5	SO$_2$ 排放/(mg/m^3)	200~250
冷态启动时间/h	8~10	NO$_x$ 排放/(mg/m^3)	100~200
热态启动时间/h	1~2	N$_2$O 排放/(mg/m^3)	50~100
分离效率/%	90.0~99.7	粉尘排放/(mg/m^3)	50

表 9-2-33　国外典型循环流化床锅炉的运行参数

项目	Lurgi 型	Circofluid 型	Pyroflow 型	MSFB 型
密相区流化风速/(m/s)	5~8.5	3.5~5.5	5~8	6~9
悬浮段最大烟气流速/(m/s)	8~10	5~6	8	8
炉膛出口过量空气系数	1.15~1.2	1.2~1.25	1.2	1.2
(一次风/二次风)/%	40/60	60/40	70/30	40/60
循环倍率	40	10~20	40~120	35~40
分离器入口灰浓度/(kg/m^3)	10~12	2	10~25	5~7
炉膛烟气停留时间/s	≥4	5	≥4	≥3
密相区燃烧分额/%		60~65		
燃料粒度/mm	0~6	0~10	0~10	0~50
石灰石粒度/mm	0.1~0.5	0~2	0~2	0~2
一次风压头/Pa	18000~30000	15000~19000	13000~20000	
压力控制点		分离器出口	布风板上 2m	给煤点下
压力控制点压力/Pa	0		6000~8000	-700~-1000

四、减黏裂化

减黏裂化工艺是渣油轻质化的热加工工艺之一，即在一定的温度下，渣油大分子发生轻度的裂解反应，生成少量小分子的油品，从而使渣油的黏度降低，达到易于流动、输送和使用的目的。它的主要产品是燃料油，适当调节反应深度，可得到少量的汽柴油和蜡油。减黏装置主要在欧洲和新加坡等地的一些炼油厂，其加工能力占到热加工能力的50%左右，主要是这些地区的燃料油需求大，加上它和其他热加工装置相比，投资费用低、技术简单、而且操作费用也很低，因此减黏工艺还是有一定的生命力。但在我国目前仅有少数炼油厂有减黏装置，其中有中国石化的广州分公司、中原分公司和洛阳分公司，3套装置的总加工能力仅1570kt/a。

减黏工艺的原则流程图如图9-2-26所示。表9-2-34列出了沙特轻质原油的减压渣油原料性质及减黏裂化后的产品产率和性质。可以看出，原料的密度大于1.0g/cm^3，硫含量达到4%，属于高硫渣油。通过减黏后，大于185℃产品的黏度(50℃)由225000mm^2/s，降低至6000 mm^2/s，倾点由41℃降低到29℃，但硫含量仍为4.0%。C$_7$~185℃馏分的溴价为62，说明其不饱和度较高。370~565℃的馏分的收率达到19.4%，可以作为催化裂化的原料。>565℃馏分的收率达到63.4%，但其黏度和硫含量均高于原料，不能作燃料油。

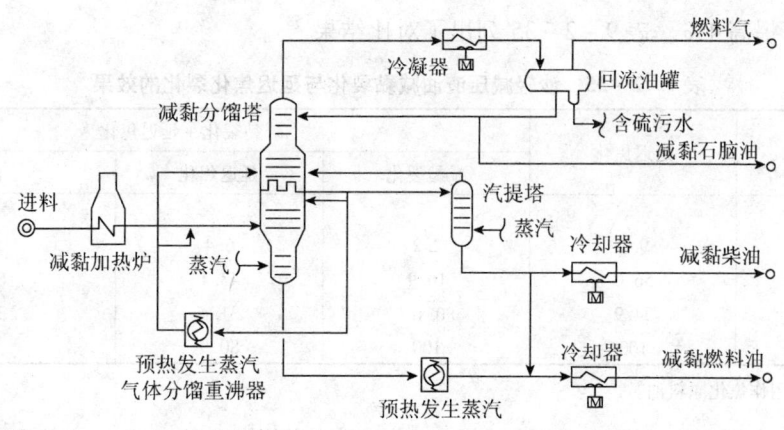

图 9-2-26　减黏裂化工艺原则流程图

表 9-2-34　沙特轻质原油的减压渣油减黏裂化原料性质、产品产率和性质

项　目	收率/%	密度(20℃)/(g/cm³)	S/%	N/%	溴价/(gBr/100g)	倾点/℃	黏度/(mm²/s)
减压渣油	100	1.0024	4.0	0.3		41	225000
产品							
H_2S	0.3						
$<C_4$	2.2						
$C_5\sim C_6$	1.3	0.6628	0.8				
$C_7\sim 185℃$	4.6	0.7753	1.0	0.005	62		
185~370℃	8.8	0.8628	1.6	0.1	28		1.9
370~565℃	19.4	0.9561	3.1	0.2	8		150
>565℃	63.4	1.0560	4.6			41	2.5×10^6
>185℃	91.6	1.0202	4.0			29	6000
合计	100						

　　常规减黏裂化工艺由于受到渣油生焦的限制，存在着反应深度浅，馏分油收率低的问题。为此，新型减黏裂化(即供氢剂减黏裂化)工艺主要原理是在减压渣油中掺兑一种能够提供出氢自由基并能改善渣油胶溶能力的物质，从而使减压渣油的热反应可在更高的苛刻度下进行，这样既能使渣油的黏度有更大程度的降低，又能获得更多的轻质油品。根据不同的实验室和工业试验的报告，供氢剂的种类有催化裂化循环油、糠醛精制抽出油、加氢精制馏分油、乙烯装置焦油和四氢萘等。如中国石油大学(华东)重质油国家重点实验室用胜利减压渣油和辽河减压渣油进行了添加供氢剂的减黏试验。实验室和工业试验的结果均表明可提高减黏辽河产品的汽柴油的收率[57]。

　　张钦希等以反应釜为热反应装置，对重质稠油在两种不同的供氢剂 A、B 下的热反应性能进行了多方面考察。实验结果表明，在掺兑一定比例供氢剂的条件下，重质稠油热反应产物小于 350℃ 馏分油收率有了大幅度提高，其残渣油黏度随反应温度的升高呈先降后升的趋势。对反应产物残渣油 4 个组分考察的结果表明，随着反应温度的升高，饱和分、芳香分、胶质的总含量呈下降趋势，沥青质的含量呈上升趋势[56]。

　　为提高渣油加工的整体轻质油收率，减黏与延迟焦化的组合工艺也受到人们的重视。如减黏裂化与延迟焦化的组合工艺与单独延迟焦化相比后可使焦炭产率减少 3.5%。C_5 以上的馏分油收率可提高4%。表9-2-35列出了对比结果[58]。

表9-2-35 沙轻减压渣油减黏裂化与延迟焦化裂化的效果

工艺流程	延迟焦化	减黏裂化+延迟焦化		
		减黏裂化	延迟焦化	合计
产品收率/%				
<C_4气体	9.1	2.2	6.4	8.6
C_5^+馏分油	56.0	16.9	43.1	60.0
焦炭	34.9	80.1①	31.4	31.4
合计	100	100	80.9	100

① 减黏渣油用作焦化原料油。

在加工某些很重的原油时,可将减黏裂化工艺与溶剂脱沥青工艺组合,以提高VGO的收率,为催化裂化提供原料。表9-2-36列出了用该组合工艺和单独减黏裂化工艺加工冷湖原油时的产品产率和性质的对比。

表9-2-36 减黏裂化工艺与溶剂脱沥青工艺组合的产品收率
[原料油:冷湖原油;密度(20℃):0.9908g/cm³]

项 目	减黏裂化收率/%	减黏裂化+溶剂脱沥青收率/%	减黏裂化+溶剂脱沥青+胶质循环收率/%
进料:冷湖原油	100	100	100
产品			
C_3以下气体	1.09	1.09	1.2
C_4~204℃	8.5	8.5	9.3
204~343℃	22.8	22.8	23.21
343~510℃	25.0	25.0	24.31
>510℃	42.61	①	②
脱沥青油		18.9	21.21
胶质		5.6	
沥青		18.11	20.71
合计	100	100	100
<500℃产品+DAO	57.39	76.29	79.29

① >510℃减黏渣油收率42.62%,去溶剂脱沥青;
② >510℃减黏渣油收率41.92%,去溶剂脱沥青。

由上可知,由于高含硫原油的渣油其硫含量高,而经减黏生产的燃料油的硫含量与原料相近,因此在当代全球环保日益严格的今天,用高含硫渣油通过减黏工艺来生产燃料油的趋势将会受到限制。为此在减黏裂化工艺基础上开发的临氢减黏工艺在新形势下可能将会有新的发展,特简要介绍如下:

临氢减黏裂化工艺是在有氢气存在的条件下的减黏工艺。在一定的温度和压力下,含氢气的反应条件可使反应产物中的轻质油品的产量增加和质量提高,产品的硫含量降低。

中国石化抚顺石油化工研究院以塔河常压渣油为原料,用水溶性钼镍添加剂,在反应温度410~425℃,反应时间40~60min和添加剂的加入量小于300μg/g的条件下,生产出合格的船用燃料油,并且可得到10%左右的轻质油。表9-2-37列出了悬浮床临氢减黏原料与产品的数据[60]。

表9-2-37 悬浮床临氢减黏原料与产品

塔河常压渣油	原料常压渣油	临氢减黏后
密度/(kg/m³)	965.8	869.4
运动黏度/(mm²/s)	651.2	8.529
残炭/%	13.2	8.65
硫/%	2.02	1.72

第三节 渣油加氢

国际金融危机的影响至今尚未消逝,世界经济增长仍然乏力,最近(2012年12月3日)投资银行JP Morgan将其2013年布伦特原油价格预测由113美元/桶下调到110美元/桶,同时也将WTI原油价格预测由100.5美元/桶下调到99美元/桶。高油价已成为当今和今后国际市场不可逆转之势。在高油价、轻质低硫原油来源减少、重质劣质高硫高酸原油来源增多的形势下,世界各国炼油企业最重要的任务就是提高轻油收率以提高经济效益。许多国家的炼油企业都在千方百计、想方设法提高轻油收率,而渣油加氢深度转化是提高轻油收率最重要的手段。据2009年NPRA会议报告介绍,美国炼油厂的平均轻油收率为82.7%,欧洲炼油厂平均为73.4%,亚洲炼油厂平均为74.9%。印度石油公司执行董事A.S.Basu 2012年6月13~14日在意大利米兰召开的国际炼油和石油化工会议上的发言中称,印度石油公司将把其炼油厂的轻油收率在2005年72%和2012年76%的基础上提高到2016年的79%,然后再过几年提高到84%。我国《"十二五"石化行业发展规划》要求,我国炼油企业的轻油收率从目前的75%左右提高到80%。

目前工业应用的渣油加氢技术有渣油固定床加氢处理、移动床加氢处理、沸腾床加氢裂化和悬浮床加氢裂化四种工艺。这四种渣油加氢工艺所加工的原料油、操作条件、转化率、产品收率和质量及其用途有很大区别。Morel F.等1997年发表的渣油加氢工艺的类型和主要特点如表9-3-1所列。以一种沙特重原油Safaniya原油的减压渣油为原料(表9-3-2),采用不同的渣油加氢工艺得到的产品收率和质量如表9-3-3所列[61]。

表9-3-1 渣油加氢工艺的类型和主要特点

	固定床	切换固定床	移动床	沸腾床	悬浮床
原料油钒+镍最大含量/(μg/g)	120	500	700	>700	>700
反应条件					
压力/MPa	10~20	10~20	10~20	10~20	10~30
温度/℃	382~420	382~420	382~420	382~440	420~480
液时空速/h⁻¹	0.1~0.5	0.1~0.5	0.1~0.5	0.2~1.0	0.2~1.0
>550℃最高转化率/%	50~70	60~70	60~70	70~80	80~95
运转周期/月	6~12	12	连续	连续	连续
催化剂尺寸/mm	~1.2×3	~1.2×3	~1.2×3	~0.8×3	~0.002
催化剂消耗量①	1	1	0.55~0.70	1.4~2.0	—

① 相同原料油运转一年催化剂的相对消耗量。

表9-3-2 沙特Safaniya原油的减压渣油性质

项目	数据	项目	数据
密度/(kg/L)	1.035	康氏残炭/%	23.0
含硫/%	5.28	C_7沥青质/%	11.5
含氮/%	4600	钒+镍/(μg/g)	203

表9-3-3 同一种原料油采用不同渣油加氢工艺得到的产品收率和质量

		固定床/移动床	沸腾床	悬浮床
产品收率/%				
石脑油		1~5	5~15	10~15
瓦斯油		10~25	20~30	40~45
减压瓦斯油		20~25	25~35	20~25
未转化渣油		30~60	15~35	10~20
产品质量				
石脑油	密度/(kg/L)	0.71~0.74	0.71~0.72	0.72
	含硫/%	<0.01	0.01~0.02	0.06
	含氮/(μg/g)	<20	50~100	200
瓦斯油	密度/(kg/L)	0.850~0.875	0.840~0.860	0.866
	含硫/%	<0.1	0.1~0.5	0.70
	含氮/(μg/g)	300~1200	>500	~1800
减压瓦斯油	密度/(kg/L)	0.925~0.935	0.925~0.970	1.010
	含硫/%	0.25~0.50	0.5~2.0	2.2
	含氮/(μg/g)	1500~2500	1600~4000	4300
未转化渣油	密度/(kg/L)	0.990~1.030	1.035~1.100	1.160
	含硫/%	0.7~1.5	1~3	2.7
	含氮/(μg/g)	3000~4000	>3300	11000
	C_7沥青质/%	5~10	>20	>6

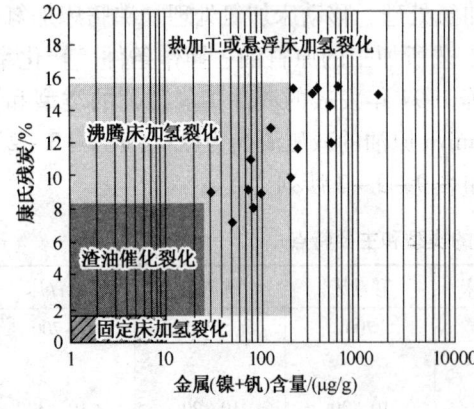

图9-3-1 几种渣油加工工艺与原料油中残炭和金属含量的关系

由表9-3-1的数据可见,固定床、移动床、沸腾床和悬浮床渣油加氢工艺所加工原料油的金属(钒+镍)含量差别很大。实际上,除了金属含量以外,残炭含量同样也是一个重要指标。几种渣油加工工艺与加工的原料油中残炭含量和金属含量的关系如图9-3-1所示[62]。

由图9-3-1可见,固定床加氢裂化工艺只能加工康氏残炭不超过2%、金属含量不超过3μg/g的原料油。实际上这种原料油已不是渣油而是直馏或焦化瓦斯油。因此,目前各国炼油厂在运转中的固定床渣油加氢装置都是渣油加氢处理装置,对原料油质量的要求除了金属含量<150μg/g外,还要求残炭含量一般不超过15%。也就是说固定床渣油加氢处理不能加工高硫、高金属、高沥青质、高残炭含量的重质劣质渣油。沸腾床渣油加氢裂化能够加工固定床渣油加氢装置不能加工的重质劣质渣油。LC-Fining工业装置加工过的渣油性质如下:API度3.2~8.5(d_4^{20}1.0471~1.0073),含硫2.3%~6.0%,含氮3000~

6000μg/g，康氏残炭16%~28%，C_7沥青质5.0%~18.0%，镍+钒160~500μg/g[63]。这种原料油的质量已远超过图9-3-1所给出的范围。悬浮床渣油加氢裂化所加工的原料油与焦化（延迟焦化、流化焦化、灵活焦化）一样，任何高硫、高金属、高沥青质、高残炭的劣质重质渣油都可以加工。表9-3-1和图9-3-1给出的数据可作为炼油厂根据其渣油的性质选择渣油加氢工艺的参考和依据。

由表9-3-1的数据可见，几种渣油加氢工艺的反应条件范围都比较宽，主要是决定于渣油原料的性质和加氢的目的。就反应苛刻度而言，总体上是固定床加氢<沸腾床加氢<悬浮床加氢。需要指出的是，不存在固定床渣油加氢处理的反应压力低于沸腾床渣油加氢裂化的事实。实际上如果原料油质量较差，残炭含量≥15%，要把残炭含量降低到≤6%，固定床加氢处理的反应压力已达到18MPa，与同样原料沸腾床加氢裂化的反应压力一样。至于空速，固定床加氢处理的空速最小，实际上是固定床<沸腾床<悬浮床。

由表9-3-1的数据可见，几种渣油加氢工艺能够实现的渣油最高转化率是悬浮床>沸腾床>固定床。如上所说，目前在运转中的固定床渣油加氢装置都是加氢处理（不是加氢裂化）装置。因为固定床渣油加氢处理装置目的主要是脱金属、脱残炭生产渣油催化裂化（RFCC）的原料油；除了脱金属和脱残炭外，还要有一定的脱硫率、脱氮率和芳烃加氢率，所以实际上固定床渣油加氢处理的渣油转化率通常在15%~20%之间。沸腾床渣油加氢和悬浮床渣油加氢的目的主要都是转化，都是加氢裂化，所以渣油转化率都高得多，通常沸腾床渣油加氢裂化的转化率在55%~75%之间（工业装置数据），悬浮床渣油加氢裂化的转化率都≥90%（示范装置数据）[62,64]。需要指出的是，多年的工业实践已经证明，渣油沸腾床加氢裂化的转化率与原料渣油的性质（不是沥青质含量的多少，而是饱和烃、芳香烃、胶质和沥青质四组分的平衡）有很大关系，大多数原油的减压渣油沸腾床加氢裂化都可以实现60%~70%甚至更高的转化率，但有少数原油的减压渣油（如乌拉尔减压渣油等），在沸腾床加氢裂化过程中渣油转化率达到50%以上就出现沥青质沉淀、设备结垢、未转化渣油不稳定和装置不能长期运转等问题。尽管采取一些技术措施，这些问题已经解决，但转化率也不能大幅度提高。

由表9-3-3的数据可见，几种渣油加氢工艺的产品质量总体上是固定床>沸腾床>悬浮床。因为固定床加氢处理的目的是生产催化裂化（RFCC）原料油，脱金属（要脱到≤35μg/g）、脱残炭（要脱到≤6%）、脱硫、脱氮和芳烃饱和是主要目的，而且采用多种催化剂和较低的空速，所以产品质量较好[65]。沸腾床和悬浮床加氢裂化的目的主要是多生产轻馏分油，而且反应温度较高，采用的催化剂品种不如固定床多（悬浮床加氢裂化只用一种催化剂），所以产品质量相对较差。但是沸腾床/悬浮床渣油加氢裂化-加氢处理集成工艺已经工业应用，通过集成工艺可以直接生产清洁燃料，装置投资和操作费用比独立的加氢处理装置可以减少30%~40%。

由表9-3-1的数据可见，固定床渣油加氢装置的运转周期在6~12个月之间。而沸腾床和悬浮床渣油加氢装置现在可以连续长周期运转（一般可达3年，决定于装置检修计划）。实践证明，固定床渣油加氢处理装置的运转周期主要决定于原料油的质量。原料油质量差，运转周期就短。因为空速低、催化剂用量很大，成本很高。运转周期短，如<9个月，经济上是不合算的。例如50%沙轻:50%沙重的减压渣油固定床加氢处理生产催化裂化原料油，运转周期太短，在经济上就不可行。可是，沸腾床加氢裂化加工这种渣油，转化率可达

70%，运转周期可长达3年，经济上可行。

渣油固定床加氢处理-催化裂化是渣油加氢深度转化的一种方案，但不是最佳方案。主要原因如下：一是原料渣油的质量不能太差，可用的渣油会越来越少；二是催化裂化的主要产品是汽油（不是柴油），在催化裂化过程中也把一部分渣油原料变成了焦炭；三是渣油固定床加氢处理为催化裂化提供的原料油含硫量不可能太低，生产符合欧Ⅳ（国Ⅳ）标准的汽油是可能的，但生产符合欧Ⅴ标准的汽油还不可能，因此要生产符合欧Ⅴ标准的汽油，催化汽油还需要再加氢处理；四是催化裂化是炼油厂气体污染物排放最多的装置，治污减排的难度和投资都很大；五是渣油固定床加氢处理+渣油催化裂化+催化汽油加氢装置投资很大，操作费用很高。正是由于这些原因，进入21世纪以来，世界上许多国家的炼油企业都不再选用这种渣油固定床加氢处理-催化裂化组合加工方案，美国和日本的一些炼油企业已把原有的渣油固定床加氢处理装置改作他用[66]。

渣油沸腾床加氢裂化技术已经成熟，安全性、可靠性和灵活性都有很大提高，可以加工渣油固定床加氢处理不能加工的劣质重质渣油。尽管转化率不能太高，一般只能达到55%~75%左右，但是未转化的渣油可以用作船用燃料油/工业燃料油组分。与延迟焦化相比，除了生产的馏分油收率高一些、质量好一些、柴/汽比大一些以外，最重要的优点之一就是不生产高硫、高金属、低价值的石油焦。如果用沸腾床加氢裂化装置加工固定床加氢处理装置加工的原料，可能转化率更高一些，轻油收率也更高一些，未转化渣油更少一些，经济效益会更好一些。

渣油悬浮床加氢裂化工业示范装置长期运转的结果表明，各种常规和非常规原油的减压渣油都可以加工，都能实现≥90%以上的渣油转化率；有些渣油悬浮床加氢裂化技术的反应压力相对不高（约在15MPa技术），装置投资不大。如果在建设中的几套工业生产装置在今后几年间投产运转成功，将会使现代炼油厂的渣油加工工艺发生重大而深刻的变化。

渣油固定床加氢处理是目前技术成熟程度最高、工业应用最多的渣油加氢技术。1967年首次工业应用，到2012年底世界有关国家炼油厂建成的工业装置约61套，总加工能力约129.57Mt/a。但有些装置现在已改作他用，如美国一炼油厂把三套渣油固定床加氢处理装置改为加工直馏减压瓦斯油和焦化瓦斯油，为减压瓦斯油催化裂化装置提供原料。渣油移动床加氢处理技术在20世纪90年代中期首次工业应用，目的是拓展渣油固定床加氢处理的原料范围并延长运转周期，但由于多种原因，建成的工业装置只有5套，并没有得到推广应用。渣油沸腾床加氢裂化技术1968年首次工业应用，到2012年底世界有关国家炼油厂建成的工业装置约18套，总加工能力约39.955Mt/a（799.10kbbl/d）。值得注意的是，进入21世纪以来，世界有关国家炼油厂新建并已投产的渣油加氢装置共13套，总加工能力约36.74Mt/a，其中固定床渣油加氢处理装置6套，合计加工能力16.10Mt/a，均建在我国内地炼油厂，主要生产催化裂化（RFCC）的原料油；沸腾床渣油加氢裂化装置7套，合计加工能力20.84Mt/a（412.80kbbl/d），除其中1套H-Oil沸腾床煤糊加氢裂化装置建在我国神华煤业集团和1套LC-Fining沸腾床渣油加氢裂化装置建在韩国外，其余5套均建在欧洲和北美。这些新建装置呈现大型化趋势，例如，我国上海石化刚刚投产的固定床渣油加氢处理装置，双系列，加工能力3.90Mt/a；Shell加拿大公司2003年建成投产的LC-Fining沸腾床渣油加氢裂化装置，双系列，加工能力4.25Mt/a。渣油悬浮床加氢裂化技术的首次工业应用2012年底在意大利埃尼公司进行，直到2016年底在建设中的6套渣油悬浮床加氢裂化装置都将投产,能否成功投产并顺利运转,值得密切关注。

一、渣油固定床加氢处理

(一)渣油固定床加氢脱硫技术的发展

世界上第一套渣油固定床加氢脱硫装置由 UOP 公司设计,并于 1967 年 10 月在日本出光兴产公司千叶炼油厂建成投产[67],并得到大量应用,目前全世界约有 61 套工业装置,总加工能力达到 129.57Mt/a,其中中国大陆有 9 套,总加工能力达到 21.60Mt/a[68]。采用不同公司技术的渣油固定床加氢工业装置情况见表 9-3-4~表 9-3-6。

表 9-3-4 采用 Chevron 公司(含 Gulf 公司)技术的渣油固定床加氢工业装置

炼油厂厂址	技术类型	生产目的	加工能力/(10kt/a)	投产日期
中化泉州	RDS	RFCC 原料	260	2012
中国石油大连石化分公司	RDS	RFCC 原料	300	2006
中国台湾石化公司麦寮工业区炼油厂	RDS	RFCC 原料	350(M)	1999
中国台湾石化公司麦寮工业区炼油厂	RDS	RFCC 原料	350(M)	1998
美国 Valero 炼制公司得州 Corpus Christi 炼油厂	DCR/RDS	RFCC 原料	350(M)	1998
日本东北石油公司仙台炼油厂	RDS	燃料油	225(M)	1996
韩国油公石油公司蔚山炼油厂	RDS	RFCC 原料	300(M)	1996
日本三菱石油公司水岛炼油厂	OCR/RDS	燃料油	225(G)	1995/1974
日本出光兴产公司北海道炼油厂	OCR/RDS	RFCC 原料	175(M)	1994
比利时石油公司安特卫普炼油厂	RDS	燃料油/RFCC 原料	340(M)	1994
印度尼西亚国家石油公司 Balongan 炼油厂	RDS	RFCC 原料	300(M)	1994
日本石油炼制公司根岸炼油厂	RDS/VRDS	燃料油/RFCC 原料	150(M)	1993
中国台湾中油公司高雄炼油厂	RDS	RFCC 原料	150(M)	1993
日本出光兴产公司爱知炼油厂	OCR/RDS	RFCC 原料	250(M)	1992/1975
韩国油公公司蔚山炼油厂	VRDS	燃料油	150(M)	1992
中国石化总公司齐鲁石化炼油厂	VRDS	燃料油/RFCC 原料	84(M)/150	1992/1999
中国台湾中油公司高雄炼油厂	RDS	RFCC 原料	150(G)	1986
日本岛石油公司岛炼油厂	RDS	燃料油/VGOFCC 原料	100(C)	1984
美国谢夫隆公司密西西比州 Pascagoula 炼油厂	RDS	焦化原料	480(C)	1983
美国 Valero 炼制公司 CorpusChristi 炼油厂	RDS	RFCC 原料	230(C)	1983
美国菲利普斯石油公司得州 Borger 炼油厂	RDS	RFCC 原料	250(C)	1983
日本石油炼制公司室兰炼油厂	VRDS	燃料油	125(C)	1982
日本能源公司水岛炼油厂	VRDS/RDS	燃料油	140/100(G)	1980/1969
日本亚细亚共石公司坂出炼油厂	RDS	燃料油	140(G)	1980
美国谢夫隆公司埃尔塞根多炼油厂	VRDS	燃料油	120.0(C)	1977
日本冲绳石油炼制公司冲绳炼油厂	RDS	燃料油	190(G)	1972
日本出光兴产公司兵库炼油厂	RDS	燃料油	200(C)	1972
美国谢夫隆公司加州 Richmond 炼油厂	DAO/HT	VGOFCC 原料	150(C)	1966
合计(28 套)			6300	

注:1985 年以前 Chevron 和 Gulf 是两家公司,1985 年以后称为 Chevron 公司,两种工艺合并,优势互补。(G)为原 Gulf 公司技术;(C)为原 Chevron 公司技术;(M)为兼并 Gulf 以后的 Chevron 技术。

表 9-3-5 采用 Shell、Exxon、IFP 和 Sinopec 公司工艺技术的渣油固定床加氢装置

炼油厂厂址	技术类型	生产目的	加工能力/(10kt/a)	投产日期
中国石化上海分公司	RDS	RFCC 原料	390	2012
中国石化金陵分公司	S-RHT	RFCC 原料	180	2012
中国石化长岭分公司	RDS	RFCC 原料	170	2011
海南炼油化工有限公司	S-RHT	RFCC 原料	310	2006
中国石化茂名分公司	S-RHT	RFCC 原料	200	1999
法国 Asvahi 公司 Feyzin 炼油厂	IFP HYVAHL-F		30	1984
韩国双龙炼油公司温山炼油厂	IFP HYVAHL-F	减压渣油脱硫	175	1995
道达尔公司克拉荷马州 Ardmore 炼油厂	IFP HYVAHL-F	常压渣油脱硫	140	1993
英国埃克森 Fawley 炼油厂	Exxon Residfining	减压渣油	110	1992
美国 Phibre Fleeport 炼油厂	Exxon Residfining	常压渣油脱硫	325	1980
美国得克萨斯州贝汤炼油厂	Exxon Residfining	常压渣油脱硫	375	1977
意大利阿吉普公司	ShellHDS	常压渣油脱硫	75	1994
荷兰壳牌公司佩尔斯炼油厂	ShellBunker/HDS	常压渣油转化	125	1988/1993
日本昭和四日市公司四日市炼油厂	ShellHDS	常压渣油脱硫	225	1996
日本西部石油公司山口炼油厂	ShellHDS	常压渣油脱硫	225	1976
合计 15 套			3055	

表 9-3-6 采用 UOP 公司(含联合油公司)技术的渣油固定床加氢装置

炼油厂厂址	技术类型	生产目的	加工能力/(10kt/a)	投产日期
中国大连西太平洋公司炼油厂	Unocal Resid Unionfining	常压渣油加氢	200	1997
中国台湾省中油公司桃园炼油厂	Unocal Resid Unionfining	常压渣油加氢	75.0	1989
中国台湾省中油公司桃园炼油厂	Unocal Resid Unionfining	常压渣油加氢	150.0	1986
中国台湾省中油公司高雄炼油厂	UOP RCD Unibio	常压渣油加氢	150.0	1991
加拿大 Newgrade 公司里再贾纳炼油厂	Unocal Resid Unionfining	常压渣油加氢	150	1989
科威特国家石油公司阿不杜那炼油厂	Unocal Resid Unionfining	常压渣油加氢	315	1987
科威特国家石油公司艾哈迈迪炼油厂	Unocal Resid Unionfining	常压渣油加氢	330	1985
科威特国家石油公司艾哈迈迪炼油厂	Unocal Resid Unionfining	常压渣油加氢	330	1985
美国 Perofina 公司得州约瑟港炼油厂	UOP RCD Unibon	脱沥青油加氢	85.0	1984
美国菲利普斯公司得州斯威尼炼油厂	Unocal Resid Unionfining	常压渣油加氢	375.0	1980
哥伦比亚 Ecopertol 公司巴兰卡韦梅哈炼油厂	UOP RCD Unibon	脱沥青油加氢	110.0	1979
美国 Champlin 公司 CorpusChristi 炼油厂	UOP RCD Unibon	减压瓦斯油+脱沥青油加氢	243	1977
日本考斯莫公司千叶炼油厂	Unocal Resid Unionfining	常压渣油加氢	300.0	1976
日本亚细亚石油公司横滨炼油厂	UOP DCD/Union	常压渣油加氢	150.0	1975
南非 Natref 公司萨沙堡炼油厂	UOP BOC Unibon	减压渣油加氢	39.0	1972
日本岛石油公司岛炼油厂	UOP RCD Unibon	常压渣油加氢	225.0	1970
科威特国家石油公司阿不杜那炼油厂	UOP RCD Unibon	常压渣油加氢	175	1969
日本出光兴产公司千叶炼油厂	UOP RCD Unibon	常压渣油加氢	200.0	1967
合计(18 套)			3602	

固定床加氢工艺又分为常压渣油加氢工艺(简称 ARDS)和减压渣油加氢工艺(简称 VRDS)。典型的工艺主要有 Chevron 公司的 RDS 和 VRDS 工艺,UOP 公司的 RDS 工艺,Exxon 公司的 Residfining 工艺,Shell 公司的 HDS 工艺等。表 9-3-7 为渣油加氢技术专利

商和装置数量,图9-3-2和图9-3-3分别为渣油加氢装置各专利商处理能力和数量。

表9-3-7 渣油加氢技术专利商和装置数量

专利商	Chevron	UOP	Shell	Exxon	IFP	Sinopec	总计
装置数/套	28	18	4	3	3	5	61
占总数/%	50.8	24.6	6.6	4.9	4.9	8.2	100
总加工能力/(Mt/a)	63.00	36.02	6.50	8.10	3.45	12.5	129.57
占总加工量/%	48.6	27.8	4.8	6.2	2.7	9.6	100

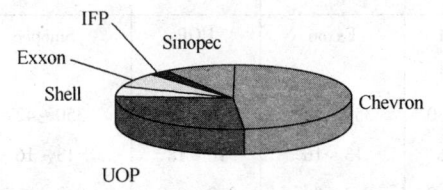

图9-3-2 渣油加氢装置各专利商处理能力

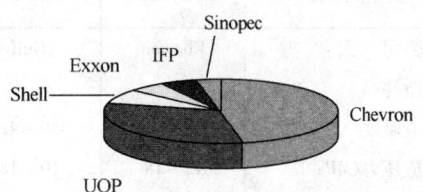

图9-3-3 渣油加氢装置各专利商数量

20世纪80年代以前的渣油固定床加氢处理装置,主要以生产低硫燃料油为目的,渣油加氢转化率低,残炭和金属等杂质脱除率相对较低。进入80年代后,由于催化剂及工艺等技术水平的提高,渣油加氢转化率明显提高,硫、氮、残炭和金属等杂质脱除率也有所提高,不仅能为下游的催化裂化装置提供高质量的原料油,以改善催化裂化装置的产品分布和产品质量。同时,渣油加氢过程还能生产部分高质量的柴油馏分和石脑油馏分。

出于投资方面的考虑,单系列最大处理能力是各国外专利商的追求目标。单系列最大处理能力取决于工艺流程设置、高压静设备加工水平和装置能耗指标。Chevron公司采用炉前混氢两相流换热流程,反应进料加热炉采用两路对称自然分配方案。由于加热炉管压降的限制,单系列最大处理能力为2.4~2.5Mt/a。在处理量较大的装置中,UOP公司采用单相换热、混相反应进料加热炉,各炉管流量靠调节阀调节,炉管可采用四路,因而解决了炉管压降过高的问题,其单系列最高处理量为2.8~3.0Mt/a,但UOP公司的方案增加了高压换热器的台位数和总面积。

国内在渣油固定床加氢处理技术的研究和应用虽起步较晚,但已经达到了国际先进水平。20世纪80年代中国石化齐鲁分公司胜利炼油厂引进Chevron公司840kt/a VRDS装置工艺包开始进行渣油加氢相关工艺和工程技术的开发与研究。目前中国石化集团公司(以下简称中国石化)拥有自己的渣油加氢技术,具有自主设计、建设大型固定床渣油加氢装置的能力和业绩。1999年建成投产了中国石化茂名分公司2.0Mt/a渣油加工装置,2006年中国石化海南炼油化工有限公司3.10Mt/a催化裂化原料预处理(渣油加氢)装置投入商业运行,2011年长岭1.7Mt/a渣油加氢装置建成投产,2012年金陵公司1.8Mt/a和上海石化公司3.9Mt/a渣油加氢装置建成投产。1997年大连西太平洋石化公司引进UOP专利技术的2.0Mt/a ARDS装置建成投产,2006年大连石化公司引进Chevron公司专利技术3.0Mt/a RDS装置建成投产,2012年中化泉州公司引进Chevron公司专利技术2.6Mt/a RDS装置建成投产。中国石化在"十二五"期间将采用自己的技术建设8套固定床加氢装置,其中单系列最大的处理规模达到2.0Mt/a。中国石油、中国海洋石油等公司也将建设5套固定床渣油加氢处理装置,预计到"十二五"期末,我国固定床渣油加氢处理能力将达到80.0Mt/a[68]。

(二) 典型固定床加氢工艺概况

典型固定床加氢工艺技术主要有 Chevron 公司的 RDS/VRDS 工艺、UOP 公司的 RCD Unibon 工艺、Unocal 公司的 Unicracking/HDS 工艺、Exxon 公司的 Residfining 工艺、Sinopec 公司的 S-RHT 工艺和法国 IFP 的 Hyval 工艺技术等。固定床加氢工艺技术的典型操作条件和原料油性质及杂质脱除率如表 9-3-8 所示。

表 9-3-8 全球典型固定床加氢工艺的操作条件

工艺名称	RDS/VRDS	Resid HDS	Unicracking/HDS	Residfining	RCD Unibon	S-RHT
所属公司	Chevron	Gulf	Unocal	Exxon	UOP	Sinopec
操作条件						
反应温度/℃	350~430	340~427	350~430	350~420	350~450	350~427
反应压力/MPa	12~18	10~18	10~16	13~16	10~18	13~16
体积空速/h^{-1}	0.2~0.5	0.1~1.0	0.1~1.0	0.2~0.8	0.2~0.8	0.2~0.7
化学氢耗/(Nm^3/m^3)	187	150	90~180	190	130	150~187
转化率和杂质脱除率						
转化率/%	31	>20	15~30	20~50	20~30	20~50
脱硫率/%	94.5	91.8	87.9	81.6	92.0	92.8
脱氮率/%	70	40~60	40~60	60~70	40	72.8
脱金属率/%	92.0	91.5	68.1	72.5	78.3	83.7
脱残炭率/%	50~60	40~60	50~75	56.5	59.3	67.1
原料油性质						
原料来源	阿拉伯重质原油	阿拉伯重质原油	科威特原油	阿拉伯重质原油	科威特原油	伊朗原油/沙特原油
原料油	常压渣油	常压渣油	常压渣油	减压渣油	常压渣油	减压渣油
密度/(kg/m^3)	954.1	981.3	969.0	1054.4	956.6	961.5
硫/%	3.9	4.4	4.2	6.0	2.5	3.01
氮/%	0.4	0.3	0.24	0.2	0.2	0.35
残炭/%	13.0	13.3	10.0	28.1	9.5	12.1
镍+钒/($\mu g/g$)	115	117	98	270		112.6
产品分布						
目的产品	低硫燃料油	>343℃燃料油	>343℃燃料油	减压渣油脱硫	>176℃燃料油	>350℃RFCC 原料
<343℃/%	25.0	15.3	5.7	5.9	8.7	11.5
>343℃/%	74.8	83.2	93.6	93.2	88.7	86.5

(三) 工艺流程

世界各大公司开发的渣油固定床加氢专利技术虽然各有特点,但工艺流程基本相同,绝大数采用单段一次通过流程,Chevron 公司 RDS/VRDS 典型工艺流程如图 9-3-4 所示。

为解决渣油加氢装置反应器压降上升过快影响装置操作周期的问题,UOP 公司开发了可切除保护反应器的渣油加氢技术(参见图 9-3-5),当保护反应器的压降上升到设计值时,在装置不停工的情况下将其切出,原料油和循环氢直接进入第二反应器,延长了装置的操作周期。我国大连西太平洋的 ARDS 装置采用该流程。

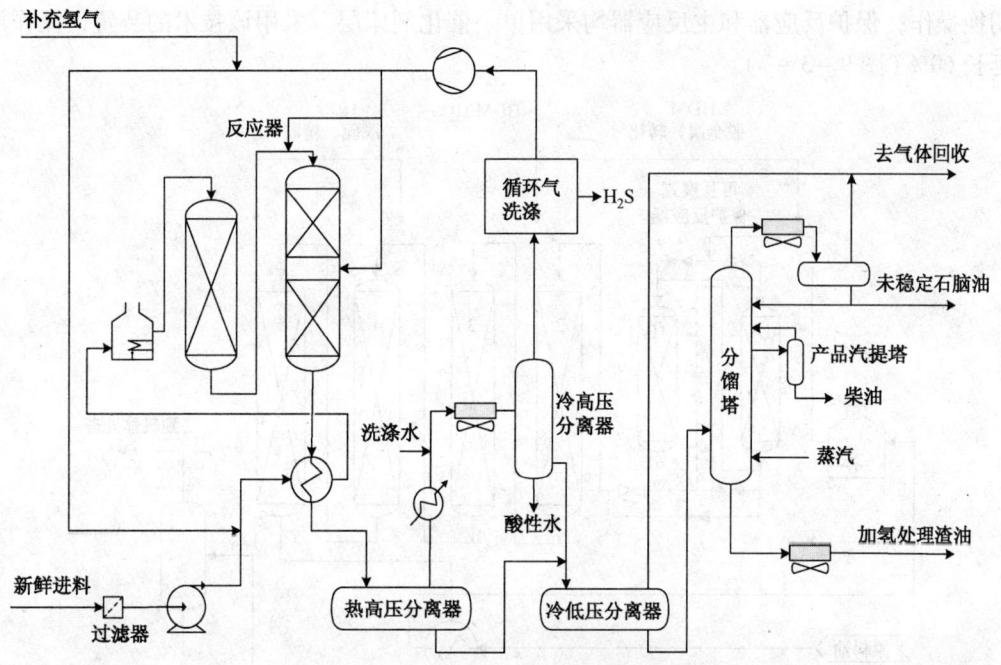

图9-3-4 Chevron公司RDS/VRDS工艺流程

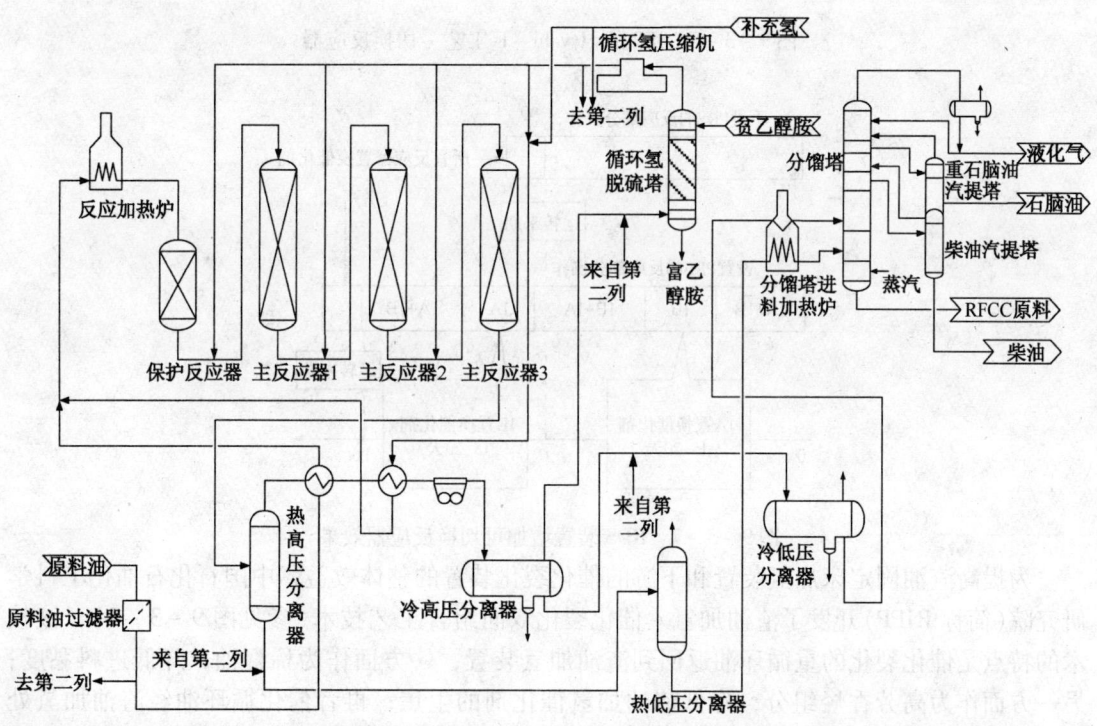

图9-3-5 UOP公司可切除反应器工艺流程

为加工金属含量更高的原料或延长装置的操作周期，IFP开发了可轮换切换反应器的Hyvahl-S工艺(图9-3-6)。该技术在固定床主反应器前设有一个较小的反应器，实现轮换切换操作;保护反应器和主反应器均采用单一催化剂床层。采用该技术的装置,操作周期可延长60%(图9-3-7)。

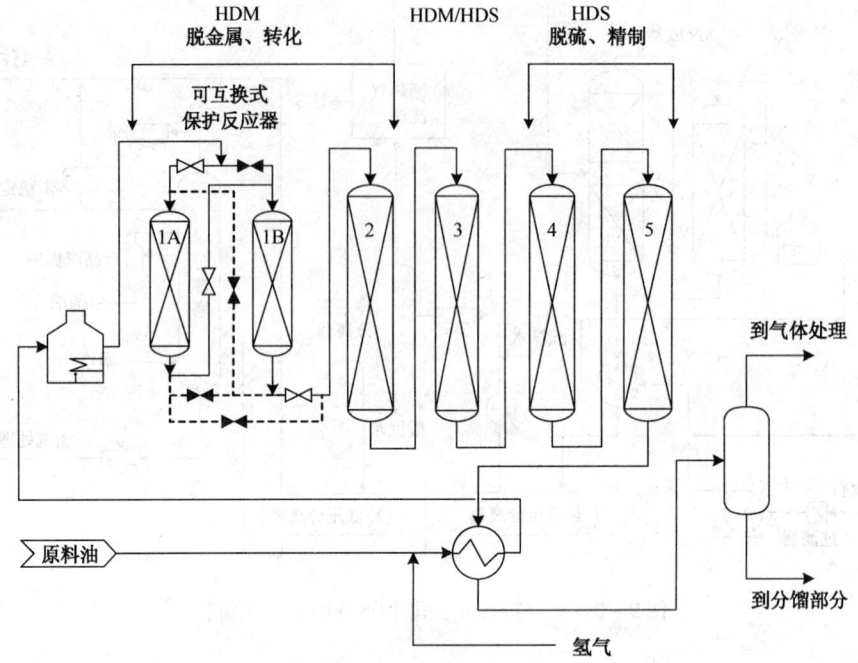

图9-3-6 IFP的Hyvahl-F工艺-切换反应器

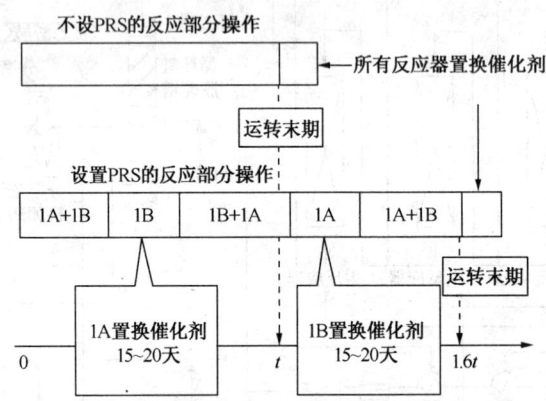

图9-3-7 RDS装置增加可切换反应器效果

为提高渣油固定床加氢装置和下游的催化裂化装置的整体效益,中国石化石油化工科学研究院(简称RIPP)开发了渣油加氢-催化裂化双向组合工艺技术(参见图9-3-8),该技术的特点是催化裂化的重循环油返回到渣油加氢装置,一方面作为稀释油,降低进料黏度;另一方面作为高芳香烃组分,降低渣油加氢催化剂的生焦;再者催化循环油经渣油加氢处理,部分芳烃饱和,增加催化裂化的转化率,提高液体产品的收率。中国石化抚顺石油化工研究院(简称FRIPP)也开发了渣油加氢与催化裂化深度偶联的工艺流程(参见图9-3-9),该技术的特点是,渣油加氢装置取消分馏塔,全馏分加氢渣油进入催化裂化,催化裂化的循环油、油浆和部分或全部柴油返回渣油加氢装置,及降低装置投资又增加液体产品的收率。

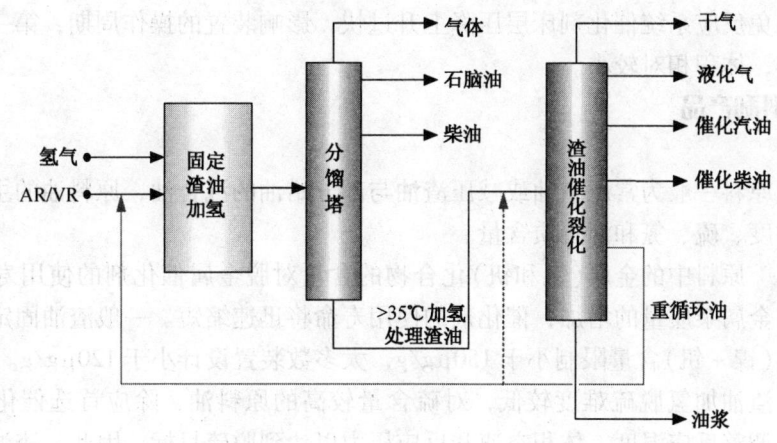

图9-3-8　RIPP RHT-RFCC双向组合技术(RICP)工艺流程

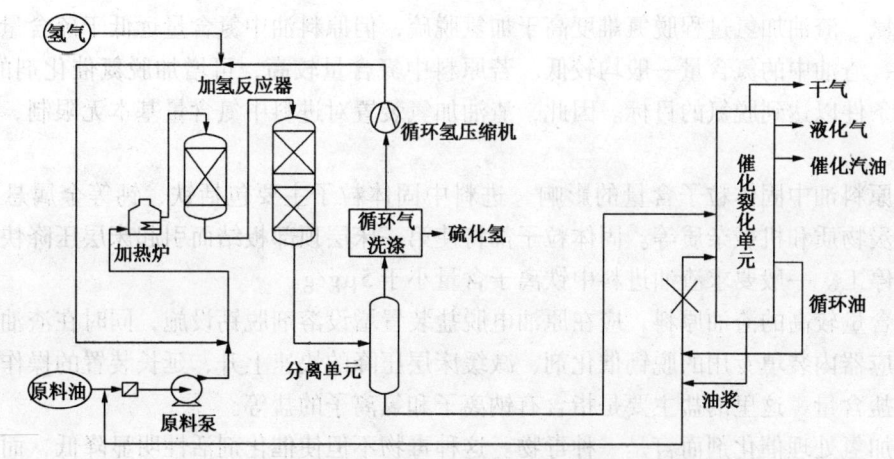

图9-3-9　FRIPP RDS与RFCC深度耦合流程IRCC

渣油加氢工艺流程与馏分油加氢工艺流程主要不同点在于：

（1）进料体积空速较小（一般$0.17\sim0.5h^{-1}$），反应器体积较大。大连石化3.0Mt/a渣油加氢装置反应器直径5.2m，单系列催化剂装填体积997m^3。目前，国内在建渣油加氢装置的反应器直径达到5.4m。

（2）由于反应器加工和运输限制，目前运行的渣油加氢装置绝大多数从加热炉、反应器到热高分系统双系列，也有采用三系列。分离和分馏系统合用。双系列可以单开单停或同开同停。国内新建装置2.0Mt/a以下规模，均采用单系列。

（3）原料预处理和过滤，常减压装置强化电脱盐操作，渣油加氢装置设自动反冲洗过滤器，除去固体杂质和使催化剂中毒失活的金属Fe、Na和Ca等，延长装置操作周期。

（4）生成油气液相分离采用多级分离系统，即热高分、冷高分、热低分、冷低分和冷低压闪蒸。

（5）循环氢均设脱硫系统，脱除循环氢中的硫化氢，避免设备腐蚀，同时提高催化剂的加氢脱硫深度。

（6）为延长装置操作周期，催化剂系统采用分级装填，有利于催化剂活性的发挥，延长装置周期。

(7) 为避免反应系统催化剂床层压降上升过快，影响装置的操作周期，第一反应器设置为保护反应器，体积相对较小。

（四）原料和产品

1. 原料

渣油加氢原料一般为常压渣油或减压渣油与部分蜡油的混合油，原料油的主要指标为金属、残炭、黏度、硫、氮和沥青质含量。

（1）金属　原料中的金属（镍和钒）化合物的含量对脱金属催化剂的使用寿命有重要影响。随进料中金属杂质量的增加，催化剂的使用寿命将迅速缩短。一般渣油固定床加氢装置原料油中金属（镍＋钒）含量限制小于 $150\mu g/g$，大多数装置设计小于 $120\mu g/g$。

（2）硫　渣油加氢脱硫难度较低，对硫含量较高的原料油，除应首选催化剂级配系统外，还可通过调整反应温度、体积空速和反应压力以达到脱硫目标，因此，渣油加氢装置对进料中的硫含量基本没有限制。

（3）氮　渣油加氢过程脱氮难度高于加氢脱硫，但原料油中氮含量远低于硫含量，除个别原油外，渣油中的氮含量一般均较低。若原料中氮含量较高，可增加脱氮催化剂的比例、调整工艺条件以达到脱氮的目标。因此，渣油加氢装置对进料中氮含量基本无限制，但希望不要太高。

（4）原料油中固体粒子含量的影响　进料中固体粒子主要包括铁、钙等金属悬浮颗粒物、类积炭物质和机械杂质等。固体粒子都将使第一床层顶部板结而引起床层压降快速升高导致装置停工。一般要求渣油进料中铁离子含量小于 $5\mu g/g$。

对钙含量较高的渣油原料，应在原油电脱盐装置增设溶剂脱钙设施，同时在渣油加氢装置保护反应器内装填专用的脱钙催化剂，减缓床层压降的快速上升，延长装置的操作周期。

（5）盐含量　这里的盐主要是指含有钠离子和氯离子的盐等。

钠对加氢处理催化剂而言是一种毒物。这种毒物不但使催化剂活性明显降低，而且使其稳定性变差。所以，应严格控制原料油中的钠离子含量小于 $3\mu g/g$。

氯离子的危害是在催化剂床层沉积使床层压降升高；在热高分气/混氢换热器中造成积垢并引起应力腐蚀裂纹；与反应生成的氨结合生成氯化铵，堵塞和腐蚀反应物的换热器和冷却器。因此，要控制原料油中氯离子含量不大于 $4\mu g/g$。

（6）残炭　渣油固定床加氢过程对原料油的残炭值有一定的要求，当原料油的残炭值一定时，选择适当的催化剂有利于脱残炭反应的进行。渣油固定床加氢装置进料中残炭一般小于15%。

（7）黏度　因为渣油加氢处理过程化学反应受扩散控制，原料油的黏度越大，传质扩散阻力也越大，导致加氢反应的杂质脱除率越低。因此原料油黏度过高，对加氢处理反应不利。

（8）沥青质　大量研究结果表明[69~72]，渣油加氢过程脱硫反应速率主要与原料油中沥青质含量有关，沥青质含量越低，加氢脱硫反应速率越大。

总之，当选择某渣油作为固定床渣油加氢装置的原料时，首先应考虑渣油的主要性质是否与渣油加氢原料指标相近。若各种性质指标在渣油加氢范围内，可直接加以应用；若加工渣油原料的金属和残炭含量较高，则可降低渣油的切割点，也可调入一定量的脱沥青油、焦化蜡油、催化裂化澄清油等；若加工渣油的金属含量较低，可以将渣油的切割点提高，但必须结合全厂总加工流程的安排。

目前，渣油固定床加氢装置的原料多为常压渣油，全部减压渣油的装置只有6套，全部为Chevron公司技术，据了解，实际运行并非全部减压渣油。中国石化齐鲁分公司的UFR/VRDS装置设计加工1.2Mt/a纯减压渣油，但加入蜡油（300kt）稀释，含稀释油装置规模为1.5Mt/a。茂名分公司2.0Mt/a、海南炼化3.1Mt/a、大连石化3.1Mt/a和大连西太平洋2.0Mt/a渣油装置加工原料均为常压渣油与减压渣油的混合油。目前，国内正在设计建设的10多套渣油加氢装置的原料多为减压渣油与20%~30%的蜡油混合油。

2. 产品

早期渣油固定床加氢装置的目的产品为低硫燃料油，主要控制指标为硫含量、黏度和凝点。目前大多数渣油固定床加氢装置的目的产品为下游催化裂化装置的原料，加氢渣油的收率为80%~90%，硫含量小于0.5%，残炭含量小于7%，金属（镍+钒）含量小于20μg/g，氮含量小于0.3%。

渣油加氢过程同时副产4%~15%的硫含量小于300μg/g的低凝柴油调和组分，十六烷值45以上。另外还有少量（1%~5%）的石脑油，硫含量小于50μg/g，辛烷值60左右，可以作为重整进料。

由于渣油加氢过程脱除了大部分硫、氮、残炭和金属等杂质，同时多环芳烃部分加氢饱和，催化裂化的液体产品收率提高，催化汽油和柴油的硫含量大幅度下降，降低了清洁汽柴油质量升级的压力。

（五）工艺条件

由于渣油原料大分子化合物多，S、N、CCR和金属等杂质含量较高，加工难度大，操作苛刻度较高，氢分压较高，一般为13~20MPa；体积空速较低，一般为0.17~0.5h^{-1}；反应温度较高，一般为360~430℃；氢油体积比一般为500:1~1000:1。

（六）渣油加氢反应特点和催化剂

1. 渣油加氢过程的关键和难点

（1）大分子C—C键的断裂：

① 渣油是原油中沸点最高、相对分子质量最大、杂原子含量最多和结构最为复杂的部分，加氢苛刻度高。

② 渣油反应物相对分子质量大，沥青质在350℃的平均（直径）尺寸约为5nm，且黏度高，加氢反应受内扩散影响显著。

③ 要使沥青质分子能在催化剂孔道内扩散容易，孔道直径要求至少在50nm以上，要求催化剂尤其是保护剂和脱金属剂有一定量的大于50nm的孔道。

④ 大催化剂孔道有利于改善渣油分子的扩散性能，降低渣油分子在催化剂孔道的扩散阻力是提高催化剂反应性能的关键所在。

（2）加氢脱金属 原油中90%的金属主要存在于渣油中；渣油中绝大多数的金属存在于沥青质和胶质中，占总量的97%，虽然沥青质的含量很低，但其金属的相对权重较大（见表9-3-9）。系统研究还发现，硫、氮等均表现出相似的分布规律（见图9-3-10）。

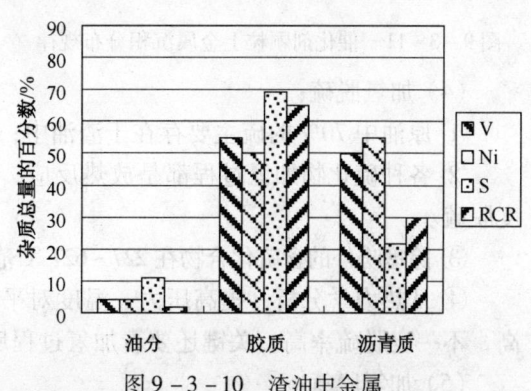

图9-3-10 渣油中金属Ni、V及S和兰氏残炭分布

表 9-3-9　典型中东渣油金属分布

组　分	原　料	胶　质	沥 青 质
含量/%	100	23.6	4.6
Ni + V/(μg/g)	120	309	930
权重比例/%	100	61	36

① 胶质组分脱金属比沥青质组分容易得多，因为胶质分子小，易扩散至催化剂内部，脱除的镍和钒沉积在催化剂孔道深处。

② 而沥青质分子较大，扩散速度比胶质慢得多，并且它的空间阻碍也较大，不易进入催化剂孔道内，金属脱除相对较困难。钒的存在结构使它更容易脱除，约是镍的7倍。

③ 催化剂的有效容金属能力是保证使用寿命的决定因素。

④ 小孔径催化剂内部仅有少量的钒沉积，说明催化剂内表面利用率低，仅有少量金属杂质能扩散到催化剂内部进行反应，大部分金属杂质主要还是在表面或近表面反应（见图9-3-11）。

⑤ HDM 催化剂脱金属能力强，容金属杂质能力高。

（3）操作周期：

① 床层压降：优化催化剂颗粒度和形状及活性。

② 床层热点：良好的反应器内构件，避免偏流。

③ 催化剂级配系 HDM 与 HDS 和 HDCCR 活性匹配，同步失活（见图9-3-12）。

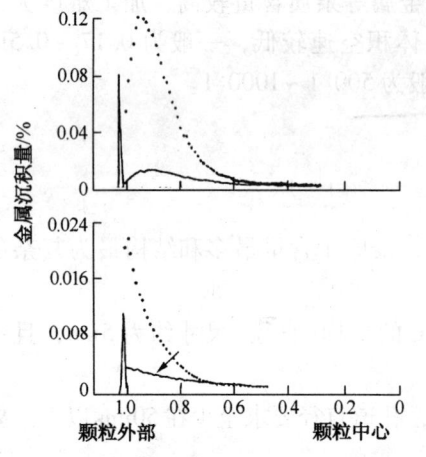

图 9-3-11　催化剂颗粒上金属沉积分布规律

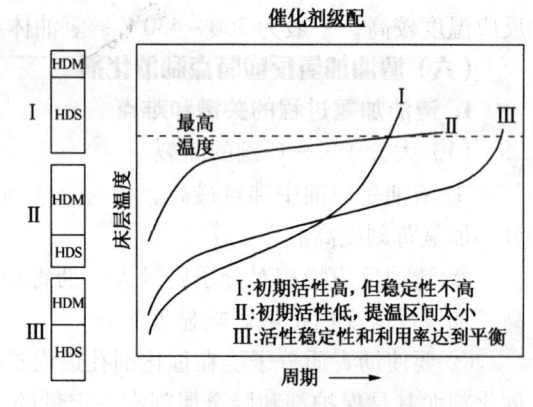

图 9-3-12　催化剂活性级配示意图

（4）加氢脱硫：

① 原油中70%的硫主要存在于渣油中；渣油中的硫主要存在于胶质和沥青质中。

② 各种硫化物加氢过程都是放热反应，随温度升高，平衡转化率下降，高温不利于深度脱硫。

③ 除噻吩外的含硫化合物在227~627 ℃范围内，脱硫平衡常数均为正值，平衡转化率较高。

④ 从热力学分析，提高压力、温度对平衡转化率的影响显著降低；热力学平衡转化率高，不一定脱硫率高，关键还要看加氢过程反应动力学。

（5）加氢脱氮：

① 加氢脱氮过程，由于 C—N 键能高于 C—S 键能，HDN 困难。

② HDN 反应在 300~400℃ 范围内，化学平衡常数为正值，且为强放热反应，温度越高，对化学平衡越不利。

③ 虽然加氢脱氮为强放热反应，但由于氮含量较低，对总反应热的贡献不大。

④ 加氢脱氮反应过程，一旦加氢饱和，随后可快速氢解，总过程受加氢饱和的限制。

⑤ 采用芳烃加氢饱和性能好的催化剂以及较高的氢分压和适中的温度，对加氢脱氮反应有利。

(6) 加氢脱残炭：

① 胶质、沥青质等大分子的转化和脱除。

② 五元环以及五元环以上的缩合芳烃都是生成残炭的前身物。渣油中胶质和沥青质的残炭值最高，这与胶质和沥青质中含有大量的稠环芳烃和杂环芳烃有关。

③ 在渣油加氢反应过程中，作为残炭前身物的稠环芳烃逐步被加氢饱和，稠环度逐步降低，有些变成少于五元环的芳烃，就已不再属于残炭前身物了。

2. 渣油加氢催化剂

渣油固定床加氢处理技术开发的关键之一是各类催化剂的研制。在设计催化剂时，应了解渣油加氢处理过程中的主要反应，然后根据这些反应的特点对催化剂提出物化性质方面的要求。典型渣油加氢处理催化剂的特点见表 9-3-10。

表 9-3-10 四大类渣油加氢处理催化剂的特点[73]

催化剂种类	保护剂	HDM 催化剂	HDS 催化剂	HDN 催化剂
颗粒大小	大	小	小	小
平均孔径	最大	次大	次小	最小
酸性	最弱	次弱	较强	最强
体积比表面	最小	次小	次大	最大
体积孔容	最大	较大	大	大
金属含量	最小	次小	次大	最多
主要作用	脱铁、钠、钙	脱镍、钒	脱硫、氮	脱氮、转化

(1) 保护催化剂：

① 保护催化剂的作用。主要用于脱除进料中的铁和垢物。因为渣油中的可溶性有机铁很容易在催化剂颗粒表面反应，生成硫化铁沉积在床层空隙中；保护剂的另一作用是使渣油中易结焦物质适度地加氢以阻缓其结焦；强化反应物流的分配；保护下游的脱金属催化剂。

② 保护催化剂的特点。较大的孔容；比表面积适中；表面呈弱碱性或弱酸性；磨耗低、强度大；碱金属流失量少。

(2) 脱金属催化剂：

① 脱金属催化剂的作用：渣油中的金属镍和钒主要以卟啉化合物和沥青质的形式存在，其中卟啉的基本相对分子质量大约为 300~600，直径为 1.2~2.0nm，而沥青质的相对分子质量可达 40 万，且富含多环芳香环。

据介绍，脱除金属铁和钙所用的催化剂几乎无需加氢活性，其反应过程主要是热裂化。而镍和钒的化合物在反应中主要是通过加氢和氢解，最终以金属硫化物的形式沉积在催化剂颗粒的内部及外表面。

研究结果表明，金属有机化合物分子向催化剂颗粒内部的扩散过程是渣油加氢脱金属反应的控制步骤。脱金属催化剂的作用就是脱除进料中的大部分重金属，同时脱除部分容易反应的硫化物，以保护下游的脱硫和脱氮催化剂。

② 脱金属催化剂的特点：渣油加氢脱金属催化剂的设计特点是由渣油的性质及其反应特征决定的。与其他加氢处理催化剂相比，渣油加氢脱金属催化剂具有如下特点：

a. 催化剂具有较大的孔径，平均孔直径大于 15.0nm，以利于反应物的内扩散和防止或延缓孔口被固体沉积物堵塞。

b. 适中的比表面积和较大的孔容，以利于反应物及生成物的内扩散和提高催化剂的容金属能力。

c. 较弱的表面固体酸性。催化剂表面酸性强将加剧生焦反应，导致催化剂失活加快。

d. 适中的活性和较好的稳定性。脱金属催化剂失活速率较快，如何延长催化剂的运转周期是个突出的问题；

e. 较低的活性金属含量。

(3) 脱硫催化剂：

① 脱硫催化剂的作用。渣油进料经过加氢脱金属催化剂后，大部分重金属如镍和钒等被脱除，部分容易反应的硫化物也被除去。加氢脱硫催化剂的作用是：进一步脱除进料中更难反应的硫化物；进一步脱除进料中残存的金属化合物；脱除部分容易反应的氮化合物；进行部分加氢裂化反应，降低进料中残炭、芳烃、胶质和沥青质的含量，保护下游的脱氮催化剂，延长装置运转周期。

② 脱硫催化剂的特点：

a. 催化剂具有较大的孔径和孔容，以利于大分子反应物的扩散，又不易被金属和焦炭等固体物堵塞孔道。

b. 催化剂含有适量的粗孔(孔径约为 100~500nm)。这种粗孔有利于反应物向颗粒内部扩散，但不宜过多，否则将使催化剂比表面积大幅度降低。

c. 催化剂的酸强度应比加氢脱金属催化剂强，而比加氢脱氮催化剂弱。这种适中的酸强度既可促使加氢裂化和加氢脱氮反应的发生，又可抑制生焦反应。

d. 催化剂使用周期短，难以再生，故要求催化剂成本低廉。

此外，渣油加氢脱硫催化剂还应具有与馏分油加氢脱硫催化剂相同的一些性质。如：活性金属组分高度分散，并且与载体的相互作用适中，在硫化还原过程中可转化为活性中心；孔分布较为集中，密度适中，有足够的机械强度和热稳定性。

(4) 脱氮催化剂：

① 脱氮催化剂的作用。渣油进料经过加氢脱金属和加氢脱硫催化剂后，大部分容易反应的杂质如重金属、硫和氮化合物以及残炭、胶质等已被除去。脱氮催化剂的作用是：进一步脱除反应物中的硫化物，降低加氢生成油中的硫含量；进一步脱除反应物中残存的微量金属化合物，降低加氢生成油中的金属含量；进一步脱除氮化物，降低加氢生成油中的氮含量；进行适度的加氢反应，降低加氢生成油中的残炭含量；进行适度的加氢裂化反应，直接生产高品质轻油。

② 脱氮催化剂的特点：

a. 与渣油加氢脱硫催化剂比较，渣油加氢脱氮催化剂的基本特点是反应活性高，因为难反应的杂质都在脱氮催化剂上反应，所以渣油加氢脱氮催化剂在物化性质方面的特征是较大的比表面积、较强的酸性和较高的活性金属含量。

b. 与馏分油加氢脱氮催化剂比较，渣油加氢脱氮催化剂需具备良好的抗结焦性能。因此，渣油加氢脱氮催化剂应含有在高温下可吸收氢的少量镍铝尖晶石。

c. 渣油加氢处理过程中脱氮催化剂用量大，难以再生，成本低廉。

(5) 国外公司主要渣油加氢催化剂：

① Chevron 公司的渣油加氢催化剂。Chevron 公司按照不同原料油加氢脱金属、加氢脱硫和加氢脱氮不同反应的需要，开发了几十种物化性质不同的催化剂，结合分级装填的技术，既能提高原料的适应性，又能降低压降、延长运转周期，较好发挥催化剂的作用，提高加氢效果，改善产品质量，使 Chevron 公司的 RDS/VRDS 技术成为目前世界上最先进的渣油固定床加氢技术。Chevron 公司渣油加氢催化剂的开发历程和品种如表 9-3-11 所列。

表 9-3-11 Chevron 公司的 RDS/VRDS 催化剂

年　份	HDM	HDS	HDN
1994~2010	ICR-161(高容金属) ICR-167(高容金属，也脱硫) ICR-167(高容金属，也脱硫) ICR-182(高脱金属，UFR用)	ICR-153(也脱残炭) ICR-170(高脱硫、中等金属) ICR-171(深度脱硫、高脱残炭) ICR-181(高脱硫和脱残炭)	
1991~1993	ICR-122Z(低压降) ICR-122L(低压降) ICR-138(OCR用) ICR-149(OCR用)	ICR-148	
1990	ICR-133(脱钙) ICR-122H(低压降)	ICR-135(也脱残炭) ICR-137(也脱金属)	GC-112, GC-117
1988	ICR-132(高容金属)		
1987		ICR-131(也脱金属脱残炭)	
1985		GC-102, GC-107L GC-107M, GC-107S	ICR-130(也脱残炭) ICR-131(也脱残炭)
1984	GC-125, GC-130		
1983			ICR-125
1982	ICR-122A, -122B, 122C, -122D, -122E, -122F, 122G(低压降)		
1981	ICR-121		
1979		GC-105, GC-106, GC-107	
1975		GC-100, GC-102	
1974		ICR-105	
1970			ICR-114
1969		GC-101	ICR-107

② UOP 的渣油加氢催化剂。UOP 公司的渣油加氢催化剂的品种和类型如表 9-3-12 所列。

表 9-3-12 UOP 公司的 RCD Unionfining 催化剂

原开发单位	保护剂	脱金属剂	脱硫剂
UOP	RCD-8L	RCD-8 RCD-5 RCD-9	RCD-5A RCD-5E RCD-7(也脱残炭)
Unocal[①]	RF-220WP	RF-200 RF-220 RF-25	RF-1000 RF-1100(也脱氮) RF-11　RF-12　RF-100

续表

原开发单位	保护剂	脱金属剂	脱硫剂
CCIC[②]	NP-1 NP-5 DM-1 NPS-1 NPS-5	DM-1 DM-5	R-95 R-25 R-9 R-2

[①] 1995年1月UOP兼并Unocal PTL部,原Uniocal公司的加氢技术全归UOP所有;
[②] 1993年UOP与日本CCIC公司建立联盟,所有新转让的渣油加氢装置都由CCIC供应催化剂。

③ 其他公司的渣油加氢催化剂。Criterion、Akzo、Haldor Topsoe公司是专业催化剂生产公司。该公司生产的渣油固定床加氢催化剂如表9-3-13和表9-3-14所示。

表9-3-13 Criterion、Akzo和Haldor Topsoe公司的渣油固定床加氢催化剂

公 司	脱金属剂	脱硫剂	脱氮剂
Criterion公司	C-117 RC-410 RN-410 RN-412 RM-430 RN-450	C-227 C-247 RC-400 RN-400	RN-440(渣油转化)
Akzo公司	KG-1(保护剂) KG-2(保护剂) KFR-10 KFR-11 KFR-20 KFR-30 RF-220	KFR-50 KFR-53 RF-1000	KFR-70 KF-INT-R1
HaldorTopsoe公司	TK-709 TK-710 TK-711	TK-750 TK-751 TK-770 TK-771 TK-831 TK-830	

表9-3-14 Critervion公司几种渣油固定床加氢催化剂的物化性质

项 目	加氢脱金属剂RM-430	加氢脱金属剂RN-410	加氢脱硫剂RN-400	加氢转化剂RN-440
载体	Al_2O_3	Al_2O_3	Al_2O_3	$Al_2O_3-SiO_2$
镍/%		1.5	2.0	
钼/%	4.0	8.0	8.0	
形状	三叶形小条	三叶形小条	三叶形小条	三叶形小条
颗粒大小/mm	ϕ1.6,ϕ2.5	ϕ1.3,ϕ1.6,ϕ2.5	ϕ1.3	ϕ1.3
密实堆密度/(g/mL)	0.54	0.65	0.66	0.69
破碎强度/(kg/mm)	1.45	2.27	2.72	2.2
孔容/(mL/g)	0.89	0.68	0.65	0.47
表面积/(m^2/g)	145	153	210	390
孔结构	单峰	单峰	单峰	
平均孔直径	很大	大	中等	

(6) 国内主要渣油加氢催化剂

国内主要渣油加氢催化剂的主要物化性质见表9-3-15~表9-3-18。

表9-3-15 国产保护剂的主要物化性质[74]

牌 号	形 状	颗粒尺寸/mm	比表面积/(m²/g)	孔容/(mL/g)	强度/(N/粒)	堆积密度/(g/mL)
FZC-10	椭球形	3.0~5.5	140	>1.0	>30	0.43±0.03
FZC-11	椭球形	3.0~5.5	140	>1.0	>30	0.43±0.03
FZC-12	球形	1.85±0.5	140	>1.0	>5	0.43±0.03
FZC-13	球形	1.85±0.5	140	>1.0	>6	0.43±0.03
FZC-14	椭球形	3.0~5.5	140	>1.0	>30	0.43±0.03
FZC-15	球形	1.85±0.5	140	>1.0	>5	0.43±0.03
FZC-16	球形	1.85±0.5	140	>1.0	>6	0.43±0.03
FZC-17	椭球形	3.0~5.5	135	>1.0	>30	0.46±0.03
FZC-18	椭球形	3.0~5.5	140	>1.0	>30	0.43±0.03
FZC-10Q	四叶轮形	15~18	1~30	—	>15	0.70~0.85
FZC-11Q	四叶轮形	5.3~6.3	140	>0.70	>7	0.46~0.51
FZC-12Q	四叶轮形	3.2~4.2	140	>0.70	>8	0.48~0.53
FZC-13Q	四叶轮形	2.0~3.0	140	>0.70	>15	0.55~0.61
FZC-14Q	四叶轮形	4.0~5.0	140	>0.70	>15	0.55~0.61
FZC-100	7孔球形	15~18	1~30	—	>15	0.75~0.85
FZC-101	拉西环形	15~17	1~30	—	>15	0.75~0.85
FZC-102	拉西环形	4.9~5.2	260~330	>0.6	>2.0	0.44~0.50
FZC-102A	拉西环形	4.9~5.2	150~220	>0.6	>2.0	0.44~0.50
FZC-103	拉西环形	3.3~3.6	150~220	>0.6	>3.0	0.56~0.62
FZC-103A	拉西环形	3.3~3.6	150~220	>0.6	>3.0	0.56~0.62
FZC-10U	球形	2.2~3.2	95~150	>0.75	>28	0.56~0.62
FZC-11U	球形	2.2~3.2	120~165	>0.70	>28	0.56~0.62

表9-3-16 渣油加氢脱金属的主要物化性质

牌 号	形 状	颗粒尺寸/mm	比表面积/(m²/g)	孔容/(mL/g)	强度/(N/粒)	堆积密度/(g/mL)
FZC-20	圆柱形	0.8~0.9	140	>0.6	>6	0.52~0.55
FZC-21	圆柱形	0.8~0.9	140	>0.6	>6	0.60~0.64
FZC-22	三叶草形	2.0~3.0	140	>0.5	>15	0.60~0.64
FZC-23	四叶草形	1.1~1.5	155	>0.6	>15	0.50~0.56
FZC-24	四叶草形	1.1~1.5	155	>0.6	>15	0.57~0.63
FZC-25	四叶草形	1.1~1.5	135	>0.6	>15	0.55~0.61
FZC-26	四叶草形	1.4~1.8	135	>0.6	>15	0.55~0.61
FZC-27	四叶草形	1.8~2.2	135	>0.6	>20	0.55~0.61
FZC-200	四叶草形	1.1~1.5	155	>0.6	>15	0.55~0.60
FZC-201	四叶草形	1.1~1.5	155	>0.6	>15	0.57~0.63
FZC-202	四叶草形	1.1~1.5	145	>0.6	>15	0.57~0.63
FZC-203	四叶草形	1.1~1.5	145	>0.6	>15	0.59~0.65
FZC-204	四叶草形	1.1~1.5	135	>0.6	>15	0.59~0.65

表 9-3-17 渣油加氢脱硫催化剂的主要物化性质

牌号	形状	颗粒尺寸/mm	比表面积/(m²/g)	孔容/(mL/g)	强度/(N/粒)	堆积密度/(g/mL)
FZC-30	圆柱形	0.8~0.9	140~180	>0.37	>10	0.85~0.89
FZC-31	圆柱形	1.6~1.8	170	>0.38	>15	0.80~0.86
FZC-32	三叶草	4.0~5.0	170	>0.38	>20	0.78~0.86
FZC-33	四叶草	1.2~1.4	170	>0.40	>10	0.75~0.80
FZC-34	四叶草	1.1~1.4	180	>0.38	>10	0.80~0.85
FZC-35	圆柱形	1.6~1.8	170	>0.38	>15	0.80~0.86
FZC-36	三叶草	4.0~5.0	170	>0.38	>20	0.78~0.86
FZC-301	四叶草	1.1~1.4	215	>0.45	>15	0.68~0.75
FZC-302	四叶草	1.1~1.4	195	>0.45	>15	0.68~0.75
FZC-303	四叶草	1.1~1.4	240	>0.45	>15	0.68~0.75

表 9-3-18 渣油加氢脱氮催化剂的主要物化性质

催化剂	FZC-40	FZC-41
形状尺寸/mm	Φ(0.8~0.9)	Φ(0.82~0.84)
平均长度/mm	2~6	2~6
孔容/(mL/g)	0.36~0.42	0.36~0.42
比表面积/(m²/g)	190~240	190~240
堆积密度/(g/mL)	0.85~0.90	0.85~0.90
耐压强度/(N/mm)	8.0~12.0	>8.0
MoO_3/%	22.0~24.0	22.0~24.0
NiO/%	8.5~9.5	8.5~9.5

(七) 工业应用

渣油固定床加氢目前工业应用最多的是生产重油催化原料。表 9-3-19 列出了生产 RFCC 原料和焦化原料的几个典型炼油厂的渣油固定床加氢数据[75,76]。

表 9-3-19 渣油固定床加氢典型工业装置数据

炼油厂		帕斯卡果拉炼油厂	中国石化海南炼化	中国石化齐鲁分公司	中国石化茂名分公司	大连西太平洋石油化工有限公司	中国石油大连石化分公司	中国石化金陵分公司
地点		美国	海南洋浦	山东淄博	广东茂名	辽宁大连	辽宁大连	江苏南京
装置规模/(kt/a)		4800	3100	1500	2000	2000	3000	1800
反应器系列		三	双单开单停	双单开单停	双同开同停	双同开同停	双单开单停	单
专利公司和工艺名称		Chevron RDS	FRIPP S-RHT	Chevron VRDS	FRIPP S-RHT	UOP ARDS	Chevron RDS	FRIPP RDS
原料油	种类	沙中半常渣	阿曼与文昌半常渣	孤岛减渣	伊朗,沙轻半常渣	沙轻,沙重常渣	沙轻,俄罗斯半常渣	申东混合原油渣油
	切割点/℃	404	355	—	317	373		
	<538℃/%	—	—	20	38			
	密度(20℃)/(kg/m³)	1001.4	953.0	1018.0	961.5	982.3	993.5	0.988
	S/%	4.1	2.095	3.86	3.01	4.12	3.9	3.30
	N/%	0.28	0.261	0.525	0.35	0.26	0.52	0.41
	Ni+V/(μg/g)	104	53.7	107.0	112.6	98.0	87.0	102.21
	CCR/%	10(兰氏)	9.82	19.2	12.1	11.8	17.0	13.97
	Fe/(μg/g)		4.8	6	<5	5	6	<10
	Na/(μg/g)		4.98	3	<3	3	3	<3
	沥青质/%		1.3	4.71			5.4	7.04

续表

炼油厂	帕斯卡果拉炼油厂	中国石化海南炼化	中国石化齐鲁分公司	中国石化茂名分公司	大连西太平洋石油化工有限公司	中国石油大连石化分公司	中国石化金陵分公司
HDS/%	88.0	89.5	94.5	92.8	91.6	92.5	90.9
HDN/%	58.0	48.9	79.0	72.8	44.2	63.1	25
HDM/%	70.0	83.0	84.6	83.7	92.6	92.3	85.3
HDCCR/%	54.0	53.5	79.9	67.1	63.9	73.0	57.1
化学氢耗/%	1.43	1.25	1.96	1.62	1.41	1.88	1.6
运转周期/月	5~8	11	9~10	20	11	11	11
投产时间	1983	2006	1992	1999	1997	2008	2012
工艺条件 反应温度/℃	386	385	393	384	382	391	381~406
工艺条件 反应压力/MPa	12.2(氢压)	13.5(氢压)	15.5	15.6	14.0	17.5(氢压)	15.7(氢压)
工艺条件 体积空速/h^{-1}	0.35	0.40	0.22	0.20	0.235	0.20	0.20
工艺条件 气油体积比	534	600	760	800	650	759	600
产品产率 H$_2$S/%	3.9	1.78	1.85	2.73	4.01	3.86	3.25
产品产率 C$_1$~C$_4$/%	1.2	0.38	2.3	0.3	0.57	1.30	1.02
产品产率 石脑油/%	1.2	1.29	2.4	2.0	1.19	1.86	3.02
产品产率 柴油/%	8.7	5.99	13.4	9.5	4.86	11.46	9.76
产品产率 加氢渣油/%	86.0	91.37	79.9	86.5	90.57	83.40	84.23
产品主要性质 石脑油 密度(20℃)/(kg/m^3)	738.9	739.5	734.8	728.7	—	739.0	742
产品主要性质 石脑油 S/(μg/g)	200	15	343	—	25	15	15
产品主要性质 石脑油 N/(μg/g)	20	17	6.2	2.2	20	17	15
产品主要性质 石脑油 辛烷值(RON)	—	—	—	58.5	—	—	—
产品主要性质 柴油 密度(20℃)/(kg/m^3)	865.4	859.5	850.8	853.4	868.0	860.0	850
产品主要性质 柴油 S/(μg/g)	300	150	32	160	325	170	—
产品主要性质 柴油 N/(μg/g)	200	—	404	120	225	240	145
产品主要性质 柴油 十六烷值	—	45	50	48	39	44	46
产品主要性质 加氢常渣 密度(20℃)/(kg/m^3)	937.5	927.0	909.3	922.1	930.3	938.0	942
产品主要性质 加氢常渣 S/%	0.66	0.24	0.16	0.25	—	0.35	0.30
产品主要性质 加氢常渣 N/%	0.14	0.146	0.20	0.11	0.16	0.23	0.25
产品主要性质 加氢常渣 Ni+V/%	35.8	10.0	12.5	21.2	8.0	4~13	13
产品主要性质 加氢常渣 CCR/%	6.0	5.0	3.7	4.6	4.7	5.5	6.0

目前，全球规模最大的渣油加氢装置为4.8Mt/a，位于美国帕斯卡果拉(Pascagoula)炼油厂。加工高硫中东原油，加氢减压渣油控制硫含量以满足高等级电极焦硫含量为限，送至延迟焦化装置加工，加氢蜡油硫含量<0.5%，可以满足FCC硫含量要求。该装置反应压力相对较低，体积空速相对较高，杂质脱除率略低，氢耗低。

金陵石化1.8Mt/a渣油加氢装置2012年10月开工，该装置反应器单系列，反应器直径达到5400mm。主要目的产品为加氢渣油作为RFCC原料。

大连石化分公司于2008年采用Chevron公司专利技术建成3.0Mt/a固定床渣油加氢装

置，加工沙特和俄罗斯混合原油的渣油，目的产品为 RFCC 原料。

1. 装置概况

该装置反应器设双系列，从原料进装置，到原料过滤器、加热炉、反应器、热高分、热低分、冷高分、循环氢脱硫和循环氢压缩机独立设置，冷低分、冷低压闪蒸罐和常压分馏塔设 1 套，双系列共用，每系列实现单开单停。每系列设 4 台单床层反应器，共 8 台反应器，反应器直径相同，为 5200mm。

该装置原料进料泵两开一备，热高分和循环氢脱硫塔未设液力透平能量回收系统。装置设氢气提浓回收系统。装置每系列设 1.05MPa/min 紧急泄压系统，A 和 B 两路互为备用，可以同时使用。

2. 原料油

装置设计加工俄罗斯常压渣油和减压渣油与沙轻减压渣油的混合油，混合原料组成比例为 29%:14%:57%。

混合原料油的氮含量 0.525%、残炭含量 17.0%，在运行的几套渣油加氢装置最高。硫含量较高，达到 3.9%；金属(Ni+V)含量 87$\mu g/g$，处于中等水平；沥青质含量较高，达到 5.4%，该混合原料加工难度较高。

3. 操作条件

该装置设计操作周期为 1 年(8000h)，设计反应压力较高，初期和末期反应器入口氢分压为 17.1MPa 和 17.5MPa，有利于装置长周期运行。反应器入口气油比较高为 759(体积)，体积空速为 0.2h^{-1}，初末期反应温度为 391℃和 402℃，化学氢耗为 1.88%(对原料油)。

4. 产品分布

装置的主要产品为优质低硫催化裂化原料，初期和末期加氢渣油的收率为 83.4% 和 79.25%，同时副产 11.46%~13.81% 的低硫柴油和 1.86%~2.50% 的石脑油，以及部分气体和 H_2S 及 NH_3 等。

5. 杂质脱除率

该装置的脱硫率和脱金属率较高，分别为 92.5% 和 92.3%，由于反应器压力较高，脱残炭率也较高，为 73.0%；但脱氮率不高，为 63.1%。

6. 产品性质

该装置目的产品加氢常压渣油的密度为 938kg/m^3，硫和氮含量分别为 0.35% 和 0.23%，残炭含量为 5.5%，金属(Ni+V)含量初期为 4$\mu g/g$，末期为 13$\mu g/g$，满足催化裂化进料要求。

副产的渣油加氢柴油密度为 860kg/m^3，硫和氮含量较低，分别为 170$\mu g/g$ 和 240$\mu g/g$，十六烷值为 44，是低凝柴油调和组分。

副产的渣油加氢石脑油密度为 739kg/m^3，硫和氮含量较低，分别为 15$\mu g/g$ 和 17$\mu g/g$，但辛烷值较低。

7. 催化剂

该装置催化剂用量大，反应器体积 1994m^3，ICR 系列催化剂一次装入量达到 1226.5t。催化剂 6 个牌号，采用分级装填。催化剂牌号为：ICR161LAQ、ICR161KAQ、ICR167KAQ、ICR131KAQ、ICR153KAQ 和 ICR171KAQ。

二、渣油沸腾床加氢裂化

(一) 概况

渣油沸腾床加氢裂化技术最初是由美国烃研究公司(HRI)和城市服务公司(CISC)合作开发的。设计规模为2.5kbbl/d的工业示范装置(H-Oil)建于Lake Charles炼油厂,1963年建成投产。开工运转以后对中试数据进行了工业验证,并对催化剂活性、种类、形状、设备性能等作了鉴定。1967年这套H-Oil示范装置由城市服务公司接管并扩大加工能力至6.0kbbl/d。从20世纪70年代初开始,HRI和CISC各自寻找到新的合作伙伴,继续进行技术开发。1981年HRI与德士古(Texaco)公司合作,形成了今天的H-Oil沸腾床加氢裂化技术。1975年CISC与Lummus Crest公司合作,对Lake Charles炼油厂的H-Oil示范装置进行技术改造(包括把外循环泵改为内循环泵,见图9-3-13和图9-3-14),形成了今天的LC-Fining沸腾床加氢裂化技术。1995年IFP北美公司并购HRI,并在法国里昂附近的Solaize开发中心新建两套中试装置,研究催化剂、改进工艺、验证工艺设计、提供工业放大数据。Axens公司成立以后IFP北美公司更名为Axens北美公司,H-Oil沸腾床加氢裂化技术转让、工业装置设计、技术服务等工作完全由Axens公司承担。2000年1月Lummus Crest公司与Chevron公司以50:50的份额合资成立Chevron Lummus Global公司,承担LC-Fining沸腾床加氢裂化技术转让、工业装置设计、催化剂生产和供应(后由Chevron与Grace合资的Advanced Refining Technologies公司承担)和技术服务等工作。目前,H-Oil和LC-Fining渣油沸腾床加氢裂化技术的工业应用情况如表9-3-20和表9-3-21所列。

表9-3-20 在运行中的H-Oil渣油沸腾床加氢裂化工业装置[77]

企业名称	加工能力/(bbl/d)	投产日期	加工目的
科威特KNPC公司Shuaiba炼油厂	28800	1968	生产汽、柴、减压瓦斯油和燃料油
墨西哥Pemex公司Salamanca炼油厂	18500	1972	生产汽、柴油和燃料油
美国Motiva公司Convent炼油厂	35000	1984	生产汽柴油、催化料和燃料油
加拿大Husky公司Lloydminster重油改质工厂	32000	1992	生产合成原油和焦化料
日本东燃公司川崎炼油厂	25000	1997	生产汽柴油、催化料和燃料油
墨西哥Pemex公司Tule炼油厂	50000	1997	生产汽柴油和燃料油
波兰PKN ORLEN公司Plock炼油厂	34000	1999	生产汽柴油、加氢裂化料和燃料油
俄罗斯Luk公司Nizhny Novgorod炼油厂	51000	2004	生产汽柴油和燃料油
中国神华煤业集团	69500	2007	煤糊加氢生产汽油和柴油
北俄罗斯Mozyr炼油厂	60000	2010	生产汽柴油和燃料油
合计	403800		

注:保加利亚Bourgas炼油厂拟新建一套50.2kbbl/d H-Oil装置,计划2015年初投产。

表9-3-21 在运行中的LC-Fining渣油沸腾床加氢裂化工业装置[78]

企业名称	加工能力/(bbl/d)	投产日期	加工目的
BP-Amoco美国公司	75000	1984	未转化渣油用作延迟焦化原料
加拿大合成原油公司	40000	1988	未转化渣油用作流化焦化原料
意大利Agip石油公司	25000	1998	生产汽柴油和燃料油
斯洛伐克石油公司	23000	2000	生产汽柴油和燃料油

续表

企业名称	加工能力/(bbl/d)	投产日期	加工目的
壳牌加拿大公司	85000	2003	生产合成原油
芬兰 Neste 石油公司	40000	2007	生产汽柴油和燃料油
韩国 GS 加德士公司	60000	2010	生产汽柴油、加氢裂化料和燃料油
壳牌加拿大公司	47300	2011	生产合成原油
合　　计	395300		

注：①加拿大西北公司拟建一套 29kbbl/d 沸腾床加氢裂化装置，加工拔头油砂沥青，原计划 2010 年投产，因故延期；

②另一套加工能力 33kbbl/d 的 LC – Fining 装置 2011 年投产，至今没有公开报道。

由表 9 – 3 – 20 和表 9 – 3 – 21 的数据可见，自从第一套 H – Oil 沸腾床加氢裂化工业装置 1988 年在科威特 Shuaiba 炼油厂投产以后，到 1990 年的 23 年间只建了 5 套工业装置（H – Oil 3 套，LC – Fining 两套），主要是因为工艺技术和工程技术都不够成熟，而且 1973 年投产的美国 Humble 石油公司贝威炼油厂的 H – Oil 工业装置只运转了 100d 就发生反应器爆炸事故，整个装置全部被毁，1973 年调查研究后确认，事故是工程设计方面的问题造成的。

在 1990 ~ 2000 年间有 6 套装置投产（H – Oil 4 套，LC – Fining 2 套），2001 ~ 2011 年间有 7 套投产（其中 H – Oil 3 套，LC – Fining 4 套）。经过 40 多年的技术改进和工业应用实践，在工艺、催化剂、工程设计、材料设备和工业应用等方面出现的问题都已得到解决和完善，安全性、可靠性、有效性大大提高，工业装置的规模扩大，投资降低，效益提高。在国际油价居高不下、国际市场劣质重质原油供应增多、优质轻质原油与劣质重质原油价差拉大的今天，预计渣油沸腾床加氢裂化技术的工业应用将进入快速增长期，至少是近中期在渣油悬浮床加氢裂化技术工业应用尚未成熟以前，将成为加工劣质重质原油的炼油厂加工渣油提高轻油收率和提高经济效益的首选技术。

鉴于沸腾床加氢裂化技术的一般情况和 1999 年以前投产的一些工业装置的情况在中国石化出版社出版的著作[1,67]和《含硫原油加工技术》中已有介绍，本小节主要介绍沸腾床加氢裂化的重要技术进展和近十年新投产的几套工业装置的运转情况。

（二）工艺流程、核心技术、催化剂和主要技术指标

沸腾床加氢裂化技术的主要特点是可以加工固定床加氢处理不能加工的重质劣质渣油，Axens 公司称，沥青质和残炭含量 ≥ 30%、金属（Ni + V）含量 > 250μg/g（最高可达 700μg/g）的渣油都可以加工；Chevron Lummus 全球公司称，LC – Fining 工业装置加工过的减压渣油，API 度为 3.2 ~ 8.5（d_4^{20} 1.0471 ~ 1.0073），含硫 2.3% ~ 6.0%，含氮 3000 ~ 6000μg/g，残炭 16% ~ 28%，C_7 沥青质 5% ~ 18%，镍 + 钒 165 ~ 500μg/g；可以得到较高的转化率，转化率只受未转化渣油的稳定性或主要设备结焦（结垢）的限制，但脱硫率低于固定床加氢处理[79]。

1. 工艺流程

H – Oil 渣油沸腾床加氢裂化的工艺流程如图 9 – 3 – 13 所示。LC – Fining 渣油沸腾床加氢裂化的工艺流程如图 9 – 3 – 14 所示。

第九章 含硫原油渣油加工技术

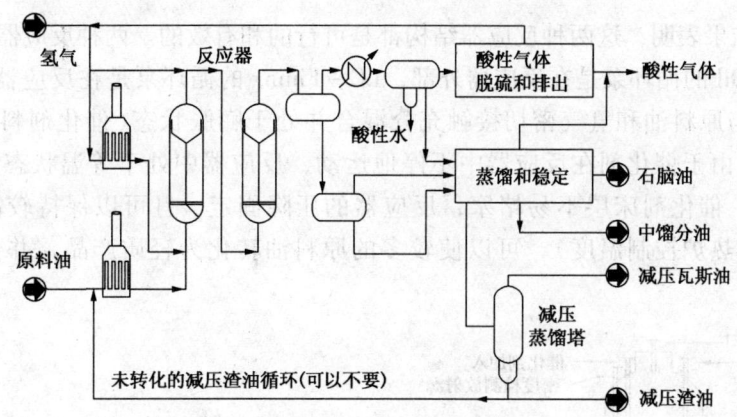

图 9-3-13 H-Oil 渣油沸腾床加氢裂化的工艺流程

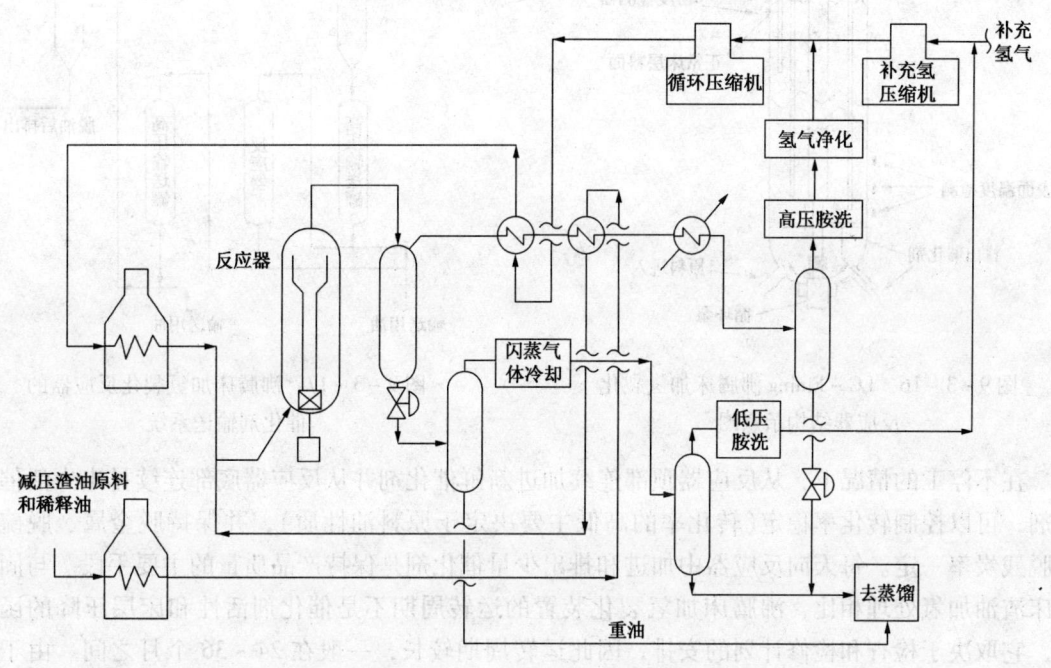

图 9-3-14 LC-Fining 渣油沸腾床加氢裂化的工艺流程

2. 核心技术

渣油沸腾床加氢裂化的核心技术是反应器。H-Oil 沸腾床加氢裂化的反应器如图 9-3-15 所示。LC-Fining 沸腾床加氢裂化的反应器如图 9-3-16 所示。催化剂输送系统如图 9-3-17 所示。

由图 9-3-15 和图 9-3-16 可见，H-Oil 和 LC-Fining 沸腾床加氢裂化反应器的结构大同小异，略有差异：一是反应器中循环油降液管顶部用于气液分离的结构不同，前者是用结构较复杂的循环室，后者是用结构简单的回流盘；二是循环泵的位置不同，前者是放在反应器外面，后者是放在反应器底部。工

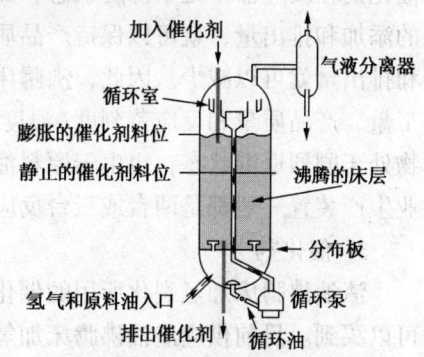

图 9-3-15 H-Oil 沸腾床加氢裂化反应器结构示意图

业装置运行的结果表明,这两种反应器结构都是可行的和有效的。两种反应器的功能都是利用循环泵(H-Oil的循环泵是在反应器外部,LC-Fining的循环泵是在反应器底部)使催化剂在反应器中与原料油和氢气密切接触充分混合并处于膨胀状态(催化剂料面用γ-射线检测器检测),由于催化剂在反应器中不停地运动,反应器中处于等温状态,与固定床加氢反应器相比,催化剂床层不易堵塞,反应器的压降固定,且可以保持较高的反应温度(通过原料油加热炉控制温度),可以使较多的原料油转化为轻质产品,并保持产品质量稳定。

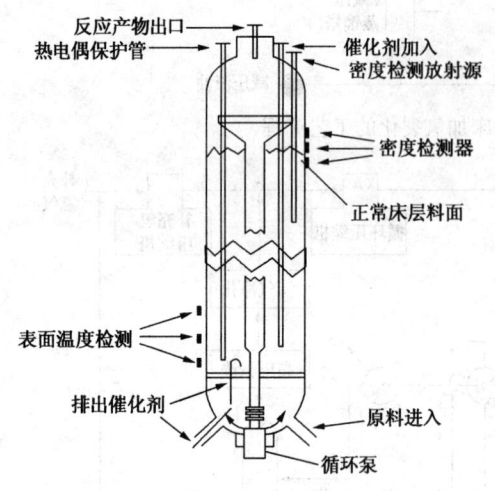

图 9-3-16 LC-Fining 沸腾床加氢裂化反应器结构示意图

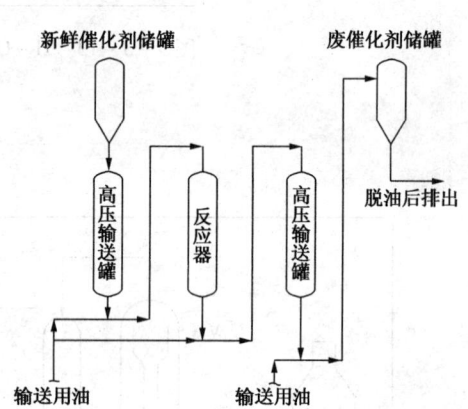

图 9-3-17 沸腾床加氢裂化反应器的催化剂输送系统

在不停工的情况下,从反应器顶部连续加进新鲜催化剂并从反应器底部连续排出失活催化剂,可以控制转化率稳定(转化率的高低主要决定于原料油性质),并保持脱金属、脱硫和脱残炭率一定。每天向反应器中加进和排出少量催化剂是保持产品质量的主要手段。与固定床渣油加氢处理相比,沸腾床加氢裂化装置的运转周期不是催化剂活性和床层压降的函数,它取决于检查和检修计划的安排,因此运转周期较长,一般在 24~36 个月之间。由于催化剂在反应器中处于沸腾状态,如果原料油的金属、硫等杂质含量增加,通过调节催化剂的添加和排出量,就可以保持产品质量不变。反之,如果原料油的质量较好,催化剂的添加和排出量就可以减少。因此,沸腾床加氢裂化装置的灵活性很大,可以适应原料油质量/加工量、产品质量和反应苛刻度(温度、空速、转化率等)的变化。由于沸腾床反应器中反应物处于剧烈返混状态,也由于原料油质量差别很大,转化率和脱除杂质的差别很大,所以工业生产装置一般都是两台或三台反应器串联。

3. 催化剂

渣油沸腾床加氢裂化所用的催化剂不是核心技术,有多家催化剂生产商供应,市场上都可以买到。目前供应渣油沸腾床加氢裂化催化剂的生产商和品种如表 9-3-22 所列。

4. 主要技术指标

H-Oil 和 LC-Fining 渣油沸腾床加氢裂化的典型操作条件和工艺性能如表 9-3-23 所列。

表9-3-22　渣油沸腾床加氢裂化催化剂的供应商和品种[80~82]

供应商	牌号	用途（功能）	形状	载体	金属组分
Advanced Refining Technology①	AR-1	加氢裂化，容金属	小条		镍钼
	GR-12	加氢裂化	小条	氧化铝	钴钼
	GR-14	加氢裂化	小条	氧化铝	镍钼
	GR-21	加氢裂化	小条	—	镍钼
	GR-25	加氢裂化，最高活性	小条		镍钼
	GR-31	加氢裂化，低沉积物	小条		镍钼
	GR-216	加氢裂化，低沉积物	小条		镍钼
	GR-250	加氢裂化，脱残炭活性高	小条		镍钼
Albemarle	KF-1300	加氢裂化，加氢脱硫	小条		镍钼
	KF-1302	加氢裂化高转化率，低沉积物	小条		镍钼
	KF-1303	高加氢脱硫活性	小条		镍钼
	KF-1310	加氢裂化，高加氢脱硫活性	小条		镍钼
	KF-1311	高加氢脱硫活性，低沉积物	小条		镍钼
	KF-1312	高加氢脱硫活性，低沉积物	小条		镍钼
Criterion	TEX-2700系列	加氢裂化、脱硫、脱氮、脱残炭	小条	—	—
	TEX-2800系列	加氢裂化、脱硫、脱氮、脱残炭	小条		
	TEX-2900系列	加氢裂化、脱硫、脱氮、脱残炭	小条		
Haldor Topsoe	TK-821	加氢裂化，低沉积物	小条		
	TK-867	加氢裂化	小条		

① Chevron 与 Grace 公司的合资公司。

表9-3-23　渣油沸腾床加氢裂化的典型操作条件和工艺性能

项目	H-Oil	LC-Fining
操作条件		
反应温度/℃	415~440	410~440
反应压力/MPa	13.5~21.0	11.0~18.0
氢分压/MPa	—	7.5~12.5
空速/h^{-1}	0.4~1.3	
催化剂置换量/(kg/m³)	0.35~2.1①	
工艺性能		
渣油转化率（体）/%	45~85	55~80
脱硫率/%	65~82	60~85
脱氮率/%	25~45	—
脱残炭率/%	45~75	40~70
脱金属率/%	65~90	65~88
化学氢耗		
(Nm³/m³)	130~130	135~300
%（原料）	1.0~2.7	

① 通常在1.0kg/m³左右。

由表9-3-23的数据可见，渣油沸腾床加氢裂化是一种高温高压加氢转化工艺。最低操作温度大约相当于渣油固定床加氢处理装置运转末期的反应温度；为稳定操作确保反应器出口有足够的氢分压，操作压力相对较高。为使减压渣油原料在较高苛刻度条件下能够转化和脱除杂质，化学氢耗量通常在200Nm³/m³左右，比渣油固定床加氢处理要高一些。

由表9-3-23的数据可见，渣油沸腾床加氢裂化工艺性能指标的范围都比较宽，大多数指标的上限在实际装置的运转中都是难以实现的,特别是其转化率和脱残炭率/脱沥青质率,因为原料油的性质和组成的影响很大,转化率和脱残炭/脱沥青质率高到一定程度,装置就会结焦、结垢,不能长期运转。以转化率为例,现在正常运转的装置基本上都不超过75%。

(三) 重要技术进展

劣质重质减压渣油沸腾床加氢裂化技术问世40多年来,为了能够使工业装置安全稳定长周期运转,在解决设备、材料、控制等问题的同时,在工艺技术和催化剂方面也取得长足进展,使高温高压装置的投资和操作费用逐步减少和降低,装置的效率和效益进一步提高。到目前已经取得的重要进展有以下五个方面[79,83]:

一是在串联的两台反应器之间加进一台分离器,提高装置的加工能力(见图9-3-18和图9-3-19)。由图9-3-18可见,由于增设了分离器,使上游反应器流出的气相和液相产物分离,并向下游反应器加进高纯度的循环氢,使循环氢不再从上游到下游串联使用,进下游反应器循环氢的量独立确定,以满足该反应器的氢分压与化学氢耗的需求。Chevron Lummus 全球公司称,早先设计的单系列 LC-Fining 装置的加工能力,通常限制在25~30kbbl/d 之间,增加分离器以后再加上一些其他改进,可使在高转化率(达到75%)操作的单系列装置的加工能力提高到60~65kbbl/d,在低转化率或用稀释的原料油操作的单系列装置加工能力提高到100kbbl/d。这种措施在 LC-Fining 装置设计中2003年首次工业应用之后,所有的 LC-Fining 装置全部采用。Axens 公司称,在两台反应器之间增设分离器以后,可使 H-Oil 单系列装置的加工能力提高到70kbbl/d(约3.6Mt/a)。

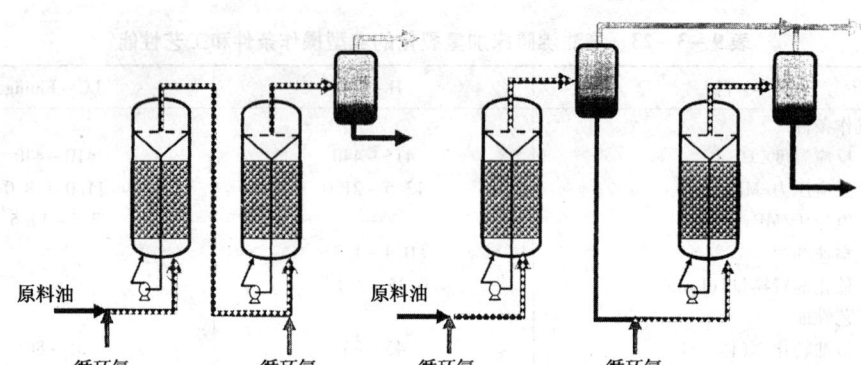

图9-3-18 渣油沸腾床加氢裂化装置反应器之间增设分离器的示意流程

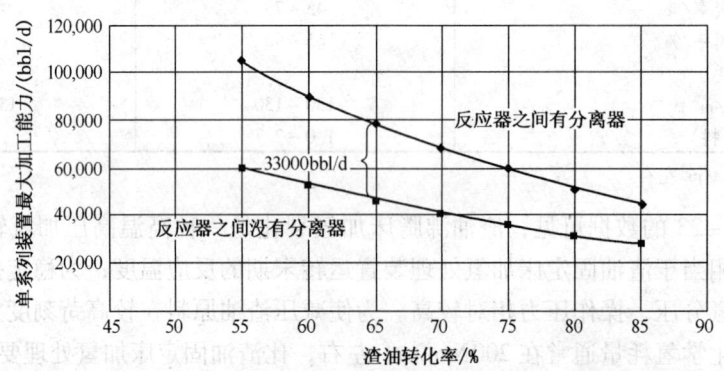

图9-3-19 两台反应器之间增设分离器提高单系列装置的加工能力

二是膜分离提高循环氢纯度。采用膜分离技术脱除循环氢中的轻组分是循环氢提浓的一种成本低、可靠性高和节能的有效方法。实践已经证明,通过膜分离得到高纯度循环氢可使循环氢用量降低30%仍能满足氢分压指标的要求。这种方法不仅能减少循环氢预热和反应流出物气体冷却、净化和压缩设备的投资,还能提高装置的加工能力。膜分离与其他净化方法相比,氢气损失和循环氢压缩设备也有所减少。Chevron Lummus 全球公司称,这种膜分离提高循环氢纯度方法 2007 年首次工业应用,以后投产的两套 LC-Fining 装置在其设计中也都采用了膜分离技术,都很成功。

三是与馏分油加氢处理/加氢裂化集成,降低装置投资和操作费用。第一套与加氢处理反应器集成在同一个反应回路中的 LC-Fining 工业装置 2003 年投产。图 9-3-20 为其工艺流程。基本工艺概念是利用 LC-Fining 反应流出物气相产物中过剩的氢气和热量在一个回路中对 LC-Fining 的馏分油产品或与外供的原料一起进行加氢处理,因此可以不再需要单独的气体冷却、产品分离、循环氢净化、补充氢和循环氢压缩设备。与单独的加氢处理装置相比,采用这种集成工艺,高压设备的数量由 14 台减少到 6 台,使相关加氢处理部分的投资减少 35%~40%。

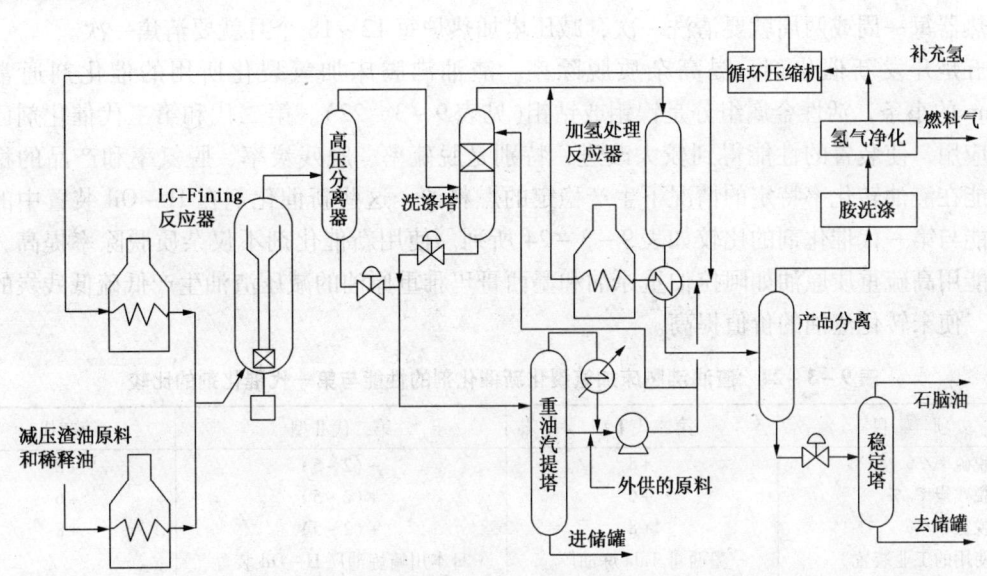

图 9-3-20　加氢处理与 LC-Fining 集成的工艺流程

此外,与单独的加氢处理相比,与 LC-Fining 集成在一起的加氢处理可改进热联合和能量效率。因为这样做可使 LC-Fining 反应流出物汽相产物中的馏分油不再需要冷凝、分馏和再加热,也大大简化了 LC-Fining 常压分馏系统的设计,不再需要单独的馏分油原料加热炉。决定于 LC-Fining 的反应苛刻度和 LC-Fining 反应流出物中过剩氢气的多少,加氢处理的能力可以是 LC-Fining 装置加工能力的 1~1.5 倍。

在第一次工业应用成功的基础上,Chevron Lummus 全球公司已把这种集成工艺设计用于另外两套 LC-Fining 工业装置。其中一套是两段加氢裂化(采用 Chevron Lummus 全球公司的 Isocracking 技术)与 LC-Fining 集成在一起的装置。这套装置加工 LC-Fining 的常压和减压馏分油以及直馏减压瓦斯油的混合油,减压瓦斯油馏分的转化率为 75%,生产符合欧 Ⅳ 规格要求的柴油。

四是提高未转化渣油的稳定性，缓解转化率的限制。减压渣油加氢裂化的转化率通常受到未转化渣油稳定性的限制。在某些情况下，如未转化渣油用作船用燃料油时，必须满足特定稳定性标准的要求。这个要求就是用 Shell 热过滤试验（IP－375）测定稀释的船用燃料油中沉积物含量质量分数必须低于 0.15%。在另一些情况下，如未转化渣油用作焦化或气化原料时，转化率通常受到未转化渣油生焦和下游蒸馏设备结垢倾向的限制。无论是哪一种情况，未转化渣油的稳定性都是限制因素。未转化油的稳定性/兼容性是未转化的沥青质在未转化渣油非沥青质组分（即饱和烃、芳香烃和胶质）中分子组成的函数。为使下游常减压蒸馏系统结垢减至最少，同时提高未转化渣油的稳定性，Chevron Lummus 全球公司在最近的 LC－Fining 装置设计中采取了以下一些措施：(1) 优化利用反应器稀释油；(2) 优化串联反应器之间的骤冷介质；(3) 使后反应器裂化和缩合反应减至最少；(4) 在下游蒸馏系统优化注入稀释油和稀释组分。

在最近投产的一套 LC－Fining 装置采用这些措施以后，蒸馏系统的结垢大大减少。这套装置在头 18 个月的运转期间，减压塔进料加热炉没有清焦，减压塔底油转油线中的换热器也没有清洗。而许多在运行中的减压渣油沸腾床加氢裂化装置，通常减压塔底油转油线中的换热器每一周或两周就要清洗一次，减压塔加热炉每 12～18 个月就要清焦一次。

五是开发新催化剂，提高杂质脱除率。渣油沸腾床加氢裂化所用的催化剂通常是 0.8mm 的小条，活性金属组分是镍钼或钴钼（见表 9－3－22）。第二代和第三代催化剂已经工业应用，使装置的性能得到较大改进，特别是脱硫率、脱残炭率、脱氮率和产品的稳定性，能在渣油转化率特定的情况下生产稳定的燃料油，这些新催化剂在 H－Oil 装置中的使用性能与第一代催化剂的比较如表 9－3－24 所列。使用新催化剂不仅杂质脱除率提高，而且还能用高硫重质原油如阿拉伯重原油和墨西哥玛雅重原油的减压渣油生产低硫低残炭的燃料油，使未转化渣油的价值提高。

表 9－3－24　渣油沸腾床加氢裂化新催化剂的性能与第一代催化剂的比较

项　目	第二代Ⅰ型	第二代Ⅱ型	第三代
脱硫率/%	+8	+(2~5)	+8
脱残炭率/%	+6	+(2~5)	+6
脱氮率/%	+8	+(2~5)	+8
使用的工业装置	墨西哥 Tula 炼油厂 H－Oil 装置	日本川崎炼油厂 H－Oil 装置 波兰 Plock 炼油厂 H－Oil 装置	

美国先进炼油技术公司（ART）为解决波兰 Plock 炼油厂 H－Oil 渣油沸腾床加氢裂化装置的设备结垢和未转化渣油的稳定性问题，还专门开发了几种少生成沉积物的新催化剂，与原用的第二代催化剂相比，在脱硫、脱金属、脱残炭和渣油转化率略高的情况下，使用这种新催化剂以后减少沉积物生成 35%～40%。

（四）常规高硫重质原油减压渣油沸腾床加氢裂化工业装置

由表 9－3－20 可见，在已投产的 10 套 H－Oil 沸腾床加氢裂化装置中，除加拿大 Husky 公司 Lloydminster 重油改质工厂和中国神华煤业集团的 H－Oil 装置外，都是加工常规高硫重质原油的减压渣油。由表 9－3－21 可见，在已投产的 8 套 LC－Fining 沸腾床加氢裂化装置中，除加拿大合成原油公司、壳牌加拿大公司的三套装置外，都是加工常规高硫重质原油的减压渣油。这里介绍近十年间投产的三套工业装置的工艺流程和运转情况。

1. 波兰 PKN ORLEN 公司 Plock 炼油厂的 H-Oil 沸腾床加氢裂化装置[84~86]

（1）基本情况和工艺流程　1999 年 10 月投产，设计减压渣油加工能力为 34000bbl/d。加工俄罗斯乌拉尔原油的减压渣油，使用第二代催化剂，生产轻馏分油和含硫 <1% 的低硫燃料油。冬季需要大量燃料油期间，装置按低转化率（体积分数 52%）运转；夏季不需要大量燃料油时，装置按高转化率（体积分数 66%）运转，多产低硫车用柴油。装置的工艺流程如图 9-3-21 所示。由图 9-3-21 可见，这是一套单系列两台反应器串联（两台反应器之间没有分离器）的沸腾床加氢裂化装置。减压渣油原油的性质如表 9-3-25 所列。在低转化率时装置的主要操作条件和产品收率如表 9-3-26 所列。

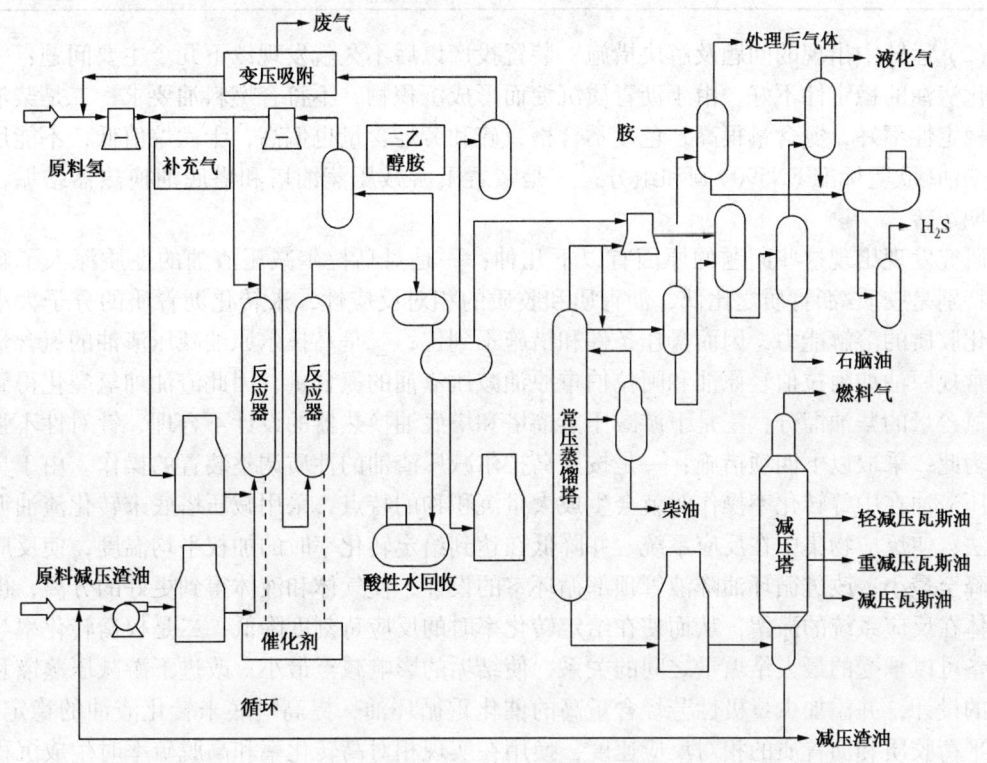

图 9-3-21　波兰 Plock 炼油厂 H-Oil 沸腾床加氢裂化装置的工艺流程

表 9-3-25　波兰 Plock 炼油厂 H-Oil 沸腾床加氢裂化装置的原料油性质

性　质	数　据	性　质	数　据
密度(15℃)/(kg/m^3)	1008	金属含量/(μg/g)	
黏度(180℃)/(mm^2/s)	26.4	镍	58
收率(<538℃)(体)/%	10.8	铁	32
5%(体)馏出温度/℃	517	钒	176
含硫/%	2.79	钼	≤2
含氮/(μg/g)	5551	钠	18.8
康氏残炭/%	19.02	钙	2.3
C$_7$沥青质/%	5.69	合计	≤289.1
甲苯不溶物/%	0.036	碳/%	86.71
总实际胶质/%	<0.01	氢/%	9.81
		灰分/%	0.023

表 9-3-26　波兰 Plock 炼油厂 H-Oil 沸腾床加氢裂化装置的操作条件和产品

项　目	反应器1	反应器2	项　目	反应器1	反应器2
操作条件			产品收率(体)/%		
反应温度/℃	415	417	H_2S		2
反应压力/MPa	18.1	17.1	干气		1
空速		0.84	液化气		1
催化剂置换量/(kg/t 原料油)		1.4	石脑油		5
氢气消耗/(Nm^3/m^3)		186	瓦斯油(柴油)		12
转化率(体)/%		53	减压瓦斯油		27
			未转化渣油		52

（2）运转中出现的问题及解决措施　装置投产以后不久就发现以下几个主要问题：一是未转化渣油的稳定性不好，由于沥青质沉淀而形成沉积物，不符合燃料油要求；二是柴油馏分的稳定性不好，氮含量很高，色度不合格，硫和芳烃含量也偏高，十六烷值低，不能用作车用柴油（欧盟标准 EN590）调和组分；三是装置下游减压蒸馏塔和塔底油换热器结垢，不能长期运转。

研究发现出现这些问题的原因有以下几种：一是对乌拉尔减压渣油的性质深入了解不够，特别是胶质/沥青质之比低，沥青质和胶质的相对反应性，未转化沥青质的分子大小和未转化胶质的溶解能力，因而操作条件和措施不到位；二是乌拉尔原油减压渣油的氮含量远高于常规原油如阿拉伯轻原油和阿拉伯重原油减压渣油的氮含量，因此渣油加氢裂化得到的是高氮含量的柴油馏分；三是下游减压蒸馏塔和塔底油换热器的设计不合理，针对性不强。

为此，采取以下四项措施：一是按照乌拉尔减压渣油的性质调整装置的操作。由于乌拉尔减压渣油在中等转化率操作时就会生成大量沉积物的特点，采用减压塔底未转化渣油循环的办法，使反应物集中在反应系统，并降低在达到给定转化率时的加权平均温度，使反应苛刻度降至最小；改进循环油降液管顶部循环室的设计，使气体和液体得到更好的分离，也减少气体在反应系统的滞留，从而使在给定转化率时的反应苛刻度降低；二是权衡转化率与下游设备可以承受的最大结垢量之间的关系，使结垢的影响减至最小；改进下游减压蒸馏和换热器的设计，并添加少量极性芳烃含量高的催化重循环油，提高塔底未转化渣油的稳定性；三是平衡胶质和沥青质的相对反应速度，换用在实现相对高转化率和高脱硫率时生成沉积物少的新催化剂；四是弄清柴油馏分切割点与氮含量的关系，选择合适的工艺条件和催化剂，通过加氢处理生产符合欧Ⅳ和欧Ⅴ规格要求的超低硫柴油。

在此基础上，在两个不同转化率时装置标定的结果如表9-3-27所列。在低转化率（体积分数52%）运转时，反应温度低一些，为了得到含硫量符合要求的未转化渣油（燃料油），催化剂置换量稍大一些。但是，无论是在冬季（低转化率）还是在夏季（高转化率）运转时，脱硫率都在80%以上。

表 9-3-27　波兰 Plock 炼油厂 H-Oil 沸腾床加氢裂化装置标定的结果

项　目	转化率52% （冬季运转）	转化率66% （夏季运转）	项　目	转化率52% （冬季运转）	转化率66% （夏季运转）
进料量/(bbl/d)	34000	34000	脱氮率/%	44	44
催化剂置换量/(kg/t)	C	C+0.7	脱残炭率/%	57	59
反应温度/℃	T	T+8	脱金属率/%	73	88
脱硫率/%	81	82	化学氢耗量/%	1.25	1.67

装置典型的原料性质如表9-3-28所列，典型的产品收率和质量如表9-3-29和表9-3-30所列。

表9-3-28 波兰Plock炼油厂沸腾床加氢裂化装置的典型原料油性质

项 目	减压渣油	催化重循环油	项 目	减压渣油	催化重循环油
占总量的比例/%	94.7	5.3	10%馏出温度(ASTM D-1160)/℃	525	—
密度/(kg/m³)	1000	1030	初馏点/℃		320
硫含量/%	2.6	0.7	538℃馏出(ASTM D1160)/%		87
总氮/(μg/g)	5500	—			

表9-3-29 波兰Plock炼油厂沸腾床加氢裂化装置的产品收率和用途

项 目	收率/平均/%	产品用途	项 目	收率/平均/%	产品用途
燃料气	1.0	炼油厂燃料	柴油	19.8	加氢裂化原料组分(暂时)
液化气	1.2	外销	减压瓦斯油	24.5	催化裂化原料
石脑油	7.3	裂解原料	未转化渣油	45.6	电站燃料

表9-3-30 波兰Plock炼油厂沸腾床加氢裂化装置的产品质量

柴 油		未转化渣油		减压瓦斯油	
密度/(kg/m³)	868	密度/(kg/m³)	995	密度/(kg/m³)	940
硫含量/%	0.11	硫含量/%	0.8	硫含量/%	0.55
氮含量/(μg/g)	1850	氮含量/(μg/g)	4500	氮含量/(μg/g)	3500
十六烷指数(D4737)	45.1	538℃馏出/%	15	538℃馏出/%	90
燃点/℃	95	残炭/%	20	残炭/%	0.7
多环芳烃/%	9				

与H-Oil沸腾床加氢裂化集成在一起的柴油加氢处理装置2008年2月投产。原料油是直馏柴油与沸腾床加氢裂化柴油的混合油，其性质如表9-3-31所列，装置标定运转的结果如表9-3-32所列。由表9-3-32的数据可见，加氢处理得到的柴油达到设计目标，符合欧Ⅳ规格要求。

表9-3-31 柴油加氢处理装置标定运转的原料油性质

项 目	直馏柴油+沸腾床加氢裂化柴油	项 目	直馏柴油+沸腾床加氢裂化柴油
密度(15℃)/(kg/m³)	862	馏程(ASTM D-86)/℃	
硫含量/(μg/g)	6009	90(体)/%	349
氮含量/(μg/g)	772	95(体)/%	365
		终馏点	369

表9-3-32 柴油加氢处理装置标定运转的结果

产品性质	运转结果	设计目标值	产品性质	运转结果	设计目标值
密度(15℃)/(kg/m³)	846		芳烃/%	29.0	
硫含量/(μg/g)	38	<50	色度，ASTM D-1500	1	<2
氮含量/(μg/g)	8	<100	不溶胶质/(g/m³)	55	<25

2. 芬兰Nest石油公司Porvoo炼油厂的LC-Fining沸腾床加氢裂化装置[87~89]

(1) 基本情况和工艺流程　2007年投产，设计减压渣油加工能力40000bbl/d，主要加工俄罗斯出口混合原油和/或乌拉尔原油的减压渣油,生产符合欧Ⅴ规格要求的柴油以及石脑油、汽油、减压瓦斯油和低硫燃料油。装置的工艺流程如图9-3-22所示。由图9-3-22可见,这是一套40000bbl/d LC-Fining渣油沸腾床加氢裂化与35000bbl/d减压瓦斯油固定床加氢裂化(Chevron Lummus全球公司的Isocracking技术)集成在一起的装置。渣油加氢裂化部分有三台反应器串联,在第二和第三台之间设有分离器,减压瓦斯油固定床加氢裂化部分有两段,第一段是加氢处理,第二段是加氢裂化。

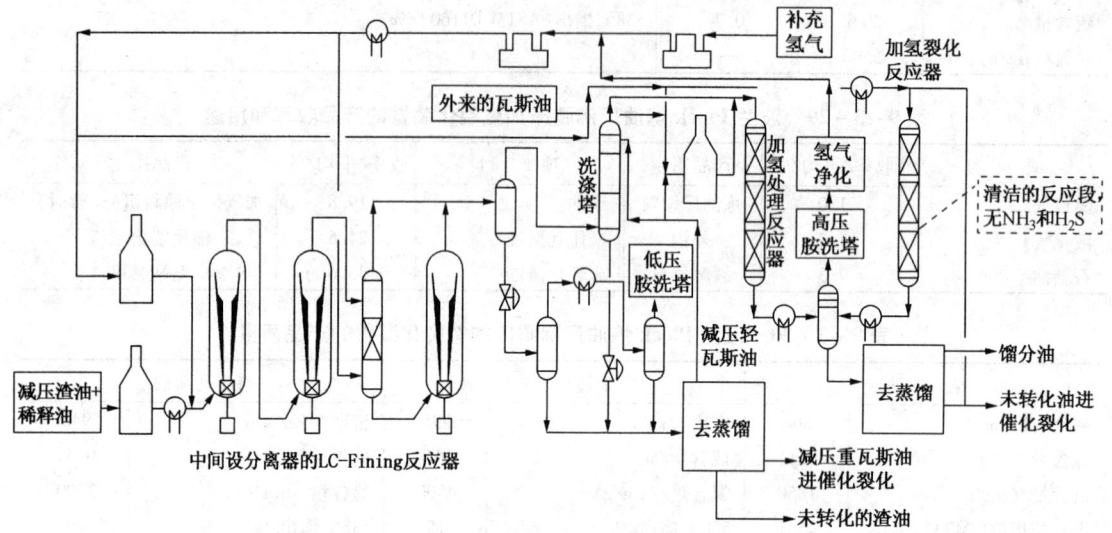

图9-3-22 芬兰Porvoo炼油厂LC-Fining沸腾床加氢裂化装置的工艺流程

按照这样的集成工艺设计,在同一个高压系统中,可以将来自LC-Fining渣油加氢裂化生成的全部瓦斯油和更轻的产品转化/改质为符合欧洲标准的柴油和重整原料油以及高质量的催化裂化原料。此外,在集成于一体的加氢裂化部分还可以加工大量外供的直馏减压瓦斯油。来自LC-Fining渣油加氢裂化生成的瓦斯油脱硫、脱氮和加氢裂化相对比较简单,而直馏减压瓦斯油的加氢裂化需要认真选择催化剂和操作参数。减压瓦斯油的重馏分中含有较多的多环重芳烃,难以转化,为得到理想的转化率需要苛刻的操作条件。催化剂的失活也比其他直馏和裂化组分更为严重。减压瓦斯油加氢裂化部分是带有部分循环的两段加氢裂化系统:第一段与LC-Fining反应器集成在一起,利用上游LC-Fining部分剩余的氢气和热量,第二段集成在同一个气体系统中,使整个装置循环气体(循环氢)的需要量减至最少。为大大减少电力消耗,采用了膜分离氢气净化系统。此外,这种集成工艺设计的另一个重要特点就是,在LC-Fining部分不能运转时,减压瓦斯油加氢裂化部分仍可以照常运转。详细的成本测算表明,与独立的一套减压瓦斯油加氢裂化装置相比,这种集成在一起的装置,由于设备数量减少,可以降低投资30%~40%。

按照设计,这套与40kbbl/d LC-Fining渣油加氢裂化装置集成在一起的35kbbl/d减压瓦斯油加氢裂化装置,来自LC-Fining装置的原料是减压瓦斯油46%、柴油40%、石脑油14%;加进直馏减压瓦斯油以后的混合原料的性质是:API度为29(d_4^{20} 0.8775),氮2900μg/g,硫0.25%。转化率60%~70%(通常为65%)。得到的产品质量是:柴油,含硫<10μg/g,十六烷值51;石脑油,含硫<0.5μg/g,含氮<0.5μg/g;催化裂化原料油(低硫减压瓦斯油),含硫<50μg/g,含氮<100μg/g。按照美国墨西哥湾地区2005年三季度的

价格计算,集成装置增加的投资分两部分:一是介区内设备投资增加 2500 万美元,二是介区内总投资增加 7500 万美元。如果新建一套独立的减压瓦斯油加氢裂化装置,需要投资 1.15 亿美元。因此,可以看出,集成装置可以节省投资 4000 万美元。

(2) 运转中出现的问题　装置投产以后在加工乌拉尔减压渣油运转期间出现的问题主要是在沸腾床加氢裂化部分:一是在反应器下游的常压蒸馏塔、减压蒸馏塔和塔底油换热器结垢,不能正常运转;二是在转化率高时,反应器和分离器结焦严重,不能正常运转;三是未转化渣油不稳定,有沉积物生成,不符合燃料油要求,不能作燃料油使用(见图 9-3-23)。

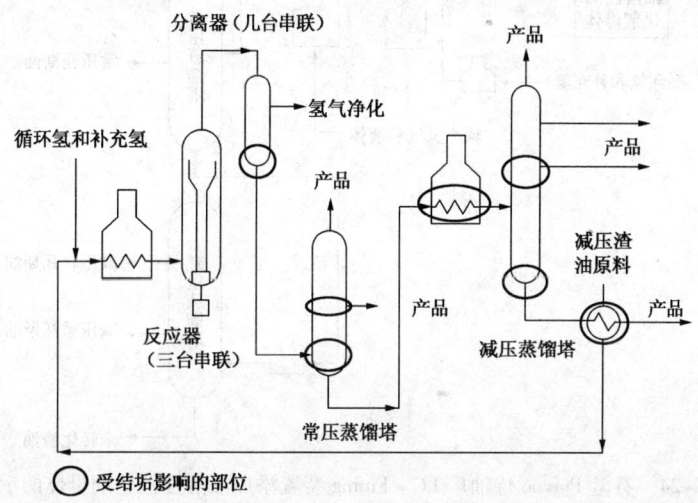

图 9-3-23　芬兰 Porvoo 炼油厂 LC-Fining 沸腾床加氢裂化装置的结垢情况

(3) 解决问题的措施　主要是用一种分子分散型催化剂使沥青质被加氢和转化,不再发生沉淀。这种分子分散型催化剂是 HTI 公司的专利技术,能促进氢向沥青质转移,提高沥青质的转化率,防止被转化的渣油在下游设备中冷却时不稳定形成沉淀。但是,这种催化剂不能代替原来使用的渣油沸腾床加氢裂化催化剂,因为只能使沥青质加氢和转化。其使用方法如图 9-3-24 所示。由图 9-3-24 可见,它是用一种油溶性催化剂母体与渣油原料通过专用的混合方法在原料油进入加热系统前进行混合,在原料油加热到反应温度时油溶性催化剂母体分解,在反应器上游就形成了分子分散型催化剂,进入反应器以后能促进氢转移,特别是能使氢转移到那些不容易进入多相催化剂中的沥青质大分子,使沥青质被加氢转化。

Neste 石油公司与 HTI 公司合作,采用这种催化剂进行了 40d 工业试验。试验结果表明,反应温度提高 9℃,渣油转化率约提高 10%,沥青质转化率约提高 10%,减压塔底未转化渣油中的沉淀低于目标值,塔底油换热器中的结垢速率大大降低,装置的原料减压渣油进料量提高,在转化率提高时沸腾床反应器运行稳定未出现异常。在 40d 工业试验成功的基础上,这种催化剂就一直在装置上使用,实际运转情况与 40d 工业试验的结果一致,装置运转周期明显延长,未转化渣油符合燃料油的规格要求。

3. 韩国 GS Catex 公司丽水炼油厂的 LC-Fining 沸腾床加氢裂化装置[79]

(1) 基本情况和工艺流程　2010 年 9 月投产,设计减压渣油加工能力为 60kbbl/d。新建这套装置的主要目的是减少炼油厂船用燃料油产量,增加柴油产量,不生产需求少和低价值的石油焦。这套大型装置也是 Chevron Lummus 全球公司新设计的第一套 LC-Fining 大型

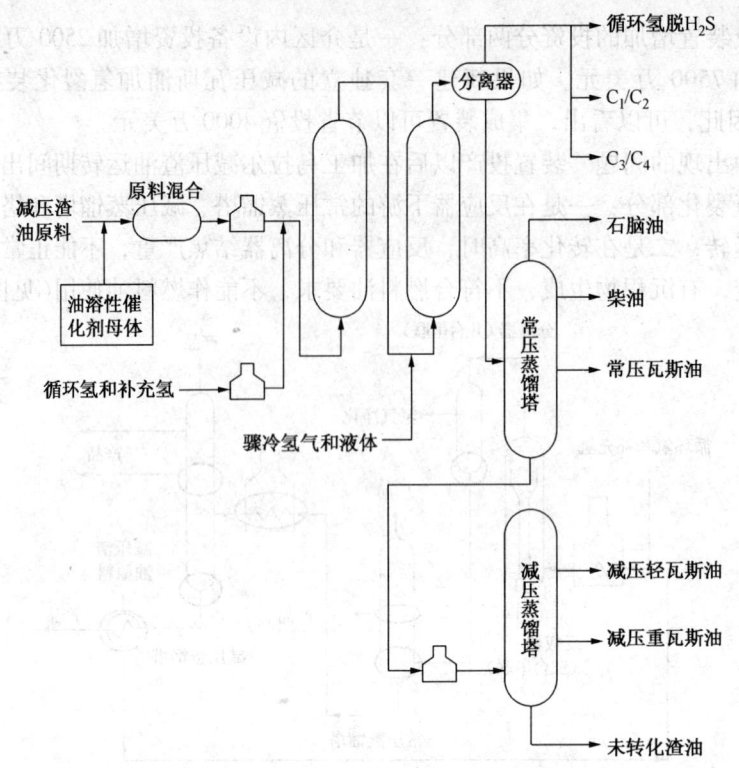

图 9-3-24 芬兰 Porvoo 炼油厂 LC-Fining 装置添加油溶性催化剂母体的示意流程

工业生产装置。装置的工艺流程如图 9-3-25 所示。这套装置有两个关联的反应系列,共用一个蒸馏、液化气回收和催化剂处理系统。每个反应系列有各自的进料泵、独立的氢气和原料油加热炉、两台反应器(串联)、重液体产品分离、气体冷却和馏分油产品分离、气体净化和补充氢与循环氢压缩机。采用的最新设计内容包括:在两台反应器之间设有分离器、膜净化系统、在反应器之间注入催化裂化油浆。注入油浆主要是提高未转化渣油的稳定性,并使下游常减压蒸馏系统的结垢减至最少。

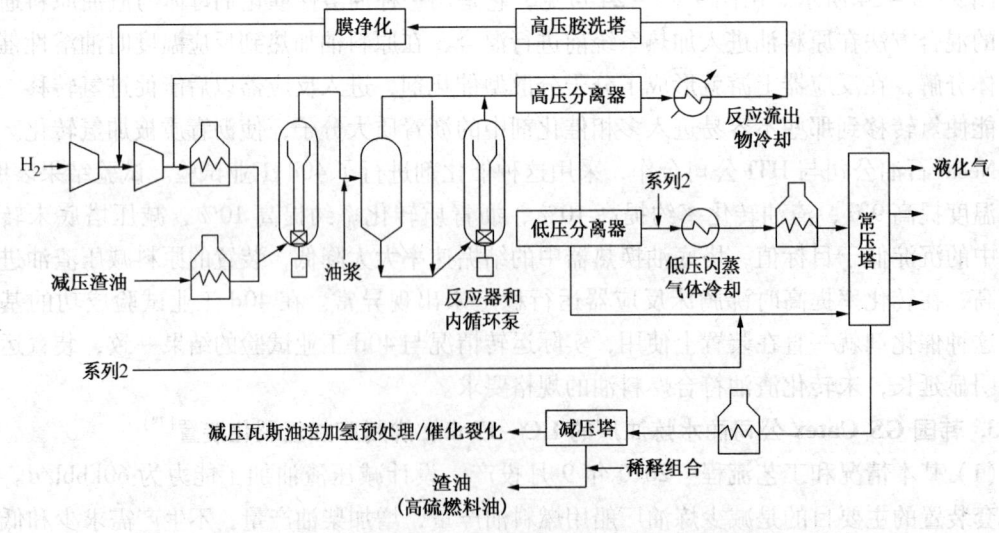

图 9-3-25 韩国丽水炼油厂 LC-Fining 沸腾床加氢裂化装置的工艺流程

设计加工能力为 60kbbl/d 的原料中包括 50/50 阿重/阿轻混合原油深度切割的减压渣油,转化率为 70%,未转化渣油用作稳定的船用燃料油。实际所用的原料油比设计的含有更多的硫、沥青质和金属,实际转化率可达到 70%~74%。实际所用的原料油是几种中东混合原油的减压渣油,也加工过难以转化容易生成沉积物的原料油。设计和实际加工的原料油性质和运转结果如表 9-3-33 所列。

表 9-3-33　韩国丽水炼油厂 LC-Fining 沸腾床加氢裂化装置的设计和实际运转数据

项　目	设　计	实　际[①]	项　目	设　计	实　际[①]
原料油来源 减压渣油原料	50% 阿重 + 50% 阿轻	中东混合原油	进料量/(bbl/d)	60000	60200
			渣油转化率/%	70.0	70.0
API 度	3.7	3.3	脱硫率/%	80.0	80.0
硫含量/%	5.11	5.7	脱金属/%	83.6	9.0
氮含量/(μg/g)	4109	3668	脱沥青质/%	64.0	72.0
康氏残炭/%	27.0	25.8	未转化渣油中沉积物[②]/%	—	0.06
镍 + 钒/(μg/g)	206	248			

① 标定结果;② 沉积物过滤试验。

(2) 实际运转情况　反应系统:2010 年 9 月减压渣油原料开始进入两个系列的反应器中,经过 40d 运行就达到了设计加工量和转化率。2011 年 4 月初进行标定。在标定运转期间渣油平均转化率为 70%,平均脱硫率为 80%,平均脱沥青质为 72%,平均脱金属为 90%。未转化渣油的稳定性很好,沉积物含量明显低于船用燃料油的规格要求。此外,得到的馏分油(煤油 + 柴油)收率高于设计 2%(体积分数)。而且,实际减压渣油原料性质每 3~4d 就变化一次,在长达 9 个月的运转期间装置性能与标定结果一样,非常稳定和一致。蒸馏系统:在运转 10 个月以后,装置下游的蒸馏系统没有出现任何结垢问题,没有出现需要对减压加热炉进行清焦和对减压塔底转油线进行清洗的情况。运行周期:由于施工质量好、操作人员精心调控和在线监控与维修到位,在 10 个月运行期间开工率达到 94%,超过同类装置 3%~4%。出现过两次与工艺有关的小事故,对开工率没有造成明显影响。

在上述三套装置的有关情况中有以下两个问题值得注意:一是波兰 Plock 炼油厂的 H-Oil 装置,设计加工能力是 34kbbl/d,单系列,两台反应器串联;芬兰 Porvoo 炼油厂的 LC-Fining 装置,设计加工能力 40kbbl/d,单系列,三台反应器串联;韩国丽水炼油厂的 LC-Fining 装置,设计加工能力 80kbbl/d,双系列,每个系列是两台反应器串联。分析其原因,除减少返混影响和装置规模(加工能力)外,还与杂质脱除率有关。两台反应器串联的装置,第一台反应器主要用于加氢裂化和脱金属,第二台反应器主要用于加氢裂化、脱硫和脱残炭;三台反应器串联的装置,第一台反应器主要用于加氢裂化和脱金属,第二台反应器主要用于加氢裂化、脱硫、脱氮和脱残炭,第三台反应器主要用于深度脱硫。二是波兰 Plock 炼油厂和芬兰 Porvoo 炼油厂的沸腾床加氢裂化装置,加工乌拉尔原油的减压渣油,都出现了装置下游设备结垢影响装置运转和未转化渣油中沥青质沉淀,不能用作燃料油的问题。分析其原因主要是,在正常情况下,不同原油的减压渣油中饱和烃、芳香烃、沥青质和胶质四组分都是处于平衡状态,不同减压渣油加氢裂化的转化率是不一样的,一旦转化率高于其固有的转化率,破坏了四组分的平衡,难以转化的沥青质就发生沉淀,出现一系列问题。研究表明，不同的减压渣油，确保未转化渣油稳定的最高转化率是不一样的，乌拉尔渣油是50%，中东渣油 A 是70%，中东渣油 B 是80%（这种渣油很少）。实践已经表明，沸腾床加氢裂化难以加工的渣油还不只是乌拉尔减压渣油一种，沙重减压渣油等都属于此类渣油。

（五）非常规高硫高酸重质原油减压渣油沸腾床加氢裂化工业装置[35,87,90,91]

加拿大 Athabasca 地区的油砂沥青是一种非常规高硫高酸重质原油，不仅重而且黏稠，不加热或不用轻油稀释不能流动。实际 API 度为 8~14（d_4^{20} 1.0109~0.9689），含硫 4%~5%，其元素组成为：碳 83.2%，氢 10.4%，氧 0.94%，氮 0.36%，硫 4.8%。井下开采与露天开采的油砂沥青性质略有差异，露天开采得到的油砂沥青的典型性质如下：API 度 7~8（d_4^{20} 1.020~1.010），含硫 4%~5%，C_7~177℃石脑油 <1%，177~343℃中馏分油 15%~20%，343~524℃减压瓦斯油 20%~30%，>524℃减压渣油 50%~55%。

Shell 加拿大公司 Scotford 油砂沥青改质工厂的油砂沥青（原料）生产和加工一体化的流程见图 4-6-2。改质工厂的油砂沥青加工流程见图 4-6-3。该厂是加工露天开采的 Atbabassca 油砂沥青，核心装置是减压渣油沸腾床加氢裂化-固定床加氢处理集成于一体的联合装置。

由图 4-6-2 可见，Scotford 油砂沥青改质工厂油砂沥青原料生产和加工的一体化流程，包括油砂露天开采（含油砂开采和油砂预处理）、油砂沥青萃取（用 45~50℃热水）、沥青净化（用链烷烃处理）和沥青改质（加工）四部分。油砂沥青生产能力是 155kbbl/d，2003 年 4 月投产。其中值得注意的是链烷烃（溶剂）处理部分，大约脱除近 50% 的沥青质，随浮渣一道外排和处理。其结果是沥青得到净化，水、盐和细小的固体物含量大大减少，使改质工厂的原料质量大大提高。

改质工厂的常压蒸馏塔设计加工油砂沥青（不含稀释剂）155kbbl/d 和 23~45kbbl/d 外购原料。由图 4-6-3 可见，减压渣油沸腾床加氢裂化是改质工厂最重要的也是唯一的转化装置。这套装置的工艺流程如图 9-3-26 所示。由图 9-3-26 可见，该装置是双系列、三器串联的沸腾床加氢裂化与馏分油固定床加氢处理集成于一体的联合装置。沸腾床加氢裂化部

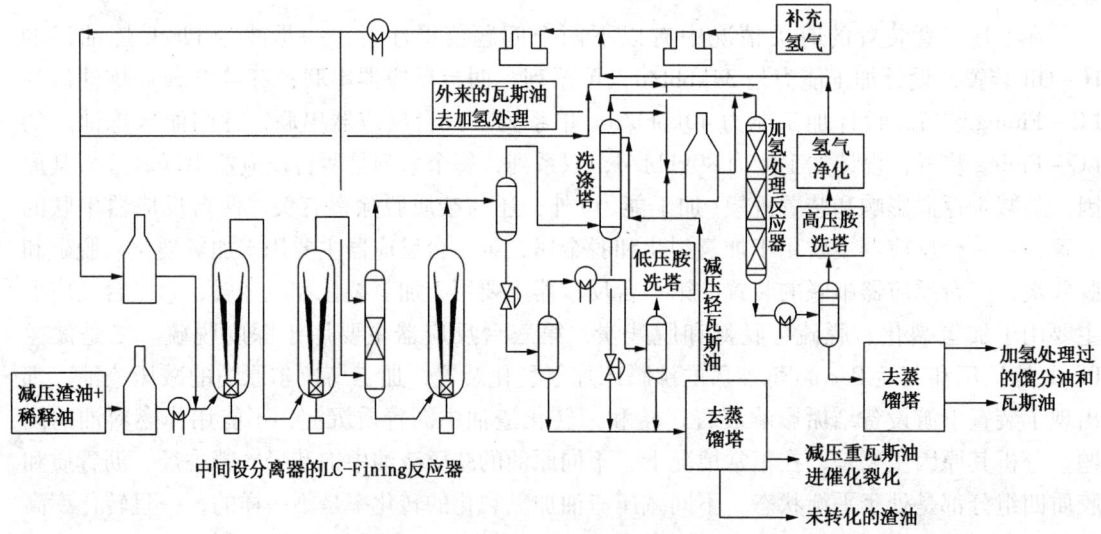

图 9-3-26 Scotford 改质工厂油砂沥青减压渣油沸腾床加氢裂化装置的工艺流程

分设计加工减压渣油 85kbbl/d，转化率约 75%，与其集成于一体的加氢处理部分的设计加工能力是 105kbbl/d，其中 53% 是 LC-Fining 生产的馏分油，47% 是工厂常压蒸馏装置提供的馏分油。常压蒸馏塔生产的石脑油和中馏分油可送到加氢处理部分加工，也可送到 Scotford 炼油厂加工，减压瓦斯油送到 Scotford 炼油厂加工。这套沸腾床加氢裂化-固定床加氢处理一体化联合装置是目前世界上在运转中最大的一套渣油沸腾床加氢裂化装置，也是世界上第一套与加氢处理集成在一起的渣油沸腾床加氢裂化装置。

由于油砂沥青在进厂前已脱除一部分沥青质，使沸腾床加氢裂化在较高转化率操作时的稳定性得到提高；在脱除部分沥青质的同时也减少了金属细粉和盐含量，使催化剂的消耗也有所减少。为了提高原料渣油中沥青质的溶解能力，保持沥青质在悬浮状态并提高转化率，在运转过程中也添加一些重芳烃油。

减压渣油沸腾床加氢裂化是 Chevron Lummus 全球公司的 LC-Fining 技术，馏分油加氢处理是 Shell 公司的 HDT 技术。选用 LC-Fining-HDT 集成于一体的技术主要是经济因素。因为集成于一体的装置可减少投资 30%~40%，而且 Scotford 炼油厂是 Shell 加拿大公司独资为加工合成原油专门设计的，大型减压瓦斯油加氢裂化装置可以加工各种减压瓦斯油。

馏分油加氢处理与渣油沸腾床加氢裂化集成于一体有许多优点，既加工 LC-Fining 部分生产的馏分油也加工改质工厂常压蒸馏装置生产的馏分油；加氢处理反应部分的设备数量比一套独立的加氢处理装置少 50%；沸腾床加氢裂化和馏分油加氢处理反应器共用一个高压氢气系统，加氢处理利用沸腾床加氢裂化反应流出物中剩余的氢气；在两部分共用分馏塔的情况下，因为增加了热联合，所以装置的能效提高。表 9-3-34 列有集成于一体的加氢处理部分典型混合原料油的分析数据。

表 9-3-34 Scotford 油砂沥青改质工厂一体化加氢处理装置的原料油性质

项　　目	LC-Fining 生产的馏分油	常压直馏瓦斯油	加氢处理的混合原料
馏程/℃	121~427	93~482	93~482
氮含量/(μg/g)	1600~2000	400~700	>1000
硫含量/%	0.2~0.5	2.0~2.5	1.0~1.5

表 9-3-34 的数据表明，加氢处理原料油的馏程宽，含氮 >1000μg/g，含硫 1.5%。用工业加氢处理催化剂，实现运转周期 2 年，得到的产品如表 9-3-35 所列。

表 9-3-35 Scotford 油砂沥青改质工厂一体化加氢处理装置的产品性质

项　　目	石脑油	柴油	减压瓦斯油
馏程/℃	C_5~165℃	170~360℃	>360℃
相对密度	0.7050	0.8580	0.9000
氮含量/(μg/g)	<1	<10	<100
硫含量/(μg/g)	<30	<100	<200
十六烷指数		45	

由于创新设计的协同作用，使该装置的投资和操作费用都有所减少。自 2003 年投产以来，该装置一直在高于设计能力 10% 的情况下运转。

Shell 加拿大公司 2008 年开始对油砂生产和改质工厂进行扩能改造，使总加工能力提高 100kbbl/d 达到 255kbbl/d，2011 年 5 月开始生产。在扩能改造工程中，除常减压蒸馏装置外，又新建一套减压渣油沸腾床加氢裂化-馏分油加氢处理一体化装置，该装置的减压渣油沸腾床加氢裂化能力为 47.3kbbl/d，是目前世界上最大的单系列渣油沸腾床加氢裂化装置。

可以看出，该厂两套减压渣油沸腾床加氢裂化装置的总加工能力是132.3kbbl/d，占该厂油砂沥青原料加工能力255.0kbbl/d的51.9%。目前该厂正在准备实施碳捕集和封存(CCS)工程，通过溶剂脱沥青－脱油沥青气化制氢回收二氧化碳，目标是年捕集二氧化碳1Mt，预计2012年开始施工。

（六）提高重质劣质渣油转化率的沸腾床加氢裂化集成工艺

如前所述，沸腾床加氢裂化在渣油转化率较高时由于沥青质难以转化，会引起沉淀、生焦和下游设备结垢，因此许多装置的渣油转化率都受到限制，迫使炼油厂不得不限制装置的反应温度和加工量。为了提高渣油转化率，提高轻油收率和提高经济效益，扩大应用范围，Chevron Lummus全球公司和Axens公司都开发了LC－Fining和H－Oil渣油沸腾床加氢裂化的集成(组合)工艺。目前已经和即将工业应用的集成(组合)工艺有以下三种：

1. LC－Fining渣油沸腾床加氢裂化－溶剂脱沥青集成工艺[79,92]

Chevron Lummus全球公司开发的这种集成工艺称为LC－MAX工艺，其工艺流程如图9－3－27所示。

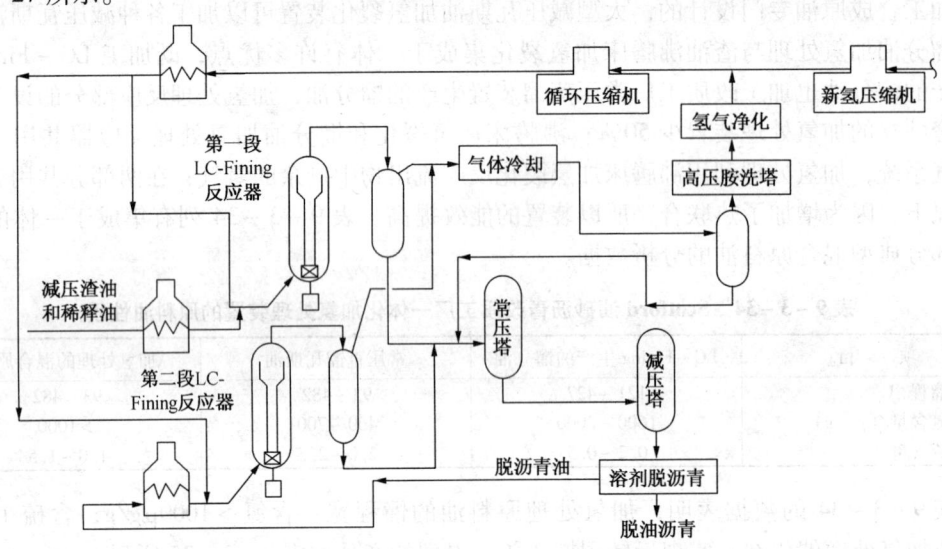

图9－3－27 LC－Fining渣油沸腾床加氢裂化－溶剂脱沥青集成工艺流程

这种集成工艺流程由两个加氢裂化段组成：第一段在低中转化率运转，加工清洁的减压渣油；第二段在高转化率运转，加工溶剂脱沥青得到的脱沥青油。第一段的转化率通常设定为48%~60%，且通常在单反应器中完成；第一段反应流出物通过蒸馏得到不同的馏分油和未转化渣油，未转化渣油进行溶剂脱沥青，得到70%~75%的脱沥青油进第二段进行加氢裂化，转化率为75%~85%（最近报道转化率为80%~95%）。第一段和第二段的气相流出物混合后冷却、净化和压缩。第二段的转化产物也与第一段的转化产物混合，在共用的蒸馏塔中进行蒸馏。溶剂脱沥青装置得到的脱油沥青进行造粒或降黏以后用作发电厂燃料或气化装置的原料，添加稀释组分以后可用作船用燃料油或工业燃料油。最近对一家炼油厂新建40kbbl/d LC－MAX装置的研究表明，把脱油沥青用作气化原料，可以生产165t/d氢气和160MW电力。

以典型中东减压渣油为原料，在总转化率体积分数为85%时，加工能力为40kbbl/d的LC－MAX装置的物料平衡如图9－3－28所示和表9－3－36所列。Chevron Lummus全球公司称,即使是难以提高转化率、容易生成沉积物的原料,如俄罗斯乌拉尔原油、南美Hamaca原油和加拿大冷湖原油的减压渣油,选用LC-MAX集成工艺,减压渣油的转化率也可以达到80%~90%。

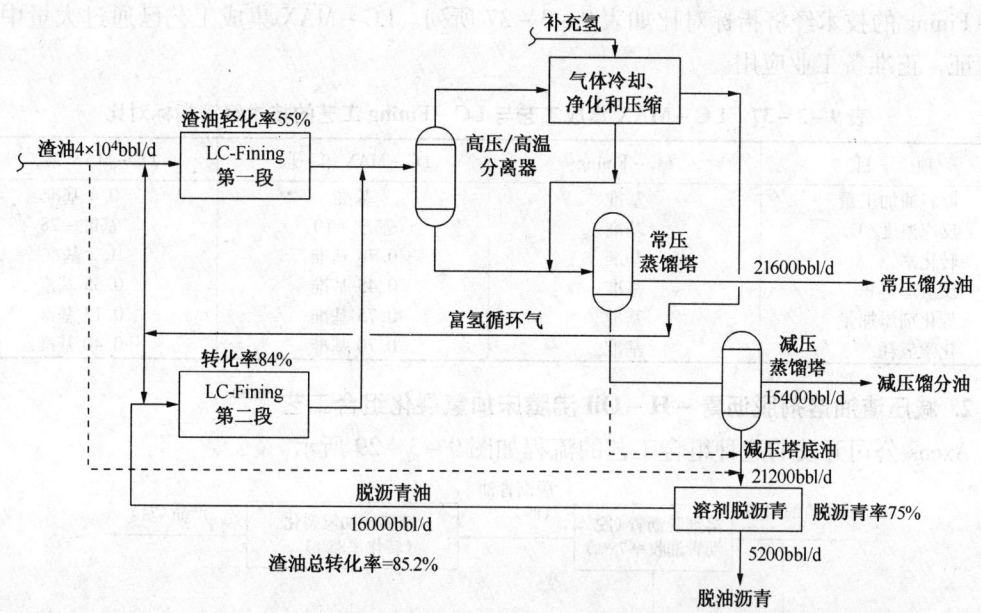

图9-3-28 LC-Fining渣油沸腾床加氢裂化-溶剂脱沥青集成工艺装置的物料平衡

表9-3-36 40000bbl/d LC-Fining沸腾床加氢裂化-溶剂脱沥青联合装置的物料平衡

LC-Fining装置		溶剂脱沥青装置	
第一段转化率/%	55	进料/(kbbl/d)	21.2
第二段转化率/%	84	脱沥青油/(kbbl/d)	16.0
总转化率/%	85.2	脱油沥青/(kbbl/d)	5.2
原料油/(kbbl/d)		沥青脱除率/%	75
中东减压渣油	40.0		
产品/(kbbl/d)			
常压馏分油	21.6		
减压馏分油	15.4		
脱油沥青	5.2		
合计	42.2		

由上述情况可见,第一段加氢裂化保持较低的转化率,未转化渣油中生焦母体和生成的沉积物都大大减少,因此第一段可以在相对高温和高空速的条件下运转,仍然可以得到稳定性较好的未转化渣油。在加工容易生成沉积物难以转化的减压渣油时,在低转化率时未转化渣油中的沉积物含量也不大于0.05%,符合燃料油的要求。因为第一段未转化的沥青质脱除到脱油沥青中,所以脱沥青油中沥青质的含量极少,第二段可以在较高的温度和较高的转化率运转,不会有明显的沉积物生成。中型试验表明,即使在转化率超过75%时,沉积物含量也低于200μg/g。

与常规LC-Fining工艺相比,LC-MAX集成工艺不仅能提高渣油转化率,而且可提高加工原料油的灵活性,还可以减少反应系统的投资和操作费用。第一段和第二段未转化渣油的稳定性提高,可以在较高的温度下操作,因此与常规LC-Fining工艺在低转化率运转相比,反应器容积可以小15%~25%。此外,由于原料油中的大部分金属都在溶剂脱沥青时进入脱油沥青中,因此LC-MAX集成工艺的催化剂消耗可减少10%~15%。而且,由于氢气得到更有效的利用,用于沥青质大分子饱和与转化的氢气消耗也明显减少。LC-MAX与LC-Fining的技术经济指标对比如表9-3-37所列。LC-MAX集成工艺已通过大量中型试验验证,正准备工业应用。

表9-3-37 LC-MAX集成工艺与LC-Fining工艺的技术经济指标对比

项 目	LC-Fining	LC-MAX第一段	LC-MAX第二段
原料油加工量	基准	基准	0.4基准
反应温度/℃	基准	基准+10	基准+28
转化率	基准	0.78基准	1.2基准
反应器容积	基准	0.45基准	0.35基准
催化剂添加量	基准	0.75基准	0.13基准
化学氢耗	基准	0.70基准	0.40基准

2. 减压渣油溶剂脱沥青-H-Oil沸腾床加氢裂化组合工艺[93,94]

Axens公司开发的这种组合工艺的流程如图9-3-29所示。

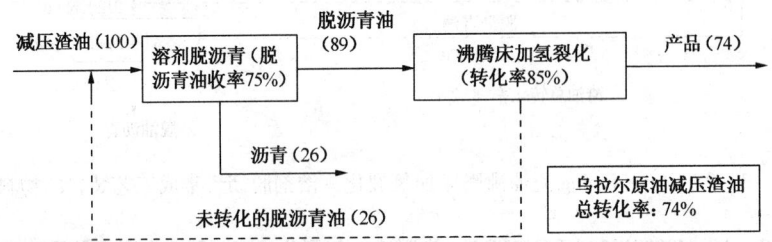

图9-3-29 减压渣油溶剂脱沥青-H-Oil沸腾床加氢裂化组合工艺流程

沸腾床加氢裂化难以转化的减压渣油先进行溶剂脱沥青,脱沥青油再进行沸腾床加氢裂化,可以进一步提高产品收率。以戊烷为溶剂进行脱沥青,得到较重的C_5脱沥青油含有较多的金属(通常在50μg/g以上)和较多的残炭(通常超过10%),沸腾床加氢裂化可以将其转化为轻质油品。这种脱沥青油沸腾床加氢裂化与减压渣油沸腾床加氢裂化一样,也是在线置换催化剂,在平衡反应温度、停留时间和催化剂置换速率的条件下,转化率可以达到80%以上,脱硫率可以达到90%~98%。在加工C_4或C_5脱沥青油时一种可供选用的方案就是把沸腾床加氢裂化未转化的尾油馏分循环,与新鲜减压渣油混合返回溶剂脱沥青装置再进行溶剂脱沥青。这种方案几乎可以使脱沥青油完全转化为轻质油品,如汽油、柴油和减压瓦斯油,沥青产率只有少量增加。以乌拉尔原油的减压渣油为原料进行溶剂脱沥青,得到的脱沥青油进H-Oil沸腾床加氢裂化装置,在转化率为85%时得到的转化产品为74%,15%未转化的脱沥青油循环,得到的沥青产率为26%,乌拉尔减压渣油的总转化率为74%(见图9-3-29)。

阿拉伯重原油的减压渣油进戊烷脱沥青装置,得到70%的脱沥青油和30%的脱油沥青。C_5脱沥青油进沸腾床加氢裂化装置,单段一次通过加氢裂化,转化率为80%,未转化的脱沥青油沥青质含量很少,循环回去与新鲜减压渣油一道再进脱沥青装置进行脱沥青,脱沥青油进行沸腾床加氢裂化,最终沥青的产率由30%提高到33.5%,轻质产品的收率为66.5%(对减压渣油)。这种组合工艺的主要优点是,重脱沥青油几乎完全转化为高价值产品(见表9-3-38)。

表 9 – 3 – 38　重脱沥青油沸腾床加氢裂化的产品收率和质量

产品收率		产品质量	
原料	C_5脱沥青油	中馏分油	
收率(对脱沥青油进料)(体)/%		API 度	0.8650
石脑油	10.3	硫含量/($\mu g/g$)	<300
中馏分油	49.6	十六烷值	45
减压瓦斯油	40.7	减压瓦斯油	
减压渣油	—	API 度	0.9100
氢耗(对脱沥青油进料)/%	3.03	硫含量/%	<0.20
沥青收率(对减压渣油)/%	33.5	氢含量/%	12.5
		残炭含量/%	<0.5
		镍 + 钒/($\mu g/g$)	<0.1

由表 9 – 3 – 38 可见，石脑油的收率很少(只有 10.3%)，但是很好的重整原料油；中馏分油收率接近 50%，十六烷值可以接受，再通过集成在一起的加氢处理反应器进一步加氢处理，就可以得到超低硫柴油组分；减压瓦斯油的含硫量低和含氢量高，可以送进催化裂化装置进一步加工多产汽油，也可以送进加氢裂化装置进一步加工多产超低硫柴油。这种组合工艺已用于加拿大 Husky 能源公司 Lloydminster 重油改质工厂，改造原有的 32kbbl/d H – Oil 减压渣油沸腾床加氢裂化装置，加工 100% 的脱沥青油，高转化率直接生产质量好的轻馏分油。

3. 渣油沸腾床加氢裂化 – 延迟焦化组合工艺[95,96]

高硫高金属劣质渣油沸腾床加氢裂化 – 延迟焦化组合工艺与直接延迟焦化相比，最主要的优点就是液体产品收率高得多。因为在沸腾床加氢裂化过程中已经有 70% 左右的渣油转化，虽然未转化渣油还有 30% 左右，但其中的残炭大部分都已脱除，而延迟焦化的焦炭产率是焦化原料油残炭含量的 1.6 倍，所以未转化渣油延迟焦化的液体产品收率提高，焦炭产率降低。最终的结果是液体产品收率大大提高，焦炭产率大大降低。Chevron Lummus 全球公司早在 2009 年就提出 LC – Fining 渣油沸腾床加氢裂化 – 延迟焦化组合工艺方案，并就 LC – Fining 沸腾床加氢裂化 – 延迟焦化组合工艺与减压渣油直接延迟焦化工艺进行了技术经济比较与分析。2012 年 Axens 公司为美国一家加工阿拉伯重原油的老炼油厂扩能改造、提高轻油收率和经济效益，在大量试验的基础上提出了 H – Oil 沸腾床加氢裂化 – 延迟焦化组合工艺方案。这座老炼油厂的原油加工流程如图 9 – 3 – 30 所示，采用组合工艺扩能改造后的原油加工流程如图 9 – 3 – 31 所示。阿拉伯重原油及其减压渣油的性质如表 9 – 3 – 39 所列。

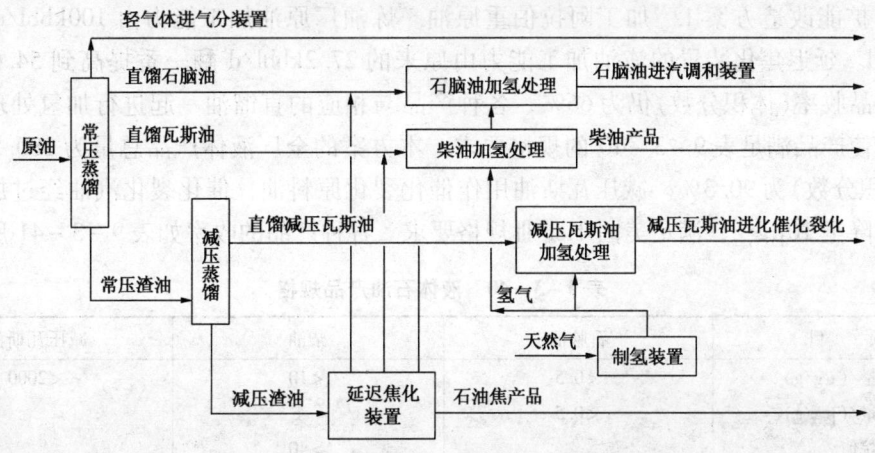

图 9 – 3 – 30　炼油厂加工阿拉伯重原油的流程

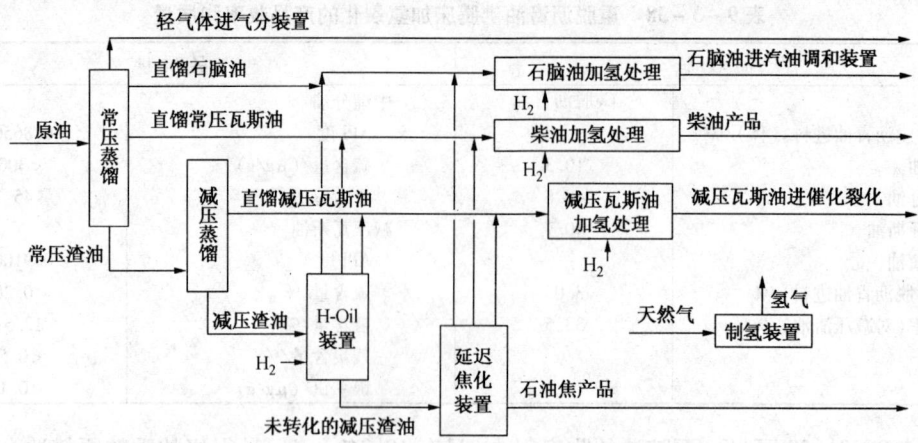

图 9-3-31 炼油厂采用 H-Oil 沸腾床加氢裂化-延迟焦化组合工艺扩能改造后的流程

表 9-3-39 阿拉伯重原油及其减压渣油的性质

阿拉伯重原油		阿拉伯重原油的减压渣油	
API 度	27.0	API 度	5.7
d_4^{20}	0.8927	d_4^{20}	1.0312
硫含量/%	2.85	>500℃/%	96
氮含量/(μg/g)	1680	氢/碳比	1.366
镍+钒/(μg/g)	75	硫/%	5.28
残炭/%	7.9	氮/(μg/g)	4500
C_7 沥青质/%	2.5	镍+钒/(μg/g)	50/170
馏分组成/%		残炭/%	22.9
初馏点~177℃	15.0	C_7 沥青质/%	19.5
177~343℃	23.6		
343~524℃	27.9		
>524℃	31.9		

老炼油厂的原油加工能力是 100kbbl/d。按照原先的原油加工流程，原油先进常减压蒸馏装置，然后减压渣油进延迟焦化装置加工，直馏和焦化石脑油、柴油、减压瓦斯油（用作催化裂化原料油）进行加氢处理。采用天然气蒸汽转化制氢的方案为几套加氢处理装置提供氢气。

（1）扩能改造方案 1 加工阿拉伯重原油。炼油厂原油加工能力由 100kbbl/d 提高到 200kbbl/d。延迟焦化装置的渣油加工能力由原来的 27.2kbbl/d 翻一番提高到 54.4kbbl/d，C_5 以上产品收率（体积分数）仍为 66%，各种产品与相应的直馏油一起进行加氢处理，加氢处理以后使产品满足表 9-3-40 的规格要求。本方案的全厂液体产品总量为 180.5kbbl/d，收率（体积分数）为 90.3%。减压瓦斯油用作催化裂化原料油，催化裂化汽油经过加氢处理把含硫量降至 10μg/g，满足美国 Tier Ⅲ 规格要求。各种产品的收率如表 9-3-41 所列。

表 9-3-40 液体石油产品规格

项目	石脑油	柴油	减压瓦斯油
硫含量/(μg/g)	<0.5	<10	<2000
氮含量/(μg/g)	<0.5		
十六烷值		>40	

表9-3-41　美国一家老炼油厂三种扩能改造方案的产品收率

项　目	扩能改造方案1	扩能改造方案2	扩能改造方案3
原油来源	阿拉伯重原油	阿拉伯重原油	阿拉伯重原油
原油加工能力/(kbbl/d)	200	200	300
渣油加工工艺	延迟焦化	H-Oil-延迟焦化	H-Oil-延迟焦化
H-Oil渣油转化率/%		60	70
液体产品收率(体)/%(对原油)			
液化气	1.81	1.79	1.20
石脑油	24.73	25.32	25.20
柴油	32.16	34.78	35.27
减压瓦斯油	31.56	34.40	35.18
合计	90.26	96.29	96.86
石油焦/(t/d)	3114	1430	1706
氢耗[①]/(Nm^3/m^{3}原油)	490	800	875

① 包括H-Oil沸腾床加氢裂化和三套加氢处理装置消耗的氢气。

(2) 扩能改造方案2　加工阿拉伯重原油。原油加工能力也是200kbbl/d。全部减压渣油54.4kbbl/d都进H-Oil沸腾床加氢裂化装置加工。H-Oil沸腾床加氢裂化装置为单系列，只用1台反应器，渣油转化率为60%。未转化渣油21.922kbbl/d进原延迟焦化装置(设计加工能力27.2kbbl/d)加工。所有直馏、沸腾床加氢裂化和延迟焦化生产的馏分油都进行加氢处理，以满足表9-3-40所列的产品规格要求。本方案的全厂液体产品总量为192.6kbbl/d，收率(体积分数)为96.3%，各种产品收率如表9-3-41所列。

(3) 扩能改造方案3　加工阿拉伯重原油。为充分利用原有延迟焦化装置的加工能力(27.2kbbl/d)，将炼油厂的原油加工能力提高到300kbbl/d，H-Oil沸腾床加氢裂化装置的加工能力提高到81.655kbbl/d，渣油转化率由60%提高到70%。H-Oil装置仍为单系列，但采用2台反应器串联，且两台反应器之间设有分离器，未转化的渣油进延迟焦化装置加工。与方案1和方案2一样，所有直馏、沸腾床加氢裂化和延迟焦化生产的馏分油都进行加氢处理，加氢处理后的产品质量符合表9-3-40的要求。本方案的全厂液体产品总量为290.58kbbl/d，收率(体积分数)为96.86%。各种产品的收率如表9-3-41所列。

炼油厂液体产品的收率是渣油转化率和氢气消耗量的函数。渣油在加氢裂化过程中使许多生焦母体都被加氢，因而使液体产品收率提高，未转化渣油焦化的石油焦产率降低。由表9-3-41的数据可以看出，方案1的焦炭产量为3114t/d，方案2的焦炭产量为1430t/d，表明在渣油加氢裂化过程中被转化的生焦母体达54%。当渣油加氢裂化的转化率提高到70%时(方案3)，有63%的生焦母体在加氢裂化过程中被转化。方案2的氢气消耗比方案1增加63.3%，液体产品收率(体积分数)提高6个百分点，多得4.2Mbbl/a液体产品(液化气、石脑油、柴油和减压瓦斯油)。方案3渣油沸腾床加氢裂化转化率提高到70%，氢气消耗量比方案1增加78%，液体产品收率(体积分数)比方案1提高6.6个百分点，在原油加工量相同时多产4.6Mbbl/a液体产品。在加工阿拉伯重原油都为200kbbl/d时，采用方案2和方案3每年多得的液体产品净收入(产品收入扣除原料成本和操作成本)比方案1多4亿多美元。特别是延迟焦化生产汽柴油的选择性(柴/汽比)为1.5,而H-Oil沸腾床加氢裂化在转化率为70%时,选择性为2.2,因而加工阿拉伯重原油200kbbl/d的炼油厂,采用方案3比方案1多产10kbbl/d以上的柴油,炼油厂每年可增加效益3亿多美元。

综上所述,劣质重质渣油沸腾床加氢裂化技术经过40多年的工业实践和改进,现在技术水平有了很大提高,安全、可靠和灵活性也都同步提高,特别是集成工艺和组合工艺的问世,使渣油转化率、轻油收率和液体产品的柴油/汽油比都大大提高,因此预计在轻原油供应减少、重原油特别是劣质重原油供应增多和高油价的大背景下,渣油沸腾床加氢裂化技术工业应用会得到较快的发展,至少在近中期加工重质劣质原油的炼油厂会把渣油沸腾床加氢裂化技术作为一种优选方案。

三、渣油悬浮床加氢裂化

(一) 概况

从20世纪60年代开始,美国、日本、德国、加拿大、委内瑞拉和意大利等国的10多家石油公司就先后从事渣油悬浮床加氢裂化技术的开发工作,有些公司还在小试和中试的基础上进行工业示范装置(工业试验装置)试验。近10年来,特别是近5~6年来,一些石油公司为了抓住机遇和抢夺商机,加大了研发工作投入,使渣油悬浮床加氢裂化技术有了突破性进展。目前在建和计划建设的工业装置采用的渣油悬浮床加氢裂化技术有以下五种:一是Eni公司独自开发的EST技术,二是KBR公司转让技术的VCC技术,三是UOP公司转让技术的Uniflex技术,四是PDVSA开发的HDHPLUS技术,五是Chevron公司自主开发的VRSH技术。鉴于早期开发的多种渣油悬浮床加氢裂化技术,在先前出版的著作中已有介绍[1,67],这里不再重复。以下仅介绍目前在建和计划建设工业装置的上述五种渣油悬浮床加氢裂化技术的有关情况。这五种渣油悬浮床加氢裂化技术开发的简要情况和现状如表9-3-42所列,主要技术指标如表9-3-43所列。

表9-3-42 五种渣油悬浮床加氢裂化技术开发的简要情况和现状

技术名称	开发商	技术开发的简要情况	现状
EST	意大利Eni公司	20世纪80年代后期开始开发微米级催化剂,90年代经过大量的实验室工作以后,2000~2003年进行0.3bbl/d中型试验,为建设工业示范装置提供依据,2005年底1200bbl/d的工业示范装置投入运行,根据工业示范装置的运行结果,2008年Eni公司决定建设大型工业装置	第一套工业装置建设在意大利,2012年底投产
VCC	德国Veba公司和英国BP公司	VCC技术是德国Veba公司在20世纪50年代开发的,80年代和90年代进行了中型装置(200bbl/d)和工业示范装置(3500bbl/d)试验。工业示范装置的运转已超过10年。2002年英国BP公司收购Veba公司。自2006年以来BP公司对VCC技术进行改进,包括与加氢处理技术集成生产清洁燃料技术、单系列装置扩大加工能力和装置的工艺设计等,形成了今天的VCC技术。为加速VCC技术的工业应用,两年前BP公司与KBR公司合作进行工程设计,并在全球进行技术转让和技术服务	第一套工业装置建在我国,2013年投产;第二套工业装置也建在我国,2014年投产;第三套工业装置建在俄罗斯,2015年投产

续表

技术名称	开发商	技术开发的简要情况	现状
Uniflex	加拿大自然资源公司和美国UOP公司	Uniflex技术的前身是加拿大矿业与能源技术中心在20世纪70年代中期开发的CANMET技术,旨在中等苛刻度条件下,将渣油转化为高价值轻质油品,1979年决定将其工业化,在加拿大Montreal炼油厂建设5000bbl/d的工业示范装置,1985年投产,在达到预定目标以后,1989年停止运转。1992年轻重原油价差拉大以后,工业示范装置重新运转,在近5年的运转期间加工过委内瑞拉、墨西哥和中东重质原油的减压渣油,还加工过催化澄清油和减黏裂化渣油等原料,装置的平均开工率为97%。2006年UOP与加拿大自然资源公司(NRCAN)合作对CANMET技术进行改进,2007年UOP公司获得CANMET技术在全球的独家转让权。UOP公司在经过多方面改进并把CANMET技术的反应部分与自己的加氢裂化/加氢处理技术的分离部分结合在一起推出了当今的Uniflex技术	第一套工业装置建在巴基斯坦,2016年投产
HDHPLUS	委内瑞拉PDVSA公司和德国公司、法国Axens公司	1983~1988年委内瑞拉PDVSA公司研究中心(Antevep)与Veba公司合作开发渣油悬浮床加氢裂化技术(HDH),并在德国Sholven进行了150bbl/d中型试验;1988~1994年在德国Bottrop进行3500bbl/d工业示范装置试验;1998~2003年对HDH技术进行改进,在10bbl/d中型试验的基础上推出经过改进的HDHPLUS技术;2004~2006年与法国Axens公司合作提出在委内瑞拉建设HDHPLUS大型工业装置的设计方案	第一套工业装置建在委内瑞拉,2016年投产
VRSH	美国Chevron公司	2003年开始开发减压渣油悬浮床加氢裂化技术,在实验室和中型试验成功的基础上,决定在其密西西比州Pascagonla炼油厂建设一套3500bbl/d的工业示范装置,2010年下半年开始运行,验证其技术经济可行性,为建设35000bbl/d大型工业生产装置提供设计数据并解决工程放大问题。受2008年金融危机的影响,工业示范装置推迟建设。文献中至今未见有关报道	

表9-3-43 五种渣油悬浮床加氢裂化的主要技术指标

技术名称	EST	VCC	Uniflex	HDHPLUS	VRSH
工艺流程	一段(见图2)	两段②(见图5)	一段(见图9)	两段③(见图12)	
反应器	泡帕塔反应器				
催化剂	油溶解性分散型(MoS_2)	非金属添加剂	廉价催化剂	廉价催化剂处理后再用	非贵金属催化剂连续再生循环使用
原料油	重质劣质渣油①	重质劣质渣油①	重质劣质渣油①	重质劣质渣油①	重质劣质渣油①
工艺条件					
压力/MPa	16	18~23	14	18~20	14~21
温度/℃	400~425	>400	435~470	440~470	413~454
空速	相对较高	相对中等		0.4~0.7	
操作方案	全循环	一次通过	部分循环	一次通过	
主要技术指标/%					
渣油转化率	95~97.5	95	>90	85~92	100
沥青质转化率		90		80~85	100
脱硫率	82~86				
脱氮率	40~55				
脱金属率	>99				
脱残炭率	95~97				
排出未转化渣油	2.5~3.8	<5	<10	<10	0
示范装置规模/(bbl/d)	1200	3500	5000	3500	3500
工业生产装置	拟建两套在建一套	在建三套	在建一套	拟建两套在建一套	拟建一套

①高硫、高金属、高沥青质、高残炭减压渣油;②悬浮床加氢裂化-加氢处理集成;③悬浮床加氢裂化-加氢裂化集成。

由表9-3-44的数据可以看出,这五种悬浮床加氢裂化技术的主要差异在于操作条件和催化剂/添加剂不同。第一类是以 VCC 技术为代表的技术,与其他技术相比是采用较高的压力,较低成本的添加剂(不是催化剂)和轻高的空速,主要特点是与加氢处理集成在一起,使下游加工工艺简化,能得到高质量产品,如硫含量 $<10\mu g/g$ 的超低硫柴油。高压能确保较高的工艺稳定性和灵活性,与加氢处理集成在一起能降低在炼油厂应用时的成本。第二类是以 EST 为代表的技术,在相对较低的压力操作,并用成本高的油溶性钼催化剂。为确保悬浮床反应器的运行稳定,转化率限制在中等范围,把未转化的渣油循环回悬浮床反应器,通过循环实现高的总转化率。其他几种技术大体上介于上述二者之间。在高压和较低空速操作是一种折中方案,但需要较大的压力容器。采用廉价催化剂,虽然可以实现较高的转化率,也可以降低成本,但产品质量较差,要得到高质量产品如超低硫柴油,进一步加工的投资和成本都要大一些。

(二) EST 渣油悬浮床加氢裂化技术[97~101]

1. 工艺流程、核心技术和主要特点

中型装置和工业示范装置的工艺流程如图9-3-32和图4-3-10所示。核心技术有两项:一是泡帽塔反应器及其中的气体分布器,二是油溶性催化剂(MoS_2)及其分离回收。

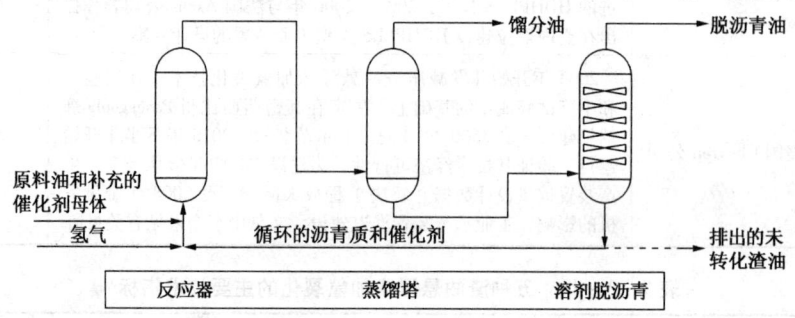

图9-3-32　EST 中型装置的工艺流程

如图9-3-32所示,原料油、催化剂母体和氢气进入反应器以后,在反应条件下油溶性的催化剂母体即分解分散为纳米级的硫化钼(MoS_2),原料油在相对低温(400~425℃)、低压(16MPa)和数千 $\mu g/g$ MoS_2 催化剂存在的条件下进行加氢裂化反应,生产轻馏分油(石脑油和常压瓦斯油),反应产物进蒸馏装置回收轻馏分油,重馏分油进溶剂脱沥青装置得到脱沥青油(可用作加氢裂化或催化裂化原料),含有全部催化剂的脱油沥青循环,与新鲜原料油混合回到反应器中再进行加氢裂化反应。为限制原料油带入的金属(镍和钒)而影响装置运转,排出少量(<3%)未转化的渣油(沥青质)。

如图4-3-10所示,工业示范装置的工艺流程与中型装置相比有所简化,取消了原设计中的溶剂脱沥青装置。运转结果表明,简化以后的工艺流程同样可以优化操作条件,实现渣油接近完全转化的目标。文献中没有明确说明,估计即将投产的工业装置就是采用这个简化以后的工艺流程。

EST 渣油悬浮床加氢裂化技术有以下几个主要特点:一是采用无载体的硫化钼催化剂,对于加工含大量杂质特别是金属和沥青质的渣油特别有效,与固定床和沸腾床加氢反应器中所用的有载体催化剂不同的是,分散的硫化钼不会出现由于金属和焦炭沉积在多孔载体上而导致的床层堵塞问题;二是采用硫化钼催化剂在进行加氢裂化反应的同时,抑制生焦,促进脱硫、脱氮、脱金属和脱残炭等改质反应；三是为避免沥青质沉淀和设备结垢，使部分转化的原料油处于稳定状态，根据原料油的性质选择反应苛刻度（反应时间和温度），并使部分转化的渣油与新鲜原油混合循环操作，始终处于稳定状态，最终实现近全部转化；四是原料油的灵活性大，加工各种重质渣油都可以实现高转化率，不产生副产品焦炭和重燃料油，都可以确保很好的脱金属、脱残炭和脱硫性能与一定的脱氮性能；五是能生产低硫和低芳烃高质量的减压瓦斯油，可以根据市场需要进一步加氢裂化或催化裂化生产柴油或汽油，确保产品的灵活性。

2. 中型试验结果

中型试验装置的加工能力是 0.3bbl/d，溶剂脱沥青装置所用的溶剂是丙烷。中型试验的目的是验证小型试验的结果，一是确定在连续循环操作条件下的产品产率和性质，二是确定未转化渣油的最少排放量、金属积累情况、催化剂失活、产品收率和质量的稳定性；三是确定在长周期运行过程中不生焦的情况；四是确定加工不同性质的原料油时工艺的灵活性。中型试验加工的几种原料油的性质和在稳定运转时的工艺性能如表 9-3-44 所列。

中试结果表明，无论加工哪一种原料油，达到稳定状态外排沥青质都 <1%（对新鲜原料油），渣油转化得到馏分油和脱沥青油的总转化率都 >99%；在稳定运转时 C_3 沥青质/新鲜原料循环比和产品分布主要由原料油组成和反应性决定，通常情况下，残炭含量高和 C_7 沥青质含量高则循环比增大；无论加工哪一种原料油都能确保完全脱金属（脱金属率 >99%）、很好的脱残炭效果（脱残炭率 >95%）、很好的脱硫和合理的脱氮。总之，都能确保很高的转化率和很好的改质效果。

表 9-3-44 不同原料油在 0.3bbl/d 中型装置上的试验结果

原料油来源	俄罗斯乌拉尔原油	沙特阿拉伯重原油	委内瑞拉 Zuata 重原油	墨西哥 Maya 重原油	加拿大 Athabasca 油砂沥青
原料油性质	减压渣油	减压渣油	减压渣油	减压渣油	全馏分油砂沥青
密度/(g/cm³)	1.0043	1.0312	1.0559	1.0643	1.0147
API 度	9.4	5.7	2.5	1.5	7.95
>500℃含量/%	91	96	95	99	60
氢/碳比	1.494	1.366	1.349	1.333	1.420
硫/%	2.60	5.28	4.34	5.24	4.58
氮/%	0.69	0.45	0.97	0.81	0.48
镍和钒/(μg/g)	74/242	52/170	154/697	132/866	70/186
C_7 沥青质/%	10.5	19.5	19.7	30.3	12.4
康氏残炭/%	18.9	22.9	22.1	29.3	13.6
产品产率/%					
气体(HC+H_2S)	11.5	10.9	15.0	9.9	12.9
石脑油(C_5~170℃)	5.8	4.9	5.9	3.9	4.1
瓦斯油(170~350℃)	32.5	30.6	35.6	26.9	39.1
减压瓦斯油(350~500℃)	29.8	29.2	29.8	34.9	32.1
脱沥青油(>500℃)	20.4	24.4	13.7	24.4	11.8
改质性能/%					
转化率	>99	>99	>99	>99	>99
脱硫率	86	82	82	84	83
脱金属率	>99	>99	>99	>99	>99
脱氮率	54	41	51	52	47
脱残炭率	97	97	98	96	95
排出沥青质	<1	<1	<1	<1	<1

3. 示范装置试验结果

从2005年开始,在Eni公司Tatanto炼油厂1200bbl/d工业示范装置上进行试验,用乌拉尔原油减压渣油的第一次运转主要是验证在中试装置上得到的工艺性能和开发设计悬浮泡帕塔反应器和气体分布器的流体动力学数据;第二次运转是用加拿大Athabasca油砂沥青的减压渣油进行的,2006年第四季度结束;在大负荷运转检查主要设备与管道的结垢与腐蚀情况以后,第三次运转用伊拉克巴士拉原油的减压渣油作原料,2007年春季开始运转。最后一次即第四次运转是用减黏裂化渣油作原料,在2008年2月结束。所有这几次运转都集中在优化操作条件,以减少装置的投资和操作费用。加工原料油的总量在230kbbl以上。在稳定状态排出的未转化渣油量都在2%~3%之间,产品体积收率比新鲜原料油多10%以上。试验所用原料油的性质和产品收率与主要改质性能如表9-3-45和表9-3-46所列。

表9-3-45 不同原料油在工业示范装置上的试验结果

原料油性质	俄罗斯乌拉尔减压渣油	加拿大Athabasca油砂沥青减压渣油	伊拉克巴士拉减压渣油	减黏裂化渣油 PV=1.1
实沸点切割点/℃	>500	>450	>500	>410
API度	9	5	5.6	0.1
氢/碳比	1.49	1.47	1.45	1.33
硫/%	2.9	5.4	4.9	5.9
氮/%	0.53	0.38	0.39	0.49
镍和钒/(μg/g)	90/253	86/230	35/119	68/125
沥青质/%	12.6	19.9	13.9	22.5
康氏残炭/%	18.0	17.0	20.0	27.0
改质性能/%				
脱硫率	74	82	71	80
脱氮率	43	28	32	46
脱金属率	99.7	>99	>99	>99.9
脱残炭率	96.7	98.2	98.3	99.7
排出未转化渣油	2~3	2~3	2~3	2~3

表9-3-46 不同原料油在工业示范装置上运转得到的产品收率

产品名称	产品收率/%(对新鲜原料油)	产品名称	产品收率/%(对新鲜原料油)
$H_2S + NH_3$	3~5	减压瓦斯油	12~55
$C_1 \sim C_4$	6~9	排出未转化渣油	2~3
石脑油	6~20	氢耗	2.9~3.3
瓦斯油	35~55		

4. 即将投产的大型工业生产装置的设计数据

Eni公司决定在其意大利的炼油厂建设两套EST渣油悬浮床加氢裂化生产装置,其中一套建在意大利Taranto炼油厂,加工能力是14000bbl/d,利用原有设备进行改造,投产日期没有透露;另一套建在意大利Sannazzaro炼油厂(其原油加工流程见图4-3-9),加工能力是23000bbl/d,计划2012年四季度投产。这是世界上第一套炼油厂减压渣油悬浮床加氢裂化工业装置,其工艺流程如图4-3-11所示。

由图4-3-11可见,该装置主要由反应、蒸馏、改质和尾油处理四部分组成。此外,还有天然气水蒸气转化制氢装置1套,氢气生产能力$1.0 \times 10^5 Nm^3/h$;硫回收/制硫装置1套,两条生产线,单线硫黄生产能力为80t/d;公用工程(水、电、蒸汽)和装置外设施(含硫污水处理、胺再生等)。包括公用工程和装置外设施在内的总投资约10亿欧元。由图9-3-32可见,悬浮床加氢裂化装置生产的柴油在炼油厂用作柴油组分,减压瓦斯油用作加氢裂化装置的一部分原料。装置设计采用的原料油是低硫、高氮和高金属的乌拉尔减压渣油,替代原料是高硫、低氢/碳比的巴士拉减压渣油。这两种原料油的性质如表9-3-47所列。氢气消耗和产品分布与质量如表9-3-48所列。值得注意的是,由于加氢反应,液体产品的体积收率约比原料油高15%左右。

表9-3-47 EST渣油悬浮床加氢裂化工业装置设计采用的原料油性质

原料油性质	乌拉尔减压渣油(设计原料)	巴士拉减压渣油(替代原料)	原料油性质	乌拉尔减压渣油(设计原料)	巴士拉减压渣油(替代原料)
350~550℃/%	5	5	倾点/℃	51	51
>500℃/%	95	95	硫/%	3.0	6.0
C_5沥青质/%	15	15.6	氮/%	0.7	0.4
密度/(kg/m³)	1004	1039	镍/(μg/g)	68	46
API度	9.4	4.7	钒/(μg/g)	214	164
黏度/(mm²/s)	982(100℃)	1126(80℃)	康氏残炭/%	20.2	18.5
	159(135℃)	436(100℃)	氢/碳比	1.41	1.37

表9-3-48 EST渣油悬浮床加氢裂化工业生产装置的产品收率、质量和氢气消耗

产 品	收率/%	含硫/(μg/g)	含氮/(μg/g)	密度/(kg/m³)
$H_2S + NH_3$	3.2~4.0	—	—	
$C_1 \sim C_4$	7~9	—	—	540(液化气)
石脑油(C_5~170℃)	6.5~7.5	<10	—	700
煤油+柴油	38~50	<10	—	840
减压瓦斯油(300~500℃)	30~45	<400	<700	920
排出未转化渣油	2.5~3.8			
氢耗/%(对新鲜原料油)				
总氢耗	4.5~5.0			
悬浮床加氢	3.0~3.4			

工业装置由两台反应器串联组成,每台反应器重2000t,由GE公司用抗腐蚀的铬-钼-钒合金钢焊接而成,2011年1季度运到Sannazzaro炼油厂。据最近报道,实际花费的投资已超过15.5亿美元,将在2012年底投产。

Eni公司认为,EST渣油悬浮床加氢裂化装置投产以后可增加炼油厂经济效益3~5美元/桶原料,炼油厂就可以加工100%的高硫超重原油,多产优质中馏分油。在悬浮床加氢裂化装置高转化率运转后,可使炼油厂的燃料油收率降低到0;如果市场需要,可以生产少量燃料油和沥青。

(三) VCC渣油悬浮床加氢裂化技术[102~108]

1. 工艺流程、核心技术和主要特点

工艺流程如图9-3-33和图9-3-34所示。

VCC渣油悬浮床加氢裂化工艺实际上是悬浮床热反应系统与滴流床加氢处理系统在相同温度和压力下运行的集成工艺,中间连接的是热分离器,它能够确保转化产物与未转化渣油完全分离。与其他技术相比,这种集成工艺的优点是投资省、产品质量高和热效率高。在

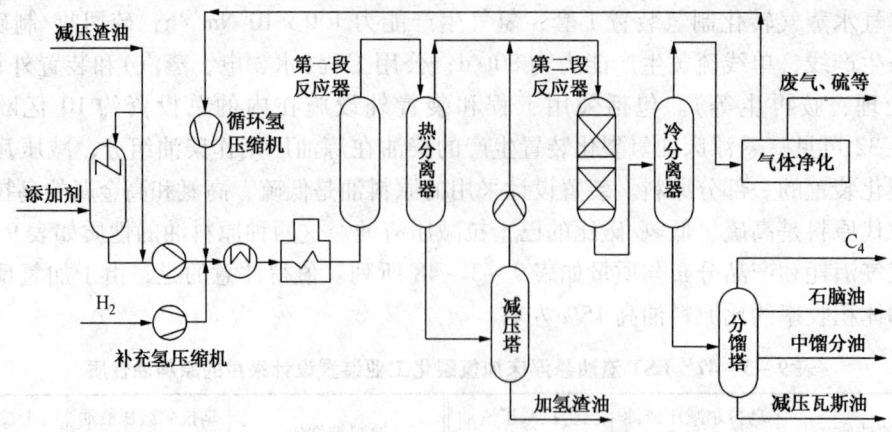

图 9-3-33 加工常规原油减压渣油的工艺流程

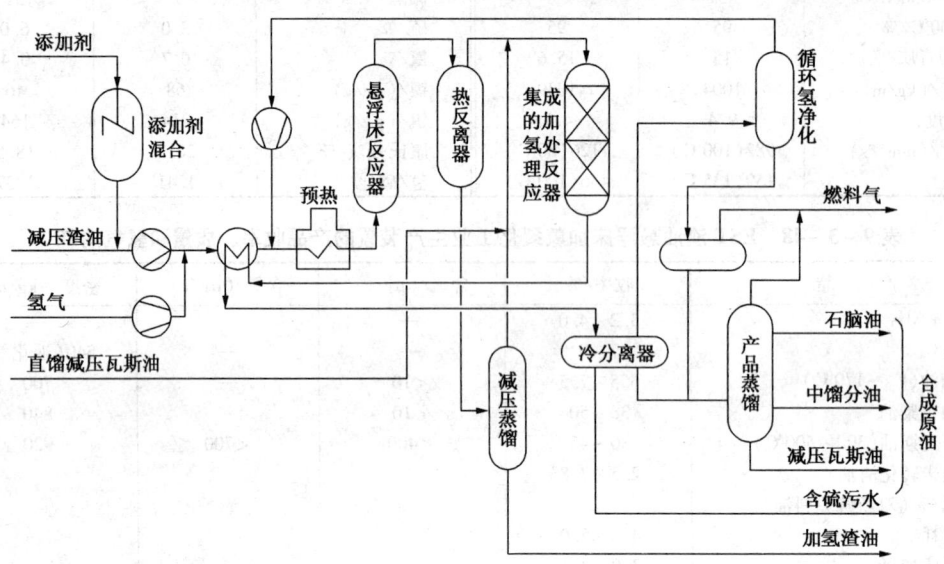

图 9-3-34 加工非常规原油减压渣油生产合成原油的工艺流程

加工常规原油的减压渣油时,由工艺流程图 9-3-33 可见,渣油与添加剂和氢气混合经换热和加热至反应温度后进悬浮床反应系统。这个反应系统是几台反应器串联,以克服返混的不利影响。通常反应系统的操作压力较高,在 18~23MPa 之间(有的文献报道操作压力为20MPa)。调节反应条件可以使渣油(大于 525℃馏分)的单程转化率达到 95%。原料油中的沥青质(C_7 不溶物)转化率几乎达到渣油的转化水平。在热分离器中转化产物与未转化的渣油分离,未转化渣油从热分离器底部排出,进减压蒸馏塔回收馏分油,剩下的未转化渣油从减压塔底排出。减压蒸馏塔回收的馏分油与热分离器顶部得到的馏分油一起进加氢处理反应器,用镍-钼-分子筛催化剂进行加氢处理。含添加剂、金属和未转化渣油的加氢渣油可以用作焦化原料,也可以用作水泥厂燃料或气化原料。

加工非常规原油例如高酸高硫的委内瑞拉超重原油和加拿大油砂沥青生产合成原油的工艺流程图 9-3-34,与图 9-3-33 的主要区别是把超重原油或油砂沥青的直馏减压瓦斯油(VGO)直接加到集成在一起的加氢处理原料油中进行加氢处理,这样就使全部超重原油或油砂沥青都在 VCC 悬浮床加氢裂化装置中进行加工,且在集成于一体的加氢处理反应器中调节合成原油的组成和质量。加氢处理的反应器流出物返回到悬浮床加氢裂化部分的预热系统以回收热量。在冷却和降压以后把伴生的水和气体与合成原油分离。然后,稳定的合成原油按照炼油厂的需要进行蒸馏。从合成原油中分离出的气体用贫油洗涤或胺洗净化。净化得到的富氢气体循环到悬浮床加氢裂化的原料油中,也可以用作控制反应温度的骤冷气体(冷氢)。

VCC 悬浮床加氢裂化的核心技术是非金属添加剂而不是催化剂,所以说 VCC 悬浮床加氢裂化是非催化加氢裂化。这种非金属添加剂有活性很高的表面积,能够吸附沉淀的沥青质分子,反应器中的动力学返混为这些分子提供足够的停留时间实现完全转化,含有全部金属未转化的渣油分子滞留在添加剂上从装置中排出。实践表明,这种非催化添加剂能够控制沥青质沉淀和避免结焦,在一次通过的情况下能够实现 95% 以上的渣油转化,稳定操作的关键是选择操作条件。<525℃ 的反应产物中不含渣油、沥青质、残炭和金属,非常适合在固定床加氢处理装置中进行加氢处理。

VCC 悬浮床加氢裂化技术的主要特点有以下五项:一是能够实现 95% 以上原料渣油的转化率和 90% 以上沥青质的转化率,与原料油中的残炭含量无关;二是能够避免出现结焦和结垢问题,实现长周期运转;三是原料油的灵活性很大,10 种不同原油(含常规原油和非常规原油)减压渣油的试验表明,选择合适的操作条件都可以实现目标转化率;四是能够得到 50% 左右的柴油、15% 左右的石脑油和 30% 左右的减压瓦斯油;五是产品质量高(详见表 9-3-50 和表 9-3-51)。

2. 转化率与产品收率和质量

VCC 悬浮床加氢裂化在渣油原料一次通过转化率 85%、90% 和 95% 时的产品收率如图 9-3-35 所示。石脑油、中馏分油的收率随原料渣油转化率的提高而提高,但减压瓦斯油的收率保持不变,气体收率随转化率的提高而提高。

加氢处理的操作苛刻度对最终的产品分布有很大影响。悬浮床加氢裂化和悬浮床加氢裂化馏分油加氢处理在低、高苛刻度操作时的产品分布如图 9-3-36 所示。石脑油收率从近 10% 提高到近 20%,中馏分油收率从 40% 提高到近 60%,减压瓦斯油收率从 50% 降低到 20%。

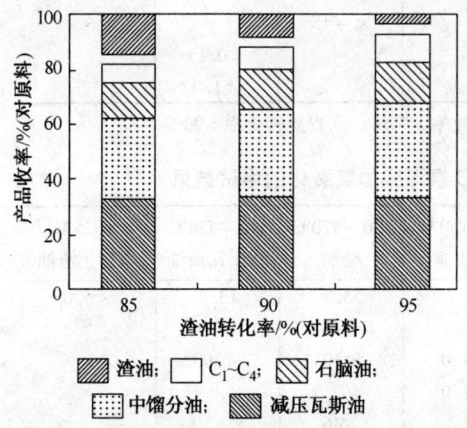

图 9-3-35 VCC 渣油悬浮床加氢裂化在不同转化率时的产品收率

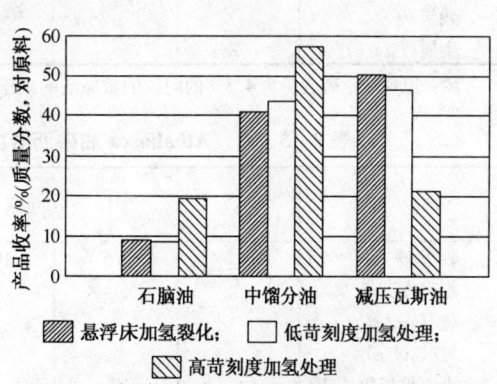

图 9-3-36 VCC 渣油悬浮床加氢裂化-加氢处理的产品收率变化

这种灵活性可以通过选择空速或调节加氢处理反应器的入口温度来进行控制。绝对值决定于原料油、选用的催化剂和对产品质量的要求。产品质量高是 VCC 悬浮床加氢裂化的特点。表 9-3-49 的数据表明，石脑油的质量基本符合重整原料油的要求，对重整原料油预加氢装置不会构成负担，经过脱硫就可以进行重整；柴油符合超低硫柴油调和组分的要求；减压瓦斯油不经过加氢预处理就可以直接用作催化裂化原料。煤油馏分的数据没有列出，但烟点大于 20mm，浊点低于 -30℃，符合喷气燃料要求。

表 9-3-49　VCC 渣油悬浮床加氢裂化-加氢处理的产品质量

产　品	石脑油（初馏点-177℃）	中馏分油（177~343℃）	减压瓦斯油（343~566℃）
硫/(μg/g)	~2	<10	100~300①
氮/(μg/g)	~2		
十六烷指数		>45	
浊点/℃		<-15	
残炭/%			<0.15
金属/(μg/g)			<1
用途	重整原料油	超低硫柴油组分	催化裂化原料油

①VCC 悬浮床加氢裂化原料油是硫含量为 6% 的 Athabasca 油砂沥青的减压渣油时，减压瓦斯油产品的硫含量为 300μg/g。

3. 两种不同减压渣油中试装置的试验结果

BP 公司在 2008 年以后采用经过改进的技术在中试装置中对 10 多种不同原油的减压渣油进行过试验，其中用难以转化的阿拉伯重原油减压渣油和很难转化的加拿大 Athabasce 油砂沥青减压渣油的中试验结果如表 9-3-50 和表 9-3-51 所列。

表 9-3-50　阿拉伯重原油减压渣油 VCC 悬浮床加氢裂化的中试结果

产　品	H_2S	NH_3	C_1~C_4	C_5~177℃ 石脑油	177~343℃ 柴油	343~525℃ 减压瓦斯油	>525℃ 未转化渣油
收率/%	4.6	1.0	7.6	12.0	47.0	26.0	<5.0
硫/(μg/g)				<1.0	<10	<100	
氮/(μg/g)				<1.0			
十六烷指数					>46		
浊点/℃					<-15		
残炭/%						<0.15	
金属/(μg/g)						<1.0	

注：原料油是硫含量为 4.3% 的阿拉伯重原油的减压渣油，渣油转化率 >95%，沥青质转化率 >90%。

表 9-3-51　Athabasca 油砂沥青减压渣油 VCC 悬浮床加氢裂化的中试结果

产　品	H_2S	NH_3	C_1~C_4	C_5~150℃ 石脑油	150~370℃ 柴油	370~525℃ 减压瓦斯油	>525℃ 未转化渣油
收率/%	6.2	0.5	10.5	12.7	55.5	13.2	<5.0
相对密度					0.8450		
硫/(μg/g)				<1.0	<10	<300	
氮/(μg/g)				<1.0			
十六烷指数					>46		
残炭/%						<0.15	
金属/(μg/g)						<1.0	

注：原料油是硫含量为 6.0% 的加拿大 Athabasca 油砂沥青的减压渣油，渣油转化率 >95%，沥青质转化率 >90%。

阿拉伯原油和加拿大 Athabasca 油砂沥青的减压渣油都是性质很差难以加氢裂化的原料，但由表 9-3-51 和表 9-3-52 的数据可见，在 VCC 悬浮床加氢裂化中型试验装置中加工，都可以实现 95% 以上原料渣油的转化率和 90% 以上的沥青质转化率，排出未转化渣油都不到 5%，而且得到的石脑油、柴油和减压瓦斯油的质量都比较理想。

4. 在建设中的三套工业生产装置

德国 Veba 公司在 20 世纪 90 年代初曾转让出 2 套 VCC 悬浮床加氢裂化技术，并已准备好工业生产装置的全套设计，后来由于炼油行业的经济环境恶化，而被迫取消。

目前正在建设的 VCC 渣油悬浮床加氢裂化工业生产装置有 3 套：第一套建在我国延长石油集团，加工能力 500kt/a，以煤焦油为原料，主要生产柴油，计划 2013 年投产；第二套也是建在我国延长石油集团，加工能力也是 500kt/a，以炼油厂减压渣油和粉煤为原料，主要生产柴油，计划 2014 年投产；第三套建在俄罗斯鞑靼斯坦共和国 Nizhnikamsk 炼油厂，计划 2015 年投产。此套工业装置的工艺流程如图 9-3-34 所示，加工能力为 2.7Mt/a 减压渣油和 1.6Mt/a 减压瓦斯油，由 4 个系列组成，其中 3 个系列加工减压渣油，生产合成原油，第 4 个系列加工合成原油生产高质量的石脑油（石化原料）和符合欧 V 规格要求的清洁柴油。减压渣油的性质如表 9-3-52 所列。

表 9-3-52　俄罗斯鞑靼斯坦共和国 Nizhnikamsk 炼油厂加工的原油和减压渣油性质

性　质	原　油	减压渣油	性　质	原　油	减压渣油
密度/(kg/m^3)	933	1010	钒/(μg/g)	540	1350
残炭/%	10.8	21.4	镍/(μg/g)	100	205
沥青质/%	8.0	19.3	馏分组成/%		
碳/%	82.3	84.4	初馏点~160℃	11.0	
氢/%	11.3	10.3	160~350℃	28.0	
硫/%	4.6	5.0	350~500℃	21.0	
氮/%	0.37	0.3	>500℃	40.0	91.0

由表 9-3-52 的数据可见，减压渣油的性质极差，密度大于 1000kg/m^3，残炭高达 21.4%，硫含量为 5.0%，沥青质高达 19.3%，钒含量高达 1350ppm。Nizhnikamsk 炼油厂原用热接触裂化（TCC）装置进行加工，只能得到 62.1% 的液体产品、12.9% 的 C_1~C_4 气体和 25% 的焦炭，液体产品的质量很差。新建悬浮床加氢裂化装置的目的主要是提高转化率，多得优质液体产品，不产焦炭。对该装置建设进行投资和管理的 TAIF 集团称，建设 VCC 悬浮床加氢裂化装置的目的，是把 Nizhnikamsk 炼油厂的原油加工能力提高到 7.0Mt/a（146.6kbbl/d），使原油转化深度提高到 90%~95%。

鉴于到 1930 年 VCC 悬浮床加氢裂化技术用于煤的直接液化已有 12 套工业装置运行；在 20 世纪 50 年代转向加工减压渣油，并通过与固定床加氢处理集成直接生产轻油产品；至 60 年代共有 6 套加工能力为 10kbbl/d 的单系列工业装置运行；1980~2000 年初还有一套 200bbl/d 中试装置和一套 3500bbl/d 的工业示范装置运行。BP 公司收购 Veba 公司以后，2006 年以来新建一套 1bbl/d 小试装置进行试验，在此基础上又对 VCC 悬浮床加氢裂化技术的工艺和工程设计进行改进，因此预计新建的几套 VCC 悬浮床加氢裂化工业生产装置的正常运转不会有太大问题。

(四) Uniflex 渣油悬浮床加氢裂化技术[108~114]

1. 工艺流程、核心技术和主要特点

工艺流程如图9-3-37所示。

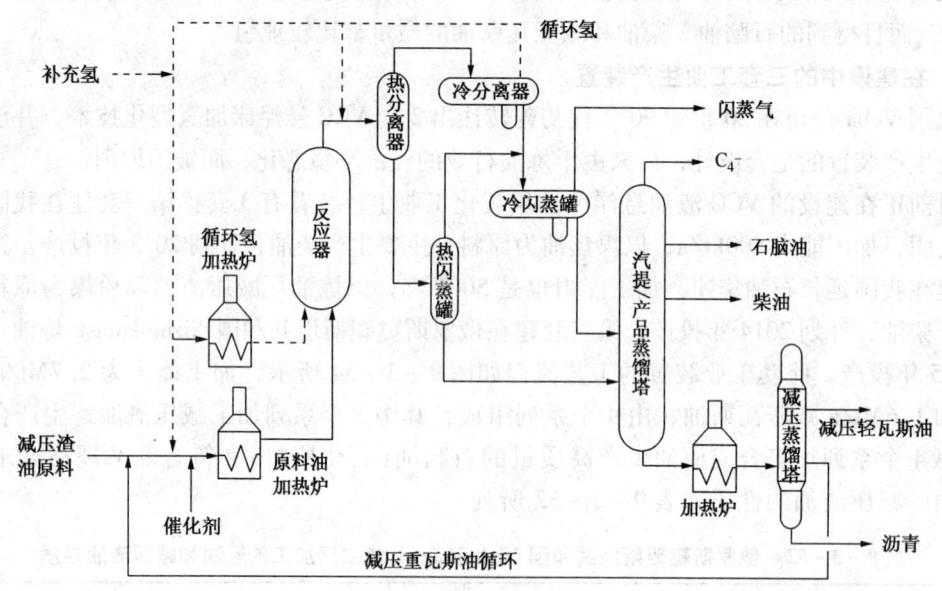

图9-3-37 Uniflex渣油悬浮加氢裂化装置的工艺流程

如图9-3-37所示，原料油与循环氢经过不同的加热炉加热，只有一小部分循环油与催化剂都送进原料油加热炉加热。经过两台加热炉分别加热以后的物料从底部进入悬浮床反应器，在435~470℃和14MPa的条件下进行加氢裂化反应。反应流出物在反应器出口通过骤冷终止反应，然后进一系列分离器进行分离。气体循环返回反应器，液体产物进入蒸馏塔回收轻组分、石脑油、柴油、减压瓦斯油和未转化渣油（沥青），减压重瓦斯油循环返回反应器进一步转化。

Uniflex渣油悬浮床加氢裂化的核心技术有以下两项：一是上行式反应器。反应器中的物料分配盘和优化的工艺参数促进反应器中剧烈返混，没有内构件和循环泵。由于剧烈返混提供了近绝热的反应条件，可以在高温下实现渣油的高转化率。反应条件可使大部分反应产物汽化并快速离开反应器，使原料油中的重组分有较长的停留时间，并减少不需要的过度裂化反应。二是能抑制生焦的廉价（不含钼）催化剂，不会因生焦和原料油中高含量的金属而中毒。这种纳米级固体催化剂与原料油混合，可使重组分的转化率提高并抑制生焦。催化剂的用量决定于原料油质量和操作苛刻度。催化剂具有双功能，为转化产物的稳定提供缓和的加氢活性，同时限制芳烃饱和，这样就会使反应器在沥青质和未馏出物料转化率很高时仍可操作。催化剂使原料油的转化率与残炭之间不存在线性关系。因此，Uniflex工艺对原料油的灵活性很大。催化剂的表面积大能抑制生焦母体的聚结（包括甲苯不溶物和中间相），使其转化为低分子产物。催化剂的双功能使反应在高转化率的条件下稳定操作。

Uniflex渣油悬浮床加氢裂化技术的主要特点有以下四项：一是工艺流程与UOP公司的常规加氢裂化（Unicracking）的工艺流程类似，反应压力也类似，在中等苛刻度的反应条件下操作，因此相对比较可靠；二是在减压重瓦斯油循环的条件下可以实现90%的渣油转化率，

柴油收率>55%（体积分数），减压轻瓦斯油收率在15%（体积分数）左右（可用作加氢裂化原料，加氢处理后可用作催化裂化原料），未转化渣油（沥青）收率为10%（可以用作循环流化床锅炉、水泥厂或电站燃料）；三是石脑油和中馏分油（柴油）都需要经过进一步加氢处理以后才能使用。四是催化剂中不含钼，成本低，新开发的催化剂在性能提高的同时消耗量也减少50%以上，因此操作成本进一步降低。

2. 转化率与产品收率

加拿大 Montreal 炼油厂 5000bbl/d 工业示范装置曾以加拿大冷湖沥青的减压渣油为原料进行长期运转，结果表明能够实现高转化率并得到很高的中馏分油收率。在转化率为85%、90%和94%时得到的产品收率如图9-3-38所示。在最苛刻的条件下运行，大于525℃馏分的转化率达到94%，中馏分油收率为53%（体积分数），C_5~525℃馏分总收率略高于102%（体积分数）。

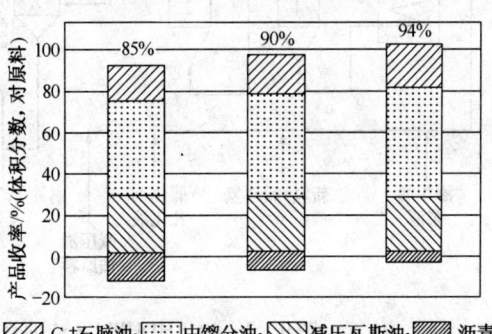

图9-3-38 Uniflex工业示范装置的运行结果

3. 建设中的工业生产装置

选用Uniflex渣油悬浮床加氢裂化技术的第一套工业生产装置建在巴基斯坦炼油厂公司的卡拉奇炼油厂，其工艺流程如图9-3-39所示。该装置的原料油由三部分组成：一是减压渣油，二是润滑油料溶剂抽出物，三是减压渣油的脱油沥青。通过渣油悬浮床加氢裂化、减压瓦斯油加氢裂化（UOP技术）和加氢裂化未转化油异构脱蜡（ExxonMobil技术）得到4.5kbbl/d润滑油基础油，悬浮床加氢裂化生产的石脑油和中馏分油通过加氢处理（UOP技术）得到40.0kbbl/d柴油。该装置计划2016年投产。

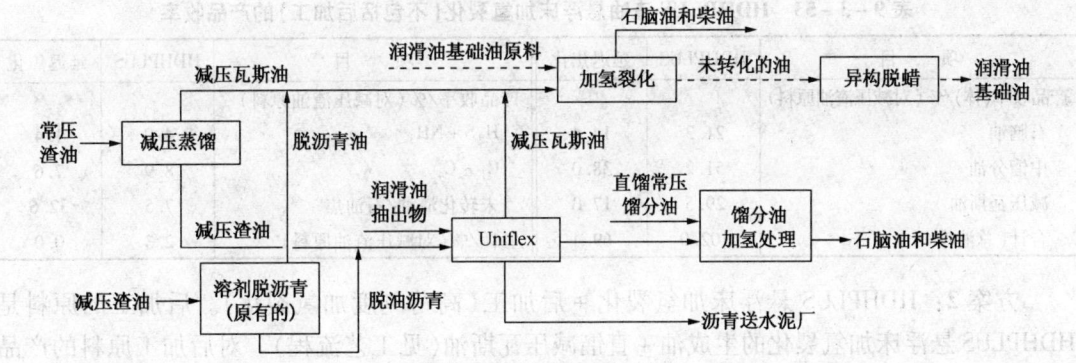

图9-3-39 第一套Uniflex渣油悬浮床加氢裂化联合装置的工艺流程

（五）HDHPLUS渣油悬浮床加氢裂化技术[115,116]

1. 工艺流程和主要特点

工艺流程如图9-3-40所示。

加工高硫、高金属、高沥青质和高残炭难转化的减压重渣油，典型的操作条件是：总压18~20MPa，氢分压12.5~15.0MPa，反应温度440~470℃，空速0.4~0.7，氢油比（体积比）600~700。典型的运转结果是：一次通过减压渣油转化率85%~92%，沥青质转化率80%~85%，排出未转化渣油<10%（对减压渣油原料）；气体产率8%~9%，液体产品产

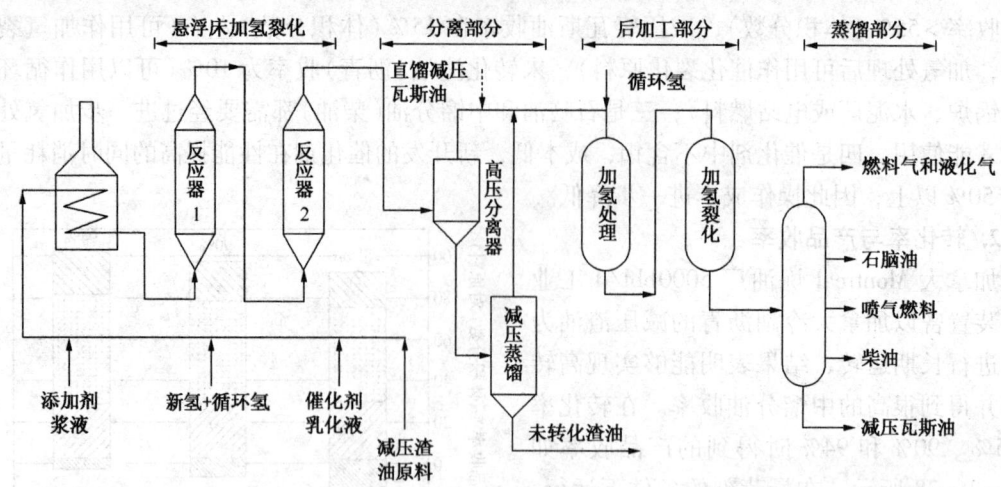

图 9-3-40 HDHPLUS 渣油悬浮床加氢裂化 + 后加工的工艺流程

率 >100%（体积分数）。得到的汽油馏分可用作重整料，煤油馏分可用作喷气燃料组分，柴油馏分可用作柴油组分，减压瓦斯油馏分可用作催化裂化原料或润滑油基础油料，未转化渣油可用作燃料。

2. 工业应用方案

减压重渣油原料的性质是：相对密度 1.065，黏度（150℃）2781mm²/s，含硫 4.47%，含氮 1.013%，C_7 沥青质 16%，康氏残炭 25.1%，镍 + 钒 894μg/g。

方案 1：HDHPLUS 悬浮床加氢裂化（不包括后加工）。其产品收率与延迟焦化的比较如表 9-3-53 所列。

表 9-3-53 HDHPLUS 渣油悬浮床加氢裂化（不包括后加工）的产品收率

项 目	HDHPLUS	延迟焦化	项 目	HDHPLUS	延迟焦化
产品收率(体)/%（对减压渣油原料）			产品收率/%（对减压渣油原料）		
石脑油	21.3	14.4	$H_2S + NH_3$	4.0	1.4
中馏分油	51.2	38.0	$C_1 \sim C_4$	8.9	7.6
减压瓦斯油	29.5	17.0	未转化渣油/石油焦	7.5	32.6
合计（总液收）	102.0	69.4	氢耗/%（对减压渣油原料）	2.3	0.0

方案 2：HDHPLUS 悬浮床加氢裂化 + 后加工（高苛刻度加氢裂化）。后加工的原料是 HDHPLUS 悬浮床加氢裂化的生成油 + 直馏减压瓦斯油（见工艺流程）。对后加工原料的产品收率是：石脑油 32.3%（体积分数），中馏分油 63.5%（体积分数），减压瓦斯油 17.1%（体积分数），合计（总液收）112.8%（体积分数）。氢耗 2.9%。这四种产品的质量如表 9-3-54 所列。

表 9-3-54 HDHPLUS 渣油悬浮床加氢裂化 + 后加工的产品性质

产 品	石脑油	煤油	柴油	减压瓦斯油
相对密度	0.7550	0.8150	0.8450	0.8620
硫/(μg/g)	<5	<5	<10	<50
氮/(μg/g)	<5			<10

续表

产　品	石脑油	煤油	柴油	减压瓦斯油
烟点/mm		23		
萘(体)/%		<1		
十六烷值			55	
倾点/℃			<-25	
氢/%				13.5
用途	重整原料	喷气燃料组分	超低硫柴油组分	催化裂化原料或润滑油料

3. 两套大型工业生产装置设计方案

第一套是委内瑞拉国家石油公司(PDVSA)在 Puerto La Cruz 炼油厂的建设方案。

HDHPLUS 悬浮床加氢裂化部分：加工委内瑞拉 Merey 原油的减压渣油，加工能力 50kbbl/d，减压渣油转化率 85%~92%。

后加工部分为 Hy-K 高压加氢裂化：加工 51kbbl/d 悬浮床加氢裂化的生成油和 47kbbl/d 直馏减压瓦斯油，转化率 85%，生产最大量超低硫柴油(含硫量 <10μg/g，十六烷值 >51)和喷气燃料。

第二套是委内瑞拉国家石油公司(PDVSA)在 El Palito 炼油厂的建设方案。

HDHPLUS 悬浮床加氢裂化部分：加工委内瑞拉 Merey-Mesa 原油的减压渣油，加工能力 46kbbl/d，减压渣油转化率 85%~90%。

后加工部分为缓和加氢裂化：加工 44kbbl/d 悬浮床加氢裂化的生成油和 44kbbl/d 直馏减压渣油，转化率 55%，生产超低硫柴油(硫含量 <10μg/g，十六烷值 >45)和低硫催化裂化原料油。

4. 在建设中的工业生产装置

2012 年年初委内瑞拉国家石油公司(PDVSA)宣布，在委内瑞拉 Duerto La Cruz 炼油厂开始建设 HDHPLUS 渣油悬浮床加氢裂化工业生产装置，由日本千代田株式会社、日本挥发油株式会社和委内瑞拉 Inelectra SACA 公司负责工程设计、采购和施工(EPC)工作。该装置加工减压渣油，在 450~480℃ 和 13.1MPa 条件下操作，用廉价的氧化铁催化剂(一次通过后进行处理，以免与原料油中的金属接触而中毒)，一次通过转化率 90%，生产轻馏分油、中馏分油和减压瓦斯油。计划 2016 年建成投产。

(六) VRSH 渣油悬浮床加氢裂化技术[115~117]

Chevron 公司开发的 VRSH 减压渣油悬浮床加氢裂化技术中试装置采用立式悬浮床反应器，减压渣油、氢气和催化剂进反应器以后在上行的过程中进行加氢裂化，反应压力为 14~21MPa，反应温度为 413~454℃，渣油转化率可以达到 100%。由于在转化过程中进行加氢，所以产品的体积收率可以达到 115%~120%。产品主要是柴油和石脑油，还有一部分液化气和减压瓦斯油。催化剂与加氢裂化生成油分离以后连续再生并循环使用，保持工艺性能不变。Chevron 公司称，目前先进的渣油转化技术如沸腾床加氢裂化，渣油转化率最高也只有 80% 左右；在美国炼油厂工业应用最多的渣油延迟焦化技术，可生产 20% 以上的低价值高硫高金属石油焦。悬浮床加氢裂化装置的运行成本与 LC-Fining 沸腾床加氢裂化差不多，但转化率高得多，经济优势明显，因此具有里程碑式的意义。鉴于 Chevron 公司开发的 RDS、VRDS 渣油固定床加氢处理和 LC-Fining 减压渣油沸腾床加氢裂化技术都是目前世界上最先进、工业应用最多的技术,因此 VRDS 悬浮床加氢裂化技术的有关情况及其进展也值得关注。

如上所述,目前在建设中的 6 套渣油悬浮床加氢裂化工业装置从今年起直到 2016 年都将先后投产。由于悬浮床加氢裂化是劣质重质减压渣油超深度转化技术,是炼油行业的原始创新技术,也是当今世界炼油行业的前沿技术,虽然在大量中试的基础上已经过工业示范装置验证,预计在投产和正常运转过程中也不会都一帆风顺,在工艺、催化剂和工程放大等方面出现一些问题是难免的。但可以相信,4 家公司开发的技术,6 套工业装置投产和运转不可能都不成功,不会出现大的技术问题,出现一些问题也是能够解决的。全球炼油行业的同仁们都拭目以待。KBR 公司主管炼油技术的副总裁称,一旦工业装置投产成功并有效运行,就可能成为新一代的炼油技术平台,以往的脱碳技术因在经济和环保两方面都处于劣势而终将被淘汰。

第四节 IGCC 在炼油厂的应用

一、IGCC 技术简介

(一) 联合循环与 IGCC

IGCC 是英文 integrated gasification combined cycle 的缩写,直译过来可以称作集成了气化技术的联合循环工艺。它是 20 世纪 70 年代在德国首次出现,90 年代在美国和欧洲开始工业示范的一种新型洁净煤碳发电技术[120]。IGCC 技术结合了高效发电的联合循环技术和劣质燃料的气化技术,被认为是一种有前途的清洁、高效发电技术得到许多国家政府的关注和资助。

IGCC 技术结合化工和发电两个领域,属于领域交叉。因其可处理炼油厂的劣质渣油和/或石油焦,提升使用价值,同时可以生产炼油厂所需的氢气、蒸汽和电力,近年得到炼油行业的关注[121,122]。

1. 传统蒸汽简单循环发电过程

传统的蒸汽发电技术,是利用不同的燃料将水在锅炉里加热发生蒸汽,蒸汽过热后驱动蒸汽透平产生电力。温度和压力均降低的乏汽在冷凝器冷凝成液态水后,用泵升压送回锅炉完成汽水循环。参见图 9-4-1。

从热力学分析上述过程,可得出如图 9-4-2 的简单蒸汽循环温熵曲线图。该图所示 ABCDEF 各状态点与图 9-4-1 过程图中的位置相对应。图 9-4-2 中的曲线是相包络线,曲线下面的区域是汽、液两相区,曲线最高点为临界点,临界点以下和包络线左侧所形成的区域是液相区。临界点以下和包络线右侧所形成的区域是汽相区。

分析图 9-4-2。图中点 A→C→D→E 对应水蒸气在锅炉内的预热、逐渐汽化和过热过程。点 E→F 对应蒸汽在蒸汽轮机内膨胀做功发电的过程,其与相包络线的交点代表在该位置开始出现冷凝的液态水。点 F→B 对应汽轮机乏汽在冷凝器中的冷却过程。最后,凝结水经升压重新送回锅炉,完成循环,即图中的 B→A。这个过程在热力学上称作朗肯循环 (Rankine Cycle)。

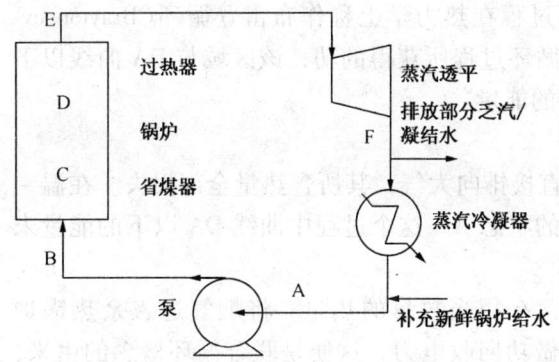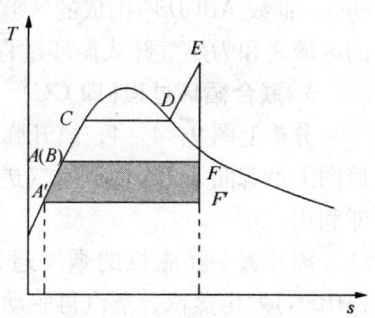

图9-4-1 传统蒸汽发电过程汽水循环

图9-4-2 传统蒸汽发电的蒸汽简单循环过程温-熵图

图9-4-2中C-D对应的温度T_1为发生的饱和蒸汽温度,A-F对应的温度T_2代表乏汽冷凝过程的温度。折线A-C-D-E-F-A所包容的区域代表蒸汽简单循环过程所输出的功,这个区域加上A-F下面直到横轴位置的矩形区域表示外界为蒸汽简单循环过程所提供的热量。可以看出折线A-C-D-E-F-A所包含的区域越大,蒸汽简单循环过程的发电效率越高。从热力学推导可以得到蒸汽简单循环过程的作功效率η[123]:

$$\eta = (T_1 - T_2)/T_1$$

所以,提高饱和蒸汽压力和/或降低乏汽压力都可以提高蒸汽简单循环过程的作功效率。

2. 燃气轮机开式循环过程

气体燃料可通过燃气轮机实现作功和发电,这是通过燃烧空气在空压机中的压缩,压缩空气与气体燃料在燃烧室燃烧获得高温烟气,高温烟气推动透平机的叶轮对外作功这几个过程实现的[123]。离开透平的烟气直接排放大气,构成开式循环过程。参见图9-4-3。在实际工业生产中,空气压缩机,燃烧室和透平机集成在一起,共同组成燃气轮机。

上述过程的温-熵图参见图9-4-4。图中ABCD各状态点与图9-4-3中的ABCD各过程点相对应。

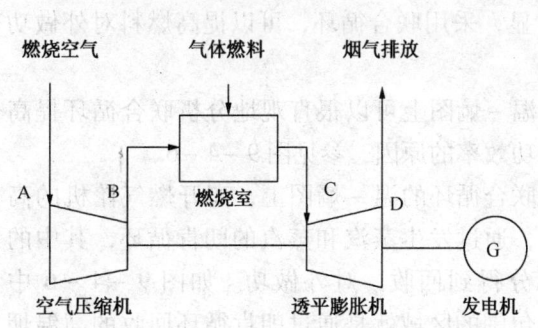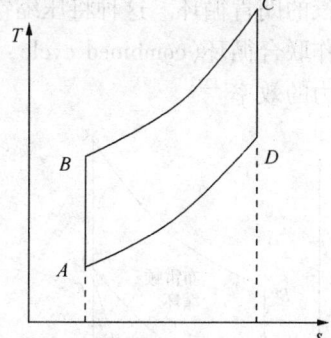

图9-4-3 燃气轮机开式循环发电过程示意图

图9-4-4 燃气开式循环发电过程温-熵图

图9-4-4中点A→B对应燃烧空气在空气压缩机内的绝热压缩过程,点B→C对应压缩燃烧空气和燃料在燃烧室内的等压燃烧过程,点C→D对应高温烟气在透平膨胀机中的绝热膨胀做功过程。高温烟气排入大气后经冷却重新回到进入空气压缩机的状态,即沿着图中

的曲线 DA 返回状态 A，完成循环。这个循环过程在热力学上称作布雷登循环（Brayton cycle）。曲线 ABCD 所围成的区域表示燃气开式循环过程所获得的功，该区域与 DA 曲线以下的区域之和为燃气开式循环过程所需外界提供的能量。

3. 联合循环过程（即 CC）

分析上图 9-4-4，离开膨胀透平的烟气直接排向大气，其所含热量全部损失。在温-熵图上沿着曲线 DA 回到空气进入空压机入口的状态 A。这个过程中曲线 DA 以下的能量未能利用。

离开透平膨胀机的烟气通常温度较高，含有相当数量的热量。将烟气送入余热锅炉（HRSG）发生蒸汽，蒸汽再驱动蒸汽轮机对外做功回收电力，这便是联合循环概念的由来，参见图 9-4-5。

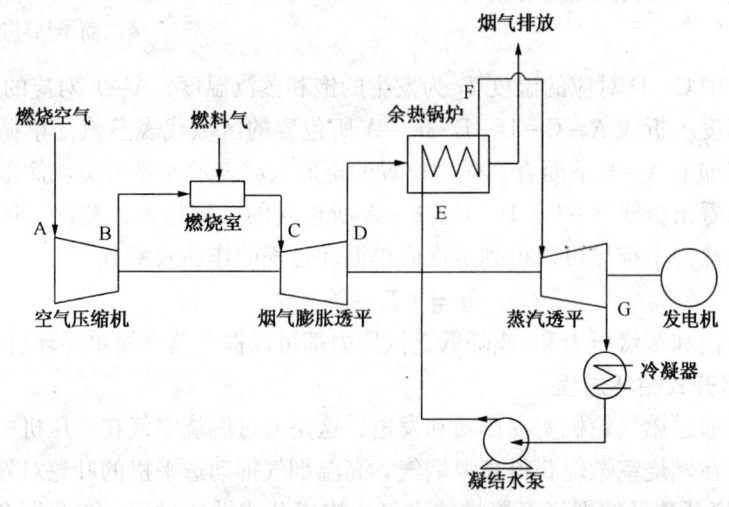

图 9-4-5　集成燃气轮机与余热锅炉和蒸汽轮机的联合循环过程

在联合循环过程中，燃料所含化学能在燃气轮机中依据布雷登循环原理对外做功获得电力。排出的高温烟气经余热锅炉发生蒸汽，蒸汽在蒸汽轮机中驱动透平对外做功获得电力，完成蒸汽的朗肯循环。这种将压缩空气和燃料的布雷登循环与蒸汽的朗肯循环结合在一起的过程称作联合循环（combined cycle，CC）。很明显，采用联合循环，可以提高燃料对外做功获取电力的效率[123]。

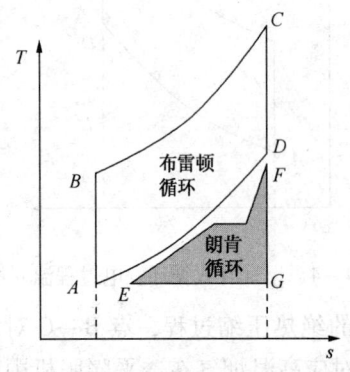

图 9-4-6　联合循环过程的温-熵图

在温-熵图上可以很直观地分析联合循环提高对外做功效率的原因，参见图 9-4-6。

在联合循环的温-熵图上，离开燃气轮机的高温烟气，通过发生蒸汽和蒸汽的朗肯循环，其中的热量部分得到回收，对外做功。如图 9-4-6 中 EFG 所包围的区域就是通过朗肯循环回收的高温烟气的能量。需要指出的是，这个区域内的能量是以功的形式回收，与回收热量不同，具有很高的能位。

无论与燃气轮机开式过程的布雷顿循环、还是与简单蒸汽循环的朗肯循环相比，联合循环都有更高的对外做功效率或发电效率,因此是当今燃气发电的首选。但是,联合循环由于同时具有燃气和蒸汽的两个循环过程,其设备投资更大,系统复杂性更高。

4. IGCC

IGCC 是集成了气化技术的联合循环过程。由合成气(也就是燃气)的生产与净化和联合循环两个部分组成。其特点是可以高效、清洁地利用劣质燃料发电,如煤、石油焦和渣油。煤、石油焦和渣油不能直接送入燃气轮机燃烧和发电,需要先在气化装置内与氧气进行不完全燃烧反应获取高含 H_2 和 CO 的合成气,合成气再经过净化,脱除其中的硫化物和其他微量杂质后送入燃气轮机实现联合循环发电。

在 IGCC 过程中,劣质燃料通过气化成气体后不仅可以利用联合循环高效发电,而且气化后的燃气可以较为容易地脱除合成气中的有害杂质,使得劣质燃料得到清洁利用,因此,IGCC 工艺也是煤炭清洁利用的一个途径。

(二) IGCC 工艺流程简介

图 9-4-7 是典型的 IGCC 电厂示意流程图。由空分、气化、酸性气脱除、硫黄回收和联合循环 5 个主要单元组成。通常被分成 3 个大部分,分别称作空分岛、气化岛(含酸性气脱除和硫黄回收)以及动力岛[124]。

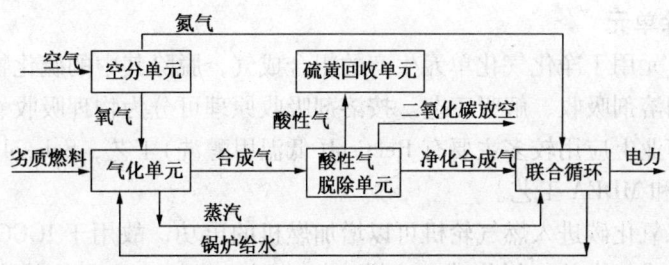

图 9-4-7 IGCC 电厂示意流程图

煤或渣油进入气化单元与来自空分单元的纯氧在气化炉内进行部分氧化反应,获得富含氢气和一氧化碳的合成气,合成气送入酸性气脱除单元脱除其中的硫化物和其他有害杂质,净化合成气送入联合循环单元的燃气轮机发电,副产高温烟气在余热锅炉内发生蒸汽,蒸汽驱动蒸汽轮机发电。为提高发电效率,气化单元副产的蒸汽送到联合循环的蒸汽轮机,空分单元的氮气送入联合循环单元的燃气轮机增加出功并控制氮氧化合物的排放。酸性气单元脱出的酸性气在硫黄回收单元回收硫黄。通常酸性气脱除单元会脱除合成气中的部分二氧化碳,溶剂再生过程会有部分排放到大气。主要单元的工艺分别介绍如下。

1. 气化单元

作用是劣质燃料的气体化。气化技术源于化工和煤化工行业,技术种类繁多,大体可以分为固定床、流化床和射流床气化技术[125]。

(1) 固定床气化技术 煤由气化炉顶部加入,自上而下经过干燥层、干馏层、还原层和氧化层,最后形成灰渣排出炉外;气化剂自下而上经灰渣层预热后进入氧化层和还原层(两者合称气化层)。固定床气化技术的优点是冷煤气效率高,氧耗量低。缺点是对床层均匀性和透气性要求较高,入炉煤要有一定的粒(块)度(约 6~50mm)及均匀性,对入炉原料有很多限制。另外含酚废水的处理也比较困难,对环境的影响较大。

代表性的气化炉有 Lurgi 固定床气化炉和经过改进、液态排渣的 BGL 气化炉。

(2) 流化床气化技术 气化剂由炉底部吹入，使细粒煤（<6mm）在炉内呈并、逆流反应，通常称为流化床气化。煤粒（粉煤）和气化剂在炉底锥形部分呈并流运动，在炉上筒体部分呈并流和逆流运动。并、逆流气化对入炉煤的活性要求很低，只有高活性褐煤才适应。因炉温低，流化床气化炉的氧耗量较高，但碳转化率低，飞灰多，残炭高。

代表炉型为德国 Uhde 公司的常压 Winkler 炉和加压 HTW 炉、山西煤化所灰熔聚气化炉、KBR 公司的 TRIG 气化炉。

(3) 气流床气化技术 原料煤由气化剂夹带入炉并进行燃烧和气化。受反应空间的限制，气化反应必须在瞬间完成。为弥补停留时间短的缺陷，入炉煤的粒度严格控制（<0.1mm），保证有足够的反应面积。在并流气化反应中，煤和气化剂的相对速度很低，气化反应是朝着反应物浓度降低的方向进行，碳的损失不可避免，为增加反应推动力，必须提高反应温度即反应速度，火焰中心温度在 2000℃ 以上，液态排渣。其特点是处理能力大，碳转化率高，但氧耗量高，冷煤气效率较低。

气流床气化技术按照进料方式又可分为水煤浆气化技术和粉煤气化技术两类。代表炉型为 GE 水煤浆加压气化技术，Shell 干粉煤加压气化技术，西门子 GSP 粉煤气化技术，以及国内的对置喷嘴水煤浆气化技术和航天炉气化技术。

2. 酸性气脱除单元

酸性气脱除单元用于净化气化单元生产的粗合成气，脱除其中的硫化物和对燃气轮机有害的杂质，多采用溶剂吸收、解吸工艺。按溶剂吸收原理可分为物理吸收、化学吸收和物理化学吸收三类。商业上应用较多主要有 Rectisol（低温甲醇洗）工艺，Selexol（聚乙二醇二甲醚同系混合物）工艺和 MDEA 工艺。

合成气中的二氧化碳进入燃气轮机可以增加燃机的出功，故用于 IGCC 项目的酸性气脱除单元不必脱除合成气中的二氧化碳。这样，相比而言 MDEA 工艺较其他两种工艺有较大的优势，单以发电为目的 IGCC 电站多采用 MDEA 工艺。

根据吸收原理，高压、低温有利于吸收，三种常用的酸性气脱除工艺都是在低温下进行吸收操作的，Rectisol 工艺和 Selexol 工艺还需要外界提供冷量，Rectisol 工艺甚至需要 -40℃ 的冷量。但是，离开气化单元的合成气温度较高，一般都在 200℃ 以上，较高的温度有利于燃机的出功。由于酸性气脱除工艺技术的限制，现在的 IGCC 电厂都是将来自气化单元的粗合成气进行冷却，在酸性气脱除单元脱除硫化物和对燃机有害的杂质后重新加热后送入燃气轮机。这个过程经历了合成气的冷却和重新加热，从能量利用和设备投资两方面都是不利的。开发高温脱硫对提高 IGCC 电厂的效率、降低投资都是非常必要的，也是 IGCC 发电技术开发的重点之一。但至今为止，还没有可以用于商业化 IGCC 电厂的高温脱硫技术。

3. 空分单元

空分单元提供气化过程所需的氧气，采用深冷分离工艺。空分单元在生产氧气的同时，也副产一定数量的氮气，可为各单元提供工艺过程所需的氮气，离开空分上塔顶部的污氮经压缩后作为稀释氮气送入燃气轮机可以降低燃机的 NO_x 排放量，并增加燃机的出功。

利用燃气轮机自身的空气压缩机为空分单元提供部分压缩空气，甚至替代主空气压缩机可以提高 IGCC 系统的发电效率，降低投资，是 IGCC 系统集成需要考虑的重要方面。但过高的集成度会增加系统开工过程和运行过程的复杂程度，对系统运行的可靠性有一定的不利影响。

4. 硫黄回收单元

硫黄回收单元处理来自酸性气脱除单元的酸性气,回收其中的硫。硫黄回收多采用克劳斯工艺,成熟可靠。与炼油厂常规硫黄回收单元的酸性气相比,IGCC 电厂的硫黄回收单元的酸性气中含有较多的二氧化碳,硫化氢浓度较低,需要采用一些技术提高燃烧温度,如富氧燃烧克劳斯工艺。

5. 联合循环单元

联合循环单元主要由燃气轮机、余热锅炉和蒸汽轮机三大设备组成。在本节的起始部分就其原理作过介绍,下面还将进一步介绍。

(三) IGCC 的关键设备

气化、空分、酸性气脱除和硫黄回收属于石油化工和煤化工领域的重要工艺,都有专著进行深入分析和讨论。本节重点讨论炼油厂的公用工程,特别是 IGCC 在炼油厂作为公用工程的问题,因此,对气化、空分、酸性气脱除和硫黄回收工艺中的设备不作介绍,重点介绍联合循环单元的燃气轮机、余热锅炉和蒸汽轮机。

1. 燃气轮机

(1) 燃气轮机简介　燃气轮机是 IGCC 的关键设备,其作用是将来自气化单元并经净化后的合成气进行燃烧,产生高温烟气推动透平对外做功。

燃气轮机是一种以空气及燃气(或燃油)为工质的旋转式热力发动机,它的结构与飞机喷气式发动机类似。主要结构有燃气涡轮机(透平或动力涡轮膨胀机)、叶轮式压气机(空气压缩机)和燃烧室三部分组成。其工作过程是压气机(即压缩机)连续地从大气中吸入空气并将其压缩;压缩后的空气进入燃烧室,与喷入的燃料混合后燃烧,成为高温烟气,随即流入燃气涡轮中膨胀做功,推动涡轮叶轮带着压气机叶轮一起旋转;加热后的高温燃气的做功能力显著提高,因而燃气涡轮在带动压气机的同时,尚有余功作为燃气轮机的输出机械功。燃气轮机由静止起动时,需用起动机带着旋转,待加速到能独立运行后,起动机方才脱开[126]。

世界上第一台燃气轮机出现在 1939 年,是瑞士 BBC 公司制造的[123,127]。经过 70 多年的发展,燃气轮机在发电、航空、舰船、军用以及机械驱动等各领域获得广泛应用。燃气轮机按照负荷可划分为重型燃机和轻型燃机两类。一般工业上用于拖动发电机组发电,或用于机械驱动的燃气轮机都是重型燃气轮机。用于飞机发动机的燃气轮机为轻型燃气轮机。世界上主要的重型燃气轮机供应商有美国的通用电气(GE)、德国的西门子(Siemens)、法国的阿尔斯通(Alstom)以及日本三菱(Mitsubishi)公司。

提高发电效率和降低污染物的排放是燃气轮机发展的两个趋势[128]。

① 发电效率的提高。燃气轮机的燃气初温和压气机的压缩比,是影响燃气轮机效率的两个主要因素。提高燃气初温,并相应提高压缩比,可使燃气轮机效率显著提高。计算和实践表明,燃气初温提高 100℃,燃机效率可增加 2% ~ 3%,进一步提高燃气初温是燃气轮机发展的重要方向,这些努力集中在以下方面:

a. 高温材料技术。随着材料科技的进步,先进的高温材料(定向结晶和单晶高温合金材料)开始逐步应用于燃气轮机,GE 公司研制的燃机静叶已使用 CM SX24 单晶镍基合金。其工作温度高达 1930 ~ 2227℃,但重量仅为高温合金的 1/4。

b. 蒸汽冷却技术。同空气冷却相比,蒸汽冷却可显著减少压缩功的消耗,并可提高透平进口温度，降低 NO_x 排放。GE 公司采用蒸汽冷却的 H 型比采用空气冷却的 G 型，功率增加了 60MW，效率提高 2%，NO_x 排放降低一半。三菱公司的 M501G 燃气轮机采用了蒸汽冷却，透平进口温度高达 1500℃。

c. 热涂层技术。燃气轮机的发展需要不断提高透平进口温度，用于透平的合金材料最高只能承受 1204℃ (CM SX210)。在叶片表面应用热涂层技术是提高透平进口温度一种有效方法。

d. 陶瓷燃气轮机。由于陶瓷具有金属材料无可比拟的高温特性，长期以来，研制陶瓷燃气轮机一直是燃气轮机技术发展的目标之一。

随着新型材料的应用和冷却技术的进步，燃气初温已经达到 1400℃ 以上，燃气轮机的综合效率因此得以提高。如三菱公司 2011 年投产的 M501J 燃气轮机的压缩比为 23.0，燃气初温高达 1600℃，其结果是简单循环和联合循环的效率分别达到 40.0% 以上和 61.0%，明显高出目前先进的超临界、超超临界火电机组的效率 (40% ~ 46%)。

② 低污染燃烧技术。降低环境污染物排放是燃气轮机发展的一个重要方向，开发先进的低污染燃烧技术是燃气轮机的研究方向之一。多年的研究工作先后发展了变几何燃烧室技术、分级燃烧室技术、贫油预混合预蒸发燃烧技术、催化燃烧技术、直接喷射燃烧室技术、可变驻留时间燃烧室技术、富油燃烧快速淬熄贫油燃烧室的燃烧技术。其中贫油预混合预蒸发燃烧技术、富油燃烧快速淬熄贫油燃烧室燃烧技术以及可变驻留时间燃烧室技术有可能成为下一代高效低污染燃烧技术。这些超低 NO_x 燃烧室技术都有如下几个特点：

a. 分级燃烧；

b. 贫油燃烧（或催化燃烧），使反应区温度保持在较低水平；

c. 燃料与空气混合均匀，无局部富油区；

d. 与变几何燃烧室技术相结合。

由于低排放与高效率之间所存在的矛盾，目前，尚没有一种既能高效燃烧，又具有低排放特点的燃烧技术和燃烧室设计方案。

(2) 用于 IGCC 的燃气轮机　IGCC 系统的燃料气是来自气化单元净化后的合成气，与传统的燃气轮机不同，用于 IGCC 系统的燃气轮机有其独有的特点[129]。

用于 IGCC 的燃机燃料合成气的热值远低于常规联合循环的燃料天然气，其热值只有天然气的 1/3。这样，进入 IGCC 燃机的合成气流量远大于常规联合循环燃机的燃料流量。

合成气中 CO 的含量较高。CO 的着火下限比较高，因此当合成气中含有较多的 CO 时，点火比较困难。要求合成煤气燃烧器具备点火迅速、燃烧效率高的特点；同时需增大燃烧横断面积、增加燃烧室长度，以延长 CO 的停留时间，有助于降低尾气中 CO 排放。

合成气中 H_2 的含量较高（约占粗合成气体积流量的 30%），H_2 在空气中燃烧时具有火焰传播速度快、反应活性强、容易引起回火、容易发生振荡燃烧等特点，因此，H_2 含量较高的合成气（富氢合成气）很难在传统的燃用天然气的预混燃烧器中稳定燃烧，目前主要采用扩散燃烧方式来提高合成气燃料燃烧的稳定性。

IGCC 电厂建设有空分设施，其分离出的氮气可以经压缩送到燃气，即可增加燃机的出功，又可降低燃烧温度，从而降低 NO_x 的生成。

鉴于上述特点，IGCC 系统中不能直接使用为联合循环开发的燃气轮机，需要进行一些改造和测试，包括：

a. 燃气轮机燃烧室应能满足合成气低热值,高 H_2 含量和高 CO 含量的燃烧特性。
b. 燃气轮机本体的辅助系统应能满足低热值合成气的特性。
c. 燃气轮机的压气机或透平应能满足合成气流量增加的要求。
d. 燃气轮机应采用降低排气中 NO_x 含量的措施。

2. 余热锅炉

余热锅炉的作用是利用燃气轮机排出的高温烟气发生蒸汽,用于驱动蒸汽透平作功,实现联合循环,提高发电效率。

(1) 余热锅炉的分类 通常来说,余热锅炉是回收上游设备排放烟气中的余热发生蒸汽,一般不设燃烧设施。用于 IGCC 系统的余热锅炉,烟气来自燃机。根据燃机的不同,排出烟气的温度也不同,但是多在 700℃ 以下。为增加系统的出功,经过优化,可能需要提高进入余热锅炉的烟气温度,要进行适当的补燃。由于离开燃机的烟气中的氧含量较高,可满足补燃所需耗氧量,因此补燃过程不需要外补空气。余热锅炉依据是否补燃分为补燃式余热锅炉和不补燃式余热锅炉两类[130]。

另外,还可以根据发生蒸汽的压力种类分成单压、双压甚至多压锅炉,也可根据布置或循环方式分成立式、卧式、自然循环和强制循环锅炉。这些型式与常规锅炉无异。

(2) 用于 IGCC 的余热锅炉特点 用于 IGCC 系统的余热锅炉具有以下特点。
a. 使用的燃料是洁净的合成气,基本上没有粉尘,不存在磨损问题。
b. 燃机排烟温度通常在 700℃ 以下,因此余热锅炉中的换热主要依靠对流,辐射传热可以忽略。因此需要布置比常规锅炉更多的受热面,体积较大。
c. 排入余热锅炉的烟气较配置同样规模燃机的常规燃气 – 蒸汽联合循环机组的余热锅炉的烟气量大,流速更高,可以回收更多的热量。
d. IGCC 燃机燃用的合成气中硫的含量很低,因此余热锅炉的排烟温度可以降低到 80~90℃。
e. 余热锅炉的上游是燃气轮机,如果锅炉的压降较大会提高燃机出口压力,不利于燃机的出功。

3. 蒸汽轮机

蒸汽轮机利用气化单元和余热锅炉发生的蒸汽驱动透平做功发电增加 IGCC 系统的发电效率。

蒸汽轮机广泛应用于电力、石油炼制、石油化工、煤化工领域。用在 IGCC 系统中的蒸汽轮机具有如下特点[131]。

(1) 一般不从汽轮机中抽取蒸汽去加热给水,因而在 IGCC 中由汽轮机的低压缸排向凝汽器的蒸汽流量要比常规汽轮机多。

(2) 在 IGCC 联合循环中,余热锅炉排气的最低温度约 80~90℃,这与凝汽器中凝结水的温度相差不太大,无需专门设置蒸汽给水加热器来预热凝结水。

(3) 对同样型号的燃气轮机,在 IGCC 中汽轮机的功率要比燃烧天然气或液体燃料的常规联合循环大。通常,在常规联合循环中燃气轮机功率与蒸汽轮机功率的比值约为 2:1,但在 IGCC 系统中,由于气化和净化系统利用合成煤气显热附产的蒸汽可供汽轮机做功,以及燃烧发热量较低的合成煤气和氮气回注等因素,流经余热锅炉的燃气流量增多,可以产生更多的蒸汽,根据国外现有 IGCC 示范电站的技术规范,这个比值可以达到约$(1.2～1.8):1$。

（4）汽轮机必须具有快速启停的性能，尤其是当采用汽轮机、燃气轮机、发电机单轴布置时，更是如此。

（5）IGCC机组在正常运行时燃用合成煤气，而在启动时需要燃用天然气或液体燃料。由于两种燃料的组成、热值等有较大差异，在燃气轮机燃料切换前后，余热锅炉及汽轮机的热力参数会有所变动。

（6）汽轮机采用滑压运行或滑压定压复合运行方式。通常，当汽轮机的功率由100%降到40%～30%前，汽轮机主蒸汽压力线性下降，此后将维持主蒸汽压力恒定不变。采用滑压运行方式时，余热锅炉在较低的压力下可以多产生一些主蒸汽，因此汽轮机可以多发出一些功率。采用滑压运行的另一个原因是为了在部分负荷时，能够使汽轮机的排汽湿度基本不变，蒸汽的湿度不至于过大。在滑压运行条件下，汽轮机不必装设部分进汽的调节阀和相应调节级，提高了汽轮机在部分负荷时的效率，也降低了汽轮机高压缸入口部分在部分负荷时的热应力。

(四) IGCC的特点与应用
1. IGCC的特点

IGCC是在联合循环基础上结合气化技术发展起来的一种清洁高效的劣质燃料发电技术。开发IGCC技术的出发点之一是寻找一种清洁、高效的煤炭发电技术，这也是一些国家煤炭清洁计划的一部分。经过几十年的发展，人们对IGCC的认识已经是多方面的，清洁的目的可以说已经看到，但因为气化、空分的效率及能耗，使得高效的目标尚不明显。IGCC系统复杂，投资高，可靠性低的弱点虽然已大有改进，但仍然是IGCC难以大规模推广的主要障碍。提高IGCC的竞争性，努力拓展它的应用领域，以多联产为目的的新一代IGCC系统比传统单一生产电力的IGCC更具竞争力和吸引力，也获得了更快的发展。

结合在炼油厂的应用可能，IGCC，更准确地说是多联产具有以下特点。

（1）为炼油厂提供除水系统以外的所有公用工程，实现真正意义上的公用工程岛。

将气化生产的一部分合成气不进燃气轮机，而通过变换和氢气提纯，可以生产炼油厂所需要的氢气。余热锅炉所发生的蒸汽部分送出，可以用作炼油厂需要的蒸汽。结合空分单元，可以为炼油厂提供氧气、氮气、压缩空气。燃气轮机和蒸汽轮机又可为炼油厂提供一部分的电力。

（2）可以处理炼油厂的劣质产品，如石油焦、沥青和渣油，将它们转化为炼油厂所需的氢气和动力。

（3）采用燃烧前的前脱硫工艺，在酸性气脱除单元将硫以硫化氢的形式在较高的压力下脱除，提高了脱硫的效率和脱除率，降低了脱硫成本。脱硫后还可副产单质硫或硫酸。

（4）极低的排放，脱硫效率在98%以上，脱氮率不低于90%，粉尘排放几近于零，CO_2的排放可减少1/4。

（5）非常高的发电效率：当前大型IGCC示范厂的发电效率已达42%～46%，IGCC的净效率具有超过50%的潜力。

（6）耗水量少，比常规蒸汽循环电站可节水30%～50%。

（7）酸性气脱除单元获得了纯度在98.5%（体积分数）以上的二氧化碳，为实现碳的捕集和 CCS(碳捕集和封存)打下了基础。

IGCC 的发展和推广过程,特别是示范装置的运行也使人们对它的缺点有了比较准确的认识。

(1) 投资高,特别是气化单元和空分单元,在 IGCC 系统中占了一半以上的投资。

(2) 连续运行的可靠性低。气化和空分是引起 IGCC 系统停车的两个最主要单元,特别是气化单元。为提高气化单元的可靠性,有时不得不设置备用系列,这更增加了 IGCC 的投资。

(3) 内耗能量较大。气化工艺的冷煤气效率最多只有 80% 左右,也就是煤中 20% 左右的化学能在气化过程中已经转变为热能,如不能很好的回收,能量的利用率显然会大打折扣。另外,气化和空分有许多转动设备,有些还是功率很大的转动设备,需要动力驱动,内耗能高。

(4) 炼油厂动力系统的设计是以汽定电,需要最多的还是蒸汽。IGCC 联合循环的特征使得这个系统提供电力的能力高于蒸汽。

2. 国外代表性 IGCC 项目简介

20 世纪 80 年代末到 90 年代,为研究和示范 IGCC 系统,国外相继建设了 5 座以煤为原料的 IGCC 电站,其中的 4 套还在商业运行[132],参见表 9-4-1。

表 9-4-1 以煤或/和石油焦为原料建于 20 世纪 90 年代至今仍商业运行的 IGCC 电站

国　　家	荷兰	美国	美国	西班牙
电站	Nuon Buggnum	Wabash River	TECO Tampa	Puertollano
投运时间	1994.1	1995.10	1996.9	1997.12
净功率/MW	253	265	250	300
净效率/% 低热值	43	40	42	43
气化炉型	Shell	E-gas	Texaco	Prenflo
气化炉规模/(t/d)	2000	2500	2250	2640
气化炉台数	1	2	1	1
燃机型号	Siemens V94.2	GE 7FA	GE 7FA	Siemens V94.3
燃机出力/MW	156	198	192	190
燃机初温/℃	1105	1260	1260	1200
净化方式	Sulfino 脱硫,Claus 硫回收 + Scot 尾气处理	MDEA 脱硫,Claus 硫回收,尾气循环	MDEA 脱硫,湿法制硫酸	MDEA 脱硫,Claus 硫回收,尾气循环
汽机出力/MW	125	104	121	145

下面,对其中的 TECO Tampa 和 Nuon Buggnum 两座电站进行介绍。

(1) 美国(Tampa)电站[133]　Tempa 电站位于美国佛罗里达州 Tampa 市附近的 Polk,距 Tampa 有 1 个小时的车程。Polk 电站是目前世界上唯一一座以煤和石油焦为原料,采用 GE 余热锅炉流程的 IGCC 电厂。电站 1996 年建成试车,已商业运行超过十年。作为示范电厂,Polk 电站尝试了一些新的工艺技术,包括 GE 的余热锅炉流程和余热锅炉式气化炉,对流式余热锅炉,高温脱硫。

① 装置的原料。气化装置的主要原料为煤,与煤混合试烧过石油焦和生物质,长期使用过的原料是 40% 煤 + 60% 石油焦。具有代表性的数据列于表 9-4-2。

表 9-4-2　Tampa IGCC 电站典型原料

原料名称	煤	石油焦
原料来源	Pittsburgh 号煤道	Chalmette 炼油厂
干基成分/%		
炭	76.52	88.67
氢	4.9	3.27
氮	1.58	2.24
硫	1.87	4.61
氧	5.91	0.63
灰分	9.14	0.54
氯	0.08	0.04
小计	100.00	100.00
收到基湿含量/%	5.87	10.00
收到基高热值/(kJ/t)	29124.6	30647.8

② 装置的主要产品。气化装置主要目的是发电,本项目的发电情况如下:

燃气轮机发电:　　　　　192MW
蒸汽轮机发电:　　　　　121MW
总发电量:　　　　　　　313MW
自耗电:　　　　　　　　63MW
净输出电:　　　　　　　250MW
空分装置的规模:　　　　2170t/d(95%纯度)

③ 装置工艺流程简介。装置建设 1 台 GE 余热锅炉式气化炉,每天处理 2200t 煤。煤进装置后与装置循环使用的工艺水和部分补充水混合进行湿磨,配置水煤浆,水煤浆的固含量在 60%~70%。水煤浆经水煤浆泵升压后与来自空分纯度 95%(体积分数)的氧气混合进入气化炉。气化炉内水煤浆与氧气进行部分氧化反应,产生高温、高压、中等热值的合成气,合成气的热值为 $10209kJ/Nm^3$。气化炉内煤的单程炭转化率达到 95%。熔融的灰渣从气化炉底部流入水浴室固化,排出后可以作为副产品固渣在市场上销售。

合成气在高温辐射式换热器中冷却并发生高压蒸汽,冷却后的合成气进入炭洗塔通过水洗去除其中的固体颗粒和无机盐类。初步精制的合成气在水解反应器中将其中的羰基硫水解为硫化氢,再经进一步冷却送到酸性汽脱除部分,用 MDEA 胺液将合成气中的硫化氢吸收脱除,吸收硫化氢的胺液用蒸汽汽提脱除酸性气体后循环使用。酸性气送往硫酸部分与氧气在催化剂存在的条件下,硫化氢转化成硫酸,硫酸出售,供当地的磷酸矿工业使用。净化合成气作为燃料进入燃气轮机,空分单元的污氮(纯度 98%)与合成气在进入燃气轮机的燃烧室前混合。燃气轮机为 GE MS 700FA 机型。燃气轮机的高温烟气在余热锅炉(HRSG)中发生 3 个不同压力等级的蒸汽,大部分高压蒸汽与气化产生的高压蒸汽一道在蒸汽透平中发电。

④ 主要技术供应商:
气化: GE 能源公司
联合循环和燃气轮机: GE 能源公司
辐射式余热锅炉: MAN Gutehoffnüngshute AG
对流式余热锅炉: L. & C. Steinmüller Gmph

空分：美国空气产品公司
硫酸装置：Monsanto Enviro – Chem Systems，Inc.
水溶物浓缩装置：Aqua – Chem，Inc.
工艺流程示意见图9-4-8。

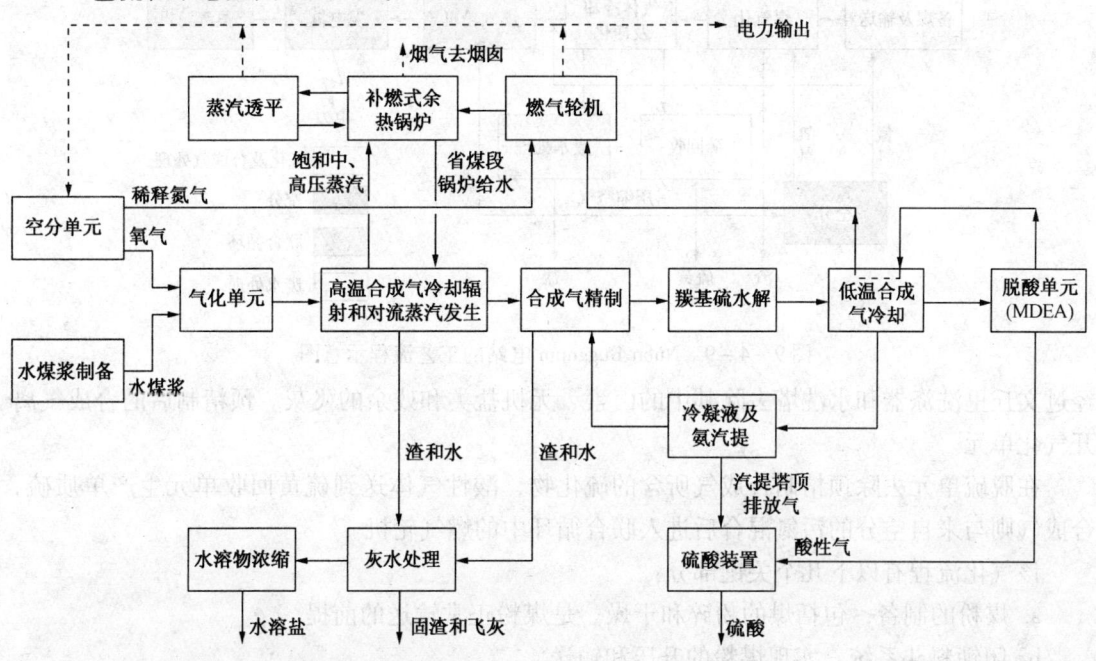

图9-4-8 Tampa电站IGCC系统工艺流程示意图

(2) 荷兰Nuon Buggnum电站[134]：

① 电站概况。该电站是一座以煤和天然气为原料的IGCC电站，于1993年建成并投入运行。在随后的三年示范运行期间(1994～1996年)试烧了许多不同的煤种。电厂在设计时选择当时世界最大能力的燃气轮机，并由此确定合成气的需要量和气化单元以及空分单元的规模。该电站气化工艺为Shell的粉煤气化工艺(SCGP)，也是Shell粉煤气化工艺的首次商业应用。原料进煤量为2000t/d。空分采用美国空气产品公司的空分装置，合成气净化脱硫采用Sulfinol工艺配以Claus硫黄回收工艺。燃气轮机为Siemens公司产品。

② 工艺流程。Nuon Buggnum电站的工艺流程示意图见图9-4-9。

经过破碎的煤块进入干式磨煤机，煤在磨粉的同时进行干燥，干燥介质为高温烟气。烟气来自惰性气体发生器，其原理是天然气与空气完全燃烧，通过严格控制配入空气量产生高温的惰性烟气，干燥煤粉后的烟气经袋式过滤器过滤粉尘，一部分排入大气，其余部分返回惰性气体发生器。磨煤机三台并联，两操一备，共用一套惰性气体发生器。制备好的煤粉经两套并联的闭锁料斗系统用氮气实现煤粉的升压和输送，两套闭锁料斗系统交替操作实现连续进料。输送氮气来自空分单元。

煤粉与蒸汽以及来自空分的纯氧一起进入气化炉，在气化炉内完成煤粉的部分氧化反应，并通过发生高、中压蒸汽将粗合成气冷却。气化炉底部设有水浴将熔融态的液渣激冷固化后排出。离开气化炉的粗合成气经过高温高压反冲洗过滤器除去粗合成气携带的大部分飞灰，反冲洗过滤器设置一台，没设备用。飞灰通过一套闭锁料斗系统排放，粗合成气再依次

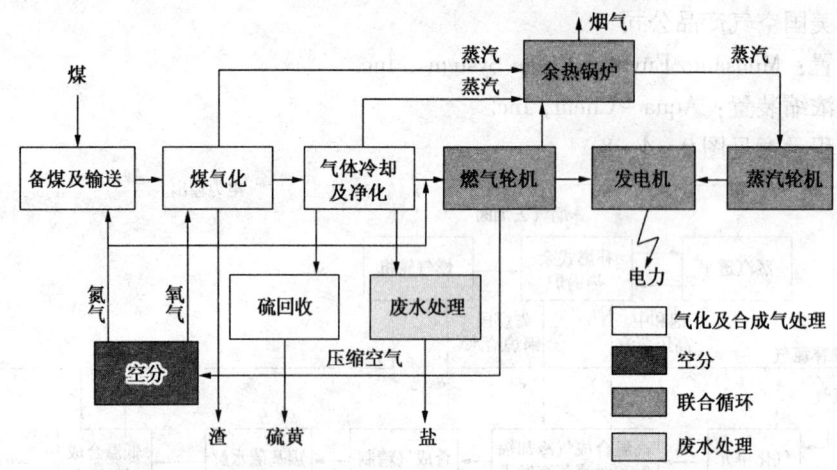

图 9-4-9 Nuon Buggnum 电站的工艺流程示意图

经过文丘里洗涤器和水洗塔去除其中的卤素、无机盐类和残余的飞灰。预精制后的合成气离开气化单元。

在脱硫单元去除预精制合成气所含的硫化物，酸性气体送到硫黄回收单元生产单质硫，合成气则与来自空分的污氮混合后进入联合循环中的燃气轮机。

该气化流程有以下几个关键部分：

a. 煤粉的制备，包括煤的粉碎和干燥。是煤粉正常输送的前提。

b. 闭锁料斗系统。实现煤粉的升压和输送。

c. 气化炉，Shell 技术的关键设备。采用余热锅炉方式回收热量，水冷壁结构隔离高温。

d. 高温高压反冲洗过滤器。去除粗合成气中的大部分固体颗粒。

③ 原料。原料煤的性质见表 9-4-3。

表 9-4-3 原料煤性质

组 成	数 据	组 成	数 据
水含量（收到基）/%	4.7~12.1	Fe_2O_3/%	3.3~12.4
灰分（干基）/%	4.5~16.2	Al_2O_3/%	19.1~32.8
氧（干基）/%	5.2~14.0	CaO/%	0.7~6.9
硫（干基）/%	0.6~1.1	K_2O/%	0.6~2.3
氯（干基）/%	0.01~0.15	Na_2O/%	0.3~1.4
灰分组成/%		热值	
SiO_2/%	45.1~59.8	HHV（干基）/(kJ/kg)	27200~32900

④ 发电效率。发电效率见表 9-4-4。

表 9-4-4 电站发电效率

项 目	数 据	项 目	数 据
煤带入热量(2000t/d)	585MWe	自用电	31MWe
燃气轮机输出电力	156MWe	净输出电力	253MWe
蒸汽轮机输出电力	128MWe	净发电效率	43%
输出电力小计	284MWe		

⑤ 环境排放物。电站的环境排放物见表9-4-5。

表9-4-5 电站主要环境排放物

项 目	SO_2/ [g/(MW·h)]	NO_x/ [g/(MW·h)]	酸性当量/ [10^{-9}g/(MW·h)]	CO_2/ [g/(MW·h)]
煤为原料	60	60~120	4.0	770
天然气为原料	0	335	9.0	410
允许值	230	645	(26.8)	

二、炼油厂的公用工程

(一) 炼油厂公用工程的特点

炼油厂的公用工程不仅消耗量大，种类多，而且根据企业的原料性质、产品目标、关键技术路线的不同，公用工程的需求量有着很大的差异。炼油厂公用工程的供应有以下特点。

(1) 不同种类公用工程物料供应的集成度高低不同　仪表用压缩空气和工厂用压缩空气由空压站提供，配备空压机和空气净化设施。氮气由空分提供，多采用变压吸附工艺。循环冷却水由循环水场提供，采用凉水塔风冷方式。这几种公用工程物料之间及与其他公用工程的关联度相对较低，集成度不高。

除盐水、锅炉给水、不同压力等级的蒸汽、电力都由动力站提供。动力站的进料主要是新鲜水，此外还有燃料，可以是燃料气、燃料油、煤或石油焦。新鲜水通过反渗透工艺和/或离子交换工艺处理，得到除盐水，除盐水的一部分送到工艺装置使用，其余在动力站中经除氧器脱除氧气后得到满足高压、中压、低压锅炉等产汽设备给水要求的锅炉给水。锅炉给水在锅炉内，被燃料燃烧放出的热量加热、汽化，发生蒸汽，蒸汽的一部分送入工艺装置使用，还有一部分蒸汽用作转动设备驱动机的动力蒸汽，其余部分送到蒸汽轮机发电。可以看出除盐水、脱氧水、蒸汽、电力的生产关系密切，集成度高。

(2) 公用工程与工艺装置的关联度高　与发电厂蒸汽基本上全部用于驱动蒸汽轮机发电不同，炼油企业的工艺装置也需要使用大量蒸汽，一些用作工艺物料，如水蒸气转化制氢装置的反应配汽，更多的是用作大型机、泵的驱动动力和蒸汽加热器及重沸器的热源，还有一部分用作工艺设备、管线的伴热。另外，工艺装置在正常生产时可能有一部分富余的余热用来发生蒸汽，因此炼油企业的蒸汽平衡不仅要考虑动力站本身，而且须将工艺装置一并考虑。

(3) 炼油企业的动力站需要同时供电和供热，而且是"以汽定电"　蒸汽透平驱动压缩机和机泵不仅操作和调节简单，占地少，运行可靠性高，而且能量的利用也更加合理。同时大功率的防爆电机占地大，对电网影响大、启动困难。因此大型压缩机、机泵首先考虑采用蒸汽驱动。此外还有一定数量的工艺用蒸汽，这些蒸汽是工艺装置正常稳定生产所必需的，动力站首先需要保证供应。在此基础上，才能考虑将剩余的蒸汽发电。

炼油企业动力站的蒸汽发电源于两个不同目的，即为平衡不同压力等级蒸汽管网间的蒸汽用量，在管网间设置蒸汽轮机发电。这些汽轮机以"抽备"为主要操作方式。另一目的是平衡富余蒸汽所设置的汽轮机发电，这类汽轮机都是凝汽式的。也有同时实现这两种目而设置的汽轮机发电，这类汽轮机是同时以"抽备"和凝汽方式运行的，以"抽备"为主，剩余蒸汽凝汽，"抽凝"和凝汽同时发电。这种汽轮机在电厂不多见，但却是炼油厂动力站中汽轮机的主要型式。

（4）蒸汽的等级多 不同工艺装置、甚至同一工艺装置的不同设备对蒸汽的压力等级要求是不同的，因此炼油企业的蒸汽系统是由不同等级的几个管网组成，为保证供汽安全，从高压到低压方向蒸汽管网能够补偿，这是通过蒸汽透平背压抽汽和/或设置减温减压器实现的。

（5）发电量有上限制约 动力站生产电力部分为平衡不同的蒸汽管网，也为了将供热剩余的蒸汽合理利用。产电量与蒸汽发生量相关，蒸汽发生量以工艺装置的用汽量为基础，在此基础上可以通过多发蒸汽来产电。实际上，炼油厂发电不是主要目的，其发电效率比不上发电厂，送出的电力也不可能很多，一般不会允许发出的电上外电网。这实际就规定了动力站的发电上限是做到企业用电的自给自足。

（二）炼油厂主要的公用工程方案

炼油企业的公用工程供应方案更多的是针对动力站进行研究的，在原油价格居高、我国天然气供应相对缺乏的今天，炼油企业的动力站在过去的十年间大多已从烧油为主转变为以煤为主要燃料，特别是近年新建的大型炼油厂。本部分主要讨论炼油企业以煤为主原料的公用工程供应方案，特别是受到广泛关注和争论的燃煤锅炉+蒸汽轮机方案和煤炭气化+燃气轮机的 IGCC 方案。

1. 燃煤锅炉+蒸汽轮机的公用工程供应方案

该方案的核心设备是燃煤锅炉和蒸汽轮机。采用该方案的动力站可以为工艺装置提供除盐水、锅炉给水、各种等级的蒸汽和一部分的电力。除非另外设置空气压缩站和空分设施，否则无法提供仪表压缩空气、工厂压缩空气和氮气。

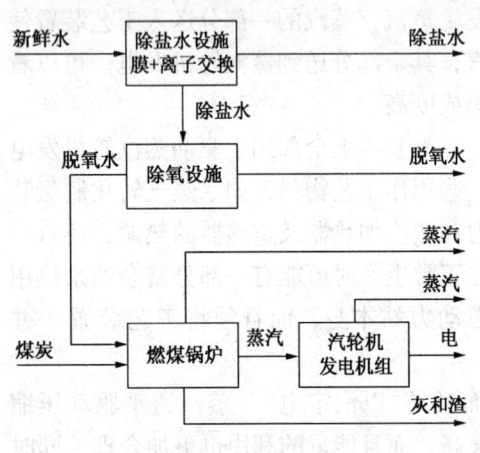

图 9-4-10 燃煤锅炉+蒸汽轮机型动力站配置

这种燃煤类型的动力站构成见图 9-4-10。

新鲜水进入动力站后先在除盐水设施中通过反渗透和/或离子交换工艺进行净化得到除盐水，一部分除盐水送出动力站供工艺装置使用，其余部分进入除氧设施脱除水中的氧气得到脱氧水或称作锅炉给水，部分脱氧水送出动力站供给工艺装置，其余部分送到锅炉汽包发生蒸汽，部分蒸汽过热后送出动力站供工艺装置使用，其余进入蒸汽轮机发电并背压抽出部分压力等级较低的蒸汽送出装置。

发生蒸汽所用锅炉给水除来自除盐设施的除盐水外，还有回收凝气式蒸汽透平和加热工艺介质后的蒸汽凝结水。

发生蒸汽用的热能来自锅炉燃烧的煤，燃烧产生的烟气经余热回收、脱硫、脱硝、除尘后通过烟囱放散到大气。燃烧产生的灰和渣则送出动力站。

通过上述过程，动力站以煤为燃料、新鲜水为原料，为工艺装置提供了除盐水、脱氧水、不同等级的蒸汽和一部分电力。同时工艺装置产生的蒸汽凝结水也送回动力站循环使用。

图 9-4-11 是典型的炼油厂蒸汽平衡图。

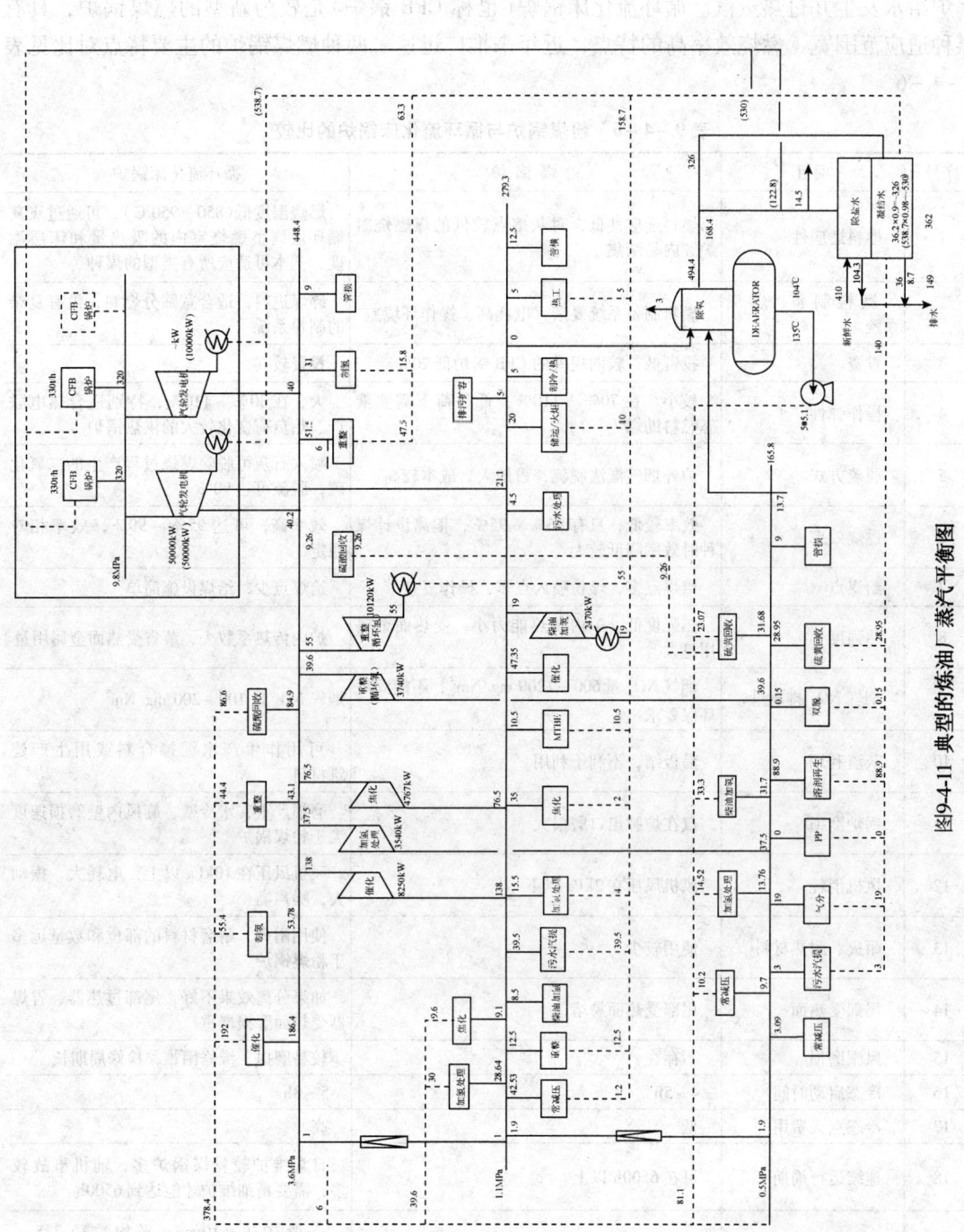

图9-4-11 典型的炼油厂蒸汽平衡图

（1）燃煤锅炉的选择　炼油厂动力站使用的锅炉主要是粉煤锅炉和循环流化床锅炉。粉煤锅炉出现很早，将燃料煤磨成粉喷入锅炉的燃烧室与燃烧空气混合燃烧产生高温烟气加热锅炉给水发生并过热蒸汽。循环流化床锅炉（也称 CFB 锅炉）是较为新型的燃煤锅炉，具有煤种适应范围宽、燃烧效率高的特点，近年来推广迅速。两种燃煤锅炉的主要特点对比见表 9-4-6。

表 9-4-6　粉煤锅炉与循环流化床锅炉的比较

序号	项目	粉煤锅炉	循环流化床锅炉
1	燃料适应性	燃料适应性低，对灰熔点较低的煤燃烧时炉膛内易结焦	燃烧温度低（850~950℃），可通过飞灰循环量调整燃烧室内的吸热量和床层温度，基本可适应所有类型的煤种
2	燃料制备、燃烧系统	燃料制备系统复杂、电耗高、操作环境差	碎煤进料，适合宽筛分燃料，没有复杂的制粉系统
3	投资	投资低，较同规模的 CFB 锅炉低 20%	投资较高
4	操作弹性	较小，在 70%~110%，低负荷下需要液态燃料助燃	大，在 30%~110%，特别适合热电联产、热负荷变化较大的供热锅炉
5	脱硫方式	炉外烟气湿法脱硫、占地大、成本较高	喷入石灰可脱除燃烧过程产生的二氧化硫，脱硫可达 90%
6	燃烧效率	效率较低，只有 85%~95%，偏离设计煤种时效率降低较大	效率高，可达 95%~99%，效率相对稳定
7	给煤点	给煤点多，煤粉喷入点多，操作复杂	给煤点少，给煤设施简单
8	热强度	热强度低、炉内传热能力小、受热面金属用量大	炉内传热系数大，节省受热面金属用量
9	烟气 NO_x 排放量	烟气 NO_x 量 600~1200 mg/Nm^3，不能满足环保要求	烟气 NO_x 量 100~200 mg/Nm^3
10	灰渣利用	易板结，不利于利用	可用作生产水泥掺合料或用生产建筑材料
11	锅炉磨损	仅在炉膛出口磨损大	磨损严重，水冷壁、旋风内壁磨损速度大于粉煤锅炉
12	风机消耗	风机风压在 2kPa 以下	风机风压在 10kPa 以上，电耗大，振动大，噪声高
13	耐火、耐热材料	使用较少	使用耐火、耐磨材料的部位和数量远多于粉煤锅炉
14	尾部受热面	尾部受热面易堵	如果分离效果不好，尾部过热器、省煤器受热面磨损严重
15	风帽磨损	不存在	较易磨损、维修困难，检修周期长
16	冷态启动时间	4~5h	5~8h
17	冷态点火费用	低	高
18	连续运行周期	可在 6500h 以上	日常维护较粉煤锅炉多，辅机事故较多，需要精细维护才能达到 6500h
19	进料粒度要求	一般在 40~100μm	一般在 0~10mm，平均粒径 2.5~3.5mm，有较严格的粒度要求
20	占地	相当	相当
21	操作水平	自动化程度高，操作简单	操作要求高

粉煤锅炉与循环流化床锅炉各有优缺点，循环流化床锅炉在运行中的问题比粉煤锅炉多、连续运行小时数要比粉煤锅炉短。在石油、化工行业选型中，如果燃料煤质供应可靠，燃料硫含量低可考虑粉煤锅炉，它具有燃烧稳定，辅机技术成熟，自动化程度高，易于操作，运行周期长，维修量相对较小的优点，适合石油、化工系统长周期安全稳定运行的特点。

反之，若立足于劣质煤，特别是灰熔点较低、含硫量高的煤，或供煤质量不稳定，使用高硫石油焦，负荷变动大，环境排放要求苛刻，综合考虑脱硫成本以及对各种煤质或石油焦的适应性，应考虑选择流化床锅炉。

(2) 蒸汽透平的的选择　与电厂蒸汽透平单一的发电目的不同，炼油企业动力站设置蒸汽透平的主要目的不是发电，而是平衡不同压力等级蒸汽管网间的蒸汽，发电只是其辅助功能。前已叙及，工艺装置需要蒸汽有三个目的，即作为工艺物料、作为加热媒介、作为转动设备的动力。同时工艺装置的余热还能发生一部分的蒸汽。这些蒸汽根据各工艺装置的条件，多存在不同的压力等级。动力站的锅炉一般只发生一个压力等级的蒸汽，各压力等级蒸汽之间的平衡就是靠蒸汽透平抽出背压蒸汽实现的。

基于上述原因，动力站的蒸汽透平一般都要求能抽出背压蒸汽，而且希望抽出蒸汽的数量能有一个比较大的弹性范围。

2. 以煤或石油焦为原料的 IGCC 公用工程供应方案

(1) IGCC 系统的发展　20 世纪 90 年代，在所在国政府和一些商业机构的资助下世界各地陆续建设了 4 个大型以煤或石油焦为原料的 IGCC 示范电站，这些示范电站至今仍在商业运行，获得了成功。

示范过程也发现了运行可靠性不高、建设投资过高、建设周期长、发生的电力成本较高等问题。因此到 2010 年为止，没有新建成的燃煤 IGCC 电厂的报道。

近年，由于全球气候变暖、环保呼声的高涨，以及燃气轮机技术和气化技术在过去十多年的长足进步，IGCC 作为一种清洁利用煤炭发电的解决方案再一次受到人们的青睐。

(2) 以 IGCC 为核心的动力站的构成　以煤炭或石油焦为原料的 IGCC 动力站因为需要将煤或石油焦气化，需要建设空分装置，同时，气化得到富含氢气和一氧化碳的合成气经过处理比较容易获得高纯度的氢气供工艺装置使用，而氢气也可以被认为是一种炼油厂的公用工程。

这样以 IGCC 为核心的动力站除能提供燃煤锅炉为核心的动力站所能提供的除盐水、脱氧水、不同压力等级的蒸汽及一部分电力外，还可以提供氢气、氮气、仪表压缩空气和工厂压缩空气，如果需要的话，还可以提供燃料气和氧气。除了不提供炼油厂所需要的循环冷却水外，可以提供炼油厂所需的所有公用工程物料，因此有人称之为公用工程岛。

IGCC 公用工程岛的示意见图 9-4-12。

备煤装置制备好的原料煤送入气化装置与来自空分装置的氧气在气化炉内进行部分氧化反应生成富含氢气和一氧化碳的粗合成气。合成气进入酸性气脱除装置脱除硫化物和二氧化碳后得到净化合成气。净化合成气进入燃气轮机，与自身压缩的空气在燃烧室燃烧产生高温烟气驱动烟气透平发电，高温尾气进入补燃式余热锅炉发生蒸汽。发生的蒸汽部分进入蒸汽轮机发电，同时抽出部分其他压力等级的蒸汽。

如果需要生产氢气，可将一部分粗合成气进行变换再在酸性气脱除装置中脱除二氧化碳和硫化物后送入氢提纯装置如变压吸附,得到高纯度氢气。

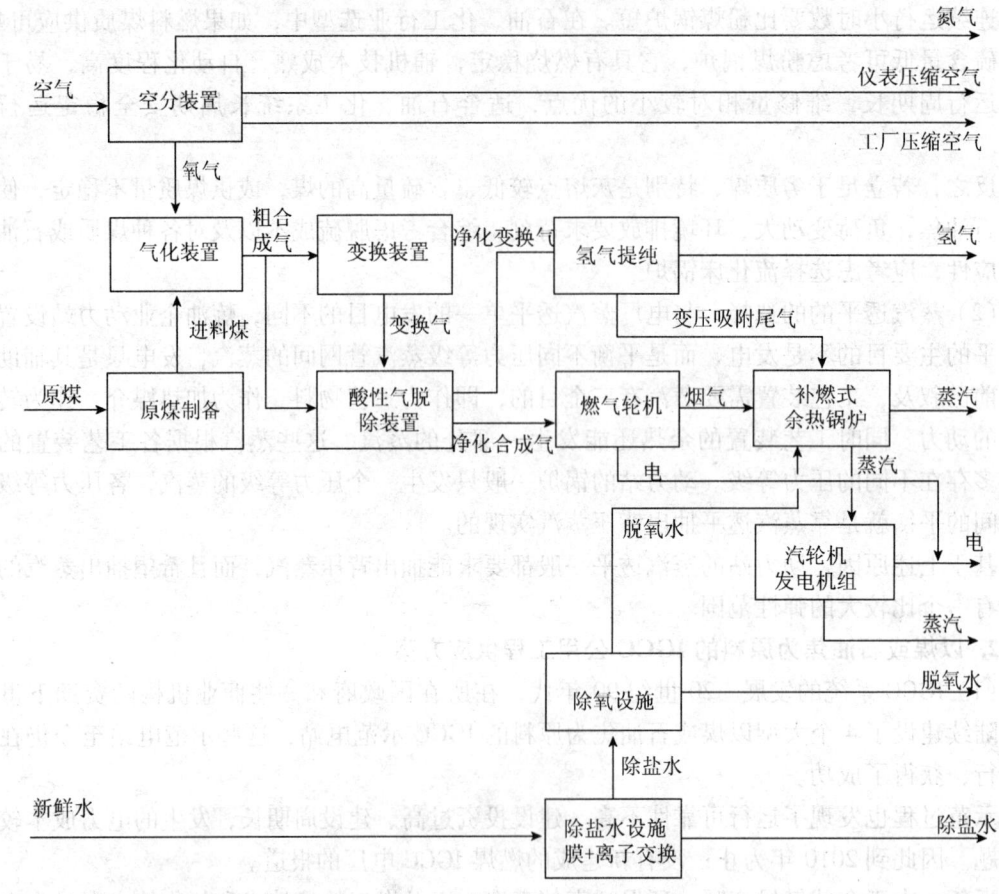

图 9-4-12 以 IGCC 为核心的公用工程岛示意图

(3) IGCC 公用工程岛的核心装置 煤气化、空分和燃气轮机是 IGCC 公用工程岛的核心装置,前已叙及不再赘述。

(4) IGCC 公用工程岛的讨论 从上面叙述可以看到,以 IGCC 为核心的公用工程岛是炼油厂较为理想的公用工程配置方案。但实际上还有一些问题需要解决。

① 燃料与蒸汽的匹配不一定恰好满足工艺装置需要,还需要设置其他锅炉。

② 补燃式余热锅炉根据上游燃机的效率需要补充燃烧一部分燃料气(也可以是气化生产的净化合成气或生产氢气所附产的变压吸附尾气),有时补燃量还较大,才能生产过热蒸汽,这样余热锅炉设置复杂,运行可靠性降低,还不如另建蒸汽过热炉。

③ 无论是空分、气化和酸性气脱除,都需要消耗大量的电力或其他动力,自耗动力量高。

无论如何,以 IGCC 为核心的公用工程岛还是值得人们的期待。

三、IGCC 在炼油厂的应用

(一) IGCC 与炼油厂结合的可能性

经过数十年的发展和示范,IGCC 在理论、设备、工程实践上均获得了长足的进步。

IGCC 技术本身与炼油厂的公用工程有着很强的结合可能性。

1. IGCC 的原料

IGCC 技术开发的原因之一是劣质燃料的清洁利用。作为炼油厂最后的"桶底"产品的石油焦、沥青或渣油，很难直接销售，加工利用又有相当的难度，需要较大的投资和较高的能耗，这些物料恰是 IGCC 的原料。

2. IGCC 的产品

获得廉价氢气是现代炼油厂需要考虑的重点之一。IGCC 将廉价原料气化后可以获得较为低廉的氢气，正好满足了炼油厂的这个需求。

利用 IGCC 的空分单元，可以获得炼油厂所需要的氧气、氮气和压缩空气，这样，可以将通常炼油厂需要建设的空分、空压装置与 IGCC 的空分单元相结合。

3. 动力

IGCC 系统的气化、联合循环部分可以获得一部分的蒸汽和电力，可提供炼油厂使用。

4. 技术管理

IGCC 的关键技术和设备在炼油厂均不陌生，容易为炼油厂的技术和操作人员掌握。

可见，IGCC 与炼油厂存在很好的结合可能性。

（二）炼油厂对 IGCC 的要求

由于炼油厂自身的特点，对 IGCC 的要求与电厂不尽相同。

1. 要求 IGCC 具有很高的可靠性

与电厂单一生产电力不同，炼油厂的公用工程包括氢气是整个炼油厂运行的基础，其非正常停车会对炼油厂造成很大的损失，因此应具有很高的可靠性。虽然 IGCC 得到了长足发展，但现在还达不到炼油厂的要求，因此不得不对于易出现故障的部分增加备用，如气化炉，这会大大增加项目的投资和操作的复杂程度。

2. 要求 IGCC 不单是提供电力同时要求提供蒸汽

炼油厂的动力由蒸汽和电力组成，而且蒸汽往往占有更大的比例，通常的设计是"以汽定电"。联合循环是不能直接获得蒸汽的，需要通过回收烟气的热量得到蒸汽，另外有些气化技术本身也可以生产一定数量的蒸汽。但总的来说，不能通过燃烧合成气提供蒸汽，这将显著降低 IGCC 系统的效率和经济性。

3. 要求 IGCC 具有较宽的操作弹性和操作灵活性

炼油厂公用工程的特点之一便是开工和正常运行期间负荷变化较大，应用于炼油厂的 IGCC 需要满足这种要求。

（三）IGCC 在炼油厂的应用

以某 12500kt/a 炼油 - 乙烯工厂的 IGCC 联合装置为例介绍 IGCC 在炼油厂的应用[135]。

1. 原料和产品

IGCC 工厂的原料是溶剂脱沥青后的硬沥青。

产品包括氢气、电力和各种压力等级的蒸汽。

2. 工艺流程

工艺流程参照图 9 - 4 - 13。

装置原料是来自溶剂脱沥青装置的脱油沥青。脱油沥青与来自空分单元的氧气以及来自汽电联产单元的超高压蒸汽混合进入气化炉，在气化炉内发生部分氧化反应，脱油沥青转化

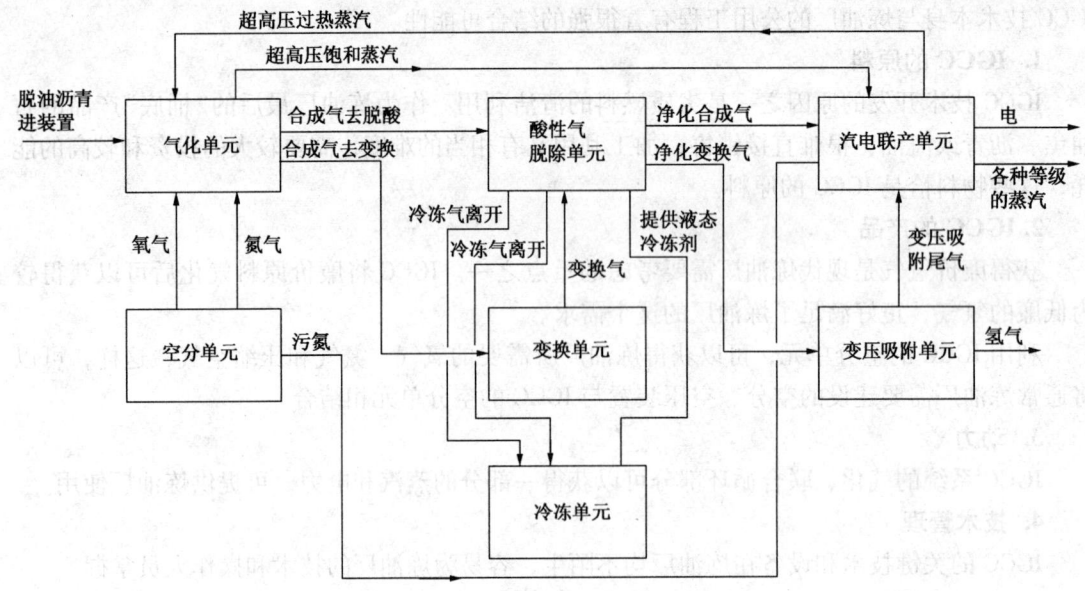

图 9-4-13 IGCC联合装置方块流程图

为富含氢气和一氧化碳的粗合成气，经过初步精制后的粗合成气离开气化单元并分成两部分，一部分直接进入酸性气脱除单元，其余部分送往变换单元。粗合成气在变换单元内经过变换反应将其中大部分一氧化碳转换为氢气和二氧化碳，这部分气体中的一氧化碳含量大大降低，称作变换气送往酸性气脱除单元。粗合成气与变换气在酸性气脱除单元内，通过低温甲醇洗去除其中的酸性组分硫化氢和二氧化碳以及其他有害微量杂质，净化变换气进入变压吸附单元经过吸附提纯生产符合规格要求的氢气，净化合成气则作为燃料送往汽电联产单元的燃气轮机发电。燃机的高温尾气排向余热锅炉发生超高压蒸汽，变压吸附的尾气作为余热锅炉的补充燃料。产生的电力和超高压蒸汽送出装置，用作本项目的动力蒸汽。酸性汽脱除单元所需要的低温冷量由冷冻单元提供。空分单元则提供气化反应所需要的高纯度氧气和项目所需新增的氮气以及为降低 NO_x 排放量需要注入燃气轮机的稀释氮气。

3. 系统的配置

（1）气化单元　配置3系列余热锅炉流程的重油气化炉，2开1备。发生 10^4 kPa 等级饱和蒸汽。

（2）酸性气脱除单元　配置单系列低温甲醇洗酸性气净化设施。

（3）变换单元　单系列耐硫变换设施。

（4）氢气提纯单元　单系列变压吸附氢气提纯设施。

（5）空分单元　配置2系列深冷分离工艺的空分设施。

（6）联合循环单元　2系列GE9E燃气轮机；2系列补燃式余热锅炉；2系列气化饱和蒸汽过热炉；单台蒸汽轮机；联合循环送出的蒸汽包括 10^4 kPa 等级超高压蒸汽和3500kPa等级中压蒸汽。

4. 其他

该联合装置气化所产生的合成气的2/3用作燃气轮机燃料，其余1/3用作生产氢气。装

置运行后实现了工艺目标,即为炼油乙烯厂提供所需的氢气和蒸汽,以及一部分电力,但经济效益不甚理想。分析原因在于:

(1) 原料还不够劣质,不足以补充联合装置的高昂投资和操作费用。

(2) 合成气用于燃机燃料的比例过高,高附加值的氢气不足以补偿投资。

(四) 炼油厂公用工程选用 IGCC 方案与 CFB 方案的比较

以某 12Mt/a 原油加工量的炼油项目为例对上述两方案进行对比。

1. 比较基础

(1) 范围　公用工程方案对整个炼油项目的影响。

(2) 原料　炼油厂产 950kt 石油焦。如动力站/公用工程岛满足产能后石油焦有余,剩余部分销售。

(3) 产品　氢气:145kt。CFB 锅炉方案采用水蒸气转化工艺,用天然气生产氢气。

蒸汽:满足工厂的蒸汽需要。

电力:供电为工厂用电总量的 70%。

(4) 价格基础　天然气按 1.47 元/Nm³ 计价,石油焦按 750 元/t 计价。

2. 比较结果

(1) 物料消耗　两方案的物料消耗见表 9-4-7。

表 9-4-7　CFB + 蒸汽轮机方案与 IGCC 方案的物料表

方　案	IGCC 方案	CFB + 蒸汽轮机方案
原料消耗		
石油焦/(kt/a)	95	40
天然气/(kt/a)	无	46.5
产品		
外卖石油焦/(kt/a)	无	55
氢气/(kt/a)	14.5	14.5
动力岛外供电/MW	122.3	122.3
蒸气		
3.5MPa 蒸汽负荷/(t/h)	送出 273.2	送出 366.3
1.0MPa 蒸汽负荷/(t/h)	送出 115.2	送出 94.7
0.45MPa 蒸汽负荷/(t/h)	送出 58.8	送出 58.8

(2) 系统配置　两方案的系统配置见表 9-4-8。

表 9-4-8　CFB + 蒸汽轮机方案与 IGCC 方案的系统配置表

方　案	IGCC 方案	CFB + 蒸汽轮机方案
气化系列	2 开 1 备	无
燃气轮机	2 台	无
补燃式余热锅炉	2 台	无
CFB 锅炉	无	3 台
蒸汽轮机	1 台	3 台

(3) 经济比较结果　对整个炼油企业的经济效益比较结果见表 9-4-9。

表9-4-9 CFB+蒸汽轮机方案与IGCC方案的经济比较

方　　案	IGCC方案	CFB+蒸汽轮机方案
所得税后内部收益率	12.72	12.20
所得税前内部收益率	16.08	15.41

从项目的经济指标来看，IGCC方案要优于CFB方案。但项目最终选择了CFB方案，其中一个重要原因是IGCC流程过于复杂，装置集成度高，出现非计划停工的可能性增大。而作为炼油厂的公用工程，可靠性总是第一位的。

(五) 可靠性分析

炼油厂公用工程的可靠性始终放在首位。IGCC的可靠性尚不能达到目前炼厂的要求，增加备用是不得已的选择。

1. 气化单元

在IGCC的组成单元中，气化单元的可靠性无疑是最低的，特别是当以固体燃料为原料时。固体的输送、飞灰和排渣都是容易发生故障的部分，管线的腐蚀和磨蚀，处于高温操作状态下的气化炉本体和喷嘴也是故障多发部位。

采用备用系列是解决提高气化单元可靠性的最常用方式也是目前最有效的方法。即便设置了备用系列，还需要正常操作中保持其处于热备状态，保证一旦在线气化系列出现故障时能够及时上线。

2. 空分单元

也是引起IGCC系统停车的最主要原因之一。空分设施操作温度极低，又有几台规模很大的压缩机组，都是引起停车的原因。空分设施大多不设备用，提高在线率的方法是设置两系列空分，并联操作，同时设置液氧和液氮储槽作为备用。

3. 燃气轮机

燃气轮机本身因其高度的复杂性和集成度也是容易出现故障的设备。燃气轮机运行过程需要定期在线和离线清洗。离线清洗时也会对系统产生较大的影响。此时，IGCC需要首先考虑保证炼油厂的蒸汽供应，电力在需要时可从外网下载。

IGCC的其他部分，如酸性气脱除、余热锅炉和蒸汽轮机基本能够满足公用工程对可靠性的要求。

(六) 在炼油厂建设IGCC公用工程岛需要考虑的因素

IGCC应用于炼油厂的公用工程尚处于尝试阶段。因其投资高，可靠性低，系统复杂，需要仔细分析、对比方案。从初步的实践经历可以归纳一些建议供参考。

1. 因投资高，IGCC规模不易过大

电力、蒸汽的附加值比较低，单纯生产蒸汽和电力不能补偿因投资高对经济性的不利影响。可能的方案是生产具有较高附加值的氢气。在满足氢气平衡的前提下，利用剩余的原料或剩余的气化炉能力生产少量的电力和蒸汽，是提高IGCC经济性的有效方法。

2. 系统的集成度不能过高

与电厂追求效率不同，炼油厂的公用工程系统首先要保证可靠性。过度的集成将降低系统的可靠性，不建议用燃气轮机的气压机彻底替代空分的主空压机的高度集成方案。

3. 原料尽可能选择劣质

只有选择炼油工艺中难以加工的"桶底"产品，提高工厂的轻油和商品收率才能体现

IGCC 的优势。也就是如果选择 IGCC 作为公用工程方案时，渣油气化方案的全厂经济性不如沥青气化方案，沥青气化方案不如石油焦和/或煤气化方案。

参 考 文 献

[1] 李春年编著. 渣油加工工艺[M]. 北京：中国石化出版社，2002
[2] 王宏. 塔河劣质原油加工方案探讨[J]. 当代石油石化，2008，16(1)：38
[3] 张晓静. 典型原油深拔蜡油及渣油性质研究[J]. 天然气与石油，2005，23(2)：29-30
[4] 黄鉴. 进口原油评价数据[M]. 北京：中国石化出版社，2001
[5] 梁文杰主编. 重质油化学[M]. 北京：石油大学出版社，2003：35
[6] 梁文杰，阕国和，陈月珠. 我国减压渣油的化学组成与结构[J]. 石油学报(石油加工)，1991，7(3)：1-7
[7] Nellensteyn F J. The constitution of asphalt. J. Inst. petro. Technologists, 1924; 10(43), 311-325
[8] Nellensteyn F J. The colloidalnature of bitumens. In: The Science of Petroleum, vol. 4, edited by A E Dunston. Oxford University Press, London, 1938
[9] Mack C. Colloidal chemistry of asphalt. J. Phys. Chem., 1932; 36(3): 2901-2914
[10] Pfeiffer J Ph, Doormaal P M Van. The theological properties of asphaltic bitumens. J. Inst. Petro. Technologists, 1936; 22(152): 414-440
[11] Pfeiffer J Ph, Saal R N J. Asphalticbitumen as colloidal sysytem. J. Phys. Chem., 1940; 44, 139-149
[12] Takasuka, T et al., J. Chem. Eng. Jan. 1989, 22: 298-303
[13] 李生华，刘晨光，梁文杰等. 从石油溶液到中间相 I 石油胶体溶液及其理论尝析[J]. 石油学报(石油加工)，1995；11(1)：55-60
[14] 李生华，刘晨光，阙国和等. 渣油热反应体系中第二液相形成与液相搀兑物的关系[J]. 石油学报(石油加工)，1999；15(4)：7-11
[15] Li S, Liu C, Que G, Liang W. Colloidal structures of vacuum residue and their thermal stability in terms of saturate, aromatics, resin and asphaltene cpmposition. J. Pretol. Sci. Eng., 1999, 22: 37-45
[16] Mansoori G A. Modeling of asphaltene and other heavy organic deposition. J. Pretol. Sci. Eng., 1997; 17: 100-111
[17] 张龙力，张世杰等. 常压渣油热反应过程中胶体的稳定性[J]. 石油学报(石油加工)，2003，19(2)：82-87
[18] 姜兆波. 渣油热反应过程中胶体稳定性的研究[J]. 科技信息，2006，11：12
[19] 张龙力，杨国华等. 渣油胶体稳定性与热反应生焦性能的关系[J]. 石油化工高等学校学报，2005，18(1)：4-7
[20] 朱英娣，赵德智，丁巍等. 渣油胶体稳定性与热反应生焦性能关系的研究[J]. 辽宁石油化工大学学报，2010；30(4)：8-10
[21] 张会成，颜涌捷，齐邦峰等. 渣油加氢处理时渣油胶体稳定性的影响[J]. 石油与天然气化工，2007，36(3)：197-200
[22] 张会成，颜涌捷，齐邦峰等. 关于阿曼渣油在加氢处理过程中胶体稳定性的研究[J]. 石油学报(石油加工)，2007，23(6)：91-95
[23] 于双林、张龙力，杨朝合等. 氢初压对渣油加氢产物胶体稳定性的影响及原因分析[J]. 石化技术与应用，2010，28(2)：96-100
[24] 于双林，山红红，张龙力等. 常压渣油加氢反应产物体系的胶体稳定性[J]. 中国石油大学学报(自然科学版)，2010，34(1)：139-143

[25] 于双林, 张龙力, 山红红等. 不同性质油品对渣油胶体稳定性的影响[J]. 石油炼制与化工. 2009, 40(12): 43-46
[26] 张龙力, 杨国华, 阙国和等. 常减压渣油胶体稳定性与组分性质关系的研究[J]. 石油化工高等学校学报, 2010, 23(3): 6-10
[27] 张龙力, 杨国华, 阙国和等. 大港常压渣油临氮与临氢热反应过程中胶体稳定性变化研究[J]. 燃料化学学报, 2011, 39(9): 682-687
[28] 梁文杰, 阙国和, 陈月珠等. 我国减压渣油的镍氮及残炭的分布[J]. 石油学报(石油加工), 1993; 9(3), 1-9
[29] 柳永行, 范耀华, 张昌祥编著. 石油沥青[M]. 北京: 石油工业出版社, 1984
[30] 瞿国华. 延迟焦化工艺与工程[M]. 北京: 中国石化出版社, 2008
[31] 瞿国华. 延迟焦化工艺在重质/劣质原油加工过程中的地位和作用[J]. 炼油技术与工程, 2010(6): 2-7
[32] Pick Wodnic 等[J]. 国际炼油与化工, 2006, (1): 27
[33] 瞿国华, 黄大智, 梁文杰等. 延迟焦化石油加工过程中的地位和前景[J]. 石油学报(石油加工), 2005, 21(3): 47-53
[34] 侯芙生. 发挥延迟焦化在深度加工中的重要作用[J]. 当代石油石化, 2006, 14(2): 3-6
[35] 姚国欣. 委内瑞拉的超重原油和加拿大油砂沥青加工现状及发展前景[J]. 中外能源, 2012, (1), 3-21
[36] R. A. Meyers. Handbook of Petroleum Refining Processes [M]. New York, McGraw-Hill, 2004
[37] Upgrading Heavy Ends with IFP[M]. IFP industrial division, 1997
[38] 胡德铭. 延迟焦化工艺进展[J]. 炼油技术与工程, 2005, 11(5): 21-25
[39] Gary L Hamilton. Delayed Coker Design Consideration and Project Execution[C]. NPRA Annual Meeting, 2002, AM-02-06
[40] 张立新. 中国延迟焦化装置的技术进展[J]. 炼油技术与工程, 2005, 35(6): 1-7
[41] 甘丽琳等. 可调循环比的延迟焦化工艺[J]. 炼油技术与工程, 2003, (10): 8-11
[42] 中国专利[P]. CN9213510.6
[43] 徐宝平. 双面辐射高裂解度延迟焦化加热炉技术的工业应用及效果[M]//2011年中国石油炼制技术大会论文集. 北京: 中国石化出版社, 2011
[44] Oil & Gas Journal, 2010-12-06
[45] 张峰等. 超稠原油延迟焦化产生弹丸焦的原油及对策[J]. 炼油技术与工程, 2006, (12): 11-13
[46] 陈奎. 延迟焦化装置技术改造方案的选择[J]. 石油化工设计, 2006, 23(2): 27-30
[47] 张德全等. 焦炭塔自动底盖机与底盖机故障类型即故障频率分析[J]. 炼油技术与工程, 2012, 4, 30-35
[48] 翟志清. 延迟焦化加热炉应用在线机械清焦技术探讨[J]. 炼油技术与工程. 2010, 5, 42-45
[49] 寇亮等. 在线清焦技术在国产延迟焦化加热炉上的实践与应用[C]//. 2009年中国石油炼制大会论文集. 北京: 中国石化出版社, 2009
[50] 王明芳. 冷焦水密闭技术在延迟焦化中的应用[J]. 炼油技术与工程, 2011, (3): 18-22
[51] 陈治强. 延迟焦化装置放空凝结水回用技术及应用[J]. 炼油技术与工程, 2011, (6): 46-50
[52] 张锡泉等. 延迟焦化装置工艺技术特点及其应用[J]. 炼油技术与工程, 2010, (5): 21-24
[53] 王少勇. 焦炭塔间隙操作的自动控制[J]. 炼油技术与工程, 2010, (3): 49-50
[54] 康建新, 申海平. 流态化焦化的历史与现状[J], 原油及加工科技信息, 2006, (2): 88-99
[55] 张述桐. Flexicoking 灵活焦化工艺技术[J]. 国际炼油与石化, 2007, (2): 45-52
[56] 瞿国华. 炼厂高硫石油焦循环流化床锅炉清洁燃烧技术[M]//高硫石油焦循环流化床锅炉清洁燃烧技术. 北京: 中国石化出版社, 2008

[57] 邓文安等. 加供氢剂的减压渣油减黏裂化工艺的开发[J]. 炼油技术与工程, 2006, (12): 7

[58] 张钦希. 重质稠油供氢剂减黏试验研究[J]. 齐鲁石油化工, 2007, (2)

[59] Hamilton, et al. NPRA. AM-94-37

[60] 李鹤鸣等. 塔河渣油深度减黏生产船用燃料油的研究[J]. 工业催化, 2005, 13(10): 19

[61] Furimsky E. Catalysts for Upgrading Heavy Petroleum Feeds[M]. Elsevier, 2007

[62] Mitra Motaghi, Bianca Ulrich and Anand Subramanian. In favour of Slurry Phase Residue Hydrocracting to Today's Morket[J]. Hydrocarbon Engineering, 2010, 15(10): 89-95

[63] Mario Baldassari and Ujjal Mukherjee. LC-Max and other LC-Fining Process Ehancements to extend conversion and on-stream factor[C]. AFPM Annual Meeting, March 11-13, 2012, San Diego, CA, USA

[64] Mitra Motaghi and Anand Subramanian. Slurry-phase hydrocracking—possible solution to refining margins[J]. Hydrocarbon Processing, 2011, 90(2): 37-43

[65] Stratiew D and Petkov K. Residue upgrading: Challenges and perspectives[J]. Hydrocarbon Processing, 2009, 88(9): 93-96

[66] Natalia Koldachenko, Alen Yoon and Theo Maesen. Hydroprocessing to Maxinize Refinery Profitability[C]. AFPM Annual Meeting, March 11-13, 2012, San Diego, CA. USA

[67] 程之光主编. 重油加工技术. 中国石化出版社, 1994: 189, 220

[68] 李浩, 范传宏, 刘凯祥. 渣油加氢工艺及工程技术探讨[J]. 石油炼制与化工, 2012, 43(6): 31-38

[69] 野村宏次, 关户容夫, 大口丰登. 重质油の水素化脱硫反应(第1报)[J]. 石油学会志, 1979, 22(5): 288-294

[70] 野村宏次, 关户容夫, 大口丰登. 重质油の水素化脱硫反应(第2报)[J]. 石油学会志, 1979, 22(5): 296-301

[71] 野村宏次, 关户容夫, 大口丰登. 重质油の水素化脱硫反应(第3报)[J]. 石油学会志, 1980, 23(5): 321-327

[72] 野村宏次关户容夫, 大口丰登. 重质油の水素化脱硫反应(第5报)[J]. 石油学会志, 1982, 25(1): 1-6

[73] 方维平等. 渣油加氢处理技术的研究开发[C]//加氢裂化协作组第三届年会报告文集, 1999: 113

[74] 胡长禄等. 渣油固定床加氢处理技术的开发[C]//加氢裂化协作组第四届年会报告文集, 2001: 90

[75] 刁望升. 国内渣油加氢装置概况[J]. 炼油技术与工程, 2007, 37(3): 36-40

[76] 庄宇等. 茂名石化公司S-RHT装置运行技术总结[C]//加氢裂化协作组第四届年会报告文集, 2011: 151

[77] Technips wins contract from Lukoil[J]. Worldwide Refining Business Digest Weekly. e, 2012-03-12: 38-39

[78] Arun Arora and Ujjal Mukherjee. Refinery Configurations for maximising middle distillates[J]. Petroleum Technology Quarterly, 2011, 16(4): 75-83

[79] Mario Baldassari. LC-MAX and other LC-Fining process enhancements to extend conversion and onstream factor[C]. AFPM Annual Meeting, San Diego, CA, USA. March 11-13, 2012

[80] International refining catalyst compilation 2001[J]. Oil & Gas Journal, e, Oct. 8, 2011

[81] International refining catalyst compilation 2007[J]. Oil & Gas Journal, e, Oct. 1, 2007

[82] International refining catalyst compilation 2009[J]. Oil & Gas Journal, e, Sept. 7, 2009

[83] 姚国欣. 渣油沸腾床加氢裂化技术在超重原油改质厂的应用[J]. 当代石油石化, 2008, 16(1): 23-29, 43

[84] Ireneusz Bedyk and James Colyar. 解决PKN ORLEN公司渣油加氢裂化装置产品安定性问题[C]//第十七届世界石油大会论文集. 北京: 中国石化出版社, 2004

[85] Putek S. and Gragnani A. Resid hydrocracker produces low-sulfur diesel from difficult feeds[J]. Hydrocar-

bon Processing, 2006, 85(5): 95-100

[86] Putek S. and Cavallo E. Upgrade hydrocracked resid through integrated hydrotreating[J]. Hydrocarbon Processing, 2008, 87(9): 83-92

[87] Sigrid Spieler, Art Dahlbert. Upgrading Residuum to Finished Products in Integrated Hydroprocessing Platforms: Solutions and Challenges[C]. NPRA Annual Meeting, Salt Lake City, UT, USA, March 19-21, 2006

[88] Kunnas J, Ovaskainen O. Mitigate fouling in ebulated-bed hydrocrackers[J]. Hydrocarbon Processing, 2010, 89(10): 59-64

[89] Kunnas J, Smith L. Improving residue hydrocracking performance[J]. Petroleum Technology Quarterly, 2011, 16(4): 49-57

[90] Patel S. Canadian Oil sands: Oppertunities, technologies and challenges[J]. Hydrocarbon Processing, 2007, 86(2): 65-78

[91] Mohammad Habib and Dahlberg. Solving Clean fuels production and residuum conversion through hydroprocessing integration[C]. NPRA Annual Meeting, March 18-20, 2007, San Antonio, TX, USA

[92] Dan Torchia, Arun Arora and Luyen Vo. Clean green, hydrocracking machine[J]. Hydrocarbon Engineering, 2012, 17(6): 49-54

[93] Morel F. and Benazzi E. Hydrocracking solutions squeeze more USLD fvom heavy ends[J]. Hydrocarbon Processing, 2009, 88(11): 79-87

[94] Heavy Oil upgrader[J]. Petroleum Technology Quarterly, 2007, 12(1): 147-148

[95] Wisdom L, Duddy J, and Morel F. Debottlenecking a delayed coker to improve overall liquid yield and selectivity diesel fuel[C]. AFPM Annual Meeting, San Diego, CA, USA, March 11-13, 2012

[96] Gary M. Sieli and Mash Gupta. A winning combination[J]. Hydrocarbon Engineering, 2009, 14(9): 42-48

[97] Montanari R. 渣油改质的EST工艺[C]//第十七届世界石油大会论文集. 北京: 中国石化出版社, 2004

[98] Montanari R. Convert Heaviest Crude and Bitumen into Extra-Clean Fuels via Est-Eni Slurry Technology[C]. NPRA Annual Meeting, March 23-25, 2003, San Antonio, Texas, USA

[99] Delbianco A. Eni slurry Technology: A New Process for Heavy Oil Upgrading[C]//19th World Petroleam Congress, Spain, 2008

[100] Rispoli G. Advanced Hydrocracking Technology Upgrades Extra Heavy Oil[J]. Hydrocarbon Processing, 2009, 88(12): 39-46

[101] Eni launches the EST project at the Sannazzaro refinery. http//English. Petromm. com/news/1/283. html

[102] Butler G. Maximize Liguid Yield from Extra Heavy Oil[J]. Hydrocarbon Processing, 2009, 88(9): 51-55

[103] Rupp M. Slurry Phase Residue Hydrocracking — a Superier Technology to Maximize Liquid Yield and Conversion from Residue & Extra Heavy Oil[C]. NPRA Annual Meeting, March 21-23, 2010, Phoenix, Arizona, USA

[104] Motaghi M. In fovour of Slurry phase residue hydrocracking[J]. Hydrocarbon Engineering, 2010, 15(10): 89-95

[105] Subramanian A. Slurry Phase hytrocracking — possible solution to refining margins[J]. Hydrocarbon Processing. e, 2011, 90(2): 37-43

[106] Krishnamurthy S. New era in refining — Keys to sustenqnce[J]. Hydrocarbon Processing, 2011, 90(9): 47-50

[107] Gerald Parkinson. A "perfect storm" for U. S. Petroleum refining Industry?[J]. Chemical Engineering,

2010, 117(5): 21-24

[108] Gerald Parkinson. Challenges for U. S. Petroleum Refiners[J]. Chemical Engineering, 2012, 119(4): 19-22

[109] Resid cracker for Russia, diesel boost in Pakistan[J]. Petroleum Technology Quarterly, 2011, 16(3): 125-126

[110] KBR to constract resid hydrocracker at Russian refinery[N]. Worldwide Refining Business Digest Weekly. e, 2012-02-20: 36

[111] Dan Gillis. Upgrading Residues to Maximixe Distillate Yields[C]. NPRA Annual Meeting, March 22-24, 2009, San Antonio, TX, USA

[112] Mark Vanwees. Upgrading Residues for High Levels of Distillate Production[J]. Petroleum Technology Quarterly, 2009, 14(5): 59-69

[113] Dan Gillis. Residue Conversion solutions to Meeting North American Emission Control Area and MARPOL Annex VI Marine Fuel Regulations [C]. NPRA Annual Meeting, March 21-23, 2010, Phoenix, Arizona, USA

[114] Improved heavy Crude Conversion process boosts diesel yields [J]. Chemical Engineering, 2012, 119 (3): 12

[115] PDVSA ready to commercialize its residue processing technology[N]. Worldwide Refining Business Digest Weekly. e, 2012-01-16: 35

[116] PDVSA will commercialize a heavy oil upgrading process[J]. Chemical Engineering, 2012, 119(1): 13

[117] Gerald Pakinson. A Surge in U. S. Refining Capacity [J]. Chemical Engineering, 2008, 115(5): 20-27

[118] Chevron trials new upgrading process[J]. Petroleum Economist, 2008, 75(5): 28

[119] Chevron Tests Heavy Oil Hydrocracking Technology[J]. Oil and Gas Journal, 2008, 106(11): 10

[120] 焦树建. IGCC技术发展的回顾与展望[J]. 电力建设, 2009, 30(1): 1-4

[121] 李志强. 制氢技术的发展及炼厂氢气资源[J]. 当代石油石化, 2003, 14(7): 12-14

[122] 龙钰等. 浅谈IGCC及其在现代炼油工业中的作用与地位[J]. 广州化工, 2009, 9: 215-217

[123] 史密斯. 化工热力学导论(原著第七版)[M]. 北京: 化学工业出版社, 2008

[124] 李琳等. IGCC装置工艺技术的选择[J]. 氮肥技术, 2010, 31(5): 1-4

[125] 赵勇等. 煤气化技术研究进展[J]. 电力技术, 2010, 19(6): 2-6

[126] 姚秀平. 燃气轮机及其联合循环发电[M]. 北京: 中国电力出版社, 2004

[127] 靡洪元. 国内外燃气轮机发电技术的发展现况与展望[J]. 电力设备, 2006, (10): 8-10

[128] 张文普, 丰镇平. 燃气轮机技术的发展与应用[J]. 燃气轮机技术, 2002, 15(3): 17-24

[129] 陆勇. IGCC系统中燃气轮机选型原则分析研究[J]. 电力设备, 2002, 3(4): 70-73

[130] 冯志兵, 崔平. 联合循环中的余热锅炉[J]. 燃气轮机技术, 2003, 16(3): 26-35

[131] 朱宝田, 徐越. 整体煤气化联合循环(IGCC)汽轮机的特点[J]. 上海汽轮机, 2002(1): 7-15

[132] 李现勇等. 国外IGCC项目发展现状概述[J]. 电力勘查设计, 2009(3): 27-33

[133] American Energy Department. Clean Coal Technology, Topical Report Number 19, The Tampa Electric Integrated Gasification Combined-Cycle Project, An update, July, 2000

[134] 焦树建. 对目前世界上五座IGCC电站技术的评估[J]. 燃气轮机技术, 1999, 12(2): 1-15

[135] 孙晓晓等. IGCC在石化工艺中的集成功能[J]. 炼油技术与工程, 2010, 40(10): 5-10

第十章 含硫含酸原油生产润滑油基础油技术

　　润滑油是用在各种类型机械上以减少摩擦、保护机械及加工件的液体润滑剂，主要起润滑、冷却、防锈、清洁、密封和缓冲等作用，广泛应用于交通运输、机械设备等行业。按使用类别，可以分为车用润滑油、工业润滑油以及特种润滑油等，其中车用润滑油的比例超过了50%。

　　润滑油是由基础油和添加剂组成的，基础油是润滑油中的主要成分，其含量在润滑油中一般为85%～99%之间。因此，基础油质量的高低将直接影响到润滑油产品的性能。添加剂可以弥补和改善基础油性能方面的不足，赋予某些新的性能，是润滑油的重要组成部分。

　　随着社会的发展与技术的进步，交通运输、机械设备等行业对润滑油使用性能的要求越来越高，推动润滑油基础油生产工艺技术的迅速发展，从传统的溶剂精制（老三套），发展到现在的加氢工艺，拓宽了原料来源，提升了产品质量。

　　国外润滑油基础油大部分是由含硫原油生产的，我国随着进口原油比例不断增加，含硫原油已成为生产基础油的主要原油。同时，环烷基含酸原油由于化学组成的特殊性，适于生产对黏度指数要求不高的特种基础油产品，如变压器油、橡胶填充油、白油等。因此，环烷基含酸原油生产特种润滑油基础油的加工技术得到越来越多的应用。

　　近年来，世界润滑油工业发生了巨大的变化，新装置、新工艺、新技术和愈加苛刻的产品规格驱动着整个润滑油工业进行一轮又一轮的变革。世界各大石油石化公司正在投入大量资金进行天然气制合成油（gas to liquid, GTL）的研究与开发，技术日趋成熟。GTL基础油是GTL合成油加氢提质的产品之一，具有优异的性能，将会引起润滑油基础油领域新一轮的变革。

第一节 润滑油基础油分类

　　润滑油基础油有不同的分类方法，按照其来源，可以分为矿物油基础油、合成基础油和其他基础油等；根据原油的性质，可分为石蜡基基础油、中间基基础油、环烷基基础油等。

　　20世纪80年代以来，以发动机油的发展为先导，润滑油趋向低黏度、多级化、通用化，对基础油的黏度指数提出了更高的要求，原来的基础油分类方法已不能适应这一变化趋势。1993年，美国石油学会（API）按照饱和烃含量、硫含量和黏度指数等，将基础油分为五类（API-1509），这一分类标准在世界上得到广泛采用。

一、中国基础油分类

目前,中国还没有统一的润滑油基础油标准,国外也未见基础油国家标准。作为中国润滑油及基础油的主要生产企业,中国石化和中国石油发布了各自的基础油企业标准,两个标准大同小异。

1. 中国石化基础油分类及标准

中国石化最早的企业标准建立于1983年,后来为适应调制高档润滑油的需要,于1995年对原标准进行了修订,执行润滑油基础油分类方法和规格标准Q/SHR 001—95,该标准按黏度指数把基础油分为UHVI(超高黏度指数,VI>140)、VHVI(很高黏度指数,VI 120~140)、HVI(高黏度指数,VI 90~120)、MVI(中黏度指数,VI 40~90)和LVI(低黏度指数,VI<40)5大类。按使用范围,把基础油分为通用基础油和专用基础油。专用基础油又分为适用于多级发动机油、低温液压油和液力传动液等产品的低凝基础油(代号后加W)和适用于汽轮机油、极压工业齿轮油等产品的深度精制基础油(代号后加S)。

随着润滑油基础油市场的发展,对基础油性能的要求不断提高,加氢技术逐渐得到广泛应用。中国石化在2005年发布了新的基础油分类和基础油黏度分类,见表10-1-1和表10-1-2。根据表10-1-1的分类,按照饱和烃含量、硫含量、黏度指数等,将矿物基础油分为MVI、HVI Ⅰa、HVI Ⅰb、HVI Ⅰc、HVI Ⅱ、HVI Ⅱ⁺、HVI Ⅲ 7个品种。其中,MVI、HVI Ⅰa、HVI Ⅰb、HVI Ⅰc为溶剂精制基础油,HVI Ⅱ、HVI Ⅱ⁺、HVI Ⅲ为加氢基础油。根据表10-1-2的分类,低黏度溶剂精制基础油按照40℃赛氏黏度整数值,将基础油分为不同的牌号。光亮油及加氢基础油按照100℃赛氏黏度整数值,将基础油分为不同的牌号。

表10-1-1 中国石化基础油分类

项目	类别								
	0	Ⅰ			Ⅱ		Ⅲ	Ⅳ	Ⅴ
	MVI	HVI Ⅰa	HVI Ⅰb	HVI Ⅰc	HVI Ⅱ	HVI Ⅱ⁺	HVI Ⅲ	PAO	其他合成油
饱和烃/%	<90 和/或	<90 和/或	<90 和/或	<90 和/或	≥90	≥90	≥90	—	—
硫含量/%	≥0.03	≥0.03	≥0.03	≥0.03	<0.03	<0.03	<0.03	—	—
黏度指数	≥60	≥80	≥90	≥95	90≤VI<110	110≤VI<120	VI≥120	—	—

2. 中国石油基础油分类及标准

2009年中国石油发布了新版通用润滑油基础油企业标准(Q/SY44—2009),该标准与2002年版相比,简化了品种,统一了黏度,并对一些性能指标进行了调整。

新版的通用润滑油基础油企业标准,按目前的国际通用分类(API分类)方法,将基础油分为三大类七个品种(见表10-1-3),其中,Ⅰ类基础油分MVI、HVI、HVIS、HVIW 四个品种,Ⅱ类基础油分HVIH、HVIP两个品种,Ⅲ类基础油为VHVI一个品种。按照黏度等级,划分为56个牌号(见表10-1-4)。Ⅰ类基础油黏度牌号仍按40℃赛氏黏度中心值划分,取消了75、250、350黏度等级,同时取消了黏度指数小于80的所有分类品种。光亮油及Ⅱ类、Ⅲ类加氢基础油黏度牌号统一按100℃运动黏度划分,不设置3、7黏度等级。

表 10-1-2 中国石化润滑油基础油黏度分类

溶剂精制中性油黏度牌号（40℃赛氏黏度整数值）

黏度等级	60	65	75	90	100	125	150	175	200	250	300	350	400	500	600	650	750	900
运动黏度范围(40℃)/(mm²/s)	7.0~9.0	9.0~12.0	12.0~16.0	16.0~19.0	19.0~24.0	24.0~28.0	28.0~34.0	34.0~38.0	38.0~42.0	42.0~50.0	50.0~62.0	62.0~74.0	74.0~90.0	90.0~110	110~120	120~135	135~160	160~180

光亮油黏度牌号（100℃赛氏黏度整数值）

黏度等级	90BS	120BS	150BS
运动黏度范围(100℃)/(mm²/s)	17.0~22.0	22.0~28.0	28.0~34.0

加氢基础油黏度牌号（100℃运动黏度整数值）

黏度等级	2	3	4	5	6	7	8	10	12	14	16	20(90BS)	26(120BS)	30(150BS)
运动黏度范围(100℃)/(mm²/s)	1.50~2.50	2.50~3.50	3.50~4.50	4.50~5.50	5.50~6.50	6.50~7.50	7.50~9.00	9.00~11.0	11.0~13.0	13.0~15.0	15.0~17.0	17.0~22.0	22.0~28.0	28.0~34.0

表 10 – 1 – 3 中国石油基础油分类

项目	I		II		III
	MVI	HVI HVIS HVIW	HVIP	HVIH	VHVI
饱和烃/%	<90	<90	≥90	≥90	≥90
黏度指数 VI	80≤VI<95	95≤VI<120	80≤VI<110	110≤VI<120	≥120

表 10 – 1 – 4 中国石油润滑油基础油黏度分类

黏度等级	I 类基础油黏度牌号										
	150	200	300	400	500	600	650	750	90BS	120BS	150BS
运动黏度 (40℃)/ (mm²/s)	28.0~ 34.0	35.0~ 42.0	50.0~ 62.0	74.0~ 90.0	90.0~ 110	110~ 120	120~ 135	135~ 160	—		
运动黏度 (100℃)/ (mm²/s)	—								17.0~ 22.0	22.0~ 28.0	28.0~ 34.0
黏度等级	II 类、III 类基础油黏度牌号										
	2	4	5	6	8	10	12	14	16	20	26	30
运动黏度 (100℃)/ (mm²/s)	1.50~ 2.50	3.50~ 4.50	4.50~ 5.50	5.50~ 6.50	7.50~ 9.00	9.00~ 11.0	11.0~ 13.0	13.0~ 15.0	15.0~ 17.0	17.0~ 22.0	22.0~ 28.0	28.0~ 34.0

二、API 基础油分类

国际标准化组织未对润滑油基础油统一分类和命名，美国石油学会（API）和欧洲润滑油工业技术协会（ATIEL）在 20 世纪 90 年代后期共同提出的润滑油基础油分类标准得到了普遍采用，详见表 10 – 1 – 5。

表 10 – 1 – 5 API 基础油分类

基础油类别	饱和烃含量/%	硫含量/%	黏度指数
I	<90	和/或>0.03	80~120
II	≥90	≤0.03	80~120
III	≥90	≤0.03	≥120
IV	聚 α – 烯烃油（PAO）		
V	以上四类以外的其他基础油		

I 类基础油通常是由传统的溶剂精制工艺（"老三套"）生产制得。从生产工艺来看，I 类基础油的生产过程基本以物理过程为主，不改变烃类结构，生产的基础油质量取决于原料中理想组分的含量和性质。

II 类基础油是通过加氢或组合工艺（溶剂工艺和加氢工艺结合）制得，制备工艺主要以化学过程为主，通过加氢反应改变原来的烃类结构组成，扩大了原料范围。II 类基础油杂质少，芳烃含量小于10%，饱和烃含量高，热安定性和氧化安定性好，低温和烟炱分散性能均优于Ⅰ类基础油。

Ⅲ类基础油是由全加氢工艺制得，具有很高的黏度指数和很低的挥发性，在使用性能上优于Ⅱ类基础油。某些Ⅲ类油的性能可与聚α-烯烃(PAO)相媲美，其价格却比合成油便宜得多。

Ⅳ类基础油指的是聚α-烯烃(PAO)合成油。PAO依聚合度不同可分为低聚合度、中聚合度、高聚合度，分别用来调制不同的油品。这类基础油与矿物油相比，无S、N和金属等杂质。同时由于产品中不含蜡组分，所以倾点极低，通常在-40℃以下，黏度指数一般超过140。但PAO边界润滑性差。另外，由于它本身的极性小，对溶解极性添加剂的能力差，且对橡胶密封有一定的收缩性，但这些问题都可通过添加一定量的酯类得以克服。

除Ⅰ~Ⅳ类基础油之外的其他合成油（合成烃类、酯类、硅油等）、植物油、再生基础油等统称第Ⅴ类基础油。

三、基础油市场发展趋势

1. 世界润滑油消费趋势

润滑油是技术含量较高的石油产品，广泛应用于国民经济各个行业，经济增长会扩大润滑油的需求，而技术进步和质量升级会抑制需求的增长。因为基础油是润滑油的主要组分，基础油的市场发展与润滑油的发展趋势一致。

润滑油市场的发展呈现以下特点：世界范围内润滑油产能和需求基本稳定，产品质量不断提高，升级换代速度加快，APIⅡ类、Ⅲ类基础油的比例越来越高。同时，区域性需求变化巨大，经济发达国家，如欧美和日本等，润滑油消费稳中有降，以中国、巴西、印度、俄罗斯、印度尼西亚等为代表的新兴发展中国家则保持较快增长。

在产品结构方面，世界润滑油的消费结构较为稳定，车用油占总消费量的一半以上，包括发动机油、车用齿轮油和传动液等，工艺用油、金属加工液等在消费结构中所占比例历年变化不大，具体比例见图10-1-1[1]。

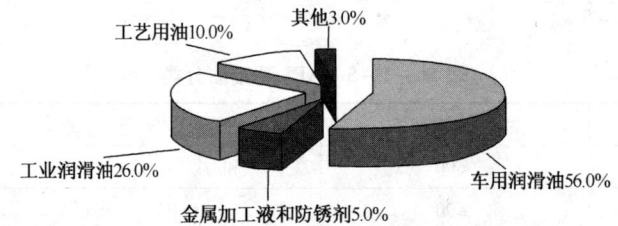

图10-1-1 世界润滑油消费构成

由于换油期延长和装油量变少，车用润滑油需求增长缓慢，但其仍占据了绝对优势的市场份额；其次是工业用润滑油，所占份额达1/4，主要因为工业设备密封润滑的大量需求；由于润滑油在金属加工和防锈以及工艺洗涤等方面存在一些相关用途，所以，在金属加工防锈和工艺上的用量达到15%；其他的方面如电力设备、造纸、办公家电等方面还有广泛的用途，约占3%。

从世界范围来看，进入20世纪90年代以来，全球汽车保有量不断增加。根据美国汽车行业杂志 WardsAuto 的统计[2]，全球汽车保有量从1990年的5.8亿辆增加到2010年的10

亿辆。但由于润滑油质量改进、性能提升、换油期延长，润滑油消费量增长缓慢。据资料介绍，发动机油换油周期每增加10%，全球基础油需求就将减少2000kt/a。

过去20年，尽管世界经济和世界石油消费量总体稳步增长，但全球润滑油需求总量增长乏力。根据美国SBA咨询公司的资料[3]，从1992年到2000年，全球润滑油年消费量维持在37200kt到38800kt，变化不大，而同期世界经济年均增长率为3.4%，世界石油消费年均增长率为5%。

进入21世纪，全球润滑油消费量增长依然疲软。2000~2005年，世界润滑油的需求量维持在37400kt/a左右。2006年~2008年，由于汽车市场和工业生产的繁荣，润滑油需求有所增加，但也只是在38000kt/a左右徘徊。2009年受经济危机的影响，润滑油消费量下降超过10%，仅约33600~34000kt[3]。2010年，世界经济回暖，润滑油需求持续改善。以美国为例，根据美国能源信息署（EIA）的统计数据，2009年美国基础油产量比2008年减少12%，约为8000kt，是自1993年以来的最低水平。EIA发布的2010年前三季度美国基础油产量数据显示，受需求改善的影响，美国基础油产量出现大幅增长，前三季度环烷基基础油产量达到1150kt，比2009年同期增加22%；石蜡基基础油产量达到5400kt，比2009年同期增加11%，基础油产量基本恢复到2008年的水平。

尽管2010年全球基础油需求全面复苏，但2011年发生的美国次贷危机、欧洲债务危机、全球货币流动性泛滥等事件给全球经济带来了新的不确定性因素。预计2015年前全球基础油需求的整体增速将受到机械和润滑油性能改进、排放法规日趋严格的限制以及经济复苏缓慢的制约，在未来5年，基础油市场的发展趋势都是维持稳定或保持较低的增长率。

2. 世界润滑油基础油供需趋势

世界润滑油基础油市场的特点是产能过剩，但通过降低开工率供需基本维持平衡。API Ⅰ类基础油产能仍占主导地位，但需求量在逐渐减少。节能环保要求的日趋提高以及润滑油技术的提升将继续推动全球基础油市场从Ⅰ类基础油向Ⅱ类和Ⅲ类基础油转变，Ⅱ类、Ⅲ类基础油需求在不断增加，产能逐步扩大。

2008年，世界润滑油基础油的生产能力约47000~48000kt/a[4]，其中APIⅡ类和Ⅲ类基础油的比例为26.3%，达到12000~13000kt/a，环烷基基础油的比例为8.2%。2008年基础油需求量在32000~36000kt之间，产能过剩，总体产能利用率约70%~80%，基础油供需基本平衡。基础油的主要生产国家和地区为欧洲（包括前苏联地区）、美国、亚洲，这三个国家和地区的基础油产量占世界的85%，而这三个国家和地区也是润滑油的主要生产和消费地区。全球基础油产能过剩的局面在很长一段时间不会改变。

北美地区，2008年统计的基础油生产能力约13000kt/a，APIⅡ/Ⅲ类油产能为6300kt/a。其中，美国的基础油产能达到11500kt/a，APIⅡ/Ⅲ类油产能为5300kt/a。

西欧地区，2008年基础油生产能力统计为7700kt/a，主要为APIⅠ类油，占比接近85%。中东欧地区（包括前苏联地区），2008年基础油产能为6600kt/a，其中97%为APIⅠ类油。

亚太地区，2010年基础油总产能超过13000kt/a，APIⅡ/Ⅲ类油产能超过5000kt/a，迅速成长为世界高档基础油的生产中心之一，其中韩国、新加坡、中国、印度、日本是主要的APIⅡ/Ⅲ类油生产国。韩国基础油产能约3800kt/a，APIⅡ/Ⅲ类油比例超过90%，是亚太地区最大的Ⅲ类基础油生产国，大量出口到中国、美国和西欧市场。2010年中国基础油产能约5000kt/a，其中 API Ⅱ 类油比例为20%，基础油产量约4400kt/a，实际基础油消费量约为6800kt/a，进口基础油约2400kt/a，成为基础油消费和进口大国。

基础油生产装置开工率较高的地区还有中东和非洲。中东凭借资源优势，生产的基础油、润滑油大量出口。非洲的润滑油需求增长速度仅次于中国，因为生产能力不能满足消费需要，也是润滑油的净进口地区。

根据 2012 年 Lubes & Greases 统计的最新数据（The 2012 Guide to Global Base Oil Refining）[5]，全球共约 160 家基础油生产厂，总基础油产能达到 969.0kbbl/d（约合 126kt/d，合计年产能 46Mkt），其中 API Ⅱ 类基础油产能为 273.3kbbl/d，API Ⅲ 类基础油产能为 85.2kbbl/d。API Ⅱ/Ⅲ 类基础油的比例达到37%，API Ⅰ 类基础油的比例降至54%，环烷基油的比例为9%。到2014年，全球在建和计划新增 API Ⅱ/Ⅲ 类基础油产能 120.0kbbl/d，届时，全球 API Ⅱ/Ⅲ 类基础油产量占基础油总产量的比例有望接近50%。

第二节 传统工艺与加氢工艺相结合的工艺技术

传统基础油加工工艺，俗称"老三套"工艺，包括糠醛（苯酚、N-甲基吡咯烷酮等）精制、酮苯脱蜡及白土精制等三个操作单元，迄今已有80多年的发展历史，是生产润滑油基础油的主要工艺技术之一。传统的溶剂精制工艺特点是，通过物理方法把原料油中的多环芳烃、极性物等非理想组分除去，不改变基础油组分的分子结构，因而基础油质量依赖于原料油性质。按照 API 分类标准，溶剂精制工艺的产品主要为 API Ⅰ 类基础油。

加氢工艺是在氢气和催化剂存在下，通过中、高压加氢使原料中的多环芳烃、多环环烷烃和胶质等非理想组分发生加氢、开环、裂化、异构化、脱硫、脱氮等化学反应而转化为理想组分，是生产 API Ⅱ 类和 Ⅲ 类基础油的主要技术。加氢基础油与常规基础油相比，具有低硫、低氮、低芳烃含量、优良的热安定性和氧化安定性、较低的挥发度、优异的黏温性能、良好的添加剂感受性等优点。

随着世界范围内适合生产润滑油基础油的原油资源日益减少，仅仅依靠调整添加剂配方来提高润滑油使用性能的办法已无法满足环保与机械工业发展的需求，需要借助加氢工艺技术的特点，生产高质量的基础油，从根本上改善润滑油的使用性能。将传统工艺与加氢工艺结合起来，可以充分发挥两种生产工艺的技术优势，实现优势互补。特别是在生产较高黏度的基础油时，如光亮油等，是全加氢工艺不可替代的。组合工艺有如下特点：第一，充分利用大量的现有传统工艺的生产装置，可以减少投资；第二，引入加氢工艺，可以改变分子结构，拓宽生产基础油的原料来源；第三，可以实现油蜡并举，灵活调整产品结构，提高成套技术的经济性。

要满足基础油的黏温性能、低温流动性和抗氧化安定性等质量要求，可以根据原料油特点、产品要求等许多因素选择不同的生产工艺。一般来讲，不同的生产工艺过程可以归结为物理加工、化学加工与物理-化学联合加工三条工艺路线。尽管润滑油基础油生产工艺流程长，但不论采用哪种工艺路线，润滑油基础油的生产过程均可以划分为三大功能区，见图 10-2-1。

第十章 含硫含酸原油生产润滑油基础油技术

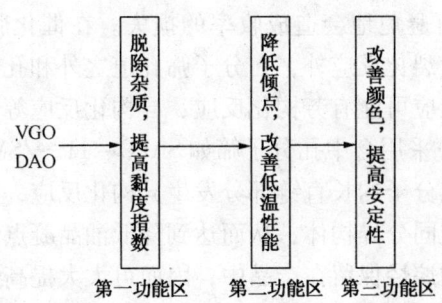

图 10-2-1 润滑油基础油加工流程

第一功能区主要包括溶剂精制、加氢处理（裂化）等工艺过程，以及上述两者的有机结合。溶剂精制是一种物理分离过程，通过特定溶剂选择性萃取除去原料油中的重芳烃、胶质、杂环化合物等，改善油品的黏温性能，同时也有脱色、提高氧化安定性等作用。加氢处理或加氢裂化则是一种化学反应过程，在加氢处理或加氢裂化工艺过程中发生一系列化学反应，原料油中的一部分不理想组分转化为理想组分，并伴有一定程度的裂解，生成少量轻烃与轻质燃料油。

加氢处理（裂化）的操作条件较为苛刻，压力高、温度高、空速低，产物中的杂环化合物基本脱除干净，同时还包括芳烃饱和、环烷烃开环及异构化等反应，这类反应是提高油品黏度指数的最主要反应。

（1）稠环芳烃加氢生成稠环环烷烃的反应

黏度指数 -60   黏度指数 20
凝点 > +50℃   凝点 > +20℃

（2）稠环环烷烃部分加氢开环，生成带长侧链的单环环烷烃或单环芳烃的反应

黏度指数 20   黏度指数 110~140

（3）正构烷烃或低分支异构烷烃临氢异构化生成高分支异构烷烃的反应

黏度指数 ~125   黏度指数 ~119
凝点 19℃   凝点 -40℃

第二功能区主要包括溶剂脱蜡、催化脱蜡及异构脱蜡等工艺技术。溶剂脱蜡技术是物理过程，该技术受到原料性质和能耗的限制，因而产品的凝点不能降得很低。催化脱蜡就是利用 ZSM-5 类择形分子筛对反应物的择形催化作用，选择性地使能进入孔道内的高凝点长直链烷烃发生裂化，变成低凝点烃分子从进料中分离，使油品的凝点或倾点降低。在降低油品

凝点(或倾点)的同时，不可避免地会造成收率的损失。在催化脱蜡过程中，除了分子筛孔道择形性地使直链烷烃发生裂化反应外，在分子筛孔道之外和孔口也会发生一些非选择性裂化和积炭反应。其他的副反应可能有芳构化反应、异构化反应等，这与催化剂的性质及反应条件有关。异构脱蜡(降凝)采用含中孔分子筛如 SAPO-11、ZSM-22 或 ZSM-23 等的贵金属双功能催化剂，使高凝点分子的长直链部分发生异构化反应，生成支链烃。由于支链异构体的凝点或倾点低于长直链同分异构体，从而达到降低油品凝点或倾点的目的。该技术既可降低油品凝点，也可将异构烷烃保留在产品中，因而可大大提高产品收率。异构化反应的主要步骤有(加)脱氢、质子化和异构化过程。在双功能催化剂上发生的反应过程如图 10-2-2 所示[6]。

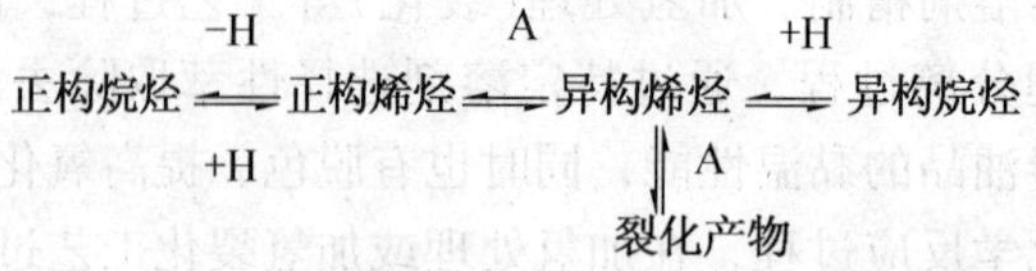

$$\text{正构烷烃} \underset{+H}{\overset{-H}{\rightleftharpoons}} \text{正构烯烃} \overset{A}{\rightleftharpoons} \text{异构烯烃} \underset{A\downarrow}{\overset{+H}{\rightleftharpoons}} \text{异构烷烃}$$

$$\text{裂化产物}$$

图 10-2-2 经典异构脱蜡双功能机理

第三功能区主要包括白土吸附及加氢补充精制等工艺技术。高压加氢补充精制是在高压、低温条件下进一步将油品中的部分饱和的多环芳烃及部分烯烃加氢饱和，改善油品的光安定性，显著提高了产品质量。

世界各大石油公司根据不同原料油的性质及不同的产品目标，开发了各具特点的生产高质量基础油的工艺技术。

一、ExxonMobil 工艺技术

埃克森美孚公司(ExxonMobil)是全世界最大的石油公司，其总部设于美国得克萨斯州。该公司前身分别为 Exxon 公司和 Mobil 公司，于 1999 年 11 月 30 日完成合并重组，其中，Exxon 公司是重要的润滑油基础油的生产商，生产技术以"老三套"为主，Mobil 公司在润滑油市场具有领先地位，开发了以异构脱蜡为核心的加氢工艺技术。

ExxonMobil 是世界最大的润滑油基础油供应商，年生产能力约 8000kt，产品范围涵盖 API Ⅰ类、Ⅱ类和Ⅲ类基础油以及白油、蜡等产品，生产工艺包括传统工艺(老三套)、传统工艺与加氢工艺的组合工艺、全加氢工艺。本节重点介绍 ExxonMobil 的组合工艺技术，全加氢工艺将在下一节中介绍。

ExxonMobil 的组合工艺技术[7]流程见图 10-2-3。组合工艺技术基本特点是减压馏分油或 DAO 原料油都经过溶剂精制单元，先将馏分油、脱沥青油经过适度溶剂精制，脱除胶质、沥青质、稠环芳烃及某些含硫、氮、氧等非烃类的极性物质，改善加氢进料性质。

(1)第一条组合工艺路线，溶剂精制油经过催化脱蜡(MLDW)和加氢精制(hydrofining)过程，主要生产 API Ⅰ类基础油。

为减轻对溶剂脱蜡的依赖，Mobil 公司在 20 世纪 70 年代中期开发了 MLDW 工艺。MLDW 工艺 1981 年在 Mobil 公司澳大利亚 Adelaide 炼厂实现工业化，该工艺能够加工的原料范围较宽，通过裂化正构和带少量支链的烷烃，还能生产高辛烷值汽油和 LPG。与溶剂脱蜡相比，尽管基础油收率有所下降，但生产的基础油低温下的黏温性能更好，对较轻的原料尤其如此。MLDW 投资和公用工程费用是溶剂脱蜡的 80%~85%。

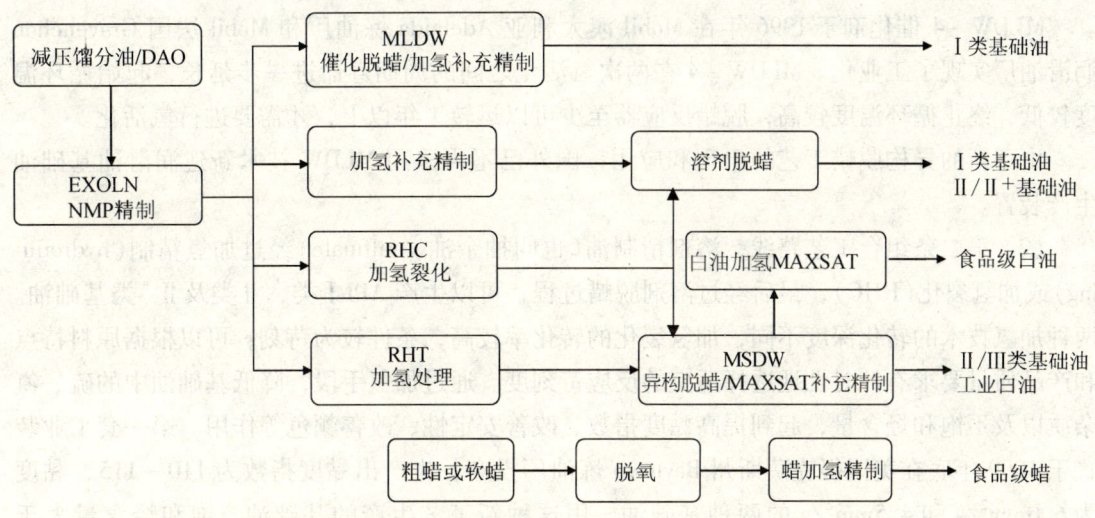

图 10-2-3 ExxonMobil 的组合工艺技术

MLDW 催化剂的活性组分是择形分子筛 ZSM-5。ZSM-5 允许高倾点直链烷烃、带甲基支链的烷烃、长链单烷基苯进入孔道,将低倾点、高分支烷烃、多环环烷烃和芳烃拒之孔外。通过氢转移反应,直链烷烃、带甲基支链的烷烃和单烷基苯的烷基侧链转化成正碳离子,正碳离子发生骨架异构化,然后发生 β 键断链,生成裂化产物。骨架异构化的发生一般认为是通过环丙烷质子化机理。裂化产物扩散到分子筛之外,进入黏结剂形成的大孔,最后形成液体和气体。另一方面,裂化产物能够继续反应,生成相对分子质量更小的产物或在高温下生成芳烃和焦炭。由于特殊的孔结构,焦炭无法在 ZSM-5 内部形成,使 ZSM-5 比其他大孔分子筛在催化脱蜡过程中具有更长的使用寿命。裂化产物主要是低相对分子质量的烷烃、烯烃以及烷基苯。50% 的裂化产物是 C_5 化合物,另一半是汽油馏分范围的产物。没有加氢转化的部分,辛烷值较高,后续的润滑油加氢可以改善产品颜色,脱除痕量烯烃。

ExxonMobil 公司先后推出四代催化脱蜡催化剂[8]:MLDW-1、MLDW-2、MLDW-3 和 MLDW-4。

MLDW-1 催化剂于 1981 年推出,性能较好,应用在 Paulsboro 的装置上,周期寿命为 4~6 周。通过高温氢活化,催化剂活性在使用周期内得以恢复。如果周期寿命下降到 2 周以下,需要长时间氧气再生。

MLDW-2 催化剂是 1992 年在 Paulsboro 的装置上推出的。与 MLDW-1 相比,MLDW-2 的分子扩散性更好,抵抗原料中毒的能力更强。催化剂的周期寿命是 MLDW-1 的 3 倍。MLDW-2 在高温下很容易氢活化。由于氧气或空气再生的频率降低,使用 MLDW-2 能够缩短停工时间,降低能耗。

MLDW-3 催化剂于 1993 年在 Mobil 澳大利亚 Adelaida 炼油厂的装置上得到应用,是对 MLDW-2 催化剂的配方进行改进,使得催化剂的活性及活性稳定性大幅度提高。该催化剂于 1995 年又在 Paulsboro 的 MLDW 装置上应用,替代 MLDW-2。这两个装置的工业应用表明,两次氢活化之间的周期寿命延长了 2 倍。在 Paulsboro 装置连续运转 1000 天,不需要进行氧气再生。这种催化剂最大优势之一就是改善产品的氧化安定性。利用这种催化剂生产的透平油,氧化安定性(TOST,ASTM D943)至少与溶剂脱蜡油相当。

MLDW-4 催化剂于 1996 年在 Mobil 澳大利亚 Adelaida 炼油厂和 Mobil 法国 Gravenchon 润滑油厂实现了工业化。MLDW-4 在两次氢活化之间的周期寿命进一步延长，起始循环温度较低，终止循环温度较高，脱蜡反应器至少可以运转 1 年以上，才需要进行氢活化。

由于新的异构脱蜡工艺的出现和应用，国外已不再采用 MLDW 技术新建润滑油基础油生产装置。

(2) 第二条组合工艺路线，溶剂精制油(也叫抽余油，raffinate)经过加氢精制(hydrofining)或加氢裂化(RHC)，最后经过溶剂脱蜡过程，可以生产 API Ⅰ类、Ⅱ类及 Ⅱ$^+$ 类基础油。两种加氢技术的转化深度不同，加氢裂化的转化率较高，条件较为苛刻，可以根据原料特点和产品质量要求有针对性地选择适宜的反应苛刻度。通过加氢手段，降低基础油中的硫、氮杂质以及不饱和烃含量，起到提高黏度指数、改善安定性、改善颜色等作用。第一套工业装置于 1999 年底在美国得克萨斯州 Baytown 炼油厂投产，生产出黏度指数为 110~115、黏度为 6.0mm^2/s 和 4.5mm^2/s 的两种基础油。用这种新工艺生产的基础油，饱和烃含量大于 90%，硫含量小于 300μg/g，完全满足 API Ⅱ类基础油的规格要求。目前共有 8 套装置采用 ExxonMobil 的传统工艺与加氢裂化(RHC)组合的工艺技术[9]。

(3) 第三条组合工艺路线，溶剂精制油经过加氢处理(RHT)和异构脱蜡/补充精制 (MSDW/hydrofinishing)工艺过程，可以生产 API Ⅱ类、Ⅲ类基础油及工业白油，该组合工艺技术也可划分为全氢型工艺技术。加氢处理工艺过程比加氢裂化工艺过程的反应苛刻度低。

经过加氢处理的进料，硫、氮含量低，可以采用异构脱蜡催化剂，将高凝点的石蜡组分经过异构化反应转化为低凝点的异构烃组分，从而显著提高基础油的收率和黏度指数。异构脱蜡反应不同于催化脱蜡反应，要求催化剂具有双功能，即加氢功能及与加氢功能相平衡的酸性功能。ExxonMobil 研究开发了两种异构脱蜡催化剂：MSDW-1 和 MSDW-2。

MSDW-1 催化剂特别适于处理石蜡基加氢处理和加氢裂化的原料。MSDW-1 含有一种中孔分子筛，具有平衡分子筛裂化活性的强金属功能。与溶剂脱蜡相比，MSDW 对含蜡原料最为有利，MSDW-1 通过加氢异构化将大部分石蜡转化为润滑油组分。MSDW-1 是专为生产轻质和重质加氢中性油而开发的。

MSDW-2 催化剂是在 MSDW-1 催化剂的基础上开发而成的，对催化剂的酸性功能进行了优化，并对酸性功能与金属加氢功能的匹配进行了改进。加工同样的重质中性蜡膏，采用 MSDW-2 催化剂，生成油达到相同的倾点，342℃ 以上油品的收率和黏度指数明显高于 MSDW-1。在加工轻质中性油方面，MSDW-2 具有更显著的优势。MSDW-2 催化剂活性与 MSDW-1 相当，选择性更高。采用 MSDW-2 催化剂，石蜡烃裂化较少，而且生成大量高黏度指数、低倾点带少量支链的烷烃。

MSDW 异构脱蜡技术是 ExxonMobil 公司的核心技术之一，除了在组合工艺中得到应用外，在全加氢工艺中也得到广泛应用。目前，共有 23 套装置采用 MSDW 工艺技术。相同原料，分别采用 MSDW 技术和 MLDW 技术加工处理，达到相同倾点时，基础油性质比较见表 10-2-1[10]。由此可以看出，采用 MSDW 异构脱蜡技术，可以大幅度提高基础油收率和黏度指数。

表 10-2-1　MSDW 和 MLDW 基础油的性质比较

项目	MSDW	MLDW
倾点/℃	-15	-15
100℃动力黏度/(mm²/s)	5.03	5.57
黏度指数	113	102
基础油收率/%	92.4	75.9

此外，由溶剂脱蜡过程得到的粗蜡和软蜡，还可以经过脱氧、加氢精制等工艺过程生产食品级蜡，获得更高的产品附加值。

二、中国石化石油化工科学研究院(RIPP)工艺技术

RIPP 对国内原料油性质特点及市场需求，开发了从石蜡基、中间基、环烷基等原料油生产 API Ⅰ类、Ⅱ类和Ⅲ类润滑油基础油的组合工艺技术及相关催化剂。

1. 润滑油基础油加氢补充精制工艺

润滑油基础油加氢补充精制多用作基础油常规加工流程中的最后一道工序，替代以往的白土精制，在基本不改变进料烃类结构的前提下，脱除上游工序残留的溶剂、易于脱除的含氧化合物、部分易脱除的硫化物、少量氮化物以及其他极性物等，改善油品的色度、气味、透明度、抗乳化性与对添加剂的感受性等。这一工艺过程条件十分缓和，习惯上称为加氢补充精制。由于加氢补充精制工艺没有污染物排放，生产费用低，易于操作，曾经得到广泛的应用。但由于加氢补充精制技术的工艺条件缓和，精制程度浅，在加工石蜡基原料时还存在倾点回升、氧化安定性及光安定性较差等问题，至今仍需要与白土精制结合应用。但加氢补充精制工艺在加工含硫油方面效果明显，可以同溶剂精制工艺相结合，有效降低硫含量，生产符合 API Ⅰ类油时仍有较强的生命力。

润滑油加氢补充精制的工艺条件比较缓和，一般操作氢分压为 2.0~5.0MPa，温度为 200~340℃，空速为 0.5~3.0h^{-1}，氢油体积比小于 500。较高的压力有利于脱除氮化物，改善产品颜色及颜色安定性。加氢补充精制工艺流程如图 10-2-4 所示。它与一般的汽、柴油加氢处理的流程差别不大，但也有自己的特点：

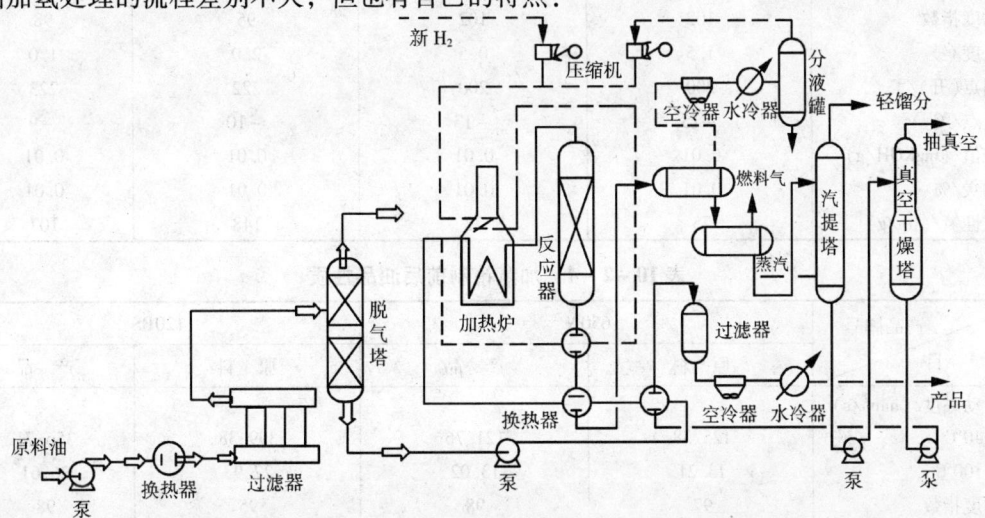

图 10-2-4　润滑油基础油加氢补充精制基本流程

（1）原料油和成品油罐均有惰性气体保护，避免油和空气接触。有时原料进入反应器之前要经过脱气处理。

（2）因氢油体积比小，氢耗少，可以不设（也可设）循环氢压缩机。

（3）原料油含氮不高、脱氮率低，生成硫氢化铵的数量少，在反应物冷却器的进口不注水，避免了油和水的乳化。

（4）为使生成油不带水，汽提后再经真空干燥。

国内在20世纪70年代初建成第一套润滑油加氢补充精制装置，之后陆续建成投产7套，加工包括大庆油、新疆油、南阳油等多种原料。RIPP研制的RN-1加氢精制催化剂先后用于中国石油兰州石化分公司200kt/a润滑油加氢补充精制装置与中国石化燕山分公司250kt/a润滑油加氢补充精制装置。在此基础上，RIPP研制了RLF-1润滑油加氢精制专用催化剂，于1995年在中国石油锦西石化分公司150kt/a润滑油加氢补充精制装置上应用，取得较好效果。

燕山分公司250kt/a润滑油加氢补充精制装置工艺条件与原料、产品性质见表10-2-2、表10-2-3、表10-2-4。

表10-2-2 燕山分公司润滑油加氢精制工艺条件

原料油	减二线（150N）	减三线（350N）	减二线（650N）	轻脱油（120BS）
总压/MPa	5.0~5.5	5.0~5.5	5.0~5.5	5.0~5.5
温度/℃	200	240	245	275
空速/h^{-1}	1.6	1.6	1.6	1.2
氢油体积比	80:1	80:1	80:1	100:1

表10-2-3 加氢精制前后油品性质

产品牌号	150N		350N	
项目	原料	产品	原料	产品
运动黏度/(mm²/s)				
40℃	29.70	30.23	68.28	66.27
100℃	5.15	5.16	13.50	13.21
黏度指数	102	102	95	98
色度/号	1.5	0.5	2.0	1.0
闪点（开）/℃	200	200	222	223
凝点/℃	-15	-13	-10	-9
酸值/(mgKOH/g)	0.01	0.01	0.01	0.01
残炭/%	0.01	0.01	0.01	0.01
碱性氮/(μg/g)	75	72	148	107

表10-2-4 加氢精制前后油品性质

产品牌号	650N		120BS	
项目	原料	产品	原料	产品
运动黏度/(mm²/s)				
40℃	125.38	121.76	399.38	356.71
100℃	13.21	13.02	27.93	26.61
黏度指数	97	98	95	98
色度/号	5.0	2.5	8.0	5.0

续表

产品牌号 项目	650N 原料	650N 产品	120BS 原料	120BS 产品
闪点(开)/℃	256	253	258	256
凝点/℃	-9	-9	-9	-9
酸值/(mgKOH/g)	0.01	0.01	0.01	0.01
残炭/%	0.17	0.10	0.60	0.51
碱性氮/(μg/g)	264	242	505	497

中国石油锦西石化分公司150kt/a润滑油加氢补充精制装置工艺条件与原料、产品性质见表10-2-5。

表10-2-5　锦西石化分公司采用专用催化剂加氢精制基础油性质

原　料	减三线 原料油	减三线 加氢油	轻脱油 原料油	轻脱油 加氢油
加氢条件				
氢分压/MPa		2.5		2.5
温度/℃		260		
空速/h^{-1}		2.0		2.0
氢油体积比		200:1		200:1
油品性质				
色度/号	7.0	1.5	8.0	3.5
凝点/℃	-17	-16	-11	-10
酸值/(mgKOH/g)	0.38	0.01	0.09	0.02
运动黏度/(mm^2/s)				
100℃	8.73	8.65	23.20	21.55
40℃	103.84	100.50	289.51	277.83
黏度指数	27	28	99	98
密度(20℃)/(g/cm^3)	0.9137	0.9085	0.8881	0.8872

2. 溶剂精制－中压加氢处理/补充精制－溶剂脱蜡工艺技术

中国石化荆门分公司2000年以前一直以南阳、江汉等原油为原料，采用"老三套"常规程序加工流程生产MVI基础油，副产石蜡、微晶蜡等产品。为了扩大高质量基础油产量，RIPP针对中间基原油的特点，开发了与传统"老三套"工艺结合的中压加氢处理(RLT)工艺技术，荆门分公司采用RLT技术对基础油生产系统进行了改造。在改造中除增加一套200kt/a润滑油加氢处理装置外，其余均为已有的生产设施。装置于1999年4月动工，2001年6月15日交工，同年11月2日引入减三线糠醛精制油，试车一次成功。

润滑油基础油中压加氢处理技术(RLT)的特点是：以经过溶剂精制的各线油为原料，可以适当降低加氢处理压力，以节省投资及加氢操作费用；根据原料性质、产品要求，可以调整各工序操作参数，具有较大的灵活性；可以生产高黏度的HVIⅡ类、Ⅲ类基础油，同时副产石蜡、微晶蜡等产品；充分利用润滑油传统加工流程的溶剂精制、溶剂脱蜡等装置。RLT技术的工艺流程见图10-2-5。

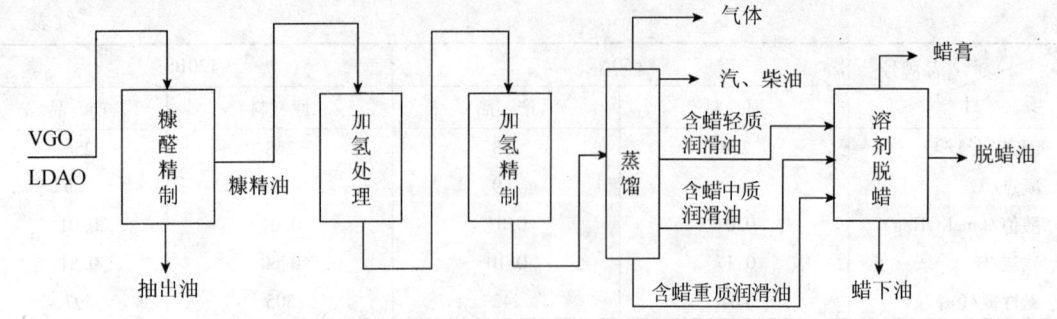

图 10-2-5 RLT 工艺技术原则流程图

由于原料经过糠醛精制,因而加氢处理采用了相对缓和的工艺条件:氢分压 10.0MPa,反应温度 350~360℃。加氢改质装置设有加氢处理反应器一台,内设 4 个床层,采用 RL-1 催化剂;加氢精制反应器一台,内设 2 个床层,采用 RJW-2 催化剂。同时,在加氢处理反应器床层顶部还装填少量 RG-1 保护剂。催化剂、保护剂的物化指标见表 10-2-6

表 10-2-6 催化剂及保护剂物化性质指标

催化剂及保护剂 性　质	RL-1 加氢处理	RJW-2 加氢精制	RG-1 保护剂
比表面积/(m²/g)	⩾90	⩾150	⩾180
孔体积/(mL/g)	⩾0.24	⩾0.32	⩾0.60
压碎强度/(N/mm)	⩾16	⩾16	⩾12
外观	三叶草形	三叶草形	三叶草形
化学组成/%			
WO_3	⩾27.0	⩾27.0	
NiO	⩾2.7	⩾2.9	⩾1.0
MoO_3			⩾5.5

按照上述工艺流程,以鲁宁原油管线所输送原油(简称鲁宁管输油,原油品种不固定)的各线馏分油为原料,可生产符合 API Ⅱ 类及以上质量标准的基础油。经过几年不断的市场开发和优化、改进全系统装置的操作,该成套组合技术自 2006 年起实现了长周期连续运转,以鲁宁管输油的减四线与轻脱沥青油为主要原料,主产品为满足 API Ⅱ 类油规格的 10 号基础油与 120BS 光亮油等高黏度的润滑油基础油,同时副产 60 号食品级石蜡及 85 号微晶蜡,产品供不应求,为企业带来很好的经济效益。典型原料油性质及基础油产品性质分别列于表 10-2-7 和表 10-2-8。

表 10-2-7 典型原料油性质

原料油	减三线	减四线	轻脱油
密度(20℃)/(g/cm³)	0.8715	0.8690	0.9105
运动黏度(100℃)/(mm²/s)	7.285	9.87	32.88
黏度指数(脱蜡后)	63	71	
凝点/℃	46	56	>50
色度/号	3.0	8.0	>8.0
硫含量/%	0.29	0.39	0.79
氮含量/(μg/g)	194		
碱性氮/(μg/g)	153	361	

表 10-2-8 基础油主产品性质

产品编号	HVI 150	HVI 500	HVI 120BS
原料油	减三线	减四线	轻脱油
运动黏度/(mm²/s)			
100℃	5.970	10.72	26.46
40℃	31.50	98.50	392.6
黏度指数	123	108	92
密度(20℃)/(g/cm³)	0.8469	0.8614	0.8886
闪点(开口)/℃	219	252	294
色度/号	<0.5	<0.5	1.0
酸值/(mgKOH/g)	0.007	0.017	0.008
残炭/%	0.01	0.02	0.07
硫含量/(μg/g)	1.4	4.5	<20
氮含量/(μg/g)	3.4	2.9	
氧化安定性(旋转氧弹,150℃)/min	259	300	260

在荆门分公司成功应用的基础上,中国石化济南分公司拟在现有老三套溶剂精制装置和溶剂脱蜡装置基础上,以 RIPP 开发的 RLT 技术为基础改造润滑油基础油生产系统,适当提高加氢处理反应的压力,进一步提高对原料油变化的适应性,建设一套 300kt/a 润滑油加氢装置,生产低倾点、高黏度的 HVI 基础油,同时可副产高端石蜡产品,建设中国石化重质基础油生产基地。该装置计划 2012 年 10 月建成投产。

第三节 全加氢工艺

汽车工业的发展对车用润滑油提出了更高的要求,要求润滑油具有高的黏度指数、良好的高温性能、优异的抗氧化性能以及较低的低温黏度和挥发度,市场对高档的 API II⁺和Ⅲ类基础油的需求越来越大。全氢型工艺是生产高档 API II⁺和Ⅲ类基础油的主要技术,各大石油公司和研究机构相继开发了各具特点的全氢型工艺技术,并得到越来越多的应用。

全氢型工艺的基本流程是:加氢处理/加氢裂化-异构脱蜡-加氢后精制。全氢型工艺具有原料来源广、基础油产品质量高及副产品质量好的特点。不同公司技术的主要差别在于催化剂性能方面,如何提高催化剂活性、改善催化剂选择性,以提高基础油主产品收率和品质、降低能耗和氢耗,是不同技术竞争的关键。

近几年,异构脱蜡技术的应用发展较快,技术竞争也日趋激烈,ExxonMobil 的异构脱蜡工艺技术及催化剂的应用已处于主导地位。特别是在亚太地区,投产和在建异构脱蜡装置不断增加,由异构脱蜡技术生产基础油的能力也不断扩大。在过去 10 年,韩国 SK 和 S-Oil 公司都不断扩大其异构脱蜡技术生产润滑油基础油的能力,到 2011 年,SK 已经达到年产 1400kt 异构脱蜡基础油的能力,其中Ⅲ类基础油 1200kt;S-Oil 已经达到年产 1500kt 基础油的生产能力,其中Ⅲ类基础油 500kt。芬兰 NesteOil 全氢型基础油年产能达到 600kt,预计 2013 年产能将扩大到 1200kt,其中Ⅲ类基础油 1100kt。马来西亚的 Petronas 已经建成了年产 300kt Ⅲ类基础油能力的异构脱蜡装置,中国台湾台塑集团在麦寮的炼油厂建成 500kt/a 润滑油异构脱蜡装置,上述装置已在2008年建成投产。

SK和S-oil的异构脱蜡装置均采用Chevron公司的技术,但经过一个或两个周期的运行后换装了ExxonMobil的异构脱蜡催化剂,Petronas的异构脱蜡装置则直接采用了ExxonMobil的技术。从装置的工业实际运行看,ExxonMobil的异构脱蜡催化剂具有主产品收率高、活性稳定、运行周期长等特点,具有较强的市场竞争力。

在中国大陆也有几套润滑油异构脱蜡装置在建设或规划中,中国海洋石油股份有限公司依托其在惠州的炼油厂4000kt/a加氢裂化装置生产的尾油,采用Chevron公司的技术建设了400kt/a润滑油异构脱蜡装置,该装置于2011年7月建成投产。中国石化燕山分公司正在建设450kt/a全氢型润滑油加氢装置,加氢处理采用RIPP的专利技术,异构脱蜡/后精制工艺采用ExxonMobil异构脱蜡技术,装置预计2013年建成投产。中国石化荆门分公司采用RIPP异构脱蜡技术,正在建设550kt/a高压加氢处理-200kt/a异构脱蜡/后精制装置,计划2013年建成投产。

一、Chevron工艺技术

Chevron公司是世界上第一个推出异构脱蜡催化剂的公司,并在此基础上开发了三段、全氢型工艺技术,基本流程为:加氢裂化(isocracking)-异构脱蜡(isodewaxing)-后精制(isofinishing)[11],主要用于生产高质量的API Ⅱ类和Ⅲ类基础油。

Chevron公司拥有全系列、具有自主知识产权的催化剂,其加氢裂化催化剂(适用于生产基础油)、异构脱蜡催化剂、补充精制催化剂先后经过多次更新换代,现在已发展到第三代,不同催化剂的特点及具体情况见表10-3-1。

表10-3-1 Chevron全氢型工艺的催化剂

催化剂			特 点
加氢处理	第一代	ICR 134	HDS/HDN催化剂
	第二代	ICR 154	HDS/HDN催化剂,更优的脱N性能
加氢裂化	第一代	ICR 106	无定形,共胶法制备的催化剂
	第二代	ICR 142	分子筛型,高活性和选择性
异构脱蜡	第一代	ICR 404	中度抗S、N中毒性能
		ICR 410	ICR 404改进型,对高含蜡原料具有高的异构选择性
	第二代	ICR 408	更高的活性,中度抗S、N中毒性能
	第三代	ICR 418	高的基础油收率和高的基础油质量
		ICR 422	高的基础油收率和高的基础油质量,高活性
		ICR 424	高的基础油收率和高的基础油质量,活性优于ICR 422
补充精制	第一代	ICR 402	较高的活性
	第二代	ICR 403	中等抗S、N中毒性能
	第三代	ICR 407	更高的活性和稳定性,高的抗S、N中毒性能

目前,全球约有超过15套装置应用Chevron全氢型工艺技术(部分炼油厂见表10-3-2),第一套工业装置于1993年在美国Chevron公司Richmond炼油厂投入生产。中国石油大庆炼化分公司和中国石化高桥分公司先后采用了Chevron的异构脱蜡技术,二者在工艺流程上有

所不同，大庆炼化分公司加工经过溶剂精制的原料，高桥分公司加工减压馏分油。

表10-3-2 采用Chevron全氢型工艺(IDW)的部分炼油厂

公司名称	生产能力/(kt/a)	催化剂	投产日期
美国Chevron公司Richmond炼油厂	784	ICR408/407	1993年
加拿大石油公司米西索加炼油厂	392	ICR404/403	1996年
美国Excel公司查理湖润滑油厂	1152	ICR404/403	1996年
芬兰Neste Oil公司Porvoo炼油厂	245	ICR404/403	1997年
韩国SU公司蔚山炼油厂	245	ICR408/—	1997年
中国石油大庆炼化分公司	200	ICR404/403	1999年
美国新星企业公司约瑟港炼油厂	784	ICR408/407	1998年
印度Bharat Oman公司Bina炼油厂	382	ICR408/407	2000年
马来西亚炼制公司马六甲炼油厂	412	ICR408/407	2002年
中国石化高桥分公司	400	ICR422/407	2004年

（一）Chevron工艺技术在美国Richmond炼油厂的工业应用

1993年，Chevron将全氢型加工流程应用于其在美国的Richmond炼油厂，以减压馏分油为原料，经过加氢裂化-常减压蒸馏-异构脱蜡-后精制-常减压蒸馏，生产100N、240N、500N基础油。Richmond炼油厂VGO原料的性质和基础油产品的性质分别见表10-3-3和表10-3-4。

表10-3-3 Richmond炼油厂VGO原料的性质

项目	轻质VGO	重质VGO
硫含量/%	1.2	1.3
氮含量/(μg/g)	1200	2050
运动黏度(100℃)/(mm^2/s)	5.8	14.5
倾点/℃	30	41
脱蜡油		
运动黏度(100℃)/(mm^2/s)	6.2	16.8
黏度指数	32	18

表10-3-4 Richmond炼油厂基础油产品的性质

项目	100N	240N	500N
运动黏度/(mm^2/s)			
100℃	4.04	6.71	11.1
40℃	20.1	46.1	92.5
黏度指数	97	98	104
色度/号	<0.5	<0.5	<0.5
倾点/℃	-12	-12	-12
挥发度/%	18		
闪点(开口)/℃	201	227	266
芳烃含量($n-d-m$法)/%	<1	<1	<1

(二) Chevron 工艺技术在大庆炼化分公司的工业应用

中国石油大庆炼化分公司引进 Chevron 全氢型工艺技术建设的 200kt/a 润滑油异构脱蜡装置于 1999 年 10 月正式投产，润滑油基础油馏分加工工艺流程（含溶剂精制部分）见图 10-3-1。该联合装置包括加氢处理、异构脱蜡和加氢后精制三部分，加氢后精制反应器与异构脱蜡反应器串联。加氢处理反应器装填 ICRl34KAQ 催化剂，将进料氮含量降至 $2\mu g/g$ 以下，并饱和大部分芳烃，改进黏度指数。加氢异构脱蜡反应器装填 ICR404L 催化剂，降低原料油的倾点，生产高质量的基础油。加氢后精制反应器装填 ICR403L 催化剂，使残余的芳烃饱和，产品几乎无色。该装置加工的原料为减二线、减三线混合蜡下油（150N），减四线糠醛精制油（650N）及 150BS 糠醛精制油。

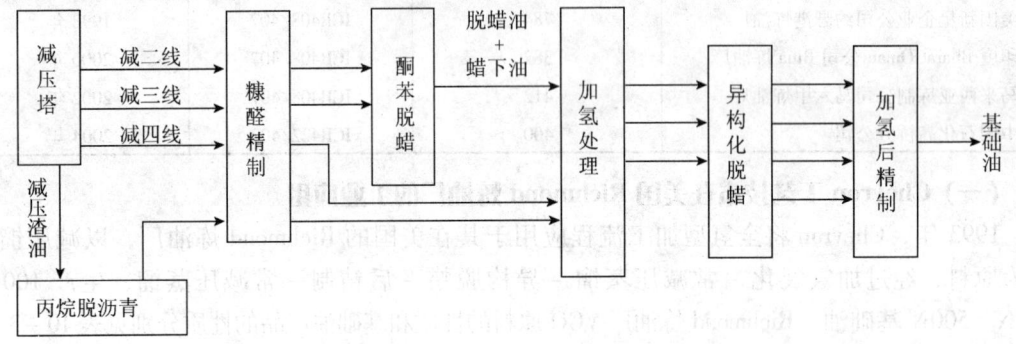

图 10-3-1　大庆炼化分公司润滑油基础油加工工艺流程

大庆炼化分公司润滑油基础油加工装置不同原料的性质见表 10-3-5，加工不同原料时的各单元工艺条件见表 10-3-6，加工不同原料得到的基础油产品分布与收率见表 10-3-7，加工不同原料得到的不同基础油产品的性质见表 10-3-8[12]。

表 10-3-5　不同原料的性质

原　料	150SN	650SN	150BS
密度(20℃)/(g/cm³)	0.866	0.875	0.879
馏程/℃			
初馏点	353	413	464
50%	415	539	—
95%	453	—	—
硫/(μg/g)	131	576	793
氮/(μg/g)	94	126	710
残炭/%	0.01	0.07	0.40
倾点/℃	-15	54	56
黏度/(mm²/s)			
40℃	29.8	—	—
100℃	5.2	12.73	31.52

从表 10-3-5 可以看出，150SN 原料比较轻，硫、氮含量相近，650SN 和 150BS 的原料比较重，黏度大，硫、氮含量高。

第十章 含硫含酸原油生产润滑油基础油技术

表 10-3-6 加工不同原料的工艺条件

原料	150SN	650SN	150BS
加氢预精制反应器			
进料/(t/h)	29.0	25.0	20.8
床层平均温度/℃	333.1	373.8	384.5
入口压力/MPa	13.0	13.8	13.9
异构脱蜡反应器			
床层平均温度/℃	354.8	373.1	383.9
入口压力/MPa	12.9	13.8	13.9
加氢补充精制反应器			
平均温度/℃	203	233	233
循环氢纯度/%	>90	>90	>90

从表 10-3-6 可以看出，加氢处理（表中为加氢预精制）段的操作条件 150SN 比较缓和，650SN 比 150SN 苛刻，150BS 最苛刻，这是因为随着原料的变重，硫、氮含量增高，脱硫脱氮难度增大。在异构脱蜡部分，各原料的操作条件均比较苛刻，主要是为了降低产品的倾点。补充精制主要是少量不饱和烃的加氢，以提高产品的安定性，操作条件较缓和，以尽可能减少裂化反应的发生。

表 10-3-7 加工不同原料得到的基础油产品分布与分率

原料	150SN	650SN	150BS
轻质润滑油/%	15.04(2.0)	13.24(2.0)	10.96(2.0)
中质润滑油/%		6.21(4.0)	10.41(5.0)
重质润滑油/%	63.79(5.0)	51.31(10.0)	47.54(20.0)
喷气燃料/%	4.09	5.47	5.08
基础油总收率/%	78.83	70.76	68.91

① 括号内数字表示润滑油基础油的黏度，单位为 mm^2/s。

从表 10-3-7 可以看出，采用异构脱蜡技术生产的润滑油基础油的收率比较高，总收率超过 68%。但原料越重，反应条件越苛刻，重质基础油收率下降。

表 10-3-8 加工不同原料得到的基础油产品性质

产品①	150SN		650SN			150BS		
	2.0	5.0	2.0	4.0	10.0	2.0	5.0	20.0②
倾点/℃	-37	-28	-31	-23	-15	<-40	-25	-15
闪点/℃	179	211	187	242	279	177	243	304
黏度/(mm^2/s)								
40℃	10.12	31.20	12.16	29.5	79.06	11.21	37.91	153.60
100℃	2.17	5.31	2.87	5.51	11.25	2.95	6.55	18.80
馏程/℃								
初馏点	299	372	300	360	415	289	402	363
50%	364	422	403	475	509	376	446	
95%	393	451	441	529		421	464	

续表

产品[①]	150SN		650SN			150BS		
	2.0	5.0	2.0	4.0	10.0	2.0	5.0	20.0[②]
黏度指数		103		125	132		126	134
外观	透明	透明	透明	透明	透明	透明	透明	透明
比色/号	0	0	0	0	0	0	0	0
氧化安定性/min		380		400	440		400	455
氮/(μg/g)	0.77	0.88	0.70	0.70	0.95	0.80	0.85	1.31
密度/(g/cm³)	0.8384	0.8422	0.8365	0.8413	0.8457	0.8395	0.8416	0.8479
酸值/(mgKOH/g)		0.01		0.01	0.01		0.01	0.02
残炭/%		0.01			0.037		0.01	0.22

① 产品按黏度分级，单位为 mm²/s。
② 该产品有絮状物。

从表 10-3-8 可以看出，异构脱蜡生产的基础油都具有倾点低、黏度指数高、氧化安定性好的特点，但用 150BS 原料生产的黏度为 20.0mm²/s 的基础油外观有絮状物。

异构脱蜡不仅能生产高质量的基础油，其副产品还可调和生产高附加值的产品。大庆炼化分公司以黏度 2.0mm²/s 基础油为原料调和成的 45 号变压器油，产品性质符合 GB2536—90 质量要求。利用其侧线产品调和，可生产不同等级的白油。检测结果完全符合 GB4853—94、SH00007 和 SH0006—90 等白油的标准。异构脱蜡副产品喷气燃料馏分具有生产铝箔轧制油的优良性质，硫含量为 3μg/g 左右，芳烃含量在 1% 以下，已达到第二代铝箔轧制油的标准。

大庆炼化分公司润滑油异构脱蜡装置开工初期原料油方案是石蜡基 150SN 脱蜡油、650SN 糠醛精制油及 150BS 丙烷脱沥青油切换加工。期间，在加工 150BS 原料油时发现黏度（100℃）为 20.0mm²/s 的重质润滑油产品有絮状物析出，而且因为丙烷脱沥青装置报废，不再有 150BS 油的原料油来源，2008 年将原料油方案调整为 200SN 脱蜡油、650SN 糠醛精制油、蜡下油三种原料油切换加工。

为了进一步提高基础油产品收率和改善产品结构，中国石油天然气股份有限公司石油化工研究院（PRI）与中国科学院大连化学物理所（DICP）成功合作研发了高档润滑油基础油异构化和非对称裂化（IAC）脱蜡催化剂。以该催化剂为核心，配套预精制催化剂和补充精制催化剂后形成了加氢预精制（HR）-异构化和非对称裂化（IAC）-补充精制（HF）润滑油基础油三段加氢脱蜡技术。2008 年 10 月，在中国石油大庆炼化分公司 200kt/a 润滑油异构脱蜡装置开展了工业试验，并取得成功[13]。

IAC 脱蜡技术是以加氢异构化为核心反应、以非对称裂化为辅助反应的润滑油基础油脱蜡新技术。催化剂是通过选用具有特殊孔道结构的十元环—维孔道酸性复合分子筛作载体，经过改性微调孔道结构和酸性，再用浸渍的方法负载贵金属制备而成。所制备的催化剂在具有很高的异构化反应活性和选择性的同时，对所发生的少量加氢裂化反应具有特殊的选择性，即裂化反应优先选择在临近正构烷烃两端的某个 C—C 键上发生，生成一大一小两个较小分子，其中，小分子属于气体和石脑油馏分，大分子则属于中质或重质润滑油基础油馏分，产品收率呈双峰分布，即轻组分（气体和石脑油）的收率比中间馏分油（煤油和柴油）收率高，低倾点、低浊点重质基础油收率更高。IAC 反应与传统异构化反应产品分布对比见图 10-3-2。

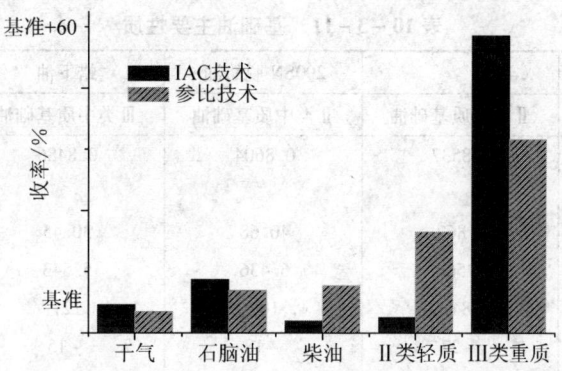

图 10-3-2 IAC 反应与传统异构化反应产品分布
注：以 650SN 糠醛精制油为原料。

工业应用典型原料性质、操作条件及主要产品性质分别见表 10-3-9、表 10-3-10 和表 10-3-11。

表 10-3-9 典型原料油性质

项目	200SN 浅度脱蜡油	650SN 糠醛精制油	蜡下油
密度(20℃)/(g/cm³)	0.8740	0.8531	0.8558
运动黏度/(mm²/s)			
100℃	6.628	8.588	5.290
40℃	43.74	—	27.42
黏度指数	103	—	128
倾点/℃	-3	63	24
总硫/(μg/g)	609.7	561.3	413.4
总氮/(μg/g)	238.7	375.3	130.7
残炭/%	<0.01	0.08	<0.01
馏程/℃			
初馏点	386	385	349
10%	421	496	411
30%	434	519	422
50%	444	530	434
70%	459	541	450
90%	483	563	469
终馏点	500	603	491

表 10-3-10 主要工艺参数

反应器	原料油	平均温度/℃	氢分压/MPa	空速/h⁻¹	氢油体积比
HR	200SN	374	13.8	0.98	525
	650SN	380	13.8	0.88	590
	蜡下油	374	13.8	0.73	590
IAC	200SN	346	12.5	0.94	480
	650SN	378	12.5	0.80	590
	蜡下油	369	12.5	0.64	590
HF	200SN	231	12.5	1.41	480
	650SN	232	12.5	1.20	590
	蜡下油	231	12.5	0.96	590

表 10-3-11　基础油主要性质

项　目	200SN 脱蜡油		蜡下油	650SN 糠醛精制油
	Ⅱ类轻质基础油	Ⅱ类中质基础油	Ⅲ类中质基础油	Ⅲ类重质基础油
密度(20℃)/(g/cm³)	0.8537	0.8604	0.8486	0.8471
运动黏度/(mm²/s)				
40℃	9.862	40.68	30.45	60.70
100℃	2.568	6.436	5.543	9.384
黏度指数	84	108	121	135
倾点/℃	-27	-18	-15	-15
闪点(开口)/℃	156	233	234	274
芳烃含量/%	0	0	0	0
赛波特颜色/号	+30	+30	+30	+30

图 10-3-3 和图 10-3-4 是工业装置的应用对比图,近 1 年的工业应用结果表明,与传统异构脱蜡技术相比,采用 IAC 脱蜡技术生产的Ⅱ类中质基础油和Ⅲ类重质基础油收率分别比传统的异构脱蜡技术提高约 9 和 20 个百分点。

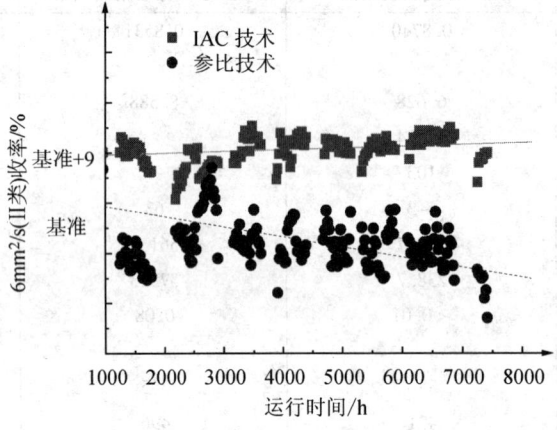

图 10-3-3　Ⅱ类中质基础油收率随时间变化趋势

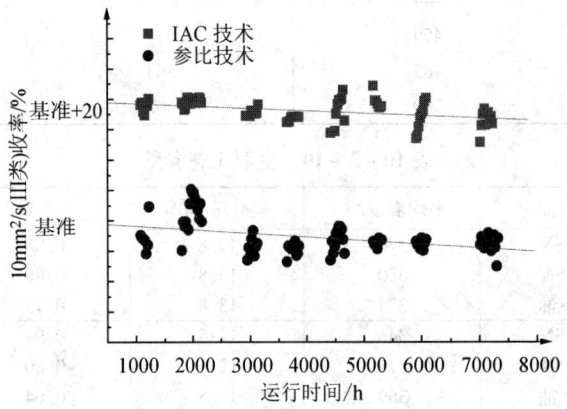

图 10-3-4　Ⅲ类重质基础油收率随时间变化趋势

(三) Chevron 工艺技术在高桥分公司的工业应用

中国石化高桥分公司建设的全氢型润滑油加氢装置，采用美国 Chevron 的异构脱蜡技术。加氢裂化（HCR）单元设计规模为处理量 300kt/a，异构脱蜡（IDW）/加氢后精制（HDF）单元处理量 400kt/a，俗称"头三尾四"。异构脱蜡、加氢后精制单元原料不足部分由 1400kt/a 加氢裂化尾油补充。润滑油加氢装置的原则流程图如图 10-3-5 所示。

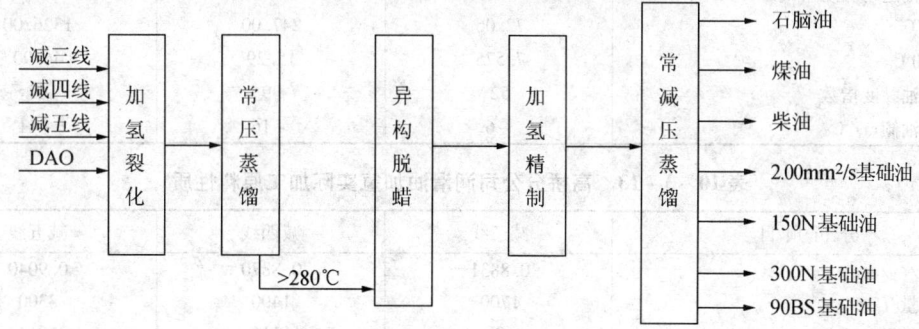

图 10-3-5　高桥分公司润滑油加氢工艺流程

通过加氢裂化-异构脱蜡/加氢后精制及常减压分馏，生产 API II、III 类高档润滑油加氢基础油。该装置 2004 年 11 月开车成功，生产出合格的产品。原料采用减三线、减四线、减五线和丙烷脱沥青油，生产达到 API II 类、部分达到 API III 类油标准的润滑油基础油。主产品有低倾点 2.0mm²/s 基础油、150N 基础油、300N 基础油和 90BS 基础油，副产干气、石脑油、煤油、低凝柴油等产品[14]。

装置的设计原料为大庆或卡宾达的减三线 VGO、减四线 VGO 和丙烷轻脱油，但开工时实际加工原料性质与设计有较大差别。高桥分公司设计原料性质与实际加工原料性质分别见表 10-3-12 和表 10-3-13。

表 10-3-12　高桥分公司润滑油加氢设计原料性质

分　析　项　目	减三线	减四线	脱沥青油
API 度	26.8	24.3	23.6
硫含量/(μg/g)	1230	1480	1590
氮含量/(μg/g)	879	1386	1552
残炭含量/%			0.95
运动黏度/(mm²/s)			
135℃			13.00
100℃	5.876	11.45	31.97
70℃	12.6	29.79	
黏度指数	94	75	103
湿蜡/%	20.6	16.3	28.8
馏程/℃			
0.5/5	316/374	356/428	318/489
10/20	389/403	444/459	506/526
30/40	414/424	468/476	540/557
50	432	483	575

续表

分析项目	减三线	减四线	脱沥青油
60/70	439/447	489/496	594/617
80/90	454/465	504/516	643/686
95/99.5	473/494	525/543	719/749
脱蜡油运动黏度/(mm^2/s)			
40℃	72.06	247.00	1326.00
100℃	7.575	15.29	46.90
脱蜡油黏度指数	52	39	67
脱蜡油倾点/℃	-6	-16	-11

表 10-3-13 高桥分公司润滑油加氢实际加工原料性质

分析项目	减三线	减四线	减五线
密度/(g/cm^3)	0.8831	0.8870	0.9040
硫含量/$(\mu g/g)$	1700	1400	3300
氮含量/$(\mu g/g)$	688	1116	1514
倾点/℃	43	56	55
运动黏度/(mm^2/s)			
100℃	6.098	10.01	13.76
70℃	13.00	23.33	36.12
黏度指数	101	107	87
水分/%	0.03	0.03	0.03
湿蜡/%	25.1	51.7	27.4
脱蜡油运动黏度/(mm^2/s)			
40℃	64.45	153.2	258.7
100℃	7.073	11.66	16.12
脱蜡油黏度指数	50	44	46
馏程/℃			
0.5%	348	391	
5%	386	438	444
10%	399	454	
20%	413	470	
30%	425	479	
40%	434	486	
50%	443	493	493
60%	450	499	
70%	455	508	
80%	462	517	
90%	471	527	
95%	476	534	538
99.5%			
沥青质/$(\mu g/g)$	98	95	135
镍+钒/$(\mu g/g)$	0.43 + <0.05	0.10 + <0.05	0.10 + <0.05
铁/$(\mu g/g)$	<0.10	<0.10	0.24
钠/$(\mu g/g)$	<1.0	<1.0	<1.0
钙/$(\mu g/g)$	<1.0	<1.0	<1.0
镁/$(\mu g/g)$	<1.0	<1.0	<1.0
铜/$(\mu g/g)$	0.1	0.1	0.1
氯/$(\mu g/g)$	1.77	0.58	1.53

高桥分公司在生产过程中，由于原料性质波动很大，使操作调节、质量控制具有很大的难度，需要频繁调节工艺参数。在实际生产过程中的主要工艺参数见表10-3-14和表10-3-15。润滑油加氢产品收率见表10-3-16。

表10-3-14 加氢裂化主要工艺参数

项 目	#3VGO	#4VGO	#5VGO
HCR 进料量/(t/h)	36.41	32.96	33.30
反应器 R101 进口温度/℃	372.6	373.6	375.1
反应器 R101 平均温度/℃	375.29	378.3	380.56
反应氢油体积比	931.09	1166.55	1074.00
循环氢流量/(Nm³/h)	41472	44980	44986
K101 入口分流罐 D109 压力/MPa	14.60	14.62	14.59
C101 进料温度/℃	340.2	333.4	336.4
C101 塔底温度/℃	315.2	319.5	320.2
C101 塔顶温度/℃	116.8	115.5	115.7
C101 塔顶压力/MPa	0.06	0.06	0.06

表10-3-15 异构脱蜡和加氢后精制主要工艺参数

项 目	#3VGO	#4VGO	#5VGO
IDW/HDF 反应系统进料量/(t/h)	23.07	24.30	23.80
IDW 反应器 R201 进口温度/℃	365.1	383.4	374.6
IDW 反应器 R201 平均温度/℃	365.32	377.8	376.1
HDF 反应器 R202 进口温度/℃	232.1	232.4	232.2
HDF 反应器 R202 平均温度/℃	232.5	232.7	235.2
IDW/HDF 反应氢油比(体积)	915.10	920.08	896.00
循环氢流量/(Nm³/h)	37910	28693	28290
K201 入口分液罐 D208 压力/MPa	14.42	14.38	14.41
C201 进料温度/℃	313.3	314.0	307.0
C201 塔底温度/℃	276.8	289.0	281.1
C201 塔顶压力/MPa	0.06	0.06	0.06
C202 进料温度/℃	304.8	322.9	326.3
C202 塔底温度/℃	235.2	245.3	248.8
C202 塔顶压力/kPa	-98.00	-98.56	-98.50

表10-3-16 润滑油加氢产品收率

方 案	减三线	减四线	减五线
入方/%			
原料油	100	100	100
新氢	1.93	2.02	2.11
合计	101.93	102.02	102.11
出方/%			
汽油	12.19	9.07	11.18
煤油	0	0	0
柴油	16.04	15.19	21.35
轻质润滑油	60N：22.46	60N：15.85	60N：13.33
减底润滑油	120N：29.47	300N：50.43	300N：44.24
污油	1.51	1.21	0.82
干气+损失	20.16	9.534	11.19
合计	101.93	102.02	102.11

轻质润滑油产品和减底润滑油产品性质分别见表 10-3-17 和表 10-3-18。

表 10-3-17 轻质润滑油产品性质

方　案	减三线	减四线	减五线
密度/(kg/m^3)	836		
运度黏度/(mm^2/s)			
40℃	5.010	6.975	9.379
100℃	1.664	2.043	2.473
闪点(闭)/℃	156	145	172
倾点/℃	-48	-60	-51
色度/号	+30	+30	+30
旋转氧弹(150℃)/min	378		
馏程/℃			
5%	289	266	316
20%/50%	325/373	287/327	340/363
70%/90%	394/407	350/371	377/393
95%	412	376	398
黏度指数	92	77	78

表 10-3-18 减底润滑油产品性质

方　案	减三线	减四线	减五线
密度/(kg/m^3)	844.9		
运度黏度/(mm^2/s)			
40℃	27.35	43.22	68.72
100℃	5.013	6.598	8.848
闪点(闭)/℃	232	242	350
倾点/℃	-24	-18	-18
硫含量/(μg/g)	15	22	74
色度/号	+30	+30	+30
旋转氧弹(150℃)	300	417	514
化学族组成(饱和烃)/%		99.42	
馏程/℃			
5%	410	398	413
20%/50%	424/440	428/460	438/477
70%/90%	451/465	424/484	497/518
95%	474	498	528
蒸发损失/%	11.3	8.4	
黏度指数	111	101	105

除了轻质润滑油黏度指数偏低以外，润滑油加氢主产品的质量较好，具有高的黏度指数、好的抗氧化安定性和清澈透明的外观等高品质的特性。

在生产运行过程中，高桥分公司根据自身加工原料的变化，进行了一些工业试验和优化操作[15]。

自2008年5月高桥分公司1.4Mt/a加氢裂化装置开工正常后,润滑油加氢装置采用VGO掺炼加氢裂化尾油、加工纯加氢裂化尾油以及加氢裂化尾油减压分馏后的塔底油直接进异构脱蜡单元的方法生产出了优质的润滑油基础油,并在一定程度上提高了基础油收率。

以生产HVI Ⅱ类6号基础油为例,VGO掺炼加氢裂化尾油前后的原料和产品性质变化见表10-3-19。从原料性质变化来看,VGO掺入加氢裂化尾油后,原料质量明显得到改善,表现在黏度指数明显提高,硫、氮、氯等含量明显降低,但掺入加氢裂化尾油也降低了原料黏度,不利于生产重质基础油。从产品性质来看,VGO掺炼加氢裂化尾油前,润滑油加氢装置主要生产HVI Ⅱ类基础油,掺炼尾油后,装置生产出部分HVI Ⅱ$^+$类基础油。在同样生产Ⅱ类基础油时,HCR反应温度有所下降,而IDW反应温度有所上升;在HCR进料量相当的情况下,掺炼尾油后的IDW进料量明显上升,反应温度也相应上升,基础油收率提高约6个百分点,但重润滑油基础油的收率降低,轻润滑油基础油收率增加。

表10-3-19 掺炼加氢裂化尾油前后原料与6号基础油性质比较

项 目	减三线VGO	减三线VGO与加氢裂化尾油混合进料	减四线VGO与加氢裂化尾油混合进料
原料性质			
倾点/℃	39	42	42
运动黏度(100℃)/(mm²/s)	7.69	5.81	5.97
黏度指数	70	118	105
蜡/%	21.6	20.1	34.7
硫/%	0.66	0.28	0.33
氮/(μg/g)	1018	332	379
操作条件			
HCR进料量/(t/h)	34.68	35.12	39.18
HCR反应温度/℃	382	378	378
IDW进料量/(t/h)	28.31	32.62	34.93
IDW反应温度/℃	361	371	379
重润滑油基础油			
产品牌号	HVI Ⅱ(6)	HVI Ⅱ(6)	HVI Ⅱ$^+$(6)
运动黏度(100℃)/(mm²/s)	5.52	5.64	5.68
黏度指数	105	118	121
倾点/℃	-14	-12	-16
产品收率/%			
轻润滑油基础油	17.1	20.2	22.7
重润滑油基础油	44.4	47.6	37.5
总收率	61.5	67.8	60.2

2009年3月润滑油加氢催化剂从第1代更换为第2代后重新开工,并开始实施"头三尾四"的工艺流程,装置处理能力有所提高,使加氢裂化尾油直接进润滑油加氢装置成为可能。高桥分公司在2009年8月进行了加工纯加氢裂化尾油的工业试验。加氢裂化尾油的主要性质见表10-3-20。加工加氢裂化尾油的不同工艺条件与产品性质见表10-3-21。

表 10-3-20 加氢裂化尾油主要性质

项目	指标	项目	指标
运动黏度(100℃)/(mm²/s)	4.45	馏程/℃	
黏度指数	130	2%	337
倾点/℃	39	10%	432
蜡/%	35.2	50%	470
硫/%	<0.015	90%	494
氮/(μg/g)	10.9	97%	500

表 10-3-21 加工加氢裂化尾油的工艺条件及产品性质

项目	No.1	No.2	No.3	No.4	No.5	No.6
HCR						
进料量/(t/h)	34.53	34.91	39.04	39.43	39.45	39.23
反应温度/℃	374	374	365	365	363	363
常压塔塔底油						
黏度指数	133	142	134	130	134	133
IDW						
进料量/(t/h)	24.02	24.61	36.85	37.40	37.66	37.53
反应温度/℃	319	319	319	319	321	321
重润滑油基础油						
黏度指数	123	122	127	124	123	124
倾点/℃	-29	-29	-14	-14	-20	-16

从表 10-3-21 可以看出，在加工纯加氢裂化尾油时，加氢裂化尾油经过润滑油加氢装置的再次加氢裂化，其常压塔塔底油的黏度指数上升仅有 3~4 个单位。随着 HCR 进料量的增加，HCR 反应温度降低，常压塔塔底油的黏度指数并没有出现有规律下降，说明在加工纯加氢裂化尾油时加氢裂化操作条件不需要很苛刻，可以适当提高进料量并降低反应温度。对 IDW 异构反应过程来说，进料量和反应温度对重润滑油基础油产品质量的影响较大，当进料量较低时，反应温度低于 320℃ 条件下，重润滑油基础油产品的黏度指数和倾点均较好；而当进料量较高、HCR 反应温度较低时，重润滑油基础油的倾点较高，需要相应提高 IDW 的反应温度。

由于加氢裂化尾油的馏程宽、初馏点低，因此对润滑油加氢装置的操作和加氢基础油的质量都有一定程度的影响。为此，高桥分公司新建了一套加氢裂化尾油减压分馏装置，设计规模为 250kt/a，年开工时间为 8400h。加氢裂化尾油经减压分馏装置除去加氢裂化尾油中的轻组分，减压塔塔底油作为润滑油加氢装置的原料。润滑油加氢装置开始在异构脱蜡单元掺炼加氢裂化尾油减压分馏塔塔底油，目的产品主要为 HVIⅡ 类 6 号基础油与 HVIⅡ⁺ 类 6 号基础油，掺炼前后的工艺条件见表 10-3-22，润滑油产品收率见表 10-3-23。

表 10-3-22 掺炼尾油减压塔塔底油前后的工艺条件

项目	未掺炼尾油减压分馏塔塔底油		掺炼尾油减压分馏塔塔底油	
	HVIⅡ(6)	HVIⅡ⁺(6)	HVIⅡ(6)	HVIⅡ⁺(6)
HCR 反应温度/℃	369	370	370	371
IDW 反应温度/℃	330	333	340	343
HDF 反应温度/℃	231	232	231	232

表10-3-23 掺炼尾油减压塔底油前后的产品性质

项目	未掺炼尾油减压分馏塔塔底油					掺炼尾油减压分馏塔塔底油				
	1	2	3	4	5	1	2	3	4	5
轻润滑油基础油收率/%	13.19	24.94	16.85	34.70	40.73	22.44	7.11	9.55	7.51	13.91
重润滑油基础油收率/%	52.52	44.02	48.19	32.19	31.73	58.14	72.24	73.84	70.55	68.03
总收率/%	65.71	68.96	65.01	66.89	72.46	80.58	79.35	83.39	78.06	81.94

从表10-3-22可以看出,两种情况的HCR平均反应温度相差不大,但是掺炼尾油减压分馏塔塔底油的IDW平均反应温度升高10℃。从表10-3-33可以看出,在尾油减压分馏塔塔底油进异构脱蜡装置后,重润滑油基础油的收率以及产品总收率显著提高。

(四) Chevron工艺技术在巴林润滑油基础油公司的应用

由芬兰耐思特石油公司(Neste Oil)、巴林石油公司(Bapco)、巴林油气控股公司(Nago holding)合资兴建的巴林润滑油基础油公司(Bahrain Lube Base Oil Company, BLBOC)于2011年10月正式投产,其中Neste Oil、Bapco、Nago holding分别控股45%、27.5%、27.5%。BLBOC以Bapco炼油厂的已有加氢裂化装置的尾油为原料,采用Chevron公司的异构脱蜡(isodewaxing)-后精制(isofinishing)工艺技术[16],生产黏度范围4~8mm²/s的API Ⅲ类基础油,设计产能为400kt/a。

Chevron全氢型异构脱蜡技术目前已推广10多套,具有好的产品质量和效益,但是仍存在一定的技术问题需要进一步提高和优化。工业生产数据表明,气体产率高(5%~10%),轻质基础油的黏度指数不如DAO或500N的黏度指数高,与调大跨度多级油质量要求正好相反;DAO馏分异构脱蜡后100℃黏度一般20mm²/s左右,要想达到25或30mm²/s以上有一定困难;不能生产高价值的石蜡产品。

二、ExxonMobil工艺技术

ExxonMobil公司的全加氢工艺以异构脱蜡(MSDW)/补充精制(MAXSAT)技术为核心,加工溶剂精制油时第一单元采用加氢裂化(RHC)或加氢处理(RHT)技术。加工减压馏分油或DAO时,第一单元采用润滑油型加氢裂化(LHDC),还可以与燃料型加氢裂化联合,加工加氢裂化尾油。另外,ExxonMobil公司开发了专门用于蜡原料处理的蜡异构(MWI)技术,可以生产高质量的Ⅲ类基础油。ExxonMobil公司基础油全加氢工艺流程见图10-3-6。

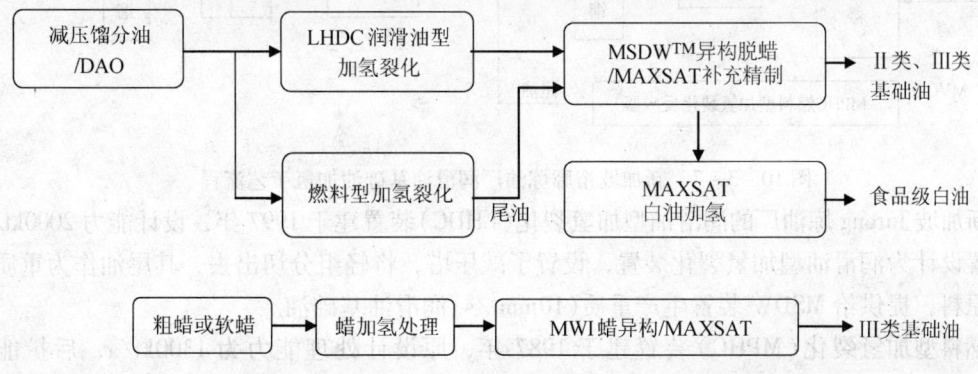

图10-3-6 ExxonMobil公司全加氢工艺流程示意图

ExxonMobil 公司异构脱蜡工艺技术的特点是：基础油主产品收率较高、催化剂抗硫中毒性能较好。截至 2010 年，已经有 23 套装置采用 MSDW 工艺技术，其中有 5 套装置第一单元采用润滑油型加氢裂化技术。采用 ExxonMobil 公司 MSDW 工艺技术的部分炼油厂见表 10-3-24。

表 10-3-24　采用 ExxonMobil 全氢型工艺（MSDW）的部分炼油厂

应用日期	公司及地点	应用日期	公司及地点
2000-05	Jurong，新加坡	2006-04	美国 Motiva 第三单元
2000-05	Idemitsu，日本	2006-07	日本 ExxonMobil
2002-02	Indian oil corparation，印度	2006-04	韩国 SK　LBO-1
2002-12	韩国 S-Oil 第一单元	2006-04	韩国 SK　LBO-2
2003-03	英国福利炼油厂	2007-07	Jurong，新加坡
2003-03	美国 Motiva 第一单元	2008-03	凯罗公司，美国
2004-06	韩国 S-Oil 第一单元	2008	马来西亚国家石油公司
2006-02	美国 Motiva 第二单元		

（一）ExxonMobil 工艺技术在新加坡裕廊炼油厂（Jurong）的应用

ExxonMobil 公司的第一套应用全氢型润滑油异构脱蜡技术（MSDW）的工业装置于 1997 年在新加坡 Jurong 炼油厂投产，具体工艺流程见图 10-3-7。其主要工艺流程为：常压重油经减压蒸馏所得重减压瓦斯油（HVGO）或脱沥青油（DAO）进入润滑油型加氢裂化单元（LHDC），除去硫、氮等杂质化合物，并使部分多环、低黏度指数化合物选择性加氢裂化生成少环长侧链高黏度指数化合物，经汽提和蒸馏除去轻质燃料油馏分，得到的含蜡基础油馏分（占反应器进料 80%）进入异构脱蜡（MSDW）单元和加氢后精制（HDF）单元反应，然后经过分馏系统，得到 500N 基础油；MVGO 经过燃料型中压加氢裂化（MPHC）得到尾油，尾油进入异构脱蜡（MSDW）单元和加氢后精制（HDF）单元得到 150N 基础油。ExxonMobil 公司主要开发异构脱蜡及后精制催化剂，加氢裂化催化剂全球比选。

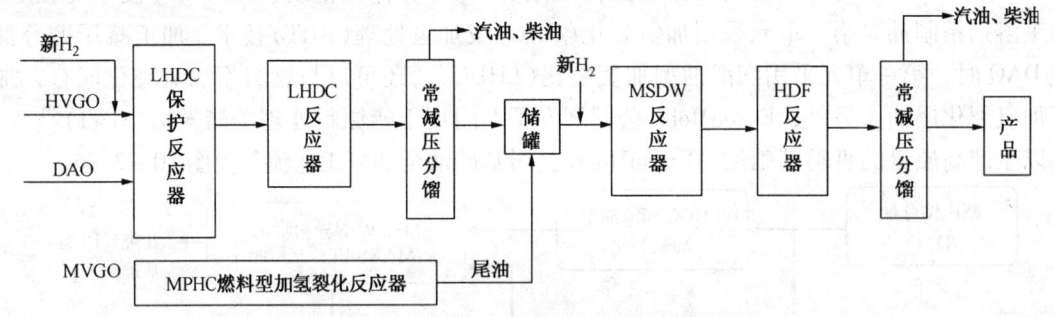

图 10-3-7　新加坡裕廊炼油厂润滑油基础油加氢工艺流程

新加坡 Jurong 炼油厂的润滑油型加氢裂化（LHDC）装置建于 1997 年，设计能力 2000kt/a。该装置设计为润滑油型加氢裂化装置，设置了减压塔，将轻组分切出去，其尾油作为重质润滑油原料，提供给 MSDW 装置生产重质（$10mm^2/s$）润滑油基础油。

燃料型加氢裂化（MPHC）装置建于 1987 年，原设计处理能力为 1300kt/a，后扩能至 1650kt/a。该装置原设计为燃料型加氢裂化装置，没有减压塔，目前该装置的尾油作为轻质润滑油原料，提供给 MSDW 装置生产轻质（$4mm^2/s$）润滑油基础油。

MSDW装置建于1997年，原设计为500kt/a，现已经扩能到约1200kt/a，主要用于生产API Ⅱ类润滑油基础油。

装置建成初期，异构脱蜡催化剂采用MSDW-1，从1997年6月至2000年4月，MSDW-1催化剂共运行了34个月，于2000年更换为MSDW-2。第二代催化剂的主要优点是基础油收率有所提高。

新加坡Jurong炼油厂MSDW装置的进料性质见表10-3-25，各装置的主要操作条件见表10-3-26。

表10-3-25 原料性质

项 目	MSDW	
原料名称	LN	HN
API度	33	28.5
硫/($\mu g/g$)	<40	<40
氮/($\mu g/g$)	<10	<10
40℃黏度/(mm^2/s)	27.5	92.0
100℃黏度/(mm^2/s)	4.8	10.6
初馏点/℃	280	345
5%	335	400
终馏点/℃	535	605
金属/($\mu g/g$)	1.85	
VI	125~135	

表10-3-26 装置操作条件

项 目	MPHC	LHDC	MSDW
反应压力/MPa	8.2	18.0	15.0
反应温度/℃	375~395	375~400	330~360
空速/h^{-1}	0.7	0.8	1.3~1.4
氢油体积比	600~700	550~650	190~300
循环氢纯度/%	75	85	90
氢耗/(Nm^3/m^3)	200~240	210~250	55~80

ExxonMobil公司Jurong炼油厂主要生产两个牌号的润滑油基础油，分别为$4mm^2/s$、$10mm^2/s$，产品质量达到API Ⅱ类指标要求，部分销往中国大陆市场。

(二) ExxonMobil蜡异构化技术的应用

ExxonMobil在20世纪90年代开发了以蜡膏为原料生产很高黏度指数或超高黏度指数基础油的工艺技术(MWI)和催化剂。基本流程为：加氢处理-异构脱蜡-补充精制-溶剂脱蜡，工艺流程见图10-3-8，典型的操作条件为：反应温度260~454℃、反应压力1.4~17.5MPa、空速0.15~5.0h^{-1}、氢油体积比88~1760。在加氢处理过程中，脱除S、N和稠环芳烃，以利于后续的异构脱蜡催化剂，精制后的产物在第二段进行异构脱蜡，发生异构化反应，使倾点降至一定程度，然后进行后精制，进一步饱和余下的芳烃，改善基础油的安定性，加氢补充精制后的物料经过分馏塔分馏，进入溶剂脱蜡段，脱除未转化的蜡，得到低倾点、高黏度指数的润滑油基础油，其质量与聚α-烯烃相当。未转化的蜡循环进异构化装置，进行再次转化，从而提高全流程蜡的转化率，又降低异构脱蜡催化剂的负荷[9,17]。

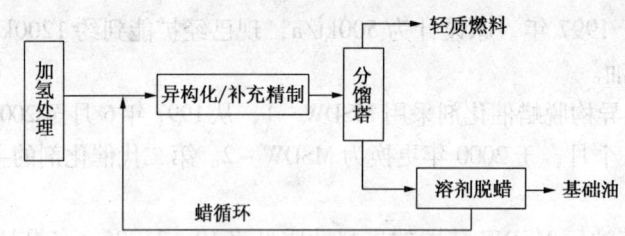

图10-3-8 ExxonMobil公司蜡异构工艺流程

(三) 韩国SK公司基础油生产技术

目前,韩国是世界上最大的API Ⅲ类基础油生产国。根据2011年Lubes & Greases的统计(World Base Stock Guide),截至2010年,SK公司的Ⅲ类基础油年产能约为1200kt,居世界第一,Ⅱ类基础油年产能约为200kt,在韩国SK Ulsan有两套生产装置LBO-1和LBO-2,其Ⅲ类基础油年产能约850kt,在印度尼西亚Dumai的合资公司SK-Pertamina(LBO-3),其Ⅲ类基础油年产能350kt;S-Oil公司的Ⅲ类基础油年产量为约500kt,Ⅱ类基础油年产量约为1000kt。SK公司计划继续扩大API Ⅱ/Ⅲ类基础油产能,计划到2015年使其Ⅲ类基础油年产能增加到2600kt,新项目包括:与西班牙Repsol YPF在Repsol的Cartagena合资建设第4套API Ⅱ/Ⅲ类基础油生产装置(LBO-4),规划年产650kt Ⅱ/Ⅲ类基础油;与日本JX Nippon Oil & Energy在SK Ulsan合资兴建第5套基础油生产装置(LBO-5),计划年产550kt Ⅲ类基础油和580kt Ⅱ类基础油[18]。

SK公司1993年成功开发了以加氢裂化尾油(UCO)为原料生产高质量超高黏度指数基础油的工艺技术,并申请了相关专利。在其专利中申请保护了两种工艺流程:第一种为尾油全部作为润滑油减压蒸馏塔的进料,侧线馏出物的一部分再返回加氢裂化装置;第二种为尾油的一部分作为减压蒸馏装置的进料,侧线馏出物的一部分与另一部分尾油一起返回加氢裂化装置,在工业技术应用中采用第二种工艺流程。该技术的独到之处是加氢裂化尾油的循环利用以及燃料加氢裂化和润滑油基础油加工过程的有机结合,这对燃料和润滑油基础油的生产都非常经济。

1995年,SK公司在Ulsan炼油厂采用新工艺技术建成第一套基础油生产装置(LBO-1),基础油年生产能力为175kt。初期,LBO-1的脱蜡单元采用ExxonMobil的催化脱蜡(MLDW)技术。1997年,为了提高基础油收率和质量,改用Chevron的异构脱蜡技术,异构脱蜡催化剂为ICR-408,后精制催化剂为ICR-407。采用异构脱蜡技术后,基础油收率提高了20%(见图10-3-9),产品黏度指数提高了10个单位(见图10-3-10)[19]。

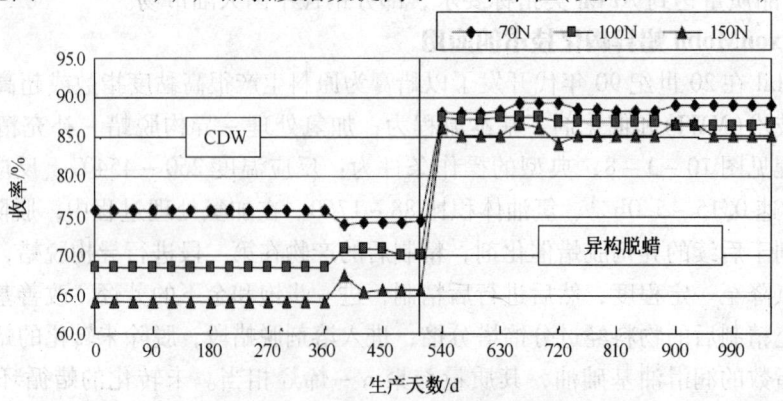

图10-3-9 SK公司不同脱蜡技术基础油收率比较

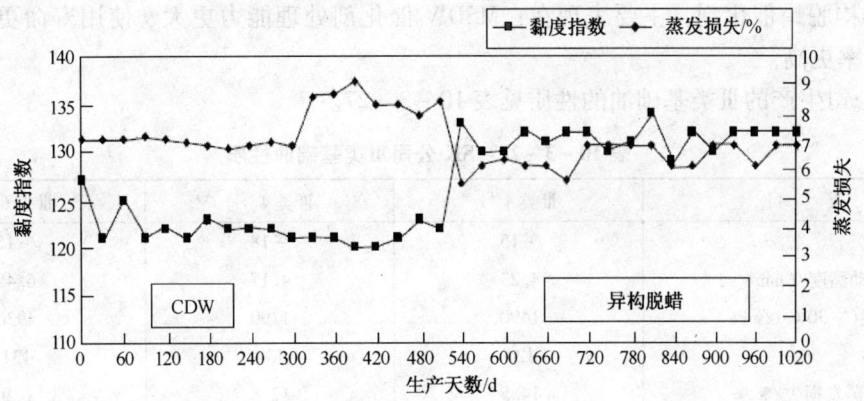

图 10-3-10 SK公司不同脱蜡技术基础油黏度指数与蒸发损失比较

引进加氢异构脱蜡技术后，SK公司掌握了整套全氢型Ⅲ类基础油生产技术，生产工艺和产品质量在国际上处于领先地位，占据了世界上Ⅲ类基础油50%的市场。SK公司全氢型基础油生产工艺流程见图10-3-11。

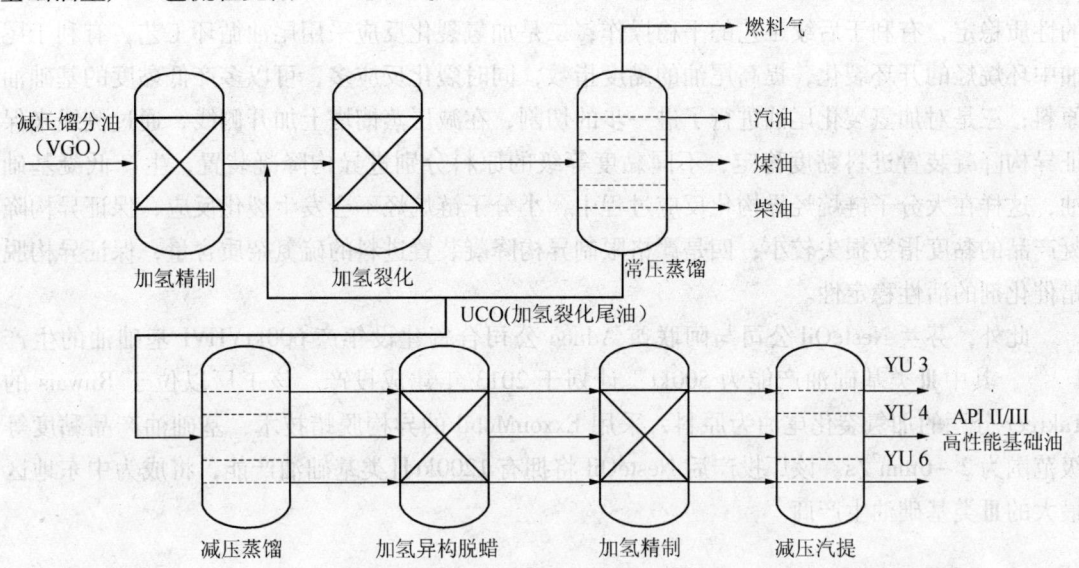

图 10-3-11 SK公司全氢型基础油生产工艺流程

2003年，LBO-1异构脱蜡单元换用Chevron新的异构脱蜡催化剂ICR-418，尽管产品性质达到设计要求，但催化剂活性没有达到预期，主要原因是：进料空速比设计值提高；加氢裂化催化剂的更换造成尾油的蜡含量提高，加工难度大；处理量加大造成分馏系统超过负荷要求，分馏效率降低。2004年，SK新建第二套基础油生产装置(LBO-2)投产，异构脱蜡催化剂仍然采用ICR-418[19]。根据LBO-1换用ICR-418出现的问题，对LBO-2系统进行了优化，但在实际使用过程中，ICR-418催化剂的使用效果仍不理想。

2006年，SK公司将LBO-1和LBO-2的异构脱蜡单元，改换成ExxonMobil公司的MSDW异构脱蜡技术，更换催化剂后，基础油产能提高了10%。另外，韩国S-Oil公司的两套异构脱蜡装置均采用ExxonMobil的MSDW技术。

从目前的市场应用情况来看，ExxonMobil的MSDW异构脱蜡催化剂性能略优于Chevron

的 ICR 异构脱蜡催化剂，主要表现在：MSDW 催化剂处理能力更大、使用寿命更长、基础油产品收率更高。

SK 公司生产的Ⅲ类基础油的性质见表 10 – 3 – 27。

表 10 – 3 – 27　SK 公司Ⅲ类基础油性质

项　目	Ⅲ类 4 号	Ⅲ类 4$^+$ 号	Ⅲ类 6 号
倾点/℃	– 15	– 18	– 15
100℃运动黏度/(mm^2/s)	4.23	4.17	6.45
CCS 黏度(– 30℃)/mPa·s	1490	1190	4930
黏度指数	124	134	131
Noack 法蒸发损失/%	14.5	12.8	6.9
链烷烃 + 单环环烷烃(体)/%	80.5	93.1	81.5
硫含量/(μg/g)	1	1	1

SK 公司生产的Ⅲ类基础油具有优异的产品质量，主要的原因有四条：一是努力保持加氢裂化的原料稳定，对 VGO 原料中的氮含量和蜡含量有一定的限制，这样就可以保证尾油的性质稳定，有利于后续工艺的平稳操作；二是加氢裂化反应采用尾油循环工艺，有利于尾油中环烷烃的开环裂化，提高尾油的黏度指数，同时裂化反应多，可以多产低黏度的基础油原料；三是对加氢裂化尾油进行了进一步的切割，在减压蒸馏塔上加开侧线，通过侧线来保证异构降凝装置进料黏度稳定，不同黏度等级的原料分别进异构降凝装置，生产低凝基础油，这样在大分子链烷烃异构化反应过程中，小分子链烷烃不会发生裂化反应，保证异构降凝产品的黏度指数损失较小；四是严格限制异构降凝装置进料的硫氮杂质含量，保证异构脱蜡催化剂的活性稳定性。

此外，芬兰 NesteOil 公司与阿联酋 Adnoc 公司合资建设年产 600ktVHVI 基础油的生产厂[20]，其中Ⅲ类基础油产能为 500kt，计划于 2013 年建成投产。该工厂以位于 Ruwais 的 Takreer 分厂的加氢裂化尾油为原料，采用 ExxonMobil 的异构脱蜡技术，基础油产品黏度等级范围为 2 ~ 6mm^2/s。该厂投产后 NesteOil 将拥有 1200ktⅢ类基础油产能，将成为中东地区最大的Ⅲ类基础油生产商。

第四节　环烷基基础油

环烷基基础油是一类有着特殊性能的基础油，具有高溶解性、低温性能优异、橡胶相容性好、无毒、无害等特点，应用广泛。由于电力行业和橡胶行业的快速发展，对环烷基基础油的需求越来越大。以环烷基原油为原料生产的环烷基基础油，如变压器油、冷冻机油、橡胶填充油、BS 光亮油等，以及重交通道路沥青等产品，在国内外市场上倍受青睐，尤其是超高压变压器油和 45 号变压器油，更是环烷基油独一无二的特色产品。

环烷基原油具有蜡含量低、酸值高、密度大、黏度大、胶质含量高、残炭含量高以及金属含量高等特点，其裂解性能很差，不能作为催化裂化原料。加工高酸值环烷基原油的最大难题是设备腐蚀，原油蒸馏装置和配套设备需要采用特殊的防腐材料，才能保证装置的长周期运转需要。工业应用经验表明，常减压炉200℃以上馏分的侧线抽出线、填料及换热器均需要采用316L材质，后续加工过程中的反应装置要充分考虑金属杂质离子的影响，特别要重视铁离子对装置长周期稳定运转的影响，需要设置专门配套措施，以满足工业装置长周期运转。

环烷基油一般黏温性质较差，很难生产高黏度指数基础油，是生产特种润滑油基础油的优质资源。环烷基原油属稀缺资源，储量只占世界已探明石油储量的2.2%。全球目前只有中国、美国和委内瑞拉等国家拥有环烷基原油资源。中国环烷基原油主要分布存在新疆油田、辽河油田、大港油田以及渤海湾等地区。

目前全世界约有3400kt/a环烷基基础油生产能力[4]，80%产能在美国。美国大部分的环烷基基础油用作工艺用油、金属加工用油和润滑脂原料，这三项几乎占环烷基基础油的65%；用作一般工业用润滑油，占环烷基基础油的13%；生产船舶等用油占13.1%；此外，也生产一部分汽车用润滑油，占环烷基基础油的9.6%。世界环烷基基础油的生产，90%以上采用加氢工艺，特别是多环芳烃含量限定指标推出标准IP346后，加氢技术在环烷基油品生产上的应用就变得不可取代。美国的环烷基油大多数采用苛刻加氢工艺加工。环烷基原料油通过加氢反应，可有效提高黏度指数，进一步降低色度、甚至达到无色。通过高压加氢反应，可得到无色橡胶填充用油，从根本上解决了长期困扰橡胶制品的色泽问题。

一、国外环烷基基础油生产工艺[21]

1. ExxonMobil 工艺技术

ExxonMobil 公司采用糠醛精制 – 加氢补充精制工艺技术（见图 10 – 4 – 1），可以生产60号中性油、100号中性油以及60号重中性油[22]。

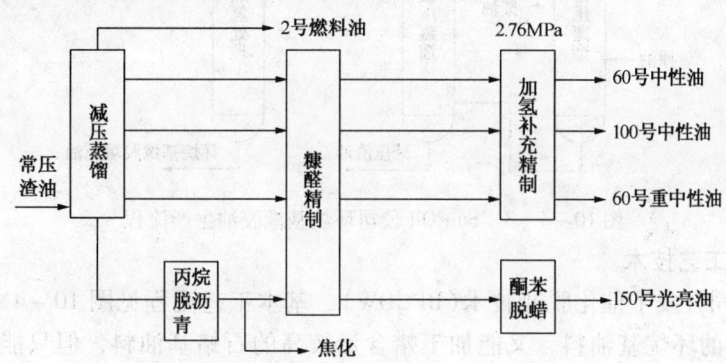

图 10 – 4 – 1 ExxonMobil 中性油生产流程

ExxonMobil 公司还开发了采用加氢处理 – 溶剂抽提技术生产高质量工艺用油的专利技术，该技术的工艺流程见图 10 – 4 – 2。

如图 10 – 4 – 2 所示，环烷基原油通过管线11进入蒸馏装置12，塔顶油和塔底油分别经过13和14排出，不同操作条件下蒸馏得到的环烷基馏分油经过15进入加氢处理装置16（一段或两段加氢），脱除一部分硫、氮化合物。加氢处理后的基础油通过管线17进入分离器18，将生成的硫化氢、氨气等通过管线19分离出去，得到的基础油通过管线20进入抽提装置21。含有溶剂和抽提油的抽提溶液通过管线22被排出，含有溶剂的抽余液通过管线

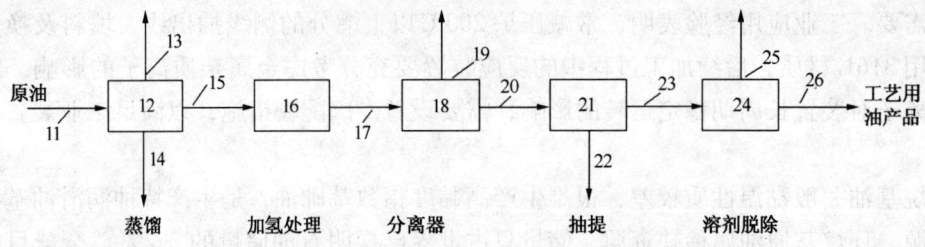

图 10-4-2 ExxonMobil 公司工艺用油生产流程

23 进入溶剂脱除装置 24。脱除的溶剂经过管线 25 排出,工艺用油产品经过管线 26 送出,生产的工艺用油芳烃含量为 20%~40%,苯胺点 80~120℃。

2. Sun Oil 公司工艺技术

Sun Oil 公司在 20 世纪 70 年代中期开发了用环烷基原油生产冷冻机油的专利技术,其工艺过程为:环烷基减压馏分油 - 两段加氢处理 - 催化脱蜡 - 矾土渗滤。该工艺采用催化脱蜡,以降低中间馏分和轻质润滑油馏分的倾点,扩大了加工原料的蜡含量范围。矾土渗滤仅仅是一个缓和的补充处理过程,使用的矾土量较少,通常情况下,1t 矾土可以处理 150~200bbl 油。整个工艺过程润滑油的总收率大约为 80%。采用该技术生产冷冻机油,改善了冷冻机油的密封管稳定性,降低了其絮凝点。

Sun Oil 公司开发的生产环烷基橡胶填充油的工艺流程见图 10-4-3,该过程先将原油经过常减压蒸馏,把所得减压馏分进行加氢处理后获得环烷基橡胶填充油产品。

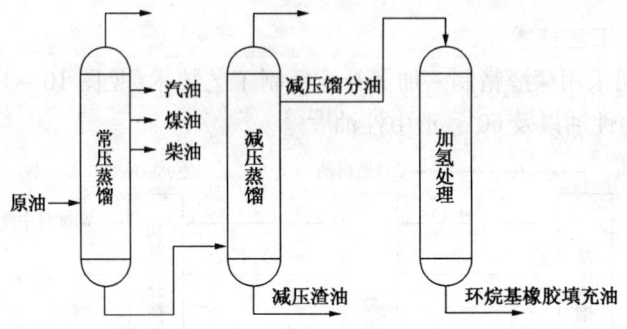

图 10-4-3 Sun Oil 公司环烷基橡胶油生产流程

3. BP 公司工艺技术

英国 BP 公司开发了催化脱蜡技术(BPCDW),基本工艺流程见图 10-4-4。该工艺既能加工低蜡含量的环烷基油料,又能加工蜡含量较高的石蜡基油料,但只能处理低黏度馏分,可以生产低倾点的低黏度变压器油和冷冻机油。BPCDW 技术对不同黏度的环烷基原料油的催化脱蜡效果见表 10-4-1。

表 10-4-1 BPCDW 技术对不同黏度环烷基原料油的处理效果

| 原料黏度(37.8℃)/ | 原料性质 | | 脱蜡油倾点/℃ |
(mm²/s)	倾点/℃	馏程(5%~95%)/℃	
54.0	-26	332~495	-42.8
108.0	-6.7	387~515	-28.9
159.2	-6.7	419~601	-12.3

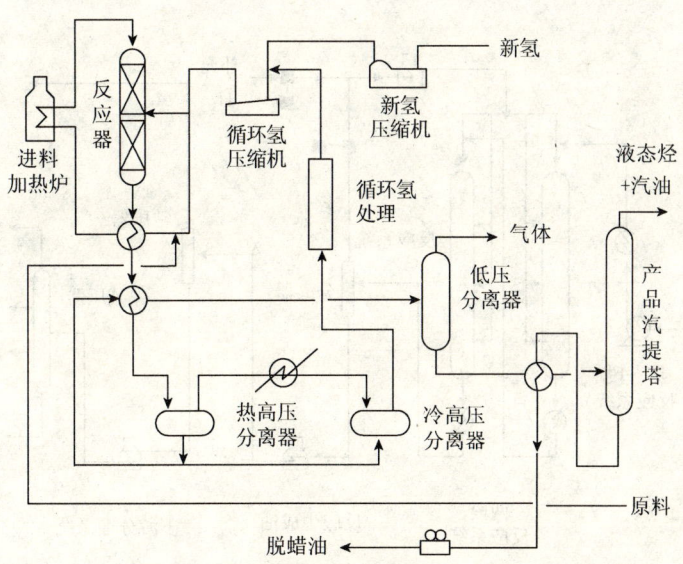

图 10-4-4 BP 公司催化脱蜡工艺流程

从表 10-4-1 可见，BPCDW 工艺加工黏度为 54.0mm²/s 的原料油，脱蜡油倾点可以达到 -42.8℃，而加工黏度为 259.2mm²/s 的原料油（蜡结晶主要为微晶蜡）时，只能得到倾点为 -12.3℃ 的脱蜡油。

BPCDW 工艺技术主要用于加工环烷基油料，制取冷冻机油、变压器油、液压油等。20 世纪 70 年代后期，BPCDW 技术在美国 Bayown 炼油厂应用，建立了第一套催化脱蜡装置，以降低轻质润滑油的倾点。1984 年第二套催化脱蜡装置在美国 PortArthur 炼油厂建成投产。

4. Calumet 公司工艺技术

Calumet 公司专门开发了一种生产环烷基润滑油基础油和专用油品的工艺 Hydro Cal Ⅱ，工艺流程见图 10-4-5。其特点是高压、多反应器、多段多种催化剂，以实现环烷基原料油中特定芳烃的选择性转化。Hydro Cal Ⅱ 工艺能深度改变芳香烃的分子结构，严格控制芳烃饱和的程度，在裂化很少的情况下减少多环芳烃。Hydro Cal Ⅱ 工业装置设计压力较高（> 175kg/cm²），原料适应性好，操作灵活性大，可在很宽的空速范围内运转。不同的环烷基基础油馏分首先经过两段加氢，反应后的生成油经过常减压蒸馏，得到不同级别的基础油产品。

Hydro Cal Ⅱ 工艺的一个显著特点是其精心设计的 Calu Cat 催化剂系统。HydroCal Ⅱ 工艺有三个重要特点：

（1）反应器采用多种催化剂、多床层装填，两个反应器共 12 个催化剂床层，以使重要的加氢反应能有选择地分开进行。每一个催化剂系统在动力学控制方面限定为脱氮、脱硫或多环芳烃饱和。由于严格控制温度，多催化剂系统成了一种促进芳烃（特别是四环、五环、六环和多环芳烃）最佳转化的先进工艺技术。

（2）为每一台反应器提供关键性的温度和动力学控制。利用一种先进的离散控制系统保持 12 个催化剂床层的准确的温度控制。加氢是发热反应，在反应器中释放出热量，大量的热量聚集，会导致裂化反应发生，为保持油中环烷烃的性质，必须尽量减少裂化反应的发生。因此，设计要求限制每一个床层的最佳芳烃饱和反应时的温升，防止热量聚集。

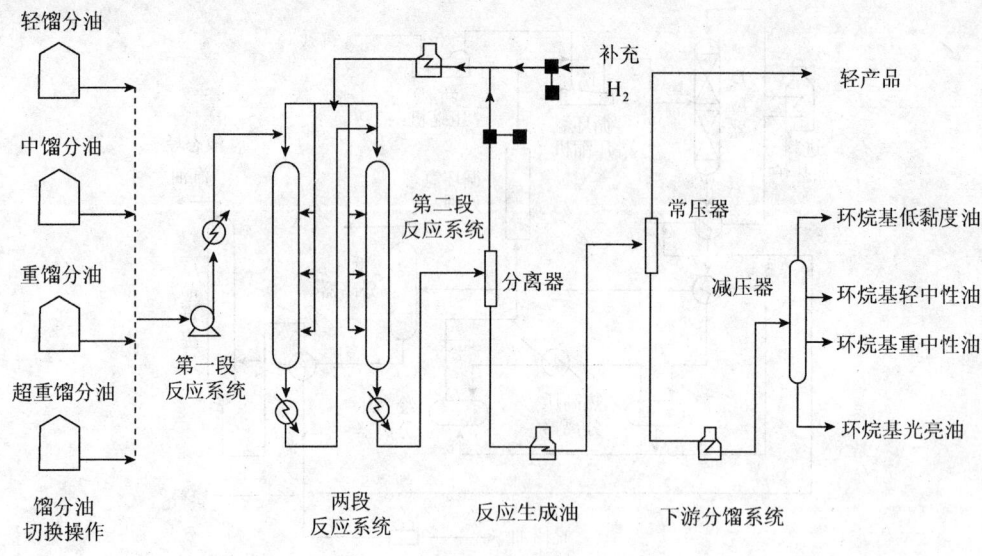

图 10-4-5 Hydro Cal Ⅱ 工艺流程

(3) 可以灵活切换 6 种以上不同的环烷基馏分原料油。

Hydro Cal Ⅱ 中型试验所用的典型原料与产品分析数据见表 10-4-2。基础油产品黏度指数有所提高，总芳烃饱和率接近 60%，多环芳烃饱和率在 90% 以上，证明了 Hydro Cal Ⅱ 工艺的选择性处理能力。

表 10-4-2 Hydro Cal Ⅱ 工艺的典型原料和产品性质

项 目	原 料	产 品
相对密度	0.9058	0.856
黏度		
40℃ 运动黏度/(mm²/s)	30.0	28.0
100℃ 运动黏度/(mm²/s)	4.7	4.55
38℃ 赛氏黏度	158.0	144.0
99℃ 赛氏黏度	42.0	41.0
黏度指数	49	53
倾点/℃	-42.8	-45.6
ASTM 颜色	3.0	0.5
苯胺点/℃	82	88
碳类型分布/% (ASTM D 3238)		
C_A	12	5
C_N	38	46
C_P	50	49
多环芳烃/% (改进的 IP346)	5.7	1.6
HPLC 分馏		
四环芳烃/%	0.85	0.09
>四环芳烃/%	0.29	0.02
极性芳烃/%	0.74	0.03

Hydro Cal Ⅱ 工艺与 Calu Cat Ⅱ 催化剂系统结合，几乎可以实现芳烃饱和、脱硫和脱氮的

任何要求，从而可以达到改进颜色、安定性和安全以及专用产品的特定要求。Hydro Cal Ⅱ 工艺使 Calumet 公司在环烷基油加氢处理能力方面处于领先水平。

二、RIPP 环烷基基础油生产工艺

1. 糠醛精制 – 加氢补充精制工艺技术

从环烷基原油得到的减压馏分油的氮含量和芳烃含量很高，尤其是稠环芳烃和碱氮化合物，严重影响基础油的安定性。通过糠醛精制脱除减压馏分中的稠环芳烃和氮化物，抽余油再经过加氢补充精制，可以生产多种环烷基基础油产品，如绝缘油、冷冻机油、橡胶油等。

根据克拉玛依环烷基原油的特点，RIPP 开发了以镍 – 钨为活性组分，酸性中心、孔径适宜的催化剂，筛选出适宜的工艺条件，实现稠环芳烃转化为单环、双环芳烃，同时脱除非烃杂质，再经分馏切割，得到了既抗析气又抗氧化的理想芳烃含量高的变压器油组分。与传统溶剂精制工艺相比，其单、双环芳烃含量由 10.1% 提高到 29.6%，析气性由 +20μL/min 降低至 -25μL/min；用该组分可灵活调整变压器油抗析气性能。

采用此技术所生产的全封闭冷冻机油 N32、N56，与制冷剂相容性由 +25℃ 降低到 +8℃，絮凝点由 -30℃ 降到 -45 ~ -55℃，化学稳定性由 3 级提高到 1 级。

2. 加氢处理 – 临氢降凝/后精制工艺技术

RIPP 根据环烷基原料油的特点以及市场需求的变化，开发了环烷基原油高压加氢处理技术（RHW），用于生产优质环烷基基础油产品，基本工艺流程见图 10 – 4 – 6。

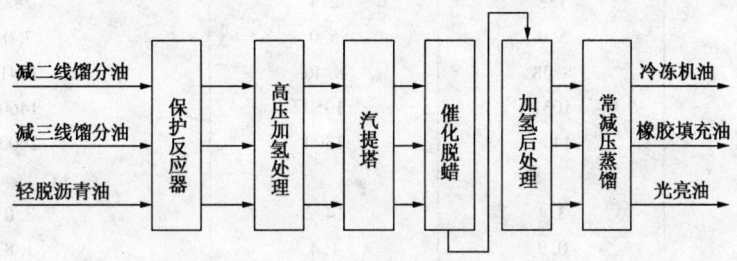

图 10 – 4 – 6　RHW 技术工艺流程

RHW 技术首先通过高压加氢处理脱除原料中的非理想组分，饱和芳烃、脱除杂质，同时又要避免过度裂解造成黏度下降过多及收率降低。加氢处理生成油经汽提除去溶在油中的轻烃与硫化氢、氨等气体，再经高压临氢降凝有选择地裂解大分子正构烷烃及环状烃的较长烷基侧链，降低油品的倾点。最后经高压加氢补充精制进一步饱和烯烃和芳烃，改善油品的颜色和氧化安定性。考虑到环烷酸的腐蚀而使原料含 Fe 量增多，为减缓反应器压降的快速上升，在加氢处理反应器前串联一台保护反应器，装入专用的级配保护剂脱除金属杂质，保护加氢处理催化剂不受污染。RHW 技术具有鲜明的特点：

（1）增设前置保护反应器，提出了一、二段之间热平衡技术方案，集成催化剂组合的优势，适应不同原料的处理和加工。

（2）根据反应过程的化学机理，调控芳烃饱和及选择性开环深度，在保持高黏度同时提高黏度指数，生产市场紧缺的 150BS 光亮油。

(3) 在适宜的工艺条件下充分饱和芳烃,生产白色橡胶油,实现收率最大化。

(4) 开发了环烷基馏分临氢降凝催化剂及组合工艺技术,选择性裂解直链烷烃,降低絮凝点,其降凝催化剂氢活化周期达到2年,达到世界先进水平。

RHW 技术于 2000 年 12 月在中国石油克拉玛依石化分公司成功应用。装置的加工能力为 300kt/a,设计氢分压为 15.0MPa,取得了很好的经济效益和社会效益:生产出 23 个牌号橡胶油,多环芳烃含量低于欧盟最严格的 I 类限值(<0.2mg/kg),成为知名橡胶企业长期指定用油;生产出满足 API II 类标准的 150BS 光亮油,广泛用于调和高档润滑油生产的全封闭冷冻机油,在空调压缩机行业得到普遍应用,国内市场占有率达到约 70%。

典型原料油性质、工艺条件分别见表 10-4-3、表 10-4-4。产品收率、主要产品性质分别列于表 10-4-5、表 10-4-6。

表 10-4-3 典型原料油性质

原 料 油	减二线馏分油	减三线馏分油	轻脱沥青油
密度(20℃)/(g/cm^3)	0.9155	0.9254	0.9165
运动黏度/(mm^2/s)			
100℃	7.19	14.65	63.94
40℃	81.41	353.64	2788.84
黏度指数	2	-49	48
倾点/℃	19	-5	0
折射率(20℃)	1.5046	1.5084	1.5062
闪点(开)/℃	188	214	282
色度/号	5.0	5.0	7.0
酸值/(mgKOH/g)	8.38	8.46	1.41
硫含量/(μg/g)	1031	1050	1460
氮含量/(μg/g)	1400	1800	2600
金属含量/(μg/g)			
Fe	3.4	14.2	3.0
Ca	0.9	1.4	1.8
Ni+V+Cu	<0.1	<0.1	<0.1
馏程/℃			
初馏点	313	342	382
10%	353	400	482
30%	380	429	530
50%	401	442	551
90%	446	472	—

表 10-4-4 润滑油加氢各段主要工艺条件

工 艺 条 件	减二线馏分油	减三线馏分油	轻脱沥青油
空速/h^{-1}	0.45	0.45	0.4
处理段温度/℃	355	355	381
降凝段温度/℃	275	275	280
后精制温度/℃	235	235	252

表 10-4-5　润滑油加氢装置物料平衡

原　料　油	减二线油	减三线油	轻脱沥青油
入方质量分数/%			
原料油	100.00	100.00	100.00
新氢	1.15	1.31	1.88
合计	101.15	101.31	101.88
出方质量分数/%			
石脑油	2.07	2.07	2.83
煤油	1.25	1.25	2.39
轻柴油	3.71	3.71	4.13
轻质润滑油	5.66	3.09	5.65
中质润滑油		2.64	14.78
重质润滑油	86.18	86.04	68.91
污油	1.45	1.45	1.30
气体及损失	0.83	1.06	1.8
合计	101.15	101.31	101.88

从表 10-4-6 中数据可以看出，采用 RHW 技术生产的 150BS 光亮油符合 API Ⅱ 类标准，填补了国内技术空白，成为该公司拳头产品和主要利润来源之一，产品畅销国内外。

表 10-4-6　加氢基础油主要产品性质

原　料　油	减二线	减三线	轻脱油
运动黏度/(mm²/s)			
100℃	5.59	11.17	25.39
40℃	47.36	188.96	405.18
黏度指数	20	-13	82
倾点/℃	-36	-18	-13
色度/号	0	0	0
组成(质谱法)/%			
链烷烃	6.6	6.1	8.4
总环烷	93.4	93.9	91.6
一环环烷	9.4	7.9	7.9
二环环烷	19.9	16.0	10.0
三环环烷	22.3	19.6	11.2
四环环烷	26.4	27.3	28.0
五环环烷	15.4	19.0	29.6
六环环烷	0	4.1	4.9
CH_2/CH_3(核磁共振法)	1.79	1.48	3.23

本装置副产品包括石脑油、轻柴油，轻质、中质润滑油，其产品性质见表 10-4-7 和表 10-4-8。

表 10-4-7 石脑油产品性质

原　料　油	减二线	减三线	轻脱油
色度/号	1	<0.5	<0.5
密度(20℃)/(g/cm³)	0.7205	0.7200	0.7164
硫含量/(μg/g)	<1	<1	<1
氮含量/(μg/g)	<1	<1	<1
馏程/℃			
初馏点	37	30	34
5%	60	41	55
50%	120	121	115
90%	168	195	162
终馏点	188	213	178

从表 10-4-7 分析来看，石脑油是良好的重整原料。

表 10-4-8 轻柴油产品性质

原　料　油	减二线	减三线	轻脱油
色度/号	1	<0.5	<0.5
密度(20℃)/(g/cm³)	0.8835	0.8807	0.8677
运动黏度/(mm²/s)			
40℃	6.924	6.349	4.24
20℃	14.32	12.83	7.428
闪点(闭)/℃	135	131	114
凝点/℃	-58	-66	<-70
硫含量/(μg/g)	10	8.7	<5
氮含量/(μg/g)	<5	<5	<5
折射率 n_D^{20}	1.4797	1.481	1.4728
苯胺点/℃	74.4	71.4	71.2
十六烷值指数	37	37	39
馏程/℃			
初馏点	278	264.5	248.5
5%	287	278	259.5
50%	301	295	278.5
95%	318	317.5	305.5
终馏点	326	320.5	311.5

从表 10-4-8 柴油的性质来看它是很好的低凝柴油组分，但柴油十六烷值偏低，同时闪点又很高，可以进一步开发低黏度的润滑油基础油产品。

从表 10-4-9 中可以看出，轻质润滑油的指标接近 25# 变压器油馏分，但由于芳烃饱和程度较高，油品中芳烃含量太少，易造成其析气性较差，不能单独作为 25# 变压器油，只能与传统老工艺生产的变压器油馏分按一定比例调和后成为变压器油。

表 10-4-9 轻质润滑油产品性质

原 料 油	减二线	减三线	轻脱油
色度/号	1	<0.5	<0.5
密度(20℃)/(g/cm³)	0.885	0.8970	0.8778
运动黏度/(mm²/s)			
100℃			2.571
40℃	15.77	15.82	10.93
20℃		43.97	25.74
闭口闪点/℃	168	170	166
凝点/℃	−49	−54	−65
倾点/℃	−42	−42	−57
硫含量/(μg/g)	8.6	13.6	5.3
氮含量/(μg/g)	<5	<5	7.3
折射率 n_D^{20}	1.482	1.487	1.478
苯胺点/℃			84
馏程/℃			
初馏点	264	279	260
5%	301	307	294
50%	342	334	329
90%	363	354	362
95%	368	359	377
族组成/%			
饱和烃	92.71	88.3	89.32
芳烃	7.29	9.939	10.68

从表 10-4-10 分析结果看,减三线的中质润滑油是变压器油的较好调和组分,轻脱油的中质润滑油是 KN4010 橡胶填充油的较好调和组分。

表 10-4-10 中质润滑油产品性质

原 料 油	减三线	轻脱油
色度/号	<0.5	<0.5
密度(20℃)/(g/cm³)	0.8984	0.8756
运动黏度/(mm²/s)		
100℃	—	7.688
40℃	20.56	70.16
20℃	61.73	—
闪点(闭)/℃	>170	220(开)
凝点/℃	−50	−47
倾点/℃	−42	−37
硫含量/(μg/g)	26.4	6.4
氮含量/(μg/g)	<5	8.9
折射率 n_D^{20}	1.4881	1.4818
馏程/℃		
初馏点	289	263
5%	317	354
50%	345	433
90%	363	484
95%	369	499
族组成/%		
饱和烃	91.54	94.39
芳烃	8.904	5.61

克拉玛依石化公司的工业生产表明，环烷基原料油采用 RIPP 开发的 RHW 全氢型加工技术路线，以 VGO 和 DAO 直接作原料，可以生产优质的环烷基基础油产品，大大提高了环烷基原油深度加工的经济效益，促进了电力、橡胶、交通等行业技术进步。

3. 加氢处理/裂化－异构脱蜡/后精制工艺技术

环烷基原料油具有倾点低的特点，采用临氢催化降凝工艺可容易得到低倾点产品，而且目的产品收率高。但由于降凝/后精制过程中采用非贵金属硫化态催化剂，受到其芳烃饱和性能的限制，副产品质量相对较差。为了进一步提高副产品的质量，提高成套装置的经济性，环烷基原料也可采用异构脱蜡的加工工艺流程，异构脱蜡工艺流程与石科院开发的 RHW 技术（见图 10-4-6）相类似，只是将异构脱蜡催化剂替代了催化脱蜡催化剂，由于异构脱蜡/后精制采用了贵金属催化剂，从而使得副产品质量得以大幅度提高。

中国石油克拉玛依石化分公司第二套 300kt/a 润滑油加氢装置于 2007 年 8 月建成投产，该装置采用石科院提供工艺包进行设计，装置建成后采用 Shell 旗下 Criterion 公司的加氢处理催化剂、异构脱蜡和后精制催化剂，原料为环烷基稠油的轻脱沥青油，主产品为重质基础油，副产的轻质润滑油和中质润滑油则用于生产食品级白油及其他产品。相关催化剂的物化性质见表 10-4-11、表 10-4-12。加氢处理单元采用两个反应器串联，催化剂采用复合装填方式，第一反应器上部为保护剂，下部为精制剂 LH-23，第二反应器由精制剂 LH-23 和裂化剂 LH-21 复合装填。异构脱蜡单元，装填含贵金属的异构脱蜡催化剂，编号为 SLD-821，为了保护异构脱蜡催化剂免受上游物料中带来的硫化物和氮化物的污染，在降凝反应器的顶部装填了一部分含贵金属的加氢后精制催化剂 LN-5，后精制反应器装填催化剂 LN-5。

表 10-4-11　加氢处理反应器相关催化剂性质

催化剂	保护剂	保护剂	裂化剂	精制剂
编号	OptiTrap	$[Ni, V]^{VGO}$	LH-21	LH-23
载体	氧化铝载体	氧化铝载体	硅铝载体	氧化铝载体
尺寸/mm	6.4/4.8	2.5	1.6	1.6
形状	中空柱形	三叶草	三叶草	三叶草
压碎强度/(N/mm)	7.0	—	21.0	21.0
磨损指数	—	—	>97	>97

表 10-4-12　异构脱蜡和加氢后精制催化剂性质

催化剂	异构脱蜡剂	后精制剂
编号	SLD-821	LN-5
形状	圆柱形	三叶草
压碎强度/(N/mm)	13.3	15.0
磨损指数	>98	>97

中国石油克拉玛依石化分公司第二套 300kt/a 润滑油高压加氢装置加氢处理单元和异构脱蜡/后精制单元的设计参数见表 10-4-13 和表 10-4-14，产品方案见表 10-4-15，产品性质见表 10-4-16、表 10-4-17 和表 10-4-18。根据设计方案，主产品为 150BS 光亮油，副产的中质润滑油和轻质润滑油可以用来生产食品级白油或高档橡胶填充油。

表 10-4-13　加氢处理反应条件及质量指标

项　目	条件 1	条件 2	条件 3
压力/MPa	15±0.5	15±0.5	15±0.5
>460℃收率(对 DAO 进料)/%	63.6	58.2	54.4
>460℃性质			
黏度指数	82.5	86.5	91.5
硫含量/(μg/g)	<5	<5	<5
氮含量/(μg/g)	<5	<5	<5
芳烃/%	<9	<9	<9
倾点/℃	+2	+2	+2

表 10-4-14　异构脱蜡/后精制反应条件及质量指标

项　目	条件 1	条件 2	条件 3
氢分压/MPa	15±0.5	15±0.5	15±0.5
脱蜡空速/h^{-1}	0.93	0.93	0.93
精制空速/h^{-1}	1.69	1.69	1.69
>460℃收率/%	>62.6	>57.5	>53

表 10-4-15　总物料平衡

项　目	条件 1	条件 2	条件 3
$H_2S + NH_3$/%	0.38	0.38	0.38
HK~120℃/%	2.3	2.9	3.8
121~280℃/%	6.3	7.9	9.3
轻质润滑油/%	14.1	16.5	17.1
中质润滑油/%	16.52	17.45	18.68
重质润滑油/%	62.5	57.0	53.0

表 10-4-16　重质润滑油产品质量指标

项　目	条件 1	条件 2	条件 3
黏度指数	82	86	91
100℃运动黏度/(mm^2/s)	32	29.2	27.9
硫含量/(μg/g)	<5	<5	<5
氮含量/(μg/g)	<1	<1	<1
芳烃/%	<1	<1	<1
旋转氧弹/min	>400	>400	>400
倾点/℃	<10	<10	<10
颜色(赛氏)/号	+30	+30	+30
闪点/℃	290	290	290
凝点/℃	<-15	<-15	<-15

表 10-4-17　中质润滑油产品质量指标

项　目	条件 1	条件 2	条件 3
芳烃/%	<1	<1	<1
黏度指数	70	73	75
倾点/℃	<-25	<-25	<-25
100℃运动黏度/(mm^2/s)	5.3	5.6	6.3
颜色/号	<0.5	<0.5	<0.5
闪点/℃	220	220	220

表 10-4-18 轻质润滑油产品质量指标

项　目	条件 1	条件 2	条件 3
芳烃/%	<1	<1	<1
黏度指数	57	61	63
倾点/℃	<-30	<-30	<-30
100℃运动黏度/(mm^2/s)	2.25	2.34	2.53
闪点/℃	170	170	170

目前装置实际按照设计方案"条件1"进行生产。生产统计结果表明,主产品150BS光亮油的黏度指数在82左右,主产品光亮油的收率在50%左右,低于设计值62.5%。主要原因有两个方面:催化剂的裂化活性较高、选择性略低;原料性质的变化,轻脱沥青油变轻,黏度指数在37~39,比设计值45偏低。除了主产品光亮油的收率偏低外,其他各项指标均达到设计标准。

三、生产白油及高档橡胶填充油工艺技术

白油和橡胶填充油是润滑油类石油产品中用于化工、食品等领域的两大特种产品,其馏程范围属于润滑油馏分,但使用性能要求和安全性要求与一般的润滑油基础油有很大的不同。橡胶填充油使用领域相对单一,主要用于橡胶加工过程,是橡胶加工过程的重要助剂,也是生产橡胶的重要组分。它不仅能提高橡胶的加工性能,还对提高橡胶制品的物理机械性能、降低生产成本等起到重要作用。与橡胶填充油相比,白油使用领域更加广泛。白油以其具有无色、无味、无臭、化学惰性及优良的光、热安定性等特点,广泛应用于日化、食品加工、化纤、纺织、制药及农业等领域。白油产品除了使用性能方面的要求外,同样具有严苛的使用安全性要求。

加氢工艺技术在白油和高档环烷基橡胶填充油的生产方面得到广泛的应用。目前,国外采用加氢法生产的白油约占白油总产量的90%以上。

白油和高档橡胶填充油可以是润滑油基础油生产工艺过程的副产品,也可根据需要选择专门工艺技术进行生产。例如中国石油克拉玛依石化分公司采用RIPP开发的高压加氢处理-临氢降凝/加氢后精制全氢型工艺流程(RHW技术,见图10-4-6),以环烷基原油的减压馏分油和轻脱沥青油作为进料,经过三段高压加氢,其中的硫、氮等杂质基本脱除,芳烃含量大大降低,产品的颜色达到水白,副产的中质润滑油和轻质润滑油产品性质见表10-4-19,他们是生产高档橡胶填充油产品或工业级白油的优质原料。或将其经过再进一步加氢精制,还可以得到食品级白油。同样,采用如图10-2-3所示的ExxonMobil的组合工艺技术,也可以生产工业白油,再经过补充精制就可以生产出食品级白油。

表 10-4-19 全氢型加工流程生产的橡胶填充油性质

项　目	6号填充油	10号填充油
运动黏度/(mm^2/s)		
100℃	5.891	10.47
40℃	52.68	158.8
倾点/℃	-30	-21
密度/(g/cm^3)	0.8965	0.9023

续表

项　目	6号填充油	10号填充油
闪点(开口)/℃	187	215
赛氏比色/号	+30	+30
硫含量/(μg/g)	16.8	28.3
氮含量/(μg/g)	<5	<5
总芳烃/%	1.5	3.4

随着白油和高档橡胶填充油原料来源更加广泛，产品规格越来越细、质量要求越来越高，国内外也有研究单位针对开发并应用了生产白油和高档橡胶填充油的专门工艺技术。

1. 白油加氢工艺技术

含硫、氮等杂原子化合物是影响白油颜色和气味的组分。芳烃具有一定的毒性，多环芳烃含量增加也会影响白油的颜色，同时多环芳烃还具有致癌的可能性。白油加氢过程的主要目的就是脱除原料油中的硫、氮等杂质并使芳烃深度饱和，使之满足易炭化物、紫外吸收（FDA）等指标要求。因此，白油加氢中发生的主要反应有：杂原子化合物氢解反应；芳烃加氢饱和反应。另外也可能发生少量加氢裂化反应，由于该反应会导致轻馏分生成，使白油产率降低，因此应尽量避免其发生。

白油加氢工艺过程有一段法工艺和两段法工艺，适用于不同的原料。一段法流程见图10-4-7，两段法流程见图10-4-8。

以加氢裂化尾油、加氢异构脱蜡基础油为原料时，由于原料的硫含量一般小于10μg/g，氮含量小于5μg/g，芳烃含量小于5%，可以采用一段加氢工艺流程。

以传统"老三套"加工流程生产的润滑油基础油馏分为原料时，一般采用两段流程，第一段为原料精制段，采用精制型非贵金属NiMo或NiW硫化态催化剂，脱除原料中的含硫和含氮化合物，同时使大部分芳烃加氢饱和。一段产物经过汽提或蒸馏拔顶后进入第二段。第二段为加氢后精制段，采用含第Ⅷ族的非贵金属或贵金属还原态催化剂，使残存的芳烃进一步深度饱和。由于第一段的反应条件比较苛刻，反应温度较高，因而可能还发生一些加氢裂化反应。第二段一般在较高氢分压和较低的温度下进行，以利于芳烃的饱和反应。由于反应温度比较低，基本不发生裂化反应。

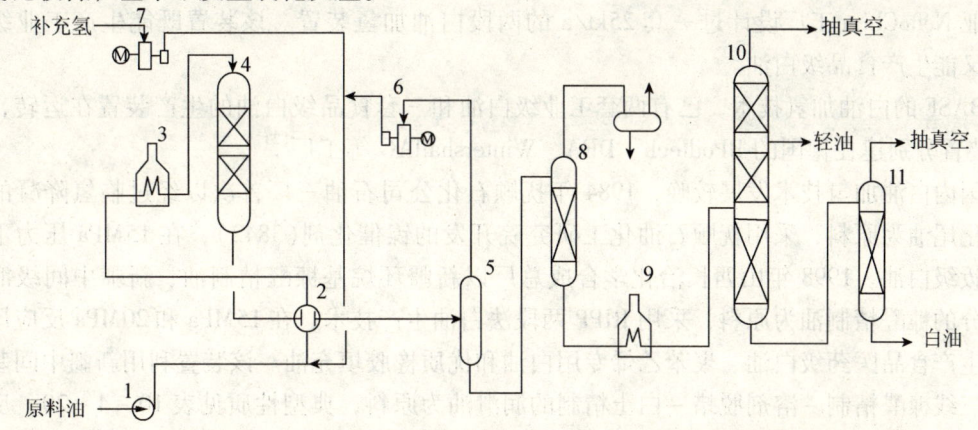

图10-4-7　一段法白油加氢工艺流程

1—原料油泵；2—高压换热器；3—反应炉；4—反应器；5—高压分离器；6—循环氢压缩机；
7—新氢压缩机；8—汽提塔；9—分馏炉；10—减压分馏塔；11—干燥塔

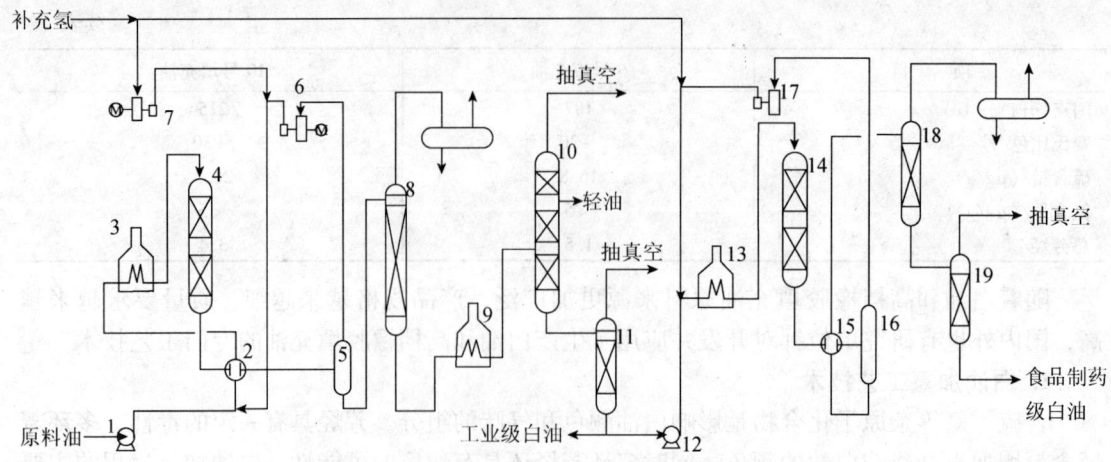

图 10-4-8 两段法加氢生产食品医药级白油工艺流程

1——段原料油泵;2——段高压换热器;3——段反应炉;4——段反应器;5——段高压分离器;
6——段循环氢压缩机;7—新氢机;8——段汽提塔;9—分馏炉;10—减压分馏塔;11—干燥塔;
12—二段原料油泵;13—二段反应炉;14—二段反应器;15—二段高压换热器;16—二段高压分离器;
17—二段循环氢压缩机;18—二段汽提塔;19—减压干燥塔

国外白油加氢生产技术[23]发展较快。自1965年Lyondell公司建成第一套白油加氢装置以来,随着对白油产量、品种、质量要求的不断增长以及环境保护要求愈加严格,加氢法生产白油得到了快速发展。国外采用加氢法生产的白油约占白油总产量的90%以上。

Lyondell工艺采用两段加氢技术(Duotreat),该技术首先于1965年在美国Houston炼油厂工业化[23]。Houston炼油厂的一段催化剂为HDS-9,二段催化剂为含Pt催化剂,该装置生产能力为272kg/d。1985年一段催化剂改为HDS-9A,生产能力提高至408kg/d。1992年二段催化剂由Pt催化剂改为Ni催化剂,生产能力提高至454kg/d。1996年3月开工的委内瑞拉VASSA白油加氢装置和1996年10月开工的巴西EMCA白油加氢装置,采用新的一段催化剂C-411。

IFP&TOTAL一段加氢工艺在埃及NASR Petrolium公司于1979年工业化[23]。IFP还为保加利亚NeftoChim工厂设计过一套25kt/a的两段白油加氢装置。该装置既能生产工业级白油,又能生产食品级白油。

BASF的白油加氢技术,已有两套工业级白油和三套食品级白油的生产装置在运转,这5套装置分别建在德国的BPoiltech、DEA、WintershallAG等工厂[23]。

国内白油加氢技术发展较晚,1984年抚顺石化公司石油三厂首次以经过临氢降凝的加氢裂化尾油为原料,采用抚顺石油化工研究院开发的镍催化剂(3842),在15MPa压力下生产化妆级白油。1998年山西长治化学合成总厂以新疆环烷基糠醛精制油、新疆中间级润滑油馏分的糠醛精制油为原料,采用RIPP两段法白油生产技术,在15MPa和20MPa反应压力下,生产食品医药级白油、聚苯乙烯专用白油和优质橡胶填充油。该装置利用新疆中间基原油减三线糠醛精制-溶剂脱蜡-白土精制的润滑油为原料,典型性质见表10-4-20,反应条件见表10-4-21。原料油首先经过第一段反应器进行脱硫、脱氮及大部分的芳烃饱和等反应,反应物料进行汽提和分馏,所得重馏分作为第二段的进料。经过一段加氢-分馏得到的重馏分一般控制其硫含量小于5μg/g,原料中大约80%以上的芳烃得到饱和,重馏分油的收率在85%左右。经过一段加氢后重馏分油的性质见表10-4-22。一段加氢合格的重馏分油在第二段反应器中与具有高加氢活性的含Ni金属还原态催化剂接触，进行进一步的芳烃加氢饱和反应，产品性质以易炭化物和紫外吸光（FDA）作为控制指标。产品性质见表10-4-23。由于二段加氢主要是加氢精制过程，催化剂在较低的反应温度时就具有很高的芳烃加氢饱和活性，反应过程中不发生裂化反应，白油的收率达到二段进料的99%以上。

表10-4-20 新疆减三线润滑油基础油性质

项 目	数 据	项 目	数 据
运动黏度(40℃)/(mm^2/s)	85.30	氮含量/(μg/g)	61
密度(20℃)/(g/cm^3)	0.8752	总芳烃/%	9.3
倾点/℃	-7	馏程(D1160)/℃	
闪点(开口)/℃	247	初馏点	399
色度(D1500)	2.0	30%	449
折光射率(20℃)	1.4808	50%	466
硫含量/(μg/g)	596	95%	518

表10-4-21 加氢反应条件

工艺条件	第一段	第二段
氢分压/MPa	15.0	20.0
平均反应温度/℃	355	205

表10-4-22 第一段加氢得到的加氢油性质

项 目	数 据	项 目	数 据
运动黏度(40℃)/(mm^2/s)	68.74	硫含量/(μg/g)	<5
密度(20℃)/(g/cm^3)	0.8651	氮含量/(μg/g)	<5
倾点/℃	-5	蒸发损失/%	
闪点/℃	253	1.3kPa, 220℃	0
色度(D1500)	<0.5	1.3kPa, 242.5℃	1.4
折射率(35℃)	1.4701		

表10-4-23 食品级聚苯乙烯白油性质

分析项目	白油产品	规格指标
运动黏度(40℃)/(mm^2/s)	69.76	65~75(埃索)
密度(20℃)/(g/cm^3)	0.8646	0.852~0.869(埃索)
倾点/℃	-5	≤-9.4(道化学)
闪点/℃	257	252(埃索)
赛氏比色	>+30	≥+30(埃索)
折射率(35℃)	1.4696	1.469~1.473(埃索)
易炭化物	通过	通过
紫外吸收(间接法)	0.06	≤0.1
紫外吸收(直接法)		
275nm	0.6558	≤1.6
295nm	0.0578	≤0.2
300nm	0.0532	≤0.15
蒸发损失/%		
1.3kPa, 220℃	0	≤1.5(道化学)
1.3kPa, 242.5℃	1.4	≤3.5(道化学)
硫含量/(μg/g)	<5	通过USP(道化学)
氮含量/(μg/g)	<5	—

续表

分析项目	白油产品	规格指标
水分/%	无	无
机械杂质/%	无	无
水溶性酸碱	无	无
悬浮物	无	无
馏程(D1160)/℃		
初馏点	386	—
50%	465	—
95%	511	—

1999年杭州石化有限责任公司引进美国Lyondell公司专利技术,以经溶剂精制和溶剂脱蜡后的基础油为原料,采用Criterion公司的催化剂,一段采用硫化态NiMo催化剂(C-LUBE-9),主要功能为脱硫、脱氮、芳烃饱和,二段采用贵金属催化剂(LUBE-2),主要功能是芳烃饱和,满足食品级白油对紫外吸光度、易炭化物等指标要求,采用两段串联工艺生产各黏度等级的工业级、化妆级和食品医药级白油。2000年后,杭州石化对装置进行工艺改造,流程改造后,一、二段操作可联可分,根据不同原料和产品要求选择不同的加工方案。当原料的硫含量、芳烃含量、倾点较高时,可以进一段生产工业级白油;当原料中硫含量小于10μg/g时,芳烃含量较低时,可直接进二段生产食品级白油[24,25]。白油高压加氢工艺流程见图10-4-9。原料油150SN润滑油基础油的主要性质见表10-4-24,主要操作条件见表10-4-25,典型的原料和产品性质见表10-4-26。

表10-4-24 150SN基础油主要性质

项目	主要指标	项目	主要指标
运动黏度(40℃)/(mm^2/s)	32.41	环烷含量/%	30
闪点(开口)/℃	208	烷烃含量/%	65
密度(20℃)/(kg/m^3)	870.1	硫含量/%	0.0145
芳烃含量/%	5	倾点/℃	-10

表10-4-25 主要操作条件

项目	一段	二段
原料油流量/(kg/h)	2531	2207
反应器压力/MPa		
入口	18.37	18.15
出口	18.22	18.05
反应器温度/℃		
入口	334	252
出口	347	241
空速 WHSV/h^{-1}	0.41	0.38
氢耗(2段共计)/(m^3/t)	145.32	
加热炉出口温度/℃	315	260
分馏塔顶真空度/MPa	-0.08	—
分馏干燥器真空度/MPa	-0.08	-0.10

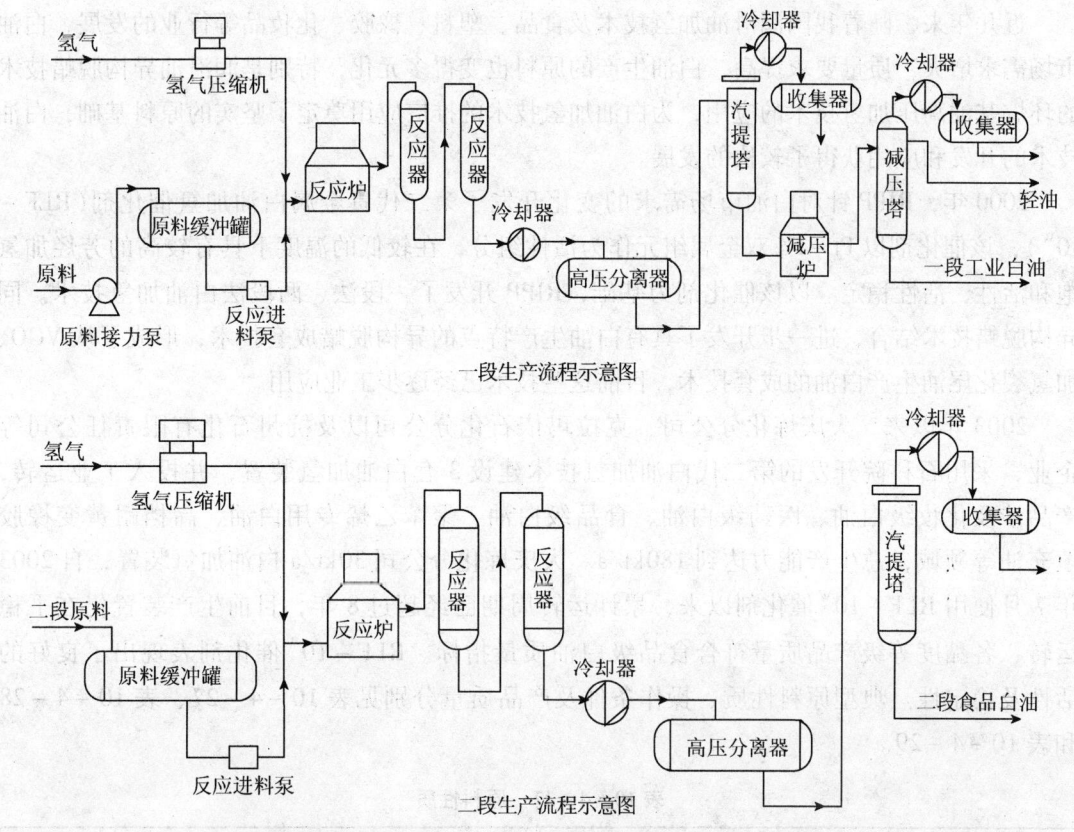

图 10-4-9 两段法加氢生产食品医药级白油工艺流程

表 10-4-26 白油产品性质

项 目	质量指标	实测指标	试验方法
运动黏度(40℃)/(mm²/s)		30.29	GB/T 265
闪点/℃	≥165	210	GB/T 3536
倾点/℃		-4	GB/T 3535
密度(20℃)/(kg/m³)		862.9	GB/T 1884
紫外吸光度(260~300nm)	≤0.1	0.053	GB/T 11081
易炭化物	合格	合格	GB/T 11079
芳烃含量/%		0	—
环烷烃含量/%		35	—
烷烃含量/%		65	—
机械杂质	无	无	GB/T 511
外观	无色透明	无色透明	
水分	无	无	GB/T 260
砷含量/(μg/g)	≤1	无	GB/T 8450
铅含量/(μg/g)	≤1	无	GB/T 8449
重金属含量/(μg/g)	≤10	无	GB/T 8451
固形石蜡	通过	通过	SH/T 0134

近几年来,随着我国润滑油加氢技术及食品、塑料、橡胶、化妆品等行业的发展,白油市场需求增大,质量要求提高,白油生产的原料也变得多元化,特别是润滑油异构脱蜡技术的环烷基油高压加氢技术的应用,为白油加氢技术的推广应用奠定了坚实的原料基础,白油技术的开发和应用获得了较快的发展。

2000年,RIPP针对白油市场需求的变化开发了第二代贵金属白油加氢催化剂(RLF-10^W),该催化剂以Pt-Pd双金属组元作为活性组分,在较低的温度下具有较高的芳烃加氢饱和活性,活性稳定。以该催化剂为基础,RIPP开发了一段法、两段法白油加氢技术。同异构脱蜡技术结合,进一步开发了具有白油生产特点的异构脱蜡成套技术,形成了从VGO、加氢裂化尾油生产白油的成套技术,目前这些技术已经逐步工业应用。

2003年以来,大庆炼化分公司、克拉玛依石化分公司以及杭州石化有限责任公司等企业,采用石科院开发的第二代白油加氢技术建设3套白油加氢装置,并投入工业运转,产品涉及化妆级白油、医药级白油、食品级白油、聚苯乙烯专用白油、高档耐黄变橡胶填充油等领域,总生产能力达到180kt/a。大庆炼化分公司30kt/a白油加氢装置,自2003年7月使用RLF-10^{W}催化剂以来,累计运转周期已经超过8年,目前生产装置仍在平稳运转,各黏度等级产品质量符合食品级白油质量指标。RLF-10^{W}催化剂表现出了良好的活性及稳定性。典型原料性质、操作条件及产品质量分别见表10-4-27、表10-4-28和表10-4-29。

表10-4-27 原料性质

项目	轻质原料	中质原料	重质原料
运动黏度/(mm^2/s)			
40℃	9.847	36.39	58.68
100℃	2.74	5.73	9.53
闪点/℃	167	227	275
色度/号	0	0	0.5
倾点/℃	-30	-27	-12
密度(20℃)/(g/cm^3)	0.8290	0.8552	0.8467

表10-4-28 装置操作条件

项目	轻质原料		中质原料		重质原料	
	设计值	实际值	设计值	实际值	设计值	实际值
反应器入口压力/MPa	18.0	17.5	18.0	17.5	18.0	17.5
体积空速/h^{-1}	1.0	1.0	0.6	0.6	0.5	0.5
低压分离器压力/MPa	1.9	1.4	1.9	1.4	1.9	1.4
一反入口温度/℃	191	205	203	215	208	
二反入口温度/℃	186	210	200	216	216	

表 10-4-29　食品级白油产品分析结果

项　　目	10 号	15 号	26 号	36 号	70 号[①]
运动黏度(40℃)/(mm²/s)	9.851	14.70	25.29	36.38	58.73
闪点/℃	166	179	199	226	272
颜色(赛氏号)	>+30	>+30	>+30	>+30	>+30
砷含量/(μg/g)	<1	<1	<1	<1	<1
铅含量/(μg/g)	<1	<1	<1	<1	<1
重金属/(μg/g)	<10	<10	<10	<10	<10
易炭化物	通过	通过	通过	通过	通过
固态石蜡	通过	通过	通过	通过	通过
紫外吸光度(260~420nm)[②]	0.021	0.024	0.074	0.046	0.058

① 达到企业标准。
② 食品级白油规格要求紫外吸光度不大于 0.1。

2. 环烷基橡胶填充油加氢工艺

橡胶填充油是橡胶加工过程的重要助剂，也是生产橡胶的重要组分。它不仅能提高橡胶的加工性能，还对提高橡胶制品的物理机械性能、降低生产成本等起到重要作用。目前使用的橡胶填充油一般按照 ASTMD2226 分类，分为高芳烃油、芳烃油、环烷基油和石蜡基油等四类。其中，环烷基油的性质介于芳烃油和石蜡基油之间，既有较好的稳定性和颜色，又与高聚物具有较好的相容性，用量很大。

国内环烷基橡胶填充油的生产，主要集中在加工环烷基原油的中国石油克拉玛依石化分公司、辽河分公司及中国海洋石油下属炼化企业。近几年来，中国石化荆门分公司利用中间基原油生产的 MVI 通过加氢精制生产出了中间基橡胶填充油。在上述几个生产厂家中，克拉玛依石化分公司是最大的环烷基橡胶填充油生产商，形成了具有竞争力的品牌和完善的产品标准系列。

中国石油克拉玛依石化分公司利用九区稠油的减二线、减三线馏分油和轻脱沥青油，通过高压加氢处理技术生产浅色和无色橡胶油产品，其产品已形成 K、KN、KP、KH、KNH、YT 等系列产品，其中 YT 系列是中度精制产品，产品中适当保留了部分芳香烃组分，以满足部分用户的需求。上述产品广泛用于在 SBS、SBR、乙丙橡胶、三元乙丙橡胶、丁基橡胶、丁苯橡胶、顺丁橡胶、氯丁橡胶、聚异戊二烯橡胶等合成橡胶中。

环烷基橡胶填充油的生产过程一般与芳香基橡胶填充油的生产过程不同，由于环烷基橡胶填充油的组成主要是饱和的环烷烃，因此在使用加氢工艺单元时根据不同档次的橡胶填充油对颜色和光安定性的不同，可以采用不同的压力进行不同深度的加氢，从而生产不同档次的产品。

四、环烷基基础油主要产品

环烷基基础油是一类有着特殊性能的基础油，具有稳定性好、低温性能优异、高溶解性、橡胶相容性好、无毒、无害等特性，这些特性决定了其在诸多领域具有广泛的用途。

1. 变压器油

变压器油的主要作用是绝缘和冷却散热。黏度对散热效果影响很大，黏度越小流动性就越好，散热效果也越好。氧化安定性同样是变压器油的重要性能。为了提高油品的氧化安定性，通常加入抗氧化剂。但抗氧化剂的加入，也会影响到变压器油的耐电压和介质损耗性能，因此抗氧化剂的加入量受到了严格限制。

国外则有根据抗氧化剂加入量对变压器油进行划分的，如 IEC 标准，将变压器油分为加抗氧化剂和未加抗氧化剂两大类，新推出的 IEC 60296—2003 标准，将变压器油分为 3 类。

我国最新的变压器油标准为 GB 2536—90，适用于 330kV 以下（含 330kV）的变压器和有类似要求的电器设备中，其技术指标要求见表 10－4－30。变压器油按凝点分为 10 号、25 号和 45 号 3 种牌号。环烷基油凝点低，按上述工艺制备的基础油料，凝点通常在 -30℃ 以下，可直接生产 25 号产品，稍加处理就可以生产 45 号产品。而其他种类基础油需要脱蜡、甚至深度脱蜡才能满足要求。由此可见，用环烷基油生产低凝变压器油或其他低凝油品有着得天独厚的优势。标准规定 10 号和 25 号变压器油的 40℃ 运动黏度不大于 13mm^2/s，45 号变压器油的 40℃ 运动黏度不大于 11mm^2/s。由于环烷基油黏度指数低，在变压器温度升高时，黏度迅速下降而加快循环速度，从而提高散热效果。

表 10－4－30　变压器油技术要求

项　目		质量指标			试验方法
牌号		10	25	45	
外观		透明，无悬浮物和机械杂质			目测[①]
密度(20℃)/(kg/m^3)	≯	895			GB 1884 GB 1885
运动黏度/(mm^2/s)					
40℃	≯	13	13	11	GB 265
-10℃	≯		200		
-30℃	≯	—	—	1800	
倾点/℃	≯	-7	-22	报告	GB 3535[②]
凝点/℃	≯	—	—	-45	GB 510
闪点(闭口)/℃	≮	140	140	135	GB 261
酸值/(mgKOH/g)	≯	0.03	0.03	0.03	GB 264
腐蚀性硫		非腐蚀性			SY 2689
氧化安定性[③]					
氧化后酸值/(mgKOH/g)	≯	0.2			ZB E38003
氧化后沉淀/%	≯	0.05			
水溶性酸或碱		无			GB 259
击穿电压(间距2.5mm交货时)[④]/kV	≮	35			GB507[⑤]
介质损耗因数(90℃)	≯	0.005			GB 5654
界面张力/(mN/m)	≮	40	38	38	
水分/(mg/kg)		报告			ZBE38004

① 把产品注入 100mL 量筒中，在 20℃ ±5℃ 下目测。如有争议时，按 GB511 测定机械杂质含量为无。
② 以新疆原油和大港原油生产的变压器油测定倾点时，允许用定性滤纸过滤。倾点指标，根据生产和使用实际经与用户协商，可不受本标准限制。
③ 氧化安定性为保证项目，每年至少测定一次。
④ 击穿电压为保证项目，每年至少测定一次。用户使用前必须进行过滤并重新测定。
⑤ 测定击穿电压允许用定性滤纸过滤。

减少抗氧剂添加量或不加抗氧剂,是变压器油的发展趋势,尤其是超高压变压器油,倾向于不添加抗氧剂。对于Ⅰ类和Ⅱ类变压器油,要求具有良好的氧化安定性。环烷基基础油经过适当处理或加入适量的芳烃类基础油,就可达到氧化安定性的要求,同时还可以满足超高压变压器油析气性的要求。

2. 冷冻机油

冷冻机油是制冷压缩机专用润滑油,是制冷系统中决定和影响制冷功能和效果的至关重要的组成部分,与压缩机运转性能和使用寿命有密切关系。冷冻机油的主要功能有:①润滑摩擦面,使摩擦面完全被油膜分隔开来,从而降低摩擦功、摩擦热和磨损;②冷冻机油的流动带走摩擦热,使摩擦零件的温度保持在允许范围内;③在密封部位充满油,保证密封性能,防止制冷剂的泄漏;④油的运动带走金属摩擦产生的磨屑,起到清洗摩擦面的作用;⑤为卸载机构提供液压的动力。

高质量的冷冻机油不仅必须具备与制冷剂共存时优良的热化学安定性和相容性,还必须兼有优良的低温流动性、润滑性及抗泡性,而且易于生产,原料来源可靠,对环境无污染。环烷基基础油与制冷剂具有良好的相容性及热化学安定性,是调和冷冻机油的良好原料。

关于冷冻机油的具体规格和技术要求详见国家标准 GB/T 16630—1996(见表 10 - 4 - 31)。本标准规定了矿物油或合成烃型冷冻机油的技术条件。本标准所属产品主要适用于以氨、CFCs(氯氟烃类,如 R12)和 HCFCs(含氯氯氟烃类,如 R22)为制冷剂的制冷压缩机,不适用于 HFCs(含氢氟代烃类,如 R134a)为制冷剂的制冷压缩机。

随着制冷设备和制冷技术的进步,对制冷压缩机专用润滑油 - 冷冻机油的性能和品质提出了更高的要求。目前随着节能环保方面的要求和新型环保制冷剂的出现,与之配套的低黏度冷冻机油也就应运而生。使用环保型制冷剂以及使用低黏度冷冻机油已经成为制冷行业发展的必然趋势。

3. 白油

白油为无色透明油状液体,主要成分为 $C_{16} \sim C_{31}$ 的烷烃混合物,芳香烃、氮、硫等物质的含量几乎为零,具有良好的氧化安定性、化学稳定性、光安定性、热稳定性,无色、无味,不腐蚀纤维纺织物,广泛应用于日化、食品加工、化纤、纺织、制药及农业等领域。白油的分类通常是根据其饱和烃的纯度进行分类,常用的有工业级白油、化妆级白油、医用级白油、食品级白油等。不同类别的白油在用途上也有所不同。

工业级白油,可用于化学、纺织、化纤、石油化工、电力、农业等,可用于 PE、PS、PU 等生产。

食品级白油,适用于粮油加工、水果蔬果加工、乳制品加工、面包切制机等食品加工设备的润滑,应用于食品上光、防粘、消泡、刨光、密封,可作通心面、面包、饼干、巧克力等食品的破模剂,能够延长酒、醋、水果、蔬菜、罐头的贮存、保鲜期。

医用级白油,适用于制药工业,可用作生产轻泻用的内服剂及生产青霉素的消泡剂。

化妆级白油,适用于日化行业,可作发乳、发油、唇膏、面油、护肤油、防晒油、婴儿油、雪花膏等软膏和软化剂的基础油。

表 10-4-31 冷冻机油技术要求

项 目		L-DRA/A 一等品					L-DRA/B 优等品					L-DRA/B 一等品									L-DRB/A 优等品					L-DRB/A 一等品					L-DRB/B 优等品					L-DRB/B 一等品					试验方法
ISO 黏度等级(按 GB/T 3141)		15	22	32	46	68	15	22	32	46	68	15	22	32	46	68	100	150	220	320	15	22	32	46	68	15	22	32	46	68	15	22	32	46	68	15	22	32	46	68	—
运动黏度 $/(mm^2/s)$	40℃	13.5~16.5	19.8~24.2	28.8~35.2	41.4~50.6	61.2~74.8	13.5~16.5	19.8~24.2	28.8~35.2	41.4~50.6	61.2~74.8	13.5~16.5	19.8~24.2	28.8~35.2	41.4~50.6	61.2~74.8	90~110	135~165	198~242	288~352	13.5~16.5	19.8~24.2	28.8~35.2	41.4~50.6	61.2~74.8	13.5~16.5	19.8~24.2	28.8~35.2	41.4~50.6	61.2~74.8	13.5~16.5	19.8~24.2	28.8~35.2	41.4~50.6	61.2~74.8	13.5~16.5	19.8~24.2	28.8~35.2	41.4~50.6	61.2~74.8	GB/T 265
	100℃	—	—	—	—	2.5	—	—	—	—	2.5	1	1	1.5	2.0	2.5	3.0	3.5	4.0		—	—	—	—	2.0	—	—	—	—	2.0	—	—	—	—	2.0	—	—	—	—	2.0	
黏度指数 ≥		—	—	—	—	—	—	—	—	—	—										报告					报告					报告					报告					
密度 (20℃)/(g/cm³)		—	—	—	—	—	—	—	—	—	—										①					①					①					①					GB/T 2541
折射率 η_D^{20}		—	—	—	—	—	—	—	—	—	—										①					①					①					①					GB/T 1884
苯胺点/℃		—	—	—	—	—	—	—	—	—	—										①					①					①					①					GB/T 1885
分子相对质量		—	—	—	—	—	—	—	—	—	—										①					①					①					①					SH/T 0205
闪点 (开口)/℃ ≥		150	150	150	150	170	150	160	160	160	170	160	170	210	225	225	—	—	—	—	150	160	162	170	175	150	162	172	177	187	150	160	162	170	175	150	162	172	177	187	GB/T 262
倾点[2]/℃ ≤		-35	-35	-30	-30	-25	-35	-35	-30	-30	-25	-35	-35	-30	-25	-20	-15	-10	-10	-10	-45	-42	-39	-39	-36	-45	-42	-39	-39	-36	-45	-42	-39	-39	-36	-45	-42	-39	-39	-36	GB/T 3535
U 型管流动性[2]/℃ ≤		-35	-35	-30	-25	-15	-35	-35	-30	-25	-15	-35	-35	-30	-25	-15	-10	-10	-10	-10	—	—	—	—	—	—	—	—	—	—	—	—	—	—	—	—	—	—	—	—	GB/T 12578
水分		无					无					无									—					—					—					—					GB/T 260
微量水分/(mg/kg) ≤		—					50					50									35					35					35					35					GB/T 11133
介电强度/kV ≥		—					25					25									25					25					25					25					GB/T 507
酸值/(mgKOH/g) ≤		0.08					0.03					0.03									0.03					0.03					0.03					0.03					GB/T 7304 或 GB/T 4945
硫含量/% ≥		0.10					0.3					0.3									0.3					0.3					0.1					0.1					SH/T 0172
残炭/% ≤		0.01					0.05					0.05									0.03					0.03					0.03					0.03					GB/T 268
灰分/% ≤		—					0.005					0.005									0.003					0.003					0.003					0.003					GB/T 508
颜色/号 ≤		1.5				2.0	1	1	1.5	2.0	2.5	1	1	1.5	2.0	2.5	3.0	3.5	4.0		1.0			1.5	2.0	1.0			1.5	2.0	1.0			1.5	2.0	1.0			1.5	2.0	GB/T 6540
皂化值/(mgKOH/g) ≥		—					报告					报告									报告					报告					报告					报告					GB/T 8021
腐蚀试验 (铜片, 100℃, 3h)/级 ≥		1b					1b					1b									1b					1b					1a					1a					GB/T 5096
絮凝点[2]/℃ ≤		-40	-40	-35	-35	-35	-45	-40	-35	-35	-35	-45	-40	-35	-35	-35	-25	-20	-20	-20	-47	-45	-40	-40	-35	-47	-45	-40	-40	-35	-60	-60	-60	-50	-45	-60	-60	-60	-50	-45	GB/T 12577

第十章　含硫含酸原油生产润滑油基础油技术

续表

项　目	L-DRA/A 一等品					L-DRA/B 一等品									L-DRB/A 优等品					L-DRB/B 优等品					试验方法
品　种　质量等级																									
ISO 黏度等级（按 GB/T 3141）	15	22	32	46	68	15	22	32	46	68	100	150	220	320	15	22	32	46	68	15	22	32	46	68	—
R12 不溶物含量（-30℃）[②]/% ≯			—					0.05					0.10				—					—			SH/T 0603
化学稳定性(250℃)/h ≮			96							96（黏度等级 ≥150 的用 175℃）							96					96			SH/T 0104
泡沫性（泡沫倾向／泡沫稳定性, 24℃）/(mL/mL)										报告							报告					报告			GB/T 12579
机械杂质			无							无							无					无			GB/T 511
综合磨损值/N										报告							报告					报告			GB/T 3142
热稳定性[④]（100℃, 168h, 铜棒, 钢棒, 铝棒） ≯			—							—							—					—			SH/T 0209
氧化安定性(140℃, 14h) 氧化油酸值(mgKOH/g) ≯ 氧化油沉淀/% ≯			0.2 0.02							0.05 0.005							—					—			SH/T 0196
压缩机台架试验[⑤]			—							—							通过					通过			GB/T 9098

① 为保证每批 L-DRB/A 和 L-DRB/B 冷冻机油的质量与通过压缩机台架试验的油样相一致, 对于 100℃ 运动黏度、密度、折射率、苯胺点和相对分子质量等指标范围应由供需双方商定, 并另订协议。

② 对于 L-DRA/A 和 L-DRA/B 油, 倾点和 U 形管流动性指标控制出厂, 但当按 U 形管流动性指标控制时应报告倾点数据。对于 L-DRA/B 油, 絮凝点和 R12 不溶物含量可任选一项控制出厂, 也可以采用其他化学稳定性测定法, 如美国供热制冷与空调工程师协会（ASHRAE）标准方法 ANSI/ASHRAE97—1983《用于冷冻系统化学稳定性的密封管式试验法》, 指标水平由供需双方另订。

③ 经供需双方商定, 也可以采用 R12 不溶物含量指标控制出厂应报告絮凝点数据。

④ 经热稳定性测定后油样、氟化钾水溶液改为苯乙醇溶剂。

⑤ 压缩机台架试验（包括寿命试验、结焦试验）对本产品定型时和用油者首次选用本产品时必须做的项目。本项目为保证项目, 一般由压缩机厂进行测定。压缩机应根据压缩机本身技术要求和供需双方应参照本标准中技术要求的质量档次对冷冻机油的质量要求另订一个协议指标, 当生产厂冷冻机油的原料和配方有变动时, 或转厂生产时应重做台架试验。如果供油者提供的每批产品, 供需双方可以商定另一个合适的时间和温度测定条件和温度控制范围、清洗金属棒的溶剂由氟化钾水溶剂改为苯乙醇溶剂。如果供油者提供的油样经过压缩机台架试验, 其红外线谱相与压缩机台架试验的油样谱图相一致, 即生产厂冷冻机油所提供每批次的协议指标, 又符合本标准所规定的理化指标或供需双方订的协议指标时, 可以不再进行压缩机台架试验。红外线谱图可以采用 ASTM E1421—1991《用于傅立叶变换红外光谱仪的实用测定方法测定金属棒的理化指标方法测定》方法——O 级》方法测定。

出于对食品安全的重视,国家推出了食品级白油和食品机械专用白油的国家标准,分别为 GB 4853—2008 和 GB/T 12494—1999。其他类别的白油只有石油化工行业标准,如:化妆用白油标准(SH 0007—1990)、医用白油标准、工业用白油标准(SH/T 006—2002)、低凝白油标准、环烷基白油标准等。普通白油的牌号划分通常以40℃运动黏度的大小来划分,黏度等级通常都会符合 ISO 标准。依据黏度等性质的不同,白油产品分为 5#、7#、11#、15#、18#、24#、48#、64#、100#等多种型号。食品级白油以100℃运动黏度划分,标准(GB 4853—2008)见表 10 - 4 - 32。

表 10 - 4 - 32 食品级白油技术要求

项目		质量指标					试验方法
		低中黏度				高黏度	
		1号	2号	3号	4号	5号	
运动黏度/(mm²/s) 100℃		2.0~3.0	3.0~7.0	7.0~8.5	8.5~11	≥11	GB/T265
40℃		报告	报告	报告	报告	报告	GB/T265
初馏点/℃	>	200	200	200	200	350	SH/T 0558
5% 蒸馏点碳数	≥	12	17	22	25	28	SH/T 0558
5% 蒸馏点温度/℃	>	224	287	356	391	422	SH/T 0558
平均相对分子质量①		250	300	400	480	500	SH/T 0398 SH/T 0730
颜色/赛氏号	≥	+30	+30	+30	+30	+30	GB/T 3555
水溶性酸或碱		无	无	无	无	无	GB/T 259
易炭化物		通过	通过	通过	通过	通过	GB/T 11079
稠环芳烃,紫外吸光度(260~420nm)	≤	0.1	0.1	0.1	0.1	0.1	GB/T 11081
固态石蜡	≤	通过	通过	通过	通过	通过	SH/T 0134
铅含量/(mg/kg)	≤	1	1	1	1	1	GB/T 5009.75
砷含量/(mg/kg)	≤	1	1	1	1	1	GB/T 5009.76
重金属含量/(mg/kg)	≤	10	10	10	10	10	GB/T 5009.74

① 平均相对分子质量的仲裁试验方法为 SH/T 0730。

4. 橡胶填充油

橡胶是富有弹性且具有韧性和相当强度的高聚物,系长分子链结构,要使橡胶具有良好的加工性能,须使分子间各链段彼此能容易滑动,为实现这个目的,一般采用添加橡胶油的方法。橡胶油是合成橡胶和橡胶制品行业的重要原材料或橡胶加工中的重要助剂,分为石蜡基、环烷基和芳香基三大类。相比较而言,石蜡基橡胶油抗氧化、光安定性好,但石蜡基橡胶油的乳化性、相容性和低温性较差;芳香基橡胶油相容性最好,所得橡胶产品强度高,可加入量大,价格低廉,但它的颜色深、污染大、毒性大,随着环保要求的提高将逐步被淘汰;而环烷基橡胶油则兼具石蜡基、芳香基特性,乳化性、相容性好又无污染、无毒害,适应的橡胶品种较多,应用范围广泛,因此是理想的橡胶油品种。特别是通过加氢反应,能生产出无色橡胶填充用油,为橡胶工业生产白胶及浅色胶提供了优质原料,从根本上解决了以往只能生产"黄胶"而不能生产"白胶"的问题。

理想的橡胶油应具备以下条件:相容性好;挥发性少;加工性、操作性、润滑性良好;

对硫化胶的物理性能无负面影响；乳化性能好；污染少、无毒；浅颜色、安定性好；来源充足，价格适中。从世界橡胶填充油的发展趋势来看，环烷基橡胶填充油的需求量将越来越大，经过高压加氢的低芳烃环烷基橡胶油会受到欢迎，最终成为市场的主流产品。

目前中国的橡胶油，产品标准以企业标准为主，没有统一的国家标准和行业标准，这与国外以公司标准为主的状况一致。由于环烷油生产的橡胶油，有着其他石油生产的橡胶油无可取代的优越性，因而得到了很大的发展。克拉玛依石化分公司利用本地的环烷基稠油资源，采用加氢技术，生产出高档环烷基橡胶油，国内市场占有率高。

克拉玛依环烷基橡胶油，经过近20年的发展，逐渐形成了四个系列产品，按照它们投放市场的时间加以区分，分别是YT系列、K371系列、KN系列、KNH系列。

YT系列环烷基橡胶填充油：YT系列产品是采用传统工艺生产，其特点是精制深度适当，保留了适当的芳香烃组分，以增加橡胶填充油与橡胶之间的互溶性。

K371系列环烷基橡胶油：应市场需求而开发的产品，一部分用户特别需要颜色浅、芳烃含量少、中等抗黄变的环烷基橡胶油，中国石油克拉玛依石化分公司就研制了这类产品。37表示环烷烃大于37%，1表示芳香烃含量的中心值在1%左右。

KN系列环烷基橡胶油：采用高压加氢工艺，经过三段加氢以后生产的高环烷烃含量的环烷基橡胶油，产品颜色白，黏度等级牌号多。

KNH系列环烷基橡胶油：在KN系列橡胶油的基础上，进行进一步深加工以后得到的高级橡胶油，产品颜色水白，耐日光性能优秀。

5. 光亮油

光亮油是一种高黏度的润滑油基础油，广泛应用于船舶发动机油、单级和高档的多级发动机油、内燃机机车机油、重负荷齿轮油和润滑脂等产品的生产，主要是DAO通过"老三套"或加氢同"老三套"相结合的工艺生产，产品规格按照100℃运动黏度来划分，包括90BS、120BS和150BS。产品的详细规格和质量指标见中国石化基础油分类的表10-1-1和表10-1-2，或中国石油基础油分类的表10-1-3和表10-1-4。

第五节　GTL基础油

一、GTL概述

世界天然气储量约$1.80 \times 10^{14} m^3$，其中俄罗斯、伊朗和卡塔尔是全球三大天然气储量国，这三个国家的估计探明天然气储量超过全球总量的一半以上，其中俄罗斯以$4.8 \times 10^{13} m^3$的天然气储量位居第一，伊朗以$2.9 \times 10^{13} m^3$的储量位居第二，卡塔尔以$2.6 \times 10^{13} m^3$的储量位居第三。

以天然气为原料合成油（GTL）的技术是天然气大规模利用的途径之一。GTL技术不仅可以使偏远地区的廉价天然气得以开发利用，而且可以为石油资源的部分接替准备一条现实而可靠的途径，同时天然气合成油含硫量低，可以满足低碳、环保的要求。

天然气制合成油技术源于第二次世界大战期间德国开发的煤制合成气经费-托合成（Fischer-Tropsch）获得合成油的工艺。20世纪70年代的二次石油危机大大促进了天然气化工的发展,推动了以天然气为原料合成液体燃料以补充石油资源的技术进步。世界各大石油石化公司纷纷投入大量资金进行 GTL 技术的研究与开发,GTL 技术日趋成熟。GTL 技术的投资成本、原油与天然气的价格是影响 GTL 技术大规模商业化的主要因素。

低成本的大量天然气资源是 GTL 装置经济效益的保证。卡塔尔的北方气田是世界上最大的非伴生天然气田,其 $2.6 \times 10^{13} m^3$ 的天然气储量相当于 162Gbbl 石油。壳牌(Shell)、萨索(Sasol)等公司都在卡塔尔规划建设或正在建设 GTL 生产装置。

各大石油公司纷纷开发了自己的 GTL 工艺技术,主要工艺过程包括三部分:合成气制备、费-托合成制备液体烃(主要组分为长链烷烃)、合成油加工(长链烷烃裂化和/或异构化)。GTL 技术的主要工艺过程见图 10-5-1。

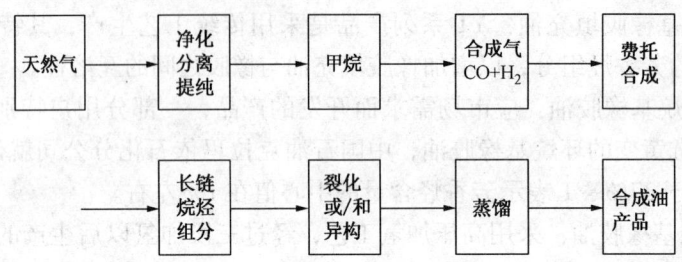

图 10-5-1 GTL 合成油主要工艺过程

费-托合成技术是 GTL 技术的核心之一,按照反应温度可以分为低温费-托合成(LT-FT)和高温费-托合成(HTFT)。HTFT 技术以 Fe 基催化剂为主,得到的合成油性质接近于常规石油炼制产品,不含硫,但含有不饱和烃。LTHT 技术以钴基催化剂为主,得到的合成油非常清洁,基本不含硫和芳烃,是 GTL 技术发展的趋势。

Shell 公司开发的中间馏分油合成技术(Shell middle distillate synthesis,简称 SMDS)包括三个主要步骤:第一步采用 Shell 公司专用的气化技术高效生产合成气(Shell gasification process,SGP),采用非催化部分氧化技术;第二步低温 F-T 合成制备重质石蜡烃(heavy paraffin synthesis,HPS),在列管式固定床反应器中进行,催化剂为钴基催化剂,具有很高的活性和选择性;第三步将大分子长链石蜡烃转化为石油产品(heavy paraffin conversion,HPC),主要反应为加氢裂化和加氢异构化,采用具有缓和加氢裂化功能和异构功能的双功能催化剂,中间馏分选择性高,气体收率<2%。SMDS 技术的主要产品为 GTL 柴油,还可生产一部分石脑油、基础油等[26]。

Sasol 公司在不断完善煤基合成油技术的基础上开发了利用天然气制合成油的技术[27]。1991 年 Sasol 开发了先进循环流化床合成工艺(Sasol advanced synthol,简称 SAS),由于 SAS 反应器改善了气体分布状况,使催化剂消耗量减少 40%。Sasol 用该技术在西开普省的 Mossel 湾建成南非第一个天然气制合成油工厂。该厂装备了 3 座 SAS 反应炉,设备总投资约 12 亿美元,日产合成油 30kbbl。与此同时,Sasol 公司还开发了浆态床馏分油合成工艺(slurry phase distillate,SPD),主要过程有 3 个部分:第一步为天然气转换为合成气,采用丹麦 HaldorTopsoe 的自热转化技术(autothermal reforming technology,ART),催化剂为镍/氧化铝,离开反应器的合成气温度为 970℃,H_2 和 CO 摩尔比为 2.33:1;第二步是低温 F-T 合成,将合成气转化为石蜡烃类,采用钴基催化剂;第三步石蜡烃转化,采用 Chevron 缓和加氢裂化技术,将石蜡烃转化为合成油产品。SSPD 技术主要的合成油产品以柴油馏分为主,还有少量的石脑油和LPG等。

ExxonMobil也自主开发了GTL工艺技术，命名为AGC-21(advanced gas conversion for the 21st century)[28]，同样包括三个主要步骤：合成气制备，其特点是在一个流化床反应器内同时进行部分氧化和蒸汽转换反应；F-T合成液体烃，采用多相浆态床反应器，催化剂为钴基催化剂；石蜡烃加氢异构化，转化为各种合成油产品。

从2000年到2005年，至少有8个GTL项目在规划当中，总合成油产能超过500kbbl/d，但到2007年，大部分计划都被取消或推迟，原因主要是投资过高、运营成本太大。

截至2011年末，正在商业运行的GTL合成油工厂只有四个，其中Shell公司有两个，Sasol公司一个，Mossgas公司一个。

Shell公司1993年在马来西亚Bintulu建立了GTL生产装置[29]，合成油产量为12.5kbbl/d，1997年合成油产量增加为14.7kbbl/d，主要产品有柴油、石蜡、化学品等。2011年3月，Shell公司和卡塔尔石油公司合资兴建的世界上最大的GTL工厂——PearlGTL开始试生产，预计到2012年中期，实现满负荷生产。整个项目分两期进行，该厂规划最大日产合成油1.4Mbbl、液化天然气等1.2Mbbl，主要合成油产品包括柴油、航空燃料、石脑油、润滑油基础油及石蜡等[30]。

Sasol公司与卡塔尔石油公司在卡塔尔兴建的OryxGTL工厂于2007年建成投产，规划产能为日产合成油32.4kbbl，经过优化，最大日产量可达36.86kbbl，主要产品为柴油、石脑油和LPG，目前运转平稳，产能利用率80%~90%，远期规划产能将扩大到100kbbl/d[31]。

根据南非政府的要求，南非国有石油公司PetroSA采用Sasol授权技术，在南非MosselBay建设一个GTL工厂Mossgas，于1991年投入运营，设计合成油产能为22.5kbbl/d[32]，后来经过扩能，产能提高，但由于天然气供应量不足，产能利用率较低。根据PetroSA公司2011年年报，Mossgas在2010年生产合成油7.15Mbbl，平均日产19.6kbbl，产能利用率约60%。Mossgas采用高温费-托合成技术，主产品为汽油。

其他正在建设的项目有：Sasol公司、Chevron公司与尼日利亚国家石油公司(Nigerian National Petroleum Corporation, NNPC)在尼日利亚合资建造的EscravosGTL(EGTL)工厂，正在进行建设，预计2012年完工，2013年投入运行。该厂采用Sasol公司的技术建造，规划日产合成油33kbbl，主要产品为柴油；Sasol、Uzbekneftegaz、Petronas于2011年9月计划在乌兹别克斯坦南部的Karshi建设一个日产合成油38kbbl的GTL工厂，主产品为柴油、煤油、石脑油等，尚未进入工程实施阶段；此外Sasol正在论证在美国建设一个日产合成油48kbbl或96kbbl的GTL工厂的可行性[33]。

二、GTL基础油

GTL基础油几乎完全由异构烷烃组成，硫、氮、芳烃等杂质含量极低，具有优异的氧化安定性、低温性能以及较低的NOACK蒸发损失，其黏度指数可以达到140~150，符合API Ⅲ类基础油的标准。GTL基础油是GTL合成油的一种产品，占合成油总量的比例在0~30%。目前只有Shell公司的SMDS技术兼顾GTL基础油的生产。

Shell公司在卡塔尔的PearlGTL工厂规划日产基础油28.8kbbl，占合成油总产量的比例约20%。HPC塔底油(waxy raffinate)经过抽提-减压蒸馏-催化脱蜡-蒸馏，得到润滑油基础油产品[26]。Pearl GTL所用费-托催化剂、加氢裂化催化剂、贵金属催化脱蜡催化剂，都是 Shell CRI/Criterion 生产的。第一船 GTL 基础油于 2011 年 11 月运抵美国，符合 API Ⅲ 类基础油，100℃黏度范围 4~8mm²/s，用来调和高等级发动机润滑油[34,35]。

Shell 公司马来西亚 Bintulu 装置生产的石蜡产品运往日本 Yokkaichi 等的加工装置，经过加氢裂解和加氢异构化，制备合适的含蜡基础油组分，再经过溶剂脱蜡工艺制备 Shell XHVI(r) 基础油产品。Shell 公司利用 Bintulu 生产的石蜡烃在日本 Yokkaichi GTL 基础油装置生产出 XHVI(r) 基础油产品，与其他不同等级基础油性质比较见表 10-5-1[36]。

表 10-5-1 不同基础油性质比较

API 分类	Ⅰ	Ⅱ	Ⅲ	Ⅲ(GTL)	Ⅳ	ASTM 方法
基础油	国内 HVI 150SN	Chevron 220R	韩国双龙 Ultra S-6	Shell XHVI 5	BP Durasyn 166	
100℃黏度级别/(mm²/s)	5.25	6.4	5.46	5.2	5.85	D445
黏度指数	103	103	128	145	136	D2270
倾点/℃	-12	-13	-17.5	-18	-18	D97
闪点/℃	216	230	232	215	227	D92
25℃冷启动模拟 CCS/mPa·s	3350	5600	2140	1600	1300	D5293
Noack 蒸发损失/%	16.08	11	8.2	8.0	8.5	DIN51581
异构烷烃/%	22.59	66	82.5	100	100	D2700
环烷烃/%	61.63	34	17.2	0	0	D2700
芳烃/%	15.22	<1	0.3	0	0	D2700

尽管 GTL 基础油性能优异，但 GTL 基础油作为 GTL 合成油的一小部分产品（20%~30%），其发展受到 GTL 合成油装置技术经济的制约。GTL 装置能否获得更大的发展，取决于两个因素：GTL 装置的投资成本继续减少；原油与天然气的比价能够长期维持在有利于 GTL 装置运行的区间。

参 考 文 献

[1] 孔劲媛. 国内外润滑油市场竞争形势分析及展望[J]. 石油商技, 2008, 26(6): 72

[2] http://wardsauto.com/ar/world_vehicle_population_110815

[3] The global recession and its impact on the Base Oil outlook, 美国 SBA 咨询公司, ICIS 第三届亚洲基础油会议, 吉隆坡, 2009

[4] 2008 Guide to Global Base Oil Refining[J]. LUBES & GREASE, 2008, 14(6)

[5] http://www.imakenews.com/lng/e_article002447085.cfm?x=b11,0,w

[6] 韩崇仁. 加氢裂化工艺与工程[M]. 北京：中国石化出版社, 2001: 31-81

[7] http://www.exxonmobil.com/Apps/RefiningTechnologies

[8] Terry E. Helton et al., Catalytic Hydroprocessing a Good Alternative to Solvent Processing[J]. OGJ, 1998, 96(29): 58-67

[9] 安军信等. 国外 Ⅱ/Ⅲ 类润滑油基础油生产工艺路线概述[J]. 润滑油, 2004, 19(4): 10-16

[10] T F Degnan, Recent progress in the development of zeolitic catalysts for the petroleum refining and petrochemical manufacturing industries, Studies in Surface Science and Catalysis, 2007, 170A: 54

[11] http://www.chevron.com/products/sitelets/refiningtechnology/lube_tech3b.aspx

[12] 何秀云等. 异构脱蜡技术的工业应用[J]. 石油炼制与化工, 2001, 32(4): 14-16
[13] 胡胜等. 润滑油基础油异构化和非对称裂化(IAC)脱蜡技术工业应用[J]. 石油炼制与化工, 2011, 42(5): 57-60
[14] 曹文磊. 利用异构脱蜡技术生产高品质加氢基础油[C]//2005年中国石油炼制技术大会论文集. 北京: 中国石化出版社, 2005: 207
[15] 林荣兴等. 加氢裂化尾油作润滑油加氢原料的工业应用[J]. 石油炼制与化工, 2011, 42(5): 57-60
[16] http://www.chevron.com/products/sitelets/refiningtechnology/documents/2011_BapcoMediaRelease.pdf
[17] 姚国欣. 含硫原油润滑油基础油生产工艺和应该考虑的几个问题[J]. 润滑油, 1997, 12(2): 19-20
[18] http://www.imakenews.com/lng/e_article002179292.cfm?x=b11,0,w
[19] Sook-Hyung (Sam) Kwon, RAISING THE BAR – PREMIUM BASE OILS PRODUCED BY THE ALL-HYDROPROCESSING ROUTE[C]. ARTC 7th Annual Meeting, 2004
[20] http://www.argusmedia.com/pages/NewsBody.aspx?id=742041&menu=yes
[21] 王力波等. 国外环烷基基础油加工工艺[C]//2008年中国润滑油技术经济论坛论文专辑
[22] 水天德. 现代润滑油生产工艺[M]. 北京: 中国石化出版社, 1997: 13
[23] 李立权. 白油及白油生产技术[J]. 润滑油, 2003, 18(4): 1-6
[24] 朱海毅. C-LUBE9型催化剂在白油加氢装置中的应用[J]. 杭州化工, 2001, 31(3): 28-30
[25] 黄芬琴. 白油高压加氢装置改造与产品简介[J]. 石油商技, 2002, 20(5): 19-21
[26] Rob Overtoom, et al., Shell GTL, from Bench scale to World scale, Proceedings of the 1st Annual Gas Processing Symposium, 2009
[27] 白尔净. 费托合成油生产技术及经济评价[C]//甲醇设计和生产新技术交流研讨会文集, 2006, 6: 258-262
[28] Everett, B. M., et al, Advanced Gas Conversion Technology: A New Option for Natural Gas Development[C]. the First Doha Conference on Natural Gas, March 14, 1995
[29] http://www.shell.com/home/content/innovation/meeting_demand/natural_gas/gtl/story/accessible_version/
[30] http://www.shell.com/home/content/aboutshell/our_strategy/major_projects_2/pearl/largest_gtl_plant/
[31] Mike Net, A Window of Opportunity[C]. 11th World XTL Summit, London, June 7, 2011
[32] Iraj Isaac Rahmim, Gas-to-Liquid Technologies: Recent Advances[C]. Economics, Prospects, 26th IAEE Annual International Conference Prague, June 2003
[33] Dragan Djakovic, Gas to Liquids – An Ideal Gas Monetisation Option[C]. 20th World Petroleum Congress, Doha Qutar, October 4-8, 2011
[34] http://www.greencarcongress.com/2011/11/pearl-20111124.html
[35] http://www.imakenews.com/lng/e_article001681514.cfm?x=b11,0,w
[36] 申宝武. 新一代基础油-GTL基础油[J]. 国际石油经济, 2005, 13(8): 25-29

第十一章 含硫含酸原油沥青生产

第一节 沥青分类与产品标准

一、沥青分类与品种

石油沥青产品主要用于道路、建筑、水利、防潮、防腐、电器绝缘等工程建设，是国民经济建设的重要基础材料。一般认为沥青按用途可分为五大类，即道路沥青、建筑沥青、改性沥青、乳化类沥青和专用沥青。道路沥青主要用于道路建设，建筑沥青用于建筑工程，专用沥青包括一些特殊用途的沥青，如高速铁路专用沥青、电缆沥青、防腐沥青、涂料沥青等。

道路石油沥青又分为两个系列，一种是用于高速路、一级公路、城市快速路、主干路及机场跑道的重交通道路沥青，一种是用于中、轻道路及路面维修的道路沥青。

建筑石油沥青只是一个技术标准范畴内的概念，石油沥青是否用于建筑用途其原因是多方面的，并不是根据某一种标准所决定的。按沥青的用途分类，建筑沥青就是针入度比较小的、软化点比较高的氧化沥青。建筑行业使用的沥青除了氧化沥青以外，还有改性沥青、混合沥青、调配沥青等。

改性沥青，是指掺加橡胶、塑料等高分子聚合物、细磨的橡胶粉或其他填料型外掺剂，与沥青均匀混合，使沥青性质得到改善而制成的沥青混合物。改性沥青按其改性剂所起的作用，从广义上可以划分如下：

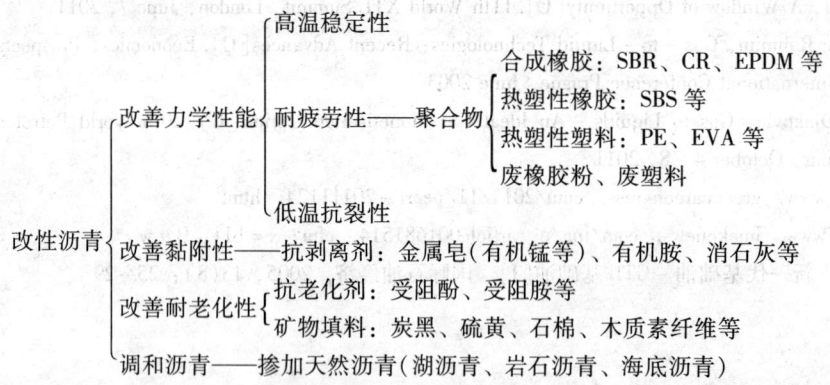

乳化沥青就是将沥青热融，经过机械剪切作用，以细小的微滴状态分散于含有乳化剂的水溶液中，形成水包油状的沥青乳液。使用这种沥青时，不需加热，可以在常温状态下进行施工，它除广泛应用在道路工程外，还应用于建筑表面及洞库防水、金属材料表面防腐、农业土壤改良及植物培育、高速铁路道床、沙漠固沙等方面。乳化沥青最常用和最方便的分类方法是按离子类型分类，可分为阴离子型、阳离子型和两性离子型。

专用沥青是指具有特种性能的、能适应某些特殊环境和满足特殊使用要求的石油沥青，是在特定的场合下使用的石油沥青。专用沥青按其用途及使用范围分类，可以分为防护类沥青、绝缘类沥青、工艺类沥青、封口类沥青、涂料类沥青五种专用沥青。

二、石油沥青产品标准

按 GB/T 20000.1—2002 的 2.5.4 规定：产品标准是规定产品应满足的要求以确保其适用性的标准[1]。

石油沥青产品作为石油化工产品的一个分支，在交通、建筑领域中起着举足轻重的作用。随着人们对沥青认识的不断提高和生产技术的发展，沥青的用途更加广泛，一些新的沥青产品不断问世。由于石油沥青的用途广泛、生产工艺多样、品种繁多，在此仅就道路石油沥青的标准体系作详细叙述。

道路沥青的规格标准，世界各国尚未统一，这是由于沥青组成非常复杂，由不同的原油、不同工艺生产的沥青，其化学组成、胶体结构均不相同，甚至有的沥青化学组成相近而使用性能却有较大的差异。又由于各国的国情不同，也形成了不同的实验室评价方法和产品规格指标。道路沥青标准的制订依据通常有两种类型：

（1）根据沥青路面的使用性能，对沥青质量指标提出要求，制订规格指标。

（2）根据目前实际生产的沥青质量水平及使用情况确定一个质量控制范围，作为生产及使用的依据。按此标准生产的沥青，在道路上使用一般不会有大的问题，沥青生产企业也能做到，它实际上是沥青生产企业及道路沥青使用部门双方协调的产物。

第 1 种标准制订是科学的合理的，各国都在向这一方向努力，美国 SHPR 计划的研究重点即在于此，并已提出了沥青的性能规范。但是目前大多数国家的沥青标准，往往是第 2 种依据的产物。例如，由于原油来源及蜡含量的影响，1960 年日本在同一针入度等级内按蜡含量的不同分成甲乙两级，后来由于日本用于生产沥青的原油集中到中东原油，蜡含量很低，分成甲乙两级已无必要，因此 1969 年日本取消了甲乙分级。日本专家指出，现在的这些指标，仅仅是目前生产水平的反映，在路上使用一般不会有大问题，但决不是达到这些标准了便不会有问题，或者满足要求了[2]。目前道路沥青规格指标与评价方法是否能很好表征建成道路的实际质量，尚存在不同意见，正在进行大量的研究工作。在现行的各国沥青标准中，通常使用的沥青性能指标有数十种之多，它们大都被认为与某种或某几种性能有关。现行各主要国家沥青标准控制项目如表 11-1-1 所示。

表 11-1-1 国际上几个代表性国家的沥青技术指标

项　目	中国	美国1	美国2	德国	英国	法国	加拿大	日本	前苏联	澳大利亚	奥地利	瑞士	泰国	新西兰	意大利
针入度	★	★	★	★	★	★	★	★	★	★	★	★	★	★	★
软化点	★			★	★	★		★			★	★		★	★
延度	★	★		★		★	★	★	★					★	★
黏度(60℃135℃)			★				★						★		
针入度指数								★		★					
密度	★			★											★

续表

项 目	中国	美国1	美国2	德国	英国	法国	加拿大	日本	前苏联	澳大利亚	奥地利	瑞士	泰国	新西兰	意大利
闪点	★	★	★	★		★	★	★	★			★		★	
溶解度	★	★	★	★	★	★	★	★	★	★		★	★	★	★
灰分				★											
介电常数					★										★
脆点				★						★	★	★			★
蜡含量	★			★		★									
滴点试验		★						★							
耐久性试验										★					
蒸发损失试验	★					★					★	★		★	
TFOT或RTFOT	★	★	★				★	★				★	★	★	
旋转烧瓶试验				★											
老化试验后															
针入度比	★	★	★	★	★	★	★	★	★			★	★	★	★
软化点升高				★					★						★
延度	★	★	★					★		★		★			
黏度比			★					★		★					
质量损失	★	★	★	★								★	★	★	★
脆点				★											
针入度指数									★						
与集料黏结力									★						

从表 11-1-1 可以看出,世界各国道路沥青质量标准一般可分为两大类,一类是针入度级标准,一类是黏度级标准。美国的部分州、澳大利亚、加拿大等国家是黏度级,其他国家一般为针入度级。沥青标准指标按所反映的沥青性能不同,主要有以下项目:

(1) 用沥青针入度、软化点、黏度等表示沥青稠度和流变性能,并作为沥青的分级指标。

(2) 用沥青在某一温度下的延度来表征沥青各组分间的配伍性和胶体性质,表示受力破坏前的伸长能力。

(3) 用不同温度下针入度、黏度的变化率和软化点以及这些指标组合成的特性因素来表征沥青感温性,如针入度指数 PI、针入度黏度指数,既能反映沥青的高温稳定性,又能反映沥青低温开裂性能。

(4) 用沥青薄膜烘箱试验(TFOT)及旋转薄膜烘箱试验(RTFOT),测定试验前后沥青的针入度、延度和软化点来评价沥青的热稳定性。

(5) 用沥青的闪点、在三氯乙烯等溶剂中的溶解度等指标来评价沥青中是否有轻组分、机械杂质或焦碳等。

(6) 中国、德国、法国等少数几个国家用蜡含量来表征沥青质量,大部分国家没有蜡含量指标。

中国的道路沥青分为两个系列,一个是用于高速路、一级路、城市快速路、主干路及机场跑道的重交通道路沥青 GB/T 15180,一个是用于中、轻道路及路面维修的道路沥青 SH 0522。目前这两个标准都是按针入度分级,其技术指标见表 11-1-2、表 11-1-3。

三、我国道路石油沥青标准

1. 重交通道路石油沥青技术要求（GB/T 15180—2010）

重交通道路石油沥青技术要求见表11-1-2。

表11-1-2 重交通道路石油沥青技术要求（GB/T 15180—2010）

项 目	质 量 指 标						试验方法
	AH-130	AH-110	AH-90	AH-70	AH-50	AH-30	
针入度(25℃，100g，5s)/(1/10mm)	120~140	100~120	80~100	60~80	40~60	20~40	GB/T 4509
延度(15℃)/cm ≥	100	100	100	100	80	报告	GB/T 4508
软化点/℃	38~51	40~53	42~55	44~57	45~58	50~65	GB/T 4507
溶解度/% ≥	99.0	99.0	99.0	99.0	99.0	99.0	GB/T 11148
闪点(开口杯法)/℃ ≥	230					260	GB/T 267
密度(25℃)/(kg/m³)	报告						GB/T 8928
蜡含量/% ≤	3.0	3.0	3.0	3.0	3.0	3.0	GB/T 0425
质量变化/% ≤	1.3	1.2	1.0	0.8	0.6	0.5	GB/T 5304
针入度比/% ≥	45	48	50	55	58	60	GB/T 4509
延度(15℃)/cm ≥	100	50	40	30	报告	报告	GB/T 4508

新GB/T 15180—2010版是参照了日本JIS K2207：1996《石油沥青》[3]英文版进行修订的，与JIS K2207：1996《石油沥青》主要差异有：

① 各牌号沥青增加了蜡含量不大于3.0%的技术要求。
② 取消了蒸发试验以及其相关的质量变化和针入度比指标。
③ AH-50 15℃延度由不小于10cm改为不小于80cm。
④ 增加了薄膜烘箱后15℃延度。
⑤ 将15℃密度不小于1.000g/cm³修改为报告25℃密度。

新GB/T 15180—2010版与旧版GB/T 15180—2000主要差异有：

① 取消了薄膜烘箱前后25℃延度。
② 将薄膜烘箱试验后15℃延度的报告值改具体值。
③ 增加了AH-30牌号及其技术指标[4]。

针入度指标：针入度与沥青路面的使用性能具有密切的关系，在现阶段，针入度仍然是我国选择沥青标号的最主要依据。它不仅表现在高温稳定性上，对低温抗裂性能也同样重要。对油源相同或温度敏感性相同的沥青，针入度大的沥青有较低的劲度模量，针入度较小的则有较高的劲度模量。目前国际上对15℃针入度越来越重视，美国SHRP通过对沥青混合料低温开裂性能的评价研究，在SHRP报告A-399[5]中提出，不管是原样沥青（未经老化）、TFOT残留沥青（短期老化），还是PAV残留沥青（长期老化）其15℃针入度与反映沥青混合料低温开裂性能的约束试件温度应力的破坏温度之间有良好的相关性，15℃针入度越大，抗裂性能越好。

延度指标：对延度指标的意义国内外均有不同看法。但普遍认为，虽然延度试验与沥青混合物中受到拉伸的情况不同，但在尚无更合理的替代试验时，仍不失为一种重要的试验，尤其是较低温度时的延度，作为评价沥青低温延展能力的指标仍为大家接受。在国外，由于生产沥青的原油来源固定，延度均较大。而在我国，由于沥青中蜡的存在，延度偏小的较多，延度指标显得十分重要，它在一定程度上反映了限制蜡含量的要求。

2010 版标准将 AH-70 重交通道路石油沥青薄膜烘箱后 15℃延度由原来的报告值修改为不小于 30cm，这一修订大大提高了对 AH-70 重交通道路石油沥青的质量要求，从目前掌握的数据看，即使用中东的伊朗油通过常减压直馏生产，当针入度（1/10mm）控制在 60~70 时，也有 42% 的沥青达不到这一指标要求。因而有部分企业为了回避这一指标要求，而不采用 GB/T 15180—2010，改为采用交通部 JTG-F40 标准进行生产。

蜡含量指标：沥青中的蜡含量对沥青质量的影响非常复杂，蜡含量影响沥青的感温性能，蜡的结晶使沥青在低温时脆性增加，路面容易开裂。而在夏天路面温度高达 60~70℃，有相当比例的蜡已融为液体，使沥青黏度降低，路面发软，易造成车辙。蜡含量影响沥青与石料的黏结力，造成掉粒、松散、剥离，总的来说蜡对沥青的路用性能有负面影响，1985 年第三次欧洲沥青研讨会重申了对蜡含量应加以限制，在技术要求中保留规定蜡含量在 3% 以下是合理的。

密度指标：一般认为，沥青密度是一项沥青组成的综合指标，它与沥青组分比例有关，沥青质含量越多，密度越大，饱和分及蜡含量越多，密度越小。沥青的密度大小基本上取决于原油的品种，我国包括几种重质油炼制的重交通道路石油沥青，密度普遍较小。如克拉玛依稠油沥青，表现出良好的路用性能，唯有沥青密度小于 1。如果硬性规定密度大于 1，势必限制这种沥青的合理使用，研究表明，沥青的比重主要是为了沥青体积与质量换算及进行沥青混合料配合比设计时使用，并非衡量沥青质量好坏的标准。因此 GB/T 15180—2010 中密度指标为"报告"是合适的。

闪点指标：闪点是反映沥青在施工过程中安全性能的指标，而施工性能亦属于沥青路用性能的一个指标。因此各国沥青标准及 SHRP 沥青规范中都有闪点指标。从道路施工情况看，沥青拌合厂加热沥青经常为 150~170℃，矿料经常为 170~190℃，因此各国大体规定了闪点不低于 230~260℃，考虑到我国沥青的实际情况，GB/T 15180—2010 规定闪点不低于 230℃。

薄膜加热试验：大多数国家对薄膜加热试验后的残留物规定进行黏度或针入度、延度试验，并测定加热质量损失等项目。从技术要求来说 15℃延度比 25℃延度更有价值，在实际生产中 AH-70 重交通道路沥青的 25℃延度均大于 150cm，指标本身已失去了应有的意义，澳大利亚在修订标准时已将 25℃延度改成了 15℃延度，GB/T 15180—2010 中取消了 25℃要求是合适的。

质量损失是 TFOT 过程中的质量变化，一方面是轻质油分挥发使质量变轻，另一方面是与空气中的氧气聚合作用使质量增加的综合结果。质量损失小可能是沥青轻组分少，挥发少的缘故，但也可能是与氧化聚合严重，小分子转化为大分子的缘故。所以质量变化指标有时会出现非但没有损失反而有所增加的情况是正常的。

溶解度：在各国的沥青标准中几乎都有沥青溶解度指标，规定不小于 99.0%，其主要目的是测定沥青产品的纯净程度。如果有 1% 的杂质，就等于有 1% 的损耗，影响成本。但从炼油厂生产出来的道路石油沥青，只要没有人为掺假，实际上是不可能有杂质的。炼油厂通过减压蒸馏生产出来的沥青溶解度均大于 99.0%，一般都在 99.5% 以上。

2. 道路石油沥青（NB/SH/T 0522—2010）

道路石油沥青 NB/SH/T 0522—2010 见表 11-1-3。

表 11-1-3 道路石油沥青（NB/SH/T 0522—2010）

项 目		质量指标					试验方法
		200号	180号	140号	100号	60号	
针入度(25℃,100g,5s)/(1/10mm)		200~300	150~200	110~150	80~110	50~80	GB/T 4509
延度(25℃)/cm	≥	200	100	100	90	70	GB/T 4508
软化点/℃		30~48	35~48	38~51	42~55	45~58	GB/T 4507
溶解度/%	≥	99.0					GB/T 11148
闪点(开口杯法)/℃	≥	180		200		230	GB/T 267
密度(25℃)/(kg/m^3)		报告					GB/T 8928
蜡含量/%	≤	4.5					SH/T 0425
薄膜烘箱试验(163℃,5h)							
质量变化/%	≤	1.3	1.3	1.3	1.2	1.0	GB/T 5304
针入度比/%	≥	报告					GB/T 4509
延度(25℃)/cm	≥	报告					GB/T 4508

NB/SH/T 0522—2010 是中、低等级道路及城市道路非主干道沥青路面用沥青的标准，是 SH/T 0522—2000 版的修订，两版主要差异有：

① 取消了原标准中的蒸发后针入度比，改为薄膜烘箱后针入度比，将原标准的蒸发损失改为薄膜烘箱后质量变化。

② 增加了蜡含量和密度（25℃）质量指标，密度质量指标要求报告。

③ 规定了薄膜烘箱试验后质量变化的具体指标、针入度比、延度（25℃）要求报告。

NB/SH/T 0522—2010 标准是中国石油化工集团行业标准，低于国际上通行的沥青标准，目前国内大部分企业采用的是 GB/T 15180 标准及交通部 JTG F40 标准。

3. 交通部 JTG F40 道路石油沥青技术要求

交通部 JTG F40 道路石油沥青技术要求见表 11-1-4。

世界各国，道路沥青标准一般是以道路沥青使用部门为主，会同沥青生产厂商制订，我国现行的道路石油沥青标准是以沥青生产部门为主制订的，主要的依据仍是我国目前沥青生产企业的生产水平，而不是道路部门用户的要求。因此道路部门在道路的相关施工规范及试验规程中另外规定不同等级道路使用石油沥青时的不同技术要求，以此约束沥青路面使用沥青的质量。在交通快速发展的新形势下，国内外公路建设发生了许多新的变化，国际上随着美国研究成果 Superpave 及欧洲 GEN 沥青及沥青混合料研究成果的发表，世界各国对沥青路面的研究都更深入，得到了许多十分重要的新成果，不少国家对相关规范进行了适当的修改，并且新的筑路机械、新的施工工艺都不同程度地影响到我国。在国内通过国家科技攻关等一系列科学研究及长期的施工实践，对沥青路面的各方面都有了新的认识。在这样的背景下，交通部门制订了《公路沥青路面施工技术规范》[6]，其中包括对道路石油沥青的技术要求进行修订，修订主要内容有：

表11-1-4 道路石油沥青技术要求（JTG F40—2004）

指　标	等级	160号[4]	130号	110号	90号			70号[3]		50号	30号[4]	试验方法[1]
针入度/(25℃,5s,100g)/(1/10mm)		140~200	120~140	100~120	80~100			60~80		40~60	20~40	T 0604
适用的气候分区[6]		注[4]		2-1	2-2	3-2	1-1	1-2	1-3	2-2	2-3	1-3	1-4	2-2	2-3	1-4	2-2	2-3	2-4	注[4]	附录A[5]
针入度指数PI	A				-1.5~+1.0							T 0604
不小于	B				-1.8~+1.0							
软化点(R&B)/℃	A	38	40	43	45			46		49	55	T 0606
不小于	B	36	39	42	43			44		46	53	
	C	35	37	41	42			43		45	50	
60℃动力黏度[2]/Pa·s 不小于	A	—	60	120	140			160		200	260	T 0620
10℃延度/cm 不小于	A	50	50	40	45	30	20	20	15	15	10	T 0605
	B	30	30	30	30	20	15	15	10	10	8	
15℃延度/cm 不小于	A,B	80	80	60	100			40		80	50	
	C	80	80	60	50					30	20	
蜡含量（蒸馏法）/% 不大于	A				2.2							T 0615
	B				3.0							
	C				4.5							
闪点/℃ 不小于		230			245			260				T 0611
溶解度/% 不小于					99.5							T 0607
密度(15℃)/(g/cm³)					实测记录							T 0603
TFOT（或RTFOT）后[5]												T 0610 或 T 0609
质量变化/% 不大于					±0.8							

第十一章 含硫含酸原油沥青生产

续表

指　标	等级	沥　青　标　号						试验方法①
		160号④	130号④	110号	90号	70号③	50号	30号④	
残留针入度比/% 不小于	A	48	54	55	57	61	63	65	T 0604
	B	45	50	52	54	58	60	62	
	C	40	45	48	50	54	58	60	
残留延度(10℃)/cm 不小于	A	12	12	10	8	6	4	—	T 0605
	B	10	10	8	6	4	2	—	
残留延度(15℃)/cm 不小于	C	40	35	30	20	15	10	—	T 0605

注：① 试验方法按照现行《公路工程沥青及沥青混合料试验规程》(JTJ 052)规定的方法执行。
② 经建设同意，表中 PI 值，60℃动力黏度可作为非强制性指标处理，也可不作为施工质量检验指标。用于仲裁试验求取 PI 时的5个温度的针入度关系的相关系数不得小于0.999。
③ 70号沥青可根据需要求供应商提供针入度范围为60～70或70～80的沥青，50号沥青可要求提供针入度范围为40～50或50～60的沥青。
④ 30号沥青仅适用于沥青稳定基层。130号和160号沥青除寒冷地区可直接应用在中低级公路上直接应用外，通常用作乳化沥青，稀释沥青，改性沥青的基质沥青。
⑤ 老化试验以TFOT为准，也可以RTFOT代替。
⑥ 气候分区见附表。

附表　气候分区主要指标

气候分区代号	七月平均最高气温/℃	年极端最低气温/℃
1-1	>30	<-37.0
1-2		-37.0 ~ -21.5
1-3		-21.5 ~ -9.0
1-4		>-9.0
2-1	20～30	<-37.0
2-2		-37.0 ~ -21.5
2-3		-21.5 ~ -9.0
2-4		>-9.0
3-2	<20	-37.0 ~ -21.5

① 将原来的"重交通道路石油沥青"和"中、轻交通道路石油沥青"两个技术要求合并为一个"道路石油沥青技术要求",根据当前的沥青使用和生产水平,按技术性能分为A、B、C三个等级:B级沥青与原规范"重交通道路石油沥青"相近,C级沥青比原规范"中、轻交通道路石油沥青"技术要求稍有提高。一个国家的沥青标准中按质量水平分为几个等级的做法,国外也采用过,如日本,或者目前正在采用,如加拿大、美国ASTM。

② 沥青质量要求充分照顾到气候条件,规定了各气候区适宜的沥青针入度等级。尽管各气候区的差别甚小,但意义很大。

③ 增加了沥青的感温性指标针入度指数PI值,国外一般要求PI在 -1 ~ +1 之间,新修订的"道路石油沥青技术要求"根据大量的试验研究,适当有所放宽至 -1.8 ~ +1.5。

④ 在适当提高软化点指标的基础上,A级沥青增加了60℃动力黏度指标作为高温性能的评价指标。

⑤ 沥青的低温性能指标,A、B级为10℃延度,C级沥青改为15℃延度。这里需要注意的是,延度指标提得太高有可能影响其他指标。

⑥ 蜡含量仍然是标准中的重要指标。A级沥青放宽到2.2%有利于国产沥青的应用。

⑦ 老化试验统一为薄膜加热试验TFOT,也允许用旋转薄膜加热试验RTFOT代替。

⑧ 考虑到PI、60℃动力黏度、10℃延度指标是初次列入标准,因此可作为选择性指标,为照顾不同国家的不同习惯,除了规定了通用性指标外,还有一系列的选用性指标,CEN的标准中就有类似的做法。

从近几年JTG F40标准执行情况看,技术要求中A级70基本符合生产实际情况,一般用中东油通过常减压直馏可以生产出合格的产品,但其中A级90指标中动力黏度指标过高,使得针入度(1/10mm)在90以上时很难达到要求,A级50指标中膜前延度指标要求过高,即使使用目前被公认生产沥青最好的中东原油,通过常减压直馏生产,膜前延度也很难达到指标要求,目前中国石化只有镇海炼化分公司能生产出该标准的A级50沥青,并且其膜前延度也是刚刚达标的。交通部门也已经注意到标准中存在的问题,已着手对标准进行修订。

四、国际上一些国家的沥青标准

1. ASTM 标准

ASTM系美国材料与试验协会(American Society for Testing and Materials)是美国最老、最大的非盈利性的标准学术团体之一。虽然ASTM标准是非官方学术团体制定的标准,但由于其质量高,适应性好,从而赢得了美国工业界的官方信赖,不仅被美国各工业界纷纷采用,也大受世界各国欢迎,被世界上许多国家和企业借鉴和应用,影响着人们生活的多个方面。诸多国际检测认证机构及各国标准化组织都采用或参照ASTM制定的相关标准进行产品认证,而且世界各国作为制订标准的依据。

ASTM标准中道路沥青的分类有两个体系,即按针入度分级和按黏度分级。在黏度分级中又有3个标准(见表11-1-6~表11-1-8),用户可以根据需要选择。当用户没有特殊要求时,执行ASTM D946标准(见表11-1-5)。

第十一章 含硫含酸原油沥青生产

表 11-1-5 ASTM D946—93

项 目	40~50	60~70	85~100	120~150	200~300
针入度(25℃, 100g, 5s)/(1/10mm)	40~50	60~70	85~100	120~150	200~300
延度(25℃)/cm	100	100	100	100	100
闪点/℃	230	230	230	218	177
溶解度(三氯乙烯)/%	99.0	99.0	99.0	99.0	99.0
薄膜烘箱后残留针入度/(1/10mm)	55	52	47	42	37
薄膜烘箱后残留延度(25℃)/cm		50	75	100	100①

① 如果25℃延度不能大于100,15℃延度大于100时,沥青也是合格的。

表 11-1-6 ASTM 沥青60℃黏度分级要求(ASTM D3381—2009-1)

项 目	AC-2.5	AC-5	AC-10	AC-20	AC-30	AC-40
黏度(60℃)/Pa·s	25±5	50±10	100±20	200±40	300±60	400±80
黏度(135℃)/(mm²/s)	80	110	150	210	250	300
针入度(25℃, 100g, 5s)/(1/10mm)	200	120	70	40	30	20
开口闪点/℃	165	175	220	230	230	230
溶解度(三氯乙烯)/%	99.0	99.0	99.0	99.0	99.0	99.0
薄膜烘箱试验						
黏度(60℃)/Pa·s	125	250	500	1000	1500	2000
延度(25℃)/cm	100①	100	50	20	15	10

① 如果25℃延度不能大于100,15℃延度大于100时,沥青也是合格的。

表 11-1-7 ASTM 沥青60℃黏度分级要求(ASTM D3381—2009-2)

项 目	AC-2.5	AC-5	AC-10	AC-20	AC-30	AC-40
黏度(60℃)/Pa·s	25±5	50±10	100±20	200±40	300±60	400±80
黏度(135℃)/(mm²/s)	125	175	250	300	350	400
针入度(25℃, 100g, 5s)/(1/10mm)	220	140	80	60	50	40
开口闪点/℃	165	175	220	230	230	230
溶解度(三氯乙烯)/%	99.0	99.0	99.0	99.0	99.0	99.0
薄膜烘箱试验						
黏度(60℃)/Pa·s	125	250	500	1000	1500	2000
延度(25℃)/cm	100①	100	75	50	40	25

① 如果25℃延度不能大于100,15℃延度大于100时,沥青也是合格的。

表 11-1-8 旋转薄膜烘箱后60℃黏度分级要求(ASTM D3381—2009-3)

项 目	AR-1000	AR-2000	AR-4000	AR-8000	AR-16000
旋转薄膜烘箱试验残余物试验①					
黏度(60℃)/Pa·s	100±25	200±50	400±100	800±200	1600±400
黏度(135℃)/(mm²/s)	140	200	275	400	550
针入度(25℃, 100g, 5s)/(1/10mm)	65	40	25	20	20
针入度比/%		40	45	50	52
延度(25℃)/cm	100②	100	75	75	75
新鲜沥青试验					
开口闪点/℃	205	220	225	230	240
溶解度(三氯乙烯)/%	99.9	99.9	99.9	99.9	99.9

① 也可以采用薄膜烘箱试验,但仲裁试验必须采用旋转薄膜烘箱试验。
② 如果25℃延度不能大于100,15℃延度大于100时,沥青也是合格的。

ASTM D3381—2009-1 和 ASTM D3381—2009-2 两个标准的不同点是，在60℃黏度相同时，其135℃黏度、针入度与薄膜烘箱后25℃延度均有所不同，实际上是反映了两种不同感温性沥青的质量要求。国际标准是为消除贸易与技术壁垒而制定的全球通行的标准，是较低水平的标准[7]，各国及企业可以参照或借鉴，而不应认为达到国际标准就达到了国际先进水平。

2. 美国 SHRP 沥青规范

美国在1987年至1993年完成了一个庞大的"美国战略公路研究计划"，英文Strategic Highway Research Program，简称SHRP计划。其基本思路是一方面将沥青的化学和物理性质分别与路面性能研究联系起来，同时也研究沥青化学性质和物理性质之间的关系；另一方面将沥青混合料性质和路面性能研究联系起来，建立了一套对沥青进行评价和分级的新方法。它将沥青按性能分级（Performance Graded），将沥青材料的黏弹性能用流变学指标进行量化，提出了在高温、中温、中等温度和低温下与路面使用环境相关的流变特性指标。所以SHRP的新沥青规范和相应的测试方法可直接与工程概念的路用性能相关联，它适用于所有的改性和非改性道路沥青。SHRP计划对世界各国道路沥青的产品规格和评价试验方法都产生了较大影响，是一项划时代的研究成果。

沥青按使用温度分级是SHRP的创新，为使温度分级更科学，SHRP提出温度划分由空气温度改为路面沥青混合料温度。高温设计温度采用一年中温度最高的7天同期的由空气温度转换过来的路面20mm深处的平均最高温度，称为MAXPAT。低温设计温度则是路表温度，且等于空气温度，以年最低气温表示，称为MINPAT。这些温度分别成为高温稳定性及低温开裂性指标的试验温度。

SHRP沥青规范一反往常试验方法相同，不同等级的沥青取不同标准值的做法，而采用各项指标的要求值为一常数，所不同的只是各个沥青等级适用的地区采用相应的试验温度不同。其最根本的特点是各项指标明确与各项路用性能直接相关，因此它不仅适用于普通的道路沥青，还适用于改性沥青。规范列入的各种路用性能指标包括：

① 高温时抵抗永久变形的能力（高温稳定性）。
② 低温时抵抗路面温缩开裂的能力（低温抗裂性）。
③ 抗疲劳破坏的能力（耐疲劳性）。
④ 抗老化性能。
⑤ 施工安全性、可操作性。

SHRP沥青规范中每个等级的沥青试验需要3个样品。

① 原样沥青。
② RTFOT后的残留沥青，模拟经热拌热铺后刚成型的沥青。
③ RTFOT后又经过PAV长期老化的残留沥青，模拟已使用5年左右的路面沥青结合料。

在美国沥青路用性能分及规格（Performance Graded，简称PG）的道路沥青技术规范中，每一种沥青必须同时满足在永久变形、疲劳、温缩开裂各方面的技术要求。但不同级别的沥青，满足这些要求所使用的试验温度条件是不同的，沥青的选择是根据路面所处的环境条件为依据的。PG中沥青所满足的温度是路面的最高和最低设计温度，PG中包含两个温度，PG XX-YY，XX代表最高路面设计温度，YY代表最低路面设计温度，例如，PG 64-28表示该沥青在64℃下符合抗永久变形要求，在-28℃符合温缩开裂要求，并且该沥青在中等温度22℃下符合抗疲劳开裂的要求。沥青不同等级间高温和低温的温度间隔为6℃，路面设计温度根据当地的气象信息通过计算得到。

应新规范之需，SHRP开发了几种新的仪器设备和试验方法，介绍如下：

① 采用弯曲梁流变仪，进行三点弯曲试验，简称BBR。它结合动态剪切试验便可以评价沥青结合料从低温到高温的很大温度范围的劲度模量的全部信息。再结合直接拉伸实验能更全面了解结合料的低温抗裂性能。弯曲梁流变仪由简支梁弯曲蠕变装置、保温装置、加载设施及计算控制和数据资料采集设备四个单元组成。其中最基本的是弯曲蠕变装置，荷载采用一个小气压泵施加，其技术关键是荷载本身很小，而且要使加载的摩擦力非常小，荷载杆的端部是半圆头，直接回到试件中央。保温浴的控温精度为0.1℃，循环流动使水温均匀，不冻液采用通常使用的甲醇、乙二醇、乙醇、乙烯及水的混合物，它必须在36℃以下不冻结。

BBR沥青试件的尺寸为长127mm，宽12.7mm，高6.35mm，跨径101.6mm。此试验采用TFOT及PAV试验的残留沥青测试，以评价沥青的低温抗裂性能，重点是反映抵抗温度收缩开裂能力。弯曲梁流变仪由一个蠕变形式的流变仪单元、温度控制单元和计算机控制系统组成，但试样太小，成型制作困难，尺寸误差大，影响试验精度。

② 动态剪切试验，简称DSR。此试验结果在SHRP规范中用了三次，即对原样沥青、TFOT残留沥青、TFOT/PAV残留沥青测定，分别反映高温性能、疲劳性能及低温性能，因此是SHRP沥青新标准的精髓，是一项成功的技术。

在动态剪切试验中，测得的复合模量代表在载荷作用下的抗变形能力，相位角δ代表弹性部分和黏性部分的相对贡献，这种相对贡献与材料的种类、载荷施加时间和材料所处的温度有关。$G^*\sin\delta$是损失模量，它表示沥青在变形过程中能量的损失，即变形中不可恢复的部分，就是模量的黏性成分。$G^*\sin\delta$越大，表示荷载作用下的剪切损失越快，储存的部分越少，即耐疲劳性能越差。$G^*/\sin\delta$是剪切损失的倒数，它同样反映材料的永久变形能力，$G^*/\sin\delta$越大，高温时的流动变形越小，抗车辙能力越强。

③ 直接拉伸试验简称DTT。沥青直接拉伸试验类似于低温延度试验，SHRP采用两端粗，中间细的颈状试件，测定结果为荷载达到最大时的变形，由于在负温度下沥青已明显为脆性，延度极小，因此必须用精密的激光变形测量器测量。

④ 压力老化试验，简称PAV。压力老化试验是用于研究疲劳及低温开裂的，需要使用已经老化的沥青试样。它是把经过旋转薄膜老化的沥青，用薄膜老化试验的盘子装进PAV老化设备中，加热到90~100℃，并增压到2.07MPa，持续20h，使沥青加速老化，该试验可以模拟已使用过5年的沥青情况。

美国SHRP道路沥青标准见表11-1-9。

3. 日本道路石油沥青标准

日本沥青协会是按照生产方法和针入度级别对石油沥青的用途进行分类。从其分类情况看，直馏和氧化法生产的沥青主要用于道路铺装。我国新修订的GB/T 15180—2010版非等效采用了JIS K 2207:1996《石油沥青》英文版。日本道路沥青标准见表11-1-10、表11-1-11。

表 11-1-9 美国 SHRP 道路沥青标准

性能等级	PG 52							PG 58						PG 64						PG 70			
平均 7 天最高路面设计温度/°C	<52							<58						<64						<70			
最低路面设计温度/°C	>-10	>-16	>-22	>-28	>-34	>-40	>-46	>-16	>-22	>-28	>-34	>-40	>-46	>-10	>-16	>-22	>-28	>-34	>-40	>-10	>-16	>-22	>-28
闪点/°C 最小	230																						
黏度 (ASTM D4402) 3Pa·s (3000cP)/°C 最大	135																						
原沥青																							
试验温度[动力剪切 $G^*/\sin\delta$, 1.0kPa] (10rad/s)/°C 最小	52							58						64						70			
旋转薄膜烘箱试验残留物																							
物理硬化指数/h	报告																						
质量损失/% 最大	1.00																						
试验温度[动力剪切 $G^*/\sin\delta$, 2.2kPa] (10rad/s)/°C 最小	52							58						64						70			
压力老化容器残留物																							
压力老化温度/°C	90							100						100						100/(100)[a]			
试验温度[动力剪切 $G^*/\sin\delta$, 5.000kPa] (10min/d)/°C 蜡变 最大	25	22	19	16	13	10	7	25	22	19	16	13	10	31	28	25	22	19	16	34	31	28	25
试验温度[动力剪切 $G^*/\sin\delta$, 300.000kPa, m 最小, 0.30](60s)/°C 最小	0	-6	-12	-18	-24	-30	-36	-6	-12	-18	-24	-30	-36	-6	-12	-18	-24	-30		0	-6	-12	-18
试验温度[直接拉伸 (SHRP B-006)断裂时的拉伸, 1.0% (1.00mm/min)]/°C 最小	0	-6	-12	-18	-24	-30	-36	-6	-12	-18	-24	-30	-36	-6	-12	-18	-24	-30		0	-6	-12	-18

表 11-1-10 日本道路沥青标准 JIS K 2207：1996（直馏沥青）

指标		直馏沥青								
针入度范围(25℃)/(1/10mm)		0~10	10~20	20~40	40~60	60~80	80~100	100~120	120~150	150~200	200~300
软化点/℃		≥55	50~65	47~55	44~52	42~50	40~50	38~48	30~45		
延度15℃/cm	≥	—		10		100					
延度25℃/cm	≥	—	5	50	—	—	—	—	—	—	—
溶解度/%	≥	99.0									
闪点/℃	≥	260						240	210		
薄膜烘箱实验											
质量变化率/%	≤	—			0.6				—		
针入度比	≥	—			58	55	50				
蒸发试验											
质量变化率/%	≤	0.3		—				0.5	1.0		
针入度比/%	≤	—	—		110			—	—	—	—
相对密度(15℃)	≥	1.000									

表 11-1-11 日本道路沥青标准 JIS K 2207：1996（氧化沥青）

指标		氧化沥青				
针入度范围(25℃)/(1/10mm)		0~5	5~10	10~20	20~30	30~40
软化点/℃	≥	130.0	110.0	90.0	80.0	65.0
延度25℃/cm	≥	0	1	2	3	
溶解度/%	≥	98.5				
闪点/℃	≥	210				
蒸发试验						
质量变化率/%	≤	0.5				
针入度指数/%	≥	3.0	3.5	2.5		1.0

4. 德国、加拿大及欧盟道路沥青标准

德国及欧盟道路石油沥青标准也是按针入度分级，比较强调沥青的低温性能，在标准中都有脆点及蜡含量的要求，在德国标准中提出了加热试验前后7℃、13℃、25℃等3个温度下延度的要求，在欧盟的道路沥青标准中，提出了表征高温性能的60℃、135℃的黏度要求和表征感温性能的针入度指数的要求。德国及欧盟道路沥青标准见表11-1-12、表11-1-13。

① 德国道路沥青标准（DIN 1995 Teil 1）。

表 11-1-12 德国道路沥青标准（DIN 1995 Teil 1）

分析项目		B200	B80	B65	B45	B25	试验方法
针入度(25℃, 100g, 5s)/(1/10mm)		160~210	70~100	50~70	35~30	20~30	DIN 52010
软化点/℃		37.0~44.0	44.0~49.0	49.0~54.0	54.0~59.0	59.0~67.0	DIN 52011
弗拉斯脆点/℃	最大	-15	-10	-8	-6	-2	DIN 52012
灰分/%	最大	0.50	0.50	0.50	0.50	0.50	DIN 52005
溶解度（三氯乙烯）/%	最大	0.50	0.50	0.50	0.50	0.50	DIN 52014
除去灰分的环己烷不溶物/%	最大	0.50	0.50	0.50	0.50	0.50	DIN 52014 DIN 52005

续表

分析项目			B200	B80	B65	B45	B25	试验方法
延度/cm								
7℃		最小	—	5	—	—	—	
13℃		最小	—	—	8	—	—	DIN 52013
25℃		最小	—	—	—	40	15	
蜡含量/%		最大	2.0	2.0	2.0	2.0	2.0	DIN 52015
密度(25℃)/(kg/m³)		最小	1.000	1.000	1.000	1.000	1.000	DIN 52004
质量变化/%		最大	1.50	1.00	0.80	0.80	0.80	DIN 52016
加热试验后软化点升高（环球法）/℃		最大	8.0	6.5	6.5	6.5	6.5	DIN 52016 DIN 52011
加热试验后针入度比		最大	50	40	40	40	40	DIN 52016 DIN 52010
加热实验后延度/cm								
7℃		最小	—	2	—	—	—	
13℃		最小	—	—	2	—	—	DIN 52016 DIN 52013
25℃		最小	—	—	—	15	5	

德国标准采用了更低温度的延度要求，例如B80和B65的延度是在13℃和7℃条件下测定的，而且要求了老化后的残留延度不小于2cm，另外蜡含量的指标控制为2%。由于德国国土大多地处寒冷地区，因此德国标准历来重视弗拉斯脆点这一指标。

② 加拿大沥青标准。加拿大于1990年提出了一个新的沥青标准，它直接以沥青感温性作为评价沥青质量的核心指标，见表11-1-13。

表11-1-13 加拿大沥青标准

针入度(25℃, 100g, 5s)/(1/10mm)			60~70	80~100	120~150	150~200	200~300	300~400	试验方法
A组	60℃黏度/Pa·s		210~175	150~115	92~70	70~50	50~31	31~21.5	D5
	135℃黏度/(mm²/s)		400~360	330~290	255~225	225~185	185~145	145~120	
B组	60℃黏度/Pa·s		150~125	110~85	68~53	53~39	39~24.5	24.5~17.5	D2171 及 D2170
	135℃黏度/(mm²/s)		310~280	260~225	200~175	175~145	145~115	115~95	
C组	60℃黏度/Pa·s		110~90	75~55	43~32	32~23	23~14.5	14.5~8.8	
	135℃黏度/(mm²/s)		235~205	185~150	130~107	107~84	84~60	60~46	
闪点/℃		最小	230	230	220	220	175	175	D92
溶解度/%		最小	99.0	99.0	99.0	99.0	99.0	99.0	D2042
薄膜烘箱试验									
质量损失/%		最大	0.85	0.85	1.3	1.3	1.5	1.5	D1754
针入度比/%		最小	52	47	42	40	37	35	

在加拿大沥青标准中，通过25℃针入度和60℃黏度或135℃黏度这两个不同温度的黏度指标，有效地描述了沥青的质量要求，并以此将沥青质量分成A、B、C三级。该沥青标准是国际上首次将沥青按不同温度下的黏度指标将沥青分为A、B、C三级的标准，其宗旨是按沥青中的蜡含量分级，但标准中并未出现蜡含量指标，而是用与蜡含量密切相关的黏度指标来衡量沥青质量的高低，这不仅避免了蜡含量分析方法的缺陷而且能较准确地反映沥青的质量水平，是沥青标准的突破。

③ 欧盟CEN沥青标准（CEN TC19 SCI WGIN80, EN 12591: 2000）第一类(见表11-1-14)。

表 11-1-14 欧盟 CEN 沥青标准

指标	等级									试验方法
	20/30	30/45	35/50	40/60	50/70	70/100	100/150	160/220	250/300	
通用性指标										
针入度(25℃,100g,5s)/(1/10mm)	20~30	30~45	35~50	40~60	50~70	70~100	100~150	160~220	250~300	EN1426
软化点/℃	55~63	52~60	50~68	48~56	46~54	43~51	39~47	35~43	30~38	EN1427
旋转薄膜烘箱(163℃)老化后残留物的性质										EN12607-1 或 EN12607-3
质量变化/%	±0.5	±0.5	±0.5	±0.5	±0.5	±0.8	±0.8	±1.0	±1.0	EN12607-1
残留针入度比	55	53	53	50	50	46	43	37	35	EN12607-3
老化后软化点/℃	57	54	52	49	48	45	41	37	32	EN1427
闪点/℃	240	240	240	230	230	230	230	220	220	EN22592
溶解度/%	99.0	99.0	99.0	99.0	99.0	99.0	99.0	99.0	99.0	EN12592
不同国家选择使用的指标										
蜡含量/% 最大					2.2					EN12606-1
					4.5					EN12606-2
动力黏度(60℃)/Pa·s	440	260	225	175	145	90	55	30	18	EN12596
运动黏度(135℃)/Pa·s	530	400	370	325	295	230	175	135	100	EN12595
脆点(Fr)		-5	-5	-7	-8	-10	-12	-15	-16	EN12593
旋转薄膜烘箱(163℃)老化后残留物的性质,符合下列3个条件之一										EN12607-1 或 EN12607-3
软化点升高/℃	8	8	8	9	9	9	10	11	11	EN1427
软化点升高和脆点/℃	10	11	11	11	11	11	12	12	12	EN1427
	-5	-5	-5	-7	-8	-10	-12	-15	-16	EN12593
软化点升高和针入度指数	10	11	11	11	11	11	12	12	12	EN1427
	-1.5	-1.5	-1.5	-1.5	-1.5	-1.5	-1.5	-1.5	-1.5	EN1427
	+0.7	+0.7	+0.7	+0.7	+0.7	+0.7	+0.7	+0.7	+0.7	

欧共体的欧洲标准化组织 CEN 一直在为制订 EU 沥青标准而努力，CEN 从 1990 年起几乎与 SHRP 在同一个时期进行了沥青标准的研究、修订和统一工作。分析 CEN 标准可见，欧洲仍然重视通常采用的针入度、软化点、脆点、黏度、闪点、溶解度、老化试验前后的质量变化等，而且把蜡含量作为重要指标列入了标准中，对老化后的质量变化，不是以前的质量损失，而是质量变化范围，既有损失，也包括质量增加。

1999 年欧洲沥青会议在卢森堡召开，着重讨论了对美国 SUPERPAVE 沥青结合料路用性能规范的看法。欧洲共同体的欧洲标准化组织（CEN）认为尽管美国 SHRP/SUPERPAVE 沥青结合料路用性能规范是很好的，但规范的试验方法实际上是欧洲多年来许多研究工作的手段，这些实验方法已经在欧洲长期使用，并不新鲜，对生产单位来说，还是应该选择普通的、简单的方法和指标。因此与美国、加拿大相比，欧洲对 SHRP/SUPERPAVE 沥青结合料路用性能规范的评价反响并不高。

5. 壳牌公司沥青质量控制体系图

近年来，道路沥青标准的研究一直是国外道路界的热门课题，并取得了许多令人瞩目的成果。英荷皇家 Shell 石油公司中央研究所于 1989 年提出了一个新的沥青质量控制体系九面图，如图 11-1-1，称为 QUALAGON。1993 年利用 QUALAGON 和 BTDC 提出一套以常规指标为主的沥青质量管理体系。QUALAGON 由 6 项沥青指标及 3 项沥青混合料指标组成，这些指标与沥青的路用性能挂钩。

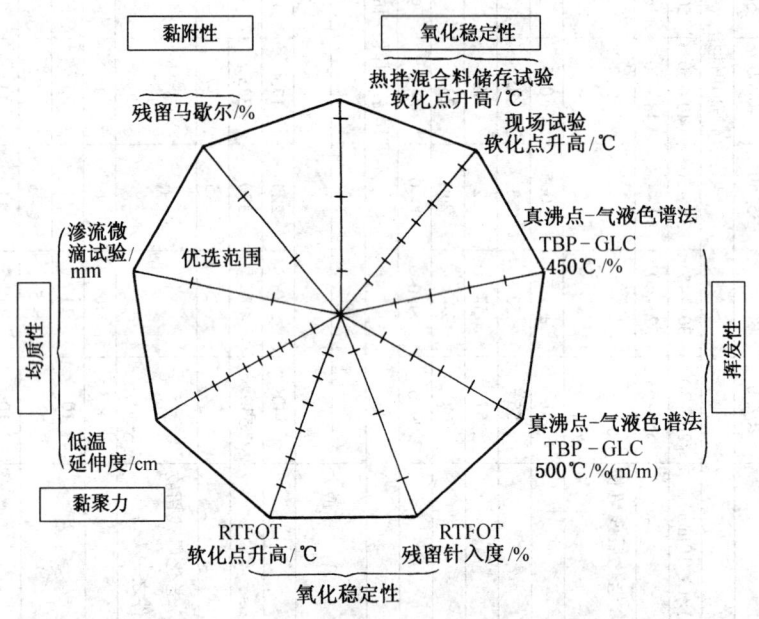

图 11-1-1 Shell 公司沥青质量评价九面图 QUALAGON

（1）反映沥青黏性的指标。用低温延度（LTD）反映黏性指标，80/100 级用 10℃延度，60/70 级用 13℃延度，45/50 级用 17℃延度。

（2）反映沥青与集料的黏附性。一种是用沥青料真空饱水后的浸水马歇尔试验残留稳定度反映。另一种是沥青的渗析试验（EDT），在白色大理石上挖一小孔滴上沥青测定油环扩散情况，它尤其能反映蜡的分离影响。

(3) 反映沥青的耐久性。用 TFOT 或 RTFOT 后软化点的变化及残留针入度两项指标反映氧化稳定性；另一项试验用真沸点凝胶渗析色谱(TBP-GLC)测定反映轻质油分的挥发性，即蒸发老化。

另两项指标是热拌沥青混合料存放试验(HMST)及现场试验，回收沥青测定软化点的增加程度。反映混合料的氧化老化及蒸发老化。

由以上指标可绘成一个九角形的 QUALAGON 图，如在某一标准范围内沥青质量便合格，它尤其要求各项性质之间的平衡，而不是强调某一项指标。由于我们对其中的一些指标尚不能按壳牌公司的方法进行试验，所以还无法比较和评价按 QUALAGON 九面图验证的结果。

6. 埃克森美孚石油公司(ExxonMobil)沥青标准

ExxonMobil 公司是世界最大的非政府石油天然气生产商，总部设在美国得克萨斯州爱文市。在全球拥有生产设施和销售产品，在六大洲从事石油天然气勘探业务；在能源和石化领域的诸多方面位居行业领先地位。ExxonMobil 见证了世界石油天然气行业的发展，其严谨的投资方针以及致力于开发和运用行业领先技术及追求完善的运营管理，使之在全球位居行业领先地位。ExxonMobil 长期以来重视技术开发，因此一直保持着技术上显著的领先地位。表 11-1-15 是该公司的 50 号石油沥青标准。

表 11-1-15　ExxonMobil 的 50 号石油沥青标准

项　目	质量指标	试验方法
针入度(25℃，100g，5s)/(1/10mm)	≤60	ASTM D5
60℃动力黏度/Pa·s	260~360	ASTM D2171
135℃运动黏度/Pa·s	0.40~0.65	ASTM D2171
溶解度/%	≥99.5	ASTM D2042
闪点(开口杯法)/℃	≥260	ASTM D92
延度(25℃)/cm	≥100	ASTM D113
软化点/℃	≥49	ASTM D36
旋转薄膜烘箱后黏度比[1]/%	≤300	ASTM D2171
薄膜烘箱后针入度比[2]/%	≥63	ASTM D5

[1] 当针入度在 40~50 或 50~60 时该指标不作要求。
[2] 当针入度在 40~50 或 50~60 时要求该指标。

第二节　渣油组成与道路沥青的生产

一、石油沥青的分离分析方法

沥青是石油中最重的部分，也是相对分子质量最大、组成及结构最为复杂的部分。近年来由于近代分离方法的发展和应用，对石油沥青化学组成的研究已有了显著的进展。沥青是十分复杂的烃类与非烃类的混合物，由于相对分子质量大，结构复杂，要想对它进行精确的分离，一般采用按物理和化学特性相似的化合物集中起来作为一个组分进行分离的方法，然后再借助于其他物理或化学的方法做进一步的分析和鉴定。

将沥青分离的基本方法，根据不同的分离原理，常用的有按沸点不同进行分离的分子蒸馏法，有按溶解度不同进行分离的分离沉淀法，有按化学反应性的不同进行分离的化学沉淀法，以及按吸附性、溶解性不同采用的吸附色谱法等。目前通用的多为上述方法的综合。现就按族组成分离的几种方法进行简单介绍

1. 薄层色谱法

三组分法、四组分法的传统分离方法不仅需要消耗大量的试剂，而且需要较长的时间。随着分离技术的发展，在吸附色谱的基础上发展出了薄层色谱法，从而快速、方便地得到沥青的化学组成。

(1) 方法概要　将吸附剂（气化铝或硅胶）涂在一个石英玻璃棒上形成固定相，然后采用不同的溶剂进行扩展，这样，在棒的不同高度，就可以得到分布有不同组分薄层，以一定速率直接通过氢火焰（FID）扫描，此时 FID 的能量使薄层表面上已分离的各有机化合物离子化。所产生的离子被加载在正负极之间，由于在 FID 电极上加载有电场（燃烧器为正极，收集器为负极），所以负离子向燃烧器一边移动，而正离子则向集电极一边移动。这些在燃烧器和集电极之间的离子电流与在氢火焰中被离子化的各组分的质量成正比。离子电流被 FID 电路放大，并由数据处理系统对各组分进行定量测量和记录。

(2) 测定要点：

① 样品处理。原油样品需进行恩氏蒸馏切割到 300℃，记录馏出体积，>300℃馏分作为原油组成分析原料；原油、渣油、蜡油样品称量时应进行充分搅拌。

② 样品称样量。蜡油称取 0.15g 样品，原油、渣油称取 0.10g 样品，置于 10mL 容量瓶内，用甲苯溶解，摇匀，为确保样品充分溶解需静止放置 2h。

③ 点样。将经空白扫描好的色谱棒架正确放置在点样板上，以专用微量注射器吸取 1μL 试样，均匀地点在点样板刻线位置的硅胶棒上，并晾干。

④ 样品展开。原油样品与蜡油样品展开条件和顺序相同，样品展开前，色谱棒均应在恒湿槽中（恒湿槽中的恒湿溶液由 34mL 浓硫酸倒入到 100mL 水中配制而成，用此溶液可达到湿度65%）恒湿 10min，再在展开槽中悬挂 10min，使色谱棒在饱和蒸气状态下饱和。

⑤ 原油、蜡油、渣油展开步骤。将点样后的硅胶棒放置在展开剂为甲苯的展开槽中，展开至 4.5cm 左右，取出色谱棒架并晾干。将经甲苯展开过的色谱棒架放置在展开剂为正己烷：环己烷 =9:1 的展开槽中进行二次展开，展开高度在 8.5cm 左右，取出色谱棒架并晾干。将二次展开后的色谱棒架放置在展开剂为二氯甲烷：乙醇：环己烷 =8:1:1 的展开槽中展开，展开高度在 1.8cm 左右，取出色谱棒架并晾干。以一定速率直接通过氢火焰（FID）扫描，此时 FID 的能量使薄层表面上已分离的各有机化合物离子化。利用色谱工作站按面积归一化法进行数据处理。

(3) 样品组分的划分：

① 原油三组分。保留时间 $R_T<0.2$ 为饱和烃含量，$0.45>R_T>0.38$ 为胶质含量，$R_T>0.46$ 为沥青质含量。

② 蜡油五组分的划分。保留时间 $R_T<0.18$ 为饱和烃含量，$0.18<R_T<0.22$ 为轻芳烃，$0.22<R_T<0.30$ 为中芳烃，$0.30<R_T0.40$ 为重芳烃，$R_T>0.40$ 为极性芳烃含量。

③ 渣油四组分。保留时间 $R_T<0.18$ 为饱和烃含量，$0.18<R_T<0.30$ 为芳烃含量，$0.30<R_T<0.45$ 为胶质含量，$R_T>0.45$ 为沥青质含量。

④ 各组分含量的计算

渣油四组分：对于沥青质含量大于 1.5% 的渣油，从色谱图中查得饱和烃、芳烃、沥青质含量，然后按下式计算四组分含量：

饱和烃%（质）= $1.039X + 6.62$　　X 为色谱图中查得饱和烃结果

芳烃%（质）= $0.903Y - 3.226$　　Y 为色谱图中查得芳烃结果

沥青质%（质）= $1.042Z - 1.010$　　Z 为色谱图中查得沥青质结果

胶质%（质）= $100 -$（饱和烃 + 芳烃 + 沥青质）

对于沥青质含量小于 1.5% 的渣油，从色谱图中查得饱和烃、芳烃、沥青质含量，然后按下式计算四组分含量：

饱和烃%（质）= $1.0304X + 9.36$　　X 为色谱图中查得饱和烃结果

芳烃%（质）= $0.8863Y - 5.99$　　Y 为色谱图中查得芳烃结果

胶质%（质）= $(100 -$ 饱和烃 $-$ 芳烃$)J/(J + L0.317)$　J 为色谱图中查得胶质结果，L 为色谱图中查得沥青质结果

沥青质%（质）= $(100 -$ 饱和烃 $-$ 芳烃$)L0.317/(J + L \times 0.317)$　J 为色谱图中查得胶质结果，L 为色谱图中查得沥青质结果

2. 四组分法

在三组分法的基础上，用液固色谱将沥青分为四个组分的方法应用极为普遍，这一方法已成为目前通用的沥青评价方法，中国已将此方法标准化，1992 年作为行业标准予以公布执行（SH/T 0509—1992）。

四个组分系饱和分（Saturates）、芳香分（Aromatics）、胶质（Resin）和沥青质（Asphaltence），取四个字的字头写成 SARA，所以四组分法又叫做 SARA 法。

（1）方法概要　将沥青试样用正庚烷沉淀出沥青质，过滤后，用正庚烷回流除去回流沉淀中夹杂的可溶分，再用甲苯回流溶解沉淀，得到沥青质。将脱沥青质的部分吸附于氧化铝色谱柱上，依次用正庚烷（或石油醚）、甲苯、甲苯 - 乙醇展开洗出，相应得到饱和分、芳香分和胶质。

（2）影响实验精密度的因素　石油沥青组分测定法提出了把沥青分为饱和分、芳香分、胶质和沥青质的族组成分析操作规定，影响实验结果精密度的因素如下：

① 冲洗色谱用氧化铝的活性。本方法所用氧化铝的活性是通过调节活化后的氧化铝中水的加入量来实现的。水加得少，吸附活性高，分离效果较好，但柱效率低；水加得多，氧化铝吸附活性减弱，分离效果变差，而选用适宜水量，既保证了一定的吸附分离作用，又有理想的柱效率。大量实验结果证明，活化后氧化铝加入 1% 的水时，就能达到这一目的。

② 实验室温度是影响测定结果的重要因素。石油沥青在吸附色谱中的分离过程是吸附脱附、溶解过程的综合，温度的变化既影响沥青组分在氧化铝上的吸附，也影响着它们的脱附和溶解。因此，实验必须在恒定的温度下进行。而温度过高，正庚烷（或石油醚）的挥发损失多；温度太低，沥青中某些组分会以蜡状物结晶析出，附着在氧化铝上，达不到预期的分离效果，因此，方法中规定柱温维持在 50℃ ±1℃。

③ 溶剂的用量及各组分间的切换要尽量统一，按标准要求去做，以保证结果有好的重复性。

④ 回收溶剂时溶剂的流出不宜太快，也不宜把溶剂蒸的太干，以免组分受热分解而损失。残留的溶剂可用真空干燥法除去。

3. 三组分法

三组分法又称为马库森法，采用选择性溶剂及吸附法将沥青分为油分、胶质和沥青质三个组分。该方法直到目前尚有人使用，其分离过程为：首先加入石油醚，令其全部溶化，然后过滤。留在滤纸上的沉淀物在惰性气流中烘干称重，即为沥青质的质量。如前所述，因沥青沉淀的量与所用的溶剂有关，在实验结果中必须说明使用溶剂的名称和用量。较理想的是用纯正戊烷或正庚烷做溶剂，这样可使实验条件比较稳定，所得结果也便于比较。

分去沥青质的溶液部分适当浓缩后，再用活化好的硅胶吸附，在索氏抽提器用石油醚或正戊烷抽提得到油分，随后用乙醇和苯(1:1)的混合溶剂抽提得到胶质。

美国矿山局法与马库森法类似，但所用的溶剂为正戊烷，吸附剂为活性氧化铝。

二、石油沥青的元素组成[8]

对石油馏分尤其是石油轻馏分如汽油、柴油等来说，元素组成数据一般不是十分重要的，但对像渣油或沥青这样的重质油组分，元素组成则是一个相当重要的基本数据。特别是碳和氢两元素的组成，对说明沥青的某些物理或化学性质及结构有着十分重要的意义。

在石油的轻馏分中，碳和氢的含量一般都在98%~99%左右，其中碳的含量约83%~87%，氢的含量为11%~14%。而在渣油或沥青中，碳氢含量只有95%左右。最突出的特点是氢含量的显著减少，只有12%或更少些。在重质油中C/H原子比较轻油的C/H大，此数据愈大，表示环结构特别是芳香环结构愈多(例如正已烷的C/H = 0.43，环已烷的C/H = 0.5，苯的C/H = 1.0，萘的C/H = 1.25等)。

在石油沥青中，除碳和氢两元素外，还有少量的硫、氮及氧，通常称为杂原子。杂原子的含量约为5%左右，最大的可达14%。含有杂原子的化合物虽然分布在整个沥青中，但主要集中在相对分子质量最大的没有挥发性的胶质和沥青质中。杂原子的含量虽少，但由于沥青的平均相对分子质量较大，尤其是某些沥青质的分子，实际上绝大部分都是由含杂原子的化合物组成的。真正由碳和氢两种元素组成的烃类只占极少数。例如，若沥青的平均相对分子质量为800，则每含有2%的硫，就有含硫化合物50%(以每个分子中平均只有1个硫原子计)。而沥青的平均相对分子质量远比800大得多。

1. 渣油及沥青的元素组成

表 11-2-1 是中国几种渣油的元素组成。由表可见，国内原油渣油碳的含量都在85%左右，硫含量较低。

表 11-2-1　中国几种渣油的元素组成

渣油名称	C/%	H/%	S/%	N/%
大庆渣油	86.43	12.27	0.17	0.29
胜利渣油	85.50	11.60	1.26	0.85
辽河渣油	87.54	11.55	0.31	0.60
孤鸟原油	84.83	11.16	2.93	0.77
新疆南疆原油	85.07	10.01	3.47	0.62
渤中25-1油	86.89	11.96	0.42	0.80
海南文昌油	87.74	11.09	0.29	0.65
河北曹妃店油	88.27	10.54	0.31	0.72
西江原油	88.10	10.86	0.19	0.40

表11-2-2是国外几种比较典型的渣油的元素组成。

表11-2-2 国外几种典型渣油的元素组成

渣油名称	C/%	H/%	S/%	N%
沙中渣油（Arabian Medium）	87.07	12.38	2.74	0.07
科威特渣油（Kuwait）	87.45	11.76	2.68	0.12
伊朗重质渣油（Arabian Heavy）	87.30	12.05	2.22	0.19
伊朗轻质渣油（Arabian Light）	86.73	12.43	1.55	0.16
伊朗索鲁士渣油（Iran）	86.95	12.35	3.57	0.31
伊拉克巴士拉渣油（Basrah）	85.21	9.32	5.31	0.34
阿曼渣油（Oman）	87.95	11.05	2.25	0.29
墨西哥玛雅渣油 Mexico Maya）	83.16	10.87	5.61	0.25
俄罗斯乌拉尔渣油（Ural）	86.51	11.46	1.83	0.15

由表11-2-2的数据可以看到，国外渣油中碳的含量都在86%左右，氢含量在12%左右，硫含量均较高。可以想见在渣油的分子结构中，饱和的程度较高，可能有相当数量的多环环烷及少量的芳香环结构。

在杂原子中硫的含量最多，而且变化范围较大，氮及氧的含量大多在1%以下，变化的幅度较小。有人将沥青用分子蒸馏法分为几个馏分后，分析其元素组成也基本符合这些特点。

在各种含硫渣油中，当硫含量在5.5%~6.0%以下时，渣油中含硫量的对数与总馏出量为直线关系，如图11-2-1所示。

其关系也可以用下式表示：

$$\lg S_{渣} = \lg S_{油} + \beta X$$

式中 $S_{渣}$——渣油硫含量；

$S_{油}$——原油硫含量；

X——馏出物（包括溶解的气体）总量，%。

对已研究过的45种石油，系数 β 的值平均为0.00452，不同的石油相差很小（从0.0043到0.0047）。

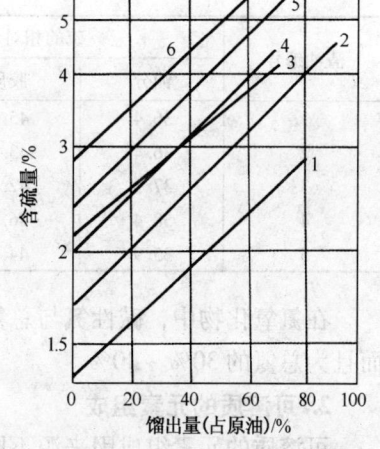

图11-2-1 渣油的硫含量的对数与原油总馏出量的关系[8]

1—西西伯原油；2—沙特轻质原油；3—鞑靼尼尔原油；4—伊拉克原油；5—沙特中质原油；6—沙特重质原油

不同渣油中，氮含量的变化趋势与硫的变化趋势相当接近，而且硫的含量约为氮含量的10倍，原油中的氮约有90%集中在其减压渣油中，而减压渣油的氮则有80%存在于其胶质和沥青质组分中。

科研人员很早就发现，在大部分硫较少的原油中，含氮量也少。实验还证明，碱性氮的含量与硫含量也有一定关系，硫含量愈多的石油，碱性氮的含量也较多，如图11-2-2所示。同样，氮含量与胶质的含量也有类似的关系，如图11-2-3所示。

应当指出，不能将上述关系看作不变的规律，实际上会有一些例外。但某些趋势还是值得注意的，例如C/H比、杂原子的分布等对大多数沥青来说都是如此。

重质油中的含硫结构主要有硫醚和噻吩两个类型，其中噻吩结构的含量要高一些，并且噻吩结构大多是与芳香环和环烷环相并合的，比较稳定。各种杂原子在沥青各组分中的分布也有某些特点。硫主要集中在可溶质胶质及油分中，而在沥青质中的含量反而较少；氮则集中在胶质和沥青质中，约占石油中总氮量的90%以上，不论硫和氮都以在胶质中的含量为最多，如表11-2-3所示。

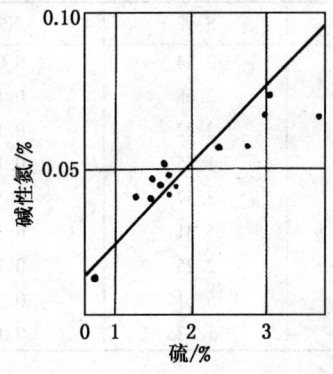

图11-2-2 石油中的含硫量与碱性氮含量关系[8]

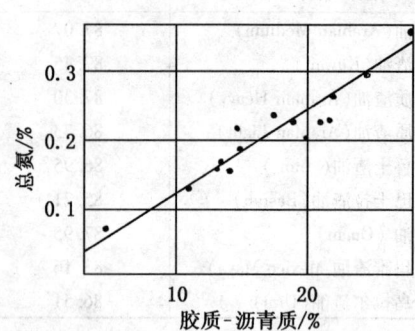

图11-2-3 胶质-沥青质的含量与氮含量的关系[8]

表11-2-3 渣油各组分中硫和氮的分布

渣油编号	硫的相对含量/%			氮的相对含量/%		
	油分	胶质	沥青质	油分	胶质	沥青质
1	36.4	45.3	18.3	7.8	53.8	38.4
2	36.4	43.7	19.9	6.5	52.5	41.0
3	37.5	42.9	19.6	8.5	54.3	37.3
4	38.4	46.8	14.8	5.6	63.0	31.4
5	35.9	44.8	19.3	4.7	52.5	42.8

在氮氧化物中，碱性氮与总氮的分布趋势类似，主要是集中在重组分胶质和沥青质中，而且为总氮的30%~40%。

2. 可溶质的元素组成

可溶质的元素组成因来源不同而异，与原始沥青的组成相近。表11-2-4是几种不同来源的可溶质的元素组成。

表11-2-4 可溶质的元素组成

来源	软化点/℃	针入度/(1/10mm)	元素组成/%					C/H比
			C	H	S	N	O	
直馏沥青								
大庆	45.5	68	83.30	10.73	0.31	0.007	5.66	0.65
委内瑞拉	74	12	84.8	10.6	3.5	0.4	0.7	0.67
伊拉克	70	16	83.7	10.3	4.4	0.5	1.4	0.68
墨西哥	67	22	82.8	10.2	5.4	0.5	1.2	0.68
氧化沥青								
委内瑞拉	90	21	84.3	11.3	2.3	—	—	0.63
伊拉克	85	36	84.1	11.5	3.0	0.5	0.9	0.61
墨西哥	86	33	82.5	10.9	5.4	0.4	0.8	0.63
深度裂化渣油	51	36	87.9	7.9	3.7	0.5	—	0.93

从表 11-2-4 中的数据可以看到,可溶质的 C/H 比在 0.62~0.70 之间,比相应渣油的 C/H 比略小。沥青中可溶质的含量是较多的,实际上在绝大部分的沥青或渣油中,可溶质的含量都在 80%~90% 或更多。深度裂化渣油主要是由不饱和程度很高的芳香环化合物组成,它们的 C/H 比高达 0.93,与沥青质的组成很接近。

表 11-2-5 是沥青在不同氧化深度时可溶质的元素组成。随着氧化深度的加深,氧化沥青的可溶质中氧虽然有所增多,但增加幅度不大,反之 C/H 比有比较明显的增大。因此,沥青在吹空气的氧化过程中,主要的反应不是氧原子加到沥青分子中的反应,而是缩合脱氢与氧化合生成水的反应。

表 11-2-5 不同氧化深度时可溶质的元素组成

试样	沥青的软化点/℃	相对分子质量	C/%	H/%	S/%	N/%	O/%	C/H
连续氧化								
1	45	511	84.2	12.5	2.70	0.34	0.26	0.56
2	51	545	84.4	12.4	2.60	0.33	0.27	0.57
3	63	607	84.6	12.3	2.53	0.30	0.27	0.57
4	71	562	84.8	12.2	2.42	0.30	0.28	0.58
5	95	542	85.0	12.0	2.40	0.31	0.29	0.59
间歇氧化								
1	41	539	84.8	12.0	2.64	0.30	0.24	0.59
2	51	552	84.9	11.9	2.05	0.30	0.25	0.59
3	63	626	85.0	11.8	2.65	0.29	0.26	0.60
4	73	596	85.2	11.7	2.61	0.23	0.26	0.61
5	96	570	85.4	11.5	2.57	0.26	0.27	0.62

3. 沥青质的元素组成

沥青质的元素组成与可溶质相比,氢含量要少得多,C/H 比一般都在 0.85~0.90 之间,有的沥青质可在 0.90 以上,故其组成多为稠环芳香族的化合物。表 11-2-6 是几种不同沥青质的元素组成。

表 11-2-6 沥青质的元素组成

来源	元素组成/%					C/H 比
	C	H	S	N	O	
大庆	82.85	8.86	0.28	0.0074	8.07	0.78
委内瑞拉	85.04	7.68	3.96	1.33	1.8	0.92
加拿大	82.04	7.90	7.72	1.21	1.70	0.87
中东	82.67	7.64	7.85	1.00	0.89	0.90

不同氧化深度的氧化沥青,其沥青质的元素组成如表 11-2-7 所示。从表中的数据同样可以看到,随着氧化程度的加深,C/H 比有较明显的增大,而氧含量的增加很少。这再一次证明沥青在氧化过程中的主要反应是缩合脱氢,这一事实在其他学者的工作中都得到证明。

表 11-2-7 不同氧化深度沥青的元素组成

试样	沥青软化点/℃	相对分子质量	C/%	H/%	S/%	N/%	O/%	C/H 比
连续氧化								
1	45	2317	85.0	9.1	4.1	1.2	0.58	0.78
2	51	3687	85.4	8.8	4.1	1.1	0.60	0.81
3	63	3708	86.1	8.2	4.1	1.0	0.61	0.88
4	71	4520	86.4	8.1	3.9	1.0	0.63	0.89
5	95	5172	86.7	8.0	3.7	0.9	0.66	0.90
间歇氧化								
1	41	2180	84.3	9.9	4.0	1.2	0.53	0.71
2	51	2863	84.7	9.6	4.1	1.1	0.53	0.74
3	63	3540	85.7	8.8	4.0	1.0	0.54	0.81
4	73	3802	86.1	8.4	3.9	0.97	0.56	0.85
5	96	4308	86.5	8.3	3.6	0.97	0.57	0.87

以上诸表的数据说明，不论直馏沥青或氧化沥青，它们的可溶质之间或沥青质之间，在元素组成上没有明显的差别。

关于沥青质的元素组成，可以归纳如下：一般碳的含量约为 82% ± 3%，氢为 8.7% ± 0.7%，C/H 比为 0.87% ± 0.5%。虽然在此范围以外的情况也会存在，但总的说来变化不大。变化幅度最大的是杂原子硫及氧的含量，这一点与前面所说的渣油的组成稍有不同。沥青质中氧含量的波动范围为 0.3% ~ 4.9%，O/C 比为 0.003 ~ 0.045，硫的含量可以在 0.3% ~ 10.3% 的变化范围内变化，S/C 的变化幅度要小得多，N/C 一般均在 0.015 ± 0.008 的范围内。

用不同溶剂沉淀得到的沥青，不但数量不等，而且在元素组成上也有比较明显的差别，如表 11-2-8 所示。用正庚烷沉淀得到的沥青质，C/H 原子比明显要比正戊烷沥青质的 C/H 大，说明正庚烷沥青的芳香度较大。此外从 N/H、S/C 及 O/C 也可以看到正庚烷沥青质含有较多的杂原。

表 11-2-8 不同溶剂沉淀的沥青质的元素组成

沥青质	溶剂	C/%	H/%	N/%	O/%	C/H	N/C	O/C	S/C
加拿大	N-C5	79.5	8.0	1.2	3.8	1.21	0.013	0.036	0.035
	N-C7	78.4	7.6	1.4	4.6	1.16	0.015	0.044	0.038
伊朗	N-C5	83.8	7.5	1.4	1.4	1.07	0.015	0.024	0.022
	N-C7	84.2	7.0	1.6	2.3	1.00	0.016	0.012	0.026
伊拉克	N-C5	81.7	7.9	1.1	1.4	1.16	0.008	0.010	0.039
	N-C7	80.7	7.1	0.9	1.5	1.06	0.010	0.014	0.046
科威特	N-C5	82.4	7.9	1.4	1.4	1.14	0.009	0.014	0.034
	N-C7	82.0	7.3	1.0	1.9	1.07	0.010	0.017	0.036

三、石油沥青的族组成

石油沥青主要由沥青质和可溶质两部分组成。可溶质又分为胶质、油分及蜡。此外也可按其他的分类方法分为极性芳香族、中性芳香族、饱和族等。沥青中的沥青质、胶质和油分的存在见图11-2-4，可以形容为，被胶质包裹的沥青质分布在油分和芳香分构成的海洋里。下面主要介绍沥青质、胶质、油分和蜡的定义、形态及性质。

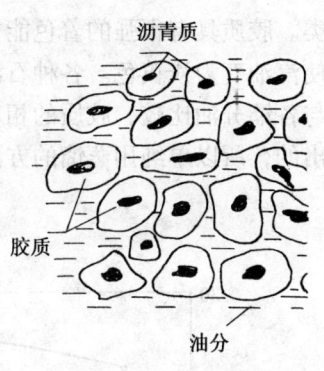

图11-2-4 沥青的结构[8]

1. 沥青质

沥青质为黑褐色到深黑色易碎的粉末状固体，没有固定的熔点，加热时通常是首先膨胀，然后在到达300℃以上时，分解生成气体和焦炭。相对密度大于1.00，相对分子质量一般都在1000以上。沥青质在存放时，在苯溶剂中的溶解度会渐渐下降，沥青质的这种老化过程与道路沥青或其他沥青在使用过程中的老化出现裂缝有密切的关系。沥青质具有比胶质更大的着色能力。

沥青质的存在对沥青的感温性有好的影响，它可使沥青在高温时仍有较大的黏度，由于这些原因，所以沥青质是优质沥青中应当必备的组分之一。

影响沥青质含量的主要因素主要有3点：溶剂的性质、溶剂的用量及分离温度。

(1) 沥青质的性质 沥青质能溶于表面张力大于 2.5×10^{-4} N/cm（25℃）的大部分有机溶剂，如苯及其同系物、吡啶、二硫化碳等，但不溶于乙醇、丙酮以及其他表面张力较小的溶剂。所以分离沥青质常用的溶剂主要是非极性的低分子正构烷烃 $C_5 \sim C_{12}$、石油醚，也有用丙烷-丙烯馏分、丙酮、甲乙酮等，还有的用某些金属的氧化物如四氯化钛生成络和物的方法分离沥青质。所用沉淀剂不同，得到的沥青质的数量也有很大的差别。现在实际上用于沉淀沥青质的溶剂，主要是各种低分子正构烷烃。

(2) 溶剂的用量 溶剂的用量对沉淀下来的沥青质量也有影响。在一定的温度下，开始时随着沉淀剂用量的增加，沥青质的量增加较快，以后再加大沉淀剂的用量，沥青质的增量渐少，基本达到恒定。例如用脱芳烃石油醚（60~80℃）分析某沥青的沥青质的结果如表11-2-9、图11-2-5所示，它们是用不同比例的正庚烷从3种沥青沉淀得到的沥青质量。

表11-2-9 某沥青的沥青质分析结果

沉淀剂用量/(g/mL)	12.5	25	50	100	200	500	1000
沥青质含量/%	18.2	20.5	21.3	21.8	22.2	22.4	22.5
提高的百分数/%	—	12.7	3.9	2.3	1.8	0.9	0.4

(3) 沉淀沥青质的温度升高，则沉淀出的沥青质减少，如图11-2-6所示。

石油沥青的化学组成因原油的性质及加工条件不同而异。一般来说，直馏沥青的可溶质，其含量比用同一原料生产氧化沥青中的含量要多；而沥青质的含量刚好相反，直馏沥青中的含量少，氧化沥青中的含量较多，而且氧化深度越大，含量越多。

2. 胶质

胶质的化学组成和性质介于沥青质和油分之间，但更接近沥青质。因来源及加工条件的不同，石油沥青中的胶质一般为半固体状，有时为固体状的黏稠性物质。颜色从深黑到黑褐色，相对密度接近1.00（0.98~1.08），沥青中胶质的相对分子质量大约在500~1000之间或更大些。胶质能溶于各种石油产品及大部分常用的有机溶剂中，但不溶于乙醇或其他醇类。胶质具有很强的着色能力，例如在无色透明的汽油中，只要含有 0.005% 的胶质就足以使汽油变为浅黄色。各种石油馏分之所以具有或深或浅的颜色，主要就是由于胶质的存在。与各馏分油比较，胶质的相对分子质量虽大，沸点虽高，但还是可以随着各馏分同时被蒸馏出的，所以单纯用蒸馏的方法，不能将胶质和油分、胶质和烃类混合物分开。

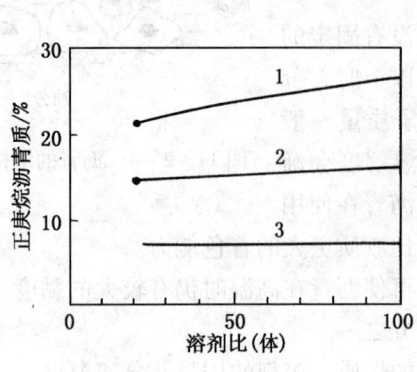

图 11-2-5 正庚烷的用量与沥青质含量的关系[8]

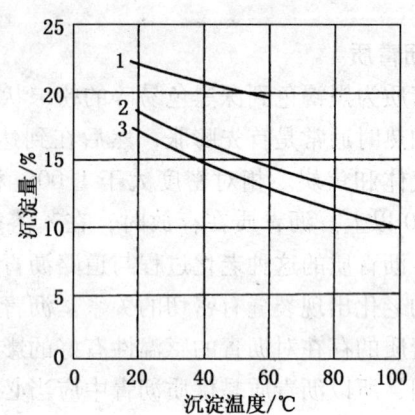

图 11-2-6 温度对沥青质含量的影响[8]
（沉淀剂用量为沥青的 100 倍）
1—平均沸点为 75℃ 的脱芳烃石油醚；
2—平均沸点为 113℃ 的石油醚；
3—平均沸点为 163℃ 的汽油

胶质最大的特点之一是化学稳定性很差。在吸附剂的影响下，稍微加热，甚至在室温下，在有空气存在时，特别是在阳光的作用下很容易氧化缩合，部分变为沥青质。

胶质的分子结构中含有相当多的稠环芳香族和杂原子的化合物，在沥青中是属于强极性的组分。主要起黏结剂的作用，如道路沥青，必须含有适当的胶质，才能使沥青有足够的黏附力。此外胶质对沥青的黏弹性、形成良好的胶体溶液等方面都有重要作用。

3. 蜡

沥青中的蜡，是在规定条件下沥青试样经裂解蒸馏所得馏出油经冷冻、结晶析出的固体组分。所以，蜡是一种组成及性质都不固定的物质，测定的方法不同，得到的结果也不相同。SH/T 0425—2003 中规定，将试样裂解蒸馏所得的馏出油用无水乙醚-无水乙醇混合溶剂，在 -20℃ 下冷却、过滤、冷洗；将过滤所得的蜡用石油醚溶解，从溶液中蒸出溶剂，干燥，称重求出蜡含量。表 11-2-10 是国内外几种原油经过常减压直馏所得渣油及沥青的化学族组成及某些重要性质。

表 11-2-10 国内外几种原油减压直馏渣油及沥青的化学族组成及某些重要性质

项目	伊轻油 (Iran Heavy)	伊重油 (Iran Light)	科威特油 (Kuwait)	巴士拉油 (Basrah)	沙中油 (Arabian Medium)	大庆油	胜利油
饱和族	13.83	12.48	19.16	16.36	23.72	36.7	21.4
芳香族	51.41	50.30	47.52	53.6	44.56	33.4	31.3
胶质	30.37	32.07	25.30	26.3	24.09	29.9	45.7
沥青质	4.39	5.15	3.02	3.74	7.63	<0.1	1.6
蜡含量	2.3	2.25	1.92	2.00	1.80	21.9	11.98

中国渣油的特点是沥青质含量普遍很少，而中东渣油的沥青质较高。例如大庆油饱和族含量高，含蜡量都很大，沥青质较少，用这种油生产沥青，就必须通过适当的方法提高胶质或芳香族的含量，同时减少含蜡量才有可能，但这是比较困难的，因此类似于大庆油族组成的原油不适合生产沥青。而进口原油，特别是中东地区的原油，含蜡量低，四组分分布对于沥青生产有利，这类油只要通过常减压直馏就能生产出优质沥青。

4. 油分

在石油沥青中，油分的含量因沥青的种类不同而异，油分在沥青中的作用主要是起到柔软和润滑的作用，是优质沥青不可缺少的部分，但饱和族对温度敏感，不是理想组分。

四、石油沥青的结构族组成

目前有很多关于沥青结构族组成的系统分析数据，只有一些单独对沥青中烃类结构族组成的研究或对某种非烃类结构族组成的研究。所有这些研究中，根据红外吸收光谱、核磁共振谱及质谱等方法分析推测得到的数据居多，而真正确定证明其实结构的极少。美国API60号研究课题对5种比较有代表性的重馏分油所做的结构族组成的参考分析，在某些程度上可作为沥青结构族组成的参考。他们从这些馏分油中鉴定出几十种不同结构类型的化合物，其中80%以上都含有芳香环，而大多数芳香族化合物都含有不等数量的杂原子，特别是杂原子硫。这里我们仅将其中的饱和族和芳香族组成中氮及硫化物的分布列入表11-2-11以资参考，并作一些必要的说明。

表11-2-11 不同原油的高沸点组分中饱和族和芳香族的组成　　%

组成及元素分析	I 375~535℃	II 375~535℃	III 375~535℃	IV 375~535℃	V 375~535℃
馏分油总量[①]	93.8	95.00	95.58	83.41	96.57
氮	0.080	0.083	0.034	0.071	0.043
氮化物	2.3	2.4	1.0	2.0	1.2
硫	1.13	1.94	0.24	1.60	0.22
硫化物	14.1	24.3	3.0	20.0	2.8
饱和族浓缩物	48.31	48.49	65.94	36.91	74.12
氮	0.14	0.013	0.018	0.007	0.010
氮化物	0.4	0.4	0.5	0.2	0.3
硫	0.08	0.08	0.01	0.09	0.04
硫化物	1.0	1.0	0.1	1.1	0.5
单环芳浓缩物	16.98	16.83	12.55	16.81	11.27
氮	0.010	0.013	0.027	0.017	0.001
氮化物	0.3	0.4	0.8	0.5	—
硫	0.10	1.04	0.10	1.02	0.01
硫化物	1.3	13.0	1.3	12.8	1.0
双环芳浓缩物	11.91	11.70	6.27	12.36	5.06
氮	0.023	0.027	0.025	0.007	—
氮化物	0.7	0.8	0.7	0.2	—
硫	2.25	3.91	0.70	2.81	0.49
硫化物	31.5	48.9	8.8	35.1	6.1
多环芳浓缩物	16.60	17.98	10.82	17.33	6.12

续表

组成及元素分析	Ⅰ 375~535℃	Ⅱ 375~535℃	Ⅲ 375~535℃	Ⅳ 375~535℃	Ⅴ 375~535℃
氮	0.21	0.32	0.23	0.29	0.10
氮化物	6.0	9.1	6.6	8.2	2.9
硫	3.92	5.92	1.83	4.60	1.02
硫化物	49.0	74.0	22.9	57.5	12.7

① 馏分油是指用离子交换色谱及三氯化铁除去酸性化合物、碱性及中性氮化物后的量,其含量是以全馏分为基准计算的;其他各种浓缩物的量是以除去酸、碱及中性氮化物的馏分为基准计算的;硫及氮的量以浓缩物为基准;硫化物及氮化物是以相对分子质量为400,每个分子只有一个杂原子来计算的。

从表11-2-11的数据可见,用硅胶或氧化铝吸附色谱分离得到的所谓烃类组分中,都含有相当多的杂原子,即使是最先从色谱柱上脱附下来的饱和烃中,也含有少量的硫及氮。馏分油尚且如此,比馏分油更重更难分离的沥青,在它们的烃类组成中必定会含有更多的硫、氮之类的杂原子。因此,对于沥青这样的物质,用吸附色谱分离得到的组分,不应当再称为饱和烃,而应当称为饱和族(Saturates),同样也不应称为芳香烃而应称为芳香族(Aromatics),等等。因此在它们的组成中已经不单纯是由碳和氢两种元素组成的烃类。其次,由表还可见,从饱和族到多环芳香族,硫化物及氮化物在该浓缩物中的含量顺次增大,在些甚至高达75%。所以,石油沥青应该说主要是由非烃化合物组成的。

五、石油沥青的化学组成与使用性能的关系

石油沥青的使用性能与其化学组成有着密切的关系。以往研究石油沥青的化学组成对使用性能的影响,主要是研究石油沥青的化学组成对沥青的常规分析指标的影响,如石油沥青中的饱和分、芳香分、胶质、沥青质和蜡含量对石油沥青的针入度、软化点、延度和黏度的影响。美国于1987年建立的一项为期5年、耗资1.5亿美元的研究计划——美国公路战略研究计划(SHRP计划),通过大批科研工作者历时5年的辛勤工作,在科研过程中开发出体积排出色谱SEC和离子交换色谱IEC,采用体积排出色谱或离子交换色谱将石油沥青分离成相对分子质量大小不同的馏分或将石油沥青分离成酸性分、碱性分、中性分和两性分,考察酸性分、碱性分、中性分和两性分与沥青使用性能的关系,但是,仅凭沥青的化学组成分析结果还很难有效地说明道路沥青的使用性能。因此,SHRP研究主要从流变学的角度出发,关联出石油沥青的化学组成与其使用性能的关系。

1. 石油沥青的化学组成对使用性能的影响

因为石油沥青是一个胶体分散体系,其分散相是以沥青质为核心吸附部分胶体而形成的胶束。大量事实表明,沥青的理化和使用性能很大程度决定于其胶体体系的性质,而能否形成稳定的胶体体系又与其化学组成密切相关。

L. W. Corbett将沥青分为4个组分,然后再按一定比例两两调和,以考察化学组成对沥青理化性能的影响。单独存在时,饱和分和芳香分的针入度极大,软化点很低,黏度也小,可以认为它们是沥青中的软组分,起塑化剂作用;而胶质、沥青质的针入度为零,软化点都很高,胶质的黏度比饱和分和芳香分大三、四个数量级,因此可认为它们是硬组分,在沥青中起稠化剂作用。化学组成与沥青的胶体性能之间存在着如下联系:

沥青中饱和分的含量不能过多，饱和分过多，将使沥青中分散介质的芳香分过低，不能形成稳定的胶体分散体系。

沥青中芳香分的存在是必需的，它的存在提高了沥青中分散介质的芳香度，使胶体体系易于稳定。

胶体本身具有良好的塑性和黏附性，是沥青中必不可少的组分，它能使沥青质稳定地胶溶于体系中。

沥青质的存在可以改善沥青的高温性能，但沥青质过多，会使沥青的延度大大减少，易于脆裂。

日本某公司的研究也对沥青的化学组与沥青物理性质的影响进行了深入的研究，考察沥青的针入度、软化点、高温黏度等指标与沥青组分及相对分子质量的关系。试验得到的道路沥青指标与沥青组分及沥青平均相对分子质量的关系见表 11 – 2 – 12，表中的 S、A、R 和 A_T 分别代表沥青四组分中饱和分、芳香分、胶质和沥青质含量。

表 11 – 2 – 12　道路沥青指标与沥青组分、平均相对分子质量的关系

指　标	回归关系式	相关系数
针入度 P	$\lg P = 7.515 - 0.116 A_T + 0.060 S - 0.123 R$	0.933
	$\lg P = 7.9131 - 0.116 A_T + 0.0561 S - 0.1261 R - 0.0002 M$	0.934
软化点 $T_{R\&B}$	$T_{R\&B} = 20.82 + 1.40 A_T - 0.56 S + 0.89 R$	0.982
	$T_{R\&B} = 23.44 + 1.388 A_T - 0.589 S + 0.883 R - 0.002 M$	0.982
	$T_{R\&B} = 101.17 + 0.64 A_T - 1.41 S - 0.78 A$	0.979
120℃黏度	$\lg(\eta_{120}) = 5.630 + 0.10 A_T - 0.52 S + 0.047 R$	0.940
	$\lg(\eta_{120}) = 2.021 + 0.109 A_T - 0.028 S + 0.051 R + 0.003 M$	0.969
150℃黏度 η_{150}	$\lg(\eta_{150}) = 4.683 + 0.075 A_T - 0.050 S + 0.029 R$	0.923
	$\lg(\eta_{150}) = 1.658 + 0.084 A_T - 0.022 S + 0.032 R + 0.002 M$	0.981
180℃黏度 η_{180}	$\lg(\eta_{180}) = 3.624 + 0.065 A_T - 0.038 S + 0.024 R$	0.903
	$\lg(\eta_{180}) = 0.631 + 0.073 A_T - 0.010 S + 0.027 R + 0.002 M$	0.987

由表 11 – 2 – 12 中的关联式可以看出沥青指标与各组分、平均相对分子质量之间的关系：①重质成分 – 沥青质和胶质使针入度变小，轻质成分——饱和分使针入度变大。②沥青软化点与饱和分或芳香分、胶质、沥青质 3 个参数回归的相关系数都很高，由关联式可得，重质成分——沥青质和胶质使软化点升高，轻质成分——饱和分和芳香分使软化点降低。③沥青在 120℃、150℃、180℃高温条件下的黏度与饱和分或芳香分、胶质、沥青质 4 个参数回归的相关系数都大于 0.9，由关联式得，重质成分——沥青质和胶质使高温黏度升高，轻质成分——饱和分和芳香分使高温黏度降低。④对针入度和高温黏度来说，它与沥青组分的关系是对数关系，所以组分的很小变化就能对针入度和黏度有很大的影响。⑤沥青平均相对分子质量对沥青指标相关性的影响见图 11 – 2 – 7。平均相对分子质量对针入度和软化点的影响较小，因为公式中加入了平均相对分子质量参数后并没有使相关系数得到任何提高，由此可以看出主要的影响因素是沥青的组成成分。相反，平均相对分子质量对高温黏度的影响则十分明显，相关系数明显提高，而温度越高，贡献也越大。

实际上，沥青的各组分之间的配伍不仅是数量上的关系，同时还与各组分本身的组成和结构有关。下面就沥青质含量、蜡含量对沥青性能的影响以及沥青在使用过程中组成和性能的变化作进一步的讨论。

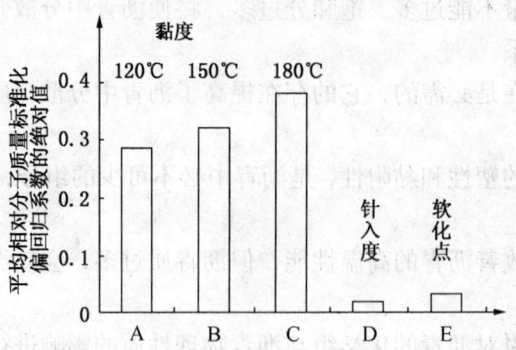

图 11-2-7 沥青平均相对分子质量对沥青指标相关性的影响

(1) 沥青质含量对沥青性能的影响。沥青的硬度随沥青质的含量增多而加大,研究人员对沥青各个组分的性质进行研究后认为,不论用针入度和黏度测定的沥青硬度都与沥青质的含量有直接关系。研究人员对约 20 种沥青的研究,发现沥青的软化点与各个组分的含量之间可用下式关联:

$$T_C = 1.19x - 0.671y - 0.682z - 0.00838w + 83.6$$

$$\sigma = 3℃ \ (\sigma 为标准偏差)$$

式中,x、y、z 及 w 分别为沥青质、胶质、芳香分及饱和分的含量。用此式计算的结果与实验值相差一般不超过3℃。

从上式可见,沥青质的系数最大,故对软化点的影响也较大。系数是正数,表示沥青质含量增加时,软化点随之升高;胶质和芳香分的系数值差不多,而且是负数,则表示它们的含量增加时,软化点稍有下降;饱和分的系数最小,而且是负数,说明饱和分的含量增加时,沥青的软化点也有些下降,但下降得很微小。

沥青中沥青质含量增大会使针入度减少,同时使其黏度增高,尤其是高温下黏度增加的幅度更大,见表 11-2-13。

表 11-2-13　沥青质含量对某沥青针入度和黏度的影响

沥青质的掺加量/%	针入度(25℃)/(1/10mm)	$\lg\eta$/Pa·s		
		25℃	60℃	135℃
0	80	6.19	3.45	0.70
2.0	73	6.27	3.66	0.82
4.0	55	6.52	4.05	1.12

当沥青中沥青质含量较少又被胶质很好地胶溶时,这种沥青是溶胶型的,一般都有较好的塑性。而当沥青中的沥青质含量较多,又不能很好地胶溶分散时,沥青质胶束就会互相连结,形成三维的网状结构,这就是凝胶型沥青,其塑性显著较差。一般来说,溶胶型沥青在较高温度下呈现牛顿液体性质。凝胶型沥青则呈现非牛顿液体性质,从减压渣油制取的道路沥青一般认为针入度指数 PI < -2 时为溶胶型沥青,PI > 2 时为凝胶型沥青,PI 介于 2 与 -2 之间的为溶胶-凝胶型沥青。

还需指出的是,沥青质对沥青性能的影响,不仅在于其含量的多少,同时还与沥青质与可溶质的组成结构有关。当沥青质本身的 H/C 比较低,相对分子质量较大时,它就较难在溶胶中分散，也就更易于析出。当可溶质的芳香度较小、胶质的含量不足时，则沥青质的胶体稳定性也会下降。由此可见，沥青中各组分之间的相互关系是比较复杂的，必须在数量和性质上都能较好地保证沥青胶体体系的稳定，使它具有良好的使用性能。

(2) 蜡的组成及对沥青性能的影响：

① 蜡的化学组成。在石油的重组分中，对蜡的化学组成要比对其他组分的化学组成了解得清楚些，因为蜡的化学结构比较简单。在这方面许多人都作过大量的研究工作[9]，例如曾有研究人员用分离能力很高的气相色谱测定了 $C_{25} \sim C_{68}$ 微晶蜡的化学组成，也有研究人员用高温气相色谱法及质谱法测定了石蜡中 C_{33} 以下的正构和异构烷烃；还有人用 GPC 法分析了石油重组分中石蜡和微晶蜡的分布情况，以上所有这些研究都得到类似的结论：在组成蜡的化合物中，以纯正构烷烃或其熔点接近纯正构烷烃的其他烃类为主，在这些烃类中，虽然含有芳香环、环烷环或支链等，但其性质更接近正构烷烃。

② 蜡的种类和性质。石油中的蜡，按其物理性质可分为石蜡和微晶蜡。当它们的熔点相近时，相对分子质量、密度、黏度等都比较大，如表 11 - 2 - 14 所示。

表 11 - 2 - 14　蜡的物理性质

名　　称	熔点/℃	平均相对分子质量	相对密度	黏度(70℃)/°E
石蜡	56.1~60.1	380	0.781	1.51
微晶蜡	57.5~60.1	420	0.798	1.85

为了更进一步了解蜡的结构与其理化性质的关系，研究人员研究了商品石蜡、微晶蜡的环数、侧链等与蜡的脆点和剪切应力的关系。实验证明主要由正构烷烃组成的石蜡的特点是：能承受很大的剪切力但塑性差，针入度小；而微晶蜡的性质则相反，剪切力小但塑性好，针入度也比较大，而且环数越多，塑性越好，强度也随之下降。这可能是由于环的存在，难以形成有秩序的结构，因而分子的流动性或塑性较大。当温度改变时，环状结构较多的蜡，其应力变化较小。

石蜡和微晶蜡是石油也是沥青中的两类重要的固态烃。当沸点相同时，石蜡的熔点较低，性脆，加压时容易出现裂纹。微晶蜡质地坚韧，大部分的微晶蜡都有一定塑性，在压力作用下有流动趋势。石蜡在熔点附近时就易断裂而微晶蜡在熔点温度以下时，受压后变弯曲但不易断裂。

③ 蜡含量对沥青性能的影响。沥青中的蜡在高温下会使其黏稠性下降，而在低温下由于蜡的结晶骨架的形成会使沥青变得更加不易变形和流动。表 11 - 2 - 15 的数据就表明了这种现象，与表 11 - 2 - 15 相对照即可看出，沥青质与蜡对于沥青的低温性质的影响相似，而对其高温性质的影响正好相反。

表 11 - 2 - 15　蜡含量对某沥青的针入度和黏度的影响

蜡的掺加量/%	针入度(25℃)/(1/10mm)	$\lg\eta$ (η 单位 Pa·s)		
		25℃	60℃	135℃
0	80	6.19	3.45	0.70
2.0	75	6.25	3.32	0.64
4.0	66	6.39	3.26	0.61
8.0	56	6.50	3.09	0.45

对孤岛原油制取的沥青,也曾用脱蜡和回掺蜡的方法考察蜡对沥青性质的影响,其结果见表11-2-16和图11-2-8。如图所示,沥青中蜡含量大,会使其针入度、软化点升高,尤其突出的是低温延度大大降低。1985年第三次欧洲沥青研讨会指出测定沥青延度的真正意义就在于限制蜡含量。实践证明,蜡含量高的沥青其低温性能差,用它铺设的路面在冬季容易开裂,寿命短。因此,对于高等级公路路面用沥青,必须限制蜡的含量,以保证它有较好的低温性能和较长的道路寿命。

表11-2-16 脱蜡前后孤岛原油沥青性质

试样状况	针入度(25℃)/(1/10mm)	软化点/℃	延度/cm		
			25℃	15℃	5℃
脱蜡前	90	48.4	>100	67	4.8
脱蜡后	108	47.4	>100	>100	30

由于原油的减压渣油中所含蜡的组成结构是不一样的,如果将其中的饱和分中的蜡、芳香分中的蜡以及石蜡分别掺入沥青中考察其影响,可得图11-2-9。

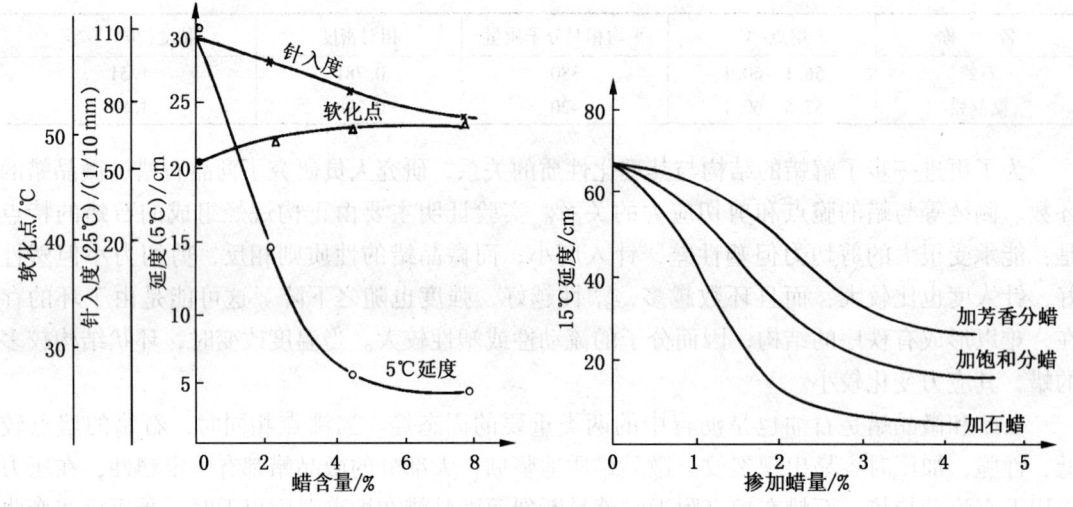

图11-2-8 蜡含量对孤岛原油道路沥青性能的影响

图11-2-9 掺入蜡对孤岛原油道路沥青性能的影响[10]

如图11-2-9所示,沥青中掺入无论哪一种蜡都会使其15℃延度明显下降,其中以石蜡影响最大,饱和分中的蜡影响次之,芳香分中的蜡影响最小。这是由于各种蜡的结晶状态不同所致,石蜡为较大的片状结晶且结晶度较高,它在沥青中所形成的结晶骨架较差;而芳香分中的蜡为微粒或小的针状结晶,其结晶度较低,它所形成的结晶骨架的塑性较好;饱和分中蜡的情况则介于两者之间。

我国长期以来对沥青中的蜡问题进行了一系列深入的研究,研究结果和实践表明,沥青中的蜡对沥青路用性能的影响主要表现在以下几个方面[2]:

a. 蜡在高温时融化,使沥青黏度降低,影响高温稳定性,增大温度敏感性。

b. 蜡使沥青与集料的亲和能力变小,影响沥青粘结力及抗水抗剥离性。

c. 蜡在低温时结晶析出,分散在其他各组分之间,减小分子间的紧密联系,当蜡结晶的大小超过胶束的界限时，便以不均相的悬浮物状态存在于沥青中，蜡相当于沥青中的杂质，使沥青的极限拉伸应力变小和延度变小，容易造成低温发脆、开裂。

d. 减小了低温时的应力松弛性能，使沥青的收缩应力迅速增加而容易开裂。

e. 低温时的流变指数增加，复合流动度减小，时间感应性增加。对测定条件下有相同黏度的沥青，在变形速率小时，含蜡沥青黏度增加更大，劲度也大，这也是造成温度开裂的原因之一。

f. 蜡的结晶及融化使一些测定指标出现假相，使沥青的性质发生突变，使沥青性质在这一温度区的变化不连续。

g. 蜡含量对沥青的影响有一个拐点，在此拐点含量之下，影响比较小，超过此拐点后影响急剧增大。这个拐点大概在3%～4%。

美国战略公路研究计划(SHRP)沥青标准完全采用了路用性能指标，通过路用性能规范反映蜡含量对沥青的影响，因此未将蜡含量指标订入标准中，该报告关于蜡对沥青性质的影响主要结论如下：

a. 存在于沥青中的蜡分为结晶蜡和非结晶蜡，结晶蜡又分为粗晶蜡和微晶蜡。非结晶蜡则是无定形蜡。沥青中的蜡大部分是微晶蜡和无定形蜡，它们对沥青性能的影响有不同。低于40个碳原子的为粗晶蜡，具有C_{30}的典型结构，熔点低于45℃的为软蜡，熔点在45～60℃范围内的为硬蜡，C_{40}及更大的分子的直链烃形成微晶蜡，微晶蜡又分为塑性蜡和脆性蜡，地蜡是属于脆性蜡。蜡中含支链、芳香烃基团、脂环烃基团或杂原子时便结晶，很难成为无定形蜡。

b. 不同测定方法测定的蜡的品种及含量不同，溶剂萃取及吸附可测定总蜡量，红外光谱能测得总蜡含量，差热扫描法能测出结晶蜡含量。

c. 总蜡量对沥青的黏温曲线斜率有重要影响，使沥青温度敏感性变得严重，直接影响高温时的永久变形和低温时的开裂裂缝。低温时，蜡使沥青有较高的黏度也是引起开裂的重要因素。还将会导致沥青黏结力降低，使路面抗拉强度降低，但蜡涂覆集料表面后可提高其防水性能。蜡对沥青黏弹性的影响是降低其塑性，并影响塑性温度曲线，但对弹性的影响很小，可以忽略。

d. 结晶蜡含量是沥青低温开裂的主要因素，开裂包括自发开裂和诱发开裂两种情况，是典型的八面结构菱形改良物或正六面体结构的单斜晶形改良物，晶格为0.454nm。晶体紧密堆集在晶格周围没有不相容的空间，蜡的晶体将导致断链，使沥青产生微裂缝，在断裂动力学中，自发断裂过程是路面低温开裂的关键过程。微晶蜡在经热循环后形成较大的晶体，随路面温度变化增大。路面疲劳开裂和低温开裂两种模式都需要引发开裂的过程。

e. 无定形蜡不存在断面，不会使沥青产生自发开裂，它对高温时降低沥青的黏度起重要作用。

f. 容许含蜡量是指对沥青性能产生不利影响之前，沥青中所含蜡的问题。制定沥青技术规范的任务就是限制沥青中的蜡低于容许含蜡量。沥青的某些组分可成为蜡的改性剂和流动点控制剂，因此，不同的沥青具有不同的容许含蜡量。加拿大提出的以针入度黏度温度敏感性指标为基础的沥青标准，反映了这一观点。

六、原油分类及生产沥青的原油选择

1. 美国矿务局原油分类法

虽然许多学者曾提出各种各样的原油分类方法,但至今还没有一个公认的标准分类法。文献中提得较多的是美国矿务局的原油分类法。它是以原油中特定的轻、重两个馏分的比重指数 API 度为指标对原油进行分类。由于每种原油的轻、重馏分不一定同属一类,所以理论上可以分为九类,见表 11-2-17。例如,如果轻、重馏分都属于石蜡基,则原油属石蜡基;如果轻馏分属石蜡基,重馏分属中间基,则原油属石蜡-中间基,其他类推。实际上石蜡-环烷基及环烷-石蜡基原油极为罕见。

表 11-2-17 原油的分类(美国矿务局分类法)

原油分类	轻馏分 250~275℃,101.3kPa			重馏分[①] 275~300℃,5.33kPa		
	API 度[②]	密度/(g/cm³)	馏分类别	API 度	密度/(g/cm³)	馏分类别
石蜡基	≥40.0	≤0.8251	石蜡基	≥30.0	≤0.8762	石蜡基
石蜡-中间基	≥40.0	≤0.8251	石蜡基	20.1~29.0	0.8816~0.9334	中间基
中间-石蜡基	33.1~39.9	0.8597~0.8256	中间基	≥30.0	≤0.8762	石蜡基
中间基	33.1~39.9	0.8597~0.8256	中间基	20.1~29.0	0.8816~0.9334	中间基
中间-环烷基	33.1~39.9	0.8597~0.8256	中间基	≤20.0	≥0.9340	环烷基
环烷-中间基	≤33.0	≥0.8602	环烷基	20.1~29.0	0.8816~0.9334	中间基
环烷基	≤33.0	≥0.8602	环烷基	≤20.0	≥0.9340	环烷基
石蜡-环烷基	≥40.0	≤0.8251	石蜡基	≤20.0	≥0.9340	环烷基
环烷-石蜡基	≤33.0	≥0.8602	环烷基	≥30.0	≤0.8762	石蜡基

① 相当于常压下的 395~425℃ 或 1.33kPa(10mmHg)残压下的 240~265℃。
② API 度 = $141.5/d_{15.6}^{15.6} - 131.5$。

原油的 API 度与其他一些性质相关,API 度小时,通常硫含量、沥青质、黏度、金属含量都较高,表明原油质量较差。

就世界石油资源而言,中间基和石蜡-中间基原油占了大部分,世界开采的 115 个大油田的统计表明中间基和石蜡-中间基原油占到 90%,其类属分布见表 11-2-17。中国目前原油产量保持在年产 100Mt 以上,但已开发并形成生产能力的油田所产的原油 80% 是石蜡基,而中间基和环烷基原油只占 20%,这与世界主要油田原油基属分布的差别很大。最有代表性的是属典型石蜡基的大庆原油,年产量在 50Mt 以上,几乎占中国原油产量的一半,但它不是生产沥青的好原料。

世界原油的类属及分布情况见表 11-2-18。

表 11-2-18 世界原油的类属及分布情况 %

项 目	储量	石蜡基	中间-石蜡基	石蜡-中间基	中间基	中间-环烷基	环烷-中间基	环烷基
中东和北非	74.7	3.0	—	35.0	62.0	—	—	—
印尼、巴林、西非、英国、挪威、加拿大、墨西哥、澳大利亚	6.7	20.5	2.6	3.6	71.8	—	—	1.5

续表

项目	储量	石蜡基	中间-石蜡基	石蜡-中间基	中间基	中间-环烷基	环烷-中间基	环烷基
俄罗斯联邦	10.9	4.0	—	41.0	49.9	—	2.0	4.0
美国	4.6	—	1.7	—	82.5	1.8	—	14.0
委内瑞拉	3.1	—	5.5	—	57.7	4.2	—	32.6
总计	100	1.8	2.8	30.8	62.2	0.1	0.1	2.2

中国主要原油的基本性质见表 11-2-19。

表 11-2-19　中国主要原油的基本性质

原油	大庆	胜利	孤岛	辽河	渤海 SZ36-1	中原	新疆 0# 原油
API 度	33.1	24.9	17.0	4.3	15.6	34.8	33.4
密度/(g/cm^3)							
20℃	0.8554	0.9005	0.9495	0.9042	0.9589	0.8466	0.8538
50℃	—	0.8823	0.9334	0.8866	—	—	—
运动黏度(50℃)/(mm^2/s)	20.19	83.36	333.7	7.26	543	10.32	18.80
凝点/℃	30	28	2	21	-2	33	12
蜡含量/%	26.2	14.6	4.9	9.9	2.78	19.7	7.2
沥青质/%	0	<1	2.9	0	1.95	0	0
胶质/%	8.9	19.0	24.8	13.7	21.44	9.5	10.6
残炭/%	2.9	6.4	7.4	4.8	8.9	3.8	2.6
硫/%	0.10	0.80	2.09	0.18	0.34	0.52	0.05
原油分类	石蜡基	中间基	环烷中间基	中间基	环烷基	石蜡基	石蜡中间基

原油分类能给出原油的大致属性，使人们对它有一个粗略的概念。要正确判断这种原油是否适宜生产沥青，还要进行原油评价试验。

含硫原油通常是指硫含量在 0.5% 以上的原油，高硫原油是指硫含量在 2% 以上的原油，而低硫原油由是硫含量在 0.5% 以下的原油。表 11-2-20 是世界各大区硫含量在 1% 以上原油分布。由表可见占世界三分之一的中东原油中有 97.26% 硫含量在 1% 以上，其次含硫原油较多的地区为拉美，其原油中 86.6% 硫含量在 1% 以上，而亚太、非洲及西欧等地区含硫原油则很少。全世界硫含量在 1% 以上的原油约占原油总量的 56.64%。

表 11-2-20　全世界硫含量大于 1% 的原油分布

地区	原油产量分布/%	本地区含硫原油所占比例/%	含硫原油占总原油比例/%	含硫原油产量分布/%
北美	35.44	24.17	8.55	15.1
拉美	15.77	86.6	13.65	24.1
非洲	10.42	2.39	0.25	0.43
中东	34.72	97.26	33.76	59.6
西欧	1.08	0	0	0
亚太	2.57	16.97	0.43	0.77
全世界	100.00	—	56.64	100.00

中国是生产原油的国家,但由于需求的增长较快,近年进口原油的数量逐年增加,并且含硫油的进口比例增加较快,说明中国加工含硫原油的能力不断增强,特别是含硫油生产沥青技术已相当成熟,生产的高等级道路沥青质量也与世界先进水平相当。

2. 生产石油沥青的资源选择

生产石油沥青主要是选用二种类型的原油,它们是环烷基原油和中间基原油。世界各地生产近1500种不同的原油,其中只有260种适于生产道路沥青。在调和及氧化工艺的配合下可以扩大到600种原油,这些原油的产地主要集中在美国、中东、加勒比海周围诸国和俄罗斯联邦。

占世界沥青产量近一半的美国和加拿大炼油厂在生产沥青时最优先选用的原油见表11-2-21,而日本用于生产道路沥青的原油也仅限于少数几种,如阿拉伯重质原油、伊朗重质原油、科威特原油和卡夫奇原油等。表11-2-22列出中国常用于生产沥青的一些国外原油的主要性质。

中国自20世纪80年代起,在辽河、新疆、胜利及近海大陆架的油田中发现了一些稠油资源区块,如辽河油田的欢喜岭稠油、新疆九区稠油、胜利单加寺及渤海36-1原油等,这些原油含蜡较少,是生产沥青的好原料,其性质见表11-2-23,至目前为止,中国的资源还很有限,合理利用好这些原油更显重要。

表11-2-21 美国、加拿大炼油厂生产沥青所用的原油

选用原油	采用的炼油厂数	选用原油	采用的炼油厂数
美国,阿拉斯加北坡原油	11	加拿大,和平河原油	5
沙特重质原油	5	加拿大,劳埃德明斯特原油	8
沙特轻质原油	2	墨西哥,玛雅原油	12
加拿大,鲍河原油	8	美国,加州,圣约奎原油	20
加拿大,艾伯塔,冷湖原油	10	美国,西得克萨斯原油	6

表11-2-22 适合生产沥青的国外某些原油的主要性质

原油名称	伊朗重质原油(Iran Heavy)	沙特轻质原油(Arabian Light)	沙特中质原油(Arabian Medium)	沙特重质原油(Arabian Heavy)	阿曼原油(Oman)	也门马西拉原油(Masila)	科威特原油(Kuwait)	阿拉斯加北坡原油(Alaska North Slope)
API度	30.5	33.8	31.0	28.0	34.6	31.1	31.4	29.0
密度(20℃)/(g/cm^3)	0.8699	0.8559	0.8664	0.8872	0.8520	0.8665	0.8647	0.8779
运动黏度(50℃)/(mm^2/s)	7.856	8.296	6.535	15.06	13.34	7.47	8.22	9.401
凝点/℃	-16	-28	-31	-32	-3	3	-31	-21
蜡含量/%	3.8	3.91	3.5	4.2	1.6	3.9	3.9	1.8
沥青质/%	2.2	1.37	2.0	4.80	0.94	1.06	1.19	1.68
胶质/%	11.0	5.62	9.1	9.69	7.07	5.61	9.66	10.6
残炭/%	6.06	4.09	6.10	7.93	4.36	3.49	4.73	5.51
硫含量/%	1.95	1.80	2.64	3.09	1.36	0.554	1.65	1.10
原油分类	中间基	中间基	中间基	中间基	中间基	中间基	中间基	环烷中间基

表 11-2-23　中国生产道路沥青采用的某些原油的主要性质

项　目	欢喜岭	新疆稠油	单家寺	渤海 SZ36-1
密度(20℃)/(g/cm³)	0.962	0.941	0.975	0.9589
运动黏度(50℃)/(mm²/s)	339.6	563	1653.5[①]	543.0
酸值/(mgKOH/g)	3.12	4.64	—	3.61
闪点/℃	139	132	176	144
残炭/%	7.51	7.04	12.4	8.89
灰分/%	0.024	0.058	0.385	0.019
凝点/℃	-19	-20	-12	-2
胶质/%	37.9	18.7	22.8	21.44
沥青质/%	1.5	0.49	1.84	1.95
蜡含量/%	1.5	1.4	1.9	2.8
硫含量/%	0.24	—	—	0.34
氮含量/%	0.31	0.13	—	0.42
>500℃渣油性质				
占原油收率/%	50.0	46.6	52.0	48.0
针入度 25℃/(1/10mm)	130	172	91	31
软化点/℃	43.0	40.8	45.0	54
延度(15℃)/cm	>150	>150	>150	53
密度(25℃)/(g/cm³)	1.005	0.996	0.998	1.0076
蜡含量(蒸馏法)/%	2.0		2.6	—

① 70℃时的运动黏度。

3. 选择适合生产沥青的原油的方法

(1) 用实验室评价来选择　判断原油是否适合生产沥青的最可靠的方法就是通过实验室对原油进行评价试验，其评价试验方法有二种：

方法一：适用于切割温度不大于400℃(常压)的实沸点原油蒸馏评价实验。

该实验在带有分离效率在14~18块理论塔板的分馏柱的蒸馏设备上进行，并应在5:1的回流比下操作，若压力在0.674~0.27kPa时可采用2:1的回流比。实沸点蒸馏可以把原油按照沸点高低分割为若干馏分。操作时将原油装入蒸馏釜中加热进行蒸馏，原油装入量根据实验装置的大小，其范围在1~30L之间。以3L为例，则可取约每100mL为一馏分，其馏出速度为3~5mL/min。为了避免原油受热分解，整个操作分三个阶段。第一阶段是在常压下，大约可蒸出初馏约200℃的馏出物。第二阶段为减压一段，在13.3kPa残压下进行。第三阶段为减压二段，在残压<5.0kPa 压力下进行。蒸馏完毕，将减压下的蒸馏温度换算成常压下相应温度。实沸点蒸馏装置通常可以蒸馏出500℃前的馏出物，未蒸出的残油从釜内取出，以便进行物料计算及有关性质测定。

方法二：用于初馏点高于150℃的原油蒸馏评价试验。

用蒸馏来评价这类原油的方法已作为国家标准加以统一，称之为重烃类混合物蒸馏法(真空釜式蒸馏法)，GB/T 17475—1998。该方法适用于初馏点高于150℃和重烃混合物如重油、石油馏分、渣油的蒸馏过程。它是在全密闭的条件下，使用一个带有低压降雾沫分离器的蒸馏釜进行操作。本试验方法可以用来评定生产沥青以指导炼厂生产，还可以提供各沸点范围渣油的收率和获得充足的油样来评价沥青的性质。但该方法不足的地方是试验时被评价的油样遭受长时间的加热，因此沥青的某些性质有可能受到影响。然而，它毕竟能从试验中获得足够多的沥青性质的信息。

(2) 依靠经验的方法来预测 为了预测哪些原油适合生产道路沥青及大致的产率情况，不少学者总结出一些经验式作快速的筛选，其中，我国研究人员对国内43种原油进行评价后认为原油中的沥青质、胶质及蜡等三种组分可作为考察该油是否能生产沥青的参数，在此基础上总结出如下规律：

① 当$(A+R)/W<0.5$时 这种原油不适宜生产沥青。

② 当$(A+R)/W=0.5\sim1.5$时 这种原油可以生产普通道路沥青。

③ 当$(A+R)/W>1.5$时 这种原油可以生产优质道路沥青。

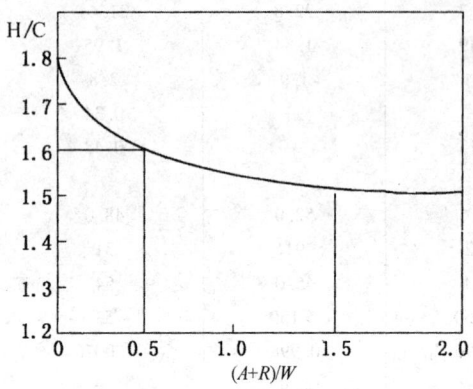

图11-2-10 H/C与$(A+R)/W$关系

④ 当>500℃馏分的H/C(原子比)≤1.6时 这种原油可以生产道路沥青。

式中，A为沥青质含量；R为胶质含量；W为蜡含量。

分析数据表明，H/C与$(A+R)/W$有较好的相关性，其置信度可达95%以上，当$(A+R)/W$为0.5时，H/C即为1.6，两者的规律是一致的，其结果绘于图11-2-10。

前苏联科学家针对原油性质提出确定生产沥青的原油分类标准，按沥青质(A)、胶质(R)及蜡含量(W)分成下述三类：

第一类 $A+R-2.5W>8$，属于这类的是高胶质低蜡、高胶质含蜡及含胶质低蜡的原油，最有利于生产道路沥青。

第二类 $A+R-2.5W=0\sim8$ 及 $A+R>6$；属于这类的原油是高胶质高蜡、含胶质含蜡或少胶少蜡，也可用于生产沥青。

第三类 $A+R-2.5W<0$，属于这类的原油是含胶高蜡、少胶含蜡或低胶高蜡的原油，不利于生产沥青。

前苏联研究人员提出测定原油中的沥青质与胶质的含量比(A/R)来确定原油是否适合生产沥青的经验式。如系重质高胶质原油，其A/R的比值在1.0~1.3之间，易在减压塔底取得优质直馏沥青；如果A/R比值在0.3~0.4，则减压塔操作必须进行深拔，才能取得合格的道路沥青或氧化沥青原料；$A/R<0.3$的原油，则不宜生产直馏沥青。因此原油中A/R比值越大，沥青的质量就越好。

第三节 沥青生产工艺

由于目前国外许多国家在现有资源、生产装置和技术水平等条件下，都能生产出满足市场需求的高质量道路沥青产品，所以新的生产工艺技术研究开发失去了紧迫性，缺乏具有竞争性的热点课题。从投资前景和效益考虑，国外生产企业和研究机构不可能在大部分产品质量和产量均已满足市场需求的情况下，投入过多的资金研究开发石油沥青生产新工艺技术。因此在相当长的一段时间内，国内外石油沥青生产领域没有突破性的技术进展[10]，本节仅对目前应用最广泛的几种典型的生产方法进行介绍。

一、国内外沥青生产工艺及主要原油资源

石油沥青的生产方法主要有蒸馏法、溶剂脱沥青法、氧化法、调和法。根据原油性质及其对产品质量的要求，可以采用一种工艺，也可以采用两种或多种工艺组合生产。近10年来，中国石化科研部门和生产企业针对不同的国产和进口原油资源，开发了多种生产道路沥青的成套工艺技术并成功实现推广应用。这些工艺技术都能生产出满足市场需求的高质量道路沥青产品。概括起来主要有四种，深度减压蒸馏直接生产道路沥青工艺、蒸馏加缓和氧化工艺、蒸馏溶剂脱沥青组分调和工艺、蒸馏组分调和工艺等[11]。

表11-3-1是国外炼油厂生产工艺，表11-3-2为国内炼油厂生产工艺及沥青资源。

表11-3-1 国外炼油厂生产工艺

厂商	生产工艺
日本出光公司千叶炼油厂	蒸馏-调和：原油经常减压蒸馏，减压塔底油一部分作为软沥青组分，另一部分进二级高真空减压塔，其二级减压渣油为硬沥青组分，然后将软、硬沥青组分加以调和，生产用户要求的道路沥青
日本出光公司德山炼油厂	溶剂脱沥青-调和：减压渣油进溶剂脱沥青，采用丙烷-丁烷混合溶剂，脱油沥青作硬沥青组分，与减压渣油调和成不同牌号道路沥青
美国雪佛龙公司里奇蒙炼油厂	溶剂脱沥青-调和：采用丙烷-丁烷混合溶剂，脱油沥青作为硬沥青组分，和减压渣油调和生产道路沥青
埃索公司(ESSO)	以丙烷脱油沥青为基础调和

表11-3-2 国内炼油厂生产工艺及沥青资源

企业	生产工艺	生产沥青油种
中国石化镇海炼化分公司	减压直馏	伊朗油(伊轻、伊重、锡瑞、索鲁士)、沙特油(沙重、沙中)、科威特油、伊拉克巴士拉油、安哥拉葵土油
中国石化齐鲁分公司	减压直馏	科威特、沙中、沙重，阿曼油作为掺炼油种少量掺炼
中国石化金陵分公司	减压直馏	沙中、沙重、科威特、巴士拉、葵土
中国石化茂名分公司	减压直馏、丙烷脱沥青、半氧化结合	沙中、伊重、沙轻、阿曼
中国石化广州分公司	减压直馏、丙烷脱沥青	科威特、沙重、沙中、伊重、葵土
中国石油克拉玛伊石化分公司	减压直馏、丙烷脱沥青	新疆0号原、1号原油、克拉玛伊九区稠油
中国石油独山子石化分公司	减压直馏、氧化沥青	新疆0号原
中海油泰州石油化工厂	减压直馏、氧化沥青	渤海绥中36-1
中海油盘锦北方沥青有限公司	减压直馏、氧化沥青	渤海绥中36-1
中油燃料油有限公司江阴兴能沥青厂	减压直馏、氧化沥青	委内瑞拉奥里油、渤海油

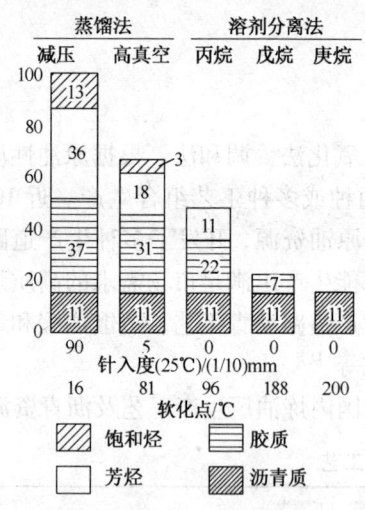

图 11-3-1 蒸馏法与溶剂法
所得沥青组分的比较

石油沥青的化学组成十分复杂,随原油性质及加工工艺不同而不同,同一种原油用不同的工艺方法生产的沥青的组分与针入度、软化点之间的关系见图 11-3-1。

二、蒸馏法生产道路沥青

1. 蒸馏法概述

在炼油厂内采用塔式蒸馏法将原油各馏分经汽化、冷凝,而使之按沸点范围分为汽油、煤油、柴油和蜡油等轻质产品,馏分从分馏塔顶部和侧线分别抽出,与此同时,原油中所含高沸点组分得到浓缩而得到石油沥青。常减压装置的减压塔底渣油符合某种道路沥青规格的即称之为直馏沥青,否则即称为减压渣油。因此,生产优质沥青的关键在于选择合适的原油。直馏沥青是道路沥青生产中加工最简便、生产成本最低的一种方法,沥青总产量中约有 70%~80% 都是用蒸馏法生产的。

正确选择原油是采用蒸馏法生产优质道路沥青的先决条件。一般而言,环烷基原油和蜡含量较低的中间基原油或稠油是生产道路沥青的合适原料,用这类原油生产的道路沥青具有良好的延展性、理想的流变性能、与石料结合能力强、低温抗裂抗变形能力大、路面不易开裂、高温不易软化、不易出现拥包和车辙,具有良好的抗老化性能等优点。而石蜡基原油和蜡含量较高的中间基原油则不适合用蒸馏法生产道路沥青。目前,世界各地生产近 1500 种不同的原油,根据它们的产量与质量,其中仅约有 260 种原油适用于生产道路沥青。这些原油主要集中在中东、美国、俄罗斯及加勒比海周围地区。大多数国家主要选用中东及南美的原油来生产,日本用于生产道路沥青的原油仅限于中东几种原油。中国生产的原油大半是石蜡基原油,中间基和环烷基原油比例较低。自 20 世纪 80 年代起陆续发现并开发出一些稠油资源,如辽河油田欢喜岭稠油、新疆克拉玛依稠油、胜利单家寺油和渤海绥中 36-1 稠油,这些原油适合于生产优质道路沥青,但其资源有限,难以满足中国国内对道路沥青的需求。近年来我国沿海各大企业通过技术改造已能够满足加工高硫原油的技术需求,利用港口资源进口中东含硫原油,用于生产道路沥青,取得了较好的经济效益,沥青产品质量也得到较大的提升,主要进口的中东油有沙特油、科威特油、伊朗及伊拉克油等。

蒸馏法生产石油沥青是通过减压蒸馏实现的,对于重质原油,其密度越大,减压要求的真空度就越大。为了实现高真空,减压塔设计多采用大塔径、三级抽真空、低速转油线,压力降较小的大通量规整填料等;在操作上根据加工原油的性质不同采用在减压塔底和炉管注入蒸汽——湿式、注入少量蒸汽——微湿式、不注蒸汽——干式等操作方法,提高减压塔的拔出浓度、增加减压渣油稠度,生产出符合规格要求的道路沥青。

2. 蒸馏的工艺特点及类型

用于加工原油的蒸馏过程会随要得到的目的产品不同而有所差异。炼油厂蒸馏装置的流程配置通常按需要得到的产品而分成燃料型、燃料-润滑油型和化工型。经验表明,用蒸馏方法生产道路沥青,由于原油不同,得到针入度相同的道路沥青其蒸馏的切割温度是不同的，表 11-3-3 及图 11-3-2 列出一些典型原油的分类及得到针入度为 90 的道路沥青的切割温度。从表 11-3-3 中看出，随着密度降低，要求得到针入度为 90 的沥青的常压切割温度也大大提高，因而各种原油生产沥青的加工方案是各不相同的。

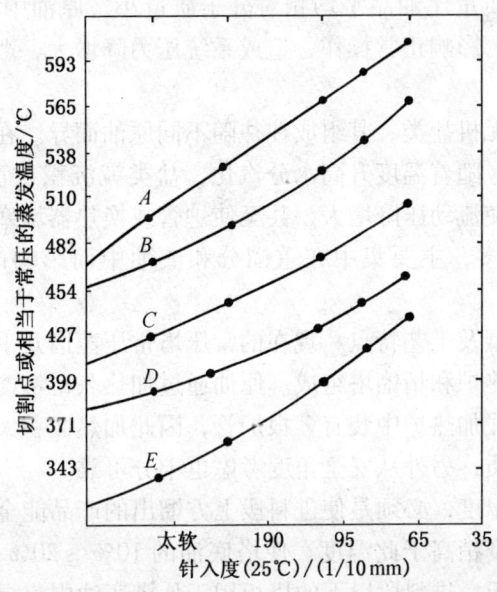

图 11-3-2 不同拔出程度的残渣与针入度的关系

表 11-3-3 各种类型原油用蒸馏方法生产道路沥青的蒸馏温度

分 类	API 度	密度(15℃)/(kg/m³)	针入度为 90 沥青的切割温度/℃
A	>32	≤0.8454	560~600
B	31~19	0.8708~0.9340	520~550
C	18~20	0.9402~0.9561	470~510
D	13~17	0.9529~0.9796	430~460
E	<12	>0.9861	380~420

3. 沥青生产中蒸馏工艺的选择

用常压蒸馏直接生产道路沥青的原油非常少，绝大多数原油都需要经过减压蒸馏才能得到道路沥青。减压蒸馏的进料是从常压蒸馏塔底得到的常压渣油，它是原油中沸点高于 350℃ 的组分。原油中 350℃ 以上的高沸点组分并不完全都适合作为沥青，必须将相当一部分馏分油蒸馏出去后才能成为符合要求针入度的道路沥青，而取出的部分是炼油厂增加附加值的好原料，它们可以作为柴油加氢原料、催化裂化及加氢裂化原料。如果不在减压下操作，在常压时就需要加热到 450℃ 以上才能分离，然而在这样高的温度下，常压渣油中的组分会产生分解和综合反应，得不到应得的产品，同时也使沥青的质量变差。因而只有将常压渣油在减压条件下蒸馏，塔内保持高的真空度，温度不超过 400℃ 才能达到分离目的。

(1) 常减压蒸馏的类型及工艺特点 在现代化的原油蒸馏过程中通常都把常压蒸馏及减压蒸馏置于同一生产装置中，除此之外，原油进行蒸馏前还需对原油进行预处理——原油的脱盐脱水，以保证蒸馏的正常操作。

原油中除了夹带少量的泥砂、铁锈等固体杂质外，由于地下水的存在及油田注水等原因，采出的原油一般都含有水分，并且这些水中都溶有钠、钙、镁等盐类。各地原油的含水、含盐量与油田的地质条件、开发年限和强化开采方式有关。原油含水、含盐会给加工过程带来不利影响。由于水的气化潜热很大，原油若含水就要增加加工时的燃料和冷却水消耗。由于水的相对分子质量比油品平均相对分子质量小，原油中少量水汽化后体积急剧增加，导致蒸馏过程波动，影响正常操作，造成系统压力降增大，严重时甚至引起分馏塔超压或出现冲塔事故。

原油中还含有许多无机盐类，其组成往往随不同原油而异。在加工过程中，原油在炉管或换热器等设备内流动，随着温度升高水分汽化，盐类就沉积在管壁上形成盐垢影响传热，增加燃料消耗。严重时使流动压降增大，甚至使炉管或换热器堵塞，造成装置停工。在正常生产时，若原油含盐过多，主要集中在重馏分和渣油中而影响产品质量，会使沥青延度降低。

(2) 常压蒸馏的类型及工艺特点　现在的常压塔常压蒸馏几乎全是采用管式连续蒸馏装置，这种装置由管式加热炉和精馏塔组成。原油通过加热获得精馏所需要的热量，进入精馏塔后发生一次汽化。管式加热炉中装有多根炉管，因此加热面积大，热效率高，同时油品流速高，不必担心油品变质，另外从安全角度考虑也十分可靠。

原油进入精馏塔的温度，必须是使进料段上方馏出的产品能全部汽化的温度。通常为了提高精馏效果，进料温度稍高于此温度，使塔底油的10%~20%也能被汽化。原油进料塔板以上的塔板为精馏塔板，进料段以下的塔板用于从塔底油中汽提出轻组分。蒸汽由塔底吹入，除去塔底油中的轻质组分，并进一步在塔内上升，借以降低原油的汽化温度。

常压蒸馏装置的核心设备是常压蒸馏塔，它是一个带有复杂内构件的柱状体，在塔体的侧面开侧线口，产品是从各侧线馏出。侧线产品一般都设汽提段，用水蒸气汽提，所用的过热蒸汽量一般为侧线产品的2%~4%，常压蒸馏塔的热量是靠进料提供的。常压蒸馏塔的回流比由全塔的热平衡确定。常压蒸馏塔往往采用中段回流的方式取热，以使塔内气液负荷分布均匀，同时起到节省能源的目的。中段回流取热量一般占全塔取热量的40%~60%。

(3) 减压蒸馏的类型及工艺特点　原油在常压蒸馏过程中，当加热到某一温度以上时，会引起油品分解，质量变坏，收率下降。因此对高沸点油品进行蒸馏时，必须要采用减压蒸馏。减压蒸馏是以常压蒸馏的塔底油为原油，而产品则广泛用作生产润滑油、催化裂化原料、加氢裂化原料、加氢原料、沥青、燃料油等。

减压蒸馏无论采用何种形式，其主要组成部分之一是构成真空的设备，最常用的是大气冷却器和节气喷射泵。

原油的减压蒸馏系统按操作条件分类，可以分为"湿式"减压蒸馏和"干式"减压蒸馏两种。

① "湿式"减压蒸馏。"湿式"减压蒸馏保留了老式减压蒸馏在辐射炉管入口和底部吹蒸汽的传统做法，其主要特点有：

a. 塔底及侧线产品已经过汽提，质量容易控制。

b. 采用压降小、传质、传热效率高的塔板。

c. 减压炉管逐级扩径，避免油流在管内出现高温裂解。

d. 采用低速转油线以减小转油线段的温降和压降，并使油流进塔后不会对塔壁产生猛烈冲击和减少油气液滴携带。

e. 减压塔进料口与最低侧线口之间设洗涤段，以控制沥青质量和收率。

f. 塔顶真空系统一般为两级抽空系统，塔顶温度受塔顶冷凝器温度限制较高，能耗相对"干式"要大。

② "干式"减压蒸馏。在减压炉管内和减压塔底不吹蒸汽，故称"干式"减压炉管逐级扩径，采用低速转油线等技术也适用于"干式"减压蒸馏[17]，其主要特点有：

a. "干式"蒸馏不需蒸汽，从而降低蒸馏的操作费用。

b. 塔的气相负荷降低后使雾沫夹带减少，因而，可以使塔径缩小和降低塔板距，使减压塔的造价降低。

c. 由于没有水蒸气组分的干扰，改善了气、液混合物在接触单元的传质效果，提高了塔板效率。

d. 降低塔抽真空设备的管线阻力，从而可以使塔压保持较低。

e. "干式"蒸馏一般只适用于燃料型减压蒸馏。

4. 沥青生产深拔与浅拔

直馏生产沥青时，深拔与浅拔是一个相对的概念，一般情况下生产沥青时，根据沥青针入度要求不同，在减压蒸馏时选择减压炉温的高低，例如生产 90 号沥青与生产 50 号沥青的减压拔出程度是不同的，减压炉的炉温控制也有不同，表 11-3-4 是某厂在生产不同牌号沥青时的操作参数。

表 11-3-4 不同牌号沥青时的操作参数

项　　目	A 级 50 号沥青操作参数	A 级 70 号沥青操作参数	A 级 90 号沥青操作参数
加工量/(t/d)	20198.41	17222.7	20522.25
常压炉出口温度/℃	365.97	369.8	366.01
减压炉出口温度/℃	377.31	374.7	366.26
减压炉分支温度/℃	398.11	396.3	387.92
常底吹汽量/(t/h)	7.44	7.1	7.45
减底吹汽量/(t/h)	0.45	0.5	0.45
减顶真空度/kPa	99.52	99.7	99.72
减压塔进料段真空度/kPa	96.16	96.30	96.11
减压塔压降/kPa	3.40	3.40	3.60
减压塔闪蒸段温度/℃	375.57	370.7	356.94
减底温度/℃	363.21	357.8	353.93
减压塔进料温度/℃	375.57	370.7	356.94
减四线流量/(t/h)	25.16	10.7	8.96
减三线下返塔流量/(t/h)	71.01	75.2	128.34
渣油流量/(t/h)	195.97	175.4	260.79

由表 11-3-4 可以看出，生产不同牌号的沥青，减压塔底温度是不同的，而调节减压塔底温度也是控制沥青质量的最有效、最快捷的手段，是操作工最常用的控制手段，其他还有调节减三线，减四的抽出量也可做为辅助方法来控制沥青产品质量。

5. 提高沥青质量的途径

减压蒸馏塔是减压装置的核心，其性能对沥青的生产至关重要。一般减压蒸馏塔内都装有舌型塔板、网孔塔板或筛板等内构件，以提高分离的效果。但一个好的减压蒸馏塔又必须具有尽可能高的拔出率，因此，近年来国内外已有不少减压蒸馏塔部分或全部采用压降小的散堆或高效规整填料，以降低全塔压降。设计合理的减压蒸馏塔，其塔内各段的气液流量尽可能均匀以减小塔径。为此，减压蒸馏塔一般采用多个中段取热循环回流。

减压蒸馏生产直馏沥青除了要有好的减压蒸馏塔外，操作条件是否合适也非常重要，其主要有以下途径：

（1）提高减压塔进料温度，也即提高减压炉出口温度，这样可以提高减压塔汽化段的汽化率，使侧线油的收率增加，减少渣油中的油分而使塔底渣油针入度降低，特别是在生产低针入度沥青时，是经常使用的方法，但这样做常受到几个方面的限制：一是减压炉的热潜力；二是常压重油的热稳定性；三是减压塔底渣油是否全部用来产沥青，当生产润滑油料或燃料油时，还应适当考虑它们的要求。

（2）提高减压系统的真空度，这样可以有效地提高减压塔的拔出深度，增加轻组分的拔出率。这种方法比提高减压炉出口温度要安全可靠，效果明显。但提高减压系统真空度，常常受到喷射泵能力、蒸汽以及冷却水温、水量和塔盘压力降的限制。

（3）加大塔底和炉管的注汽量。降低油气分压，使油分从渣油中更多地挥发出来，以调节渣油针入度。

（4）当减压塔顶负荷大时，尽量多抽提减二、减三线油，减少减二线或减二线中回流量，根据具体情况调整好侧线的回流比，这样才能兼顾减压馏分油和沥青的生产。

（5）控制好减四线集油箱的液面，一般控制不高于70%，减少集油箱中的油漏回到渣油中，确保拔出率。

（6）减压塔底泵封油宜改为渣油作封油，减少轻组分混入塔底渣油从而影响沥青质量的可能。有些炼油厂将减压塔底泵的密封改为波纹管，不用注封油等措施来确保沥青质量。

（7）当减压塔深拔生产重交沥青时，必须把过汽化油抽出，如果过汽化油进入塔底渣油，必将影响重交沥青质量，可将过汽化油从减压塔底抽出去混合瓦斯油，这样有利于减压塔深拔。

减压蒸馏的操作条件经过优化后，能得到不同针入度的沥青产品，表11-3-5、表11-3-6和表11-3-7是某炼油厂以科威特油为原料生产的符合交通部JTG-F40的不同牌号的A级沥青。

6. 直馏沥青产品质量

沥青产品质量见表11-3-5~表11-3-7。

表11-3-5　A级50沥青质量

项　目	质量指标	A级50沥青质量状况
针入度(25℃，100g，5s)/0.1mm	40~60	57
PI	-1.50~1.0	-1.22
软化点(环球法)/℃	≥49	49.3
60℃动力黏度/Pa·s	≥200	273
延度(5cm/min，10℃)/cm	≥15	15.7

续表

项　目	质量指标	A级50沥青质量状况
延度(5cm/min, 15℃)/cm	≥80	>150
蜡含量(蒸馏法)/%	≤2.2	1.87
闪点/℃	≥260	>270
溶解度/%	≥99.5%	99.88
密度(15℃)/(g/cm^3)	实测记录	1.038
薄膜加热试验(163℃, 5h)		
质量损失/%	±0.8	0.027
针入度比/%	≥63	70.8
延度(10℃)/cm	≥4	5.8

表11-3-6　A级70沥青质量

项　目	质量指标	A级70沥青质量状况
针入度(25℃, 100g, 5s)/0.1mm	60~80	68
PI	-1.50~1.0	-1.24
软化点(环球法)/℃	≥46	47.6
60℃动力黏度/Pa·s	≥180	211
延度(5cm/min, 10℃)/cm	≥15	60.4
延度(5cm/min, 15℃)/cm	≥100	>150
蜡含量(蒸馏法)/%	≤2.2	1.90
闪点/℃	≥260	>270
溶解度/%	≥99.5%	99.88
密度(15℃)/(g/cm^3)	实测记录	1.037
薄膜加热试验(163℃, 5h)		
质量损失/%	±0.8	0.026
针入度比/%	≥61	69.7
延度(10℃)/cm	≥6	7.3

表11-3-7　A级90沥青质量

项　目	质量指标	A级90沥青质量状况
针入度(25℃, 100g, 5s)/0.1mm	80~100	86
PI	-1.50~1.0	-1.36
软化点(环球法)/℃	≥42	45.5
60℃动力黏度/Pa·s	≥140	150
延度(5cm/min, 10℃)/cm	≥20	>150
延度(5cm/min, 15℃)/cm	≥100	>150
蜡含量(蒸馏法)/%	≤2.2	1.89
闪点 ℃	≥260	>270
溶解度/%	≥99.5%	99.88
密度(15℃)/(g/cm^3)	实测记录	1.037
薄膜加热试验(163℃, 5h)		
质量损失/%	±0.8	0.023
针入度比/%	≥57	70.2
延度(10℃)/cm	≥8	12.5

二、溶剂脱沥青工艺

1. 溶脱沥青工艺原理

通常沥青质是以胶束的形态存在于渣油中，在其四周有胶质及稠环芳烃构成的溶剂化层，因此沥青质能很好地分散在渣油中并与渣油形成稳定的胶体溶液。当向渣油中逐渐加入低分子烷烃，沥青质周围的稠环芳烃及胶质被抽出，稳定的胶体状态被破坏，从而沥青质凝聚析出。有些原油虽然具有生产道路沥青的潜力，但用一般的减压蒸馏得不到常用的针入度范围的沥青，如70号、90号道路沥青，例如沙轻原油、阿曼原油大于530℃减压渣油其针入度仍然会在200以上；有些原油蜡含量较高，只有将蜡含量降下来才能作为沥青原料，而这些含蜡组分却正是生产润滑油及催化裂化原料的好原料。研究表明，溶剂脱沥青的脱蜡效果也较明显，对沙特中质原油减压渣油，经丁烷脱沥青后，蜡含量由原料的2.83%降至1.24%。在这种情况下用溶剂脱沥青来加工这些原油以生产沥青便是合理的选择。

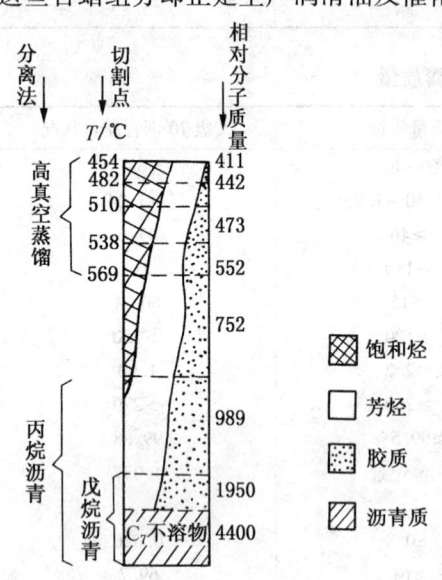

图 11-3-3 采用蒸馏与脱沥青分离时残渣油的分子类型和大小

溶剂脱沥青基于采用轻烃做溶剂，利用其对蒸馏后渣油中的组分有不同溶解度的原理进行分离，从中得到一部分高沸点的含油组分。这部分组分能进一步加工成高附加值产品，如中轻质燃料或润滑油原料；与此同时，剩下的部分便是所要的沥青或沥青调和组分。图11-3-3能直观地表明这二种分离方法的特点，减压蒸馏得到的是沸点低、相对分子质量较小的组分，即使在高真空的条件下，也只能蒸出渣油中365℃以前的馏分，仍有相当多的饱和分留在残渣中。

如果用溶剂脱沥青，将大于365℃的渣油经过丙烷或丁烷脱沥青，就可再得到36%左右的脱沥青油，而留在残渣沥青中的饱和分就非常少了；若是用戊烷作溶剂进行脱沥青，得到的残渣将几乎不含饱和分，而只是一些相对分子量很大的胶质和沥青质。这充分说明溶剂脱沥青过程可从渣油中选择性地抽提出更多和饱和分，随后是芳香分，对沥青质和胶质是排斥的。因此，溶剂脱沥青不仅可使被加工的渣油达到所需的针入度，而且在加工含蜡或含蜡量较高的原油时能较大幅度地减少沥青中的蜡含量，而使沥青的品质得到提升。表11-3-8是几种中东减压渣油用溶剂脱沥青处理后的脱蜡效果，从表中的结果可以看到沙轻减压渣油经过溶剂脱沥青后，脱油沥青的蜡含量大致降低25%~30%，而沙中渣油经过溶剂脱沥青后，脱油沥青的蜡含量降低50%以上。

表 11-3-8 减压渣油溶剂脱沥青后的脱蜡效果

样 品	沙中减渣	沙中丁烷脱油沥青	沙轻减渣	沙轻丁烷脱油沥青	沙轻丙烷脱油沥青
蜡含量/%	2.83	1.24	2.5	1.64	1.84

渣油溶剂脱沥青的核心是液-液抽提，它属于纯物理溶解而形成的质量传递。溶剂与溶

质溶解过程的一般概念是从两种纯物质开始——溶剂和溶质,生成它们的分子混合物——溶液结束。从微观上看,溶解过程可分成三个阶段。首先,当溶质是固体或液体时,溶质分子之间是相互作用的。溶解时,需要从外界输入能量把溶质分子割成分子或离子等粒子,所施的能量便是晶格能、升华热或汽化热。它们通常是随分子间力的增大而增大,顺序为:非极性物质＜极性物质＜氢键物质＜离子型物质。当溶质在所研究的体系内已是气体时,这阶段的影响可以不考虑。随后溶质质点被相互分开后,就进入溶剂中。由于溶剂分子间也有相互作用力,因此在溶剂中为了接纳溶质分子也需要加入能量。这个阶段所需的能量依溶剂分子间相互作用力的增大而增大,非极性溶剂＜极性溶剂＜有氢键溶剂。与此同时,当溶质分子的体积变大时所需能量也增加,因此容纳溶质空间的增大必将破坏更多的溶剂分子间的键。最后,溶质分子进入到溶剂中后,溶质分子即与邻近的溶剂分子作用,这一相互作用是释放能量的,并依下列情况而增大,溶剂和溶质分子都是非极性的＜其中之一是非极性而另一种是极性的＜两种分子都是极性的＜溶质质点被溶剂分子溶剂化的。

根据溶解理论,低沸点、相对分子质量小、非极性的烃类是溶剂脱沥青的理想溶剂。它具有溶解油分、不溶解极性大和相对分子质量大的沥青质的优点。沥青质在烃类溶剂中,由于两者之间分子的作用力较弱,所产生的能量不足以补偿拆散极性大的沥青质分子所需要的能量。胶质的极性介于油和沥青质之间,因此溶解度也介于二者之间。渣油组分在丙烷中的溶解度随相对分子质量的增大而减小,也随芳烃的缩合程度增加而减小。相反,在原料相同时,溶剂对渣油的溶解能力随着相对分子质量的增加而增大。

溶解作用除了与体系的物理性质有关外,外界条件如温度、压力的改变,也能促使溶解发生和停止。

图11-3-4是理想的丙烷-油-沥青体系在不同温度下的等温相图。用它可定性说明溶解度与温度之间的关系。当体系在38℃时,由于外加的能量较小,丙烷与油和沥青在大部分情况下都是互溶的,它只在$a-d-c$曲线所围成的一个很小的区域内才使这三组分混合物分成二相,如图中(a)。当把温度升高到60℃,它随着外加能量的增加使分相的区域也随之增大,如图中(b)所示。当体系在82℃时,丙烷与油不是在任何比例下都互溶,当油和沥青的比例在相图(c)中的p点时,在不断加入丙烷稀释,直到浓度达到$a'-d'-c'$的三角区时,丙烷-油-沥青混合物就出现三相共存。

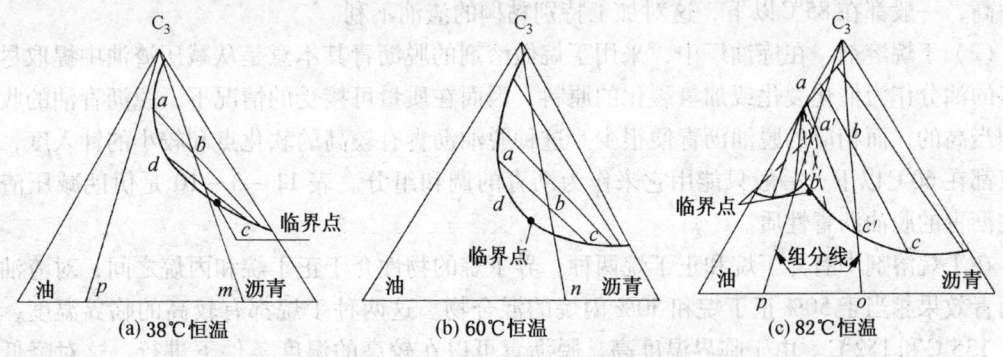

图11-3-4　丙烷-油-沥青体系的等温相图

2. 溶剂的选择及性质

脱沥青的关键是选择合适的溶剂。溶剂的合适程度对产品、装置性能、灵活性和经济性有很大的影响。理想的脱沥青过程应具备以下特性，只需要很少的传质单元数便可得到所需的脱沥青油。这就要求质量传递速度快和达到相际平衡的时间短；对需要抽提的油分有很高的选择性，使洗涤或抽提液回流的程序可以省略；抽提液的浓度尽可能高；溶剂容易回收，且能耗较少；对进料状态不敏感；能在常温常压下操作，使用起来方便。综合考虑各种因素后目前工业上最合适的渣油脱沥青的溶液是 $C_3 \sim C_5$ 的轻质烃类或是它们的混合物。

轻质烃类是大多数炼油厂都能提供的廉价溶剂。表 11-3-9 是常用的几种轻烃溶剂的物性数据。

表 11-3-9 烃类溶剂的物性数据

项目	相对分子质量	沸点 T_b/K	熔点 T_m/K	临界温度 T_c/K	临界压力 p_c/MPa	临界体积 V_c/(cm³/mol)	临界密度 d_c/(g/cm³)	临界压缩因子 Z_c	偏心因子 ω
丙烷	44.0962	231.08	85.52	369.80	4.247	203.9	0.2163	0.281	0.1454
正丁烷	58.123	272.66	134.79	425.05	3.793	258.3	0.225	0.277	0.1928
异丁烷	58.123	261.43	113.55	408.13	3.648	263	0.221	0.283	0.1756
正戊烷	72.1498	309.22	143.42	470.10	3.379	311.0	0.232	0.269	0.2510
异戊烷	72.1498	300.99	113.24	460.39	3.381	306	0.236	0.273	0.2273

(1) 丙烷溶剂　在溶剂脱沥青的烃类溶剂中，丙烷的选择性最好。在温度 38~66℃ 的范围内与烷烃完全互溶，而把胶质和沥青质沉析出来。在炼油厂中，采用丙烷溶剂的脱沥青工艺除用于生产沥青外，另一用途是从渣油中制取润滑油料。它得到饱和烃含量高的脱沥青油，其特点是特性因数高，黏度指数比蒸馏法得到的油高 20~40 个单位；碳氢比低，这是与饱和烃含量高相对应的，脱沥青油的碳氢比可以低于 7:1，表明脱沥青油中的稠环芳烃的含量很少。在轻烃溶剂中，由于丙烷对渣油中组分的溶解力是最弱的，仍保留一定比例饱和烃和绝大部分芳烃，因此往往得到的丙烷脱油沥青不需要经过调和便可直接做为合格的道路沥青产品。以丙烷为溶剂从渣油中得到的脱沥青油，其质量是最好的，但收率也是最低的。为了提高脱沥青油的收率，有时不惜采用大的溶剂比操作，一般情况选用 (6~10):1 (体积)，另外，由于丙烷的临界温度较低，只有 96.8℃，这就限定了丙烷脱沥青的抽提温度不能太高，一般都在 85℃ 以下，这对加工特别黏稠的渣油不利。

(2) 丁烷溶剂　在炼油厂中，采用丁烷做溶剂的脱沥青其本意是从减压渣油中提取尽可能多的油分作为催化裂化或加氢裂化的原料，因而在质量可接受的情况下，脱沥青油的收率是相当高的，而相应的脱油沥青便很少。这种脱油沥青有较高的软化点和较小的针入度，软化点都在 60℃ 以下，一般只能用它来作为沥青的调和组分。表 11-3-10 是伊朗减压渣油丁烷沥青的脱油沥青性质。

在丁烷溶剂中有异丁烷和正丁烷两种。异丁烷的物性介于正丁烷和丙烷之间，对渣油的脱沥青效果相当于 50% 正丁烷和 50% 丙烷的混合物。这两种丁烷都有较高的临界温度，分别是 135℃ 和 152℃。由于临界温度高，脱沥青可以在较高的温度条件下进行，这对降低渣油的黏度，提高溶剂与渣油之间的传质速率是有利的。然而当渣油较轻时采用丁烷溶剂会降低抽提的选择性，它的损失要用增大溶剂比来弥补。对于要高收率脱沥青油的情况，采用丁烷溶剂是有效的。由于丁烷组分的分离提纯较复杂，因此极少使用纯的正丁烷或异丁烷，一一般都使用它们的混合物。

表 11-3-10　伊朗减压渣油丁烷沥青的脱油沥青性质

编号	抽提温度/℃	溶剂比（体积比）	脱油沥青收率/%	软化点/%	针入度(25℃)/(1/10mm)	延度(25℃)/cm
1	140	6/1	24	102.5	2	0
2	145	6/1	41	98.1	2	0
3	150	6/1	55	80.1	2.8	0
4	155	6/1	69	63.1	15	0.5

（3）戊烷溶剂　戊烷溶剂的选择性与丙烷和丁烷相比较差，它从渣油中脱除的有害杂质是最少的。但它适合加工重质、高黏度的原料，其脱沥青油的收率有时比用丙烷高 2~3 倍。戊烷脱油沥青的软化点一般在 100℃ 以上，其性质变得既硬又脆，适合做生产特殊用途的沥青原料，如制造活性炭、焦炭的黏结剂、冶金铸造用的脱模亮炭材料及制氢的原料，如要生产建筑沥青或道路沥青，则要兑入大量软组分。目前世界上用戊烷做溶剂的脱沥青生产装置很少。

3. 溶剂脱沥青操作参数的选择

在操作上，溶剂比、抽提温度、温度分布和抽提压力对溶剂脱沥青的产品质量、生产经济性和可靠性有着显著的影响。研究表明，通过改变溶剂组成、溶剂比、脱沥青的温度和脱沥青塔的内部结构，可以调整脱沥青油的收率和重金属等杂质在油中和沥青质中的含量[18]。

（1）溶剂比　溶剂比是脱沥青过程中的一个重要参数，应该用多大没有统一的标准，它同样受原料特性和产品质量的制约。对于每一种原料，都相应有一个最小的溶剂比，以保持脱沥青过程的操作稳定。用环烷基原油的深拔减压渣油做原料就需要使用大溶剂比。溶剂比对脱沥青油的收率和质量的影响并不呈简单比例关系。在用异丁烷为溶剂的脱沥青试验中发现，当温度低于 107℃ 时，溶剂比的影响甚微，随着溶剂比的降低，脱沥青油收率稍有增加；反之当温度高于 121℃ 时，溶剂比的增加可以明显提高脱沥青油的收率。如图 11-3-5、图 11-3-6 所示。

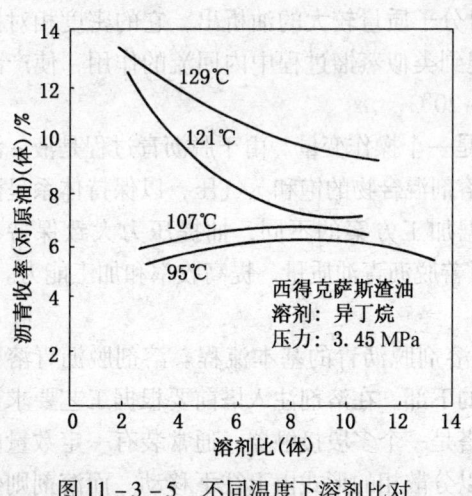

图 11-3-5　不同温度下溶剂比对沥青收率的影响

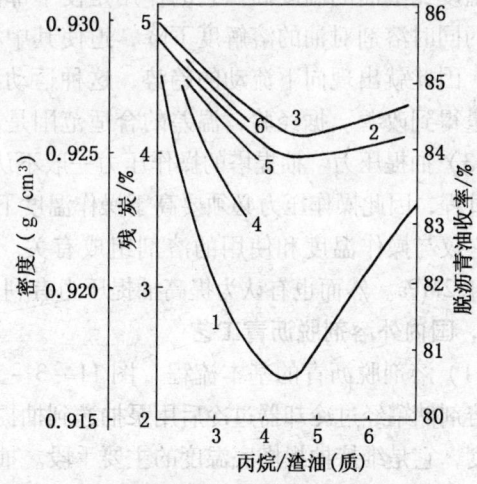

图 11-3-6　溶剂比对脱沥青油收率和质量的影响
1,2,3——分别为收率、残炭和密度的实验室数据；
4,5,6——分别为收率、残炭和密度的工业装置数据

(2) 抽提温度和温度分布　在脱沥青时，用抽提温度来调节脱沥青油的收率是既灵敏又方便的手段。对烃类溶剂来说，在合适的温度范围内，随着抽提温度的降低可以增加油的溶解度。然而，脱沥青油收率不一定增加，即使油在溶剂相中仍未处于完全饱和，它还是受其他因素所制约。当降低温度引起的溶解度增大只能抵消由于降温而引起油的黏度增大，从而使传质速率减慢而造成脱沥青油收率降低时，脱沥青油收率则基本保持不变。各种烃类溶剂都有一个合适的抽提温度范围。对丙烷溶剂，抽提温度在 60~80℃ 较为妥当；丁烷及戊烷溶剂分别是 90~140℃ 和 140~190℃。在以丙烷为溶剂时，在 60~80℃ 的范围内用温度调节脱沥青油收率的变化最灵敏，温度低于 60℃ 时渣油的黏度变化将起主导作用，使传质效果变差，因而表现出收率不再增加；用异丁烷脱沥青情况也大致相类似，只是温度要升高 40℃ 以上。

当抽提温度接近溶剂的临界温度时，脱沥青也很难操作。这是于此时温度对溶解度的影响非常敏感，温度稍有波动，就会使大量的油分在富油相和富溶剂相之间转移，是造成操作不稳定的主要原因。在脱沥青过程中出现这种现象就称之为冲塔或是出黑油，因此对脱沥青的上限温度也有限制，尽量不要在接近临界温度的情况下操作。

如果把溶剂脱沥青抽提塔分成几个区域，每个区域都有特定的作用。例如最底部是作为沥青的沉降区；溶剂入口附近是沥青凝聚和洗涤区，在那里有新鲜溶剂注入以洗涤凝聚的沥青，使吸附的油分进一步分离出来；在溶剂与原料渣油入口之间这一区域将渣油中需要的油分溶解出来，而沥青质或胶质被析出；原料油入口以上部分是脱沥青油的提纯区，它显示出类似选择性溶剂的作用，把已经溶解在脱沥青油溶液中的非理想组分进一步除去，以保证脱沥青油质量。

为得到理想的脱沥青效果，必须使抽提塔有一个合理的温度分布。在原料入口以下至溶剂入口以上的区域，温度基本保持不变，这就创造了一个平静的环境使溶剂从下往上运动过程中利用浓度差溶解渣油中的油分，但又避免轴向返混造成的传质效率降低；而沥青除受重力作用外可在不受其他外力的影响下实现沉降分离。在原料入口以上的部分要形成温差，使顶部温度比下面的温度高。它的作用是使下部温度较低的油溶液在往塔顶流动时逐步升温，升温的同时溶剂对油的溶解度下降，迫使其中相对分子质量较大的油析出，它的密度相对比较大，因此就出现向下流动的趋势，这种运动可起到类似蒸馏过程中内回流的作用，使产品的质量得到改善。据经验，温差的合适范围是 10~20℃。

(3) 抽提压力　抽提塔的操作压力一般不认为是一个操作变量。由于脱沥青过程是液-液抽提过程，因此操作压力必须要高于操作温度下的溶剂混合物的饱和蒸气压，以保持体系呈液相，它仅与操作温度和使用的溶剂组成有关。根据加工方案的不同，抽提压力大致保持在 2.8~4.2MPa。然而也有认为提高抽提压力有利于改善脱沥青油质量、提高收率和加工能力。

4. 国内外溶剂脱沥青工艺

(1) 溶剂脱沥青的基本流程　图 11-3-7 是溶剂脱沥青的基本流程。溶剂脱沥青溶剂是从溶剂储罐经过冷却器过冷后用泵抽送到抽提塔的下部。在溶剂注入塔前要根据工艺要求调整温度，它是维持抽提塔底温度的主要手段。抽提塔是一个多段接触器，通常装有一定数量的内部构件，以保证有足够的分离效率。抽提时渣油以分散相的形式由上往下移动。而溶剂则作为连续相由下往上流动，这时渣油中的油分就溶解在溶剂中，沥青则沉降到塔的底部。在抽提塔的顶部装有加热器，当含油溶剂向上流动经过加热器后逐渐升高温度而形成一种以温度差为

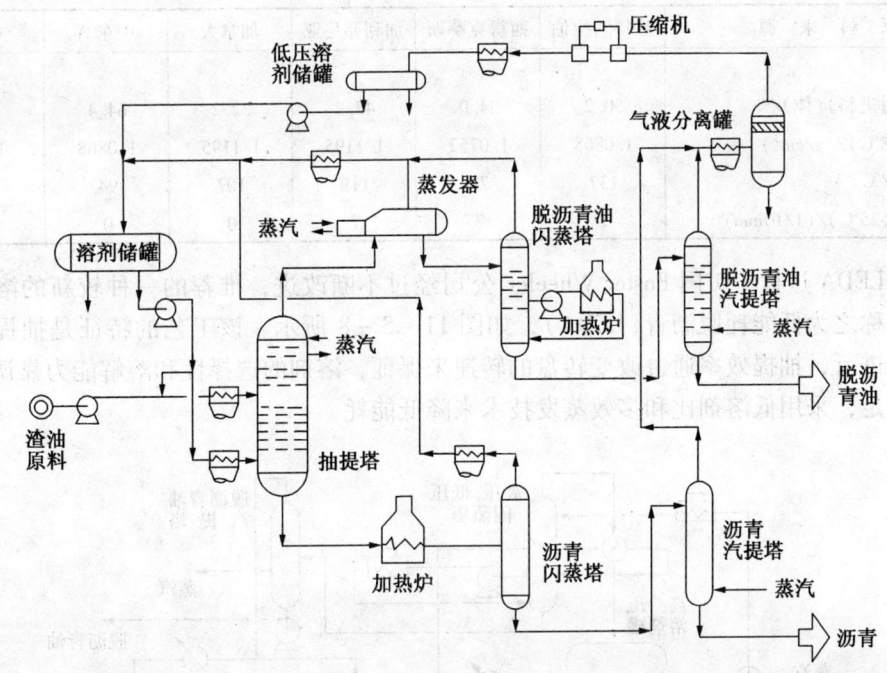

图 11-3-7 溶剂脱沥青装置典型流程图

推动力的内回流时,依靠它的作用来控制脱沥青油的质量。抽提温度主要控制塔顶温度和塔底温度,塔顶温度用进料温度和塔顶加热器的热负荷来调节,塔底温度用溶剂进塔温度来控制。脱沥青抽提塔要保持足够的压力,使抽提过程在液相下进行。

(2) Kellogg 溶剂脱沥青过程　这是美国 Kellogg 公司开发的脱沥青技术,渣油原料经少量溶剂稀释后,进入抽提塔 2/3 高度处,溶剂则在塔的下部泵入。该公司设计的抽提塔是逆流式挡板塔,溶剂的回收采用蒸发回收。近来又采用了加热炉的加热方式来回收脱沥青油溶液中的溶剂,使热能的有效利用率得到较大幅度的提高。从抽提塔底出来的沥青溶液采用闪蒸方式回收溶剂,但采用较高的蒸发温度以防止蒸发时夹带粒子污染或堵塞管线。目前世界上采用 Kellogg 公司技术的装置已有 30 余套,其中设在美国加州 Richmond 炼油厂的是当今世界上规模最大的,处理能力达 2.25Mt/a。其典型的生产数据见表 11-3-11。

表 11-3-11　典型脱沥青结果

原料来源	沙特阿拉伯	西得克萨斯	加利弗尼亚	加拿大	中东 A	中东 B
渣油原料						
收率(占原油)(体)/%	23.0	29.2	20.0	16.0	22.2	32.3
密度(20℃)/(g/cm^3)	1.0232	0.9861	1.0269	1.0028	1.0321	1.0136
残炭/%	15.0	12.1	22.2	18.9	24.0	19.7
黏度(98.9℃)/(mm^2/s)	17000	130	2000	320	3000	690
脱沥青油						
收率(对进料)(体)/%	49.8	66.0	52.8	67.8	45.6	54.8
密度/(g/cm^3)	0.9459	0.9365	0.9446	0.9478	0.9580	0.9523
残炭/%	5.9	2.2	5.3	5.4	4.5	5.4
黏度(98.9℃)/(mm^2/s)	140	24	50	50	102	140

续表

原料来源	沙特阿拉伯	西得克萨斯	加利弗尼亚	加拿大	中东 A	中东 B
沥青						
收率(对进料)(体)/%	50.2	34.0	47.2	32.2	64.4	45.2
密度(25℃)/(g/cm^3)	1.0868	1.0752	1.1195	1.1195	1.0868	1.0927
软化点/℃	137	77	119	107	94	89
针入度(25℃)/(1/10mm)	1	7	7	0	0	0

(3) LEDA 过程 美国 Foster Wheeler 公司经过不断改进，推荐的一种较新的溶剂脱沥青流程，称之为低能耗脱沥青(LEDA)，如图 11-3-8 所示。该工艺的特征是抽提过程在转盘塔内进行，抽提效率通过改变转盘的转速来保证，溶剂的选择性和溶解能力靠调整操作条件来满足，采用低溶剂比和多效蒸发技术来降低能耗。

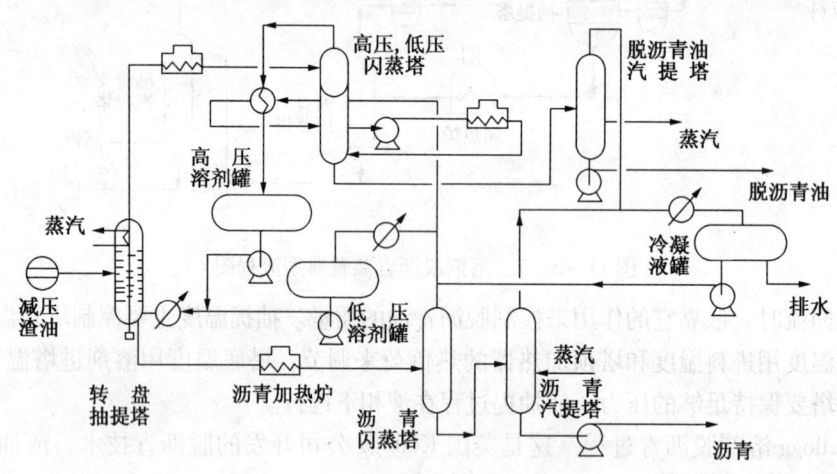

图 11-3-8 LEDA 脱沥青工艺流程图

(4) ROSE 脱沥青过程 采用丙烷-戊烷等轻烃做溶剂的脱沥青工艺已基本定型，是非常成熟的工艺。但溶剂脱沥青在炼油厂的加工装置中属于能耗较高的装置，因此近 20 年来，溶剂脱沥青工艺的改进都是以降低能耗为主题。目前被世界各国认同的是采用超临界溶剂回收技术的脱沥青流程，其中 ROSE(Residue Oil Supercritical Extraction)工艺具有代表性，示意流程见图 11-3-9。

目前中国溶剂脱沥青装置也都采用了超临界溶剂回收技术，在降低装置能耗方面取得了显著的效果。

(5) UOP 的 Demex 溶剂脱沥青工艺 在以生产轻质油为目的的溶剂脱沥青工艺中，UOP 的 Demex 工艺具有设备简单、操作费用低的特点，其流程如图 11-3-10 所示。

减压渣油与来自超临界塔和溶剂罐的溶剂混合后进入沥青分离塔，在塔内分离为脱沥青油及脱油沥青两部分，脱沥青油溶液自塔顶流出，与超临界塔出来的溶剂换热后被加热，进入脱胶质塔。由于温度升高，脱沥青油溶液中一部分胶质及多环芳烃被分离并沉降下来，它的一部分循环回沥青分离塔以提高脱沥青油的收率和质量，另一部分则送至溶剂回收系统脱除溶剂后作为产品出装置。脱胶质塔顶出来的脱沥青油溶液，经过加热炉加热至高于溶剂的

第十一章 含硫含酸原油沥青生产

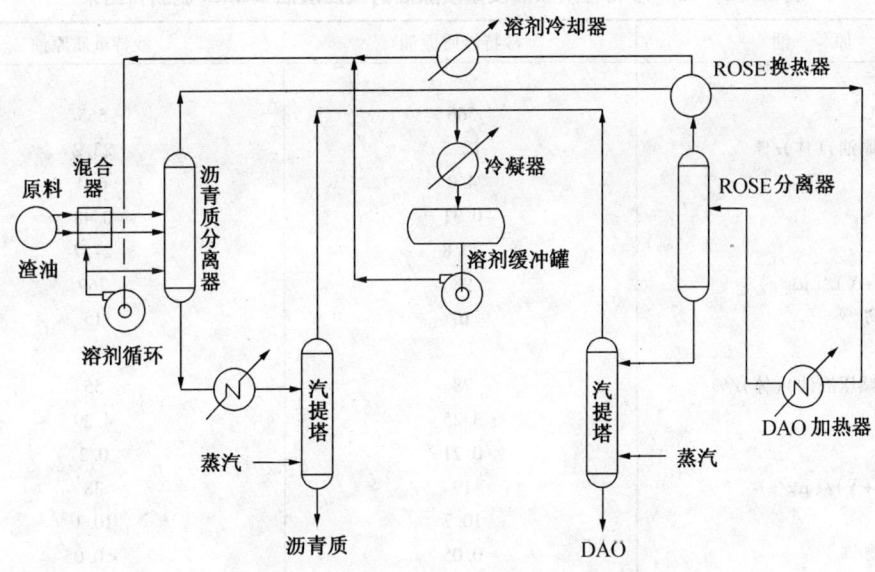

图 11-3-9 ROSE 工艺流程示意

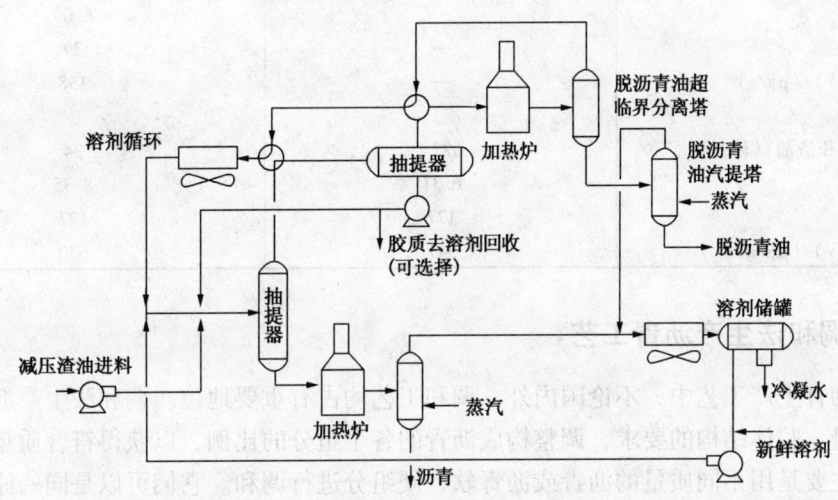

图 11-3-10 Demex 溶剂脱沥青工艺流程

临界温度，于超临界塔中使脱沥青油与大部分的溶剂分离后进入汽提塔除去少量的溶剂。从沥青分离塔底流出的脱油沥青，通过加热炉加热后，直接进闪蒸汽提塔以脱除溶剂。Demex 过程与 ROSE 过程不同之处是：Demex 过程溶剂增压泵位于脱胶质塔之后，只有超临界塔压力较高，而沥青分离塔及脱胶质塔压力都较低。而 ROSE 过程溶剂增压泵位于沥青分离塔之前，因而沥青分离塔、脱胶质塔临界塔压力都较高；Demex 过程脱胶质塔塔底胶质有一部分循环回沥青分离塔，而 ROSE 过程分离出来的胶质则全部作为产品出装置。

以沙特轻质原油及重质原油的减压渣油，采用 Demex 技术脱沥青所得结果见表 11-3-12。

表 11-3-12 沙特轻质原油及重质原油的减压渣油 Demex 脱沥青结果

原 油	沙特轻质原油	沙特重质原油
液压渣油		
切割点/℃	566	565
收率(对原油)(体)/%	12.5	23.2
硫/%	4.0	6.0
氮/%	0.31	0.48
残炭/%	20.8	27.7
金属(Ni+V)/(μg/g)	98	269
C_7 不溶物/%	10	15
脱沥青油		
收率(对减压渣油)(体)/%	78	55
硫/%	3.25	4.29
氮/%	0.21	0.2
金属(Ni+V)/(μg/g)	19	38
残炭/%	10.7	10.1
C_9 不溶物/%	0.05	<0.05
胶质		
收率(对减压渣油)(体)/%	—	11
硫/%	—	6.09
软化点/℃	—	79
金属(Ni+V)/(μg/g)	—	138
沥青		
收率(对减压渣油)(体)/%	22	34
硫/%	6.31	8.35
软化点/℃	177	177
金属(Ni+V)/(μg/g)	341	630

三、调和法生产沥青工艺

石油沥青生产工艺中，不论国内外，调和工艺均占有重要地位。调和法生产沥青工艺是按沥青质量、胶体结构的要求，调整构成沥青的各个组分的比例，以获得符合质量要求的沥青产品，主要是用不同质量的沥青或沥青软、硬组分进行调和。它们可以是同一原油而由不同加工方法得到中间产品，也可以是不同原油加工所得的中间产品。例如用溶剂脱沥青得到的脱油沥青与减压渣油调和、用半氧化沥青与直馏沥青调和等。调和法生产沥青降低了对原油的依赖度，扩大了沥青生产的原料来源，调和法显示的优越性及灵活性正日益受到重视。

用调和法生产沥青可根据原料性质及产品质量要求，单独选用一种沥青生产工艺或选用几种沥青生产工艺组合应用。

1. 沥青调和的理论依据

由于沥青组成复杂，研究人员多采用四组分法进行研究，经研究认为：道路沥青的调和机理可以从石油沥青的胶体结构理论和高分子溶液理论两方面进行解释。按照沥青胶体结构理论，原料的分散体系中，沥青质、胶质、芳香分、饱和分含量不能满足道路沥青的要求，而调和剂中这四种组分的含量则可以与原料形成互补，加入适量的调和剂后，改善沥青四组分之间的配伍关系，使沥青质稳定地胶溶于体系中，形成了稳定的沥青胶体分散体系，从而满足了道路沥青的各种质量要求。根据沥青高分子溶液理论，原料高分子溶液中低相对分子质量的软沥青质溶剂不能很好地溶解沥青质溶质，不能形成稳定溶胶，加入适量的调和剂后，两种高分子溶液的溶质与溶剂进行了再分配，从而减小了沥青质和软沥青溶解度之间的差异，形成了均一、稳定程度较高的沥青高分子溶液。一般认为沥青质是液态组分的增稠剂，胶质对改善沥青的延度有显著效果，芳香烃对沥青质有较好的胶溶作用，形成稳定的胶体结构，而饱和烃则是软化剂[11]。

① 饱和分与胶质调和使黏度下降，感温性下降；与沥青质调和时，感温性得到改善，但塑性变差，不能得到均质的沥青，说明饱和分不能使沥青质很好分散，形成均质的胶体分散体系，因而不是好的沥青软化剂。

② 芳香分与胶质调和使塑性得到改善，尤其是低温延度大大提高，而与沥青质调和时，塑性并没有得到改善，但调和物的黏度增高。可见延度依赖于胶质的存在，因为它是沥青胶溶化的媒介，而沥青质的存在使沥青的黏度增高，同时对感温性有利。作为软化剂的饱和分与芳香分组分如果含有固体烃类，则随着含量的增加会对沥青的结构和性能产生很大的影响。特别是蜡的存在干扰沥青的胶体结构，改变胶胞的形成，应加以限制。

③ 把沥青质或胶质软化到针入度90（1/10mm），所需要的饱和分比芳香分少，也就是说饱和分的增塑性比芳香分强。另一方面，沥青质需要比胶质更多的软化剂，也可以说是沥青质的稠化能力比胶质强。

沥青四组分的大致物理性质见表11-3-13，各组分在沥青中的贡献见表11-3-14。对于四组分的较理想搭配研究有不同的看法，一种研究认为：饱和分10%～12%，芳香分48%～55%，胶质25%～30%，而沥青质在6%～10%较理想。另一种则认为饱和分13%～31%，芳香分32%～60%，胶质19%～39%，而沥青质在6%～15%，蜡含量在3%以下较理想。

表11-3-13 沥青各组分的性质

项目	饱和分	芳香分	胶质	沥青质
针入度(25℃)/(1/10mm)	300	300	0	0
软化点/℃	<16	<16	77	190
密度(20℃)/(g/cm^3)	0.89	0.99	1.05	1.15
颜色	白	黄-红	黑	黑褐
运动黏度/(mm^2/s)				
38℃	174	2777	2×10^{10}	—
99℃	22	64	1.1×10^5	—
135℃	12	20	2.1×10^3	—
黏度指数	131	61	-117	
动力黏度/Pa·s				
25℃	14	310	1.1×10^9	—
60℃	0.08	2.2	1.0×10^5	—
物理状态	液态	液态	固态	固态

表11-3-14 各组分对沥青性质的影响

组分	感温性	延度	高温黏度	对沥青质分散度
饱和分	好	差	差	差
芳香分	好	—	好	好
胶质	差	好	差	好
沥青质	好	较差	好	

2. 调和沥青生产工艺

在实际生产中调和沥青往往是用软沥青组分与硬沥青组分调和得到的,例如用溶剂脱沥青得到的脱油沥青与润滑油精制得到的抽出油调和、用脱油沥青与减压渣油调和、用半氧化沥青与抽出油或渣油调和等都能得到合格的沥青产品。

调和组分的来源与性质:

① 硬组分。硬组分多为经溶剂脱沥青得到的脱油沥青,或经减压深拔得到的沥青,或减压渣油经氧化或半氧化处理后的沥青。国内外某些硬组分性质见表 11-3-15、表 11-3-16。

表 11-3-15 中国原油溶剂脱沥青及半氧化沥青组分性质

序号	名称	针入度(25℃)/(1/10mm)	软化点/℃	延度/cm		组成/%				蜡含量/%
				25℃	15℃	饱和分	芳香分	胶质	沥青质	
1	新疆混合油丙烷脱油沥青 1	58	50	110	—	23.47	32.07	43.60	0.86	3.8
2	新疆混合油丙烷脱油沥青 2	32	55	>140	—	21.36	31.06	46.70	0.88	2.4
3	新疆混合油丁烷脱油沥青	8	76	6	—	13.56	34.82	41.41	10.21	2.4
4	大庆-黄岛丁烷脱油沥青	16	63	4	—	14.90	30.70	54.40		—
5	临商丙烷脱油沥青 1	16	50	0	—	5.18	31.39	59.06	4.37	10.2
6	临商丙烷脱油沥青 2	18	60	23	—	2.82	31.25	62.70	3.23	4.4
7	辽河丙烷脱油沥青	22	57	134	—	8.12	28.12	62.96	0.80	—
8	胜利丙烷脱油沥青	23	65	100	—	5.10	20.50	54.40		—
9	新疆稠油丙烷脱油沥青	47	54	>150	76	23.40	24.60	41.70	0.30	—
10	孤岛丁烷脱油沥青	33	55	>150	—	9.20	29.72	55.88	5.20	—
11	管输油半氧化沥青	31	66	8	—	19.10	28.64	37.86	14.40	3.4
12	渤海半氧化沥青	55	53	>110	>110	26.50	29.10	36.20	10.00	2.1
13	欢喜岭半氧化沥青 1	104	45	—	>140	22.60	34.56	35.64	7.20	1.5
14	欢喜岭半氧化沥青 2	79	47	—	>140	19.41	34.17	36.18	10.24	1.5

表 11-3-16 国外原油溶剂脱沥青及半氧化沥青组分性质

序号	名称	针入度(25℃)/(1/10mm)	软化点/℃	延度/cm		组成/%				蜡含量/%
				25℃	15℃	饱和分	芳香分	胶质	沥青质	
1	沙特轻质原油丙烷脱油沥青	78	50	—	38	21.10	43.71	22.05	13.14	1.88
2	沙特中质原油丙烷脱油沥青	79	46	—	>140	16.55	45.35	27.66	1.22	—
3	也门马希拉原油丙烷脱油沥青	108	47	120	—	16.99	44.66	37.55	0.80	3.85
4	阿曼原油丙烷脱油沥青	91	45	>140	—	19.35	51.77	31.80	1.10	1.20
5	伊朗原油丙烷脱油沥青	57	53	>150	>150	13.28	51.52	31.89	3.31	2.63
6	沙特轻质原油半氧化沥青	50	51	—	12	17.17	41.51	26.17	14.62	—
7	沙特轻质原油丙烷脱油沥青的半氧化沥青	47	53	—	7	17.70	41.51	26.17	14.62	—
8	阿曼原油丙烷脱油沥青的半氧化沥青	45	55	—	19	10.50	42.00	44.60	2.90	—
9	伊朗原油丁烷脱油沥青	35	51	>140	65	10.99	45.87	33.74	9.40	1.78

② 软组分。用作调和沥青软组分的有原油的减压渣油和炼油过程中的副产物，如加工润滑油时从溶剂精制过程中得到的抽出油，从催化裂化过程中得到的油浆等。其中溶剂精制的抽出油被广泛采用，并经实用证明是有效的软组分。作为调和沥青软组分的减压渣油就以低蜡为宜，随着中国加工进口原油不断增加，部分中东含硫减压渣油(其性质见表11-3-17)作为调和软组分有较好的效果。

表 11-3-17　部分中东含硫渣油的性质

名　称	伊轻减渣	伊重减渣	沙轻减渣	沙中减渣	阿曼减渣
密度(20℃)/(g/cm^3)	1.008	1.0160	1.0052	1.0070	0.998
黏度(100℃)/(mm^2/s)	1198.3	2300.96	875.9	2650	—
凝点/℃	36	—	26	>50	—
残炭/%	20.5	22.2	19.8	21.42	
灰分/%			0.026	0.062	
蜡含量/%	2.8	—	2.6	1.61	2.7
软化点/℃	44.5	49.1	33.9	45	41
针入度(25℃)/(1/10mm)	>200	86	>200	106	144
延度(15℃)/cm	>90	>150		>150	>150
族组成/%					
饱和分	18.6	15.0	10.4	9.1	10.9
芳香分	49.3	44.7	54.2	56.2	50.1
胶质	24.8	30.5	29.0	25.0	37.6
沥青质	1.3	9.8	6.4	9.7	1.4

抽出油来自润滑油加工中的溶剂精制，溶剂精制过程在工业上应用最广泛的溶剂有糠醛、苯酚等，但不论采用哪种溶剂，抽出油中主要组成都是芳香分。但由于加工原油的不同抽出油中的蜡含量差别很大，因此利用抽出油作调和软组分时要注意选择蜡含量低的为宜。

催化油浆来源于炼油厂中的催化裂化装置，由饱和分、芳香分及胶质组成。在发现催化油浆中含有较高的芳香分，调入硬沥青中能改善沥青的胶体结构后，引起科技人员的兴趣，进行了广泛的研究。研究结果认为，催化油浆调入沥青中，对提高沥青的延度有明显作用。但研究中发现催化油浆的馏程较宽，含有较多的轻馏分，将油浆全馏分作为沥青调和组分会导致调和沥青闪点不合格，而且由于轻组分多，调入油浆量对调和沥青的针入度、软化点影响过于敏感，操作难以控制。另外，油浆的热稳定性较差，因此，催化油浆用作沥青调和组分需要经过改质处理，进行切割，将轻馏分分离出来才能适用。目前国内只有少数炼油厂在试用这种组分作为沥青调和组分，而且只用于生产普通的道路沥青。需要注意的是，催化油浆的热稳定性较差，催化油浆调入沥青虽能改善沥青的延度，但调入后沥青薄膜烘箱试验针入度比均较小，调入油浆越多，下降幅度越大，表明催化油浆对沥青使用过程中抗老化性能有不利影响。

3. 调合沥青的生产工艺类型

调和法生产沥青工艺主要类型有以下几种：

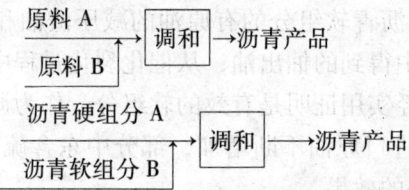

4. 沥青产品的调和

炼油厂生产沥青时是大批量的，因此不可能频繁改变生产条件来满足用户对用不同沥青牌号的需求，其解决方法就是采用调和法来生产沥青。因此在炼油厂通常生产软、硬两种沥青，然后通过调和来满足用户对不同针入度沥青的需求。

（1）沥青调和法则　经过大量的数据归纳，从经验上归纳出沥青的调和大致符合以下关系：

① 同一种原油，同一种生产方法生产的沥青调和。

$$M = 0.94(P_s S + P_h H)$$

式中　M——调和沥青的针入度，1/10mm；

S——软沥青的针入度，1/10mm；

H——硬沥青的针入度，1/10mm；

P_s——软沥青的质量分数，%；

P_h——硬沥青的质量分数，%。

② 不同原油，生产方法不同的沥青调和。

用半氧化沥青与直馏沥青调和就属于这种类型。由于它们胶体结构不同，因此调和的规律性较差。图11-3-11、图11-3-12是氧化沥青与直馏沥青调和后 PI 和软化点的变化情况，由图可见，PI 值和软化点值随氧化沥青调和比例增加而增加，而针入度则出现极大值。不同制造方法生产的沥青，即使这两种沥青有相同的针入度和60℃黏度，但调和后，调和沥青测得的60℃黏度与预测值有很大的偏差，结果如图11-3-13所示。

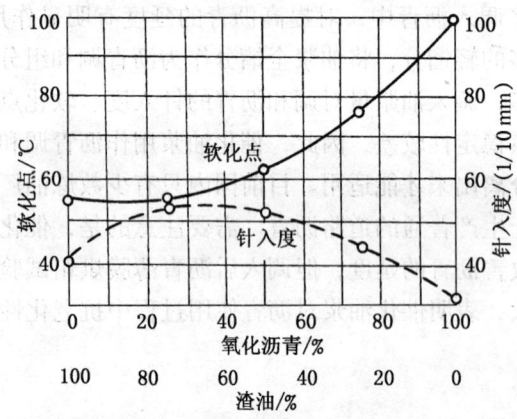

图 11-3-11　调和比与产品针入度、软化点关系

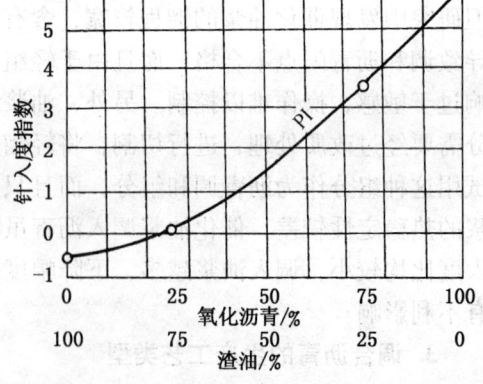

图 11-3-12　调和比与产品 PI 关系

（2）溶剂脱沥青、氧化沥青与减压渣油调和　用溶剂脱沥青与减压渣油调和是生产道路沥青的一种重要手段。在原料控制得当的情况下，通过调整调和比例可以得到不同牌号的优质道路沥青。采用经过氧化处理的高软化点硬沥青与减压渣油调和可以提高软化点、改善其

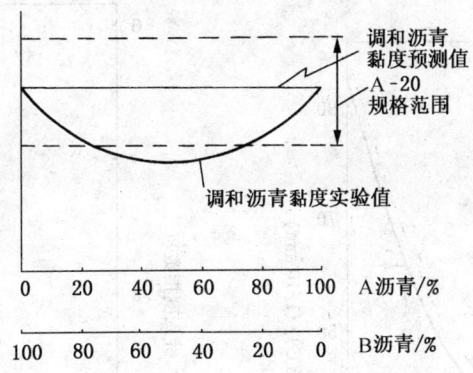

图 11-3-13 不同制造方法沥青的调和黏度的变化

感温性能。采用氧化工艺和调和工艺生产的沥青的针入度与软化点关系如图 11-3-14、其 PI 变化如图 11-3-15。从图中可以看出，不论采用调和或采用氧化工艺，其针入度-软化点及针入度-PI 关系均可用统一曲线表示，表明在试验范围内，采用调和工艺或氧化工艺所得到的沥青感温性能基本上是相同的，对于需要生产多种规格沥青的装置来说，采用调和工艺无疑增加了很大的操作灵活性。

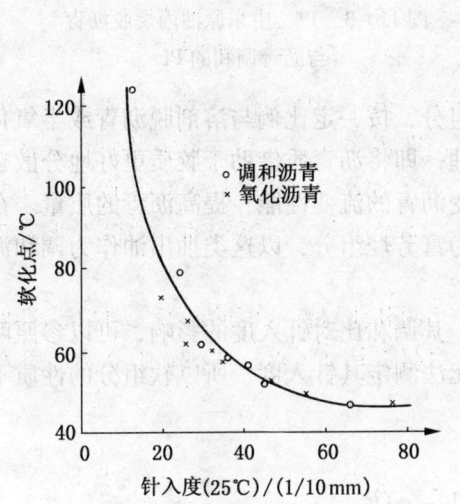

图 11-3-14 调和沥青、氧化沥青针入度与软化点关系图

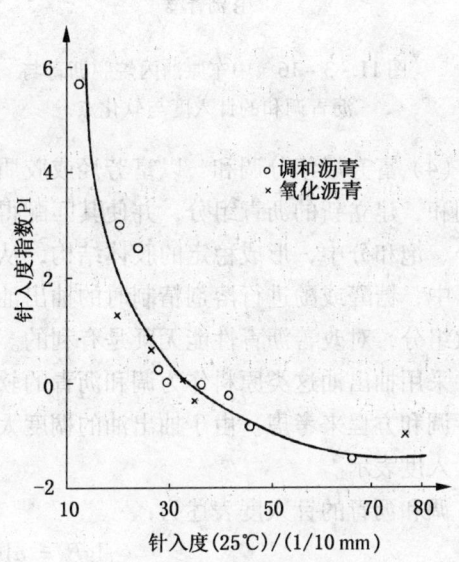

图 11-3-15 调和沥青、氧化沥青针入度与 PI 值关系图

（3）氧化沥青与溶剂脱沥青的调和　用中东原油的减压渣油经丙烷脱沥青得到的丙烷脱沥青，与经过氧化得到的 10 号建筑沥青调和，其 PI、针入度、软化点与调和比例的关系如图 11-3-16、图 11-3-17。从图中可以看出，尽管用于调和的沥青 PI 值差别较大（-1.3~5.6），但调和沥青的 PI、针入度及软化点均有较好的线性关系。用国内原油的减压渣油与经氧化后的沥青进行调和，其调和沥青性质与调和比亦有较好的线性关系。用中东原油经丙烷或丁烷脱沥青得到的脱油沥青，与未经脱油的减压渣油调和，也可以获得质量较好的调和沥青。

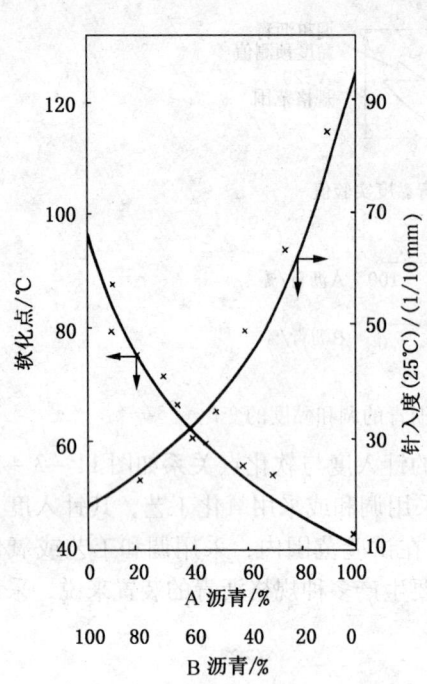
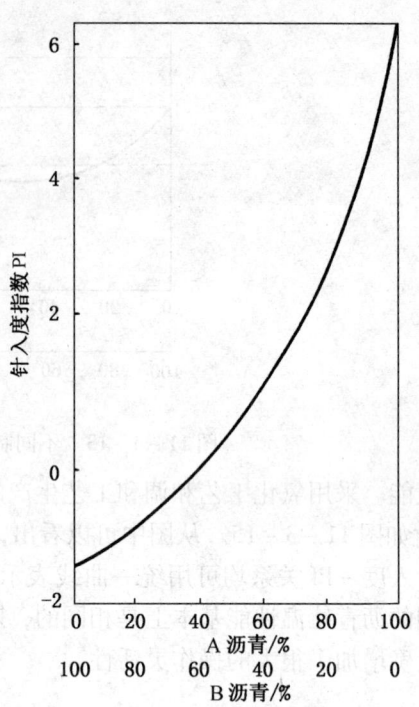

图11-3-16 中东原油丙烷脱沥青与沥青调和的针入度与软化点

图11-3-17 中东原油丙烷脱沥青与沥青调和的PI

(4) 富芳烃组分调和 以富芳烃或胶质为软组分，按一定比例与溶剂脱沥青或半氧化沥青调和，建立新的沥青组分，并使其匹配得更合理，即将沥青质借助于胶质更好地分散在芳香分、饱和分中，形成稳定的胶体结构，从而改变沥青的流变性能，提高沥青的质量。在炼油厂中，糠醛或酚进行溶剂精制时的抽出油，即为富芳烃组分，以这类抽出油作为调和沥青的软组分，对改善沥青性能无疑是有利的。

采用抽出油这类原料作为调和沥青的软组分，其调和比对针入度的影响，可以参照两种沥青调和方程来考虑。由于抽出油的稠度太小，无法测定其针入度，所以软组分的性质不能用针入度表示。

调和沥青的针入度表述为：

$$\lg P = a\lg A + (1-a)R$$

式中 P——调和沥青针入度，1/10mm；

a——硬组分在调和沥青中含量，%；

A——硬组分的针入度，1/10mm；

R——与软组分性质有关的常数，由实验确定。

催化裂化装置排出的油浆，也是富芳烃组分，可以作为沥青调和组分，因其中含有较多轻馏分，需经过改质处理。需要注意的是，油浆的热稳定较差，油浆调入沥青虽能改善沥青的延度等使用性能，但是调入油浆后的沥青，薄膜烘箱试验后沥青的针入度比均下降，调入油浆愈多，下降幅度愈大，表明调入催化裂化油浆对沥青在使用过程中抗老化性能有不利的影响。

许多研究者均指出[9]，要生产优质道路沥青，构成沥青的各个组分应有一个合理的搭配,各组分的构成量,与该组分的性质有关。以 I_c 来表征各沥青调和组分性质,I_c 为该组分的胶体不稳定指数,脱油沥青的 I_c 最好小于 0.2,软组分的 I_c 最好小于 0.3,调和沥青产品的 I_c 应小于 0.25。

(5) 调和工艺流程 沥青调和最简单的方法是罐调和,分别计量,用泵将沥青组分循环或搅拌,这种方法需要维持较高的温度和搅拌较长的时间。另一种方法是在线调和,调和组分按给定的调和比例经泵送到混合器,经混合后连续得到调和产品。通过对调和组分质量及数量的控制实现对调和产品数量及质量进行自动控制。由于沥青黏度大,在线控制难度大,在线生产沥青过程有波动,所以应把在线调和与罐区调和结合起来,并且以在线调和为主,罐内调和为辅。该工艺是目前连续生产的最佳工艺,代表沥青调和工艺的发展趋势。其工艺流程[15] 如图 11-3-18 所示。

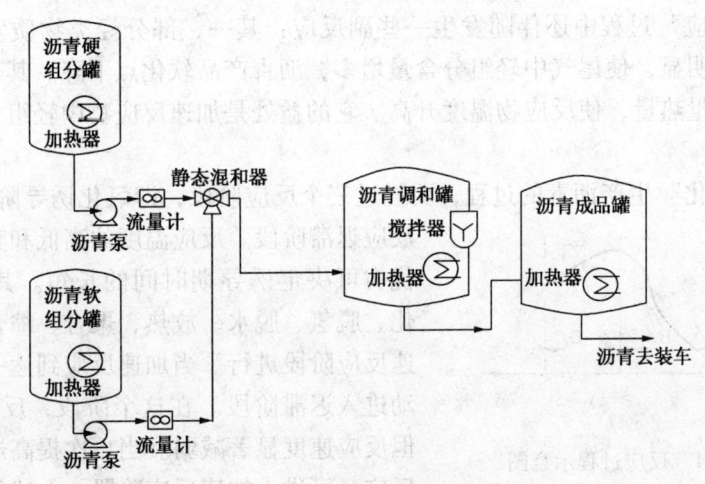

图 11-3-18 沥青在线和罐调和组合工艺

第四节 氧化沥青工艺

虽然某些原油可能采用蒸馏法直接生产出合格的道路沥青,但有的温度敏感性不够理想,黏弹温度区间偏小。有的原油难以用蒸馏法生产出合格的沥青,对于某些软化点较低、针入度大及温度敏感性大的减压渣油或溶剂脱沥青,在一定温度条件下通入空气,使其组成发生变化,提高其沥青质含量,使其软化点升高,针入度减小,改善其温度敏感性,以达到沥青产品规格要求。在一定温度下,向渣油或脱油沥青中通入空气,所发生的反应不只是氧化过程,还有脱氢、缩合等反应,是一个十分复杂的综合过程。

一、基本生产原理

氧化沥青是以减压渣油为原料,在一定的温度和停留时间下,采取空气氧化法生产沥青,通称为氧化沥青。

生产中,减压渣油原料在沥青氧化塔内所进行的"氧化反应"过程十分复杂。主要进行脱氢、氧化、缩合等反应。同时释放出少量二氧化碳、二氧化硫、水以及一些轻烃。其反应式可简单表示如下：

$$C_xH_y + O_2 \rightleftharpoons C_xH_{y-2} + H_2O + 热量$$

由于发生的聚合、缩合等反应使减压渣油中的饱和分、芳香分、胶质和沥青质的含量发生变化：部分饱和分被汽提逸出，部分转化为芳香分；部分芳香分转化为胶质，尚有部分不发生变化；部分胶质转化成沥青质，尚有部分不发生反应。沥青质主要是进行积聚，使含量增多，极少量（在温度较高时）转化为炭青质。反应结果使减压渣油中的胶质、沥青质增加，饱和分、芳香分减少，形成相对分子质量更大，软化点升高，针入度更小的沥青产品。这种反应如果不加控制，继续进行深度氧化反应，沥青质的含量将继续增加，当达到一定条件后开始大量生成含有炭青质的焦炭。沥青产品中如果沥青质含量过多和含有较多的炭青质，会使其脆性增加质量变差。

在"氧化反应"过程中还伴随发生一些副反应：其一，部分烃类物质发生裂解，尤其温度过高时特别明显，使尾气中轻组分含量增多，沥青产品软化点下降。其二，氧化反应过程中伴随放出大量热量，使反应物温度升高。它的益处是加速反应物中轻组分的馏出，加快氧化反应速度。

原料经"氧化"生产沥青的过程，要经过三个反应阶段，即氧化诱导阶段、加速阶段、反应迟滞阶段。反应温度的高低和其他反应条件的优劣可决定诱导期时间的长短。其中所发生的氧化、脱氢、脱水、放热、聚合、缩合主要都是在加速反应阶段进行。当加速反应到达一定程度，便自动进入迟滞阶段。在这个阶段，反应虽继续进行，但反应速度显著减弱。当再次提高进料温度，迟滞反应又可进入加速反应阶段。上述的变化关系，可简示如图 11 - 4 - 1 所示。

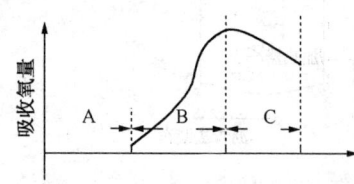

图 11 - 4 - 1　反应过程示意图
A—诱导期；B—加速期；C—迟滞期

二、氧化沥青工艺流程

中国 20 世纪 70 年代氧化沥青工艺多采用釜式氧化装置，其后采用塔式氧化工艺，主要生产建筑沥青产品。塔式氧化工艺根据沥青生产能力及对产品质量的要求，可以采用单塔或多塔串联、并联等方式组合。塔式氧化工艺大致有以下几种形式：

（1）单塔氧化流程。流程比较简单，处理量大多在 0.05 ~ 0.1Mt/a，氧化塔底沥青一般靠自压进成品罐，在成品罐中冷却降温后去成型机。

（2）双塔氧化流程。分并联和串联，双塔氧化处理量大，能耗相对较低，生产方案比较灵活。

（3）三塔串联、分段氧化流程。三塔操作弹性大、可同时生产不同牌号沥青产品，成品沥青可以边氧化边降温，放料温度较低，适合于大量生产不同牌号沥青产品的情况。

（4）塔釜联合流程。为生产某些特种沥青产品，保留了釜式氧化，为了满足生产要求，也可采用塔釜联合工艺。

图 11 - 4 - 2、图 11 - 4 - 3 是两种塔式氧化工艺流程图。

生产实践证明，塔式氧化有以下优点：

① 提高了生产能力，同时生产效率和空气中氧的利用率高；

② 生产平稳，产品质量稳定，产品合格率高；

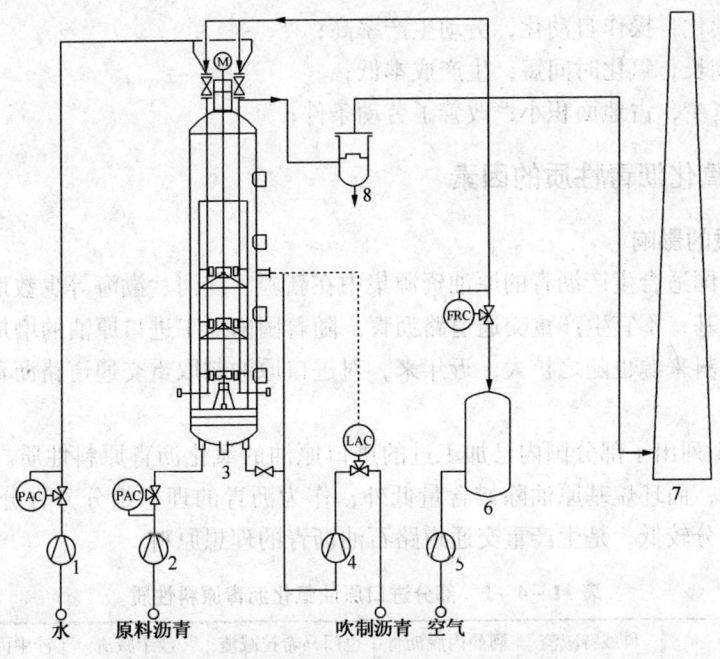

图 11-4-2 奥地利 BITUROX 工艺流程[10]

1—水输入泵；2—原料沥青输入泵；3—涡轮反应器；4—吹制沥青泵；
5—空气压缩机；6—空气输入罐；7—烟囱；8—密封罐

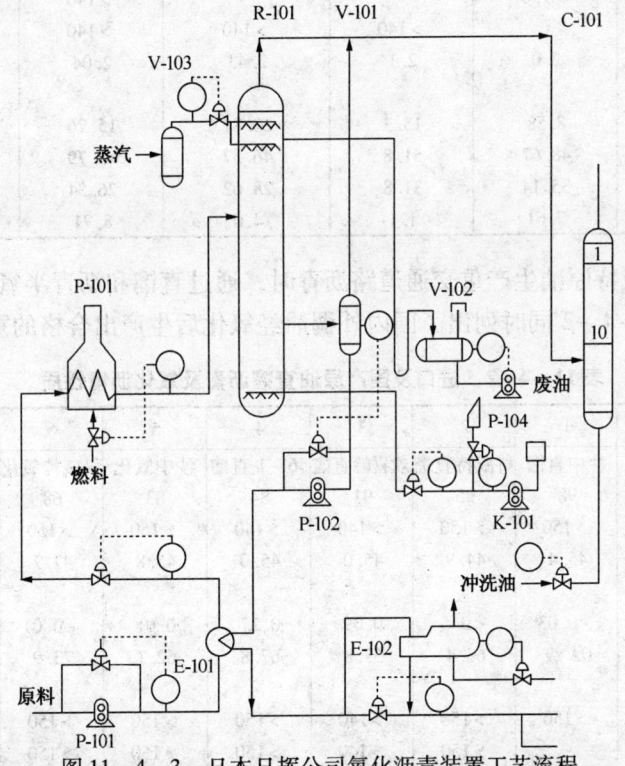

图 11-4-3 日本日挥公司氧化沥青装置工艺流程

R-101—沥青氧化釜；C-101—油洗塔；V-101—缓冲器；V-102—气密罐；V-103—蒸汽水分离器；
F-101—电加热炉；E-101—原料/产品换热器；E-102—产品蒸汽发生器；P-101—原料泵；
P-102—产品泵；P-104—废油泵；K-101—空气压缩机

③ 生产连续化，操作自动化，劳动生产率高；
④ 操作周期长，氧化时间短，生产成本低；
⑤ 设备投资少，占地面积小，改善了劳动条件；

三、影响氧化沥青性质的因素

1. 原料性质的影响

据调查，中国适合生产沥青的原油资源集中在新疆、辽河、渤海等少数地区，中国原油 80% 以上为石蜡基，不宜生产重交通道路沥青。随着国内加工进口原油的增加，国外原油可供生产沥青的原料来源也随之扩大，近年来，对进口原油制取重交通道路沥青做了研究，取得了相当成效。

表 11 - 4 - 1 列出了部分国内已加工过的进口原油的氧化沥青原料性质。中间基的进口原油蜡含量较低，而环烷基原油除蜡含量低外，作为沥青的理想组分芳香分含量均在 43% 以上，而且饱和分较低，是生产重交通道路石油沥青的理想原料。

表 11 - 4 - 1 部分进口原油氧化沥青原料性质

项 目	科威特减渣	阿曼丙脱沥青	也门马希拉减渣	沙中减渣	沙中丙脱沥青	伊朗减渣
针入度 (25℃) / (1/10mm)	97	130	185	125	75	122
软化点 /℃	44.6	41.1	43	40.1	46.1	42.0
延度 /cm						
15℃	>150	—	—	>140	>140	
25℃		>140	>140	>140	>140	>140
蜡含量 /%	2.0	2.1	2.43	2.04	—	2.35
四组分 /%						
饱和分	8.58	15.3	20.81	15.26	16.55	18.98
芳香分	48.67	51.8	46.57	49.79	45.35	46.49
胶质	35.14	31.8	28.62	26.54	27.56	31.28
沥青质	7.61	1.1	4.0	8.71	10.54	3.25

在用沙中和科威特原油生产重交通道路沥青时，通过直馏和沥青半氧化生产出符合标准的道路沥青。表 11 - 4 - 2 同时列出了国内外稠油经氧化后生产出合格的重交通道路沥青。

表 11 - 4 - 2 进口及国产原油直馏沥青及氧化沥青性质

序 号	1	2	3	4	5	6	7	8
名称	沙中直馏	科威特直馏	欢喜岭直馏	36-1直馏	沙中氧化	科威特氧化	欢喜岭氧化	36-1氧化
针入度(25℃)/(1/10mm)	98	95	91	84	83	68	90	90
延度(15℃)/cm	>150	>150	>140	>140	>150	>150	>140	>150
软化点/℃	45.4	44.9	45.0	45.0	45.8	47.7	45.0	45.6
薄膜烘箱试验								
质量变化/%	-0.03	<0.5	0.09	0.27	0.01	-0.01	0.07	0.19
针入度比/%	6A级	68.4	53.8	67.8	62.7	73.9	61.1	67.8
延度/cm								
15℃	>150	>150	>140	>150	>150	>150	>140	>140
25℃		>150	>140	>150	>150	>150	>140	>140
蜡含量/%	1.6	2.0	2.8	2.2	1.7	1.4	2.4	1.8

对于生产建筑沥青来说，高胶质原油的渣油不是很合适。这是因为在生产高软化点的沥

青时，氧化反应条件较苛刻，原料发生较深的转化，所以用具有中等胶质、沥青质含量的原料比较合适，并且要求饱和分含量较高。

道路沥青的质量与原料性质也有极大的关系，其氧化特征也随不同的原料有较大的差别。试验表明，在一定工艺条件下，如果氧化时间-针入度直线斜率较大，则不宜单纯用氧化法生产针入度较小的重交通道路沥青，不同原油的沥青原料的氧化结果如图11-4-4所示。从图中可以看出氧化时间与针入度对数成直线关系，沙轻减渣的氧化时间-针入度直线斜率较大，对氧化过程比较敏感，所以该原料用来生产低针入度沥青的难度较大。

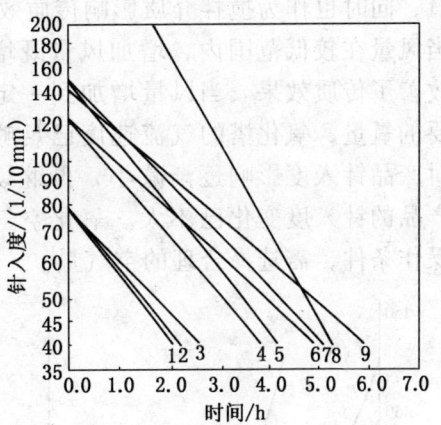

图 11-4-4 氧化时间与针入度的关系
1—沙轻丙脱；2—沙中丙脱；3—也门马瑞巴丙脱；
4—沙中减渣；5—沙特丙脱；6—伊朗减渣；
7—也门马希拉减渣；8—沙轻减渣；9—阿曼丙脱

2. 操作条件对沥青氧化的影响

（1）氧化温度 一般来说，在其他氧化条件相同的情况下，氧化反应温度愈高，氧化产品的软化点愈高，针入度愈低，延度愈低，其变化趋势见图11-4-5。这是因为，氧化温度愈高，轻组分的蒸发加大，易裂化、缩合的组分反应加快，使得汽化产品的性质随氧化温度的变化急剧变化，它也符合阿累尼乌斯方程的规律。

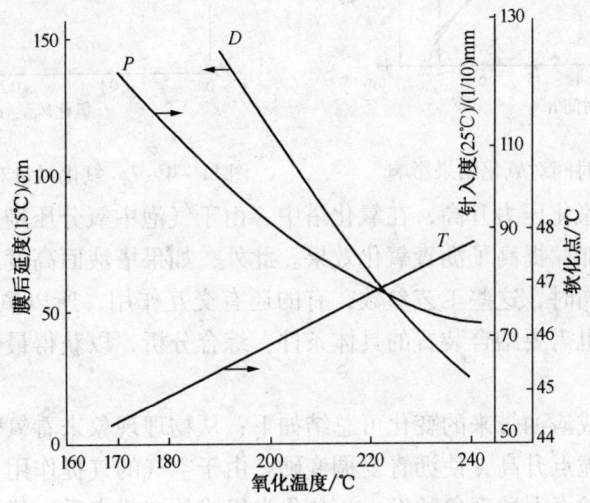

图 11-4-5 氧化温度对氧化产品质量影响[10]

（2）氧化时间 氧化时间对产品质量的影响如图11-4-6所示，从图中可以看出，随着氧化时间的延长，使氧化深度增加，产品的软化点随氧化时间增加而增加，针入度和延度则随氧化时间增加而下降。因此，必须根据原料性质控制适当的反应时间，才能得到预期的产品质量。对某一生产装置而言，氧化塔直径已经固定，处理量是按生产任务确定，调整氧化时间的手段是调整氧化塔液面，因此氧化塔设计时需考虑调整液面的灵活性。

（3）氧化风量 在沥青氧化装置上，多采用鼓泡式反应器。空气既提供氧化用的氧，同时也作为搅拌介质影响传质效果。氧化风量对产品针入度的影响如图 11-4-7，当风量在较低范围内，增加风量既增加了供氧量，也提高了氧化塔的气流速度，从而改善了传质效果。当风量增加到一定数量，空气所提供的氧已远远大于化学反应所需要的氧量，氧化塔的气流速度已足够，氧化过程已基本上不再受传质控制，风量增加对产品针入度影响逐渐减小，再继续提高风量，对反应速度基本无影响，所以反映出产品的针入度变化已不大。氧化空气量增加，必然要增加装置能耗，对不同的原料及操作条件，需选择合理的空气量。

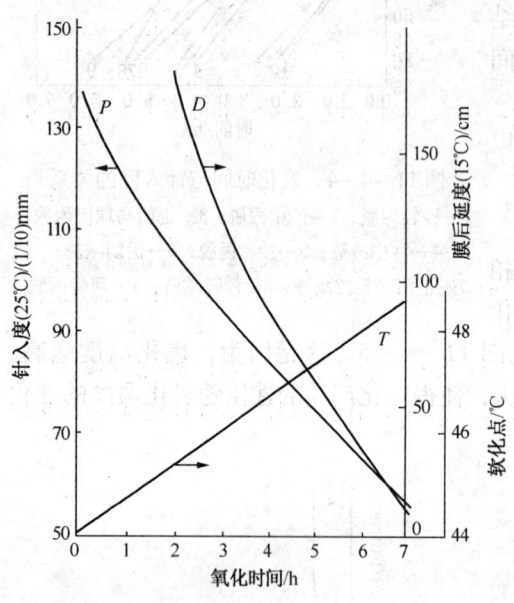
图 11-4-6 氧化时间对氧化结果影响

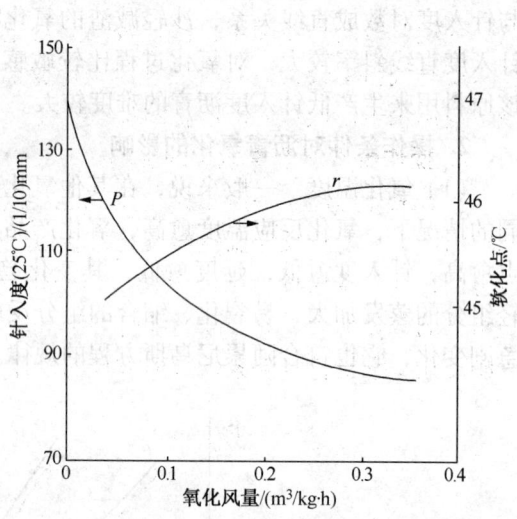
图 11-4-7 氧化风量对氧化结果的影响[10]

（4）氧化压力　氧化压力升高，在氧化塔中，由于气泡中氧分压增加，与渣油的接触时间增加，氧化速度增加，提高了沥青氧化效果。此外，如果塔液面高度、空塔气流速度等对氧化效果均有影响。同时，这些工艺参数，有的还有交互作用，所以氧化工艺参数的选择，需要根据原料性质，也需要结合装置的具体条件，综合分析，以获得最佳的氧化效果和经济效益。

氧化反应给沥青或渣油带来的变化可总结如下：从物理现象来看氧化可使沥青的软化点升高，针入度降低，脆点升高，使沥青变稠变硬。由于空气的气提作用，原料中的小部分较轻的油分被馏出，助长了上述现象的发生。从化学组成的变化来看，氧化可以使原料中的胶质、芳香分和饱和分下降，沥青质含量升高，这是造成物理性质改变的主要原因。氧化还使沥青的碳氢比上升，氢含量下降。脱氢缩合生成相对分子质量高的沥青质是这个过程的关键所在。反应氧的大部分消耗于脱氢生成水，只有少部分的氧与原料结合生成羧酸和酚类等含氧化合物并以化合氧的形式残留在沥青中。这些酮类化合物随着氧化反应的进行，与各种化合物一起缩合生成大分子物质。从胶体状态的变化来看，由于沥青质和沥青胶团量的增加，而被胶团吸附的胶质数量减少了，作为胶团间相的油分的芳香性也降低了，于是使胶团的胶溶性降低，网状结构发达，使沥青更趋向于凝胶化。

第五节 改性沥青

所谓改性沥青，是指掺加橡胶、树脂、高分子聚合物、磨细的橡胶粉或其他填料等外掺剂（改性剂），或采取对沥青轻度氧化加工等措施使沥青或沥青混合料的性能得以改善而制成的沥青结合料。改性剂是指在沥青或沥青混合料中加入的天然或人工有机或无机材料，可熔融、分散在沥青中，改善或提高沥青路面性能的材料。

近几年来，世界范围内改性沥青的研究、生产和应用达到了前所未有的高潮。其中原因有：一是由于沥青本身性质的变化，传统的固定供油方式有所变化，许多炼油厂从固定的沥青生产油源变为多种油源，这样一来就难以保证所生产的沥青都能达到规格要求，因此需要借助于改性以达到对沥青的技术要求；二是道路的发展对路面提出了新的要求，如交通量逐年增加，车载加重等引起的车辙、疲劳开裂、温度收缩裂缝等病害。由于这些新情况的出现，传统的纯沥青已经不能完全满足需要，所以促进了在沥青中添加各种添加剂对沥青或沥青混合料进行改性的发展，一些人甚至认为，在未来纯沥青只能作为铺路材料的一种原料。

不同的改性剂具有不同的改性效果，得到的改性沥青可以满足不同的使用要求，改性剂的选择要根据实际路面工程可能出现的病害原因和对路面设计的具体要求进行。近年来热塑性弹性体 SBS 在改性沥青中占主导地位。在聚合物改性沥青技术领域，研究较早、应用较多的国家主要是欧美和日本等国，日本较欧洲起步晚，但发展较快，技术水平居领先地位。国外较为有名的改性沥青产品主要有：Shell 公司的 SBS 改性沥青，ESSO 公司以 EVA、PE、SBS 为主要改性剂的产品；日本合成橡胶公司以 SBS 胶乳为改性剂的产品等。

改性沥青按照改性剂所起的作用，从广义上可以划分如下：

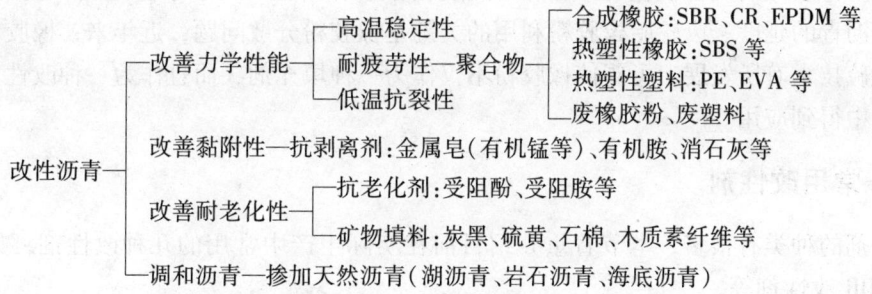

从以上划分可以看出，不同的改性剂可以在不同程度上改善沥青或沥青混合料的使用性能，但是，由于聚合物的加入可以有效地改善沥青的高温抗车辙能力，抗疲劳开裂能力，抗低温开裂能力，可以有效地提高路面的使用寿命，所以越来越受到人们的青睐。

一、聚合物改性剂的种类

聚合物是一个非常大的家族，不同结构的聚合物具有不同的性质，同样结构的聚合物相对分子质量不同时，其性能也有较大的差别。另外，聚合物改性沥青是将沥青与聚合物以一定的方式混合在一起的，还要考虑沥青与聚合物的相容性，因此，改性沥青时聚合物的选择是一项技术性很强的工作，很难简单地说哪种改性剂好，哪种改性剂不好，要根据所选用的基质沥青的化学组成与聚合物配伍性试验结果确定。

尽管聚合物种类繁多,性能各异,但根据实际应用过程中对改性沥青的要求,即改善沥青的高温稳定性、低温抗开裂性及抗疲劳能力,要求加入的聚合物应具有一定的机械强度和较宽的温度使用范围,即对温度的不敏感性,聚合物中热塑性弹性体、橡胶、热塑性树脂可以在不同程度上满足这些要求。

热塑性弹性体是改性沥青首选的改性剂,它们的代表产品有 SBS、SBR、PE、等,它们与沥青有较好的相容性并能形成非常微细的分散体系,具有较好的储存稳定性,兼有较好的高温性能和低温性能,在宽的温度范围内具有较好的弹性,改性沥青弹性在高温下随温度的升高迅速降低,使得改性沥青具有良好的加工性能。在这类改性剂中,嵌段聚合物 SBS 应用最广泛,SBS 改性沥青占改性沥青总量的 40%,由于 SBS 的两相分离结构,使得它具有两个玻璃化温度,即中基聚丁二烯段的 -80℃ 和端基苯乙烯段的 100℃。SBS 与沥青在热状态下相容后,端基软化并流动,中基吸收沥青中的油分形成体积大许多倍的海绵状材料,当改性沥青冷却后,端基硬化且物理交联,中基嵌段进入具有弹性的三维网络中。这种改性剂生产的改性沥青,在拌和温度下网络结构消失,有利于拌和施工,而在路面使用温度下为固体,产生高拉伸强度和高温下抗拉伸能力,从而使改性沥青具有很好的使用性能。

橡胶类改性剂的代表产品是丁苯橡胶(SBR)和氯丁橡胶(CR),这类改性剂可以以胶乳的形式加入沥青中,所以一般不需要特殊的加工设备。橡胶类改性剂可以显著改善沥青的低温性能,特别是改善沥青的低温延度,对沥青的高温性能也有一定程度的改善。

热塑性改性剂主要有聚乙烯、聚丙烯等。这类改性剂的优点是它与沥青容易分散,可以增加沥青的劲度,可以抵抗矿物油的侵蚀,它的缺点是热储存稳定性差,因此,这类聚合物改性沥青适用于在现场直接改性。

使用废轮胎橡胶粉兼有解决废物利用的功能,也越来越受到重视。废轮胎橡胶的加入主要是作为一种填充剂改善沥青的弹性、针入度指数、黏附性、马歇尔稳定度和抗变形能力,但降低了沥青的延度。废轮胎橡胶粉利用的关键是橡胶粉分散问题,近年来,橡胶粉的降解技术、脱硫技术有所发展,可望使橡胶粉不仅作为一种填充剂,而且作为一种改性剂在改性沥青生产中得到应用。

二、常用改性剂

改性剂的种类有很多,本节着重介绍目前在实际生产中常用的几种改性剂,如 SBS 改性剂及 SBR 改性剂等。

1. 嵌段共聚物 SBS

SBS 是一种热塑性弹性体,是以 1,3 - 丁二烯和苯乙烯为单体,环己烷为溶剂,正丁基锂为引发剂,四氢呋喃为活化剂,采用阴离子聚合得到的线型或星型嵌段共聚物,SBS 高分子链具有串联结构的不同嵌段,即塑性段和橡胶段,形成了类似合金的组织结构。这种热塑性弹性体具有多相结构,每个丁二烯链段 B 的末端都连接一个苯乙烯 S,若干个丁二烯嵌段偶联则形成线型或星型结构。

线型 SBS 的结构式为:

$$(CH_2-CH)_n(CH_2-CH=CH-CH_2)_m(CH_2-CH)_n$$
$$\quad\ |\qquad\qquad\qquad\qquad\qquad\qquad\qquad\ |$$
$$\ C_6H_5\qquad\qquad\qquad\qquad\qquad\qquad\ C_6H_5$$

星型 SBS 的结构式为：

$$[(CH_2-CH)_n(CH_2-CH=CH-CH_2)_m]_4Si$$
$$|$$
$$C_6H_5$$

SBS 生产过程中可以通过控制投料比和反应条件控制产品的相对分子质量大小，S、B 的含量及聚合物的结构（星型或线型）。SBS 的性能不同于其他橡胶的性能，它在常温下不需要硫化就可以具有很好的弹性，当温度在 180℃ 以上时，它可以变软、熔化，易于加工，而且具有多次的可逆性。

2. 丁苯橡胶 SBR

丁苯橡胶（SBR）是目前世界产量最大的合成橡胶。其分子式如下：

$$-(CH_2=CH-CH=CH_2)_m-(CH-CH_2)_n-$$
$$|$$
$$C_6H_5$$

丁苯橡胶的耐磨性能及其他机械性能近似于天然橡胶，在很大程度上可以代替天然橡胶使用。丁苯橡胶改性沥青的低温性能很好，但高温性能并不令人满意。由于丁苯橡胶非硫化态在常温下容易凝结成团，不易破碎、不易储存，因此进行丁苯橡胶改性沥青制作时，前期的橡胶破碎、储存比较麻烦，而且成本高能耗大。

3. 其他橡胶类改性沥青

聚乙烯（PE）是目前世界上产量最大的合成树脂，其分子主要以线型结构排列。140℃ 左右可以比较容易地熔化在沥青中，是一种典型的热塑性材料。PE 改性沥青的低温比橡胶改性要差，但其对软化点的影响比橡胶改性沥青更明显。

乙烯-乙酸乙烯聚合物（EVA）加入到沥青中以后，可以很明显地改善沥青的耐热性和低温柔性，同时改性沥青的施工黏度也不会增大很多，EVA 在沥青中比 PE 更容易混溶，EVA 改性沥青低温性能比 PE 改性沥青好，但不如橡胶类改性沥青。EVA 改性沥青的推广应用主要受到 EVA 价格的限制。

三、改性沥青的基本原理

在沥青中加入聚合物生产改性沥青用于道路铺筑虽然已有几十年的历史，但由于沥青及聚合物的复杂性，对改性沥青的机理还是众说纷纭。

理想的沥青应该具有强的黏结力和对温度、对载荷的不敏感性，应该具有良好的抗永久变形能力、破坏强度、抗疲劳性能，具有好的黏附性，在施工和使用过程中具有良好的抗老化性。图 11-5-1。

从感温性的角度给出了一种理想的模型，对于纯沥青，在 -20℃ 到 160℃ 的温度范围内为直线关系，而对于理想沥青，希望在路面的使用温度下具有低的温度敏感性，在施工温度下具有适宜的

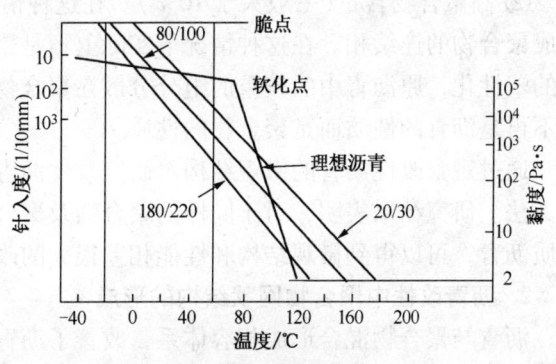

图 11-5-1 温度、针入度、软化点、黏度变化图

黏度以便进行泵送、拌和和碾压，也就是说在这一温度区对温度要敏感，一般这一温度范围为 80~120℃，在超过这一温度后，又希望沥青对温度不敏感，以免在施工过程中温度发生变化时沥青黏度变化较大影响混合料的性能。

沥青的化学组成结构与沥青胶体结构、物理性能、流变性能的关系相当复杂，沥青改性是通过改善沥青体系的内部结构实现对沥青物理性能的改善。一般情况下，沥青与聚合物是在热的状态下进行混合的，沥青与聚合物混合时可能出现以下情况：

① 混合物是完全的非均相体系，此时沥青和聚合物是不相容的，组分是相互分离的，因此也是不稳定的，这种体系不能起到改性沥青的作用。

② 混合物是分子水平的均相体系，此时是完全的互溶体系，在这种体系中，沥青中的油分完全溶解了聚合物，破坏了聚合物分子间的作用力，混合物绝对稳定，这种体系除了黏度增加外其他性质不能得到改善，这也不是理想的结果。这种体系是稳定体系，但从改性沥青的角度讲不能算是相容体系。

③ 混合物是微观的非均相体系，沥青或聚合物分别形成连续相，在这种状态下，聚合物吸附沥青中的油分溶胀后形成与沥青截然不同的聚合物连续相，多余的油分分散在聚合物相中，或聚合物吸附沥青中的油分溶胀后分散在沥青的连续相中，沥青的性质得到最大限度的改善，这就是改性沥青的相容体系。

改性沥青相容体系的稳定性有两个含义，一个是体系的物理稳定性，即在热储存过程中聚合物颗粒与沥青相不发生分离或离析；另一个是化学稳定性，即在热储存过程中随时间的增加改性沥青的性能不能有明显的变化。改性沥青的相容性和稳定性，都需要基质沥青和聚合物间配伍性研究及加入适宜的助剂实现。

1. SBS 沥青改性的原理

由于改性沥青具有不同的两相，以 SBS 改性沥青体系为例有以下 2 种情况：

① 低聚合物含量（一般小于 4%）。在这种情况下，沥青为连续相，聚合物分布在沥青中，由于聚合物吸收了沥青中的油分，使得沥青相中的沥青质含量相对增加，从而使沥青的黏度和弹性增加。在 60℃ 左右温度下，聚合物相的模量大于沥青连续相的劲度模量，聚合物相的这种加强作用提高了高温下沥青的力学性能。在低温下，分散相的劲度低于沥青连续相的劲度模量，这样就降低了沥青的脆性。这样一来，分散的聚合物相改善了沥青的高温性能和低温性能，在这种情况下，基质沥青的选择是很重要的。

② 高聚合物含量（一般大于 10%）。在这种情况下，如果沥青和聚合物选择合适，可能形成聚合物的连续相。在这种情况下实际上不是聚合物改性沥青，而是沥青中的油分对聚合物的塑性化，原沥青中的较重的组分分散在聚合物连续相中。这种体系所反映出来的性质已经不再是沥青的性质而是聚合物的性质。

通过观察改性沥青的微观结构对研究改性沥青微观结构与其性能的关系是一种非常有效的方法。研究结果表明，对于同样的聚合物及聚合物含量，采用同样等级但不同油源生产的基质沥青，可以得到微观结构和性能相差很大的改性沥青。

2. 沥青改性中聚合物网状结构的形成

沥青与聚合物混合形成相容体系，改善了沥青的使用性能。根据沥青的改性原理，不论是聚合物吸附了沥青的油分溶胀后分布在沥青中，还是聚合物吸附了沥青中的油分溶胀后形成连续相，沥青重组分分布在聚合物相中，都是因为聚合物的存在改善了沥青的高、低温性能,并且后者在更大程度上反映了聚合物的特性,因此,聚合物吸附沥青中的油分形成连续的网状结构,是最大限度发挥聚合物改性沥青作用的关键。

改性沥青网状结构形成的第一种说法是聚合物吸附、溶胀、发生相转化的过程。在 SBS 改性沥青中,SBS 中的苯乙烯段被芳香分溶解,被环烷烃溶胀,从而产生链扩展,聚丁二烯段则作为弹性段。当聚合物浓度达到一定值时就发生相转化。由于 SBS 的相对分子质量大,聚丁二烯段的链较长,因此发生相转化的浓度低。但是对于 SBS 发生相转化时则需要更长的时间和有效的剪切才能实现。

改性沥青网状结构形成的第二种说法是聚合物缠绕沥青第二结构的过程。这一说法的前提是基质沥青第二结构的存在,这种说法认为,基质沥青中缩合度较强的芳香环具有带正电荷和负电荷的极性部分,这种分子的存在使得基质沥青体系具有了像蛋白质、尼龙一样的棒状类似聚合物的结构,这种结构赋予了沥青一定的弹性,沥青中的中性部分分散在棒状结构中,使体系的黏度增加。当体系加热时,这种棒状结构被破坏,当然这种破坏是可逆的。

溶胀法和缠绕法是通过物理过程形成网状结构的,另外也有关于通过化学反应形成网状结构的研究和商品改性剂产品。这种网状结构的形成过程伴随着沥青与聚合物之间化学反应的发生。沥青与聚合物的反应从相对分子质量小的聚合物开始,反应交联后相对分子质量增大,形成沥青 - 聚合物结构。在这一过程中,聚合物和反应剂的加入量是关键,有研究结果表明,加入 3% SBS 时,沥青的可反应点正好保证形成沥青 - 聚合物键或沥青 - 沥青键,从而进一步的反应不会再继续发生。这一过程形成的沥青 - 聚合物结构起到了相对分子质量和结构相差较大的沥青和聚合物的表面活性剂作用,促使沥青和聚合物形成稳定的网状结构,并且这种网状结构是不可逆的。

3. SBS 改性剂与其他聚合物改性剂改性效果比较

不同的改性剂对沥青性能的影响是不一样的,研究部门对 SBS、SBR、PE、EVA 四种改性剂的改性效果进行了比较实验,结果如表 11 - 5 - 1、表 11 - 5 - 2 所示。表中"+"表示改性效果明显;"0"表示改性效果不明显;"- -"表示无改性效果或降低,"?"表示不清楚。

表 11 - 5 - 1 不同聚合物改性剂对沥青改性效果比较(交通部公路科学研究所)

改性剂品种	针入度指数 PI	高温稳定性	低温抗裂性	弹性恢复性
SBS	+	+	+	+
SBR	0	0	+	?
PE	0	+	- -	- -
EVA	0	- -	0	+

表 11 - 5 - 2 不同聚合物改性剂对沥青改性效果比较(国外公司)

改性剂品种	抗车辙变形	抗温缩裂缝	抗温度疲劳裂缝	抗交通疲劳裂缝	裂缝自愈性能	抗磨损性能	抗老化性能
SBS	+	+	+	+	+	+	+
PE	+	-	-	+	-	-	0
EVA	+	-	-	+	?	+	0

实验结果表明,SBS 对沥青的高温、低温性能、弹性恢复性能、感温性等指标都有明显的改善效果。PE 仅在高温稳定性方面显示出一定的效果。而 EVA 的高温稳定性不如 PE,但低温抗裂性比 PE 要好一些,但均不如 SBS,如表 11 - 5 - 3 所示。

表11-5-3是利用欢喜岭90#沥青作为基质沥青，分别加入6%的SBS、PE和EVA的改性效果比较。从表中数据可以看出，SBS改性剂无论是从高、低温性能，还是弹性恢复性能都显示出良好的改性效果。

表11-5-3 SBS、PE、EVA 改性效果比较

项目	基质沥青	6% SBS	6% PE	6% EVA
针入度(25℃，100g，5s)/(1/10mm)	92	49	42	62
软化点/℃	48.5	65	65	62.7
延度(5cm/min，10℃)/cm	70	30	6	—
延度(5cm/min，5℃)/cm	8	16	5	11
PI	−0.27	1.15	1.51	0.53
当量软化点，T800/℃	47.8	60.9	64.7	55.7
当量脆点，T1/2/℃	−20	−22.6	−23.2	−20.7
弹性恢复(25℃)/%	7.0	83.6	38.4	62.7

日本的一项研究表明，当沥青温度达到130~160℃时，SBR与SBS在沥青中都呈自由的随机分散状态，但当沥青冷却下来后，SBS中的S段之间相互发生物理架桥，而SBR中的S则不架桥，继续保持高温时的散乱状态，因此SBS改性沥青的低温性能比SBR要好。

SBS改性剂的加入比例是关系到改性沥青的使用性能与改性成本的关键因素，欧洲研究表明，SBS剂量在3%~5%之间，软化点大幅度上升，在4%~6%范围内抗车辙能力有较大提高。交通部沈金安等采用国创一号星型SBS，对韩国90号沥青改性，改变不同SBS剂量考察改性效果如表11-5-4所示。

表11-5-4 不同 SBS 剂量对改性沥青的改性效果

SBS 加入量/%	0	2	3	4	5	6	7	8
针入度(25℃，100g, 5s)/(1/10mm)	88	82	71.5	65.8	62.5	62.1	54.5	53.7
软化点/℃	46.5	49	56	70	76	93	97	99
延度(5cm/min，10℃)/cm	9.6	18.8	25.3	38.1	40.2	39.8	42.3	48.5
弹性恢复(25℃)/%	19	54.5	64.3	85	90.7	98.3	99.3	100
60℃动力黏度/Pa·s	143.7	—	417.3	1787	4500	>12700	—	—
PI	−1.19	−0.50	−0.41	+0.04	+0.99	+1.38	+1.90	+2.30

表中数据显示随SBS加入比例增加，改性效果也随之增大，针入度减小、软化点升高、5℃延度增大、弹性恢复增大，但SBS比例达到4%以上时，增加幅度明显变小，当SBS加入比例达到6%以上时，改性效果几乎没有变化。因此在实际生产中SBS加入比例控制在4%~6%是比较合适的。

四、改性沥青的生产

1. 改性沥青的生产设备

目前改性沥青设备应用最多的是胶体磨，其中美国DALWORTH公司生产的单阶式胶体磨，全世界有美国、加拿大、法国、澳大利亚、智利、秘鲁、爱尔兰、中国等40多个国家使用。在国内也得到广泛应用，有近80多家厂家使用该设备。该设备具有独特的"内齿型"结构，适合加工各种聚合物改性沥青、乳化沥青，与同类产品相比，效率更高。其具有的"一次性剪切完成"功能，保证了超强的生产能力。

(1) 单阶式胶体磨工作原理 将加热到 190℃ 的液体基质沥青、少量聚合物改性剂充分预混，混合液体流过胶体磨剪切和研磨至 5μm 以下的粒径。胶体磨两盘内转盘高速转动（2900r/min），完成高速研磨和高速剪切。该设备对于各种改性沥青可以连续式生产，一次性通过合格。

胶体磨截面结构图、定子转子及齿槽展开图见图 11-5-2、图 11-5-3。

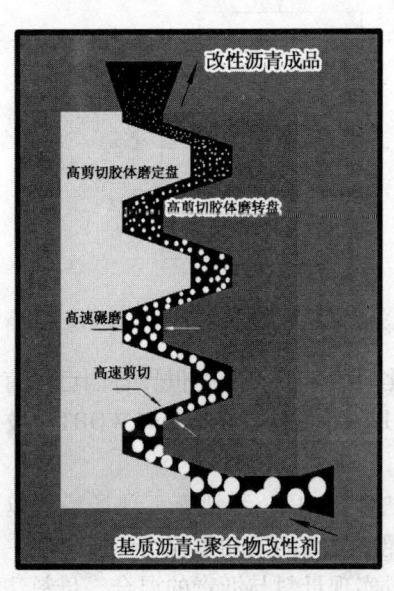
图 11-5-2 胶体磨截面结构图

图 11-5-3 定子转子及齿槽展开图

(2) 设备特点：

① 其核心设备具有为"内齿形结构"专有技术设计高剪切胶体磨，转盘与定盘相互咬合，沥青混合物通过胶体磨的转盘与定盘的高速转动，实现高速剪切和高速研磨的双重功能；

② 专业生产浓度高达 17% 的 SBS、SBR、EMA、EVA、PE 及废橡胶粉等各种改性沥青；

③ 一次性剪切研磨合格，连续式生产；

④ 高强度热处理不锈钢定盘与转盘，具有坚硬、耐磨的磨盘材料；

⑤ 在胶体磨上配有"电子自动润滑系统"，保证生产顺利；

⑥ 胶体磨电机功率完全用于高速剪切和高度研磨，避免胶体磨用于泵送过程所造成的能量损耗及流量不稳造成的产品质量不稳定。

2. 改性沥青生产方法

利用沥青混合磨加工改性沥青是从 20 世纪 80 年代初开始的，这类沥青混合磨称为胶体磨，目前已经成为利用高剪切力制造改性沥青材料的主要设备。胶体磨将沥青与改性剂研磨成很细的颗粒以增加沥青与聚合物的接触面积，从而促进沥青与聚合物的溶解。这种生产改性沥青的方法是目前世界上生产改性沥青最先进的方法，这种工艺可以在改性沥青生产厂生产改性沥青，也可以将设备运到混合料拌和现场边生产边使用。

采用胶体磨法或高速剪切法生产改性沥青，一般都需要经过聚合物剪切磨细、溶胀、继续发育3个过程。每一个阶段的工艺流程和时间随改性剂、沥青及加工设备的不同而异。剪切分散好的改性沥青还需储存一定时间使之继续发育，对不稳定的改性沥青体系，在发育过程中要继续搅拌。

（1）直接混溶法　目前工厂生产应用最多的还是直接法，即将改性剂直接加入熔融的热沥青中，用胶体磨剪切分散后制成均匀的改性沥青。其典型流程如图11-5-4所示。

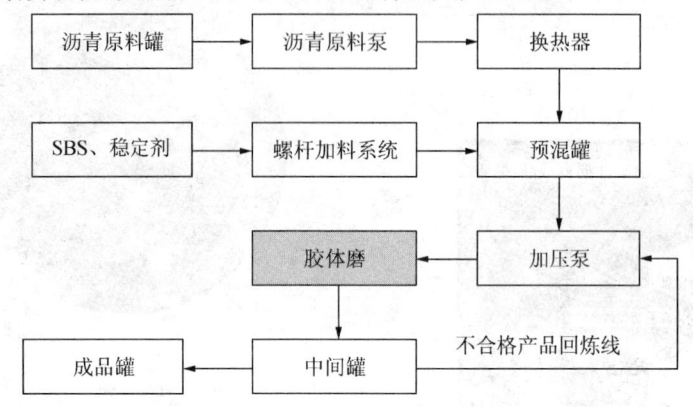

图11-5-4　直接法生产SBS改性沥青典型流程

在没有胶体磨的时代，橡胶类改性沥青的生产是比较困难的，现在世界各国已经有了多种胶体磨设备，生产橡胶类改性沥青也变是容易，图11-5-5是美国DALWORTH胶体磨生产橡胶改性沥青流程示意图。

（2）母料法　将浓度很高的改性沥青预先在工厂中制作好，运到施工现场稀释以后使用，这种方式称为改性沥青母料法。施工现场不需要配备复杂的、功率很大的胶体磨一类的搅拌设备，只需在一定温度下通过螺旋叶片搅拌就可以实现母料与沥青的混合。母料法生产

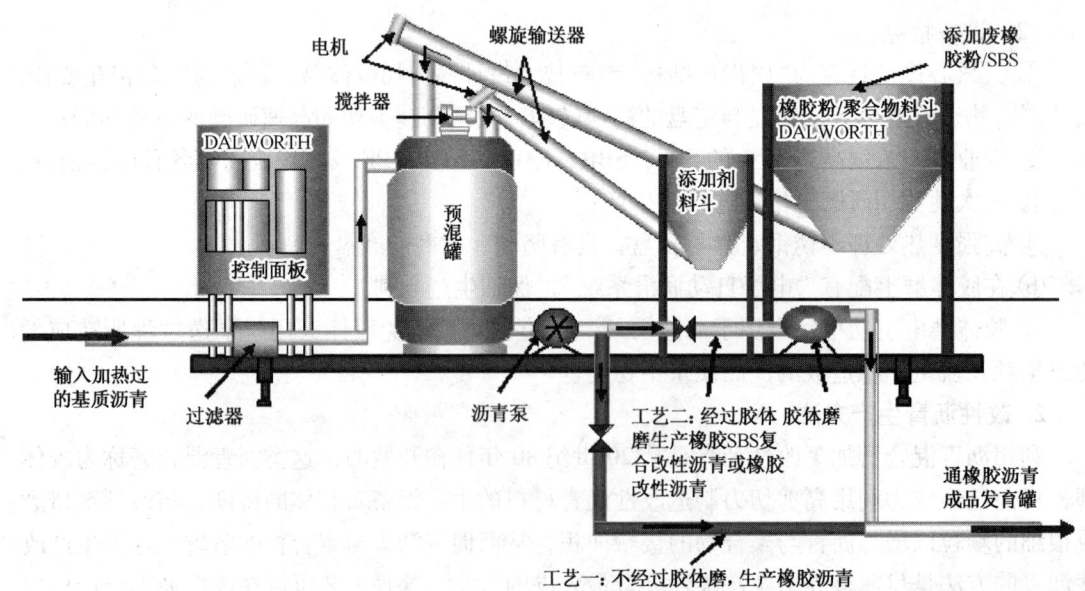

图11-5-5　美国DALWORTH胶体磨生产橡胶改性沥青流程示意图

改性沥青的过程有两个关键因素，一个是制备母料所用的设备和基质沥青与聚合物的相容性和稳定性问题，如果母料中基质沥青与聚合物相容性不好或稳定性不好，在母料冷却、运输、储存过程中，改性剂会发生离析现象，严重影响改性效果。另一个是母料沥青与调稀用沥青的相容性和稳定性问题。在将母料加热与其他沥青调稀掺配的再加工过程中，如果掺配后的体系相容性或稳定性不好，也会影响沥青的性质和它的使用范围。

（3）溶剂法　SBS 和 SBR 改性材料都可以找到相近溶剂将它们事先溶解或溶胀。我国改性沥青行业在使用胶体磨前，溶剂法使用非常广泛，随着胶体磨的越来越普及，目前使用溶剂法生产改性沥青已渐渐退出了市场。

五、改性沥青产品标准

我国目前没有改性沥青技术标准，交通部门在我国改性沥青实践经验和试验研究的基础上，参考了 ASTM 标准，编制了《聚合物改性沥青技术要求》，见表 11 – 5 – 5。

表 11 – 5 – 5　聚合物改性沥青技术要求

指标		SBS 类（Ⅰ类）				SBR 类（Ⅱ类）			EVA、PE 类（Ⅲ类）				试验方法①
		Ⅰ-A	Ⅰ-B	Ⅰ-C	Ⅰ-D	Ⅱ-A	Ⅲ-B	Ⅲ-C	Ⅲ-A	Ⅲ-B	Ⅲ-C	Ⅰ-D	
针入度（25℃，100g，5s）/（1/10mm）		>100	80–100	60–80	30–60	>100	80–100	60–80	>80	60–80	40–60	30–40	T 0604
针入度指数	最小	-1.2	-0.8	-0.4	0	-1.0	-0.8	-0.6	-1.0	-0.8	-0.6	-0.4	T 0604
延度（5℃，5cm/min）/cm	最小	50	40	30	20	60	50	40	—	—	—	—	T 0605
软化点 $T_{R\&B}$/℃	最小	45	50	55	60	45	48	50	48	52	56	60	T 0606
运动黏度②（135℃）/Pa·s	最大	3											T 0625 / T 0619
闪点/℃	最小	230				230			230				T 0611
溶解度/%	最小	99				99			—				T 0607
弹性恢复（25℃）/%	最小	55	60	65	75	—	—	—	—	—	—	—	T 0662
黏韧性/N·m	最小	—	—	—	—	—	—	—	—	—	—	—	T 0624
韧性/N·m	最小	—	—	—	—	2.5			—	—	—	—	T 0624
储存稳定性③ 离析，48h 软化点差/℃	最大	2.5				—			无改性剂明显析出、凝聚				T 0661
TFOT（或 RTFOT）后残留物													T 0610 或 T 0609
质量变化/%	最大	1.0											T 0610 或 T 0609
针入度比（25℃）/%	最小	50	55	60	65	50	55	60	50	55	58	60	T 0604
延度（5℃）/cm	最小	30	25	20	15	30	25	10	—	—	—	—	T 0605

① 若在不改变改性沥青物理力学性质并符合安全条件的温度下易于泵送和拌和，或经证明适当提高泵送和拌和温度时能保证改性沥青的质量，容易施工，可不要求测定 135℃ 运动黏度。

② 储存稳定性指标适用于工厂生产的成品改性沥青。现场制作的改性沥青对储存稳定性指标可不作要求，但必须在制作后，保持不间断的搅拌或泵送循环，保证使用前没有明显的离析。

③ 如果确实有困难，SBR 改性沥青的黏韧性和韧性指标可以不要求。

国外大部分国家已经制定了改性沥青标准或规范，但还没有一个统一的改性沥青标准，在美国和加拿大，在评价改性沥青时基本采用 SHRP 技术要求和附加弹性恢复和稳定性试验标准体系。本章例举几个有代表性国家的改性沥青标准供参考，见表 11 - 5 - 6、表 11 - 5 - 7、表 11 - 5 - 8。

表 11 - 5 - 6　德国聚合物改性沥青技术要求（BMV ARS 17/91 TL - PMB）

项目	80A	65A	45A	80B	65B	45B	65C	45C
针入度（25℃，100g，5s）/(1/10mm)	>120	>50	>20	>120	>50	>20	>50	>30
软化点/℃	40~48	48~55	55~63	40~48	48~55	55~63	48~55	55~63
脆点/℃	<-20	<-15	<-10	<-20	<-15	<-10	<-15	<-10
延度/cm								
7℃	>100							
13℃		>100			>30		>15	
20℃			>40	>50		>20		>10
密度(25℃)/(g/cm³)	\multicolumn{8}{c}{1.000~1.100}
闪点/℃	\multicolumn{8}{c}{>230}
弹性恢复/%	\multicolumn{8}{c}{>50}
稳定性（软化点差）/℃	\multicolumn{8}{c}{>2.0}
加热试验后残余物								
质量损失/%	\multicolumn{8}{c}{<1.00}
软化点/℃								
上升	\multicolumn{8}{c}{6.5}
下降	\multicolumn{8}{c}{<2.0}

表 11 - 5 - 7　奥地利 SBS 类改性沥青标准

项目	130~230	90~140	60~90	50~90s	30~50	15~35
针入度(25℃,100g,5s)/(1/10mm)	130~230	90~140	60~90	50~90s	30~50	15~35
软化点/℃	>40	>42	>50	>65	>55	>60
脆点/℃	<-20	<-18	<-15	<-19	<-10	<-8
延度/cm						
13℃	>90	>55	>40			
25℃				>50	>30	>15
闪点/℃	>230	>240	>250	>250	>250	>250
稳定性（软化点差）/℃	\multicolumn{6}{c}{<2.0}
RTFOT 后残余物						
质量损失	<1.0	<0.5	<0.5	<0.5	<0.5	<0.5
弹性恢复(25℃)/%	>70	>70	>65	>80	>50	>30
针入度比降低/%	<50	<50	<40	<40	<40	<40
与标准石料的黏附性/%	\multicolumn{6}{c}{>95}

表 11-5-8 日本改性沥青标准

项 目	Ⅰ型	Ⅱ型	高黏度改性沥青	高黏附性改性沥青	超重交通改性沥青
针入度(25℃,100g,5s)/(1/10mm)	>50	>40	>40	>40	>40
软化点/℃	50~60	56~70	>80	>68	>75
延度(7℃)/cm		>30			
黏韧性/N·m	>4.9	>7.8	>20	>16	>20
韧性/N·m	>2.5	>3.9	>15	>8	>15
黏度(60℃,s^{-1})/Pa·s			>20000	>1500	>3000
脆点/℃	<-12				
闪点/℃	>260				
密度(15℃)/(g/cm³)	报告				
最佳拌和温度/℃	报告				
最佳碾压温度/℃	报告				
粗集料剥离率/%	<5				
TFOT 后残余物					
质量损失/%	<0.6				
针入度比/%	>55	>65	>65	>65	>65

第六节 乳化沥青

一、产品用途

所谓乳化沥青,就是将沥青热融,经过机械剪切的作用,以细小的微滴状态分散于含有乳化剂的水溶液中,形成水包油状的沥青乳液。使用这种沥青时,不需加热,可以在常温状态下进行施工,它除广泛地应用在道路工程外,还应用于建筑屋面及洞库防水、金属材料表面防腐、农业土壤改良及植物养殖、铁路的整体道床、沙漠的固沙等方面。在道路工程中,乳化沥青适用于沥青表面处置路面、沥青贯入式路面、常温沥青混合料路面,以及透层、黏层与封层。随着科技水平的不断提高,乳化沥青的型号和等级不断发展,应用范围越来越广泛,在节约能源、环境保护、减少污染等方面都发挥了重要作用。近年来随着我国高速铁路的快速发展,板式无砟轨道技术得到广泛应用。板式无砟轨道在混凝土底座和轨道之间,有 50 mm 左右厚的缓冲填充垫层,采用将水泥、乳化沥青和砂混合作为缓冲填充垫层,称为水泥乳化沥青砂浆(cement asphalt mortar),简称 CA 砂浆。CA 砂浆是板式无砟轨道结构弹性调整层的核心组成部分,而乳化沥青则是 CA 砂浆的关键组成材料,其中乳化沥青的品质决定性地影响 CA 砂浆使用性能。

在经济发达国家的公路发展中,一方面努力提高高等级公路路面的铺装率,另一方面努力发展地方道路与生活道路,同时,积极重视已铺路面的经常性维修养护,使路面经常保持良好的路用性能与运输状况。在筑路与养路工程中,如何改善加热沥青路面的施工条件,如何节约能源、节约资源、降低工程造价、减少环境污染等问题,越来越引起人们的重视,世界各国乳化沥青用量见表 11-6-1。

表11-6-1 世界各国乳化沥青用量

国 名	乳化沥青用量/kt	国名	乳化沥青用量/kt
美国	2400	德国	120
加拿大	350	中国	300
法国	1000	泰国	153
俄罗斯	200	印度	10
英国	150		

乳化沥青适用于在道路工程中,路面新建和改扩建中的黏层油、透层油、冷再生;路面维修养护中的雾封层、微表处、稀浆封层、碎石封层、复合封层;路面翻修、重建中的就地冷再生、场拌冷再生,具体应用情况见图11-6-1。

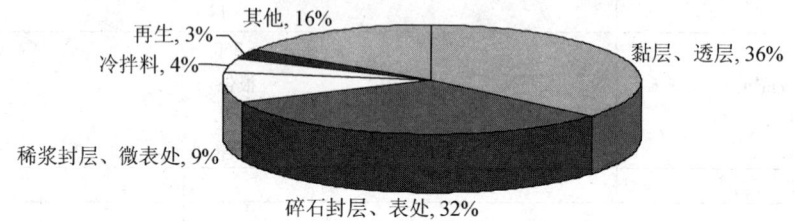

图11-6-1 乳化沥青各种应用分布情况

由于乳化沥青具有良好的施工性能和其他材料无可比拟的优点,随着科学技术的进步和发展,乳化沥青在其他行业中的应用也越来越多,越来越普遍。

乳化沥青优点如下:

① 可以冷施工,乳化沥青用于筑路及其他用途时不需要加热,可以直接与集料拌和,或直接洒布,或喷涂于集料及其他物体表面、施工方便、节约能源、减少污染,改善劳动条件,同时减少了沥青的受热次数,缓解了沥青热老化。

② 可以增强沥青与集料的黏附性及拌和均匀性,可节约10%~20%的沥青。

③ 可以延长施工季节,气温在5~10℃时仍可施工。

④ 可以扩大沥青的用途,除了广泛地应用在道路工程外,还可以应用于建筑层面及洞库防水,金属材料表面防腐,农业土壤改良及植物养生,铁路的整体道床,沙漠的固沙等方面。

二、乳化沥青机理

沥青的乳化剂是一种表面活性剂,它具有表面活性的基本特性。将油和水一起注入烧杯中时,经过搅拌或振荡后稍加静置,就会出现油水分离的现象,在油水两相分界线处形成一层明显的接触膜。即使再加以搅拌,一旦静置还是会分成两层。如果在油水中加入少量的表面活性剂(或乳化剂),如合成洗涤剂或肥皂,再经搅拌混合,这时油就会变成微小的颗粒分散于水中,成为乳状液。这种乳状液静置后也很难分层,这就是乳化现象。这种现象是因为水的接触面上,有相互排斥和各自尽量缩小其接触面积的两种作用。因此,只有当油浮于水面分为两层时,它们的接触面积才最小、最稳定。如果加以搅拌,油便变成微小颗粒分散于水中,这样就增大了油和水的接触面积,是不稳定的。因此,一旦停止搅拌,它们又把接触面积恢复到原来的最小情况,从而又分成上下两层。在油水的溶液中加入表面活性剂(或乳化剂)后,由于乳化剂的分子即由具有易溶于油的亲油基和易溶于水的亲水基所组成。亲油基和亲水基两个基团,不仅具有防止油水两相相互排斥的功能,而且还具有把油水两相连接起来,不使其分离的

第十一章 含硫含酸原油沥青生产

特殊功能。因此,当在油水溶液中加入乳化剂后,由于乳化剂以其两个基团的定向排列于油水两相界面之间,把油和水连接起来,从而防止了它们的相互排斥作用。

常用的沥青乳化剂降低水的界面张力如表11-6-2所示。

表11-6-2 常用的沥青乳化剂降低水的界面张力

序号	水中添加乳化剂	温度/℃	添加量/%	界面张力/(N/m)
1	未添加乳化剂	20		0.07275
2	十六烷基三甲基溴化铵	50	0.01	0.04125
3	十六烷基三甲基溴化铵	50	0.15	0.03562
4	十六烷基三甲基溴化铵	60	0.30	0.03438
5	十六烷基三甲基溴化铵	60	0.30	0.03736

沥青乳化剂由于带有亲油基与亲水基,在这两个基团的作用下,使它能够吸附于沥青和水的相互排斥界面上,从而降低它们之间的界面张力。

三、乳化剂选择

1. 乳化剂按离子类型分类及各类乳化剂简介[8]

沥青乳化剂的分类,有很多种方法,但最常用和最方便的方法,是按离子的类型分类。按离子类型分类,是指沥青乳化剂溶解于水溶液时,凡能电离生成离子或离子胶束的叫做离子型沥青乳化剂,凡不能电离成离子胶束的叫非离子型乳化剂。离子型乳化剂还要按生成的离子电荷种类分为阴离子型、阳离子型、两性离子型3种,具体分类如下:

$$
沥青乳化剂 \begin{cases} 离子型乳化剂 \begin{cases} 阴离子型乳化剂 \\ 阳离子型乳化剂 \\ 两性离子型乳化剂 \end{cases} \\ 非离子型乳化剂 \end{cases}
$$

沥青乳化剂按离子型分类:

$$
阴离子型沥青乳化剂 \begin{cases} 羧酸盐 \quad C_{17}H_{35}COONa \\ 硫酸酯盐 \quad ROSO_3Na \\ 磺酸盐 \begin{cases} R-\bigcirc-SO_3Na \\ R-SO_3Na \end{cases} \end{cases}
$$

(1) 阳离子型沥青乳化剂 这类乳化剂是指在水中离解时产生带正电荷的亲油基团,当与沥青微粒接触并定向排列在其表面时,使微粒呈正电性,带负电荷的离子则被吸附在带正电荷微粒的周围,并和水形成双电层,而不需要借助加入酸来调节乳化剂的水溶性,所得到的乳液稳定性好,对酸性或碱性集料都有良好的黏附性,其主要优点有:

① 阳离子乳化沥青与集料的结合具有嵌入黏附的物理化学作用。路用集料的绝大部分,在有水存在的情况下,呈现出负电荷性。阳离子沥青乳液中带正电荷的沥青微粒与集料上负电荷粒子由于强烈的离子吸引取代了原先包在骨料外面的水分而牢固的沉积成膜于集料的表面上,此反应是不可逆的,因而沥青乳液与集料的黏附性能好。

② 阳离子乳化沥青对骨料的适应性很强,对酸碱骨料都适用。

③ 阳离子乳化沥青乳液微粒在集料上的成膜,不完全依赖于水分的蒸发,所以当集料表面潮湿或空气的温度较大时仍可施工。

④ 阳离子乳化剂由于自身的乳化能力强,乳化性能好,其乳化剂用量可以相对减少,从而可以节约成本。

⑤ 阳离子乳化剂对硬水不敏感,乳液可用硬水制备。

⑥ 阳离子乳化沥青储存稳定性好,可以较长时间存放。

⑦ 阳离子乳化沥青能在低温和潮湿的天气中使用,气温在5℃以上就可以施工,因而能够延长施工季节。

⑧ 阳离子乳化沥青冻融稳定性好,能在较低温度下冷藏,冻融的乳液在适宜温度下经搅拌或摇动后仍能使用。

⑨ 阳离子乳化沥青对土壤的稳定固化性能优良,能作为土壤稳定剂使用。

阳离子乳化沥青的上述优点是阴离子乳化沥青所不能比拟的,阳离子乳化沥青目前已广泛应用于表面处治的稀浆封层、密级配和开级配的拌合料等,产量迅速增加。有些国家甚至已完全取代了阴离子乳化沥青。

用于沥青乳液的阳离子乳化剂主要化合物类型有脂肪胺及各种铵盐,如烷基胺或二胺类、酰胺类、环氧乙烷双胺类、季铵盐类、胺化木质素类等。我国生产的阳离子沥青乳化剂就有烷基二胺、酰胺、季铵盐、胺化木质素等,如表11-6-3所示。国外常用类型如法国常用酰胺类,美国常季铵盐类,英国和日本常用烷基丙二胺类等。

表11-6-3 常用阳离子乳化剂

类型	化合物名称	分子式	商品代号	用途
烷基二胺	N-烷基丙二胺	$RNH(CH_2)_3NH$	ASF	中裂型
酰胺	硬脂酸酰胺基多胺	$C_{17}H_{35}\overset{O}{\overset{\|}{C}}-NH-[(CH_2)_2NH]_n(CH_2)_2NH_2$	JSA-1	慢裂型
酰胺	牛脂酰胺基多胺	$R-\overset{O}{\overset{\|}{C}}-NH-[(CH_2)_2NH]_n(CH_2)_2NH_2$	JSA-2	中裂型
酰胺	烷基羟基酰胺基多胺		JSA-3	快裂型
季铵盐	烷基二甲基羟乙基氧化铵	$\left[C_{14\sim18}H_{25\sim37}-\underset{CH_3}{\overset{CH_3}{N}}-CH_2-CH_2OH\right]Cl$	1621	快裂型
季铵盐	十六烷基三甲基溴化铵	$\left[C_{16}H_{23}-\underset{CH_3}{\overset{CH_3}{N}}-CH_3\right]Br$	1631	快裂型
季铵盐	烷基三甲基氯化铵	$\left[C_{15\sim19}H_{33\sim39}-\underset{CH_3}{\overset{CH_3}{N}}-CH_3\right]Cl$	NOT或1831	中裂型
季铵盐	烷基双季铵盐	$\left[R-NH_2-CH_2-\underset{OH}{C}H-CH_2-\underset{CH_3}{\overset{CH_3}{N}}-CH_3\right]_2Cl$	HY	慢裂型
胺化木质素	木质素胺	$CH_3O-\underset{R}{\bigcirc}-O-CH_2-\underset{CH_3}{\overset{CH_3}{N}}$	RH-COL	慢裂型

(2) 阴离子型沥青乳化剂　阴离子型沥青乳化剂在水中溶解时,电离成离子或离子胶束,且与亲油基相连的亲水性基团带有负电荷。

下面介绍几种主要的阴离子乳化剂品种

① 硬脂酸钠,又名十八酸钠,化学简式为 $C_{17}H_{35}COONa$。硬脂酸钠是具有脂肪气味的白色粉末,易溶于热水和热乙醇中,在冷乙醇中处于常温浑浊状态。硬脂酸钠熔点为 250～270℃,表面活性较高。

② 十二烷基硫醇钠,又名月桂醇硫醇钠,化学简式为 $C_{12}H_{25}OSO_3Na$,十二烷基硫醇钠产品有液状和粉状两种形式。液状产品为无色至淡黄色浆状物,活性物含量在 25%～40%之间,而粉状产品为纯白色有特征气味的粉末,活性物含量在 80%～95%之间,堆集密度 0.25g/cm^3,熔点 180～185℃。易溶于水,无毒,1%水溶液的 pH 值在 7.5～9.5 之间。对碱和硬水不敏感,但易吸潮结块。十二烷基硫醇钠的亲水基通过氧原子以 C—O—S 键与亲油基连接,因而其水溶性好于同类乳化剂,但在酸性条件下易于水解。

③ 十二烷基苯磺酸钠,简称 LAS,化学简式为 $C_{12}H_{25}C_6H_4SO_3Na$。LAS 是一种黄色油状液体,经纯化后可形成六角形或斜方型薄片状结晶。其分子由亲油性烷基基团、离子性的亲水磺酸基团及作为连接手段的亲油性苯环基团三部分构成。经过对 LAS 结构与性能之间关系的研究,从其表面活性与生物降解性两方面综合考察理想的 LAS 结构应该是 C_{10}～C_{14} 的直链烷基,苯环在烷基的叔碳原子或季碳原子上连接,亲水基为苯环对位单磺酸基。LAS 溶于水后呈中性,对水硬度较敏感,对酸碱水解的稳定性较好,不易氧化。

由于阴离子乳化剂制备的沥青乳液主要用于路面表面自治和养护、固定流砂、水池底部的防渗、砂质或砂土层的加固等。阴离子乳化与沥青与碱性集料的黏附力较好,而与酸性集料的黏附力较差,同时破乳速度较慢,因而限制了使用范围,目前产量已显著下降。

(3) 两性离子型沥青乳化剂　两性离子型沥青乳化剂是在水中溶解时电离成离子或离子胶团,且与亲油基相连的亲水基团,既带正电荷又带负电荷。

两性离子型乳化剂按其分子结构及性能,可分为氨基酸型、甜菜碱型及咪唑啉型 3 种。其详细分类如下:

甜菜碱型及咪唑啉型乳化剂,无论在酸性、中性及碱性条件下都可溶于水。而氨基酸型乳化剂在中性溶液中不发生变化,但是在微酸性溶液中生成沉淀。如果继续添加酸使溶液变成强酸,则沉淀重新溶解,利用这种特性,在酸性溶液中把氨基酸型两性乳化剂作为阳离子型乳化剂使用是可以的。

（4）非离子型沥青乳化剂　非离子型沥青乳化剂是在水中溶解时其乳化剂不能电离成离子或离子胶束,而是靠分子本身所含有的羟基和醚基作为弱水性亲水基溶解于水,故其亲水很弱,靠一个羟基和醚基相连是不能将很大的憎水基溶解于水的,必须有几个这样的基相结合,才能发挥它的亲水性,这一点与阳离子和阴离子乳化剂是不同的。

非离子型沥青乳化剂按其不同的结构和特性,大体分为聚乙二醇和多元醇型,其详细分类如下：

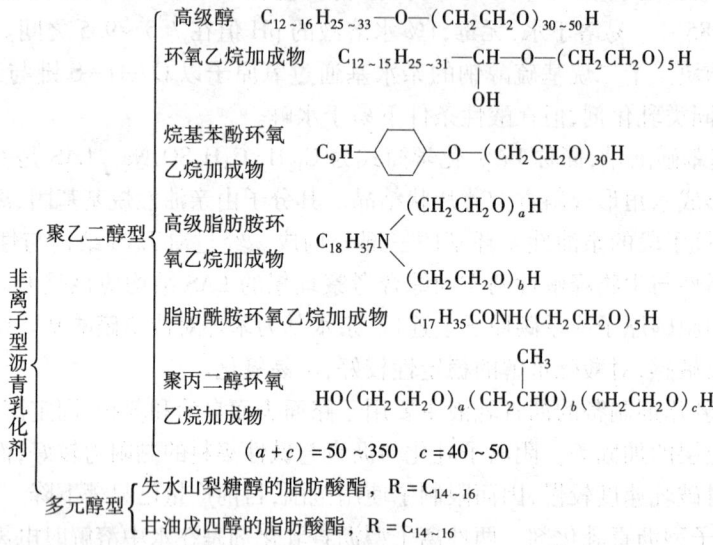

2. 按 HLB 值大小分类

按亲水基亲油基平衡值（Hydrophile – Lipophile Balance）HLB 来分沥青乳化剂的类型,它是以乳化剂的吸附薄膜被水和油湿润程度的差异来决定的。当 HLB 在 4～6 时,为油包水型沥青乳化剂,即亲油基的基数大,亲水基的基数小。HLB 在 8～18 时,为水包油型沥青乳化剂,即亲水基的基数大,亲油基的基数小。

3. 按乳化沥青与矿料接触后分解破乳的速度分类

按乳化沥青与矿料接触后分解破乳的速度分类,是指用单一乳化剂所制备的乳液与矿料拌和时分解破乳速度的快慢,可分为快裂型、中裂型、慢裂型沥青乳化剂。具体分类如下：

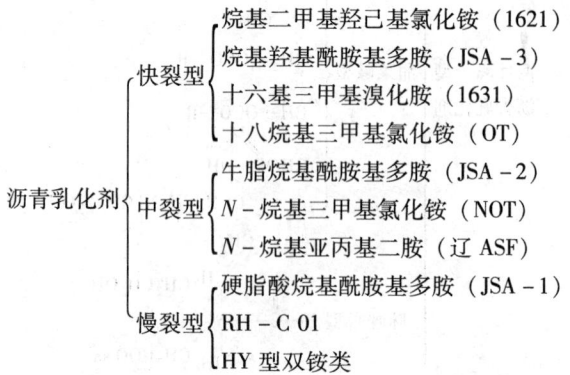

4. 乳化剂的选择

乳化剂都带有亲油基或亲水基,但并不是所有的带有亲油基和亲水基的物质都可以作为沥青乳化剂,要得到性能优良的乳化沥青,在选择乳化剂和制备乳化沥青时应注意以下几点:

(1) 乳化剂的 HLB 值　不是所有的带有亲油基亲水基结构的表面活性剂都能作为沥青乳化剂。当沥青的标号与成分发生变化时,一定要重新选配乳化剂的品种及用量,绝不能设想用一种乳化剂适用于各种沥青的乳化。乳化剂必须有较强的乳化能力,评定这种乳化能力的标准是乳化剂的 HLB 值。它表征了乳化剂的亲油基和亲水基之间在大小和力量上的平衡关系。

$$HLB = 7 + \sum 亲油基 + \sum 亲水基$$

由于沥青的 HLB 值一般为 16~18,用于沥青的乳化剂的 HLB 值也应接近此范围为宜。如果乳化沥青的乳化剂亲水基数过大,亲油基数过小,与水连接,与沥青脱离;如果乳化剂亲油基数过大,亲水基数过小,只与沥青连接,与水脱离。只有亲油基与亲水基为最适宜时,乳化剂便将沥青和水两相连接起来。

(2) ξ 电位值　各种乳化剂制出的沥青乳液性能,检测其 ξ 电位值具有重要意义。因为 ξ 电位值越大,乳化沥青微粒之间的相互排斥力越大,乳液的稳定性越好,而且沥青微粒上所带离子电荷也强,与骨料的黏附性也大。因此乳液的 ξ 电位值是检验乳化剂性能的重要指标之一。

(3) 乳化剂溶液的 pH 值　在乳化剂溶液中添加无机或有机酸,调整 pH 值,对沥青的乳化和乳液的性能常常产生一定的影响,而且乳化剂种类的不同,对于添加酸的目的也不同。

季铵盐型乳化剂配制乳化溶液时,不需要添加无机或有机酸,其乳化剂容易溶解于水。胺型乳化剂配制乳化剂水溶液时必须添加无机或有机酸才能溶于水,这是因为胺类化合物做沥青乳化剂必须先变成铵盐,同时用适当摩尔浓度的酸调整 pH 值,就能得到不同 HLB 值胺盐的沥青乳化剂。

在季铵盐型乳化剂中添加无机或有机酸,调整 pH 值能够增强乳化剂本身活性,在提高乳化稳定性和储存稳定度的同时,可以降低乳化剂用量。例如用 OT 季铵盐型乳化剂制备沥青乳液,在不添加酸的情况下,其乳化剂水溶液的 pH 值在 7~8 之间,这时乳化剂用量最少必须在 0.4% 时才能制备出稳定的乳化液。如果添加无机或有机酸将乳化剂溶液的 pH 值调整在 5~6 之间,其乳化剂用量在 0.35% 时也能制备出稳定的乳液,从而可节省 20% 的乳化剂。

(4) 复合乳化剂　制备稳定的沥青乳液,必须首先考虑乳化剂效应。所谓乳化剂的效应,就是所选用的乳化剂应具备降低沥青与水相之间的界面张力,使油水两者之间能在较大的面积上接触,尽可能的生成微小颗粒,从而使沥青微粒均匀地分布于水溶液中,能够缩小油水两者之间的相对密度差值及黏度差值。在两相之间乳化剂定向排列时,应增强沥青微粒的电势,尽量形成双层,增加颗粒之间的相互排斥力,阻碍沥青微粒的聚集倾向。

以上要求,若采用单一种乳化剂制备的沥青乳液,常常是无法达到的,例如,单种乳化剂本身由于具有固定的 HLB 值,因而不可能完全满足成分复杂的不同种类沥青乳化所需要的 HLB 值。另一方面,从施工方法及施工条件等因素考虑,对沥青乳液又有许多不同的技术性能的要求,单一种乳化剂所制备的沥青乳液的各种性能或多或少地存在一定问题。因此需要添加其他物质来发挥乳化剂应有的效应。所添加的物质同单种乳化剂一样,在水溶液中即能形成胶冻，也能在沥青和水之间定向排列，这种物质叫第二乳化剂。用单种乳化剂与第二或第三乳化剂，按不同比例混合，能发挥效应的混合物叫复合乳化剂。能做第二乳化剂的有阳离子乳化剂、阴离子乳化剂。

（5）稳定剂　用单一种乳化剂制备沥青乳液，有时观察其颗粒就会看到乳液颗粒粗大而不均匀，乳液发生絮凝或沉降现象。如果在单一种乳化剂中添加无机盐类制备沥青乳液，就能得到颗粒均匀而微细的乳液。所添加的无机盐类能增强乳液颗粒周围的双电层效应，增加 ξ 电位值，增加颗粒之间的相互排斥力，减缓颗粒之间的凝聚速度，提高乳化能力，改善乳液的稳定性，增强骨料的黏附能力。能起上述作用的无机盐类叫做无机稳定剂。无机稳定剂在乳化溶液中不能定向排列于沥青或水相、水相或空气之间，故它不是表面活性剂。

用于无机稳定剂的无机盐类有金属氯化物和硫代氰酸盐化合物。如氯化铵、氯化钠、氯化钙、氯化镁、氯化铬以及锶、钡、铁、钴、镍、锌等氯化物均可作无机稳定剂，其中稳定效果最明显的无机盐类物质为氯化铵和氯化钙。

四、生产方法

1. 乳化沥青工艺[8]

（1）基质沥青的选择　乳化沥青是由沥青、水、乳化剂和辅助材料组成的，基质沥青是乳化沥青的主要原料，沥青的性能直接决定着乳化沥青性能的好坏，所以对沥青的选择是很重要的。选择沥青是根据乳化沥青的用途来决定的。例如对低温抗裂性能好场合下使用的乳化沥青，应选用延度较好的基质沥青，而对于高温抗变形能力要求高的乳化沥青，则应选用软化点较高的基质沥青。

用于道路的乳化沥青，针入度选择范围较宽，可根据其具体用途和施工方式以及工程所在地的气候特点，选择相应标号的沥青。各气候分区应选择的沥青针入度指标见表 11-6-4，各气候分区所属省区见表 11-6-5。

表 11-6-4　各种用途的道路乳化沥青各气候分区应选择的沥青针入度范围

气候分区	最低月平均气温/℃	沥青针入度（25℃）/（1/10mm）
寒区	< -10	80 ~ 300
温区	-10 ~ 0	50 ~ 200
热区	> 0	40 ~ 160

表 11-6-5　沥青路面施工气候分区

气候分区	最低月平均气温/℃	所属省区
寒区	< -10	黑龙江、吉林、辽宁（营口以北）、内蒙古、山西（大同以北）、河北（承德、张家口以北）、陕西（榆林以北）、甘肃、新疆、青海、宁夏、西藏等省区
温区	-10 ~ 0	辽宁（营口以南）、内蒙古（包头以南）、北京、天津、山西（大同以南）、河北（承德、张家口以南）、陕西（榆林以南、西安以北）、甘肃（天水一带）、山东、河南（南阳以北）、江苏（徐州、淮阴以北）、安徽（宿县、毫县以北）、四川（成都西北）等省区
热区	> 0	河南（南阳以南）、江苏（徐州、淮阴以南）、上海、安徽（宿县、毫县以南）、陕西（西安以南）、广东、海南、广西、湖南、湖北、福建、浙江、江西、云南、贵州、重庆、台湾、四川（成都东南）等省区

(2) 乳化剂及其他辅助材料　乳化剂的选择应根据沥青的品种、标号及乳化沥青的用途，重点选择其乳化能力强、分散性好、配制简单、操作方便的乳化剂。一般乳化剂由亲油基与亲水基两个基团组成，但作为沥青乳化剂除要有较强的降低界面张力的作用外，应有吸附性、配向性、造膜性、形成胶体离子性等特殊性能，乳液的 ξ 电位值，直接影响沥青微粒之间的相互排斥力，影响乳液的稳定性，也影响乳化沥青与骨料的黏附性，这些都是选择乳化剂时应重视的。

在配制乳液时需加入定量的酸性或碱性物质，如氢氧化钠和盐酸等，可以提高沥青的乳化性能，使乳液保持一定的酸碱度，创造乳化时所必须的酸碱性条件；加入水玻璃可以提高乳化沥青的稳定性，调节乳化沥青的酸碱性；聚乙烯醇能起到增稠剂的作用，增加了水相的黏度。

在乳化沥青中还常常加入含磷的化合物，如三聚磷酸钠或磷酸三钠等，这些磷酸盐的加入可以减少乳化剂的用量，增加乳化沥青的耐久性。

2. 乳化条件的选择

(1) 乳化剂的用量　选用乳化剂及各种添加剂的配方及用量对乳化沥青的性能起着决定性的作用。用量少了，乳化效果不佳，乳液中沥青微粒大小不均，而且乳化沥青的储存稳定性较差；用量多了，使乳化沥青成本提高，造成浪费。

(2) 乳化温度　沥青及水的温度是比较重要的工艺参数，温度过高或低都会影响沥青的乳化效果。温度低了，流动性不好；温度高了，能耗增大，成本增加，而且还会使水汽化，从而导致乳化沥青浓度变化，还会使乳化过程中产生气泡，降低乳化沥青的质量和产量。特别是用胶体磨类的乳化机时，更应该严格控制温度。一般沥青和水混合后的平均温度控制在 80~70℃ 以下较合适。

3. 工业生产装置原则流程

经过计量的乳化剂、稳定剂和 70~85℃ 左右的热水在乳化液罐中通过搅拌进行充分混合，混合均匀的乳化液经计量后与热沥青通过胶体磨进行剪切乳化，一般情况下生产 100 号快凝型乳化沥青温度为 120~130℃；60 号快凝型乳化沥青温度为 130~140℃。在乳化机或胶体磨中，热溶状态的沥青在机械力的高速离心剪切破碎作用下，以细小微粒状态（2~5μm）分散于含有乳化剂的水溶液中，乳化剂在沥青细小微粒的表面形成定向排列的保护膜，防止了分散的沥青微粒重新凝聚与聚合，从而形成了水包油型或油包水型乳状液。乳化得到的成品乳化沥青送往乳化沥青贮罐供施工使用，废液罐用于存放开工时和异常情况下的不合格沥青。图 11-6-2 是乳化沥青工业生产原则流程图。

4. 改善乳化沥青性能的途径

乳化沥青的黏度、储存稳定性、破乳速度和微粒大小分布等是乳化沥青重要指标。改换沥青的品种及牌号、改变乳化液配方和变换乳化剂类型或浓度可以改变乳化沥青的性能。

(1) 增加乳化沥青黏度的方法

① 增加沥青含量。这种方法受成本限制，并且沥青浓度有临界值，超过临界值，乳化沥青黏度会急剧上升，如图 11-6-3 所示。

② 改变水相。水相的成分对乳化沥青黏度的影响很大。已被证实减少酸含量或增加乳化剂含量，或增加酸与胺含量的中和系数都会增加乳化液黏度。

③ 增加流经磨机的流量。流经磨机的流量增加可改变乳化液中微粒粒径分布。但沥青

含量少于65%时,乳化沥青中的沥青小珠相互挤得较紧,改变流量就能改变微粒粒径分布,对黏度影响显著,如图11-6-4所示。

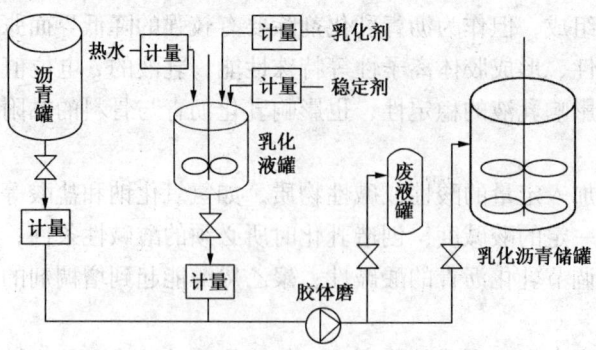

图11-6-2 乳化沥青工业生产流程图

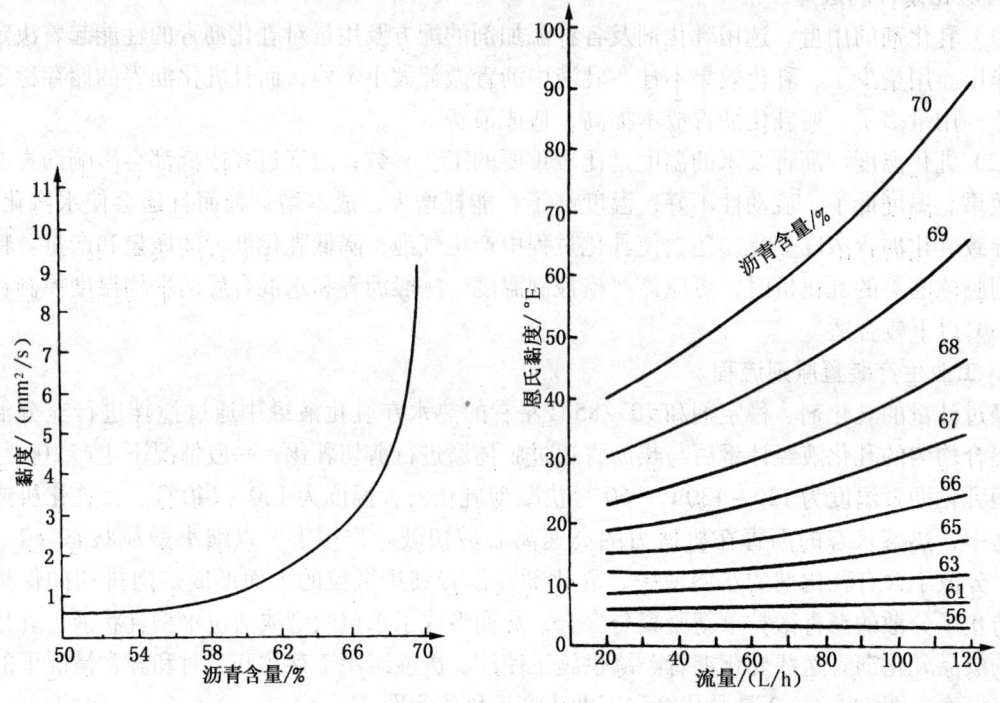

图11-6-3 乳化沥青含量与沥青黏度关系　　图11-6-4 不同含量沥青的流量与乳化沥青黏度的关系

④ 减少沥青黏度。如果把掺入胶体磨的沥青黏度减少,乳化沥青的微粒也相应变小,则可增加乳化沥青的黏度

(2) 减小乳化沥青黏度的方法:

① 减少沥青含量。这一方法受乳化液中规定的沥青含量所限制。沥青含量在低于60%时减少沥青含量对乳化沥青影响很小。

② 改变乳化剂配方。必须增加酸含量或减少胺含量,但是要注意,乳化液的其他性能在很大程度上有赖于液相成分。

③ 降低通过磨机的流量。这是增加乳化黏度的相反措施。

(3) 改变乳化液的破乳率的方法　虽然乳化液破乳率在很大程度上取决于石料的类型和微粒大小分布，但破乳率也可以用以下方法改变：

① 改变水相成分。减少酸含量，增加乳化剂含量或减少酸化剂含量之间的比例，已被证明能加速乳化沥青的破乳率。

② 增加沥青含量。增加乳化液中的沥青含量可以提高乳化液的破乳率，其效果的大小与水相的成分有关。

③ 添加破乳剂。用破乳剂可以加速乳化液的破乳过程。表面处置用的乳化液，可在乳化液铺设在路面后接着喷洒破乳剂。破乳剂一般多具有双重功能，它还可以改善沥青与集料间的黏附性。

④ 其他参数。还有些其他参数影响乳化液的破乳率，如：乳化剂类型；微粒大小和分布，颗粒越小粒径弥散范围越小，则其破乳率就越慢；环境温度越高，乳化液的破乳率就越快。

(4) 改变乳化液的储存稳定性的方法　乳化液的储存稳定性通常可以由它沉淀的情况显示，其原因有以下几点：

① 沥青的密度特别大。密度特别大的沥青在乳化时引起沉淀。乳化前在沥青中可以加入稀释煤油以减低其密度，不过这将降低乳化液的黏度和在道路表面黏结料的黏附度。掺入氯化钙等盐类可增加水相的密度。

② 乳化液的黏度低。低黏度的乳化液比高黏度的更容易沉淀，因为微粒在低黏度乳化液中更自由地浮动，可以用增加乳化液的黏度来改善其储存稳定性，还可以增加乳化剂含量以减慢沉淀速度。

③ 沥青的电解质含量。沥青内的阳离子会降低乳化液的储存稳定性，在阳离子乳化液内沥青的高浓度钠在储存时会引起破乳，这可在水相中加入盐进行中和。

④ 乳化液的微粒粒径分布状态。沥青乳化液有各种大小不同微粒粒径的比那些粒径比较均匀的乳化液更易引起沉淀，这是由于大颗粒之间的排斥力大，颗粒沉淀比较快。因此微粒粒径比较均匀的乳化液储存稳定性好。

(5) 改变乳化液微粒粒径的分布状态的方法　乳化液的微粒粒径分布有赖于沥青和水相之间的界面张力（界面张力越低，沥青越容易分散），还决定于扩散沥青的能量。如输入同样的机械能，较硬的沥青将产生较粗糙的乳化液，而针入度大的沥青或稀释沥青将产生较细密的乳化液。因此，如要制成微粒粒径大小均匀组成的乳化液，微粒大小及其分布状态是个关键问题。

① 沥青中加酸。生产阴离子乳化液时在非酸性的沥青中加入环烷酸是很重要的。酸与碱性的液相发生作用形成皂液，增加了表面活性并稳定了弥散情况。

② 生产条件。乳化液的生产条件对乳化液的颗粒粒径分布影响很大。温度提高可以降低乳化液黏度，一般能增加平均微粒粒径。沥青含量增加会加大微粒平均粒径，也即缩小了微粒粒径的大小差异。胶体磨的操作情况对微粒分布也有较大影响，胶体磨内的空隙小，颗粒粒径也小，并且均匀。胶体磨转速高，生产出的乳液颗粒也较小。

以上综述了改善乳化沥青性能的因素，在改善乳化沥青某种性能的同时不可避免会影响其他的性能。它们之间的相互依赖关系可见图 11-6-5。

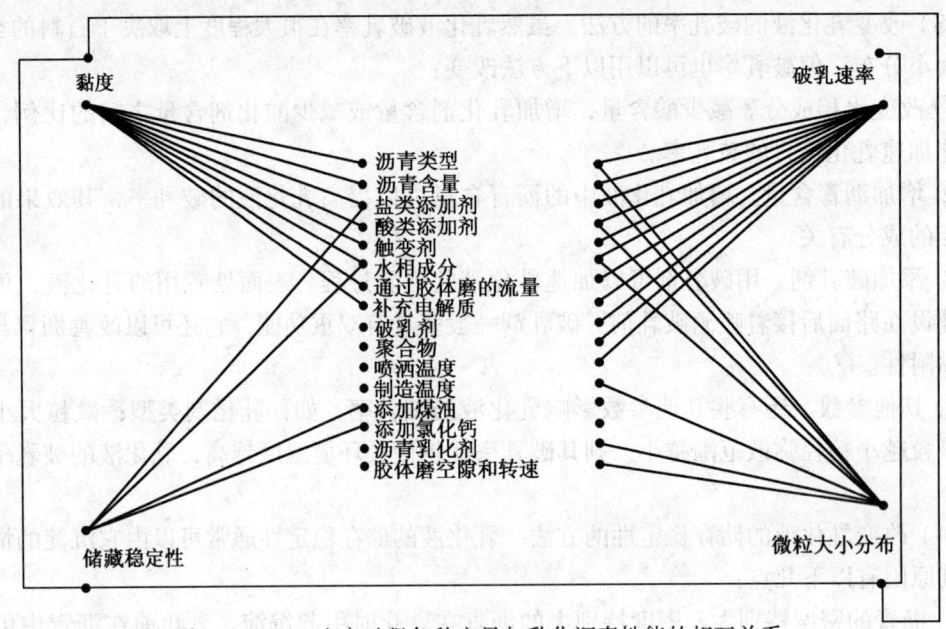

图 11-6-5 生产过程各种变量与乳化沥青性能的相互关系

5. 乳化沥青设备

乳化设备同乳化工艺有着密切的联系,设备是在工艺的基础上进行设计和组装的。设备必须保障能够顺利完成沥青的乳化,同时还要考虑操作、生产效率、动力及能源消耗等问题。专业的乳化沥青厂投资大,占地多,一般不采用,多数情况下都是在原有沥青厂或沥青混合料拌合厂里建一个乳化沥青车间,如图 11-6-4。乳化沥青设备中乳化机是完成沥青

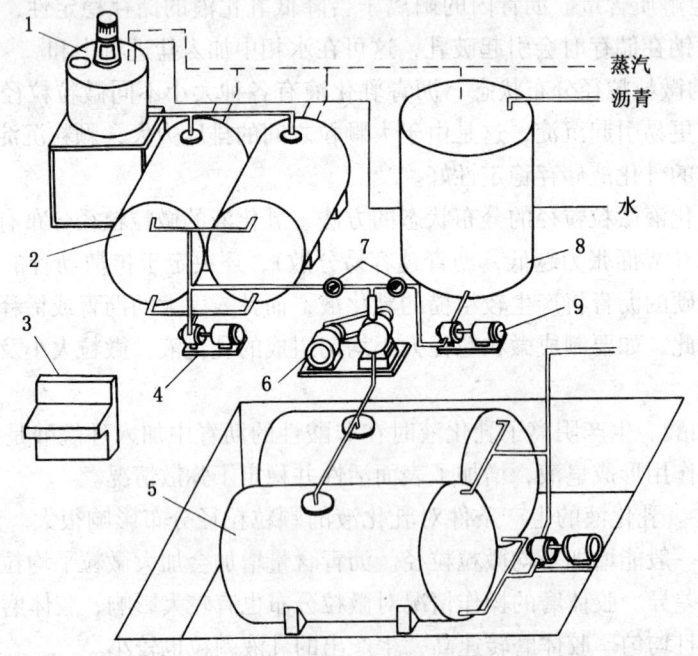

图 11-6-6 乳化车间设备示意图
1—乳化液掺配罐;2—乳化剂水溶液罐;3—电气控制柜;4—泵;5—乳液储存罐;
6—胶体磨;7—流量计;8—沥青罐;9—泵

液相破碎分散的装置,是乳化设备的心脏,其性能的好坏以乳化沥青的质量起到决定性作用。乳化机以采用的力学作用原理不同,其构造形式也不相同,一般常用的乳化机有胶体磨、搅拌机、均化器等形式,目前采用最多的是胶体磨类乳化机。

第七节 改性乳化沥青

现代工程对乳化沥青在低温条件下应有的弹性和塑性、在高温时具有足够的强度和热稳定性、在使用条件下的抗老化能力、与各种工作结构表面的黏结力以及耐疲劳性提出了更高的要求,因此改性乳化沥青应运而生。改性乳化沥青是以乳液状高分子聚合物对乳化沥青进行改性或者以高分子聚合物改性沥青进行乳化所得到的产品。改性乳化沥青的力学性能均优于乳化沥青,如热稳定性较高、软化点提高,其成膜性、黏附性、回弹性能、低温性能提高、脆点下降。在比乳化沥青低得多的温度范围内,具有较好的抗裂性能,耐疲劳性明显提高,可节省沥青用量的10%~20%。利用聚合物改性沥青乳液铺筑稀浆封层、对路面进行微表处理、可以在常温状态下进行拌和、喷洒和摊铺,铺筑各种结构路面的面层和基层,也可以作为透层油、黏层油以及各种稳定基层的养护。针对高等级公路的纵向、横向、网状以及不规则裂缝都有很好的维修、养护作用,可以消除路面的开裂、车辙、松散、老化等病害,提高路面平整、耐磨、防滑、防水等性能[16]。在桥面铺筑工程中,在大中型桥隧防护工程和地下建筑防水和层面防水等建筑工程中体现出它的特殊优越性。改性乳化沥青的研究和应用在国外已有较长的历史,并已取得许多成功的经验。在中国,由于乳化沥青的研究和应用起步较晚,近几年乳化沥青已引起有关方面的重视,并取得了一定的成效。

改性乳化沥青,以橡胶胶乳为改性材料用得最多。橡胶胶乳改性乳化沥青在工程应用中,要求同时具备分散稳定性和破乳凝聚性两种互相矛盾的性质。也就是说在使用之前需要乳液保持足够的分散稳定性,但在破乳成膜时,又需要乳液完全失去其稳定性而能凝聚成为一个整体。这两种互相矛盾的性质是乳液的基本特征。橡胶胶乳改性乳化沥青在生产、储存和运输过程中,分散稳定性是评价产品质量的一个重要指标,如果乳液分散稳定性差,不论采用何种施工工艺都很难达到预期的工程应用目的。

一、改性乳化沥青制备方法

改性乳化沥青的制备方法有3种。第一种方法称为二次热混合法,即橡胶胶乳经过两次热混合分散过程。橡胶胶乳(常温)与热乳化剂水溶液(60~70℃)经胶体磨混合,得到橡胶胶乳、乳化剂混合液,立即把该混合液与热熔沥青(120~130℃)再送入胶体磨进行乳化。在乳化过程中,橡胶胶乳与沥青再混合并分散,得到改性乳化沥青;第二种方法称为一次热混法,即橡胶胶乳与沥青乳液经过一次热混合分散过程。热乳化剂水溶液(60~70℃)与热熔沥青(120~130℃)经胶体磨乳化得到乳化沥青(90~100℃),把所得乳化沥青立即与橡胶胶乳(常温)再送入胶体磨进行混合,得到改性乳化沥青;第三种方法称为一次冷混合法,即橡胶胶乳与沥青乳液经过一次冷混合分散过程。橡胶胶乳(常温)与沥青乳液(常温)于常温下送入胶体磨进行混合,得到改性乳化沥青。

一次、二次热混合法分散性好,有较好改性效果。一次冷混合法分散性不如前两种,改性效果稍差,但二种方法均可达到改性目的。

二、橡胶胶乳改性乳化沥青稳定机理

1. 橡胶胶乳聚合机理

改性乳化沥青用橡胶胶乳是采用乳液聚合的特殊方法生产。乳液聚合法是橡胶单体在乳化剂的作用下及机械搅拌下,在水中形成乳状液而进行的聚合反应的方法。橡胶胶乳聚合法所用乳化剂与沥青乳化剂类似,有阴离子型、阳离子型,此外还有非离子型。在乳液聚合中乳化剂亲水亲油的两亲性质起到了独特的作用。

与沥青相同,橡胶单体也不溶于水。单体进入乳化剂溶液中,在机械作用下形成微珠,由于乳化剂的乳化作用,在单体微珠表面形成一层界面膜,使橡胶单体在水中分散并稳定下来,一部分单体可进入乳化剂分子胶束内部,形成增溶胶束,对单体产生增溶作用。增溶的结果增加了单体在水中的溶解度。但增溶与溶解不同,与乳化也不同。

在乳液聚合反应体系中存在三相:水相(溶解了引发剂、少量单体和乳化剂)、单体微珠($0.5 \sim 1 \mu m$)、乳化剂分子胶束($0.005 \sim 0.01 \mu m$)。

在一定温度下,溶于水的引发剂进入增溶胶束中,引发胶束内的单体进行聚合。单体微珠内不能发生聚合,它好像一个仓库,源源不断地输送单体到胶束中聚合。胶束由于不断进行聚合而增大,成为含有聚合物的增溶胶束,即单体-聚合物颗粒。随着聚合的进行,胶束渐渐消失。继续聚合,单体微珠渐渐消失。聚合结束时,成为外层被乳化剂分子包围的聚合物胶粒,其粒径为 $0.1 \sim 5 \mu m$。

2. 改性乳化沥青稳定机理[8]

改性乳化沥青制备过程中,乳化沥青与橡胶胶乳在机械的强烈作用下,打破了各自原来的平衡,重新建立起一种新的平稳。假设两乳液混合时某个沥青微珠(A 微珠)受到机械作用,界面膜上某些乳化剂分子脱离开原来界面,从而将导致整个界面膜破裂。同时有某一橡胶粒子(R 粒子)界面膜也发生破裂,那么 A 微珠将与 R 粒子相互碰撞。由于沥青与橡胶有良好的相容性和亲和性,于是互相吸附、扩散、渗透,溶为一体,成为沥青橡胶。脱离开原界面的沥青乳化剂分子和橡胶乳化剂分子进入水溶液中,在机械的强烈作用下,相互均匀混合在一起。溶为一体的沥青橡胶立即又受到机械作用,被剪切分割成微小的颗粒——沥青橡胶微粒(A/R 微粒)。均匀混合在一起的沥青乳化剂和橡胶乳化剂两种分子将向 A/R 微粒靠拢,亲油基端插入 A/R 中,亲水基端插入水中,形成新的界面膜。在新的界面膜上既有沥青乳化剂分子,又有橡胶乳化剂分子。一种理想的状态是两种分子均匀相间排列,如图 11-7-1。

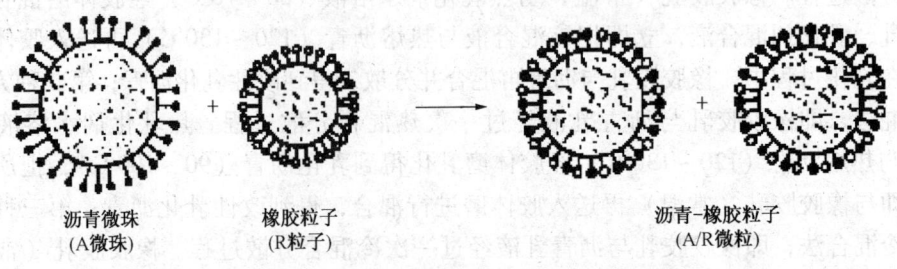

图 11-7-1 沥青-橡胶微粒形成过程示意图

A/R 粒子的形成，乳化剂分子的重新分配和排布，界面膜、界面水合层、界面电荷层和扩散双电层的重新形成，保证了沥青橡胶乳液体系的相对稳定，使两热力学不稳定体系相对稳定共存。这一新的体系仍然是一种热力学不稳定体系。保持共存体系相对稳定的最主要因素仍然是乳化剂亲水亲油的两亲性。

在两乳液混合过程中，如果沥青与橡胶都能像以上所分析的均匀混合，溶为一体是一种理想状态，在实际中受到各种因素的影响，因而它们的存在状态也有各种各样。

A/R 微粒中沥青与橡胶没有完全均匀混合，那么将会形成沥青包裹着橡胶或橡胶包裹着沥青的微粒。由于橡胶胶乳用量较少，而且橡胶粒子粒径较小，后一种可能性较小。这样的微粒在乳液制备好后，橡胶和沥青之间的相互吸附、扩散、渗透作用还将继续在微粒内部进行，最终趋于均匀化，只是可能进行得慢一些。

没有与橡胶混合的沥青微珠（A 微珠），在体系中 A 微珠保持着与原来乳化沥青中的微珠同样的状态，但界面膜已发生了变化，界面膜上乳化剂分子已重新排布，乳化剂两种分子相间排布。

没有与沥青混合的橡胶粒子（R 粒子）保持着与原来胶乳中橡胶粒子同样的状态，但界面膜乳化剂分子也已重新排布。

在沥青橡胶乳液体系中，存在着 4 种微粒：均匀 A/R 微粒、不均匀 A/R 微粒、A 微珠、R 粒子。4 种微粒所占比例不同直接影响着改性效果，而 4 种微粒所占比例多少取决于沥青橡胶乳液的制备方法。

二次热混合由于混合温度高，又经过两次机械分散，体系中均匀 A/R 微粒占主要地位，其次是不均匀 A/R 微粒，不存在或极少存在 A 微珠、R 粒子。乳液制备好后，随着时间推移，不均匀 A/R 微粒也逐渐趋于均匀化，所以改性效果良好。

一次热混合法混合温度与二次热混合法相同，只是一次机械分散，但若控制混合时间在适当范围内，仍可很好分散，体系中仍然以均匀 A/R 微粒为主，不均匀 A/R 微粒为次，可能有极少数 A 微珠、R 粒子，故也可以得到比较理想的改性效果。

一次冷混合法混合温度较低。在常温下，沥青、橡胶分子运动动能低，两者间吸附、扩散、渗透作用进行的程度有限，故体系中均匀 A/R 微粒相对较少，不均匀 A/R 微粒相对较多，还会存在 A 微珠、R 粒子。由于制备温度较热混合法低，制备好后不均匀 A/R 微粒趋于均匀化程度也是有限的。而 A 微珠、R 粒子只有在破乳时才能相互吸附、扩散、渗透，趋于均匀化。但破乳过程一般进行较快，在短时间内即已破膜，沥青与橡胶之间趋于均匀化的程度仍然是有限的，致使部分橡胶以微粒形式填充于沥青胶体之中，故改性效果比热混合法稍差。

三、影响改性乳化沥青稳定共存的因素

在改性乳化沥青体系中，若某个粒子（A/R 微粒、A 微珠、R 粒子）界面膜破裂，那么这个粒子将吸附于它周围的其他粒子，从而导致这些粒子界面膜的破裂，这些粒子又将吸附各自周围的许多粒子，这样就形成了起始的那个粒子为中心的凝聚团，产生聚沉现象，从而导致整个体系失去平衡。

导致整个体系失去平衡的因素很多，例如橡胶胶乳和乳化沥青所用乳化剂一个是阳离子型，一个是阴离子型，这样 A 微珠和 R 粒子上的界面电荷不同，两者相遇后，由于异性电荷相吸引，立即会引起界面膜破裂从而发生聚沉现象。

又如沥青乳液和橡胶胶乳的密度不一致，两者相遇后，密度大的粒子将会下沉从而导致整个体系聚沉。又如两乳液酸碱性不同，相遇后将发生酸碱中和作用从而使乳液中的扩散双电层破坏，导致体系聚沉。因此两乳液必须同时满足下列条件时才能稳定共存。

① 乳化剂类型一致。两种乳液所用乳化剂同是阳离子型，或同是阴离子型，或是阳离子型与非离子型，或是阴离子型与非离子型。而阳离子与阴离子型只有采取特殊方式才可共存。

② 乳化剂亲水亲油平衡（HLB）值一致。同类乳化剂 HLB 值应相同或接近。即沥青乳化剂能满足对橡胶的乳化要求，橡胶乳化剂也能满足对沥青的乳化要求。

③ 密度一致。橡胶胶乳与沥青乳液密度应相同或尽量接近。

④ 酸碱性（pH 值）一致。两乳液 pH 值同在酸性或同在碱性范围内，pH 值相同或尽量接近。

⑤ 表面张力一致。两乳液的表面张力应相同或尽量接近。

以上 5 个条件中若有一个不能满足，都会引起共存体系产生聚沉而遭到破坏。这 5 个条件是制备和保持乳液稳定的必要条件。除此之外，还应同时满足下列两个基本要求。若不能满足这两个基本要求，所制备的改性乳化沥青将没有实用价值，因此也就失去了实际意义。这两个基本要求是：

① 相容性良好。指破乳后橡胶与沥青能充分混容而不分层。相容性良好才能发挥各自的优越性，起到优势互补的作用，得到良好的改性效果。

② 符合使用要求。改性后的乳化沥青破乳速度、黏附性等符合使用要求，破乳成型后的各项使用性能应达到相应技术指标要求。

四、不同种类橡胶胶乳改性乳化沥青的特性

橡胶胶乳按其来源可分为天然胶乳、合成胶乳和人造胶乳以及再生胶乳四大类。可用于改性乳化沥青的胶乳并不多，本节着重介绍 3 种橡胶胶乳改性乳化沥青的基本特性。

1. 天然橡胶胶乳改性乳化沥青

由于天然胶乳具有良好的综合性能，因此，将适量的天然胶乳和相应配合剂加入乳化沥青材料中，经过一定的工艺掺配混溶后所制备的天然橡胶胶乳改性乳化沥青与原乳化沥青相比，可降低感温性，增强弹性，尤其是可改善低温脆性，并提高低温抗裂性。可用于乳化沥青改性的天然胶乳主要有，离心浓缩通用型天然胶乳和专用阳性天然胶乳二个品种，也可选用耐寒天然胶乳作为乳化沥青改性掺加料。通常离心浓缩天然胶乳可与非离子乳化沥青掺混并用，经过一定的工艺制备成非离子天然橡胶胶乳乳化沥青产品，该产品与原乳化沥青相比，可以明显提高低温抗裂性能。通用型天然胶乳也可以与阴离子乳化沥青掺配并用。但是天然胶乳不能直接与阳离子乳化掺配并用，若要采用天然胶乳对阳离子乳化沥青改性，建议选用特种阳性天然胶乳。天然胶乳的基本性能见表 11-7-1。

表 11-7-1　天然胶乳的基本性能

种　类	总固含量/%	pH 值	氨含量/%	黏度/mPa·s	表面张力/（mN/m）
原胶乳	37.5~41.0	10.0~10.5	0.8~1.0	4.0~5.5	33~36
离心浓缩胶乳	60.0~64.0	10.0~10.5	0.5~0.7	30.0~50.0	33~35
膏体浓缩胶乳	60.0~65.0	10.0~10.5	0.6~0.8	30.0~60.0	31~35
蒸发浓缩胶乳	72.0~75.0			95.0	

2. 氯丁橡胶胶乳改性乳化沥青

氯丁胶乳具有较好的综合性能和易于成膜以及和沥青混溶性和耐老化性能优等特点。氯丁胶乳与乳化沥青掺配并用能明显改善乳化沥青的黏附性和热稳定性及耐老化性、耐化学腐蚀等性能。一般可将阳离子氯丁胶乳和适量稳定剂直接掺入阳离子乳化沥青中，经过充分的搅拌或二次乳化制成阳离子氯丁橡胶胶乳改性乳化沥青产品。该产品具有优良的耐老化性能和抗渗性以及较好的热稳定性和黏附性，同时低温抗裂性能也有所改善。该产品可用于高等级公路和重交路面的胶结材料以及桥隧和地下工程的防水材料，也可用于特殊结构变形缝的填充材料，尤其适用于高等级公路和重交通道路路面的日常维修养护。

3. 丁苯橡胶胶乳改性乳化沥青

丁苯橡胶胶乳与乳化沥青掺配并用所制备的丁苯橡胶胶乳改性乳化沥青具有良好的热稳定性和耐久性。在乳化沥青材料中掺入 2%~4% 的丁苯橡胶胶乳，能使乳化沥青的软化点提高，低温延度增加，脆点降低。由于丁苯橡胶胶乳与其他胶乳相比有良好的稀释稳定性，加之品种多、价格低，因而人们多选用丁苯橡胶胶乳作为乳化改性掺加料，以便提高乳化沥青的热稳定性和耐久性。丁苯橡胶胶乳改性乳化沥青的性能检测和贯入式稀浆封层应用结果证明，其低温抗裂性、高温稳定性、黏结性、抗老化性均优于未改性乳化沥青。

五、乳化沥青标准

我国目前还没有制定有关乳化沥青标准，交通部门根据多年的研究成果和实际经验，参照国外的相应标准制定了乳化技术要求，见表 11-7-2。

表 11-7-2 道用乳化沥青技术要求（JTG-F40—2004）

试验项目		单位	品种及代号										试验方法
			阳离子				阴离子				非离子		
			喷洒用			拌和用	喷洒用			拌和用	喷洒用	拌和用	
			PC-1	PC-2	PC-3	BC-1	PA-1	PA-2	PA-3	BA-1	PN-2	BN-1	
破乳速度			快裂	慢裂	快裂或中裂	慢裂或中裂	快裂	慢裂	快裂或中裂	慢裂或中裂	慢裂	慢裂	
粒子电荷			阳离子（+）				阴离子（-）				非离子		
筛上残留物（1.18mm 筛），不大于		%	0.1				0.1				0.1		
黏度	恩格拉黏度计 E_{25}		2~10	1~6	1~6	2~30	2~10	1~6	1~6	2~30	1~6	2~30	T0622
	道路标准黏度计 $C_{25,3}$	s	10~25	8~20	8~20	10~60	10~25	8~20	8~20	10~60	8~20	10~60	T0621
蒸发残留物	残留分子含量，不小于	%	50	50	50	55	50	50	50	55	50	55	T0651
	溶解度，不小于	%	97.5				97.5				97.5		T0607
	针入度（25℃）	0.1mm	50~200	50~300	45~150		50~200	50~300	45~150		50~300	60~300	T0604
	延度（15℃）不小于	cm	40				40				40		T0605

续表

试验项目	单位	品种及代号										试验方法
		阳离子				阴离子				非离子		
		喷洒用			拌和用	喷洒用			拌和用	喷洒用	拌和用	
		PC-1	PC-2	PC-3	BC-1	PA-1	PA-2	PA-3	BA-1	PN-2	BN-1	
与粗集料的黏附性，裹附面积，不小于		2/3			—	2/3			—	2/3	—	T0654
与粗、细粒式集料拌和试验		—			均匀	—			均匀	—	—	T0659
水泥拌和试验的筛上剩余，不大于	%	—			—	—			—	—	3	T0657
常温储存稳定性： 1d, 不大于 5d, 不大于	%	1 5				1 5				1 5		T0655

注：① P 为喷洒型，B 为拌和型，C、A、N 分别表示阳离子、阴离子、非离子乳化沥青。
② 黏度可选用恩格拉黏度计或沥青标准黏度计测定。
③ 表中的破乳速度与集料的黏附性、拌和试验的要求、所使用的石料品种有关，质量检验时应采用工程上实际的石料进行试验，仅进行乳化沥青产品质量评定时可不要求此三项指标。
④ 储存稳定性根据施工实际情况选用试验时间，通常采用 5d，乳液生产后能在当天使用时也可用 1d 的稳定性试验。
⑤ 当乳化沥青需要在低温冰冻条件下储存或使用时，尚需按 T0656 进行 -5℃ 低温储存稳定性试验，要求没有颗粒，不结块。
⑥ 如果乳化沥青是将高浓度产品运到现场稀释后使用，表中的蒸发残留物等各项指标指稀释前乳化沥青要求。

表 11-7-3 中国石化阳离子乳化沥青行业标准（SH/T 0624—95）

项目		质量指标						试验方法
		G-1	G-2	G-3	B-1	B-2	B-3	
恩氏黏度（25℃）/°E		3~15	1~6	1~6	3~40	3~40	3~40	SH/T 0099.1
筛上剩余量/%	不大于	0.3	0.3	0.3	0.3	0.3	0.3	SH/T 0099.2
附着度	不小于	2/3	2/3	2/3	—	—	—	SH/T 0099.7
粗骨料拌和试验		—	—	—	均匀	—	—	SH/T 0099.9
密骨料拌和试验		—	—	—	—	均匀	—	SH/T 0099.9
水泥拌和性试验/%	不大于	—	—	—	—	—	5	SH/T 0099.6
颗粒电荷		正	正	正	正	正	正	SH/T 0099.3
蒸发残留物/%	不小于	60	50	50	57	57	57	SH/T 0099.4
针入度（25℃，100g）/(1/10mm)		80~200	80~300	40~160	40~200	40~300	40~200	GB/T 4509
延度（25℃）/cm	不小于	40	40	40	40	40	40	GB/T 4508
溶解度/%	不小于	98	98	98	97	97	97	GB/T 11148
储存稳定度（5d）/%	不大于	5	5	5	5	5	5	SH/T 0099.5
冷冻安定性		无颗粒、无结块	无颗粒、无结块	无颗粒、无结块	无颗粒、无结块	无颗粒、无结块	无颗粒、无结块	SH/T 0099.8

注：标准分贯入洒布用和拌合用两大类，贯入洒布以字母 G 表示，拌和用以字母 B 表示。
G-1 适用于贯入式路面及表面处治。
G-2 适用于透层油及沥青混凝土。
G-3 适用于黏层油、表面处治及贯入式主层路面用。
B-1 适用于拌制粗粒式常温沥青混合料。
B-2 适用于拌制中粒式及细粒式常温沥青混合料。
B-3 适用于拌制砂粒式常温沥青混合料及稀浆封层。

第十一章 含硫含酸原油沥青生产

表 11-7-4 中国石化阴离子乳化沥青行业标准（SH/T 0798—2007）

项目	快凝型 RS-1 min	快凝型 RS-1 max	快凝型 RS-2 min	快凝型 RS-2 max	中凝型 MS-1 min	中凝型 MS-1 max	中凝型 MS-2 min	中凝型 MS-2 max	中凝型 MS-3 min	中凝型 MS-3 max	慢凝型 SS-1 min	慢凝型 SS-1 max	慢凝型 SS-2 min	慢凝型 SS-2 max	试验方法
赛波特黏度（25℃）/s	20	100			20	100	100			100	20	100	20	100	SH/T0779
赛波特黏度（30℃）/s			75	400											SH/T0779
储存稳定性（24h）/%		1		1		1		1		1		1		1	SH/T0099.5
破乳能力/%	60		60												SH/T0780
裹覆能力和抗水性															SH/T0099.10
干集料上					好		好		好						
喷水后黏附程度					中		中		中						
湿集料上					中		中		中						
喷水后黏附程度					中		中		中						
水泥拌合试验/%												2.0		2.0	SH/T0099.6
筛上剩余物含量/%		0.1		0.1		0.1		0.1		0.1		0.1		0.1	SH/T0099.2
蒸馏残留物含量/%	55		60		55		55		55		55		55		SH/T0099.17
蒸馏残留物试验/%															SH/T0099.17
针入度（25℃，100g）/（1/10mm）	50	200	50	200	50	200	50	200	40	90	50	200	40	90	GB/T4509
延度（15℃）/cm	40		40		40		40		40		40		40		GB/T4508
溶解度（三氯乙烯）/%	97.5		97.5		97.5		97.5		97.5		97.5		97.5		GB/T11148

注：RS-1、RS-2为快凝型阴离子乳化沥青，适用于表面处治及贯碎石路面；MS-1、MS-2、MS-3为中凝型，适用于开级配混合料、碎石封层及即时修补；SS-1、SS-2为慢凝型，适用于密级配混合料及洒布处理。

表 11-7-5 阳离子乳化沥青标准（ASTM D 2397—2005）

乳化沥青试验	快凝型 CRS-1	快凝型 CRS-2	中凝型 CMS-2	中凝型 CMS-2h	慢凝型 CSS-1	慢凝型 CSS-1h	速凝型 CQS-1H
赛氏黏度/s							
25℃					20~100	20~100	20~100
30℃	20~100	100~400	50~450	50~450			
储存稳定性（24h）/%	≤1	≤1	≤1	≤1	≤1	≤1	
破乳性能/%	≥40	≥40					
涂覆和抗水性能							
干石料涂覆			好	好			
干喷洒涂覆			中	中			
湿石料涂覆			中	中			
湿喷洒涂覆			中	中			
电荷试验	阳性	阳性	阳性	阳性	阳性	阳性	阳性
筛分试验	≤0.1	≤0.1	≤0.1	≤0.1	≤0.1	≤0.1	≤0.1
水泥混合试验					≤2.0	≤2.0	N/A
蒸馏试验							
馏出油体积/%	≤3	≤3	≤12	≤12			
残留物/%	≥60	≥65	≥65	≥65	≥57	≥57	≥57
残留试验物							
针入度（25℃）/（1/10mm）	100~250	100~250	100~250	40~90	100~250	40~90	40~90
延度（25℃）/cm	≥40	≥40	≥40	≥40	≥40	≥40	≥40
溶解度（三氯乙烯）/%	97.5	97.5	97.5	97.5	97.5	97.5	97.5

表 11-7-6 Q/SH-PRD283 2009 高速铁路乳化沥青专用沥青技术要求

试验项目		质量指标			试验方法
		AR-1	AR-2	AR-3	
针入度（25℃，100g，5s）/（1/10mm）		95~110	80~95	60~80	T 0604
软化点（环球法）/℃		42~50	43~51	44~52	T 0606
延度（5cm/min，15℃）/cm	不小于	120	120	120	T 0605
延度（5cm/min，10℃）/cm	不小于	80	60	40	T 0605
闪点（开口杯）/℃	不低于	260			T 0611
蜡含量（蒸馏法）/%	不大于	2.0			T 0615
密度（15℃）/（g/cm³）		1.0			T 0603
溶解度（三氯乙烯）/%	不小于	99.5			T 0607
薄膜加热试验（163℃，5h）					T 0609
质量损失/%	不大于	±0.5	±0.5	±0.5	T 0609
针入度比/%	不小于	57	59	61	T 0604
延度（15℃）/cm	不小于	100	75	50	T 0605
延度（10℃）/cm	不小于	10	8	6	T 0605
脆点/℃	不高于	-10			T 0613
酸值/（mgKOH/g）		报告			T 0626
黏韧性/N·m		报告			T 0624
韧性/N·m		报告			
组成	芳香烃/%	45~55			T 0618
	饱和烃/%	8~14			
	胶质/%	20~35			
	沥青质/%	8~12			

表 11-7-7 改性乳化沥青技术要求（JTG-F40—2004）

试验项目			品种及代号		试验方法
			PCR	BCR	
破乳速度			快裂或中裂	慢裂	T0658
粒子电荷			阳离子（+）	阴离子（-）	T0653
筛上残留物（1.18mm筛）/%		不大于	0.1	0.1	T0652
黏度	恩格拉黏度计 E_{25}		1~10	3~30	T0622
	道路标准黏度计 $C_{25,3}$/s		8~25	12~60	T0621
蒸发残留物	残留分子含量/%	不小于	50	60	T0651
	针入度（25℃）/（1/10mm）		97.5	97.5	T0607
	软化点/℃	不小于	50	53	T0604
	延度（15℃）/cm	不小于	20	20	T0605
	溶解度/%	不小于	97.5	97.5	
与粗集料的黏附性，裹附面积		不小于	2/3	—	T0654
常温储存稳定性/% 1d，不大于 5d，不大于			1 5	1 5	T0655

参 考 文 献

[1] GB/T 20000.1—2002 标准化工作指南. 第1部分,标准化和相关活动的通用词汇
[2] 沈金安. 沥青及沥青混合料路用性能[M]. 北京:人民交通出版社,2001
[3] JIS Japanese Industrial Standard
[4] GB/T 15180—2010 重交通道路石油沥青
[5] SHRP 报告 A-399, Low Temperature Cracking: Binder Validation. 1997.7
[6] 公路沥青路面施工技术规范. JTG-F40
[7] 张玉贞 石油沥青标准体系表构成及编制[J]. 石油沥青,2007,21(3):1-4
[8] 张德勤,范耀华,师洪俊. 石油沥青的生产与应用[M]. 北京:中国石化出版社,2001
[9] 柳永行,范耀华,张昌祥. 石油沥青[M]. 北京:石油工业出版社,1985
[10] 张德义. 含硫原油加工技术[M]. 北京:中国石化出版社,2003
[11] 廖克俭,丛玉凤. 道路沥青生产与应用技术[M]. 北京:化学工业出版社,2004
[12] 凌逸群. 高油价下中国道路石油沥青市场形势及展望[J]. 石油沥青,2005,19(5):1-5
[13] 侯祥麟. 中国炼油技术[M]. 北京:中国石化出版社,1991
[14] 曹湘洪. 高油价时代渣油加工工艺路线的选择[J]. 石油炼油与化工,2009,40(1):1-8
[15] 柴志杰等. 沥青调和工艺研究[J]. 石油沥青,2008,22(3):64-67
[16] 王红等. 改性乳化沥青的发展和应用现状[J]. 石油沥青,2006,20(5):1-6

第十二章 设备腐蚀与防护技术

随着石油资源的深度开采以及高硫、高酸原油的不断增加,原油劣质化趋势日趋明显,给炼油厂的安全生产及长周期运行造成了严重威胁。目前,有的企业装置原设计材质标准低,对原料适应性差,在原(料)油性质频繁变化的情况下,实际加工的原油的酸值和硫含量已超出设计标准,造成设备管道腐蚀严重;有的企业部分重点装置材质升级不彻底,存在安全隐患;有的企业长期加工低硫低酸原油,装置的腐蚀控制措施不完善,腐蚀管理水平低下,当进行加工高硫、高酸原油适应性改造后,虽然装置硬件满足了加工高硫、高酸原油的要求,但装置的腐蚀控制技术、腐蚀管理等软件方面仍存在很大缺陷,使得装置腐蚀事故频发。因此,做好高硫、高酸原油加工装置的腐蚀与防护,对装置的长周期运行具有非常重大的意义。

第一节 设备腐蚀与防腐状况概述

一、腐蚀给石化行业带来的损失

原油在炼制过程中,会对炼油设备造成不同程度的腐蚀,当加工高硫或高酸原油时,腐蚀所造成的危害更为严重。腐蚀问题不仅增加企业的维修费用,更主要的是会影响炼油装置的开工率,甚至造成各种事故,从而增加生产成本,使企业的整体效益受到损害,影响人类的健康和生命安全。特别是石油化工行业,由于腐蚀造成装置非计划停工,甚至引发火灾爆炸事故,导致人员伤亡;由于腐蚀造成设备跑、冒、滴、漏,使环境受到严重污染,直接危害人们的身体健康。

金属材料的腐蚀是不可避免的,但是采取有效的防护措施,可以使腐蚀速度相对减缓,并把腐蚀所造成的损失减小到最低程度。

据发达国家统计,由于金属腐蚀给国民经济带来的经济损失约占 GDP 的 1.5%~4.2%[1]。在国内,腐蚀每年给石油化工企业造成上百亿元的损失,可见腐蚀的危害是相当惊人的。

目前,我国对中东原油的依赖性越来越大,而许多中东原油都属于高含硫原油。国内产量增长较快的新疆塔河原油硫含量、金属含量比较高。国外含酸原油大体分为低硫含酸原油和高硫含酸原油两类。低硫含酸原油主要分布在巴西和非洲的乍得、苏丹、赤道几内亚、安哥拉以及欧洲的挪威等地,其中产量最大的是巴西马林(Marlim)原油,约 35Mt;高硫含酸原油主要在加拿大和委内瑞拉等地。近年来,国内含酸原油产量不断增加。除东北辽河原油、胜利孤岛原油和新疆部分地区原油外,近几年中国海油在渤海开发了以绥中 36-1、蓬莱 19-3、曹妃甸、渤中 25-1 以及旅大 10-1 等为代表的海上含酸原油，产量分别有几百万吨。从产量增长趋势看，增长幅度较大的地区主要集中在西非，比如乍得的多巴(Doba)原油。因此，解决高硫或高酸原油加工过程中的设备腐蚀问题，已成为迫在眉睫的任务。

二、原油中的主要腐蚀介质

原油中除存在碳、氢元素外，还存在硫、氮、氧、氯以及重金属和杂质等，正是原油中存在的非碳氢元素在石油加工过程中的高温、高压、催化剂作用下转化为各种各样的腐蚀性介质，并与石油加工过程中加入的化学物质一起形成复杂多变的腐蚀环境。

原油中的含硫化合物包括活性硫和非活性硫，在原油加工过程中，非活性硫可向活性硫转变。炼油装置的硫腐蚀贯穿一次和二次加工装置，对装置产生严重的腐蚀，腐蚀类型包括低温湿硫化氢腐蚀、高温硫腐蚀、连多硫酸腐蚀、烟气硫酸露点腐蚀等。

原油中的部分含氧化合物以环烷酸的形式存在，在原油加工过程中，对常减压等装置高温部位产生严重的腐蚀，因而加工高酸原油的常减压装置应该进行全面材料升级以应对环烷酸的腐蚀问题。

原油中的含氮化合物经过二次加工装置高温、高压和催化剂的作用后可转化为氨和氰化物，在催化裂化、焦化、加氢裂化流出物系统形成铵盐结晶，严重时可堵塞设备和管线，而且会引起垢下腐蚀。氰化物还会造成催化裂化吸收、稳定、解吸塔顶及其冷凝冷却系统的均匀腐蚀、氢鼓泡和应力腐蚀开裂。

原油中的无机氯和有机氯经过水解或分解作用，在一次和二次加工装置的低温部位形成盐酸复合腐蚀环境，造成低温部位的严重腐蚀。腐蚀类型包括均匀腐蚀和不锈钢材料的氯离子应力腐蚀开裂。

原油中的重金属化合物在原油加工过程中残存于重油组分中，进入二次加工装置，引起催化剂的失效，严重影响装置的正常运转。

原油中的重金属钒在原油加工过程中会在加热炉炉管外壁形成低熔点化合物，造成合金构件的熔灰腐蚀。

众所周知，当原料或原料油含硫大于0.5%，酸值大于0.5mgKOH/g，氮含量大于0.1%时，在加工过程中会造成设备及其工艺管道较为严重的腐蚀。

国内外几种有代表性的高硫和高酸原油的性质，见表12-1-1、表12-1-2所示。

表12-1-1 国内外部分高硫原油的性质

原油名称	密度/(g/cm^3)	酸值/(mgKOH/g)	硫含量/%		氮含量/%	
			原油	>500℃	原油	>500℃
江汉管输	0.8626	0.21	1.039	2.187	0.3053	0.6278
塔河	0.9484	0.00	2.58		0.24	
马雅	0.9223	0.182	1.867	4.64	3.414	0.9067
埃尔滨	0.9295	0.38	2.522		0.50	
伊斯姆斯	0.8649	0.15	1.66	3.58	0.22	0.49
	0.8507	0.38	1.38	3.53	0.27	>0.50
巴里根	0.8820	0.12	1.43	2.82	0.33	0.63

表 12-1-2　国内外部分高酸原油的性质

原油名称	密度/(g/cm³)	酸值/(mgKOH/g)	残炭/% 原油	残炭/% >500℃	硫含量/% 原油	硫含量/% >500℃	氮含量/% 原油	氮含量/% >500℃
胜利混合	0.8884	0.74			0.65	1.17	0.39	0.83
南阳管输	0.8976	1.36			0.183	0.289	0.266	0.530
仪长管输	0.9000	1.32			0.5194	1.0437	0.1815	
蓬莱	0.9279	4.38			0.31	0.48	0.38	0.69
塔里木	0.8249	1.30			0.38	0.15	0.09	0.26
梅瑞	0.9548	1.98			2.699	4.377		
BCF	0.9531	2.23			2.2	3.33	0.49	1.10
多巴	0.9234	4.37			0.10	0.12	0.16	0.32
皮瑞尼斯	0.9364	1.75			0.21	0.38	0.15	0.54
杜里	0.9385	1.10			0.21	0.28	0.31	0.50
罕戈	0.8844	0.66			0.67	1.36	0.22	0.54
松道	0.8306	1.41	4.76	15.14	0.11	0.23		
阿尔巴克拉	0.9350	2.80			0.5817	0.7354	0.2386	

三、加工高硫高酸原油设备防腐蚀管理

加工含硫及高硫原油，国外一些石油公司已有几十年的历史，在加工流程选择、技术措施采用、炼油厂环境保护、职业安全健康等方面有许多成熟的做法和经验。特别是针对含硫和高硫原油加工对装置造成的腐蚀问题，对其硫分布和活性硫分布、硫腐蚀机理以及工程上的防护对策已有较为深入的研究和应用，如应用比较成熟的工程经验曲线有 McConomy 曲线（高温硫腐蚀速率预测曲线）、Copper 曲线（高温 H_2S/H_2 腐蚀速率预测曲线）等。API 571 对炼油企业出现的硫腐蚀（低温硫腐蚀及应力腐蚀开裂、高温硫腐蚀）的腐蚀损伤机理、形态、影响因素、发生的装置和设备以及检验、监检测、预防和减缓措施做了较为详细的介绍。美国腐蚀工程师协会颁布了很多关于炼油厂硫腐蚀防护方面的标准和实践指南，其第八技术组（炼油厂腐蚀委员会，NACE T-8 Group）也发表了很多的论文，对其腐蚀机理进行研究以及对防腐蚀工程应用进行总结。一些研究机构和公司在缓蚀剂、材质表面改性、涂层防护以及腐蚀状态监检测等方面进行了研究应用。同时，国外石油公司的 HSE 体系应用得较早，也比较成熟，针对因腐蚀而可能造成的安全事故制定出了切实可行的应急预案。这些都保证了其加工装置长周期安全运行，装置加工能力和开工周期还有进一步扩大和延长的趋势。如国外一些大公司的常减压装置处理能力已达到 15Mt/a 以上，开工周期已达到 5~7 年，催化裂化装置的开工周期达到 4~5 年。

同国外相比，尽管我国加工含硫和高硫原油的历史相对短一些，但也在生产实践和科研中积累了一些宝贵经验。中国石化茂名分公司、镇海炼化分公司、齐鲁分公司等炼制或掺炼高硫原油较多、较早的企业已积累了大量防腐措施和经验。一些科研机构和企业设备研究所对原油和材料的腐蚀性评价、工艺防腐对策、缓蚀剂应用与筛选、涂层防护等方面都做了大量的研究和探讨，并应用于炼油企业的生产实践中，取得了一定的成效。通过总结这些经验，制定了一些行业标准和管理规定来指导企业的设备防腐管理，如"加工高硫原油重点装置主要设备设计选材导则"、"加工高硫原油重点装置主要管道设计选材导则"、"一脱三注

工艺防腐蚀管理规定"、"装置设备及管线测厚管理规定"、"加强炼油装置腐蚀检查管理规定"、"储罐防腐蚀管理规定"、"防止 H_2S 中毒管理规定"和"安全管理规定"等。这些行业标准和管理规定都表明我国防腐蚀管理已进入规范化的阶段,这也是我国炼油企业防腐蚀技术整体水平提高的一种标志。

在高酸原油加工方面,国外的一些企业,如巴西和委内瑞拉等一些国家的炼油厂很早就单独加工高酸原油。在国内,中国海油一些炼油厂也已有几年单独加工高酸原油的历史,如中国海油宁波大榭石化公司,加工能力为 6000kt/a;中国海油滨州沥青股份有限公司的加工能力为 3200kt/a,目前正准备扩建。中国海油还在惠州建造了一个 12000kt/a 的大型加工高酸原油企业。这些企业加工的原油均来自中国海油自产的渤海湾高酸值重质原油。近几年,中国石油在过去掺炼含酸原油的基础上,尝试了高酸原油单独加工,如辽河石化,年加工能力为 5000kt,以加工辽河低凝油和超稠油为主,掺炼部分大庆原油、埕北原油,近年还加工部分厄瓜多尔原油和委内瑞拉奥里油;锦州石化目前年加工量为 3300kt/a,主要加工辽河油,同时掺炼部分 Doba 原油;还有克拉玛依石化公司全部炼制新疆高酸值稠油,是国内最早加工低硫高酸值稠油的企业之一。中国石化沿江和沿海部分企业为了降低炼油成本,曾通过掺炼形式陆续加工一些高酸原油,但因设备材质等方面的原因,生产装置出现了各种各样的腐蚀问题,个别炼油厂还发生了生产装置大面积腐蚀、不得不停工检修的情况。2006 年,中国石化在几个炼油厂进行试点,成功实现了集中加工高酸原油的目的。2009 年,中国石化对青岛石化进行高含酸原油加工适应性改造,使该企业成为一个专门加工高含酸原油的特色型炼油企业,并取得了较好的经济效益。2010 年中国石化实际加工高酸原油 35890kt,含酸原油 45770kt,并在镇海炼化、茂名石化、广州石化、金陵石化和青岛石化等厂家企业实现了集中加工高酸原油。目前加工高(含)酸原油主要集中在中国石化。

加工含硫含酸原油所带来的腐蚀问题是多方面的,炼油企业的防腐蚀工作能否得到有效落实,防腐蚀管理是关键。对于炼油企业来说,应加强以下几方面的防腐蚀管理[2]:

(1) 建立健全企业腐蚀管理网络。要形成由企业领导牵头,设备部门、工艺部门、生产车间、科研检测部门等组成的一体化腐蚀管理体系。各部门都应建立相应的设备工艺防腐台账,对腐蚀事故、重点腐蚀监控部位、防腐措施等进行详细认真的记录和管理。企业有关部门应制订严格的腐蚀控制指标,加大对防腐措施,尤其是工艺防腐措施的考核力度,以提高各单位对腐蚀防护管理的重视程度,同时建立月报制度。

(2) 设备防腐要从设计和管理入手。对于炼油企业的腐蚀与防护,设计和施工过程的管理相当重要。在设计过程中,设计人员应当充分分析设备可能存在的腐蚀环境,判断可能发生的腐蚀类型,从设备选材、工艺设计、结构设计等方面出发尽可能消除腐蚀隐患。应加强对防腐方案设计的审核,征求相关腐蚀防护专家的意见,以保证方案切实可行。在施工过程中,要加强防腐材料和防腐施工质量的检验,尤其是施工过程中隐蔽环节(如涂装过程中的表面处理环节)的监督和检验。

(3) 腐蚀监检测是炼油企业防腐蚀的重点工作。腐蚀监测的关键在于定点定人,即监测部位要确定,监测人员要固定。不仅要加强装置运行当中的腐蚀监检测,还应加强停工检修期间的腐蚀检查。此外,要加强对腐蚀监检测数据的处理和管理,真正实现腐蚀速度预测和剩余寿命评估。

(4) 加强防腐攻关,包括腐蚀失效案例分析和腐蚀规律研究,以建立相应的腐蚀数据模型，为腐蚀预测和监测提供理论依据。对于炼油企业发生的腐蚀案例要注意收集和分析，积累数据和经验，为今后处理类似事故作基础。

(5) 加强防腐新技术的考察和应用管理工作。目前国内开发了许多新型腐蚀防腐技术，如新型材料和表面处理技术、中和缓蚀剂等。炼油厂在实际应用时不仅要注重其防腐效果，还要进行经济效益评估，并考察新技术是否会对产品、工艺操作等产生负面影响。要有专门的单位进行防腐新技术的管理。

(6) 加强装置运行过程中的腐蚀控制。为了防止设备腐蚀，很多生产装置都建立了相应的开停工和运行方案，如加氢装置运行中防止腐蚀的水冲洗方案、奥氏体不锈钢设备的停工碱洗方案等。在装置运行过程中要严格按照操作方案进行。开工过程中，内部涂刷防腐涂料的设备应注意蒸汽吹扫环节，防止涂料由于不耐湿热环境而剥离脱落，造成防腐措施失效。停工过程中，应加强设备管道的吹扫和排空，防止工艺介质或水的积存，造成设备在停工期间发生腐蚀。另外，当工艺操作参数(如温度、压力、流速等)发生变化时，应及时调整腐蚀控制方案。生产车间对腐蚀严重的设备管线应当建立腐蚀事故应急处理方案。

(7) 加强国外同行业的腐蚀资料调研，跟踪国外最新防腐动态，总结先进的腐蚀防护经验，为企业更好地采取防腐措施提供思路。另外，要加强与同行之间的技术交流，打破技术壁垒，互通有无，借鉴其他企业的先进经验。

(8) 加强企业员工的腐蚀防护教育。设备腐蚀防护是一项贯穿企业上下的工作，要做好防腐工作，必须对各个层次参与防腐的人员进行培训教育，包括企业领导、工程技术人员和操作维修工人。企业可以通过讲座、培训等方式，或印制下发设备腐蚀防护普及知识小册子，使员工了解掌握腐蚀与防护的基础知识，提高对腐蚀的认识，以利于腐蚀防护工作的开展。

第二节　炼制高硫高酸原油对设备的腐蚀

炼油企业常见的腐蚀类型包括硫腐蚀、环烷酸腐蚀和与氢有关的腐蚀，同时由于炼油厂腐蚀介质的多样性，还包括奥氏体不锈钢的氯化物应力腐蚀开裂、胺盐或碱引起的应力腐蚀开裂、糠醛引起的腐蚀、高温炉管的高温氧化与渗碳等。此外，还存在循环水系统的腐蚀、蒸汽系统的腐蚀、埋地管线的土壤腐蚀、临海炼油厂的大气腐蚀等。本节主要介绍硫腐蚀、环烷酸腐蚀(炼油企业典型的两种腐蚀类型)和腐蚀评价技术。

一、总硫、活性硫及腐蚀性硫

从炼油企业设备腐蚀与防护的角度考虑，一般根据硫化物对金属的腐蚀作用，将原油中存在的硫分为活性硫和非活性硫。单质硫、硫化氢和低分子硫醇都能直接与金属作用而引起设备的腐蚀，因此它们被统称为活性硫；其余不能直接与金属作用的硫化物统称为非活性硫。活性硫在一定温度下可以与钢直接发生反应造成腐蚀，非活性硫在高温、高压、催化剂的作用下可部分分解为活性硫。有些硫化物在120℃就开始分解。原油中的硫化物与氧化物、氯化物、氮化物、氰化物、环烷酸和氢气等其他腐蚀性介质相互作用，可以形成多种含硫腐蚀环境。由于原油加工过程中不断有非活性硫在高温、高压、催化剂的作用下分解为活性硫，因此硫的腐蚀不仅存在于一次加工装置，也使二次加工装置遭受硫的腐蚀，甚至延伸到下游化工装置，因此可以说硫的腐蚀问题贯穿于整个炼油的全过程。原油中的总含硫量与原油腐蚀性之间并无精确的对应关系，原油的腐蚀性主要取决于单质硫化物的种类、含量和稳定性，如果原油中的非活性硫化物易于转化为活性硫，即使含硫量很低的原油，也将对设备造成严重的腐蚀。这种变化使硫化物的腐蚀发生在低温及高温各部位。

常见的硫化物分解反应如下，高温下大多数硫化物的分解产物主要是硫化氢。

$$H_2S \xrightarrow{340 \sim 400℃} S + H_2 \uparrow$$

$$2C_4H_9SH \xrightarrow{300℃} C_4H_9SC_4H_9 + H_2S \uparrow$$
（硫醇）　　　　（硫醚）

$$2C_5H_{11}SH \xrightarrow{500℃} C_5H_{11}SC_5H_{11} + H_2S \uparrow$$

$$C_3H_7SC_4H_9 \xrightarrow{300℃} C_3H_6 + C_4H_8 + H_2S \uparrow$$

$$C_2H_5SSC_2H_5 \longrightarrow C_2H_3SC_2H_3 + H_2 \uparrow + H_2S \uparrow$$
（二硫醚）

$$RC_2H_4SSC_2H_4R \longrightarrow RC_2H_4SH + RC_2H_3 + S$$

根据不同原油实沸点蒸馏可知，各种原油中总活性硫的分布有较大的差异，尤其是哈萨克斯坦原油的情况更加明显，数据见表12-2-1所示。

表12-2-1　馏分油中总活性硫与总硫含量的关系

原　油	<350℃馏分收率/%	总硫含量/($\mu g/g$)	活性硫含量/($\mu g/g$)	活性硫占总硫比例/%
伊朗轻质	47.0	4220	131	3.10
伊朗重质	43.8	5054	166	3.29
沙特轻质	46.9	5040	106	2.10
沙特中质	43.3	5452	82	1.50
伊拉克	48.6	4753	17	0.36
科威特	45.7	4735	31	0.65
哈萨克斯坦	65.3	3941	1170	29.69

深入研究发现，活性硫产生腐蚀是受环境因素制约的，特别是受温度的影响较大。也就是说，虽然活性硫具有腐蚀的能力，但在特定的温度条件下，可能有一部分活性硫并不参与腐蚀反应。为此，RIPP提出了"腐蚀性硫"的概念[3]，它是以一定环境条件下（主要是温度）能参与腐蚀反应的硫化物来定义的。图12-2-1、图12-2-2分别为几种中东原油在中沸点馏分中活性硫和腐蚀性硫的分布情况。从图12-2-2可以看出，腐蚀性硫呈高斯分布，在225℃左右含量最高，因而腐蚀性最强。

表12-2-2为部分中东原油和哈萨克斯坦原油进行实沸点蒸馏得到的有关总硫(TS)、活性硫(TAS)、各类活性硫加和(SAS)、腐蚀性硫(碳钢)以及单质硫(S)、硫化氢(H_2S)、硫醇(RSH)、二硫化物(RSSR)等各类活性硫在原油各馏分中的分布情况。从中可以看出，低于200℃馏分活性硫与腐蚀性硫的数据差距较大，而高于200℃馏分的两种数据非常接近。因此可以认为：石油馏分中活性硫多少，只表明其潜在的腐蚀性大小，当温度高于200℃时，活性硫产生腐蚀的可能性大；而温度低于200℃时，腐蚀性硫一般只占活性硫的20%~40%。

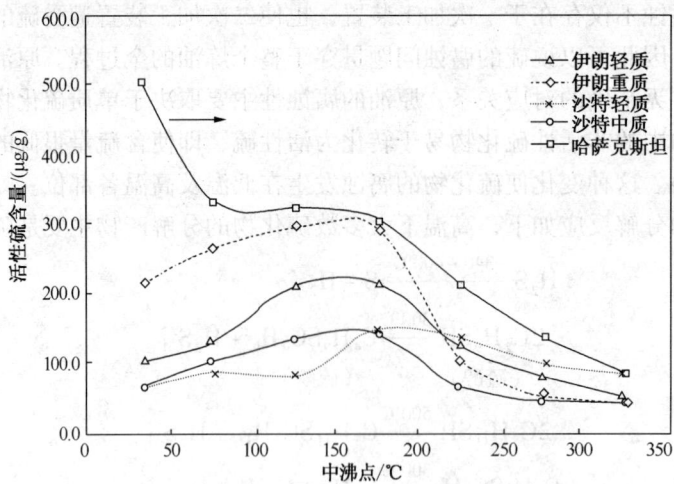

图 12-2-1 原油馏分中活性硫的分布

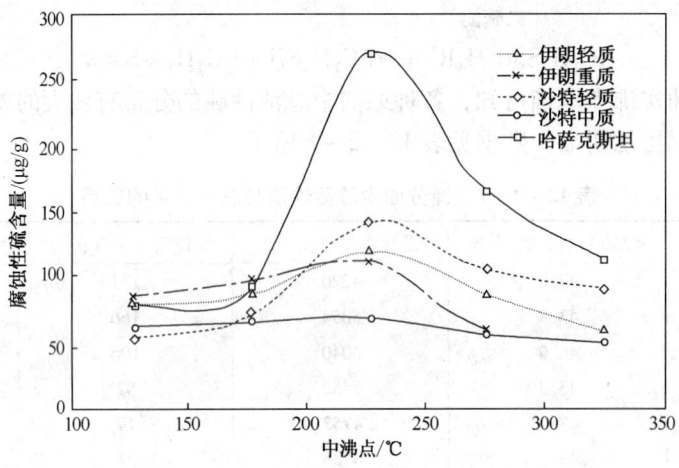

图 12-2-2 原油馏分中腐蚀性硫的分布

表 12-2-2 石油馏分中的活性硫及其腐蚀性硫含量

原油	馏分馏程/℃	收率/%	TS/(μg/g)	S/(μg/g)	H₂S/(μg/g)	RSH/(μg/g)	RSSR/(μg/g)	SAS/(μg/g)	TAS/(μg/g)	碳钢中 S/(μg/g)
伊朗轻质	15~50	1.32	332	0.8	0.0	81.3	12.6	95.5	97.6	—
	50~100	4.80	278	0.6	0.0	110.3	15.0	126.6	128.2	—
	100~150	7.67	608	1.3	0.0	116.7	57.4	176.7	209.7	77
	150~200	8.06	1361	1.7	0.0	134.9	76.7	215.0	213.3	84
	200~250	7.90	2737	0.0	0.0	102.3	56.0	158.3	123.0	120
	250~300	8.35	7256	0.0	0.0	55.7	32.0	87.7	79.0	86
	300~350	8.88	11107	0.0	0.0	29.7	31.2	60.9	48.9	55
伊朗重质	15~50	1.64	557	<0.4	0.0	203.1	18.8	221.9	210.6	—
	50~100	4.89	530	<0.4	0.0	241.9	29.3	271.2	264.8	—
	100~150	7.15	965	<0.4	3.5	231.1	70.4	308.5	295.3	82
	150~200	7.17	2188	0.0	3.6	222.4	57.2	286.8	293.7	95
	200~250	7.08	2772	0.0	0.0	68.2	22.7	90.9	102.6	112
	250~300	8.30	8863	0.0	0.0	50.7	18.4	69.1	53.1	55
	300~350	7.58	12536	0.0	0.0	16.4	26.9	43.3	41.1	46

续表

原油	馏分馏程/℃	收率/%	TS/($\mu g/g$)	S/($\mu g/g$)	H_2S/($\mu g/g$)	RSH/($\mu g/g$)	RSSR/($\mu g/g$)	SAS/($\mu g/g$)	TAS/($\mu g/g$)	碳钢中S/($\mu g/g$)
沙特轻质	15~50	1.35	735	1.8	0.0	52.1	0.0	55.7	58.9	—
	50~100	4.33	170	0.7	0.0	56.1	15.6	73.1	85.4	—
	100~150	6.59	153	1.0	1.8	52.3	32.1	90.1	80.1	49
	150~200	8.41	711	1.6	4.7	88.8	33.6	134.9	147.4	67
	200~250	7.98	2082	1.5	1.5	78.4	60.6	144.8	132.9	143
	250~300	9.03	8444	1.0	0.0	64.8	27.7	94.5	100.2	105
	300~350	9.19	14670	0.0	0.0	55.9	35.7	91.6	85.7	90
沙特中质	15~50	1.51	523	1.5	0.0	33.9	6.4	43.3	57.2	—
	50~100	4.33	294	0.0	0.0	71.5	22.9	94.4	100.6	—
	100~150	6.30	287	0.8	0.0	74.2	58.2	133.9	132.5	57
	150~200	7.44	1043	1.1	2.3	91.9	24.1	122.8	139.6	62
	200~250	7.19	3150	0.7	0.0	58.9	14.0	74.2	64.4	66
	250~300	8.30	9223	0.0	0.0	28.4	24.3	52.7	44.9	52
	300~350	8.21	15256	0.0	0.0	34.3	20.3	44.6	40.6	46
伊拉克	15~50	2.04	439	<0.4	0.0	16.0	2.7	18.6	18.3	—
	50~100	5.18	218	<0.4	0.0	16.9	5.4	22.3	27.8	—
	100~150	7.48	276	<0.4	0.8	17.8	10.2	29.6	25.4	11
	150~200	7.93	569	<0.4	0.0	9.2	14.6	23.7	18.8	23
	200~250	7.86	2108	<0.4	0.0	5.3	6.6	11.9	11.8	25
	250~300	8.42	7755	0.0	0.0	6.2	6.3	12.5	12.2	15
	300~350	9.69	14503	0.0	0.0	12.2	2.7	14.9	9.5	12
科威特	15~50	2.42	224	<0.4	0.0	23.4	12.5	35.9	31.4	—
	50~100	5.01	211	<0.4	0.0	28.5	2.2	30.7	36.5	—
	100~150	6.73	258	<0.4	0.0	35.3	3.0	38.2	53.1	30
	150~200	7.51	561	<0.4	0.0	24.5	10.9	35.4	34.0	32
	200~250	7.07	1769	<0.4	0.0	4.4	22.1	26.5	22.5	37
	250~300	8.41	7428	<0.4	0.0	9.6	9.8	19.5	20.6	27
	300~350	8.56	15642	<0.4	0.0	12.3	9.2	21.4	23.0	27
哈萨克斯坦	15~50	3.05	4118	89.1	0.0	2376	69.4	2623.6	2529.9	—
	50~100	8.13	2845	70.2	0.0	1537.5	85.3	1763.3	1672.3	—
	100~150	12.29	2383	32.9	39.0	1176.4	336.3	1656.5	1624.2	300
	150~200	9.32	2778	72.6	19.9	1136.6	436.0	1752.4	1537.7	362
	200~250	9.05	2775	21.6	35.5	682.5	308.2	1104.9	1053.1	1121
	250~300	8.98	4182	9.8	0.0	478.5	405.7	903.9	680.2	678
	300~350	9.17	6452	4.7	0.0	239.8	191.9	441.1	414.6	452

"腐蚀性硫"这一概念的提出，客观地揭示了硫在原油中的腐蚀行为，从而为更准确地进行原油腐蚀评价提供了依据。

二、硫及硫化物的腐蚀

（一）低温硫腐蚀

湿硫化氢损伤是指在含水和硫化氢环境中碳钢和低合金钢所发生的损伤过程。而湿硫化氢损伤环境，即 $H_2S—H_2O$ 型的腐蚀环境，是指水或水物流在露点以下与硫化氢共存时，在压力容器与管道中发生开裂的腐蚀环境，广泛存在于炼油企业一次和二次加工装置的轻油部位，碳钢和低合金钢的湿硫化氢损伤也是最受关注的。

在炼油企业，碳钢和低合金钢的湿硫化氢损伤表现为氢鼓泡(HB)、氢致开裂(HIC)、应力导向氢致开裂(SOHIC)以及硫化物应力腐蚀开裂(SSC)四种损伤类型。

导致湿 H_2S 损伤的敏感性是由环境、设备和管道所用材料以及应力状态等因素共同决定的。其中环境因素包括介质和温度两个因素[4]：

介质：

（1）含游离水（液相中）；

（2）以下四个条件之一：

① 游离水中 H_2S 溶解量大于 $50\mu g/g$；

② 游离水 pH 值小于 4，且有溶解的 H_2S 存在；

③ 游离水 pH 值大于 7.6，水中溶解的 HCN 大于 $20\mu g/g$，且有溶解的 H_2S 存在；

④ H_2S 在气相中的分压大于 $0.0003MPa$。

特别是当设备和管道的介质环境符合以下任何一条时称为湿 H_2S 严重损伤环境（表12-2-3）：

① 液相游离水的 pH 值大于 7.8，且在游离水中的 H_2S 大于 $2000\mu g/g$；

② 液相游离水的 pH 值小于 5，且在游离水中的 H_2S 大于 $50\mu g/g$；

③ 液相游离水中存在 HCN 或氢氰酸化合物，且大于 $20\mu g/g$。

表12-2-3 湿硫化氢损伤环境的介质严重度[5]

水的 pH 值	水的 H_2S 含量			
	$<50\mu g/g$	$50\sim1000\mu g/g$	$1000\sim10000\mu g/g$	$>10000\mu g/g$
<5.5	低	中	高	高
5.5~7.5	低	低	低	中
7.6~8.3	低	中	中	中
8.4~8.9	低	中	中	高
>9.0	低	中	高	高

温度[6]：HB、HIC 和 SOHIC 损伤发生的温度范围为常温至 150℃；SSC 通常发生在 82℃ 以下。

材料：发生湿 H_2S 损伤的材料主要为碳钢和低合金钢。特别是有些使用年限较长的球罐，其材质为 CF62 等高强钢，其损伤敏感性高。

材料硬度：硬度是 SSC 的一个主要因素。不同材料具体的硬度要求见本章第三节中的防腐措施。

应力状态：冷加工或焊接成形，没有进行消除应力热处理的设备和管道其损伤敏感性高，见表12-2-4、表12-2-5。

表12-2-4 SSC 敏感性[5]

介质严重度	焊接时焊缝最大布氏硬度			PWHT后最大布氏硬度		
	<200	200~237	>237	<200	200~237	>237
高	低	中	高	无	低	中
中	低	中	高	无	无	低
低	低	低	中	无	无	无

表12-2-5 HIC/SOHIC 的敏感性[5]

介质严重度	高硫钢 S>0.01%		低硫钢 S: 0.002%~0.01%		超低硫钢 S<0.002%	
	焊接	焊后热处理	焊接	焊后热处理	焊接	焊后热处理
高	高	高	高	中	中	低
中	高	中	中	低	低	低
低	中	低	低	低	无	无

氢鼓泡(HB)是材料表面下形成的空穴,对应金属材料,氢鼓泡将在金属内部形成很大的压力。金属中近表面的鼓泡不断增大通常会导致金属表面向外鼓出。由于腐蚀产生的氢原子(不是工艺过程中产生的氢气)向钢中渗透并扩散到金属之间缝隙、迭片结构或其他内部不连续部位(如非金属夹杂物),形成氢分子,从而形成氢鼓泡。钢材中有很多杂质,这些杂质会在金属轧制过程中沿着轧制方向聚集,这些杂质聚集部位更容易出现氢鼓泡。随着氢分子聚集所形成压力的增大,气泡所造成的周向应力会导致气泡相邻区域材料的塑性变形。这可能会导致气泡沿着金属板扩展,并可能会导致氢致开裂(HIC)。氢鼓泡可能在管道或压力容器的壁厚内径、外径上以表面凸起的形式出现。

氢致开裂(HIC)是金属内部或金属表面不同层间的氢鼓泡之间相互连接所形成的阶梯状开裂。氢致开裂的形成不需要任何外加应力。造成钢材氢致开裂的驱动力是伴随着氢鼓泡所形成的内压在鼓泡形成很高的周向应力。这些高应力区域的相互作用将会导致裂纹逐步扩展并将分布在各层上的鼓泡相互连接起来。在描述裂纹的这种不同层间鼓泡相互连接的特性时将其称为阶梯型开裂。图12-2-3 为 HB 和 HIC 损伤的示意图。

应力导向氢致开裂(SOHIC)是大量氢鼓泡在很高的局部拉伸应力作用下连接所形成的贯穿壁厚的氢致开裂。SOHIC 是一种特殊形式的 HIC,通常发生在临近焊缝热影响区的母材,这些部位具有很高的焊接残余应力。SOHIC 也会在其他高应力区出现,如其他环境开裂的裂尖部位或几何不连续部位(如焊趾部位)。这种近似垂直的小鼓泡群以及相互连接的裂纹是贯穿壁厚方向的,这是由于在典型的压力容器焊缝中这些小鼓泡群以及相互连接的裂纹通常都垂直于拉伸应力的方向。图12-2-4 显示了 HB 伴随着焊缝的 SOHIC 损伤。

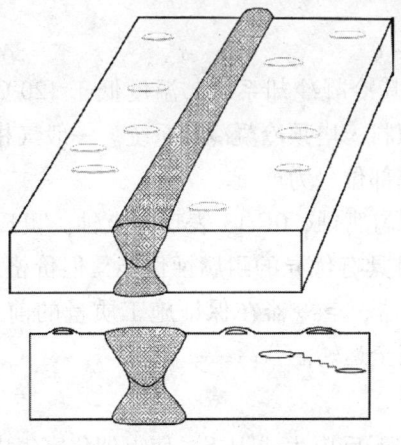

图12-2-3 HB 和 HIC 损伤示意图

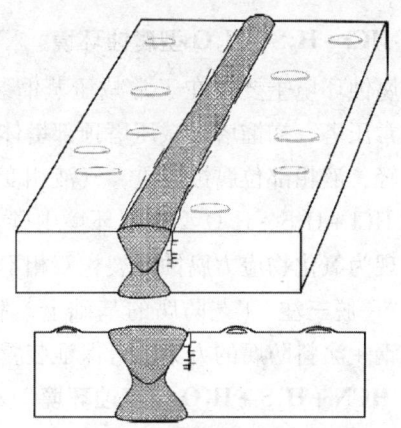

图12-2-4 HB 伴随着焊缝的 SOHIC 损伤示意图

硫化物应力腐蚀开裂(SSC)定义为金属在拉应力和H_2S水溶液的腐蚀共同作用下发生的开裂现象。它是一种氢应力开裂(HSC)。H_2S对钢铁的腐蚀，在钢铁表面释放了大量氢原子。同时H_2S还是氢原子结合形成氢分子的促进剂，因此促进了钢铁吸收氢的作用。氢原子慢慢向钢铁中扩散，并在钢铁中的高硬度区和高应力区(外加的或残余应力)积聚，使得钢材变脆。因此，SSC通常包括氢脆的发生。开裂的模式通常为穿晶开裂，在钢材的局部高硬度区和高强度区(马氏体或贝氏体)也可能会伴随着晶间开裂。金属的高硬度区通常会在焊缝、焊缝热影响区以及与之相连的母材附近出现，这些区域的硬度取决于钢材的成分(如焊缝和母材的成分)、应力水平、所采用的焊接工艺以及焊后热处理方法。图12-2-5为硬焊缝SSC损伤的示意图。

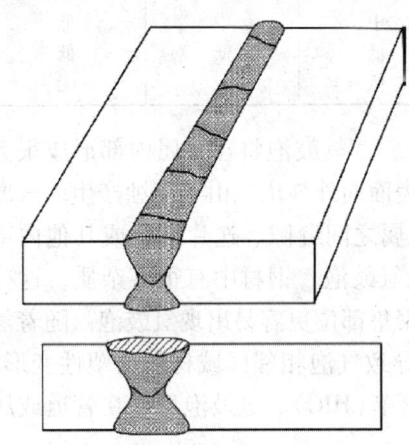

图12-2-5 硬焊缝SSC示意图

HB可以在壳体板或压力容器封头等部位发生，在管线上很少发生，在焊缝的中间也极少发生。HIC损伤可能在鼓泡或存在表面下迭片结构的部位发生。

对于压力容器，SOHIC和SSC损伤通常与焊缝有关。SSC在容器或高强度钢部件的高硬度区也会发生。

原油中存在的硫以及硫化物在不同条件下逐步分解生成的H_2S等低分子的活性硫，与原油加工过程中生成的腐蚀性介质(如HCl、NH_3、CO_2等)和人为加入的腐蚀性介质(如乙醇胺、糠醛、水等)共同形成腐蚀性环境，在装置的低温部位(特别是气液相变部位)造成严重的腐蚀。典型的有蒸馏装置常、减压塔顶的$HCl + H_2S + H_2O$腐蚀环境；催化裂化装置分馏塔顶的$HCN + H_2S + H_2O$腐蚀环境；加氢裂化和加氢精制装置流出物空冷器的$H_2S + NH_3 + H_2O$腐蚀环境；干气脱硫装置再生塔、气体吸收塔的RNH_2(醇胺) $+ CO_2 + H_2S + H_2O$腐蚀环境等。

1. $HCl + H_2S + H_2O$型腐蚀环境

该腐蚀环境主要存在于常减压蒸馏装置塔顶及其冷凝冷却系统、温度低于120℃的部位，如常压塔、初馏塔、减压塔顶部塔体、塔盘或填料、塔顶冷凝冷却系统。一般气相部位腐蚀较轻，液相部位腐蚀较重，气液相变部位即露点部位最为严重。

在$HCl + H_2S + H_2O$型腐蚀环境中碳钢表现为均匀腐蚀，0Cr13表现为点蚀，奥氏体不锈钢表现为氯化物应力腐蚀开裂，双相不锈钢和钛材具有优异的耐腐蚀性能，但价格昂贵。在加强"一脱三注"工艺防腐的基础上，制造的换热器、空冷器在保证施工质量的前提下，采用碳钢+涂料防腐的方案也可保证装置的长周期安全运转。

2. $HCN + H_2S + H_2O$型腐蚀环境

催化原料油中的硫和硫化物在催化裂化反应条件下反应生成H_2S，使得催化富气中H_2S浓度很高。原料油中的氮化物在催化裂化反应条件下约有10%~15%转化成NH_4^+，有1%~2%转化成HCN。在吸收稳定系统的温度(40~50℃)和水存在条件下，从而形成了HCN +

$H_2S + H_2O$ 型腐蚀环境。

由于 $HCN + H_2S + H_2O$ 型腐蚀环境中 CN^- 的存在,使得湿硫化氢腐蚀环境变得复杂,它是腐蚀加剧的催化剂。对于均匀腐蚀,一般来说 H_2S 和铁生成 FeS 在 pH 值大于 6 时能覆盖在钢表面形成致密的保护膜,但是由于 CN^- 使 FeS 保护膜溶解生成络合离子 $Fe(CN)_6^{4-}$,加速了腐蚀反应的进行;对于氢鼓泡,碳钢和低合金钢在 $Fe(CN)_6^{4-}$ 存在条件下,可以大大加剧原子氢的渗透,它阻碍原子氢结合成分子氢,溶液中保持较高的原子氢浓度,使氢鼓泡的发生率大大提高;对于硫化物应力腐蚀开裂,当介质的 pH 值大于 7 呈碱性时,开裂较难发生,但当有 CN^- 存在时,系统的应力腐蚀敏感性大大提高。

催化裂化装置吸收稳定系统的耐蚀选材,由于系统中湿硫化氢环境的存在,而且 CN^- 存在时可大大提高应力腐蚀开裂敏感性,因此目前吸收稳定系统的设备以碳钢为主,要注意焊后热处理,塔体也有用 0Cr13 复合钢板。在催化裂化吸收稳定系统加注一定量的咪唑啉类缓蚀剂,能取得较好的防腐效果。

3. RNH_2(醇胺) + CO_2 + H_2S + H_2O 型腐蚀环境

腐蚀部位发生在干气及液化石油气脱硫的再生塔底部系统及富液管线系统(温度高于 90℃,压力约 0.2MPa)。腐蚀形态为在碱性介质下,由 CO_2 及胺引起的应力腐蚀开裂和均匀减薄。均匀腐蚀主要是 CO_2 引起的,应力腐蚀开裂是由胺、二氧化碳、硫化氢和设备所受的应力引起的。

DEA 装置碳钢金属温度大于 60℃ 和 MDEA 装置碳钢金属温度大于 82℃ 要作消除应力处理。确保热处理后的焊缝硬度(HB < 200),防止碱性条件下由胺盐引起的应力腐蚀开裂。

4. $NH_4Cl + NH_4HS$ 型腐蚀环境

加氢装置高压空冷器 $NH_4Cl + NH_4HS$ 腐蚀环境主要存在于加氢精制、加氢裂化装置中反应流出物系统中。由于 NH_4Cl 在加氢装置高压空冷器中的结晶温度约为 210℃,而 NH_4HS 在加氢装置高压空冷器中的结晶温度约为 121℃,均在加氢装置高压空冷器的进口温度和出口温度的范围内,因此在高压空冷器中极易形成 NH_4Cl 和 NH_4HS 结晶析出,在空冷器流速低的部位由于 NH_4Cl 和 NH_4HS 结垢浓缩,造成电化学垢下腐蚀,形成蚀坑,最终形成穿孔。

在加氢装置运行期间应加强高压空冷器物料中 H_2S、NH_3 的浓度和流速的监测,通过 K_p 值预测高压空冷器的结垢和腐蚀情况。由于 NH_4Cl 和 NH_4HS 均易溶于水,因此增加注水量能有效地抑制 NH_4Cl 和 NH_4HS 结垢,在注水的过程中应注意注入水在加氢装置高压空冷器中的分配,避免造成流速滞缓的区域。在高压空冷器注水点处加入水溶性缓蚀剂,缓蚀剂能有效吸附到金属表面,形成防护膜,从而起到较好的防护作用。再者可以考虑加入部分 NH_4HS 结垢抑制剂,能优先与氯化物和硫化物生成盐类,这种盐结晶温度高于 200℃,并且极易溶于水中,能有效抑制 NH_4Cl 和 NH_4HS 结垢,从而达到减缓腐蚀的作用。

5. $CO_2 + H_2S + H_2O$ 型腐蚀环境

该腐蚀环境存在于气体脱硫装置的溶剂再生塔顶及其冷凝冷却系统,温度为 40~60℃ 酸性气体部位。其腐蚀主要是酸性气中 CO_2、H_2O 遇水造成的低温腐蚀。

在该腐蚀环境中,碳钢为均匀腐蚀、氢鼓泡、焊缝应力腐蚀开裂。奥氏体不锈钢焊缝会出现应力腐蚀开裂。

$CO_2 + H_2S + H_2O$ 腐蚀环境采取的防腐措施以材料为主。溶剂再生塔顶内构件采用 0Cr18Ni9Ti，塔顶筒体用碳钢 + 321 复合板。塔顶冷却器壳体用碳钢，管束用 0Cr18Ni9Ti。酸性气分液罐用碳钢或碳钢 + 0Cr13Al。

6. $H_2S + H_2O$ 型腐蚀环境

该腐蚀环境存在于液化气球罐、轻油罐顶部、气柜，加氢精制装置后冷器内浮头螺栓等部位。

在该腐蚀环境中，对碳钢为均匀腐蚀、氢鼓泡、焊缝硫化物应力腐蚀开裂。

$H_2S + H_2O$ 腐蚀环境中采取的防护措施：

球罐：球罐用钢板应做100%超声波探伤，严格执行焊接工艺进行焊接；球罐焊后要立即进行整体消除应力热处理，控制焊缝硬度 HB≤200；液化气中的 H_2S 含量应 <50μg/g。

加氢精制后冷器内浮头螺栓应力值不应超过屈服极限的75%；控制螺栓硬度 HB≤200；采用合理的热处理工艺，如30CrMo，淬火后采用620~650℃回火，可防止断裂。

（二）高温硫腐蚀

高温硫化物的腐蚀环境是指在240℃以上的重馏分油部位硫、硫化氢和硫醇形成的腐蚀环境。典型的高温硫化物腐蚀环境存在于蒸馏装置常、减压塔的下部及塔底管线，常压重油和减压渣油换热器等；催化裂化装置主分馏塔的下部，延迟焦化装置主分馏塔的下部及其管线等。在加氢裂化和加氢精制等临氢装置中，由于氢气的存在加速硫化氢的腐蚀，在240℃以上形成高温 $H_2S + H_2$ 腐蚀环境，典型例子是加氢裂化装置的反应器、加氢脱硫装置的反应器以及催化重整装置原料精制部分的石脑油加氢精制反应器等。

高温硫腐蚀机理：在高温条件下，活性硫与金属直接反应，它出现在与物流接触的各个部位，表现为均匀腐蚀，其中硫化氢的腐蚀性很强。

化学反应式如下：

$$H_2S + Fe \longrightarrow FeS + H_2$$

$$S + Fe \longrightarrow FeS$$

$$RSH + Fe \longrightarrow FeS + 不饱和烃$$

高温硫腐蚀速度的大小，取决于原油中活性硫的多少，但是与总硫量也有关系。

温度对高温硫腐蚀的影响：当温度升高时，一方面促进活性硫化物与金属的化学反应，同时又促进非活性硫的分解。

温度低于120℃时，非活性硫化物未分解，在无水情况下，对设备无腐蚀。但当含水时，则形成炼油厂各装置低温轻油部位的腐蚀，特别是在相变部位（或露点部位）造成严重的腐蚀。

温度在120~240℃之间时，原油中活性硫化物未分解。

温度在240~340℃之间时，硫化物开始分解，生成硫化氢，对设备也开始产生腐蚀，并且随着温度的升高腐蚀加剧。

温度在340~400℃之间时，硫化氢开始分解为 H_2 和 S，S 与 Fe 反应生成 FeS 保护膜，具有阻止进一步腐蚀的作用。但在有酸存在时（如环烷酸），FeS 保护膜被破坏，使腐蚀进一步发生。

温度在 426~430℃ 之间时，高温硫腐蚀最为严重。

温度大于 480℃ 时，硫化氢几乎完全分解，腐蚀性开始下降。

高温硫腐蚀，开始时速度很快，一定时间后腐蚀速度会恒定下来，这是因为生成了硫化铁保护膜的缘故。而介质的流速越高，保护膜就容易脱落，腐蚀将重新开始。

环烷酸对高温硫腐蚀的影响：

环烷酸形成可溶性的腐蚀产物，腐蚀形态为带锐角边的蚀坑和蚀槽，物流的流速对腐蚀影响更大，环烷酸的腐蚀部位都是在流速高的地方，流速增加，腐蚀率也增加。而硫化氢的腐蚀产物是不溶于油的，多为均匀腐蚀，随温度的升高而加重。当两者的腐蚀作用同时进行，若含硫量低于某一临界值，其腐蚀情况加重。亦即环烷酸破坏了硫化氢腐蚀产物，生成可溶于油的环烷酸铁和硫化氢，使腐蚀继续进行。若硫含量高于临界值时，硫化氢在金属表面生成稳定的 FeS 保护膜，减缓了环烷酸的腐蚀作用。也就是我们平常所说的，低硫高酸比高硫高酸腐蚀还严重。

（三）其他类型的硫腐蚀

1. 停工期间的连多硫酸应力腐蚀开裂

连多硫酸应力腐蚀开裂最易发生在石化系统中由敏化不锈钢制造的设备上，一般是在高温、高压含氢环境下的反应塔器及其衬里和内构件、储罐、换热器、管线、加热炉炉管，特别在加氢脱硫、加氢裂化、催化重整等系统中用奥氏体钢制成的设备上。这些设备在高温、高压、缺氧、缺水的干燥条件下运行时一般不会形成连多硫酸，但当装置运行期间受到硫的腐蚀，在设备表面生成硫化物，装置停工期间有氧(空气)和水进入时，与设备表面生成的硫化物反应生成连多硫酸($H_2S_xO_6$)，在设备停工时通常也存在拉伸应力(包括残余应力和外加应力)，在连多硫酸和这种拉伸应力的共同作用下，奥氏体不锈钢和其他高合金钢产生了敏化条件(在制造过程的敏化和温度大于 427~650℃ 长期操作会形成敏化)，就有可能发生连多硫酸应力腐蚀开裂。

由于连多硫酸应力腐蚀开裂在设备的停工时发生，当装置由于停车、检修等原因处于停工时应严加防护，防止外界的氧和水分等有害物质进入系统。对于 18-8 不锈钢来说，介质环境的 pH 值不大于 5 时就可能发生连多硫酸应力腐蚀开裂，因此现场要严格控制介质环境的 pH 值，碱洗可以中和生成的连多硫酸，使 pH 值控制在合适的范围。氮气吹扫可以除去空气，使设备得到保护(装置停工时的操作可参照 NACE RP0170—2004《奥氏体不锈钢和其他奥氏体合金炼油设备在停工期间产生连多硫酸应力腐蚀开裂的防护》)。

2. 高温烟气硫酸露点腐蚀

加热炉中含硫燃料油在燃烧过程中生成高温烟气，高温烟气中含有一定量的 SO_2 和 SO_3，在加热炉的低温部位，SO_3 与空气中水分共同在露点部位冷凝，生成硫酸，产生硫酸露点腐蚀，严重腐蚀设备。在炼油企业多发生在加热炉的低温部位如空气预热器和烟道；废热锅炉的省煤器及管道、圆筒加热炉炉壁等位置。

硫酸露点腐蚀的腐蚀程度并不完全取决于燃料油中的含硫量，还受到二氧化硫向三氧化硫的转化率以及烟气中含水量的影响。因此正确测定烟气的露点对确定加热炉装置的易腐蚀部位、设备选材以及防腐蚀措施的制定起着关键作用。

由于烟气在露点以上基本不存在硫酸露点腐蚀的问题，因此在准确测定烟气露点的基础上可以通过提高进料温度达到预防腐蚀的目的，但这种方法排放掉高温烟气，造成能量的浪费。

为了解决高温烟气硫酸露点腐蚀的问题，国内在20世纪90年代开发了耐硫酸露点腐蚀的新钢种——ND钢，在钢中加入了微量元素Cu、Sb和Cr，采用特殊的冶炼和轧制工艺，保证其表面能形成一层富含Cu、Sb的合金层，当ND钢处于硫酸露点条件下时，其表面极易形成一层薄的致密的含有Cu、Sb和Cr的钝化膜，这层钝化膜是硫酸腐蚀的反应物，随着反应生成物的积累，阳极电位逐渐上升，很快就使阳极钝化，ND钢完全进入钝化区。该钢种在几家炼油厂的加热炉系统应用，取得了较好的效果。要注意的是ND钢在pH值偏酸性环境下使用有一定效果，如果硫酸的pH太低，防腐效果与碳钢区别不大。

3. 停工期间硫化亚铁自燃

随着高硫原油加工企业的不断增多，在装置停工检修期间打开人孔以后，往往会发生硫化亚铁自燃，有的甚至出现火灾。硫化亚铁自燃一般会出现在气体脱硫和污水装置，硫磺回收装置、减压塔、焦化装置、储罐的部位，其中以填料塔最严重。

硫化亚铁自燃的原因为：当装置停工时，由于设备内部油退出，其内部腐蚀产物FeS_2逐渐暴露出来。由于蒸汽吹扫，FeS_2表面的油膜气化、挥发，失去了与O_2接触的保护膜，设备停工检修时，由于大量空气进入设备内，其氧化反应不断放出热量，造成局部温度超出残油的燃点，引起着火事故。

对易发生硫化亚铁自燃的设备，先用清洗剂清洗后，再打开设备即可避免局部自燃。

三、总酸值TAN及环烷酸的腐蚀

环烷酸是一种存在于石油中的含饱和环状结构的有机酸，其通式为RCH_2COOH，石油中的酸性化合物包括环烷酸、脂肪酸、芳香酸以及酚类，而以环烷酸含量最多，故一般称石油中的酸为环烷酸。其含量一般借助非水滴定测定的酸度（适用于轻质油品，mgKOH/100mL）或酸值（适用于重质油品，mgKOH/g）来间接表示。石油中的环烷酸是非常复杂的混合物，其相对分子质量差别很大，可在180~700之间，尤以300~400之间居多，其沸点范围大约在177~343℃之间。相对分子质量小的环烷酸在水中的溶解度很小，相对分子质量大的环烷酸不溶于水。

通常所说的酸值及总酸值TAN(total acid number)，为中和1g油样品中所有的酸性组分（包括强酸与弱酸）所需要的碱量，以氢氧化钾的含量毫克数"mgKOH/g"表示。

环烷酸在石油炼制过程中，随原油一起被加热、蒸馏，并随与之沸点相同的油品冷凝，且溶于其中，从而造成该馏分对设备材料的腐蚀。

目前，大多数学者认为，环烷酸腐蚀的反应机理如下：
$$2RCOOH + Fe \longrightarrow Fe(RCOO)_2 + H_2$$

环烷酸腐蚀形成的环烷酸铁是油溶性的，再加上介质的流动，故环烷酸腐蚀的金属表面清洁、光滑无垢。在原油的高温高流速区域，环烷酸腐蚀呈顺流向产生的锐缘的流线沟槽，在低流速区域，则呈边缘锐利的凹坑状。

影响环烷酸腐蚀的因素：

（1）酸值 原油和馏分油的酸值是衡量环烷酸腐蚀的重要因素。经验表明，在一定温度范围内，腐蚀速率和酸值的关系中，存在一临界酸值，高于此值，腐蚀速率明显加快。一般认为原油的酸值达到0.5mgKOH/g时，就可引起蒸馏装置某些高温部位发生环烷酸腐蚀。

由于在原油蒸馏过程中，酸的组分是和它相同的沸点的烃类共存的，因此，只有馏分油的酸值才真正决定环烷酸腐蚀速率。在常压条件下，馏分油的最高酸值浓度在371~426℃至终馏点范围内。在减压条件下，原油沸点降低了111~166℃，所以，减压塔中馏分油的最高酸值应出现在260℃左右的温度范围内。

酸值升高，腐蚀速率增加。在235℃时，酸值提高一倍，碳钢、7Cr-1/2Mo钢、9Cr-1Mo钢的腐蚀速率约增加2.5倍，而410不锈钢的腐蚀速率提高近4.6倍。

(2) 温度　环烷酸腐蚀的温度范围大致在230~400℃。有些文献认为：环烷酸腐蚀有两个峰值，第一个高峰出现在270~280℃，当温度高于280℃时，腐蚀速率开始下降，但当温度达到350~400℃时，出现第二个高峰。

(3) 流速和流态　流速在环烷酸腐蚀中是一个很关键的因素。在高流速条件下，甚至酸值低至0.3mgKOH/g的油液也比低流速条件下，酸值高达1.5~1.8mgKOH/g的油液具有更高的腐蚀性。现场经验中，凡是有阻碍液体流动从而引起流态变化的地方，如弯头、泵壳、热电偶套管插入处等，环烷酸腐蚀特别严重。

(4) 硫含量　油气中硫含量的多少也影响环烷酸腐蚀，硫化物在高温下会释放出H_2S，H_2S与钢铁反应生成硫化亚铁，覆盖在金属表面形成保护膜，这层保护膜不能完全阻止环烷酸的作用，但它的存在显然减缓了环烷酸的腐蚀。

(5) 酸结构　即使总酸值相同，若所含环烷酸结构不同，原油腐蚀性差别会很大。Deyab等[8]用循环伏安法研究了几种不同结构的环烷酸在水溶液中的腐蚀性，发现腐蚀速率与环烷酸的结构有关。这就是为什么有的原油酸值较高，腐蚀性较小，而有的原油酸值不高，但腐蚀性却很强的原因。这说明仅用酸值来表示原油的腐蚀性并不完全合适。章群丹等[9]通过研究发现直链脂肪酸的腐蚀能力是随碳数的增加而减小；一个支链增加脂肪酸的腐蚀性，但支链再增加腐蚀能力反而减弱，特别是支链离羧基较近，空间位阻越大，腐蚀能力减弱；环取代能增加石油酸的腐蚀能力，特别是芳环取代更是如此，但多个环取代时由于空间位阻的原因反而减弱腐蚀能力，五元环烷酸腐蚀能力强于六元环烷酸；环上取代基离羧基越近，腐蚀能力减弱，相同位置的取代基链越长，腐蚀能力减弱。

环烷酸腐蚀的控制措施：

(1) 混炼　原油的酸值可以通过混合加以降低，如果将高酸值和低酸值的原油混合到酸值低于环烷酸腐蚀的临界值以下，则可以在一定程度上解决环烷酸腐蚀问题。

(2) 选择适当的金属材料　材料的成分对环烷酸腐蚀的作用影响很大，碳含量高易腐蚀，而Cr、Ni、Mo含量的增加对耐蚀性能有利，所以碳钢耐腐蚀性能低于含Cr、Mo、Ni的钢材，低合金钢耐腐蚀性能要低于高合金钢，因此选材的顺序应为：碳钢→Cr-Mo钢（Cr5Mo→Cr9Mo）→0Cr13→0Cr18Ni9Ti→316L→317L。目前国外采用AISI 316SS较多。

(3) 注缓蚀剂　使用油溶性缓蚀剂可以抑制炼油装置的环烷酸腐蚀。

(4) 控制流速和流态　扩大管径，降低流速。

设计结构要合理。要尽量减少部件结合处的缝隙和流体流向的死角、盲肠；减少管线震动；尽量取直线走向，减少急弯走向；集合管进转油线最好斜插，若垂直插入，则建议在转油线内加导向弯头。

高温重油部位，尤其是高流速区的管道的焊接，凡是单面焊的尽可能采用业弧焊打底，以保证焊接接头根部成型良好。

四、腐蚀评价技术

(一) 原油腐蚀性能的评定

在加工高硫或高酸原油之前,对原油的腐蚀性能进行综合评价是十分必要的。了解和掌握各馏分中的总硫、活性硫和酸值的分布情况,可为设备、管道合理选材和工艺、设备防腐蚀综合方案的制定提供依据。根据原油腐蚀评价数据,对可能发生的腐蚀类型、腐蚀程度及其分布情况进行预测,从而为腐蚀监检测方案的制定和进行腐蚀问题分析诊断打下基础。

在测量腐蚀性硫时,可选择铜粉腐蚀试验方法,反应温度选择各馏分的沸程温度,操作简单、方便,其结果基本能反应腐蚀性硫与活性硫之间的关系。

(二) 腐蚀实验室的建立

近些年来,全国大部分石化企业都建立和完善了设备腐蚀档案制度,并开始向规范化的计算机管理迈进,这是进行腐蚀评价的基础。与此同时,一些科研单位和院校也都建有相关的材料腐蚀实验室。随着大规模加工高硫或高酸原油形势的发展,需建立起更加完善的实验室评价手段,以便对炼制高硫或高酸原油所造成的腐蚀问题有足够的技术准备,并为工业生产提供可靠的材料和工艺参数。

中国石化青岛安全工程研究院设备安全研究室近几年建立了设备安全实验室,以设备安全运行保障技术为主要研究核心,引进功能先进的材料分析测试、原油分析评价和现场监检测仪器设备,并开发出多套腐蚀模拟试验装置,已建立起设施先进、功能齐全、配套完善、多角度的实验研究体系。图12-2-6为设备安全实验室框架图。

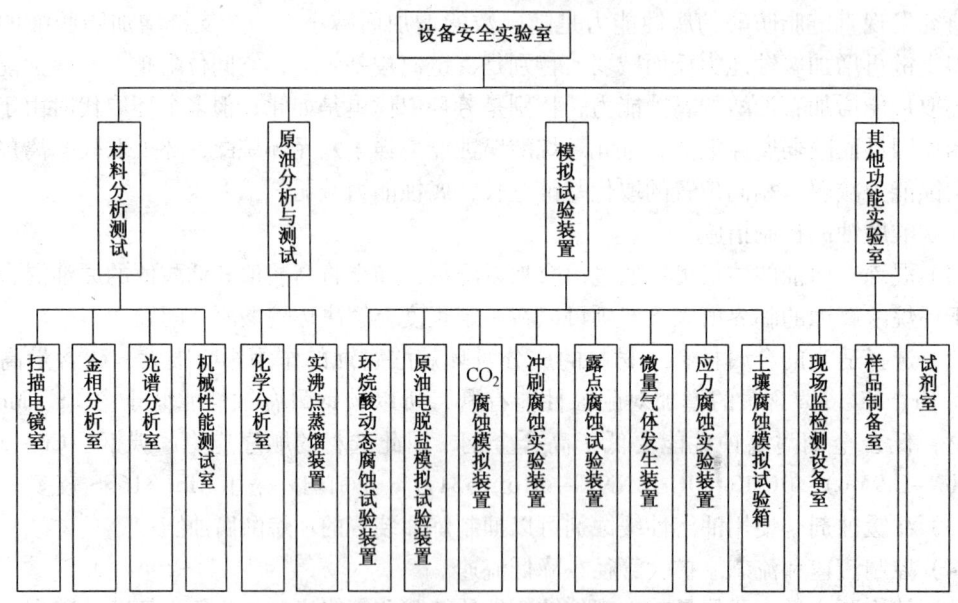

图12-2-6 设备安全实验室框架图

1. 油品分析模块

专家型稳定性分析仪、双管精湛滴定仪、卡尔菲休水分仪、极普分析仪、原油含盐量测定仪、数字式微量水分仪、水份露点仪、冰箱系统测水仪、固体水份测量仪、X射线荧光光谱仪、数字式黏度计。这些仪器组合可实现油品分析，对原油的稳定性、元素组成、含水量、含盐量、黏度等进行分析测试。

2. 现场检测模块

涂层测厚仪可实现现场的管道和设备壁厚的测定，合金分析仪可实现现场金属材质的测定，铁素体含量测试仪可实现现场的铁素体含量测定，便携式金相显微镜可以用于现场的金相观察和分析。红外热像仪可实现现场的温度测定和管道、设备的红外检测。

腐蚀速度快速测定仪、便携式电感探针腐蚀监测站、高灵敏度长寿命探针可实现现场的实时腐蚀监测。

工业内窥镜可以对高压冷换等狭小空间设备的腐蚀进行内部观察和测量。

氢通量检测仪可以方便地监测管道和设备的腐蚀速率，为缓蚀剂的效果监测及工艺参数的调整提供参考依据。

3. 材料分析

火花直读光谱仪可实现材料的成分分析。扫描电镜可以实现形貌的观察，其配备的能谱仪可实现微区成分分析。

4. 模拟设备和装置

高温高压反应釜和高低温试验装置能够模拟不同温度和压力下的腐蚀环境。露点腐蚀试验装置可模拟研究现场露点腐蚀的发生过程。微量气体发生装置可研究单一腐蚀气体的影响和多种腐蚀气体的综合作用影响。土壤腐蚀模拟装置可用于模拟土壤腐蚀环境，研究不同温度和湿度下的不同土壤成分的腐蚀情况。冲刷腐蚀模拟装置用于模拟材料在冲刷条件下的腐蚀行为。应力腐蚀模拟装置可用于研究材料在不同介质的应力腐蚀，也可用于材料的拉伸性能测试。腐蚀介质测试系统可实现材料在温度200℃，压力2MPa以内的浸泡试验。动态腐蚀测量仪可实现多种控电位极化或者控电流极化的测试，研究材料的电化学性能。

实沸点蒸馏能够对原油进行馏分切割，用于后续的分析和腐蚀性能研究。

原油电脱盐试验装置能够模拟电脱盐过程，研究不同电极、不同加电方式下的电脱盐效果，并可实现对注剂的效果评价。

环烷酸腐蚀模拟装置可模拟不同温度和流速下，不同酸值的油对于不同材料的腐蚀，能够对不同材料或不同表面处理后的材料的耐环烷酸腐蚀性能进行评价。

（三）腐蚀监检测技术

在实际生产中，腐蚀的发生受多种环境因素的影响，在实验室中完全模拟是困难的。因此现场监检测数据的积累十分重要，它可对实验室评价进行完善和补充，从而更客观、更准确地了解和掌握生产装置的腐蚀状况。腐蚀监检测对于减缓腐蚀，延长装置运行周期和防止由于设备腐蚀带来的安全事故尤为重要，它的意义在于：

（1）使生产装置处于监控状态，例如在关键工艺管线上设置腐蚀探针，对腐蚀发生和发展状况进行实时监测；在设备冲刷部位、弯管及泵出口等部位布置测厚点进行超声波定点测厚，对管道或设备的减薄情况进行监测。

（2）指导工艺防腐，指导药剂加注，有效减缓腐蚀，延长设备运行周期。

（3）掌握设备运行状态，及时发现安全隐患，为准确的安全预警提供科学数据，并进行预知维修，避免安全事故。

（4）通过大量的监测，积累数据，建立分析模型，定期地对设备以往运行情况进行腐蚀评估，对未来的腐蚀情况进行预测。

(5) 实现自动化、智能化、科学化设备腐蚀管理，提高生产管理水平。

由于加工高硫高酸原油的需要，腐蚀监检测技术在近十年取得了长足发展，尤其在线腐蚀监测已进入成功应用的轨道。在科研领域，我国自主研发了在线式电阻探针、在线式电感探针、在线式电化学探针以及在线式塔顶冷凝水 pH 值与注胺闭环式自动控制系统，开发了一系列数据采集装置和远程监控系统，开发了网络化在线腐蚀监测系统。在应用领域，腐蚀探针已普遍应用，据调查，截至 2011 年 4 月，中国石化所属炼化企业使用并安装在线腐蚀探针 693 个点，中国石油所属炼化企业使用和安装在线腐蚀探针 344 个，中国海油以惠州炼油厂为主使用并安装在线腐蚀探针 42 个，据不完全统计全国炼化企业共安装在线腐蚀探针 1079 个，其中我国自主研发和生产的占 89%。进口产品占 11%，总的有效运行率高于 85%；在具体应用上体现以下几个特点：

(1) 多种监测技术综合运用。中国石化镇海炼化分公司在常减压装置上实施在线腐蚀监测，并在全厂关键装置实施超声波定点测厚，在个别设备上采用氢通量测量技术和超声导波检测技术。中国石化高桥分公司除安装各种腐蚀探针和进行超声定点测厚，还进行了在线超声测厚的研究及应用。中国海油惠州炼油厂在五套装置实施在线腐蚀监测外，选择重点部位安装一百多个腐蚀挂片，除装置运行期间实施定点测厚，在 2010 年停工检修阶段对十套装置实施了腐蚀大检查。

(2) 部分企业对全厂腐蚀监测概念基本确立。高桥分公司从 2002 年用 5 年时间逐步实施了炼油厂全厂腐蚀监测网，共安装腐蚀探针 95 个，基本覆盖了关键腐蚀部位，高桥分公司也成为国内第一个建立炼油装置在线腐蚀监测网的企业。中国石化燕山分公司于 2008 年建立了炼油厂 13 套装置的全厂腐蚀监测网，同时建立了腐蚀数据库和腐蚀管理平台。中国石油独山子石化分公司在炼油装置和乙烯装置安装了 85 个在线腐蚀探针，基本实现了全厂在线腐蚀监测。

(3) 从装置停工检修时考虑在线腐蚀监测问题到建厂时将其纳入设计方案。中国石化海南分公司 2006 年开工生产，中国海油惠州炼油厂 2007 年开工生产，中国石油广西分公司 2008 年开工生产，均在建厂阶段进行设计和规划，使在线腐蚀监测纳入设计方案，并与开工同步运行。

(4) 从早年哪漏哪堵的工作方法发展为加强监测、预防为主、预知维修的管理目标上来。除在线腐蚀探针，其他监测技术，如超声导波技术、渗氢检测技术、指纹检测技术也得到了重视，并正在探索应用。

（四）腐蚀监检测软件的开发

Honeywell 公司开发了一系列腐蚀监检测软件，其数据来源有实验室试验、广泛的文献资料及现场经验数据，实现了腐蚀预测、材料选择、风险评估及腐蚀模拟等功能。

Predict 4.0：用于对含 H_2S 和 CO_2 环境中防腐材料的腐蚀速率进行评估和预测。

Predict Pipe 3.0：用于碳钢或低合金钢的传输管道腐蚀评估，识别腐蚀最严重的位置。

Predict SW：用于对炼油厂含硫水环境中腐蚀速率进行评估和预测。

Predict Amine：在天然气加工系统和用胺溶剂去除 CO_2 和 H_2S 的脱硫系统中，评估碳钢和不锈钢的腐蚀状况。

Socrates 8.0：评价上游的油气生产条件，选择合适的防腐合金材料。

Socrates B 3.0：评估上游的非生产性环境腐蚀情况，选择合适的防腐合金材料。

Strategy A 3.0：对上游油气应用的湿 H_2S 环境中的碳钢进行评估，确定其由于氢脆造成的损失程度。

Strategy B 3.0：对炼油厂湿 H_2S 环境中的碳钢进行评估，确定其由于氢脆造成的损失程度。

Corrosion Analyzer：通过热力学和动力学建模，对材料的腐蚀状态进行评估。

Risk – It：对油气生产或炼油厂进行标准化的腐蚀风险评估。

中国科学院金属研究所在开发系列腐蚀探针的基础上，进一步开发了用于腐蚀数据管理的监检测数据分析管理平台 ZK6000，实现了在线腐蚀监测、超声波定点测厚、介质取样分析等数据在一个平台上显示和分析，并通过调用设备管道基础信息和建立数学模型进行腐蚀评估和预测。

第三节 抑制高硫高酸原油腐蚀的措施

一、高硫高酸原油的合理掺炼

进厂原油应尽量做到"分储分炼"，如果原油硫含量和酸值不能满足常减压装置设计加工原油的硫含量和酸值时，可考虑在罐区对原油混掺，原油掺混时应采取有效措施使不同种类原油混合均匀，避免由于原油混合不均匀对设备造成的冲击。

进二次加工装置原料油的酸值、硫含量及其他腐蚀性介质含量应低于装置设计的酸值、硫含量及其他腐蚀性介质含量。

二、一脱三注工艺防腐技术

"一脱三注"是指原油电脱盐和向脱后原油中注氨、注缓蚀剂和注水，以防止或减缓原油蒸馏装置设备腐蚀的技术，故习惯把电脱盐、注氨、注缓蚀剂和注水统称为"一脱三注"。

（一）原油电脱盐

原油电脱盐装置是石油加工的第一道工序，该工序是从原油中脱除盐、水和其他杂质。它是确保炼油厂后续加工装置长周期安全生产必不可少的措施。

（二）塔顶系统注中和剂

塔顶中和剂（注氨或胺）的主要作用是中和塔顶的腐蚀性酸液，提高冷凝液的 pH 值，减缓设备的腐蚀。

在炼油企业塔顶系统采用的中和剂主要是氨水或胺，氨水价格便宜，易得，成本低；有机胺中和性能好，但价格昂贵。

注氨水的化学反应式如下：

$$NH_3 + HCl \longrightarrow NH_4Cl$$

$$NH_3 + H_2S \longrightarrow NH_4HS$$

目前在炼油企业塔顶系统注中和剂有以下三种方案：

（1）全有机胺中和剂。全有机胺中和剂注入塔顶挥发线后，能迅速进入初凝区中和冷凝下来的HCl，有效减缓初凝区的腐蚀，同时采用全有机胺中和剂可避免铵盐结垢而引起的垢下腐蚀。

（2）氨水＋中和缓蚀剂。若考虑到全有机胺中和剂价格昂贵，可考虑采用氨水＋中和缓蚀剂，由于二合一中和缓蚀剂中含有一定量的有机胺中和剂，可以和氨水配合使用，一方面可减低成本，另一方面可起到部分有机胺的作用。本方案目前在炼油厂被大量采用。

（3）氨水＋缓蚀剂。氨水＋缓蚀剂是传统方案，氨水的中和能力差，需过量注入，另一方面铵盐结垢而引起的垢下腐蚀。

针对上述三种方案，可采取不同的pH值控制范围。由于全有机胺中和剂的中和效果好，pH值易于控制，因而pH值控制范围为5.5~7.5。氨水的中和能力差，需过量注入，因而pH值控制范围为7.0~9.0。

中和剂的注入量和注入口设计：

（1）炼油厂现场一般根据冷凝水pH值的控制范围来调节中和剂的注入量。

（2）全有机胺中和剂采用原剂注入，用计量泵通过管线至注入口。

（3）浓度为1%~5%的氨水，经过泵和流量计通过管线至注入口。

（4）在注入口末端应加喷头或设计成喇叭状，以便中和剂在物料中均匀分散。

（5）注入管应选用耐蚀材料。

（三）塔顶系统注缓蚀剂

常减压装置塔顶冷凝冷却系统的缓蚀剂采用成膜性缓蚀剂，主要成分包括烷基吡啶季铵盐、烷基酰胺、烷基咪唑啉季铵盐、成膜剂和添加剂。成膜性缓蚀剂能吸附在金属表面，形成一层疏水性的保护膜，割断了腐蚀介质与金属的接触途径，从而达到减缓腐蚀的目的。

在炼油企业塔顶系统采用的缓蚀剂分为水溶性缓蚀剂和油溶性缓蚀剂两种，水溶性缓蚀剂价格便宜，注入量大；油溶性缓蚀剂价格昂贵，注入量小。

目前在炼油企业塔顶系统存在以下三种方案：

（1）油溶性缓蚀剂。油溶性缓蚀剂注入塔顶挥发线后，部分可随塔顶回流进入塔内，扩大缓蚀剂的保护范围。

（2）中和缓蚀剂（二合一）。二合一中和缓蚀剂复配了有机胺中和剂和水溶性缓蚀剂，同时起到中和和缓蚀双重作用，在使用过程中需要和氨水配合使用。本方案目前在炼油厂被大量采用。

（3）水溶性缓蚀剂。水溶性缓蚀剂需要与氨水配合使用。

缓蚀剂的注入量和注入口设计：

（1）油溶性缓蚀剂注入量一般为10~20mg/L（按塔顶馏出物计），具体可根据冷凝水中铁离子浓度进行调节。油溶性缓蚀剂注入量应不超过20mg/L，否则易引起塔顶分离罐的油水乳化。

（2）水溶性缓蚀剂注入量一般为20~50mg/L（按塔顶馏出物计），具体可根据冷凝水中铁离子浓度进行调节。

(3) 水溶性中和缓蚀剂注入量一般为 50~100mg/L（按塔顶馏出物计），具体可根据冷凝水中铁离子浓度进行调节。

(4) 油溶性缓蚀剂采用原剂注入，用计量泵通过管线至注入口。计量泵流量应按最大流量设计。

(5) 水溶性中和缓蚀剂和水溶性缓蚀剂用水稀释到1%~3%，经过泵和流量计通过管线至注入口。

(6) 在注入口末端应加喷头或设计成喇叭状，以便缓蚀剂在物料中均匀分散。

(四) 塔顶系统注水

塔顶注水是炼油企业经常采用的工艺防腐手段，在常减压装置的初馏塔塔顶、常压塔塔顶和减压塔塔顶，催化裂化的分馏塔塔顶，催化裂化的分馏塔前、气压机后，加氢裂化的高压空冷前一般采用注水工艺。

常减压装置"三顶"的注水有以下三方面的目的：

(1) 通过注水来控制和调节初凝区的位置。

(2) 注水可以抑制铵盐结垢，避免垢下腐蚀的产生。

(3) 注水稀释初凝区的酸液，提高初凝区的pH值。

催化裂化的分馏塔塔顶、分馏塔前，加氢裂化的高压空冷前注水的主要目的是溶解铵盐，消除结垢，避免产生垢下腐蚀。

塔顶注水时需要考虑注水点的结构以及注入水与油料的混合。避免在注水点附近产生局部的露点，造成露点腐蚀。

注水量：

(1) 蒸馏塔顶挥发线注水的水质和来源，应根据各企业实际情况确定，注水量一般为5%~7%。

(2) 应控制注水中的腐蚀介质含量，防止注水堵管。

注入点位置及控制指标：

(1) 常减压装置"三顶"挥发线应注中和剂、缓蚀剂和水。

(2) 催化裂化装置分馏塔顶挥发线可注中和剂和缓蚀剂，排水铁离子含量应不高于3mg/L。

(3) 催化裂化装置气压机出口处可注净化水或除盐水，注水量视实际情况确定。

(4) 加氢裂化装置分馏塔顶挥发线、加氢精制装置分馏塔和汽提塔顶挥发线、重整装置汽提塔顶挥发线、焦化装置分馏塔顶挥发线以及减黏装置分馏塔顶挥发线，根据实际情况可注缓蚀剂，也可同时注中和剂和缓蚀剂，排水铁离子含量应不高于3mg/L。

(5) 在加氢裂化装置和加氢精制装置中，为了防止反应产物在高压空冷器铵盐结垢和腐蚀，在高压空冷器入口应连续注净化水或除盐水，同时可视实际情况加注缓蚀剂。

(6) 有关装置脱硫系统的再生塔顶馏出线可注缓蚀剂，排水铁离子含量应不高于3mg/L。

(7) 糠醛装置在脱水塔前的水溶液罐中应注入缓蚀剂，塔顶凝液的铁离子含量应不高于3mg/L。

(五) 注高温缓蚀剂

为抑制常减压装置高温部位的环烷酸腐蚀，可考虑加注高温缓蚀剂。

高温缓蚀剂一般为两类，一类是含有活性硫组分的非磷系缓蚀剂，一类是磷系缓蚀剂。非磷系缓蚀剂的活性硫组分在高温下能产生硫化物，从而形成一层硫化物的膜以阻止环烷酸的腐蚀，但是随着温度的升高和酸值的增加，硫化物膜会与具有活性的环烷酸铁反应而失去保护作用。磷系缓蚀剂在高温下具有一定程度的热裂解作用，从而形成具有活性组分的物质，其与金属能形成一层很致密的膜，达到保护金属表面的作用。

高温缓蚀剂注入点的选择原则：
（1）高温缓蚀剂主要用于碳钢和低合金钢管道的防腐。
（2）加工高酸原油的减压塔侧线如减二线、减三线和减四线可考虑加注使用高温缓蚀剂。

高温缓蚀剂的注量：
（1）高温缓蚀剂的注入方案分预膜期注入和正常注入。初次投用和每次检修后的前15天为预膜期。
（2）高温缓蚀剂的注入依据侧线的酸值，以及监测到的侧线铁离子数据和腐蚀探针数据来确定。
（3）高温缓蚀剂预膜期的注量不应超过30mg/L，正常注入量不应超过20mg/L。

三、合理选材

在不同的腐蚀环境中，选择相应的耐蚀金属材料问题，归根结底是一个技术经济问题。在实际应用中，若选择较可靠的材料，必定会加大工程建设投资；若选择较低档次的材料，虽然可降低投资，但事故率可能会增加并最终影响经济效益。因此，应建立专门的评价程序，在技术经济评价后进行合理选材。

（一）低温部位选材

"一脱三注"是预防装置低温部位腐蚀的有效措施，低温部位的选材应在完善"一脱三注"的基础上进行，切不可盲目追求材料升级。与此同时，认为低温部位选材问题已经解决的想法也是不符合实际的。目前随炼油企业加工高硫高酸原油的增加，且随装置长周期运行的要求，装置低温部位的腐蚀呈现加剧的趋势。

1. 轻油部位 $H_2S + HCl + H_2O$ 腐蚀环境的选材

该腐蚀环境主要存在于常减压蒸馏装置塔顶及其冷凝冷却系统、温度低于120℃的部位，如常压塔、初馏塔、减压塔顶部塔体、塔盘或填料、塔顶冷凝冷却系统，以及重整预加氢等装置的一些部位。一般气相部位腐蚀较轻，液相部位腐蚀较重，气液相变部位即露点部位最为严重。

在20世纪90年代以前，欧美发达国家在上述部位一直选用Monel合金材料，设备壳体采用碳钢+Monel复合钢板，内件全部为Monel合金，但后来发现这种合金对湿硫化氢应力腐蚀开裂敏感，在120℃以上不推荐使用。在日本，该部位的耐蚀材料选用SUS405（0Cr13Al）或Monel等。国内炼制高硫高酸原油时，该部位的选材，壳体采用碳钢+0Cr13Al或碳钢+Monel，内件采用0Cr13Al或Monel。表12-3-1和表12-3-2为国内加工高硫或高酸原油、国外加工含硫原油的常减压蒸馏装置设备和管道推荐选材表。

表 12-3-1 常减压蒸馏装置设备选材推荐表

类别	设备名称	设备部位	加工高硫低酸原油 设备主材推荐材料 (SH/T 3096—2012)	加工高酸低硫和高酸高硫原油 设备主材推荐材料 (SH/T 3129—2012)	加工含硫原油 国外选材工程标准
塔器	闪蒸塔	壳体	碳钢 温度 <240℃ 碳钢+06Cr13 温度≥240℃	碳钢 温度 <240℃ 碳钢+022Cr19Ni10^d 温度≥240℃	
	初馏塔	顶封头	碳钢+06Cr13 (06Cr13Al)^a 温度≤240℃	碳钢+06Cr13 (06Cr13Al)^a 温度<240℃	碳钢+3.8mmCA
		筒体、底封头	碳钢 温度≤240℃ 碳钢+06Cr13 温度>240℃	碳钢 温度<240℃ 碳钢+022Cr19Ni10^d 温度≥240℃	
		塔盘	06Cr13	06Cr13 温度<240℃ 022Cr19Ni10^d 温度≥240℃	
	常压塔	顶封头、顶部筒体	碳钢+NCu30^{a,b} 含顶部4~5层塔盘以上塔体	碳钢+NCu30^{a,b} 含顶部4~5层塔盘以上塔体	碳钢+至少2.5mmMonel 顶循环抽出口以上
		其他筒体、底封头	碳钢+06Cr13^c 温度≤350℃ 碳钢+022Cr19Ni10^d 温度>350℃	碳钢+06Cr13^c 温度<240℃ 碳钢+022Cr19Ni10^d 温度240~288℃ 碳钢+022Cr17Ni12Mo2^d 温度≥288℃	碳钢+5mmCA 温度<288℃ 碳钢+至少2.5mm410S 或405 温度≥288℃
		塔盘	NCu30^{a,b} 顶部4~5层塔盘 06Cr13 温度≤350℃ 022Cr19Ni10^d 温度>350℃	NCu30^{a,b} 顶部4~5层塔盘 06Cr13 温度<240℃ 022Cr19Ni10^d 温度240~288℃ 022Cr17Ni12Mo2^d 温度≥288℃	410S
		填料	022Cr19Ni10^d	022Cr19Ni10^{d,k} 温度<288℃	
	常压汽提塔 减压汽提塔	壳体	碳钢+06Cr13 温度≤240℃ 碳钢+022Cr19Ni10^d 温度240~350℃	碳钢 温度<240℃ 碳钢+022Cr19Ni10^d 温度240~288℃ 碳钢+022Cr17Ni12Mo2^d 温度≥288℃	碳钢+2.5mmCA 温度<260℃ 碳钢+至少2.5mm410S 或405 温度288~344℃ 碳钢+至少2.5mm410S 温度≥344℃
		塔盘	06Cr13 温度≤350℃ 022Cr19Ni10^d 温度>350℃	06Cr13 温度<240℃ 022Cr19Ni10^d 温度240~288℃ 022Cr17Ni12Mo2^d 温度≥288℃	
	减压塔	壳体	碳钢+06Cr13 温度≤240℃ 碳钢+022Cr19Ni10^d 温度>350℃	碳钢+06Cr13^c 温度<240℃ 碳钢+022Cr19Ni10^d 温度240~288℃ 碳钢+022Cr17Ni12Mo2^d 温度≥288℃	碳钢+2.5mmCA 温度<288℃ 碳钢+至少2.5mm410S 温度≥288℃

续表

类别	设备名称	设备部位	加工高硫低酸原油设备主材推荐材料（SH/T 3096—2012）	加工高酸低硫和高酸高硫原油设备主材推荐材料（SH/T 3129—2012）	加工含硫原油国外选材工程标准
塔器	减压塔	塔盘	06Cr13 温度≤350℃ 022Cr19Ni10^d 温度>350℃	06Cr13 温度<240℃ 022Cr19Ni10^d 温度240~288℃ 022Cr17Ni12Mo2^d 温度≥288℃	410S
		集油箱、分配器、填料支撑等其他内构件		06Cr13 温度<240℃ 022Cr19Ni10^{d,k} 温度240~288℃ 022Cr17Ni12Mo2^{d,k} 温度≥288℃	
		填料	022Cr19Ni10^{d,e}	022Cr19Ni10^d 温度<240℃ 022Cr17Ni12Mo2^{d,k} 温度240~288℃ 022Cr19Ni13Mo3^d 温度≥288℃	
	电脱盐罐	壳体	碳钢	碳钢	碳钢+3.8mmCA
	塔顶油气回流罐 塔顶油气分离器	壳体	碳钢^f 可内涂防腐涂料	碳钢^f 可内涂防腐涂料	常压塔顶回流罐：碳钢（镇静）+5mmCA 减压塔顶储液罐：碳钢（镇静）+3.8mmCA
容器	其他容器	壳体	碳钢 油气温度<240℃ 碳钢+06Cr13^g 温度240~350℃ 碳钢+022Cr19Ni10^d 温度>350℃	碳钢 温度<240℃ 碳钢+022Cr19Ni10^d 温度240~288℃ 碳钢+022Cr17Ni12Mo2^d 温度≥288℃	碳钢+2.5mmCA
空冷器	初馏塔顶空冷器 常压塔顶空冷器 减压抽真空空冷器	进口温度高于露点	管箱	碳钢+022Cr23Ni5Mo3N 或022Cr25Ni7Mo4N^g	碳钢+022Cr23Ni5Mo3N 或022Cr25Ni7Mo4N^i	KSC+3.8mmCA
			管子	022Cr23Ni5Mo3N 或022Cr25Ni7Mo4N^g	022Cr23Ni5Mo3N 或022Cr25Ni7Mo4N^i	碳钢（无缝）
		其他	管箱	碳钢^f	碳钢^f	碳钢+3mmCA
			管子	碳钢 可内涂防腐涂料	碳钢 可内涂防腐涂料	碳钢
	产品空冷器		管箱	碳钢	碳钢	碳钢+3mmCA
			管子	碳钢	碳钢	碳钢

续表

类别	设备名称	设备部位		加工高硫低酸原油 设备主材推荐材料 (SH/T 3096—2012)	加工高酸低硫和高酸高硫原油 设备主材推荐材料 (SH/T 3129—2012)	加工含硫原油 国外选材工程标准
换热器	初馏塔顶冷却器 常压塔顶冷却器 减压抽空冷却器	进口温度 高于酸露点	壳体	碳钢 + 022Cr25Ni7Mo4N³ 或 碳钢 + 022Cr25Ni7Mo4N° 指油气侧	碳钢 + 022Cr23Ni5Mo3N 或 碳钢 + 022Cr25Ni7Mo4N° 指油气侧	壳体: K 碳钢(镇静) + 3.8mmCA; 管箱: 碳钢 + 2.5mmCA; 涂环氧树脂; 管板: NRB°; 折流板: 四一硫黄铜; 管子: 海军铜
			管子	022Cr23Ni5Mo3N 或 022Cr25Ni7Mo4N°	022Cr23Ni5Mo3N 或 022Cr25Ni7Mo4N°	
			壳体	碳钢° 指油气侧	碳钢° 指油气侧	
		其他	管子	碳钢ʰ 油气侧可涂防腐涂料	碳钢¹ 油气侧可涂防腐涂料	
	其他油气换热器			碳钢 温度 <240℃ 碳钢 + 06Cr13ᵍ 温度 240~350℃ 碳钢 + 022Cr19Ni10ᵈ 温度 ≥350℃	碳钢 温度 <240℃ 碳钢 + 022Cr19Ni10ᵈ 温度 240~288℃ 碳钢 + 022Cr17Ni12Mo2ᵈ 温度 ≥288℃	碳钢 + 2.5mmCA 温度 <288℃ Cr5Mo + 2.5mmCA 288~315℃ Cr5Mo + 3.8mmCA 温度 ≥315℃
	其他油气冷却器			碳钢 油气温度 <240℃ 022Cr19Ni10ʲ,ᵈ 油气温度 ≥240℃	碳钢 油气温度 <240℃ 022Cr19Ni10ᵈ,ˡ 油气温度 240~288℃ 022Cr17Ni12Mo2ᵈ,ˡ 油气温度 ≥288℃	Cr9Mo + 2.5mmCA
				碳钢 管壁温度 <240℃	碳钢 <288℃	
加热炉	常压炉	对流段		1Cr5Mo	1Cr5Mo	
		辐射段		1Cr5Mo/1Cr9Mo	06Cr18Ni10Ti	
	减压炉	对流段		1Cr5Mo	06Cr17Ni12Mo2ᵐ	
		辐射段		1Cr9Mo	06Cr18Ni11Ti	
	炉管			1Cr9Mo	022Cr17Ni12Mo2ᵐ	
	炉管			06Cr18Ni11Ti 出口儿排炉管,由腐蚀速率的计算裕量		

注: a 当能确保初馏塔或常压塔的塔顶为热回流,初馏塔在介质的露点以上时,初馏塔的顶封头和顶部简体可采用碳钢,常压塔的顶封头和顶部简体可采用 06Cr13(06Cr13Al),当采用氨作缓蚀剂且常压塔顶冷回流时,不宜采用 NCu30(N04400)合金,宜采用 N08367(AL-6XN)替代。
b 对于常压塔(顶封头和顶部简体除外)和减压塔的塔盘也可采用双相钢(022Cr23Ni5Mo3N 或 022Cr25Ni7Mo4N),钛材或 06Cr13(06Cr13Al),当采用氨作缓蚀剂且常压塔顶冷回流时,不宜采用 NCu30(N04400)合金,宜采用 N08367(AL-6XN)替代。
c 对于常压塔(顶封头和顶部简体除外)和减压塔的塔盘,当介质温度小于 240℃ 且腐蚀不严重时可采用碳钢。
d 采用 022Cr19Ni10 或 06Cr18Ni11Ti 时可由 06Cr17Ni12Mo2 或 022Cr17Ni12Mo2 替代。
e 常压渣油馏分中的酸值大于 0.3mgKOH/g 时,采用 022Cr17Ni12Mo2 时由 06Cr17Ni12Mo2 替代。
f 湿硫化氢腐蚀环境,腐蚀严重时可采用碳钢,减压塔下部 1~2 段的规整填料可升级至 06Cr17Ni12Mo2 或 022Cr17Ni12Mo2。
g 当介质温度小于 288℃ 且馏分中的硫含量小于 2% 时,容器或换热器的壳体可采用碳钢,但应根据腐蚀速率和设计寿命确定腐蚀裕量。
h 酸腐蚀及其他构件的耐腐蚀性能应与之匹配;管板的耐腐蚀性能应与管子匹配;管箱的其他构件可根据结构特点采用双相钢(钛材)或 06Cr13(06Cr13Al)复合钢板,顶部塔盘可采用 06Cr13。
j 对下水冷却器,水侧可涂防腐涂料。
k 腐蚀严重时介质温度为 240~350℃ 的换热器可根据需要采用碳钢渗铝管或 1Cr5Mo,管板及其他构件的耐腐蚀性能或 022Cr17Ni12Mo2 或 022Cr19Ni13Mo3。
l 介质温度为 240~288℃ 的减压塔填料和减压塔填料可采用 06Cr19Ni13Mo3 或 022Cr19Ni13Mo3,但不应降低填料的耐腐蚀性能。
支撑构件为 240~350℃ 的换热器管子也可根据需要采用碳钢渗铝管,但不应降低管板及其他构件的耐腐蚀性能。
m 流速大于 30m/s 的常压炉和减压炉炉管采用 022Cr17Ni12Mo2 时,材料中铌的含量应不小于 2.5%,或采用 022Cr19Ni13Mo3。

表 12-3-2 常减压蒸馏装置管道选材推荐表

管道位置	管道名称	加工高硫低酸原油管道主材推荐材料 (SH/T 3096—2012)	加工高酸低硫和高酸高硫原油管道主材推荐用材 (SH/T 3129—2012)	加工含硫原油国外选材工程标准
初馏塔	塔顶油气管道	碳钢	碳钢	
初馏塔	塔底油管道	碳钢 温度<240℃ 1Cr5Mo 温度≥240℃	碳钢 温度<240℃ 1Cr5Mo[c] 温度≥240℃	
初馏塔顶分液罐	罐顶不凝气管道	碳钢	碳钢	
初馏塔顶分液罐	罐底污水管道	碳钢	碳钢	
常压塔	塔顶油气管道	碳钢/碳钢+06Cr13 (湿硫化氢腐蚀环境)	碳钢/碳钢+06Cr13	K 碳钢+3.8mmCA
常压塔	塔底渣油管道	1Cr5Mo[a]	022Cr19Ni10/ 022Cr17Ni12Mo2[c,d,e]	
减压塔	塔顶油气管道	碳钢/碳钢+06Cr13 (湿硫化氢腐蚀环境)	碳钢/碳钢+06Cr13	
减压塔	塔底渣油管道	1Cr5Mo/ 022Cr19Ni10[a,b]	022Cr19Ni10/ 022Cr17Ni12Mo2[c,d,e]	
常压塔顶分液罐 减压塔顶分液罐	罐顶不凝气管道	碳钢 (湿硫化氢腐蚀环境)	碳钢	
常压塔顶分液罐 减压塔顶分液罐	罐底污水管道	碳钢	碳钢	
常压炉进口	介质温度≥240℃ 工艺管道	1Cr5Mo	1Cr5Mo/022Cr19Ni10 /022Cr17Ni12Mo2[c,e]	
常压炉出口	转油线高速段	1Cr5Mo/ 022Cr19Ni10[a,b]	022Cr19Ni10/ 022Cr17Ni12Mo2[c,d,e]	
常压炉出口	转油线低速段	1Cr5Mo/ 022Cr19Ni10[a,b]	022Cr19Ni10/ 022Cr17Ni12Mo2[c,d,e]	
常压炉出口	转油线低速段	碳钢+022Cr19Ni10	碳钢+022Cr19Ni10/ 碳钢+022Cr17Ni12Mo2[d,e]	
减压炉进口	介质温度≥240℃ 工艺管道	1Cr5Mo	022Cr19Ni10/ 022Cr17Ni12Mo2[c,d,e]	
减压炉出口	转油线高速段	022Cr19Ni10[b]	022Cr17Ni12Mo2/ 022Cr19Ni13Mo3[d]	
减压炉出口	转油线低速段	1Cr5Mo/022Cr19Ni10	022Cr17Ni12Mo2/ 022Cr19Ni13Mo3[d]	
减压炉出口	转油线低速段	碳钢+022Cr19Ni10	碳钢+022Cr17Ni12Mo2/ 碳钢+022Cr19Ni13Mo3[d]	
其他	介质温度<240℃ 含硫油品、油气管道	碳钢	碳钢	碳钢+2.5mmCA 温度<288℃ Cr5Mo+2.5mmCA 温度288~315℃ Cr5Mo+2.5mmCA 温度315~344℃ Cr5Mo+3.8mmCA 温度344~371℃ Cr9Mo+2.5mmCA 温度>371℃
其他	240≤介质温度<288℃ 含硫油品、油气管道	碳钢/1Cr5Mo	1Cr5Mo/ 022Cr19Ni10[c,e]	
其他	介质温度≥288℃ 含硫油品、油气管道	1Cr5Mo[a]	022Cr19Ni10/ 022Cr17Ni12Mo2[d,e]	

注：a 介质温度大于或等于288℃时，宜根据操作条件和同类装置管道腐蚀状况，从1Cr5Mo、022Cr19Ni10或06Cr19Ni10中选用合适的材料。

b 采用022Cr19Ni10时可由06Cr19Ni10或06Cr18Ni11Ti 替代。

c 介质温度大于或等于240℃小于288℃时，可根据操作条件从1Cr5Mo、022Cr19Ni10中计算腐蚀裕量选用合适的材料，但在此温度范围内如果流速大于或等于30m/s时，宜选用022Cr17Ni12Mo2且材料的Mo含量不小于2.5%，或选用022Cr19Ni13Mo3。

d 介质温度大于或等于288℃时，可根据操作条件从022Cr19Ni10、022Cr17Ni12Mo2中计算腐蚀裕量选用合适的材料，但在此温度范围内如果流速大于或等于30m/s时，宜选用022Cr17Ni12Mo2且材料的Mo含量不小于2.5%，或选用022Cr19Ni13Mo3。

e 采用022Cr19Ni10时可由06Cr19Ni10或06Cr18Ni11Ti 替代，采用022Cr17Ni12Mo2时可由06Cr17Ni12Mo2替代，采用022Cr19Ni13Mo3可由06Cr19Ni13Mo3替代。

表12-3-3～表12-3-5为国外炼油厂加工含硫原油常减压蒸馏装置设备和管道选材实例。

表12-3-3 国外常减压蒸馏装置选材实例——塔、容器

设备名称	选材实例		
	实例1	实例2	实例3
脱盐罐	碳钢	碳钢+3mmCA	碳钢+3mmCA
初馏塔			
常压塔顶循环抽出口以上的壳体	HII+2nmMonel	顶部No1-5 SA516Gr70+Monel No6-22	顶部No1-5 SA515Gr60+Monel No6-22
常压塔顶循环抽出口以下的壳体			
金属温度<232℃	碳钢(HII) 410	SA516Gr70 410S	SA516Gr70 410S
232～288℃	碳钢(HII) 410		
288～344℃	HII+3mm405 410	No23-底部 SA516Gr70+410S	No23-底部 SA516Gr60+410S
>344℃	HII+3mm405 410		
常压塔顶回流罐	HI	SA516Gr60N	碳钢+3mmCA
汽提塔	HII		
金属温度<260℃		SA516Gr70	SA515Gr60+3mmCA
288～344℃		SA516Gr70+3mm410S	SA515Gr60+410S
>344℃		SA516Gr70+3mm410S	SA515Gr60+410S
减压塔			
金属温度<288℃	HII	<240℃,SA516Gr70+3mmCA	
288～344℃	15Mo3+1.4002	<240℃,SA516Gr70+405	>240℃,碳钢+0Cr13Al
>344℃		填料405	
减压塔顶储液罐		SA516Gr60N+6mmCA	
汽提塔			
金属温度<288℃			
>288℃			
所有其他容器		碳钢+3mmCA	

注：实例1：德国满哈姆炼油厂常减压蒸馏装置RD1100（1963年投产）DA700（1973年投产）及减压蒸馏装置DA950（1987年投产）用材情况，原油为迪拜原油（含硫1.8%设计）；

实例2：马来西亚马来卡炼油厂5Mt/a减蒸馏装置用材情况（1997年投产）；原油有两种工况：50% Basrab轻油+50% Arabian重油；塔皮斯原油和都里原油混合油；

实例3：协和石油化工有限公司5Mt/a炼油厂蒸馏装置选材情况，原油有两种工况：50%阿曼+50%米纳斯原油；50%阿轻原油+50%阿重原油。

各装置选材情况表中：CA——腐蚀裕度；K碳钢——镇静钢（碳钢）。常压塔顶部No5塔盘以上壳体后改为SA516Gr70+C-4，塔盘改为C-4。

表12-3-4 国外常减压蒸馏装置选材实例——换热器

设备名称	选材实例	
	实例1	实例2
常压塔顶冷凝器		
空冷器		K碳钢+6mmCA 碳钢
水冷器	HII+1.0425 HII+1.0425 1.0305	SA515Gr60 SA515Gr60 SA515Gr70 SA179

续表

设 备 名 称	选 材 实 例	
	实例1	实例2
常压塔和减压塔换热器(进料、侧线、塔底)		
金属温度 <288℃	碳钢	SA515Gr60 +3mmCA
		SA515Gr60 +3mmCA
	碳钢	
		SA179
288~344℃		壳体：Cr5Mo 或
	12CrMo195	SA515Gr60 +410
		管板：SA336F9, FS
	1.7362	SA199T9, T5
>344℃	12CrMo195	壳体：SA515Gr60 +410S
		管板 410
	1.7362	管子 304
减压抽空表面冷凝器		
产品冷却器和冷凝器		
空冷	St34.2	碳钢 +3mmCA
	St34.2	碳钢
水冷	HⅡ	K碳钢 +6mmCA
		K碳钢 +6mmCA
		316L
	CuNi10Fe	316L

注：见表12-3-3的表注。

表12-3-5 国外常减压蒸馏装置选材实例——其他

设 备 名 称	选材实例	设 备 名 称	选材实例
	实例2		实例2
配管		泵	
常压塔顶、回流和顶循环	K碳钢 +6mmCA	无腐蚀性的水	碳钢
所有其他工艺管线		酸性水	含Ni铸铁
金属温度 <288℃	碳钢 +1mmCA	含烃类，硫化氢水的常压和减压物流清洁产品	
288~315℃	Cr5Mo +3mmCA	工艺物流	
315~344℃	Cr5Mo +6mmCA		
344~371℃		金属温度 <177℃	碳钢
>371℃	304L +6mmCA		铸铁
阀门		177~232℃	碳钢 +3mmCA
酸性水排出线	K碳钢 +6mmCA		碳钢
	316		
碳钢管线	碳钢 +3mmCA	232~288℃	碳钢
Cr5Mo 管线	Cr5Mo +6mmCA	288~344℃	12Cr
加热炉			12Cr
原油进料		>344℃	12Cr
金属温度 <288℃	P335P9		12Cr
288~315℃			12Cr
>315℃	A312TP321	减压塔顶抽空器	碳钢 +3mmCA
减压进料		缓蚀剂注入器	316L

注：见表12-3-3的表注。

2. $H_2S+HCN+H_2O$ 和 H_2S+H_2O 腐蚀环境的选材

由于 $HCN+H_2S+H_2O$ 腐蚀环境中 CN^- 的存在，使得湿硫化氢腐蚀环境变得复杂，它是腐蚀加剧的催化剂。这种腐蚀环境的典型部位是炼油二次加工装置的轻油部位，如催化裂化和延迟焦化装置的吸收稳定系统，温度在 40~50℃ 范围内，包括吸收塔、稳定塔、压缩机级间分离器和缓冲罐、各种换热器、冷却器和空冷器等，主要表现为均匀腐蚀和湿硫化氢损伤。

H_2S+H_2O 腐蚀环境的典型部位有液化气球罐、轻油罐罐顶、湿式气柜以及加氢精制装置后冷器内浮头螺栓等部位。

表 12-3-6 和表 12-3-7 为国内加工高硫原油、国外加工含硫原油的催化裂化装置设备和管道推荐选材表。

表 12-3-6　催化裂化装置设备推荐选材表

类别	设备名称	设备部位	加工高硫低酸原油 设备主材推荐材料 （SH/T 3096—2012）	加工含硫原油 国外选材工程标准
反应再生系统设备	提升管反应器 反应沉降器 待生斜管等	壳体	碳钢，内衬隔热耐磨衬里	碳钢 + 至少 0.10in*410
		旋风分离器	15CrMoR	碳钢
		料腿、拉杆	碳钢	碳钢 + 0.20inCA
		翼阀	15CrMoR	
		汽提段	15CrMoR，无内衬里 碳钢，内衬隔热耐磨衬里	碳钢 + 0.1inCA
		一般内构件	碳钢	
	再生器、三旋、 再生斜管等	壳体	碳钢[a]，内衬隔热耐磨衬里	壳体：碳钢 + 0.25inCA 4in 耐热耐磨衬里 集气室（内）304H 旋风分离器及拉杆：304H 料腿：304H + 0.25inCA 分布板：t≤677℃ Cr5Mo + 0.15inCA t<677℃ 304H + 0.15in
		内构件	07Cr19Ni10[b,c]	
	外取热器 （催化剂冷却器）	壳体	碳钢[a]，内衬隔热耐磨衬里	
		蒸发管	15CrMo[d]，指基管，含内取热器	
		过热管	1Cr5Mo[d]，指基管，含内取热器	
		其他内构件	07Cr19Ni10[b]	
塔器	催化分馏塔	顶封头、 顶部筒体 含顶部4~5层塔盘以上塔体	碳钢 + 06Cr13（06Cr13Al）	K 碳钢 + 0.1inCA 温度<288℃ K 碳钢 + 至少 0.1in410S 温度≥288℃
		其他筒体、 底封头[e]	碳钢 + 06Cr13[f] 介质温度≤350℃ 碳钢 + 022Cr19Ni10[g] 介质温度>350℃	
		塔盘	06Cr13 介质温度≤350℃ 022Cr19Ni10[g] 介质温度>350℃	410S
	汽提塔	壳体	碳钢 介质温度<240℃ 碳钢 + 06Cr13 介质温度≥240℃	重循环油气提塔：碳钢 + 至少 0.10in410S 或 405 轻循环油气提塔：碳钢 + 0.1inCA
		塔盘	06Cr13	410S
	吸收塔 解吸塔	壳体	碳钢 + 06Cr13（06Cr13Al）	
		塔盘	06Cr13	
	再吸收塔	壳体	碳钢[h]	
		塔盘	06Cr13	

续表

类别	设备名称	设备部位	加工高硫低酸原油设备主材推荐材料（SH/T 3096—2012）	加工含硫原油国外选材工程标准
塔器	稳定塔	顶封头、顶部筒体含顶部4~5层塔盘以上塔体	碳钢+06Cr13（06Cr13Al）	
		其他筒体、底封头	碳钢[h]	
		塔盘	06Cr13	
容器	塔顶油气回流罐塔顶油气分离器压缩富气分离器	壳体	碳钢[h]，可内涂防腐涂料	K碳钢+0.2inCA
	其他容器	壳体	碳钢 油气温度<240℃ 碳钢+06Cr13[i] 油气温度≥240℃	
空冷器	塔顶油气空冷器压缩富气空冷器	管箱	碳钢[h]	管箱：碳钢+0.125inCA 管子：碳钢
		管子	碳钢[j]，可内涂防腐涂料	
	其他空冷器	管箱	碳钢[k]	
		管子	碳钢	
换热器	塔顶油气冷却器压缩富气冷却器	壳体	碳钢[h]，指油气侧	管箱、管板：K碳钢+0.15inCA 管子：碳钢
		管子	碳钢[j l]，油气侧可涂防腐涂料	
	油浆蒸汽发生器油浆冷却器	壳体	碳钢	
		管子	碳钢[l]	
	解吸塔底重沸器	壳体	碳钢	
		管子	022Cr19Ni10[g]	
	稳定塔底重沸器其他油气换热器其他油气冷却器	壳体	碳钢[k] 油气温度<240℃ 碳钢+06Cr13[i] 油气温度≥240℃	壳体：碳钢+0.125inCA 折流板：碳钢 温度<288℃：管箱、管板：CrMo+0.125inCA 管子：碳钢 温度≥288℃：管箱、管板：Cr5Mo+0.125inCA 管子：Cr5Mo
		管子	碳钢[l] 油气温度<240℃ 022Cr19Ni10[m g] 油气温度≥240℃	
余热锅炉	管束	对流段	碳钢	
		辐射段	15CrMo、12Cr1MoVG 或 1Cr5Mo	
		省煤器	碳钢 09CrCuS[b]	

注：a 当考虑再生烟气应力腐蚀开裂时应采用Q245R。
b 再生器、三旋和外取热器等设备的内构件应考虑高温氧化腐蚀。
c 当再生器的操作温度大于750℃时，其重要内构件（集气室壳体、旋风分离器壳体及吊挂等）的材质也可采用06Cr25Ni20。
d 内外取热器的蒸发管可根据管壁温度和结构特点选择15CrMo或碳钢等钢管，过热管可根据管壁温度和结构特点选择15CrMo、12Cr1MoVG、1Cr5Mo 或 1Cr9Mo 等钢管。
e 催化分馏塔的油气入口温度一般在500~550℃左右，如结构上不能确保油气入口附近设备壳体的壁温不超过450℃，则该部位附近的设备壳体应采用15CrMoR（采用复合板时指基层）或不锈钢。
f 对于催化分馏塔的塔体（顶封头和顶部筒体除外），当介质温度小于240℃且腐蚀不严重时可采用碳钢。
g 采用022Cr19Ni10时可由06Cr19Ni10 或 06Cr18Ni11Ti 替代。
h $H_2O + H_2S + CO_2 + HCN$ 腐蚀环境，腐蚀严重时可采用抗HIC钢。
i 当介质温度小于288℃且馏分中的硫含量小于2%时，容器或换热器的壳体可采用碳钢，但应根据腐蚀速率和设计寿命确定腐蚀裕量。
j 对于催化分馏塔顶油气和压缩富气的空冷器或换热器（冷却器），当腐蚀严重时管子可采用022Cr19Ni10 或 06Cr18Ni11Ti，空冷器管箱或换热器（冷却器）管板及其他构件的耐腐蚀性能应与之相匹配。
k 当介质为吸收塔或解吸塔中段油、再吸收塔塔底油（富吸收油）时，与此介质接触的空冷器管箱或换热器壳体应考虑 $H_2O + H_2S + CO_2 + HCN$ 腐蚀。
l 对于水冷却器，管束采用碳钢时水侧可涂防腐涂料。
m 介质温度为240~350℃的换热器管子也可根据需要采用碳钢渗铝管（含催化剂颗粒的介质除外）或1Cr5Mo，管板及其他构件的耐腐蚀性能应与之相匹配。
* 1in=0.0254m，余同。

表 12-3-7 催化裂化装置管道推荐选材表

管道位置	管道名称		管道主材推荐用材 （SH/T 3096—2012）	备 注	加工含硫原油 国外选材工程标准
原料系统	进料管道		碳钢		
反应系统	冷壁壳体油气管道		碳钢	内衬隔热耐磨衬里	
	热壁壳体油气管道		15CrMo		
	冷壁壳体烟气管道		碳钢[a]	内衬隔热耐磨衬里	碳钢+0.15inCA, 耐热耐磨衬里
	热壁壳体烟气管道		07Cr19Ni10/07Cr17Ni12Mo2		
	波纹管膨胀节		NS1402/NS3306		Inconel625
分馏系统	塔顶油气管道		碳钢	湿硫化氢腐蚀环境	碳钢+0.15inCA
	塔侧回炼油管道		碳钢	介质温度<288℃	
			1Cr5Mo	介质温度≥288℃	
	油浆管道（至反应器）		1Cr5Mo		
	循环油浆线	蒸汽发生器前	1Cr5Mo		
		蒸汽发生器后	碳钢	介质温度<288℃	
			1Cr5Mo	介质温度≥288℃	
吸收稳定系统	塔顶冷凝管道		碳钢	湿硫化氢腐蚀环境	碳钢+0.15inCA
富气压缩机系统	进出口管道		碳钢		
其他	介质温度<288℃ 含硫油品油气管道		碳钢		碳钢+0.10inCA 温度<316℃ Cr5Mo+0.10inCA 温度≥316℃
	288≤介质温度<340℃ 含硫油品油气管道		碳钢/1Cr5Mo[b]		
	介质温度≥340℃ 含硫油品油气管道		1Cr5Mo		

注：a 在催化裂化装置再生烟气管道系统中，应考虑应力腐蚀开裂的防范措施。
b 可根据操作条件计算腐蚀裕量从碳钢、1Cr5Mo 中选用合适的材料。

表 12-3-8 和表 12-3-9 为国外炼油厂加工含硫原油催化裂化装置设备和管道选材实例。

表 12-3-8 国外催化裂化装置选材实例——塔、容器

设备名称	实 例	设备名称	实 例
反应器或 沉降器	SA387Gr1+3mm405 或 410SCA	金属温度<288℃	>343℃ SA387Gr11 或 12+3mm 405 或 410SCA
	A335P11	>288℃	塔盘 410
	SA387Gr1+3mm405 或 410SCA	塔顶回流罐	
	A：387Cr11，A355p11	重循环油气提塔	
再生器		轻循环油气提塔	碳钢+至少3mmCA
	SA516Gr70+4in 耐热耐磨衬里	吸收塔	K 碳钢+5mmCA
	304H	再吸收塔	
	A240 304H	解吸塔	
	A312 304H	稳定塔	SA576Gr70+3mmCr13
分馏塔	<343℃ SA387Gr11 或 12+3mmCA 塔盘：410	催化剂冷却器	壳体：SA516Gr70+耐热耐磨混凝土衬里 换热管：1.25Cr-0.5Mo/碳钢

注：实例为 UOP 公司 2.2Mt/a 流化催化裂化装置设计用材情况；酸性水管线及阀门、泵的用材见常减压蒸馏装置选材情况表。

表 12-3-9 国外催化裂化装置选材实例——其他

设备名称	国外工程设计选材情况	
	工程标准	实例
管线		
待生催化剂管线	碳钢 +0.15inCA 衬 3/4in 耐磨衬里 膨胀节 Inconel625	SA516Gr70 + 耐热耐磨衬里
再生催化剂管线	Cr5Mo +0.15inCA 衬里 3/4in 耐磨衬里 膨胀节 Inconel625	SA516Gr70 + 耐热耐磨衬里
提升管		
底部 3093mm	Cr5Mo +0.15inCA 衬 3/4in 耐磨衬里	SA516Gr70 + 耐热耐磨衬里
其余部分	1.25Cr -0.5Mo +0.15inCA 衬 3/4in 耐磨衬里	
烟气管道	碳钢 +0.15inCA 耐热耐磨衬里 膨胀节 Inconel625	
油气管线	碳钢 +0.15inCA	
其余管线		
金属温度 <316℃	碳钢 +0.10inCA	
>316℃	Cr5Mo +0.10inCA	
阀门		
反应器、再生器滑阀	阀体 <649℃ Cr5Mo +0.10in CA >649℃ 304H	
烟气管道控制阀	内件 <649℃ Cr5Mo +0.10in CA >649℃ 304H	
碳钢管线上	阀体碳钢 +0.1inCA 内件 12% 铬钢	
泵		
烃类		
金属温度 <149℃	壳碳钢 +0.1inCA 叶轮铸铁	
149~204℃	壳：碳钢 +0.1inCA 叶轮碳钢	
204~316℃	壳碳钢 +0.1inCA 叶轮 12% 铬钢	
>316℃	壳 12% 铬钢 叶轮 12% 铬钢	

注：见表 12-3-8 的表注。

3. RNH_2(醇胺) + CO_2 + H_2S + H_2O 腐蚀环境

这种腐蚀环境主要存在于干气及液化石油气脱硫溶剂再生塔底部系统及贫胺液系统，为胺腐蚀和胺应力腐蚀开裂环境，表现为均匀腐蚀和应力腐蚀开裂。

胺腐蚀发生的典型部位包括：再生塔重沸器、再生塔下部、贫富液换热器的富液侧、胺液泵、降压阀和其下游管道以及胺液回收设施。再生塔顶冷凝器管子和下游配管由于酸性气的浓缩也会受到影响。

胺应力腐蚀开裂发生的典型部位包括：在贫胺环境中所有的未经焊后热处理的碳钢管线和设备，包括吸收塔、再生塔和换热器以及其他任何可能接触胺携带物的设备。

RNH_2（醇胺）$+ CO_2 + H_2S + H_2O$ 腐蚀环境的选材原则是：

（1）在去除 H_2S 或者体积比至少含 5% H_2S 的 H_2S、CO_2 混合气的胺处理装置中大部分设备可选用具有一定腐蚀裕量的碳钢，但腐蚀严重的部位应采用奥氏体不锈钢。这些腐蚀严重部位主要有酸性负荷大的贫/富液部位、高流速部位、局部涡流部位、冲击部位、蒸汽闪蒸部位、两相流部位以及操作温度高于110℃的换热表面。

（2）从含 H_2S 很少或不含 H_2S 的酸性气中去除 CO_2 的胺处理装置中应大量采用奥氏体不锈钢。首选采用不锈钢复合板而不是完全的不锈钢建造设备，避免由于氯化物应力腐蚀开裂引起设备的穿透性破坏。处理 CO_2 的装置中也可采用钛管，但是钛管可能会出现钛材氢化现象。此外，塔顶系统还可以采用耐蚀合金。

（3）当 MEA 体积浓度大于 25%，并且酸气负荷大于 0.35mol/mol 时，就应当对设备用材的要求进行仔细评估，做到合理选材。

4. $H_2S + NH_3 + H_2 + H_2O$ 腐蚀环境

这种腐蚀环境主要存在于加氢裂化和加氢精制装置中的流出物系统，主要在高压空冷器部位。

目前工程设计加氢装置空冷器管子选材的准则是依据 K_p 值的大小进行的：

$$K_p = [H_2S] \times [NH_3]$$

式中　K_p——物流的腐蚀系数；

$[H_2S]$——物流中 H_2S 的摩尔分数，%；

$[NH_3]$——物流中 NH_3 的摩尔分数，%。

（1）$K_p < 0.07\%$：材料为碳钢，最高流速控制在 9.3m/s。

（2）$K_p = 0.1\% \sim 0.5\%$：材料为碳钢，流速适应范围为 4.6 ~ 6.09m/s。

（3）$K_p > 0.5\%$：当流速低于 1.5 ~ 3.05m/s 或流速高于 7.62m/s 时，选用 3RE60 Monel 或 Incoloy800 高合金材料。

按 K_p 划定环境，一般认为，控制管内流速，高压空冷器可采用碳钢管束；在流速高于 6m/s 时，使用耐蚀结构材料（如合金 825，双相钢），取决于 NH_4HS 浓度。

总之，上述四种腐蚀环境都是湿硫化氢损伤环境，可以通过适宜选材、正确的制造、控制介质中杂质含量以及有效的腐蚀监检测措施来防护。

（1）材料选用　设备和管道用碳素钢或低合金钢，应是镇静钢。材料的使用状态应是热轧（仅限于碳素钢）、退火、正火、正火+回火或调质状态；对处于表 12-2-3 中所列出的湿 H_2S 严重损伤环境下的碳素钢或低合金钢制设备和管线，材料的使用状态应是正火、正火+回火或调质状态。材料的碳当量 CE 应不大于 0.43（CE = C + Mn/6 + (Cr + Mo + V)/5 + (Ni + Cu)/15；式中各元素符号是指该元素在钢材中含量百分比）；在湿 H_2S 严重损伤环境下，当材料的抗拉强度大于 480MPa 时要控制其 S 含量不大于 0.002%，P 含量不大于 0.008%，Mn 含量不大于 1.30%，且应进行抗 HIC 性能试验或恒负荷拉伸试验。

（2）制造　在湿 H_2S 环境下，应尽量少选择焊接。如采取焊接，原则上应进行焊后消除应力热处理，热处理温度应按标准要求取上限。焊缝金属尽量避免有奥氏体熔敷金属存在，同时避免碳钢、低合金钢与奥氏体不锈钢之间的异种钢焊接。若临时抢修应急情况下存在异种钢焊接，应在正常停工检修时进行整改更换；无法进行焊后热处理的焊接接头应采用保证硬度不大于HB185的焊接工艺施焊(仅限于碳素钢)。

热处理后碳素钢或碳锰钢焊接接头的硬度应不大于HB200，其他低合金钢母材和焊接接头的硬度应不大于HB237。

热加工成型的碳素钢或低合金钢制管道元件，成型后应进行恢复力学性能热处理，且其硬度不大于HB225。

冷加工成型的碳素钢或低合金钢制设备和管道元件，当冷变形量大于5%时，成型后应进行消除应力热处理，且其硬度不大于HB200。但对于冷变形量不大于15%且硬度不大于HB190时，可不进行消除应力热处理。

碳素钢螺栓的硬度应不大于HB200，合金钢螺栓的硬度应不大于HB225。

铬钼钢制设备和管道热处理后母材和焊接接头的硬度应不大于HB225(1Cr-0.5Mo、1.25Cr-0.5Mo)、HB235(2.25Cr-1Mo、5Cr-1Mo)和HB248(9Cr-1Mo)。

铁素体不锈钢、马氏体不锈钢和奥氏体不锈钢的母材和焊接接头的硬度应不大于HRC22，其中奥氏体不锈钢的碳含量不大于0.10%，且需经过固溶处理或稳定化处理。

双相不锈钢的母材和焊接接头的硬度应不大于HRC28，其铁素体含量应在35%~65%的范围内。

在焊接接头两侧50mm范围内的表面进行防护，可在表面喷锌、喷铝并用非金属涂料封闭的方法。

不宜使用承插焊形式的管件，如使用，必须进行焊后热处理，硬度值符合上述要求。

结构上应尽量避免应力集中。

可采取合金涂覆和涂层防腐。

设备壳体或卷制管道用钢板厚度大于20mm时，应按JB/T 4730进行超声波检测，符合Ⅱ级要求。

(3) 介质　严格控制介质中H_2S含量。对液化气球罐，如材质为16MnR等低强钢，应控制H_2S含量小于$100\mu g/g$，如材质为CF62等高强钢，应控制在$20\mu g/g$以内。

在工艺允许的情况下，严格控制介质中水含量，使运行设备管线在湿H_2S腐蚀开裂敏感温区内(冰点以上)不致析出游离水，从而消除湿H_2S介质电化学腐蚀的必要条件。

影响水的pH值、NH_3或氰化物浓度的工艺变化会帮助减少损伤。通常利用冲洗水来稀释HCN浓度，如催化裂化气体装置。氰化物可以通过注入稀释的多硫化铵转化为无害的硫氰酸盐，注入设备需要认真设计。

取消或改进存在易发生湿H_2S应力腐蚀开裂的存液结构。这样的部位有解吸塔、稳定塔顶安全泄放管道、液面计引出管、液位界位引出线、压力引线、排凝管引线及分液包等，对这些部位能够取消就取消，或进行结构的改进。

(4) 腐蚀监检测　密切关注液相中含有H_2S，在H_2S分压超过350Pa、温度在0~82℃之间的运行环境下设备管线的腐蚀情况。加强腐蚀检测，包括定点定期测厚，在线探伤等。

应定期或根据需要采集现场水样或油样来分析。

湿 H_2S 损伤的检查通常关注焊缝和管口。详细的检查计划，包括方法、范围和表面处理，可以直接参考 NACE RP0296。

(二) 高温部位选材

在高温部位，选择耐蚀材料是保证生产装置长周期运行的主要手段。一些新型材料的出现，使选材范围不断扩大并得到更新。但是值得注意的是，随着高温缓蚀剂和高温抗垢剂的开发与应用，一些高温部位的腐蚀将会得到抑制，这一点在选材过程中也应予考虑。

1. 高温硫化物腐蚀环境

高温硫化物的腐蚀环境是指在240℃以上的重馏分油部位硫、硫化氢和硫醇形成的腐蚀环境。典型的高温硫化物腐蚀环境存在于蒸馏装置常、减压塔的下部及塔底管线，常压重油和减压渣油换热器，催化裂化装置主分馏塔的下部，延迟焦化装置主分馏塔的下部及其管线等。

加工高硫原油高温部位的选材，主要依据侧线硫含量、侧线温度和欲用材质，采用 McConomy 曲线计算理论腐蚀速率，所选材料计算的理论腐蚀速率应小于 0.25mm/a。同时应考虑有关选材导则中的规定，并应考虑企业的选材经验以及现场的腐蚀案例，做到合理用材。

塔类设备的选材以碳钢或碳钢 + 0Cr13Al 为主，塔盘以 0Cr13 为主，填料以 0Cr18Ni9 和 00Cr17Ni14Mo2 为主。

加热炉炉管以 1Cr5Mo 和 1Cr9Mo 为主。

介质温度≥288℃换热器的壳体以碳钢 + 0Cr13Al 为主，管程以碳钢、0Cr18Ni9 为主。

管道的选材以碳钢和 1Cr5Mo 为主，介质温度 < 240℃的部位选材以碳钢为主；介质温度在 240~288℃之间时，可选用碳钢或 1Cr5Mo 钢；介质温度≥288℃的部位应选用 1Cr5Mo。

考虑到流速对腐蚀速率的影响，常减压装置常压转油线和减压转油线高速段推荐使用 316L 或 317L，低速段推荐使用碳钢 + 00Cr19Ni10。

表 12-3-10 和表 12-3-11 为国内加工高硫或高酸原油、国外加工含硫原油的延迟焦化装置设备和管道推荐选材表。

2. 高温硫化氢与氢共存腐蚀环境

在加氢裂化和加氢精制等临氢装置中，由于氢气的存在加速硫化氢的腐蚀，在240℃以上形成高温 $H_2S + H_2$ 腐蚀环境，典型部位是加氢裂化装置的反应器、加氢脱硫装置的反应器以及催化重整装置原料精制部分的石脑油加氢精制反应器等。

在高温硫化氢与氢共存的腐蚀环境中，影响腐蚀速率的主要原因是温度和硫化氢浓度。目前工程设计主要是依据 ASCouper 曲线和 JWGormon 曲线估算腐蚀速率并进行选材。一般在设计温度≤450℃时，采用 18-8Ti 型奥氏体不锈钢，对更高的温度则应进行进一步的评价。表 12-3-12 和表 12-3-13 为国内加工高硫或高酸原油加氢裂化装置设备和管道推荐选材表，表 12-3-14 和表 12-3-15 为国内加工高硫或高酸原油加氢精制装置设备和管道推荐选材表。

表 12-3-10 延迟焦化装置设备推荐选材表

类别	设备名称	设备部位	高硫低酸（SH/T 3096—2012）		高酸低硫（SH/T 3129—2012）		高酸高硫（SH/T 3129—2012）		加工含硫原油国外选材工程标准
			设备主材推荐材料	备注	设备主材推荐材料	备注	设备主材推荐材料	备注	
塔器	焦炭塔	上部壳体	铬钼钢	由顶部到泡沫层底面以下1500~2000mm处	铬钼钢		铬钼钢	由顶部到泡沫层底面以下1500~2000mm处	碳钢+至少2.5mm410SCA 1Cr-0.5Mo+至少2.5mm410CA
		下部壳体	铬钼钢				铬钼钢		
	焦化分馏塔	顶封头、顶部筒体	碳钢+06Cr13（06Cr13Al）	含顶部4~5层塔盘以上塔体	碳钢+06Cr13（06Cr13Al）	含顶部4~5层塔盘以上塔体	碳钢+06Cr13（06Cr13Al）	含顶部4~5层塔盘以上塔体	温度<260℃ K碳钢+3.8mmCA 温度>260℃ 碳钢+至少2.5mm410CA
		其他筒体、底封头	碳钢+06Cr13[a]	温度≤350℃	碳钢		碳钢+06Cr13[a]	温度≤350℃	
			碳钢+022Cr19Ni10[b]	温度>350℃			碳钢+022Cr19Ni10[b]	温度>350℃	
		塔盘	06Cr13	温度≤350℃	06Cr13		06Cr13	温度≤350℃	410S 或 405
			022Cr19Ni10[b]	温度>350℃			022Cr19Ni10[b]	温度>350℃	
	蜡油汽提塔	壳体	碳钢	温度<240℃	碳钢		碳钢	温度<240℃	
			碳钢+06Cr13	温度240~350℃	碳钢+06Cr13		碳钢+06Cr13	温度240~350℃	
			碳钢+022Cr19Ni10[b]	温度>350℃			碳钢+022Cr19Ni10[b]	温度>350℃	
		塔盘	06Cr13		06Cr13		06Cr13		
			022Cr19Ni10[b]				022Cr19Ni10[b]		
	接触冷却塔（放空塔）	壳体	碳钢+06Cr13		碳钢		碳钢+06Cr13		
		塔盘（挡板）	06Cr13		06Cr13		06Cr13		
	吸收塔	壳体	碳钢+06Cr13（06Cr13Al）		碳钢+06Cr13（06Cr13Al）		碳钢+06Cr13（06Cr13Al）		
		塔盘	06Cr13		06Cr13		06Cr13		
	解吸塔	壳体	碳钢[c]		碳钢[c]		碳钢[c]		
		塔盘	06Cr13		06Cr13		06Cr13		
	再吸收塔	壳体	碳钢[c]		碳钢[c]		碳钢[c]		
		塔盘	06Cr13		06Cr13		06Cr13		
	稳定塔	顶封头、顶部筒体	碳钢+06Cr13（06Cr13Al）	含顶部4~5层塔盘以上塔体	碳钢+06Cr13（06Cr13Al）	含顶部4~5层塔盘以上塔体	碳钢+06Cr13（06Cr13Al）	含顶部4~5层塔盘以上塔体	
		其他筒体、底封头	碳钢[c]		碳钢[c]		碳钢[c]		
		塔盘	06Cr13		06Cr13		06Cr13		

续表

类别	设备名称	设备部位		高硫低酸（SH/T 3096—2012）		高酸低硫（SH/T 3129—2012）		高酸高硫（SH/T 3129—2012）		加工含硫原油国外选材工程标准
				设备主材推荐材料	备注	设备主材推荐材料	备注	设备主材推荐材料	备注	
容器	塔顶油气回流罐塔顶油气分离器压缩富气分离器	壳体		碳钢c	采用碳钢时可内涂防腐涂料	碳钢c	可内涂防腐涂料	碳钢c	可内涂防腐涂料	K碳钢+3.8mmCA
	原料油缓冲罐加热炉进料缓冲罐	壳体				碳钢	油气温度<240℃	碳钢	温度<240℃	
						碳钢+022Cr19Ni10 b	油气温度≥240℃	碳钢+022Cr19Ni10 b	温度≥240℃	
	其他容器	壳体		碳钢	油气温度<240℃	碳钢		碳钢	油气温度<240℃	
				碳钢+06Cr13 d	油气温度≥240℃			碳钢+06Cr13	油气温度≥240℃	
	储罐	壳体		碳钢	可内涂防腐涂料	碳钢	内涂防腐涂料	碳钢	可内涂防腐涂料	碳钢+3.2mmCA
空冷器	塔顶油气空冷器压缩富气空冷器	管箱		碳钢c		碳钢c	可内涂防腐涂料	碳钢c	采用碳钢时可内涂防腐涂料	
		管子		碳钢e		碳钢e		碳钢e		
	其他空冷器	管箱		碳钢f		碳钢f		碳钢f		
		管子		碳钢		碳钢		碳钢		
换热器	原料油换热器	壳体	原料油侧			碳钢	原料油温度<240℃	碳钢	原料油温度<240℃	碳钢+3.2mmCA
						碳钢+022Cr19Ni10 b,g	原料油温度≥240℃	碳钢+022Cr19Ni10 b,g	原料油温度≥240℃	
			馏分油（油气）侧			碳钢		碳钢+06Cr13 d	原料油温度240~350℃	
								碳钢+022Cr19Ni10 b	温度>350℃	
	其他换热器	管子	原料油侧			022Cr19Ni10 b,g,h	原料油温度≥240℃	碳钢	原料油温度<240℃	
								022Cr19Ni10 b,g,h	原料油温度≥240℃	
			馏分油（油气）侧					碳钢	油气温度<240℃	
								022Cr19Ni10 b,i	油气温度≥240℃	

续表

类别	设备名称	设备部位	高硫低酸（SH/T 3096—2012）		高酸低硫（SH/T 3129—2012）		高酸高硫（SH/T 3129—2012）		加工含硫原油国外选材工程标准
			设备主材推荐材料	备 注	设备主材推荐材料	备 注	设备主材推荐材料	备 注	
换热器	塔顶油气冷却器	壳体	碳钢[c]	指油气侧	碳钢[c]	指油气侧	碳钢[c]	指油气侧	
		管子	碳钢[e,j]	油气侧可涂防腐涂料	碳钢[j]	油气侧可涂防腐涂料	碳钢[e,j]	采用碳钢时油气侧可涂防腐涂料	
	压缩富气冷却器	壳体	碳钢				碳钢		
		管子	022Cr19Ni10[b]				022Cr19Ni10[b]		
	解吸塔塔底重沸器	壳体	碳钢[f]	油气温度<240℃	碳钢[f]		碳钢[f]		温度<288℃；管箱、壳体、管板碳钢+3.2mmCA
			碳钢+06Cr13[d]	温度240~350℃			碳钢+06Cr13[d]	温度240~350℃	温度>288℃；壳体、管箱碳钢5Cr-0.5Mo+2.5mmCA，管板碳钢+06Cr18Ni11Ti，管束碳钢5Cr-0.5Mo+2.5mmCA或410SCA至少2.5mmCA
	其他油气换热器	壳体	碳钢+022Cr19Ni10[b]	温度>350℃	碳钢		碳钢+022Cr19Ni10[b]		
	其他油气冷却器	管子	碳钢[j]	油气温度<240℃	碳钢[j]		碳钢[j]	油气温度<240℃	
			022Cr19Ni10[l,b]	油气温度≥240℃			022Cr19Ni10[b,j]	油气温度≥240℃	管束5Cr-0.5Mo
加热炉	炉管	对流段	1Cr5Mo		1Cr5Mo/06Cr18Ni11Ti		1Cr5Mo/06Cr18Ni11Ti		
		辐射段	1Cr9Mo		1Cr9Mo/06Cr18Ni11Ti 07Cr17Ni12Mo2[k]		1Cr9Mo/06Cr18Ni11Ti 07Cr17Ni12Mo2[g]		

注：a 对于焦化分馏塔的塔体（顶封头和顶部筒体除外），当介质温度小于240℃且腐蚀不严重时可用碳钢。

b 采用022Cr19Ni10时可由06Cr19Ni10或06Cr18Ni11Ti替代。采用022Cr17Ni12Mo2可由06Cr17Ni12Mo2替代。

c 湿硫化氢腐蚀环境，如果腐蚀严重可采用抗HIC钢。

d 当介质温度小于288℃且馏分中的硫含量小于2%时，容器或换热器的壳体可采用碳钢，但应根据腐蚀速率和设计寿命取足够的腐蚀裕量。

e 对于焦化分馏塔顶油气和压缩富气的空冷器管箱或换热器（冷却器），当腐蚀严重时管子可采用022Cr19Ni10或06Cr18Ni11Ti，空冷器管箱或换热器（冷却器）管板及其他构件的耐腐蚀性能应与之相匹配。

f 当介质为吸收塔或解吸塔中段油、再吸收塔塔底油（富吸收油）时，与此介质接触的空冷器管箱换热器壳体应考虑湿硫化氢腐蚀。

g 当原料油的温度为240~288℃且环烷酸酸值（TAN值）小于1.5时，换热器管子也可采用1Cr5Mo钢管，壳体采用碳钢+06Cr13复合板；温度大于等于288℃且环烷酸酸值（TAN值）大于等于1.5时，换热器管子也可采用022Cr17Ni12Mo2钢管，壳体采用碳钢+022Cr17Ni12Mo2复合板。

h 当介质温度为240~350℃的换热器管子也可采用022Cr17Ni12Mo2钢管。

i 介质温度为240~350℃的换热器管子也可采用碳钢渗铝管或1Cr5Mo，但不应降低管板及其他构件的耐腐蚀性能。

j 介质温度为240~350℃的换热器管子也可采用碳钢渗铝管或07Cr17Ni12Mo2时，材料中的钼含量不应小于2.5%。

k 流速大于等于30m/s对水冷却器，管束采用碳化炉炉管采用07Cr17Ni12Mo2时，材料中的钼含量不应小于2.5%。

l 介质温度为240~350℃的热器管子根据需要采用碳钢渗铝管或1Cr5Mo，管板及其他构件的耐腐蚀性能应与之匹配。

表 12-3-11 延迟焦化装置管道推荐选材表

管道位置	管道名称	高硫低酸 管道主材推荐用材 (SH/T 3096—2012)	高酸低硫与高酸高硫 管道主材推荐用材 (SH/T 3129—2012)	加工含硫原油 国外选材工程标准
分馏塔	塔顶油气管道	碳钢e	碳钢e	K 碳钢 + 3.8mmCA
分馏塔底	重油至加热炉管道	1Cr5Mo	1Cr5Mo/1Cr9Mo/ 022Cr19Ni10a,c	
	循环油管道	1Cr5Mo	1Cr5Mo/1Cr9Mo/ 022Cr19Ni10a,c	
焦炭塔	塔底高温进料管道	1Cr5Mo/1Cr9Mo	1Cr5Mo/1Cr9Mo/ 022Cr19Ni10a,c	
	塔顶高温油气管道	1Cr5Mo/15CrMoR + 06Cr13	1Cr5Mo/ 15CrMoR + 06Cr13	
加热炉	进口管道	1Cr5Mo	1Cr5Mo/1Cr9Mo/ 022Cr19Ni10/ 022Cr17Ni12Mo2a,b,c	
	出口管道	1Cr5Mo/1Cr9Mo	1Cr5Mo/1Cr9Moa	
分馏塔顶油气分液罐	罐顶冷凝管道	碳钢e	碳钢e	
吸收稳定各塔	塔顶冷凝管道	碳钢e	碳钢e	
其他	介质温度 <240℃ 含硫含酸油品油气管道	碳钢	碳钢	介质温度 <288℃： 碳钢 + 2.5mmCA 介质温度 288~371℃： 5Cr-0.5Mo + 2.5mmCA 介质温度 ≥371℃： 9Cr-1Mo + 2.5mmCA
	240℃ ≤介质温度 <288℃ 含硫含酸油品油气管道		1Cr5Mo/1Cr9Moa	
	288℃ ≤介质温度 <340℃ 含硫含酸油品油气管道	碳钢/1Cr5Mod	1Cr9Mo/022Cr19Ni10/ 022Cr17Ni12Mo2b,c	
	介质温度 ≥340℃ 含硫含酸油品油气管道	1Cr5Mo		

注：a 介质温度大于等于 240℃小于 288℃时，可根据操作条件从 1Cr5Mo、1Cr9Mo、022Cr19Ni10 中计算腐蚀裕量选用合适的材料，但在此温度范围内如果流速大于等于 30m/s 时，宜选用 022Cr17Ni14Mo2。

b 介质温度大于等于 288℃时，可根据操作条件从 1Cr9Mo、022Cr19Ni10、022Cr17Ni14Mo2 中计算腐蚀裕量选用合适的材料，但在此温度范围内如果流速超过 30m/s 时，宜选用 022Cr17Ni14Mo2。

c 采用 022Cr19Ni10 时可由 06Cr19Ni10 或 06Cr18Ni11Ti 替代，采用 022Cr17Ni12Mo2 时可由 06Cr17Ni12Mo2 替代。

d 可根据操作条件计算腐蚀裕量从碳钢、1Cr5Mo 中选用合适的材料。

e 湿硫化氢环境。

表 12-3-12 加氢裂化装置设备推荐选材表

类别	设备名称	设备部位	国内加工高硫、高酸原油设备主材推荐材料		备 注
			高硫低酸 (SH/T 3096—2012)	高酸低硫与高酸高硫 (SH/T 3129—2012)	
反应器	加氢反应器	壳体	2.25Cr-1Mo	2.25Cr-1Mo	根据操作条件参照 附录二选材
			2.25Cr-1Mo-0.25V	2.25Cr-1Mo-0.25V	
			3Cr-1Mo-0.25V	3Cr-1Mo-0.25V	
			1.25Cr-0.5Moa	1.25Cr-0.5Moa	
		复层	双层堆焊 TP309L + TP347	双层堆焊 TP309L + TP347 或 TP309L + 316L	
			单层堆焊 TP347	单层堆焊 TP347	
		内构件	06Cr18Ni11Ti 或 06Cr18Ni11Nb	022Cr17Ni12Mo2 或 06Cr18Ni11Ti 或 06Cr18Ni11Nb	

续表

类别	设备名称	设备部位	国内加工高硫、高酸原油设备主材推荐材料		备 注
			高硫低酸 (SH/T 3096—2012)	高酸低硫与高酸高硫 (SH/T 3129—2012)	
塔器	脱硫化氢汽提塔	壳体	碳钢+06Cr13(06Cr13Al)		进料口以上壳体及以下1m范围壳体
			碳钢		其他壳体
		塔盘	06Cr13		
	分馏塔	壳体	碳钢[b]		
		塔盘	碳钢		
			06Cr13		介质温度≥288℃
	脱乙烷塔	壳体	碳钢+06Cr13(06Cr13Al)		顶部5层塔盘以上塔体
			碳钢		其他塔体
		塔盘	06Cr13		顶部5层塔盘
			碳钢		其他塔盘
	脱丁烷塔	壳体	碳钢+06Cr13(06Cr13Al)		进料段以上塔体
			碳钢		其他塔体
		塔盘	06Cr13		进料段以上塔盘
			碳钢		其他塔盘
	溶剂再生塔	壳体	碳钢+022Cr19Ni10		
		塔盘	06Cr19Ni10		
	循环氢脱硫塔	壳体	抗HIC钢[c]		
		塔盘	06Cr13		
	其他塔	壳体	碳钢		
		塔盘	碳钢		
容器	热高压分离器	壳体	2.25Cr-1Mo		根据操作条件参照附录二选材
			1.25Cr-0.5Mo[a]		
		堆焊层[d]	双层堆焊 TP309L+TP347		
			单层堆焊 TP347		
		内构件	06Cr18Ni11Ti		
	冷高压分离器	壳体	抗HIC钢[c]		
		内构件	06Cr13		
		金属丝网	022Cr17Ni12Mo2[i]		
	热低压分离器	壳体	15CrMoR		腐蚀裕量≤6mm
			15CrMoR+022Cr19Ni10[i]		
		内构件	022Cr19Ni10[i]		
		金属丝网	022Cr17Ni12Mo2[i]		
	冷低压分离器	壳体	抗HIC钢		
		内构件	06Cr13		
		金属丝网	022Cr17Ni12Mo2[i]		
	塔顶回流罐	壳体	碳钢[e]		采用碳钢时可内涂防腐涂料
	其他容器	壳体	碳钢		

续表

类别	设备名称	设备部位		国内加工高硫、高酸原油设备主材推荐材料		备注
				高硫低酸 （SH/T 3096—2012）	高酸低硫与高酸高硫 （SH/T 3129—2012）	
空冷器	反应流出物空冷器	管箱		NS1402		当管子采用022Cr23Ni5Mo3N或022Cr25Ni7Mo4N时，管箱可采用抗HIC钢；当管子采用NS1402时，管箱应采用NS1402板材或复合材料。碳钢管应符合GB9948标准。
				022Cr23Ni5Mo3N 或 022Cr25Ni7Mo4N		
				15CrMoR		
				抗HIC钢		
		管子		NS1402		
				022Cr23Ni5Mo3N 或 022Cr25Ni7Mo4N		
				15CrMo		
				碳钢		
	脱硫化氢汽提塔顶空冷器	管箱		碳钢[e]		碳钢管应符合GB9948标准。可内涂防腐涂料。
		管子		碳钢		
	再生塔顶空冷器	管箱		碳钢+022Cr19Ni10[i]		
		管子		022Cr19Ni10 或 022Cr17Ni12Mo2		
	其他中低压空冷器	管箱		碳钢		
		管子		碳钢		
换热器	反应流出物/原料油，氢气或馏出物换热器	壳体	管程	碳钢	碳钢	根据操作条件参照附录二选材
				15CrMoR	15CrMoR	
			壳程	1.25Cr－0.5Mo[a]	1.25Cr－0.5Mo[a]	
				2.25Cr－1Mo	2.25Cr－1Mo	
			复层[d]	双层堆焊 TP309L+TP347	单层堆焊 316L 或 TP347	
				单层堆焊 06Cr18Ni11Ti/TP347	堆焊层 TP309L+TP347 堆焊层 TP309L+316L	
		管子[j]		06Cr18Ni11Ti 或 06Cr18Ni11Nb	06Cr18Ni11Ti 或 06Cr18Ni11Nb 或 022Cr17Ni14Mo2	
	热高分气/原料油，氢气或低分油换热器	壳体	管程	碳钢	碳钢	根据操作条件参照附录二选材
				15CrMoR	15CrMoR	
			壳程	1.25Cr－0.5Mo[a]	1.25Cr－0.5Mo[a]	
				2.25Cr－1Mo	2.25Cr－1Mo	
			复层[d]	双层堆焊 TP309L+TP347	单层堆焊 316L 或 TP347	
				单层堆焊 06Cr18Ni11Ti/TP347	堆焊层 TP309L+TP347 堆焊层 TP309L+316L	
		管子[g,j]		NS1402	NS1402	
				022Cr23Ni5Mo3N 或 022Cr25Ni7Mo4N	022Cr23Ni5Mo3N 或 022Cr25Ni7Mo4N	

续表

类别	设备名称	设备部位		国内加工高硫、高酸原油设备主材推荐材料		备注
				高硫低酸 （SH/T 3096—2012）	高酸低硫与高酸高硫 （SH/T 3129—2012）	
换热器	热高分气/ 原料油，氢气或 低分油换热器	管子[g,j]		06Cr18Ni11Ti	06Cr18Ni11Ti 或 06Cr18Ni11Nb 或 022Cr17Ni14Mo2	
				15CrMo/14Cr1Mo	15CrMo/14Cr1Mo	
	热低分气/ 冷低分液换热器	壳体	管程	碳钢 + 022Cr19Ni10[i]		指热低分气侧
				15CrMoR		
			壳程	碳钢		指冷低分液侧
		管子		15CrMo		
	脱硫化氢/脱乙 烷塔顶冷凝器 再生塔顶冷凝器	壳体		碳钢[e]		指油气侧，可涂防腐涂料。 管子应符合 GB9948 标准。
		管子		碳钢[h]		
	其他换热器	壳体		碳钢		
		管子		碳钢		
加热炉	反应进料加热炉	炉管		TP321H	TP321H 或 TP347H	
	分馏塔进料炉	炉管		TP347H	碳钢（炉管壁温≤300℃）	
				1Cr5Mo[f]	1Cr5Mo[f]	

注：a 1.25Cr-0.5Mo 壳体名义厚度应控制在 80mm 以内。
b 根据装置具体工艺流程和实际生产运行情况，其下段壳体可选择碳钢 + 06Cr18Ni11Ti 复合材料。
c 湿硫化氢腐蚀更严重时，壳体可选择碳钢 + 022Cr19Ni10 复合材料。
d 应根据选用的壳体材料按照附录三计算壳体的腐蚀裕量。
e 湿硫化氢腐蚀环境，腐蚀严重时可采用抗 HIC 钢。
f 根据装置具体工艺流程和实际生产情况，也可选择 06Cr18Ni11Ti。
g 如果本台换热器上游管道设置注水点，管子材料宜选用 NS1402（N08825）、022Cr23Ni5Mo3N 或 022Cr25Ni7Mo4N 和 15CrMo/14Cr1Mo。
h 对于水冷却器，水侧可涂防腐涂料。
i 采用 022Cr19Ni10 时可由 06Cr19Ni10 或 06Cr18Ni11Ti 替代，采用 022Cr17Ni12Mo2 时可由 06Cr17Ni12Mo2 替代。
j 注氢点以前的设备选材应考虑环烷酸的腐蚀。

表12-3-13　加氢裂化装置管道推荐选材表

管道位置	管道名称	管道主材推荐用材 （SH/T 3096—2012）	备注
原料线[a]	介质温度≥240℃的原料油管道	碳钢/1Cr5Mo[a,b]	
	介质温度≥200℃的循环氢管道	1.25Cr-0.5Mo/2.25Cr-1Mo/ TP321/TP347[a,c]	
	介质温度≥200℃的混氢管道	1.25Cr-0.5Mo/2.25Cr-1Mo/ 5Cr-0.5Mo/TP321/TP347[a,c]	
加氢反应器	进料管道	TP321/TP347[c]	
	反应流出物系统管道	1Cr-0.5Mo/1.25Cr-0.5Mo[a,c]/ 2.25Cr-1Mo/5Cr-0.5Mo/ TP321/TP347	
空冷器至高压分离器	管道	碳钢	可加大腐蚀裕量或 选用合适的耐蚀材料

续表

管道位置	管道名称	管道主材推荐用材 （SH/T 3096—2012）	备 注
脱乙烷、丁烷塔	塔顶油气管道、塔底循环油管道	碳钢	湿硫化氢腐蚀环境（塔顶）
分馏塔	塔底循环油管道	碳钢/1Cr5Mo[b]	
	进料管道	碳钢/1Cr5Mo[d]	

注：a 系指原料油经过原料泵、混氢后经换热器一直到加热炉进口之前的管道系统。
b 介质温度大于等于240℃时，可根据操作条件从碳钢、1Cr5Mo中计算腐蚀裕量选用合适的材料。
c 高温氢气和硫化氢共同存在腐蚀环境下的选材：
——对于介质温度大于或等于200℃的含有氢气与硫化氢的管道，应考虑高温氢腐蚀以及氢加硫化氢腐蚀按附录二、附录三进行选材；
——所选材料的腐蚀速率不宜超过0.25mm/a；
——当选用铬钼钢时，应考虑材料可能发生的回火脆性问题。
d 根据装置具体工艺流程和实际生产情况，可选择06Cr18Ni11Ti。

表12-3-14　加氢精制装置设备推荐选材表

类别	设备名称	设备部位	国内加工高硫、高酸原油推荐选材		备 注
			高硫低酸 （SH/T 3096—2012）	高酸低硫与高酸高硫 （SH/T 3129—2012）	
反应器	加氢反应器	壳体	2.25Cr-1Mo	2.25Cr-1Mo	根据操作条件参照附录二选材
			2.25Cr-1Mo-0.25V	2.25Cr-1Mo-0.25V	
			3Cr-1Mo-0.25V	3Cr-1Mo-0.25V	
			1.25Cr-0.5Mo[a]	1.25Cr-0.5Mo[a]	
		复层	双层堆焊 TP309L+TP347	双层堆焊 TP309L+TP347 或 TP309L+316L 单层堆焊 TP347 或 TP316L	
			单层堆焊 TP347		
		内构件	06Cr18Ni11Ti 或 06Cr18Ni11Nb	06Cr18Ni11Ti 或 022Cr17Ni12Mo2	
塔器	脱硫化氢汽提塔	壳体	碳钢+06Cr13（06Cr13Al）		进料口以上壳体及以下1m范围壳体
			碳钢		其他壳体
		塔盘	06Cr13		
	分馏塔	壳体	碳钢[b]		
		塔盘	碳钢		
			06Cr13		介质温度≥288℃
	脱乙烷塔	壳体	碳钢+06Cr13（06Cr13Al）		顶部5层塔盘以上塔体
			碳钢		其他塔体
		塔盘	06Cr13		顶部5层塔盘
			碳钢		其他塔盘
	脱丁烷塔	壳体	碳钢+06Cr13（06Cr13Al）		进料段以上塔体
			碳钢		其他塔体
		塔盘	06Cr13		进料段以上塔盘
			碳钢		其他塔盘
	溶剂再生塔	壳体	碳钢+022Cr19Ni10[i]		
		塔盘	022Cr19Ni10[i]		
	循环氢脱硫塔	壳体	抗HIC钢[c]		
		塔盘	06Cr13		
	其他塔	壳体	碳钢		
		塔盘	碳钢		

续表

类别	设备名称	设备部位	国内加工高硫、高酸原油推荐选材		备 注
			高硫低酸（SH/T 3096—2012）	高酸低硫与高酸高硫（SH/T 3129—2012）	
容器	热高压分离器	壳体	2.25Cr-1Mo		根据操作条件参照附录二选材
			1.25Cr-0.5Mo[a]		
			15CrMoR		
		堆焊层[d]	双层堆焊 TP309L+TP347		
			单层堆焊 TP347		
		内构件	06Cr18Ni11Ti		
	冷高压分离器	壳体	抗HIC钢[e]		
		内构件	06Cr13		
		金属丝网	022Cr17Ni12Mo2[i]		
	热低压分离器	壳体	15CrMoR		腐蚀裕量≤6mm
			15CrMoR+022Cr19Ni10[i]		
		内构件	022Cr19Ni10[i]		
		金属丝网	022Cr17Ni12Mo2[i]		
	冷低压分离器	壳体	抗HIC钢		
		内构件	06Cr13		
		金属丝网	022Cr17Ni12Mo2[i]		
	塔顶回流罐	壳体	碳钢[e]		可内涂防腐涂料
	其他容器	壳体	碳钢		
空冷器	反应流出物空冷器	管箱	022Cr23Ni5Mo3N 或 022Cr25Ni7Mo4N		当管子采用022Cr23Ni5Mo3N或022Cr25Ni7Mo4N，管箱可采用抗HIC钢。碳钢管应符合GB9948标准
			15CrMoR		
			抗HIC钢		
		管子	022Cr23Ni5Mo3N 或 022Cr25Ni7Mo4N		
			15CrMo		
			碳钢		
	脱硫化氢汽提塔顶空冷器	管箱	碳钢[e]		碳钢管应符合GB9948标准，可内涂防腐涂料
		管子	碳钢		
	再生塔顶空冷器	管箱	碳钢+022Cr19Ni10[i]		
		管子	022Cr19Ni10 或 022Cr17Ni12Mo2[i]		
	其他中低压空冷器	管箱	碳钢		
		管子	碳钢		
换热器	反应流出物/原料油，氢气或馏出物换热器	壳体 管程壳程	碳钢	碳钢	根据操作条件参照附录二选材
			15CrMoR	15CrMoR	
			1.25Cr-0.5Mo[a]	1.25Cr-0.5Mo[a]	
			2.25Cr-1Mo	2.25Cr-1Mo	
		复层[d]	双层堆焊 TP309L+TP347	单层堆焊 316L 或 TP347	
			单层堆焊 06Cr18Ni11Ti/TP347	堆焊层 TP309L+TP347	
				堆焊层 TP309L+316L	
		管子	06Cr18Ni11Ti	06Cr18Ni11Ti[j] 或 06Cr18Ni11Nb[j] 或 022Cr17Ni12Mo2[j]	

续表

类别	设备名称	设备部位		国内加工高硫、高酸原油推荐选材		备 注
				高硫低酸 （SH/T 3096—2012）	高酸低硫与高酸高硫 （SH/T 3129—2012）	
换热器	热高分气/ 原料油，氢气或 低分油换热器 （热高分气水冷器）	壳体	管程 壳程	碳钢	碳钢	根据操作条件参照 附录二选材
				15CrMoR	15CrMoR	
				1.25Cr－0.5Mo^a	1.25Cr－0.5Mo^a	
				2.25Cr－1Mo	2.25Cr－1Mo	
			复层^d	双层堆焊 TP309L＋TP347	单层堆焊 316L 或 TP347	
				单层堆焊 06Cr18Ni11Ti/TP347	堆焊层 TP309L＋TP347	
					堆焊层 TP309L＋316L	
		管子^{i,j}		NS1402	NS1402	
				022Cr23Ni5Mo3N 或 022Cr25Ni7Mo4N	022Cr23Ni5Mo3N 或 022Cr25Ni7Mo4N	
				06Cr18Ni11Ti	06Cr18Ni11Ti 或 06Cr18Ni11Nb 或 022Cr17Ni12Mo2	
				15CrMo/14Cr1Mo	15CrMo/14Cr1Mo	
	热低分气/冷 低分液换热器	壳体	管程	碳钢＋022Cr19Ni10^i		指热低分气侧
				15CrMoR		
			壳程	碳钢		指冷低分液侧
		管子		15CrMo		
	脱硫化氢/脱乙 烷塔顶冷凝器 再生塔顶冷凝器	壳体		碳钢^e		指油气侧，可内涂防腐涂料
		管子		碳钢^h		
	其他换热器	壳体		碳钢		
		管子		碳钢		
加热炉	反应进料加热炉	炉管		TP321H	TP316H	
				TP347H	TP321H 或 TP347H	
	分馏塔进料炉	炉管		碳钢	碳钢	管壁温度≤300℃
				1Cr5Mo^g	1Cr5Mo^f	

注：a 1.25Cr－0.5Mo 壳体名义厚度应控制在 80mm 以内。
b 根据装置具体工艺流程和实际生产运行情况，其下段壳体可选碳钢＋06Cr18Ni11Ti 复合材料。
c 湿硫化氢腐蚀更严重时，壳体可选择碳钢＋022Cr19Ni10 复合材料。
d 应根据选用的壳体材料按照附录三计算壳体的腐蚀裕量。
e 湿硫化氢腐蚀环境，腐蚀严重时可采用抗 HIC 钢。
f 根据装置具体工艺流程和实际生产情况，也可选择 06Cr18Ni11Ti。
g 如果本台换热器上游管道设置注水点，管子材料宜选用 NS1402（N08825）、022Cr23Ni5Mo3N 或 022Cr25Ni7Mo4N 和 15CrMo/14Cr1Mo。
h 对于水冷却器，水侧可涂防腐涂料。
i 采用 022Cr19Ni10 时可由 06Cr19Ni10 或 06Cr18Ni11Ti 替代，采用 022Cr17Ni12Mo2 时可由 06Cr17Ni12Mo2 替代。
j 对注氢点以前的设备选材应考虑环烷酸的腐蚀。

表12-3-15 加氢精制装置管道推荐选材表

管道位置	管道名称	推荐用材(SH/T 3096—2012)	备 注
原料线[a]	介质温度≥240℃的原料油管道	碳钢/1Cr5Mo[b]	
	介质温度≥200℃的循环氢管道	15CrMo/1Cr-0.5Mo/1.25Cr-0.5Mo/2.25Cr-1Mo/06Cr18Ni11Ti/TP321/TP347[d]	
	混氢管道	碳钢/15CrMo/1Cr-0.5Mo/1.25Cr-0.5Mo/2.25Cr-1Mo/5Cr-0.5Mo/06Cr18Ni11Ti/TP321/TP347[d]	
加氢反应器	进料管道	06Cr18Ni11Ti/TP321/TP347	
	反应流出物系统管道	15CrMo/1Cr-0.5Mo/1.25Cr-0.5Mo/2.25Cr-1Mo/5Cr-0.5Mo/06Cr18Ni11Ti/TP321/TP347[d]	
热高压分离器罐顶	热高分管道至换热器	15CrMo/1.25Cr-0.5Mo/5Cr-0.5Mo/TP321[d]	
	空冷器后至冷高分管道	碳钢	湿硫化氢腐蚀环境
脱硫化氢汽提塔顶空冷器	冷凝管道	碳钢	湿硫化氢腐蚀环境
脱硫化氢汽提塔顶回流罐	罐顶冷凝管道	碳钢/022Cr19Ni10/022Cr17Ni12Mo2[c]	湿硫化氢腐蚀环境
	罐底循环管道	碳钢	

注：a 装置的原料应包括原料油和氢气(循环氢)两种。根据工艺的不同，应注意原料加热系统有炉前混氢和炉后混氢之分。
b 介质温度大于等于240℃时，可根据操作条件从碳钢、1Cr5Mo中计算腐蚀裕量选用合适的材料。
c 当所选材料的均匀腐蚀速率大于0.25mm/a时，宜考虑提高材料等级，选择碳钢、022Cr19Ni10、022Cr17Ni12Mo2应根据生产的实际情况确定。
d 高温氢气和硫化氢共同存在腐蚀环境下的选材：
ⅰ. 对于介质温度大于或等于200℃的含有氢气与硫化氢的管道，应考虑高温氢腐蚀以及氢加硫化氢腐蚀，按附录二、附录三进行选材；
ⅱ. 所选材料的腐蚀速率不宜超过0.25mm/a；
ⅲ. 当选用铬钼钢时，应考虑材料可能发生的回火脆性问题。

表12-3-16~表12-3-21为国外加工含硫原油加氢裂化装置选材实例。

表12-3-16 国外加氢裂化装置选材实例——反应器

设备名称	操作条件	实例1	实例2	实例3
加氢精制反应器	设计温度427℃ 设计压力17.8MPa	壳体(热壁) SA336F22C13 堆焊 TP309L+TP347 内件 SUS321 螺栓 SA193-B16 螺母 SA194-4	壳体(热壁) SA336F22C13 堆焊 TP309L+TP347 内件 0Cr18NI10Ti 螺栓 25Cr2MoVA 螺母 35CrMoA	壳体(热壁) SA336F22C13 堆焊 TP309L+TP347 内件 0Cr18Ni10Ti 螺栓 25Cr2MoVA 螺母 35CrMoA
加氢裂化反应器	设计温度427℃ 设计压力17.8MPa	壳体(热壁) SA336F22C13 堆焊 TP309L+TP347 内件 SUS321 螺栓 SA193-B16 螺母 SA194-4	壳体(热壁) SA336F22C13 堆焊 TP309L+TP347 内件 0Cr18NI10Ti 螺栓 25Cr2MoVA 螺母 35CrMoA	壳体(热壁) SA336F22C13 堆焊 TP309L+TP347 内件 0Cr18Ni10Ti 螺栓 25Cr2MoVA 螺母 35CrMoA

表 12-3-17 国外加氢裂化装置选材实例——高压换热器

设备名称	操作条件	实例 1	实例 2	实例 3
反应流出物/ 热原料油换热器	设计温度 管程 405℃ 壳程 370℃ 设计压力 管程 18MPa 壳程 20.1MPa	壳体（A）SA387F22 CA=4mm （B）SA516-70 管箱 SA336F22 堆焊 6.5mm TP309L+TP347 管板 SA336F22 堆焊 4mmTP347 管子 SUS321	壳体 SA336F22 管箱 SA336F22 堆焊 6.5mm TP309L+TP347 管板 SA336F22 堆焊 4mmTP347 管子 0Cr18Ni10Ti	壳体 SA336F22 管箱 SA336F22 堆焊 6.5mm TP309L+TP347 管板 SA336F22 堆焊 4mmTP347 管子 0Cr18Ni10Ti
反应流出物/ 热低分油换热器	设计温度 管程 345℃ 壳程 275℃ 设计压力 管程 18.4MPa 壳程 2.1MPa	壳体 SA516-70 管箱 SA336F22 堆焊 6.5mm TP309L+TP347 管板 SA336F22 堆焊 4mmTP347 管子 SUS321	壳体 16MnR 管箱 SA336F22 堆焊 6.5mm TP309L+TP347 管板 SA336F22 堆焊 4mmTP347 管子 0Cr18Ni10Ti	壳体 16MnR 管箱 SA336F22 堆焊 6.5mm TP309L+TP347 管板 SA336F22 堆焊 4mmTP347 管子 0Cr18Ni10Ti
反应流出物/ 冷原料油换热器	设计温度 管程 295℃ 壳程 176℃ 设计压力 管程 18.4MPa 壳程 20MPa	壳体 SA516-70 管箱 SA182F11 管板 SA182F11 堆焊 4mmTP410 管子 SUS410TB	壳体 16MnR 管箱 15CrMoR 管板 15CrMo 堆焊 4mmTP347 管子 0Cr18Ni9Ti	壳体 16MnR 管箱 15CrMoR 管板 15CrMo 堆焊 4mmTP347 管子 0Cr18Ni9Ti
反应流出物/ 混合氢换热器	设计温度 管程 260℃ 壳程 230℃ 设计压力 管程 20.2MPa 壳程 18MPa	壳体 SA516-70 管箱 SA182F11 管板 SA182F11 堆焊 4mmTP41 0 管子 SUS410TB	壳体 15CrMoR 管箱 15CrMo 管板 15CrMo 堆焊 4mmTP347 管子 0Cr18Ni9Ti	壳体 15CrMoR 管箱 15CrMo 管板 15CrMo 堆焊 4mmTP347 管子 0Cr18Ni9Ti
反应流出物/ 冷低分油换热器	设计温度 管程 230℃ 壳程 175℃ 设计压力 管程 18.4MPa 壳程 2.1MPa	壳体 SA516-70 管箱 SA182F11 管板 SA182F11 管子 STBA35	壳体 16MnR 管箱 15CrMo 管板 15CrMo 管子 10 号钢	壳体 16MnR 管箱 15CrMo 管板 15CrMo 管子 10 号钢

表 12-3-18 国外加氢裂化装置选材实例——容器

设备名称	操作条件	实例 1	实例 2	实例 3
高压分离器	设计温度 70℃ 设计压力 17MPa	壳体 SA350LF1 内件 SUS321	壳体 20 锻钢（CA6mm） 内件 0Cr18Ni9Ti	壳体 20 锻钢（CA6mm） 内件 0Cr18Ni9Ti
低压分离器	设计温度 70℃ 设计压力 2MPa	壳体 抗氢鼓泡钢	20R（CA4mm）	20R（CA4mm）
分馏塔		壳体 SB42 塔盘 SS41 内件 STPG38 SS41	壳体 20R+0Cr18Ni9Ti 塔盘 0Cr13 内件 0Cr18Ni10Ti	壳体 20R（A4mm） 塔盘 0Cr13 内件 Q235-A
脱丁烷塔 脱己烷塔		壳体 SB42 塔盘 SS41 内件 STPG38 SS41	壳体 20R（CA4mm） 内件 Q235-A	壳体 20R（CA4mm） 内件 Q235-A
循环氢脱硫塔			壳体 20 锻钢（CA4mm） 内件 Q235-A	壳体 20 锻钢（CA4mm） 内件 Q235-A

表 12-3-19　国外加氢裂化装置选材实例——空冷器

设备名称	操作条件	实例1	实例2	实例3
反应流出物空冷器	设计温度 200℃ 设计压力 15.7MPa	管箱 SF40 管子 STB35-C 套管 SUS316L	管箱 20 锻钢 管子 20 端部衬 600mm 不锈钢	管箱 20 锻钢 管子 20 端部衬 600mm 不锈钢
其他中低空冷器		管箱 SB42 管子 STB35-C	管箱 20R 管子 20 号钢	管箱 20R 管子 20 号钢

表 12-3-20　国外加氢裂化装置选材实例——其他设备

设　备　名　称	推　荐　材　料
加氢裂化反应炉(炉管)	1Cr9Mo，TP321H，TP347H
分馏塔进料炉(炉管)	20 号钢，1Cr5Mo，1Cr9Mo

表 12-3-21　国外加氢裂化装置选材实例——管道

设　备　名　称	实　例　1	实　例　2
油进料(无氢) 　金属温度 <280℃ 　280~370℃ 　>370℃	碳钢 +3mmCA 5Cr-0.5Mo+2.5mmCA 9Cr-1Mo+2.5mmCA	碳钢 +3mmCA Cr-Mo 钢 +3mmCA Cr-Mo 钢 +3mmCA
氢气进料或油氢混合进料 　金属温度 <260℃ 　>260℃	碳钢 +3mmCA 321 型 +1.2mmCA	碳钢 +3mmCA Cr-Mo 钢或 1Cr18Ni9Ti
反应流出物和高温分离器顶部气体 　金属温度 <260℃ 　>260℃	碳钢 +3mmCA 321 型 +1.2mmCA	碳钢 +3mmCA Cr-Mo 钢或 1Cr18Ni9Ti
补充氢气 　金属温度 <260℃ 　>260℃	碳钢 +3mmCA 321 型 +1.2mmCA	碳钢 +3mmCA Cr-Mo 钢或 1Cr18Ni9Ti
高温分离器底部 　金属温度 <260℃ 　>260℃	碳钢 +3mmCA 321 型 +1.2mmCA	碳钢 +3mmCA Cr-Mo 钢或 1Cr18Ni9Ti
低温分离器底部及汽提塔顶部 　金属温度 <260℃	碳钢 +2.5mmCA	碳钢 +3mmCA
其他管道	碳钢 +2.5mmCA	碳钢 +3mmCA

表 12-3-22~表 12-3-26 为国外加工含硫原油加氢精制装置选材实例。

表 12-3-22　国外加氢精制装置选材实例——反应器

设备名称	操作条件	实　例　1	实　例　2	实　例　3
加氢精制反应器	设计温度 440℃ 设计压力 5.3MPa	壳体(热壁) SA387Cr11C12 堆焊 TP309L+TP347 内件 SUS321 螺栓 SA193-B16 螺母 SA194-4	壳体(热壁) SA387Cr11C12 堆焊 TP309L+TP347 内件 1Cr18Ni9Ti 螺栓 25Cr2MoVA 螺母 35CrMoA	壳体(热壁) SA387Cr11C12 堆焊 TP309L+TP347 内件 1Cr18Ni9Ti 螺栓 25Cr2MoVA 螺母 35CrMoA 加氢
	设计温度 440℃ 设计压力 9.2MPa		壳体(热壁) SA387Cr22C12 堆焊 TP309L+TP347 内件 0Cr18Ni10Ti 螺栓 25Cr2MoVA 螺母 35CrMoA	壳体(热壁) SA387Cr22C13 堆焊 TP309L+TP347 内件 0Cr18Ni10Ti 螺栓 25Cr2MoVA 螺母 35CrMoA

表 12-3-23 国外加氢精制装置选材实例——换热器

设备名称	操作条件	实例 1	实例 2
管程 (反应流出物)	金属温度 >260℃	壳体 1：Cr-Mo 钢 + 3mmCA 2：Cr-Mo 钢 + SUS321 复合板 3：Cr-Mo 钢 + 堆焊 TP347 4mm 管箱 2：Cr-Mo 钢 + SUS321 复合板 3：Cr-Mo 钢 + 堆焊 TP347 4mm 管子：SUS321	壳体 1：15CrMo + 3mmCA 2：20R + 0Cr18Ni10Ti 复合板 管箱 1：SA336F22 堆焊 4mmTP347 管箱 2：15CrMo + 0Cr18Ni10Ti 管板：SA336F22 堆焊 4mmTP347 或 1Cr18Ni10Ti 管子：0Cr18Ni10Ti
壳程 (氢气或馏出物)	<260℃		
管程 (反应流出物)	金属温度 >260℃	壳体 1：碳钢钢 + 4mmCA 2：Cr-Mo 钢 + 3mmCA 3：碳钢钢 + 0Cr13 管箱 1：Cr-Mo 钢 + SUS321 复合板 2：Cr-Mo 钢 + 堆焊 TP347 4mm 管子：SUS321	壳体 1：20R + 4mmCA 2：15CrMo + 3mmCA 管箱 1：15CrMo + 堆焊 TP347 4mm 管箱 2：SA336F22 + 堆焊 TP347 4mm 管子：0Cr18Ni10Ti
壳程 (原料油或馏出物)	<260℃		

表 12-3-24 国外加氢精制装置选材实例——容器

设备名称	实例 1	实例 2
高压分离器		壳体 20R + CA6mm 内件 0Cr18Ni9Ti
低压分离器	SB42	20R + CA4mm
产品分馏塔		壳体 20R + CA3mm 塔盘碳钢 内件 Q235-A
脱硫化氢汽提塔		壳体 20R + 0Cr18Ni10Ti 内件 0Cr13
循环氢脱硫塔		壳体 20R + CA3mm 内件 Q235-A

表 12-3-25 国外加氢精制装置选材实例——空冷器

设备名称	实例 1	实例 2	实例 3
反应流出物空冷器	管箱碳钢 + 5mmCA 管子碳钢	管箱 20R 管子 20 号钢端部衬 600mm 不锈钢	管箱 20R 管子 20 号钢端部衬 600mm 不锈钢
其他中低空冷器	管箱碳钢 + 2.5mmCA 管子碳钢	管箱 20R 管子 20 号钢	管箱 20R 管子 20 号钢

表 12-3-26 国外加氢精制装置选材实例——其他设备

设 备 名 称	实 例 1
加氢精制反应炉 (炉管)	9Cr-1Mo + 2.5mmCA
分馏塔进料炉 (炉管)	5Cr-1Mo + 3.8mmCA

3. 硫化氢与环烷酸共存腐蚀环境

这种腐蚀环境主要存在于常减压装置的高温部位以及二次加工装置延迟焦化装置的主分馏塔等高温部位。

常减压装置的腐蚀部位主要包括高温塔器、高温管线、加热炉炉管、高温换热器、高温机泵、容器等。腐蚀严重的部位主要集中在减压系统，特别是减压塔减二线、减三线、减四线填料及其抽出侧线的管道、换热器、机泵等，同时常压转油线、减压转油线由于流速高，腐蚀严重。

延迟焦化装置的腐蚀部位主要包括分馏塔的底部、蜡油段和柴油段、以及分馏塔相应的高温重油管线及管件、焦化炉前的原料油管线、焦化炉炉管等。

加工高（含）酸原油高温部位的选材，主要依据侧线酸值、侧线温度和欲用材质，采用API581 计算理论腐蚀速率，所选材料计算的理论腐蚀速率应小于 0.25mm/a。同时应考虑相关选材导则中的规定，并应考虑企业的选材经验以及现场的腐蚀案例，来做到合理用材。

常减压装置的常压塔、减压塔中下部塔体和延迟焦化装置分馏塔中下部塔体以碳钢 + 00Cr17Ni14Mo2 为主。

加热炉辐射室炉管以 0Cr17Ni14Mo2 为主，气化点后炉管的材质升高一级。

介质温度≥240℃且大于288℃时，换热器的壳体以碳钢 + 00Cr19Ni10 为主，管程以 00Cr19Ni10 为主；介质温度≥288℃时，换热器的壳体以碳钢 + 00Cr17Ni14Mo2 为主，管程以 00Cr17Ni14Mo2 为主。

高温管道的选材以 1Cr5Mo、00Cr19Ni10 和 00Cr17Ni14Mo2 为主，常压侧线以 1Cr5Mo 和 00Cr19Ni10 为主。减压侧线以 00Cr19Ni10 和 00Cr17Ni14Mo2 为主。

考虑到流速对腐蚀速率的影响，常压转油线和减压转油线高速段推荐使用 00Cr17Ni14Mo2，低速段推荐使用碳钢 + 00Cr17Ni14Mo2。

高温泵过流部件选用 00Cr17Ni14Mo2。

4. 连多硫酸腐蚀环境

连多硫酸应力腐蚀开裂是指在停工期间设备表面的硫化物腐蚀产物遇空气和水反应形成连多硫酸，作用在奥氏体不锈钢的敏化区域（如焊接接头部位）引起的开裂。

连多硫酸最易发生在石化系统中由不锈钢或高合金材料制造的设备上，一般是在高温、高压含氢环境下的反应塔器及其衬里和内构件、储罐、换热器、管线、加热炉炉管，特别在加氢脱硫、加氢裂化、催化重整等系统中用奥氏体钢制成的设备上。这些设备在高温、高压、缺氧、缺水的干燥条件下运行时一般不会形成连多硫酸，但当装置运行期间遭受硫的腐蚀，在设备表面生成硫化物，装置停工期间有氧（空气）和水进入时，与设备表面生成的硫化物反应生成连多硫酸（$H_2S_xO_6$），同时设备停工时通常也存在拉伸应力（包括残余应力和外加应力），在连多硫酸和这种拉伸应力的共同作用下，奥氏体不锈钢和其他高合金钢就有可能发生连多硫酸应力腐蚀开裂。

防止连多硫酸应力腐蚀开裂的措施主要有合理选材、制造以及停工期间的防护等方面。

（1）选材　选用超低碳型（C≤0.03%）不锈钢，如 304L、316L 和 317L，或稳定型的不锈钢（如 321，347）。在合金中加入 Ti、Nb 等稳定化元素或对焊缝进行稳定化处理，321 不锈钢 Ti/C 应不小于 7，347 不锈钢 Nb/C 应不小于 12。

对于特殊部位的特殊构件，如催化裂化再生烟气管道膨胀节，推荐使用合金程度较高的合金钢，如镍基合金 625、镍基合金 800 或 B-315 等。

（2）制造　在结构上应尽量避免有应力集中。

不锈钢操作温度超过 455℃，就需要进行 900℃、4h 的稳定热处理。

对于化学稳定材质进行焊后热稳定处理中要求一定的热梯度，避免可能会导致焊接件开裂的热应力，对于大于 12mm 的厚壁部分要格外注意。

应力消除热处理通常不作为控制连多硫酸应力腐蚀开裂的一种方法，但进行焊后热稳定热处理时有利于消除应力。

（3）停工期间的防护　停工期间重要设备连多硫酸应力腐蚀开裂的防护措施参照 NACE RP 0170—2004。

四、涂料及电化学保护

（一）涂料防护

涂料防护由于其具有施工方便、经济可靠等优点，在石化系统得到了广泛应用，也成为石化企业常用的腐蚀防护方法。目前涂料在炼油行业主要应用在冷换设备、储罐、加热炉内部以及设备和管线的外部防腐等。

石化系统中换热器约占工艺设备总量的40%，占到投资费用的20%，多数采用碳钢材质，由于换热器工作介质复杂且腐蚀性强，运行工况条件苛刻，换热器的腐蚀要比其他设备严重，特别是水冷器设备内部存在很多腐蚀因素，如温度差、高温、液体中溶解氧、微生物等，导致管束经常泄露穿孔。涂料防护就成为其防腐的主要方法之一，此方法还可以和其他防腐措施联合使用，如阴极保护等。德国的酚醛环氧有机硅三元树脂"索卡酚"（SAKA-PHEN）、CH-847 氨基环氧涂料已有很成功的使用经验，在此基础上开发的 TH 系列涂料在石化企业也得到了推广应用。另外，金属渗层保护和化学镀镍磷合金镀层保护也是常用的方法。

储罐由于储存物料中存在腐蚀性介质，其腐蚀也是石化企业的重要安全隐患之一。目前，国内大部分企业罐内壁均采用了导静电型防腐涂料，罐外壁则采用耐候性涂料防腐措施，常用的储罐涂料主要有环氧树脂、聚氨酯、无机富锌、有机富锌、玻璃鳞片涂料等。近年来，随着高硫、高酸等劣质原油的加工，轻质油中间原料储罐的腐蚀问题日趋突出，而涂料防护是最实用、最经济的保护措施。目前，国内涂料执行标准主要有：GB 50393—2008《钢质石油储罐防腐蚀工程技术规范》、《加工高含硫原油储罐防腐蚀技术管理规定》、SH 3022—1999《石油化工设备和管道涂料防腐蚀技术规范》等。

另外，为了提高加热炉效率，一般在加热炉内壁施涂一层耐火辐射涂料。

（二）电化学保护

电化学保护是通过外加极化改变被保护金属电位，使之处于电位-pH 图的稳定区或钝化区，从而抑制其腐蚀的技术。按照金属极化电位变动的趋向，电化学保护分为阴极保护和阳极保护两类。

阴极保护是将被保护金属进行外加阴极极化（使其电位负移）以减小或防止金属腐蚀的方法。外加阴极极化可以通过两种方法实现：

（1）外加电流阴极保护：由外部直流电源提供保护电流，将电源的负极与被保护金属相连，正极连接辅助阳极，通过电解质环境构成电流回路，利用外加阴极电流进行阴极极化。

（2）牺牲阳极保护：由电位负于保护对象的金属（通常是 Zn、Mg、Al 及其合金，称为牺牲阳极）来提供保护电流，将被保护设备与牺牲阳极连接，在电解质环境中构成电流回路，形成宏观电池，使设备进行阴极极化。

阴极保护通常效果明显，易于实施，应用范围广，主要用于防止土壤、海水等中性介质中的金属构件腐蚀，如地下长输管线、大型储罐、埋地管网、地下通信或电力电缆、舰船、海上采油平台、水闸、码头等。阴极保护在炼油生产中也有许多应用，例如原油储罐罐底板的保护、水冷器的保护等。从保护效果及经济性方面考虑，阴极保护通常应与涂装结合采用。

湛江东兴公司原油罐区有新老储罐8座，其中4座30000m^3储罐1994年建成投用，4座40000m^3储罐分别于2000年和2007年建成投用。在全部8座原油储罐中，两座2007年建成的新罐在建设阶段同步敷设了网状阳极地床对罐底外壁进行外加电流阴极保护，罐底内壁采用了铝合金牺牲阳极保护；其他6座老罐利用检维修清罐的机会为罐底内壁追加焊接了铝合金牺牲阳极，2009年为其追加了区域性外加电流阴极保护系统。这些阴极保护系统的投用有效抑制了由于原油劣质化、罐龄老化、罐区土壤腐蚀性强等因素给罐底板造成的日益严重的腐蚀问题，减小了潜在的腐蚀泄漏风险和停罐检修成本。

中国石化青岛炼油化工有限责任公司（简称中国石化青岛炼化公司）2008年建成投产，建成之初为全厂多数水冷器采取了涂层加牺牲阳极的防腐措施。2011年全厂停工大检修时发现，尽管许多水冷涂层破损、阳极块损耗，但被保护的换热器腐蚀轻微，阴极保护措施起到了良好的防腐效果，有效延长了设备的安全运行周期。

阳极保护将被保护设备与外加直流电源的正极相连，在一定的电解质溶液中将金属进行阳极极化（使其电位正移）至一定电位，如果在此电位下金属能够建立并维持钝化态，则金属腐蚀速度会显著降低，从而使设备得到保护。

阳极保护系统类似于外加电流阴极保护系统，只是极化电流的方向相反。只有发生活化－钝化转变的腐蚀体系才能应用阳极保护技术，因此其适用范围比阴极保护窄的多，常见于化工装置接触强氧化性介质的金属构件，例如硫酸生产中的浓硫酸冷却器、分酸器、储槽、不锈钢管道、三氧化硫发生器，化肥生产中的碳化塔水箱、氨水储槽等，在炼油厂的应用尚不广泛。

五、设备腐蚀的监检测技术

腐蚀监检测就是利用各种仪器工具和分析方法，确定材料在工艺介质环境中的腐蚀速度，及时为工程技术人员反馈设备腐蚀信息，从而采取有效措施减缓腐蚀，避免腐蚀事故的发生。通常，腐蚀监测主要有以下几个目的：

(1) 判断腐蚀发生的程度和腐蚀形态。
(2) 监测腐蚀控制方法的使用效果（如选材、工艺防腐等）。
(3) 对腐蚀隐患进行预警。
(4) 判断是否需要采取工艺措施进行防腐。
(5) 评价设备管道使用状态，预测设备管道的使用寿命。
(6) 帮助制定设备管道检维修计划。

因此，通过腐蚀监检测，工厂不仅可以预防腐蚀事故的发生，还可以及时调节腐蚀控制方案，减少不必要的腐蚀控制费用，获得最大的经济效益。

腐蚀监检测方法种类繁多，可以按腐蚀影响因素监测、腐蚀发生与发展过程、腐蚀结果监测分类，检测介质的氯离子浓度、pH值、硫化氢浓度、原油硫含量、酸值，以及温度、流速、压力等腐蚀条件的收录是对腐蚀影响因素的监测；采用电化学探针、电阻探针、电感探针、腐蚀挂片是对腐蚀发生发展过程的监测；超声波定点测厚、超声导波、射线照片、红外线温度分布等是对设备和管道腐蚀结果的监测；另外，失效分析和腐蚀调查也是腐蚀监测与分析的手段。

（一）介质分析－腐蚀影响因素的监测

1. 常规分析

常规分析是腐蚀影响因素监测的主要手段，包括常减顶冷凝水分析、催化装置酸性水分析、加氢装置酸性水分析、脱硫装置再生塔顶酸性水分析、进装置原油硫和酸值分析、电脱盐前后原油含盐含水分析、常减压侧线油活性硫及总硫分析、常减压侧线油酸值(度)分析、pH值分析技术，可以通过分析找到腐蚀原因，以便于及时调整工艺操作，减轻腐蚀。

塔顶介质分析的具体指标，pH值要求控制在6.5到8.5之间，Cl^-要求小于3mg/L，而原油脱盐后Cl^-要求小于30mg/L。

炼油厂常用腐蚀介质分析方法应参照如下标准：

原油酸值：石油产品和润滑剂酸值测定法（电位滴定法），GB/T 7304—2000；

总硫：深色石油产品硫含量测定法（管式炉法），GB/T 387—1990；石油产品硫含量测定法（能量色散X射线荧光光谱法），GB/T 17040—1997；轻质石油产品中总硫含量测定法（电量法），SH/T 0253—1992；

活性硫：油品中总活性硫测定法，QG/SLL-01—2004；

Cl^-：$AgNO_3$滴定法，GB/T 15453—1995；

S^{2-}：碘量法，GB 8538.41—1987；

NH_4^+：蒸馏滴定法。

2. 在线分析

在介质分析方面目前多数企业采取了先进的pH值在线监测技术，主要用于低温系统冷凝水的pH值监测。过去，炼油厂低温部位如常减顶系统的冷凝水pH值主要靠人工用pH值试纸现场放水检测，费时费力，精确度不高。因为间断监测，不能及时发现pH值偏低情况。目前各炼油厂开始采用pH值在线监测系统，如图12-3-1所示。通过酸度计远程采集信号，可以连续在线监测pH值变化情况，并通过D碳钢系统实时显示，如果发现问题可及时调整注剂，最大限度地减轻常减顶系统的腐蚀。

由于pH值探针是半透膜结构，探针会受介质里H_2S污染，造成数据失真和探针失效，所以多数情况下需要采用探针自动清洗保养技术以避免探针受H_2S污染。

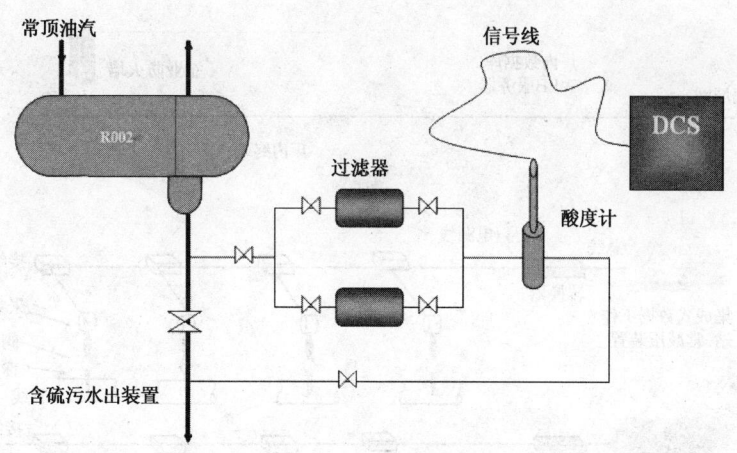

图12-3-1　pH值在线监测系统示意图

3. pH值与注剂的自动调控技术

"一脱三注"工艺防腐是利用注氨调节冷凝水pH值，采用12-3-2所示的注剂自动控制系统可以自动调节注氨量、自动调节pH值，使防腐效果更加稳定。其原理是将希望达到的目标pH值输入系统中，再与实际监测到的冷凝水pH值比较，经过计算和控制电路处理后，将调节信号输送到变频控制系统，来调节注剂量，达到自动防腐的目的，也可以消除各种人为因素的影响。

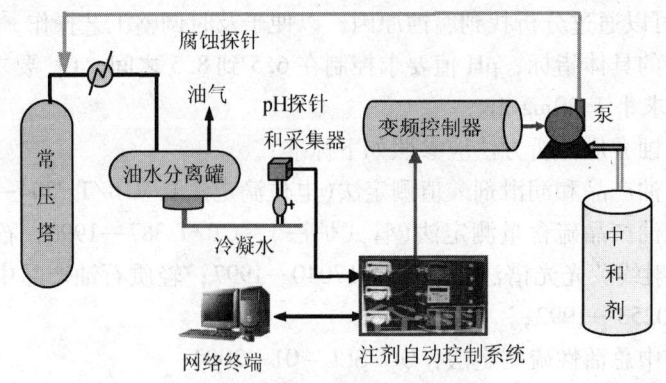

图 12-3-2 注剂自动控制系统

(二) 在线腐蚀探针-腐蚀发生发展过程的监测

1. 在线腐蚀监测系统

在线腐蚀探针为腐蚀发生发展过程的监测发挥了重要作用。它将电阻探针、电感探针、电化学探针等多个监测技术集成在一起形成综合腐蚀监测系统，如图 12-3-3，整个腐蚀监测系统的中间纽带是集成数据工作站，它一端连接现场采集器和探针，而另一端连接企业局域网，也可以采用工业计算机安装专用软件来代替集成数据工作站。集成数据工作站要执行的任务很多，一是向现场采集器发送命令让采集器轮流上传数据，二是进行数据存储，三是等待其他网上终端调用数据，此外还为现场采集器供电。一台集成数据工作站可以连接多

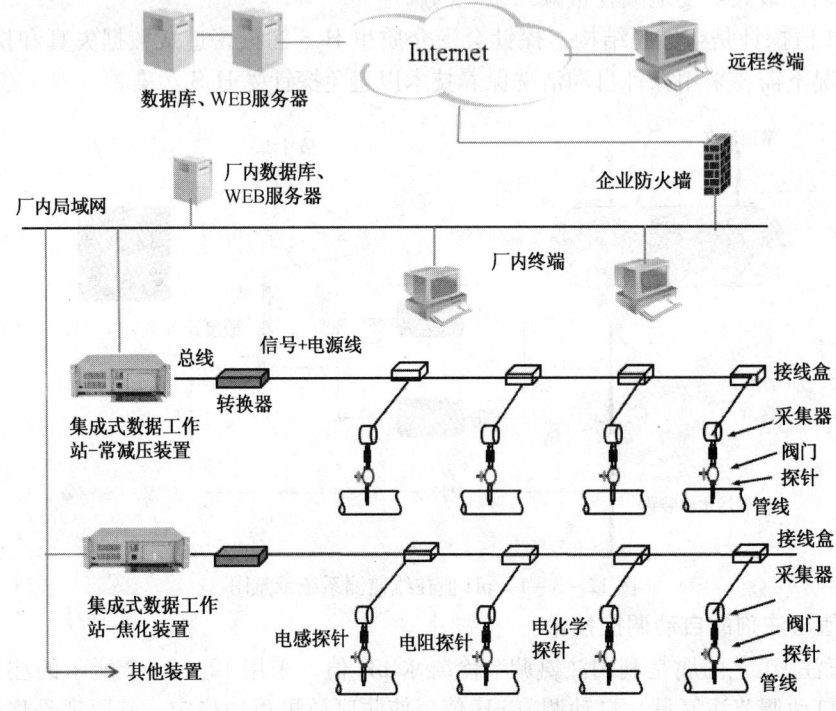

图 12-3-3 在线腐蚀监测系统图

条总线，而一条总线可以连接多个现场采集器。探针和现场采集器是腐蚀监测系统的核心技术，通常电化学探针用于含水的电解质腐蚀介质，电化学探针有线性极化探针、弱极化探针、交流阻抗探针、电化学噪声探针等，可以获得不同的腐蚀信息，而电阻探针和电感探针可以用于非电解质腐蚀介质，高温电感探针可以用于高达400℃介质的腐蚀监测。

由于过去十年里中国石化对加工高硫、高酸原油装置腐蚀监测技术的重视和在开发方面的投入促进了国内该领域的发展，目前国内开发的增强型腐蚀监测系统集成了电感探针监测系统、电阻探针监测系统、电化学探针监测系统、pH值监测与探针自动清洗系统、注剂自动调控系统、双电感探针系统，在功能上和测量精度上均达到了国际领先水平，较国外R碳钢、Honeywell、Sample等各公司相对单一的在线监测技术具有适用性强、功能强大、监测与控制一体化的优点，适合石化企业广泛应用。

2. 电阻探针监测原理

电阻探针的监测原理是在腐蚀性介质中，作为测量元件的金属丝或金属片被腐蚀后，金属丝长度不变、直径减小，或金属片减薄，其电阻值增大，通过测试电阻的变化来换算出腐蚀减薄量，根据腐蚀时间就能够计算出腐蚀速率。金属材料电阻率随温度而变化，为避免因介质温度变化引起的测量误差，一般在探头杆内置入温度补偿元件，并与测量元件串连在电路中，通过数学模型的处理，温度对测量数据的影响可消除。

计算试片减薄数学模型推导如下：

$$H = r_0 \times \left[1.0 - \sqrt{1.0 - \frac{(R_t - R_0)}{R_t}}\right]$$

式中　r_0——丝状试片原始半径；
　　　R_0——腐蚀前电阻值；
　　　R_t——腐蚀后电阻值；
　　　H——试片减薄量。

腐蚀率计算公式：

$$V = \frac{8760 \times (H_2 - H_1)}{T_2 - T_1}$$

式中　$T_2 - T_1$——两次测量时间间隔；
　　　$H_2 - H_1$——两次测量腐蚀深度的差值。

3. 低温腐蚀探针和高温腐蚀探针的安装方式

腐蚀探针一般有带压可拆装式和不可带压拆装式两种方式，低温探针主要采用带有填料函的带压可拆装方式安装(见图12-3-4)，则高温探针主要采用直接法兰连接的不可带压拆装方式(见图12-3-5)，目的是为了确保在拆装时的安全。

4. 电化学探针监测原理

目前电化学探针测量原理有四种，分别是线性极化原理、弱极化原理、交流阻抗原理、电化学噪声原理。主要区别是线性极化原理方法简单，但是塔菲尔常数B需要估算，误差比较大；弱极化原理是通过弱极化区的测量将塔菲尔常用数B值计算出来，腐蚀速率的准确度得到提高；交流阻抗原理是采用高频正弦波信号对腐蚀电极进行极化，利用腐蚀电极的双电层特性，在高频时双电层被短路，从而消除介质电阻的影响，将交流阻抗原理和弱极化原理结合起来是检测腐蚀速率有利方法；电化学噪声原理是检测腐蚀电极的电流噪声信号和电压噪声信号，分析局部腐蚀的发生与发展。

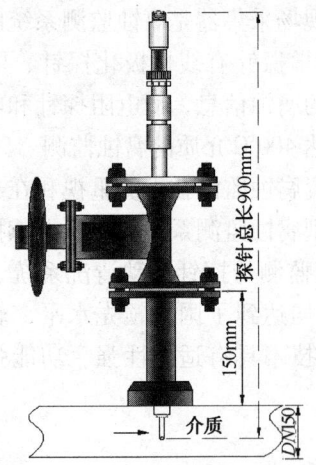 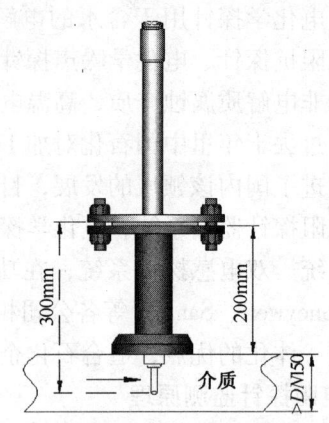

图 12-3-4　采用填料函安装探针的示意图　　图 12-3-5　采用法兰安装探针的示意图
（可带压拆装）　　　　　　　　　　　　　　　（不可带压拆装）

电化学探针的优点是测量迅速，可以测得瞬时腐蚀速率，及时反映设备操作条件的变化。电化学探针适用于电解质溶液，因此在炼油厂通常应用于循环水系统的腐蚀监控上。

电化学探针腐蚀在线监测系统基于电化学 Stern&Geary 定律，即在腐蚀电位附近电流的变化 Δi 和电位的变化 ΔE 之间成直线关系，其斜率与腐蚀速率 i_{corr} 成反比：

$$i_{\text{corr}} = \frac{B}{R_p}$$

式中　B——极化常数，由金属材料和介质决定；
　　　R_p——极化电阻，$R_p = \Delta E / \Delta i$。

5. 电化学噪声腐蚀监测系统

电化学噪声（Electrochemical Noise，简称 EN）是指电解池中通过金属电极/溶液界面的电流或电极电位的自发波动，典型情况下这种波动是低频（<10Hz）和低幅的。通过适当地测量和观察，EN 数据能够提供关于一个给定体系腐蚀速率量级和腐蚀类型的信息，广泛用于辨别均匀腐蚀和局部腐蚀，局部腐蚀的严重程度也可以通过噪声信号暂态峰的数量和形态来判断。

电化学噪声技术的特点：
（1）能检测局部腐蚀。
（2）测量过程不施加极化，不会对腐蚀体系产生任何影响。
（3）响应速度快，可进行实时在线监测。
（4）属于电化学方法，要求被测体系存在电解质。
（5）数据分析难度大。
（6）电化学噪声技术在实验室研究已经很多，但是工业应用尚不普及。

6. 在线腐蚀监测应用实例

（1）中国石化燕山石化分公司炼油厂全厂在线腐蚀监测系统。
燕山石化分公司炼油厂第Ⅰ、第Ⅱ、第Ⅲ套蒸馏是按加工大庆原油设计的，第Ⅳ套蒸馏按原油硫含量不大于1.17%设计。在炼制大庆石蜡基低硫油时，全厂设备主要材质为普通碳钢，在正常的炼油生产工艺下，无腐蚀事故的发生。但是由于优质原油紧缺，2003年，公司决定掺炼高含硫原油。由于长期加工中东轻质高硫原油，以及全厂装置的材质等级普遍较低，多次发生腐蚀问题，常顶 E102 换热器多次泄漏，严重影响了装置的长周期运行。2006 年 8 月丙烷装置加热炉辐射室炉管在火焰高度部位普遍出现腐蚀减薄现象，最薄部位只有 1.3mm，在内压下爆裂引发大火。2006 年 7 月 6 日中压加氢裂化 E-504A/B 发生腐蚀内漏，两台换热器共堵管 38 根，造成非计划停工 4 天。为确保稳定生产，燕山石化分公司提出建立炼油厂全厂生产装置在线腐蚀监测系统，并在 2008 年实施。在三套老蒸馏和一套新蒸馏，以及催化、焦化、加氢裂化、连续重整等二次加工装置上安装了 130 多支腐蚀探针，基本覆盖了重点腐蚀部位。

为了实时监测流体介质的腐蚀性，并利用腐蚀数据来监控"一脱三注"防腐工艺效果，所有注剂前后为监测重点。根据装置的动态硫分布、API581 和中国石化《加工高含硫原油装置选材管理规定》及《加工高含硫原油生产装置定点测厚管理规定》，制定监测部位，选取的部位有塔顶总管挥发线，换热器前后，相变区域，常减压转油线和侧线，分馏塔馏出线及换热器进出口，塔底高温泵出口，污水排出口等；根据表 12-3-27 显示，温度越高，硫分布越多，高温部位的腐蚀越严重。燕山石化分公司炼制的原油部分为高硫低酸油。以第Ⅳ套蒸馏装置为例，温度 240℃ 以上的高温区域的过汽化线、渣油线、高温产品油线、高温泵、高温换热区等均为监测重点。

表 12-3-27 Ⅳ套蒸馏的动态硫分布含量表

编号	位置	温度/℃	动态硫含量/%
1	原油进塔口	234	1.36~1.51
2	初顶瓦斯线	139	0.045~0.59
3	初顶汽油线	139	0.031~0.037
4	常顶瓦斯线	134	14.56
5	常顶汽油线	134	0.041~0.05
6	常三线	319	1.15~1.23
7	减顶瓦斯线	70	24.05~25.041
8	减顶汽油线	70	0.53~0.62
9	减二线	249	1.72~1.86
10	减三线	306	1.84~2.08
11	减底渣油线	370	3.01~3.11

2009 年 3 月 19 日，炼油二厂Ⅰ套蒸馏减四线在线探针腐蚀速率不断报警，专业检测单位在进行减四线的高温测厚工作时发现，减四线泵 P-414/2 出口管线减薄严重，最小壁厚点 1.5mm（部位 11z），该部位温度为 350℃，根据管理规定对隐患部位进行两次复检，数据见表 12-3-28 和表 12-3-29。

表 12-3-28 减四线泵 P-414/2 运行状态下测厚数据

测点编号	测厚数据/mm		
10Z	4.4(点1)	4.3(点2)	4.5(点3)
11Z	1.5(点1)	1.6(点2)	2.2(点3)
12W	7.6(点1)	7.6(点2)	7.7(点3)
13W	5.8(点1)	5.8(点2)	6.0(点3)

表 12-3-29　减四线泵 P-414/2 常温测厚数据

测点编号	常温测厚数据/mm		
11Z$_1$	1.5(点1)	1.6(点2)	2.0(点3)
11Z$_2$	1.5(点1)	1.6(点2)	2.0(点3)

查看安装在同一条管线的编号为 T7 的在线电感探针监测数据(见表 12-3-30),所给出的腐蚀速率曾连续三个月超标,2008 年 7、8、9 三个月平均腐蚀速率达到 0.566mm/a。

表 12-3-30　减四线材质升级前在线腐蚀监测数据(20#)

监测位置	时间/年-月	腐蚀损耗/nm	腐蚀速率/(mm/a)	备注
减四线	2008-4	3038	0.062	
	2008-5	24331	0.309	
	2008-6	16519	0.209	控制指标腐蚀速率≤0.25 mm/a
	2008-7	34058	0.431	
	2008-8	55124	0.694	
	2008-9	45384	0.573	

图 12-3-6 列举了 2008 年 8 月份的腐蚀曲线,探针的腐蚀减薄是 55124nm,腐蚀速率是 0.694mm/a。

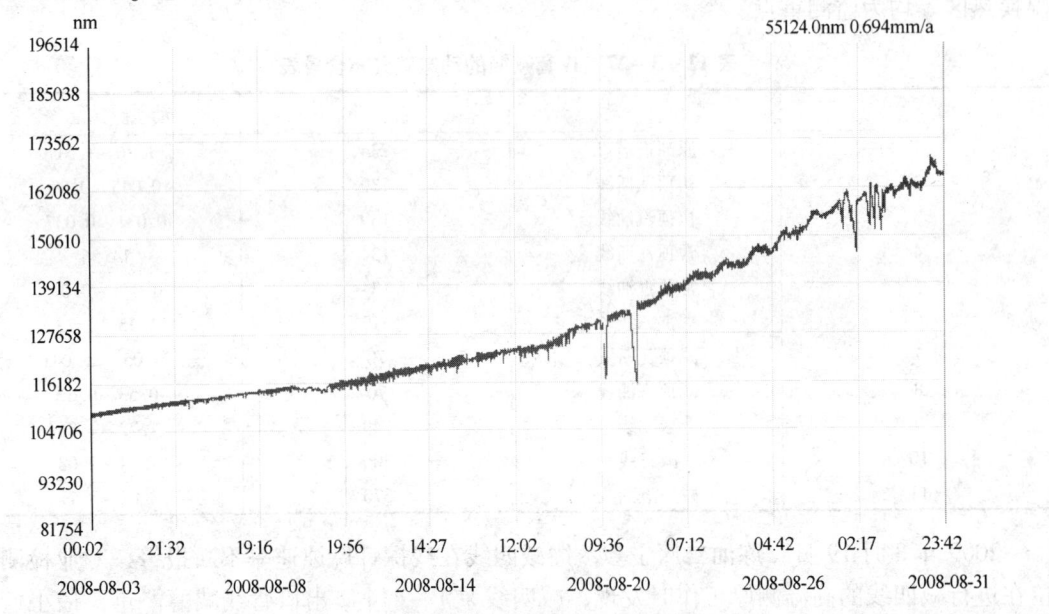

图 12-3-6　减四线在线腐蚀探针监测曲线

监测结果表明加工含硫原油时高温部位材质采用 20# 碳钢等级偏低,因此立即将材质升级为 1Cr5Mo,此后腐蚀速率明显下降。由于在线腐蚀探针对减四线腐蚀事故隐患提前做出警示,结合测厚检测分析准确判断管线的腐蚀状态,及时采用措施,避免了腐蚀事故的发生。

(2)中国海油惠州炼油厂 12Mt/a 常减压装置塔顶缓蚀剂效果评价。

常压塔顶挥发线的流程是常压塔顶总管进 101-E-101/101-E-201/101-E-301/101-E-401/四组换热器,然后再进入空冷器。总管上设有缓蚀剂注入口,在缓蚀剂注入口前和缓蚀剂注入口后安装了在线腐蚀监测探针(电感探针),用以评价缓蚀剂效果,设备中心据此对药剂厂家进行考核,要求缓蚀剂注入后探针测得腐蚀速率小于规定值0.2mm/a。

图12-3-7和图12-3-8分别是常压塔顶注剂口前腐蚀探针减薄曲线和常压塔顶注剂口后腐蚀探针减薄曲线,表12-3-31中为常压塔顶注剂前后腐蚀数据分析。

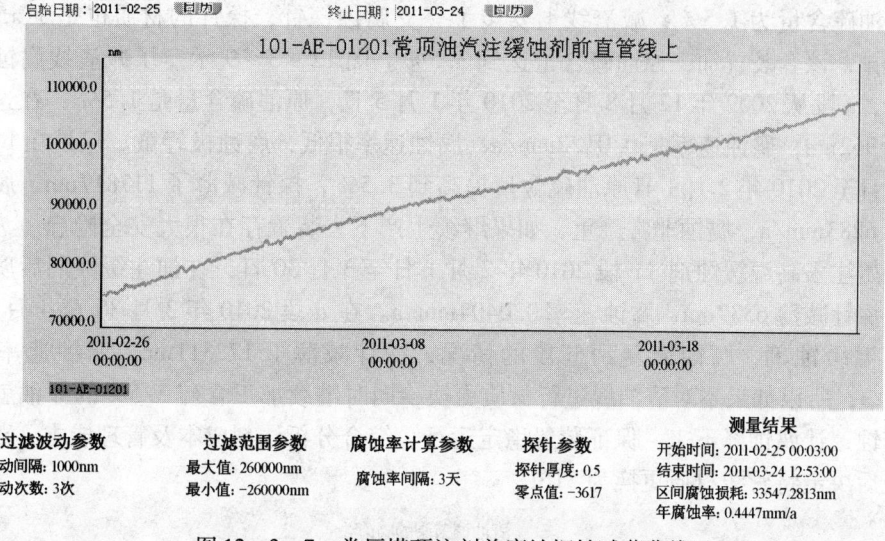

图12-3-7 常压塔顶注剂前腐蚀探针减薄曲线

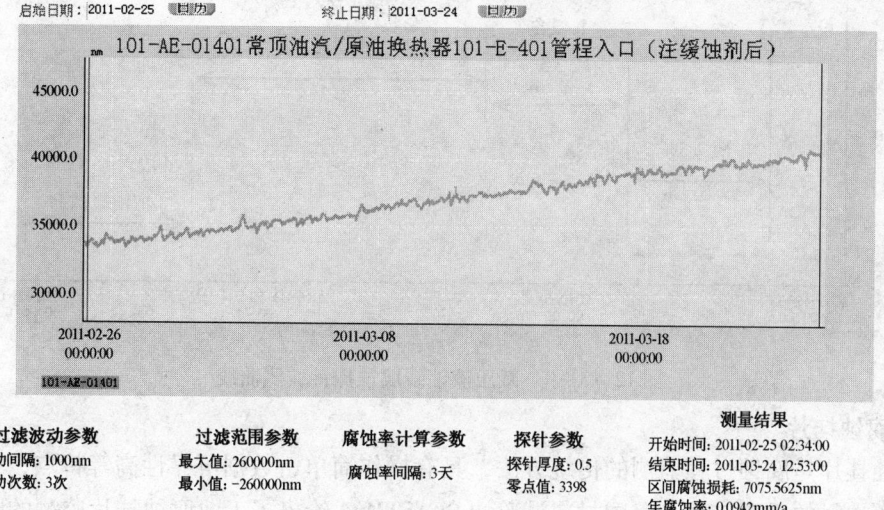

图12-3-8 常压塔顶注剂后腐蚀探针减薄曲线

表12-3-31 常压塔顶注剂口前后腐蚀数据

监测位置	温度/℃	压力/MPa	冷凝水 pH 值	探针减薄测量曲线起止时间	腐蚀减薄量/nm	腐蚀速率/(mm/a)
常顶注剂前	118	0.07	5.2~5.9	2011.2.25-2011.3.24	33547	0.445
常顶注剂后	118	0.07	5.2~5.9	2011.2.25-2011.3.24	7075 nm	0.094

从曲线看,注剂前的腐蚀和注剂后的腐蚀都在稳定发展,曲线平稳,说明工况条件没有显著变化,注剂前的腐蚀速率是0.445mm/a,注剂后的腐蚀速率是0.094mm/a,所以注剂

前腐蚀比较严重，而注剂后腐蚀得到了控制，腐蚀速率小于规定值，也说明药剂厂家提供的缓蚀剂结合加注工艺综合指示达到了该厂工艺防腐的要求。

（3）监控原油更换及指导注高温缓蚀剂。

中国石化茂名石化分公司一套蒸馏装置减压渣油管线材质是1Cr5Mo，2010年1月5日前加工原油硫含量为1.5%，减渣线上安装了一支腐蚀探针，探针的材质也是1Cr5Mo。根据生产安排，该套装置加工原油硫含量达到3.5%。图12-3-9示意了减渣线腐蚀探针的监测曲线，a段从2009年12月8日至2010年1月5日，原油硫含量是1.5%，在这段区间探针减薄962nm，腐蚀速率是0.0122mm/a，腐蚀速率很低，腐蚀极轻微。但是在b段2010年1月5日至2010年2月1日原油硫含量提高到3.5%，探针减薄了117817nm，腐蚀速率上升到1.6283mm/a，腐蚀非常严重，如果继续生产下去装置存在很大安全隐患。为此，在渣油线开始注入高温缓蚀剂。c段2010年2月1日至3月30日，在加注缓蚀剂后腐蚀被有效控制，探针减薄6339nm，腐蚀速率0.0404mm/a。在d段2010年3月30至4月30日停止加注高温缓蚀剂，腐蚀恢复到b段的情况，探针减薄了172311nm，腐蚀速率增加到1.969mm/a，所以如果不对渣油线进行材质更换，同时继续加工含硫3.5%的原油就必须使用高温缓蚀，让腐蚀降下来，保证装置稳定运行。综合分析注剂成本及管理成本，茂名石化分公司最后决定将管线材质更换为316L。

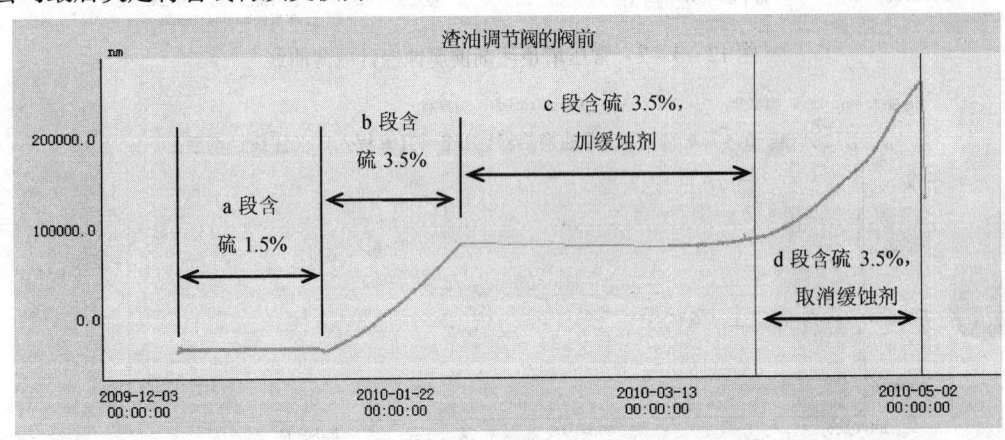

图12-3-9　减压渣油线腐蚀探针监测曲线

7. 腐蚀挂片

腐蚀挂片是腐蚀过程监测的传统方法，具有操作简单，数据可靠性高等特点，可作为设备和管道选材的重要依据。美国材料试验协会ASTM64给出了工业腐蚀挂片监测的步骤，包括挂片的安装和监测使用方法。ASTM G（1）列出了挂片的准备、清洗和称重步骤。腐蚀挂片监测结果通常以均匀腐蚀的平均值表示，单位为$mg/(m^2 \cdot d)$或mm/a。

目前炼油厂采用的腐蚀挂片主要有两种方式。一是利用装置停工检修，在装置设备内部重点腐蚀部位挂入腐蚀挂片，待运行一个生产周期，装置再次停工检修时取出，测量挂片腐蚀失重情况，计算腐蚀速率，这种方法被称为现场腐蚀挂片监测。该方法监测周期以装置运行周期为准，通常为2~3年，主要用于设备选材研究，也可作为其他腐蚀监测数据比较的基础。因现场腐蚀挂片主要用于选材研究，因此其材质可以根据各厂需要选择，还可以挂入一些表面处理过的材质。第二种是挂片探针技术。该技术属于在线监测技术的一种，可以在装置运行过程中对重点腐蚀部位进行监测，监测周期通常为一到二个月，适用于高温部位的腐蚀监测，同时可以作为腐蚀在线监测系统的对比监测和工艺防腐效果的评估。图 12 – 3 – 10 和图 12 – 3 – 11 显示了部分挂片的类型和探针挂片在装置上的应用，其中探针挂片是将腐蚀挂片与电阻探针或电感探针连在一起使用。

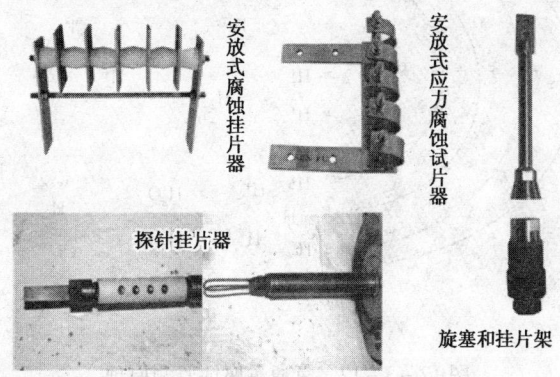

图 12 – 3 – 10　挂片探针的类型

图 12 – 3 – 11　挂片探针在常压塔顶空冷器上的应用

此外，监测高温设备管道腐蚀严重的部位最好采用腐蚀监测旁路，在装置正常开工过程中可以自由切换，防止在装卸过程中出现泄漏着火等事故。

8. 氢通量腐蚀监测技术

英国 Ion science 公司开发的氢通量腐蚀监测技术（Hydrosteel 技术）是目前国内外比较热门的腐蚀监测技术之一。该技术与传统的压力和电化学氢测量技术一样，原理都是基于测量设备管线外壁渗出的氢原子量来反映设备内部的腐蚀程度，见图 12 – 3 – 12。与传统方法不同的是，该测量方法采用光电离微元素测量技术，属于典型的分析化学技术。

光电离微元素测量由气体收集导管、光电离室、传感器和综合分析装置组成。被测量气体通过气体收集导管进入光电离室，其中的紫外线发射器会发出高强度紫外线，使气体电离并具有导电性。此后传感器可以把可导电气流中的电流强弱变化以数字信号的形式输入综合分析器，将电流大小及变化规律等信息输出，从而分析气体电离前的成分及浓度。整个分析过程可以在几到十几秒内完成。

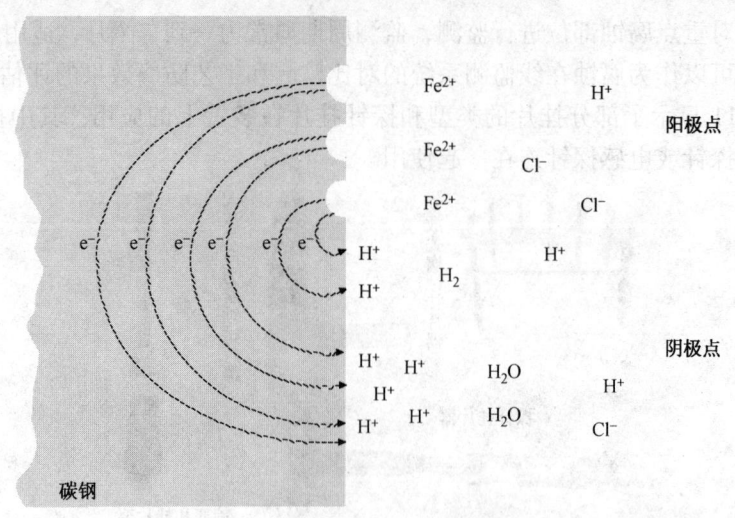

图 12-3-12 氢通量腐蚀监测原理

在炼油厂,该技术常用于高温环烷酸腐蚀、湿 H_2S 环境下的腐蚀、HF 烷基化中的腐蚀、各种形式的氢损伤、焊接除氢监测、焊前除氢工艺的控制等,并用于工艺防腐注剂的评价和实时控制。

(三) 超声波测厚-腐蚀结果监测

1. 超声波定点测厚

定点测厚技术是目前国内外炼化企业普遍采用的腐蚀监测技术。它采用超声波测厚方法,通过测量壁厚的减薄来反映设备管线的腐蚀速率。测厚通常包括普查测厚和定点测厚。定点测厚分为在线定点、定期测厚和检修期间定点测厚。管道的普查测厚应结合压力容器和工业管道的检验工作进行。普查测厚点应包括全部定点测厚点。

生产装置上的测厚检查原则上都应定点。重要生产装置(包括常减压蒸馏、延迟焦化、催化裂化、加氢裂化、加氢精制、减黏裂化等)必须建立本装置的定点测厚布点图(或单体图),其他生产装置也应逐步建立本装置的定点测厚布点图(或单体图)。

定点测厚布点应由设备管理部门组织车间的设备及工艺技术人员根据工艺工况及介质的腐蚀性和历年的腐蚀检查情况确定,应能覆盖全厂的腐蚀部位。定点测厚布点原则应参考中国石油天然气行业标准《SY/T 6553—2003 管道检验规范在用管道系统检验、修理、改造和再定级》和中国石化《加工高含硫原油装置设备及管道测厚管理规定》进行。

2. 超声导波技术

超声导波技术是近年来发展的一种腐蚀结果监测手段。采用超声波测厚需要进行逐点拆除保温,而且超声波测厚给出单点减薄。超声导波技术是利用发射主机发出 2~3 种扭转波和纵波、横波,依靠捆绑在管道上的探头向管道传播,在遇到管道壁厚发生变化的位置,无论壁厚增加或减少,都会有一定比例能量被反射回到探头,依据信号频率变化情况和曲线形状来分析和确定设备或管道缺陷部位和减薄程度,如图 12-3-13。一般可以检测 10m,如果没有三通、弯管、焊接、支撑等可以一次测到 100m 长管段。超声导波方法可以最大限度地避免拆除保温,能照顾到难以攀爬的部位,测试效率高,检测时不需要液体进行耦合,但是超声导波技术应用数据分析有待完善。

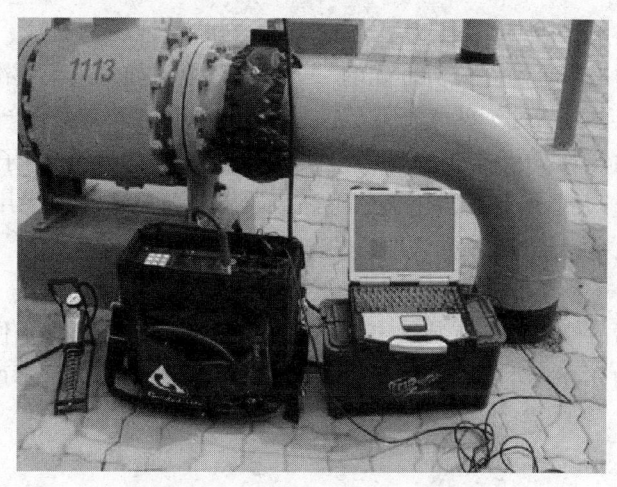

图 12-3-13 超声导波技术现场应用

3. 红外线成像监测技术

我国从 20 世纪 80 年代开始在中国石化系统采用红外成像监测技术，主要用于监测诊断加热炉炉管、加热炉衬里、反再系统衬里、蒸汽管线、烟气管道等设备故障，评价炉管寿命、衬里损伤和保温效果。红外成像的原理是根据斯蒂芬 – 波耳兹曼定律：

$$E = \varepsilon \cdot \sigma \cdot T^4$$

式中　E——物体的辐射能，kW/m^2；

　　　ε——物体的辐射率；

　　　σ——斯蒂芬 – 波耳兹曼常数，为 $5.673 \times 10^{-11} kW/(m^2 \cdot K^4)$；

　　　T——物体的绝对温度，K。

红外成像监测通过探测器测出物体表面的辐射能，根据物体的辐射率，得到物体的绝对温度，从而实现物体温度分布的测量。通过对温度分布结果的分析，找出温度异常的部位，总结出被监测设备的运行状态。目前国内多家炼油企业采用用于炉管剩余寿命评估、反应器衬里损伤评估、加热炉保温效果评估等。

4. 介质的铁离子分析

介质中铁离子含量与设备腐蚀程度是正相关的，测定铁离子含量有助于分析设备的腐蚀，铁离子的测定方法有邻菲啰啉(1,10 – 二氮杂菲)比色法、邻菲啰啉分光光度法和电化学溶出伏安法。目前实验室多数采用邻菲啰啉分光光度法。为了测定总铁含量，在水样经加盐酸煮沸使各种状态的铁完全溶解成铁离子的条件下，首先利用盐酸羟胺将三价铁离子还原成二价铁离子，之后使亚铁离子在 pH 值为 3~9 的条件下与邻菲啰啉反应，生成桔红色络离子，颜色的深浅与铁离子含量成正比，在最大吸收波长(510nm)处，用分光光度计测其吸光度，从而测定铁离子含量。

塔顶冷凝水的 Fe^{2+} 和 Fe^{3+} 含量要求小于 3mg/L。

另外，侧线油中铁离子，原油中铁、镍、钠、钒含量的测定采用原子吸收光谱法(GB/T 18608—2001)，Fe^{2+} 和 Fe^{3+} 也可采用硫氢酸钾分光光度法(GB 9739—1988)。

(四) 失效分析

在装置运行或检修期间，对腐蚀设备进行腐蚀产物取样分析，通过定性和定量分析，结合设备实际工艺操作条件(温度、压力、介质等),判断腐蚀产物组成,为确定腐蚀机理提供依据。腐蚀产物的采集是确保分析准确的一个重要环节,如果采集不准确将直接影响分析结果,采样方法可以参照石油天然气行业标准《SY/T 0546—1996 腐蚀产物的采集与鉴定》进行。目前常用的腐蚀产物分析方法有显微镜法(包括光学显微镜、电子显微镜、扫描电镜等)、X 射线衍射法、火焰光谱法、化学分析等。如果需要,还可以采用电子探针、红外光谱、紫外/可见光谱、质谱分析等更为细致的方法分析。

(五)腐蚀调查

腐蚀调查也称腐蚀检查,是在装置停工检修时利用超声波测厚仪、便携式光谱仪、内窥镜仪、蚀坑仪、产物分析、外观照相等手段进行腐蚀综合检查,也是不可忽略的重要腐蚀监测与管理工作。

第四节 重点装置腐蚀实例

一、中国石化镇海炼化分公司Ⅲ号常减压蒸馏装置

镇海炼化分公司Ⅲ号常减压装置原设计能力 1500kt/a,为了消除制约原油加工能力的瓶颈,于 1999 年进行挖潜改造。改造设计以加工中东高含硫原油——沙特阿拉伯轻油为主,处理能力为 8Mt/a,并在 2001 年再次进行了扩能改造,在充分利用装置已有设施的基础上扩建成现在的第三套常减压蒸馏装置。扩能改造后的装置设计以加工中东高含硫原油——伊朗轻油为主,处理能力为 10Mt/a,产品主要有液化气、轻、重石脑油、航煤馏分、柴油、蜡油和渣油。装置原料控制指标为:硫含量≤2.5%,酸值≤0.5mgKOH/g。

装置用材低温部位以碳钢为主,高温部位以 321 不锈钢为主。

装置加工的主要油种是伊朗轻油和伊朗重油,从几年的监测数据看,影响常顶腐蚀速率的主要有四种原油:伊朗重油、俄罗斯 CPC 原油、贝拉伊姆和南帕斯原油。当装置加工伊朗重油、俄罗斯 CPC 原油、贝拉伊姆原油时,受有机氯的影响,常顶回流罐氯离子浓度明显上升,腐蚀速率平均在 0.3~0.6mm/a 左右,最高可达 1.0mm/a 左右。当装置掺炼南帕斯原油时,由于该原油较轻,塔顶负荷增加从而引起冲刷腐蚀。从监测到的数据看,在最高掺炼量 15% 时,腐蚀速率平均在 0.3~0.5mm/a 左右。

(一)高速油气的冲刷腐蚀及管子振动引起磨损

装置开工初期,常顶换热器泄漏十分频繁,检修发现泄漏部位主要集中在重叠换热器组上面一台入口、出口及折流板处的管子和下面一台管束的入口处,顺油气流动方向出现的沟槽状穿孔腐蚀,折流板处的管子出现凹陷,管子外径缩小,管壁减薄严重。分析认为Ⅲ号常减压装置主要加工中东轻质原油,常压塔顶负荷高,装置设计时不仅未设顶循环回流,而且采用塔顶热回流,致使常顶回流达到 120t/h 以上,常顶油气总量达到 250t/h 左右,换热器入口气速达到 30m/s 以上,同时油气中夹带具有腐蚀性液滴对管束表面产生冲蚀。另外由于装置加工量大,壳程流体流速过大,从而诱发管子振动加剧,管子振动与介质的共同作用产生磨损腐蚀。腐蚀形貌见图 12-4-1 和图 12-4-2。

图12-4-1 油气走壳程
上台入口处冲刷腐蚀

图12-4-2 油气走壳程
下台入口处冲刷腐蚀

(二) 常压塔顶的腐蚀

常压塔顶球封头双相钢复合层出现腐蚀凹坑（上个周期打开时也有），深度有所加重，焊缝和母材出现开裂，见图12-4-3和图12-4-4；塔顶回流管和部分椭圆型压垫腐蚀开裂（上个周期打开时也有），见图12-4-5。

常顶换热器外导流筒腐蚀如纸片，管束表面结垢，存在腐蚀凹坑，见图12-4-6。

图12-4-3 塔顶2205双相钢复合层产生坑蚀

图12-4-4 塔顶环焊缝发生腐蚀开裂

图12-4-5 塔顶回流管腐蚀开裂，表面产生坑蚀

图12-4-6 常顶换热器管束外表面产生坑蚀

(三) 减压塔顶的腐蚀

抽空冷却器双相钢管束在塔顶油气入口端腐蚀穿孔，见图 12-4-7。在油气的入口处，壳体内表面出现大量的腐蚀凹坑，有的已连成片。

图 12-4-7　双相钢管束在塔顶油气入口端腐蚀穿孔

(四) 腐蚀监测实例

1. 炼制贝拉伊姆原油的腐蚀监测

2005 年 1 月中下旬至 2 月，Ⅲ号常减压装置炼制贝拉伊姆原油，出现腐蚀速率加大现象，E102G/H 的入口腐蚀速率平均达到 0.5mm/a，运行部对工艺防腐也作了相应调整，但腐蚀速率很难调下来。贝拉伊姆原油密度为 898.2kg/m³，硫含量为 2.46%，酸值为 0.23mgKOH/g，残炭高达 7.94%，金属含量中镍、钒含量也较高，分别为 56μg/g、67μg/g，属高硫中质中间基原油。该原油腐蚀速率大的主要原因，一是硫含量较高，二是金属含量中镍、钒含量高对盐的水解起催化作用，使原油中的无机氯化物和有机氯化物都发生分解。在Ⅲ号常减压装置特定的常顶系统中 (塔顶负荷较高) 产生较高的腐蚀率。

2. 炼制胜利与 CPC 混合原油的腐蚀监测

Ⅲ号常减压装置分别于 11 月 20 日 9 点至 22 日 10 点、11 月 27 日 12 点至 30 日点和 12 月 4 日 22 点至 10 日 12 点三个时间段加工胜利与 CPC 混合油。从安装的电感探针 (E102A/B 出口) 数据来看，腐蚀速率呈明显三个阶段的上升趋势。

从图 12-4-8 可以看出，11 月 20 日至 22 日这一阶段腐蚀速率由 0.2mm/a 上升到 1.5mm/a；11 月 27 日至 30 日这一阶段腐蚀速率由 0.2mm/a 上升到 2.0mm/a；12 月 4 日至 10 日这一阶段腐蚀速率由 0.2mm/a 上升到 2.5mm/a。造成炼制 CPC 与胜利混合油腐蚀速率上升的原因主要有以下四方面：

(1) CPC 原油较轻，气体组分含量高，常压塔顶流出率高，相应造成气体流速加大，常压塔顶又缺少顶循，冲刷腐蚀加剧。

(2) CPC 原油虽然硫含量只有 0.518%，但塔顶馏分中所含硫醇硫较高，从而造成塔顶系统的 $HCl-H_2O-H_2S-RSH$ 腐蚀。

(3) 胜利原油导电性好，电脱盐时电流高电压低电脱盐效果不好，而且胜利原油含有有机氯，原油通过常压加热炉时有机氯分解成无机氯，使常压塔顶氯含量增高，造成塔顶 $HCl-H_2O-H_2S-RSH$ 腐蚀加剧。

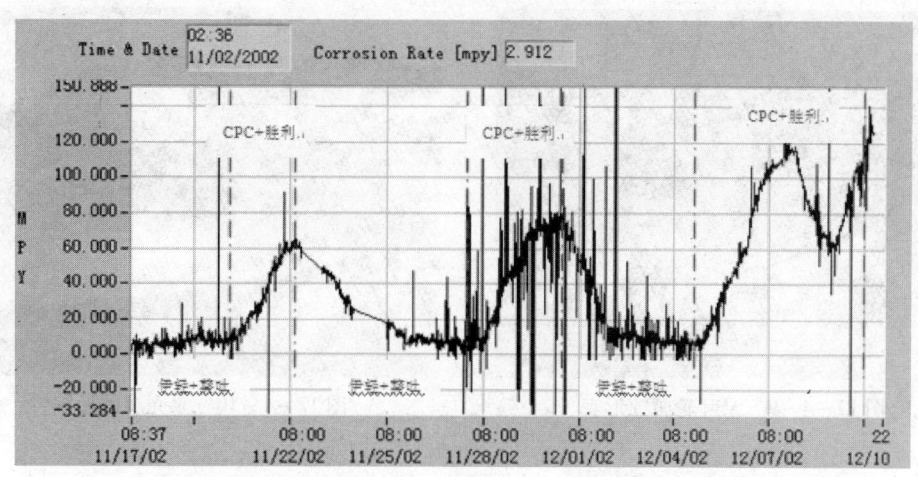

图12-4-8 装置炼制胜利与CPC混合原油时E102A/B出口处腐蚀监测曲线

（4）CPC与胜利原油混炼方案，从腐蚀角度来说，是一个叠加过程，放大了腐蚀效应。

二、中国石化青岛炼化公司常减压蒸馏装置

青岛炼化公司常减压装置于1991年建成投产，原设计规模为1.5Mt/a，通过2001年、2005年两次改造，将处理量提高到3Mt/a，2009年青岛分公司进行了加工高酸原油适应性改造项目，本次改造设计加工常减压装置的原料为多巴和马林高酸混合原油，加工能力为3.5Mt/a，成为中国石化加工高酸原油的特色企业。本装置设计为柴油生产方案，主要产品为石脑油、柴油、蜡油和减压渣油馏分，同时考虑能生产200#溶剂油。装置主要由两级原油电脱盐、四注、原油换热及闪蒸部分、常压蒸馏部分、减压蒸馏部分组成。

改造后加工多巴和马林高酸混合原油，混合比例为1:1。根据装置标定的分析数据，加工原油的平均硫含量为0.39%，平均酸值为2.49mgKOH/g。

装置高温部位用材以316L为主。

（一）常压塔顶循泵腐蚀泄露

在加工高酸原油一年后左右，2010年8月5日在打开常压塔顶循泵P1106A进行维修时发现泵的叶轮腐蚀减薄严重，并且有局部的穿孔现象，泵腔内也有明显的腐蚀减薄，泵出口闸阀也因腐蚀关不严进行了更换，阀门的闸板表面腐蚀较严重。腐蚀形貌见图12-4-9和图12-4-10。

通过分析，造成常压塔顶循环泵内部过流件冲刷腐蚀严重的原因主要是脱后原油含盐、含水量超标，泵有抽空产生汽蚀且结盐严重、冲刷腐蚀和使用年限长。根据文献资料，NH_4Cl的结晶温度为90~210℃，与K_p值有关。泵的操作温度处于NH_4Cl的结晶温度范围内，存在NH_4Cl结晶的可能性。从拆开的泵内采到的腐蚀产物进行了X射线衍射（XRP）分析，证实存在氯化铵，如图12-4-11所示。

图 12-4-9 泵叶轮腐蚀形貌

图 12-4-10 泵壳腐蚀形貌

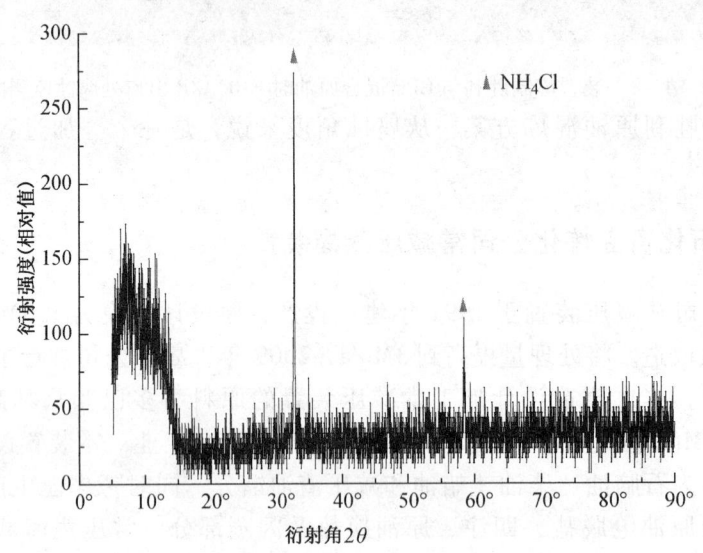
图 12-4-11 泵内腐蚀产物 XRD 分析结果

（二）减压塔内构件腐蚀

2011 年 6 月，青岛炼化公司对常减压装置进行停工消缺。打开后发现，减压塔第四段（二中返塔与减三抽出之间）、第五段（减三下返塔之间与过汽化油抽出之间）填料腐蚀严重（见图 12-4-12）。填料材质为 316L。这两段的填料支撑及分布槽等有点蚀坑，其分布管法兰段有一小段为 321 材质，已腐蚀穿孔（见图 12-4-13）。显然，腐蚀是高温环烷酸腐蚀造成的。

图 12-4-12 减压塔填料腐蚀形貌

图 12-4-13 分布管法兰段穿孔

三、中国石化镇海炼化分公司 I 号延迟焦化装置

中国石化镇海炼化分公司 I 号延迟焦化装置于 1989 年 1 月 6 日批准建设,它以常减压装置生产的减压渣油为原料进行二次加工,年处理减压渣油能力为 800kt。产品有干气、液态烃、汽油、柴油、蜡油和石油焦等。2001 年根据公司生产安排,对装置进行了进一步扩能改造,即通过新建与目前结构相似的一炉二塔流程,保持原有的吸收稳定、干气脱硫、压缩机系统,使装置达到 1.5Mt/a 的规模,以满足逐年上升的含硫原油加工量的需要。

2010 年装置加工减压渣油的硫含量最大值为 4.74%,最小值为 0.44%,平均值为 2.22%;酸值最大值为 2.7mgKOH/g,最小值为 0.27mgKOH/g,平均值为 1.20mgKOH/g。

装置设备高温部位的选材以 0Cr13Al(或内衬)为主,高温管道以 1Cr5Mo 为主。装置工艺防腐情况见表 12-4-1。

表 12-4-1 装置工艺防腐(注剂)情况

注剂名称及作用	注剂方式及注入位置	注剂泵位号及型号	注剂计量及控制方式	注剂量调整权限	注剂注入点温度/℃	注剂注入管线温度/℃	注剂管线材质	注剂管线历年来使用更换情况
高效脱硫剂脱硫系统吸收干气中酸性气	间断补入 P305 入口	P301 65Y1-60A	通过化验分析贫液中胺液浓度来控制	主管技术人员或当班班长	85	25	20# DN40	未更换

(一)蒸汽发生器(蒸 102)热旁路管线腐蚀减薄

2007 年 11 月 21 日,装置分馏系统蒸汽发生器(蒸 102)热旁路弯头因腐蚀减薄,350℃高温蜡油喷出着火,现场流程图如图 12-4-14 所示。

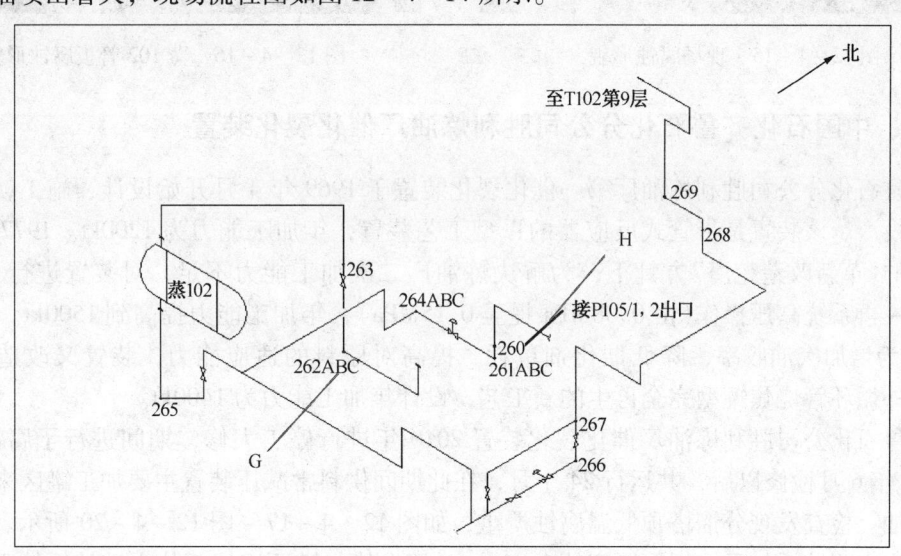

图 12-4-14 现场流程图

泄漏的管线位于 GH 管段,它是连接蒸 102 入口和出口之间的热旁路。该副线平常一直有热蜡油介质经过,用来控制蜡油返分馏塔 102 的温度。该管线内介质为蜡油,材质为碳钢,工作压力为 1.5MPa,工作温度为 350~370℃,介质中硫含量 2.0%。酸值从 2006 年 12 月 4 日至 2007 年 3 月共计分析了 11 次,平均酸值为 0.10mgKOH/g。焦化重蜡油酸值曾在

2007年3月19日达到1.15mgKOH/g。该管线自2001年5月投用以来，已运行78个月。

从腐蚀后的管线内壁（图12-4-15）看，没有明显的腐蚀凹坑，表面较光滑，也未见明显的硫化亚铁膜，可以判断为典型的高温环烷酸腐蚀。

（二）蒸102的管束腐蚀情况分析

蒸102从2001年5月开始使用到2006年3月因腐蚀而进行更换。2006年3月更换，2007年11月拆下进行清洗，期间进行了检查，发现管板及焊缝腐蚀严重。

从现场照片（图12-4-16）可以看出，入口端的管束（整个管板的四分之一）其内径都被腐蚀扩大，焊肉被冲刷殆尽，而其他管板端腐蚀轻微，表现出明显的温度敏感区（入口处温度最高）和环烷酸腐蚀的流速特性。入口处流体有一剪切冲力，进入管子内部时流体呈滞流状态，相对流速降低。环烷酸腐蚀随流速的升高而急剧上升，表现出环烷酸腐蚀的冲刷腐蚀特征。

图12-4-15 现场腐蚀形貌

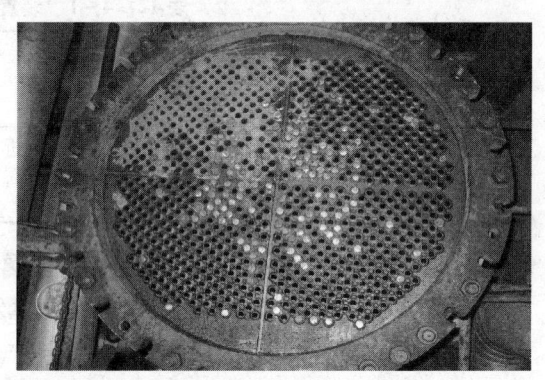

图12-4-16 蒸102管板腐蚀形貌

四、中国石化齐鲁石化分公司胜利炼油厂催化裂化装置

齐鲁石化分公司胜利炼油厂第一催化裂化装置于1969年4月开始设计、施工，次年年底建成投产。该装置是带管式反应器的Ⅳ型工艺装置，年加工能力为1200kt。1977年在两兰会议的"革新改造挖潜"方针下，为解决炼油厂二次加工能力不足，对装置进行了改造，改为反-再系统高压操作（由0.08MPa提至0.15MPa），年加工能力提高到1500kt。1990年10月，为增加汽油收率，降低催化剂单耗，提高对原料的适应能力，装置又改造为提升管-带外循环管烧焦罐型完全再生的新工艺，设计年加工能力为1400kt。

齐鲁石化公司胜利炼油厂催化裂化装置2010年进行停工大修，期间进行了腐蚀检查。自2008年6月检修以后，共运行24个月，在此期间供料常减压装置主要加工罐区来的高硫高酸原油。检查发现分馏塔顶低温腐蚀严重，如图12-4-17～图12-4-20所示。分馏塔顶部封头南侧结垢较重，垢层厚度约2~3mm。挥发线与塔顶连接部位内壁结垢较重，垢层厚度约3~4mm。弯头焊缝两侧坑蚀严重，蚀坑深度约4~5mm，测厚在7mm左右。上数第三层塔盘塔壁支撑圈梁腐蚀严重，局部靠近塔壁处腐蚀穿孔，支撑塔盘的槽型钢腐蚀减薄如纸，塔盘支撑坑蚀严重，坑蚀深度约2~3mm。顶回流西侧升气孔壁腐蚀穿孔，根部也有穿孔。顶循抽出段塔内部分坑蚀严重，内部管减薄约一半左右，塔壁腐蚀严重，坑点最深处约2~3mm。

图 12-4-17 顶层降液板腐蚀情况

图 12-4-18 升气孔腐蚀穿孔

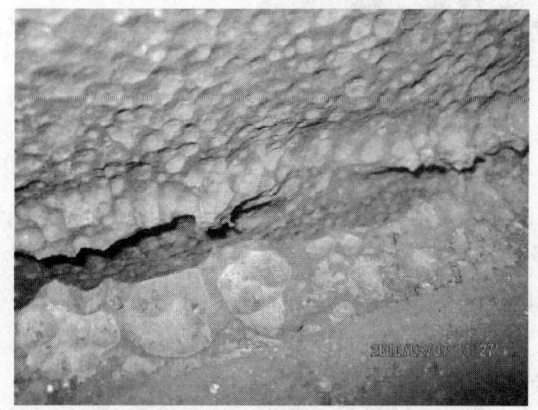
图 12-4-19 塔壁及圈梁的腐蚀情况

图 12-4-20 升气孔下层南侧降液板腐蚀穿孔

低温部位的腐蚀属于 $H_2S + NH_3 + HCl + H_2O$ 型的腐蚀,主要包括分馏塔的顶部,稳定吸收塔等部位。它的腐蚀以垢下腐蚀为主,随着温度的降低分馏塔油气开始冷凝,氨气、硫化氢、氯化氢、水相继凝结,在特定的温度和压力下,形成硫氢化铵、硫化铵、氯化铵等腐蚀型非常强的污垢,附着在设备表面,形成垢下的孔蚀及缝隙腐蚀,其腐蚀形态对碳钢和400系列钢是垢下的孔蚀,对300系列钢除孔蚀外,还会产生应力腐蚀和晶间腐蚀。

五、中国石化镇海炼化分公司加氢裂化装置

2008 年镇海炼化分公司加氢裂化装置高压空冷器 A301C 管束严重减薄,多根列管局部厚度减薄至 2mm 以下,第 5 排,第 37 根列管(以下简称管 5-37)在入口端发生爆管。

经过涡流检测,减薄严重列管的分布如图 12-4-21 所示,减薄及爆管处形貌见图 12-4-22 和图 12-4-23。

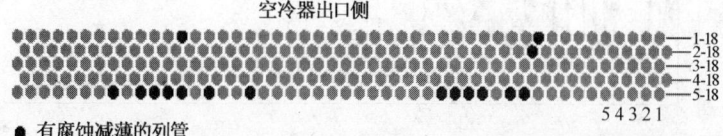

图 12-4-21 空冷器 A301C 减薄列管分布

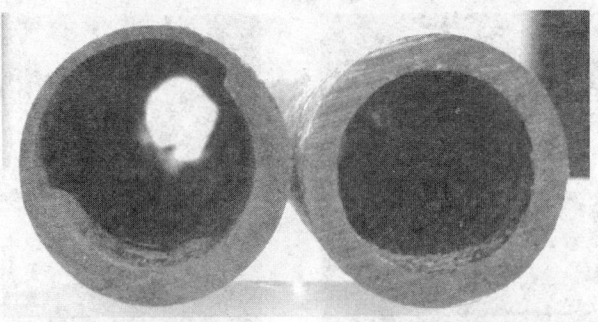

图 12-4-22 发生壁厚减薄的管束与未发生壁厚减薄的管束对照

图 12-4-23 管 5-37 爆管处形貌

经对入口端第 4~第 5 排管的管箱及出口端第 5 排管检查,观察管箱法兰口,发现一层黄褐色致密的腐蚀结垢物,厚度为 2~3mm。经内窥镜检查,冲洗前,第一排入口管口前有大量堵塞,结晶产物较多,管箱内也沉积了大量的结晶产物。第 4、第 5 排管内的腐蚀产物或垢状物相对较多;冲洗后,第一排第 2、第 20、第 32、第 48 根仍堵塞,管口处及管箱处结晶产物较多。

为分析腐蚀原因,对该台空冷器的每排管束各抽取一根管子,对其内壁的结垢物取样,同时对管箱出口结垢物取样,进行了 X 射线衍射分析。

第 1 排第 37 根管内腐蚀产物的 X 射线衍射分析图谱见图 12-4-24。其余各处分析结果相似。

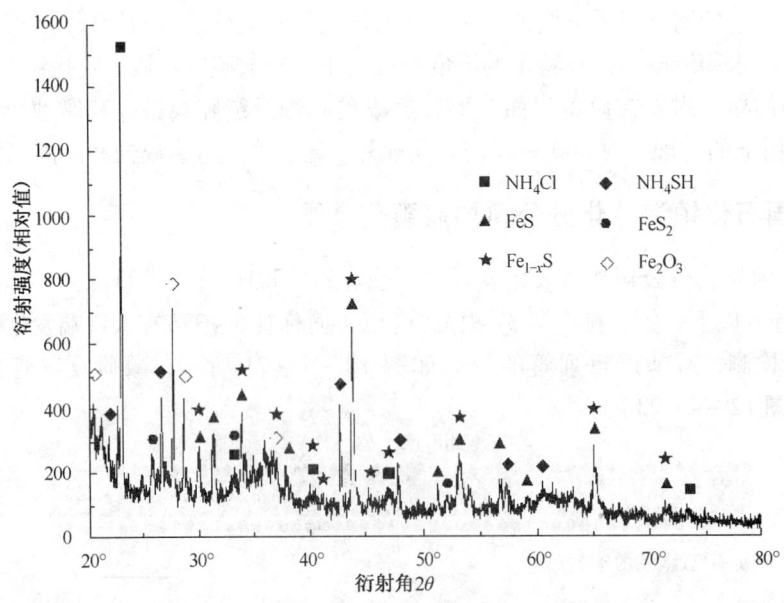

图 12-4-24 管壁腐蚀产物 X 射线衍射分析图谱

从分析结果看，高压空冷管束的管子内和管箱出口处的结垢物主要是 NH_4Cl、NH_4HS、FeS、FeS_2、$Fe_{1-x}S$ 和 Fe_2O_3 的混合相。由此可以推断，腐蚀主要为铵盐结晶造成的垢下腐蚀。

参 考 文 献

[1] 张德义. 含硫原油加工技术[M]. 北京：中国石化出版社，2009
[2] 章建华，凌逸群，张海峰等. 炼油装置防腐蚀策略[M]. 北京：中国石化出版社，2008
[3] 汪申，田松柏. 含硫原油腐蚀评价研究进展[J]. 炼油设计，2000，30(7)：23-25
[4] Materials Resistant to Sulfide Stress Cracking in Corrosive Petroleum Refining Environments, NACE MR0103, 2005：2
[5] Risk-based Inspection Technology, API RECOMMENDED PRACTICE 581, 2008
[6] Damage Mechanisms Affecting Fixed Equipment in the Refining Industry, API RECOMMENDED PRACTICE 571, 2011
[7] Deyab M A, Abo Dief H A, et al., Electrochemical investigations of naphthenic acid corrosion for carbon steel and the inhibitive effect by some ethoxylated fatty acid[J]. Electrochimia Acta, 2007, 52：8105-8110

第十三章 含硫含酸原油加工技术的环境保护技术

石油加工过程中产生的以含硫化物为主的酸性气和酸性水的处理和排放一向是环境保护的关注点。当前，环保法规不断完善，人们的环保意识普遍加强，特别是炼油厂加工含硫含酸原油比例不断提高，致使酸性气、酸性水的处理和硫黄回收及尾气处理的任务日益艰巨。

关于含酸原油加工，由于含酸原油一般含硫量都较低，而且加工中的主要问题是脱盐脱水困难和设备腐蚀严重[1]，对于本书讨论的含硫原油加工中的环境保护技术没有直接影响。

本章将对胺法脱硫，酸性水汽提技术，硫黄回收工艺(包括克劳斯硫黄回收和H_2S制硫酸)，硫黄回收尾气处理和排放标准以及烟气脱硫等技术发展与工程分别叙述。

第一节 胺法脱硫

原油中的硫在加工过程中会随加工工艺和加工深度的不同，以H_2S及其他硫化物的形态进入各种石油产品中，例如催化裂化装置采用减压馏分油和常压渣油等直馏馏分油为原料时，原料中的硫约有50%以H_2S的形态进入气体产品(包括干气和液化石油气)中；焦化装置采用减压渣油作为原料时，原料中的硫约有20%~27%以H_2S的形态进入气体产品中；加氢裂化装置原料中的硫约有90%以上以H_2S的形态进入气体产品中。

炼油厂干气和液化石油气中的硫，尤其是硫化氢对产品质量和环境影响很大，如果硫化氢脱除不好，将对下游装置加工、环境保护和设备腐蚀等方面造成非常不利的影响。因此通常干气和液化石油气无论是作为燃料还是作为化工装置的原料，都需要脱硫。尤其是作为化工装置原料时，由于硫化物对催化剂的活性和寿命影响很大，因此对硫含量的要求更严格。

当干气作为燃料气时，国内一般要求净化干气中硫化氢含量≤20mg/Nm^3；当干气作为制氢原料时，须先后经溶剂脱硫、加氢精制及固定床精制脱硫，要求总硫小于0.5mg/Nm^3。

当液化石油气作为民用燃料时，国内要求液化石油气的总硫含量不大于343 mg/Nm^3，以减少对环境和人体的不利影响。随着液化石油气综合利用程度的不断提高，作为民用燃料的比例也越来越少，绝大部分经分馏和进一步加工，获得经济效益更好的产品，此时对中间产品的硫含量要求也更严格。如液化石油气经气体分馏后得到的丙烯作为聚丙烯原料时，要求总硫含量小于1μg/g，因此气体分馏后得到的丙烯还需经过精脱硫，才能作为聚丙烯的原料。

气体脱硫方法可分为干法和湿法两大类，干法脱硫目前工业上已很少采用，湿法脱硫中应用最普遍的是以醇胺法为主的化学吸收法脱硫，炼油厂干气和液化石油气脱硫基本都采用这种方法。

近年来，国外醇胺法脱硫的主要发展方向是节能降耗，开发了高选择性的新溶剂，显著降低了溶液循环量和蒸汽消耗量，并开发了一系列不同用途、不同要求的新溶剂，例如美国原 DOW 化学公司的 GAS/SPEC 系列溶剂，包括不同型号的 6 种配方，其中 SS 是加强选吸型溶剂、CS-1 是深度脱除 CO_2 溶剂、SR-2 是脱有机硫溶剂；原 Union Carbide 公司的 Ucarsol-HS 系列溶剂，包括不同配方的 12 种溶剂，其中 HS-101、HS-102 都是选择性脱 H_2S 溶剂、HS—103 是用于硫黄回收尾气处理装置深度脱 H_2S 溶剂；德国 BASF 公司的活化 MDEA 系列溶剂，主要包括不同型号的 6 种配方。上述溶剂都是以甲基二乙醇胺(MDEA)为主要组分，加入多种添加剂复配而成。

1981 年美国首次成功地进行 MDEA 选择性脱除 H_2S 的工业试验，国内于 1986 年完成 MDEA 溶液压力下选择脱硫工艺的工业化，并随后在四川天然气净化厂迅速推广和应用，20 世纪 90 年代开始在炼厂气(包括液化石油气)脱硫装置上应用。

为完善 MDEA 溶剂脱硫技术，进一步改善脱硫的稳定性和脱硫选择性，跟上国外脱硫工艺发展步伐，国内科研单位和生产厂家合作，以 MDEA 为基础组分，加入抗氧、消泡、缓蚀、提高选择性等添加剂，开发和复配了多种复合型 MDEA 溶剂，并已在炼油厂中大量推广应用。但和国外相比，我国在溶剂系列化、溶剂质量和稳定性上尚有一定差距，还需科研、设计、生产单位密切合作，研究和开发出成本低、质量好、综合性能好的系列化脱硫溶剂。

空间位阻胺是 20 世纪 80 年代以来国外研制出的选择性吸收性能比 MDEA 更好的新型胺。它是胺基上的一个或二个氢原子被体积较大的烷基或其他基团取代后形成的胺类。1984 年美国 Exxon 研究与工程公司成功地研制成一种牌号为 Flexsorb SE 的空间位阻胺脱硫溶剂。此后，这类溶剂发展甚快，至 90 年代初，国外已有 20 多套装置投入运转或正在设计和施工中。中国石化南京化学工业有限公司研究院开发的位阻胺脱硫新技术已于 2005 年通过中国石化组织的中试成果鉴定，该技术已获得国家发明专利。该溶剂以位阻胺为主体，配以性能优良的助剂，组成了适用于脱除气体中 H_2S 和有机硫的配方型脱硫溶剂，具有良好的对 H_2S 选择性吸收性能、再生能耗低、对设备无腐蚀等优点[4]。工业化应用试验表明，位阻胺溶液与 MDEA 配方溶剂相比，位阻胺溶液吸收硫化物能力提高 50%，蒸汽消耗下降 20%，脱硫溶剂消耗下降 50%，同时脱硫选择性提高，生产操作安全稳定[5]。

总之，我国的醇胺法脱硫技术通过和国外公司的技术交流，国内科研、设计和生产单位的长期实践和努力，在基础理论研究、计算机模拟软件、防止溶剂发泡、减少溶剂损失和防止设备腐蚀等方面都有了显著提高，尤其在选择性脱硫溶剂的开发和利用方面，已取得良好的环境效益和经济效益，和世界先进水平的差距正在缩小。

一、醇胺法脱硫的工艺原理及溶剂

(一) 工艺原理

醇胺法脱硫是一种典型的吸收-再生反应过程。醇胺按连接在氮原子上的氢原子数，可分为伯醇胺(如一乙醇胺 MEA)、仲醇胺(如二乙醇胺 DEA 和二异丙醇胺 DIPA)和叔醇胺(如甲基二乙醇胺 MDEA)三类。它们与 H_2S、CO_2 的主要反应如表 13-1-1 所示。

由于醇胺和 H_2S、CO_2 的主要反应均为可逆反应，在吸收塔中低温高压下上述反应的平衡向右移动，原料气中的酸性组分被脱除；在再生塔中低压高温下则平衡向左移动，溶剂释放出所吸收的酸性组分。同所有其他的吸收－再生过程一样，加压和低温利于吸收；减压和高温利于再生，但为了防止溶剂分解，再生温度通常低于127℃。

表 13 – 1 – 1　醇胺与 H_2S 和 CO_2 的主要反应

醇胺种类	酸性气	反 应 式
伯醇胺	H_2S	$2RNH_2 + H_2S \rightleftharpoons (RNH_3)_2S$　$(RNH_3)_2S + H_2S \rightleftharpoons 2RNH_3HS$
	CO_2	$2RNH_2 + H_2O + CO_2 \rightleftharpoons (RNH_3)_2CO_3$　$(RNH_3)_2CO_3 + H_2O + CO_2 \rightleftharpoons 2RNH_3HCO_3$ $2RNH_2 + CO_2 \rightleftharpoons RNHCOONH_3R$
仲醇胺	H_2S	$2R_2NH + H_2S \rightleftharpoons (R_2NH)_2S$　$(R_2NH)_2S + H_2S \rightleftharpoons 2R_2NHHS$
	CO_2	$2R_2NH + H_2O + CO_2 \rightleftharpoons (R_2NH_2)_2CO_3$　$(R_2NH_2)_2CO_3 + H_2O + CO_2 \rightleftharpoons 2R_2NH_2HCO_3$ $2R_2NH + CO_2 \rightleftharpoons R_2NCOONH_2R_2$
叔醇胺	H_2S	$2R_3N + H_2S \rightleftharpoons (R_3NH)_2S$　$(R_3NH)_2S + H_2S \rightleftharpoons 2R_3NHHS$
	CO_2	$2R_3N + H_2O + CO_2 \rightleftharpoons (R_3NH)_2CO_3$　$(R_3NH)_2CO_3 + H_2O + CO_2 \rightleftharpoons 2R_3NHHCO_3$

（二）溶剂

目前工业上常用的溶剂有一乙醇胺、二乙醇胺、二异丙醇胺和甲基二乙醇胺。

1. 一乙醇胺（MEA）

20世纪90年代前炼油厂脱硫装置大都采用MEA溶剂，此后由于不断开发出在选择性、能耗、溶剂降解及腐蚀等方面更有优势的溶剂，MEA在炼厂脱硫中才逐渐被淘汰。

一乙醇胺溶剂的特点是：

（1）高净化度。由于MEA是醇胺中碱性最强的，它与酸性组分反应迅速，能容易地使原料气中H_2S含量降至$20mg/m^3$以下。MEA是上述四种醇胺溶剂中气体净化度最高的溶剂。

（2）对H_2S和CO_2吸收没有选择性。一般认为MEA溶剂对脱除H_2S和CO_2无选择性，特别适用于H_2S和CO_2都需脱除的场合。

（3）蒸发损失量较大。由于MEA的蒸气压较高，故蒸发损失量较大。

（4）腐蚀限制了MEA溶液浓度和酸性气负荷。通常MEA溶液使用浓度约15%，酸性气负荷一般也小于$0.35mol(H_2S + CO_2)/molMEA$。

（5）需设置溶液复活设施。由于MEA与CO_2会发生副反应生成难以再生的噁唑烷酮等降解产物；与酸性较强的杂质如有机酸、SO_2、HCN等形成无法再生的热稳定盐，导致部分溶剂丧失脱硫能力。为维持溶液脱硫性能，回收变质溶液中游离的MEA及使热稳定盐中的MEA析出并回收，通常都设置溶液复活设施。

MEA溶液的复活方法是加碱（纯碱或苛性碱）和蒸馏，加碱可将热稳定盐中的MEA置换出来，然后蒸馏回收。

2. 二乙醇胺（DEA）

二乙醇胺溶剂的特点是：

（1）适合于有机硫化物含量较高的原料气。由于DEA与COS及CS_2的反应速率较低，故与有机硫化合物发生副反应而产生的溶剂损失量相对较少；加之DEA与COS及CS_2的反应产物在再生条件下可分解而使DEA得到再生，故适于处理含COS及CS_2的原料气。

（2）DEA对H_2S和CO_2的吸收也无选择性。

3. 二异丙醇胺(DIPA)

二异丙醇胺溶剂的特点是：

（1）对 H_2S 的吸收具有一定选择性。在 H_2S 与 CO_2 共存时，可以完全脱除 H_2S 而部分脱除 CO_2，即溶剂具有一定选择性。

（2）蒸汽耗量较低。DIPA 溶剂蒸汽耗量较低，其原因是：

① 由于腐蚀性较低，可采用较高的溶液浓度和较高的酸性气负荷，以降低溶液循环量和溶液再生所耗蒸汽量。

② DIPA 溶液容易再生，所需的回流比较低，导致所需蒸汽量也较低，通常蒸汽耗量较 MEA 溶剂可降低 30% 以上。

（3）需设置溶剂加热熔化设施。由于二异丙醇胺凝固点为 42℃，因此需设置溶剂加热熔化设施，溶剂经加热熔化后，方便于溶剂补充或加入系统。

4. 甲基二乙醇胺(MDEA)

甲基二乙醇胺溶剂的特点是：

（1）良好的选择性吸收性能。在 H_2S 与 CO_2 共存时，能选择性地脱除 H_2S，而将相当大量的 CO_2 保留在净化气中，不仅有利于减少溶液循环量和再生所需的蒸汽量，也提高了酸性气中 H_2S 的浓度，利于降低硫黄回收装置投资并提高硫回收率。

（2）采用较高的溶液浓度和酸性气负荷。由于 MDEA 分子中不存在活泼 H 原子，因而化学稳定性好，溶剂不易降解变质，且溶液的腐蚀性也较小，因此可采用较高的溶液浓度和酸性气负荷，溶液循环量也随之降低。资料推荐采用的溶液浓度为 40% ~ 50%，酸性气负荷为 $0.5 \sim 0.6 mol(H_2S + CO_2)/molMDEA$，无论是溶液采用浓度或酸性气负荷都是上述四种溶剂中最高的。

（3）再生消耗的蒸汽量最低。MDEA 溶液再生消耗的蒸汽量最低，其原因是：可采用较高的溶液浓度和酸性气负荷，同时具有良好的选择性吸收性能，有利于降低溶液循环量；MDEA 和 H_2S、CO_2 的分解热最小。

（4）溶剂损失量小，其蒸气压在几种醇胺中最低，而且化学性质稳定，溶剂降解物少。

（5）因设备规格最小，设备投资也最少。

几种常用醇胺溶剂的物理和化学性质见表 13 – 1 – 2。

表 13 – 1 – 2 几种常用醇胺溶剂的物理和化学性质

溶剂 项目	MEA	DEA	DIPA	MDEA
分子式	C_2H_7ON	$C_4H_{11}O_2N$	$C_6H_{15}O_2N$	$C_5H_{13}O_2N$
相对分子质量	61.09	105.14	133.19	119.17
密度/(g/cm³)	1.0179(20/20℃)	1.0919(30/20℃)	0.9890(45/20℃)	1.0418(20/20℃)
沸点(101.3kPa 下)/℃	170.4	268.4①	248.7	230.6
蒸气压(20℃)/Pa	28	<1.33	<1.33	<1.33
黏度/mPa·s	24.1(20℃)	380(30℃)	198(45℃)	101(20℃)
凝点/℃	10.2	28	42	−21
闪点(开口)/℃	93.3	137.8		126.7
水中溶解度(20℃)	完全互溶	96.4%	87.0%	完全互溶
比热容/[kJ/(kg·K)]	2.54(20℃)	2.51(15.6℃)	2.89(30℃)	2.24(15.6℃)
临界温度/℃	350	442.1	399.2	322

续表

项目 \ 溶剂	MEA	DEA	DIPA	MDEA
临界压力/MPa	5.98	3.27	3.77	3.88
汽化热/(kJ/kg)	825.6	669	430	518
反应热/(kJ/kg)				
H_2S	1905	1190	1140	1050
CO_2	1920	1510	2180	1420
安定性	易降解	不易降解	不易降解	较稳定

① 在此温度下 DEA 分解。

二、工艺流程及设备

(一) 工艺流程

1. 脱硫装置工艺流程

典型的醇胺法工艺流程如图 13-1-1 所示，不同的醇胺溶剂其流程基本相同。

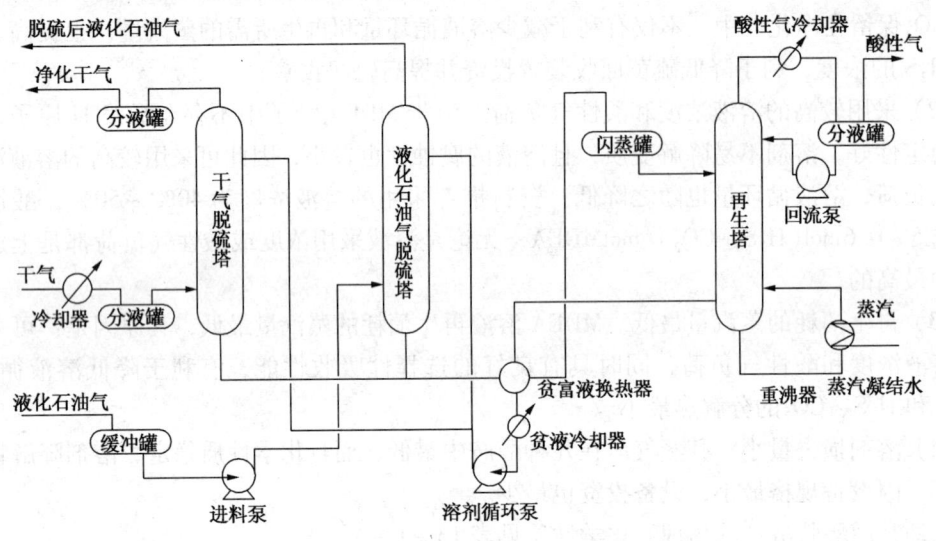

图 13-1-1 醇胺法脱硫工艺流程

干气经气体冷却器冷却，并经分液罐除去游离的液体后进入干气脱硫塔，气体在塔内自下而上和醇胺溶液逆流接触，进行吸收反应，塔顶的净化干气经分液罐分液后出装置。

液化石油气经缓冲罐和进料泵升压后进入液化石油气脱硫塔，在液化石油气脱硫塔内自下而上和醇胺溶液逆流接触，脱除酸性组分，塔顶脱硫后液化石油气至脱硫醇部分或出装置。

上述二个脱硫塔底排出的富液合并经贫富液换热器与贫液换热，经富液闪蒸罐闪蒸出烃类后，进入再生塔，塔底由重沸器供热，塔顶气体经冷却、冷凝后，酸性气送至硫黄回收装置，冷凝液作为塔顶回流。塔底贫液经换热冷却后，经循环泵送至干气脱硫塔、液化石油气脱硫塔循环使用。

由于 MDEA 和 H_2S 的反应速率比和 CO_2 的反应速率快得多，为保持溶剂良好的选择性，在设计时可考虑在吸收塔上部多设几个贫液入口,以便通过改变塔盘数,在保证 H_2S 吸收的前提下,增加操作灵活性,降低 CO_2 共吸率。

2. 全厂脱硫工艺流程

近年来国内炼油厂全厂脱硫工艺流程在学习国外先进经验基础上,也作了重大改进,主要表现在以下二个方面:

(1) 富液集中再生 过去的习惯做法是各主体装置单独设置脱硫和再生部分(见图13-1-2),其结果是设备多、占地面积大、管理复杂、能耗高,更主要的是有的脱硫装置远离硫黄回收装置,给酸性气的长距离输送及输送中的安全带来很多困难,有时还满足不了硫黄回收及尾气处理装置所需压降,如国内某厂进硫黄回收装置酸性气的压力只有0.03MPa,不得不在尾气处理部分设置过程气增压风机。

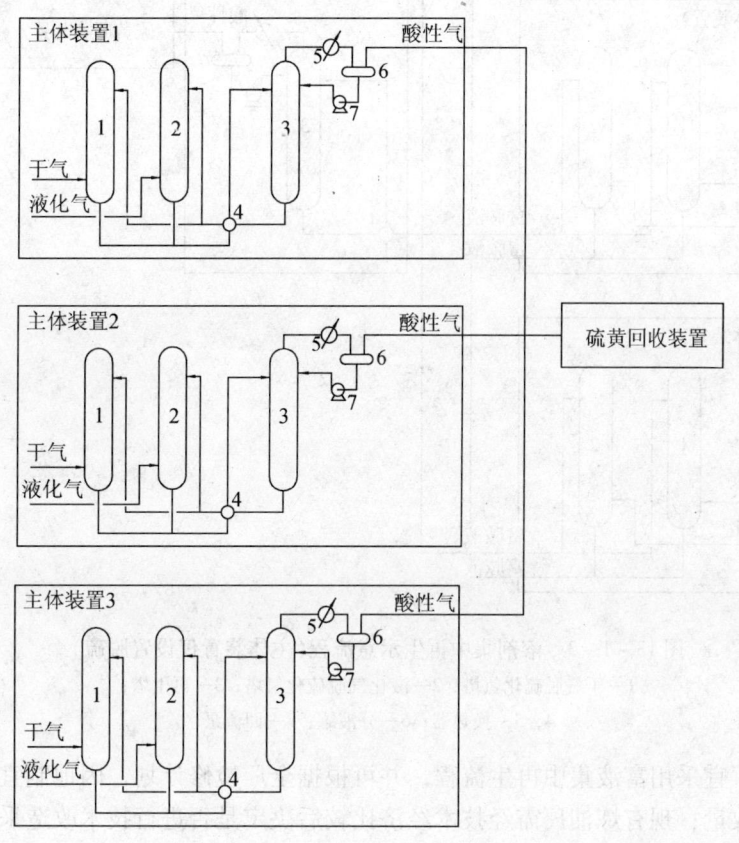

图13-1-2 各主体装置单独设置吸收-再生部分示意图
1—干气脱硫化氢塔;2—液化气脱硫化氢塔;3—再生塔;
4,5—换热器;6—分液罐;7—回流泵

随着炼油厂规模的扩大,加工装置的增加,尤其是原油含硫量的迅速提高,产品质量和环保要求日益严格,需要脱硫的介质也越来越多,基于安全和正常操作考虑,1995年洛阳石化工程公司学习国外先进经验,首次为安庆石化分公司设计了溶剂集中再生装置,即每套主体装置仅设置脱硫部分,而再生部分全厂集中设置,而且平面布置紧靠硫黄回收装置,使原来输送酸性气改为输送贫、富液,解决了输送酸性气所带来的腐蚀、分液、泄漏及 H_2S

中毒等问题,也满足了硫黄回收及尾气处理装置对酸性气的压力要求。这种设置模式迅速被设计单位和建设单位认可,成为新建炼油厂或老厂改造的主要模式,见图13-1-3。

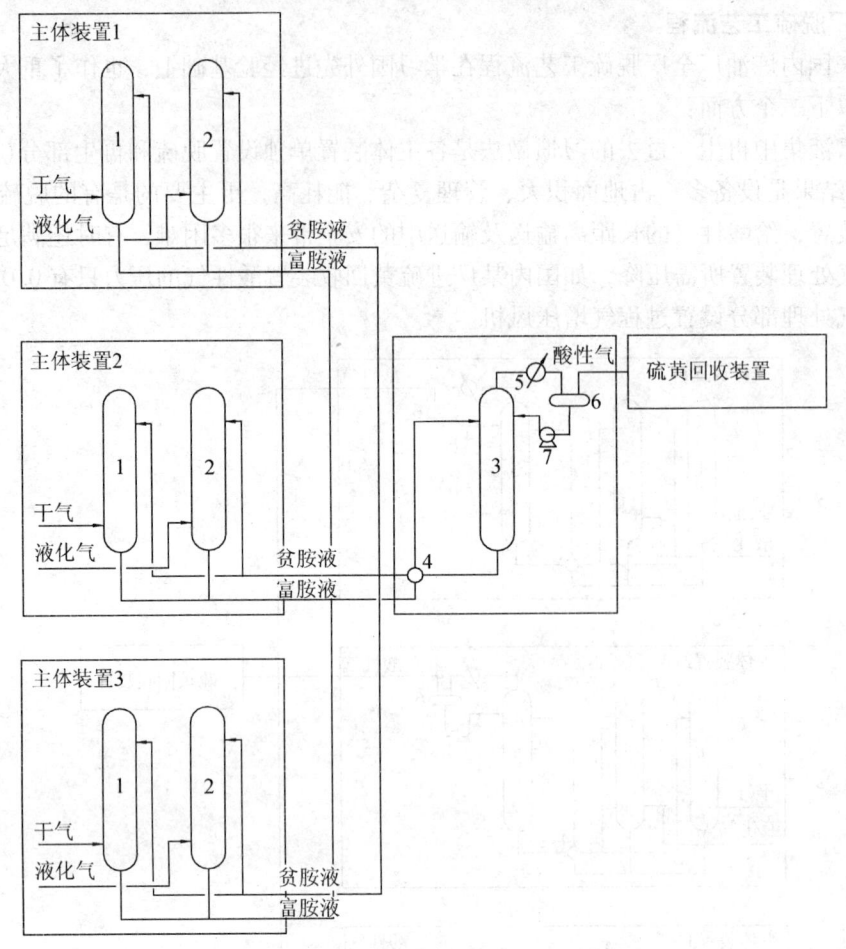

图 13-1-3 溶剂集中再生示意流程(主体装置仅设置脱硫)
1—干气脱硫化氢塔;2—液化气脱硫化氢塔;3—再生塔;
4,5—换热器;6—分液罐;7—回流泵

新建炼油厂宜采用富液集中再生流程,并可根据全厂检修计划,因地制宜考虑富液集中再生部分设置数量;现有炼油厂需经技术经济比较后决定是否进行技术改造采用富液集中再生流程。

(2) 与SCOT尾气处理装置联合 当炼油厂设有还原-吸收尾气处理装置时,可采用荷兰 Jacobs 公司的串级 SCOT 专利技术。串级 SCOT 技术又分共用再生塔和分流式 SCOT 二种形式(详见第五节的串级 SCOT 工艺部分),我国已于20世纪90年代引进了上述技术,国内部分中、小规模装置较多地采用了分流式 SCOT 技术。

(二) 主要设备

醇胺法脱硫工艺的主要设备有吸收塔、再生塔、换热器、重沸器、闪蒸罐和过滤设备。

1. 塔类

该部分设备包括干气脱硫塔、液化石油气脱硫抽提塔和再生塔。

干气脱硫塔以采用板式塔居多,原先以采用浮阀塔盘为主,近年来以采用在浮阀塔盘基础上研制的组合式导向浮阀塔盘为主。

组合导向浮阀塔板由矩形导向浮阀和梯形导向浮阀(图13-1-4)按一定比例组合而成,浮阀上设有导向孔,导向孔的开口方向与塔板上的液流方向一致。资料介绍组合式导向浮阀塔板与F1(国外称V1)型浮阀塔盘板效率相比,塔板效率可提高10%~20%,处理能力可提高20%~30%。

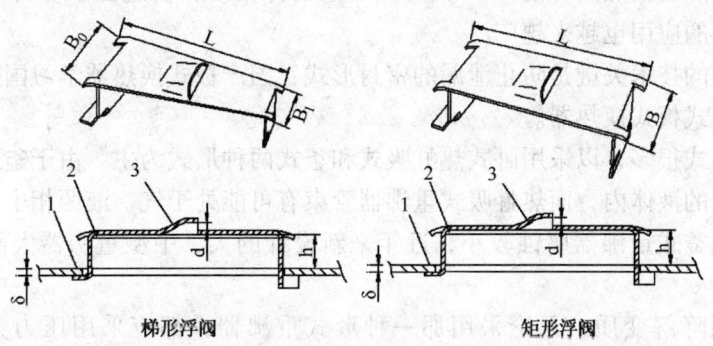

图13-1-4 组合导向浮阀
1—阀孔板;2—导向浮阀;3—导向孔

干气脱硫塔需要4~5块理论塔盘,塔盘效率为25%~40%,实际塔盘约20块左右,根据原料含硫量及脱硫要求,塔盘数也可适当增加。塔盘间距一般为600mm。

由于干气脱硫系统为易起泡介质,因此在设计和操作中都必须考虑发泡特性,空塔气速和阀孔动能因子都不能太高。

液化石油气脱硫抽提塔是典型的液-液萃取塔,以往多数采用筛板塔盘,此时一般选用体积流量大的液化石油气作为分散相,醇胺溶液作为连续相。液化石油气液滴大小是筛孔直径和液化石油气流速的简单函数,若筛孔的孔径过小,有较大携带和返混的可能性,使板效率较低,且筛孔容易堵塞;若筛孔的孔径过大,虽能减少携带和返混的可能性,但由于液滴过大而致接触不良,也会降低板效率。可见筛板塔盘对过孔速度要求严格,过大或过小都对操作不利。

为克服筛板塔盘的上述缺点,近年来新设计的抽提塔基本都采用填料,其中扁环散堆填料和FG蜂窝型格栅填料在工业上的应用比较广泛。

再生塔目前大部分采用板式塔,仅少数采用填料塔。由于该塔腐蚀较严重,采用填料时易堵,导致再生效果不好。但在再生塔塔径较小、装置扩能改造或需要减少压降时也可采用填料。板式塔中尤以采用浮阀塔盘最广泛,通常在富液进料口下面有约20~24层塔盘,富液入口上部有3~4块塔盘。国外有的再生塔塔盘总数已采用30层。

再生塔的设计和操作关系到贫液质量,由于富液量和回流量波动大,因此,设计时应留有适当余地,气速不能太大,尤其塔的体系因子应考虑溶剂的发泡性能。

2. 换热器类

该部分设备包括贫富液换热器、贫液冷却器、重沸器、酸性气冷凝器和干气冷却器。

贫富液换热器目前一般采用板式换热器或管壳式换热器。当采用管壳式换热器时,富液走管程，贫液走壳程。为避免由于磨损破坏金属保护层而增加设备腐蚀，富液流速应控制在0.6~1.0m/s。此外为减少因富液中酸性组分的解吸而引起管线和设备腐蚀，富液换热后温度应控制低于100℃，并且调节阀位置应靠近再生塔，避免酸性气在管道内闪蒸。

国外同类装置，已普遍采用板式换热器。国内因装置规模不断扩大，尤其是板式换热器传热系数是管壳式换热器的3~5倍，约为3000~4000W/(m^2·K)，意味板式换热器换热面积只是管壳式换热器换热面积的1/3~1/5，加上设计紧凑，占地面积非常小，因而近年来国内板式换热器的应用也越来越广泛。

板式换热器的技术关键是防止泄漏的密封形式，国产板式换热器学习国外经验，越来越多地采用全焊接式板式换热器。

重沸器的形式很多，以采用卧式热虹吸式和釜式两种形式为主。由于釜式重沸器中管束全部浸泡在沸腾的液体内，而热虹吸式重沸器管束有可能处于气、液两相中，管、壳程均发生相变化，因此釜式重沸器腐蚀较小，近年来新设计的大、中型重沸器大部分采用釜式重沸器。

为防止溶剂降解变质，无论采用那一种形式重沸器，都应采用压力为0.4~0.5MPa（表），温度为140~150℃的饱和蒸汽，当采用1.0MPa过热蒸汽时，需设置减温减压措施。蒸汽量取决于工艺要求的贫液质量、醇胺种类和再生塔理论塔盘数。

贫液冷却器和塔顶冷凝器可因地制宜选用换热器或空冷器或同时采用换热器和空冷器，当选用换热器时，冷却水走管程。为降低循环水量，塔顶冷凝器可采用二台串联设置。

干气冷却器都采用浮头式换热器。

3. 闪蒸罐

为保证硫黄回收装置硫黄产品质量，脱硫装置产生的酸性气烃含量要求小于2%~4%，因此富液进再生塔前必须经闪蒸罐尽可能地解吸出所溶解的烃类。

闪蒸罐的设计和操作要点是闪蒸压力、闪蒸温度和罐内停留时间。

（1）闪蒸压力 闪蒸压力越低越有利于闪蒸，当采用低温闪蒸和中温闪蒸时，富液经泵升压后至换热部分，闪蒸压力可尽量低，一般约0.1MPa（表）；当采用高温闪蒸时，富液直接至再生塔，闪蒸压力一般为0.25MPa（表）。

（2）闪蒸温度 炼油厂原都采用高温(90~100℃)闪蒸。由于高温闪蒸，在闪蒸烃的同时，硫化氢也被闪蒸，引起燃料气管网和火炬的腐蚀，并引起环境污染。为此目前都已改为中温(60~70℃)闪蒸。

（3）罐内停留时间 富液在罐内停留时间以10~15min为宜。

除上述三个影响因素外，闪蒸罐的设备结构也会直接影响闪蒸效果。在设备设计时，要特别注意以下几点：

（1）为加大闪蒸界面而有利于气体逸出，闪蒸罐宜设计为卧式，当受条件限制，采用立式罐时，可在罐内增加富液喷淋及折流板，以提高闪蒸效率。

（2）为降低闪蒸气中H_2S含量，闪蒸罐顶部须设置吸收段，用贫液进行吸收，吸收段通常采用填料。

（3）必须设置油出口及相应管道，为便于油的收集和排出，应设置油抽出斗。

4. 过滤设备

因为溶剂的降解物能导致溶剂发泡，固体杂质能导致磨蚀和破坏金属的保护膜，在溶液循环系统设置溶液过滤设施是非常必要的。这一措施在国外早已被重视，同时也是非常成熟的。国内仅是近15年来才被逐渐认识。

目前国内炼油厂溶液过滤大部分采用贫液过滤，可全量过滤也可部分过滤，当采用部分过滤时，过滤量约是装置溶液循环量的10%~20%。个别装置也同时设置了富液过滤，富液过滤要采用全量过滤。

目前国内贫液过滤设备采用较多的是包括一级机械过滤器、活性炭过滤器、二级机械过滤器在内的组合设备。贫液首先经一级机械过滤器脱除胺溶液中较大颗粒（约50μm）的机械杂质，再经活性炭过滤器脱除冷凝的烃、胺降解产物及有机酸，最后经二级机械过滤器脱除贫液中微小的（约5μm）活性炭颗粒。

机械过滤器包括袋式过滤和滤芯过滤二种，可根据溶液量、过滤精度等因素进行选择。由于富液中 H_2S 含量较高，出于安全考虑，富液过滤采用全自动反冲洗过滤器更合适。

三、操作要点

脱硫装置的操作要点是提高脱硫效果、减少溶剂损失和降低设备腐蚀。其中后二者间互有联系、密切相关，例如腐蚀产物或降解产物都会引起溶剂发泡而增加溶剂损失，因此许多减少溶剂损失的措施同时也是降低设备腐蚀的措施。

（一）提高脱硫效果

当溶剂确定后，操作条件和设备结构是影响脱硫效果的主要因素，其中操作条件有：

1. 操作压力

对于吸收过程，压力越高脱硫效果越好，但操作压力受上游装置限制，不可能为了提高脱硫效果而对原料气采取增压措施。对液体脱硫，操作压力影响不如对气体脱硫影响大。

2. 操作温度

温度越低，越有利于吸收，同时也越有利于提高溶剂的选择性吸收性能，但降低温度也受到循环水温度和换热器面积等因素的限制。

3. 贫液质量

从理论上讲脱硫后产品中 H_2S 含量是和贫液中 H_2S 含量（可用贫液质量表示）相平衡的，因而贫液质量会直接影响产品质量，当然贫液质量又受再生条件如蒸汽量、回流比、再生塔塔盘数等因素影响。

影响脱硫效果的主要设备因素为吸收塔的理论板数和塔板结构。

（二）减少溶剂损失

影响气体脱硫溶剂损失的主要因素是蒸发、夹带和降解，而影响液化石油气脱硫溶剂损失的主要因素是溶解、乳化和夹带。

1. 降低胺的蒸发损失

胺的蒸发损失与溶剂种类和操作条件（温度、压力和胺浓度）有关。每种溶剂的蒸发损失可以通过胺的蒸气压、操作温度及操作压力计算。图13-1-5[6]表明了不同浓度的 MDEA 溶液在不同操作温度和操作压力下的蒸发损失量，它们是根据纯组分蒸气压数据，并假设是理想溶液而制得的。因图中是平衡数据，实际损失低于平衡值。

吸收塔顶、再生塔顶及闪蒸罐都会产生蒸发损失，其中以吸收塔顶的蒸发损失量最大，为减少蒸发损失量，通常采用水洗过程，典型的水洗流程有两种：一种是在吸收塔顶增加

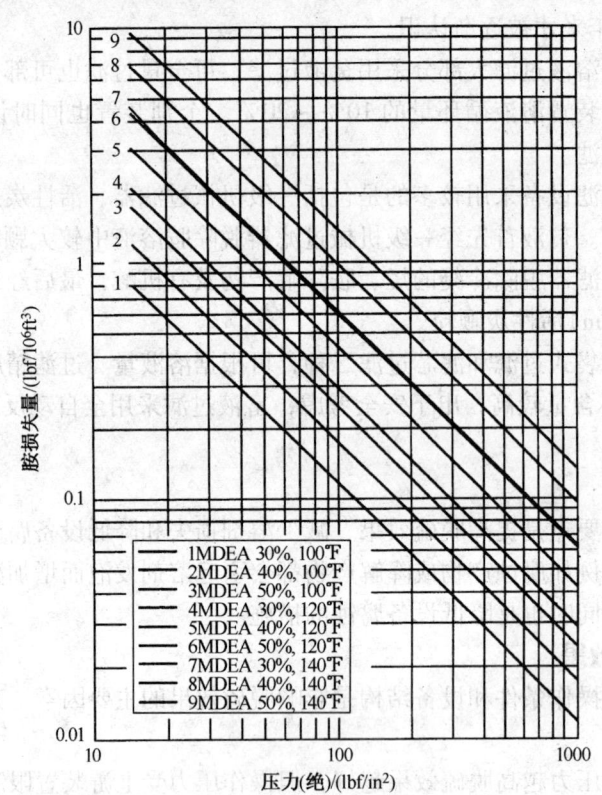

图 13-1-5 MDEA 溶液的蒸发损失量

注：1lb = 0.45359237kg；1ft³ = 2.831685×10⁻²m³；1lbf/in² = 6894.757Pa。

2~3块水洗塔盘；另一种是在吸收塔下游设置水洗塔，塔内安装塔盘或填料，洗涤水用泵循环，可定期补充新鲜水或再生塔回流液，并同时排出洗涤水返回至胺系统，保持洗涤水中胺浓度小于3%，见图13-1-6。

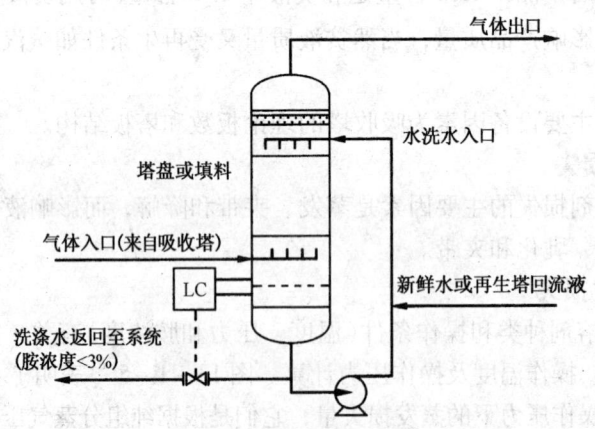

图 13-1-6 有水洗塔的气体水洗流程

由于再生塔顶回流液的胺浓度较低，一般为1%~5%，起到了洗涤酸性气的作用，同时酸性气流量远比吸收塔顶气体量小,所以再生塔顶的胺蒸发损失量通常较小,损失量可根据表13-1-3[6]估计。

表13-1-3 再生塔顶胺损失量估计值①

溶 剂	损 失 量
MEA	<1.6mg胺/m³酸性气
MDEA	<0.16mg胺/m³酸性气
DEA	<0.016mg胺/m³酸性气

① 回流罐操作压力0.175MPa(绝)、操作温度49℃。

2. 降低胺的溶解损失

在液态烃脱硫时会产生胺的溶解损失,醇胺的溶解损失量取决于醇胺在液体烃中的平衡溶解度,而平衡溶解度又与操作温度、操作压力和胺浓度有关。通常醇胺在烃中的溶解量随温度的增加或压力的降低而相应增加,工业生产中操作温度和操作压力变化范围不大,因此胺浓度是影响溶解损失量的主要因素。例如在温度为25℃、压力2.1MPa条件下,30% MDEA与50% MDEA在丙烷中的溶解度分别为90μg/g和300μg/g,在丁烷中的溶解度分别为55μg/g和190μg/g。因此为降低胺的溶解损失,液体烃脱硫可采用低浓度操作。但工业生产中,液化石油气脱硫和干气脱硫往往共用一套再生系统,较低的胺浓度会增加胺液循环量。所以应综合考虑选择胺的使用浓度,当有液化石油气脱硫时,美国原DOW公司推荐采用浓度为40%的MDEA溶液,国内采用30%~40%浓度。

液体烃脱硫也可通过设置水洗系统降低溶解损失。水洗流程可采用如图13-1-7所示的液体烃和水洗水并流流程及液体烃和水洗水逆流接触的流程,后者流程同图13-1-6,仅是水洗塔下方的液面控制改为水洗塔上方的界面控制,水洗塔中烃的停留时间为2~3min,排放液中胺浓度<3%;图13-1-7所示沉降罐中液体烃和水的停留时间分别为15min和20min,排放液中胺浓度<3%。

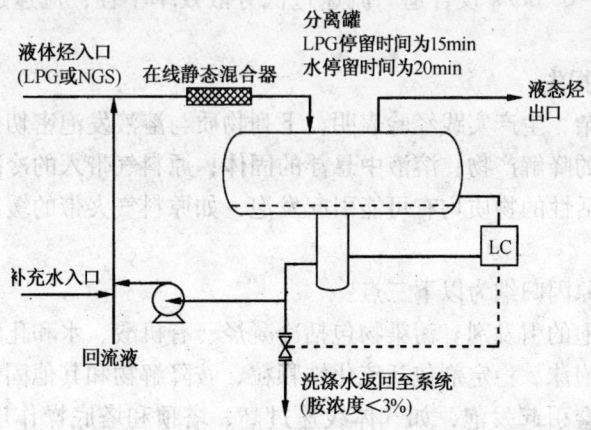

图13-1-7 液体和水洗水并流水洗流程

显而易见,胺的蒸发损失和溶解损失都是始终存在的,二者相比,溶解损失量比蒸发损失量大。

3. 降低胺的夹带损失

气体脱硫时，胺夹带损失的主要原因是：

(1) 气体吸收塔塔径偏小。
(2) 塔的操作压力低于设计压力。
(3) 在液泛点或超过液泛点操作。
(4) 塔盘堵塞或损坏。
(5) 胺液分配器太小或堵塞。
(6) 破沫网损坏。

吸收塔气速高于设计值或压力低于设计值是造成夹带损失的主要原因。为此，应保持较低的气速。

液态烃脱硫时，乳化是携带胺的主要形式。影响乳化的重要设计参数是胺分配器喷嘴速度、再分配器的喷嘴速度和二相的空塔速度。国外文献推荐液化石油气脱硫塔的设计参数见表 13-1-4。

表 13-1-4 液化石油气脱硫塔的设计参数

项　　目	设　计　参　数
比负荷	$<36.7m^3/(h \cdot m^2)$ (总流量)
填料材质	不锈钢或陶瓷
胺分配器喷嘴速度	$<51.816m/min$
胺空塔速度	$<18.288m/h$
烃空塔速度	$<39.624m/h$
烃分配器喷嘴速度	$0.3048 \sim 0.381m/s$

国内有资料介绍对于中等界面张力体系的液化石油气脱硫塔，分布器喷嘴速度宜控制在 $0.12 \sim 0.20m/s$[7]。也有资料介绍，胺液通过喷嘴的速度取 $0.15 \sim 0.25m/s$，液化石油气通过喷嘴的速度取 $0.2 \sim 0.3m/s$ 较合适。流速过低分散效率不佳，流速过高会导致液态烃在醇胺溶液中发生乳化。

4. 降低胺的发泡损失

发泡的原因很复杂，生产实践经验表明，下列物质与溶液发泡密切相关，应尽可能从溶液中清除出去。醇胺的降解产物；溶液中悬浮的固体；原料气带入的冷凝烃；以及几乎所有进入溶液的具有表面活性的物质均有可能引起发泡，如原料气夹带的缓蚀剂、阀门用的润滑脂等。

也有人把发泡的原因归纳为以下三点：

(1) 污染物是发泡的引发剂。污染物包括冷凝烃、有机酸、水和化学品。
(2) 固体会稳定泡沫。稳定剂包括硫化铁颗粒、胺降解物和其他固体物。
(3) 操作不正常会引起发泡，如气体线速过高、塔顶和塔底操作压力相差太大或不稳定、塔内液面波动、再生塔进料不稳定等都会引起发泡。

上述情况中，出现一种或多种都会引起发泡。

通常为减轻发泡现象，减少胺的发泡损失，可采取以下措施。

(1) 原料的预处理。原料先经预处理再进入脱硫系统，可有效避免带入固体杂质和冷凝烃等杂质。

当液化石油气和干气含有较多杂质时，需设置原料过滤器，以免原料中的杂质稳定泡沫。

干气需设置干气水冷却器和气液分离罐，冷凝并分离干气中所带的重质烃。

(2) 控制合适的贫液温度。为防止干气中烃冷凝而引起发泡，贫液入塔温度一般高于气体入塔温度5~7℃。干气中H_2S含量越高，二者温差也越大。该温差由干气组成和吸收塔操作压力通过计算来确定。设计和生产中通过控制贫液冷后温度来实现。

液化石油气脱硫操作温度通常保持在37.8℃以上，以保持胺液和液化石油气界面的黏度小于2mPa·s左右，温度过低会因胺液黏度过高导致脱硫率下降及液态烃夹带胺液严重的现象。

当工厂采用集中再生时，贫液温度可按45~55℃考虑，各脱硫装置可根据各介质对贫液温度的要求考虑是否单独设置冷却器。

(3) 醇胺溶剂与氧作用会生成有机酸及稳定性盐，除引起发泡外，还加剧了溶剂的腐蚀性，氧还能使MDEA降解生成DEA，影响溶液的选择性吸收性能，因此生产中应避免带入氧，具体措施有：

采用除氧水配制溶液；溶液储罐顶部设置氮气密封措施；补充水应采用除氧水；装置开工前应检测系统内的氧含量；必要时使用除氧剂。

(4) 加强溶液过滤，目前采用较多的是在贫液管线上设置活性炭过滤器和前后二个机械过滤器，溶液可全量通过也可部分通过，目前越来越多的装置也同时设置富液过滤。

(5) 当使用MEA溶剂时，由于它会和原料气中CO_2、COS、CS_2等组分反应生成降解物，正常操作条件下，该降解物不能再生，需设置溶剂复活釜。

(6) 根据MEA、DEA、DIPA、MDEA溶剂性能，如果再生温度过高，将使溶剂降解变质，根据资料和生产经验，再生塔底溶液最高温度为127℃，故需采用0.4~0.5MPa、温度140~150℃的饱和蒸汽加热，当采用1.0MPa过热蒸汽时，必须采用减温减压设施。

(7) 在干气脱硫塔、再生塔的塔顶和塔下部气相间设置差压指示和报警，可随时检测操作是否正常，并及早处理。

(8) 脱硫装置长时间停工后再开工，必须经过吹扫、置换、水洗、将系统杂质尽可能清除后，方可进行胺液循环。

尽管采取了以上种种措施，也不可能完全控制发泡引起的胺损失，为此装置中往往设置阻泡剂加入系统或直接把阻泡剂加在溶剂中制成复配型溶剂。

(三) 降低设备腐蚀

醇胺脱硫装置存在电化学腐蚀、化学腐蚀和应力腐蚀三种不同的腐蚀形式。腐蚀类型及腐蚀程度取决于多种因素，如溶剂种类、溶液浓度和酸性气负荷、溶液中的杂质、再生塔及重沸器的操作温度及溶液流速等，上述因素大致可归纳为以下六个方面：

1. 溶剂种类

实验室的试验结果和装置的操作经验表明，不同溶剂的腐蚀程度从大到小的排列顺序为：MEA > DEA > MDEA，目前国内炼油厂脱硫装置几乎已全部使用MDEA溶剂或以MDEA为主体的复配溶剂，其除了考虑选择性吸收和节能降耗外，减轻装置腐蚀也是重要原因。

2. 脱硫气体组成

脱硫气体的组成也会影响腐蚀,如某厂有催化干气脱硫和重油加氢气体脱硫二套装置,虽然重油加氢气体中 H_2S 的浓度比催化干气中 H_2S 浓度高的多,但腐蚀程度却比催化干气脱硫轻的多,这是因为:

(1) 由于催化干气中含有大量 CO_2,CO_2 与水反应生成碳酸,它会促进 H_2S 溶液腐蚀;重油加氢气体几乎不含 CO_2,还含有部分 NH_3,它会和 H_2S 反应生成具有缓蚀作用的 $(NH_4)_2S$,不仅降低了 H_2S 的腐蚀,也抑制了氢鼓泡发生。

(2) 在再生塔底部及重沸器部位,由于胺液在沸腾状态下,CO_2 能与碳钢发生强烈的化合,也就是说该系统的腐蚀主要是由 CO_2 引起的,并随 CO_2 含量的增加而加剧。由于上述原因,重油加氢气体脱硫比催化干气脱硫无论是酸性气系统腐蚀还是胺液系统腐蚀都要轻。

3. 溶液的酸性气负荷

一般情况下,装置的腐蚀程度均随溶液酸性气负荷的上升而增加,采用的胺液浓度及富液的酸性气负荷见表13-1-5。

表13-1-5 酸性气负荷

溶剂种类	浓度/%	酸性气负荷/(mol/mol)	
		富液	贫液
MEA	15~20	0.30~0.35	0.10~0.15
DEA	25~30	0.35~0.4	0.05~0.07
MDEA	45~55	0.45~0.50	0.004~0.010

4. 溶液中的污染物

最主要的腐蚀剂是酸性组分(H_2S 和 CO_2)本身,干燥的 H_2S 和 CO_2 对金属材料都无腐蚀作用,但溶解于水后则具有极强的腐蚀性。第二类腐蚀剂是溶剂的降解产物,针对 MDEA 溶液,最主要的降解物是生成的酸性热稳定性盐。其他如溶液中悬浮的固体颗粒(主要是硫化铁)对设备会产生磨蚀。

5. 溶液流速

溶液流速过高会加剧设备和管道腐蚀。因此必须控制合适的液体流速。

针对上述因素,主要的防腐措施有:

(1) 设备材质的选择 根据有关规范和资料,并结合生产运行情况,建议吸收塔壳体可采用 Q245R + PWHT (Post Weld Heat Treatment 的缩写,意指焊后热处理)、再生塔壳体可采用复合钢板,在一些易于发生腐蚀的部位,如吸收塔和再生塔的塔盘和内件、重沸器管束、酸性气空冷器管束、酸性气水冷却器管束、贫富液板式换热器或贫富液管壳式换热器的管束(走富液)、活性炭罐的内部构件、重沸器气相返回管道、富液管道等宜/可采用不锈钢。

选用不锈钢材质的元素成分时要考虑:元素镍有抗应力腐蚀开裂的作用;元素钼有抗局部腐蚀(点蚀)的作用;元素铬有抗电化学均匀腐蚀的作用。中国石油天然气研究院曾在实验室考察了几种不锈钢材料在 MDEA 溶液中的抗腐蚀性能,试验条件是:溶液胺浓度50%,H_2S 含量为55.9g/L,CO_2 含量为43.62g/L,试验温度128℃,试验结果见表13-1-6。

表 13-1-6　几种不锈钢材料在 MDEA 溶液中的抗腐蚀性能

材料名称	试验温度/℃	腐蚀速率/(mm/a)		试片表面描述
		液相	气相	
316L	128	0.0052	0.0035	均匀腐蚀
0Cr18Ni9	128	0.0052	0.0043	均匀腐蚀
1Cr18Ni9Ti	128	0.0046	0.0035	均匀腐蚀

表中数据表明，在较高温度和溶液酸性气负荷下，所考察的几种不锈钢材料气相和液相的腐蚀速率均较低，说明它们都具有较强的抗腐蚀能力。

（2）应力消除　应力腐蚀是同时受张力和腐蚀介质作用引起的腐蚀，张力可能来自外部也可能来自金属内部残余应力，引起该腐蚀的主要因素是氯化物含量、操作温度、胺液化学组成、金属成分和金属结构等。设计时应根据规范要求，对需要进行热处理消除应力的设备进行热处理。对已进行完热处理的设备，就不再允许动焊，否则必须进行焊后的局部热处理。

（3）设备结构形式的选择：

① 重沸器。目前常用的卧式热虹吸式重沸器和釜式重沸器两种形式，从防腐角度讲，推荐采用釜式重沸器。

② 换热器。推荐采用板片材质为 316L 的全焊接式板式换热器。

（4）控制合适的胺液浓度和酸性气负荷　随着胺液浓度和酸性气负荷的增加，单位体积胺液中的 H_2S 和 CO_2 含量就越高，腐蚀加剧，因此要控制合适的胺液浓度和酸性气负荷。

（5）控制合适的液体流速　资料[8]介绍，当采用碳钢管道时，液体的最高流速为 0.9m/s；当采用不锈钢管道时，液体的流速可达 1.5~2.4 m/s。也有资料介绍，当采用碳钢管道时，液体的最高流速为 1.5m/s；换热器管程内的最高流速为 0.9m/s；富液进再生塔的最高流速为 1.2m/s。

（6）溶液过滤　溶液过滤的目的不仅是除去某些烃类及胺降解物，而且可除去溶液中导致磨蚀和破坏保护膜的固体颗粒，过滤器应除去大于 $5\mu m$ 的颗粒。

此外还应设置脱除热稳定性盐的胺净化设施。

（7）合适的控制阀位置　当采用高温闪蒸时，闪蒸罐的液位控制阀应尽量靠近再生塔；再生塔的液位控制阀宜安装在空冷器或水冷却器的下游，目的都是避免因酸性气闪蒸而引起的腐蚀，并考虑到控制阀后可能出现高速的两相流动所带来的影响。

（8）其他　如上所述，腐蚀产物或降解产物会引起溶液发泡而增加溶剂损失，因此某些减少溶剂损失的措施也是降低设备腐蚀的措施，如采用除氧水配制溶液和作为补充水，可防止带入促进腐蚀的氯化物和其他杂质；溶液储罐顶部设置氮气密封措施，可消除醇胺液氧化生成降解物；控制适宜的再生塔底温度，防止溶剂降解变质等。

总之，正确的设计与合理的操作，可控制和减轻装置腐蚀。

四、工业应用情况和工业装置的主要技术经济指标

（一）工业应用情况

脱硫装置工艺流程简单，操作稳定，现以中国石化济南石化分公司利用选择性脱硫溶剂为例，说明工业应用情况[9]。

1. 装置概况

该装置处理重油催化裂化装置的干气和液化气,原设计采用 MEA 溶剂,因再生系统设计能力偏小,致使干气质量不合格,为此改用甲基二乙醇胺(MDEA)选择性脱硫溶剂 YXS-93(甲基二乙醇胺中添加消泡剂、缓蚀剂等成分),取得了较好的效果。

2. 原料及产品质量分析数据

原料及产品质量分析数据见表 13-1-7。

表 13-1-7 原料及产品质量分析数据

介质名称	液化气		干气	
项目	净化前	净化后	净化前	净化后
CO_2 含量(mol)/%	—		2.0	1.2
H_2S 含量(mol)/%	9.5		1.0	<10mg/m^3
溶液使用浓度/%	20.8			
贫液中硫含量/(g/L)	1.56			
富液中硫含量/(g/L)	16.09			

3. 装置主要操作参数

装置主要操作参数见表 13-1-8。

表 13-1-8 装置主要操作参数

项目	液化气脱硫塔	干气脱硫塔
塔顶温度/℃	30	38
塔底温度/℃	43	49
重沸器蒸汽温度/℃	142	
再生塔塔底温度/℃	118	

4. 公用工程消耗及能耗

公用工程消耗及能耗见表 13-1-9。

表 13-1-9 公用工程消耗及能耗

项目	吨原料消耗量		折合成能耗/(MJ/t)
	单位	数量	
电	kW·h/t	1.23	15.44
蒸汽	t/t	0.058	184.52
循环水	t/t	6.29	26.36
合计			226.32(5.41kg 标油/t)

注:净化风、软化水、新鲜水忽略。

5. 使用效果

(1) 操作平稳,净化气质量合格率达 100%。
(2) 酸性气中 H_2S 浓度从 20%~30% 提高至 30%~40%。
(3) 能耗大幅度下降,经济效益提高。

6. 问题与改进

因原吸收塔塔盘数较多（21层），MDEA 溶液在吸收 H_2S 的同时，也吸收了大量 CO_2，致使酸性气中 H_2S 浓度仍较低，为此应在吸收塔第 14～21 层间增设贫液入口，以提高选择性脱硫效果。

（二）主要技术经济指标

由于新建炼油厂都采用溶剂集中再生模式，表 13-1-10 是溶剂再生装置的主要技术经济指标（设计值）。

表 13-1-10 工业装置的主要技术经济指标

序号	指标名称	单位	数量 A厂	数量 B厂	数量 C厂
1	处理量	10kt/a	800（二套）	924（二套）	227.6（一套）
2	消耗指标				
(1)	化学药剂（MDEA）	t/a	200		100
(2)	循环冷水	t/h	558	1273	560
(3)	除盐水	t/h	0.7	11.6	1.0
(4)	电（轴功率）	kW	1715.9	2030	507.5
	年用电量	10MW·h/a	1432	1697.5	436.6
(5)	蒸汽	t/h	89.6	134.2	35.65
(6)	氮气	Nm^3/h	30	150	20
(7)	净化风	Nm^3/h	120	240	20
3	装置占地面积	m^2	24650（和酸性水汽提、硫黄回收联合装置占地）		1800
4	三废排放量				
(1)	酸性气	kg/h	23955	33515	2293
(2)	废气	kg/h	154	2381	
(3)	废水	t/h	2	0.5	
5	能耗指标	MJ/t 富液	253.9	374.12	375.5
6	工艺设备台数	台	93	118	44
(1)	塔器	台	2	2	8
(2)	容器	台	14	16	
(3)	储罐	台	2		
(4)	换热器	台	11	18	
(5)	空冷器	片	25	34	21
(6)	机泵	台	31	26	10
(7)	其他	台	8	22	5

第二节 酸性水汽提技术

加工含硫原油时，一次加工装置和大部分二次加工装置都要产生并排出酸性水，由于酸性水不仅含有较多硫化物和氨，同时含有酚、氰化物和油等污染物，必须经预处理后才能排至污水处理场。通常要求预处理后水中硫化氢和氨的浓度分别小于 50mg/L 和 100 mg/L，以保证污水处理场的正常运转和出水水质符合排放要求。

酸性水预处理方法有空气氧化法和蒸汽汽提法二种方法。空气氧化法是用空气中的氧在一定条件下使酸性水中硫化物氧化，通常约 90% 的硫化物被氧化为硫代硫酸盐，10% 被进一步氧化为硫酸盐，该方法不能起到脱氨及脱氰作用，所以只在早期适用于低浓度酸性水，现在已基本被蒸汽汽提工艺所取代。我国炼油行业的第一套酸性水汽提装置于 1979 年在中国石化齐鲁石化分公司炼油厂投产，至今国内炼油行业已有数十套酸性水汽提装置。三十余年来，国内设计、科研单位、高等院校及炼油厂对改进和提高酸性水汽提工艺做了大量工作，使其在汽提理论、计算程序、工程设计及生产操作等方面都取得了可喜成果，并且开发了适合于不同工况的多种酸性水蒸汽汽提工艺。

国外酸性水汽提以采用单塔低压汽提工艺和双塔加压汽提工艺为主，我国除采用上述二种工艺外，还根据国情，因地制宜开发了单塔加压侧线抽出汽提工艺。该工艺和单塔低压汽提工艺相比，虽然投资稍高，流程也较复杂，但能分别回收硫化氢和氨。和双塔加压汽提工艺相比，虽然二种工艺都能分别回收硫化氢和氨，但投资和蒸汽单耗都较双塔加压汽提工艺低。

一、酸性水的水量和水质

（一）酸性水的水量

酸性水主要来源于常减压装置、催化裂化装置、焦化装置、加氢精制装置和加氢裂化装置。各装置的酸性水量可按下述方法估计。

1. 常减压蒸馏装置

常减压蒸馏装置酸性水主要有二个来源，即常压塔顶回流罐和减压塔顶水封罐。

初馏塔或闪蒸塔一般不注汽，塔顶回流罐酸性水量仅来自原油的含水量，原油脱盐后含水量要求小于 0.3%。

常压塔顶回流罐酸性水量取决于常压塔底汽提蒸汽量、侧线汽提蒸汽量和塔顶注水量。塔底汽提蒸汽量约为常底油的 2%；侧线汽提蒸汽量约为侧线抽出量的 1%；塔顶注水量约为塔顶馏出量的 2%。

减压塔顶水封罐的酸性水量随炼油厂产品方案不同而不同，对燃料型常减压蒸馏装置仅是抽真空系统的动力蒸汽凝结水，若按三级抽真空考虑，蒸汽量约为 11~12kg/t 原油；对润滑油型常减压蒸馏装置，酸性水量主要包括抽真空系统的动力蒸汽凝结水和塔底汽提蒸汽量，此时采用二级抽真空，动力蒸汽量约为 8kg/t 原油，塔底汽提蒸汽量约为减底油的 2%。其他如炉管注汽和减压塔侧线汽提蒸汽量要根据具体情况决定。

对规模为 10 Mt/a 的燃料型常减压蒸馏装置，采用干式减压工艺，装置酸性水量为 50~65t/h，若减压塔采用湿法减压，则酸性水量为 70~80t/h。

2. 催化裂化装置

催化裂化装置酸性水来源于分馏塔顶回流罐、气压机出口油气分离器、气压机中间凝液罐和稳定塔顶回流罐。

分馏塔顶回流罐的酸性水量与催化裂化原料性质、催化剂性质和汽提蒸汽量密切相关，可调性不大。它包括雾化蒸汽、汽提蒸汽、预提升蒸汽、分馏塔底搅拌蒸汽和分馏塔侧线抽出汽提蒸汽的蒸汽凝结水。其中，汽提蒸汽约为催化剂循环量的3‰；分馏塔侧线抽出汽提蒸汽量约为轻柴油量的1%~2%；雾化蒸汽随催化原料不同而不同，当以蜡油作为催化原料时，雾化蒸汽约为催化进料量(包括回炼油)的2%~3%，当以重油为催化原料时，雾化蒸汽约为新鲜原料的5%~7%和回炼油的2%~4%二者之和；预提升蒸汽和分馏塔底搅拌蒸汽和装置规模有关，当催化裂化装置规模为1.2Mt/a时，上述二者蒸汽量分别为2~3t/h和1~2t/h。

气压机中间凝液罐和稳定塔顶回流罐的酸性水量很少，并且都是间歇排放的，对装置的酸性水量影响很小。

气压机出口油气分离器的酸性水量取决于富气水洗水的来源和注水量，它是影响装置酸性水量的主要因素。利用分馏塔顶回流罐酸性水作为富气水洗的注水，可以大大减少装置排出的酸性水量。目前除个别装置外都采用分馏塔顶回流罐酸性水作为富气水洗的注水，对于1.0Mt/a重油催化裂化装置，当采用分馏塔顶回流罐酸性水作为富气水洗的注水时，装置酸性水量为15~20t/h。

催化裂化装置的酸性水量见表13-2-1，可以看出同一种原料的重油或渣油催化裂化比蜡油催化裂化酸性水量多。

表13-2-1 催化裂化装置酸性水量

催化裂化原料	原料中硫、氮含量		酸 性 水 量	
	S/%	N/%	t/h	kg/t 原料
任丘蜡油	0.21	0.05	3.6	145
任丘常压重油	0.4	0.49	15.5	220
鲁宁管输油蜡油	0.47	0.14	14①	207
鲁宁管输油掺25%减压渣油	~0.7	~0.31	25①	370

① 采用分馏塔顶回流罐酸性水作为富气水洗的注水。

3. 加氢精制和加氢裂化装置

加氢原料中的硫和氮在反应过程中生成硫化氢和氨，为了防止硫氢化氨在冷却过程中结晶而堵塞工艺管道和设备，需注入软化水冲洗并溶解结晶物，因而产生酸性水。

加氢装置的酸性水来自高压分离器、低压分离器和分馏塔顶回流罐。高、低压分离器的酸性水量取决于注水量，而注水量又取决于原料中的硫和氮含量，含量越高，注水量也越大，当空冷器采用碳钢时，为防止堵塞和腐蚀，需要控制冷凝水中NH_4HS含量小于5%，注水量为原料量的5%~10%，目前较多装置空冷器材质已采用lncoloy825换热管，冷凝水中允许NH_4HS含量大幅增加，意味注水量可减少，但实际操作中往往并没有减少。分馏塔顶回流罐酸性水量取决于汽提蒸汽量，通常汽提蒸汽量为分馏塔进料量的1%~2%。

4. 焦化装置

焦化装置酸性水来自分馏塔顶回流罐、焦炭塔小给水和大吹汽。其中分馏塔顶回流罐酸性水属连续排放，酸性水量取决于加热炉的注汽量，通常注汽量为进料量的1%~2%；由于焦化装置有两个焦炭塔,切换使用,因此焦炭塔小给水和大吹汽的冷凝水属间断排放。对一炉两塔的焦化装置,通常24h焦炭塔切换一次。当焦化装置规模为1.0~1.6Mt/a时,小给水时间一般为2h,水量约为60t/h,大吹汽时间约为2.5h,水量约为18~20t/h。

(二) 酸性水的水质

酸性水中硫化氢和氨的含量随加工原油的硫、氮含量增加而增加,并且与加工过程和工艺装置的类型有很大关系。一般情况下,加工同一种原油时,不同工艺装置产生酸性水的硫化氢和氨含量按如下顺序递减:

加氢裂化 > 加氢精制 > 延迟焦化 > 催化裂化 > 常减压

当然,该浓度和各装置的洗涤水用量也密切相关。此外,酸性水除含硫化物和氮化物外,还含有对生物有严重污染的油、酚和氰化物等物质。焦化分馏塔顶回流罐和减压塔顶水封罐产生的酸性水中含油量最高,而且容易乳化。催化裂化和焦化分馏塔顶回流罐产生的酸性水中酚含量最高。催化裂化和延迟焦化装置的酸性水还含有氰化物。

二、酸性水汽提的基本原理、工艺流程及主要设备

(一) 基本原理

酸性水是一种含有硫化氢、氨和二氧化碳等挥发性弱电解质的水溶液。它们在水中以NH_4HS、$(NH_4)_2S$、$(NH_4)_2CO_3$、NH_4HCO_3等铵盐形式存在,这些弱酸弱碱的盐在水中电离,同时又水解形成硫化氢、氨和二氧化碳分子,上述分子除与离子存在电离平衡外,还与气相中的分子呈平衡,因而该体系是化学平衡、电离平衡和相平衡共存的复杂体系。因此控制化学平衡、电离平衡和相平衡的适宜条件是处理酸性水和选择适宜操作条件的关键。

由于电离和水解都是可逆过程,各种物质在液相中同时存在离子态和分子态二种形式。离子不能从液相进入气相,故称"固定态",分子可从液相进入气相,称为"游离态"。各种物质在水中游离态和分子态的数量与操作温度、操作压力及它们在水中的浓度有关。

相平衡与各组分在液相中的浓度、溶解度、挥发度以及与溶液中其他分子或离子能否发生反应有关。如二氧化碳在水中的溶解度很小,相对挥发度很大,与其他分子或离子的反应平衡常数很小,因而最容易从液相转入气相,而氨却不同,它不仅在水中的溶解度很大,而且与硫化氢和二氧化碳的反应平衡常数也大,只有当它在一定条件下达到饱和时,才能使游离的氨分子从液相转入气相。

显然,通入水蒸气起到了加热和降低气相中硫化氢、氨和二氧化碳分压的双重作用,促进它们从液相转入气相,从而达到净化酸性水的目的。

(二) 水蒸气汽提工艺流程

各种硫化氢和氨浓度的酸性水都可通过水蒸气汽提,得到符合排放标准或回用水质要求的净化水,并根据需要,回收H_2S和NH_3。

根据硫化氢和氨的回收要求,水蒸气汽提工艺可分为以下二类:

1. 回收硫化氢而不回收氨的汽提工艺

属于这类工艺的有单塔低压汽提和双塔高低压汽提工艺。

(1) 单塔低压汽提工艺 低压汽提是指在尽可能低的汽提塔操作压力(只要能满足塔顶酸性气自压排至硫黄回收装置或焚烧炉的最低压力)下,一般为0.05~0.07MPa(表),将酸

性水中的 H_2S 和 NH_3 全部汽提出去，塔顶含氨酸性气排至硫黄回收装置的烧氨喷嘴或焚烧炉，塔底净化水可回用。示意流程见图 13-2-1。

单塔低压汽提工艺流程简单，操作方便、投资和占地面积少，净化水质好，国外广泛采用这种流程，国内以前采用较少，其原因是：

① 根据中国国情，对 NH_3 浓度较高的酸性水，若采用只回收硫化氢而不回收氨的汽提工艺，必然降低装置的经济效益。

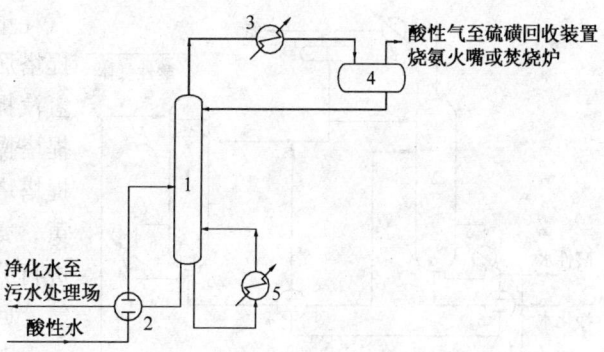

图 13-2-1 单塔低压汽提工艺示意流程
1—汽提塔；2—换热器；3—冷凝器；4—回流罐；5—重沸器

② 塔顶含氨酸性气必须排至硫黄回收装置的烧氨喷嘴，将氨分解为氮气，由于烧氨喷嘴需要引进，影响了这种流程的应用。

随着 NH_3 分解技术及烧 NH_3 喷嘴在硫黄回收装置的应用和推广，酸性水采用单塔低压汽提工艺正在我国越来越广泛地被采用。

蒸汽是汽提工艺的主要能量消耗，根据净化水水质要求，可采用 1.0MPa 蒸汽或低压蒸汽，蒸汽单耗为 150~200kg/t 原料水。

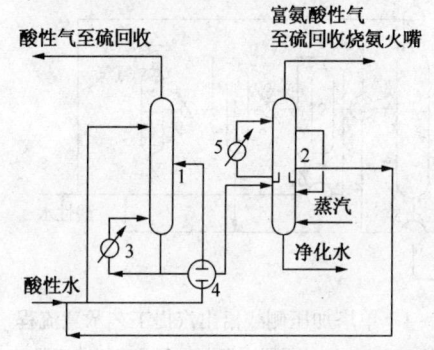

图 13-2-2 双塔高低压汽提工艺示意流程
1—硫化氢汽提塔；2—总汽提塔；
3—重沸器；4—换热器；5—冷却器

(2) 双塔高低压汽提工艺 双塔高低压汽提工艺设有硫化氢汽提塔和总汽提塔二个塔。硫化氢汽提塔操作压力为 0.7~1.0MPa(表)，塔顶酸性气几乎不含氨，酸性气送至硫黄回收装置回收硫黄；总汽提塔操作压力为 0.05~0.07MPa(表)，汽提出氨及剩余硫化氢，塔顶富氨酸性气送至硫黄回收装置的烧氨喷嘴，将氨分解为氮气，并回收硫黄。示意流程见图 13-2-2。

和单塔低压汽提一样，由于受到烧氨喷嘴的限制及希望通过回收酸性水中的 NH_3 作为副产品来提高装置的经济效益，国内除了在 20 世纪 80 年代末引进的二套装置外，再没有新建采用这种流程的装置。

双塔高低压汽提工艺操作可靠，净化水质好（引进装置净化水指标为：$NH_3 < 50$mg/L，$H_2S < 25$mg/L），但流程和设备较复杂，蒸汽单耗高，引进装置的蒸汽单耗为 430kg/t 原料水（其中中压蒸汽为 160kg/t，低压蒸汽为 270 kg/t）。

2. 分别回收硫化氢和氨的汽提工艺

属于这类工艺的有单塔加压侧线抽出汽提和双塔加压汽提二种方法。

(1) 双塔加压汽提工艺 双塔加压汽提工艺设有硫化氢汽提塔和氨汽提塔二个塔，酸性水可先进硫化氢汽提塔，后进氨汽提塔，也可先进氨汽提塔，后进硫化氢汽提塔。为减少蒸

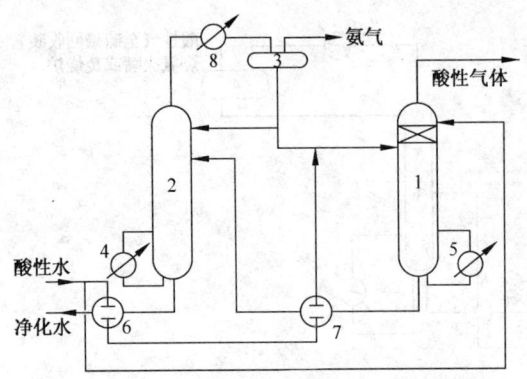

汽耗量,以采用先进硫化氢汽提塔、后进氨汽提塔居多,见示意流程图13-2-3。一般硫化氢汽提塔操作压力为0.5~0.7MPa(表),氨汽提塔操作压力为0.1~0.3MPa(表),硫化氢汽提塔塔顶的酸性气可送至硫黄回收装置回收硫黄,氨汽提塔塔顶的富氨气体经二级降温降压,进行分凝,精制脱除H_2S后压缩、冷凝制成液氨,回用于炼油装置或作为化工原料。

双塔加压汽提工艺操作平稳可靠,但流程和设备较复杂,投资也较高,适用于H_2S和NH_3浓度较高的酸性水,国内已处理硫化氢和氨总浓度最高达120000mg/L的酸性水,净化

图13-2-3 双塔加压汽提工艺示意流程
1—硫化氢汽提塔;2—氨汽提塔;3—回流罐;
4,5—重沸器;6,7—换热器;8—冷凝冷却器

水质可通过调整工艺参数或设备结构来满足要求。蒸汽单耗约230~280kg/t原料水。

(2)单塔加压侧线抽出汽提工艺 单塔加压侧线抽出汽提工艺是中国自行开发的专利技术,用一个塔完成酸性水的净化、硫化氢及氨的分离回收。一般可处理H_2S、NH_3和CO_2的综合浓度为5000~55000 mg/L的酸性水。

单塔加压侧线抽出汽提工艺利用二氧化碳和硫化氢的相对挥发度比氨高的特性,首先将二氧化碳和硫化氢从汽提塔的上部汽提出去,塔顶酸性气送至硫黄回收装置回收硫黄,液相中的氨及剩余的二氧化碳和硫化氢在汽提蒸汽作用下,在汽提塔下部被驱除到气相,使净化水质满足要求,并在塔中部形成A/S+C(即氨摩尔数/硫化氢与二氧化碳摩尔数之和)较高的富氨气体,抽出富氨气体,采用三级降温降压,进行分凝,获得高纯度气氨,并经精制、冷凝和压缩制成液氨。示意流程见图13-2-4。

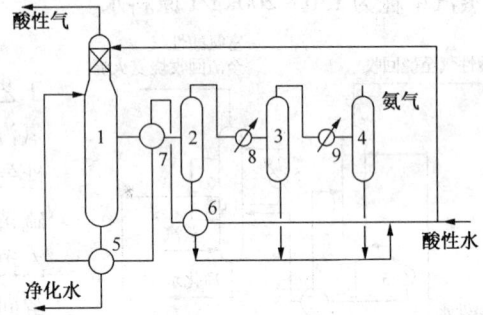

图13-2-4 单塔加压侧线抽出汽提工艺示意流程
1—汽提塔;2,3,4—分别为一级、二级、三级分流器;
5,6—换热器;7,8,9—分别为一级、二级、三级冷凝冷却器

单塔加压侧线抽出汽提工艺流程和设备较简单,操作平稳,投资和操作费用较低,蒸汽单耗为130~200kg/t原料水。与双塔加压汽提比较,投资减少20%~30%,蒸汽节约35%~45%。

除双塔高低压汽提工艺外的其余三种工艺的比较见表13-2-2。

表13-2-2 不同汽提工艺的比较

工艺 项目	单塔加压侧线 抽出汽提	双塔 加压汽提	单塔低压 汽提
技术成熟可靠程度	可靠	可靠	可靠
工艺流程	较复杂	复杂	简单
回收液氨	回收	回收	不回收
相对投资	~1.0	~1.2	~0.6
占地面积	较大	大	小

续表

工艺 项目	单塔加压侧线 抽出汽提	双塔 加压汽提	单塔低压 汽提
蒸汽单耗/ (kg/t 酸性水)	130~200	230~280	150~200
酸性气质量及输送	酸性气不含氨,酸性气压力高可满足远距离输送	酸性气不含氨,酸性气压力高可满足远距离输送	酸性气为硫化氢和氨的混合物,不宜远距离输送
净化水质量	较好	好	好

(三) 氨精制工艺

酸性水经双塔加压汽提或单塔加压侧线抽出汽提所得到的副产品氨气中杂质含量约为 1000~10000μg/g,其成分也较复杂,除硫化氢外,还含有 SO_2、RSH、酚、烃及水分等,因此必须经过精制才能得到可回用于炼油装置或作为化工原料的气氨或液氨产品。

目前国内主要有三种氨精制工艺,分别是:

1. 浓氨水洗涤工艺

气氨在精制塔内自下而上与浓氨水逆流接触,精制塔通过液氨蒸发控制操作温度为 -10~0℃。气氨中的水蒸气因低温而冷凝,部分氨溶解于冷凝液中,同时吸收了硫化氢。浓氨水用泵进行循环,为控制浓氨水中氨对硫化氢的分子比,吸收了硫化氢的浓氨水连续或间断排至原料水罐再处理,并根据液面补充软化水。该流程的操作关键是温度和氨水中氨对硫化氢的分子比,温度越低、氨对硫化氢的分子比越大,精制效果越好。

浓氨水洗涤工艺流程简单,操作方便,脱硫负荷大,浓氨水泵能连续运转 12~18 个月,但对 RSH 等有机硫脱除效果差,精制后的气氨中硫化氢含量为 10~100μg/g。示意流程见图 13-2-5。

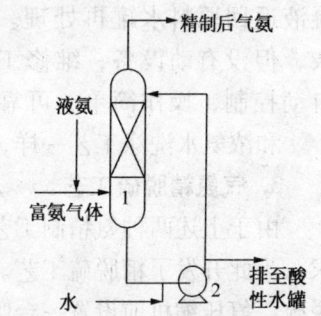

图 13-2-5 浓氨水循环洗涤工艺示意流程

1—氨精制塔;2—浓氨水循环泵

2. 结晶-吸附工艺和吸收-吸附工艺

结晶工艺是利用 H_2S 和 NH_3 在低温下形成 NH_4HS、$(NH_4)_2S$ 结晶的原理脱除气氨中的 H_2S,结晶器内设有结晶板,运转一段时间后,板上的结晶需定期用水冲洗,冲洗水至酸性水罐进一步处理;结晶器顶的气氨再经吸附剂吸附,脱除残留的微量硫。示意流程见图 13-2-6。

由于结晶-吸附工艺设备结构和操作较复杂,目前工业上已很少采用,较多的是采用吸收-吸附工艺。吸收-吸附工艺是利用气氨鼓泡通过吸收器内的高浓度氨水,使气氨中 H_2S 与液相中 NH_3 发生反应,生成溶于水的 NH_4HS,以脱除气氨中的 H_2S,显然氨精制器就不需设置结晶板,也不需定期用水冲洗,但需定期排放浓氨水,同时补充软化水。

吸收-吸附工艺和结晶-吸附工艺相比,由于吸收器内液层处于静止状态,液氨不易汽化,塔的低温较难维持,而且气液接触不良,精制深度也较差。

工业上原采用活性炭作为吸附剂,但由于活性炭在使用过程中较快会被穿透,又容易堵塞管道和过滤器,因此大部分装置都已改用脱硫剂,此时严格地说原有的吸附工艺应该是脱

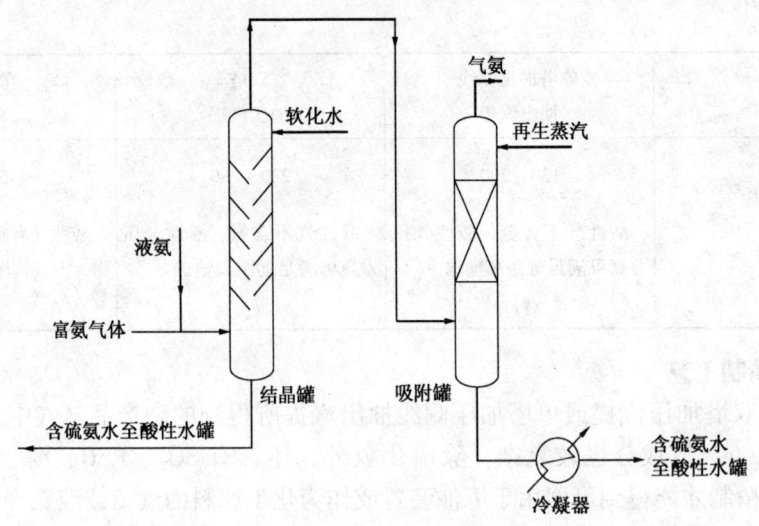

图 13-2-6 结晶-吸附工艺示意流程

硫工艺。

无论是结晶-吸附工艺或吸收-吸附工艺，都需要二台结晶器（或吸收器）和二台吸附器（或脱硫器），根据出口气氨的硫化氢含量切换操作，吸附剂可用蒸汽再生，冷凝液返回原料水罐再处理。脱硫剂不需再生，饱和后更换。上述二种工艺流程虽较复杂，但没有动设备，维修工程量减少；排放浓氨水或补充软化水都是间断操作，不需自动控制，操作简单、可靠。

和浓氨水洗涤工艺一样，操作关键是温度和硫化氢对氨的分子比。

3. 气氨精脱硫工艺

由于上述两种氨精制工艺脱硫平衡级数少，都只有一个平衡级，不能满足脱硫精度的要求，为此开发了精脱硫工艺。它是在上述两种氨精制基础上，再在氨压缩机前后经过两级精脱硫，氨压缩机前设置一台吸附器，当采用结晶-吸附或吸收-吸附氨精制工艺时，仅设置一台吸附器即可，不必设置二台吸附器；氨压缩机后的脱硫反应器装有固体脱硫剂，脱硫剂不进行再生，饱和后需要更换。若有脱氯要求，则可在脱硫反应器后再设脱氯反应器。气氨经精脱硫后，硫化氢含量小于 $2\mu g/g$。

此外，中国石化金陵分公司还采用了浓氨水洗涤、结晶-吸附串联与氨水精馏制液氨联合流程，其特点是除采用浓氨水洗涤和结晶-吸附串联流程外，还采用氨水精馏制液氨代替原采用氨压缩机制液氨工艺，提高了液氨质量，使液氨纯度达到 99.6% 以上，总硫含量小于 $10mg/m^3$[10]。

氨水精馏法制取液氨工艺示意流程见图 13-2-7。

精制后的气氨用换热后的精馏氨水塔塔底的稀氨水（10%）吸收，并经氨水冷却器冷却制成浓度为 20% 的浓氨水，经泵升压和换热器换热至 150℃ 进入氨水精馏塔中部，塔顶浓度为 99.9% 的气氨经氨冷凝器冷凝为液氨进入液氨储罐，塔底的稀氨水经换热，温度由约 170℃ 降为约 45℃ 后再次吸收气氨。精馏氨水塔热源由塔底重沸器供给。

可以看出，氨水精馏法制液氨工艺虽能避免采用氨压缩机等动设备，但流程较复杂，能耗较高，因此目前只有少数装置采用氨水精馏法制液氨工艺。

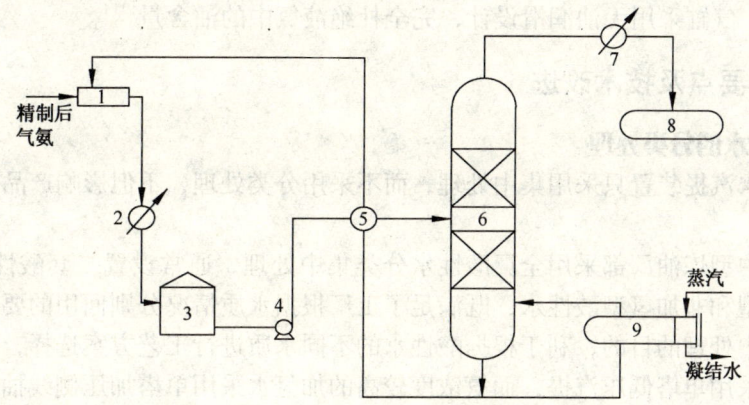

图 13-2-7 氨水精馏法制液氨工艺流程示意图
1—混合器；2—氨水冷凝器；3—氨水罐；4—进料泵；5—换热器；6—氨水精馏塔；
7—氨冷凝器；8—液氨储罐；9—重沸器

（四）主要设备

酸性水汽提装置的主要设备有汽提塔、换热器和氨压缩机。

1. 汽提塔

汽提塔通常采用浮阀塔盘，较少采用填料。也有装置在扩能改造时会采用填料。单塔低压汽提塔、单塔加压侧线抽出汽提塔进料以下塔盘数约为 40~45 块，双塔加压汽提中的硫化氢汽提塔热进料以下塔盘数为 30~40 块，氨汽提塔塔盘数约为 40 块；单塔低压汽提塔热进料以上有 3~5 块塔盘，单塔加压侧线抽出汽提塔和双塔加压汽提中的硫化氢汽提塔热进料以上均有 4~6m 填料。

由于存在湿硫化氢腐蚀，设计中应采取防腐措施。

2. 换热器

国内原本都采用常规的浮头式换热器，但随着装置规模的扩大，为增加传热系数，减少换热面积和占地面积，越来越多的装置开始采用板式换热器，尤其是大、中型装置。

3. 氨压缩机

氨压缩机的作用是把精制后的气氨经氨压缩机压缩、升压并经冷凝制成液氨，是氨精制系统的关键设备。由于氨压缩机的气氨介质来自酸性水汽提部分，不仅含硫化氢，还含有水分等杂质，使氨压缩机故障率高，维修频繁，直接影响装置长周期平稳运行。

经过多年的摸索与改进，氨压缩机的检修周期已不断延长，一些有效的改进和防范措施总结如下：

（1）加强与完善气氨的氨精制工艺，降低气氨中的 H_2S 含量。

（2）扩大氨压缩机前分液罐的罐容，改善分液效果，防止发生液击现象。

（3）增加并完善过滤设施，降低气氨和液氨中的机械杂质含量。

（4）扩大氨油分离器罐容，改进氨油分离器结构，降低液氨中含油量。

（5）改进氨压缩机选型，完全杜绝液氨中的油含量。

以前采用的氨压缩机介质与润滑油直接接触，只有通过良好的除油设施来降低液氨中的含油量。现在采用平衡型往复式压缩机，双间隔室，间隔室连续通入和排出氮气，置换从气缸漏出的氨气,气缸采用无油润滑设计,完全杜绝液氨中的油含量[11]。

三、操作要点及技术改进

(一) 酸性水的分类处理

早期酸性水汽提装置只采用集中处理,而不采用分类处理,不但影响产品质量,也影响净化水的回用。

新建大、中型炼油厂都采用全厂酸性水分类集中处理,通常设置二套酸性水汽提装置,分别处理加氢型和非加氢型酸性水,既满足了工厂根据水质情况分别回用的要求,又实现了酸性水分类集中处理的目的,利于根据酸性水的不同水质进行工艺方案选择,如氨浓度较低的非加氢水可采用单塔低压汽提,而氨浓度较高的加氢水采用单塔加压侧线抽出汽提,回收氨利于提高装置的经济效益。老厂应因地制宜,根据具体情况,逐渐做到分类、集中处理。

(二) 酸性水的预处理

长期的生产实践表明酸性水在进入汽提塔前,需进行脱气、除油、除焦粉等预处理,以保证汽提装置长周期安全平稳运行。

1. 脱气

当上游装置操作不正常时,酸性水中轻烃量会突然增加,导致酸性水罐因大量气体逸出而引起设备损坏或爆炸等事故,已有多起类似事故发生。出于安全和环境保护考虑,应设置脱气设施。即上游各装置酸性水首先进入脱气罐,再至酸性水罐。当上游装置操作正常时,脱气罐脱除的轻烃及部分 H_2S、NH_3 气体经压控阀排放;当上游装置操作不正常时,仅通过压控阀排放气体不能满足排放要求时,会导致压力上升,可通过安全阀排放。目前各装置都已设置了脱气罐,脱除的轻烃气送至全厂低压瓦斯管网,带入的重烃可从脱气罐的排油口间断排至装置污油罐。

2. 脱油

酸性水带入的油会破坏汽提塔内的气、液相平衡,造成操作波动,影响产品质量,如酸性气含烃会产生黑硫黄,液氨带油影响产品质量,故进塔水的油含量越低越好,一般要求小于 50 mg/L。目前各厂采用的除油设施基本上仍然是利用水和油密度不同的大罐重力沉降法,它要求沉降时间较长,因而罐容及占地面积都较大,目前已有十多套装置采用"罐中罐",或"罐中罐" + 油水分离器。

"罐中罐"的设备结构示意图见图 13 - 2 - 8。

常减压和延迟焦化装置排放的酸性水经常会乳化,除采用除油设施外,还应加入破乳剂破乳。

3. 除焦粉

延迟焦化装置排放的酸性水,由于携带焦粉,易引起塔盘结焦,堵塞浮阀及换热器等设备,严重影响汽提装置平稳操作及净化水质量,因此焦化水除采用破乳脱油外,还需经过滤器过滤,除去焦粉。

(三) 采用注碱新工艺,降低净化水中 NH_3 含量

酸性水中氨氮的存在形态和炼油厂加工装置有关,例如加氢裂化和加氢精制等加氢型装置产生的酸性水,氨氮大部分以游离氨(NH_3)的形式存在,在汽提过程中容易脱除;而催化裂化和延迟焦化等非加氢型装置产生的酸性水,除游离氨外,还有相当一部分氨氮是以铵盐态的固定铵形式存在,见表 13 - 2 - 3[12]。

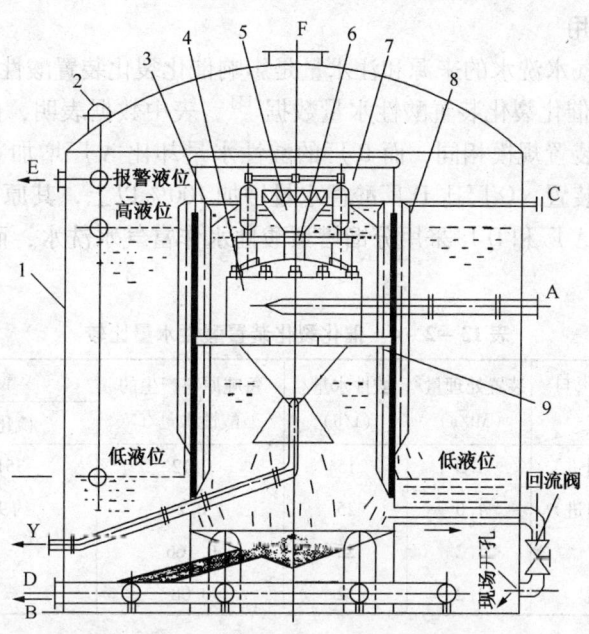

图 13-2-8 "罐中罐"示意图
1—罐体；2—液化计；3—通气管；4—水力分离器；5—浮油收集器；6—伸缩器；
7—分离腔；8—布水器；9—水力支撑；A—进水口；B—出水口；
C—蒸汽管口；D—排泥口；E—溢流口；Y—排油口

表 13-2-3 部分生产装置酸性水中氨氮的组成

装置名称	总氨氮/(mg/L)	铵盐态氨氮/(mg/L)	铵盐态氨氮与总氨氮的比/%
延迟焦化	2920	512	17.53
催化裂化	1070	157	14.67
加氢裂化	14700	67.9	0.46
临氢降凝	6370	16.8	0.26
柴油加氢精制	5560	12.2	0.22

由于固定铵在汽提过程中很难脱除，即使增加汽提蒸汽量和汽提塔塔板数，也几乎没有效果，致使净化水中氨氮含量偏高，为此中国石化金陵石化分公司开发了"炼油厂酸性水注碱汽提新工艺"，通过对注碱位置、注碱量、注碱浓度的多种工况试验，找出了脱除酸性水中固定铵的技术参数及影响脱除率主要因素的内在规律，已在工业装置上广泛应用，并为配合该工艺，建立了固定铵的分析方法。

注碱汽提新工艺具有流程简单、固定铵脱除率高、可使净化水中氨氮含量降至 15~30 mg/L，易操作、投资少、运行费用低等特点，工业应用的运行情况良好。

（四）采取措施，减少酸性水量

由于酸性水量是影响酸性水汽提装置和污水处理场占地面积、投资和操作费用的重要因素，例如，减少酸性水量 10t/h，酸性水汽提装置即可节省蒸汽约 1.8t/h，每年节约操作费用约 151 万元。污水处理场的进水水量减少，可降低污水处理场建设投资。显而易见，减少酸性水量的环保效益和经济效益十分可观。

减少酸性水量的主要措施有：

1. 酸性水串级使用

催化裂化装置富气水洗水的来源和注水量是影响催化裂化装置酸性水量的主要因素,表13-2-4列出了四套催化裂化装置酸性水量数据[13],表中数据表明,两套采用引进技术的重油催化裂化装置,装置规模相同,而 B 厂的酸性水量却比 A 厂增加60%以上;二套规模相同的蜡油催化裂化装置,C 厂比 D 厂酸性水量增加100%以上,其原因都是由于富气水洗水的水源不同,其中 A 厂和 D 厂采用分馏塔顶酸性水作富气水洗水,而 B 厂和 C 厂采用软化水作为富气水洗水。

表13-2-4 催化裂化装置酸性水量比较

项目 厂名	装置处理量/ (Mt/a)	酸性水量/ (t/h)	每吨原料产生的 酸性水量/t	酸性水组成/(mg/L)	
				硫化氢	氨
A 厂重油催化裂化装置(引进)	1.0	15	0.12	3510	3986
B 厂重油催化裂化装置(引进)	1.0	25	0.2	约994	约441
C 厂蜡油催化裂化装置	1.2	25	0.166		
D 厂蜡油催化裂化装置	1.2	12	0.08		

中国石化镇海炼化分公司将 I 套常减压蒸馏装置常顶、减顶污水(含 H_2S、NH_3 分别为 1000μL/L)用作焦化装置富气洗涤水使用,减少了酸性水总量,该项技术已在中国石化长岭石化分公司推广使用。

2. 减少酸性水量

由于酸性水来自上游各生产装置,在保证上游各装置产品质量及平稳、安全运转前提下,要提高认识,改进操作,减少酸性水量。

根据实际处理量和进料性质,调整注汽量。如沧州炼油厂一催化裂化装置采取以下措施降低注汽量并同时减少酸性水量:用干气代替预提升蒸汽,每小时节约蒸汽0.4t,减少酸性水0.4t;减少催化雾化蒸汽,节约蒸汽1t,减少酸性水1t;由于催化柴油由直接出产品改为至加氢精制装置,不再需要控制闪点,因此停用柴油汽提蒸汽,节约蒸汽3t,减少酸性水3t,加上催化裂化装置采用分馏塔顶酸性水代替软化水作为富气水洗水,每小时节约软化水10~12t,减少酸性水10~12t。由于采取了上述措施,即使原油加工量大幅升高,全厂酸性水量不但没有增加,反而有所下降[14]。

加氢类装置注水量和进料中的硫、氮含量有关,当实际进料的硫氮含量低于设计值时,可在生产中摸索最低注水量;此外当空冷器换热管采用碳钢时,为防止腐蚀,要求高压分离器排放酸性水中 NH_4HS 含量≤8%,而采用 lncoloy825 换热管时,酸性水中 NH_4HS 含量≤15%即可,表明注水量可大幅减少,而实际生产中往往没有改变,意味着还有减少酸性水量的潜力。

(五)净化水的回用

酸性水经过汽提后称为净化水,目前大多数装置已利用净化水作为电脱盐注水、催化裂化富气水洗水和加氢装置注水等,其中以作为电脱盐注水最为普遍。利用净化水作为电脱盐注水,由于原油对酚的萃取作用,不仅有利于提高油品安定性,还降低了净化水中的酚含量和 COD 值,工业生产数据表明,净化水经电脱盐后,酚及 COD 的去除率分别约为75%和

80%。显而易见,净化水的回用有很好的经济效益、环保效益和社会效益,但长期以来各厂净化水回用率差别较大,约在30%~80%不等。近几年,随着节能降耗认识的不断提高和酸性水的分类处理,净化水的回用率大幅提高,回用范围越来越广,已拓宽到加氢精制、延迟焦化、催化重整等装置。并在不断开发新途径,争取实现净化水全部回用。

(六) 改进氨精制操作

1. 降低氨精制温度

经过多年的生产实践和不断摸索,总结出无论那一种氨精制工艺,操作温度对 H_2S 脱除率的影响最大。温度越低,脱除率越高,因而各厂的操作温度都从国外专利中的7℃降至目前采用的 -10 ~ 0℃,

2. 增设二次冷凝分液系统

当采用双塔加压汽提流程时,氨汽提塔塔顶增设二次冷凝分液系统,逐级降温,降低了富氨气中的水蒸气和 H_2S 含量,中国石化福建炼化分公司的数据表明[15],增设二次冷凝分液系统后,氨气中的 H_2S 含量从 4.5~5.5mg/kg 降至 2~3.2mg/kg。

3. 增设富氨气氨冷器和脱凝罐,降低三级分凝器温度

当采用单塔加压侧线抽出汽提流程时,可采取以下措施:

(1) 在三级分凝器前增设富氨气氨冷器,使三级分凝器出口富氨气温度降至约10℃,不仅降低了进氨精制塔富氨气中水蒸气和 H_2S 含量,也减少了氨精制塔蒸发降温的液氨量和操作负荷。

(2) 在氨精制塔前增设脱凝罐,脱除富氨气携带的水分及部分固体杂质,既能减轻富氨气携带的水分对氨精制塔循环液浓度和温度的影响,又能降低杂质对液氨颜色的影响。

(3) 改进换热流程,增加换热面积,降低三级分凝器温度。

4. 完善氨精制流程

为提高液氨产品质量,越来越多的装置都由原采用的单一氨精制流程改造为串联氨精制流程,如中国石化高桥石化分公司由原设计浓氨水洗涤工艺改造为氨汽提塔顶二级分凝 - 结晶 - 吸附工艺;中国石化镇海炼化分公司采用浓氨水洗涤 - 结晶 - 低温脱硫 - 氨压机 - 高温脱硫的氨精制工艺,产品液氨的质量达到:$NH_3 > 99.5\%$、$S^{2-} < 1.0mg/L$、油平均约 54×10^{-6}、水平均约 0.24%,符合生产尿素的液氨标准。上述流程显然较复杂,各厂可因地制宜,根据液氨用途及质量要求,适当简化流程。

(七) 酸性水罐顶恶臭气体的治理

酸性水罐顶挥发气体的组成复杂,主要恶臭成分是硫化氢、二氧化硫及氨氮等,如中国石化长岭石化分公司酸性水罐顶挥发气体中含 H_2S:63mg/m^3、NH_3 - N:883mg/m^3、SO_2:276mg/m^3、总烃:15600mg/m^3;中国石化镇海炼化分公司酸性水罐顶挥发气体中除含 20%~50% 的烃外,主要恶臭成分是:H_2S 10~300mg/m^3、甲硫醇 5~40 mg/m^3、甲硫醚 10~200 mg/m^3 和乙硫醇等[16];上述气体若不进行处理,将严重污染环境和影响人体健康。

目前工业上酸性水罐恶臭气体的治理方法有吸附法、吸收法和吸收串联吸附法,各种脱臭方法的综合比较见表 13 - 2 - 5。

表 13-2-5 各种脱臭方法的综合比较

方法名称	吸 附 法		WGTE-ERI 吸收法	SHSJ 吸收法
工艺开发单位	北京三聚公司	南京君竹环保科技有限公司	中国石化洛阳石油化工工程公司	上海慎江机械设备有限公司
工艺原理	吸附	吸附	吸收	吸收
气体净化程度	满足要求	满足要求	满足要求	满足要求
设备投资	较少	较少	较高	最高
操作费用	低	低	较低	较高
占地面积	小	小	较大	最大
设备维护	小	小	较小	较大
工业化应用情况	2007年用于中国石化辽阳石化分公司	已用于多套吸收+吸附工艺，单一吸附工艺已有数套装置投用	原吸收+吸附工艺已在中国石化广州石化分公司投用	已有十多套装置在运转

目前虽然方法较多，但大部分方法还不够完善和成熟，还需要科研单位不断改进和创新，开发出净化效果好，投资及运行费用低，操作及维护简单的脱臭方法。

四、工业应用情况和工业装置的主要技术经济指标

(一) 工业应用情况

近几年新设计的几套酸性水汽提装置都采用单塔低压汽提流程，该流程简单，操作稳定，现以中国石化青岛炼化分公司的酸性水汽提装置为例，说明工业应用情况。

装置设计规模230t/h，分为A、B二个系列，A系列处理非加氢型酸性水，B系列处理加氢型酸性水，前者公称能力为160 t/h，后者公称能力为70 t/h，装置标定情况如下：

1. 物料平衡

装置物料平衡见表13-2-6和表13-2-7。

表 13-2-6 A系列酸性水汽提装置物料平衡   t/h

物料名称	设计值	实际值	备 注
进料	142.80	160.10	
酸性水	142.80	160.10	取标定期间平均值
出料	142.48	160.12	
酸性气	0.615	0.679	实际值按设计比例计算
净化水	141.29	159.44	取标定期间平均值
污油	0.135	0	

表 13-2-7 B系列酸性水汽提装置物料平衡   t/h

物料名称	设计值	实际值	备 注
进料	65.227	69.40	
酸性水	65.227	69.40	取标定期间平均值
出料	65.227	69.39	
酸性气	1.775	1.960	实际值按设计比例计算
净化水	63.432	67.43	取标定期间平均值
污油	0.02		

2. 原料及产品质量

原料酸性水水质见表13-2-8。

表13-2-8 酸性水水质　　　　　　　　　　　　　　　　　　　　　mg/L

项　目	H_2S	NH_3	油
A系列进装置酸性水	1250	458	386.33
A系列进塔酸性水	1130	468	19.49
B系列进装置酸性水	43100	5720	376.26
B系列进塔酸性水	23000	6395	11.45

净化水及酸性气质量分析见表13-2-9。

表13-2-9 净化水及酸性气质量分析

项　目	A系列	B系列
净化水		
pH值	7.73	7.39
H_2S/(mg/L)	0.230	0.088
NH_3/(mg/L)	30.2	22.2
油含量/(mg/L)	5.28	3.88
含氨酸性气(体)/%		
H_2S	60.71	38.18
NH_3	18.0	42.31
H_2O	21.29	19.44
烃类	0.06	0.06

3. 公用工程消耗及能耗

公用工程消耗及能耗见表13-2-10。

表13-2-10 公用工程消耗及能耗

项　目	设计值 消耗量/(t/h)	设计值 能耗/MJ	实际值 消耗量/(t/h)	实际值 能耗/MJ
循环水	23.5	98.5	23.5	98.5
电	469.1kW·h	5108.5	440kW·h	4791.6
0.45MPa蒸汽	36.3	100296.9	34.4	95047.2
凝结水	-36.3	-11626.9	-34.4	-11018.3
合计		93877.0		88889.0
单位能耗/(MJ/t)		408.1		386.5
单位能耗/(kg标油/t)		9.74		9.23

可以看出，标定期间装置能耗定额低于《炼油厂能量消耗计算与评价方法》(2003年版)中提出的单塔低压汽提装置能耗定额为13 kg标油/t酸性水的指标。

4. 结论

装置处理能力达到设计规模，操作运行稳定，净化水质好，满足了回用要求。含氨酸性气质量稳定，满足硫黄回收装置要求。能耗达到同行业先进水平。

(二) 工业装置的主要技术经济指标

近几年新设计的几套酸性水汽提装置的主要技术经济指标见表13-2-11(根据基础设

计文件汇总)。

表 13-2-11　主要技术经济指标

采用工艺	单塔低压汽提			单塔加压侧线抽出汽提		双塔加压汽提	
炼油厂名称	A厂	B厂	C厂	C厂		D厂	
设计规模/(t/h)	160	70	120	150	150	150	150
实际处理量/(t/h)	142.5	65.2	120	119.7	123.9	137.2	120.7
原料性质							
H_2S/(mg/L)	2192.7	14076	23000	1242.2	28500	1238.9	15995.1
NH_3/(mg/L)	988.2	7164.4	12000	1215	15000	1750.4	18674.9
CO_2/(mg/L)	280					600	73
净化水水质							
H_2S/(mg/L)	≤20	≤20	≤50	≤50		≤20	
NH_3/(mg/L)	≤80	≤50	≤100	≤100		≤80	
液氨质量							
NH_3/%				≥99.6		≥99.6	
(水分+油)%				H_2S≤5ppm		≤0.4	
公用工程消耗							
循环冷水/(t/h)	23.5		169.3	286.5	600.5	860.1	
除盐水/(t/h)			0.4	2	2	1.5(除氧水)	
年用电量/10MW·h							
380V	385.6		197.3	257.87	488.43	510	
6000V						256.2	
1.0MPa 蒸汽/(t/h)	36.3		20	15.8	24.5	44.8(1.0MPa)	
						21(0.45MPa)	
净化风/(Nm³/h)	90		1	20	56	120	
氮气/(Nm³/h)			2	75	75	60	
蒸汽单耗/(kg/t)	158.6	164		132	198	257	
单位能耗/(MJ/t)	451.97		514.41	417.21	639	745.5	
单位能耗/(kg 标油/t)	10.8		12.29	9.96	15.26	17.8	
设备数量							
塔	1	1	1			2	2
冷换类	12		7			13	13
空冷器	6	4	7			10	10
容器	19		12			14	14
小型设备	10		6			8	8
机泵	14		10			14	14
压缩机						1	1

第三节 克劳斯硫黄回收工艺

克劳斯方法(Claus process)是目前广泛用于从含 H_2S 的气体中回收硫黄的主要工业方法,炼油厂也不例外。因此人们常常把回收硫黄的工艺称为克劳斯硫黄回收工艺。此法通常处理含 H_2S 为 15%~100% 的酸性气。1883 年英国科学家 C. F. Claus 首先提出了原始的克劳斯工艺,该工艺工业化结果并不理想。1938 年德国法本公司(I. G. Farben AG)对克劳斯工艺作了重大改革,把 H_2S 的氧化由原催化反应一个阶段改为热反应和催化反应二个阶段,解决了转化器温度控制困难问题,显著地增加了处理量,并回收了反应所释放的绝大部分热量,这就是通常所称的"改良克劳斯工艺"。第一套较现代化的改良克劳斯工业装置于 1944 年投产,它奠定了现代硫黄回收工艺的基础。随着原油硫含量和加工深度的增加,环保排放标准的日益严格,克劳斯硫黄回收装置的数量迅速增加,规模也向大型化发展。目前全球回收的硫黄已占到硫黄总产量的 96% 以上(其余来自天然硫铁矿),今后这一比例仍将继续增加。2008 年全球回收硫黄总量为 52.3Mt,预计 2012 年硫黄产量将增至 97.0Mt。

我国第一套克劳斯硫回收装置于 1965 年在四川天然气田建成投产,第一套从炼油厂酸性气中回收硫黄的装置于 1971 年在齐鲁石化分公司胜利炼油厂建成投产。据统计,2000~2003 年,中国硫黄回收装置从 62 套增至 100 余套,2004 年至今,又有 20 多套大、中型硫黄回收装置建成投产,目前我国年产硫黄已达 5.5Mt 以上。

六十多年来,硫黄回收工艺虽经多次变革和改进,并且增加了尾气处理设施,但工艺原理未变,现在使用的硫黄回收方法都是在改良克劳斯法基础上,在基础理论、工艺流程、催化剂研制、设备结构及材质、自控方案及联锁等多方面加以发展及改进[17]。同样,我国在上述方面也取得了显著进步,但各装置情况参差不齐,引进装置和部分规模较大装置的技术先进,管理水平较高,为环境保护发挥了重要作用。数量较多的中、小规模装置技术水平仍较落后,生产管理粗放,有待进一步提高。

一、克劳斯硫黄回收工艺原理

克劳斯硫黄回收的工艺原理是使酸性气中的 H_2S 通过酸性气燃烧炉内的高温热反应和反应器内的低温催化反应,使其转化为单质硫。

(一)酸性气燃烧炉内的高温热反应

酸性气中的 H_2S 首先在无催化剂存在条件下,在酸性气燃烧炉内与空气中的氧进行氧化反应。反应温度主要取决于酸性气中 H_2S 含量,含量愈高,则反应温度愈高,通常炉温都应保持在 920℃以上,否则火焰不稳定。燃烧炉内进行化学反应的速度甚快,一般在 1s 以内即可完成全部反应,H_2S 转化为单质硫的理论转化率为 60%~75%,它取决于反应温度、酸性气中 H_2S 含量和空气中 O_2 含量。显然提高反应温度、增加 H_2S 和 O_2 含量,都有利于提高平衡转化率。

酸性气燃烧炉内 H_2S 氧化为单质硫的总反应式是:

$$H_2S + 1/2O_2 \rightleftharpoons 1/2S_2 + H_2O \tag{13-3-1}$$

实际上,反应分为两步:

$$H_2S + 3/2O_2 \rightleftharpoons SO_2 + H_2O \quad (13-3-2)$$

$$2H_2S + SO_2 \rightleftharpoons 3/2S_2 + 2H_2O \quad (13-3-3)$$

第一步是三分之一的 H_2S 与 O_2 反应生成 SO_2 和 H_2O，第二步是剩余三分之二的 H_2S 与第一步反应生成的 SO_2 反应，转化为硫。单质硫有多种形态，硫形态是温度的函数，在酸性气燃烧炉的高温下，硫基本是以 S_2 形态存在。

酸性气燃烧炉内的主要反应见表 13-3-1[18]。表中前面的 3 个反应即为基本克劳斯反应，随后的 4 个反应是在燃烧炉内出现的附加反应，最后 2 个是烃类的燃烧反应。

表 13-3-1 酸性气燃烧炉内的主要反应

序号	反应方程式	$\Delta F^{①}$/kJ		$\Delta H^{②}$/kJ	
		927℃	1204℃	927℃	1204℃
1	$3H_2S + 3/2O_2 \longrightarrow SO_2 + H_2O + 2H_2S$	-423.3	-401.2	-519.6	-519.2
2	$2H_2S + SO_2 \longrightarrow 3/2S_2 + 2H_2O$	-26.3	-42.1	42.1	41.3
3	$3H_2S + 3/2O_2 \longrightarrow 3/2S_2 + 3H_2O$	-449.5	-443.3	-475.4	-477.9
4	$H_2S + 1/2O_2 \longrightarrow H_2O + S_1$	-5.4	-20.0	58.0	57.5
5	$S_1 + O_2 \longrightarrow SO_2$	-417.8	-381.1	-577.1	-577.5
6	$2S_1 \longrightarrow S_2$	-289.0	-255.6	-432.8	-434.5
7	$S_2 + 2O_2 \longrightarrow 2SO_2$	-547.1	-506.7	-721.4	-720.6
8	$CH_4 + 2O_2 \longrightarrow CO_2 + 2H_2O$	-767.9	-796.5	-797.3	-801.5
9	$C_2H_6 + 7/2O_2 \longrightarrow 2CO_2 + 3H_2O$	-1484.1	-1497.0	-1424.9	-1429.5

① 表示吉布斯自由能的变化，负值表示有自发反应的可能性。
② 表示反应热，负值表示放热反应。

实际上，酸性气中除 H_2S 外还含有 CO_2、N_2 和 H_2O，炼油厂酸性气中还含有 NH_3 和 HCN 等。因此酸性气燃烧炉内发生的反应非常复杂，其中主要副反应有：NH_3 和烃的氧化反应；生成或消耗 COS 和 CS_2 的副反应；生成或消耗 CO 和 H_2 的副反应。由于副反应多，因而反应后的气体组成很复杂。一般气体中的 H_2 主要来源于 H_2S 的热分解，CO 来源于 H_2 的还原反应，COS 和 CS_2 的形成主要和酸性气中的烃类、CO_2 含量有关。

显然，酸性气燃烧炉的温度除和 H_2S 含量有关外，和酸性气中杂质组分及其含量也有关，如烃类等可燃组分含量增加，有助于提高炉温；CO_2 等惰性组分增加则由于稀释作用会降低炉温。

（二）反应器内的低温催化反应

低温催化反应是在反应器内的催化剂床层上发生式 13-3-3 反应。从理论上讲，温度愈低转化率愈高，但当温度低于硫露点温度时，会使液硫沉积在催化剂表面而使催化剂失去活性。因此通常认为应在硫露点温度以上至少 30℃ 操作，一般控制在 210~350℃。在上述温度范围内，硫的形态以 S_6 和 S_8 为主。

反应器内发生的主要副反应是 COS 和 CS_2 的水解反应，见式 13-3-4 和式 13-3-5，上述反应的平衡常数虽随着温度的降低而增加，但由于受反应动力学的限制，通常采用提高一级反应器床层操作温度或在一级反应器下部使用专门的有机硫水解催化剂或上述二者同时使用，以促进 COS 和 CS_2 的水解，提高装置转化率。

$$COS + H_2O \longrightarrow CO_2 + H_2S \quad (13-3-4)$$

$$CS_2 + 2H_2O \longrightarrow CO_2 + 2H_2S \quad (13-3-5)$$

为提高硫的总转化率，工业上往往采用增加反应器数量，通常为二级转化或三级转化，并在两个反应器间设置硫冷凝器冷凝并分离液硫，以降低硫蒸气分压，促使平衡向右移动；同时降低硫露点，使下一级反应器可以在更低的温度下操作，使硫总回收率提高至96%～97%。

图13-3-1表明了纯H_2S转化为硫的平衡转化率和温度的关系。可以看出，平衡转化率曲线是以550℃为转折点，分为二部分，右边部分是高温反应区，H_2S的转化率随温度升高而增加，代表了工业装置酸性气燃烧炉内的情况；左边部分是低温催化反应区，H_2S的转化率随温度降低而迅速增加，代表了反应区内情况。

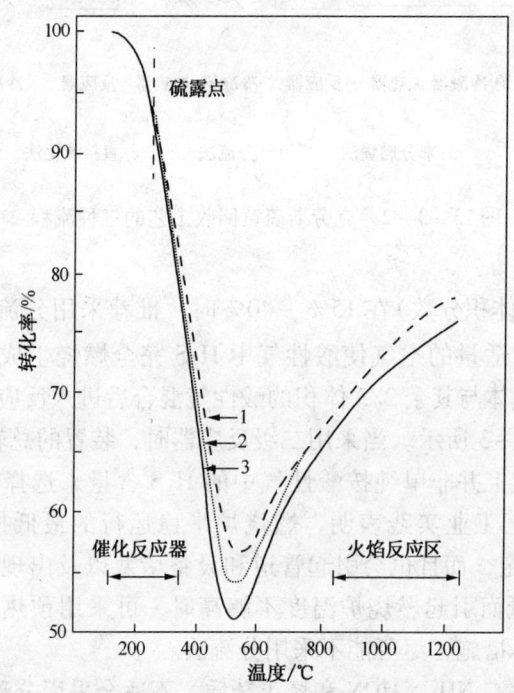

图13-3-1 H_2S转化为硫的平衡转化率和温度的关系
1—1953年Gamson&Elkins数据，S_2，S_6，S_8；2—近期数据，S_2，S_6，S_8；
3—近期数据，所有形式的硫，$S_x(S_2 \sim S_8)$

二、工艺方法及工艺流程

（一）工艺方法

根据酸性气中H_2S含量不同，克劳斯硫黄回收大致可以分为部分燃烧法（又称直流法）、分流法和直接氧化法三种工艺流程，见图13-3-2。其中，前两种工艺流程应用最为广泛。

1. 部分燃烧法

酸性气中H_2S含量（体积分数）高于40%时，推荐采用部分燃烧法。该流程特点是全部酸性气进入酸性气燃烧炉，同时供给酸性气中1/3体积的H_2S、全部NH_3和烃燃烧所需的空气量，使过程气保持$H_2S/SO_2=2/1$（摩尔比），以获得高平衡转化率。剩余H_2S在反应器内进行如反应式13-3-3所示的催化反应。

采用二级反应器装置的转化率可达94%～96%。

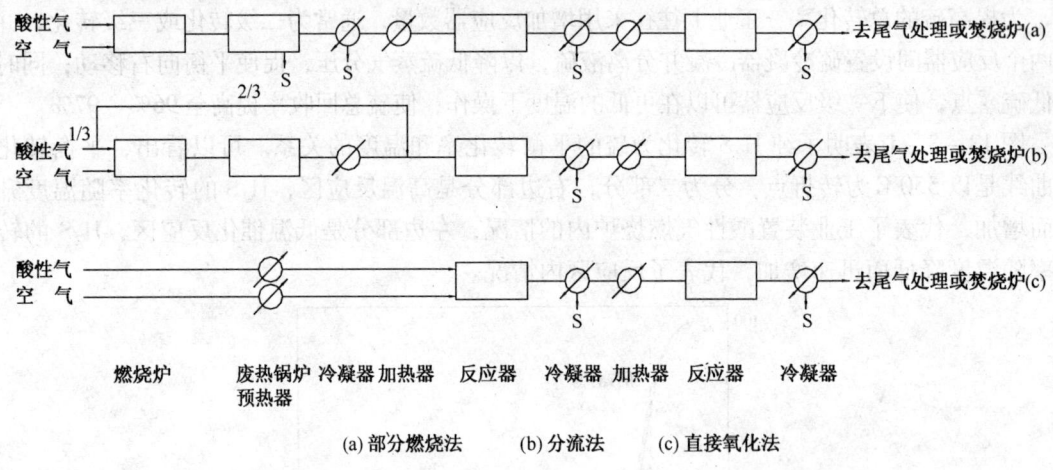

(a) 部分燃烧法　　　(b) 分流法　　　(c) 直接氧化法

图 13-3-2　克劳斯硫黄回收工艺的三种流程

2. 分流法

酸性气中 H_2S 含量(体积分数)在 15%~40%时，推荐采用分流法。1/3 体积的酸性气进入酸性气燃烧炉，配以适量的空气使酸性气中 H_2S 完全燃烧生成 SO_2，其过程如反应式 13-3-2 所示，燃烧后气体与其余 2/3 体积的酸性气混合后进入反应器进行催化反应生成单质硫，反应式如式 13-3-3 所示。当采用二级反应器时，装置的总转化率为 89%~92%。

应该指出，目前工业上并非单纯按酸性气中的 H_2S 含量来选择直流法或分流法，而是考虑燃烧炉的操作温度。工业实践表明，燃烧炉平稳运行的最低操作温度通常不能低于 930℃，否则火焰不够稳定，而且也会引起管道和设备堵塞以及出现黑硫黄等问题。因此当酸性气中因 H_2S 含量较低而引起燃烧炉温度不够高时，可采用预热酸性气和空气、用富氧代替空气或加入燃料气等措施，尽可能不采用分流法。

由于炼油厂酸性气含有 NH_3、HCN 和烃等杂质，不适合采用分流法。

3. 直接氧化法

酸性气中 H_2S 含量小于 15%(体积分数)时，推荐采用直接氧化法。它是将酸性气和空气分别预热到适当温度后，直接进入反应器进行催化反应，所配入的空气量仍为 1/3 体积 H_2S 燃烧生成 SO_2 所需空气量，生成的 SO_2 随后进一步与其余的 H_2S 反应而生成单质硫。因此，直接氧化法实质上是把 H_2S 氧化为 SO_2 的反应[式(13-3-2)]以及随后发生的克劳斯反应[式(13-3-3)]结合在一个反应器中进行。

当采用二级反应器时，装置的总转化率为 50%~70%。

由于炼油厂酸性气中 H_2S 浓度(体积分数)都高于 50%，尤其是上游脱硫装置采用选择性溶剂后，H_2S 浓度(体积分数)提高至 70% 以上，因而炼油厂硫黄回收装置都采用部分燃烧法。

(二) 工艺流程

典型的克劳斯硫黄回收装置工艺示意流程见图 13-3-3。

溶剂再生装置和硫黄回收装置还原吸收尾气处理部分循环回来的酸性气共同进入酸性气分液罐分液，分离出的凝液定期用 N_2 压送或泵送至溶剂再生装置；酸性水汽提装置来的含 NH_3 酸性气进入 SWS 酸性气分液罐分液，分离出的凝液定期用 N_2 压送或泵送至酸性水汽提装置。分液后的二股酸性气可合并或单独各自进入酸性气燃烧炉。在燃烧炉内酸性气与来自

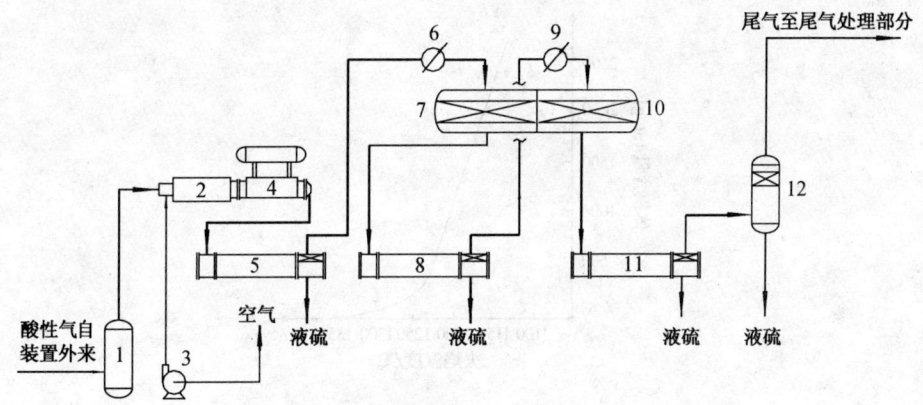

图 13-3-3 克劳斯硫黄回收装置工艺示意流程
1—酸性气分液罐；2—酸性气燃烧炉；3—鼓风机；4—废热锅炉；5，8，11——一、二、三级硫冷凝器；
6，9—过程气加热器；7，10—一、二级反应器；12—捕集器

鼓风机的空气发生反应，供风量按 NH_3 和烃类完全燃烧，$1/3H_2S$ 生成 SO_2 严格控制。

燃烧后的高温过程气先后经废热锅炉和一级冷凝冷却器回收热量，产生蒸气，同时硫蒸气冷凝为液硫，分离液硫并经再热后进入一级反应器，在催化剂作用下，过程气中的 H_2S 和 SO_2 发生反应生成硫黄，反应后的过程气经二级冷凝冷却器冷却，使硫蒸气冷凝为液硫，分离液硫并经再热后进入二级反应器，剩余的 H_2S 和 SO_2 继续发生反应生成硫黄，再经三级冷凝冷却器冷却，分离液硫后的过程气可至硫黄尾气处理部分或直接至尾气焚烧炉焚烧后排放。

产生的液硫经硫封至液硫池进行脱气，释放出的 H_2S 用蒸汽喷射器抽送至尾气焚烧炉焚烧，脱气后的液硫经液硫泵送出装置或至成型机成型。

上述典型流程可根据装置规模、酸性气组成、环保要求及炼油厂公用工程等因素，因地制宜进行调整。需要考虑的主要影响因素是：

1. NH_3 分解工艺流程的选择

通常炼油厂酸性气中都含有 NH_3，NH_3 会形成铵盐，堵塞管道和设备，严重时甚至迫使装置停工；此外 NH_3 会形成 NO_x，它能促使 SO_2 转化为 SO_3，而 SO_3 容易形成硫酸盐，沉积在催化剂床层上，引起催化剂失活。为此，必须在酸性气燃烧炉内使 NH_3 分解。

（1）影响 NH_3 分解的因素　影响 NH_3 反应是否完全取决于以下三要素，即常说的 3T：温度(Temperature)、停留时间(Time)和混合程度(Turbulence)。

① 温度。温度是三要素中的基础，若温度达不到要求，再长的停留时间和再强的混合程度也达不到好的分解效果。

荷兰 Jacobs 公司在中型装置进行过燃烧炉温度和剩余 NH_3 浓度关系的试验，试验结果如图 13-3-4 所示，合适的燃烧炉温度是 1300～1400℃，最低温度是 1250℃，当温度为 1200℃时，残留 NH_3 的浓度为 1000μg/g(体积分数)。

美国 Worley Parsons 公司认为 NH_3 分解的最低温度是 1204℃，完全分解的温度是 1537℃。

此外所需温度和酸性气中 NH_3 含量也有关，NH_3 含量愈高，反应所需温度也愈高。

当烧氨温度不够高时，可采取预热空气和酸性气；加入燃料气；用富氧代替空气或采用双喷嘴燃烧器等办法，其中以预热空气和酸性气最简单。

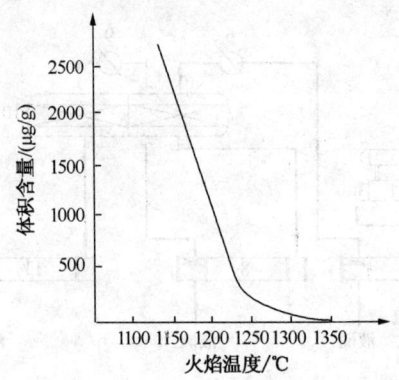

图 13-3-4 过程气中剩余 NH_3 浓度与火焰温度的关系

注：酸性气中 CO_2 浓度不等，NH_3 含量为3%（体积分数）。

② 停留时间。Duiker 燃烧工程公司建议气体在酸性气燃烧炉内停留时间为 0.85~1.20s。资料介绍最少停留时间是 0.6s。

③ 气体混合程度。气体混合程度主要取决于燃烧器的结构，它是反应是否完全的前提条件，显然混合得越好，NH_3 分解效果也越好。

（2）NH_3 分解的工艺流程　NH_3 分解的工艺流程很多，见表 13-3-2。

表 13-3-2　NH_3 分解的工艺流程及主要特点

NH_3分解工艺流程			主　要　特　点
NH_3分解工艺流程	同室燃烧法	同室同燃烧器	含NH_3酸性气和不含NH_3酸性气合并后进入酸性气燃烧炉同一燃烧器
NH_3分解工艺流程	同室燃烧法	同室不同燃烧器	酸性气燃烧炉设有二个燃烧器，含NH_3酸性气进入前段燃烧器，不含NH_3酸性气进入后段燃烧器，全部空气进入前段燃烧器
NH_3分解工艺流程	不同室燃烧法	并联两室型	并联设置二个燃烧器及燃烧室，各配以空气，分别燃烧含NH_3酸性气和不含NH_3酸性气
NH_3分解工艺流程	不同室燃烧法	两室串联型	设有前后两段燃烧室，含NH_3酸性气、部分不含NH_3酸性气和全部空气进入燃烧器及前段燃烧室，剩余不含NH_3酸性气进入后段燃烧室

上述各种 NH_3 分解流程和炉型可根据酸性气中 NH_3 含量、设备结构、流程的复杂程度和操作是否稳定等因素进行选择。目前常采用的流程有以下二种：

① 两室串联型（即有旁路）流程，见图 13-3-5。

酸性气燃烧炉分为前后二室，部分不含 NH_3 酸性气（脱硫酸性气）、全部含 NH_3 酸性气

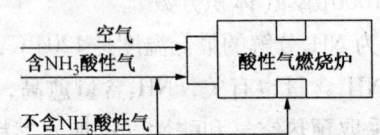

图 13-3-5　两室串联型（即有旁路）示意流程

(酸性水汽提酸性气)和全部空气经燃烧器进入燃烧炉的前室进行反应,其余不含 NH_3 酸性气直接进入燃烧炉后室反应。为避免生成 SO_3,形成还原气氛,理论上至少37%的不含 NH_3 酸性气进入前室。

燃烧炉温度可通过调节不含 NH_3 酸性气进入前后二室的流量来控制。进入后室(旁路)的酸性气流量越多,则 NH_3 反应温度越高。

当脱硫酸性气也含有少量 NH_3 时,必须经水洗后才能进入燃烧炉后室。

② 同室同燃烧器型(即无旁路)流程,见图13-3-6。

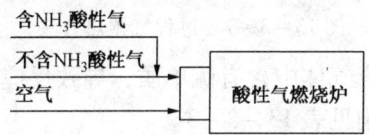

图13-3-6 同室同燃烧器型(即无旁路)示意流程

含 NH_3 酸性气和不含 NH_3 酸性气合并后进入燃烧炉同一燃烧器。为满足 NH_3 反应温度要求,可因地制宜采用不同措施。

意大利 KTI 公司在技术交流中建议当混合酸性气(包括含 NH_3 酸性气和不含 NH_3 酸性气)中 NH_3 含量(体积分数)低于2%时,可采用无旁路工艺流程;NH_3(体积分数)含量高于2%时,采用有旁路工艺流程。

荷兰 Jacobs 公司认为有旁路流程存在以下缺点:旁通酸性气中的烃类发生裂解,导致下游灰烬聚集;不含 NH_3 酸性气中若存在 NH_3、氰化氢或硫醇类等杂质,会因燃烧不完全对下游产生不利影响;控制比较复杂。因此推荐采用无旁路工艺流程。荷兰 Duiker 公司的燃烧器经工业应用表明,混合酸性气中 NH_3 含量小于17%时,NH_3 可完全消除;混合酸性气中 NH_3 含量达27%时,残留 NH_3 含量小于 $10\mu g/g$。

酸性气中 NH_3 含量的高低取决于酸性水汽提装置采用的工艺方法,当酸性水汽提采用单塔加压侧线抽出汽提流程或双塔加压汽提流程时,汽提酸性气中 NH_3 含量较低,加之汽提酸性气流量相对于脱硫酸性气流量要小得多,使混合酸性气中 NH_3 含量(体积分数)一般都小于1%~1.5%,硫黄回收装置可采用普通燃烧器。近年来随着酸性水汽提越来越多的采用单塔低压汽提流程,汽提酸性气中 NH_3 含量大幅度增加,硫黄回收装置采用烧 NH_3 燃烧器也越来越多。

2. 气体预热方法的选择

过程气预热方法是影响装置工艺流程的重要因素。预热方法很多,主要可分为直接预热法(包括掺合法和在线炉加热法)和间接预热法(包括蒸汽加热、电加热和气-气换热法)二大类。见图13-3-7。

各种预热方法的比较和选择原则如下:

(1)掺合法 掺合法是把酸性气燃烧炉的高温气体掺入过程气中,以达到实现过程气再热的目的。掺合法包括内掺合和外掺合两种方法。但从20世纪80年代中期开始,内掺合法陆续都已改造为外掺合法。

外掺合法是通过设在酸性气燃烧炉尾部的两个高温掺合阀,把高温气体掺入过程气中,使之满足一、二级反应器入口温度要求。本方法具有温度调节灵活,操作方便,设备简单和

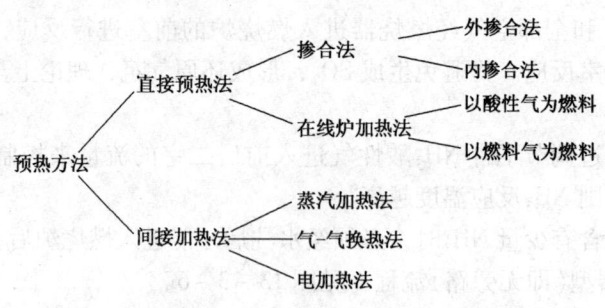

图 13-3-7 过程气预热方法

运转费用低等优点,但由于掺合气体中含有硫单质,导致反应器中平衡转化率稍有下降,掺合法对硫回收率及装置投资影响见表 13-3-3。

表 13-3-3 掺合法对硫回收率及装置投资影响

预 热 方 式	硫黄回收部分的硫回收率/%	包括吸收还原法尾气处理的总硫回收率/%	操作弹性	相对投资
一、二级反应器均采用蒸汽加热	95.5	99.8	30%~100%	100
一级反应器热掺合,二级反应器蒸汽加热	95.45	99.8	30%~100%	92
一、二级反应器均采用热掺合	95.2	99.8	37%~100%[①]	84

① 指当酸性气入口压力为 0.03MPa 时的弹性范围,弹性范围随入口压力的增加而增加。

可以看出,硫黄回收部分的硫回收率因采用掺合法而有所下降,但下降量并不多,尤其当设有加氢还原吸收尾气处理时,因采用热掺合导致的硫回收率下降在加氢还原吸收处理部分是容易得到弥补的。需要说明的是,国内和国外的掺合法有以下差别:国外掺合气体从废热锅炉中间抽出(废热锅炉为二管程),掺合气体温度约 650℃;国内掺合气体从酸性气燃烧炉末端抽出(废热锅炉为单管程),掺合气体温度即燃烧炉炉膛温度,一般在 1000℃ 以上,因而为满足反应器入口温度要求,国内掺合气体量比国外少,对硫回收率影响也相应比国外少。计算结果表明,一、二级反应器都采用热掺合比都采用蒸汽加热硫回收率约降低 0.2%;此外由于国内掺合气体温度比国外高,掺合阀的材质要求也相应提高,因而采用热掺合法的相对投资比表 13-3-3 中的相对投资略有增加。

国外采用掺合法较少,即使采用掺合法,也仅用于一级反应器,没有用于二级和三级反应器。国内采用外掺合法的硫黄回收装置规模最大的是 80kt/a。

(2) 在线燃烧炉法 在线燃烧炉法(又称为再热炉法)是以酸性气或燃料气与空气发生化学计量燃烧产生的高温气体,掺入过程气中以达到再热目的。该方法虽然投资及操作成本都较高,但开工迅速,温度调节灵活、可靠,尤其适合大、中型装置使用,但要求酸性气、燃料气和空气流量比例控制合适,空气不足或空气过量都会引起催化剂失活或亚硫酸化。

炼油厂由于酸性气中杂质含量较高,而且组分复杂,因此不能采用酸性气作为燃料,都采用燃料气作为加热介质。

中国石化镇海炼化分公司第 V 套装置采用燃料气再热炉法已连续运转 5 年 3 个月,创国内同类装置连续运行时间最长记录。但仍需指出,使用在线燃烧炉有导致催化剂中毒和/或污染的危险,需要设置燃料气密度测量仪和空气/燃料气质量比值控制系统。

（3）蒸汽加热法 采用蒸汽加热，操作简单，温度调节灵敏，但投资及操作费用较高，对蒸汽压力等级有较高要求。为满足一级反应器入口温度要求，需用 4.0～4.5MPa 蒸汽作为加热介质，通常炼油厂不具备此压力蒸汽，影响了使用。当装置规模较大时，可利用装置内的废热锅炉自产高压蒸汽作为加热介质，显然这将大大增加废热锅炉的投资与制造难度。因此蒸汽加热法不适合于小规模硫黄回收装置，而对于大、中型规模的硫黄回收装置，仍是较好选择。

蒸汽加热和在线燃烧炉再热比较，具有以下优点：
① 不易产生过剩氧，也就不易产生硫酸盐，催化剂再生间隔时间延长。
② 延长催化剂寿命。
③ 因反应物浓度较高，有利于提高硫转化率。
④ 过程气量减少，可缩小管道直径和设备尺寸。

（4）气-气换热法 该法操作简单，不影响转化率，但气-气换热效率甚低，设备庞大，操作弹性较小，且压降增加，管线布置较复杂，这种换热方式通常利用一级反应器出口过程气预热二级或三级反应器入口过程气，但负荷变化大的装置不宜采用。

（5）电加热法 该法操作和控制都很简单，但能耗较高。仅适合于小型装置。某国外公司认为，当装置规模小于 50t/d，工厂又无高压蒸汽时，宜采用电加热器加热。

以上各种预热方法的综合比较见表 13-3-4。

表 13-3-4 各种预热方法的比较

预热方法	适用范围	主要特点	
		优 点	缺 点
掺合法	规模较小装置	①流程和设备简单，投资和操作成本低 ②温度调节灵活	①硫转化率略有下降 ②掺合阀的材质和制造难度大 ③操作弹性较小 ④影响长周期运行
在线燃烧炉加热法	中、大型规模装置；工厂燃料气质量比较稳定	调节方便，控制灵敏，弹性范围大，可达 15%～105%	①投资和操作成本较高 ②由于过程气流量增加，管线和设备规格也相应增大 ③测量仪表和燃料气/空气比例控制要求严格
蒸汽加热法	中、大型规模装置	①操作简单、温度控制方便 ②操作弹性大	投资和操作成本较高
气-气换热法	适合于二、三级反应器入口气体的再热	操作简便，不影响过程气中 H_2S 和 SO_2 的比例和转化率	①换热器设备庞大 ②操作弹性小 ③压降增加 ④管线布置复杂 ⑤开工速度较慢，易形成硫冷凝
电加热法	规模小的装置	①操作方便、温度调节灵敏 ②操作弹性大 ③开工速度快	能耗高

以上各种预热方法也可混合采用。如一级反应器入口过程气采用掺合法预热，二级反应器入口过程气采用和一级反应器出口过程气换热法（气-气换热法）预热或蒸汽加热法。电加热也可作为其他加热方法的辅助设施。

3. 反应器级数与转化率的关系

反应器级数愈多，转化率愈高，但设备投资也随之而增加。而反应器级数的增加与转化率的提高并不成比例,级数愈多,转化率的提高愈来愈少,见表13-3-5。

表13-3-5 采用不同反应器级数对硫回收率的影响

采用反应器级数	硫回收率/%	采用反应器级数	硫回收率/%
二级反应器	≤96	四级反应器	≤98.5
三级反应器	≤98		

表13-3-5数据表明,当反应器级数由三级增至四级时,转化率提高很少。工业上通常采用二~三级反应器,当设有还原吸收尾气处理工艺时,一般采用二级反应器。

4. 液硫脱气方法的选择

克劳斯工艺回收的液硫中均含有少量的H_2S,H_2S含量随液硫温度和H_2S分压不同而不同(见表13-3-6),将H_2S从液硫中脱除的工艺过程称为液硫脱气。

表13-3-6 各设备出口液硫中的H_2S含量

设备名称	液硫中的H_2S含量/(μg/g)	设备名称	液硫中的H_2S含量/(μg/g)
废热锅炉	500~700	三级硫冷凝器	10~15
一级硫冷凝器	180~280	末级捕集器	5~10
二级硫冷凝器	70~110		

(1)液硫脱气的目的 溶解在液硫中的H_2S会对储存、成型和运输造成各种危害。如成型过程中释放的H_2S进入大气,会造成环境污染;含H_2S的固体硫黄强度较差,会增加运输中的损耗;含H_2S的液硫易引起管道和设备腐蚀;含H_2S的液硫在输送过程中易引起H_2S结聚,当达到H_2S的爆炸极限时(空气中含3.4% H_2S),易引起爆炸。为此无论是以固硫或液硫形式出厂,都需要进行液硫脱气。一些欧洲国家政府的安全法规规定,液硫在运输前允许的最大H_2S含量为15μg/g。

(2)液硫脱气的原理 液硫脱气反应式如下:

$$H_2S_x \longrightarrow H_2S + (x-1)S \qquad (13-3-6)$$

$$H_2S(液相) \longrightarrow H_2S(气相) \qquad (13-3-7)$$

式(13-3-6)是化学反应,反应速度非常缓慢,式(13-3-7)受相平衡控制,因此所有脱气方法的原理是加速多硫化氢(H_2S_x)的分解,促使H_2S从液相逸出。为此常采用以下措施:

① 利用碱性催化剂来加速多硫化氢的分解,最常用的是氨及其衍生物。
② 通过喷洒和/或搅动,促使多硫化氢分解,并从液相逸出。
③ 保持液硫在脱气池内有足够的停留时间。
④ 向液硫中通入气体进行汽提,常用的汽提气体有空气、燃料气、N_2和装置自身的尾气。
⑤ 使液硫的温度降至149℃以下,利于多硫化氢的分解。

(3)液硫脱气方法 目前液硫脱气方法很多,有循环脱气法、Aquisulf脱气法、Shell脱气法、ExxonMobil脱气法、BP Amoco脱气法、HySpec脱气法和D·GAASS脱气等方法。其中BP Amoco脱气法、Shell脱气法和D·GAASS脱气法都不添加催化剂,采用空气鼓泡或逆流接触等方式,利用空气进行氧化和汽提;其他4种方法都需加入催化剂,促进多硫化物分解,提高脱气效果。目前国内应用较多的有循环脱气法、Shell脱气法和BP Amoco脱气法。

① 循环脱气法。循环脱气法目前已被广泛采用,工艺过程为:用泵抽起硫池内的液硫,通过喷嘴喷洒再返回硫池,如此不断循环。由于降温、喷洒和搅动作用,液硫释放出大量

H₂S，该气体被喷射系统抽至硫回收装置尾气焚烧炉焚烧。

为加速脱气过程，传统的循环脱气法是以 NH_3 作为 H_2S_x 分解的催化剂，加 NH_3 量为 100g/t 硫[19]。

脱气效果和循环时间、循环倍率有关，见图 13-3-8。

② Shell 脱气法。本方法是荷兰 Jacobs 公司和 Shell 公司合作开发的专利技术，是最早使用不添加催化剂、仅通过空气的汽提和氧化作用脱除液硫中 H_2S 的工艺。至 2008 年 4 月，Shell 脱气工艺在全球已超过 300 套，规模为 3~4000t/d，国内中国石化安庆分公司、镇海炼化分公司和青岛炼化分公司都相继引进了 Shell 脱气工艺。

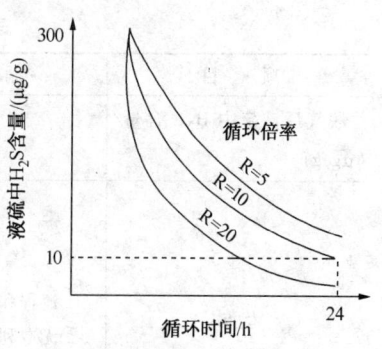

图 13-3-8 循环时间、循环倍率和液硫中 H_2S 含量的关系

Shell 脱气法是利用一小股鼓风机出口空气（约 0.05MPa），自下而上地通过设在脱气池内的汽提塔，空气鼓泡使塔内液硫进行剧烈搅动，并与分散的空气小气泡接触，约有 60% 的 H_2S 被直接氧化成元素硫，释放出的 H_2S 随含硫废气被空气喷射器抽出后送入焚烧炉焚烧。

Shell 脱气工艺的最新改进是在汽提塔内安装隔板，以减少可能存在的液硫沟流现象，最常采用的是将一个汽提塔隔为二个汽提塔。

③ BP Amoco 脱气法。该工艺的示意流程见图 13-3-9。硫池分为未脱气池和已脱气池二部分。未脱气液硫用泵加压经硫冷却器冷却至 130~140℃ 后送至脱气塔，与来自风机的空气同时从下而上通过安装于塔内的催化剂床层，使相当一部分 H_2S 直接氧化为单质硫。脱气后的液硫经硫封自流至已脱气池，并用泵间断送出，脱气尾气至燃烧炉回收硫黄或至焚烧炉焚烧。催化剂是硫黄回收装置采用的氧化铝催化剂。

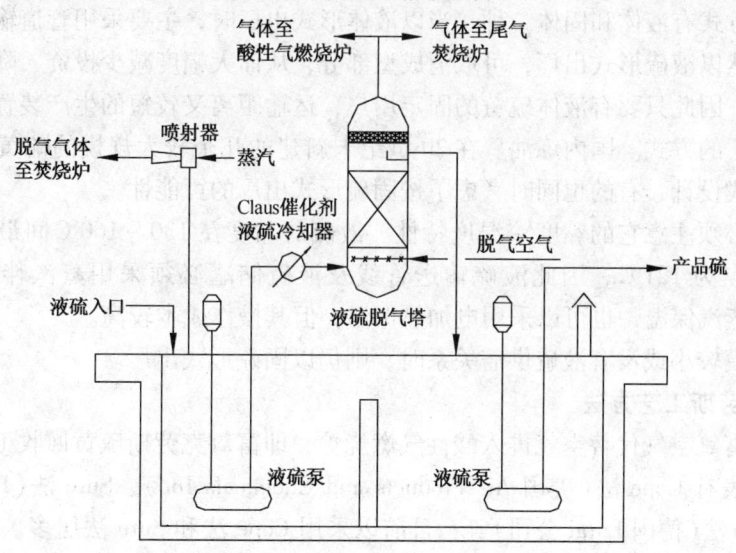

图 13-3-9 BP Amoco 脱气工艺示意流程

国内已有多家企业如中国石油大连石化分公司、中国石化福建炼油化工有限公司、中国石化青岛炼化分公司、中国石化金陵分公司等都引进了 BP Amoco 脱气工艺。

上述三种脱气方法的比较见表 13-3-7。

表 13-3-7 三种脱气方法的比较

项　目	循环脱气法	Shell 脱气法	BP Amoco 法
脱气后液硫中 H_2S 含量/$(\mu g/g)$	<50	<10	<10
优点	①流程和设备较简单 ②无专利费	①不需要加入催化剂，硫的性能不受影响 ②被汽提出的 H_2S 大部分氧化为单质硫，降低了 SO_2 的排放量 ③所需空气流量小，压力低，容易获得，操作费用低	①不需要加入催化剂，硫的性能不受影响 ②被汽提出的 H_2S 大部分氧化为单质硫，降低了 SO_2 的排放量 ③由于脱气塔设置在硫池外，因而安装与维修灵活、方便
缺点	①需加入 NH_3 及其衍生物作为催化剂，使产品硫发脆 ②容易生成固体沉淀物，需定期清扫泵的滤网、喷洒器、管道和硫池 ③因循环量大，循环时间长，电机功率消耗大，操作费用及能耗均较高 ④液硫需较长停留时间，硫池容积较大	①有专利费 ②若是改造项目，由于硫池内部结构需改造，则将延长装置停工时间	①有专利费 ②流程和设备较复杂，需设置硫提升泵、脱气塔（内装氧化铝催化剂）、硫进料冷却器、空气预热器和硫封等设备，增加了投资 ③公用工程消耗较大，操作费用和能耗都较高

5. 硫成型方法的选择

硫黄出厂方式有液体和固体二种。当以液体形式出厂时，主要采用管道输送或专用槽车输送方式。显然以液硫形式出厂，可取消成型部分，从而大幅度减少投资、降低操作费用和减少占地面积。因此只要有液体硫黄的固定用户，运输距离又较短的生产装置，首先应采用以液体硫黄出厂的方式。国内炼油厂在 20 世纪末新建的几个较大规模的硫黄回收装置都已按液硫出厂形式设计，有的也同时考虑了按固硫形式出厂的可能性。

输送液硫必须注意它的黏度－温度特性。液硫的黏度在 130～160℃间最小，流动性最好，液硫的凝点为 121℃，因此液硫输送管线及液硫储罐必须采用蒸汽伴热，通常可用 0.3～0.5MPa 蒸汽保温，也可以采用电加热保温，但其操作成本较高。

当装置规模较小或没有液硫供需关系时，则仍以固硫形式出厂。

6. 富氧克劳斯工艺方法

以氧气或富氧空气代替空气进入酸性气燃烧炉，即富氧克劳斯硫黄回收工艺。富氧硫黄回收技术的代表有 Cope 法（美国 Air Products and Chemicals Inc）、Sure 法（BOC/Parsons 公司）和 OxyClaus 法（德国 Lurgi 公司）等，目前以采用 Cope 法和 Sure 法居多。Cope 工艺的技术核心是在富氧燃烧的基础上增设过程气循环系统，保持燃烧炉炉膛温度低于炉壁耐火材料允许温度。

（1）Cope 法　Cope 工艺有以下二个技术特点：一是增设过程气循环系统（图 13-3-10），一级硫冷凝器出口的部分过程气通过循环风机循环至燃烧炉，以控制燃烧炉温度低于耐火材料允许温度；二是设计了一种特殊燃烧器，该燃烧器的操作条件是：燃烧压力从

0.04~0.08MPa，燃烧温度可高达1538℃，O_2浓度从21%~100%。上述二个特点可同时采用也可分别采用。

Cope工艺在不同H_2S浓度下装置处理量和空气中氧含量的关系见图13-3-11[20]。

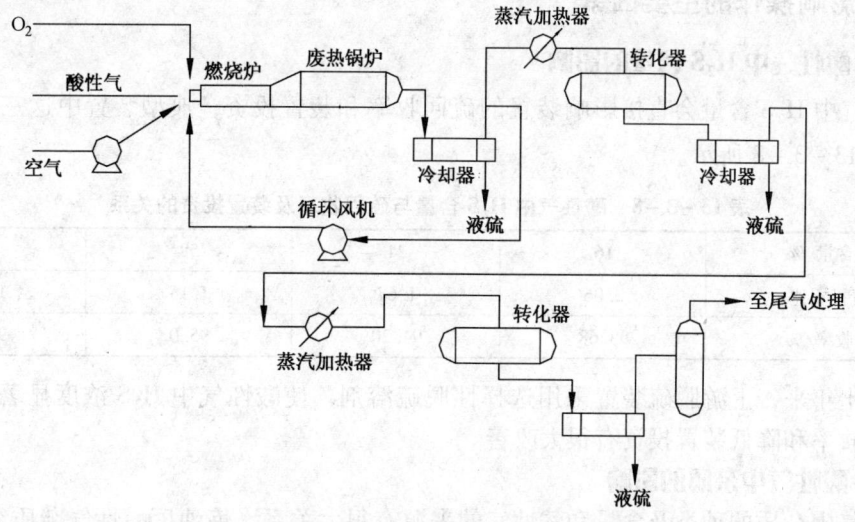

图13-3-10 Cope工艺示意流程

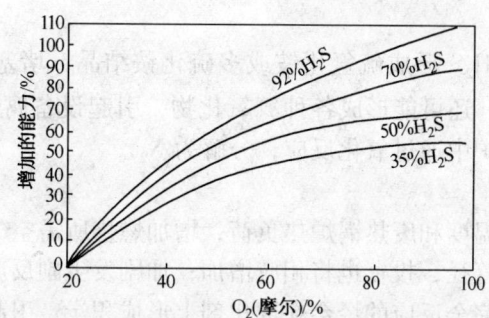

图13-3-11 Cope装置处理量和空气中氧含量的关系

Cope装置与普通空气氧化克劳斯装置相比，投资可节省30%~35%，其后续设备如催化反应器、硫冷凝器及尾气处理设施的设备规格也基本上可减少一半。

(2) Sure法　Sure工艺根据进入燃烧炉空气中的氧含量可分为以下三种：

① 低富氧含量工艺：空气中氧含量小于28%，此时只要将纯氧气或富氧空气掺入到燃烧用空气中即可，硫黄回收装置无须改动设备，装置处理能力约增加20%。

② 中等富氧含量工艺：中等富氧指空气中氧含量为28%~45%。当空气中氧含量超过28%，原采用的燃烧器不能承受更高的燃烧温度，需更换为专用Sure燃烧器；此外废热锅炉和一级硫冷凝器产生的蒸汽量及过程气出口温度增加，影响硫回收率，因而还要受废热锅炉和一级硫冷凝器取热能力的限制。中等富氧含量工艺装置处理能力约增加75%。

③ 高富氧含量工艺：高富氧是指空气中氧含量高于45%。此时燃烧炉炉膛温度就会超过耐火材料的允许温度极限，为此需要采用双燃烧室工艺或侧线燃烧炉工艺。

上述三种不同氧含量工艺可根据增加处理量的要求进行选择，也可分步实施。

由于受炼油厂富氧供应限制，国内炼油厂仅有沧州炼油厂进行过富氧硫回收的工业化生产。

三、影响操作的主要因素

（一）酸性气中 H_2S 含量的影响

酸性气中 H_2S 含量会直接影响装置的硫回收率和装置投资，典型装置中这三者之间的关系如表 13-3-8 所示。

表 13-3-8　酸性气中 H_2S 含量与硫回收率及装置投资的关系

H_2S 含量/%	16	24	58	93
装置投资比	2.06	1.67	1.15	1.00
硫回收率/%	93.68	94.20	95.0	95.9

近二十年来，上游脱硫装置采用选择性脱硫溶剂，使酸性气中 H_2S 浓度显著提高，对提高硫回收率和降低装置投资有很大改善。

（二）酸性气中杂质的影响

酸性气中杂质的种类及含量和酸性气的来源有很大关系，炼油厂酸性气杂质组分复杂，有 CO_2、烃、H_2O、NH_3、HCN、硫醇及芳香烃等。

1. NH_3 的影响

酸性气中的 NH_3 会与 H_2S 形成硫氢化铵或多硫化铵结晶，堵塞冷凝器管程、增加系统压降，甚至迫使装置停产；还可能形成各种氮氧化物，引起设备腐蚀和催化剂中毒，因此，必须使 NH_3 在酸性气燃烧炉中通过氧化反应，分解为 N_2。

2. 烃的影响

烃的存在会提高燃烧温度和废热锅炉热负荷，增加燃烧所需空气量及燃烧形成的过程气量，增大设备容积和管线管径，投资也将相应增加；加剧发生副反应，增加 COS 和 CS_2 的生成量，降低硫转化率；没完全反应的烃会在催化剂上形成积炭，引起催化剂失活，故一般要求酸性气中烃含量小于 2%~4%。

3. 水蒸气的影响

水蒸气是惰性气体，又是克劳斯反应的产物，它的存在能抑制反应，降低硫转化率，因此应设置酸性气气液分离罐，尽量脱除携带的游离水。

反应温度、水蒸气含量和硫转化率的关系见表 13-3-9。

表 13-3-9　温度、水蒸气含量和转化率的关系

过程气温度/℃	不同水蒸气含量的硫转化率/%		
	水蒸气含量为24%	水蒸气含量为28%	水蒸气含量为32%
175	84	83	81
200	75	73	70
225	63	60	56
250	50	45	41

4. CO_2 的影响

CO_2 会稀释酸性气中 H_2S 浓度，降低燃烧炉温度，也会和 H_2S 在燃烧炉内反应生成 COS

和 CS_2，这两种作用都将导致硫回收率降低。

5. HCN 的影响

酸性气中的 HCN 在反应过程中会形成氰化物、含硫氰化物等物质，引起设备腐蚀；堵塞设备和管道；缩短开工周期；产生有毒气体等不利影响。

6. 芳香烃的影响

酸性气中的芳香烃会产生结焦、引起催化剂失活、缩短开工周期等不利影响。

综上所述，酸性气中杂质对硫黄回收装置的设计和操作有很大影响，但一般不会在进装置前进行脱除，而是以改进装置的设计或操作条件来减少影响。

（三）H_2S/SO_2 的比例和风气比

由于克劳斯反应是严格按照 H_2S 和 SO_2 的比例为 2∶1 进行的，因此当过程气中 $H_2S/SO_2=2$ 时，克劳斯反应的平衡转化率最高，控制 H_2S/SO_2 比例是装置最重要的操作参数，该比例和硫转化率的关系见图 13-3-12。操作中该比例是通过控制风气比来实现的，风气比是指进燃烧炉的空气和酸性气的体积流量比，当酸性气中 H_2S、烃类及其他可燃组分的含量已确定时，可按化学反应的理论需氧量计算出理论风气比。

为准确控制风气比，空气和酸性气除设置流量比例控制（主调）外，考虑到酸性气组成变化对 H_2S/SO_2 比例的影响，还在末级冷凝器（或捕集器）后设置在线分析仪反馈控制（微调）空气量。

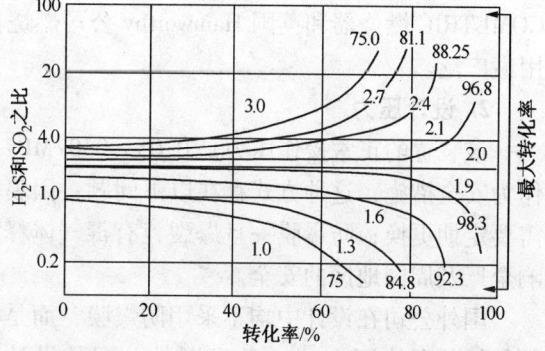

图 13-3-12　H_2S/SO_2 比例和硫转化率的关系

（四）反应器的操作温度

反应器的操作温度不仅要考虑热力学因素，也要考虑硫的露点和气体组成。从热力学角度分析，操作温度越低，平衡转化率越高，但温度过低，会引起硫蒸气在催化剂表面冷凝，使催化剂失活，因此过程气进入反应器的温度至少应比硫蒸气露点高 10~30℃。

过程气中 COS 和 CS_2 的水解反应随温度升高而增加，为降低以 COS 和 CS_2 形态的硫损失，工业上一般采用提高一级反应器过程气入口温度或在一级反应器底部装填有机硫水解催化剂，或以上二者同时实施的办法，以促进 COS 和 CS_2 的水解，因温度提高而引起平衡转化率的下降，只能通过二级或三级反应器来弥补。当下游设置还原吸收尾气处理时，不必提高一级反应器过程气入口温度，因 COS 和 CS_2 在尾气处理的加氢反应器中是很容易水解的。

四、主要设备

硫黄回收装置的主要设备有酸性气燃烧炉、废热锅炉、反应器、冷凝器、焚烧炉和硫黄成型设备，现分别加以说明。

（一）酸性气燃烧炉

酸性气燃烧炉是硫黄回收装置的重要设备，60%~70% 的 H_2S 在燃烧炉中转化为硫；气体中的杂质在燃烧炉中进行分解或燃烧；燃烧空气量可控制过程气中 H_2S/SO_2 的比例，从而影响全装置硫的转化率。燃烧炉设计的好坏直接影响到装置的安全及硫回收率。

由于燃烧炉内化学反应非常复杂，目前对各化学反应速度还缺乏全面了解，因而还不可能提出明确的设计准则，仅就一般设计和操作原则叙述如下：

1. 主燃烧器

主燃烧器又称为喷嘴或烧嘴，是酸性气燃烧炉的重要组成部分，其功能是使酸性气与空气混合均匀，提供一个使杂质和硫化氢都能完全燃烧的稳定火焰，故燃烧器对维持燃烧炉的正常运转有重要作用。燃烧器的气流混合程度会影响硫转化率，燃烧器的调节性能会影响装置的操作弹性，燃烧器的安全可靠性也会影响装置的使用年限。虽然国内外在设计中采用的计算方法及燃烧器结构大致相同，但国内燃烧器在结构可靠性、操作性能及自控水平上和国外先进水平仍有不少差距。

目前国内引进的燃烧器主要有荷兰 Duiker 公司的 LMV 燃烧器、加拿大 Gulf 公司的 AE-COMETRIC 燃烧器和英国 Hamworthy 公司燃烧器。其中以荷兰 Duiker 公司的 LMV 燃烧器应用最广泛。

2. 设计压力

该装置的正常操作压力是 0.05~0.07MPa，以往国内设计仅在酸性气燃烧炉设置防爆膜作为安全措施，这种方式存在以下问题：因膜材料性能不稳定导致起爆压力不稳定；防爆膜需要定期更换；防爆膜一旦爆裂，有毒气体释放，不但侵害本装置操作人员的健康，还会影响全厂及周围地区的安全。

国外公司在设计中均不采用防爆膜，而是将炉子的设计压力提高到足以能够承受炉体内部气体的爆炸压力[21]。几家国外公司的设计压力也不一致，没有统一的标准，有的采用 0.7MPa(表)，有的采用 0.5MPa(表)，也有的采用 0.25MPa(表)。

资料[22]分别计算了 100% H_2S 的酸性气和燃料气在酸性气燃烧炉内的爆炸压力，计算结果都低于 0.7MPa(表)，因此认为爆炸压力取 0.7MPa(表)即可。但是否有必要以爆炸压力作为设计压力，目前观点尚不一致。

需要特别说明的是由于硫黄回收装置各设备间没有阀门隔断，全装置可以认为是一个系统，因此燃烧炉的设计压力也是后续各设备的设计压力。

3. 炉膛体积

以往国内燃烧炉的体积是按炉膛体积热强度($159.3kW/m^3$)来确定，而国外公司是根据停留时间来确定，停留时间采用 0.8~1s，因停留时间再增加，转化率提高很少（见图 13-3-13），但投资和热损失却大幅增加。

根据二种不同的设计原则，计算得到的炉膛体积，热强度法要比停留时间法增加 3~3.5 倍。

近十多年来，国内设计单位学习国外设计理念，也采用停留时间确定炉膛体积。当采用引进燃烧器时，和国外一样，设计停留时间采用 0.8~1s；当采用国内燃烧器时，为保证酸性气和空气混合均匀，设计停留时间一般按 1~2s 考虑。

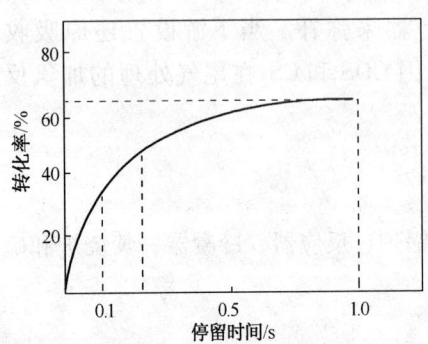

图 13-3-13　炉内转化率和停留时间的关系

特别要强调的是停留时间和原料酸性气中的 H_2S 浓度密切相关，H_2S 浓度愈高，停留时间可短些；反之，H_2S 浓度愈低，停留时间需长些。

4. 炉膛温度

从热力学和动力学考虑，炉膛温度愈高对反应愈有利，尤其当酸性气含 NH_3 时，为保证 NH_3 分解，炉膛温度必须高于 1250℃。炉膛温度受酸性气组成、酸性气和空气入炉温度、热损失等因素影响。

5. 炉壁温度

当燃烧炉衬里完好时，燃烧气体不会对炉子壳体产生腐蚀，但当衬里出现裂纹、剥落时，气体中的介质会通过衬里和炉壁接触产生局部腐蚀。为此燃烧炉的壁温应在任何环境条件下均高于 SO_3 的露点温度，以保证炉子的使用寿命。通常炉壁最低温度应保持在 150℃ 以上，考虑到高温硫化氢腐蚀和壳体材质的强度，炉壁上限温度通常为 250～300℃。

6. 花墙

设置花墙的目的是：

(1) 提高并稳定炉膛温度。

(2) 使反应气流有一个稳定的充分接触的反应空间。

(3) 使气流尽可能均匀地进入废热锅炉，减轻高温气流对废热锅炉管板的热辐射。

(4) 阻挡、分离气体携带的固体颗粒。

7. 防护罩

为避免因环境条件的变化，如气温、风速、雨量等的变化，引起炉体外壁急冷而导致炉内衬里损坏，同时也为避免烫伤操作人员，炉壁上方应设置一弧度为 270°或 180°的金属罩，金属罩和炉壁间留有一定空隙，利用空隙内的空气起到隔热作用。

(二) 酸性气燃烧炉废热锅炉

酸性气燃烧炉废热锅炉的功能是从酸性气燃烧炉出口气流中回收热量并发生蒸汽，同时降低过程气温度。

1. 结构形式

硫黄回收装置废热锅炉已有五、六种形式，但常用的仅有三种，三种炉型的结构示意图见图 13-3-14。

炉型 1 的特点是锅筒下半部排管，上半部是蒸发空间，顶部设置蒸汽出口、汽水分离设施等，该炉型结构简单，制造方便，造价较低，而且蒸汽品质较高，液位波动小，容易控制，但管板受力不匀，仅适用于低压力、小直径的情况。

为克服炉型 1 管板受力不匀，炉型 2 的结构改进为：管板最高点低于锅炉最低液位，使管板全部浸没在水相中，不产生局部过热，改进了受力情况。它在保持炉型 1 优点的基础上，改善管板的受力情况，但由于两个斜锥体加工难度较大，使制造成本增加。该炉型适用于压力较高、锅筒直径不大的场合。

炉型 3 是由锅筒、汽包以及连接它们的多根（一般为 4 根）上升管和下降管组成。虽然结构较复杂，但汽水流动性能及管板受力情况最理想，适用于压力高、处理量大的工况。随着硫回收装置规模的增大，产生蒸汽压力的提高，该炉型的使用也日益增加。

2. 产生的蒸汽压力等级

废热锅炉产生的蒸汽压力等级取决于装置规模、装置过程气的再热方式、催化剂的选

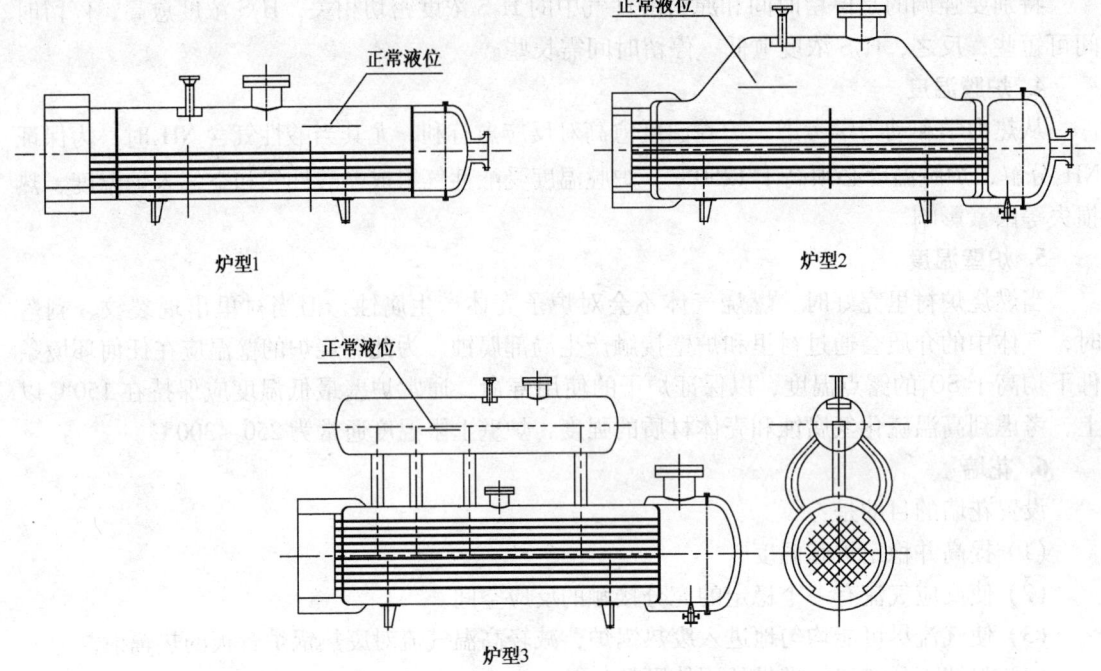

图 13-3-14 三种废热锅炉结构简图

择、能量利用和废热锅炉的投资及产值对比情况等因素。对于大、中型规模装置，过程气的再热方式通常采用装置自产中压蒸汽加热，为满足过程气再热温度要求，产生的蒸汽压力要高于 4.0MPa，显然同时也会增加废热锅炉投资。

3. 结构特点

废热锅炉的设计除应遵守蒸汽锅炉设计准则外，还应考虑硫黄回收装置的特殊要求。

(1) 管板保护和套管保护　为防止高温硫腐蚀，并降低管板温度，必须对进口管板及换热管的进口进行保护。管板金属表面采用耐高温材料保护，厚度约为 75mm；换热管入口必须采用保护套管。

(2) 液硫出口及设备坡度　考虑到开、停工或低负荷工况时，过程气中的部分硫蒸汽会冷凝为液硫，因此废热锅炉出口管箱需设置液硫出口管嘴。

锅炉本体安装应有一定坡度（往过程气出口端倾斜），一般坡度为 1%~2%，而汽包仍为水平安装。

（三）反应器

克劳斯反应器的功能是使过程气中的 H_2S 和 SO_2 在催化剂作用下，继续进行克劳斯反应生成单质硫，同时也使过程气中的 COS 和 CS_2 等有机硫化合物在一级反应器内尽可能水解为 H_2S 和 CO_2。

反应器设计的好坏，将直接影响到 H_2S 的转化率。

1. 形式

反应器有卧式和立式二种形式。采用卧式时，反应器可单独设置，但更多的是用径向的内壁把一个容器分割为几个反应器，气体入口在顶部，出口在底部，催化剂置于铺有瓷球的栅板上，呈一个约 1m 厚的矩形床层，床层位于反应器中部。采用立式时，反应器也可单独设置,或上下重叠设置,或中间用径向内壁分开。二种形式相比较,卧式反应器布置灵活,操作简便,并可缩小占地面积;立式反应器占地面积大,反应器出口过程气管线易结存液硫,一般大、中型规模的装置应优先选择卧式反应器,规模小的装置也可选择立式反应器。

2. 空速和停留时间

进入反应器过程气的体积流率(标准状态)和反应器内催化剂藏量之比称为空速,空速单位是 h^{-1},空速和停留时间一样都表示过程气和催化剂接触时间的长短,国内通常以空速作为反应器的主要设计参数。

空速过高会导致一部分物料来不及充分与催化剂接触和反应,从而降低平衡转化率,同时也会增加床层温升,同样不利于提高转化率。反之,空速过低会增加催化剂量,导致反应器体积增大,投资费用相应增加。

空速主要取决于催化剂性能和过程气中反应物浓度。不同的催化剂允许的空速不同。同一种催化剂因反应物浓度不同,采用的空速也不同。目前国内催化剂设计空速一般取 $650\sim750\ h^{-1}$,国外催化剂除 CRS31 催化剂设计空速采用较高外,其余催化剂设计空速为 $700\sim850\ h^{-1}$。

通常不同级数的反应器规格相同,由于二、三级反应器操作温度较低,使实际操作空速下降约30%,以弥补因反应物浓度大幅度下降所产生的不利影响。

3. 操作温度

该部分详见本节第三部分(影响操作的主要因素),在此不再重复。

4. 床层高度

为降低压降,无论反应器是立式或卧式,床层高度一般不高于1.2m,通常为 $0.8\sim1.0m$。

5. 设计壁温

为防止高温含硫过程气对设备的腐蚀,并能适应催化剂再生的高温条件,反应器内需设隔热耐磨耐酸衬里。为防止反应器金属壁受硫露点腐蚀,应设保温层。

(四)硫冷凝器

硫冷凝器的功能是冷凝过程气中的单质硫蒸气并分离冷凝的液硫,以提高随后反应器的转化率,同时产生低压蒸汽,供本装置设备和管道夹套保温使用。

1. 结构形式

每级硫冷凝器可单独设置,也可几级硫冷凝器组合在一个壳体内;硫冷凝器和扑集器可单独设置,也可组合在一起。一般中、小型装置宜采用组合结构,以降低钢材用量和设备投资,减少液位、蒸汽等控制系统并减少占地面积。表13-3-10 是不同的硫冷凝器设置方式对设备钢材用量的影响。

表13-3-10 硫冷凝器设置方式对设备钢材重量的影响

项 目	A厂	B厂	C厂	D厂
装置规模/(kt/a)	2	10	60	70
设置形式	单独设置	组合设置	单独设置	组合设置
一、二、三级硫冷凝器规格/mm	$\phi700\times5477\times10$ 三个冷凝器规格相同	$\phi1600\times9374\times14$	$\phi1900\times11000\times12$ $\phi1900\times11000\times12$ $\phi1900\times8800\times12$	$\phi3400\times13190\times24$
一、二、三级硫冷凝器重量/t	9.6	5.1	83.0	100.2
传热系数/[W/(m²·K)]	23~35	~50	65~85	50~65

注:A厂和B厂是同一设计单位,C厂和D厂是不同设计单位。

可以看出，B厂装置规模是A厂的五倍，但B厂一、二、三级硫冷凝器总重量却几乎是A厂的一半，其原因除采用设备组合外，B厂提高传热系数，减少换热面积也是重要原因之一；C厂和D厂都属于中等规模装置，因设备组合，钢材重量降低幅度显然没有小规模装置那么明显。

目前中国最大直径组合硫冷凝器是中国石化镇海炼化分公司100 kt/a硫黄回收装置的一、二、三级硫冷凝器的三合一硫冷凝器。设备规格为$\phi 4000mm \times 15000mm \times 28mm$。

2. 过程气出口温度

理论上冷凝器的操作温度越低，硫回收率愈高。但必须注意冷凝过程中硫雾沫的形成问题。为防止形成硫雾沫、减少过程气再热所耗能量并降低设备投资，对前几级冷凝器而言，可适当提高冷凝器出口温度，通常为160~180℃，最后一级冷凝器出口温度可视有无尾气处理而有所区别，当无尾气处理时，则末级冷凝器出口温度尽可能低，当有尾气处理时，则出口温度可适当提高，通常为150~160℃。

3. 结构特点

（1）为防止冷凝的液硫滞留和聚集在管箱底部，入口管箱和出口管箱底部需设有衬里，当液硫出口设置在出口管箱端部而不是底部时，衬里高度和最下层管束底部高度相同。

（2）为防止硫冷凝堵塞扑雾网和管道，出口管箱需采取措施保持温度。

（3）当采用卧式冷凝器时，设备安装需有一定坡度（往液硫出口端倾斜），坡度一般为1%~2%。

（五）焚烧炉

由于H_2S的毒性远比SO_2严重，因而无论硫黄回收是否有后续的尾气处理，均应通过焚烧将尾气中微量的H_2S和其他硫化物全部氧化为SO_2后排放，故焚烧炉是硫黄回收装置必不可少的组成部分。

1. 焚烧种类

尾气焚烧有热焚烧和催化焚烧二种。热焚烧是指在有过量空气存在下，用燃料气把尾气加热到一定温度后，使其中的H_2S和硫化物转化为SO_2；催化焚烧是指在有催化剂存在，并在较低温度下，使其中的H_2S和硫化物转化为SO_2。显然催化焚烧的燃料和动力消耗均明显低于热焚烧，资料介绍[18]，催化焚烧的燃料消耗约是热焚烧的20%~40%，鼓风机的动力消耗约是热焚烧的15%~30%。

虽然催化焚烧能降低焚烧温度，减少燃料和其他动力消耗，但催化焚烧自20世纪70年代中期投入应用后，发展并不快，其原因是：

（1）H_2、COS或其他硫化物在较低的温度下不一定能焚烧完全。

（2）催化剂的费用昂贵。

（3）催化剂的二次污染还没有完全解决。

（4）很多热焚烧装置已考虑了热量回收，加之热焚烧方法简单，技术成熟，操作方便，因而至今仍颇受青睐。

目前国内尚未有催化焚烧的工业应用，但随着催化剂的不断改进、催化焚烧技术的不断完善和燃料价格的不断上涨，催化焚烧的潜力会逐渐显现。

2. 焚烧温度

热焚烧温度一般控制在540~800℃，低于540℃时H_2和CO不能完全焚烧；当尾气中

H_2S 和 COS 浓度较高时应适当提高焚烧温度；高于 800℃ 对焚烧完全影响不大，但燃料用量却大幅度增加。工业上焚烧温度一般采用 650~750℃。

3. 空气过剩系数

资料[23]表明，为燃烧完全，空气过剩系数至少是 25%。空气过剩系数过大，会降低炉膛温度，增加燃料气用量。几套引进装置燃烧后烟气中的 O_2 含量（体积分数）均为 2% 左右。

4. 烟气排放温度

为防止腐蚀，烟气排放温度必须高于硫露点温度，一般排放温度控制在 300~350℃，上述温度不仅可避免烟道的露点腐蚀，同时也低于碳钢允许使用温度。

为提高装置的经济合理性，大、中型硫黄回收装置焚烧炉后均设置蒸汽过热器和废热锅炉以回收热量，同时也降低了烟气排放温度。

有的国外公司认为，由于烟气扩散的需要，烟囱顶部出口的烟气温度需高于 100℃。

（六）液硫成型设备

固体硫黄有块状、片状和粒状三种形式。国内上述三种形式硫黄均有生产。

1. 片状硫

由转鼓结片机成型的是片状硫。成型原理是筒型转鼓下半部浸于液硫中，内壁喷水冷却或采用夹套水冷却，液硫在转鼓表面形成薄层固化硫黄后，用刮刀刮下即得片状硫。该设备占地面积小、操作简单、投资低，但转鼓热胀冷缩容易变形，而且处理量有限，只适合于中、小型硫黄回收装置。

2. 块状硫

块状硫由钢带成型机成型。一般钢带宽 1~1.5m，轮距长 20~70m，处理量可达 2~20t/h，成型机具体尺寸需视装置规模和周围环境而定。成型机结构较转鼓结片机复杂，占地面积也较大，对钢带的材质有严格要求，通常采用进口钢带。该方法处理量大，适合大、中型装置使用。

3. 粒状硫

粒状硫由粒状成型机成型，产品粒度均匀、操作环境粉尘较少、固化能力大、储存、包装及输送方便，但设备投资较高、工艺过程复杂，适合大型硫黄回收装置。我国在引进粒状成型机基础上，消化、吸收国外技术，经过全面改进与创新，研制成功了滴落式粒状成型机，至 2008 年，国内已采用了 78 台滴落成型造粒机。

滴落机由一个带有蒸汽加热的定子和一个有一定排列的带孔转子组成，液硫经孔呈液滴状滴落到冷却的钢带上，由于液体表面张力的作用，液滴在钢带上呈半球状，从滴落机滴出到产品卸料端，液硫冷却先后经预冷、固化和后冷三个阶段，液硫冷却放出热量由钢带下方冷却水吸收，冷却水可循环使用。

五、催化剂

硫黄回收催化剂的发展大致经历了三个阶段：天然铝矾土催化剂阶段、活性氧化铝催化剂阶段和多种催化剂同时发展并形成系列化催化剂的阶段。随着国内外对硫黄回收催化剂的要求越来越高，不仅要求具有良好的克劳斯活性和有机硫水解率，而且还要具备强的"漏O_2"保护功能。为此采用催化剂组合装填方式成为解决上述问题的较好方式，同时开发多功能催化剂也已势在必行，而且已取得良好效果。

中国硫黄回收催化剂的研制和生产始于20世纪70年代中期,目前国内研制和生产催化剂的主要单位是中国石油天然气研究院和中国石化齐鲁石化分公司研究院,前者研制和开发了CT系列催化剂,后者研制和开发了LS系列催化剂。

(一) 氧化铝基催化剂

国外的氧化铝基催化剂主要有法国Rhone-Progil公司生产的CR和CR-3S氧化铝催化剂;美国拉罗克公司生产的S-201催化剂、美国铝业公司生产的S-100催化剂,德国BASF公司生产的RJO-11催化剂。

我国最早生产的LS-811和CT6-2二种氧化铝基催化剂是替代天然铝钒土催化剂的早期产品,其性能和技术指标大致与法国CR催化剂相当,价格也较低,因此在相当长的一段时期内被广泛采用,为提高硫回收率起到了积极作用。

在LS-811催化剂基础上经改性制备而成的LS-300催化剂,比LS-811具有更大的比表面积($>300 \text{ m}^2/\text{g}$)和孔体积($>0.40 \text{ mL/g}$,最高可达0.50 mL/g以上),具有双峰分布型的孔结构,进一步提高了对有机硫化物的水解反应活性及H_2S和SO_2的低温克劳斯反应活性,已成为在物化性能、技术指标和催化活性上全面达到国外同类产品水平的Al_2O_3基硫黄回收催化剂,目前已在国内30几套工业装置上使用,效果良好。LS-300催化剂的性质见表13-3-11。

表13-3-11 LS-300催化剂的性质

化学组成/%	Al_2O_3	>93
	Fe_2O_3	<0.03
	SiO_2	<0.3
	Na_2O	<0.3
	其他	余量
物理性质	外观	$\phi 4 \sim 6\text{mm}$ 球形
	比表面积/(m^2/g)	>300
	孔容/(mL/g)	>0.4
	平均压碎强度/(N/颗)	>140
	堆密度/(g/mL)	0.65~0.75
	磨耗/%	<0.5

(二) 钛基催化剂

目前国外市场上有两类含钛催化剂产品:一类仍以活性氧化铝为主要成分,添加一定量钛作为活性组分,如法国Rhone-Progil公司生产的CRS-21,其中Al_2O_3的含量高于90%,TiO_2的含量约为5%,比表面积240 m^2/g,具有很高的有机硫水解能力和良好的抗硫酸盐化能力;另一类是由氧化钛粉末、水和少量成型添加剂混合成型后经焙烧而制成,如Rhone-Progil公司生产的CRS-31和美国LaRoche公司生产的S-701。该类催化剂中氧化钛的含量一般在85%~90%,由于氧化钛与SO_2反应生成的硫酸钛在硫黄回收装置的操作温度下不稳定,故此类催化剂的特点是抗硫酸盐化的能力极强,能长期保持很高的有机硫水解效率。同时,当过程气中有大量剩余氧存在时,催化剂很可能具有直接催化氧化H_2S而生成硫的能力。CRS-31通常装填在一级反应器,利用该反应器较高的操作温度使过程气中有机硫化物转化。

由于钛基催化剂的价格甚贵,故 1990 年前使用不普遍,但近年来因尾气排放标准日益严格,过程气中少量有机化合物的水解已成为提高装置总硫回收率的关键之一,其使用范围也随之提高。

LS-901 催化剂是中国石化齐鲁研究院研制的一种 TiO_2 基抗硫酸盐化催化剂,其特点是:

(1) 高活性。该催化剂对有机硫化物的水解反应和 H_2S 与 SO_2 的克劳斯反应具有更高的催化活性,后者几乎可以达到热力学平衡转化率。

(2) 耐"漏 O_2"。该催化剂对于"漏 O_2"中毒不敏感,水解反应耐"漏 O_2"中毒能力为 $2000\mu g/g$,克劳斯反应时则高达 $10000\mu g/g$,并且一旦排除了高浓度 O_2 的影响,活性几乎得到完全恢复。

(3) 高空速。对达到相同的转化率水平,仅需要约 3s 接触时间,相当于 $1000 \sim 1200h^{-1}$ 空速,意味着反应器体积可以缩小。

LS-901 催化剂的物化性质见表 13-3-12。

表 13-3-12　LS-901 催化剂的物化性质

项目	指标	项目	指标
颜色及形状	白色条型	堆密度/(g/mL)	0.95~1.05
尺寸/mm	$\phi 4 \pm 0.5 \times 5 \sim 20$	平均压碎强度/(N/颗)	≥80
TiO_2/%	>85	磨耗率/%	<1.0
比表面积/(m²/g)	≥100		

LS-901 催化剂可装填在第一反应器床层温度较高的下部,装填量约占床层总体积的 1/3~1/2,以利于有机硫化物的水解反应。

(三) 保护催化剂

国外的保护催化剂只有法国的 AM 系列和日本的 CSR-7 二种商品催化剂。Axens 公司近年又推出一种改进的 AMS 保护催化剂,进一步提高了 CS_2 的转化率,并能消除 O_2。

因一级反应器入口气体中 H_2S 含量较高,故对硫酸盐化不敏感,可不装填 AM 催化剂,而二、三级反应器入口气体中 H_2S 含量较低,对硫酸盐敏感,故 AM 催化剂通常装填在二、三级反应器床层顶部,装填量约为每个反应器催化剂用量的 30%。

国内的保护催化剂有中国石化齐鲁研究院的 LS-971 催化剂和中国石油天然气研究院的 CT6-4B 催化剂。

LS-971 催化剂是以专用氧化铝为载体(载体指标为:比表面积 >300m²/g;孔容 >0.40mL/g;平均压碎强度 >130N/颗),浸渍专利的活性组分制备而成,LS-971 催化剂和国外保护催化剂的主要物化性质见表 13-3-13。

表中数据表明,LS-971 催化剂的物化性能指标全面达到了国外同类催化剂水平,而脱漏氧活性和克劳斯活性,尤其是对高浓度 O_2 的脱氧活性可以达到 $20000\mu g/g$,明显优于国外催化剂。

表 13-3-13　LS-971 催化剂和国外保护催化剂的主要物化性质

项目	LS-971 催化剂		国外催化剂	
	指标	实测	指标	实测
颜色及形状	褐色球型	褐色球型	褐色球型	褐色球型
外形尺寸/mm	$\phi 4 \sim 6$	$\phi 4 \sim 6$	$\phi 4 \sim 6$	$\phi 4 \sim 6$
载体	Al_2O_3	Al_2O_3	Al_2O_3	Al_2O_3
比表面积/(m^2/g)	>260	280	≥230	250
堆密度/(g/mL)	0.7~0.82	0.78	0.71~0.82	0.82
平均压碎强度/(N/颗)	>130	150	≥120	138

（四）多功能催化剂

为开发同时具有良好 Claus 活性、有机硫水解活性和脱"漏氧"保护功能的硫黄回收催化剂，中国石化齐鲁研究院和中国石油天然气研究院分别研发了多功能硫黄回收催化剂 LS-981 和 CT6-7。LS-981 催化剂的物化性质见表 13-3-14。

表 13-3-14　LS-981 催化剂的物化性质

外观	粒度/mm	堆密度/(g/mL)	强度/(N/cm)	磨耗率/%	比表面积/(m^2/g)	孔容/(mL/g)
土黄色条型	$\phi 4 \times 5 - 15$	0.97	293	≤0.5	236	0.34

LS-981 多功能催化剂的工业应用表明，该催化剂具有良好的克劳斯活性和有机硫水解活性以及脱"漏氧"保护功能，抗硫酸盐化性能强，活性稳定性好，适合长周期运行。山东胜利石化总厂 1kt/a 硫黄回收装置三年工业试验表明，与同装置原使用催化剂相比，有机硫水解率提高 10% 以上，装置总硫转化率提高 1% 以上，可以代替催化剂组合装填技术，应用于工况波动较大的硫黄回收装置上。

在工业生产中，往往是几种催化剂联合使用，目前工业上采用较多的装填方案有以下三种：

（1）一级反应器上部 2/3 装填 LS-300 催化剂，下部 1/3 装填 LS-901 催化剂，二级反应器上部 1/3 装填 LS-971 催化剂，下部 2/3 装填 LS-300 催化剂；

（2）一级反应器全部采用 LS-981 催化剂以代替其他催化剂的组合装填，二级反应器上部 1/3 装填 LS-971 催化剂，下部 2/3 装填 LS-300 催化剂；

（3）一、二级反应器全部装填 CT6-4B 催化剂。

上述装填方案可根据催化剂种类的不断更新和性能的改善进行调整。

六、工业应用情况和工业装置的主要技术经济指标

硫黄回收部分的工业应用情况和工业装置的主要技术经济指标和硫黄回收尾气处理部分综合表述，见第五节第七部分。

第四节　H_2S 制硫酸

硫酸法是利用 H_2S 直接生产硫酸的方法。H_2S 直接制硫酸工艺分干法与湿法两种，干法

是将 H_2S 气体燃烧成 SO_2 后，采用与传统的硫铁矿制酸工艺相似的方法洗涤、干燥、催化转化和吸收。湿法则由于 H_2S 在分离过程中已经进行过洗涤、干燥和净化，在水蒸气存在下将 SO_2 催化转化成 SO_3 并直接凝结成酸。企业可根据自己的产品产量、气体成分、技术水平、投资能力等条件进行选择。

一、湿法制硫酸工艺

以含硫酸性气为原料采用湿法直接制硫酸，可大大简化流程，有利于系统热量的回收，节省投资。目前最有代表性的湿法制硫酸工艺有丹麦托普索(Topsoe)公司的湿法制酸(Wet gas Sulphuric Acid，简称 WSA)工艺、德国鲁奇(Lurgi)公司的低温冷凝工艺和康开特(Concat)工艺。

(一) 工艺方法

1. 丹麦 Topsoe 公司的 WSA 工艺

WSA 工艺是丹麦 Topsoe 公司于 20 世纪 80 年代中期开发的专利技术。目前全球建成或在建的 WSA 装置已超过 50 套。国内已有 6 套 WSA 装置建成并运行正常。中国石化长岭分公司已引进 WSA 工艺，并于 2002 年建成投产。

WSA 工艺非常适合处理各种浓度的含硫气体，也可以处理水分含量相当高的气体，处理前不需要进行干燥。因此，该工艺应用范围很广，可以直接处理炼油厂、化肥厂、焦化厂、甲醇厂和发电厂等脱硫装置的酸性气，用以制取硫酸，有着广泛的应用前景。

此外，该工艺流程简单、能效高，当燃烧气中 SO_2 低至 3% 时仍可自热运行。

2. 德国 Lurgi 公司低温冷凝工艺

低温冷凝工艺是 20 世纪 30 年代德国 Lurgi 公司提出的一种湿法制酸工艺。该工艺中硫酸冷凝装置是喷淋式填料塔，其后接除雾器。该工艺过程是：含 H_2S 的酸性气体在焚烧炉内燃烧生成 SO_2，SO_2 在转化器内催化转化，出转化器的气体直接进入冷凝塔，与塔顶喷淋的循环冷硫酸逆流接触，冷凝成酸。

该工艺中 SO_2 转化率达 98.5%，产品 H_2SO_4 的含量为 78% 左右。该工艺的缺点是使用范围有限，不能处理燃烧后 SO_2 含量(体积分数)低于 3% 的气体，仅适用于小规模装置。目前，Lurgi 公司已建成 60 多套这种装置。我国北京焦化厂和宜化钢铁公司焦化厂引进并应用了该技术。

3. 德国 Lurgi 公司 Concat 工艺

Concat 工艺又称高温冷凝工艺，是 Lurgi 公司继低温冷凝工艺后又推出的改良湿法制酸工艺。高温冷凝即 SO_3 气体与水蒸气在高温下凝结成酸。该工艺的冷凝装置选用文丘里管冷凝器。该工艺过程是：湿 H_2S 气体与燃料气在焚烧炉内燃烧生成 SO_2，SO_2 在转化器内进行氧化，氧化后的气体进入文丘里管冷凝器，与高度分数的热硫酸并流接触，生成硫酸，沉析放热，气体经冷却并和硫酸雾滴分离。

该工艺特别适用于处理温度高、H_2S 含量低的气体，可处理燃烧气中 SO_2 含量(体积分数)低至 1% 的气体并保持自热平衡，该法也适用于处理克劳斯硫回收尾气，硫回收率可达 99.5%，产品硫酸的质量分数可达 93%。我国山西化肥厂已引进一套康开特制酸装置。

上述三种湿法制酸工艺的比较见表 13-4-1。

表 13-4-1 三种湿法制酸工艺的比较[24]

生产工艺	燃烧气 SO_2 含量(体)/%	硫回收率/%	成品酸/%	冷凝装置	余热利用	适用范围
WSA 工艺	≥3	99.0	98	降膜式冷凝器	副产高压蒸汽	较广
低温冷凝工艺	>3	98.5	78	喷淋式填料塔	少量利用	较窄
Concat 工艺	<1	99.5	93	文丘里管	可保持自热平衡	较广

(二) 工艺流程

以 Topsoe 公司湿法硫酸法为例,说明工艺流程。该工艺的示意流程见图 13-4-1。工艺流程包括下列三部分:

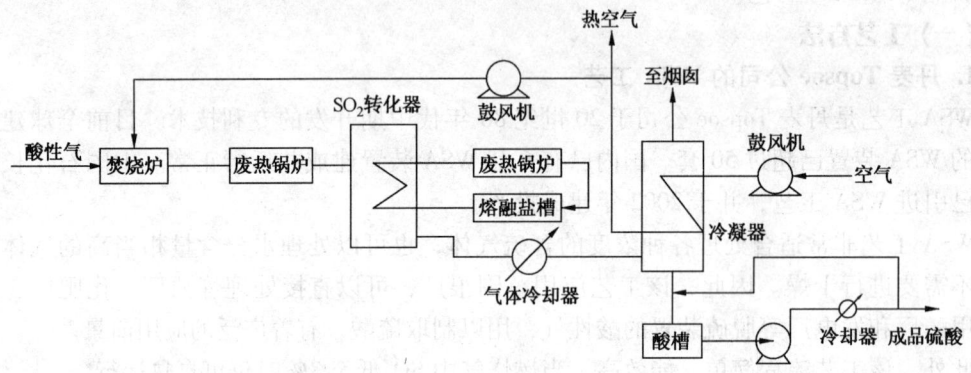

图 13-4-1 WSA 湿法硫酸法工艺示意流程

(1) 制气部分 该部分由焚烧炉及废热锅炉组成。

酸性气经焚烧炉焚烧,使酸性气中的 H_2S 全部转变为 SO_2,经废热锅炉回收热量,同时产生蒸汽并使气体冷却。

反应式为:

$$2H_2S + 3O_2 = 2SO_2 + 2H_2O \qquad (13-4-1)$$

(2) 转化部分 该部分由转化器和以熔融盐作为热载体的循环回路系统组成。

经冷却后的焚烧气体被预热的空气混兑至温度约 180℃ 进入转化器,转化器内设有三层催化剂和三台换热器,顶层装填的是 Topsoe 公司的 CK 系列氧化催化剂,它可使 H_2、CO、H_2S、COS 和 CS_2 氧化为 H_2O、CO_2 和 SO_2。中间层和底层装填的是 Topsoe 公司的 VK 系列 SO_2 转变催化剂,可使 SO_2 转化为 SO_3,转化率 >99%,反应式如下:

$$2SO_2 + O_2 = 2SO_3 \qquad (13-4-2)$$

三个换热器分别设在转化器顶部、中部(中间层和底层催化剂之间)和底部,顶部是加热器,硫黄尾气可被加热至约 300℃,进入催化剂床层,进行反应;中部和下部都是冷却器,以熔融盐(钠和钾的硝酸盐和钠的亚硝酸盐的混合物)作为热载体的循环回路系统及时将反应热取走,用于加热蒸汽和废热锅炉给水,同时使气体冷却至低于 300℃,SO_3 气体和水反应,生成气态的硫酸,反应式如下:

$$SO_3 + H_2O = H_2SO_4(gas) \qquad (13-4-3)$$

(3) 冷凝成酸部分 该部分由冷凝器、空气冷却系统和酸循环回路组成。

SO_3 气体和水蒸气反应生成的气态硫酸,在 Topsoe 公司的专利设备—WSA 冷凝器中被冷却和冷凝,变为液体硫酸,并通过冷凝器的垂直玻璃管内侧,流向底部。冷凝热用于加热进入焚烧炉的空气(约加热至230℃),以利用其热量。出冷凝器约260℃的硫酸和经酸冷却器冷却至40℃的部分硫酸混合,使其温度控制在60℃左右,进入储酸槽,然后再经酸冷却器冷却至40℃,即可获得高浓度(浓度>95%)的成品酸。

装置硫回收率随采用的催化剂不同而不同,一般为98.5%~99.2%。

(三) 工艺技术特点

因目前采用Topsoe公司的WSA工艺较多,因此以WSA工艺为例,说明其技术特点。

(1) 适用范围广。能处理H_2S含量(体积分数)在3%~60%的酸性气,不受原料中烃类、氰化物、碳化物等组分的影响。原料组成大幅度波动不会影响装置正常运行。装置可在30%~100%负荷下连续运行。

(2) 硫回收率高,可达99%,排放尾气中SO_2含量低于中国国家排放标准。

(3) 无环境污染。该工艺除消耗催化剂外不需任何化工药品、吸附剂或添加剂。不产生二次污染物。

(4) 工艺过程简单,运行成本低。

二、干法制硫酸工艺

由于目前采用干法制酸工艺的装置较少,以中国石油化工集团南京设计院(以下简称南京院)为中国石化荆门分公司设计的50kt/a硫化氢制酸装置为例,说明工艺流程及其特点。

(一) 工艺方法

酸性气和空气在焚烧炉内燃烧生成含SO_2的过程气,经冷却、洗涤、干燥后,SO_2与O_2在催化剂作用下发生氧化反应生成SO_3,然后SO_3在吸收塔中由循环喷淋的98.3%硫酸吸收而生成硫酸。过程气中未转化的SO_2再经催化剂进行第二次转化生成SO_3,经第二次吸收后SO_3生成硫酸,达到较高的SO_2转化率和SO_3吸收率。

主要三个反应式同式(13-4-1)~式(13-4-3)。

(二) 工艺流程

工艺示意流程图[25]见图13-4-2。

(三) 工艺技术特点

(1) 采用两转两吸干法制酸工艺,提高硫回收率。由于采用3+1四段转化工艺,即一级转化器装有三段催化剂,二级转化器装有四段催化剂,硫总转化率达≥99.6%。

(2) 两级转化器入口均增设电加热炉,解决开工中转化器烧烤和催化剂升温问题以及原料低负荷时转化器反应热不足问题,提高装置运行率。

(3) 优化换热流程,按照总换热面积最少,换热系统调节性能最佳,进塔气温最适宜进行热量优化分配。

(4) 为减少电耗,SO_2风机采用汽轮机带动。

三、工业应用情况和工业装置的主要技术经济指标

(一) 湿法制酸工艺

湿法制酸工艺以中国石化长岭石化分公司的WSA工艺为例,说明工业应用情况和主要技术经济指标。

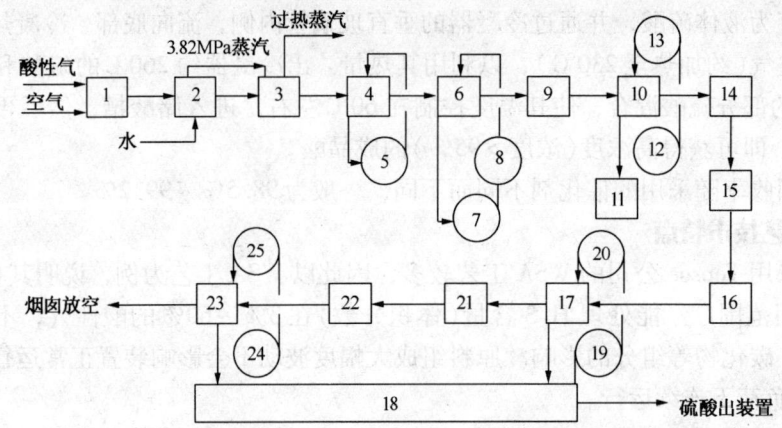

图 13-4-2 干法制酸工艺示意流程图

1—焚烧炉；2—废热锅炉；3—过热器；4—冷却塔；5—循环泵；6—洗涤塔；7—循环泵；
8—板换；9—电除雾器；10—干燥塔；11—干燥循环槽；12—循环泵；13—冷却器；14—SO₂ 风机；
15—换热器；16——级转化器；17——吸塔；18—吸收循环槽；19—循环泵；20—冷却器；
21—换热器；22—二级转化器；23—二吸塔；24—循环泵；25—冷却器；26—烟囱

1. 装置概况

装置利用炼油厂脱硫再生酸性气、酸性水汽提酸性气为原料，采用丹麦 Topsoe 公司的 WSA 工艺，由 Topsoe 公司提供工艺包、专利设备及催化剂，岳阳工程设计有限公司完成详细设计，于 2002 年 2 月投产。

装置设计能力为年产 98% 的工业级浓硫酸 60kt（按年开工 8000h 计），装置占地面积约 1000m²，总投资 6500 亿元[26]。

2. 装置标定[27]

（1）物料平衡数据 物料平衡数据见表 13-4-2。

表 13-4-2 物料平衡数据

介 质	设 计 值		标 定 值	
入方流量	m³/h	（体）/%	m³/h	（体）/%
酸性气	2675	100	2080	100
其中：H_2S	1983	74.13	1521	73.13
CO_2	665	24.87	451	21.68
烃	13	0.5	8	0.38
NH_3	14	0.5	22	1.06
H_2O	0	0	78	3.75
1.0MPa 蒸汽/(kg/h)	720		450	
空气/(m³/h)	67460		41762	
其中：燃烧空气	31108		21342	
过剩空气	36352		20420	
出方流量				
成品硫酸/(m³/h)	2196		1678	
外排尾气/(m³/h)	64855		39690	

续表

介 质	设 计 值	标 定 值
其中：O_2	9957	5558
H_2O	729	530
CO_2	679	460
N_2	53473	33110
NO_2	13	22
SO_2	4	8
SO_3	微量	2

经计算，装置二氧化硫转化率约为99%，硫回收率在99%以上，外排尾气中SO_2浓度约为570mg/m³，低于国家排放标准（小于960mg/m³）。

（2）公用工程消耗及能耗 公用工程消耗及能耗见表13-4-3。

表13-4-3 公用工程消耗及能耗

项 目	单位消耗量/(kg/t)		折合单位能耗/(MJ/t)	
	设计值	标定值	设计值	标定值
燃料气	0.034	0.031	1.42	1.3
1.0MPa 蒸汽	189	74	601.23	235.91
除氧水	2118	2002	815.83	771.07
新鲜水	275	222	2.07	1.68
净化风/(m³/t)	13732	14828	22.93	24.76
电/(kW/t)	55.06	66.108	691.55	830.32
3.5MPa 蒸汽	-2118	-2002	-7803.86	-7376.13
合计			-5668.83	-5511.09

可以看出，由于采用熔盐作为热载体，回收燃烧反应热，转化反应热和水合反应热，直接产生3.5MPa过热蒸汽，使装置能量回收利用率高。

3. 装置运行概况

装置运行中存在系统管道腐蚀严重、SO_2反应器设备腐蚀泄漏、硫酸质量异常等问题，通过更换酸性气燃烧器、空气过滤器、硫酸输送管道，改造空气冷却器和层间换热器，使装置运转周期由开工初期的3个月提高到3年以上。

（二）干法制酸工艺

干法制酸工艺以荆门分公司硫化氢制酸装置为例，说明工业应用情况和主要技术经济指标。

1. 装置概况

该装置是国内第一套大型硫化氢干法制酸装置，由南京院设计，2004年7月投产。装置设计规模为50kt/a。投资3900万元。排放尾气中SO_2浓度平均为622mg/m³，低于国家排放标准。设计的主要技术经济指标是：酸性气流量为2206.54m³/h，其中H_2S含量为66%，生产98%的浓硫酸50kt/a，副产1.0MPa蒸汽64.5 kt/a，总转化率达99.75%[28]。

2. 运行过程中出现的问题和解决方法[25]

（1）稀酸循环泵腐蚀泄漏，停工检修时更换为塑料泵。

(2) 玻璃钢管道泄漏,后更换为能抗强酸、强碱、强氧化剂、还原剂和各种溶剂腐蚀的聚烯烃(PO)衬里管。

(3) 成品酸管线泄露,后将碳钢管更换为铸铁管。

(4) 解决"前高、后低、中间一小"问题:

① "前高"是指夏季洗涤塔出口温度偏高。

洗涤塔出口设计正常温度为38℃,但夏季通常为41℃,经增加板式换热器换热面积后,使出口温度在夏季也能保持在正常范围内。

② "后低"是指转化器一、四段入口温度偏低。

由于转化工段的热损失过大,转化器一、四段入口温度低于催化剂的起燃温度,长期需要电加热炉加热,增加了装置的运行成本。检修时将温度高的设备和管道增加了保温,在电加热炉停止加热时,一、四段入口温度也能满足要求。

③ "中间一小"是指二氧化硫的风机流量偏小。

由于二氧化硫的风机流量偏小,导致部分酸性气不能在该装置处理,只能至硫黄回收装置处理。后将其中一台气轮机驱动风机改为电驱动,解决了上述问题。

第五节 硫黄回收尾气处理

一、硫黄回收尾气处理的必要性

受反应温度下热力学平衡的限制,即使采用活性良好的催化剂和三级转化工艺,克劳斯装置的硫回收率最高也只能达到97%左右,尾气中仍有将近1%的硫化物即相当于原料中3%~4%的硫以SO_2的形态排入大气,这样不仅浪费了大量硫资源,也造成了严重的大气污染问题。为此各国于20世纪70年代开始研究并开发硫黄回收尾气处理工艺。

国外硫黄回收尾气处理工艺的发展大致经历了以下三个阶段:热焚烧排放阶段、蓬勃发展阶段和完善及逐步定型阶段。

1970年第一套Sulfreen法尾气处理工业装置投产,标志着尾气处理作为一种新型工艺技术正式问世。此后10年间,尾气处理工艺蓬勃发展,被研究过的方法达70种以上,已工业化的也超过20种。20世纪80年代中期以后,各类方法在不断完善的基础上逐步定型。

二、尾气排放标准

(一)国外的排放标准

1978年,美国环境保护署(EPA)制定的废气排放法规规定建在炼油厂的克劳斯装置尾气经焚烧后排放时,其中SO_2的浓度要小于730 mg/m^3。1985年EPA又发布了建在天然气净化厂的克劳斯装置的废气排放标准。该标准的特点是按克劳斯装置的规模(即原料酸性气中的潜在硫含量)规定必须达到最低硫回收率;同时考虑了酸性气中H_2S浓度(Y,摩尔分数)对硫回收率的影响。见表13-5-1。

表 13-5-1 美国 EPA 制定的初始考核期内最低硫收率指标   %

Y 酸性气中 H_2S 浓度	(以硫计)/($t^①$/d) 酸性气中潜在硫含量			
(干基,摩尔)/%	$2 \leq X \leq 5$	$5 < X \leq 15$	$15 < X \leq 300$	$X > 300$
$Y \geq 50$	79	88.51$X^{0.0101}Y^{0.0125}$ 或 99.8,二者中取低值		
$20 \leq Y < 50$	79	88.51XY 或 97.9,二者中取低值		97.9
$10 \leq Y < 20$	79	88.51 或 93.5,二者中取低值	93.5	93.5
$Y < 10$	79	79	79	79

① 长吨。

加拿大的排放标准是根据装置规模(C)确定最低硫回收率,这也是欧美各发达国家制定排放标准经常采用的准则。表 13-5-2 是加拿大规定的最低硫收率指标。

表 13-5-2 加拿大规定的最低硫收率指标

装置规模/(t/d)	$C \leq 5$	$5 < C \leq 10$	$10 < C \leq 50$	$50 < C \leq 2000$	$C > 2000$
最低硫回收率/%	70	90	96.5	98.5~99.0	99.8

在欧洲国家中,德国硫回收装置的尾气排放标准最具代表性,见表 13-5-3,而法国和英国的规定则不论装置规模,必须达到同一最低硫回收率,法国规定的指标为 97.5%,英国规定为 98%。日本则由于国土面积较小而人口众多,是目前对硫回收装置尾气排放要求最严格的国家,不论装置规模,硫回收率均应达到 99.9%。

表 13-5-3 德国制定的硫收率指标

装置规模/(t/d)	$C \leq 20$	$20 < C \leq 50$	$C > 50$
最低硫收率/%	>97	≥98	≥99.5

(二)中国的排放标准

中国于 1997 年 1 月 1 日起开始实施《大气污染物综合排放标准》(GB 16297—1996),该标准有下列三项指标:

(1) 通过排气筒排放废气的最高允许排放浓度,见表 13-5-4。

表 13-5-4 GB 16297—1996 规定的 SO_2 排放限值

最高允许排放浓度/(mg/m³^①)	最高允许排放速率/(kg/h)				无组织排放监控浓度限值	
	排气筒高度/m	一级	二级	三级	控制点	浓度/(mg/m³)
960 (硫、二氧化硫、硫酸和其他含硫化合物生产)	15		2.6	3.5	周界外浓度最高点	0.4
	20		4.3	6.6		
	30		15	22		
	40		25	38		
	50		39	58		
	60		55	83		
	70		77	120		
	80		110	160		
	90		130	200		
	100		170	270		

① 气体体积指 0℃,101.325kPa。

(2) 通过排气筒排放的废气，按排气筒高度规定的最高允许排放速率，见表13-5-5。任何一个排气筒必须同时遵守上述两项指标，超过其中任何一项均为超标排放。

(3) 以无组织方式排放的废气，规定无组织排放的监控点及相应的监控浓度限值。

表13-5-5 SO_2允许排放量和排气筒高度关系

排气筒高度/m		30	40	50	60	70	80	90	100
允许SO_2排放速率/(kg/h)	二级	15	25	39	55	77	110	130	170
	三级	22	38	58	83	120	160	200	270

(三) 我国炼油厂硫黄尾气处理概况

2007年，中国石油化工集团公司炼油事业部组织对中国石化所属的24家炼油企业的硫黄回收装置状况进行调研，调研的24家企业的40套装置中有28套装置设有还原吸收尾气处理设施，占总装置套数的70%，而未设置尾气处理设施的装置中，除1套装置规模为20kt/a，3套装置规模为10kt/a外，其余8套装置规模均小于10kt/a，占总装置数的20%[29]。

调研数据表明：我国炼油厂硫黄尾气处理方式已从以热焚烧为主（1998年占83.8%）转变为以设置还原吸收尾气处理工艺为主（占70%），总硫回收率也从1998年约95%提高至高于99.8%；排放尾气中污染物排放量和排放浓度大幅降低，以SO_2排放浓度为例，2007年调研的18家企业数据中，11家企业排放气体中SO_2浓度都满足中国《大气污染物综合排放标准》低于960 mg/m^3的要求，占61%。

三、尾气处理工艺

虽然尾气处理工艺很多，中国也已引进十多种处理工艺。但按其工艺原理大致可分为低温克劳斯工艺、选择性催化氧化工艺和还原-吸收工艺三大类，前二大类虽不能满足中国《大气污染物综合排放标准》，但其中某些工艺方法在国外一直蓬勃发展。本书将重点介绍中国已引进的工艺技术。

(一) 低温克劳斯工艺

1. 工艺原理

该工艺的工艺原理是在液相或固体催化剂上进行低温克劳斯反应。前者是在加有特殊催化剂的有机溶剂中，在略高于硫熔点的温度下，使尾气中的H_2S和SO_2继续进行克劳斯反应生成硫黄以提高硫转化率；后者是在低于硫露点温度下，在固体催化剂上发生克劳斯反应，利用低温和催化剂吸附反应生成的硫，降低硫蒸气压，进一步提高平衡转化率。

无论反应是在液相或固体催化剂上进行，根据克劳斯反应式，可以看出，控制过程气中H_2S/SO_2的比例是这类工艺提高硫回收率的关键，该工艺不能降低尾气中COS和CS_2含量，硫回收率约为98.5%~99.5%。这类工艺流程简单，投资和操作费用也较低，适用于中、小型规模装置。Sulfreen法、MCRC法、CBA法和Clauspol法都属于低温克劳斯工艺，上述四种工艺方法中国都已引进。

2. 工艺方法

(1) 萨弗林(Sulfreen)工艺 Sulfreen工艺由德国Lurgi公司与法国SNPA公司联合开发，是最早工业化且应用较广的尾气处理工艺，目前全球建有约50套工业装置[30]，为提高总硫回收率以适应更为严格的SO_2排放标准，后又开发了Hydrosulfreen、Oxysulfreen、Doxosul-

freen、Carbonsulfreen 及二段 Sulfreen 五种工艺。

中国石化上海分公司和扬子分公司在 20 世纪 80 年代初已引进 Sulfreen 工艺，硫回收率为 99.0% ~ 99.5%。

Sulfreen 工艺的示意流程见图 13 - 5 - 1。

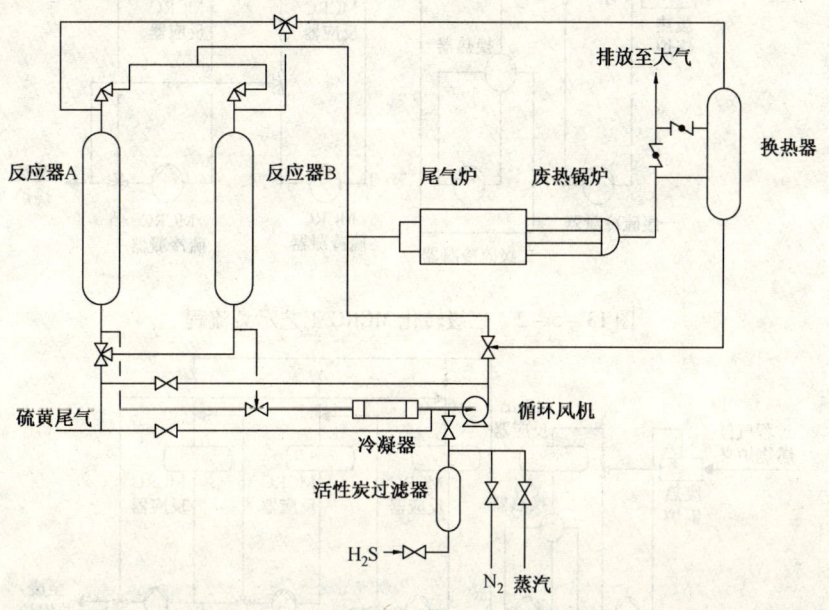

图 13 - 5 - 1 Sulfreen 工艺示意流程图

Sulfreen 尾气处理工艺设有二个反应器，由时间程序控制器控制，其中一个反应器进行反应吸附，另一个反应器进行再生，定时自动切换、连续操作。

(2) MCRC 工艺 MCRC 工艺是加拿大 Delta 公司的专利技术，1976 年工业化，至今约有 20 套装置在运转，装置规模为日产硫黄 13 ~ 550t，处理的酸性气中 H_2S 浓度为 31% ~ 91%。MCRC 装置反应器级数有三级和四级两种，硫黄回收率三级为 98.5% ~ 99.2%，四级为 99.3% ~ 99.4%。MCRC 流程简单、工艺成熟、不产生二次污染物、硫黄回收率适中，适合中、小型规模装置。中国川西北矿区净化厂和中国石化镇海炼化分公司都已引进 MCRC 专利技术和关键设备，并先后于 1990 年和 1996 年投产。

MCRC 工艺由常规 Claus 段和 MCRC 催化反应段二部分组成，三级转化和四级转化的 MCRC 装置常规 Claus 段都相同，包括酸性气燃烧炉、废热锅炉、一级硫冷凝器和一级反应器；差别仅是 MCRC 反应器数量不同，分别为二个和三个。当 MCRC 反应段具有二个反应器时，其中一个反应器处于高温再生，并同时进行常规克劳斯反应，另一个反应器处于低温克劳斯反应和吸附；当具有三个反应器时，反应器按再生、一级亚露点和二级亚露点顺序定期切换，用时间程序控制器控制。可以看出，MCRC 工艺起到了常规克劳斯加尾气处理一顶二的作用。

三级转化 MCRC 装置的二个 MCRC 反应器在切换时，床层温度有逐变过程，造成回收率下降，约半小时可恢复正常；而四级转化 MCRC 装置可克服上述缺点，反应器切换时，硫收率基本没有变化。

三级转化 MCRC 装置和四级转化 MCRC 装置示意流程分别见图 13 - 5 - 2、图 13 - 5 - 3。

(3) CBA 工艺 CBA 工艺是美国 AMOCO 公司于 20 世纪 70 年代开发的专利技术，第一

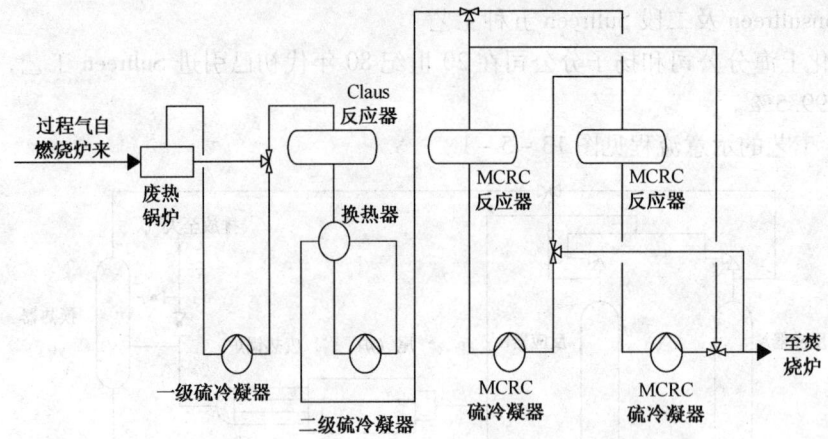

图 13-5-2 三级转化 MCRC 工艺示意流程

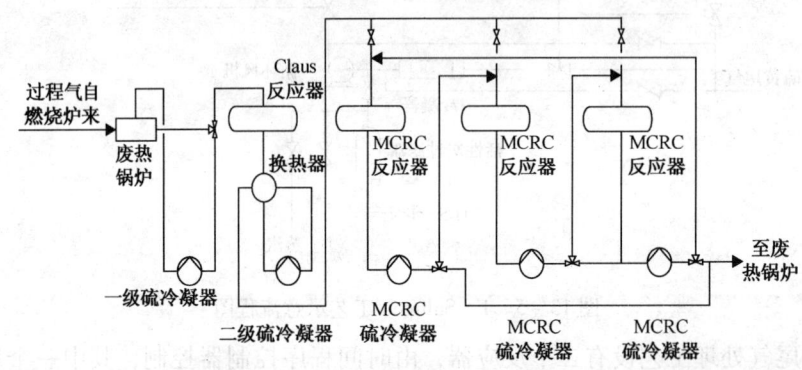

图 13-5-3 四级转化 MCRC 工艺示意流程

套工业化的 CBA 装置于 1976 年 9 月在加拿大阿尔伯塔省的 East Crossfield 工厂投产,此后又有约 20 套装置相继投入运行,硫回收率可达 98%~99.5%。装置规模为日产硫黄 20~900t。至 1998 年,炼油厂已有 7 套 CBA 装置投入运行。中国重庆天然气净化总厂大竹分厂已引进该工艺技术,并于 2008 年 4 月建成投产。该装置设计规模为日处理天然气 200×10^4 m^3,设计硫回收率不小于 99.2%,硫黄日产量为 45.4t。装置除燃烧器、切换阀等关键设备和催化剂从国外引进,其余均为国产。

CBA 工艺和 MCRC 工艺一样,也有三级转化和四级转化二种类型,迄今为止,大多数设计和运行的装置都采用四级转化。为降低投资,减少反应器数量,简化操作,CBA 工艺的最新进展是开发出一种改良的三级转化工艺,它又由于反应器循环方式不同,可分为 R3、R3 和 R2、R3 二种循环方式。前者具有二个克劳斯反应器,一个 CBA 反应器,优点是反应器不需要切换,也不需要高性能的切换阀,缺点是硫回收率会周期性下降;后者具有一个克劳斯反应器,二个 CBA 反应器,二个反应器分别处于再生、反应、吸附,切换操作,硫回收率可达 99.1%。不同反应器数量和不同循环方式的硫回收率也不同,此外,硫回收率还和酸性气中 H_2S 浓度有关,见图 13-5-4。

(4) Clauspol 工艺 Clauspol 工艺是法国石油研究院(IFP)于 20 世纪 60 年代末开发的专利技术,故又称为 IFP 法,自 1971~1999 年,世界各地已有 40 多套装置投入运行。规模最

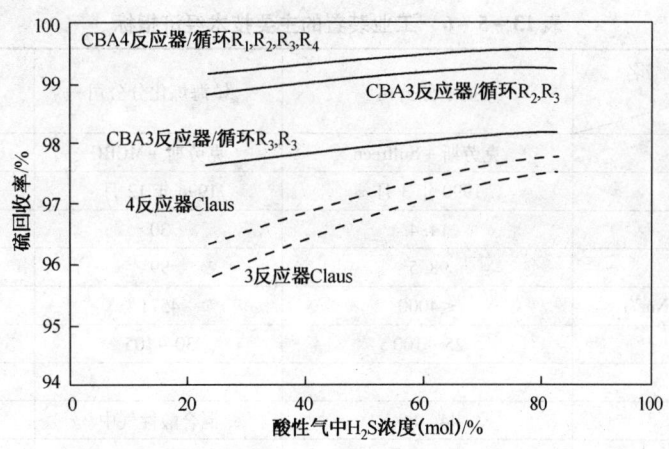

图 13-5-4　酸性气中 H_2S 含量与硫回收率的关系

大的为日产硫黄 600t，最小的仅为 10 t。大连西太平洋石油化工有限公司已引进该技术，并于 1997 年投产。

Clauspol 工艺的原理是在加有特殊催化剂的有机溶剂中，在略高于硫熔点的温度下，使尾气中的 H_2S 和 SO_2 继续在液相中进行克劳斯反应。反应中生成的硫，由于密度较大，沉降到底部与溶剂分离，并加以回收。

由于 H_2S 在溶剂中的溶解度略低于 SO_2，为保持溶剂中 H_2S/SO_2 比例为 2，应控制克劳斯尾气中 H_2S/SO_2 之比稍高于 2，通常控制在 2.01～2.24。尾气中的 COS 和 CS_2 在 Clauspol 反应器中也会发生水解反应，但水解率仅分别为进入反应器的 COS 和 CS_2 含量的 40% 和 15%。

Clauspol 1500 是最早工业化的 Clauspol 工艺，后在此基础上发展了 Clauspol 300、Clauspol 99.9 和 Clauspol 150 工艺。

Clauspol99.9 工艺的技术改进是：

① 采用选择性好、有机硫水解能力强的 CRS31 钛基催化剂，降低出口气体中的 COS 和 CS_2 含量。并推荐在一级反应器顶部装填约占体积 1/3 的 AM 保护性催化剂，以消除漏氧。

② 为降低尾气中的硫蒸气含量，溶剂采用减饱和回路，示意流程见图 13-5-5。即从原循环回路中抽出部分溶剂，经冷却器冷却至 50～70℃，使其中的硫形成固体硫，经分离器分离，顶部澄清的溶剂经换热后返回至溶剂循环回路；底部带有残留溶剂的固体硫淤浆，在加热器中加热到硫熔点以上温度，再返回到反应器底部，液态硫沉降，残留的溶剂向上流动并进入循环回路。

3. 工业装置的主要技术经济指标

国内已引进的 Sulfreen、MCRC 和 Clauspol 三种工艺工业装置的主要技术经济指标见表 13-5-6。

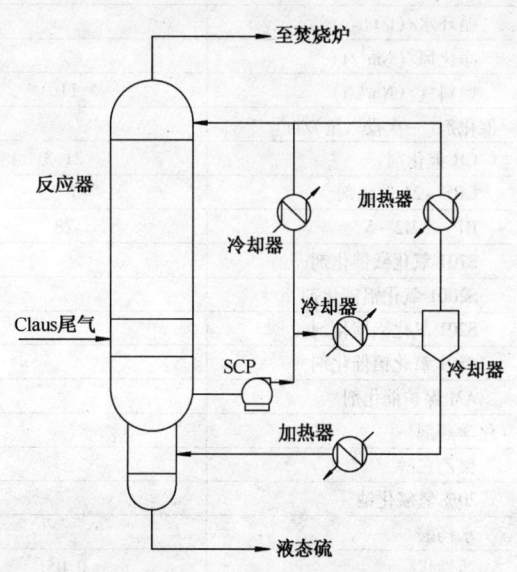

图 13-5-5　溶剂的减饱和回路

表 13-5-6 工业装置的主要技术经济指标

项 目 \ 厂 名	扬子分公司	镇海炼化分公司	大连西太平洋石油化工有限公司
采用工艺	克劳斯 + Sulfreen	克劳斯 + MCRC	克劳斯 + Clauspol
投产时间	1990 年 3 月	1996 年 12 月	1997 年 6 月
规模/(kt/a)	14.4	30	100
硫回收率/%	98.5	99	99.5
排放烟气中 SO_2/(mg/Nm^3)	≤4000	4571	1420
操作弹性/%	25~100	30~105	15~105
酸性气组成(体)/%			
H_2S	44.88	混合酸性气中	>80
CO_2	—	H_2S 浓度为 45%~85%	≤5
NH_3	30.86		≤1
H_2O	24.05		饱和
烃	0.18 + 0.03(H_2)		<5
硫黄产品质量	纯度>99.9%，灰分<0.03%，无砷、硒、碲	符合国家优等品标准(GB 2449—92)	符合化工部一级品标准，液硫中 H_2S ≤10μg/g
占地面积/m^2	79×55=4345(包括硫黄回收及酸性水汽提)	3679	8400(未包括硫黄成型部分)
消耗指标(以每吨硫黄产品计算)			
1.0MPa 蒸汽/(t/t)(负值表示自产)	-1.55	-2.13	-2.54
0.3MPa 蒸汽/(t/t)	-2.6		-0.15
电/(kW·h/t)	123	120.53	118
脱氧水/(t/t)	4.9	2.18	3.2
循环水/(t/t)		6.77	5.0
净化风/(Nm^3/t)			8.0
燃料气/(Nm^3/t)	116	37.8	41.6
催化剂(一次投入量)/m^3			该列中催化剂单位是吨(t)
CR 催化剂	21.3		
CRS-21 催化剂	7.1		
RP-AM2-5	28		
S701 氧化钛催化剂		20.8	23.8
S2001 氧化铝催化剂		52.8	
S201 氧化铝催化剂			13.65
S501 氧化铝催化剂			17.25
AM 保护催化剂			9.9
化学药剂			
聚乙二醇			191.5
20%氢氧化钠			4.6
水杨酸			0.53
活性炭	0.05t		

(二) 选择性催化氧化工艺

1. 工艺原理

该工艺的基本原理是利用选择性氧化催化剂将尾气中的 H_2S 直接催化氧化为硫元素，以提高硫回收率。反应式如下：

$$H_2S + 1/2O_2 \longrightarrow 1/eS_e + H_2O \qquad (13-5-1)$$

2. 工艺方法

属于该工艺的有 BSR – Selectox 工艺、Modop 工艺、BSR/Hi – Activity 工艺、Clinsulf – DO 工艺、超级克劳斯(Super Claus)工艺和超优克劳斯(EURO Claus)工艺等，其中以 Super Claus 工艺和 EURO Claus 工艺发展最迅速。

（1）Super Claus 工艺　由荷兰 Comprimo（现在的 Jacobs Nederland B. V. – JNL 公司）公司、VEG 气体研究院、Utrech 大学和催化剂制造商 Engelhard 联合开发的 Super Claus 工艺于 1988 年首次在德国工业化，自工业化后一直发展迅速，至 2008 年已超过 130 套装置获得许可证，超过 100 套装置在运行，其中 35% 是普通克劳斯工艺改造为 Super Claus 工艺，装置规模从 3~1165t/d，其中 60% 的装置采用 2 级克劳斯反应器 + 1 级 Super Claus 反应器，硫回收率保证值从 98.0%~99.0%，其余 40% 的装置采用 3 级克劳斯反应器 + 1 级 Super Claus 反应器，硫回收率保证值通常可以高达 99.3%。

Super Claus 工艺被认为是克劳斯技术问世以来最显著的技术进步之一，常规的三级克劳斯装置很容易改造为 Super Claus 装置，总硫回收率可达 98%~99%，而投资仅比三级克劳斯装置增加 10%~15%，该投资已包括专利使用费和催化剂费用。Super Claus 工艺由于流程简单，投资较低、硫回收率适中，特别适合于中、小规模装置。

Super Claus 工艺的技术关键是选择性氧化催化剂，该催化剂有以下特点：

① 气体中所含的大量水蒸气对催化剂几乎没有影响，故过程气不需要冷凝脱水，既简化了流程，节省了投资，又降低了能耗，减少了酸性水的排放。

② 催化剂的选择性高，仅氧化 H_2S，不会发生其他组分如 H_2、CO 等的氧化反应，也不会发生克劳斯逆反应和硫的氧化反应。

③ H_2S 的转化率高，单程氧化率可达 85%。

④ 催化剂寿命长达 10 年。

Super Claus 催化剂一直在不断改进、换代。现已开发出第四代 Super Claus 催化剂。

由于气体中的杂质会影响总硫转化率，因此 Super Claus 工艺要求气体中的 H_2S 含量在 23%~93%（体积分数）之间，其他组分的限量值（体积分数）分别为：NH_3 含量最高 17%；CO_2 含量最高 50%；烃含量最高 5%[31]。

Super Claus 工艺根据硫转化率又可分为 Super Claus99 和 Super Claus99.5 二种流程。前者是在常规 Claus 硫黄回收后增加一个选择性氧化反应器，在氧化催化剂作用下，使过程气中 H_2S 直接氧化为单质硫，装置硫回收率为 99%；后者是在常规 Claus 硫黄回收和选择性氧化反应器之间增设加氢过程，将过程气中的单质硫、SO_2 加氢成为 H_2S，COS、CS_2 水解成为 H_2S，再在选择性氧化反应器中使过程气中 H_2S 直接氧化为单质硫，硫回收率可达 99.5%。由于后又开发了 EuroClaus 工艺，因此几乎所有 Super Claus 装置都采用 Super Claus99 工艺。

Super Claus99 工艺示意流程见图 13-5-6。

Super Claus99 工艺中的克劳斯部分操作和常规克劳斯部分操作不同，它不要求过程气中

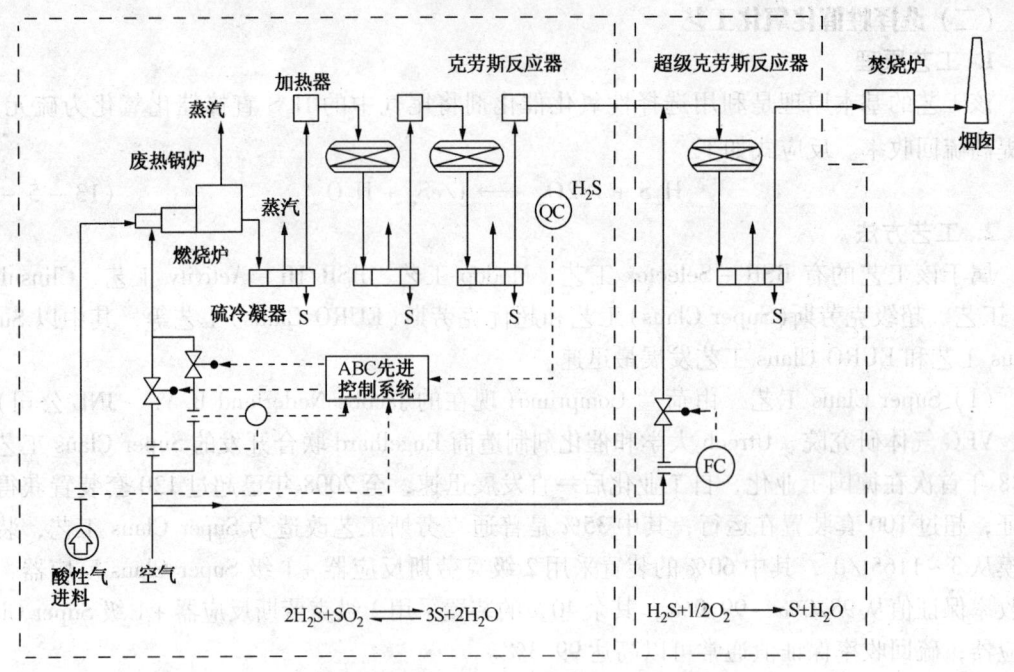

图 13-5-6 Super Claus99 工艺示意流程

H_2S/SO_2 为 2:1，而要求 H_2S 过剩，通常控制二级反应器出口过程气中 H_2S 浓度约为 1.0%。

由于高温段和一、二级反应器中 H_2S 过量运转，硫转化率要降低约 1%~2%，这种转化率的损失，通过 H_2S 的选择性催化氧化得到弥补。

Super Claus 工艺的硫回收率及装置投资比见表 13-5-7。

表 13-5-7 Super Claus 工艺的硫回收率及装置投资比

工艺 项 目	二级转化克劳斯工艺	二级转化 + Super Claus99	二级转化 + Super Claus99.5
空气用量	100	96.2	100
二级转化或加氢还原后的硫转化率/%	96.7	95.7	96.7
过程气中 H_2S 浓度/%	2.2	4.0	3.3
过程气中 SO_2 浓度/%	1.1	0.3	~0
催化氧化部分硫转化率/%		2.6	2.9
硫蒸气损失率/%	0.2	0.2	0.2
总硫回收率/%	96.5	99.1	99.4
装置投资比	100	122	137

可以看出，以二级克劳斯装置为基础，新建一套 Super Claus99 或 Super Claus99.5 装置，投资仅增加 22% 或 37%，而硫回收率则提高 2.6 或 2.9 个百分点，这在经济上是十分诱人的。

至 2007 年，Super Claus 专利技术在中国已引进 5 套，其中炼油厂仅 1 套。中国石化安庆分公司于 1995 年引进了 Super Claus99 专利技术、催化剂和关键设备，投产后不久因不能满足排放标准而被改造为还原吸收尾气处理工艺。

(2) EURO Claus 工艺 EURO Claus 专利技术于 2000 年工业化，近年来发展迅速，至 2007 年已有 15 套装置投入运行，中国煤化工行业已有 8 套装置引进了 EURO Claus 专利技术。

EURO Claus 工艺是在 Super Claus 工艺基础上发展起来的，在不增加投资的基础上，可将硫回收率提高至 99.5% 或更高。该技术的核心是将克劳斯尾气中的 SO_2 通过设置在二级克劳斯反应器底部的加氢催化剂加氢为 H_2S，再将仅含 H_2S 的尾气在选择性氧化催化剂作用下，氧化还原为硫单质。和通常的尾气处理工艺不同，该加氢过程不需要单独的反应器，因此过程气无需加热和冷却。还原气由尾气中所含的 H_2 和 CO 提供就足够，不需要外供氢气。另外，尾气中的 H_2S 无需溶剂吸收，因此省却了投资和操作费用较高的溶剂吸收和再生系统。

EURO Claus 工艺示意流程见图 13-5-7。

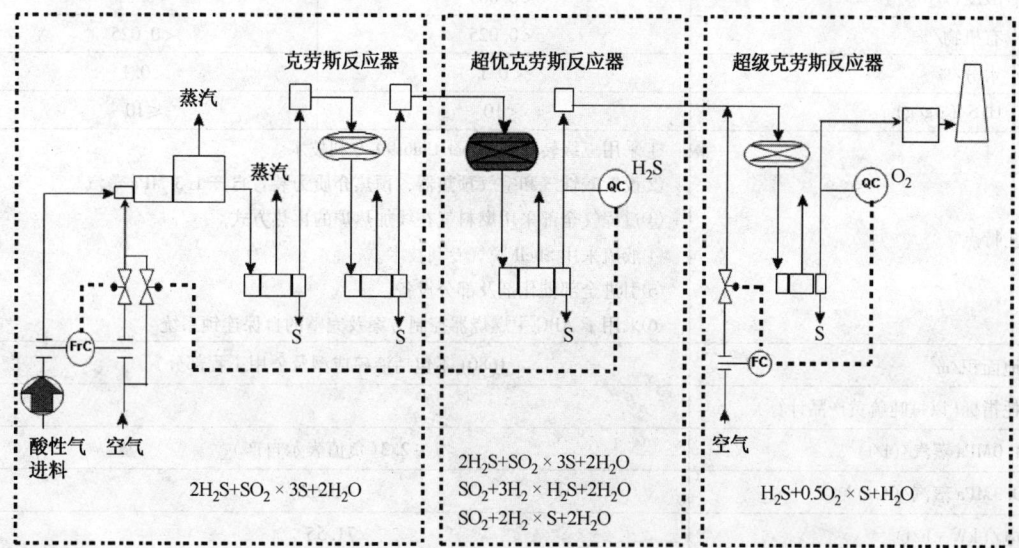

图 13-5-7 EURO Claus 工艺示意流程

该工艺使用的加氢催化剂是选择性加氢催化剂，即选择性地使 SO_2 发生还原反应，尽量减少或不发生硫蒸气还原反应。

EURO Claus 工艺是 Super Claus 工艺基础上的一大进步，当酸性气中 H_2S 浓度在 50% ~ 100% 间，EURO Claus 工艺比 Super Claus 工艺的硫回收率约高 0.5%。

3. 工业装置的主要技术经济指标

表 13-5-8 是引进 Super Claus99 专利技术的中国石化安庆分公司装置的技术经济指标。

表 13-5-8 工业装置的主要技术经济指标

项 目	数 据	
规模/(kt/a)	20	
硫回收率/%	98.9	
排放烟气中 SO_2 浓度/(mg/Nm³)	5411	
操作弹性/%	30 ~ 110	
酸性气组成(体)/%	范围	设计值
H_2S	60 ~ 75	68
CO_2	17 ~ 32	24.5

续表

项　目	数　据	
NH_3	1~2	1.5
H_2O	4.0	4.0
烃	1~2	2.0
硫黄产品质量	合同期望值	合同保证值
纯度/%	>99.9	≥99.9
灰分/%	<0.03	<0.05
酸度(H_2SO_4)/%	<0.005	<0.01
有机物/%	<0.025	<0.025
水分/%	<0.1	<0.1
H_2S/($\mu g/g$)	<10	≤10
工艺特点	①采用三级转化和 Super Claus99 专利技术。 ②设置酸性气和空气预热器，预热介质为装置自产1.3MPa蒸汽。 ③过程气全部采用燃料气在线加热炉的再热方式。 ④液硫采用 Shell 脱气专利技术。 ⑤引进全部催化剂及部分设备。 ⑥采用了 ABC 主燃烧器控制方案及完整的自保连锁系统	
占地面积/m^2	1680（不包括液硫成型及公用工程部分）	
消耗指标（以每吨硫黄产品计算）		
1.0MPa蒸汽/(t/t)	-2.3（负值表示自产）	
0.3MPa蒸汽/(t/t)	-0.62	
电/(kW·h/t)	71.55	
脱氧水/(t/t)	3.7	
燃料气/(Nm^3/t)	95.5	
净化风/(Nm^3/t)	87	
凝结水/(t/t)	-0.52（包括1.0MPa和0.3MPa）	
催化剂（一次装入量）/m^3		
CR 催化剂	17.4	
CRS31 催化剂	8.4	
AM 保护催化剂	6.2	
超级克劳斯催化剂	7.4	

（三）还原-吸收工艺

1. 工艺原理

还原-吸收工艺是用 H_2 或 H_2 和 CO 混合气体作还原气体，将尾气中的 SO_2 和单质硫加氢还原生成 H_2S，尾气中的 COS、CS_2 等有机硫化物水解为 H_2S，再通过选择性脱硫溶剂进行化学吸收，通过加热和汽提使溶剂得到再生并解析出酸性气，解析出的酸性气返回至硫黄回收装置继续回收元素硫。主要反应式如下：

$$SO_2 + 3H_2 \longrightarrow H_2S + 2H_2O \qquad (13-5-2)$$

$$S_n + nH_2 \longrightarrow nH_2S \qquad (13-5-3)$$

$$COS + H_2O \longrightarrow H_2S + CO_2 \qquad (13-5-4)$$

$$CS_2 + 2H_2O \longrightarrow 2H_2S + CO_2 \qquad (13-5-5)$$

2. 工艺方法

还原-吸收工艺对Claus硫回收装置的适应性强，净化度高，总硫回收率达99.8%，甚至更高，因此应用越来越广泛。还原-吸收工艺的主要缺点是装置投资、操作费用和能耗都较高，为此，近年来还原-吸收工艺的技术进步，总体上围绕提高硫黄回收率和节能降耗二个目标。还原-吸收工艺以SCOT法为代表，20世纪90年代后出现的许多新方法如串级SCOT、LS-SCOT、Super SCOT、RAR、HCR和LT-SCOT等方法，都是通过改进流程、设备、操作条件、溶剂和催化剂等途径来实现上述目标。见表13-5-9。

表13-5-9 还原-吸收工艺的技术改进

改进途径	技 术 措 施	方 法 名 称
流程	二段再生、改善贫液质量、提高硫回收率	Super SCOT、ZHRU
	尾气脱硫与上游脱硫装置共用再生系统	串级SCOT
	尾气脱硫的半贫液作为脱硫装置二次吸收溶剂	串级SCOT
	不设置在线还原炉，通过换热途径再热尾气	RAR、HCR、SSR
操作条件	大幅度提高硫黄回收装置过程气中H_2S/SO_2比例	HCR
	降低吸收塔贫液入塔温度，减少净化气中硫含量	Super SCOT
设备	采用填料塔取代板式塔以减少压降	SCOT
溶剂与催化剂	采用低温加氢还原催化剂	LT-SCOT
	溶液中加入助剂以提高再生效果，改进贫液质量	LS-SCOT

下面将对上述各种技术措施，结合工艺方法逐一介绍。

(1) SCOT工艺 SCOT工艺是壳牌(Shell)国际石油集团的专利技术。第一套SCOT工业装置于1973年投产，至2004年已建设了多于185套工业装置，与之配套的Claus硫黄回收装置的规模从3~4000t/d，成为处理硫黄回收装置尾气最重要的工艺方法。中国四川川东天然气净化厂、中国石化镇海炼化分公司和扬子分公司已先后引进该专利技术和部分设备，并在此基础上国内自行设计了多套SCOT法尾气处理装置。

SCOT工艺示意流程见图13-5-8。

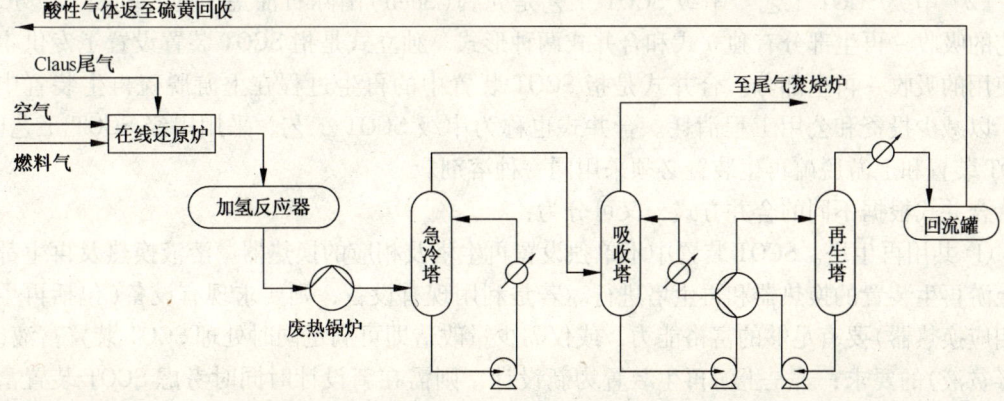

图13-5-8 SCOT工艺示意流程

SCOT 工艺流程可分为四个部分：

① 还原气生成及尾气加热部分：还原气生成及尾气加热是通过在线还原炉实现的，该炉分前后二段，前段通过燃料气在在线还原炉发生次化学当量反应产生 H_2、CO 等还原气体；后段通过高温气体和克劳斯尾气混合以提高克劳斯尾气温度，满足加氢催化剂对气体入口温度的要求。次化学当量反应式如下（以 CH_4 为例）：

$$CH_4 + 1/2O_2 \longrightarrow CO + 2H_2 \qquad (13-5-6)$$

为避免形成炭黑和漏氧，供给的空气量约为理论计算量的 75%~95%，因炼油厂燃料气中 C_{2+} 含量较高，配入空气的化学当量不低于 85%。

由于几乎所有炼油厂都具有氢源，因此在炼油厂在线还原炉仅起到提高尾气温度的作用。

② 加氢还原部分：克劳斯尾气和 H_2、CO 等高温还原气体混合至约 280℃ 进入加氢反应器，在加氢催化剂作用下发生加氢反应，使尾气中的单质硫、SO_2 加氢生成 H_2S，尾气中的 COS、CS_2 水解成为 H_2S。

③ 急冷部分：为满足吸收过程要求，降低过程气温度，并同时回收热量和减少过程气中水蒸气含量，可通过尾气废热锅炉和急冷塔来实现。尾气废热锅炉可使过程气温度从 320~350℃ 降至约 160℃，急冷塔可进一步使温度降至约 40℃，同时气体中的水蒸气含量也从约 30% 降至约 5% 左右。

当装置规模较小或工厂不需要低压蒸汽，或要求 SCOT 装置压降很低时，可不设尾气废热锅炉，反应后气体直接进入急冷塔，约可减少 0.003MPa 的压降。

④ 吸收再生部分：此部分同常规脱硫-再生装置。吸收溶剂原先都采用二异丙醇胺，目前几乎都采用选择性吸收性能更好的甲基二乙醇胺（MDEA）。再生塔顶的酸性气返回克劳斯硫黄回收进一步回收硫黄。

中国石化镇海炼化分公司于 1997 年引进 SCOT 专利技术及部分关键设备，并于 1999 年一次投产成功。装置设计规模为 70kt/a，操作弹性 30%~105%，设计酸性气中 H_2S 含量为 70%、氨含量和烃含量分别为 5% 和 3%，其余为 CO_2 和 H_2O，硫回收率高于 99.8%，排放烟气中 H_2S 含量小于 $10\mu g/g$，SO_2 含量小于 $960mg/m^3$，硫黄产品质量达到合同保证值要求。

中国石化扬子石化分公司也已引进 SCOT 专利技术，硫黄回收部分规模为 70 kt/a，SCOT 部分规模为 100 kt/a，操作弹性 25%~105%，硫回收率在 99.8% 以上，装置于 2004 年 12 月投产。

（2）串级 SCOT 工艺　串级 SCOT 工艺是壳牌（Shell）国际石油集团的专利技术。SCOT 工艺的吸收-再生部分有独立式和合并式两种形式。独立式是指 SCOT 装置设置了专供本装置使用的吸收-再生部分。合并式是指 SCOT 装置中的再生过程在上游脱硫再生装置中进行，以减少投资和公用工程消耗。合并式也称为串级 SCOT 工艺。采用串级 SCOT 工艺时，SCOT 装置和上游脱硫再生装置必须采用同一种溶剂。

合并式根据不同的合并方式，又可分为：

① 共用再生塔。SCOT 装置中不单独设置再生塔及相应的换热器。溶液换热及再生都是在上游再生装置的换热器和再生塔进行。若是利用现有设备，则要求现有设备（包括再生塔及相应换热器）要有足够的富裕能力，或仅需少量改造即可满足同时处理 SCOT 装置富液（亦称半贫液）的要求；若是上游再生装置为新设计，则需在新设计时同时考虑 SCOT 装置富液量。该工艺的优点是流程和设备简化，操作也简单；缺点是脱硫和尾气处理对贫液中 H_2S

的含量要求不同，尾气处理要求贫液中的 H_2S 含量更低，若贫液质量仅能满足脱硫要求，则就不能满足尾气处理要求，若能满足尾气处理要求，则意味能量浪费。

示意流程见图 13-5-9。

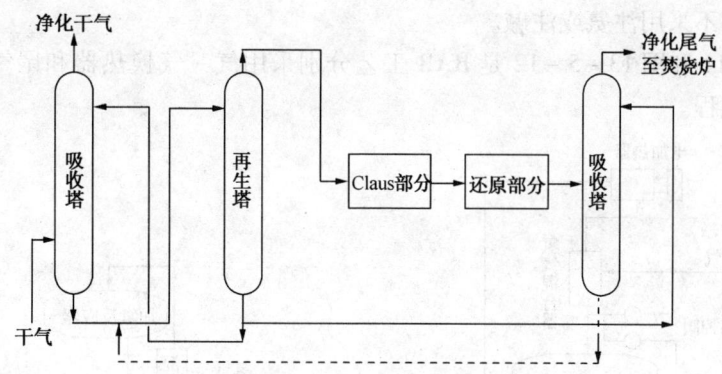

图 13-5-9　共用再生塔的串级 SCOT 示意流程

中国石化青岛炼化分公司已引进该专利技术和关键设备，并于 2001 年克劳斯部分投产，2004 年 SCOT 部分投产。装置规模为 10kt/a，设计操作弹性为 15%～120%，总硫转化率为 99.8%。

② 分流式 SCOT。由于 SCOT 装置进入吸收塔气体中 H_2S 含量较低，因而与它相平衡的富液（半贫液）中酸性气负荷也较低，还有进一步利用的潜力，为此半贫液可循环至脱硫装置吸收塔的中部进行二次吸收以提高酸性气负荷，不仅节省了投资，也减少了富液量和再生蒸汽用量。示意流程见图 13-5-10。

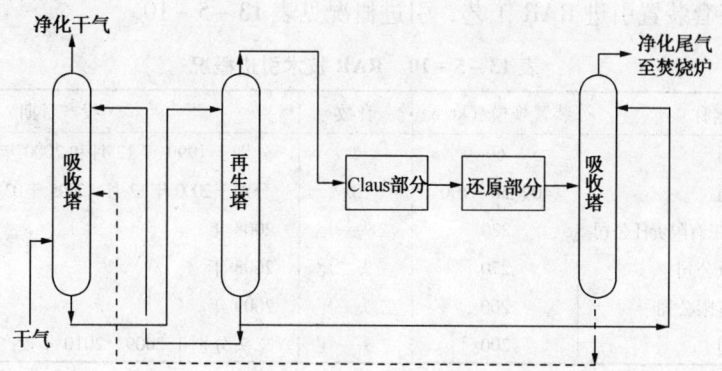

图 13-5-10　分流式串级 SCOT 工艺示意流程

中国石化广州石化分公司已引进分流式串级 SCOT 工艺专利技术及部分设备（克劳斯硫黄回收部分国内设计），并于 1999 年投产。

(3) RAR 工艺　RAR 工艺是意大利国际动力技术公司（KTI）的专利技术。工艺原理和 SCOT 工艺相同，硫回收率≥99.8%，RAR 工艺和 SCOT 工艺的主要差别是：

① 加氢反应器入口气体的加热方式和氢源不同。SCOT 工艺采用在线还原炉产生氢源并加热硫黄尾气；RAR 工艺利用外供氢源，采用气-气换热器（和加氢反应器出口过程气换热，适合中、小型规模装置）或尾气加热炉（适合大、中型规模装置）加热硫黄尾气，以避免

因燃料气组成不稳定,引起燃烧空气量控制不合适而产生的问题。

② SCOT 工艺急冷塔采用注氨或注碱的方式消除腐蚀,急冷塔系统设备材质采用碳钢;RAR 工艺为避免上游克劳斯装置或加氢反应器的误操作而引起的腐蚀,急冷塔系统设备材质采用不锈钢,不采用注氨或注碱。

图 13-5-11 和图 13-5-12 是 RAR 工艺分别采用气-气换热器和尾气加热炉加热硫黄尾气的示意流程。

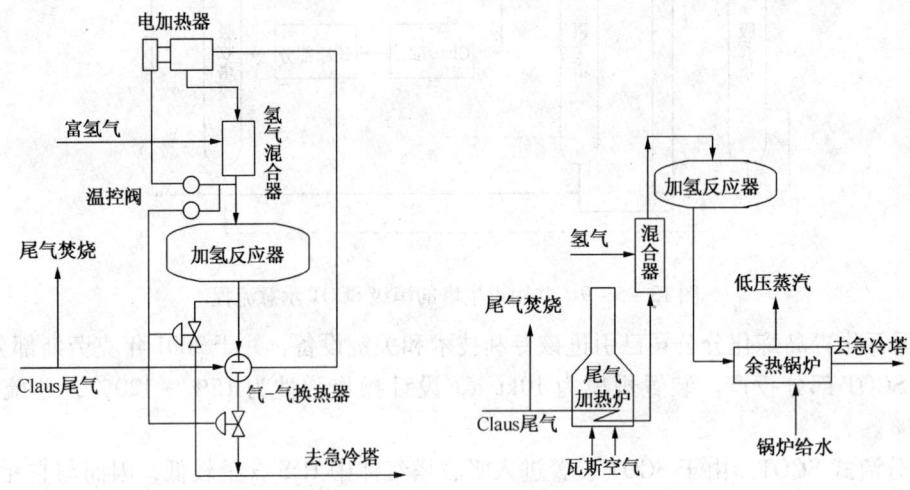

图 13-5-11　采用气-气换热器加热硫黄尾气的示意流程

图 13-5-12　采用尾气加热炉加热硫黄尾气的示意流程

国内已有多套装置引进 RAR 工艺,引进概况见表 13-5-10。

表 13-5-10　RAR 技术引进概况

炼油厂名称	装置规模/(kt/a)	套数	投产日期
中国石化茂名分公司	60	2	分别于 1999 年 12 月和 2000 年 1 月投产
中国石化金陵分公司	40、50、100	3	分别于 2000 年 12 月、2005 年 02 月、2006 年 6 月投产
中国石化青岛炼油化工有限责任公司	220	二头一尾	2008 年
中国石油大连石化分公司	270	三头二尾	2008 年
福建联合石油化工有限公司	200	二头一尾	2009 年
中国石化天津分公司	200	二头一尾	二头分别于 2009、2010 年投产

上述各装置的主要技术特点见表 13-5-11。

表 13-5-11　各装置的主要技术特点

企业 项目	茂名石化分公司	金陵石化分公司			大连石化分公司	青岛炼化分公司	福建联合石油化工有限公司	天津石化分公司
一、装置规模/(kt/a)	60	40	50	100	270	220	200	200
二、主要工艺技术特点								
1. 酸性气燃烧炉设置方式	酸性气燃烧炉采用双区燃烧,含氨酸性气和部分不含氨酸性气进入前区,剩余的不含氨酸性气进入后区							

项目 \ 企业	茂名石化分公司	金陵石化分公司		大连石化分公司	青岛炼化分公司	福建联合石油化工有限公司	天津石化分公司
2. 克劳斯反应器入口过程气加热方式	采用装置自产中压蒸汽加热	一级反应器采用废热锅炉第一管程出口气体掺合方式,二级反应器采用气-气换热方式		采用装置自产中压蒸汽加热			
3. 加氢反应器入口过程气加热方式	气-气换热器+电加热器			尾气加热炉加热			
4. 加氢反应器后过程气的冷却方式	通过气-气换热器来冷却			通过废热锅炉产生蒸汽来冷却			
5. 加氢催化剂	I套采用N39催化剂,II套采用CT6-5B催化剂	CT6-5B①	进口低温加氢催化剂	C29-2-04	C534	CT6-5B	CT6-5B	CT6-5B
6. 液硫脱气方式	采用循环脱气,脱气后液硫中H_2S含量小于$50\mu g/g$			采用Amoco脱气法,脱气后液硫中H_2S含量≤$10\mu g/g$			
7. 再生方式	独立再生	集中再生	独立再生	集中再生	独立再生		
8. 再生溶剂	MDEA溶剂	DIPA溶剂		MDEA溶剂			

① 2005年3月检修时更换。

近年来,KTI公司又相继开发了一种多用途RAR Multipurpose工艺和RAR Multipurpose工艺。前者适用于H_2S浓度很低和/或含有克劳斯单元不允许含有的杂质的酸性气;后者可进一步降低富液循环量,并降低富液再生所消耗的蒸汽量。

(4) HCR工艺 HCR工艺是意大利SHRTEC NIGH公司(现被意大利SINI公司收购)的专利技术。1988年在意大利Robassomero-Torino的Agip-Plas工厂建立了第一套工业装置,总硫回收率达99.9%。中国海油惠州炼油项目也已引进该专利技术,装置已于2009年投产。

HCR工艺和SCOT工艺原理相同,仅操作方式不同。HCR意为高克劳斯比例(High Claus Ratio),即通过减少酸性气燃烧炉的空气供给量,使过程气中H_2S/SO_2比例从常规的2:1增大至4:1以上,从而大幅度减少了尾气中需加氢还原的SO_2量,依靠酸性气燃烧炉中H_2S分解生成的H_2就足以作为加氢的氢源,而不需外供氢源,这也是HCR工艺的技术核心。

(5) Super SCOT工艺 Super SCOT工艺意为超级SCOT工艺,是Shell的专利技术,第一套Super SCOT工业装置于1991年在台湾高雄炼油厂建成投产。该工艺硫回收率达99.95%,净化尾气中H_2S含量小于$10\mu L/L$,总硫小于$50\mu L/L$。示意流程见图13-5-13。

Super SCOT工艺的技术特点是:

① 采用两段再生。再生塔分为上、下二段,上段贫液采用浅度再生,再生后部分贫液返回至吸收塔中部作为吸收溶剂,其余部分进入下段进行深度再生,深度再生后贫液返回全吸收塔顶部作为吸收溶剂。

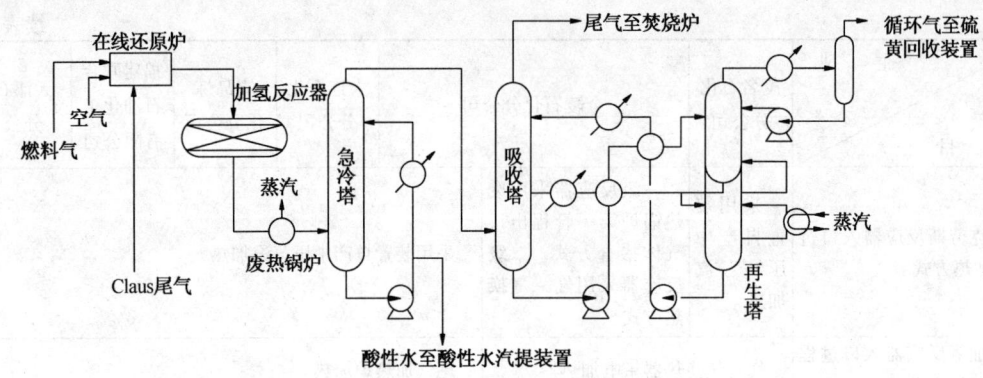

图 13-5-13 Super SCOT 工艺示意流程

② 降低贫液温度。资料介绍[32]，在典型的操作条件下，贫液温度降低值与净化尾气中 H_2S 体积分数的下降值间的对应关系见表 13-5-12。

表 13-5-12 贫液温度的下降与脱硫效率的对应关系

尾气中 H_2S 体积分数设计值/%	100	90	80	65	50	35
贫液温度下降值/℃	0	1	2	4	6	10

采用两段再生和降低贫液温度两个措施可单独采用，也可同时采用。

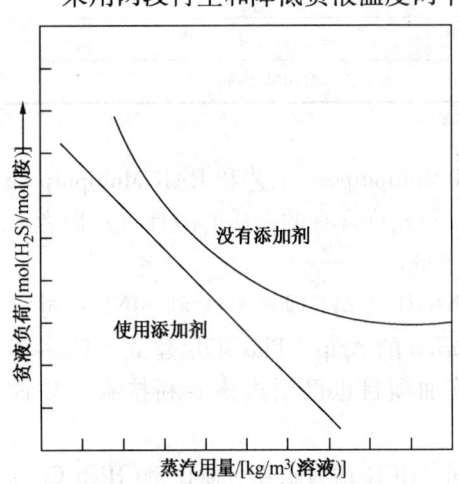

图 13-5-14 助剂对贫液质量和蒸汽耗量的影响

(6) LS SCOT 工艺　LS SCOT 工艺是(Shell)的专利技术。LS SCOT 工艺意为低硫 SCOT 工艺。硫回收率可达 99.95%，净化尾气中 H_2S 含量小于 10μL/L，总硫小于 50μL/L，其技术关键是在溶液中加入一种廉价的助剂以提高溶液再生效果，降低贫液中 H_2S 含量，即在相同蒸汽耗量时，贫液质量提高，贫液中的 H_2S 含量更低；或为达到相同贫液质量，蒸汽耗量降低。见图 13-5-14。

低硫 SCOT 工艺投资比常规 SCOT 工艺约增加 15%。

(7) 低温 SCOT(LT-SCOT)工艺　LT-SCOT 工艺是近年来新开发的工艺，于 2004 年开始工业化，目前已有超过 20 套装置在设计，12 套老装置已装填低温加氢催化剂，这项技术已得到炼油行业的公认，并正在快速增长。

LT-SCOT 工艺的技术关键是采用低温加氢催化剂，其优点是：

① 加氢反应器入口温度可由现 280℃ 左右降低至 220~240℃。由此加氢反应器入口过程气的加热方式也可由现大部分采用在线还原炉或在线加热炉加热改变为装置自产中压蒸汽加热，避免了采用在线还原炉的一系列弊病，也避免了采用在线加热炉能耗高、热效率低和占地面积大的缺点。

② 由于反应温度降低，加氢反应器出口温度也随之降低，通常加氢反应器后可不设置

尾气废热锅炉回收热量,简化了流程,减少了压降,也降低了投资。

③ 由于不采用在线还原炉,减少了过程气量,可缩小后续部分管道和设备规格,降低投资。

LT-SCOT 工艺和传统 SCOT 工艺比较投资约减少 25%,操作费用减少 10%~15%,但催化剂费用要增加 55%。

目前低温加氢催化剂国外主要有 Axens 公司生产的 TG107 或 TG136 二种催化剂,由于 TG136 压降较大,推荐采用 TG107。国内主要有中国石化齐鲁石化分公司研究院研制的 LSH-02 低温加氢催化剂,该催化剂已在多套装置的工业应用中取得了可喜的效果。可以预期,随着国产低温加氢催化剂的研制成功,采用低温加氢催化剂的装置会如雨后春笋般地迅速发展。

(8) SSR 工艺 SSR(SINOPEC SULPHUR RECONERY)工艺是山东三维石化工程有限公司的专有技术,该技术已运用于国内 30 多套工业装置,装置规模从 1.5~80kt/a,其中大于 70 kt/a 的装置有 4 套。

SSR 工艺的技术关键是利用和焚烧炉烟气换热的方法来满足加氢反应器入口温度要求,见图 13-5-15。

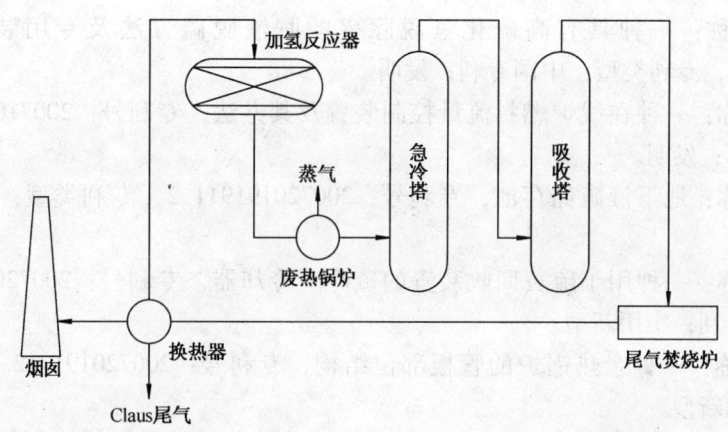

图 13-5-15 加氢反应器入口过程气和焚烧炉烟气换热

(9) ZHSR 工艺 ZHSR 工艺是镇海石化工程公司在消化、吸收国外 SCOT 工艺包基础上,结合工程建设和生产实际,不断总结经验,通过数套装置的设计和运转,逐渐形成了有自己特色的 ZHSR 国产化大型硫黄回收技术。

ZHSR 工艺的主要特点是[33]:

① 装置采用二级常规克劳斯硫回收和 SCOT 尾气净化工艺,具有工艺先进、成熟、硫回收率高、操作弹性大、灵活、适应性强等特点。

② 硫回收单元采用在线炉再热或中压蒸汽加热流程,此流程成熟、可靠、操作方便,同时升温速度快,负荷波动适应性强。

③ 尾气加氢部分采用在线还原炉。此流程成熟、可靠,方便加氢催化剂预硫化和钝化操作。

④ 尾气净化单元采用溶剂两级吸收、两段再生技术。

⑤ 净化尾气焚烧采用热焚烧工艺,排放烟气中硫化氢质量分数小于 10μg/g,焚烧炉后

设蒸汽过热器和蒸汽发生器，以充分回收能量。

⑥ 装置采用必要的在线分析仪表，以确保装置平稳、高效运行。设有 H_2S/SO_2 比值在线分析仪、H_2 含量在线分析仪、pH 分析仪、O_2 含量和 SO_2 含量分析仪。

⑦ 尾气加氢部分的开、停工循环采用蒸汽喷射器，与传统采用的循环风机相比，不仅投资降低、操作简单、维护方便，还使设备运行更加可靠。

⑧ 装置硫回收单元的酸性气燃烧炉、废热锅炉、硫冷凝器、加热器、反应器、硫封罐、液流池采用合理的竖向布置，使生成的液硫全部自流流入硫池，全装置无低点积硫。

⑨ 硫池主体为水泥结构，池内设有空气鼓泡脱气设施，可将溶解在液硫中微量 H_2S 脱除，液硫中 H_2S 质量分数降至 $10\mu g/g$ 以下。

⑩ 针对硫黄回收装置原料酸性气流量、组成波动大的特点，装置采用了串级、比值、分程、选择、前馈-后馈和交叉限位控制，加强了装置的适应能力。同时根据安全和环保的要求，装置设置了必要的开工程序和停车联锁，提高了装置的安全性和自动化程度。

ZHSR 工艺共含有 6 项专利技术，分别是：

① 专利名称：硫黄回收用烧氨装置，专利号：200720302898.3，专利类型：中国专利；实用新型。

② 专利名称：一种具有高硫化氢脱除率的胺液脱硫方法及专用装置，专利号：200710164582.7，专利类型：中国专利；发明。

③ 专利名称：一种在线炉燃料流量控制装置及其办法，专利号：200710160209，专利类型：中国专利；发明。

④ 专利名称：地下液硫储存池，专利号：200720191911.2，专利类型：中国专利；实用新型。

⑤ 专利名称：一种用于硫黄回收装置的硫冷凝冷却器，专利号：200720191389.8，专利类型：中国专利；实用新型。

⑥ 专利名称：一种余热锅炉的管板部位结构，专利号：200720191912.7，专利类型：中国专利；实用新型。

(10) WSA 工艺　可以看出，上述三大类尾气处理工艺都是在克劳斯硫黄回收工艺的基础上加以延续和发展的。与此不同的是 Topsoe 公司的 WSA 工艺（见第四节），该工艺在处理硫黄回收尾气时，不需制气部分，尾气直接进入转化部分即可。

由于该工艺需引进专利技术和专利设备，加之硫黄尾气中 H_2S 含量不高，经济效益受到限制，因此该工艺至今国内炼油厂还未采用。

四、影响操作的主要因素

(一) 主要操作条件

以还原-吸收工艺为例，说明主要操作条件。

1. 加氢反应器

入口温度：280～300℃。采用低温加氢催化剂时，入口温度：220～240℃。

入口压力：0.02～0.025 MPa(表)。

2. 急冷塔

温度：180～40(加氢反应器后设有废热锅炉)；320～40(加氢反应器后没有废热锅炉)。

入口压力：0.01~0.018 MPa（表）。

3. 吸收塔

温度：~40℃；

压力：0.006~0.01。

4. 再生塔

温度：塔顶：~115℃；塔底：~125℃。

压力：塔顶：~0.105 MPa（表）；塔底：~0.125 MPa（表）。

（二）影响操作的主要因素

仍以还原-吸收工艺为例，说明影响操作的主要因素。

1. 影响加氢效果的主要因素

影响加氢效果的主要操作因素为催化剂活性和气体中氢含量。催化剂活性取决于催化剂种类、床层温度和使用时间。通常催化剂床层温度在280~360℃较适宜（采用普通加氢催化剂），温度过高或过低都会影响催化剂活性。当尾气组成一定时，该温度通过调节反应器入口温度来控制。由于硫化物的加氢是放热反应，床层会产生温升，温升大小主要取决于尾气中SO_2含量，经计算在绝热环境下，每1%（体积分数）的SO_2含量可使床层产生60~70℃温升。当床层温度超过催化剂允许使用温度时，会破坏催化剂结构而使其丧失活性，因此尾气中SO_2的最大允许量要受到催化剂允许最高操作温度的限制，通常要求硫黄尾气中SO_2含量小于1%（体积分数）。当床层温度超高时，可通过调整气风比以降低尾气中SO_2含量，当然这种调节是有限度的，否则会影响装置硫回收率。

由于催化剂活性随使用时间的加长而逐步减弱，因此使用新鲜催化剂时，由于其活性较高，反应器入口温度可稍低些，当催化剂使用至末期催化剂活性下降后，反应器入口温度应适当提高，以弥补因催化剂活性降低所带来的不利影响。

还原气的用量一般推荐是理论耗氢量的1.5倍左右，但硫黄尾气中已经含有相当一部分还原气体，操作中可通过H_2在线分析仪连续监测，使其保持在1.5%~3%之间。

2. 影响CO_2共吸率的主要因素

目前大部分装置是利用MDEA（甲基二乙醇胺）作为吸收溶剂，MDEA良好的选择性吸收性能是由其与H_2S和CO_2的反应机理所决定的。详见第二节。工程上往往是通过改变贫液不同的入塔位置来控制H_2S、CO_2和胺液间的接触时间，使之在完成H_2S吸收反应基础上，尽量少进行CO_2的吸收反应，以提高选择吸收性能，降低CO_2共吸收率，并满足产品净化度要求。此外改变接触面积（如改变气液比）和气液接触方式（如板式塔或填料塔）也都会影响CO_2共吸率。

3. 影响尾气净化度的主要因素

影响尾气净化度的主要操作因素有：

① 贫液中H_2S含量是影响尾气净化度的关键因素，资料介绍，当贫液入塔温度为40℃，贫液中的H_2S含量分别为1.22g/L、1.0g/L、0.8g/L和0.5g/L时，对应净化气中H_2S含量（体积分数）分别为288μL/L、226μL/L、178μL/L和116μL/L，故为满足净化尾气中H_2S含量小于300μL/L的要求，贫液中的H_2S含量一般要求小于1.2g/L。

贫液中H_2S含量主要受再生蒸汽量和再生塔塔盘数的影响。

② 如上述还原-吸收工艺中Super SCOT部分所介绍的贫液温度对尾气净化度的影响比较明显，因此在条件允许时，应尽可能降低贫液温度，以获得满意的尾气净化效果。

五、主要设备

(一) 在线还原炉

由于炼油厂通常有 H_2 来源，因此在线还原炉只起到加热硫黄尾气的作用。

在线还原炉的设备结构特点是：

(1) 炉子分为燃烧区和混合区二个区域，通常燃烧区内介质最高温度和最低温度分别按 1700℃ 和 1000℃ 考虑，混合区内介质最高温度和最低温度分别按 350℃ 和 240℃ 考虑。但无论是燃烧区还是混合区，为防止硫露点腐蚀，炉体壳壁温度都应保持在硫露点温度以上。

(2) 由于燃烧区和混合区介质温度不同，因此二个区域的衬里材料和衬里厚度不同。

(3) 设备应有坡度，坡向过程气出口端。

(4) 设有防护罩。

(二) 加氢反应器

1. 形式

加氢反应器和克劳斯反应器相同，大都采用卧式，有单独设置或和一、二级克劳斯反应器组合为一个壳体，中间用径向的内壁分隔二种形式。

2. 空速

空速除和加氢催化剂的性能有关外，还和上游克劳斯部分的硫收率有关。当上游克劳斯部分硫收率在 92%~96% 之间时，国外催化剂空速通常采用 $1000 \sim 1500 h^{-1}$，甚至达 $1800 h^{-1}$，国内催化剂空速一般按 $800 \sim 1200 h^{-1}$ 设计。当上游克劳斯部分硫收率较低时，为防止反应热过高影响催化剂性能，空速要适当降低。

3. 操作温度

见本节第四部分。

4. 床层高度与压降

催化剂在反应器中部呈一个 $0.6 \sim 0.8 m$ 厚的矩形床层，床层高度直接和压降有关。

(三) 急冷塔

1. 作用

为满足胺液吸收温度要求，通常加氢反应器出口气体先经蒸汽发生器发生蒸汽并降温，再经急冷塔进一步降温并同时冷凝气体中的蒸汽，减少过程气中蒸汽含量，急冷塔顶气体温度约 40℃，水蒸气含量约 5%。

2. 塔盘形式

板式塔和填料塔皆可应用。板式塔中以采用筛板塔盘为主。

(四) 吸收塔和再生塔

吸收塔和再生塔的作用和结构形式详见胺法脱硫部分。

六、催化剂

还原－吸收工艺的催化剂是加氢催化剂，传统的加氢催化剂大多是以活性氧化铝为载体的钴/钼（Co/Mo）浸渍型催化剂，国外产品主要有荷兰 Shell 公司的 Shell534、美国 UOP 公司的 N-39、德国 BASF 公司的 M8-10 等。国内产品主要有中国石化齐鲁分公司研究院的 LS-951、LS-951Q 和 LS-951T 三种型号传统催化剂（见表 13-5-13），近年新开发的低温加氢催化剂 LSH-02（见表 13-5-14）和低温耐氧高活性加氢催化剂 LSH-03；中国石油西南油气田分公司天然气研究院的 CT6-5、CT6-5B 催化剂。

表 13-5-13　LS-951、LS-951Q 和 LS-951T 三种催化剂的物化性质

项　目	LS-951	LS-951Q	LS-951T
外观	蓝灰色三叶草条形	蓝灰色小球	蓝灰色三叶草条形
规格/mm	$\phi 3 \times 5 \sim 20$	$\phi 3 \sim 5$	$\phi 3 \times 2 \sim 8$
侧压强度/(N/cm)	≥160	168	182N/颗
磨耗/%		≤0.5	≤0.5
比表面积/(m^2/g)	≥200	312	335
孔容/(mL/g)	≥0.4	0.40	0.55
活性组分含量/%			
CoO	2.5~3.0	1.9	1.8
MoO_3	10~11	9.8	9.5
堆密度/(kg/L)	0.60~0.70	0.78	0.6~0.7

表 13-5-14　LSH-02 催化剂的主要物化性质

外观	侧压强度/(N/cm)	磨耗/%	堆密度/(kg/L)	比表面积/(m^2/g)	孔容/(mL/g)	活性组分质量含量/%
$\phi 3$ 蓝灰色三叶草条形	≥200	≤0.5	0.75~0.85	≥200	≥0.3	≥15

目前 LSH-02 催化剂已在工业装置上应用。

七、工业应用情况和工业装置的主要技术经济指标

（一）工业应用情况

以目前我国炼油厂引进最多的 RAR 工艺为例，说明工业应用情况。

单位名称：中国石化青岛炼油化工有限责任公司

装置规模：220kt/a（二头一尾，即二套规模相同的硫黄回收单元和一套尾气处理单元）

技术来源：引进意大利 KTI 公司的 RAR 工艺

操作弹性：15%~120%

装置标定情况如下：

1. 物料平衡

装置物料平衡见表 13-5-15。

表 13-5-15　装置物料平衡　　　　t/h

物　料　名　称	设　计　值	实　际　值
进方	151319	91940
脱硫酸性气	33187	19243
含氨酸性气	3397	2993
燃烧空气	108532	67729
脱气空气	1532	0
氢气	0.2480	0.0173
燃料气	2.1300	0.9848
液流池吹扫气	3.173	0.928

续表

物料名称	设计值	实际值
吹扫氮气	0.045	0.045
出方	151319	91940
液流	31542	18578
酸性水	17865	8.95
烟道气	101882	91940

装置标定时实际负荷约为设计负荷的70%左右。

2. 原料及产品

原料组成分析结果见表13-5-16。

表13-5-16 原料组成　　　　　　　　　　　　　　　（体）%

组成	脱硫酸性气				含氨酸性气			
	H_2S	CO_2	烃类	H_2O	H_2S	NH_3	烃类	H_2O
分析数据	77.05	19.56	2	1.39	55.95	3.5	1.09	39.46

产品质量达到GB 2449—2006优等品标准。

排放尾气中SO_2含量为462.5mg/m³，低于580mg/m³设计指标。

根据装置物料及分析数据，装置的硫转化率为99.94%，硫黄实际回收率为99.9%。

3. 公用工程消耗及能耗

公用工程消耗及能耗见表13-5-17。

表13-5-17 公用工程消耗及能耗

项目	消耗量/(t/h)		能耗/(MJ/h)	
	设计值	实际值	设计值	实际值
循环水/(t/h)	1383.67	1409.30	5797.5773	5904.9670
除盐水/(t/h)	0.03	0	2.889	0
锅炉给水/(t/h)	103.94	58.31	40036.6486	22460.4290
凝结水/(t/h)	-44.240	-25.497	-16777.31	-8166.69
中压蒸汽/(t/h)	-63.60	-34.68	-234302.40	-127761
低压蒸汽/(t/h)	16.220	1.847	44815.86	5103.261
电/kW·h	3525.7	2047.0	38/511.97	24236.48
燃料气/(t/h)	2.1300	0.9848	89178.84	41231.60
净化风/(m³/h)	725	533	1152.75	847.47
非净化风/(m³/h)	1187	0	1388.79	0
氮气/(m³/h)	144	152	904.32	954.56
污水/(t/h)	0.8	0	26.792	0
合计			-29263.28	-35189.00
单位能耗/(MJ/t)			-927.76	-1894.12
单位能耗/(kg标油/t)			-22.16	-45.25

4. 问题与改进

加热炉排烟温度高，热效率低，准备增加取热设施，提高热效率，减少燃料气用量。

（二）工业装置的主要技术经济指标

表13-5-18是中国石化镇海炼化分公司采用ZHSR工艺和九江石化分公司采用SSR工

艺装置的主要标定数据和技术经济指标(包括硫黄回收部分和尾气处理部分)。

表13-5-18 工业装置的技术经济指标

序号	炼油厂名称	镇海炼化分公司[34]	九江石化分公司[35]
一	设计规模/(kt/a 硫黄)	100	30
二	采用工艺名称	ZHSR	SSR
三	主要工艺特点	1. 采用直接注入法烧氨工艺 2. 采用二级吸收、二段再生的工艺流程	采用部分燃烧法两级 Claus 工艺及SSR尾气处理工艺
四	标定数据		
1	装置负荷:%(以硫黄产量计算)	100.96	70.6
2	酸性气中 H_2S 浓度(体)/%	89.6	65
3	公用工程单位耗量		
(1)	循环冷水/(t/t)	4.76	183.7
(2)	新鲜水/(t/t)	0.07	0.413
(3)	电/(kW·h/t)	130.7	188.43
(4)	锅炉给水/(t/t)	3.52	4.12
(5)	1.0Mpa 蒸汽/(t/t)	0.677	1.32
(6)	3.5Mpa 蒸汽/(t/t)	-2.99	-2.02
(7)	除盐水/(t/t)		3.02
(8)	燃料气/(t/t)	0.086	0.05
4	三废排放量		
(1)	烟道气流量/(kg/h)	57601.8	18954
①	SO_2 排放量/(kg/h)	10.2	
②	SO_2 排放浓度/(mg/m³)	358	420
(2)	酸性水排放量/(kg/h)	8450.0	
(3)	净化尾气中 H_2S 含量/(μL/L)	<15	
5	产品质量	优质品	优质品
6	单位能耗/(kgEO/t 硫黄)	-88.09	35.03
7	硫转化率/%	99.9	99.8
五	投产日期	2006年6月	2006年2月

表13-5-19和表13-5-20是根据基础设计资料汇编的工业装置技术经济指标。

表13-5-19 工业装置(大、中型)的技术经济指标

序号	炼油厂名称	A厂	B厂	C厂
一	主要产品和副产品			
1	硫黄/(kt/a)	270.6	260.7	70
二	主要原料和辅助材料			
1	酸性气/(kt/a)	382	409	106.5(H_2S 浓度70%)
2	克劳斯催化剂/m³	283.2	258	57.1

续表

序号	炼油厂名称	A厂	B厂	C厂
3	加氢催化剂/m³	75.4	60.8	24
4	脱气催化剂/m³	13.7	14.3	
三	动力和公用工程消耗			
1	循环冷水/(t/h)	1114.4	1453.3	8
2	新鲜水/(t/h)	8.36（除盐水）		105
3	电/kW　6000V	2490	2046.2	1123
	380V	2028.8	971.9	463
	220V		65	40
4	锅炉给水/(t/h)	127.2	108.1	40
5	低压蒸汽/(t/h)	15.72	19.34	6.14
6	中压蒸汽/(t/h)	-87.8	-66.9	-28.7
7	凝结水	-49.6	-52.4	
8	氢气/(kg/h)	间断	313	
9	燃料气/(kg/h)	3218	2130	1059
10	净化风/(Nm³/h)	474	705	180
11	非净化风/(Nm³/h)	1200	1162	
12	氮气/(Nm³/h)	114	101	12
四	三废排放量			
1	烟道气/(kg/h)	133448（其中SO_2：排放浓度367 mg/Nm³）	112428（其中SO_2：排放浓度602 mg/Nm³）	47458（其中SO_2：排放浓度743 mg/Nm³）
2	含硫污水/(kg/h)	22710	17761	5692
3	含油污水/(kg/h)	6000	800	1000（最大）
4	含盐污水/(kg/h)	3780	3210	1919
5	废催化剂/(m³/次)	372.3	333.1	81.1
五	装置占地面积/m²			7578
六	主要工艺设备台数			
1	塔器	9	5	3
2	反应器	8	5	2（其中一、二级克劳斯反应器合为一个壳体）
3	容器	19	27	15
4	换热器、过热器	53	29	11（其中一、二、三级硫冷凝器合为一个壳体）
5	空冷器	23	16	14
6	燃烧炉、加热炉	7	4	5
7	机泵	41	28	16
8	风机	13	6	4
9	过滤器	8	6	3
10	其他设备	52	12	3
七	单位能耗/(MJ/t)	-2272.61	-677.3	-897.5

第十三章 含硫含酸原油加工技术的环境保护技术

表 13-5-20 工业装置(小型)的技术经济指标

序号	炼油厂名称	A厂	B厂	C厂
一	主要产品和副产品			
1	硫黄/(kt/a)	10	5	15
二	主要原料和辅助材料			
1	酸性气/(kt/a)	19.6	7.9	30.6(包括循环酸性气量)
2	克劳斯催化剂/m³	13.7	10.8	16.3
3	加氢催化剂/m³	4.8	3.6	6.7
三	动力和公用工程消耗			
1	循环冷水/(t/h)	193.9	120	137.1
2	电/kW	224.3	455.4	440.1
3	锅炉给水/(t/h)	5.97	3.2	7.17
4	0.4MPa 蒸汽/(t/h)		0.5(未包括再生)	
5	1.0MPa 蒸汽/(t/h)	-3.07	-1.68	-4.75
6	中压蒸汽/(t/h)		0.351	
7	氢气/(kg/h)	10.3	间断	间断
8	燃料气/(kg/h)	43	25	170.5
9	净化风/(Nm³/h)	150	50	180
10	氮气/(Nm³/h)		45	间断
四	三废排放量			
1	烟道气/(kg/h)	5553(其中 SO_2 排放浓度 582.7 mg/Nm³)	2426(其中 SO_2 排放浓度 507.6 mg/Nm³)	8013(其中 SO_2 排放浓度 652 mg/Nm³)
2	含硫污水/(kg/h)	975	333	836.4
3	废催化剂/(m³/次)	18.5	14.4	23
五	装置占地面积/m²	18000(与酸性水汽提、溶剂集中再生组成联合装置)	2400(与500kt/a 溶剂再生组成联合装置)	6306.6(其中再生部分规模包括200kt/a脱硫装置富液)
六	主要工艺设备台数			
1	塔器	2	3	3
2	反应器	1(克劳斯反应器和加氢反应器合为一个壳体)	2(其中一、二级克劳斯反应器合为一个壳体)	1(克劳斯反应器和加氢反应器合为一个壳体)
3	容器	12	18	21
4	废热锅炉、换热器	10(其中一、二、三级硫冷凝器合为一个壳体)	20(其中一、二级硫冷凝器合为一个壳体)	18(其中一、二、三级硫冷凝器合为一个壳体)
5	空冷器		4	2
6	燃烧炉、焚烧炉	2	2	2
7	机泵	12	13	21
8	风机	4	4	4
9	烟囱	1	1	1
10	高温掺合阀	1		2
七	单位能耗/(MJ/t)	-2639(不包括再生)	-1587(不包括再生)	-727.2(不包括再生)

第六节 烟气脱硫

本节所指的烟气脱硫包括催化裂化再生器烟气脱硫、含硫重油、煤炭燃烧生成烟气的脱硫和锅炉烟气脱硫。

一、催化裂化再生器烟气脱硫

由于催化烟气含有大量的 SO_x、NO_x、颗粒物及 CO 等，已经成为重要的空气污染源。为减少 SO_x 排放量，催化裂化再生器烟气脱硫正受到前所未有的关注。

(一) 烟气含硫量

催化裂化再生烟气中 SO_2 的浓度取决于催化裂化过程中焦炭产率、焦炭中硫含量、再生器操作状况及是否采用硫转移催化剂。研究表明，焦炭产率与原料的残炭值、转化率、剂油比、催化剂特性、平衡催化剂重金属含量以及汽提效率有关。不同的原料，焦炭产率也不同，一般来说，加工 VGO、AR、VR 时的焦炭产率分别为 4%~6%，7%~9%，10%~14%[36]。焦炭中硫含量则与原料的硫含量、原料中存在的硫化物类型、原料油是否加氢以及转化率有关，此外再生耗风量对烟气中 SO_2 浓度也有一定影响。资料表明[37]，约有 12%~32% 的原料硫进入焦炭中，在催化裂化再生器中，焦炭上的硫约有 90% 氧化成 SO_2，其余氧化成 SO_3。

(二) 脱硫方法

控制催化裂化再生器烟气中氧化硫排放的方法主要有以下三种：
(1) 对原料油进行加氢处理。
(2) 使用硫转移催化剂。
(3) 湿法洗涤烟气的技术。

上述三种方法的技术经济比较结果表明[38]，当催化裂化进料硫含量小于 0.5% 时，可采用 SO_x 转移剂，当进料硫含量高于 1.5% 时，可采用原料加氢处理方法，当进料硫含量为 0.5%~1.5% 时，可采用湿法洗涤烟气方法。

硫转移催化剂的研制始于 20 世纪 70 年代初期，80 年代中期开始工业应用，该法除了转移剂本身费用外基本不需要另加投资，它是通过化学吸收反应脱硫，但对裂化反应来说，大多数硫转移催化剂是一种惰性物质，使用量过大，将导致转化率和产率降低，还有可能发生非选择性裂化反应，因此，一般要求硫转移催化剂的使用量控制在催化裂化催化剂总量的 5% 以内，这就限制了硫转移催化剂在原料油硫含量较高，要求脱硫率较高的 FCCU 上的应用。国内对硫转移催化剂的研究始于 20 世纪 80 年代中期，并在工业装置上进行过试用，但由于种种原因，真正应用的并不多。

原料加氢处理投资和操作费用都很高，但可以提高产品收率和改善产品质量，降低排放的污染物数量，是一种治本的方法。但仅仅为了减少 SO_x 的排放而选用原料加氢处理是不经济的。

烟气湿法洗涤是利用碱性的吸收剂溶液脱除烟气中的 SO_2，并可同时脱除氧化硫和颗粒物，投资较硫转移法高，脱除效率也高，而且对未来装置变化、原料变化等具有一定的适应性。

催化裂化烟气洗涤脱硫工艺有多种，按洗涤吸收剂区分有钠碱洗涤法、石灰石洗涤法、海水洗涤法等，前二者详见烟气脱硫部分，海水洗涤法已于1989年在挪威工业化，海水一次通过，SO_2脱除率高达98.8%。该工艺简单，操作费用低廉，在具备自然条件的沿海装置可优先考虑。FCC烟气脱硫采用较多的工艺有Exxon公司开发的WGS技术和Belco公司开发的EDV技术。

WGS技术是Exxon Mobil公司于1974年首次应用的烟气脱硫技术。WGS工艺以钠碱作为吸收剂，SO_2和粉尘的去除率均可达到90%以上，吸收产物易溶于水，固体废弃物很少，缺点是试剂费用较高。

WGS工艺主要由湿式气体洗涤器和净化处理单元二部分组成。前者包括一个文丘里管和一个分离塔。烟气和吸收剂在文丘里管混合接触、传质，然后进入分离罐进行两相分离，达到初步净化的目的。气相从罐顶排出，液相至储液罐循环使用。

为保持循环洗涤液的碱度，要及时向储液罐补充新鲜水和碱液；为防止循环洗涤液中盐浓度过高和催化剂颗粒过多，要不断排放一定量的洗涤液，排出的洗涤液至净化处理单元进一步处理，将化学需氧量和悬浮物降到合理水平。

Belco公司开发的EDV湿法洗涤工艺采用氢氧化钠或石灰乳作为吸收液。和WGS工艺相同，由洗涤系统和洗涤液处理系统二部分组成。洗涤系统由喷淋塔、过滤器和液滴分离器组成，再生器烟气首先进入喷淋塔、与吸收液滴接触，脱除SO_x和颗粒物，塔顶气体经过滤器，通过饱和、浓缩和过滤除去微小颗粒，然后经液滴分离器分离后排放。排出的洗涤液经洗涤液处理系统脱除固体悬浮物，并将亚硫酸钠(钙)氧化为硫酸钠(钙)后排放。

EDV技术的投资比WGS技术略高。该技术已在中国石化北京燕山分公司、广州分公司和金陵分公司等FCC装置得到应用。

中国石化洛阳石油化工工程公司自行开发了RASO可再生湿法烟气脱硫工艺。该工艺采用具有中国石化自主知识产权的LAS吸收剂，该吸收剂是具有特殊的双胺官能团的有机胺衍生物，目前该工艺已完成工业侧线试验，并已针对中国石化济南石化分公司完成了基础设计，一旦项目建成并达到预期运行效果，在国内外将有较大的推广前景[39]。

二、烟气脱硫

石化企业，每年要燃烧部分含硫重油和煤炭，尤其是建有自备热电站的企业，每年排放的SO_2数量很大，随着SO_2排放量逐年增加和环保要求日益严格，烟气脱硫已是迫切需要解决的问题。

30年代起原联邦德国、美国和英国就开始湿法脱硫的研究，但由于湿法脱硫后的烟气温度低，烟气排放时扩散不好，烟气中的水蒸气排放时会产生白烟，引起二次污染。从20世纪60年代起，各国开始研究干法脱硫，它解决了排放白烟所引起的二次污染问题，但由于脱硫率较低、投资及设备庞大、个别操作技术还未解决等问题，从70年代起，各国又着眼于新的湿法脱硫研究，采取脱硫后烟气再加热，使烟气温度提高至100℃以上时排放，再热使用的燃料量仅为锅炉耗用燃料的2%~3%。这样既保留了湿法脱硫设备小、脱硫率高、投资低及操作容易等优点，又克服了排放白烟所引起的二次污染，使湿法脱硫得到了迅速发展。目前德国、美国和日本对烟气脱硫进行了较多的研究工作，德国以石灰/石灰石湿式洗涤法、活性炭法及氧化镁法为重点；美国以石灰/石灰石湿式洗涤法、威尔曼－洛德(Wellman – Lord)法及双碱法为主，同时还发展了很多新的技术路线；日本主要是石灰 – 石膏法、双碱法及亚硫酸钠法。

烟气脱硫方法很多，按脱硫产物的用途，可分为抛弃法和回收法两种。按吸收剂及脱硫产物在脱硫过程中的干湿状态可分为湿法、干法和半干(半湿)法。湿法脱硫是用含有吸收剂的溶液或浆液在湿状态下脱硫和处理脱硫产物，该法具有脱硫反应速度快、设备简单、脱硫效率高等优点，但普遍存在腐蚀严重、运行维护费用高及易造成二次污染等问题。干法脱硫是指脱硫吸收和产物处理均在干状态下进行，包括应用吸附剂或吸收剂脱除 SO_2 以及采用催化剂或其他物理化学技术将烟气中的 SO_2 活化转化为单质 S 或易于处理的 SO_3 等。这类方法具有无污水废酸排出、设备腐蚀程度较轻、二次污染少等优点，但存在脱硫效率低、反应速度较慢、设备庞大等问题。半干法是指脱硫剂在干燥状态下脱硫、在湿状态下再生(如水洗活性炭再生流程)，或者在湿状态下脱硫、在干状态下处理脱硫产物(如喷雾干燥法)的烟气脱硫技术。

上述三类方法中，湿法脱硫约占 85% 左右[40]，其中石灰石/石膏法为 36.7%，其他湿法为 48.3%；喷雾干燥脱硫约占 8.4%；吸收剂再生脱硫约占 3.4%；烟道内喷射吸收剂脱硫约占 1.9%。吸收剂再生脱硫主要有氧化镁法、双碱法和威尔曼 – 洛德法。以湿法脱硫为主的国家有日本(占 98%)、美国(占 92%)和德国(占 90%)。我国从 20 世纪 70 年代起开始进行烟气脱硫的试验及研究，40 年来，无论是脱硫方法，还是脱硫设备都取得了较大进展，但与发达国家相比还存在差距。为此，我们在引进国外技术的同时，须开发出性能可靠、没有二次污染、适合于我国国情的烟气脱硫新工艺、新设备。

(一) 湿法烟气脱硫

湿法烟气脱硫的工艺虽然多种多样，但他们具有相似的共同点：含硫烟气的预处理(如降温、增湿、除尘)，吸收，氧化，富液处理(灰水处理)，除雾(气水分离)，被净化后的气体再加热，以及产品浓缩和分离等。

湿法烟气脱硫常用方法有以下几种：

1. 石灰/石灰石湿式洗涤法

在湿式洗涤法中，由于石灰和石灰石价格低廉、容易得到，是最早也是应用最广泛的吸收剂。石灰/石灰石湿式洗涤法按脱硫产物可分为抛弃法和回收法，后者即石灰/石膏法。美国和德国以抛弃法为主，日本以回收法为主。该脱硫技术是以浓度为 10% 左右的 $Ca(OH)_2$ 乳浊液为脱硫剂(石灰法)或以 5% ~ 15% 的石灰石粉浆料为脱硫剂(石灰石法)，烟气先经电除尘器除尘，并换热至约 120 ~ 250℃，经急冷降温后进入脱硫吸收塔，在吸收塔内 $Ca(OH)_2$ 或 $CaCO_3$ 和烟气中 SO_2 反应，生成 $CaSO_3$，部分则氧化为 $CaSO_4$，然后在澄清器或沉淀池中分离和过滤。吸收过程反应式如下：

$$CaCO_3 + SO_2 + 1/2H_2O \longrightarrow CaSO_3 \cdot 1/2H_2O + CO_2 \uparrow \qquad (13 - 6 - 1)$$

$$Ca(OH)_2 + SO_2 \longrightarrow CaSO_3 \cdot 1/2H_2O + H_2O \qquad (13 - 6 - 2)$$

回收法比抛弃法增加了氧化反应，即将生成的亚硫酸钙用空气氧化为硫酸钙，将硫酸钙浆液增浓并干燥成为石膏。氧化过程反应式如下：

$$CaSO_3 \cdot 1/2H_2O + 1/2O_2 + 3/2H_2O \longrightarrow CaSO_4 \cdot 2H_2O \qquad (13 - 6 - 3)$$

回收法示意流程见图 13 – 6 – 1。

由于石灰石($CaCO_3$)受溶解度和活性的限制，脱硫率约为 85%；$Ca(OH)_2$ 有较强的碱

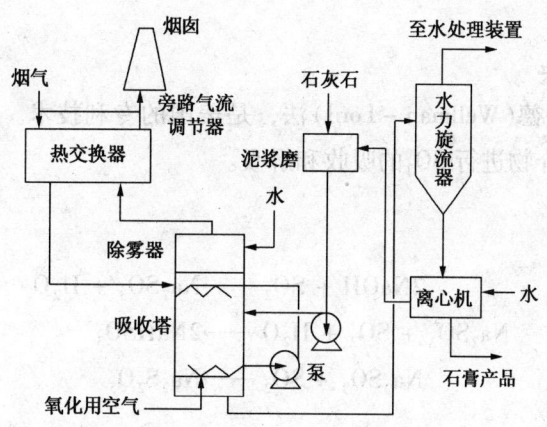

图13-6-1 石灰石/石膏法示意流程

性,较易吸收SO_2,脱硫率可达90%以上。

由于吸收剂和反应产物黏度较大,吸收塔易发生结垢和堵塞,设备部件也易磨损,为解决上述问题,可向石灰乳液中加入己二酸、氧化镁、氯化钙或硫代硫酸钠等添加剂。该法流程较复杂,适合于大型脱硫装置。

2. 双碱法

双碱法以采用钠碱双碱法为最多,此法特点是先用钠化合物($NaOH$、Na_2CO_3或Na_2SO_3)作为吸收剂和烟气中SO_2反应,进行烟气脱硫,然后再用石灰或(和)石灰石再生吸收液,生成亚硫酸钙或(和)硫酸钙沉淀,再生后的$NaOH$返回洗涤器。由于采用液相吸收,亚硫酸氢盐通常比亚硫酸盐更易溶解,从而可避免石灰/石灰石法所经常遇到的结垢问题。双碱法的另一优点是可以得到纯度较高的石膏副产品。

反应原理及反应式如下:

(1)吸收反应 主要吸收反应为:

$$Na_2SO_3 + SO_2 + H_2O \longrightarrow 2NaHSO_3 \qquad (13-6-4)$$

吸收剂内含有再生后返回的$NaOH$及系统补充的Na_2CO_3,在吸收过程中生成亚硫酸钠。

$$2NaOH + SO_2 \longrightarrow Na_2SO_3 + H_2O \qquad (13-6-5)$$

$$Na_2CO_3 + SO_2 \longrightarrow Na_2SO_3 + CO_2\uparrow \qquad (13-6-6)$$

烟气中的O_2会与亚硫酸钠反应生成硫酸钠,由于硫酸盐的积累会影响洗涤效率,必须将其自系统中不断地排出。

(2)再生反应 用石灰料浆进行再生:

$$2NaHSO_3 + Ca(OH)_2 \longrightarrow Na_2SO_3 + CaSO_3 \cdot 1/2H_2O\downarrow + 3/2H_2O \qquad (13-6-7)$$

$$Na_2SO_3 + Ca(OH)_2 + 1/2H_2O \longrightarrow 2NaOH + CaSO_3 \cdot 1/2H_2O\downarrow \qquad (13-6-8)$$

用石灰石粉末进行再生:

$$2NaHSO_3 + CaCO_3 \longrightarrow Na_2SO_3 + CaSO_3 \cdot 1/2H_2O\downarrow + CO_2\uparrow + 1/2H_2O$$

$$(13-6-9)$$

根据沉淀物的处理方式,可分为抛弃法和回收法,前者以美国为主,后者以日本为主。

可以看出,双碱法系钠法的改良方法,它吸收了钠法吸收SO_2速度快,不易结垢和堵塞的优点,同时通过$NaOH$的再生,降低了运行成本,避免了二次污染,因此较钙法和钠法实用性更强。

3. 亚硫酸钠循环法

该法即威尔曼-洛德(Wellman-Lord)法,是美国的专利技术。它是利用NaOH和SO_2生成的Na_2SO_3作为媒介物进行SO_2的吸收和解吸。

主要反应式如下:

(1) 吸收反应

$$2NaOH + SO_2 \longrightarrow Na_2SO_3 + H_2O \qquad (13-6-10)$$

$$Na_2SO_3 + SO_2 + H_2O \longrightarrow 2NaHSO_3 \qquad (13-6-11)$$

或

$$Na_2SO_3 + SO_2 \longrightarrow Na_2S_2O_5 \qquad (13-6-12)$$

(2) 解吸反应:

$$2NaHSO_3 \longrightarrow Na_2SO_3 + SO_2 + H_2O \qquad (13-6-13)$$

或

$$Na_2S_2O_5 \longrightarrow Na_2SO_3 + SO_2 \qquad (13-6-14)$$

(3) 副反应:

$$Na_2SO_3 + 1/2O_2 \longrightarrow Na_2SO_4 \qquad (13-6-15)$$

$$3Na_2S_2O_5 \longrightarrow Na_2S_2O_3 + 2Na_2SO_4 + 2SO_2 \qquad (13-6-16)$$

在解吸过程中,释放出的SO_2气体送往回收装置,一部分母液经离心机分离出Na_2SO_3结晶,用水溶解后循环使用;另一部分母液加硫酸分解副反应生成的$Na_2S_2O_3$,用空气吹出溶解的SO_2后用NaOH中和,连同另一副反应生成的Na_2SO_4作为含盐污水排放。

由于尾气中的O_2会与亚硫酸钠反应生成硫酸钠,$Na_2S_2O_5$也会发生副反应,分解为硫酸钠,导致过程必须补充NaOH,这也是该法操作费用高的重要因素。

工艺示意流程见图13-6-2。

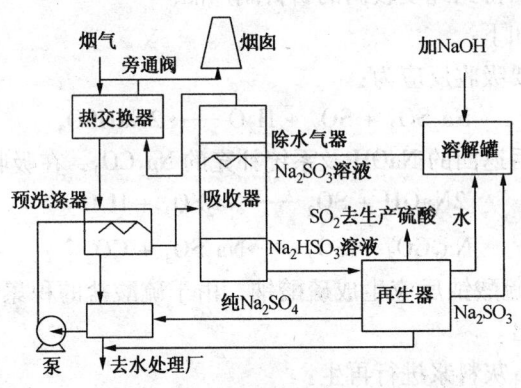

图13-6-2 亚硫酸钠循环法示意流程

该法脱硫效率可高达90%以上,回收的SO_2可直接制成硫酸出售,布置上可分散吸收,集中解吸。但目前还存在副反应产物芒硝(Na_2SO_4)的处理问题,至使碱耗及操作费用较高;此外还需定期排放含Na_2SO_4和Na_2SO_3的废水,这部分废水若不经处理排放,则会引起二次污染。

该方法可广泛应用在电厂、硫酸厂及炼油厂的烟气脱硫上,也可应用在硫黄回收尾气处理上,日本有四个炼油厂利用亚硫酸钠循环法处理硫黄回收尾气。

4. 氧化镁法

该法适用于中、小规模装置的烟气脱硫。其工艺过程是:除尘冷却后的烟气在吸收塔中

和 $Mg(OH)_2$ 溶液接触反应，进行脱硫。反应式如下：

$$Mg(OH)_2 + SO_2 \longrightarrow MgSO_3 + H_2O \qquad (13-6-17)$$

$$MgSO_3 + 1/2O_2 \longrightarrow MgSO_4 \qquad (13-6-18)$$

反应生成的 $MgSO_4$ 是海水的一种成分，可直接排放。

（二）干法脱硫

1. 喷雾干燥法

喷雾干燥法是 20 世纪 70 年代开发的技术，通常采用石灰浆液作为吸收剂，首先将石灰浆液通过喷头使其雾化，烟气中的 SO_2 和雾滴中的 $Ca(OH)_2$ 发生化学反应，达到脱硫目的。雾滴在吸收 SO_2 的同时，被高温烟气干燥，形成固体硫酸盐粉末。悬浮在烟气中的固体粉末用袋滤器或电除尘器收集。全装置可分为三部分：

（1）制备石灰浆液；

（2）喷雾脱硫；

（3）脱硫后气固分离。反应式如下：

石灰浆液的制备：

$$CaO + H_2O \longrightarrow Ca(OH)_2 \qquad (13-6-19)$$

脱硫反应：

$$SO_2 + Ca(OH)_2 \longrightarrow CaSO_3 + H_2O \qquad (13-6-20)$$

$$SO_2 + Ca(OH)_2 + 1/2O_2 \longrightarrow CaSO_4 + H2O \qquad (13-6-21)$$

在喷雾干燥脱硫系统中，由于反应产物的生成大幅度增加烟气颗粒物的浓度，因此适宜与除尘效率高的电除尘器配套使用。该工艺过程简单，运行可靠，无二次污染，脱硫效率为 80%～90%。以烟气量为 $50000m^3/h$ 为例，装置每年公用工程的消耗量是：电：560000kW·h；水：28000t；石灰（含 CaO 70%）：1463～3822t。

2. 活性炭吸附法

活性炭烟气脱硫技术在消除 SO_2 污染的同时可回收硫资源，并可作为脱除 NO_x 或回收烟气中 CO_2 工艺过程的组成部分，因而是一种防治污染与资源回收相结合的技术。活性炭是很容易吸附烟气中 SO_2 的物质，它在吸附 SO_2 的同时，也吸附烟气中的氧气和水蒸气，被吸附的 SO_2、O_2、H_2O 会发生化学反应生成稀硫酸，当活性炭表面覆盖的稀硫酸达到一定负荷时（一般相当于 $20gH_2SO_4/100g$ 活性炭），应用稀硫酸及水分级洗涤，获得一定浓度的硫酸副产物（浓度一般为 20%），而活性炭需再生循环使用。该工艺过程及设备简单，操作方便，脱硫率高，活性炭经再生后可循环使用（使用寿命约为 5 年）。活性炭再生容易，并可回收硫资源，但由于活性炭吸附容量小，因此设备庞大；而且副产品稀硫酸浓度仅 10%～20%，并含有杂质，难于直接作为产品销售；加上设备腐蚀严重，使该方法推广应用受到很大限制。为克服上述缺点，目前正从改变活性炭制造原料、改变活性炭外形及添加活性组分，如含碘、含氮活性炭，以改善活性炭的吸附性能。以烟气量为 $50000m^3/h$ 为例，装置每年公用工程的消耗量是：电：4830000kW·h；水：63722t；蒸汽（0.1MPa）：14500t；燃油：3920 t；活性炭（含碘 0.5%）：55.5t；碘：1.766t；回收的硫酸（折合 100% 浓度）：13747t。

除上述干法脱硫方法外，近年来还新开发了电子束脱硫技术和脉冲电晕氨法。这二种方法分别是用电子束和脉冲电晕照射喷入水和氨并已降温至 70℃ 左右的烟气，在强电场作用下，部分烟气分子电离，成为高能电子，高能电子激活、裂解、电离其他烟气分子，产生 OH、O、HO_2 等多种活性粒子和自由基。在反应器里，烟气中的 SO_2、NO 被活性粒子和自由基氧化为高阶氧化物 SO_3、NO_2，与烟气中的 H_2O 相遇后形成 H_2SO_4 和 HNO_3，在有 NH_3 或其他中和物注入情况下生成 $(NH_4)_2SO_4/NH_4NO_3$ 的气溶胶，再由收尘器收集，净化后的烟气排入大气。

三、锅炉烟气脱硫

炼油厂的锅炉原多以燃油、燃气为主，而燃气都是经脱硫的，燃油的含硫量也已考虑排放标准的限制，因此基本上不考虑烟气脱硫，但近年来新建设的一些大型石化企业为提高效益，建设自备电站，采用热电联产，因此燃煤锅炉的使用越来越普遍；加之我国锅炉排放标准日益严格，如北京要求烟气二氧化硫排放小于 $50mg/Nm^3$，因此锅炉烟气脱硫越来越引起人们的重视。

锅炉烟气脱硫方法和其他烟气脱硫方法一样，包括干法、半干法和湿法。

根据中国石化安全环保局于 2009 年对所属 12 家企业的 23 套烟气脱硫装置的调查，其中 10 家企业是燃煤锅炉，2 家企业是燃烧石油焦的 CFB 锅炉；采用的工艺有 10 种，除 1 家企业的 4 台锅炉采用半干法脱硫外，其余 11 家企业都采用湿法烟气脱硫，其中采用最多的是石灰石/石膏法，有 12 套，占 52%，见表 13-6-1。

表 13-6-1 锅炉烟气脱硫的基本情况

序号	企业名称	锅炉规模/(t/h)	脱硫方法	脱硫装置台数	脱硫剂	副产品	投产日期
1	高桥石化分公司	3×220	石灰石-石膏法	1	石灰石粉	石膏	2008 年 12 月
		3×220		1			
2	上海石化分公司	2×410	石灰石-石膏法	1	石灰石粉	石膏	2007 年 11 月
3	金陵石化分公司	4×220	石灰石-石膏法	2	石灰石粉	石膏	2008 年 12 月
4	扬子石化分公司	3×220	湿式氨法	1	液氨	硫铵	2008 年 8 月
		220+410		1			
5	仪征化纤	220	镁法脱硫	1	氧化镁粉	硫酸镁溶液排放	2007 年 11 月
6	青岛炼化	2×310	钠法脱硫	1	氢氧化钠	硫酸钠溶液排放	2008 年 2 月
7	齐鲁石化分公司	2×410	半干法	2	生石灰	脱硫灰	2006 年 3 月
		2×410		2	氢氧化钙	脱硫灰	2006 年 6 月
8	胜利油田	2×670	石灰石-石膏法	1	石灰石	石膏	2008 年 10 月
		2×1025		2			2009 年 3 月
9	石家庄石化分公司	3×130	石灰石-石膏法	1	石灰石粉	石膏	2008 年 7 月
10	燕山石化分公司	220	石灰石-石膏法	1	生石灰	石膏	2003 年 12 月
		2×310		2	石灰石粉		2007 年 5 月
11	洛阳石化分公司	2×220	双碱法	1	生石灰和氢氧化钠	脱硫渣（亚硫酸钙和硫酸钙）	2009 年 1 月
12	湖北化肥	2×240	湿式氨法	1	废氨水	硫铵	2007 年 9 月
		220		1			2008 年 5 月

除湖北石化厂以外的 11 家企业的公用工程消耗见表 13-6-2。

表 13-6-2 公用工程消耗

序号	企业名称	年水用量/t	年电用量/kW·h	年蒸汽用量/t	年脱硫剂用量/t	年运行费用/万元	运行单价/(元/tSO_2)
1	高桥石化分公司	636120	7698504	0	26952	679.89	702.56
2	上海石化分公司	357768	26157600	17856	23748	2022.3	2268.2
3	金陵石化分公司	172800	16554300	0	15500.28	1089.1	1357.3
4	扬子石化分公司	720000	12240000	0	1188	924.84	1238.8
5	仪征化纤	120230	1957400	0	2070	691.64	2844.3
6	青岛炼化	350400	6526200	0	11840	1599.8	1689
7	齐鲁石化分公司	373995	27803412	0	7487.97	1752.8	557.2
8	胜利油田	1651680	73027778	0	110000	3701.9	520.4
9	石家庄石化分公司	129911	9044160	0	8916	651.6	1417.8
10	燕山石化分公司	70000	28000000	0	14000	2276.4	3895.7
		52500	11000000	0	2723		3424.4
11	洛阳石化分公司	146256	10601064	0	751.44(生石灰)+600(烧碱)	770.04	2457.8

可以看出，上述装置的运行费用和运行单价存在较大差异，其原因主要是脱硫工艺方法及锅炉规模不同，而水在运行费用中所占比重不大，电所占比重最大，可占总费用的 50% 甚至更高。

上述装置 SO_2 减排显著，均达到设计指标，满足大气排放要求。

运行中的主要问题是设备腐蚀和管道磨蚀，因此必须加大防腐方面的投资，选择合适的防腐材料。

参 考 文 献

[1] 张德义. 谈含酸原油加工[J]. 当代石油化工. 2006, 14: 1-8
[2] 李菁菁, 闫振乾. 硫黄回收技术与工程[M]. 北京: 石油工业出版社, 2010
[3] 胡晓应. 影响干气脱硫效果因素分析[J]. 石油化工设计, 2002(2): 44-47
[4] 钱伯章. 天然气炼厂气位阻胺脱硫新技术[J]. 石油与天然气化工, 2005, 34
[5] 高原. 位阻胺脱硫新技术增产节能[J]. 浙江化工, 2005(6): 16
[6] E. J. Stewart, et al. Reduce amine plant solvent losses, Parts 1 and. Parts Ⅱ [J]. Hydrocarbon. Processing, 1994, 73(5): 73(6): 67-81
[7] 钱建兵, 朴香兰, 朱慎林. 炼油厂液化石油气胺法脱硫工艺设计优化[J]. 炼油技术与工程, 2007(1): 17-20
[8] M. Dupart T. Bacon and D. J. Edwards. Understanding corrosion in alkanolamine gas treating plants. Parts 1 [J]. Hydrocarbon Processing, 1993, (4)
[9] 唐清林, 范雨润, 陈纪良. YXS-93 新型选择性脱硫溶剂的工业应用[J]. 炼油设计, 1995(6): 38-40
[10] 刘燕敦, 刘造堂, 张松平. 进一步提高含硫污水汽提装置回收液氨的质量[J]. 石油炼制与化工,

1999, 30(11): 41-43
[11] 刘春燕、张东晓. 炼厂酸性水单塔加压汽提侧线抽氨及氨精制工艺设计[J]. 炼油技术与工程, 2007 (10): 55-57
[12] 夏秀芳, 卢显文. 炼油厂酸性水注碱汽提新工艺[J]. 石油化工环境保护, 2002, (2): 10-13
[13] 林本宽. 炼油厂含硫污水预处理及综合利用[J]. 炼油设计, 1999, (8): 43-49
[14] 刘卫东. 改进工艺流程, 减少含硫污水量[J]. 石油化工环境保护, 2001, (2): 14-16
[15] 余其军, 姚金森, 袁平. 污水汽提装置氨精制系统的技术改造[J]. 石油炼制与化工, 2000, (10)
[16] 李菁菁. 炼油厂酸性水罐恶臭气体的治理[J]. 中外能源, 2007(6)22-23
[17] 李菁菁, 闫振乾. 我国炼油厂硫黄回收技术发展概况[J]. 石油知识, 2009, (6): 18-20
[18] 朱利凯主编. 天然气处理与加工[M]. 北京: 石油工业出版社, 1997
[19] J. Nougayrede et al. Liquid Catalyst Efficiently Removes H_2S from Liquid Sulfur[J]. Oil Gas J., 87(29), 1989: 65-69
[20] 李菁菁. 硫回收及尾气处理[J]. 炼油设计. 1999, (8): 36-42
[21] 李菁菁. 我国炼厂脱硫、硫回收及尾气处理装置的现状与改进[J]. 硫酸工业, 2001, (3): 15-19
[22] 张小康、林本宽. 硫回收装置主燃烧炉设计中的几个问题[J]. 炼油设计, 1997, (5): 32-34
[23] David. C. Parnell. Look at Claus unit design[J]. Hydrocarbon Processing, 1985, (9)
[24] 汪家铭. WSA工艺在酸性气硫回收中的应用[J]. 石油化工技术与经济, 2009, (1): 15-19
[25] 冯凤全, 姚雪龙. 酸性气干法制硫酸工艺应用[J]. 石油化工环境保护, 2006, (2): 54-60
[26] 罗文吾, 严华, 李代玉. 酸性气制硫酸装置设计特点[J]. 炼油技术与工程, 2003, (2): 16-18
[27] 刘建平. 炼厂酸性气WSA硫化氢湿法制硫酸装置试生产[J]. 炼油技术与工程, 2009, (2): 26-29
[28] 张青. 50kt/a硫化氢制酸装置设计简介[J]. 硫酸工业, 2006, (2): 22-25
[29] 闫振乾. 我国炼油厂硫黄回收装置尾气处理技术发展概况[J]. 石油知识, 2010, (5): 16-19
[30] Sulfreen[J]. Hydrocarbon Processing, 1998, 77(4): 128
[31] 王威译, 谢莹校. Super Claus气体处理技术[J]. 气体脱硫与硫黄回收, 2006, (1): 24-31
[32] Lagas J A. Recent developments to the SCOT process[J]. Sulphur. 1993, (227): 39
[33] 朱元彪、陈奎. ZHSR硫回收技术[J]. 炼油技术与工程, 2008, (11): 6-10
[34] 徐才康, 师彦俊. 常规Claus制硫及尾气净化硫回收工艺的应用[C]//硫黄回收技术交流会论文汇编, 2007
[35] 张军. 30Kt/a硫黄装置运行总结[C]//硫黄回收装置生产运行座谈会论文集, 中国石化股份公司炼油事业部, 2008
[36] 刘忠生、林大泉. 催化裂化装置排放的二氧化硫问题及对策[J]. 石油炼制与化工, 1999, (3): 44-48
[37] 柯晓明. 控制催化裂化再生烟气中SO_x排放的技术[J]. 炼油设计, 1999, (8): 50-54
[38] 严万洪, 张志刚, 陈秀梅. 催化裂化烟气脱硫技术的研究进展[J]. 科技资讯, 2008: 244
[39] 汤红年. 几种催化裂化装置湿法烟气脱硫技术浅析[J]. 炼油技术与工程, 2012, (3): 1-5
[40] 张慧明, 林小妍. 中国电力工业大气污染及其控制[C]//中国环境科学学会1995年第四届全国环境污染防止技术研讨会——脱硫技术专题会议论文集, 北京: 中国环境科学出版社, 1995

附　录

附录一　国内外高硫和高酸原油的评价数据

一、中东地区

表1　中东地区典型高硫原油的性质(1)

原油名称	沙特轻质(Arabian L)	沙特中质(Arabian M)	沙特重质(Arabian H)	伊朗重质(Iran H)	科威特(Kuwait)	卡塔尔海上(Qatar Marine)	卡塔尔陆上(Qatar Land)	伊拉克巴士拉(Basrah)
API度	32.3	30.6	27.2	30.5	30.5	34.0	39.4	31.0
密度(20℃)/(g/cm³)	0.8600	0.8692	0.8879	0.8698	0.8701	0.8506	0.8235	0.8672
酸值/(mgKOH/g)	0.04	0.20	0.08	0.45	0.02	0.07	0.23	0.07
残炭/%	4.25	5.87	8.20	5.93	6.54	4.31	2.11	5.90
硫含量/%	2.30	2.80	2.84	1.80	2.58	1.59	1.84	2.85
氮含量/%	0.05	0.19	0.14	0.34	0.16	0.08	0.05	0.14
镍含量/(μg/g)	5.20	11.20	16.71	25.60	10.20	6.27	0.77	11.60
钒含量/(μg/g)	18.30	28.79	53.27	87.50	36.39	16.68	9.24	26.13
蜡含量/%	3.48	4.01	4.97	4.09	7.09	3.45	6.35	2.40
<350℃收率/%	49.90	45.92	41.63	46.09	41.36	54.98	60.64	47.13
石脑油馏分(<200℃)								
收率/%	23.75	22.74	18.49	23.27	18.51	26.65	33.60	23.16
密度(20℃)/(g/cm³)	0.7159	0.7134	0.7076	0.7136	0.7051	0.7244	0.7080	0.7102
酸度/(mgKOH/100mL)	0.40	0.60	0.18	2.14	0.65	0.33	1.43	1.57
硫含量/%	0.0398	0.0547	0.0492	0.1121	0.1039	0.0768	0.1323	0.1435
辛烷值(RON,计算)	46.6	48.0	41.6	55.9	41.1	48.6	47.7	46.4
喷气燃料馏分(140~240℃)								
收率/%	16.77	15.00	13.31	13.97	14.21	18.79	20.19	15.31
密度(20℃)/(g/cm³)	0.7778	0.7797	0.7784	0.7881	0.7699	0.7847	0.7711	0.7757
酸值/(mgKOH/g)	0.005	0.021	0.016	0.039	0.019	0.010	0.029	0.041
烟点/mm	21	27	23	25	29	26	24	25
硫含量/%	0.1117	0.1648	0.2420	0.2149	0.3306	0.1862	0.2360	0.4153
冰点/℃	−59	−56	−56	−57	−57	−59	−57	−55
芳烃(体)/%	17.00	15.11	16.70	16.86	16.49	20.94	17.61	18.58
柴油馏分(200~350℃)								
收率/%	26.14	23.17	23.14	22.82	22.85	28.33	27.04	23.97
密度(20℃)/(g/cm³)	0.8301	0.8321	0.8353	0.8372	0.8312	0.8359	0.8229	0.8375
酸度/(mgKOH/100mL)	1.19	11.23	9.33	5.57	6.80	1.31	3.28	6.09
硫含量/%	0.98	0.91	1.39	0.84	1.32	1.02	0.72	1.50
凝点/℃	−21	−18	−19	−15	−11	−16	−28	−18
十六烷指数	52.28	51.83	51.56	50.32	50.36	50.95	54.16	52.46
减压馏分(350~500℃)								
收率/%	23.68	22.47	20.82	23.31	24.06	20.63	22.04	20.85
密度(20℃)/(g/cm³)	0.9126	0.9110	0.9144	0.9104	0.9009	0.9120	0.9098	0.9122
硫含量/%	2.60	2.89	2.90	1.91	2.99	2.28	2.78	3.50
凝点/℃	23	23	25	32	25	27	26	32
残炭/%	0.05	0.04	0.07	0.05	0.07	0.17	0.05	0.04

续表

原油名称	沙特轻质(Arabian L)	沙特中质(Arabian M)	沙特重质(Arabian H)	伊朗重质(Iran H)	科威特(Kuwait)	卡塔尔海上(Qatar Marine)	卡塔尔陆上(Qatar Land)	伊拉克巴士拉(Basrah)
减压渣油(>500℃)								
收率/%	26.43	31.62	37.55	30.60	34.58	24.39	17.32	32.02
密度(20℃)/(g/cm³)	1.0230	1.0290	1.0420	1.0350	1.0010	1.0100	1.0180	1.0180
镍含量/(μg/g)	18.86	35.43	46.60	88.83	29.52	25.58	3.15	33.34
钒含量/(μg/g)	63.53	91.08	141.90	299.10	105.20	73.49	55.06	81.60
硫含量/%	4.79	5.08	4.97	3.54	4.96	3.36	5.27	5.47
凝点/℃	45	74	43	50	31	21	20	35
残炭/%	16.12	17.09	22.54	19.67	18.95	18.60	12.58	19.94

表2 中东地区典型高硫原油的性质(2)

原油名称	伊朗瑙鲁兹(Nowrooz)	伊朗索鲁士(Soroosh)	阿联酋上扎库姆(Upper Zakum)	阿联酋迪拜(Dubai)	中立区卡夫基(Khafji)	卡塔尔埃尔沙辛(Alshaheen)
API度	20.3	19.2	33.41	31.1	28.1	30.6
密度(20℃)/(g/cm³)	0.9287	0.9355	0.8550	0.8660	0.8830	0.8694
酸值/(mgKOH/g)	1.14	0.24	0.04	0.05	0.25	0.10
残炭/%	12.1	12.1	4.8	5.02	8.04	4.38
硫含量/%	4.90	3.69	1.90	1.94	2.74	2.03
氮含量/%	0.26	0.1370	0.082	0.17	0.1622	0.08
镍含量/(μg/g)	29.6	35.3	7.69	13.00	17.23	6.69
钒含量/(μg/g)	111.0	106.9	6.99	43.00	53.88	20.78
蜡含量/%	1.3	6.05	4.34	6.09	—	4.0
<350℃收率/%	29.36	31.00	51.18	51.14	40.03	47.1
石脑油馏分	(<180℃)	(<200℃)	(<180℃)	(<200℃)	(<180℃)	(65~180℃)
收率/%	9.74	12.30	20.21	23.49	15.72	13.0
密度(20℃)/(g/cm³)	0.7188	0.7471	0.7150	0.6997	0.7134	0.7375
酸度/(mgKOH/100mL)	0.68	2.94	—	0.40	0.77	0.19
硫含量/%	0.0174	0.067	0.020	0.1605	0.023	0.0171
辛烷值(RON,计算)	—	76.2(实测)	—	53.4	—	51.6(MON)
喷气燃料馏分(140~240℃)	(140~240℃)	(140~240℃)	(150~230℃)	(140~240℃)	(140~240℃)	(145~230℃)
收率/%	9.87	9.50	13.11	16.70	13.06	13.1
密度(20℃)/(g/cm³)	0.7800	0.7929	0.7835	0.7893	0.7815	0.7904
酸值/(mgKOH/g)	0.070	—	0.059	0.013	0.041	0.38
烟点/mm	23.3	26.0	24.0	25.0	27.5	23.0
硫含量/%	0.1861	0.21	0.08	0.3435	0.179	0.17
冰点/℃	−60	−56	<−55	−56	−56	<−60
芳烃(体)/%	17.4	13.8	20.5	16.17	18.64	23.7
柴油馏分	(240~350℃)	(200~365℃)	(200~350℃)	(200~350℃)	(240~350℃)	(230~365℃)
收率/%	13.44	20.60	26.34	27.64	16.32	24.7
密度(20℃)/(g/cm³)	0.8526	0.8554	0.8366	0.8439	0.8480	0.8528
酸度/(mgKOH/100mL)	54.0	8.20	4.99	2.42	12.75	2.57
硫含量/%	1.59	1.33	0.98	1.23	1.54	0.82
凝点/℃	−17	−18	−20	−21	−11	−18
十六烷指数	51.7	48.6	52.0	47.37	50.23	49.7

续表

原油名称	伊朗瑞鲁兹 (Nowrooz)	伊朗索鲁士 (Soroosh)	阿联酋上扎库姆 (Upper Zakum)	阿联酋迪拜 (Dubai)	中立区卡夫基 (Khafji)	卡塔尔埃尔沙辛 (Alshaheen)
减压馏分	(350~525℃)	(365~540℃)	(350~560℃)	(350~500℃)	(350~540℃)	(365~560℃)
收率/%	26.13	22.93	29.70	23.04	25.65	30.9
密度(20℃)/(g/cm^3)	0.9386	0.9342	0.9249	0.9193	0.9229	0.9161
硫含量/%	3.43	2.89	2.57	2.59	2.99	2.31
凝点/℃	29	37	29	27	25	33
残炭/%	0.43	0.46	0.62	0.11	0.25	0.53
减压渣油	(>525℃)	(>540℃)	(>560℃)	(>500℃)	(>540℃)	(>560℃)
收率/%	44.51	43.79	18.96	25.83	32.66	19.40
密度(20℃)/(g/cm^3)	1.0560	1.0602	1.0389	1.0180	1.0477	1.0279
镍含量/(μg/g)	73.2	90.25	35.43	52.35	52.75	38.1
钒含量/(μg/g)	282.0	250.00	32.88	166.0	165.0	118.0
硫含量/%	5.90	5.13	3.99	3.77	5.21	4.57
凝点/℃	>50	>50	16	40	62	42
残炭/%	29.03	27.61	19.45	19.43	24.43	21.46

二、美洲

表3 美洲典型高硫或高酸原油的性质(1)

原油名称	加拿大冷湖 (Cold Lake)	加拿大阿尔毕安 (Albian)	墨西哥玛雅 (Maya)	墨西哥伊斯姆斯 (Isthmus)	委内瑞拉梅瑞 (Merey)	委内瑞拉BCF (BCF-17)
API度	22.4	21.4	21.4	31.37	16.16	16.4
密度(20℃)/(g/cm^3)	0.9159	0.9221	0.9223	0.8649	0.9548	0.9531
酸值/(mgKOH/g)	0.872	0.42	0.182	0.15	1.98	2.23
残炭/%	10.52	8.60	12.88	5.62	11.48	11.2
硫含量/%	3.44	2.13	3.41	1.66	2.70	2.20
氮含量/%	0.43	0.229	0.46	0.22	0.38*	0.49
镍含量/(μg/g)	61.9	29.25	61.8	15.21	59.3	46.6
钒含量/(μg/g)	151.0	84.15	323.0	62.87	196.0	350.0
蜡含量/%	1.4	10.98	5.1	4.4	1.3*	2.5
<350℃收率/%	33.57(<360℃)	34.70(<340℃)	34.48(<360℃)	48.22	30.90(<360℃)	25.64(<360℃)
石脑油馏分	(<145℃)	(<145℃)	(<145℃)	(<210℃)	(<180℃)	(<145℃)
收率/%	14.61	9.02	7.96	25.16	6.97	2.77
密度(20℃)/(g/cm^3)	0.6773	0.7109	0.7137	0.7414	0.7485	0.7314
酸度/(mgKOH/100mL)	0.26	0.46	0.34	1.61	2.59	2.41
硫含量/%	0.0278	0.0217	0.047	0.0635	0.033	0.0162
芳潜/%	23.59	—	32.96	33.15*	67.45(N+2A)	39.3
喷气燃料馏分(140~240℃)	(145~230℃)	(145~230℃)	(145~230℃)	(140~240℃)	(160~240℃)	(145~230℃)
收率/%	4.82	8.75	9.58	17.13*	6.91	4.70
密度(20℃)/(g/cm^3)	0.8002	0.8098	0.7808	0.7862*	0.8267	0.8063
酸值/(mgKOH/g)	0.024	0.025	0.009	0.010*	0.147	0.091
烟点/mm	19.9	26.0	23.5	23.0*	17.5	19.4
硫含量/%	0.379	0.197	0.517	0.17*	0.338	0.159
冰点/℃	<-60	<-66	<-60	-58*	<-50	<-55
芳烃(体)/%	17.6*	20.57(质)	19.46	17.1*	10.0	16.56(质)

续表

原油名称	加拿大冷湖 (Cold Lake)	加拿大阿尔毕安 (Albian)	墨西哥玛雅 (Maya)	墨西哥伊斯姆斯 (Isthmus)	委内瑞拉梅瑞 (Merey)	委内瑞拉BCF (BCF-17)
柴油馏分	(230~360℃)	(230~340℃)	(230~360℃)	(210~350℃)	(240~360℃)	(230~360℃)
收率/%	14.14	16.93	16.94	23.03	18.04	18.17
密度(20℃)/(g/cm^3)	0.8853	0.8758	0.8548	0.8392	0.8912	0.8832
酸度/(mgKOH/100mL)	46.82	22.54	2.4	6.62	107.0	111.0
硫含量/%	1.24	1.02	2.00	0.84	1.69	1.11
凝点/℃	<-20	-30	-14.6	-21	-21	<-20
十六烷指数	40.2	43.0	51.0	51.73	41.9	41.6
减压馏分	(360~510℃)	(340~532℃)	(360~527℃)	(350~520℃)	(360~530℃)	(360~527℃)
收率/%	23.2	34.71	24.05	23.49	25.60	31.44
密度(20℃)/(g/cm^3)	0.9546	0.9564	0.9308	0.9165	0.9536	0.9529
硫含量/%	3.12	1.87	2.78	1.77	2.51	1.75
凝点/℃	12.0*	25.7	33.6	25.0	27*	14
残炭/%	0.51	0.83*	0.5	0.46	0.21	0.51*
减压渣油	(>510℃)	(>532℃)	(>527℃)	(>520℃)	(>530℃)	(>527℃)
收率/%	43.23	30.59	41.47	27.77	42.92	42.92
密度(20℃)/(g/cm^3)	1.0517*	1.0716	1.0960*	1.0172	1.0538	1.0397*
镍含量/(μg/g)	151	40.9	145	61.87	166.3	112
钒含量/(μg/g)	369	249.1	758	210.3	463.8	780
硫含量/%	5.74	4.20	4.64	3.58	4.38	3.33
凝点/℃	>50	68	>50	>50*	>50	>50
残炭/%	24.21	28.52	31.48	20.42	27.20	25.85

* 取自该油的其他相关分析数据。

表4 南美洲部分高硫或高酸原油的性质(2)

原油名称	委内瑞拉波斯坎 (Boscan)	厄瓜多尔纳波 (Napo)	厄瓜多尔奥连特 (Oriente)	哥伦比亚卡斯提拉 (Castilla)
API度	11.0	18.87	23.75	19.51
密度(20℃)/(g/cm^3)	0.9901	0.9376	0.9086	0.9334
酸值/(mgKOH/g)	1.39	0.15	0.14	0.13
残炭/%	15.90	12.75	1.34	11.52
硫含量/%	4.90	2.42	1.53	1.74
氮含量/%	0.46	0.082	0.26	0.35
镍含量/(μg/g)	99.0	125.3	48.2	67.4
钒含量/(μg/g)	869.0	297.3	160.0	258.9
蜡含量/%	1.5	0.74	10.36	2.67
<350℃收率/%	17.80	31.07(<360℃)	37.85	34.62
石脑油馏分	(<175℃)	(<160℃)	(<180℃)	(<170℃/<210℃)
收率/%	3.43	7.13	11.12	14.44/17.14
密度(20℃)/(g/cm^3)	0.7510	0.7278	0.7420	0.7319/0.7546
酸度/(mgKOH/100mL)	3.50	0.23	<0.2*	0.27/0.67
硫含量/%	0.76	0.0082	0.02	0.0079/0.0351
芳潜/%	44.18	54.39(N+2A)*	32.09	59.35(N+2A)*
喷气燃料馏分(140~240℃)	(140~230℃)	(160~230℃)	(150~230℃)	(140~240℃)
收率/%	3.06	5.88	9.34	8.27*
密度(20℃)/(g/cm^3)	0.8218	0.8060	0.7963	0.7994*
酸值/(mgKOH/g)	0.068	0.021	0.040	0.010*

续表

原油名称	委内瑞拉波斯坎 (Boscan)	厄瓜多尔纳波 (Napo)	厄瓜多尔奥连特 (Oriente)	哥伦比亚卡斯提拉 (Castilla)
烟点/mm	19.0	29.0	22.0	22.3*
硫含量/%	2.43	0.16	0.10	0.0122*
冰点/℃	<−60	<−60	<−55	<−60*
芳烃(体)/%	25.1	15.4	13.6	18.0*
柴油馏分	(230~350℃)	(230~350℃)	(200~350℃)	(210~350℃)
收率/%	11.85	16.62	24.18	17.38
密度(20℃)/(g/cm^3)	0.8885	0.8622	0.8509	0.8812
酸度/(mgKOH/100mL)	3.1	5.88	5.05	11.79
硫含量/%	3.97	1.18	0.74	0.72*
凝点/℃	−26	−22	−22	−23
十六烷指数	39.78	48.3*	47.5	39.63
减压馏分	(350~526℃)	(350~520℃)	(350~560℃)	(350~500℃)
收率/%	30.05	23.43	29.51	22.90
密度(20℃)/(g/cm^3)	0.9540	0.9267	0.9197	0.9449
硫含量/%	4.73	2.44	1.53	1.90*
凝点/℃	30	30	38	32
残炭/%	0.86	0.18	0.40	0.37
减压渣油	(>526℃)	(>520℃)	(>560℃)	(>500℃)
收率/%	52.04	46.49	32.43	41.75
密度(20℃)/(g/cm^3)	1.0759	1.0256	1.0489*	1.0610
镍含量/(μg/g)	190	259.1	120	162.0
钒含量/(μg/g)	1670	694.0	450	587.8
硫含量/%	5.60	4.07	2.64*	2.86
凝点/℃	>50	>60	>60	>50*
残炭/%	30.90	28.25	31.48	25.76

*取自该油的其他相关分析数据。

表5 南美洲典型高酸原油的性质

原油名称	巴西阿尔巴克拉(Albacora)	巴西马利姆(Marlim)	巴西荣卡多重质(Roncador H)
API度	19.3	19.5	18.3
密度(20℃)/(g/cm^3)	0.9350	0.9336	0.9411
酸值/(mgKOH/g)	2.80	1.18	2.25
残炭/%	5.70	7.26	5.41
硫含量/%	0.58	0.77	0.722
氮含量/%	0.24	0.50	0.450
镍含量/(μg/g)	12.10	19.6	14.54
钒含量/(μg/g)	16.06	25.5	24.64
蜡含量/%	3.6*	1.4	1.58
<350℃收率/%	30.00	30.02	28.11
石脑油馏分	(<80℃/80~180℃)	(<200℃)	(<180℃)
收率/%	1.55/6.12	9.03	5.67
密度(20℃)/(g/cm^3)	—/0.7860	0.7666	0.7736
酸度/(mgKOH/100mL)	—/17.8*	2.30	24.08
硫含量/%	—/0.0656	0.0484	0.084
芳潜/%	—/59.7	73.80(N+2A)	27.80

续表

原 油 名 称	巴西阿尔巴克拉(Albacora)	巴西马利姆(Marlim)	巴西荣卡多重质(Roncador H)
喷气燃料馏分(140~240℃)	(180~240℃)	(165~240℃)	(140~240℃)
收率/%	7.34	7.26	9.31*
密度(20℃)/(g/cm³)	0.8513	0.8273	0.8281*
酸值/(mgKOH/g)	1.12*	0.11	1.21*
烟点/mm	19.9*	19.0	18.0*
硫含量/%	0.17	0.19	0.243*
冰点/℃	<-50	<-60	<-60*
芳烃(体)/%	15.6*	20.2	18.6*
柴油馏分	(240~350℃)	(240~350℃)	(180~350℃)
收率/%	14.99	16.47	22.44
密度(20℃)/(g/cm³)	0.8936	0.8792	0.8804
酸度/(mgKOH/100mL)	463.2	77.37	235.2
硫含量/%	0.40	0.53	0.463
凝点/℃	<-20	-43	<-15
十六烷指数	48.0	41.83	38.30
减压馏分	(350~500℃)	(350~500℃)	(350~530℃)
收率/%	28.29	26.59	32.68
密度(20℃)/(g/cm³)	0.9419	0.9440	0.9403
硫含量/%	0.55	0.76	0.714
凝点/℃	17*	2	-9
酸值/(mgKOH/g)	3.97	1.70	2.55
残炭/%	0.09	0.09	0.21
减压渣油	(>500℃)	(>500℃)	(>530℃)
收率/%	40.16	42.83	39.01
密度(20℃)/(g/cm³)	0.9954	1.0061	1.0076
镍含量/(μg/g)	29.9	46.7	38.40
钒含量/(μg/g)	45.93	59.1	64.47
硫含量/%	0.74	1.10	0.963
凝点/℃	>50*	>50*	>45
残炭/%	14.37	16.8	17.13

*取自该油的其他相关分析数据。

三、非洲

表6 非洲高酸或高硫原油的性质

原 油 名 称	安哥拉达连(Dalia)	安哥拉奎都(Kuito)	安哥拉帕兹夫罗(Pazflor)	乍得多巴(Doba)	苏丹达混(Dar Blend)	埃及贝拉伊姆(Belayim)
API度	24.42	20.7	24.84	21.2	24.2	24.04
密度(20℃)/(g/cm³)	0.9035	0.9242	0.9016	0.9234	0.9050	0.9057
S/%	0.442	0.49	0.42	0.10	0.107	2.72
N/%	0.236	0.31	0.22*	0.16	0.39	0.52
凝点/℃	<-15	-28	-19(倾点)	-11	35	-4
黏度(50℃)/(mm²/s)	28.74	176.0(25℃)	8.585	155.4	268.1	27.50
酸值/(mgKOH/g)	1.56	2.00	1.51	4.37	2.28	0.22
残炭/%	4.54*	6.58	4.60*	11.4	7.27	9.64
Ni+V/(μg/g)	14.55+7.13	35.6+13.1	18.8+7.4	8.29+0.27	58.93+1.06	63.16+96.66
K值	11.8	11.5*	11.5	11.8	12.3	11.75

续表

原油名称	安哥拉达连 (Dalia)	安哥拉奎都 (Kuito)	安哥拉帕兹夫罗 (Pazflor)	乍得多巴 (Doba)	苏丹达混 (Dar Blend)	埃及贝拉伊姆 (Belayim)
石脑油馏分						
馏程/℃	15~180	初馏点~180	15~180	初馏点~180	初馏点~160	初馏点~170
收率/%	8.38	7.02*	8.84	1.31	2.62	10.61
密度(20℃)/(g/cm^3)	0.7599	0.7619*	0.7441	0.7522*	0.7282	0.7314
S/%	0.0186	0.0362*	0.0137	37.0(ng/μL)	0.004	0.098
链烷烃/%	41.36	42.50*	51.45	46.12	66.51	60.95
环烷烃/%	49.03	47.03*	41.23	41.70	27.65	28.84
芳烃/%	9.60	9.43*	7.32	12.18	5.82	9.51
芳潜/%	36.45	65.89(N+2A)*	55.87(N+2A)	44.51	39.29(N+2A)	22.74
喷气燃料馏分						
馏程/℃	140~240	130~230	140~240	180~230	160~240	170~250
收率/%	10.45*	9.91	7.63	1.78	4.48	9.45
密度(20℃)/(g/cm^3)	0.8219*	0.8240	0.8236	0.8380	0.7860	0.8059
S/%	0.06*	0.075	0.053	0.0072	0.006	0.66
冰点/℃	<-50*	<-50	-55	<-60	<-50	16
烟点/mm	17*	23	20	15.5	21	24.4*
芳烃(体)/%	16.4*	15.4*	14.3	19.1*	3.9	15.1*
酸度/(mgKOH/100mL)	78.08*	6.56	16.22	10.15	6.40	11.24
柴油馏分						
馏程/℃	180~350	200~350	180~350	230~360	240~360	250~350
收率/%	28.08	26.12	27.62	16.21	13.81	15.06
密度(20℃)/(g/cm^3)	0.8575	0.8745	0.8739	0.8906	0.8296	0.8594
S/%	0.18	0.29	0.230	0.053	0.058	1.97
凝点/℃	<-15	-33	-23(倾点)	<-20	5	-6
十六烷指数	45.5	40.9	46.5	39.2	67.5	49.4
酸度/(mgKOH/100mL)	134.9	84.04	67.20	131.44	76.78	17.42
减压馏分						
馏程/℃	350~530	350~500	350~540	360~522	360~480	350~480
收率/%	32.89	28.64	26.58	31.01	20.03	15.87
密度(20℃)/(g/cm^3)	0.9194	0.9347	0.9285	0.9211	0.8673	0.9061
S/%	0.488	0.544	0.472	0.104	0.074	2.52
N/%	0.154	0.249	0.161	0.090	0.10	0.14
酸值/(mgKOH/g)	1.78	2.36	1.60	5.38	2.88	0.07*
凝点/℃	17	22*	20(倾点)	12	40*	31
K值	11.81	11.58	11.69	11.7	12.38	11.75
减压渣油						
馏程/℃	>530	>500	>540	>522	>480	>480
收率/%	30.41	35.2	28.95	49.69	59.06	48.49
密度(20℃)/(g/cm^3)	0.9908	1.0017	0.9938	0.9488	0.9554	1.0172
残炭/%	17.30	17.84	15.90	11.53	11.95	20.86
S/%	0.731	0.68	0.789	0.124	0.148	4.01
N/%	0.592	0.63	0.729	0.32	0.64	0.72
Ni+V/(μg/g)	67.22+33.39	141.9+118.9*	64.84+25.69	18.3+0.51	117.3+2.28	120.1+181.3
沥青质/%	3.73	5.3*	4.02	0.7	0.1*	14.66
黏度(100℃)/(mm^2/s)	1676	7500*	1214	263.2	816.3	4.962

*取自该油的其他相关分析数据。

四、东亚及大洋洲

表7 东亚及大洋洲高酸原油的性质

原油名称	澳大利亚万都（Wandoo）	澳大利亚皮瑞尼斯（Pyrenees）	澳大利亚文森特（Vincent）	澳大利亚梵高（Van Gogh）	印度尼西亚杜里（Duri）
API度	19.5	19.15	18.66	16.74	20.0
密度(20℃)/(g/cm^3)	0.9339	0.9364	0.9389	0.9511	0.9303
S/%	0.35	0.21	0.45	0.35	0.199
N/%	0.0962	0.154	0.199	0.17	0.281
凝点/℃（倾点）	<-30	-26	(-24)	(-18)	16
黏度(50℃)/(mm^2/s)	28.56	37.97	53.00	82.58	184.1
酸值/(mgKOH/g)	1.87	1.75	1.53	1.57	1.25
残炭/%	1.68	1.62	2.36*	2.35	7.83
Ni+V/(μg/g)	5.36+0.21	0.92+1.50	0.2+0.1	1.3+<1.0	58.45+4.75
K值	11.4	11.4	11.46	11.2	11.8
石脑油馏分					
馏程/℃	初馏点~180	初馏点~180	初馏点~180	初馏点~180	80~180
收率/%	0.07*	1.99	0.70	0.61	4.36
密度(20℃)/(g/cm^3)	0.8515*	0.8473	0.6938	0.8571	0.8039
S/%	0.014*	0.014*	0.024	0.064	0.030
链烷烃/%	—	32.29*	—	—	39.59
环烷烃/%	—	63.20*	—	—	32.86
芳潜/%	—	72.22(N+2A)*	—	—	58.0
喷气燃料馏分					
馏程/℃	180~230	150~230	140~240	140~240	180~240
收率/%	2.92	5.10	2.38	1.89	5.31
密度(20℃)/(g/cm^3)	0.8664	0.8824	0.8552	0.8808	0.8541
S/%	0.0145	0.02	0.061	0.061	0.077
冰点/℃	<-60*	<-55	<-60	<-60	<-50
烟点/mm	15.0*	18	17.2	15.3	19.0*
芳烃(体)/%	4.3*	5.4	4.9*	3.0	19.8*
酸度/(mgKOH/100mL)	0.82	1.32	2.78	6.40	62.0
柴油馏分					
馏程/℃	230~360	200~350	240~350	240~350	240~350
收率/%	40.46	33.50	31.62	27.96	12.09
密度(20℃)/(g/cm^3)	0.9064	0.9063	0.8980	0.9081	0.8870
S/%	0.071	0.06	0.148	0.124	0.179
凝点/℃（倾点）	<-30	<-35	(-33)	(-54)	<-20
十六烷指数	34.5	37.0	37.9	34.9	41.6
酸度/(mgKOH/100mL)	51.18	39.39	26.43	28.82	232.2
减压馏分					
馏程/℃	360~540	350~560	350~540	350~540	350~500
收率/%	43.34	49.63	46.47	48.29	22.98
密度(20℃)/(g/cm^3)	0.9507	0.9477	0.9532	0.9599	0.9155
S/%	0.187	0.23	0.371	0.322	0.219
N/%	0.111	0.148	0.162	0.159	—
酸值/(mgKOH/g)	2.44	2.28*	—	2.15	2.93
黏度(80℃)/(mm^2/s)	11.91(100℃)	11.68	17.90(100℃)*	293.3*	16.19
凝点/℃（倾点）	-10	-8	(-13.8)	(-6)	
K值	11.41	11.60	11.28	11.29	11.79

续表

原油名称	澳大利亚万都 (Wandoo)	澳大利亚皮瑞尼斯 (Pyrenees)	澳大利亚文森特 (Vincent)	澳大利亚梵高 (Van Gogh)	印度尼西亚杜里 (Duri)
减压渣油					
馏程/℃	>540	>560	>540	>540	>500
收率/%	13.28	13.37	19.03	21.39	53.73
密度(20℃)/(g/cm³)	0.9919	0.9800	1.0014	1.0025	0.9514
残炭/%	12.88	13.45	13.82	10.97	12.88
S/%	0.29	0.38	1.22	0.72	0.26
N/%	0.46	0.536	0.64	0.54	—
Ni+V/(μg/g)	42.8+2.38	6.68+11.39	1.10+0.32	8.00+<1.0	85.21+8.19
沥青质/%	0.56	0.87	0.39	0.5*	31.59(+胶质)
黏度(100℃)/(mm²/s)	407.2	520*	963.9	964.0	408.3

* 取自该油的其他相关分析数据。

五、中国

表8　中国高硫或高酸原油的性质

油田	胜利	塔河	辽河	渤海	渤海	克拉玛依	河南
原油名称	孤岛	塔河重质	辽河稠油	蓬莱19-3	绥中36-1	克拉玛依稠油	河南(南阳)
API度	16.54	17.19	17.10	20.4	15.8	16.67	26.2
密度(20℃)/(g/cm³)	0.9521	0.9484	0.9487	0.9279	0.9571	0.9513	0.8934
S/%	2.24	2.10	0.33	0.31	0.33	0.16	0.188
N/%	0.70	0.25	0.64	0.38	0.60	0.37	0.29
凝点/℃	1	-16	8	-34	13	15	33
黏度(50℃)/(mm²/s)	704.2	577.9	634.6	95.46	560.7	244.7(100℃)	70.49
酸值/(mgKOH/g)	1.53	0.13	4.26	4.38	2.92*	4.30	1.48
残炭/%	8.71	15.70	15.90	5.77	9.94	7.16	5.26
Ni+V/(μg/g)	16.7+2.90	31.5+209.6	75.0+1.2	24.38+1.03	37.52+1.57	38.2+0.61	18.6+0.63
K值	11.71	11.6	11.4	11.6	11.5	11.8	12.2
石脑油馏分							
馏程/℃	初馏点~130	初馏点~180	初馏点~180	初馏点~180	初馏点~180	初馏点~180	15~180
收率/%	1.84	7.62	3.56	4.47	1.85	0.44*	6.08*
密度(20℃)/(g/cm³)	0.7578	0.7296	0.7600	0.7760	0.7924	0.8080*	0.7374*
S/%	0.025	0.020	0.013	0.018	0.041	0.11*	0.004*
链烷烃/%	34.16	63.73	43.29	—	32.67		54.37*
环烷烃/%	60.82	23.29	41.00		53.11		37.29*
芳潜/%	70.86(N+2A)	33.47	54.13	75.26	81.55(N+2A)	—	53.77(N+2A)*
喷气燃料馏分							
馏程/℃	130~230	140~240	140~240	140~240	140~240	140~240	130~230
收率/%	4.26	8.23	4.61	8.18	5.44*	2.05*	4.14
密度(20℃)/(g/cm³)	0.8283	0.7869	0.8177	0.8320	0.8411*	0.8486*	0.7879
S/%	0.30	0.09	0.039	0.037	0.053*	0.077*	0.018
冰点/℃	<-60	-57	-57	<-70	-36*	<-60*	-60
烟点/mm	—	27	23	17.0	16.4*	18.0*	25.0*
芳烃(体)/%	—	9.5	15.6	16.7	20.1*	8.1*	10.6
酸度/(mgKOH/100mL)	7.71	1.10	19.62	39.66	—	185.8*	8.04

续表

油田	胜利	塔河	辽河	渤海	渤海	克拉玛依	河南
原油名称	孤岛	塔河重质	辽河稠油	蓬莱19-3	绥中36-1	克拉玛依稠油	河南(南阳)
柴油馏分							
馏程/℃	230~350	180~350	180~350	180~350	180~350	160~340	200~350
收率/%	12.51	19.54	16.23	22.16	20.66	11.26	15.21
密度(20℃)/(g/cm³)	0.8860	0.8438	0.8612	0.8747	0.8634	0.8819	0..8348
S/%	0.92	0.59	0.13	0.15	0.18	0.086	0.086
凝点/℃	-24	-24	-14	<-50	<-30	<-60	1
十六烷指数	41.5	49.1	46.12	41.4	36.4	40.7*	57.91
酸度/(mgKOH/100mL)	109.3	2.5	123.2	215.3	21.0	161.3*	45.1
减压馏分							
馏程/℃	350~500	350~540	350~540	350~560	350~530	340~520	350~500
收率/%	26.79	29.54	33.87	39.83	34.29	30.61	34.12
密度(20℃)/(g/cm³)	0.9382	0.9392	0.9420	0.9281	0.9546	0.9300	0.8861
S/%	1.15	1.80	0.28	0.29	0.29	0.14	0.128
N/%	0.26	0.16	0.31	0.21	0.28	0.16	0.184
酸值/(mgKOH/g)	2.28	0.09	2.26	3.79	3.41*	4.15	1.34
黏度(100℃)/(mm²/s)	92.38(50℃)	20.75	14.75	11.96	11.49*	14.62	7.112
凝点/℃	28	26	36	-2	6*	-18	41*
K值	11.57	11.6	11.6	11.7	11.37	11.78	12.17
减压渣油							
馏程/℃	>500	>540	>540	>560	>530	>520	>500
收率/%	54.10	43.21	46.18	33.54	43.29	56.87	41.57
密度(20℃)/(g/cm³)	0.9981	1.0703	1.0131	0.9943	1.0131	0.9869*	0.9372
残炭/%	16.35	36.00	22.80	17.56	23.05	13.24	13.05
S/%	3.08	3.65	0.45	0.48	0.43	0.19	0.372
N/%	0.92	0.58	0.94	0.69	0.98	0.51	0.365
Ni+V/(μg/g)	31.2+5.30	72.9+485.1	167.0+3.5	66.92+2.54	96.37+2.59	69.2+1.04	42.0+1.9
沥青质/%	6.41	33.8	1.7	0.57	8.34	0.2*	40.99(+胶质)
黏度(100℃)/(mm²/s)	1933	>20000	>20000	3172	14369	>20000	450.6

* 取自该油的其他相关分析数据。

附录二 临氢作业用钢防止脱碳和微裂的操作极限

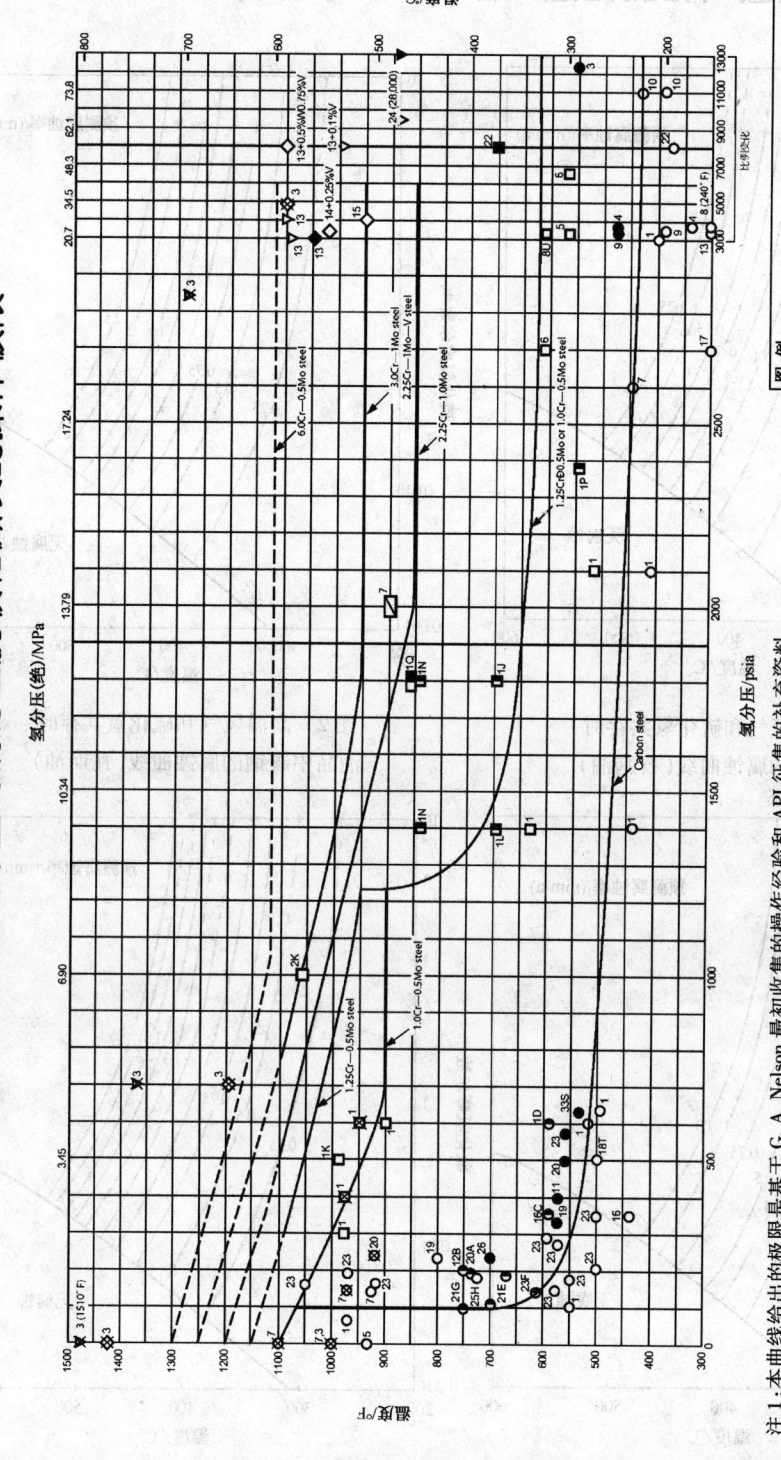

注1：本曲线给出的极限是基于 G. A. Nelson 最初收集的操作经验和 API 征集的补充资料；

注2：奥氏体不锈钢在任何温度条件下不会脱碳或氢压下不会脱碳；

注3：本曲线给出的极限是基于铸钢及退火钢和正火钢采用 ASME 规范第Ⅷ篇第1分篇所定应力值水平，补充资料见（API47-1997）5.3.5.4 节；

注4：曾报道 1.25Cr-1MoV 钢在安全范围内发生若干裂纹，详见（API941-1997）附录 B；

注5：包括 2.25Cr-1MoV 级钢是建立在 10000 小时实验室的试验数据，这些合金至少等于 3Cr-1Mo 钢性能，详见（API47-1997）2.2 节。

附录三 高温氢气和硫化氢共存时油品中各种钢材的腐蚀曲线

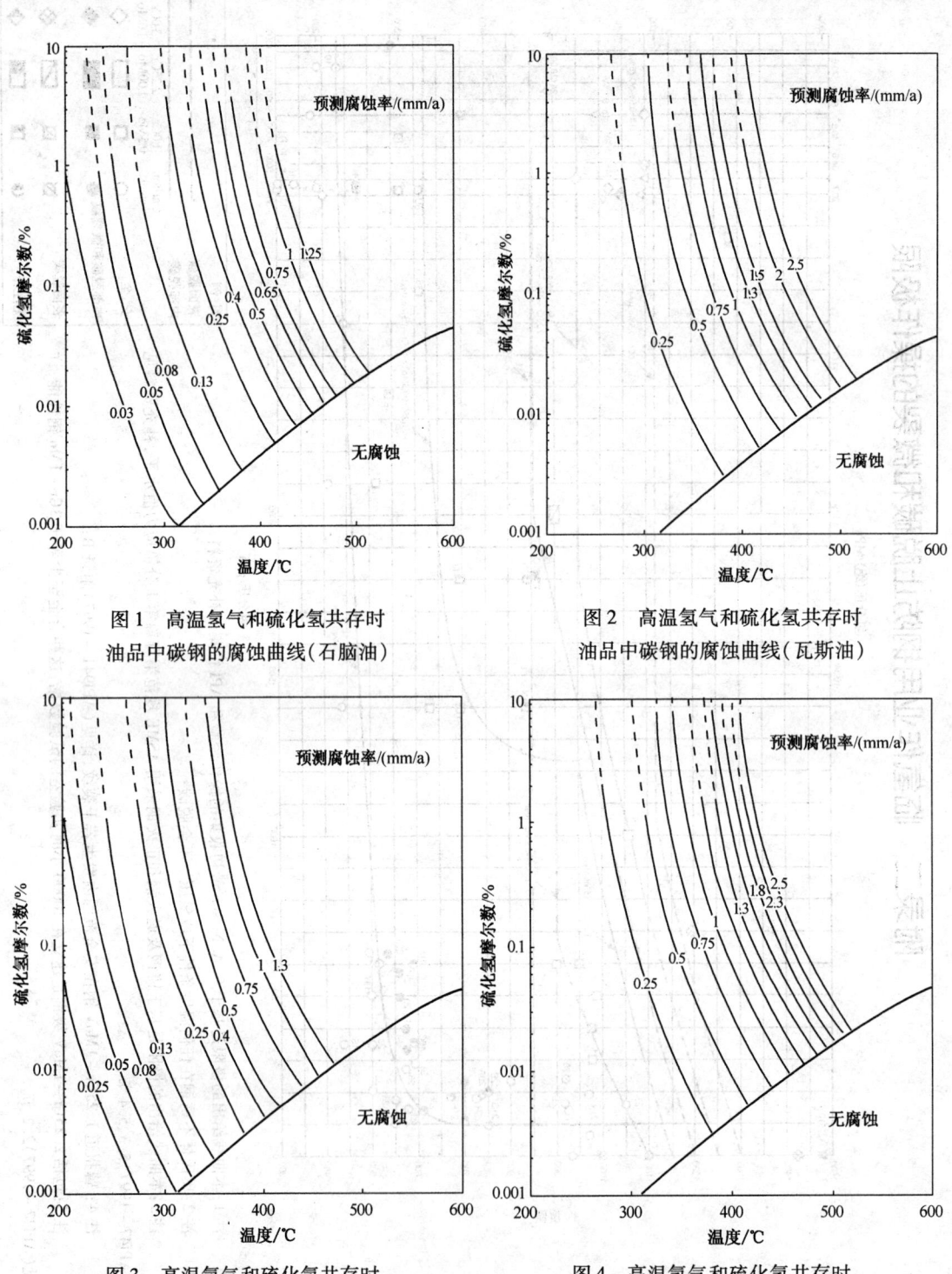

图1 高温氢气和硫化氢共存时油品中碳钢的腐蚀曲线（石脑油）

图2 高温氢气和硫化氢共存时油品中碳钢的腐蚀曲线（瓦斯油）

图3 高温氢气和硫化氢共存时油品中1.25Cr钢的腐蚀曲线（石脑油）

图4 高温氢气和硫化氢共存时油品中1.25Cr钢的腐蚀曲线（瓦斯油）

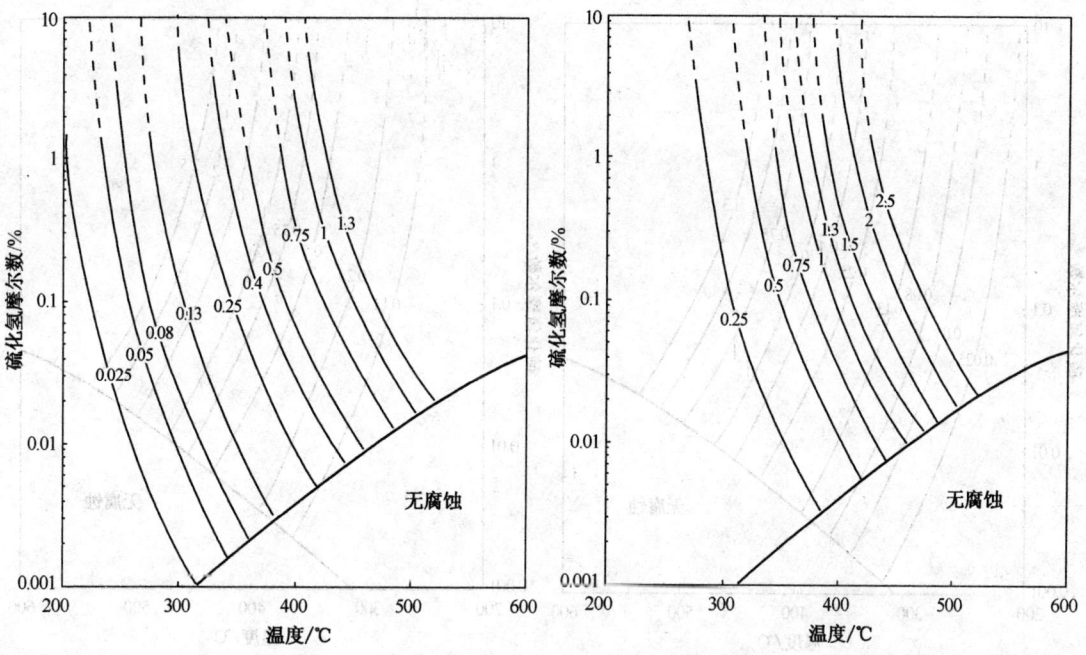

图 5　高温氢气和硫化氢共存时
油品中 2.25Cr 钢的腐蚀曲线(石脑油)

图 6　高温氢气和硫化氢共存时
油品中 2.25Cr 钢的腐蚀曲线(瓦斯油)

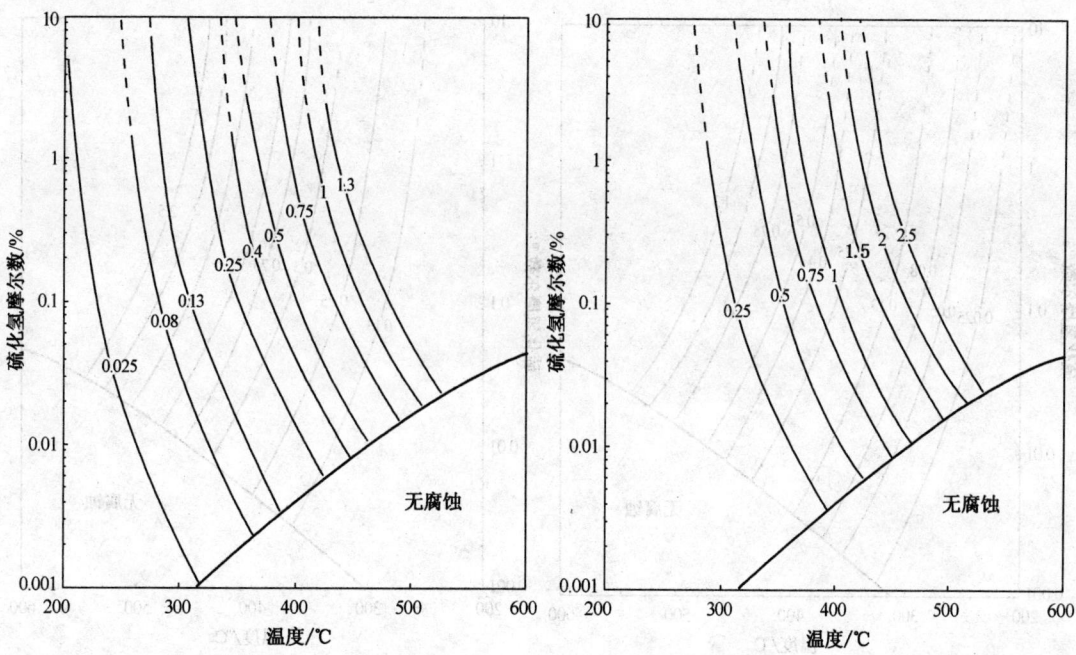

图 7　高温氢气和硫化氢共存时
油品中 5Cr 钢的腐蚀曲线(石脑油)

图 8　高温氢气和硫化氢共存时
油品中 5Cr 钢的腐蚀曲线(瓦斯油)

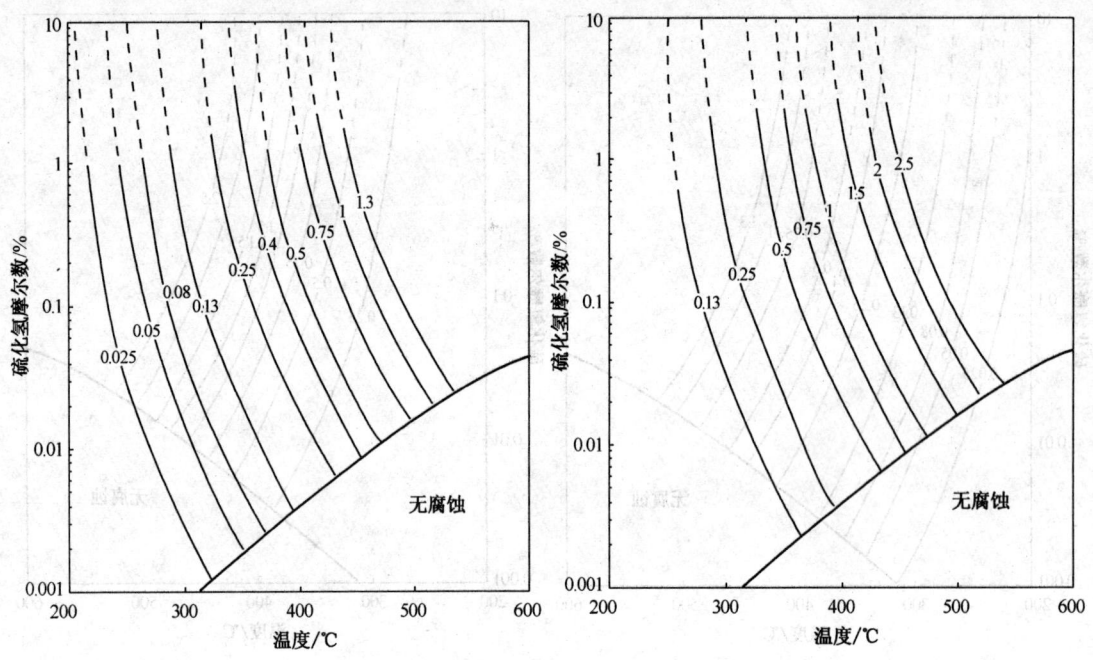

图9 高温氢气和硫化氢共存时油品中7Cr钢的腐蚀曲线(石脑油)

图10 高温氢气和硫化氢共存时油品中7Cr钢的腐蚀曲线(瓦斯油)

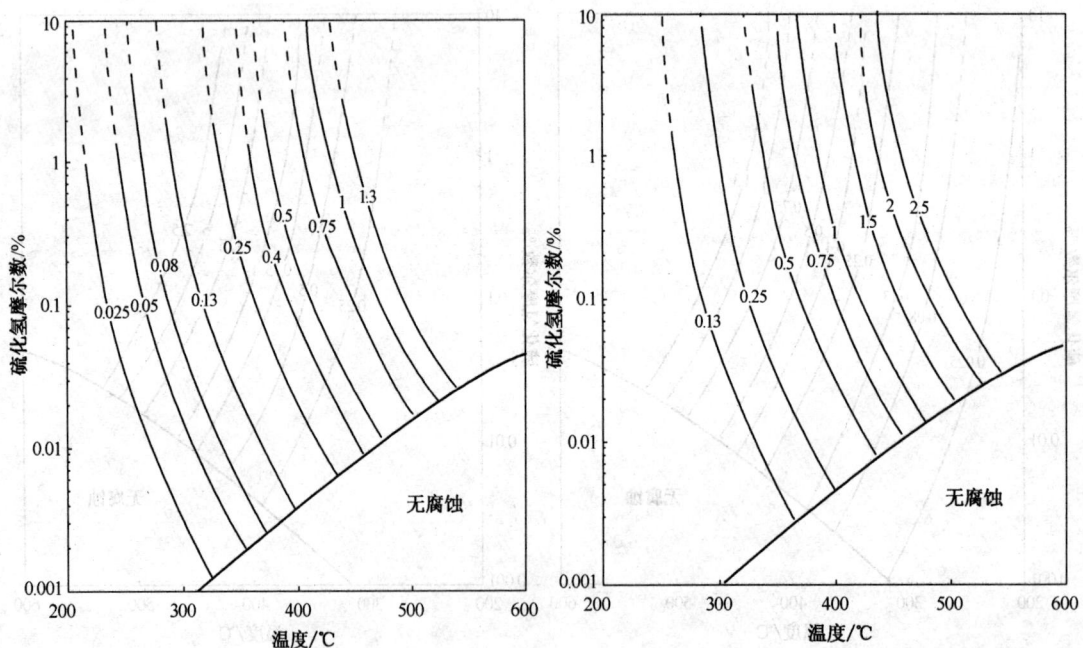

图11 高温氢气和硫化氢共存时油品中9Cr钢的腐蚀曲线(石脑油)

图12 高温氢气和硫化氢共存时油品中9Cr钢的腐蚀曲线(瓦斯油)

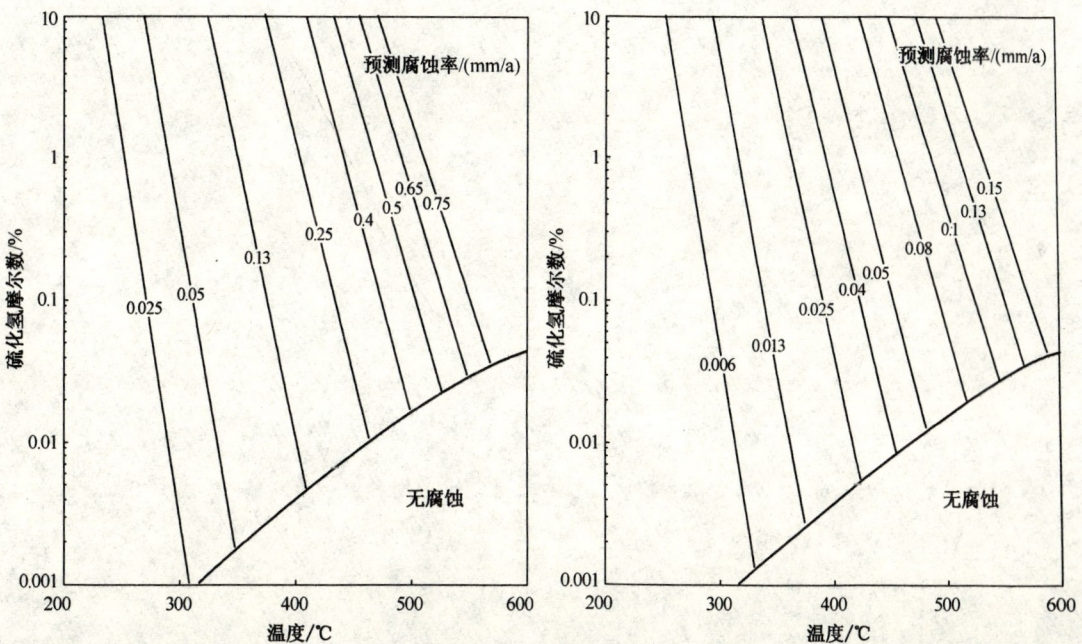

图 13　高温氢气和硫化氢共存时油品中 12Cr 钢的腐蚀曲线（石脑油、瓦斯油）

图 14　高温氢气和硫化氢共存时油品中 18Cr 钢的腐蚀曲线（石脑油、瓦斯油）

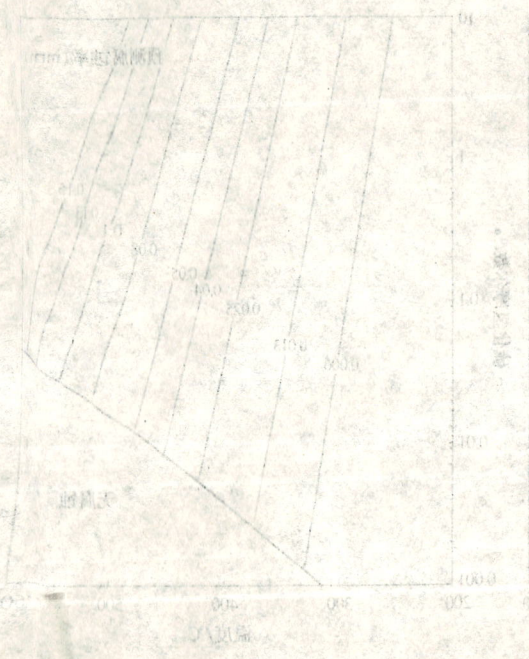